MANIPULATIONS
DE CHIMIE

GUIDE

POUR LES TRAVAUX PRATIQUES DE CHIMIE

De l'École supérieure de Pharmacie de Paris

PAR

ÉMILE JUNGFLEISCH

PROFESSEUR A L'ÉCOLE SUPÉRIEURE DE PHARMACIE DE PARIS

ET AU CONSERVATOIRE NATIONAL DES ARTS ET MÉTIERS

MEMBRE DE L'ACADÉMIE DE MÉDECINE

SECONDE ÉDITION
REVUE ET AUGMENTÉE

Avec 374 figures intercalées dans le texte

PARIS

LIBRAIRIE J.-B. BAILLIÈRE ET FILS
19, rue Hautefeuille, près du boulevard Saint-Germain

1893

MANIPULATIONS

DE CHIMIE

583-91. — Corbeil. Imprimerie CRÉTÉ.

PRÉFACE

En écrivant ce livre, je me suis proposé de fournir à ceux qui commencent l'étude de la chimie les renseignements techniques nécessaires à l'exécution des opérations les plus importantes. Adoptant un point de vue exclusivement pratique, j'ai voulu mettre à la disposition des étudiants l'exposé des conditions dans lesquelles chaque expérience doit être réalisée, des difficultés qu'elle présente, des accidents auxquels elle est susceptible de donner lieu, des causes d'insuccès qu'on y rencontre, des moyens à employer pour en assurer le résultat. J'ai essayé, non pas de faire un traité de chimie ou un traité d'analyse chimique, mais de donner aux débutants un guide pour les travaux pratiques auxquels ils se livrent ; mon but essentiel a été d'écarter de la route de quelques-uns d'entre eux les difficultés par lesquelles sont trop souvent arrêtés ceux que la chimie a tout d'abord conquis, soit par les sujets de spéculation qu'elle offre à l'esprit, soit par les résultats économiques dont elle enrichit l'humanité.

Je n'ignorais pas les difficultés d'une pareille entreprise : un ouvrage de cette nature trouve dans chaque lecteur qui l'utilise, un critique auquel l'expérimentation et l'observation des faits apportent sans cesse de nouveaux éléments de jugement. J'ai pensé néanmoins qu'elle méritait d'être tentée.

Les manipulations de chimie ont à l'École supérieure de pharmacie de Paris un développement considérable. J'ai eu l'occasion d'y observer pendant longtemps, sur un nombre de manipulations et dans des conditions qu'on ne retrouve nulle part ailleurs, la nature des difficultés qui arrêtent le plus souvent les élèves, de noter les renseignements le plus fréquemment demandés par eux. C'est, en quelque sorte, aux questions ainsi posées d'ordinaire que j'ai essayé de répondre par avance. J'ai d'ailleurs conservé le programme que l'on y suit et j'ai traité de toutes les opérations qu'on y exécute. Mon idée première a donc été d'écrire un manuel pour les travaux pratiques de chimie de cette école, autrement dit de faire pour les manipulations de chimie ce que le regretté Buignet a réalisé avec succès dans ses *Manipulations de physique*.

Toutefois, pour qu'ils satisfassent aux exigences diverses d'un laboratoire fréquenté par un très grand nombre de personnes, des sujets de manipulation doivent remplir certaines conditions assez spéciales, limitant sensiblement le choix à faire parmi les préparations et les analyses usuelles; par exemple, les expériences entraînant l'usage d'appareils compliqués ou d'instruments trop coûteux, se trouvent forcément écartées. Les mêmes difficultés n'existant pas dans les laboratoires où travaillent des élèves peu nombreux, j'ai été conduit à ajouter quelques opérations que leur importance théorique recommande particulièrement, mais qui ne peuvent être exécutées que dans des conditions relativement favorables. J'ai pensé pouvoir élargir considérablement ainsi le cercle de mes lecteurs.

Tel a été mon but à l'origine. Je n'ai pas la prétention de l'avoir entièrement rempli, cependant l'accueil fait à la première édition des *Manipulations de chimie*, tant sous sa forme originale que sous celle de la traduction espagnole qui en a été donnée, m'autorise à penser que mes efforts ont été appréciés. Par une faveur peu accordée jusqu'ici aux livres du même genre, non seulement l'ouvrage a trouvé beaucoup de lecteurs, mais de nombreux correspondants ont bien voulu me signaler des omissions à réparer, des modifications à apporter, des améliorations à réaliser. Je dois remercier ces bienveillants collaborateurs de l'intérêt qu'ils ont accordé aux *Manipulations de chimie;* si la présente édition réalise, comme je l'espère, quelques progrès sur la précédente, ce résultat sera dû aux excellents avis qui m'ont été donnés.

L'ouvrage tout entier a été remanié. Il me paraissait déjà trop volumineux pour un manuel, et cependant on me signalait l'utilité d'additions considérables. En supprimant des longueurs, en diminuant légèrement la grosseur du texte, en rendant celui-ci un peu plus compact, des additions très nombreuses et souvent fort développées ont pu être faites sans augmenter la grosseur du volume.

Un changement d'ordre général a consisté à donner l'interprétation des réactions dans la notation atomique en même temps que dans la notation équivalente, alors que celle-ci se trouvait seule dans la première édition.

Les additions proprement dites ont porté sur toutes les parties de l'ouvrage, mais principalement sur les préparations de substances organiques. Ces préparations, malgré l'intérêt propre à beaucoup d'entre elles, avaient été peu multipliées parce qu'elles exigent le plus souvent des opérations longtemps prolongées, dont l'exécution est difficile dans des séances de durée limitée et plus ou moins espacées. Elles conviennent très bien cependant au travail continu des laboratoires ordinaires. En choisissant celles que l'on trouvera traitées plus loin, on a eu pour but de faire passer en revue les méthodes d'expérimentation les plus générales.

Dans la partie analytique, on a développé surtout l'exposé des procédés de dosage d'un usage courant aujourd'hui. En outre on a ajouté tout un chapitre relatif à l'analyse des gaz.

Enfin de nouvelles figures ont été insérées dans le texte, soit pour en remplacer quelques-unes jugées peu satisfaisantes, soit pour faciliter l'intelligence des sujets non traités dans la première édition.

En un mot, j'ai employé tous mes soins à rendre les *Manipulations de chimie* dignes de l'intérêt qu'on a bien voulu leur témoigner.

L'ouvrage est divisé en trois parties.

Le LIVRE PREMIER est consacré à la description des appareils et des procédés d'un usage général. On y décrit les divers instruments nécessaires au chimiste et on donne les conditions de fonctionnement de chacun d'eux. C'est ainsi que pour la mesure des poids, on étudie les balances de précision, leur construction, les qualités qu'elles doivent posséder et les moyens de les mettre en usage ; c'est ainsi encore que pour la mesure des volumes, on expose comment on construit, on vérifie et on emploie les vases jaugés ou gradués, si usités aujourd'hui dans l'analyse volumétrique, etc. On passe en revue de la même manière les poids et mesures, les appareils de chauffage ou de réfrigération, les vases, les supports, les instruments et les ustensiles divers employés dans les laboratoires. On y décrit également les moyens que le chimiste met en œuvre : l'emploi de la chaleur, la division, la calcination, la fusion, la vaporisation sous ses formes variées, la dissolution, la solidification, la séparation mécanique des corps non miscibles, la manipulation des gaz, les opérations dans les gaz comprimés ou raréfiés, etc.

Dans le LIVRE II sont décrites les expériences relatives à la préparation et à l'étude des éléments et de leurs composés. Les exercices qui

s'y trouvent exposés sont surtout propres à faire observer les propriétés des corps ; ils sont choisis de manière à fournir la plus grande
somme possible de connaissances théoriques et pratiques. Avec des
détails qu'un chimiste quelque peu exercé trouverait évidemment beaucoup trop minutieux mais qui sont utiles pour les débutants, on y
rencontrera tous les renseignements nécessaires à la production et à la
purification des substances chimiques les plus répandues. Les trois cha-
pitres qui forment ce livre ont pour objet les métalloïdes, les métaux
et les substances organiques.

Le LIVRE III est consacré à l'analyse chimique. L'analyse qualitative
forme l'objet du premier chapitre et occupe une place importante ;
les méthodes que l'on a développées d'abord sont finalement résumées dans de nombreux tableaux, dont l'ensemble constitue une clef
dichotomique pour la détermination des bases et des acides dans les
sels isolés ou mélangés. Les recherches toxicologiques y sont aussi
l'objet de certains développements. Le chapitre II se rapporte à l'analyse quantitative ; il constitue un exposé des procédés d'analyse, pon-
déraux et volumétriques. Les exemples ayant été pris parmi les corps
les plus importants, les principales pratiques de la chimie analy
tique s'y trouvent par suite examinées. L'étudiant ayant suivi la série
des exercices proposés se trouve ainsi mis en état d'appliquer régulièrement et avec précision l'un quelconque des procédés recommandés
dans les ouvrages spéciaux. Enfin dans le chapitre III, consacré à
l'analyse des gaz, on s'est attaché exclusivement à l'étude des moyens
relativement simples, applicables aux problèmes qui se posent d'ordinaire ; les méthodes étudiées permettent d'atteindre la solution voulue,
avec rapidité et cependant avec une approximation qui suffit dans la
plupart des cas.

E. JUNGFLEISCH.

27 août 1892.

MANIPULATIONS DE CHIMIE

LIVRE PREMIER

INSTRUMENTS ET PROCÉDÉS D'UN USAGE GÉNÉRAL

CHAPITRE PREMIER

POIDS ET MESURES.

1.

DÉTERMINATION DES POIDS.

1. BALANCES; CONDITIONS DE LEUR ÉTABLISSEMENT. — Les quantités des substances qui interviennent dans les réactions ou qui en résultent s'expriment d'ordinaire en poids; la détermination des poids est donc indispensable dans les opérations chimiques, et l'un des instruments les plus nécessaires au chimiste est la balance. Nous nous occuperons de celle-ci avec quelques détails.

La théorie de la balance doit être connue de tous ceux qui veulent peser régulièrement. Sans reproduire cette théorie qui se trouve dans les traités de mécanique et de physique, nous résumerons les conclusions auxquelles elle conduit.

Dans une *pesée*, l'égalité de poids est indiquée par l'horizontalité du fléau de la balance; une différence faible entre les poids incline le fléau vers le poids le plus fort, sans cependant faire chavirer l'instrument, et l'inclinaison est d'autant plus grande que cette différence est plus considérable. Parmi les conditions dans lesquelles une balance peut être établie, les unes influent sur son *exactitude*, les autres sur sa *sensibilité*; certaines agissent à la fois sur les deux qualités. Ces conditions sont les suivantes :

1° *Le centre de gravité de la balance doit être situé au-dessous de l'axe de suspension, mais dans son voisinage immédiat.* — Si le centre de gravité est situé sur l'axe de suspension, l'équilibre de l'instrument non chargé persiste quelle que soit la position donnée au fléau; de plus, la moindre différence entre les poids suspendus aux extrémités de celui-ci le fait trébucher complètement. Si le centre de gravité est au-dessus du point de suspension, l'équilibre existe seulement lorsque le fléau est horizontal ; une différence entre les poids, si faible qu'elle soit, fait chavirer entièrement la balance, la pesanteur de l'appareil l'entraînant dans le même sens que la charge la plus lourde. Si enfin le centre de gravité est au-dessous du point de suspension, la pesanteur agissant en sens contraire de la charge la plus lourde, un équilibre nouveau tend à s'établir dans le système sous l'action de ces deux forces : la surcharge écartant le fléau de l'horizontalité éloigne le centre de gravité de sa position d'équilibre, tandis que la pesanteur de la balance tend à le ramener vers la position primitive. L'influence du poids de l'instrument augmente en même temps que l'éloignement du centre de gravité au-dessous de l'axe de suspension, c'est-à-dire en même temps que la longueur du bras de levier par lequel ce poids agit ; il résulte de là que la sensibilité varie en sens contraire de cet éloignement, une même différence de poids dans les charges dérangeant davantage le fléau de sa position horizontale lorsque le centre de gravité est plus voisin de l'axe. En fait, la sensibilité est inversement proportionnelle à la distance du centre de gravité au point de suspension.

2° *Les bras du fléau doivent être égaux en longueur et en poids.* — Cette condition est indispensable à l'exactitude de la balance, les leviers sur lesquels agissent les poids comparés devant être égaux pour que ses poids produisent le même effet. Elle exige que les deux bras soient absolument symétriques, le poids de la matière dont ils sont constitués devant être réparti de la même manière de chaque côté de l'axe de suspension. Elle exige encore que les bras soient construits des mêmes matériaux, les variations de température ne devant pas modifier le rapport entre leurs longueurs. L'égalité de poids entre les plateaux est enfin nécessaire pour établir l'équilibre.

La sensibilité de la balance s'accroît proportionnellement à la longueur du fléau ; l'allongement de ce dernier entraîne, en effet, l'augmentation du bras de levier sur lequel agit la différence de poids à apprécier.

3° *Le fléau doit être rigide.* — Toute flexion du fléau produit un abaissement de son centre de gravité et par suite, on vient de le voir, une diminution de la sensibilité.

4° *La balance doit être légère.* — La sensibilité est inversement proportionnelle au poids du fléau. Cela apparaît clairement par ce fait que pour une même différence de charge entre les deux plateaux, le mouvement de l'instrument est d'autant plus prononcé que la force antagoniste appliquée au centre de gravité est plus faible. Cette condition est en quelque sorte exclusive de la précédente ; aussi l'habileté du constructeur consiste-t-elle particulièrement à donner une grande légèreté au fléau, tout en lui conservant une force suffisante pour qu'il reste inflexible dans les limites de charge que doit porter la balance.

5° *Les modes de suspension des plateaux et du fléau doivent rendre très faibles les frottements qui accompagnent les mouvements de l'instrument.* — La sensibilité de la balance dépend beaucoup de cette circonstance. Les mouvements de rotation doivent s'effectuer dans un même plan vertical qui comprend le centre de gravité du système ; les axes autour desquels se produisent ces mouvements doivent donc être perpendiculaires à ce plan. Toute force composante dirigée extérieurement au plan vertica précité doit être évitée par les dispositions adoptées. C'est pour cette raison que les plateaux sont rendus facilement mobiles : leur centre de gravité peut ainsi rester toujours sur la verticale qui passe par leur point de suspension, quelle que soit la position donnée aux poids dont on les charge, le point de suspension étant défini l'intersection de l'axe de suspension avec le plan du mouvement de rotation.

6° *Le point de suspension de la balance et ceux des plateaux doivent être dans un même plan.* — On démontre mathématiquement que si les points de suspension de la balance et des plateaux sont en ligne droite, la sensibilité est constante et indépendante de la charge.

En résumé, la théorie indique que pour rendre une balance sensible et exacte, l'artiste doit donner une grande longueur au fléau, réduire autant que possible le poids du fléau sans lui enlever sa rigidité, faire les bras du fléau égaux en longueur et en poids, établir en ligne droite les points de suspension du fléau et des plateaux, et enfin placer le centre de gravité au-dessous du point de suspension du fléau, mais très près de ce point.

2. BALANCES ORDINAIRES. — Pour les préparations, il est généralement inutile de faire usage d'instruments perfectionnés tels que ceux dont on se sert dans les analyses. Une *balance de Roberval* ou l'une des nombreuses balancés du commerce qui procèdent du même principe (fig. 1),

Fig. 1. — Balance de Roberval.

pourvu qu'elle soit susceptible de peser jusqu'à 5 kilogrammes à 1 décigramme près, constitue, avec une série de poids de 5 kilogrammes, un matériel suffisant dans presque tous les cas. Toute autre balance de même sensibilité peut également être employée, mais le système imaginé par Roberval présente l'avantage de laisser les plateaux libres de chaînes ou de tiges gênantes pour l'opérateur ; de plus il abrite sous un socle les parties délicates de l'instrument.

On doit toujours vérifier, au préalable, qu'en mettant sur les plateaux des poids égaux de part et d'autre, l'équilibre se maintient quels que soient ces poids, et qu'en faisant porter à l'instrument la charge maxima pour laquelle il a été construit, 5 kilogrammes par exemple, il se déplace sensiblement quand, après avoir établi l'équilibre, on ajoute un poids de 1 décigramme sur l'un quelconque des plateaux.

Lorsqu'on veut opérer avec une plus grande précision, on se sert, même pour les préparations, d'un petit trébuchet d'analyse; on choisit l'un des plus simples parmi ceux dont il sera question plus loin (§ 11).

3. Pesée simple. — Tout le monde sait que si l'on charge avec des poids marqués l'un des plateaux d'une balance, il suffit ensuite de placer sur l'autre plateau une substance quelconque, en quantité telle que l'équilibre d'abord rompu se trouve rétabli, pour que la substance ainsi employée présente un poids égal à celui des poids marqués. On sait généralement aussi qu'un corps étant déposé sur l'un des plateaux, si on met des poids marqués sur l'autre plateau, de façon à rétablir l'équilibre, la somme de ces poids marqués est égale au poids du corps. Il n'est donc pas nécessaire de nous arrêter sur l'emploi de la balance ordinaire pour effectuer la *pesée directe* ou *pesée simple*.

4. Double pesée. — La pesée simple exige que la balance employée soit exacte, c'est-à-dire que des poids quelconques mais égaux, placés sur ses plateaux, ne dérangent jamais son équilibre. Or c'est là une condition que les balances ordinaires ne réalisent pas toujours, aussi est-il préférable d'abandonner la méthode des pesées directes, généralement pratiquée en dehors des laboratoires, et de se servir exclusivement de la double pesée de Borda ou *pesée par substitution*. Celle-ci consiste à placer sur un plateau les poids marqués correspondant à la quantité de matière que l'on veut peser, à charger le second plateau avec un corps quelconque, jusqu'à ce que l'équilibre soit obtenu, puis à enlever les poids marqués et à les remplacer sur le même plateau par la matière à peser prise en quantité telle que l'équilibre soit rétabli. Quelle que soit l'inexactitude de la balance, quel que soit le système suivant lequel elle se trouve en équilibre, la matière s'y trouve substituée aux poids marqués et agit comme eux au point de vue de la pesanteur. La pesée est donc exacte. La *sensibilité* reste alors la seule condition à exiger de l'instrument.

5. Tare. — Il est nécessaire de ne jamais poser directement les substances à peser sur les plateaux de la balance; on interpose suivant les circonstances, soit du papier, soit un vase léger. Dans le premier cas, admissible seulement lorsqu'il s'agit de pesées grossières, il est commode de faire équilibre à la feuille de papier qui portera la matière pesée, en plaçant sur l'autre plateau une feuille semblable. Dans le second cas, on dépose avec le vase, sur l'un des plateaux, les poids qui correspondent à la quantité de matière que l'on se propose de peser : on établit ensuite l'équilibre en chargeant le second plateau avec une *tare*. Celle-ci consiste en une boîte de métal légère, dans laquelle on verse du plomb grenaillé, tenu en réserve dans une seconde boîte semblable; du plomb de chasse est souvent employé malgré les inconvénients de sa forme sphérique, mais le plomb à bouteilles moulé irrégulièrement, ou

encore les pièces aplaties provenant de la perforation des plaques métalliques, sont préférables parce qu'ils roulent moins facilement. Cela fait, on enlève les poids du premier plateau et on introduit peu à peu la substance dans le vase en s'arrêtant au moment où l'équilibre se trouve rétabli. En opérant ainsi, on ne complique pas l'opération, puisqu'il faut dans tous les cas tenir compte du poids de vase, et on profite des avantages de la double pesée.

S'il s'agit de peser plusieurs substances qui doivent être mélangées, on tare d'abord avec le vase, des poids marqués formant un nombre de grammes au moins égal à la somme des pesées successives, puis, à chacune de celles-ci, on soustrait de ces poids marqués un nombre de grammes correspondant au poids de l'une des substances avec laquelle on rétablit ensuite l'équilibre.

6. BALANCES DE PRÉCISION. — Dans les analyses, il est nécessaire d'opérer sur de très petites quantités de matière; il devient dès lors indispensable d'apprécier exactement des poids excessivement faibles, ce qui entraîne l'usage d'instruments très sensibles. Un laboratoire possède au moins deux balances de ce genre : l'une, la *balance d'analyse* proprement dite, est destinée à peser jusqu'à 250 ou 300 grammes à un demi-milligramme près ; l'autre, plus petite, appelée aussi *trébuchet*, permet de faire les pesées plus rapidement et avec la même approximation, mais ne peut porter que 70 à 80 grammes sur chaque plateau. Les instruments bien construits indiquent avec netteté jusqu'au dixième de milligramme.

7. *Balances d'analyse.* — Les balances d'analyse varient dans leurs détails avec les constructeurs. Le modèle représenté dans la figure 2 est très usité.

Le fléau ff' a la forme d'un losange ; il est évidé pour diminuer son poids; sa longueur atteint 40 centimètres. Il est suspendu sur le tranchant d'un couteau d'acier c qui le traverse d'outre en outre, perpendiculairement à son plan, et repose horizontalement sur une plaque dressée en agate polie ; cette dernière est maintenue fixe sur un support qui, dans le modèle en question, est formé de deux colonnes creuses, s et s', reliées vers le haut par une pièce métallique, mais qui est souvent constitué par une seule colonne. Le fléau présente au-dessus de son point de suspension une tige verticale taraudée, sur laquelle se vissent un ou deux disques métalliques b que l'on peut élever ou abaisser par un mouvement de rotation ; ces disques mobiles servent à élever ou à abaisser le centre de gravité du système. Les extrémités du fléau portent deux couteaux d'acier dont les tranchants, tournés vers le haut, ont été fixés à des distances égales de l'axe de suspension, parallèlement à ce dernier et dans le même plan. Quelquefois une vis permet de déplacer très légèrement l'un d'eux pour achever le réglage. Les plateaux g et g', de forme variable, sont suspendus par des anneaux et des crochets mobiles, à un étrier ee' garni à l'intérieur, et sur sa partie horizontale, d'un plan d'a-

gate ; ce dernier repose sur le couteau qui termine le fléau. On obtient
ainsi une grande mobilité du plateau dans tous les sens ; de plus les
mouvements se font avec des frottements excessivement faibles. La balance étant au repos, son fléau s'appuie vers ses extrémités sur les deux
bras d'une traverse pp', qui le maintient immobile, horizontal et soulevé
un peu au-dessus de la position dans laquelle le couteau central c vient
au contact de son plan d'agate ; dans ces conditions l'appareil peut rester
inactif, ses plateaux peuvent être chargés et déchargés, sans que les
secousses imprimées à l'instrument, soit par les trépidations du sol,
soit par l'opérateur, viennent émousser sur le plan d'agate le tranchant

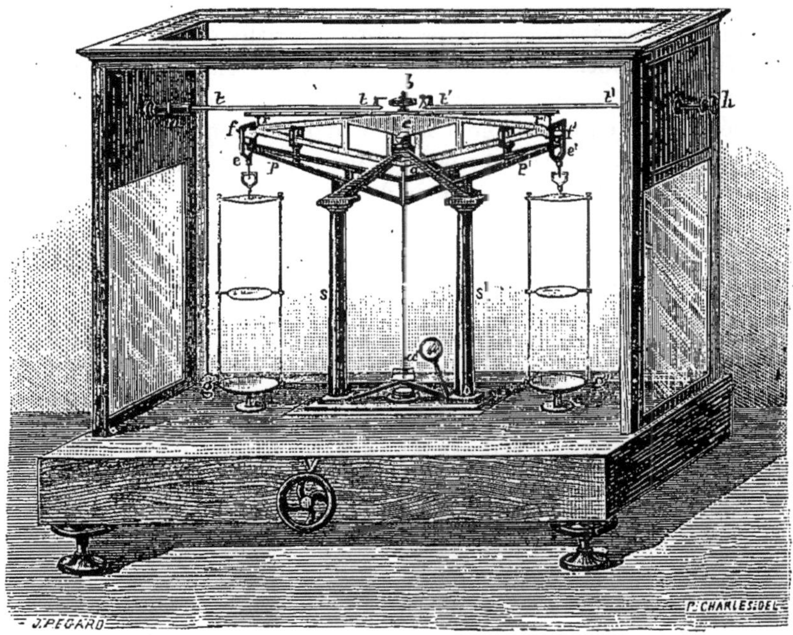

Fig. 2. — Balance d'analyse.

du couteau. Un dispositif approprié maintient de même les étriers qui
supportent les plateaux, suspendus un peu au-dessus de leurs couteaux
respectifs ; il est solidaire de la traverse horizontale et se meut en même
temps qu'elle. Par l'intermédiaire de tiges métalliques cachées dans les
colonnes fixes, un mécanisme contenu dans le socle de la balance et
commandé par un petit volant V, disposé en avant sous la main de l'opérateur, permet d'abaisser la traverse et d'amener doucement et simultanément les trois couteaux au contact des plans d'agate. La balance
entre aussitôt en fonctionnement et une longue aiguille aa', dont la
pointe se meut devant un arc de cercle divisé, fait apprécier facilement
l'amplitude des oscillations du fléau ; une loupe est disposée pour observer simultanément les divisions du cercle et la pointe de l'aiguille. En soulevant la traverse pp', l'instrument est immédiatement ramené au repos.

Le socle de la balance porte un niveau à bulle d'air qui permet de constater si l'appareil se trouve dans la position voulue, c'est-à-dire dans la position où les trois axes de rotation sont horizontaux ; pour régler cette position, le socle est muni de vis de calage.

L'extrême mobilité des plateaux est une cause de retard dans les pesées, ces plateaux prenant des mouvements oscillatoires qui troublent ceux du fléau ; on arrête les oscillations par un pinceau de blaireau ou mieux par un cylindre d'ivoire terminé en une calotte sphérique dont l'extrémité vient frotter le dessous de chaque plateau jusqu'au moment où la balance va en entrer en fonctionnement et disparaît ensuite dans le socle. La manœuvre de ces pièces peut se faire sans exiger l'attention de l'opérateur, en même temps que celle de la traverse pp', par le mécanisme obéissant au volant V ; toutefois, on préfère le plus ordinairement la rendre indépendante en la commandant par un mécanisme spécial, mis en mouvement à l'aide d'un bouton placé à côté du volant.

Cette balance, très sensible et suffisamment robuste, ne présente qu'un seul inconvénient : la lenteur de ses oscillations. On peut, il est vrai, diminuer cette lenteur et par suite la durée des pesées, en amoindrissant un peu la sensibilité par l'abaissement du centre de gravité au moyen du disque mobile b.

8. *Cavaliers*. — Les difficultés inhérentes au maniement des petites divisions du gramme, les dixièmes de milligramme et même les milligrammes, ont fait imaginer un système particulier pour la pesée des poids les plus faibles. Une règle horizontale rr' très légère, en aluminium, est fixée sur le fléau parallèlement à son axe (fig. 2) ; elle est divisée au-dessus de chaque bras en dix parties égales : un poids de 1 milligramme placé sur le dernier trait, à l'extrémité du fléau, agit comme s'il était mis dans le plateau ; mais si on le place sur le 5e trait, agissant sur un bras de levier moitié plus court, il produit un effet moitié moindre, c'est-à-dire le même effet qu'un poids de 5 dixièmes de milligramme mis dans le plateau. De même, ce poids de 1 milligramme, superposé à l'un quelconque des traits de la règle, agit comme un nombre de dixièmes de milligramme égal à celui du numéro de la division, mis dans le plateau. Tel est le principe d'un perfectionnement dont les avantages pratiques sont intéressants. On conçoit, en effet, que l'usage des milligrammes puisse être remplacé de même par un poids de 1 centigramme qu'on fait mouvoir sur la règle divisée, comme il vient d'être dit pour la pesée des dixièmes de milligramme. Il ne serait pas commode de déposer les poids ordinaires sur la règle qui est étroite ; on se sert donc de poids spéciaux, auxquels on donne le nom de *cavaliers*, leur forme particulière (fig. 3) permettant de les *mettre à cheval* sur la règle. Ces poids s'obtiennent en donnant la forme voulue à un fil fin de platine ou d'aluminium, pesant précisément 1 milligramme ou 1 centigramme.

Fig. 3. — Cavalier.

Ce qui procure à la *balance à cavaliers* un avantage pratique réel, c'est surtout le procédé mis en usage pour mouvoir sur la règle ces poids spéciaux. La cage qui entoure l'instrument (fig. 2) porte deux tiges, tt et $t't'$, mobiles à frottement doux dans une monture élastique m, terminées au dehors de la cage par un bouton de manœuvre *h* et au dedans par un crochet en forme de baïonnette : en introduisant dans la boucle du cavalier la pointe de ce crochet, et en tournant la tige autour de son axe, on soulève le poids ; faisant mouvoir ensuite la tige suivant son axe, on amène le cavalier au-dessus du trait voulu de la règle d'aluminium et on l'y dépose par un mouvement de rotation inverse du précédent.

9. *Balances à courts fléaux.* — Depuis quelques années on construit des balances à fléaux courts (M. Mendeleef) qui permettent de peser plus rapidement qu'avec les balances à fléaux longs, l'amplitude et par suite la durée de leurs oscillations étant moindres. D'après ce qui a été rappelé plus haut des conditions d'établissement d'une balance (§ 1), on sait que plusieurs facteurs concourent à donner à cet instrument sa sensibilité ; le problème est, en quelque sorte, indéterminé. Les constructeurs peuvent donc à volonté sacrifier partiellement l'un des facteurs, la longueur du fléau par exemple, sauf à compenser plus ou moins la perte ainsi faite, par les soins qu'ils prennent pour augmenter les autres facteurs. D'ailleurs ces arrangements ont été rendus possibles par la perfection à laquelle on atteint actuellement dans l'exécution. On a donc institué ainsi des modèles nombreux ; toutefois il ne faut pas perdre de vue, et la théorie mathématique de la balance l'établit nettement, que la rapidité due au raccourcissement du fléau n'est acquise qu'aux dépens d'une partie de la sensibilité possible. Ce qui importe seulement, il est vrai, c'est que cette sensibilité reste suffisante ; on obtient aisément ce résultat dans la pratique.

10. *Balances à pesées rapides.* — On a vu plus haut (§ 7) qu'en abaissant au moyen du disque mobile le centre de gravité du fléau d'une balance, on augmente beaucoup la vitesse des oscillations du système, et par suite la rapidité des pesées, mais en diminuant la sensibilité de l'instrument dont les oscillations manquent dès lors d'amplitude. M. A. Collot fils a cherché à profiter de la rapidité que procure cet arrangement, tout en supprimant l'inconvénient qu'il comporte. Dans ce but il a employé des moyens optiques pour apercevoir aisément les oscillations devenues faibles, et difficilement observables à l'œil nu. Il a donné ainsi une autre solution au problème des balances à pesées rapides.

Il fixe sur l'aiguille de la balance un réticule fortement éclairé par un faisceau de rayons lumineux concentrés à l'aide d'une lentille. L'image de ce réticule, mobile avec la balance est projetée sur un écran transparent placé au foyer d'un microscope et portant des divisions sur le trajet de l'image du réticule. La source lumineuse est un bec de gaz ou une lampe à incandescence ; elle est placée derrière la balance dans une cage en bois qui l'empêche d'influer sur la température de l'instrument ; tenue éteinte ou en veilleuse pendant le commencement de la pesée, elle n'est utile que durant les quelques instants nécessaires pour la terminer.

On commence la pesée en suivant les indications de l'aiguille sur le cadran ordinaire, ce qui permet d'atteindre jusqu'au centigramme. Donnant alors de la lumière, on met l'appareil en mouvement dans la cage fermée, et on observe au moyen du microscope les mouvements de l'image du réticule, sans oublier toutefois que ces images sont renversées. On lit sur le cadran les divisions parcourues à gauche et à droite ; la différence entre les deux nombres de divisions indique le nombre de milligrammes et de dixièmes de milligramme dont il faut déplacer le cavalier sur la règle. Ce déplacement opéré, une nouvelle observation des mouvements du réticule permet de vérifier que l'équilibre a bien été obtenu.

L'adjonction de ce dispositif à une balance ordinaire permet de peser avec elle 4 ou 5 fois plus vite qu'auparavant.

11. *Trébuchets.* — Les trébuchets sont construits d'après les mêmes principes, mais plus simplement (fig. 4). C'est pour eux surtout qu'il est avantageux de rechercher un fonctionnement rapide, que leur sensibilité limitée rend plus facile à réaliser.

12. Conservation des balances. — Les pièces métalliques qui constituent les balances s'altèrent rapidement sous l'influence des vapeurs diverses répandues dans l'atmosphère du laboratoire. On les protège en recouvrant les instruments de cages vitrées (fig. 2 et fig. 4), munies de portes qu'on ouvre au moment de la pesée, mais qui, pour plus de clarté, ont été supprimées dans les figures. Ces cages ont d'ailleurs l'avan-

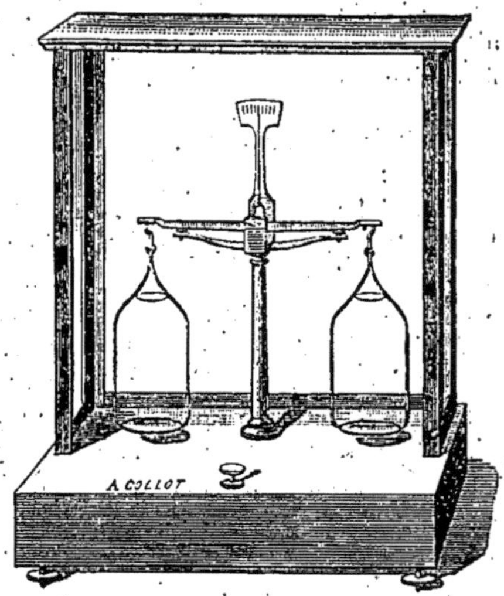

Fig. 4. — Trébuchet.

tage de soustraire les balances aux courants d'air qui troubleraient les pesées. Pour maintenir sèche leur atmosphère intérieure, on y place des vases contenant des substances avides d'humidité, principalement du chlorure de calcium desséché, ou bien une matière à la fois hygroscopique et alcaline, la chaux potassée, par exemple, qui absorbe en même temps l'eau et les vapeurs acides ; la chaux, donnant en s'hydratant une poussière légère qui se répand facilement, doit être proscrite. On renouvelle ces substances lorsqu'elles cessent d'agir. Pour cet usage, le chlorure de calcium se met dans des vases à compartiments de forme spéciale

Fig. 5. — Vase à chlorure de calcium.

(fig. 5) ; la liqueur que ce composé donne en s'hydratant s'écoule à la partie inférieure et dégage ainsi les portions solides encore actives, retenues dans le compartiment supérieur ; dans un vase plat, la dissolution formée ne tarde pas à recouvrir la matière desséchante et à la rendre inerte.

13. Dans la plupart des laboratoires, on réserve pour les balances de pré-

cision une pièce particulière où ne se fait aucune opération susceptible de produire des vapeurs.

Les parties de la balance qu'il importe le plus de conserver intactes sont évidemment les couteaux. Aussi remplace-t-on souvent ceux d'acier, qui se rouillent et s'émoussent facilement, par des couteaux d'agate qui sont inaltérables et beaucoup plus durs. On peut empêcher toute détérioration des autres pièces métalliques par la dorure galvanique, en ayant soin de ne pas excepter de cette opération les têtes de vis en acier; cette précaution, relativement peu coûteuse, permet de maintenir une balance à couteaux d'agate indéfiniment intacte, alors même qu'on est obligé de la placer dans un local peu favorable à sa conservation.

14. ESSAI D'UNE BALANCE. — Une balance de précision doit satisfaire aux essais suivants :

Tout d'abord, si les plateaux ne sont pas équilibrés, ce qui, on le verra plus loin (§ 18), présente peu d'inconvénients, on ajoute préalablement à celui qui est le moins lourd une charge suffisante pour établir l'équilibre; cette charge sera laissée en place pendant tous les essais.

Le fléau étant mis en liberté puis arrêté, à plusieurs reprises, la partie mobile de l'appareil ne subit pas de choc; aucune secousse et aucun frottement du mécanisme n'appliquant au fléau une force perturbatrice de l'action de la pesanteur, il reste immobile. Si on imprime un léger mouvement d'oscillation à l'appareil rendu libre, l'amplitude des oscillations est égale de part et d'autre et ne diminue qu'avec lenteur. Finalement, l'aiguille revient prendre sa position d'équilibre en face du zéro de la graduation. Cette épreuve doit être répétée plusieurs fois.

En mettant un poids de 50 grammes sur l'un des plateaux, puis en établissant l'équilibre avec une tare placée sur l'autre, le mécanisme qui met en liberté le fléau continue à fonctionner sans communiquer aucun mouvement à celui-ci, ni par frottement, ni par choc. De plus, en ajoutant sur l'un des plateaux un poids très faible, 1 milligramme ou 1 demi-milligramme par exemple, le fléau se déplace notablement. Une bonne balance indique ainsi très nettement 1 dixième de milligramme par un écart bien marqué de l'aiguille. Enfin, si on transporte le poids de 50 grammes du premier plateau sur le second, en reportant à sa place la tare qui lui faisait équilibre, cet équilibre subsiste lorsque les bras du fléau sont égaux.

Un essai semblable, pratiqué en mettant sur un plateau la charge maximum que peut porter la balance et en équilibrant avec une tare, puis en déposant sur l'un des plateaux le poids minimum que l'instrument est destiné à indiquer dans ces conditions, ne doit pas donner un déplacement de l'aiguille beaucoup moindre que lorsqu'on agit de même avec une charge plus faible.

15. POIDS. — Pour les balances communes les poids ordinaires du commerce suffisent, mais en analyse il est indispensable de faire usage de poids spéciaux, très exactement ajustés. Une série de poids partant de 100 grammes et diminuant jusqu'au milligramme répond à peu près à tous les besoins. Jusqu'au gramme, ces poids sont en laiton, de forme cylindrique, et portent à la partie supérieure un bouton vissé qui permet de les saisir; les charges destinées à leur ajustement sont placées dans une cavité que ferme la vis du bouton. Les divisions du gramme sont

en platine; elles sont généralement formées par des feuilles de métal laminé, découpées en fragments carrés et portant une marque estampée, indicatrice de leur poids. Tous les poids se renferment dans une boîte appropriée (fig. 6), où ils sont rangés par ordre de pesanteur décrois-

sante; leurs cases ont des grandeurs et des formes variées, permettant de distinguer le poids qui doit se ranger dans chacune d'elles.

Les poids de précision ne doivent jamais être touchés avec les doigts, l'humidité ne tardant pas à les altérer; on les manie à l'aide d'une petite pince à ressorts, qui trouve place avec eux dans la boîte; on saisit les poids cylindriques par leur bouton et les poids plats par l'un de leurs angles que l'on a relevé légèrement à cet effet.

On évite d'ordinaire l'altération des poids de laiton en les dorant galvaniquement ou en les plati-

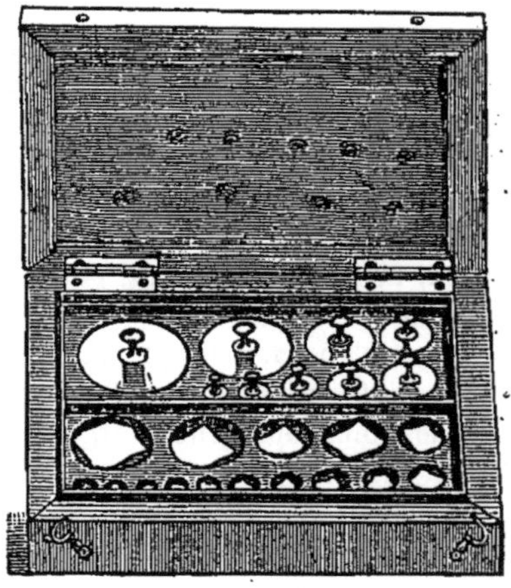

Fig. 6. — Boîte de poids.

nant. On se sert aussi de divisions du gramme en laiton, mais ces poids sont peu recommandables à cause de la facilité avec laquelle ils s'oxydent; à défaut du platine, l'aluminium doit être préféré.

16. Essai des poids. — Les poids fournis par les bons constructeurs sont suffisamment exacts d'ordinaire. Leur vérification est cependant toujours utile, particulièrement pour les petites divisions. Voici comment on fait cette vérification :

On place un des poids de la série, celui de 2 grammes par exemple, sur l'un des plateaux et, à l'aide d'une tare mise sur l'autre plateau, on établit l'équilibre. On enlève alors ce poids et on le remplace à diverses reprises par des poids plus faibles dont la somme forme également 2 grammes, en variant toutes les fois les manières de composer cette somme : on emploie un autre poids de 2 grammes, ou bien deux poids de 1 gramme, ou bien encore un poids de 1 gramme avec un poids de 50 centigrammes, un poids de 20 centigrammes, deux poids de 10 centigrammes, un poids de 5 milligrammes, un poids de 2 milligrammes, deux poids de 1 milligramme et deux poids de 1 demi-milligramme, etc. En effectuant ces substitutions, l'équilibre subsiste dans tous les cas si les poids sont exacts; tout-au moins l'erreur observée ne doit-elle pas atteindre un dixième de milligramme. On opère de même avec tous les poids de laiton, en faisant intervenir dans les équilibres, tantôt des poids égaux, tantôt un ensemble de leurs divisions.

On constate ainsi que tous les poids présentent entre eux les relations voulues, ce qui est le plus important. Il reste à savoir si la valeur de l'unité, c'est-à-dire du gramme, est bien conforme au gramme normal; cela n'est nullement indispensable pour les analyses courantes, les poids relatifs étant ce qu'il importe surtout d'établir. La comparaison de l'un quelconque des poids de la série avec un poids étalon de même valeur est au contraire indispensable lorsqu'on doit faire intervenir les conversions de volumes en poids ou réciproquement (§ 25), la relation du gramme et du centimètre cube devant être alors maintenue exactement; or ces conversions se présentent assez fréquemment pour les liquides et pour les gaz.

17. PESÉES PRÉCISES. — La balance doit être installée dans un local à température uniforme, hors de l'atteinte des rayonnements du soleil ou des appareils de chauffage. La tablette sur laquelle elle repose doit être dans les meilleures conditions de stabilité et à l'abri des trépidations; une planche très épaisse, ou mieux encore une dalle de pierre, scellée dans un gros mur, sont d'excellents supports ; l'instrument s'y trouve maintenu par les vis de calage dans la position où les axes de rotation sont horizontaux, ce qui est indiqué par la bulle d'air du niveau. La balance est d'ailleurs placée à une hauteur convenable pour que l'opérateur assis devant elle puisse peser commodément.

Quelle que soit la méthode suivie lors des pesées, il est certains principes dont on ne saurait se départir sans mettre rapidement la balance hors d'usage. Ce sont les suivants : 1° *on ne fait aucun mouvement sur la balance*, tel que poser ou enlever le corps à peser, les tares ou les poids si faibles qu'ils soient, déplacer le cavalier, etc., *sans la mettre préalablement au repos; 2° on ne place jamais sur les plateaux un corps autre que les poids, sans interposer un vase taré, de verre ou de métal; 3° les substances émettant des vapeurs capables d'attaquer les matériaux dont la balance est construite ne sont pesées que dans des vases fermés et tarés.*

18. Lorsque la balance est à la fois sensible et exacte, lorsque ses plateaux sont bien équilibrés, on peut employer la pesée directe (§ 3); toutefois cette pratique ne saurait être recommandée puisqu'elle suppose la perfection permanente de l'instrument. Aussi se sert-on à peu près exclusivement de la double pesée dont nous avons dit les avantages (§ 4), mais on l'applique de diverses manières. Nous indiquerons seulement la marche suivante qui répond à tous les besoins et qui, en évitant de faire des tares nombreuses, économise beaucoup de temps; c'est à elle que s'applique plus spécialement le nom de *pesée par substitution*.

On place sur le plateau de droite un poids suffisamment lourd pour qu'on n'ait pas à en peser de plus considérable pendant toute la série des expériences, mais ne chargeant cependant pas la balance plus qu'il ne convient, soit un poids de 100 grammes. Sur le plateau de gauche, on ajuste une tare (§ 5) faisant exactement équilibre à ce poids. Cette tare, destinée à servir à peu près indéfiniment, pourra être faite dans un flacon bouché et numéroté ; elle restera ainsi invariable. Dans ces conditions, si après avoir déposé sur le plateau de droite un objet à peser, il faut, pour établir l'équilibre, lui ajouter un poids déterminé, soit 30 grammes, cet objet pèse exactement 100 — 30 grammes, soit

70 grammes. Une seule opération donne ainsi une pesée exacte, sans qu'il soit nécessaire de faire la tare pour chaque expérience. De plus, la charge de la balance demeurant constante, il en est de même de sa sensibilité. Avant toute pesée ultérieure, on devra vérifier que l'équilibre subsiste entre la tare que l'on a conservée et un poids de 100 grammes; cette précaution est particulièrement indispensable lorsque plusieurs personnes font alternativement usage de la même balance.

La plus simple de toutes les tares, comme la plus facile à retrouver toujours constante, est évidemment un poids marqué: lorsqu'on l'emploie, on commence par déterminer la somme de poids qui, placée sur le plateau de droite, lui fait équilibre, puis c'est de cette somme et non plus d'un chiffre rond, comme il vient d'être dit, que l'on part pour calculer par différence la pesée.

19. Il est commode d'avoir quelques vases de verre ou de métal, pesés à l'avance, que l'on distingue par des numéros. On évite de faire constamment la tare des vases employés dans les pesées; une simple vérification, qu'on exécute sans tâtonnements, permet de constater que leur poids ne s'est pas modifié par un accident quelconque. Veut-on peser un poids déterminé d'une substance? on dépose sur le plateau de droite un de ces vases, puis, à côté de lui, un ensemble de poids qui, additionné au sien, forme la différence entre les 100 grammes faisant équilibre à la tare et le poids de substance à peser; il ne reste plus alors qu'à mettre dans le vase une quantité de cette substance établissant l'équilibre.

20. Pour effectuer la pesée, après chaque addition ou soustraction d'un poids, on met le fléau en liberté et on observe les oscillations. La pesée est exacte lorsque les déplacements de l'aiguille sont symétriques par rapport au point zéro. Sinon, après avoir fixé le fléau, on charge ou on décharge le plateau de droite, suivant que le maximum d'amplitude est à droite ou à gauche.

D'ailleurs, pour peser vite, il faut suivre une méthode régulière et constante dans l'usage des poids et non essayer un peu au hasard ceux de ces poids que l'on juge les plus voisins de la vérité. L'objet étant sur le plateau de droite, on dépose à côté de lui le poids que l'on estime être immédiatement supérieur à celui qui serait nécessaire pour parfaire 100 grammes; on constate que le poids de 50 grammes, par exemple, est trop lourd; on le remplace par le poids immédiatement inférieur, celui de 20 grammes, qui se trouve, je suppose, trop faible; on ajoute le poids suivant, 10 grammes, puis celui de 5 grammes, qui se trouve trop fort; on substitue à ce dernier celui qui le suit, soit 2 grammes, lequel est insuffisant; on en ajoute alors un second semblable, puis un poids de 1 gramme. Ce dernier seulement formant un poids total trop fort, on l'enlève. Il est dès lors certain que la somme des poids à employer est supérieure à $20 + 10 + 2 + 2 = 34$ grammes, mais inférieure à 35 grammes. On opère ensuite pour les décigrammes comme on l'a fait pour les grammes eux-mêmes, puis pour les centigrammes, puis enfin pour les milligrammes et les fractions de milligramme en se servant ou non des cavaliers (§ 8). En résumé, pour chaque groupe de poids, on va en resserrant constamment les limites entre lesquelles se trouve compris le poids cherché. Ce procédé paraît souvent long aux commençants, il est en réalité le plus rapide.

Les derniers essais d'équilibre portant sur les poids les plus faibles ne doivent être faits que dans la cage de la balance maintenue fermée, afin d'éviter les perturbations dues aux courants d'air.

21. NOTATION DES PESÉES. — L'équilibre étant obtenu, il faut *reconnaître et noter les poids* qui le produisent. Ici encore, une méthode régulière, que l'on suit invariablement, permet seule d'éviter des erreurs capables d'entraîner la perte de longues opérations. La somme des poids ne doit pas être faite une fois seulement. La boîte contenant des cases d'une grandeur particulière pour chaque sorte de poids, on commence par compter les poids qui sont sur la balance, en observant les cases restées vides. Après avoir noté le résultat, on enlève les poids du plateau pour les transporter sur un objet plan, tel que la lame de glace dont on recouvre les poids carrés dans la boîte, et là on les compte à nouveau; ils ne sont replacés dans leurs cases qu'après constatation de l'identité des deux résultats. On fait parfois la seconde supputation en remettant les poids à leurs places, mais cette pratique n'est pas satisfaisante: quand ensuite, on constate une différence entre les résultats, les poids se trouvent replacés, toute vérification est devenue impossible et, pour décider entre les deux nombres, il est nécessaire de recommencer la pesée.

22. La notation méthodique des chiffres fournis par la pesée doit être également recommandée. Elle permet de retrouver après un long temps, sur le *cahier d'analyses*, comment un résultat a été obtenu, d'utiliser plus tard des chiffres délaissés à l'origine, de reconnaître facilement les erreurs dans les calculs, et surtout de simplifier beaucoup ces derniers. En principe, un nombre à retrancher d'un autre doit être écrit au-dessous de celui-ci. Il est avantageux de n'inscrire les pesées que sur le recto des feuilles du cahier, réservant pour les calculs le verso de la feuille précédente. On met le résultat final bien en évidence, de façon qu'on le trouve facilement. Nous donnerons ici deux exemples de notation d'analyses qui tiendront lieu de toute autre explication.

1.

Dosage de l'*acide sulfurique*, $S^2H^2O^3$, dans le *sulfate de soude* n° 133 (1).

Verres de montre M vides .... 50 gr.	—	23,612
» pleins............. »	—	23,195
Matière...................................		0,417

(1) Ce chiffre correspond à une indication du *livre d'expériences* et fait connaître l'origine de la substance analysée.

Creuset Pt n° 2 avec couvercle, vide............ 50 gr. — 5,630
»   »   plein...........   »   — 5,327
                                                        ─────────
                                                          0,303
Cendres du filtre   0,002
Sulfate de baryte..........................   ─────────
                                                          0,301

Trouvé : $S^2H^2O^8$...........................   30,36 p. 100
Théorie :   »   dans $S^2Na^2O^8 + 10H^2O^2$.......   30,43 —

2.

Analyse élémentaire de la matière organique n° 80.

Verres de montre N vides................   Tare B — 43,612
      »   pleins................   »   — 43,302
Matière................................   ─────────
                                                       0,310
Tube à eau avant........................   Tare C — 21,423
   »   après........................   »   — 21,263
Eau....................................   ─────────
                                                       0,160
Tube de Liebig avant ....   Tare B — 6,776
      »   après ....   »   — 5,707
C^2O^4 ....   ─────────
                                                       1,069
Tube à potasse fondue avant..............   Tare B — 30,117
      »   après................   »   — 30,115
C^2O^4...............................   ─────────
                                                       0,002
C^2O^4 total...........................   ─────────
                                                       1,071

	Trouvé :	Théorie :	$C^{28}H^{10}$
Carbone	94,21		94,38
Hydrogène	5,70		5,62
	99,91		100,00

23. Dans la plupart des analyses, on n'a pas besoin de tenir compte de l'erreur due à l'air déplacé pendant les pesées des corps solides ou liquides, la densité de l'air étant très faible par rapport à celle de ces corps ; cette erreur est d'ailleurs négligeable si on la compare à celles qu'entraîne la pratique des réactions. Nous ne nous arrêtons pas ici sur les corrections à faire dans le cas contraire ; elles sont développées par la plupart des traités de physique (voy. aussi § 33).

24. ÉTAT DU CORPS PESÉ. — Les substances susceptibles d'absorber facilement la vapeur d'eau atmosphérique, ainsi que celles qui émettent des vapeurs à la température ordinaire, doivent être pesées en vases clos. Lorsqu'elles sont solides, on les enferme entre deux verres de montre (fig. 7) dont une feuille de laiton percée de deux fentes parallèles, maintient les bords rodés appliqués exactement l'un sur l'autre ; on les pèse également dans un petit tube de verre, fermé à la lampe à une extrémité et bouché à l'autre par un bouchon de liège ou de verre. Quand il s'agit de liquides, on les introduit dans une petite ampoule en

verre soufflé ou dans tout autre vase clos et approprié à la nature de l'opération que l'on se propose de faire.

Un objet ne doit être pesé que lorsqu'il se trouve à la température de la cage de la balance. S'il est plus chaud, il dilate l'air qui le touche; celui-ci devenu plus léger prend un mouvement ascensionnel qui soulève le plateau et fausse le résultat. S'il est plus froid, une perturbation en sens contraire se produit.

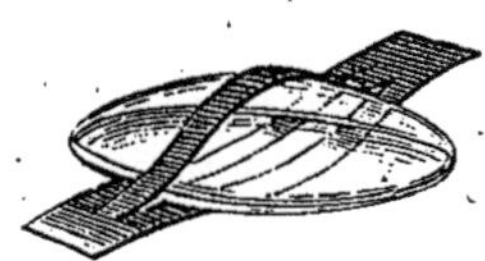

Fig. 7. — Verres de montre.

Pour éviter les erreurs dues à l'humidité atmosphérique qui se fixe inégalement sur les objets, on laisse ceux-ci prendre la température ambiante dans une enceinte desséchée (voy. chap. IX, *Dessiccation*) et on maintient constamment sèche (§ 12) l'atmosphère de la cage de la balance où on les transporte au moment de la pesée.

25. SUBSTITUTION DU MESURAGE DES VOLUMES A LA PESÉE. — La simplicité de la relation qui existe entre le volume V d'un corps, son poids P et sa densité D, fait que pour les liquides usuels, dont la densité est bien connue, on remplace fréquemment la pesée par le mesurage du volume. On sait, en effet, que le poids d'un corps est égal à son volume multiplié par sa densité, $P = VD$; le même fait peut s'exprimer en disant que le volume d'un corps est égal à son poids divisé par sa densité, $V = \dfrac{P}{D}$, la seconde formule étant une transformation de la première. Il résulte de là que lorsqu'il s'agit d'opérer sur le poids P d'un liquide de densité connue, on peut, au lieu de peser ce liquide, en mesurer un nombre de centimètres cubes V, égal au quotient du nombre de grammes P par la densité D.

Supposons, par exemple, que l'on ait à employer 1000 grammes d'acide azotique ordinaire, de densité 1,383; le quotient de 1000 par 1,383 étant 723, il suffira de mesurer 723 centimètres cubes de cet acide azotique pour en avoir 1000 grammes.

26. DENSITÉS. — A la détermination des poids se rattache celle des densités; or ces dernières importent à la caractéristique des substances chimiques.

Les méthodes qui permettent de prendre la densité des corps sont décrites dans les traités de physique; nous ne les rapporterons pas ici. Nous dirons seulement qu'on doit disposer dans un laboratoire de quelques flacons à densités pour solides et liquides, ainsi que d'aréomètres à volume variable.

Parmi ces derniers, les plus indispensables sont les *densimètres*, c'est-à-dire des aréomètres gradués d'après Brisson, de telle manière que le point d'affleurement de l'instrument plongé dans un liquide donne la densité de ce liquide, l'eau à $+4°$ étant prise pour unité; le chiffre lu sur la tige exprime donc également, en kilogrammes, le poids d'un litre du liquide dont il s'agit.

Un densimètre applicable aux liquides plus denses que l'eau, et un autre applicable aux liquides moins denses, suffisent pour les déterminations approchées; mais si on désire une précision plus grande, on doit disposer d'une suite d'instruments très sensibles, à tiges fines, fonctionnant chacun entre des densités peu écartées, et capables cependant, par leur ensemble, d'indiquer toutes les densités comprises entre 0,70 et 1,85, c'est-à-dire toutes celles que présentent les liquides usuels.

On se sert fréquemment aussi des *aréomètres de Baumé, de Beck, de Cartier, de Brix, de Balling*, etc., mais ces instruments ne sont nullement indispensables et les densimètres les remplacent avantageusement. Les densimètres sensibles, en série complète, remplacent mieux encore cette multitude d'instruments spéciaux que l'on préconise parfois, tels que les *pèse-vinaigre, pèse-huile, pèse-urine, pèse-lait, pèse-éther, pèse-sirop,* etc., le seul prétexte donné à l'existence de ces appareils étant leur sensibilité entre les limites étroites où sont le plus souvent comprises les densités du vinaigre, de l'huile, de l'urine, du lait, des éthers, des sirops, etc.

27. *Aréomètres.* — Toutefois, les indications relatives à la densité étant souvent données en degrés aréométriques des échelles variées encore en usage dans divers pays, nous indiquerons ici le moyen de calculer la densité qui correspond à un degré quelconque des aréomètres usités.

Soit g le degré marqué par un aréomètre, f un facteur particulier à chaque mode de graduation et x la densité cherchée, correspondante au degré g, la formule $x = \dfrac{f}{f - g}$ donnera la valeur de x pour les liquides plus lourds que l'eau; dans le cas des liquides plus légers que l'eau, cette formule deviendra $x = \dfrac{f}{f + g}$. Le facteur particulier à chaque mode de graduation sera : $f = 144$ pour l'échelle de Baumé (liquides plus lourds que l'eau), telle que les constructeurs l'établissent d'ordinaire (T $= 12°,5$); $f = 148,5$ pour la même échelle rectifiée par MM. Berthelot, Coulier et d'Alméida conformément à la définition donnée par Baumé; $f = 170$ pour l'échelle de Beck (T $= 12°,5$); $f = 400$ pour l'échelle de Brix (T $= 15°,6$); $f = 166$ pour l'échelle de Stoppani; $f = 200$ pour l'échelle de Balling (T $= 17°,5$).

Avec l'aéromètre de Baumé destiné aux liquides plus légers que l'eau, la formule donnant la densité est $x = \dfrac{144}{134 + g}$ (T $= 12°,5$). Pour l'échelle de Cartier la formule à employer est un peu différente : $x = \dfrac{136,8}{126,1 + g}$. L'aréomètre de Twaddle, usité en Angleterre, exige aussi l'emploi d'une formule spéciale : $x = 1 + 0,005\, g$.

Au surplus, les tables suivantes font connaître les densités qui correspondent aux degrés des aréomètres encore employés en France.

POIDS ET MESURES.

DENSITÉS CORRESPONDANTES AUX DEGRÉS DES ARÉOMÈTRES.

Liquides plus lourds que l'eau.

Degrés.	Densités correspondantes pour l'aréomètre de Baumé		Degrés.	Densités correspondantes pour l'aréomètre de Baumé	
	à échelle ordinaire. (T = 15°).	à échelle rectifiée (1). (T = 12°,5).		à échelle ordinaire. (T = 15°).	à échelle rectifiée (1). (T = 12°,5).
0	1,0000	0,9995	38	1,3574	1,343
1	1,0069	1,0061	39	1,3703	1,355
2	1,0140	1,0131	40	1,3834	1,367
3	1,0212	1,0201	41	1,3968	1,380
4	1,0285	1,0271	42	1,4105	1,393
5	1,0358	1,0341	43	1,4244	1,406
6	1,0434	1,0411	44	1,4386	1,4195
7	1,0509	1,0486	45	1,4531	1,4335
8	1,0587	1,0561	46	1,4678	1,4475
9	1,0665	1,0641	47	1,4828	1,4615
10	1,0744	1,0716	48	1,4984	1,476
11	1,0825	1,0791	49	1,5141	1,491
12	1,0907	1,0871	50	1,5301	1,506
13	1,0990	1,0951	51	1,5466	1,5215
14	1,1074	1,1031	52	1,5633	1,537
15	1,1160	1,1116	53	1,5304	1,5535
16	1,1247	1,1201	54	1,5978	1,570
17	1,1335	1,1286	55	1,6158	1,587
18	1,1425	1,1371	56	1,6342	1,604
19	1,1516	1,1461	57	1,6529	1,621
20	1,1608	1,1551	58	1,6720	1,639
21	1,1702	1,164	59	1,6916	1,6575
22	1,1798	1,173	60	1,7116	1,676
23	1,1896	1,1825	61	1,7322	1,6949
24	1,1994	1,192	62	1,7532	1,7149
25	1,2095	1,2015	63	1,7748	1,7349
26	1,2198	1,211	64	1,7969	1,7554
27	1,2301	1,221	65	1,8195	1,7764
28	1,2407	1,231	66	1,8428	1,7979
29	1,2515	1,2415	67	1,8667	1,8299
30	1,2624	1,252	68	1,8712	1,8424
31	1,2736	1,263	69	1,9163	1,8659
32	1,2849	1,2735	70	1,9421	1,8899
33	1,2965	1,284	71	1,9686	1,9149
34	1,3082	1,296	72	1,9958	1,9389
35	1,3202	1,307	73	2,0238	1,9649
36	1,3324	1,319	74		1,9909
37	1,3447	1,331	75		2,01793

DENSITÉS CORRESPONDANTES AUX DEGRÉS DES ARÉOMÈTRES.

Liquides plus légers que l'eau.

Degrés.	Densités correspondantes pour l'aréomètre		Degrés.	Densités correspondantes pour l'aréomètre	
	de Baumé.	de Cartier.		de Baumé.	de Cartier.
10	1,000		22	0,923	0,924
11	0,993	1,000	23	0,917	0,917
12	0,986	0,992	24	0,911	0,911
13	0,980	0,984	25	0,906	0,905
14	0,973	0,976	26	0,900	0,899
15	0,966	0,969	27	0,894	0,893
16	0,960	0,962	28	0,889	0,887
17	0,953	0,956	29	0,883	0,882
18	0,947	0,949	30	0,878	0,876
19	0,941	0,942	31	0,873	0,870
20	0,935	0,936	32	0,867	0,865
21	0,929	0,930	33	0,862	0,859

(1) Les chiffres de cette colonne correspondent au poids en kilogrammes d'un litre de liquide *pesé dans le vide.*

Liquides plus légers que l'eau (suite).

Degrés.	Densités correspondantes pour l'aréomètre		Degrés.	Densités correspondantes pour l'aréomètre	
	de Baumé.	de Cartier.		de Baumé.	de Cartier.
34	0,857	0,854	48	0,791	0,785
35	0,852	0,849	49	0,787	0,780
36	0,847	0,843	50	0,783	0,776
37	0,842	0,838	51	0,778	0,771
38	0,837	0,833	52	0,774	0,767
39	0,832	0,828	53	0,770	0,763
40	0,828	0,823	54	0,766	0,759
41	0,823	0,819	55	0,762	0,755
42	0,818	0,814	56	0,758	0,751
43	0,813	0,809	57	0,754	0,747
44	0,809	0,804	58	0,750	0,743
45	0,804	0,800	59	0,746	0,739
46	0,800	0,795	60	0,742	0,735
47	0,796	0,790			

2.

DÉTERMINATION DES VOLUMES.

28. Mesurage des liquides. — Pour les liquides, les indications relatives aux quantités sont parfois fournies en volume; en outre, on vient de voir (§ 25) qu'il est souvent possible de substituer le mesurage de leur volume à leur pesée. Le mesurage s'effectue alors au moyen de vases de verre *jaugés* ou *divisés* qui, depuis Descroizilles, sont fort employés en analyse volumétrique. Les gaz, plus encore que les liquides, sont mesurés plutôt que pesés, mais leur maniement et par suite leur mesurage, présentent des particularités qui nous font renvoyer à un chapitre spécial ce qui touche à la manipulation de ces fluides (voy. chap. XII).

Quand le liquide mouille le verre, il est nécessaire de distinguer comment le vase mesureur a été construit. Il n'y a pas identité, en effet, entre le volume du liquide qui s'y trouve et celui qui s'en écoule quand on vient à le vider, une notable proportion de la substance restant, dans le second cas, fixée au verre par capillarité. Cette proportion est trop considérable pour qu'il soit possible de la négliger. On dispose donc certains vases pour contenir un volume donné de liquide (*vases jaugés par remplissage*) et d'autres pour fournir ce volume de liquide lorsqu'on les vide d'une manière déterminée (*vases jaugés par écoulement*).

Le même fait rend impraticable le mesurage des liquides visqueux, à moins que ceux-ci ne doivent être ensuite mélangés à d'autres liquides avec lesquels le vase mesureur puisse être lavé.

On doit d'ailleurs distinguer les instruments *jaugés* qui sont destinés à mesurer une quantité fixe de liquide, des instruments *gradués* qui permettent d'en mesurer des quantités variables. Nous parlerons d'abord des premiers.

29. Vases jaugés. — On désigne sous le nom de vases jaugés des récipients de verre, de formes diverses, contenant, lorsqu'ils sont remplis

jusqu'à un point de repère déterminé, un volume exactement connu de
liquide. Le point de repére est d'ordinaire une ligne de niveau, gravée
sur le verre à l'acide fluorhydrique ou au diamant. Cette ligne se trouve
comprise dans le plan de la surface du liquide, lorsque le vase contient
le volume précis pour lequel il a été jaugé; regardée horizontalement,
elle se confond avec cette surface. Quand la section du vase est petite
au niveau du liquide; la capillarité intervient pour donner à la surface
la forme d'un ménisque concave; le plan horizontal passant par la
ligne de jauge doit alors être tangent au ménisque.

Les *vases jaugés par remplissage* ainsi construits contiennent donc un
volume exactement connu de matière, mais laissent écouler, quand on
les vide, un volume moindre que celui pour lequel a été tracée la ligne
de jauge.

D'ordinaire, on grave dans le voisinage du trait de jauge quelques
caractères indiquant le volume auquel il correspond.

L'erreur faite en mesurant avec un vase de ce genre dépend de
diverses circonstances. Elle est notamment proportionnelle à la surface
du liquide, les écarts dans l'observation des niveaux étant à peu près
indépendants du diamètre du vase; il est donc nécessaire de choisir des
vases dans lesquels l'étendue de cette surface soit faible. Les plus employés sont les éprouvettes cylindriques (fig. 8) et surtout les fioles à fond

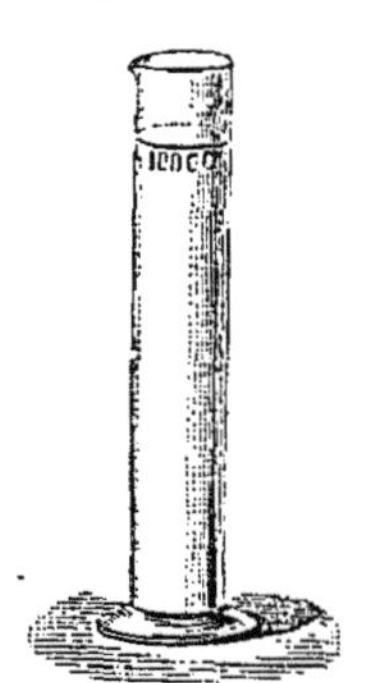
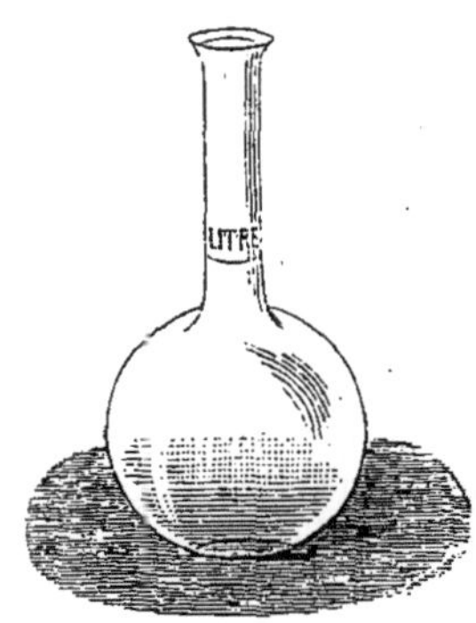

Fig. 8. — Éprouvette jaugée.   Fig. 9. — Carafe jaugée.

plat ou les carafes (fig. 9); le niveau du liquide se trouvant compris
dans le col étroit de ces dernières, leur forme est particulièrement
favorable.

30. *Vérification d'un vase jaugé.* — Une série de carafes ou de fioles jaugées
de 2 litres, de 1 litre et des divisions du litre jusqu'à 100 et même 50 centimètres cubes, est d'un usage fréquent. On trouve dans le commerce les différentes pièces qui la composent; toutefois l'exactitude de leur jaugeage
laissant souvent à désirer, il est nécessaire de les vérifier avant d'en faire
usage. La vérification se fait par des pesées pour lesquelles on se sert de
balances d'autant plus sensibles qu'on recherche une plus grande approximation; toutefois on ne doit pas oublier que la précision avec laquelle on

peut apprécier directement la coïncidence du trait de jauge et de la surface liquide est assez limitée.

On place sur le plateau d'une balance le vase à vérifier, parfaitement propre et sec, avec des poids formant un nombre de grammes égal à celui des centimètres cubes qu'il doit contenir, avec 250 grammes par exemple, s'il s'agit de contrôler la contenance d'un vase de 250 centimètres cubes. On fait ensuite l'équilibre avec une tare placée sur le second plateau. Enlevant alors les poids du premier plateau, on verse dans le vase de l'eau distillée froide jusqu'à rétablissement de l'équilibre, en ayant soin de ne laisser échapper aucune gouttelette liquide au dehors du vase ou sur le plateau : 1 gramme d'eau, à des températures peu éloignées de $+4°$, occupant sensiblement 1 centimètre cube, le niveau du liquide doit correspondre au trait de jauge, si le volume du vase a été marqué exactement. On peut, d'ailleurs, apprécier l'erreur faite par le constructeur, en remplissant exactement le vase d'eau jusqu'au trait, et en déterminant les poids à ajouter pour rétablir l'équilibre, soit sur le premier plateau, soit sur le second, suivant que le volume marqué est trop faible ou trop fort.

31. *Jaugeage d'un vase.* — Si, au lieu de vérifier un vase déjà jaugé, on veut en jauger un soi-même, on opère d'une manière analogue. On choisit d'abord un vase de grandeur convenable ; pour cela, on verse dans ceux que l'on essaye un poids d'eau pesé grossièrement et correspondant au volume voulu : le niveau doit arriver dans le col, mais au-dessous de la moitié de sa hauteur. On met ce vase *sec et propre* sur le plateau de la balance avec un nombre de grammes égal à celui des centimètres cubes qu'il doit mesurer, puis on fait la tare ; on enlève alors les poids marqués, et on verse de l'eau dans le vase avec les précautions nécessaires, jusqu'à rétablissement de l'équilibre. On porte le vase sur une table horizontale, on colle sur son goulot une bande de papier étroite et verticale, marquée d'un trait à l'encre que l'on fait coïncider exactement avec le niveau du liquide ; un rayon visuel horizontal, dirigé tangentiellement à la partie inférieure du ménisque, doit rencontrer ce trait. Après dessiccation et fixation du papier, on vide le vase de liquide, et il ne reste plus qu'à tracer, à la hauteur du trait, une ligne de niveau sur toute la circonférence du col. On grave cette ligne soit à l'acide fluorhydrique, soit au diamant à écrire (voy. *Écrire sur le verre*), et on marque au-dessus d'elle, par quelques caractères, le volume auquel elle correspond. Cette ligne circulaire est difficile à tracer bien régulièrement sans le secours d'un tour.

32. INFLUENCE DE LA TEMPÉRATURE. — La température agit d'une manière sensible pour troubler l'exactitude du mesurage des liquides. Il est évident que la matière du vase étant dilatable, le volume n'est fixé avec précision que pour la température à laquelle le vase a été construit. De plus, si l'erreur sur le volume tient exclusivement à la dilatation du contenant, l'erreur sur la quantité dépend aussi de la dilatation du liquide. Toutefois dans beaucoup d'analyses volumétriques, surtout lorsqu'il s'agit de déterminer les proportions des réactifs à employer dans une opération, l'influence de la température peut être négligée si les écarts ne sont pas considérables.

33. Pour être exact, on devrait opérer le jaugeage, la vérification et le mesurage à $+4°,07$, puisque c'est à cette température seulement que le centi-

mètre cube d'eau pèse 1 gramme. De plus, les pesées étant faites dans l'air, celui-ci intervient aussi pour fausser les résultats. Il est facile d'apprécier l'importance des erreurs commises.

Celle qui est due à la dilatation de l'eau est bien connue. Le tableau suivant (M. Rosetti) indique les volumes occupés à diverses températures par une masse d'eau mesurant exactement 1 litre à $+4°,07$, ainsi que les densités de l'eau aux mêmes températures, celle de ce liquide à $4°,07$ étant prise pour unité.

DENSITÉS ET VOLUMES DE L'EAU

à diverses températures.

Températures.	Densités.	Volumes.	Températures.	Densités.	Volumes.
4°,07	1,0000000	1,0000000	17°	0,99884	1,00116
5	0,9999939	1,0000061	18	0,99866	1,00135
6	0,9999727	1,0000273	19	0,99847	1,00155
7	0,9999380	1,0000620	20	0,99826	1,00175
8	0,9998910	1,0001090	21	0,99805	1,00197
9	0,99982	1,00018	22	0,99782	1,00220
10	0,99975	1,00025	23	0,99759	1,00242
11	0,99965	1,00035	24	0,99735	1,00266
12	0,99955	1,00045	25	0,99711	1,00290
13	0,99944	1,00056	26	0,99686	1,00315
14	0,99930	1,00070	27	0,99659	1,00342
15	0,99916	1,00084	28	0,99632	1,00370
16	0,99901	1,00099	29	0,99604	1,00399

Le nombre de grammes que pèse 1 litre d'eau correspondant aux densités, on voit qu'à 16° l'erreur est de 1 millième ou 1 centimètre cube; à 21°, de 2 millièmes ou 2 centimètres cubes; à 25°, de 3 millièmes ou 3 centimètres cubes; et à 29°, de 4 millièmes ou 4 centimètres cubes. Elle croît donc rapidement avec la température.

L'influence de l'air dans la pesée n'est pas non plus négligeable. A 15°, par exemple, 1 litre d'air, supposé sec et à la pression $0^m,760$, pèse $1^{gr},225$ $= \dfrac{1,293}{1+\alpha t} = \dfrac{1,293}{1+0,00366 \times 15}$. On prend donc $1^{gr},225$ d'eau en trop quand on jauge une carafe de 1 litre à cette température. D'autre part, le poids en laiton de 1 kilogramme servant à la pesée déplace à la même température un poids d'air huit fois moins grand, la densité du laiton étant voisine de 8, soit $0^{gr},153 = \dfrac{1,225}{8}$, ce qui corrige d'autant l'erreur précédente et la ramène à $1^{gr},225 - 0^{gr},153 = 1^{gr},072$. L'influence de l'air décroît avec la température.

Négligeant les variations dues à l'humidité et aux changements de pression de l'air, et conservant le même exemple, faisons sur lui la correction due aux deux influences. Le tableau ci-dessus indique que le poids d'eau occupant 1 litre à 15° est $999^{gr},16$, puisque la densité est 0,99916. D'autre part, la pesée doit être encore diminuée de $1^{gr},072$ pour corriger l'intervention de l'air. Il faudra donc peser $999^{gr},16 - 1^{gr},072 = 998^{gr},088$ d'eau pour que ce liquide occupe exactement le volume de 1 litre.

Enfin, à toute température autre que celle à laquelle il a été construit, le vase jaugé ne contiendra plus exactement le volume marqué. En effet, le verre se dilate ou se contracte, mais les changements de volume qui en résultent entraînent des erreurs beaucoup moindres que les précédentes : pour un vase de 1 litre, une variation de température de 10 degrés entraîne une variation de volume de 0,268 de centimètre cube environ. Ajoutons que la température intervient encore en modifiant les phénomènes de capillarité et par suite la forme du ménisque constituant la surface du liquide.

Nous avons donné les chiffres théoriques pour fixer les idées, mais le mesurage des liquides est très loin de permettre l'appréciation de quantités aussi faibles que celles qui correspondent aux dernières décimales des nombres précédents.

34. Ces observations relatives à l'influence de la température sont d'un ordre général ; elles s'appliquent particulièrement aux vases jaugés qui doivent contenir le nombre réel de centimètres cubes marqués sur leur ligne de jauge. Or cette condition de contenance précise n'est pas indispensable, lorsque les instruments en question sont employés dans l'analyse volumétrique. Ce qui importe alors, c'est surtout l'exactitude des relations entre les contenances des différents ustensiles jaugés ou divisés ; c'est que le vase de 1 000 centimètres cubes ait exactement un volume décuple de celui de 100 centimètres cubes, le vase de 200 centimètres cubes un volume double de celui de 100 centimètres cubes, etc. Or cette condition est réalisée lorsque tous les vases ont été construits ou vérifiés à une température quelconque, mais identique pour tous, laquelle est généralement la température moyenne du laboratoire. C'est dans ces circonstances que sont construits la plupart des vases jaugés d'usage commun. Quand on connaît la température à laquelle ils ont été réglés, il est toujours facile, en s'appuyant sur les données fournies plus haut, de calculer leur contenance réelle.

35. Pipettes jaugées. — Les pipettes jaugées (fig. 10) sont des instruments qui fournissent, lorsqu'on les vide d'une manière déterminée, un volume constant de liquide ; elles contiennent par conséquent une quantité de ce dernier un peu supérieure ; ce sont des *vases jaugés par écoulement*, Leur forme les rend surtout propres à la mesure des petits volumes : la surface du liquide, s'y trouvant comprise dans un tube étroit, est assez peu étendue pour que l'erreur commise dans le mesurage soit faible. Cette surface prend par capillarité une forme concave prononcée. La ligne de jauge est tracée circulairement sur toute la circonférence du tube et de la même manière que pour les éprouvettes ou les carafes, c'est-à-dire dans une position telle que le plan qu'elle indique étant placé à la hauteur de l'œil de l'observateur, le ménisque formé par le liquide paraisse tangent à ce plan.

Pour se servir de l'instrument, on plonge sa pointe inférieure dans le liquide et, appliquant les lèvres à l'orifice supérieur, on aspire l'air contenu dans l'appareil ; la pression atmosphérique refoule aussitôt le liquide dans la pipette. On continue à aspirer jusqu'à ce que le niveau ait dépassé le trait de jauge ; introduisant alors l'extrémité du doigt entre les lèvres

Fig. 10. — Pipette jaugée.

et le tube, on ferme exactement ce dernier et on relève l'instrument. L'ouverture inférieure étant étroite et la capillarité s'opposant à la rentrée de l'air dans l'appareil, la pression atmosphérique maintient le liquide et l'empêche de s'écouler. Soulevant ensuite légèrement le doigt, on laisse rentrer une très petite quantité d'air qui provoque l'écoulement goutte à goutte d'une proportion de liquide correspondante, et on continue ainsi jusqu'à ce que le ménisque, s'abaissant dans le tube, devienne exactement tangent au plan marqué par la ligne de jauge. Pour que la pipette soit remplie, il ne reste plus qu'à faire toucher sa pointe à la paroi mouillée du verre contenant le liquide, afin de détacher la goutte qui adhère à cette pointe. On transporte ensuite l'instrument au-dessus du vase destiné à recevoir le liquide mesuré, puis enlevant le doigt qui ferme l'orifice, on laisse écouler spontanément son contenu en appliquant la pointe sur la paroi mouillée du vase, afin de terminer l'écoulement dans les conditions adoptées lorsqu'on a réglé le niveau au trait de jauge. Un certain volume de liquide reste ainsi dans la pointe de la pipette et sur sa surface intérieure, mais si on reproduit des conditions d'écoulement toujours identiques, si par exemple et comme il vient d'être dit, au moment où le liquide cesse de s'écouler, on met la pointe en contact avec une paroi verticale mouillée, on constate que les poids d'un même liquide écoulés à diverses reprises, sont identiques.

Il faut éviter de chasser le liquide de la pipette en soufflant par le tube ; cette pratique est mauvaise, non seulement parce qu'elle amène de la vapeur d'eau qui se condense à l'intérieur, mais aussi parce qu'elle laisse sur le verre des quantités de matière variables avec l'intensité et la prolongation du courant d'air.

La fermeture exacte et facile de l'orifice supérieur par le doigt est, d'après ce qui précède, une condition indispensable. Un certain intérêt s'attache donc à la forme de cet orifice : s'il est large (fig. 10), une forte pression du doigt est nécessaire ; s'il est étroit (fig. 11), le bouchage est plus facile. D'autre part, en étranglant le tube, on rend les nettoyages difficiles. Le plus ordinairement, quand le tube n'est pas trop large, on se contente de lui donner une section bien nette, que l'on use à la meule ou mieux que l'on borde à la lampe (voy. *Border un tube*).

Il est nécessaire de ne pas mouiller l'ouverture avec les lèvres : la présence de l'eau empêche par capillarité un passage très étroit de s'ouvrir pour l'air entre le doigt et le verre, de sorte que les mouvements du liquide se font brusquement et sans régularité, ce qui rend difficile l'ajustage du niveau.

Un point important est que la pipette soit absolument propre. Toute trace de matière grasse, par exemple, qui s'attache à la paroi, empêche l'eau de mouiller régulièrement celle-ci et trouble l'écoulement du liquide. On voit alors ce dernier former des gouttelettes adhérentes au verre. On nettoie la pipette en y agitant pendant quelque temps un mélange d'acide sulfurique et d'acide azotique, ou d'acide sulfurique et de bichromate de potasse, puis en rinçant avec soin.

Les observations faites plus haut relativement à l'action de la température (§ 32 et 33) et de la viscosité des liquides mesurés (§ 28), s'appliquent aux pipettes aussi bien qu'aux vases jaugés.

On donne aux pipettes des contenances variées : 5, 10, 20, 25, 50, 100 et 200 centimètres cubes.

36. *Pipettes jaugées à deux traits.* — Parfois, pour éviter toute incertitude à l'égard de l'écoulement des dernières parties du liquide, on se sert de pipettes à deux traits (fig. 11). Celles-ci portent vers leur partie inférieure un tube effilé, sur lequel on a tracé une ligne semblable à la ligne de jauge : leur contenance est telle que le volume de liquide qu'elles laissent écouler pendant que le niveau passe du trait de jauge supérieur au trait inférieur, soit précisément celui qu'il s'agit de mesurer. L'incertitude relative à l'écoulement de la dernière goutte se trouve ainsi écartée, mais d'autre part les erreurs de lecture de niveau peuvent se produire deux fois au lieu d'une; en outre, il est toujours délicat de régler exactement l'établissement du niveau inférieur. Cette dernière difficulté est supprimée, lorsqu'on adapte au bas de la pipette l'une des fermetures dont il sera question plus loin pour les burettes (§ 45 et 46).

37. *Vérification.* — Pour vérifier une pipette, on tare un vase quelconque, accompagné sur le même plateau de la balance d'un nombre de grammes égal à celui des centimètres cubes qu'on doit mesurer; enlevant ensuite les poids marqués, on laisse écouler dans le vase l'eau fournie par la pipette préalablement remplie jusqu'à la ligne de jauge. Si l'instrument est exact, l'équilibre se trouve rétabli; sinon, il faut ajouter des poids à droite ou à gauche dans la balance, suivant que la contenance est trop faible ou trop forte. Le résultat n'est exact qu'en opérant à + 4°,07, mais on sait que l'égalité de la température suffit dans la plupart des cas (§ 34).

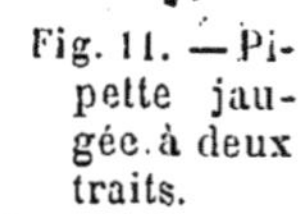

Fig. 11. — Pipette jaugée à deux traits.

38. *Jaugeage.* — Pour jauger une pipette, on opère à peu près de la même façon. On commence par essayer si son volume est convenable; à cet effet, dans un verre à expériences, on pèse grossièrement le poids d'eau voulu, et on l'introduit tout entier dans la pipette par aspiration : le ménisque doit arriver dans le tube, à 4 ou 5 centimètres au-dessus du réservoir. On colle alors sur le tube une bande de papier étroite, portant un trait de plume en coïncidence avec le niveau, puis on laisse écouler le contenu dans un vase taré, ainsi qu'il vient d'être dit pour la vérification (§ 37). Je suppose que l'équilibre ne soit pas établi par insuffisance de liquide. On détermine la valeur de cette insuffisance en plaçant des poids sur le plateau, à côté du vase. On procède alors à une seconde opération, en surélevant le niveau d'une quantité qu'on juge correspondante, et qu'on marque sur la bande par un second trait. Je suppose la deuxième pesée trop forte. On trace alors un troisième trait intermédiaire, puis un quatrième, etc.; par approximations successives, on arrive ainsi à connaître la position exacte que doit avoir la ligne de niveau. Finalement, on grave celle-ci comme il a été dit pour les vases jaugés, c'est-à-dire au diamant ou à l'acide fluorhydrique (voy. *Écrire sur le verre*).

Quand on pèse à plusieurs reprises le contenu d'une pipette, on observe des différences entre les pesées, bien qu'on cherche à se placer dans des conditions identiques. Sur une pipette de 10 centimètres cubes, l'erreur est voisine de 1 millième, soit de 1 centigramme; elle est plus forte pour les pipettes plus volumineuses; elle est un peu moindre avec les pipettes à deux traits. Ces chiffres donnent une idée de l'approximation à laquelle on peut atteindre dans les opérations basées sur le mesurage des volumes à l'aide de ces instruments.

39. Vases gradués. — Une mesure jaugée ne pouvant servir à mesurer que le volume pour lequel elle a été construite, on est conduit, pour répondre à des besoins variés, à multiplier beaucoup le nombre de ces instruments : ceux-ci d'ailleurs ne se prêtent pas au mesurage des volumes compris entre les divisions simples du litre pour lesquels on les dispose d'ordinaire. Les vases gradués s'appliquent, au contraire, au mesurage des volumes très divers que nécessitent l'analyse ou la pratique des réactions ; chacun d'eux remplit, à ce point de vue, l'office d'un très grand nombre de vases jaugés. Ils présentent d'autre part cette infériorité qu'il n'est pas possible d'y faire coïncider le niveau avec une section minimum (§ 29), ce qui entraîne une moindre précision.

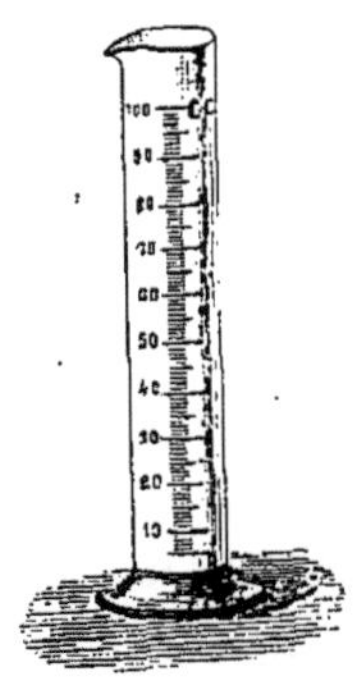

Fig. 12. — Éprouvette graduée.

Parmi les formes variées que le commerce donne aux *vases gradués par remplissage*, la forme cylindrique est la plus avantageuse; c'est celle des *éprouvettes gradués* (fig. 12). Une éprouvette graduée porte sur la plus grande partie de sa hauteur une série de traits gravés, semblables aux traits de jauge et correspondant chacun à un volume déterminé. Les différents volumes ainsi indiqués sont rendus plus aisés à lire en donnant aux traits des longueurs variables avec les diverses divisions décimales du litre; des chiffres qui accompagnent ces traits facilitent la lecture de la graduation. Les volumes compris entre deux traits consécutifs étant égaux et la fabrication de vases exactement cylindriques étant à peu près impossible, les divisions marquées ne sont pas équidistantes.

Pour se servir d'un vase gradué, on opère comme avec un vase jaugé, le trait qui correspond au volume considéré jouant le rôle du trait de jauge.

40. Vérification. — La vérification d'un instrument de ce genre est tout à fait indispensable. On la réalise en plaçant l'éprouvette sur le plateau d'une balance avec des poids formant un nombre de grammes au moins égal à celui des centimètres cubes indiqués par le trait supérieur, établissant l'équilibre au moyen d'une tare, et versant peu à peu de l'eau dans l'éprouvette. A chaque instant de l'opération, si l'exactitude est satisfaisante, le nombre de centimètres cubes d'eau, que la graduation indique comme existant dans le vase, est égal au nombre de grammes qu'il faut enlever sur le même plateau pour rétablir l'équilibre.

Les observations faites à propos des vases jaugés (§ 29) s'appliquant également ici, il est nécessaire d'employer une série de vases gradués de dimensions diverses, une éprouvette de grand diamètre donnant des mesures relativement plus inexactes lorsqu'il s'agit de volumes faibles.

Une pipette jaugée peut servir également à la vérification d'une éprouvette graduée : en laissant écouler plusieurs fois son contenu dans l'éprouvette, il doit y avoir concordance entre les volumes marqués par l'éprouvette et ceux du liquide introduit. Les burettes divisées dont il sera question plus loin peuvent être appliquées au même usage.

41. *Graduation.* — De même la graduation de l'éprouvette peut être opérée soit par des pesées, soit par des mesurages. Dans les deux cas, on colle une bande étroite et verticale de papier sur la partie cylindrique, puis on procède au *calibrage* de l'appareil. A cet effet, on y introduit successivement des poids ou des volumes égaux d'eau, en marquant sur la bande, par un trait de plume, le niveau du liquide après chaque introduction. On a soin de choisir ces poids ou ces volumes assez faibles pour que la section du cylindre, dans l'espace compris entre deux traits consécutifs, puisse être considérée comme constante. On divise alors la hauteur séparant les deux traits en autant de parties égales qu'il convient (§ 54 et 55). Cette graduation, qui n'est qu'approchée pour les divisions intermédiaires, rend indispensable le choix de vases cylindriques aussi réguliers que possible. Finalement, les traits sont accompagnés d'indications suffisantes et gravés à l'acide fluorhydrique (§ 176).

42. BURETTES GRADUÉES. — Ces instruments sont indispensables en analyse volumétrique ; c'est Gay-Lussac qui en a indiqué l'usage ; ils ont été beaucoup perfectionnés, surtout par Mohr. Une burette consiste essentiellement en un vase cylindrique gradué, dont on peut laisser écouler plus ou moins le contenu, le volume du liquide sorti étant donné par les positions des niveaux avant et après l'écoulement ; elle constitue donc un *vase gradué par écoulement*.

43. *Burette de Gay-Lussac.* — Cette burette (fig. 13 et 14) consiste en un tube cylindrique, ouvert en haut, fermé en bas, vers la partie inférieure duquel on a soudé un tube étroit, recourbé et relevé parallèlement au premier ; ce second tube se termine par une partie à peu près normale à la direction générale et un peu effilée. Pour éviter le bris de l'instrument, on interpose d'ordinaire, entre les deux tubes et vers le haut, un morceau de liège que l'on serre entre leurs parois au moyen d'un fil. La burette est divisée en demi-centimètres cubes (fig. 13) ou en dixièmes de centimètre cube (fig. 14). La graduation commence à la partie supérieure, le zéro étant notablement plus bas que l'orifice du petit tube, ainsi que le montre la figure 13. Si, après avoir rempli l'instrument jusqu'à ce que, en lui donnant la position verticale, le plan horizontal passant par la ligne marquée 0 soit tangent au ménisque dans le grand tube, on l'incline peu à peu de manière à provoquer l'écoulement goutte à goutte par le petit orifice, puis qu'on le relève et qu'on le place de nouveau verticalement, la division à laquelle s'arrête le niveau fait connaître le volume écoulé. Bien que le liquide s'abaisse également dans les tubes, on ne tient compte que du niveau dans le grand ; ce niveau est toujours inférieur à celui existant dans le petit tube à cause de la capillarité.

44. La burette de Gay-Lussac est d'un maniement un peu délicat. Pour la manœuvrer, on la saisit de la main gauche par son milieu, en évitant de serrer

fortement et de briser ainsi le tube d'écoulement; afin de donner aux mouvements de la main plus de sûreté, on maintient le bras replié et le coude appuyé contre la poitrine. Au repos, on la dépose dans un vase de verre, un peu large du pied, et dont le fond a été recouvert soit de coton, soit de plusieurs

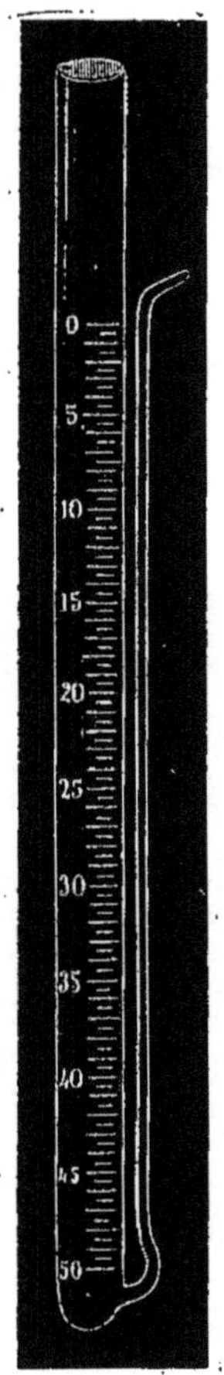

Fig. 13. — Burette de Gay-Lussac graduée en demi-centimètres cubes.

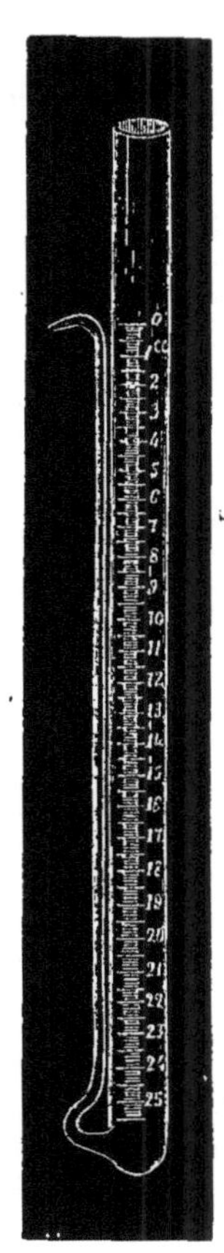

Fig. 14. — Burette de Gay-Lussac graduée en dixièmes de centimètre cube.

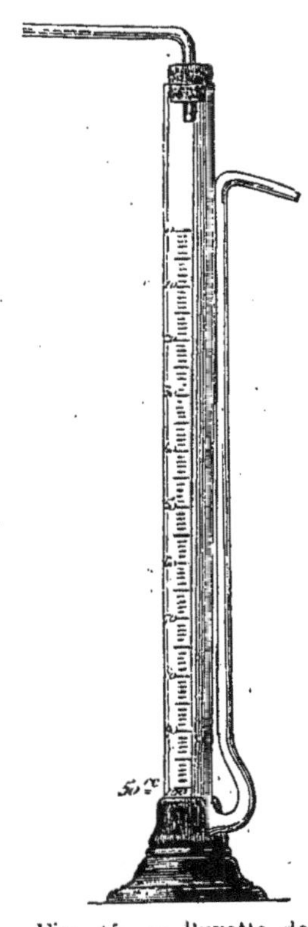

Fig. 15. — Burette de Gay-Lussac avec pied en bois.

doubles de papier à filtrer; on peut encore la maintenir au moyen d'un pied en bois tourné et évidé (fig. 15) dans lequel sa partie inférieure entre à frottement doux (Mohr). Le remplissage ne s'opère que par tâtonnements; il est plus facile si l'on se sert d'une pipette ou d'un simple tube effilé fonctionnant comme pipette, pour ajouter ou enlever les dernières portions de liquide. L'écoulement ne se fait pas toujours avec une régularité satisfaisante : il est d'autant plus rapide que le bec d'écoulement qui forme siphon est plus allongé; d'autre part, si ce bec est trop court, il faut, pour provoquer la sortie de la première goutte de liquide, incliner beaucoup l'appareil, ce qui expose à répandre le contenu par l'ouverture du gros tube. Il arrive fréquemment qu'une gouttelette isolée de liquide ferme complètement l'extrémité du bec, et s'oppose, par capillarité, à la sortie de l'air, et par suite à celle du liquide ; il faut alors donner à la burette la position dans laquelle l'extrémité du tube de sortie est presque verticale, et repousser la gouttelette liquide dans l'ajutage, en soufflant suivant l'axe de celui-ci. La forme et la position du tube de sortie ont donc un certain intérêt : elles sont convenables dans la figure 13 ; elles sont mauvaises dans la figure 14, où le point zéro est placé trop haut, ce qui tend à maintenir constamment le liquide dans l'ajutage, et à le faire écouler dès la moindre inclinaison de l'instrument ; la forme est défectueuse encore dans la figure 15, le tube incliné vers le bas laissant écouler le liquide qui le mouille vers l'orifice où il se rassemble en une gouttelette. Lorsque la burette

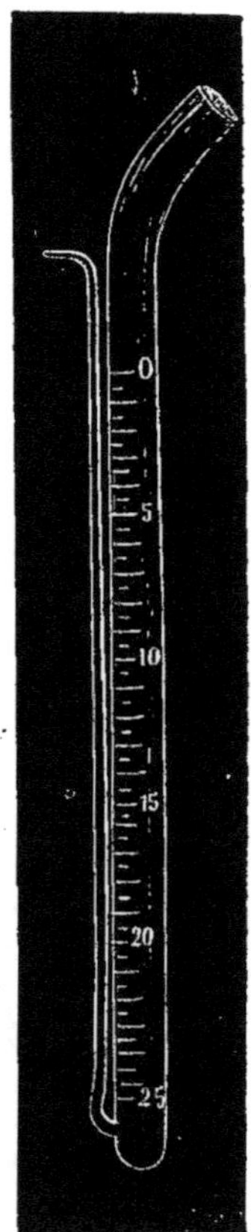

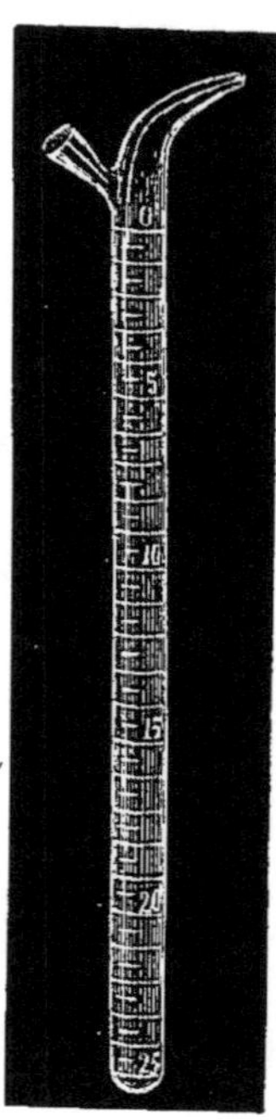

Fig. 16. — Burette recourbée.   Fig. 17. — Burette anglaise.

est presque vide, il faut redoubler d'attention pour éviter une sortie trop rapide du liquide.

Mohr a proposé de laisser la burette immobile sur son pied en bois (fig. 15), et de fermer son orifice large par un bouchon que traverse un tube en verre recourbé : en soufflant par ce tube, on comprime l'air dans l'appareil et on fait sortir le liquide ; on présente le vase destiné à recevoir la liqueur mesurée devant le bec de la burette. Ce bec doit alors être recourbé vers le bas, ainsi que le représente la figure 15.

Ce perfectionnement en appelait un autre. Pour éviter l'introduction de l'humidité dans l'appareil, on a adapté au tube d'arrivée de l'air dans la burette fixe, par l'intermédiaire d'un tube de caoutchouc, une poire de caoutchouc disposée en soufflet, et permettant de pousser le liquide vers le petit tube, par compression de l'air à la partie supérieure du grand. On a indiqué divers arrangements de ce genre, mais nous ne croyons pas devoir nous y arrêter ici.

On a aussi cherché à rendre plus facile l'usage de la burette de Gay-Lussac en modifiant sa forme. En recourbant un peu le gros tube vers son orifice en sens contraire du petit (fig. 16), on évite les déperditions du contenu lorsqu'on incline trop fortement ou trop rapidement la burette. Toutefois, les *burettes recourbées* ne sont pas très employées; elles se remplissent peu commodément. En allongeant beaucoup le gros tube au-dessus du zéro, on arrive d'ailleurs au même résultat qu'en le recourbant.

La *burette anglaise* (fig. 17) est plus simple et en même temps moins fragile; par contre, elle est d'un emploi peu facile, et ne se vide entièrement que lorsqu'on lui donne la position horizontale. On règle l'écoulement de son contenu en livrant plus ou moins passage à l'air par un ajutage latéral que l'on obture avec le doigt.

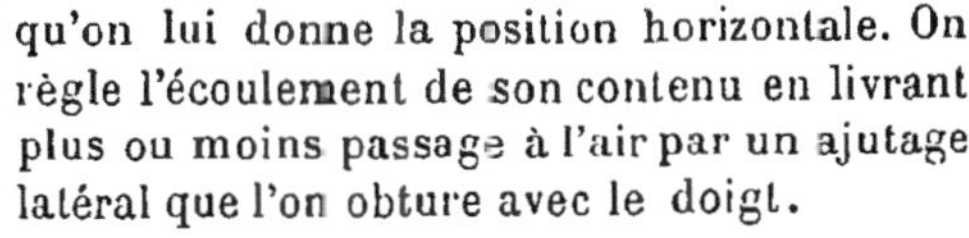

45. *Burette de Mohr*. — La burette imaginée par Mohr et surtout la burette à robinet, qui en est une modification heureuse, sont de beaucoup préférables aux précédentes.

La burette de Mohr (fig. 18), dite aussi *burette à pince*, consiste en un tube cylindrique de 15 à 18 millimètres de diamètre et d'une contenance variable, un peu supérieure d'ordinaire à 50 centimètres cubes. Ce tube est étiré par un bout et porte un renflement à l'extrémité de sa partie allongée. On introduit cette dernière dans un tube de caoutchouc de 4 à 5 centimètres de longueur, que l'on fixe

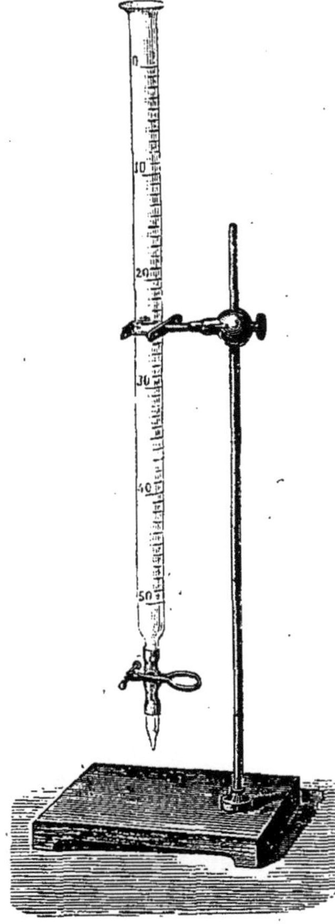

Fig. 18. — Burette de Mohr.

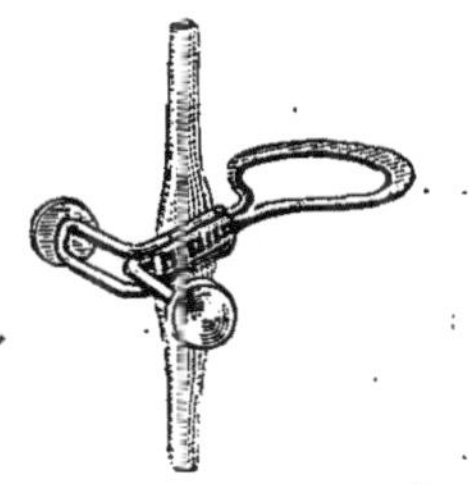

Fig 19. — Pince de Mohr.

au besoin à l'aide d'un fil ciré, enroulé au-dessus du renflement. A l'autre orifice du tube de caoutchouc, on adapte un tube de verre étroit, étiré à son extrémité libre. La burette étant verticale et garnie de liquide, il suffit d'écraser le tube de caoutchouc en le pinçant pour obtenir une fermeture étanche, le liquide s'écoulant au contraire quand on supprime la pression qui produit cet écrasement. Mohr obtient l'effet mécanique voulu, au moyen d'une pince à ressort (fig. 19) en fil de laiton écroui, de 3 à 3,5 millimètres de diamètre. La partie circulaire formant le ressort, est aplatie suivant le plan du cercle afin de lui donner plus de résistance dans cette direction. Quand le ressort se détend, il appuie les deux branches de la pince l'une contre l'autre ; celles-ci écrasent entre elles le tube de caoutchouc interposé. En pressant avec les doigts sur les boutons A et A′, de manière à les rapprocher, on comprime le ressort et on écarte les branches de la pince ; le tube de caoutchouc, qui est lui-même élastique, tend aussitôt à reprendre sa forme cylindrique et livre passage au liquide. En lâchant les deux boutons, l'appareil se ferme de nouveau. Ce robinet particulier, auquel on a donné encore diverses formes un peu différentes mais moins satisfaisantes que la précédente, convient très bien dans la plupart des cas ; la fermeture est bonne quand le tube de caoutchouc ne porte pas à l'intérieur de fente longitudinale, et quand la pince, très sensible, obéit bien aux mouvements des doigts. Ses inconvénients sont l'altération spontanée du caoutchouc, qui s'accole parfois à lui-même sous l'influence prolongée de la pression, et l'action qu'il exerce, en tant que matière organique, sur certains réactifs tels le permanganate de potasse et l'iode.

46. *Burette à robinet*. — Ces inconvénients n'existent plus dans la burette à robinet (fig. 20), laquelle ne diffère de la burette à pince que par l'appareil de fermeture. Celui-ci est un petit robinet de verre, parfaitement rodé et terminé par un ajutage effilé ; lorsqu'on tourne convenablement sa clef, il livre au liquide un passage aussi faible qu'on le désire. Le seul reproche fait à ces burettes est leur prix élevé, la construction du robinet devant être assez soignée pour qu'aucune fuite ne puisse se produire. Si elles renferment pendant longtemps une même solution saline, il arrive que celle-ci cristallise dans le robinet et

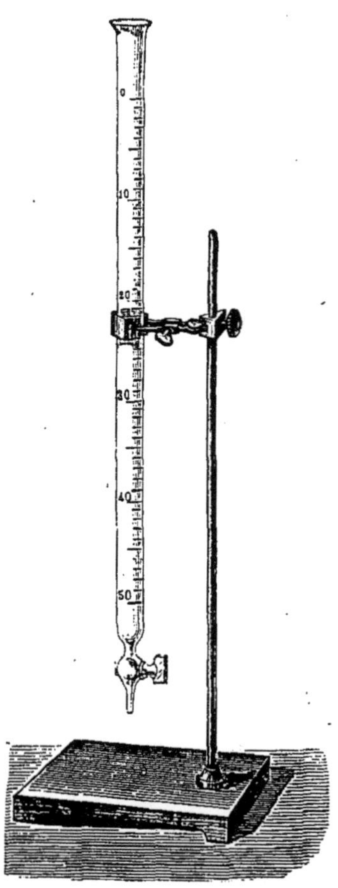

Fig. 20. — Burette à robinet.

l'empêche de fonctionner; lorsque la nature du réactif ne s'y oppose
pas, on peut oindre légèrement la clef avec une trace de corps-gras ou
mieux de vaseline, ce qui supprime cet accident.

47. La burette de Mohr et la burette à robinet s'emploient d'ailleurs
de la même manière. On les suspend dans la position verticale, au
moyen de supports disposés de telle façon qu'on puisse aisément les
élever ou les abaisser (fig. 18 et 20); ces supports consistent en un bras
horizontal, mobile sur une tige verticale à laquelle on le fixe par une
vis de pression, et terminé par une pince à vis ou à ressort, dans laquelle s'engage verticalement le tube de la burette. Une potence en
bois, percée d'un trou dans lequel passe la burette maintenue par un
bouchon de liège, peut servir également.

Ces instruments présentent sur tous les autres un avantage précieux :
l'œil de l'observateur peut se diriger exclusivement vers le vase qui
reçoit le liquide mesuré, et dans lequel s'accomplit la réaction, la main
gauche agissant sur la pince ou le robinet, pour arrêter et régler l'écoulement, sans que les regards soient détournés. Avec la burette de Gay-
Lussac et les instruments analogues, les yeux doivent se diriger alternativement sur le vase à réaction et sur la burette dont la position doit
être surveillée soigneusement; il en résulte fréquemment qu'on laisse
écouler quelques gouttes de plus qu'il ne conviendrait.

La graduation est faite habituellement en centimètres cubes et dixièmes de centimètre cube, dans les conditions indiquées par la figure 21.

48. *Lecture du niveau.* — La détermination du niveau dans les
burettes mérite quelque attention. Elle doit se faire en plaçant l'œil dans
le plan horizontal tangent au ménisque à observer. L'apparence de ce
ménisque varie, d'ailleurs, avec les conditions extérieures. S'il est
aperçu se détachant sur une muraille bien éclairée, ou si on le regarde
en appliquant le tube contre une feuille de papier blanc très lumineuse,
on voit deux figures semblables et brillantes, séparées par un espace
obscur (fig. 22). En principe, il importe peu de choisir comme point de
repère l'une quelconque des lignes qui limitent ces figures, pourvu
qu'on se serve toujours de la même. En fait, les lignes noires étant
celles qui se voient le mieux, il est préférable de lire le niveau, en choisissant comme repère la courbe qui limite intérieurement la zone noire :
le point correspondant sur la graduation est situé dans le plan
horizontal tangent à cette ligne.

La lecture se fait plus facilement au moyen d'un artifice imaginé par
Mohr. On se sert d'une feuille de papier mi-partie noire et blanche,
obtenue en collant du papier noir sur du papier blanc. On applique
cette feuille derrière la burette (fig. 23), le noir étant tourné vers le bas,
et la ligne séparative des deux papiers étant maintenue horizontale à
2 ou 3 millimètres au-dessous de la surface du liquide. Par réflexion de
la couleur noire du papier placé plus bas, le ménisque forme deux
courbes très noires et nettement visibles sur un fond blanc.

On a proposé d'introduire dans la burette un flotteur marqué d'un trait servant de repère; ce trait vient, dans toutes les positions, se juxtaposer aux divisions de la burette, et indique ainsi le niveau. A moins que la graduation de l'instrument n'ait été faite en employant le flotteur lui-même, ce moyen de faciliter les lectures doit être repoussé; les indications du flotteur ne correspondent pas à celles qui sont lues directement quand le tube de la burette n'est pas exactement cylin-

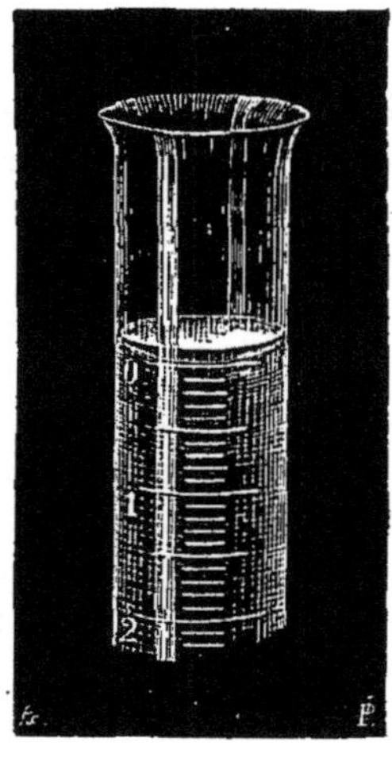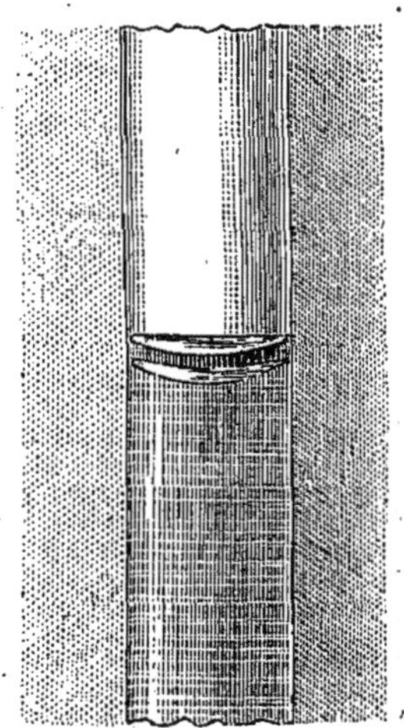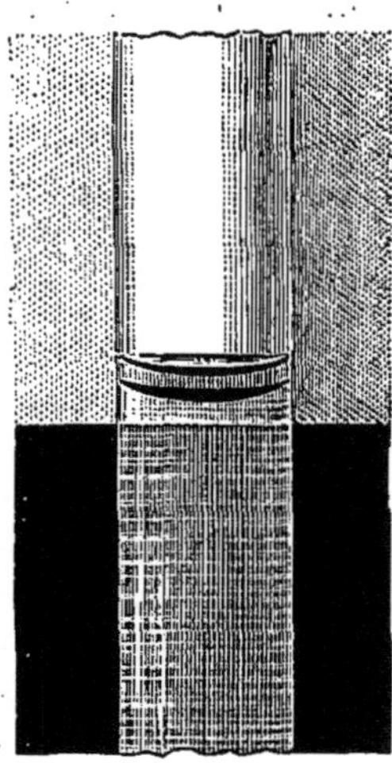

Fig. 21. — Graduation de la burette de Mohr.   Fig. 22. — Ménisque vu sur un fond blanc.   Fig. 23. — Ménisque vu sur un fond blanc et noir.

drique, la section de l'espace annulaire compris entre le flotteur et le tube variant alors avec la position du premier dans le second.

49. Le *remplissage* des burettes donne lieu, avec certains réactifs, à la formation d'une mousse persistante qui gêne pour les lectures. On évite cet accident en introduisant le liquide dans la burette, de telle manière qu'il glisse contre les parois et qu'il ne tombe pas de toute la hauteur de l'instrument. A cet effet, on évase le haut des burettes en la forme d'un entonnoir sur lequel on appuie le bord du verre ou du flacon fournissant le liquide, et on évite de verser rapidement. On peut encore faire usage d'un petit entonnoir mobile, dont la douille est étirée légèrement et recourbée à 90 degrés; le liquide est amené par la partie horizontale dans le voisinage de la paroi, adhère à celle-ci par capillarité et la suit jusqu'au bas de l'appareil.

50. Quand on se sert constamment d'une burette avec une même liqueur il est nécessaire d'empêcher l'évaporation de modifier la concentration du réactif. On bouche alors imparfaitement la burette avec du liège ou du caoutchouc, mais il est préférable de roder légèrement à l'émeri l'angle intérieur de l'orifice du tube, et de déposer sur cet orifice une bille de verre ou d'agate. Dans les laboratoires industriels, où l'usage constant d'une même liqueur se présente souvent, on se sert de burettes qui sont maintenues en relation

avec un vase de verre contenant la réserve de liqueur titrée : un tube muni d'un robinet et adapté à la burette au-dessous de la graduation permet d'envoyer directement au vase gradué la liqueur contenue dans le réservoir placé au-dessus. On remplit ainsi à volonté l'instrument de bas en haut, sans formation de mousse. Parfois on réunit, par un autre tube, le haut de la burette au haut du réservoir, afin d'empêcher la communication des liquides avec l'atmosphère, et par suite l'évaporation : dans ce cas, une très petite ouverture pratiquée dans le bouchon du réservoir, permet la rentrée d'air indispensable au fonctionnement de l'appareil.

51. La *vérification* et la *graduation* des burettes se fait à peu près de la même manière que celle des éprouvettes cylindriques (§ 40 et § 41).

Dans le premier cas, opérant à la température voulue, on laisse écouler peu à peu, dans un vase taré, le contenu de la burette préalablement remplie d'eau, et on vérifie que toutes les pesées faites à divers moments de l'écoulement donnent un nombre de grammes et de fractions de gramme correspondant à celui des centimètres cubes et fractions de centimètre cube que la graduation indique comme écoulés.

52. PIPETTES GRADUÉES. — On se sert encore, pour mesurer les faibles volumes de liquide, de pipettes cylindriques graduées (fig. 24). Ces pipettes ne diffèrent des burettes que par le moyen employé pour maintenir le liquide dans le tube. Elles sont moins commodes que les burettes ; leur extrême simplicité les fait cependant préférer dans certains cas.

53. INSTRUMENTS A GRADUATIONS ARBITRAIRES. — Tous les appareils précédents peuvent être gradués arbitrairement, en traçant sur les tubes des divisions équidistantes (§ 54 et § 55), puis en construisant des tables indiquant la valeur de ces divisions. La méthode la plus simple pour dresser une table de ce genre consiste à introduire successivement dans le vase divisé des poids ou des volumes, petits mais constants, d'un même liquide, et à noter les divisions auxquelles s'arrête le niveau après chaque addition. Dans ces conditions le calibrage du tube n'est donc fait qu'après sa division. On peut, en répétant plusieurs fois l'opération avec des poids ou des volumes différents de liquide, atteindre une assez grande précision, puisqu'on détermine expérimentalement la valeur des divisions intermédiaires, qui d'ordinaire sont tracées arbitrairement d'égale longueur (§ 41).

Fig. 24. — Pipette graduée.

3.

DÉTERMINATION DES LONGUEURS.

54. MESURES DE LONGUEUR. — Le mesurage des longueurs ou des surfaces est moins fréquemment nécessaire que celui des poids ou des

volumes. Une règle métrique et un double décimètre divisé en millimètres, suffisent aux besoins ordinaires d'un laboratoire.

Dans certaines opérations, notamment pour la construction des objets gradués, on doit diviser exactement une longueur donnée en parties égales (§ 41 et § 53). On se sert alors de la machine à diviser, dont la description et le mode d'emploi figurent dans les traités de physique et de mécanique.

A défaut de cet instrument, on reporte sur un papier la longueur à diviser en parties égales, on effectue la division avec un compas, et fixant ensuite le papier contre le verre, on prolonge sur celui-ci les traits marqués sur le papier.

55. M. Bunsen a indiqué un procédé très simple, applicable surtout aux divisions arbitraires, mais susceptible, dans ce cas, de remplacer la machine à diviser. Avec deux planches dressées, fixées parallèlement sur une table, on forme une rigole dans laquelle on couche, vers l'une des extrémités, un tube de verre très dur, sur lequel on a tracé profondément, avec le diamant d'une machine à diviser, des traits distants d'un millimètre. Ce tube sert d'étalon; on le maintient par une lame de laiton qui appuie sur lui latéralement et l'empêche de sortir de la rigole. A l'autre bout de cette dernière, on place le tube à diviser, qu'on fixe par le même moyen. On se sert ensuite d'un compas particulier, formé d'une tige de bois, à l'un des bouts de laquelle est adaptée normalement une pointe en acier, tandis que l'autre porte une lame de canif ou un diamant à écrire. La tige à deux styles étant parallèle aux deux tubes, on introduit sa pointe dans le creux de la première ligne gravée de l'étalon, et avec la lame ou le diamant on trace un trait sur le tube par un mouvement perpendiculaire à sa direction. Reculant ensuite d'une division la pointe sur l'étalon, on répète l'opération, et on continue ainsi jusqu'à ce que les divisions soient tracées sur toute la longueur. Avec la lame du canif, les traits sont marqués dans la cire dont on a recouvert le tube, et ils sont ensuite gravés à l'acide fluorhydrique; avec le diamant, la gravure est directe. Il est nécessaire au commencement de donner au tube et à l'étalon des positions telles que l'écartement entre les points 0 soit égal à la longueur de la tige. La règle de laiton qui recouvre partiellement le tube, force l'opérateur à tracer tous les traits d'une longueur régulière; si on y a pratiqué de 10 millimètres en 10 millimètres des encoches d'une profondeur constante, les traits des dixièmes divisions débordent les autres, ce qui rend la lecture de la graduation plus facile; un artifice semblable peut encore donner aux traits des cinquièmes divisions une longueur intermédiaire.

Le même procédé permet aussi de diviser une longueur quelconque en parties égales. A cet effet, on grave sur une plaque de verre très dur, un système de lignes droites, émanées du sommet de l'un des angles aigus d'un triangle rectangle, et se rendant à des divisions équidistantes, tracées sur le côté du triangle opposé à cet angle. S'il s'agit, par exemple, de diviser une longueur de 11 millimètres en 10 parties égales, on cherche avec un compas à quelle distance du côté divisé, 10 de ces lignes consécutives présentent un écartement de 11 millimètres; les divisions marquées par ces 10 lignes sur une parallèle au côté divisé, tracée à cette distance, ont précisément la longueur voulue. En appliquant, suivant cette parallèle, la règle de laiton sur le verre gravé, on reportera, comme il a été dit et avec la tige à deux styles, l'ensemble de ces divisions sur la longueur à diviser; on aura soin, pour cela, de tenir exactement la pointe à l'intersection des raies gravées et de la règle.

CHAPITRE II

DIVISION.

1.

DIVISION MÉCANIQUE.

56. DIFFÉRENTS PROCÉDÉS EMPLOYÉS. — Étant donné un solide formant un seul bloc, si on le divise mécaniquement en deux fragments, la surface totale de la matière se trouvera augmentée de deux fois la superficie de la section; il en sera de même si on poursuit la division sur les fragments obtenus. On conçoit donc qu'en augmentant progressivement le nombre des particules suivant lesquelles une même masse de substance est divisée, on augmente progressivement aussi sa surface totale. Les réactions chimiques n'ayant lieu qu'au contact, se trouvent facilitées par l'augmentation de la surface qui donne lieu à ce contact, c'est-à-dire par la division de plus en plus grande des réactifs solides. Aussi ces derniers sont-ils fréquemment employés sous forme pulvérulente. Il y a plus; dans certaines réactions vives, on régularise le phénomène en prenant les substances assez divisées pour que les transformations chimiques s'accomplissent avec une activité suffisante, mais non sous forme de poudre fine, ce qui rendrait la réaction tumultueuse.

Parmi les moyens usités pour diviser les substances solides, le plus ordinaire est la *division mécanique*. Celle-ci s'opère par des procédés nombreux.

Pour les corps peu friables et possédant une certaine élasticité comme beaucoup de matières végétales et animales, ou une certaine malléabilité comme les métaux, on opère la division, tout au moins on la commence, avec des instruments tels que les cisailles, le couteau, les ciseaux, la scie, la hache, le rabot, la lime, la râpe, etc. Ces outils, qui ne sont pas spéciaux aux laboratoires de chimie, y rendent cependant des services constants, et doivent s'y trouver à la disposition des opérateurs.

Pour diviser les corps, on emploie six modes opératoires principaux : la contusion, l'étonnement, la trituration, la porphyrisation, la mouture, la pulvérisation par intermède, et enfin la pulvérisation chimique. Les cinq premiers moyens sont purement mécaniques; le sixième est d'une nature spéciale et, comme son nom l'indique, fait intervenir des réactions chimiques. La préférence à donner à chacune de ces méthodes dépend des propriétés du corps à diviser, ainsi que de l'état de division à obtenir.

D'une manière générale, l'application des cinq procédés de division mécanique est d'autant plus facile que les matières sont mieux desséchées, aussi soumet-on d'ordinaire à la dessiccation (voy. ce mot) les substances à diviser.

57. CONTUSION. — C'est le mode de division le plus usité. Il consiste à placer la matière dans un mortier profond en fer (fig. 25), en marbre,

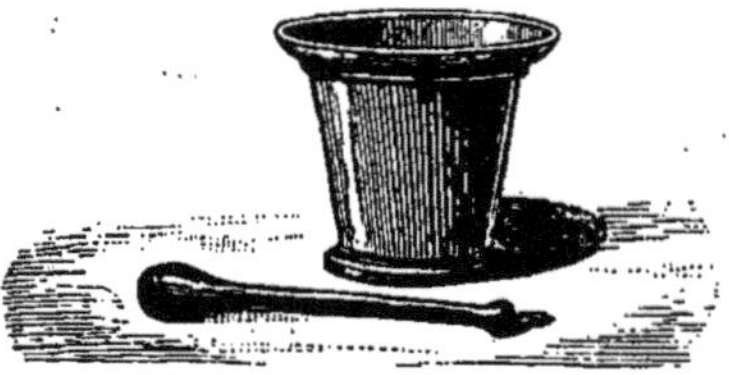

Fig. 25. — Mortier en fer.

Fig. 26. — Mortier en porcelaine.

en bronze, en porcelaine (fig. 26), ou même en verre, et à frapper sur elle verticalement à l'aide d'un pilon. Par des coups répétés, on la brise de plus en plus, et on la transforme en une poudre de finesse croissante. Si l'on se borne, sans aller jusqu'à la pulvérisation, à diviser grossièrement la matière, celle-ci est dite *concassée*.

Une pratique très répandue pour concasser rapidement, mais grossièrement, de faibles quantités de matières peu dures, les sels, par exemple, consiste à envelopper dans plusieurs doubles de papier le fragment à diviser, à placer le paquet obtenu sur une petite enclume, et à frapper doucement sur lui au moyen d'un marteau. Le papier se perce quelquefois, mais suffit cependant pour maintenir la poudre grossière obtenue.

58. La contusion, même dans un mortier profond, donne lieu fréquemment à des projections de matière. De plus, elle soumet l'opérateur à l'action des poussières parfois dangereuses, que soulève le choc. Il est bon, pour éviter ces deux inconvénients, de recouvrir le mortier d'un sac de peau conique, dont le fond est traversé par le pilon auquel il est fixé vers le haut, tandis que les bords sont attachés au pourtour du mortier. Un couvercle de bois, percé afin de livrer passage au pilon, suffit pour empêcher les projections.

Pour concasser de petites quantités de substances dures ou précieuses, des minéraux destinés à l'analyse, par exemple, on se sert quelquefois du *mortier d'Abich*. Cet instrument, construit tout entier en acier, se compose d'un cylindre creux dans lequel se meut à frottement facile un cylindre plein, plus long que le premier. Celui-ci repose sur un disque au milieu duquel on a pratiqué une cavité cylindrique, profonde de quelques millimètres; le cylindre creux s'insère exactement par sa base dans cette cavité. Soulevant le cylindre plein, on place sous lui la matière à concasser; il suffit alors de quelques coups de marteau appliqués sur sa base pour écraser la substance; celle-ci se trouvant retenue par le cylindre creux, aucune parcelle ne peut être projetée au dehors.

59. *Tamisage.* — Quand on se propose d'obtenir une poudre fine, il est nécessaire de n'opérer que sur peu de substance à la fois, ou mieux de faire intervenir le tamisage. Sous l'influence du choc, il se produit un

mélange de fragments plus ou moins volumineux, dont les intervalles sont bientôt garnis de poudre fine. Celle-ci, par son interposition, nuisant à la rapidité de l'opération, le tamisage a pour but de séparer ces parties fines des fragments plus gros ; ces derniers sont ensuite reportés dans le mortier et divisés par une nouvelle contusion.

Un *tamis* consiste essentiellement en un tissu lâche, de crin, de soie ou de fil métallique, tendu à l'intérieur d'un cercle de bois à bords élevés ; en versant sur le tamis la matière contusée, et en l'agitant circulairement au-dessus d'une feuille de papier, les particules suffisamment fines, amenées par le mouvement au contact du tissu, traversent les mailles de celui-ci, et tombent sur le papier, tandis que les fragments plus gros restent sur le tamis. La finesse de la poudre varie donc avec l'écartement des fils du tissu ; cela entraîne l'emploi de tamis à mailles différemment serrées, suivant la ténuité que l'on veut atteindre.

Pendant le tamisage, on évite la déperdition des poussières en se servant comme tamis d'une boîte close, divisée par le tissu en deux compartiments : l'un d'eux, inférieur, reçoit la poudre tamisée ; l'autre garde les fragments plus gros.

60. *Lévigation.* — Là difficulté de fabriquer des tissus suffisamment fins limite beaucoup l'efficacité du tamisage lorsqu'on doit obtenir des poudres très ténues. Dans ce cas, quand il s'agit de substances homogènes sur lesquelles l'eau est sans action, on a recours à la lévigation ou *dilution.* Cette opération consiste à délayer exactement dans l'eau la poudre dont on veut séparer les particules d'inégal volume et, après agitation vive, à abandonner le mélange à lui-même. Les fragments en suspension se déposent avec des vitesses différentes : les plus volumineux, c'est-à-dire les plus lourds, tombent les premiers au fond du vase, les autres s'y rendent ensuite en se superposant par ordre de finesse. Il y a donc une certaine relation entre la finesse de la poudre qui reste en suspension dans le liquide et la durée du dépôt : plus on décante tardivement le liquide surnageant, plus la matière qu'il retient est finement divisée. Après décantation les liqueurs sont abandonnées à un repos prolongé ou bien filtrées, et la matière recueillie est desséchée. Dans certaines industries, lorsqu'on a opéré ainsi, on distingue le degré de ténuité des poudres, par le nombre de minutes après lequel elles sont restées en suspension dans l'eau. Tout liquide inactif sur la substance traitée peut remplacer l'eau dans cette opération.

61. Étonnement. — Les corps très durs résistent parfois à une contusion énergique. Il est un moyen auquel on peut recourir pour augmenter la fragilité de certains d'entre eux, des minéraux notamment ; il consiste à porter le corps à une haute température, puis à le refroidir brusquement en le plongeant rapidement dans l'eau froide. Un corps ainsi *étonné* est finement fendillé et se brise aisément sous le choc.

62. Trituration. — Quelques substances ont la propriété de se ramollir par la chaleur ; elles ne peuvent être contusées, le choc les échauffant assez rapidement. On les pulvérise en les triturant, c'est-à-dire en les écrasant par frottement entre le mortier et le pilon. A cet effet, on promène circulairement

l'extrémité du pilon sur les parois du mortier. Un mortier plat et un pilon à large surface conviennent pour la trituration.

Cette opération est encore avantageuse avec les matières que la chaleur ne ramollit pas, mais qui sont douées d'une grande fragilité, pour certains sels cristallisés notamment. On les concasse préalablement.

63. La trituration des corps durs, susceptibles de rayer la porcelaine ou le verre et par conséquent d'être souil-lés par la substance des mortiers ordi-naires, se fait dans un *mortier d'agate*, avec un pilon tronc-conique de même matière (fig. 27). Le plus souvent, les pilons de ce genre sont courts et d'un usage peu commode ; on remédie à cet inconvénient en les emmanchant dans un tube de laiton creux, où ils pénè-trent à frottement jusqu'à une certaine hauteur. Plus simplement, on em-manche le pilon d'agate en engageant sa tête dans un gros bouchon préalablement creusé d'un trou de grandeur et de forme convenables.

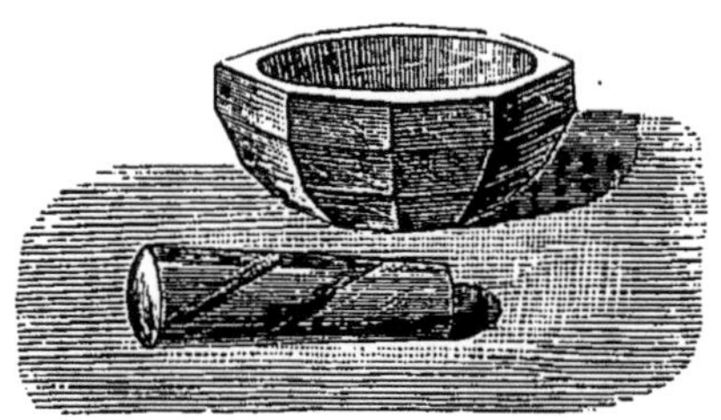

Fig. 27. — Mortier en agate.

.64. PORPHYRISATION. — La porphyrisation n'est qu'une forme particulière de la trituration. Le mortier s'y trouve remplacé par le *porphyre*, lequel n'est autre chose qu'une table bien dressée et doucie, en porphyre, en pierre très dure ou en verre, et le pilon par la *molette*, sorte de pilon de même matière que le porphyre, terminé à sa partie inférieure par une large surface plane. La porphyrisation s'applique uniquement à des matières déjà pulvérisées, qu'on se propose d'amener à l'état de poudres extrêmement fines. On étend ces matières sur le porphyre et on les écrase en les frottant avec la partie plane de la molette qu'on promène sur toute la surface.

65. MOUTURE. — Un moulin à noix, de petites dimensions et facile à mouvoir au moyen d'une manivelle, rend de grands services lorsqu'il s'agit de pulvé-riser grossièrement des quantités notables d'une substance de faible dureté. Il est particulièrement avantageux pour les matières peu friables. Les instru-ments de ce genre, étant aujourd'hui d'un usage courant dans l'économie domestique, se trouvent dans le commerce sous des formes variées.

66. PULVÉRISATION PAR INTERMÈDE. — Les corps qui s'agglomèrent sous l'action du pilon, comme les métaux mous, ou qui présentent quelque pro-priété particulière s'opposant à leur division par les méthodes ordinaires, sont pulvérisés le plus souvent en faisant intervenir des matières étrangères qu'on sépare ensuite. L'or, l'argent et l'étain, par exemple, préalablement amenés à l'état de feuilles minces, peuvent être pulvérisés par trituration avec du sucre ou du sulfate de potasse, substances solubles dans l'eau que l'on peut enlever ensuite par des lavages. Le mode d'application de la pulvé-risation par intermède, variant nécessairement avec les propriétés du corps à pulvériser, nous ne nous y arrêterons pas.

2.

PULVÉRISATION CHIMIQUE.

67. Dans certaines réactions, les composés produits se séparent à l'état pulvérulent; l'emploi de ces réactions constitue souvent le meilleur moyen dont on dispose pour obtenir ces composés pulvérisés.

La *précipitation* (voy. chap. xii) constitue le mode le plus ordinaire de pulvérisation chimique. Elle consiste généralement à faire agir l'un sur l'autre deux corps tenus en dissolution dans un véhicule, ce dernier ayant été choisi parmi les liquides dissolvant peu, ou mieux ne dissolvant pas du tout, le produit qu'il s'agit d'obtenir pulvérisé.

On peut produire, par exemple, du protochlorure de mercure pulvérulent, en mélangeant une solution d'azotate de protoxyde de mercure avec une autre de chlorure de sodium; il se forme, par double décomposition, de l'azotate de soude soluble qui reste dans la liqueur, et du protochlorure de mercure insoluble qui se précipite. Il suffit ensuite de séparer le précipité du liquide, de le laver complètement à l'eau pure pour enlever les sels solubles et de le faire sécher. Dans beaucoup de circonstances, la division de la matière ainsi pulvérisée chimiquement est poussée fort loin.

Des actions autres que la précipitation par double décomposition peuvent conduire au même but. Telles sont les combinaisons et les décompositions. C'est ainsi qu'en combinant directement la chaux vive avec l'eau, on obtient de l'hydrate de chaux en poudre extrèmement ténue. C'est ainsi encore que les métaux régénérés à basse température, de leurs oxydes ou de leurs sels, sont très finement divisés.

68. Sous le même nom de *précipitation*, on désigne souvent une autre opération, fort différente en principe de la précédente, mais qui peut cependant être employée comme celle-ci, pour la pulvérisation de certains composés. Étant donné un corps soluble dans un véhicule tel que l'eau, mais insoluble dans ce même véhicule mélangé d'un second tel que l'alcool, si à sa solution aqueuse agitée, on ajoute peu à peu de l'alcool, le corps se sépare du mélange liquide dans lequel il devient de plus en plus insoluble et se dépose en poudre ténue.

C'est à un phénomène physique plus net encore, à un changement d'état, que se rapporte un mode de pulvérisation précieux dans certains cas. Étant donné le corps à pulvériser, réduit en vapeur, si on le met en contact, soit avec un gaz froid et inerte, soit même avec une autre vapeur beaucoup plus froide, de telle manière que la température du mélange se trouve abaissée brusquement au-dessous du point de fusion du corps, ce dernier se solidifie immédiatement sous la forme d'une poussière fine. Le soufre et le calomel sont pulvérisés fréquemment par ce procédé.

CHAPITRE III

EMPLOI DE LA CHALEUR.

I.

CHAUFFAGE DIRECT.

A. — Chauffage au charbon.

69. Chauffage au charbon de bois. — La combustion du charbon de bois a été, jusque vers 1860, la source de chaleur le plus souvent utilisée dans les laboratoires. Depuis cette époque, ce mode de chauffage a été remplacé de plus en plus par la combustion du gaz de houille ; ce dernier présente, en effet, des avantages incontestables de commodité, de propreté et surtout de régularité, qui le font adopter presque exclusivement aujourd'hui par les chimistes.

Toutefois, comme il existe encore des localités dans lesquelles l'emploi du gaz n'est pas possible, et comme d'ailleurs l'usage du charbon exige plus de soins, d'attention et d'adresse, on doit recommander aux commençants de s'exercer, au moins pendant quelque temps, à travailler avec des fourneaux à charbon de bois. C'est pour cela que le chauffage au charbon est maintenu dans divers laboratoires d'enseignement qui sont cependant abondamment pourvus de gaz. Un certain nombre des préparations dont il sera question dans cet ouvrage seront, pour la même raison, indiquées comme pouvant être faites indifféremment avec l'un quelconque des deux modes de chauffage en question.

La combustion du charbon de bois étant fréquemment incomplète, ce qui entraîne la formation d'un gaz extrêmement délétère, l'oxyde de carbone, il est indispensable de ne pas déverser ses produits dans l'atmosphère du laboratoire. On ne doit l'effectuer que sous la hotte d'une cheminée possédant un bon tirage, ou en plein air.

Les *fourneaux* dans lesquels on brûle le charbon de bois sont de formes variables avec la nature des objets qu'on se propose de chauffer. Presque tous sont mobiles, fabriqués en terre réfractaire, et composés d'une seule pièce ou d'un petit nombre de pièces. Ils présentent l'inconvénient de se fendre facilement sous l'action du feu ; mais, en les cerclant, c'est-à-dire en les garnissant de bandes de tôle, on empêche la disjonction de leurs fragments, et on peut continuer à les employer, alors même que la rupture s'est produite.

70. Le *fourneau à bassine* (fig. 28) présente la forme d'un cylindre évasé vers le haut ; une grille mobile en terre le divise horizontalement en deux parties inégales. La partie supérieure, qui est la plus haute, constitue le *foyer* ; elle porte une ouverture latérale, demi-circulaire, fermée d'ordinaire par un bouchon de terre réfractaire, et servant à attiser le feu ou à remplacer le charbon.

brûlé. La partie inférieure, nommée le *cendrier*, reçoit les cendres tombées de la grille et présente une ouverture rectangulaire permettant d'enlever les cendres; cet orifice, pouvant être obturé plus ou moins par un bouchon de terre réfractaire, sert aussi à régler l'accès de l'air qui traverse la grille et arrive au foyer. Deux oreilles latérales en terre permettent de déplacer le fourneau.

Dans presque tous les fourneaux en terre du commerce, la grille est percée de trous insuffisants, le constructeur craignant de la rendre trop fragile en la perforant largement; on obtient un meilleur chauffage en substituant à la grille en terre une grille en fonte. Cette dernière doit avoir un diamètre notablement plus faible : elle brise le fourneau par sa dilatation lorsque, à froid, elle entre à frottement dans celui-ci.

Fig. 28. — Fourneau à bassine.

Le foyer étant rempli de charbon de bois en combustion, on suspend au-dessus de lui le vase ou l'objet à chauffer, ou même on y plonge tout entier ce dernier lorsqu'il s'agit de le porter au rouge.

71. Le *fourneau à manche* ou *fourneau à queue* est une variété du fourneau à bassine. Il est toujours de petites dimensions, et les courtes oreilles latérales y sont remplacées par un seul manche en terre, assez long, rendant les déplacements de l'appareil très faciles.

72. Le *fourneau à réverbère* (fig. 29) est destiné à la production de températures plus élevées que celles auxquelles on atteint avec les précédents. Il se compose de trois pièces : le *fourneau proprement dit*, le *laboratoire* et le *dôme*. Le fourneau proprement dit F est analogue au fourneau à bassine, mais complètement cylindrique; il contient le foyer et le cendrier, qui sont disposés comme ceux des fourneaux à bassine. Le laboratoire L est un manchon en terre

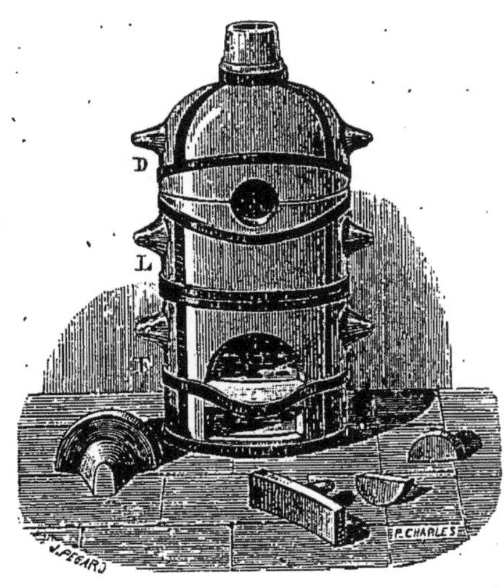

Fig. 29. — Fourneau à réverbère.

de même diamètre, pourvu d'oreilles latérales; on le superpose exactement au fourneau. Le dôme ou *réverbère* D consiste en un cylindre peu élevé, de même diamètre que les autres pièces de l'appareil, muni comme elles d'oreilles latérales, et terminé en haut par une calotte sphérique; cette dernière est percée au sommet d'une ouverture formant cheminée cylindrique et livrant passage aux produits de la combustion.

On peut, suivant les besoins, employer ou supprimer le laboratoire, c'est-à-dire donner plus ou moins de hauteur au foyer et brûler à la fois une plus ou moins grande masse de charbon; dans le second cas, on place directement le dôme sur le fourneau. Ce dernier, lorsqu'il est isolé, remplit l'office d'un fourneau à bassine.

Le dôme a pour but de renvoyer, de réverbérer, vers l'intérieur la chaleur qui, dans un fourneau ouvert, rayonne extérieurement.

L'objet à chauffer, creuset ou cornue réfractaire (voy. ces mots), est placé au milieu des charbons en combustion. L'usage que l'on fait des cornues exigeant que la partie cylindrique constituant leur col sorte du foyer, le laboratoire porte à son bord supérieur et le dôme à son bord inférieur, une échancrure demi-circulaire; ces deux échancrures forment par leur superposition un orifice circulaire pouvant livrer passage au col de la cornue. En toute autre occasion, cette ouverture peut être tenue bouchée par des demi-cylindres en terre représentés sur le sol dans la figure.

On modère le tirage en fermant plus ou moins la porte du cendrier; on l'active en prolongeant la cheminée du fourneau par un tuyau de tôle.

73. Le *fourneau à tubes* (fig. 30) est un fourneau à réverbère destiné, comme son nom l'indique, à chauffer les tubes. Il est en deux parties et présente la forme d'un rectangle allongé.

La partie inférieure contient le cendrier, qui est muni d'une porte ouverte sur l'un des longs côtés du rectangle, et le foyer, pour lequel on n'a pas ménagé de porte. Le dôme ou réverbère constitue la seconde partie : il se superpose exactement à la première et se termine vers le haut par une petite cheminée cylindrique; il présente sur l'un des longs côtés une porte arrondie vers le haut et assez large, par la-

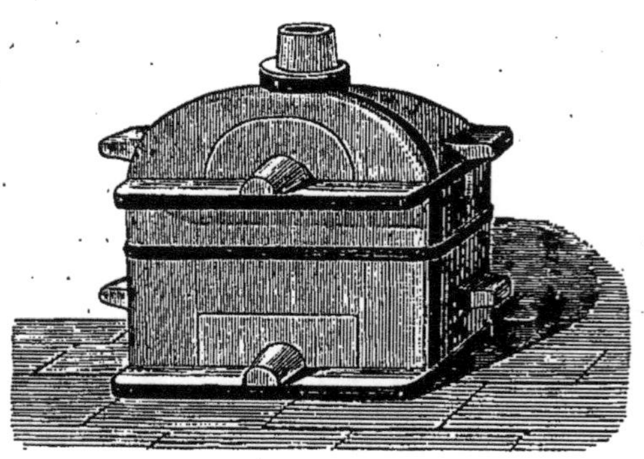

Fig. 30. — Fourneau à tubes.

quelle on attise ou on charge le foyer, et que l'on ferme par un bouchon de terre. Sur le bord supérieur du foyer et sur le bord inférieur du dôme, au milieu de chacun des petits côtés du rectangle, on a pratiqué des échancrures demi-circulaires, d'un diamètre un peu supérieur à celui des tubes à chauffer. Ces derniers traversent donc le fourneau dans le sens de sa longueur; ils s'y trouvent entourés de charbons en ignition, tandis que leurs deux extrémités sortent de l'appareil.

74. La *grille à analyse* en tôle (fig. 31) remplace le fourneau à tubes

pour le chauffage des tubes de verre dont la température ne doit pas dépasser le rouge cerise, notamment dans les analyses organiques. Elle se compose d'une boîte en tôle, très allongée, à section transversale de

Fig. 31. — Grille à charbon pour le chauffage des tubes.

forme trapézoïdale ; son fond est percé de fentes destinées à livrer passage à l'air ; de distance en distance, elle porte des cloisons verticales en tôle, sur lesquelles repose le tube à chauffer. Ce dernier devant être maintenu au milieu de la grille, les cloisons présentent en position voulue des encoches où le tube pénètre. On dispose cette grille sur des briques dressées, puis on entoure le tube de charbons allumés. Il est souvent nécessaire de chauffer certaines portions du tube en maintenant les autres froides ; à cet effet, on protège celles-ci par des écrans (fig. 32) consistant en une lame de tôle recourbée sur elle-même et entaillée de deux échancrures ; celles-ci permettent de placer l'écran à cheval sur le tube et d'isoler du feu telle partie du fourneau qui convient.

Fig. 32. — Écran de la grille à charbon.

75. Le *fourneau à moufle* ou *fourneau de coupelle* diffère essentiellement des précédents par sa destination. Dans les autres fourneaux, les objets à chauffer, qu'on les ait suspendus au-dessus du foyer ou qu'on les ait plongés dans le combustible, se trouvent en contact avec les produits gazeux de la combustion du charbon ; souvent ces derniers peuvent intervenir dans les réactions ; toujours ils empêchent l'accès de l'air sur les corps chauffés. Dans le fourneau à moufle (fig. 33), on peut au contraire chauffer les corps en présence de l'air pur et à l'abri de l'action des gaz du foyer. Cet appareil, construit en terre réfractaire, est un fourneau à réverbère de section ovale. Le cendrier, largement ouvert, livre à l'air un accès facile. Le laboratoire est pourvu en avant d'une tablette, au-dessus de laquelle s'ouvre une baie demi-circulaire, donnant passage exactement au *moufle* ou *coffret de moufle* (fig. 34). Ce dernier est un demi-cylindre creux, de 4 à 5 millimètres d'épaisseur, fermé à une de ses extrémités, ouvert à l'autre ; il se place à l'intérieur du fourneau, les bords de son ouverture restant engagés dans l'orifice de celui-ci, et son extrémité fermée reposant sur une pièce de terre disposée sur la grille ; ouvert dans l'atmosphère, il ne reçoit pas les gaz du foyer, mais entouré de charbons en ignition, il se trouve, avec les objets qu'il renferme, chauffé à une température très élevée. Une porte

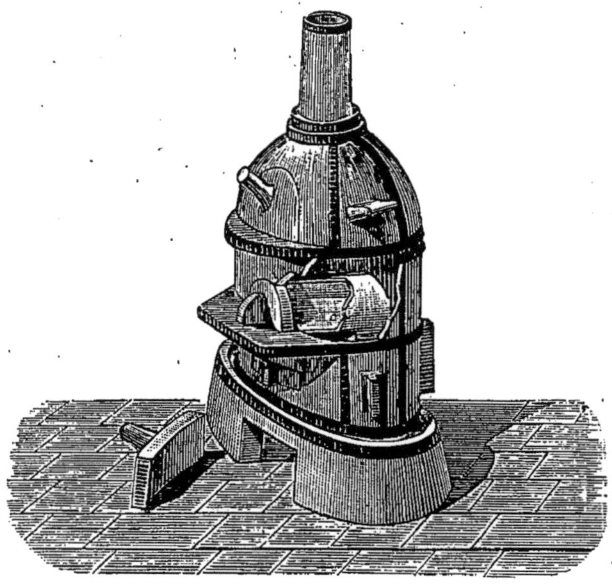

Fig. 33. — Fourneau à moufle.

en terre permet d'y régler l'accès de l'air. Enfin deux ou trois fentes très étroites, pratiquées dans la paroi latérale du coffret, permettent à l'air d'être aspiré du moufle -dans le foyer par le tirage du fourneau ; elles maintiennent la ventilation constante. Le dôme contient la porte de chargement ; on donne d'ordinaire à la cheminée qui le termine une forme élevée, et mieux encore on la surmonte d'un tuyau de tôle.

Fig. 34. — Coffret de moufle.

Les dimensions du fourneau de coupelle, et par suite la quantité de combustible qu'il renferme, étant assez considérables, l'air qui pénètre par le cendrier est dépourvu d'oxygène après qu'il a traversé une couche un peu épaisse de charbon ; il ne peut plus entretenir la combustion dans les parties hautes du système. On remédie à cet inconvénient par des ouvertures verticales, percées sur le pourtour du laboratoire et munies de bouchons en terre, au moyen desquelles on introduit le surplus de l'air nécessaire au chauffage.

76. Le *fourneau à vent* (fig. 35) est un fourneau fixe dans lequel on produit des températures extrêmement élevées. Il est construit en maçonnerie, adossé à un mur et relié directement à une cheminée D aussi élevée que possible. Il consiste en un massif épais de briques réfractaires, présentant en son

milieu une cavité rectangulaire MMMM, de dimensions variables, laquelle constitue le foyer. Ce dernier se termine inférieurement par une grille GG, formée de barreaux de fer mobiles, indépendants et reposant parallèlement les uns aux autres, mais convenablement espacés, sur deux barres transversales fixes. Le cendrier CC', placé au-dessous, est pourvu d'une porte métallique permettant de régler l'accès de l'air; son fond est entièrement occupé par une cuvette de fonte remplie d'eau; celle-ci empêche l'échauffement du cendrier et par suite celui des barreaux dont on évite ainsi la fusion. Le chargement du foyer se fait par l'ouverture supérieure, qui est fermée au moyen d'un tampon mobile qu'on manœuvre à l'aide d'une chaîne; quelquefois, pour plus de commodité, ce tampon est garni de galets roulant sur des barres de fer disposées sur la maçonnerie, et se déplace horizontalement, ou bien encore, comme l'indique la figure, il est garni en arrière de 2 tourillons autour desquels il se meut à la manière d'une porte; dans tous les cas, il est constitué par une sorte de boîte en tôle ou en fonte, garnie en

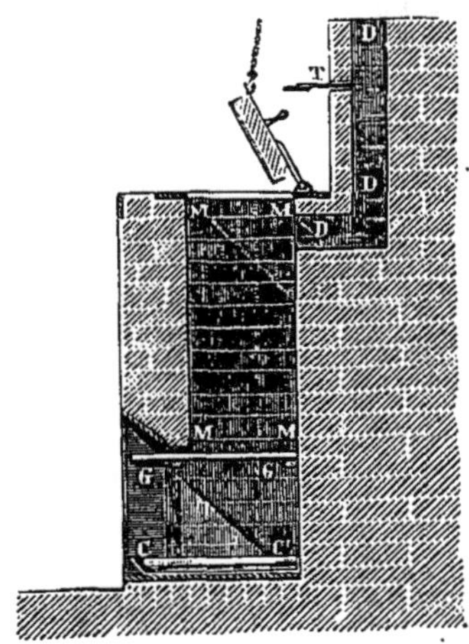

Fig. 35. — Fourneau à vent.

dedans de briques réfractaires dont il présente la surface au foyer. Une trappe en fonte T, disposée dans la cheminée, sert à régler le tirage.

Le fourneau à vent remplace la forge employée autrefois. Il convient mieux encore pour le chauffage au coke (§ 77) et au charbon des cornues (§ 78) que pour la combustion du charbon de bois.

77. Chauffage au coke. — La faible densité du charbon de bois limite beaucoup les températures que l'on peut obtenir par sa combustion. De plus, ses cendres, fort alcalines, se combinent à la substance des poteries réfractaires pour former des silicates fusibles, ce qui entraîne la destruction des vases et des fourneaux. Le coke est plus dense et permet d'atteindre des températures plus élevées; ses cendres sont en même temps moins alcalines. Pour l'employer, on le concasse en fragments de la grosseur d'une noix, qu'on sépare avec soin de la poudre. On l'allume avec un peu de charbon de bois. Il est surtout avantageux dans les fourneaux à réverbère, à moufle ou à vent; il brûle mal dans les fourneaux dépourvus d'un tirage actif.

78. Chauffage au charbon des cornues a gaz. — Le charbon qui se dépose à la partie supérieure des cornues à gaz, étant très dense et ne laissant pas de cendres, est le meilleur des combustibles solides pour l'obtention de températures très élevées. Toutefois il ne brûle que difficilement; aussi s'emploie-t-il uniquement dans les fourneaux à vent, pourvus d'un bon tirage. On le concasse régulièrement, on sépare la poussière et on l'allume par un feu de coke, qui échauffe le fourneau.

B. — Chauffage au gaz.

79. Gaz de houille. — Le gaz qui provient de la distillation de la houille est un mélange en proportions variables de formène et d'hydrogène; il contient de plus quelques centièmes d'oxyde de carbone et d'hydrocarbures divers. Il brûle à l'air avec une flamme éclairante, en produisant de la vapeur d'eau et du gaz carbonique et en dégageant une quantité de chaleur assez considérable. Une canalisation fixe, en plomb ou en fer, l'amène au voisinage des tables de travail et des cheminées. Cette canalisation porte de place en place des robinets qui fournissent le gaz dans tous les endroits nécessaires ; la meilleure disposition et la plus économique consiste à construire cette canalisation avec des tubes de fer étirés, sur lesquels les robinets sont vissés directement.

Les appareils dans lesquels on brûle le gaz étant d'ordinaire mobiles, on les relie à la canalisation fixe par des tubes flexibles en caoutchouc. A cet effet, les robinets de la canalisation et ceux des brûleurs se terminent par des ajutages métalliques, de forme ovoïde, ou mieux légèrement coniques et creusés perpendiculairement à leur direction de rainures circulaires à bords rabattus ; on introduit, en forçant un peu, ces ajutages dans les extrémités du tube de caoutchouc ; les parois élastiques de celui-ci s'appliquant exactement sur le métal et pénétrant dans les rainures, on obtient ainsi un joint étanche et susceptible de résister à une traction modérée, exercée sur le tube de caoutchouc dans le sens de sa longueur.

Les appareils de chauffage par le gaz sont extrêmement nombreux, chaque constructeur possédant des modèles particuliers. Beaucoup sont imparfaits et ne produisent qu'une combustion incomplète du gaz. Nous ne parlerons ici que de ceux dont l'usage est le plus répandu dans les laboratoires de chimie.

80. Bruleurs a flamme éclairante. — Lorsqu'on allume un jet de gaz de houille arrivant dans l'atmosphère, il brûle avec une flamme blanche, éclairante. C'est sur ce fait qu'est basée la construction des appareils ordinaires d'éclairage par le gaz. Le pouvoir éclairant est dû à la présence dans l'intérieur de la flamme, de particules de charbon : celles-ci proviennent de la destruction ignée des hydrocarbures ; portées au rouge vif par la chaleur qu'engendre la combustion effectuée au contact de l'air, elles deviennent lumineuses.

Une semblable flamme n'est très chaude que superficiellement. Volumineuse par rapport à la quantité de gaz brûlée, elle présente une température moyenne relativement peu élevée. De plus, si elle vient au contact d'un corps froid, elle dépose sur lui du charbon. Lorsqu'elle est un peu grande, la combustion s'y fait incomplètement et elle devient fuligineuse.

Malgré ces inconvénients, lorsqu'il s'agit de très petits foyers, brûlant peu ou destinés à produire, au moins momentanément, des flammes très basses, les brûleurs à flamme éclairante offrent des avantages, notamment sous le rapport de la simplicité. On peut d'ailleurs leur donner des dispositions qui amoindrissent beaucoup les inconvénients propres à une flamme volumineuse et assurent une combustion parfaite.

81. Les plus usités consistent en un tube de cuivre cylindrique, fermé à une de ses extrémités, relié par l'autre à la canalisation du gaz et percé, suivant sa génératrice supérieure, de trous très petits, régulièrement espacés. Le gaz s'échappe par ces orifices et brûle en autant de flammes séparées, dont la

longueur dépend du diamètre des trous et de la pression du gaz. On peut replier horizontalement sur lui-même un tube de ce genre et donner au brûleur des formes variées. Le plus souvent on le dispose en cercle ou en spirale, de façon à rapprocher un grand nombre de flammes qui recouvrent la surface occupée par le cercle ou la spirale (fig. 36). Il est nécessaire de nettoyer fréquemment les brûleurs de ce genre dont les trous se garnissent peu à peu de matières solides; on y parvient facilement en introduisant une aiguille dans les ouvertures. Avec ce dispositif, les flammes étant très petites, il ne se dépose pas de charbon sur les objets à chauffer, placés au-dessus et à une certaine distance; d'autre part le chauffage ne peut jamais être fort actif:

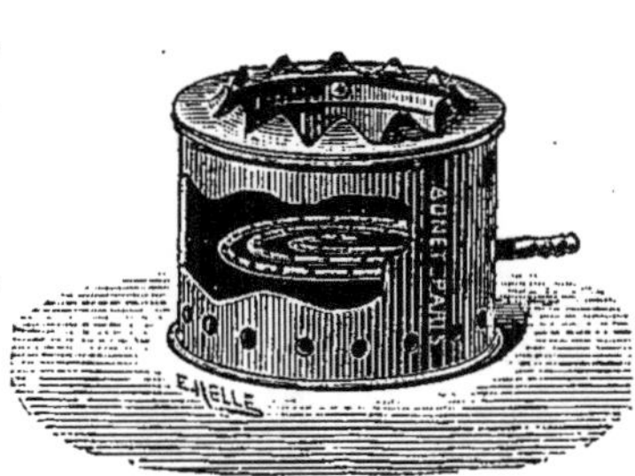

Fig. 36. — Brûleur à flamme
éclairante.

Fig. 37. — Brûleur à becs-papillons
multiples.

82. On fait usage également de brûleurs analogues, dans lesquels chaque orifice est plus large et muni d'un *bec à fente* ou *bec-papillon*, tel que ceux qui éclairent les voies publiques. Chacun de ces becs est constitué par un petit tube que termine une calotte sphérique dans laquelle on a pratiqué une fente verticale. Le gaz s'échappe par cette fente en une lame aplatie et forme une flamme mince, dont l'épaisseur est réglée par la fente elle-même. Pour l'éclairage, on doit rechercher les flammes épaisses. Pour le chauffage, au contraire, on n'emploie que des flammes très minces, à peine éclairantes et dans lesquelles le gaz est immédiatement mélangé à l'air; on les obtient avec les becs des plus petits modèles. Un appareil composé d'un certain nombre de becs-papillons fixés sur une même monture (fig. 37), permet de brûler des quantités de gaz relativement considérables et par suite de produire beaucoup de chaleur. Il se maintient cependant allumé quand on réduit sa consommation au minimum, ce qui ne s'obtient pas facilement avec les appareils dont il sera parlé plus loin et dans lesquels le gaz brûle après avoir été préalablement mélangé d'air. Cette circonstance est précieuse pour le chauffage à température fixe au moyen des régulateurs de température (voy. ce mot). Les becs à fente en stéatite étant inaltérables, sont préférables aux becs métalliques, qui résistent mal aux vapeurs acides.

83. BRULEUR DE M. BUNSEN. — Si au lieu de brûler le gaz de houille pur, sous la forme d'un jet pénétrant dans l'atmosphère, on mélange préalablement ce gaz avec une proportion d'air croissante, on voit la flamme devenir de moins en moins éclairante et diminuer progressivement de volume; il arrive même un moment où l'oxygène de l'air est suffisamment abondant pour former avec le gaz un mélange détonant. La combustion se trouve donc singulièrement activée par le mélange

de l'air avec le gaz, puisqu'elle tend à devenir explosive : le volume de gaz combustible brûlé, et par conséquent la quantité de chaleur développée pendant un même temps, étant augmentés, et cette chaleur étant de plus produite dans un espace moindre, on conçoit que la température résultante soit plus élevée.

M. Bunsen a, dès l'année 1855, tiré un parti heureux des propriétés spéciales que possède le mélange d'air et de gaz lorsqu'on l'emploie comme agent de chauffage; le brûleur qu'il a imaginé et qui porte son nom est resté depuis cette époque le plus répandu dans les laboratoires.

Il consiste (fig. 38) en un tube en laiton de 8 à 10 millimètres de diamètre et de 12 à 14 centimètres de hauteur, fixé verticalement sur un pied de fonte, et fermé à sa partie inférieure par un ajutage dirigé suivant son axe; l'ajutage est percé d'un trou livrant passage au gaz qui arrive par une tubulure horizontale. Les choses étant ainsi disposées, le gaz après avoir traversé le tube de bas en haut brûlerait à l'orifice supérieur en une flamme éclairante. Mais à la partie inférieure du tube, un peu en contre-bas de l'ajutage ou tout au moins à sa hauteur, on a percé deux ou quatre ouvertures livrant passage à l'air : le gaz, arrivant dans l'appareil sous une pression qui ne doit pas être inférieure à 2 ou 3 centimètres d'eau, produit un jet vertical animé d'une certaine vitesse, et entraîne avec lui l'air qui se trouve

Fig. 38. — Brûleur Bunsen.

aspiré par les orifices latéraux. Pendant la translation de la masse gazeuse dans le tube, le mélange du gaz et de l'air s'effectue, de telle sorte que la flamme obtenue à l'orifice supérieur est incolore ou bleuâtre, rapide et très chaude, si les proportions relatives d'air et de gaz, réglées par les dimensions de l'appareil, sont convenables. Il est évident, d'ailleurs, que ces dimensions et par suite les proportions du mélange doivent varier avec la composition du gaz et la pression à laquelle il est fourni par la canalisation.

Si la quantité d'air est insuffisante, la flamme reste un peu éclairante et est moins chaude. Si au contraire cette quantité est trop forte, la combustion devient très rapide, au point de se propager de haut en bas avec une vitesse supérieure au mouvement vertical de translation de la masse gazeuse; elle se produit dès lors dans l'intérieur du tube, et vient s'effectuer irrégulièrement sur l'ajutage.

On observe facilement tous ces phénomènes en bouchant complètement les orifices d'arrivée de l'air d'un brûleur de Bunsen, qui donne ainsi une flamme molle et fuligineuse; si on livre ensuite passage à des quantités d'air croissantes, on voit la flamme prendre de la vitesse et se décolorer enfin complètement. Lorsque, dans ces conditions, on ferme le robinet d'arrivée, de façon à diminuer progressivement la quantité du gaz, la flamme devient agitée, présente à la base une teinte d'un bleu vif, et ne tarde pas à s'abaisser dans l'intérieur du tube. Dès qu'elle a atteint l'ajutage, en s'éteignant en haut du brûleur, il n'est plus possible de la rendre normale en faisant arriver de nouveau une proportion de gaz convenable. Ce fait n'est pas sans présenter des inconvénients puisqu'il empêche de produire une flamme basse avec l'appareil ainsi disposé, sans faire varier en même temps l'arrivée de l'air.

Les appareilleurs donnent le plus souvent au trou d'admission du gaz dans la lampe une forme cylindrique; c'est là une simplification de construction peu heureuse. Dans les brûleurs construits conformément aux indications de M. Bunsen, la section de cette ouverture présente la forme d'une étoile à trois branches élargies vers les extrémités, dispositif qui procure au jet gazeux une plus grande surface pour un même débit; le contact du gaz et de l'air étant ainsi augmenté, la proportion d'air entraînée par le gaz, varie dans un rapport plus étroit avec la rapidité d'écoulement de celui-ci, et dès lors la lampe peut fonctionner convenablement en brûlant des quantités de gaz très variables.

On diminue beaucoup les conditions dans lesquelles se produit la combustion inférieure du brûleur, en donnant au tube un faible diamètre et une grande longueur. Le même accident se produit moins d'ailleurs avec du gaz sous forte pression, la vitesse imprimée à la masse gazeuse étant alors plus considérable.

84. On supprime tout à fait les combustions irrégulières en réglant l'admission de l'air en même temps que celle du gaz. A cet effet, on pratique au bas du tube deux ouvertures seulement (fig. 39 et en coupe

Fig. 39. — Brûleur Bunsen à virole.   Fig. 40. — Coupe du brûleur Bunsen à virole.

fig. 40), qui occupent ensemble moins de la moitié de la circonférence du cylindre métallique. Une virole que l'on peut mouvoir à l'aide d'une molette, enveloppe le tube; elle porte deux ouvertures superposables à celles du cylindre; convenablement placée, elle n'intercepte pas l'arrivée de l'air, mais si on la tourne sur elle-même, elle recouvre peu à peu les ouvertures du tube devant lesquelles ses parties pleines se présentent, et finit par les obturer complètement. Le robinet d'arrivée permettant de régler le gaz et la virole mobile limitant à volonté l'accès de l'air, il est toujours possible d'obtenir une combustion convenable en proportionnant les volumes des deux fluides.

On construit aussi des brûleurs pourvus d'un obturateur analogue comme effet à la virole mobile, mais dont les mouvements sont rendus solidaires de ceux du robinet; en réglant l'arrivée du gaz, on règle du même coup celle de l'air : tel est le brûleur de Wiesnegg (fig. 41).

85. La forme élevée du brûleur Bunsen

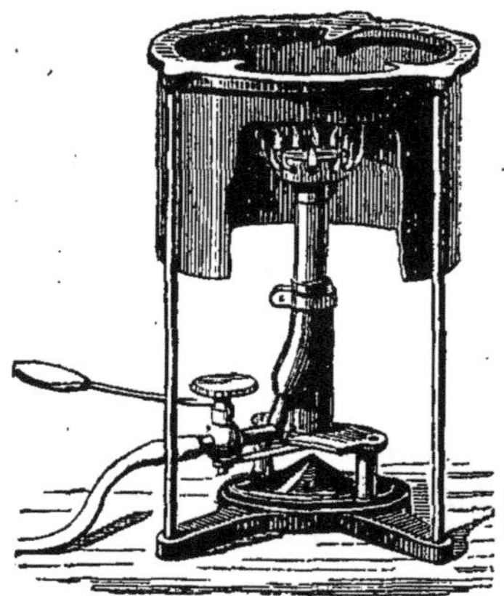

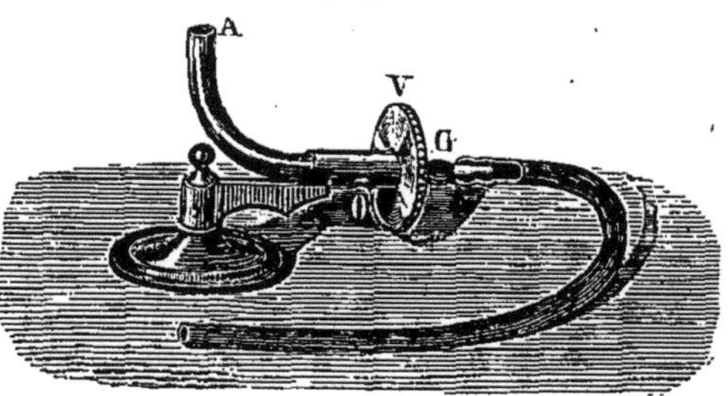

Fig. 41. — Brûleur Wiesnegg.   Fig. 42. — Brûleur Bunsen à tube recourbé.

force parfois à surélever beaucoup les objets chauffés. Lorsqu'on reçoit le gaz sous une pression suffisante, on trouve avantageux de donner au tube une forme cintrée (fig. 42), qui diminue notablement la hauteur de l'ensemble (M. Berthelot).

86. La flamme des appareils précédents est allongée verticalement, à peu près cylindrique d'abord, puis conique vers l'extrémité. Dans beaucoup de cas, il est utile de modifier sa forme. On y parvient en adaptant à frottement doux sur l'extrémité supérieure des brûleurs, des *couronnements mobiles* dits *têtes de becs*, de dispositions variables (fig. 43). Ceux que représente la figure fournissent des jets divisés verticaux (milieu), ou une flamme large et aplatie (gauche), ou encore des jets horizontaux rayonnant autour du sommet du tube (droite).

87. *Brûleurs de M. Bunsen groupés.* — Les conditions de la combustion du gaz dans les brûleurs Bunsen, limitent assez étroitement la quantité de gaz que l'on peut introduire dans

Fig. 43. — Couronnements mobiles pour brûleurs à gaz.   Fig. 44. — Fourneau à brûleurs Bunsen multiples.

chacun d'eux. Il est possible, en groupant plusieurs brûleurs semblables, de constituer des foyers de telle puissance que l'on désire.

Dans les groupements de ce genre, on peut disposer les brûleurs de différentes manières, suivant la forme des objets à chauffer. La figure 44 représente un fourneau à 9 becs, destiné au chauffage des objets circulaires. Lors-

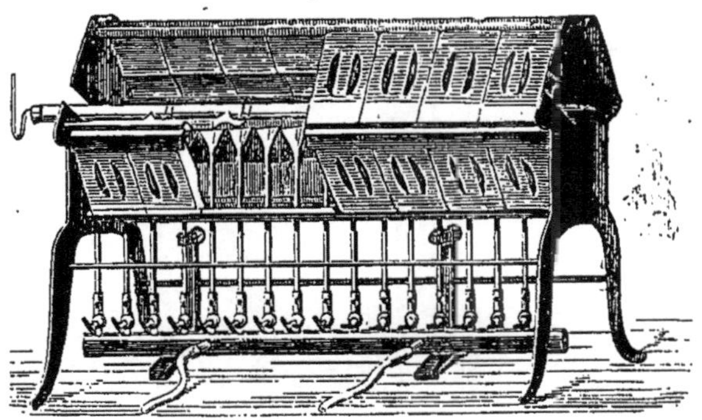

Fig. 45. — Grille à gaz pour analyses.

qu'on opère sur des objets allongés, sur des tubes, par exemple, on dispose les brûleurs en ligne droite en les fixant sur une rampe ; de plus, on les surmonte de couronnements propres à aplatir la flamme dans un même sens et tels

Fig. 46. — Fourneau à incinérer.

que celui qui est représenté à gauche de la figure 43. Les fourneaux dits *grilles à analyses* (fig. 45), disposés spécialement pour les analyses organiques, présentent une disposition de ce genre ; la combustion s'y produit dans un espace limité par quatre rangées de briquettes de forme convenable, lesquelles s'opposent aux déperditions de chaleur par rayonnement, et régularisent beaucoup le chauffage.

Enfin on peut régler par un seul robinet tout l'ensemble des brûleurs, ce qui donne une même température dans toutes les parties du fourneau (fig. 44), ou bien au contraire, régler séparément chaque brûleur par un robinet particulier (fig. 45), ce qui permet de varier à volonté l'intensité du chauffage dans les différentes parties ; cette dernière disposition est adoptée d'habitude pour les grilles à analyses.

88. On utilise également les *rampes* de brûleurs de Bunsen pour le chauffage des coffrets de moufles (§ 75), dans les *fourneaux* dits *à incinérer* (fig. 46) ; bien que le coffret à chauffer soit de forme allongée, pour chauffer plus ré-

gulièrement sa surface inférieure, on termine les brûleurs par des couronnements aplatis, disposés de façon à donner des flammes minces, parallèles entre elles et inclinées par rapport à la longueur du coffret. Les flammes aplaties de ce genre, recommandées depuis longtemps par M. Gore, produisent un

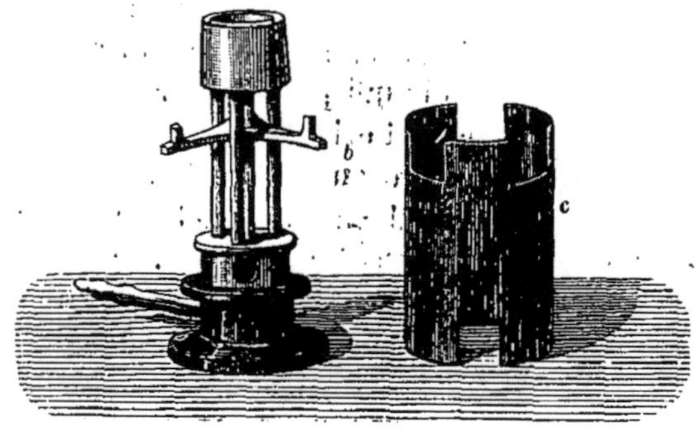

Fig. 47. — Brûleur à flamme circulaire, dit *bec Berzelius*.

contact plus parfait du gaz avec l'air atmosphérique et donnent des températures plus élevées que les flammes cylindriques.

Le groupement des brûleurs de Bunsen est encore opéré d'une autre manière, plusieurs becs aboutissant dans un couronnement commun. C'est un dispositif heureusement appliqué dans le brûleur à flamme circulaire, dit *bec Berzelius* (fig. 47), dont on se sert pour chauffer fortement des objets de moyennes dimensions, tels que les creusets de platine. Une cheminée de tôle *c* que l'on fait reposer sur trois branches horizontales *bb*, empêche les mouvements de l'atmosphère de se communiquer à la flamme et sert en même temps de support pour les objets à chauffer.

89. Bruleurs a couronne. — Ces appareils, auxquels on donne des formes variées, ne sont que des modifications du brûleur de Bunsen.

Fig. 48. — Brûleur à couronne de Wiesnegg.

Les *modèles de Wiesnegg* (fig. 48) consistent en un large tube de fonte TG, recourbé à 90 degrés, à la partie horizontale duquel est adapté un ajutage O, muni d'une amorce pour tube de caoutchouc; vers le haut, le tube de fonte communique par des branches horizontales creuses, avec une couronne également creuse ABT, dont on a rendu la section visible dans la figure par une coupure, et qui est percée à sa partie supérieure de trous nombreux et de petit diamètre. Le gaz arrive avec vitesse par l'ajutage O; il entraîne aussitôt dans le tube large une certaine quantité d'air qui pénètre par un orifice pratiqué à la partie inférieure de ce tube; cet orifice circulaire est en partie visible en G, sur le bord de la déchirure que l'on a figurée pour laisser voir l'ajutage. Dans le parcours de G en T, le mélange du gaz avec l'air s'effectue; traversant les branches horizontales, puis la couronne, il s'échappe par les trous, au-dessus desquels la combustion s'effectue en un grand nombre de petites flammes incolores ou bleuâtres.

Ce brûleur, qui est assez puissant, donne à l'air extérieur un accès facile; chaque jet gazeux enflammé s'y trouve entouré d'air sans cesse renouvelé; c'est là une condition indispensable à une bonne combustion. Il peut être monté sur un pied à la manière de brûleur de Bunsen recourbé (fig. 42, p. 51); on le fixe également au milieu d'une enveloppe en fonte, que l'on a supposée partiellement arrachée dans la figure 48, et sur laquelle s'adapte un cercle de fonte C, destiné à supporter les objets chauffés.

90. Les *modèles de M. Bengel* (fig. 49) ne diffèrent pas en principe des précédents. Le gaz amené par le tube de caoutchouc G, pénètre par

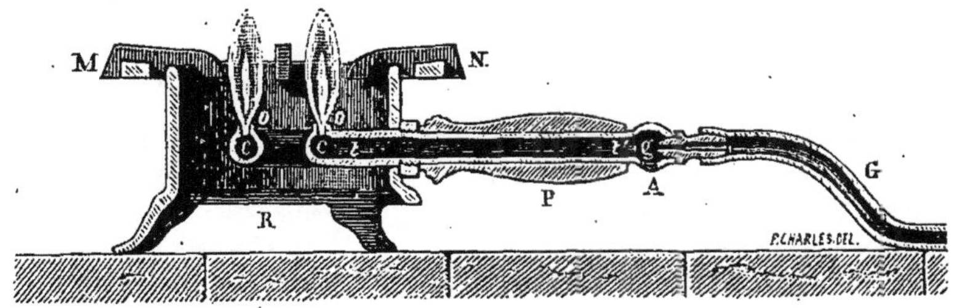

Fig. 49. — Brûleur à couronne de M. Bengel.

l'ajutage g dans un tube horizontal en fonte $t't$, et s'y mélange avec une certaine quantité d'air qu'il aspire par l'orifice A. Le tube $t't$ se termine par une couronne creuse cc', percée de trous oo, en nombre variable et larges de 6 à 8 millimètres; ces trous laissent échapper le mélange combustible. Les flammes produites sont analogues à celles du bec de Bunsen, mais un peu *molles,* la disposition horizontale du système ne favorisant pas l'écoulement rapide du gaz; elles sont cependant bien entourées d'air. D'autre part, ce brûleur, constitué d'une seule pièce de fonte, est robuste et d'un nettoyage facile. Une poignée de bois P le rend maniable, alors même qu'il est chaud. Il est d'ailleurs fixé dans une enveloppe de fonte MNR servant en même temps de support aux objets chauffés.

91. Dans beaucoup de modèles du commerce, construits sur le même principe, les trous de sortie du gaz sont percés en grand nombre dans des pièces de fonte planes ou bombées. Lorsqu'un objet à chauffer est placé sur de semblables fourneaux, la combustion ne peut se faire régulièrement, les jets gazeux du centre ne recevant pas l'air extérieur en proportion suffisante. On perçoit alors l'odeur caractéristique et désagréable de l'acétylène, qui se produit dans toutes les combustions incomplètes. Un pareil chauffage est défectueux et en même temps peu économique.

92. Bruleur de Perrot. — La disposition suivante (fig. 50) permet d'obtenir des températures atteignant jusque vers 1200°.

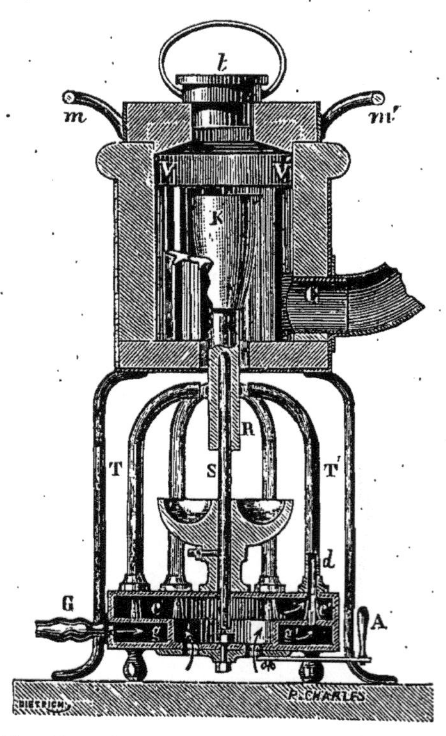

Fig. 50. — Brûleur de Perrot avec fourneau à creuset.

Le gaz arrive en G et pénètre dans une couronne métallique horizontale gg', portant à sa partie supérieure un nombre d'ajutages variable avec les dimensions du fourneau. Ces ajutages, dont une déchirure faite en d montre l'arrangement, sont disposés circulairement et régulièrement espacés ; ils traversent une boîte métallique cc' superposée à la couronne, et viennent déboucher suivant l'axe de tubes cylindriques TT', fixés par leur base sur le dessus de cette boîte avec laquelle ils communiquent par leur orifice inférieur. Le gaz s'echappant de la couronne par les ajutages entraîne dans les tubes l'air de la boîte cc' ; cet air pénètre du dehors suivant la direction des flèches noires. Chacun des tubes TT' joue ainsi le rôle d'un brûleur de Bunsen ; l'air qui y accède se règle d'ailleurs d'un seul coup à l'aide d'un obturateur qui met en mouvement la manette A. Les tubes, d'abord verticaux, sont recourbés vers le haut à 90 degrés et viennent converger vers le centre de l'appareil, où ils débouchent autour d'un cylindre en terre réfractaire R que supporte une tige métallique S. Le gaz mélangé d'air et emflammé entoure le cylindre réfractaire et pénètre dans le fourneau proprement dit, en changeant brusquement de direction. Le choc que subit dans ces conditions la masse gazeuse contribue à la rendre homogène.

Le fourneau employé à chauffer des creusets avec ce brûleur est construit en terre réfractaire et muni d'une double enveloppe : au centre on place le creuset à chauffer K, déposé sur l'extrémité du cylindre d'argile R ; la flamme, après avoir entouré le creuset dans son mouvement ascensionnel, se replie sur elle-même en VV', et passe dans la seconde enveloppe, d'où les produits de la combustion s'échappent par la cheminée C. La seconde enveloppe empêche le refroidissement de la première par l'air extérieur. La paroi séparant les deux enceintes concentriques que traverse successivement la masse gazeuse en combustion est formée de pièces en terre réfractaire, moulées de forme convenable pour qu'elles s'imbriquent les unes dans les autres et se maintiennent en constituant une sorte de cloison. Un couvercle, muni de deux poignées latérales *mm'*, forme le haut du fourneau; il est percé d'une petite ouverture fermée par un tampon *t*, qui permet de surveiller sans ouvrir trop largement.

93. Le même principe s'applique au chauffage d'objets de formes diverses. La figure 51 représente un *fourneau à moufle* (§ 75) très usité aujourd'hui. Les brûleurs B y viennent déboucher dans un orifice commun O et le jet

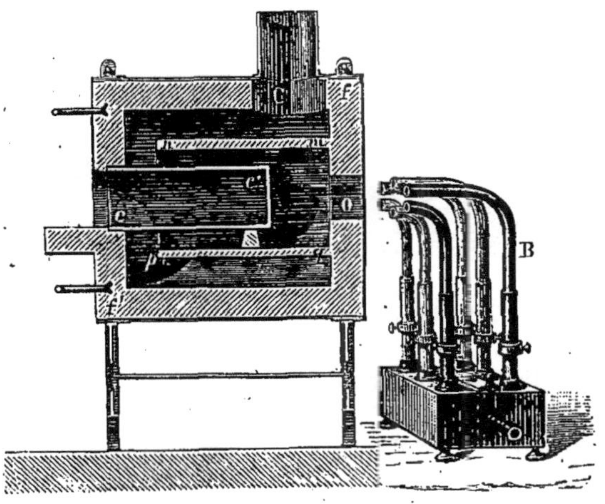

Fig. 51. — Fourneau à moufle de Perrot.

gazeux qu'ils fournissent vient se briser sur le fond du coffret *cc'*. La flamme entoure celui-ci, progressant vers sa partie antérieure, puis se replie autour d'une double enveloppe *mnpq*, formée de pièces réfractaires, moulées et imbriquées les unes dans les autres. Les produits de la combustion s'échappent par la cheminée C.

94. CHALUMEAU A GAZ. — Tous les brûleurs à gaz dont il a été question jusqu'ici fonctionnent avec de l'air à la pression atmosphérique. On obtient des températures plus élevées en brûlant le gaz avec l'air pris sous une pression plus considérable. Le moins compliqué des instruments produisant une combustion de ce genre est le chalumeau à gaz, appelé aussi *lampe d'émailleur à gaz* (fig. 52 et en coupe fig. 53). Il se compose essentiellement de deux tubes métalliques, de diamètres très inégaux, et fermés à la partie inférieure, le plus petit *ad* occupant l'axe du plus grand *tt'*. Le tube extérieur étant mis en communication avec une canalisation de gaz de houille par un tube de caoutchouc fixé en G, et le tube central *ad* étant relié de même en A à une source d'air comprimé, si on allume les gaz qui s'échappent de l'extrémité supérieure du système, on obtient une flamme rapide, d'autant plus agitée

que la pression de l'air insufflé est plus considérable, et dans tous les
cas très chaude; cette flamme est le lieu de deux combustions simultanées, l'une superficielle et due à l'air atmosphérique, l'autre intérieure
et produite par l'air qui s'échappe du tube central; quand cette dernière
arrivée d'air est rapide, les deux combustions s'entremêlent. Des ro-

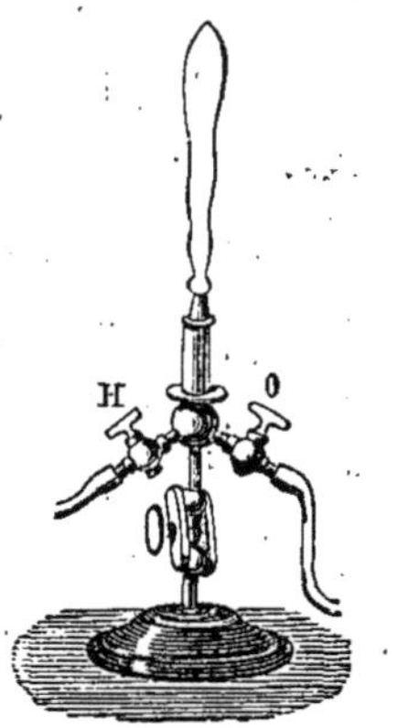

Fig. 52. — Chalumeau à gaz.

Fig. 53. — Coupe du chalumeau à gaz.

binets, R et R', permettent de régler les proportions de gaz et d'air
comprimé.

Les propriétés de la flamme varient d'ailleurs avec la distance qui
existe entre l'orifice du petit tube a et celui du grand, lequel est d'ordinaire en avant de l'autre; elles varient aussi avec les dimensions respectives des orifices. On modifie la première circonstance au moyen d'un
ajutage TT', mobile à frottement doux sur le tube extérieur qu'il peut
prolonger d'une quantité variable; le mélange gazeux est d'autant plus
intime, que le tube TT', dans lequel il s'effectue, est plus allongé. On
modifie la seconde en changeant une pièce vissée et percée plus ou
moins largement, qui termine en a le tube d'arrivée de l'air. L'appareil,
porté par un support articulé S, peut recevoir toutes les positions
voulues.

Dans certains modèles très simples, l'air comprimé est amené par
un tube de verre, étiré au diamètre convenable et fixé au bas du tube
extérieur par un bouchon de liège qu'il traverse suivant l'axe. Ce tube
de verre peut ainsi être rapidement avancé, reculé, ou même remplacé
par un autre à orifice différent.

Le chalumeau à gaz est d'un usage courant, surtout pour le travail
du verre. On l'alimente le plus souvent d'air comprimé au moyen d'un
soufflet vertical (fig. 54) que l'on met en mouvement avec le pied par
l'intermédiaire d'une pédale. Un tube en caoutchouc sert à relier l'orifice de sortie du soufflet, au chalumeau que l'on place sur une table
quelconque. On préfère souvent surmonter le soufflet d'une tablette qui
reçoit directement le chalumeau (fig. 55). Cette disposition constitue une

table d'émailleur (1). Le soufflet fournit de l'air à des pressions variées suivant qu'on presse plus ou moins énergiquement sur sa pédale; cette

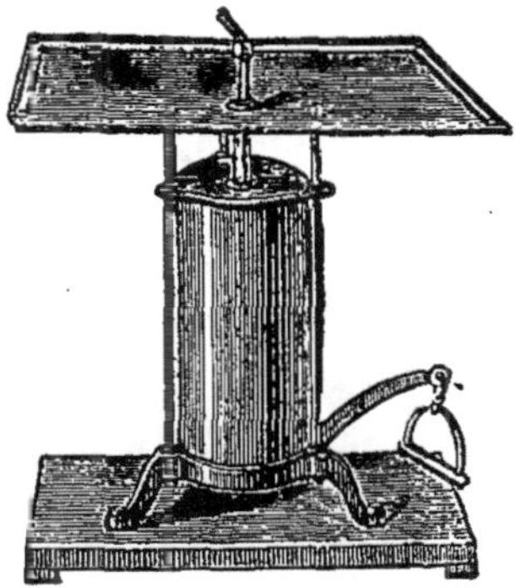

Fig. 54. — Soufflet mobile.   Fig. 55. — Table d'émailleur.

seule condition suffit pour modifier sans faire intervenir les mains la nature de la flamme que produit le chalumeau.

95. Le chalumeau peut être alimenté également avec de l'air comprimé ourni par les souffleries de différents systèmes dont il sera question plus loin (voy. *Souffleries*). On règle l'écoulement par un robinet. On est privé, il est vrai, dans cette circonstance, de l'avantage que possède le soufflet d'obéir au mouvement du pied et de fournir à volonté un courant d'air plus ou moins rapide, sans que les mains de l'opérateur cessent leur travail. Il est facile cependant de commander par une pédale le robinet d'arrivée de l'air des souffleries.

Ajoutons que l'on construit des chalumeaux dans lesquels le gaz de houille et l'air sont chauffés avant d'arriver au chalumeau proprement dit : pour cela, les deux gaz traversent préalablement des tubes métalliques, enroulés en spirale et plongés dans la flamme d'un brûleur de Bunsen. On obtient ainsi une température notablement plus élevée.

96. CHALUMEAU DE M. SCHLŒSING. — En brûlant un mélange bien homogène d'air fortement comprimé et de gaz, on produit des températures plus élevées encore que celles du chalumeau à gaz. C'est ce que M. Schlœsing a réalisé en allongeant beaucoup le tube du chalumeau à gaz, au delà du point d'arrivée de l'air comprimé (fig. 56); le mélange s'effectue dans le parcours de ce tube et l'on obtient à l'extrémité une flamme en combustion dans toute sa masse. Le chalumeau de M. Schlœsing est donc une sorte de brûleur de Bunsen très allongé, dans lequel l'agent d'entraînement est, non pas le gaz d'éclairage dont la pression est toujours faible, mais l'air préalablement comprimé dans un réservoir, au moyen d'une pompe de compression, jusqu'à 2 atmosphères ou même davantage.

(1) Lorsqu'on ne dispose pas du gaz d'éclairage, on remplace sur la table d'émailleur le chalumeau dont il est ici question, par une lampe à huile, à pétrole ou à graisse, munie d'une mèche large qui plonge directement dans le combustible. On dirige le jet d'air vers la base de la flamme fuligineuse produite.

97. Afin d'utiliser le chalumeau à gaz ordinaire ou celui de M. Schlœsing pour un chauffage énergique, il ne suffit pas de placer les objets au milieu de la flamme; l'air et le rayonnement sont, surtout pour les très hautes températures, des causes de refroidissement trop efficaces pour qu'on atteigne ainsi un bon résultat. M. Schlœsing les chauffe alors dans des fourneaux de terre qui les protègent et qui, en même temps, dirigent autour d'eux le déplacement des gaz en combustion (fig. 56). Les plus parfaits de ces fourneaux permettent d'atteindre la température de 1600° (M. Gore); ils sont pourvus d'une

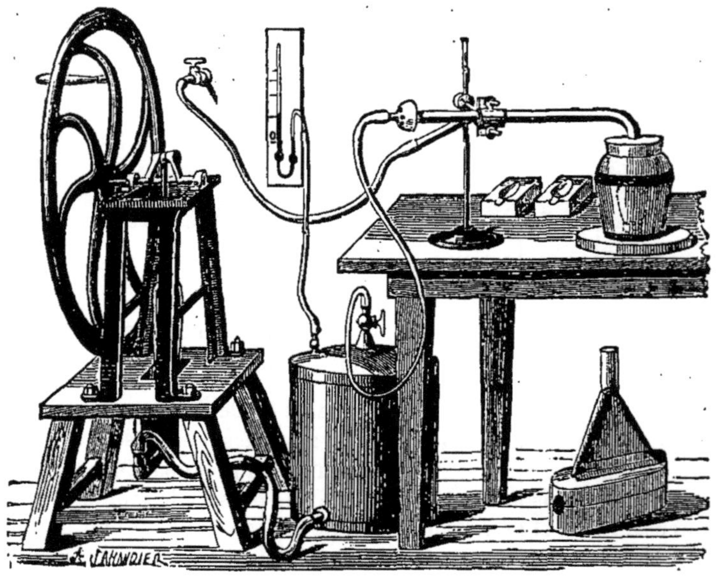

Fig. 56. — Chalumeau à gaz de M. Schlœsing.

double enveloppe analogue à celle des fourneaux Perrot (§ 92), laquelle force les gaz brûlés à se rabattre extérieurement et à recouvrir l'enceinte au centre de laquelle se trouve le creuset chauffé.

MM. Forquignon et Leclerc ont fait construire un fourneau de ce genre, destiné à chauffer très fortement des objets de petites dimensions (fig. 57); cet appareil est particulièrement avantageux dans les analyses, pour faire des calcinations au creuset de platine ou de porcelaine. Alimenté avec un brûleur de M. Schlœsing, il produit la fusion du cuivre et de l'or dans l'espace de cinq à six minutes; avec un simple chalumeau à gaz, fonctionnant à l'aide d'un soufflet, il fournit un chauffage suffisant dans la plupart des cas.

Dans tous les appareils de ce genre, on se base, pour régler les proportions d'air et de gaz, sur les changements de coloration qu'éprouve une lame de cuivre exposée à l'action des gaz qui sortent du fourneau. Si le cuivre devient brillant par réduction de l'oxyde qui le recouvre, la flamme est trop riche en gaz combustible; s'il noircit fortement, l'air doit être diminué, la flamme contenant un excès d'oxygène (M. Schlœsing).

98. CHALUMEAU A OXYGÈNE. — L'azote de l'air n'est pas seulement inutile dans la combustion, il est nuisible parce qu'il absorbe pour s'échauffer jusqu'à la température de la flamme, une proportion considérable de la chaleur pro-

duite; de plus, il augmente beaucoup le volume des flammes. Ces considérations indiquent immédiatement qu'on doit remplacer l'air par l'oxygène pur,

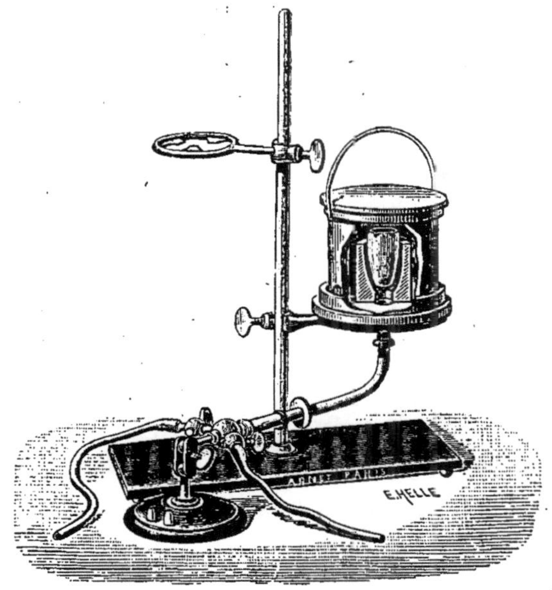

Fig. 57. — Four de MM. Forquignon et Leclerc.

si l'on veut obtenir des températures plus élevées encore. Les appareils dont
on fait usage dans ce cas ne diffèrent pas en principe des chalumeaux précédents.

99. TOILES MÉTALLIQUES. — Les vases employés en chimie étant le
plus souvent en verre ou en porcelaine seraient fréquemment brisés si
on les exposait directement à l'action des fourneaux à gaz. Non seulement les flammes sont agitées par les courants d'air, ce qui détermine
des variations brusques de température, mais encore elles sont espacées
et chauffent inégalement les diverses parties de la surface. On évite les
accidents qui en résultent, par l'interposition de toiles métalliques. La
conductibilité du métal tend, en effet, à répartir uniformément la chaleur dans la masse gazeuse qui traverse ces toiles.

On constate facilement l'action ainsi exercée, par l'expérience suivante. Sur un brûleur Bunsen en combustion et dont on a obturé les
arrivées d'air, on abaisse une toile métallique suffisamment serrée et
tenue horizontale, jusqu'à ce qu'elle arrive à la moitié de la hauteur de
la flamme (fig. 58); on constate que cette flamme s'éteint au-dessus de
la toile, la réfrigération produite par cette dernière étant suffisante pour
empêcher la combustion de se transmettre au delà; les gaz qui s'échappent sont cependant combustibles, ainsi qu'on s'en assure en approchant une allumette. L'expérience peut d'ailleurs être renversée : plaçant la toile métallique un peu au-dessus de l'orifice d'un bec Bunsen
privé d'air, mais fourni de gaz et non allumé (fig. 59), on constate que

l'on peut enflammer le mélange gazeux qui a traversé la toile sans que la combustion se propage jusqu'au brûleur. En opérant de même avec un brûleur Bunsen bien alimenté d'air, l'effet de la conductibilité peut devenir insuffisant; la toile rougit alors et la combustion, se transmettant au travers du tissu, descend jusqu'à l'appareil.

Les toiles de cuivre sont très efficaces à cause de la grande conductibilité de ce métal, mais elles fondent facilement et se percent. Les

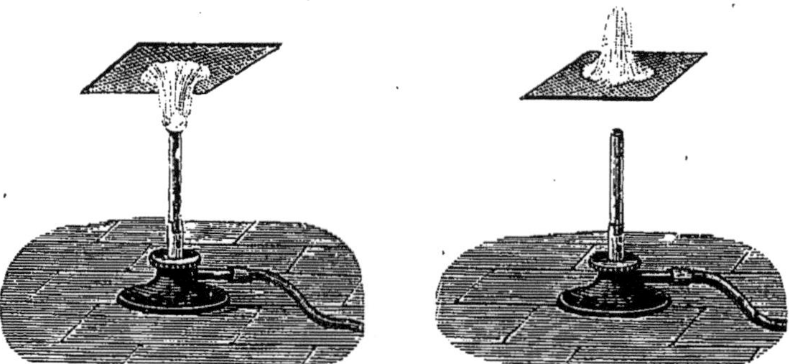

Fig. 58 et 59. — Action d'une toile métallique sur la flamme.

toiles de fer sont d'un bon usage si on évite de les déformer, les mouvements de flexion détachant l'oxyde qui se forme à leur surface et les protège d'une oxydation plus profonde.

100. Manomètres. — L'un des plus précieux avantages de l'emploi du gaz comme combustible est la régularité. Toutefois celle-ci ne peut être obtenue que si le gaz arrive aux appareils sous une pression constante, les volumes débités en un temps donné par un même orifice variant beaucoup avec la pression. Or cette condition n'est jamais remplie; les circonstances de la production et de la consommation de gaz font qu'on observe journellement des variations de pression atteignant 10 centimètres d'eau. D'ailleurs la pression du gaz a une très grande influence sur le fonctionnement des brûleurs et ceux-ci, alors qu'ils ont été disposés pour consommer du gaz sous une certaine pression, ne peuvent être employés avantageusement avec du gaz sous une pression très différente. Il est donc souvent nécessaire de connaître la pression du gaz.

Dans ce but on se sert de petits *manomètres* à eau (fig. 60), formés d'un tube de verre recourbé en forme d'U, ouvert aux deux bouts et contenant une colonne d'eau de 15 à 20 centimètres de longueur totale. Par un tube de caoutchouc, on maintient l'une des extrémités du tube de verre en communication avec la canalisation du gaz, l'autre extrémité restant ouverte dans l'atmosphère. La différence des niveaux de l'eau dans

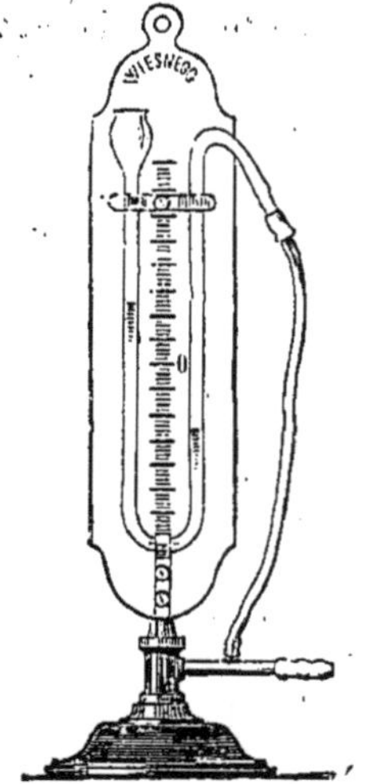

Fig. 60. — Manomètre pour mesurer la pression du gaz.

les deux branches, indique à chaque instant l'excès de pression du gaz sur la pression atmosphérique.

En disposant les branches du tube, non pas verticalement comme il vient d'être dit, mais fortement inclinées, on augmente la sensibilité du manomètre, toute dénivellation se traduisant alors par un déplacement des niveaux d'autant plus considérable que la position des branches se rapproche davantage de l'horizontale (M. Schoffield).

101. Régulateurs de pression. — La pression variable du gaz reçu dans les canalisations peut être régularisée au moyen d'appareils de divers systèmes.

Régulateur de Moitessier. — L'un des régulateurs de pression les plus simples est celui de Moitessier (fig. 61). Cet instrument présente beaucoup d'analogies avec les *régulateurs de Clegg et de Pauwels*, en usage depuis longtemps dans les usines à gaz. Le gaz, dont la pression d'arrivée est donnée par le manomètre M, entre dans l'instrument par le tube *ee'*, lequel est coudé et se termine dans l'axe du système par une ouverture circulaire à bords horizontaux ; s'échappant par cette ouverture, le gaz passe dans une cloche métallique renversée C, très légère, plongée par ses bords dans l'eau d'un réservoir RR', jusqu'à un niveau inférieur à l'extrémité du tube *ee'* ; il déplace partiellement l'eau que renferme la cloche et celle-ci se soulève aussitôt que son poids

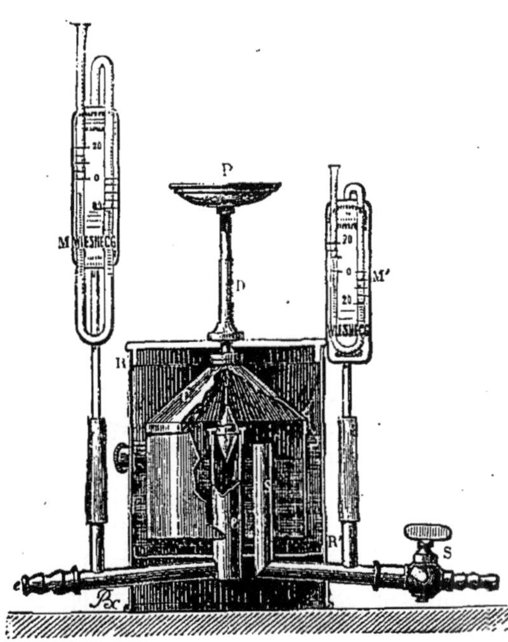

Fig. 61. — Régulateur de pression de Moitessier.

est devenu moindre que celui de l'eau déplacée. Au sommet de la cloche se trouve suspendue, au moyen d'une chaînette, une masse métallique ayant la forme de deux cônes réunis par leurs bases. Cette masse, dont le plus grand diamètre est supérieur à celui de l'ouverture circulaire du tube d'arrivée *ee'*, est engagée dans l'intérieur de celui-ci ; étant reliée à la cloche, elle se soulève en même temps qu'elle et, si la longueur de la chaîne est convenable, après avoir engagé sa pointe dans l'orifice du tube, elle intercepte de plus en plus, et bientôt complètement, le passage du gaz.

D'autre part, un second tube *sS*, ouvert dans la cloche au-dessus du niveau maximum de l'eau, met, par le robinet S, le gaz intérieur en communication avec le brûleur ; il porte un manomètre M' indiquant la pression dans la cloche. Quand on ouvre le robinet S, le gaz s'écoule, la pression intérieure diminue, un mouvement de l'eau correspondant s'effectue et, le poids du liquide déplacé diminuant, la cloche s'abaisse entraînant la soupape ; le gaz de la canalisation pénètre alors de nouveau dans la cloche en *ee'* et rétablit aussitôt les conditions primitives. Par une série d'oscillations rapides, un régime ne tarde pas à s'établir; l'appareil en équilibre fournit dès lors un courant de gaz dont la pression ne peut varier sans qu'un mouvement de la cloche la rétablisse immédiatement. L'équilibre obtenu, la pression du gaz à la sortie dépend uniquement du poids du système mobile; il suffit donc de faire varier ce poids à volonté pour changer en même temps la pression du gaz à la sortie et lui donner telle valeur qui est nécessaire. A cet effet, par l'intermédiaire d'une tige métallique, traversant à frottement très facile une douille D, fixée sur le couvercle du réservoir à eau, la cloche supporte un petit plateau P, sur lequel on place une charge de poids telle que le manomètre M' indique la pression voulue. On doit maintenir le gaz en léger écoulement pendant le réglage.

La pression maximum pour laquelle on peut régler l'appareil est évidemment un peu inférieure à la pression minimum du gaz à l'arrivée; celle-ci n'est connue que par l'observation fréquente du manomètre M ou de tout autre placé sur la canalisation du laboratoire; c'est d'ordinaire celle du milieu du jour. La même circonstance fait que l'usage des régulateurs de pression, si avantageux pour le chauffage régulier ainsi que pour l'éclairage, doit être évité dans tous les cas où l'emploi du gaz sous une pression aussi élevée que possible est nécessaire.

Le régulateur précédent suffit très bien pour se mettre à l'abri des grosses variations de pression. Sa sensibilité et sa précision sont cependant assez limitées; les principales causes d'erreur sont :
1° les frottements de la tige; 2° les changements sensibles du poids de la cloche, résultant des poussées différentes qu'elle subit dans ses diverses positions d'immersion ; 3° l'action variable exercée de bas en haut sur la soupape, par le gaz qui arrive sous une pression sans cesse modifiée.

Un seul régulateur de pression peut alimenter plusieurs brûleurs indépendants, chacun de ces brûleurs consommant une quantité de gaz proportionnelle à la section de son orifice d'écoulement.

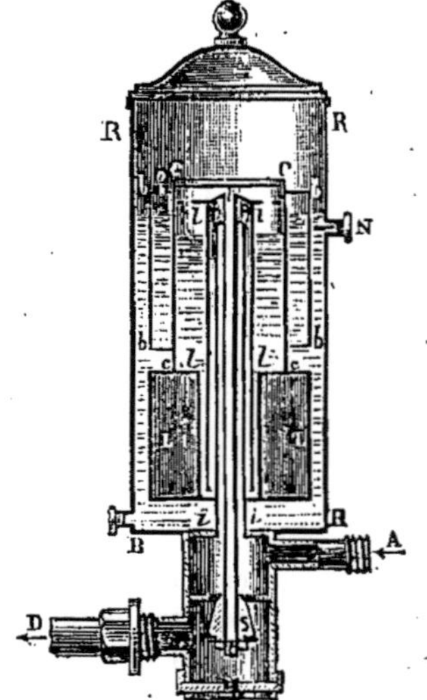

Fig. 62. — Régulateur de pression de M. Giroud.

102. *Régulateur de M. Giroud.* — M. Giroud a adopté des dispositions analogues, mais dans lesquelles les actions perturbatrices se trouvent équilibrées et les frottements diminués; il a construit ainsi des régulateurs assez parfaits, mais que nous devons nous borner à décrire sommairement.

Le gaz arrive en A dans l'appareil (fig. 62) et se rend à la sortie D en passant par une ouverture circulaire, que commande la soupape conique S. Celle-ci est reliée à une cloche mobile CCcc, en partie plongée dans l'eau, par une tige rigide et creuse tt', qui met en communication le gaz de la cloche avec le gaz de sortie; la pression intérieure de la cloche est donc la pression à la sortie qu'il s'agit de régler. Le système est maintenu en équilibre par un lest LL, Jusqu'ici le principe est identique à celui des régulateurs cités plus haut; voici maintenant les particularités : 1° la cloche porte vers le haut et en partie immergée dans l'eau, une boîte à air qui annule son poids ; pour que le gaz sortant ait une pression supérieure à la pression atmosphérique et puisse s'échapper de l'appareil, il est donc nécessaire de déposer sur le fond de la cloche CC des poids dont la quantité règle la pression à la sortie; 2° le gaz arrivant en A exerce de haut en bas sur la soupape S, une poussée variable avec la pression à l'arrivée; cette action est équilibrée au moyen d'une seconde cloche *llll*, cylindrique, de même diamètre que le siège de la soupape S, fixée à la tige qui porte celle-ci et dans laquelle le gaz d'arrivée pénètre par un tube *iiii*, dont la tige *tt'* occupe l'axe : la pression de bas en haut exercée par le gaz d'arrivée sur le fond de la cloche *llll* compense la pression égale et de sens contraire exercée par lui sur la soupape S; 3° la cloche CC*cc* est entourée d'un cylindre creux *bbbb*, solidaire avec elle, fermé en haut, ouvert en bas, plongeant dans l'eau et communiquant avec l'atmosphère par un petit orifice *o ;* cette disposition forme un frein à air qui arrête les mouvements trop brusques de l'appareil, la partie mobile ne pouvant monter ou descendre qu'autant que l'air a pu rentrer dans l'espace annulaire *bbbb* ou en sortir.

Le régulateur de M. Giroud peut fournir un débit considérable. Il convient parfaitement dans un laboratoire pour régler la pression dans une section de canalisation alimentant les divers brûleurs dont le fonctionnement doit être régularisé.

103. RÉGULATEURS DE DÉBIT. — On a donné ce nom ou celui de *rhéomètres*, à des instruments qui ne régularisent pas, comme les précédents, la pression du gaz, mais qui modifient son écoulement de telle manière qu'il en passe des volumes constants pendant des temps égaux. C'est là, au moins dans certains cas, une autre solution de la régularisation du chauffage.

Le rhéomètre de M. Giroud (fig. 63) se compose d'un cylindre creux GGGG, sur lequel est vissé un couvercle et dans l'intérieur duquel se trouve une cloche *cccc*, très légère, percée d'un petit orifice *o* et recevant le gaz par le tube A, qui occupe l'axe du cylindre. Le couvercle est percé au centre d'un trou circulaire qui fait communiquer l'intérieur de la boîte avec le tube de sortie B; cette ouverture peut être bouchée en tout ou en partie par un cône métallique S, fixé à la cloche et se soulevant en même temps qu'elle; le mouvement est d'ailleurs dirigé par une tige *t* mobile dans un guide fixe. Le cylindre est à moitié rempli d'eau ou mieux de glycérine. Quand le gaz arrive en A, il déplace le liquide dans la cloche; celle-ci se soulève bientôt et se met dans une position d'équilibre, le cône S obturant en partie l'orifice de sortie. On démontre que, dans ces conditions, la différence entre les pressions à l'entrée et à la sortie est constante (1); or l'orifice *o* débite le gaz précisément sous une pression égale à cette différence, et son débit est dès lors constant, c'est-à-dire qu'il fournit toujours un même volume

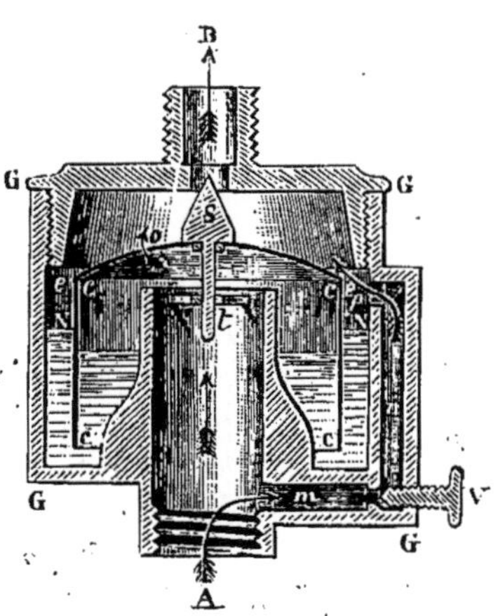

Fig. 63. — Rhéomètre de M. Giroud.

(1) Soit N la section de l'orifice d'écoulement de la cloche, π le poids de la cloche, p la pression du gaz à l'arrivée, p' la pression du gaz au-dessus de la cloche; on a dans la position d'équilibre, $pN = \pi + p'N$, d'où l'on tire $p - p' = \dfrac{\pi}{N}$. Le poids π et la section N étant invariables, $p - p'$ est donc constant.

de gaz dans des temps égaux. Afin que le gaz puisse se dépenser, la cloche prendra une position telle qu'il passe autour du cône de la soupape S et dans le tube de sortie B, le même volume de gaz qui passe en *o*. Pour rendre variable à volonté le volume du gaz fourni d'une manière régulière par l'appareil, il faudrait donc faire varier la grandeur de *o*. Pratiquement, on arrive au même résultat au moyen d'un tube recourbé *mnp*, qui vient prendre le gaz sous la cloche et l'amène au-dessus du niveau du liquide NN ; un robinet à vis V permet d'agrandir, de diminuer ou de supprimer la communication, c'est-à-dire d'augmenter plus ou moins ou de ne pas augmenter du tout la section d'écoulement sous une différence de pression constante.

Un tel appareil ne convient que pour alimenter un seul foyer.

104. Régulateurs de température. — Le chauffage par le gaz au moyen des régulateurs de pression ou des régulateurs de débit, est soumis à de nombreuses influences capables de modifier beaucoup les températures produites. Il suffira de citer les mouvements de la température ambiante, l'inconstance de la composition du combustible, l'échauffement du milieu environnant, etc. Dans les expériences où quelque précision est nécessaire, on a recours aux régulateurs de température. Ces instruments, très variés, sont presque tous fondés sur le même principe : les dilatations et les contractions d'une même masse solide, liquide ou gazeuse, plongée dans l'enceinte chauffée, sont utilisées pour fermer ou ouvrir l'orifice d'écoulement du gaz brûlé.

En général, aucun régulateur de température ne fonctionne bien lorsque le gaz sur lequel il agit subit des variations de pression brusques et importantes. Il est donc bon de n'employer ces instruments qu'avec du gaz dont la pression a été préalablement régularisée, au moins d'une manière approchée.

105. *Régulateur de M. Bunsen.* — Le premier régulateur de température a été imaginé par M. Bunsen (fig. 64). Le gaz arrivant en *b* pénètre par une tubulure T dans un tube de verre MN bouché à sa partie inférieure et contenant du mercure jusqu'en *o*. Ce tube est plongé jusqu'à un renflement R dans l'espace à chauffer, dont le mercure prend la température. Suivant que cette température s'élève ou s'abaisse, le niveau du mercure monte ou descend. C'est ce mouvement que l'on utilise. Pour le rendre plus sensible, on divise le réservoir à mercure en deux parties par une cloison C, que traverse un tube de verre plongeant jusqu'en N ; de l'air reste emprisonné sous cette cloison lorsqu'on garnit l'instrument de mercure, et ajoute sa dilatation relativement

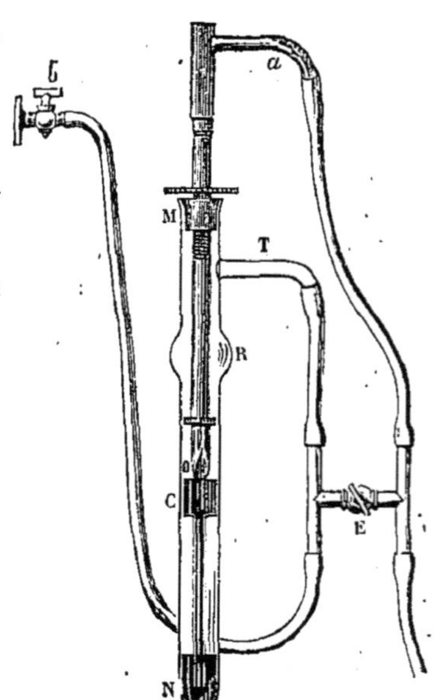

Fig. 64. — Régulateur de température de M. Bunsen.

considérable à celle de ce dernier. On peut encore remplacer ce réservoir d'air par une ampoule de verre ouverte par le bas, maintenue plongée dans le mercure et contenant de l'air. Dans tous les cas, l'orifice supérieur de l'appareil porte en M un bouchon traversé à frottement par un tube de fer *oa*, servant à la sortie du gaz; ce tube, ouvert à la partie inférieure par un biseau ou mieux par une fente, livre passage au gaz tant que l'orifice de sortie n'est pas plongé en *o* dans le mercure, mais se trouve obstrué dès que la dilatation a élevé suffisamment le niveau du liquide.

Pour se servir de l'instrument, on relève le tube métallique de manière à dégager son orifice, on ouvre le robinet de gaz *b*, on plonge RN dans l'enceinte à chauffer et on allume le brûleur qui communique avec *a*. Lorsque l'enceinte a atteint la température voulue, on abaisse le tube métallique jusqu'à ce que le brûleur reçoive une quantité de gaz très faible, trop faible dans tous les cas pour être suffisante. L'appareil est alors réglé. Si en effet la température de l'enceinte s'abaisse, le mercure descend, découvre la fente du tube métallique, et livre au gaz un passage plus large; si au contraire la température s'élève, le mercure monte et ferme de plus en plus l'orifice. Ce dernier mouvement pourrait provoquer l'extinction; on empêche cet accident de se produire en pratiquant dans le tube métallique, entre M et *o*, à un niveau que le mercure ne saurait atteindre, une petite ouverture assurant le passage constant d'une quantité de gaz très faible, mais suffisante pour maintenir le brûleur en combustion.

Ce régulateur peut avoir telle sensibilité que l'on veut, le volume de l'air enfermé sous le mercure pouvant être augmenté indéfiniment. Ses principaux inconvénients résident dans la fragilité de sa construction, dans l'étroitesse des limites de température entre lesquelles il peut servir sans modification, et enfin dans l'altération de la surface mercurielle qui se sulfure au contact du gaz imparfaitement épuré.

L'altération du mercure fait qu'il est préférable de ne pas diriger dans le régulateur tout le gaz consommé, et de placer en E, par exemple, un robinet de communication permettant d'envoyer directement au brûleur une certaine quantité de gaz n'ayant pas passé par le régulateur. Il suffit que cette quantité soit notablement inférieure à celle qui est nécessaire au maintien de la température voulue, pour que le reste passant par l'appareil assure la production de cette température. Ce dispositif évite en même temps toute extinction et permet de supprimer la petite ouverture du tube de fer; il doit d'ailleurs être recommandé pour la plupart des régulateurs de température.

106. *Régulateur de M. Raulin.* — Ce régulateur (fig. 65) est entièrement construit en fer, et par conséquent très robuste. Il présente de plus l'avantage de pouvoir fonctionner entre des limites de températures écartées.

Il a la forme générale d'un thermomètre : un réservoir RR', très allongé et contenant du mercure, est terminé à sa partie supérieure par un tube de plus petit diamètre *tt'*, surmonté lui-même d'une sorte de boîte évasée. Le réservoir étant placé dans l'enceinte chauffée, le mercure se dilate ou se contracte suivant les variations de la température de cette enceinte, et par ses mouvements il ouvre ou ferme l'orifice du tube de sortie *ll*D. C'est, on le voit, le principe du régulateur de M. Bunsen. Toutefois, l'appareil étant peu fragile, on ne craint pas d'augmenter son poids, et on peut, en agrandissant le réservoir, lui donner telle sensibilité qu'on veut. Afin d'étendre les limites de température entre lesquelles il peut agir, M. Raulin a imaginé un arrangement assez heureux, qui équivaut à une modification facultative du volume du réservoir. Par la partie supérieure de l'appareil pénètre, en traversant une boîte à étoupe *b*, une tige cylindrique en fer TT' que l'on peut enfoncer plus ou moins dans le liquide; la température à laquelle le mercure viendra obturer l'orifice de sortie du gaz *ll*, sera d'autant plus faible que la tige aura été plus profondément enfoncée, le volume du contenant se trouvant diminué de celui de la partie de la tige immergée. Sur le côté de la boîte, un petit robinet *r* fait communiquer par un canal *ce* l'arrivée du gaz A avec la sortie D, alors même que l'orifice *ll* est fermé par le mercure; il permet de laisser passer constamment une faible quantité de gaz destinée à maintenir le brûleur en combustion. Ce robinet, d'un réglage délicat, est inutile si l'on adopte la disposition recommandée à la fin du § 105; il est alors préférable de le supprimer.

En recourbant le tube étroit *tt'*, sans cesser de le maintenir vertical sur une longueur suffisante pour permettre les mouvements de la tige TT', on peut donner au réservoir telle position qui convient. Les indications générales fournies pour le régulateur de M. Bunsen (§ 105) sont applicables à celui-ci. Ajoutons cependant que le remplissage de l'instrument exige certaines précautions destinées à chasser du réservoir toute trace d'air et d'humidité : le mieux est de l'effectuer en faisant bouillir le mercure comme dans la construction d'un thermomètre.

107. *Régulateur de M. Schlœsing*. — Dans les dispositifs précédents, le mercure se sulfure au contact du gaz d'éclairage et se recouvre de matières pulvérulentes; celles-ci nuisent au fonctionnement et doivent être enlevées de temps en temps.

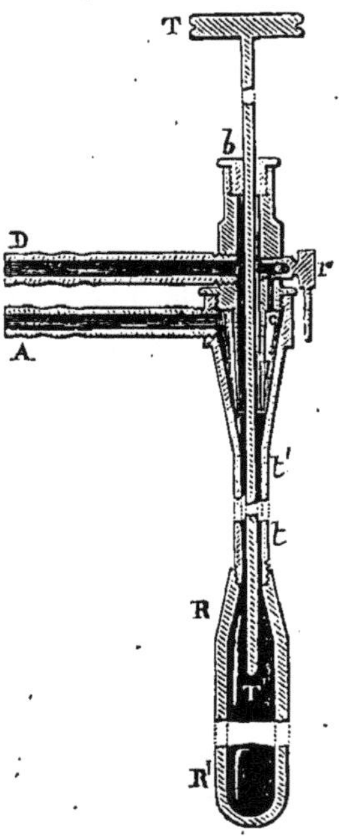

Fig. 65. — Régulateur de température de M. Raulin.

L'appareil suivant (fig. 66) évite tout contact du gaz avec le mercure; de plus il permet qu'en changeant la quantité du mercure, on l'utilise aux températures les plus variables. Un réservoir thermométrique RR' en verre et plein de mercure porte, soudée vers le haut, une branche horizontale dont la section terminale M a été bordée à la lampe et légèrement évasée. Sur le rebord ainsi formé, on a fixé par un cordonnet de soie une membrane de caoutchouc tendue. Le tube thermométrique lui-même se termine, à sa partie supérieure, par un robinet en verre L, que surmonte un petit entonnoir. Le robinet étant ouvert et l'appareil rempli de mercure, si l'on plonge le réservoir dans un milieu chauffé, le mercure se dilate, traverse partiellement le robinet et se rend dans l'entonnoir; si de plus, à un moment donné, on ferme le robinet, la température continuant à s'élever, la dilatation refoule le mercure dans la branche horizontale, et repousse la membrane de caoutchouc qui prend une forme de plus en plus convexe. C'est cette déformation du caoutchouc qui est utilisée pour fermer le passage du gaz allant au brûleur. A cet effet, un petit réservoir de verre à quatre branches est fixé en F par l'une de ses branches que traverse le tube RM; son ouverture opposée porte le tube d'arrivée du gaz E; celui-ci, qui vient s'ouvrir précisément en face de la membrane et dans son voisinage, en est séparé par une lame métallique, mince et flexible MM', suspendue par un bouchon à la troisième branche. Lorsque la membrane se gonfle, elle repousse la lame qui vient s'appliquer sur l'orifice du tube EM, et

·ferme l'arrivée du gaz. Ce dernier, qui se rend au brûleur par la quatrième branche S, brûlant aussitôt en quantité moindre, la température diminue, le mercure se contracte, la membrane se retire, la lame la suit et le gaz s'écoule de nouveau ; en fait, il ne tarde pas à s'établir un état d'équilibre correspondant à la température à laquelle le robinet a été fermé. Une petite encoche latérale, pratiquée au bout du tube d'arrivée, livre un passage constant à une quantité de gaz suffisante pour éviter les extinctions.

Il est indispensable d'ouvrir le robinet lorsqu'on laisse refroidir l'appareil, la contraction du mercure dans le réservoir fermé pouvant déterminer la rupture de la membrane. Celle-ci doit d'ailleurs être renouvelée assez fréquemment.

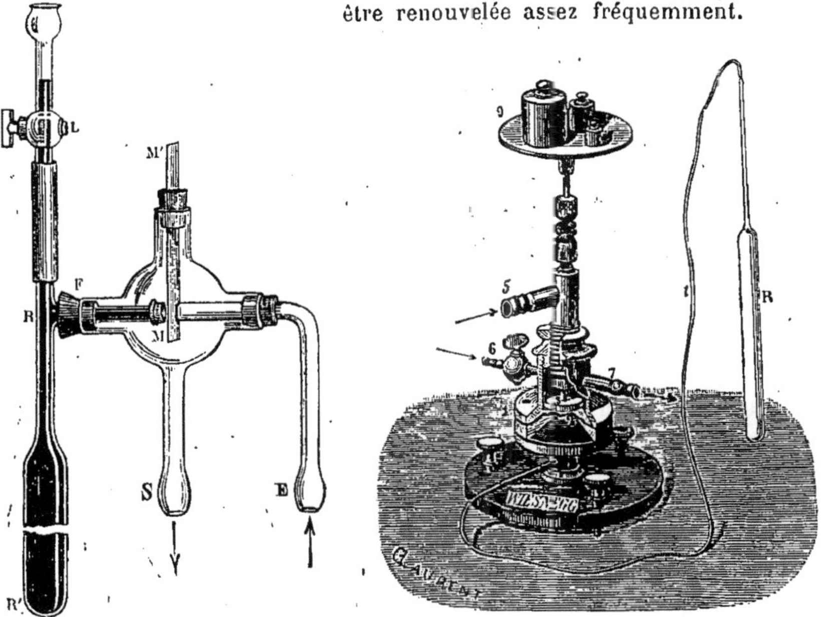

Fig. 66. — Régulateur de température
de M. Schlœsing.

Fig. 67. — Régulateur à air
de M. d'Arsonval.

Pour diminuer les inconvénients dus aux déplacements d'un appareil assez lourd construit en verre, on entoure d'un manchon métallique le réservoir et le tube qui le surmonte.

108. *Régulateurs de M. d'Arsonval.* — Ces régulateurs utilisent, comme agent de transmission du mouvement dû à la dilatation, des membranes métalliques ondulées, très aisément déformables, analogues à celles employées dans certains baromètres.

Le premier en date de ces instruments a reçu de M. d'Arsonval différentes formes ; il permet de régler la température des enceintes chauffées au-dessus du point d'ébullition du mercure. Il se compose (fig. 67) d'un réservoir thermométrique R en verre, plein d'air et fixé par l'extrémité de son tube étroit, à son petit tube en cuivre *t*, très fin et flexible. Celui-ci vient aboutir à une boîte métallique, rigide, fermée à sa partie supérieure par la feuille métallique mince et plissée : les dilatations de la masse d'air du réservoir R que l'on place dans l'enceinte chauffée se transmettent à l'intérieur de la boîte par le tube en cuivre et soulèvent plus ou moins la membrane métallique. Cette dernière en se soulevant repousse verticalement une soupape 3 qui vient s'appliquer sur l'orifice d'arrivée du gaz et le ferme; cet orifice termine horizontalement un tube vertical recevant le gaz par l'ajutage 5. La température à laquelle se fait la fermeture peut d'ailleurs être modifiée en changeant la pression de l'air dans l'appareil. Dans ce but, la soupape porte en son centre une tige métallique qui traverse le tube d'arrivée et se termine par un plateau 9; en chargeant ce dernier, on augmente le poids que l'air contenu dans R doit soulever pour mouvoir la soupape et, par suite, on augmente la pression que cet air doit avoir pour qu'il puisse effectuer ce mouvement. Un tube en caoutchouc mince, fixé d'un bout à la tige qui supporte le plateau 9, de l'autre au tube d'arrivée du gaz que cette tige traverse, rend étanche le joint nécessaire entre ces deux parties de l'instrument sans gêner les déplacements de la soupape. Un robinet 6, fixé à la boîte et communiquant librement avec la canalisation, permet au brûleur d'envoyer, directement et sans passer par la soupape, le volume de gaz nécessaire pour prévenir les extinctions.

Cet appareil présente l'inconvénient de ne régler la température d'une enceinte qu'après des tâtonnements parfois assez longs. On a remédié partiellement à ce défaut en mettant l'air du réservoir en communication avec un manomètre à mercure : on admet alors qu'à chaque pression de cet air correspond une température déterminée et que la reproduction de cette pression ramène la même température. Diverses causes rendent ces coïncidences incertaines.

D'autre part, sous une forme très analogue, le même système peut servir pour le chauffage d'une chaudière à vapeur jusqu'à une pression déterminée, qu'il maintient ensuite invariable; il suffit pour cela de faire agir directement la vapeur de la chaudière sur la membrane métallique, à la manière de l'air du réservoir dans le cas précédent.

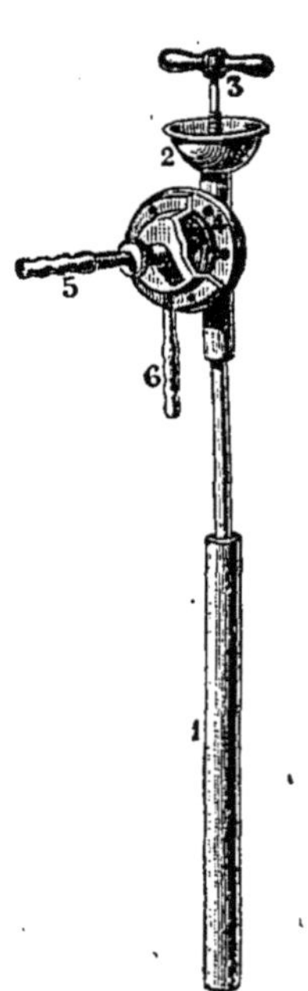

Fig. 68. — Régulateur à liquide de M. d'Arsonval.

109. M. d'Arsonval a appliqué les mêmes membranes métalliques à la construction de régulateurs dont le principe ne diffère pas de celui du régulateur de M. Schlœsing (§ 107); elles y remplacent la membrane en caoutchouc. L'instrument est tout entier en métal et peu fragile. Le liquide dilatable qu'on y introduit est un mélange à volumes égaux d'huile d'olive et de vaseline liquide, préalablement desséchés par un chauffage à 300°.

La figure 68 représente cet appareil : 1 est le réservoir que l'on introduit dans l'enceinte à chauffer à température fixe; l'entonnoir 2 reçoit le liquide dilaté tant qu'un robinet à vis 3 reste ouvert; la membrane métallique se trouve fixée en 4, dans une position telle que, le robinet 3 étant fermé dès qu'on a atteint la température voulue, elle est poussée en avant par toute dilatation ultérieure du liquide; dans ce mouvement elle obture l'orifice du tube d'arrivée du gaz 5 et le chauffage diminue pour augmenter lors d'un mouvement contraire; la sortie du gaz s'effectue par le tube 6.

Cet instrument convient pour régler les températures inférieures à 300°.

C. — Chauffages divers.

110. Chauffage a l'alcool. — L'alcool, très utilisé comme combustible avant l'introduction du gaz dans les laboratoires, est beaucoup moins employé aujourd'hui. La température peu élevée de sa flamme, et surtout les droits dont il est chargé, sont les principales raisons de son abandon. Son avantage le plus marqué est de donner, en brûlant sur une mèche épaisse et sans précautions spéciales, une flamme non fuligineuse et même non éclairante. Les lampes à alcool dont on fait encore usage consistent en une bouteille de forme basse (fig. 69), contenant l'alcool dans lequel plonge une mèche de coton tordu; celle-ci tra-

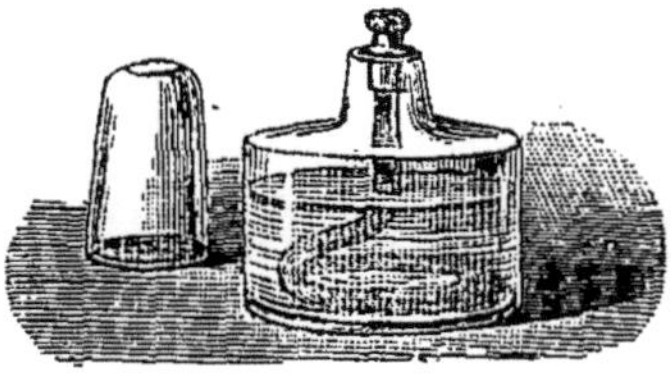

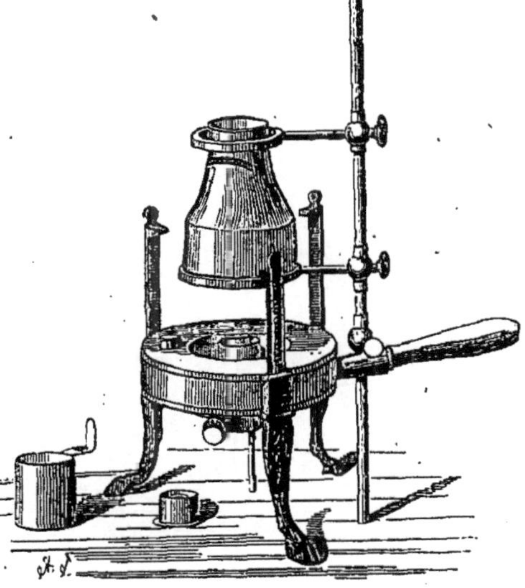

Fig. 69. — Lampe à alcool.

Fig. 70. — Lampe à double courant d'air de Berzelius.

verse le goulot de la bouteille et s'y trouve maintenue par un tube de laiton, reposant sur l'orifice par un disque plus large. La combustion se fait sur la portion extérieure de la mèche. Une petite cloche de verre rodée sur le goulot empêche l'évaporation de l'alcool lorsque la lampe est éteinte.

111. La *lampe de Berzelius* (fig. 70) est encore usitée quelquefois, à défaut du gaz, pour chauffer les creusets d'analyse. Pourvue d'un large réservoir annulaire, elle est à niveau sensiblement constant, ce qui assure l'alimentation régulière de la mèche. Elle est aussi à double courant d'air, c'est-à-dire que la mèche est circulaire, et donne une flamme cylindrique à laquelle l'air accède intérieurement aussi bien qu'extérieurement.

112. Chauffage au pétrole. — L'industrie fabrique des fourneaux de cuisine chauffés au pétrole léger (*essence de pétrole*) et au pétrole lampant (*huile de pétrole*); ces brûleurs peuvent être utilisés dans les laboratoires dépourvus de gaz, pour les mêmes usages que les brûleurs à gaz de M. Bunsen (§ 83) ou les fourneaux à couronne (§ 89 et 90). En outre, le gaz combustible que constitue l'air suffisamment chargé des vapeurs d'un hydrocarbure très volatil, tel que l'éther de pétrole ou les portions les plus légères des huiles de boghead, c'est-à-dire l'*air carburé* que fournissent régulièrement divers appareils industriels, peut être employé au chauffage comme le gaz de houille.

H. Sainte-Claire Deville a montré que le *pétrole lourd*, autrement dit les parties les moins votatiles et les plus denses des pétroles naturels, ainsi que les huiles lourdes de houille ou de schiste, peuvent être employés économiquement pour la production des températures très élevées. Les grilles qu'il a imaginées à cet effet s'adaptent aux fourneaux les plus divers ; le combustible qu'elles consomment étant très riche en charbon, elles doivent être abondamment pourvues d'air par un tirage énergique. La figure 71 représente une

Fig. 71. — Grille de H. Sainte-Claire Deville, pour le chauffage aux hydrocarbures (face intérieure au fourneau et face extérieure).

grille de ce genre, vue des deux côtés. L'appareil n'est autre chose qu'un bloc de fonte, percé de trous allongés, A et B; entre ces trous se détachent des barreaux creusés sur leur face antérieure, qui est inclinée, d'une rainure aboutissant à un conduit OD, dans lequel on fait couler par les entonnoirs C le pétrole arrivant d'un réservoir. La grille a une section verticale rectangulaire et ferme exactement une ouverture disposée dans la paroi du fourneau à chauffer; elle présente ses rainures à l'intérieur de celui-ci. Chacune des fentes telles que A et B livre passage à l'air qui pénètre dans le foyer. Le pétrole lourd est allumé au moyen d'un peu de papier ou d'étoupe qu'on a imprégné de combustible, il brûle bientôt sur chaque barreau et forme des flammes planes, séparées par autant de lames d'air, condition très favorable à la production d'une température élevée. Le peu de liquide qui a pu échapper à la combustion pendant l'écoulement dans les rainures est recueilli sur une cuvette inférieure où s'achève la combustion. La vitesse d'arrivée du combustible dans les entonnoirs, et par suite la quantité d'hydrocarbure brûlé dans un temps donné, peut être réglée par des robinets adaptés à la canalisation du réservoir. Enfin deux volets métalliques servent à régler l'arrivée de l'air; ils sont maintenus par des vis calantes.

MM. Agnellet frères ont brûlé les mêmes combustibles liquides ou semi-liquides d'une manière plus avantageuse et dont le seul inconvénient est de nécessiter l'emploi de l'air comprimé. Leur appareil est un véritable *pulvé-*

riseur : l'air comprimé, en se détendant, chasse devant lui le liquide qu'il divise finement et qu'il transforme en une sorte de poussière. Cette dernière, mise en suspension dans l'air, forme avec lui un mélange combustible qu'on dirige dans l'espace à chauffer et qu'on enflamme. La pulvérisation peut encore être effectuée par un courant de vapeur d'eau.

2.

CHAUFFAGE INDIRECT.

113. — Dans le but de régulariser l'action de la chaleur, on interpose souvent entre le foyer et l'objet à chauffer soit des substances formant *volant de chaleur*, c'est-à-dire emmagasinant la chaleur lorsque le chauffage augmente d'intensité et la restituant dans le cas contraire, soit des substances volatiles qui, par ébullition, limitent la température à laquelle on peut les porter. Ces intermédiaires peuvent affecter tous les états physiques. Les intermédiaires liquides et gazeux présentent sur les solides cet avantage que la mobilité de leurs parties, et surtout les mouvements que leur impriment les variations de densité occasionnées par les changements de température, contribuent beaucoup à établir une répartition uniforme de la chaleur. A la vérité les gaz et les vapeurs possèdent des masses assez faibles qui ne leur permettent d'emmagasiner que peu de chaleur ; les dernières, d'autre part, peuvent intervenir utilement si l'on tire parti des phénomènes calorifiques qui accompagnent leur production et leur condensation.

A. — Intermédiaires solides.

114. Bain de sable. — Le bain de sable, très employé surtout avant la vulgarisation du chauffage par le gaz, se compose d'un vase quelconque, métallique de préférence et de forme aplatie, renfermant du sable sec. Ce vase est disposé sur un fourneau ; en hiver, on utilise souvent dans ce but le dessus des appareils qui chauffent le laboratoire lui-même. Les vases à chauffer sont placés sur le sable ; on les y enfonce d'autant plus profondément, qu'on veut élever davantage leur température. Le bain de sable doit être établi sous une cheminée destinée à entraîner les vapeurs émises par les réactifs chauffés. Il peut encore, dans le but de diriger l'accès de l'air sur les objets chauffés, être recouvert d'une cage vitrée qu'on ouvre à volonté.

Dans quelques circonstances particulières, on remplace le sable par une poudre métallique grossière, la limaille de fer ou de cuivre, par exemple : la conductibilité du métal pour la chaleur contribue à une meilleure répartition de celle-ci dans la masse.

115. Bloc. — Pour le chauffage des tubes à température élevée, on fait usage, lorsqu'on n'a pas besoin d'une uniformité de température très grande, de blocs en fonte percés de trous (fig. 72), dans lesquels on introduit les étuis métalliques contenant les tubes de verre chargés de réactifs (voy. *Opérations sous pression*). Le chauffage se fait par des brûleurs multiples, régulièrement espacés. La conductibilité du métal et aussi la masse considérable du bloc contribuent à unifier la température et à empêcher ses variations brusques. En

Fig. 72. — Bloc métallique de Wiesnegg pour le chauffage des tubes.

plaçant dans l'un des trous le réservoir d'un régulateur de température ne contenant que de l'air (§ 108), l'appareil peut être porté sans inconvénient à des températures très élevées. Le même appareil muni d'un régulateur de M. Raulin (§ 106) à tige recourbée est d'un usage commode toutes les fois qu'on n'a pas besoin d'une grande homogénéité de température ; s'il est beaucoup moins régulier comme fonctionnement que le bain d'huile horizontal dont il sera parlé plus loin (§ 123), il l'emporte sur celui-ci sous le rapport de la propreté. Des briquettes mobiles, moulées sous des formes appropriées, permettent en se juxtaposant de faire une enveloppe à la partie chauffée du système.

C'est d'une idée analogue que procède le disque recommandé par M. Frésénius pour chauffer les substances à analyser, dans le but de les dessécher (voy. *Dessiccation*).

B. — Intermédiaires liquides.

116. Bain-marie. — L'eau est, de tous les intermédiaires, celui dont on fait le plus fréquent usage, son ébullition donnant la température constante de 100°.

Le *bain d'eau,* ou bain-marie (fig. 73), est formé d'un vase en métal, tel qu'une casserole, une marmite, une bassine, etc., contenant de l'eau portée à la température voulue. Dans cette eau, on plonge l'objet à chauffer, que l'on supporte à l'aide des bords du vase. Pour plus de commodité, et aussi pour permettre à un même bain-marie de servir à des objets de dimensions et de formes variées, on le recouvre de plusieurs disques métalliques, percés de trous de grandeurs différentes ; ces disques, qui reposent sur le vase par leurs bords, servent en quelque sorte de supports aux objets ; ils ne ferment pas exactement l'appareil et livrent un passage suffisant à la vapeur. Le plus souvent, les

anneaux de ce genre sont de diamètres décroissants et se disposent en
série, chacun d'eux reposant extérieurement sur les bords intérieurs du
suivant; s'il est nécessaire, on enlève les plus petits, de manière à ne
laisser sur le bain-marie que ceux dont l'ensemble constitue un support
de grandeur convenable pour le corps à chauffer.

Fig. 73. — Bain-marie.

La température à obtenir étant inférieure à 100°, l'objet doit plonger dans l'eau. Si elle atteint 100°, cela n'est pas indispensable : l'eau étant maintenue en ébullition, sa vapeur entoure l'objet suspendu au-dessus d'elle et le chauffe à la température voulue ; le bain-marie est alors, à proprement parler, un bain de vapeur. En réalité, la température donnée dans ces conditions par un bain-marie est toujours un peu inférieure à 100°.

117. Lorsqu'un bain-marie fonctionne à l'ébullition, l'eau s'en échappe peu
à peu sous forme de vapeur. Il est indispensable de la remplacer fréquemment.

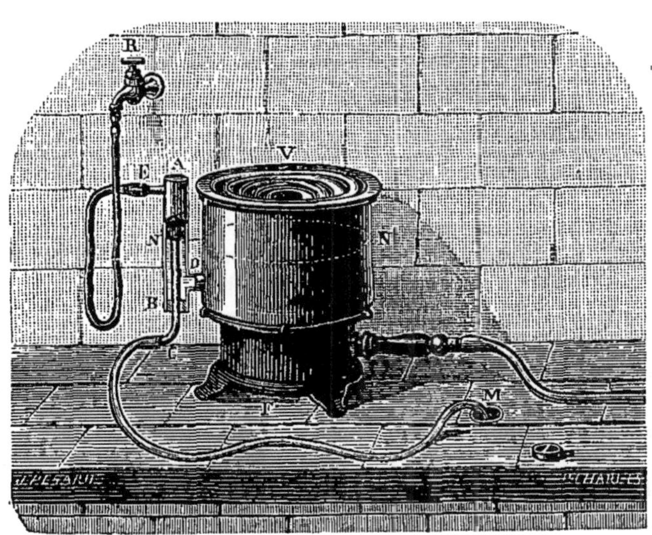

Fig. 74. — Bain-marie à niveau constant.

Un oubli de l'opérateur pouvant entraîner la surchauffe du produit et même
la destruction de l'appareil, on a disposé des bains-marie dans lesquels le
niveau de l'eau se maintient constant d'une manière automatique ; un tel
arrangement a de plus cet avantage que le remplacement de l'eau étant
continu et non intermittent se fait sans interrompre un seul moment l'ébullition.

L'un des dispositifs les plus employés (fig. 74) consiste à fixer sur le côté du bain-marie V un tube AB, vertical, fermé par le bas, ouvert par le haut, ayant à peu près la même hauteur que lui, et communiquant avec sa partie inférieure par une tubulure D. Le niveau de l'eau NN′ étant forcément le même dans les deux vases communiquants, il suffira de le maintenir constant dans le tube pour qu'il le soit dans le bain-marie. Dans ce but, le tube est fermé en B par un bouchon que traverse un autre tube C de plus petit diamètre, ouvert par les deux bouts et pénétrant jusqu'au niveau voulu N : le niveau de l'eau ne pourra être supérieur à l'orifice de ce tube sans que le liquide s'écoule aussitôt par un tube de caoutchouc CM adapté en C. Il suffira dès lors de faire arriver dans le tube AB, par une tubulure E, un écoulement d'eau continu ; si ce dernier amène un peu plus de liquide qu'il n'en disparait par évaporation, le niveau sera maintenu invariable, la quantité nécessaire pénétrant en D dans le bain-marie, et le surplus du liquide s'écoulant par le trop-plein NCM.

Il est indispensable que le diamètre de D soit petit pour éviter le retour de l'eau chaude en AB et sa déperdition ; ce retour, que l'on ne saurait empêcher complètement à cause des mouvements brusques de l'ébullition, présente peu d'inconvénients lorsqu'il est faible, mais nuit à la régularité du chauffage lorsqu'il est considérable, le départ de l'eau chaude étant suivi immédiatement d'une rentrée d'eau froide.

La disposition donnée au tuyau de caoutchouc qui emmène l'eau du trop-plein peut aussi provoquer des afflux irréguliers du liquide : ce tuyau en se repliant sur lui-même à des niveaux variés peut former un siphon qui s'amorce périodiquement ; il arrive encore que les colonnes liquides qu'il renferme et qui se trouvent séparées en plusieurs tronçons par des colonnes d'air se disposent de manière à faire équilibre à l'eau qui sort du bain-marie ; ce dernier s'emplit alors et peut même déborder.

118. L'appareil à niveau constant en usage dans mon laboratoire est représenté par la figure 75 ; il présente sur ceux du commerce l'avantage de donner lieu plus difficilement à l'accident qui vient d'être signalé. Il consiste en un tube CC′ fermé par le bas, ouvert par le haut, et séparé en deux cellules demi-cylindriques par une cloison verticale LL′, percée d'une ouverture O à la hauteur du niveau NN′ qu'il s'agit de maintenir constant. L'une des cellules communique par le bas, en T, avec le bain-marie ; l'autre porte à sa partie inférieure une tubulure D à laquelle s'adapte le caoutchouc en relation avec l'égout ; un tube mobile RA amenant continuellement de l'eau dans la première cellule, une partie de cette eau remplace celle qui disparait du bain-marie, tandis que le surplus s'écoule par l'orifice O dans la seconde cellule, d'où elle se trouve éliminée par le conduit de caoutchouc D.

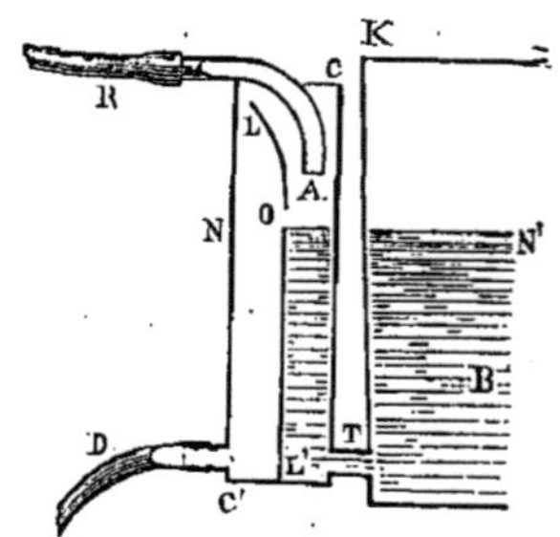

Fig. 75. — Appareil à deux cellules pour niveau constant.

Dans ces conditions, les irrégularités apportées par le tube en caoutchouc dans l'écoulement du trop-plein n'agissent pas autant sur le niveau de l'eau dans le bain-marie : c'est ainsi, par exemple, qu'un arrêt d'écoulement capable d'entraîner dans la seconde cellule une surélévation de niveau égale à C′O n'agit pas encore sur le bain-marie ainsi disposé, tandis que ce dernier, monté comme il l'est ordinairement, aurait déjà débordé si la hauteur OC s'était trouvée moindre que C'O, ce qui est la condition habituelle. Afin d'éviter qu'on puisse introduire par erreur le tube d'arrivée de l'eau dans la seconde cellule, la cloison médiane est légèrement recourbée vers le haut et se rapproche en L de l'enveloppe extérieure. Ajoutons qu'un bain-marie pourvu d'un niveau constant de ce genre peut être enlevé du fourneau qui le porte et placé sur une table, tandis que dans les arrangements ordinaires, le tube de départ descendant plus bas que le fond du vase, ce dernier ne peut être déposé que sur un support saillant.

119. Lorsqu'on ne dispose pas d'une canalisation d'eau, on peut maintenir à peu près constant le niveau du liquide dans les bains-marie au moyen du dispositif représenté dans la figure 76 : le vase contenant le liquide chauffé

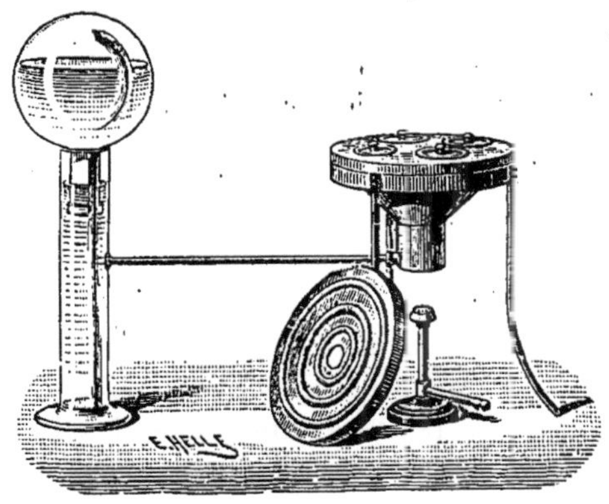

Fig. 76. — Bain-marie à alimentation intermittente.

est mis en communication avec un autre garni du même liquide froid; un ballon également rempli de liquide étant retourné sur le vase froid, son orifice se dégage quand le niveau s'abaisse dans le système, l'air pénètre aussitôt dans le ballon et le liquide s'écoule jusqu'à obstruction nouvelle de l'orifice.

En donnant au bain-marie lui-même la forme indiquée par la figure 76, on réduit à son minimum le poids d'eau à porter à 100° lors de la mise en train.

120. BAINS SALÉS. — Un bain d'eau bouillante ne permet pas de dépasser 100°. En ajoutant certains sels à l'eau, on peut atteindre des températures plus élevées. On trouvera dans le tableau suivant la teneur en sel et la température d'ébullition des solutions salines saturées le plus souvent employées comme bains salés.

POINTS D'ÉBULLITION DE QUELQUES SOLUTIONS SALINES SATURÉES.

Nature du sel.	Poids du sel pour 100 d'eau.	Température d'ébullition.
Chlorure de sodium	40,2	108°,4
Chlorhydrate d'ammoniaque	89	114°,2
Azotate de potasse	335	116°
Carbonate de potasse	205	135°
Azotate de chaux	362	151°
Acétate de potasse	800	169°
Chlorure de calcium	325	179°,5

Par la fusion de certains sels dépourvus d'eau de cristillisation, on obtient des liquides susceptibles de supporter des températures bien plus élevées encore et pouvant servir comme intermédiaires dans le chauffage. La plus grande difficulté inhérente à leur usage tient aux températures relativement considérables auxquelles les sels entrent en fusion. Il est préférable, pour cette raison, de se servir, non pas d'un sel isolé, mais d'un mélange de plusieurs sels. Un mélange d'azotate de potasse et d'azotate de soude à équivalents égaux, par exemple, fond à 215°, tandis que le premier sel isolé fond à 327° et le second à 298°; il peut servir jusqu'au voisinage du rouge (M. Étard).

121. BAINS D'HUILE. — Entre 100° et 300°, on se sert surtout de bains d'huile. Les huiles grasses végétales, telles que l'huile de colza, résistent, en effet, à ces températures sans se volatiliser ou se modifier trop profondément, surtout après qu'elles ont, pendant les premiers temps de l'action de la chaleur, perdu certains principes volatils. A cet égard, les corps gras qui ont été longtemps chauffés, alors même qu'ils sont devenus noirs et épais, conviennent mieux que ceux, de meilleure apparence, qui ne l'ont pas encore été. Aussi fait-on servir une même huile à peu près indéfiniment.

Les bains d'huile ordinaires consistent en des vases de formes diverses, garnis d'huile et munis de disques-supports semblables à ceux du bain-marie. Les objets devant être plongés entièrement dans le liquide gras, ces bains sont d'un usage assez désagréable. De plus, l'opérateur ne doit jamais perdre de vue qu'il chauffe fortement une matière combustible. Leurs avantages sont tels cependant, sous le rapport de l'obtention d'un chauffage régulier et énergique, que leur emploi est général.

Lorsque la température à laquelle on porte le bain d'huile est élevée, et qu'elle doit être maintenue régulièrement, il est indispensable de le mettre à l'abri de l'action réfrigérante de l'air extérieur. Le plus souvent on l'entoure de briques.

122. La forme des bains d'huile varie avec celle des objets à chauffer. La disposition suivante, due à M. Berthelot, sert journellement pour le chauffage des tubes (fig. 77); bien qu'elle soit la première en date, elle reste celle qui permet d'atteindre la plus grande régularité dans le chauffage.

Une marmite cylindrique en fonte MNPQ repose par ses bords MN sur un massif de maçonnerie *mmmm*, dans lequel elle pénètre, et qui laisse autour d'elle un espace libre de quelques centimètres. Elle est garnie d'huile jusqu'à une certaine hauteur *hh*, et contient les tubes à chauffer *ee'*, enfermés dans des étuis en fer (voy. *Opérations sous pression*). Elle contient en même temps un thermomètre *t*, qui est entouré d'un étui en cuivre servant à l'isoler de l'huile, et que l'on peut soulever au moyen d'un fil de laiton pour en lire les indications, ainsi qu'un régulateur de température A (§ 106), également enveloppé d'un étui. Le gaz de houille arrivant en R traverse le régulateur A qui dirige son écoulement et se rend par un tube de caoutchouc à un brûleur B (§ 82),

placé sous le fond du bain d'huile. Les produits de la combustion du
gaz montent entre la marmite et la maçonnerie, puis s'échappent par la
cheminée C dont le tirage est réglé par une trappe. Un couvercle métallique *cc′*, que traversent les étuis du thermomètre et du régulateur,
recouvre tout l'appareil; il empêche les vapeurs âcres que l'huile émet,

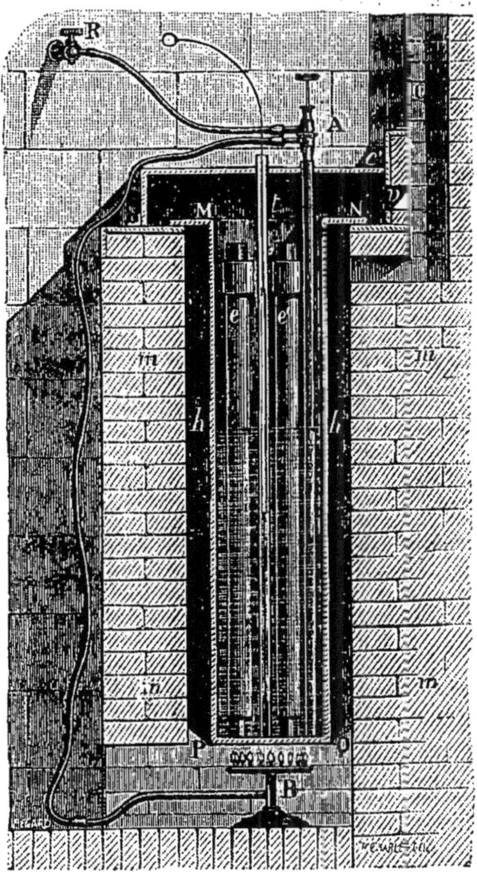

Fig. 77. — Bain d'huile de M. Berthelot.

surtout à l'origine, de se répandre dans l'atmosphère, et les conduit dans
la cheminée par l'orifice *v;* de plus, en cas d'explosion des tubes, il
met l'opérateur à l'abri des projections.

123. Dans certains cas, il est utile de donner aux tubes chauffés une position horizontale, par exemple, pour augmenter la surface de contact de deux
liquides non miscibles qui s'y trouvent renfermés. On se sert alors de bains
d'huile horizontaux, ayant à peu près l'apparence d'une chaudière tubulaire (fig. 78); les étuis métalliques, contenant les vases à chauffer, sont introduits dans les tubes de la chaudière; ils ne sont donc pas en contact direct
avec l'huile (Würtz).

124. On substitue parfois au corps gras la *paraffine*, le *blanc de baleine*, le *pétrole très lourd*, et d'autres substances encore ; mais toutes ces matières se volatilisent plus vite que l'huile de bonne qualité.

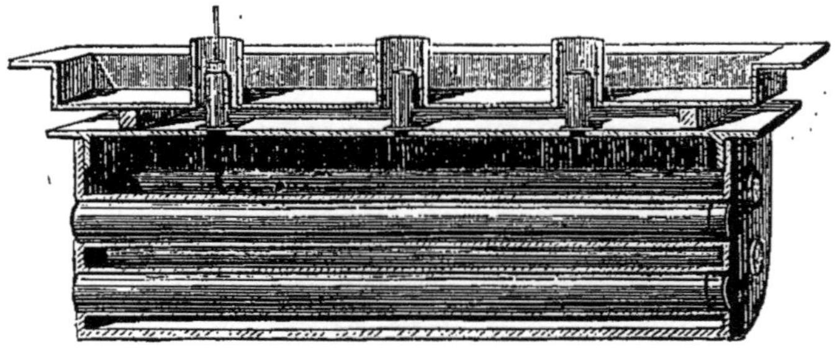

Fig. 78. — Bain d'huile horizontal de Würtz.

Les bains de paraffine solidifiable présentent de plus un inconvénient dont il est bon d'être prévenu. Lorsque la paraffine solidifiée se refroidit, les contractions éprouvées par cette substance non homogène sont de telle nature que si des objets de verre rectilignes, un thermomètre, par exemple, sont restés plongés dans la masse, ces objets se trouvent le plus souvent brisés.

125. Bains métalliques. — Les métaux facilement liquéfiables, et mieux encore les alliages fusibles, servent parfois d'intermédiaires liquides. Ils permettent d'atteindre de hautes températures. D'autre part, leur forte densité rend difficile le maniement des objets, moins denses d'ordinaire, qu'on doit y maintenir plongés.

<h3 align="center">C. — Intermédiaires gazeux.</h3>

126. Bains de vapeur. — Lorsqu'un bain-marie chauffe par la vapeur qu'il émet, il constitue à proprement parler un appareil de chauffage à la vapeur bien plus qu'un bain-marie.

Le chauffage à la vapeur d'eau est d'un usage courant dans l'industrie. L'insuffisance trop habituelle de l'installation des laboratoires le rend beaucoup moins familier aux chimistes ; il est cependant appliqué avantageusement dans les établissements pourvus de générateurs de vapeur. Le bain de vapeur est alors composé d'une capsule hémisphérique, en porcelaine ou en faïence, dans laquelle on enfonce l'objet à chauffer, soutenu par des cercles qui ferment entièrement l'appareil, à la manière de ce qui a été dit pour le bain-marie (§ 116). La capsule porte deux tubulures. L'une, dirigée horizontalement et presque tangentiellement à sa surface, sert à l'introduction de la vapeur : son orifice est conique intérieurement et peut recevoir à frottement le tube de caoutchouc qui amène la vapeur, ou bien il se termine par une amorce sur laquelle s'adapte ce tube. L'autre occupe la partie inférieure de la calotte sphérique et porte également un tube de caoutchouc qui emmène l'eau condensée.

127. La diversité et en même temps l'invariabilité des températures auxquelles les corps entrent en ébullition sous la pression atmosphérique fournissent un moyen de porter exactement une enceinte à une température donnée. Par exemple, l'aniline bouillant à 183°,7 sous la pression atmosphé-

rique normale, il suffira de laisser un objet entièrement plongé dans de la vapeur d'aniline pour le porter et le maintenir à cette température. Comme il est, en général, possible de choisir une substance bouillant vers la température où l'on se propose d'opérer, on a ainsi un procédé de chauffage dont l'exactitude est d'ordinaire suffisante. La diphénylamine (310°), le mercure (350°), le soufre (440°), le cadmium (870°), le zinc (1040°) sont des corps fréquemment employés à cet effet. On fait circuler la vapeur arrivant d'un vase contenant le corps choisi, maintenu en ébullition, dans une enceinte où se trouve l'objet à chauffer. Cette enceinte est protégée autant que possible du refroidissement; une seconde enveloppe, dans laquelle passe la vapeur sortant de l'enceinte elle-même, constitue la meilleure protection. La vapeur qui a circulé à travers l'appareil arrive ensuite dans un réfrigérant propre à la condenser et ouvert dans l'atmosphère. Si d'ailleurs on dispose les diverses parties de l'appareil de manière à renvoyer le liquide condensé dans le vase producteur de vapeur, l'expérience peut avoir une durée illimitée.

La constance absolue de la température n'est obtenue qu'autant que la pression atmosphérique ne se modifie pas notablement pendant l'opération.

128. ÉTUVES. — Les bains d'air sont beaucoup plus connus sous le nom d'étuves.

L'*étuve de Gay-Lussac* (fig. 79) ou *étuve à eau* est la plus répandue. Elle est construite en métal, en cuivre de préférence. Elle consiste en une boîte à peu près rectangulaire, ouverte sur une des faces latérales

Fig. 79. — Étuve de Gay-Lussac.

et à double enveloppe sur les cinq autres côtés. Par une tubulure placée sur le dessus, on remplit d'eau presque complètement l'espace compris entre les deux enveloppes. A l'intérieur de la boîte et à une certaine hauteur, se trouve suspendue une tablette percée de trous, qui augmente la surface sur laquelle on peut déposer les objets à chauffer. Enfin l'ouverture occupant l'une des faces est close par une porte simple, fermant l'étuve entière, ou mieux par deux portes superposées, dont le joint se trouve au niveau de la tablette percée. Si, en plaçant l'étuve au-dessus d'un foyer allumé, on porte l'eau à une température quelconque, à l'ébullition par exemple, les parois intérieures prenant cette température échauffent l'air contenu dans la boîte jusqu'à ce que l'équilibre soit obtenu ; par suite, un objet déposé dans l'étuve se trouve, par l'intermédiaire de l'air confiné, porté à une température qui est maintenue constante aussi longtemps que le liquide est maintenu lui-même dans les conditions indiquées. Cette température reste toujours un peu inférieure à celle du liquide.

Les étuves sont précieuses pour la dessiccation des substances à analyser. Dans ce cas, il est nécessaire d'y entretenir un léger courant d'air destiné à entraîner l'eau volatilisée ; à cet effet, les portes sont percées d'ouvertures qui laissent entrer l'air et dont on peut régler la dimension au moyen d'un obturateur ; une autre ouverture, petite d'ordinaire, pratiquée dans la paroi supérieure de l'étuve et traversant par un tube la double enveloppe, livre passage à l'air chaud qui tend à s'échapper.

L'étuve peut être maintenue à toute température inférieure à 100° ; celle-ci doit alors être fixée au moyen d'un régulateur de température (§ 105 à § 109), plongeant, ainsi que le thermomètre, dans l'air intérieur et non dans le liquide qui est toujours un peu plus chaud.

129. Lorsque l'étuve à eau fonctionne à 100°, le liquide en ébullition disparaît sous forme de vapeur et doit être remplacé fréquemment. Il vaut mieux adapter à l'étuve un appareil maintenant constant le niveau de l'eau et semblable à ceux dont il a été parlé pour les bains-marie (§ 117 et § 118). D'autres dispositions conduisent au même résultat. C'est ainsi qu'un serpentin refroidi (§ 138) et condensant la vapeur peut être disposé à reflux sur l'étuve (§ 137), c'est-à-dire de telle manière que l'eau condensée rentre dans l'appareil ; celui-ci est dès lors susceptible de servir pendant fort longtemps sans qu'on remplace l'eau.

Ajoutons enfin que dans les laboratoires où travaillent des personnes nombreuses, on réunit dans une même enveloppe extérieure plusieurs cellules semblables à celle de l'étuve de Gay-Lussac. Un seul brûleur maintient à la température voulue le bain unique entourant toutes ces cellules.

130. Une étuve de Gay-Lussac remplie d'huile grasse (*étuve à huile*) ou de paraffine liquide peut d'ailleurs servir à des températures supérieures de beaucoup à celle de l'ébullition de l'eau. L'instrument doit être alors en cuivre et soudé à la soudure forte, la soudure des plombiers pouvant fondre dans l'huile.

Les régulateurs de température dont on dispose actuellement fonctionnent avec une exactitude suffisante pour qu'il y ait avantage à employer de semblables étuves à liquides non volatils, même pour les étuves chauffées à 100°. On économise ainsi le combustible employé à volatiliser l'eau ; de plus, on peut régler l'appareil de telle façon que sa température intérieure soit exactement à 100°, ce qu'on ne saurait obtenir avec l'eau bouillante (§ 128).

131. ÉTUVES A GAZ. — Pour certains usages qui ne comportent pas une grande précision, on se sert d'étuves à gaz, lesquelles ne sont autre chose qu'une enceinte, sorte d'armoire en maçonnerie de briques, dans laquelle on

dispose les objets à chauffer; cette enceinte, pourvue d'une cheminée d'évacuation, et chauffée par un brûleur à gaz, placé sur le sol à l'intérieur, reçoit
directement les produits de la combustion du gaz. Une semblable étuve est
d'un bon usage pour dessécher certaines matières en quantité ou encore la
verrerie lavée.

L'*étuve de M. Coulier* (fig. 80), construite en tôle étamée, fonctionne plus
méthodiquement : les gaz, provenant d'un brûleur Bunsen ou même d'un
bec éclairant placé en dessous, y circulent régulièrement entre des tablettes; ils s'échappent à la partie supérieure par une cheminée
dont on diminue l'ouverture au moyen d'une
clef mobile. Cette étuve se règle rapidement et
facilement.

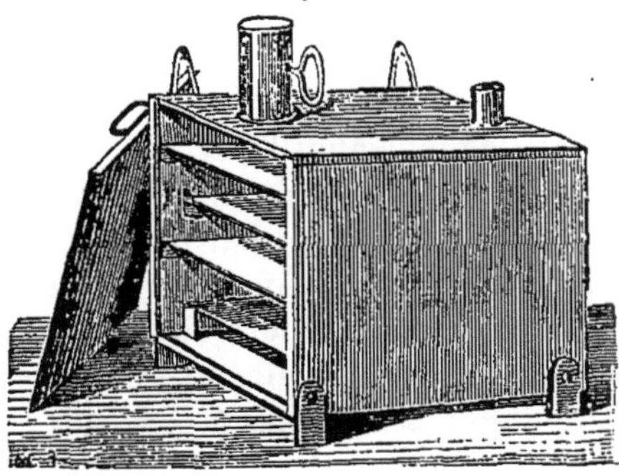

Fig. 80. — Étuve de M. Coulier.

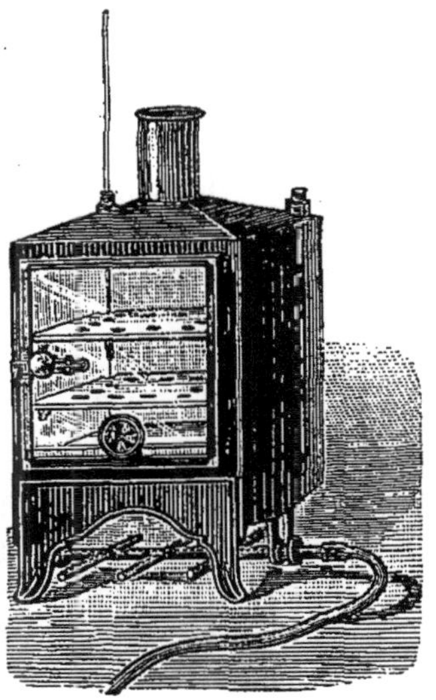

Fig. 81. — Étuve à double
enveloppe.

Des étuves analogues, plus perfectionnées, mais aussi moins simples, sont
à double enveloppe et permettent d'éviter le mélange des produits de la combustion avec l'air intérieur qu'il s'agit de chauffer. Telle est l'*étuve à double
enveloppe* de Wiesnegg (fig. 81). L'enveloppe intérieure est en fonte émaillée ou
mieux en faïence dure, afin d'éviter la souillure des objets par la rouille.

132. On se sert quelquefois, pour chauffer les tubes, de *bains d'air* assez
semblables comme forme aux bains d'huile horizontaux dont il a été question
plus haut (§ 123). La masse de l'air qui sert d'intermédiaire pour le chauffage
des tubes dans ces appareils est trop faible pour qu'il soit possible d'obtenir
avec eux quelque régularité, dès que la température doit dépasser notablement celle de l'atmosphère.

5.

RÉFRIGÉRATION.

A. — Réfrigération par échauffement d'un corps froid.

133. AGENTS DE RÉFRIGÉRATION. — Le mode le plus habituel de réfrigération des corps est leur contact avec l'air auquel ils cèdent peu à peu
leur chaleur. L'action de ce contact, à laquelle se joint d'ordinaire celle

du rayonnement, est évidemment très avantageuse puisqu'elle ne nécessite aucune intervention de l'opérateur ; mais, d'autre part, elle est lente à cause de la masse très faible du corps gazeux qui s'échauffe aux dépens du corps refroidi. La même raison explique pourquoi la réfrigération au moyen de tout autre gaz que l'air n'est presque jamais employée.

Il n'en est pas de même de l'action du contact des liquides. Au point de vue qui nous occupe, ces derniers présentent sur les gaz l'avantage de pouvoir emmagasiner une beaucoup plus grande quantité de chaleur, et sur les solides celui d'être mobiles et de permettre le renouvellement facile des parties qui se sont échauffées au contact du corps à refroidir. D'ailleurs les agents de réfrigération solides ne sont presque jamais utilisés.

134. Réfrigération par l'eau. — Parmi tous les liquides utilisables comme réfrigérants, l'eau se distingue d'abord par son abondance à basse température, ce qui permet de la renouveler indéfiniment, et aussi par sa forte chaleur spécifique. Elle est l'agent par excellence des réfrigérations rapides. Des robinets fournissant de l'eau froide doivent donc se trouver dans toutes les parties du laboratoire ; pour plus de commodité, ces robinets sont de très petites dimensions et ferment à vis ; ils se terminent par des ajutages semblables à ceux des appareils de chauffage par le gaz, ajutages auxquels on adapte un tube de caoutchouc conduisant l'eau à l'endroit voulu.

Les modes d'emploi de l'eau comme agent de réfrigération sont des plus variés. Si on ne craint aucune réaction de l'eau sur le corps à refroidir, on se borne à la déverser sur ce dernier d'une manière continue, ou bien à plonger le corps dans le liquide. En cas contraire, on opère la réfrigération d'une façon analogue, mais par l'intermédiaire d'un vase quelconque, bon conducteur de la chaleur s'il est possible, dans lequel on a placé la matière à refroidir. Le résultat est atteint d'autant plus rapidement, que la surface de contact est plus considérable.

Dans beaucoup de circonstances, spécialement pour les liquides, les gaz et les vapeurs, il est avantageux d'opérer le refroidissement d'une manière continue. On y parvient au moyen d'appareils auxquels on donne des noms différents suivant leur forme, mais qui fonctionnent tous d'après le même principe, le liquide réfrigérant et la substance à refroidir, séparés par une paroi que la chaleur traverse, se meuvent en sens contraire au long de cette paroi, de telle sorte que le premier va toujours en s'échauffant et le second en se refroidissant ; il en résulte que, si l'appareil est suffisamment développé, le corps refroidi tend à prendre à la sortie la température que le liquide réfrigérant possède à l'entrée, et réciproquement.

135. Réfrigérant de Liebig. — Le plus simple des instruments de ce genre est le réfrigérant de Liebig (fig. 82). Il consiste en un tube TT', que traverse le liquide ou le gaz à refroidir, relié en T avec l'appareil fournissant ce dernier et en T′ avec celui qui le reçoit après refroidissement. Ce tube est fixé en M et en N, par deux bouchons percés, à un autre tube de plus grand diamètre mais de moindre longueur, qu'il traverse d'outre en outre. L'espace annulaire compris entre les deux

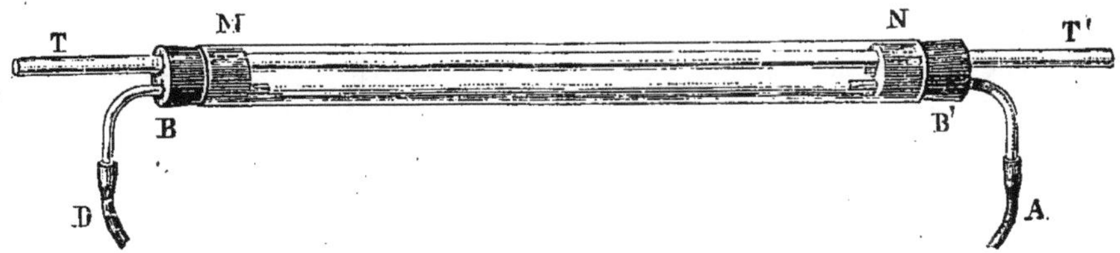

Fig. 82. — Réfrigérant de Liebig en verre.

parois de verre est occupé par le liquide réfrigérant, qui n'est autre que l'eau; cette eau pénètre par un tube coudé A, traversant le bouchon en B′ et relié à un robinet d'eau au moyen d'un tube de caoutchouc; elle s'échappe en D par un second tube recourbé, disposé comme le précédent. Le liquide ou le gaz à refroidir circulant de T en T′, l'eau s'avance en sens contraire de A en D; celle-ci s'échappe chaude en D et celui-là arrive froid en T′.

Souvent, pour éviter en M et en N des joints trop larges dans lesquels des fuites se produiraient fréquemment, on donne aux extrémités du manchon extérieur un petit diamètre; il est alors possible de réunir le tube intérieur au tube extérieur par un anneau de caoutchouc.

D'ailleurs les diverses parties de l'appareil peuvent être, suivant les cas, en verre ou en métal. Le tube central doit avoir un diamètre et par suite une surface d'autant plus grands, que l'on veut rendre l'action réfrigérante plus efficace; en outre, son épaisseur doit être faible.

De toutes les dispositions adoptées par les constructeurs, la plus habituelle consiste en un tube métallique MN (fig. 83), pourvu à ses extrémités d'ajutages plus étroits P, dans lesquels s'engage le tube de verre central TT′; ce dernier est maintenu au moyen de bouchons de liège B. Dans ce cas, le départ et l'arrivée de l'eau se font par des tubulures telles que D, soudées sur le manchon métallique. Quand on ne dispose pas de l'eau sous pression, on donne au tube

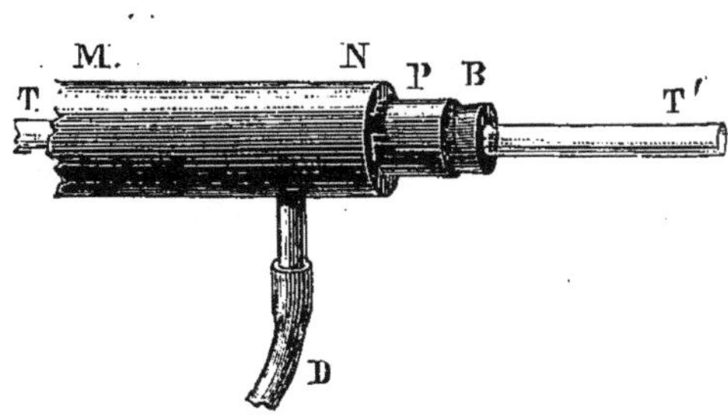

Fig. 83. — Réfrigérant de Liebig à tube extérieur métallique.

d'entrée de ce liquide une longueur telle que, le réfrigérant étant incliné, l'eau qui s'élève dans ce tube relevé verticalement fasse équilibre à celle qui remplit l'appareil incliné; on termine alors le même tube par un entonnoir dans lequel on laisse écouler l'eau froide librement. Ces

montures métalliques présentent l'inconvénient grave de cacher ce qui
se passe à l'intérieur.

L'arrangement suivant, adopté depuis longtemps dans mon laboratoire, me paraît préférable tant à cause de sa simplicité et de son peu de
fragilité, que de la facilité avec laquelle on remplace l'une de ses parties lorsqu'elle a été brisée. Les deux bouts sont identiques. Le tube extérieur MN est en verre et cylindrique à ses extrémités (fig. 84). Il s'adapte par un anneau de caoutchouc B à un tube en cuivre *tt'*, de plus petit diamètre et muni d'un

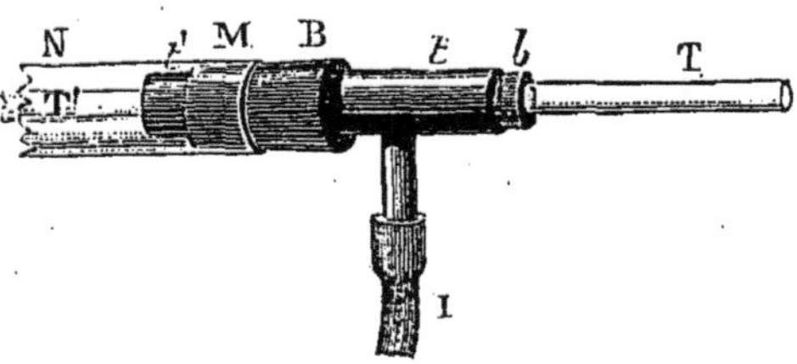

Fig. 84. — Réfrigérant de Liebig en verre et
à ajutage métallique.

ajutage latéral I, destiné à amener ou à emmener l'eau réfrigérante. Le
tube TT', qui contient la substance à refroidir, est un peu moins large
que le tube métallique *tt'* ; il traverse ce dernier auquel il est fixé par
un anneau de caoutchouc *b;* l'eau passe dans l'espace annulaire compris
entre eux.

Quand les substances à refroidir n'attaquent pas les métaux, dans
tous les appareils précédents, le tube central TT' peut être métallique,
en cuivre ou en étain de préférence : la conductibilité du métal augmente
alors l'efficacité de la réfrigération.

136. Les changements de densité que les variations de la température
font éprouver aux corps ne permettent pas de regarder la position à
donner au réfrigérant comme indifférente. La partie chaude doit être
maintenue plus élevée que la partie froide ; les liquides ou les gaz
chauds, à cause de leur plus faible densité, tendent à s'élever et à conserver la position qu'ils doivent occuper dans le fonctionnement méthodique de l'appareil. Une disposition différente entraînerait un mouvement des fluides qui égaliserait la température et s'opposerait au
refroidissement régulier.

La même disposition inclinée est indispensable lorsqu'en refroidissant
des vapeurs on se propose de les liquéfier et de recueillir le liquide
condensé. Celui-ci s'écoule alors vers la partie froide de l'appareil, audessous de laquelle on place le vase destiné à le recevoir. C'est ce que
l'on pratique surtout dans la distillation. Une position inclinée en sens
contraire, ou même la position horizontale, déterminerait le retour du
liquide condensé vers l'appareil qui émet la vapeur.

137. Cette dernière circonstance est cependant adoptée assez fréquemment, lorsqu'il s'agit de maintenir à la température de l'ébullition un
mélange en réaction, dont on veut garder la composition constante. On
incline alors le tube central vers l'orifice d'arrivée de la vapeur, de
manière à y faire *refluer* le liquide. Un réfrigérant ainsi employé est

disposé à reflux. Il est alors nécessaire que le tube central soit assez large pour que les mouvements contraires de la vapeur et du liquide condensé y puissent coexister, et que son prolongement dans l'appareil producteur de vapeur soit terminé par un biseau destiné à faciliter l'écoulement du liquide que la vapeur tend à refouler. D'ailleurs, il résulte de ce qui a été dit plus haut (§ 136) que, dans ces conditions, la réfrigération ne peut être méthodique.

138. SERPENTINS. — L'efficacité d'un réfrigérant dépendant de sa surface et par suite de sa longueur, il arrive parfois que celle-ci doit atteindre un grand développement. En pareil cas, pour donner à l'appareil une forme moins encombrante, on enroule le tube central en hélice *ss'* et on le plonge par ses parties médianes dans un vase large où arrive un liquide froid. Cette disposition constitue un serpentin (fig. 85).

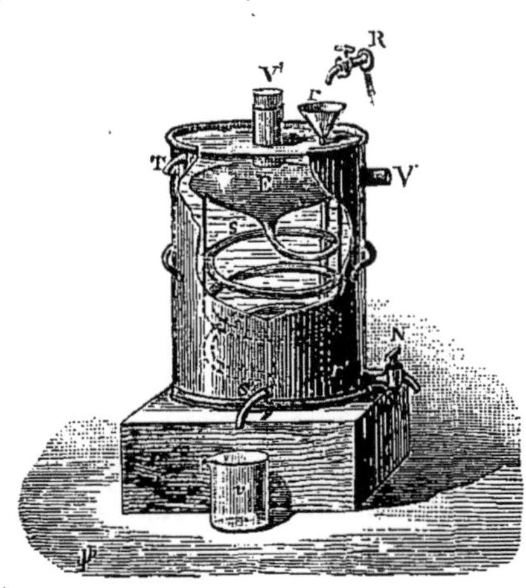

Fig. 85. — Serpentin.

Le liquide refroidissant est amené par un tube à entonnoir *rr'* jusqu'au fond du vase ; il s'échauffe au contact du serpentin et, sa densité diminuant à mesure que sa température s'élève, il se superpose aux portions plus froides arrivées après lui ; la température dans le vase que traverse le serpentin va donc en croissant depuis le bas jusqu'à la partie supérieure, où le liquide échauffé se déverse par une tubulure T. Avant de pénétrer dans le serpentin, la vapeur qui arrive par V ou par V' passe dans une chambre E où s'opère déjà en grande partie sa condensation. Le liquide formé s'écoulant vers la partie basse du système, la réfrigération est méthodique ; elle est obtenue en échauffant la moindre quantité possible de liquide froid, et donne au corps condensé la température que l'agent refroidissant possède à l'arrivée.

Les serpentins servent surtout pour les opérations qui portent sur des quantités importantes de matière, ou lorsqu'on a besoin d'une réfrigération très parfaite, aussi les construit-on le plus souvent en métal, le tube recourbé étant en étain ou en cuivre étamé ; ils ne peuvent alors servir que pour les corps inactifs sur la substance du tube.

139. La forme hélicoïdale du tube des serpentins n'est pas sans présenter des inconvénients, notamment au point de vue du nettoyage. Aussi a-t-on disposé certains réfrigérants avec des tubes droits coudés, portant à chaque coude une ouverture ; celle-ci est tenue bouchée d'ordinaire, par une bonde vissée que l'on enlève lors du nettoyage ; dans d'autres cas, l'appareil se compose de lames planes et juxtaposées, entre lesquelles circulent alternativement

l'eau et la vapeur, etc. Ces serpentins, relativement compliqués, sont industriels mais peu répandus dans les laboratoires de chimie.

On construit aussi des serpentins en verre; le vase extérieur est alors une cloche renversée et percée à son sommet d'une ouverture qui livre passage à la partie inférieure du tube refroidi; celui-ci est relié par un bouchon à une douille qui termine l'ouverture de la cloche. Ils manquent de solidité.

B. — Réfrigération par changement d'état physique.

140. RÉFRIGÉRATION PAR LA FUSION. — La chaleur soustraite au corps refroidi peut être employée, non pas comme précédemment à en échauffer un autre, mais à le changer d'état, à le fondre ou à le volatiliser : elle devient alors latente.

La chaleur latente de fusion est mise en jeu, par exemple lorsqu'on refroidit un corps en l'entourant de glace : la température de ce corps s'abaisse ainsi jusqu'à 0°, point de fusion de la glace, à condition cependant que celle-ci ait été prise en quantité suffisante; dans ces circonstances, la chaleur cédée par le corps refroidi ne modifie pas nécessairement la température du corps refroidissant, elle est d'abord absorbée pour effectuer la liquéfaction de ce dernier, autrement dit transformée en travail. La glace est à peu près le seul corps solide que l'on utilise ainsi : on peut se la procurer facilement; de plus sa chaleur latente de fusion (79 calories) étant considérable, elle absorbe beaucoup de chaleur en fondant; enfin les conditions de sa fusion permettent d'obtenir une température parfaitement constante.

Lorsque cette dernière circonstance doit être réalisée, il est nécessaire de placer le corps à refroidir avec la glace qui l'entoure de toutes parts, dans un vase percé par le bas et laissant écouler facilement l'eau provenant de la fusion, autrement dit, de copier le mode opératoire adopté par les physiciens pour la détermination du point 0° des thermomètres. Si la réfrigération est plus exacte dans ces conditions, elle est, d'autre part, moins rapide : lorsqu'on laisse séjourner le corps à refroidir dans un mélange d'eau et de glace, dans l'*eau glacée*, le liquide servant d'intermédiaire entre le corps et l'agent de réfrigération assure une transmission plus rapide de la chaleur; toutefois le refroidissement n'est jamais porté ainsi jusqu'à 0°.

Les conditions pratiques de l'emploi de la glace ne diffèrent pas sensiblement de celles indiquées plus loin pour les mélanges réfrigérants (§ 141 et § 142).

141. MÉLANGES RÉFRIGÉRANTS. — Lorsqu'un corps solide se dissout dans un liquide, des phénomènes de deux ordres différents s'accomplissent d'ordinaire : d'une part, le passage du corps solide à l'état solide, ce qui entraîne une absorption de chaleur et par suite un abaissement de température; d'autre part, une réaction du dissolvant sur le corps dissous, ce qui détermine un dégagement de chaleur et une élévation de température. La résultante de ces deux phénomènes opposés, auxquels il convient d'en ajouter d'autres qui interviennent moins efficacement, varie avec la nature du corps et celle du dissolvant. Lorsque les actions chimiques sont faibles et que, par suite, l'absorption de chaleur prédomine, le mélange du solide et du liquide peut être utilisé comme agent de réfrigération; il constitue un *mélange réfrigérant*. En résumé, la propriété remarquable de semblables mélanges est due à des actions complexes, parmi lesquelles l'absorption de chaleur qui accompagne la liquéfaction des solides est prépondérante. D'ailleurs les composés mélangés peuvent être tous deux solides, à condition que leur mélange devienne finalement liquide.

On emploie le plus souvent les mélanges réfrigérants en les disposant autour du corps à refroidir, lequel est protégé de leur contact immédiat par un vase de verre ou de métal aussi mince que possible.

Le tableau suivant fait connaître les principaux mélanges réfrigérants usités; il indique les proportions de leurs composants et les abaissements de température qu'ils produisent.

MÉLANGES RÉFRIGÉRANTS.

COMPOSANTS.	PARTIES en poids.	DIFFÉRENCE entre la température initiale et la température finale.
1. Eau... Azotate d'ammoniaque pulvérisé...................	1 1	— 16 degrés.
2. Eau... Sulfocyanate de potasse pulvérisé	1 1	— 21 —
3. Eau... Azotate de soude pulvérisé......................	4 1	— 11 —
4. Eau... Chlorure de potassium pulvérisé.................	4 1	— 12 —
5. Eau... Chlorhydrate d'ammoniaque pulvérisé............. Azotate de potasse pulvérisé....................	1 1 1	— 24 —
6. Acide chlorhydrique concentré..................... Sulfate de soude cristallisé et pulvérisé...........	5 8	— 17 —
7. Neige (1)...................................... Chlorure de sodium	1 1	— 18 —
8. Neige (1)...................................... Chlorure de calcium cristallisé et pulvérisé........	2 3	— 51 —
9. Neige (1)...................................... Acide sulfurique concentré, additionné du cinquième de son poids d'eau et refroidi............	3 1	— 32 —
10. Neige (1) .... Acide azotique (D = 1,42)......................	2 1	— 56 —

142. Lorsque le corps à refroidir est une vapeur ou un gaz, on adopte une disposition qui rappelle un peu celle du réfrigérant de Liebig (§ 135) : on dirige le fluide élastique dans un tube en forme d'U. On plonge dans le mélange réfrigérant la partie inférieure de ce tube, que l'on fait traverser par le courant gazeux. Toutefois cette disposition ne se prête guère à des réfrigérations qui entraînent une condensation un peu importante de liquide, ce dernier

(1) A défaut de neige on peut employer la glace pilée, mais l'abaissement de température est alors moins considérable.

obstruant bientôt la courbure du tube. On modifie alors l'appareil: au sommet de la courbure du tube ABCD que l'on a choisi un peu large (fig. 86), est soudé un tube étroit np, qui traverse le fond d'une cloche à douille, renversée et contenant le mélange réfrigérant; le liquide condensé se rend par ce tube dans un vase m placé au-dessous; ce dernier est lui-même maintenu froid, si la volatilité du liquide condensé l'exige.

143. RÉFRIGÉRATION PAR LA VOLATILISATION. — Lorsque les liquides volatils passent à l'état de vapeur, ils absorbent une certaine quantité de chaleur qui devient latente. Quand, la pression restant invariable, on fournit au liquide qui s'évapore un nombre de calories suffisant, il entre en ébullition ; la totalité de la chaleur qu'il reçoit étant employée au changement d'état, sa température reste alors constante. Quand, au contraire, on ne met le liquide en relation avec

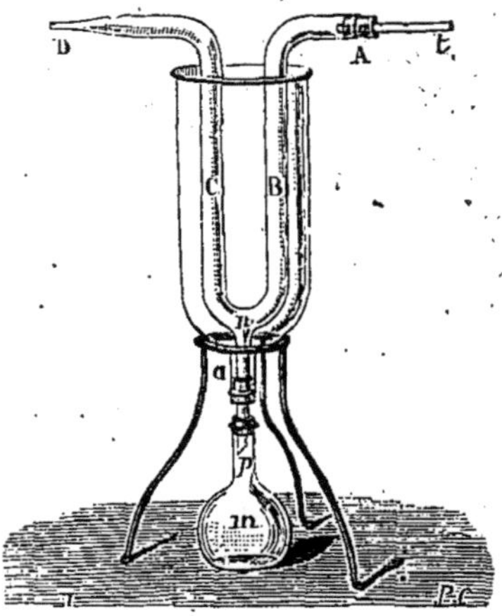

Fig. 86. — Tube en U employé comme réfrigérant.

aucune source de chaleur, mais qu'on provoque sa vaporisation par un abaissement de la pression qu'il supporte, la chaleur absorbée par le changement d'état est prise au liquide lui-même dont la température s'abaisse.

Ces phénomènes sont très efficaces comme moyens d'absorber de la chaleur. Aucun système, en effet, n'est susceptible de produire un refroidissement comparable à celui d'une masse liquide qui se transforme intégralement en gaz. C'est ainsi que l'éther, par exemple, produit en se volatilisant une absorption de chaleur que le calcul indique comme capable d'abaisser sa température de 192 degrés, le sulfure de carbone de 530 degrés, l'ammoniaque liquéfiée de 460 degrés et le protoxyde d'azote liquéfié de 440 degrés (M. Berthelot). Toutefois, comme le liquide se volatilise de plus en plus lentement à mesure qu'il se refroidit davantage, on ne saurait atteindre pratiquement de semblables abaissements, le milieu ambiant intervenant par une action contraire.

Ici encore, au point de vue de la quantité de chaleur absorbée, l'eau donne les résultats les plus avantageux, à cause de la valeur, très considérable, de sa chaleur latente de vaporisation. Celle-ci s'élève, en effet, à 536 calories, c'est-à-dire que 1 kilogramme d'eau à 100° absorbe en se vaporisant, sans changer de température, une quantité de chaleur suffisante pour refroidir 5360 grammes d'eau de 100° à 0°. D'ailleurs le mouvement calorifique ainsi accompli est utilisé dans une foule de circonstances. Chacun connaît, par exemple, l'action exercée par le contact d'une quantité d'eau relativement petite, sur un bloc de métal fortement chauffé. Toutefois cette action est relativement limitée : elle perd la plus grande partie de son efficacité, quand la température du bloc descend au-dessous du point d'ébullition du liquide, c'est-à-dire au-dessous de 100° à la pression ordinaire, la vaporisation devenant alors fort peu active.

La réfrigération par évaporation sous la pression atmosphérique est surtout réalisée avec des liquides communs et très volatils, possédant une tension de vapeur importante même à basse température. Tels sont l'éther ordinaire, le sulfure de carbone, le chloroforme, etc. On peut produire avec eux, et mieux encore avec d'autres composés plus volatils, des températures très basses. On conçoit, en effet, qu'il suffira de choisir un liquide dont le point d'ébullition soit situé au-dessous de la limite que l'on se propose d'atteindre, pour qu'en entourant le corps à refroidir de ce liquide, le résultat cherché ne tarde pas à être obtenu. L'anhydride sulfureux qui bout à — 10°, l'éther méthyl-chlorhydrique qui bout à — 23°, l'ammoniaque liquéfiée qui bout à — 35°,7 et d'autres composés très volatils, provoquent, lorsqu'on les emploie ainsi, des réfrigérations énergiques : placés autour d'un vase contenant de l'eau, ils entrent en ébullition et la transforment rapidement en glace.

Quand on diminue la pression dans l'espace contenant le liquide volatil qui entoure la masse à refroidir, la réfrigération devient plus active encore, car on abaisse le point d'ébullition du liquide. Avec les composés cités plus haut, on peut solidifier rapidement le mercure par ce procédé. D'ailleurs, le premier effet de la réfrigération portant sur le liquide volatil lui-même, la température de ce dernier s'abaisse considérablement. C'est ainsi que dans une expérience classique due à Leslie, l'eau en bouillant dans le vide se refroidit elle-même au point de se changer en glace.

La vaporisation est une cause constante de réfrigération; elle est plus efficace à l'ébullition en raison de la rapidité avec laquelle elle s'opère, mais elle agit encore lorsqu'elle ne se produit qu'avec lenteur. En fait, la quantité de chaleur absorbée ne dépend que de la nature et du poids de la matière qui a changé d'état.

144. Le phénomène, sous les formes très diverses qu'on peut lui donner, ne développe son effet maximum que si on prend certaines précautions destinées, d'une part à empêcher le milieu ambiant d'intervenir, et d'autre part, à rendre rapide le changement d'état. Nous indiquerons quelques appareils de réfrigération dans lesquels on en a tiré un parti heureux.

1° *Appareil de M. E. Carré.* — M. E. Carré a donné une forme pratique à l'expérience de Leslie qui vient d'être citée. Son appareil (fig. 87) est une machine pneumatique à un seul corps de pompe P. On met le piston en mouvement par un levier L. L'air aspiré par le tube TT' traverse, avant d'arriver au corps de pompe, un cylindre A hermétiquement clos, de grandes dimensions, garni de plomb intérieurement, et contenant de l'acide sulfurique concentré. L'eau à congeler est renfermée dans un vase c s'adaptant exactement par un bouchon de caoutchouc à un tube N, qui met son atmosphère en relation avec la pompe P par l'intermédiaire du cylindre A. Lorsqu'on fait le vide, l'air aspiré abandonne à l'acide sulfurique contenu en A la vapeur d'eau qu'il entraîne, ce qui rend plus efficace l'action de la pompe; on conçoit donc qu'il soit possible d'atteindre un vide assez parfait pour provoquer l'ébullition de l'eau en C et par suite sa congélation. Afin de produire plus sûrement ce résultat, le levier L met en mouvement, en même temps que la pompe, une tige t qui commande un agitateur renouvelant la surface de

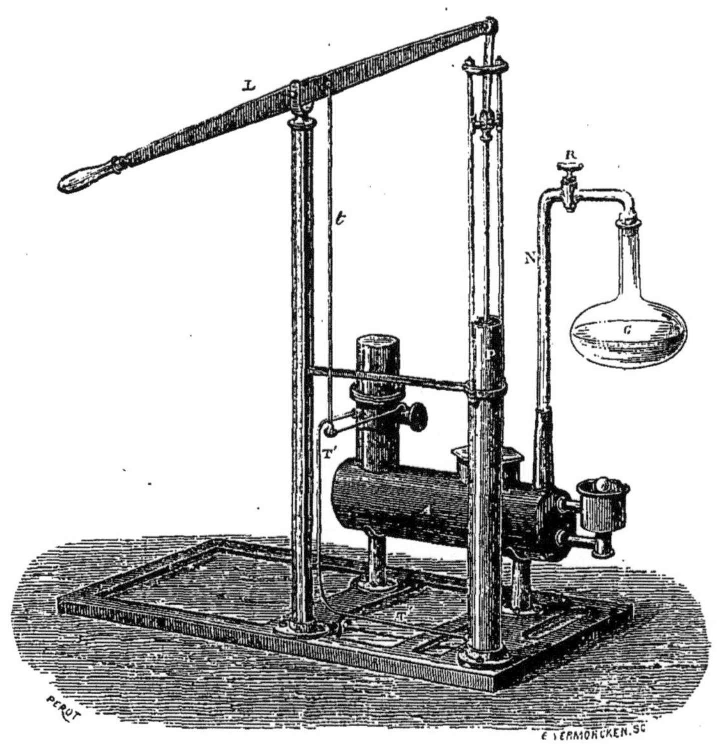

Fig. 87. — Appareil frigorifique de M. E. Carré.

contact de l'acide sulfurique avec l'air chargé d'eau. Il est bien évident que l'acide sulfurique doit être remplacé de temps en temps.

145. 2° *Appareil de M. F. Carré.* — Antérieurement, M. F. Carré avait utilisé, pour produire le froid, la volatilisation de l'ammoniaque liquéfiée, en même temps que l'extrême solubilité de ce gaz dans l'eau. La température très basse que l'ammoniaque permet d'atteindre ainsi (— 40°) donne un intérêt particulier à l'instrument au moyen duquel on l'obtient dans les laboratoires.

Il se compose d'un vase résistant en tôle (fig. 88 et 89), composé de deux parties, la *chaudière* A et le *congélateur* B, réunies par un tube de fer EE'. Le tout a été entièrement fermé après introduction d'une solution aqueuse et saturée d'ammoniaque, en quantité suffisante pour remplir aux trois quarts la partie A. Un tube en fer forgé, fermé vers le bas, pénètre à l'intérieur de la chaudière et contient de l'huile dans laquelle plonge un thermomètre g, faisant connaître par conductibilité la température du liquide intérieur. On installe la chaudière A sur un fourneau allumé et on plonge le congélateur B dans une bâche contenant de l'eau froide (fig. 88), puis on chauffe jusqu'à ce que le thermomètre ait atteint 130° : l'ammoniaque chassée de sa dissolution se volatilise, se comprime elle-même dans l'appareil et, lorsque la pression est devenue suffisante, se liquéfie dans la partie la plus froide, c'est-à-dire

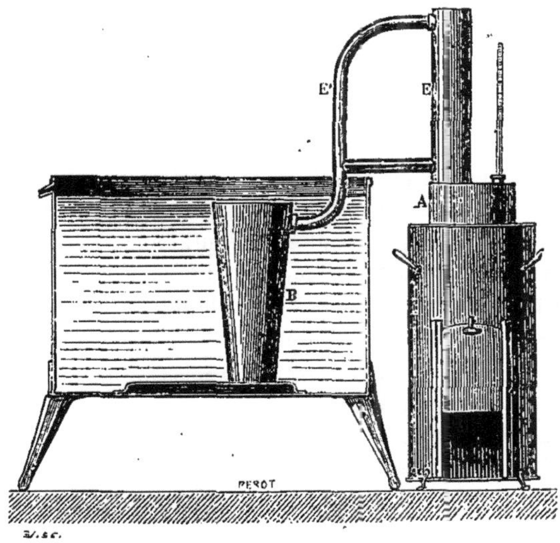

Fig. 88. — Appareil frigorifique à l'ammoniaque de M. F. Carré
(première opération).

en B. Dès que le thermomètre marque 130°, on enlève le fourneau et on retourne l'appareil (fig. 89), en plongeant la chaudière A dans l'eau froide

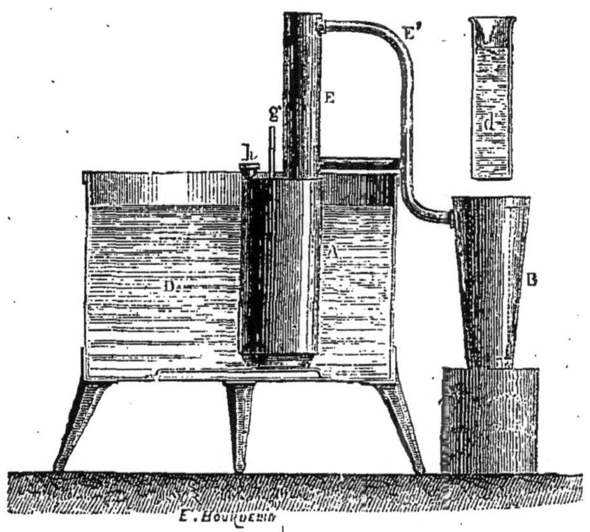

Fig. 89. — Appareil frigorifique à l'ammoniaque de M. F. Carré
(seconde opération).

mais en laissant en dehors le congélateur B. Une action inverse de la précédente s'établit aussitôt : l'ammoniaque se dissout dans l'eau restée en A pour régénérer la solution primitive, la pression diminue et l'ammoniaque liquéfiée contenue en B ne tarde pas à bouillir ; la température s'abaisse dès lors dans le congélateur jusqu'au point d'ébullition qui correspond à la pression du gaz ammoniac dans l'appareil. Pour tirer parti de cet abaissement, le congélateur B a reçu une forme spéciale, à la fois conique et annulaire, une partie cylindrique ayant été laissée libre en son milieu. C'est dans cet espace libre que l'on introduit le vase *d* qui contient la substance à refroidir, l'eau que l'on veut congeler, par exemple. Le congélateur doit de plus être protégé du contact de l'air par une enveloppe de laine épaisse.

Lorsque l'opération est terminée, le système se retrouve exactement dans le même état qu'avant l'expérience ; l'appareil peut donc servir indéfiniment.

Quand le corps à refroidir ou le vase qui le renferme ont une forme et des dimensions très différentes de celles de l'espace froid, il est nécessaire, pour faciliter la propagation de la chaleur, d'interposer un liquide incongelable tel que l'alcool ou une solution de chlorure de calcium.

146. 3° *Appareil à courant d'air*. — Il n'est nullement indispensable que le changement d'état se réalise par l'ébullition. Ainsi qu'il a été dit plus haut (§ 143), quelles que soient les conditions dans lesquelles on l'effectue, la volatilisation d'un poids constant d'un même liquide produit une absorption de chaleur constante, mais celle-ci se manifeste par des variations de température variables avec ces conditions. Pour refroidir, on peut donc se contenter de provoquer un contact aussi large que possible entre l'air et le liquide à vaporiser ; celui-ci ayant une tension de vapeur considérable, même au-dessous de son point d'ébullition, sature rapidement le gaz qui le touche, et, si on renouvelle ce dernier, on rend l'évaporation très active. L'air qui intervient réchauffe, il est vrai, le liquide, mais sa masse est assez faible pour que son intervention ne change pas le sens du phénomène. En fait, on atteint de cette manière des températures bien inférieures au point d'ébullition du liquide volatil employé.

L'anhydride sulfureux donne ainsi la température extrêmement basse de — 68°, mais ses vapeurs irritantes ne sont pas supportées par l'appareil respiratoire et doivent être soigneusement envoyées au dehors. L'éther méthyl-chlorhydrique ne produit pas un refroidissement aussi énergique, mais ses propriétés, moins désagréables pour l'opérateur, le font souvent préférer. De plus, les applications nombreuses que l'on a faites de ce produit depuis les travaux de M. Vincent l'ont répandu dans le commerce qui le livre sous forme liquide, dans des récipients en cuivre, à fermeture siphoïde, analogues comme disposition à ceux dans lesquels on conserve l'eau de Seltz artificielle : la pression intérieure de l'appareil provoque la sortie du liquide dès qu'on vient à ouvrir le robinet à vis fermant l'appareil. L'emploi de l'éther méthyl-chlorhydrique rend de grands services dans les laboratoires ; mais il est indispensable de ne jamais perdre de vue que cet éther est combustible et que sa vapeur amenée au contact d'une flamme peut occasionner des accidents.

Quel que soit le liquide adopté, on dispose l'appareil de la manière suivante (fig. 90). On choisit une éprouvette en verre mince CC', de 30 à 35 millimètres et de 15 centimètres de longueur environ. On adapte à son orifice un bouchon B percé de trois trous : le premier trou, placé au centre, donne passage à un tube à essais M, dont l'extrémité fermée arrive à 1 centimètre du fond de l'éprouvette ; au second est adapté un tube à gaz T, recourbé une fois, et pénétrant par sa branche verticale à la même profondeur dans l'éprouvette ; par le troisième passe un tube A, semblable au précédent, mais dont la branche verticale ne descend pas sensiblement au-dessous de la surface du bouchon.

Supposons qu'il s'agisse de congeler du mercure. On introduit dans le tube à essais 3 ou 4 centimètres cubes de mercure, puis, soulevant le bouchon B,

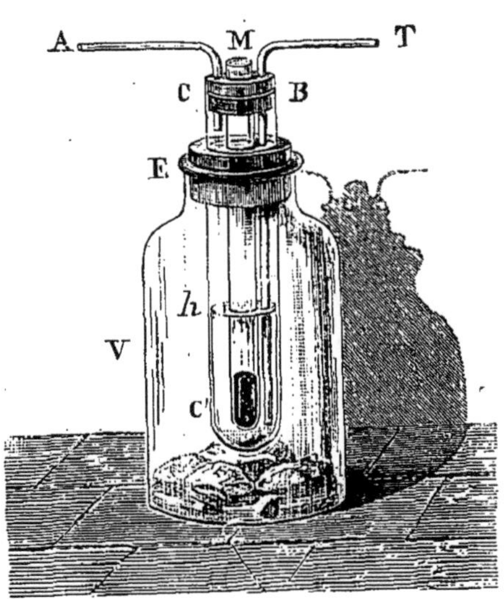

Fig. 90. — Congélation du mercure par vaporisation de l'éther méthyl-chlorhydrique.

on verse dans l'éprouvette un des liquides volatils précités jusqu'à une hauteur h, dépassant de quelques centimètres le niveau du mercure. On replace le bouchon. On met alors le tube A en communication avec un appareil propre à établir une aspiration énergique, une trompe à eau, par exemple (voy. *Opérations dans une atmosphère raréfiée*) : la pression dans l'atmosphère de l'éprouvette diminuant, l'air s'y précipite par le tube T plongé dans le liquide volatil, et sous l'influence de ce courant gazeux rapide, l'évaporation s'effectue en déterminant un refroidissement intense. Bientôt le mercure se solidifie, cristallise, et se change en une masse métallique dure. Si on enlève le tube à essais, qu'on place son extrémité

sur un billot de bois, et qu'on le frappe avec un maillet, le verre se brise, et le métal solide, mis à nu, s'aplatit sous le choc et se montre malléable. Bientôt l'air le réchauffe et il se liquéfie.

On peut remplacer l'aspiration de l'air par une insufflation (voy. *Soufflerie*) pratiquée par le tube T, le tube A restant ouvert. Dans les deux cas, il est nécessaire d'emmener au loin, pour n'en être pas incommodé, les gaz qui s'échappent de l'appareil.

En agissant comme il vient d'être dit, un accident se produit qui empêche de suivre des yeux ce qui se passe dans l'intérieur des tubes pendant l'intervention du courant d'air : l'extérieur de l'éprouvette CC', baignée dans l'atmosphère, ne tarde pas, à cause de sa basse température, à condenser l'humidité de l'air et à se couvrir de glace opaque. On évite cet inconvénient en suspendant quelque temps à l'avance tout le système, au moyen d'un bouchon percé E, dans un col droit en verre V, au fond duquel on a placé des fragments de chlorure de calcium sec; ce sel dessèche l'air du flacon, et le verre de l'éprouvette reste dès lors limpide.

Un autre accident, dû comme le précédent à la vapeur d'eau atmosphérique, peut interrompre brusquement l'expérience : l'air, en pénétrant dans la partie immergée du tube T, laisse déposer sa vapeur d'eau sous forme de glace à l'intérieur de celui-ci, qui ne tarde pas à être obstrué. En desséchant l'air avant son entrée dans l'appareil, on évite cet inconvénient; il suffit pour cela de faire précéder T d'un tube rempli de chlorure de calcium desséché.

C. — Réfrigération par la détente des gaz comprimés.

147. *Réfrigération par l'air comprimé.* — Lorsqu'un fluide élastique comprimé, gaz ou vapeur, se détend pour prendre un volume plus grand que celui qu'il avait auparavant, le travail mécanique accompli entraîne une absorption de chaleur ; chaque kilogrammètre mesurant ce travail correspond à une absorption de $\frac{1}{425}$ de calorie, d'après les faits connus sur l'équivalence mécanique de la chaleur. L'industrie construit des machines frigorifiques basées sur ce principe : de l'air comprimé à plusieurs atmosphères et refroidi s'échappe par un orifice ; sa détente brusque abaisse considérablement sa température et par suite celles de l'espace dans lequel il se détend et des objets placés dans cet espace (M. Giffard). Ce mode de réfrigération n'est guère employé actuellement dans les laboratoires, parce qu'on n'y dispose pas d'air comprimé sous une pression suffisante pour le rendre efficace. Il semble qu'il n'en devrait plus être de même à l'avenir dans les villes pourvues d'un service de distribution d'air comprimé. Celui-ci, en effet, est appelé à jouer en pareille circonstance, dans les laboratoires, un rôle fort intéressant à divers points de vue, comme force motrice notamment ; il constitue, en particulier, un mode de réfrigération économique, que la régularité et la continuité de son action feront surtout apprécier, les procédés utilisés jusqu'ici dans le même but par les chimistes ne fournissant que des effets plus ou moins intermittents. Toutefois, il s'agit là d'un agent trop nouveau ou trop peu pratiqué pour que nous puissions nous y arrêter ici ; nous nous bornons à l'indiquer.

M. Cailletet se sert de le détente de l'acide carbonique liquéfié pour obtenir par le même moyen mécanique une réfrigération plus énergique. Il met le récipient contenant l'acide carbonique liquide en communication avec un serpentin traversant une masse d'alcool ; le gaz qui s'échappe du récipient légèrement ouvert se détend dans le serpentin en absorbant beaucoup de chaleur. La masse d'alcool peut être ainsi portée à une température très basse qu'il est possible ensuite de maintenir pendant un temps aussi long qu'on le désire. Le liquide froid et incongelable n'est alors qu'un intermédiaire à utiliser pour refroidir les objets sur lesquels on expérimente. Le prix auquel l'industrie livre aujourd'hui l'acide carbonique liquéfié est suffisamment bas pour que ce procédé très actif de réfrigération puisse être employé couramment dans les laboratoires.

M. Cailletet s'est encore servi de la détente des gaz comprimés pour les refroidir eux-mêmes et arriver à les liquéfier. Il sera question plus loin de cette application spéciale du refroidissement (voy. *Liquéfaction des gaz par la détente*).

148. ᴏʙsᴛᴀᴄʟᴇs ᴀᴘᴘᴏʀᴛᴇ́s ᴀᴜ ʀᴇғʀᴏɪᴅɪssᴇᴍᴇɴᴛ. — L'action de l'air ambiant, la conductibilité des corps en contact, le rayonnement, sont les principaux agents de réfrigération comme d'échauffement d'un corps placé librement dans l'atmosphère ; leur intervention amène plus ou moins rapidement l'identité des températures du corps et du milieu. Or il est souvent nécessaire, non plus de provoquer un refroidissement rapide, mais de le retarder. On obtient ce résultat de deux manières :

1° On enveloppe le corps à protéger contre le refroidissement, de substances mauvaises conductrices de la chaleur et possédant une texture propre à empêcher les mouvements de l'air au contact du corps : la laine, le coton cardé, la plume, etc., conviennent pour cet usage. On les maintient au moyen d'enveloppes légères et peu conductrices elles-mêmes. De plus, on supporte les vases sur des pointes en bois ou en toute autre substance ne conduisant pas la chaleur.

2° On met le corps en contact avec une masse considérable, préalablement portée à la même température que lui. Pour que le refroidissement se produise, il faut que l'ensemble cède à l'air, non seulement la chaleur du corps, mais aussi celle de la masse ; l'abaissement de la température se trouve dès lors retardé. Cette méthode est d'une application très facile en prenant pour masse un vase plein d'eau, d'un volume aussi considérable qu'on voudra, et convenablement chauffé, puis en y plongeant le corps à maintenir chaud, soit nu soit protégé par une enveloppe. Ainsi pratiquée, elle est particulièrement avantageuse lorsqu'il s'agit d'obtenir des cristallisations nettes en opérant sur peu de matière, les cristaux formés étant d'autant plus beaux que la lenteur du refroidissement est plus grande : dans ces conditions, les choses se passent à peu près comme si on opérait sur une quantité de matière égale à la masse totale.

CHAPITRE IV

VASES EMPLOYÉS DANS LES LABORATOIRES.

149. Il nous paraît utile d'indiquer dès maintenant les vases de différentes matières et de diverses formes, que l'on emploie couramment dans les laboratoires, ainsi que les noms qu'on leur donne. Si fastidieuse que puisse être cette énumération, elle est indispensable pour les commençants. D'ailleurs, elle simplifiera beaucoup la suite de notre exposé. Nous la bornerons aux vases d'un usage général ; nous ne parlerons des autres qu'à propos des applications particulières auxquelles ils sont réservés.

1.

VASES DE VERRE ET DE CRISTAL.

150. PROPRIÉTÉS DU VERRE. — Le *verre*, étant un mélange de polysilicates de diverses bases, parmi lesquelles dominent la soude, la chaux et la potasse, est à peu près inattaquable par les réactifs ordinaires. Comme il est de plus transparent, on conçoit qu'il constitue la matière la plus précieuse pour la confection des vases employés en chimie.

Il a cependant, à ce point de vue, plusieurs défauts. Il est mauvais conducteur de la chaleur. Il est surtout très fragile sous le choc, et se brise par un refroidissement brusque. Sa fragilité est beaucoup diminuée lorsque les objets ont été *recuits* convenablement après leur fabrication ; elle est due, en effet, pour une grande partie, à ce que, après le façonnage de la matière pâteuse, les parties extérieures sont déjà refroidies et solidifiées, quand les parties internes sont encore molles : la contraction qu'éprouvent ces dernières, en se solidifiant à leur tour, détermine une sorte de traction vers l'intérieur, et, par suite, un équilibre instable. Le recuit maintient l'ustensile façonné à la température du ramollissement commençant ; il permet ainsi à la matière de reprendre son homogénéité, et la lui conserve en assurant un refroidissement lent et régulier.

Le *verre trempé*, c'est-à-dire le verre refroidi brusquement en plongeant les pièces façonnées et chauffées au rouge, dans un bain d'huile maintenu à une température convenable, acquiert au contraire une grande résistance au choc et aux variations de température ; toutefois ce verre, quoique moins fragile que le verre ordinaire, est peu approprié aux usages des laboratoires : lorsqu'il se brise, ses fragments se séparent violemment, ce qui entraîne la perte du contenu, alors que dans les mêmes conditions le verre ordinaire simplement fêlé aurait permis, dans beaucoup de cas, de recueillir le produit qu'il renfermait.

Le *verre incolore ordinaire*, dont sont faits en France les vases de chimie, est formé essentiellement de silicates acides de chaux et de soude. Il est souvent trop alcalin, trop fusible, et surtout insuffisamment recuit, en un mot, de qualité assez médiocre pour faire désirer aux chimistes qu'une amélioration soit apportée à sa fabrication. En Bohême, on façonne les mêmes ustensiles avec un verre de composition différente, dans lequel la potasse est substituée à la soude ; ce verre est beaucoup plus beau, moins fragile, et surtout moins fusible.

Le *cristal* est un verre potassique dans lequel l'oxyde de plomb a été employé à la place de la chaux. Il est très fusible et de faible dureté, mais très beau et peu fragile. Dans le *demi-cristal*, le remplacement de la chaux par l'oxyde de plomb n'est que partiel.

La présence de certains oxydes métalliques dans le verre lui communique des colorations diverses ; la coloration verte du verre commun est due au silicate de protoxyde de fer plus ou moins peroxydé.

151. Vases n'allant pas au feu. — Les vases de verre ou de cristal destinés à conserver, à la température ordinaire, les réactifs solides ou liquides, sont les suivants (fig. 91) :

Le *flacon* ou *goulot* A ; le *col droit* B, dont l'ouverture est plus large ; le *bocal* C, dont l'orifice a une largeur approchant de celle du vase lui-même ; la *conserve* D, qui a la forme d'un cylindre ouvert par l'une de ses bases.

Ces vases peuvent être fermés par des bouchons de liège ou de caoutchouc ; toutefois, ces substances organiques étant détruites par un assez grand nombre de composés chimiques, on adapte souvent aux orifices des ustensiles précédents des bouchons de verre rodés qui les ferment exactement.

Pour roder un bouchon de verre, on introduit dans l'ouverture à boucher une tige en fer, légèrement conique, fixée à un tour au moyen duquel on lui imprime un mouvement de rotation rapide autour de son axe et recouverte d'une bouillie faite d'émeri grossier ou de sable siliceux et d'eau. Le verre s'use rapidement et l'ouverture prend une forme conique régulière. D'autre part, on use de même un bouchon de verre façonné, en l'introduisant dans un manchon conique en fer, qui tourne rapidement et est garni de matière dure et pulvérulente, mélangée d'eau. L'ouverture et le bouchon ayant été amenés à des dimensions telles que le second pénètre dans le premier, on fixe le bou-

Fig. 91. — Flacon, col droit, bocal, conserve, col droit bouché à l'émeri, conserve à couvercle, flacon à une tubulure, flacon à deux tubulures, flacon tubulé dans le bas.

chon sur le tour, on l'enduit de matière dure et humide, puis on l'use comme précédemment en le faisant tourner dans l'orifice même auquel il doit s'appliquer. Finalement, on doucit les surfaces de contact en interposant entre elles des poudres dures de plus en plus fines. Les vases ainsi fermés en verre sont dits *bouchés en verre* ou *bouchés à l'émeri* (fig. 91, E).

Lorsqu'il s'agit de vases largement ouverts, ce mode de fermeture convient peu. C'est ainsi que pour les *conserves à couvercle* on remplace les bouchons de verre rodés par des couvercles en verre dont les bords s'appliquent aussi exactement que possible sur ceux du vase qu'ils recouvrent légèrement (fig. 91, F).

Les vases précédents entrent aussi dans la disposition des appareils. Il arrive alors fréquemment qu'ils doivent être pourvus d'ouvertures multiples. Les verriers y adaptent dans ce but des *tubulures*, c'est-à-dire des goulots supplémentaires. Le flacon représenté en G dans la figure 91 est dit *tubulé* ou *à une tubulure;* celui désigné par H est *bitubulé* ou *à deux* tubulures ; enfin celui représenté en I est *tubulé dans le bas.* Comme on le voit, la position des tubulures peut être quelconque. Dans tous les cas, le nombre des tubulures que l'on désigne ne comprend pas le goulot et plus généralement l'ouverture que le vase possède d'ordinaire. Les flacons à deux tubulures supé-

rieures portent le nom de *flacons de Woolf*. Des tubulures peuvent être
adaptées de la même manière aux vases en verre de toutes formes.

Les vases cylindriques, semblables aux conserves mais un peu plus larges
et de grandes dimensions, portent le nom de *seaux*. Des vases analogues, de
forme très basse, sont appelés *cristallisoirs* (fig. 92, A); ce nom indique leur
usage habituel.

Citons plus spécialement les *verres à expérience* ou *verres à pied* (fig. 92, B),
de forme conique et munis d'un large pied, les *vases à précipiter* (fig. 92, C),
cylindriques et portant sur le bord une dépression formant bec pour faciliter

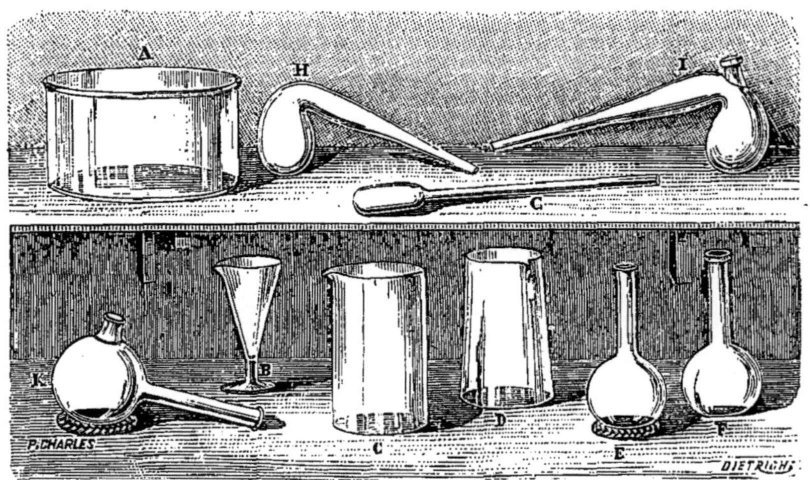

Fig. 92. — Cristallisoir, verre à expérience, vase à précipiter, vase à réaction,
ballon, fiole à fond plat, matras d'essayeur, cornue, cornue tubulée, ballon
tubulé.

l'écoulement du liquide, et enfin les *vases à réaction* (fig. 92, D), qui ne diffèrent
des précédents que par leur forme tronc-conique, plus large vers le bas. Ces
ustensiles, exclusivement réservés aux réactions faites à la température de
l'atmosphère, sont suffisamment épais pour résister aux chocs ordinaires; ils
doivent à leurs formes une certaine stabilité.

152. VASES ALLANT AU FEU. — Lorsque les vases doivent être chauffés, il est
nécessaire que leur forme ne soit pas une cause de fragilité et par suite que
leur épaisseur dans les parties chauffées soit très faible en même temps que
très régulière. C'est pourquoi leurs surfaces exposées au feu reçoivent d'ordinaire une forme plus ou moins voisine de celle d'une sphère; ils sont le
plus souvent façonnés par simple soufflage.

Pour chauffer les liquides, on se sert surtout des *ballons* (fig. 92, E) et des
fioles à fond plat, appelées aussi *matras à fond plat* ou plus simplement *matras*
(fig. 92, F). On se sert encore du *matras d'essayeur* (fig. 92, G), quand le vase
n'a pas besoin d'avoir de grandes dimensions. Lorsque les produits chauffés
émettent des gaz ou des vapeurs à recueillir, on se sert souvent de *cornues*
(fig. 92, H).

Pour certains usages, notamment pour refroidir et condenser les vapeurs,
on utilise les *ballons à long col*, qui ne diffèrent des ballons ordinaires que par
la longueur plus grande de leur goulot; on donne parfois à ces vases le nom

de *matras*, que l'on applique aussi, on vient de le dire, aux fioles à fond plat (fig. 92, F).

Les cornues ainsi que les ballons à cols longs ou courts peuvent être munis de tubulures (fig. 92, I et K) qu'on ferme au besoin par des bouchons de verre, rodés à l'émeri.

Les vases précédents, sauf les fioles à fond plat, se terminent inférieurement par des calottes sphériques, qui ne permettent pas de les faire reposer sur des surfaces planes et obligent à interposer des supports appropriés. Depuis quelques années l'usage de vases à fond plat et allant sur le feu s'est beaucoup répandu, les verriers de Bohême les ayant fabriqués avec perfection. Ces vases dits *à filtrations chaudes* reçoivent des formes variées dont les plus usitées sont représentées dans la figure 93 en A et B.

153. VASES DIVERS. — A côté des ustensiles précédents, il en existe un très grand nombre d'autres, réservés à des usages plus spéciaux. Les *entonnoirs*

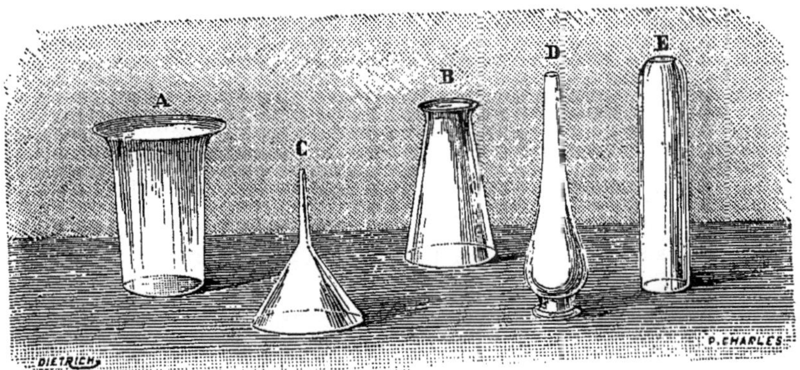

Fig. 93. — Vases à précipitations chaudes, entonnoir, allonge, éprouvette à gaz.

(C, fig. 93) servent à verser un liquide dans un vase à ouverture étroite et plus souvent encore aux filtrations (voy. ce mot). Les *allonges* (D, fig. 93) s'interposent entre un vase fournissant une vapeur et un autre destiné à recevoir le produit de la condensation de cette vapeur : elles sont à proprement parler des réfrigérants dans lesquels l'air ambiant est l'agent de réfrigération ; leur usage tend à disparaître.

Les *capsules* en verre qui ont la forme d'une calotte sphérique sont également peu employées. Les *cloches*, dont le nom indique la forme, se terminent à la partie supérieure, soit par un *bouton* de verre qui sert à manier l'instrument, soit par une tubulure ou *douille* que l'on peut boucher, mais qui, s'il est nécessaire, livre passage à des tubes de verre ou à tout autre objet. Les cloches étroites ou *éprouvettes à gaz* (E, fig. 93) sont destinées à recueillir et à conserver les gaz sur l'eau ou sur le mercure. Les *éprouvettes à pied* sont des vases cylindriques étroits, dont la forme assure la stabilité ; il en a été question plus haut comme vases jaugés ou gradués (fig. 8 et 12) ; elles sont utilisées aussi dans la disposition des appareils.

154. Enfin le commerce livre aux chimistes les tubes de verre cylindriques, plus ou moins larges et plus ou moins épais. Ces tubes sont d'ordinaire coupés par longueurs de 1 mètre ou de 1^{m},20. Ils servent aux

, usages les plus divers ; ils fournissent aussi la matière première que l'on façonne à la haute température du chalumeau (§ 94 et 95) pour obtenir extemporanément les menus objets nécessaires. Il est indispensable que l'épaisseur des tubes de verre soit régulière : leur section normale à l'axe doit montrer une paroi de largeur constante dans toutes ses parties. Ils ne doivent contenir dans leur masse ni soufflures, ni stries, ni particules opaques ayant échappé à la fusion. Les défauts précédents rendraient leur travail beaucoup plus difficile.

L'habitude prise par les verriers de ne pas recuire les tubes de verre est fort regrettable ; elle est pour les chimistes la cause de nombreux inconvénients et même d'accidents dangereux, en particulier dans le maniement des tubes scellés (voy. *Opérations sous pression*). Non seulement les tubes non recuits ne peuvent être façonnés que très difficilement et se détruisent dès qu'on les chauffe un peu trop vite, mais ils se cassent fréquemment dans le cours des opérations dont cet accident entraîne la perte ; parfois même, incapables de conserver l'équilibre instable résultant de leur façonnage non suivi de recuit, ils se brisent spontanément, sans l'intervention d'aucune cause extérieure apparente.

On désigne sous le nom peu régulier de *tubes pleins*, ou mieux sous celui de *baguettes*, des cylindres de verre pleins, dont le diamètre varie de 3 à 10 millimètres ; on les coupe en fragments de diverses longueurs qui, après avoir été bordés à la lampe (§ 162), servent d'*agitateurs*.

155. Travail du verre. — Le façonnement du verre se fait par des procédés simples, mais qui exigent de la part de l'opérateur un peu d'habitude. Les commençants feront bien de sacrifier un certain temps pour acquérir cette habitude. Quelques leçons d'un souffleur de verre habile leur épargneront beaucoup de peine et leur permettront d'atteindre un meilleur résultat.

Nous devons nous limiter ici à de brèves indications sur les opérations les plus indispensables.

1° *Couper le verre*. — Il est facile de pratiquer cette opération sur un tube étroit, en se servant d'un *couteau à couper le verre*. Celui-ci n'est autre chose qu'une lame d'acier, un fragment de lame de scie par exemple, qui a subi une trempe lui donnant une grande dureté, et dont les bords droits ont été usés à la meule de manière à former un tranchant bien affilé. En frottant avec ce tranchant la surface du tube dans une direction normale à l'axe, on entame légèrement le verre ; il suffit ensuite de saisir le tube avec les deux mains, le trait étant placé entre elles, d'appuyer sur les pouces la partie du tube diamétralement opposée au trait du couteau et de faire un léger effort de flexion en ramenant les extrémités du tube vers l'opérateur. Si le trait a été suffisamment marqué, le tube se sectionne régulièrement et perpendiculairement à son axe.

Le couteau à couper le verre peut être remplacé par une lime triangulaire bien trempée. Une lime de ce genre, dure et fine, usée à la meule sur l'une des faces formant l'angle aigu et non sur l'autre, présente une arête finement dentée qui convient particulièrement; lorsqu'elle s'émousse, le frottement de la meule rétablit aisément l'acuité de sa dentelure. Ces instruments entament mieux le verre lorsqu'ils sont légèrement humectés.

Les tubes de gros diamètre ne peuvent être coupés aussi simplement. On raye d'abord le tube extérieurement avec le couteau à verre, puis on provoque la formation d'une fêlure dans la direction du trait. A cet effet, dans la flamme du chalumeau (§ 94) on chauffe au rouge, jusqu'au ramollissement, l'extrémité d'un tube de verre étroit ou d'un fil de fer et on applique la partie chaude sur le tube à couper, à 2 où 3 millimètres de l'extrémité de la rayure et dans la direction que l'on veut donner à la section. Le tube se fêle presque immédiatement. On recule alors la masse réchauffée de temps en temps, en la reportant dans la direction voulue et toujours un peu en avant du point où se termine la fente à prolonger.

La même méthode s'applique aussi, mais avec moins de facilité, pour couper des vases de formes variées; il est alors nécessaire d'échauffer le verre sur une assez grande distance en avant de la fente.

156. Comme corps chaud, à la place de verre rougi au feu, on peut faire usage d'un *charbon de Berzelius*, petite baguette cylindrique de 3 à 4 millimètres de diamètre, qui a la propriété de continuer à brûler sans flamme lorsqu'on l'a allumée à une de ses extrémités. Les charbons de Berzelius s'obtiennent en laissant 16 grammes de gomme adragante se changer en mucilage épais par contact avec une quantité d'eau suffisante, ajoutant 8 grammes de benjoin dissous dans le moins possible d'alcool, et mélangeant le tout avec du charbon de bois en poudre fine, de manière à faire une pâte consistante et homogène; on façonne cette pâte en baguettes de la grosseur voulue, que l'on fait sécher à l'air.

157. Pour couper les tubes très larges, on se sert avantageusement d'un diamant de vitrier, monté de telle façon que sa partie coupante soit placée, non pas vers l'extrémité du manche, mais sur le côté. On introduit le diamant dans le tube jusqu'à la distance voulue et on trace intérieurement un cercle entier. La régularité du trait s'obtient en faisant buter l'extrémité libre du tube contre la face plane d'un objet immobile, maintenant solidement le diamant appliqué sur le verre et faisant tourner le tube autour de son axe. Quelques chocs extérieurs suffisent ensuite pour détacher les deux fragments du tube.

C'est qu'en effet une rayure pratiquée à l'intérieur d'un tube provoque sa rupture beaucoup plus facilement qu'une rayure extérieure. Ce fait explique pourquoi les tubes de verre ne doivent jamais être nettoyés intérieurement à l'aide d'une tige de fer : l'oxyde de fer les raye et les brise; il en est de même de tout autre corps dur. Aussi emploie-t-on pour cet usage des tiges de bois ou de cuivre.

Les lames de verre planes se coupent au moyen d'un diamant de vitrier que l'on dirige à l'aide d'une règle ou d'un compas.

158. 2° *Percer le verre.* — Le moyen employé dans les laboratoires pour percer un trou dans un objet de verre est celui dont l'industrie fait usage dans les mêmes circonstances. Il consiste à appliquer à l'endroit voulu la pointe d'une lime triangulaire bien trempée ou d'un foret d'acier dur, et à imprimer à l'instrument un mouvement de rotation autour de son axe, en appuyant doucement mais constamment. L'acier attaque facilement le verre dans ces conditions si on maintient au point de contact un peu d'essence de térébenthine. Le frottement d'un foret dur, auquel un appareil mécanique approprié communique un mouvement de rotation, permet, en s'aidant toujours d'essence de térébenthine, d'atteindre plus aisément le même résultat.

159. 3° *Chauffer le verre pour le ramollir.* — Le chauffage du verre peut être pratiqué avec tous les brûleurs à gaz, mais de préférence avec ceux qui consomment le gaz mélangé d'air ; la flamme éclairante des autres est insuffisamment chaude et dépose du charbon sur le corps chauffé. A part quelques cas exceptionnels sur lesquels nous reviendrons, c'est du chalumeau à gaz (§ 94) que l'on se sert à peu près exclusivement pour travailler le verre ramolli par la chaleur ; lui seul d'ailleurs donne une température suffisante dans tous les cas. Avec cet appareil (fig. 52 et 53), alimenté d'air par un soufflet mobile à pédale (fig. 54), ou fixé sur la table d'émailleur (fig. 55), on peut varier à volonté la grandeur, la forme et la température du jet gazeux en combustion.

La flamme a une température d'autant plus élevée, que la quantité d'air qu'on lui envoie est plus considérable : lorsque sa couleur est d'un bleu vif particulier, la température atteint son maximum. Un objet de verre froid qu'on introduit brusquement dans cette flamme s'échauffe inégalement et se brise presque toujours. Pour éviter cet accident, on commence par chauffer doucement le verre en le tenant à une certaine distance au-dessus de la flamme et on l'agite de manière à élever sa température progressivement et assez largement autour du point sur lequel on veut opérer ; on le rapproche ensuite peu à peu de la flamme, dans laquelle on le plonge finalement, lorsqu'on n'a plus à craindre une élévation trop brusque de température. Pendant toute la durée du chauffage, on tourne constamment l'objet sur lui-même de manière à le chauffer aussi également que possible dans tout le voisinage de l'endroit à ramollir. S'il s'agit d'un tube, tenant les bras appuyés sur la table et les deux mains de chaque côté de la flamme, on supporte ce tube avec les doigts en évitant toute déformation, mais en lui imprimant un mouvement continu de rotation autour de son axe.

Lorsqu'il n'est pas de bonne qualité, le verre chauffé pendant longtemps devient opaque tout en conservant sa forme : il se *dévitrifie.* Cette altération est surtout rapide avec les verres riches en chaux et plus encore en magnésie : elle impose l'obligation de ne maintenir le verre dans la flamme du chalumeau que pendant le temps strictement nécessaire.

160. Le cristal exige de plus une précaution spéciale. Si la flamme est insuffisamment alimentée d'oxygène, elle renferme des éléments combustibles non brûlés ; ces derniers, agissant à haute température sur le silicate de plomb du cristal, réduisent le plomb qui donne à la masse une teinte brune, d'abord peu intense parce que la réduction n'est que superficielle, mais se fonçant bientôt et devenant noire. Il est donc nécessaire de régler le chalumeau de manière à produire une flamme oxydante.

161. Le *refroidissement du verre* exige autant d'attention que son chauffage. S'il est brusque, la matière perd sa solidité ou même se brise spontanément avant d'avoir atteint la température ordinaire. Toute pièce façonnée au chalumeau doit donc être recuite avant refroidissement et protégée contre l'action trop rapide de l'air froid. Dans ce but, on la sort lentement de la flamme et on la maintient pendant quelque temps au-dessus de celle-ci, à la température du ramollissement commençant. Il résulte, en effet, de ce qui a été dit plus haut (§ 150), que ce qu'il importe surtout d'éviter, c'est le refroidissement brusque ou inégal dans le voisinage du point de solidification.

162. 4° *Border un tube.* — Les tubes coupés présentent des bords tranchants qui sont dangereux pour l'opérateur, qui attaquent les joints de caoutchouc auxquels on les raccorde, et qui de plus enlèvent toute solidité au verre, des fentes extrêmement petites et qu'on ne voit que difficilement se prolongeant sous des influences diverses et entraînant la destruction du tube. On obvie à ces inconvénients en *bordant* les tubes. Pour cela, on chauffe leur coupure dans la flamme du chalumeau, en les tournant constamment autour de leur axe, de façon à les chauffer régulièrement, mais en ne portant le verre au rouge que dans le voisinage du bord. Aussitôt que celui-ci est arrivé au ramollissement, on arrête l'opération et on éloigne lentement de la flamme sans cesser le mouvement de rotation. Dès que le ramollissement a commencé, sous l'influence de la capillarité, un retrait s'est produit sur la matière, retrait qui, exagéré, tendrait à donner au verre une forme arrondie; son premier effet a suffi pour émousser les bords. En chauffant plus longtemps, le verre fondu s'accumulerait au bout du tube, diminuerait progressivement l'orifice et finirait par le fermer entièrement.

163. Il est préférable, lorsque l'ouverture d'un tube doit porter un bouchon, d'*évaser* légèrement cette ouverture en la bordant. A cet effet, on chauffe l'orifice du tube comme s'il s'agissait de le border, mais en le ramollissant sur une longueur de 2 ou 3 millimètres ; continuant alors à le tourner autour de son axe, on frotte ses bords avec une tige de fer chaude, appliquée intérieurement et tenue inclinée sur l'axe du tube.

Il est plus simple encore d'introduire dans le tube chaud et animé d'un mouvement de rotation autour de son axe, un morceau de charbon de bois auquel on a donné, au moyen d'une râpe à bois, une forme conique; le verre s'évase en s'étalant sur le cône de charbon.

164 5° *Courber un tube.* — On chauffe ce tube très régulièrement

sur une longueur égale à celle de l'arc qu'il doit décrire. Il est indispensable de ne pas chauffer trop fortement. Dès que le verre cède à un mouvement des mains, on saisit les parties froides près de la courbure à produire, et on leur imprime lentement une légère flexion, en évitant les mouvements latéraux qui le déformeraient et en maintenant exactement tout l'ensemble dans un même plan. Si le verre, en se refroidissant, n'a pas permis de faire la courbure complète, on le chauffe de nouveau, mais sans jamais accentuer le ramollissement. Quand la courbure est bien faite, le tube conserve dans toutes ses parties son diamètre en même temps que sa solidité (A, fig. 94); si le verre a été trop chauffé sur le côté extérieur de la courbure, il s'aplatit extérieurement (B, fig. 94); s'il a été

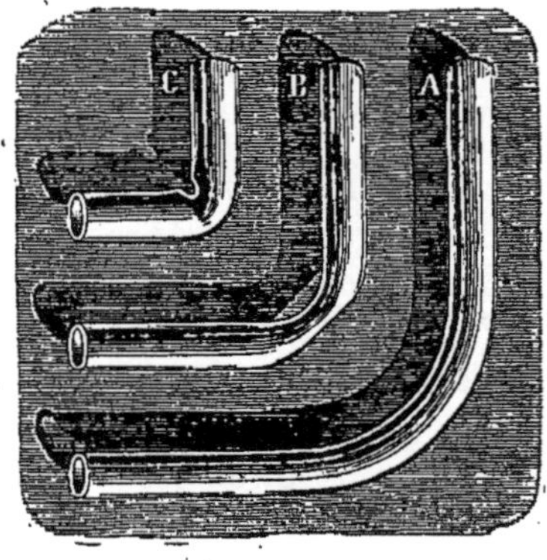

Fig. 94. — Tubes bien et mal courbés.

plus fortement ramolli vers l'intérieur de la courbure, il se plisse et produit un étranglement d'un autre genre (C, fig. 94); les tubes, irrégulièrement coudés, se brisent sous une très faible traction. D'une manière générale, il est préférable de chauffer le verre sur une plus longue étendue et de faire des courbures à grand rayon. En outre, il est difficile de réussir quand le verre a été fortement chauffé, les petits mouvements irréguliers des mains entraînant alors des déformations latérales. Un tube fortement ramolli diminue de diamètre et tend à se boucher.

165. C'est pour ces diverses raisons que l'on courbe souvent les tubes en les chauffant, soit dans la flamme d'un bec de Bunsen qui est moins

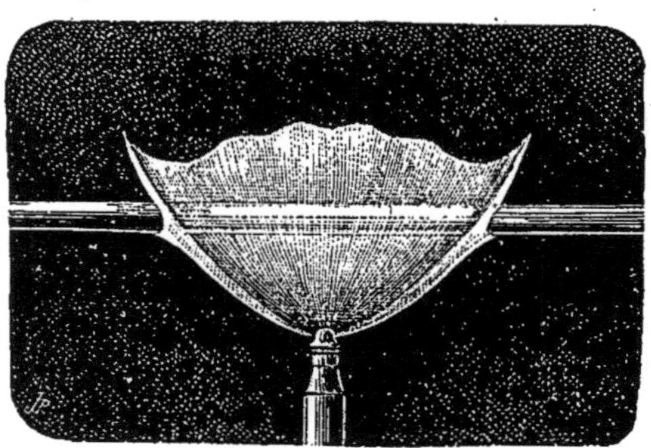

Fig. 95. — Tube chauffé dans la flamme d'un brûleur-papillon.

chaude que celle du chalumeau, soit et plus facilement encore dans la flamme plane d'un bec éclairant, dit *bec-papillon*; on donne au tube la position indiquée par la figure 95, en le tournant sans cesse autour de son axe, puis on agit comme il a été dit plus haut. Pendant l'opération le verre se recouvre de charbon, qu'on enlève aisément après refroidissement. On peut même, avec le brûleur-papillon, laisser le tube se recourber de lui-même : si, en effet, lorsqu'il est suffisamment chaud, on le tient immobile dans la flamme en le soutenant seulement par une de ses branches, l'autre branche, entraînée par son poids, ne tarde pas à se tourner vers le sol ; si on incline simultanément en sens contraire la partie maintenue, on voit la courbure se prononcer de plus en plus.

166. Tous ces procédés ne s'appliquent facilement qu'aux tubes de petit diamètre et suffisamment épais. Il est beaucoup plus difficile de courber les tubes larges et minces. On y parvient cependant en fermant le tube à une de ses extrémités au moyen d'un bouchon, et en soufflant doucement par l'autre avec la bouche, de manière à comprimer légèrement l'air intérieur, au moment où le verre ramolli se déforme sous l'action des mains ; on évite ainsi l'aplatissement du tube qui tend à se produire (§ 162). Un autre moyen, fort imparfait au point de vue du résultat, mais d'une exécution plus facile, consiste à remplir le tube de sable fin parfaitement sec, puis à le traiter comme les tubes étroits : le sable maintient à peu près la constance du diamètre, mais d'autre part il rend rugueuse la surface intérieure et même se soude partiellement au verre si l'on chauffe trop fortement.

167. 6° *Étirer un tube.* — On chauffe régulièrement ce tube à la manière ordinaire, en le tournant et en le soutenant avec les mains placées de chaque côté de la partie à étirer. Lorsque le verre est devenu suffisamment mou, on le sort de la flamme et, en écartant les mains

Fig. 96. — Tube étiré.

Fig. 97. — Tube à essais.

l'une de l'autre, on exerce sur lui une traction lente et régulière dans le sens de son axe, sans arrêter un seul instant le mouvement de rotation : la matière rendue plastique par la chaleur s'allonge en se rétrécissant et en formant deux cônes réunis par un même tube mince (fig. 96). Les cônes de l'étranglement sont d'autant plus allongés, que le verre a été ramolli sur une plus grande longueur ; ils sont symétriques si le chauffage et la traction ont été régulièrement opérés ; la partie étirée qui les sépare est d'autant plus épaisse que l'on a chauffé davantage et d'autant plus étroite que l'on a tiré plus fortement. La rapidité avec laquelle on agit influe aussi sur le résultat. Le mouvement de rotation pendant l'étirage corrige notablement les irrégularités des autres mouvements et celles du chauffage ; il maintient en coïncidence les axes des tubes avec ceux des cônes et du tube fin.

168. 7° *Fermer un tube.* — Lorsqu'on veut boucher un tube à son extrémité en le terminant par une calotte sphérique, on commence par l'étirer dans le voisinage immédiat de cette extrémité. Comme la main manque de prise sur la partie à étirer, on chauffe un peu fortement le bout du tube à fermer, et on applique sur lui un autre tube de verre également

chauffé : les deux verres ramollis s'accolent, et le second tube forme ainsi une poignée qui permet de manœuvrer le premier. Le tube étant étiré, on le chauffe vers le sommet du cône dans une flamme étroite, et par un mouvement de traction on sépare la partie effilée ; chauffant alors la pointe produite, on laisse le verre fondu s'y accumuler, puis on enlève la petite boule de verre qui s'est constituée, en la touchant avec un morceau de verre chaud auquel elle adhère, et en étirant. L'excès de verre ayant été enlevé en répétant plusieurs fois la même opération, on chauffe la fermeture irrégulière du tube, et la sortant du feu, on souffle doucement par l'extrémité ouverte, en maintenant le mouvement de rotation autour de l'axe : le verre se gonfle et prend la forme d'une calotte sphérique qui termine le tube cylindrique.

En fermant ainsi des tubes minces de 15 à 20 millimètres de diamètre et de 20 à 25 centimètres de longueur, on obtient les *tubes à essais* (fig. 97)ou *tubes bouchés*, qui sont d'un usage journalier pour chauffer de petites quantités de liquide. Si la calotte sphérique n'est pas bien régulière de forme et surtout d'épaisseur, si on remarque dans le voisinage de son sommet une gouttelette de verre formant lentille, un tube bouché doit être rejeté : il se brise sous l'action de la chaleur. Les tubes de verre épais manquent aussi de solidité quand on les chauffe.

169. 8° *Souffler une boule.* — Cette opération présente quelque difficulté pour que la boule soit parfaitement régulière. En principe, il suffit de fermer le tube par un bouchon à une de ses extrémités, de le chauffer régulièrement sur une longueur suffisante pour fournir la quantité de verre nécessaire à la formation de la boule, et d'y insuffler doucement de l'air jusqu'à ce que l'ampoule sphérique qui se développe sous l'action de l'air comprimé ait atteint le diamètre voulu ; en même temps, on maintient soigneusement les deux parties du tube sur le prolongement l'une de l'autre, tout en leur imprimant sans cesse le mouvement de rotation autour de l'axe. Si on souffle dans le verre tenu immobile, la poussée de l'air chaud qui tend à monter distend plus fortement la matière vers la partie supérieure et déforme la boule. Ce fait peut d'ailleurs être utilisé pour rendre sphérique une boule qui, par suite d'une inégalité dans le chauffage ou dans l'épaisseur du tube de verre, se développe insuffisamment sur un des côtés ; celui-ci doit être maintenu tourné vers le haut pendant quelques instants et, quand la régularité est rétablie, on reprend le mouvement de rotation.

Une boule soufflée sur un tube peut être changée en un entonnoir placé au bout de ce tube (*tube à entonnoir sphérique*). Pour cela, on détache de la boule l'un des côtés du tube en opérant comme pour la fermer (§ 168), puis chauffant vers l'extrémité ainsi rendue libre une calotte du diamètre de l'ouverture que l'on veut donner à l'entonnoir, on souffle une seconde boule sur la première ; coupant ensuite circulairement le verre de la seconde sphère à 1 ou 2 millimètres de l'orifice de communication des deux boules, il ne reste plus qu'à border la coupure à la lampe.

170. 9° *Souder deux tubes.* — Comme la précédente, cette opération, sans être très délicate, exige une certaine habitude. Tout d'abord elle ne réussit bien que si les tubes à souder sont faits de verres de même nature ; la soudure

d'un verre très fusible avec un verre peu fusible, ou celle d'un verre très dilatable avec un verre peu dilatable, est toujours fragile et parfois ne résiste
même pas au refroidissement.

Pour souder bout à bout deux tubes de même diamètre, on ferme l'un d'eux
à une extrémité avec un bouchon, puis on chauffe également et simultanément
dans une même flamme étroite les deux bouts à affronter,
coupés avec netteté perpendiculairement à leurs axes. Lorsque les bords sont bien ramollis sur une longueur de 1 millimètre à 1 millimètre et demi, sans sortir le verre de la
flamme, on applique exactement les deux sections l'une sur
l'autre en appuyant de façon à produire un léger écrasement.
Élargissant alors la flamme, on chauffe un peu plus largement,
puis soufflant par l'ouverture restée libre, on forme une boule
(§ 169), ou plus exactement on dilate régulièrement le tube au
point de la soudure. Reportant celle-ci dans la flamme, on
ramollit de nouveau le verre, et l'ampoule formée, se contractant peu à peu, ne tarde pas à disparaître. En arrêtant
au moment voulu et en exerçant une légère traction suivant
l'axe, en même temps qu'on maintient l'air en pression à l'intérieur, on donne au point soudé un diamètre identique à
celui des tubes à réunir. Le mouvement opéré dans la matière pendant le soufflage de la boule, contribue à parfaire la
liaison des parties soudées, à régulariser l'épaisseur du verre
et à donner la solidité nécessaire.

Lorsque les tubes à souder sont de diamètres inégaux, on
étire le plus gros, puis on le coupe en un point où le cône
qui le termine a un diamètre égal à celui du plus petit. On
opère ensuite comme précédemment ; toutefois il suffit dans
ce cas de donner à l'ampoule un diamètre égal à celui du
gros tube, pour que la soudure terminée se confonde avec ce
dernier. C'est ainsi, par exemple, que l'on obtient les *tubes à
entonnoir cylindrique* (fig. 98).

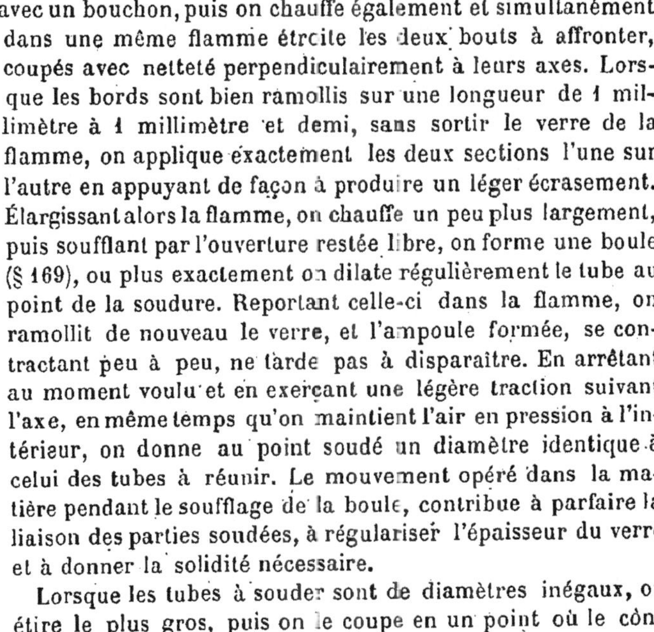

Fig. 98. — Tube
à entonnoir
cylindrique.

171. On a parfois besoin de souder un tube perpendiculairement à un autre, pour produire un joint à 3 branches. Dans
ce cas, l'un des tubes, préalablement fermé à un bout, est
chauffé régulièrement dans le voisinage immédiat du point
où l'autre doit venir se fixer sur lui ; lorsque la température est voisine du
ramollissement, arrêtant le mouvement de rotation, on dirige la pointe d'une
flamme très fine et très chaude sur la place choisie pour la soudure, puis,
cette place étant ramollie, on souffle doucement : une très petite ampoule
se soulève sur la partie chauffée ; cette ampoule étant chauffée de nouveau, on
souffle plus fortement : elle se dilate, puis se perce. Sans laisser le tube se refroidir, on détache rapidement avec le couteau à couper le verre les parties de l'ampoule qui s'écartent de l'orifice, de façon à ne laisser qu'une sorte de manchon
de verre, sur lequel on vient souder le second tube à la manière ordinaire.
Il est nécessaire de dilater la soudure sur tout son pourtour ; pour cela le
premier tube ayant été fermé d'avance à sa seconde extrémité, on opère
successivement sur les divers côtés de l'ensemble, en manœuvrant chacun
des tubes à souder et en soufflant par le second ; il est nécessaire également
de ne pas laisser refroidir la partie du tube diamétralement opposée à la

soudure et de recuire soigneusement le tout lorsque le travail est terminé.

172. 10° *Écrire sur le verre.* — Diverses circonstances, notamment la construction des vases jaugés ou gradués, imposent l'obligation de graver sur le verre des traits ou des caractères. On le fait de plusieurs manières.

La plus simple est basée sur l'emploi du *diamant à écrire.* Cet instrument consiste en un éclat de diamant, de forme convenable pour rayer et non pour couper le verre, serti à l'extrémité d'un manche dans une monture en étain. Tenant le manche entre les doigts, le diamant ayant la direction voulue, on écrit avec lui à peu près comme avec un crayon. Toutefois une certaine habitude est nécessaire pour tracer ainsi des lignes et des caractères bien réguliers. De plus, les traits sont toujours maigres et difficilement visibles. Le diamant est surtout commode pour numéroter rapidement les flacons ou les vases d'analyse.

En promenant à la surface du verre le doigt imprégné de certaines couleurs à l'huile opaques, telles que le vermillon, on introduit ces substances dans les traits du diamant qu'elles rendent dès lors aisément visibles. Le même procédé facilite d'ailleurs la lecture de tous les instruments de verre gradués, même lorsque les divisions ont été gravées à l'acide.

173. L'action de l'*acide fluorhydrique* sur le verre peut donner des traits mats, nettement visibles; en même temps le mode d'emploi de cet agent permet de corriger avant la gravure les faux traits ou les erreurs commises par l'écrivain. La gravure à l'acide est presque exclusivement employée par les fabricants d'instruments.

Pour graver le verre à l'acide fluorhydrique, on commence par enduire de cire la pièce de verre; dans ce but, on tiédit cette pièce, avec un pinceau on l'enduit de cire fondue, puis on la chauffe un peu au-dessus du point de fusion de la cire, de manière que celle-ci en s'écoulant laisse à la surface de l'objet une couche mince, régulière et continue. Après refroidissement, au moyen d'une pointe d'acier qu'on appuie constamment, on trace à la machine à diviser (§ 54) ou autrement (§ 55) les divisions à graver; puis on écrit de même toutes les indications nécessaires. La pointe met le verre à nu en tous les points que doit attaquer la gravure. Si l'on a fait quelque erreur, en approchant un fil métallique chauffé, on fond la cire qui recouvre aussitôt le faux trait, et on recommence l'écriture après refroidissement.

La cire peut être avantageusement remplacée par du vernis à graver, que l'on étend au pinceau.

Le verre étant mis à nu dans les parties à graver, on l'attaque à l'acide fluorhydrique de deux manières différentes : soit avec l'acide liquide, soit avec l'acide gazeux. Le premier moyen est le plus simple et le plus rapide, mais le second donne des résultats plus parfaits.

Avec l'acide liquide, il suffit de plonger la pièce tout entière, exactement protégée par la cire ou le vernis, dans une cuvette de plomb ou de gutta-percha contenant de l'acide fluorhydrique très dilué (densité 1,035 ou 5° Baumé), en écartant avec une barbe de plume les bulles d'air qui séjournent dans les creux de l'enduit. On laisse en contact pendant quelques minutes : la durée de ce contact augmente la profondeur des traits, mais diminue leur opacité, or celle-ci contribue particulièrement à les rendre visibles. La nature du verre influe beaucoup sur la rapidité de l'action; quelques essais préalables avec le même verre et le même acide dilué permettent de reconnaître le nombre de minutes nécessaires pour produire une gravure nettement visible. On termine en lavant à grande eau, en fondant la couche protectrice et en l'essuyant, puis en dissolvant ses dernières traces par un peu de benzine ou d'essence de térébenthine.

Pour employer l'acide fluorhydrique gazeux, on produit celui-ci dans une cuvette en plomb, obtenue au moyen d'une feuille de plomb rectangulaire dont on a relevé les bords. On étend au fond de cette cuvette une couche de fluorure de calcium pulvérisé et sec; on ajoute un grand excès d'acide sulfurique concentré et on mélange avec un morceau de bois; l'acide sulfurique peu concentré ou employé en quantité insuffisante donne un gaz humide qui fournit un moins bon résultat. Sur les bords de la cuvette, on suspend les objets à graver, au moyen de tiges ou de crochets en plomb, les traits étant tournés vers le bas. Enfin on recouvre le tout d'une feuille de plomb. Après quelques heures, l'action est terminée; on s'en assure en soulevant l'enduit au voisinage d'un trait et en tâtant avec l'ongle la profondeur de celui-ci. On arrive plus vite, en chauffant légèrement la cuvette pour accélérer le dégagement de l'acide fluorhydrique; dans ce cas un quart d'heure au maximum suffit d'ordinaire, mais la gravure est moins belle qu'à froid; de plus il est nécessaire de limiter soigneusement l'élévation de la température, afin d'éviter la fusion de la couche protectrice et par suite la disparition du tracé. On termine en lavant à grande eau et en nettoyant la surface comme il a été dit.

M. Kessler a indiqué la recette d'une *encre à écrire sur le verre* au moyen d'une plume métallique ordinaire; cette encre grave le verre après un contact assez court. On l'obtient en saturant d'ammoniaque un volume donné d'acide fluorhydrique commercial, ajoutant un volume égal du même acide et délayant dans le mélange du sulfate de baryte précipité, en quantité suffisante pour l'épaissir et l'empêcher de s'étendre sur le verre. Après quelques minutes d'application, on lave à l'eau. Cette encre peut être conservée dans une petite bouteille en gutta-percha; le sulfate de baryte se déposant peu à peu, on place avec elle dans le vase quelques grains de plomb qui mettent rapidement la matière pulvérulente en suspension quand on agite le flacon au moment d'employer le liquide.

2.

VASES DE PORCELAINE.

174. PORCELAINE. — Cette substance est essentiellement formée de silice et d'alumine; elle contient en outre une petite quantité de chaux et de potasse. Mis en pâte plastique, façonné, desséché et cuit à une température rouge modérée, le mélange donne des objets poreux et constitue la *porcelaine dégourdie*; cuit une seconde fois plus fortement, il produit le *biscuit de porcelaine*. Les objets en *porcelaine émaillée*, c'est-à-dire recouverts d'un enduit brillant, vitreux et parfaitement lisse, sont fabriqués en déposant sur la pièce façonnée et cuite en dégourdi une couche mince d'un mélange silico-alumineux, plus riche en alcali que la porcelaine elle-même et par conséquent plus fusible; une dernière cuisson est faite ensuite à une température suffisante pour fondre la *couverte* mais insuffisante pour déformer l'objet.

La porcelaine résiste beaucoup mieux que le verre aux variations
brusques de température et au choc; elle subit sans se déformer l'action d'une chaleur intense. D'autre part elle n'est pas transparente.

175. Les vases de porcelaine les plus usités sont les *capsules* de forme
hémisphérique. Ces capsules sont émaillées à l'intérieur et sur leur pourtour extérieur. Le plus souvent, on a façonné sur leur bord un bec saillant vers le dehors, qui rend facile l'écoulement des liquides (fig. 99). Pour ne pas se briser au feu, les capsules de porcelaine doivent être minces, surtout vers le fond, très régulières d'épaisseur et exemptes dans leur pâte de parties fondues ou de gerçures.

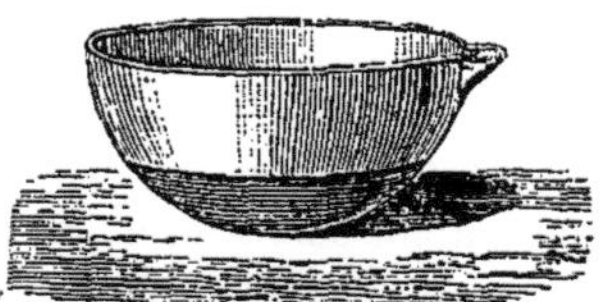

Fig. 99. — Capsule en porcelaine à bec.

Les *tubes en porcelaine* émaillés intérieurement sont destinés aux
réactions à faire sur les gaz et les vapeurs à des températures supérieures au ramollissement du verre. Les *cornues* de porcelaine sont
employées de même quand un chauffage énergique est nécessaire.

En analyse, pour calciner les précipités, on se sert de petits creusets
en porcelaine émaillée, de 3 à 4 centimètres de hauteur, et de petites
capsules de dimensions analogues. Comme pour avoir le poids de la
matière calcinée, ces objets sont pesés avec leur contenu après avoir
été pesés vides, il importe que leur poids ne change pas entre les deux
pesées, c'est-à-dire pendant la calcination. Or il arrive fréquemment
qu'au rouge, certaines pièces de ce genre perdent, par une sorte d'explosion, de petits éclats de porcelaine, qui se trouvent violemment
projetés dès la première application de la chaleur. Cet accident se produit surtout dans le biscuit non émaillé; on l'évite en se servant de
creusets et de capsules entièrement garnis de couverte.

La dureté et la solidité de la porcelaine font appliquer encore cette
substance, émaillée ou en biscuit, à la fabrication des *mortiers* et des
pilons (§ 57) de petites dimensions.

Enfin quelques *assiettes* et *soucoupes*, de formes ordinaires, sont nécessaires dans un laboratoire.

3.

VASES DE GRÈS ET DE TERRE RÉFRACTAIRE.

176. GRÈS. — Les poteries en grès-cérame, dont la pâte est de nature
argilo-siliceuse, infusible et très dure, ne fournissent aux chimistes
qu'un assez petit nombre d'objets. Ceux-ci, suivant leurs usages, sont
ou non recouverts d'une glaçure silico-alcaline.

Nous citerons les *terrines*, généralement vernissées à l'intérieur et
dont la forme est le plus souvent celle d'un tronc de cône très évasé,
reposant sur sa plus petite base ; les *tubes réfractaires* et les *cornues en*

grès (*A*, fig. 100), émaillés à l'intérieur, sont de même forme que les tubes ou les cornues de porcelaine et destinés aux mêmes usages, mais ils sont moins coûteux ; les *creusets en grès* dits *de Hesse*, de forme triangulaire vers le haut (*C*, fig. 100), sont munis d'un couvercle D et servent à contenir les réactifs que l'on se propose de porter à des températures très élevées ; etc.

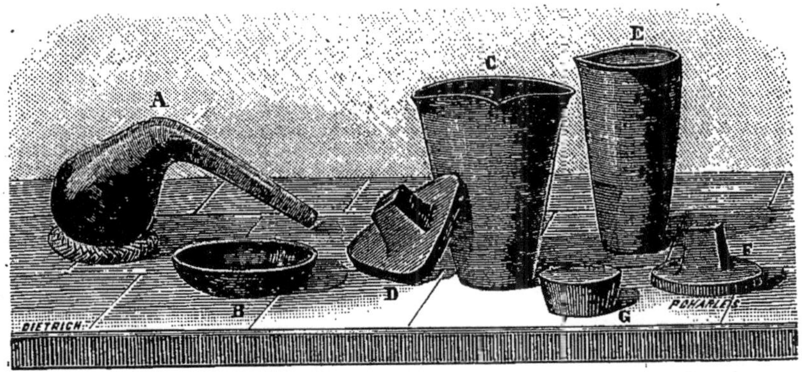

Fig. 100. — Cornue en grès, têt à rôtir, creuset en grès, creuset de Paris, fromage.

177. Poterie réfractaire. — La poterie réfractaire proprement dite, variété de la poterie à pâte tendre, c'est-à-dire pouvant être rayée par le fer, est obtenue en mettant en pâte des silicates alumineux pulvérulents qui ne contiennent ni fer, ni chaux, ni aucune autre base susceptible de former avec le silicate d'alumine des silicates complexes fusibles, en façonnant cette pâte et en cuisant les objets après leur dessiccation.

Elle est employée à la fabrication des fourneaux dont il a été question plus haut (§ 70 et suivants).

Les *creusets* dits *de Paris* (*E*, fig. 100) sont également en terre réfractaire. Plus poreux que les creusets en grès, ils se laissent pénétrer plus facilement par les substances fluidifiées sous l'action de la chaleur. Ils servent aux mêmes usages et peuvent être fermés par un couvercle *F*.

Les *fromages* (*G*, fig. 100) sont des cylindres en terre réfractaire, destinés à supporter les creusets dans les fourneaux et à les relever dans le foyer en combustion.

Les *têts à rôtir* (*B*, fig. 100), façonnés avec la même substance, servent à chauffer fortement les matières que l'on veut griller, c'est-à-dire soumettre à l'action de l'air en même temps qu'à celle de la chaleur (Voy. *Grillage*).

D'ailleurs la poterie réfractaire reçoit telle forme que l'on veut lui donner. Elle permet de fabriquer les diverses pièces entrant dans la composition des appareils destinés aux opérations faites aux températures les plus élevées.

En façonnant une pâte obtenue avec de l'eau, du graphite pulvérisé et un peu d'argile, on fabrique des creusets très réfractaires, dits *creusets de plombagine*. Ces creusets sont, en général, beaucoup moins attaquables que ceux en poterie ordinaire; on ne doit pas perdre de vue cependant que, dans certains cas, le charbon qu'ils renferment peut intervenir comme réactif.

4.

VASES MÉTALLIQUES.

178. Les métaux usuels, étant attaquables par un très grand nombre de réactifs, sont peu propres à la construction des vaisseaux de chimie. La fonte de fer cependant, surtout lorsqu'elle est très carburée, résiste à certains agents qui attaquent d'ordinaire les métaux ; aussi quelques objets de fonte, tels que les *creusets* et surtout les *marmites*, sont-ils assez fréquemment usités. Dans la majorité des cas et sauf ces exceptions, les métaux communs ne sont employés que pour les pièces qui ne se trouvent pas en contact immédiat avec les réactifs et pour quelques usages spéciaux.

179. VASES D'ARGENT ET DE NICKEL. — Les vases d'argent méritent une mention particulière. Nous citerons les *capsules d'argent*, qui servent spécialement à la fusion des hydrates alcalins, ces composés attaquant les vases de porcelaine et de verre ; la même raison rend un *creuset d'argent* utile en analyse pour l'attaque de certains minéraux par les alcalis.

La fusibilité de l'argent est assez grande ; aussi doit-on prendre grand soin de ne pas chauffer les vases précédents au-dessus du rouge-cerise ; ces instruments doivent d'ailleurs être assez épais à cause de la mollesse de l'argent ; enfin ils se déforment rapidement si on les manœuvre sans précaution, surtout lorsqu'ils sont chauds.

L'industrie livre aujourd'hui des *vases en nickel pur* (capsules, creusets, poêlons, etc., qui trouvent dans les laboratoires des applications avantageuses. Ils sont, il est vrai, attaqués rapidement par les acides, mais résistants et peu fusibles ; le nickel convient très bien pour les opérations pratiquées sur les alcalis caustiques, qui ne l'altèrent pas sensiblement, et peut, à ce point de vue, remplacer l'argent dans beaucoup de cas.

180. VASES DE PLATINE. — Le platine n'est attaqué que par un assez petit nombre de réactifs et de plus il est fort peu fusible ; les propriétés de ce métal sont véritablement précieuses pour les chimistes. Les vases de platine les plus usités sont les capsules et les creusets. Ces objets sont d'un prix élevé ; aussi ne parlerons-nous ici que de ceux qui sont indispensables et dont les dimensions sont toujours restreintes. Ils ne doivent pas être en platine allié de cuivre, ainsi qu'il arrive quelquefois.

Les *capsules de platine* sont surtout utiles pour les incinérations ; leur forme à peu près hémisphérique, largement ouverte, livre à l'air un libre accès sur la substance qu'elles contiennent. Une capsule de 35 à 40 millimètres convient très bien pour la plupart des opérations analytiques ; elle doit être choisie assez épaisse du fond.

Les *creusets de platine* sont encore plus usités parce qu'ils se prêtent à des usages plus variés : ils sont hauts de bords, ce qui arrête les matières projetées ; de plus ils sont munis de couvercles. Un creuset (fig. 101)

Fig. 101. — Creuset de platine.

de 4 centimètres de hauteur, à fond épais, répond à tous les besoins de l'analyse. Le couvercle reçoit deux formes différentes. Tantôt il consiste en un disque à bords rabattus s'appliquant exactement autour de céux du creuset, et portant rivé à son centre un bouton qui permet de le manœuvrer avec une petite pince ; dans ces conditions, il ferme bien et convient pour les opérations dans lesquelles on veut éviter l'intervention de l'air. Tantôt, et cela est généralement préférable pour l'analyse, sa forme est celle d'une assiette (fig. 101) dont le bord se prolonge latéralement en une sorte de manche aplati : la partie creuse de l'assiette pénètre dans le creuset, tandis que le marli repose sur les bords ; un couvercle de ce genre peut, dans certaines circonstances, remplir l'office d'une petite capsule.

Les vases de platine doivent être conservés, non seulement propres, mais encore polis et brillants. Les cendres du charbon de bois les attaquent à chaud ; aussi est-il nécessaire de les enfermer dans un vase en terre réfractaire ou en porcelaine, quand on les chauffe au milieu d'un foyer à charbon. La flamme du gaz les altère aussi d'une manière sensible ; par son action, leur surface extérieure se recouvre d'un enduit gris et terne, puis la masse du métal devient poreuse ; il n'est donc pas inutile, même dans ce cas, de les protéger comme il vient d'être dit.

Leur nettoyage se fait en frottant la surface avec le doigt mouillé et imprégné de *sable de mer* siliceux, à grains ronds, polissant le métal sans le rayer. Le frottement du sable ordinaire, à angles non arrondis, grave le platine et détériore la surface du creuset. Le nettoyage intérieur est parfois empêché par la présence du substances provenant d'une opération précédente et adhérant au métal ; on fond alors dans le creuset du bisulfate de potasse ou du borax, et on maintient ces réactifs en fusion pendant quelque temps. Après refroidissement, on laisse séjourner le creuset dans l'eau bouillante qui dissout les sels. Si les matières à enlever sont au dehors, on chauffe le creuset au rouge, puis on le roule dans les sels précédents pulvérisés ; ceux-ci adhèrent au métal, que l'on maintient ensuite au rouge pendant quelques minutes. On termine dans tous les cas en lavant à l'eau et en frottant avec le sable de mer. Il suffit souvent de mettre le vase en contact avec un mélange d'acide sulfurique et d'acide azotique purs pour enlever les corps étrangers.

181. Il est indispensable de ne pas oublier que certaines substances attaquent le platine et ne doivent jamais être mises en contact avec ce métal, surtout à chaud. Nous citerons les principales : 1° l'*eau régale* ou tout mélange susceptible de fournir simultanément et à l'état de liberté les acides azotique et chlorhydrique ; 2° les réactifs producteurs du *chlore libre ;* 3° le *phosphore* ou tout mélange capable d'engendrer du phosphure de platine ; 4° les *alcalis caustiques* en fusion ; 5° les *azotates* alcalins ou alcalino-terreux chauffés au rouge ; 6° les *sulfures alcalins*, les mélanges de sulfates alcalins avec le charbon ou un autre réducteur, et les sulfures métalliques en présence des alcalis ; 7° les *métaux fusibles* qui s'allient au platine, le zinc, l'étain et le plomb en particulier ; 8° les *oxydes de plomb et de bismuth* qui cèdent leur oxygène et forment des alliages ; etc.

La formation, à haute température, d'un alliage de platine et de fer fait qu'on doit éviter de supporter par du fer les vases de platine à chauffer au rouge. On trouvera plus loin (§ 184) les précautions à prendre en pareil cas.

CHAPITRE V

SUPPORTS.

182. A cause de leurs formes irrégulières, beaucoup d'ustensiles de chimie ne conservent pas spontanément les positions qu'ils doivent occuper dans l'arrangement des appareils ; il est donc nécessaire qu'ils soient maintenus dans ces positions. On donne le nom de supports aux instruments dont on fait usage à cet effet. Parmi ces instruments les uns ne permettent de donner aux ustensiles qu'une seule position ; les autres, au contraire, sont plus ou moins articulés et peuvent les maintenir dans des positions diverses ; ces derniers sont forcément un peu plus compliqués.

183. SUPPORTS A POSITION FIXE. — Les supports à position fixe sont surtout destinés à recevoir les objets sphériques qui ne peuvent être déposés sur un plan sans rouler ou se renverser, les ballons, les capsules et les cornues notamment. Les plus simples sont les *valets* ; ils consistent essentiellement en un anneau épais, sur le rebord intérieur duquel on fait reposer la calotte sphérique du vase qui se trouve ainsi maintenu ; ils sont faits d'ordinaire en tresse de paille ou de jonc (Voy. E, fig. 92, p. 79), mais se détériorent alors assez vite.

Les valets en bois tourné sont constitués par un cylindre de bois, dans l'une des bases duquel on a pratiqué une cavité hémisphérique dont le diamètre est inférieur de 8 ou 10 millimètres à celui du cylindre ; l'objet supporté repose sur les bords annulaires de la cavité.

Un rectangle de bois dans lequel on a percé un trou cylindrique remplit le même office.

On fabrique facilement des anneaux de plomb, qui servent aussi de valets et rendent de plus, par leur poids relativement considérable, des services variés. On les obtient en plaçant un fromage (§ 177, fig. 100) au milieu d'un têt à rôtir (§ 177, fig. 100), en le chargeant d'un poids de fonte pour le fixer, et en coulant dans le têt du plomb fondu. Après refroidissement, le fromage, qui est conique, s'enlève facilement de l'anneau métallique. Ce dernier sert de valet dans un bain d'eau où il ne surnage pas comme les valets de paille ou de bois; il est aussi très commode pour charger et maintenir plongés dans l'eau les ballons, les flacons, etc., qui tendent à flotter et à se renverser; sa forme se prête bien à cet usage, le col du ballon ou le goulot du flacon pouvant être introduits dans son orifice.

184. Quand l'objet doit être supporté au-dessus d'un fourneau, le valet est remplacé par le *triangle* (fig. 104, *t*). Celui-ci est en fer forgé ou en gros fil de fer : il repose par ses pointes sur les bords du fourneau et il supporte l'objet sphérique par le milieu de ses branches. On rappellera ici que la toile métallique à interposer entre l'objet et le feu (§ 99) doit être placée sur le triangle.

Lorsque le vase à chauffer, capsule ou creuset, est en platine, ainsi qu'il arrive souvent en analyse, il est nécessaire de ne pas laisser le fer du triangle en contact à haute température avec le platine (§ 181). Le mieux est alors de construire un triangle avec des tuyaux de pipe en terre : on coupe trois morceaux de tuyau de pipe de longueurs égales *a*, *b*, *c* (fig. 102), on les lime en sifflet à 30° sur leurs extrémités et on les enfile dans un fil de fer ou de platine; on replie ce dernier en rapprochant les facettes limées pour former un triangle que l'on ferme en roulant le fil métallique sur lui-même. La terre de pipe étant à peu près infusible, un semblable triangle ne se déforme pas aux températures les plus élevées.

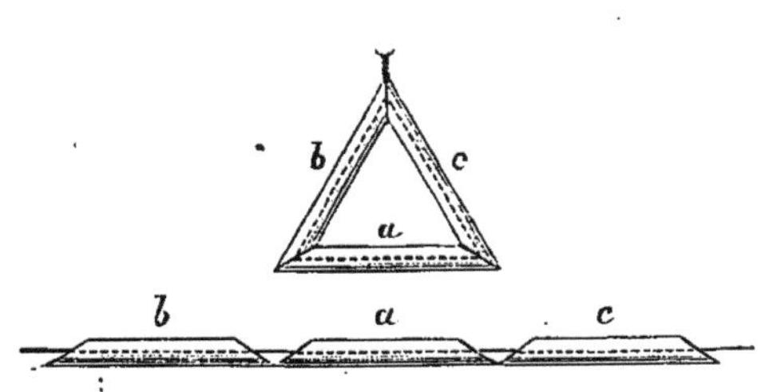

Fig. 102. — Triangle en tuyau de pipe.

Quelquefois on se contente d'entourer d'une feuille mince de platine le milieu des branches d'un triangle en fer, ou d'enrouler autour de lui du fil de platine; quelquefois encore on se sert de triangles entièrement en platine; ces derniers sont coûteux et présentent, plus encore que les précédents, l'inconvénient de se déformer au rouge vif sous le poids de l'objet.

185. Beaucoup de fourneaux sont munis de montures circulaires sur lesquelles on peut faire reposer les pointes du triangle ; il en est même

un grand nombre qui ont des montures portant trois points saillants, sur lesquels pose l'objet à chauffer et qui dispensent de l'usage du triangle (fig. 44 et 48) ; d'autres sont dépourvus de toute monture. Cela arrive notamment pour le brûleur de Bunsen. Il est alors nécessaire de faire usage de supports d'un autre genre. On se sert de *trépieds* en fer, formés d'un cercle reposant sur trois pieds rivés de 120 degrés en 120 degrés. Pour donner plus de solidité aux pieds qui tendent à s'écarter, on les rive par le bas à un cercle plus grand (fig. 103), La lampe se place au milieu du second cercle, le ballon ou la capsule étant supportés par le premier que l'on a recouvert d'une toile métallique. On interpose d'ailleurs un triangle s'il s'agit d'objets de petites dimensions. L'inconvénient des trépieds est de ne pas garantir le brûleur des courants d'air ; de plus ils sont peu solides. On les remplace avantageusement par le *support en tôle* de M. Berthelot (fig. 104).

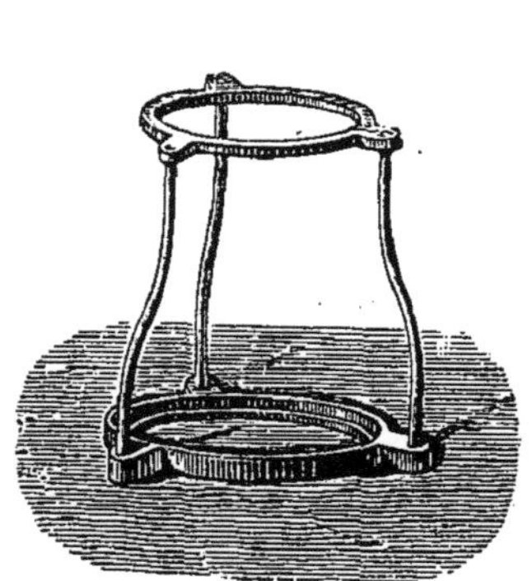

Fig. 103. — Trépied.

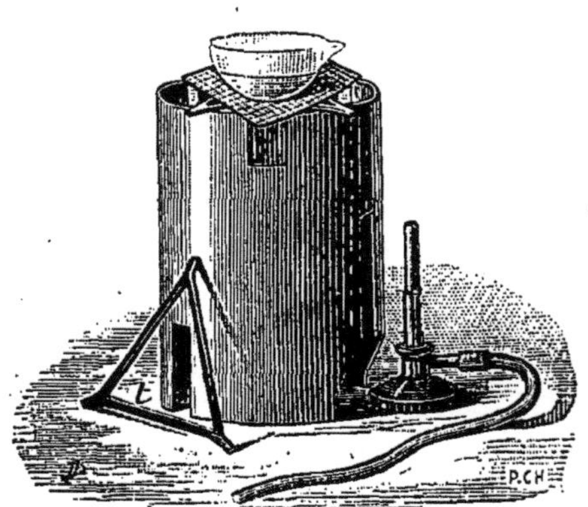

Fig. 104. — Support de M. Berthelot.

Ce support n'est autre chose qu'un tuyau en tôle, cylindrique, de 10, 15 ou 20 centimètres de diamètre et de 20 centimètres de hauteur, portant à son extrémité supérieure trois entailles d'inégales profondeurs, dans lesquelles s'engagent les pointes du triangle, et à son extrémité inférieure trois entailles analogues, donnant accès à l'air ; l'une de ces dernières, plus largement ouverte, permet l'introduction du brûleur à gaz et livre passage au tube de caoutchouc qui alimente celui-ci. Ces appareils, peu coûteux, sont très stables ; si on les recouvre de zinc par galvanisation alors qu'ils sont complètement façonnés, ils résistent à un long usage.

186. Lorsqu'il s'agit de supporter un entonnoir au-dessus d'un vase à large ouverture, on se sert d'un instrument analogue aux précédents et consistant en une *planche percée* d'un trou cylindrique de 4 centimètres de diamètre ; cette planche a 1 centimètre d'épaisseur et 10 ou 12 centimètres de côté. On la place sur le vase et on engage dans son ouverture la douille de l'entonnoir, qui s'appuie ainsi sur les bords du trou. Les planches de ce genre sont d'un très bon usage ; elles servent aussi de valets pour les très petits objets. On les

remplace parfois par une lame de verre percée ou par un petit cercle en porcelaine, portant trois tiges également en porcelaine; celles-ci sont dirigées
suivant le prolongement de trois rayons du cercle régulièrement espacés, et
reposent sur les bords du vase, tandis que le cercle lui-même supporte l'entonnoir.

187. Les tubes recourbés et les appareils légers d'un certain développement peuvent être suspendus à des barres horizontales, munies de crochets
métalliques et faisant partie d'un cadre fixé à une planche; celle-ci sert de pied
à l'ensemble (fig. 105, A). Des ficelles nouées suffisent pour relier les objets
aux crochets.

188. Les tubes droits, les tubes bouchés, les pipettes, les thermomètres, etc., sont maintenus verticalement au moyen de *supports à
tubes* ou *râteliers à tubes* (fig. 105, B); ceux-ci consistent en un cadre

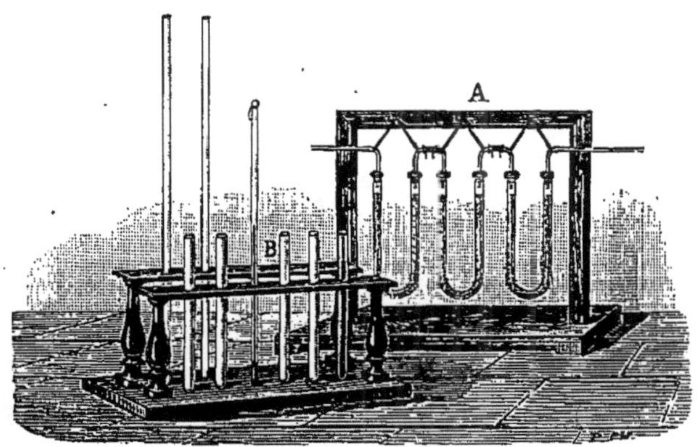

Fig. 105. — Supports a tubes.

vertical, dont la branche horizontale supérieure est formée par une
planche percée de trous dans lesquels passent les tubes. Pour empêcher ces derniers de glisser du pied, on pratique dans la planche qui
sert de base à l'appareil des entailles circulaires, de 1 ou 2 millimètres
de profondeur et placées au-dessous de chaque trou : le bas du tube
pénètre dans ces entailles. Le même râtelier peut, comme l'indique la
figure, avoir plusieurs planches percées, fixées à des hauteurs diverses, pour recevoir des tubes de longueurs différentes.

189. SUPPORTS A POSITION VARIABLE. — Ces appareils sont très
diversement disposés, mais les mouvements nombreux qu'ils produisent sont obtenus par un assez petit nombre de moyens. Les changements de hauteur résultent, soit du glissement du support sur une
tige qui le traverse et qui est maintenue verticale, soit du glissement
dans un tube vertical d'une tige solidaire avec le support. Les mouvements dans les autres directions se font presque tous par rotation
autour d'un axe. Les pièces mobiles sont fixées dans leurs diverses
positions par des vis de pression.

190. *Supports en bois.* — Les supports en bois sont assez anciennement usités. Leur solidité est faible, aussi les remplace-t-on de plus en plus par les supports métalliques. Nous en dirons cependant quelques mots.

Les modèles A et B (fig. 106) ne diffèrent que par la partie supérieure de leurs tiges mobiles ; le premier, dit *support à chandelier*, donne un plan à hauteur variable ; le second, dit *support à fourche*, forme une fourche plus ou moins élevée, entre les branches de laquelle un tube ou un col de cornue se trouve arrêté dans ses mouvements latéraux. Tous deux sont constitués par une tige cylindrique, pénétrant plus ou moins dans un tube vertical fixé à une tablette formant pied ; une vis, en pressant sur la tige, la maintient à la hauteur voulue. Dans le *support à charnière de Gay-Lussac* C (fig. 106), la tige se termine par une pince articulée, obtenue au moyen de deux barres de bois qui sont reliées par une charnière et que l'on serre plus ou moins l'une sur l'autre, à l'aide d'une vis en bois ; ces barres sont creusées d'encoches demi-cylindriques, dans lesquelles pénètrent les objets saisis. La pince peut d'ailleurs rece-

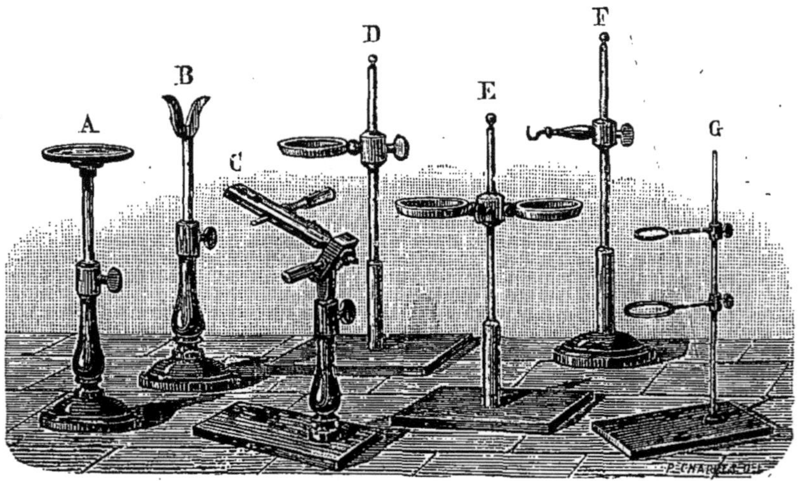

Fig. 106. — Supports divers.

voir toutes les positions autour de son axe : pour cela elle se termine par une cheville cylindrique, traversant la tête du support, et dont le bout forme une vis, sur laquelle se meut un écrou qu'il suffit de serrer pour fixer cette partie de l'appareil. Enfin, immédiatement au-dessous de l'axe de rotation, un genou très simple, dont l'axe est perpendiculaire au précédent, permet de donner à la pince toutes les positions possibles dans le plan vertical ; cette articulation est, comme les autres, rendue immobile par une vis de pression.

Dans les modèles D, E et F (fig. 106), la tige est fixe et maintenue verticale sur un pied ; un anneau glissant sur toute sa longueur porte la pièce qui soutient l'objet ; cet anneau est arrêté sur la tige à la hauteur voulue à l'aide d'une vis. Dans le *support à entonnoir* D, un disque percé que traverse la douille de l'entonnoir est adapté à l'anneau mobile ; dans le *support à entonnoir double* E, deux disques semblables sont fixés à un même anneau. Le *support à crochet* F, destiné à porter des tubes et à suspendre certains appareils, est formé d'une tige horizontale, fixée à l'anneau mobile et terminée par un crochet métallique. Enfin la pince articulée du support de Gay-Lussac peut être adaptée à un anneau mobile du même genre.

191. *Supports métalliques.* — Dans les supports métalliques (fig. 106, G), chaque pièce est fixée à un anneau glissant sur une tige verticale. Celle-ci est en fer ou mieux en fer recouvert de laiton ; elle est vissée dans un socle en fonte de fer, large et lourd, afin de donner de la stabilité au système. L'anneau mobile glisse sur la tige à frottement un peu lâche. Telle est du moins la disposition ordinaire, mais elle est défectueuse : elle ne permet d'enlever une pièce fixée à l'anneau qu'en faisant parcourir à celui-ci toute la longueur de la tige, ce qui est incommode, surtout lorsqu'on veut placer plusieurs pièces sur une même tige. Il est préférable d'entailler latéralement l'anneau mobile (fig. 107), sur une largeur suffisante mais inférieure à un tiers de sa circonférence, pour donner passage à la tige ; celle-ci est pressée sur une autre partie de l'anneau par une vis métallique à laquelle la troisième partie sert d'écrou. Bien disposés, les supports métalliques peuvent rendre beaucoup de services ; pour une même tige tt' fixée dans un pied, on peut avoir toute une série d'anneaux entaillés, portant chacun une pièce différente, soit un cercle en métal tel que a, a' ou a'', plus ou moins large et sur lequel on place un triangle, soit une fourche f dont les branches s'adaptent à un brûleur à gaz b que l'on peut ainsi maintenir à une hauteur quelconque, soit encore des pinces à vis c et d, articulées de diverses manières. Ces dernières s'a-

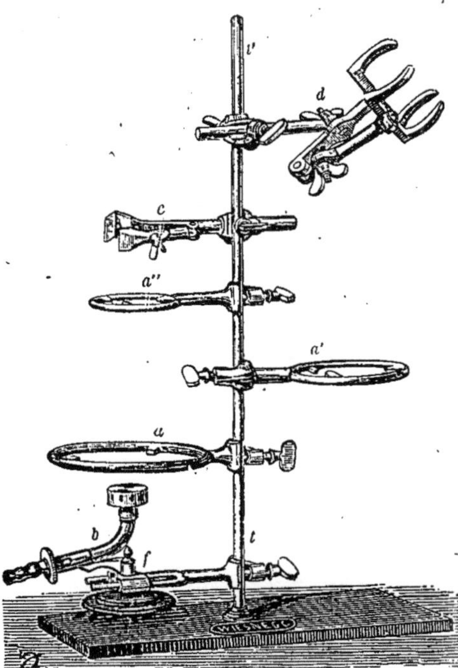

Fig. 107. — Support métallique articulé.

daptent à un anneau entaillé double, qu'on peut fixer dans des directions perpendiculaires entre elles, d'une part à la tige verticale et d'autre part à une tige mobile qui termine la pince ; cette dernière peut ainsi recevoir toutes les positions possibles autour de son axe, et de plus être avancée ou reculée en avançant ou reculant la petite tige dans l'anneau. Enfin, les pinces peuvent être articulées comme d, par un mécanisme analogue à celui de la pince de Gay-Lussac. Les pinces métalliques ont un seul défaut, celui de manquer d'élasticité et de briser les objets en verre lorsqu'on serre trop fortement ; on le diminue soit en collant des lames de liège à l'intérieur des mors des pinces, soit en garnissant ces derniers de bandes de caoutchouc ou d'étoffe.

192. *Supports suspendus.* — Pour que les supports précédents soient stables, il est nécessaire de donner un développement suffisant au socle en fonte sur lequel ils reposent; celui-ci présente dès lors l'inconvénient d'encombrer les paillasses des cheminées. La disposition suivante (fig. 108), que j'ai installée dans mon laboratoire, supprime cet inconvénient et présente en outre des avantages qui me portent à la recommander.

Dans l'intérieur de la hotte de la cheminée, parallèlement au fond et à moitié de la profondeur, on scelle une traverse métallique BB', qui s'étend sur toute la longueur et est maintenue en un nombre de points suffisants pour la rendre

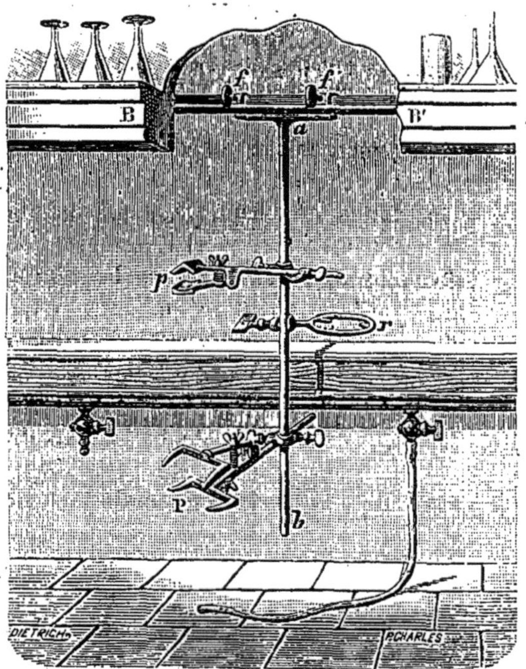

Fig. 108. — Support suspendu.

immobile. Cette traverse est une cornière en fer de 7 millimètres d'épaisseur et de 40 millimètres de largeur; elle tourne son angle rentrant vers l'opérateur, sa face verticale étant parallèle au fond de la cheminée; pour résister à l'action des vapeurs acides, elle est galvanisée et peinte, ainsi que les pièces métalliques qui la maintiennent immobile. Elle supporte des tiges verticales ab, sur lesquelles se fixent les diverses pièces mobiles des supports métalliques, telles que les pinces droites p ou articulées P, les anneaux r, etc. Ces tiges, de longueurs variées, ressemblent d'ailleurs à celles des appareils à pieds en fonte; elles sont libres par le bas et partagées vers le haut en une fourche, courte et largement ouverte, dont les branches se terminent verticalement par des crochets f et f'; ceux-ci s'appliquent exactement sur la lame verticale de la cornière et portent chacun une vis de pression dont le serrage fixe solidement le système à la traverse. La stabilité de l'ensemble dépend beaucoup de l'écartement des branches de la fourche; un écartement de 12 ou 15 centimètres est suffisant. Une semblable installation, tout en laissant libre la partie de la table placée au-dessous, permet de se débarrasser commodément des objets qu'elle supporte : un réfrigérant ou un ustensile quelconque, employé fréquemment mais devenu momentanément inutile, peut être relevé rapidement dans la hotte, où il séjourne jusqu'à nouvel emploi; il en est de même pour les pièces mobiles du support. Les tiges verticales suspendues ayant une longueur un peu plus grande que celles des tiges fixées à un pied métallique, la charge étant en outre fixée d'ordinaire près de leur extrémité libre, leurs mouvements vi-. bratoires sont un peu plus amples que dans les supports ordinaires. Cet inconvénient, presque toujours peu marqué, est supprimé complètement si, au moyen d'un anneau entaillé double, analogue à ceux qui relient à la tringle verticale les pinces du support, on fixe sur le bout de la tige une tringle semblable qui la prolonge et vient s'appuyer sur la paillasse par une partie quelque peu élargie, garnie d'une feuille de caoutchouc ou de liége.

193. Pinces. — Pour manœuvrer les objets chauds, on se sert de pinces mobiles. Lorsque celles-ci sont destinées à saisir les vases de verre, elles sont faites en bois, le fer, surtout lorsqu'il est oxydé, rayant le verre et le cassant; cette dernière considération fait passer sur la faible solidité, et surtout sur la combustibilité d'une matière dont on forme un instrument fréquemment exposé au feu. Le modèle le plus usité est la *pince à matras* (fig. 109) réservée surtout à

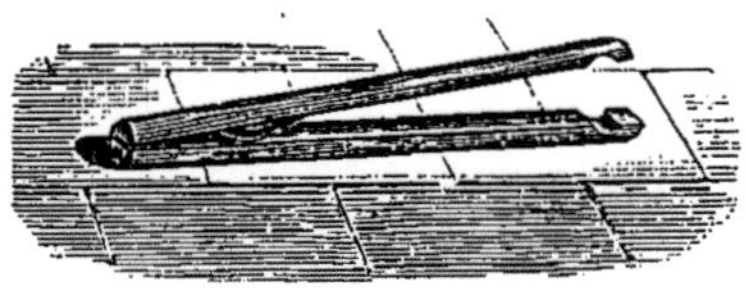

Fig. 109. — Pince à matras.

la préhension des objets cylindriques d'un petit diamètre, tels que les cols de ballons et de matras, les tubes, etc. Cette pince à ressort intérieur ne maintient les vases saisis que lorsqu'on presse ses deux branches l'une contre l'autre, ce qui force la main à une action continue.

On lui substitue quelquefois une pince dans laquelle le ressort agit en sens inverse et tend à rapprocher les branches, c'est-à-dire à maintenir l'objet; il suffit de presser sur le ressort quand commence ou finit l'emploi de l'instrument. On obtient très simplement une pince de ce genre en fixant un manche de bois à une des pinces à ressort employées communément pour maintenir le linge ou les papiers. Les pinces à pression automatique développent rarement une force suffisante pour maintenir des objets quelque peu lourds.

194. Pour prendre le charbon ou manœuvrer les objets rouges de feu, on se sert de pinces en fer, à branches façonnées de diverses manières. Dans la *pince à charbon* (fig. 110), les branches sont droites et s'appliquent l'une sur l'autre dans toute leur longueur, quand la main rapproche les deux poignées. La *pince à olive* a ses deux branches courbées vers leur extrémité, de façon à laisser entre elles un espace elliptique dans lequel on peut saisir solidement un creuset. La *pince à bouts recourbés* a les branches recourbées vers le bout, afin de saisir le bord vertical d'un creuset, la pince et la main restant horizontales ou à peu près. La *pince à olive et à bouts courbes* (fig. 111) est l'une des plus commodes; elle réunit les deux dispositions précédentes. On donne parfois aux mêmes pinces une forme un peu différente : au lieu d'être constituées par des pièces mobiles autour d'un

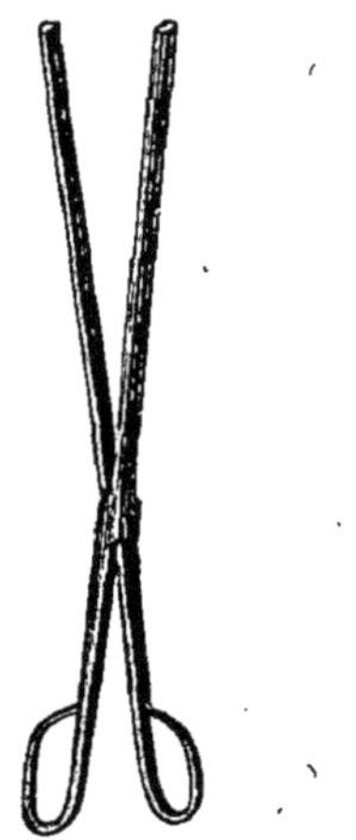

Fig. 110. — Pince à charbon.   Fig. 111. — Pince à olive et à bouts courbes.

axe à la manière des ciseaux, elles consistent en deux branches réunies par un ressort analogue à celui des pincettes.

Pour les très petits objets, on emploie des pinces à ressort, en acier ou en cuivre, dites *brucelles*. Lorsque ces pinces doivent être portées à des températures très élevées ou mises en contact avec certains réactifs,. on termine leurs branches par des bouts de platine. Enfin, on les munit quelquefois d'un arrêt mobile, empêchant au besoin le ressort de se détendre et maintenant l'objet saisi sans l'intervention continue de la main.

CHAPITRE VI

CALCINATION.

195. Pour les anciens chimistes, ce mot n'avait pas exactement la signification que nous lui donnons aujourd'hui; pour eux la calcination était, et c'est de là que vient son nom, la transformation des métaux en *chaux métalliques*, c'est-à-dire, on l'a su depuis, en oxydes métalliques. Actuellement, par l'expression calciner un corps, on entend faire subir à ce corps l'action d'une chaleur intense, quelles que soient d'ailleurs les transformations que cette chaleur provoque. Telle est du moins la *calcination proprement dite* qu'il faut distinguer du *grillage* et de l'*incinération*, opérations dans lesquelles l'oxygène de l'air intervient.

196. CALCINATION PROPREMENT DITE. — Cette opération, dans laquelle

la chaleur agit seule, ne peut se pratiquer que dans des vases fermés à l'accès de l'air. Les creusets en terre réfractaire ou en grès de Hesse, fermés par un couvercle, y sont ordinairement employés. Après avoir placé la substance à calciner dans le creuset, on dispose celui-ci dans un des fourneaux indiqués plus haut (chap. III) et pouvant donner la température que l'on veut atteindre, puis on les chauffe. Toutefois la fermeture d'un creuset par son couvercle n'étant jamais étanche, on opère mieux à l'abri de l'air, en chauffant la substance dans une cornue de grès dont on ferme l'orifice par un bouchon de liège traversé d'un tube de verre étroit : ce dernier livre passage au gaz s'échappant de la cornue, sans permettre à l'air d'y rentrer. La *panse* de la cornue est installée au milieu d'un fourneau à réverbère (§ 72), tandis que le col sort par l'ouverture latérale du fourneau, entre le laboratoire et le dôme.

197. Parfois on protège la substance de l'action de l'oxygène de l'air, en l'enveloppant dans le creuset d'une matière susceptible d'absorber le peu d'oxygène qui pénètre par le joint du couvercle; cette matière est ordinairement le charbon. Dans ce but, on recouvre la substance de poudre de charbon ou même on se sert de *creusets brasqués*. Ceux-ci ne sont autre chose que des creusets réfractaires, dont on a revêtu les parois intérieures d'une couche de charbon, autrement dit d'une *brasque*. On les obtient en humectant avec de l'eau de la poudre de charbon de bois bien tamisée et formant une pâte consistante, qu'on introduit par petites portions dans le creuset à brasquer, préalablement imbibé d'eau. Après chaque introduction, on comprime fortement la pâte au moyen d'un pilon, de manière à rendre la masse homogène, et, avant d'ajouter une nouvelle quantité de pâte, on laboure légèrement avec la pointe d'un couteau la surface de la brasque polie par le pilon; cette précaution a pour but de relier plus exactement la pâte que l'on ajoute à celle qui l'a précédée. On remplit ainsi le creuset. Il ne reste plus qu'à pratiquer au milieu de la masse, avec le couteau, une cavité régulière et de grandeur voulue, puis à en lisser les parois au moyen d'un tube de verre fermé à son extrémité. La dessiccation du creuset brasqué doit être faite lentement.

La brasque de charbon présente un avantage d'un autre genre : elle empêche le contact de la substance calcinée avec la terre du creuset et protège ainsi ce dernier. D'autre part le charbon peut intervenir comme réactif et agir comme réducteur sur la substance calcinée; c'est là un fait étranger à la question qui nous occupe en ce moment, mais sur lequel nous aurons occasion de revenir.

Les matières alcalines doivent être calcinées dans des vases de nickel, de fer ou de fonte, à cause de la propriété qu'elles possèdent d'attaquer les silicates.

198. La calcination proprement dite est surtout employée pour effectuer des décompositions, c'est-à-dire des éliminations. Appliquée aux matières organiques, elle provoque leur destruction avec dégagement de produits gazeux et formation presque constante d'un résidu de charbon, lequel est mélangé des éléments minéraux que contenait la matière calcinée. La calcination prend ici le nom de *carbonisation* ou de *distillation sèche;* la cessation de tout dégagement de vapeur indique qu'elle est complète.

199. Grillage. — Le grillage est, nous l'avons dit, une calcination dans laquelle l'oxygène de l'air intervient et réagit sur la matière chauffée. Il est fort employé en métallurgie. Dans les laboratoires, il a pour but soit de fixer de l'oxygène sur une subtance, soit d'éliminer de celle-ci certains éléments que l'oxydation change en composés séparables.

Si le grillage porte sur un corps infusible, il constitue le *grillage proprement dit*. Il reçoit les noms de *scorification* ou de *coupellation* lorsque le corps est fusible; en pareil cas, il ne se pratique guère que dans l'industrie ou pour les essais des matières d'or et d'argent (voy. ces mots). Enfin appliqué à des composés ne contenant qu'une faible proportion de substances fixes, aux principes végétaux ou animaux par exemple, le grillage laisse pour résidu des *cendres*, tous les éléments combustibles ayant été brûlés; il porte alors le nom d'*incinération*.

En dehors des pratiques de l'analyse chimique dont nous nous occuperons spécialement plus loin, le grillage s'effectue de deux manières : à feu nu ou dans un fourneau à moufle.

L'un des ustensiles les plus simples que l'on emploie pour effectuer le grillage à feu nu est le têt à rôtir (üg. 100, § 177), sorte de capsule en terre réfractaire, à fond très plat, dans laquelle on place la masse à griller. On dispose ce têt au-dessus d'un foyer allumé et on chauffe au rouge plus ou moins vif. On favorise l'action de l'air sur la matière en agitant celle-ci de temps en temps. Il est nécessaire d'assurer l'accès de l'air à l'intérieur du têt, les gaz du foyer, qui sont privés d'oxygène, entourant ce dernier et s'opposant par leur mouvement ascensionnel toujours rapide, à l'arrivée de l'air sur le corps grillé. Il suffit pour cela de faire reposer à la fois sur les bords du têt et sur ceux du fourneau une lame métallique ou mieux une plaque de terre réfractaire de quelques centimètres de largeur : l'air extérieur, en passant au-dessus de cette sorte de pont qui détourne le courant des gaz chauds, pénètre librement jusqu'à la masse.

Les fourneaux à moufle (fig. 33, p. 45 et fig. 51 p. 56) et le fourneau à incinérer (fig. 46, p. 52) sont spécialement disposés pour effectuer l'opération du grillage. Le coffret (fig. 34, p. 45) étant porté au rouge vif, on enlève le bouchon qui le ferme et on y introduit la substance placée dans un creuset ouvert ou mieux dans un têt, puis on ferme le coffret imparfaitement, en laissant à l'air un passage étroit. La ventilation s'établit de deux manières : d'une part, l'air passe du moufle à l'intérieur du fourneau par les petites fentes ménagées dans le coffret; d'autre part, l'air froid pénètre autour du bouchon, par le bas de l'orifice du coffret, et s'échappe vers la partie supérieure du même orifice, après s'être échauffé dans le moufle. Il est nécessaire de régler cette double circulation gazeuse et de ne livrer passage qu'à la quantité d'air nécessaire, l'excès entraînant un refroidissement inutile du coffret et de son contenu. Quant à la température à laquelle se pratique le grillage, on la règle en enfonçant plus ou moins le têt dans le coffret, celui-ci étant beaucoup plus chaud en arrière qu'en avant.

200. Le grillage étant une véritable oxydation, lorsqu'on l'applique à des matières difficilement oxydables ou que l'oxyde à former doit résulter d'une
oxydation très profonde, on fait quelquefois intervenir certains réactifs oxydants, l'acide azotique principalement. On laisse refroidir la matière, on
l'imbibe d'une petite quantité de cet acide et on chauffe de nouveau : il oxyde
la matière en se changeant lui-même en composés moins oxygénés de l'azote,
lesquels sont entraînés dans l'atmosphère; on répète cette pratique autant de
fois qu'il est nécessaire. Toutefois, il ne faut pas oublier que l'intervention
d'un réactif peut souvent modifier la nature du produit de l'opération.

Une autre pratique permet d'atteindre le même résultat sans qu'on ait à
craindre une modification quelconque. Elle consiste à laisser refroidir la
masse imparfaitement grillée, à la pulvériser et à la griller de nouveau. La
même manœuvre doit être reproduite plusieurs fois.

201. EMPLOI DE LA CALCINATION EN ANALYSE. — Quand on dose un
élément sous la forme d'un composé fixe et inaltérable par la chaleur,
la calcination est l'un des moyens les plus simples dont on use pour
dessécher ce composé et le préparer à la pesée. Cette opération doit
alors être faite dans des conditions particulières, répondant aux besoins
spéciaux de l'analyse quantitative. Il est indispensable, en effet, de ne
perdre aucune partie de la substance qu'il s'agit de peser avec précision; de ne pas altérer cette substance, soit par la matière du creuset qui
doit rester inattaqué, soit par les éléments organiques du filtre qui a
servi à la recueillir, les calculs de l'analyse étant précisément basés sur
l'invariabilité de composition du produit ; de ne laisser subsister aucune
trace de la matière organique du filtre, lequel doit être entièrement
brûlé. Les procédés forcément un peu minutieux de l'analyste ont pour
objet de remplir aussi exactement que possible ces conditions.

Toutefois la calcination ne doit porter que sur des substances préalablement desséchées, au moins grossièrement (voy. *Dessiccation*). La
présence de l'eau en quantité notable occasionne presque toujours des
pertes : la substance est-elle légère et pulvérulente comme la silice? la
vapeur d'eau l'entraîne en se dégageant; est-elle agglomérée et cassante? la vapeur d'eau formée dans sa masse acquiert localement une
certaine pression, divise brusquement la matière solide et la projette
au dehors du vase.

Suivant la nature de la matière à traiter, on opère dans des capsules
et mieux dans des creusets de porcelaine ou de platine ; ceux-ci doivent
être préférés autant qu'il est possible (§ 181), les premiers se cassant
parfois au feu, ce qui entraîne la perte de l'analyse. Il est nécessaire tout
d'abord de peser le creuset vide; après la calcination, on le pèsera de
nouveau avec la substance et la différence donnera le poids de celle-ci;
tout transvasement ayant pour but de supprimer une pesée occasion-
nerait des pertes. Au préalable, on pose le creuset sur un triangle
en terre de pipe (§ 184, fig. 102), porté lui-même sur le cercle d'un
support métallique, et on le chauffe progressivement jusqu'au rouge, au
moyen d'un brûleur de Bunsen; on laisse ensuite la température

s'abaisser au-dessous du rouge sombre, puis, à l'aide d'une pince, on enferme le creuset dans un vase à dessécher (voy. ce mot), où il achève de se refroidir. On peut alors le peser. Cette opération préliminaire amène, lors de la première pesée, le creuset au même état qu'il prendra pendant la calcination de la substance ; elle a de plus l'avantage, quand il s'agit de creusets de porcelaine, de les recuire et de produire, alors que cela est encore sans inconvénient pour le résultat, les éclatements que la chaleur détermine parfois dans quelques-uns d'entre eux (§ 175).

On introduit ensuite la matière dans le creuset pesé, en agissant de diverses manières suivant la nature du produit. Si celui-ci est susceptible d'être réduit ou modifié au rouge par les éléments combustibles du filtre qui le contient, on sépare d'abord le filtre, on le brûle à part et on réunit ensuite ses cendres au produit. Sinon, on calcine le tout ensemble et on incinère le filtre sans se préoccuper de la présence de la substance. Nous allons indiquer dans quelles conditions doivent être réalisées ces opérations.

202. Dans le second cas, qui est le plus simple, on aplatit le filtre sur lui-même, en le fermant par quelques plis faits à ses bords libres, de

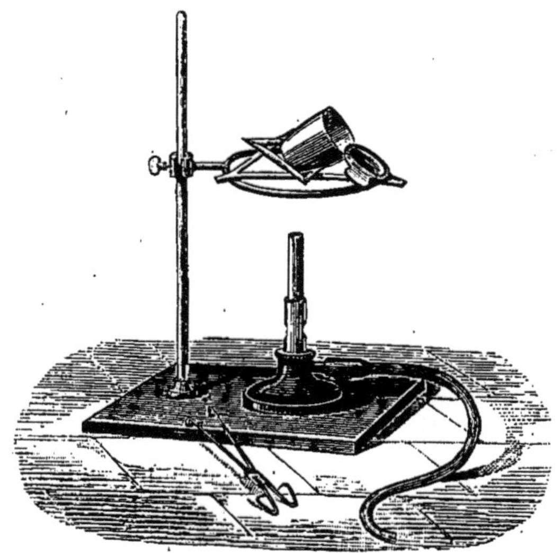

Fig. 112. — Calcination d'un précipité.

manière à envelopper de toutes parts la substance, et on l'introduit dans le creuset ouvert. On chauffe d'abord doucement avec un brûleur de Bunsen pour carboniser le papier, puis fortement pour l'incinérer. On arrive plus vite au résultat, en inclinant le creuset (fig. 112) et en plaçant le brûleur au-dessous de son fond. Un courant d'air s'établit ainsi à l'intérieur : il se produit plus régulièrement encore si l'on fait reposer sur le bord inférieur du creuset, soit son couvercle comme l'indique la figure 112, soit encore une lame de platine ; ces objets détour-

nent le courant gazeux provenant de la lampe et favorisent l'entrée de
l'air pur dans le creuset. On continue à chauffer ainsi jusqu'à incinération complète et disparition de toute trace de charbon. Le creuset
étant refroidi au-dessous du rouge sombre, on le redresse à l'aide
d'une pince, et on le met dans le vase à dessécher. On le pèse de nouveau après refroidissement.

Parfois, pour activer la combustion du filtre, on renouvelle la surface
de la matière en l'agitant à l'aide d'un fil de platine ; parfois encore, on
laisse refroidir, on mouille la masse de quelques gouttes d'acide azotique, ou on l'additionne d'un fragment d'azotate d'ammoniaque pur et
fondu, et on calcine de nouveau en chauffant d'abord doucement. On
ne doit pas perdre de vue cependant que ces pratiques plus expéditives
peuvent être des causes de déperdition du produit.

Toutes les fois que cela peut être fait sans risque de perte, il est bon
de retourner le filtre ouvert au-dessus du creuset où on fait tomber le
produit, de replier le filtre vide sur lui-même de manière à enfermer
les parcelles restées adhérentes au papier, et de le déposer sur la substance. Ces manipulations sont exécutées en plaçant le creuset au milieu d'une feuille de papier glacé noir, qui recueille tout fragment de
matière tombant en dehors du vase. On calcine ensuite comme il a
été dit plus haut, mais le filtre se trouvant à la surface, sa combustion
se fait plus rapidement.

On active encore mieux l'incinération des filtres en appliquant avec
un fil de platine, sur la paroi rougie du creuset, les portions des cendres
encore noircies par la présence du charbon.

203. Avec certaines précautions, les précipités bien essorés, tels que
ceux obtenus par filtration à la trompe aspirante (voy. *Filtration*), peuvent être incinérés avec leur filtre, sans dessiccation préalable. A cet
effet, on replie plusieurs fois le filtre sur lui-même en mettant au milieu
les portions du papier qui sont en contact avec la matière ; celle-ci se
trouve ainsi entourée d'un grand nombre de doubles de papier provenant de la partie du filtre restée vide. On applique le paquet obtenu
sur la paroi du creuset incliné, puis on chauffe celui-ci en plaçant la
flamme vers son orifice et en faisant reposer le couvercle extérieurement sur son bord (fig. 112). On chauffe ainsi jusqu'à dessiccation et
carbonisation du filtre, en profitant de la conductibilité du métal, puis
quand les dégagements gazeux ont diminué, on recule peu à peu la
flamme vers le fond du creuset, où elle agit directement sur le filtre ;
on ne porte au rouge que lorsque les dégagements ont cessé complètement. On termine à la manière ordinaire.

204. Lorsque, contrairement à ce qui a été admis ci-dessus, le corps
à calciner est réductible ou altérable au rouge par les éléments combustibles du papier, il est toujours préférable de séparer autant que possible le précipité du filtre et d'incinérer celui-ci à part. Dans ce but, sur
une feuille de papier glacé noir, on applique l'ouverture du filtre

retourné, parfaitement sec et contenant le précipité; par quelques déformations imprimées extérieurement au moyen des doigts, on détache la matière qui tombe sur le papier glacé. En appuyant les parois intérieures du filtre l'une contre l'autre, on sépare les parcelles qui y sont restées attachées. On recouvre alors la substance d'une cloche de verre afin d'empêcher son entraînement par les courants d'air. Le filtre replié plusieurs fois, puis façonné en une sorte de paquet cylindrique un peu serré, est entouré d'un fil de platine roulé en spirale, dont l'extrémité laissée libre sur une certaine longueur permet de manœuvrer l'ensemble. On allume le filtre ainsi disposé dans la flamme du brûleur, et, pendant la combustion, on le maintient au-dessus du creuset pesé qui reçoit les cendres; l'incinération se poursuit rapidement quand on a soin de réchauffer de temps en temps la masse en la passant dans la flamme. L'opération se fait aisément et sans perte quand on se sert d'un brûleur de Bunsen qui traverse une assiette de porcelaine percée en son centre ; celle-ci repose sur un large écrou en forme d'étoile, adapté au tube du brûleur (fig. 113). On place le creuset dans le voisinage de la flamme

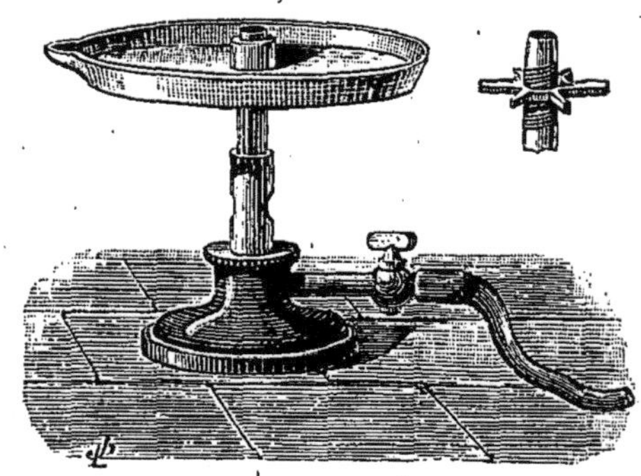

Fig. 113. — Brûleur Bunsen avec assiette en porcelaine.

et sur l'assiette ; celle-ci recueille les parcelles de cendres qui s'échappent de la spirale de platine. Finalement, par une secousse donnée au fil métallique, on fait tomber les cendres dans le creuset, on y ajoute ce que l'assiette de porcelaine a recueilli, et on termine l'incinération à la manière ordinaire. Quand elle est achevée, on laisse refroidir et on verse dans le creuset la matière conservée sur le papier noir, en entraînant au besoin les dernières parcelles au moyen d'une barbe de plume. On calcine enfin le tout comme il a été dit plus haut (§ 202).

On peut encore, avec des ciseaux, couper en lanières le filtre replié, prendre les morceaux en se servant d'une pince fine, et les brûler successivement au-dessus du creuset où on laisse tomber les cendres. On chauffe ensuite le creuset au rouge jusqu'à incinération complète, puis on ajoute le contenu du filtre et on continue comme précédemment.

Dans les cas où les cendres du filtre ne doivent pas être mélangées à la substance, on peut les incinérer à part dans un second creuset, ou plus simplement dans le couvercle de celui-ci.

205. Quel que soit le mode opératoire, il arrive que certains produits, le chlorure d'argent par exemple, se trouvent réduits partiellement pendant l'incinération du papier. Il est souvent possible, par des

réactifs appropriés, de transformer de nouveau le dérivé de réduction dans le produit de composition connue qui doit être pesé. Dans l'exemple choisi, comme on est forcé d'opérer dans un creuset en porcelaine et non en platine, en versant quelques gouttes d'eau régale faible sur les cendres du filtre, on change en chlorure l'argent réduit, et il suffit ensuite de chasser par la chaleur le réactif en excès.

206. Un point important dans l'application des divers procédés indiqués est de ménager l'accès de l'air dans le creuset soit au moyen de son couvercle, soit avec une petite lame de platine, ainsi qu'il a été dit plus haut (§ 202). Il est également nécessaire, quand la matière est facilement réductible, d'empêcher le gaz incomplètement brûlé du foyer, d'agir sur elle ; il faut alors éviter d'employer une flamme trop volumineuse et maintenir le creuset dans la partie supérieure de celle-ci.

Le bec de Berzelius, à brûleurs de Bunsen multiples et à flamme circulaire (fig. 47, p. 53), est substitué au brûleur de Bunsen simple, lorsque la calcination doit être faite à température très élevée. Pour chauffer plus fortement encore, on fait agir la flamme soufflée du chalumeau et, s'il est nécessaire, on protège le creuset du refroidissement par un fourneau en terre réfractaire à double enveloppe (fig. 57, p. 60).

207. La rapidité avec laquelle les moufles chauffés au gaz peuvent être portés au rouge rend ces instruments précieux pour les calcinations analytiques. Les fourneaux représentés plus haut (fig. 46, p. 52 et fig. 51, p. 56) permettent d'effectuer la calcination des précipités et l'incinération des filtres dans un temps très court, même en opérant sur plusieurs creusets à la fois. On règle la température de la calcination en enfonçant plus ou moins le creuset dans le coffret. On procède d'ailleurs à peu près de la même manière que lorsqu'on chauffe directement avec un brûleur. On commence par carboniser le filtre en chauffant le creuset fermé, puis, lorsque le dégagement de fumée a cessé, on découvre le creuset et l'incinération se produit très régulièrement, l'air qui arrive au contact de la matière calcinée étant à la fois pur et chaud. Après refroidissement, on ajoute le précipité s'il a été séparé (§ 204) et on porte au rouge le creuset, d'abord clos, puis ouvert. Le chauffage du creuset dans le coffret est très régulier et beaucoup moins localisé en un point que lorsqu'on emploie un brûleur ; on augmente encore la régularité du chauffage si on a soin de placer le creuset de platine, non pas en contact direct avec le sol du coffret, mais dans un petit têt ou dans un petit creuset de terre que l'on avance peu à peu vers les parties chaudes de l'appareil. Cela est particulièrement avantageux lorsque la masse à calciner contient un liquide à évaporer : la chaleur agissant surtout par le haut du creuset, on évite la production de la vapeur sur le fond et, par suite, la projection du solide. La pratique du moufle s'acquiert très vite.

Le fourneau à moufle chauffé au charbon (fig. 33, p. 45) exige pour être porté au rouge un travail plus long que la calcination elle-même ; il ne peut donc servir avantageusement que dans un laboratoire où se fait constamment un nombre d'analyses assez grand pour qu'on puisse le maintenir sans cesse en activité.

208. La calcination terminée, on laisse refroidir le creuset dans un

vase à dessécher, puis on le pèse. En retranchant du chiffre de la pesée la tare du creuset et le poids des cendres du papier, on a le poids de la substance. On verra plus loin comment on arrive à former des filtres fournissant un poids de cendres sensiblement constant (voy. *Filtration*).

CHAPITRE VII

FUSION.

209. Fusion ignée. — Lorsqu'on chauffe progressivement un corps solide, il se présente une température à laquelle le corps passe de l'état solide à l'état liquide, autrement dit, subit la fusion. Ce changement d'état entraîne la transformation d'une certaine quantité de chaleur ou, comme on dit encore, l'absorption d'une certaine quantité de chaleur qui devient latente; il en résulte que pendant toute sa durée, quoique le foyer continue à céder au corps de la chaleur, la température de celui-ci reste constante, pour s'élever de nouveau après que le phénomène est terminé.

La température à laquelle un corps entre en fusion, la *température de fusion*, est toujours la même; on la désigne souvent sous le nom de *point de fusion*. Elle varie avec la nature du corps : tandis que la glace fond à 0°, le platine n'entre en fusion qu'aux températures les plus élevées et l'anhydride sulfureux solide devient liquide vers 100° au-dessous de zéro. La destruction de beaucoup de composés par la chaleur empêche d'observer leur fusion. Quelques-uns restent solides aux températures les plus hautes que nous sachions produire ; ils sont *dits réfractaires*.

En général, les corps en fondant passent brusquement de l'état solide à une fluidité qu'ils conservent ensuite sans variation notable. Certains cependant se modifient graduellement, sans qu'il soit possible de leur fixer une température de fusion précise ; ils éprouvent la *fusion pâteuse*. Le verre ou les résines en sont des exemples. Toutefois, il est à remarquer que la fusion pâteuse s'observe surtout pour des mélanges.

La pression modifie sensiblement la température de fusion ; un accroissement de pression élève cette température pour les corps qui se dilatent en fondant et l'abaisse pour ceux qui, comme la glace, se contractent en devenant liquides (M. Bunsen).

La fusion telle que nous venons de la définir, constitue la *fusion ignée;* elle résulte de l'action de la chaleur sur un corps homogène. Si au lieu d'opérer sur un corps défini, on chauffe un mélange de deux corps inégalement fusibles, la présence de chacun d'eux modifie la température de fusion de l'autre. Le point de fusion d'un mélange d'acides gras, par exemple, peut être plus bas que ceux de ses composants eux-mêmes.

210. Fusion aqueuse. — C'est quelque chose d'analogue que l'on observe pour les corps cristallisés renfermant de l'eau de cristallisation;

la présence de cette eau détermine la liquéfaction du corps à une température beaucoup plus basse que son point de fusion proprement dit. Le sulfate de soude sec, par exemple, fond à la température du rouge vif, tandis que le même sel, cristallisé avec 10 équivalents d'eau, fond à 33°. La fusion qui s'opère ainsi est la *fusion aqueuse;* on dit aussi d'un corps en fusion aqueuse qu'il *fond dans son eau de cristallisation.* Ce phénomène participe autant de la dissolution que de la fusion proprement dite. Il s'accompagne souvent de l'évaporation partielle ou totale de l'eau.

211. Détermination de la température de fusion. — La variabilité des températures de fusion pour les différents corps et leur fixité pour un même corps font que le point de fusion d'un principe défini constitue l'une de ses caractéristiques. Les changements notables que la présence des matières étrangères apporte à cette température permettent en outre de l'appliquer à la reconnaissance de la pureté du principe considéré.

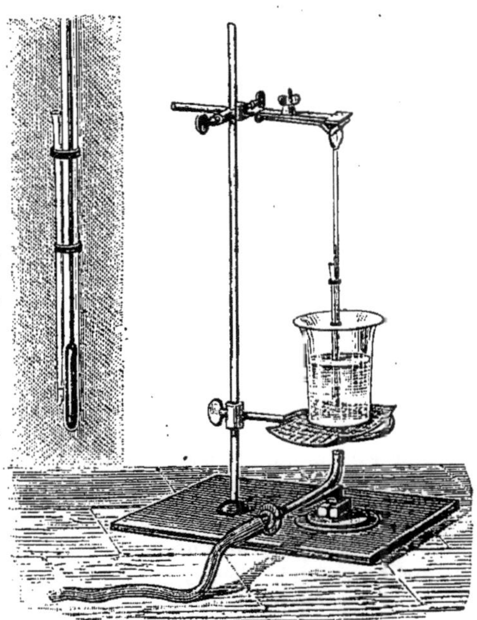

Fig. 114. — Détermination du point de fusion.

Pour déterminer le point de fusion d'une substance, on commence par rechercher grossièrement cette température. A cet effet, sur le réservoir d'un thermomètre à mercure tenu horizontalement, on dépose un fragment de la substance puis, avec précaution, on expose ce réservoir au-dessus d'une source de chaleur; la température s'élève et on ne tarde pas à voir la matière fondre au contact du verre chaud. On lit aussitôt l'indication du thermomètre.

On procède ensuite à la détermination exacte. A cet effet, on étire finement à la lampe un tube de verre large, mais peu épais (§ 167), et on le ferme à sa pointe par un jet de chalumeau. Après refroidissement, on fait pénétrer jusque dans la partie fermée et effilée une parcelle de substance, que l'on applique sur les parois du cône de verre par quelques petits chocs donnés sur la pointe de celui-ci. Au moyen de deux anneaux de caoutchouc détachés d'un tube avec des ciseaux, ou de deux liens de nature à résister à l'action du bain dont il sera question plus loin, on attache ce tube à la tige d'un thermomètre à mercure sensible, en l'appliquant parallèlement et en plaçant la pointe fermée au voisinage immédiat du réservoir (fig. 114). Le faisceau ainsi constitué est alors suspendu à un support et plongé jusqu'à une certaine hauteur au-dessus du réservoir thermométrique dans un vase de verre, un vase à filtrations chaudes par exemple, contenant un bain formé d'un liquide transparent. L'eau, la cire, le blanc de baleine, l'acide sulfurique concentré, l'huile, etc., conviennent également pour un bain de ce genre ; on choisit l'une de ces substances d'après la température donnée par l'expérience préliminaire. On chauffe d'abord rapidement jusqu'à quelques degrés au-dessous du point indiqué par la détermination approximative, et on règle ensuite le feu de manière à produire une ascension lente de la colonne thermométrique. Tandis qu'on agite constamment le liquide avec le thermomètre afin de maintenir l'homogénéité de la température du bain, on observe soigneusement le fragment de substance. Tout à coup celui-ci entre en fusion, et l'action capillaire du tube qui le contient, en déterminant un mouvement brusque du liquide de fusion, rend le changement d'état facile à apercevoir. Au même moment, on lit la température indiquée par l'instrument.

Les tubes très minces et presque capillaires que l'on obtient en étirant à la lampe un tube de verre mince et large conviennent mieux pour cet usage que les tubes les plus étroits du commerce. Ils laissent établir plus rapidement l'égalité de température entre le bain et la substance.

En répétant plusieurs fois l'expérience avec de nouveaux tubes, on arrive à des résultats constants et précis. Si la colonne thermométrique ne plonge pas tout entière dans le bain, il est nécessaire de faire un calcul de correction (§ 219). Quant aux variations de la pression atmosphérique, elles n'exercent sur la fusion qu'une action tout à fait négligeable.

212. Cette méthode est l'une des plus générales. Elle suffit dans la plupart des cas. On en a indiqué d'autres ayant surtout pour but de faire percevoir plus facilement à l'observateur l'instant de la fusion, ou bien s'appliquant à quelques substances particulières. Nous ne nous y arrêterons pas. Disons cependant qu'à des températures très élevées, le procédé en question cesse d'être applicable. On supplée alors à son insuffisance par des méthodes calorimétriques : on place une parcelle de la substance en question sur une masse métallique de nature et de poids connus, que l'on chauffe progressivement ; au moment où se produit la fusion, on laisse tomber le tout dans un calorimètre à eau dont la température et les constantes sont connues, puis on mesure la température finale du système. Les données recueillies permettent alors de calculer approximativement la température cherchée.

213. MÉTHODES DE FUSION. — On opère la fusion dans les vases les plus divers, pourvu qu'ils soient appropriés à la nature de la substance ainsi qu'à la température à laquelle elle fond.

Certaines substances étant altérables à l'air, leur fusion doit être pratiquée à l'abri de celui-ci. Le zinc, le plomb, etc., sont dans ce cas. L'altération est d'autant plus forte qu'on dépasse davantage la température de fusion. On évite tout accident de ce genre en fondant la substance en vase clos, ou sous une couche d'un liquide inerte : c'est ainsi que le phosphore peut être fondu sous l'eau, le potassium sous l'huile de naphte, les métaux sous le borax ou le verre fondus, etc.

Les matières volatiles exigent également des précautions spéciales et l'emploi de vases clos. L'iode par exemple, dont les températures de fusion et de volatilisation sont très voisines, et qui présente à la première de ces températures une tension de vapeur considérable, peut être fondu facilement en vase clos : on l'introduit dans un tube de verre épais, fermé par un bout, que l'on étire ensuite à la lampe ; un jet de chalumeau sur la partie mince du tube ferme l'appareil, qu'il suffit ensuite de porter au-dessus de 113°,6. Pour l'arsenic, l'usage de ce procédé est indispensable ; la sublimation s'effectue vers 180°, sans fusion préalable, celle-ci ne se produisant qu'au rouge sombre.

On utilise la fusion pour provoquer la cristallisation, ainsi que pour séparer des substances inégalement fusibles ou inégalement denses à l'état fondu et donnant lieu à une superposition par ordre des densités ; on l'emploie encore pour provoquer un mélange plus intime des réactifs et déterminer les réactions.

CHAPITRE VIII

VAPORISATION.

214. FORMATION DES VAPEURS. — L'élévation progressive de la température, après avoir fait passer les corps de l'état solide à l'état liquide, leur fait prendre l'état de *vapeur*. Ce second phénomène ne se présente pas avec les caractères de netteté et de simplicité qui distinguent le premier : en général, dans les conditions ordinaires, il succède à celui-ci ; mais, tandis que la fusion s'accomplit à une température sensiblement fixe, les autres circonstances physiques n'ayant sur elle qu'une influence peu marquée, la *vaporisation* ou *volatilisation* s'effectue en réalité à des températures que la pression fait varier considérablement.

Lorsqu'on chauffe un corps renfermé seul dans un espace clos, il se volatilise jusqu'à ce que la vapeur qu'il émet dans l'espace possède une certaine pression, constante pour une même température, mais croissante avec cette température ; on appelle *tension maximum* ou *force élastique maximum* de la vapeur, cette pression au delà de laquelle la volatilisation cesse de s'effectuer à chaque température considérée. C'est cette force élastique maximum qui tend toujours à s'établir si l'espace clos renferme une quantité suffisante de substance à volatiliser. Les choses étant en cet état, si on diminue le volume de l'espace clos, autrement dit, si en comprimant la vapeur on cherche à augmenter la pression qu'elle supporte, la température étant maintenue invariable, cette vapeur *se condense* partiellement, reprend l'état liquide, et cela en quantité telle que la tension maximum se trouve rétablie dans l'espace diminué.

Les tensions varient avec les températures suivant une certaine loi propre à chaque corps. Pour quelques-uns la vaporisation est nulle ou inappréciable jusqu'à une limite de température au-dessus de laquelle elle s'effectue.

Une vapeur est dite *saturée* lorsqu'elle se trouve à sa tension maximum, en présence d'un excès du corps générateur; elle est *non saturée* lorsqu'elle est sous une pression inférieure à sa tension maximum et hors de la présence d'un excès du corps générateur. Toute vapeur saturée dont la température est maintenue invariable, ne peut être comprimée dans un espace plus petit que celui qu'elle occupe, sans éprouver une condensation correspondante. Il résulte de là que les gaz et les vapeurs ne sauraient différer essentiellement : les gaz sont des vapeurs éloignées de la saturation ; pour devenir des vapeurs saturées, puis pour se condenser, ils n'ont besoin que d'être comprimés et soumis à un abaissement convenable de température.

Si le corps chauffé n'est pas isolé dans l'espace où il se vaporise, s'il est entouré d'une atmosphère gazeuse, celle-ci retarde la vaporisation, mais n'agit pas sur la force élastique finale de la vapeur émise. Dans un espace limité, la tension de la vapeur formée devient donc la même, que cet espace renferme une atmosphère gazeuse ou qu'il soit vide de tout gaz étranger. Lorsqu'une vapeur se mélange ainsi à un gaz, la tension du mélange est égale à la somme des tensions qu'auraient le gaz et la vapeur si chacun d'eux occupait seul le volume total (loi de Dalton).

Le passage de l'état liquide à l'état de vapeur transforme une certaine quantité de chaleur, autrement dit absorbe de la chaleur qui devient latente : c'est la *chaleur latente de vaporisation*. La vaporisation est donc une cause d'abaissement de température (§ 143). Ce fait permet de comprendre comment la température d'un liquide en ébullition reste invariable : toute la chaleur cédée par le foyer est utilisée pour effectuer le changement d'état, et le poids de matière sur lequel porte ce changement d'état peut seul varier avec l'intensité du chauffage.

Nous avons rappelé ici les lois physiques suivant lesquelles s'opère la vaporisation, parce qu'elles nous serviront à chaque pas dans l'étude que nous allons faire de l'*ébullition*, de la *distillation*, de l'*évaporation* et de la *dessiccation*.

1.

ÉBULLITION.

215. Circonstances de l'ébullition. — La vaporisation étant provoquée dans un espace illimité, en présence d'un gaz supportant une certaine pression, dans l'atmosphère par exemple, le corps chauffé émet des vapeurs dont la force élastique va croissant à mesure que la température s'élève ; il arrive un moment où, la force élastique faisant équilibre à la pression atmosphérique, des bulles de vapeurs nombreuses se développent sur la paroi la plus chaude du vase contenant le liquide, traversent ce dernier et vont crever à sa surface pour se répandre ensuite dans l'atmosphère. C'est là ce qui constitue le phénomène de l'ébullition. Pour une même pression de l'atmosphère superposée, la température à laquelle un même corps subit l'ébullition est constante, puisqu'elle est précisément celle où la tension de vapeur du corps est égale à cette pression. En outre, la température d'ébullition d'un corps, autrement dit son *point d'ébullition*, s'abaisse et s'élève avec la pression de l'atmosphère superposée. En principe, l'ébullition d'un même liquide peut donc se produire à des températures et sous des pressions extrêmement variées. En fait, les températures d'ébullition des différents corps, observées sous une pression constante, étant très différentes entre elles, constituent un caractère spécifique des composés définis, une de leurs constantes physiques. La pression que l'on choisit d'ordinaire pour effectuer les comparaisons, est la pression atmosphérique normale, faisant équilibre à une colonne de mercure de $0^m,760$ à $0°$.

Quelques circonstances, il est vrai, peuvent déplacer un peu les températures auxquelles les liquides entrent en ébullition. La nature du vase employé n'est pas indifférente ; l'eau, par exemple, bout à 1 degré plus haut dans un vase de verre que dans un vase de métal. La forme et les dimensions du contenant ont aussi une influence, la pression que supportent les bulles de vapeur en formation au fond du vase, étant d'autant plus grande que la colonne liquide à soulever est plus élevée. Un liquide visqueux, peu mobile, empêche la température de devenir homogène dans sa masse et bout irrégulièrement, avec *soubresauts*. Inversement, la présence d'un gaz en dissolution dans le liquide, ou le contact de ce gaz avec le liquide chauffé, facilitent beaucoup l'ébullition, sa tension s'ajoutant à celle de la vapeur. Dans tous les cas, la pression de l'atmosphère restant la même, si les températures marquées par un thermomètre plongé dans le liquide varient, l'indication du même instrument baigné dans la vapeur émise, reste invariable.

216. L'ébullition des corps mélangés ne peut avoir lieu à une température constante, au moins dans la généralité des cas : on conçoit, en effet, que leurs vaporisations ne se faisant pas de la même manière, le mélange s'appauvrisse constamment par rapport à celui qui se volatilise le plus abondamment ; la température d'ébullition tend donc à se rapprocher de celle du moins volatil. Toutefois, il est évident qu'étant donné un mélange dans lequel les poids de vapeur formés pendant le même temps par chacun des composants, correspondent aux proportions dans lesquelles ces derniers se trouvent mélangés, son ébullition se maintiendra à une température constante.

217. Détermination de la température d'ébullition. — La fixité du point d'ébullition d'un corps sous une pression invariable, ainsi que les modifications que la présence des matières étrangères lui fait subir, permettent d'utiliser cette constante physique pour caractériser un principe défini ou pour reconnaître sa pureté. Ce fait donne un certain intérêt à la détermination exacte des températures d'ébullition.

En général, on compare, comme il a été dit, les températures d'ébullition sous la pression moyenne de l'atmosphère, laquelle fait équilibre à une colonne de mercure de 0^m,760. Cette pression ne se trouvant presque jamais réalisée par suite des variations de l'état atmosphérique et aussi de l'altitude du laboratoire, pour plus de précision, il vaut mieux mesurer la température d'ébullition sous la pression actuelle, et noter en même temps la hauteur barométrique au moment de l'expérience.

Toutes les recommandations faites dans les traités de physique pour la détermination du point 100° d'un thermomètre, sont d'ailleurs applicables à la mesure exacte des points d'ébullition.

Le plus simple des appareils dont on se sert pour déterminer le point d'ébullition des corps (fig. 115), consiste en un ballon de verre V dans lequel on introduit le liquide ; ce ballon est fermé par un bouchon de liège que traverse la tige d'un thermomètre T, dont le réservoir pénètre jusqu'à 2 ou 3 centimètres au-dessus du liquide. Un second trou pratiqué dans le bouchon livre passage à un tube coudé t, que l'on met en relation avec un réfrigérant RR' approprié à la nature du corps, ou même un simple tube de verre si la température à mesurer est très élevée : la vapeur formée s'échappe par le tube t, se condense dans le réfrigérant RR' et est recueillie sous forme liquide. On ajoute avantageusement au liquide un petit fragment de charbon de bois ou de charbon de cornue ; sous l'action de la chaleur, ce charbon abandonne peu à peu les gaz qu'il a condensés et régularise ainsi l'ébullition, ces gaz provoquant la formation

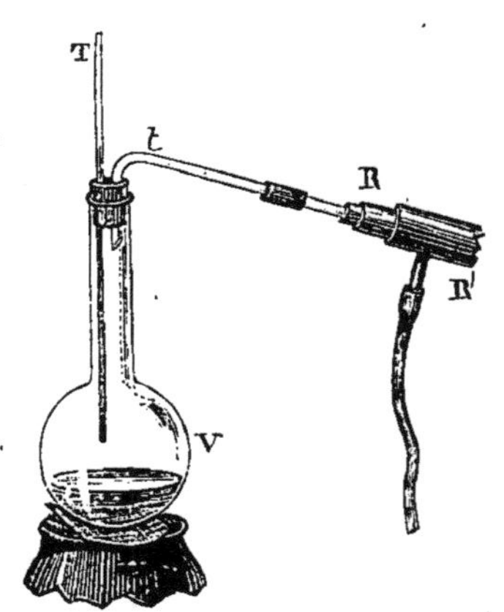

Fig. 115. — Détermination de la température d'ébullition.

des bulles de vapeur. Quelques fragments de platine, ou encore un morceau de pierre ponce autour duquel on a enroulé du fil de platine pour l'alourdir et l'immerger dans le liquide, exercent une action analogue. On chauffe le liquide. Le thermomètre monte rapidement dès que la vapeur entoure son réservoir et, si le liquide est un corps défini, le mercure ne tarde pas à se fixer. Lorsque la colonne thermométrique ne varie plus, on lit l'indication de l'instrument et immédiatement après celle d'un baromètre installé dans le laboratoire.

Le vase V peut d'ailleurs être d'une forme quelconque ; toutefois il est indispensable que cette forme maintienne la vapeur autour de la tige du thermomètre sur une hauteur assez grande.

L'introduction du thermomètre dans le bouchon de liège, par un trou livrant exactement passage à l'instrument, provoque trop souvent le bris de la tige graduée. Afin d'éviter cet accident, on introduit parfois dans le bouchon un tube en verre, de diamètre suffisant pour laisser passer facilement le thermomètre; ce tube, coupé au-dessous du bouchon, dépasse la surface supérieure de celui-ci et peut être fixé à la tige thermométrique qui le traverse par un bout de tube de caoutchouc les raccordant tous deux.

La détermination des températures d'ébullition sous des pressions inférieures a 0m,760, exige des précautions spéciales qui seront indiquées plus loin (Voy. *Distillation dans le vide*).

218. *Appareils à double enveloppe.* — Cette manière d'opérer comporte des causes d'erreur assez importantes : dans un sens, le rayonnement de l'atmosphère tend à refroidir le réservoir du thermomètre, et en sens contraire, le rayonnement du foyer tend à le surchauffer. On diminue beaucoup leur influence au moyen d'écrans métalliques dont on entoure à peu près complètement le vase V.

L'action de l'air extérieur entraîne une erreur assez forte en refroidissant la paroi du vase, ce qui détermine une condensation partielle de la vapeur. On l'annule en se servant de vases à double enveloppe, analogues à ceux employés pour la détermination du point 100° du thermomètre.

La disposition représentée dans la figure 115 convient très bien pour cet usage. Le thermomètre T est toujours introduit dans la vapeur émise par le liquide en ébullition dans un ballon V, mais son réservoir est maintenu dans le col allongé du ballon; la vapeur sortant de ce col, s'échappe dans une enveloppe *ee'*, entourant le col, et redescend autour de celui-ci pour se rendre par un tube *t*, au réfrigérant RR' : la vapeur dont le thermomètre prend la température est ainsi protégée du refroidissement dû à l'air ambiant par une enveloppe de vapeur à une température à peu près égale. Le thermomètre peut d'ailleurs traverser le bouchon de

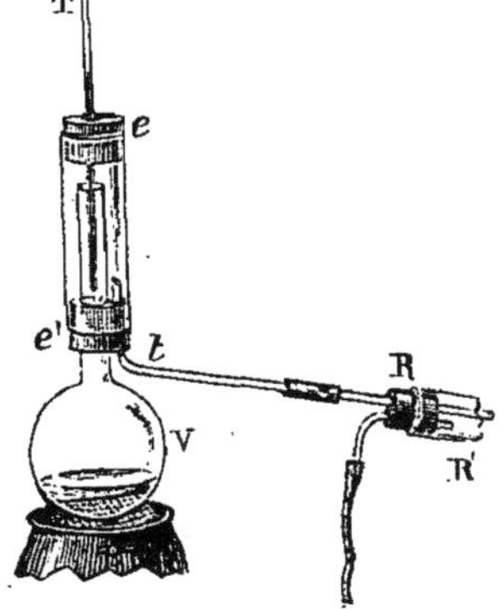

Fig. 116. — Appareil à double enveloppe.

liège dans un tube de verre fermé au moyen d'un caoutchouc, conformément aux indications données ci-dessus (§ 217).

219. *Correction des indications du thermomètre.* — La température déterminée comme il vient d'être dit, n'est pas la température d'ébullition exacte. Une partie notable de la tige du thermomètre sort, en effet, des appareils et se trouve à une température moins élevée que celle des vapeurs qui baignent le réservoir et le bas de la tige. Si le vase employé est très profond, on peut enfoncer le thermomètre de façon que toute la colonne mercurielle plonge dans la vapeur, et supprimer cette cause d'erreur. Quand il n'en est pas ainsi, le chiffre lu sur la graduation est trop faible; il est nécessaire de le corriger. Pour cela, on commence par déterminer la température moyenne de la portion extérieure de la tige. On a placé à l'avance au-dessus du bouchon du ballon, une feuille de carton percée d'un trou que traverse la tige du thermomètre; cette sorte d'écran empêche les mouvements de l'air provenant du foyer, ainsi que la chaleur rayonnante, de se propager jusqu'à la tige. En disposant un second thermomètre parallèlement au premier, de telle manière que son réservoir soit appliqué sur la partie de la tige du premier qui correspond à peu près au

milieu de la colonne mercurielle extérieure, on lit la température qu'il indique lorsque les deux instruments sont stationnaires ; on peut la considérer comme la température moyenne de la partie extérieure de la tige.

Le calcul à faire est le suivant.

Soit T la température indiquée par le thermomètre plongé dans la vapeur, t la température moyenne de la tige extérieure, N le nombre des degrés qui correspondent à la portion extérieure de la tige du premier thermomètre (différence entre T et le chiffre de la première division de la tige extérieure au bouchon), et 0,000154 le coefficient de dilatation apparente du mercure dans le verre. Le mercure contenu dans les N degrés, en passant de $t°$ à $T°$, se dilaterait de

$$N (T - t)\, 0,000154.$$

Telle est la valeur de l'erreur commise. La température vraie A sera dès lors égale à T augmenté de cette valeur, soit

$$A = T + N (T - t)\, 0,000154.$$

L'exactitude de cette correction dépend évidemment de celle avec laquelle est appréciée la température moyenne t.

Son importance est souvent considérable ; elle atteint plusieurs degrés lorsqu'on opère avec des corps à points d'ébullition élevés. Il n'est donc pas possible de la négliger.

2.

DISTILLATION.

220. Principe de la distillation. — La distillation était connue dans l'antiquité : Aristote savait déjà que les vapeurs de l'eau de mer fournissent par condensation de l'eau potable. Elle a pour but, en effet, de séparer les parties volatiles d'une substance de ses parties fixes. Ses moyens sont basés, d'une part sur la transformation en vapeur de ces parties volatiles, par application de la chaleur, et d'autre part sur la condensation par le froid des vapeurs ainsi formées.

On distingue parfois la *distillation liquide* de la *distillation solide* et de la *distillation gazeuse*, suivant que le corps qui distille présente un des états physiques correspondants. Cette distinction n'a pas de valeur en principe, mais en pratique elle correspond à l'emploi de procédés un peu différents. La distillation solide est connue d'ordinaire sous le nom de *sublimation*. Quant à la *distillation gazeuse*, elle constitue l'une des manipulations sur les gaz dont il sera question plus loin ; d'ailleurs elle ne rentre pas dans la définition précédente. On a distingué aussi la *distillation humide* de la *distillation sèche ;* mais cette dernière n'est autre chose qu'une décomposition par la chaleur, qu'une calcination (§ 198), et s'appuie non pas seulement sur le phénomène physique de la vaporisation, mais surtout sur des phénomènes chimiques. Le plus généralement, le mot distillation non suivi d'épithète, est appliqué exclusivement à la distillation liquide.

La distillation se fait presque toujours à l'ébullition sous la pression atmosphérique. On la pratique cependant aussi sous des pressions inférieures, notamment dans le but de diminuer la température à laquelle on doit porter, pour les distiller, certaines substances altérables par la chaleur ; elle exige alors des conditions spéciales qui seront examinées à part.

La distillation ne s'applique pas seulement à la séparation de deux composés dont l'un est volatil tandis que l'autre est fixe (*distillation simple*). Elle sert encore à la séparation des substances inégalement volatiles ; sa pratique devient alors un peu plus délicate et entraîne un mode opératoire particulier qui la fait appeler *distillation fractionnée*.

Nous nous occuperons successivement de la distillation sous la pression atmosphérique, de la distillation sous pression réduite, de la distillation fractionnée et de la sublimation, qui toutes se rattachent à la distillation proprement dite. Nous ajouterons ensuite quelques lignes sur la distillation sèche.

A. — **Distillation sous la pression atmosphérique.**

221. Appareils distillatoires. — Les appareils distillatoires se composent de deux parties : l'une dans laquelle se fait l'application de la

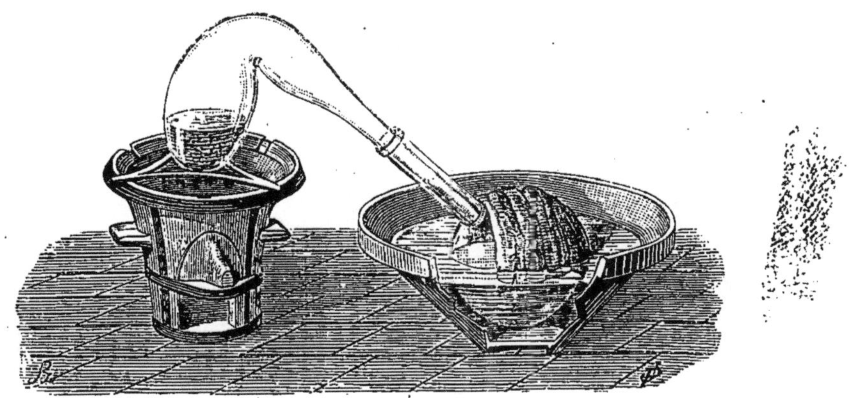

Fig. 117. — Appareil distillatoire (cornue et ballon).

chaleur au corps à distiller et la vaporisation de ce dernier, l'autre où les vapeurs formées se rendent pour subir la réfrigération qui les condense.

Le plus simple des appareils distillatoires usités (fig. 117) se compose d'une cornue dans laquelle on a introduit la matière à distiller et que l'on dispose sur un fourneau. Son col s'engage dans celui d'un ballon dont l'ouverture doit être assez large pour que l'orifice de la cornue arrive jusqu'à la partie sphérique du récipient. Enfin le ballon est plongé dans un vase plein d'eau froide et sa surface émergée est refroidie par un linge mouillé. Le mélange chauffé entre en ébullition et ses vapeurs, s'échappant de la cornue, vont se refroidir et se condenser sur les parois maintenues froides du ballon. Ce dernier sert à la fois de réfrigérant et de vase destiné à recueillir le produit distillé.

Au commencement, le ballon vide pèse moins que le volume d'eau qu'il déplace et tend à surnager. On le maintient souvent dans l'eau en faisant reposer à la fois sur le sommet de sa partie sphérique et sur les bords du vase contenant l'eau froide, un corps lourd, une brique par exemple. La faible stabilité de cette disposition fort usitée, la rend peu recommandable. Il est préférable de faire usage d'un anneau de plomb (§ 183), suffisamment lourd, dans lequel on introduit le col du ballon et qui s'appuie sur la panse de celui-ci. En disposant un anneau semblable sous le ballon, on empêche ce dernier de se déplacer latéralement et même de se briser. On renouvelle l'eau du vase extérieur pour la maintenir froide.

Quand on dispose d'une canalisation d'eau, il est beaucoup plus commode de poser le ballon sur un valet (§ 183), au milieu d'un plateau en grès ou en zinc, et de faire couler sur toute sa surface un courant d'eau continu, amené par un tube de caoutchouc. Les bords du du plateau, légèrement relevés, dirigent l'eau écoulée vers une partie surbaissée formant bec, d'où le liquide est envoyé à l'égout.

222. Un dispositif aussi simple s'impose lorsqu'on distille des produits qui attaquent le liège ou le caouchouc des bouchons. Il ne con-

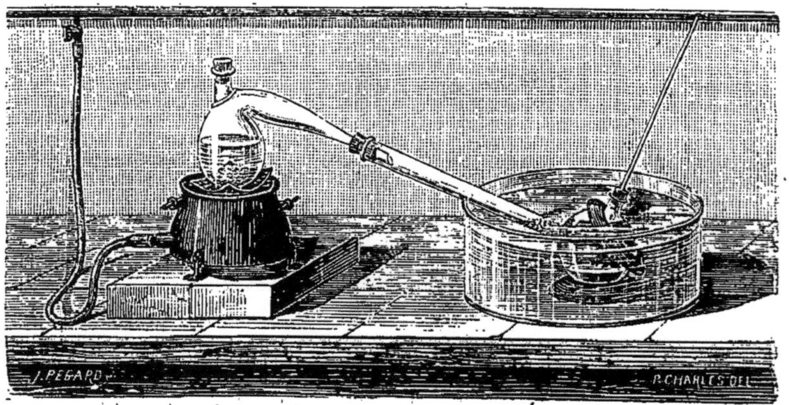

Fig. 118. — Appareil distillatoire (cornue et ballon tubulé).

vient pas pour des matières à point d'ébullition peu élevé, une forte proportion des vapeurs échappant à la condensation et sortant par le col du ballon que maintiennent chaud les vapeurs arrivant de la cornue. Le suivant, à peine plus compliqué, est beaucoup moins imparfait.

La partie étroite de la cornue est engagée dans le col d'un ballon tubulé à long col (fig. 118) et s'y trouve maintenue au moyen d'un bouchon percé d'un trou qu'elle traverse. Ce bouchon annulaire ferme

exactement l'espace compris entre le col de la cornue et celui du ballon.
D'autre part on fixe, dans la tubulure du ballon, au moyen d'un bouchon percé et disposé comme le précédent, un tube de verre long et
étroit. La cornue étant garnie de la substance à distiller et placée sur
un foyer recouvert d'une toile métallique, le ballon est maintenu comme
il a été dit plus haut, plongé dans l'eau froide ou soumis à un courant
d'eau sur un plateau. Les vapeurs formées se refroidissent déjà en traversant le col allongé du ballon ; elles se condensent complètement dans la
partie immergée, si toutefois l'ébullition n'est pas trop rapide. Dans ce
dernier cas, le tube étroit, qui présente le seul orifice ouvert, s'échauffe
et indique à l'opérateur que le feu doit être modéré.

L'inconvénient de tout appareil de ce genre est que les vapeurs qui
arrivent dans le ballon ne sont pas forcément dirigées sur la paroi
froide et peuvent se rendre directement au tube de dégagement ; autrement dit la réfrigération n'est pas méthodique. De plus, la surface réfrigérante va en diminuant à mesure que le ballon s'emplit. Enfin, si le
ballon se brise, tout le produit distillé vient au contact de l'eau. Malgré
ces désavantages, ces appareils sont employés fréquemment à cause de
leur simplicité.

223. Les *réfrigérants* (§ 134 à § 137) permettent une condensation plus
exacte et plus méthodique des vapeurs. On les dispose de la manière
suivante.

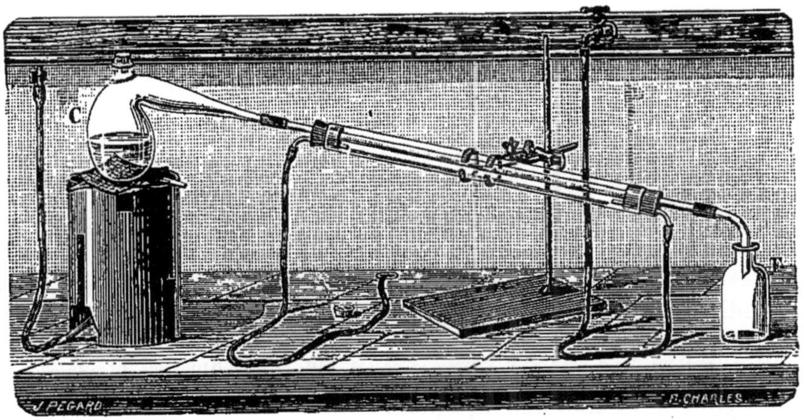

Fig. 119. — Appareil distillatoire (cornue et réfrigérant).

Au moyen d'un tube de caoutchouc de 3 à 4 centimètres de longueur, dans lequel on introduit par un bout le col de la cornue C
(fig. 119), et par l'autre le tube du réfrigérant, on met en relation les
deux parties de l'appareil. Le réfrigérant est maintenu incliné au moyen
d'un support à pince, et un courant d'eau continu le traverse de bas
en haut ; on adapte un tube coudé à son extrémité inférieure et
on engage le bout libre de ce tube dans le flacon destiné à recueillir le produit. On peut encore introduire directement le tube cen-

tral du réfrigérant dans le flacon F maintenu incliné. Pour faciliter cet arrangement, on coupe le col de la cornue en un point où il possède le même diamètre extérieur que le tube du réfrigérant et on le borde à la lampe (§ 162). On peut encore, si la différence entre les diamètres est considérable, étirer légèrement à la lampe (§ 167) celui des deux tubes qui est le plus gros et le couper au point convenable pour obtenir l'égalité des diamètres. On peut enfin souder à l'extrémité du réfrigérant un tube cylindrique, large de 2 à 3 centimètres et long de 6 à 7, dans lequel on engage le col de la cornue, maintenu par un bouchon que l'on a percé d'un trou suivant son axe ; le tout est disposé de façon à former un joint étanche.

Lorsque la substance distillée attaque le liège et le caoutchouc, on étire le col de la cornue assez longuement pour que le tube qui le termine pénètre profondément dans le réfrigérant : le caoutchouc avec lequel on réunit les deux parties de l'appareil se trouve ainsi à peu près hors de la portée des vapeurs.

224. Il est bien évident que la cornue peut être remplacée, et avantageusement dans beaucoup de circonstances, par tout autre vase à étroite ouverture et allant au feu, par un *ballon* notamment. Dans ce dernier cas, on ferme le ballon (fig. 120) par un bouchon de liège ou de caoutchouc, percé suivant son axe, d'un trou dans lequel pénètre à frottement doux un tube de verre ; ce dernier est recourbé de manière que l'angle formé par ses deux branches corresponde à l'inclinaison que l'on donnera au réfrigérant. L'extrémité extérieure du tube est reliée au réfrigérant suivant un des dispositifs indiqués plus haut pour le col de la cornue (§ 223).

D'ailleurs, dans le cas d'un liquide attaquant les joints de caoutchouc,

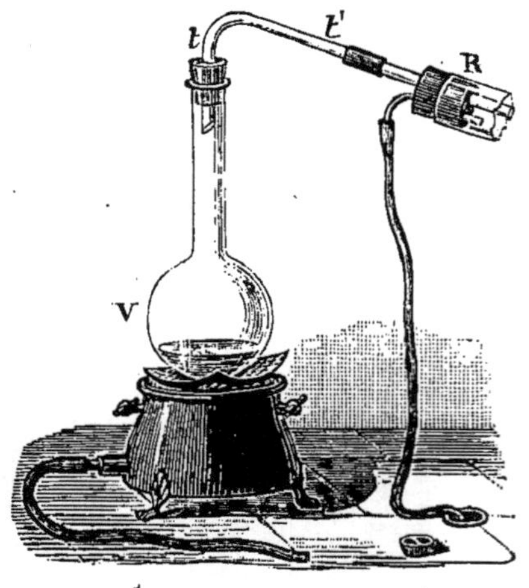

Fig. 120. — Appareil distillatoire (ballon et réfrigérant).

le tube recourbé, qui vient s'engager dans le col du ballon, peut être celui du réfrigérant lui-même.

225. Pendant la distillation, il arrive souvent que le dégagement brusque de bulles volumineuses de vapeur, projette vers le haut de l'appareil des gouttes de liquide en ébullition ; de plus, les mêmes bulles produisent en crevant une pulvérisation de ce liquide. L'arrivée, sous forme de gouttelettes ou de poussière, du corps à distiller vers la partie la plus élevée de l'appareil, et notamment au point où les produits condensés commencent à s'écouler vers le réfrigérant, rend imparfaite la séparation qui est le but de l'opération. Pour diminuer l'importance de

ces accidents, on donne un grand développement à l'appareil entre le liquide et le haut du réfrigérant. On assure ainsi le retour dans le vase distillatoire de la plus grande partie des matières entraînées. On se sert même quelquefois dans ce but de ballons à long col. Si l'on emploie une cornue, on doit incliner son col de telle manière que le liquide qui s'y condense s'écoule en arrière vers la panse; dans ce cas, il est nécessaire de recourber un peu le col de la cornue, ou d'interposer entre elle et le réfrigérant, un tube formant un angle plus ou moins prononcé. Enfin, lorsqu'on se sert d'un ballon, on coupe en sifflet l'extrémité du tube qui pénètre dans le col (fig. 120) : le liquide condensé dans la partie verticale de ce tube retombe ainsi plus sûrement dans le ballon, entraînant avec lui les matières projetées dant il est souillé.

226. Lorsque le corps distillé bout à une température élevée, il faut donner une grande longueur au tube qui sépare l'appareil vaporiseur du réfrigérant. La condensation s'effectuant alors pour la plus grande partie dans ce tube que refroidit l'air ambiant, on évite les ruptures de verre qui se produisent parfois dans le réfrigérant, lorsque la paroi du tube central est exposée sur ces deux faces à des températures par trop différentes.

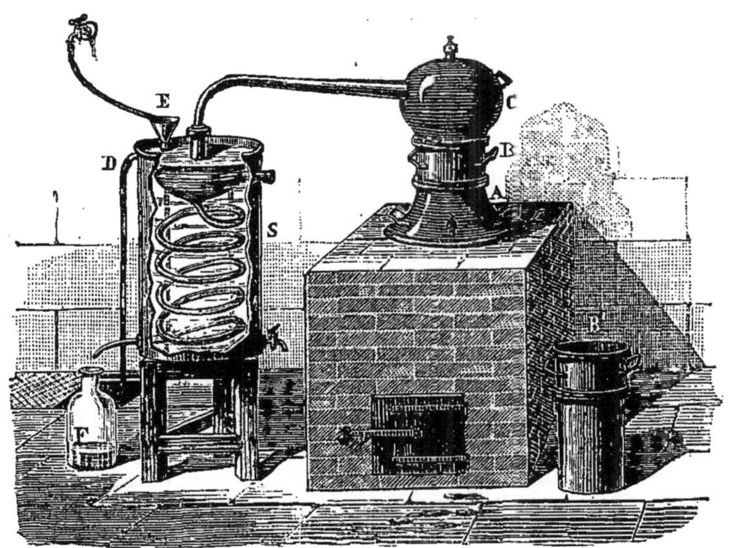

Fig. 121. — Alambic.

Au delà de 200°, l'emploi du réfrigérant doit même être évité à cause de la fréquence de l'accident en question. Il suffit alors de remplacer cet instrument par un tube nu, de 1 mètre à 1ᵐ,20 de longueur, pour que la réfrigération par l'air ambiant condense les vapeurs, alors même que celles-ci proviennent d'une ébullition rapide. La condensation sera d'autant plus active que le tube sera lui-même d'un plus grand diamètre et d'une plus faible épaisseur.

227. *Alambic.* — Les distillations de quantités considérables de matière se pratiquent mieux dans les appareils métalliques (fig. 121). Le ballon ou la cornue de-

viennent un *alambic* avec sa *cucurbite* A, dans laquelle on place le liquide à distiller, et son *chapiteau* C, qui récolte les vapeurs, puis les dirige par un col de cygne vers le réfrigérant S. Ce dernier est alors un *serpentin* (§ 138).

L'alambic permet également de distiller au *bain-marie*. Pour cela, on introduit dans la cucurbite garnie d'eau un vase cylindrique B', muni de deux bourrelets qui s'adaptent exactement à l'orifice de la chaudière et à celui du chapiteau. Ce vase, qui est représenté en B dans sa position régulière, est appelé *bain-marie* bien qu'en réalité le rôle de l'appareil de chauffage auquel on donne ordinairement ce nom soit ici rempli par la cucurbite.

Les diverses parties métalliques de l'appareil s'adaptent exactement les unes aux autres, cependant il est nécessaire de rendre les joints étanches. On y parvient en fixant sur eux, avec la colle de pâte, des bandes de papier qui les entourent complètement et que l'on superpose au nombre de trois ou quatre. Une bande de tissu de coton collée de même donne au joint plus de solidité.

228. **Distillation des liquides très volatils.** — En opérant comme il a été dit jusqu'ici, on condense seulement les liquides dont le point d'ébullition est supérieur à la température de l'eau dont on dispose. Pour les *liquides très volatils*, il est nécessaire de remplacer les réfrigérants cités plus haut par des appareils analogues permettant l'emploi de la glace (§ 142), celui des mélanges réfrigérants (§ 141) ou même la réfrigération par les liquides très volatils (§ 143 à § 146).

B. — Distillation fractionnée.

229. **Principes de la distillation fractionnée.** — Les particularités que présente l'ébullition des liquides volatils mélangés peuvent être utilisées pour effectuer leur séparation.

Lorsqu'on fait bouillir un mélange de deux corps, ce qui est le cas le plus simple, si ces corps ont des points d'ébullition différents, on constate que la température, comprise à l'origine entre les points d'ébullition des composants, s'élève peu à peu en se rapprochant du point d'ébullition du moins volatil (§ 216). Si l'on recueille séparément les liquides qui se condensent entre des intervalles de température régulièrement espacés, on trouve que leurs quantités sont inégales; en outre la substance la plus volatile prédomine dans les premières parties recueillies, tandis que les dernières contiennent surtout la moins volatile. Les compositions des produits *fractionnés* dépendent de divers facteurs : les tensions des vapeurs de chaque composant dans les limites de température où le produit a été recueilli, les densités de ces vapeurs, la composition du mélange initial, la solubilité des composants l'un dans l'autre, certaines actions réciproques qu'ils exercent, etc.

Toutefois les tensions et les densités des vapeurs mélangées impriment à l'ensemble des phénomènes son sens général.

En négligeant pour un instant les autres facteurs, la théorie fournit les indications suivantes. Si l'on fait bouillir un mélange de deux liquides, ceux-ci se vaporisent simultanément; pour chacun, le poids qui distille pendant un temps donné est proportionnel à la fois à la tension et à la densité de sa vapeur dans les circonstances de l'opération ; le rapport entre les poids des deux corps distillant simultanément sera donc à chaque instant identique au rapport entre les produits des tensions par les densités. En fait, dans le plus grand nombre des cas, les résultats pratiques diffèrent peu de ceux auxquels conduit la théorie précédente.

230. Les mêmes considérations permettent de reconnaître que la distillation fractionnée réalise des séparations imparfaites et que, dans certaines circonstances, elle fournit des mélanges inséparables, de composition constante pendant toute la durée de la distillation. C'est là un fait fort important dans la pratique.

Soit, par exemple, le sulfure de carbone et l'alcool mélangés. D'après Regnault, la tension de vapeur du premier étant $0^m,618$ vers 40°, et celle du second $0^m,134$; la somme de ces tensions est $0^m,752 = 0,618 + 0,134$. Il en résulte que les vapeurs du mélange faisant vers 40° équilibre à la pression atmosphérique, cette température sera celle de l'ébullition. Les poids des deux liquides P et P' qui se vaporiseront seront entre eux comme les produits de ces tensions par les densités des vapeurs, 2,65 et 1,60 :

$$\frac{P}{P'} = \frac{0,618 \times 2,65}{0,134 \times 1,60} = \frac{7,6}{1}.$$

Autrement dit, il distillera 7,6 fois plus de sulfure de carbone que d'alcool, ou, en traduisant en centièmes, 88,5 parties de sulfure de carbone mélangées à 11,5 parties d'alcool.

Lors donc que le mélange commencera à bouillir, il passera du sulfure de carbone entraînant 11,5 p. 100 d'alcool. On conçoit dès lors que, si les proportions du mélange sont précisément les mêmes, il ne pourra pas y avoir de modification dans la composition du produit distillé et la température d'ébullition restera constante. Si la proportion d'alcool est inférieure à 11,5 p. 100, tout l'alcool sera entraîné dans les premiers produits qui offriront la composition précédente, et bientôt il ne restera plus que du sulfure de carbone pur, c'est-à-dire que le liquide le moins volatil aura passé tout entier dans les premières parties, contrairement à ce que donnerait à penser la seule considération de son point d'ébullition. Si, au contraire, la teneur du mélange en alcool s'élève à plus de 11,5 p. 100, tout le sulfure de carbone distillera d'abord mélangé avec 11,5 d'alcool.

L'expérience confirme ces indications de la théorie : un mélange de 91 parties de sulfure de carbone et de 9 parties d'alcool bout tout entier entre 43° et 44° et donne pendant toute la durée de la distillation des produits de composition invariable.

On voit immédiatement par cet exemple que le liquide bouillant le plus bas ne passe pas forcément et complètement dans les premières portions distillées ; la seule considération des densités et des tensions de vapeur conduit à reconnaître l'influence des quantités respectives des composants (M. Berthelot).

La somme des tensions de vapeur étant égale à la pression supportée par le liquide au moment de l'ébullition, il arrive que le mélange peut bouillir à une température inférieure au point d'ébullition du plus volatil des composants. C'est ainsi qu'un mélange d'eau (100°) et d'alcool amylique (130°) bout à 90°, c'est-à-dire au-dessous des deux points d'ébullition.

Ajoutons que, dans beaucoup de cas, la tension de deux liquides mélangés est notablement différente de la somme des tensions de chacun d'eux isolé ; mais ce fait étant particulier à la nature des liquides et aux actions réciproques qu'ils exercent ne saurait prêter à une généralisation. Ses effets n'en viennent pas moins modifier les résultats dans une certaine mesure.

Il est bien évident d'ailleurs que les considérations physiques précédentes ne sauraient s'appliquer aux mélanges des corps susceptibles de former entre eux des combinaisons chimiques.

231. Une conséquence d'un autre ordre doit encore être signalée. La pression sous laquelle est effectuée la distillation a une influence considérable sur les résultats. Elle modifie les points d'ébullition des mélanges et par suite les tensions de chaque vapeur qui correspondent. Or, pour les divers liquides, ces tensions ne varient pas suivant les mêmes lois avec la température. Il en résulte que les compositions des produits fractionnés successivement à une température constante, mais sous des pressions différentes, ne sont pas les mêmes. Une autre conséquence est que tel mélange, inséparable par distillation sous une pression donnée, peut devenir séparable lorsqu'on le distille sous une pression plus forte ou plus faible que la première.

232. Une dernière conclusion reste enfin à énoncer ; elle justifie le mode d'application de la distillation fractionnée généralement suivi. La composition du mélange vaporisé ayant sur les résultats l'influence indiquée plus haut, il y a grand avantage à répéter les distillations ou, plus exactement, à soumettre séparément chacun des produits d'un premier fractionnement à une distillation fractionnée nouvelle, puis à agir de même sur ceux du second, et ainsi de suite. Si par exemple on distille un mélange de sulfure de carbone et d'alcool, pauvre en alcool, on vient de voir que ce dernier liquide passe tout entier dans les premières portions distillées. Celles-ci étant recueillies à part et soumises à un nouveau fractionnement par distillation, comme elles se trouvent enrichies en alcool, celui-ci passe au contraire plus abondamment à la fin de l'opération, avec les portions du produit qui distillent à la température la plus voisine de son point d'ébullition. Cet exemple montre combien il est utile de maintenir séparées les portions du produit qui bouillent aux mêmes températures, lorsqu'elles proviennent de fractionnements différents ; il donne, il est vrai, une idée exagérée de l'efficacité de la méthode des distillations fractionnées, mais il indique nettement la marche à suivre dans son application.

233. APPAREILS A FRACTIONNER. — Les appareils distillatoires ordinaires, auxquels on ajoute un thermomètre indiquant la température de la vapeur émise, peuvent servir pour la distillation fractionnée. Les dispositions particulières ont surtout pour but d'empêcher les entraînements du liquide et la surchauffe de la vapeur, ainsi que de rendre plus facile le remplacement des récipients destinés à recevoir les différentes fractions du produit.

Comme vase distillatoire, on peut se servir d'une cornue tubulée, dans la tubulure de laquelle on fixe le thermomètre au moyen d'un bouchon percé d'un trou. Toutefois, à cause de leur forme, les cornues ont l'inconvénient de restreindre la longueur de la colonne thermométrique plongée dans la vapeur.

Un ballon dont le col s'allonge verticalement ne présente pas cet inconvénient; on le ferme par un bouchon percé de deux ouvertures : l'une livre passage au thermomètre ou au tube portant le thermomètre (§ 217), et l'autre à un tube recourbé que l'on a relié au réfrigérant par l'un des arrangements signalés pour la distillation ordinaire (§ 224 et § 225). On simplifie le montage de l'appareil en adoptant la forme représentée dans la figure 122 : on soude sur le col du bal-

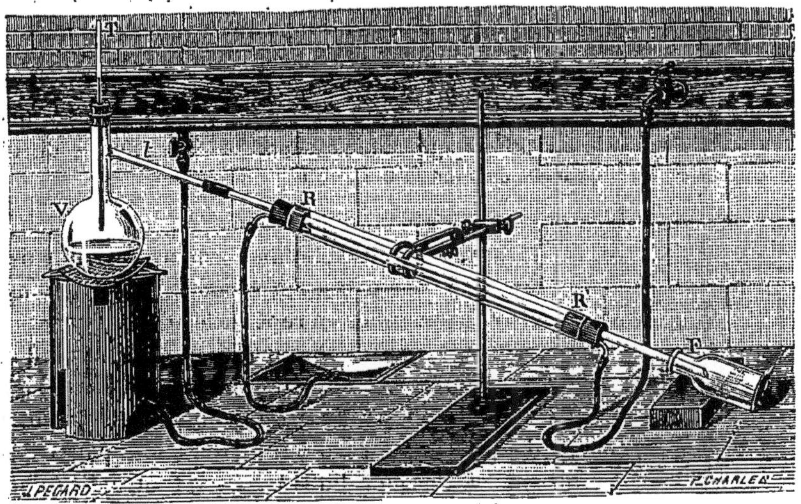

Fig. 122. — Distillation fractionnee.

lon V, latéralement et vers le haut, un tube incliné t qui servira au dégagement des vapeurs; il suffit ensuite de relier ce tube au réfrigérant RR'. Dans ce cas, le bouchon qui ferme le col ne porte qu'une ouverture destinée au thermomètre T. Celui-ci est enfoncé dans l'appareil de façon à tenir son réservoir quelque peu éloigné du mélange en ébullition. Lorsqu'on opère sur de très petites quantités, on remplace le ballon par un simple tube à essais, bouché à un bout, vers le haut duquel on soude, comme au ballon, un tube à dégagement latéral.

On fixe le réfrigérant de Liebig à l'aide d'un support, à une certaine hauteur au-dessus de la table (fig. 122), de telle manière que la partie inférieure du tube puisse être engagée dans le goulot du flacon F destiné à recevoir le produit. Sans interrompre la distillation, lorsque le thermomètre a atteint une température donnée, on sépare le produit distillé de celui qui distillera, en substituant un autre flacon au premier.

Comme réfrigérant, on se sert encore quelquefois d'un ballon tubulé, mais ce récipient est incommode. Il impose le démontage de l'appareil et par conséquent, l'arrêt de la distillation à chaque fractionnement du produit.

234. Pour éviter l'entraînement des gouttelettes liquides et aussi la surchauffe de la vapeur, on ajoute souvent sur le col du ballon un appendice qui lui forme une sorte de prolongement. Tantôt c'est un tube large, ouvert aux deux bouts, s'engageant par le bas dans le col du ballon auquel il est fixé par un bouchon percé ou par un anneau de caoutchouc, et portant en haut un autre bouchon que traverse le thermomètre ; on a soudé vers sa partie supérieure le tube latéral que portait le ballon lui-même dans l'arrangement précédent (M. Linnemann). Tantôt on se contente de remplacer le ballon ordinaire par un ballon à long col, ce qui supprime tout appareil spécial et donne le même résultat. Tantôt encore l'appendice cylindrique devient un tube sur lequel on a soufflé une ou plusieurs boules (fig. 123), dans lesquelles pénètre le thermomètre (Würtz). Dans tous ces appareils refroidis par l'air ambiant, une certaine proportion de la vapeur se condense, et le liquide condensé ramène vers le vase distillatoire les produits entraînés ; cette condensation porte d'ailleurs de préférence sur les parties de la vapeur les moins volatiles.

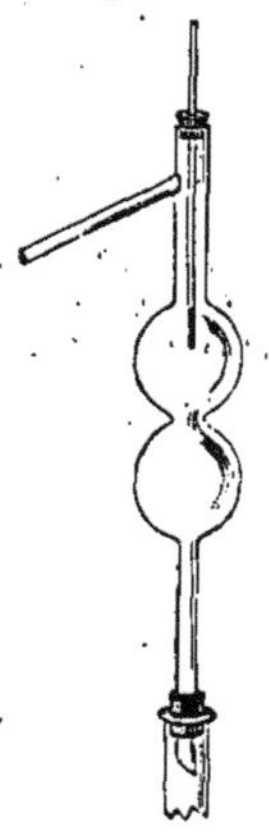
Fig. 123. — Tube à boules de Würtz.

235. MARCHE DE L'OPÉRATION. — Quel que soit l'appareil employé, la marche à suivre est toujours la même. Dans une première distillation, on sépare les portions de liquide qui passent dans des espaces de température réguliers, de 5 degrés en 5 degrés par exemple. Dans une seconde opération, on distille séparément chacune des fractions ainsi obtenues. On agit de même une troisième fois, et on continue ainsi jusqu'à ce que les produits définis, se séparant de plus en plus, s'accumulent dans le voisinage de leurs points d'ébullition respectifs. On ne réunit les mélanges qui bouillent entre les mêmes limites de températures, quel que soit le fractionnement dont ils proviennent, que lorsque leurs températures d'ébullition varient peu par une nouvelle distillation.

Cette opération laborieuse peut être abrégée beaucoup lorsqu'on connaît les températures d'ébullition des corps à séparer. On pratique alors les fractionnements, les *coupures*, non plus d'une manière arbitraire comme il vient d'être dit, mais en tenant compte de ces températures, et en isolant les portions qui passent à quelques degrés au-dessus et au-dessous d'elles.

Les lenteurs de la distillation fractionnée peuvent être beaucoup diminuées. Dans l'industrie on y parvient au moyen d'appareils qui font subir aux vapeurs des traitements destinés à les condenser partiellement, ou qui exécutent simultanément un très grand nombre de distillations. On utilise des principes analogues dans certains appareils de laboratoire que nous devons signaler.

236. Appareil a rétrogradation. — Tel est celui dans lequel on
pratique la *rétrogradation* (M. Coupier, MM. I. Pierre et Puchot), modification aussi simple qu'efficace de la distillation fractionnée. Voici en
quoi consiste essentiellement cette opération :

On fait bouillir en A (fig. 124), dans un alambic disposé sur un fourneau F, un mélange de deux liquides diversement volatils, et on dirige

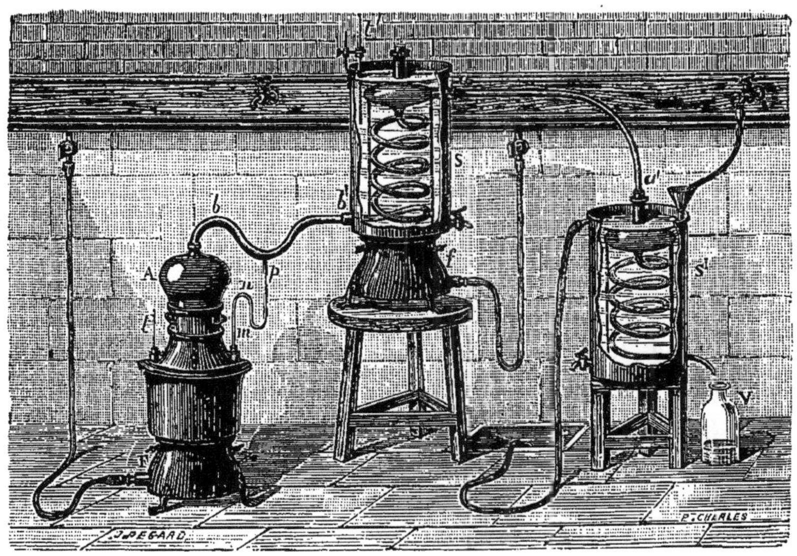

Fig. 124. — Appareil à rétrogradation.

de bas en haut les vapeurs qui en proviennent, dans un serpentin S,
entouré d'un liquide maintenu par un foyer *f* à une température déterminée, donnée par un thermomètre *t'*, plus basse que celle de l'ébullition du mélange; dans ces conditions, la vapeur du liquide le moins
volatil se liquéfie partiellement, tandis que celle du plus volatil subsiste et parcourt dans toute sa longueur le serpentin chauffé, sans subir
de condensation notable, pourvu toutefois que l'écart des températures
ne soit pas trop fort. Le liquide condensé en S, *rétrograde* vers le vase
distillatoire A, tandis que les vapeurs qui ont échappé à la condensation,
se rendent en *aa'*, dans un serpentin refroidi S', où elles se liquéfient.
Pour assurer la rétrogradation du liquide condensé dans le premier
serpentin, ce dernier se termine inférieurement par un tube en col de
cygne *bb'*; le liquide condensé gagne en *p* le bas de la courbure et se
déverse dans l'alambic A par un second tube *pmn*, replié sur lui-même
et formant fermeture hydraulique. Cette disposition permet aux mouvements contraires de la vapeur et du liquide de coexister.

237. Déflegmateurs. — Parmi ces appareils dits aussi *appareils à
colonne* ou *appareils à plateaux*, celui de MM. Le Bel et Henninger est
le plus répandu dans les laboratoires. Il constitue un perfectionnement

de celui de M. Linnemann, lequel est lui-même fort analogue en principe aux *appareils distillatoires à colonne*, dont l'industrie fait un
usage journalier.

Cet instrument (fig. 125 et 126) consiste en une série de boules, A,
B et C, soufflées sur un même tube MN, de 1 centimètre de diamètre
environ ; un étranglement *e* ou *e'* est ménagé
au-dessous de chacune d'elles, et une toile de
platine, lâche, façonnée en capsule ou en tampon, obstrue quelque peu cet étranglement. Au-
dessus des boules, un tube latéral et incliné *a*
sert à mettre l'appareil en communication avec
un réfrigérant R. Un bouchon percé, ajusté en M,
fixe le système au col du ballon servant de vase
distillatoire. Un second bouchon percé maintient
en N un thermomètre T, dont le réservoir est
placé à la sortie de la boule supérieure. Le liquide
du ballon étant porté à l'ébullition, sa vapeur
s'élève dans les boules, s'y condense partiellement et s'accumule au-dessus des étrangle-

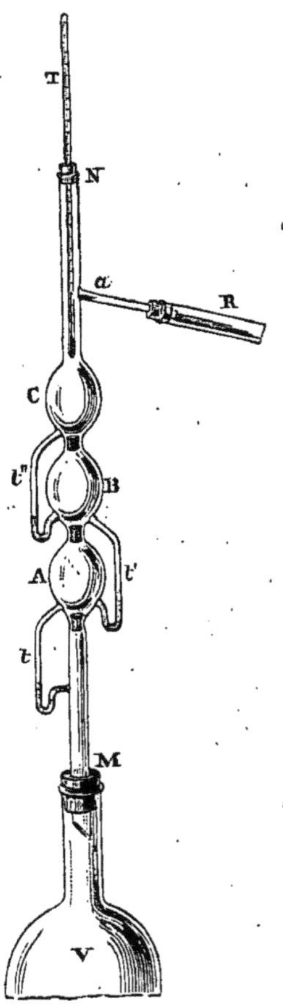

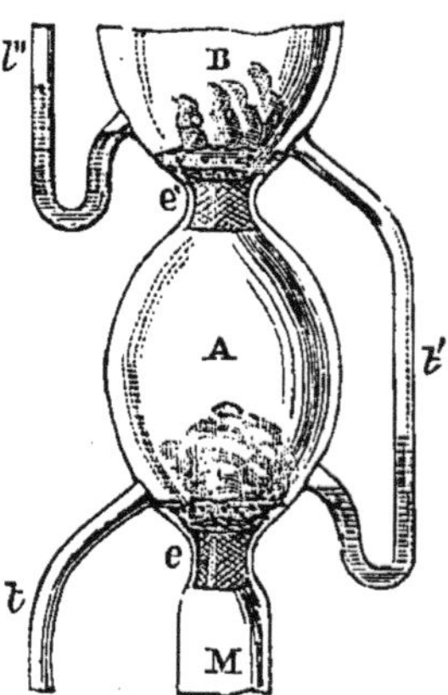

Fig. 125. — Appareil distillatoire de MM. Le Bel
et Henninger (détail).

Fig. 126. — Appareil distillatoire de MM. Le Bel et
Henninger.

ments où les toiles de platine l'arrêtent par capillarité ; les vapeurs qui
se dégagent sont dès lors forcées, à chaque étranglement, de barbotter
dans le liquide accumulé, et elles cèdent à ce dernier leurs parties les
moins volatiles ; elles arrivent donc en *a*, après avoir subi trois purifications de ce genre. Ainsi disposé, un appareil peut fonctionner, mais avec
lenteur, car si le courant de vapeur est un peu rapide, il s'oppose à la
rétrogradation du liquide. Pour empêcher cet accident, on relie chacune
des boules à celle qui est au-dessous ou au tube MN lui-même, par un
petit tube recourbé, tel que *t, t' t''*, dont l'orifice supérieur s'ouvre au
niveau que le liquide ne doit pas dépasser dans la boule ; recourbé par

le bas en siphon renversé, il forme fermeture hydraulique pour les vapeurs et déverse dans la boule inférieure le trop plein du liquide qu'il reçoit. Le nombre des boules à employer dépend de la nature du produit à distiller et de la séparation plus ou moins parfaite que l'on veut atteindre. Dans les opérations délicates, on superpose plusieurs tubes semblables à MN, dont le dernier seul porte un tube latéral tel que a; à cet effet, celui qui est placé en bas est rodé intérieurement en N, et le suivant, rodé extérieurement en M, s'applique exactement dans le premier comme un bouchon de verre usé à l'émeri s'adapte au goulot du flacon qu'il ferme. On réunit ainsi le nombre d'appareils voulu, en consolidant l'ensemble par des supports. Plus les liquides sont volatils et la température ambiante élevée, plus ce nombre doit être grand. Le tube à trois boules décrit ci-dessus convient aux usages ordinaires.

238. *Appareil à colonne de MM. Claudon et Morin.* — Lorsqu'il s'agit de fractionner des quantités importantes de liquides volatils, l'emploi des tubes à boules de MM. Lebel et Henninger exige beaucoup de temps. MM. Claudon et Morin ont fait construire un appareil (fig. 127) qui abrège considérablement la durée des opérations. Cet appareil, étant en cuivre brasé et muni de joints métalliques, peut servir pour les liquides bouillant à haute température ou attaquant le caoutchouc. Il constitue une modification heureuse des colonnes distillatoires de l'industrie, dans lesquelles la réfrigération est produite par l'air, ce qui entraîne un grand développement de surface ; il fait intervenir l'eau dans le refroidissement des vapeurs qu'on soumet à la rétrogradation.

Le liquide à distiller est chauffé dans une chaudière en cuivre B, munie d'un orifice de chargement N, d'un tube de niveau L, d'un robinet de vidange M et surmontée de la colonne C. Celle-ci se compose d'un tube cylindrique en cuivre, divisé intérieurement en cellules par des plateaux métalliques, équidistants et parallèles. Tous ces plateaux sont fixés par leur centre sur un même tube qui les traverse normalement ; c'est dans ce tube, et au moyen d'un autre de plus faible diamètre qui le pénètre suivant son axe, que l'on fait circuler l'eau réfrigérante, laquelle entre par P et sort par Q ; le tube maintenu froid refroidit par conductibilité les plateaux fixés sur lui. Chaque plateau est constitué par une monture métallique encadrant, soit une toile métallique serrée, soit une lame mince finement perforée ; l'un d'eux est représenté en H avec l'un de ses orifices dégarni de la plaque perforée qui le forme d'ordinaire. Les plateaux ayant tous le diamètre de l'intérieur de la colonne, ils divisent et garnissent exactement celle-ci dans laquelle leur ensemble, porté par le tube à eau, pénètre à frottement doux. Pendant que la vapeur traverse la colonne de bas en haut, le liquide qu'elle abandonne en se refroidissant descend vers la chaudière, en s'arrêtant sur chaque plateau où il lave la vapeur divisée en fines bulles par le diaphragme ; en activant ou en diminuant le courant d'eau qui traverse le tube central, on augmente ou on diminue à volonté la quantité de ce liquide ; pour les corps bouillant à haute température le refroidissement par l'air extérieur intervient plus activement et la circulation d'eau peut même être supprimée dans certains cas. Un thermomètre I, fixé en haut de la colonne dans un presse-étoupe, donne la température de la vapeur qui s'échappe en D pour aller se condenser en E dans un serpentin refroidi.

Les auteurs ont adapté à leur chaudière un petit manomètre avertisseur K, qui met en mouvement une sonnerie électrique dès que la pression vient à s'élever; on est ainsi prévenu qu'il faut diminuer le feu et augmenter la réfrigération de la colonne; la pression y soulève le mercure dans un tube et établit un contact fermant le circuit de la pile. La sonnerie se supprime sans

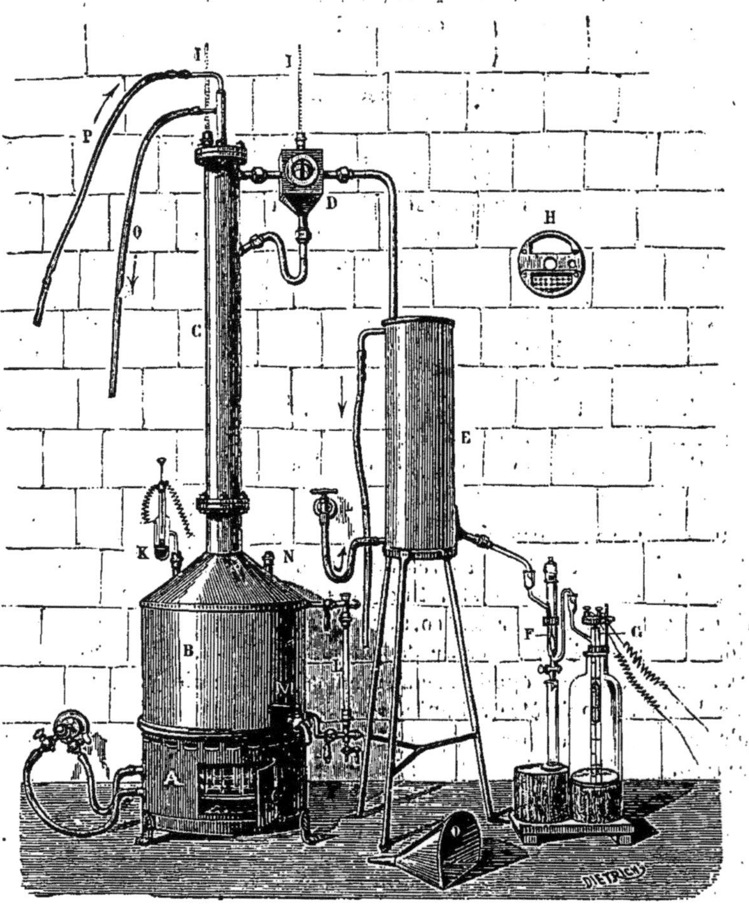

Fig. 127. — Appareil à colonne de MM. Claudon et Morin.

grand inconvénient, l'observation du niveau ou celle des quantités distillées fournissant un renseignement suffisant.

Ils interposent aussi, mais seulement dans le cas de la distillation de liquides susceptibles de mousser, un émousseur-analyseur D qui renvoie à la colonne le liquide provenant de la mousse qu'il arrête.

Pour obtenir un bon fonctionnement, il importe de commencer à distiller lentement, pour permettre aux plateaux de se charger de liquide, et de régler le courant d'eau froide de manière à produire une condensation suffisante pour que le barbottage soit énergique; on augmente ensuite le feu jusqu'à ce qu'on ait atteint le débit normal, qui varie nécessairement avec la nature du liquide. On règle enfin le chauffage afin de maintenir une pression constante dans la chaudière, le mercure du manomètre devant être soulevé de 3 à 4 centimètres.

Au point de vue de la séparation, une colonne à 10 plateaux de MM. Claudon et Morin réalise la même séparation qu'un tube à 15 boules de MM. Le Bel et Henninger. Elle rend d'excellents services dans un laboratoire de chimie organique, soit comme instrument de fractionnement, soit pour purifier après usage les dissolvants volatils les plus usités, l'alcool notamment.

C. — Distillation sous pression réduite.

239. La diminution de la pression que supporte un liquide ayant pour effet d'abaisser la température à laquelle il entre en ébullition, on met ce fait à profit pour distiller les corps qui s'altèrent à leur température d'ébullition sous la pression de l'atmosphère. On opère alors la distillation dans des appareils où on réduit la pression au moyen d'une machine pneumatique ou de tout autre instrument d'effet analogue (voy. *Opérations dans l'air raréfié*). Bien que la pression ne soit jamais nulle dans les vases distillatoires, la distillation sous pression réduite est souvent appelée *distillation dans le vide*. L'abaissement apporté dans les points d'ébullition par la suppression de la pression atmosphérique atteint fréquemment 100 degrés.

La distillation sous pression réduite est encore nécessaire pour produire la séparation de certains mélanges inséparables par distillation sous la pression ordinaire (§ 231).

240. DISTILLATION DANS LE VIDE. — Les appareils distillatoires ordinaires, pourvu qu'ils résistent à la pression atmosphérique après avoir été vidés d'air, peuvent servir à la distillation dans le vide. La condition précédente est difficilement remplie par les cornues, que leur forme irrégulière rend peu solides. Il vaut mieux se servir de ballons choisis avec soin : on préférera ceux dont le verre est régulier, relativement épais, et bien exempt de rayures ; ils ne devront jamais être volumineux, les plus petits présentant, à épaisseur égale, une résistance beaucoup supérieure : dans tous les cas on les éprouvera avant de s'en servir, en fermant leur col par un bouchon portant un tube mettant le ballon en relation avec un appareil faisant le vide, et en les enveloppant d'un torchon pour se garantir des projections du verre en cas de rupture. Le réfrigérant sera muni d'un tube large et par conséquent à grande surface réfrigérante, la condensation de la vapeur très dilatée se faisant moins bien qu'à la pression ordinaire. On dispose d'ailleurs l'appareil de la manière suivante (fig. 128) :

Le ballon *b* installé sur un fourneau, ou mieux dans un bain, est muni d'un bouchon que traverse un tube coudé ; celui-ci est relié au réfrigérant TT' par un tube de caoutchouc épais, dans lequel les deux tubes de verre sont affrontés, et qui est fixé solidement sur chacun d'eux au moyen d'un lien en cordonnet de soie ou en fil métallique. Le bouchon du ballon est traversé également par un thermomètre *t*, et ferme *très exactement*. Le réfrigérant qui, ainsi qu'on l'a vu, doit présenter une grande surface d'action et être largement alimenté d'eau froide, est relié par sa partie inférieure à un ballon tubulé *d*, dans le col duquel il s'engage, le joint étant fait soigneusement avec un bouchon percé ou avec un anneau de caoutchouc. La tubulure du ballon est fermée par un bouchon que traverse un tube à trois branches en forme de T : l'une des branches extérieures porte un robinet de verre R s'ouvrant

directement dans l'atmosphère; la seconde branche extérieure est reliée par
un tube de caoutchouc épais V, à la machine pneumatique ou mieux à la
trompe dont on se sert pour aspirer l'air, l'action de ces instruments étant
réglée par un robinet. Dans ces conditions, le liquide à distiller étant placé
dans le ballon b, on ferme le robinet de communication extérieure R et on
fait le vide jusqu'à une pression mesurée par le manomètre de l'appareil aspirateur, puis on chauffe. Le produit distille et s'accumule dans le ballon
tubulé d. Pour vider ce dernier et, en général, pour interrompre l'opération,

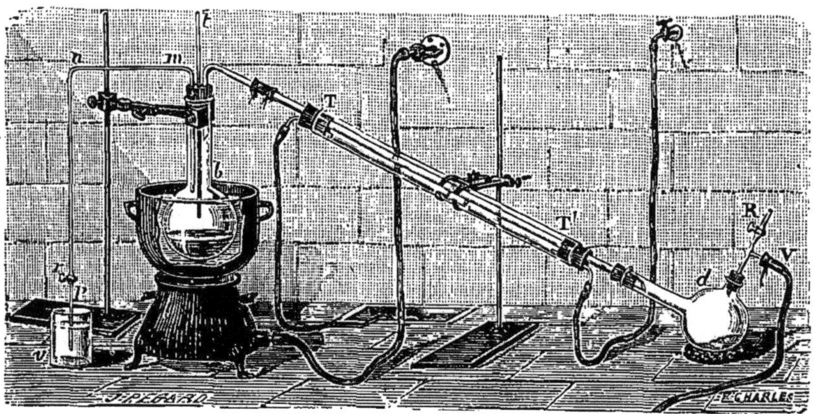

Fig. 128. — Distillation dans le vide.

on ferme le robinet de l'aspiration, et en ouvrant doucement le robinet R,
on laisse rentrer l'air dans l'appareil, en ayant soin, si cela est utile, de
dessécher préalablement cet air par un passage à travers un tube contenant
du chlorure de calcium sec.

Le récipient en forme de ballon tubulé peut être remplacé avantageusement
par un flacon de verre épais, fermé par un bouchon à trois ouvertures. L'une
de ces dernières livre passage au tube du réfrigérant que l'on a recourbé à
son extrémité; les deux autres reçoivent des robinets de verre qui s'ouvrent
le premier, dans l'atmosphère, et le second, dans le tube d'aspiration.

Le chauffage exige une certaine attention; il est, en effet, la cause la plus
fréquente des ruptures de l'appareil. Or ces ruptures ne sont pas sans danger
pour l'opérateur : elles réalisent sur une plus grande échelle, et avec projection du verre brisé, l'expérience bien connue du crève-vessie. C'est pour cette
raison que le chauffage direct doit être, autant que possible, évité et remplacé
par le chauffage au bain-marie ou au bain d'huile. D'ailleurs, il est toujours
prudent de dresser, devant le ballon et devant le récipient, de larges toiles
métalliques qui, sans empêcher la surveillance de l'appareil en fonctionnement, arrêtent les morceaux de verre en cas d'explosion.

Un obstacle que l'on rencontre souvent dans la distillation sous pression
réduite est la formation d'une mousse persistante qui entraîne mécaniquement le liquide à distiller jusque dans le réfrigérant. Il est possible d'ordinaire
de trouver un liquide non volatil et insoluble dans le produit, un corps gras
ou un hydrocarbure par exemple, qui introduit dans le ballon surnage le
liquide, provoque la rupture de bulles de vapeur et empêche la mousse de
s'élever.

241. Le même appareil peut servir à déterminer les températures d'ébullition des liquides sous les pressions inférieures à $0^m,^-60$. On prend alors les précautions recommandées plus haut (§ 217) pour éviter ce qui peut fausser les indications du thermomètre et, immédiatement après la température, on lit la pression intérieure donnée par le manomètre de la trompe.

242. L'obligation de n'opérer que dans des vases en verre de petites dimensions force à recharger très fréquemment l'appareil. On peut souvent le faire sans interrompre la distillation et sans laisser rentrer l'air. Il suffit pour cela de faire passer par une troisième ouverture pratiquée au bouchon du ballon (fig. 128) un tube recourbé en siphon *mnp*, et terminé soit par un robinet de verre *r*, soit par un tube de caoutchouc épais que ferme une forte pince de Mohr (fig. 19, p. 30). La branche extérieure du siphon étant plongée dans un vase *v* contenant le liquide à distiller, si l'on ouvre le robinet *r* avec précaution, la pression atmosphérique pousse ce liquide dans le ballon. On doit veiller cependant à ce que le liquide froid s'écoule directement dans le résidu que contient le ballon et non sur les parois de celui-ci, dont il pourrait provoquer la rupture. En outre, il faut éviter l'introduction de peu de liquide nouveau dans un produit déjà concentré, abondant et chaud, ce qui détermine parfois une ébullition trop énergique.

243. Distillation fractionnée dans le vide. — La même disposition peut à la rigueur convenir pour la distillation fractionnée sous pression réduite.

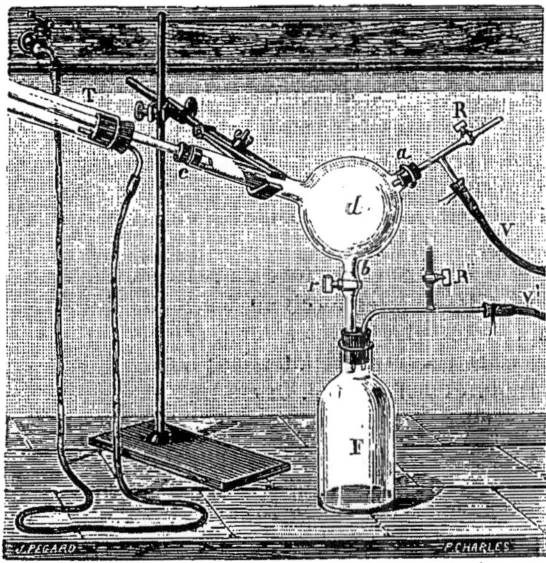

Fig. 129. — Distillation fractionnée dans le vide.

Mais l'obligation où l'on est d'interrompre l'opération et de démonter l'appareil à chaque fractionnement rend très pénible le traitement d'une quantité même assez faible de produit.

Il vaut mieux modifier la forme du récipient et constituer celui-ci par un ballon à deux tubulures *d* (fig. 129) : le réfrigérant T aboutit dans le col *c*; le tube en forme de T qui porte à la fois le robinet R servant à la rentrée de l'air et le conduit de la trompe V est fixé dans la tubulure supérieure a, tandis que la tubulure inférieure b est étirée et se termine par un robinet de verre r. A chaque séparation, on laisse rentrer l'air en d, et par le robinet r de la seconde tubulure, on fait écouler dans un flacon le liquide condensé. Après fermeture des robinets R et r, on fait le vide de nouveau et on continue la distillation. On évite ainsi de démonter les joints à chaque fractionnement. On n'évite pas, il est vrai, l'interruption de la distillation.

On y parvient, au contraire, en reliant, comme l'indique la figure 129, le robinet d'écoulement r au flacon F par un bouchon portant en même temps un tube à trois branches avec robinet R', semblable à celui du récipient. A l'aide d'une seconde trompe reliée à ce tube en V', on fait le vide dans le flacon où il devient alors possible de laisser écouler le liquide distillé, qui s'est rassemblé en d; on rend plus facile la vidange du récipient en fermant pour un instant la première trompe V, pendant que la seconde V' maintient le vide dans le système. Fermant enfin le robinet d'écoulement r et aspirant de nouveau par V, on rétablit les choses en l'état. On laisse enfin rentrer en R' l'air dans le flacon, que l'on remplace par un autre destiné à recevoir la fraction suivante. Afin de rendre cette substitution facile, le bouchon de F a été pris long et conique, de manière à s'adapter à toute la série des flacons à employer.

Quelquefois on termine le réfrigérant par un robinet à trois voies qui dirige le liquide alternativement dans deux récipients tubulés, en relation chacun avec une trompe. Cet arrangement rend nécessaire le démontage alternatif des récipients et leur nettoyage à chaque fractionnement, ce qui n'est pas sans inconvénient, étant donné que les joints constamment refaits doivent tenir vide.

244. **Distillation dans le vide avec rentrée de gaz.** — La distillation dans le vide s'opère le plus souvent en donnant des soubresauts. Dans le but de supprimer ces phénomènes dangereux pour l'appareil, on se contente souvent d'introduire dans le liquide certains corps poreux tels que du platine métallique ou des fragments de charbon. Plus efficacement, on utilise un fait dont l'influence sur l'ébullition est bien connue : on dirige dans le liquide des bulles d'air excessivement petites, qui suffisent à provoquer le dégagement régulier des vapeurs. A cet effet, on étire à la lampe un tube de verre, de façon à le terminer par une ouverture capillaire excessivement fine, tellement fine qu'en soufflant fortement par l'orifice sur une flamme de gaz, celle-ci ne révèle l'existence d'un courant d'air que par une déformation superficielle, très étroite et à peine sensible ; on adapte ce tube au bouchon du ballon, à côté du thermomètre, en faisant plonger sa pointe au fond du liquide. La rentrée d'air à laquelle il donne lieu lorsque le vide existe dans l'appareil, doit être assez faible pour qu'elle n'empêche pas la trompe de maintenir une raréfaction suffisante : on peut la régler en adaptant à l'orifice extérieur du tube effilé un tube de caoutchouc épais ; on écrase plus ou moins ce dernier à l'aide d'une pince à vis de façon à le fermer plus ou moins complètement.

245. La rentrée de l'air conduit en même temps à un résultat d'un autre genre, plus intéressant encore que le précédent. Sous les faibles pressions qui existent dans l'appareil, les mouvements et la condensation de la vapeur se font très lentement d'ordinaire. La rentrée dans le ballon d'une quantité d'air très petite, mais dont le volume s'accroît considérablement lorsqu'il prend la

très faible pression qui existe dans l'appareil, exerce une action mécanique énergique ; elle pousse activement vers le réfrigérant les vapeurs formées et détermine une nouvelle vaporisation. En donnant un développement suffisant au réfrigérant, on peut ainsi conduire avec rapidité une opération d'ordinaire languissante ; en pareil cas, on trouve avantageux de substituer au réfrigérant de Liebig en verre un serpentin métallique de plus grandes dimensions. Si de plus on ajoute au ballon un siphon permettant de le remplir sans démonter la fermeture (§ 242), on distille dans le vide avec rapidité. Le rendement maximum correspond à une rentrée d'air aussi grande que possible, mais insuffisante cependant pour élever sensiblement la pression intérieure ; il dépend par conséquent de la puissance de l'appareil aspirateur ; avec deux trompes ordinaires couplées, il est déjà considérable.

Lorsque l'air altère la substance distillée, on fait passer à sa place un gaz inerte, le gaz carbonique ou l'hydrogène par exemple ; il suffit pour cela de relier par un tube de caoutchouc l'appareil producteur de l'un de ces gaz avec le tube d'introduction.

D. — Sublimation.

246. La condensation du corps distillé sous la forme solide caractérise la sublimation. Le produit de cette opération est un *sublimé*.

Quand la température ne doit pas dépasser le rouge sombre, on opère la sublimation dans des cornues, des ballons ou des matras de verre,

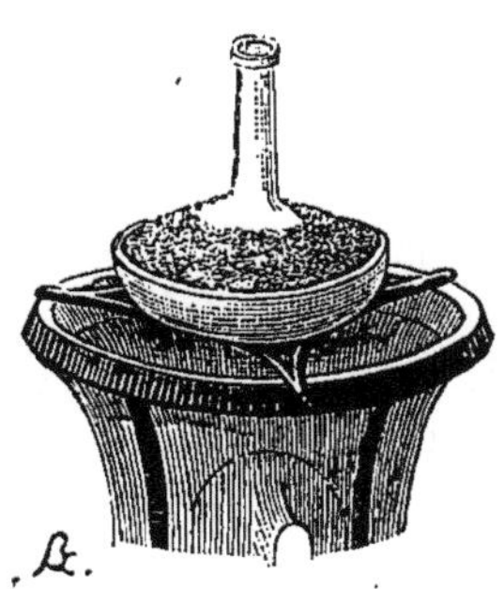

Fig. 130. — Sublimation.

que l'on chauffe au bain de sable pour éviter leur rupture. Si le produit est facilement condensable, on préfère les ballons et surtout les fioles à fond plat. On y introduit la matière à sublimer, en ayant soin de maintenir bien propre la partie supérieure du verre sur laquelle se déposera le produit, et on les enfonce dans du sable que contient un têt à rôtir ou un poêlon en tôle un peu large. Il est indispensable de sécher d'abord la matière, parce que l'eau condensée sur la paroi supérieure froide briserait la fiole en s'écoulant sur le verre chauffé ; pour cela, on commence par envelopper de sable toute la panse du vase (fig. 130) et par chauffer légèrement ; puis, lorsque l'humidité a été chassée, on découvre la partie vide de la fiole et on chauffe plus fortement. Le sublimé se dépose sur les parois du verre refroidies par l'air. La chaleur doit être réglée de telle manière que la condensation s'effectue à l'intérieur du vase et non dans le col, qui ne tarderait pas à être obstrué, accident susceptible d'entraîner l'explosion de l'appareil.

En cas d'obstruction, on peut généralement rétablir la communication du vase avec l'atmosphère, en introduisant dans le col une tige suffisamment chaude. Quand la substance sublimée est assez volatile, on empêche son entraînement au dehors par les mouvements de l'air, en fermant la fiole avec un bouchon que traverse un long tube de verre.

Il est évidemment nécessaire de briser le vase pour retirer le produit. Le mieux est de couper le verre régulièrement et sans secousses, dans la portion restée libre entre le sublimé et le résidu; on évite ainsi de mélanger ces derniers.

247. Dans l'appareil précédent, le refroidissement s'opérant par une petite surface seulement, il est difficile de sublimer des composés très volatils. Pour ceux-ci, on préfère l'appareil distillatoire le plus simple (fig. 131), en ayant soin de choisir une cornue à col assez large pour

Fig. 131. — Sublimation.

ne pas s'obstruer par la matière solide condensée. L'interposition d'une allonge entre la cornue et le récipient présente ici des avantages.

Lorsqu'on agit sur peu de substance, on introduit celle-ci au fond d'un tube en verre, long de quelques décimètres, large de 1 à 2 centimètres, et fermé par un bout. En chauffant sur un fourneau à tubes (§ 74, fig. 31, ou mieux § 87, fig. 45) la portion du tube qui se trouve remplie, les vapeurs doivent, pour s'échapper, parcourir toute la partie restée vide et froide; elles s'y condensent, si toutefois on a donné à cette partie vide une longueur suffisante.

248. Quand la température doit être portée jusqu'au rouge, les vases de verre se déforment, et par suite se brisent fréquemment. On se sert alors de cornues en grès (fig. 131) ou de cornues en verre lutées. Une *cornue lutée* est une cornue ordinaire dont la panse a été recouverte, au moins dans sa partie directement exposée au feu, d'une enveloppe réfractaire. Pour luter une cornue, on délaye de la *terre à four*, ou un mélange d'argile plastique et de sable fin, dans de l'eau rendue légèrement alcaline par un peu de carbonate de soude ou de borate de soude, et on en fait une bouillie fluide, bien homogène. On enfonce la panse de la cornue dans cette bouillie jusqu'à la hauteur à laquelle on veut la garnir, et on la relève doucement. Une couche de matière molle adhère à la cornue. Après dessiccation complète, on plonge de nouveau et de la même manière la cornue dans le mélange fluide; une deuxième couche de matière, plus épaisse que la première, se superpose à celle-ci, et on sèche de nouveau. En répétant cette opération deux ou trois fois, on dépose

à la surface du verre quelques millimètres de matière argileuse qui suffisent à protéger le verre contre les déformations. On lute un ballon de la même manière.

249. Pour les substances qui ne se subliment qu'à très haute température, et qui dès lors sont aisément condensées, on place la matière dans une capsule de porcelaine sans bec, que l'on recouvre avec une capsule semblable et renversée. On chauffe le vase inférieur, et la condensation se fait sur le second qui, placé au-dessus, ne se trouve pas exposé à l'action directe du foyer.

On a conseillé, pour rendre la condensation plus parfaite, d'enrouler un tube de plomb en hélice dont les spires sont entre elles en contact immédiat, d'appliquer exactement sur la capsule supérieure le disque ainsi formé, en lui donnant une forme concave, et de faire passer dans le tube de plomb un courant continu d'eau froide.

Des têts à rôtir peuvent remplir le même office que les capsules. Quelquefois aussi on emploie deux creusets de terre.

Une modification de ce dispositif consiste à n'employer qu'une seule capsule ou qu'un seul têt, et à superposer un entonnoir de verre dont les bords entrent légèrement dans la capsule ou dans le têt.

250. Enfin, pour les matières les moins volatiles et ayant des vapeurs très denses, on les chauffe dans un tube de grès ou de porcelaine, dont elles occupent l'une des extrémités; en même temps, par un courant de gaz inerte, on entraîne leurs vapeurs vers la partie libre du tube, que l'on a soin de chauffer moins fortement ou même de laisser froide.

251. Quant aux substances organiques qu'on se propose de sublimer par quantités un peu importantes, on les place dans une marmite de fonte ou mieux dans un vase de terre dit *camion* (fig. 132); on recouvre l'ouverture par une feuille de papier à filtrer, tendue et collée sur les bords du vase, et on surmonte le tout d'un cône en carton mince ou en papier fort. Ce cône, ouvert à sa pointe, est maintenu roulé par quelques bandes de papier collées sur le joint à sa surface; il est coupé vers sa base normalement à son axe. On l'applique sur les bords du vase qu'il recouvre complètement, et on l'y maintient par une bande de papier, collée simultanément sur le cône et sur le vase. On chauffe ce dernier; les vapeurs émises par la substance traversent le papier à filtrer et se répandent dans le cône sur les parois froides duquel elles se condensent. On règle la distillation en chauffant de manière à provoquer le départ d'une petite quantité de vapeur par la pointe du cône, sans que cette quantité soit cependant assez forte pour constituer une perte notable de produit. La feuille de papier à filtrer empêche les projections de souiller les cristaux; elle empêche aussi ces derniers, lorsqu'ils se détachent du

Fig. 132. — Sublimation.

cône, de retomber sur le résidu. Après refroidissement, on recueille facilement le sublimé en coupant le joint de papier et soulevant le cône de carton.

E. — Distillation sèche.

252. Ainsi qu'il a déjà été dit, la distillation sèche n'a de commun avec la distillation proprement dite que la forme des appareils à l'aide desquels on l'exécute : elle a pour but de provoquer, par l'action d'une température élevée, des décompositions dont on recueille les produits condensables. Elle s'applique surtout aux substances organiques.

On la pratique quelquefois dans des cornues de verre peu fusible. L'appareil employé est alors analogue à celui représenté plus haut (fig. 117, § 221). On chauffe la cornue, soit au bain d'huile (§ 121, p. 77), soit au bain de sable (§ 114), soit même à feu nu, en la protégeant par une toile métallique. Les vapeurs se condensent dans le ballon tubulé, et les gaz s'échappent par le tube droit.

On fait aussi usage de modes de réfrigération plus perfectionnés, de réfrigérants à tubes, par exemple.

253. Comme dans la sublimation, la température à laquelle on opère rend avantageux l'emploi des vases lutés (§ 248). Toutefois, la fragilité du verre,

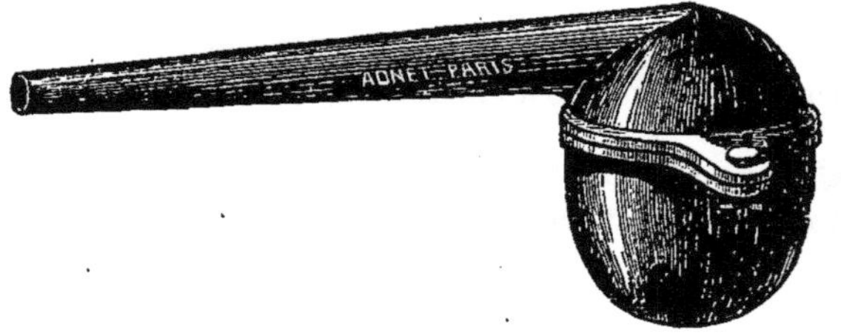

Fig. 133. — Cornue pour distillation sèche.

même quand il est protégé par un lut argileux, fait employer de préférence, pour les opérations en petit, les cornues de grès (§ 176), et pour les distillations sèches de quantités importantes de matières, les cornues de fonte ou de cuivre. On perd alors la facilité que donne la transparence du verre pour la surveillance de l'opération. D'autre part, on construit les cornues métalliques en deux pièces, que l'on fixe l'une sur l'autre au moyen de boulons (fig. 133); le chargement et le nettoyage se font ainsi très aisément.

3.

ÉVAPORATION.

254. ÉVAPORATION. — L'évaporation qui, au point de vue physique, tient de très près à la distillation, se pratique surtout lorsqu'on se propose d'extraire une matière en dissolution dans un liquide, par l'expulsion de ce dernier sous forme de vapeurs que l'on abandonne dans l'atmosphère.

Poussée jusqu'à un certain degré seulement, et non jusqu'à élimination complète du dissolvant, l'évaporation est nommée *concentration*. Elle est dité *à siccité* ou *à sec*, lorsqu'elle a chassé la totalité du dissolvant et laissé le corps dissous sous la forme d'un résidu sec.

La vaporisation du liquide à éliminer s'effectue forcément à des températures variables avec sa nature.

L'évaporation est *spontanée* lorsqu'on place la solution dans un vase à large surface, un cristallisoir par exemple, qu'on abandonne à la température ordinaire. Les vapeurs émises sont entraînées dans l'atmosphère. Il est nécessaire, lorsqu'on évapore spontanément des liquides peu volatils et que, par suite, l'opération doit durer longtemps, de fermer le vase par une feuille de papier à filtrer fixée sur ses bords : cette fermeture, que les vapeurs traversent aisément, arrête les poussières atmosphériques qui souilleraient le produit.

Si l'action d'une légère élévation de température est sans inconvénient, on peut placer le vase dans une étuve plus ou moins chaude, ce qui accélère beaucoup l'évaporation.

On arrive plus vite encore au même résultat en chauffant le mélange sur un bain-marie (§ 116), sur un bain de sable (§ 114) ou même à feu nu. On le place alors dans une capsule de porcelaine qui, largement ouverte, facilite le renouvellement de l'air à la surface du liquide et rend plus rapide sa vaporisation. On peut même exagérer le phénomène en dirigeant à la surface du mélange à évaporer un jet d'air fourni par une soufflerie.

Enfin, si l'on n'a à craindre ni l'altération ni la volatisation du produit par la chaleur, on porte directement le mélange à l'ébullition. Cette méthode est évidemment la plus prompte.

On est guidé dans le choix à faire de l'une des méthodes précédentes par les propriétés du dissolvant et du corps dissous, notamment par les actions qu'exercent sur eux la chaleur et l'oxygène de l'air.

Quand ces actions, ou seulement l'une d'entre elles, rendent inapplicables les procédés indiqués, on pratique l'évaporation dans le vide. On fait usage pour cela des appareils à distiller dans le vide (§ 238 et suivants) ou de ceux dont il sera question plus loin à propos de la dessiccation dans le vide (§ 264 et suivants).

255. Cheminées a tirage artificiel. — Les vapeurs qui se répandent dans l'atmosphère pendant l'évaporation ne sont pas sans présenter des inconvénients pour les opérateurs. La vapeur d'eau est relativement peu incommode, mais presque toutes les autres vapeurs ne peuvent être supportées dès qu'elles sont en quantité notable. On s'en débarrasse d'ordinaire en pratiquant l'évaporation sous la hotte d'une cheminée à tirage énergique. Le plus souvent, si aucun foyer important ne se trouve en activité sous la hotte d'une cheminée, elle ne livre passage qu'à un courant gazeux très faible ou nul, parfois même elle sert à une introduction d'air dans la pièce. On règle son fonctionnement en même temps qu'on augmente beaucoup son efficacité en disposant à l'orifice inférieur du tuyau, dans la partie où celui-ci prend sa

largeur la plus faible, un brûleur à gaz dit *papillon* (§ 82) ; ce dernier échauffe
la colonne gazeuse pénétrant dans le tuyau, diminue sa densité et par suite
accélère d'autant plus le mouvement ascensionnel que le conduit vertical est
plus long. Une même quantité de chaleur dégagée en tout autre endroit
agirait beaucoup moins efficacement. Si la hotte est allongée horizontalement,
on la divise par des cloisons verticales en autant de sections qu'il existe d'orifices d'évacuation ; on évite ainsi que les vapeurs et les gaz à entraîner se
répandent dans les parties latérales, d'où ils retombent à l'intérieur du laboratoire après s'être refroidis.

256. *Cages fermées*. — Pour les vapeurs très incommodes qui, répandues
même en petite proportion dans l'atmosphère, rendent celle-ci pénible ou
dangereuse à respirer, cette pratique est insuffisante ; elle n'empêche pas les
contre-courants, qui se produisent toujours un peu dans la largeur de la hotte,
de ramener des traces de vapeur dans le laboratoire ; il faut alors avoir recours aux *cages fermées*. Celles-ci consistent en une petite chambre close sur
tous les côtés par de la maçonnerie sauf sur la face antérieure, et disposée sur
la paillasse d'une cheminée. L'espace clos se rétrécit régulièrement à sa partie supérieure et se termine par un tuyau de cheminée dans lequel on provoque
un tirage artificiel au moyen d'un brûleur à gaz, disposé ainsi qu'il vient d'être
dit. La face antérieure est fermée par un châssis vitré, mobile verticalement
et maintenu dans telle position qu'on veut lui donner, par un système de contrepoids dissimulés dans les montants de la maçonnerie. On opère dans cette
chambre en baissant le châssis jusqu'à une hauteur telle qu'aucune portion
des vapeurs formées ne vienne dans l'atmosphère du laboratoire et que la
totalité soit entraînée par la cheminée.

Il est évident qu'une condition indispensable du bon fonctionnement de ces
cages à tirage artificiel, dites encore *cages à évaporation*, aussi bien d'ailleurs
que de celui des cheminées, est que l'air extérieur ait un large accès à l'endroit
où elles se trouvent.

Dans un laboratoire bien disposé, les appareils de ventilation artificielle
devraient agir par propulsion et produire à l'intérieur de la pièce un léger
excès de pression par rapport à l'atmosphère extérieure ; toutes les évacuations de gaz ou de vapeurs nuisibles se feraient alors avec facilité. Ce n'est pas
ce qui a lieu d'ordinaire, les évacuations étant presque toujours obtenues par
aspiration, ainsi qu'il vient d'être dit, avec des entrées d'air généralement
insuffisantes et partant incommodes pour les opérateurs.

4.

DESSICCATION.

257. La dessiccation a pour but l'élimination d'un liquide volatil qui
souille un corps solide. Elle procède par évaporation du liquide. Le plus
fréquemment elle s'applique à l'élimination de l'eau, mais on la pratique
aussi pour les autres liquides employés comme véhicules dans la préparation des composés solides.

258. DESSICCATION A L'AIR. — Lorsque le corps à éliminer est suffisamment volatil, la dessiccation peut se faire à la température ordinaire.

Souvent on se borne à exposer le corps à l'action de l'air. Pour le protéger des poussières atmosphériques, on l'étale sur l'une des moitiés d'une feuille de papier à filtrer, on abaisse sur lui l'autre moitié et on fixe les bords du papier superposés, en les repliant ensemble deux ou trois fois. Les vapeurs traversent le papier et s'échappent dans l'atmosphère. C'est la *dessiccation à l'air libre*. Appliquée à chasser l'eau, elle n'est jamais complète, ce corps étant toujours présent dans l'air : elle est en outre peu rapide.

On active beaucoup la dessiccation à froid et on la rend plus complète, en enfermant la masse à dessécher dans une enceinte limitée, avec un corps capable d'absorber les vapeurs à éliminer.

Pour l'eau, les *corps desséchants* les plus usités sont l'acide sulfurique concentré, le chlorure de calcium desséché, la chaux vive, l'anhydride phosphorique.

Le dernier de ces agents est celui qui dessèche le plus parfaitement ; on l'emploie isolé, ou mieux, mélangé avec de la pierre ponce granulée et sèche.

Après lui vient l'acide sulfurique, mais celui-ci, en fixant l'eau, donne des hydrates moins denses qui le recouvrent et arrêtent son action, il est donc indispensable d'agiter fréquemment ou mieux de renouveler le liquide ; on peut encore le répandre à la surface d'une matière inerte très poreuse (voy. *Ponce sulfurique*).

La chaux vive n'agit qu'avec lenteur ; de plus elle devient pulvérulente en s'hydratant, et se répand dans l'atmosphère à dessécher.

Quant au chlorure de calcium anhydre, il ne produit jamais une dessiccation parfaite, ses hydrates émettant de la vapeur d'eau avec une tension sensible, même à la température ordinaire ; il est d'un usage tellement commode qu'on l'emploie néanmoins d'une manière courante : le sel fondu présente une surface d'action trop faible, on doit préférer le sel simplement desséché, qui est poreux et léger.

Pour absorber l'alcool, on emploie l'acide sulfurique concentré ; quant aux hydrocarbures tels que la benzine ou le toluène, on les retient par du caoutchouc non vulcanisé mais laminé en feuilles minces, par de la vaseline ou même par des corps gras.

259. Vases a dessécher. — S'il s'agit de dessécher des petites quantités de matière, et principalement en analyse, on se sert des *vases à dessécher* ou *dessiccateurs* qui sont d'un usage journalier.

Ils consistent en une conserve de verre à couvercle (fig. 134), dans laquelle on enferme simultanément la substance à dessécher et du chlorure de calcium sec. Les bords du couvercle sont rodés à l'émeri sur le cordon de verre qui avoisine le haut de la conserve ; enduits d'un corps gras ou de vaseline, ils forment une fermeture hermétique. Le chlorure de calcium en fragments est déposé au fond du vase : on place la substance à dessécher dans une capsule placée elle-même sur un trépied un peu élevé, en métal ou mieux en verre. On obtient ce der-

nier en recourbant deux fois à angle droit trois baguettes de verre plein,
dont on assemble deux à deux les branches latérales au moyen d'anneaux de caoutchouc, détachés d'un tube épais par un coup de ciseaux.
Les vapeurs émises par la matière humide sont absorbées par le chlorure de calcium qui maintient sèche l'atmosphère intérieure.

Fig. 134. — Vase à dessécher.

D'ailleurs cet appareil, aussi bien que les suivants, sert fréquemment
en analyse à tenir à l'abri de l'humidité de l'air les objets qu'on doit

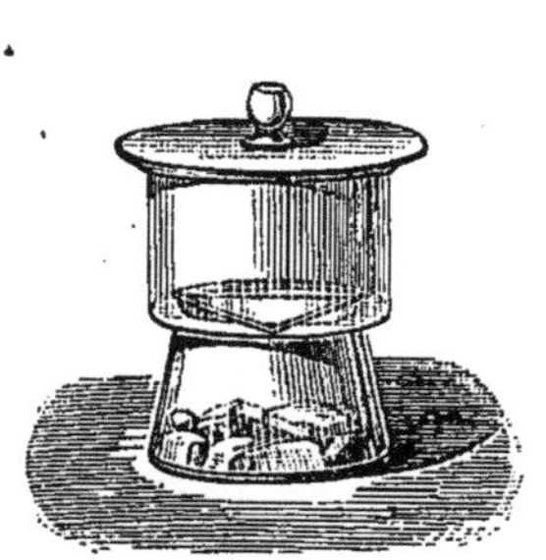

Fig. 135. — Vase à dessécher.

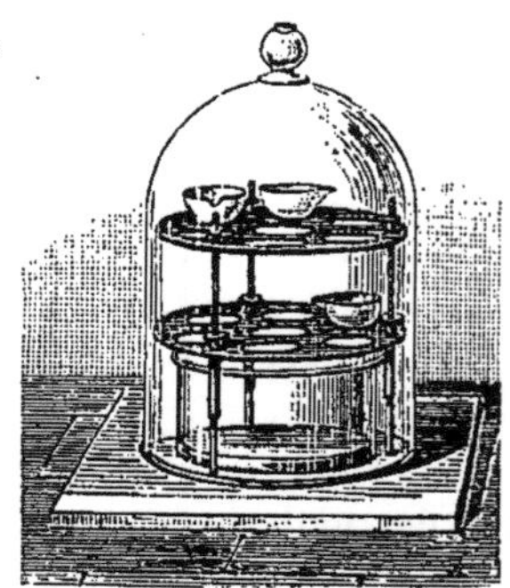

Fig. 136. — Cloche à dessécher.

laisser refroidir : capsules de platine, creusets de porcelaine, etc. On
le transporte au voisinage des balances sur lesquelles ces objets doivent être pesés secs.

La conserve peut être fermée plus simplement par une lame de glace
rodée sur ses bords. On la remplace souvent par un vase spécial (fig. 135),
présentant à la moitié de sa hauteur un étranglement ; sur la saillie

intérieure formée par celui-ci, on dépose un triangle de verre destiné à supporter le corps à dessécher. La substance desséchante occupe le fond du vase dont l'orifice est fermé exactement par une glace rodée et graissée.

260. Les vases précédents se transportent facilement, mais ils ne peuvent recevoir que des objets peu volumineux. Les *cloches à dessécher* (fig. 136) donnent un espace libre plus considérable. Elles sont dressées et rodées sur leurs bords, de telle sorte' qu'elles peuvent s'appliquer exactement sur une glace plane, également rodée ; le joint est rendu étanche par un peu de suif ou de vaseline. Sur la glace découverte, on place un vase plat, un cristallisoir, contenant de l'acide sulfurique concentré, et supportant par ses bords un triangle fait d'une forte baguette de verre recourbée deux fois à 60° ; on dépose sur le triangle l'objet à dessécher et on recouvre le tout de la cloche. Cette disposition du support est représentée plus loin (fig. 139, p. 168). En substituant au triangle des plaques métalliques percées de trous, portées par trois pieds vissés qui reposent sur la glace, et telles que celles représentées dans la figure 136, on peut placer simultanément plusieurs objets sous une même cloche.

Les vases à dessécher dans le vide (§ 263 et suivants), servent également pour la dessiccation sous la pression ordinaire. Il suffit de maintenir leur robinet fermé et de s'en servir comme il vient d'être dit.

261. DESSICCATION A CHAUD. — La dessiccation à froid est lente ; en élevant la température du corps à dessécher, on augmente la tension des vapeurs qu'il émet et on accélère beaucoup l'élimination des produits volatils.

L'instrument par excellence de la dessiccation à chaud est l'étuve. On a indiqué plus haut (§ 128 à § 132) les divers systèmes d'étuves les plus usités. On dépose les vases contenant le corps à dessécher sur une tablette de l'étuve, on chauffe celle-ci et on y établit un léger courant d'air.

La température à laquelle on doit chauffer étant variable avec la nature du corps, nous n'avons pas à y insister ici. Il faut dire cependant que, dans beaucoup de cas, cette température doit être réglée avec soin : si elle n'est pas constante, elle peut faire varier la composition du produit desséché. C'est ainsi que les sels hydratés, avant de devenir anhydres, passent fréquemment par des états d'hydratation intermédiaires, leur composition provisoire étant déterminée par la température à laquelle on les a soumis. On est dès lors conduit à faire fonctionner les étuves avec des régulateurs de température (§ 104 à § 109).

262. Lorsque la quantité du corps à dessécher est faible, s'il s'agit d'une matière à analyser par exemple, on peut encore l'introduire dans un tube qui traverse d'outre en outre une étuve portant des tubulures latérales disposées à cet effet, et chauffer à la température voulue. Pendant toute la durée de la dessiccation, on fait passer dans le tube un courant d'air parfaitement sec ; pour cela on établit par l'une des extrémités une légère aspiration, tandis que l'autre extrémité est reliée à un système de tubes, ouvert dans l'atmosphère et contenant des matières desséchantes, telles que la pierre ponce imbibée d'acide sulfurique ou le chlorure de calcium sec. Quelquefois on recourbe deux fois le tube contenant la substance, de manière à faire plonger la partie

médiane dans un bain-marie ou dans un bain d'huile, tandis que les branches verticales émergent du liquide ; on préfère généralement lui donner la forme d'une ampoule (fig. 137) dans laquelle s'étale la matière, qui présente ainsi à l'air une plus grande surface d'action. La même disposition est avantageuse pour dessécher à chaud, dans un courant de gaz inerte, les corps que l'air peut altérer.

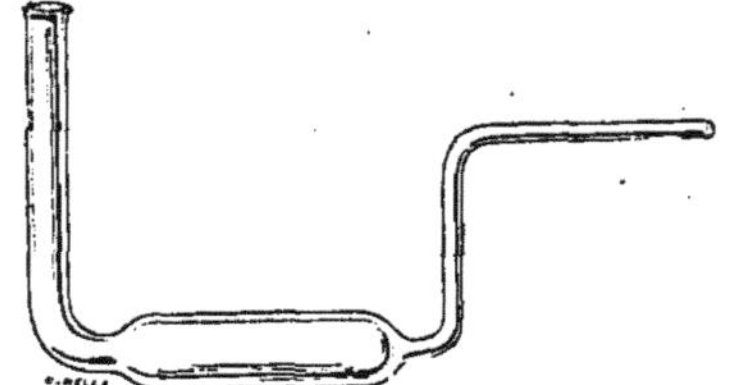

Fig. 137. — Ampoule à dessécher.

263. *Disque métallique.* — Pour dessécher les petites quantités de matière mises en œuvre dans l'analyse minérale quantitative, M. Frésénius se sert d'un disque métallique, sorte d'intermédiaire solide (§ 114 et 115) qui régularise le chauffage et répartit la chaleur entre les différents échantillons de substance qu'on met en contact avec lui.

L'appareil est constitué par un disque en fonte de fer, pesant environ 8 kilogrammes, de 21 centimètres de diamètre et de 37 millimètres d'épaisseur, porté sur trois pieds en fer (fig. 138). Il est creusé de six cavités cylindriques, polies à l'intérieur, de 18 millimètres de profondeur et de 55 millimètres de diamètre, disposées circulairement vers le bord du disque. Cinq petits poêlons en laiton s'insèrent exactement dans cinq de ces cavités ; ils portent des appendices servant de manches, qui trouvent place exactement dans des rainures de mêmes dimensions creusées sur le bord du disque ; c'est dans ces vases, dont chacun est numéroté comme la cavité qu'il occupe, qu'on place les objets à dessécher. Un sixième vase de laiton, de forme plus haute, reçoit le réservoir du thermomètre nécessaire à la conduite de l'appareil ; il est garni

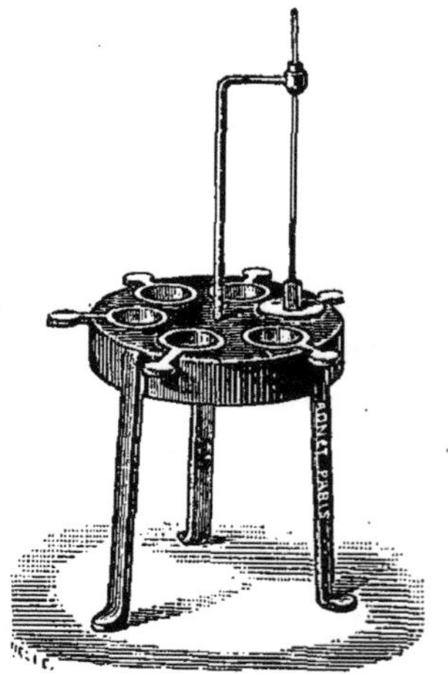

Fig. 138. — Disque dessiccateur de M. Frésénius.

de limaille de laiton. Quand on place un brûleur Bunsen au-dessous du disque, en dirigeant la flamme suivant l'axe, la chaleur se répartit avec une exactitude suffisante pour qu'on obtienne à peu près la même température dans les six vases de laiton. Dans ces conditions, la dessiccation des produits s'effectue à chaud et à l'air libre.

264. Dessiccation dans le vide. — A toute température, la dessiccation des solides et des liquides s'opère mieux sous pression réduite. A froid, on place la substance dans une cloche à dessécher, semblable à celle indiquée plus haut, mais portant à sa partie supérieure une douille à laquelle s'adapte un bouchon que traverse un robinet de verre (fig. 139). On fait communiquer celui-ci par un tube de caoutchouc épais, avec un appareil à raréfier l'air ; puis, le vide étant suffisant, on ferme le robinet et on abandonne l'appareil à lui-même. La dessiccation s'effectue peu à peu. La pression dans la cloche au moment où l'on ferme le robinet est indiquée par le manomètre de la machine aspirante, mais plus tard une rentrée d'air peut se produire par une fuite sans qu'on en soit prévenu. En introduisant sous la cloche un petit baromètre tronqué, celui-ci indique constamment la pression intérieure ; le niveau du mercure qu'il renferme reste immobile quand la fermeture est bien étanche. Enfin, en plaçant dans la cloche une plaque métallique percée de trous (fig. 136), celle-ci peut servir de support pour plusieurs objets qu'on dessèche simultanément.

Un point important est d'employer une glace rodée d'épaisseur suffisante, une dalle de verre préférablement. Il arrive, surtout pour les cloches larges, que les glaces ordinaires ne résistent pas à la pression atmosphérique et se brisent, ce qui occasionne des projections dangereuses.

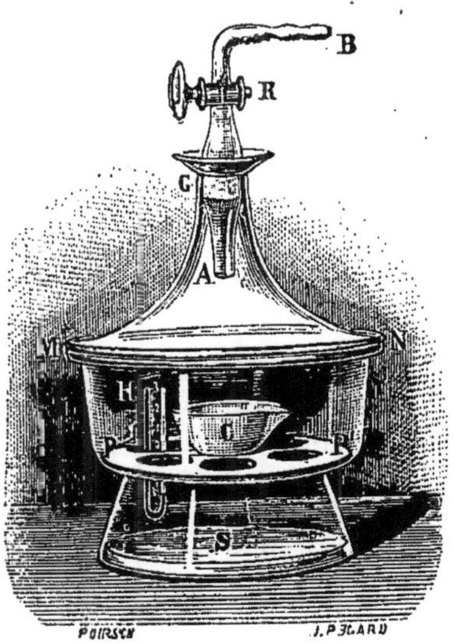

Fig. 139. — Cloche à dessécher dans le vide.

Fig. 140. — Vase à dessécher dans le vide de Chancel.

On fait encore assez fréquemment usage dans le même but d'une cloche ordinaire à bouton (fig. 136) que l'on dispose sur une platine rodée semblable à celles des machines pneumatiques. Le conduit qui traverse les platines de ce genre, porte extérieurement un robinet à ajutage par lequel on fait le vide dans la cloche. Ces appareils coûteux sont dépourvus d'avantages particuliers.

265. Pour les très petits objets, les creusets d'analyse par exemple, on trouve avantage à remplacer la cloche par un petit vase à dessécher plus facilement mobile. Celui-ci consiste (fig. 140) en un vase à dessécher ordinaire, dont le couvercle rodé MN est conique à sa partie centrale et se termine par une douille portant le tube à robinet BRA, au moyen duquel on fait le vide. Les objets tels que C, s'y placent sur une lame métallique perforée PP', qui supporte également un petit baromètre tronqué H.

266. Lorsque, après avoir maintenu une substance dans l'atmosphère sèche des appareils précédents, on laisse rentrer l'air extérieur, celui-ci prend une vitesse considérable et peut entraîner des parcelles de la substance au dehors du vase qui la contient ; de plus, cet air peut introduire des poussières extérieures qui souillent le produit ; enfin, se dilatant brusquement au moment où il pénètre dans l'appareil, il se refroidit et laisse déposer à l'état condensé une partie de la vapeur d'eau qu'il renferme.

Le dernier accident est facile à éviter en forçant l'air rentrant à traverser au préalable un tube contenant une matière desséchante ; on relie ce tube au robinet par un joint de caoutchouc.

Le premier ne présente un inconvénient réel que si l'on ouvre trop fortement le robinet ; il est néanmoins prudent de s'en garantir en adaptant un tube étiré à l'extrémité extérieure du tube, ce qui maintient dans tous les cas la lenteur du courant d'air. La figure 140 montre un arrangement qui évite à la fois l'action mécanique de l'air et la rentrée des poussières, et qui est d'ailleurs applicable dans tous les cas, aussi bien aux cloches (§ 264) qu'aux vases mobiles (§ 265) : le tube portant le robinet est fortement dilaté à l'intérieur de la douille en une sorte d'ampoule G, que l'on remplit de coton ou d'amiante ; ces matières fibreuses forment un tampon serré, lequel est maintenu par un tissu attaché au bourrelet de l'orifice assez large qui termine l'ampoule en A. L'air rentrant se filtre sur ce tampon et arrive dans l'appareil par une ouverture suffisamment élargie pour qu'il ait perdu, au moins en grande partie, sa vitesse ; cela est indispensable pour éviter tout entraînement mécanique. La portion dilatée du tube peut d'ailleurs être rodée sur la douille de la cloche, ainsi que le montre la figure, ce qui dispense de tout autre bouchage.

267. La dessiccation dans le vide s'opère quelquefois à chaud. On introduit la matière dans un petit ballon, auquel on adapte un bouchon traversé par un tube ; celui-ci communique avec un instrument à faire le vide, par l'intermédiaire d'un second tube plus large et rempli de pierre ponce imbibée d'acide sulfurique. On chauffe la matière au bain-marie ou au bain d'huile, jusqu'à la température voulue, puis on fait le vide. Après quelques minutes, on laisse rentrer de l'air, qui se dessèche préalablement sur la ponce sulfurique, puis on fait de nouveau le vide pour laisser encore rentrer de l'air sec ; et on continue ainsi jusqu'à dessiccation complète.

D'ailleurs, l'appareil indiqué plus haut pour la dessiccation dans un courant d'air sec (§ 262) peut être employé dans le cas actuel ; il suffit de fermer l'arrivée de l'air par un robinet, pour qu'on puisse alternativement faire le vide dans le tube et laisser rentrer de l'air sec.

Une disposition très simple et qui donne cependant d'excellents résultats, consiste à placer la substance dans un tube bouché ou mieux dans un petit ballon plongeant dans le bain de chauffage ; ce vase porte à son orifice fermé deux tubes : l'un, celui par lequel on fait le vide, s'arrête au-dessous du bouchon ; l'autre, finement effilé à sa partie extérieure, pénètre jusque vers la substance et laisse rentrer constamment une quantité d'air extrêmement petite, suffisante pour entraîner les vapeurs dégagées, mais non pour augmenter sensiblement la pression intérieure (§ 244). En réunissant par un joint de caoutchouc l'ouverture extérieure du tube effilé à un vase dans lequel l'air se dessèche sur de la ponce sulfurique avant de pénétrer dans l'appareil, et en se servant comme aspirateur d'une bonne trompe ou mieux de deux trompes couplées, on atteint en fort peu de temps une dessiccation complète.

268. DESSICCATION EN ANALYSE. — Lorsque les corps soumis à l'analyse ont séjourné dans l'air, ils ont pris à celui-ci une partie de son humidité. Le poids d'eau qu'ils retiennent ainsi est variable avec l'état hygrométrique de l'air. La nécessité de faire une prise d'essai d'un poids exactement connu entraîne l'élimination de cette *humidité*. L'opération est très simple lorsque la matière ne contient pas d'eau sous une autre

forme que l'humidité atmosphérique condensée ; elle devient plus délicate lorsqu'il s'agit de composés renfermant de l'*eau de cristallisation* ou même de l'*eau de constitution*, qu'ils peuvent perdre en totalité ou partiellement par la dessiccation.

Dans le premier cas, il suffit de mettre en usage l'un des moyens de dessiccation qui viennent d'être indiqués, en opérant soit à froid, soit à chaud, sans atteindre cependant la température où commence l'altération de la substance. Pour reconnaître si la dessiccation est complète, ou du moins aussi complète qu'elle peut l'être dans les conditions de température et de pression adoptées, on doit se servir d'un caractère à la fois facile à constater et rigoureux, c'est la constance du poids du corps : on pèse donc celui-ci avec le vase qui le contient, capsule ou creuset, et on le pèse de nouveau après une dessiccation suffisamment prolongée ; en répétant successivement les dessiccations et les pesées, l'élimination de l'eau n'est terminée que lorsque deux pesées consécutives donnent, par l'identité de leurs résultats, la preuve que le corps a cessé de perdre de l'humidité.

Quand il faut tenir compte d'une élimination possible de l'eau de cristallisation ou de constitution, on est beaucoup plus limité dans le choix des moyens à employer. Il est alors nécessaire de s'arrêter à des procédés appropriés à la nature du corps lui-même, en se guidant sur les inconvénients ou sur les avantages que l'on trouve à lui enlever telle ou telle quantité d'eau. Ce qu'il faut surtout ne pas perdre de vue, c'est l'obligation d'amener le produit à une composition stable et invariable, à laquelle seront rapportées les analyses. A cet effet, on dessèche le corps à analyser jusqu'à ce que son poids reste constant dans les conditions adoptées pour la dessiccation. On opère dans l'air sec ou dans le vide, à froid ou à chaud, en un mot, une quelconque des méthodes indiquées plus haut peut être choisie, mais il est indispensable d'appliquer cette méthode exactement et sans modification, jusqu'à élimination totale de l'eau susceptible d'être enlevée dans les circonstances de température et de pression qui ont été adoptées. Ces dernières seront toujours indiquées avec le résultat de l'analyse, la perte d'eau pouvant être très différente, si la dessiccation avait lieu à une autre température et sous une autre pression.

Pour les matières inaltérables par la chaleur, on les dessèche grossièrement, puis on achève de chasser l'eau en les portant jusqu'au rouge et en les calcinant (§ 201 et suivants). C'est là un procédé de dessiccation très usité en analyse minérale.

CHAPITRE IX

DISSOLUTION.

269. DISSOLUTION, SOLUBILITÉ, SATURATION. — Quand un corps liquide est mis en contact avec un autre corps, solide ou liquide, il arrive souvent que tous deux s'unissent pour former un système liquide homogène. On donne les noms de *dissolution* ou de *solution*, aussi bien à l'action qui s'est accomplie qu'au produit qui en est résulté.

Parfois le liquide formé renferme les composants en proportions définies et il ne peut s'unir avec une nouvelle quantité de l'un d'eux ; on a alors affaire à une véritable combinaison. Mais, le plus fréquemment, le produit peut se mêler avec des proportions quelconques de l'un des composants, et donner une infinité de systèmes liquides homogènes, de compositions variées ; ces dernières circonstances caractérisent la dissolution. Le phénomène accompli est à la fois d'ordre physique et d'ordre chimique ; il comporte, en effet, la production de combinaisons souvent très nombreuses entre le *dissolvant* ou *véhicule* et le corps dissous, en même temps que la diffusion de ces combinaisons dans la masse liquide tout entière. Tantôt l'action chimique domine et la dissolution est accompagnée d'un dégagement de chaleur ; tantôt, au contraire, l'action physique est prépondérante, et c'est une absorption de chaleur qui se manifeste.

Dans des conditions physiques données, un *dissolvant* ne se charge que d'une quantité limitée du *corps dissous*. La limite étant atteinte, la dissolution est dite *saturée ;* cette limite caractérise la *solubilité* du corps dans le dissolvant. On nomme *coefficient de solubilité* d'un corps dans un dissolvant, pour des circonstances physiques données, le poids de ce corps qui forme, avec 100 parties du dissolvant, une solution saturée. D'ordinaire le phénomène de la dissolution s'accompagne d'une contraction. La densité des liqueurs formées par les mêmes composants varie avec les proportions de ces derniers ; aussi cette densité est-elle souvent utilisée pour apprécier la concentration des dissolutions. Les phénomènes de dissolution modifient d'ailleurs la plupart des constantes physiques des corps en présence : points de solidification, points d'ébullition, tensions de vapeur, couleurs, indices de réfraction, pouvoirs rotatoires, actions capillaires, etc.

270. Parmi les circonstances qui influent sur la dissolution, on doit citer spécialement la nature des deux corps en présence, leur température, l'intervention d'une ou plusieurs substances étrangères dans la dissolution, et enfin celle d'un second dissolvant non miscible au premier.

Relativement à la *nature des corps*, on ne peut formuler aucun principe précis. D'une manière générale, mais en relevant de nombreuses exceptions, on constate que les composés analogues chimiquement se dissolvent en abondance. Les alchimistes disaient : « Le semblable dissout son semblable. »

Le plus souvent la quantité d'un corps qui se dissout dans un poids constant d'un même dissolvant augmente avec la *température*, suivant une loi propre aux deux substances en présence. Toutefois, certains sels sont plus solubles dans l'eau à froid qu'à chaud. Quelques-uns présentent une solubilité croissante avec la température jusqu'à une certaine limite au delà de laquelle leur solubilité va en diminuant; le sulfate et le carbonate de soude, dans leurs dissolutions aqueuses, montrent des faits de ce genre.

Si à une dissolution saturée d'un corps on ajoute *un autre corps* soluble dans le dissolvant employé, le second corps se dissout; de plus, la dissolution cesse le plus souvent d'être saturée par rapport au premier, dont elle peut prendre une nouvelle proportion. Cette règle basée sur l'observation des dissolutions des sels dans l'eau comporte néanmoins des exceptions nombreuses.

Enfin, étant donnés deux dissolvants non miscibles l'un à l'autre, et un corps soluble dans chacun d'eux, si l'on agite une dissolution faite dans le premier dissolvant avec une certaine quantité du second, le corps dissous se partage entre les deux liquides. Les quantités dissoutes par un même volume de ces deux liqueurs sont entre elles dans un rapport constant (*coefficient de partage*), lequel dépend seulement de la nature des corps, de la concentration et de la température (MM. Berthelot et Jungfleisch).

271. Sursaturation. — Lorsqu'à température fixe on maintient un corps en contact avec un dissolvant, ce corps étant en excès, la quantité dissoute ne dépasse jamais celle qui correspond au coefficient de solubilité. Mais si on laisse refroidir, hors de la présence d'un excès du corps dissous, une solution saturée à chaud, il arrive souvent qu'elle ne laisse déposer aucune quantité de ce corps; elle en renferme cependant une proportion plus grande que celle qui correspond à la saturation produite comme nous venons de le dire. Une semblable dissolution est dite *sursaturée*.

Des dissolutions de ce genre peuvent encore être obtenues en concentrant par évaporation les dissolutions saturées.

Les dissolutions sursaturées sont en quelque sorte en équilibre instable; le contact d'un fragment du corps dissous ou d'une substance isomorphe avec lui suffit pour rompre cet équilibre et provoquer le dépôt de la matière dissoute en excès, la liqueur se retrouvant dès lors dans les conditions d'une solution saturée normalement.

On indiquera plus loin, à propos du sulfate de soude, de l'hyposulfite de soude, de l'acétate de soude, etc., diverses expériences de sursaturation.

272. Dissolvants. — Tous les liquides peuvent être employés comme dissolvants, mais il en est quelques-uns dont l'usage s'est plus généralement répandu dans les laboratoires.

L'eau est le dissolvant par excellence, aussi bien des substances organiques que des substances minérales; mais, pour ces dernières, aucun liquide ne les dissout en plus grand nombre. L'alcool, l'éther, le sulfure de carbone, l'acétone, le chloroforme, l'acide acétique cristallisable, l'alcool amylique, le phénol, l'aniline, les hydrocarbures divers, sont également fort employés, surtout pour la dissolution des composés organiques.

273. DISSOLUTION SIMPLE. — Le corps à dissoudre peut être isolé, ce qui est le cas le plus favorable ; il peut, au contraire, être mélangé à d'autres substances insolubles qui le protègent contre l'action du dissolvant. Dans le premier cas, la dissolution s'effectue sans résidu et est dite *simple*.

La dissolution d'un liquide dans un autre liquide constitue le cas le plus facile à réaliser. D'ordinaire, il suffit de verser successivement les deux liquides dans un même vase et d'agiter. Si les deux corps sont miscibles en toutes proportions, ou si les quantités mises en présence permettent qu'ils se dissolvent complètement, l'opération est terminée aussitôt ; sinon, il suffit de laisser reposer pour que la portion de l'un des liquides, restée insoluble, se sépare de la dissolution.

Toutefois, il est certains corps pour lesquels la dissolution comporte des phénomènes chimiques énergiques et des dégagements de chaleur susceptibles de rendre l'opération dangereuse, en provoquant des formations brusques de vapeurs. Telle est la dissolution de l'acide sulfurique dans l'eau ou dans l'alcool, qu'on ne doit faire qu'en employant des précautions spéciales, notamment en versant lentement l'acide dans le second liquide maintenu agité.

274. La dissolution d'un solide est un peu moins simple à effectuer. Elle s'opère spontanément au contact du solide et du dissolvant, mais elle peut être fort lente; les moyens pratiques mis en œuvre ont surtout pour but de l'abréger.

L'une des causes qui retardent le plus la dissolution est le changement de densité qu'éprouve le dissolvant en se chargeant du corps dissous. La substance étant plus dense que le liquide et formant une solution également plus dense que lui, les fragments solides placés au fond du vase se recouvrent d'une couche de dissolution saturée ; celle-ci ne se mélange que fort lentement avec les autres portions de la masse liquide qu'elle empêche d'entrer en contact avec la substance. L'agitation, en rendant la liqueur homogène, met le solide en relation avec un liquide non saturé et provoque, par suite, une nouvelle dissolution partielle. Si la substance est moins dense que le liquide, des faits du même genre se produisent en sens inverse. On conçoit donc qu'une *agitation répétée* favorise le phénomène dans les deux cas.

En outre, lorsque la surface de contact du corps avec le liquide est considérable, la dissolution s'effectue plus rapidement. On est ainsi conduit à *pulvériser* les matières à dissoudre.

Les principes précédents sont mis en œuvre dans deux modes opératoires très usités. On place le corps dans un mortier de porcelaine ou de verre, on le pulvérise, on ajoute le liquide et on agite avec le pilon jusqu'à dissolution. Plus simplement, on introduit la substance pulvérisée dans un flacon avec le dissolvant, on bouche le flacon et on agite

275. On peut, pour faire les dissolutions, tirer un parti avantageux des changements de densité qui les accompagnent. Le corps étant plus dense que le liquide, on le suspend à la surface de celui-ci, en le déposant dans une capsule de porcelaine percée de trous ou même en l'enfermant dans un nouet de toile. Le liquide en contact avec lui le dissout et, par suite, augmente de densité ; il tombe aussitôt au fond du vase et se trouve remplacé à la surface du corps par du dissolvant nouveau. Le renouvellement des masses en contact s'opère ainsi automatiquement et continuellement.

Lorsqu'il s'agit d'un corps moins dense que le liquide, on le maintient au contraire au fond du vase.

276. La *chaleur*, par cela seul qu'elle augmente les solubilités, favorise la dissolution. On l'utilise en chauffant à feu nu ou dans un bain à température convenable, au bain-marie par exemple, le vase dans lequel on a mis le corps pulvérisé et le dissolvant ; on agite constamment. Lorsqu'on veut faire intervenir le dissolvant à l'ébullition, on chauffe le mélange dans une capsule de porcelaine ou dans un ballon. Ce dernier seul doit être employé quand il faut éviter la déperdition d'un dissolvant volatil ; on dispose alors, à l'orifice du col, un réfrigérant incliné à reflux (§ 137, p. 85), dont le tube traverse un bouchon formant joint étanche, puis on porte à l'ébullition ; l'agitation que celle-ci produit concourt au même résultat que l'élévation de la température.

Il est cependant nécessaire de ne pas perdre de vue que l'action prolongée de la chaleur peut provoquer des réactions profondes entre le corps dissous et le dissolvant.

Les procédés de dissolution dont nous allons parler maintenant sont surtout applicables aux cas où la substance à dissoudre est mélangée de matières insolubles. On est guidé dans le choix à faire de l'un d'eux par les propriétés des produits traités.

277. MACÉRATION. — Cette opération consiste en un contact prolongé pendant lontemps et à la température ordinaire, de la masse solide et du dissolvant. Elle doit être préférée aux suivantes lorsqu'il s'agit de séparer des corps solubles à froid d'autres corps insolubles ou peu solubles à froid mais solubles à chaud, ou bien encore lorsque, les produits étant altérables, l'intervention de la chaleur doit être écartée.

On l'active en agitant fréquemment les vases fermés qui contiennent le mélange.

278. DIGESTION. — La digestion est une macération faite à chaud, mais à une température inférieure à celle de l'ébullition du véhicule. On la pratique en plaçant le vase qui renferme le mélange, dans une enceinte maintenue à la température voulue, dans une étuve ou dans un bain-marie, par exemple : lorsque le liquide employé est très volatil, on chauffe le mélange en digestion dans l'appareil à réfrigérant disposé à reflux, qui a été indiqué ci-dessus pour opérer à l'ébullition la dissolution simple (§ 276).

279. Décoction. — La décoction ne diffère de la digestion que parce qu'elle s'opère à la température de l'ébullition du dissolvant. Plus nécessairement encore que pour la digestion, lorsque le véhicule ne doit pas être perdu par évaporation, on se sert d'un ballon muni d'un réfrigérant disposé à reflux (§ 276).

280. Lixiviation. — Comme son nom l'indique, la lixiviation se rapproche beaucoup d'une opération de l'économie domestique, le *coulage de la lessive*. Perfectionnée dans ses moyens, elle constitue un des procédés les plus parfaits et les plus méthodiques dont on dispose, pour enlever complètement à un mélange les principes solubles qu'il renferme, en n'employant cependant qu'une quantité minimum du dissolvant.

La matière à priver de principes solubles, à *épuiser*, est préalablement réduite en poudre, puis introduite, régulièrement tassée, dans une allonge droite (fig. 141), dont on a obstrué le col par quelques fragments de verre cassé sur lesquels repose un tampon de coton ou d'amiante. L'allonge étant fixée verticalement au-dessus d'un col droit, au moyen d'un papier replié plusieurs fois et formant tampon, on verse le dissolvant sur la matière, par l'orifice supérieur. Le liquide pénètre dans la masse, la traverse peu à peu, et tombe finalement dans le col droit. Les premières portions se chargent de plus en plus de substance soluble, et elles arrivent saturées au col de l'allonge ; celles qui les suivent pressent sur elles, activent leur écoulement, et se chargent également de principes solubles. Les différentes parties de liquide qui se succèdent ainsi ne peuvent se mélanger dans l'allonge, immobilisées qu'elles sont, en quelque sorte, pour tout autre mouvement que leur transport de haut en bas ; elle se déplacent successivement, d'où le nom d'*appareils à déplacement* donné aux appareils de lixiviation.

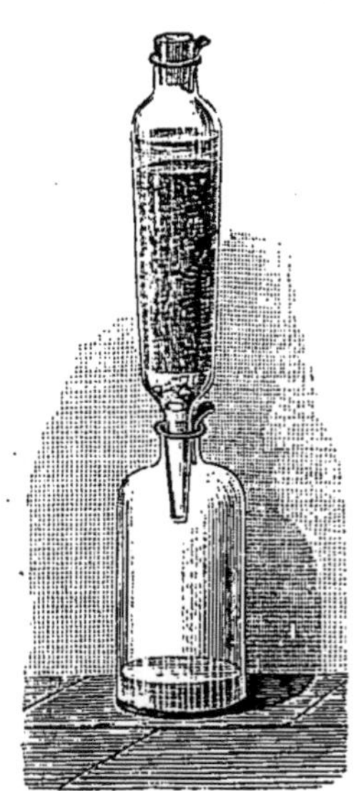

Fig. 141. — Appareil à déplacement.

Chacune des portions du liquide traversant toujours, à mesure qu'elle descend, des couches de poudre de moins en moins épuisées, se sature complètement, au moins tant que la lixiviation n'est pas trop avancée. L'opération est donc méthodique. Il est bien entendu que, pour permettre à l'air de rentrer et de sortir, les orifices de l'allonge et du col droit ne doivent pas être complètement fermés.

Un appareil analogue, constitué par un cylindre métallique, allongé et fermé vers le bas au moyen d'un diaphragme percé de trous, peut être employé de la même manière pour le traitement de quantités importantes de matière.

Ces dispositions sont évidemment moins parfaites au point de vue de la saturation du dissolvant, que celles adoptées dans l'industrie pour des traitements analogues ; ces dernières consistent en une série de vases traversés successivement par le liquide, le vase qui contient la masse presque épuisée recevant le dissolvant nouveau, tandis que celui qui renferme le mélange non encore traité et riche en parties solubles est traversé en dernier lieu par la solution presque saturée. Toutefois elles rachètent ces désavantages par leur grande simplicité.

281. La marche des appareils de lixiviation dépend de l'état de division de la matière traitée, de son tassement, et aussi des modifications d'état physique que peut lui faire subir le dissolvant. On ne devra jamais perdre de vue, en garnissant l'appareil, qu'une finesse trop grande ou un tassement trop considérable de la poudre peuvent arrêter complètement le mouvement du liquide. En outre, en versant sans précaution la matière dans l'allonge, les fragments les plus lourds et par conséquent les plus gros vont frapper le verre au point le plus éloigné où ils s'accumulent ; ils peuvent y former pour le liquide un passage plus facile qu'ailleurs, et rendre ainsi imparfait l'épuisement de la poudre fine qui s'est réunie dans les autres parties de l'allonge. Certaines substances organisées et desséchées, les poudres végétales notamment, se gonflent beaucoup en s'imbibant du véhicule ; elles se compriment ainsi spontanément au commencement de la lixiviation, qui se trouve bientôt arrêtée. On doit, en pareil cas, imbiber la poudre de liquide, laisser en contact pendant quelques heures afin de permettre au gonflement de se produire, puis disposer dans l'allonge la pâte obtenue.

On accélère quelquefois le mouvement du liquide en fermant hermétiquement le joint de l'allonge et du col droit, et en faisant un vide plus ou moins parfait dans ce dernier, par l'intermédiaire d'un tube en verre qui traverse, à côté de l'allonge, le bouchon du col droit. Toutefois, cette pratique est peu recommandable : elle augmente souvent le tassement de la masse et arrête alors brusquement l'opération.

Lorsque le dissolvant est volatil, on fait usage d'appareils complètement clos, afin d'éviter la déperdition du dissolvant. A cet effet, le flacon inférieur est muni d'une tubulure à laquelle on adapte un tube recourbé qui fait communiquer le flacon avec le haut de l'allonge ; sans cette précaution, l'air se comprime dans le flacon et arrête l'écoulement du liquide.

282. *Digesteurs.* — La lixiviation doit souvent être faite avec un liquide chaud. C'est ainsi qu'on l'applique surtout à l'extraction des matières peu solubles à froid dans le véhicule employé.

Le plus souvent on dispose les appareils de manière à épuiser la substance avec un très faible volume de dissolvant, celui-ci étant choisi volatil et se trouvant constamment séparé de la dissolution par distillation. Le plus connu des appareils de ce genre est le *digesteur de Payen* (fig. 142). Il consiste en un ballon B, tubulé en *g* dans le voisinage de son col et surmonté d'une allonge cylindrique A, supportant elle-même un ballon à deux tubulures B'. Les trois pièces de l'appareil sont exactement jointes par des bouchons percés. Un tube deux fois recourbé T réunit la tubulure g du ballon inférieur à l'une de celles du ballon supérieur, en m. Enfin, la troisième ouverture de ce dernier porte un bouchon que traverse un tube t recourbé d'un tour entier et muni de boules, lequel constituera une fermeture hydraulique.

On garnit l'allonge de la matière à épuiser et, par le tube t, on verse le dissolvant dans le ballon supérieur; le liquide s'écoule dans l'allonge, se sature et gagne le ballon inférieur où il s'accumule. On chauffe le ballon B. Le liquide entrant en ébullition, sa vapeur passe par le tube latéral T et va se condenser dans le ballon supérieur B', que l'air refroidit; le produit condensé s'écoule de nouveau sur la matière et l'épuise. On continue ainsi tant que le liquide sortant de l'allonge A se trouve chargé de principes solubles.

Cet appareil classique n'est pas d'un usage très avantageux; la réfrigération de la vapeur par l'air est insuffisante, ce qui entraîne des sorties de vapeur par t et produit des pertes de dissolvant; de plus, une ébullition rapide de la liqueur agite parfois le contenu de l'allonge.

283. On remédie au premier de ces inconvénients en remplaçant le ballon supérieur par un réfrigérant de Liebig ou mieux par un serpentin (§ 138). Celui-ci est adapté sur l'allonge, dont

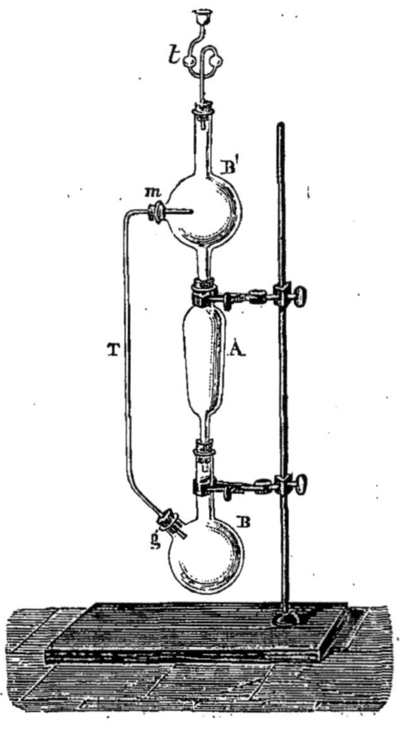

Fig. 142. — Digesteur de Payen.

son extrémité inférieure traverse le bouchon, à côté d'un tube à boules formant fermeture hydraulique; il reçoit à son extrémité supérieure les vapeurs arrivant du ballon par un tube latéral, et le liquide condensé s'écoule directement sur la matière. On remplace l'allonge de verre par un cylindre métallique lorsqu'on veut opérer sur des quantités un peu notables de substance. Ce dispositif convient surtout lorsque l'épuisement doit être opéré avec le liquide froid.

En refroidissant incomplètement le serpentin, le liquide condensé peut au contraire se déverser encore chaud sur la matière, ce qui, dans beaucoup de cas, favorise la dissolution. Toutefois lorsqu'il s'agit de lessiver à chaud, il vaut mieux adopter d'autres arrangements à l'aide desquels on peut, non seulement obtenir que le liquide retombant sur la substance se trouve porté par la vapeur à une température voisine de l'ébullition, mais encore maintenir chaude la masse à lessiver elle-même. L'appareil suivant convient très bien en pareil cas.

Un cylindre métallique MN (fig. 143, B) se termine inférieurement par une douille K engagée au moyen d'un bouchon percé, dans le col du ballon b. Il porte vers le bas un diaphragme D, percé de trous, sur lequel repose la matière pulvérulente, soit directement, soit avec interposition d'un tampon de coton. A sa partie supérieure, un ajutage assez large pour rendre facile la disposition de la substance à l'intérieur, se trouve fermé par un bouchon que traverse le tube recourbé T, mettant en relation le cylindre MN et le réfrigérant RR'; on maintient ce dernier à une température un peu inférieure à celle de l'ébul-

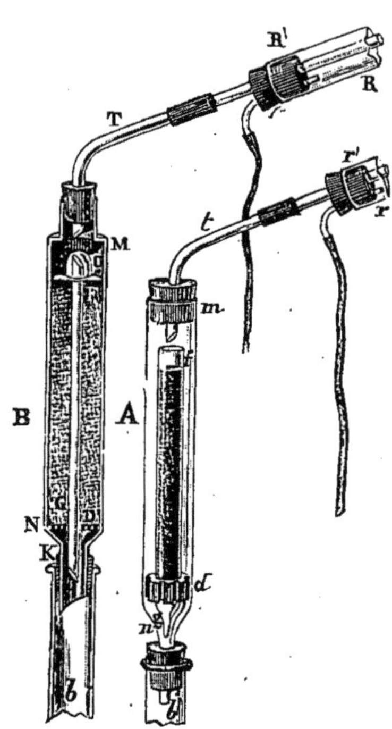

Fig. 143. — Lixiviation à chaud.

lition du véhicule. Enfin, un tube droit FG, fixé au diaphragme D et occupant toute la longueur de l'axe du cylindre, livre passage aux vapeurs qui, du vase inférieur, gagnent le réfrigérant; un tube C bouché par un bout et formant cloche, ferme ce tube central au liquide descendant sans empêcher l'ascension de la vapeur. On maintient d'ailleurs la chaleur dans le cylindre en entourant celui-ci d'une matière isolante, d'un épais tissu de laine par exemple.

Dans tous les appareils de ce genre, le tube du réfrigérant ou du serpentin doit être assez large pour permettre aux mouvements opposés en direction, de la vapeur et du liquide, de coexister. Pour la même raison, ces tubes doivent être coupés en sifflet.

284. Un autre appareil à extraction, très simple et s'appliquant spécialement aux opérations faites à chaud sur peu de matière, se dispose de la manière suivante (Damoiseau).

On choisit un matras de verre à col aussi large que possible, ainsi qu'un tube de verre un peu moins large et pénétrant librement dans le col; on étire le tube par un bout et on le coupe en lui donnant une longueur inférieure de quelques centimètres à la hauteur totale du matras. Ce tube joue le rôle de l'allonge dans les appareils précédents; on le garnit de matière avec les précautions indiquées pour assurer un écoulement facile et régulier du liquide, puis, après l'avoir attaché par son extrémité effilée au bout d'une corde ou d'un fil métallique, on l'introduit dans le matras, où on le suspend au moyen du lien passé dans une ouverture du bouchon. Celui-ci est traversé par le tube large d'un réfrigérant disposé à reflux, lequel s'ouvre exactement au-dessus de l'orifice de l'allonge. Le fonctionnement de l'appareil se comprend aisément : la vapeur s'élève dans l'espace annulaire existant entre le tube et le col du ballon, tandis que le liquide condensé retombe sur la matière à épuiser. Cette dernière se trouve ainsi forcément maintenue à la température d'ébullition du liquide.

On peut, lorsqu'il s'agit de quantités qu'en tiendrait difficilement logées dans un tube moins large que le col du matras, prendre un tube de diamètre suffisant *fg* (fig. 143, A), le placer dans un autre tube effilé *mn*, en interposant un anneau de liège à ouvertures multiples *d* ou une spirale en fil métallique, et disposer l'ensemble entre le ballon *b* et le réfrigérant *rr'*.

285. A la dissolution se rattache encore le lavage des précipités à purifier des matières solubles qu'ils renferment; mais ce traitement, qui a pour but d'éloigner les substances solubles d'une matière insoluble qu'elles souillent, mettant en œuvre des moyens un peu spéciaux, on traitera à part de cette opération (voy. *Lavage*).

286. Détermination de la solubilité. — On mesure la solubilité d'un corps dans un dissolvant en produisant une dissolution saturée à une température donnée, puis en prélevant une prise d'essai de cette dissolution et en dosant les proportions respectives du dissolvant et du corps dissous qu'elle renferme.

La production de la solution saturée présente quelque difficulté au point de vue de l'obtention d'une saturation complète, sans que la sursaturation puisse intervenir. Cette difficulté ne se rencontre d'ailleurs que pour les solides, les liquides non miscibles pouvant être mis en contact intime par agitation à température fixe, puis séparés par le repos.

Lorsqu'il s'agit d'un solide, on peut mettre le corps avec le dissolvant dans un même vase fermé, puis maintenir le tout dans une enceinte à la température voulue, dans une étuve ou dans un bain chauffés à l'aide d'un régulateur de température. Il est nécessaire d'agiter fréquemment (§ 274). Dans ces conditions, la saturation n'est obtenue qu'après un temps fort long. Il vaut mieux introduire dans le liquide une masse du corps solide, assez considérable pour qu'elle atteigne le niveau supérieur. Si l'on ne dispose pas d'un poids suffisant de la matière, on suspendra celle-ci à la surface du dissolvant dans un nouet ou dans un vase percé de trous : les variations de la densité favoriseront alors la dissolution (§ 275). Malgré ces précautions, la saturation est toujours lente à se produire à une température invariable.

287. Un procédé plus rapide consiste à saturer approximativement la dissolution à une température supérieure à celle pour laquelle on veut chercher la solubilité, et à porter ensuite le vase, qui la contient avec un excès du corps à dissoudre, dans l'enceinte à température fixe. La présence du corps en excès empêche la sursaturation de s'établir pendant le refroidissement. En agitant à plusieurs reprises, on attend que l'équilibre de température entre le vase et l'enceinte soit établi, puis on le maintient pendant un temps suffisamment prolongé; la liqueur est alors saturée. Cette seconde méthode est plus sûre que la précédente. Toutefois, on n'est certain de s'être mis à l'abri de toute erreur due à la sursaturation que lorsque plusieurs prises d'essai, pratiquées sur la dissolution après des intervalles de temps suffisamment éloignés et pendant lesquels les agitations ont été fréquemment répétées, ont fourni des résultats constants dans les analyses dont il va être parlé.

288. La liqueur préparée, on en prélève une quantité quelconque que l'on pèse et dans laquelle on procède au dosage des composants par la méthode la plus appropriée à chacun d'eux. Si le corps est fixe et inaltérable, le dissolvant étant volatil, après avoir pesé la prise d'essai, on évapore au bain-marie, au bain d'huile ou à l'étuve, en évitant de porter le mélange à l'ébullition pour ne pas occasionner de pertes par projection, puis après dessiccation on pèse le résidu. C'est là un cas particulier, mais qui se présente très fréquemment. D'une manière générale, le problème qui reste à résoudre est purement analytique et la solution doit en être demandée à des méthodes dépendant absolument de la nature de chaque corps.

289. Le seul point qui soit pratiquement un peu délicat, est la prise d'essai lorsqu'on opère à haute température. On peut se servir d'une ampoule de verre, soufflée à la lampe et de volume convenable, s'ouvrant par un tube effilé. On la pèse, on la chauffe à une température un peu supérieure à celle de la dissolution à analyser, puis on plonge sa pointe dans cette dernière en refroidissant la panse : le liquide pénètre aussitôt dans l'ampoule. Il suffit alors d'essuyer la pointe et de peser de nouveau l'ampoule pleine, pour connaître par différence le poids de dissolution qui a été prélevé et qui doit servir à l'analyse.

Il est encore plus commode d'employer une ampoule soufflée à deux orifices, terminée par des tubes inclinés l'un sur l'autre, et susceptible de conserver son contenu quand on la maintient horizontale avec les tubes relevés. On la pèse et on l'emplit ensuite à la manière d'une pipette, en aspirant avec la bouche ou mieux à l'aide d'une trompe, puis on la pèse de nouveau. L'analyse porte sur la totalité du contenu de l'ampoule.

On peut enfin faire usage d'une pipette ordinaire, portée à la température de la dissolution par un séjour prolongé dans la même enceinte : on prélève avec elle une portion quelconque de la liqueur, qu'on laisse écouler immédiatement après dans le vase taré qui sera pesé ensuite avec la prise d'essai. Il faut ne pas oublier cependant que le résultat est erroné si la moindre parcelle du corps dissous se sépare du liquide dans la pipette.

Quand la matière à dissoudre est pulvérulente et reste en suspension dans la dissolution, au moyen d'un tube de caoutchouc on adapte, à l'extrémité du tube qui prélèvera l'essai un très petit ajutage en verre contenant un tampon de coton destiné à servir de filtre, et on le détache dès que l'on a prélevé la quantité de dissolution voulue.

Pour se mettre à l'abri d'erreurs dues aux impuretés du corps, il est nécessaire d'opérer sur une même masse de celui-ci, avec des doses successives de dissolvant. Les résultats fournis par les diverses dissolutions devront être concordants. Cette pratique est surtout indispensable pour les matières peu solubles dont le lavage a été imparfait.

290. DIFFUSION. — Lorsqu'on met en contact, sans les mélanger, deux liquides susceptibles de se dissoudre réciproquement, ces liquides se répandent spontanément l'un dans l'autre, en se mêlant peu à peu et en donnant finalement une masse homogène. Ce fait, auquel on donne le nom de *diffusion*, s'observe d'ailleurs pour les gaz comme pour les liquides, mais il joue un rôle considérable dans la préparation des dissolutions aussi bien que dans les phénomènes qu'engendre le contact des dissolutions entre elles ou avec les dissolvants. C'est à ce point de vue que nous avons à nous en occuper ici.

On distingue la *diffusion simple*, qui s'opère entre deux liquides mis en contact direct par superposition dans l'ordre de leurs densités décroissantes, de la diffusion à travers un septum ou *dialyse*, dans laquelle le contact ne s'effectue que par l'intermédiaire d'une membrane perméable.

La diffusion simple a été étudiée surtout en superposant à une dissolution saline, dans des vases verticaux allongés, soit de l'eau, soit une autre liqueur moins dense que la première; on l'a étudiée encore en plongeant dans un vase plein d'eau, un autre vase à ouverture un peu étroite, rempli de dissolution saline, et fermé par une plaque de verre qu'on enlevait ensuite en évitant l'agitation.

Graham a constaté que les diverses substances en dissolution ne se diffusent pas toutes avec la même vitesse ; pour une substance donnée, la vitesse de diffusion, qui croît d'ailleurs avec la température, est proportionnelle à la richesse de la solution. Les substances incristallisables, telles que l'albumine, la silice, la gélatine, l'hydrate d'alumine, l'hydrate de peroxyde de fer, etc., se dialysent avec une lenteur extrême ; sous le nom de *colloïdes*, Graham les a distinguées des *cristalloïdes*, c'est-à-dire des substances généralement cristallisables, qui se diffusent au contraire rapidement. C'est ainsi par exemple qu'il faut 40 heures pour diffuser un poids d'albumine égal à celui de l'acide chlorhydrique se diffusant en une heure dans des conditions identiques, et 98 heures pour le même poids de caramel.

D'autre part, le phénomène est d'autant plus rapide que l'écart de saturation est plus grand entre les deux liqueurs en présence. Ajoutons enfin que la diffusion des solutions salines peut entraîner des réactions ; on conçoit, en effet, que, si les composants de la matière dissoute se séparent partiellement sous l'influence du dissolvant, puis se diffusent inégalement, l'équilibre se trouvera rompu et la décomposition progressera.

Quand on met en contact les dissolutions de deux corps n'exerçant pas d'action chimique l'un sur l'autre, ces deux corps se diffusent à peu près comme si chacun d'eux se trouvait seul ; toutefois la différence des diffusibilités semble un peu accrue par le mélange, et la séparation qui s'effectue ainsi est plus marquée que les faits observés sur les corps isolés ne permettraient de le prévoir.

291. DIALYSE. — L'interposition d'une membrane perméable ou *septum* ne modifie pas sensiblement le fait même de la diffusion ; en variant la nature du septum, en employant de la gélatine en gelée, de l'albumine coagulée, une pellicule de collodion, une feuille de papier collé, une plaque de porcelaine dégourdie ou du papier-parchemin, on observe des résultats identiques en principe. Tous ces intermédiaires agissent comme une couche de liquide qui aurait été immobilisée, mais qui continuerait à fonctionner de la même manière par rapport à la diffusion.

L'usage des membranes solides, susceptibles d'empêcher le mélange mécanique des liquides et même de résister à une pression modérée, a permis de faire de la dialyse un mode d'application de la diffusion souvent très précieux. Il a permis aussi d'étudier le phénomène de la diffusion lui-même, à un point de vue différent des précédents, et d'établir la nature de ses relations avec l'*osmose*.

La diffusion est, avons-nous dit, une action réciproque des corps en présence. Lorsqu'on met en contact avec de l'eau pure, la solution aqueuse d'un sel très diffusible comme l'azotate de potasse, il n'y a pas seulement passage du sel dans l'eau pure, il y a en même temps pénétration de l'eau dans la solution saline et celle-ci se dilue. Si une membrane poreuse est interposée, elle est ainsi traversée par deux courants contraires, l'un plus rapide allant de l'eau vers la solution saline, l'autre moins énergique entraînant la solution saline vers l'eau. Toutefois, la nature du septum exerce une action très marquée sur les vitesses relatives de ces courants ; elle peut aller jusqu'à renverser l'ordre de ces vitesses. En général, il résulte de ce double transport de matière, un accroissement rapide du volume de la solution saline. Ce fait peut être mis en évidence au moyen d'une cloche à douille, terminée à sa partie supérieure par un long tube, fermée en bas par une membrane ; lorsqu'on remplit cette cloche de dissolution saline et qu'on la plonge dans l'eau jusqu'à une certaine hauteur (*osmomètre* de Dutrochet), la prédominance du courant allant de l'extérieur à l'intérieur de la cloche, le courant d'*endosmose*, sur le courant contraire, le courant d'*exosmose*, se traduit par une ascension rapide du liquide salin dans le tube vertical, c'est-à-dire par une augmentation de pression dans la cloche.

292. Aujourd'hui on applique presque toujours la dialyse en employant comme membrane le papier parchemin (voy. ce mot) ; plus rarement on se sert de vases en porcelaine dégourdie (§ 174). Les instruments usités à cet effet portent le nom de *dialyseurs*.

Fig. 144. — Dialyseur.

Un dialyseur à paroi de porcelaine dégourdie consiste en un vase poreux, cylindrique, tel que ceux qui constituent les cellules intérieures des piles à deux liquides : on place dans ce vase la solution à dialyser et on le plonge dans un seau en verre, plein d'eau.

Les dialyseurs ordinaires consistent en un anneau de verre cylindrique *mnpq* (fig. 144), évasé vers la partie supérieure et terminé en bas par un bourrelet destiné à fixer la membrane ; cet anneau pénètre dans un seau en verre CC', choisi de diamètre convenable et sur lequel il repose par les bords, en *mq*. Pour tendre un papier-parchemin sur le dialyseur, on laisse séjourner dans l'eau, pendant une demi-heure, une feuille de ce papier coupée de la grandeur voulue ; le papier-parchemin, dur et corné lorsqu'il est sec, se gonfle dans l'eau qui le rend souple et extensible. On le tend en *np* sur le dialyseur, en rabattant ses bords autour du bourrelet et en exerçant une traction suffisante pour faire disparaître les plis, on l'attache solidement au-dessus du bourrelet par un cordonnet bien serré et enfin on coupe à quelques millimètres plus haut les parties qui débordent. Des différences de niveau entre l'intérieur et l'extérieur ne devant pas tarder à s'établir dès que l'appareil fonctionnera, il est important, pour éviter tout mélange mécanique, de veiller avec soin à ce que la membrane ainsi tendue ne soit pas percée :

on s'en assure en essuyant extérieurement le dialyseur et sa membrane et en y introduisant de l'eau ; le plus petit trou se manifeste par la formation immédiate d'une tache d'humidité sur la surface extérieure du septum. D'ailleurs il est bon d'examiner le papier à ce point de vue avant de l'employer ; dans ce but, on le mouille abondamment sur une de ses faces avec une éponge imbibée d'eau : s'il est troué, on voit l'humidité apparaître aussitôt sur l'autre face aux points défectueux. Une feuille légèrement percée n'est d'ailleurs pas absolument hors d'usage ; il suffit de déposer sur les trous un peu d'albumine en solution concentrée et de chauffer pour que l'albumine en se coagulant ferme suffisamment l'ouverture. Cette réparation doit se faire de préférence sur la feuille tendue.

Au-dessus de la membrane, on place le liquide à dialyser, et dans le vase CC' on verse de l'eau pure ; au contact du papier-parchemin, cette dernière se charge par diffusion de matières salines, devient plus dense et tombe au fond du vase, une nouvelle masse d'eau la remplaçant aussitôt, et les choses continuent ainsi jusqu'à ce que l'équilibre final se trouve atteint. D'après cela, la quantité d'eau placée au-dessous de np, intervenant seule dans l'opération, au moins en dehors d'une nouvelle diffusion dans la masse du liquide extérieur, il convient que le volume de liquide compris entre les deux vases au-dessus de ce niveau soit faible, c'est-à-dire que les deux vases aient des diamètres voisins l'un de l'autre. Pour la même raison, il est préférable que l'épaisseur de la couche liquide inférieure à np soit assez considérable. D'autre part, il est bon de maintenir les niveaux à l'intérieur et à l'extérieur du dialyseur, à peu près sur le même plan ; par cette précaution on évite l'action d'une pression trop forte, qui déterminerait la distension de la membrane et par suite sa rupture, en même temps qu'on diminue l'influence perturbatrice des fuites.

293. De nombreuses expériences permettent de rendre évidente l'efficacité de la dialyse. La suivante est l'une de celles qui fournissent les résultats les plus frappants. Dans le vase intérieur, on place une solution concentrée d'acide picrique, et on l'additionne de teinture de tournesol en quantité suffisante pour la colorer fortement ; on met de l'eau dans le vase extérieur. D'après Graham, dans des conditions identiques, alors qu'il se diffuse $1^{gr},690$ d'acide picrique, il se diffuse seulement $0^{gr},033$ d'extrait de tournesol ; il résulte de là qu'au bout de quelque temps, l'eau du vase extérieur est colorée en jaune pur par l'acide picrique, tandis que le liquide du dialyseur a retenu la totalité, ou à très peu près, de la teinture de tournesol.

294. On constate dans la même expérience, mais sous une forme très amoindrie à cause de la faible solubilité de l'acide picrique, un fait déjà signalé plus haut (§ 291), qui joue dans la pratique un rôle considérable lorsqu'on dialyse des solutions très chargées de certains sels ; c'est le passage inverse d'une quantité d'eau parfois très grande,

dans le dialyseur où le niveau du liquide va en s'élevant constamment; il devient même nécessaire, dans beaucoup de cas, d'enlever une partie du liquide du dialyseur. La diffusion étant plus rapide quand la liqueur dialysée est concentrée, en évaporant le liquide ainsi prélevé et en introduisant de nouveau le résidu de l'évaporation dans le dialyseur, on active beaucoup l'opération.

. Simultanément, à mesure que la dialyse se poursuit, le liquide extérieur se charge de plus en plus du cristalloïde dialysé et l'action se ralentit. Il est donc préférable de renouveler le liquide extérieur, ce qui maintient l'écart de concentration entre les deux liquides.

295. La rapidité de la dialyse est, en effet, une condition qu'on doit chercher à réaliser. Les colloïdes ne sont pas arrêtés par le septum ; leur passage est seulement beaucoup moins rapide que celui des cristalloïdes. Comme le but à atteindre est une séparation aussi complète que possible, il faut rendre minimum la diffusion des premiers. Or, la proportion des colloïdes, qui se trouvent dans les deux liquides en présence, varie peu pendant le temps relativement court de l'opération ; il en résulte que le renouvellement du liquide extérieur n'intervient pas sensiblement à l'égard de ces substances ; il n'en est pas de même de la durée de l'opération, cette durée augmentant proportionnellement leur quantité diffusée. S'il s'agit de séparer un colloïde tel que la gomme, l'albumine ou le peroxyde de fer soluble, des sels auxquels il est mélangé, on est ainsi conduit à renouveler d'une manière continue l'eau du vase extérieur. S'il s'agit, au contraire, de recueillir le cristalloïde, on doit chercher à limiter la dilution de la solution extérieure ; dans beaucoup de cas cependant, on trouve avantageux d'employer un volume d'eau considérable, sauf à concentrer ensuite la solution diluée obtenue.

296. Graham a fait une application assez heureuse de la dialyse à la toxicologie. Le plus grand nombre des principes de l'organisme animal qui s'opposent à la reconnaissance facile des poisons dans les matières provenant des intoxications, se rangent parmi les colloïdes ; la diffusion permet dès lors de les séparer assez nettement des poisons facilement diffusibles, comme l'acide arsénieux, les sels métalliques, l'émétique, la strychnine, la digitaline, la morphine, etc. L'appareil précédent (§ 292, fig. 144) convient très bien dans les recherches de ce genre ; on peut fréquemment reconnaître directement dans la liqueur extérieure, certaines de ces substances dont les réactions se trouvaient primitivement masquées par les colloïdes retenus sur le septum.

297. On se sert encore de dialyseurs d'une autre forme et constitués par deux anneaux cylindriques de gutta-percha ou même de bois, de diamètres tels que le plus petit pénètre dans le plus grand, en laissant entre eux un peu de jeu. On tend le papier-parchemin mouillé sur le plus petit anneau, en rabattant largement sur celui-ci les bords de la feuille, et on recouvre le tout par le grand anneau dans lequel l'ensemble pénètre à frottement et se trouve

maintenu serré. Cette monture qui rappelle celle des tamis (§ 59), présente un avantage particulier; les bords du papier pouvant être maintenus relevés sur toute la hauteur de l'anneau, l'application imparfaite du septum sur ce dernier n'établit aucune communication entre les deux cellules, ainsi que cela arriverait avec l'appareil précédent. D'autre part, elle n'est pas imperméable comme la monture en verre. On suspend un dialyseur de ce genre dans un vase contenant le second liquide, ou même quelquefois on le fait flotter sur ce dernier, ce qui maintient l'égalité de pression entre les deux parties de l'appareil, mais n'est pas toujours sans danger à cause de l'augmentation continue que la diffusion apporte au poids du système flottant.

298. Les dialyseurs précédents ont l'inconvénient de ne mettre en fonction qu'une surface relativement restreinte de membrane; or la rapidité de l'action est proportionnelle à cette surface. Dans les préparations, c'est là un inconvénient grave. On a imaginé divers appareils permettant d'opérer avec des surfaces de membrane plus développées; tel est l'*osmogène* que Dubrunfaut a introduit dans l'industrie sucrière et que nous devons nous borner à nommer ici. Nous en tenant aux instruments en usage dans les laboratoires, nous indiquerons un dispositif beaucoup moins parfait, mais qui n'exige aucun instrument spécial. On façonne une feuille de papier-parchemin humide en forme de filtre à plis (voy. ce mot), on place la poche ainsi disposée sur un entonnoir qu'elle dépasse notablement vers le haut, puis on suspend l'ensemble dans un vase profond où il pénètre entièrement; on garnit la poche en papier de solution à dialyser, et on verse dans le vase le second liquide, de l'eau ordinairement, en élevant le niveau un peu au-dessus du bord supérieur de l'entonnoir, mais non jusqu'au bord du papier. Dans ces conditions, l'eau qui s'interpose entre le papier et l'entonnoir se charge par dialyse de matière saline, devient plus dense, tombe dans le vase par la douille de l'entonnoir et se trouve remplacée par de nouvelle eau, laquelle arrive au contact du papier en passant par-dessus le bord supérieur de l'entonnoir. On peut placer plusieurs entonnoirs ainsi disposés dans un même vase dont on renouvelle de temps en temps le liquide. Cet arrangement convient très bien pour la préparation des colloïdes; dans ce cas, on peut même maintenir dans le vase extérieur un courant d'eau continu. Ajoutons qu'il est bon de remplir incomplètement les sacs en forme de filtre, pour éviter les débordements que pourrait occasionner l'augmentation de volume du liquide à dialyser; toutefois, la forme évasée des entonnoirs rend cet accident moins fréquent.

CHAPITRE X

SOLIDIFICATION.

299. SOLIDIFICATION. — Étant donné un composé liquide, si on le soumet à une réfrigération croissante, il arrive une température à laquelle ce composé change d'état physique et se solidifie. Parfois le changement d'état est lent et la substance prend une consistance de plus en plus grande, mais, en général, il s'accomplit brusquement. Dans ce dernier cas, la température de solidification du corps est d'ordinaire identique à la température de fusion; elle reste constante

pendant toute la durée du changement d'état. La solidification est, en
effet, inverse de la fusion; l'une des transformations entraînant la destruction intégrale du travail nécessaire pour accomplir l'autre, la solidification détermine un dégagement de chaleur égal à l'absorption
occasionnée par le phénomène contraire (§ 209) : la chaleur latente de
fusion devient chaleur sensible pendant la solidification. De même le
changement de volume qui accompagne la solidification est égal et de
sens contraire au changement de volume éprouvé pendant la fusion.

300. SURFUSION. — Certaines anomalies viennent fréquemment
troubler la netteté des faits précédents. Elles sont dues à la *surfusion*
qui présente avec la sursaturation (§ 271) des relations assez étroites.
Il arrive, en effet, qu'un corps liquide se refroidisse au-dessous de son
point de fusion, sans se solidifier; il est alors *surfondu*. Mais si on
vient à y introduire un fragment, si petit qu'il soit, du même corps
solidifié ou d'un corps isomorphe,
le changement d'état se produit et
la température de la masse remonte
aussitôt à la température de fusion,
qui se maintient pendant toute la
durée de la transformation. Cette
durée est dès lors en relation avec
la vitesse du refroidissement. Les
traitements que le corps a subis
peuvent également entraîner quelques perturbations dans la température de fusion. C'est ainsi que le
soufre octaédrique chauffé jusqu'à
121° se solidifie à 117°,4, tandis
qu'il change d'état à 112°,2, s'il a
été porté jusqu'à 170° (M. Gernez).

301. DÉTERMINATION DE LA TEMPÉRA-
TURE DE SOLIDIFICATION. — Dans un tube
de verre *v* (fig. 145), on introduit 5 à
6 grammes de liquide et on y plonge
un thermomètre sensible *t*, qu'on maintient par un bouchon percé. On suspend
le tube dans une enceinte métallique A,
plongée elle-même dans un bain B à
une température inférieure au point de
fusion ; par exemple, on mettra en B

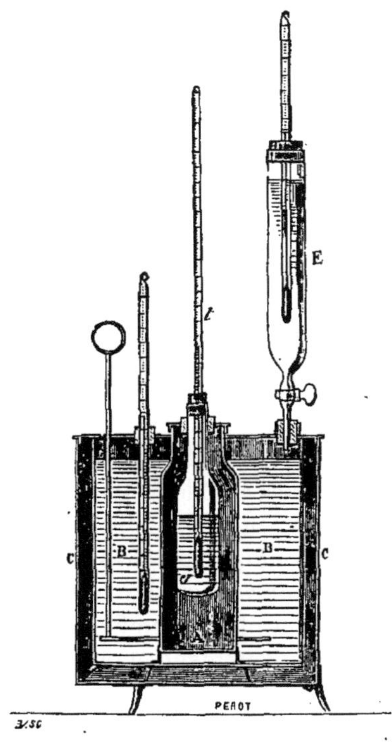

Fig. 145. — Détermination du point
de solidification.

un mélange réfrigérant approprié. Enfin on protège le tout des actions extérieures par une enveloppe C. Les choses étant ainsi disposées, on observe que
le thermomètre *t* baisse régulièrement. A une température donnée, égale ou
inférieure au point de fusion, le thermomètre s'arrête ou même remonte et
se maintient quelque temps stationnaire. La température qu'il indique alors
est le *point de solidification*. Lorsque la surfusion, qui occasionne l'ascension

du thermomètre dès que la solidification commence, est par trop marquée, comme elle pourrait entraîner des erreurs, on laisse le refroidissement se produire jusqu'à une température un peu inférieure au point de fusion, et soulevant rapidement le bouchon qui porte le thermomètre t, on projette dans le tube une parcelle de matière solide, puis on replace immédiatement le thermomètre.

Il est indispensable d'agiter la masse avec le thermomètre lui-même, au moment de la solidification, afin d'assurer l'homogénéité de la température.

Si le corps expérimenté est solide à la température ordinaire, on opère de même, seulement on place en B un liquide qu'on porte préalablement à une température supérieure au point de fusion. La liquéfaction du corps s'opère d'abord, puis le système disposé comme il a été dit, se refroidissant peu à peu, la solidification s'opère et s'observe avec les précautions indiquées. Un entonnoir à robinet E, permettant d'introduire dans le bain B du liquide chaud ou froid, suivant qu'on veut le réchauffer ou le refroidir, rend plus facile la pratique de l'opération.

302. Solidification des corps dissous. — Quand une solution saturée se refroidit, ou bien quand elle perd par évaporation ou autrement une partie du dissolvant, la matière dissoute se sépare en quantité correspondante; elle prend en même temps l'état solide si la température est inférieure à son point de fusion, et ce phénomène de solidification s'accompagne des mêmes circonstances physiques que lorsqu'il s'effectue en l'absence du dissolvant.

Suivant les circonstances dans lesquelles s'accomplit ainsi la solidification, on distingue la *cristallisation* et la *précipitation*.

§.

CRISTALLISATION.

303. Cristallisation. — Beaucoup de corps en se solidifiant affectent une forme particulière, géométrique, susceptible d'être rattachée à une forme simple et constante pour chacun; autrement dit les corps en se solidifiant, soit dans leur propre masse fondue, soit dans leurs dissolutions, soit même par condensation de leur vapeur, *cristallisent*. Les cristaux qu'ils constituent ainsi sont d'autant plus volumineux et réguliers que la cristallisation s'est opérée plus lentement et en dehors de toute agitation.

Étant donnée une substance fondue ou dissoute, qui cristallise en présence de matières étrangères tenues avec elle en fusion ou en dissolution, on constate que les cristaux formés ne contiennent pas les matières étrangères en présence, celles-ci restant dans le liquide. Ce fait a conduit les chimistes à utiliser la cristallisation pour effectuer la purification des corps souillés de principes étrangers; cette opération est devenue le moyen le plus parfait dont on dispose pour approcher de la pureté absolue. Toutefois, dans la pratique, certaines circonstances viennent troubler la netteté des résultats. Tout d'abord, il est à peu près impossible de séparer entièrement les cristaux du liquide dans lequel ils ont pris naissance, c'est-à-dire de l'*eau mère* : or ce liquide, qui adhère à leur surface, a gardé les impuretés en dissolution. D'un autre côté, beaucoup de cristaux se forment en laissant inclus entre les lamelles qui les constituent, des espaces très petits occupés par de l'eau mère impure. Enfin les corps isomorphes et, par exception, certains composés ne présentant pas entre eux les relations étroites de l'isomorphisme, ont la propriété de se mélanger dans un même cristal.

On conçoit cependant que, dans la généralité des cas, en isolant autant que possible les cristaux du liquide et en les soumettant à une seconde cristallisation par fusion ou par dissolution, on les obtienne beaucoup plus purs qu'après la première. Et ainsi d'une troisième. Des cristallisations suffisamment repétées permettent donc de se rapprocher beaucoup de la pureté complète, les eaux mères de chacune d'elles contenant une très forte proportion des impuretés du produit dont elles proviennent.

Quand plusieurs sels coexistent dans une dissolution, la cristallisation fournit un moyen de les séparer, leur dépôt ne s'effectuant pas simultanément lorsque leurs solubilités ne sont pas identiques.

Les applications de la cristallisation donnent donc un intérêt particulier aux méthodes au moyen desquelles on la produit. Ces méthodes sont au nombre de trois, mais elles peuvent en outre se modifier dans les détails d'application. On opère *par voie humide, par fusion* ou *par volatilisation.*

304. Cristallisation par voie humide. — Dans ce procédé les cristaux sont obtenus par dépôt dans une dissolution faiblement sursaturée. On provoque cette sursaturation limitée et par suite ce dépôt, soit en refroidissant lentement la liqueur saturée, soit en l'évaporant, soit enfin en diminuant la solubilité du corps dans son dissolvant, par addition à ce dernier d'un liquide miscible avec lui. Ajoutons que les corps peuvent être obtenus cristallisés en provoquant leur formation au sein des liqueurs par des réactions lentes de diverses natures.

Dans le premier cas, c'est-à-dire pour faire une *cristallisation par refroidissement*, on prépare comme il a été dit (§ 273 et suivants) une dissolution saturée du corps dans un liquide convenablement choisi et porté à une température suffisamment élevée. On décante cette dissolution, on la filtre chaude si des matières en suspension rendent cette précaution nécessaire, puis on l'introduit toujours chaude dans une capsule de porcelaine ou dans un cristallisoir. On ferme le vase au moyen d'une lame de verre reposant sur les bords, ou mieux encore d'une feuille de papier à filtrer maintenue tendue. Lorsque, pendant la décantation ou la filtration, la cristallisation a commencé à s'effectuer, on élève la température de la masse filtrée dans le vase même où doit s'opérer la cristallisation, et on redissout ainsi les cristaux confus qui se sont déposés. On abandonne ensuite au refroidissement.

Pour avoir des cristaux volumineux, le refroidissement doit être lent. Si la quantité sur laquelle on opère est considérable, la masse de la dissolution suffit pour assurer cette condition de lenteur. Dans le cas contraire, en enveloppant le vase de laine ou en le déposant dans de la sciure de bois, en un mot en l'entourant de substances mauvaises conductrices de la chaleur, on retarde sa réfrigération. On peut encore, et cela est un des procédés les plus avantageux, plonger le vase dans un liquide chaud, dans l'eau d'un bain-marie par exemple ; l'air devant enlever la chaleur de celui-ci pour abaisser la température de l'ensemble, il suffira de prendre un poids de liquide chaud assez considérable, pour rendre le refroidissement aussi lent qu'on le voudra. Les instruments d'économie domestique connus sous le nom de *marmites norvégiennes*, instruments qui retardent le refroidissement des objets qu'on y renferme, conviennent à la production des cristaux volumineux par cette méthode.

L'intervention d'une sursaturation trop avancée doit être évitée : elle déterminerait une cristallisation d'autant plus rapide qu'elle aurait été elle-même plus prononcée. Pour l'écarter, il faut avoir soin d'introduire de temps en temps dans la dissolution un cristal du corps à obtenir, jusqu'à ce que la cristallisation ait commencé.

305. Si l'on se propose seulement de réaliser la purification du corps, on doit éviter la production des cristaux volumineux ; il vaut mieux faire une *cristallisation troublée*. Dans ce but, on refroidit brusquement la dissolution en plongeant le vase qui la contient dans de l'eau maintenue froide et on agite pendant toute la durée de la cristallisation. La matière se dépose alors en quelques instants, sous la forme d'une poudre cristalline. Les petits cristaux ainsi préparés présentent beaucoup moins que les cristaux volumineux, des cavités dans lesquelles se loge l'eau mère ; ils réalisent par conséquent une meilleure purification. On les essore, puis on les lave rapidement avec une petite quantité de dissolvant pur, en employant le même procédé que pour les essorer (voy. *Essorage*). En dehors de son efficacité, qui est remarquable au point de vue de la purification, la cristallisation troublée présente l'avantage d'être très prompte et de permettre d'effectuer successivement plusieurs opérations dans un temps court. Une dernière cristallisation peut d'ailleurs être faite à la manière ordinaire et fournir des cristaux bien développés.

306. La *cristallisation par évaporation du dissolvant* se prête, au contraire, beaucoup mieux à la préparation des beaux cristaux qu'aux purifications.

A la température ordinaire, on place la solution saturée dans un cristallisoir que l'on recouvre d'une feuille de papier à filtrer tendue sur ses bords, et on dépose le tout dans un endroit dont la température varie peu, dans une cave par exemple. Les vapeurs émises par le dissolvant volatil traversent le papier, la concentration s'opère lentement et les cristaux se déposent sur le fond du vase. Ces cristaux prennent ainsi peu à peu une forme aplatie, la couche du liquide qui leur donne naissance s'étalant elle-même sur le fond parce qu'elle est la plus dense. On peut éviter cette déformation en les retournant de temps en temps. Il est encore préférable de placer dans le cristallisoir, en même temps que la liqueur saturée, quelques cristaux déjà formés; ces derniers *se nourrissent*, augmentent de volume, et si on les retourne fré· quemment, s'accroissent avec régularité (Leblanc); en même temps, on évite par là que des cristaux nombreux se déposent simultanément, ce qui arriverait si la sursaturation se produisait avant le commencement de la solidification; or les cristaux nombreux se serrent, s'accolent entre eux et se déforment.

307. L'usage du cristallisoir ne convient ici qu'avec les véhicules peu volatils, l'eau par exemple; avec l'alcool, l'éther, le chloroforme, le sulfure de carbone, etc., sa surface très développée permet une évaporation trop rapide et la cristallisation devient confuse. Les solutions faites avec les liquides de ce genre sont préférablement introduites dans des fioles à fond plat, dont on bouche incomplètement le col par un papier à filtrer : la diffusion de la vapeur dans l'air se trouvant ainsi retardée, les cristaux se forment lentement et par suite avec régularité.

S'agit-il au contraire d'activer l'évaporation, on agit comme pour une dessiccation : on place la solution sous une cloche avec un vase contenant un réactif capable d'absorber le dissolvant, autrement dit sous une cloche à dessécher (§ 260). Dans le cas des solutions aqueuses, lequel est le plus fréquent, les réactifs employés sont l'acide sulfurique concentré ou le chlorure de calcium. On peut même augmenter la volatilisation du liquide en faisant le vide dans la cloche (§ 264). Il est d'ailleurs évident que la nature de la matière absorbante doit varier avec celle du véhicule à absorber (§ 258).

Dans certains cas, notamment lorsque la viscosité des liqueurs froides s'oppose à la cristallisation, on est obligé d'opérer à une température plus élevée. On place alors le cristallisoir dans une étuve chaude et bien ventilée. Les cristaux de sucre candi sont obtenus de cette manière, beaucoup plus, il est vrai, par le refroidissement lent du sirop que par sa concentration.

Il est important de remarquer que la température à laquelle se fait la cristallisation influe souvent sur la composition des cristaux : les sels, par exemple, se déposent avec des proportions d'eau de cristallisation différentes, suivant les conditions de température dans lesquelles on opère.

308. La troisième méthode par voie humide, la *cristallisation par modification du dissolvant*, est surtout applicable aux substances trop solubles dans un liquide pour que leur cristallisation puisse s'y opérer aisément. Elle consiste à ajouter au dissolvant un autre liquide susceptible, par son mélange avec lui, de diminuer ou d'annuler la solubilité du composé à obtenir en cristaux.

Soit un sel très soluble dans l'eau, insoluble dans l'alcool et dont la solubilité va en diminuant dans les liqueurs aqueuses de plus en plus alcooliques. En versant de l'alcool dans la solution aqueuse concentrée, on détermine la séparation brusque du sel, sous forme de petits cristaux, c'est-à-dire sa cristallisation troublée.

Pour l'obtenir en cristaux plus volumineux, on place la dissolution dans un vase allongé, tel qu'une éprouvette à pied, et au moyen d'un tube à entonnoir, on verse doucement l'alcool à sa surface, en évitant tout mélange et en maintenant la superposition des deux liqueurs inégalement denses. On abandonne le tout au repos, après avoir bouché le vase. L'alcool se diffuse peu à peu dans la solution aqueuse et le corps devient de moins en moins soluble; la séparation s'effectue ainsi fort lentement en donnant naissance à des cristaux souvent très volumineux. On peut opérer de même avec l'éther ordinaire superposé à une dissolution dans le sulfure de carbone, etc.

Il est bon de ne pas amener la solution primitive à une trop forte concentration; cela pourrait donner lieu à la formation, entre les deux couches liquides, d'une croûte solide, impénétrable, arrêtant la diffusion.

Un exemple d'un autre genre est fourni par certains corps insolubles dans l'eau, mais solubles dans le même liquide chargé de gaz carbonique. Leur dissolution abandonnée dans l'atmosphère perd lentement le gaz qu'elle renferme; cette modification entraîne une diminution progressive de la solubilité du corps et celui-ci se dépose sous forme de cristaux.

309. La *cristallisation par réaction*, dont il nous reste à parler, peut prendre les formes les plus diverses. On en a tiré dans ces dernières années un parti intéressant pour la reproduction artificielle des minéraux cristallisés. Elle consiste le plus souvent à effectuer certaines réactions dans des conditions de lenteur aussi prononcées que possible. C'est ainsi, par exemple, qu'en provoquant, par l'action d'un courant électrique d'une faiblesse extrême, la formation de certains composés d'ordinaire amorphes, on obtient ceux-ci en cristaux nettement définis (A. Becquerel). C'est ainsi également qu'en faisant réagir, par diffusion au travers d'une membrane ou plus simplement par diffusion entre deux liqueurs en contact par une surface fort restreinte, des substances qui, mélangées brusquement, donnent des précipités non cristallins, on forme les mêmes produits cristallisés. C'est ainsi enfin qu'en maintenant longtemps à certaines températures des corps mélangés, qui ne réagissent pas à la température ordinaire, on détermine des réactions lentes dont les produits sont cristallisés.

Les modes d'application de la cristallisation par réaction varient forcément avec les réactions elles-mêmes, c'est-à-dire à l'infini. Ils se prêtent donc mal à une généralisation qui seule doit nous arrêter ici.

310. CRISTALLISATION PAR FUSION. — Elle exige des précautions analogues à celles qui ont été recommandées pour la cristallisation par voie humide et par refroidissement (§ 304). La lenteur et la régularité du

refroidissement sont ici encore les conditions principales de la production de cristaux nets.

Dans un vase approprié à la nature de la matière, on fond celle-ci sans la surchauffer, puis on laisse refroidir aussi lentement que possible. Les cristaux ne tardent pas à se former. Si on laisse la cristallisation se continuer, ils deviennent bientôt assez abondants pour s'enchevêtrer les uns dans les autres et le produit se change finalement en une masse confuse; on n'obtient d'ailleurs ainsi aucune séparation de liquide et, par suite, aucune purification. Mais si, au moment où une quantité convenable de cristaux s'est déposée, on décante la matière restée liquide, on obtient des cristaux nets, bien dégagés, et la séparation d'une grande partie des impuretés.

Quelquefois, lorsqu'on laisse libre accès à l'air froid, la cristallisation se fait d'abord à la surface du bain fondu; il est alors nécessaire, pour pouvoir décanter le liquide, de percer la croûte superficielle, au moyen d'une tige chaude et en deux points diamétralement opposés.

Cette méthode est surtout usitée pour les métaux ainsi que pour quelques autres substances, le soufre notamment.

311. Cristallisation par sublimation. — Le passage de l'état de vapeur à l'état solide peut servir également à la production des cristaux. Il en est ainsi pour les corps dont le point de fusion est peu éloigné de la température à laquelle ils se volatilisent notablement.

Tous les modes de sublimation (§ 246 et suivants) sont applicables à la production des cristaux, chacun d'eux devant être préféré aux autres dans des cas particuliers.

312. On utilise fréquemment une méthode de production de corps cristallisés qui se rapproche du procédé par sublimation, bien qu'elle en diffère par le point de départ. Au lieu de partir du corps tout formé et de le volatiliser, on lui donne naissance dans la vapeur elle-même, autrement dit on opère par réaction. On fait arriver dans une même enceinte deux ou plusieurs vapeurs, capables d'engendrer par réaction un corps solide; ce dernier se dépose alors en cristaux qui s'accroissent peu à peu. C'est ainsi qu'en produisant simultanément, à haute température et dans un creuset, d'une part des vapeurs de fluorure d'aluminium et d'autre part des vapeurs d'acide borique, il se forme du fluorure de bore qui s'échappe et de l'alumine qui cristallise; en pratique, on place dans le fond du creuset le fluorure d'aluminium, on superpose à ce composé un creuset de platine, suspendu dans le premier et contenant de l'acide borique, puis on chauffe le tout : les cristaux d'alumine se déposent à la partie supérieure du grand creuset (H. Sainte-Claire Deville et Caron). On conçoit qu'un semblable procédé soit susceptible d'être varié à l'infini.

2.

PRÉCIPITATION.

313. Précipitation et précipité. — La séparation d'un corps, effectuée rapidement et sous forme très divisée, au sein d'un liquide renfermant ce corps ou des substances capables de le produire, constitue la précipitation. Cette opération présente des relations étroites avec la cristallisation troublée, étant faites ces restrictions que le nom de précipitation s'applique aussi bien à la séparation des substances amorphes ou même liquides, qu'à celle des substances cristallisées, et qu'on le réserve à peu près exclusivement au traitement des produits dont la solubilité est faible dans le liquide employé. On nomme *précipité* la matière séparée par précipitation, et *précipitant* le réactif qui détermine la précipitation.

La précipitation se produit de deux manières différentes : 1° en mettant en présence, au sein du liquide et à l'état dissous, des réactifs susceptibles de donner naissance au précipité, soit par déplacement, soit par double décomposition ; 2° en diminuant de diverses manières la solubilité du corps dans son dissolvant.

Le but que l'on se propose d'atteindre en précipitant une substance est de la préparer ou de la purifier. En chimie analytique, la précipitation est surtout pratiquée dans les cas où elle est aussi complète que possible ; on l'applique alors au dosage de l'un des éléments renfermés dans le précipité.

314. P RÉCIPITATION PAR RÉACTION. — Dans le premier mode de précipitation cité plus haut, le réactif ajouté à la dissolution peut être *solide*, *liquide* ou *gazeux*.

Les *réactifs solides* doivent être introduits dans la liqueur sous la forme qui leur donne la plus grande surface d'action ; en outre on doit, par l'agitation, renouveler les surfaces de contact. Une lame de zinc, par exemple, étant introduite dans une dissolution de sulfate de cuivre, forme du sulfate de zinc et précipite le cuivre sous la forme d'une masse noire et spongieuse : la précipitation sera d'autant plus rapide que la surface de la lame sera plus développée et que, par une action mécanique, on dégagera plus fréquemment cette surface de la mousse de cuivre métallique qui la recouvre et s'oppose au renouvellement de la liqueur saline en contact avec elle.

Si le réactif solide est dense et pulvérulent, il tend à gagner le fond du vase et à s'y accumuler, de telle sorte que la majeure partie du liquide échappe à son action. C'est ainsi que lorsqu'on agite une solution de certains sels métalliques avec du carbonate de baryte pulvérisé, les métaux de ces sels sont précipités sous diverses formes ; mais si l'on n'agite pas, le carbonate de baryte se dépose au fond du récipient dans lequel on opère et la précipitation ne tarde pas à s'arrêter.

La précipitation par les solides est toujours lente et par suite peu fréquemment utilisée. Cependant on emploie quelquefois les réactifs solubles à l'état solide, dans le but de ne pas diluer davantage des liqueurs déjà étendues.

315. Les *réactifs liquides* ou les réactifs en dissolution sont ajoutés lentement à la liqueur à précipiter, soigneusement remuée avec un agilateur (§ 154). On évite ainsi la présence, en une partie de la masse, d'un grand excès de précipitant susceptible de modifier la réaction. Les proportions des réactifs doivent, en effet, être exactement dosées ; elles correspondent le plus souvent aux indications fournies par la théorie de la double décomposition ou du déplacement à accomplir. La même précaution est en outre rendue nécessaire par ce fait que l'un des réactifs, introduit en excès dans la liqueur, peut communiquer à celle-ci la propriété de redissoudre une quantité plus ou moins grande du précipité d'abord formé.

Lorsque la teneur en réactifs des liquides dont on se sert n'est pas connue, pour éviter l'excès de l'un des corps réagissants, on procède par tâtonnements. A l'une des liqueurs, ou ajoute peu à peu la seconde, en agitant soigneusement ; de temps en temps, on laisse déposer le précipité et on verse quelques gouttes de précipitant dans le mélange éclairci ; si le précipité qu'elles engendrent est abondant et serré, cela montre que l'addition d'une grande quantité de précipitant est encore nécessaire. Quand, au contraire, le précipité formé est faible, on ajoute le précipitant avec circonspection jusqu'à complète précipitation. Celle-ci est indiquée par l'absence de trouble consécutif à une addition de précipitant dans la solution éclaircie.

La concentration des liqueurs est aussi fort importante. Certains corps volumineux et de consistance gélatineuse, tels que l'oxyde de fer ou l'alumine, ne doivent être précipités que dans des liqueurs diluées ; sinon, ils se séparent en masses très serrées, ne se laissent pas pénétrer par les liquides et ne peuvent être que difficilement purifiés par lavage des matières étrangères solubles qu'ils emprisonnent.

La précipitation par réaction peut avoir lieu à froid ou à chaud. Dans le premier cas, on opère dans les vases cylindriques dits *vases à précipiter* ou dans les verres à expérience (§ 151, p. 99). Dans le second, on fait usage des *vases à filtrations chaudes* (§ 152, p. 100). Pour précipiter à chaud, on chauffe d'abord une des liqueurs, puis on y verse le précipitant en agitant sans cesse. Dans certains cas, cette addition doit être faite assez lentement pour ne pas refroidir sensiblement la masse, la formation du précipité ne s'opérant pas de même à une température élevée qu'à une autre plus basse. C'est ainsi que le sulfate de baryte, lorsqu'on l'a précipité dans une liqueur bouillante et avec la précaution indiquée, est facile à séparer de la liqueur par filtration, tandis qu'il est en poussière assez fine pour passer au travers des filtres, quand on le forme à une plus basse température. On peut même chauffer les deux liqueurs à mélanger.

316. Les *réactifs gazeux* sont employés de deux manières. Tantôt on dissout le gaz dans une liqueur avec laquelle on opère ensuite comme avec la solution d'un réactif quelconque. Tantôt on fait arriver le gaz par un tube de verre jusqu'au fond du vase contenant la dissolution du corps à précipiter ; le courant gazeux doit être assez lent pour que les

bulles soient bien séparées et réagissent aussi complètement que possible avant de gagner la surface du liquide.

La seconde manière est de beaucoup préférable à la première. Celle-ci a l'inconvénient grave d'introduire dans les liqueurs des volumes parfois considérables de dissolvant ; on l'emploie cependant lorsqu'il s'agit de petites quantités de matière et surtout dans les essais qualitatifs, tant à cause de sa simplicité d'application que de la facile conservation de certaines solutions gazeuses ; toutefois, l'emploi des appareils propres à fournir les réactifs gazeux au moment même du besoin et par la simple ouverture d'un robinet (voy. *Production des gaz, appareils à fonctionnement intermittent*) lui enlève ses principaux avantages.

Pour les gaz doués d'une solubilité extrême dans l'eau, comme l'acide chlorhydrique ou l'ammoniaque, les solutions sont d'un usage constant.

317. Précipitation par diminution de la solubilité. — La précipitation des corps par réaction est la plus usitée ; nous dirons seulement quelques mots sur la précipitation par diminution de la solubilité.

Cette diminution peut être produite par des variations de température. Nous avons vu (§ 313) que la cristallisation troublée, obtenue par refroidissement brusque et agitation d'une solution concentrée à chaud, est une forme de la précipitation. Inversement, les substances moins solubles à chaud qu'à froid se précipitent lorsqu'on élève la température de leur dissolution : c'est ainsi qu'en portant à l'ébullition une dissolution aqueuse et froide de citrate de chaux, ce sel se précipite : c'est ainsi encore qu'une dissolution aqueuse de sulfate de chaux saturée à 35° se trouble par précipitation quand on la chauffe à 100° ; etc.

L'addition d'un second liquide à la dissolution peut aussi diminuer la solubilité du corps dissous et entraîner sa précipitation. En ajoutant de l'alcool aux solutions aqueuses d'un très grand nombre de sels peu solubles ou même tout à fait insolubles dans l'eau alcoolisée, on précipite ces composés. On se sert de la même pratique pour la cristallisation (§ 308). Elle est fort souvent appliquée à la purification de diverses substances organiques incristallisables : on précipite celles-ci au sein d'un liquide capable de retenir les impuretés en dissolution ; on traite ainsi notamment certaines matières résineuses par dissolution dans l'alcool fort et addition d'eau.

318. Précipitation fractionnée. — Le fractionnement des précipités est un moyen de purification ou de séparation très efficace. Lorsqu'à un liquide contenant en dissolution un mélange de deux corps, tous deux précipitables par un troisième, on ajoute peu à peu une dissolution de ce troisième corps, l'action du réactif ainsi ajouté peut n'être pas égale sur les deux composés mélangés ; les produits des deux réactions n'existent pas dès lors en quantités constantes dans toutes les portions du précipité formées successivement, l'un d'eux étant plus abondant dans les premières, tandis que l'autre prédomine au contraire dans les dernières. Dans ces conditions, en fractionnant le précipité formé, on sépare souvent dans une ou plusieurs des fractions la totalité de l'un des produits. Il suffit, en pratique, d'ajouter le précipitant par portions, et de séparer, avant l'addition de chacune des portions, le précipité engendré par la précédente.

Le fractionnement s'applique de même à la précipitation par diminution de solubilité; on conçoit, en effet, que l'addition d'un second liquide au sein de la dissolution ne fasse pas varier de la même manière la solubilité de deux corps mélangés.

319. PRÉCIPITATION ÉLECTRO-CHIMIQUE. — L'électrolyse de certaines solutions métalliques provoque la précipitation du métal qu'elles renferment. Cette précipitation forme la base de la galvanoplastie et des arts qui s'y rattachent. On verra plus loin qu'on l'utilise aussi en analyse. Toutefois, elle constitue un cas trop spécial pour que nous nous y arrêtions ici.

CHAPITRE XI

SÉPARATION MÉCANIQUE DES CORPS NON MISCIBLES.

320. La séparation mécanique des liquides et des corps non miscibles avec eux est l'une des opérations qui s'exécutent le plus souvent en chimie. Les difficultés qu'elle présente dépendent surtout de l'état physique des matières à isoler. Les moyens employés devant être appropriés à ces états physiques sont nécessairement nombreux ; nous étudierons successivement la *décantation*, la *filtration*, l'*expression*, l'*essorage* et le *lavage*.

1.

DÉCANTATION.

321. La décantation a pour but de séparer un liquide d'un solide ou d'un autre liquide non miscible avec lui, mais qu'il tient en suspension ; elle agit par deux opérations successives, le *dépôt* et la *séparation* de ce dépôt du liquide qui le surnage.

322. DÉPÔT. — Le dépôt se fait spontanément lorsqu'on abandonne le mélange des deux corps à un repos prolongé. Il n'est possible que lorsque les matières à séparer présentent des densités différentes. Il est d'autant plus lent que celle de ces matières qui se dépose est plus finement divisée ; il est très notablement retardé dans les liqueurs visqueuses.

La forme du vase dans lequel on abandonne le mélange au repos n'est pas indifférente. Si les parois présentent, en un autre endroit que le fond, des parties inclinées ou horizontales, pouvant retenir dans sa chute le corps qui se dépose, ce corps ne se trouvera pas réuni tout entier au fond du vase ; les portions restées suspendues se mélangeront au liquide surnageant et le troubleront quand on viendra à enlever celui-ci pour le séparer du dépôt. Les vases cylindriques ou les vases coniques, à ouverture plus étroite que la base, doivent donc être préférés.

Sauf dans les opérations faites sur des matières très denses, sous l'influence d'agitations très faibles, dues notamment à des variations de température, quelques particules solides sont presque toujours entraînées dans le liquide ; la séparation par dépôt est donc rarement complète ; en outre la décantation ne permet pas d'extraire le liquide qui mouille le dépôt ; enfin l'agitation occasionnée par les mouvements au moyen desquels on enlève le liquide éclairci cause également des perturbations. Ces circonstances font que la décantation n'est, d'ordinaire, qu'une préparation à des modes de séparation plus exacts.

323. DÉCANTATION PAR ÉPANCHEMENT. — Le dépôt effectué, on penche le vase doucement et régulièrement, jusqu'à ce que le liquide clair arrive à son bord, en évitant toute secousse et tout mouvement inutile. On applique alors sur le point où doit se faire l'écoulement une baguette de verre tenue verticalement (fig. 146), de manière à diriger le jet de liquide vers un second vase destiné à le recevoir, puis on continue le mouvement commencé. Pendant l'écoulement, le dépôt se déplace pour gagner la partie la plus basse du vase incliné ; ce déplacement entraîne la mise en suspension d'une petite portion de la substance déposée et son soulèvement dans le liquide décanté. On cesse de verser au moment où l'entraînement est assez abondant pour troubler notablement le liquide qui s'écoule. Quand on décante sur un filtre destiné

Fig. 146. — Décantation.

à retenir toute trace du solide, et qu'on ne peut, à cause de l'insuffisance de son volume, décanter d'un seul coup tout le liquide, si en arrêtant l'écoulement on redresse le vase, il en résulte un déplacement du précipité contraire du précédent, et un nouveau mélange du solide avec le liquide. Pour l'éviter autant que possible, on ne ramène pas le vase dans la position verticale, on le redresse seulement de façon à faire cesser l'écoulement, et on le fixe dans cette position, au moyen d'un support, jusqu'à ce qu'on puisse verser de nouveau le liquide.

On applique le même moyen, mais moins facilement, à la séparation d'un dépôt liquide.

324. En analyse surtout, il est nécessaire de ne perdre aucune portion du liquide décanté ; or il arrive fréquemment que ce dernier s'écoule, en suivant par capillarité la paroi extérieure du vase. C'est cet accident

que l'application de la baguette au point d'écoulement a pour objet
d'éviter. On le rend plus rare encore en enduisant très légèrement le
bord du vase avec une substance que le liquide ne mouille pas, avec du
suif ou de la vaseline par exemple, s'il s'agit de liqueurs aqueuses ; l'action capillaire de la paroi se trouve ainsi supprimée.

325. DÉCANTATION PAR LES ENTONNOIRS. — Lorsque le dépôt est liquide,
la séparation se fait très facilement au moyen de l'*entonnoir à robinet*.
Ce dernier (fig. 147, A) pos-
sède la forme d'un enton-
noir ordinaire, mais porte
vers le sommet du cône et
à la naissance de la *douille*,
c'est-à-dire en haut de la
partie cylindrique, un robinet de verre permettant
d'ouvrir ou de fermer cette
douille. On dispose l'instrument sur un support, la
douille étant verticale et le
robinet fermé, puis on y
verse le mélange des deux
liquides. On laisse déposer,
en recouvrant au besoin
l'entonnoir par une plaque
de verre. Lorsque le liquide
le plus dense s'est rassemblé au fond, on ouvre doucement le robinet, et on

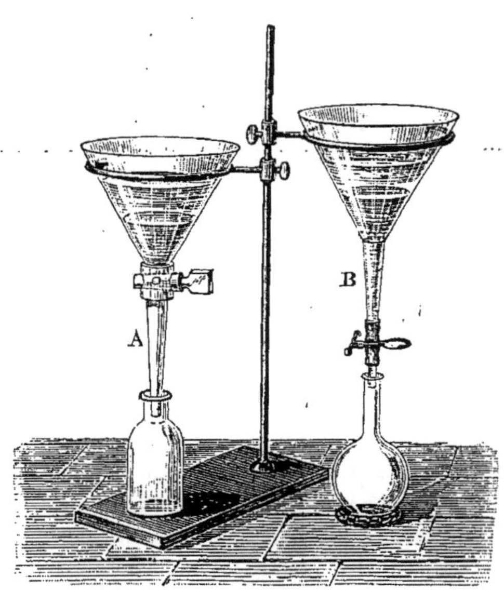

Fig. 147. — Entonnoirs à décantation.

laisse la couche inférieure s'écouler lentement dans un vase placé au-
dessous. Au moment où le liquide surnageant se présente à l'entrée de
la douille, on ferme rapidement le robinet. Il faut éviter de laisser
prendre à la masse un mouvement giratoire qui déterminerait l'entraînement du liquide supérieur ; si ce fait vient à se produire, au moyen
d'un agitateur de verre, on imprime au contenu de l'entonnoir un mouvement en sens contraire de celui qui tend à s'établir.

L'entonnoir à robinet peut être remplacé par un entonnoir ordinaire,
à l'extrémité duquel on fixe, par un fragment de tube en caoutchouc,
un petit robinet de verre ; on peut encore fermer le même entonnoir à
l'aide d'un tube de caoutchouc écrasé par une pince à ressort de Mohr
(fig. 147, B), lequel fonctionne comme un robinet : s'ouvrant quand on
presse sur le ressort de la pince, se fermant quand on abandonne celle-
ci à elle-même. Enfin, par un arrangement plus simple encore, on
ferme parfois la douille de l'entonnoir au moyen d'un bouchon de liège
de grosseur appropriée, qu'on déplace ou qu'on replace rapidement
lorsqu'on veut livrer passage au liquide ou l'arrêter.

326. Récipient florentin. — Cet appareil, appelé aussi *vase florentin*, permet d'effectuer la décantation d'une manière continue, lorsque les corps à séparer sont deux liquides de densités différentes. Il n'est autre chose qu'une carafe de verre R (fig. 148), portant soudée à sa partie inférieure un tube MN, qui se relève en forme de col de cygne jusque vers la moitié de la hauteur du goulot. Le mélange des deux liquides, arrivant dans la carafe par le goulot O, se sépare en deux couches : le plus dense gagne le fond du vase et le plus léger surnage. Le niveau s'élevant peu à peu, il arrive un moment où le contenu de la carafe doit s'écouler par la tubulure MN, et comme celle-ci n'est en contact à sa base qu'avec le liquide le plus dense, ce dernier seul s'échappe en N, tan-

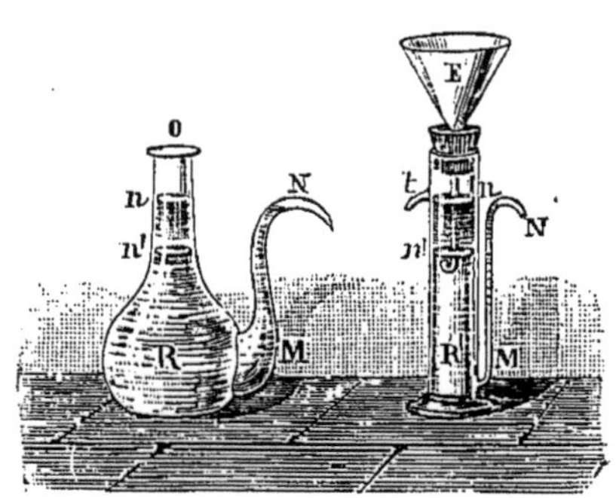

Fig. 148. — Récipients florentins.

dis que l'autre s'accumule dans la carafe entre n et n', d'où on l'enlève de temps en temps au moyen d'un siphon (§ 327) ou d'une pipette (§ 331).

On peut même disposer l'appareil de façon à supprimer cette dernière opération et à rendre l'écoulement du liquide le moins dense continu comme celui de l'autre liquide (M. Méro). Il suffit de placer sur le vase R' (fig. 148), et à une hauteur un peu supérieure au sommet du col de cygne, un second tube latéral t qui donne passage au liquide léger lorsque le niveau de celui-ci tend à s'élever au-dessus de n ; or, on remarquera que la hauteur totale du liquide dans le vase s'accroît avec la proportion du liquide léger existant dans le mélange. Pour augmenter l'écart des densités entre lesquelles un pareil vase peut servir commodément, il suffit de rendre variable la longueur de la tubulure MN ; cela s'obtient en composant celle-ci soit d'un tube flexible en plomb ou en caoutchouc, soit encore de deux pièces réunies par un bouchon percé, et pouvant rentrer l'une dans l'autre d'une longueur variable. De plus, pour empêcher le mouvement du liquide qui pénètre dans l'appareil de mélanger de nouveau les deux couches en nn', on place au-dessus du récipient florentin un entonnoir E, dont la douille recourbée sur elle-même empêche le mélange à séparer de tomber rapidement et d'agiter la masse.

Pour récolter de très faibles quantités d'un liquide léger, tenues en suspension dans un autre plus dense, on fait arriver le mélange dans un tube un peu large, effilé par le bas et plongeant dans un vase à trop-plein. Le liquide léger s'accumule dans ce tube à la hauteur de l'écoulement du trop-plein ; on l'enlève finalement en se servant du tube comme d'une pipette (§ 331).

327. Décantation par les siphons. — Le siphon permet d'enlever le liquide surnageant le dépôt, sans remuer le vase qui les renferme. Cet instrument se construit en verre ou en métal ; il consiste essentiellement en un tube recourbé sur lui-même et terminé par deux branches inégales. Quand il est rempli du liquide pour lequel on doit le faire fonctionner, il est dit *amorcé*. Soit ABCD (fig. 149) un siphon amorcé ; la branche la plus courte AB plonge dans le vase V où l'on veut puiser du liquide, et la branche la plus longue CD, dans un second vase V'.

destiné à recevoir ce liquide ; soient MM′ et NN′, les niveaux dans les deux vases. L'appareil est maintenu plein de liquide par la pression atmosphérique ; le contraire ne pourrait arriver que si la hauteur de B au-dessus de MM′ était supérieure à celle de la colonne du liquide con-

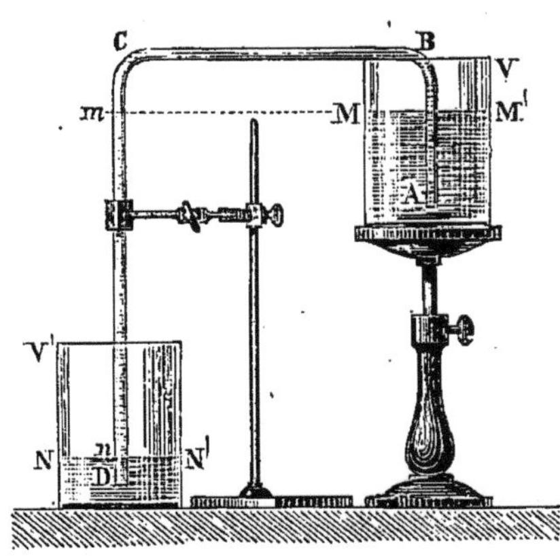

Fig. 149. — Siphon.

sidéré, qui fait équilibre à cette pression, c'est-à-dire supérieure à $10^m,33$ pour l'eau, à $0^m,76$ pour le mercure, etc. Dans ces conditions, la colonne liquide séparant B de MM′ fait équilibre à la colonne Cm ; quant au liquide contenu en mn, aucune force ne faisant équilibre à l'action qu'exerce sur lui la pesanteur, il tend à s'écouler vers D, et comme la pression de l'air empêche toute solution de continuité dans le liquide entre A et D, il entraîne dans sa chute la masse fluide contenue dans le siphon. La force qui produit ce mouvement dépend donc de la hauteur mn, autrement dit de la différence des niveaux dans les deux vases, et de la densité du liquide. Une fois commencé, l'écoulement se continue. Lorsque les niveaux dans les deux vases sont identiques, mn devenant nul, l'écoulement s'arrête.

Si la longue branche, au lieu de plonger dans un liquide, s'ouvre à l'air en D, les choses se passent différemment suivant le diamètre du tube, la nature du liquide et la différence des niveaux : tant que le diamètre est assez faible pour que les phénomènes capillaires empêchent l'écoulement du liquide de coexister avec une rentrée d'air en sens inverse, le siphon reste amorcé et le mouvement n'est pas interrompu ; mais dès que cette condition cesse d'être remplie, l'air pénétrant dans le siphon le désamorce et met fin au fonctionnement, à moins cependant qu'une différence de niveaux considérable ne détermine une vitesse d'écoulement du liquide, supérieure à celle que l'air pourrait prendre en sens contraire.

Comme le niveau MM′ s'abaisse constamment dans le vase V par le fonctionnement du siphon, quand il arrive en A l'air pénètre dans le tube et l'appareil se désamorce.

328. Pour amorcer un siphon, il suffit de le renverser en plaçant ses ouvertures en haut et dans un même plan horizontal, de le remplir entièrement de liquide, de fermer l'un de ses orifices, soit avec le doigt, soit avec un robinet fixé à l'une des extrémités, de le retourner dans la position indiquée plus haut, puis enfin de le laisser librement ouvert. S'il est large, ses deux ouvertures doivent être fermées au moment du retournement. Parfois, on se contente de plonger la courte branche

dans le liquide à siphonner, et d'aspirer avec la bouche par l'autre branche ; cette pratique doit être délaissée dans les laboratoires, parce qu'elle peut faire pénétrer dans la bouche des liqueurs toxiques. Afin de l'éviter, on soude à la partie inférieure de la longue branche bc (fig. 150) un tube mn, parallèle à celle-ci et portant une boule vers la partie supérieure : si on ferme avec le doigt l'orifice c de la grande branche, l'autre branche plongeant dans le liquide, et qu'on aspire par n, le siphon s'amorce ; dans le cas où l'aspiration aurait été prolongée trop longtemps, le liquide s'accumulerait dans la boule avant d'arriver jusqu'à la bouche.

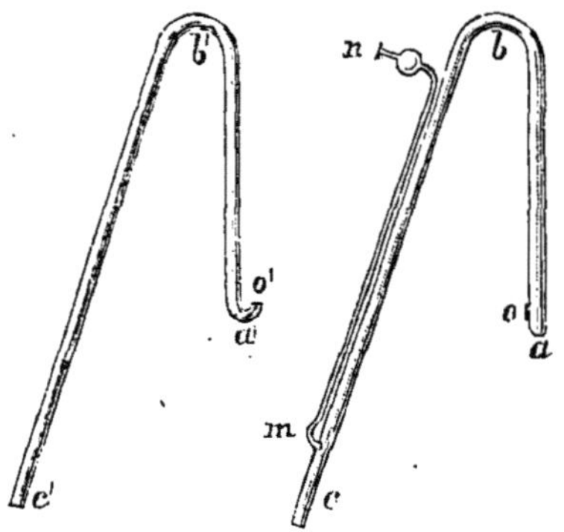

Fig. 150. — Siphons.

Les dispositions conduisant au même résultat ont été variées de beaucoup de manières. Quand on fait usage d'appareils à aspirer l'air, de trompes notamment, la plus simple consiste à relier l'orifice du long tube d'un siphon tel que $a'b'c'$ (fig. 150) à l'un de ces appareils, au moyen d'un tube de caoutchouc que l'on enlève rapidement dès que le liquide a rempli le siphon.

On peut, au lieu de diminuer la pression dans la plus longue branche, l'augmenter au-dessus du liquide à siphonner et pousser ainsi ce liquide dans le tube ; il suffit pour cela que le vase à vider soit bouché et qu'au moyen d'un tube ouvert dans l'atmosphère on puisse en soufflant, avec la bouche ou autrement, comprimer pendant quelques instants l'air intérieur. Cet arrangement convient en particulier pour extraire des vases de grandes dimensions, des touries par exemple, les liquides qui les garnissent.

329. Quand on applique le siphonnage à la décantation, il est nécessaire de ne pas enfoncer tout d'abord la branche courte jusqu'au voisinage du dépôt, le mouvement du liquide qui se rend à l'orifice pouvant soulever ce dépôt. Cet accident se produit toujours plus ou moins vers la fin de l'opération. On l'évite en partie, soit en recourbant sur elle-même l'extrémité o' du siphon $a'b'c'$ (fig. 150), de manière à donner au mouvement du liquide aspiré une direction descendante, soit en fermant le siphon abc vers son extrémité a, et en pratiquant un peu au-dessus une ouverture latérale o.

On est toujours obligé finalement de laisser une couche de liquide sur le dépôt ou d'entraîner une certaine quantité de celui-ci. Cet inconvénient peut être amoindri en donnant en temps opportun une faible rapidité à l'écoulement.

Le siphon s'emploie beaucoup également pour transvaser les liquides, alors même qu'on ne s'occupe de les séparer d'aucun dépôt.

330. DÉCANTATION PAR ASPIRATION. — Les appareils d'aspiration, dont l'usage se répand de plus en plus dans les laboratoires, permettent d'effectuer les décantations et aussi les transvasements, plus facilement encore que par les

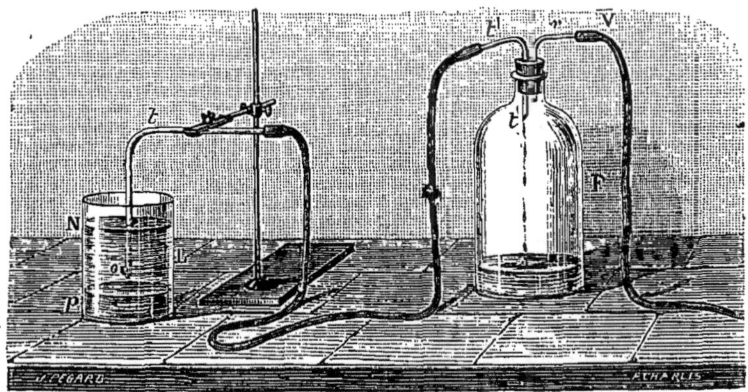

Fig. 151. — Décantation à la trompe.

méthodes précédentes. Étant donné un flacon F (fig. 151), fermé par un bouchon à deux trous que traversent des tubes de verre, l'un de ces derniers v est mis, par un tube de caoutchouc épais V, en communication avec une trompe aspirante dont on règle le débit par un robinet interposé ; l'autre $t't'$ porte également un tube de caoutchouc terminé par un tube de verre t. On plonge ce dernier en L dans le liquide à décanter, et on ouvre doucement le robinet de la trompe: un vide partiel se fait dans le flacon F et la pression atmosphérique y pousse aussitôt le liquide à décanter. Le robinet qui commande l'aspiration permet de régler et d'arrêter la rapidité de l'écoulement; de plus, la mobilité du tube immergé dans le liquide donne à l'opérateur le moyen de modifier aisément la hauteur à laquelle le liquide aspiré se trouve prélevé. En terminant ce tube à sa partie inférieure, comme il a été dit plus haut pour les siphons (§ 329), on diminue l'entraînement de la matière déposée.

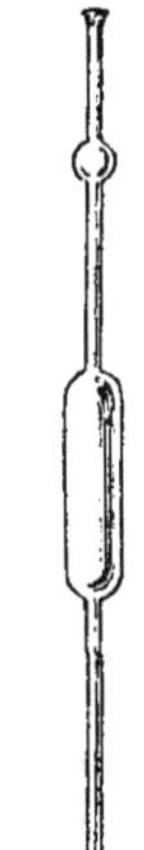

Fig. 152. — Pipette.

331. La *pipette* est fréquemment mise en usage pour décanter par aspiration. Les pipettes dont on se sert dans ce cas diffèrent un peu par leur forme de celles employées, après jaugeage, à mesurer un volume exact de liquide (§ 35, fig. 10) ; elles portent à leur partie inférieure (fig. 152) un tube effilé d'une certaine longueur, et de plus, on a soufflé sur leur tube supérieur une ampoule dans laquelle le liquide s'accumule avant de pénétrer jusqu'à la bouche, alors qu'on a aspiré trop longtemps ou trop énergiquement. Les pipettes, sur l'usage desquelles il nous paraît inutile d'ajouter à ce qui a été dit plus haut (§ 35), se prêtent à la décantation d'une faible quantité de liquide seulement.

2.

FILTRATION.

332. Filtration. — La filtration opère des séparations plus complètes que la décantation. Elle consiste à faire passer le liquide à travers un tissu ou une masse poreuse, dont le réseau est suffisamment serré pour retenir le solide, mais suffisamment lâche pour livrer au liquide un passage facile. Il y a toujours avantage à faire précéder la filtration d'une décantation, et à n'opérer tout d'abord que sur le liquide déposé; dans ces conditions, le réseau filtrant ne se trouvant pas obstrué par des matières solides qui arrêtent son action, la filtration se fait beaucoup plus rapidement.

La matière filtrante, disposée d'une façon convenable pour l'opération, prend le nom de *filtre*.

Nous allons passer en revue les matières filtrantes employées d'ordinaire, ainsi que les moyens de mettre en œuvre chacune d'elles.

Les principales matières filtrantes sont les tissus de fil, de coton ou de laine, et surtout le papier. On utilise aussi diverses matières pulvérulentes, minérales ou organiques, amorphes ou organisées qui, tassées d'une façon modérée, constituent un réseau suffisamment serré. Enfin la porcelaine dégourdie et quelques roches naturelles possèdent une texture lâche qui les rend propres à servir de filtres.

Tous ces agents présentent des particularités qui font préférer chacun d'eux dans un cas déterminé. Le plus grand nombre peut être employé aussi bien dans l'analyse que pour les préparations ; toutefois les conditions dans lesquelles on doit se placer diffèrent notablement suivant le but proposé. Nous nous occuperons séparément des moyens d'appliquer la filtration aux opérations qualitatives et aux opérations quantitatives.

A. — Filtration dans les opérations qualitatives.

333. Filtration par les étoffes. — Les tissus de fil, de coton et de laine sont des agents de filtration assez imparfaits. Ne constituant qu'un réseau relativement peu serré, ils n'exercent qu'une clarification incomplète que l'on distingue de la filtration exacte par le nom de *colature*. Une toile carrée, tendue à la main sur un cadre de bois, et fixée au moyen de clous à pointes saillantes, disposés au pourtour de ce dernier, constitue un *carré* ; il suffit de poser le cadre de bois sur un vase large, une terrine par exemple, ou bien encore de le supporter par des pieds en bois au-dessus du même vase (fig. 153), et de verser sur la toile tendue le mélange trouble, pour que le tissu se creuse sous le poids dont on le charge et forme une poche peu profonde que l'on remplit; le liquide traverse le tissu et tombe dans la terrine, tandis que le solide reste sur le carré. L'*étamine* et le *blanchet* ne diffèrent du carré que par la nature du tissu qui les forme; celui-ci est, dans le premier cas, une étoffe de laine mince et lâche, portant le même nom; dans le second cas, c'est un molleton de laine épais. La *chausse d'Hippocrate* (fig. 154) est un filtre assez usité dans les opérations en grand ; elle consiste en un cône de molleton ou de feutre, que l'on suspend par ses bords à un cadre: elle présente une surface filtrante plus considérable que les carrés et, en outre, son fond supporte une pression qui favorise le passage du liquide. La matière solide se rassemblant surtout vers le sommet du cône et l'obstruant peu à peu, on attache une corde à la pointe intérieure de la chausse et, lorsque la filtration se ralentit, on soulève le fond de l'appareil à l'aide de cette corde, afin de

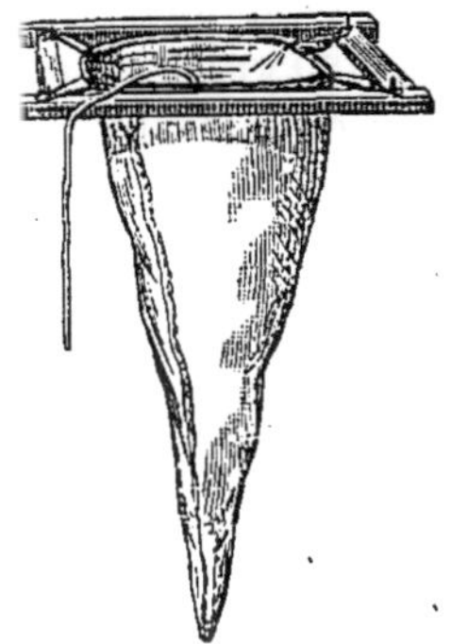

<table>
<tr><td>Fig. 153. — Carré.</td><td>Fig. 154. — Chausse d'Hippocrate.</td></tr>
</table>

faire remonter le liquide vers les parties supérieures du tissu qui sont moins obstruées.

La colature ne doit être employée que pour des mélanges dans lésquels la matière solide est en fragments volumineux, faciles à arrêter. Toutefois, lorsque cette matière solide ne doit pas être recueillie, on peut donner plus d'efficacité à l'opération en délayant, dans le mélange à filtrer, de la pâte à papier ou du papier à filtrer préalablement déchiré et réduit en pulpe au sein de l'eau ; la masse fibreuse ainsi formée constitue un réseau feutré qui se dépose sur le tissu et arrête mieux toutes les particules solides.

334. FILTRATION AU PAPIER. — On sait que le papier est un tissu feutré, formé de fibres végétales ou animales. Lorsque ces fibres sont courtes, on donne de la solidité au papier par un encollage, qui détermine l'adhérence des fibres entre elles et communique en même temps au tissu feutré une certaine imperméabilité recherchée surtout pour l'écriture à l'encre ; par là même raison, un papier collé, même légèrement, est impropre à la filtration. Le *papier à filtrer* ou *papier à filtre*, dit aussi quelquefois *papier Joseph*, ne devant pas être collé, il faut, pour qu'il présente quelque solidité après avoir été mouillé, que les fibres dont il se compose soient suffisamment longues et résistantes.

Ainsi donc, le papier à filtrer de bonne qualité conserve une certaine solidité après avoir été mouillé. Sa pâte a été suffisamment lavée pour

ne céder aux liqueurs acides ou alcalines que des quantités négligeables de substances solubles; elle ne contient pas de fibres colorées,
abandonnant leur matière colorante à ces liquides. Son épaisseur est
régulière et son tissu est assez serré et épais pour qu'il retienne les
poudres les plus ténues. Les papiers les meilleurs sont fabriqués avec
des chiffons de fil et du coton brut; on évite de les blanchir aux chlorures décolorants, qui y introduisent des sels calcaires ou alcalins et
diminuent la solidité de la fibre; aussi conservent-ils d'ordinaire une
teinte jaune marquée. Ceux qui filtrent le plus rapidement ont un tissu
très lâche, auquel on a donné une grande épaisseur.

Lorsqu'on se propose de filtrer rapidement, on se sert de *filtres à plis;*
quand on se préoccupe davantage du lavage parfait de la matière solide
ou de la facilité avec laquelle on la détachera plus tard du filtre, on
donne la préférence aux *filtres unis* ou *filtres sans plis.*

335. Filtres a plis. — Pour faire un filtre à plis, on prend une des
feuilles rectangulaires que fournit le commerce, et on la divise en deux
parties égales (fig. 155) par un pli AOa', perpendiculaire à ses plus grands
côtés. On partage de la même manière, en deux parties égales, par un
pli Od, la feuille ainsi doublée, et on étale de nouveau cette feuille,
comme si le second pli n'avait pas été fait. On superpose exactement le
pli OA au pli Od, et passant la main étendue sur le papier, on forme le

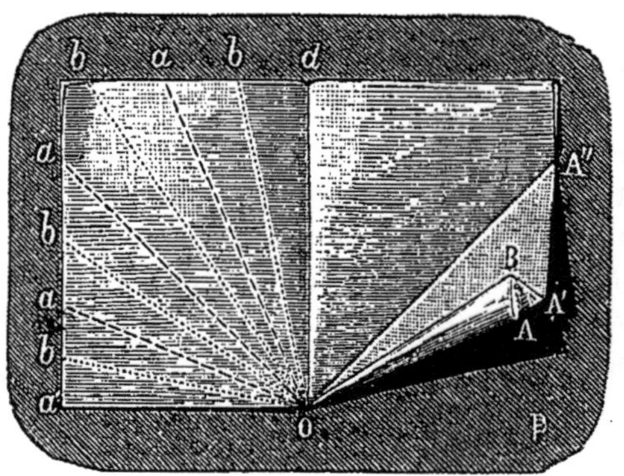

Fig. 155. — Plissage d'un filtre.   Fig. 156. — Filtre plissé.

pli OA″, qui partage l'angle AOd (90°) en deux angles égaux (45°). On
étale encore la feuille doublée. On superpose exactement le pli OA au
pli OA″, et on forme le pli OA′, qui divise l'angle AOA″ (45°) en deux
angles égaux (22°,5). Jusqu'ici tous les plis sont ouverts dans le même
sens, c'est-à-dire vers le dessus du papier. Retournant alors la feuille
doublée, on superpose exactement OA à OA′, et on forme le pli OB,
qui partage l'angle AOA (22°,5) en deux angles égaux (11°,25); on opère
ensuite de même pour A′OA″. Ce que l'on a fait dans le secteur AOA″ à
angle de 45°, on le répète sur les trois secteurs semblables; autrement
dit, dans le sens primitif, on surperpose OA″ à Od, et on divise l'angle

A″O*d* par un pli ouvert dans le sens des premiers, puis par des plis de sens contraire, on partage en deux angles égaux de 11°,25 les angles de 22°,5 ainsi formés, etc. En résumé, tous les plis sont faits dans la première direction jusqu'à ce que les angles qu'ils forment soient égaux à AOA′ ou à A′OA″ (22°,5) ; on leur donne une direction contraire dès qu'il s'agit de diviser ces angles de 22°,5 ; tous les plis O*a*, marqués de traits, sont dans le premier sens, c'est-à-dire ouverts en dessus, tandis que tous les plis O*b*, marqués par des lignes ponctuées, sont dans le sens opposé, c'est-à-dire ouverts en dessous. Le filtre plissé présente finalement l'apparence donnée par la figure 156, le papier employé étant rectangulaire. On rapproche le point A du point *a*′ en serrant les plis les uns sur les autres et, d'un coup de ciseaux, on sépare tout le papier qui s'éloigne de O, au delà de la distance OA : le filtre, si on l'étalait, aurait dès lors la forme d'un polygone à trente-deux côtés, se rapprochant d'un cercle. On voit par là que la forme d'un rectangle allongé, que les fabricants donnent habituellement au papier à filtrer, est défectueuse ; elle entraîne une perte notable de papier. L'usage d'un papier en feuilles carrées ne fait perdre que les angles, aussi commence-t-on généralement par couper en carré les feuilles rectangulaires. La forme ronde est évidemment la plus rationnelle. On fabrique aujourd'hui du papier carré et du papier rond.

On vient de voir que tous les plis rayonnant du centre du filtre sont alternés dans leur direction, à l'exception des plis OA et OB, ainsi que de ceux qui leur sont diamétralement opposés. Pour faire disparaître cette anomalie, on entr'ouvre légèrement le filtre et, par un pli en sens contraire de OA, on divise en deux parties égales l'angle AOB, puis on opère de même pour son analogue *a*′O*b*. D'apres cela, le filtre terminé est partagé en trente-quatre secteurs, dont quatre sont plus petits que les autres de moitié.

Quelquefois, quand on emploie des filtres de très grandes dimensions, on les plisse plus serré, leurs plis correspondant à des angles moitié moindres. Cela ne change rien à la marche à suivre pour les plisser ; les plis sont faits en dessous jusqu'à production de secteurs à angle de 11°,25, et ces secteurs sont ensuite divisés en deux parties égales par un pli en sens contraire des premiers.

336. Pour économiser le temps employé au plissage des filtres, on a imaginé divers appareils qui effectuent mécaniquement cette opération. L'un des plus simples consiste en un filtre en étoffe, dont on a rendu les secteurs rigides en fixant sur eux des feuilles de carton mince. Ces dernières ont été taillées un peu plus petites, mais de même forme que les secteurs qu'elles recouvrent, afin de laisser l'étoffe flexible à l'endroit des plis. On étale une feuille de papier sur cet appareil qu'on replie ensuite sur lui-même suivant son diamètre : on forme ainsi une sorte d'éventail double qui, replié et serré à la manière ordinaire, communique au papier qu'il renferme les plis d'un filtre régulier (M. Carré).

Le commerce fournit des filtres tout plissés.

337. Le filtre ne peut s'employer sans l'*entonnoir* (fig. 157). Dans les laboratoires de chimie, cet instrument est à peu près exclusivement en verre. Il se compose d'un cône creux terminé à son sommet par un tube cylindrique (*douille*), d'une longueur sensiblement égale à la hauteur du cône.

On dispose l'entonnoir sur un support (§ 190 et § 191), son axe étant vertical et sa douille dirigée vers le bas ; on le place au-dessus d'un vase destiné à recevoir le liquide filtré, et on étale sur ses parois intérieures le filtre entr'ouvert, les plis qui s'ouvrent en dedans appliquant régulièrement leurs arêtes sur le verre. Les dimensions de l'entonnoir

Fig. 157. — Entonnoir ordinaire.

doivent être telles que son bord s'élève un peu au-dessus du bord du papier ; dans une disposition contraire, le papier qui dépasse le verre tombe extérieurement sous la poussée du liquide à laquelle il ne peut résister sans être soutenu, et le mélange à filtrer se répand.

338. Les choses étant ainsi disposées, on penche au-dessus de l'entonnoir le vase contenant le mélange à filtrer et on fait écouler une portion de ce dernier dans le filtre. Pour ne pas verser irrégulièrement, et notamment pour empêcher le mélange de suivre à l'extérieur la paroi de verre, on use des précautions indiquées ailleurs à propos de la décantation (§ 324). On doit en outre s'abstenir d'emplir complètement le filtre ; en maintenant le niveau du liquide à quelques millimètres au-dessous du point le plus bas des bords du papier, on évite de voir le mélange trouble passer par-dessus le filtre, descendre au dehors entre les plis et se rendre dans le récipient inférieur où il souille le liquide filtré.

En bon fonctionnement, le filtre retient les matières solides, tandis que le liquide clarifié le traverse. Ce liquide se réunit dans les canaux formés entre les plis du papier et l'entonnoir, puis descend jusqu'à la douille, par laquelle il s'écoule. En même temps, le niveau baisse à l'intérieur du filtre ; on remplace le liquide écoulé par de nouvelles quantités du mélange, dont on maintient le filtre constamment garni jusqu'à la hauteur indiquée. On s'arrête quand la matière solide, en s'accumulant à la surface du papier, obstrue celui-ci et rend la filtration trop lente.

Si l'on fait une décantation préalable, on a soin de ne verser le dépôt sur le filtre qu'à la fin de l'opération, alors que tout le liquide décanté a été filtré. Cette précaution ne doit jamais être négligée quand elle est possible ; elle conserve au filtre la rapidité de son fonctionnement pendant presque toute la durée de l'opération ; quand elle n'est pas observée, la traversée de la masse pâteuse du dépôt ne s'effectuant qu'avec lenteur, la filtration se trouve singulièrement ralentie.

339. Il est nécessaire que l'écoulement du liquide qui a traversé le papier se fasse avec facilité ; c'est là ce qui donne à la forme de l'entonnoir une certaine importance. Si, en effet, l'instrument apporte un

obstacle quelconque à l'écoulement du liquide, ce dernier s'accumule à l'intérieur, garnit l'espace compris entre le filtre et l'entonnoir, et y prend un niveau égal à celui du liquide dans le filtre; dès lors la filtration s'arrête. Elle est seulement retardée lorsque l'inconvénient indiqué se produit dans une plus faible mesure. Telle est la raison pour laquelle on dilate toujours un peu l'entonnoir au point de jonction de la douille et du cône; on évite ainsi l'obstruction que produisent les plis du papier en se réunissant vers la pointe de l'entonnoir, lorsqu'ils sont introduits jusque dans l'orifice étroit de la douille et la ferment à la manière d'une soupape. Il est d'ailleurs indispensable de ne pas déterminer la même obstruction en enfonçant trop profondément le filtre dans l'entonnoir.

La même raison fait préférer souvent, pour les filtrations rapides, des entonnoirs d'une forme allongée et moins simple géométriquement (fig. 158); le passage de la partie évasée à la douille s'y fait par une sorte d'allongement de l'axe du cône; ils livrent ainsi un passage très facile au liquide filtré.

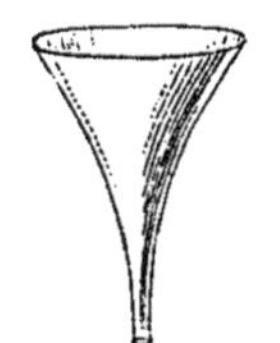

Fig. 158. — Entonnoir allongé.

De plus, si on place un filtre dans un entonnoir allongé, la surface suivant laquelle le papier du filtre s'applique sur le verre est moindre que dans un entonnoir plus ouvert. Il en résulte que la superficie du papier qui correspond aux espaces libres compris entre les plis est, au contraire, plus grande. En fait, à papier égal, on constate que les filtres disposés dans les entonnoirs allongés fonctionnent avec une plus grande rapidité.

340. D'autre part, dans les entonnoirs de ce genre la surface suivant laquelle la pointe du filtre cesse d'être soutenue par la paroi du verre est augmentée; il en résulte que le papier s'y rompt fréquemment sous la pression du liquide, et que le mélange trouble s'écoule dans le produit filtré. Pour obvier à ces accidents, on a proposé différents moyens. Tantôt on double le papier du filtre dans toute son étendue, ou seulement vers son centre, c'est-à-dire à l'endroit où il n'est pas soutenu; tantôt on se sert de papier à filtrer dans la pâte duquel on a introduit, vers le centre, un morceau de mousseline très lâche dont les fils donnent à la pointe du filtre une grande solidité (Malapert); tantôt, enfin, on déchire et on malaxe dans l'eau du papier à filtrer, de manière à former une pâte très grossière qu'on verse au fond du filtre; en s'égouttant elle forme un revêtement feutré augmentant la résistance à la pression. Le plus simple est de placer au fond de l'entonnoir un autre entonnoir semblable, mais très petit (fig. 159); ce dernier est choisi à douille large

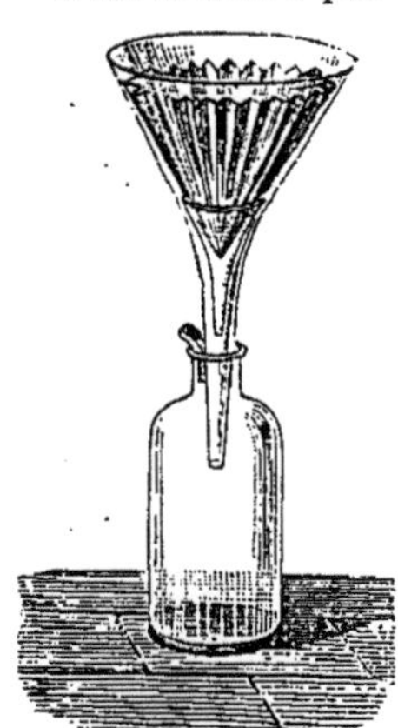

Fig. 159. — Entonnoir doublé.

et à ouverture supérieure irrégulière, de telle sorte qu'il laisse un espace libre entre son bord et la paroi du grand entonnoir : ce second entonnoir soutient la pointe du filtre et l'empêche de se rompre.

Certaines fabriques livrent aujourd'hui du papier à filtrer dont le feutre contient des fibres très longues et très solides, donnant aux filtres, même lorsqu'ils sont mouillés d'eau, une solidité remarquable; les filtres de ce genre résistent en outre à une succion énergique. Or on verra plus loin que l'on rend la filtration rapide en établissant une différence de pression entre les deux parois du filtre.

341. C'est encore dans le but de rendre la filtration plus prompte, que l'on a imaginé des dispositions très variées, mais qui sont assez peu employées par les chimistes. Tels sont les entonnoirs pourvus de cannelures hélicoïdales, par lesquelles le liquide s'écoule facilement vers la douille. Telles sont encore les carcasses de fil métallique ou les tiges de verre que l'on interpose entre l'entonnoir et le filtre, dans le but d'empêcher le second de s'appliquer trop exactement sur le premier, ce qui arrête l'écoulement du liquide. Etc.

342. Pour supporter l'entonnoir au-dessus du vase qui reçoit le produit filtré, on peut se servir des divers *supports* indiqués plus haut (fig. 106, D, E, G et fig. 107, p. 120; fig. 108, p. 121); plus simplement encore, on fait usage d'une planche percée d'un trou dans lequel s'engage la douille de l'entonnoir, et dont les bords reposent sur le vase (§ 186). Une disposition également très usitée consiste à supprimer tout support et à prendre pour vase inférieur un flacon (fig. 91, A p. 98) ou un col droit (même fig. B), dans le goulot desquels on introduit l'entonnoir qui repose ainsi sur leur bord; pour empêcher le renversement de l'entonnoir et aussi pour assurer libre sortie à l'air du flacon qui en se comprimant retarderait ou arrêterait la filtration, on interpose entre le goulot et l'entonnoir, soit un coussin de papier à filtrer replié plusieurs fois sur lui-même, soit un bout de corde qu'on aplatit entre les deux parois du verre.

La position à donner à l'entonnoir au-dessus du vase qui reçoit le liquide filtré n'est pas indifférente. Si le liquide tombe au centre d'une surface circulaire, il détermine des mouvements ondulatoires de cette surface qui causent souvent des projections de liquide. On doit donc, quand on filtre dans un vase largement ouvert, diriger le produit filtré dans le voisinage de la paroi, ou mieux encore, le forcer à s'écouler contre cette paroi mise en contact avec la douille de l'entonnoir.

Un autre fait peut encore donner lieu à des projections. Si le liquide s'accumule par capillarité dans la douille, en longues colonnes qui s'écoulent brusquement et entraînent avec elles des bulles d'air, les mouvements saccadés qui en résultent font jaillir des gouttelettes liquides hors du vase. Cet accident se produit surtout quand la douille de l'entonnoir est étroite et obstruée vers le haut par le papier du filtre. On l'empêche en donnant à la douille une largeur suffisante, et en taillant en sifflet son extrémité : le liquide s'écoule constamment par la pointe et ne s'accumule pas, l'air pénétrant en sens inverse par le haut de l'ouverture.

343. Une condition indispensable à toute filtration au papier est que le liquide à filtrer mouille le papier : un papier imbibé d'huile grasse ne livre plus passage à l'eau, de même qu'imbibé d'eau, il ne filtre pas l'huile. Ces actions de capillarité sont mises à profit pour séparer l'un de l'autre deux liquides insolubles. S'agit-il, par exemple, de débarrasser une liqueur aqueuse de gouttelettes huileuses qu'elle tient en suspension ? On mouille avec de l'eau le papier du filtre disposé sur l'entonnoir, puis on verse le mélange sur le filtre ; le corps huileux reste seul sur le papier qu'il ne mouille pas.

344. FILTRES SANS PLIS. — Les filtres sans plis présentent une disposition beaucoup plus simple. On obtient, en effet, un filtre de ce genre

Fig. 160. — Filtre
sans plis.

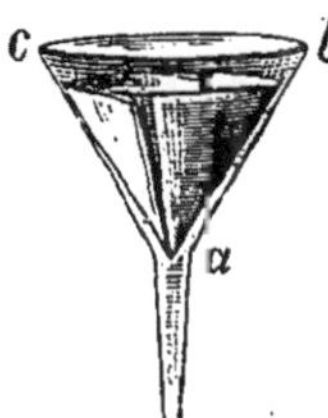

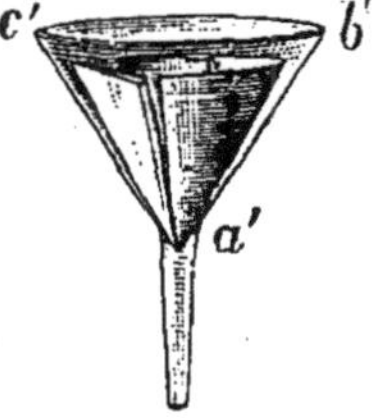

Fig. 161. — Filtres sans plis, bien
et mal disposés.

(fig. 160) en pliant une feuille de papier sur elle-même, puis en la pliant une seconde fois dans une direction perpendiculaire à la première, c'est-à-dire en appliquant exactement le premier pli sur lui-même ; il ne reste plus qu'à couper circulairement les bords du papier à la grandeur voulue, en prenant comme centre le sommet de l'angle formé par les deux plis. On place le filtre dans un entonnoir, en écartant l'un des secteurs extérieurs et en maintenant les trois autres rassemblés, puis en appliquant exactement le cône ainsi formé dans le cône de l'entonnoir.

La forme d'un entonnoir destiné à servir avec des filtres sans plis est un peu spéciale. Son angle au sommet doit être sensiblement égal à 60 degrés, c'est-à-dire à peu près identique à celui du cône formé par le filtre ouvert. Qu'il soit un peu moins considérable, ainsi qu'on l'a représenté en *abc* (fig. 161), cela n'a qu'un faible inconvénient, le passage restant libre en *a* ; toutefois si la différence était notable, le papier se plisserait vers le haut sous le poids du liquide, le filtre non soutenu s'enfoncerait ; et la filtration serait entravée. Lorsqu'au contraire l'angle au sommet du filtre ouvert devient moindre que celui de l'entonnoir, le filtre *a'b'c'* (fig. 161) pénètre jusqu'à la douille, et le contact se faisant en a' par un cercle fermé, ainsi que cela a lieu avec une soupape conique s'appliquant sur son siège circulaire, le passage du liquide se trouve obstrué. Pour un même papier, l'entonnoir à angle de 60 degrés est celui qui permet les filtrations les plus rapides avec un filtre sans plis.

Quand l'entonnoir dont on doit se servir a un angle au sommet plus grand ou plus petit que 60 degrés, ce dont on s'aperçoit dès qu'on y introduit le cône de papier, il est toujours possible, en déplaçant d'une quantité convenable le second pli du filtre, de tracer un secteur extérieur de grandeur telle que le cône du papier, modifié dans son angle au sommet, s'applique convenablement sur les parois de l'entonnoir.

Même dans les meilleures conditions, la filtration par les filtres sans plis est toujours beaucoup plus lente que par les filtres à plis, la surface du papier qui y fonctionne étant le quart de celle en action dans ces derniers; de plus l'espace nécessaire à l'écoulement du liquide ne s'y trouve pas suffisamment ménagé entre le verre et le papier. Aussi, en exceptant certains cas particuliers signalés plus haut (§ 334), ces filtres ne sont-ils utilisés que dans l'analyse quantitative. Avec eux, plus encore qu'avec les filtres à plis, l'intervention de la succion permet d'abréger beaucoup l'opération (§ 352 et § 353).

345. Filtres de coton, d'amiante, etc. — Certaines matières fibreuses telles que le coton cardé, la charpie ou l'amiante, sont employées comme agents de filtration. On les dispose en tampons serrés, que l'on dépose sur la douille d'un entonnoir ; en versant ensuite le mélange dans celui-ci, le liquide passe entre les fibres du tampon et s'écoule clair, tandis que le solide reste sur le feutre ainsi formé.

La surface filtrante est dans ce cas la section de l'entonnoir à l'endroit occupé par le tampon. Cette surface est donc toujours faible et l'opération très lente, à moins que les fibres soient peu serrées, ce qui n'est possible que si les particules solides à séparer sont volumineuses. D'après cela, il est nécessaire de ne pas enfoncer le tampon dans la partie étroite de la douille et surtout de ne pas le serrer trop fortement. Le plus simple est d'introduire dans le bas de l'entonnoir une couche de verre concassé, ou un bouchon percé de trous, puis de disposer au-dessus un tampon de coton cardé ou d'amiante, d'épaisseur suffisante; on augmente ainsi la surface filtrante et on empêche la substance fibreuse de se tasser dans la douille de l'entonnoir sous l'action de la pression du liquide. Un disque perforé, en métal ou en porcelaine, portant trois oreilles rabattues qui s'enfoncent dans l'entonnoir et y maintiennent le disque horizontal, constitue un meilleur support pour la matière filtrante ; il permet de donner à celui-ci une surface relativement grande.

Le coton brut ou cardé, et surtout le coton purifié dit *hydrophile*, forment des filtres plus réguliers et plus finement serrés que l'amiante:

Cette dernière présente l'avantage d'être une matière minérale, résistant à l'action de beaucoup de réactifs, notamment à celle de l'acide azotique et du permanganate de potasse. Toutefois, le fulmi-coton, que les mêmes réactifs n'attaquent pas, peut être avantageusement substitué à l'amiante dans le plus grand nombre des cas.

Le *verre filé* ou *coton de verre* forme mieux encore que les substances précédentes des filtres excellents et très fins. Son prix élevé fait qu'on ne l'emploie que pour les opérations délicates.

La filtration sur des tampons fibreux n'est guère usitée que lorsqu'on peut l'activer en établissant une différence de pression entre le dessus et le dessous des filtres. Il sera parlé plus loin de son emploi dans ces conditions (§ 354).

Quand on veut filtrer de fort petites quantités, il faut renoncer à l'usage d'un filtre volumineux que ces faibles quantités suffiraient à peine à imbiber ; on se sert alors d'une petite mèche de coton tordu que l'on plonge dans le mélange par une de ses extrémités, tandis que l'autre tombe dans un vase placé à un niveau inférieur. Le liquide s'élève par capillarité dans la mèche et passe dans le second vase, le carton imbibé fonctionnant à la manière d'un siphon (§ 327).

346. Filtres de matières pulvérulentes. — La filtration par des matières solides et pulvérulentes est plus usitée dans l'industrie et l'économie domestique que dans les laboratoires. Toutefois certaines substances très caustiques sont filtrées en traversant une couche de *sable siliceux* ou de *verre pilé*. A cet effet, on dispose au fond d'un entonnoir une couche de verre concassé, puis on place au-dessus la poudre filtrante, en interposant un peu d'amiante pour retenir cette dernière.

En prenant comme matière solide le *charbon animal* plus ou moins finement concassé, on ajoute à la séparation du solide et du liquide la décoloration de ce dernier, le charbon animal possédant la propriété de fixer un très grand nombre de matières colorantes organiques. Dans ce cas, pour assurer un contact plus prolongé du liquide et du solide, on donne une grande hauteur à la colonne filtrante, en la disposant dans une allonge droite ou même dans un tube étranglé à sa partie inférieure.

Les substances pulvérulentes employées comme filtres peuvent être agglomérées et même moulées sous une forme appropriée ; l'industrie fournit des filtres de charbon ainsi fabriqués, que l'on emploie principalement pour le filtrage de l'eau. Ces filtres solides fonctionnent exactement comme les filtres en pierre à texture très lâche, depuis longtemps utilisés dans les fontaines.

347. Filtration a chaud. — La filtration est très notablement accélérée par une élévation, même modérée, de la température, les actions capillaires et la viscosité du liquide se trouvant modifiées par la chaleur. Autant que cela est d'ailleurs sans inconvénient, il est donc avantageux de filtrer un liquide préalablement chauffé.

Mais il y a plus. La nécessité de maintenir solubles dans les liquides à filtrer certaines substances qui se déposent par le refroidissement oblige parfois à éviter tout abaissement de température pendant la filtration. On se sert

alors d'un entonnoir en cuivre ou en fer-blanc, à double enveloppe (Plan-
tamour), dans lequel on introduit l'entonnoir en verre portant le filtre
(fig. 162) ; la douille de l'entonnoir métallique est courte et laisse déborder
celle de l'entonnoir en verre. Sur le côté de la boîte métallique et vers le bas,
se trouve un appendice cylindrique, fermé
extérieurement, mais communiquant avec
elle ; par un orifice placé vers le bord supérieur et constituant la seule communication
de l'appareil avec l'extérieur, on introduit
dans la double enveloppe un liquide, de l'eau
ou de l'huile par exemple, et on chauffe l'appendice. La température de l'entonnoir à
double enveloppe peut être ainsi portée et
maintenue au degré voulu ; par suite l'entonnoir de verre qu'il contient reste aussi à
cette même température.

Cette disposition est la plus usitée ; elle
présente l'inconvénient de rapprocher le
filtre d'un foyer en combustion, et de ne
pouvoir dès lors servir pour les liquides in-
flammables. Il vaut mieux supprimer l'appendice destiné au chauffage et adapter à la
boîte fermée MN (fig. 163) deux tubulures
munies d'amorces pour tubes de caoutchouc : l'une de ces tubulures e est placée
en haut de la boîte et sur le côté, l'autre S
est fixée sur la douille. Au moyen d'un tube
de caoutchouc et adapté à la première, on

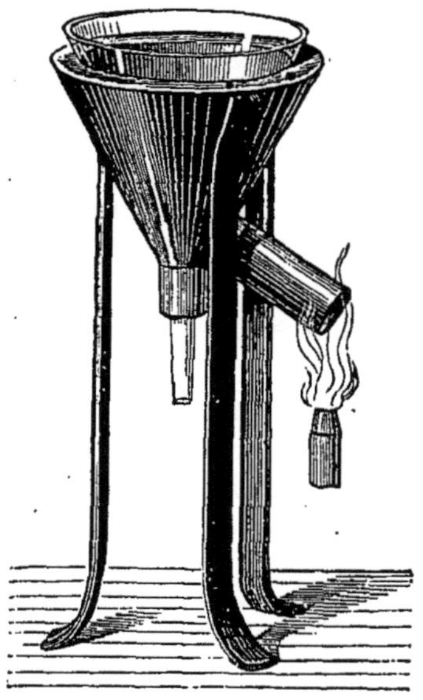

Fig. 162. — Appareil pour filtrer
à chaud.

dirige dans l'enveloppe métallique un courant de vapeur d'eau, produite dans
un ballon de verre B ou autrement ; cette vapeur échauffe la double enve-

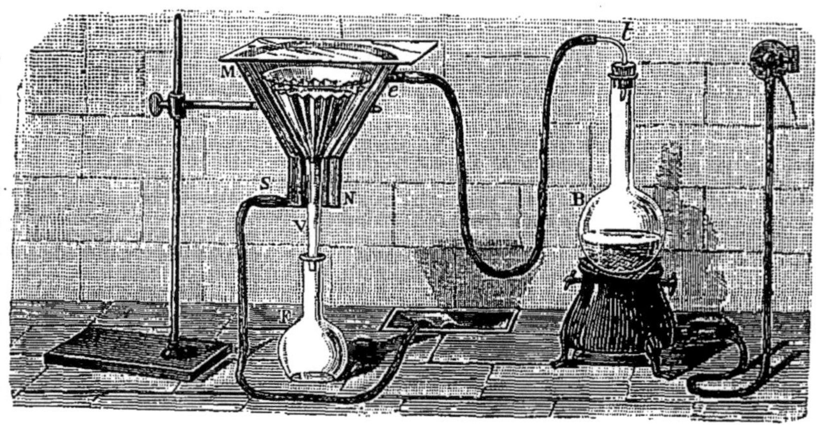

Fig. 163. — Entonnoir chauffé à la vapeur.

loppe et s'échappe en partie condensée par la tubulure inférieure S, où
l'on s'en débarrasse au moyen d'un second tube de caoutchouc. Avec cette
disposition, il est possible d'éloigner autant qu'on le veut le foyer producteur

de vapeur, et même de le placer au dehors de la pièce dans laquelle on pratique la filtration. Il est possible également, en remplaçant l'eau par un liquide convenablement choisi sous le rapport de son point d'ébullition, de chauffer l'entonnoir à une température déterminée, ce liquide pouvant d'ailleurs être recueilli après condensation, en dirigeant dans un réfrigérant la vapeur qui sort en S.

348. **Filtration des liquides volatils.** — Quand la volatilité du liquide à filtrer n'est pas trop considérable, on se borne à recouvrir l'entonnoir d'une lame de verre. Lorsque cette précaution est rendue insuffisante par une tension de vapeur trop grande, on opère dans un espace clos, c'est-à-dire qu'on place tout l'appareil sous une cloche ou dans une cage vitrée. Quand il s'agit de filtres volumineux, on fait usage d'appareils spéciaux. L'un de ces derniers (Riouffe) consiste en un flacon bitubulé (fig. 164), dont le goulot G est fermé exactement au moyen d'un bouchon que traverse la douille d'un entonnoir E façonné vers le haut à la manière d'un col droit ; on introduit le filtre dans l'entonnoir et on adapte à l'orifice supérieur un bouchon à deux trous, dont l'un sert au passage du tube de sûreté S, qui maintient la communication avec l'atmosphère et permet de verser le liquide. La première tubulure m est bouchée et reliée au second orifice du goulot de l'entonnoir par un tube convenablement recourbé mnp; celui-ci sert à établir la communication entre les deux parties de l'appareil, l'air étant déplacé dans le flacon par le liquide. La seconde tubulure du flacon porte un robinet r, que l'on ouvre au moment où l'on introduit du liquide dans l'appareil par le tube en S.

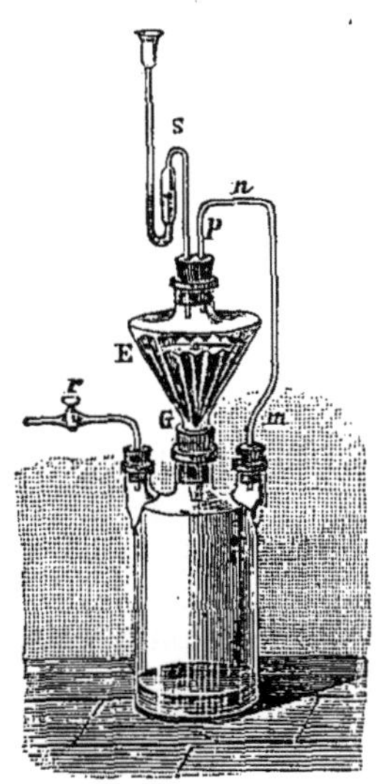

Fig. 164. — Filtration en vase clos.

349. **Filtration rapide.** — L'atmosphère intervenant également des deux côtés d'un filtre, la pression qu'exerce le liquide sur ce filtre est évidemment la force qui détermine le mouvement dans la filtration ; cette pression, que mesure une colonne liquide peu élevée, est toujours faible. Toute addition qui lui est faite accélère le passage au travers du filtre : or une telle addition peut résulter soit d'une diminution de pression au-dessous du filtre, soit d'une augmentation de pression au-dessus de lui. Dans le premier cas, la différence de pression entre les deux côtés du filtre ne peut être augmentée de plus d'une atmosphère; dans le second cas elle est, en théorie, illimitée.

Le premier moyen est de plus en plus adopté dans les laboratoires, surtout depuis qu'on y dispose d'instruments faisant facilement le vide. Toutefois, de même que le second, il nécessite l'usage de précautions particulières ayant pour but d'empêcher les filtres de se rompre sous la charge qu'on leur fait supporter.

350. **Filtration accélérée par aspiration du liquide filtré.** — Sans

aller jusqu'à l'usage des appareils à raréfier l'air, une disposition très simple permet de diminuer sensiblement la pression au-dessous du filtre. Elle consiste à terminer inférieurement la douille de l'entonnoir par un tube long et étroit (fig. 165), qu'on soude à la lampe ou même qu'on adapte au moyen d'un tube de caoutchouc. En s'écoulant, le produit filtré forme dans ce tube, par capillarité, une colonne liquide dont le poids détermine une succion suffisante pour dégager de liquide les espaces compris entre le filtre et l'entonnoir.

Si le tube est étroit, et il doit l'être pour que l'action de la capillarité rassemble le liquide en colonnes occupant toute sa section, le débit est alors limité par cette circonstance; en recourbant le tube sur lui-même en une boucle complète (fig. 166),

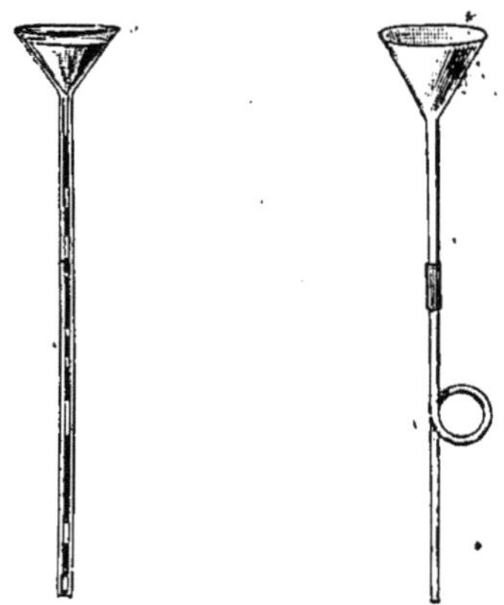

Fig. 165. — Entonnoir à longue douille.

Fig. 166. — Entonnoir à douille bouclée.

on force le liquide à s'accumuler dans la partie recourbée, d'où elle s'échappe périodiquement par la branche formant siphon; on atteint ainsi le résultat voulu en employant des tubes plus larges, par un mouvement analogue à celui des fontaines intermittentes.

Ce système s'applique également aux filtres à plis et aux filtres sans plis; le papier de qualité ordinaire résiste à la faible différence de pression qu'il permet de réaliser avec des tubes de 30 à 40 centimètres de longueur.

351. L'emploi des trompes (voy. *Opérations dans l'air raréfié*) pour accélérer la filtration a été recommandé pour la première fois par M. Bunsen.

Lorsqu'on se sert de *filtres à plis*, les avantages qu'on retire d'une aspiration énergique sont relativement faibles : l'air extérieur, pénétrant continuellement entre les plis par le haut de l'entonnoir, empêche la dépression de devenir notable au-dessous du filtre. Toutefois cet air, dans son passage, entraîne le liquide et rend libre la surface filtrante. Lorsque l'on filtre des liqueurs peu fluides, l'accélération due à la succion que l'on opère ainsi est particulièrement marquée.

On dispose le filtre dans un entonnoir E (fig. 167) dont la douille s'engage exactement dans l'une des ouvertures d'un bouchon à deux trous, fermant très exactement un flacon ou un col droit F en verre épais. Le second orifice du bouchon livre passage à un tube à angle droit qui, par un tube de caoutchouc épais V, met en communication l'intérieur du flacon avec l'appareil aspirateur. Un vide partiel se fait dans le flacon et l'air qui y rentre par E entraîne le liquide filtré. Afin de régler facilement l'aspiration, il est avantageux d'interposer un robinet R entre l'appareil aspirateur et le flacon.

352. C'est surtout dans les filtrations avec les *filtres sans plis* que l'aspiration doit être recommandée. On dispose l'appareil comme l'indique la figure 167,

Fig. 167. — Filtration avec succion.

avec un entonnoir à angle de 60°, sur lequel on applique très exactement le filtre ; à cet effet, on mouille avec quelques gouttes de liquide le papier bien étalé sur l'entonnoir, et on chasse par compression avec le doigt toute bulle d'air interposée entre le papier mouillé et le verre. On opère ensuite comme précédemment.

En filtrant ainsi avec un instrument produisant une aspiration énergique, le papier ordinaire, même de bonne qualité, ne peut résister ; il se perce vers la pointe du filtre, qui n'est pas soutenue par le verre de l'entonnoir. Il est facile d'écarter cet inconvénient en limitant la dépression produite par les appareils aspirateurs, au moyen de l'une des dispositions indiquées plus loin à propos de ces derniers. Nous avons dit ailleurs (§ 340) que certaines fabriques produisent un papier à longues fibres, singulièrement résistant, susceptible de supporter, alors qu'il est mouillé, l'aspiration d'une trompe énergique.

353. Si, dans le but d'opérer vite, on veut néanmoins faire usage d'une aspiration énergique, voisine d'une atmosphère par exemple, en employant cependant les papiers minces réservés d'ordinaire aux opérations analytiques, il est nécessaire que le filtre soit soutenu aussi près que possible de sa pointe, ce que l'on ne peut obtenir qu'avec un entonnoir de bonne forme (§ 344) et à douille très étroite ; encore n'évite-t-on pas toujours ainsi la rupture du filtre.

On opère plus sûrement en plaçant au sommet du cône de l'entonnoir une petite garniture de platine (M. Bunsen). Celle-ci consiste en une feuille de platine très mince (pesant $0^{gr},15$ à $0^{gr},16$ par centimètre carré), que l'on coupe de la forme et de la grandeur indiquées en A par la figure 168, et dans laquelle on pratique une fente *ba* pénétrant exactement jusqu'au centre *a*; on roule cette feuille sur elle-même de façon à lui donner la forme B d'un cône dont le sommet se trouve en *a*, l'un des bords *cb* ou *bd* rentrant à l'intérieur. Pour assurer à ce cône de platine un angle au sommet de 60°, on recuit au rouge le métal et on l'applique en frottant, sur un moule conique présentant exactement la forme voulue. Ce moule est en bois tourné ; il peut encore être obtenu en formant un cornet de papier collé qui s'applique exactement dans un entonnoir de 60°, en le maintenant dans l'entonnoir au moyen de cire à cacheter, en l'enduisant légèrement d'huile et en coulant à l'intérieur une bouillie de plâtre à modeler ; après la prise du plâtre le cône solide se détache aisément du papier graissé. Le platine mince, recuit et bien roulé, conserve la forme qu'on lui a donnée et sert en cet état : en se roulant ou en se déroulant un peu, il prend exactement, par élasticité, la forme de chaque entonnoir dans lequel on l'introduit. Toutefois, on préfère souvent donner au cône un angle invariable en soudant les bords métalliques superposés, au moyen d'une parcelle d'or imprégnée de borax, que l'on fond par un jet de chalumeau. Le métal bien façonné ne doit pas présenter de passage à la lumière au sommet du cône.

On place ce cône au fond de l'entonnoir et on applique exactement le papier mouillé sur le tout. Le vide peut être fait ensuite dans le vase supportant l'entonnoir, sans que le papier soit déchiré.

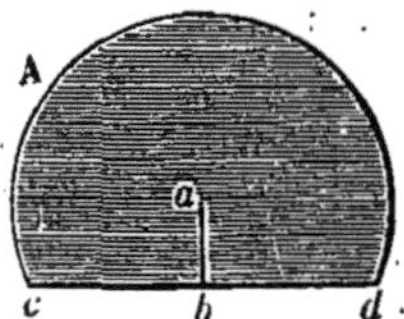

Fig. 168. — Cône en platine pour filtration par le vide.

Dans tous les cas, il est nécessaire de remplir l'entonnoir du mélange à filtrer avant de faire agir l'aspiration ; en outre, celle-ci ne doit jamais être commencée brusquement. La séparation du solide et du liquide est poussée très loin quand on opère ainsi; la masse restée sur le papier devient le plus souvent dure et se fendille en se contractant.

On verra (§ 362) que ce mode opératoire convient tout particulièrement pour la récolte et surtout pour le lavage des précipités peu considérables, obtenus dans les analyses quantitatives. Nous croyons devoir insister sur les avantages qu'il présente tant au point de vue de la rapidité des opérations qu'à celui de la séparation exacte du liquide ; il n'est cependant pas aussi usité dans les laboratoires qu'il mériterait de l'être.

354. Les substances cristallines et pulvérulentes sont filtrées très rapidement par aspiration sur des *tampons* de coton, de fulmi-coton, d'amiante ou de verre filé. On se sert de l'appareil représenté dans la figure 167 (§ 352), en substituant au filtre en papier un filtre disposé ainsi qu'il a été dit plus haut (§ 345), avec l'une des matières précitées. On commence par verser sur le tampon fibreux quelques centimètres cubes du liquide limpide composant le mélange à filtrer, eau, alcool, etc., et on fait le vide dans le vase inférieur ; le liquide mouille le tampon et, en le traversant rapidement, l'applique et le moule sur la garniture du fond de l'entonnoir, en resserrant le feutre qu'il constitue. Enlevant alors le liquide du récipient F, on rend à l'appareil sa disposition première, on verse le mélange sur le filtre et on fait doucement le vide par le tube V. Par cette pratique, on évite l'introduction de la matière solide dans la masse filtrante insuffisamment serrée, et par suite l'obstruction du tampon. Cette manière d'opérer permet de séparer les corps pulvérulents et cristallins des eaux-mères sirupeuses dans lesquelles ils se sont déposés. Elle permet encore d'agir sur de grandes masses et de remplir presque entièrement l'entonnoir de sub-

stance solide. Enfin elle fournit cette dernière en une masse régulièrement tassée, condition très favorable à un lavage exact, pratiqué avec
fort peu de liquide.

Ce mode de filtration est l'un des plus recommandables dans un
grand nombre de préparations.

355. Une autre forme de la filtration par aspiration permet d'opérer sur
des volumes considérables de mélange, avec un appareil relativement petit.
Celui-ci (fig. 169) se compose d'un entonnoir à longue douille ABB', dont les
bords BB' portent une cannelure circulaire. Sur ces bords, on applique une

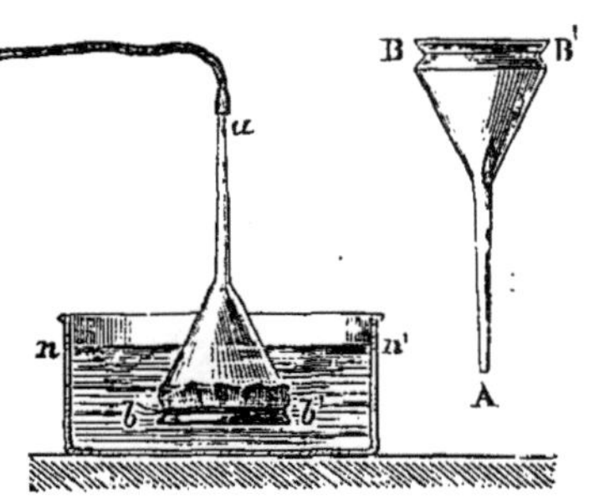

Fig. 169. — Filtration avec l'entonnoir bordé.

toile filtrante que l'on maintient solidement tendue par un lien qui s'enfonce
avec elle dans la cannelure. Cette toile
peut être plus ou moins épaisse, simple
ou doublée; elle peut, entre les doubles,
être munie d'une feuille de papier à filtrer
qui arrête les particules solides les plus
ténues, etc. Par un tube de caoutchouc,
assez épais pour ne pas s'aplatir sous la
pression atmosphérique, on met la douille
de l'entonnoir a en communication avec
un flacon épais et de grandeur convenable
pour recevoir le liquide filtré. Après avoir
plongé dans le mélange la base du cône
de l'entonnoir, on fait le vide dans le fla-
con par une canalisation disposée comme celle qui a été représentée plus haut
pour la décantation (fig. 151, § 330) : la pression atmosphérique fait pénétrer le
liquide dans l'entonnoir, d'où il passe ensuite dans le flacon. On arrive ainsi,
avec un appareil peu compliqué, à essorer un volume considérable de matière
insoluble, celle-ci restant au dehors de l'entonnoir.

Lorsque l'étoffe est solide et bien tendue, elle se déforme assez peu par la
pression atmosphérique pour que le papier à filtrer qu'elle recouvre ne soit
pas rompu. On évite plus sûrement cet accident en plaçant sur les bords de
l'entonnoir et sous les tissus filtrants un disque métallique de même diamètre et perforé, qui supporte l'effort de la pression sans arrêter le passage
du liquide filtré.

356. FILTRATION ACCÉLÉRÉE PAR COMPRESSION DU MÉLANGE A FILTRER. — Les
avantages de la compression dans les filtrations ont été reconnus et indiqués
dès 1814 par Howard qui s'en servait dans la fabrication du sucre. C'est
d'ailleurs dans cette même fabrication que l'appareil primitif d'Howard, le
filtre-presse, a reçu les modifications et les transformations successives qui
en font aujourd'hui l'instrument par excellence des filtrations industrielles.
Nous ne nous étendrons pas ici sur la description des différents systèmes en
usage; nous dirons seulement le principe d'un instrument qui paraît appelé
à rendre de réels services dans les laboratoires, notamment pour les opérations exigeant la mise en œuvre de quantités de liquide un peu considérables.

Un élément de filtre-presse (fig. 170) se compose de deux plateaux métalliques AB et CD, mobiles, mais pouvant être appliqués fortement l'un contre

l'autre à l'aide d'un étrier *ee'* et d'une vis T; ces plateaux sont séparés par un cadre FG sur lequel ils s'appliquent vers leurs bords; leurs surfaces intérieures laissent ainsi subsister entre elles un espace de l'épaisseur du cadre, 2 ou 3 centimètres d'ordinaire. Cet ensemble constitue une *cellule* ou un *élément* de filtre-presse. Les surfaces intérieures des plateaux sont couvertes de cannelures verticales *hh* et *h'h'*, sur les parties saillantes desquelles s'appliquent des plaques métalliques perforées *ii'* et *ll'*; un liquide que l'on comprime dans la cellule venant à traverser ces plaques s'écoule en suivant les cannelures au bas desquelles les canaux *g* et *g'* le récoltent; ces canaux le conduisent au dehors par des orifices traversant le plateau et munis de robinets *s* et *s'*. Sur chacune des plaques perforées *ii'* et *ll'*, on tend un tissu filtrant *vv* de coton ou de laine, en un mot de nature appropriée à la matière à traiter, et on le maintient tendu, entre les bords des plateaux et le cadre en serrant énergiquement la vis T. Si, par un orifice *d* pratiqué dans le cadre, on introduit un mélange à filtrer, ce mélange garnit toute la cellule dont il déplace l'air, passe au travers des toiles *vv*, s'écoule par les cannelures *hh* et *h'h'*, puis sort par les

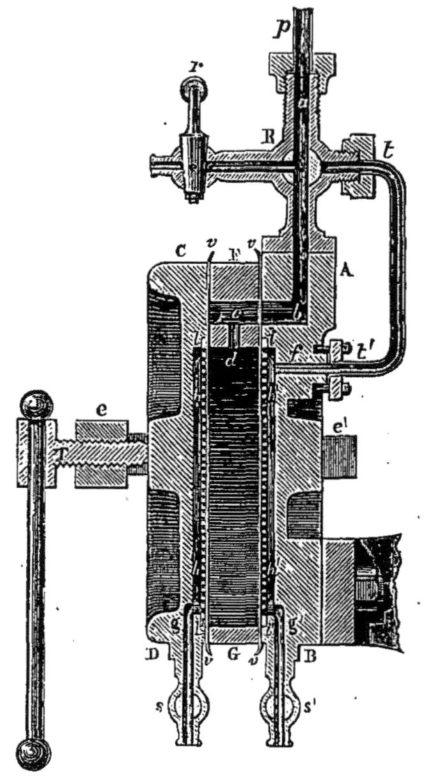

Fig. 170. — Filtre-presse (coupe).

robinets *s* et *s'*, au-dessous desquels on le recueille; en même temps les parties solides s'accumulent sur les toiles et ne tardent pas à remplir la cellule, ce qui met fin à l'opération. Le tissu filtrant étant soutenu par une paroi métallique, il est possible de faire pénétrer le mélange dans la cellule sous une pression qui peut s'élever à plusieurs atmosphères. La filtration devient alors très rapide et la masse solide constitue un gâteau serré, présentant la forme de la cellule qu'il garnit complètement. Il suffit enfin de desserrer la vis T et d'écarter les plateaux pour en extraire le gâteau; après quoi l'appareil est immédiatement disposé pour une nouvelle opération.

Le filtre-presse, et ce n'est pas là l'un de ses moindres avantages, est construit de manière à permettre le lavage exact du produit solide avant son extraction de la cellule; il faut pour cela qu'un système de canaux et de robinets permette de faire arriver par les cannelures de l'un des plateaux un courant de liquide laveur, agissant sous pression; ce liquide traverse d'outre en outre et dans toutes ses parties le gâteau solide, et s'échappe par l'autre côté de la cellule; un lavage assez parfait est obtenu ainsi avec fort peu de liquide. Voici quelles sont les dispositions qui conduisent à ce résultat: Soit *abcd* le canal qui amène sous pression à la cellule le mélange à filtrer;

il porte en R un robinet à trois voies qui, pendant l'opération, se trouve dans la position représentée par la figure 170. La cellule étant remplie de solide, ce que l'on reconnaît à l'arrêt de la filtration, on tourne le robinet R de 90°, de façon à mettre le tube d'arrivée p en relation seulement avec le tube latéral tt' qui débouche en f, derrière la plaque métallique perforée du plateau AB. En même temps, on ferme le robinet d'écoulement s' du même plateau. Ceci fait,

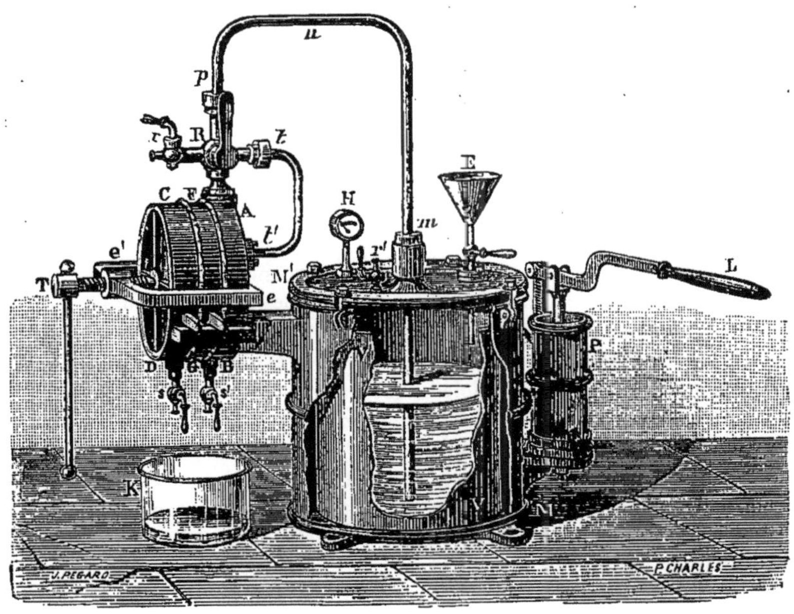

Fig. 171. — Filtre-presse de laboratoire.

on pousse dans le filtre-presse par le tube p un courant de liquide laveur; celui-ci pénétrant par f traverse d'abord la plaque perforée ii', puis la toile vv et enfin le gâteau de matière solide; le canal dcb étant fermé en R, le liquide ressort par le second plateau CD, passe à travers le tissu vv et la plaque perforée ll', suit les cannelures en hh et s'échappe par le robinet s; sa marche régulière d'une surface à l'autre du gâteau entraîne la régularité du lavage.

Quant aux modes de compression dont on fait usage tant pour le mélange à filtrer que pour le liquide de lavage, ils sont très variés. L'un des plus simples consiste à se servir d'une pompe à l'aide de laquelle on refoule le produit à filtrer dans le filtre-presse. Afin d'agir moins brusquement, on interpose d'ordinaire entre la pompe et le filtre-presse un *monte-jus*, c'est-à-dire un réservoir résistant MM' (fig. 171), dans lequel, après avoir introduit la masse à filtrer, on dirige de l'air comprimé au moyen d'une pompe à air P; par un tube mnp plongeant jusqu'au fond du réservoir et aboutissant au filtre-presse, l'air comprimé chasse le mélange dans la cellule sous une pression correspondante. Il est d'ailleurs préférable de ne pas placer directement le mélange à filtrer dans le monte-jus, mais dans un vase de verre ou de métal VV', renfermé lui-même dans le monte-jus. Ce dernier s'ouvre à la partie supérieure par un couvercle que maintiennent des écrous; la fermeture est formée par un anneau de caoutchouc comprimé entre le couvercle et le bord du réservoir. Enfin un entonnoir à robinet E et un robinet de communication avec l'atmosphère r' permettent de remplir le monte-jus sans le démonter.

On conçoit facilement qu'un même étrier tel que ee' (fig. 171) puisse maintenir, non pas seulement deux plateaux, mais un nombre quelconque de plateaux juxtaposés ; ces derniers étant ainsi utilisés par leurs deux faces, leur assemblage donne le même nombre de cellules que de plateaux, moins une. Les canalisations, qui alimentent les cellules multiples ainsi juxtaposées, aboutissent à un seul robinet d'arrivée R, le canal bc (fig. 170) se prolongeant au-dessus de tous les plateaux et de tous les cadres, mais s'ouvrant seulement dans ces derniers ; l'appareil peut ainsi présenter sous un faible volume une surface filtrante aussi considérable qu'on le désire.

Des filtres-presses à une ou deux cellules et de petites dimensions sont actuellement en usage dans divers laboratoires. Leur emploi dans les préparations se répandra de plus en plus.

357. *Filtres en porcelaine.* — La compression du liquide à filtrer permet encore d'atteindre un but autre que ceux poursuivis jusqu'ici.

Les différentes matières filtrantes dont il a été question plus haut constituent des réseaux assez lâches, que l'on a choisis tels à cause de la rapidité avec laquelle les liquides doivent les traverser ; ils livrent dès lors passage aux particules solides de très petites dimensions ; ils n'exécutent qu'une filtration imparfaite bien que suffisante dans la plupart des cas. C'est ainsi que les germes de microbes traversent les filtres ordinaires avec les liquides qui les tiennent en suspension et ne tardent pas à révéler leur présence dans les liquides filtrés par les végétations auxquelles ils sont susceptibles de donner lieu.

On a été conduit ainsi à prendre comme filtres des substances constituant des réseaux plus serrés que les précédents. La porcelaine dégourdie (§ 174) présente une structure très finement poreuse, remplissant sensiblement les conditions voulues (M. A. Gautier) : elle arrête la plupart des germes les plus ténus et est inattaquable aux réactifs ordinaires. D'autre part, précisément à cause de l'étroitesse extrême des canaux qui la traversent, elle fait subir aux liquides des frottements tels que la filtration ne peut être effectuée si l'on ne fait intervenir entre les deux parois du filtre des différences de pression importantes.

Les filtres de ce genre sont surtout utilisés pour purifier les eaux naturelles. Le plus usité est celui de M. Chamberland (fig. 172).

La partie filtrante est constituée par un cylindre de porcelaine dégourdie AB, fermé à l'une de ses extrémités A et terminé à l'autre par une sorte de tubulure B, au-dessus de laquelle la porcelaine s'élargit en une bague un peu plus large ; sa forme lui fait donner le nom de *bougie filtrante*. La filtration s'opère de l'extérieur à l'intérieur de la bougie. A cet effet, celle-ci est introduite dans un tube métallique CDE vertical, fixé au robinet fournissant l'eau à filtrer ; une fermeture à vis C, appliquant fortement l'anneau qui termine la bougie sur une garniture de caoutchouc, constitue un joint étanche entre la bougie et son enveloppe. L'eau arrive sous pression en E, travérse la porcelaine en abandonnant les particules solides qu'elle contenait et s'écoule par là tubulure B.

Lorsque la bougie est neuve, la filtration s'opère, même sous la faible pression de quelques décimètres d'eau, en donnant de 6 à 7 litres d'eau par vingt-quatre heures, mais peu à peu les canaux filtrants se garnissent de matières solides, des germes y séjournent et s'y développent, de telle sorte que le liquide passe de plus en plus lentement. En dévissant la monture C, on sort la bougie, on la laisse séjourner quelques heures dans l'acide chlorhydrique concentré, on la rince soigneusement et on l'introduit de nouveau dans sa monture; après qu'on a laissé fonctionner le filtre pendant quelque temps, en perdant les premiers litres du liquide filtré qui ont entraîné l'acide retenu par la porcelaine, l'appareil a recouvré son activité première.

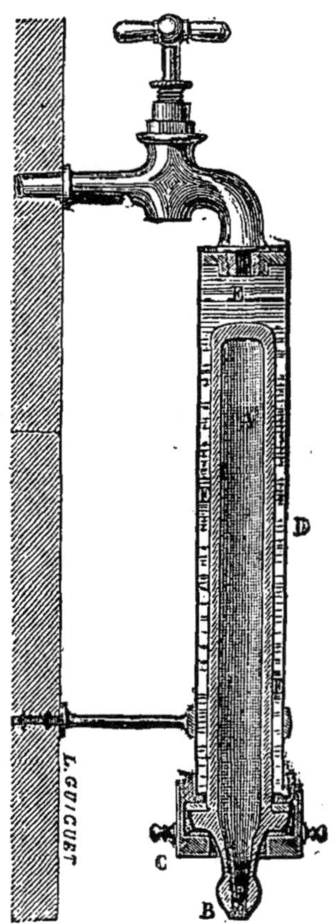

Fig. 172. — Filtre Chamberland.

Il est utile de remarquer que la stérilisation du liquide filtré n'est pas absolue et que certains germes peuvent traverser la porcelaine dégourdie.

Sous des pressions de 10 à 15 mètres d'eau, une bougie filtre jusqu'à 100 litres d'eau par vingt-quatre heures; en rassemblant plusieurs bougies dans une même monture, on obtient des appareils de telle puissance qui est nécessaire.

Le filtre en porcelaine peut être encore utilisé dans les laboratoires pour la filtration de mélanges divers qu'on enferme dans un récipient métallique très résistant, tenu en communication avec le filtre : en comprimant de l'air dans le récipient au moyen d'une pompe, on chasse le liquide à travers la porcelaine sous des pressions atteignant plusieurs atmosphères, et l'opération devient rapide. On peut encore comprimer plus énergiquement le liquide, en mettant le récipient en relation, par un tube métallique, avec un réservoir d'acier contenant du gaz carbonique liquéfié (M. d'Arsonval).

B. — Filtration dans les opérations quantitatives.

358. Choix du papier. — Le papier à filtrer employé dans les analyses quantitatives doit présenter des qualités spéciales. Non seulement il faut qu'il filtre rapidement, qu'il soit suffisamment résistant à la pression du liquide, qu'il n'abandonne à celui-ci aucune substance soluble et qu'il arrête les précipités les plus fins, mais il doit de plus être régulier d'épaisseur et surtout ne laisser qu'un poids de cendres très faible. Tous les papiers du commerce abandonnent aux solutions acides une certaine quantité d'oxyde de fer, de chaux, de magnésie et d'alumine; on doit choisir ceux qui en fournissent le moins. L'un des meilleurs papiers d'analyse provient depuis longtemps d'une fabrique suédoise, sise à Lessebo près Wexiœ (Smaland); il porte fili-

granée dans sa pâte la marque J. H. Munktell. Il est généralement désigné sous le nom de *papier de Berzelius*, l'illustre chimiste suédois ayant indiqué les conditions de sa préparation. Il laisse de 2 à 3 millièmes de son poids de cendres formées de silice pour plus de la moitié. On l'a souvent imité, même avec sa marque de fabrique, mais le plus ordinairement sans reproduire la pureté de sa pâte et sa qualité de filtrer rapidement. Cette dernière est due surtout à une modification particulière que subit la pâte lorsqu'on la soumet à la congélation, en l'exposant à un froid énergique.

Les impuretés solubles du papier intéressent l'analyse à deux points de vue : d'abord elles souillent les liqueurs filtrées dans lesquelles leurs éléments peuvent intervenir en réagissant ; de plus, elles font varier le poids des cendres laissées par un filtre, avec la nature du liquide qui l'a traversé ; or ce poids de cendres n'est nullement indifférent, comme on va le voir, dans la pesée du solide retenu par le filtre.

359. **Papier lavé.** — Le papier le plus pur n'élimine que partiellement cette cause d'erreur ; on évite absolument celle-ci en lavant le papier avec des dissolvants appropriés.

S'il s'agit de purifier quelques filtres seulement, on en superpose plusieurs dans un même entonnoir et on verse sur eux de l'acide chlorhydrique assez dilué pour dissoudre les oxydes métalliques sans attaquer notablement la fibre organique ; un mélange de 1 partie d'acide concentré et de 2 parties d'eau convient parfaitement. Après quelques heures de contact, on lave les filtres à de très nombreuses reprises avec de l'eau distillée (voy. *Lavage*), jusqu'à expulsion de toute trace d'acide, puis on les laisse égoutter et on les sèche dans une étuve, à l'abri des poussières. On peut également faire le lavage par décantation, dans un vase plat tel qu'une cuvette à photographie.

Si l'on veut purifier un grand nombre de filtres, on place ceux-ci, étalés horizontalement, dans un vase à précipiter avec de la liqueur acide en quantité suffisante pour les baigner largement ; après une journée de contact, au moyen d'un siphon installé à demeure dans le vase, ou d'un robinet adapté à une tubulure située vers le fond, on enlève la liqueur ; on la remplace par de l'eau pure qu'on décante de la même manière une demi-heure après et qu'on remplace à son tour par de nouvelle. On continue ainsi jusqu'à ce que le liquide décanté n'agisse plus sur le papier de tournesol bleu très sensible. Il faut opérer sans agiter les filtres afin d'éviter les déchirures. Finalement on les laisse égoutter, on les étale sur du papier à filtrer et on les sèche à l'étuve.

Il est à remarquer qu'en raison de l'action spéciale exercée par l'acide chlorhydrique sur la cellulose, les filtres perdent à la dessiccation toute solidité si on laisse la moindre trace d'acide dans leur pâte.

Les seules conditions à rechercher dans le papier qu'on soumet au lavage sont la solidité, la régularité d'épaisseur et la rapidité avec laquelle il se laisse traverser par les liquides.

En opérant de même dans un vase en gutta-percha, avec de l'acide fluorhydrique dilué, on enlève en outre au papier la silice qu'il contient et on réduit dans une proportion très considérable le poids de ses cendres.

On fabrique en grand du papier lavé à la fois à l'acide chlorhydrique et à l'acide fluorhydrique ; un filtre rond de 7 centimètres de diamètre, ainsi purifié, ne fournit plus que $0^{gr},00007$ de cendres.

360. **Cendres des filtres.** — Un papier étant adopté, on détermine la proportion de cendres qu'il fournit. En rapportant le poids des cendres à celui du papier, on serait obligé de sécher et de peser chaque filtre avant de l'employer, aussi n'agit-on pas ainsi d'ordinaire. On préfère tailler les filtres d'une grandeur fixée, et déterminer le poids moyen des cendres laissées par eux ; on admet alors que l'erreur causée par les inégalités d'épaisseur du papier est négligeable ; un papier trop irrégulier doit donc être écarté. Pour tailler les filtres de grandeur constante, on plie le papier comme pour façonner un filtre sans plis (§ 344), et on l'applique sur un quart de cercle en carton ou mieux en métal, dont les côtés de l'angle droit sont mis en coïncidence avec ceux du filtre ; en détachant par un coup de ciseaux le papier qui dépasse la courbe du quart de cercle, on obtient un filtre régulier dont on reproduira indéfiniment les dimensions toutes les fois que l'on opérera de la même manière avec le même patron. Si donc on incinère 8 ou 10 filtres ainsi taillés (§ 202), en divisant par 8 ou par 10 le poids des cendres fournies, on obtiendra un poids moyen de cendres qui pourra être accepté dans toutes les analyses où on incinérera un filtre de même grandeur formé avec le même papier.

Pour plus de commodité, au lieu de couper suivant les rayons du cercle les bords rectilignes du quart de cercle servant de patron, on les limite par deux bandes de la feuille métallique, relevées perpendiculairement à son plan ; on applique sur l'équerre ainsi formée les plis du papier qui, dans ces conditions, se trouve maintenu facilement dans la position voulue. D'ordinaire, on dispose de deux ou trois patrons qui correspondent aux deux ou trois grandeurs de filtres usitées en analyse ; on écrit sur chacun d'eux le poids des cendres d'un filtre taillé suivant son contour avec le papier adopté.

361. **Pratique de la filtration.** — Les filtres en papier sans plis sont, de beaucoup, les plus usités en analyse ; on les emploie tantôt sous la pression ordinaire (§ 344), tantôt avec aspiration (§ 352 et § 353), en tenant compte des recommandations faites précédemment d'une manière générale ; celles de ces recommandations qui ont pour but d'éviter toute déperdition de produit doivent cependant être particulièrement suivies. Nous rappellerons les plus indispensables : 1° ne pas verser le liquide sans diriger son écoulement par une baguette de verre

et sans graisser légèrement le bord extérieur du vase à vider (§ 324);
2° verser le liquide sur le côté du filtre et non au milieu, ce qui occasion-
nerait des projections (§ 342) ; 3° faire arriver le liquide filtré, tombant de
la douille de l'entonnoir, sur la paroi du récipient placé au-dessous, et
non au milieu de la surface liquide, ce qui entraînerait également des
pertes par projection ; 4° couvrir l'entonnoir avec une lame de verre
pour éviter les poussières atmosphériques ; 5° filtrer à chaud, s'il est
possible, afin d'abréger l'opération (§ 347); 6° faire précéder la filtration d'une décantation, afin de ne pas garnir le filtre de matières solides qui en l'obstruant retarderaient l'opération (§ 338) ; 7° ne garnir
le filtre, même après lavage par décantatation, que d'une quantité de
matière solide assez faible par rapport à son volume, le lavage devenant difficile dans les conditions contraires.

D'ailleurs, la filtration et le lavage des précipités en analyse quantitative sont des opérations connexes ; il est indispensable de tenir
compte, en faisant la première, des exigences qu'entraîne une pratique parfaite de la seconde. Nous reviendrons donc sur ce sujet en étudiant le lavage (§ 370 et suivants).

362. Un point intéressant est la récolte sur le filtre de la totalité du
précipité. Tout d'abord, le lavage par décantation étant terminé
(§ 374), on ajoute une dernière fois du liquide sur le précipité, on agite
de manière à mettre ce dernier en suspension, et on verse sur le filtre,
en s'aidant au besoin de la fiole à laver (§ 376). On arrive, en répétant cette pratique, à faire passer dans l'entonnoir presque toute la
substance insoluble. Toutefois, des parcelles de cette dernière restent
plus énergiquement attachées au verre. On les enlève au moyen d'une
plume dont on a arraché les barbes, en ne laissant garni qu'un espace
de 2 à 3 centimètres, situé vers l'extrémité : on frotte le verre avec la
brosse ainsi faite, et on met en suspension dans le liquide les particules
qui étaient fixées à la paroi. Dans certains cas, avant que le lavage soit
terminé, on redissout dans un réactif approprié le solide trop attaché au verre, et on le précipite de nouveau par un second réactif.

La filtration par aspiration, dans un filtre sans plis, disposé sur un
cône de platine, mériterait d'être plus employée dans l'analyse quantitative qu'elle ne l'est aujourd'hui. Nous avons indiqué les conditions
dans lesquelles elle se pratique (§ 353). Elle épargne beaucoup de
temps et de travail; elle permet de laver avec peu de liquide.

363. Filtres divers. — Les filtres en amiante, en fulmi-coton et en
verre filé (§ 345) peuvent quelquefois être employés en analyse. Dans
certains cas, ils permettent une filtration rapide ainsi qu'un lavage
facile du résidu insoluble ; cela arrive surtout lorsqu'on fait intervenir
une aspiration énergique ; il est alors indispensable que la matière insoluble, si c'est elle que l'on doit peser, puisse l'être sans calcination
préalable, sa séparation complète du filtre n'étant pas possible. On
sèche le filtre avec l'entonnoir dans lequel on l'a disposé, puis on pèse

le tout ; après avoir filtré et lavé la matière, on sèche de nouveau l'entonnoir avec son contenu et on pèse ; le poids du corps dosé est donné par la différence constatée entre les deux pesées.

5.

EXPRESSION.

364. En soumettant à la compression, dans un espace à paroi perméable, le mélange d'un solide pulvérulent et d'un liquide, on détermine l'expulsion du liquide compris entre les interstices du solide et son passage à travers la paroi. L'énergie de la pression à laquelle on a recours varie avec la nature du mélange et aussi avec le degré de perfection que l'on se propose d'atteindre dans la séparation. L'expression ne diffère donc de la filtration sous pression (§ 356) par rien d'essentiel, mais seulement par le mode d'application de la pression : l'expression correspond à une paroi perméable limitant un volume qu'on diminue progressivement, alors que la filtration sous pression s'opère à travers une paroi immobile.

Dans les cas les plus simples, pour *exprimer* on se contente d'enfermer la masse dans un linge dont on fait un nouet que l'on serre entre les mains ou à l'aide d'une pince ; on agit plus efficacement en roulant le linge autour du mélange et en le tordant.

365. Presses. — Les presses à vis de petites dimensions (fig. 173)

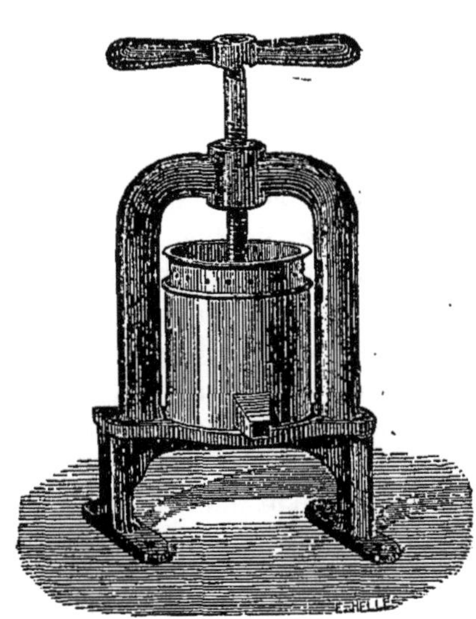

Fig. 173. — Presse à vis.

rendent beaucoup de services pour l'opération qui nous occupe. On introduit un nouet en étoffe contenant le mélange, dans un cylindre creux (*seau*), à paroi perforée, reposant par sa base sur un plan rigide ; un disque formant piston, étant poussé dans ce cylindre par le mouvement de la vis, comprime le nouet et chasse au dehors le liquide qu'il contient. Pour éviter les projections de liquide, un cylindre creux, à parois pleines, entoure le seau perforé. Une rigole, tracée autour du siège de ce dernier, récolte le liquide exprimé et le conduit à un bec saillant, au-dessous duquel on place le vase destiné à le recevoir. Il est toujours bon de fixer l'instrument au sol ou à une table ; cela devient surtout indispensable lorsque le poids de la presse est faible et ne présénte pas une résistance suffisante à l'action exercée par les bras. Si la matière solide est en fragments un peu volumineux, qui ne peuvent traverser les ouvertures pratiquées dans le seau, on se dispense d'enfermer le mélange dans une toile.

Dans tous les cas, on ne doit presser que lentement : une compression exercée plus rapidement que ne peut se faire la sortie du liquide entraîne la rupture de l'étoffe et même du seau. Cette précaution est surtout nécessaire avec les liquides visqueux.

Les presses hydrauliques, les presses à percussion, les presses à leviers articulés, etc., servent aussi dans les laboratoires, mais seulement pour les opérations qui portent sur de grandes quantités.

4.

ESSORAGE.

366. ESSORAGE PAR LES CORPS POREUX. — Certaines matières ayant la propriété de s'agglomérer par la compression, il n'est pas possible de les soumettre à l'action de la presse pour séparer les liquides qui les mouillent. D'autres, en cristaux fragiles, ne supportent aucune action mécanique énergique sans se briser. C'est à ces substances diverses que l'on applique l'essorage; celui-ci intervient surtout de trois manières différentes : par des actions capillaires, par la force centrifuge, ou enfin par succion.

Dans le premier cas, on met le mélange à essorer en contact avec un corps poreux ; par capillarité, le liquide s'imbibe dans ce dernier, en abandonnant le solide auquel il était mélangé. Les matières poreuses les plus usitées sont le papier non collé, la brique, le plâtre et la porcelaine dégourdie.

Pour employer le papier, on étale le mélange sur une feuille de papier à filtrer, placée elle-même sur plusieurs doubles de papier semblable. L'action est beaucoup plus rapide si on exerce sur le tout une certaine compression, insuffisante pour agglomérer la matière ou la briser, mais suffisante pour déterminer un contact plus parfait des feuilles de papier entre elles et avec la masse. Le mieux est de superposer au mélange un paquet de papier semblable à celui qui le supporte, et de placer sur le tout une plaque rigide que l'on charge d'un poids approprié. Lorsque le papier est complètement imbibé de liquide, on l'enlève, à l'exception des feuilles immédiatement en contact avec le solide, et on le remplace par du papier sec.

367. On peut agir de même, en étalant le mélange sur une brique, un carreau de plâtre bien sec ou une plaque de porcelaine dégourdie, fabriquée spécialement pour cet objet ; on atteint plus rapidement encore le même résultat, en disposant le corps entre deux plaques semblables. La porcelaine dégourdie étant la plus finement poreuse des

substances précitées est aussi celle dans laquelle les actions capillaires sont les plus énergiques ; sa résistance aux réactifs contribue encore à rendre son emploi très recommandable. Seul, son prix élevé lui fait préférer quelquefois les briques poreuses, fines et homogènes, et les carreaux de plâtre. Ces derniers, quand on les prend dans le commerce, sont en plâtre grossier et percés de trous dans lesquels pénètre le corps essoré qu'on a ensuite quelque peine à recueillir ; on en prépare de très convenables, en coulant une bouillie bien homogène de plâtre fin à modeler, dans des moules en papier très légèrement huilé, et en faisant sécher la masse à l'étuve après sa solidification.

368. ESSORAGE PAR LA FORCE CENTRIFUGE. — L'industrie fait usage depuis longtemps d'instruments mécaniques, les *turbines*, *toupies* ou *essoreuses*, qui effectuent dans des conditions excellentes la séparation d'un solide et d'un liquide. Ces appareils soumettent à un mouvement de rotation rapide le mélange des deux corps, renfermé dans une enveloppe finement perforée: le solide se trouve retenu par l'enveloppe, tandis que le liquide, entraîné par la

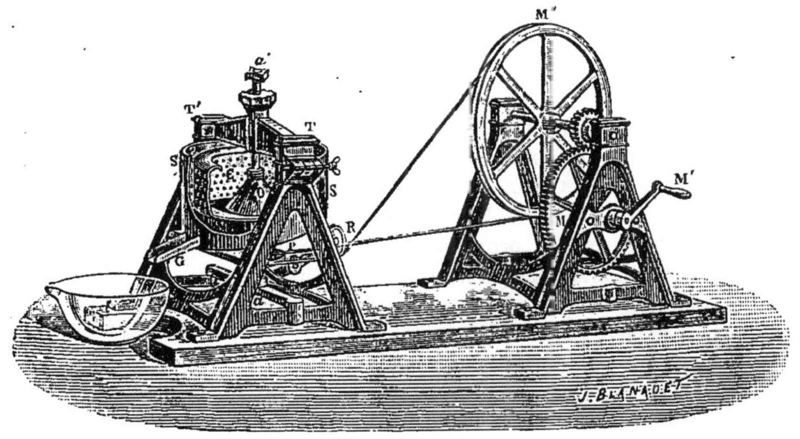

Fig. 174. — Essoreuse.

force centrifuge, s'échappe par les perforations. On utilise avantageusement, dans les laboratoires, des instruments de ce genre, de petites dimensions et faciles à mettre en mouvement.

Le plus répandu consiste (fig. 174) en un panier cylindrique C, en laiton perforé, fixé à un axe d'acier aa'. Ce dernier repose, par sa pointe a, dans une crapaudine, et porte au-dessous du panier une poulie à gorge P; il est, à sa partie supérieure, creusé d'un trou central, dans lequel pénètre la pointe d'une vis solidement maintenue par une traverse TT'; ainsi suspendu verticalement, entre la crapaudine et la vis, il tourne facilement autour de son axe. Il peut d'ailleurs être enlevé et replacé rapidement, la traverse étant mobile autour d'une charnière en T', lorsqu'on a supprimé une tige d'acier qui la maintient en T. C'est dans ce panier métallique démontable (fig. 175), que l'on verse le mélange à essorer; suivant la ténuité du solide, on garnit préalablement d'une toile métallique fine sa paroi verticale perforée, ou même on interpose, entre cette toile et la paroi, une bande d'étoffe plus ou moins serrée. Une boîte

cylindrique SS' en métal (fig. 174) entoure le panier mobile; elle récolte les
gouttelettes de liquide que la force centrifuge projette au dehors du panier
pendant sa rotation; elle dirige, par un bec saillant G, ce liquide vers un
vase destiné à le recevoir. Pour rendre plus facile la sortie du solide
essoré et le nettoyage de l'appareil, le panier est formé de plusieurs pièces
qui se fixent les unes aux autres par des fermetures à baïonnette (fig. 175).
A l'intérieur du panier, la base de l'axe *aa'* (fig. 174) est entourée d'un cône
métallique *o* sur lequel on verse les liquides à introduire dans l'appareil en
mouvement : la vitesse étant plus faible à sa surface que vers la périphérie
du panier, on évite ainsi les projections, en même temps qu'on assure
l'exacte répartition de la matière sur la paroi perméable.

Quant à la mise en mouvement du panier, on la produit au moyen d'un moteur à manivelle MM'M'', relié à la poulie P par une corde sans fin. Ce moteur est un système d'engrenages, terminé par
une roue à gorge dans laquelle s'applique la corde
sans fin. Cette dernière peut être roidie par le déplacement d'une poulie mobile R. Certains appareils de ce genre permettent d'atteindre une vitesse de rotation de 4000 tours à la minute. On
leur donne encore une forme plus ramassée que
celle représentée dans la figure 174, le moteur
étant disposé verticalement et commandant le
panier par une poulie placée au-dessus de lui et
non au-dessous; on obtient ainsi plus de rigidité
dans la monture. Cette disposition permet de
produire un mouvement de rotation régulier et
dépourvu de secousses provenant des vibrations
de la monture; elle permet en outre de substituer
au panier et à son enveloppe, tous deux métalliques, des pièces semblables en porcelaine, que
les réactifs ne peuvent attaquer (M. Sourdat).

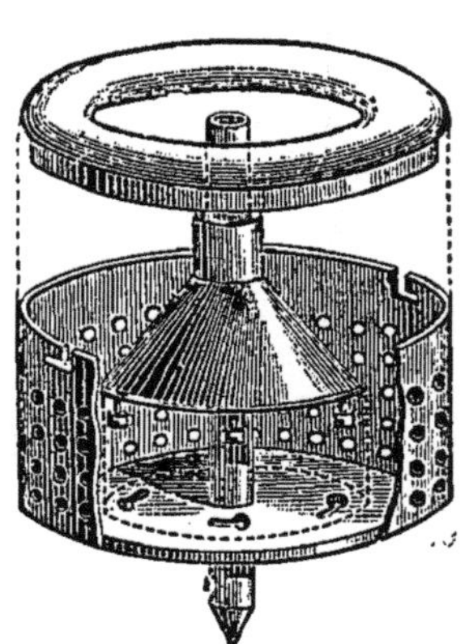

Fig. 175. — Panier démon-
table de l'essoreuse.

Ces instruments se prêtent très bien au lavage des matières solides : il suffit,
après l'essorage, de verser sur le cône du panier dont on a ralenti quelque
peu le mouvement une quantité de liquide suffisante pour imbiber la masse,
et d'essorer de nouveau sous l'action d'une rotation rapide, pour effectuer avec
peu de liquide un lavage très efficace. On peut répéter cette opération autant
de fois qu'on le juge nécessaire.

369. ESSORAGE PAR SUCCION. — L'essorage par succion s'exécute très
facilement au moyen des trompes (voy. ce mot).

Lorsqu'on a filtré le mélange d'un solide et d'un liquide dans un filtre
sans plis, disposé sur un entonnoir muni d'un cône en platine (§ 353),
on sépare très rapidement tout le liquide du solide, en laissant celui-ci
exposé pendant quelque temps à l'action de l'appareil aspirateur. Il
en est de même quand la filtration a été pratiquée sur un tampon de
matière fibreuse disposée dans un entonnoir (§ 354) : la séparation est
plus parfaite lorsqu'on tasse régulièrement la matière solide.

Dans les deux cas, le liquide se trouve en quelque sorte déplacé par
l'air qui pénètre rapidement dans les espaces resserrés de la masse. Le
lavage est pratiqué ensuite avec fort peu de dissolvant.

5.

LAVAGE.

370. Tous les moyens de séparation mécanique indiqués jusqu'ici laissent subsister à la surface des solides une certaine quantité du liquide qui les mouille. Le lavage, qui s'appuie à la fois sur la séparation mécanique et sur la dissolution, permet d'atteindre une purification beaucoup plus avancée. Cette opération consiste à mettre la matière en contact avec un véhicule dissolvant le liquide qu'il s'agit d'éliminer, à séparer une seconde fois le solide par un moyen mécanique approprié, puis à le traiter de la même manière avec de nouvelles quantités de dissolvant autant de fois qu'on le juge convenable : à chaque séparation de dissolvant préalablement mis en contact avec le solide, on enlève une portion du liquide à éliminer, portion d'autant plus considérable que la dilution a été elle-même plus grande.

Le lavage s'applique également à la séparation de deux solides, lorsque l'un d'entre eux est soluble dans la liqueur de lavage ; la pratique est alors la même que dans le cas précédent, le premier effet de là liqueur de lavage étant de transformer le corps soluble en une dissolution, c'est-à-dire de l'amener à l'état liquide.

Une considération importante dans le choix à faire d'un procédé et d'une liqueur de lavage est la déperdition du solide lavé, qui peut se dissoudre plus ou moins pendant les opérations. La liqueur adoptée doit dissoudre le moins possible le corps à laver et dissoudre au contraire abondamment l'impureté à éliminer. Quant au procédé, il doit entraîner une consommation minimum de dissolvant ; la solubilité du solide dans ce dernier, si bien choisi qu'il soit, n'étant presque jamais nulle, la perte en matière lavée est proportionnelle au volume de la liqueur employée. Dans la grande généralité des cas, le liquide de lavage est l'eau ; c'est donc l'exemple que nous considérerons de préférence. D'ailleurs les modes opératoires sont à peu près indépendants de la nature du liquide de lavage, si on laisse de côté les précautions qui sont imposées par la volatilité de quelques-uns et qui consistent à peu près exclusivement à opérer dans des vases fermés.

371. Lavage par décantation. — De toutes ces méthodes, celle qui fournit les résultats les plus parfaits est basée sur des dilutions et des décantations successives. Elle est, il est vrai, un peu lente dans l'application, mais elle permet d'atteindre sûrement une purification très grande en employant des quantités de liqueur de lavage limitées. Elle est applicable à toutes les substances possédant une densité suffisante pour se déposer facilement. On doit la préférer à toute autre dans l'analyse quantitative.

Soit un précipité insoluble dans l'eau, à purifier de substances salines, solubles dans le même véhicule. On délaye exactement ce précipité dans de l'eau pure, puis on abandonne la masse au repos dans un vase cylindrique tel qu'un vase à précipiter, ou dans un vase à réaction tronc-conique ; le précipité gagne peu à peu le fond du vase et la solution qui le surnage s'éclaircit. Avec les précautions indiquées plus haut (§ 323 et suivants), on décante cette solution aussi complètement que possible, puis on la remplace par une nouvelle quantité d'eau distillée et on agite. La portion des sels ou autres matières solubles, restée dans le liquide qui mouillait le dépôt, se dilue dans toute la masse. On laisse déposer de nouveau, on décante, on ajoute une troisième fois de l'eau distillée, on opère une troisième décantation après agitation et repos, etc. On continue ainsi jusqu'à ce qu'on juge suffisante l'élimination du corps soluble.

372. Le lavage est une opération trop importante pour que nous ne croyions pas devoir entrer un peu plus avant dans l'étude des conditions suivant lesquelles on doit le pratiquer. Nous indiquerons d'abord comment on peut se rendre compte du degré de pureté auquel il permet d'atteindre.

Supposons, pour préciser, qu'à chaque lavage le précipité soit délayé dans 1000 centimètres cubes d'eau, et qu'à chaque décantation le volume du liquide laissé avec lui soit 100 centimètres cubes, le volume de la liqueur décantée étant 900 centimètres cubes. Le tableau suivant donne le poids de la substance à éliminer qui reste avec la matière lavée après chaque lavage, ainsi que les volumes du liquide de lavage employé ; il permet d'apprécier la marche de la purification. La lettre L y représente le volume d'eau ajouté au précipité, V le volume décanté, v le volume du liquide restant avec le dépôt, dont on suppose le volume propre négligeable, R le rapport entre le poids des impuretés laissées dans le dépôt et celui qui y existait à l'origine, et C la consommation totale en eau de lavage.

	L	V	v	R	C
1er lavage.	1000 cc.	900 cc.	100 cc.	$0,1$	1000 cc.
2e lavage.	900	900	100	$0,1 \times 0,1 = (0,1)^2 = 0,01$	1900
3e lavage.	900	900	100	$(0,1)^3 = 0,001$	2800
4e lavage.	900	900	100	$(0,1)^4 = 0,0001$	3700
....	....	....	....	....	....

Dressons un tableau semblable en supposant que le volume d'eau complété à chaque lavage soit double de celui admis plus haut, le volume du liquide laissé avec le dépôt restant le même.

	L	V	v	R	C
1er lavage.	2000 cc.	1900 cc.	100 cc.	$\frac{1}{20} = 0,05$	2000 cc.
2e lavage.	1900	1900	100	$\frac{1}{20} \times \frac{1}{20} = 0,0025$	3900
3e lavage.	1900	1900	100	$\frac{1}{20} \times \frac{1}{20} \times \frac{1}{20} = 0,000125$	5800
4e lavage.	1900	1900	100	$\frac{1}{20} \times \frac{1}{20} \times \frac{1}{20} \times \frac{1}{20} = 0,00000625$	7700
....	....	....	....	....	....

De la comparaison des deux tableaux précédents il résulte clairement qu'en augmentant le volume du liquide ajouté pour chaque lavage, on arrive à une même purification par un moins grand nombre d'opérations, mais en consommant un plus grand volume de dissolvant; cela constitue un avantage lorsque le corps lavé est très insoluble et se dépose rapidement. Au contraire, en multipliant les lavages, mais en pratiquant chacun d'eux avec un faible volume de dissolvant, on consomme moins de liqueur, et par suite on perd par dissolution moins du produit lavé; quand la solubilité de ce dernier est notable, la seconde manière est donc préférable.

Modifions maintenant l'hypothèse du premier tableau en supposant la décantation poussée plus loin, le volume laissé chaque fois étant 10 centimètres cubes.

	L	V	v	R	C
1er lavage.	1000 cc.	990 cc.	10 cc.	0,01	1000 cc.
2e lavage.	990	990	10	$0,01 \times 0,01 = (0,01)^2 = 0,0001$	1990
3e lavage.	990	990	10	$(0,01)^3 = 0,000001$	2980
4e lavage.	990	990	10	$(0,01)^4 = 0,00000001$	3970
....	....	....	....	....	....

Le rapprochement des chiffres de ce dernier tableau avec ceux du premier montre l'intérêt que l'on trouve à *pousser la décantation aussi loin que possible :* au 4e lavage, par exemple, dans la dernière hypothèse que nous avons faite, avec une consommation d'eau à peine plus considérable que dans la première, on laisse une quantité d'impureté 10 000 fois plus faible.

Les exemples précédents indiquent quelles sont les conditions théoriques dont on doit se rapprocher pour réaliser rapidement une purification avancée en employant peu de liquide. Ils indiquent aussi comment interviennent les propriétés des corps traités, pour limiter et varier les conditions d'application.

373. Les considérations qui précèdent supposent que la masse a été suffisamment agitée avant chaque dépôt, pour que les parties solubles se soient réparties exactement dans le dissolvant. Le contact doit être prolongé et les agitations répétées plus fréquemment, quand on opère sur des matières poreuses ou organisées qui, par leur texture, s'op-

posent à l'action du liquide. Certains composés gélatineux retiennent énergiquement aussi les substances solubles qui les accompagnent; avec le sesquioxyde de fer hydraté ou l'alumine hydratée, par exemple, la diffusion des sels solubles dans l'eau de lavage ne se fait qu'avec lenteur et il convient de maintenir quelque temps le mélange à l'ébullition avant de laisser déposer.

Le lavage à chaud, applicable quand la chaleur n'entraîne pas une augmentation sensible dans la solubilité de la matière à laver, présente en effet plusieurs avantages. Tout d'abord, le corps à éliminer étant plus soluble à chaud qu'à froid, se répartit plus exactement dans toute la masse. En même temps, les liquides étant plus mobiles à chaud, le dépôt se fait plus vite et l'opération se trouve considérablement abrégée. Enfin, l'élévation de la température chasse les gaz tenus en dissolution dans l'eau ; or ces gaz, au contact d'un grand nombre de corps solides, se dégagent lentement, forment des bulles qui s'attachent au précipité et soulèvent celui-ci dans le liquide, ce qui empêche le dépôt d'être complet.

374. *Lavage par décantation avec filtration.* — Si le produit lavé est précieux ou s'il doit servir à un dosage, la nécessité de n'en rien perdre entrave beaucoup le lavage par décantation opéré comme il vient d'être dit; en outre, il faut attendre fort longtemps pour que la solution surnageant le dépôt soit parfaitement limpide. En analyse, on écarte toujours ces difficultés en réunissant la filtration à la décantation. On verse alors sur un filtre chaque solution décantée et on n'ajoute l'une d'elles qu'après que celle qui l'a précédée a filtré entièrement : les petites portions du précipité arrêtées par le filtre se trouvent ainsi lavées par les liqueurs de plus en plus pures qui se succèdent. Le lavage étant jugé suffisant, on entraîne exactement la totalité du dépôt (§ 362) sur le filtre où il s'égoutte ; on termine en plaçant avec précaution le filtre et son contenu, entre des doubles de papier qui l'essorent, puis en le desséchant à l'abri des poussières atmosphériques. On peut encore sécher le tout sans enlever le filtre de l'entonnoir.

375. L'exactitude du lavage peut toujours être appréciée par l'état de la dernière liqueur décantée. Il est évident que l'élimination de la substance ou des substances solubles sera d'autant plus parfaite qu'on en retrouvera une moindre quantité dans cette dernière liqueur. Si le corps lavé est tout à fait insoluble et si le produit éliminé est fixe, il suffira de constater que la liqueur finale est volatile sans résidu, pour être certain de la perfection du lavage; quelques gouttes de liqueur chauffées sur une lame de platine brillante permettent de faire très rapidement cette constatation. Une coloration disparue, l'action sur le papier de tournesol, les réactions caractéristiques des matières à éliminer, etc., peuvent encore fournir des renseignements utiles. C'est ainsi que l'impureté étant un chlorure, la liqueur dernière ne doit pas se troubler par le nitrate d'argent ; dans le cas d'un sulfate, elle ne doit pas louchir par le chlorure de baryum ; un reste d'acide rougit le tournesol ; etc.

Il est encore plus exact de se rendre compte de l'efficacité d'un lavage en notant les volumes des liquides décantés et de ceux qui ont été laissés avec le dépôt. On opère pour cela dans un vase cylindrique et on y mesure les hauteurs des niveaux avant et après chaque décantation. Dans les analyses quantitatives précises, il convient de continuer le lavage jusqu'à ce que le liquide resté sur le précipité lors de la première décantation ait été dilué de 10,000 fois son volume (M. Bunsen).

376. FIOLES A LAVER. — Pour verser le corps solide et le faire passer tout entier du vase sur le filtre, on se sert du liquide employé pour les lavages, en le projetant avec force sur la paroi du vase ; en s'écoulant, il entraîne avec lui les parcelles du corps qu'il a d'abord détachées par frottement. On se sert surtout pour cela de la fiole à laver de L. Gmelin. Cet instrument, appelé aussi *fiole à jet* ou *pissette* (fig. 176), est une modification d'un autre du même genre, mais assez imparfait, dû à Berzelius. Il consiste en un vase quelconque à ouverture étroite, un matras à fond plat le plus souvent, que l'on ferme au moyen d'un bouchon percé de deux trous ; par l'un de ces trous, pénètre jusqu'au fond du vase, un tube de verre recourbé de plus de 90° à quelques centimètres au-dessus du bouchon, et effilé à son extrémité extérieure ; par l'autre, passe un

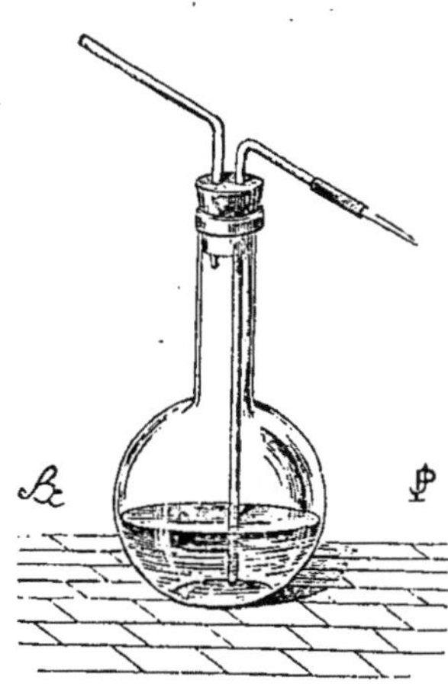

Fig. 176. — Fiole à laver.

second tube ouvert intérieurement un peu au-dessous du bouchon et recourbé au dehors, sa branche libre se trouvant sensiblement sur le prolongement de la branche extérieure du premier tube. Le vase contenant de l'eau distillée, si on souffle avec la bouche par le second tube, l'air se comprime dans le matras, chasse le liquide dans le premier tube et le fait sortir par l'orifice effilé ; l'eau s'échappe sous la forme d'un jet mince, animé d'une vitesse d'autant plus grande que l'on souffle plus fort. Ce jet peut être dirigé sur toutes les surfaces auxquelles adhère la matière solide à entraîner ; pour changer plus facilement sa direction, on coupe quelquefois le premier tube à 3 ou 4 centimètres de son extrémité effilée, puis on réunit les deux portions coupées et bordées à la lampe, par un tube de caoutchouc, en maintenant un léger écart entre les sections : la flexibilité du caoutchouc permet ainsi de donner au jet telle direction que l'on veut, sans qu'il soit nécessaire d'incliner la fiole à laver. Cette dernière condition présente un certain intérêt en analyse quantitative, lorsque le niveau du liquide est bas dans le matras : l'air que les mouvements d'inclinaison amènent au voisinage du tube de sortie s'échappe en projetant le liquide d'une façon irrégulière, qui peut entraîner des pertes de la matière lavée.

377. On dispose encore quelquefois le tube par lequel s'échappe le liquide, de manière à lui communiquer une inclinaison que l'on peut changer à volonté. Un peu au delà de sa première courbure, on le recourbe deux fois (fig. 177, B) de façon à le terminer par une branche horizontale dans une direction perpendiculaire à la sienne. On adapte à son extrémité un second tube de même forme, mais plus court et portant, soudée à sa branche horizontale, une partie un peu plus large. Le bout du premier tube vient pénétrer dans cette partie large; l'espace compris étant garni exactement par un tube de caoutchouc d'épaisseur convenable et produisant fermeture étanche, le second tube, qui est mobile, peut tourner autour du premier, formant axe dans le joint ainsi disposé, et recevoir toute inclinaison voulue.

378. Dès que les lèvres quittent l'appareil, l'air comprimé s'échappe de la fiole et le mouvement de l'eau s'arrête. On a indiqué divers arrangements qui permettent de maintenir la fiole en pression. Le plus simple consiste à adapter à l'orifice d'arrivée de l'air dans l'appareil, une soupape (fig. 177, A) s'opposant au retour du gaz en arrière. Une telle soupape se construit aisément (M. Bunsen) en terminant le tube de verre par un tube de caoutchouc un peu épais, long de quelques centimètres, fermé à son extrémité par une baguette de verre plein et portant vers son milieu, parallèlement à son axe, une fente de 1 centimètre de longueur, nettement pratiquée avec une lame bien aiguisée; lorsqu'en soufflant, on comprime l'air dans le tube d'arrivée, cet air tend à dilater la paroi flexible, écarte les

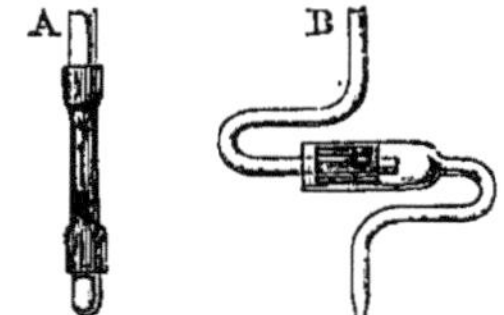

Fig. 177. — Fiole à laver (détails).

lèvres de la fente et s'échappe dans la fiole; lorsqu'au contraire on cesse de souffler, la pression à l'intérieur du vase, se trouvant plus grande que celle de l'atmosphère, tend à chasser l'air au dehors, mais les deux lèvres de la fente sont alors appuyées fortement l'une sur l'autre par cet excès de pression, et le gaz ne peut s'échapper entre elles.

Avec un robinet de verre placé sur le tube de sortie, on maintient le vase en pression tout en supprimant l'écoulement du liquide; un second robinet adapté à un troisième tube qui traverse le bouchon de la fiole permet de laisser échapper dans l'atmosphère l'air comprimé dans le vase et d'arrêter le fonctionnement de celui-ci; etc. Enfin on peut éviter de souffler avec la bouche, en adaptant à l'appareil une soufflerie quelconque, une poire en caoutchouc à soupape, par exemple.

En résumé, la fiole à laver de Gmelin peut être modifiée de beaucoup de manières; on l'a pourvue de dispositions parfois très ingénieuses, mais la plus simplement disposée (§ 376) est toujours la plus usitée.

379. Comme vase, on préfère, avons-nous dit, la fiole ou matras à fond plat, qui peut aller au feu et servir aussi bien à chaud qu'à froid. Afin de manier sans inconvénient la fiole à laver lorsqu'elle est chaude, on garnit son col d'une substance peu conductrice de la chaleur; tantôt on l'entoure d'une feuille de liège ou d'une poignée de bois fendue et évidée, qu'on fixe au moyen de fils de cuivre fins; tantôt encore on en-

roule sur lui une corde, en serrant les spires de manière à recouvrir complètement le verre sur une hauteur suffisante ; tantôt enfin on tresse à sa surface une poignée en vannerie de jonc.

380. On fait encore usage de fioles à laver qui, si elles ne fournissent pas un jet liquide animé d'une vitesse considérable, dispensent du moins l'opérateur de souffler. Elles ne diffèrent de la pissette que par la disposition de leurs tubes. Le tube d'écoulement du liquide est le plus court ; il est droit et effilé à sa partie extérieure et ne pénètre pas beaucoup au delà du bouchon. Le second tube sert à l'afflux de l'air ; il est disposé comme dans la fiole à laver ordinaire, mais il s'enfonce jusqu'au fond du vase. Il suffit de retourner l'appareil pour que le liquide s'écoule par le premier tube, une quantité d'air correspondante rentrant par le second.

Un vase florentin (§ 326, fig. 148, R), dont le tube latéral a été effilé à son extrémité et qu'on incline dans le sens de ce tube, peut également servir de fiole à laver lorsqu'on n'a pas besoin d'un écoulement rapide du liquide.

381. LAVAGE SUR LES FILTRES EN PAPIER. — Quand la matière solide ne se dépose pas ou se dépose trop lentement, on est forcé de renoncer à son lavage par décantation ; on la lave alors sur un filtre.

Le lavage sur les filtres en papier est très souvent pratiqué. A moins qu'on ne fasse intervenir une aspiration énergique, il est peu recommandable. Lorsqu'on opère sur de très faibles quantités de matière, telles que celles sur lesquelles on agit en analyse quantitative, on peut, à défaut d'une méthode meilleure, l'appliquer avec exactitude, mais non sans un travail toujours long. Dès qu'on lave des poids un peu importants, il cesse d'être praticable : la substance s'agglomérant sur le filtre et se fendillant ensuite quand on la laisse s'égoutter, des canaux se forment dans sa masse et livrent en certains endroits un passage facile au liquide, tandis que les parties plus serrées ne sont pas pénétrées et échappent à l'action du dissolvant. Cette irrégularité dans le lavage est surtout marquée avec les filtres à plis qui offrent, en certains points, des chemins plus largement ouverts à l'écoulement du liquide, tandis qu'ils enveloppent et protègent d'autres points. En somme, le lavage sur les filtres en papier ne fournit aucune garantie de la pureté du produit lavé ; la liqueur de lavage peut, en effet, présenter tous les caractères de pureté indiqués plus haut (§ 375), alors que certaines portions de la masse ont échappé à son action et restent souillées de produits solubles.

Le seul moyen de laver moins incomplètement un poids notable de matière consiste à détacher la masse du filtre, à la délayer dans une nouvelle quantité d'eau et à verser le tout sur un second filtre, puis à répéter cette manœuvre autant de fois qu'il est nécessaire. Dans ce but, après avoir suspendu l'entonnoir au-dessus du vase destiné au lavage, avec une baguette de verre on perce la pointe du filtre, puis, au moyen du jet d'une fiole à laver, on fait tomber le contenu dans le vase par l'ouverture ainsi pratiquée. Ce procédé est fort imparfait et assez pénible ; mais, pour certaines substances gélatineuses, on est contraint d'y recourir.

Quand c'est le liquide que l'on se propose de recueillir, et qu'il importe peu de laisser des débris de papier dans le solide, on délaye dans l'eau le filtre avec son contenu, on agite énergiquement et on verse sur un second filtre. En répétant plusieurs fois cette manœuvre, on arrive à entraîner la matière soluble.

382. Avec peu de substance et un filtre sans plis, le lavage se fait au moyen de la pissette. On verse d'abord le mélange sur le filtre disposé comme il a été dit plus haut (§ 344) ; la filtration terminée et la matière solide égouttée, à l'aide du jet de la fiole à laver, on détache les particules restées dans le vase qui contenait le mélange, et on les entraîne dans le filtre. Ceci fait, on projette l'eau un peu au-dessous du bord supérieur de l'entonnoir, mais en inclinant la veine liquide vers le fond du filtre, où on réunit ainsi la masse solide. On laisse égoutter, on ajoute de nouveau liquide, on laisse égoutter de nouveau, et ainsi de suite jusqu'à ce que la liqueur de lavage présente les caractères de pureté nécessaires. A chaque addition d'eau, qui ne doit être faite que sur le produit égoutté, on agite soigneusement la masse avec le jet de la pissette, pour éviter qu'elle n'échappe en quelqu'une de ses parties à l'action du dissolvant.

Les lavages sur filtre peuvent être pratiqués dans ces conditions. En analyse quantitative cependant, il est bien préférable de laver sur un filtre sans plis, placé dans un entonnoir muni d'un petit cône de platine (§ 353), en faisant intervenir une aspiration énergique. C'est là, en effet, une méthode qu'on ne saurait trop recommander ; ses avantages pour le lavage ne sont pas inférieurs à ceux que nous avons indiqués pour la filtration. Elle donne une séparation du liquide aussi parfaite que possible et permet d'effectuer en quelques instants un très grand nombre de lavages successifs, avec une quantité de liquide relativement très faible. L'aspiration doit être supprimée au moment de chaque addition de ce dernier.

Dans tous les cas, qu'on opère ou non avec aspiration, un point important est que le bord du filtre laisse celui de l'entonnoir libre sur une hauteur de 5 à 10 millimètres. Il est nécessaire, en effet, de ne pas négliger le lavage du haut du papier ; pour cela, on dirige, à plusieurs reprises, le jet de la fiole à laver sur le pourtour de l'entonnoir, un peu au-dessus du filtre.

383. *Lavage automatique.* — Si le filtre est volumineux et la quantité de produit considérable, on n'arrive pas à soulever les portions inférieures de la masse. On pratique alors le lavage automatiquement, ce qui permet de suppléer partiellement à l'imperfection de la méthode, par une prolongation suffisante de l'opération. A cet effet, on remplace constamment l'eau de lavage, dans le filtre, à mesure qu'elle s'écoule, et on maintient ainsi l'appareil toujours rempli. Cette méthode imparfaite, si elle exige des volumes énormes de liquide, présente du moins l'avantage de ne pas laisser le précipité se tasser sur le papier sous l'influence des égouttages. Plusieurs dispositions permettent de l'appliquer.

La plus simple consiste à suspendre au-dessus de l'entonnoir un flacon plein d'eau et renversé; celui-ci est placé à une hauteur telle que son goulot se trouve en contact par ses bords avec la surface du liquide de l'entonnoir, lorsque celle-ci est au niveau à maintenir constant : si, par la filtration, la hauteur du liquide baisse dans l'entonnoir, les bords du goulot cessent d'être en contact avec le liquide extérieur, une bulle d'air pénètre dans le flacon et détermine la sortie d'une quantité d'eau correspondante, laquelle rétablit le niveau primitif et arrête la rentrée d'air. Et les choses continuent ainsi tant que le flacon contient du liquide. Pour disposer l'appareil, on remplit le flacon, on le bouche, on le retourne et on le suspend dans la position convenable, puis, garnissant le filtre jusqu'à la hauteur voulue, on enlève aussitôt le bouchon. Cette disposition fonctionne sûrement; elle présente cependant l'inconvénient de procéder au remplissage par des mouvements brusques qui déterminent parfois le passage du liquide par-dessus les bords du filtre : il est par suite nécessaire de fixer le niveau à une distance suffisante de ces bords.

384. Un autre arrangement consiste à alimenter le filtre avec un vase de Mariotte, modifié d'après l'indication de Gay-Lussac (fig. 178). Soit M un flacon plein d'eau. Son bouchon est traversé par deux tubes : l'un *ab* est droit et ouvert aux deux bouts; l'autre *cdef* est un siphon (§ 327).

Ce dernier étant amorcé et le vase garni de liquide jusqu'en *mn*, l'écoulement commence sous la pression *n'f*, mais aussitôt, le niveau *mn* s'abaissant,

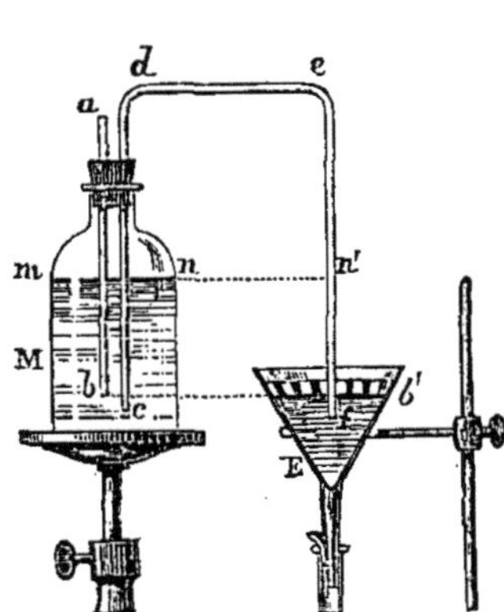

Fig. 178. — Lavage continu.

un vide partiel se fait dans le flacon et l'air extérieur tend à y pénétrer par le tube *ab*. Jusqu'à l'arrivée de la première bulle d'air en *b*, la pression intérieure a diminué progressivement, et en même temps l'écoulement s'est ralenti; à partir de ce moment, l'air rentrant dans le vase par *b*, l'écoulement devient constant, car la tranche *bb'* est évidemment à la pression atmosphérique. La pression sous laquelle se fait l'écoulement est donc mesurée par la hauteur qui sépare *bb'* de *f*, et cela quel que soit le niveau *mn* dans le flacon. Supposons maintenant que le bas du siphon *f* soit plongé dans un liquide jusqu'en *bb'*, l'écoulement s'arrêtera ; il reprendra dès que ce liquide s'abaissera de *bb'* vers *f*. En un mot, l'appareil tendra à maintenir le niveau constant en *bb'*. En pratique, il suffit de disposer l'appareil de telle manière que *c* plongeant au fond du flacon M, pénètre dans l'entonnoir E où doit se pratiquer le lavage. On enfonce alors *ab* dans le flacon, jusqu'à ce que l'orifice *b* soit dans le plan horizontal du niveau à maintenir constant dans l'entonnoir. Pour amorcer le siphon, il suffit de souffler un instant par l'orifice *a*; l'air comprimé dans le flacon chasse le liquide vers *cdef*.

Ce dispositif fonctionne très régulièrement. Cependant, lorsque le liquide tient des gaz en dissolution, ceux-ci, en se dégageant, s'accumulent vers le haut du siphon; les bulles gazeuses font baisser le niveau en *b'* d'une quantité correspondante à la hauteur qu'elles occupent dans le siphon, et même désamorcent celui-ci.

385. Lavage sur les filtres de coton, d'amiante, etc. — Lorsque la matière à laver livre aisément passage au liquide, le procédé de lavage le plus rapide et en même temps celui qui entraîne la moindre consommation de liquide consiste à faire agir une aspiration énergique sur des filtres de coton, de fulmi-coton, d'amiante ou de verre filé. On opère, comme il a été dit pour la filtration par aspiration, au moyen des mêmes filtres (§ 345). Lorsque la substance est essorée sur le filtre, on détache doucement le tube de caoutchouc qui relie l'appareil à la trompe aspirante et on laisse rentrer l'air dans le flacon, en évitant un mouvement brusque qui secouerait le précipité et le diviserait. On verse dans l'entonnoir du liquide de lavage, en ayant soin de laver les bords supérieurs du verre et de rassembler au fond les particules solides qui y adhèrent, puis on fait de nouveau le vide. On ne doit pas verser le liquide laveur pendant que l'aspiration fonctionne ; il traverserait alors trop rapidement certaines parties de la masse à laver et n'entrerait pas en contact avec les autres parties. En répétant les lavages de la même manière, on peut pratiquer chacun d'eux avec fort peu de liquide, et déplacer très exactement toutes les substances solubles. Ce procédé doit être recommandé ; il tend d'ailleurs à se répandre dans les laboratoires pourvus d'appareils aspirateurs. L'extrême rapidité qu'une aspiration énergique communique aux mouvements des liquides permet de purifier par lavage des matières relativement solubles dans le véhicule employé. C'est ainsi que, réuni à la cristallisation troublée (§ 305), ce mode opératoire constitue l'un des meilleurs moyens de purification des corps cristallisables ; on verse sur le filtre la bouillie homogène provenant de la cristallisation troublée, on l'essore exactement par succion, puis, arrêtant l'aspiration, on verse à sa surface quelques centimètres cubes de liquide, et on renouvelle aussitôt l'aspiration. On élimine ainsi toute l'eau mère en une ou deux fois et sans perte notable de produit, l'action du liquide ajouté consistant presque exclusivement, à cause de la faible durée du contact, à déplacer mécaniquement la liqueur qui souille les cristaux.

Ce procédé est même applicable en analyse, lorsque le précipité recueilli et lavé peut être pesé sans calcination préalable (§ 363).

386. Lavage par un liquide sous pression. — Le lavage sous pression, au moyen du filtre-presse, a été indiqué à propos de la filtration pratiquée avec cet instrument (§ 356).

CHAPITRE XII

MANIPULATION DES GAZ.

387. État gazeux. — Les gaz sont des fluides compressibles et élastiques, dont la propriété la plus caractéristique est d'augmenter de volume indéfiniment lorsque l'espace qui les contient vient lui-même à augmenter. Tandis que le volume occupé par un poids donné d'un liquide ou d'un solide dépend à peu près uniquement de la densité propre à ce liquide ou à ce solide et de sa température, le volume d'une masse gazeuse varie de plus en raison inverse de la pression qu'elle supporte (loi de Mariotte). En outre, alors que les solides et les liquides possèdent chacun un coefficient de dilatation particulier, les gaz se dilatent ou se contractent tous également sous l'influence des variations de la température (loi de Gay-Lussac).

Ce qui vient d'être dit des gaz s'applique aux vapeurs, lorsque celles-ci se trouvent placées dans des conditions de température et de pression suffisamment éloignées de celles qui déterminent leur liquéfaction. Les vapeurs obéissent d'autant mieux aux lois de Mariotte et de Gay-Lussac, que l'éloignement en question est plus considérable. D'ailleurs, on a vu (§ 213) qu'il n'existe entre les gaz et les vapeurs aucune différence essentielle, aussi donne-t-on d'ordinaire le nom de gaz aux fluides élastiques difficilement liquéfiables, et plus spécialement à ceux qui ont été regardés jusqu'à ces derniers temps comme permanents.

388. Les densités des corps simples ou composés, comparées sous forme gazeuse, sont proportionnelles aux équivalents. Cette loi due à Gay-Lussac entraîne la conséquence suivante : quand on donne l'état gazeux aux corps définis pris en quantités égales à leurs poids équivalents, et qu'on les compare dans des conditions identiques de température et de pression, ils occupent tous le même volume. Ce volume est double de celui occupé par 1 équivalent ou 1 gramme d'hydrogène, quadruple de celui occupé par 1 équivalent ou 8 grammes d'oxygène. Cette relation conduit à dire que les formules des composés chimiques correspondent à 2 volumes de vapeur, si on prend pour unité de volume l'espace occupé par 1 équivalent d'hydrogène, ou bien à 4 volumes de vapeur, si on adopte pour unité le volume de 1 équivalent d'oxygène. Dumas a donné une grande importance à cet ordre de faits pour la détermination des poids moléculaires, aussi la mesure des densités des gaz et des vapeurs considérées comme gaz s'impose-t-elle très fréquemment au chimiste.

389. Modes opératoires. — Les premières indications relatives aux moyens de recueillir les gaz, de les transvaser et de les mesurer, ont été données en 1719 par Moitrel d'Élément. Elles ont été le point de départ des recherches sur les corps gazeux, recherches qui ont joué vers la fin du siècle dernier un rôle considérable dans le développement de la chimie.

Si perfectionnées que soient les méthodes actuelles, elles ont peu varié quant au principe depuis plus d'un siècle et demi ; elles sont toujours basées sur l'emploi de liquides dépourvus de la propriété de dissoudre le fluide aériforme sur lequel on opère. Elles consistent à agir sur les gaz au sein de ces liquides, à peu près comme on le fait sur les liquides eux-mêmes qu'on manipule dans l'atmosphère ; toutefois, comme les gaz sont moins denses que les liquides, ils gagnent la partie supérieure des vases qui les renferment avec ces derniers ; c'est là surtout ce qui donne un caractère particulier aux procédés appliqués aux gaz.

Les méthodes en question s'appuient aussi sur ce fait que les gaz sont des fluides élastiques, diminuant de volume par la compression, augmentant de volume dès que la pression qu'ils supportent vient à diminuer, transmettant aux solides et aux fluides qui les touchent la force qu'ils ont emmagasinée par la compression, etc.

Nous nous occuperons successivement des appareils et des moyens à l'aide desquels les gaz sont *produits*, *recueillis*, *transvasés*, *lavés*, *dissous*, *desséchés*, *conservés* et *mesurés*.

A. — Production des gaz.

390. Quoique les réactions permettant de produire les gaz soient très variées, les appareils dans lesquels on effectue ces réactions sont, au contraire, peu nombreux, au moins quant aux principes. Ils consistent généralement en un vase fermé de toutes parts, sauf en un point qui est l'orifice de dégagement. Le gaz engendré dans l'appareil s'y accumule, s'y comprime lui-même, puis s'échappe dès qu'il a acquis une pression plus considérable que celle exercée sur l'orifice de dégagement par le milieu extérieur.

Ces appareils sont de deux sortes : les uns fonctionnent d'une manière continue et donnent en une seule fois tout le gaz que peuvent produire les réactifs mis en œuvre. Les autres sont, au contraire, intermittents dans leur fonctionnement : la production du gaz qu'ils fournissent peut être arrêtée ou provoquée, soit par la fermeture ou l'ouverture d'un robinet, soit par tout autre mouvement peu compliqué.

391. Appareils a fonctionnement continu. — Leur disposition est toujours des plus simples. Ils consistent en un vase où s'accomplit la réaction et à l'ouverture duquel s'adapte exactement un bouchon percé d'un trou ; celui-ci est traversé par un tube de verre étroit, qui servira au dégagement du gaz. Si la réaction s'opère à la température ordinaire et sans chauffage, le vase est un flacon (§ 151, fig. 91, A), un col droit (§ 151, fig. 91, B) ou même une fiole à fond plat (§ 152, fig. 92, F). S'il est nécessaire de chauffer, on se sert d'un ballon (§ 152, fig. 92, E), d'une cornue (§ 152, fig. 92, H) ou d'une fiole à fond plat, quand la

température ne doit pas dépasser celle à laquelle le verre se ramollit et se déforme ; après avoir été lutés (§ 248), les vases de verre peuvent être utilisés jusqu'au rouge. A partir du rouge sombre, les cornues de grès (§ 176, fig. 100, A) vernissées à l'intérieur, et mieux encore les cornues de porcelaine (§ 174) doivent être préférées. Enfin, pour la préparation de certains gaz que l'on consomme par grandes quantités, on trouve avantageux d'opérer dans des cornues métalliques démontables qui, ne présentant pas la fragilité du verre ou de la poterie, peuvent servir à peu près indéfiniment ; c'est ce qui se fait d'ordinaire pour la préparation de l'oxygène (voy. ce mot).

Les tubes à dégagement sont en verre (§ 154) et de petit diamètre. On les courbe (§ 164) afin de leur donner une forme appropriée à la disposition adoptée pour recueillir le gaz (§ 405).

Le gaz qui se dégage pendant les premiers temps est toujours impur ; il est mélangé à l'air de l'appareil. On laisse perdre d'ordinaire les premières portions qui déplacent et entraînent cet air. Pour avoir un gaz sensiblement pur, il est nécessaire d'attendre qu'un volume gazeux cinq ou six fois plus grand que celui de l'air à entraîner ait été dégagé. Afin de diminuer la perte, on doit donc faire usage d'appareils dont le volume n'excède pas celui qui est indispensable. Pour certains gaz rares, on évite la déperdition d'une aussi grande quantité de produit, en garnissant préalablement l'appareil d'un gaz facilement absorbable par un réactif dépourvu d'action sur le corps à préparer. Le gaz carbonique est souvent utilisé en pareil cas ; en l'absorbant ensuite par la potasse, on obtient à l'état de pureté le composé gazeux avec lequel il s'est dégagé.

392. TUBES DE SURETÉ. — Dans tout appareil producteur de gaz, il peut se faire que le tube à dégagement soit obstrué par suite d'un incident quelconque, tel que l'entraînement mécanique d'un réactif solide ou la cristallisation d'un sel. Le gaz continuant cependant à se former, la pression intérieure augmente et il arrive bientôt un moment où les parois ne présentant pas une résistance suffisante à cette pression, l'appareil se brise avec explosion. La même chose arrive encore, sans obstruction du tube à dégagement, lorsque la réaction se produit avec une trop grande rapidité et que l'orifice d'écoulement cesse de suffire à la sortie du gaz produit. Non seulement la rupture de l'appareil entraîne la perte de l'opération, mais elle occasionne des projections de verre ou de réactifs, dangereuses pour l'opérateur. Les tubes de sûreté ont pour effet de limiter la pression dans les appareils et de livrer passage au contenu de ceux-ci, lorsque la limite pour laquelle ils ont été disposés se trouve atteinte.

Ils remplissent en même temps un autre office non moins important ; ils empêchent le vide de se faire dans les appareils, ce qui peut causer des accidents du même ordre qu'un excès de la pression intérieure. Il arrive, en effet, que la réaction étant terminée ou ralentie, la pression diminue dans le vase, soit par cessation du dégagement de chaleur qu'engendrait la réaction, soit par condensation de vapeurs liquéfiables, etc.; cette raréfaction du gaz intérieur n'est presque jamais suffisante pour que l'appareil ne résiste pas à la pression de l'air et se brise, mais fort souvent il y a *absorption* : le tube à dégagement aboutissant dans un liquide livre passage à ce dernier, qui, refoulé par la pression extérieure, vient se déverser dans l'appareil sur le résidu de l'opération ; dans ces circonstances, le vase chaud se brise au contact du liquide froid, ou bien encore la chaleur conservée par le résidu détermine la vaporisation brusque du liquide rentrant et par suite l'explosion de l'appareil, celui-ci étant incapable de résister à la pression des vapeurs ainsi formées instantanément.

Les tubes de sûreté constituent, à proprement parler, des fermetures hydrauliques.

393. *Tube de sûreté droit*. — Le plus simple des tubes de sûreté, mais non l'un des moins parfaits, consiste en un tube droit *ab* (fig. 179, A)

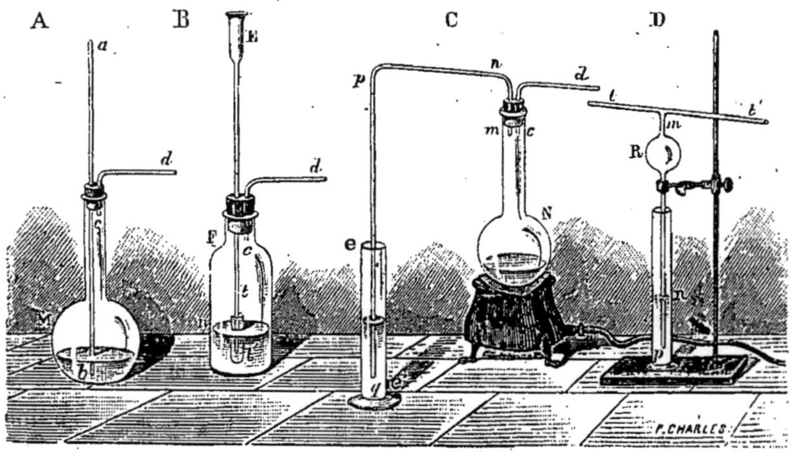

Fig. 179. — Tubes de sûreté.

qui pénètre verticalement dans l'appareil en traversant le bouchon ; il plonge par son extrémité inférieure *b* dans le réactif liquide. La pression vient-elle à augmenter dans le vase M par obstruction du tube à dégagement *cd* ou autrement? On en est averti par l'ascension du liquide de *b* vers *a*, et la dénivellation observée permet d'apprécier l'augmentation. Dans ces conditions, l'excès de la pression intérieure sur la pression extérieure ne peut dépasser celle qui fait équilibre à une colonne liquide s'élevant du niveau à l'intérieur de M jusqu'à l'extrémité *a* du tube de sûreté ; une différence plus considérable entre les pressions déterminerait d'abord la sortie du liquide par *a*, et ensuite celle du gaz, après que le niveau intérieur se serait abaissé jusqu'en *b*. L'absorption est également impossible : une diminution de pression dans l'appareil est annoncée par l'abaissement de niveau du liquide dans le tube ab ; aussitôt que cette diminution dépasse une colonne du liquide égale à la distance verticale qui sépare b du niveau dans le vase M, l'air pénètre dans l'appareil et la raréfaction du gaz se trouve dès lors limitée. En pratique, la hauteur du tube ab sera donc proportionnée à la pression sous laquelle fonctionnera l'appareil ; en outre, le même tube plongera d'autant plus profondément dans le liquide, que l'absorption sera plus fortement à craindre.

Le tube de sûreté droit sert en même temps à l'introduction des réactifs liquides. Il est alors plus commode de le terminer par un entonnoir (fig. 179, B), soit en soufflant à son extrémité a un entonnoir sphérique (§ 169), soit en lui soudant un tube de plus grand diamètre (§ 170, fig. 98) ou même un entonnoir conique ordinaire (§ 153, fig. 93, C), dont il prolonge la douille. A son extrême simplicité, à sa forme peu fragile et à son fonctionnement sûr, on oppose parfois qu'il laisse dégager dans l'atmosphère les quelques bulles gazeuses qui se présentent à son orifice inférieur ; on remédie au besoin à cet inconvénient, d'ordinaire négligeable, en recourbant sur elle-même l'extrémité inférieure b (fig. 179, A), ou simplement en engageant cette extrémité dans un tube vertical t', très court, plus large que lui, fermé par le bout qui repose sur le fond du vase F (fig. 179, B), et tenu en partie immergé ; le tube t' se garnit à l'origine du liquide versé par l'entonnoir E.

Le tube droit n'est applicable qu'aux appareils contenant un liquide.

394. *Tube en S.* — Le tube en S, dit aussi tube de Welter (fig. 180), est formé de trois branches verticales Em, mn et nS, séparées par des tubes courbés en demi-cercle. On lui conserve le nom de tube en S, alors même que pour lui donner une disposition plus symétrique on le recourbe en boucle, ce qui ne modifie pas son fonctionnement. Il se termine vers le haut par un entonnoir E, et porte sur sa branche médiane un réservoir r sphérique ou mieux cylindrique. Pour en faire usage, on l'adapte par son extrémité inférieure S à l'appareil dont il traverse le bouchon, puis on verse un peu d'eau dans l'entonnoir ; cette eau s'écoulant dans le réservoir ainsi que dans la courbure inférieure m prend un même niveau en r et dans le tube Em, si l'appareil communique avec l'atmosphère. Un excès de la pression intérieure, agissant par S, chasse l'eau du réservoir r vers l'entonnoir E, où elle s'accumule, et le gaz peut alors s'échapper en barbottant dans le liquide ; en cas d'absorption, toute l'eau est au contraire repoussée par l'atmosphère dans le réservoir r, et l'air rentre dans l'appareil en traversant le liquide. Le volume de l'eau in-

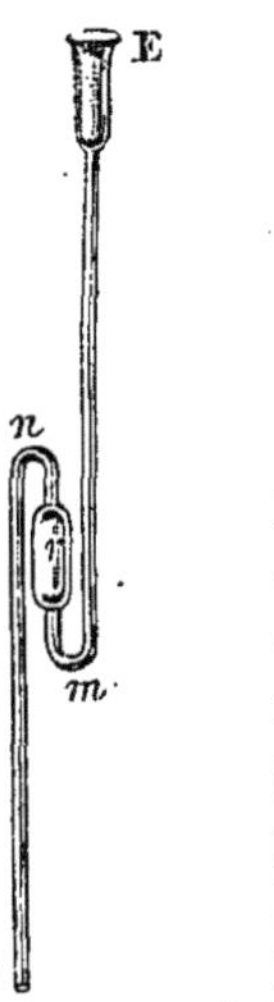

Fig. 180. — Tube en S.

troduite doit donc être inférieur à ceux du réservoir ou de l'entonnoir. L'eau peut d'ailleurs être remplacée par tout autre liquide ; quand l'un des réactifs mis en œuvre est liquide, on l'introduit par le tube en S qui en retient une quantité suffisante pour assurer son fonctionnement. La hauteur de la branche E*m* limite la pression intérieure ; celle du niveau du liquide dans le réservoir, au-dessus de la courbure *m*, limite l'absorption. En prenant un liquide dense tel que le mercure pour garnir un tube en S, on augmente beaucoup l'écart des pressions sous lesquelles il fonctionne.

On doit reprocher à ce tube de sûreté de former siphon : quand on verse du liquide en E, le siphon s'amorce, et l'écoulement rapide qui se produit aspire de l'air et l'introduit dans l'appareil. Un désavantage plus grand encore est sa fragilité : lorsqu'on adapte un tube en S à un bouchon, il est indispensable de ne jamais *saisir ce tube* autrement que *par sa partie droite inférieure* *n*S, et dans le voisinage immédiat de l'extrémité S qu'on introduit dans le bouchon percé ; si on applique la main sur la branche E*m* ou sur les courbures entre *n* et *m*, ou encore sur le réservoir *r*, tout mouvement imprimé au tube porte sur les courbures et celles-ci se brisent dans la main de l'opérateur. Les accidents ainsi occasionnés sont très fréquents chez les commençants.

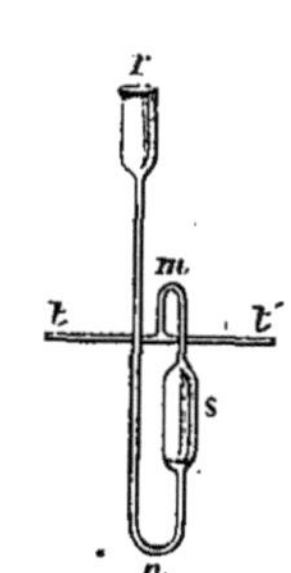

Fig. 181. — Tube de Welter.

Le tube en S, au lieu d'être adapté au bouchon de l'appareil producteur du gaz, peut être soudé sur le tube à dégagement (fig. 181). Le maintien du tube en S dans la position verticale étant indispensable à son fonctionnement, cette disposition, plus fragile encore que la précédente, est appliquée dans les appareils dont l'orifice est dirigé horizontalement, aux cornues de grès ou de verre, par exemple.

395. *Tube plongeur.* — On se sert quelquefois d'un tube de sûreté très simple et peu fragile qui, comme le précédent, fonctionne avec un appareil sans liquide, et se fixe sur le tube à dégagement aussi bien que sur le vase lui-même, mais qui présente l'inconvénient d'être inefficace contre les absorptions. Il consiste en un tube *mnpq* (fig. 179, C) courbé deux fois à angle droit, fixé en *m* à l'appareil N, par le même bouchon que le tube à dégagement, et plongé par sa branche extérieure *q* dans un vase *ee'* rempli d'eau ; dès que la pression en N peut soulever la colonne d'immersion en *ee'*, le gaz s'échappe. En cas d'absorption, le liquide de *ee'* est refoulé en N.

En soudant sur le tube à dégagement *tt'* (fig. 179, D) un tube vertical *mp* qu'on laisse pendre au-dessous de lui et qu'on plonge par le bas dans un vase plein d'eau, on arrive au même résultat. Une modification très simple permet en outre de rendre ce tube de sûreté aussi propre à empêcher l'absorption qu'à éviter l'excès de pression. Il suffit de souffler en haut du tube vertical *mp* un réservoir R et de donner au vase allongé, dans lequel plonge le tube, un diamètre assez faible pour que le liquide garnissant ce vase au-dessus de l'ouverture du tube entre *p* et *n* ne puisse jamais remplir le réservoir lorsqu'une absorption se produit.

396. *Tubes à effets multiples*. — La nécessité d'adapter simultanément aux appareils des tubes à dégagement et des tubes de sûreté complique beaucoup leur montage et multiplie les orifices à boucher en même temps que les causes de fuites. On diminue cet inconvénient au moyen de tubes qui remplissent à la fois plusieurs fonctions (*tubes de Durand*).

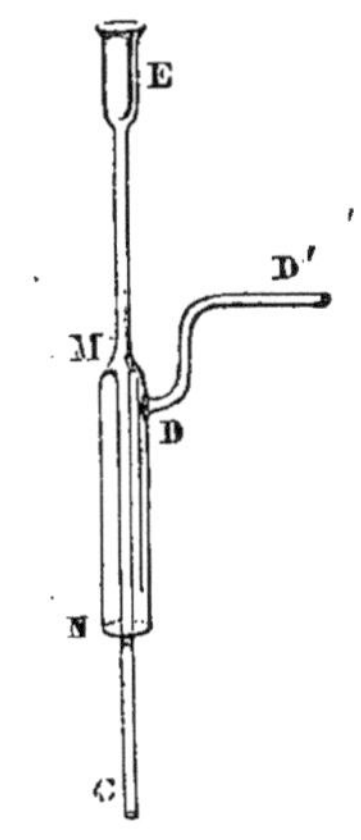

Fig. 182. — Tube de Durand.

Soit un tube à entonnoir EC (fig. 182), sur lequel on a soudé en M un tube MN qui le recouvre, ouvert en bas et fermé en haut par la soudure; à la partie supérieure du second tube, en D, on a soudé un tube DD' à direction horizontale. Si on ajuste le tube MN dans le bouchon percé d'un appareil, ce bouchon occupant sur lui une position comprise entre N et D, et si le liquide de l'appareil baigne le bas du tube C, mais non l'orifice N, le tube à entonnoir fonctionnera comme tube de sûreté, DD' servira de tube à dégagement, et le tout sera fixé à l'appareil par un seul joint. On peut même supprimer complètement le bouchon en rodant extérieurement à l'émeri le tube MN, entre N et D, et en l'adaptant au goulot du vase qu'il ferme exactement (§ 423, fig. 198).

397. RECHERCHE DES FUITES. — Avant de mettre un appareil en usage, il est *indispensable* de vérifier si les joints qui réunissent ses différentes pièces sont parfaitement étanches, de rechercher si aucune fuite ne livrera passage au gaz lorsqu'une pression un peu plus forte que celle de l'atmosphère sera établie à l'intérieur. Les tubes de sûreté permettent de procéder très simplement et très rapidement à cette vérification.

Soit l'appareil représenté en A (fig. 179, § 393). On adapte en *d* un tube de caoutchouc de quelques centimètres de longueur et, après avoir placé de l'eau dans le matras jusqu'à une hauteur supérieure à celle de l'orifice *b* du tube de sûreté, on souffle doucement par le tube de caoutchouc. La pression augmente dans le matras et fait monter l'eau dans le tube de sûreté jusqu'à une hauteur que règle la compression exercée. On élève ainsi le niveau jusqu'à quelques centimètres au-dessous de *a*, et aussitôt on pince fortement le caoutchouc avec les doigts, entre la bouche et le tube *d*. Si les joints du bouchon sont étanches, la pression se maintient dans le matras et, par suite, le niveau du liquide dans le tube de sûreté reste invariable. Lorsqu'il existe une fuite, on voit au contraire le liquide baisser dans le tube, et d'autant plus rapidement que la déperdition de gaz par cette fuite est plus considérable.

Le même essai peut être pratiqué pour toutes les dispositions d'appareils comportant un tube de sûreté. Lorsque ce dernier fait défaut, la recherche des fuites est un peu moins facile. Le procédé le plus simple consiste alors à boucher tous les orifices de l'appareil sauf un seul, à raréfier ou à comprimer l'air intérieur, en aspirant ou en soufflant avec la bouche par l'ouverture restée libre que l'on a munie d'un caoutchouc, puis à boucher ce dernier en y introduisant une baguette de verre. Si la fermeture est étanche, l'air reste raréfié ou comprimé, même après quelques minutes.

Le temps consacré à disposer convenablement les appareils destinés à la préparation des gaz est toujours bien employé : un arrangement défectueux, par exemple une fuite dans les bouchons, peut faire perdre entièrement une opération ou, tout au moins, peut déverser dans l'atmosphère une partie du produit. Lorsque celui-ci est dangereux ou incommode pour l'opérateur, un inconvénient grave s'ajoute ainsi à la consommation inutile des réactifs.

D'ailleurs les appareils bien montés peuvent être conservés et servir un certain nombre de fois pour une même préparation. A cet effet, on les laisse sécher après les avoir lavés et égouttés, on colle sur eux une étiquette indiquant l'usage auquel ils sont réservés, on sort les bouchons des orifices auxquels ils s'adaptent, une compression prolongée leur enlevant l'élasticité indispensable à un bouchage exact : enfin, pour empêcher la poussière d'y pénétrer, on ferme leurs ouvertures libres avec du papier.

398. APPAREILS A FONCTIONNEMENT INTERMITTENT. — Ces appareils sont très avantageux pour la préparation des gaz d'un usage courant dans les laboratoires, lorsque ces gaz peuvent être produits à froid par la réaction d'un liquide sur un solide. Ils évitent, notamment pour l'hydrogène, le gaz carbonique, l'hydrogène sulfuré et le chlore, l'emploi des gazomètres, toujours compliqué et parfois même impossible. On les tient garnis des deux réactifs, qui n'entrent en contact et en réaction que lorsqu'on fait effectuer au liquide un mouvement de déplacement ; un mouvement contraire arrête le fonctionnement et laisse l'appareil prêt à fournir une nouvelle quantité de gaz lorsque cela sera nécessaire.

Nous ferons connaître les trois dispositions les plus répandues.

399. *Appareil de H. Sainte-Claire Deville.* — Deux flacons A et B (fig. 183), de capacité variable avec l'importance de la consommation du gaz à préparer, mais ayant ordinairement de 3 à 6 litres, et portant à leur partie inférieure des tubulures T et T', sont réunis l'un à l'autre par un tube de caoutchouc de gros diamètre, dans les extrémités duquel on a introduit ces tubulures ; on fixe fortement les joints au moyen d'un petit tube de caoutchouc formant lien, ou mieux d'une lanière de caoutchouc (feuille anglaise du commerce), de manière à les rendre parfaitement étanches. A cet effet, on applique la lanière, fortement distendue par traction suivant sa longueur, sur la partie du tube qui recouvre la tubulure et, après l'avoir enroulée un certain nombre de fois, on noue ensemble ses deux extrémités ; les compressions exercées par les anneaux superposés de la lanière s'ajoutent et maintiennent le gros tube très énergiquement serré sur la tubulure. Le tube TT' doit être d'autant plus long que l'appareil est destiné à four-

nir du gaz sous une pression plus forte : un tube de 70 ou 80 centimètres convient d'habitude.

, Pour simplifier, supposons qu'il s'agisse de préparer de l'hydrogène
par la réaction sur le zinc de l'eau additionnée d'acide chlorhydrique
(voy. *Hydrogène*). Dans l'un des flacons, B par exemple, on place
d'abord en V une couche de 10 à 12 centimètres d'épaisseur, d'une
substance inattaquable aux acides, telle que du coke, de la porcelaine
en gros fragments, des morceaux de tube de verre, puis on superpose
en M du zinc coupé ou grenaillé, en quantité suffisante pour remplir
le flacon aux deux tiers. On adapte en R, au moyen d'un bouchon

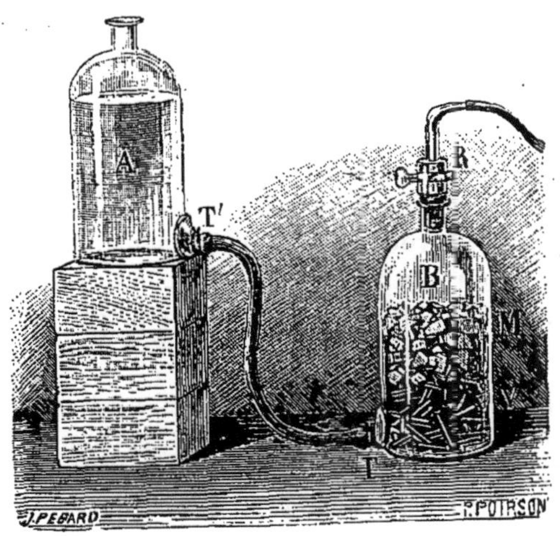

Fig. 183. — Appareil de H. Sainte-Claire Deville.

percé ou mieux d'un simple anneau détaché par un coup de ciseaux
d'un tube de caoutchouc de grosseur convenable, un fort robinet de
verre. Les choses étant ainsi disposées, on ferme le robinet R et on
verse dans le flacon A une quantité d'eau acidulée, suffisante pour le
remplir aux deux tiers. Sous la pression du liquide, l'air se comprime
en B, et empêche l'acide d'arriver au contact du métal. On soulève
alors le vase A sur des cales en bois (fig. 183), puis on ouvre largement le robinet R : l'eau acidulée s'élève aussitôt vers M, le zinc est
attaqué et l'hydrogène se dégage. L'arrivée de l'acide étant rapide,
la réaction se fait sur une grande surface de métal; la mousse produite
par le dégagement gazeux s'élève jusque vers le haut du flacon et
expulse complètement l'air. On ferme aussitôt le robinet : l'hydrogène
s'accumule dès lors en B, refoule par T T' la liqueur dans le flacon A
et le zinc cessant d'être en contact avec elle, la réaction s'arrête.

Il est bon, à l'origine, de répéter trois ou quatre fois cette manœuvre
rapide, afin d'expulser toute trace d'air du flacon B. L'appareil est alors
en état. La réaction, interrompue par la fermeture du robinet, reprendra toutes les fois qu'en ouvrant de nouveau celui-ci, on viendra à

laisser échapper du gaz : le volume de ce dernier diminuant dans le vase B, le liquide arrivera de A et, à un moment donné, réagira sur le zinc. Les mêmes phénomènes pouvant se répéter aussi longtemps que la liqueur restera suffisamment chargée d'acide, on conçoit que cette disposition réalise une source de gaz toujours disponible, le zinc et l'acide ne réagissant que lorsqu'on ouvre le robinet R.

La pression maximum du gaz fourni par l'appareil correspond à la différence que l'on peut établir entre les niveaux du liquide en A et en B, c'est-à-dire à la longueur du tube TT'.

Il est avantageux de faire usage d'un flacon B, portant à sa partie inférieure une seconde tubulure, semblable à la première et symétriquement placée. Cette ouverture, fermée par un robinet, permet de séparer le sel de zinc formé : la solution de ce sel étant très dense s'accumule au fond des deux flacons, sans se mélanger notablement à la liqueur acide qui n'a pas encore agi; on distingue les deux liquides lorsqu'on leur communique la plus faible agitation. Le chlorure de zinc étant écoulé, on ferme le robinet inférieur, et on complète dans le flacon A la quantité voulue de liqueur acide.

Le zinc peut être remplacé par tout autre réactif solide et l'eau acidulée par un liquide quelconque attaquant à froid ce réactif pour dégager un gaz.

400. *Appareil de Kipp.* — Il se compose de deux vases remplissant respectivement le même rôle que les flacons de l'appareil de Deville. L'un de ces vases est séparé, par un étranglement, en deux parties sensiblement sphériques, B et C (fig. 184). La sphère supérieure porte deux ouvertures en G et en L; la première est une tubulure latérale G, fermée exactement par un bouchon que traverse un tube à robinet R, servant à l'écoulement du gaz; la seconde L, placée à la partie supérieure, est rodée à l'émeri et fermée exactement par un tube en verre LP, rodé extérieurement; ce tube LP constitue la partie inférieure du second vase. La sphère inférieure C, un peu plus volumineuse que l'autre, est terminée vers le bas par un pied suffisamment large pour assurer la stabilité du système. Le second vase est formé d'une sphère A, qui porte un goulot M et le tube rodé LP, dont il a été question plus haut; la longueur de ce tube est telle que son orifice inférieur P est voisin du fond du vase C. Dans la sphère B, on introduit le réactif solide, du zinc en lames par exemple, puis on adapte le vase supérieur de manière à fermer l'orifice L :

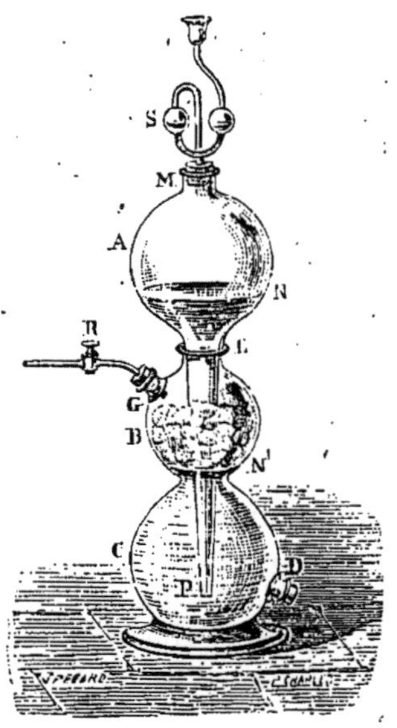

Fig. 184. — Appareil de Kipp.

le zinc, qui a été pris en morceaux volumineux, ne peut passer dans l'espace annulaire compris entre le tube LP et l'étranglement; il reste dans la sphère B. Si, après avoir ouvert le robinet R, on verse par le goulot M le réactif liquide, soit de l'eau acidulée, la sphère C se rempli. d'abord, puis le liquide arrivant en N'. au contact du zinc, la réaction commence et de l'hydrogène s'échappe par R, entraînant l'air de l'appareil. On ferme le robinet; le gaz s'accumule aussitôt dans la sphère G, se comprime et refoule par le tube central LP le liquide dans le vase A, ce qui met fin au contact du zinc avec l'eau acidulée, et aussi à la réaction. A chaque nouvelle ouverture de R, le gaz s'écoulera, le liquide descendra du vase A par LP, et remontera en B jusqu'au zinc sur lequel il réagira; inversement, à chaque fermeture du même robinet, le liquide sera refoulé par le gaz vers le réservoir A, il ne touchera plus le zinc et la réaction cessera de se produire. La pression maximum du gaz que peut fournir l'appareil est donnée par la différence entre les niveaux N et N'.

On dispose souvent vers le bas du vase BC une tubulure D, que l'on tient d'ordinaire fermée par un bouchon, mais qui permet de laisser écouler de temps en temps les parties les plus denses du liquide, c'est-à-dire celles dont l'action est épuisée; on remplace ensuite la liqueur ainsi éliminée. On ajoute parfois à l'appareil un tube à boules S, adapté à l'orifice M, et contenant une petite quantité d'eau; ce tube ferme le vase A tout en livrant passage à l'air dans les deux sens, suivant que le liquide monte ou descend en N.

On voit, sans qu'il soit nécessaire d'insister davantage, que théoriquement les appareils de Déville et de Kipp sont identiques. Le premier peut produire du gaz sous une pression plus forte que le second, puisque cette pression est limitée seulement par la longueur du tube de caoutchouc. En outre, il se prête bien à une production considérable, si les flacons qui le composent sont de grandes dimensions. D'autre part, le second est moins encombrant et d'un maniement plus simple, la dénivellation des deux vases se trouvant forcément maintenue.

401. *Petit appareil pour essais.* — Les dispositions précédentes, qui ont d'ailleurs été variées de beaucoup de manières, conviennent surtout pour fournir des quantités de gaz importantes. Or il arrive, notamment pour l'emploi de l'hydrogène sulfuré dans les essais qualitatifs, qu'il est avantageux de disposer constamment d'un faible volume de gaz. L'appareil suivant, qui est à la fois très simple et peu encombrant, doit alors être recommandé.

Un tube MN (fig. 185) de 30 centimètres de longueur et de 4 à 5 centimètres de diamètre, en verre un peu fort, est étiré à une de ses extrémités N, où il se termine par un orifice de 5 à 6 millimètres; à l'autre extrémité, qui est bordée à la lampe, il est soigneusement fermé par un bouchon que traverse un tube recourbé à angle droit et muni d'un robinet R. Vers l'orifice étroit du gros tube, on dispose quelques fragments de verre, puis, au-dessus, le réactif solide, du sulfure de fer en morceaux par exemple, et on achève d'en remplir le

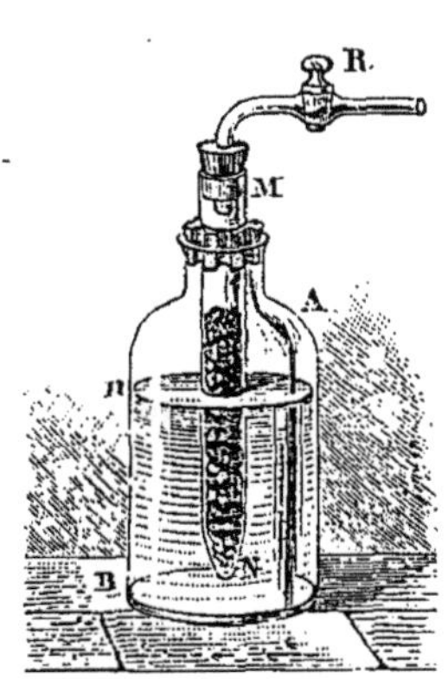

Fig. 185. — Appareil à fonctionnement intermittent.

tube jusqu'à quelques centimètres du bouchon. On enfonce alors ce tube verticalement, l'orifice N dirigé vers le bas, dans un bocal AB, de 1 litre de capacité et rempli aux trois quarts de réactif liquide, soit, dans l'exemple choisi, d'acide chlorhydrique étendu de 2 à 3 parties d'eau ; on l'assujettit au col du flacon par un bouchon qui le maintient sans fermer le bocal, ce dernier restant en communication avec l'atmosphère. On ouvre le robinet R, l'air comprimé par le liquide dans le tube MN s'échappe, et la liqueur acide pénètre jusqu'au sulfure de fer, qu'elle attaque en donnant de l'hydrogène sulfuré. Celui-ci chasse bientôt l'air de l'appareil. Si l'on ferme alors le robinet, le gaz s'accumulant dans le tube MN, repousse le liquide dans le flacon par l'orifice inférieur N, et la production d'hydrogène sulfuré s'arrête. L'appareil est alors disposé pour fournir ce gaz à un moment quelconque.

402. *Fermeture automatique pour appareils intermittents.* — Les appareils de Deville sont extrêmement commodes dans les laboratoires où des personnes nombreuses ont besoin fréquemment d'un faible volume de gaz ; c'est ce qui arrive notamment pour l'hydrogène sulfuré, dont on fait un usage constant comme réactif en analyse qualitative. On alimente alors plusieurs robinets, munis d'ajutages à faible section, par un seul appareil de dimensions convenables. Un inconvénient grave de cette disposition, d'ailleurs fort avantageuse, est le rapide épuisement des réactifs qui surviennent lorsqu'un opérateur a négligé de fermer un robinet ; quand il s'agit de l'hydrogène sulfuré tous les résultats fâcheux de son déversement dans l'atmosphère se manifestent par surcroît. On supprime ces désavantages par l'emploi de robinets fermant automatiquement sous l'action de la

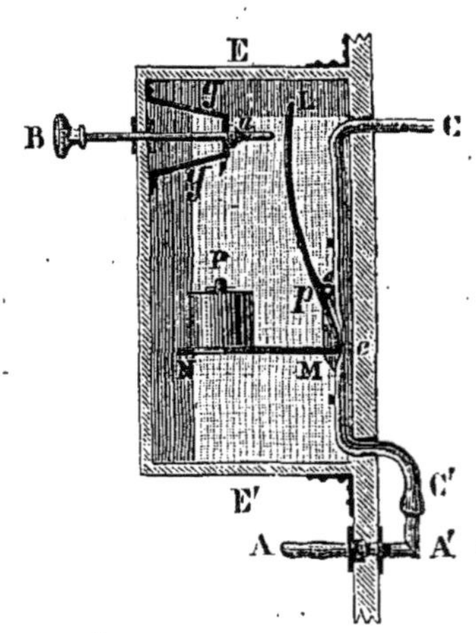

Fig. 186. — Robinet à fermeture automatique.

pesanteur et ne s'ouvrant pour laisser écouler le gaz que lorsqu'on presse sur un bouton qui les tient alors ouverts. La figure 186 représente un robinet de ce genre que, depuis quelques années, nous avons mis en usage dans les laboratoires de l'École de pharmacie de Paris, où travaillent des personnes fort nombreuses ; il a donné toute satisfaction par sa construction robuste aussi bien que par la sûreté de son fonctionnement.

Le tube de caoutchouc CC' conduit le gaz de l'appareil producteur à un ajutage AA' destiné à le conduire aux vases où on l'emploie. Ce tube traverse une boîte close EE' sur la paroi de laquelle il est maintenu appliqué par deux anneaux. Un levier coudé LMN, en laiton, mobile autour d'un axe p, et chargé en N d'un poids P, vient sous l'action de ce dernier presser par son coude, en *e*, sur le tube de caoutchouc ; il écrase ce dernier et le ferme au passage du gaz. La paroi de la boîte, opposée à celle qui porte le tube de caoutchouc, est traversée par une tige B*a*, mobile dans un guide *gg'* ; là position et la longueur de cette tige sont telles que, si l'on appuie sur le bouton extérieur B, la tige repousse la branche L du levier coudé en soulevant le poids P ; le levier cesse dès lors de presser en *e* sur le tube de caoutchouc, qui livre passage au gaz. Vient-on à cesser d'appuyer sur le bouton, le poids P entraîne tout le système dans un mouvement contraire et le passage du gaz se trouve de nouveau fermé.

B. — Recueillement et transvasement des gaz.

403. L'eau et le mercure sont les liquides dont on fait usage le plus fréquemment pour recueillir et transvaser les gaz. L'eau est préférée toutes les fois qu'elle ne dissout pas sensiblement le corps-dont il s'agit, et qu'elle ne réagit pas sur lui. En cas contraire, on la remplace quelquefois par certaines solutions salines, mais d'ordinaire par le mercure, sur lequel réagissent un petit nombre de gaz seulement. Le mercure est, à cause de sa grande densité, d'un maniement beaucoup plus difficile.

404. Cuve a eau. — Pour opérer avec l'eau, on se sert de la cuve à eau ou *cuve pneumatique*. Celle-ci est d'ordinaire construite en zinc ; elle consiste en un réservoir rectangulaire RR' (fig. 187), d'une capacité

Fig. 187. — Cuve à eau.

variant entre 30 et 100 litres et rempli d'eau. Elle porte sur une de ses parois latérales, et vers le bas, un robinet permettant de la vider pour renouveler le liquide qu'elle contient. A son intérieur, on suspend par des crochets adaptés sur les bords une tablette *tt'* mobile et horizontale, enfoncée à 4 ou 5 centimètres au-dessous du niveau du liquide.

Cette tablette est percée de quelques trous et de deux ou trois fentes de 10 à 15 millimètres de largeur, destinés à livrer passage aux tubes à dégagement. Une seconde tablette semblable TT' est placée à demeure vers l'une des extrémités de la cuve.

Les cuves à eau de grandes dimensions sont construites en bois et revêtues d'une feuille de plomb à l'intérieur. Pour la démonstration, on préfère les cuves fermées de glaces assemblées au moyen de montures métalliques; elles laissent voir facilement les instruments qu'on y plonge et les opérations qu'on y exécute; leurs tablettes sont formées également par des lames de glace perforées.

405. Recueillement d'un gaz sur l'eau. — Si on plonge dans la cuve à eau un flacon, un col droit, une éprouvette à gaz (fig. 93 E, § 153) ou tout autre récipient analogue, tenu verticalement avec son orifice tourné vers le bas, l'air qu'il renferme se comprime peu à peu à mesure qu'on enfonce davantage, mais reste dans le vase; vient-on à retourner progressivement celui-ci, l'air s'échappe bulle à bulle en gagnant la partie supérieure du liquide, et ce dernier prend sa place dans le récipient. Qu'on retourne alors le vase, puis qu'on le soulève en maintenant son ouverture dirigée vers le fond de la cuve, on peut le sortir de l'eau presque en entier sans que l'air pénètre à l'intérieur : tant que les bords de son orifice restent en contact avec l'eau de la cuve, pression atmosphérique le maintient rempli d'eau; mais si, par un nouveau soulèvement, on vient à faire cesser ce contact, l'air rentre dans le vase et le liquide intérieur retombe dans la cuve.

Quand, au lieu d'effectuer ce dernier mouvement, on introduit dans la cuve, sous l'orifice du vase soulevé et rempli d'eau, l'extrémité d'un tube de verre, et qu'on souffle doucement par l'autre extrémité, les bulles d'air qui s'échappent du tube montent dans l'intérieur du récipient et déplacent l'eau que celui-ci renferme; le vase peut ainsi être rempli d'air. Tel est précisément le fait que l'on utilise pour recueillir les gaz sur l'eau.

Soit B un appareil producteur d'un gaz quelconque (fig. 187). Son tube à dégagement mpq a été recourbé de telle manière qu'après s'être abaissé dans la direction pq, il vient s'engager dans une des fentes de la tablette tt'; plus bas que celle-ci, il est encore recourbé et son extrémité se présente sous un orifice circulaire pratiqué sur le prolongement de la fente. L'appareil étant mis en fonctionnement, il s'établit à son intérieur une pression indiquée par l'élévation du liquide dans le tube de sûreté et, lorsque cette pression est égale à la hauteur de la colonne liquide qui sépare l'orifice du tube de dégagement du niveau de l'eau dans la cuve, le gaz s'échappe, traverse l'eau et se répand dans l'atmosphère. Si on dépose alors sur la tablette et au-dessus du trou par lequel s'opère le dégagement, un récipient E rempli d'eau et retourné, le gaz s'élève dans ce récipient et le remplit peu à peu. En déplaçant le récipient, sans sortir de l'eau son orifice, puis en le remplaçant par d'autres semblablement garnis d'eau et renversés, on recueille peu à peu la totalité du gaz formé.

406. En adaptant sous la tablette une sorte d'entonnoir en forme de calotte sphérique percée au sommet, et en faisant coïncider son ouverture avec celle par laquelle s'opère le dégagement, on facilite beaucoup la manœuvre de l'appareil ; l'orifice du tube n'a plus besoin, en effet, d'être fixé exactement sous le trou de la tablette ; il suffit qu'il soit placé sous l'entonnoir qui est plus large.

Les avantages que l'on trouve à laisser libre la position des appareils sur les tablettes de la cuve à eau conduisent souvent à supprimer dans celle-ci les fentes et les ouvertures. On fait alors usage du *têt à gaz* (fig. 188). Celui-ci est fabriqué d'ordinaire en terre cuite ou en porcelaine. Il a la forme d'une calotte sphérique, portant au sommet une ouverture circulaire et, sur le côté, une fente de 1 centimètre de largeur, s'élevant sur une partie seulement de la hauteur. On dépose sur la tablette le têt à gaz immergé dans l'eau, et par la fente on introduit à son intérieur l'extrémité recourbée du tube à dégagement : le gaz en s'élevant dans l'eau suit les parois du têt et s'échappe par l'ouverture située au point le plus élevé. Il suffit dès lors de déposer sur le têt les vases retournés et remplis d'eau, pour recueillir le gaz dégagé. Toutefois, la sortie du liquide du récipient devant s'opérer simultanément avec la rentrée du gaz, les ouvertures du têt doivent présenter une largeur suffisante. Il est indispensable, pour rendre facile le changement des récipients, que le niveau de l'eau dans la cuve s'élève de 2 ou 3 centimètres au-dessus du têt à gaz.

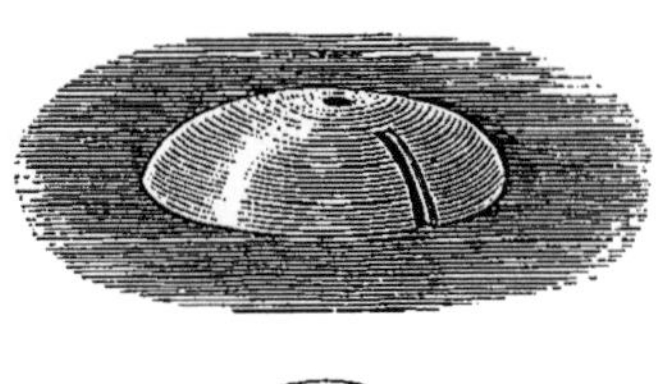
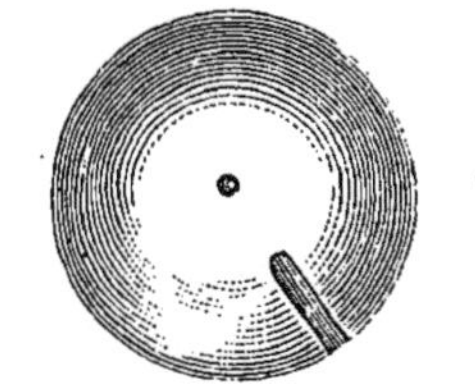

Fig. 188. — Têt à gaz.

407. La cuve à eau, par son volume et sa surface considérables, offre toute facilité aux mouvements de l'opérateur. Elle est d'autre part peu mobile. Lorsqu'on veut préparer un gaz dans un endroit où elle ne peut être transportée, on la remplace par un récipient quelconque, largement ouvert, rempli d'eau et sur le fond plat duquel on dépose le têt à gaz. Une terrine ou un cristallisoir de grandes dimensions conviennent pour cet usage. La principale incommodité résultant de cette substitution porte sur le remplissage par l'eau des vases destinés à recevoir le gaz, lorsque leurs dimensions ne permettent pas de les plonger complètement dans la cuve à eau improvisée. On tourne la difficulté en y versant de l'eau jusqu'à ce qu'ils soient entièrement remplis, en les fermant avec la paume de la main sans y laisser aucune bulle d'air, en les retournant, en plongeant leur orifice

dans l'eau de la cuve, et en retirant enfin la main sans que leur orifice cesse d'être immergé.

408. Dans la cuve à eau les éprouvettes ou flacons successivement remplis de gaz peuvent être déposés sur l'une des tablettes, ce qui ne gêne pas pour opérer sur l'autre tablette. En se servant d'une terrine ou d'un cristallisoir, il faut enlever chaque récipient aussitôt qu'il a été rempli. Pour cela, on plonge une soucoupe dans l'eau, on applique sur son fond, tenu horizontal, l'ouverture du récipient et on enlève le tout : l'eau restée dans la soucoupe empêche toute communication entre le gaz et l'atmosphère. La soucoupe peut ensuite être déposée, avec le vase qu'elle supporte, sur un plan horizontal.

L'eau des récipients s'ajoutant constamment à celle placée à l'origine dans la terrine ou le cristallisoir, il est nécessaire d'enlever de temps en temps une partie de ce liquide.

409. Cuve a mercure. — Une cuve à mercure doit satisfaire à des besoins multiples; elle sert, non seulement à recueillir et à transvaser les gaz, mais aussi à les analyser. Le mercure étant un liquide coûteux et très dense, dont on doit chercher à employer le plus faible volume possible, la forme de la cuve à mercure ne saurait être indifférente.

On construit d'ordinaire les cuves à mercure en creusant une pierre de liais à grain fin. Le récipient monolithe ainsi obtenu présente assez d'épaisseur pour supporter le poids du métal, qui est considérable, et être parfaitement étanche. Il est rectangulaire extérieurement (fig. 189), mais sa forme intérieure est moins simple. Vers le haut, le bain de mercure garnit sur une épaisseur de 4 à 5 centimètres toute la superficie de la cuve. Plus bas, la pierre taillée horizontalement forme sur le pourtour une tablette dans laquelle on a creusé quelques canaux a, b et

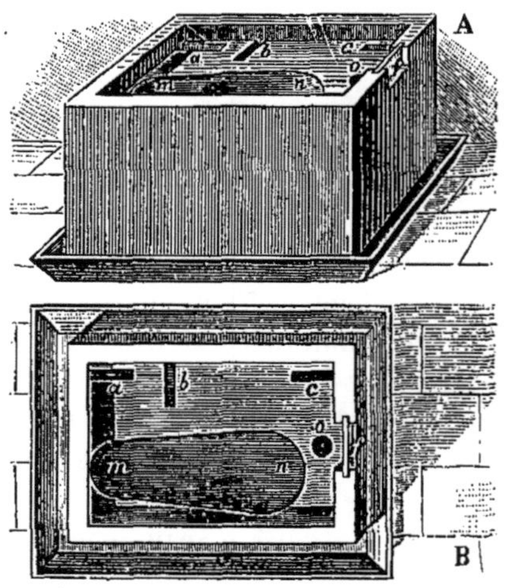

Fig. 189. — Cuve à mercure.

c, à section carrée de 15 millimètres de côté, destinés à loger les tubes à dégagement, tandis que les vases à remplir de gaz reposeront sur la tablette. Une cavité plus profonde mn, creusée vers le milieu de la cuve, sert au maniement des appareils, au remplissage des vases par le mercure, au transvasement des gaz, etc.; son fond est taillé en pente afin de faciliter l'extraction du métal lors des nettoyages. En o un trou cylindrique, vertical, de $0^m,025$ de diamètre, pénètre jusqu'à 5 ou 6 centimètres du fond du bloc; il est destiné à enfoncer dans le mercure les cloches étroites et graduées, qui servent au mesurage des gaz en analyse. Afin de faciliter la lecture des graduations dans la même circonstance, on pratique sur le bord de la cuve, et au voisinage du trou o, une fente f de 6 ou 8 centimètres de largeur, qui pénètre un peu au-dessous du niveau du liquide, et on la ferme par une lame de glace mastiquée dans une rainure ; cette paroi transparente permet à l'œil, placé dans le plan du métal, de lire exactement sur le tube gradué la division située dans ce même plan.

La cuve à mercure, en raison de son poids et de celui, plus grand encore, du métal qu'elle contient, est supportée par un pied en bois très solide et sur un sol parfaitement stable. Pour éviter les pertes de métal, on l'entoure d'ordinaire, vers sa base, d'une sorte de collerette, en forme de cuvette et parfaitement étanche, sur laquelle on dépose, pendant les opérations, les objets qui entraînent du métal. Il est nécessaire que l'emplacement qu'on lui donne soit bien éclairé, afin de rendre facile la lecture des volumes dans les analyses. Enfin, en laissant la cuve isolée sur son pied au milieu d'un espace libre, on peut en approcher de tous côtés des tables mobiles, sur lesquelles on dispose les divers appareils qu'on doit mettre en relation avec elle.

410. Lorsqu'elle ne sert pas, la cuve à mercure est tenue fermée par un couvercle en bois ; elle se couvre néanmoins de poussière et d'oxyde. On la débarrasse le plus simplement de ces impuretés au moyen d'un tube en verre de 2 centimètres de diamètre environ, que l'on a coupé suivant la largeur de la cuve et que l'on a fermé par un bouchon arasé à ses deux extrémités ; en appliquant ce tube contre un des petits côtés de la cuve et en le déplaçant parallèlement à lui-même vers le côté opposé, il entraîne les matières étrangères qui adhèrent à sa surface ; on répète plusieurs fois la même manœuvre, en essuyant le tube, après chacune d'elles, avec du papier à filtrer.

Il arrive que des réactifs liquides sont, dans le courant des opérations, amenés à la surface du mercure. On les enlève en essuyant celle-ci avec du papier à filtrer. D'ailleurs, pour maintenir propre le mercure de la cuve, il est bon de le purifier par fractions que l'on traite successivement à l'acide sulfurique dans la fontaine à mercure (voir ce mot).

411. On se sert fréquemment de petites cuves à mercure en porcelaine (fig. 190). La tablette y est divisée en deux parties par une rainure qui livre passage aux tubes à dégagement. Toutefois ces instruments de petites dimensions ne sont d'un usage commode que pour certaines applications particulières. Leur mobilité et la faiblesse du volume de mercure qu'ils contiennent justifient cependant leur emploi.

Elles peuvent être remplacées avec économie par des cuvettes rectangulaires en plâtre stéariné, recevant à l'intérieur des dispositions analogues à celles des cuves en pierre. Ces cuvettes en plâtre sont de simples moulages, obtenus d'après un modèle en bois ; plongées après dessiccation dans un bain d'acide stéarique fondu, elles en sont peu à peu pénétrées, et l'acide solidifié par refroidissement donne au plâtre une grande résistance.

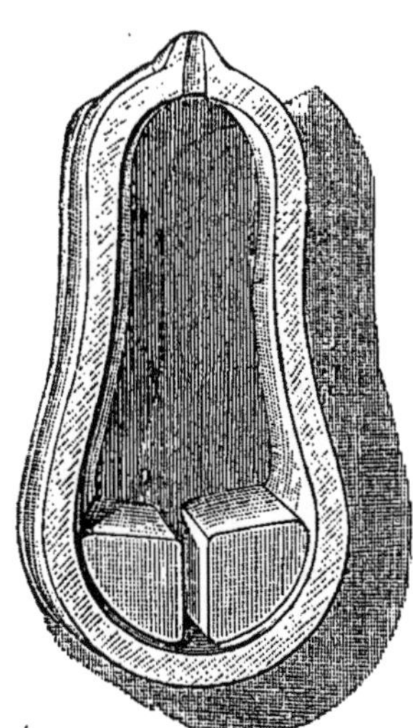

Fig. 190. — Cuve à mercure en porcelaine.

On se sert aussi de petites cuves à mercure en fonte, de formes appropriées aux objets au maniement desquels elles sont à peu près exclusivement destinées (voy. *Analyse des gaz*).

412. Le recueillement des gaz sur le mercure se fait de la même manière que sur l'eau (§ 405).

Tout d'abord le gaz doit être sous une pression relativement considérable puisque, pour se dégager, il soulève une colonne de mercure de quelques centimètres, équivalente à une colonne d'eau 13,6 fois plus grande. Ce fait entraîne l'usage de tubes de sûreté fonctionnant sous cette pression.

Le remplissage des récipients avec le mercure exige quelques précautions : le métal ne mouillant pas le verre, il est plus difficile d'enlever toute trace d'air de la surface de ce dernier. On y parvient cependant, avec les vases de petites dimensions, en les remplissant incomplètement de mercure, de façon à y laisser une bulle d'air de 2 ou 3 centimètres cubes, en fermant l'orifice avec la paume de la main ou autrement, et en promenant sans secousse la bulle gazeuse sur toute la surface du verre : elle entraîne et réunit toutes les petites bulles d'air attachées par capillarité à la paroi ; sans cette précaution, celles-ci auraient été mélangées au gaz recueilli. On termine en enfonçant doucement le vase dans la cuve pour déplacer la bulle d'air elle-même. Dans les vases trop volumineux pour être retournés facilement quand ils sont garnis de mercure, on introduit le métal au moyen d'un tube à entonnoir pénétrant vers le fond ; on alimente suffisamment ce tube de mercure pour qu'il ne se produise pas d'entraînement d'air.

La pesanteur du métal rend difficilement mobiles les vases qui en sont remplis ; ces vases, étant en verre, doivent être choisis épais pour résister à la pression, et aussi pour supporter les chocs que la main, qu'ils chargent fortement, est souvent impuissante à empêcher ou même à modérer.

413. Tubes a dégagement. — Que l'on se serve de l'eau ou du mercure, la forme des tubes à dégagement, dans leur partie immergée, n'est pas indifférente. Il est commode de recourber, en une branche horizontale de 4 à 6 centimètres de longueur, l'extrémité inférieure du tube qui amène le gaz de l'appareil producteur et vient plonger plus ou moins verticalement dans la cuve. La sortie du gaz ne se fait régulièrement par ce tube que si le fluide élastique arrive à l'orifice en abondance et sous une pression suffisante ; ces conditions sont nécessaires pour empêcher toute rentrée du liquide après chaque diminution de pression due au dégagement d'une portion du contenu de l'appareil producteur. Sur le mercure, les variations de pression dues à chaque mouvement étant plus considérables que sur l'eau, les sorties irrégulières occasionnent des secousses susceptibles de renverser les éprouvettes ou même de détruire l'appareil. C'est pour cette raison qu'il est mauvais de recourber en un demi-cercle ou de relever fortement l'extrémité inférieure du tube à dégagement ; le siphon renversé ainsi formé occasionne une oscillation de pression relativement considérable, chaque fois qu'il s'amorce ou se désamorce.

414. Recueillement d'un gaz par déplacement. — Pour recueillir certains gaz solubles dans l'eau et attaquant le mercure, le chlore par

exemple, on peut profiter de la différence de densité existant entre
ce gaz et l'air. Soit B (fig. 191) un appareil producteur de chlore et L
un flacon laveur dans lequel ce gaz se purifie; un tube coudé conduit
le gaz dégagé au fond du flacon V ouvert à l'air. Le chlore, étant environ
deux fois et demie plus lourd que l'air, s'accumule au fond du flacon V,
dans lequel son niveau s'élève peu à peu; il chasse de bas en haut
l'air dont il prend la place et finit par remplir complètement le flacon.
Ce résultat est rendu très manifeste par la coloration particulière du
chlore. L'opération ne durant que quelques instants, le chlore et l'air
ne se mêlent que fort peu par diffusion, et il n'est pas nécessaire de

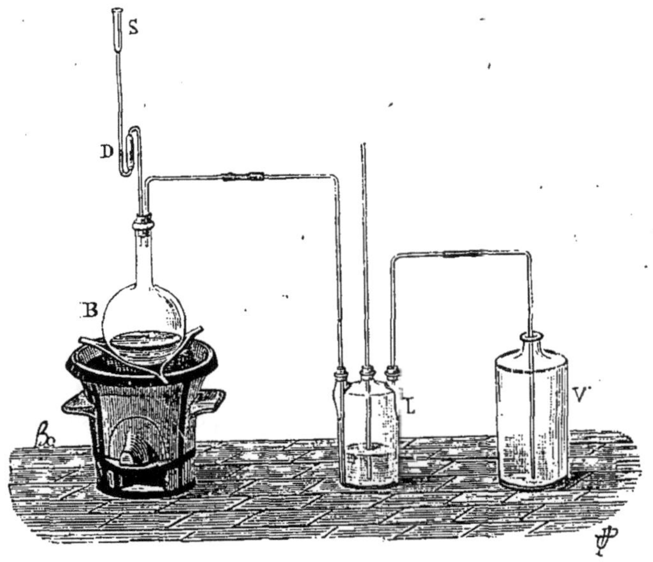

Fig. 191. — Gaz recueilli par déplacement.

perdre une très grande quantité de produit pour expulser la totalité
de l'air.

Si le gaz à recueillir est, au contraire, plus léger que l'air, s'il s'agit
de l'hydrogène, du formène, du gaz d'éclairage, etc., on peut opérer de
même, mais en tenant le vase renversé : le gaz léger gagne le fond du
flacon et son niveau va en s'abaissant régulièrement, l'air plus dense
se trouvant refoulé au-dessous de lui.

415. Transvasement d'un gaz. — Étant donné un gaz contenu dans un
vase quelconque, sur l'eau ou sur le mercure, il est facile de le faire
passer dans un autre vase. Celui-ci étant préalablement rempli du
liquide de la cuve et renversé, on le soulève jusqu'à ce que son orifice
soit à 2 ou 3 centimètres au-dessous du niveau ; on enfonce alors dans la
cuve le vase à vider, tenu vertical, et on l'incline peu à peu en présentant son ouverture sous celle du vase à remplir : le gaz s'échappe bulle
à bulle, monte dans le vase supérieur et se trouve remplacé dans l'autre

par l'eau ou par le mercure. La rapidité de l'écoulement est réglée
par celle du mouvement d'inclinaison ; elle doit être faible pour éviter
toute perte du gaz. Quand l'ouverture du récipient à remplir est étroite,
quand il s'agit d'un flacon par exemple, cette opération ne peut être
exécutée facilement sans déperdition ; il est alors nécessaire de faire
usage d'un petit entonnoir, qu'on entre verticalement dans la cuve et
dont, après immersion, on introduit la douille dans le goulot du flacon ;
c'est dans cet entonnoir que l'on fait arriver le gaz à transvaser, qui
passe par la douille et pénètre dans le récipient. Si l'entonnoir s'applique exactement sur l'orifice du goulot, le mouvement se trouve
retardé ou même arrêté, le liquide intérieur ne pouvant ressortir par la
douille en même temps que rentre le gaz qui prend sa place. Il faut
donc ne pas enfoncer l'entonnoir jusqu'à ce que sa partie conique
repose sur les bords de l'ouverture du flacon, mais le tenir à quelques
millimètres de cette position ; la rentrée du gaz se fait alors par la
douille, tandis que la sortie du liquide s'accomplit par l'espace annulaire laissé libre entre cette douille et le goulot.

416. *Pipettes à gaz.* — C'est ainsi que l'on procède le plus généralement.
Toutefois, lorsqu'il est nécessaire de ne perdre aucune bulle du gaz transvasé,
ce moyen exige quelque habitude, surtout lorsqu'on opère sous le mercure,
le toucher devant alors remplacer la vue. Dans ce dernier cas, il est préférable de faire usage d'instruments spéciaux et notamment de la pipette à gaz
d'Ettling, à laquelle Doyère a apporté des perfectionnements qui l'ont fait
adopter par les chimistes.

La pipette de Doyère est surtout un instrument d'analyse ; il en sera question plus loin à ce point de vue (voy. *Analyse des gaz*). C'est une pipette à 2 réservoirs m et n (fig. 191, B), placés à des niveaux différents, séparés par un
tube qui forme siphon renversé mln et s'élargit au voisinage de m ; le moins
élevé n se termine par un tube de verre épais, à faible diamètre intérieur, recourbé 3 fois de manière à former le double siphon $npqs$. Pour transvaser au
moyen de cet appareil un gaz contenu dans une éprouvette placée sur le
mercure, on enfonce verticalement dans la cuve le tube pqs jusqu'à immersion
de l'orifice s, puis appliquant les lèvres à l'orifice b, on aspire fortement ; le
mercure pénètre dans l'appareil. On s'arrête lorsque le niveau est arrivé à
la partie large de la branche ml ; déplaçant et soulevant alors la pipette, on
fait pénétrer, jusqu'au sommet de l'éprouvette à vider, la branche libre sq du
tube courbé. On aspire de nouveau : l'ouverture du tube s étant plongée dans
le gaz, c'est celui-ci qui pénètre dans l'appareil et se rend dans le réservoir n.
Tout le gaz ayant disparu de l'éprouvette, on continue encore à aspirer de façon à introduire dans le siphon sqp une colonne de mercure suffisante pour
enfermer le gaz dans la pipette. On enlève alors celle-ci et on la transporte
vers le vase plein de mercure et renversé qui doit recevoir le gaz ; on introduit la branche sq dans ce vase et, soufflant par b, on chasse d'abord la colonne de mercure sqp, puis le gaz et enfin une partie du mercure contenu
en nlm.

Un inconvénient grave de cet instrument est la fragilité du tube recourbé
sqp. On le rend plus maniable en le faisant reposer sur un support en bois
de forme appropriée. Si on ne le remplit pas de telle manière que les deux

colonnes mercurielles entre lesquelles le gaz est enfermé se fassent équilibre, il peut arriver que le gaz se trouve chassé de l'instrument par un mouvement du mercure. On empêche cet accident en plaçant en *r* (fig. 192, A) un robinet de verre : ce robinet étant ouvert, l'appareil fonctionne comme il a été dit, mais lorsqu'il est fermé, les mouvements du mercure, obéissant à la pesanteur, se trouvent arrêtés.

En reliant les réservoirs *m* et *n* par un tube de caoutchouc épais qui permet de mouvoir *m* séparément, on rend bien moins pénible la manœuvre de l'appareil (M. Salet) : quand on abaisse le réservoir *m* au-dessous du niveau du mercure en *n*, le mercure en s'écoulant de *n* en *m* produit une aspiration que mesure une colonne de mercure de hauteur égale à l'écart entre les deux niveaux en *n* et en *m*; un mouvement contraire détermine une augmentation de pression. On

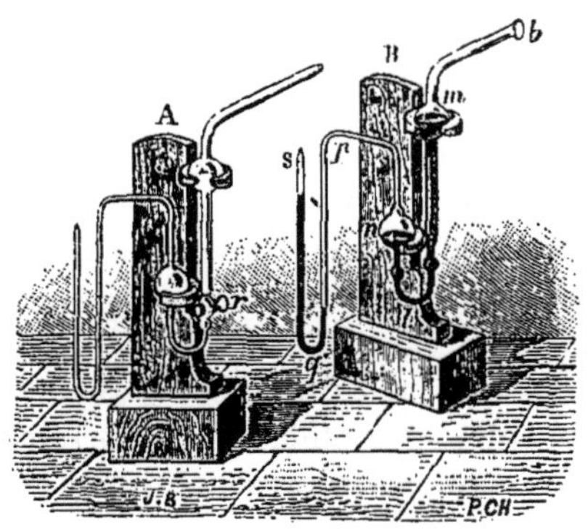

Fig. 192. — Pipettes de Doyère.

peut dès lors faire fonctionner la pipette par le seul mouvement de la boule *m*, sans aspirer ou souffler avec la bouche, ce qui constitue un travail pénible quand on opère sur le mercure.

Le volume du gaz transvasé à chaque opération est forcément limité à la capacité de la boule *n*. Pour transvaser sur le mercure un volume de gaz un peu considérable, la machine pneumatique à mercure est employée avec avantage; elle constitue, même dans ce cas, le meilleur instrument dont on puisse faire usage. On trouvera plus loin (voy. *Pompe à mercure*) sa description et les conditions de son emploi. La trompe à mercure de M. Sprengel (voy. *Trompe à mercure*) peut servir également pour le même objet.

C. — Lavage et dissolution des gaz.

417. Solubilité des gaz. — Les gaz peuvent disparaître dans leur contact avec les liquides, soit parce que ceux-ci exercent sur eux une action chimique profonde, soit parce qu'ils les dissolvent. Dans les deux cas, on dit qu'il y a *absorption* du gaz par le liquide. Quand le phénomène est dû à une réaction, il obéit à des lois qui varient avec la nature même de cette réaction. Quand au contraire il est produit par la solubilité seulement, il suit une marche plus régulière.

La solubilité proprement dite dépend de la nature du gaz, de celle du dissolvant, de la température et de la pression que supporte le mélange. On nomme *coefficient d'absorption* le rapport existant entre le volume du gaz dissous, ramené à 0° par le calcul, et celui du liquide.

La solubilité d'un gaz dans un liquide diminue avec la température suivant une loi spéciale pour chaque cas considéré. Elle augmente avec la pression d'après une loi simple : pour un gaz et un liquide donnés, la quantité du gaz dissous par le liquide est proportionnelle à la pression (Henry de Manchester).

Plusieurs gaz mélangés étant mis en contact avec un même liquide, chacun d'eux est absorbé comme s'il était seul, son volume étant évalué à la *pression partielle* qu'il présente dans le mélange, et cette pression partielle étant, avec la pression totale, dans le même rapport que le volume partiel du gaz avec le volume total (loi de Dalton).

418. Lavage des gaz. — C'est sur cette dernière loi qu'est basé le lavage des gaz. Un gaz souillé d'autres gaz ou vapeurs peut en effet être purifié par le contact intime d'un liquide, lorsque celui-ci est sensiblement inerte sur lui mais absorbe les impuretés qui le souillent. Quand la solubilité simple préside seule au phénomène, il résulte de ce qui précède que la purification par lavage est poussée d'autant plus loin qu'il y a un écart plus marqué entre le coefficient d'absorption du gaz et celui des fluides à éliminer. Toutefois, la purification est encore plus parfaite lorsque l'absorption des impuretés est due à une réaction. Le contact aussi intime que possible du liquide et du mélange gazeux est, dans tous les cas, la condition à réaliser pour effectuer le lavage.

Quand il s'agit de laver une quantité de gaz limitée, on se contente de l'enfermer avec le liquide laveur dans un récipient clos, et d'agiter vivement pendant un certain temps pour mettre les deux fluides en contact. Ce procédé est excellent, aussi est-il usité dans l'analyse des gaz. S'agit-il simplement de purifier de l'azote mélangé de gaz carbonique? On introduit le mélange dans un flacon capable de le contenir en retenant encore quelques centimètres cubes d'eau, on fait passer dans le flacon des fragments de potasse caustique, on bouche et on agite : la potasse absorbe le gaz carbonique, avec lequel elle forme un carbonate soluble dans l'eau, et laisse l'azote purifié.

Le flacon étant plein de gaz, on peut le renverser sur la cuve à eau, enlever son bouchon et faire passer à l'intérieur par le goulot un petit tube bouché par un bout, préalablement rempli de réactif liquide, et tenu fermé dans l'eau par le doigt appliqué sur son orifice. En fermant le flacon et en agitant le vase, le réactif se répand sur la paroi et réagit.

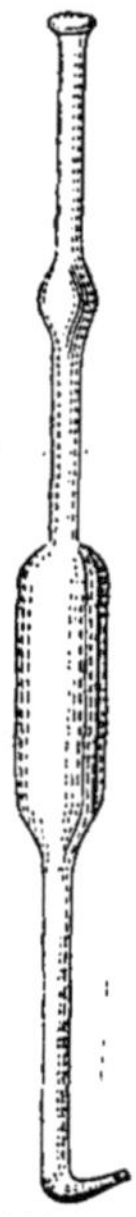

419. On opère sur le mercure comme sur l'eau. On introduit le gaz dans le flacon rempli d'abord de mercure et tenu renversé sur la cuve (§ 412), puis on fait arriver avec lui le réactif liquide choisi. Dans ce but, on aspire ce réactif à la manière ordinaire dans une *pipette courbe* (fig. 193), c'est-à-dire dans une pipette ordinaire dont l'extrémité effilée a été recourbée, puis, plongeant le bas de l'instrument dans le mercure, on dirige la pointe relevée dans l'orifice du flacon et on souffle : le réactif passe aussitôt dans le vase en déplaçant un volume égal de mercure. On cesse de souffler

Fig. 193. — Pipette courbe.

avant que tout le liquide ait été expulsé de la pipette, afin de ne pas chasser d'air dans le récipient. Il ne reste plus qu'à boucher le flacon et à l'agiter.

On arrive au même résultat en remplissant complètement de réactif un petit tube bouché par un bout, en fermant avec le doigt son orifice, en le retournant dans la cuve à mercure, puis, après avoir placé exactement son extrémité ouverte sous le goulot du flacon, en l'inclinant de manière à faire passer son contenu dans le récipient. On ferme ensuite ce dernier et on agite.

420. FLACONS LAVEURS. — Dans les préparations, alors qu'on doit traiter des volumes de gaz plus considérables, on substitue au procédé précédent des méthodes continues, dans lesquelles on met le liquide en contact avec le gaz au fur et à mesure de la production de ce dernier. Ces méthodes sont basées sur l'emploi des vases laveurs.

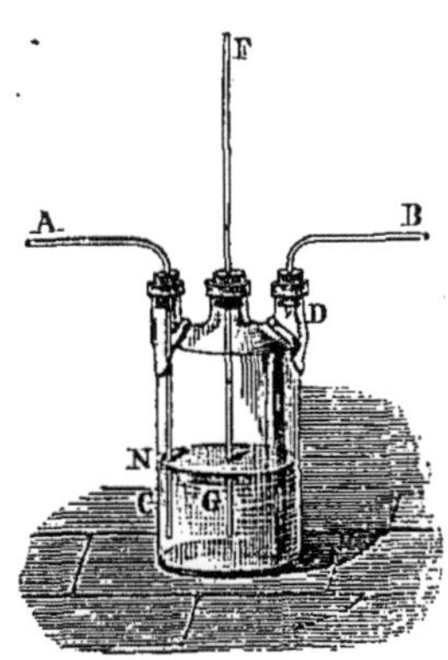

Fig. 194. — Flacon de Woulf.

Le plus connu des appareils de ce genre est le *flacon de Woulf* (fig. 194). Il consiste en un flacon à deux tubulures, contenant du liquide de lavage jusqu'à un certain niveau N. A son goulot, on a fixé par un bouchon percé un tube de sûreté droit FG. Les tubulures portent chacune un tube coudé à angle droit, adapté de la même manière. L'un de ces tubes AC est mis en relation par un joint de caoutchouc avec le tube à dégagement de l'appareil producteur du gaz à laver; il plonge jusqu'au fond du flacon. L'autre tube BD s'arrête intérieurement à quelques millimètres au-dessous du bouchon; il sert à la sortie du gaz lavé.

Au commencement du dégagement gazeux, la pression augmente peu à peu dans l'appareil producteur; ce fait se traduit par un abaissement progressif du niveau du liquide dans le tube AC; lorsque cette pression arrive à soulever une colonne liquide de hauteur CN, le gaz s'échappe bulle à bulle en C et vient gagner la surface. Les bulles sont d'autant plus petites et par suite le contact est d'autant plus parfait, que le *tube adducteur* AC a un diamètre plus faible. Si le *tube abducteur* BD reste ouvert dans l'atmosphère, les choses continuent ainsi, sans modification de la pression ; il n'en est pas de même si ce dernier tube dirige le gaz dans un appareil où il rencontre une certaine résistance à son écoulement. Le gaz s'accumule alors dans l'atmosphère du flacon de Woulf, jusqu'à ce que sa pression puisse vaincre cette résistance, puis l'écoulement par B s'établit; la pression en question se traduit d'ailleurs par une élévation correspondante du liquide dans le tube de sûreté, au-dessus du niveau N. En outre, cette pression s'exerçant sur toute la surface N du liquide, le gaz, quand il pénètre dans le flacon par AC, doit faire équilibre non plus seulement à la colonne liquide CN, mais encore à cette seconde pression. Pour que le dégagement s'effectue, la tension dans l'appareil producteur doit donc être au moins égale à la somme des deux pressions. Il est bien évident que la résistance en B ne peut dépasser une pression mesurée par une colonne du liquide laveur de hauteur NF, le tube de sûreté laissant sortir le liquide à partir de cette limite.

Rappelons enfin que, par cette disposition, l'absorption est également limitée à l'intérieur du flacon : si, en effet, la dépression tendait à devenir supérieure à celle que mesure une colonne de liquide laveur de hauteur NG, l'air atmosphérique rentrerait par l'orifice G.

421. Le mouvement ascensionnel des bulles de gaz au sein du liquide étant toujours rapide dans un flacon laveur, le contact des deux fluides n'est jamais prolongé, bien qu'il s'opère encore à la surface du liquide; aussi est-on souvent conduit à placer plusieurs flacons laveurs à la suite les uns des autres, de manière à multiplier les lavages (§ 425, fig. 200). La même disposition est encore nécessaire si le gaz doit être soumis à des lavages successifs dans des réactifs variés. D'après ce qui précède, en pareille circonstance la pression va en augmentant du dernier flacon laveur au premier et à l'appareil générateur, de telle manière que, dans celui-ci, la pression est égale à la somme des colonnes liquides que le gaz traverse dans les laveurs, augmentée de la résistance à la sortie. C'est là un fait que l'on ne doit pas perdre de vue dans le montage des appareils : il règle les hauteurs à donner aux tubes de sûreté, soit dans les flacons laveurs, soit dans l'appareil producteur.

422. Les flacons laveurs de Woulf présentent l'inconvénient d'avoir trois ouvertures, dont les bouchons sont autant de causes de fuites. En outre, les tubulures des flacons sont rarement bien façonnées quand leurs dimensions sont faibles : elles sont alors irrégulières et difficiles à fermer, à moins qu'on les ait régularisées en les usant à l'émeri. C'est pourquoi on remplace souvent les flacons tubulés par des cols droits (fig. 195), dans les bouchons larges desquels on pratique parallèlement trois trous cylindriques, livrant un passage exact au tube de sûreté fg, au tube adducteur ac et au tube abducteur db. On voit immédiatement que l'appareil ainsi disposé fonctionne exactement comme un flacon de Woulf.

Dans beaucoup de cas, on supprime le tube de sûreté, ce qui simplifie sensiblement l'appareil.

Tous les flacons laveurs doivent être essayés au point de vue des fuites, par les procédés indiqués plus haut pour les appareils producteurs (§ 397).

423. Au moyen de tubes à effets multiples, analogues à ceux dont il a été question plus haut (§ 396), on rend le montage des laveurs moins compliqué encore. Le tube à double effet représenté plus loin (fig. 196), fixé en M par un bouchon percé, dans le goulot d'un flacon, forme un laveur sans tube de sûreté : le gaz arrive en ABC par le tube central, s'échappe en C dans le liquide du flacon, et ressort de ce dernier par S'SD. Le tube à triple effet du même

genre (fig. 197) est, il est vrai, un peu plus difficile à construire ; il comprend à la fois un tube adducteur *aa'l* plongeant jusqu'au fond du flacon, un tube abducteur *md'd*, et un tube de sûreté à entonnoir *ee* ; de même que le précé-

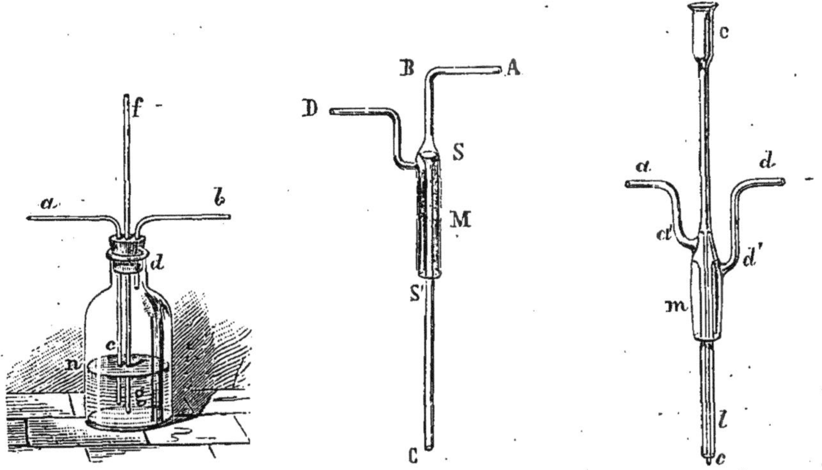

Fig. 195. — Flacon laveur.   Fig. 196. — Tube à double   Fig. 197. — Tube à triple
                                         effet.   effet.

dent, il s'adapte en *m* au goulot d'un flacon, soit par un rodage (fig. 198), soit par un bouchon percé d'un seul trou.

424. **Laveurs en verre soufflé.** — La nécessité, qui s'impose dans la manipulation des gaz, de se servir d'appareils parfaitement étanches quoique compliqués, devait conduire à la suppression totale des bouchons. On construit, en effet, des pièces de verrerie soufflée, dont tous les joints sont faits par soudure du verre et qui ne communiquent avec l'extérieur que par les tubes qu'elles comportent. Tels sont les différents laveurs représentés dans la figure 198.

Le plus simple est le *laveur de Cloez* A. Le dessin permet de comprendre son fonctionnement. Il est dépourvu de tube de sûreté. On voit d'ailleurs qu'il n'est autre que le tube à double effet (§ 423, fig. 196), soudé en S à l'orifice du flacon laveur ; le liquide y est introduit par le tube abducteur. On conçoit immédiatement qu'il est possible de construire des laveurs analogues avec tous les tubes à effets multiples.

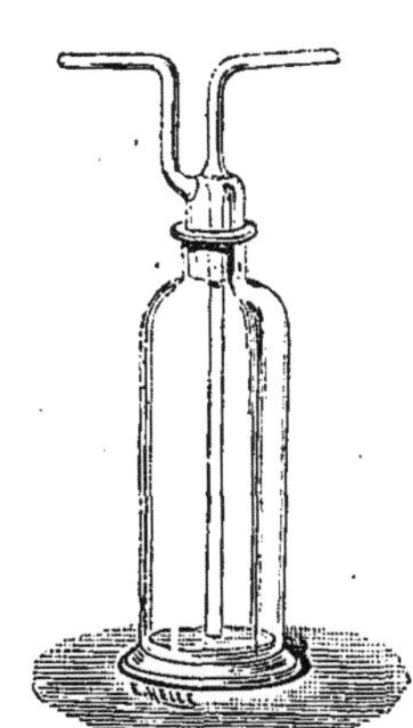

Fig. 198. — Flacon laveur avec tube rodé, à double effet.

Les tubes à boules imaginés par Liebig pour les besoins de l'analyse organique, mais fréquemment modifiés depuis, constituent également des vases d'une seule pièce, qui effectuent assez exactement le lavage des gaz. Dans le tube de Liebig proprement dit (B, fig. 199) le gaz, pour passer de la branche d'arrivée à celle de sortie, doit traverser 5 boules séparées par des tubes étroits ou par des étranglements ; les deux boules les plus hautes, ayant un volume suffisant pour emmagasiner la totalité du liquide introduit dans l'appareil, empêchent toute expulsion du réactif par le courant gazeux. Le gaz s'y divise en bulles, au sein du liquide, à quatre reprises différentes, lors de son arrivée dans les quatre dernières boules qu'il traverse ; de plus les mouvements produits renouvellent constamment le liquide sur les parois des tubes et des boules. On augmente parfois cette dernière action en séparant les boules par des tubes étroits diversement repliés (C, fig. 199).

On rend le lavage plus parfait encore, mais non sans augmenter beaucoup la résistance opposée par le liquide au passage du gaz, en faisant pénétrer ces tubes intermédiaires jusqu'au fond des boules où ils dirigent le gaz (D, fig. 199).

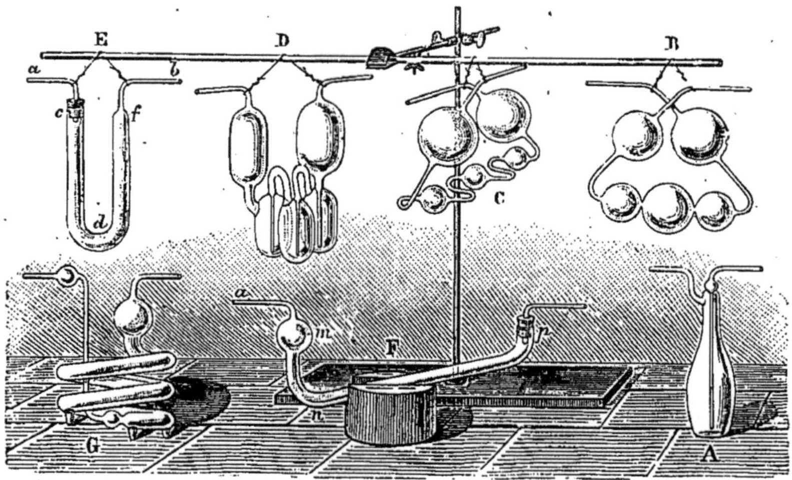

Fig. 199. — Laveurs en verre soufflé.

Le système ainsi constitué fonctionne comme plusieurs laveurs Cloez (A, fig. 199), que l'on aurait soudés à la suite l'un de l'autre ; les boules volumineuses qui le commencent et le finissent empêchent toute aspiration ou expulsion du liquide.

Un tube *cdf* recourbé en forme d'U (E, fig. 199) constitue encore un laveur, si son diamètre n'est pas trop étroit et dépasse un centimètre : quand on a introduit du liquide dans sa courbure *d*, un gaz qui le traverse repousse ce liquide vers la branche de sortie et s'échappe bulle à bulle. Lorsque le diamètre est trop faible, les mouvements contraires du gaz et du liquide ne peuvent coexister et le liquide est chassé au dehors.

Les appareils précédents opposent au passage de z gaz une résistance que les actions capillaires rendent souvent supérieure de beaucoup à celle qui correspond à la hauteur de la colonne liquide traversée. Il est possible de maintenir le réactif en contact prolongé avec le gaz, tout en rendant très faible la hauteur de la colonne en question ; il suffit pour cela de forcer le gaz à se déplacer non pas verticalement sous la seule action de la pesanteur, mais surtout latélement. On y parvient au moyen d'un tube large et coudé, formé d'une branche verticale *mn* (F, fig. 199) et d'une branche beaucoup plus longue *np*, faiblement inclinée sur l'horizon : le gaz arrivant en *a* refoule le liquide dans la branche inclinée, puis s'échappe bulle à bulle ; il se déplace lentement, arrêté qu'il est dans son mouvement ascensionnel par la paroi supérieure du tube sur laquelle il frotte, et va se dégager en *p*. La pression qu'il doit vaincre pour pénétrer dans l'appareil correspond à la hauteur verticale qui sépare *n* du niveau du liquide, tandis que le contact s'effectue sur un parcours beaucoup plus long et égal à *np*. M. Winkler a donné à ce laveur une forme moins encombrante, en roulant sur elle-même la longue branche inclinée (G, fig. 199); il l'a aussi rendu plus stable en soudant au système des pieds en verre, qui le maintiennent dans la position voulue.

425. Dissolution des gaz. — La dissolution d'un gaz dans un liquide, sous la pression ordinaire, s'effectue par les mêmes moyens que le lavage.

On enferme le liquide dans des flacons de Woulf (§ 200) et on y fait passer le courant gazeux. Certains gaz, très solubles dans le liquide, se dissolvent ainsi avec une grande facilité et ne s'échappent du flacon que lorsque la liqueur approche de la saturation, mais le plus souvent

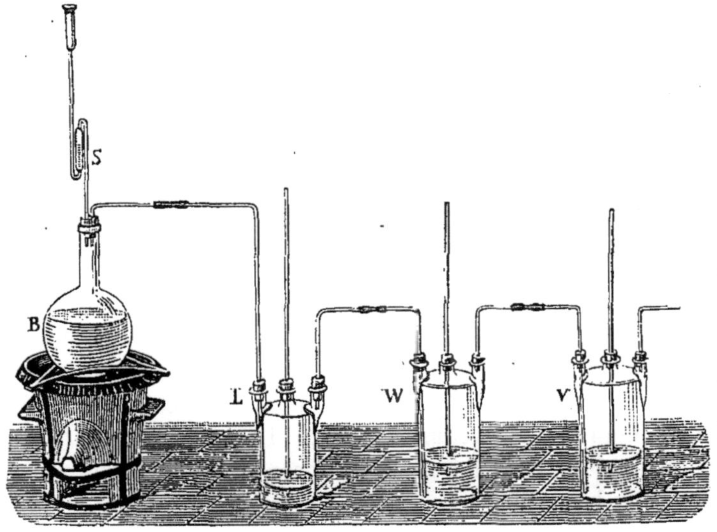

Fig. 200. — Appareil de Woulf.

il est nécessaire de faire intervenir des lavages successifs et de diriger le gaz dans plusieurs flacons de Woulf disposés les uns à la suite des autres et constituant l'*appareil de Woulf*.

Le fonctionnement de cet appareil (fig. 200) se comprend facilement après ce qui a été dit plus haut des flacons qui le composent. Le tube abducteur de chacun de ces flacons est réuni au tube adducteur du suivant par un court tube de caoutchouc.

Il est bon, pour avoir une dissolution pure, d'interposer entre le vase B producteur du gaz, et les vases W et V où s'opérera la dissolution, un flacon laveur L, contenant un liquide destiné à arrêter les matières étrangères ; ce liquide peut être différent de celui employé pour la dissolution ou identique avec lui ; s'il dissout abondamment le gaz, on n'en place en L qu'une quantité limitée, afin de ne pas perdre trop de produit pour le saturer.

On ne doit pas oublier, en montant l'appareil, que les pressions exercées par chacune de ses parties s'ajoutent en remontant vers l'origine; leur somme règle les hauteurs des tubes de sûreté, tant dans l'appareil de Woulf lui-même, que dans le laveur L et dans le vase B producteur du gaz (§ 421). Il faut également tenir compte des accroissements de volume apportés au dissolvant par le fait de la dissolution, et garnir les flacons de Woulf d'une quantité de liquide telle qu'ils ne soient pas remplis lorsque la liqueur sera saturée ; c'est ainsi que le volume de l'eau qu'on sature de gaz ammoniac augmente de moitié environ. La variation apportée à la densité du liquide par la dissolution du gaz entraîne encore à modifier l'appareil : quand la densité de la dissolution est plus faible que celle de l'eau, les tubes adducteurs doivent plonger jusqu'au fond des flacons, sinon la couche de dissolution saturée resterait superposée à l'eau pure sans s'y mélanger, et le gaz s'échapperait ; dans le cas contraire, on se contente d'amener le gaz à la surface, les mouvements causés par les variations de densité du liquide assurant le contact des parties les moins denses, c'est-à-dire les moins saturées, avec le gaz pénétrant dans la masse.

L'appareil de Woulf présente un avantage que l'on apprécie surtout lorsqu'on opère en grand : il fonctionne méthodiquement. Le gaz n'arrive en quantité importante au second flacon qu'après saturation du liquide du premier ; il en est de même du troisième flacon qui ne commence à se charger que lorsque les précédents cessent de retenir le gaz. Ce fait permet de saturer complètement la dissolution du premier flacon, en opérant rapidement et sans craindre cependant de perdre le produit qui échappe à son action, ce produit étant retenu par le liquide des flacons suivants. La saturation atteinte, il suffit d'enlever le premier flacon en avançant les autres d'un rang, et de le replacer à la suite, après l'avoir vidé et garni de dissolvant nouveau.

D. — Dessiccation des gaz.

426. MATIÈRES DESSÉCHANTES. — Nous avons déjà indiqué (§ 258) quelles sont les substances dont on se sert ordinairement pour enlever à l'air la vapeur d'eau qu'il renferme. Sauf quelques cas particuliers où certains gaz à dessécher réagissent sur elles, ces mêmes substances sont également utilisées pour la dessiccation de tous les corps gazeux : le chlorure de calcium, la chaux vive, l'anhydride phosphorique, la potasse fondue, l'acide sulfurique monohydraté, sont les plus importantes. Les deux dernières surtout exigent quelques explications, car on les utilise sous plusieurs formes.

427. L'acide sulfurique sert à l'état liquide, dans les divers laveurs, mais il est très dense et n'est traversé que par les gaz suffisamment comprimés ; on préfère souvent le répandre sur une matière poreuse et inerte, jouant par rapport à lui le rôle d'éponge, de *substratum* à super-

ficie très développée; il n'oppose plus ainsi de résistance sensible aux mouvements des gaz, en même temps qu'il présente une surface d'action beaucoup plus considérable. C'est ce que l'on réalise au moyen de la *ponce sulfurique.*

Celle-ci se prépare avec de la ponce granulée, c'est-à-dire concassée en menus fragments, que l'on a classés par catégories de grosseur en les faisant passer successivement au travers de cribles à trous de plus en plus petits, et dont on a éliminé la poussière. On place cette ponce granulée dans une capsule de porcelaine, on l'arrose d'acide sulfurique concentré et on agite avec une baguette de verre, afin d'imprégner exactement toute la masse de liquide; celui-ci est employé en léger excès, de telle manière qu'il ne s'écoule qu'en faible quantité de la matière abandonnée au repos. On chauffe sans cesser de remuer, jusqu'à ce que l'acide sulfurique se volatilise abondamment sous forme de vapeurs blanches. Ces dernières étant fort incommodes, l'opération doit se faire sous une cage à tirage artificiel (§ 256). On continue ainsi jusqu'à ce que les fragments accolés entre eux à l'origine par l'excès d'acide commencent à se séparer et prennent une apparence de siccité. On enlève la capsule du feu et on la laisse refroidir à l'abri de l'humidité de l'air, en la recouvrant d'une cloche, par exemple. La ponce sulfurique ainsi préparée absorbe l'eau avec avidité, l'acide qu'elle renferme s'étant concentré pendant l'évaporation; de plus, abandonnée au repos, elle retient la totalité de l'acide qui ne peut dès lors s'écouler, s'accumuler dans les parties basses des appareils et causer des obstructions.

En opérant de même avec la ponce et une solution de potasse, mais en chauffant dans une capsule d'argent parce que la potasse attaque la porcelaine à haute température, on obtient la *ponce potassée* qui sert aussi quelquefois comme substance desséchante.

La *chaux potassée* (voy. ce mot), réactif usité en analyse et qui n'est d'ailleurs que de la chaux vive imprégnée d'hydrate de potasse, remplit le même but que la ponce potassée et absorbe la vapeur d'eau avec énergie.

L'agent de dessiccation le plus efficace est l'anhydride phosphorique, mais sa forme pulvérulente n'est pas sans inconvénients, un courant gazeux rapide pouvant l'entraîner; de plus, à l'humidité, il s'agglomère et sa masse se recouvre peu à peu d'hydrate liquide, ce qui lui enlève partiellement son activité. En agitant dans un flacon de la pierre ponce granulée, bien sèche, avec de l'anhydride phosphorique, ce dernier se loge dans les cavités de la ponce; on obtient ainsi un mélange susceptible d'être employé à la manière de la ponce sulfurique, avec les mêmes avantages, mais présentant une avidité pour l'eau encore plus marquée.

La chaux potassée, le chlorure de calcium, la potasse fondue et même la chaux, doivent être concassés, puis classés par fragments de grosseurs peu différentes et séparés de la poudre; un mélange de frag-

ménts de grosseurs très diverses et de poussière se laisse plus difficilement traverser par les gaz à dessécher. On ne doit pas perdre de vue
que la chaux vive augmente beaucoup de volume en s'hydratant et
peut obstruer les appareils ; elle devient en même temps pulvérulente et
se laisse entraîner par les courants gazeux rapides.

428. La paraffine, la vaseline, les corps gras et le caoutchouc non vulcanisé
sont parfois employés, à la manière des substances desséchantes, pour retenir
certaines vapeurs qu'ils fixent avec énergie ; ils permettent notamment d'enlever à un gaz les vapeurs de sulfure de carbone, de benzine, de toluène, etc.
On les fait agir par les mêmes moyens que ceux adoptés pour arrêter l'eau à
l'aide des substances hygroscopiques.

429. DESSICCATION PAR LES LIQUIDES. — Le seul liquide fréquemment
employé pour dessécher est l'acide sulfurique concentré. Le plus
souvent, on se contente de l'introduire dans un flacon laveur de Woulf
(§ 420), dans lequel on dirige le gaz à dessécher. Mis en contact
avec l'acide, le gaz cède l'humidité qu'il renferme. Si ce mode de dessiccation n'est pas parfait à cause de la faible durée du contact, il
est du moins très commode pour opérer une dessiccation approchée,
que l'on achève ensuite par un autre moyen. Le lavage à l'acide sulfurique oppose, il est vrai, une assez grande résistance à l'écoulement du gaz, à cause de la forte densité du liquide ; cette raison empêche
souvent de multiplier les lavages desséchants ou de les pratiquer dans
des colonnes liquides suffisamment élevées.

Les appareils en verre soufflé (§ 424) permettent, il est vrai, d'exercer
une action plus régulière de l'acide sur le gaz, mais comme ils ne contiennent qu'une petite quantité de réactif desséchant, celui-ci ne tarde
pas à s'hydrater et à perdre son activité. Ils ne conviennent que pour
les opérations portant sur de faibles volumes gazeux.

430. DESSICCATION PAR LES SOLIDES. — Étant donné un volume limité
de gaz à dessécher, ce gaz est placé sur la cuve à mercure dans une
éprouvette ; on y fait passer un morceau de chlorure de calcium fondu,
fixé au bout d'un fil de fer, et on laisse en contact pendant quelques
heures ; après dessiccation, on enlève le réactif solide. Le chlorure de
calcium desséché, qui est très poreux et présente dans d'autres circonstances des avantages marqués, doit être délaissé dans le cas actuel,
parce qu'il entraîne avec lui dans le gaz une certaine quantité d'air.
Le chlorure de calcium peut être remplacé par de l'hydrate de potasse
fondu, lorsque ce dernier est sans action spéciale sur le gaz à dessécher.

Quand il s'agit de produire un gaz sec, on préfère généralement
faire suivre les appareils de production et de lavage, de vases contenant des matières avides d'eau qui arrêtent au passage l'humidité du
gaz dégagé. La dessiccation est ainsi continue. On a vu plus haut
(§ 420) que les laveurs ont l'inconvénient d'opposer une grande résistance au courant gazeux ; c'est là ce qui conduit à l'emploi des réactifs
solides.

On introduit ces matières, régulièrement divisées (§ 427), dans des flacons de forme allongée (A, fig. 201), et fermés par un bouchon à deux trous que traversent un tube adducteur *mnp*, pénétrant jusqu'au fond du flacon, et un tube adducteur *rst*, s'arrêtant au-dessous du bouchon. Pour que le tube long puisse être introduit sans difficulté dans la masse solide qui garnit le flacon, celui-ci doit être rempli incomplètement : on place le bouchon dans le goulot, puis, renversant le flacon, on fait glisser le tube dans le trou du bouchon jusqu'à ce qu'il ait pris la position voulue; on fixe enfin le bouchon en l'enfonçant plus fortement. Le gaz amené en *p* doit, pour gagner le tube de sortie, traverser toute la hauteur du vase en se divisant dans les interstices de la matière solide, ce qui assure un contact prolongé et, par suite, une dessiccation efficace.

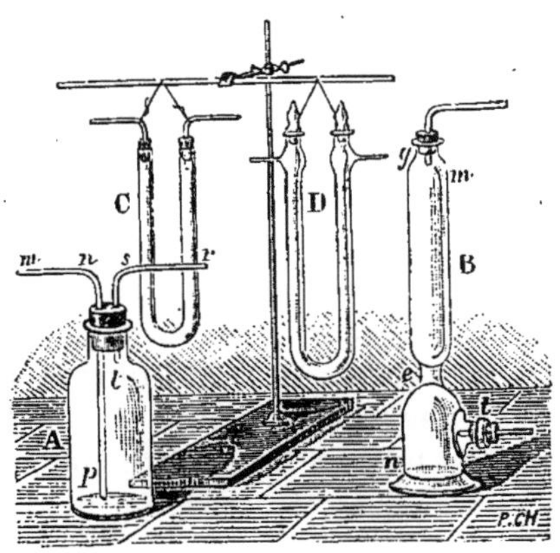

Fig. 201. — Appareils à dessécher les gaz.

431. La petite difficulté que présente l'introduction du tube long dans le dispositif précédent et surtout la forme trop large des flacons ordinaires font préférer à ces derniers les *colonnes à dessécher* ou *éprouvettes à dessécher*. Celles-ci (B, fig. 201) consistent en une éprouvette cylindrique à pied *mn*, portant à quelques centimètres au-dessus du pied un étranglement *e*, et terminée à sa partie supérieure par un goulot *g ;* dans le voisinage immédiat du pied et au-dessous de l'étranglement, elle porte une tubulure latérale *t*. Au goulot *g* ainsi qu'à la tubulure *t*, on adapte par un bouchon percé un tube destiné à l'entrée ou à la sortie du gaz, et on donne à ce tube des courbures appropriées à la disposition des appareils fournissant et recevant le gaz.

On garnit l'éprouvette de *e* en *m* avec la substance desséchante concassée, en plaçant au besoin en *e* quelques fragments plus volumineux qui empêchent les autres de traverser l'étranglement.

Lorsque la matière desséchante donne un liquide en s'hydratant, il est préférable de faire arriver le gaz humide en *t ;* le liquide formé s'écoule alors en *n*, au-dessous de l'étranglement et laisse libre la surface du réactif solide; si le gaz cheminait en sens contraire, ce liquide se produirait surtout en haut de l'éprouvette et s'écoulerait sur la masse du réactif en l'altérant.

432. En donnant une forme allongée au vase qui contient la matière desséchante solide, la dessiccation est plus régulière et plus parfaite : le gaz traverse successivement des couches de réactif que son humidité atteint de moins en moins et dont les dernières conservent jusqu'au bout toute leur activité. On est ainsi conduit à se servir des tubes.

Un tube droit de 15 à 20 millimètres de diamètre, fermé à chaque extrémité par un bouchon que traverse un tube à gaz, est un appareil qui convient dans beaucoup de cas. On le garnit de chlorure de calcium ou de ponce sulfurique. On peut d'ailleurs lui donner une longueur quelconque. Souvent on souffle, à l'une de ses extrémités, une boule pouvant contenir une certaine quantité de réactif; le gaz y pénètre en premier lieu et abandonne la plus grande partie de son humidité avant de traverser le tube lui-même.

433. Le défaut des tubes droits est d'allonger beaucoup les appareils dans lesquels on les introduit. Les tubes recourbés en forme d'U présentent les mêmes avantages au point de vue de la dessiccation et, alors même qu'on leur donne une grande longueur, ils ont cependant leurs orifices peu éloignés l'un de l'autre. Un tube en U peut être coupé normalement à ses deux extrémités (C, fig. 201) et bordé; on lui adapte alors, au moyen de bouchons, deux tubes à gaz coudés à angle droit. On simplifie le montage en soudant l'un des tubes à gaz sur le tube en U, l'autre orifice, que l'on ferme par un bouchon, suffisant pour le remplissage (voy. E, fig. 199, § 424). Pour éviter les bouchons percés, on soude quelquefois deux tubes à gaz horizontaux vers le haut des branches du tube en U (D, fig. 201); il suffit alors de bouchons pleins pour fermer les deux orifices larges, restés libres. Cette disposition est bonne quand la matière desséchante attaque les bouchons de liège; elle permet, en effet, de fermer le tube en U par des bouchons de verre rodés à l'émeri, ainsi que cela est représenté sur la figure.

E. — Conservation des gaz.

434. Des flacons bouchés à l'émeri conviennent pour conserver les gaz par petites quantités, même pendant fort longtemps. Après avoir rempli exactement de mercure un flacon de ce genre, on y fait passer sur la cuve à mercure le gaz à conserver (§ 412); lorsqu'il est plein, on le ferme soigneusement avec son bouchon enduit de suif, et on l'enlève ensuite de la cuve. Le bouchon bien fixé par la matière grasse résiste d'ordinaire aux pressions dues à la dilatation du gaz sous l'influence des variations de la température; toutefois on augmente très notablement sa stabilité en faisant couler sur le joint du goulot du suif fondu qui durcit en se solidifiant.

Ce procédé de conservation des gaz doit être recommandé. Il permet d'avoir en provision des gaz très nombreux, dans des flacons étiquetés. Il évite de préparer ceux-ci alors qu'on n'en a besoin qu'en faible quantité. Comme il arrive néanmoins que certaines fermetures, en apparence étanches, ont laissé de l'air se mélanger au gaz conservé, il est indispensable, avant d'employer ce dernier, d'ouvrir le flacon sur la cuve à mercure, de faire passer quelques bulles de gaz dans une éprouvette et de contrôler ses propriétés.

Les gaz comprimés se conservent dans des réservoirs métalliques résistants, fermés par des robinets appropriés; ils s'échappent du réservoir dès qu'on

vient à ouvrir le robinet. Ce système d'emmagasinage des gaz sous pression
est surtout usité aujourd'hui pour l'oxygène ; il tend à se généraliser.

435. GAZOMÈTRES A EAU. — Dès que le volume du gaz à conserver est un peu
important, il est nécessaire de faire usage d'instruments auxquels on donne
le nom de gazomètres.

Gazomètre de Regnault. — Le plus usité est le gazomètre de Regnault. Il se
compose d'un réservoir cylindrique MN (fig. 202 et 203) en zinc, en tôle plombée
ou mieux en cuivre, fermé de toutes parts. Il est surmonté d'une cuvette également cylindrique et de même diamètre CC′, ouverte par la partie supérieure
et maintenue au-dessus du réservoir par quatre colonnettes métalliques r, s,
t et v. Les deux premières de ces colonnettes sont tubulaires. L'une s fait com-

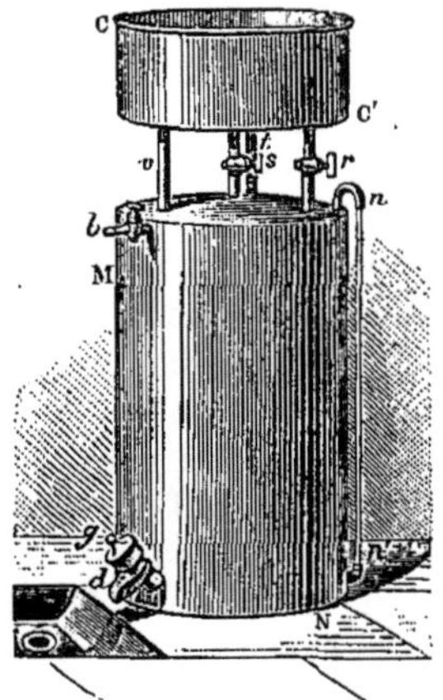

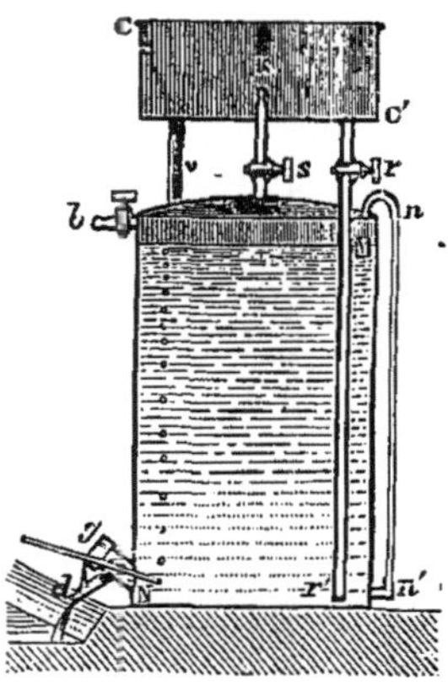

Fig. 202. — Gazomètre de Regnault
(élévation).

Fig. 203. — Gazomètre de Regnault
(coupe).

muniquer le haut du réservoir MN avec le fond de la cuvette, dans laquelle elle
se termine par un ajutage K, disposé pour adapter un tube de caoutchouc ;
elle porte un robinet. L'autre r établit la communication entre le fond de la
cuvette et le bas du réservoir, jusqu'au voisinage duquel elle se prolonge par
un tube $rr′$. Un troisième robinet b, terminé par un ajutage à caoutchouc, est
fixé latéralement à la partie supérieure du réservoir. Ce dernier porte vers le
bas une tubulure inclinée g, que l'on peut fermer extérieurement par un bouchon métallique vissé ; cette tubulure, destinée à l'entrée du gaz, doit servir en
même temps à la sortie du liquide intérieur, aussi la garnit-on d'une collerette
de métal d qui dirige l'écoulement de ce liquide. Ajoutons enfin qu'en n et en
$n′$, deux petits tubes recourbés sont fixés au réservoir ; on les réunit par des
caoutchoucs à un tube de verre $nn′$ formant *niveau d'eau*.

Pour introduire un gaz dans cet appareil, on commence par le remplir
d'eau complètement, en versant de l'eau dans la cuvette et en ouvrant les robinets r et s : l'eau entre par le premier, tandis que l'air intérieur s'échappe
par le second. En ouvrant en même temps le troisième robinet b, on active le
remplissage. Quand de l'eau s'échappe en b, on ferme ce robinet et bientôt
après, lorsque l'air cesse de s'échapper par l'ajutage K, le remplissage est
achevé. Ce fait est encore indiqué par le niveau d'eau. On ferme alors tous les
robinets et on dévisse le bouchon métallique en g : aucune ouverture n'exis-

tant dans le haut de l'appareil, celui-ci reste plein d'eau sous l'influence de la pression atmosphérique. Il suffit alors d'introduire, par l'ajutage incliné g, le tube qui amène le gaz en question et de le faire pénétrer dans le réservoir comme cela est indiqué sur la coupe de l'appareil (fig. 203) : le gaz dégagé gagne le haut du réservoir, tandis que l'eau dont il prend la place sort en g. Pour n'être pas gêné par l'eau qui s'échappe, il est bon de placer le gazomètre au-dessus d'une cuvette à écoulement d'eau. Le remplissage terminé, on replace le bouchon à vis et le gaz peut alors être conservé.

Veut-on l'utiliser sous la forme d'un courant régulier? on adapte en b un tube de caoutchouc qui le conduira au point voulu, puis on remplit d'eau la cuvette CC' et on ouvre le robinet r : l'eau pénètre par rr' dans le réservoir et comprime le gaz qui s'y trouve, jusqu'à une pression mesurée par la colonne d'eau s'élevant du niveau du liquide dans le réservoir au niveau dans la cuvette. Si on ouvre alors le robinet b, le gaz s'écoule sous la même pression et il est aussitôt remplacé par de l'eau dont on a soin de maintenir la cuvette constamment garnie. A mesure que l'écoulement s'effectue, la pression dans le réservoir va en diminuant, puisque le niveau dans la cuvette ne peut varier notablement, tandis qu'il s'élève de plus en plus dans le réservoir. Finalement, cette pression sera limitée à la colonne d'eau qui sépare le plan horizontal passant par b du niveau de l'eau dans la cuvette. C'est pour maintenir une pression suffisante dans le voisinage de cette limite, que la cuvette doit être à une certaine hauteur au-dessus du réservoir, cette hauteur mesurant la pression sous laquelle l'appareil peut être employé.

Veut-on simplement remplir un flacon du gaz contenu dans le gazomètre? on garnit la cuvette d'eau et on y plonge le flacon, plein d'eau et renversé. On ouvre le robinet r, ce qui établit la pression à l'intérieur, puis après avoir placé l'orifice du flacon au-dessus de l'ajutage K, on ouvre le robinet s qui livre passage au gaz, et celui-ci monte dans le flacon. On ferme s dès que le vase est rempli.

Le même gazomètre, si sa construction est suffisamment solide, peut fournir le gaz qu'il renferme, sous une pression supérieure à celles dont il a été question plus haut. Il suffit pour cela de relier, par un caoutchouc entoilé et inextensible, le robinet b à une canalisation d'eau sous pression; cette eau, pénétrant dans le réservoir, y comprime le gaz qui s'échappe dès qu'on vient à ouvrir le robinet s, et peut être dirigé vers l'appareil où on l'utilise, par un tube de caoutchouc fixé à l'ajutage K.

436. *Gazomètre de H. Sainte-Claire Deville.* — Il est formé d'un réservoir résistant (fig. 204), muni d'un niveau d'eau nn' et d'un robinet de vidange V. Deux tubes verticaux plongeant jusqu'au fond se terminent au dehors par des robinets : le premier tt' est destiné à l'introduction du gaz et le second SS' à celle de l'eau; ce dernier est relié en S, par un tube résistant, à la canalisation qui alimente d'eau le laboratoire. Un robinet L adapté au point le plus élevé sert à la sortie du gaz. On remplit d'abord le gazomètre d'eau, en ouvrant simultanément les robinets K et S : l'eau entre par le second en même temps que l'air sort par le premier. Cela fait, après avoir fermé K et S, puis adapté en v un tube de caoutchouc assez large et long de quelques décimètres, on ouvre le robinet V : l'appareil reste plein d'eau. On relie l'ajutage du robinet R à l'appareil producteur de gaz, dont le flacon laveur est muni d'un tube de sûreté, et on ouvre doucement le robinet R. Le gazomètre fonctionne immédiatement comme aspirateur. C'est, en effet, un vase de Mariotte (§ 384), dans

lequel l'aspiration est mesurée par une colonne d'eau dont la hauteur est la distance verticale entre l'orifice de rentrée du gaz t' et l'extrémité inférieure du caoutchouc d'écoulement adapté en v. Cette aspiration exige que l'opérateur surveille le tube de sûreté de l'appareil producteur du gaz : si elle était trop considérable, elle entraînerait des rentrées d'air par ce tube de sûreté. On la limite en relevant l'extrémité du caoutchouc adapté en v jusqu'à ce que l'aspiration, qui est d'ailleurs indiquée par la dénivellation dans le tube de sûreté, soit suffisante pour faire pénétrer le gaz dans le gazomètre, mais non l'air dans le flacon laveur. Pratiquement, elle peut être assez faible pour rendre le tube de caoutchouc inutile, si le robinet V s'ouvre au dehors à quelques centimètres plus bas que t', ainsi que cela est représenté dans la figure. Quand le dégagement est terminé, on ferme V et R.

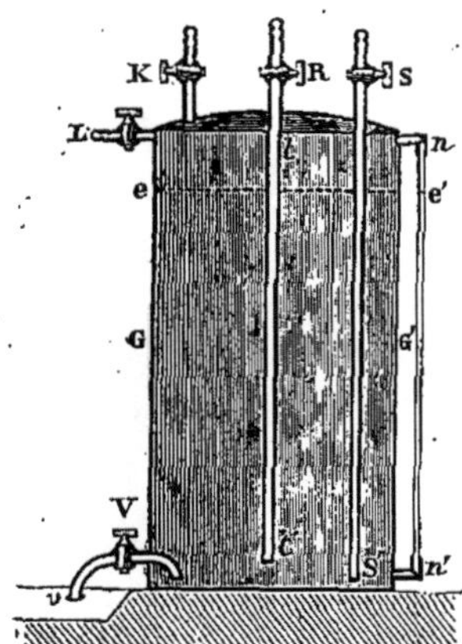

Fig. 204. — Gazomètre de H. Sainte-Claire Deville.

Pour extraire le gaz de l'appareil, on adapte en L le tube qui emmènera le gaz, puis on ouvre le robinet S qui, ainsi qu'il a été dit plus haut, amène dans le réservoir de l'eau sous pression : le gaz se comprime et s'échappe, dès qu'on vient à ouvrir le robinet L, sous une pression correspondant à celle de l'eau dans la canalisation. Cette condition exige une grande solidité du réservoir qui doit résister à cette pression.

Les gazomètres de ce genre étant surtout avantageux pour emmagasiner par grandes quantités les gaz fréquemment employés, l'oxygène principalement, on les établit à demeure dans un endroit convenable ; il est alors préférable de les alimenter d'eau par l'intermédiaire d'un réservoir à niveau constant, cette disposition les mettant à l'abri des variations considérables de pression que l'on observe dans les canalisations de ville.

437. *Gazomètres à cloche.* — Les gazomètres à cloche, très usités dans les usines à gaz, le sont fort peu dans les laboratoires. Ils consistent en une cloche maintenue renversée sur l'eau et équilibrée par un système de contrepoids et de chaînes mobiles sur des poulies. L'eau est contenue dans un réservoir jusqu'au fond duquel pénètre la partie recourbée d'un tube en U ; une branche verticale de ce tube s'ouvre à l'intérieur et vers le haut de la cloche, tandis que l'autre branche sort de l'eau en dehors de la cloche, et se termine par un robinet. S'il s'agit de remplir le gazomètre, on surcharge les contrepoids de manière à soulever la cloche, puis, après avoir relié le robinet à l'appareil fournissant le gaz à emmagasiner, on ouvre la communication. Le gaz est aspiré ; il pénètre dans la cloche par le tube en U. Lorsqu'on ferme le robinet et qu'on enlève la surcharge du contrepoids, le gaz se conserve dans le gazomètre. Quand on se propose, au contraire, de l'en faire sortir, on dépose une charge sur le fond de la cloche ou, ce qui est la même chose, on diminue celle des contrepoids : le gaz comprimé sous la cloche s'écoule par le tube en U dès qu'on ouvre le robinet.

Le gaz contenu dans un gazomètre à cloche s'échappe plus ou moins lentement dans l'atmosphère, par diffusion à travers le liquide qui l'enferme, si celui-ci le dissout sensiblement ; en même temps et par le même moyen, l'air

atmosphérique pénètre peu à peu dans la cloche. Telles sont les causes d'infériorité de ces instruments.

438. Gazomètres a mercure. — Les gaz conservés dans les gazomètres à
eau sont toujours souillés par l'air tenu en dissolution dans l'eau employée.
En outre, certains gaz ne peuvent être mis en contact avec l'eau sans se dissoudre ou réagir. Dans ce dernier cas, et aussi lors-
qu'il s'agit de conserver les gaz purs, on se sert de
gazomètres à mercure.

L'un des plus simples est celui de M. Bunsen
(fig. 205); il fonctionne à la manière d'un gazomètre à cloche. Un vase de verre cylindrique AA′
sert de cuve à mercure ; la cloche CC′ est en verre
et est suspendue à un support qui permet de l'élever ou de l'abaisser. Le gaz arrive par m, en traversant un robinet, et est conduit au-dessus du niveau
du mercure par un tube recourbé $mnt'q$. Un second
tube semblable $rstu$ sert pour la sortie. En soulevant
la cloche et en ouvrant le robinet m, on y introduit
le gaz; celui-ci est au contraire expulsé quand, m
étant fermé, on abaisse la cloche et on ouvre le robinet r. Dans cet appareil, il est nécessaire de chas-

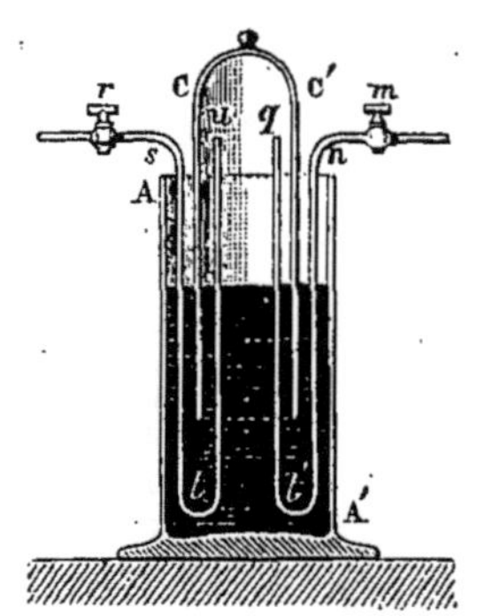

Fig. 205. — Gazomètre a
mercure.

ser tout d'abord l'air de la cloche en abaissant celle-ci jusqu'à ce que son
sommet touche les tubes, et en aspirant l'air intérieur au moyen de l'un de
ces derniers.

On peut encore construire en verre un gazomètre fonctionnant avec le mercure d'après les mêmes principes que le gazomètre de Regnault (§ 435).

439. Sacs en caoutchouc. — On emmagasine souvent les gaz dans des sacs
imperméables, en étoffe doublée de caoutchouc vulcanisé. Ces sacs portent
un robinet servant alternativement à l'entrée et à la sortie du gaz. En appliquant exactement leurs parois opposées l'une sur l'autre, on chasse l'air qu'ils
renferment; cette opération se fait facilement si leur forme est appropriée.
En faisant communiquer par un tube de caoutchouc le robinet ouvert avec
l'appareil producteur de gaz, le sac s'emplit. En comprimant le sac gonflé de
gaz, entre deux planches articulées l'une sur l'autre par des charnières, et en
chargeant de poids la planche supérieure tandis que l'autre repose sur le sol,
le gaz s'échappe par le robinet ouvert, sous une pression proportionnée au
poids de la charge.

F. — Mesurage des gaz.

440. Tubes gradués. — La détermination exacte du volume d'une
masse gazeuse exige des précautions nombreuses et d'une application
délicate, dont il sera parlé à propos de l'*analyse quantitative des gaz*.

La même détermination faite d'une manière approchée, mais suffisante d'ailleurs dans les opérations ordinaires et dans les analyses
grossières, nous occupera seule ici. On la pratique au moyen de cloches
à gaz graduées (fig. 206) dans lesquelles on fait passer, sur l'eau ou
mieux sur le mercure, le gaz à mesurer. On maintient enfoncée dans
la cuve pendant quelque temps la cloche tenue verticalement, afin

que le gaz prenne la température du liquide, puis on la soulève jusqu'à ce que les niveaux, à l'intérieur et à l'extérieur, soient dans un même plan horizontal, ce qui amène le gaz à la pression atmosphérique; on lit le volume marqué par la division comprise dans le plan horizontal en question. On connaît alors le volume gazeux sous la pression barométrique actuelle et à la température de la cuve.

Quand on opère sur l'eau, le volume mesuré est augmenté de celui de la vapeur d'eau dont le gaz se charge. D'ailleurs, dans ces conditions le mesurage est toujours grossier à cause de la solubilité des gaz dans l'eau. En opérant sur le mercure et avec un gaz sec, on arrive à de meilleurs résultats; on doit cependant établir avec soin l'égalité des niveaux dans la cloche et au dehors, le volume variant sensiblement pour des dénivellations relativement peu considérables, à cause de la grande densité du mercure. Le trou cylindrique o, pratiqué dans la cuve à mercure devant la fenêtre en glace f (fig. 189, § 409), permet d'enfoncer verticalement l'éprouvette à la hauteur voulue et de lire facilement le volume. Les gaz étant très dilatables par la chaleur, il est nécessaire, avant la lecture, de tenir la cloche, non pas avec la main, mais en se servant d'une pince en bois (fig. 109, § 193).

Fig. 206. — Cloche à gaz graduée.

441. Les réactions entre les gaz se produisant d'ordinaire dans des rapports de volumes simples, on a souvent à mélanger 1, 2, 3..... volumes d'un gaz avec 1 volume d'un autre gaz. On se sert parfois, pour mesurer ces volumes, de jauges plus ou moins compliquées, mais lorsqu'une grande exactitude n'est pas nécessaire, et c'est le cas dont il s'agit ici, une simple éprouvette permet d'atteindre le même but. Il suffit de la prendre d'un volume tel qu'on puisse la considérer comme unité de volume par rapport au mélange à opérer, de la remplir de gaz en la tenant bien verticale, jusqu'à ce que quelques bulles s'échappent, puis de faire passer son contenu dans un récipient plein d'eau ou de mercure. En répétant deux fois encore la même opération avec le gaz dont on doit prendre 3 volumes par exemple, puis une fois avec l'autre gaz dont un seul volume intervient, le récipient contient ensuite le mélange dans les proportions voulues.

442. Gazomètres. — Le mesurage des volumes gazeux considérables peut être fait dans les gazomètres, lorsque ceux-ci sont pourvus d'un niveau d'eau. Le problème est alors purement géométrique : il suffit, en effet, de cuber la partie du réservoir située au-dessus du niveau du liquide. Lorsque la pression dans le gazomètre diffère notablement de la pression atmosphérique, il est indispensable d'en tenir compte.

443. Compteur a gaz. — Étant donné un gaz consommé ou engendré d'une manière suivie dans une réaction, il est parfois nécessaire de connaître le volume

disparu ou produit pendant des espaces de temps déterminés. La nécessité d'un pareil mesurage ne se présente, il est vrai, que rarement dans les recherches ; aussi n'en aurions-nous pas parlé si cette opération n'était basée sur l'emploi du compteur à gaz, généralement répandu pour déterminer la consommation du gaz de houille ; or il nous paraît utile d'indiquer ici le principe d'un instrument qui se trouve dans la plupart des laboratoires de chimie.

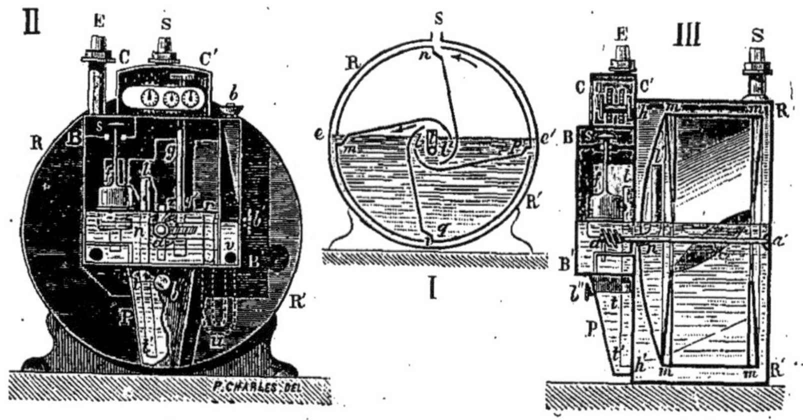

Fig. 207. — Compteur à gaz.

Le compteur à gaz a été inventé par Clegg en 1816. Les modifications apportées depuis cette époque à sa construction ne portent sur rien d'essentiel. La figure 207, I, en fait comprendre le principe : $mnpq$ est un tambour mobile autour de son axe horizontal ; il est divisé par des cloisons de forme particulière, en quatre cellules d'égales capacités, et plonge jusqu'en ee' dans l'eau d'un réservoir clos RR'. Un tube t, voisin de l'axe et dont l'orifice est au-dessus d'un niveau de l'eau, amène le gaz à mesurer. Ce dernier pénètre sous la cloison $l'm$ de l'une des cellules ; elle refoule le liquide et exerce sur la paroi $l'm$ une poussée de bas en haut qui communique au tambour un mouvement de rotation. La cellule $l'mi$, fermée hydrauliquement, se soulève ainsi et se remplit de gaz, jusqu'à ce que la cellule suivante vienne occuper sa place au-dessus du tube d'arrivée et se garnisse de gaz à son tour, en continuant le mouvement de rotation. Simultanément, dès que le bord de chaque cellule émerge en e, le gaz peut s'écouler par l'ouverture que l'eau cesse de fermer ; chassé par l'eau qui prend sa place, il s'échappe du réservoir par un orifice de sortie S. Le gaz continuant à traverser le système remplit ainsi une cellule pendant que la précédente perd son contenu gazeux, de telle sorte que si on connaît le volume de chaque cellule pleine, le volume du gaz débité sera connu également quand on aura déterminé le nombre des tours effectués par l'axe. L'adjonction au tambour d'un *compteur de tours* résout donc le problème.

L'instrument, tel qu'on le construit d'habitude, est représenté ci-dessus (fig. 207, II et III). Le réservoir RR' contient le tambour mesureur $mmmm$, mobile autour de l'axe horizontal aa'. Le gaz pénètre par E, passe en s dans une ouverture que peut fermer une soupape et se répand dans la boîte BB'. Cette boîte communique avec le réservoir par un orifice pratiqué dans la cloison hh', orifice que l'axe aa' traverse librement ; comme le réservoir, elle contient de l'eau jusqu'à un certain niveau r. Par un tube lnl', en forme d'U, le gaz passe de la boîte BB' dans le tambour mobile, met celui-ci en mouvement comme il a été dit plus haut, et sort en S. Pour compter le volume débité, c'est-à-dire le nombre des révolutions du tambour, l'axe se termine en a par une vis sans fin qui, au moyen d'une roue dentée, fait mouvoir une tige verticale ; celle-ci sort de la boîte BB' en traversant le tube gg'. Ce dernier plongeant dans l'eau en g' ne laisse pas échapper le gaz, ce qui permet de placer dans une caisse extérieure CC' le compteur de tours proprement dit, que la tige fait fonctionner.

Cet appareil mécanique se compose, comme d'ordinaire, de roues dentées et de pignons, tellement disposés que, si la première roue fait une révolution complète correspondant à un débit de 1000 litres, la roue suivante indiquant les mètres cubes avance d'une division ; que, si cette seconde roue fait une révolution complète marquée 10 mètres cubes, la troisième indiquant les dizaines de mètres cubes avance d'une division ; et ainsi de suite. Des aiguilles fixées à l'axe des roues et mobiles sur des cadrans permettent de lire le volume du gaz qui a traversé le compteur.

Les autres parties de l'instrument ont pour but d'assurer la régularité de son fonctionnement, en maintenant constant le niveau du liquide intérieur. Il est évident, en effet, que si le niveau de l'eau est plus bas que r, le volume des cellules se trouve augmenté et le compteur indique un débit plus faible que le débit réel ; une surélévation du niveau entraîne une erreur en sens contraire ; enfin, si le liquide s'abaisse jusqu'à l'orifice de communication pratiqué dans la paroi hh', le gaz s'écoule sans faire mouvoir l'appareil. L'eau est introduite dans le compteur par l'ajutage b, que ferme d'ordinaire un bouchon à vis ; par l'ouverture ponctuée sur la figure, elle passe dans le réservoir RR', d'où elle garnit la boîte BB'. Quand elle a atteint le niveau voulu, elle gagne l'orifice r d'un tube formant trop-plein, s'échappe par le siphon ruv, qui constitue une fermeture hydraulique, et sort par l'ouverture b', lorsque le bouchon à vis, qui ferme celle-ci d'ordinaire, est enlevé. Si, par accident, le niveau de l'eau tombait au-dessous d'une certaine limite, un flotteur f qui le suit dans ses mouvements fermerait la soupape s et arrêterait l'écoulement du gaz. Enfin un tube tt', soudé à la partie inférieure du tube lnl', et plongé dans l'eau d'un godet P, sert encore à laisser écouler en b'' le trop-plein de l'eau. Pour éviter qu'en tournant le tambour en sens contraire on fasse décompter l'appareil, on dispose sur l'axe aa une came qui soulève un cliquet z lorsque la rotation est régulière, mais qui est arrêtée par lui dans le cas contraire.

CHAPITRE XIII

OPÉRATIONS DANS LES GAZ RARÉFIÉS OU COMPRIMÉS.

1.

OPÉRATIONS DANS LES GAZ RARÉFIÉS.

444. Les circonstances dans lesquelles il est utile d'opérer sous des pressions inférieures à la pression atmosphérique sont extrêmement nombreuses. Tantôt, en effet, en raréfiant l'air en un point donné d'un appareil, on se propose de produire une aspiration, de mettre en mou-

vement une masse gazeuse, de la forcer à entraîner des vapeurs, à traverser des liqueurs, à mouvoir des liquides et même des solides, etc.; en un mot, on se propose d'exercer une action mécanique. Tantôt, on a pour but de modifier les conditions dans lesquelles les corps expérimentés se trouvent placés, et principalement de changer leurs températures d'ébullition ou d'activer leur volatilisation à basse température. Tantôt encore, il s'agit d'extraire un gaz tenu en dissolution dans un liquide. Tantôt enfin, on veut provoquer des décompositions, activer des dissociations, etc.

Depuis quelques années les appareils à raréfier l'air ont été considérablement perfectionnés ; on en a construit qui fonctionnent d'après des principes très divers. Nous nous bornerons à indiquer ceux qui se prêtent le mieux aux usages variés des laboratoires de chimie.

445. POMPES A AIR. — Les pompes aspirantes à air, décrites dans tous les traités de physique sous le nom de *Machines pneumatiques*, ont été pendant bien longtemps les seuls instruments servant à raréfier l'air. Leur usage ne peut être recommandé, si ce n'est quand l'absence d'une canalisation d'eau sous pression ne permet pas l'emploi des trompes à eau dont il sera question plus loin. Elles imposent à l'opérateur un travail mécanique violent, qui doit être prolongé pendant longtemps. De plus, elles ne fonctionnent bien que si elles servent constamment, l'huile dont on garnit leurs joints et leurs articulations s'accumulant pendant le repos dans les parties les plus basses et ne tardant pas à durcir. Enfin leur construction métallique ne leur permet pas de supporter sans dommage l'action des vapeurs corrosives des réactifs les plus répandus. Ajoutons cependant que la pompe à air de l'appareil frigorifique de M. E. Carré (§ 144, fig. 87) constitue l'une des machines pneumatiques les plus simples et les plus robustes.

En fait, les opérations dans le vide sont restées pénibles tant que la machine pneumatique en a été l'agent indispensable. Elles ont pris une importance véritable dès que cette machine a pu être remplacée par des instruments moins imparfaits.

446. TROMPES A EAU. — Ces appareils se construisent d'après trois principes différents. Les uns, imités des trompes catalanes et aussi de la trompe à mercure de M. Sprengel, utilisent l'aspiration produite par l'accélération de vitesse que prend une masse d'eau dans sa chute. Telle est la trompe de M. Bunsen. Les autres entraînent les gaz par une veine liquide traversant l'instrument avec une vitesse considérable. Ce sont les plus usités. Un instrument d'une troisième espèce et qui diffère très notablement des précédents est la trompe à pulsations ou pompe-sirène inventée par M. Jagno.

447. *Trompe de M. Bunsen.* — Un tube droit *ab* (fig. 208), en plomb, de 8 millimètres de diamètre et de 12 à 14 mètres de longueur, est fixé dans la position verticale et relié par un joint de caoutchouc à un réservoir de verre RR'; il est alimenté d'eau par une canalisation *t*, sur laquelle un robinet *e* permet de régler l'arrivée du liquide. En R se trouve soudé au réservoir un tube de verre *lpn*, qui pénètre en *l* jusque vers le fond du réservoir et est soudé

également, par son autre extrémité *n*, à un second réservoir MN. Ce dernier porte latéralement deux tubulures : l'une A sert à relier la trompe au récipient dans lequel elle fait le vide; l'autre la met en relation avec un baromètre à siphon de 80 centimètres de hauteur. *hhh;* celui-ci fait connaître, par la différence qui s'établit entre les niveaux du mercure dans ses deux branches, la pression en MN et par suite dans le récipient. Vient-on à ouvrir le robinet *e*, de façon à amener à l'orifice supérieur du tube *ab* une quantité d'eau suffisante pour l'alimenter avec un écoulement de faible vitesse? L'eau en s'écoulant par le tube tend à prendre dans sa chute une vitesse croissante; l'orifice supérieur *a* ne recevant qu'une quantité limitée de liquide, des mouvements opposés de l'air et de l'eau ne pouvant d'ailleurs coexister dans le tube étroit, cette accélération de vitesse détermine une aspiration énergique de l'air contenu en RR'; l'air s'échappe avec l'eau par l'orifice inférieur *b*, sous forme de bulles divisant la colonne liquide. Comme, par le tube *lpn*, le réservoir RR' communique avec MN et par suite avec le récipient, le gaz qui garnit ce dernier se trouve aspiré, l'égalité de pression s'établissant dans l'ensemble du système. La raréfaction à laquelle on peut atteindre ainsi est limitée par la tension de la vapeur qu'émet l'eau en RR'; cette tension, variable avec la température de l'eau, oscille entre 7 millimètres en hiver et 10 à 12 millimètres en été. Le réservoir MN est destiné à récolter la petite quantité d'eau qui, au moment des arrêts, pourrait rétrograder de la trompe vers le récipient; on laisse écouler cette eau de temps en temps par le robinet *v*. Tous les joints sont faits en tube de caoutchouc très épais, supportant sans s'aplatir la pression atmosphérique; il en est de même du raccordement de la trompe avec le récipient. Le réglage de l'appareil étant un peu délicat, surtout s'il s'agit d'atteindre le rendement maximum, il est bon de placer en *e'* un second robinet que l'on règle une fois pour toutes de manière à limiter l'arrivée de l'eau à ce qui correspond à la production de ce rendement maximum, le premier robinet *e* servant seulement à ouvrir ou fermer l'arrivée de l'eau.

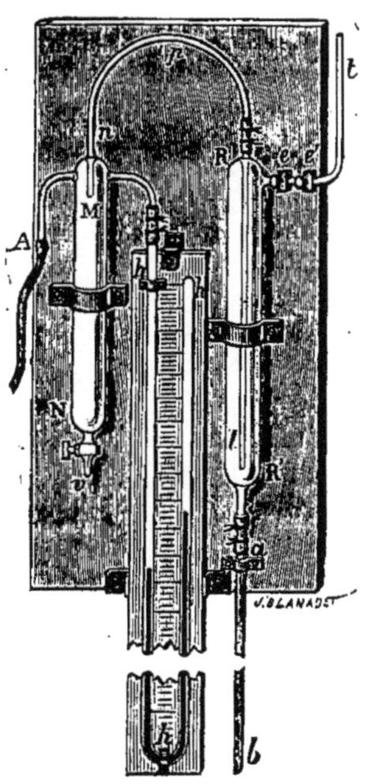

Fig. 208. — Trompe à eau de M. Bunsen.

Cette trompe fonctionne très bien, mais elle a une hauteur considérable et exige un emplacement spécial. D'autre part, elle s'alimente d'eau sans pression. Cette dernière raison la fait employer dans certains cas, par exemple aux étages supérieurs d'un bâtiment, ou lorsqu'il est possible de descendre le tube de plomb à une certaine profondeur dans le sol.

448. *Trompe à vide.* — Elle a été imaginée à peu près simultanément par M. Christiansen et par M. H. Lasne ; ce dernier l'a étudiée méthodiquement, lui a donné une forme heureuse et a montré les avantages qu'on trouve à joindre l'action des ajutages divergents à celle de l'eau animée d'une vitesse considérable. Cette trompe est construite avec précision en métal, mais son altérabilité est alors telle que les vapeurs acides ou ammoniacales ne tardent guère à produire la corrosion et la déformation des ajutages, c'est-à-dire à la mettre hors d'usage ; construite en verre, elle est inattaquable par les réactifs et convient beaucoup mieux pour les laboratoires de chimie.

Un modèle très répandu actuellement est celui de M. Alvergniat (fig. 209). L'eau d'alimentation doit être à une pression aussi forte que possible et au moins égale à 10 ou 11 mètres d'eau ; arrivant dans un ajutage en verre E (fig. 210), elle s'échappe par l'orifice circulaire a, qui a

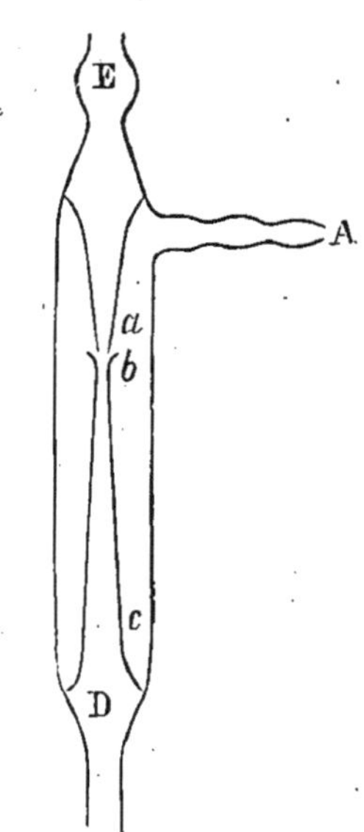

Fig. 209. — Trompe à vide.   Fig. 210. — Coupe de la trompe à vide.

de 1 à 2 millimètres de diamètre, en une veine cylindrique et régulière, et vient s'engager en b dans un cône de verre très allongé bc, dont l'axe coïncide exactement avec celui de la veine. Le rapport des diamètres en a et en b est tel que la veine liquide s'introduit dans le cône bc sans toucher la paroi de verre, mais en laissant en b un espace annulaire extrêmement mince. Dans ces conditions, le liquide entraîne avec lui l'air qui environne b, et l'expulse en D ; toutefois l'action mécanique ainsi produite est forcément limitée, un mouvement gazeux de sens contraire tendant à s'établir dès qu'une différence notable de pression existe entre l'atmosphère qui environne ab et l'atmosphère en D. Il n'en est plus de même si l'on *amorce* l'instrument, c'est-à-dire si l'on plonge dans l'eau l'extrémité du tube en D, ou même si l'on exerce au même endroit une faible résistance : le liquide mouille aussitôt la paroi interne du cône bc, la capillarité intervient, et le mouvement nuisible du gaz rétrogradant de D vers a n'est plus possible. Lorsque la raréfaction en ab est suffisante, la forme divergente de l'ajutage vient, conformément à un principe bien connu de mécanique, dit *principe de l'ajutage divergent*, ajouter une force nouvelle à celle qui provient de la vitesse d'écoulement du liquide. Si les deux ajutages *a* et *b* sont enfermés dans une enveloppe, limitant l'atmosphère sur laquelle agit le mouvement d'aspiration, le vide s'opère peu à peu dans l'enceinte ; il suffit dès lors de faire communiquer celle-ci, par un ajutage A et au moyen d'un tube de caoutchouc épais, avec un récipient quelconque, pour que le gaz renfermé dans ce dernier se trouve progressivement raréfié. La limite de la pression que l'on atteint ainsi est, comme avec la trompe de M. Bunsen, la tension de la vapeur émise par l'eau employée.

Il est fort important de maintenir toujours l'appareil amorcé, sinon le vide partiel étant fait dans le récipient, l'eau se trouve immédiatement aspirée vers celui-ci, ce qui peut faire perdre une opération, et même occasionner des accidents. On y parvient de deux manières différentes. Dans la première, on se contente de faire plonger l'orifice inférieur de la trompe, au-dessous de D, dans un vase plein d'eau (voy. fig. 212, § 449) : la fermeture hydraulique ainsi constituée suffit pour assurer le fonctionnement de l'instrument. Dans le second dispositif, représenté dans la figure 209, on soude au même orifice D un petit réservoir ovoïde, muni d'un tube d'écoulement latéral relativement étroit ; la vitesse notable que prend le liquide dans ce dernier suffit pour empêcher le retour de l'air, mais elle occasionne une résistance nuisible au fonctionnement de l'appareil. La première disposition est la plus simple et aussi la plus sûre ; elle a le seul inconvénient d'exiger l'adjonction d'un vase à trop-plein, que l'eau traverse pour se rendre à l'égout ; un vase en verre, à trop-plein, de même fonctionnement, peut d'ailleurs être soudé à la trompe, ainsi que cela est représenté dans la figure 211.

On enferme souvent cette trompe dans des montures de bois ou de métal que l'on fixe à un mur ; on se propose ainsi de supporter la trompe en même temps que de protéger le verre contre les chocs. Ces montures gênent pour surveiller la marche des instruments, qu'elles alourdissent et rendent peu transportables. Il vaut mieux laisser la trompe nue et l'attacher directement au robinet par lequel on l'alimente d'eau. Un arrangement qui nous semble devoir être préféré est représenté dans la figure 209. Il consiste à terminer les robinets d'arrivée de l'eau par un raccord à vis, dit *raccord à trois pièces*, et à fixer la trompe sur l'amorce pour tube de caoutchouc qui constitue l'une des pièces du raccord ; à cet effet, on fait d'abord le joint avec un tube de caoutchouc épais dans lequel s'engagent d'une part le raccord et d'autre part l'ajutage E de la trompe, on enroule sur lui quelques tours de ruban de fil qui empêche le caoutchouc de se distendre par la pression, puis on serre énergiquement le tout avec une lanière de caoutchouc (feuille anglaise) fortement distendue. Un tube de caoutchouc doublé de toile, solidement fixé sur le raccord et sur la trompe par un lien de fil métallique, constitue un joint meilleur encore. On donne une grande solidité à ces raccordements en façonnant l'ajutage E, par lequel l'eau pénètre dans la trompe, de manière qu'il présente à sa surface plusieurs gorges et renflements empêchant le verre de glisser dans le joint de caoutchouc.

Une trompe de ce genre, bien disposée et alimentée d'eau à une pression suffisante, produit rapidement un vide très avancé dans un petit récipient, mais elle n'entraîne qu'un volume gazeux fort limité et doit fonctionner longtemps pour vider d'air une enceinte un peu volumineuse. En augmentant ses dimensions, on n'augmente pas proportionnellement son rendement. Aussi préfère-t-on accoupler deux petites trompes, en faisant communiquer leurs ajutages A avec deux branches d'un tube en T, dont la troisième branche est reliée au récipient à vider de gaz.

Un autre modèle de trompe à vide (M. Garros), présentant des proportions différentes dans les ajutages (fig. 211), produit le vide comme le précédent tout en entraînant un volume gazeux notablement plus considérable.

Un point important est de ne jamais arrêter l'écoulement de l'eau dans une trompe avant d'avoir supprimé toute communication avec le récipient dans lequel on a fait le vide. Sans cette précaution, dès que l'instrument cesse de fonctionner, la pression

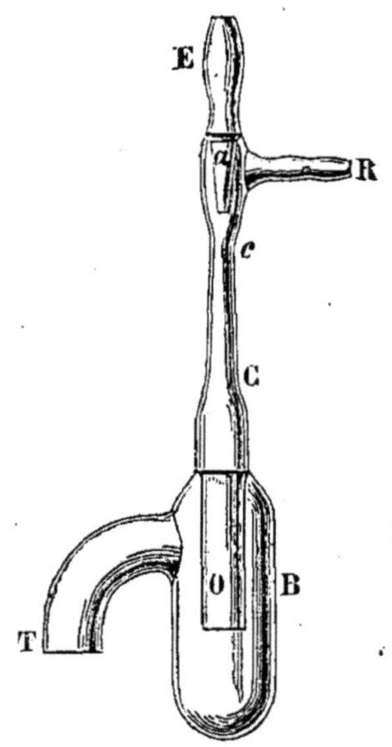

Fig. 211. — Trompe à vide.

atmosphérique refoule l'eau qu'il contient vers le récipient, ce qui occasionne des accidents et des pertes de produit. On ferme donc préalablement un robinet interposé entre le récipient et la trompe, puis, afin d'éviter le retour de l'eau jusqu'au robinet, on détache de celui-ci le tuyau de caoutchouc épais qui le réunit à la trompe.

Quand il s'agit de pousser un peu loin la raréfaction, l'eau doit pénétrer dans la trompe sous une pression qui ne subisse pas de trop fortes variations. Lorsqu'en effet, par l'action d'une pression énergique, on a atteint une raréfaction très avancée, la pression et, par suite, la vitesse de l'eau viennent à diminuer, l'eau se trouve aspirée dans le récipient.

On a cherché à empêcher cet accident en interposant des soupapes permettant à l'air de sortir des récipients mais empêchant les gaz et les liquides d'y rentrer ; le fonctionnement de ces soupapes laisse d'ordinaire à désirer.

Les eaux bicarbonatées perdant leur gaz carbonique dans les trompes qu'elles alimentent, un dépôt calcaire obstrue l'orifice d'arrivée de l'eau après un fonctionnement prolongé ; on dissout ce dépôt en introduisant par la tubulure d'aspiration, un peu d'acide chlorhydrique dilué qu'on laisse séjourner pendant quelques minutes dans l'appareil.

449. *Trompe à grand débit*. — Pour aspirer de grands volumes gazeux, mais en produisant une dépression relativement faible, il est nécessaire de modifier les trompes ordinaires dont le débit, à l'air libre, ne dépasse guère quelques dizaines de litres par heure. On construit très facilement une trompe aspirant un volume de gaz beaucoup plus considérable (fig. 212), en fixant à l'extrémité A d'un tube AB bien dressé, de 15 millimètres de diamètre et de 1 mètre de longueur, un ajutage fournissant sous une forte pression une veine d'eau cylindrique, de 3 à 4 millimètres de diamètre. Une tubulure T fixée dans le voisinage de l'ajutage sert à faire pénétrer dans l'appareil l'air aspiré ; celui-ci est amené du récipient par un tube de caoutchouc épais MT. Dans ces conditions, si la trompe est bien construite, le jet liquide s'échappe en suivant exactement l'axe du tube, sans atteindre les parois de ce dernier. Pour l'amorcer et la maintenir amorcée, on la dispose au-dessus d'une petite cuvette à trop-plein V, dans le liquide de laquelle son extrémité B plonge de quelques centimètres. Elle est fixée au robinet d'eau de la même manière que la trompe à vide (§ 448). Construite suivant les proportions indiquées et alimentée d'eau sous une pression de 11 à 12 mètres, la trompe en question aspire au delà de 1 mètre cube par heure, avec une dépression de quelques centimètres de mercure.

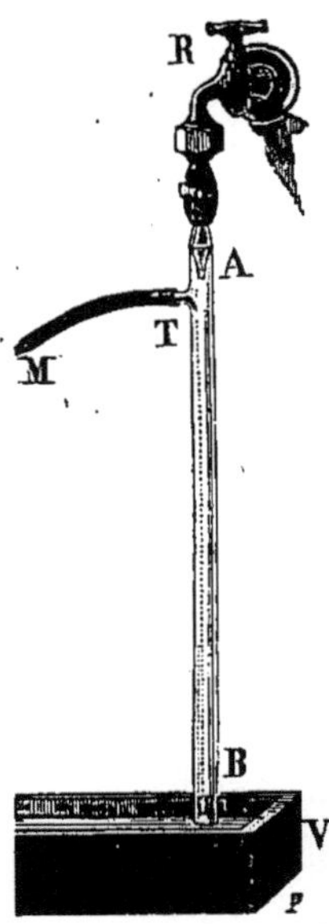

Fig. 212. — Trompe à grand débit.

Elle consomme une assez forte quantité d'eau. On peut diminuer cette quantité dans les appareils métalliques, en donnant à la veine liquide une forme qui augmente sa surface et par suite son contact avec l'air à entraîner. Un ajutage percé d'un trou en forme de croix, ou de trous petits mais nombreux, ou encore d'une ouverture circulaire au centre de laquelle l'air accède aussi bien qu'à la surface extérieure, sont des solutions diverses de ce problème.

450. Pompe-sirène. — L'instrument fort ingénieux de M. Jagno étant peu employé en France, nous nous bornerons à indiquer son principe. La force utilisée est toujours engendrée par l'eau en mouvement. On sait que lorsqu'une masse d'eau s'écoule dans une canalisation, si l'on arrête brusquement son déplacement, elle exerce pendant un temps court, sous l'influence de la vitesse acquise, une pression énergique sur une des faces de l'arrêt, tandis que le vide se fait sur la face opposée. Ce phénomène s'accuse nettement, quand on ferme brusquement un robinet sur une canalisation où l'eau circule avec rapidité, par un bruit particulier connu sous le nom de *coup de bélier*. La pression qu'il engendre a été utilisée par Montgolfier dans le *bélier hydraulique ;* c'est sur la seconde action qu'est fondée la pompe-sirène.

Dans cet instrument, les interruptions sont obtenues au moyen d'un tube de caoutchouc de 8 millimètres de diamètre intérieur et de $1^{mm},5$ d'épaisseur. Quand on dirige un courant d'eau modéré à travers un pareil tube, coudé en un de ses points et prolongé ensuite verticalement, son orifice de sortie étant placé en bas, une aspiration, produite par l'accélération de vitesse due à la chute de l'eau dans le tube vertical, aplatit le tube sur lui-même à l'endroit coudé et détermine ainsi un arrêt de l'écoulement ; l'eau arrivant constamment du robinet rétablit aussitôt la pression dans le caoutchouc, l'ouvre en le gonflant de nouveau et les choses se passent de même une seconde fois, puis indéfiniment. A chacune des *pulsations* du tube de caoutchouc, le vide se fait instantanément au-dessous du coude. Si, à cet endroit, on branche sur le tube d'écoulement une tubulure terminée par une soupape s'ouvrant de la tubulure dans le tube, mais non inversement, l'air d'un récipient mis en communication avec la tubulure se trouve aspiré chaque fois que le vide se produit sous l'interrupteur. On atteint ainsi la même limite de dépression qu'avec les trompes à eau, soit sensiblement la tension de vapeur de l'eau :

La pompe-sirène fonctionne avec un bruit désagréable : on diminue beaucoup celui-ci en produisant les pulsations par une lame de caoutchouc, à peine tendue au-dessus d'un orifice bien dressé qui termine vers le haut le tube de chute ; cette membrane se déprime lors de l'aspiration, et bouche alors l'orifice pendant un instant.

451. Pompe a mercure. — Cet instrument est une sorte de machine pneumatique. Il se compose de deux réservoirs de verre A et B (fig. 213 et 214), réunis par leur partie inférieure au moyen d'un tube de caoutchouc épais et entoilé CC'. L'un d'eux B se termine inférieurement par un tube de verre TT', de 90 centimètres de lon-

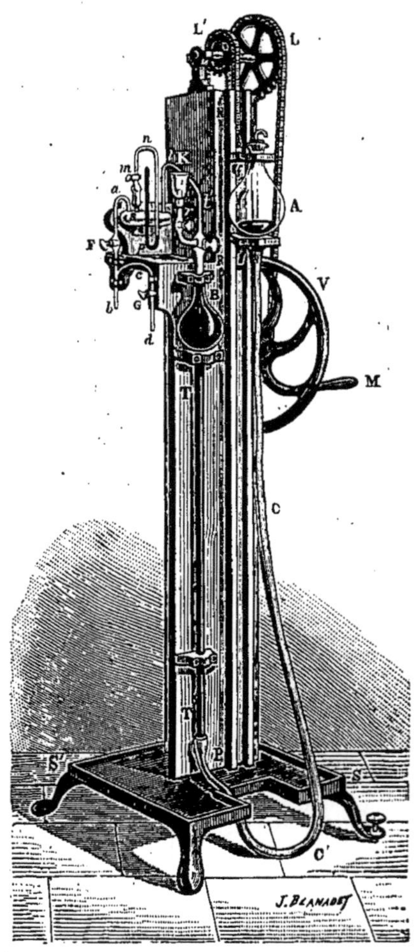

Fig. 213. — Pompe à mercure.

gueur, à l'extrémité duquel s'adapte le tube de caoutchouc. Le second réservoir A est porté sur une tablette en bois, mobile dans une glissière verticale NP ; un volant à manivelle MV permet, par l'intermédiaire d'une transmission de mouvement LL', de monter ou descendre ce réservoir et son support ; ceux-ci sont d'ailleurs équilibrés par un contre-poids logé dans l'intérieur des montants de bois sur lesquels on a fixé l'appareil. Le réservoir B se termine en haut par un robinet R. Ce robinet étant ouvert et A étant placé plus haut que B, on verse en A du mercure jusqu'à ce que, B étant rempli, le métal s'élève en R un peu au-dessus du robinet. On ferme alors ce dernier et on continue à verser du mercure de façon qu'il garnisse le fond de A. Ceci fait, si on descend le vase A jusqu'en bas de la glissière, soit en P, le mer-

cure passe de B dans A par le tube de caoutchouc et, le tube TT′ ayant une
hauteur supérieure à 76 centimètres, le vide barométrique se fait en B. Si l'on
ouvrait alors le robinet R, l'air contenu dans les canalisations qui communiquent avec celui-ci se précipiterait en B. Le robinet R est en effet à 3 voies ;
fixé sur le réservoir B, il communique en outre avec un tube RK fermé par
un robinet r, puis, par un tube $t't$, avec un petit réservoir ss' et une canalisation ab que l'on peut relier à un récipient quelconque au moyen d'un tube de
caoutchouc épais, fixé en b. Le vide existant en B, si l'on fait communiquer

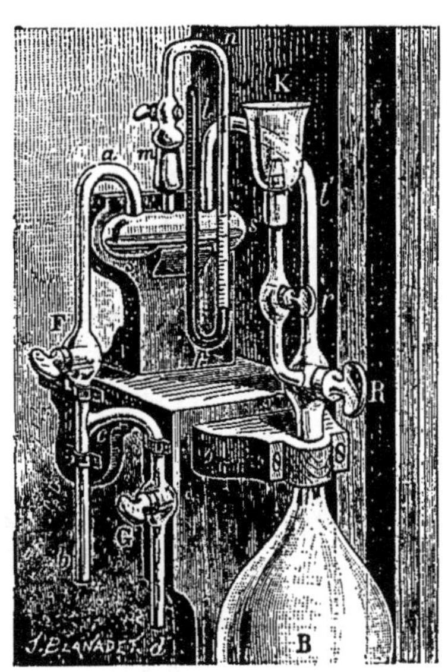

Fig. 214. — Pompe à mercure (détail).

par R le réservoir B avec le récipient
relié à b, l'air de celui-ci passe dans
B jusqu'à ce que l'équilibre de pression soit établi, ce qui d'ailleurs entraîne un abaissement du mercure en
BTT′. On tourne R de manière à fermer
$t't$ et à mettre B en communication
avec rK, puis on soulève le vase A au-
dessus de B : le mercure passe de
nouveau dans ce dernier en chassant
dans l'atmosphère par RrK l'air contenu en B. Tournant de nouveau le robinet R, on ferme RrK et on rétablit la
communication avec le récipient ; on
abaisse alors une deuxième fois le
vase A : le mercure descend en B et le
gaz du récipient passe de nouveau
dans la pompe, d'où, après une manœuvre convenable de R, un autre
mouvement ascensionnel de A l'expulse de nouveau. Et ainsi de suite.
A chaque descente de A, on extrait
du récipient une fraction de son contenu, fraction dont la valeur dépend du
rapport entre les volumes de B et du récipient.

En principe, toutes les parties de l'appareil situées au-dessus de R, au delà
de r et de t', ne sont pas indispensables. Elles sont du moins très commodes
dans beaucoup de cas. S'agit-il de recueillir le gaz extrait du récipient par la
machine ? la petite cuve K par laquelle se termine le tube d'expulsion rK est
garnie de mercure ; elle reçoit une cloche renversée et préalablement remplie
de mercure, dans laquelle le gaz expulsé est ensuite recueilli. Quant au récipient ss', on le garnit partiellement d'acide sulfurique concentré qui arrête
l'humidité que les gaz aspirés pourraient introduire dans l'appareil : cette humidité, lorsqu'elle pénètre en B, nuit en effet au fonctionnement de l'instrument, surtout quand des pressions très faibles doivent être atteintes. Le
même récipient porte, par une fermeture rodée à l'émeri, un petit baromètre
tronqué mnp (§ 456) qui indique la pression dans ss' et par conséquent dans le
récipient à vider de gaz.

La pompe à mercure permet d'atteindre une raréfaction avancée, en recueillant avec exactitude le gaz aspiré. Elle fournit aussi un moyen très avantageux
de transvaser des gaz (§ 416) : il suffit, d'une part, d'enlever la petite cuve K,
puis de faire communiquer par un tube de caoutchouc le tube de verre qui
la porte, avec le vase destiné à recevoir le gaz transvasé, et d'autre part

d'adapter en *b* un tube de caoutchouc épais amenant le gaz du vase à vider; on opère ensuite comme il a été dit plus haut. Si le récipient à vider est une cloche ou un flacon renversés sur le mercure, on termine le tube aspirateur par un tube de verre recourbé dont la branche ouverte pénètre jusqu'à la partie supérieure de la cloche ou du flacon.

452. **Trompe a mercure.** — Cet appareil, imaginé par M. Sprengel, en s'inspirant de la trompe catalane, a été introduit dans les laboratoires avant les trompes à eau, dont il a provoqué la construction. De tous les instruments connus, c'est celui qui permet d'approcher le plus du vide absolu. Comme la pompe à mercure, il est construit de manière à recueillir le gaz aspiré. Sa disposition ne diffère pas en principe de celle de la trompe

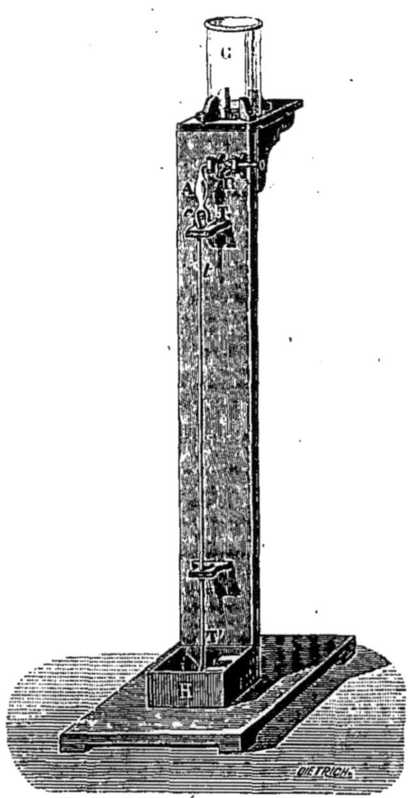

Fig. 215. — Trompe à mercure de M. T. Schlœsing.

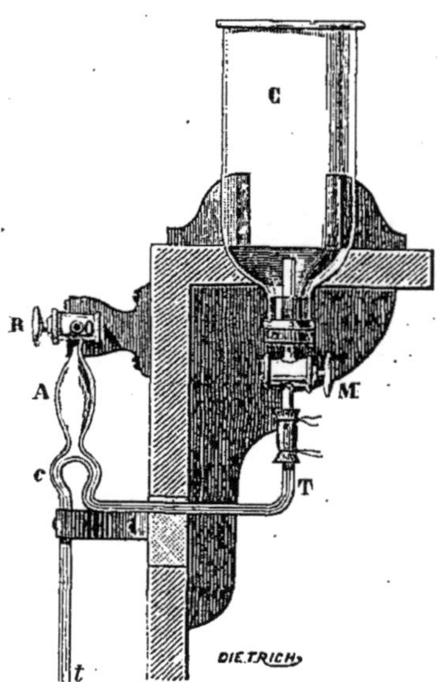

Fig. 216. — Détail de la trompe à mercure.

à eau de M. Bunsen (§ 447), mais la grande densité du mercure permet de réduire considérablement la longueur du tube de chute. L'opérateur doit remonter périodiquement, dans le réservoir alimentant la trompe, le mercure qui a traversé cette dernière.

Le modèle le plus simple et le plus avantageux a été construit d'après les indications de M. T. Schlœsing; il est représenté dans les figures 215 et 216. Le mercure destiné à alimenter la trompe est emmagasiné dans un réservoir C; on règle son écoulement par le robinet M. En parcourant un tube T, le métal se rend en *c* au tube de chute *c*T', dont la partie supérieure enroulée en crosse communique avec une ampoule A; celle-ci peut être mise en relation par le robinet R et l'ajutage O avec le récipient dans lequel il s'agit d'aspirer un gaz. Le tube de chute est vertical et présente une longueur de 1^m,50 environ; son diamètre intérieur, compris entre 1,5 et 2 millimètres, ne permet pas à des mouvements contraires du mercure et du gaz de coexister. Le mercure arrive goutte à goutte et remplit toute la section du tube capillaire ; les petites colonnes que les gouttes constituent laissent entre elles, au commencement de leur chute, des espaces que le gaz à extraire, arrivant par l'ampoule A, remplit instantanément ; enfermé entre deux colonnes de métal, le gaz est refoulé comme par un piston et entraîné vers T'. La pression du gaz dans le récipient diminue dès lors progressivement. Lorsqu'un vide avancé s'est produit, le gaz cesse d'arriver en quantité sensible dans le tube de chute et de s'interposer entre les gouttes de mercure ; le métal, en tombant sur lui-même, fait alors entendre un bruit sec particulier, dénonçant la fin de l'opération. L'ampoule A est destinée à arrêter quelque temps le mercure lorsqu'au moment du réglage on ouvre trop largement le robinet M.

En plongeant dans une petite cuve à mercure H l'extrémité inférieure T' du tube de chute, que l'on a préalablement recourbé, il est facile de recueillir sur la cuve le gaz extrait du récipient. Cette disposition permet aussi d'utiliser la trompe à mercure pour transvaser les gaz.

453. GAZOMÈTRES ASPIRATEURS. — Les gazomètres peuvent servir d'aspirateurs : il suffit de laisser écouler l'eau qu'ils renferment, par un robinet placé vers leur fond, pour que l'air ou tout autre gaz se trouve aspiré par un second robinet ouvert à leur partie supérieure. De la même manière, un flacon muni dans le bas d'une tubulure (fig. 91, I, p. 98) et portant un robinet, à chacune de ses ouvertures, devient un aspirateur quand on laisse écouler l'eau dont on l'a rempli. De même encore, deux flacons ou réservoirs réunis inférieurement par un tube de caoutchouc forment un aspirateur quand l'un d'eux, après avoir été rempli d'eau et placé à un niveau plus élevé que le second, se vide dans celui-ci ; le mouvement effectué, il suffit d'intervertir la position des deux vases, pour que la même masse d'eau s'écoulant de nouveau produise de nouveau une aspiration. Avec toutes les dispositions de ce genre, la dépression produite au goulot du vase le plus élevé est mesurée par la hauteur de la colonne liquide qui détermine l'écoulement.

454. PRODUCTION DU VIDE PAR RÉACTION. — Étant donné un récipient dans lequel il s'agit de faire le vide, on y dirige un courant de gaz carbonique jusqu'à expulsion totale de l'air qu'il contient, puis, après avoir fermé ses orifices, on y fait pénétrer une solution de potasse caustique au moyen d'un entonnoir à robinet. Le réactif liquide absorbe le gaz carbonique et le vide se produit dans l'appareil clos. Le gaz carbonique et la potasse peuvent au besoin être remplacés par un gaz et un réactif quelconques, mais susceptibles de former une combinaison dont la tension de vapeur soit sensiblement nulle.

455. PRODUCTION DU VIDE PAR LES VAPEURS. — D'une manière analogue, on peut faire le vide en se servant d'un changement d'état physique. Soit un appareil non refroidi, dans lequel on dirige un courant rapide de vapeur d'eau ; si, après que tout l'air a été déplacé par la vapeur, on ferme à la fois la sortie de cette vapeur et son entrée, et si on refroidit le système, la vapeur se condense et la pression intérieure devient égale à la tension de la vapeur d'eau à la tempéracture actuelle. Par un refroidissement suffisant, cette pression devient donc très faible. La vapeur d'eau peut être remplacée par toute autre vapeur facilement condensable, et de plus cette vapeur, quelle qu'elle soit, peut

être produite dans l'appareil lui-même au lieu d'être amenée du dehors. Ajoutons enfin que la vapeur en question, si elle n'est pas facilement liquéfiable à la température ambiante, peut être absorbée par un réactif comme on l'a dit plus haut pour les gaz (§ 454).

456. MANOMÈTRES. — Il est toujours nécessaire de suivre l'action des appareils aspirateurs, au moyen de manomètres. Les pressions à mesurer étant inférieures à celle de l'atmosphère, les manomètres qu'il convient d'employer sont très analogues aux baromètres, aussi les appelle-t-on *manomètres barométriques*.

Le plus simple de ces instruments (A, fig. 217) consiste en un tube de verre de 85 centimètres de longueur et de 8 à 10 millimètres de diamètre, maintenu vertical et plongeant par son orifice inférieur dans une petite cuvette garnie de mercure ; il est mis en communication par le haut avec l'enceinte dans laquelle il mesure la pression. La relation est établie en *v*, au moyen d'un tube de caoutchouc épais. Quand la pression diminue dans l'enceinte, le poids de l'atmosphère agissant sur le mercure de la cuvette refoule celui-ci dans le tube jusqu'à ce que la colonne soulevée rétablisse l'équilibre. La hauteur de la colonne mercurielle au-dessus du niveau dans la cuvette mesure donc la diminution de pression réalisée dans l'enceinte ; par suite, la

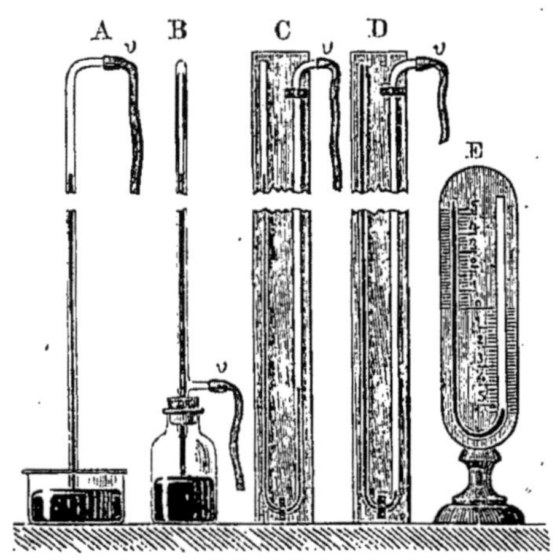

Fig. 217. — Manomètres.

différence entre cette hauteur et celle d'un baromètre ordinaire, observé simultanément, donne la pression dans l'enceinte. En fixant le tube sur une planchette marquée de divisions métriques, on lit facilement les hauteurs en question.

Le manomètre peut être fixé sur le conduit qui va de la trompe au récipient ; il suffit pour cela de placer, entre deux sections du tube de caoutchouc épais établissant la communication, un tube à trois branches, et, par un autre tube de caoutchouc épais, de relier en *v* au manomètre la branche restée libre.

La forme du manomètre précédent le rend peu mobile et peu stable. Le suivant (B, fig. 217) se déplace plus facilement. Le tube barométrique ouvert aux deux bouts est recouvert d'un autre un peu plus large, fermé par le haut, formant cloche au-dessus du premier, soudé sur celui-ci dans le voisinage de son orifice inférieur. Le second tube porte à une hauteur de 10 ou 12 centimètres un ajutage latéral *v* qui communiquera avec l'enceinte. Le bas du système plonge dans du mercure garnissant un flacon large ; enfin le tube double est fixé par un bouchon dans le goulot de ce dernier, qui reste d'ailleurs en communication avec l'atmosphère. Le gaz se raréfiant dans le récipient, le mercure s'élève dans le tube central.

Un simple tube de 1^m,70 de longueur (C, fig. 217), ouvert aux deux bouts, recourbé en deux branches égales et parallèles, contenant du mercure jusqu'à la moitié de sa hauteur, peut servir de manomètre. Si l'on fait communiquer l'une des branches avec l'enceinte dans laquelle on fait le vide, le mercure s'élève dans cette branche, tandis qu'il s'abaisse dans l'autre, refoulé qu'il est par l'atmosphère. La hauteur qui correspond à celle mesurée dans les précédents instruments est ici la distance verticale entre les deux niveaux. Ce manomètre exige donc une double lecture.

On peut même copier la forme ordinaire des baromètres (D, fig. 217) en se servant d'un tube en U de 85 centimètres de hauteur, fermé à l'extrémité de l'une de ses branches qui est exactement remplie de mercure, et communiquant par l'autre branche avec l'enceinte. La différence entre les niveaux dans les deux branches donne directement la pression du gaz à l'intérieur de l'enceinte, sans qu'il soit nécessaire, comme avec les instruments précédents, de recourir à la lecture d'un baromètre ordinaire et à un calcul.

Lorsqu'on opère sous de très faibles pressions ou, pour employer une expression inexacte mais consacrée, dans le vide, il n'est utile de connaître la pression que dans le voisinage de la limite à atteindre. On trouve alors beaucoup plus commode de remplacer le long baromètre dont il vient d'être question par un petit *baromètre tronqué*, construit de la même manière, mais plus court. Il ne commence à fonctionner, autrement dit le mercure ne quitte le sommet du tube fermé, qu'à partir du moment où la pression cesse de faire équilibre à la colonne mercurielle qu'il renferme ; on voit dès lors les deux niveaux se rapprocher.

Les baromètres tronqués, fixés sur des pieds en bois portant en même temps une tablette divisée (E, fig. 217), sont assez peu volumineux pour qu'on puisse les introduire directement dans les appareils où on fait le vide, sous les cloches par exemple (§ 264 à § 267) ; on supprime ainsi tout raccordement.

Les baromètres métalliques conviennent également. On doit toujours craindre cependant leur destruction rapide quand ils sont soumis à l'action de certains réactifs gazeux.

457. RÉGULATEURS DU VIDE. — Quand on opère dans le vide, diverses causes telles que les rentrées d'air par les fuites, les productions gazeuses à l'intérieur de l'appareil, empêchent de maintenir la pression constante.

Aux changements dus à la pression de l'eau motrice, il n'est pas toujours possible de remédier. Toutefois, en accouplant plusieurs trompes (§ 448, p. 283), on parvient d'ordinaire à constituer un système plus puissant qu'il n'est nécessaire pour maintenir la dépression voulue ; si dès lors on limite cette dépression en laissant rentrer l'air aussitôt qu'un maximum est dépassé, on réalise la régularisation désirée. Il suffit pour cela d'interposer sur la canalisation, qui relie la trompe au récipient, un tube à trois branches au moyen duquel on établit la communication avec un appareil tel que le suivant.

Une éprouvette à pied, étroite et très haute, qu'on remplace au besoin par un long tube bouché d'un bout et fixé sur une planche verticale, est remplie de mercure sur une hauteur de 80 centimètres. Elle est exactement fermée à son orifice supérieur par un bouchon à deux trous : le premier trou porte un tube court que l'on relie à la canalisation ; dans le second trou passe un tube étroit, plus haut que l'éprouvette, effilé vers le bas, ouvert en haut dans l'atmosphère. Ce tube plongeant d'une certaine hauteur dans le mercure, 50 centimètres, par exemple, si on fait fonctionner la trompe, le vide se produit dans le haut de l'éprouvette en même temps que dans les appareils, le niveau du mercure s'abaisse dans le tube immergé, et dès que la dépression a atteint

50 centimètres, l'air rentrant par le tube effilé empêche la raréfaction du gaz
de progresser. La pression maintenue ainsi dans les appareils est donc égale
à la différence entre 50 centimètres de mercure et la hauteur actuelle du baromètre. En traçant sur le tube plongeur, au moyen de l'acide fluorhydrique
(§ 173), des divisions métriques, il est très facile de disposer le régulateur pour
telle pression que l'on désire.

Lorsqu'il s'agit de limiter une aspiration faible, on se sert du même appareil, dans lequel on remplace le mercure par l'eau. Le régulateur à eau est
très commode pour faire servir une trompe ordinaire à mettre un gaz en mouvement ou à diminuer faiblement la pression dans une enceinte, dans un appareil à analyses organiques, par exemple.

2.

OPÉRATIONS DANS LES GAZ COMPRIMÉS.

458. Les raisons qui obligent à opérer sous des pressions supérieures à celle de l'atmosphère sont de deux sortes. Tantôt il s'agit
de provoquer des réactions qui ne sauraient être réalisées dans les
conditions ordinaires de pression ou à des températures que les réactifs employés ne peuvent acquérir sous la pression normale; tantôt le
but à atteindre est, non pas une réaction, mais le changement d'état du
gaz comprimé, c'est-à-dire sa liquéfaction ou même sa solidification.

A. — Compression des gaz ou vapeurs.

459. Tubes scellés. — Parmi les opérations faites sous des pressions plus grandes que celle de l'atmosphère, les unes sont pratiquées
dans des vases résistants que l'on a clos à basse température, alors
que leur contenu était à la pression ordinaire, et que l'on chauffe
ensuite; la compression est alors obtenue, soit par un dégagement
gazeux dû à une réaction, soit par une augmentation de tension des
vapeurs émises. Pour les autres, la compression est produite mécaniquement, en refoulant un gaz dans un espace inextensible. Dans le
premier cas, on fait surtout usage de vases clos en verre, et principalement de tubes de verre, dits *tubes scellés à la lampe*, parce qu'ils sont
fermés par fusion du verre à la lampe d'émailleur.

Après avoir été employés, d'abord par Cagniard de Latour en 1822,
puis par Faraday pour la liquéfaction de certains gaz, les tubes scellés
ne sont devenus d'un usage général qu'après les applications nombreuses qu'en a faites M. Berthelot; ils constituent un mode d'expérimentation très précieux. Les vases de verre ordinaires sont, en effet,
trop minces pour résister à une pression intérieure un peu élevée; en
outre, leurs formes irrégulières entraînent une inégale répartition de
l'action mécanique exercée sur leur paroi par le gaz comprimé, et par
suite facilitent leur rupture; enfin les bouchons qui les ferment se
trouvent soulevés. Les tubes cylindriques sont au contraire réguliers et

supportent également sur toute leur surface la pression des gaz
qu'ils renferment; de plus, comme à épaisseur égale la résistance qu'ils
présentent est en raison inverse du carré de leur rayon, il est toujours possible de les prendre suffisamment épais et étroits, pour qu'ils
supportent des pressions extrèmement considérables. Quand on les a
scellés à la lampe, leur fermeture est hermétique. Ajoutons que, lorsqu'ils se brisent sous l'effort de pressions très fortes, auxquelles ils ne
peuvent résister, ils se divisent en éclats très petits, à la manière des
larmes bataviques, et l'opérateur doit se garantir des actions exercées
par les gaz qui se détendent, bien plus encore que de l'action mécanique
de leurs débris.

Les tubes scellés s'emploient dans de très nombreuses circonstances:
quand il s'agit de chauffer des composés à des températures supérieures à leur point d'ébullition, de recueillir des gaz formés dans une
réaction lente, de faire réagir des gaz ou des vapeurs sous des pressions considérables, etc. On les prépare au moyen de tubes en verre,
dont le diamètre intérieur dépasse rarement 15 ou 16 millimètres et
dont l'épaisseur est d'autant plus considérable qu'ils doivent résister
à une plus forte pression intérieure. Les verres riches en chaux présentent plus de résistance à la rupture ($1^{kg},8$ par millimètre carré) que
les verres très siliceux ou très sodiques ($0^{kg},6$ et même moins par millimètre carré); quant au cristal, il est peu résistant et ne doit pas être
employé. On donne aux tubes une longueur dépassant rarement 40 centimètres. Pour les disposer, en se servant de la lampe d'émailleur, on
chauffe lentement un tube de verre à la distance voulue de son extrémité,
et on l'étire (§ 167); on ramollit de nouveau le verre au sommet du
cône étiré et, par un mouvement rapide, on détache la section à utiliser : on introduit ensuite toute la partie conique dans la flamme rendue
plus large, et on fond le verre qui acquiert en se rétractant une épaisseur suffisante; on laisse enfin refroidir. Si l'on n'a pas cessé de tourner
le tube autour de son axe, il se termine par un cône de verre f, régulier de forme et d'épaisseur (fig. 218). Lorsque la matière à chauffer est
peu volatile, il suffit de l'introduire dans le tube, et de sceller ensuite
l'extrémité o. A cet effet, on chauffe le verre sur une longueur de 3
ou 4 centimètres à partir de l'orifice à sceller, puis on ramollit fortement l'extrémité et, touchant ses bords avec un autre tube de verre
déjà chaud, on accole les deux verres ; un mouvement de traction
exercé sur le second tube étire le premier qui a été plus fortement
chauffé et le termine par une partie étranglée. Pour que le cône formé
soit épais et résistant, il faut que le verre ait été bien ramolli et étiré
lentement; il faut aussi que le verre n'ait pas été dévitrifié (§ 159). Un
défaut de régularité dans la forme du cône, un aplatissement local, par
exemple, entraîne un amoindrissement dans la solidité. Le tube finement étiré qui termine le cône doit être épais de verre et percé d'un
canal capillaire très fin ; s'il est au contraire mince et large, on chauffe
de nouveau le sommet du cône jusqu'au ramollissement avancé, puis on

étire doucement le verre qui a pris ainsi de l'épaisseur. On termine en
coupant la partie étranglée, par un jet de chalumeau, à un ou deux
centimètres du sommet du cône (fig. 218). Quelle que soit la fragilité
du tube fin qui subsiste ainsi en *e*, ce mode de fermeture est de beaucoup
préférable à celui qui consiste à opérer en *e* comme
on l'a fait en *f*; on verra plus loin (§ 463) qu'elle
met l'opérateur à l'abri des explosions, lors de
l'ouverture des tubes contenant un gaz engendré
et comprimé pendant la réaction.

Un point important est de nettoyer très exactement le haut du tube après l'introduction des
réactifs. Aucune trace de ces derniers ne doit subsister à la surface du verre quand on chauffe celui-
ci pour le sceller; non seulement cela pourrait
entraîner la décomposition d'une certaine proportion de la matière et l'altération du contenu du
tube par les produits de cette décomposition, mais
encore cela rendrait le scellement du tube plus difficile dans tous les cas, et même presque impossible dans quelques-uns, lorsque le verre est imprégné d'oxydes ou de carbonates alcalins, par
exemple.

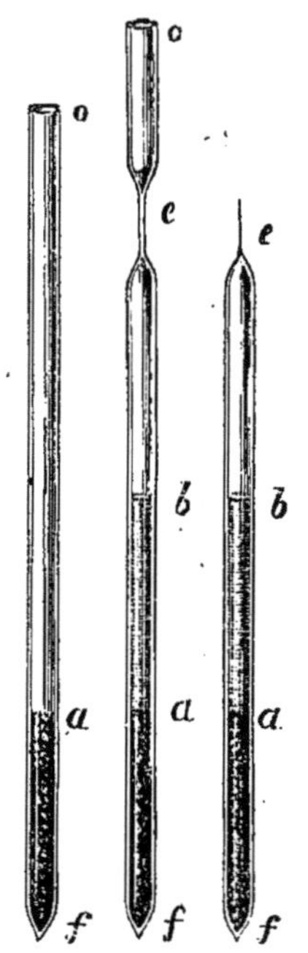

Fig. 218. — Tubes
scellés.

460. Quand les produits à enfermer dans le tube
sont très volatils et altérables par la chaleur, leur
vapeur vient, pendant le scellement, se décomposer partiellement au contact du verre chaud. Lorsqu'ils sont en même temps liquides, il est pos-
sible de diminuer beaucoup cet inconvénient. Il suffit de couper le tube
un peu trop long, de le fermer en *f* (fig. 218), d'y introduire les réactifs
solides s'il y a lieu, de l'étirer en *e*, en évitant un étranglement trop
étroit, puis, après refroidissement, de verser le liquide à l'intérieur en
se servant de la partie *eo* (fig. 218, au milieu) comme d'un entonnoir ;
en chauffant doucement l'étranglement, on volatilise le liquide qui le
mouille, puis on le ferme comme il a été dit plus haut. Comme cette
dernière opération n'exige le chauffage que d'une faible surface du verre,
elle n'entraîne l'altération que d'une fort petite portion de la vapeur.

461. La quantité de matière à introduire dans un tube scellé ne saurait être fixée ; elle varie forcément avec la nature de la réaction, le
volume des gaz engendrés, la dilatabilité des réactifs, la température
à laquelle on les porte, etc. D'une manière générale, on évite d'occuper
plus des 2/3 de la contenance du tube.

462. *Étuis à tubes.* — Quelle que soit leur résistance, les tubes de verre
scellés se brisent fréquemment et il importe de mettre l'opérateur à
l'abri des effets de leur explosion. Bien disposés, ils ne se rompent que

sous des pressions tellement élevées que leurs fragments sont, comme il a été dit, trop peu volumineux pour être dangereux à une certaine distance, mais l'expansion des gaz que cette rupture laisse échapper brusquement projette le liquide du bain dans lequel on chauffe le tube et peut même détruire le vase qui contient ce liquide. On se met à l'abri de tout accident grave, en enfermant les tubes à chauffer dans des étuis métalliques (fig. 219). Ces derniers sont constitués par des tubes en fer soudé et étiré (dits tubes Gandillot) ; on les ferme à l'une de leurs extrémités en les forgeant, et à l'autre extrémité par un écrou de fer en forme de calotte, s'adaptant à un pas de vis profondément tracé à la surface extérieure du tube. Quand le tube en verre vient à se rompre, les gaz se détendent dans l'étui métallique ; celui-ci reçoit leur choc et les laisse échapper peu à peu par la fermeture vissée, qui n'est pas étanche ; on assure parfois cet écoulement lent du gaz en pratiquant une petite ouverture dans le bouchon. A un moment donné, l'étui doit cependant résister à une pression intérieure énergique et brusquement développée. Afin d'ouvrir et de fermer plus facilement les étuis, on termine leur bouchon ainsi que leur soudure inférieure, par une partie rectangulaire, propre à être serrée dans un étau ou dans une clef anglaise.

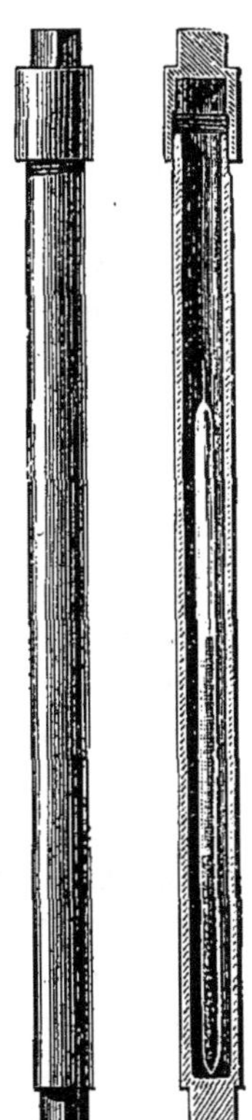

Fig. 219. — Étui à tubes scellés.

On fermait autrefois les étuis par un bouchon cylindrique plein, vissé à l'intérieur de l'orifice. Cette disposition est défectueuse : si le tube se fend longitudinalement par un excès de pression intérieure, ce qui arrive assez fréquemment, le bouchon cesse d'être retenu par le pas de vis entr'ouvert, s'échappe et est projeté avec violence : au contraire, avec la construction représentée dans la figure 219, une augmentation de diamètre du tube entr'ouvert ne fait qu'augmenter l'adhérence du tube et du bouchon. Les étuis en cuivre ou en laiton présentent une solidité insuffisante ; une explosion peu énergique suffit à les boursoufler et à les mettre hors d'usage.

Pour chauffer les tubes, les étuis sont placés soit dans un bain d'huile vertical ou horizontal (§ 122 et § 123), soit dans un bain-marie (§ 116) de forme très profonde, soit encore dans un bloc métallique (§ 115) ou même dans un bain d'air (§ 132). Quand on se sert des bains liquides, il est nécessaire de les munir d'un couvercle métallique (fig. 77, § 122), qui arrête le liquide projeté lorsque l'étui vient à se fendre.

463. *Ouverture des tubes scellés.* — La réaction terminée, il ne faut ouvrir les tubes scellés qu'avec précaution, surtout lorsque des gaz ont

pu se former dans le tube et y développer une pression plus ou moins forte. Ce dernier fait pouvant toujours se produire, même dans une réaction bien connue, par suite d'erreur ou d'omission, et les accidents occasionnés par l'ouverture des tubes étant nombreux, il est prudent de traiter tous les tubes scellés de la même manière et de ne les ouvrir qu'en mettant l'expérimentateur à l'abri de leur explosion.

Pour cela, on se contente fréquemment de laisser le tube dans son étui métallique, mais en amenant l'extrémité finement effilée qui le termine, à l'orifice de cet étui, et d'introduire la pointe du tube dans la flamme de la lampe d'émailleur. Le verre fond et, quand un excès de pression existe à l'intérieur, se trouvant soufflé par le gaz comprimé, il se gonfle et se perce : le gaz s'échappe alors par la pointe. On a soin de tourner vers un mur l'ouverture de l'étui, les fragments de verre étant projetés dans cette direction lorsque le tube se brise. Même avec des pressions énormes, ce fait se présente rarement si la pointe a été très finement effilée et faite en verre épais : la détente s'opère alors lentement, par un très petit orifice, sans aucun phénomène brusque auquel l'élasticité du verre ne puisse résister. Lorsqu'au contraire on ouvre largement un tube scellé qui est sous pression, la détente est instantanée et le verre ne peut supporter sans se rompre le changement trop brusque d'équilibre qui lui est imposé. Ce fait donne une grande importance au mode de fermeture recommandé pour les tubes scellés (§ 459).

En ouvrant les tubes dans leur étui, il arrive parfois que les fragments de verre soient projetés assez énergiquement pour atteindre indirectement l'opérateur, après avoir frappé d'abord un obstacle résistant. Il vaut mieux, surtout dans les cas de très fortes pressions, entourer le tube de plusieurs épaisseurs de linge, soigneusement enroulées et entrecroisées, en laissant libre seulement la pointe à ouvrir : le linge tordu arrête toute projection.

464. **MATRAS SCELLÉS.** — Le seul inconvénient des tubes scellés est leur faible contenance ; avantageuse lorsqu'il s'agit d'expérimentation, celle-ci devient incommode dans les préparations puisqu'on est alors conduit à multiplier beaucoup les tubes. On a essayé de les remplacer par des matras de verre très épais, qui ont à peu près la forme des matras d'essayeur (§ 152, fig. 92, G), et que l'on scelle comme les tubes dans leur partie tubulaire. Ces vases sont dangereux ; ils éclatent sous des pressions peu élevées. Cela s'explique facilement par ce qui a été dit ci-dessus relativement à l'influence du diamètre et de la forme sur la résistance (§ 459).

On se sert aussi, dans le même but, de bouteilles épaisses, dites à vin de Champagne, que l'on ferme par un bouchon ficelé après le goulot ; ces bouteilles, ainsi que les matras épais, se brisent sous des efforts très variables ; comme on ne peut aisément les envelopper d'un étui, elles sont susceptibles de causer des accidents.

465. **AUTOCLAVES.** — Pour opérer sur des quantités un peu importantes, il est préférable de faire usage de vases métalliques très épais et très solides, dits autoclaves bien que leur mode de fermeture soit le plus souvent

différent de celui que ce mot désigne. Nous décrirons un vase de ce genre.

Soit *abcd* (fig. 220) un récipient cylindrique, en acier, d'une épaisseur beaucoup plus considérable que celle qui correspond à la résistance nécessaire pour vaincre la pression maximum à atteindre; il se termine en *ad* par un rebord plat et dressé au tour. Ce récipient est fermé très solidement par un

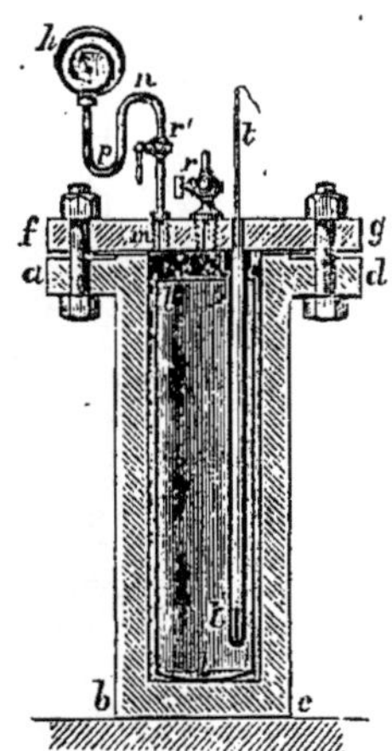

Fig. 220. — Autoclave.

disque d'acier épais *fg*, s'appliquant exactement sur le rebord *ad*, et pouvant être pressé énergiquement sur ce dernier au moyen d'une série d'écrous disposés au pourtour. Pour assurer la fermeture, qui serait imparfaite au contact de deux surfaces d'acier, on comprime entre ces deux surfaces un anneau de carton mince ou de plomb laminé. Le couvercle porte : 1° un robinet *r* par lequel on met l'autoclave en communication avec l'atmosphère; 2° un tube *tt'* en fer, bouché par le bas, destiné à contenir un thermomètre; 3° un tube en fer *mnp*, recourbé en S et portant un manomètre *h;* en plaçant un liquide inerte dans la branche courbée de ce tube, on empêche les gaz et les vapeurs de l'autoclave d'atteindre le manomètre.

L'acier étant attaqué par beaucoup de réactifs, il est bon de recouvrir intérieurement l'appareil d'une couche d'émail. Comme, d'autre part, l'application de ce revêtement exige l'intervention d'une température très élevée, susceptible d'altérer le métal, et comme l'émail siliceux est facilement attaqué par les solutions alcalines, il est recommandable, pour préserver l'instrument, d'introduire dans l'autoclave une sorte de doublure *lll*, en tôle mince, qui n'aura aucune pression à supporter, puisque le gaz agira simultanément sur ses deux faces, et dans laquelle on placera les réactifs. On prendra un vase de tôle nue si l'on opère sur des composés alcalins; on le prendra émaillé si la substance à chauffer attaque le fer et non le verre. Dans tous les cas, ce vase, facile à remplacer, supporte en très grande partie les détériorations auxquelles l'autoclave lui-même serait exposé si l'on y plaçait directement les réactifs.

Pour chauffer l'appareil, on le plonge jusque vers le bord *ad* dans un bain d'huile et on protège son couvercle contre le refroidissement de l'air, par une couverture peu conductrice.

Un autoclave doit être essayé à l'eau, avec une pompe de compression, jusqu'à une pression supérieure de beaucoup à celles auxquelles il doit résister. Malgré cette précaution, il reste toujours un appareil dangereux, qu'on doit faire fonctionner avec circonspection et en surveillant avec soin son manomètre. Il est indispensable de l'employer exclusivement pour des réactions parfaitement étudiées dans les tubes scellés et reconnues incapables de causer sa rupture.

466. **SOUFFLERIES.** — Parmi les appareils usuels, destinés à comprimer les gaz mécaniquement, les plus répandus sont les *souffleries hydrauliques*, qui sont fondées sur les mêmes principes que les trompes aspirantes (§ 446). Ces instruments ne sont que des modifications de la *trompe catalane* qu'emploient depuis longtemps les métallurgistes.

Étant donnée une trompe à eau (§ 446 à § 449), aspirant l'air librement dans l'atmosphère, on peut recueillir à la partie inférieure du tube d'écoulement l'air expulsé, qui se trouve plus ou moins énergiquement refoulé. Toutefois, les trompes travaillant au refoulement sont surtout employées pour produire en abondance de l'air faiblement comprimé. Celui-ci est utilisé dans beaucoup de circonstances : on le dirige dans des liquides à oxyder, il alimente les chalumeaux à gaz, il active l'évaporation des liquides chauffés à la surface desquels on l'insuffle, etc. La soufflerie suivante, dont la disposition est due à Damoiseau, fonctionne très bien lorsqu'elle est alimentée d'eau ayant au moins 10 mètres de pression.

Un réservoir cylindrique (fig. 221), de 1^m,60 de hauteur, reçoit par un appendice latéral A le mélange d'air et d'eau qui s'échappe d'une trompe EA, alimentée d'eau en E et d'air en V : le liquide s'accumule au bas du réservoir, tandis que l'air comprimé se réunit au-dessus. Un tube large et coudé *msn* suit l'axe du cylindre et vient s'ouvrir en *n* à l'extérieur; il porte soudé en *r* un second tube de même diamètre, dont l'orifice inférieur s'ouvre en *s*, au voisinage du fond du réservoir. Lorsque la trompe fonctionne, l'eau, dont le niveau s'élève peu à peu, monte aussi dans le tube *sr;* elle y monte même plus vite que dans le réservoir, puisqu'elle y est refoulée non seulement par la poussée du liquide du réservoir, mais aussi par l'air superposé, dont la pression va sans cesse en augmentant. Lorsque le liquide a atteint le point *r*, il se déverse dans le tube *mn* et s'échappe en *n*, l'air continuant toujours à s'accumuler. Si ce gaz ne trouve aucun écoulement, lorsque sa pression arrive à faire équilibre à une colonne d'eau de hauteur *sr*, le niveau dans le réservoir s'est abaissé en *s* et le gaz commence dès lors à s'échapper, en même temps que l'eau, par les tubes *sr* et *mn*. Ce dernier est d'ailleurs ouvert en *m* pour qu'il ne puisse former siphon. Si au contraire, par un robinet P, on laisse sortir l'air comprimé, le niveau de l'eau remonte à l'intérieur du réservoir et un régime s'établit, dans lequel la pression de l'air à

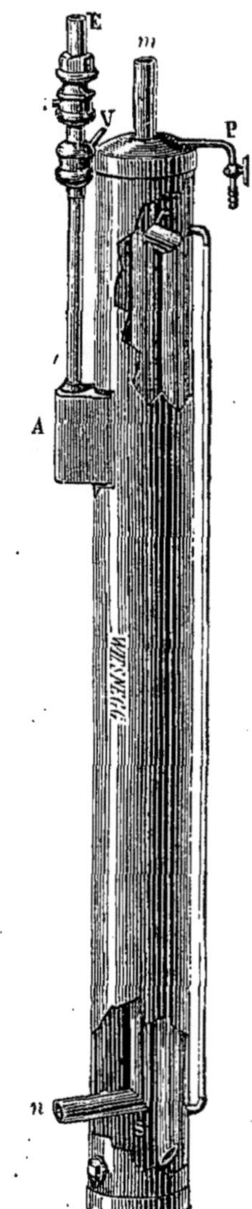

Fig. 221. — Soufflerie de Damoiseau.

l'intérieur est celle qui détermine en P un écoulement d'air égal à l'arrivée en VA ; ce régime est variable par conséquent avec l'ouverture du robinet P. La pression maximum est mesurée par la hauteur d'eau *sr*. Quant à la trompe EA, la meilleure disposition à lui donner est celle des trompes aspirantes à grand débit (§ 450).

467. Un appareil du même genre peut être construit en verre au moyen d'un flacon bitubulé. La trompe en verre est adaptée au goulot par un bouchon percé d'un trou. La première tubulure porte le robinet de sortie de l'air. Enfin la seconde tubulure est fermée par un bouchon que traverse un très large tube de verre; ce tube plonge jusqu'au fond du flacon et est relié, extérieurement à celui-ci, avec un tube de caoutchouc de même largeur, qui sert au départ de l'eau et dont on peut élever l'orifice à une hauteur variable avec la pression à obtenir. Cette pression peut encore être réglée différemment : le tube de caoutchouc est court, mais peut être écrasé plus ou moins entre les branches d'une pince à vis (fig. 222) ; la résistance variable que l'on apporte ainsi à l'écoulement de l'eau équivaut à une élévation plus ou moins grande de la colonne liquide à la sortie.

Fig. 222. — Pince à vis.

Ce dernier arrangement, appliqué sous la forme d'un robinet adapté en *n* à la trompe soufflante dont il a été question plus haut (§ 466, fig. 221), augmente la compression que celle-ci est susceptible d'exercer.

Lorsqu'on ne peut avoir l'eau sous une pression suffisante, les trompes des souffleries précédentes doivent être remplacées par des trompes à tubes très longs, identiques à celle disposée par M. Bunsen pour l'aspiration (§ 447).

468. *Gazomètres.* — Un gazomètre résistant (§ 435 et § 436), rempli d'air ou d'un gaz quelconque, fournit ces fluides sous une pression élevée quand on le met en communication avec une canalisation d'eau sous pression. Le gaz qu'il renferme se met en équilibre de pression avec l'eau qui pénètre en quantité convenable dans le réservoir. Parmi les procédés de compression d'une application facile, celui-ci est le plus efficace, la pression de l'eau dans les canalisations des villes dépassant presque toujours une atmosphère.

D'ailleurs les aspirateurs cités plus haut (§ 453), qui se composent de deux vases reliés par un tube de caoutchouc et placés à des niveaux différents, peuvent travailler aussi bien à la compression qu'à l'aspiration : tandis que l'aspiration se produit dans le vase le plus élevé, la compression s'opère dans le plus bas si, par un robinet, on oppose un obstacle à l'écoulement du gaz que le liquide refoule dans sa chute.

469. *Souffleries mécaniques.* — Le soufflet d'émailleur (§ 94, fig. 54) fournit aussi de l'air dont la compression varie avec l'action exercée sur la pédale de l'instrument. Les pompes à air permettent d'atteindre des pressions très élevées, mais elles exigent l'intervention d'actions mécaniques énergiques et par suite celle d'un moteur.

La compression de l'air peut encore être obtenue par l'action mécanique directe de la vapeur (M. de Romilly), mais comme cette dernière n'existe en permanence que dans un petit nombre de laboratoires, nous nous bornons à signaler ce moyen.

B. — **Liquéfaction des gaz.**

470. Quand, à température fixe, on comprime graduellement un gaz renfermé dans un espace clos, sa pression augmente jusqu'à une limite fixe, laquelle est sa *tension maximum;* à partir de ce moment, le gaz se liquéfie en quantité croissante; à cette pression limite, correspond le *point de liquéfaction* ou aussi le *point d'ébullition* à la température considérée. Pour un même liquide, la tension maximum de la vapeur augmente avec la température; un abaissement de celle-ci contribue donc, comme la compression, à produire la liquéfaction. Il y a plus, une augmentation de pression, même aussi considérable qu'on voudra la supposer, ne suffit pas dans tous les cas pour amener un gaz à l'état liquide; ce résultat ne peut être atteint au-dessus d'une température propre à chaque gaz, et connue sous le nom de *point critique;* à partir de ce point, l'état liquide ne se distingue plus de l'état gazeux, le liquide étant mêlé et confondu avec sa vapeur.

471. TUBE DE FARADAY. — Le procédé de liquéfaction des gaz imaginé par Faraday consiste à enfermer dans un tube scellé à la lampe, très résistant (§ 459), soit des réactifs susceptibles de donner naissance au gaz en question, soit une solution de ce gaz, puis à chauffer de manière à produire la réaction ou à faire cesser la dissolution : le gaz mis en liberté se comprime lui-même dans l'espace étroit où il est maintenu et se liquéfie.

Au lieu de laisser le tube droit, il est préférable de le courber à angle droit (fig. 223) et de placer les corps générateurs du gaz dans l'une des branches A; en maintenant alors la seconde branche C dans un milieu à basse température, le gaz liquéfié s'y condense et s'y accumule, sans se mélanger aux autres matières.

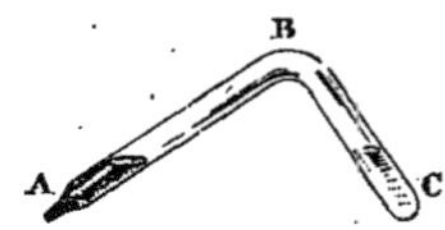

Fig. 223. — Tube de Faraday.

Lorsqu'on opère sur des dissolutions ou sur des combinaisons que la chaleur détruit, mais qui se reforment à basse température, le tube de Faraday peut servir indéfiniment; par refroidissement le corps liquéfié disparaît, mais il se reproduit de nouveau toutes les fois qu'on place les deux branches du tube dans les circonstances de température qui viennent d'être indiquées (voy. *Ammoniaque*).

L'appareil de Thilorier pour la liquéfaction du gaz carbonique était basé sur les mêmes principes.

472. LIQUÉFACTION PAR COMPRESSION MÉCANIQUE. — La compression au moyen de pompes appropriées est le meilleur de tous les procédés de liquéfaction, quand il s'agit de produire des quantités de liquide importantes. C'est, en effet, avec des pompes foulantes, disposées suivant les indications de Natterer et modifiées de diverses manières, qu'on liquéfie couramment dans l'industrie le gaz sulfureux, le gaz carbonique, le protoxyde d'azote, l'ammoniaque, l'éther méthylchlorhydrique, etc.

473. LIQUÉFACTION PAR LA DÉTENTE. — M. Cailletet a construit un appareil avec lequel on peut varier beaucoup les conditions dans lesquelles on opère la liquéfaction des gaz, et qui permet de faire intervenir, non seulement une compression extrêmement énergique, mais encore le refroidissement considé-

rable dû à la détente partielle du gaz comprimé. Cet appareil (fig. 224) se compose essentiellement d'une pompe à eau P, au moyen de laquelle on refoule
ce liquide aspiré en a, dans un réservoir en acier AB, contenant du mercure.
Ce réservoir porte, solidement fixé à sa partie supérieure, un tube de verre
TT, de forme particulière, terminé vers le haut par une partie cylindrique et
étroite. Après avoir introduit le gaz à liquéfier, sur la cuve à mercure, dans
ce tube de verre dont la monture E est mobile, on replace le tube dans l'appareil et on refoule l'eau dans le réservoir AB, par le conduit TU ; le mercure

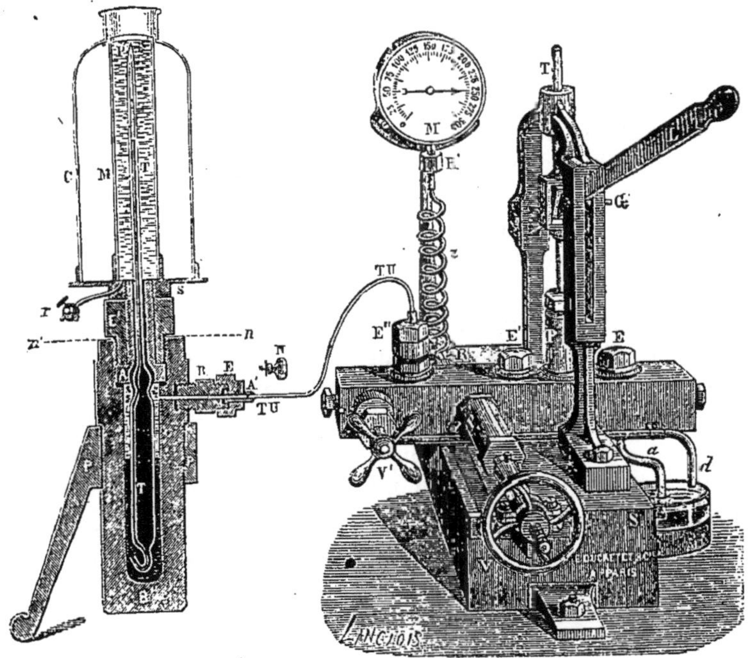

Fig. 224. — Appareil de M. Cailletet.

pénètre dans le vase de verre par l'orifice inférieur, comprime le gaz dont le
volume diminue progressivement, et s'élève finalement dans le tube fin. Si le
corps expérimenté est facilement liquéfiable, on ne tarde pas à voir une couche
de liquide se déposer au-dessus du niveau du mercure ; la liquéfaction est alors
due à la compression seule. Dans le cas contraire, la compression ayant été
poussée très loin, au moyen de robinets V et V' convenablement disposés, on
laisse échapper rapidement une portion de l'eau contenue dans le réservoir AB :
le gaz se détend instantanément dans le tube de verre, en empruntant à lui-
même la chaleur qu'il absorbe pour augmenter de volume, c'est-à-dire en se
refroidissant. On aperçoit alors, à l'intérieur du tube, même quand il s'agit de
gaz difficilement liquéfiables, soit un liquide ruisselant sur les parois, soit un
nuage qui ne tarde pas à se dissiper sous l'influence du réchauffement, mais
qui indique nettement la liquéfaction momentanée du fluide élastique.

CHAPITRE XIV

USTENSILES ET PROCÉDÉS DIVERS.

474. INSTRUMENTS DE PHYSIQUE. — L'usage de beaucoup d'instruments de physique est constant dans les laboratoires de chimie. Nous citerons les thermomètres, les baromètres, les piles, les bobines d'induction, les goniomètres, les polarimètres, etc. ; mais, si grand que soit l'intérêt qui s'attache pour le chimiste à la connaissance de leur maniement, nous devons, à leur sujet, renvoyer le lecteur aux traités de physique.

475. BOUCHONS DE VERRE. — Les appareils de verre se ferment en général au moyen de bouchons.

Nous avons dit plus haut comment on ajuste aux orifices à fermer les bouchons de verre usés à l'émeri (p. 98). Ces derniers constituent une fermeture excellente qui, si elle n'est pas absolument étanche et laisse passer entre les parois de verre quelques traces de vapeurs, présente du moins l'avantage de n'être pas attaquée par la plupart des réactifs. Toutefois on doit ne pas placer dans les flacons bouchés à l'émeri les alcalis caustiques, leurs carbonates et certains sels qui, de diverses manières, font adhérer le bouchon au goulot et empêchent d'ouvrir le vase au moment voulu ; ce fait se présente surtout avec les sels qui, par évaporation, carbonatation ou attaque du verre, déposent une matière solide dans le joint du bouchon. Ce dernier est parfois tellement soudé de cette façon, qu'il faut couper le goulot du flacon pour avoir son contenu.

Le plus souvent cependant il est possible, en usant de divers artifices, d'enlever les bouchons qui adhèrent très fortement. Le plus simple à appliquer, lorsque le bouchon est fixé par un enduit salin, consiste à renverser le flacon et à plonger son goulot dans un vase contenant de l'eau ou tout autre liquide capable de dissoudre la substance à éliminer ; après dissolution, quelques secousses légères, données latéralement sur le haut du bouchon, avec un morceau de bois, ébranlent celui-ci et lui rendent sa mobilité. Si cette manœuvre n'a pas réussi, une dilatation du goulot par la chaleur donne fréquemment un meilleur résultat ; on plonge le goulot dans de l'eau chaude pendant quelques instants, et avant que la chaleur ne se soit transmise jusqu'au bouchon et ne l'ait dilaté, on profite de l'augmentation de diamètre de l'orifice due à la dilatation du goulot, pour donner quelques coups secs sur le côté du bouchon et détacher celui-ci par un mouvement de torsion qu'on lui imprime au moyen d'une pince en bois. Dans certaines circonstances, il est nécessaire de chauffer davantage ; on tourne alors avec précaution le goulot du flacon dans une flamme de gaz, ou mieux dans une flamme d'alcool qui, étant moins chaude, provoque moins fréquemment la rupture du verre.

476. Bouchons de liège. — Par leur élasticité qui les fait adhérer aux orifices à boucher, par leur résistance à un très grand nombre de réactifs, par la facilité avec laquelle on les taille de la dimension voulue ou on les perce d'orifices appropriés aux tubes qui doivent les traverser, les bouchons de liège constituent le mode de bouchage le plus précieux.

Le commerce fournit des bouchons de liège de toutes formes et de toutes grosseurs. On doit les choisir bien homogènes et non percés de canaux. On augmente leur élasticité en les comprimant dans le sens de leur diamètre, au moment de les employer. Pour cela, on les allonge sur le bord d'une table et, avec la paume de la main, ou mieux avec un morceau de bois plat, on les comprime doucement en les tournant autour de leur axe. La même opération se fait aussi, et plus facilement, au moyen du *mâche-bouchon*, instrument de bois ou de métal, composé de deux pièces munies de poignées et reliées l'une à l'autre par une charnière ; on comprime le bouchon entre ces pièces mobiles, qu'on rapproche plus ou moins fortement l'une vers l'autre. Il est indispensable cependant de ne pas oublier qu'une compression trop énergique déchire les cellules du liège et détériore le bouchon ; il suffit de donner à celui-ci une certaine élasticité. Cette pratique est en outre très commode pour amener un bouchon un peu trop fort au diamètre du goulot qu'il doit fermer.

477. Lorsque l'écart entre les diamètres est trop grand, il est nécessaire de diminuer la grosseur du bouchon. On y parvient de deux manières. La première est celle que mettent en pratique les fabricants : elle consiste à retailler le bouchon au moyen d'un couteau à lame large et bien affilée. On tient ce couteau d'une main, en appuyant solidement son extrémité sur le bord d'une table, et de l'autre main, on frotte sur son tranchant le bouchon qu'on pousse régulièrement, du bas de la lame vers son sommet ; si on a en même temps donné au plan de la lame une direction convenable par rapport au bouchon et si on a tourné régulièrement ce dernier autour de son axe, le couteau enlève à sa surface un copeau régulier qui lui laisse la forme voulue, c'est-à-dire celle d'un cône très voisin du cylindre. On peut encore saisir le bouchon d'une main et le tailler avec un couteau plus petit, tenu de l'autre main ; mais on n'arrive jamais ainsi à une aussi grande régularité que par la pratique précédente. Dans tous les cas, il faut une grande habitude pour tailler au couteau un bouchon très régulier ; le plus souvent, on achève l'opération ou même on l'exécute en entier par un second moyen, c'est-à-dire en se servant des râpes à bouchons.

478. Les *râpes à bouchons* sont taillées comme les râpes à bois ; leur grain ne doit jamais être trop gros, afin de ne pas arracher le liège trop profondément ; le mieux est d'en avoir de grains variés et de commencer la taille du bouchon avec les râpes les plus grossières pour la poursuivre avec de plus douces. La forme la plus convenable est celle des limes arrondies sur une face et planes sur l'autre. On tient le bouchon par ses extrémités, en appliquant le pouce et l'index de la main gauche sur les plans qui le terminent et en l'appuyant sur le bord d'une table, puis on frotte sa surface en faisant mouvoir la râpe à peu près tangentiellement à la surface à produire ; en tournant doucement le bouchon sur lui-même pendant chaque mouvement de retour de la lime, on use très régulièrement sa surface et on lui donne du même coup la grosseur et la forme voulues. Finalement on adoucit la surface rugueuse avec une lime à métal, dite *lime bâtarde*, dont le grain fin attaque peu le liège et enlève seulement les aspérités de sa surface.

Quand on tient le bouchon à main levée, il est plus difficile de le façonner avec régularité, les mouvements de la main faisant varier les positions respectives du bouchon et de la lime. A chacun de ses mouvements, cette dernière doit laisser sur le bouchon une trace bien plane : si la pointe ou la poignée ont été abaissées, si elles ne sont pas restées exactement dans la même direction, on n'obtient qu'une surface courbe qui ne peut conduire à un bon résultat.

479. *Percement des bouchons.* — Lorsque les bouchons doivent être traversés par des tubes, il est nécessaire de les percer, parallèlement à leur axe, de trous cylindriques livrant aux tubes un passage exact, sans laisser entre ces tubes et le liège des fissures par lesquelles les gaz puissent s'échapper. Pour qu'un appareil soit convenablement monté, les tubes doivent suivre l'axe du goulot que bouche le liège qui les porte, ou s'ils sont multiples être parallèles à cet axe ; il est donc nécessaire de donner aux trous les mêmes directions.

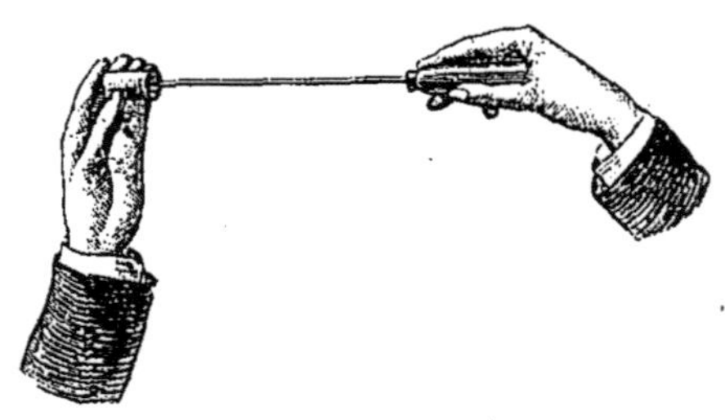

Fig. 225. — Percement d'un bouchon.

Pour percer un bouchon d'un seul trou suivant son axe, on fait rougir au feu une tige de fer, cylindrique, droite, pointue, d'un diamètre beaucoup plus faible que celui de l'ouverture à pratiquer et munie d'un manche (*percerette*), puis, tenant le bouchon entre les doigts (fig. 225), on fait pénétrer cette tige dans le bouchon en suivant son axe aussi exactement que possible : le liège brûlant au contact du métal rougi, la tige de la percerette pénètre très facilement. Pour maintenir suivant l'axe la direction de la tige, il est bon de tourner le bouchon sur lui-même pendant l'opération. Les parois de l'ouverture pratiquée sont brûlées sur une certaine épaisseur et le liège qui les forme, ayant perdu son élasticité, doit être enlevé. Pour cela, on se sert d'une râpe ronde et fine, dite *queue de rat*, d'un diamètre maximum un peu plus faible que celui du trou à pratiquer. On introduit l'instrument dans l'ouverture et on frotte celle-ci doucement, en tournant avec soin le bouchon autour de la lime comme axe; non seulement on maintient ainsi les dispositions respectives du bouchon et de l'instrument, mais encore on donne à l'orifice une forme exactement cylindrique. Lorsque le trou n'a pas la direction voulue, on rétablit cette dernière en inclinant la lime. Il est indispensable d'agir doucement, surtout si le grain de la râpe est un peu fort; il faut éviter, en effet, d'arracher des fragments de liège trop volumineux qui laissent des creux, ou d'enlever sur un point de la surface du trou une quantité de liège trop forte qui la déforme et met le bouchon hors d'usage. Une surface bien cylindrique et adoucie ne s'obtient que par des actions peu énergiques mais répétées longtemps, et en terminant avec une lime ronde à grain très fin. Ce procédé n'est bon que lorsqu'il y a, entre la grosseur de la percerette et celle du trou à percer, une différence suffisante pour que la totalité du liège altéré par la chaleur puisse être enlevée; on diminue d'ailleurs l'épaisseur du liège décomposé, en laissant la tige de fer en contact avec la matière organique pendant le temps le plus court possible.

La détérioration du liège par la chaleur fait souvent délaisser l'usage de la percerette; on remplace celle-ci par une petite râpe ronde, très mince, avec laquelle on transperce le bouchon : l'opération exige alors un peu plus de force et par suite plus d'habitude pour donner au trou la direction voulue; étant d'autre part moins rapide, elle permet toujours de rectifier la position du bouchon par rapport à l'instrument. On élargit enfin l'ouverture avec des râpes de plus en plus grosses. Si l'on se sert tout d'abord d'une râpe ronde, trop forte bien que pointue, et qu'on la pousse sans précaution, le liège déchiré se tasse sous ses dents et s'arrache plus ou moins largement.

480. Les *perce-bouchons* de Mohr permettent d'atteindre le même résultat dans de bonnes conditions, mais leur emploi exige une certaine habitude. On les trouve dans le commerce par séries de 6, de grosseurs croissantes et s'insérant les uns dans les autres. Chacun d'eux se compose d'un tube cylindrique, à bords aiguisés vers une extrémité et arrondis vers l'autre; dans le voisinage de cette dernière, deux trous pratiqués sur le prolongement d'un même diamètre permettent d'introduire une tige métallique qui donne prise pour manœuvrer le tube. On appuie fortement le bout coupant sur une base du bouchon et, imprimant à l'appareil un mouvement de rotation, on le fait pénétrer suivant l'axe. On s'arrête lorsque le perce-bouchon a atteint le milieu du bouchon; on retourne ce dernier après avoir enlevé l'instrument, et on opère de même sur sa seconde base, de telle manière que les deux trous soient exactement sur le prolongement l'un de l'autre. C'est cette dernière condition qu'il est un peu délicat de réaliser, aussi transperce-t-on souvent le bouchon d'un seul coup, ce qui exige l'emploi d'une pression assez énergique. On termine au moyen d'une râpe ronde, comme il a été dit plus haut. En introduisant une tige métallique dans le perce-bouchon, on en fait sortir le cylindre de liège qui a été détaché. Les perce-bouchons sont construits d'ordinaire en laiton, mais des tubes d'acier donnent un meilleur tranchant; on les termine souvent à leur partie supérieure, par une plaque métallique que leur tête tra-

verse et à laquelle elle se trouve soudée; cette plaque est destinée à recevoir la pression de la main.

481. Lorsque plusieurs trous doivent être pratiqués dans un même bouchon, il importe de leur donner des directions parallèles entre elles, et aussi de respecter l'intégrité des minces cloisons de liège qui les séparent. On les perce par les moyens précédents, l'opération étant seulement un peu plus délicate. Il importe surtout de pratiquer convenablement tout d'abord les trous étroits. Avec quelque soin et un peu de pratique, on atteint bien vite un résultat satisfaisant.

Dans aucun cas, on ne doit ménager sa peine pour façonner convenablement les bouchons et obtenir une fermeture exacte des appareils. C'est une erreur que font souvent les commerçants, de mettre en fonctionnement des appareils imparfaitement bouchés ; elle entraîne presque toujours la perte des opérations et parfois des accidents. Nous rappellerons donc de nouveau que les appareils doivent toujours être essayés (§ 397) avant d'être mis en usage.

482. On augmente beaucoup la résistance des bouchons de liège à l'action destructive des réactifs, en les imbibant d'un corps gras ou mieux encore de paraffine. Les *bouchons graissés* et les *bouchons paraffinés* sont des bouchons de liège qui ont été plongés pendant quelque temps, après avoir été façonnés, dans un bain de suif ou de paraffine en fusion; on les y a maintenus jusqu'à ce qu'ils aient pris la température du liquide; quand on les a sortis ensuite, ils ont été égouttés avant leur refroidissement. Ainsi préparés, ils sont enduits et même pénétrés, sur une certaine épaisseur, par la matière du bain; lorsque cette dernière est inattaquable par un réactif donné, elle soustrait le liège à l'action de ce dernier. Le liège, trop largement poreux, devient imperméable quand on lui a fait subir cette opération, le corps gras ou l'hydrocarbure obturant les canaux dont il est percé.

483. Bouchons de caoutchouc. — L'industrie livre actuellement des bouchons de caoutchouc vulcanisé, de grosseurs diverses, pleins ou percés de trous, qui se prêtent bien à un montage rapide et exact des appareils. Malgré qu'ils soient assez coûteux et qu'ils ne puissent facilement être modifiés dans leurs formes et dimensions, ils sont fréquemment usités. On ne doit pas oublier cependant qu'ils sont altérés par un assez grand nombre de produits; le chlore, le brome, l'iode et, en général, les substances qui attaquent ou dissolvent les carbures d'hydrogène, s'opposent à leur emploi; ils sont de même désorganisés par une température relativement peu élevée, à laquelle résistent encore très bien les bouchons de liège.

On fait extemporanément des bouchons de caoutchouc très commodes pour fermer une ouverture dans laquelle pénètre un tube d'un diamètre légèrement plus faible, en détachant d'un tube de caoutchouc d'épaisseur convenable un morceau de quelques centimètres de longueur. De semblables anneaux plats servent également à augmenter la grosseur d'un bouchon; il suffit de les appliquer à la surface de ce dernier.

Les bouchons pleins en caoutchouc sont recommandables pour fermer les flacons destinés à contenir les liqueurs acides et surtout alcalines, qui attaquent le liège et provoquent l'adhérence des bouchons de verre (§ 475); après désulfuration superficielle, ils conviennent très bien pour fermer les flacons renfermant les alcalis caustiques, la baryte, les carbonates alcalins, les hypochlorites, les sulfites, etc.

Pour enlever le soufre en excès qui provient de la vulcanisation et recouvre le caoutchouc, on laisse séjourner quelque temps l'objet à désulfurer dans une solution diluée et tiède de potasse caustique. Une action trop prolongée du réactif doit être évitée; elle enlève au caoutchouc les propriétés qu'il tient de la vulcanisation; on doit se borner à disscudre le soufre en excès, lequel est susceptible de souiller les réactifs avec lesquels le bouchon doit être en contact.

L'usage des bouchons de caoutchouc ne peut être recommandé aux commençants; ceux-ci doivent s'exercer à monter convenablement les appareils avec des bouchons de liège, ces derniers étant d'un usage plus général.

484. TUBES DE CAOUTCHOUC. — Le commerce fournit des tubes de caoutchouc vulcanisé de toutes grosseurs et épaisseurs; ces tubes possèdent une flexibilité et une élasticité qui les rendent propres à une foule d'usages, particulièrement à remplacer les tubes de verre, ainsi qu'à réunir ces tubes de verre entre eux. Le prix élevé du caoutchouc porte les fabricants à incorporer dans sa masse des substances minérales inertes ou même de l'huile de lin cuite. Pour quelques applications, par exemple, pour les tubes à conduire le gaz de houille aux brûleurs, cette addition, si elle n'excédait pas certaines proportions, serait sans grand inconvénient et devrait présenter tout au moins l'avantage de diminuer le prix des tubes; mais comme elle dépasse presque toujours la limite convenable et comme la présence des substances étrangères amoindrit l'élasticité du caoutchouc et le rend cassant, surtout après quelque temps d'immobilité, il est préférable d'user exclusivement des tubes de caoutchouc pur, dits en *feuille anglaise* ; si ces derniers sont, à poids égal, d'un prix un peu plus élevé, ils sont d'autre part beaucoup moins denses et conservent mieux leurs qualités.

Pour réunir l'un à l'autre deux tubes de verre de même diamètre, on coupe avec des ciseaux, sur un tube de caoutchouc un peu plus étroit, un morceau de 4 à 5 centimètres de longueur, dans lequel on introduit par les deux bouts les tubes de verre à réunir; on affronte exactement les orifices vers le milieu du tube de caoutchouc. Ce dernier, étant distendu, s'applique exactement sur le verre et forme un joint étanche. Il est nécessaire que le caoutchouc soit propre et bien dépouillé des matières pulvérulentes déposées à sa surface lors de la vulcanisation, ces matières écartant la membrane élastique du verre et livrant passage aux gaz ; on nettoie donc avec soin le tube en le frottant sur lui-même dans un courant d'eau, ou en le lavant avec une solution alcaline (§ 483). Une trace de glycérine facilite les frottements du caoutchouc sur le verre ; le contact des corps gras avec le caoutchouc doit au contraire être évité, parce qu'il entraîne l'altération rapide de la matière élastique. Ajoutons que les tubes de verre à réunir doivent être bordés à la lampe (§ 162), les arêtes vives coupant très rapidement le caoutchouc sur lequel on les frotte.

En appliquant exactement le caoutchouc sur chaque tube de verre, par un lien en cordonnet de soie ou en fil de lin, on rend plus sûrement le joint étanche.

485. Autrefois, on faisait extemporanément, dans les laboratoires, les joints de caoutchouc nécessaires au montage des appareils. On se servait de feuille anglaise non vulcanisée. On coupait un morceau de cette feuille de la largeur nécessaire, on le chauffait de manière à le rendre bien souple, on l'enroulait sur les deux tubes à joindre, préalablement placés dans la position voulue, puis après avoir fait un tour entier, en tendant un peu la membrane, on coupait nettement cette dernière avec des ciseaux propres, de façon à avoir deux sections bien nettes que l'on appuyait fortement l'une contre l'autre, en évitant d'appliquer les doigts sur les surfaces à souder; une adhérence suffisante se produisait immédiatement. Un joint fait de cette manière adhère mieux au verre qu'un tube vulcanisé et présente à ce point de vue certains avantages qui le font encore employer quelquefois. Ce joint peut d'ailleurs être préparé à l'avance et appliqué comme les joints en tube vulcanisé. Pour cela, on recouvre d'une feuille de papier un tube de verre destiné à servir de moule, puis on opère sur lui comme il a été dit; l'interposition du papier permet de retirer facilement le joint terminé.

486. Les tubes de caoutchouc peuvent aussi former joint entre des tubes de verre ou des ajutages, tenus éloignés l'un de l'autre; leur flexibilité donne alors aux pièces de l'appareil une mobilité fort avantageuse. Toutefois, dans ce cas, la substance organique du tube ne se trouve pas protégée par le verre contre l'action des gaz ou vapeurs qui le traversent; elle donne lieu à des phénomènes de diffusion et même elle s'altère. Un emploi très fréquent de cette disposition a pour objet la réunion des brûleurs à gaz aux canalisations qui les alimentent (§ 79).

Rappelons enfin que les tubes de caoutchouc, malgré leur élasticité, peuvent encore servir de canalisation flexible quand on opère sous des pressions inférieures ou supérieures à celles de l'atmosphère. Les tubes de caoutchouc dits *à vide*, dont on fait usage dans le premier cas, doivent être très épais et percés d'un canal relativement étroit, sinon ils s'aplatissent sous la pression atmosphérique et la communication qu'ils servent à établir se trouve interrompue. Les mêmes tubes résistent à des pressions intérieures notables; toutefois, lorsqu'on atteint la limite relativement peu élevée de leur résistance, ils se gonflent au point le plus faible et se percent; il vaut mieux, pour les pressions intérieures de quelque importance, faire usage de tubes de caoutchouc *entoilés*, c'est-à-dire de tubes dans la matière desquels on a noyé une bande de toile, enroulée en hélice qui les rend inextensibles.

487. Luts. — Il arrive que, dans un appareil producteur d'un gaz ou d'une vapeur, une fuite se manifeste en cours de fonctionnement. Il est souvent possible de sauver l'opération en aveuglant la fuite au moyen d'un lut. On désigne sous ce nom toute masse plastique, susceptible de garnir exactement l'orifice accidentel, et de conserver ou de prendre ensuite une solidité suffisante pour

s'opposer au passage du gaz ou de la vapeur. Nous donnerons ici la composition de quelques-uns des luts les plus usités.

Le *plâtre*, le *ciment de Portland*, la *gomme laque*, la *cire à cacheter*, le *mastic de vitrier*, la *terre glaise*, etc., s'emploient comme pour leurs usages ordinaires. En gâchant le plâtre avec de l'eau additionnée de 5 pour 100 de gomme arabique, il fait prise plus lentement. La *farine de graine de lin* mise en pâte avec un peu d'eau constitue une masse adhésive, dont la consistance augmente sensiblement avec le temps. En formant une pâte homogène avec du *silicate de soude* commercial, en solution sirupeuse, et du kaolin en poudre ou de la craie, ou mieux encore de l'amiante pulvérisée, on produit un lut qui durcit lentement et résiste à l'action des acides concentrés. Le *ciment Sorel* n'est autre chose que l'oxychlorure de zinc ; on l'obtient en formant une pâte avec du chlorure de zinc dissous ($D=1,62$) et de l'oxyde de zinc préalablement mélangé avec son volume de sable fin ; cette composition devient rapidement très dure et résiste à beaucoup de réactifs. Le *lut à la chaux* se prépare en mélangeant rapidement de la chaux éteinte et pulvérulente avec du blanc d'œuf ; il durcit très vite. Le *mastic au plomb* et le *mastic au minium* sont des mélanges d'huile de lin et de céruse ou de minium ; ils durcissent par formation lente de savons de plomb et servent surtout à réunir les pièces métalliques. En fondant 4 parties de colophane, 1 partie de cire et 1 partie de colcothar, jusqu'à ce qu'il ne se fasse plus d'écume, puis laissant refroidir et mettant en bâtons la masse encore plastique, on prépare un *mastic résineux*, répandu dans les laboratoires de physique et convenant très bien pour joindre le verre avec les métaux.

Il n'est pas inutile d'ajouter que l'usage des luts, pour étancher les fuites, est rendu à peu près inutile par un montage soigné des appareils (§ 481).

488. Outils divers. — Quelques outils de menuisier et de serrurier, un étau, une meule, une clef anglaise, un établi, le petit matériel nécessaire pour faire une soudure à l'étain, etc., sont fort utiles à l'entretien, à la modification et à la réparation des instruments ou ustensiles, mais nous nous bornons à indiquer ici la nécessité de leur présence dans un laboratoire.

489. Notes. — La tenue d'un cahier ou *registre de laboratoire* ne saurait être trop recommandée ; elle permet de conserver la trace, avec indication de dates, des expériences réalisées, et de profiter à tout moment des observations faites sur les procédés dont on s'est servi, les modifications à y apporter, les accidents à éviter, etc. Un *cahier d'analyses*, sur lequel on relate les données et les résultats des analyses quantitatives (§ 22), avec renvois au cahier de laboratoire, complètent un ensemble de notes permettant de retrouver, même très longtemps après, les indications concernant les travaux effectués.

Au même ordre d'idées, se rattache la recommandation d'appliquer soigneusement des étiquettes sur les vases contenant les produits obtenus.

LIVRE DEUXIÈME

ÉTUDE DES ÉLÉMENTS ET COMPOSÉS CHIMIQUES.

CHAPITRE PREMIER

MÉTALLOÏDES.

1.

OXYGÈNE.

Équiv. : $O = 8 = 1$ *vol.*   *P. atom.* : $\theta = 16$.

490. *Gaz* incolore et inodore, découvert par Priestley le 1er août 1774. — *Densité* à 0° et sous la pression $0^m,760$: 1,10562 par rapport à l'air, 16 par rapport à l'hydrogène. — *Poids du litre* à 0° et sous la pression $0^m,760$: $1^{gr},43011$. Le volume ($5^{lit},594$) occupé par un équivalent d'oxygène, soit 8 grammes, a été pris ici comme unité dans la mesure des volumes gazeux; d'après cette convention, la molécule d'un composé chimique, réduite en vapeur, occupe normalement 4 volumes ou $22^{lit},576$. — *Solubilité* sous la pression $0^m,760$: $41^{cc},86$ par litre d'eau à 8°,3; $29^{cc},89$ à 15°. — *Indice de réfraction* : 1,000272. — *Chaleur spécifique* sous pression constante : en volume 1,2405; en poids 0,2175. — *Liquéfié*, bout à 181° sous la pression $0^m,760$. — *Point critique* : — 105°,4 (pression 48,7 atmosphères).

1. — PRÉPARATION.

491. Par la calcination de l'oxyde de mercure. — Au col d'une cornue C (fig. 226) de 45 centimètres cubes, en verre peu fusible, on adapte, au moyen d'un bouchon percé d'un trou, un tube à deux courbures MNP en forme de Z; on dispose la cornue sur un petit fourneau ou sur un brûleur à gaz de Bunsen, en la protégeant de la flamme par une toile métallique, et on fait arriver l'extrémité inférieure du tube dans un cristallisoir plein d'eau L. Le col de la cornue et les diverses parties du tube doivent avoir une légère inclinaison vers le cristallisoir.

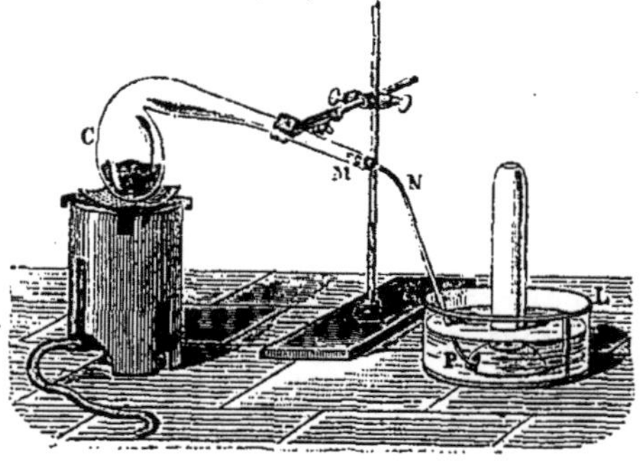

Fig. 226. — Préparation de l'oxygène par l'oxyde de mercure.

On introduit dans la cornue 50 grammes d'oxyde rouge de mercure; cette quantité fournira un peu plus de 2 litres de gaz. On chauffe la panse de la cornue jusqu'au rouge sombre, la décomposition de l'oxyde ne s'effectuant facilement qu'au-dessus de 450°. L'oxyde se résout en mercure et oxygène (Priestley) :

$$HgO = Hg + O;$$
$$HgO = Hg + O.$$

Le mercure, qui bout à 357°, se condense en gouttelettes dans le col de la cornue ainsi que dans le tube abducteur; l'inclinaison générale donnée à l'appareil évite le retour du métal vers la panse de la cornue dont il pourrait, par un refroidissement brusque, provoquer la rupture. Quant à l'oxygène, on le recueille sur l'eau dans des éprouvettes ou dans des flacons renversés (§ 405). On doit laisser perdre les premières portions dégagées; elles sont mélangées de l'air contenu à l'origine dans l'appareil.

On interpose quelquefois un petit ballon à deux tubulures entre le col de la cornue et le tube à dégagement : il sert à recueillir le mercure condensé.

492. Par la calcination du bioxyde de manganèse. — Au centre d'un fourneau à réverbère muni de son laboratoire (fig. 227), on dispose une cornue en grès de 125 centimètres cubes. On la maintient dans la position voulue, soit en faisant reposer sa panse sur un fromage en terre (§ 177, fig. 100, G) que porte la grille du fourneau, soit en reliant son col par un fil métallique à l'oreille du fourneau, le laboratoire de

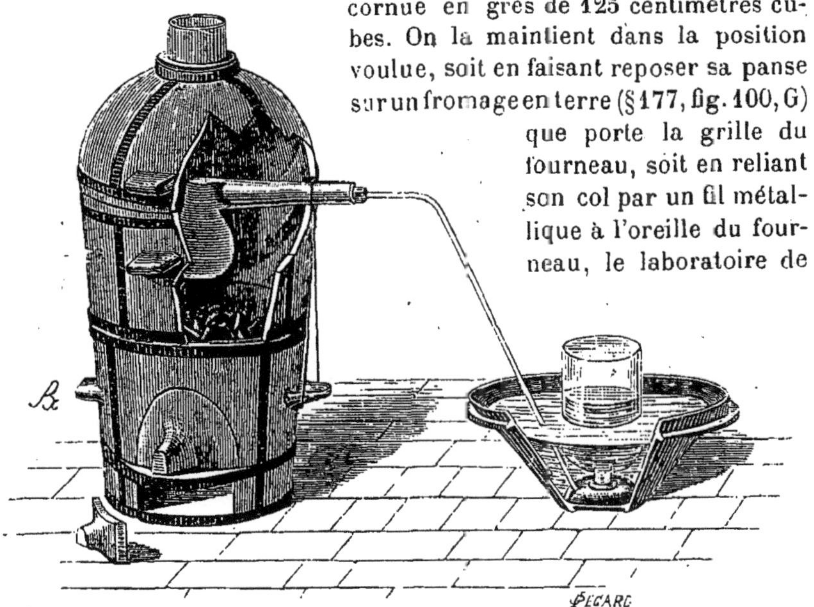

Fig. 227. — Calcination du bioxyde de manganèse.

celui-ci ayant été préalablement orienté à cet effet. Au col de la cornue, on fixe par un bouchon percé d'un trou un tube recourbé deux fois en forme de Z, et dont l'extrémité inférieure aboutit dans une cuve à eau et sous un têt à gaz.

On a introduit préalablement dans la cornue 90 grammes de bioxyde de manganèse pulvérisé, choisi aussi exempt que possible de carbonates. Après avoir placé sur la grille des charbons allumés, on recouvre le fourneau de son dôme, et on porte la cornue au rouge. Le bioxyde de manganèse se décompose à cette température en oxyde salin, poudre d'un brun rougeâtre qui reste dans la cornue, et en oxygène qui se dégage :

$$3MnO^2 \quad = \quad Mn^3O^4 \quad + \quad O^2;$$

Bioxyde   Oxyde salin   Oxygène.
de manganèse.   de manganèse.

$$3MnO^2 \quad = \quad Mn^3O^4 \quad + \quad O^2.$$

Il fournit ainsi le tiers de son oxygène, soit 85 litres par kilogramme. Le bioxyde de manganèse du commerce, étant impur, n'en donne d'ordinaire que 60 à 70 litres.

Le gaz obtenu n'est généralement pas pur, alors même qu'on en a séparé les premières portions qui entraînent l'air renfermé d'abord dans la cornue et dans le tube. Le bioxyde de manganèse est, en effet, un minerai chargé le plus souvent de carbonates et d'azotates ; ces sels se détruisent par la chaleur en donnant du gaz carbonique, de l'azote et même des composés nitreux. On arrête le gaz carbonique en interposant entre la cornue et la cuve à eau un flacon laveur (§ 420) contenant de la potasse en dissolution dans l'eau : il se forme du carbonate de potasse.

Il est nécessaire, lorsque le dégagement gazeux est terminé, d'interrompre toute communication entre la cornue et le liquide de la cuve ou celui du flacon laveur. Il suffit pour cela de sortir le bouchon du col de la cornue. Sans cette précaution, une *absorption* se produit dès que commence le refroidissement de l'appareil (§ 392) ; l'eau pénétrant dans la cornue encore très chaude se vaporise brusquement et détermine une explosion.

493. PAR LE BIOXYDE DE MANGANÈSE ET L'ACIDE SULFURIQUE. — L'appareil se compose (fig. 228) d'un ballon B de 250 centimètres cubes, muni

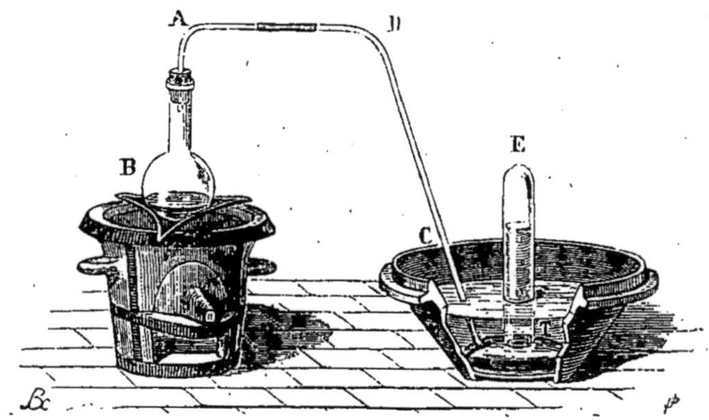

Fig. 228. — Oxygène par le bioxyde de manganèse et l'acide sulfurique.

d'un tube à dégagement ADC, formé de deux parties réunies par un joint de caoutchouc ; ce tube, recourbé trois fois, aboutit dans une cuve à eau T. Le ballon est placé sur un petit fourneau à charbon, ou sur un brûleur à gaz muni d'une toile métallique.

On introduit dans la cornue 50 grammes de bioxyde de manganèse en poudre fine, qu'on arrose avec 60 grammes (33 cent. cub.) d'acide sulfurique concentré, préalablement mélangé de la moitié de son volume d'eau. On agite le ballon de manière à rendre la masse homogène et, après avoir disposé l'appareil ainsi qu'il a été dit, on chauffe peu à peu. Il se forme du sulfate de protoxyde de manganèse et de l'eau, tandis que la moitié de l'oxygène du bioxyde se dégage (Scheele) :

$$2MnO^2 \quad + \quad S^2O^6,2HO \quad = \quad S^2O^6,2MnO \quad + \quad H^2O^2 \quad + \quad 2O ;$$

<table>
<tr><td>Bioxyde
de manganèse.</td><td>Acide
sulfurique.</td><td>Sulfate
de manganèse.</td><td>Eau.</td><td>Oxygène.</td></tr>
</table>

$$MnO^2 \quad + \quad SO^4H^2 \quad = \quad SO^4Mn \quad + \quad H^2O \quad + \quad O.$$

Lorsque le minerai employé contient des carbonates, ceux-ci sont décomposés à froid par l'acide sulfurique et une effervescence se produit tout d'abord ; on laisse perdre le gaz qu'elle dégage.

L'homogénéité du mélange est indispensable à réaliser avant le chauffage : s'il reste des portions de matière pulvérulente non imbibées d'acide, le verre qu'elles recouvrent se surchauffe et se brise ensuite quand il vient à être mouillé par l'acide. Le même accident arrive encore quand on chauffe trop rapidement le ballon : le minerai se déposant sur le verre à cause de sa forte densité, les différentes parties du vase se trouvent échauffées inégalement, et un mouvement quelconque entraîne dès lors une variation brusque dans la température du verre. Le gaz est recueilli à la manière ordinaire (§ 405).

L'opération terminée, le joint de caoutchouc, entre A et D, doit être enlevé immédiatement pour éviter l'absorption (§ 392), cette dernière étant ici particulièrement dangereuse, à cause de la présence de l'acide sulfurique dans l'appareil. Le ballon contient du sulfate de protoxyde de manganèse qu'on peut recueillir et purifier (voy. *Sulfate de protoxyde de manganèse*).

494. **Par la calcination du chlorate de potasse.** — A une cornue en verre de 45 centimètres cubes, on adapte, au moyen d'un bouchon percé d'un trou, un tube à dégagement recourbé deux fois en forme de Z. Cette cornue doit être choisie en verre peu fusible ou *lutée* (§ 248). On dispose l'appareil comme l'indique la figure 226 (§ 491).

Après avoir introduit dans la cornue 25 grammes de chlorate de potasse cristallisé, on la chauffe de manière à provoquer d'abord la fusion du sel, puis sa destruction.

En premier lieu, une portion du chlorate de potasse se décompose en donnant du chlorure de potassium et de l'oxygène; ce dernier se porte en partie sur le chlorate de potasse non altéré, l'oxyde et le transforme en perchlorate de potasse :

$$2KO,ClO^5 \quad = \quad KCl \quad + \quad 4O \quad + \quad KO,ClO^7 ;$$

<table>
<tr><td>Chlorate
de potasse.</td><td>Chlorure
de potassium.</td><td>Oxygène.</td><td>Perchlorate
de potasse.</td></tr>
</table>

$$2ClO^3K \quad = \quad KCl \quad + \quad 2O \quad + \quad ClO^4K.$$

Le perchlorate de potasse étant moins fusible que le chlorate, cette première phase de la réaction se manifeste par un épaississement du mélange, épaississement visible seulement lorsqu'on chauffe avec précaution. Le feu étant augmenté, le perchlorate de potasse entre lui-même en fusion à une température un peu inférieure à celle du ramollissement du verre ; comme il se décompose en dégageant de la chaleur, la réaction s'active spontanément, autrement dit elle est explosive. Il se forme ainsi du chlorure de potassium et de l'oxygène :

$$KO,ClO^7 \quad = . \quad KCl \quad + \quad 8O ;$$

Perchlorate   Chlorure   Oxygène.
de potasse.   de potassium.

$$ClO^4K \quad = \quad KCl \quad + \quad 4O.$$

D'après ces indications, les deux phases de la décomposition réunies sont représentées par l'équation

$$KO,ClO^5 \quad = \quad KCl \quad + \quad 6O ;$$

Chlorate   Chlorure   Oxygène.
de potasse.   de potassium.

$$ClO^3K \quad = \quad KCl \quad + \quad 3O.$$

Une molécule de chlorate de potasse, soit $122^{gr},5$,

$$\begin{array}{c c c c c c}
K & & 39 & & & K \\
Cl & & 35,5 & & & Cl \\
\underline{O^6} & 6 \times 8 \;=\; & \underline{48} & =\; 3 \times 16 & & \underline{O^3} \\
KClO^6 & & =\; \overline{122,5} \;= & & & KClO^3
\end{array}$$

fournit ainsi tout son oxygène, soit 48 grammes, c'est-à-dire environ 39 pour 100 de son poids. Pour obtenir 1 litre de gaz, soit $1^{gr},43$, il est donc nécessaire de décomposer un poids de ce sel voisin de $3^{gr},70$:

$$1^{gr},430 \times \frac{100}{39} = 3,66.$$

Le dégagement tumultueux d'oxygène, qui caractérise la fin de l'opération, rend celle-ci difficile à conduire lorsqu'on opère sur une quantité un peu notable de chlorate. En grand, elle est dangereuse. Il arrive en effet que le fond de la cornue, plus fortement chauffé que les parties supérieures, se garnit de chlorure de potassium liquéfié qui s'échauffe de plus en plus ; si le chlorate solide, dont la masse est restée attachée aux parois élevées de la cornue, vient à tomber dans ce liquide chaud, il se décompose brusquement et détermine l'explosion de l'appareil. L'énergie de la réaction s'explique facilement si l'on considère qu'elle est *exothermique* ou, autrement dit, que le chlorate de potasse, en se changeant en chlorure de potassium et oxygène, dégage 11,1 Calories par équivalent ; cette chaleur active la décomposition, qu'elle rend dans une certaine mesure dangereuse.

Lorsque le dégagement gazeux a cessé, on enlève immédiatement le bouchon pour éviter l'absorption ; finalement la cornue ne contient, si l'on a chauffé suffisamment, que du chlorure de potassium. Après refroidissement, ce sel peut être dissous dans l'eau et purifié (voy. *Chlorure de potassium*).

495. PAR LE CHLORATE DE POTASSE ET LE BIOXYDE DE MANGANÈSE. — Cette méthode est la plus avantageuse pour la préparation de l'oxygène. Elle n'est autre que la précédente, régularisée par l'intervention de l'oxyde métallique.

En petit, on opère dans le même appareil que lorsqu'on décompose le chlorate de potasse seul. Dans une cornue de 60 centimètres cubes, on introduit 30 grammes de chlorate de potasse et 30 grammes de bioxyde de manganèse pulvérisé, en ayant soin de mélanger exactement ces substances.

L'emploi d'une quantité de bioxyde de manganèse beaucoup moindre que celle indiquée plus haut suffirait pour rendre facile la décomposition du chlorate, mais les proportions précédentes présentent l'avantage de fournir une masse infusible, avec laquelle les accidents dus à un déplacement du contenu de la cornue ne peuvent plus se produire.

L'oxyde métallique rend la décomposition beaucoup plus régulière, toutefois il ne change pas la réaction au point de vue des phénomènes calorifiques, et celle-ci reste toujours exothermique. Il est donc nécessaire de surveiller attentivement l'opération et de diminuer le feu dès qu'elle tend à s'accélérer par trop.

L'oxygène qui se dégage ainsi renferme toujours une certaine proportion de chlore. On peut arrêter celui-ci en plaçant entre la cornue et le tube à dégagement un flacon laveur (§ 420) contenant une lessive alcaline.

496. En présence des oxydes de manganèse, la décomposition du chlorate de potasse s'effectue à une température beaucoup plus basse que lorsqu'il est isolé. Ce fait est dû à ce que le chlorate de potasse transforme à chaud les oxydes de manganèse en acide permanganique, et que la chaleur décompose aisément celui-ci en donnant de l'oxygène et un oxyde inférieur du manganèse; ce dernier pouvant produire une seconde fois la même réaction, puis une troisième fois, etc., il en résulte qu'une quantité limitée d'oxyde provoque la décomposition de quantités théoriquement illimitées de chlorate.

Une expérience très simple montre la formation et le rôle de l'acide permanganique dans ces circonstances. Dans une capsule en porcelaine de 5 à 6 centimètres de diamètre, on chauffe sur un bec de gaz quelques grammes de chlorate de potasse, de manière à fondre le sel sans le décomposer. Dans le liquide limpide, on projette un ou deux milligrammes d'un oxyde inférieur ou d'un sel de manganèse, finement pulvérisé. Le sesquioxyde et l'oxyde salin, le sulfate et le chlorure de manganèse conviennent surtout pour cette réaction. Au contact de ces substances, le chlorate prend immédiatement la belle coloration rouge, caractéristique du permanganate de potasse; en même temps le dégagement d'oxygène, qui était presque insensible, devient tumultueux et se poursuit rapidement jusqu'à transformation complète du chlorate en chlorure. En versant le contenu de la capsule sur une plaque de faïence froide, avant que la réaction soit terminée, la masse solidifiée montre nettement la coloration rouge. L'acide permanganique est très instable dans ces conditions de température, parce qu'il ne trouve pas dans le mélange une quantité de base libre, suffisante pour le saturer; cela est tellement vrai qu'il suffit, dans l'expérience précédente, d'ajouter au mélange en décomposition un poids de potasse très faible, proportionné à celui de l'oxyde de manganèse, pour voir le dégagement d'oxygène s'arrêter (M. Jungfleisch).

D'autres oxydes métalliques interviennent d'une manière analogue.

Il résulte de ce qui précède que l'oxyde de manganèse se régénérant constamment peut servir indéfiniment pour la préparation qui nous occupe. Il suffit de laver à l'eau chaude le résidu de l'opération, pour que le chlorure de potassium étant enlevé, l'oxyde insoluble puisse être, après dessiccation, employé de nouveau. Il y a plus, cet oxyde est préférable à celui qui n'a pas encore servi : il ne fournit plus les gaz étrangers, tels que l'acide carbonique ou l'azote, que la chaleur de la réaction dégage d'un minerai neuf, chargé de carbonates ou de dérivés nitreux. Pour les mêmes raisons, l'oxyde salin de manganèse provenant de la décomposition du bioxyde par la chaleur (§ 492) doit être préféré au minerai non calciné.

497. L'appareil précédent ne convient plus lorsqu'il s'agit de préparer des volumes un peu considérables d'oxygène. On se sert alors fréquemment, au lieu de cornues, des bouteilles en fer fabriquées pour transporter le mercure. On remplace le bouchon à vis qui ferme ces bouteilles, par un tube en fer recourbé et taraudé à l'une de ses extrémités ; ce tube doit avoir une longueur suffisante pour que, malgré sa conductibilité calorifique, un tube de caoutchouc adapté à son extrémité libre et emmenant le gaz au flacon laveur ne soit pas détruit par l'action de la chaleur. L'usage des bouteilles à mercure n'est cependant pas sans inconvénients : il a causé à plusieurs reprises des accidents graves. Lorsque, par exemple, le tube à dégagement vient à s'obstruer, le gaz s'accumule et la bouteille en fer se rompt à une pression très élevée ; il se produit alors une explosion d'autant plus dangereuse que le vase brisé était plus résistant.

On évite tout accident fâcheux, par l'emploi d'une chaudière particulière en fonte (fig. 229). Cette chaudière est divisée en deux parties : une marmite et un couvercle. La marmite présente à son bord supérieur une cavité annulaire, une sorte de rainure, sur le fond de laquelle les bords du couvercle viennent reposer. Le couvercle porte à son sommet un long tube à dégagement métallique. Après avoir introduit dans la marmite le mélange producteur d'oxygène (§ 495), on dispose le couvercle au-dessus et on coule dans la partie de la rainure restée vide du plâtre délayé dans de l'eau, lequel ne tarde pas à faire prise. L'appareil est alors fermé de manière à s'opposer

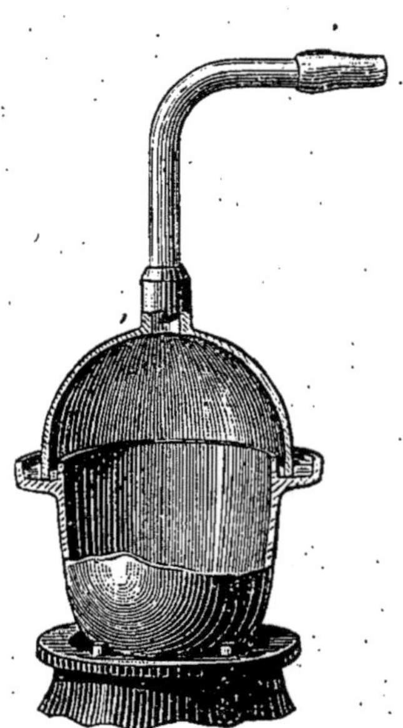

Fig. 229. — Cornue de fonte pour préparer l'oxygène.

à la déperdition du gaz; mais en cas d'obstruction du tube à dégagement, le lut au plâtre, qui ne peut résister très fortement, cède avant que la pression soit devenue dangereuse et le couvercle se trouve soulevé.

Qu'on emploie une bouteille à mercure ou la cornue spéciale, il est toujours nécessaire de donner aux tubes du flacon laveur ainsi qu'à ce flacon lui-même des dimensions un peu fortes ; le dégagement gazeux étant toujours rapide dans les appareils métalliques qui se chauffent facilement et contiennent de grandes quantités de mélange, un passage large doit être ménagé pour l'écoulement du gaz produit. Ce dernier est emmagasiné dans des gazomètres (§ 435 et suivants) ou dans des sacs en caoutchouc (§ 439).

498. Des accidents graves, survenus en diverses occasions dans la préparation qui nous occupe, rendent utile une dernière recommandation. Il est arrivé, en effet, que des matières combustibles (poudre de charbon, sulfure d'antimoine, etc.) ont été substituées ou mélangées par mégarde au bioxyde de manganèse dont elles ont la couleur. Ces matières forment avec le chlorate de potasse des mélanges explosifs très dangereux. Quand on se sert de bioxyde de manganèse non encore employé, après avoir mélangé sur un papier l'"oxyde et le chlorate (§ 495), on doit prélever une petite quantité du produit, qu'on introduit dans un tube à essai et qu'on chauffe sur un brûleur à gaz de Bunsen : le mélange normal réagit régulièrement ; s'il y a en présence une matière combustible, cet essai donne lieu à une petite explosion qui est sans danger, mais prévient l'opérateur.

499. PAR LE CHLORURE DE CHAUX. — Le chlorure de chaux pulvérulent du commerce est un mélange d'hypochlorite de chaux, de chlorure de calcium et de chaux en excès ; additionné d'un quart de son poids de chaux éteinte et chauffé au rouge sombre dans un appareil identique à celui indiqué plus haut pour la décomposition du bioxyde de manganèse (§ 492), il fournit un dégagement d'oxygène. Il se forme du chlorure de calcium aux dépens de l'hypochlorite (H. Sainte-Claire Deville) :

$$CaO,ClO \ = \ CaCl \ + \ 2O ;$$

Hypochlorite de chaux.   Chlorure de calcium.   Oxygène.

$$(Cl\theta)^2 Ca \ = \ CaCl^2 \ + \ 2\theta.$$

500. On réalise la même décomposition, par voie humide et à une température beaucoup plus basse, en faisant intervenir un oxyde métallique, susceptible de jouer un rôle analogue à celui du bioxyde de manganèse dans la décomposition du chlorate de potasse (§ 496).

On opère dans un ballon d'un litre et demi, muni d'un tube à dégagement et disposé sur un fourneau. On y introduit 500 grammes de solution de chlorure de chaux du commerce, puis cinq ou six gouttes de solution de chlorure ou d'azotate de cobalt, qui forment aussitôt un précipité noir. On chauffe. A partir de 70° ou 80°, l'oxygène commence à se dégager. Il se produit en abondance à une température un peu plus élevée (M. Fleitmann).

L'oxyde de cobalt, précipité par la chaux libre qui existe dans le chlorure de chaux, a été oxydé par l'hypochlorite et transformé en peroxyde noir, qui est fort peu stable : dès 70°, ce peroxyde se dédouble en oxygène et en oxyde inférieur, sur lequel agit une nouvelle proportion d'hypochlorite qui le change de nouveau en peroxyde. Et ainsi de suite. Une trace de composé cobaltique provoque ainsi indéfiniment le dédoublement de l'acide hypochloreux en chlore et oxygène.

D'autres sels métalliques, les sels de nickel notamment, peuvent au besoin remplacer ceux de cobalt.

A la solution de chlorure de chaux que fournit l'industrie, on peut substituer une dissolution obtenue en délayant dans l'eau du chlorure de chaux pulvérulent, et décantant la liqueur. Comme l'inconvénient de la présente méthode de préparation de l'oxygène est de mettre en œuvre un volume considérable de liquide, la dissolution du chlorure de chaux peut avantageusement être enrichie en hypochlorite : pour cela, il suffit d'en faire usage pour épuiser de même une nouvelle dose de chlorure de chaux. La dissolution trouble ainsi obtenue mousse abondamment quand on la chauffe avec l'oxyde métallique. On évite la sortie de la mousse du ballon en filtrant le liquide, ou plus simplement en ajoutant un petit fragment de paraffine.

II. — PROPRIÉTÉS.

501. COMBUSTION DU PHOSPHORE. — Sur l'orifice d'un col droit de 2 litres (fig. 230), on applique un bouchon plat ou *broche*, suffisamment large pour le recouvrir complètement et portant à son centre une tige en fil de fer A, de longueur telle que son extrémité libre arrive à 5 ou 6 centimètres au-dessus du fond du flacon. Cette extrémité a été recourbée en un anneau horizontal, pouvant servir de support à une petite coupelle ou capsule en terre cuite. Les choses étant ainsi préparées, on remplit le col droit d'oxygène sur la cuve à eau ; d'autre part on place dans la coupelle un fragment de phosphore blanc de 1 gramme environ, préalablement essoré en le touchant doucement avec du papier de soie ; après avoir enflammé le phosphore, on retourne rapidement le col droit conservé sur l'eau et on y introduit la capsule suspendue au bouchon par son support métallique. La combustion du phosphore dans l'oxygène s'effectue aussitôt avec production d'une lumière éblouissante ; elle donne de l'anhydride phosphorique. Ce dernier forme d'abondantes fumées blanches, puis s'hydrate en se condensant sur les parois humides du verre : on peut déceler sa présence en versant dans le flacon, après la combustion, de la teinture bleue de tournesol qui rougit immédiatement.

502. COMBUSTION DU SOUFRE ET DU CHARBON. — L'expérience se fait de la même manière que pour le phosphore. En pénétrant dans l'oxygène, le soufre allumé produit une belle flamme bleue et forme de l'acide sulfureux, qui rougit puis décolore la teinture de tournesol. Le charbon devient très lumineux et produit du gaz acide carbonique, qui donne au même réactif la couleur rouge vineux. Avec le dernier métalloïde, l'expérience se fait encore en attachant verticalement à l'extrémité de la tige métallique un crayon de charbon de fusain ou un cylindre de charbon de bois ordinaire, taillés en pointe à la partie inférieure et rougis en un point par exposition dans une flamme de gaz. Lorsque le charbon a été insuffisamment calciné et contient encore de l'hydrogène, il brûle avec flamme.

503. Combustion du fer et du magnésium. — On opère encore à peu près de même pour brûler le fer dans l'oxygène. Le métal peut être pris sous la forme d'un ruban mince comme un ressort de montre, ou mieux encore sous celle de fil de clavecin. On réunit en faisceau quatre ou cinq longueurs de ce fil, que l'on tord légèrement en une cordelette lâche, avec laquelle on fait une hélice en l'enroulant autour d'un tube; l'une des extrémités de l'hélice étant fixée au milieu du bouchon, l'autre descend jusqu'à quelques centimètres du fond du flacon, et porte un fragment d'amadou (fig. 230, B). Avec un ressort de montre, on dispose l'expérience de la même manière, après avoir déroulé le ressort et lui avoir donné la forme d'une hélice. Dans les deux cas la surface du métal doit être nette et non recouverte d'oxyde. On allume l'amadou au moment d'introduire l'hélice de fer dans l'oxygène; la combustion de la matière organique devenant très vive, le métal en contact avec elle se trouve porté àune température suffisante pour provoquer sa propre combustion. Le fer brûle en projetant de brillantes étincelles; il se transforme en oxyde magnétique, Fe^3O^4 ou Fe^3O^4, qui fond à la haute température développée et tombe par gouttes sur le verre du flacon. Ce dernier se brise au contact du corps fondu, si on ne le protège par une couche d'eau, que l'oxyde doit traverser en se refroidissant avant d'atteindre le verre : à cet effet, lorsqu'on remplit le flacon d'oxygène, on y laisse une quantité d'eau suffisante pour former sur le fond, après retournement, une couche de 2 ou 3 centimètres d'épaisseur.

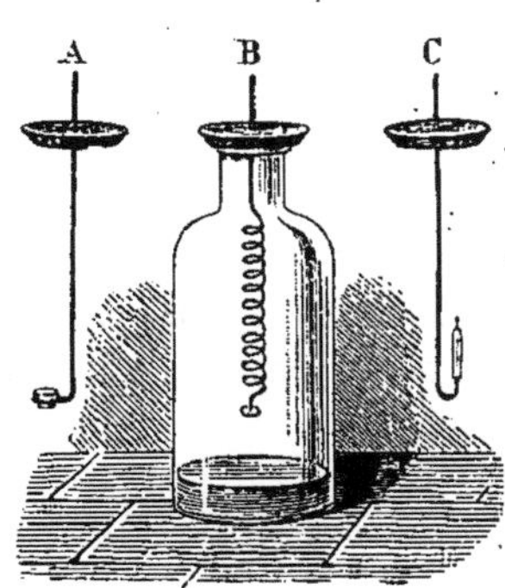

Fig. 230. — Combustions dans l'oxygène.

On peut encore opérer dans une cloche à douille, pleine d'oxygène, déposée sur un plat en porcelaine garni d'eau ; la douille remplit alors dans l'expérience le même rôle que le goulot du col droit dans le dispositif précédent.

La même expérience réalisée avec le magnésium produit une lumière singulièrement éclatante. Elle s'exécute dans les meilleures conditions en remplaçant l'hélice en fil de fer par une tresse que l'on dispose avec quelques fils ou mieux quelques rubans étroits de magnésium. On allume le métal dans l'air en l'approchant d'une flamme et on l'introduit dans l'oxygène.

504. Combustion des matières organiques. — L'oxygène brûle énergiquement les matières organiques qu'on met en contact avec lui à une température élevée. Une allumette, qui a brûlé quelque temps et dont un souffle a éteint la flamme, présente dans les parties carbonisées des points brillants où la combustion se continue sans flamme, des points en ignition. Si, dans cet état, on l'introduit dans une éprouvette garnie d'oxygène, la combustion s'active immédiatement et l'allumette brûle de nouveau avec une flamme vive. L'expérience, toujours facile, est plus sûre encore quand on remplace l'allumette par de petites baguettes de bois nitré, c'est-à-dire par du bois que l'on a préalablement trempé dans une solution étendue de nitrate de potasse, puis desséché.

Une bougie allumée, introduite dans l'oxygène, brûle avec une énergie remarquable. Cette combustion se réalise commodément au moyen d'un fragment de *rat-de-cave* qu'on fixe à l'extrémité d'un fil de fer, par fusion de la cire et refroidissement : le fil métallique étant ensuite recourbé sur lui-même, il est aisé d'introduire la bougie dans une éprouvette ou dans un col droit pleins d'oxygène (fig. 230, C).

III. — OZONE.

505. PRÉPARATION. — Sous diverses influences, celles des étincelles électriques, de l'oxydation du phosphore à l'air humide, et surtout de la décharge obscure ou *effluve électrique*, l'oxygène se polymérise et se change en ozone.

Le meilleur moyen à employer pour préparer, non pas de l'ozone pur, qui n'a jamais été isolé, mais de l'oxygène aussi fortement chargé d'ozone que possible, consiste à soumettre l'oxygène à l'action de l'effluve électrique, c'est-à-dire de la décharge obscure et froide d'une bobine d'induction. L'appareil de M. Berthelot est, parmi ceux dont on a fait usage dans ce but, le plus simple, le plus commode, et en même temps celui qui fournit les meilleurs rendements.

Il consiste (fig. 231) en trois tubes de verre, VV′, CD et AB, de diamètres tels qu'ils pénètrent les uns dans les autres. Le premier, VV′, est une éprouvette à pied dans laquelle on maintient en V le tube CD au moyen d'un bouchon, et qu'on remplit d'eau aiguisée d'acide sulfurique. Une lame de platine plongée dans la li-

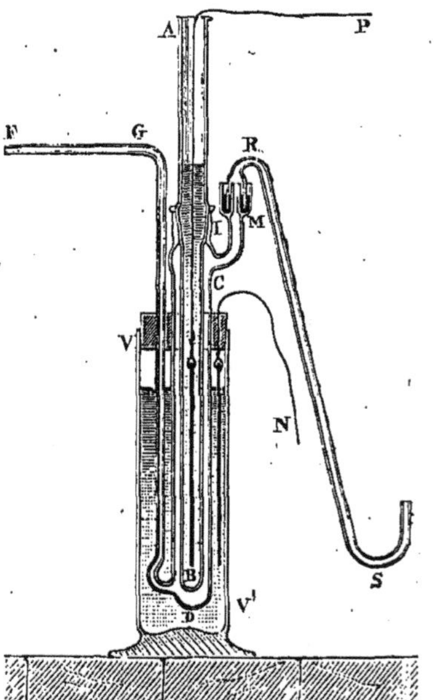

Fig. 231. — Appareil à effluve de M. Berthelot.

queur acide et suspendue à un fil de platine N traversant le bouchon fait communiquer ce liquide avec l'un des pôles d'une bobine de Ruhmkorff. Le tube CD est fermé à son extrémité inférieure et porte deux petits tubes FGD et CRS, par lesquels entre et sort l'oxygène qui subit l'action de l'effluve. Enfin, le troisième tube AB est, comme les deux autres, fermé à sa partie

inférieure; il pénètre presque jusqu'au fond de CD, qu'il ferme exactement
en I par un rodage à l'émeri; il est d'ailleurs rempli d'eau aiguisée d'acide
sulfurique, dans laquelle baigne un fil de platine P; celui-ci supporte une
lame de même métal formant le second pôle de la bobine. Lorsque l'appareil fonctionne, l'oxygène est soumis, dans l'espace annulaire compris entre
les deux tubes AB et CD, à l'action de la décharge obscure qui se propage entre
les deux masses d'eau acidulée. L'oxygène ozoné qui se dégage en C attaquant
le liège et le caoutchouc, il est nécessaire d'abandonner les méthodes ordinaires pour relier le tube CD aux appareils dans lesquels on emploiera l'o-
zone: à cet effet, le tube à dégagement RS est élargi à son extrémité, et vient
en M former cloche au-dessus du tube CM, qui se termine par une cuvette
circulaire; le joint entre les deux tubes est fait par du mercure.

La proportion d'ozone contenue dans le gaz sortant de cet appareil, varie
entre 5 et 10 pour 100, quand on opère à la température normale. Elle augmente
considérablement à mesure qu'on fait intervenir une réfrigération de plus en
plus énergique. Elle n'est élevée que si l'oxygène reste soumis à l'action de l'effluve pendant un temps suffisamment prolongé; le résultat est favorable avec
un courant gazeux remplissant en 10 minutes un flacon de 125 grammes.

506. PROPRIÉTÉS. — L'oxygène ozoné possède une odeur forte et pénétrante,
rappelant l'odeur de la marée; cette odeur ne tarde pas à se faire sentir dans
la pièce où l'on opère. Dirigé par des tubulures latérales dans un long tube,
fermé par des plaques de verre rodées, et observé suivant la longueur du tube,
sous une épaisseur d'au moins 1 mètre, il présente une belle teinte bleue. Il
noircit l'argent métallique en l'oxydant; il blanchit le sulfure noir de plomb
en le transformant en sulfate; il donne, dans une solution aqueuse de protoxyde de thallium, un précipité noir de peroxyde; il transforme le prussiate
jaune de potasse en prussiate rouge; il décompose l'iodure de potassium en
mettant d'abord en liberté de l'iode qui bleuit l'empois d'amidon, puis il oxyde
l'iode lui-même et le change en acide iodique; il cède de l'ozone à l'eau, à
l'essence de térébenthine, au toluène; il bleuit la teinture de gaïac.

Les réactions dues à l'oxyde de thallium et à la teinture de gaïac se réalisent
facilement au moyen de lamelles de papier imbibées d'une solution d'oxyde ou
de teinture, lamelles qu'on plonge dans le mélange gazeux. Le papier noircit
dans le premier cas et bleuit dans le second.

Pour observer la décoloration du sulfure de plomb, il faut ne faire intervenir
que de très faibles quantités de sulfure : on trempe du papier dans la solution
très diluée d'un sel de plomb, on l'expose pendant quelques instants à l'action
de l'hydrogène sulfuré qui le noircit en produisant du sulfure métallique,
enfin on dirige sur lui un courant d'oxygène ozoné qui le décolore.

Pour constater la décomposition de l'iodure de potassium, on plonge dans
une solution incolore de ce sel une feuille de papier encollé à l'amidon, de
papier à lettre ordinaire, par exemple; ce papier qui, d'ailleurs, se conserve
après dessiccation, bleuit au contact de l'ozone, l'iode mis en liberté formant
de l'iodure d'amidon bleu. Les vapeurs nitreuses produisant le même phénomène, on distingue facilement un gaz chargé d'ozone d'un gaz chargé de
vapeurs nitreuses, en y plongeant un papier de tournesol bleu : l'ozone est
sans action sur cette matière colorante, qui passe au rouge sous l'influence
des composés oxygénés de l'azote humides.

2.

HYDROGÈNE.

Équiv. : H = 1 = 2 *vol.* = *H* = *P. atom.*

507. *Gaz* incolore et inodore, signalé par les alchimistes du seizième siècle, et étudié pour la première fois par Cavendish, en 1766. — *Densité* à 0° et sous la pression $0^m,760$: 0,06949 par rapport à l'air. Il est le moins dense de tous les gaz et pèse 14,45 fois moins qu'un égal volume d'air. — *Poids du litre* à 0° et sous la pression $0^m,760$: $0^{gr},08988$. Ce poids donne, pour le volume de 1 gramme d'hydrogène, $11^{lit},1259$. Ce dernier volume est souvent pris pour unité dans la mesure des volumes gazeux; d'après cette convention, la molécule d'un composé chimique, réduite en vapeur, occupe normalement 2 volumes, soit $22^{lit},2518$. L'unité de volume adoptée ici est moitié moindre (§ 490). — *Solubilité* à 0° et sous la pression $0^m,760$: $19^{cc},3$ par litre d'eau. — *Indice de réfraction :* 1,000138. — *Chaleur spécifique* sous pression constante et en poids : 3,410. — *Point critique :* — 174°,2 (pression 98,9 atmosphères).

I. — PRÉPARATION.

508. Par l'eau, le zinc et un acide. — Pour préparer une petite quantité seulement de gaz hydrogène, on se sert d'un flacon en verre de

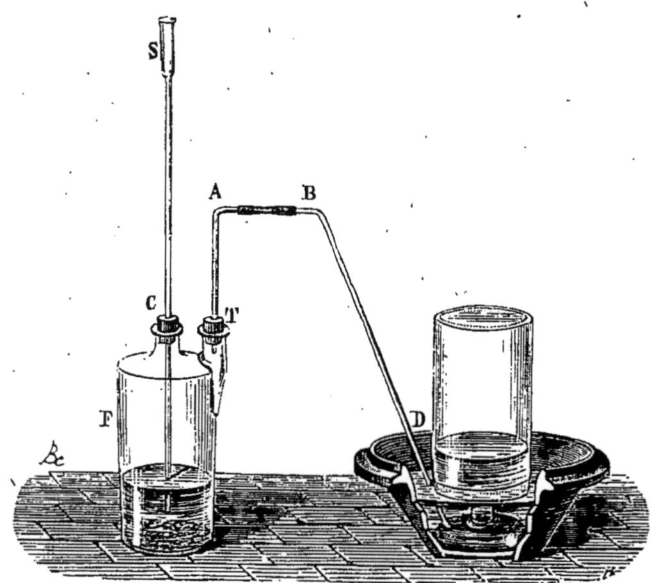

Fig. 232. — Préparation de l'hydrogène.

1 litre F (fig. 232), tubulé à la partie supérieure. A chacune de ses ouvertures, on adapte un bouchon de liège : le bouchon, placé en C, est percé d'un trou dans lequel entre exactement un tube de sûreté droit à entonnoir SC, dont la partie inférieure pénètre jusque vers le fond du flacon; le bouchon de la tubulure T porte, adapté de la même manière, un tube à dégagement TA, coudé à angle droit, que l'on relie par un joint de caoutchouc (§ 484) à un autre tube BD recourbé deux fois, en

forme de Z. Ce dernier conduit le gaz qui s'échappe du flacon, dans un vase plein d'eau servant de cuve pneumatique.

On place au fond du flacon 50 grammes de zinc grenaillé ou de zinc laminé et coupé en lamelles suffisamment petites pour traverser l'orifice C. D'autre part on verse 250 grammes d'eau dans un matras; on y ajoute, peu à peu et en agitant, 50 grammes d'acide sulfurique concentré ; après avoir laissé refroidir le mélange, on introduit dans le flacon, par le tube à entonnoir, un tiers environ de la liqueur acide.

En présence de l'acide sulfurique, le zinc décompose l'eau, se transforme en oxyde de zinc, lequel s'unit à l'acide pour produire du sulfate de zinc, tandis que l'hydrogène se dégage. La même réaction peut encore être interprétée en disant que le métal se substitue à l'hydrogène de l'acide et le met en liberté :

$$2Zn \quad + \quad S^2O^6,2HO \quad = \quad S^2O^6,2ZnO \quad + \quad 2H;$$
$$\text{Zinc.} \qquad \text{Ac. sulfurique.} \qquad \text{Sulfate de zinc.} \qquad \text{Hydrogène.}$$
$$Zn \quad + \quad SO^4H^2 \quad = \quad SO^4Zn \quad + \quad 2H.$$

Peu à peu la réaction se ralentit, l'acide libre disparaissant de la liqueur ; on lui rend son intensité en versant dans l'entonnoir S une nouvelle quantité d'acide sulfurique dilué. Par des additions successives et ménagées de ce dernier, il est facile de produire un dégagement régulier d'hydrogène. Si le mélange vient à s'échauffer fortement par une addition trop précipitée d'acide, il est bon de modérer la réaction en plongeant le flacon F dans l'eau froide.

On place quelquefois dans le flacon, avec le zinc, une certaine quantité d'eau, et on ajoute ensuite l'acide sulfurique concentré, par le tube à entonnoir. En opérant ainsi, la chaleur considérable due à la combinaison de l'acide sulfurique avec l'eau s'ajoute à celle qui résulte de l'action du même acide sur le zinc ; la masse s'échauffant alors beaucoup plus que dans le premier cas, la réaction devient rapidement tumultueuse, de telle sorte que le liquide ne tarde pas à mousser et à s'échapper du flacon.

L'acide sulfurique dilué de 5 à 6 parties d'eau, peut être remplacé par l'acide chlorhydrique du commerce, additionné de deux ou trois fois son poids d'eau. Il se forme alors du chlorure de zinc :

$$Zn \quad + \quad HCl \quad = \quad ZnCl \quad + \quad H;$$
$$\text{Zinc.} \qquad \text{Acide chlorhydrique.} \qquad \text{Chlorure de zinc.} \qquad \text{Hydrogène.}$$
$$Zn \quad + \quad 2HCl \quad = \quad ZnCl^2 \quad + \quad 2H.$$

Au commencement de la réaction, l'hydrogène mis en liberté se mélange à l'air qui remplissait l'appareil et l'expulse peu à peu. Les premières portions de gaz sont donc mélangées d'air, d'abord très fortement, puis de moins en moins. On ne doit recueillir l'hydrogène qu'après avoir laissé perdre un volume de gaz égal à plusieurs fois celui du flacon. Cette observation s'applique évidemment toutes les fois qu'on produit un gaz dans des conditions analogues ; mais, pour l'hydrogène, elle présente un intérêt tout particulier, cet élément formant avec l'air des mélanges explosibles qui occasionnent fréquemment des accidents (§ 513).

Un équivalent de zinc ou $32^{gr},5$, en se dissolvant, met en liberté un équivalent d'hydrogène ou 1 gramme, soit $11^{lit},126$. Pour former 1 litre d'hydrogène, il est donc nécessaire de dissoudre $32,5 : 11,126 = 2^{gr},902$ de zinc, soit environ 3 gr. de zinc.

L'opération terminée, on peut isoler le sulfate de zinc ou le chlorure de zinc produits (voy. *Sulfate de zinc* ou *Chlorure de zinc*).

Les mêmes réactions s'effectuent dans des appareils différents quand on veut obtenir un volume d'hydrogène considérable, ou un dégagement que l'on interrompt à volonté (§ 398 et suivants).

509. Le zinc chimiquement pur ne donne lieu à aucun dégagement gazeux sensible, dans les conditions indiquées plus haut : il se conduit à cet égard comme le zinc amalgamé des piles. Le contact avec le zinc d'un fil de platine ou de cuivre, provoque la réaction et le dégagement de l'hydrogène. De même, si l'on verse dans la liqueur inactive une ou deux gouttes d'une solution de sulfate de cuivre, le zinc précipite à sa surface le cuivre à l'état métallique ; les deux métaux constituant dès lors un couple voltaïque, l'hydrogène se produit.

510. *Purification.* — Le gaz que l'on obtient ainsi est pur. Il n'en est pas de même de celui qui se prépare, comme on le fait d'ordinaire, avec le zinc et les acides du commerce (§ 508). Lorsque les réactifs contiennent du soufre, de l'arsenic, du phosphore, du carbone, l'hydrogène est mélangé d'hydrogène sulfuré, d'hydrogène arsénié, d'hydrogène phosphoré ou d'hydrogènes carbonés divers. Cette dernière impureté est surtout importante quand on substitue au zinc, ce qui se pratique quelquefois, le fer plus ou moins carburé du commerce. Toutes ces impuretés communiquent à l'hydrogène, qui est inodore, une odeur très marquée.

Quand on veut avoir de l'hydrogène purifié des impuretés précédentes, on lave le gaz (§ 418 et suivants) dans des solutions métalliques convenablement choisies : l'azotate de plomb, par exemple, retient l'hydrogène sulfuré à l'état de sulfure de plomb, l'azotate d'argent arrête l'hydrogène arsénié en produisant de l'arséniure d'argent, le bichlorure de mercure sépare l'hydrogène phosphoré, etc. On obtient d'un seul coup le même résultat, en faisant passer le gaz impur à travers un tube réfractaire contenant de la tournure de cuivre portée au rouge. Ces traitements n'enlèvent pas les hydrogènes carbonés, qui d'ailleurs s'observent rarement quand on fait usage du zinc ordinaire.

Une méthode de purification fort simple consiste à faire passer le gaz dans deux flacons laveurs (§ 420, fig. 194), contenant, le premier une solution concentrée de permanganate de potasse additionnée d'un peu d'acide sulfurique, et le second la même liqueur fortement alcalinisée par la potasse caustique (M. Schobig). Les deux réactifs précédents oxydent et arrêtent presque tous les composés hydrogénés signalés plus haut.

511. PAR L'ACTION DU SODIUM SUR L'EAU. — Les métaux alcalins décomposent l'eau directement, sans l'intervention d'aucun autre réactif :

$$H^2O^2 \quad + \quad Na \quad = \quad NaO,HO \quad + \quad H ;$$

Eau.   Sodium.   Hydrate de soude.   Hydrogène.

$$H^2O \quad + \quad Na \quad = \quad NaHO \quad + \quad H.$$

Il suffit de projeter un fragment de sodium dans un vase plein d'eau, pour qu'une réaction très vive se manifeste. La température du sodium s'élève au-dessus de son point de fusion et le dégagement rapide du gaz, qui s'effectue à la surface de séparation de l'eau et du métal fondu provoque chez ce dernier des phénomènes analogues à ceux de l'état sphéroïdal : un globule de métal, sphérique et brillant, court à la surface de l'eau, diminuant constamment de volume par le fait de la réaction. Finalement, le sodium se trouve remplacé par un petit globule de soude caustique fondue qui, se refroidissant brusquement au contact de l'eau, donne lieu à des projections dangereuses. On évite ces dernières en recouvrant le vase d'une lame de verre, quand la réaction approche de sa fin. Cette précaution serait elle-même une cause de danger si elle était prise trop tôt; l'hydrogène s'accumulerait alors dans le vase clos, et formerait avec l'air un mélange détonant, dont la haute température due à la réaction pourrait provoquer la combustion. Vient-on, en effet, à arrêter ou à retarder le mouvement du métal, par exemple en épaississant l'eau par de la gomme, ou bien en mettant le sodium en contact avec un tampon de coton ou de papier mouillés, le refroidissement dû à la masse d'eau diminue, la température s'élève davantage, de telle sorte que l'hydrogène s'enflamme à l'air en produisant une petite explosion et en donnant une flamme teintée de jaune par la vapeur de sodium.

Quand on fait usage de potassium pour la même expérience, la formation de la potasse développant une quantité de chaleur plus grande, le gaz s'enflamme directement lorsqu'on laisse courir le globule métallique sur l'eau.

Pour recueillir l'hydrogène ainsi engendré, il suffit de façonner un morceau de toile métallique en forme de cuiller et d'y adapter un fil de fer suffisamment rigide pour servir de manche. En recouvrant de cette toile chaque fragment de métal projeté sur l'eau et en l'entraînant au fond du liquide, l'hydrogène vient sous forme de bulles gagner la surface. On l'y reçoit sous une cloche pleine d'eau.

On fait quelquefois cette expérience en introduisant sur la cuve à mercure, un globule de sodium enveloppé de papier buvard, dans une éprouvette renversée, pleine de mercure et contenant à sa partie supérieure quelques centimètres cubes d'eau. Ce mode opératoire n'est pas sans inconvénient, le contact du métal très chaud provoquant fréquemment la rupture du verre.

Il est indispensable de n'opérer jamais que sur de faibles quantités, de ne mettre en contact avec l'eau que des fragments de métal alcalin dont le volume n'excède pas celui d'un pois; on évite ainsi des explosions dangereuses. Une autre précaution n'est pas moins importante. On conserve souvent le sodium dans l'huile de naphte : il s'y recouvre d'un enduit foncé qui, dans certaines conditions, a la propriété de détoner au contact de l'eau. Il est nécessaire d'enlever cette substance avec une lame tranchante, et de ne se servir que de fragments de métal parfaitement brillants.

512. Par le fer chauffé au rouge et la vapeur d'eau. — On introduit de la tournure de fer ou du fil de fer roulé en paquets, dans un tube de porcelaine ou de grès réfractaire AB (fig. 233), qu'on remplit jusqu'à 6 ou 8 centimètres de chaque extrémité. A l'une de celles-ci, en B, on adapte, au moyen d'un bouchon percé d'un trou, un tube à dégagement deux fois recourbé BD, et à l'autre, un tube droit de 10 ou 12 centimètres de longueur. On doit avoir soin que les fermetures en A et en

B soient exactes, ce qui nécessite quelques précautions, en particulier avec les tubes de grès, dont les orifices manquent le plus souvent de régularité. On installe le tube, soit sur une grille à gaz, soit dans un fourneau à tubes (§ 73, fig. 30), en éloignant également les bouchons

Fig. 233. — Décomposition de l'eau par le fer chauffé au rouge.

du foyer, et en faisant plonger l'extrémité inférieure du tube à dégagement dans une terrine garnie d'eau. A l'extrémité libre du tube court, adapté en A, on fixe, au moyen d'un bouchon percé ou encore d'un joint de caoutchouc, une cornue de verre C, de 90 centimètres cubes, dans laquelle on introduit 60 centimètres cubes d'eau et un petit fragment de charbon de bois ou mieux de charbon des cornues à gaz. Enfin on dispose au-dessous de la cornue un fourneau ou un brûleur à gaz recouvert d'une toile métallique, en ayant soin de donner à la cornue et au petit tube qui la suit, une inclinaison marquée de A vers C. Le tube à dégagement doit avoir au contraire une inclinaison en sens opposé et faire écouler dans la terrine tout liquide qu'il pourra contenir.

On porte au rouge le tube AB, puis on chauffe la cornue à son tour, de manière à produire une ébullition de l'eau, lente et régulière. Le fragment de charbon ajouté au liquide facilite beaucoup cette production régulière de vapeur, l'air qu'il a condensé provoquant la formation des bulles de vapeur et empêchant ainsi toute surchauffe du liquide. La vapeur chasse d'abord devant elle l'air de l'appareil, puis arrive au contact du fer rouge sur lequel elle réagit. Il est nécessaire cependant que cette vapeur ne soit pas trop abondante ; elle refroidirait constamment le tube et l'empêcherait d'atteindre la température voulue.

Le fer décompose l'eau, se transforme en oxyde magnétique ou oxyde de fer salin et met en liberté de l'hydrogène :

$$3Fe \quad + \quad 2H^2O^2 \quad = \quad Fe^3O^4 \quad + \quad 4H ;$$

Fer.   Eau.   Oxyde de fer salin.   Hydrogène.

$$3Fe \quad + \quad 4H^2O \quad = \quad Fe^3O^4 \quad + \quad 4H^2 .$$

L'oxyde, qui est fixe, reste dans le tube, mais l'hydrogène gazeux se dégage en D, où on le recueille. On verra plus loin que la réaction contraire,

$$Fe^3O^4 \quad + \quad 4H \quad = \quad 3Fe \quad + \quad 2H^2O^2,$$
$$Fe^3O^4 \quad + \quad 4H^2 \quad = \quad 3Fe \quad + \quad 4H^2O,$$

est possible dans les mêmes conditions. En réalité les deux réactions sont simultanées : dans une atmosphère renouvelée de vapeur d'eau, et c'est le cas actuel, la première réaction domine, tandis que dans une atmosphère renouvelée d'hydrogène, c'est la seconde qui l'emporte.

Dans l'expérience, une portion de la vapeur d'eau échappe à la réaction et se condense dans la terrine ou même dans le tube à dégagement. C'est pourquoi ce dernier a été incliné ; on évite ainsi l'écoulement de l'eau condensée vers le tube rouge de feu, écoulement qui causerait par refroidissement brusque la rupture du tube réfractaire, et par suite une explosion. C'est pour une raison analogue que la portion CA de l'appareil a été inclinée en sens contraire.

Ces condensations de vapeur d'eau peuvent encore entraîner une *absorption*, c'est-à-dire le reflux de l'eau de la cuve pneumatique dans l'appareil et la rupture du tube. Le point important est d'obtenir un dégagement de vapeur très régulier, ce qui est facile avec un brûleur à gaz.

On ajoute souvent à l'appareil un tube de sûreté destiné à empêcher l'absorption ; il consiste en un tube droit, traversant une tubulure portée par la cornue à sa partie supérieure, et plongeant dans l'eau. Il est bon de remarquer que l'usage de ce tube fait naître un autre danger : si des rentrées d'air un peu importantes s'effectuent, elles forment dans l'appareil un mélange détonant et produisent une explosion.

On remplace parfois les tubes en terre réfractaire par un canon de fusil qui est moins fragile.

II. — PROPRIÉTÉS.

513. COMBUSTIBILITÉ. — Cette propriété cause des accidents tellement fréquents, lorsqu'on expérimente avec l'hydrogène, qu'il a paru nécessaire d'en parler tout d'abord, sauf à faire abstraction de l'ordre adopté.

A partir de 550°, l'hydrogène se combine à la moitié de son volume d'oxygène, avec dégagement de chaleur et de lumière. Cette combinaison, que l'on désigne sous le nom de *combustion* de l'hydrogène, s'effectue à équivalents égaux ; elle produit de l'eau.

Dans une éprouvette à gaz (§ 153, fig. 93, E) de 200 centimètres cubes, en verre épais, on introduit de l'hydrogène jusqu'aux deux tiers de la hauteur, puis on achève de remplir avec de l'oxygène. Après avoir agité pour mélanger les deux gaz, on approche d'une flamme de gaz l'orifice ouvert de l'éprouvette ; la combinaison s'effectue et les phénomènes physiques qui l'accompagnent se manifestent par une explosion énergique, suceptible de briser le vase de verre s'il n'est pas très résistant. Cela est particulièrement à craindre quand le mélange des deux gaz, le *gaz tonnant*, a été introduit non pas dans une éprouvette largement ouverte, mais dans un flacon à étroite ouverture ; il est alors nécessaire, pour éviter la projection des débris de verre, d'entourer le flacon de plusieurs épaisseurs de linge.

La combustion du mélange d'hydrogène et d'oxygène donne lieu à un bruit particulièrement violent dans l'expérience suivante : après avoir versé dans un mortier de fer (fig. 25, § 57) quelques centimètres cubes d'eau de savon (§ 520), on garnit le mortier de bulles de savon adhérentes entre elles en dégageant rapidement le mélange tonnant par un tube plongé dans le liquide, et on allume le gaz ainsi emprisonné en approchant une bougie enflammée, portée par un long manche.

514. Certains corps poreux, la mousse de platine en particulier, en condensant à leur surface le mélange tonnant, s'échauffent au point d'emflammer ce dernier. Pour montrer ce fait, on attache un fragment de mousse de platine à l'extrémité supérieure d'un fil de platine, maintenu vertical par un support à pince. Si l'on abaisse au-dessus de cette mousse de platine, une éprouvette remplie de mélange tonnant, on voit rougir le métal au moment où il pénètre dans l'éprouvette, et l'explosion se produit immédiatement après.

Dans tous les cas, les phénomènes caractéristiques de l'*explosion* sont dus aux ébranlements produits dans un temps très court : 1° par la dilatation énorme qu'éprouvent, sous l'influence de la combustion, les gaz et la vapeur d'eau, cette dilatation déterminant instantanément une pression considérable à laquelle le vase peut ne pas résister ; 2° par la contraction qui suit immédiatement et qui correspond, d'abord au refroidissement de la masse gazeuse, puis à la condensation de l'eau, laquelle prend, à l'état liquide, un très faible volume ; 3° par la rentrée d'air qui s'opère brusquement après cette condensation.

515. L'hydrogène peut se combiner avec l'oxygène de l'air comme il le fait avec l'oxygène pur.

Lorsque, soulevant verticalement une éprouvette remplie d'hydrogène sur la cuve à eau, on approche immédiatement son orifice d'une flamme quelconque, le gaz brûle en produisant une flamme incolore et en donnant naissance à de la vapeur d'eau. Quand on opère lentement et que l'orifice inférieur de l'éprouvette reste béant à l'air pendant quelques secondes, l'hydrogène et l'air se mélangent peu à peu à leur surface de contact, et la combustion commence par une explosion légère. A mesure que le mélange de l'hydrogène avec l'air devient plus avancé, cette explosion se produit plus intense. Elle atteint son maximum lorsque le mélange d'hydrogène et d'air contient un volume d'oxygène exactement égal à la moitié de celui de l'hydrogène. L'air renfermant sensiblement 4 volumes d'azote pour 1 volume d'oxygène, c'est-à-dire un cinquième de son volume d'oxygène, cette condition correspond à un mélange de 1 volume d'hydrogène avec $\frac{1}{2} \times 5 =$ 2^{vol},5 d'air. Un semblable mélange introduit dans une éprouvette résistante, détone énergiquement ; brûlé dans des vases d'une solidité insuffisante, il provoque leur rupture, projette au loin leurs fragments, et peut blesser les opérateurs. Ajoutons qu'un excès notable d'air, pas plus qu'un excès notable d'hydrogène, n'empêche l'explosion, et cela jusque dans des limites assez étendues.

C'est à cette propriété que sont dus les accidents auxquels il a été fait allusion plus haut. Toutes les fois, en effet, que des mélanges en proportions très variables d'air et d'hydrogène, se trouvent enflammés, une explosion plus ou moins dangereuse se produit. Or les circonstances dans lesquelles se forment des mélanges semblables sont nombreuses. Il est nécessaire de citer particulièrement les suivantes.

Lors de la mise en marche d'un appareil à hydrogène, ce gaz se mélange tout d'abord à l'air qui garnissait les vases à l'origine. Vient-on à approcher une flamme du tube à dégagement? La combustion du mélange s'effectue avec explosion et en développant brusquement une pression considérable à laquelle les vases ordinaires ne résistent pas. Le même accident serait occasionné, dans une éprouvette, par du gaz hydrogène recueilli prématurément sur la cuve à eau, avant la sortie de l'air du générateur. On ne saurait donc trop recommander d'attendre l'expulsion complète de l'air des appareils à hydrogène avant d'opérer sur ce gaz.

Il y a plus, si on laisse échapper dans l'atmosphère des quantités notables d'hydrogène, celui-ci, en se mélangeant à l'air, peut gagner à une certaine distance un corps en combustion et s'enflammer : l'explosion qui a lieu dans ces circonstances, bien qu'elle ne présente plus comme les précédentes les causes de dangers dues à la rupture du contenant, est cependant loin d'être toujours inoffensive.

516. La combustion de l'hydrogène dans l'air peut être effectuée moins brusquement et d'une manière régulière.

Dans l'appareil représenté par la figure 232 (§ 508), on substitue au tube coudé AT, un tube droit, effilé à la lampe vers son extrémité supérieure, et, *après avoir attendu l'expulsion complète de l'air du flacon*, on allume le jet de gaz qui s'échappe par le tube effilé ; l'hydrogène brûle avec une flamme incolore, ou faiblement colorée en jaune par les particules de la liqueur qui se trouvent entraînées sous forme pulvérulente. La température développée par la flamme est très élevée. On désignait autrefois cet appareil sous le nom de *lampe philosophique*.

517. Quand, au-dessus de la flamme d'hydrogène ainsi produite, on abaisse verticalement un tube en verre, ouvert à ses deux extrémités, d'un diamètre plus gros que la flamme et d'une certaine longueur (fig. 234), de manière à faire pénétrer peu à peu la flamme suivant son axe, la masse gazeuse entre en vibration à l'intérieur du tube et rend un son musical parfois très intense. Les qualités de ce son varient d'ailleurs avec les dimensions et les positions respectives de la flamme et du tube. On peut, avec plusieurs tubes, obtenir des sons différents

au moyen de ce petit appareil que l'on désigne sous les noms d'*harmonica chimique* ou d'*orgue philosophique*. Lorsqu'on introduit trop rapidement la flamme dans le tube, il arrive fréquemment qu'on l'éteint. Le phénomène ne se produit convenablement que dans des positions déterminées, faciles à reconnaître en abaissant lentement le gros tube; en dehors de ces dernières, aucun son ne se fait entendre, ou bien les mouvements gazeux prennent une telle intensité qu'ils interrompent la combustion.

518. L'hydrogène est combustible, mais il éteint les corps en combustion qu'on y plonge. Si, en effet, dans une éprouvette remplie d'hydrogène et sou-

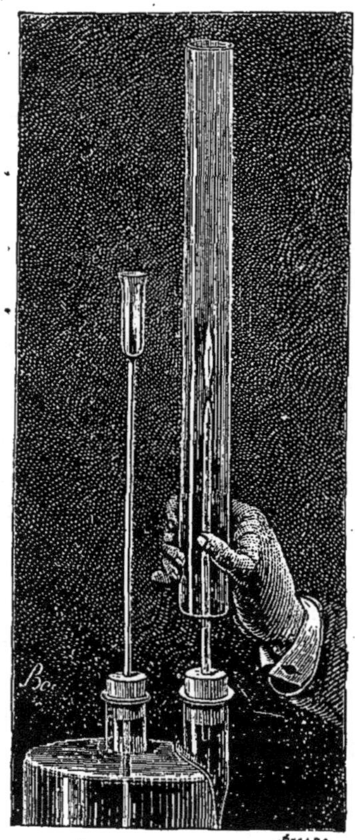

Fig. 234. — Harmonica chimique.

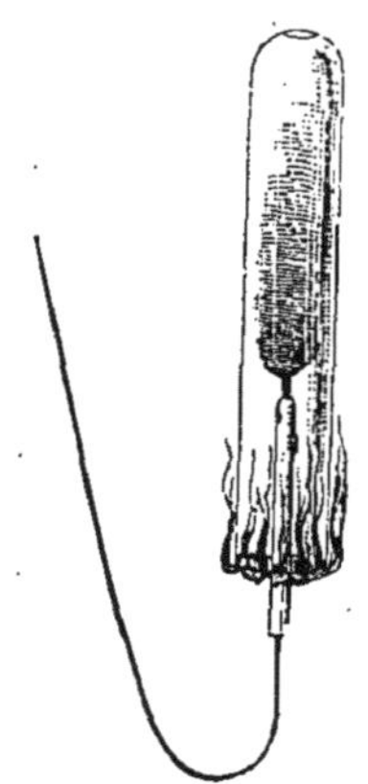

Fig. 235. — Bougie éteinte dans l'hydrogène.

levée verticalement (fig. 235), on introduit lentement une bougie fixée à un fil métallique (§ 504) et allumée, l'hydrogène, qui est mélangé d'air à l'orifice de l'éprouvette, s'enflamme d'abord, puis la bougie pénétrant davantage, atteint l'hydrogène non mélangé d'air : elle s'éteint aussitôt. Inversement, elle se rallume à la flamme de l'hydrogène quand on l'abaisse lentement pour la sortir de l'éprouvette.

519. Faible densité de l'hydrogène. — L'hydrogène est le plus léger de tous les gaz. Il est particulièrement facile de démontrer qu'il est beaucoup plus léger que l'air (§ 507).

Ce fait se trouve déjà établi par plusieurs expériences rapportées plus haut (§ 515 et § 518), dans lesquelles une éprouvette pleine d'hydrogène et ouverte à l'air par le bas, reste garnie de gaz combustible, qui ne se mélange à l'air qu'avec une certaine lenteur. Quand on en approche une flamme après une ou deux minutes, il se produit encore une explosion. Si, au lieu de maintenir en bas l'orifice de la cloche, on retourne celle-ci, l'hydrogène plus léger s'échappe rapidement, et se trouve remplacé dans le vase par l'air ; l'éprouvette peut aussitôt être approchée de la flamme sans qu'il y ait combustion de son contenu.

Il y a plus : la différence des densités est tellement considérable, que l'hydrogène et l'air peuvent se déplacer dans des vases de dimensions relativement petites, sans se mélanger d'une manière notable. Prenant une éprouvette un peu large et remplie d'hydrogène AC, si on la soulève verticalement, qu'on applique sur son orifice celui d'une seconde éprouvette BC, semblable et pleine d'air (fig. 236), de manière que toutes deux soient sur le prolongement l'une de l'autre, puis qu'on retourne sans secousses tout l'ensemble, l'hydrogène de la première éprouvette monte immédiatement dans la seconde devenue plus élevée, tandis que l'air, beaucoup plus dense, s'écoule de la seconde éprouvette dans la première et gagne le fond du système. Après quelques instants, on peut séparer les deux éprouvettes et constater que la seconde est remplie de gaz combustible, tandis que la première contient de l'air tellement peu mélangé d'hydrogène qu'on ne peut l'enflammer.

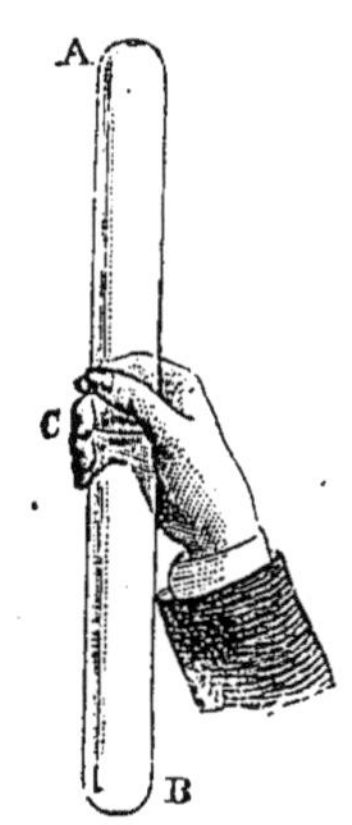

Fig. 236. — Transvasement de l'hydrogène.

520. La légèreté de l'hydrogène est encore mise en évidence par un aérostat rempli de ce gaz, qui s'élève dans l'air avec une force ascensionnelle considérable. Plus simplement, on constate le même fait en abandonnant dans l'atmosphère des bulles de savon gonflées d'hydrogène. Dans ce but, on se sert d'une liqueur préparée de la manière suivante : on dissout à chaud $1^{gr},5$ de savon de Marseille, desséché et pulvérisé, dans 100 centimètres cubes d'eau ; on laisse refroidir 24 heures dans un endroit frais, puis on dissout dans le liquide 30 grammes de sucre. Pour opérer, à un appareil à hydrogène fonctionnant lentement et régulièrement, on relie par un tube de caoutchouc un peu long, un tube de verre dont l'extrémité, bordée à la lampe, présente un diamètre voisin de 1 centimètre : arrêtant un instant le courant gazeux, soit au moyen d'un robinet interposé, soit en écrasant entre les doigts le caoutchouc, on plonge l'orifice du tube de verre dans la liqueur, puis on le ressort doucement et on rend lentement le passage au gaz. La lamelle liquide qui fermait le tube, se distend sous la pression du gaz, et se gonfle en sphère par un mouvement régulier. Si après avoir dirigé en l'air l'ouverture du tube et la bulle qu'elle porte, on donne au tube une faible secousse perpendiculairement à son axe, la bulle de savon se détache et, plus légère que le volume d'air qu'elle déplace, monte dans l'atmosphère.

521. DIFFUSIBILITÉ. — Graham a montré que les gaz traversent les membranes et les plaques poreuses, avec des vitesses inversement proportionnelles aux racines carrées de leur densités ; l'hydrogène, qui est le moins dense de tous les gaz, est donc le plus diffusible. L'extrême rapidité avec laquelle il

traverse les parois poreuses est mise en évidence par les expériences suivantes (Debray).

A l'orifice d'un vase cylindrique P (fig. 237, A), en porcelaine dégourdie, tel que ceux usités comme diaphragmes de piles, on adapte exactement un bouchon que traversent deux tubes : le premier *s* est relié par un robinet *r* et par un tube de caoutchouc, à un appareil producteur d'hydrogène; le second *tt'* est un tube à gaz droit, de 1 mètre de longueur, qui plonge en *t'* dans un vase V contenant de l'eau colorée par du tournesol ou de l'indigo. On fait arriver en *s* un courant rapide de gaz hydrogène : l'air chassé du vase poreux P, s'échappe par *tt'* et traverse le liquide en V. Lorsque l'appareil est plein d'hydrogène pur, on ferme le robinet d'arrivée *r*. On voit aussitôt l'eau s'élever de 60 à 70 centimètres de hauteur dans le tube *tt'*; c'est que l'hydrogène s'est diffusé dans l'atmosphère avec une extrême rapidité, en traversant la paroi poreuse du vase, tandis que l'air n'est rentré dans P, par le même moyen, qu'avec beaucoup plus de lenteur. L'ascension du liquide rend manifeste le vide relatif produit dans le vase poreux par ces deux actions inégales et contraires.

L'expérience peut être en quelque sorte renversée. Soit P (fig. 237, B) le vase poreux; il est exactement fermé par un bouchon que traverse l'une des branches d'un long tube recourbé *abcd*, formant siphon renversé et contenant de l'eau colorée jusqu'à la moitié de sa hauteur. A côté du vase et parallèlement à lui, on place un tube *rs* relié à un appareil producteur d'hydrogène par un robinet *r* et un caoutchouc. Si l'on recouvre à la fois ce tube et le vase poreux par une cloche CC' et si, ouvrant *r*, on garnit cette cloche d'hydrogène, ce gaz pénètre rapidement par diffusion dans le vase poreux, beaucoup plus rapidement que l'air contenu dans celui-ci ne se diffuse dans l'hydrogène de la cloche, et l'excès de la pression à l'intérieur de P, se traduit par un abaissement du liquide coloré en *ab* et une élévation en *cd*.

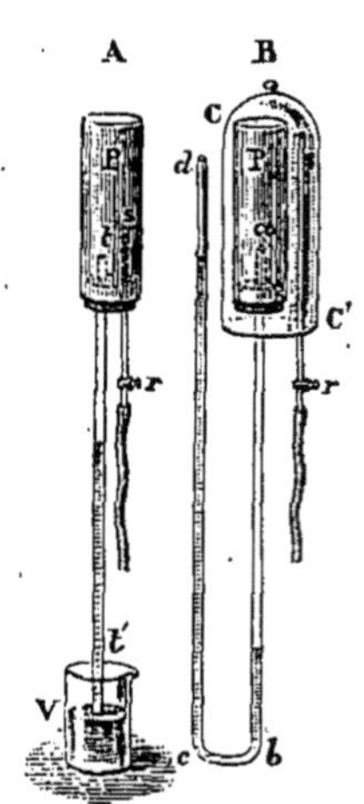

Fig. 237. — Diffusion de l'hydrogène.

Les mêmes appareils peuvent servir à expérimenter avec d'autres gaz : avec le gaz d'éclairage, par exemple, employé comme il vient d'être dit pour l'hydrogène, les phénomènes sont déjà beaucoup moins marqués.

La rapidité avec laquelle l'hydrogène traverse une paroi poreuse est encore mise en évidence par une expérience fort simple : on étend horizontalement une feuille de papier non collé au-dessus du jet d'hydrogène s'échappant verticalement d'une lampe philosophique non allumée (§ 516, fig. 234); le gaz traverse le feutre du papier avec une vitesse telle qu'en l'allumant au-dessus du papier, il brûle d'une manière continue jusqu'au moment où le papier lui-même s'enflamme.

522. Réduction de l'oxyde de cuivre par l'hydrogène. — La production du cuivre métallique par l'action de l'hydrogène sur l'oxyde de cuivre chauffé, est un bon exemple pour montrer l'action réductrice exercée par cet élément sur le plus grand nombre des oxydes métalliques.

L'appareil dont on se sert pour l'effectuer le plus simplement est

composé (fig. 238) d'un générateur à hydrogène F, relié par un tube
recourbé à angle droit TA, à un tube en verre peu fusible AB, de
$0^m,015$ de diamètre environ. Ce dernier, de $0^m,20$ à $0^m,25$ de longueur,
est effilé à la lampe vers son extrémité B; il est d'ailleurs exactement
adapté en A par un bouchon interceptant toute communication avec
l'atmosphère. On introduit 3 grammes d'oxyde noir de cuivre dans la
partie médiane de ce tube, que l'on dispose sur un grillage en fil de fer

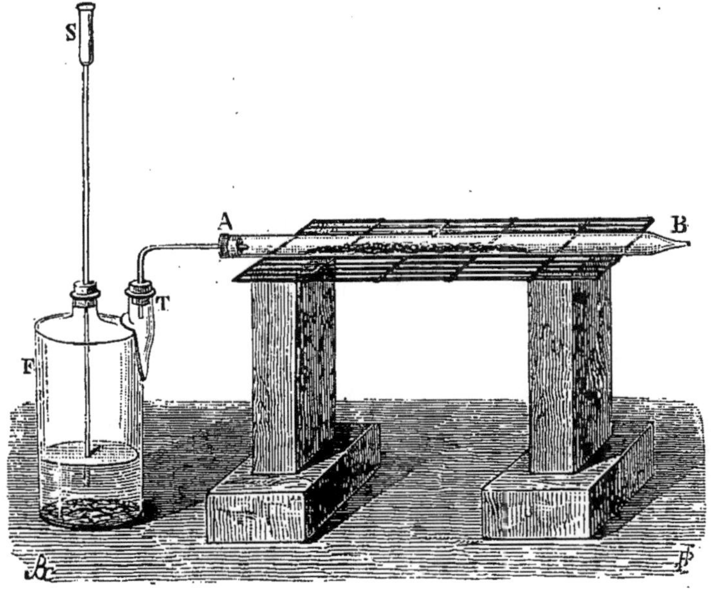

Fig. 238. — Réduction de l'oxyde de cuivre par l'hydrogène.

supporté par des briques. On verse alors de l'acide sulfurique dilué
dans l'appareil, de façon à produire un dégagement régulier et pas trop
rapide de gaz. Lorsqu'aucune explosion n'est plus à craindre (§ 515),
on place sur la grille et autour de la portion du tube qui contient
l'oxyde, des charbons bien allumés. La réduction de l'oxyde commence
bientôt et la réaction suivante s'effectue .

$$2CuO \quad + \quad 2H \quad = \quad 2Cu \quad + \quad H^2O^2 ;$$

Oxyde de cuivre.   Hydrogène.   Cuivre.   Eau.

$$CuO \quad + \quad H^2 \quad = \quad Cu \quad + \quad H^2O.$$

A une température très élevée, le cuivre réduit s'agglomère et protège l'oxyde restant de l'action de l'hydrogène; de plus le tube lui-même
se déforme et fond. On ne doit donc pas dépasser le rouge sombre.

La vapeur d'eau formée se dégage, avec l'hydrogène en excès, par
l'orifice B. Elle se condense dans l'atmosphère sous forme de buée, et
aussi parfois vers l'extrémité B du tube où elle se dépose en gouttelettes.
Dans ce dernier cas, si l'eau condensée s'écoulait vers les parties
chaudes du tube, elle déterminerait la rupture de celui-ci. On évite

cet accident, d'une part en n'employant pas un tube trop long, d'autre part en plaçant un ou deux charbons allumés entre l'oxyde de cuivre et l'orifice B, ce qui évite toute condensation. La rupture du tube peut encore être occasionnée d'une manière analogue par le liquide provenant de l'accumulation dans le tube coudé TA, des particules liquides entraînées par l'hydrogène. On obvie à cet inconvénient en taillant en biseau l'extrémité inférieure du tube coudé : le liquide retombe goutte à goutte dans le flacon par la pointe du biseau et ne s'accumule pas en gouttes volumineuses qui, remplissant peu à peu la largeur du tube, se trouvent chassées vers A par le courant gazeux. Il est en outre nécessaire de tenir l'oxyde de cuivre éloigné du bouchon A; on ne peut en effet chauffer le tube AB trop près de ce dernier, qui se détruirait en produisant des matières organiques volatiles, susceptibles de souiller le produit.

La réaction est terminée quand toute la masse d'oxyde a pris la teinte caractéristique du cuivre et ne laisse voir, lorsqu'on l'agite, aucune parcelle de matière noire. A ce moment, un corps froid, une soucoupe de porcelaine par exemple, présenté en B devant l'orifice du tube, ne se recouvre plus de vapeur d'eau condensée.

Le tube à oxyde de cuivre est chauffé plus commodément sur une grille à gaz (§ 87, fig. 45). Quand on se propose d'avoir du cuivre réduit pur, il est nécessaire de purifier l'hydrogène (§ 510) et de le dessécher (§ 429 et 430) avant de le faire réagir sur l'oxyde chauffé.

523. RÉDUCTION DU SULFURE D'ANTIMOINE PAR L'HYDROGÈNE. — Un appareil analogue permet de montrer l'action exercée par l'hydrogène sur certains sulfures, le sulfure d'antimoine par exemple. L'hydrogène réduit à chaud l'antimoine à l'état métallique et transforme le soufre en hydrogène sulfuré :

$$2SbS^3 \quad + \quad 6H \quad = \quad 2Sb \quad + \quad 3H^2S^2;$$

Sulfure   Hydrogène.   Antimoine.   Hydrogène
d'antimoine.   sulfuré.

$$Sb^2S^3 \quad + \quad 3H^2 \quad = \quad Sb^2 \quad + \quad 3H^2S.$$

On opère comme il vient d'être dit pour l'oxyde de cuivre; toutefois, à cause des propriétés délétères et de l'odeur désagréable de l'hydrogène sulfuré, il est bon de n'employer qu'un ou deux grammes de sulfure d'antimoine et de placer celui-ci dans un tube de plus faible diamètre, qu'on réunit en A à l'appareil à hydrogène par un joint de caoutchouc; enfin on opère sous une cheminée à tirage énergique. Un point important est de ne pas trop chauffer le sulfure d'antimoine, ce composé entrant en fusion au rouge sombre; lorsqu'il est fondu, il ne se réduit plus que superficiellement et l'expérience s'arrête.

L'hydrogène sulfuré qui se forme est décélé tout d'abord par son odeur. De plus, il noircit énergiquement un papier imbibé d'une solution d'acétate de plomb ou de sulfate de cuivre, qu'on présente à l'orifice B par lequel s'échappe le produit gazeux de la réaction. D'ailleurs, si l'on adapte en B, au moyen d'un joint de caoutchouc, un petit tube de verre coudé à angle droit, et qu'on introduise successivement ce dernier dans des solutions métalliques diverses, on observe les réactions caractéristiques de l'hydrogène sulfuré (Voy. *Hydrogène sulfuré, action sur les sels*). Le dernier dispositif permet également de faire passer les gaz sortant de l'appareil dans une lessive de soude qui arrête l'hydrogène sulfuré; il est dès lors possible de pousser jusqu'au bout la réduction d'un certain poids de sulfure, sans être incommodé par le gaz délétère engendré.

524. Réduction du chlorure d'argent par l'hydrogène. — La réduction du chlorure d'argent peut également être démontrée de la même manière. Il se produit du métal libre et de l'acide chlorhydrique :

$$\text{AgCl} + \text{H} = \text{Ag} + \text{HCl};$$

Chlorure d'argent.   Hydrogène.   Argent.   Acide chlorhydrique.

$$AgCl + H = Ag + HCl.$$

L'acide chlorhydrique communique au gaz dégagé une odeur piquante : en s'échappant dans l'atmosphère, il se combine à l'humidité de l'air et produit un hydrate liquide, qui se condense et se manifeste par des fumées blanches. Le phénomène est plus marqué encore, si l'on approche de B une baguette de verre trempée dans l'ammoniaque; le chlorhydrate d'ammoniaque engendré est solide et forme un épais nuage blanc. Le même gaz dirigé sur un papier de tournesol bleu le rougit énergiquement. Enfin lorsque, disposant l'appareil comme il a été dit au § 523, on fait passer le gaz dans des solutions de nitrate d'argent, de plomb ou de protoxyde de mercure, il y produit des précipités blancs.

A. — Eau.

Équiv. : $HO = 9 = 2\ vol.$ *P. mol.* : $H^2O^2 = H^2O = 18 = 4\ vol.$

525. *Synonyme* : Protoxyde d'hydrogène. — *Liquide cristallisable* par le froid en se changeant en *glace*, dont la *température de fusion* a été prise comme point 0° des échelles thermométriques centigrade et Réaumur. — *Densité* à 0° : 0,999873 à l'état liquide, 0,91674 à l'état solide, croissante à partir de 0°, maximum à + 4°, décroissante irrégulièrement au-dessus. La densité à 4° a été prise pour unité. — *Chaleur spécifique* supérieure à celle des autres liquides ; a été prise comme unité, une Calorie étant la quantité de chaleur nécessaire pour élever de 0° à 1° la température d'un kilogramme d'eau ; à l'état solide, chaleur spécifique moitié moindre environ. — *Chaleur latente de fusion* de la glace : 79 Calories. — *Volatile ;* sa *température d'ébullition* sous la pression $0^m,760$, a été prise pour le point 100° de l'échelle thermométrique centigrade, pour le point 80° de l'échelle de Réaumur, et pour le point 212° de l'échelle de Fahrenheit. — *Chaleur latente de volatilisation* à 100° : 536 Calories. — *Densité de vapeur* ramenée à 0° et à la pression $0^m,760$: 0,622 par rapport à l'air ; 9 par rapport à l'hydrogène (d'où *poids de la molécule*, $9 \times 2 = 18$). A 100° et sous la pression $0^m,760$, la vapeur d'eau occupe un volume 1696 fois plus grand que le volume d'eau qui lui a donné naissance. — *Indice de réfraction* (raie D) : 1,33.

I. — EAU DISTILLÉE.

526. Préparation. — L'eau pure est le plus important de tous les réactifs. On l'obtient par distillation de l'eau de fontaine.

Cette distillation ne doit être effectuée dans un appareil distillatoire en verre, qu'à défaut d'un alambic métallique. Dans ce cas, il est bon d'ajouter à l'eau à distiller quelques fragments de charbon destinés à régulariser l'ébullition. On se sert alors de l'appareil décrit plus haut (§ 224, fig. 120), en ayant soin de ne pas négliger les précautions voulues pour empêcher tout entraînement du liquide (§ 225).

D'ordinaire on emploie, pour distiller l'eau, des alambics métalliques (§ 227, fig. 121), munis de serpentins en étain, le plomb s'attaquant dans l'eau pure en présence de l'air. Les matières salines contenues dans l'eau, restent dans l'alambic : on ne doit pas pousser la distillation trop vite, pour éviter les projections ou les entraînements mécaniques par la vapeur d'eau. On ne doit pas non plus la pousser trop loin, pour les mêmes raisons, et aussi afin d'éviter la décomposition des matières organiques. D'ailleurs, il est bon de distiller de l'eau relativement pure, c'est-à-dire de l'eau potable. Pendant les premiers temps de la distillation, l'eau passe chargée d'acide carbonique et de carbonate d'ammoniaque ; on laisse perdre les premières portions quand on veut éviter ces impuretés. On ajoute parfois à l'eau qu'on distille un peu de lait de chaux qui retient l'acide carbonique ; mais alors l'ammoniaque des sels ammoniacaux se retrouve libre dans l'eau distillée.

527. Dans les grands laboratoires, qui consomment beaucoup d'eau distillée, on fait usage d'appareils continus, dans lesquels l'eau qui distille est remplacée immédiatement, le niveau étant maintenu constant dans l'alambic par un système identique à celui indiqué plus haut pour les bains-marie (§ 117 et § 118). De plus, afin d'économiser le combustible, l'eau introduite ainsi dans la chaudière est l'eau qui s'est échauffée dans le serpentin, en condensant la vapeur, et a pris une température très voisine de 100°. Ce mode opératoire ne permet pas, il est vrai, de séparer l'acide carbonique et l'ammoniaque, mais c'est là un inconvénient sans intérêt dans la plupart des cas. Il exige qu'un assez grand diamètre soit donné au tube qui emmène la vapeur de la chaudière : il importe, en effet, que la vitesse d'écoulement soit assez faible pour éviter les entraînements de liquide pulvérisé. On trouve même avantage à interposer entre ce tube et la chaudière, un appareil analogue aux plateaux qui composent les colonnes distillatoires employées aujourd'hui par l'industrie pour la rectification de l'alcool (§ 237).

528. CARACTÈRES DE PURETÉ. —L'eau distillée satisfait, lorsqu'elle est pure, aux essais suivants.

Elle est incolore, limpide et inodore. Évaporée dans une capsule de platine, elle ne laisse pas de résidu (sels, matières dissoutes), même en opérant sur 200 centimètres cubes. Elle ne se colore pas par le sulfhydrate d'ammoniaque (plomb, cuivre, fer). L'eau de chaux ne la trouble pas (acide carbonique). Elle ne précipite, même après un certain temps de contact, ni l'azotate d'argent (chlore), ni l'oxalate d'ammoniaque (chaux), ni le chlorure de baryum (acide sulfurique), ni la solution d'iodure double de mercure et de potassium dans la potasse (ammoniaque). Aiguisée d'acide sulfurique pur et additionnée d'une quantité de permanganate de potasse convenable pour lui donner une très faible coloration

rose, elle reste colorée après ébullition (matières organiques et azotites).

II. — ANALYSE.

529. Par électrolyse. — La décomposition de l'eau par le courant d'une
pile (Nicholson et Carlisle, 1800), s'effectue au moyen du *voltamètre* (fig. 239).
Cet instrument consiste en un vase de verre, disposé sur un support en bois, et
portant à sa partie inférieure deux petits orifices que traversent des fils de
platine : ces derniers sont mastiqués dans les ouvertures, de manière que le
fond du vase soit étanche. Ils sont reliés dans l'intérieur du voltamètre à
deux lames de platine verticales, de dimensions égales entre elles. Dans le
vase de verre, on place de l'eau aiguisée d'acide sulfurique, jusqu'à une hauteur suffisante pour recouvrir de 1 à 2 centimètres les lames de platine. On
remplit ensuite d'eau acidulée deux éprouvettes graduées et, bouchant l'orifice

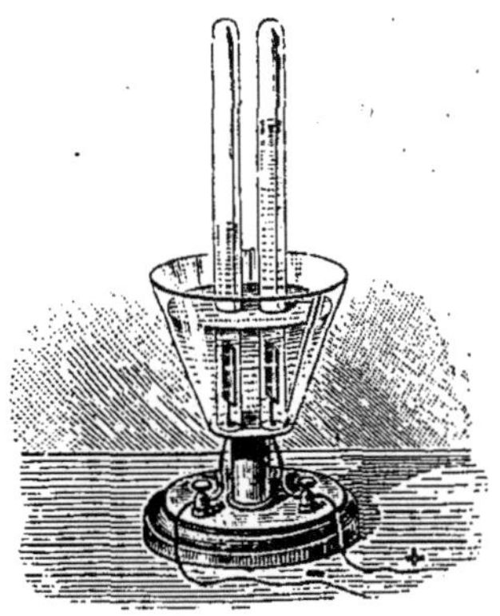

de chacune d'elles avec le doigt, on la retourne et on plonge son ouverture dans le
liquide du voltamètre ; enlevant alors le doigt,
on la dépose au-dessus de l'une des lames de
platine. Ceci fait, par des fils de cuivre qu'on
fixe à deux bornes qui terminent les fils de
platine, on met les lames de platine en communication avec les pôles d'une batterie de
deux ou trois éléments Bunsen, disposés en
tension. Le circuit se trouve alors complet ; le
courant suit les fils de cuivre et de platine,
ainsi que l'eau rendue conductrice par l'acide
sulfurique. A cet effet, il est nécessaire que
les éprouvettes ne reposent pas exactement
sur le fond du voltamètre, ce qui pourrait,
non pas interrompre le courant, mais du

Fig. 239. — Voltamètre.

moins augmenter beaucoup la résistance. L'électrolyse commence immédiatement : l'eau est décomposée par l'intermédiaire de l'acide, qui donne de
l'hydrogène, de l'oxygène et de l'anhydride sulfurique ; ce dernier, se combinant à l'eau en excès, régénère de l'acide hydraté, susceptible de subir de
nouveau l'action du courant. En somme, l'eau seule disparaît en fournissant
de l'hydrogène et de l'oxygène. Le premier de ces gaz se dégage au pôle négatif (zinc), et le second au pôle positif (charbon) ; tous deux s'accumulent
dans les éprouvettes. On constate que le volume de l'hydrogène augmente
plus rapidement que celui de l'oxygène, et qu'à un moment quelconque le
volume occupé par le premier est double du volume occupé par le second.
On vérifie commodément cette relation en interrompant le courant, c'est-à-
dire en détachant l'un des fils de cuivre de la borne à laquelle il est fixé.

On constate d'ailleurs que le gaz du pôle négatif est combustible avec une
flamme pâle, tandis que celui du pôle positif rallume une allumette présentant
quelques points en ignition (§ 504). Il est donc établi ainsi que l'eau, en se
détruisant, donne de l'hydrogène et de l'oxygène, dans le rapport de 2 volumes
du premier pour 1 volume du second. De plus, 1 gramme d'hydrogène occupant
2 volumes et 8 grammes d'oxygène occupant 1 volume, la relation de volumes
précédente peut se traduire en disant que, dans l'eau, l'hydrogène et l'oxygène
sont combinés équivalent à équivalent, ou encore dans le rapport de 2 atomes

du premier pour 1 atome du second. En considérant la relation des poids, on voit que 9 grammes d'eau contiennent 1 gramme d'hydrogène et 8 grammes d'oxygène.

En réalité, l'expérience ne montre pas précisément la relation simple qui vient d'être indiquée entre les deux volumes gazeux : le volume d'oxygène recueilli est toujours un peu moindre que la moitié de celui de l'hydrogène. Cela tient à la formation d'une certaine quantité d'ozone et d'acide persulfurique (M. Berthelot); l'ozone étant de l'oxygène condensé, et l'acide persulfurique étant soluble dans l'eau, ces réactions secondaires diminuent le volume de l'oxygène recueilli. Les composés précédents étant peu stables à chaud, on fait disparaître pour la plus grande partie cette erreur, en électrolysant de l'eau chaude. D'ailleurs, l'oxygène est plus soluble dans l'eau que l'hydrogène.

530. Le voltamètre de M. W. Hofmann (fig. 240) peut être employé avantageusement pour la démonstration des mêmes faits. Il se compose d'un tube en U, dont les branches se terminent par des robinets de verre. Entre ses branches et parallèlement à elles, un tube droit, portant à son extrémité supérieure un entonnoir R, a été soudé sur le tube en U, à l'intérieur de la courbure B. De plus, à la partie inférieure de chaque branche, un fil de platine, soudé dans le verre qu'il traverse, est relié à l'intérieur du tube avec une petite lame de platine servant d'électrode. Ces deux fils peuvent être mis en communication avec les pôles d'une pile de 2 ou 3 éléments Bunsen. Par l'entonnoir, on verse dans l'appareil de l'eau aiguisée d'acide sulfurique et ouvrant successivement les deux robinets, on laisse échapper l'air que contenaient les branches du tube en U, cet air se trouvant remplacé par l'eau acidulée qui arrive de l'entonnoir R. Les robinets étant ensuite fermés, on fait passer le courant : l'oxygène se dégage et s'accumule dans une des branches en même temps que l'hydrogène se produit dans l'autre; le liquide que déplacent les gaz est refoulé par le tube central dans l'entonnoir. En ouvrant les robinets, on peut laisser échapper les gaz, remplir de nouveau les tubes de liquide, et recommencer l'expérience autant de fois qu'on le juge convenable.

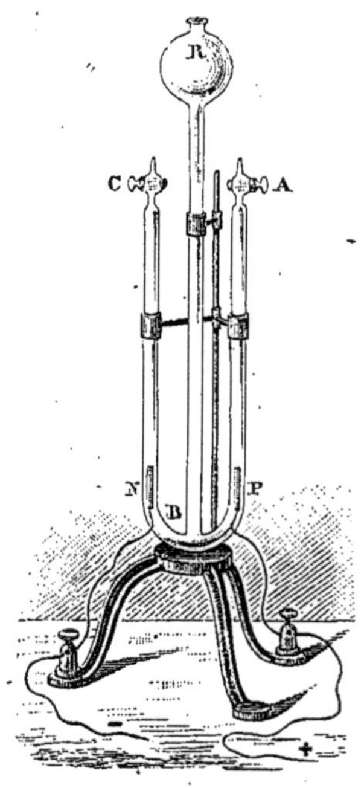

Fig. 240. — Voltamètre de M. W. Hofmann.

Il est bon de faire fonctionner quelque temps l'appareil, incomplètement rempli et ayant ses robinets ouverts, avant de recueillir les gaz pour les mesurer ; l'eau de la branche positive se sature d'oxygène, ce qui diminue l'erreur dans la mesure des volumes signalée plus haut.

III. — SYNTHÈSE.

531. AU MOYEN DES EUDIOMÈTRES. — On désigne sous le nom d'eudiomètres des instruments fort employés dans l'analyse des gaz. Nous citerons les plus

usités parmi ceux qui conviennent dans le cas particulier qui nous occupe.

Eudiomètre de Gay-Lussac. — Il se compose (fig. 241) d'une éprouvette *en verre très résistant*, de 20 centimètres de longueur et de 2 centimètres de diamètre intérieur environ. Le fond est percé en A et en B de deux petites ouvertures par lesquelles pénètrent deux armatures de fer, assez solidement mastiquées dans le verre pour ne pas être déplacées par une pression énergique venant à se produire brusquement dans le tube. Ces armatures sont placées de telle sorte, qu'en les mettant simultanément en communication avec les conducteurs d'une bouteille de Leyde chargée, l'étincelle jaillisse entre elles à l'intérieur de l'éprouvette; une chaîne de fer, fixée en B, facilite cette manœuvre. A l'orifice S, est adapté un bouchon de liège, traversé suivant son axe par une soupape en fer, qui s'ouvre de dehors en dedans mais empêche un mouvement contraire du contenu de l'appareil.

Enlevant le bouchon de l'eudiomètre, on remplit celui-ci de mercure, en éliminant avec soin les bulles d'air qui s'attachent au verre (§ 412), puis on le plonge dans la cuve à mercure et on le retourne. La surface métallique aperçue à travers la paroi doit être nette et brillante. D'autre part, on remplit de mercure une petite éprouvette à gaz graduée (fig. 206, § 440) et, en opérant sur la cuve à mercure, on y fait passer de 10 à 15 centimètres cubes d'oxygène pur et sec (§ 415). On enfonce quelques instants l'éprouvette jaugée tout entière, dans la cuve dont elle prend la température ; avec les précautions nécessaires en pareil cas (§ 440), on lit ensuite sur la graduation le volume exact occupé par l'oxygène.

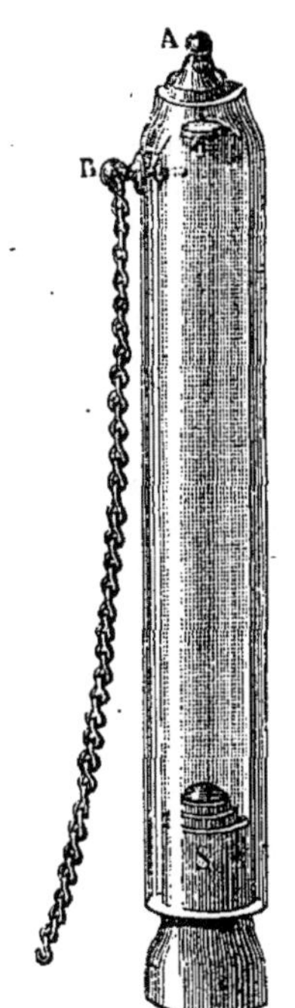

Fig. 241. — Eudiomètre de Gay-Lussac.

On fait passer ce gaz dans l'eudiomètre, puis on répète la même opération après avoir introduit par tâtonnement dans l'éprouvette graduée un volume d'hydrogène pur et sec, double de celui de l'oxygène. On replace, en agissant sous le mercure, la soupape S de l'eudiomètre préalablement agitée dans le métal pour en détacher toute trace d'air, et on fait mouvoir le mercure dans l'appareil pour parfaire le mélange des deux gaz.

Les choses étant ainsi disposées, entre les deux armatures de l'eudiomètre, on décharge une bouteille de Leyde, ou on fait éclater l'étincelle d'une bobine d'induction. L'oxygène et l'hydrogène se combinent avec explosion. Étant donné le sens du fonctionnement de la soupape, les gaz et le mercure ne peuvent s'échapper sous l'influence de la dilatation provoquée par la combustion, mais immédiatement après, la vapeur d'eau formée se condensant et faisant le vide dans l'eudiomètre, la même soupape livre passage au mercure qui s'élève dans le tube. Si les gaz ont été exactement mesurés, le mercure remplit entièrement l'appareil ; la surface du métal se trouve seulement ternie vers la partie supérieure, par l'eau condensée sur le verre. L'oxygène et l'hydrogène se sont donc combinés dans le rapport de 1 volume à 2 volumes pour former cette eau.

La condition du mesurage exact des gaz pris sous des volumes tels que l'un soit le double de l'autre, n'est pas indispensable à réaliser. Il est tout aussi démonstratif de mélanger l'oxygène et l'hydrogène en des proportions un peu différentes de celles indiquées par le rapport 1/2, mais déterminées par un mesurage précis. On opère ensuite comme il vient d'être dit, puis on fait passer dans l'éprouvette graduée le résidu gazeux resté dans l'eudiomètre, et on le mesure avec les mêmes précautions que précédemment. On trouve ainsi un volume égal à celui de l'hydrogène ou de l'oxygène qui avait été employé en excès par rapport aux relations de volumes indiquées. Si avant de faire ce dernier mesurage on ne prend pas soin de dessécher le gaz en le laissant séjourner quelque temps dans une éprouvette contenant un fragment de chlorure de calcium fondu, on trouve un résidu un peu trop fort, le gaz chargé de vapeur d'eau étant plus volumineux que lorsqu'il est sec.

L'eudiomètre de Gay-Lussac, avantageux à beaucoup d'égards, présente l'inconvénient d'exiger de nombreux transvasements sur le mercure, transvasements pendant lesquels les pertes de gaz sont fréquentes.

532. *Eudiomètre de M. Bunsen.* — Toute complication de ce genre disparaît avec l'eudiomètre de M. Bunsen. Cet instrument se compose d'une éprouvette résistante de 40 à 50 centimètres de longueur et de $1^{cm},5$ de diamètre intérieur. Il porte à son extrémité fermée (fig. 242) deux fils de platine, A et B, traversant la paroi de verre, qui a été fondue autour d'eux à la lampe d'émailleur, et avec laquelle ils se trouvent ainsi parfaitement soudés. Ces fils remplissent le même office que la double armature de fer de l'eudiomètre de Gay-Lussac. L'appareil ainsi disposé, a été calibré et gradué (§ 41); il peut servir à la fois d'appareil à combustion et de mesureur. Il évite par conséquent les transvasements. La dessiccation des gaz y est obtenue, mais avec lenteur, en introduisant une petite balle de coke, fixée à l'extrémité d'un long fil de platine et imbibée d'acide sulfurique; le fil permet de la manœuvrer et de la faire pénétrer jusqu'à la partie supérieure de l'eudiomètre.

L'appareil étant long et le gaz n'occupant que sa partie supérieure, en le soulevant de manière à entraîner hors de la cuve une colonne mercurielle d'une certaine hauteur au moment de faire éclater l'étincelle entre les armatures, on effectue la combustion des gaz distendus, c'est-à-dire dans des circonstances où le verre risque peu d'être brisé; l'eudiomètre de M. Bunsen n'a donc pas besoin d'être aussi épais et résistant que celui de Gay-Lussac.

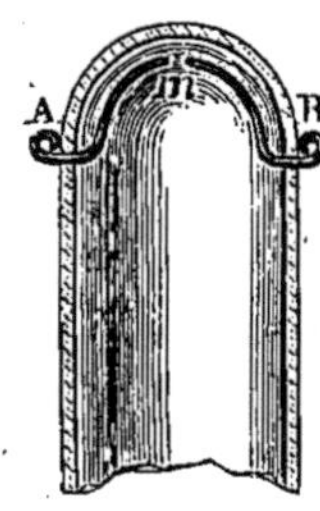
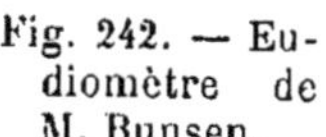

Fig. 242. — Eudiomètre de M. Bunsen.

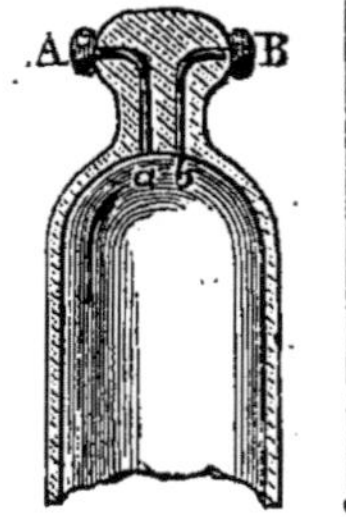

Fig. 243. — Eudiomètre de M. Riban.

533. *Eudiomètre de M. Riban.* — Il est préférable, comme l'a indiqué M. Riban, de remplacer les longs fils de platine qui se déplacent et présentent certains inconvénients, par des fils plus courts, Aa et Bb (fig. 243), fondus en boule à leurs extrémités A et B, dépassant à peine la surface du verre en a et b, mais placés assez près l'un de l'autre pour permettre le passage de l'étincelle. Ce dispositif laisse régulière la surface intérieure de l'appareil, tandis que les armatures de Gay-Lussac ou de M. Bunsen faisant saillie, retiennent des bulles de gaz au moment des transvasements et gênent dans les nettoyages. Pour enflammer le mélange gazeux, il est commode, si on fait

usage d'une bobine d'induction, de terminer ses deux conducteurs par des crochets que l'on fixe à un morceau de liège en leur donnant un écartement identique à celui des deux boules de platine ; on les met dès lors facilement en contact avec celles-ci. Le bouchon de l'eudiomètre est en liège et traversé par un tube capillaire : ce dernier laisse sortir puis rentrer le mercure, lors de l'explosion, et amoindrit ainsi le choc que le verre doit supporter.

534. PAR L'APPAREIL DE M. W. HOFMANN. — Cet instrument de démonstration sert surtout à mettre en évidence le fait que 2 volumes d'hydrogène et 1 volume d'oxygène donnent, en se combinant, 2 volumes de vapeur d'eau.

Il se compose (fig. 244) d'un tube de verre AB, de 1 mètre de longueur et de 12 à 15 millimètres de diamètre, disposé comme un eudiomètre de M. Bunsen (§ 532), mais ne portant que trois divisions d'égal volume, lesquelles occupent environ 2/3 de la longueur du tube. Ces divisions, pour être visibles de plus loin, peuvent être marquées par 3 anneaux étroits, coupés sur un tube de caoutchouc. Au moyen d'un bouchon percé M', on fixe ce tube eudiométrique dans un manchon de verre MM' qui le recouvre entièrement, jusqu'à une certaine distance au-dessous du repère de la 3ᵉ division. Un second trou du bouchon donne passage à un tube recourbé une fois T. On remplit de mercure le tube eudiométrique, puis, bouchant celui-ci avec le doigt, on retourne tout le système sur une cuve à mercure profonde C et on le fixe solidement au moyen d'un support. On met alors par un caoutchouc le tube T en communication avec une source de vapeur d'eau, soit avec un ballon contenant de l'eau en ébullition. La vapeur pénètre entre le manchon MM' et l'eudiomètre, puis s'échappe par la partie supérieure quand tout l'appareil se trouve échauffé. On fait alors arriver bulle à bulle dans l'eudiomètre un mélange de 1 volume d'oxygène et de 2 volumes d'hydrogène, en s'arrêtant lorsque le niveau intérieur du mercure coïncide avec la 3ᵉ division. Il est bon d'interrompre un instant le courant gazeux avant d'achever le remplissage et d'attendre, pour ajouter les dernières bulles, que le

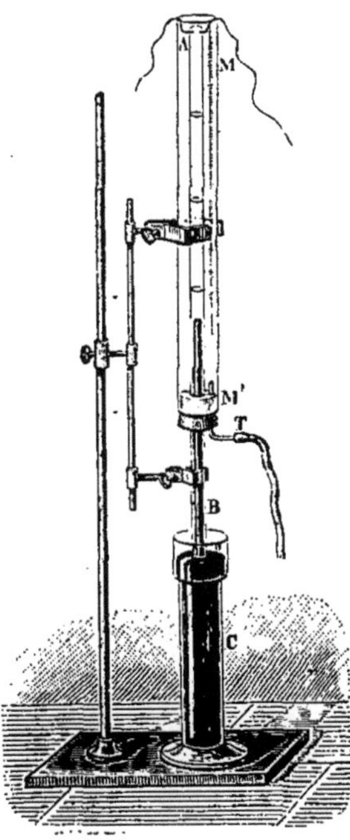
Fig. 244. — Synthèse de l'eau.

gaz ait pris la température de la vapeur, c'est-à-dire que son volume soit devenu invariable. Le volume du gaz complété, on mesure la différence qui existe entre les niveaux du mercure dans l'eudiomètre et dans la cuve, puis, continuant toujours le courant de vapeur d'eau, on fait passer une étincelle électrique entre les deux pôles de platine : une explosion se produit et la diminution de volume due à la formation de la vapeur d'eau se traduit aussitôt par une ascension de la colonne mercurielle. On abaisse alors, au moyen du support, l'eudiomètre et son enveloppe, jusqu'à ce que la hauteur du mercure dans le tube mobile soit la même au-dessus du niveau dans la cuve que celle mesurée avant l'explosion. Bien que la température intérieure de l'eudiomètre soit un peu au-dessous de 100°, la vapeur d'eau ne se condense pas, sa pression étant inférieure à $0^m,760$ d'une quantité que représente la dénivellation du mercure précitée. On constate ainsi que le niveau du mercure dans l'appareil coïncide avec la 2e division, autrement dit que la vapeur d'eau produite occupe 2 volumes, alors que les gaz générateurs en occupaient 3, dans les mêmes conditions de température et de pression.

535. PAR COMBUSTION DE L'HYDROGÈNE DANS L'AIR. — Les expériences eudiométriques montrent les proportions dans lesquelles l'oxygène et l'hydrogène s'unissent pour former de l'eau ; l'expérience suivante permet seulement de constater la formation de l'eau dans la combustion de l'hydrogène, mais elle est d'une réalisation facile.

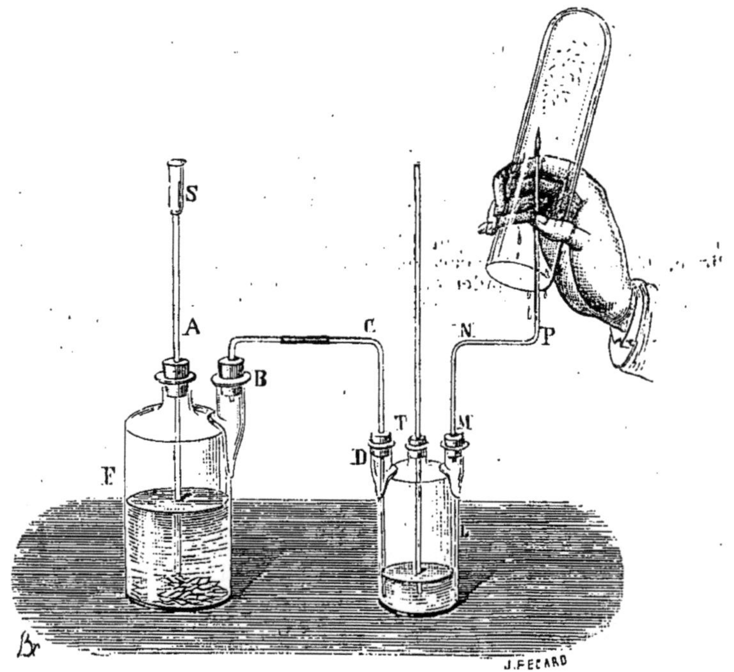

Fig. 245. — Synthèse de l'eau.

L'appareil (fig. 245) se compose d'un flacon F producteur d'hydrogène (§ 508), mis en communication, par un joint en caoutchouc, avec un flacon laveur L de plus petites dimensions. Ce dernier porte en M, comme tube à dégagement, un tube recourbé deux fois MNP, effilé à la partie supérieure. On garnit le flacon laveur d'acide sulfurique concentré, jusqu'au tiers de sa hauteur environ : l'hydrogène qui traversera bulle à bulle ce liquide avide d'eau se desséchera.

On fait fonctionner l'appareil à hydrogène et, quand tout l'air a été expulsé (§ 515), on enflamme l'hydrogène qui se dégage par le tube effilé. Si l'on présente au-dessus de cette flamme une éprouvette sèche et froide la recouvrant complètement, on voit aussitôt l'éprouvette se garnir de buée : l'eau engendrée par la combustion se condense, en effet, sur le verre froid et ne tarde pas à tomber en gouttelettes. L'expérience prend fin après quelques instants, l'éprouvette s'échauffant peu à peu.

On peut remplacer l'éprouvette par une cloche de plus grandes dimensions, présentant à l'air une surface de refroidissement plus développée : l'eau se condense alors sur les parois et s'écoule vers la partie inférieure, où on peut la recueillir.

536. Par réduction des oxydes métalliques. — La réduction de l'oxyde de cuivre par l'hydrogène (§ 522) peut servir d'exemple. Toutefois, pour que l'expérience soit nettement démonstrative, au point de vue qui nous occupe, il est nécessaire d'interposer en TA (fig. 238) entre le vase producteur d'hydrogène et le tube dans lequel s'opère la réduction, un flacon laveur garni d'acide sulfurique, analogue à celui employé dans l'expérience indiquée ci-dessus (§ 535, fig. 245).

B. — Eau oxygénée.

Équiv. : $HO^2 = 17$.   *P. mol.* : $H^2O^4 = H^2O^2 = 34$.

537. *Synonyme :* Bioxyde d'hydrogène. — *Liquide* incolore, inodore, à saveur métallique, découvert par Thénard en 1818. — *Densité :* 1,453. — *Décomposable* spontanément dès 20° ; rapidement détruit à l'ébullition ; distillable cependant dans un certain état de concentration, surtout sous pression réduite. Dégage de la chaleur en se décomposant. — *Très soluble* dans l'eau ; soluble dans l'éther.

I. — PRÉPARATION.

538. Par le bioxyde de baryum et l'acide chlorhydrique. — Lorsqu'on fait réagir le bioxyde de baryum et l'acide chlorhydrique, il se forme du chlorure de baryum et de l'eau oxygénée (Thénard) :

$$BaO^2 \quad + \quad HCl \quad = \quad BaCl \quad + \quad HO^2;$$

Bioxyde   Acide   Chlorure   Eau
de baryum.   chlorhydrique.   de baryum.   oxygénée.

$$BaO^2 \quad + \quad 2HCl \quad = \quad BaCl^2 \quad + \quad H^2O^2.$$

Le chlorure de baryum reste dans la liqueur avec l'eau oxygénée ; sa séparation présente quelques difficultés.

Dans un vase cylindrique, en verre, entouré de glace, on mélange 25 grammes d'acide chlorhydrique pur et 200 centimètres cubes d'eau. D'autre part, on pulvérise 10 grammes de bioxyde de baryum dans un mortier de verre, et on les délaie avec un peu d'eau pour former une pâte claire que l'on introduit peu à peu dans la liqueur acide, en agitant sans cesse avec une baguette de verre. Le bioxyde se dissout sans effervescence marquée. On fait alors tomber goutte à goutte de l'acide sulfurique concentré dans le mélange toujours agité, en opérant avec lenteur pour éviter un échauffement sensible : l'acide sulfurique décompose le chlorure de baryum, forme du sulfate de baryte insoluble qui se précipite, et régénère l'acide chlorhydrique. On s'arrête lorsque l'acide sulfurique est en léger excès, ce qui se manifeste par un dépôt plus facile du précipité qui devient floconneux. L'acide chlorhydrique étant redevenu libre, on peut répéter une deuxième fois le même traitement, c'est-à-dire ajouter une deuxième fois et de la même manière 10 grammes de bioxyde de baryum, puis enlever la baryte par l'acide sulfurique. Un troisième traitement au bioxyde de baryum succédant au deuxième, on charge de plus en plus la solution d'eau oxygénée. Après la dernière addition de bioxyde de baryum, on sépare le sulfate de baryte par filtration.

Le liquide filtré contient de l'eau oxygénée en une proportion qui lui permet de donner par sa décomposition (§ 540) 8 fois environ son volume d'oxygène ; il pourrait être enrichi encore en multipliant davantage les traitements au bioxyde de baryum, jusqu'à ce que l'on ait employé en tout 90 à 100 grammes de bioxyde, ce qui fournirait un mélange dégageant une trentaine de fois son volume d'oxygène.

Même en faisant abstraction du chlorure de baryum, le produit ainsi obtenu n'est jamais pur ; il contient des substances nombreuses : silice, alumine, oxydes de fer et de manganèse, etc., provenant du bioxyde de baryum. Ces matières provoquant l'altération du produit, on les élimine en ajoutant avec précaution à la liqueur de l'eau de baryte, en s'arrêtant exactement lorsque le mélange devient alcalin, en filtrant rapidement pour séparer le précipité formé, et en acidulant légèrement par l'acide sulfurique.

Pour la plupart des expériences propres à montrer les propriétés de l'eau oxygénée, la liqueur primitive, telle qu'elle est fournie par les traitements successifs au bioxyde de baryum, peut, quoique chargée de chlorure de baryum, être employée sans inconvénients. On arrive cependant à la débarrasser du chlorure de baryum qui reste après la dernière addition du bioxyde, au moyen du sulfate d'argent : ce dernier sel donne avec lui du sulfate de baryte et du chlorure d'argent ; ces deux sels étant insolubles, on les enlève par le filtre. La liqueur purifiée, abandonnée quelque temps sous une cloche vide d'air et contenant de l'acide sulfurique, se concentre peu à peu. Au maximum de concentration, elle dégage 475 fois son volume d'oxygène.

539. PAR LE BIOXYDE DE BARYUM ET L'ACIDE FLUORHYDRIQUE. — Lorsqu'on ajoute peu à peu, jusqu'à saturation, du bioxyde de baryum pulvérisé et délayé dans une petite quantité d'eau, à une solution d'acide fluorhydrique diluée et refroidie dans la glace, il se forme du fluorure de baryum insoluble dans l'eau, et de l'eau oxygénée. On isole cette dernière par filtration (Pelouze). Le produit de cette réaction n'est pur que si on a fait usage de bioxyde de baryum pur.

Le phosphate et l'hydrofluosilicate de baryte étant insolubles dans l'eau, l'acide phosphorique et l'acide hydrofluosilicique peuvent être employés de la même manière que l'acide fluorhydrique. L'acide phosphorique convient tout particulièrement.

Toutefois, c'est l'acide fluorhydrique, réactif peu coûteux, que l'industrie emploie le plus souvent aujourd'hui pour produire l'eau oxygénée ; elle livre

celle-ci à un degré de concentration correspondant au dégagement de 10 à
12 volumes d'oxygène.

Le produit commercial fournit aisément de l'eau oxygénée pure et concentrée (M. Hanriot). On l'additionne d'eau de baryte jusqu'à réaction alcaline,
afin de précipiter le fer qu'elle contient, on filtre, on précipite l'excès de baryte par l'acide sulfurique, on filtre de nouveau et on distille le liquide clair
obtenu. En chauffant à feu nu et sous la pression ordinaire, on obtient une
solution d'eau oxygénée pure, mais dont la teneur est toujours inférieure à
12 volumes, la décomposition commençant à cette dernière concentration. En
distillant dans le vide, avec un appareil à boules (§ 237), l'eau passe d'abord
entraînant peu d'eau oxygénée et le résidu du vase distillatoire se concentre
de plus en plus; en additionnant d'eau le résidu et en poursuivant la distillation, on arrive cependant à entraîner la plus grande partie de l'eau oxygénée. La liqueur pure mais très diluée qui a été recueillie, étant soumise au
même traitement, est ensuite concentrée par distillation dans le vide avec un
déflegmateur; en arrêtant l'opération au bout d'un temps plus ou moins long,
le résidu est constitué par de l'eau oxygénée pure, plus ou moins concentrée,
donnant jusqu'à 180 volumes d'oxygène et même un peu davantage.

L'eau oxégénée pure présente une réaction acide marquée : elle rougit le
tournesol.

II. — PROPRIÉTÉS.

540. Décompositions. — Chauffée dans un tube à essai, l'eau oxygénée dégage de l'oxygène, à une température d'autant plus basse et avec d'autant
plus d'abondance qu'elle est plus concentrée. Une allumette en ignition présentée à l'orifice du tube se rallume aussitôt.

Quand on introduit un peu de bioxyde de manganèse pulvérisé, dans de l'eau
oxygénée, la même décomposition s'effectue à froid. Le noir de platine, le
charbon en poudre, l'or, l'argent, le plomb, etc., agissent d'une manière
analogue dans un liquide ne contenant pas un excès notable d'acide.

541. Oxydations. — Un grand nombre d'oxydes métalliques sont peroxydés
au contact de l'eau oxygénée. Quand, par exemple, on ajoute à celle-ci de l'eau
de baryte, de l'eau de strontiane ou de l'eau de chaux, les protoxydes de
baryum, de strontium ou de calcium passent à l'état de bioxydes hydratés;
ceux-ci étant peu solubles, se déposent dans le mélange sous forme de cristaux nacrés.

L'eau oxygénée transforme en sulfates incolores ou peu colorés les sulfures noirs de plomb, de cuivre ou de fer; le phénomène est très rapide avec
des sulfures récemment précipités et humides. On l'observe aisément en plongeant dans l'oxygène ozoné une bande de papier préalablement imprégnée
d'une solution diluée d'acétate de plomb et noircie à l'hydrogène sulfuré.

Mélangée avec une solution d'acide chromique ou une solution de bichromate de potasse additionnée d'acide sulfurique et refroidie, elle donne naissance à une combinaison d'acide chromique et d'eau oxygénée,

$$CrO^3, HO^2 \quad \text{ou} \quad Cr O^3, H^2 O^2.$$

Le mélange, d'abord jaune rougeâtre, prend une coloration bleue, due à cette
combinaison. La coloration devient plus manifeste quand on agite la liqueur
avec de l'éther, qui dissout le produit coloré et vient former à la surface une

couche liquide d'un bleu foncé. Cette réaction très sensible permet de reconnaître des traces d'eau oxygénée (Barreswill, M. Moissan).

L'oxydation des matières organiques par l'eau oxygénée est surtout appliquée à la destruction des matières colorantes : de la soie ou de la laine écrues, des plumes grises, des cheveux dégraissés, se décolorent quand on les maintient plongés dans l'eau oxygénée.

542. Réductions. — L'oxyde d'argent humide décompose l'eau oxygénée à froid ; son action est si brusque qu'il peut y avoir explosion ; on ne doit donc en introduire que peu à la fois dans le liquide. L'argent passe en partie à l'état métallique et en partie à l'état de sesquioxyde hydraté :

$$3HO^2 \quad + \quad 3AgO \quad = \quad Ag^2O^3,3HO \quad + \quad 3O \quad + \quad Ag;$$

| Eau oxygénée. | Oxyde d'argent. | Sesquioxyde d'argent. | Oxygène. | Argent. |

$$3H^2O^2 \quad + \quad 3Ag^2O \quad = \quad Ag^4O^3,3H^2O \quad + \quad 3O \quad + \quad 2Ag.$$

L'oxyde d'argent s'unit d'abord à l'eau oxygénée pour produire une combinaison exothermique, brune, ainsi que de l'argent métallique :

$$3HO^2 \quad + \quad 3AgO \quad = \quad Ag^2O^3,3HO^2 \quad + \quad Ag,$$
$$3H^2O^2 \quad + \quad 3Ag^2O \quad = \quad Ag^4O^3,3H^2O^2 \quad + \quad 2Ag,$$

mais cette combinaison instable se dédouble presque immédiatement en sesquioxyde d'argent hydraté et oxygène. Comme elle se reforme au contact de l'eau oxygénée en excès, pour se détruire presque aussitôt, elle provoque finalement la destruction complète de l'eau oxygénée, conformément à la première des formules ci-dessus.

Le bioxyde de plomb et le bioxyde de mercure sont réduits aussi, mais moins énergiquement.

Une solution étendue de permanganate de potasse, aiguisée d'acide sulfurique, se décolore immédiatement quand on l'additionne d'eau oxygénée ; de l'oxygène se dégage en abondance. Le permanganate violet se trouve remplacé dans la liqueur par des sulfates de protoxyde de manganèse et de potasse, dont les solutions sont incolores, l'eau oxygénée et le permanganate étant réduits simultanément.

3.

AZOTE.

Équiv. : $Az = 14 = 2\,vol. = Az = P.\ atom.$

543. *Synonyme* : nitrogène. — *Gaz incolore*, inodore, isolé dès 1669 par Mayow, distingué comme gaz spécial en 1772 par Rutherford. — *Densité* à 0° et sous la pression $0^m,760 : 0,9714$ par rapport à l'air, 14 par rapport à l'hydrogène. — *Poids du litre* à 0° et sous la pression $0^m,760 : 1^{gr},256$. — *Solubilité* à 14° et sous la pression $0^m,760 : 15^{cc},00$ dans 1 litre d'eau et $121^{cc},66$ dans l'alcool. — *Indice de réfraction* : 1,000507. — *Chaleur spécifique* sous pression constante : en volume 0,2370. — *Liquéfié*, bout à — 194° sous la pression atmosphérique. — *Point critique* : — 146° (pression 32 atmosphères).

I. — PRÉPARATION.

544. Par l'azotite d'ammoniaque. — L'appareil employé se dispose comme celui de la figure 226 (§ 491) ; il se compose d'une cornue en

verre de 60 centimètres cubes, au col de laquelle on fixe, au moyen
d'un bouchon percé, un tube à dégagement deux fois recourbé dans
des directions contraires. Après avoir introduit dans la cornue 30 grammes d'azotite d'ammoniaque en solution aussi concentrée que possible, on place la cornue sur un brûleur à gaz, en la protégeant par une
toile métallique, et on fait pénétrer le tube à dégagement sous un têt à
gaz, dans un vase plein d'eau. Avant de rendre l'appareil stable au
moyen d'un support quelconque, on donne au système tout entier une
inclinaison marquée dans le sens de la cuve à eau, pour éviter que l'eau
formée pendant la réaction, en s'écoulant vers la panse de la cornue,
refroidisse celle-ci brusquement et la brise. On chauffe : sous l'influence
de la chaleur, l'azotite d'ammoniaque se décompose en donnant de
l'eau et de l'azote :

$$AzO^3,AzH^4O \quad = \quad 2H^2O^2 \quad + \quad 2Az\,;$$

Azotite d'ammoniaque.   Eau.   Azote.

$$Az\Theta^2(AzH^4) \quad = \quad 2H^2\Theta \quad + \quad 2Az.$$

L'azote se dégage avec la vapeur d'eau; cette dernière se condense
en partie dans le tube et complètement dans la cuve à eau. On le recueille
à la manière ordinaire (405).

L'azotite d'ammoniaque peut être remplacé par un mélange à équivalents égaux d'azotite de potasse (85 grammes) ou d'azotite de soude
(69 grammes), et de chlorhydrate d'ammoniaque (53^{gr},5) ; ce mélange
donne par double décomposition de l'azotite d'ammoniaque et du chlorure alcalin. Il est nécessaire de le mouiller d'eau (150 grammes) pour
effectuer la réaction entre les deux sels. La réaction finale est alors la
suivante :

$$AzO^3,KO \quad + \quad AzH^4Cl \quad = \quad 2H^2O^2 \quad + \quad 2Az \quad + \quad KCl\,;$$

Azotite   Chlorhydrate   Eau.   Azote.   Chlorure
de potasse.   d'ammoniaque.   de potassium.

$$Az\Theta^2K \quad + \quad AzH^4Cl \quad = \quad 2H^2\Theta \quad + \quad 2Az \quad + \quad KCl.$$

545. Par l'air et le phosphore. — L'air étant un mélange d'azote et
d'oxygène, de nombreux réactifs permettent d'en isoler l'azote en absorbant
l'oxygène. Le phosphore est l'un des plus avantageux; en brûlant à l'air, il
s'unit à l'oxygène pour former de l'anhydride phosphorique, qui se condense
et s'hydrate, tandis que l'azote reste libre.

On opère sur une cuve à eau, ou simplement à la surface de l'eau contenue
dans une terrine ou un cristallisoir ; on dépose sur l'eau un bouchon plat,
dit *broche,* faisant l'office de flotteur, et on place sur lui une petite capsule
en terre cuite, contenant un morceau de phosphore. Ce phosphore a été
coupé sous l'eau au moyen des ciseaux, puis essoré avec du papier buvard,
en prenant soin de ne pas l'enflammer par le frottement. On allume le phosphore ainsi soutenu à la surface de l'eau, puis on recouvre immédiatement
le flotteur d'une cloche de verre, disposée de telle façon que ses bords
plongent dans l'eau et isolent l'air intérieur de l'atmosphère. Le phosphore
brûle en donnant d'abondantes fumées blanches, puis s'éteint lorsque le gaz
de la cloche ne contient plus d'oxygène. L'anhydride phosphorique se con-

dense, s'hydrate et se dissout dans l'eau ; l'azote resté dans la cloche ne tarde pas à reprendre sa limpidité. Passant alors la main sous la cloche, sans soulever cette dernière, on enlève le flotteur ainsi que la coupelle qu'il supporte, et on transvase enfin l'azote dans les récipients où on doit l'employer. Il est nécessaire de brûler environ 3 décigrammes de phosphore par litre d'air.

Une éprouvette large peut au besoin remplacer la cloche. Dans les premiers moments de la combustion du phosphore, l'air se dilate, par la chaleur : il sort en partie de la cloche qu'il soulève et qu'on doit maintenir solidement. Pour cette raison, il est préférable d'employer une cloche de verre, terminée à sa partie supérieure par une tubulure. On place cette cloche au-dessus du flotteur, tout en faisant reposer ses bords sur le fond du vase qui contient l'eau, mais en interposant une ou deux baguettes de verre qui conservent un passage libre entre la cloche et la cuve à eau. Introduisant par la tubulure ouverte une tige de fer, on enflamme le phosphore ; aussitôt après avoir enlevé la tige de fer, on ferme exactement la tubulure avec un bouchon. La dilatation de l'air intérieur s'effectue en repoussant au dehors de la cloche une partie de l'eau que celle-ci contient. La combustion terminée et le refroidissement opéré, on peut constater que le volume du gaz a diminué d'un cinquième.

Ajoutons que si le bouchon fermant la tubulure est traversé par un robinet, on peut transvaser très facilement l'azote obtenu. Il suffit de fixer au robinet un tube de caoutchouc un peu long, et d'enfoncer la cloche dans la cuve à eau, pour comprimer le gaz et faire rendre celui-ci, lorsqu'on ouvre le robinet, au point où l'on a placé l'extrémité libre du caoutchouc.

L'azote ainsi obtenu contient des vapeurs de phosphore qui ne se condensent que très lentement, mais que l'on peut enlever en faisant passer dans la cloche quelques bulles de chlore : il se forme du chlorure de phosphore qui réagit sur l'eau et disparaît. Quant au chlore en excès, on l'élimine en agitant le gaz avec de l'eau rendue alcaline par la potasse.

546. Par l'air et le cuivre chauffé au rouge. — L'oxygène de l'air peut être absorbé par le cuivre métallique chauffé au rouge sombre.

L'appareil dont on fait usage pour cette absorption consiste essentiellement (fig. 246) en un tube de verre peu fusible ou de grès AB, que l'on remplit de tournure de cuivre jusqu'à quelques centimètres des extrémités, et que l'on place sur une grille à gaz ou sur un fourneau à tubes, après avoir adapté à l'un de ses orifices un tube à dégagement mn, aboutissant à une cuve à eau. D'autre part, on dispose un flacon F, de grandes dimensions, portant un bouchon percé de deux trous que traversent un long tube à entonnoir St et un tube recourbé une fois : le premier pénètre jusqu'au fond du flacon ; le second ne dépasse que fort peu la surface inférieure du bouchon, et est relié par un joint de caoutchouc avec un flacon laveur F', garni d'acide sulfurique concentré. Le tube de sortie du flacon laveur est relié en A, par un bouchon percé, au tube contenant le cuivre.

On commence par porter ce dernier au rouge sombre, puis on dirige dans l'entonnoir S, un mince filet d'eau dont on règle l'écoulement par un robinet : l'eau tombe dans le flacon, comprime l'air qu'il renferme et chasse cet air vers le cuivre. Le métal s'oxydant promptement, si l'écoulement de l'eau, et par suite celui de l'air, n'est pas trop rapide, le gaz qui s'échappe en p sur la cuve à eau est de l'azote presque pur. Il est

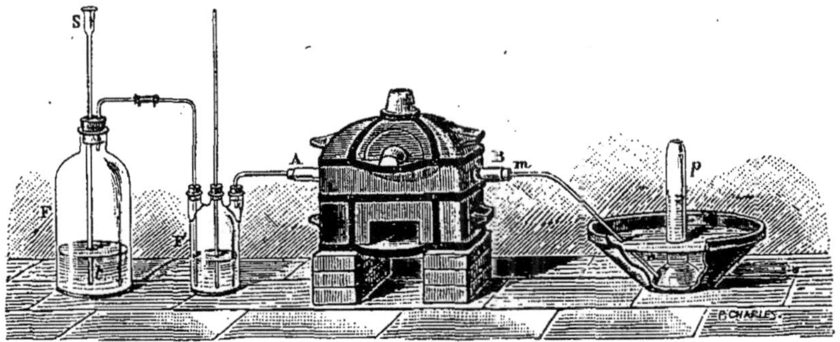

Fig. 246. — Préparation de l'azote.

souillé seulement du peu d'acide carbonique qui était renfermé dans l'air employé.

Il est indispensable que le cuivre ne soit pas chargé de matières organiques ; celles-ci donneraient, au rouge, des dérivés pyrogénés gazeux qui souilleraient l'azote. Pour avoir de l'azote tout à fait pur, il est même nécessaire de purifier le cuivre de toute trace de matières organiques : à cet effet, on commence par le chauffer au rouge et par faire passer sur lui, ainsi que cela vient d'être dit, un courant d'air rapide : on brûle ainsi toutes les substances organiques; mais en même temps on oxyde superficiellement le métal. Le tube AB étant plein d'air désoxygéné par le cuivre, on remplace les flacons F et F' par un appareil producteur d'hydrogène pur et sec (§ 510), et on effectue la réduction de l'oxyde de cuivre par l'hydrogène (§ 522). Après refroidissement, le tube AB contient du cuivre purifié et peut servir comme il a été dit plus haut. En interposant entre le flacon F et le flacon F', un second flacon laveur, semblable à F' et contenant une solution de potasse, on arrête l'acide carbonique.

Le vase F peut être remplacé par tout autre appareil susceptible de fournir un courant d'air régulier et notamment par un gazomètre rempli d'air (§ 468) ou, ce qui permet de rendre l'expérience continue jusqu'à oxydation complète du cuivre, par une soufflerie (§ 466).

547. Par l'air, le cuivre et l'ammoniaque. — A froid, le cuivre absorbe l'oxygène de l'air quand on fait intervenir l'ammoniaque. L'oxydation est alors rapide et il se forme une solution ammoniacale de bioxyde de cuivre, fortement colorée en bleu et tenant en dissolution d'autres substances en petite quantité ; ce fait est utilisé pour la préparation de l'azote.

Dans un flacon tel que celui employé dans l'expérience précédente et plein d'air (fig. 246 F), on introduit de la tournure de cuivre légère

(20 grammes par litre de contenance du flacon), puis on adapte au tube à dégagement un joint de caoutchouc, que l'on ferme à son extrémité en y introduisant un fragment de baguette de verre. Par l'entonnoir S, on verse alors de l'ammoniaque (20 grammes par litre) et on bouche en S avec un bouchon. On agite le flacon. La tournure de cuivre imbibée d'ammoniaque absorbe l'oxygène, et la liqueur se colore en bleu intense. On soulève le bouchon placée en S, de l'air rentre dans l'appareil, remplaçant l'oxygène disparu ; on répète plusieurs fois cette manœuvre ainsi que les agitations jusqu'à ce que l'absorption cesse de se produire. On laisse en contact pendant quelque temps encore pour assurer la réaction, et il ne reste plus qu'à recueillir l'azote contenu dans le flacon. A cet effet, remplaçant dans le joint de caoutchouc, la baguette de verre par un tube à dégagement qui se rend sur la cuve à eau, ce qui constitue une disposition analogue à celle de l'appareil à hydrogène (fig. 232, § 508), on verse peu à peu de l'eau dans le flacon par le tube à entonnoir ; ce liquide déplace l'azote qui s'échappe par le tube à dégagement. L'écoulement de l'eau doit être régulier et lent, sinon le tube à entonnoir forme trompe et l'eau entraîne dans l'appareil de l'air qui vient souiller l'azote. On évite les accidents de ce genre, en choisissant le tube à entonnoir de diamètre un peu large, et en l'effilant à la partie inférieure.

Le gaz est chargé de vapeurs ammoniacales ; celle-ci se dissolvent dans l'eau de la cuve alors qu'on transvase l'azote. On peut purifier complètement ce dernier en l'agitant avec de l'eau acidulée, ou en le dirigeant à travers un flacon laveur contenant le même réactif.

548. Par le chlore et l'ammoniaque. — Voy. *Chlore.*

549. Par le bichromate de potassé et l'azotate d'ammoniaque. — L'ammoniaque soumise à l'action de certains agents d'oxydation, de l'acide chromique spécialement, fournit de l'azote. C'est ainsi qu'en chauffant en présence de l'eau le bichromate de potasse avec un sel ammoniacal, il se forme un sel de potassium, du sesquioxyde de chrome, de l'eau et de l'azote :

$$KO,2CrO^3 \; + \; AzO^5,AzH^4O \; = \; AzO^5,KO \; + \; Cr^2O^3 \; + \; 2H^2O^2 \; + \; Az;$$

Bichromate de potasse.	Azotate d'ammoniaque.	Azotate de potasse.	Sesquioxyde de chrome.	Eau.	Azote.

$$K^2O,2Cr O^3 \; + \; 2AzO^3(AzH^4) \; = \; 2AzO^3K \; + \; Cr^2O^3 \; + \; 4H^2O \; + \; 2Az.$$

On opère dans un ballon de 250 centimètres cubes, portant un bouchon que traverse un tube à dégagement conduisant le gaz sur la cuve à eau. On introduit dans le ballon 20 grammes de bichromate de potasse cristallisé, 20 grammes d'azotate d'ammoniaque et 60 centimètres cubes d'eau. On chauffe doucement pour éviter que la réaction devienne tumultueuse.

II. — PROPRIÉTÉS.

550. L'azote n'*entretient pas la combustion* : si dans une éprouvette

pleine d'azote, on introduit une bougie fixée à un fil de fer (§ 503, fig. 230, C) et allumée, cette bougie s'éteint immédiatement.

Quand, dans un vase contenant de l'azote, on verse de l'eau de chaux et qu'on agite, la liqueur reste limpide. Cette réaction permet de distinguer facilement l'azote de l'acide carbonique, gaz avec lequel la propriété précédente pourrait parfois le faire confondre.

A. — Air atmosphérique.

551. *Mélange gazeux.* Composition sensiblement constante, abstraction faite de 4 ou 5 millièmes de vapeur d'eau, et de faibles quantités d'acide carbonique, d'ammoniaque, de composés nitreux, etc. : oxygène 20,93 et azote 79,07, en volumes; oxygène 23 et azote 77, en poids. — *Densité* à 0° et sous la pression $0^m,760$ prise comme unité dans la mesure de la densité des gaz. — *Poids du litre d'air sec* à 0° et sous la pression $0^m,760$: $1^{gr},29349$. Dans les mêmes conditions de température et de pression, son poids est 773,28 fois plus faible que celui d'un volume égal d'eau distillée. — *Indice de réfraction :* 1,000294. — *Coefficient de dilatation :* 0,003665 sous volume constant; 0,00367 sous pression constante. — *Chaleur spécifique* en volume et sous pression constante : 0,23741.

ANALYSE.

552. PAR LE PHOSPHORE A FROID. — Dans une éprouvette graduée, retournée sur le mercure et remplie de ce métal, on fait entrer un certain volume d'air. Le tout ayant été maintenu pendant quelque temps plongé dans le mercure pour donner au gaz la température de la cuve, on soulève verticalement l'éprouvette, en la tenant avec une pince en bois pour éviter l'échauffement dû à la main, jusqu'à ce que le niveau soit le même à l'intérieur et à l'extérieur; on lit alors sur la graduation la division qui correspond à ce niveau. Le volume d'air étant ainsi déterminé, on introduit dans l'éprouvette un petit cylindre de phosphore que, pour plus de commodité, on a fixé à l'extrémité d'un fil de fer. Le phosphore ayant été préalablement essoré avec du papier buvard, on le fait pénétrer dans la partie de l'appareil occupée par le gaz, puis on abandonne l'expérience à elle-même. Le métalloïde s'oxyde lentement en donnant des acides oxygénés du phosphore, et le volume du gaz diminue. Après douze heures, l'absorption de l'oxygène est complète. On enlève doucement le bâton de phosphore au moyen du fil métallique, et on mesure le résidu gazeux en prenant les mêmes précautions que précédemment. On constate que la diminution de volume, due à la disparition de l'oxygène, est sensiblement égale à 1/5 du volume mesuré en premier lieu, et par conséquent que le résidu d'azote occupe les 4/5 de ce même volume primitif.

La même expérience peut être faite sur l'eau, mais elle est alors moins exacte à cause de la solubilité de l'azote et de l'oxygène dans ce liquide.

553. PAR LE PHOSPHORE A CHAUD. — L'expérience précédente est lente et exige beaucoup de temps; on l'effectue plus rapidement en opérant à chaud.

Après avoir mesuré exactement, comme il vient d'être dit, un certain volume d'air, on le transvase sur la cuve à mercure dans une petite cloche courbe préalablement remplie de mercure (§ 415). On fait ensuite pénétrer dans la cloche un très petit fragment de phosphore essoré. En manœuvrant convenablement l'appareil maintenu bouché avec le doigt, on fait passer le phosphore dans une petite cavité pratiquée vers la partie supérieure de la cloche, et on transporte cette dernière, après l'avoir redressée, sur un verre à pied contenant du mercure. On chauffe alors légèrement la partie recourbée avec la flamme d'une lampe à alcool (fig. 247) ; le phosphore s'enflamme et, sous l'influence de la chaleur, se volatilise en partie, ce qui assure la complète absorption de l'oxygène.

Lorsqu'une flamme pâle a parcouru, en progressant de haut en bas, toute la partie occupée par le gaz, l'oxygène a disparu. On laisse refroidir et on fait passer de nouveau le résidu gazeux dans l'éprouvette graduée, où on le mesure avec les précautions voulues.

On ne saurait trop recommander de ne pas tenir avec les mains la lampe à alcool : la rupture de la cloche est quelquefois causée par la combustion du phosphore et ce dernier, tombant alors sur

Fig. 247. — Analyse de l'air.

les mains de l'opérateur, les brûlerait gravement. On place la lampe à alcool sur une pelle à feu en tôle, qu'on tient par le manche, et on agite doucement la flamme au-dessous de la cloche pour la chauffer régulièrement; si le verre est brisé, le phosphore tombe sur la pelle.

La même expérience peut être faite sur la cuve à eau.

554. **Par le pyrogallol et la soude.** — La pyrogallol, phénol plus souvent désigné sous le nom incorrect d'acide pyrogallique, lorsqu'il est en solution alcaline, absorbe énergiquement l'oxygène libre (Liebig). Cette propriété est utilisée dans l'analyse de l'air.

Étant donné un volume d'air mesuré comme il a été dit (§ 552), et transvasé dans une éprouvette ordinaire sur le mercure, on fait passer dans cette éprouvette quelques centimètres cubes d'une solution concentrée d'acide pyrogallique. Pour cela, on peut se servir d'un petit tube bouché à l'une de ses extrémités : on le remplit exactement avec la solution, on le ferme avec le doigt, on l'introduit dans le mercure, en le retournant et en plaçant son orifice sous celui de l'éprouvette, puis on enlève le doigt. La solution, chassée du tube par le mercure, passe dans l'éprouvette et vient former une couche liquide entre le métal et l'air. On enlève aussitôt le petit tube bouché. On fait passer ensuite dans l'éprouvette un morceau de soude (ou de potasse) caustique. L'alcali se dissout dans la solution de pyrogallol et celle-ci, rendue alcaline, absorbe immédiatement l'oxygène en se colorant fortement en brun. On parfait l'absorption en agitant pendant quelque temps.

La partie délicate de l'opération consiste à faire passer de nouveau le gaz dans l'éprouvette graduée, sans y introduire en même temps la solution alcaline brune. On y arrive en transvasant plusieurs fois avec rapidité le gaz dans des éprouvettes sèches : la liqueur s'attache aux parois de verre et s'écoule plus lentement que le gaz; on isole celui-ci par deux ou trois transvasements successifs.

On ne doit pas opérer l'absorption dans le vase mesureur: on ne pourrait, en effet, tenir un compte exact de la diminution de pression due à la colonne de réactif et d'ailleurs la capillarité modifie la forme du ménisque selon qu'il s'agit d'une surface d'eau ou d'une surface de mercure.

La pipette à gaz de Doyère (§ 416) permet de réaliser plus commodément la même expérience. Non seulement elle est très commode pour transvaser le gaz et le séparer du réactif, mais elle donne encore un moyen facile de prendre le gaz dans l'éprouvette graduée, de faire passer avec lui dans la boule une solution de pyrogallate alcalin, préalablement introduite à la partie supérieure d'une éprouvette renversée sur le mercure, d'agiter le mélange pour parfaire la réaction, et de renvoyer le gaz dans l'éprouvette graduée sans chasser le réactif avec lui. En un mot, elle sert aussi à opérer la réaction.

555. La même expérience peut être faite plus simplement et sur l'eau, dans un but de démonstration.

On prend un tube de verre cylindrique, de 40 ou 50 centimètres de longueur, fermé à l'une de ses extrémités. On y introduit quelques centimètres cubes de solution pyrogallique et, après l'avoir bouché avec le pouce, on le maintient vertical, l'orifice tourné vers le bas. Avec une étiquette gommée ou mieux avec un anneau de caoutchouc que l'on fait glisser sur le tube, on marque le niveau du liquide dans l'intérieur. Enfonçant alors dans une cuve à eau, la main et le bas du tube jusqu'au point marqué, on prend de l'autre main un fragment de soude caustique, et on le fait pénétrer rapidement dans le tube en déplaçant un peu, pendant un instant très court, le pouce qui tient celui-ci fermé. Si le mouvement a été rapide, la solution pyrogallique est restée presque tout entière dans l'appareil. On agite le tube tenu solidement fermé; l'oxygène s'absorbe et la liqueur brunit; après quelques moments, la réaction étant terminée, on ouvre le tube sous l'eau qui y pénètre et prend la place de l'oxygène absorbé. On laisse quelque temps le tube ouvert dans la cuve : la solution alcaline, étant dense, tombe au fond de la cuve et est remplacée par l'eau pure. On constate alors, en faisant coïncider les niveaux à l'intérieur et à l'extérieur, que le volume a diminué d'un peu plus d'un cinquième.

556. PAR L'EUDIOMÈTRE. — On introduit dans un eudiomètre (§ 532 et § 533) placé sur le mercure, un volume d'air que l'on mesure exactement en prenant les précautions déjà indiquées (§ 552), soit 10 centimètres cubes. On introduit ensuite dans le même appareil un certain volume d'hydrogène pur, ce volume étant quelconque, mais presque égal à celui de l'air. On fait alors la lecture du volume des deux gaz réunis, soit 18 centimètres cubes; la différence entre les deux volumes mesurés donne le volume exact de l'hydrogène, soit 8 centimètres cubes. Après mélange par agitation, on fait passer l'étincelle électrique, l'oxygène s'unit à un volume d'hydrogène double du sien et forme de l'eau qui se condense; le mercure monte aussitôt dans l'eudiomètre. Après refroidissement et rétablissement de la coïncidence des niveaux, on mesure le volume du résidu gazeux et on trouve 11cc,7 environ. La diminution de volume due à la formation de l'eau est donc 6cc,3. Le gaz disparu contenant exactement 1/3 d'oxygène, d'après la composition de l'eau (§ 529 et § 531), la quantité d'oxygène renfermée dans les 10 centimètres cubes d'air était 6,3 : 3 = 2cc,1, soit 21 p. 100.

557. *Eudiomètre spécial de M. W. Hoffmann.* — Cet instrument sert exclusivement pour la démonstration. Il consiste (fig. 248) en un tube résistant ABC, en forme d'U, dont chaque branche a une longueur de 60 centimètres et un diamètre de 15 millimètres environ. La branche AB se termine en A par un robinet de verre à trois voies, dans le voisinage duquel se trouvent deux fils de platine, disposés comme ceux de l'eudiomètre de M. Bunsen (fig. 242, § 532); de plus cette branche est graduée à partir de A. La seconde branche BC, est ouverte en C; vers le bas, dans le voisinage de la courbure, elle porte un robinet de verre R, soudé à la lampe. Tout l'appareil est maintenu dans la position verticale par un support métallique. La clef du robinet fixé en A, se termine à l'extrémité T, opposée à la poignée P, par un ajutage pour tube de caoutchouc; elle est percée d'un canal coudé qui met cet ajutage en communication soit avec l'eudiomètre E, soit avec la troisième voie V du robinet.

Pour analyser l'air, on fait communiquer l'eudiomètre avec l'atmosphère par le robinet A, et on verse du mercure par l'ouverture C, que l'on surmonte d'un entonnoir; le métal chasse l'air de la branche AB, et s'élève peu à peu dans l'appareil. On cesse de verser quand il ne reste plus en AB que 15 à 20 centimètres cubes d'air. On ouvre alors légèrement le robinet R et on laisse écouler lentement le mercure jusqu'à ce que le ménisque de la branche AB coïncide exactement avec la division marquée 20 centimètres cubes, et on ferme immédiatement le robinet d'écoulement du mercure R. On ferme ensuite le robinet A. Les 20 centimètres cubes d'air contenus en AB sont à la pression atmosphérique, le niveau étant le même dans les deux branches. Par un tube de caoutchouc, on met l'ajutage T en communication avec un appareil producteur d'hydrogène, après avoir tourné la clef du robinet A de manière à diriger vers V le gaz arrivant de T. On laisse perdre pendant quelque temps l'hydrogène qui s'échappe par T, entraînant l'air du tube de caoutchouc ou du robinet. Toute trace d'air étant expulsée, on tourne la clef en sens contraire et on dirige l'hydrogène pur dans l'eudiomètre. En même temps, on livre passage au mercure en R, et on laisse écouler ce métal en maintenant ainsi les niveaux à peu près sur un même plan horizontal dans les deux branches. Sans cette précaution, les gaz se comprimeraient en A, le niveau du mercure s'élèverait en BC et l'écoulement de l'hydrogène s'arrêterait. Lorsqu'on a introduit environ 20 centimètres d'hydrogène, on ferme les robinets A et R, on enlève le caoutchouc fixé à la tubulure T, puis on établit l'égalité de niveau du mercure dans les deux branches. On lit alors le volume gazeux total, soit 38 centimètres cubes, et on en conclut le volume exact de l'hydrogène ajouté, soit 18 centimètres cubes.

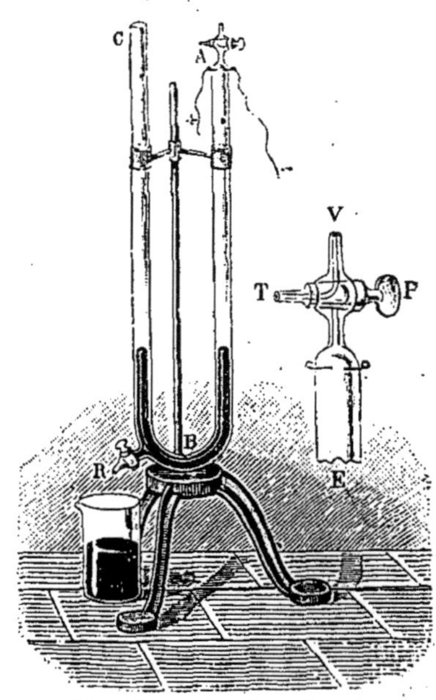

Fig. 248. — Eudiomètre de
M. W. Hoffmann.

Avant de faire agir l'étincelle, dans le but de modérer l'action mécanique de l'explosion, on laisse écouler par le robinet R une grande partie du mercure de la branche BC ; cela permet de produire la combustion des gaz sous une pression amoindrie, et par suite en exposant moins l'appareil à une rupture au moment de l'explosion. Après avoir fermé l'orifice C avec un bouchon de liège, on fait passer l'étincelle. Après refroidissement et condensation de la vapeur d'eau, le niveau du mercure s'est élevé dans la branche AB. On ouvre l'orifice C et on y verse du mercure jusqu'à rétablissement du niveau dans les deux branches. Il ne reste plus qu'à lire le volume occupé par le résidu, soit 25^{cc},4. Le gaz disparu, gaz composé de 2 volumes d'hydrogène pour 1 volume d'oxygène, occupait donc 12^{cc},6 ; le tiers de cette quantité, soit 4^{cc},2, représente le volume de l'oxygène existant dans les 20 centimètres cubes d'air analysé. Ce résultat correspond à 21 pour 100 d'oxygène.

558. Recherche de la vapeur d'eau. — On démontre la présence de la vapeur d'eau dans l'atmosphère, en exposant à l'air un vase de métal ou de verre contenant un mélange réfrigérant ; l'eau se condense à la surface du vase ; elle se change même en glace lorsque l'abaissement de température est suffisant.

L'analyse plus précise de l'air, au point de vue de la vapeur d'eau qu'il renferme, fait l'objet de l'*hygrométrie*. Nous renverrons sur ce sujet aux traités de physique.

559. Recherche de l'acide carbonique. — Quand on expose à l'air un vase ouvert contenant de l'eau de chaux, celle-ci ne tarde pas à se couvrir d'une pellicule de carbonate de chaux, dont l'épaisseur augmente constamment et dont la formation démontre très clairement l'intervention de l'acide carbonique atmosphérique.

La proportion de ce composé n'étant presque jamais supérieure à quelques millièmes du volume de l'air, son dosage exige des opérations très précises (voy. *Analyse des gaz*).

B. — Protoxyde d'azote.

Équiv. : AzO = 22 = 2 *vol.*   *P. mol. :* $Az^2O^2 = Az^2O = 44 = 4$ *vol.*

560. *Synonymes :* Oxyde azoteux, gaz hilarant, anhydre hypoazoteux. — *Gaz* incolore, découvert par Priestley en 1776. — *Densité* à 0° et sous la pression 0^m,760 : 1,5269 par rapport à l'air; 22 par rapport à l'hydrogène. — *Poids du litre* à 0° et sous la pression 0^m,760 : 1^{gr},971. — *Liquéfié*, bout à —87°,2. — *Solubilité* à 10° et sous la pression 0^m,760 : 919^{cc},6 par litre d'eau; 3540^{cc},8 par litre d'alcool.

561. **Préparation par l'azotate d'ammoniaque.** — Dans une cornue de verre de 125 centimètres cubes, on introduit 40 grammes d'azotate d'ammoniaque cristallisé, et on dispose l'appareil comme le représente la figure 226 (§ 491), en ne négligeant pas de donner à tout le système une inclinaison dans le sens de la cuve à eau. On chauffe doucement ; l'azotate d'ammoniaque fond à 152°, puis, vers 210°, il commence à se décomposer en donnant de la vapeur d'eau et du protoxyde d'azote (10 litres environ) :

$$AzO^5, AzH^4O \quad = \quad 2H^2O^2 \quad + \quad Az^2O^2 ;$$

Azotate d'ammoniaque.   Eau.   Protoxyde d'azote.

$$AzO^3(AzH^4) \quad = \quad 2H^2O \quad + \quad Az^2O .$$

La décomposition s'effectue ainsi jusque vers 250°. A une température plus élevée encore, entre 250° et 300°, et surtout par un échauffement brusque, elle se fait d'une autre manière : le protoxyde d'azote et l'eau sont alors accompagnés d'azote, de bioxyde d'azote, d'acide hypoazotique et même d'oxygène. Enfin au-dessus de 300°, la destruction de l'azotate d'ammoniaque devient explosive et par conséquent dangereuse. Il est donc fort important de provoquer, par l'action d'une chaleur modérée, la première réaction; celle-ci se traduit par un dégagement gazeux régulier et peu rapide. D'ordinaire, il est nécessaire de diminuer le feu lorsque la décomposition a commencé. Les deux produits formés étant volatils, la cornue se trouve vide lorsque l'opération est terminée. Un peu avant, on doit sortir de l'eau le tube à dégagement, pour éviter l'absorption consécutive.

L'eau engendée se condense en partie dans le col de la cornue et dans le tube à dégagement, complètement dans la cuve à eau sur laquelle on recueille le protoxyde d'azote. Ce gaz étant soluble dans son volume d'eau froide, on éprouve en le recueillant sur ce liquide, une certaine perte qu'on peut éviter en opérant sur le mercure, ou plus simplement en portant vers 40° l'eau de la cuve.

Les décompositions de l'azotate d'ammoniaque s'effectuant avec dégagement de chaleur, et par suite s'activant spontanément, il est difficile d'éviter complètement les réactions secondaires signalées plus haut. Si on voulait avoir du protoxyde d'azote purifié, il serait nécessaire de faire passer le gaz, avant de le recueillir, dans deux flacons laveurs contenant l'un de la potasse et l'autre du sulfate de fer : ces deux réactifs détruisent et arrêtent les composés de l'azote plus oxygénés que le protoxyde ; ils n'arrêtent pas l'azote.

562. On peut préparer, au moment même de son emploi, l'*azotate d'ammoniaque* à décomposer. Dans ce but, à 30 grammes d'acide azotique du commerce (22 centimètres cubes), on ajoute deux volumes d'eau (44 centimètres cubes), et on verse peu à peu dans le mélange de l'ammoniaque du commerce jusqu'à neutralisation; ce point est atteint lorsqu'en touchant un papier de tournesol avec une baguette imbibée de la liqueur, ce papier est légèrement ramené au bleu. Un petit excès d'ammoniaque serait d'ailleurs sans inconvénient. Quand on néglige de diluer l'acide, la réaction est assez violente pour volatiliser une grande partie de l'ammoniaque et occasionner des projections. Il est même avantageux de refroidir pendant la neutralisation.

On évapore la liqueur neutre dans une capsule de porcelaine, jusqu'à ce qu'il se forme une pellicule à la surface. On introduit immédiatement le produit liquide dans la cornue que l'on a préalablement échauffée pour éviter sa rupture. On opère ensuite comme il a été dit

(§ 561), en observant cependant de chauffer d'une manière soutenue pendant les premiers moments, alors que l'eau mélangée au sel achève de se volatiliser; sans cette précaution, une absorption causée par la condensation de la vapeur d'eau serait à craindre.

Il est moins simple mais plus sûr de chauffer le sel dans la capsule de porcelaine jusqu'à ce qu'un thermomètre qu'on y plonge marque 180°, et de laisser refroidir. La masse cristallise par refroidissement. On la divise et on l'introduit dans la cornue.

563. ACTION COMBURANTE. — Le protoxyde d'azote oxyde certains éléments et entretient la combustion presque aussi bien que l'oxygène pur. Cela est dû, non seulement à ce qu'il renferme plus du tiers de son poids d'oxygène, mais aussi à ce que sa décomposition s'effectue avec dégagement de chaleur (+ 18 Calories pour 1 molécule).

On peut répéter, en effet, avec le protoxyde d'azote les expériences de combustions vives indiquées pour l'oxygène. Le phosphore (§ 501), le le soufre (§ 502), le charbon (§ 502), le fer (§ 503), les substances organiques (§ 504), y brûlent avec énergie. Pour le soufre, cependant, il ne suffit pas de l'allumer en un point, comme on le fait lorsqu'on opère dans l'oxygène : il est nécessaire de chauffer ce corps dans la capsule de terre cuite et de l'enflammer fortement avant de l'introduire dans le protoxyde d'azote ; sans cette précaution, il s'éteint.

Une allumette éteinte, mais présentant encore quelques points en ignition, se rallume quand on la plonge dans une éprouvette remplie de protoxyde d'azote, comme lorsqu'on l'introduit dans l'oxygène (§ 504). Cette propriété est caractéristique pour les deux gaz, qu'on peut d'ailleurs distinguer l'un de l'autre en les mettant en présence du bioxyde d'azote (§ 568).

Un mélange à volumes égaux de protoxyde d'azote et d'hydrogène, enflammé dans une éprouvette résistante, brûle avec explosion en formant de l'eau et de l'azote :

$$2H \ + \ Az^2O^2 \ = \ H^2O^2 \ + \ 2Az;$$
$$H^2 \ + \ Az^2\theta \ = \ H^2\theta \ + \ 2Az.$$

C. — **Bioxyde d'azote.**

Équiv. : $AzO^2 = 30 = 4\ vol. = Az\theta = P.\ mol.$

564. *Synonymes* : Oxyde azotique, oxyde nitreux, gaz nitreux, azotyle, nitrosyle. — *Gaz* incolore, découvert par Hales en 1772.. — *Densité*, à 0° et sous la pression $0^m,760$: 1,039 par rapport à l'air; 15 par rapport à l'hydrogène. — *Poids du litre* à 0° et sous la pression $0^m,760$: $1^{gr},343$. — *Liquéfié* bout à — 153°,6; *point critique :* — 93°,5 avec pression de 71,2 atmosphères. — *Solubilité* à 10° et sous la pression $0^m,760$: presque nulle dans l'eau; $286^{cc},09$ par litre d'alcool.

I. — PRÉPARATION.

565. PAR LE CUIVRE ET L'ACIDE AZOTIQUE. — L'appareil dont on fait usage est identique à celui qui est employé pour la préparation de

l'hydrogène (§ 508, fig. 232). On introduit 30 grammes de tournure de cuivre ou de cuivre laminé découpé en fragments, dans le flacon F qui est d'une contenance de 1 litre environ, puis on dispose le tube à dégagement sur la cuve à eau. On verse par le tube à entonnoir 100 centimètres cubes d'acide azotique étendu, de densité 1,2, c'est-à-dire d'un mélange d'acide nitrique du commerce (D = 1,33) avec un peu plus de la moitié de son volume d'eau. Tout d'abord, la réaction de l'acide sur le métal est peu marquée; elle ne s'accélère que lentement; la liqueur se colore en vert bleuâtre et des vapeurs rutilantes se montrent dans l'intérieur du flacon, sans qu'aucun gaz s'échappe par le tube à dégagement. L'eau, en montant de la cuve à eau dans le tube abducteur, et la liqueur acide, en s'abaissant dans le tube de sûreté, montrent au contraire qu'une diminution de pression s'est opérée dans le flacon. Toutefois ce phénomène n'est que passager et le dégagement gazeux se produit bientôt; on laisse perdre les premières portions de gaz qui entraînent l'air de l'appareil, puis on recueille le bioxyde d'azote à la manière ordinaire (§ 405 à § 408).

La réaction donne du bioxyde d'azote, de l'azotate de cuivre et de l'eau :

$$3Cu \quad + \quad 4AzO^5,HO \quad = \quad AzO^2 \quad + \quad 3AzO^5,CuO \quad + \quad 2H^2O^2;$$

Cuivre.   Acide azotique.   Bioxyde d'azote.   Azotate de cuivre.   Eau.

$$3Cu \quad + \quad 8AzO^3H \quad = \quad 2AzO \quad + \quad 3(AzO^3)^2Cu \quad + \quad 4H^2O.$$

Tout d'abord le bioxyde d'azote formé rencontre, à sa sortie du liquide, l'oxygène de l'air du flacon. Il est immédiatement oxydé en produisant de l'hypoazotide (§ 568); celui-ci réagit sur l'eau et sur l'oxygène (§ 568 et § 576) en donnant de l'acide azotique : dans tous les cas, l'oxygène disparaît de l'atmosphère du flacon en même temps que le bioxyde d'azote avec lequel il se trouve en contact. Telle est l'origine de l'absorption initiale signalée plus haut. Quand il ne reste plus d'oxygène dans le flacon, le bioxyde d'azote qui se dégage rétablit la pression et s'échappe.

Lorsque l'action se ralentit, on verse par le tube à entonnoir un peu d'acide azotique concentré. Toutefois il faut éviter un excès de ce réactif : le bioxyde d'azote réagit sur l'acide azotique d'une densité supérieure à 1,3, en donnant des solutions de plus en plus colorées, de telle sorte que le dégagement gazeux s'arrête.

Il arrive parfois que, la concentration de la liqueur étant convenable, le mélange s'échauffe et la réaction s'effectue avec trop d'énergie. On doit alors la modérer en plongeant le flacon dans l'eau froide; à température élevée, la réaction engendre en effet du protoxyde d'azote et même de l'azote.

Lorsque la liqueur contenue dans le flacon cesse d'attaquer le cuivre, on peut en extraire l'azotate de cuivre (voy. *Azotate de cuivre*).

Il résulte de ce qui précède que le gaz fourni par le cuivre et l'acide azotique n'est jamais complètement pur. En substituant le mercure au cuivre, on obtient du bioxyde d'azote plus pur.

566. Par l'acide azotique et le sulfate de protoxyde de fer. — Dans un ballon de 500 centimètres cubes, dont le bouchon porte un tube à entonnoir pénétrant jusqu'au fond et un tube à dégagement, on introduit 50 centimètres cubes d'eau et 50 grammes de sulfate de protoxyde de fer cristallisé et concassé. On place le ballon sur un fourneau et on chauffe pour dissoudre le sulfate de fer. Plongeant ensuite l'extrémité du tube à dégagement dans une cuve à eau, sans cesser de chauffer, on verse dans le ballon, par le tube à entonnoir, 25 grammes d'acide azotique concentré. Une réaction se déclare et du bioxyde d'azote se dégage ; en même temps la liqueur prend une coloration brun foncé. La réaction est assez complexe : elle se résume en une réduction de l'acide azotique par le protoxyde de fer qui passe à l'état de peroxyde.

Le bioxyde d'azote ainsi préparé est pur.

567. Par le protochlorure de fer et l'azotate de potasse. — Ce mode de préparation n'est, à proprement parler, qu'une variante du précédent.

Dans un ballon de 500 centimètres cubes, on introduit 75 grammes (65 centimètres cubes) d'acide chlorhydrique concentré du commerce, avec un excès de tournure de fer ou de pointes de Paris : de l'hydrogène se dégage en abondance et il se forme du protochlorure de fer. Il se dissout ainsi près de 20 grammes de fer. L'effervescence terminée, on décante la liqueur et on la verse dans le ballon d'un appareil semblable à celui qui a été indiqué dans la préparation précédente (§ 566). On ajoute une quantité d'acide chlorhydrique égale à la première (75 grammes ou 65 centimètres cubes) et 12 grammes d'azotate de potasse. On chauffe à une température voisine de 100°, la liqueur se colore fortement, puis du bioxyde d'azote se dégage. Dès que la réaction est devenue énergique et que la masse commence à mousser, on éteint le feu. L'opération s'achève alors sans qu'il soit nécessaire de chauffer. Elle peut être représentée par la formule suivante :

$$6FeCl + AzO^5,KO + 4HCl = 3Fe^2Cl^3 + KCl + H^2O^2 + AzO^2;$$

Protochlorure de fer.	Azotate de potasse.		Perchlorure de fer.	Chlorure de potassium.	Eau.	Bioxyde d'azote.

$$3FeCl^2 + AzO^3K + 4HCl = 3FeCl^3 + KCl + H^2O + AzO.$$

On utilise avantageusement pour cette préparation la solution de protochlorure de fer retirée des appareils à hydrogène sulfuré employant le sulfure de fer et l'acide chlorhydrique (Voy. *Hydrogène sulfuré*) ; on la porte à l'ébullition pour chasser l'hydrogène sulfuré dissous, puis on l'additionne d'acide chlorhydrique et d'azotate de potasse.

Cette méthode est l'une des plus avantageuses pour la production du bioxyde d'azote.

II. — PROPRIÉTÉS.

568. Combinaisons avec l'oxygène. — Le bioxyde d'azote s'unit énergiquement à l'oxygène libre. Vient-on à soulever une éprouvette de bioxyde d'azote conservée sur l'eau ? Dès que le gaz arrive au contact de l'air, il donne naissance à des vapeurs rouges orangées d'hypoazotide :

$$AzO^2 \quad + \quad O^2 \quad = \quad AzO^4;$$
Bioxyde d'azote. Hypoazotide.
$$Az\theta \quad + \quad \theta \quad = \quad Az\theta^2.$$

La production de ces vapeurs rutilantes est caractéristique.

La même expérience peut se faire en répandant moins de vapeurs rutilantes dans l'atmosphère : on applique sur l'orifice d'une éprouvette de bioxyde d'azote une éprouvette semblable pleine d'air, et on retourne plusieurs fois le système sur lui-même : le gaz et l'air se mélangeant, les deux éprouvettes sont remplies de vapeurs rouges. L'oxygène pur produit les mêmes phénomènes que l'air.

Au contraire, le protoxyde d'azote, qui est cependant un agent d'oxydation énergique, ne donne rien de semblable. Cette différence permet de distinguer facilement l'oxygène du protoxyde d'azote, deux gaz que leurs propriétés comburantes séparent nettement des autres : il suffit de faire passer une bulle de bioxyde d'azote dans une éprouvette contenant un gaz rallumant une allumette présentant encore un point en ignition (§ 563), pour que l'apparition ou la non-apparition des vapeurs rutilantes indique qu'il s'agit d'oxygène ou de protoxyde d'azote.

569. **Propriétés oxydantes.** — Quoique le bioxyde d'azote contienne, à volume égal, le même poids d'oxygène que le protoxyde, il est doué de propriétés oxydantes moins marquées.

Le phosphore bien allumé et plongé dans le bioxyde d'azote, en opérant comme il a été dit pour l'oxygène (§ 504), continue à brûler. Au contraire, le soufre, le charbon, les matières organiques ne brûlent dans ce gaz que très difficilement, ou même pas du tout. Une bougie allumée qu'on y plonge s'éteint aussitôt.

Un mélange de bioxyde d'azote et d'hydrogène, à volumes égaux, introduit dans une éprouvette résistante et enflammé, brûle avec détonation :

$$AzO^2 \quad + \quad H^2 \quad = \quad Az \quad + \quad H^2O^2;$$
4 vol. 4 vol. 2 vol. 4 vol.
$$Az\theta \quad + \quad H^2 \quad = \quad Az \quad + \quad H^2\theta.$$

Le même expérience réalisée dans l'eudiomètre (§ 531) établit la composition du bioxyde d'azote : 1 volume de ce gaz et 1 volume d'hydrogène laissent après la détonation un demi-volume d'azote.

570. Le sulfure de carbone brûle dans le bioxyde d'azote. Pour effectuer cette combustion, on se sert d'une éprouvette à pied, de grandes dimensions, dont le bord rodé à l'émeri se ferme au moyen d'une glace dépolie. On remplit, sur la cuve à eau, cette éprouvette de bioxyde d'azote et, après l'avoir fermée avec la glace, on la retourne sur son pied. D'autre part, on mesure dans un verre une quantité déterminée de sulfure de carbone, soit 3 centimètres cubes environ par litre de contenance de l'éprouvette. Faisant glisser horizontalement la lame de verre sur l'éprouvette, on entr'ouvre quelque peu celle-ci, on y verse rapidement le sulfure de carbone et on referme aussitôt. Après quelques instants d'agitation, le sulfure de carbone s'est en partie vola-

tilisé et a saturé le bioxyde d'azote de sa vapeur. Les choses ainsi disposées, si on découvre l'éprouvette et si on approche immédiatement de son orifice un corps enflammé, le mélange gazeux brûle en faisant entendre un bruit particulier et en produisant une flamme bleue d'une intensité lumineuse très remarquable. La lumière de cette flamme est tellement riche en rayons chimiques, qu'elle peut servir à provoquer certaines réactions que la lumière diffuse est impuissante à déterminer et qui exigent d'ordinaire l'intervention directe du soleil. Quoique sa durée n'excède pas une fraction de seconde, elle permet également d'éclairer, pour les photographier, des objets placés dans un endroit obscur.

571. SOLUBILITÉ DANS LE SULFATE DE FER. — Dans un ballon de 250 centimètres cubes, on introduit 125 centimètres cubes environ d'une solution concentrée de sulfate de protoxyde de fer. On fait passer dans la liqueur, au moyen d'un tube qui plonge jusqu'au fond, un courant lent de bioxyde d'azote. Le gaz se dissout dans le sulfate de fer, surtout si l'on agite le ballon, et le liquide se colore en brun foncé. Après quelque temps, on adapte au ballon, au moyen d'un bouchon percé, un tube à dégagement recourbé deux fois, on dispose le ballon sur un fourneau et on le chauffe. Le bioxyde d'azote, en combinaison instable avec le sel ferreux, ne tarde pas à se dégager; on le dirige par le tube sur une cuve à eau. Le bioxyde d'azote ainsi régénéré est pur, les autres gaz qui se produisent d'ordinaire en même temps que lui, comme l'azote et le protoxyde d'azote (§ 565), ne se dissolvant pas dans le sulfate de protoxyde de fer, se séparent pendant la première partie de l'opération.

D. — Anhydride azoteux.

$$\textit{Équiv.} : AzO^3 = 38. \qquad \textit{P. mol.} : Az^2O^6 = Az^2O^3 = 76.$$

572. *Synonymes* : Acide azoteux, acide nitreux. — *Gaz* jaune rougeâtre, condensable en un *liquide* bleu foncé, qui bout vers 0°. — *Décomposable* spontanément et toujours mélangé d'un peu d'hypoazotide.

573. PRÉPARATION PAR L'HYPOAZOTIDE. — Dans un tube à essai, on introduit quelques centimètres cubes d'eau que l'on refroidit en plongeant le tube dans de la glace pilée. On verse dans cette eau à 0°, un volume égal d'hypoazotide liquide (§ 575). Celui-ci subit, à basse température et en présence d'une faible quantité d'eau, le dédoublement suivant :

$$4AzO^4 \quad + \quad H^2O^2 \quad = \quad 2AzO^3 \quad + \quad 2AzO^5,HO;$$
$$\text{Hypoazotide.} \qquad \text{Eau.} \qquad \text{Anhydride azoteux.} \qquad \text{Acide azotique.}$$

$$4Az\Theta^2 \quad + \quad H^2\Theta \quad = \quad Az^2\Theta^3 \quad + \quad 2Az\Theta^3H.$$

L'acide azotique reste en dissolution dans l'eau, tandis que l'anhydride azoteux tombe au fond du tube sous la forme d'un liquide bleu foncé, s'altérant dès la température de 0°. Le produit se dissout dans l'eau glacée : ses dissolutions étendues sont incolores et relativement stables; plus concentrées, elles sont bleues et se décomposent rapidement, surtout quand on élève leur température (§ 576).

E. — Hypoazotide.

Équiv. : $AzO^4 = 46 = 4\,vol. = Az\Theta^2 = $ P. mol.

574. *Synonymes* : Acide hypoazotique, acide hyponitrique, anhydride hypoazotique, vapeur nitreuse, vapeur rutilante, peroxyde d'azote, anhydride azoteux-azotique. — *Liquide* jaune, *bouillant* à $+ 22°$, *solidifiable* par le froid en cristaux incolores, fusibles à $— 9°$, mais restant en surfusion jusque vers $—23°$; émettant des vapeurs rouges, dont la coloration augmente avec la température. — *Densité :* 1,451. — *Densité de vapeur* variable avec la température : 1,68 à 100° et sous la pression $0^m,760$, par rapport à l'air.

575. Préparation par l'azotate de plomb. — L'azotate de plomb se décompose à une température voisine du rouge, en oxyde de plomb, oxygène et hypoazotide :

$$AzO^5,PbO \quad = \quad PbO \quad + \quad O \quad + \quad AzO^4;$$
Azotate de plomb.   Oxyde de plomb.   Hypoazotide.

$$(Az\Theta^3)^2Pb \quad = \quad Pb\Theta \quad + \quad \Theta \quad + \quad 2Az\Theta^2.$$

C'est cette réaction que l'on utilise le plus souvent pour préparer l'hypoazotide.

On commence par dessécher aussi complètement que possible l'azotate de plomb. Pour cela, après l'avoir grossièrement pulvérisé, on le chauffe en l'agitant dans une capsule de porcelaine et on pousse l'action de la chaleur jusqu'à ce que des vapeurs rutilantes commencent à se dégager. On laisse refroidir et on introduit 125 grammes de sel sec, dans une cornue de grès de 125 centimètres cubes. La cornue est installée dans un fourneau à réverbère et attachée par le col, au moyen d'un fil de fer, après l'une des poignées inférieures du fourneau (voy. fig. 227, § 492), ou soutenue dans l'intérieur de celui-ci par un fromage. A l'aide d'un bouchon percé, on adapte à son orifice un tube droit relié, par un caoutchouc court, à un appareil de condensation entouré d'un mélange réfrigérant (§ 141). Les appareils à tubes en U dont il a été question plus haut (§ 142, fig. 86) conviennent parfaitement. On chauffe la cornue et on la porte peu à peu au rouge, le sel se décompose : l'oxyde de plomb reste dans le cornue, tandis que l'oxygène et l'hypoazotide s'échappent par le tube recourbé et traversent le tube en U. Ils s'y trouvent énergiquement refroidis ; l'hypoazotide se condense en un liquide rouge qui se réunit au fond du tube, tandis que l'oxygène s'échappe dans l'atmosphère par la branche effilée. Quand on présente une allumette ayant encore quelques points en ignition, devant l'orifice par lequel le gaz oxygène s'écoule, cette allumette se rallume. Si le refroidissement du tube est assez énergique, l'hypoazotide cristallise et dans ce cas on peut craindre une obstruction de l'appareil ; pour éviter toute obstruction, la réfrigération doit être limitée, et le tube en U doit être choisi assez large.

Cet inconvénient fait souvent adopter un autre dispositif : la cornue porte un tube à dégagement, recourbé une fois, plongeant au fond d'un matras d'essayeur. Ce dernier est entouré de mélange réfrigérant. Le liquide condensé s'accumule dans le matras et l'oxygène se dégage par le col.

On peut remplacer la cornue de grès par un tube en verre peu fusible, de 30 ou 40 centimètres de longueur, fermé à la lampe à une de ses extrémités. On remplit ce tube d'azotate de plomb sec et on le chauffe sur une grille à gaz, en le protégeant du coup de feu par une rigole en clinquant. Il est plus facile de régler ainsi l'opération, en chauffant successivement les

diverses parties du tube. Dans ce cas, il est bon de mélanger le sel de plomb
avec son volume de sable siliceux ; ce dernier a pour effet d'empêcher la
rupture du tube lorsque l'oxyde de plomb vient à fondre.

576. Décomposition par l'eau. — Mis en contact avec une petite quantité
d'eau glacée, l'hypoazotide réagit et donne de l'anhydride azoteux et de l'acide
azotique. Cette décomposition est utilisée pour la production de l'anhydride
azoteux (§ 573).

Lorsqu'au contraire l'eau est employée en grande quantité et à la température ordinaire, l'anhydride azoteux lui-même est détruit et les produits finals
de la réaction sont du bioxyde d'azote et de l'acide azotique :

$$3AzO^4 \quad + \quad H^2O^2 \quad = \quad AzO^2 \quad + \quad 2AzO^5,HO ;$$
$$\text{Hypoazotide.} \qquad \text{Eau.} \qquad \text{Bioxyde d'azote.} \qquad \text{Acide azotique.}$$
$$3Az\Theta^2 \quad + \quad H^2\Theta \quad = \quad Az\Theta \quad + \quad 2Az\Theta^3H.$$

L'expérience se réalise de diverses manières. L'une des plus simples est
la suivante : Dans un petit flacon muni d'un tube à dégagement et contenant
de l'eau, on verse quelques centimètres cubes d'hypoazotide liquide; on place
le bouchon sur le flacon et on agite. Une réaction s'établit bientôt et du
bioxyde d'azote se dégage. Après qu'elle a pris fin, l'eau du flacon est chargée
d'acide azotique et rougit énergiquement le tournesol.

Si l'on n'a pas d'hypoazotide liquide, on peut partir du bioxyde d'azote. On
remplit une éprouvette du bioxyde d'azote jusqu'aux deux tiers de sa hauteur,
puis, la soulevant au-dessus du niveau de l'eau sur laquelle on l'a placée, on
achève de la remplir d'air. Les vapeurs rutilantes qui la garnissent aussitôt
démontrent la formation de l'hypoazotide (§ 568). On la replace sur l'eau et on
agite ; l'hypoazotide fait place, dans l'atmosphère de l'éprouvette, à du bioxyde
d'azote et le gaz se décolore. On laisse de nouveau rentrer de l'air, le
bioxyde d'azote se change en hypoazotide et le phénomène se manifeste de
nouveau; il peut ainsi être reproduit plusieurs fois, mais son intensité va en
diminuant. L'eau de la terrine qui retient l'acide azotique formé, rougit le
tournesol si elle n'est pas trop abondante.

Une autre forme de l'expérience montre d'une manière plus nette encore
la transformation du bioxyde d'azote en hypoazotide sous l'influence de
l'oxygène, en même temps que la destruction de l'hypoazotide par l'eau.

On remplit de bioxyde d'azote un ballon à long col de 1 à 2 litres, portant
une tubulure latérale à laquelle est ajusté un bouchon que traverse un tube
de verre; celui-ci est relié à un tube en caoutchouc, fermé par une pince à
ressort qui l'aplatit. Le ballon est maintenu sur une cuve à eau dans laquelle
son col plonge assez profondément. On met le tube de caoutchouc en communication avec un gazomètre contenant de l'oxygène et, ouvrant un peu la
pince à ressort, on laisse arriver ce gaz dans le bioxyde d'azote : des vapeurs
rutilantes d'une intensité extrême prennent naissance. Tout d'abord, l'oxygène augmentant le volume des gaz, quelques bulles s'échappent par le col,
mais presque immédiatement l'action décomposante de l'eau sur l'hypoazotide intervient et le niveau du liquide s'élève dans le ballon. On arrête le courant d'oxygène; le gaz ne tarde pas à se décolorer. On peut, en répétant
plusieurs fois les introductions d'oxygène, observer à diverses reprises la
formation de l'hypoazotide et sa destruction par l'eau. Finalement le bioxyde
d'azote passe tout entier à l'état d'acide azotique, par l'intermédiaire de

l'hypoazotide, et le ballon se remplit entièrement d'eau. Celle-ci rougit la teinture bleue de tournesol. On active les réactions en agitant le ballon.

F. — Acide azotique.

$$\text{Équiv.}: AzHO^6 \text{ ou } AzO^5,HO = 63 = 4\,vol. = Az\Theta^3H = P.\,mol.$$

577. *Synonymes :* Acide nitrique, eau forte. — *Liquide* connu des Arabes au neuvième siècle.

ACIDE AZOTIQUE PROPREMENT DIT : $AzHO^6$ ou $Az\Theta^3H$. — *Synonymes :* Acide azotique monohydraté, acide azotique fumant. — *Densité* à 15° : 1,53. — *Cristallisable* vers —49°. — *Point d'ébullition :* 86°. — *Densité de vapeur* ramenée à 0° et à la pression $0^m,760 : 2,258$, déterminée à 68°,5. — *Fumant* à l'air. — *Altérable* déjà à sa température d'ébullition. — Se combine à l'eau en formant plusieurs hydrates.

HYDRATE A 3 ÉQUIVALENTS D'EAU : $AzHO^6 + 3HO$ ou $Az\Theta^3H + 3Aq$. — *Liquide* bouillant à 123°. — *Densité :* 1,420 à 15°. — Contenant 70 pour 100 d'acide monohydraté, correspondant à 60 pour 100 d'acide anhydre.

Le *commerce* fournit : 1° de l'acide azotique de densité 1,332, dit à 36° (36° Baumé), et contenant 52,35 pour 100 de $AzHO^6$ ou $Az\Theta^3H$; 2° de l'acide azotique de densité 1,383, dit à 40° (40° Baumé), et contenant 61,25 pour 100 de $AzHO^6$ ou $Az\Theta^3H$; 3° de l'acide azotique fumant ou acide monohydraté, $AzHO^6$ ou $Az\Theta^3H$.

PRÉPARATION.

578. PAR L'AZOTATE DE SOUDE ET L'ACIDE SULFURIQUE. — On choisit une cornue de verre de 500 centimètres cubes, dont le col long et étroit puisse s'engager dans celui d'un ballon de même capacité, en pénétrant

Fig. 249. — Préparation de l'acide azotique (remplissage).

jusque vers le centre de celui-ci. On sèche cette cornue et on y introduit 85 grammes d'azotate de soude sec. Au moyen d'une tige de verre ou mieux d'une baguette de bois enveloppée de papier buvard, on fait tomber dans la cornue les fragments de sel qui ont pu s'attacher au col de la cornue, et on. nettoie exactement celui-ci. Plaçant alors la cornue dans la position indiquée par la figure 249, on introduit par son col un tube à entonnoir pénétrant jusqu'à la panse, et on verse sur le nitrate de soude, par l'intermédiaire de ce tube, 100 grammes d'acide sulfurique concentré (55 centimètres cubes). Par quelques secousses, on fait tomber les dernières gouttes d'acide qui adhèrent à la partie inférieure du tube et on enlève celui-ci, sans tou-

Fig. 250. — Préparation de l'acide azotique (distillation).

cher de son extrémité les parois du vase. En remplissant ainsi l'appareil, on évite de mouiller d'acide sulfurique le col de la cornue qui sera lavé plus tard par l'acide azotique produit, ce qui écarte une cause importante d'impureté pour celui-ci. On redresse la cornue, on engage son col dans le ballon, et on la dispose sur un fourneau (fig. 250). En même temps, le ballon est plongé dans un vase plein d'eau destinée à le refroidir. La bague qui termine le ballon doit être appliquée contre la partie conique du col de la cornue et former à peu près obturation. On ne doit pas employer de bouchons pour cet appareil, parce que l'acide azotique attaque le liège avec énergie.

Pour maintenir plongé dans l'eau réfrigérante le ballon qui tend à flotter, on se contente d'ordinaire de le fixer par son col avec la pince d'un support métallique (§ 191 et § 192), ou plus simplement de le charger d'un corps lourd tel qu'un anneau de plomb (§ 183) passé dans le col ou même une brique reposant sur la panse (§ 221), Un arrangement préférable, parce qu'il donne plus de stabilité, est celui qui consiste à diriger un courant continu d'eau froide sur le ballon reposant au milieu d'un plateau qui recueille le liquide écoulé et le dirige vers l'égout (§. 221).

Les choses étant disposées, on chauffe la cornue. L'acide sulfurique décompose l'azotate de soude en donnant du sulfate de soude et de l'acide azotique. On emploie deux équivalents ou une molécule d'acide sulfurique bibasique pour un seul équivalent d'azotate, afin de former du bisulfate de soude ou sulfate acide de soude, sel plus fusible que

le sulfate neutre et qui, pour cette raison, se prête beaucoup mieux
à une opération faite dans un vase de verre. La réaction est la suivante :

$$AzO^5,NaO \quad + \quad S^2O^6,2HO \quad = \quad AzO^5,HO \quad + \quad S^2O^6,NaO,HO ;$$

Azotate de soude.   Acide sulfurique.   Acide azotique.   Sulfate acide de soude.

$$AzO^3Na \quad + \quad SO^4H^2 \quad = \quad AzO^3H \quad + \quad SO^4HNa.$$

Au commencement de l'opération, l'appareil se garnit de vapeurs
rutilantes, dont on attribue la formation à l'action décomposante de
l'acide sulfurique qui se trouve encore libre dans le mélange. Bientôt,
la température s'élevant, l'acide azotique entre en ébullition et distille.
Sa vapeur chasse aussitôt le gaz coloré de l'appareil ; elle se condense
dans le ballon, qu'on refroidit avec soin en renouvelant l'eau qui l'entoure ; il est même avantageux, s'il émerge en partie, de le recouvrir
d'un linge ou d'un papier buvard, qu'on arrose d'eau constamment.
L'opération touchant à sa fin, on élève davantage la température pour
chasser complètement l'acide azotique retenu par le bisulfate ; l'action
de la chaleur devient bientôt suffisante pour faire éprouver à l'acide
azotique une légère altération, et des vapeurs rutilantes apparaissent
de nouveau dans l'appareil. On peut dès lors considérer la préparation
comme terminée. On enlève la cornue du feu et on transvase le
liquide distillé dans un flacon bouché en verre.

On peut substituer aux 85 grammes d'azotate de soude, 101 grammes
d'azotate de potasse, qui fournissent une égale quantité de produit.

L'acide sulfurique concentré du commerce, contenant toujours un
léger excès d'eau qui passe dans le produit, l'acide azotique obtenu
n'est pas monohydraté ; il contient un peu d'eau en plus. Il est également souillé de vapeurs nitreuses, qui lui communiquent une teinte
jaune, ainsi que d'acide sulfurique entraîné à la distillation. Pour avoir
de l'acide monohydraté, il faut opérer avec de l'azotate bien desséché
et avec de l'acide sulfurique du commerce, que l'on a concentré par
une ébullition prolongée, puis laissé refroidir à l'abri de l'air.

On doit éviter soigneusement de répandre l'acide azotique sur les
mains ou les vêtements ; il occasionne des brûlures dangereuses. Versé,
à l'état monohydraté, sur certaines substances organiques, la paille
par exemple, il les détruit avec une telle énergie qu'il provoque souvent leur combustion.

Le bisulfate de soude resté dans la cornue se prend par le refroidissement en une masse cristalline.

579. PURIFICATION. — L'acide azotique préparé comme il vient d'être dit,
renferme toujours, ainsi que celui du commerce, un peu d'acide sulfurique
et de sulfate de soude entraînés à la distillation. De plus il est souillé de
chlore, si l'azotate de soude qui a servi à le produire renfermait des chlorures, ce qui est le cas ordinaire. Sa purification présente peu de difficultés.

On introduit dans une cornue de verre, de l'acide concentré du commerce,
après l'avoir additionné de quelques centièmes d'azotate de soude pur. On dispose cette cornue sur un foyer, en la protégeant par une toile métallique et on

engage son col dans celui d'un ballon de verre jusqu'au centre duquel il pénètre ; autrement dit, on emploie le même appareil que pour la préparation
(§ 578, fig. 250) Plongeant le ballon dans un vase plein d'eau, ou mieux
maintenant à sa surface un courant d'eau, on chauffe la cornue et on détermine la distillation du liquide. Le chlore est entraîné pendant les premiers
temps de l'opération, si la concentration du liquide est suffisante, cette méthode n'étant pas applicable à un acide dont la densité est moindre que 1,31
(34° Baumé). Prélevant de temps en temps un échantillon du liquide qui
distille, on le dilue et on essaye s'il précipite l'azotate d'argent. Lorsque l'on
s'est assuré ainsi que l'acide qui passe ne contient plus trace de chlore, on
remplace le récipient. On continue ensuite, lentement et régulièrement, la
distillation en la poussant jusqu'à ce qu'il ne reste plus qu'une petite quantité d'acide dans la cornue. L'azotate de soude a été ajouté pour fixer l'acide
sulfurique.

Une autre méthode fréquemment employée, mais moins avantageuse que
la précédente, consiste à diluer l'acide, à purifier et à réduire sa densité
à 1,3 au maximum. On ajoute, en agitant vivement, une solution d'azotate
d'argent, tant qu'il se fait un précipité de chlorure d'argent, puis on abandonne le liquide à lui-même pendant quelques jours. On décante le liquide
limpide ainsi débarrassé de chlore, on l'additionne de quelques centièmes
d'azotate de soude pur, et on distille dans un appareil sans bouchons, tel que
celui indiqué plus haut.

580. Essai. — L'acide azotique pur, destiné à l'analyse, doit satisfaire aux
essais suivants.

Il est incolore (*vapeurs nitreuses*). Chauffé sur une lame de platine, il se
volatilise sans résidu (*sels*). Dilué de 4 à 5 fois son volume d'eau distillée, il ne
précipite, même après un certain temps, ni par l'azotate d'argent (*chlore*), ni
par l'azotate de baryte (*acide sulfurique*), ni par le chlorure de sodium (*argent*).

581. Richesse des dissolutions aqueuses. — Le tableau suivant (J. Kolb),
indique les poids d'acide azotique,

$$AzHO^6 \quad \text{ou} \quad AzO^3H,$$

et d'anhydride,

$$AzO^5 \quad \text{ou} \quad Az^2O^5,$$

contenus dans des acides dilués, de densités données.

DENSITÉS		$AzHO^6$ ou AzO^3H	AzO^5 ou Az^2O^5	DENSITÉS		$AzHO^6$ ou AzO^3H	AzO^3 ou Az^2O^5
à 0°	à + 15°			à 0°	à + 15°		
1,559	1,530	99,84	85,57	1,391	1,372	59,59	51,08
1,557	1,529	99,52	85,30	1,371	1,353	56,10	48,08
1,542	1,514	95,27	81,66	1,349	1,331	52,33	44,85
1,533	1,506	93,01	79,72	1,341	1,323	50,99	43,70
1,521	1,494	89,56	76,77	1,315	1,298	47,18	40,44
1,513	1,486	87,45	74,95	1,291	1,274	43,53	37,31
1,507	1,482	86,17	73,86	1,253	1,237	37,95	32,53
1,488	1,463	80,96	69,39	1,226	1,211	33,86	29,02
1,462	1,438	74,01	63,44	1,187	1,172	28,00	24,00
1,455	1,432	72,39	62,05	1,171	1,157	25,71	22,04
1,450	1,429	71,24	61,06	1,115	1,105	17,47	14,97
1,441	1,419	69,20	59,31	1,075	1,067	11,41	9,77
1,420	1,400	65,07	55,77	1,050	1,045	7,72	6,62
1,400	1,381	61,21	52,46				

G. — **Ammoniaque**.

Équiv. : AzH³ = 17 = 4 *vol.* = *AzH³* = *P. mol.*

582. *Synonymes :* Gaz ammoniac, alcali volatil. — *Gaz* incolore, à odeur suffocante, découvert par Kunckel en 1612. — *Densité* à 0° et sous la pression 0ᵐ,760 : 0,596 par rapport à l'air ; 8,5 par rapport à l'hydrogène. — *Poids du litre* à 0° et sous la pression 0ᵐ,760 : 0ᵍʳ,761. — *Solubilité* dans l'eau très considérable : 1270 volumes à — 16° sous la pression 0ᵐ,760 ; 1049,6 volumes à 0° ; 785 volumes à + 15°. — *Indice de réfraction :* 1,000585. — *Chaleur spécifique* en poids et sous pression constante : 0,5082. — *Liquéfiable* en un liquide incolore, très mobile, très dilatable, bouillant à — 34°.

I. — PRÉPARATION.

583. Par le chlorhydrate d'ammoniaque et la chaux. — L'appareil se compose d'une cornue en verre peu fusible ou mieux en grès, de 300 centimètres cubes environ. Au moyen d'un bouchon percé d'un trou, on adapte à son col un tube à dégagement recourbé deux fois, puis on la dispose sur un fourneau, en faisant plonger l'extrémité inférieure du tube à dégagement dans une cuve à mercure.

On pulvérise séparément 50 grammes de chlorhydrate d'ammoniaque et 120 grammes de chaux vive, puis on mélange avec soin les deux poudres. On doit opérer le mélange aussi rapidement que possible, les deux substances réagissant dès la température ordinaire. On introduit immédiatement la matière dans la cornue, qu'on achève de remplir jusqu'à la naissance du col par de la chaux vive grossièrement concassée. On chauffe lentement. La chaux décompose le chlorhydrate d'ammoniaque en formant du chlorure de calcium et du gaz ammoniac :

$$2AzH^4Cl \quad + \quad 2CaO \quad = \quad 2CaCl \quad + \quad H^2O^2 \quad + \quad 2AzH^3;$$

Chlorhydrate d'ammoniaque.	Chaux.	Chlorure de calcium.	Eau.	Ammoniaque.

$$2AzH^4Cl \quad + \quad Ca\Theta \quad = \quad CaCl^2 \quad + \quad H^2\Theta \quad + \quad 2AzH^3.$$

En réalité, le mélange pulvérulent contenant un excès de chaux, il se produit une combinaison de chaux et de chlorure de calcium,

$$CaCl,CaO \quad \text{ou} \quad Ca\Theta,CaCl^2.$$

C'est même dans le but d'assurer la formation de cette combinaison que l'on a employé un grand excès de chaux ; si le chlorhydrate d'ammoniaque et la chaux réagissaient à équivalents égaux comme l'indique la première formule, le chlorure de calcium formé s'unirait à l'ammoniaque pour donner une combinaison.

$$CaCl + 4AzH^3 \quad \text{ou} \quad CaCl^2 + 8AzH^3.$$

Celle-ci présente une stabilité telle qu'il est nécessaire de porter la température vers 200° pour le dissocier. C'est la formation de ce composé qui force à terminer en chauffant fortement pour dégager la totalité de l'ammoniaque.

L'eau formée est arrêtée par la chaux vive qui garnit la partie supérieure de la cornue. Cependant quand on veut avoir du gaz ammoniac sec, il est bon d'interposer entre la cornue et le tube à dégagement, un tube en U contenant de la chaux vive ou mieux de la potasse caustique fondue : on arrête ainsi d'une manière plus certaine la vapeur d'eau entraînée. Dans le cas actuel, le chlorure de calcium desséché ne peut être employé comme agent de dessiccation parce qu'il se combine, comme on vient de le dire, avec l'ammoniaque.

Si l'on porte rapidement la cornue à une température élevée, le chlorhydrate d'ammoniaque se volatilise sans se décomposer ; il vient se condenser dans le col de la cornue et même dans le tube à dégagement qu'il obstrue. Ce dernier accident pouvant entraîner l'explosion de la cornue, on doit, pour l'éviter, chauffer avec modération à l'origine.

Le gaz qui se dégage est recueilli sur le mercure à la manière ordinaire (§ 412). Sa densité étant faible (0,596) on peut encore le recueillir par déplacement de haut en bas à la façon de l'hydrogène (§ 414).

584. PAR LA SOLUTION D'AMMONIAQUE DU COMMERCE. — La solution aqueuse d'ammoniaque, telle que l'industrie la fournit, permet de préparer facilement l'ammoniaque.

On se sert d'un ballon de 500 centimètres cubes, muni d'un bouchon à deux ouvertures : l'une de ces ouvertures porte un tube de sûreté droit, effilé à sa partie inférieure et pénétrant jusqu'au fond du ballon ; l'autre, recourbé une fois, est relié par un joint de caoutchouc à un tube en U rempli de chaux vive en fragments et porté sur un support. A la suite du tube en U est un tube à dégagement disposé comme il a été dit (§ 583), soit pour recueillir le gaz sur le mercure, soit pour l'introduire dans des vases renversés, dont il déplace l'air.

Le ballon ayant été installé sur un fourneau, on y verse 250 centimètres cubes de dissolution d'ammoniaque du commerce, quelques grammes de chaux éteinte et deux ou trois fragments de charbon de bois ou de charbon des cornues à gaz, de la grosseur d'un pois, puis on ferme l'appareil et on chauffe. La solubilité de l'ammoniaque dans l'eau diminuant à mesure que la température s'élève, le gaz se dégage peu à peu ; la présence du charbon, ou celle d'un corps poreux analogue, a pour but de régulariser ce dégagement (§ 217). Quant à la chaux éteinte, elle est ajoutée pour s'emparer de l'acide carbonique du carbonate d'ammoniaque qui existe d'ordinaire dans l'ammoniaque du commerce.

La quantité de vapeur d'eau entraînée dans cette préparation étant toujours considérable, la dessiccation du gaz présente quelque difficulté. Quand on emploie la chaux, le tube en U doit être choisi assez large et garni de morceaux non mélangés de poudre : la chaux en s'hydratant se gonfle, *foisonne*, et détermine parfois l'obturation du tube. L'interposition d'un flacon laveur contenant une solution concentrée de potasse, laquelle dissout peu l'ammoniaque, permet d'arrêter la plus grande partie de l'eau entraînée et facilite la dessiccation du gaz.

Ce procédé, peu avantageux lorsqu'il s'agit de produire du gaz sec, convient très bien pour la préparation de la dissolution aqueuse d'ammoniaque pure (§ 590).

585. FORMATION PAR L'ACIDE AZOTIQUE ET L'HYDROGÈNE. — On prend 5 grammes d'azotate de potasse que l'on dissout dans 20 centimètres cubes d'eau. On mélange cette liqueur dans un petit matras à fond plat avec 10 centimètres cubes de lessive de soude caustique, on projette dans le liquide quelques fragments de zinc coupé en lames ou mieux de zinc en tournure, qui présente plus de surface à poids égal, puis on chauffe. Le zinc se dissout dans l'alcali caustique en dégageant de l'hydrogène et en formant une combinaison d'oxyde de zinc de sodium, le *zincate de soude* :

$$NaO,HO \quad + \quad Zn \quad = \quad NaO,ZnO \quad + \quad H ;$$

Soude.   Zinc.   Zincate de soude.   Hydrogène.

$$2NaHO \quad + \quad Zn \quad = \quad Na^2ZnO^2 \quad + \quad 2H.$$

Cet hydrogène réduit l'acide azotique de l'azotate de potasse et le change en ammoniaque :

$$AzHO^6 \quad + \quad 8H \quad = \quad AzH^3 \quad + \quad 3H^2O^2 ;$$

Acide azotique.   Hydrogène.   Ammoniaque.   Eau.

$$AzO^3H \quad + \quad 8H \quad = \quad AzH^3 \quad + \quad 3H^2O.$$

Il suffit de présenter à l'orifice du matras un papier de tournesol rouge, imbibé d'eau, pour que ce papier, en bleuissant énergiquement, décèle la formation de l'ammoniaque.

II. — ANALYSE.

586. PAR L'EUDIOMÈTRE. — Dans un eudiomètre, celui de M. W. Hofmann par exemple (§ 557, fig. 248), on introduit une dizaine de centimètres cubes de gaz ammoniac, on mesure exactement le volume en rétablissant l'égalité des niveaux du mercure dans les deux branches, puis, au moyen des fils de platine soudés en A, à la partie supérieure de l'appareil, et de conducteurs convenablement placés, on fait passer dans le gaz, pendant un certain temps, une série d'étincelles produites par une bobine d'induction. Le gaz est décomposé par les étincelles ; son volume augmente peu à peu et finalement, lorsque la décomposition est complète, en rétablissant de nouveau le niveau du mercure, on constate que ce volume a doublé. Dans la formation de l'ammoniaque, au moyen des éléments, azote et hydrogène, il y a donc eu condensation de moitié.

On fait alors pénétrer dans l'eudiomètre, par le robinet A, de l'oxygène en quantité à peu près égale au volume de l'ammoniaque mise en expérience, on mesure exactement ce volume en prenant toujours les précautions voulues (§ 557), et on fait passer l'étincelle. Une explosion se produit : l'hydrogène devenu libre dans la décomposition de l'ammoniaque se combine à la moitié de son volume d'oxygène pour former de l'eau. Si on mesure le volume du gaz restant après l'explosion, les deux tiers du volume gazeux disparu représentent dès lors le volume de l'hydrogène. Quant à l'azote, son volume est celui du résidu final diminué de l'oxygène inutilisé ; or le volume de ce dernier est donné par la différence entre la quantité d'oxygène introduite dans l'appareil et la quantité utilisée dans la combustion de l'hydrogène, c'est-à-dire un tiers du volume gazeux qui a disparu lors de l'explosion.

On pourrait d'ailleurs isoler et mesurer directement l'azote, en transvasant le résidu gazeux dans une cloche, sur le mercure, et en le traitant par le pyrogallate de soude (§ 554) ; ce réactif absorberait l'oxygène resté en excès.

On trouve ainsi que 2 volumes d'ammoniaque fournissent, par décomposition, 4 volumes d'un mélange gazeux formé de 1 volume d'azote et de 3 volumes d'hydrogène.

587. — PAR ÉLECTROLYSE. — On ne peut décomposer que très lentement, par le courant de la pile, l'ammoniaque en solution aqueuse. On active beaucoup la décomposition en ajoutant à la liqueur du chlorure de sodium, mais dans ce cas on ne peut faire usage de voltamètres à électrodes de platine, ce métal se trouvant attaqué par le chlore du chlorure de sodium. On remplace alors les électrodes de platine par des électrodes en charbon de cornue. Le voltamètre de M. Hofmann (§ 530, fig. 240) peut, dans ce but, être modifié de la manière suivante : Chaque branche du tube en U se termine à sa partie inférieure (fig. 251) par un ajutage que ferme un bouchon ; ce dernier est traversé par un cylindre en charbon de cornue PP′ ou NN′, de 5 millimètres de diamètre, auquel on a fixé un fil de cuivre par une monture métallique. Les fils peuvent être mis en communication avec une pile de 2 ou 3 éléments Bunsen.

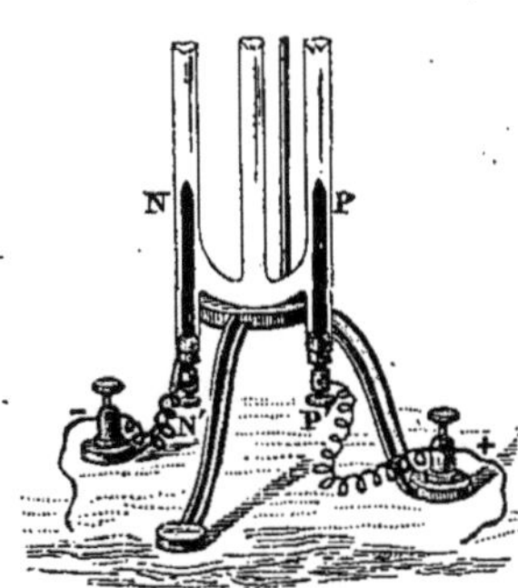

Fig. 251. — Électrolyse de l'ammoniaque.

Les cylindres de charbon pénètrent dans l'intérieur du voltamètre, jusqu'au-dessus de la communication établie entre les deux branches verticales de l'appareil.

La liqueur dont on fait usage est un mélange de 1 volume de solution aqueuse d'ammoniaque avec 10 volumes d'eau saturée de chlorure de sodium.

En opérant d'ailleurs comme il a été dit pour l'électrolyse de l'eau (§ 530), on constate que pour un volume d'azote qui se dégage au pôle positif, on recueille au pôle négatif 3 volumes d'hydrogène. Ce dernier peut être enflammé à l'orifice supérieur du tube qui le contient, en ouvrant doucement le robinet et en présentant une allumette au jet gazeux sortant de l'appareil.

III. — PROPRIÉTÉS.

588. ALCALINITÉ. — Quand dans une éprouvette contenant du gaz ammoniac, on fait pénétrer un papier de tournesol rouge, celui-ci est bleui énergiquement. Il en est de même lorsqu'on présente le papier à l'orifice d'un tube par lequel s'échappe du gaz ammoniac, ou à celui d'un flacon ouvert, contenant de la solution d'ammoniaque dans l'eau. La réaction est des plus énergiques lorsqu'on plonge le papier dans cette solution.

589. SOLUBILITÉ DANS L'EAU. — L'extrême solubilité de l'ammoniaque dans l'eau peut être manifestée par des expériences très variées. Nous n'en citerons que deux.

1º Dans un cristallisoir plein d'eau, on introduit, avec la soucoupe qui la porte, une éprouvette pleine d'ammoniaque et maintenue fermée à sa partie inférieure par du mercure. On dépose la soucoupe sur le fond du cristallisoir. Le mercure séparant le gaz de l'eau, aucun phénomène ne se produit. Mais si on vient à soulever brusquement l'éprouvette de quelques centimètres au-dessus du mercure, sans la sortir de l'eau, celle-ci vient au contact du gaz; l'ammoniaque se dissout alors avec une telle énergie, que l'eau se précipite dans l'éprouvette avec une rapidité extrême. L'intensité du phénomène est suffisante pour que le choc de la colonne liquide contre le fond d'une éprouvette peu épaisse puisse en déterminer la rupture. Ce fait se produit surtout lorsque le gaz ammoniac est pur et, par conséquent, soluble dans l'eau sans laisser un résidu gazeux qui amortit le choc. L'opérateur doit se garantir la main en tenant l'éprouvette avec une pince ou mieux avec un linge replié.

2º A l'orifice d'un flacon de 1 à 2 litres, on adapte, au moyen d'un bouchon, un tube de verre un peu large, effilé à l'une de ses extrémités et fermé à la lampe à l'autre extrémité, le bout effilé pénétrant jusqu'au milieu du flacon. Après avoir rempli ce dernier de gaz ammoniac, par déplacement dans l'air, on fixe le bouchon. Les choses étant ainsi disposées, tout en maintenant le flacon vertical et renversé, on plonge l'extrémité fermée du tube dans un vase contenant de l'eau colorée par de la teinture de tournesol rouge et, au moyen d'une pince en fer, on écrase la pointe fermée du tube, de manière à l'ouvrir largement. L'eau se trouve ainsi mise en contact avec le gaz dont la dissolution entraîne une diminution de pression dans le flacon; la pression atmosphérique chasse alors vers l'intérieur de celui-ci, la liqueur aqueuse qui s'y précipite sous la forme d'un jet régulier. En même temps, la liqueur rouge devient bleue au contact de l'ammoniaque.

Le tube étant plein d'air au moment de son introduction dans le flacon, le gaz inerte qu'il contient sépare tout d'abord l'eau de l'ammoniaque, ce qui retarde un peu l'absorption. On évite cet inconvénient en plongeant le flacon, pendant quelques instants avant l'expérience, dans de l'eau plus froide que l'atmosphère: la petite contraction qui résulte du refroidissement, suffit pour produire, lors de l'ouverture du tube, une légère succion qui sert de point de départ au phénomène.

On peut encore obtenir le même résultat en laissant tomber sur le flacon quelques gouttes d'éther dont l'évaporation produit une réfrigération suffisante.

590. Solution aqueuse d'ammoniaque. — Cette solution est un des réactifs les plus usités dans les laboratoires. Le commerce fournit d'ordinaire une solution impure, dont l'usage se prête mal aux opérations délicates de l'analyse.

Pour préparer la solution aqueuse d'ammoniaque pure, les méthodes indiquées ci-dessus pour la production du gaz ammoniac (§ 583 et § 584), peuvent toutes deux être utilisées, mais il est alors nécessaire de modifier un peu la disposition des appareils.

Le procédé basé sur la décomposition de la solution ordinaire par la chaleur, convient particulièrement. On l'applique ainsi qu'il suit. Le vase producteur du gaz ammoniac, soit le ballon B (fig. 252), est muni d'un tube de sûreté S et d'un tube à dégagement. Celui-ci communique avec un flacon laveur L, puis avec un appareil de Woulf, W et V

(§ 420). On place dans le flacon laveur L une couche de 3 ou 4 centimètres de hauteur de solution ammoniacale du commerce, additionnée
d'une petite quantité de chaux éteinte ; ce mélange arrêtera l'acide carbonique et les matières entraînées mécaniquement ; l'ammoniaque du
commerce peut être remplacée par de l'eau, mais alors ce liquide devra
tout d'abord se saturer d'ammoniaque, ce qui retardera l'opération.

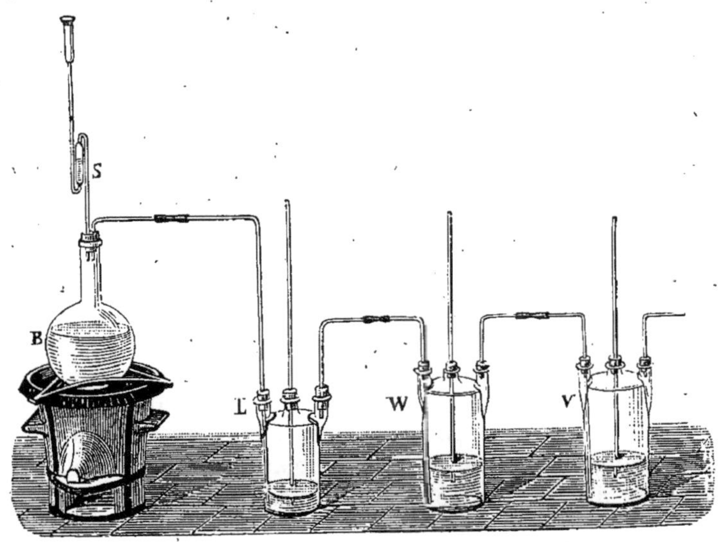

Fig. 252. — Préparation de la dissolution d'ammoniaque.

Dans les flacons de Woulf, on place de l'eau distillée jusqu'à moins
de la moitié de leur hauteur, le volume du liquide augmentant de près
de moitié pendant la dissolution. On fait en outre plonger jusqu'au fond
des flacons, les tubes qui amènent l'ammoniaque. On augmente ainsi la
hauteur de la colonne d'eau que le gaz traversera et par suite la
durée du contact, ce qui facilite la dissolution. De plus la solution
d'ammoniaque dans l'eau ayant une densité plus faible que l'eau pure,
peut surnarger celle-ci en ne s'y mélangeant qu'avec lenteur : il en
résulte que toute couche d'eau placée au-dessous de l'orifice d'arrivée
du gaz, se trouvant ainsi soustraite à l'agitation due au dégagement des
bulles gazeuses et restant en quelque sorte en dehors de l'opération,
ne se sature que par diffusion, ce qui exige un temps considérable. En
enfonçant le tube à dégagement au fond du vase, on supprime cette
cause de retard dans la dissolution.

Les indications données plus haut (§ 383) pour la préparation du gaz
ammoniac par le chlorhydrate d'ammoniaque et la chaux, peuvent être
avantageusement modifiées lorsqu'il s'agit de préparer une dissolution,
le dégagement d'un gaz humide ne présentant alors aucun inconvénient.

On concasse le chlorhydrate d'ammoniaque (4 parties) en fragments de la grosseur d'un pois, et on le mélange avec l'hydrate de
chaux pulvérulent, préparé en éteignant (voy. *Hydrate de chaux*)

6 parties de chaux vive ; on mélange les deux substances en les arrosant d'eau avec une fiole à laver, jusqu'à ce qu'elles forment en s'agglomérant une masse granuleuse. On introduit celle-ci dans un ballon, que l'on dispose sur un bain de sable. Le ballon porte un bouchon percé de deux trous traversés l'un par un tube de sûreté en S, contenant du mercure, et l'autre par un tube conduisant au flacon laveur le gaz produit. Le flacon laveur et les flacons de Woulf sont disposés comme il a été dit précédemment. On doit chauffer lentement.

La quantité d'ammoniaque fournie par 100 parties de chlorhydrate d'ammoniaque forme, avec 120 parties d'eau environ, une solution présentant la même concentration que le produit commercial, c'est-à-dire de densité 0,930 (21° Baumé). Ces chiffres peuvent servir de base pour déterminer la quantité d'eau à introduire dans l'appareil, lorsqu'on opère en décomposant le sel par la chaux éteinte. Quand on se contente de faire dégager par la chaleur le gaz contenu dans la solution ordinaire, la quantité d'eau à employer est égale aux 79 centièmes du poids de la liqueur chauffée ou aux 73 centièmes de son volume.

La dissolution d'ammoniaque chauffée à l'air perd tout son gaz vers 70° ; elle le perd également à la température ordinaire quand on l'expose dans le vide. Elle donne cependant, quand on la refroidit dans un mélange réfrigérant, une combinaison cristallisée contenant une molécule d'eau pour une molécule d'ammoniaque.

591. *Essai.* — La solution d'ammoniaque doit, lorsqu'elle est pure, satisfaire aux essais suivants.

Elle est incolore et limpide. Elle ne laisse pas de résidu quand on en évapore 15 grammes dans une capsule de porcelaine (*sels*). Chauffée avec un volume d'eau de chaux égal au sien, elle ne se trouble pas sensiblement (*acide carbonique*). Sursaturée par l'acide azotique pur, après avoir été étendue d'eau distillée, elle fournit une liqueur qui se conserve incolore (*pyridine*, etc.), ne se colore pas par l'hydrogène sulfuré (*métaux proprement dits*) et ne se trouble, même après un certain temps, ni par l'azotate d'argent (*chlore*), ni par l'azotate de baryte (*acide sulfurique*).

592. *Richesse des solutions d'ammoniaque.* — Les dissolutions ammoniacales étant plus légères que l'eau, le densimètre permet d'évaluer leur richesse d'une manière fort simple. Toutefois, si l'on veut atteindre quelque précision, il est nécessaire de tenir compte de la température à laquelle la densité est déterminée, ces dissolutions étant très fortement dilatables par la chaleur.

Le tableau suivant (MM. G. Lunge et T. Wiernik) indique le poids d'ammoniaque contenu dans 100 parties d'une solution aqueuse, de densité donnée à la température de 15°, ainsi que le poids d'ammoniaque contenu dans 1 litre de la même solution. On y trouve également des coefficients permettant de corriger la densité, quand celle-ci a été déterminée à une température différente de 15°. La température de la détermination ayant été 18°, par exemple, c'est-à-dire supérieure de 3 degrés à 15°, on cherchera sur le tableau le coefficient de correction accompagnant la densité trouvée, et on ajoutera à cette densité ce coefficient multiplié par 3; la densité ainsi corrigée sera la densité que l'on aurait observée en opérant à 15°; c'est à elle que correspond dans le tableau la teneur en ammoniaque. Il faudrait au contraire retrancher le produit en question si la température de l'expérience était inférieure à 15°.

DENSITÉ à 15°.	GRAMMES AzH³ pour 100.	GRAMMES AzH³ dans 1 litre.	CORREC-TION de la densité pour ± 1°.	DENSITÉ à 15°.	GRAMMES AzH³ pour 100.	GRAMMES AzH³ dans 1 litre.	CORREC-TION de la densité pour ± 1°.
1,000	0,00	0,0	0,00018	0,940	15,63	146,9	0,00039
0,998	0,45	4,5	0,00018	0,938	16,22	152,1	0,00040
0,996	0,91	9,1	0,00019	0,936	16,82	157,4	0,00041
0,994	1,37	13,6	0,00019	0,934	17,42	162,7	0,00041
0,992	1,84	18,2	0,00020	0,932	18,03	168,1	0,00042
0,990	2,31	22,9	0,00020	0,930	18,64	173.4	0,00042
0,988	2,80	27,7	0,00021	0,928	19,25	178,6	0,00043
0,986	3,30	32,5	0,00021	0,926	19,87	184,2	0,00044
0,984	3,80	37,4	0,00022	0,924	20,49	189,3	0,00045
0,982	4,30	42,2	0,00022	0,922	21,12	194,7	0,00046
0,980	4,80	47,0	0,00023	0,920	21,75	200,1	0,00047
0,978	5,30	51,8	0,00023	0,918	22,39	205,6	0,00048
0,976	5,80	56,6	0,00024	0,916	23,03	210,9	0,00049
0,974	6,30	61,4	0,00024	0,914	23,68	216,3	0,00050
0,972	6,80	66,1	0,00025	0,912	24,33	221,9	0,00051
0,970	7,31	70,9	0,00025	0,910	24,99	227,4	0,00052
0,968	7,82	75,7	0,00026	0,908	25,65	232,9	0,00053
0,966	8,33	80,5	0,00026	0,906	26,31	238,3	0,00054
0,964	8,84	85,2	0,00027	0,904	26,98	243,9	0,00055
0,962	9,35	89,9	0,00028	0,902	27,65	249,4	0,00056
0,960	9,91	95,1	0,00029	0,900	28,33	255,0	0,00057
0,958	10,47	100,3	0,00030	0,898	29,01	260,5	0,00058
0,956	11,03	105,4	0,00031	0,896	29,69	266,0	0,00059
0,954	11,60	110,7	0,00032	0,894	30,37	271,5	0,00060
0,952	12,17	115,9	0,00033	0,892	31,05	277,0	0,00060
0,950	12,74	121,0	0,00034	0,890	31,75	282,6	0,00061
0,948	13,31	126,2	0,00035	0,888	32,50	288,6	0,00062
0,946	13,88	131,3	0,00036	0,886	33,25	294,6	0,00063
0,944	14,46	136,5	0,00037	0,884	33,10	301,4	0,00064
0,942	15,04	141,7	0,00038	0,882	34,95	308,3	0,00065

593. Combustion de l'ammoniaque. — Lorsqu'on approche d'une flamme l'orifice d'une éprouvette pleine d'ammoniaque et ouverte à l'air, le gaz ne s'enflamme pas. En mélangeant préalablement l'ammoniaque avec une quantité d'air quelconque, la combustion ne s'opère pas davantage. L'ammoniaque n'est donc pas oxydée directement par l'air, c'est-à-dire par l'oxygène mélangé d'azote, au moins dans les conditions précédentes.

Ce gaz brûle au contraire avec l'oxygène pur. Dans une éprouvette pleine d'oxygène, on introduit verticalement un tube que traverse un courant d'ammoniaque. Ce tube est effilé vers son extrémité. Au moment où la pointe pénètre dans l'éprouvette, on en approche une flamme de gaz ou de bougie; l'ammoniaque s'allume dans l'oxygène au contact de cette flamme et si on fait pénétrer le tube jusqu'au fond du récipient, la combustion continue tant qu'il reste de l'oxygène. Les produits sont de la vapeur d'eau et de l'azote :

$$2AzH^3 \quad + \quad 6O \quad = \quad 3H^2O^2 \quad + \quad 2Az;$$

$$\text{Ammoniaque.} \qquad \text{Oxygène.} \qquad \text{Eau.} \qquad \text{Azote.}$$

$$2AzH^3 \quad + \quad 3O \quad = \quad 3H^2O \quad + \quad 2Az.$$

Il se forme en même temps des traces d'acide azotique. Il est essentiel d'éviter de laisser l'ammoniaque s'échapper dans l'éprouvette avant qu'on l'enflamme, ce gaz formant avec l'oxygène des mélanges explosibles.

La formule précédente indique, en effet, la composition d'un mélange explosible d'oxygène et d'ammoniaque : quand on introduit dans une éprouvette un mélange de 4 volumes d'ammoniaque et de 3 volumes d'oxygène et qu'on enflammme, une détonation se produit.

Une autre manière plus simple, mais un peu dangereuse, de montrer la combustion de l'ammoniaque dans l'oxygène, consiste à chauffer doucement, dans une fiole à fond plat, un tiers de son volume environ de solution aqueuse d'ammoniaque, jusqu'à ce que le liquide dégage régulièrement du gaz ammoniac, puis à diriger au fond de cette fiole, par un tube de verre vertical, un courant rapide d'oxygène : lorsqu'on enflamme le mélange gazeux qui s'échappe de l'orifice de la fiole, il continue à brûler. Cette expérience peut donner lieu à des explosions lorsque l'oxygène est abondant dans le mélange gazeux : or, quand le même élément se trouve en défaut, c'est-à-dire quand le dégagement d'ammoniaque est trop rapide ou qu'il entraîne beaucoup de vapeur d'eau, la flamme s'éteint.

Il est préférable de donner à l'expérience la forme suivante dans laquelle la combustion prend une apparence spéciale : la chaleur dégagée par l'oxydation vive de l'ammoniaque porte au rouge une lame de platine, dont l'état poreux provoque la réaction. On ferme un vase de Bohême à filtration chaude (§ 152, fig. 93, B), de 800 à 900 cent. cub., au moyen d'un large bouchon ; ce dernier est traversé : 1° par un tube pénétrant jusqu'au fond du vase et relié à un gazomètre disposé pour fournir un courant d'oxygène ; 2° par un tube s'arrêtant au-dessous du bouchon et servant au dégagement des gaz. On suspend au même bouchon, par une tige métallique, une lame de platine, épaisse de $0^m,0002$, large de $0^m,01$, longue de $0^m,05$ ou $0^m,06$. On garnit le vase jusqu'au quart de son volume, de dissolution *saturée* d'ammoniaque et, le bouchon étant en place, on abaisse la lame jusqu'à $0^m,05$ au-dessus du niveau du liquide. Les choses étant ainsi disposées, on soulève le bouchon, on porte la lame de platine au rouge dans une flamme de gaz, et on la replace rapidement dans le vase, en même temps qu'on fait passer un vif courant d'oxygène, pendant quelques secondes seulement. La lame se trouve alors portée au rouge sombre et elle s'entoure de vapeurs blanches d'azotate d'ammoniaque, Si l'on fait de nouveau passer le gaz pendant quelques secondes, la lame devient rouge vif, et il se forme des vapeurs rutilantes, dont la quantité s'accroît lorsqu'on renouvelle les intermittences du courant d'oxygène. L'apparition des vapeurs rouges dénonce très nettement l'oxydation de l'ammoniaque. L'expérience pratiquée comme il vient d'être dit n'occasionne aucune explosion ou inflammation.

594. AMALGAME D'AMMONIUM. — Lorsqu'on met en contact une solution de chlorhydrate d'ammoniaque avec l'amalgame de sodium, il se produit du chlorure de sodium et une masse volumineuse, pâteuse, d'aspect métallique, désignée d'ordinaire sous le nom d'amalgame d'ammonium.

Un moyen simple de produire cet amalgame consiste à introduire dans un tube en verre, de 30 centimètres de longueur et de 15 à 20 millimètres de diamètre, 2 centimètres cubes d'amalgame de sodium contenant 2 grammes de métal alcalin p. 100, à y verser ensuite 3 centimètres cubes d'une dissolution aqueuse et saturée de chlorhydrate d'ammoniaque, à boucher le tube avec le pouce et à l'agiter fortement pendant quelques secondes. Les deux liquides mis en contact intime par une agitation rapide réagissent, et l'amalgame augmente de volume avec une rapidité telle, qu'il vient sortir presque immédiatement par l'orifice du tube qu'on a laissé libre aussitôt après l'agitation. L'amalgame et la solution sont pris froids; lorsqu'ils sont tièdes, l'action est trop rapide pour qu'on puisse agiter convenablement. D'ailleurs il est avantageux de faire varier un peu la richesse de l'amalgame de sodium avec la température, sa teneur en métal alcalin devant être un peu plus forte en hiver qu'en été.

595. *L'amalgame du sodium* se prépare facilement en introduisant un poids connu de mercure dans un verre à pied et en plongeant rapidement dans ce métal le sodium découpé en fragments parfaitement dépouillés de matières étrangères. Chaque morceau de sodium étant piqué à l'extrémité d'une percerette (§ 479), puis enfoncé d'un seul coup jusqu'au fond du mercure et même légèrement écrasé contre la paroi de verre, le frottement résultant de cette dernière manœuvre rend nets quelques points de la surface du sodium et provoque la combinaison des deux métaux; celle-ci s'effectue en faisant entendre un bruit particulier et en développant beaucoup de chaleur. Si l'on se borne à déposer le sodium à la surface du mercure, non seulement les pertes par oxydation à l'air sont considérables, mais encore on s'expose à des projections. La température s'élève tellement par la combinaison des deux métaux que le pétrole qui mouille le sodium s'enflamme lorsqu'on ne l'a pas enlevé soigneusement.

En hiver, il est utile de chauffer un peu le mercure avant d'y introduire le premier morceau de sodium.

Dès qu'il s'agit de quantités quelque peu importantes, il vaut mieux opérer dans un vase en tôle de fer ou dans une marmite de fonte, munie d'un couvercle que l'on entr'ouvre seulement pour y introduire le sodium. Pour éviter de respirer des vapeurs mercurielles, on entraîne celles-ci dans une cheminée à tirage énergique. Quand on a combiné 4 parties de sodium avec 100 parties de mercure, le produit se solidifie par refroidissement en une masse dure et cristalline, qu'on concasse et qu'on enferme dans des flacons secs et bien clos.

596. ACTION DU CHLORE SUR L'AMMONIAQUE. — (Voy. *Chlore.*)

H. — Oxyammoniaque.

$$\textit{Équiv.} : AzH^3O^2 = 33 = AzH^5O = P.\ mol.$$

597. *Synonyme :* Hydroxylamine. — *Composé alcalin,* connu seulement soit en dissolution dans l'eau, soit à l'état de sels. — *Découvert* en 1865 par M. W. Lossen.

I. — PRÉPARATION.

598. PAR L'ÉTHER AZOTIQUE. — L'oxyammoniaque prend naissance en de nombreuses circonstances dans lesquelles l'acide azotique ou l'un de ses dérivés se trouve soumis à l'action de l'hydrogène naissant :

$$AzO^5,HO \quad + \quad 6H \quad = \quad AzH^3O^2 \quad + \quad 2H^2O^2;$$
$$\text{Acide azotique.} \qquad\qquad \text{Oxyammoniaque.}$$
$$AzO^3H \quad + \quad 3H^2 \quad = \quad AzH^3O \quad + \quad 2H^2O.$$

La réduction de l'éther azotique, par l'hydrogène que dégage un mélange d'étain et d'acide chlorhydrique, constitue le mode de préparation le plus usité jusqu'ici :

$$C^4H^4(AzO^5,HO) \quad + \quad 6H \quad = \quad C^4H^4(H^2O^2) \quad + \quad H^2O^2 \quad + \quad AzH^3O^2 ;$$

$$\text{Éther azotique.} \qquad \text{Hydrogène.} \qquad \text{Alcool.} \qquad \text{Eau.} \qquad \text{Oxyammoniaque.}$$

$$Az O^3, C^9H^5 \quad + \quad 3H^2 \quad = \quad C^2H^5, OH \quad + \quad H^2O \quad + \quad AzH^3O.$$

Dans un grand matras de 3 litres, on introduit 60 grammes d'éther azotique, 200 grammes d'étain en grenailles, 500 centimètres cubes d'acide chlorhydrique concentré mélangé de 1 500 centimètres cubes d'eau. La réaction commence spontanément et, si l'on agite de temps en temps, elle se poursuit sans élévation trop marquée de la température. Lorsqu'elle est terminée, on décante le liquide, on l'additionne de son volume d'eau et on y fait passer un courant d'hydrogène sulfuré qui précipite l'étain à l'état de sulfure. On filtre et on évapore la liqueur d'abord à feu nu puis, lorsqu'elle est déjà concentrée, au bain-marie. Il se sépare en premier lieu des cristaux de sel ammoniac, et en second lieu un sel double d'ammoniaque et d'étain, la précipitation du métal par l'hydrogène sulfuré étant rarement complète dans les circonstances précédentes. Lorque la concentration est suffisante, il se sépare par refroidissement du chlorhydrate d'oxyammoniaque mélangé de chlorhydrate d'ammoniaque. Les dernières eaux-mères contiennent des produits organiques et des chlorures métalliques provenant des impuretés de l'étain et de l'acide chlorhydrique employés ; comme elles retiennent beaucoup de chlorhydrate d'ammoniaque, on les évapore à sec, on pulvérise le résidu, on le dispose dans un entonnoir sur un tampon de coton et, à l'aide de la trompe (§ 385), on le lave avec le moins possible d'alcool absolu froid, qui dissout les matières étrangères. La masse ainsi lavée, contenant les sels d'oxyammoniaque et d'ammoniaque, est enfin épuisée par l'alcool absolu bouillant qui dissout abondamment le chlorhydrate d'oxyammoniaque et fort peu le chlorhydrate d'ammoniaque. On sépare la liqueur chaude par filtration. En refroidissant, elle abandonne du chlorhydrate d'oxyammoniaque souillé d'une petite proportion de sel ammoniacal ; l'eau mère distillée partiellement en fournit une nouvelle quantité. On obtient ainsi un peu plus de 20 grammes de chlorhydrate d'oxyammoniaque.

Le sel préparé par ce procédé est souillé d'un peu de sel ammoniacal, il permet cependant de constater les propriétés principales de l'oxyammoniaque. Si on veut l'avoir exempt d'ammoniaque, on ajoute du chlorure de platine à la dissolution dans l'alcool absolu : l'ammoniaque est précipitée à l'état de chloroplatinate, que l'on sépare par filtration.

En ajoutant à une solution de chlorhydrate d'oxyammoniaque une quantité équivalente d'acide sulfurique et évaporant au bain-marie, on obtient le sulfate d'oxyammoniaque. Cette solution, additionnée d'eau de baryte dans la proportion exactement nécessaire pour précipiter l'acide sulfurique, fournit une dissolution d'oxyammoniaque.

599. Par l'acide azoteux et l'acide sulfureux. — Des composés oxygénés de l'azote autres que l'acide azotique fournissent également de l'oxyammoniaque par l'action des réducteurs. C'est ainsi que l'acide sulfureux, agissant sur l'acide azoteux, produit le corps en question :

$$AzO^3,HO \quad + \quad 4H \quad = \quad AzH^3O^2 \quad + \quad H^2O^2 ;$$

$$\text{Acide azoteux.} \qquad \text{Hydrogène.} \qquad \text{Oxyammoniaque.} \qquad \text{Eau.}$$

$$Az O^2H \quad + \quad 2H^2 \quad = \quad AzH^3O \quad + \quad H^2O.$$

On transforme par la méthode ordinaire, deux molécules de carbonate de soude cristallisé, soit 302 grammes, en une solution concentrée de bisulfite de soude (voy. *Sulfite acide de soude*), on refroidit soigneusement la liqueur et on la maintient au voisinage de 0° en plongeant dans l'eau glacée le matras qui la contient ; quand elle est froide, on la verse peu à peu dans un autre matras semblablement refroidi, contenant une molécule d'azotite de soude pur, soit 69 grammes, en solution aqueuse concentrée. La réduction s'accomplit ; elle donne naissance à un composé sodique particulier, qui est soluble dans l'eau et que l'on peut considérer comme un amide dérivé du sulfate acide de soude et de l'oxyammoniaque. On ajoute au mélange une molécule de chlorure de potassium, soit 75 grammes, en dissolution aqueuse froide et concentrée. Le composé potassique, correspondant au composé sodique formé d'abord, étant insoluble dans l'eau, se sépare en cristaux par double décomposition. Quand il cesse de cristalliser, on le recueille et on l'essore.

Le sel potassique précédent, étant dissous dans l'eau, donne une liqueur qu'on neutralise si elle présente une réaction alcaline et qu'on chauffe pendant longtemps à 100°. Il se décompose alors, par hydratation, en sulfate de potasse et sulfate d'oxyammoniaque. La même transformation s'effectue plus rapidement, en deux ou trois heures, quand on chauffe la liqueur en vase clos à 130° (§ 459).

Les deux sulfates s'isolent l'un de l'autre par cristallisation fractionnée, le sel potassique étant beaucoup moins soluble que le sel oxyammonique.

II. — PROPRIÉTÉS.

600. — Quand à une solution concentrée de sel d'oxyammoniaque on ajoute un alcali en excès, la potasse par exemple, l'oxyammoniaque est détruite, il se dégage de l'azote en même temps qu'il se forme de l'ammoniaque et de l'eau :

$$3AzH^3O^2 \quad = \quad AzH^3 \quad + \quad 2Az \quad + \quad 3H^2O^2 ;$$
Oxyammoniaque.   Ammoniaque.   Azote.   Eau.
$$3AzH^3O \quad = \quad AzH^3 \quad + \quad 2Az \quad + \quad 3H^2O.$$

Les propriétés réductrices de l'oxyammoniaque sont particulièrement remarquables.

Quand on verse de la soude dans une dissolution de sulfate de cuivre, préalablement additionnée de chlorhydrate d'oxyammoniaque, il se forme un précipité jaune d'hydrate de sous-oxyde de cuivre. Cette réaction distingue nettement l'oxyammoniaque de l'ammoniaque ; elle est très sensible.

En versant une solution de sel d'oxyammoniaque dans la liqueur bleue que donne un sel de cuivre quand on l'additionne d'ammoniaque en excès, cette liqueur est décolorée, l'oxyde de cuivre étant réduit à l'état de sous-oxyde. Avec la liqueur cupropotassique, les sels d'oxyammoniaque donnent de l'oxydule de cuivre.

L'oxyammoniaque ajoutée à une solution de chlorure de mercure change ce sel en sous-chlorure insoluble, et même le réduit à l'état de mercure métallique. Les sels d'argent sont réduits également.

La propriété réductrice de l'oxyammoniaque se manifeste plus intense dans les liqueurs alcalines. Elle correspond à une oxydation de l'oxyammoniaque formant du protoxyde d'azote et de l'eau :

$$2AzH^3O^2 \quad + \quad 4O \quad = \quad Az^2O^2 \quad + \quad 3H^2O^2,$$
$$2AzH^3O \quad + \quad 2O \quad = \quad Az^2O \quad + \quad 3H^2O,$$

ou même de l'azote et de l'eau dans certaines circonstances :

$$2AzH^3O^2 + 2O = 2Az + 3H^2O^2;$$
$$2AzH^3O + O = 2Az + 3H^2O.$$

4.

SOUFRE.

Équiv. : $S = 16 = 1\ vol.$ *P. atom.* : $S = 32 = 2\ vol.$

601. *Solide*, jaune, fragile, sans odeur ni saveur. Connu de toute antiquité. — *Polymorphe :* 1° cristallise d'ordinaire au-dessous de 110°, en octaèdres orthorhombiques, *fusibles* vers 113°, de *densité* 2,072, et à *chaleur spécifique* 0,1776; 2° cristallise au-dessus de 110° en prismes clinorhombiques, *fusibles* à 117°,4, de *densité* 1,97, et à *chaleur spécifique* plus élevée que celle de la première forme; 3° cristallise encore dans des conditions particulières sous une autre forme, soit clinorhombique, soit rhomboédrique. — *Point d'ébullition :* 447°,3. — *Densité de vapeur* à 0° et sous la pression 0ᵐ,760 : mesurée à 500°, 6,654 par rapport à l'air, et 96,1 par rapport à l'hydrogène; mesurée au-dessus de 860°, 2,22 par rapport à l'air et 31,75 par rapport à l'hydrogène. — *Insoluble* dans l'eau. — *S'électrise* négativement quand on le frotte avec de la laine.

PROPRIÉTÉS.

602. FUSION. — Dans un creuset de terre réfractaire n° 7, on introduit 100 grammes de soufre en canon, préalablement concassé, et l'on chauffe doucement le creuset en l'entourant de quelques charbons. Lorsque la température a atteint 120°, toute la masse est fondue et transformée en un liquide ayant l'apparence et la fluidité de l'huile. Si l'on continue à chauffer, on observe les phénomènes suivants : jusqu'à 150°, le liquide se fonce en couleur, passe du jaune au rouge brun, et s'épaissit de plus en plus; vers 200°, il est devenu tellement visqueux que le creuset peut être retourné sans que s'écoule la masse brune qu'il renferme; à partir de 250°, il devient de nouveau plus fluide et subit en quelque sorte une nouvelle fusion; à 300°, il est redevenu presque aussi liquide qu'à 120°; enfin à 447°, il entre en ébullition. Il est bon, pendant la seconde partie du chauffage, de recouvrir le creuset de son couvercle afin d'éviter la combustion du soufre. Le point important, pour bien constater ces modifications, est de faire agir la chaleur lentement.

Les mêmes phénomènes s'observent, mieux encore peut-être mais dans un ordre inverse, lorsqu'on laisse refroidir le creuset : le liquide bouillant s'épaissit d'abord, puis se liquéfie de nouveau, et enfin cristallise vers 110°. Il est possible, à partir de 350°, de plonger dans la masse un thermomètre à mercure, préalablement chauffé pour éviter sa rupture. On observe sur cet instrument les diverses températures qui correspondent aux changements d'état dont il s'agit.

603. SOUFRE PRISMATIQUE. — Le soufre fondu cristallise, comme il vient d'être dit, quand on le laisse refroidir complètement. Il suffit, en effet, d'abandonner à lui-même le creuset fermé contenant du soufre

fondu, pour voir, lorsque la température devient voisine de 110°, des aiguilles jaunes se former à la surface du liquide, et se développer vers la partie centrale, autour de laquelle elles semblent rayonner. Ces aiguilles sont d'autant plus belles et présentent les facettes du prisme clinorhombique avec d'autant plus de netteté, que le refroidissement

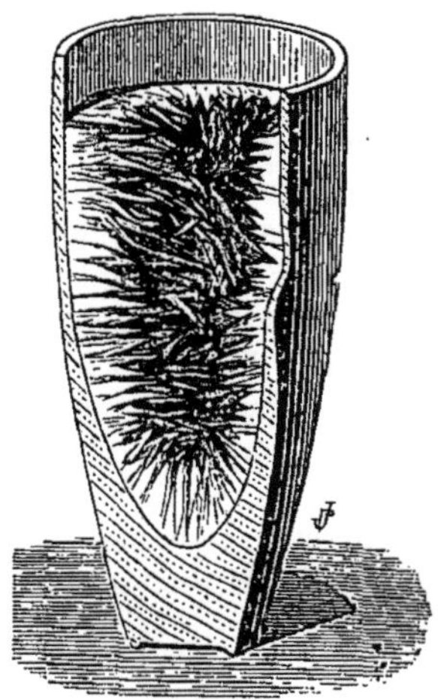

Fig. 253. — Soufre pris
matique.

s'est fait plus lentement. On doit éviter également toute agitation du liquide. A un moment donné, les cristaux de la surface se rejoignent au point de former une croûte solide; on pratique alors deux ouvertures dans cette croûte, en la perçant aux extrémités d'un même diamètre avec une tige de fer chauffée vers 200°. Inclinant ensuite le creuset dans le sens de l'une des ouvertures, on fait écouler le soufre resté liquide, puis on le laisse égoutter complètement. Enlevant alors avec un couteau la croûte qui cache l'intérieur du creuset, on aperçoit toute la paroi de celui-ci recouverte de belles aiguilles de soufre prismatique (fig. 253), que leur couleur jaune de miel et leur transparence distinguent nettement du soufre en canon dont on est parti.

Cette forme cristalline du soufre étant instable à la température ordinaire, si l'on abandonne le creuset à lui-même, après un temps variable, quelques heures d'ordinaire, on voit les aiguilles devenir opaques en certains points, et prendre la teinte claire, dite *jaune de soufre*; le soufre prismatique se change en soufre octaédrique. Les taches claires ainsi formées gagnent peu à peu, de proche en proche, et finissent par envahir toute la cristallisation.

On peut également opérer la fusion à basse température, ainsi que et la cristallisation, dans une capsule de porcelaine.

604. Soufre octaédrique. — Dans un flacon de 500 centimètres cubes, bien sec, on introduit 250 grammes de sulfure de carbone et 120 grammes de soufre en canon concassé. Après avoir bouché exactement le flacon avec un liège, on l'abandonne à la température ordinaire pendant vingt-quatre heures, en l'agitant toutefois de temps en temps. Le soufre se dissout peu à peu, en laissant un résidu qui se dépose. On décante la liqueur claire, ou même on la filtre dans un entonnoir recouvert d'une lame de verre pour éviter la déperdition du sulfure de carbone, corps extrèment volatil. On place la solution limpide dans un matras à fond plat, choisi à col étroit et long; si pendant la manipulation, la liqueur s'est troublée par le dépôt d'un peu de soufre, on lui rend sa limpidité en l'additionnant de quelques centimètres cubes de sulfure de carbone. On recouvre enfin l'orifice du matras par un morceau de papier à filtrer, que l'on fixe sur les bords, et on dépose le tout dans un endroit froid, à température peu variable, et dans lequel la vapeur de sulfure de carbone ne puisse se trouver enflammée par aucun foyer. Le dissolvant

s'évapore avec lenteur dans ces conditions, et bientôt on voit des cristaux de soufre, octaédriques et transparents, se déposer sur le fond du matras et augmenter progressivement de volume. Après un certain nombre de jours, quand le niveau du liquide a baissé au point de se rapprocher du sommet des cristaux, on enlève le papier, on ferme le matras par un bouchon, et en l'inclinant doucement, on fait écouler dans son col ce qui reste de la solution. Les cristaux étant égouttés, sans redresser le vase, on écarte le bouchon, et on fait sortir le liquide. On laisse évaporer les dernières traces de sulfure de carbone, puis on applique à la surface du matras, sur un point où le verre n'est en contact avec aucun cristal de soufre, vers une rayure tracée avec un couteau à couper le verre (§ 155), l'extrémité d'une baguette de verre chauffée au rouge à la lampe d'émailleur : le verre se coupe et il est alors facile d'isoler les cristaux octaédriques. Toutefois ces cristaux ne doivent pas être tenus longtemps dans les doigts, la chaleur de la main suffisant pour les briser, par suite de dilatations inégales suivant différentes directions.

On ne saurait trop insister ici sur les précautions à prendre quand on opère avec le sulfure de carbone : ce liquide, très volatil à la température ordinaire, donne des vapeurs qui forment avec l'air des mélanges explosibles; son maniement est d'autant plus dangereux que la température à laquelle il s'enflamme est relativement peu élevée. Il est donc nécessaire que toute l'opération soit faite hors de portée du feu.

605. Soufre mou. — Lorsqu'on a fondu du soufre dans un creuset, en opérant suivant les indications données plus haut (§ 602), et que,

Fig. 254. — Soufre mou.

prenant le creuset avec une pince de fer, on vient à verser son contenu sous forme de filet dans un vase plein d'eau (fig. 254), les propriétés du soufre ainsi refroidi, ainsi *trempé*, varient avec sa température au moment de l'opération.

Entre 120° et 200°, pendant ce que l'on peut appeler la première fusion, le soufre, lorsqu'on le trempe, se solidifie en reprenant son apparence habituelle, c'est-à-dire en formant une masse jaune clair, dure et fragile. Quand au contraire on le verse dans l'eau alors qu'il se trouve en seconde fusion, c'est-à-dire entre 300° et 400°, le filet mince de liquide, après ce refroidissement brusque, reste mou, transparent, d'un jaune rougeâtre ; le produit semi-solide est élastique et peut s'étirer entre les doigts ; il présente plus ou moins, à ce point de vue, les propriétés du caoutchouc. C'est lorsque la trempe a été opérée dans le voisinage du point d'ébullition, c'est-à-dire un peu au-dessous de 447°, que les propriétés spéciales du soufre mou sont le plus tranchées.

Abandonné à lui-même à la température ordinaire, le soufre mou se modifie lentement ; après quelques jours, il est redevenu jaune clair et cassant, semblable, en un mot, au soufre ordinaire. Chauffé dans une étuve vers 95°, il subit brusquement la même transformation ; celle-ci est alors accompagnée d'un dégagement de chaleur, suffisant pour élever la température de la masse vers le point de fusion du soufre et même pour la liquéfier partiellement.

606. Soufre insoluble. — Lorsqu'on traite du soufre en cristaux octaédriques par du sulfure de carbone en excès et froid, il se dissout sans résidu et l'on obtient une liqueur limpide. Le soufre en canon, traité de même, laisse un résidu jaune, pulvérulent, insoluble dans le sulfure de carbone, constituant une variété allotropique du soufre ; il en contient de 2 à 7 pour 100.

Le soufre mou récemment préparé en renferme davantage, soit plus du tiers de son poids. La différence est manifeste si l'on traite dans des tubes semblables, en quantités égales et par des poids égaux de dissolvant, d'une part du soufre en canon, d'autre part du soufre mou, et enfin du soufre en cristaux octaédriques.

La fleur de soufre, qui s'obtient par le refroidissement brusque de la vapeur de soufre (§ 607), contient moins de soufre insoluble que le soufre mou, mais elle peut cependant en renfermer jusqu'à 25 pour 100.

Pour isoler le soufre insoluble, on met eu contact avec du sulfure de carbone, soit du soufre mou divisé, soit de la fleur de soufre, en employant un poids de dissolvant cinq fois plus considérable que celui du soufre traité. Après quelques heures de contact, pendant lesquelles on a agité à plusieurs reprises, on jette sur un filtre et on lave le produit resté sur le filtre, d'abord avec le sulfure de carbone, puis avec l'alcool. Enfin on enveloppe le filtre égoutté entre deux feuilles de papier à filtrer, et on laisse sécher à l'air.

Il faut opérer dans un vase fermé et à l'abri de toute cause de combustion du sulfure de carbone ou de sa vapeur (§ 604).

Le soufre insoluble possède des propriétés différentes suivant son origine.

607. Fleur de soufre lavée. — La variété de soufre connue sous le nom de fleur de soufre est obtenue par refroidissement instantané de la vapeur de soufre, refroidissement réalisé en mettant cette vapeur en contact avec une grande quantité d'air froid. Le soufre se condense sous forme d'utricules microscopiques. Cette opération toute physique est accompagnée de combustions partielles, qui entraînent la formation d'une certaine quantité d'acide sulfureux. Ce dernier se fixe à la surface des utricules et, s'oxydant lentement à l'air, se change plus ou moins complètement en acide sulfurique.

Pour montrer l'existence de cet acide dans la fleur de soufre, il suffit de prendre quelques grammes de celle-ci, de les broyer dans un mortier de verre ou de porcelaine avec un peu d'eau distillée, en formant une pâte molle que l'on rend homogène par trituration, puis d'ajouter de nouveau de l'eau pour faire une bouillie claire. Cette bouillie, versée sur un filtre, fournit une liqueur limpide qui, additionnée de chlorure de baryum, précipite abondamment en blanc. La matière blanche qui se sépare, reste insoluble si l'on ajoute de l'acide chlorhydrique; c'est du sulfate de baryte.

Pour purifier la fleur de soufre de cette impureté, on la soumet à un lavage à l'eau. A cet effet, on fait une pâte molle avec la fleur de soufre et une quantité convenable d'eau pure, puis on délaye cette pâte dans l'eau bouillante, et on laisse déposer dans un vase de verre cylindrique. Lorsque le soufre s'est nettement séparé, on décante le liquide surnageant et on le remplace par une nouvelle quantité d'eau bouillante, en agitant avec une baguette de verre, puis on décante de nouveau après repos, etc. En un mot, on lave par décantation (§ 371 et suivants) jusqu'à ce que l'eau de lavage ne rougisse plus la teinture de tournesol et ne précipite plus le chlorure de baryum, même après un certain temps de contact. On jette alors sur un filtre, on laisse égoutter et on sèche à l'air, entre deux feuilles de papier buvard.

A. — Anhydride sulfureux.

$$\text{Équiv.}: SO^2 = 32 = 2\,vol. \qquad P.\,mol.: S^2O^4 = SO^2 = 64 = 4\,vol.$$

608. *Synonymes:* acide sulfureux, gaz sulfureux, sulfuryle. — *Gaz* incolore, à odeur vive et suffocante, connu de toute antiquité. — *Densité* à 0° et sous la pression $0^m,760 : 2,234$ par rapport à l'air; $32,25$ par rapport à l'hydrogène. — *Poids du litre:* $2^{gr},889$. — *Condensable* par refroidissement ou par compression en un *liquide* incolore, *bouillant* à $-10°$ sous la pression $0^m,760$, de *densité* $1,45$. — *Solidifiable* par refroidissement en une masse blanche, *fusible* à $-79°$. — *Solubilité* sous la pression $0^m,760 : 58,7$ volumes pour 1 volume d'eau à 8°; 42,2 volumes à 16°.

I. — PRÉPARATION.

609. Par l'acide sulfurique et le cuivre. — L'appareil se compose d'un ballon de 250 centimètres cubes, dont le bouchon, percé de deux ouvertures, porte un tube droit à entonnoir, plongeant jusqu'au fond du ballon, et un tube abducteur recourbé une fois. Ce dernier, par un joint de caoutchouc, est mis en relation avec un tube à dégagement (voy. fig. 228, § 493). Le gaz, étant très soluble dans l'eau, doit être recueilli sur la cuve à mercure. On introduit dans le ballon 20 grammes de tournure de cuivre et 60 grammes (33 centimètres cubes) d'acide sulfurique concentré, puis on dispose le ballon sur un fourneau. On chauffe doucement d'abord, pour éviter les soubresauts. A une température assez élevée, l'anhydride sulfureux se dégage; il est engendré par la réaction suivante :

2Cu	+	$2S^2O^6,2HO$	=	S^2O^4	+	$S^2O^6,2CuO$	+	$2H^2O^2$;
Cuivre.		Acide sulfurique.		Anhydride sulfureux.		Sulfate de cuivre.		Eau.
Cu	+	$2SO^4H^2$	=	SO^2	+	SO^4Cu	+	$2H^2O$.

Tout d'abord la liqueur noircit, ce qui tient à la formation d'un oxysulfure de cuivre noir; mais ce composé disparaît bientôt et, finalement, il ne reste plus dans le ballon que du sulfate de cuivre.

Lorsque le dégagement gazeux a commencé, on supprime immédiatement le feu, la réaction devenant tumultueuse et le liquide du ballon fournissant une mousse abondante qui tend à s'échapper par le tube à dégagement. Lorsque l'effervescence est calmée, on chauffe de nouveau, mais très doucement, de manière à produire un dégagement de gaz régulier.

Avec la tournure de cuivre, qui présente une grande surface d'action, l'opération est toujours difficile à conduire. Il est préférable de faire usage de lames de cuivre de 1 millimètre à 1 millimètre 1/2 d'épaisseur, coupées en fragments. La réaction est alors plus régulière, la chaleur produite se répartissant mieux dans la masse du cuivre; mais il faut éviter tout mouvement brusque de l'appareil, le verre mince du ballon étant facilement brisé par les morceaux pesants du métal. Lorsqu'on emploie les lames de cuivre, il faut en prendre un poids plus fort que celui indiqué ci-dessus, à cause de la faiblesse relative de leur surface.

Le gaz sulfureux se dégage jusqu'à ce que le contenu du ballon soit presque complètement solidifié.

Si l'on se propose d'avoir de l'anhydride sulfureux pur, on interpose entre le ballon producteur de gaz et le tube à dégagement un flacon laveur (§ 420) contenant de l'eau qui arrête les particules d'acide sulfurique ou de sel de cuivre entraînées mécaniquement. A la suite du flacon laveur se trouve un tube en U, garni de chlorure de calcium desséché, destiné à arrêter la vapeur d'eau.

La densité du gaz sulfureux étant deux fois plus grande que celle de l'air, il est possible d'en remplir un vase par déplacement de l'air de bas en haut (§ 414). Il suffit, en effet, de faire pénétrer jusqu'au fond du flacon un tube à dégagement fournissant du gaz sulfureux, pour que celui-ci s'accumule dans le flacon en chassant devant lui l'air dont il prend la place. Toutefois, à moins qu'on n'opère à l'air libre, cette manière de faire est rendue très pénible par l'odeur et les propriétés désagréables du gaz, que l'on doit laisser perdre en quantité notable pour assurer l'expulsion complète de l'air.

On diminue beaucoup ces inconvénients en fermant le flacon à remplir de gaz par un bouchon que traversent deux tubes de verre, l'un amenant le gaz sulfureux, l'autre emmenant l'air plus ou moins mélangé de gaz qui s'échappe; on conduit ce dernier dans un flacon laveur contenant un lait de chaux qui absorbe le gaz sulfureux.

Le sulfate de cuivre formé peut être recueilli et purifié (voy. *Sulfate de cuivre*).

610. Les inconvénients résultant de la présence du gaz sulfureux dans l'atmosphère rendent souvent très précieux l'emploi d'un dispositif permettant d'envoyer à volonté ce gaz, soit dans les vases où l'on en fait usage, soit,

entre-temps, dans une cheminée d'appel qui l'entraîne au dehors de la pièce. L'un des plus simples parmi les dispositifs de ce genre (fig. 255) consiste essentiellement dans l'adjonction au tube abducteur ordinaire DD', fixé au flacon laveur par exemple, d'un second tube TT' auquel on adapte un tube de caoutchouc mettant l'appareil à gaz sulfureux en communication avec une cheminée à tirage artificiel, dans laquelle on l'engage, ou même avec l'extérieur du bâtiment; enfin chacun des deux tubes est muni d'un robinet de verre R ou R'. En ouvrant ou fermant convenablement ces robinets, on dirige le gaz sulfureux, soit vers le tube à dégagement proprement dit, soit vers les tuyaux de ventilation.

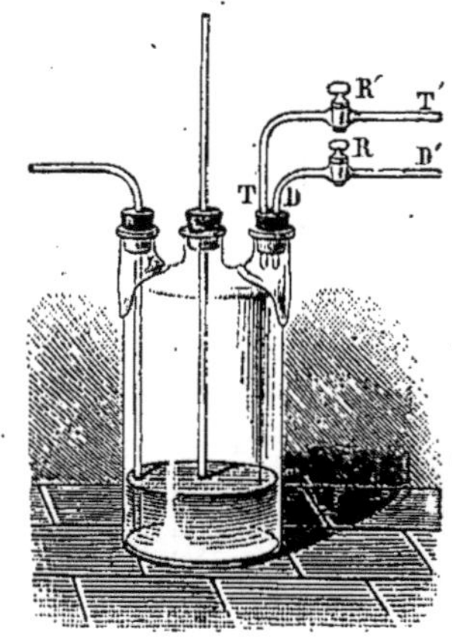

Fig. 255. — Tube de secours pour appareils à gaz sulfureux.

Un robinet à trois voies, dont deux branches constituent le tube à dégagement proprement dit, et dont le troisième orifice communique avec une cheminée à tirage énergique, est d'un fonctionnement encore plus simple.

Ces dispositions sont à recommander pour tous les gaz incommodes. D'ailleurs lorsqu'il s'agit d'appareils ne servant que pendant peu de temps et de gaz dépourvus d'action marquée sur le caoutchouc, les deux robinets de verre peuvent être remplacés par des tubes de caoutchouc que l'on écrase, et par conséquent que l'on ferme, au moyen d'une pince de Mohr (fig. 19, § 45). Une pince à vis (§ 467, fig. 222) est encore préférable; elle permet, non seulement de fermer les tubes, mais encore de régler la section de leurs orifices d'écoulement comme avec les robinets de verre.

611. Par l'acide sulfurique et le mercure. — Quand dans la préparation précédente on substitue au cuivre un poids double de mercure, l'opération se fait avec une plus grande régularité. Il se produit du sulfate de peroxyde de mercure :

$$2Hg + 2(S^2O^6,2HO) = S^2O^4 + S^2O^6,2HgO + 2H^2O^2;$$

Mercure. — Acide sulfurique. — Anhydride sulfureux. — Sulfate mercurique. — Eau.

$$Hg + 2SO^4H^2 = SO^2 + SO^4Hg + 2H^2O.$$

612. Par l'acide sulfurique et le charbon. — Le gaz engendré par les procédés qui viennent d'être indiqués, est de l'anhydride sulfureux pur. La méthode suivante, très usitée à cause de sa grande régularité, donne un mélange de gaz sulfureux et de gaz carbonique.

On se sert d'un appareil semblable à celui dans lequel on fait réagir le cuivre et l'acide sulfurique (§ 609). On introduit dans le ballon 120 grammes d'acide sulfurique concentré (66 centimètres cubes) et 20 grammes environ de charbon de bois, consacré en fragments de la grosseur d'un pois. On relie le ballon à un flacon laveur contenant un peu d'eau, puis on chauffe. Le charbon s'oxyde aux dépens de l'acide sulfurique qu'il transforme en anhydride sulfureux :

$$2(S^2O^6,2HO) \quad + \quad 2C \quad = \quad 2S^2O^4 \quad + \quad C^2O^4 \quad + \quad 2H^2O^2;$$

Acide sulfurique.   Charbon.   Anhydride sulfureux.   Gaz carbonique.   Eau.

$$2SO^4H^2 \quad + \quad C \quad = \quad 2SO^2 \quad + \quad CO^2 \quad + \quad 2H^2O.$$

Ce mode de production de l'anhydride sulfureux est surtout avantageux quand il s'agit de faire intervenir ce corps dans des réactions où le gaz carbonique ne peut jouer aucun rôle, quand on veut, par exemple, transformer des carbonates alcalins en sulfites. Il se prête encore, mais moins bien, à la préparation de l'anhydride sulfureux liquide.

613. PAR L'ACIDE SULFURIQUE ET LE SOUFRE. — En substituant au charbon son poids de fleur de soufre ou de soufre en canon pulvérisé, on obtient un dégagement régulier de gaz sulfureux (Melsens). La réduction est opérée par le soufre qui se transforme lui-même en gaz sulfureux :

$$2(S^2O^6,2HO) \quad + \quad 2S \quad = \quad 3S^2O^4 \quad + \quad 2H^2O^2;$$

Acide sulfurique.   Soufre.   Anhydride sulfureux.   Eau.

$$2SO^4H^2 \quad + \quad S \quad = \quad 3SO^2 \quad + \quad 2H^2O.$$

Cette méthode élégante présente l'inconvénient de ne fournir qu'un dégagement de gaz assez lent quand on la pratique en petit et dans des vases de verre. Il faut, en effet, éviter l'obstruction du tube à dégagement par le soufre ; or celui-ci n'agit sur l'acide sulfurique qu'à une température élevée, à laquelle sa vapeur se trouve entraînée assez abondamment par le gaz et va se condenser dans le tube à dégagement. Elle est au contraire fort avantageuse lorsqu'on opère sur de grandes quantités et dans des vases de fonte.

<h2 style="text-align:center">II. — LIQUÉFACTION.</h2>

614. Tous les procédés indiqués ci-dessus peuvent servir à la préparation de l'anhydride à liquéfier. Quel que soit celui auquel on s'adresse, il est indispensable que le gaz soit préalablement lavé à l'eau, puis desséché. Dans ce but, on lui fait traverser un tube en U ou une colonne à dessécher, remplis de chlorure de calcium concassé.

Le gaz sec est dirigé dans un vase entouré d'un mélange réfrigérant de glace et de sel marin (§ 141). Sous l'influence de l'abaissement de température produit, il se liquéfie (Bussy).

La disposition la plus simple consiste à prendre un matras d'essayeur, ou mieux un ballon à long col, que l'on place verticalement dans l'axe d'un vase cylindrique ; on garnit ensuite celui-ci du mélange de glace et de sel. On fait arriver au fond du matras ou du ballon un tube vertical amenant l'anhydride sulfureux. Le mélange réfrigérant entourant à la fois la panse et la plus grande partie du col du ballon, le gaz se trouve suffisamment refroidi ; il est par suite liquéfié, avant d'avoir traversé l'appareil. Le liquide s'accumule peu à peu et prend la température du mélange qui l'entoure ; il favorise dès lors beaucoup la liquéfaction du gaz qui le traverse. Si on ne fait pas un usage immédiat de l'anhydride sulfureux liquide, lorsque le ballon en contient les deux tiers de son volume, on le débarrasse du tube d'arrivée du gaz, et sans le sortir du mélange réfrigérant, on étire l'extrémité de son col à la lampe d'émailleur. Un jet de flamme sur la partie étranglée scelle ensuite le ballon. Celui-ci peut, après refroidissement du verre, être enlevé du mélange réfrigérant et conservé dans un lieu froid. Pour faire usage de son contenu, il suffira, après l'avoir refroidi de nouveau, de briser avec une pince la pointe étirée. En raison de la tension élevée que possède le liquide à la température ordinaire, il est nécessaire de faire choix de vases épais et résistants.

Si l'opération doit être menée rapidement, et surtout si on agit sur de l'anhydride sulfureux mélangé de gaz carbonique non liquéfiable dans ces conditions (§ 612), il est bon de faire communiquer l'orifice de sortie du tube avec un flacon laveur, contenant une solution concentrée de carbonate de soude. Cette dernière arrête l'anhydride sulfureux qui s'échappe.

Il est plus commode de se servir, comme vase de condensation, d'un tube en U à 3 branches, disposé comme il a été dit plus haut (§ 142, fig. 86) et entouré d'un mélange réfrigérant; il est nécessaire, dans ce cas, de remplacer le matras m, qui reçoit l'anhydride sulfureux condensé, par le ballon à sceller, que l'on tient lui-même plongé dans un vase cylindrique garni de mélange réfrigérant.

615. La tension de vapeur du gaz liquéfié n'est pas très considérable aux températures habituelles; les vases où l'on conserve le liquide n'ont jamais à supporter normalement des pressions supérieures à 4 atmosphères. La tension de vapeur de l'anhydride sulfureux est, en effet, de 1,5 atmosphère à 0°, de 2 atmosphères à 7°, de 3 atmosphères à 18° de 4 atmosphères à 26°, de 4, 5 atmosphères à 30°, etc. Cette circonstance a conduit à faire usage, pour conserver l'anhydride sulfureux liquide, de vases un peu épais, fermés par des robinets de verre (fig. 256, A). Il suffit de les remplir de gaz liquéfié, en les plongeant dans un mélange réfrigérant et en les faisant traverser par un courant d'anhydride gazeux, puis de fermer les robinets, pour avoir à sa disposition, à un moment quelconque, de l'anhydride sulfureux, soit liquide, soit gazeux. Si, en effet, on incline l'appareil de manière à amener le liquide au contact de l'un des robinets, et qu'on ouvre doucement celui-ci, l'anhydride s'échappe immédiatement, chassé par la pression existant dans le récipient. Quand, au contraire, on laisse le tube dans sa position normale, qu'on fixe à une de ses ouvertures, par un caoutchouc, un tube à dégagement recourbé deux fois et aboutissant sur une cuve à mercure, le gaz comprimé dans l'appareil s'écoule lorsqu'on ouvre lentement le robinet; l'anhydride se vaporisant sans cesse, le dégagement gazeux se prolonge jusqu'à disparition du liquide. Lorsque, par suite du refroidissement dû à l'évaporation, le courant gazeux se ralentit, il suffit de plonger le bas du tube dans l'eau froide, pour rendre au dégagement sa rapidité.

Étant données les difficultés que l'on éprouve à produire, par les méthodes ordinaires, un courant de gaz sulfureux parfaitement régulier, étant donnés aussi les inconvénients qu'il y a pour l'opérateur à laisser échapper ce gaz dans l'atmosphère, ce mode opératoire présente de grands avantages. Il faut seulement que l'appareil soit suffisamment résistant et qu'on ait soin, lorsqu'il est garni, de le conserver dans un endroit froid.

D'ailleurs la forme de l'appareil peut être variée. Celle qui est représentée en B (fig. 256) est recommandable. Lors du remplissage, on plonge le cylindre ab tout entier dans le mélange réfrigérant et, les 3 robinets R, r et r' étant ouverts, on fait passer le gaz à liquéfier. L'ampoule c permet de prélever dans le réservoir une quantité de liquide limitée : ouvrant le robinet r qui la sépare de ab, r' étant fermé, on fait passer en c le volume voulu de liquide, puis on ferme le robinet de communication r ; il ne reste plus qu'à laisser échapper l'anhydride de l'ampoule en ouvrant le second robinet r' qui ferme celle-ci.

On peut enfin conserver l'anhydride sulfureux liquéfié dans des vases métalliques, fermés par des robinets à vis. Des vases de verre très épais, à fer-

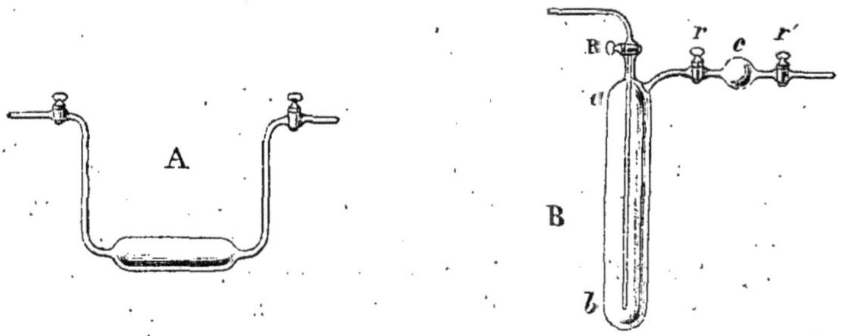

Fig. 256. — Tubes pour conserver l'anhydride sulfureux liquide.

meture syphoïde, semblables à ceux dont on se sert pour l'eau de Seltz artificielle, sont aussi employés dans l'industrie, qui liquéfie l'anhydride sulfureux par compression au moyen de pompes.

616. PROPRIÉTÉS DE L'ANHYDRIDE LIQUIDE. — L'anhydride sulfureux liquide, bouillant à — 10° sous la pression $0^m,760$, disparaît avec une grand rapidité lorsqu'on l'expose à l'air, et se transforme en gaz. Le changement d'état est accompagné d'une absorption de chaleur considérable, qui est utilisée pour obtenir des températures très basses, et qu'on peut facilement mettre en évidence. Toutefois les expériences à faire avec cette substance exigent que des précautions spéciales mettent l'opérateur à l'abri de ses vapeurs délétères. Elle doivent être faites sous une cage à tirage artificiel (§ 256), ou tout au moins dans un courant d'air régulier et convenablement dirigé.

1° Dans un verre renfermant de l'anhydride liquéfié, on introduit un petit tube à essais contenant quelques centimètres cubes d'eau. L'anhydride entre en ébullition et se maintient à — 10° ; il refroidit l'eau qu'il entoure et celle-ci ne tarde pas à se congeler.

2° Quand on verse directement quelques centimètres cubes d'eau dans l'anhydride sulfureux, les mêmes phénomènes se produisent, mais instantanément, au contact des deux liquides. On doit éviter les projections dues au dégagement brusque d'un volume considérable de gaz.

3° La même expérience est plus saisissante encore si, au lieu de verser l'anhydride liquide dans un vase à la température ordinaire, on l'introduit dans une capsule de platine chauffée au rouge vif par la flamme d'un chalumeau à gaz (§ 94) ou par séjour dans un moufle rouge de feu (§ 75 ou § 93). Le liquide prend aussitôt l'état sphéroïdal et sa température s'abaisse au-dessous de — 10°. De l'eau qu'on y projette se congèle brusquement. En retournant rapidement la capsule rouge, on en fait tomber un bloc de glace boursouflée par le dégagement gazeux qui accompagne sa formation.

4° L'abaissement de température est beaucoup plus considérable encore lorsqu'au lieu de laisser bouillir le liquide, on provoque sa volatilisation rapide, soit en diminuant la pression, soit en le soumettant à l'action d'un courant d'air. On atteint ainsi la température très basse de — 68° (§ 146).

III. — PROPRIÉTÉS.

617. INCOMBUSTIBILITÉ. — Une éprouvette étant remplie de gaz sulfureux, on la retourne et l'on approche de son orifice une bougie allumée : le gaz ne s'enflamme pas. Il y a plus : si l'on enfonce la bougie dans l'intérieur de l'éprouvette, elle s'éteint.

618. ACTION DE L'EAU. — Le gaz sulfureux se combine à l'eau pour former des hydrates doués de propriétés acides, hydrates à l'existence desquels on attribue la grande solubilité de l'anhydride dans l'eau.

On met cette solubilité en évidence en introduisant quelques centimètres cubes d'eau dans une éprouvette placée sur le mercure et pleine de gaz sulfureux. Pour cela on remplit d'eau un petit tube fermé par un bout et, après l'avoir bouché avec le doigt puis enfoncé dans la cuve à mercure, on l'ouvre sous l'éprouvette, en tournant son orifice vers celle-ci ; l'eau monte jusqu'à la surface du mercure. Par l'agitation, le gaz se dissout, le niveau du liquide s'élève et finalement le gaz disparaît.

619. SOLUTION AQUEUSE. — Cette solution, dans laquelle on admet l'existence de l'hydrate qui constitue, à proprement parler, l'*acide sulfureux*, est un réactif fort usité. On la prépare dans un appareil de Woulf (§ 425, fig. 200). On produit le gaz dans un ballon B par une des méthodes précédemment indiquées (§ 609 à § 613) ; on le lave dans un premier flacon L, contenant un peu d'eau destinée à arrêter l'acide sulfurique et les sels entraînés, puis on le fait passer dans les flacons de Woulf W et V, garnis jusqu'à la moitié de leur volume d'eau distillée, privée d'air par ébullition suivie de refroidissement en vase clos. L'eau aérée, et par conséquent chargée d'oxygène, oxyderait lentement l'acide sulfureux et le changerait en acide sulfurique. On continue le courant gazeux jusqu'à ce que le gaz sulfureux s'échappe en abondance du flacon V.

La liqueur doit être conservée dans des vases bien bouchés, à l'abri de l'oxygène de l'air (§ 621).

La production du gaz sulfureux par l'acide sulfurique et le charbon (§ 612) convient très bien pour cette préparation : le gaz carbonique chasse l'air de l'appareil et empêche l'oxydation du produit. La petite quantité d'acide carbonique qui se dissout est sans inconvénient pour la plupart des usages.

La solubilité du gaz sulfureux dans l'eau diminuant à mesure que la température s'élève, ce gaz se dégage si l'on chauffe sa solution aqueuse. Après quelque temps d'ébullition, l'eau ne renferme plus trace d'acide sulfureux.

L'acide sulfureux en solution et le gaz sulfureux en présence de l'eau sont doués de propriétés acides. Un papier de tournesol bleu, imbibé d'eau et plongé dans une éprouvette de gaz sulfureux, rougit immédiatement. Il en est de même lorsqu'on le mouille avec la solution aqueuse d'acide sulfureux. On peut encore constater la même propriété avec cette solution, en l'additionnant de teinture de tournesol, qu'elle rougit aussitôt. On verra plus loin que ces changements de couleur sont bientôt suivis d'une décoloration (§ 624).

620. ACTION DE L'OXYGÈNE. — L'oxygène sec est d'ordinaire sans action sur l'anhydride sulfureux; il l'oxyde dès qu'on fait intervenir certains corps poreux, la mousse de platine ou la pierre ponce platinée, par exemple.

Dans un tube à gaz contenant de la mousse de platine, on fait passer simultanément de l'oxygène venant d'un gazomètre, et de l'anhydride sulfureux; les deux gaz se dessèchent et se mélangent préalablement dans un flacon laveur, qui précède le tube à gaz et contient de l'acide sulfurique concentré. Tant que le platine est froid, le mélange gazeux s'échappe sans réagir; mais si l'on vient à élever un peu la température de ce métal avec la flamme d'une lampe, des fumées blanches se forment au contact des gaz avec l'air; ces fumées décèlent la présence de l'anhydride sulfurique. Ce dernier composé se condense d'ailleurs en cristaux, quand en fait rendre les gaz sortant de l'appareil dans un tube en U entouré d'un mélange réfrigérant (§ 142). La réaction est représentée par les formules suivantes :

$$S^2O^4 + 2O = S^2O^6;$$
$$SO^2 + O = SO^3.$$

621. Cette résistance à l'action de l'oxygène sec, que l'anhydride sulfureux présente dans les conditions ordinaires, n'existe plus dès que l'eau peut intervenir. L'acide sulfureux hydraté est au contraire un corps très oxydable.

Une solution d'acide sulfureux pure ne précipite pas quand on l'additionne de quelques gouttes d'une solution de chlorure de baryum. Mais si l'on verse le mélange, en petite quantité, dans un flacon de grandes dimensions et qu'on l'agite avec l'air de ce flacon, il ne tarde pas à se troubler de plus en plus. Le sulfate de baryte, en se précipitant, montre la transformation de l'acide sulfureux en acide sulfurique :

$$S^2O^4,2HO + 2O = S^2O^6,2HO;$$

| Acide sulfureux. | Oxygène. | Acide sulfurique. |

$$SO^3H^2 + O = SO^4H^2.$$

C'est pour cette raison que la solution d'acide sulfureux doit être préparée et conservée à l'abri de l'oxygène de l'air.

622. L'acide sulfureux agit même comme *réducteur*. Une solution violette de permanganate de potasse, additionnée de quelques gouttes d'acide sulfureux dissous, se décolore : l'acide permanganique est ramené à un degré d'oxydation moins avancé et forme du sulfate de protoxyde de manganèse; l'acide sulfurique engendré peut être décelé au moyen des sels de baryte.

De l'eau iodée, c'est-à-dire de l'eau saturée d'iode, quand on l'additionne de solution d'acide sulfureux, est décolorée et privée de la propriété qu'elle possédait de bleuir l'empois d'amidon. L'eau est décomposée et l'iode est changé en acide iodhydrique :

$$2I + H^2O^2 + S^2O^4,2HO = 2HI + S^2O^6,2HO;$$

Iode.   Eau.   Acide sulfureux.   Acide iodhydrique.   Acide sulfurique.

$$I^2 + H^2O + SO^3H^2 = 2HI + SO^4H^2.$$

Une solution d'acide iodique, additionnée d'acide sulfureux en petite quantité, est réduite en donnant de l'iode libre :

$$2(IO^5,HO) + 5(S^2O^4,2HO) = 5(S^2O^6,2HO) + 2I + H^2O^2;$$

Acide iodique.   Acide sulfureux.   Acide sulfurique.   Iode.   Eau.

$$2IO^3H + 5SO^3H^2 = 5SO^4H^2 + I^2 + H^2O;$$

celui-ci bleuit l'empois d'amidon. Si l'on ajouté une plus grande proportion d'acide sulfureux, l'iode disparaît et se change en acide iodhydrique, comme il vient d'être dit.

Le bioxyde de plomb ou oxyde puce de plomb est réduit par l'anhydride sulfureux et changé en sulfate de plomb :

$$2PbO^2 + S^2O^4 = S^2O^6,2PbO;$$

Bioxyde de plomb.   Anhydride sulfureux.   Sulfate de plomb.

$$PbO^2 + SO^2 = SO^4Pb.$$

La réaction s'effectue rapidement quand on introduit l'oxyde dans un flacon plein de gaz sulfureux sec : pour cela on fixe à l'extrémité d'une tige de fer une petite cupule faite de toile métallique; on place sur cette cupule une faible quantité de bioxyde, enveloppée d'un morceau aussi petit que possible de mousseline fine, et l'on plonge le tout dans le gaz sulfureux (fig. 230, A, § 503). La réaction se fait avec dégagement de chaleur et de lumière; l'oxyde brun se change en sulfate blanc.

623. C'est encore une action réductrice que l'anhydride sulfureux exerce sur l'acide azotique. On laisse tomber quelques gouttes d'acide azotique concentré dans un flacon contenant du gaz sulfureux sec. Aussitôt des vapeurs rutilantes apparaissent et leur quantité augmente si, en inclinant et en tournant convenablement le flacon, on mouille ses parois avec l'acide. L'acide azotique est réduit à l'état d'hypoazotide par l'anhydride sulfureux, qui devient acide sulfurique :

$$S^2O^4 + 2(AzO^5,HO) = S^2O^6,2HO + 2AzO^4;$$

Anhydride sulfureux.   Acide azotique.   Acide sulfurique.   Hypoazotide.

$$SO^2 + 2AzO^3H = SO^4H^2 + 2AzO^2.$$

Le contenu du flacon, dissous dans l'eau, donne un précipité de sulfate de baryte par addition de chlorure de baryum.

Le même fait peut être mis en évidence en dirigeant, au fond d'un petit matras chauffé contenant quelques centimètres cubes d'acide azotique, un courant d'anhydride sulfureux. Il se dégage en abondance des vapeurs rutilantes, et le contenu du matras, additionné d'eau, présente bientôt la réaction caractéristique de l'acide sulfurique.

624. ACTION SUR LES MATIÈRES COLORANTES. — Un grand nombre de couleurs d'origine organique sont altérées par l'acide sulfureux, et transformées par lui en composés incolores.

Des roses ou des violettes, placées sous une cloche dans laquelle on fait brûler un petit fragment de soufre déposé sur une coupelle en terre, se décolorent peu à peu sous l'influence de l'acide sulfureux produit. On peut obtenir le même résultat en plongeant les fleurs fraîches dans une éprouvette contenant du gaz sulfureux.

La matière colorante n'est pas détruite, elle est seulement modifiée, tout au moins lorsqu'on n'a pas trop prolongé l'action du réactif : si, en effet, on expose pendant quelques instants une rose décolorée par l'acide sulfureux, dans de l'air mélangé de chlore ou de vapeurs nitreuses, réactifs susceptibles de transformer l'acide sulfureux en acide sulfurique, la coloration de la fleur reparaît. Avec les violettes, un phénomène analogue se manifeste ; toutefois la matière colorante violette ne se reproduit pas inaltérée, les acides la faisant passer au rouge : les fleurs décolorées deviennent donc rouges.

Au contact de l'acide sulfureux en solution, le papier et la teinture de tournesol sont, a-t-il été dit plus haut (§ 619), rougis immédiatement. Par un contact prolongé, la coloration disparait.

Une décoction de campêche, très diluée et additionnée d'une goutte de lessive de soude, est un réactif des plus sensibles pour mettre en évidence les propriétés décolorantes de l'acide sulfureux. Sa teinte rouge foncé disparaît immédiatement au contact de ce dernier.

625. ACTION DES ALCALIS. — L'acide sulfureux, qui résulte de l'hydratation de l'anhydride, étant bibasique, $S^2O^4,2HO$ ou SO^3H^2, forme avec les bases deux classes de sels : les sulfites neutres, $S^2O^4,2MO$ ou SO^3M^2, et les sulfites acides ou bisulfites, S^2O^4,MO,HO ou SO^3MH. (Voy. *Sulfite neutre de soude* et *Sulfite acide de soude*).

B. — Anhydride sulfurique.

Équiv.: $SO^3 = 40 = 2\,vol.$ *P. mol.*: $S^2O^6 = SO^3 = 80 = 4\,vol.$

626. *Composé cristallisé* en longues aiguilles soyeuses, découvert par Bussy, et présentant *deux états allotropiques :* quand il vient d'être préparé, fusible à $+14°,8$ et bouillant à 46° ; quand il a été conservé longtemps, fusible vers 100° en reprenant la forme plus fusible. — *Densité* à $+20°$: 1,97. — *Densité de vapeur* à 0° et sous la pression $0^m,760$: 2,76 par rapport à l'air ; 39,85 par rapport à l'hydrogène.

PRÉPARATION.

627. PAR L'ANHYDRIDE SULFUREUX ET L'OXYGÈNE. — L'anhydride sulfureux et l'oxygène secs s'unissent directement, sous l'influence simultanée de la chaleur et de certains corps poreux :

$$S^2O^4 \quad + \quad 2O \quad = \quad S^2O^6 ;$$

Anhydride sulfureux.   Oxygène.   Anhydride sulfurique.

$$SO^2 \quad + \quad O \quad = \quad SO^3.$$

Dans un flacon d'un demi-litre, muni de deux tubulures, on place 250 centimètres cubes d'acide sulfurique concentré. A chacune des tubulures est adapté, au moyen d'un bouchon percé, un tube à gaz plongeant jusqu'au fond du flacon, les deux tubes étant de même diamètre. Au goulot central est fixé un tube abducteur, recourbé une fois, coupé au-dessous du bouchon, et mis en communication par un joint de caoutchouc avec une colonne à dessécher contenant de la ponce sulfurique. Enfin, la colonne est elle-même reliée exactement à un tube en verre de Bohême, de 10 à 15 millimètres de diamètre, de 50 centimètres de longueur, et recourbé à angle droit en son milieu. La branche de ce tube, qui est rattachée à la colonne, est disposée horizontalement; on la remplit sur 5 ou 6 centimètres de longueur, avec de la mousse de platine, ou mieux avec de l'*amiante platinée* (1) qu'on comprime légèrement entre deux tampons d'amiante. La branche verticale du même tube vient aboutir au fond d'un flacon bien sec, entouré de glace, et disposé pour être bouché en verre après l'expérience. La partie du tube en verre de Bohême, qui contient l'amiante platinée, étant entourée d'une toile métallique, on la chauffe sur une rampe à gaz; en même temps, on fait arriver par l'une des tubulures du flacon laveur un courant d'oxygène sec, et par l'autre un courant d'anhydride sulfureux sec : les deux gaz se mélangent dans le flacon laveur et arrivent desséchés à l'amiante platinée chaude. La combinaison s'effectue et les vapeurs d'anhydride sulfurique vont se condenser dans le dernier flacon, où elles forment peu à peu une masse cristalline.

Le courant gazeux doit être absolument sec; c'est là une condition qu'il faut mettre tous ses soins à remplir ; il est nécessaire que la colonne à dessécher présente un développement suffisant, et que la ponce sulfurique qu'elle renferme ait été récemment préparée (§ 427).

Un point non moins important est le réglage de la composition et de la rapidité du courant gazeux. On doit, comme le montre la formule ci-dessus, employer 2 volumes de gaz sulfureux pour 1 volume d'oxygène, c'est-à-dire, si les deux tubes qui amènent les gaz dans le flacon laveur sont de même diamètre, deux bulles du premier gaz pour une bulle du second. Enfin le courant ne doit pas être trop rapide : on peut se fixer à cet égard sur le dégagement gazeux qui se produit à l'orifice du vase où se condense l'anhydride sulfurique ; ce dégagement doit être sensible, mais peu abondant. On facilite beaucoup la production d'un mélange gazeux de composition convenable en préparant à l'avance l'oxygène et en l'emmagasinant dans un gazomètre.

Le produit brunit énergiquement si le vase où il se condense n'a pas été parfaitement nettoyé de toute trace de substance organique.

S'il s'agit simplement de montrer les vapeurs blanches, caractéristiques, que l'anhydride sulfurique fournit à l'air, on fait passer le mélange des gaz à combiner au travers d'un tube à amiante platinée, droit et ouvert à l'air par un orifice un peu étranglé. Les deux gaz s'échappant après avoir traversé le tube froid, sont invisibles dans l'atmosphère ; dès qu'on chauffe l'amiante platinée, ils donnent au contraire d'épaisses fumées blanches.

(1) L'amiante platinée peut remplacer avantageusement la mousse de platine comme corps poreux, dans la plupart des circonstances. On l'obtient en imbibant l'amiante d'une solution un peu concentrée de chlorure de platine et ajoutant du chlorhydrate d'ammoniaque; les deux réactifs forment du chloroplatinate d'ammoniaque. On agite de manière à imprégner la masse d'une façon uniforme, puis on égoutte l'amiante, on la dessèche en la chauffant dans une capsule de porcelaine, et finalement on la calcine jusqu'au rouge sombre. Le chloroplatinate est décomposé et le platine réduit communique à l'amiante une teinte verdâtre.

628. Par distillation de l'acide sulfurique fumant. — L'acide sulfurique fumant, appelé aussi *acide sulfurique de Nordhausen* ou *acide sulfuriqu de Saxe*, est une dissolution d'anhydride sulfurique dans l'acide sulfurique monohydraté (§ 629). Ce mélange est d'ordinaire peu riche en anhydride; toutefois, lorsqu'on le chauffe entre 80° et 100°, il fournit de l'anhydride qui se volatilise.

Au moyen d'un tube à entonnoir (fig. 249, § 578), on introduit 500 grammes d'acide sulfurique fumant dans la panse d'une cornue en verre de 750 centimètres cubes. Cette cornue a été choisie munie d'un col allongé, qu'on engage jusqu'au fond d'un flacon de 500 centimètres cubes, la partie conique du col de la cornue fermant presque exactement le flacon. On dispose la cornue sur un fourneau, en la protégeant par une toile métallique, et on place le flacon dans un vase où on l'entoure de glace. On chauffe doucement la cornue : l'anhydride distille et va se condenser dans le flacon. Celui-ci est ensuite fermé par un bouchon rodé à l'émeri.

On donne à l'expérience une plus grande netteté, en même temps qu'on augmente son rendement, en distillant une première dose d'acide fumant, recueillant les produits volatilisés jusque vers 150° dans une seconde dose d'acide fumant, placée dans le flacon, puis opérant avec cette seconde dose ainsi qu'il a été dit plus haut.

629. Par le sulfate de sesquioxyde de fer. — L'appareil employé consiste en une cornue de grès réfractoire, de 250 centimètres cubes, au col de laquelle on adapte une allonge de verre au moyen d'un bouchon percé; l'allonge s'engage elle-même dans le col d'un ballon de 500 centimètres cubes, tubulé et à long col, dont la tubulure est fermée par un bouchon portant un tube droit et long (fig. 131, § 247).

On introduit dans la cornue 150 grammes de sulfate de peroxyde de fer bien sec, puis on la dispose dans un fourneau à réverbère, le ballon étant plongé dans une terrine pleine d'eau. On chauffe la cornue au rouge; le sulfate de sesquioxyde de fer se détruit en donnant de l'anhydride sulfurique, qui passe dans le ballon, et du sesquioxyde de fer ou *colcothar*, qui reste dans la cornue :

$$2(Fe^2O^3,3SO^3) \quad = \quad 2Fe^2O^3 \quad + \quad 3S^2O^6 ;$$

Sulfate   Sesquioxyde   Anhydride
de sesquioxyde de fer. de fer.   sulfurique.

$$(SO^4)^3Fe^2 \quad = \quad Fe^2O^3 \quad + \quad 3SO^3.$$

Si le sel ferrique n'a pas été complètement desséché, l'eau qu'il a conservé hydrate une partie de l'anhydride.

La présence du sulfate de protoxyde de fer dans le sulfate de sesquioxyde est sans inconvénient lorsque le mélange salin a été entièrement privé d'eau; le sel de protoxyde se dédouble alors en anhydride sulfurique, anhydride sulfureux et sesquioxyde de fer :

$$2(S^2O^6,2FeO) \quad = \quad S^2O^6 \quad + \quad S^2O^4 \quad + \quad 2Fe^2O^3 ;$$

Sulfate   Anhydride   Anhydride   Sesquioxyde
de protoxyde de fer. sulfurique. sulfureux. de fer.

$$2SO^4Fe \quad = \quad SO^3 \quad + \quad SO^2 \quad + \quad Fe^2O^3.$$

Le sulfate de protoxyde de fer peut même être substitué au sulfate de sesquioxyde dans l'expérience précédente. Toutefois, si le sulfate de protoxyde de fer, qui cristallise avec 7 molécules d'eau, en perd facilement 6 molécules lorsqu'on le chauffe à 100°, il retient énergiquement, jusqu'à 300°, la 7e molécule ; or le sel imparfaitement desséché fournit par calcination de l'acide sulfurique hydraté et de l'eau, en même temps que de l'anhydride sulfureux et du sesquioxyde de fer.

$$2(S^2O^6,2FeO + H^2O^2) = S^2O^4 + S^2O^6,2HO + 2Fe^2O^3 + H^2O^2 ;$$
$$2(SO^4Fe + H^2O) = SO^2 + SO^4H^2 + Fe^2O^3 + H^2O.$$

Il est donc nécessaire de chasser toute l'eau de cristallisation, en soumettant le sel à une calcination modérée sur une plaque de tôle, au contact de l'air. Il est même avantageux de pousser l'action de la chaleur jusqu'à l'apparition des vapeurs blanches d'anhydride ; le sulfate de protoxyde se trouve alors transformé en sous-sulfate de sesquioxyde :

$$2(S^2O^6,2FeO + H^2O^2) = S^2O^4 + S^2O^6,2Fe^2O^3 + 2H^2O^2 ;$$

| 2(S²O⁶,2FeO + H²O²) | = | S²O⁴ | + | S²O⁶,2Fe²O³ | + | 2H²O² ; |
| Sulfate de protoxyde de fer. | | Anhydride sulfureux. | | Sous-sulfate de sesquioxyde de fer. | | Eau. |

$$2(SO^4Fe + H^2O) = SO^2 + SO^3,Fe^2O^3 + 2H^2O.$$

Le sous-sulfate de sesquioxyde de fer est ensuite détruit par la chaleur en sesquioxyde de fer et anhydride sulfurique :

| S²O⁶,2Fe²O³ | = | 2Fe²O³ | + | S²O⁶ ; |
| S.-sulf. de sesq. de fer. | | Sesq. de fer. | | Anh. sulfurique. |

$$SO^3,Fe^2O^3 = Fe^2O^3 + SO^3.$$

C'est l'ensemble de toutes les réactions précédentes qui se produit dans la fabrication du mélange d'anhydride sulfurique et d'acide sulfurique monohydraté, connu sous le nom d'*acide sulfurique de Nordhausen*.

C. — Acide sulfurique.

Équiv.: SHO⁴ ou SO³,HO = 49. *P. mol.* = S²H²O⁸ ou S²O⁶,2HO = SO⁴H² = 98.

630. *Synonymes :* Acide sulfurique monohydraté, acide sulfurique anglais, huile de vitriol, acide vitriolique. — *Liquide* huileux et incolore, déjà signalé au dixième siècle par Abou-Bekr. — *Densité :* 1,8384 à 15°. — *Solidifiable* par le froid ; *point de fusion :* + 10°,5. — *Ébullition* commençant à 290°, avec distillation d'anhydride, et atteignant bientôt 325°, température qui reste ensuite stationnaire. — *Densité de vapeur* mesurée à 440°, ramenée à 0° et à la pression 0^m,760 : 1,74 par rapport à l'air ; 25,1 par rapport à l'hydrogène (8 vol.).

Se combine à l'eau en donnant l'*acide sulfurique bihydraté,* SO³,2HO, c'est-à-dire S²H²O⁸ + 2HO ou SO⁴H² + H²O, cristallisable en prismes rhomboïdaux obliques, fusible à + 8°,5 en un liquide de densité 1,788 à 17°,5, bouillant à 224° en se décomposant.

I. — PRÉPARATION.

631. PAR L'OXYGÈNE, L'ACIDE SULFUREUX ET L'EAU. — (§ 621.)

632. PAR L'ACIDE AZOTIQUE ET L'ANHYDRIDE SULFUREUX. — (§ 623.)

633. PAR LES VAPEURS NITREUSES, L'AIR, LA VAPEUR D'EAU ET L'ACIDE SULFUREUX. — A l'orifice d'un grand ballon de verre de 5 ou 6 litres, on adapte un bou-

chon de liège que traversent cinq tubes de verre. Les trois premiers, recourbés une fois, sont respectivement en relation : 1° avec un appareil producteur d'anhydride sulfureux ; 2° avec un appareil producteur de bioxyde d'azote ; 3° avec un ballon contenant de l'eau portée à l'ébullition et fournissant de la vapeur d'eau ; le quatrième tube qui, comme les précédents, pénètre jusqu'à quelques centimètres du fond du ballon, est relié par un tube de caoutchouc à un appareil quelconque, susceptible de fournir un courant d'air, trompe soufflante, soufflet d'émailleur, etc. ; enfin, le dernier tube fait communiquer l'intérieur du ballon avec l'atmosphère et s'arrête un peu au-dessous du bouchon. On fait fonctionner lentement les appareils à bioxyde d'azote et à vapeur d'eau, plus rapidement ceux à gaz sulfureux et à air. Le ballon se remplit aussitôt de vapeurs rouges.

On a admis longtemps que les phénomènes dus au contact des gaz ou vapeurs précédents, peuvent se résumer ainsi qu'il suit. Le bioxyde d'azote, en arrivant dans le ballon au contact de l'oxygène de l'air, se change en hypoazotide (§ 568),

$$AzO^2 \quad + \quad O^2 \quad = \quad AzO^4,$$

Bioxyde d'azote.   Oxygène.   Hypoazotide.

$$2Az\Theta \quad + \quad \Theta^2 \quad = \quad 2Az\Theta^2,$$

dont les vapeurs rutilantes garnissent le ballon. Ces vapeurs entrent en contact avec la vapeur d'eau, sur laquelle elles réagissent ; il se produit de l'acide azotique et du bioxyde d'azote (§ 576) :

$$3AzO^4 \quad + \quad H^2O^2 \quad = \quad 2(AzO^5,HO) \quad + \quad AzO^2;$$

Hypoazotide.   Eau.   Acide azotique.   Bioxyde d'azote.

$$3Az\Theta^2 \quad + \quad H^2\Theta \quad = \quad 2Az\Theta^3H \quad + \quad Az\Theta.$$

Le bioxyde d'azote, en présence de l'oxygène de l'air sans cesse renouvelé, rentre dans le même cycle de réactions, et se change ainsi complètement en acide azotique. Ce dernier n'a d'ailleurs lui-même qu'une existence éphémère. Aussitôt engendré, il réagit sur le gaz sulfureux (§ 623) qu'il oxyde et change en acide sulfurique, en passant lui-même à l'état d'hypoazotide :

$$S^2O^4 \quad + \quad 2(AzO^5,HO) \quad = \quad S^2O^6,2HO \quad + \quad 2AzO^4;$$

Gaz sulfureux.   Acide azotique.   Acide sulfurique.   Hypoazotide.

$$S\Theta^2 \quad + \quad 2Az\Theta^3H \quad = \quad S\Theta^4H^2 \quad + \quad 2Az\Theta^2.$$

L'acide sulfurique se condense et s'accumule au fond du ballon, tandis que l'hypoazotide détruit par l'eau, comme il a été dit plus haut, se change finalement en acide azotique. De telle sorte que si l'azote de l'air, qui s'échappe dans l'atmosphère par le dernier tube, n'entraînait pas de vapeurs nitreuses, il ne serait pas utile, théoriquement, de renouveler le bioxyde d'azote introduit dans le ballon au commencement de l'opération, l'acide azotique se régénérant d'une manière indéfinie.

Telle est l'explication donnée par Peligot, de la formation de l'acide sulfurique dans ces circonstances. Il est établi cependant que l'acide azoteux, qui ne figure pas dans les réactions précédentes, agit directement, ainsi que l'hypoazotide, sur le gaz sulfureux, pour le transformer en acide sulfurique :

$$Az^2O^6 \quad + \quad S^2O^4 \quad + \quad H^2O^2 \quad = \quad S^2O^3,2HO \quad + \quad 2AzO^2,$$

Anhyd. azoteux.   Gaz sulfureux.   Eau.   Acide sulfurique.   Bioxyde d'azote.

$$Az^2\Theta^3 \quad + \quad S\Theta^2 \quad + \quad H^2\Theta \quad = \quad S\Theta^4H^2 \quad + \quad 2Az\Theta;$$

$$\text{AzO}^4 \quad + \quad \text{S}^2\text{O}^4 \quad + \quad \text{H}^2\text{O}^2 \quad = \quad \text{S}^2\text{H}^6,\text{2HO} \quad + \quad \text{AzO}^2,$$

Hypoazotide.   Gaz sulfureux.   Eau.   Acide sulfurique.   Bioxyde d'azote.

$$Az\theta^2 \quad + \quad S\theta^2 \quad + \quad H^2\theta \quad = \quad S\theta^4H^2 \quad + \quad Az\theta.$$

Le bioxyde d'azote, mis en contact avec une quantité d'oxygène limitée, reproduit ses générateurs, dans des proportions respectives variables avec les conditions de l'expérience. Dans tous les cas, les composés nitrés se retrouvent après l'oxydation du gaz sulfureux; ils ne servent en quelque sorte que d'intermédiaire entre celui-ci et l'oxygène.

Enfin, d'après quelques chimistes, les combinaisons et les réactions dont il est question dans le paragraphe suivant, jouent un rôle important dans la production de l'acide sulfurique.

634. Le même appareil permet de montrer la formation de la combinaison connue sous les noms de *cristaux des chambres de plomb* ou d'*anhydro-sulfate de nitrosyle*, S^2AzO^9 ou $S^2\theta^7(Az\theta)^2$. Ces cristaux résultent, en même temps que l'anhydride azoteux, de l'union de l'hypoazotide avec le gaz sulfureux :

$$2\text{S}^2\text{O}^4 \quad + \quad 4\text{AzO}^4 \quad = \quad 2(\text{S}^2\text{AzO}^9) \quad + \quad \text{Az}^2\text{O}^6 ;$$

Gaz sulfureux.   Hypoazotide.   Cristaux.   Anh. azoteux.

$$2S\theta^2 \quad + \quad 4Az\theta^2 \quad = \quad S^2\theta^7(Az\theta)^2 \quad + \quad Az^2\theta^3.$$

Si, en effet, on supprime, dans l'expérience précédente, le courant de vapeur d'eau, et qu'on diminue un peu l'afflux de l'air, on voit les parois du ballon se tapisser de cristaux incolores, formés par les gaz qui ne rencontrent plus dans l'appareil que fort peu de vapeur d'eau. On constate en outre que les vapeurs rutilantes disparaissent rapidement. La quantité des cristaux formés étant devenue suffisante, on arrête tout à fait le courant d'air : l'atmosphère du ballon se décolore, les vapeurs nitreuses s'unissant à l'acide sulfureux.

Cette combinaison est le plus souvent accompagnée d'une autre, solide également, le *sulfate acide de nitrosyle* : $\text{S}^2\text{O}^6,\text{AzO}^3,\text{HO}$ ou $S\theta^2,\theta H,Az\theta^2$. Ce dernier corps, croit-on aujourd'hui (M. Weber), aurait une action prépondérante dans les phénomènes des chambres de plomb. Tous deux sont détruits par un excès d'eau. Pour le constater on fait arriver abondamment la vapeur d'eau dans l'appareil, en chauffant plus fortement le ballon qui la fournit; les cristaux disparaissent avec effervescence. Les seconds, par exemple, se dédoublent d'abord en acide sulfurique et anhydride azoteux :

$$2(\text{S}^2\text{O}^6,\text{AzO}^3,\text{HO}) \quad + \quad \text{H}^2\text{O}^2 \quad = \quad 2(\text{S}^2\text{O}^6,\text{2HO}) \quad + \quad \text{Az}^2\text{O}^6,$$

Sulf. a. de nitrosyle.   Eau.   Acide sulfurique.   Anh. azoteux.

$$2(S\theta^2,\theta H,Az\theta^2) \quad + \quad H^2\theta \quad = \quad 2S\theta^4H^2 \quad + \quad Az^2\theta^3;$$

puis l'anhydride azoteux est lui-même changé par l'eau en bioxyde d'azote et acide azotique :

$$3\text{Az}^2\text{O}^6 \quad + \quad \text{H}^2\text{O}^2 \quad = \quad 4\text{AzO}^2 \quad + \quad 2(\text{AzO}^5,\text{HO}) ;$$

Anh. azoteux.   Eau.   Bioxyde d'azote.   Acide azotique.

$$3Az^2\theta^3 \quad + \quad H^2\theta \quad = \quad 4Az\theta \quad + \quad 2Az\theta^3H.$$

Enfin le bioxyde d'azote, gaz incolore, s'oxyde quand on vient de nouveau à insuffler de l'air dans le ballon; il fournit des vapeurs d'hypoazotide.

II. — PURIFICATION.

635. L'acide sulfurique du commerce, qui a été préparé dans les

chambres de plomb, est souillé de nombreuses impuretés. Il contient notamment du plomb, des vapeurs nitreuses ou de l'acide sulfureux, de l'arsenic et des sulfates de fer. On le purifie par les procédés suivants :

1° On ajoute à l'acide concentré du commerce 3 ou 4 grammes de sulfate d'ammoniaque cristallisé par kilogramme, et on le chauffe dans une capsule de porcelaine jusqu'à ce qu'il émette des vapeurs blanches abondantes ; les composés nitreux réagissent sur l'ammoniaque du sel et se détruisent :

$$S^2O^6,2AzH^4O \quad + \quad Az^2O^5 \quad = \quad S^2O^6,2HO \quad + \quad 4Az \quad + \quad 3H^2O^2 ;$$

Sulfate d'ammoniaque. Anh. azoteux. Acide sulfurique. Azote. Eau.

$$SO^4(AzH^4)^2 \quad + \quad Az^2O^3 \quad = \quad SO^4H^2 \quad + \quad 4Az \quad + \quad 3H^2O.$$

Après refroidissement partiel, on introduit dans la capsule 8 ou 10 grammes de bioxyde de manganèse granulé, par kilogramme d'acide, et on chauffe jusqu'à l'ébullition, en agitant avec une baguette de verre. L'acide arsénieux, qui est volatil, se trouve oxydé et transformé en acide arsénique, lequel n'est pas volatil. On laisse refroidir, puis on introduit le liquide décanté dans une cornue de verre, au moyen d'un tube à entonnoir pénétrant jusqu'à la panse de la cornue (fig. 249, § 578), et on procède à la distillation. Dans ce but, la cornue est chauffée sur une grille métallique annulaire (fig. 257), qui permet d'élever sa température par les côtés et non par le fond ; on évite ainsi les soubresauts qui, à cause de la forte densité de l'acide, entraîneraient la rupture de l'appareil. Dans le même but, on régularise l'ébullition en introduisant dans la cornue des fils de platine. Le col de la cornue s'engage sans bouchon, dans un ballon jusqu'au centre duquel il pénètre; ce ballon est simplement refroidi par l'air ambiant et disposé

Fig. 257. — Grille à distiller l'acide sulfurique.

sur un valet ; toute réfrigération plus active est à éviter, elle entraînerait des accidents par rupture du verre, à cause de la haute température à laquelle bout l'acide. La même raison fait que les gouttes d'acide distillé, tombant du col de la cornue, doivent s'écouler, non pas sur le col du ballon qu'elles briseraient à cause de leur température très élevée, mais dans le ballon lui-même, où elles se mélangent aux premières parties du liquide condensé et déjà refroidi. Il n'est même pas inutile d'isoler l'orifice du ballon du col fortement échauffé de la cornue en interposant quelques fragments d'amiante. En protégeant, par une enveloppe de tôle (fig. 257), le haut de la cornue contre les courants d'air, on diminue la condensation des vapeurs sur les parties verticales et on accélère beaucoup la distillation.

L'acide étant en ébullition, on recueille dans un premier ballon les 20 ou 30 premiers centimètres cubes de liquide ; ils ont entraîné les diverses impuretés volatiles que contenait l'acide. On change ensuite le récipient, et on continue la distillation jusqu'à ce que la cornue ne renferme plus qu'un quart de son contenu primitif. L'acide sulfurique ainsi obtenu est pur si la distillation a été régulièrement conduite.

Comme réfrigérant, il est commode de substituer au ballon un large tube de verre mince, de 1 mètre de longueur, étiré et recourbé à angle droit vers une de ses extrémités. Dans l'autre, on engage le plus profondément possible le col de la cornue, puis on incline tout le système vers la partie coudée. Cette dernière est introduite dans un flacon qui emmagasine le liquide provenant de la condensation des vapeurs dans le tube.

On peut éviter l'emploi d'une grille annulaire spéciale, en plaçant la cornue dans un fourneau à charbon ordinaire, sur un têt à rôtir de diamètre bien inférieur à celui de la panse et rempli de sable fin. On entoure ensuite la cornue, dans sa hauteur, par une bande de toile métallique et on chauffe en disposant des charbons entre celle-ci et le fourneau. Certains fourneaux à gaz dont les brûleurs multiples sont disposés suivant la circonférence d'un cercle, peuvent également être utilisés ; il faut avoir soin seulement, de faire reposer le fond de la cornue entourée de toile métallique, sur un têt recouvert de sable et occupant leur partie centrale. Dans les deux cas, la stabilité de l'appareil doit être parfaitement assurée, sa rupture ou son déversement pouvant blesser cruellement l'opérateur.

L'acide purifié doit être conservé dans des vases bouchés en verre et à l'abri des matières organiques. Celles-ci, en effet, se détruisent à son contact, le colorent et le réduisent partiellement à l'état d'acide sulfureux.

636. 2° Une autre méthode consiste à précipiter l'arsenic et le plomb par l'hydrogène sulfuré. On commence par priver l'acide des composés nitreux, en le chauffant avec du sulfate d'ammoniaque, comme il a été dit (§ 635). Après refroidissement, on le verse, peu à peu et en agitant, dans quatre fois son poids d'eau, puis on fait arriver un courant lent d'hydrogène sulfuré dans le mélange maintenu à une température voisine de 70° ; enfin on abandonne le tout dans un vase bouché pendant plusieurs jours. Du sulfure de plomb, du sulfure d'arsenic et du soufre se déposent. On décante la liqueur claire et on la concentre par ébullition dans une capsule de porcelaine. Les vapeurs dégagées entraînent l'hydrogène sulfuré en excès. Quant le produit commence à émettre des vapeurs acides, on le laisse refroidir, puis on l'introduit dans une cornue et on le distille comme il a été dit plus haut (§ 635).

637. Essai. — L'acide sulfurique pur n'est propre à l'analyse que lorsqu'il satisfait aux essais suivants :

Il est incolore (*matières organiques*). Chauffé sur une lame de platine, ou mieux 10 grammes étant chauffés dans une capsule de platine, il se volatilise sans résidu (*sels*). Mélangé à froid avec un peu de sulfate de protoxyde de fer pulvérisé, il ne prend pas de coloration rose (*composés nitreux*). Dilué de 20 ou 25 fois son poids d'eau, il ne bleuit pas l'iodure de potassium amidonné (*composés nitreux*). Introduit dans un appareil de Marsh (voy. ce mot), il ne donne pas d'anneau à aspect métallique,(*arsenic*). Dilué, il ne réduit pas la solution de permanganate de potasse (*acide sulfureux*). Lorsqu'on verse sur lui une couche d'eau, sans agiter, la surface de contact des deux liquides ne se trouble pas (*sulfate de plomb*). Mélangé avec 4 ou 5 fois son volume d'alcool, il donne une liqueur limpide, même après quelques heures (*sulfates de plomb et de fer*). Étendu de 15 fois son poids d'eau et sursaturé par la potasse, il ne se colore pas par addition de quelques gouttes de réactif de Nessler (*ammoniaque*).

638. Densités des solutions d'acide sulfurique. — Le tableau suivant (J. Kolb) indique les poids d'acide sulfurique monohydraté ou d'acide supposé anhydre, contenus dans 100 parties en poids d'un acide sulfurique mélangé d'eau, de densité donnée à la température de 15°.

DEGRÉS BAUMÉ.	DENSITÉS.	100 PARTIES en poids contiennent :	
		Anhydride.	Acide monohydraté.
0	1,000	0,7	0,9
1	1,007	1,5	1,9
2	1,014	2,3	2,8
3	1,022	3,1	3,8
4	1,029	3,9	4,8
5	1,037	4,7	5,8
6	1,045	5,6	6,8
7	1,052	6,4	7,8
8	1,060	7,2	8,8
9	1,067	8,0	9,8
10	1,075	8,8	10,8
11	1,083	9,7	11,9
12	1,091	10,6	13,0
13	1,100	11,5	14,1
14	1,108	12,4	15,2
15	1,116	13,2	16,2
16	1,125	14,1	17,3
17	1,134	15,1	18,5
18	1,142	16,0	19,6
19	1,152	17,0	20,8
20	1,162	18,0	22,2
21	1,171	19,0	23,3
22	1,180	20,0	24,5

DEGRÉS BAUMÉ.	DENSITÉS.	100 PARTIES en poids contiennent :	
		Anhydride.	Acide monohydraté.
23	1,190	21,1	25,8
24	1,200	22,1	27,1
25	1,210	23,2	28,4
26	1,220	24,2	29,6
27	1,231	25,3	31,0
28	1,241	26,3	32,2
29	1,252	27,3	33,4
30	1,263	28,3	34,7
31	1,274	29,4	36,0
32	1,285	30,5	37,4
33	1,297	31,7	38,8
34	1,308	32,8	40,2
35	1,320	33,8	41,6
36	1,332	35,1	43,0
37	1,345	36,2	44,4
38	1,357	37,2	45,5
39	1,370	38,3	46,9
40	1,383	39,5	48,3
41	1,397	40,7	49,8
42	1,410	41,8	51,2
43	1,424	42,9	52,8
44	1,438	44,1	54,0

DEGRÉS BAUMÉ.	DENSITÉS.	100 PARTIES en poids contiennent :	
		Anhydride.	Acide monohydraté.
45	1,453	45,2	55,4
46	1,468	46,4	56,9
47	1,483	47,6	58,3
48	1,498	48,7	59,6
49	1,514	49,8	61,0
50	1,530	51,0	62,5
51	1,540	52,2	64,0
52	1,563	53,5	65,5
53	1,580	54,9	67,0
54	1,597	56,0	68,6
55	1,615	57,1	70,0
56	1,634	58,4	71,6
57	1,652	59,7	73,2
58	1,672	61,0	74,7
59	1,691	62,4	76,4
60	1,711	63,8	78,1
61	1,732	65,2	79,9
62	1,753	66,7	81,7
63	1,774	68,7	84,1
64	1,796	70,6	86,5
65	1,819	73,2	89,7
66	1,842	81,6	100,0

D. — **Hydrogène sulfuré.**

Équiv. : HS $= 17 = 2$ *vol.*　　　　*P. mol.* : $H^2S^2 = H^2S = 34 = 4$ *vol.*

639. *Synonymes* : Acide sulfhydrique, acide hydrosulfurique, sulfide hydrique. — *Gaz* incolore, à odeur fétide, découvert par Rouelle en 1773. — *Densité* à 0° et sous la pression $0^m,760$: 1,1912 par rapport à l'air ; 17,2 par rapport à l'hydrogène. — *Poids du litre* à 0° et sous la pression $0^m,760$: $1^{gr},540$. — *Solubilité* sous la pression $0^m,760$: $4^{lit},37$ par litre d'eau à 0° ; $3^{lit},23$ à 15°. — *Liquéfiable* à $-74°$ sous la pression $0^m,760$, ou à 0° sous la pression de 16 atmosphères, en un liquide mobile, incolore, de densité 0,9. — *Solidifiable* à $-85°,5$ en une masse transparente.

I. — PRÉPARATION.

640. Par le sulfure de fer et l'acide chlorhydrique. — L'appareil dont on fait usage est identique à celui que l'on emploie pour préparer l'hydrogène (fig. 232, § 508). Dans le flacon F, on introduit du protosulfure de fer concassé et on verse par le tube à entonnoir, d'abord de l'eau jusqu'à un niveau suffisant pour que le tube de sûreté se trouve fermé par ce liquide, puis de l'acide chlorhydrique mélangé de 2 à 3 fois son volume d'eau. L'acide attaque le sulfure de fer en produisant de l'hydrogène sulfuré et du protochlorure de fer :

$$2FeS \quad + \quad 2HCl \quad = \quad 2FeCl \quad + \quad H^2S^2 ;$$

Sulfure de fer.	Acide chlorhydrique.	Protochlorure de fer.	Hydrogène sulfuré.

$$FeS \quad + \quad 2HCl \quad = \quad FeCl^2 \quad + \quad H^2S.$$

Lorsque le dégagement gazeux se ralentit, on ajoute une nouvelle quantité d'acide dilué par le tube à entonnoir.

Les indications générales relatives à cette préparation sont les mêmes que pour la préparation de l'hydrogène (§ 508). Il faut ajouter toutefois que l'hydrogène sulfuré est toxique même à faible dose. On ne saurait trop insister, en effet, sur les dangers d'empoisonnement qu'il présente lorsqu'on en laisse échapper une quantité notable dans l'atmosphère qu'on respire. Son odeur repoussante avertit de sa présence, mais il ne faut pas oublier cependant que cette odeur est l'une de celles que l'on cesse bientôt de percevoir lorsqu'on l'a supportée pendant un certain temps. Il faut donc préparer l'hydrogène sulfuré avec des appareils vérifiés au point de vue des fuites, et dans un endroit suffisamment ventilé. De plus, l'hydrogène sulfuré est combustible et forme avec l'air des mélanges explosibles très énergiques : on doit donc aussi éviter de le déverser dans l'air au voisinage d'un foyer allumé.

Lorsqu'on a laissé perdre une quantité de gaz suffisante pour assurer l'expulsion de l'air de l'appareil, on recueille l'hydrogène sulfuré sur le mercure. On le recueille parfois sur l'eau, mais dans ce cas la solubilité du gaz entraîne une perte très notable ; il est alors nécessaire de se servir d'une cuve de petites dimensions, et même de saturer l'eau de sel marin pour diminuer la solubilité. La manipulation de ce gaz sur l'eau doit être évitée.

Le gaz préparé par ce procédé contient toujours un peu d'hydrogène, parce que le protosulfure de fer contient lui-même du fer en excès ; celui-ci en présence de l'acide forme de l'hydrogène. Cette impureté est sans inconvénient dans beaucoup de cas. Il n'en est pas ainsi de la présence dans le gaz de l'acide chlorhydrique, du protochlorure de fer et même de la vapeur d'eau. On arrête les premiers en faisant passer le gaz dans un flacon laveur contenant un peu d'eau ; celle-ci se sature tout d'abord d'hydrogène sulfuré. Quant à la vapeur d'eau, on s'en débarrasse en faisant passer le gaz dans un vase (tube en U, colonne à gaz ou flaçon) contenant du chlorure de calcium desséché et concassé. L'acide sulfurique concentré attaquant à froid l'hydrogène sulfuré, ne peut être employé ici comme agent de dessiccation.

Les propriétés délétères de l'hydrogène sulfuré et même l'odeur très désagréable de ce gaz rendent avantageuse l'adaptation aux appareils continus, employés pour sa préparation, des dispositions permettant d'entraîner hors du laboratoire le gaz qui se dégage encore, alors qu'on cesse momentanément de l'utiliser (§ 610, fig. 255).

641. Tous les appareils continus ou intermittents, usités pour la préparation de l'hydrogène, sont usités également pour obtenir l'hydrogène sulfuré. Nous citerons notamment les dispositions indiquées par H. Sainte-Claire Deville (§ 399, fig. 183) et par Kipp (§ 400, fig. 184). On y introduit de l'acide chlorhydrique étendu de deux fois son volume d'eau. L'emploi de l'hydrogène sulfuré comme réactif, dans l'analyse minérale, fait qu'on a fréquemment besoin d'en avoir à sa disposition une fort petite quantité : or c'est là une condition que remplit très bien l'appareil très simple décrit au § 401 (fig. 185).

Les liqueurs provenant de l'attaque de sulfure de fer par l'acide chlorhydrique, sont très fortement chargées de protochlorure de fer ; elles peuvent être utilisées pour la préparation de ce sel (voy. *Protochlorure de fer*).

Le *protosulfure de fer* qui convient ici s'obtient facilement en chauffant au rouge du fer avec du soufre (voy. *Protosulfure de fer*).

642. Par le sulfure de fer et l'acide sulfurique. — L'acide sulfurique dilué peut remplacer l'acide chlorhydrique dans la réaction précédente :

$$2FeS \quad + \quad S^2O^6,2HO \quad = \quad H^2S^2 \quad + \quad S^2O^6,2FeO;$$

Sulfure de fer. Acide sulfurique. Hydrogène sulfuré. Sulfate de protoxyde de fer.

$$Fe^2S \quad + \quad SO^4H^2 \quad = \quad H^2S \quad + \quad SO^4Fe.$$

Toutefois le sulfate de fer produit est relativement peu soluble dans l'eau, surtout en hiver, et sa cristallisation est parfois gênante, en particulier dans les appareils intermittents. Il est dès lors nécessaire de diluer beaucoup l'acide. Avec le mélange obtenu en versant peu à peu de l'acide sulfurique concentré à 66°, dans 8 à 9 fois son volume d'eau, agitant et laissant refroidir, le sulfate de fer ne cristallise pas (voy. *Sulfate de protoxyde de fer*).

643. Par le sulfure d'antimoine et l'acide chlorhydrique. — Cette méthode présente l'avantage de fournir du gaz pur d'hydrogène.

L'appareil (fig. 258) consiste en un ballon B de 500 centimètres cubes,

portant, au moyen d'un bouchon percé, un tube de sûreté à entonnoir *e*, qui plonge jusqu'à la partie inférieure, et un tube abducteur *m* recourbé une fois. Ce dernier est rattaché par un tube de caoutchouc à un flacon

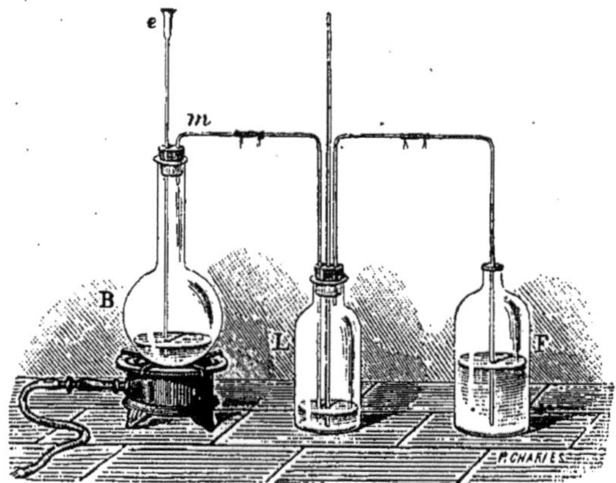

Fig. 258. — Préparation de l'hydrogène sulfuré.

laveur L, contenant de l'eau. Celui-ci porte un tube à dégagement, conduisant le gaz sur la cuve à eau, sur la cuve à mercure, ou dans un flacon F renfermant le liquide sur lequel il doit réagir. Dans le cas où on se propose d'avoir de l'hydrogène sulfuré sec, on interpose, entre le flacon laveur et le tube abducteur, un vase à dessécher contenant du chlorure de calcium sec (§ 640).

Dans le ballon, on introduit 50 grammes de sulfure d'antimoine naturel, purifié par fusion. Ce composé est pulvérisé ou mieux granulé en fragments de la grosseur d'un grain de chènevis. On dispose le ballon sur un fourneau, puis on verse par le tube à entonnoir de l'acide chlorhydrique concentré, 100 grammes environ (87 centimètres cubes), et on chauffe doucement. L'acide chlorhydrique attaque le sulfure d'antimoine en produisant de l'hydrogène sulfuré et du protochlorure d'antimoine :

$$2SbS^2 \quad + \quad 6HCl \quad = \quad 3H^2S^2 \quad + \quad 2SbCl^3 ;$$

<table>
<tr><td>Sulfure
d'antimoine.</td><td>Acide
chlorhydrique.</td><td>Hydrogène
sulfuré.</td><td>Protochlorure
d'antimoine.</td></tr>
</table>

$$Sb^2S^3 \quad + \quad 6HCl \quad = \quad 3H^2S \quad + \quad Sb^2Cl^6.$$

L'hydrogène sulfuré entraîne avec lui une assez notable proportion de gaz acide chlorhydrique ; ce dernier est arrêté par l'eau du flacon laveur.

Il est nécessaire de chauffer doucement, parce que le mélange mousse abondamment pendant la première partie de l'opération, surtout quand on a fait usage de sulfure en poudre fine. En outre, l'acide chlorhydrique concentré du commerce est une dissolution de gaz chlorhydrique dans un mélange de deux hydrates stables d'acide chlorhydrique ; lorsqu'on le chauffe fortement, le gaz chlorhydrique dissous se dégage et il ne reste plus comme liquide que le mélange des hydrates stables ; or ces derniers n'attaquent pas sensiblement le sulfure d'antimoine, même à une température voisine de leur point d'ébullition. Il faut donc ne chauffer qu'autant que cela est strictement nécessaire pour provoquer la réaction. Il y a plus : si on maintient quelque temps l'ébullition du liquide, celui-ci peut être suffisamment affaibli pour qu'on observe un phénomène contraire de celui qu'on veut produire : on voit, en effet, apparaître dans le ballon un sulfure d'antimoine rouge orangé, résultant de l'action inverse de l'hydrogène sulfuré sur le chlorure d'antimoine formé au commencement.

Les deux actions inverses dont il s'agit sont aisément mises en évidence dans l'expérience suivante. Dans un verre à pied contenant un peu de sulfure d'antimoine pulvérisé, on verse de l'acide chlorhydrique concentré du commerce. Le sulfure d'antimoine s'attaque et la liqueur se charge à la fois de protochlorure d'antimoine et d'hydrogène sulfuré. L'action étant terminée, on verse avec précaution de l'eau à la surface du liquide; dans la dissolution étendue ainsi superposée à la dissolution concentrée on voit apparaître un précipité rouge orangé de sulfure d'antimoine, résultant d'une action inverse de celle produite d'abord dans la liqueur concentrée (M. Berthelot).

C'est pour éviter l'affaiblissement de l'acide chlorhydrique par la chaleur qu'on n'a introduit tout d'abord dans le ballon qu'une quantité d'acide chlorhydrique insuffisante pour détruire tout le sulfure d'antimoine. Quand la réaction se ralentit, on en ajoute de nouveau. Il est nécessaire d'employer en tout 200 grammes d'acide (175 centimètres cubes) pour les 50 grammes de sulfure mis en expérience.

Ces conditions diverses font qu'il est peu avantageux de chercher à obtenir par cette méthode un dégagement de gaz rapide.

Le protochlorure d'antimoine formé peut être purifié (voy. *Protochlorure d'antimoine*).

II. — PROPRIÉTÉS.

644. SOLUBILITÉ DANS L'EAU. — L'eau dissolvant à la température ordinaire, de 3 à 4 fois son volume d'hydrogène sulfuré, la *solution aqueuse* de ce gaz est utilisée comme réactif dans l'analyse minérale.

Pour la préparer, on dirige le gaz sulfhydrique, provenant d'une des réactions précédentes et lavé à l'eau, dans un appareil de Woulf (§ 425, fig. 200), contenant de l'eau distillée bouillie et refroidie en vase clos. On continue le courant gazeux jusqu'à ce que le dernier flacon de l'appareil, bouché aux orifices d'entrée et de sortie puis agité, ne donne lieu à aucune absorption et montre, au contraire, une élévation du liquide dans le tube de sûreté.

Il est indispensable d'avoir chassé de l'eau, par ébullition, toute trace d'oxygène, cet élément décomposant, comme on le verra plus loin, l'hydrogène sulfuré humide (§ 645). Pour la même raison, il est avantageux de remplir d'eau, presque complètement, les flacons de Woulf, la liqueur ne variant d'ailleurs pas sensiblement de volume par le fait de la dissolution.

La dissolution d'hydrogène sulfuré doit être conservée à l'abri de l'air, dans des vases exactement fermés.

645. ACTION DE L'OXYGÈNE. — Si on effile l'extrémité du tube à dégagement d'un appareil à hydrogène sulfuré, et si, *après avoir assuré l'expulsion complète de l'air* que contenait cet appareil (§ 391), on allume le jet gazeux qui s'en échappe, celui-ci brûle avec une flamme bleue, en donnant du gaz sulfureux et de la vapeur d'eau :

$$H^2S^2 \quad + \quad 6O \quad = \quad S^2O^4 \quad + \quad H^2O^2 ;$$

4 vol.   6 vol.   4 vol.   4 vol.

$$H^2S \quad + \quad 3O \quad = \quad SO^2 \quad + \quad H^2O.$$

La vapeur d'eau se condense sur un corps froid qu'on présente au-dessus de la flamme : un papier de tournesol humide, placé au même endroit, est rougi puis décoloré par l'acide sulfureux.

Un mélange d'hydrogène sulfuré et d'oxygène, dans les proportions indiquées par la formule écrite plus haut, c'est-à-dire de 2 volumes du premier et de 3 volumes du second, brûle avec explosion quand on l'enflamme.

Lorsqu'on ouvre à l'air, sans la renverser, une éprouvette pleine d'hydrogène sulfuré, et qu'on l'approche en même temps d'une flamme, l'hydrogène sulfuré s'allume et brûle ; mais, comme la combustion s'effectue ainsi sans laisser pénétrer une quantité d'air suffisante, elle est incomplète et du soufre se dépose sur le verre.

Le même dépôt de soufre s'observe d'ailleurs si l'on écrase avec une soucoupe de porcelaine la flamme d'hydrogène sulfuré produite dans l'expérience précédente : le soufre reconnaissable à sa couleur jaune, occupe le centre de la surface de porcelaine que la flamme a recouverte un instant.

Au contact de l'eau, l'oxygène détruit l'hydrogène sulfuré dès la température ordinaire. Lorsque de l'air est mis en présence d'une solution aqueuse de ce gaz, la liqueur devient bientôt laiteuse et du soufre se dépose :

$$H^2S^2 + 2O = H^2O^2 + 2S ;$$
$$H^2S + O = H^2O + S.$$

646. ACTION DES OXYDANTS. — Les agents d'oxydation détruisent pour la plupart l'hydrogène sulfuré, quelques-uns avec beaucoup d'énergie.

Un flacon de 250 centimètres cubes étant rempli d'hydrogène sulfuré gazeux, on l'entr'ouvre au moment de l'expérience, et on y laisse tomber, au moyen d'un tube effilé servant de pipette, 2 ou 3 centimètres cubes d'acide azotique fumant. Immédiatement une réaction vive se déclare, en produisant une flamme et une sorte d'explosion : le vase se remplit de vapeurs rutilantes, produites par réduction de l'acide azotique, tandis que ses parois se recouvrent d'un dépôt de soufre provenant de l'hydrogène sulfuré oxydé. Cette expérience n'est pas sans présenter quelque danger, si l'on opère sur une quantité de gaz plus considérable que celle indiquée.

647. PROPRIÉTÉS RÉDUCTRICES. — Quand on dirige un jet fin d'hydrogène sulfuré sec, sur du bioxyde de plomb contenu dans une petite capsule de terre cuite ou de porcelaine, le gaz s'enflamme; la même expérience peut être répétée plusieurs fois de suite avec le même bioxyde de plomb. Il se forme du sulfure de plomb noir, de la vapeur d'eau et des produits d'oxydation du soufre; la chaleur dégagée dans ces réactions est suffisante pour enflammer le gaz.

Une solution d'acide sulfureux, dans laquelle on fait passer un courant de gaz sulfhydrique, ne tarde pas à donner des réactions complexes; finalement, il se dépose du soufre et l'acide sulfureux se trouve réduit :

$$S^2O^4 \quad + \quad 2H^2S^2 \quad = \quad 6S \quad + \quad 2H^2O^2;$$

Ac. sulfureux.   Hydrogène   Soufre.   Eau.
sulfuré.

$$SO^2 \quad + \quad 2H^2S \quad = \quad 3S \quad + \quad 2H^2O.$$

D'ailleurs, si dans une éprouvette contenant un tiers environ de son volume d'anhydride sulfureux, on fait passer de l'hydrogène sulfuré humide, de manière à la remplir, au bout d'un temps variable mais d'ordinaire assez court, on voit un abondant dépôt de soufre se former. Les gaz secs ne réagissent que sous l'influence de la chaleur.

648. COMBINAISON AVEC LES BASES. — L'hydrogène sulfuré mis en contact avec du papier de tournesol bleu, imbibé d'eau, le rougit faiblement.

Il jouit, en effet, des propriétés d'un hydracide bibasique H^2S^2 ou H^2S. Il forme avec les bases des sels neutres, M^2S^2 ou M^2S, auxquels on donne d'ordinaire le nom de *monosulfures*, et des sels acides, MHS^2 ou MHS, qu'on désigne sous celui de *sulfhydrates de sulfures* (voy. *Sulfhydrate de sulfure de sodium* et *Monosulfure de sodium*).

649. ACTION SUR LES SELS. — Lorsqu'on met l'hydrogène sulfuré en contact avec la dissolution d'un sel dont le métal forme un sulfure insoluble dans l'eau en présence des acides, ce sulfure insoluble se précipite. Cette réaction fait de l'hydrogène sulfuré l'un des réactifs les plus précieux en analyse.

C'est ainsi qu'en dirigeant par un tube un courant d'hydrogène sulfuré au fond d'un verre à expériences, contenant une solution de sulfate de cuivre ou d'acétate de plomb, chaque bulle de gaz se dissout dans le liquide en produisant un précipité noir de sulfure de cuivre ou de sulfure de plomb.

La même réaction permet de reconnaître la présence de l'hydrogène sulfuré dans un mélange gazeux. Si l'on plonge dans celui-ci un fragment de papier imbibé d'une solution d'acétate de plomb, ce papier est immédiatement noirci.

5.

CHLORE.

Équiv. : Cl : 35,5 = 2 *vol.* = *Cl* = P. *atom.*

650. *Gaz* jaune verdâtre, à odeur forte et irritante, découvert par Scheelé en 1774. — *Densité* à 0° et sous la pression $0^m,760$: 2,4482 par rapport à l'air ; 35,5 par rapport à l'hydrogène. — *Poids du litre :* $3^{gr},170$. — *Chaleur spécifique :* en poids 0,124 ; en volume 0,2962. — *Liquéfiable* par le froid, en un corps jaune, oléagineux, de densité 1,33 ; bouillant à — 33°,6 sous la pression $0^m,760$, à 0° sous une pression de 6 atmosphères, à 12°,5 sous une pression de 8 atmosphères 1/2. — *Solidifiable* à — 102°. — *Solubilité* dans l'eau sous la pression $0^m,760$, maximum à + 8° : $1^{lit},80$ par litre d'eau à 0° ; $3^{lit},07$ à 8° ; $2^{lit},60$ à 12°. — *Indice de réfraction :* 1,000772.

I. — PRÉPARATION.

651. PAR LE BIOXYDE DE MANGANÈSE ET L'ACIDE CHLORHYDRIQUE. — Ce mode de production du chlore est celui dont on fait usage d'une manière à peu près constante dans les laboratoires.

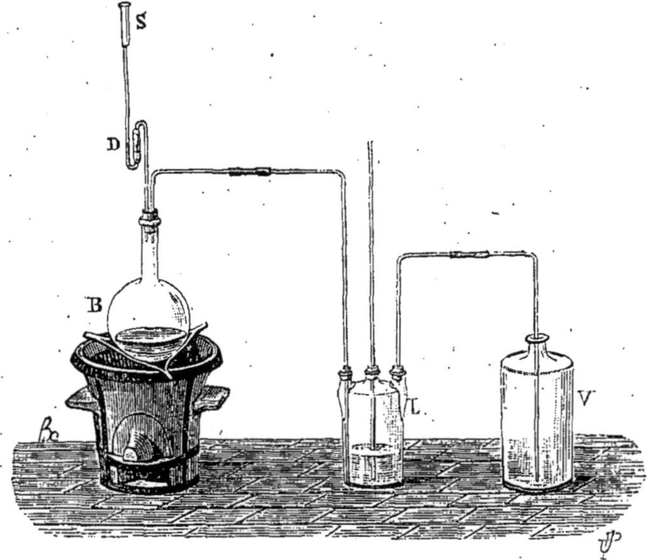

Fig. 259. — Préparation du chlore gazeux.

Au col d'un ballon B (fig. 259) de 500 centimètres cubes, on adapte, au moyen d'un bouchon percé de deux ouvertures, un tube de sûreté en S, pouvant être remplacé par un tube droit à entonnoir qui pénètre jusqu'au fond du ballon, et un tube à dégagement recourbé une fois. Ce dernier est relié par un caoutchouc à un flacon laveur L, de 300 centimètres cubes, contenant de l'eau jusqu'au tiers de sa hauteur. Le tube abducteur, recourbé une fois, est relié lui-même à un dernier tube coudé, dont la longue branche verticale peut être amenée jusqu'au fond d'un vase quelconque V, qu'il s'agit de remplir de chlore. On introduit 60 grammes de bioxyde de manganèse naturel, grossièrement granulé, dans le ballon qu'on dispose sur un fourneau ; puis, après avoir versé sur l'oxyde, par le tube de sûreté, 100 grammes d'acide chlorhydrique en solution concentrée du commerce, on chauffe doucement. Il se produit du chlore, de l'eau et du protochlorure de manganèse (Scheele) :

$$MnO^2 \quad + \quad 2HCl \quad = \quad Cl \quad + \quad H^2O^3 \quad + \quad MnCl;$$

Bioxyde de manganèse.   Acide chlorhydrique.   Chlore.   Eau.   Protochlorure de manganèse.

$$MnO^2 \quad + \quad 4HCl \quad = \quad 2Cl \quad + \quad 2H^2O \quad + \quad MnCl^2.$$

Tout d'abord, du bichlorure de manganèse prend naissance et communique à la liqueur du ballon une coloration brune très foncée (Nicklès) :

$$MnO^2 \quad + \quad 2HCl \quad = \quad MnCl^2 \quad + \quad H^2O^2,$$

Bioxyde de manganèse.   Acide chlorhydrique.   Bichlorure de manganèse.   Eau.

$$MnO^2 \quad + \quad 4HCl \quad = \quad MnCl^4 \quad + \quad 2H^2O,$$

mais ce composé, fort instable à chaud, est bientôt dédoublé en chlore et protochlorure :

$$MnCl^2 \quad = \quad Cl \quad + \quad MnCl;$$

Bichlorure de manganèse.   Chlore.   Protochlorure de manganèse.

$$MnCl^4 \quad = \quad Cl^2 \quad + \quad MnCl^2.$$

On élève peu à peu la température, de manière à maintenir constante la rapidité de la réaction, qui tend à décroître. En même temps, on ajoute en plusieurs fois, par le tube de sûreté, une quantité d'acide égale à la première, soit 100 grammes, de manière à remplacer celui qui disparaît dans la réaction.

Le chlore se dégage, traverse l'eau du flacon laveur L en lui abandonnant les traces d'acide chlorhydrique et de chlorure de manganèse entraînées. Après avoir chassé l'air du ballon et du flacon laveur, il se dégage enfin en V. Ce gaz, étant environ deux fois et demie plus lourd que l'air, peut être recueilli par déplacement, en opérant comme il a été dit plus haut (§ 414). Cette manière de recueillir le chlore est avantageuse quand on peut opérer dans un endroit bien ventilé, afin que le chlore, qu'il faut laisser perdre pour chasser toute trace d'air des récipients, ne puisse incommoder l'opérateur. Elle est particulièrement recommandable pour la préparation du chlore sec. Dans ce dernier cas, on interpose sur le trajet du gaz, entre L et V, une colonne à dessécher ou un tube en U, remplis soit de chlorure de calcium sec, soit de ponce sulfurique.

Le chlore attaquant le mercure, ce gaz ne doit pas être manipulé sur la cuve à mercure. Quoique soluble dans l'eau, il peut être recueilli sur ce liquide à la façon ordinaire, si l'on consent à en perdre une certaine proportion ; il faut alors mener assez rapidement le dégagement gazeux, sur une cuve à eau de petites dimensions, et fermer les vases avec un bouchon de verre aussitôt qu'ils ont été complètement remplis de chlore. En adaptant à l'extrémité du tube à dégagement un tube de caoutchouc de longueur suffisante pour que son extrémité libre atteigne le fond du vase retourné qu'il s'agit de remplir, on évite le passage du gaz, bulle à bulle, au travers de l'eau et l'on diminue la perte par dissolution.

On peut encore faire usage d'eau saturée de chlorure de sodium ou même d'eau chaude; qui dissolvent moins de chlore que l'eau froide.

L'opération terminée, le ballon contient une solution de protochlorure de manganèse impur; celle-ci peut être utilisée, soit pour isoler le sel qu'elle renferme (voy. *Protochlorure de manganèse*), soit pour régénérer du bioxyde de manganèse (voy. *Bioxyde de manganèse*).

652. Le bioxyde de manganèse granulé doit être préféré pour cette opération faite en petit. Le minerai en poudre donne un dégagement de gaz rapide, mais qui dure peu et se règle difficilement; la masse tend à mousser et à sortir du ballon. Le minerai en fragments plus gros, de la grosseur d'une noisette par exemple, est avantageux quand il s'agit de préparer des quantités de chlore notables, mais il présente l'inconvénient de casser par ses chocs le ballon de verre. C'est pour cette raison que l'on substitue souvent à ce dernier une tourie de grès; celle-ci, ne pouvant sans se briser être soumise à l'action directe d'un foyer, est chauffée au bain-marie.

Il convient alors de garnir en grande partie le vase de grès avec des fragments de bioxyde, de chauffer le tout dans l'eau bouillante, puis d'y faire arriver lentement, par le tube de sûreté, un filet régulier et mince d'acide chlorhydrique s'écoulant d'un flacon à robinet. Lorsque la liqueur a rempli la moitié de l'appareil et qu'elle a cessé de fournir du chlore, on la décante; on lave avec un peu d'eau le minerai non attaqué, on remplace au besoin celui qui a disparu et l'on recommence l'opération.

On peut encore ajouter en une seule fois l'acide chlorhydrique, puis élever lentement la température du bain-marie; mais le courant gazeux produit est alors moins régulier.

Quand il s'agit de dégager régulièrement un volume de chlore considérable, opération qui se présente fréquemment, on trouve avantageux d'accoupler deux vases producteurs de chlore, dont l'un ne commence à fonctionner que lorsque la réaction devient lente dans l'autre.

653. Le chlore attaque énergiquement les matières organiques, et en particulier le liège des bouchons ainsi que le caoutchouc des joints. Pour ces derniers, on diminue beaucoup leur destruction en affrontant très exactement les deux tubes de verre qu'il s'agit de rattacher l'un à l'autre; la surface du caoutchouc que le chlore peut attaquer est ainsi réduite à son minimum. Quant aux bouchons, ils jaunissent et s'émiettent rapidement. Le plus attaqué est toujours celui du ballon, à cause de la température élevée à laquelle le chlore est en contact avec lui. On doit veiller à ce qu'il porte par toute sa surface cylindrique, sur le col du ballon, lequel col a d'ailleurs été choisi aussi étroit que possible : on diminue ainsi la surface qui se détruit. On peut encore faire usage de bouchons graissés ou paraffinés (§ 482).

Les fuites que présente un appareil à chlore en fonctionnement ne peuvent subsister, même lorsqu'elles sont peu importantes, sans incommoder gravement l'opérateur. On les recherche en promenant, dans le voisinage des orifices à la fermeture desquels elles peuvent exister, une baguette mouillée

d'une solution d'ammoniaque : des fumées blanches se montrent aux points
par lesquels s'échappe le chlore. S'il n'est pas possible de procéder pendant
l'opération à la réfection d'un bouchage imparfait, on aveugle la fuite
au moyen d'un lut, de farine de graine de lin par exemple (§ 487). On évite
cet accident en vérifiant la fermeture de l'appareil avant de commencer l'opération (§ 397).

Les inconvénients du chlore répandu dans l'atmosphère rendent souvent
commode, pour les expériences de démonstration notamment, l'usage de l'un
des dispositifs indiqués plus haut pour se débarrasser, pendant qu'il reste inutilisé, d'un gaz nuisible émis par un appareil à fonctionnement continu (§ 610).

634. Par le bioxyde de manganèse et les acides chlorhydrique et sulfurique. — Le procédé qui vient d'être indiqué fournit un équivalent de chlore
pour deux équivalents d'acide chlorhydrique employés. Si l'on fait agir sur le
résidu, en présence d'un excès de bioxyde de manganèse, deux équivalents
d'acide sulfurique, on provoque le dégagement d'une quantité de chlore égale
à la première :

$$MnCl \ + \ MnO^2 \ + \ S^2O^6,2HO \ = \ S^2O^6,2MnO \ + \ Cl \ + \ H^2O^2;$$

| Protochlorure de manganèse. | Bioxyde de manganèse. | Acide sulfurique. | Sulfate de protoxyde de manganèse. | Chlore. | Eau. |

$$MnCl^2 \ + \ MnO^2 \ + \ 2SO^4H^2 \ = \ 2SO^4Mn \ + \ 2Cl \ + \ 2H^2O.$$

Cette réaction peut être économique dans certaines circonstances. On la
réalise alors en versant dans l'appareil d'abord de l'acide chlorhydrique, puis
peu à peu, quand la réaction s'est calmée, de l'acide sulfurique, les deux acides
étant employés en proportions équivalentes (100 parties du premier pour
50 parties du second).

Le résidu est du sulfate de protoxyde de manganèse dont on peut tirer
parti (voy. *Sulfate de protoxyde de manganèse*).

655. Par le chlorure de chaux et l'acide chlorhydrique. — Les
méthodes indiquées plus haut pour la préparation du chlore exigent l'intervention de la chaleur ; elles ne peuvent donc être utilisées dans les
appareils à fonctionnement intermittent. C'est là un inconvénient
lorsqu'il s'agit de l'un des gaz le plus fréquemment employés dans les
laboratoires. Dès la température ordinaire le chlorure de chaux, qui
est un mélange d'hypochlorite de chaux, de chlorure de calcium et de
chaux (voy. *Chlorure de chaux*), est attaqué énergiquement par l'acide
chlorhydrique ; chaque molécule d'hypochlorite qu'il contient dégage
deux équivalents de chlore :

$$ClO,CaO \ + \ 2HCl \ = \ CaCl \ + \ H^2O^2 \ + \ 2Cl;$$

| Hypochlorite de chaux. | Acide chlorhydrique. | Chlorure de calcium. | Eau. | Chlore. |

$$(ClO)^2Ca \ + \ 4HCl \ = \ CaCl^2 \ + \ 2H^2O \ + \ 4Cl.$$

Le chlorure de chaux commercial, étant pulvérulent, se prête mal
à une réaction régulière, à cause de la rapidité avec laquelle il est
attaqué par l'acide. En le solidifiant, on l'a transformé en une substance
qui convient parfaitement, dès la température ordinaire, à la prépara-

tion économique du chlore et qui est susceptible de rendre de grands services dans les laboratoires.

Un premier procédé de solidification du chlorure de chaux est le suivant (M. C. Winkler). On mélange intimement au mortier 4 parties de chlorure de chaux bien sec et récent avec 1 partie de plâtre fin ; en ajoutant peu à peu de l'eau, on forme avec le tout une masse homogène, très consistante, qu'on verse sur une feuille de tôle à bords relevés et qu'on étale de manière à façonner une plaque de 10 à 12 millimètres d'épaisseur. On recouvre la matière d'une toile cirée ou d'une feuille de caoutchouc et on soumet rapidement le tout à l'action de la presse. On détache enfin le gâteau de chlorure de chaux aggloméré et on le casse en fragments que l'on sèche le plus promptement possible, à une température ne dépassant pas 20°. On conserve le produit sec dans des vases bien clos.

La matière solide ainsi obtenue, introduite dans un appareil de Deville (§ 399, fig. 183) ou mieux encore dans un appareil de Kipp (§ 400, fig. 184) qui comporte moins de caoutchouc altérable par le chlore, s'y attaque rapidement par l'acide chlorhydrique et fournit un dégagement gazeux régulier, sans se désagréger notablement. L'appareil disposé se conserve en état de fournir du gaz à tout instant.

Cependant, à mesure que le chlorure de chaux se dissout dans l'acide, le plâtre se détache de la surface des morceaux, tombe dans le réservoir inférieur et parfois obstrue l'orifice du tube central. On supprime cet inconvénient, en même temps qu'on obtient un produit plus riche en chlore, eu agglomérant le chlorure de chaux par simple compression, sans addition de plâtre ou de toute autre matière (M. Thiele).

On remplit de chlorure de chaux pulvérulent une enveloppe cylindrique résistante, en tôle plombée, de 10 centimètres de hauteur, reposant sur le plateau fixe d'une presse ; on place sur la matière pulvérulente un cylindre de bois pouvant pénétrer aisément dans l'enveloppe, et on comprime le chlorure de chaux en abaissant le plateau mobile. Même avec une petite presse ordinaire de laboratoire (§ 365), le chlorure de chaux s'agglomère suffisamment par la compression ; il forme un gâteau solide qui, brisé en morceaux et introduit dans l'appareil, s'y conserve sans se désagréger, même quand il a été mouillé à plusieurs reprises par l'acide chlorhydrique. Si l'on dispose d'une bonne presse, le résultat est mieux assuré en exerçant sur la masse une pression énergique.

Il convient d'employer avec le chlorure aggloméré de l'acide chlorhydrique de densité 1,125, c'est-à-dire de l'acide concentré additionné du tiers de son poids d'eau.

Ce procédé très commode de production intermittente du chlore rencontre une petite difficulté dans la solubilité notable de ce gaz. Dans un appareil dont on vient d'arrêter le fonctionnement en fermant le robinet de départ du gaz, le liquide, d'abord chassé du contact du chlorure aggloméré, ne tarde pas à s'élever de nouveau dans l'appareil parce qu'il dissout le chlore remplissant celui-ci; le chlorure s'attaque de nouveau et il en résulte une consommation inutile de réactifs. On supprime cet inconvénient en insufflant un peu d'air dans l'appareil, lorsqu'on cesse d'en faire usage.

II. — PROPRIÉTÉS.

656. Chlore liquide. — La liquéfaction du chlore sous la pression atmosphérique exige un refroidissement assez considérable (§ 650) : bien que le chlore liquide bouille à — 33°,6, la condensation du gaz ne s'effectue qu'à une température très notablement plus basse.

On opère le plus simplement cette liquéfaction au moyen du refroidissement produit par l'évaporation, dans un courant d'air rapide, de l'anhydride sulfureux liquide ou de l'éther méthylchlorhydrique (§ 146, fig. 90).

Dans le tube central, lequel doit être ici très résistant et préparé en scellant solidement à l'une de ses extrémités un tube de verre épais, de 1 centimètre de diamètre intérieur, on dirige jusqu'au fond, au moyen d'un tube à gaz, un courant de chlore *parfaitement sec et pur;* on fait passer en même temps un courant d'air au travers de l'anhydride sulfureux ou de l'éther méthylchlorhydrique qui baigne le tube extérieurement. On règle le courant de chlore pour qu'une petite quantité de gaz s'échappe constamment de l'orifice du tube central; celui-ci peut d'ailleurs être muni d'un bouchon que traverse, en même temps que le tube d'arrivée du gaz, un tube abducteur destiné à emmener au loin le gaz non liquéfié. Le tube central ne tarde pas à se garnir d'un liquide jaune, oléagineux et dense, qui est limpide si le chlore a été bien desséché. Lorsque la quantité obtenue est suffisante, sans arrêter l'évaporation du liquide réfrigérant, on dégage l'ouverture du tube central, on la présente à la flamme d'une lampe d'émailleur, on l'étire et finalement on la scelle.

L'opération peut être conduite beaucoup plus rapidement, quand le gaz, immédiatement avant de pénétrer dans le récipient où il se liquéfie, traverse un tube mince et étroit, entouré d'un mélange réfrigérant.

Si la fermeture du tube a été opérée dans des conditions de solidité suffisantes pour qu'il résiste à la pression de 8 à 10 atmosphères que le chlore liquide établit aux températures ordinaires, l'échantillon se conserve indéfiniment.

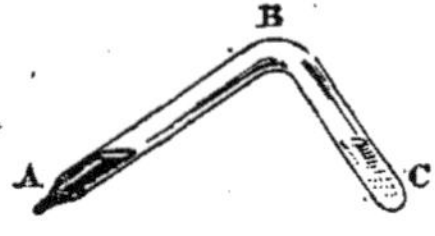

Fig. 260. — Tube de Faraday.

657. L'hydrate de chlore (§ 659) peut également servir à produire le chlore liquide. On égoutte les cristaux de cet hydrate, on les essore à la trompe et on les enferme dans un tube dit de Faraday (fig. 260), c'est-à-dire dans un tube résistant ABC, de 10 à 12 millimètres de diamètre et de 40 à 45 centimètres de longueur, coudé à angle droit en son milieu, et fermé à l'une de ses extrémités C; on scelle le tube à l'autre extrémité A, après introduction de la matière. Celle-ci étant amenée tout entière dans une des branches du tube, on plonge cette dernière dans de l'eau à 30° ou 40°, tandis que l'autre branche est entourée d'eau très froide, la courbure du tube étant ainsi dirigée vers le haut. L'hydrate de chlore chauffé se décompose en eau et chlore; l'élément gazeux se comprime lui-même à mesure qu'il est mis en liberté, et, lorsqu'une

pression suffisante est atteinte, il se liquéfie dans la branche refroidie.

Quand on abandonne ensuite le tube à lui-même, le chlore liquidé disparaît, les cristaux d'hydrate se reformant, pour se décomposer de nouveau lorsqu'on vient à les chauffer. Le tube, une fois préparé, peut donc servir à répéter indéfiniment l'expérience de la liquéfaction.

Il est important, pour que cette expérience réussisse, que l'hydrate de chlore n'ait pas été préparé à une température inférieure à 0°. Dans le cas contraire, il est mélangé de glace et la quantité d'eau que contient la branche chauffée du tube est suffisante pour maintenir, sous pression, tout le chlore en dissolution.

638. ACTION DE L'EAU A FROID. — Le chlore étant notablement soluble dans l'eau froide (§ 650), la dissolution aqueuse de chlore, ou *eau de chlore*, est fréquemment employée comme réactif.

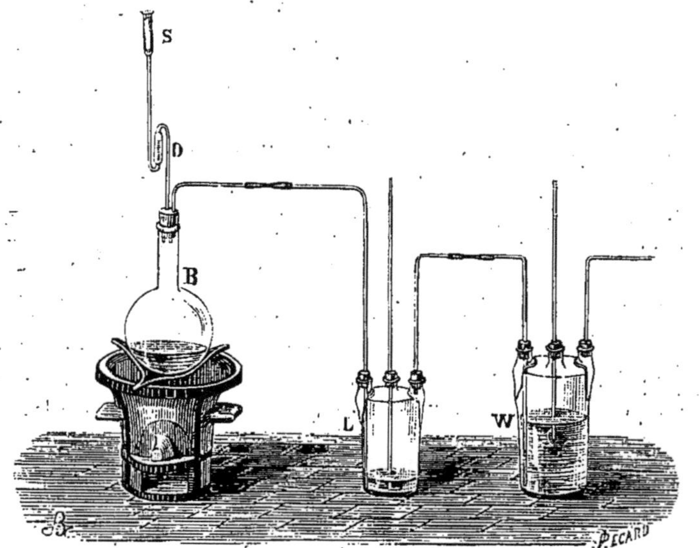

Fig. 261. — Préparation de la dissolution de chlore.

On la prépare en faisant passer (fig. 261) un courant de chlore produit dans un ballon B, d'abord dans un flacon laveur L, contenant une petite quantité d'eau destinée à arrêter l'acide chlorhydrique et les sels entraînés, puis dans un ou plusieurs flacons de Woulf W, remplis aux trois quarts d'eau distillée. Le tube d'arrivée du gaz doit plonger jusqu'au fond des flacons. On continue le courant gazeux jusqu'à ce que les bulles de gaz traversent la colonne liquide du dernier flacon sans diminuer de volume. On est certain que la saturation est complète lorsque le dernier flacon, dont on ferme avec le doigt le tube de dégagement, ne donne lieu à aucune absorption lorsqu'on l'agite. Il est bon, pour ne pas être incommodé par le chlore, qu'on laisse perdre en notable quantité à la fin de l'expérience quand on veut atteindre la saturation, de terminer l'appareil par un vase con-

tenant un lait de chaux, dans lequel on fait barboter les gaz qui s'é-
chappent dans l'atmosphère ; on peut encore envoyer ces gaz, par un
tube, dans une cheminée d'appel.

Fig. 262. — Dissolution
du chlore.

Un autre appareil assez simple est avantageux pour la préparation d'une petite quantité
d'eau de chlore. Il consiste à remplir une cornue de verre jusqu'au col avec de l'eau distillée
et à la placer sur un valet, la panse étant en
l'air (fig. 262). Par un long tube droit tt', on
amène ensuite dans la panse de cette cornue
un courant de chlore lavé à l'eau ; le gaz se dissout, d'abord en traversant l'eau, puis en restant au contact de celle-ci dans l'intérieur de la
cornue. On active la dissolution en agitant fréquemment.

659. L'*hydrate de chlore*, Cl + 10 HO ou $Cl + 5H^2O$, est un composé cristallisé ;
il se forme surtout à la température du maximum de solubilité du chlore,
c'est-à-dire vers + 8°. On l'isole facilement en refroidissant à cette température un vase contenant de l'eau que traverse un courant de chlore : à cet effet,
on plonge ce vase dans de l'eau à laquelle on ajoute de temps en temps des
morceaux de glace, afin de maintenir entre 6° et 8° un thermomètre qui s'y trouve
plongé. La combinaison du chlore avec l'eau s'effectuant en dégageant de la
chaleur, il est nécessaire d'empêcher ainsi l'élévation de la température. Le
contenu du vase, sous l'influence prolongée du courant gazeux, se change peu
à peu en une bouillie cristalline. Il suffit d'essorer rapidement celle-ci à la
trompe, sur un filtre d'amiante (§ 354) préalablement refroidi, pour isoler les
cristaux d'hydrate de chlore.

En hiver, la production de l'hydrate de chlore dans les flacons laveurs des
appareils à chlore cause fréquemment l'obstruction des tubes. On évite cet
accident en maintenant les laveurs entourés d'eau tiède.

660. Sous l'influence de la lumière, l'eau de chlore et l'hydrate de
chlore s'altèrent rapidement ; il se forme de l'acide chlorhydrique et
de l'oxygène :

$$H^2O^2 + 2Cl = 2HCl + 2O$$
$$H^2O + 2Cl = 2HCl + O.$$

C'est pourquoi il est nécessaire de conserver l'eau de chlore dans
des flacons de verre noir ou jaune. Ces flacons doivent de plus être
bouchés en verre et non en liège que le chlore attaque rapidement.

661. ACTION DE L'EAU A HAUTE TEMPÉRATURE. — L'action décomposante du
chlore sur l'eau, action lente à froid, même sous l'influence de la lumière,
devient immédiate au rouge. On montre ce fait de la manière suivante.

Un appareil producteur de chlore E (fig. 263) est mis en communication
avec une petite cornue de verre C, tubulée, de 120 centimètres cubes environ.
Par un tube recourbé, le gaz est dirigé au fond de la cornue, qui contient la
moitié de son volume d'eau et un ou deux petits fragments de charbon. Ainsi
que l'appareil à chlore, cette cornue est disposée sur un fourneau ; elle est
adaptée en A, à un tube de porcelaine ou de grès AB, dont la température

peut être portée au rouge dans un fourneau approprié ; son col est d'ailleurs
maintenu incliné dans la direction AC, afin que l'eau qui s'y condensera
s'écoule vers la cornue et non vers le tube réfractaire chaud qu'elle briserait.
Pour la même raison, il est avantageux d'incliner également le tube réfractaire dans le sens indiqué. Il suffit, pour cela, de placer du côté de B, sous
l'extrémité du fourneau qui porte ce tube, une cale de quelques centimètres
de hauteur. Au tube réfractaire est adapté en B un tube de verre recourbé
une fois, faisant partie d'un laveur L ; celui-ci contient de l'eau additionnée
de lessive de soude. Enfin, le gaz sortant du laveur est dirigé sous un têt à
gaz, dans une terrine pleine d'eau.

Le tube AB étant porté au rouge, on chauffe la cornue de façon
à provoquer une lente ébullition de l'eau ; les fragments de charbon régularisent la vaporisation. En même temps, on produit un
dégagement régulier de chlore. Ce gaz, mélangé à la vapeur d'eau,
traverse le tube rouge ; il se forme, ainsi qu'il a été dit plus haut, de l'acide

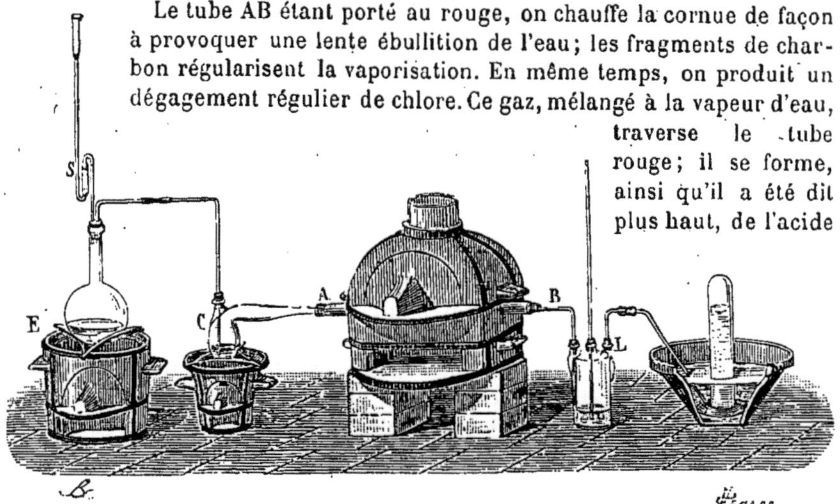

Fig. 263. — Action du chlore sur l'eau à chaud.

chlorhydrique et de l'oxygène. Ces derniers, accompagnés du chlore qui n'a
pas réagi, se rendent dans le flacon laveur : la liqueur alcaline absorbe à
la fois le gaz chlorhydrique et le chlore, tandis que l'oxygène va se dégager
sur la cuve à eau, où on le recueille à la manière ordinaire.

662. ACTION DES MÉTALLOÏDES. — Le chlore s'unit directement à tous les
métalloïdes, le carbone, l'azote, l'oxygène et le fluor étant exceptés. Cette
propriété peut être mise en évidence par quelques exemples.

Le chlore et l'*hydrogène* se combinent équivalent à équivalent, pour donner
l'acide chlorhydrique (§ 676 et suivants).

Le *phosphore* s'enflamme spontanément dans le chlore. L'expérience se fait
comme celle de la combustion du phosphore dans l'oxygène (§ 501). Dans un
flacon de chlore sec, on introduit un fragment de phosphore bien essoré avec
du papier buvard et placé sur une capsule de terre suspendue au bouchon.
Après un temps généralement fort court, la combinaison s'effectue spontanément, avec dégagement de lumière, et le vase se remplit de vapeurs de
perchlorure de phosphore PCl^5 ou *PCl5*. Ce composé ne tarde pas à se condenser et à recouvrir le verre, sous la forme d'une poudre jaune, cristalline.
L'eau décomposant le perchlorure de phosphore, il est nécessaire d'opérer
sur du chlore sec.

L'*arsenic* et l'*antimoine* donnent de même du trichlorure d'arsenic $AsCl^3$ ou

$AsCl^3$ ainsi que des chlorures d'antimoine, $SbCl^3$ et $SbCl^5$ ou $SbCl^3$ et $SbCl^5$. Il suffit de projeter dans un flacon de chlore sec de l'arsenic ou de l'antimoine en poudre fine, pour que la combinaison s'effectue instantanément, avec dégagement de chaleur et de lumière : la chute des deux poudres donne, dans l'intérieur du vase, l'apparence d'une pluie de feu. En même temps on aperçoit des fumées blanches dues aux chlorures formés. Pour éviter toute rupture du flacon, il est utile de disposer au fond de celui-ci, avant de le remplir de chlore, une légère couche de sable sec, qui protège le verre du contact des matières portées au rouge.

Les chlorures d'arsenic et d'antimoine étant toxiques, on évite leur diffusion dans l'atmosphère par le procédé suivant. A un bouchon fermant exactement le flacon on fixe un tube de verre droit, de 15 millimètres de diamètre intérieur environ, qui traverse le bouchon suivant son axe et le dépasse de chaque côté de quelques centimètres. A la partie extérieure de ce tube on adapte un tube de caoutchouc de diamètre approprié, qui recouvre par son autre extrémité le goulot d'un très petit flacon ; celui-ci contient la poudre sur laquelle on veut opérer. Le tube de caoutchouc étant replié et le petit flacon dans sa position normale, on fixe le bouchon sur le vase plein de chlore ; redressant alors le tube de caoutchouc, on retourne le petit flacon, et l'arsenic ou l'antimoine qu'il renferme, traversant le tube et le bouchon, tombe dans le gaz sur lequel il doit réagir.

Ce mode opératoire doit toujours être employé pour l'arsenic, dont le chlorure, très volatil, peut faire courir des dangers sur lesquels il est nécessaire d'insister. Après l'expérience, le flacon ne doit être ouvert qu'en prenant les précautions voulues et dans un courant d'air convenablement dirigé.

663. Action des métaux. — Le chlore attaque tous les métaux en formant des chlorures.

Un fragment de *sodium*, essuyé avec du papier buvard et placé dans une coupelle de terre cuite, suspendue à un bouchon par un fil de fer, disposition identique à celle employée pour faire brûler le phosphore dans l'oxygène (fig. 230, A, § 501), étant chauffé dans une flamme de gaz jusqu'à combustion et introduit immédiatement dans un flacon rempli de chlore sec, se combine à cet élément avec dégagement de chaleur et production d'une vive lumière jaune. L'atmosphère du flacon se remplit de fumées blanches de chlorure de sodium.

Une spirale de fil de fer (fil de clavecin ou de fil de cuivre, disposée comme pour la combustion du fer dans l'oxygène (fig. 230, B, § 503), étant chauffée au rouge par son extrémité libre, puis plongée rapidement dans un flacon de chlore de 2 litres, donne lieu à une combinaison vive, avec production de phénomènes lumineux assez brillants. Il est plus commode de terminer le faisceau de fils métalliques, roulés en spirale, par un petit paquet d'or faux en feuilles, c'est-à-dire de laiton extrêmement mince. Ce dernier, à cause de la grande surface de contact qu'il présente au chlore, s'échauffe jusqu'au rouge en se transformant en chlorure, et provoque ainsi la combinaison du métal de la spirale à laquelle il adhère.

Une feuille d'or faux, projetée dans un flacon plein de chlore, s'y détruit immédiatement, avec production de lumière et en donnant des chlorures de cuivre et de zinc.

664. Action de l'ammoniaque. — A l'orifice d'un ballon d'un litre, on adapte un bouchon que traverse un tube à dégagement recourbé trois fois, et un tube à entonnoir pénétrant jusqu'au fond du ballon. Dans celui-ci, on introduit, par le tube à entonnoir, d'abord 100 centimètres cubes de solution aqueuse et saturée d'ammoniaque, puis, peu à peu, 700 centimètres cubes d'eau saturée de chlore gazeux. Au contact des deux liquides, une réaction s'effectue, réaction qui s'accentue quand on rend le mélange homogène en agitant doucement. Le chlore enlève à l'ammoniaque son hydrogène, pour former de l'acide chlorhydrique, tandis que l'azote est mis en liberté; en même temps, l'acide chlorhydrique forme, avec l'ammoniaque en excès, du chlorhydrate d'ammoniaque :

$$4AzH^3 \ + \ 3Cl \ = \ 3AzH^4Cl \ + \ Az;$$

Ammoniaque.   Chlore.   Chlorhydrate   Azote.
d'ammoniaque.

$$4AzH^3 \ + \ 3Cl \ = \ 3AzH^4Cl \ + \ Az.$$

Le gaz azote est recueilli sur la cuve à eau.

Dans cette expérience, l'ammoniaque est employée en grand excès par rapport au chlore; le volume de la solution ammoniacale a été pris, il est vrai, plus faible que celui de la solution de chlore, mais l'énorme différence qui existe entre les solubilités respectives des deux gaz renverse largement la proportion. Cette condition est indispensable. Si le chlore était au contraire en excès, son action sur l'ammoniaque engendrerait du chlorure d'azote $AzCl^3$ ou $AzCl^3$, composé liquide, très détonant, susceptible de faire explosion sous une action mécanique des plus faibles, et dont la production a occasionné des accidents graves.

C'est cette cause de danger qui fait laisser de côté un mode de production de l'azote très avantageux et très régulier, lequel consiste à faire passer un courant de gaz chlore (§ 651) dans un flacon laveur contenant une solution aqueuse d'ammoniaque : le gaz qui s'échappe du flacon est de l'azote. La liqueur ammoniacale s'appauvrissant, et le chlore continuant à arriver en abondance, du chlorure d'azote peut se former finalement, et donner lieu à une explosion.

665. Dans un but de démonstration, la réaction précédente peut être réalisée d'une manière fort simple. Dans un long tube de verre épais, de 1 mètre ou 1^m,20 de longueur et de 0^m,012 à 0^m,015 de diamètre, bouché à un bout, on introduit de l'eau de chlore saturée, de façon à le remplir presque complètement, en laissant seulement libre une hauteur de 0^m,10 à 0^m,12 ; on achève ensuite de le remplir avec de l'ammoniaque concentrée du commerce. Bouchant alors solidement le tube avec le doigt et le retournant, la liqueur ammoniacale, plus légère, s'élève dans le tube en se mélangeant à la dissolution de chlore, et la réaction se produit ; on voit alors l'azote se dégager en quantité telle que l'on doit laisser échapper du liquide de temps en temps pour lui faire place.

666. ACTION DE L'HYDROGÈNE SULFURÉ. — Le chlore et l'hydrogène sulfuré, à l'état de gaz secs, réagissent l'un sur l'autre en produisant des corps dont la nature varie avec les proportions du mélange. A volumes égaux, il se forme de l'acide chlorhydrique et du soufre:

$$H^2S^2 + 2Cl = 2HCl + S^2;$$
4 vol. 4 vol. 4 vol.
$$H^2S + 2Cl = 2HCl + S.$$

Lorsque le chlore est en quantité plus grande, il s'unit au soufre mis en liberté pour former du chlorure de soufre.

A une éprouvette pleine de chlore, placée verticalement et dont l'orifice est dirigé vers le haut, on superpose une éprouvette semblable, pleine d'hydrogène sulfuré; tenant les orifices exactement appliqués l'un sur l'autre, on retourne tout le système (fig. 236, § 519). Les deux gaz se mélangent en donnant lieu à un abondant dépôt de soufre. Quelques gouttes d'eau que l'on verse ensuite dans les éprouvettes dissolvent l'acide chlorhydrique formé et possèdent dès lors une réaction acide énergique.

En présence de l'eau, une réaction se produit également. Si l'on mélange une solution saturée d'hydrogène sulfuré avec un volume égal d'une solution de chlore également saturée, et qu'on chauffe, ou bien encore si l'on fait passer un courant de chlore gazeux dans une solution d'hydrogène sulfuré, il se fait un dépôt de soufre. Dans ce cas, le chlore se transforme en acide chlorhydrique aux dépens de l'hydrogène sulfuré; en même temps il décompose l'eau pour prendre son hydrogène, tandis que l'oxygène oxyde une petite portion du soufre mis en liberté, en donnant de l'acide sulfurique : la liqueur filtrée précipite, en effet, par le chlorure de baryum ainsi que par l'azotate d'argent.

667. ACTION OXYDANTE. — L'action oxydante que possède le chlore par l'intermédiaire de l'eau peut être mise en évidence de diverses manières; elle n'est qu'une conséquence nouvelle de l'énergie avec laquelle le chlore et l'hydrogène s'unissent l'un à l'autre.

L'action exercée par le chlore sur l'hydrogène sulfuré en présence de l'eau (§ 666) en est un premier exemple. En voici d'autres.

Si à une dissolution d'acide sulfureux, pure et récente, on ajoute de l'eau de chlore, l'eau est décomposée; il se fait de l'acide chlorhydrique, tandis que l'acide sulfureux passe à l'état d'acide sulfurique : celui-ci communique à la liqueur, qui ne la possédait pas auparavant, la propriété de donner avec le chlorure de baryum un précipité blanc de sulfate de baryte, insoluble dans l'acide chlorhydrique dilué.

Quand on ajoute à du sulfate de protoxyde de fer dissous dans l'eau une solution diluée d'ammoniaque ou d'alcali caustique, elle donne un précipité blanc verdissant, d'hydrate de protoxyde de fer. Si l'on verse de l'eau de chlore dans le mélange, le protoxyde de fer passe immédiatement à l'état de sesquioxyde, en prenant une couleur ocreuse.

668. ACTION SUR LES MATIÈRES ORGANIQUES. — Le chlore attaque énergiquement la plupart des matières organiques; il le fait d'ordinaire pour s'unir à leur hydrogène, auquel il se substitue fréquemment; l'action est parfois d'une extrême énergie.

Si, par exemple, on imbibe d'essence de térébenthine une bande de papier buvard roulée sur elle-mème en cylindre, qu'on l'essore de manière à enlever la plus grande partie du liquide, et qu'on l'introduise dans un flacon de chlore sec, au bouchon duquel on l'a fixée par un fil de fer, elle s'enflamme après quelques instants; la réaction qui s'accomplit provoque la formation d'un abondant dépôt de charbon. Il est nécessaire, pour que l'expérience réussisse, que le papier ne retienne que fort peu d'essence et que le chlore ne soit pas mélangé d'air.

Dans d'autres cas, lorsqu'on opère en présence de l'eau, le chlore agit sur les matières organiques comme oxydant, aux dépens de l'oxygène de l'eau qui est décomposée.

669. **Action décolorante.** — C'est à une oxydation pratiquée ainsi aux dépens de l'oxygène de l'eau, que le chlore doit sa propriété de détruire une foule de matières colorantes organiques et de les transformer en composés incolores, autrement dit, que le chlore doit ses propriétés décolorantes.

Si, dans de l'eau de chlore, on verse du vin rouge, de la solution sulfurique d'indigo, de la teinture de tournesol, de l'encre à la noix de galle, de la teinture de campêche, etc., ces réactifs sont immédiatement décolorés.

Du papier de tournesol mouillé d'eau, certaines étoffes teintes et humides, des fleurs fraîches et colorées, qu'on plonge dans une atmosphère de chlore, se décolorent rapidement. Les matières colorantes sont détruites et l'on ne peut ici, comme cela a lieu dans les décolorations par l'acide sulfureux (§ 624), les régénérer par l'action de certains réactifs.

Pour montrer le rôle de l'eau dans les décolorations de ce genre, on introduit dans un flacon plein de chlore sec une feuille de papier sur laquelle on a tracé des caractères avec de l'encre à la noix de galle, qu'on a ensuite desséchée dans une étuve et qu'on a enfin mise à refroidir dans un vase à dessécher. On constate que les caractères ne disparaissent pas. On enlève alors cette feuille de papier, on la mouille, on l'introduit de nouveau dans le flacon, et l'on voit les caractères disparaître après quelques instants. Il est bon de fixer préalablement le papier au bouchon du flacon par un fil de fer.

A. — Acide hypochloreux.

Équiv. : $ClHO^2$ ou $ClO,HO = Cl\theta H = P.$ *mol.*

670. Composé connu seulement en dissolution dans l'eau. — Son *anhydride* est un gaz rouge, liquéfiable en un liquide qui bout à $+ 20°$ et détone très facilement.

671. **Préparation par le chlore et l'oxyde de mercure.** — L'oxyde de mercure rouge, obtenu par la calcination ménagée de l'azotate, se prête mal à cette préparation; il s'attaque trop lentement par le chlore; si on l'emploie, il doit être finement porphyrisé. L'oxyde jaune, très divisé, obtenu par précipitation d'un sel mercurique, s'attaque au contraire trop vite; il convient très bien lorsqu'on l'a porté préalablement à 300° et qu'on l'a laissé refroidir.

On prend 15 grammes d'oxyde de mercure ainsi préparé. On les broie dans un mortier avec 60 grammes d'eau, de manière à mettre la matière solide en suspension dans le liquide. On verse par portions ce mélange dans un flacon d'un litre, bouché à l'émeri et préalablement rempli de chlore gazeux ; après avoir fermé le flacon, on agite vivement. Le chlore attaque l'oxyde de mercure, donne de l'anhydride hypochloreux qui s'unit à l'eau, et du chlorure de mercure (Balard) :

$$2HgO \quad + \quad 4Cl \quad + \quad H^2O^2 \quad = \quad 2HgCl \quad + \quad 2(ClO,HO);$$

Oxyde de mercure.	Chlore.	Eau.	Bichlorure de mercure.	Acide hypochloreux.

$$Hg\Theta \quad + \quad 4Cl \quad + \quad H^2\Theta \quad = \quad HgCl^2 \quad + \quad 2Cl\Theta H.$$

La décoloration du mélange liquide montre la disparition de l'oxyde. En même temps le vide se fait dans le flacon, le chlore se trouvant absorbé. On ajoute de nouvelles quantités du réactif jusqu'à décoloration de l'atmosphère du vase. Finalement, la bouillie liquide renfermée dans le flacon reste rougeâtre et le chlore a disparu. Dans ces conditions, la liqueur ne contient pas beaucoup de chlorure de mercure en solution, ce sel s'étant uni à un excès d'oxyde pour former divers oxychlorures de mercure insolubles.

L'acide hypochloreux en solution dans l'eau peut être isolé par filtration du liquide sur un tampon d'amiante, en s'aidant de la trompe.

Si l'on veut concentrer davantage cette solution, on ajoute de nouveau de l'oxyde de mercure à un mélange ayant absorbé, comme il vient d'être dit, le chlore d'un flacon, et on l'indroduit dans un second flacon plein de chlore, en opérant de la même façon ; et ainsi de suite.

672. PROPRIÉTÉS OXYDANTES. — L'acide hypochloreux est un agent d'oxydation des plus énergiques.

Sa solution, mise en contact avec une bouillie de sulfure de plomb récemment précipité et tenu en suspension dans l'eau, transforme le sulfure en sulfate, et le mélange devient blanc.

Versée dans un sel de protoxyde de manganèse, elle donne un précipité noir d'hydrate de bioxyde de manganèse.

Versée dans un sel de protoxyde de plomb, elle fournit un précipité de bioxyde puce de plomb.

L'argent en poudre et l'oxyde d'argent ont une action un peu spéciale sur l'acide hypochloreux. Tous deux se changent en chlorure d'argent et dégagent de l'oxygène :

$$2Ag \quad + \quad 2(ClO,HO) \quad = \quad 2AgCl \quad + \quad 2O \quad + \quad H^2O^2,$$

Argent.	Acide hypochloreux.	Chlorure d'argent.	Oxygène.	Eau.

$$2Ag \quad + \quad 2Cl\Theta H \quad = \quad 2AgCl \quad + \quad \Theta \quad + \quad H^2\Theta;$$

$$2AgO \quad + \quad 2(ClO,HO) \quad = \quad 2AgCl \quad + \quad 4O \quad + \quad H^2O^2,$$

Oxyde d'argent.

$$Ag^2\Theta \quad + \quad 2Cl\Theta H \quad = \quad 2AgCl \quad + \quad 2\Theta \quad + \quad H^2\Theta.$$

Quand on verse une solution d'acide hypochloreux dans une autre d'acide oxalique, une vive effervescence se produit, et un mélange de gaz carbonique et de chlore se dégage :

$$C^4H^2O^8 \quad + \quad 2(ClO,HO) \quad = \quad 2C^2O^4 \quad + \quad 2Cl \quad + \quad 2H^2O^2;$$

Acide oxalique. Acide hypochloreux. Gaz carbonique. Chlore. Eau.

$$C^2H^2O^4 \quad + \quad 2ClOH \quad = \quad 2CO^2 \quad + \quad 2Cl \quad + \quad 2H^2O.$$

L'acide hypochloreux décolore la teinture de tournesol, l'encre, l'indigo, etc.

B. — Acide chlorhydrique.

$$\text{Équiv.} : HCl = 36,5 = 4\,vol. = HCl = P.\,mol.$$

673. *Synonymes :* acide muriatique, esprit de sel, acide hydrochlorique. — *Gaz* incolore, fumant à l'air, à odeur piquante, déjà cité au quinzième siècle par Bazile Valentin. — *Densité* à 0° et sous la pression 0ᵐ,760 : 1,278 par rapport à l'air ; 18,25 par rapport à l'hydrogène. — *Poids du litre :* 1ᵍʳ,635. — *Chaleur spécifique :* 0,2333 en volume ; 0,1852 en poids. — *Liquéfiable* à 0° sous une pression de 26,2 atmosphères ou à —80° sous la pression ordinaire ; densité du liquide 1,27. — *Solidifiable* et fusible à —112°,5. — *Solubilité* sous la pression 0ᵐ,760 : 500 litres environ dans 1 litre d'eau à 0° ; 560 litres à —12°.

Hydrate $HCl + 2H^2O^2$ ou $HCl + 2H^2O$. — Cristaux fusibles à —18°, obtenus en saturant de gaz chlorhydrique la solution aqueuse de ce gaz refroidie à —25°. — *Chaleur de formation :* + 11,6 Calories.

Hydrate $HCl + 6H^2O^2$ ou $HCl + 6H^2O$. — Liquide obtenu en dirigeant un courant de gaz carbonique dans la solution d'acide chlorhydrique, concentrée et froide, jusqu'à ce qu'il cesse d'entraîner du gaz. — *Densité :* 1,12 à 0°. — *Chaleur de formation :* + 16,5 Calories.

Hydrate $HCl + 8H^2O^2$ ou $HCl + 8H^2O$. — Liquide obtenu en chauffant la solution aqueuse concentrée jusqu'à la température de 110°. — *Point d'ébullition :* 110°. — *Densité :* 1,10.

1. — PRÉPARATION.

674. Par le chlorure de sodium et l'acide sulfurique. — L'appareil

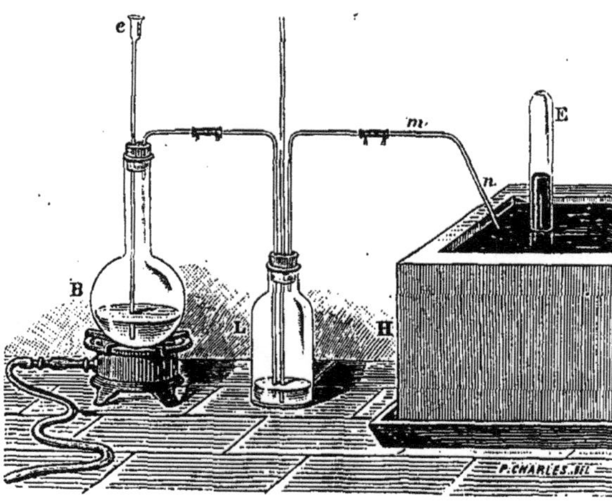

Fig. 264. — Préparation de l'acide chlorhydrique gazeux.

dont on se sert se compose d'un ballon B de 1 litre (fig. 264), au col duquel on adapte, au moyen d'un bouchon percé de deux trous, un tube de sûreté vertical à entonnoir *e*, plongeant jusqu'au fond du ballon, ainsi qu'un tube coudé; ce dernier est relié par un caoutchouc à un flacon laveur L, contenant un peu d'acide sulfurique concentré. Le tube abducteur du flacon est lui-même mis en communication avec un tube à dégagement *mn*, recourbé deux fois. Le ballon est placé sur un fourneau et protégé de la flamme par une toile métallique; en même temps le tube à dégagement est plongé par son extrémité libre dans une cuve à mercure.

Dans le ballon, on introduit 100 grammes de sel marin fondu et concassé en fragments du volume d'un gros pois; puis, après avoir adapté le bouchon, on verse par le tube de sûreté 120 grammes (87 centimètres cubes) d'acide sulfurique concentré, préalablement mélangé avec 29 centimètres cubes d'eau; dans ce but, on a versé avec précaution l'acide sulfurique sur l'eau. On chauffe ensuite doucement, après avoir agité le ballon afin de mouiller régulièrement sa paroi. L'acide sulfurique attaque le chlorure de sodium; il se fait du sulfate de soude, qui reste dans le ballon, et du gaz chlorhydrique qui se dégage (Glauber) :

$$2\text{NaCl} \quad + \quad S^2O^6,2\text{HO} \quad = \quad S^2O^6,2\text{NaO} \quad + \quad 2\text{HCl};$$

Chlorure de sodium.   Acide sulfurique.   Sulfate de soude.   Acide chlorhydrique.

$$2NaCl \quad + \quad SO^4H^2 \quad = \quad SO^4Na^2 \quad + \quad 2HCl.$$

Telle est du moins la réaction finale lorsqu'on peut élever suffisamment la température. En réalité, cette réaction s'effectue en deux phases : l'acide sulfurique bibasique produit d'abord du sulfate acide de soude et de l'acide chlorhydrique,

$$\text{NaCl} + S^2O^6,2\text{HO} = S^2O^6,\text{NaO,HO} + \text{HCl},$$
$$NaCl + SO^4H^2 = SO^4NaH + HCl;$$

puis le sulfate acide de soude décompose une seconde molécule de chlorure de sodium en formant du sulfate neutre de soude et une nouvelle quantité d'acide chlorhydrique :

$$\text{NaCl} + S^2O^6,\text{NaO.HO} = S^2O^3,2\text{NaO} + \text{HCl},$$
$$NaCl + SO^4NaH = SO^4Na^2 - HCl.$$

En opérant dans un ballon de verre, il est difficile de pousser la réaction jusqu'au bout, la température élevée qui serait nécessaire pouvant entraîner la rupture de l'appareil. C'est pour cette raison que l'on fait intervenir une quantité d'acide sulfurique supérieure à celle qui équivaut au poids de sel marin mis en expérience; on obtient ainsi un mélange de sulfate neutre et de sulfate acide, qui est plus fusible que le sulfate neutre et dont on chasse tout l'acide chlorhydrique avec une moindre élévation de température.

On substitue souvent au sel marin fondu le même sel décrépité. L'opération marche alors plus rapidement, trop rapidement parfois, à cause de la grande surface que le sel présente à l'action de l'acide sulfurique. Le sel cristallisé ordinaire, non décrépité, doit être rejeté : il a l'inconvénient de faire mousser beaucoup le mélange, ce qui rend l'opération difficile à conduire dans un appareil de petites dimensions.

D'ailleurs la production de mousse s'observe toujours plus ou moins dans cette préparation ; elle est abondante avec l'acide sulfurique peu concentré, de densité 1,530 par exemple (50° Baumé); elle est encore notable avec l'acide sulfurique concentré, de densité 1,842 (66° Baumé). C'est pourquoi il est avantageux, à ce point de vue, de mélanger l'acide concentré du commerce avec 21 p. 100 de son poids d'eau, de manière à amener sa densité à 1,72 (60-61° Baumé), concentration qui semble être la plus avantageuse.

Il est nécessaire de veiller à ce que le tube de sûreté e ne s'obstrue pas par des matières salines pendant la durée de l'opération. Cet accident se produit quelquefois ; aussi remplace-t-on fréquemment ici le tube droit par un tube en S (§ 394) dont l'orifice reste hors de la portée des corps en réaction.

Le lavage du gaz à l'acide sulfurique a pour but d'arrêter les sels entraînés mécaniquement. L'emploi d'une solution saturée d'acide chlorhydrique comme liquide de lavage est à recommander lorsqu'on ne tient pas à la siccité du gaz.

L'acide chlorhydrique gazeux doit être recueilli sur le mercure et dans des vases secs, sa solubilité dans l'eau étant considérable. On laisse perdre les premières portions qui se dégagent; elles sont mélangées d'air. On reconnaît facilement que ce dernier a été complètement expulsé de l'appareil, en constatant que le gaz recueilli dans une petite éprouvette est soluble dans l'eau sans résidu. Lorsqu'on veut avoir du gaz tout à fait sec, il est nécessaire de placer, entre la cuve à mercure et le flacon laveur contenant de l'acide sulfurique concentré, une colonne à dessécher remplie de ponce sulfurique.

Le déversement du gaz chlorhydrique dans l'atmosphère présente des inconvénients qui rendent avantageuse, dans certains cas, l'adoption des dispositions indiquées au § 610.

Le sulfate de soude provenant de l'opération peut être recueilli et purifié (voy. *Sulfate de soude*).

675. PAR LA SOLUTION DU COMMERCE. — La solution aqueuse d'acide chlorhydrique du commerce, de densité 1,17, abandonne de l'acide chlorhydrique gazeux lorsqu'on la chauffe. Celui-ci se dégage en entraînant une proportion d'eau, croissante avec la température. Finalement le résidu, aussi bien que ce qui distille, est un mélange d'acide et d'eau dans les proportions de 1 équivalent d'acide pour un nombre d'équivalents d'eau variant de 12 à 16. Le gaz, qui se dégage pendant les premiers moments du chauffage, peut être recueilli sur la cuve à mercure, après avoir été desséché dans une colonne à ponce sulfurique.

A cet effet, on introduit l'acide du commerce dans un ballon, avec quelques petits fragments de charbon destinés à régulariser le dégagement; on adapte au bouchon un tube conduisant le gaz dans un flacon laveur à acide sulfurique, puis dans une colonne à dessécher, d'où il se rend sur la cuve à mercure.

On peut modifier cette méthode et s'en servir pour extraire de la solution d'acide chlorhydrique presque tout l'acide qu'elle contient. Il suffit de mélanger peu à peu de l'acide sulfurique concentré à cette solution, pour provoquer le dégagement du gaz chlorhydrique qu'elle renferme. On place la solution dans un flacon à deux tubulures, par le goulot duquel on fait écouler doucement l'acide sulfurique contenu dans un entonnoir ou dans une ampoule à robinet, que l'on fixe au bouchon; l'une des tubulures porte un tube de sûreté en S fermé par du mercure, l'autre un tube à dégagement qui conduit le gaz, d'abord dans un laveur à acide sulfurique, puis dans une colonne à dessécher, et enfin sur la cuve à mercure.

Ce procédé est évidemment inférieur au précédent pour préparer du gaz chlorhydrique sec. Il est néanmoins commode quand on veut avoir une petite quantité de gaz chlorhydrique à un moment donné. Il présente l'inconvénient d'être coûteux, car il faut ajouter à la solution du commerce un volume double d'acide sulfurique, pour dégager la totalité du gaz qu'elle contient.

II. — COMPOSITION.

676. — SYNTHÈSE. — 1° Un tube recourbé à angle droit est mis en communication, par l'une de ses branches placée horizontalement et au moyen d'un

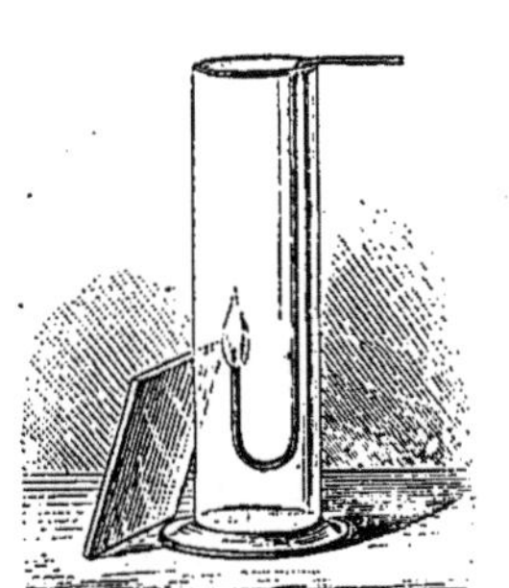

Fig. 265. — Combustion de l'hydrogène dans le chlore.

tube de caoutchouc, avec un appareil fournissant un courant régulier d'hydrogène. La branche verticale de ce tube (fig. 265) est effilée à la lampe, puis recourbée sur elle-même à son extrémité inférieure. L'air étant complètement expulsé de l'appareil, on enflamme l'hydrogène à l'orifice du tube. D'autre part, on a rempli de chlore une vaste éprouvette à pied, et on l'a conservée fermée par une plaque de verre rodée. Enlevant cette fermeture, on fait descendre doucement dans l'éprouvette le tube portant la flamme d'hydrogène. On constate que l'hydrogène, qui brûlait à l'air, continue à brûler dans le chlore, mais sa flamme est devenue livide. On constate de plus, en versant de l'eau dans l'éprouvette et en agitant, que

e gaz acide chlorhydrique engendré se dissout dans ce liquide en lui communiquant la propriété de rougir énergiquement le tournesol.

677. 2° Dans une éprouvette résistante et de un quart de litre au plus, on introduit de l'hydrogène jusqu'à la moitié de son volume, puis, sur la cuve à eau, on achève rapidement de la remplir avec du chlore. On ferme l'éprouvette avec la main, on l'incline plusieurs fois en différents sens pour mélanger les deux gaz, et, ouvrant l'orifice, on approche celui-ci d'une flamme. Une explosion énergique se produit immédiatement donnant naissance à de l'acide chlorhydrique.

L'explosion est plus énergique encore lorsqu'on la produit dans un flacon à étroite ouverture; mais comme elle provoque le plus souvent la rupture du vase, il est nécessaire d'envelopper celui-ci d'un torchon roulé sur lui-même, afin d'éviter la projection des éclats de verre qui pourraient blesser l'opérateur.

Le mélange doit être fait à l'abri de la lumière directe du soleil, qui provoque l'explosion. Il ne faut pas le préparer à l'avance en l'exposant à la lumière diffuse, dont l'action est suffisante pour déterminer la combinaison lente des deux éléments. La réaction ne se manifeste même avec toute son intensité que lorsque le mélange a été effectué dans un endroit obscur ou faiblement éclairé à la lumière artificielle.

Un flacon bouché, rempli dans ces conditions d'un mélange d'hydrogène et de chlore à volumes égaux, fait explosion quand on le découvre brusquement au soleil, en soulevant au moyen d'une corde ou d'une perche une boîte de carton qui le tient dans une obscurité complète. La lumière du magnésium, ainsi que celle due à la réaction du bioxyde d'azote sur la vapeur de sulfure de carbone (§ 570), produisent le même effet.

L'expérience ne présente plus aucun danger quand on introduit le mélange dans une ampoule de verre mince, soufflée sur un tube de verre dont on ferme les extrémités par des tubes de caoutchouc écrasés dans des pinces métalliques à ressort.

678. 3° Deux éprouvettes de même volume, et dont les bords rodés peuvent s'appliquer exactement l'un sur l'autre, sont remplies par déplacement (§ 414), l'une d'hydrogène et l'autre de chlore: après avoir été superposées l'une à l'autre, le joint étant enduit d'un corps gras, puis agitées, elles sont abandonnées à la lumière diffuse. En quelques heures, la réaction est terminée. On introduit tout le système dans la cuve à eau et l'on fait glisser doucement l'une des éprouvettes sur l'autre, de manière à produire entre les deux orifices une très faible ouverture. L'eau se précipite dans l'appareil, qu'elle remplit complètement, montrant ainsi que les volumes égaux de chlore et d'hydrogène mis en expérience sont entrés tout entiers en combinaison.

679. ANALYSE. — Le voltamètre de M. Hofmann, à pôles de charbon, déjà décrit à propos de l'ammoniaque (§ 587, fig. 251), peut servir à établir la composition de l'acide chlorhydrique. Cet acide ne doit pas, en effet, être électrolysé avec des électrodes de platine, le métal étant attaqué par le chlore mis en liberté.

On introduit dans l'appareil un mélange de 1 volume d'acide chlorhydrique concentré et de 10 volumes d'eau saturée de chlorure de sodium, puis on fait passer le courant de 6 à 8 éléments Bunsen. L'acide chlorhydrique est décomposé, le chlore se dégage au pôle positif et l'hydrogène au pôle négatif. On empêche les deux gaz de se mélanger, en engageant un tampon d'amiante dans la branche horizontale de l'appareil.

On observe que l'hydrogène et le chlore se dégagent à volumes sensiblement égaux; la branche positive du tube montre nettement la coloration caractéristique du chlore. L'erreur que l'on constate au commencement de l'expérience est cependant assez forte; elle est due à la solubilité du chlore, laquelle est notable, même dans l'eau salée.

Elle diminue quand l'opération ayant été prolongée quelque temps, la liqueur de la branche positive s'est saturée de chlore.

Si l'on verse du liquide dans le tube central et dans l'entonnoir, de manière à augmenter la pression dans l'appareil et qu'on ouvre doucement le robinet du côté du pôle positif, on constate que le gaz qui s'échappe décolore un papier de tournesol mouillé qu'on présente à l'orifice d'échappement ; le gaz qui se dégage à l'autre pôle peut être enflammé lorsqu'on lui livre passage de la même manière.

III. — PROPRIÉTÉS.

680. Réaction acide. — L'acide chlorhydrique, sec ou humide, agit énergiquement, à la manière des acides les plus forts, sur les réactifs colorés : il rougit énergiquement le tournesol.

681. Solubilité dans l'eau. — L'extrême solubilité de l'acide chlorhydrique dans l'eau permet de répéter avec ce gaz les expériences indiquées (§ 589) pour mettre en évidence la solubilité de l'ammoniaque. Pour la première, on remplit le flacon par déplacement, en profitant de la densité relativement grande du gaz chlorhydrique. Quant à la seconde, elle doit être faite avec de la teinture de tournesol bleue qui se trouve rougie au contact de l'acide.

La *solution aqueuse d'acide chlorhydrique* est l'un des réactifs les plus importants. On la prépare en faisant passer dans l'eau un courant de gaz chlorhydrique produit par les méthodes précédemment indiquées. Cependant ces méthodes peuvent ici être modifiées avantageusement, la production d'un gaz fortement mélangé de vapeur d'eau ne présentant aucun inconvénient.

Lorsqu'on fait usage de la décomposition du chlorure de sodium par l'acide sulfurique (§ 674), on introduit dans le ballon du sel marin ordinaire, sans prendre la précaution de le faire fondre ou décrépiter ; on verse à sa surface une solution aqueuse d'acide chlorhydrique jusqu'à ce que le liquide recouvre un peu la masse de sel ; on chauffe légèrement, puis on introduit peu à peu de l'acide sulfurique concentré dans le mélange, par le tube de sûreté. L'acide sulfurique et le sel sont d'ailleurs employés dans les proportions indiquées. En opérant ainsi, la dilution de l'acide est suffisante pour que la masse ne mousse pas et que la décomposition puisse être poussée jusqu'au bout sans difficulté.

La simple distillation de la solution du commerce est plus avantageuse dans le cas actuel que pour la production du gaz ; elle est souvent usitée lorsqu'il s'agit de la purification de l'acide chlorhydrique.

Quel que soit le mode de production que l'on adopte, le gaz, en s'échappant du ballon producteur B (fig. 266), passe dans un premier flacon L, où il se lave soit dans un peu d'eau, soit et mieux encore dans une dissolution d'acide chlorhydrique du commerce, qui arrête les impuretés en fixant fort peu d'acide chlorhydrique. Le gaz purifié est dirigé ensuite dans une série de flacons de Woulf, W et V, contenant la moitié de leur volume d'eau distillée. Le gaz chlorhydrique étant très soluble et la solution qu'il forme étant plus dense que l'eau, il vaut mieux ne pas faire plonger profondément dans le liquide les tubes d'arrivée du gaz : on évite ainsi d'augmenter inutilement la pression dans l'appareil, et l'accroissement de densité dû à la dissolution suffit pour assurer l'agitation du liquide. L'absorption se produit très bien lorsque les tubes pénètrent de 1 centimètre dans la liqueur.

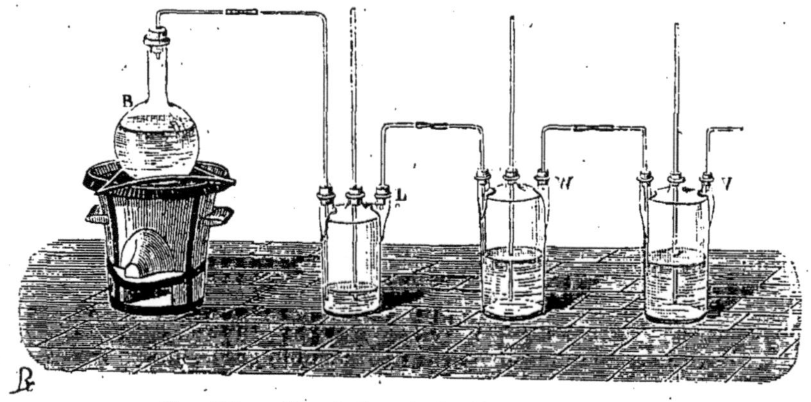

Fig. 266. — Dissolution de l'acide chlorhydrique.

Le volume du liquide en W et en V augmente beaucoup pendant le passage du gaz; c'est pour cette raison qu'il ne faut pas remplir les flacons à l'origine. En même temps la température s'élève, la formation des hydrates d'acide chlorhydrique engendrant une grande quantité de chaleur. Ce phénomène s'oppose à l'absorption du gaz, surtout vers la fin de l'opération, parce que la solubilité est beaucoup moindre à chaud qu'à froid. Il est dès lors nécessaire, si l'on veut obtenir une solution concentrée, de refroidir les flacons W et V. A cet effet, on les place dans des cristallisoirs ou dans des terrines que l'on remplit d'eau froide jusqu'au-dessus du niveau du liquide à l'intérieur.

Lorsque la saturation a été produite à 0° et sous la pression normale, la dissolution arrive à contenir 45 p. 100 de son poids d'acide chlorhydrique. Saturée à 14°, la liqueur contient 42,9 p. 100 d'acide. La teneur diminue rapidement à mesure que la température est plus élevée.

L'acide chlorhydrique attaque certaines matières organiques et notamment le liège des bouchons. Cette attaque se produit peu à peu dans l'appareil précédent, et si la solution vient ensuite à mouiller le liège altéré par l'acide, elle prend une coloration brune plus ou moins foncée. Il est donc nécessaire d'éviter le contact du liquide et des bouchons.

Cet inconvénient porte beaucoup de chimistes à abandonner l'usage de l'appareil de Woulf pour la préparation de la solution d'acide chlorhydrique. L'absorption du gaz se fait d'ailleurs avec une telle facilité, qu'on peut la réaliser dans l'appareil le plus simple, c'est-à-dire en faisant arriver le gaz lavé, dans l'eau d'un flacon ouvert à l'air et refroidi extérieurement par un courant d'eau. Si le dégagement gazeux n'est pas trop rapide et si la température est maintenue basse, on n'éprouve pas une perte notable de gaz et l'on arrive à charger la solution d'une quantité d'acide bien suffisante pour la plupart des usages.

Cette solution doit être conservée dans un flacon bouché en verre.

682. *Préparation de la dissolution pure.* — Lorsque les réactifs employés pour produire l'acide chlorhydrique sont purs et que le lavage dans le flacon L a arrêté les matières entraînées mécaniquement par le courant gazeux, la solution est elle-même pure. Toutefois ces conditions ne sont pas celles qui se présentent d'ordinaire. L'acide sulfurique du commerce est arsenical, les pyrites avec lesquelles on le produit contenant de l'arsenic; l'acide chlorhydrique qu'il fournit est par suite arsenical. Le chlorure de sodium raffiné peut être obtenu facilement dans des conditions de pureté suffisante; si donc on le traite par l'acide sulfurique pur, préparé comme il a été dit (§ 635 et 636), on peut, en opérant suivant les indications précédentes, obtenir de l'acide chlorhydrique pur. C'est là le procédé auquel on doit donner la préférence.

La solution d'acide chlorhydrique du commerce, en dehors de l'arsenic qui s'y trouve à l'état de chlorure d'arsenic volatil, contient d'ordinaire de l'acide sulfurique et des sels; elle renferme de plus, tantôt de l'acide sulfureux, tantôt du chlore libre. Sa purification est assez délicate, aussi a-t-on proposé de très nombreux procédés pour l'effectuer: nous n'en citerons qu'un petit nombre.

683. Lorsque l'acide à purifier est chargé d'acide sulfureux, ce qui se reconnaît à l'action décolorante qu'il exerce sur la solution diluée de permanganate de potasse, on l'étend d'eau de manière à lui donner la densité 1,13, puis on l'additionne d'une petite quantité de bioxyde de manganèse en poudre, qui forme du chlore. On plonge ensuite dans le mélange des lames de cuivre bien décapées, en les maintenant verticalement dans toute la hauteur du liquide. Après un ou deux jours de contact dans un endroit tiède, on enlève les lames, on les décape de nouveau en les frottant avec du grès, on les lave, et on les met une seconde fois en contact avec l'acide pendant vingt-quatre heures. L'arsenic, le chlore et le thallium sont fixés par le cuivre, tandis que le perchlorure de fer volatil est ramené à l'état de protochlorure non volatil. On décante la liqueur et on la chauffe dans un ballon avec de la tournure de cuivre; cette dernière maintient réduit le chlorure ferreux, et empêche ainsi qu'il ne distille du chlorure ferrique. On recueille comme précédemment, dans l'eau distillée, le gaz qui se dégage.

684. On dilue l'acide du commerce jusqu'à ce que sa densité soit 1,13 environ, et on le sature d'hydrogène sulfuré, ou plus simplement on l'additionne d'une petite proportion de sulfure de baryum qui forme du chlorure de baryum et de l'hydrogène sulfuré : l'acide sulfureux est détruit par ce dernier, en donnant du soufre (§ 647), le chlore est changé en acide chlorhydrique avec dépôt de soufre (§ 666), l'arsenic se précipite à l'état de sulfure d'arsenic, enfin le perchlorure de fer est réduit à l'état

de protochlorure. On laisse déposer et l'on décante, ou même on filtre sur un papier double. On chauffe dans un appareil distillatoire la liqueur claire, en recueillant dans l'eau les premières portions qui se dégagent et qui renferment de l'hydrogène sulfuré. Lorsque le gaz dégagé, dissous dans un peu d'eau, cesse de noircir les sels de cuivre, on recueille dans un autre récipient l'acide chlorhydrique pur qui distille. Il est bon de ne pas pousser trop loin la distillation, les dernières portions pouvant contenir des sels entraînés, et notamment du chlorure de fer.

Ce procéde de purification ne fournit qu'une dissolution diluée.

685. *Densités des dissolutions aqueuses.* — Le tableau suivant (J. Kolb) fait connaître le poids d'acide chlorhydrique, contenu dans 100 parties en poids d'une dissolution de densité donnée, soit à 0°, soit à + 15°. Il est important de remarquer que le coefficient de dilatation des dissolutions concentrées d'acide chlorhydrique étant huit ou neuf fois plus considérable que celui de l'eau, l'influence de la température ne saurait être négligée.

DENSITÉS.	DEGRÉS BAUMÉ.	HCl CONTENU DANS 100 PARTIES		DENSITÉS.	DEGRÉS BAUMÉ.	HCl CONTENU DANS 100 PARTIES	
		à 0°.	à + 15°.			à 0°.	à + 15°.
1,000	0	0,0	0,1	1,134	17	25,2	26,6
1,007	1	1,4	1,5	1,143	18	27,0	28,4
1,014	2	2,7	2,9	1,152	19	28,7	30,2
1,022	3	4,2	4,5	1,157	19,5	29,7	31,2
1,029	4	5,5	5,8	1,161	20	30,4	32,0
1,036	5	6,9	7,3	1,166	20,5	31,4	33,0
1,044	6	8,4	8,9	1,171	21	32,3	33,9
1,052	7	9,9	10,4	1,175	21,5	33,0	34,7
1,060	8	11,4	12,0	1,180	22	34,1	35,7
1,067	9	12,7	13,4	1,185	22,5	35,1	36,8
1,075	10	14,2	15,0	1,190	23	36,1	37,9
1,083	11	15,7	16,5	1,195	23,5	37,1	39,0
1,091	12	17,2	18,1	1,199	24	38,0	39,8
1,100	13	18,9	19,9	1,205	24,5	39,1	41,2
1,108	14	20,4	21,5	1,210	25	40,2	42,4
1,116	15	21,9	23,1	1,212	25,2	41,7	42,9
1,125	16	23,6	24,8				

686. Essai de l'acide chlorhydrique pur. — Cet essai doit toujours être fait pour l'acide employé en analyse. Il porte sur les caractères suivants :

L'acide pur est incolore et volatil sans résidu (*sels fixes*). Il reste incolore pendant son évaporation (*perchlorure de fer*). Il ne bleuit pas le papier d'iodure de potassium amidonné et il ne décolore pas l'indigo (*chlore*). Il ne décolore pas l'iodure d'amidon (*acide sulfureux*). Étendu d'eau, il ne se trouble pas par le chlorure de baryum, même après douze heures de contact (*acide sulfurique.*) Chauffé vers 90°, après addition de protochlorure d'étain, il ne donne pas de précipité et reste incolore même après une heure (*arsenic*).

687. EAU RÉGALE. — En mélangeant 3 parties d'acide chlorhydrique avec 1 partie d'acide azotique, on obtient le mélange connu sous le nom d'eau régale, à cause de sa propriété de dissoudre l'or, métal qui n'est attaqué par aucun des deux acides isolés.

On rend ce fait évident en introduisant dans un matras une feuille d'or battu avec de l'acide chlorhydrique pur, et dans un autre matras une seconde feuille semblable avec de l'acide azotique pur. En chauffant les deux matras, l'or n'est pas attaqué et reste en suspension dans les liqueurs; mais si l'on vient à mélanger les contenus des deux vases, l'or se dissout et disparaît aussitôt.

C. — Chlorure de soufre.

$$\textit{Équiv.} : S^2Cl = 67,5 = 2\ vol. \qquad P.\ mol. : S^4Cl^2 = 135 = S^9Cl^2 = 4\ vol.$$

688. *Liquide* jaune, huileux, fumant à l'air, découvert par Thomson. — *Densité à 0°* : 1,687. — *Point d'ébullition* : 136°. — *Densité de vapeur* ramenée à 0° et à la pression 0^m,760 : 4,77 par rapport à l'air; 68,5 par rapport à l'hydrogène.

689. PRÉPARATION PAR LE CHLORE ET LE SOUFRE. — L'appareil (fig. 267) se compose d'une cornue tubulée C, adaptée par son col à un ballon tubulé et à long col B, servant de réfrigérant; la seconde tubulure du ballon est fermée

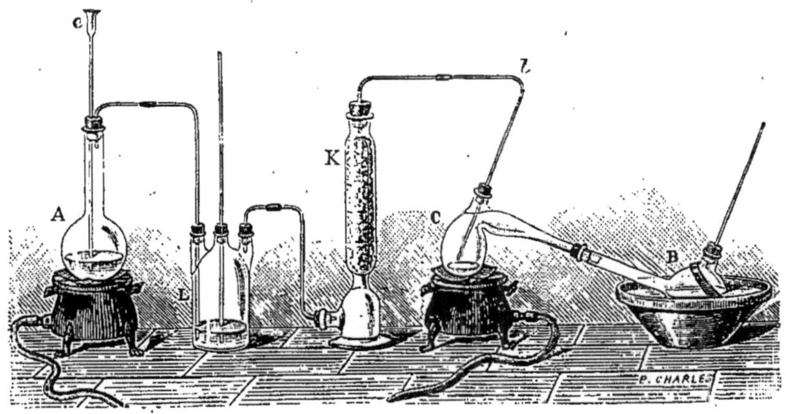

Fig. 267. — Préparation du chlorure de soufre.

par un bouchon que traverse un tube droit; quant à celle de la cornue, elle porte de la même manière un tube recourbé une fois *t*, dont l'une des branches plonge jusqu'au fond de la cornue. Tout l'appareil étant parfaitement sec, on place du soufre dans la cornue jusqu'à la moitié de sa hauteur; on dispose celle-ci, protégée par une toile métallique, sur un fourneau, le ballon étant dans une terrine contenant de l'eau. On chauffe doucement le soufre jusqu'à fusion; puis, par le tube recourbé, on fait arriver à sa surface un courant de gaz chlore préparé dans un ballon A, lavé à l'eau en L, et desséché dans une colonne à chlorure de calcium K. Le chlorure de soufre prend naissance et distille peu à peu dans le récipient. Lorsque presque tout le soufre a été ainsi transformé, on introduit le liquide du ballon dans un appareil distillatoire muni d'un thermomètre (§ 233, fig. 122) et l'on redistille.

Le protochlorure de soufre n'étant pas la seule combinaison que forment les éléments qui le composent, il est nécessaire, d'abord de laisser toujours dans le liquide un excès de soufre non transformé, puis, en distillant, de fractionner le produit et de recueillir à part le liquide qui passe dans le voisinage de 136°. Les produits plus volatils, qui sont aussi plus colorés, renferment une plus forte proportion de chlore. Les produits moins volatils tiennent au contraire un excès de soufre en dissolution.

L'eau décompose le chlorure de soufre.

G.

BROME.

Équiv. : $Br = 80 = 2\ vol. = Br = P.\ atom.$

690. *Liquide* rouge brun, à odeur irritante, découvert par Balard en 1826. — *Densité* à 0° : 3,1872. — *Solidifiable* par refroidissement, en cristaux rouge brun, fusibles à. — 24°,5. — *Point d'ébullition* : 63°. — *Densité de vapeur* à 0° et sous la pression $0^m,760$: 5,54 par rapport à l'air; 80 par rapport à l'hydrogène. — *Poids du litre de vapeur* à 0° et sous la pression $0^m,760$: $7^{gr},163$. — *Chaleur spécifique* : 0,0843 à — 51° et à l'état solide; 0,05552 à l'état de vapeur et à poids constant; 0,29900, à l'état de vapeur et à volume constant. — *Chaleur latente de volatilisation* : 50,95. — *Solubilité* : 3,60 parties dans 100 parties d'eau à 5°; 3,23 parties à 15°.

691. PRÉPARATION. — Dans une cornue de 500 centimètres cubes, portant une tubulure bouchée à l'émeri, on introduit 35 grammes de bromure de potassium, 71 grammes de bioxyde de manganèse finement pulvérisé, et un mélange refroidi de 30 grammes d'acide sulfurique (16 centimètres cubes) avec 90 grammes d'eau. Après avoir fermé la tubulure de la cornue, on introduit le col de celle-ci dans un ballon jusqu'au centre duquel il pénètre. La cornue est ensuite disposée sur un fourneau, et le ballon plongé dans une terrine contenant de l'eau très froide, que l'on renouvellera pendant l'opération, ou mieux encore de l'eau glacée. On chauffe doucement; une réaction analogue à l'une de celles au moyen desquelles on produit le chlore se manifeste, et du brome, après avoir rempli la cornue de vapeurs rouges, se condense dans le ballon :

$$2KBr + 2MnO^2 + 2(S^2O^6,2HO) = S^2O^6,2KO + S^2O^6,2MnO + 2Br + 2H^2O^2 ;$$

Bromure de potassium.	Bioxyde de manganèse.	Acide sulfurique.	Sulfate de potasse.	Sulfate de manganèse.	Brome.	Eau.

$$2KBr + MnO^2 + SO^4H^2 = SO^4K^2 + SO^4Mn + 2Br + 2H^2O.$$

Il est nécessaire, pour éviter les pertes, de refroidir soigneusement le récipient, le brome possédant une tension de vapeur considérable à la température ordinaire. Il est bon aussi d'opérer dans un endroit bien ventilé, les vapeurs de brome attaquant énergiquement les voies respiratoires.

A. — Acide bromhydrique.

Équiv. : $HBr = 81 = 4\ vol. = HBr = P.\ mol.$

692. *Gaz* incolore, fumant à l'air, à odeur piquante, découvert par Balard en 1826. — *Densité* à 0° et sous la pression $0^m,760$: 2,71 par rapport à l'air; 40,5 par rapport à l'hydrogène. — *Poids du litre* à 0° et sous la pression $0^m,760$: $3^{gr},63$. — *Liquéfiable* à — 69°. — *Solidifiable* à — 73°. — *Solubilité* à 10° et sous la pression $0^m,760$: 600 volumes environ pour 1 volume d'eau, avec formation de combinaisons multiples.

693. PRÉPARATION PAR LE BROME, LE PHOSPHORE ET L'EAU. — Dans une éprouvette à pied de 250 centimètres cubes (fig. 268) on introduit 15 grammes de phosphore rouge, mélangés d'une quantité de verre concassé suffisante pour

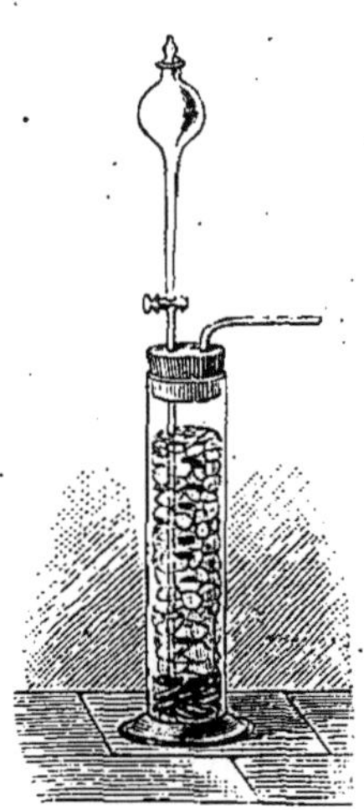

Fig. 268. — Acide bromhydrique.

remplir aux trois quarts l'éprouvette; on arrose la masse avec un peu d'eau ou mieux avec une solution aqueuse d'acide bromhydrique provenant d'une préparation antérieure, ces liquides étant employés en proportion suffisante pour mouiller la matière sans s'accumuler notablement au fond du vase. A l'orifice de ce dernier, on adapte un bouchon que traversent un tube abducteur et une petite ampoule à robinet. Le tube abducteur trois fois recourbé, étant plongé par son extrémité dans une cuve à mercure, et la partie tubulaire de l'ampoule étant enfoncée jusqu'à une certaine profondeur dans le mélange remplissant l'éprouvette, on verse dans l'ampoule 50 grammes de brome. On ouvre doucement le robinet, et on laisse couler peu à peu le brome sur le phosphore. Il se forme d'abord, par combinaison directe, du bromure de phosphore, puis ce composé, se trouvant dès sa formation en contact avec l'eau, donne de l'acide bromhydrique et de l'acide phosphoreux :

$$PBr^3 \quad + \quad 3H^2O^2 \quad = \quad PH^3O^6 \quad + \quad 3HBr;$$

Bromure de phosphore. — Eau. — Acide phosphoreux. — Acide bromhydrique.

$$PBr^3 \quad + \quad 3H^2O \quad = \quad PO^3H^3 \quad + \quad 3HBr.$$

On enfonce le tube d'arrivée du brome jusqu'au fond de l'éprouvette, afin que la vapeur de brome traverse la plus grande hauteur possible du mélange de verre humide et de phosphore, et que ce dernier corps réagisse sur lui. Il est d'ailleurs nécessaire, pour que le brome ne soit pas notablement entraîné, de conduire l'opération lentement.

Le phosphore blanc pourrait être employé en petits fragments, à la place du phosphore rouge, mais son action sur le brome est tellement énergique, qu'elle ne permet guère de régler convenablement l'opération et qu'elle peut même être dangereuse.

Si l'on se propose de préparer une solution aqueuse d'acide bromhydrique, il suffit de faire passer un courant du gaz, produit comme il vient d'être dit, dans un flacon renfermant de l'eau distillée, et de refroidir la dissolution, dont la température s'élève beaucoup.

Si l'on veut seulement une solution non saturée d'acide, il suffit de distiller un mélange de 10 parties de brome et de 15 parties d'eau, dans lequel on a projeté peu à peu, en agitant, 1 partie de phosphore rouge. Il passe à la distillation un liquide bouillant d'une manière constante à 126° et contenant près de la moitié de son poids d'acide (48,17 pour 100).

La production du gaz bromhydrique étant toujours délicate, il est avantageux, dans la préparation de la solution saturée, de faire passer le gaz, non pas dans de l'eau, mais dans une solution déjà chargée d'acide et obtenue par une autre méthode (§ 695).

694. Préparation par le brome et l'hydrogène sulfuré. — L'hydrogène sul-

furé est décomposé par le brome en formant de l'acide bromhydrique et du soufre :

$$H^2S^2 + 2Br = 2HBr + S^2;$$

Hydrogène   Brome.   Acide   Soufre.
sulfuré.   bromhydrique.

$$H^2S + 2Br = 2HBr + S.$$

Le soufre mis en liberté se combine au brome en excès pour former du bromure de soufre. Chacune de ces deux réactions est accompagnée d'un dégagement de chaleur ; leur ensemble s'effectue spontanément dès la température ordinaire. Elles se prêtent bien à la production de l'acide bromhydrique gazeux (M. Recoura).

On se sert de l'hydrogène sulfuré fourni par un appareil à dégagement intermittent (§ 398) ; on le dirige au moyen d'un tube de verre dans un flacon laveur de forme haute, fermé en verre rodé (§ 424, fig. 198), contenant du brome recouvert d'une couche d'eau ou de solution d'acide bromhydrique. Alors même que le courant d'hydrogène sulfuré est très rapide, tant que la couche de brome est d'une hauteur suffisante, le gaz, qui s'échappe du flacon laveur où se fait la réaction, est constitué par de l'acide bromhydrique chargé de brome mais non d'hydrogène sulfuré. On le lave dans un second flacon garni d'une solution de bromure de potassium ou d'acide bromhydrique, tenant en suspension un peu de phosphore rouge : le brome est arrêté et changé en acide bromhydrique.

La rapidité du courant d'hydrogène sulfuré règle le dégagement de l'acide bromhydrique.

695. **Préparation par le bromure de potassium et l'acide sulfurique.** — De même qu'un chlorure alcalin donne du sulfate alcalin et de l'acide chlorhydrique lorsqu'on le traite par l'acide sulfurique concentré (§ 674), de même le bromure de potassium fournit de l'acide bromhydrique dans les mêmes circonstances. Toutefois, on n'obtient ainsi que de l'acide bromhydrique souillé de brome et d'acide sulfureux, l'acide sulfurique se réduisant notablement au contact de l'acide bromhydrique :

$$2HBr + S^2O^6,2HO = S^2O^4 + 2Br + 2H^2O^2;$$

Acide   Acide   Gaz   Brome.   Eau.
bromhydrique.   sulfurique.   sulfureux.

$$2HBr + SO^4H^2 = SO^2 + 2Br + 2H^2O.$$

Cette réaction secondaire ne se produisant qu'avec l'acide sulfurique concentré, on obtient de l'acide bromhydrique pur par la méthode en question, quand on fait usage d'acide sulfurique convenablement étendu d'eau. L'acide sulfurique de densité 1,41, contenant 51;2 p. 100 d'acide sulfurique vrai, donne le résultat voulu ; il permet de préparer très aisément une solution d'acide bromhydrique pur, contenant près de la moitié de son poids d'acide, convenant pour beaucoup d'usages, et susceptible d'ailleurs d'être concentrée davantage en la chargeant de gaz obtenu par un des moyens précédents.

Dans un appareil distillatoire semblable à celui représenté dans la figure 118 (§ 222), mais dont le bouchon fermant la tubulure de la cornue est traversé par la tige d'un thermomètre, on traite 100 grammes de bromure de potassium cristallisé par 150 centimètres cubes d'acide sulfurique de la concentration précitée. On chauffe lentement jusqu'à dissolution du sel, puis on distille. L'ébullition qui se produit à partir de 126° se poursuit jusqu'à la température de 150°. On voit bientôt le liquide passer moins abondamment, et à partir de 250° la distillation ne fournit plus d'acide bromhydrique. On obtient ainsi environ 165 grammes d'une solution de densité 1,385, contenant 40 p. 100 d'acide bromhydrique, solution souillée d'un peu d'acide sulfurique entraîné surtout vers la fin de la distillation.

On introduit ce produit dans un appareil distillatoire monté sans bouchon, semblable à celui employé pour purifier l'acide azotique par distillation (§ 578, fig. 250), et on le distille de nouveau. En arrêtant l'opération alors qu'il reste à distiller un vingtième du liquide primitif, le résidu retient tout l'acide sulfurique. La solution distillée est incolore; elle ne contient ni acide sulfureux ni brome libre.

Soumise à une distillation fractionnée, dans laquelle on recueille à part ce qui passe à 126°, elle fournit une solution de densité 1,49, contenant 48 p. 100 d'acide bromhydrique.

7.

IODE.

Équiv. : I = 127 = 2 *vol.* = I = *P. atom.*

696. *Élément* à éclat métallique, découvert par Courtois en 1811. — *Cristallisé* en octaèdres dérivés d'un prisme rhomboïdal droit. — *Densité* : 4,498 à 17°. — *Point de fusion :* 113°,6. — *Point d'ébullition :* 175°; vapeur violette. — *Densité de vapeur* à 0° et sous la pression 0^m,760 : 8,716 par rapport à l'air; 127 par rapport à l'hydrogène. — *Chaleur spécifique :* 0,05412 à l'état solide; 0,10822 à l'état liquide. — *Chaleur latente de fusion :* 11,7. — *Chaleur latente de volatilisation :* 23,95. — *Solubilité :* 1 partie dans 5524 parties d'eau à 10°.

PRÉPARATION.

697. PAR L'IODURE DE POTASSIUM ET LE CHLORE. — On dissout 20 grammes d'iodure de potassium dans 150 grammes d'eau, et après avoir placé la solution dans un flacon, on y fait passer un courant de chlore gazeux (§ 651), au moyen d'un tube de verre plongeant jusqu'au fond du flacon. Le chlore met l'iode en liberté en formant du chlorure de potassium :

$$KI + Cl = KCl + I.$$

Tout d'abord l'iode libre se dissout dans l'iodure de potassium non décomposé, en formant une liqueur brune foncée (iodure de potassium ioduré), puis, l'afflux du chlore continuant, l'iode se précipite abondamment à mesure que son dissolvant, l'iodure de potassium, est lui-même décomposé en quantité croissante. Finalement la liqueur se décolore presque complètement, en conservant seulement la teinte claire de l'eau iodée. On surveille attentivement la production de cette décoloration et, dès qu'elle est effectuée, on arrête le courant de chlore : prolongé, ce dernier attaquerait l'iode libre, formerait avec lui du chlorure d'iode, que l'eau décomposerait ensuite en donnant de l'acide chlorhydrique et de l'acide iodique; ces réactions entraîneraient des pertes en iode. On décante la liqueur, on verse la masse d'iode, tenue en suspension dans l'eau, sur un entonnoir dont la douille est obstruée par un tampon d'amiante, puis on essore le produit à la trompe (§ 354), en le lavant avec une petite quantité d'eau. On place alors la matière solide sur une soucoupe et on la fait séjourner dans une cloche de petites dimensions, au-dessus d'un vase plat contenant un peu d'acide sulfurique: ce dernier fixe la vapeur d'eau émise par l'iode humide qui se dessèche. L'iode brut et sec, introduit dans une petite cornue de verre à col large, est enfin distillé. Il se condense dans le col de la cornue et aussi à l'intérieur d'un flacon de verre, dans lequel on a introduit l'extrémité de ce col laissé ouvert.

On peut distiller directement l'iode simplement essoré par des compressions répétées entre plusieurs doubles de papier buvard; la plus grande partie de l'eau se trouve volatilisée avant que l'iode n'entre en ébullition. Si l'on a soin de chauffer le col de la cornue avec une flamme de gaz au moment où l'iode commence à distiller, les premières vapeurs de ce corps achèvent de chasser l'eau de l'appareil. Changeant alors le récipient, on recueille l'iode sec qui distille ensuite.

L'iodure de potassium représente, dans cette préparation, le mélange de sels dont la solution incristallisable constitue les eaux mères des cendres de varechs que traite l'industrie. Si l'on a ces eaux mères à sa disposition, après les avoir diluées, on les traite comme la solution d'iodure de potassium pur, mais en ayant soin de les aciduler préalablement par l'acide sulfurique : celui-ci décompose les sulfures, sulfites et hyposulfites, en donnant de l'acide sulfureux et un dépôt de soufre. On porte à l'ébullition pour chasser les gaz produits et agglomérer le soufre précipité, on filtre, puis on traite par le chlore ainsi qu'il vient d'être dit.

698. PAR L'IODURE DE POTASSIUM, L'ACIDE CHLORHYDRIQUE ET LE CHLORATE DE POTASSE. — A une dissolution de 20 grammes d'iodure de potassium dans 100 grammes d'eau, on ajoute d'abord 40 grammes d'acide chlorhydrique du commerce, puis du chlorate de potasse en poudre fine. Ce dernier sel, au contact de l'acide chlorhydrique, fournit du chlore qui met l'iode de l'iodure en liberté. La réaction est la suivante :

$$6KI + 6HCl + ClO^5,KO = 7KCl + 6I + 3H^2O^2;$$

Iodure de potassium.   Acide chlorhydrique.   Chlorate de potasse.   Chlorure de potassium.   Iode.   Eau.

$$6KI + 6HCl + ClO^3K = 7KCl + 6I + 3H^2O.$$

Il est indispensable d'ajouter une quantité de chlorate exactement pesée et correspondante à la formule précédente, c'est-à-dire égale à $2^{gr},45$ pour les poids donnés ci-dessus. Un excès de chlorate et par suite de chlore, donnerait du chlorure d'iode, que l'eau décomposerait en formant de l'acide iodique, ce qui entraînerait une perte en iode. Un défaut de chlorate laisserait dans la liqueur de l'iodure non décomposé.

On chauffe légèrement pour terminer la réaction. Après refroidissement, on sépare l'iode, on l'essore et on le traite ainsi qu'il a été dit (§ 697).

699. PAR L'IODURE DE POTASSIUM, L'ACIDE CHLORHYDRIQUE ET LE BIOXYDE DE MANGANÈSE. — Dans l'expérience précédente, le bioxyde de manganèse pulvérisé et

préalablement titré (voy. *Essai d'un oxyde de manganèse*) peut être substitué au chlorate de potasse :

$$KI + 2HCl + MnO^2 = MnCl + KCl + I + H^2O^2;$$
$$2KI + 4HCl + MnO^2 = 2MnCl^2 + 2KCl + 2I + 2H^2O.$$

700. Les deux méthodes précédentes, souvent suivies dans l'industrie pour l'extraction de l'iode, sont également applicables dans les laboratoires pour régénérer l'iode des *résidus d'iode* provenant des réactions dans lesquelles on emploie l'iode par grandes quantités, ainsi que cela arrive très fréquemment en chimie organique. A cet effet, après avoir additionné les résidus d'un excès de soude, on les évapore à siccité et, avant leur solidification, on les mélange en agitant avec un peu de charbon en poudre; s'ils contiennent des matières organiques en quantité suffisante, le charbon n'est pas nécessaire. On place la masse dans une marmite de fonte et on la porte au rouge sombre. La calcination en présence du charbon, ou de matières organiques fournissant du charbon par leur décomposition, détruit les iodates. Après refroidissement, on reprend par l'eau, on neutralise par l'acide chlorhydrique, on filtre la liqueur et on mesure exactement son volume.

Prélevant 10 centimètres cubes du liquide ainsi préparé et préalablement mesuré, on y dose l'iode (voy. *Dosage de l'iode*); un simple calcul de proportions permet de conclure du résultat obtenu sur les 10 centimètres cubes le poids d'iode contenu dans toute la liqueur. Ajoutant alors à cette dernière un excès d'acide chlorhydrique, on projette peu à peu dans le mélange une quantité exactement pesée de chlorate de potasse ou de bioxyde de manganèse titré et pulvérisé, calculée d'après les formules indiquées, soit $12^{gr},25$ de chlorate pour 100 d'iode. On agite de temps en temps avec une tige de verre; au bout de vingt-quatre heures, l'iode mis en liberté s'est déposé. On le recueille, on le lave à la trompe, on l'essore, puis on le sèche. Le chlorate de potasse a sur le bioxyde de manganèse naturel l'avantage de ne laisser aucun résidu solide se mélangeant à l'iode précipité.

A. — Acide iodhydrique.

Équiv. : $HI = 128 = 4\,vol. = HI = P.\,mol.$

701. *Gaz* incolore, fumant à l'air, altérable par la lumière, à odeur piquante, découvert par Gay-Lussac. — *Densité* à 0° et sous la pression $0^m,760$: 4,443 par rapport à l'air; 64,2 par rapport à l'hydrogène. — *Poids du litre* à 0° et sous la pression $0^m,760$: $5^{gr},73$. — *Liquéfiable et solidifiable :* fusible à —55°. — *Solubilité* à 10° et sous la pression $0^m,760$: 425 litres pour 1 litre d'eau, avec formation de plusieurs combinaisons.

PRÉPARATION.

702. PAR L'IODE, LE PHOSPHORE ET L'EAU. — Quand on traite l'iodure de phosphore par l'eau, il est décomposé aussitôt, en produisant de l'acide phosphoreux et de l'acide iodhydrique :

$$PI^3 + 3H^2O^2 = PH^3O^6 + 3HI;$$

Iodure de phosphore.	Eau.	Acide phosphoreux.	Acide iodhydrique.

$$PI^3 + 3H^2O = PO^3H^3 + 3HI.$$

C'est cette réaction que l'on utilise d'ordinaire pour la préparation de l'acide iodhydrique, mais en formant l'iodure de phosphore dans la même opération où on le décompose.

Au col d'une cornue tubulée et bouchée à l'émeri, de 250 centimètres cubes, on soude à la lampe un tube de verre recourbé une fois (fig. 269).

On introduit dans la cornue 3 grammes de phosphore rouge et 45 grammes d'eau, puis 60 grammes d'iode ; enfin, on chauffe doucement. L'iodure de phosphore, se formant au sein de l'eau, est décomposé aussitôt, et l'acide iodhydrique se dégage.

Il est important d'employer les réactifs dans des proportions exactement déterminées. Les quantités indiquées ci-dessus paraissent être les meilleures ; elles diffèrent cependant de celles qui

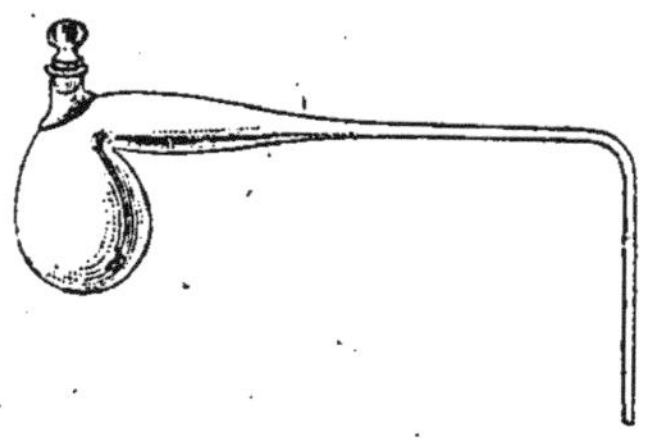

Fig. 269. — Cornue pour la préparation de l'acide iodhydrique.

correspondent à l'action du triiodure de phosphore sur l'eau, formulée plus haut. Cela est dû à ce que l'acide phosphoreux formé dans ce dernier cas se détruit, si l'on élève un peu trop la température, en acide phosphorique et hydrogène phosphoré :

$$4PH^3O^6 \quad = \quad 3(PO^5,3HO) \quad + \quad PH^3 ;$$

Acide phosphoreux.   Acide phosphorique.   Hydrogène phosphoré.

$$4P\Theta^3H^3 \quad = \quad 3P\Theta^4H^3 \quad + \quad PH^3.$$

Or l'hydrogène phosphoré s'unit à l'acide iodhydrique pour produire de l'iodhydrate d'hydrogène phosphoré PH^3,HI ou *PH⁴I*, composé cristallisé qui se sublime dans le col de la cornue, obstrue celui-ci, et détermine des explosions. Par l'emploi d'un excès d'iode, on transforme l'acide phosphoreux en acide phosphorique, et l'iodhydrate d'hydrogène phosphoré cesse de se produire. La réaction est alors la suivante :

$$P + 5I + 4H^2O^2 = PO^5,3HO + 5HI ;$$
$$P + 5I + 4H^2\Theta = P\Theta^4H^3 + 5HI.$$

Il est avantageux de substituer à l'eau une solution d'acide iodhydrique ; celle-ci dissout l'iode et favorise ainsi la réaction pendant la première partie de l'opération.

L'emploi du phosphore blanc est dangereux à cause de la vivacité de la combinaison de ce corps avec l'iode.

On recueille le gaz iodhydrique par déplacement, c'est-à-dire en le dirigeant par un tube au fond des flacons secs où on veut l'introduire. Sa densité très considérable rend cette pratique avantageuse. Quand l'acide gazeux s'échappe par l'orifice du flacon, ce qui devient très manifeste par les épaisses fumées blanches formées à l'air, on enlève le tube et on ferme le flacon avec un bouchon de verre, l'acide iodhydrique attaquant énergiquement le liège.

Ce gaz ne peut être recueilli sur l'eau, dans laquelle il est très soluble ; il ne peut pas davantage être recueilli sur le mercure, qui le décompose.

Enfin, il ne doit pas être desséché par l'acide sulfurique; ce composé l'altère et met de l'iode en liberté.

703. En faisant passer le gaz iodhydrique dans l'eau, on obtient aisément sa *solution aqueuse* qui est usitée comme réactif. La dissolution s'effectuant avec dégagement de chaleur, il est nécessaire, si l'on veut obtenir une liqueur saturée, de refroidir soigneusement au-dessous de 10°, avec de l'eau glacée par exemple, le flacon dans lequel se trouve la solution. On arrive ainsi à préparer une liqueur de densité égale à 2, et fumant très fortement à l'air.

La dissolution de gaz iodhydrique est rapidement altérable à la lumière; les flacons qui la contiennent doivent être conservés dans un lieu obscur.

704. Par l'iode, l'hydrogène sulfuré et l'eau. — Cette réaction s'applique exclusivement à la production de l'acide iodhydrique dissous.

Dans un flacon renfermant 30 grammes d'eau, on introduit 10 grammes d'iode, et, au moyen d'un tube de verre plongeant jusqu'au fond, on fait passer lentement un courant d'hydrogène sulfuré (§ 640 et 642). Le gaz se décompose au contact de l'iode, en donnant du soufre qui se précipite, et de l'hydrogène qui forme avec l'iode de l'acide iodhydrique, lequel se dissout dans l'eau :

$$2I + H^2S^2 = 2HI + 2S;$$
$$2I + H^2S = 2HI + S.$$

La réaction est d'abord peu marquée à cause de la faible solubilité de l'iode dans l'eau; mais, après qu'il s'est formé une certaine quantité d'acide iodhydrique, ce dernier dissout l'iode, et l'expérience peut alors être conduite plus rapidement. On augmente donc peu à peu le courant d'hydrogène sulfuré. La solution, colorée tant que de l'iode libre subsiste, devient incolore lorsque la réaction est terminée. On laisse alors reposer, on décante le liquide clair, et on verse le soufre déposé et mélangé d'acide dans un entonnoir dont la douille a été garnie d'un tampon d'amiante (§ 344). Le liquide clair est réuni à celui qui a été décanté. On peut activer la filtration au moyen de la trompe (§ 354), et laver ensuite le soufre avec un peu d'eau, qui donne une liqueur faiblement chargée d'acide, susceptible de servir dans une autre opération.

L'acide iodhydrique ainsi obtenu est souillé d'hydrogène sulfuré. Quand on opère sur des quantités plus fortes que celles indiquées plus haut, il peut être facilement purifié. On l'introduit dans une cornue tubulée à laquelle on a adapté un ballon tubulé, pouvant servir à la fois de récipient et de réfrigérant. Après avoir fixé un thermomètre à la tubulure de la cornue, on porte à l'ébullition. Les premières portions qui distillent entraînent l'hydrogène sulfuré; elles sont, de plus, très riches en eau. En continuant, on voit bientôt la température s'élever et se fixer à 127°. On change alors le récipient, et on recueille, jusqu'à la fin de la distillation, un liquide bouillant à température constante, d'une densité égale à 1,70, renfermant 57 p. 100 d'acide, et correspondant à la formule HI + 11HO ou $2HI + 11H^2O$.

8.

FLUOR.

Équiv.: $Fl = 19 = Fl = P.\, atom.$

705. *Élément gazeux*, faiblement coloré en jaune verdâtre, de densité 1,26 à 0°, isolé en 1886 par M. Henri Moissan.

A. — Acide fluorhydrique.

Équiv. : $HFl = 20 = 4\,vol. = HFl = P.\,mol.$

706. *Synonyme :* acide fluorique. — *Liquide*, très acide, fumant à l'air, découvert par Scheele en 1771. — *Densité :* 0,9879 à 12°,5. — *Point d'ébullition :* 19°,4. — *Non solidifié* à — 40°. — *Très soluble* dans l'eau.

707. Préparation par le fluorure de calcium et l'acide sulfurique. — L'acide fluorhydrique attaquant énergiquement le verre, sa préparation ne peut être effectuée dans des vases de cette matière. On se sert ordinairement d'ustensiles de plomb. Le plus employé est un appareil distillatoire (fig. 270), composé de trois pièces : 1° une sorte de capsule hémisphérique servant de cucurbite, et qui, dans certains appareils, est en fonte; 2° un chapiteau s'appliquant exactement sur les bords dressés de la capsule; 3° un réfrigérant composé d'un tube en U dont une des branches, plus longue que l'autre, est recourbée horizontalement, et reçoit la tubulure par laquelle se termine le chapiteau.

Fig. 270. — Acide fluorhydrique.

On place dans la capsule 1 partie de fluorure de calcium naturel, sec et pulvérisé, avec 3 parties d'acide sulfurique concentré. Quand le fluorure est pur, il n'y a pas d'action marquée à froid ; on peut mélanger les deux matières avec une tige de fer, sans observer de dégagement sensible de vapeurs. Mais d'ordinaire le fluorure naturel contient un peu de silice ou de silicates, composés qui fournissent, avec l'acide fluorhydrique, du fluorure de silicium (voy. ce mot) dont la présence est annoncée par d'épaisses fumées blanches. Dans ce cas, on laisse le mélange réagir à froid, en l'agitant de temps en temps jusqu'à disparition des vapeurs blanches et épaisses, caractéristiques du fluorure de silicium.

On monte ensuite l'appareil, en assujettissant extérieurement ses diverses parties avec du plâtre; on place la cornue sur un fourneau, et le tube en U dans un vase, où on l'entoure d'un mélange réfrigérant de glace pilée et sel marin à parties égales. On chauffe. La réaction produite est la suivante :

$$2CaFl \quad + \quad S^2O^6,2HO \quad = \quad S^2O^6,2CaO \quad + \quad 2HFl;$$

Fluorure de calcium.   Acide sulfurique.   Sulfate de chaux.   Acide fluorhydrique.

$$CaFl^3 \quad + \quad SO^4H^2 \quad = \quad SO^4Ca \quad + \quad 2HFl.$$

L'acide fluorhydrique se dégage; ses vapeurs vont se condenser dans le tube en U. Il est indispensable de chauffer doucement. Au-dessus de 300°, l'acide sulfurique distille en quantité notable. De plus, on risque de fondre le plomb de l'appareil.

Le produit obtenu avec du fluorure de calcium naturel n'est jamais pur. Il contient toujours de l'acide hydrofluosilicique (voy. ce mot), résultant de l'action de l'eau sur le fluorure de silicium.

On ne doit manier l'acide fluorhydrique qu'avec prudence. Mis en contact avec la peau, il produit des eschares douloureuses et lentes à guérir. On lave les parties atteintes par l'acide avec une solution d'acétate d'ammoniaque ou même avec l'ammoniaque diluée. En outre, ses vapeurs sont dangereuses à respirer.

Si l'on n'a pas besoin d'acide privé d'eau, on obtient plus aisément une solution de cet acide en introduisant à l'avance de l'eau distillée dans le tube en U. Il suffit alors de refroidir ce dernier en le plongeant dans l'eau froide.

L'acide fluorhydrique ou sa solution sont conservés dans des bouteilles de plomb ou mieux de gutta-percha. Ils dissolvent la silice (voy. *Fluorure de silicium*). Ils attaquent aussi les silicates, et en particulier le verre, pour la gravure duquel ils sont employés (§ 173).

9.

PHOSPHORE.

Équiv. : Ph ou $P = 31 = 1\,vol. = P = P.\,atom.$

708. *Élément* découvert par Brandt en 1669 et connu sous au moins deux états allotropiques.

PHOSPHORE BLANC. — *Synonyme* : phosphore ordinaire. — *Corps mou*, incolore, cristallisant dans le système régulier, luisant à l'air dans l'obscurité. — *Densité* : 1,826 à 10°. — *Point de fusion* : 44°,3. — *Point d'ébullition* : 290° environ. — *Densité de vapeur* à 0° et sous la pression 0m,760 : 4,35 par rapport à l'air (mesure à 500°) et 4,5 (mesure à 1040°); 65 par rapport à l'hydrogène (mesure à 1040°), d'où poids atomique correspondant à 1 volume de vapeur. — *Chaleur spécifique* : 0,189 à + 19°. — *Solubilité* : nulle dans l'eau; 17 pour 100 dans le sulfure de carbone à 15°. — *Transformable* par la chaleur en phosphore rouge, avec dégagement de + 19,2 Cal. (cristallisé), ou de + 20,7 Cal. (amorphe). — *Très toxique.*

PHOSPHORE ROUGE. — *Synonyme* : phosphore amorphe. — *Solide*, dur, rouge, amorphe quand il a été produit vers 250°, cristallisé quand il a été porté au-dessus de 550°. Découvert par E. Kopp en 1844. — *Densité* : 1,96 (amorphe) ou 2,34 (cristallisé). — *Infusible.* — *Émettant des vapeurs* de phosphore blanc à partir de 260°. — *Non toxique.*

PROPRIÉTÉS.

709. FUSION ET MISE EN BATONS. — Dans une capsule de porcelaine contenant de l'eau, on introduit des fragments de phosphore blanc et on chauffe au bain-marie jusqu'à 70° ou 80° : le phosphore fond et se trouve préservé du contact de l'air par l'eau qui le recouvre. Pour mouler ce phosphore, on prend un tube de verre peu épais, dont le diamètre intérieur, égal à 5 ou 6 millimètres, sera celui des bâtons de phosphore; on le choisit de forme conique accentuée. Cette dernière condition se trouve souvent réalisée aux extrémités de quelques-uns des tubes que fournit le commerce. On coupe le tube de 40 ou 50 centimètres de longueur, on diminue un peu son orifice le plus étroit en le chauffant à la lampe d'émailleur, et on adapte, à son extrémité la plus large, un tube de caoutchouc de 2 ou 3 décimètres de longueur. Celui-ci le met en communication avec un robinet qui traverse le bouchon d'un flacon de 1 litre, contenant une couche d'eau de quelques centimètres de hauteur. Le

bouchon de ce flacon livre également passage à un second tube, relié à une trompe aspirante quelconque. La disposition est, en somme, analogue à celle indiquée plus haut pour la décantation à la trompe (§ 330, fig. 151), sauf que le tube *t* est droit. Les choses étant ainsi disposées, on enfonce le tube de verre dans la capsule, en plongeant son orifice étroit dans le phosphore liquéfié, puis on ouvre très doucement le robinet; une aspiration se fait dans le tube, et le phosphore s'y élève peu à peu. Lorsque la colonne de phosphore a atteint 20 ou 25 centimètres, on ferme le robinet, on enlève verticalement le tube, et on le transporte sans secousse dans une éprouvette à pied, pleine d'eau froide et disposée dans le voisinage immédiat de la capsule. Le phosphore se solidifie presque aussitôt. Il ne reste plus qu'à détacher le tube de verre du caoutchouc, et, en se servant d'une tige que l'on pousse suivant l'axe du tube vers son orifice le plus large, à faire sortir le bâton de phosphore que l'on conserve dans un vase plein d'eau. Cette manœuvre a d'ailleurs été pratiquée complètement au sein de l'eau; on évite ainsi toute combustion.

Un aspirateur quelconque peut être substitué à la trompe. Une poire en caoutchouc est d'un emploi recommandable. L'aspiration avec la bouche doit absolument être évitée.

Cette opération ne peut être faite sans danger qu'avec les plus grandes précautions. Toute particule de phosphore qui, chauffée à 60°, arrive au contact de l'air, s'y enflamme immédiatement et peut causer des brûlures graves. Il est nécessaire de signaler tout particulièrement les accidents qui pourraient résulter de la présence, à la surface de la peau ou sous les ongles, de menus fragments de phosphore, qui y adhèrent facilement et s'allument ensuite à l'air.

710. Toutes les fois qu'on veut prélever un fragment de phosphore sur un bâton, il est nécessaire de tenir compte des inconvénients que présente le maniement à l'air de ce métalloïde. On prend avec une pince, dans le flacon où on le conserve sous l'eau, un bâton de phosphore que l'on transporte dans une terrine pleine d'eau. Au sein de ce liquide, on saisit le bâton de phosphore avec les doigts, et, à l'aide de ciseaux, on en détache un ou plusieurs fragments de la grosseur voulue. Si l'on agissait de même à l'air, la chaleur due au frottement des ciseaux provoquerait la combustion. Avant d'employer les fragments ainsi détachés, il est nécessaire de les essorer; à cet effet, on les touche très doucement avec des doubles de papier buvard, en évitant les frottements.

711. ACTION DE L'OXYGÈNE. — Si l'on place un morceau de phosphore sec sur une petite capsule de terre cuite, et qu'on l'allume, soit en approchant une flamme, soit en le touchant avec un corps chaud, il brûle à l'air avec une flamme blanche, en donnant d'abondantes vapeurs d'anhydride phosphorique :

$$2P + 10O = (PO^5)^2;$$
$$2P + 5O = P^2O^5.$$

Cette réaction est utilisée pour la préparation de ce dernier corps (§ 716).

Dans l'oxygène, la combustion s'effectue en produisant le même composé, mais en donnant lieu à des phénomènes lumineux remarquables (§ 504).

Cette combustion peut encore être produite sous l'eau. Il suffit de faire arriver, par un tube, un courant d'oxygène provenant d'un gazomètre, dans du phosphore tenu en fusion sous une couche d'eau à 60°, au fond d'un verre à expériences; on voit la combustion s'effectuer en produisant une lumière très vive.

Exposé à l'air humide, à basse température, le phosphore blanc s'oxyde lentement, en donnant lieu aux phénomènes lumineux auxquels il doit son nom, et en engendrant un mélange d'acide phosphorique avec d'autres composés oxygénés du phosphore, mélange connu sous le nom d'*acide phosphatique*. Cette oxydation, moins complète que celle réalisée à haute température, a été utilisée pour l'analyse de l'air (§ 552).

Lorsqu'une faible masse de phosphore présentant une surface considérable est exposée à l'air, l'oxydation élève suffisamment la température pour enflammer le phosphore. Le phosphore très divisé, que laisse l'évaporation d'une solution dans le sulfure de carbone, montre nettement ce fait. Dans un très petit flacon, on introduit un fragment de phosphore blanc, desséché au papier, et un peu de sulfure de carbone, puis on bouche exactement : le phosphore ne tarde pas à se dissoudre. Si l'on verse une petite quantité de la liqueur obtenue sur une feuille de papier à filtrer, et si, tenant celle-ci avec une pince en fer, on l'agite à l'air, le dissolvant s'évapore, et le phosphore qui s'est déposé très divisé sur les fibres de papier ne tarde pas à s'enflammer.

Il est nécessaire de ne laisser tomber que quelques gouttes de liqueur sur le papier, et d'éviter surtout d'en répandre sur d'autres objets. Il est même imprudent de conserver la solution sulfo-carbonique non employée. Le mieux est de ne préparer que fort peu de liqueur au moment du besoin, et de détruire ce qui n'a pas servi, en le versant dans un vase métallique ouvert et placé en plein air, puis en l'enflammant.

712. *Actions réductrices.* — Le phosphore peut même jouer le rôle d'agent réducteur. Un bâton de phosphore blanc étant plongé dans une solution de sulfate de cuivre se recouvre d'un mélange de cuivre métallique et de phosphure de cuivre.

Avec une solution de nitrate d'argent, un dépôt analogue de phosphure d'argent prend naissance.

A. — Acide phosphoreux.

Équiv. : PH^3O^6 ou $PHO^4,2HO = 82 = P\theta^3H^3 = P.\ mol.$

713. *Acide bibasique*, découvert par Davy, doué de propriétés réductrices énergiques. — *Cristallisable.*

714. PRÉPARATION. — Le trichlorure de phosphore, mis en contact avec l'eau, se détruit en donnant de l'acide phosphoreux et de l'acide chlorhydrique :

$$PCl^3 + 3H^2O^2 = PH^3O^6 + 3HCl;$$
$$PCl^3 + 3H^2\theta = P\theta^3H^3 + 3HCl.$$

Il est avantageux de produire le trichlorure de phosphore et, simultanément, de le décomposer par l'eau.

Dans un ballon de 250 centimètres cubes, on introduit 50 grammes de phosphore avec 120 grammes d'eau, et on chauffe légèrement, de manière à fondre le phosphore sous la couche d'eau. On enfonce dans le liquide, jusqu'au contact du phosphore, un tube de verre amenant un courant de chlore. Le chlore s'unit au phosphore et le trichlorure formé réagit instantanément sur l'eau. On doit donc maintenir toujours cette dernière en excès. Dès que tout le phosphore a disparu, on transvase le contenu du ballon dans une capsule de porcelaine, et on évapore : l'acide chlorhydrique dissous se dégage. Pour le chasser entièrement, il est nécessaire de pousser l'évaporation jusqu'à ce que de l'hydrogène phosphoré, provenant de la décomposition de l'acide phosphoreux, commence à se dégager.

B. — **Anhydride phosphorique.**

Équiv.: $PO^5 = 71 = 2\ vol.$ $P.\ mol. = (PO^5)^2$ ou $P^2O^{10} = P^2O^5 = 142 = 4\ vol.$

715. *Composé* incolore, extrêmement avide d'eau, volatilisable dans le voisinage du rouge, se présentant sous trois états allotropiques (amorphe, cristallisé, vitreux).

716. Préparation par la combustion du phosphore. — Au centre d'une assiette de porcelaine, on dispose une petite capsule de terre cuite et, à côté de cette dernière, un vase à précipiter de 250 centimètres cubes, contenant quelques fragments de chlorure de calcium desséché, puis on recouvre le tout d'une cloche en verre de 3 litres, bien sèche. On abandonne l'ensemble pendant quelques heures. Après ce temps, on coupe un morceau de phosphore du volume d'un gros pois, on le sèche soigneusement avec du papier buvard, et, soulevant la cloche, on le place dans la capsule en même temps qu'on enlève le vase à précipiter; puis aussitôt, en le touchant avec une tige de fer chauffée, on allume le phosphore et on remet la cloche en place. Le phosphore brûle et donne de l'anhydride phosphorique (§ 711), lequel se dépose sous la forme d'une neige blanche, en s'attachant aux parois de la cloche ou en s'accumulant sur l'assiette.

Cette expérience, qui ne fournit qu'une quantité très limitée d'anhydride, est rendue continue lorsqu'on veut obtenir des poids notables de produit. Le mieux est alors d'opérer dans un réservoir en zinc de grandes dimensions, et d'y insuffler l'air sec nécessaire à la combustion du phosphore.

L'anhydride phosphorique étant extrêmement avide d'eau, doit être conservé dans des vases exactement bouchés à l'émeri.

C. — **Acide métaphosphorique.**

Équiv.: PHO^6 ou $PO^5,HO = 80 = PO^3H = P.\ mol.$

717. Préparation par l'anhydride phosphorique. — On expose à l'air humide, ou sous une cloche dont les parois ont été mouillées d'eau, de l'anhydride phosphorique étalé en couche mince sur une soucoupe. Par combinaison avec l'eau, la matière se liquéfie peu à peu; le liquide sirupeux qu'elle forme ainsi est de l'acide métaphosphorique.

On peut encore projeter dans de l'eau froide, par petites portions, de l'anhydride phosphorique, en évitant une trop forte élévation de température. Chaque quantité d'anhydride qui vient au contact de l'eau produit le bruit d'un fer rouge qu'on y plongerait. On obtient une liqueur dans laquelle nagent des flocons insolubles. On la laisse déposer et on la décante.

L'acide métaphosphorique est monobasique. Il coagule l'albumine en solution dans l'eau, et il précipite en blanc l'azotate d'argent. Il ne précipite le chlorure de baryum qu'après avoir été neutralisé. Sa solution aqueuse, maintenue en ébullition pendant quelque temps, cesse de présenter les caractères précédents; elle donne ceux qui sont propres à l'acide phosphorique tribasique (§ 727).

718. Préparation par l'acide phosphorique tribasique. —. Dans une capsule

de platine, on introduit de l'acide phosphorique ordinaire en solution sirupeuse, et on porte peu à peu la température jusqu'au rouge sombre. L'acide
phosphorique tribasique perd de l'eau et se change en acide métaphosphorique :

$$PO^5,3HO = PO^5,HO + H^2O^2;$$
$$P\Theta^4H^3 = P\Theta^3H + H^2\Theta.$$

Après refroidissement, la capsule contient une masse vitreuse, soluble dans
l'eau froide en formant une liqueur qui présente les caractères indiqués
ci-dessus.

La calcination du phosphate d'ammoniaque ordinaire conduit au même
résultat :

$$PO^5,2AzH^4O,HO = PO^5,HO + 2AzH^3 + H^2O^2;$$

| Phosphate biammonique. | Acide métaphosphorique. | Ammoniaque. | Eau. |

$$P\Theta^4H^3,2AzH^3 = P\Theta^3H + 2AzH^3 + H^2\Theta.$$

La moindre trace de matière organique suffit pour colorer le produit en brun.

D. — Acide pyrophosphorique.

Équiv. : PH³O⁷ ou PO⁵,2HO = 89.   *F. atom.* : P²Θ⁷H⁴ = 178.

719. PRÉPARATION PAR L'ACIDE PHOSPHORIQUE TRIBASIQUE. — On chauffe de
l'acide phosphorique ordinaire dans une capsule de platine, pendant quelques heures, sur un bain d'huile et à une température voisine de 215°. Par
déshydratation, il se forme de l'acide pyrophosphorique bibasique :

$$2(PO^5,3HO) = 2(PO^5,2HO) + H^2O^2 :$$
$$2P\Theta^4H^3 = P^2\Theta^7H^4 + H^2\Theta.$$

Le produit dissous dans l'eau froide ne coagule pas la solution aqueuse d'albumine; il ne précipite ni l'azotate d'argent, ni le chlorure de baryum; il précipite ces deux derniers sels en blanc, après qu'on l'a neutralisé par un alcali.
La solution aqueuse, maintenue en ébullition pendant un certain temps, cesse
de fournir les réactions précédentes, et présente celles qui caractérisent l'acide
phosphorique tribasique (§ 727). L'acide pyrophosphorique s'est donc transformé par hydratation en ce dernier acide.

E. — Acide phosphorique tribasique.

Équiv. : PH³O⁸ ou PO⁵,3HO = 98 = PΘ^4H³ = P. mol.

720. *Synonymes* : Acide phosphorique ordinaire, acide orthophosphorique. — *Acide
tribasique*, inodore. — *Densité* : 1,88. — *Solubilité* dans l'eau très considérable. —
Cristallise en prismes droits à base rhombe, fusibles à 41°,75. — Forme un *hydrate*,
PH³O⁸ + HO ou 2PΘ^4H³ + H²Θ, cristallisable en lamelles fusibles à 27°.

1. — PRÉPARATIONS.

721. PAR LE PHOSPHORE ET L'ACIDE AZOTIQUE. — Dans une cornue de
verre de 500 centimètres cubes, on introduit 10 grammes de phosphore
rouge et 60 grammes d'acide azotique ordinaire, auquel on a préalablement ajouté 8 ou 10 centimètres cubes d'eau, pour diminuer l'énergie de
la réaction. On engage, sans bouchon, le col de la cornue dans un ballon

de verre et on dispose la panse sur un fourneau; le ballon étant maintenu plongé dans une terrine pleine d'eau froide (fig. 250, § 578), ou placé sur un plateau et régulièrement refroidi par un écoulement d'eau continu (§ 221). On chauffe très doucement la cornue; une réaction vive se déclare. Le phosphore s'oxyde aux dépens de l'acide azotique, lequel est transformé en vapeurs rutilantes. On diminue le feu jusqu'à ce que la réaction soit un peu calmée, puis on l'augmente de façon à provoquer la distillation d'une portion de l'acide azotique. On cohobe de temps en temps le liquide distillé. Lorsque le phosphore a disparu, on cohobe une dernière fois et on continue à chauffer pour assurer la suroxydation de l'acide phosphoreux pouvant résulter d'une oxydation incomplète. Finalement, on distille la plus grande partie de l'acide azotique.

Pour chasser les dernières traces d'acide azotique, on concentre le produit par la chaleur, jusqu'à consistance sirupeuse. Cette évaporation de la liqueur, pratiquée dans le verre ou la porcelaine, entraîne une destruction des silicates du verre ou de l'émail; l'acide phosphorique est dès lors souillé de matières étrangères. Il est donc nécessaire d'évaporer dans une capsule de platine.

On conserve l'acide phosphorique dans des flacons bouchés en verre.

722. Le phosphore blanc peut remplacer économiquement le phosphore rouge dans cette préparation, mais son usage présente certains dangers. La réaction de l'acide azotique sur le phosphore blanc est, en effet, des plus énergiques; elle donne lieu à de véritables explosions quand on opère avec de l'acide concentré.

On se sert de l'appareil décrit ci-dessus. On y introduit 120 grammes d'acide azotique dilué, de densité 1,2, et 10 grammes de phosphore blanc. On obtient un acide de la concentration voulue, c'est-à-dire contenant sensiblement le tiers de son poids d'acide azotique monohydraté, en ajoutant à l'acide azotique dit à 40° (D = 1,383) 85 p. 100 de son poids d'eau, et à l'acide dit à 36° (D = 1,332) 57 p. 100 de son poids d'eau. La concentration de l'acide ne doit pas être supérieure à celle qui vient d'être indiquée; d'autre part une dilution plus grande retarde beaucoup la réaction, le phosphore n'étant plus attaqué qu'avec une extrême lenteur. Il est important de chauffer faiblement tout d'abord, puis plus fortement; on conduit d'ailleurs l'opération comme avec le phosphore rouge. Si la réaction devient lente vers la fin, par suite de l'affaiblissement de l'acide azotique, il est avantageux d'ajouter au liquide que l'on cohobe quelques centimètres cubes d'acide azotique concentré.

723. L'oxydation du phosphore rouge ou blanc par l'acide azotique se fait plus facilement encore dans une cornue munie d'un réfrigérant *à reflux*, c'est-à-dire disposé de manière à faire refluer vers la cornue l'acide azotique qui distille, et à l'introduire de nouveau dans le mélange en réaction. Le point important est alors de joindre le réfrigérant au col de la cornue, sans se servir d'un bouchon de liège que l'acide attaquerait, et dont les produits d'oxydation souilleraient l'acide phosphorique. Le mieux est de roder à l'émeri (§ 151) le tube du réfrigérant dans l'orifice du col de la cornue. Mais

on peut aussi, après avoir assujetti solidement par un support les différentes pièces de l'appareil, maintenir le tube du réfrigérant dans le col de la cornue, au moyen de plâtre ou de lut au silicate de soude et à l'amiante (§.487).

724. Par l'acide métaphosphorique et l'acide pyrophosphorique. — Maintenues à l'ébullition pendant quelque temps, les solutions de ces acides cessent de présenter les réactions au moyen desquelles on les a caractérisées (§ 717 et 719), pour donner celles de l'acide phosphorique tribasique (§ 727).

725. Par l'eau et le perchlorure de phosphore. — Si l'on projette un à un, dans de l'eau, des fragments de perchlorure de phosphore, ce composé se détruit immédiatement, par une réaction très énergique, en donnant de l'acide phosphorique et de l'acide chlorhydrique :

$$PCl^5 \quad + \quad 4H^2O^2 \quad = \quad PO^5,3HO \quad + \quad 5HCl\,;$$

| Perchlorure de phosphore. | Eau. | Acide phosphorique. | Acide chlorhydrique. |

$$PCl^5 \quad + \quad 4H^2O \quad = \quad PO^4H^3 \quad + \quad 5HCl.$$

En évaporant la liqueur, l'acide chlorhydrique est volatilisé et on obtient un résidu sirupeux d'acide phosphorique.

La réaction s'effectue en deux phases. Dans la première, qui résulte de l'action d'une quantité d'eau limitée, il se fait de l'oxychlorure de phosphore et de l'acide chlorhydrique :

$$PCl^5 \quad + \quad H^2O^2 \quad = \quad PCl^3O^2 \quad + \quad 2HCl\,;$$

| Perchlorure de phosphore. | Eau. | Oxychlorure de phosphore. | Acide chlorhydrique. |

$$PCl^5 \quad + \quad H^2O \quad = \quad PCl^3O \quad + \quad 2HCl.$$

L'oxychlorure, lorsque l'eau est froide, tombe au fond du vase sous la forme d'un liquide dense et insoluble. Il ne tarde pas à réagir à son tour énergiquement sur l'eau en excès, et à disparaître en produisant des bouillonnements ; il engendre alors de l'acide phosphorique et de l'acide chlorhydrique :

$$PCl^3O^2 + 3H^2O^2 = PO^5,3HO + 3HCl\,;$$
$$PCl^3O + 3H^2O = PO^4H^3 + 3HCl.$$

726. Par le phosphate d'ammoniaque. — On dissout 125 grammes de phosphate diammonique cristallisé du commerce dans le moins possible d'eau bouillante, et on verse peu à peu dans la liqueur de l'acide chlorhydrique, en s'arrêtant lorsqu'une goutte du mélange, étendue d'eau, fait virer au rouge une solution d'*hélianthine (orangé n° 3)*. Ce point atteint, on laisse refroidir. Il s'est formé du phosphate mono-ammonique et du chlorhydrate d'ammoniaque :

$$PO^5,2AzH^4O,HO + HCl = PO^5,AzH^4O,2HO + AzH^4Cl\,;$$
$$PO^4H(AzH^4)^2 + HCl = PO^4H^2,AzH^4 + AzH^4Cl.$$

Le phosphate mono-ammonique, peu soluble à froid, cristallise pendant le refroidissement, tandis que le chlorhydrate d'ammoniaque reste dissous. On décante la liqueur, on égoutte les cristaux, puis on les dissout dans leur poids d'acide chlorhydrique chaud ; il se produit de l'acide phosphorique et du chlorhydrate d'ammoniaque :

$$PO^5,AzH^4O,2HO + HCl = PO^5,3HO + AzH^4Cl\,;$$
$$PO^4H^2,AzH^4 + HCl = PO^4H^3 + AzH^4Cl.$$

En abandonnant la liqueur au refroidissement, la plus grande partie du chlorhydrate d'ammoniaque cristallise; on le sépare et on l'essore à la trompe sur un tampon d'amiante (§ 354). Le liquide est formé par l'acide phosphorique souillé de chlorhydrate d'ammoniaque. On le chauffe dans une capsule de porcelaine, en l'additionnant de temps en temps d'un peu d'acide azotique. Celui-ci oxyde le sel ammoniacal et le détruit, en donnant du chlore et de l'azote qui se dégagent. Quand une prise d'essai de la liqueur étendue d'eau ne précipite plus par l'azotate d'argent, tout le sel ammoniacal est détruit. On chauffe encore quelques instants pour chasser les dernières traces d'acide azotique, et on laisse refroidir (M. Joly).

II. — PROPRIÉTÉS.

727. L'acide phosphorique tribasique ne coagule pas l'albumine en solution aqueuse. Il ne précipite ni l'azotate d'argent, ni l'azotate de baryte, mais, après neutralisation, il forme avec le premier un précipité jaune, et avec le second un précipité blanc.

728. Le tableau suivant donne, rapportés soit à l'acide phosphorique $PO^5,3HO$ ou $P\Theta^4H^3$, soit à l'anhydride phosphorique P^2O^{10} ou $P^2\Theta^5$, les poids d'acide contenus dans 100 parties d'une solution d'acide phosphorique tribasique, de densité connue.

DENSITÉS.	$PO^3,3HO$ ou $P\Theta^4H^3$.	P^2O^{10} ou $P^2\Theta^5$.	DENSITÉS.	$PO^3,3HO$ ou $P\Theta^4H^3$.	P^2O^{10} ou $P^2\Theta^5$.
1,476	64,04	47,10	1,236	37,69	27,30
1,442	60,90	44,13	1,197	32,10	23,23
1,418	58,22	42,61	1,162	27,24	19,73
1,384	55,40	40,12	1,136	23,41	16,95
1,356	52,46	38,00	1,109	18,30	13,25
1,328	50,93	36,15	1,066	11,91	8,62
1,293	45,05	32,71	1,031	5,73	4,15
1,268	41,60	30,13	1,006	1,10	0,79

F. — **Hydrogène phosphoré gazeux.**

Équiv. : $PH^3 = 34 = 4\,vol. = PH^3 = P.\,mol.$

729. *Gaz* combustible, non spontanément inflammable mais acquérant cette propriété lorsqu'il est mélangé d'une petite quantité d'hydrogène phosphoré liquide, PH^2 ou PH^2. — *Découvert* en 1783 par Gengembre. — *Densité* à 0° et sous la pression $0^m,760 : 1,185$. — Soluble dans huit fois son volume d'eau froide.

730. Préparation par le phosphure de chaux et l'eau. — Le mélange connu sous le nom de *phosphure de chaux*, et aussi sous celui de *phosphure de calcium* qui désigne plus exactement le corps défini auquel ce mélange doit ses principales propriétés, est obtenu de la manière suivante :

Dans une cloche courbe (fig. 271), en verre peu fusible, on introduit en *a* 4 grammes de phosphore blanc en fragments, que l'on recouvre de verre pilé jusqu'en *b*, c'est-à-dire jusqu'à 2 ou 3 centimètres au delà de la courbure, puis on achève de remplir la cloche avec des fragments de chaux vive. On dis-

pose la partie droite de la cloche sur un fourneau à gaz pour tubes (§ 87,
fig. 45), ou plus simplement sur une grille en fil de fer (fig. 271), que l'on
supporte par deux briques posées debout sur la paillasse d'une cheminée. La
partie recourbée de la cloche *abc* est laissée en dehors de l'appareil de chauffage. Au moyen du gaz, ou en disposant sur la grille des charbons bien
allumés, on porte au rouge sombre la partie horizontale du tube et la chaux
qu'elle contient, puis, avec une lampe à alcool ou une flamme de gaz faiblement mélangée d'air (§ 83), on chauffe le phosphore et la partie recourbée de
la cloche. Le phosphore entre en ébullition vers 290°, et sa vapeur traverse
toute la colonne de chaux sur laquelle elle réagit. Il se produit du phosphure

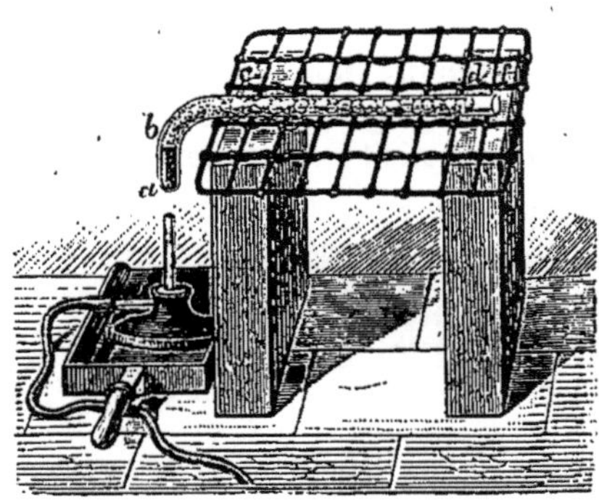

Fig. 271. — Préparation du phosphure
de calcium.

de calcium, tandis que l'oxygène de
la chaux ainsi transformée se porte
sur une autre quantité de phosphore
pour donner des acides oxygénés du
phosphore, lesquels s'unissent à de
la chaux. Le mélange varie d'ailleurs
de composition avec les conditions
de l'expérience. On chauffe lentement
le phosphore, de manière que la
moindre quantité possible de ce
corps échappe à l'action de la chaux ;
on se règle pour cela sur l'intensité
de la flamme qui se produit à l'extrémité de la cloche : on maintient
cette flamme petite. Quand tout le
phosphore a distillé, on laisse tom-
ber une goutte d'eau sur la cloche en *c*, c'est-à-dire au point de séparation
du verre pilé et de la chaux transformée ; le tube se brise, et il est alors
facile de mettre à part la portion horizontale qu'on laisse refroidir. On conserve son contenu brun dans des flacons secs et bien bouchés, après avoir
séparé les portions de chaux qui, situées vers l'extrémité *f* du tube, n'ont
pas subi d'une manière suffisante l'action du phosphore et sont restées
blanches.

En dehors des précautions générales indiquées plus haut (§ 710) comme indispensables à observer toutes les fois que l'on manie un corps aussi combustible
que le phosphore, il en est une sur laquelle on doit insister ici. Il faut se
garder de tenir directement dans la main la lampe à alcool ou à gaz, avec
laquelle on chauffe le métalloïde. La cloche se brise fréquemment ; en opérant sans précaution, on risquerait de recevoir sur la main le phosphore
enflammé. On tient donc la lampe avec une pince métallique, ou mieux on la
dépose sur une pelle à feu en tôle que l'on saisit par son manche (fig. 271).

731. Le phosphure de calcium impur fournit facilement de l'hydrogène phosphoré. Il suffit de projeter les fragments de ce corps dans un
verre à expérience contenant de l'eau, pour que des bulles de gaz hydrogène phosphoré gagnent la surface du liquide. Ce gaz étant chargé
d'hydrogène phosphoré liquide, et même d'hydrogène phosphoré
solide, doit au premier de ces composés la propriété de s'enflammer
spontanément à l'air. Il brûle avec une flamme jaune, en produisant
des fumées blanches d'acide phosphorique. Lorsque l'atmosphère n'est

pas agitée, ces dernières s'élèvent peu à peu, par masses séparées se succédant comme les bulbes-gazeuses qui les ont fournies, et affectant la forme de couronnes dont le diamètre va en s'élargissant à mesure qu'elles s'élèvent.

732. L'acide chlorhydrique décomposant l'hydrogène phosphoré liquide, on obtient un gaz *non spontanément inflammable* en attaquant le phosphure de chaux par l'eau additionnée de la moitié de son volume d'acide chlorhydrique du commerce (Dumas, P. Thénard). La réaction est alors plus rapide que précédemment. On fait usage d'un flacon tubulé à large goulot. Ce flacon renferme de l'acide dilué, jusqu'aux trois quarts de sa hauteur. La tubulure porte un tube à dégagement aboutissant sur la cuve à eau. Au goulot est fixé un tube de verre large, dont l'extrémité inférieure plonge dans le liquide, et par lequel on fait tomber dans le flacon des fragments de phosphure de chaux. Une réaction complexe se produit : sa partie principale peut être représenté par la formule suivante :

$$PCa^3 \quad + \quad 3HCl \quad = \quad PH^3 \quad + \quad 3CaCl ;$$

<table>
<tr><td>Phosphure
de calcium.</td><td>Acide
chlorhydrique.</td><td>Gaz hydrogène
phosphoré.</td><td>Chlorure
de calcium.</td></tr>
</table>

$$P^2Ca^3 \quad + \quad 6HCl \quad = \quad 2PH^3 \quad + \quad 3CaCl^2.$$

Après l'expulsion de l'air, on recueille le gaz à la manière ordinaire.

733. Le même appareil est employé pour produire et recueillir l'hydrogène phosphoré spontanément inflammable, fourni par l'action de l'eau pure sur le phosphure de chaux (§ 731). Il est indispensable, dans ce cas, d'expulser l'air du flacon avant d'y introduire le phosphure, un mélange détonant pouvant se former, puis s'enflammer spontanément. A cet effet, par un caoutchouc, on relie le tube large avec un appareil à hydrogène, et on déplace l'air intérieur au moyen de ce gaz. On peut ensuite opérer sans danger. On laisse perdre les premières portions du gaz, qui sont mélangées d'hydrogène.

734. PAR LE PHOSPHORE ET LES HYDRATES ALCALINS. — A l'orifice d'un ballon de 100 centimètres cubes, on ajuste un bouchon portant un tube à dégagement trois fois recourbé. On introduit dans ce ballon 8 grammes de phosphore en morceaux et 60 centimètres cubes d'une solution concentrée de potasse caustique ou de soude caustique; laissant ensuite le ballon ouvert, on chauffe doucement. Il se forme de l'hypophosphite alcalin et de l'hydrogène phosphoré (Gengembre) :

$$4P \quad + \quad 3KO,HO \quad + \quad 3H^2O^2 \quad = \quad 3(PH^2O^3,KO) \quad + \quad PH^3,$$

<table>
<tr><td>Phosphore.</td><td>Hydrate de
potasse.</td><td>Eau.</td><td>Hypophosphite de
potasse.</td><td>Hydrogène
phosphoré.</td></tr>
</table>

$$4P \quad + \quad 3KOH \quad + \quad 3H^2O \quad = \quad 3PO^2H^2K \quad + \quad PH^3 ;$$

mais au contact de l'alcali en excès, l'hypophosphite donne du phosphate et de l'hydrogène :

$$PH^2O^3,KO \quad + \quad 2(KO,HO) \quad = \quad PO^5,3KO \quad + \quad 4H ;$$

<table>
<tr><td>Hypophosphite
de potasse.</td><td>Hydrate de
potasse.</td><td>Phosphate
tripotassique.</td><td>Hydrogène.</td></tr>
</table>

$$PO^2H^2K \quad + \quad 2KOH \quad = \quad PO^4K^3 \quad + \quad 4H.$$

Le produit est donc fortement souillé d'hydrogène. L'air étant expulsé, on adapte le bouchon et on recueille le gaz.

On peut remplacer avec avantage la lessive de potasse ou de soude par un lait de chaux épais (Raymond). L'hypophosphite de chaux étant plus stable que les hypophosphites alcalins, la seconde réaction se produit peu, et le gaz est plus pur.

En introduisant dans le ballon, aussitôt après les morceaux de phosphore, 1 à 2 centimètres cubes d'éther, celui-ci, en se volatilisant dès le commencement du chauffage, expulse l'air de l'appareil et empêche toute explosion. Les premières parties du gaz dégagées entraînent la vapeur d'éther ; on les laisse perdre.

Il est un peu plus compliqué, mais cependant préférable, de percer le bouchon du ballon de deux trous et d'y fixer, en même temps que le tube à dégagement, un second tube. Celui-ci permet de faire passer dans le ballon froid, au commencement de l'expérience, un courant d'hydrogène qui déplace l'air et écarte ainsi tout danger d'explosion.

735. On purifie le gaz impur en le faisant passer à travers une dissolution de protochlorure de cuivre dans l'acide chlorhydrique. Il se forme une combinaison d'hydrogène phosphoré et de protochlorure de cuivre (M. Riban), combinaison qui reste dans la liqueur. En chauffant cette dernière dans un ballon muni d'un tube à gaz, le composé se détruit et l'hydrogène phosphoré mis en liberté se dégage à l'état de pureté.

G. — Protochlorure de phosphore.

Équiv. : $PCl^3 = 137,5 = 4\ vol. = PCl^3 = P.\ mol.$

736. *Synonyme :* Trichlorure de phosphore. — *Liquide* incolore, fumant à l'air, décomposable par l'eau, découvert par H. Davy. — *Densité* à 0° : 1,6129. — *Point d'ébullition :* 76°. — *Densité de vapeur* ramenée à 0° et à la pression $0^m,760$: 68,75 par rapport à l'hydrogène.

737. Préparation par le chlore et le phosphore. — Dans une cornue de verre tubulée, de 500 centimètres cubes, on place du phosphore et une petite quantité de protochlorure de phosphore. On dispose cette cornue sur un fourneau à gaz, en la protégeant de l'action directe de la flamme, soit par plusieurs doubles de toile métallique, soit par un petit bain de sable. Cette cornue fait d'ailleurs partie d'un appareil disposé comme celui indiqué plus haut pour la préparation du chlorure de soufre (§ 689, fig. 267). Toutefois le chlore desséché est amené dans la cornue par un tube à trois branches, un peu large, en forme de T ; l'une des deux branches, qui sont sur le prolongement l'une de l'autre, pénètre par la tubulure de la cornue et plonge dans le protochlorure de phosphore, mais sans arriver jusqu'au phosphore. Cette branche du tube a été autant que possible faite avec un tube légèrement conique, dont la large ouverture est dirigée vers l'intérieur de la cornue. On bouche l'orifice supérieur par un tube de caoutchouc, dans lequel on engage une baguette de verre plein. On chauffe doucement la cornue de manière à provoquer la fusion du phosphore et, par la branche du tube qui est perpendiculaire aux deux autres, on fait arriver le courant de chlore *bien desséché* (§ 651), l'eau décomposant les chlorures de phosphore. Le gaz se combine au protochlorure de phosphore pour former du perchlorure.

$$PCl^3 \quad + \quad Cl^2 \quad = \quad PCl^5,$$

Protochlorure   Chlore.   Perchlorure
de phosphore.   de phosphore.

$$PCl^3 \quad + \quad Cl^2 \quad = \quad PCl^5;$$

Celui-ci se dissout dans l'excès de liquide et vient au contact du phosphore se changer en protochlorure :

$$3PCl^5 \quad + \quad 2P \quad = \quad 5PCl^3;$$

Perchlorure   Phosphore.   Protochlorure
de phosphore.   de phosphore.

$$3PCl^5 \quad + \quad 2P \quad = \quad 5PCl^3.$$

Le protochlorure ajouté sert ainsi d'intermédiaire et permet de transformer rapidement tout le phosphore en trichlorure.

Le chlore, en agissant directement sur le phosphore, donne lieu à une action des plus énergiques, accompagnée d'un dégagement de chaleur considérable et de phénomènes d'incandescence qui déterminent souvent la rupture de la cornue. Si l'on manque de protochlorure pour commencer la réaction, on introduit dans la cornue du phosphore rouge, sur lequel on dirige le courant de chlore sec ; on se procure ainsi plus facilement les premières portions de liquide qui rendent aisée la préparation proprement dite.

On règle la température de la cornue de manière à y maintenir le niveau à peu près constant, en faisant distiller et passer dans le ballon une quantité de protochlorure sensiblement égale à celle qui se forme. Cette distillation a l'avantage d'empêcher le dépôt de croûtes cristallines de perchlorure de phosphore sur les parois du verre, croûtes dont l'accroissement de volume, par suite de la superposition constante de nouvelles quantités de matière solide, détermine parfois la rupture de l'appareil. Il faut surtout éviter de former du perchlorure de phosphore solide dans le haut de la cornue, et de laisser en même temps le phosphore fondu non recouvert de protochlorure : un fragment de perchlorure qui tombe et arrive au contact direct du phosphore en fusion, détermine une action des plus vives, et même une véritable explosion lorsque son poids est un peu considérable.

Du perchlorure de phosphore se dépose aussi dans le tube d'arrivée du chlore, et finit par obstruer celui-ci. On fait alors pénétrer dans le tube la tige de verre qui la ferme, et on repousse dans l'intérieur de la cornue la matière solide cause de l'obstruction. Relevant ensuite la tige, l'opération continue immédiatement.

On termine en rectifiant à 76° le produit distillé.

Le protochlorure de phosphore réagit sur l'eau (§ 714). Il doit être conservé dans des vases bien secs et bouchés en verre.

738. On peut encore dissoudre, dans un flacon de grandes dimensions, du phosphore blanc dans du protochlorure de phosphore, et faire arriver dans le liquide, au moyen d'un large tube, un courant de chlore sec ; ce tube traverse un bouchon qui ferme incomplètement, ou qui, fermant exactement, est traversé en outre par un tube droit, long et étroit. On refroidit d'ailleurs le flacon en le plongeant dans un vase plein d'eau. Quand la formation de quelques cristaux de perchlorure de phosphore rend manifeste que tout le phosphore libre a disparu, on ajoute une nouvelle quantité de ce dernier, puis on la combine au chlore comme la première, et ainsi de suite. Lorsque le poids de protochlorure obtenu est jugé suffisant, on introduit le produit

dans un appareil distillatoire, et on le rectifie en recueillant à part le liquide bouillant vers 76°.

H. — Perchlorure de phosphore.

Équiv. : $PCl^5 = 208,5 = 8\ vol. = PCl^5 = P.\ mol.$

739. *Synonyme* : Pentachlorure de phosphore. — *Composé solide*, cristallisé, jaune clair, émettant des vapeurs irritantes et formant à l'humidité des fumées blanches; découvert par H. Davy. — *Infusible* sous la pression ordinaire. — *Point d'ébullition* : 145°; se volatilise notablement vers 100°. — *Densité de vapeur* rapportée à 0° et à la pression 0m,760, variable avec la température à laquelle on la détermine : 72 à 190° et par rapport à l'hydrogène; 52,7 à 300°.

740. Préparation par le protochlorure de phosphore. — L'extrême vivacité de la réaction du perchlorure de phosphore sur le phosphore fondu, entraîne fréquemment des explosions lorsqu'on cherche à préparer directement le perchlorure de phosphore par l'action d'un excès de chlore sur du phosphore. Il est préférable, pour cette raison, de transformer d'abord le phosphore en protochlorure (§ 737 et 738), puis de perchlorurer ce dernier.

A cet effet, on introduit du protochlorure de phosphore dans un ballon d'un volume huit ou dix fois plus considérable que celui du liquide employé; on adapte au col un bouchon percé de deux trous, l'un traversé par un large tube amenant un courant de chlore soigneusement desséché (§ 651), l'autre par un tube étroit et long. Le chlore est dirigé jusqu'à la surface du protochlorure de phosphore et, cette surface étant grande, l'absorption du gaz se fait très rapidement. Pour empêcher la réaction d'élever la température de la masse, on plonge le ballon dans un vase que traverse un courant constant d'eau froide. On maintient le ballon incliné, et on lui imprime fréquemment un mouvement de rotation autour de son axe : les parois, étant mouillées de protochlorure, se recouvrent d'une croûte de plus en plus épaisse de perchlorure, qui se détache de temps en temps. On continue ainsi jusqu'à ce que toute la matière soit solidifiée; on arrête lorsqu'après avoir été maintenue en contact avec un excès de chlore, elle cesse d'absorber ce gaz. A cet effet, il est bon de ne plus refroidir vers la fin de l'opération : la température, en s'élevant, provoque la volatilisation du protochlorure imbibé dans la matière solide, et favorise sa transformation. On termine en laissant pendant quelque temps, le produit détaché du verre et agité, en contact avec un excès de chlore, le ballon étant plongé dans de l'eau chauffée vers 80°; on achève ainsi la destruction des dernières traces de protochlorure.

On conserve le perchlorure de phosphore à l'abri de l'humidité, dans des flacons exactement bouchés en verre. Sa réaction sur l'eau a été indiquée plus haut (§ 725).

741. La solubilité du phosphore dans le protochlorure de phosphore peut être utilisée pour transformer sans danger, dans une même opération, le phosphore en perchlorure. On suit dans ce but une marche analogue à celle recommandée plus haut pour la préparation du protochlorure de phosphore (§ 738). On dissout du phosphore blanc dans du protochlorure et, dans l'appareil indiqué, on traite la solution par le chlore sec, en faisant plonger dans le liquide le large tube d'arrivée du gaz. Quand, après addition de nouvelles quantités de phosphore, le poids de protochlorure obtenu est jugé suffisant, il ne reste plus qu'à transformer ce composé en perchlorure, par la méthode précédente (§ 740).

I. — Oxychlorure de phosphore.

Équiv. : $PCl^3O^2 = 153,6 = 4\ vol. = PCl^3O = P.\ mol.$

742. *Synonyme :* Chlorure de phosphoryle. — *Liquide* incolore, fumant à l'air, à odeur suffocante, découvert par Würtz en 1847. — *Densité* à 10° : 1,693. — *Cristallisable* par le refroidissement en lamelles fusibles à — 1°,5. — *Point d'ébullition :* 110°. — *Densité de vapeur* à 0° et sous la pression $0^m,760$: 78 par rapport à l'hydrogène.

743. Préparation par le perchlorure de phosphore. — L'eau décompose le perchlorure de phosphore en donnant de l'oxychlorure de phosphore et de l'acide chlorhydrique :

$$PCl^5 + H^2O^2 = PCl^3O^2 + 2HCl;$$
$$PCl^5 + H^2O = PCl^3O + 2HCl.$$

L'action est assez difficile à régulariser quand on fait agir directement l'eau sur le perchlorure, l'oxychlorure lui-même étant décomposable par un excès de ce liquide, avec formation d'acide phosphorique et d'acide chlorhydrique :

$$PCl^3O^2 + 3H^2O^2 = PO^5,3HO + 3HCl;$$
$$PCl^3O + 3H^2O = PO^4H^3 + 3HCl.$$

On préfère généralement traiter le perchlorure de phosphore par un corps tel que l'acide borique cristallisé, lequel n'intervient dans la réaction que par l'eau qu'il contient.

L'appareil dont on fait usage (§ 223, fig. 119) se compose d'une cornue tubulée de 150 centimètres cubes, fixée par son col à un réfrigérant de Liebig (§ 135); ce col est étiré et s'engage profondément dans le tube du réfrigérant, auquel il est joint par un caoutchouc. On introduit rapidement dans la cornue, par sa tubulure, un mélange de 150 grammes de perchlorure de phosphore et de 12 grammes d'acide borique cristallisé. Après avoir bouché la cornue et introduit le tube du réfrigérant dans un flacon, afin d'éviter l'action de l'humidité de l'air sur le produit qui distillera, on chauffe doucement. La réaction peut être représentée par la formule suivante :

$$3PCl^5 \quad + \quad 2(BoO^3,3HO) \quad = \quad (BoO^3)^2 \quad + \quad 3PCl^3O^2 \quad + \quad 6HCl;$$

Perchlorure de phosphore.	Acide borique hydraté.	Acide borique anhydre.	Oxychlorure de phosphore.	Acide chlorhydrique.

$$3PCl^5 \quad + \quad 2BoO^3H^3 \quad = \quad Bo^2O^3 \quad + \quad 3PCl^3O \quad + \quad 6HCl.$$

Lorsqu'il ne distille plus rien, on rectifie le produit en recueillant ce qui passe à 110°.

Il est nécessaire de disposer l'appareil dans un endroit bien ventilé, à cause des vapeurs chlorhydriques qui se dégagent. Celles-ci peuvent d'ailleurs être absorbées, en fermant le flacon et en dirigeant par un tube, dans un flacon laveur contenant de l'eau, les gaz qui tendent à s'échapper.

10.

ARSENIC.

Équiv. : $As = 75 = 1\ vol. = As = P.\ atom.$

744. *Élément solide,* cristallisable en rhomboèdres aigus, noir bleuâtre, fragile, a éclat métallique, connu des Arabes au quatrième siècle. — *Densité :* 5,75. — *Su-*

blimable vers 180° sans fusion préalable. — *Fusible* vers le rouge sombre, en un liquide transparent, quand on le chauffe en vase clos. — *Densité de vapeur* à 0° et sous la pression 0^m,760 : 10,2 par rapport à l'air; 147,3 par rapport à l'hydrogène. Elle correspond à 1 volume de vapeur pour 1 équivalent ou 1 atome d'arsenic. — *Chaleur spécifique* : 0,081.

745. Préparation par l'anhydride arsénieux. — Dans un tube de verre peu fusible, fermé par un bout, de 1 centimètre de diamètre et de 40 centimètres de longueur, on introduit un mélange intime de 1 gramme d'anhydride arsénieux et de 2 grammes de charbon de bois, sec et pulvérisé. Le mélange occupant le fond du tube, on place au delà, sur une longueur de 2 centimètres, du charbon en menus fragments, et on dispose le tube sur une grille à gaz. On chauffe au rouge, d'abord la portion du tube contenant le charbon seul, ensuite le mélange anhydride arsénieux et de charbon. Les deux corps réagissent en donnant de l'oxyde de carbone, qui se dégage, et de l'arsenic qui se condense en cristaux dans la partie froide du tube :

$$(AsO^3)^2 \quad + \quad 6C \quad = \quad 3C^2O^2 \quad + \quad 2As;$$

Anhydride   Charbon.   Oxyde   Arsenic.
arsénieux.   de carbone.

$$As^2O^3 \quad + \quad 3C \quad = \quad 3CO \quad + \quad 2As.$$

Il est indispensable de mettre l'orifice du tube dans une cheminée à tirage énergique, l'opérateur devant éviter soigneusement l'action des gaz chargés d'arsenic.

Les dangers inhérents à la manipulation des composés arsenicaux font préférer le mode opératoire suivant. On étire en pointe, à la lampe d'émailleur, un tube de verre peu fusible, du diamètre des tubes à gaz, et on scelle la partie étirée de manière à obtenir une fermeture conique. Au sommet du cône, on introduit un fragment d'anhydride arsénieux de la grosseur d'un grain de millet, puis on lui superpose des fragments de charbon de même grosseur, occupant toute la partie conique du tube. On chauffe alors le charbon dans une flamme de gaz, en commençant par la portion la plus éloignée de l'anhydride arsénieux et en rapprochant la flamme de celui-ci quand le charbon est porté au rouge. L'anhydride arsénieux se volatilise, se réduit et va former dans le tube, au delà de la flamme, un anneau noir, brillant, à éclat métallique.

Si l'on recule le tube et qu'on amène l'anneau dans la flamme, cet anneau se déplace, l'arsenic se volatilisant et allant se condenser plus loin, sur la paroi froide.

A. — Acide arsénique.

Équiv. : AsH^{3}O^8 ou AsO^5,3HO $= 142 = As\theta^4H^3 = P. mol.$

746. *Acide tribasique*, cristallisant avec des quantités d'eau de cristallisation variables. — *Perd de l'eau de constitution* par la chaleur et se change en *acide pyro-arsénique*, puis en *acide métarsénique*, enfin en *anhydride arsénique*.

747. Préparation par l'anhydride arsénieux. — On introduit 30 grammes d'anhydride arsénieux pulvérisé dans un matras à fond plat de 500 centimètres cubes, disposé sous une hotte à tirage énergique, et on ajoute peu à peu 60 grammes d'acide azotique ordinaire (D $= 1,35$). L'acide azotique passe à l'état d'hypoazotide, oxyde l'anhydride arsénieux et le change en acide arsénique. Quand la réaction s'est ralentie, on porte le ballon sur un brûleur à gaz, en le protégeant par une toile métal-

lique, et l'on chauffe doucement pour terminer l'oxydation. Après cessation du dégagement des vapeurs rutilantes, on verse le contenu du ballon dans une capsule de porcelaine et on l'évapore au bain-marie, jusqu'à consistance sirupeuse; enfin on laisse refroidir. Il se dépose peu à peu des prismes transparents d'acide arsénique contenant 1 équivalent d'eau de cristallisation.

Lorsqu'on agit sur des quantités plus considérables, on opère dans un ballon auquel on adapte un réfrigérant de Liebig disposé à reflux; le joint est fait, non avec un bouchon de liège qui s'attaquerait, mais avec du plâtre. L'acide azotique qui distille est ainsi ramené constamment sur le produit à oxyder, tandis que les vapeurs rutilantes s'échappent.

11.

CARBONE.

Équiv. : $C = 6 = 1$ *vol.*   *P. atom. :* $C = 12 = 2$ *vol.*

748. *Élément dimorphe :* cristallise dans le système *cubique* (diamant) ou dans le système *rhomboédrique* (graphite). — *Amorphe* ou affectant les formes organisées des matières qui l'ont fourni, quand il provient de la destruction des substances organiques (carbone amorphe ou charbon). — *Infusible* et *non volatil.*

DIAMANT. — *Densité :* 3,50 à 3,55. — *Dureté :* 10; plus grande que celle de tous les autres corps. — *Chaleur spécifique* variable avec la température : 0,0955 à 10°,6; 0,2218 à 140°; 0,4589 à 985°. — *Mauvais conducteur* de la chaleur et de l'électricité.

GRAPHITE. — *Synonymes :* plombagine, mine de plomb. — *Densité :* 2,25 à 2,26. — *Dureté :* 1 à 2; tache le papier. — *Chaleur spécifique* variable avec la température : 0,1604 à 10°,8; 0,2542 à 138°,5; 0,4670 à 978°. — *Bon conducteur* de la chaleur et de l'électricité.

CARBONE AMORPHE. — *Variétés diverses :* Charbon de bois, coke, charbon animal, noir de fumée, charbon des cornues à gaz, etc.

749. CHARBON DE BOIS. — Les expériences suivantes montrent la porosité du charbon de bois.

Dans un foyer garni de charbon de bois en combustion, on prend avec une pince de fer un morceau de charbon bien rouge, et on le plonge immédiatement dans la cuve à mercure où on le laisse refroidir. Le charbon est alors devenu dense par suite de la pénétration du métal dans ses canaux les plus volumineux, mais il n'a condensé à sa surface aucun gaz, ainsi que cela arrive lorsqu'on le laisse refroidir à l'air. Si on l'introduit ensuite dans une éprouvette pleine d'un gaz quelconque et conservée sur le mercure, il absorbe immédiatement ce gaz. Quand on charge ainsi un morceau de charbon de gaz chlorhydrique, on lui communique la propriété de fumer à l'air; si de plus on approche ce charbon d'un autre semblable et chargé de même de gaz ammoniac, l'atmosphère qui entoure les deux charbons se remplit d'épaisses vapeurs blanches de chlorhydrate d'ammoniaque, dont la production se continue fort longtemps, les gaz condensés par la matière poreuse ne se dégageant que lentement sous l'influence de l'air qui les déplace.

Le charbon de bois permet de répéter, mais avec beaucoup moins de netteté, les expériences indiquées plus loin (§ 751 et 752) pour montrer le pouvoir absorbant et décolorant du charbon animal.

750. CHARBON ANIMAL. — Le charbon animal ou *noir animal*, se fabrique par la distillation des os en vases clos.

On peut reproduire en petit les circonstances de sa fabrication. Dans une cornue de grès de 250 centimètres cubes, on introduit des os dégraissés et concassés, puis on adapte au col, à l'aide d'un bouchon, un tube large, de 50 centimètres environ de longueur; l'extrémité du tube restée libre, s'engage dans le bouchon fermant le col d'un ballon tubulé; un bouchon traversé par un tube droit est adapté à la tubulure de ce dernier. Le ballon étant plongé dans une terrine pleine d'eau et la cornue disposée dans un fourneau à réverbère, on porte celui-ci au rouge. Les os sont formés essentiellement par un mélange de carbonate et de phosphate de chaux, aggloméré par une matière organique organisée, l'osséine. Sous l'influence de la chaleur l'osséine, qui est azotée, se décompose en donnant des produits volatils, alcalins, combustibles, qui se condensent en partie dans le tube et le ballon (huile animale de Dippel), et en laissant un résidu de charbon. En même temps le carbonate de chaux est transformé en chaux vive. Le phosphate de chaux et la chaux empêchant l'agglomération du carbone formé, celui-ci reste dans un grand état de division. Les produits de décomposition non condensables, s'échappent par le tube droit du récipient; ils possèdent une odeur fétide et peuvent, lorsque l'air a été complètement expulsé de l'appareil, être enflammés à l'orifice du tube. Il est nécessaire de ne pas les laisser se répandre dans l'atmosphère du laboratoire. Quand tout dégagement gazeux a cessé, on laisse refroidir la cornue sans l'ouvrir. On constate ensuite que les os ont conservé leur forme primitive, mais ont pris la couleur noire du charbon. Ainsi transformés, ils constituent le noir animal.

Si l'air pénétrait dans la cornue pendant l'opération ou avant le refroidissement, ou encore si l'on opérait dans un vase largement ouvert, le charbon brûlerait et on aurait un résidu blanc, formé par les matières minérales fixes (cendres d'os).

La présence du phosphate de chaux dans le noir animal peut être constatée en traitant cette substance par l'eau additionnée d'acide chlorhydrique, qui dissout le phosphate de chaux; après filtration, on ajoute de l'ammoniaque à la liqueur, il se forme un précipité gélatineux de phosphate de chaux tribasique hydraté.

751. POUVOIR ABSORBANT. — Dans un flacon de 500 centimètres cubes, renfermant la moitié de son volume d'eau saturée d'hydrogène sulfuré, on introduit 20 grammes de noir animal pulvérisé, on bouche et on agite vivement. Après quelques moments, la liqueur a perdu l'odeur caractéristique de l'hydrogène sulfuré, ce dernier ayant été fixé par la matière poreuse.

A 250 centimètres cubes d'eau, placés dans une capsule de porcelaine, on ajoute fort peu d'azotate de plomb, une quantité suffisante cependant pour qu'une prise d'essai de la liqueur précipite nettement en noir par l'hydrogène sulfuré. On chauffe la dissolution de plomb et on y projette 15 grammes de noir animal en poudre, puis on porte à l'ébullition, que l'on maintient pendant quelques minutes. On filtre. La liqueur claire ne précipite plus par l'hydrogène sulfuré, tout le plomb ayant été fixé par le noir animal.

752. POUVOIR DÉCOLORANT. — On porte à l'ébullition, dans une capsule en porcelaine, de l'eau nettement colorée par la teinture de tournesol

ou par une autre matière colorée organique, telle que la teinture de cochenille, l'indigo, le vin rouge, etc., en ajoutant à la liqueur du noir animal finement pulvérisé. Après quelques instants, on verse le mélange sur un filtre. Le liquide passe incolore.

La matière colorante n'est pas détruite, mais seulement fixée sur le charbon, par un phénomène analogue à ceux que la teinture des tissus met à profit. Si, en effet, on prend le filtre chargé de noir, provenant de l'expérience précédente faite avec le tournesol, et si, après l'avoir délayé dans l'eau chargée de carbonate de soude, on fait bouillir le mélange et on filtre, la liqueur alcaline s'écoule colorée en bleu.

753. Charbon animal lavé. — La grande proportion de phosphate de chaux et de chaux, contenue dans le noir animal, rend celui-ci impropre à la décoloration des liqueurs acides, ces dernières dissolvant les matières minérales précitées. Il peut au contraire servir pour cet usage quand on l'a débarrassé préalablement des matières salines qu'il renferme. Dans ce but on le traite par l'acide chlorhydrique dilué.

On délaye 250 grammes de noir animal dans un litre d'eau, on ajoute peu à peu de l'acide chlorhydrique en excès au mélange agité, puis on chauffe. Après un quart d'heure d'ébullition, on laisse déposer et on lave à l'eau distillée chaude, par décantation et filtration (§ 374), jusqu'à ce que la liqueur soit neutre au tournesol. Le produit, incinéré sur une lame de platine, ne doit plus laisser qu'un faible résidu siliceux, insoluble dans l'acide chlorhydrique ; dans le cas contraire, on répète encore une fois le traitement à l'acide chlorhydrique dilué et chaud.

Le noir lavé et égoutté, est desséché à l'air libre ou à l'étuve, puis introduit dans un creuset que l'on ferme aussi exactement que possible, ou mieux dans une cornue de grès, au col de laquelle on ne laisse subsister qu'une petite ouverture, et finalement chauffé au rouge. Après refroidissement à l'abri de l'air, le produit est conservé dans des vases bien clos. Le charbon animal, lorsqu'il a été lavé à l'acide et calciné, jouit d'un pouvoir décolorant beaucoup moins marqué que le charbon animal ordinaire. Le même charbon lavé, mais non calciné, est moins actif encore.

A. — Oxyde de carbone.

Équiv. : $CO = 14 = 2\,vol.$ *P. mol.* : $C^2O^2 = 28 = CO = 4\,vol.$

754. *Gaz* incolore, *très toxique*, découvert en 1776 par Lassonne. — *Densité* à 0° et sous la pression $0^m,760 : 0.9678$ par rapport à l'air ; 14 par rapport à l'hydrogène — *Solubilité* sous la pression $0^m,760 : 32^{cc},87$ par litre d'eau à 0° ; $23^{cc},12$ à 20°.

I. — PRÉPARATION.

755. L'oxyde de carbone est doué de propriétés toxiques très énergiques : l'air qui en renferme une très faible proportion est dangereux à respirer. On ne saurait dès lors trop recommander de ne pas laisser ce gaz s'échapper dans l'atmosphère du laboratoire et de prendre toutes les précautions nécessaires pour se soustraire à son action.

Il est également indispensable d'observer que l'oxyde de carbone est combustible et forme avec l'oxygène ou avec l'air des mélanges explosibles : on ne devra donc jamais enflammer un courant de gaz s'échappant d'un appareil à oxyde de carbone incomplètement purgé d'air, non plus que faire usage des premières portions d'oxyde de carbone dégagées.

756. PAR L'ACIDE OXALIQUE ET L'ACIDE SULFURIQUE. — On se sert d'un appareil composé d'un ballon B (fig. 272), de 350 centimètres cubes,

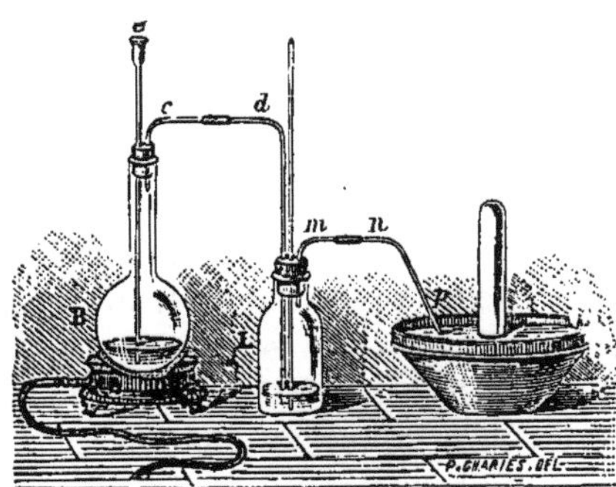
Fig. 272. — Préparation de l'oxyde de carbone.

au bouchon duquel sont adaptés un tube droit à entonnoir e, plongeant jusqu'au fond du ballon, et un tube à dégagement c, recourbé une fois. Ce dernier est relié par un caoutchouc à un flacon laveur L, muni d'un tube de sûreté et d'un tube à dégagement mnp, conduisant le gaz lavé sur la cuve à eau. On place dans le ballon 30 grammes (1 partie) d'acide oxalique cristallisé, et on introduit dans le flacon laveur de la lessive de soude, diluée de trois fois son volume d'eau. On dispose le ballon sur un appareil de chauffage, puis, par le tube à entonnoir, on y verse 180 grammes (6 parties), soit environ 100 centimètres cubes, d'acide sulfurique concentré. Après avoir agité le ballon pour mélanger son contenu, on chauffe. En présence de l'acide sulfurique, l'acide oxalique se décompose :

$$C^4H^2O^8 \quad = \quad H^2O^2 \quad + \quad C^2O^4 \quad + \quad C^2O^2 ;$$

Acide oxalique.   Eau.   Gaz carbonique.   Oxyde de carbone.

$$C^2O^4H^2 \quad = \quad H^2O \quad + \quad CO^2 \quad + \quad CO.$$

L'eau provenant de la décomposition est, avec l'eau de cristallisation de l'acide oxalique, retenue par l'acide sulfurique ; le gaz carbonique est absorbé par la lessive alcaline dans le flacon laveur ; l'oxyde de carbone se rend seul sur la cuve à eau. On le recueille à la manière ordinaire.

757. PAR LE FERROCYANURE DE POTASSIUM ET L'ACIDE SULFURIQUE CONCENTRÉ. — On se sert d'un appareil identique à celui de la préparation précédente. Dans un ballon de 500 centimètres cubes, on introduit 20 grammes (1 partie) de ferrocyanure de potassium pulvérisé et 180 grammes (9 parties) ou 100 centimètres cubes d'acide sulfurique concentré. Le flacon laveur ayant été garni de lessive de soude caustique, diluée de trois fois son volume d'eau, on chauffe doucement le ballon. Le ferrocyanure se détruit en dégageant de l'oxyde de carbone. La réaction est assez complexe, mais elle se résume en disant qu'il se forme d'abord de l'acide cyanhydrique par l'action de l'acide sulfurique sur le ferrocyanure :

$$4[(C^2Az)^3Fe,K^2] + 3(S^2O^6,2HO) = 6C^2AzH + 3(S^2O^6,2KO) + 2[(C^2Az)^3Fe,FeK],$$

Ferrocyanure de potassium.	Acide sulfurique.	Acide cyanhydrique.	Sulfate de potasse.	Ferrocyanure de fer et de potassium.

$$2(C^6Az^6Fe,K^4) + 3SO^4H^2 = 6CAzH + 3SO^4K^2 + C^6Az^6Fe,FeK^2,$$

puis que cet acide cyanhydrique est transformé en oxyde de carbone et ammoniaque :

$$C^2AzH + H^2O^2 = C^2O^2 + AzH^3;$$

Acide cyanhydrique.	Eau.	Oxyde de carbone.	Ammoniaque.

$$CAzH + H^2O = CO + AzH^3.$$

Une portion de l'acide cyanhydrique se dégage sans subir la seconde réaction; elle se trouve arrêtée par la soude du flacon laveur. Le même réactif absorbe l'anhydride sulfureux qui prend naissance si l'on chauffe trop fortement le mélange, l'acide sulfurique se trouvant alors réduit par la matière organique ainsi que par le sel de protoxyde de fer formé dans la première phase de la réaction.

Pour diminuer la production du gaz sulfureux, il faut éviter de chauffer plus qu'il n'est nécessaire pour provoquer la liquéfaction du mélange de ferrocyanure et d'acide sulfurique.

Le ballon a été pris volumineux parce que le mélange en réaction mousse fréquemment.

758. On peut purifier l'oxyde de carbone obtenu par les procédés précédents en se servant de la combinaison que forme ce gaz avec le protochlorure de cuivre, Cu^2Cl ou Cu^2Cl^2 (F. Le Blanc).

On prépare une solution concentrée de sous-chlorure de cuivre (voy. ce mot) dans l'acide chlorhydrique, on place cette solution dans un ballon portant un bouchon que traversent un tube de sûreté vertical, plongeant jusqu'au fond, et un tube à dégagement recourbé une fois. Par un tube de caoutchouc fixé au tube de sûreté, on dirige dans la solution un courant d'oxyde de carbone impur. L'oxyde de carbone se combine au sous-chlorure de cuivre pour former le composé

$$3CO,2Cu^2Cl + 7HO \quad \text{ou} \quad 3CO,Cu^2Cl^2 + 7H^2O,$$

qui reste dissous, tandis que les autres gaz s'échappent du ballon. On enlève ensuite le caoutchouc adapté au tube de sûreté et on relie le tube à dégagement à un flacon laveur contenant de la soude diluée, puis on chauffe le ballon. La combinaison d'oxyde de carbone et de protochlorure, stable à froid, est détruite par la chaleur; elle laisse dégager l'oxyde de carbone qu'elle renferme. Le lavage à la soude arrête les vapeurs chlorhydriques entraînées.

Pour observer à l'état cristallisé la combinaison d'oxyde de carbone et de sous-chlorure de cuivre, on sature d'oxyde de carbone une solution concentrée de sous-chlorure de cuivre dans l'acide chlorhydrique, puis on la partage en deux parties égales. On chauffe l'une de ces parties dans un ballon et on dirige dans l'autre le gaz qu'elle dégage : des lamelles cristallines nacrées ne tardent pas à se déposer dans le liquide froid (M. Berthelot).

759. PAR L'ANHYDRIDE CARBONIQUE ET LE CHARBON. — Dans un tube en grès AB (fig. 273), on introduit du charbon de bois concassé en frag-

ments du volume de petites noisettes. On en remplit le tube ; si l'on a pris soin d'écarter la poussière, celui-ci continue à livrer un passage facile aux gaz qui le traversent. En A, on fixe, au moyen d'un bouchon, un tube droit de 10 centimètres de longueur, que l'on relie par un caoutchouc au tube à dégagement T d'un appareil producteur de gaz acide carbonique. Ce dernier se compose d'un flacon tubulé F, portant un tube à entonnoir S et le tube recourbé T ; il contient de l'eau et du

Fig. 273. — Transformation de l'anhydride carbonique en oxyde de carbone.

marbre concassé qui, décomposé par l'acide chlorhydrique, fournira du gaz carbonique (§ 764). A l'extrémité B du tube en grès, est fixé un tube à dégagement C, dont l'extrémité libre plonge dans une cuve à eau.

On porte au rouge le tube AB, soit avec un fourneau à charbon, soit au moyen d'une grille à gaz, puis, par le tube S, on introduit de l'acide chlorhydrique dans le flacon ; le gaz carbonique se dégage et vient en contact avec le charbon porté au rouge, qui le change en oxyde de carbone :

$$C^2O^4 + 2C = 2C^2O^2 ;$$
$$CO^2 + C = 2CO.$$

Le courant d'anhydride carbonique ne doit pas être conduit trop rapidement, afin qu'aucune portion n'échappe à la réaction. On opère dans de bonnes conditions lorsque l'on peut compter les bulles d'oxyde de carbone qui se dégagent successivement sur la cuve à eau.

Si l'on veut avoir de l'oxyde de carbone tont à fait pur de gaz carbonique, on interpose entre B et C un flacon laveur contenant de l'eau additionnée de lessive de soude. Cette dernière arrête l'anhydride carbonique échappé à la réaction.

Dans les conditions précédentes, l'oxyde de carbone reste toujours chargé d'une petite quantité d'hydrogène, lequel résulte de l'action exercée sur le charbon par la vapeur d'eau qu'amène le gaz carbonique non desséché (§ 760). Cet inconvénient disparaît quand on interpose en AT, entre le vase producteur d'anhydride carbonique et le tube en grès, un tube contenant des fragments de chlorure de calcium desséché.

En dirigeant sur du charbon chauffé au rouge le mélange gazeux et desséché, provenant de l'action de l'acide sulfurique sur l'acide oxalique (§ 756), on obtient uniquement de l'oxyde de carbone, l'anhydride carbonique étant réduit par le charbon.

760. PAR LA VAPEUR D'EAU ET LE CHARBON. — Cette formation de l'oxyde de carbone n'est pas une préparation régulière, le gaz que l'on obtient étant très fortement mélangé d'hydrogène.

L'appareil dans lequel on l'exécute est identique à celui où l'on opère la décomposition de l'eau par le fer chauffé au rouge (§ 512, fig. 233). Dans le tube en grès, on remplace le fer par du charbon de bois concassé, non mélangé de poudre.

On chauffe au rouge le tube en grès; puis on provoque l'ébullition de l'eau dans la cornue, de façon à produire un courant de vapeur, lent et régulier. Cette condition est rendue plus facile à réaliser par la présence dans le liquide d'un fragment de charbon de bois. La vapeur d'eau traverse le tube et s'y trouve en contact avec le charbon; elle forme avec ce dernier de l'oxyde de carbone et de l'hydrogène mélangés à volumes égaux.

$$H^2O^2 \;+\; 2C \;=\; C^2O^2 \;+\; 2H;$$
$$\text{4 vol.} \qquad\qquad \text{4 vol.} \qquad \text{4 vol.}$$
$$H^2O \;+\; C \;=\; CO \;+\; 2H.$$

Cette réaction est, suivant l'élévation de la température, plus ou moins accompagnée d'une seconde qui engendre du gaz carbonique :

$$2H^2O^2 \;+\; 2C \;=\; C^2O^4 \;+\; 4H;$$
$$2H^2O \;+\; C \;=\; CO^2 \;+\; 4H.$$

Le mélange gazeux, que l'on recueille sur l'eau, est combustible avec une flamme pâle. Il est connu sous le nom de *gaz de l'eau*.

<h3 style="text-align:center">II. — PROPRIÉTÉS.</h3>

761. ACTION DE L'OXYGÈNE. — L'oxyde de carbone est combustible. Il produit, en s'unissant à l'oxygène, de l'anhydride carbonique :

$$C^2O^2 \;+\; 2O \;=\; C^2O^4;$$
$$\text{4 vol.} \qquad \text{2 vol.} \qquad \text{4 vol.}$$
$$CO \;+\; O \;=\; CO^2.$$

On introduit dans une éprouvette 2/3 de son volume d'oxyde de carbone, puis on achève de remplir avec de l'oxygène. Si l'on approche ensuite une flamme de l'orifice, la combustion s'opère avec explosion. Pour mettre en évidence le gaz carbonique formé, on verse quelques centimètres cubes d'eau de chaux dans l'éprouvette où s'est opérée la combustion, et on agite; du carbonate de chaux prend naissance et trouble abondamment la liqueur.

L'air produit un phénomène semblable. La quantité d'oxygene, soit 1 volume, nécessaire pour brûler 2 volumes d'oxyde de carbone, est remplacée par la quantité d'air qui la contient, soit 5 volumes. On introduit donc dans l'éprouvette 2 volumes d'oxyde de carbone et 5 volumes d'air, c'est-à-dire qu'on garnit les 2/7es de sa capacité d'oxyde de carbone et qu'on achève de remplir avec de l'air. Après l'explosion, le gaz qu'elle renferme trouble l'eau de chaux.

Si, dans l'air, on approche d'une flamme l'orifice d'une éprouvette pleine d'oxyde de carbone, le gaz brûle avec une flamme bleu pâle. Le produit de la réaction trouble l'eau de chaux, comme dans les expériences précédentes.

On peut encore allumer dans l'air l'oxyde de carbone qui s'échappe d'un tube à dégagement effilé, par lequel on a terminé un appareil produisant ce gaz (§ 756). Il brûle avec une flamme bleue, et si l'on introduit cette flamme dans un ballon de verre pendant quelques instants, on constate ensuite que l'atmosphère du ballon trouble l'eau de chaux. Le passage du gaz, bulle à bulle, à travers le flacon laveur L (fig. 272), occasionne dans le dégagement gazeux des intermittences qui provoquent souvent l'extinction de la flamme. On écarte cette cause d'extinction en remplaçant le flacon laveur par un long tube en U, rempli de chaux sodée qui absorbe les gaz auxquels l'oxyde de carbone se trouve mélangé. Le même accident se produit encore lorsque le tube effilé est trop fortement étranglé, ce qui détermine un écoulement trop rapide du gaz dans l'atmosphère.

762. **Propriétés réductrices**. — L'oxyde de carbone réduit la plupart des oxydes des métaux proprement dits.

Si l'on introduit de l'oxyde de cuivre, noir et pulvérulent, dans une ampoule de verre peu fusible, que l'on chauffe au rouge sombre au moyen d'un brûleur à gaz, et dans laquelle on fait passer un courant d'oxyde de carbone desséché, la réduction de l'oxyde de cuivre s'opère moins rapidement, il est vrai, que par l'hydrogène (§ 522), mais avec netteté cependant; elle est complète au bout de quelques minutes. On constate que le gaz, qui s'échappe de l'ampoule pendant la réduction, trouble l'eau de chaux, l'oxyde de carbone se trouvant changé en anhydride carbonique :

$$2CuO + C^2O^2 = 2Cu + C^2O^4;$$
$$CuO + CO = Cu + CO^2.$$

Le cuivre ainsi réduit est très divisé ; il s'oxyde à l'air quand on l'expose encore chaud à l'action de ce dernier ; on doit le laisser refroidir dans le courant d'oxyde de carbone.

B. — Anhydride carbonique.

Équiv. : $CO^2 = 22 = 2\,vol.$ *P. mol.* : $C^2O^4 = 44 = CO^2 = 4\,vol.$

763. *Synonymes* : Acide carbonique, gaz carbonique. — *Gaz* incolore, à odeur piquante, à saveur aigrelette, distingué pour la première fois par Van Helmont

en 1648. — *Densité* à 0° et sous la pression 0^m,760 : 1,52897 par rapport à l'air ; 22 par rapport à l'hydrogène. — *Poids du litre :* 1^{gr},97772. — *Coefficient de dilatation* entre 0° et 100° : 0,00371. Ne suit que très approximativement les lois de Mariotte et de Gay-Lussac. — *Chaleur spécifique* en poids : 0,20246. — *Liquéfié* par la pression au-dessous de + 31° (point critique) : le *liquide* est incolore, de densité 0,947 à 0°, très dilatable, bouillant à — 79° sous la pression 0^m,760 et à — 97° dans le vide, solidifiable par volatilisation rapide à l'air. — *Solide*, neigeux, fusible à — 65°. — *Solubilité* dans l'eau sous la pression 0^m,760 : 1^{vol},7977 pour 1 volume d'eau à 0° ; 1^{vol},0020 à 15°. Solubilité sensiblement proportionnelle à la pression, à la température ordinaire.

1. — PRÉPARATION.

764. Par le carbonate de chaux et l'acide chlorhydrique. — L'appareil dont on fait usage est identique à celui employé pour la préparation ordinaire de l'hydrogène (§ 508, fig. 232) : un flacon d'un litre, tubulé à la partie supérieure, portant à son goulot, par un bouchon percé, un tube de sûreté droit à entonnoir qui pénètre jusqu'au fond, et à sa tubulure un tube à dégagement, trois fois recourbé, conduisant sur la cuve à eau le gaz qui s'échappera du flacon. Dans ce dernier, on introduit 50 grammes de marbre blanc concassé et de l'eau en quantité suffisante pour occuper le tiers du volume du vase. Les choses étant ainsi disposées, par le tube de sûreté à entonnoir on verse dans l'appareil quelques grammes d'acide chlorhydrique du commerce. Le carbonate de chaux est détruit avec dégagement de gaz carbonique :

$$C^2O^4,2CaO \quad + \quad 2HCl \quad = \quad C^2O^4 \quad + \quad 2CaCl \quad + \quad H^2O^2 ;$$

Carbonate de chaux.		Acide chlorhydrique.		Anhydride carbonique.		Chlorure de calcium.		Eau.

$$CO^3Ca \quad + \quad 2HCl \quad = \quad CO^2 \quad + \quad CaCl^2 \quad + \quad H^2O.$$

Le gaz se rend sur la cuve à eau, où on le recueille à la manière ordinaire, la facilité de sa préparation faisant négliger sa solubilité. Il cède à l'eau de la cuve les vapeurs d'acide chlorhydrique qu'il entraînait. On peut encore, à cause de sa grande densité, le diriger par un tube vertical au fond des vases qu'il s'agit de remplir, l'orifice de ces derniers étant tourné vers le haut ; autrement dit, on peut le recueillir par déplacement (§ 414).

On ajoute de temps en temps de l'acide chlorhydrique par l'entonnoir, afin de maintenir au dégagement gazeux son intensité.

Le marbre est, parmi les nombreuses variétés de carbonate de chaux fournies abondamment par la nature, celle qui se prête le mieux à cette préparation. Il est compacte et n'emprisonne pas de gaz susceptibles de souiller l'anhydride carbonique ; il est régulièrement attaqué par l'acide. Les variétés plus poreuses de carbonate de chaux ne présentent pas ces derniers avantages. Toutefois, à défaut de marbre, la craie dure convient encore pour cette expérience, si l'on observe qu'étant plus rapidement attaquable, elle doit être traitée par un liquide chargé d'une plus faible proportion d'acide.

La décomposition du carbonate de chaux par l'acide chlorhydrique peut d'ailleurs être réalisée dans les appareils les plus variés. On l'effectue d'ordinaire en se servant de dispositifs semblables à ceux indiqués pour la préparation de l'hydrogène. Les appareils intermittents de H. Sainte-Claire Deville, de Kipp, etc. (§ 398 à 401), sont les plus répandus.

Pour purifier le gaz carbonique, on le fait passer dans un flacon laveur contenant une dissolution de bicarbonate de potasse, qui arrête l'acide chlorhydrique et les sels entraînés, puis on le dessèche en le dirigeant dans une colonne ou dans un tube contenant de la ponce sulfurique (§ 427). On le recueille ensuite sur la cuve à mercure.

Le chlorure de calcium resté dans la liqueur s'isole par évaporation de celle-ci (voy. *Chlorure de calcium*).

L'acide sulfurique dilué ne peut, dans les laboratoires, remplacer l'acide chlorhydrique pour la préparation de l'acide carbonique, le sulfate de chaux étant insoluble et constituant à la surface du carbonate de chaux un revêtement qui empêche le contact des deux réactifs. L'emploi de l'acide sulfurique se fait au contraire dans l'industrie; il exige l'usage de carbonate de chaux pulvérulent et peu compacte, ainsi qu'un brassage énergique de la masse.

765. Par calcination du carbonate de chaux. — Expérience de Van Helmont (voy. *Chaux*).

766. Par combustion du charbon dans l'oxygène. — Expérience de Lavoisier (voy. § 502).

Les matières organiques contenant du charbon fournissent aussi de l'acide carbonique en brûlant. Si, par exemple, on plonge une bougie suspendue à un fil métallique (§ 504) dans un flacon plein d'air ou d'oxygène, le gaz du flacon, après que la combustion s'est prolongée pendant quelques instants, trouble l'eau de chaux par formation de carbonate de chaux.

767. Par le charbon et l'oxyde de plomb. — On introduit dans une cornue en grès de 125 centimètres cubes, un mélange exact de 60 grammes de litharge en poudre avec 6 grammes de charbon de bois finement pulvérisé. Au col de la cornue on adapte, au moyen d'un bouchon percé d'un trou, un tube à dégagement recourbé deux fois et aboutissant à une cuve à eau (voy. fig. 227, § 492). On chauffe lentement au rouge; le charbon réduit l'oxyde de plomb et de l'anhydride carbonique se dégage :

$$4PbO \quad + \quad 2C \quad = \quad 4Pb \quad + \quad C^2O^4;$$

Oxyde de plomb.   Charbon.   Plomb.   Anhydride carbonique.

$$2PbO \quad + \quad C \quad = \quad 2Pb \quad + \quad CO^2.$$

Il faut éviter de chauffer trop rapidement et trop fortement, ainsi que d'employer un grand excès de litharge, ce composé donnant avec les silicates du grès, un verre très fusible, dont la production entraîne la perforation de la cornue. D'autre part, en présence d'un excès de charbon, le gaz carbonique se transforme partiellement en oxyde de carbone (§ 759).

768. PAR LA RESPIRATION. — Dans l'acte de la respiration, par diffusion à travers les membranes pulmonaires, l'air aspiré cède au sang une partie de son oxygène en même temps qu'il lui enlève du gaz carbonique, provenant des combustions effectuées dans les différents tissus de l'organisme vivant. Le gaz expiré est donc un air appauvri en oxygène et enrichi en anhydride carbonique.

Si, tenant entre les lèvres l'extrémité d'un tube de verre dont l'autre extrémité plonge dans un vase contenant de l'eau de chaux limpide, on souffle dans le tube l'air expiré arrivant des poumons, le nez servant entre temps à l'aspiration, l'eau de chaux se trouble rapidement, et l'intensité du phénomène montre l'abondance de l'acide carbonique dans les gaz expirés.

II. — PROPRIÉTÉS.

769. DENSITÉ. — L'anhydride carbonique est une fois et demie plus dense que l'air. Cette propriété peut être mise en évidence par de nombreuses expériences.

Sur l'un des plateaux d'une balance sensible au demi-gramme, on place un vase à précipiter de deux ou trois litres, et on le tare exactement de manière à maintenir la balance en équilibre. On peut d'ailleurs rendre les mouvements de la balance plus nettement visibles à distance, en fixant sur l'aiguille un morceau de papier blanc. Les choses étant ainsi disposées, au moyen d'un tube de caoutchouc qui pénètre jusqu'au fond du vase sans le toucher, on fait arriver un courant de gaz carbonique. Celui-ci déplace de bas en haut l'air qui remplissait le vase et prend sa place. A mesure que la substitution s'opère, on voit s'incliner la balance dans le sens du vase, qui devient plus lourd que la tare, chaque litre d'anhydride carbonique substitué à un égal volume d'air occasionnant une surcharge supérieure à un demi-gramme.

On peut encore remplir de gaz carbonique un second vase à précipiter semblable, puis, superposant son ouverture à celle du premier, l'incliner de façon à transvaser le gaz carbonique de l'un dans l'autre. L'anhydride carbonique tombe dans le vase taré, en déplaçant l'air qui garnissait celui-ci, et l'équilibre se trouve rompu.

770. ACTION SUR LES COMBUSTIONS. — L'anhydride carbonique est incombustible et n'entretient pas les combustions. Plonge-t-on une bougie suspendue à un fil métallique dans un vase plein d'anhydride carbonique? on constate d'abord que le gaz ne s'enflamme pas au contact simultané de l'air et de la bougie allumée, et ensuite que cette dernière s'éteint dès qu'elle pénètre dans le gaz carbonique.

Lorsqu'on renverse, au-dessus de la flamme d'une bougie, un vase à large ouverture rempli d'anhydride carbonique; ce dernier, s'écoulant dans l'air et tombant verticalement, entoure la bougie, déplace l'air qui alimentait sa combustion et l'éteint, montrant ainsi du même coup que le gaz carbonique est plus dense que l'air et qu'il n'entretient pas la combustion.

Si à une éprouvette pleine de gaz carbonique et dont l'orifice ouvert est tourné vers le haut, on superpose une seconde éprouvette semblable et de mêmes dimensions, en appliquant exactement les deux ouvertures l'une sur l'autre (fig. 236, § 519), puis qu'on retourne sans secousses tout le système, le gaz carbonique, plus dense que l'air qui occupe la seconde éprouvette, se déplace peu à peu, s'écoule dans cette seconde éprouvette à la manière d'un liquide, tandis que l'air passe dans la première qui est devenue la plus élevée. Ce transvasement est ensuite rendu évident par les deux expériences suivantes : 1° le gaz de la première éprouvette entretient la combustion d'une bougie qu'on y plonge ; 2° celui qui occupe la seconde éprouvette, étant versé sur une bougie allumée, l'éteint.

771. On peut encore disposer dans un vase cylindrique de 2 ou 3 litres, des bougies allumées dont les flammes atteignent des niveaux différents. Ces bougies sont, par exemple, fixées verticalement, à des hauteurs variées, sur une tige métallique dont une extrémité est maintenue au bord inférieur du cylindre, l'autre touchant la partie diamétralement opposée du bord supérieur. Quand, au moyen d'un tube de verre pénétrant jusqu'au fond, on dirige dans le vase un courant régulier de gaz carbonique, le niveau de ce dernier s'élève régulièrement à cause de sa grande densité et les bougies s'éteignent successivement, en commençant par la plus basse et en terminant par la plus élevée.

Enfin, si l'on gonfle avec de l'air des bulles de savon (§ 520) qu'on laisse tomber dans un seau en verre, large, à moitié rempli d'anhydride carbonique, le mouvement de chute des bulles s'arrête lorsque celles-ci pénètrent dans le gaz dense, et les petites sphères flottent pendant quelque temps au voisinage de la surface de séparation du gaz carbonique et de l'air, puis disparaissent. Pour éviter toute agitation à l'intérieur du vase, il est bon de recouvrir celui-ci avec une feuille de verre que l'on ne soulève pas, mais que l'on fait glisser sur ses bords, au moment d'introduire la bulle de savon, puis que l'on replace de la même manière.

772. SOLUBILITÉ DANS L'EAU. — Dans un flacon d'un litre, muni d'un bouchon, plein d'eau et renversé sur la cuve à eau, on fait arriver très rapidement, au moyen d'un appareil assez puissant, un demi-litre environ de gaz carbonique. Après avoir fermé le flacon, on l'agite énergiquement ; le gaz se dissout en grande partie dans le demi-litre d'eau qui est avec lui dans le flacon et un vide partiel se fait dans celui-ci. On plonge le goulot dans l'eau et on soulève le bouchon : l'eau en pénétrant dans le flacon rend évidente l'absorption du gaz. En répétant deux ou trois fois les agitations et les rentrées d'eau, on absorbe la totalité du gaz.

Les divers appareils si répandus avec lesquels on prépare l'eau chargée par compression d'anhydride carbonique (*eau de Seltz artificielle*), peuvent servir à démontrer que la solubilité augmente en même temps que la pression.

Les vases remplis d'eau gazeuse, dits siphons, que fournit le commerce, conviennent très bien pour montrer le même fait. Quand, en les ouvrant, on fait sortir, sous l'impulsion du gaz qu'on y a comprimé, une certaine quantité de liquide, celui-ci laisse échapper à l'air de nombreuses bulles de gaz, la solubilité étant 6 ou 7 fois moindre sous la pression normale que sous la pression de 6 ou 7 atmosphères qui doit exister d'ordinaire dans les siphons.

773. **Acide carbonique.** — L'anhydride carbonique sec, gazeux ou liquide, est, comme tous les anhydrides, dépourvu de propriétés acides.

En présence de l'eau et des bases, l'anhydride se change en acide carbonique bibasique $C^2O^4,2HO$ ou CO^3H^2, et acquiert des propriétés acides. Si, par exemple, on fait écouler de l'eau gazéifiée au gaz carbonique sur un papier de tournesol bleu, ce papier est rougi. Il en est de même, quand on verse de la teinture de tournesol dans de l'eau chargée d'anhydride carbonique, ou encore quand on plonge un papier de tournesol bleu, imbibé d'eau, dans un vase rempli de gaz carbonique. Toutefois la teinte rouge prise par le tournesol dans ces diverses circonstances n'est pas le rouge jaune, dit *rouge pelure d'oignon*, caractéristique des acides forts, mais le rouge violacé dit *rouge vineux*.

D'autre part, quand on introduit dans un appareil propre à produire l'eau de Seltz, de l'eau additionnée de teinture de tournesol et qu'on la gazéifie, on constate que, sous une pression de plusieurs atmosphères, le tournesol prend la couleur rouge pelure d'oignon, par l'action de l'acide carbonique.

774. L'acide carbonique forme des carbonates avec les alcalis. On a vu plus haut qu'il précipite l'eau de chaux, le carbonate de chaux étant insoluble. En dehors des formes données antérieurement à cette expérience, on peut encore verser une très petite quantité d'eau de Seltz dans de l'eau de chaux ; il se précipite du carbonate de chaux qui trouble abondamment la liqueur. Une nouvelle quantité d'eau chargée d'acide carbonique redissout le précipité, du bicarbonate de chaux soluble prenant naissance. Si l'on chauffe dans un tube la solution limpide ainsi obtenue, du gaz carbonique se dégage et le carbonate de chaux se précipite de nouveau.

L'eau de baryte et l'eau de strontiane, contenant une plus grande quantité d'oxydes métalliques en dissolution, sont précipitées plus abondamment que l'eau de chaux par l'acide carbonique et peuvent servir à caractériser celui-ci.

Les oxydes alcalins absorbent également le gaz carbonique, mais en formant des carbonates solubles. Cette propriété est fréquemment usitée dans l'analyse des mélanges gazeux contenant de l'anhydride carbonique. Pour la manifester, on remplit sur la cuve à mercure une éprouvette de gaz carbonique puis, au moyen d'une pipette courbe (§ 419, fig. 193) dont on engage l'extrémité recourbée sous le bord de l'éprouvette, on y introduit quelques centimètres cubes de lessive de soude diluée : le gaz s'absorbe immédiatement et le vase se remplit rapidement de mercure, surtout après agitation. Inversement, si à l'aide d'une seconde pipette courbe on fait passer de l'acide chlorhydrique dans l'éprouvette complètement remplie par le mercure et la solution alcaline, cette dernière se trouve neutralisée, puis décomposée en dégageant le gaz carbonique primitivement absorbé ; le mercure redescend alors dans la cuve.

L'absorption peut être encore réalisée sur la cuve à eau, en opérant avec un flacon muni d'un bouchon ; on remplit incomplètement le flacon de gaz carbonique, en y laissant quelques centimètres cubes d'eau. Entr'ouvrant le bouchon, on introduit dans l'éprouvette un fragment de potasse caustique et on referme. La potasse se dissout dans l'eau et absorbe l'anhydride carbonique, en faisant le vide dans l'appareil. Vient-on ensuite à soulever le bouchon dans la cuve à eau ? le liquide se précipite dans le vase qu'il remplit.

C. — Sulfure de carbone.

$$\textit{Équiv.} : CS^2 = 38 = 2\,\textit{vol.} \qquad \textit{P. mol.} : C^2S^4 = 76 = €S^2 = 4\,\textit{vol.}$$

775. *Synonymes* : Anhydride sulfocarbonique, bisulfure de carbone. — *Liquide* incolore, mobile, doué d'une odeur désagréable, découvert par Lampadius en 1796. — *Densité* : 1,293 à 0°; 1,271 à 15°. — *Point d'ébullition* sous la pression $0^m,760 : 46°,2$. *Produisant un abaissement de température* considérable par sa volatilisation : par l'ébullition dans le vide, sa température s'abaisse jusque vers — 60°. — *Densité de vapeur* à 0° et sous la pression $0^m,760 : 2,67$ par rapport à l'air ; 38 par rapport à l'hydrogène. — *Non solidifié* par le froid. — *Pouvoir réfringent* très considérable : 1,645. — *Insoluble* dans l'eau ; miscible avec l'alcool, l'éther, les huiles grasses, les hydrocarbures.

I. — PRÉPARATION.

776. PAR LE SOUFRE ET LE CHARBON. — La combinaison directe du soufre et du charbon s'effectue facilement ; toutefois cette synthèse constitue une ex-

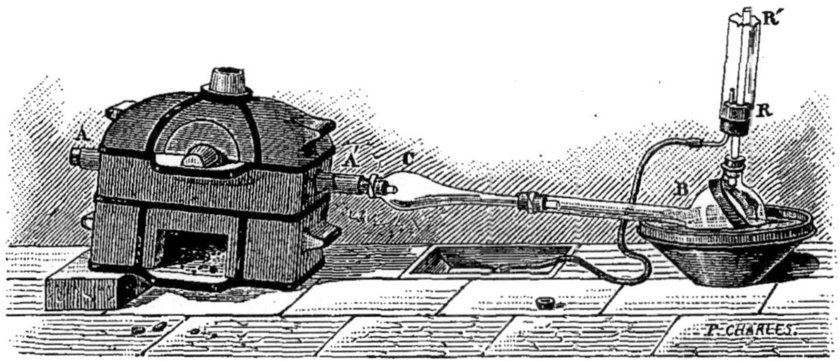

Fig. 274. — Préparation du sulfure de carbone.

périence dangereuse à cause des propriétés du sulfure de carbone. Ce composé est, en effet, très volatil ; il fournit en abondance, même à basse température, des vapeurs denses, s'écoulant à la surface du sol et pouvant atteindre ainsi, à une distance considérable, un foyer qui provoque leur combustion. De plus, ces vapeurs forment avec l'air des mélanges explosibles. Le danger que présentent les manipulations faites avec cette substance, est beaucoup augmenté par la propriété, que possède sa vapeur, de prendre feu à une température relativement basse, inférieure au rouge sombre. Nous insistons donc sur les recommandations faites plus loin à cet égard.

L'appareil dont on se sert dans les laboratoires pour figurer la préparation du sulfure de carbone est le suivant. On garnit de fragments de charbon de bois bien sec, de la grosseur d'une noisette, un tube de porcelaine ou de grès réfractaire AA' (fig. 274), qu'on dispose sur un fourneau à tubes, chauffé au charbon ou au gaz. On a laissé vides les extrémités du tube qui se trouvent en dehors du fourneau. L'une de ces extrémités A est fermée par un bouchon de liège qu'on peut placer ou enlever facilement, l'autre pénètre dans l'ouverture large d'une allonge C, et s'y trouve fixée exactement par un bouchon percé. En plaçant une brique sous l'une des extrémités du fourneau, on incline celui-ci de manière que le bout fermé du tube soit plus élevé que celui qui porte l'allonge. La partie droite de cette dernière s'engage dans un ballon tubulé B, plongé dans l'eau froide, au col duquel elle est fixée exactement par un bouchon percé ; à la tubulure on adapte, également par un bouchon percé, un réfrigérant de Liebig RR', tenu incliné dans la direction de la tubulure et destiné à assurer la condensation du sulfure. L'appareil doit être soigneusement clos dans toutes ses parties, et le tube du réfrigérant doit aboutir dans un endroit où il existe un courant d'air énergique, capable d'entraîner hors de la portée de tout foyer ou de tout corps chaud, les gaz et vapeurs qui s'échapperont.

Les choses étant ainsi disposées, on porte au rouge le tube en grès, puis, après avoir fait circuler un courant d'eau froide dans le réfrigérant, on enlève le bouchon A, on introduit dans le tube un fragment de soufre de 2 ou 3 grammes, puis on replace rapidement le bouchon. Le tube étant chaud, même à une certaine distance du fourneau, le soufre fond et s'écoule vers les parties rouges ; il se volatilise bientôt, réagit sur le charbon et forme du sulfure de carbone :

$$2C + 4S = C^2S^4 ;$$
$$C + 2S = CS^2.$$

Les vapeurs de ce composé se condensent en grande partie dans le ballon, puis s'échappent vers le réfrigérant où s'achève leur condensation ; le liquide produit s'écoule dans le ballon. De temps en temps, on ajoute un nouveau morceau de soufre. Le charbon de bois retenant toujours des composés hydrogénés, de l'hydrogène sulfuré et même d'autres gaz à odeur fétide se produisent en petite quantité, en même temps que le sulfure de carbone. On doit éviter de réunir le tube en grès à l'allonge par un tube étroit ; il est indispensable, en effet, que le soufre qui échappe à la réaction s'écoule du tube en grès autrement que par un orifice étranglé qu'il pourrait obstruer.

La disposition représentée dans la figure est l'une des plus usitées, mais il vaut mieux encore choisir une allonge à ouverture suffisamment large pour que le tube en grès puisse, comme il a été dit plus haut, y pénétrer et y être fixé par un liège convenablement taillé. La réfrigération du ballon tubulé étant bien assurée, le réfrigérant peut être remplacé par un simple tube droit.

777. S'il s'agit de produire une quantité plus importante de sulfure de carbone, on remplace avantageusement le tube par une cornue de grès, portant une tubulure qui se prolonge à l'intérieur en un tube pénétrant jusqu'au fond de la panse. On remplit cette cornue de charbon en fragments, et après l'avoir reliée à l'appareil de condensation ci-dessus indiqué, sa tubulure étant fermée par un bouchon, on la chauffe dans un fourneau en terre surmonté de son laboratoire (§ 72). La tubulure sert à introduire de temps en temps les morceaux de soufre. Il est utile de la protéger de l'action du foyer par une plaque de tôle percée, formant écran, qui empêche la combustion du bouchon et protège les mains de l'opérateur.

778. Purification. — Le liquide condensé est du sulfure de carbone impur, plus ou moins chargé de soufre ; il doit être rectifié. On évite pour cela de le

chauffer à feu nu et même d'opérer en présence d'un foyer quelconque en combustion. On introduit le liquide avec quelques petits fragments de charbon destinés à régulariser l'ébullition, dans un appareil distillatoire (§ 224, fig. 120), dont le réfrigérant de Liebig est traversé par un courant d'eau bien froide. A l'extrémité libre du réfrigérant est placé un vase destiné à recueillir le produit distillé; on suspend le ballon au milieu d'une marmite dans laquelle on verse de l'eau chaude. Celle-ci échauffe le sulfure de carbone et provoque bientôt sa distillation. Dès que l'ébullition se ralentit, on ajoute une nouvelle quantité d'eau chaude, ou on remplace partiellement, dans la marmite, l'eau refroidie par de l'eau bouillante. En opérant ainsi dans un local ne contenant aucun foyer en combustion, avec de l'eau chauffée dans une pièce voisine, on évite tout danger dans la rectification du liquide inflammable.

En raison des dangers particuliers qu'occasionne l'inflammabilité singulière (§ 779) du sulfure de carbone, la rectification se fait mieux encore en chauffant le liquide par un courant de vapeur d'eau produite à distance; le mieux est alors d'adopter les dispositions indiquées pour la rectification de l'éther ordinaire (*voir ce mot*).

Le sulfure de carbone ainsi redistillé une fois est à peu près au même état de pureté que le produit commercial. Il possède, comme ce dernier, une odeur fétide. Pour le purifier tout à fait, on l'agite à plusieurs reprises et on le laisse en contact pendant vingt-quatre heures, avec 1|2 p. 100 de son poids de bichlorure de mercure finement pulvérisé; ce sel fixe l'hydrogène sulfuré, et forme avec la matière sulfurée fétide, que contient le liquide, une combinaison insoluble qui se dépose. On décante la liqueur claire, on l'additionne de 2 p. 100 d'huile grasse inodore, et on la rectifie au bain-marie, comme il a été dit tout à l'heure.

Le sulfure de carbone pur doit être conservé à l'abri de la lumière qui l'altère.

II. — PROPRIÉTÉS.

779. Combustibilité et inflammabilité. — On verse dans une petite capsule de porcelaine quelques centimètres cubes de sulfure de carbone, et on en approche aussitôt une flamme de gaz; le sulfure de carbone brûle avec une flamme bleue en produisant de l'anhydride carbonique et de l'anhydride sulfureux.

La combustion s'opère avec explosion lorsque la vapeur de sulfure de carbone et l'air ont été préalablement mélangés. Il suffit de laisser tomber quelques gouttes de sulfure dans une éprouvette pleine d'air, de fermer l'orifice avec une lame de verre, et d'agiter, pour produire un mélange plus ou moins énergiquement explosible; si, en effet, après avoir fait sortir le sulfure en excès, on approche l'éprouvette d'un corps en combustion, une explosion se produit et les parois de l'éprouvette se recouvrent de soufre. Ce dernier phénomène montre que l'air se trouve en défaut quand on opère comme il vient d'être dit: l'explosion est plus énergique lorsqu'on agit sur un mélange moins chargé de vapeur, par exemple, sur celui qu'on obtient quand on laisse tomber dans un litre d'air 3 ou 4 gouttes de sulfure.

En opérant de même avec l'oxygène pur, c'est-à-dire en enflammant de l'oxygène saturé de vapeur de sulfure de carbone à la température ordinaire, une explosion très violente se produit. Pour éviter ses conséquences, on doit opérer sur un petit volume de gaz, et enrouler un torchon autour du vase qui est parfois brisé.

On montre nettement que le sulfure de carbone s'enflamme à une température relativement basse par les expériences suivantes, dans lesquelles on le compare à l'éther ordinaire qui est lui-même très inflammable. Dans deux petites capsules de porcelaine, situées à une certaine distance l'une de l'autre, on place séparément du sulfure de carbone et de l'éther, puis on laisse tomber dans chacune d'elles un petit charbon embrasé : le sulfure de carbone s'enflamme, mais non l'éther. Il y a plus, on dispose deux autres capsules semblables aux précédentes, et on roule dans l'éther que contient l'une d'elles, un charbon rouge de feu, tenu entre les branches d'une pince de fer, puis, immédiatement, on transporte ce même charbon dans le sulfure de carbone. Celui-ci prend feu malgré la réfrigération considérable que le charbon a subie par son contact rapide avec l'éther (M. Berthelot).

780. ACTION DU BIOXYDE D'AZOTE. — (Voy. § 570).

781. ACTION DES SULFURES ALCALINS. — Le sulfure de carbone se conduit avec les sulfures alcalins comme l'anhydride carbonique avec les oxydes alcalins : il donne des sulfocarbonates comme ce dernier donne des carbonates (voy. *Sulfocarbonate de potasse*).

12.

BORE.

Équiv. : Bo = 11 = *Bo* = *P. atom.*

782. *Élément* découvert en 1808 par Gay-Lussac et Thénard. — *Amorphe,* pulvérulent, brun verdâtre, s'agglomérant à une température très élevée. — *Chaleur spécifique* : 0,255.

A. —. Acide borique.

Équiv. : BoH^3O^6 ou $BoO^3,3HO = 62 = Bo\Theta^3H^3 = $ *P. mol.*

783. *Synonyme :* Sel sédatif de Homberg. — *Composé* cristallisé en lamelles brillantes, inodore, découvert par Homberg en 1702. — *Densité :* 1,5463 à 0°; 1,517 à 15°. — *Chauffé* au-dessus de 140°, il perd peu à peu 43,6 pour 100 de son poids d'eau et se transforme en anhydride. — *L'anhydride borique,* Bo^2O^6 ou $Bo^2\Theta^3$, fond au rouge sombre en se volatilisant en partie, et forme par refroidissement une masse vitreuse, transparente, de densité 1,8766 à 0°, devenant opaque en absorbant l'humidité de l'air. — *Solubilité :* 19^{gr},47 d'acide cristallisé dans 100 grammes d'eau à 0°; 39^{gr},92 à 20°; 168^{gr},15 à 80°; 291^{gr},18 à 102°; très soluble dans l'alcool.

784. PRÉPARATION PAR LE BORATE DE CHAUX. — La nature fournit divers borates de chaux hydratés naturels, tels que le *tiza* de l'Amérique du Sud (*Hayésine*),

$CaO,2BoO^3 + 10HO$ ou $Bo^4\Theta^7Ca + 10H^2\Theta$,

et le minerai de l'Asie mineure (*Desmazurite*),

$3CaO,4BoO^3 + 6HO$ ou $Bo^8\Theta^{15}Ca^3 + 6H^2\Theta$.

On extrait l'acide borique de ces minéraux au moyen de l'acide chlorhydrique.

On place dans une capsule de porcelaine 50 grammes de minerai pulvérisé et 50 grammes d'eau, puis on chauffe; on ajoute peu à peu au mélange de l'acide chlorhydrique en léger excès, c'est-à-dire jusqu'à ce que la liqueur donne au papier de tournesol, après quelques instants d'ébullition, une coloration rouge pelure d'oignon; cette coloration persiste après refroidissement du papier; il ne faut pas la confondre avec le rouge vineux dû à l'acide borique. On filtre la liqueur bouillante et on l'abandonne au refroidissement : l'acide borique se dépose en lamelles cristallines. La réaction est la suivante :

$$2(CaO,2BoO^3) \quad + \quad 2HCl \quad + \quad 5H^2O^2 \quad = \quad 2CaCl \quad + \quad 4(BoO^3,3HO);$$

Borate de chaux.   Acide   Eau.   Chlorure   Acide borique.
chlorhydrique.   de calcium.

$$(Bo^4O^7Ca) \quad + \quad 2HCl \quad + \quad 5H^2O. \quad = \quad CaCl^2 \quad + \quad 4BoO^3H^3.$$

On décante l'eau mère, on égoutte les cristaux, ou mieux on les essore à la trompe sur un entonnoir de verre, on les lave plusieurs fois à l'eau, on les essore de nouveau et enfin on les sèche.

Pour obtenir un produit pur, il est nécessaire de redissoudre les cristaux lavés à l'eau dans la moitié de leur poids d'eau bouillante, de filtrer et d'abandonner la liqueur au refroidissement.

On obtient encore une liqueur de concentration convenable pour la cristallisation, en évaporant la solution d'acide jusqu'à ce que, à la température de l'ébullition, elle ait une densité égale à 1,043 (6° Baumé). On laisse refroidir dans la capsule recouverte. Après cristallisation, on décante le liquide, on essore les cristaux, on les lave à la trompe avec de l'eau de froide, on les essore de nouveau et on les sèche.

785. Préparation par le borate de soude. — On dissout 100 grammes de borax cristallisé du commerce, en chauffant ce sel avec 300 grammes d'eau dans une capsule de porcelaine de 500 centimètres cubes. A la liqueur chaude, on ajoute de l'acide chlorhydrique par petites quantités, jusqu'à réaction franchement acide au tournesol (rouge pelure d'oignon dû à l'acide chlorhydrique, et non rouge vineux donné par l'acide borique). L'acide borique est mis en liberté :

$$2(NaO,2BoO^3) \quad + \quad 2HCl \quad + \quad 5H^2O^2; \quad = \quad 2NaCl \quad + \quad 4(BoO^3,3HO);$$

Borate de soude.   Acide   Eau.   Chlorure   Acide borique.
chlorhydrique.   de sodium.

$$Bo^4O^7Na^2 \quad + \quad 2HCl \quad + \quad 5H^2O \quad = \quad 2NaCl \quad + \quad 4BoO^3H^3.$$

A chaud les deux composés restent dans la liqueur. On filtre si cela est nécessaire, et on laisse refroidir dans la capsule recouverte d'une lame de verre. L'acide borique étant plus soluble à chaud qu'à froid, le liquide se prend en une masse cristalline, formée de lamelles nacrées emprisonnant l'eau mère. On recueille et on égoutte les cristaux dans un entonnoir garni d'un filtre d'amiante ou de coton cardé (§ 345), et on les laisse égoutter. On les lave ensuite à plusieurs reprises avec de l'eau, en versant celle-ci par petites quantités sur la masse égouttée; finalement, après un dernier égouttage, on les sèche. On atteint un lavage plus prompt et plus parfait en s'aidant de la trompe aspirante (§ 385). On purifie le produit comme il a été dit plus haut (§ 784).

On ajoute parfois de l'albumine à la liqueur : ce composé, en se coagulant par la chaleur, entraîne les corps en suspension et éclaircit la dissolution. Cette pratique est peu recommandable, parce qu'elle fournit de l'acide borique chargé de matières organiques.

13.

SILICIUM.

Équiv. : Si = 14. *P. atom.* = *Si* = 28.

786. *Élément* découvert en 1808 par Berzélius. — Se présente sous plusieurs états allotropiques.

A. — Fluorure de silicium.

Équiv. : SiFl² = 52 = 2 *vol.* *P. mol.* : Si²Fl⁴ = 104 = *SiFl⁴* = 4 *vol.*

787. *Gaz* incolore, fumant à l'air, découvert par Priestley. — *Densité* : 3,37 par rapport à l'air; 52 par rapport à l'hydrogène. — *Liquéfié* par une forte pression et *solidifié* à — 140°.

788. PRÉPARATION PAR L'ACIDE FLUORHYDRIQUE ET LA SILICE. — On fait agir sur la silice l'acide fluorhydrique engendré par un mélange de fluorure de calcium et d'acide sulfurique.

L'appareil se compose d'un ballon de 250 centimètres cubes, que l'on dispose au-dessus d'un brûleur à gaz, et auquel on adapte, au moyen d'un bouchon de liège percé de deux trous, un tube à dégagement recourbé trois fois et aboutissant sur la cuve à mercure, puis un tube droit à entonnoir. Ce dernier tube est terminé dans le ballon par un tube à essai (fig. 179, B, § 393). Tout l'appareil ayant été exactement desséché, on y introduit un mélange intime et finement pulvérisé de 30 grammes de fluorure de calcium et 30 grammes d'acide silicique sous forme de grès siliceux.

On verse sur la matière pulvérulente 125 grammes d'acide sulfurique et on mélange le tout en agitant vivement le ballon. Inclinant alors ce dernier de manière à donner à son col une position sensiblement horizontale, on y fait pénétrer le tube de sûreté dont la partie inférieure a été recouverte du tube à essai; lorsque celui-ci touche le fond du ballon, on fixe le bouchon et on redresse l'appareil. En ajoutant de l'acide sulfurique concentré par le tube de sûreté, ce liquide s'accumule dans le tube à essai avant de se déverser à l'intérieur du ballon; on empêche ainsi le tube de sûreté de s'obstruer pendant l'opération.

On chauffe le mélange. L'acide sulfurique attaque le fluorure de calcium en produisant du sulfate de chaux et de l'acide fluorhydrique (§ 707); celui-ci décompose la silice :

$$SiO^2 \quad + \quad 2HFl \quad = \quad SiFl^2 \quad + \quad H^2O^2 ;$$

| Silice. | Acide fluorhydrique. | Fluorure de silicium. | Eau. |

$$SiO^2 \quad + \quad 4HFl \quad = \quad SiFl^4 \quad + \quad 2H^2O.$$

L'eau produite en même temps que le fluorure de silicium a la propriété de décomposer ce dernier (§ 790), mais, dans les conditions de la préparation, se trouvant en présence d'un excès d'acide sulfurique, elle s'y combine. Cette combinaison l'empêche d'agir sur le gaz formé simultanément.

L'action décomposante de l'eau sur le fluorure de silicium ne permet pas de recueillir le fluorure de silicium autrement que sur le mercure. La silice gélatineuse, que ce gaz engendre au contact de l'eau, présente en outre l'inconvénient d'obstruer les tubes à dégagement incomplètement desséchés ou les tubes de sûreté dans lesquels le fluorure de silicium se trouve en contact avec l'air humide; c'est ce qui rend indispensables les précautions indiquées plus haut.

Le verre est un mélange de silicates de chaux et de soude; après avoir été pilé, il peut être substitué à la silice dans cette préparation. Il est décomposé par l'acide fluorhydrique qui met la silice en liberté, puis la réaction devient identique à celle formulée ci-dessus. D'ailleurs le verre du ballon est lui-même fortement attaqué.

B. — Acide hydrofluosilicique.

Équiv.: SiHFl³ ou SiFl²,HFl = 72.   *P. mol.:* = Si²H²Fl⁶ = 144 = SiFl²Fl⁶.

789. *Synonyme :* Acide fluosilicique. — *Composé* découvert par Scheele; n'existe qu'en dissolution dans l'eau et se décompose quand on évapore sa solution.

790. Préparation par le fluorure de silicium et l'eau. — On dispose comme il vient d'être dit (§ 788) un appareil producteur de fluorure de

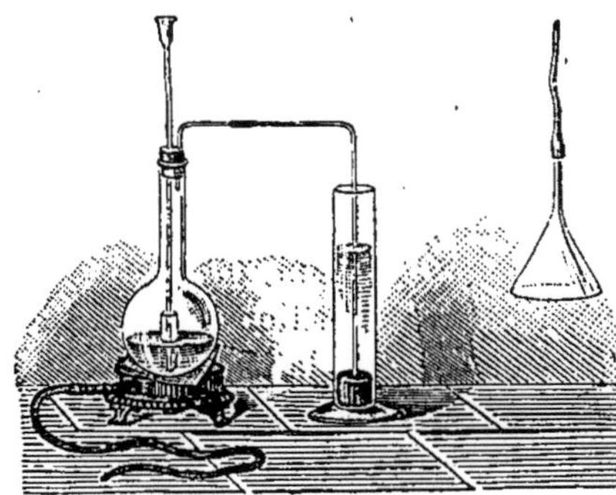

Fig. 275. — Préparation de l'acide hydro-fluosilicique.

silicium, mais en remplaçant le tube à dégagement trois fois recourbé, par un autre ne portant que deux courbures et se terminant par une branche verticale (fig. 275). Ce tube est d'ailleurs choisi assez large et desséché avec soin. On engage sa branche verticale libre dans une éprouvette à pied, au fond de laquelle se trouve du mercure sec; l'extrémité du tube est enfoncée de 2 centimètres environ dans le mercure. On verse ensuite doucement dans l'éprouvette de l'eau distillée, qui se superpose au mercure et ne peut ainsi mouiller l'intérieur du tube à dégagement.

On fait alors fonctionner l'appareil. Le fluorure de silicium traverse la couche de mercure et arrive au contact de l'eau, sur laquelle il réagit :

$$3SiFl^2 + H^2O^2 = 2SiHFl^3 + SiO^2;$$

Fluorure de silicium.   Eau.   Acide hydrofluosilicique.   Silice.

$$3SiFl^4 + 2H^2O = 2SiH^2Fl^6 + SiO^2.$$

L'acide hydrofluosilicique se dissout dans l'eau; quant à la silice, elle se dépose sous la forme d'un hydrate gélatineux, qui épaissit la liqueur et finit par la changer en gelée. On verse la masse sur un linge à travers lequel l'acide hydrofluosilicique s'écoule ; on sépare complètement ce dernier en exprimant la silice dans un nouet. On termine en filtrant, sur du papier, le liquide obtenu.

Quand on fait arriver directement le fluorure de silicium dans l'eau par un tube à gaz ordinaire, ce dernier ne tarde pas à s'obstruer. On peut cependant opérer ainsi, sans se servir de mercure, lorsqu'il s'agit de préparer seulement une petite quantité de produit ; dans ce cas on adapte à la partie inférieure du tube à dégagement, au moyen d'un caoutchouc, un entonnoir en verre de forme allongée et à douille large (fig. 275, à droite), que l'on fait plonger verticalement dans l'eau, de 2 centimètres environ. Aucune obstruction ne se produit si le liquide ne mouille que la partie large de l'entonnoir. L'entonnoir peut lui-même être remplacé par un tube de verre très large, fixé à l'extrémité du tube à gaz au moyen d'un bouchon.

Vers la fin de l'opération, il se forme des canaux dans la masse épaisse de silice gélatineuse, et du fluorure de silicium échappe à l'action de l'eau. Il faut alors agiter de temps en temps avec une baguette de verre.

La solution d'acide hydrofluosilicique peut être concentrée par évaporation dans un vase de platine. Toutefois cette opération ne peut être poussée jusqu'à production d'une liqueur sirupeuse, l'acide se décomposant avant cette limite.

L'acide hydrofluosilicique propre à l'analyse ne doit pas précipiter l'eau saturée de sulfate de strontiane (*acide sulfurique*).

CHAPITRE II

MÉTAUX.

1.

POTASSIUM.

Équiv. : K = 39 = 1 *vol.* = K = *P. atom.*

A. — Hydrate de potasse.

Équiv. : KHO² ou KO,HO = 56 = $K\Theta H$ = *P. mol.*

791. *Synonymes* : Hydrate d'oxyde de potassium, potasse caustique, pierre à cautère. — *Composé blanc*, opaque, à cassure fibreuse, déliquescent, caustique, doué de propriétés alcalines extrêmement prononcées. — *Densité* : 2,1 environ. — *Fusible* au rouge sombre. — *Volatil* sans altération à partir de la même température. — *Soluble* avec dégagement de chaleur dans la moitié de son poids d'eau ou d'alcool.

PRÉPARATION.

792. POTASSE A LA CHAUX. — On éteint 50 grammes (1 partie) de chaux vive (voy. *Chaux*). Lorsque toute la chaux se trouve changée en une masse blanche, volumineuse et pulvérulente d'hydrate de chaux, on délaye celle-ci dans 250 centimètres cubes d'eau (5 parties), de manière à former une bouillie claire, un *lait de chaux*. D'autre part, on dissout 100 grammes de carbonate de potasse (2 parties) dans 1 litre d'eau (20 parties), et on porte la liqueur à l'ébullition dans une marmite de fonte.

Dans la solution bouillante, on ajoute, par petites portions et de façon à ne pas interrompre l'ébullition, le lait de chaux préalablement agité. La chaux hydratée réagit sur le carbonate de potasse :

$$\text{C}^2\text{O}^4,\text{2KO} \quad + \quad 2(\text{CaO,HO}) \quad = \quad \text{C}^2\text{O}^4,\text{2CaO} \quad + \quad 2(\text{KO,HO}) ;$$

Carbonate de potasse.   Hydrate de chaux.   Carbonate de chaux.   Hydrate de potasse.

$$\text{CO}^3\text{K}^2 \quad + \quad \text{CaO}^2\text{H}^2 \quad = \quad \text{CO}^3\text{Ca}^2 \quad + \quad 2K\Theta H.$$

Le carbonate de chaux insoluble se précipite ; l'hydrate de potasse reste dans la liqueur.

On continue ainsi à ajouter le lait de chaux, en remuant avec une spatule de fer, jusqu'à décomposition de tout le carbonate de potasse. Pour reconnaître le terme de la réaction, on enlève la marmite du feu et on laisse reposer quelques instants ; le carbonate de chaux se dépose très rapidement ; on prélève avec une pipette quelques centimètres cubes de la liqueur éclaircie, on les filtre s'ils contiennent des matières en suspension, on les met dans un verre à expérience, et on y ajoute un excès d'acide chlorhydrique dilué : ce dernier provoque un dégagement d'anhydride carbonique tant qu'il reste du carbonate de potasse non décomposé. Dans les mêmes circonstances, l'addition au liquide limpide d'une certaine quantité d'eau de chaux donne un précipité de carbonate de chaux. La réaction étant démontrée incomplète par les essais précédents, on porte à l'ébullition, et on ajoute de nouveau du lait de chaux.

Il est fort avantageux que toute l'opération soit faite à la plus haute température possible, c'est-à-dire à l'ébullition. Le carbonate de chaux se précipite alors sous forme grenue et se sépare nettement, ce qui rend faciles les opérations suivantes.

Pendant la durée du traitement, il est indispensable de maintenir constant le niveau du liquide dans la marmite, en remplaçant par de l'eau chaude celle qui a été volatilisée. La réaction indiquée ci-dessus ne se produit, en effet, que dans les liqueurs suffisamment diluées; en liqueurs concentrées, à la température de l'ébullition, la potasse attaque le carbonate de chaux et produit la réaction inverse, en régénérant de la chaux et du carbonate de potasse. De plus, la vapeur qui se dégage pendant l'ébullition éloigne l'air du liquide et empêche ainsi la fixation par la potasse de l'anhydride carbonique de l'atmosphère.

Le terme de la réaction étant atteint, on supprime le feu et on verse le contenu de la marmite sur un carré de toile, tendu dans un cadre de bois au-dessus d'une terrine (§ 333, fig. 153). Le carbonate de chaux reste sur la toile avec la chaux en excès, et la solution presque claire passe dans la terrine que l'on couvre pour empêcher l'accès de l'air. On porte alors à l'ébullition, dans la même marmite de fonte, 500 centimètres cubes d'eau (10 parties), et on y délaye le magma blanc resté sur la toile, puis on verse le mélange sur la même toile; on obtient ainsi une liqueur contenant la plus grande partie de la potasse qui avait été retenue par le carbonate de chaux. On répète une seconde fois ce lavage. On laisse déposer d'une part les liqueurs de lavage mélangées, et d'autre part la liqueur primitive. Après quelque temps, on décante les solutions claires, on introduit dans une capsule d'argent les eaux de lavage, et on les concentre rapidement à feu nu; quand leur volume s'est réduit au tiers, on ajoute la solution primitive et on poursuit la concentration.

La rapidité de l'évaporation est une condition nécessaire à la pureté du produit, la vapeur qui se dégage en abondance empêchant, comme il a été remarqué plus haut, le contact de l'air. A défaut d'un vase d'argent, on se sert d'une bassine de cuivre ou même d'une marmite de fonte bien décapée; mais, dans ce cas, la potasse obtenue contient toujours un peu de cuivre ou de fer et prend une teinte bleue ou ocreuse. Les vases de verre ou de porcelaine doivent être absolument écartés, leur attaque par la potasse étant extrêmement rapide.

En continuant l'évaporation, on obtient un résidu solide que l'on chauffe ensuite au rouge sombre, jusqu'à fusion ignée. Enfin, on coule le liquide sur une lame de cuivre bien nette ou sur un marbre préalablement enduit de vaseline et essuyé de façon à ne laisser que fort peu de cette matière à la surface. Par refroidissement, la potasse forme des plaques solides, incolores, qu'on brise aussitôt, et qu'on enferme rapidement dans des flacons dont les bouchons en verre ont été légèrement enduits de paraffine.

Si l'on arrête l'évaporation de la lessive de potasse lorsque le produit a la consistance sirupeuse, la masse se solidifie encore par refroidissement, et la matière diffère peu, comme apparence, de la potasse ayant subi la fusion ignée, si ce n'est qu'elle est moins opaque. L'hydrate d'oxyde de potassium s'y trouve mélangé, en plus ou moins grande proportion, de sa combinaison avec l'eau,

$$KO,HO + 4HO \quad \text{ou} \quad KOH + 2H^2O,$$

laquelle est cristallisable et se solidifie après fusion, à la manière de la potasse elle-même. Le commerce livre fréquemment de la potasse ainsi mélangée d'hydrate, et contenant des proportions d'eau variables suivant qu'on a poussé plus ou moins loin la concentration, mais souvent très considérables et approchant de la moitié du poids du produit.

Pour le plus grand nombre des usages, la potasse étant employée en solution, il est inutile de pousser l'évaporation jusqu'à siccité ; on se contente de concentrer la liqueur jusqu'à un degré voulu, on la laisse refroidir à l'abri de l'air, et on la conserve comme la potasse solide. On évite ainsi partiellement la carbonatation par l'air, carbonatation toujours considérable pendant les derniers moments de l'évaporation. La *lessive de potasse*, car tel est le nom donné à la dissolution alcaline obtenue, se rencontre dans les laboratoires à diverses concentrations ; le plus souvent on l'amène à la densité 1,33 (36° Baumé) ou à la densité 1,53 (50° Baumé).

La potasse caustique à la chaux est toujours plus ou moins carbonatée à l'air. Elle contient, en outre, les chlorures, sulfates, silicates et autres sels étrangers qui souillaient la chaux et plus encore le carbonate de potasse. Il est fort avantageux, pour cette raison, de la préparer avec du carbonate de potasse purifié.

793. Densité des dissolutions de potasse caustique. — Le tableau suivant (Tünnermann et Richter) indique les poids d'hydrate de potasse KO,HO ou KOH, et de potasse supposée anhydre KO ou K^2O, contenus dans 100 parties d'une dissolution aqueuse de densité donnée a 15°.

DENSITÉ.	KO,HO ou $K\Theta H$ p. 100.	KO ou $K^2\Theta$ p. 100.	DENSITÉ.	KO,HO ou $K\Theta H$ p. 100.	KO ou $K^2\Theta$ p. 100.	DENSITÉ.	KO,HO ou $K\Theta H$ p. 100.	KO ou $K^2\Theta$ p. 100.
1,0050	0,738	0,5658	1,1702	19,542	16,408	1,34	38,28	32,14
1,0153	2,021	1,697	1,1839	20,890	17,540	1,36	39,85	33,46
1,0260	3,369	2,829	1,1979	22,237	18,671	1,38	41,37	34,74
1,0369	4,717	3,961	1,2122	23,585	19,803	1,40	42,86	35,99
1,0478	5,957	5,002	1,2268	24,933	20,935	1,42	45,22	37,97
1,0589	7,412	6,224	1,2342	25,606	21,500	1,44	47,84	40,17
1,0703	8,760	7,355	1,2493	26,954	22,632	1,46	50,39	42,31
1,0819	10,108	8,487	1,2648	28,303	23,764	1,48	52,88	44,40
1,0938	11,456	9,619	1,2805	29,650	24,895	1,50	55,32	46,45
1,1059	12,803	10,750	1,2986	30,998	26,027	1,52	57,71	48,46
1,1182	14,151	11,882	1,3131	32,345	27,158	1,54	59,65	50,09
1,1308	15,498	13,013	1,3300	33,693	28,290	1,56	61,43	51,58
1,1437	16,846	14,145	1,30	34.94	29,34	1,58	63,19	53,06
1,1568	18,195	15,277	1,32	36,91	30,74			

794. POTASSE A L'ALCOOL. — Le carbonate de potasse et quelques autres sels souillent la potasse à la chaux. Comme ils sont insolubles dans l'alcool, qui dissout abondamment l'hydrate de potasse, on peut les séparer par un traitement fait avec ce véhicule.

On concasse en petits fragments la potasse à purifier et on la mélange, dans un flacon bien bouché, avec deux fois son poids d'alcool à 90 centièmes. On laisse en contact pendant deux jours, dans un endroit tiède, en agitant fréquemment. La potasse entre en dissolution, tandis qu'il se sépare au fond du flacon un liquide sirupeux ; celui-ci n'est autre chose qu'une solution de carbonate de potasse, tenant en suspension ou en dissolution du sulfate de potasse, du chlorure de potassium, etc. On décante la liqueur surnageante au moyen d'un siphon, et on la remplace par une seconde quantité d'alcool moitié moindre que la première, avec laquelle on répète le même traitement.

Quand on opère sur des quantités considérables, la liqueur provenant de ce second lavage est employée pour purifier une nouvelle dose de potasse, sinon elle est réunie à la première.

Le carbonate de potasse ayant entraîné, pour se dissoudre, à peu près toute l'eau du mélange, la potasse est en solution dans de l'alcool presque absolu. On introduit les liqueurs alcooliques dans un ballon de verre, mis en communication avec un réfrigérant de Liebig au moyen d'un tube recourbé (fig. 120, § 224), et on distille en chauffant au bain-marie. On recueille l'alcool qui passe ; il est très concentré, la potasse retenant énergiquement le peu d'eau que contient le mélange. Enfin, le résidu est versé dans une bassine d'argent, évaporé, puis chauffé jusqu'au rouge sombre, et enfin coulé sur une plaque d'argent.

On conserve la potasse à l'alcool comme la potasse à la chaux.

Cette purification donne un produit qui ne renferme que fort peu de chlorures, de phosphates et de sulfates. D'autre part, la potasse à l'alcool est, au point de vue des substances organiques, beaucoup moins pure que la potasse à la chaux. Quand on la concentre, la masse brunit à un moment donné : l'alcool non encore volatilisé et retenu en partie à l'état d'alcoolate alcalin, se détruit au contact de l'hydrate alcalin en formant des sels organiques et du carbonate de potasse. On atténue cet inconvénient en ajoutant de l'eau au mélange distillé, et en concentrant à l'ébullition : l'alcool se trouve chassé avec la vapeur d'eau, avant que la température ne soit assez élevée pour effectuer les réactions précitées.

795. Potasse pure. — Pour obtenir la potasse pure, on se sert du sulfate de potasse et de l'hydrate de baryte, composés qui cristallisent facilement, et qu'il est dès lors aisé de se procurer dans un grand état de pureté.

On dissout dans l'eau bouillante, d'une part 90 grammes de sulfate de potasse, et d'autre part 160 grammes d'hydrate de baryte cristallisé. On verse peu à peu la seconde solution dans la première maintenue en ébullition, après avoir mis de côté quelques centimètres cubes de chacune des deux liqueurs. Il se forme du sulfate de baryte insoluble et de l'hydrate de potasse :

$$S^2O^6,2KO \quad + \quad 2(BaO,HO) \quad = \quad S^2O^6,2BaO \quad + \quad 2(KO,HO);$$

Sulfate de potasse.   Hydrate de baryte.   Sulfate de baryte.   Hydrate de potasse.

$$SO^4K^2 \quad + \quad BaO^2H^2 \quad = \quad SO^4Ba \quad + \quad 2KOH.$$

On continue ainsi tant que la liqueur barytique produit un précipité dans le mélange éclairci par le repos. Si l'on a dépassé cette limite, on verse dans le mélange bouillant une portion de la solution de sulfate de potasse mise à part. En tâtonnant et en ajoutant avec précaution des quantités de plus en plus faibles, soit de sel potassique, soit d'hydrate de baryte, on arrive à obtenir que la liqueur ne précipite sensiblement par aucun des deux réactifs. On laisse alors reposer dans un vase couvert. Quand il s'est formé à l'ébullition, le sulfate de baryte se sépare en peu de temps. On siphonne la liqueur limpide, et on l'évapore rapidement dans une capsule d'argent.

796. *Essai de la potasse pure.* — La potasse employée en analyse doit satisfaire aux essais suivants : Solide, ou après évaporation et fusion dans un vase d'argent si elle est en dissolution, elle donne avec l'eau une solution limpide (*sels de chaux*). Sa solution ne se trouble pas et ne brunit pas par le sulfhydrate d'ammoniaque (*sels métalliques*); elle ne fait pas effervescence avec l'acide azotique (*carbonate*). La même solution, diluée et sursaturée par l'acide azotique pur, ne précipite ni par l'azotate d'argent (*chlore*), ni par l'azotate de baryte (*acide sulfurique*), ni par le molybdate d'ammoniaque à chaud (*acide phosphorique*), ni par l'ammoniaque en excès, même à chaud et après un contact prolongé (*alumine*). Traitée par un excès d'acide chlorhydrique, elle donne une liqueur qui, évaporée à sec à 100°, laisse un résidu formant avec l'eau une liqueur limpide (*silice*).

B. — Chlorure de potassium.

Équiv. : $KCl = 74,5 = KCl = P. mol.$

797. — *Cristaux cubiques*, dépourvus d'eau de cristallisation, inaltérables à l'air. — *Densité* : 1,986. — *Fusible* au rouge sombre. — *Volatil* au rouge vif. — *Soluble* dans 2,89 parties d'eau à 11°,8; dans 2,85 parties à 15°,6; dans 0,69 parties à 109°,6, température d'ébullition de la solution saturée. — *Neutre* au tournesol.

798. Préparation par la carnallite. — La *carnallite*, accompagnée de divers sels, notamment de chlorure de sodium et de sulfate de magnésie à 1 équivalent d'eau, ou *kiésérite*, est le principal minerai exploité à Stassfurt (Allemagne) pour la production du chlorure de potassium. C'est un chlorure double de magnésium et de potassium :

$$KCl + 2MgCl + 12HO \quad \text{ou} \quad KCl + MgCl^2 + 6H^2O.$$

On pulvérise la carnallite impure (250 grammes) et on la fait bouillir avec de l'eau (1 litre) pendant deux heures, en remplaçant de temps en temps le liquide évaporé. On laisse déposer le sulfate de magnésie à 1 équivalent d'eau qui, ne se dissolvant que très lentement par transformation en sulfate de magnésie ordinaire, est resté inattaqué et se sépare. On filtre la liqueur et on l'évapore jusqu'à la densité 1,31. On la filtre de nouveau, puis on la laisse refroidir. Elle abandonne des cristaux de chlorure de potassium, souillés de chlorure de sodium et de chlorure de magnésium. On égoutte ces cristaux, on les essore, on les lave très rapidement à la trompe avec de l'eau froide et on les sèche.

799. Purification. — Le chlorure de potassium du commerce ainsi que celui que l'on obtient en diverses circonstances dans les laboratoires, lors de la calcination du chlorate de potasse (§ 494), par exemple, doivent être purifiés par des cristallisations répétées.

On dissout le sel dans l'eau chaude, on filtre la liqueur si cela est nécessaire, puis on l'évapore dans une capsule de porcelaine jusqu'à ce que, bouillante, elle marque 1,26 au densimètre ou, ce qui est à peu près équivalent, jusqu'à ce que sa température d'ébullition soit voisine de 107°. Le sel cristallise par le refroidissement.

Les cristaux égouttés, essorés et lavés avec un peu d'eau froide, en s'aidant de la trompe, sont desséchés à l'air entre deux feuilles de papier à filtrer blanc.

C. — Bromure de potassium

$$\text{Équiv.} : KBr = 119 = KBr = P.\,mol.$$

800. *Cristaux* incolores, cubiques, anhydres, non hygroscopiques .— *Densité* : 2,690. — *Chauffé*, décrépite, puis fond au rouge sombre.

801. Préparation par le brome et la potasse. — Dans un vase à précipiter, on met 1 partie de potasse en dissolution dans 15 parties d'eau. D'autre part, dans une ampoule à robinet, munie d'une longue douille, on introduit un excès de brome, soit 2 parties, et on dispose cette ampoule au-dessus du vase à précipiter, en faisant pénétrer le tube inférieur jusqu'au fond du liquide. On ouvre alors doucement le robinet. Le brome s'écoule peu à peu dans la potasse qu'on agite constamment. La liqueur, colorée en rouge au point d'arrivée du brome, se décolore par l'agitation. On continue à ajouter le brome tant que la décoloration se produit. Il se forme du bromate de potasse et du bromure de potassium :

$$6(KO,HO) \quad + \quad 6Br \quad = \quad 5KBr \quad + \quad BrO^5,KO \quad + \quad 3H^2O^2 ;$$

Hydrate de potasse.	Brome.	Bromure de potassium.	Bromate de potasse.	Eau.

$$6K\Theta H \quad + \quad 6Br \quad = \quad 5KBr \quad + \quad Br\Theta^3K \quad + \quad 3H^2\Theta.$$

La liqueur colorée en jaune par un léger excès de brome est évaporée à sec dans une capsule de porcelaine. Le résidu est ensuite porté jusqu'au rouge sombre dans une seconde capsule de porcelaine de petites dimensions ou, quand on opère sur une plus forte quantité, dans une marmite de fonte : il entre en fusion et le bromate de potasse, dégageant de l'oxygène, se change en bromure de potassium :

$$\mathrm{BrO^5,KO} = \mathrm{KBr} + 6\mathrm{O};$$
$$Br\Theta^3K = KBr + 3\Theta.$$

Après refroidissement, on reprend par l'eau, on filtre la dissolution et on l'évapore jusqu'à ce que, bouillante, elle marque 1,38 au densimètre ou bien, ce qui est sensiblement la même chose, jusqu'à ce qu'elle pèse 2 fois 1/2 le poids du bromure de potassium qu'elle contient.

Par refroidissement lent, on obtient des cristaux nets de bromure de potassium, qu'on égoutte et qu'on sèche à l'air à une douce température : l'eau mère évaporée fournit une nouvelle quantité du même sel. En poussant la concentration jusqu'à la densité 1,50, on obtient immédiatement une plus grande quantité de produit, mais les cristaux sont moins beaux.

La pureté de la potasse est une condition importante dans cette préparation.

<h3 style="text-align:center">D. — Iodure de potassium.</h3>

Équiv. : KI = 166 = KI = P. mol.

802. *Cristaux cubiques*, anhydres, incolores, non déliquescents, légèrement altérables à la lumière. — *Densité* : 3,051. — *Fusible* au rouge sombre. — *Volatil* faiblement vers la même température. — *Solubilité* : 127,9 parties dans 100 parties d'eau à 0°; 142,3 parties à 18°; 223,6 parties à 117°, température d'ébullition de la solution saturée. — Neutre au tournesol.

PRÉPARATION.

803. Par l'iode et la potasse. — On prend 30 grammes d'iode et 15 grammes de potasse caustique, ou une quantité équivalente de lessive de potasse (§ 793). On dissout la potasse dans l'eau et on forme 100 centimètres cubes de solution. L'iode étant dans une capsule de porcelaine, on l'arrose avec la moitié de la liqueur et on agite ; l'iode se dissout. On continue à ajouter peu à peu la potasse jusqu'à décoloration du produit, en évitant d'en employer un excès notable. Il se forme ainsi de l'iodate de potasse et de l'iodure de potassium :

$$\mathrm{6I} + \mathrm{6(KO,HO)} = \mathrm{IO^5,KO} + \mathrm{5KI} + \mathrm{3H^2O^2};$$

Iode. Hydrate de potasse. Iodate de potasse. Iodure de potassium. Eau.

$$6I + 6K\Theta H = I\Theta^3K + 5KI + 3H^2\Theta.$$

On concentre la liqueur et, lorsqu'elle est en consistance sirupeuse, on ajoute 1 gramme de charbon de bois en poudre fine, on agite et on évapore à siccité. Le résidu est ensuite placé dans un vase de fonte ou de fer et porté au rouge sombre. Le charbon change ainsi l'iodate de potasse en iodure :

$$2(IO^5,KO) + 6C = 2KI + 3C^2O^4;$$

| Iodate de potasse. | Charbon. | Iodure de potassium. | Gaz carbonique. |

$$2IO^3K + 3C = 2KI + 3CO^2.$$

D'ailleurs le mélange chauffé au rouge, sans addition de charbon, subit la même transformation, mais plus lentement, l'iodate de potasse ne se décomposant en iodure et oxygène, à la manière du chlorate et du bromate, qu'à une température beaucoup plus élevée :

$$IO^5,KO = KI + 6O;$$
$$IO^3K = KI + 3O.$$

Après refroidissement, on reprend par l'eau : l'iodure de potassium se dissout. On filtre, on évapore la liqueur claire, dans une capsule de porcelaine, jusqu'à consistance sirupeuse et on abandonne au refroidissement : l'iodure se sépare en cristaux transparents, que l'on égoutte et que l'on sèche à l'air à une douce température.

Quand on opère en grand, on concentre jusqu'à la densité 1,8. Les eaux mères évaporées peuvent fournir une nouvelle quantité de cristaux.

804. Par le fer et le carbonate de potasse. — On place dans une capsule de porcelaine 200 grammes d'eau, puis 10 grammes de limaille ou de tournure de fer, et enfin 40 grammes d'iode; on agite avec une baguette de verre et on chauffe doucement. La liqueur se colore d'abord en brun foncé, l'iode se combinant au fer pour former de l'iodure de fer qui dissout l'iode en excès; finalement ce dernier se change complétement en iodure et la solution perd sa teinte brune pour devenir verte.

On décante la solution sur un filtre et on lave le résidu de fer ainsi que la capsule avec un peu d'eau qu'on emploie ensuite à laver le filtre. Les liqueurs étant mélangées et chauffées au voisinage de l'ébullition, on y verse par portions une solution obtenue avec 35 grammes de carbonate de potasse pur et 100 grammes d'eau. Il se produit de l'iodure de potassium et un précipité de carbonate de protoxyde de fer hydraté. On ajoute le carbonate de potasse dans le mélange soigneusement agité, tant qu'il se forme un précipité. On filtre. Le carbonate de fer qui reste sur le filtre est d'abord blanc, mais il s'altère immédiatement à l'air : il perd de l'acide carbonique, devient vert en se changeant en hydrate ferroso-ferrique, puis jaune ocreux en passant à l'état de sesquioxyde de fer. Dès qu'il est égoutté, on le lave sur le filtre avec de l'eau bouillante, puis on l'agite avec de l'eau chaude dans une capsule de porcelaine, en même temps que le papier qui le porte. Enfin on verse le tout sur un nouveau filtre.

Toutes les liqueurs, réunies dans une marmite de fonte, sont évaporées à sec. Le résidu est repris par 4 ou 5 fois son poids d'eau, et la liqueur filtrée est amenée à cristallisation dans une capsule de porcelaine, ainsi que cela a été dit (§ 803).

E. — Cyanure de potassium.

Équiv.: C^2AzK ou $CyK = 65 = \mathcal{C}AzK = P.\,mol.$

805. *Sel incolore*, cubique, déliquescent. — *Fusible* au rouge sombre, *volatil* au rouge blanc. — *Très soluble* dans l'eau. — *Très toxique.*

806. PRÉPARATION PAR LE FERROCYANURE DE POTASSIUM. — On chauffe un peu au-dessus de 100°, sur une plaque de tôle, du ferrocyanure de potassium grossièrement pulvérisé. Ce sel perd ainsi son eau de cristallisation. Il est fort important de maintenir l'action de la chaleur jusqu'à dessiccation complète, un produit imparfaitement desséché faisant manquer la préparation. On introduit le ferrocyanure dans un creuset de terre que l'on couvre et que l'on chauffe au rouge sombre dans un fourneau à réverbère. Le sel fond, se décompose en dégageant des gaz, et notamment du cyanogène; il donne finalement une masse fluide, tenant en suspension une poudre noire de carbure de fer; on l'agite à plusieurs reprises avec une tige de fer. Lorsque le produit est en fusion tranquille, on le laisse refroidir lentement. En brisant ensuite le creuset, on isole la masse de cyanure de potassium fondu, et on en sépare mécaniquement les portions noires contenant le carbure de fer.

En opérant ainsi, on obtient, surtout quand on agit sur peu de matière, du cyanure de potassium coloré en gris par la poudre ferrugineuse incomplètement déposée. Enfin, le creuset de terre a été notablement attaqué et ses produits de destruction souillent le sel fondu; ce dernier inconvénient est évité quand on se sert d'un creuset de fer.

Pour avoir du cyanure de potassium pur, on épuise le contenu du creuset par l'alcool fort; à cet effet, on pulvérise la matière, on la maintient quelque temps à l'ébullition dans le liquide, que l'on filtre bouillant dans un ballon fermé; le sel cristallise par refroidissement. On le sépare du liquide, on l'égoutte dans le ballon, à l'abri du contact de l'air qui l'altérerait, et on le conserve dans des vases bien clos. L'eau dissout le cyanure de potassium beaucoup plus abondamment que l'alcool; elle ne doit cependant pas être employée, la solution aqueuse de cyanure réagissant sur le composé du fer qui l'accompagne, pour régénérer du ferrocyanure de potassium (voy. *Ferrocyanure de potassium*).

On a vu que du cyanogène est éliminé pendant la décomposition du ferrocyanure par la chaleur; ce fait entraîne une perte notable que l'on évite quelquefois en calcinant un mélange de 8 parties de ferrocyanure sec avec 3 parties de carbonate de potasse pur et un peu de charbon en poudre. Ce dernier réactif est destiné à détruire le cyanate de potasse qui tend à prendre naissance. On épuise, comme il a été dit plus haut, le produit par l'alcool, qui sépare le cyanure de potassium du charbon en excès. On doit éviter la présence, dans le carbonate de potasse, de toute trace de sulfate que le charbon et le cyanure réduiraient à l'état de sulfure.

807. Préparation par l'acide cyanhydrique et la potasse. — On sature une solution alcoolique de potasse par un courant de vapeur d'acide cyanhydrique (voy. ce mot). Le sel, peu soluble dans l'alcool froid, se précipite sous la forme d'une poudre cristalline, qu'on essore à la trompe, qu'on lave à l'alcool froid, qu'on essore de nouveau, et qu'on sèche dans une étuve, à l'abri de l'acide carbonique de l'air. Cette méthode fournit facilement le sel pur.

F. — Monosulfure de potassium.

$$\text{Équiv.} : KS = 55. \qquad P. \, mol. : K^2S^2 = 110 = K^2S.$$

808. *Composé* cristallin, rougeâtre, fusible au rouge, très soluble dans l'eau.

PRÉPARATION.

809. Par la potasse et l'hydrogène sulfuré. — Préparation analogue à celle du monosulfure de sodium (voy. ce mot).

810. Par le sulfate de potasse et le charbon. — Le sulfate de potasse, chauffé avec du charbon, est réduit; il passe à l'état de monosulfure de potassium :

$$S^2O^6,2KO \quad + \quad 8C \quad = \quad K^2S^2 \quad + \quad 4C^2O^2;$$

Sulfate de potasse.	Charbon.	Sulfure de potassium.	Oxyde de carbone.

$$SO^4K^2 \quad + \quad 4C \quad = \quad K^2S \quad + \quad 4CO.$$

Dans un creuset brasqué (§ 197) bien couvert, ou mieux dans un creuset de charbon de cornue, on chauffe au rouge un mélange de sulfate de potasse et de charbon, dans le rapport de 3 parties du premier pour 1 partie du second, en portant la température jusqu'au rouge vif. Le monosulfure qui se produit ainsi est impur et fortement souillé de produits oxygénés et polysulfurés.

Après refroidissement du vase maintenu clos, on reprend le contenu par l'eau; on filtre, on évapore et on fait cristalliser.

811. Lorsque la réduction est opérée en présence d'un excès de charbon empêchant la fusion de la masse, le sulfure obtenu est impur, comme dans le cas précédent, mais il se trouve dans un état de division extrême; la propriété qu'il possède d'absorber l'oxygène est alors développée jusqu'au point de donner au mélange la propriété de s'enflammer spontanément à l'air. Ce produit, qui constitue le *pyrophore de Gay-Lussac*, s'obtient de la manière suivante :

On fait un mélange intime de 20 grammes de sulfate de potasse *très finement* pulvérisé, et de 10 grammes de noir de fumée. On l'introduit dans une très petite cornue en grès réfractaire, au col de laquelle on adapte un tube à dégagement, recourbé deux fois, et aboutissant sur une terrine pleine d'eau (fig. 227, § 492). La cornue étant disposée dans un fourneau à réverbère, on la chauffe au rouge pendant quelque temps; l'oxyde de carbone formé se dégage. Lorsque ce gaz cesse de se produire, on enlève le bouchon portant le tube à dégagement, et on le remplace rapidement par un bouchon plein, fermant hermétiquement la cornue. On laisse refroidir. Si l'on vient ensuite à ouvrir la cornue et à projeter dans l'air son contenu pulvérulent, celui-ci brûle en produisant de nombreuses étincelles très brillantes.

Le noir de fumée est d'ordinaire très fortement chargé de matières organiques; celles-ci engendrent, par calcination, des produits volatils qui, en se mélangeant à l'oxyde de carbone, ont l'inconvénient de soulever la masse et d'empêcher le contact intime des réactifs, lequel est indispensable. Il est donc nécessaire de soumettre le noir de fumée à la calcination avant de l'employer. On le chauffe au rouge dans un creuset bien fermé, ou mieux dans une cornue dont le col, incomplètement bouché, ne livre aux vapeurs qu'un passage étroit et peut être fermé complétement après la calcination afin de laisser refroidir le produit à l'abri de l'air.

812. FOIE DE SOUFRE. — Cette préparation, connue aussi sous le nom de *sulfure de potasse*, est constituée surtout par un mélange en proportions variables de polysulfures et de sulfate de potasse. Si la température à laquelle elle a été portée n'a pas dépassé 250°, elle contient aussi de l'hyposulfite de potasse.

On mélange avec soin, dans un mortier, 20 grammes de fleur de soufre avec 40 grammes de carbonate de potasse sec, et on introduit le tout dans une petite fiole à fond plat. On chauffe doucement sur un bain de sable ou en protégeant le matras par une toile métallique. Peu à peu la masse entre en fusion et dégage des gaz. On continue l'action ménagée de la chaleur jusqu'à cessation du dégagement gazeux. On élève alors un peu la température de manière à liquéfier complétement le produit. Ce point atteint, on enlève le feu. Après refroidissement, on brise le matras et on isole la masse fondue, qu'on conserve à l'abri de l'air.

Les réactions qui s'effectuent sont nombreuses. On peut les résumer en disant que l'oxygène enlevé à l'oxyde de potassium pour former le sulfure se porte sur le soufre pour donner divers oxacides, qui sont stables à l'état de sels de potasse. La formule suivante indique la marche du phénomène :

$$4(C^2O^4,2KO) \quad + \quad 32S \quad = \quad 4C^2O^4 \quad + \quad S^2O^6,2KO \quad + \quad 6KS^5 \, ;$$

Carbonate de potasse.	Soufre.	Gaz carbonique.	Sulfate de potasse.	Pentasulfure de potassium.

$$4CO^3K^2 \quad + \quad 16S \quad = \quad 4CO^2 \quad + \quad SO^4K^2 \quad + \quad 3K^2S^5.$$

Il se forme également de l'oxyde de carbone, qui se dégage avec l'anhydride carbonique. Enfin quand les produits employés sont humides, il se forme en outre de l'hydrogène sulfuré.

G. — Azotate de potasse.

Équiv. : AzKO⁶ ou AzO⁵,KO = 101 = $Az\Theta^3 K$ = *P. mol.*

813. *Synonymes* : Nitre, salpêtre, sel de nitre, cristal minéral. — Sel anhydre et *dimorphe* : prismes rhomboïdaux droits (forme ordinaire) ou rhomboèdres. — *Densité* : 2,086. — *Point de fusion* : 327°; se solidifie par refroidissement en une masse fibreuse (cristal minéral). — *Décomposé* au rouge. — *Solubilité* rapidement croissante avec la température : 13 parties dans 100 parties d'eau à 0°; 85 parties à 50°; 246 parties à 100°; 335 parties à 115°,9.

814. PRÉPARATION PAR L'AZOTATE DE SOUDE ET LE CHLORURE DE POTASSIUM. — On met en réaction équivalents égaux d'azotate de soude et de chlorure de potassium, soit 85 parties du premier pour 74,5 parties du second.

On traite à l'ébullition, dans une capsule de porcelaine, l'azotate de soude par 3 fois son poids d'eau. La dissolution étant complète, la liqueur bouillante possède une densité voisine de 1,2; on y projette le chlorure de potassium pulvérisé. Ce dernier corps disparaît aussitôt, mais, en continuant l'ébullition, un autre sel, le chlorure de sodium, ne tarde pas à se séparer; celui-ci résulte d'une double décomposition effectuée entre l'azotate de soude et le chlorure de potassium :

$$AzO^5,NaO \quad + \quad KCl \quad = \quad AzO^5,KO \quad + \quad NaCl\,;$$

Azotate de soude.   Chlorure de potassium.   Azotate de potasse.   Chlorure de sodium.

$$Az\Theta^3 Na \quad + \quad KCl \quad = \quad Az\Theta^3 K \quad + \quad NaCl.$$

Tous les sels précédents, sauf le chlorure de sodium qui se dépose partiellement, restent dans la liqueur. On évapore jusqu'à ce que la densité de la solution bouillante atteigne 1,5, ou plus grossièrement jusqu'à volatilisation du tiers de l'eau employée. Le chlorure de sodium continue à se précipiter. On couvre la capsule et on l'abandonne pendant quelques minutes : le sel solide se rassemble au fond du liquide limpide. Sans laisser refroidir, on décante ce dernier et on égoutte le chlorure de sodium sur un entonnoir chaud, dont la douille a été fermée par un tampon de coton.

Par refroidissement lent, la liqueur décantée laisse déposer des cristaux d'azotate de potasse. On enlève l'eau mère, on égoutte les cristaux et on les sèche à l'air à une douce température.

L'opération est basée sur les différences de solubilité qui existent entre le chlorure de sodium et les trois autres sels cités plus haut. La solubilité de ces derniers croît avec la température (fig. 276), mais d'une manière particulièrement rapide pour les deux azotates. Au contraire, le chlorure de sodium a sensiblement la même solubilité à chaud et à froid (35 grammes à 0° et 42 grammes à 100°); il en résulte que, dans les liqueurs concentrées et chaudes, ce sel joue par rapport aux trois autres le rôle de composé insoluble et se précipite. Quand on évapore une liqueur qui en est saturée, il se dépose en quantité proportionnée à celle de l'eau qui le dissolvait et qui a été volatilisée, tandis que l'azotate de potasse, dont la solubilité est énorme à chaud, reste dans la liqueur tant que celle-ci n'a pas atteint la saturation.

L'eau mère évaporée donne un nouveau dépôt de chlorure de sodium, puis, par refroidissement, de l'azotate de potasse.

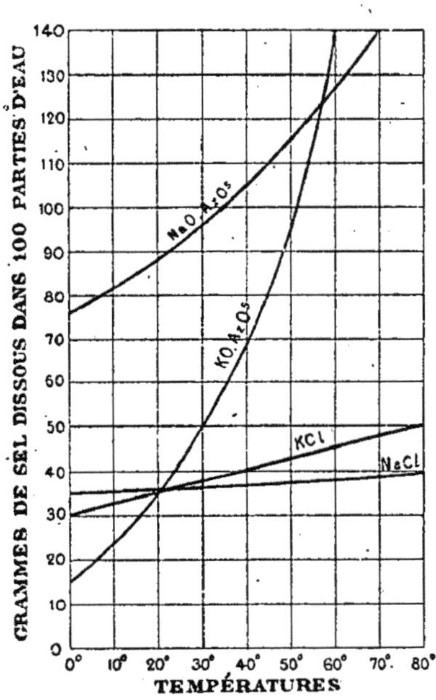

Fig. 276. — Solubilités relatives à la préparation de l'azotate de potasse.

L'azotate de potasse de première cristallisation est fortement souillé de chlorure de sodium, la liqueur au sein de laquelle il a cristallisé étant saturée de ce dernier ; il contient de plus diverses impuretés, variables avec l'état des matières premières employées. On le dissout à l'ébullition dans une petite quantité d'eau, de façon à produire une solution de densité 1,5, qu'on soumet à la cristallisation troublée (§ 305). On essore à la trompe la bouillie cristalline obtenue, on lave rapidement l'azotate avec de l'eau distillée bien froide qui entraîne l'eau mère, puis on l'essore de nouveau. La poudre cristalline mise en solution dans l'eau bouillante, de manière à former une liqueur marquant à l'ébullition 1,24 au densimètre, fournit, par refroidissement lent, de l'azotate de potasse en beaux cristaux. Ces derniers sont séparés, égouttés et séchés. Pour avoir l'azotate de potasse tout à fait pur, il est nécessaire de multiplier les cristallisations troublées et les lavages à la trompe avec de l'eau distillée froide.

815. ESSAI. — L'azotate de potasse pur, employé comme réactif, doit satisfaire aux essais suivants. La solution diluée ne précipite ni par l'azotate d'argent (*chlore*), ni par l'azotate de baryte (*acide sulfurique*), ni par le carbonate de soude (*terres*) ; elle ne se colore pas par les sulfures alcalins (*métaux*).

H. — Hypochlorite de potasse.

816. La solution de ce composé mélangé de chlorure de potassium constituait autrefois l'*Eau de Javel*. Cette préparation est depuis longtemps formée des composés sodiques correspondants (voy. *Hypochlorite de soude*).

I. — Chlorate de potasse.

Équiv. : $KClO^6$ ou $KO,ClO^5 = 122,5 = ClO^3K = P. mol.$

817 *Synonyme :* Sel de Berthollet. — *Sel* anhydre, en cristaux tabulaires dérivés d'un prisme rhomboïdal oblique, inaltérable à l'air, découvert par Berthollet en 1786.

— *Densité* : 2,326. — *Point de fusion* : 334°; décomposable un peu au-dessus, vers 356°. — *Solubilité* : 3,3 parties dans 100 parties d'eau à 0°; 6,03 parties à 15°; 8,44 parties à 20°; 60,24 parties à 104°,7.

PRÉPARATION.

818. PAR LA POTASSE ET LE CHLORE. — L'appareil se compose d'un vase producteur de chlore suivi d'un flacon laveur (§ 651, fig. 259); le tube à dégagement adapté au flacon laveur est relié par un caoutchouc à un tube coudé, lequel se termine par une partie de 15 ou 20 millimètres de diamètre, soudée à la lampe (fig. 277).

Dans un matras à col large, on place de la lessive de potasse, de densité 1,45 (45° Baumé), c'est-à-dire une solution de potasse caustique·renfermant 41 p. 100 de son poids d'hydrate alcalin. On chauffe vers 50° et, faisant pénétrer le tube large jusqu'au fond du matras, on dirige un courant de chlore dans la potasse. L'oxyde de potassium se transforme en chlorure et en chlorate (Berthollet) :

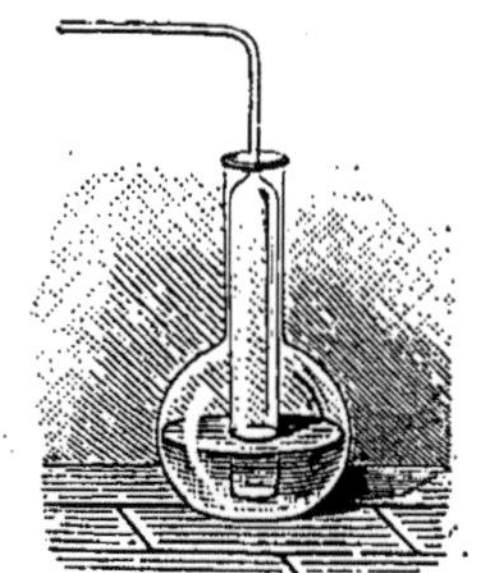

Fig. 277. — Préparation du chlorate de potasse.

$$6(KO,HO) + 6Cl = 5KCl + ClO^5,KO + 3H^2O^2;$$

Hydrate   Chlore.   Chlorure   Chlorate   Eau.
de potasse.   de potassium.   de potasse.

$$6KOH + 6Cl = 5KCl + ClO^3K + 3H^2O.$$

Cette réaction entraîne ainsi l'emploi de 6 équivalents de potasse pour produire 1 équivalent seulement de chlorate de potasse. Ce dernier sel étant peu soluble, même à 50°, se dépose immédiatement et, tend à obstruer le tube d'arrivée du chlore. C'est pour cette raison que ce tube a été pris très large. On continue le courant de chlore tant que le gaz est absorbé.

La réaction précédente est d'ailleurs accompagnée d'une autre qui donne naissance à de l'hypochlorite de potasse :

$$2(KO,HO) + 2Cl = KCl + ClO,KO + H^2O^2;$$

Hydrate   Chlore.   Chlorure   Hypochlorite   Eau.
de potasse.   de potassium.   de potasse.

$$2KOH + 2Cl = KCl + ClOK + H^2O.$$

Lorsque l'absorption cesse de se faire, on porte le mélange à l'ébullition; l'hypochlorite se détruit à cette température en donnant du chlorate et du chlorure de potassium :

$$3(ClO,KO) = 2KCl + ClO^5,KO;$$

Hypochlorite   Chlorure   Chlorate
de potasse.   de potassium.   de potasse.

$$3ClOK = 2KCl + ClO^3K.$$

En même temps les sels précipités se sont redissous. Par refroidissement, le chlorate de potasse se dépose de nouveau en lamelles, tandis que le chlorure de potassium, sel beaucoup plus soluble à froid, reste pour la plus grande partie dans la liqueur.

On égoutte les cristaux, on les essore, on les lave rapidement avec un peu d'eau froide, puis on les purifie en les dissolvant dans le moins possible d'eau bouillante et en les laissant cristalliser par refroidissement. On obtient des cristaux très nets en concentrant la liqueur bouillante jusqu'à la densité 1,18.

Les cristaux sont enfin desséchés à l'étuve vers 60°.

La teinte rose, que prend souvent la liqueur alcaline dans cette opération, est due à des traces de sel de manganèse que le gaz entraîne; celles-ci se trouvent oxydées par le chlore dans la liqueur alcaline et changées en permanganate de potasse.

Vers la fin de la préparation, l'absorption du chlore ne se fait qu'avec lenteur; une notable proportion du gaz, s'échappant dans l'atmosphère, incommode l'opérateur. Si l'on n'opère pas dans un local suffisamment ventilé, il est avantageux, pour se débarrasser du chlore qui n'a pas été absorbé, de laisser droite et verticale la partie étroite du tube qui amène le gaz dans la liqueur alcaline, et de fermer le matras par un bouchon percé de deux trous : le premier trou livre passage au tube d'arrivée du chlore, tandis que le second porte un tube à dégagement qui conduit le gaz échappé à la réaction, soit dans un flacon laveur contenant de la lessive de soude diluée, soit au dehors de la pièce.

Le tube large indiqué plus haut peut d'ailleurs être remplacé par un petit entonnoir; on fixe celui-ci, par sa douille et au moyen d'un caoutchouc, à l'extrémité du tube adducteur (voy. fig. 275, § 790); sa partie évasée plonge seule dans la liqueur alcaline.

819. PAR LE CHLORE, LA CHAUX ET LE CHLORURE DE POTASSIUM. — Ce procédé est plus économique que le précédent : c'est celui qu'emploie d'ordinaire l'industrie.

On prend 100 grammes de chaux vive, on l'imbibe d'eau peu à peu, de manière à provoquer son extinction (voy. *Hydrate de chaux*), puis on délaye dans 1 litre d'eau l'hydrate pulvérulent obtenu. On introduit dans un ballon le lait de chaux ainsi préparé, dont la densité est voisine de 1,040, puis on y fait passer, au moyen d'un tube vertical plongeant jusqu'au fond du ballon, un courant de chlore gazeux, lavé à l'eau (§ 651). Le chlore est absorbé; il forme d'abord de l'hypochlorite de chaux et du chlorure de calcium :

$$2(CaO,HO) \quad + \quad 2Cl \quad = \quad CaCl \quad + \quad ClO,CaO \quad + \quad H^2O^2,$$

Hydrate de chaux.	Chlore.	Chlorure de calcium.	Hypochlorite de chaux.	Eau.

$$2CaO^2H^2 \quad + \quad 4Cl \quad = \quad CaCl^2 \quad + \quad (ClO)^2Ca \quad + \quad 2H^2O ;$$

puis, sous l'influence de la chaleur produite, l'hypochlorite de chaux, corps instable aux températures supérieures à la température ordinaire, fournit du chlorure de calcium et du chlorate de chaux :

$$3(ClO,CaO) \quad = \quad 2CaCl \quad + \quad ClO^5,CaO;$$

Hypochlorite de chaux. · · · · Chlorure de calcium. · · · Chlorate de chaux.

$$3(ClO)^2Ca \quad = \quad 2CaCl^2 \quad + \quad (ClO^3)^2Ca.$$

Il est nécessaire d'agiter de temps en temps, pour remettre en suspension dans le liquide la chaux qui tend à se déposer.

Quand le chlore cesse de s'absorber, on arrête son arrivée, on porte le liquide à l'ébullition et on le filtre. La liqueur claire, qui a une densité voisine de 1,14, est alors chauffée dans une capsule de porcelaine et additionnée de 30 grammes de chlorure de potassium cristallisé. Par double décomposition entre le chlorate de chaux et le chlorure de potassium, il se forme du chlorate de potasse et du chlorure de calcium. On évapore le mélange jusqu'à ce que, bouillant, il marque 1,28 au densimètre; on couvre la capsule et on laisse cristalliser par refroidissement. L'eau mère, décantée et concentrée jusqu'à la densité 1,35, fournit de nouveaux cristaux. Le chlorate de potasse cristallise seul; le chlorure de calcium est extrêmement soluble dans l'eau et reste dans l'eau mère.

Le chlorate brut, égoutté et essoré, est lavé très rapidement à la trompe avec de l'eau froide, laquelle entraîne l'eau mère chargée de chlorure de calcium, qui souille les cristaux.

On le dissout dans l'eau bouillante; on ajoute à la liqueur, jusqu'à cessation de précipitation, une solution de carbonate de potasse qui sépare la chaux, le fer et d'autres impuretés; enfin on filtre et on fait cristalliser comme il a été dit (§ 818).

J. — Carbonate de potasse.

$$\textit{Équiv.}: CKO^3 \text{ ou } CO^2,KO = 69.$$

$$\textit{P. mol.}: C^2K^2O^6 \text{ ou } C^2O^4,2KO = 138 = CO^3K^2.$$

820. *Synonymes* : Sel de tartre, alcali végétal fixe. — *Composé* solide, incolore, à saveur et à réaction alcalines, de densité 2,267, fusible vers 1200°, légèrement volatil au rouge blanc. — *Cristallise* principalement en tables rhomboïdales, de formule $C^2O^4,2KO+4HO$ ou $CO^3K^2+2H^2O$. — *Déliquescent;* forme à l'air humide une solution sirupeuse, l'*huile de tartre par défaillance*. — *Très soluble* dans l'eau : 89,4 parties dans 100 parties d'eau à 0°; 112 parties à 20°; 167 parties à 100°; 205,1 parties à 135°.

PRÉPARATION.

821. PAR LE TARTRATE ACIDE DE POTASSE. — On introduit du tartrate acide de potasse ou crème de tartre dans un creuset couvert, que l'on chauffe ensuite au fourneau à réverbère. Le sel à acide organique se détruit en donnant des produits volatils qui s'échappent, ainsi qu'un mélange de charbon et de carbonate de potasse qui reste dans le creuset. Tout dégagement de vapeur ayant cessé et la masse entière ayant été portée au rouge pendant quelques minutes, on laisse refroidir. On reprend par l'eau le contenu du creuset : le carbonate de potasse se dissout. On filtre. Le charbon reste sur le filtre, et on obtient une liqueur qui est incolore si la décomposition de la matière organique a été complète. On lave le charbon à l'eau, puis les liqueurs de

lavage ayant été réunies à la solution saline, on évapore le tout jusqu'à siccité dans une capsule de porcelaine, en ayant soin de ne pas dépasser 150°, afin d'éviter l'attaque trop prononcée des silicates de la capsule. Le produit, refroidi à l'abri de l'air, est du carbonate de potasse sec; on le conserve dans des flacons bien bouchés. Il est préférable de pratiquer l'évaporation dans une capsule d'argent.

822. Pour avoir le carbonate de potasse cristallisé, on évapore la solution jusqu'à ce qu'il se forme une pellicule à la surface, ou plus exactement jusqu'à ce que sa densité soit 1,6; on couvre la capsule et on l'abandonne au refroidissement. Les cristaux qui se déposent sont plus beaux quand la liqueur contient une petite quantité d'alcali libre. On les égoutte, on les sèche, en les maintenant pendant quelque temps dans l'atmosphère d'une cloche desséchée par l'acide sulfurique.

Les eaux mères retiennent une grande partie des impuretés de la crème de tartre.

La crème de tartre est, en effet, un sel qu'il est difficile d'obtenir pur, à cause de sa très faible solubilité, même à chaud; aussi est-il avantageux de la remplacer, dans la préparation du carbonate de potasse, par d'autres sels de potassium à acide organique, l'oxalate principalement, qui se purifient aisément par des cristallisations successives.

823. PAR LE TARTRATE ACIDE DE POTASSE ET L'AZOTATE DE POTASSE. — Au lieu de décomposer par la chaleur l'acide tartrique de la crème de tartre, on peut brûler cet acide organique au moyen d'un sel de potasse dont l'acide, en se décomposant, fournit à la combustion une quantité d'oxygène suffisante, au moyen de l'azotate de potasse par exemple; on obtient ainsi, à l'état de carbonate, le potassium des deux sels.

On mélange intimement 2 parties de crème de tartre finement pulvérisée, avec 1 partie de salpêtre en poudre; on projette ce mélange, par petites portions, dans une marmite de fonte, bien décapée et chauffée au rouge sombre. Une déflagration se produit. L'azote se dégage, soit à l'état d'azote libre, soit à l'état de composé oxygéné. On n'ajoute une nouvelle quantité de sels réagissants qu'après que l'action vive, produite par la précédente, est calmée. On chauffe ensuite plus fortement, afin d'achever la réaction. Celle-ci est terminée lorsqu'une prise d'essai donne avec l'eau une solution incolore après filtration. On laisse refroidir, puis on reprend par l'eau, et on termine l'opération comme il a été dit plus haut (§ 821 et § 822).

824. Le mélange calciné, tel qu'on l'obtient dans la préparation précédente, est noir. Il est employé parfois dans les laboratoires comme fondant et réducteur, et désigné sous le nom de *flux noir*. Ses propriétés réductrices doivent être attribuées au charbon divisé qu'il contient. La présence de ce charbon est due à ce que la proportion d'azotate de potasse employée est faible.

En opérant de même avec une plus forte quantité d'azotate de potasse, on arrive à brûler tout le charbon, mais le mélange retient alors un excès d'azotate qui ne permet pas de l'employer pour la préparation du carbonate. La masse incolore, obtenue par déflagration de 1 partie de crème de tartre avec

2 parties d'azotate de potasse, est le *flux blanc*, qu'on emploie comme fondant, mais qui n'exerce pas d'action réductrice. On remplace souvent le flux blanc par un mélange de 13 parties de carbonate de potasse avec 10 parties de carbonate de soude, lequel possède une fusibilité plus grande que celle des deux carbonates isolés. Le même fondant peut être encore obtenu par déflagration de 20 parties de crème de tartre avec 9 parties d'azotate de soude.

825. Par le bicarbonate de potasse. — La solubilité relativement faible du bicarbonate de potasse permet d'obtenir ce sel en cristaux assez purs. Il suffit de le chauffer un peu au-dessus de 100°, dans une capsule de porcelaine ou d'argent, pour qu'il perde la moitié de l'acide carbonique qu'il renferme, et se change en carbonate de potasse ordinaire.

826. Essai. — Le carbonate de potasse pur, destiné à l'analyse, doit satisfaire à tous les essais indiqués pour l'hydrate de potasse, sauf à celui dont le but est de rechercher l'acide carbonique (§ 796).

K. — Sulfocarbonate de potasse.

Équiv. : $\overline{C}KS^3$ ou $CS^2,KS = 93$.
P. mol. $= C^2K^2S^6$ ou $C^2S^4,2KS = 186 = \overline{C}K^2S^3$.

827. Préparation par le monosulfure de potassium et le sulfure de carbone. — On met dans un flacon bouché, assez résistant, une solution concentrée de sulfure de potassium et du sulfure de carbone; ce dernier doit être ajouté dans la proportion de 8 parties pour 11 parties de sulfure alcalin. On agite vivement, et l'on plonge le flacon fermé dans de l'eau tiède (50°). Sous l'influence de la chaleur et de l'agitation, du sulfure de carbone se dissout. On laisse déposer, et on décante la liqueur aqueuse de l'excès de sulfure de carbone. Le sulfure alcalin est alors changé en sulfocarbonate alcalin (Dumas) :

$$C^2S^4 \quad + \quad K^2S^2 \quad = \quad C^2K^2S^6;$$

Sulfure de carbone.	Sulfure de potassium.	Sulfocarbonate de potasse.

$$\overline{C}S^2 \quad + \quad K^2S \quad = \quad \overline{C}K^2S^3.$$

La solution de sulfocarbonate précipite en rouge l'acétate de plomb, en brun le sulfate de cuivre, en jaune sale le bichlorure de mercure et le nitrate d'argent. Elle donne, avec le chlorure de baryum, un précipité cristallin de sulfocarbonate de baryte. Distillée avec de l'acide acétique et de l'acétate de plomb, elle donne un résidu noir de sulfure de plomb, ainsi que du sulfure de carbone que l'on condense dans un récipient bien refroidi.

2.

SODIUM.

Équiv. : $Na = 23 = Na = P.\,atom.$

A. — Hydrate de soude.

Équiv. : $NaHO^2$ ou $NaO,HO = 40 = Na\Theta H = P.\,mol.$

828. *Synonymes* : Hydrate d'oxyde de sodium, soude caustique. — *Composé incolore*, opaque, à cassure fibreuse, caustique, déliquescent, doué de propriétés alcalines extrêmement prononcées. — *Densité* : 2,13. — *Fusible* au rouge. — *Volatil* au

rouge blanc (moins volatil que la potasse). — *Soluble* avec dégagement de chaleur dans les 2/3 de son poids d'eau froide. — Forme à basse température un *hydrate* $NaHO^2 + 7HO$ ou $2(Na\Theta H) + 7H^2\Theta$, cristallisable en tables dérivées d'un prisme rhomboïdal oblique, et fusible à 6° en une liqueur de densité 1,405.

PRÉPARATION.

829. Soude a la chaux. — On traite 150 grammes (3 parties) de carbonate de soude cristallisé, dissous dans 750 centimètres cubes d'eau (15 parties), par un lait de chaux préparé avec 50 grammes de chaux vive (1 partie) et 150 centimètres cubes d'eau (3 parties). On opère à chaud, exactement comme il a été dit pour la préparation de la potasse (voy. § 792). Les diverses circonstances de l'opération sont identiques. La soude hydratée fondue se coule en plaques et se conserve comme la potasse caustique.

On peut également l'employer sous forme de solutions aqueuses. Une solution de ce genre, marquant 1,332 au densimètre (36° Baumé), constitue la *lessive des savonniers*.

La soude à la chaux est d'ordinaire plus pure que la potasse à la chaux, le carbonate de soude pouvant être purifié par cristallisation plus facilement que le carbonate de potasse. Toutefois, même en employant pour la préparer du carbonate de soude pur, la soude à la chaux contient toujours les impuretés apportées par la chaux elle-même.

830. Densité des dissolutions de soude caustique. — Le tableau suivant (H. Schiff et Gerlach) indique les densités que présentent à 15° les dissolutions aqueuses contenant un poids donné, soit de soude hydratée, soit de soude anhydre.

POIDS DE SOUDE contenu dans 100 parties.	DENSITÉ de la dissolution contenant le poids indiqué ci-contre		POIDS DE SOUDE contenu dans 100 parties.	DENSITÉ de la dissolution contenant le poids indiqué ci-contre		POIDS DE SOUDE contenu dans 100 parties.	DENSITÉ de la dissolution contenant le poids indiqué ci-contre	
	de NaO ou $Na^2\Theta$.	de NaO,HO ou $Na\Theta H$.		de NaO ou $Na^2\Theta$.	de NaO,HO ou $Na\Theta H$.		de NaO ou $Na^2\Theta$.	de NaO,HO ou $Na\Theta H$.
1	1,015	1,012	21	1,300	1,236	41	1,570	1,447
2	1,020	1,023	22	1,315	1,247	42	1,583	1,456
3	1,043	1,035	23	1,329	1,258	43	1,597	1,468
4	1,058	1,046	24	1,341	1,269	44	1,610	1,478
5	1,074	1,059	25	1,355	1,279	45	1,623	1,488
6	1,089	1,070	26	1,369	1,290	46	1,637	1,499
7	1,104	1,081	27	1,381	1,300	47	1,650	1,508
8	1,119	1,092	28	1,395	1,310	48	1,663	1,519
9	1,132	1,103	29	1,410	1,321	49	1,678	1,529
10	1,145	1,115	30	1,422	1,332	50	1,690	1,540
11	1,160	1,126	31	1,438	1,343	51	1,705	1,550
12	1,175	1,137	32	1,450	1,351	52	1,719	1,560
13	1,190	1,148	33	1,462	1,363	53	1,730	1,570
14	1,203	1,159	34	1,475	1,374	54	1,745	1,580
15	1,219	1,170	35	1,488	1,384	55	1,760	1,591
16	1,233	1,181	36	1,500	1,395	56	1,770	1,601
17	1,245	1,192	37	1,515	1,405	57	1,785	1,611
18	1,258	1,202	38	1,530	1,415	58	1,800	1,622
19	1,270	1,213	39	1,543	1,426	59	1,815	1,633
20	1,280	1,225	40	1,558	1,437	60	1,830	1,643

831. Soude a l'alcool. — La purification de la soude par dissolution dans l'alcool et évaporation, se pratique exactement comme celle de la potasse (§ 794). Le produit ainsi obtenu donne lieu, quant à son degré de pureté, à des observations identiques à celles qui ont été faites pour la potasse à l'alcool.

832. Soude pure. — La décomposition du sulfate de soude pur par l'hydrate de baryte, opérée comme il a été dit pour la préparation de la potasse pure (§ 795), fournit de la soude pure. Toutefois, les quantités de sulfate de soude cristallisé et d'hydrate de baryte cristallisé, qui donnent lieu à la réaction, sont sensiblement égales entre elles.

833. Essai de la soude pure. — La soude pure doit satisfaire aux essais indiqués pour la potasse (§ 796).

B. — Monosulfure de sodium.

Équiv. : NaS = 39.   *P. mol.* : $Na^2S^2 = 78 = Na^2S$.

834. *Synonymes* : Sulfhydrate de soude, protosulfure de sodium. — *Sel* cristallisant d'ordinaire à l'état hydraté, NaS + 9HO ou $Na^2S + 9H^2O$, sous des formes dérivées d'un prisme rhomboïdal droit. — *Densité* : 2,491.

I. — PRÉPARATION.

835. Par le sulfate de soude et le charbon. — Le sulfate de soude est réduit au rouge par le charbon, en formant du monosulfure de sodium et en dégageant un mélange d'anhydride carbonique et d'oxyde de carbone :

$$S^2O^6,2NaO \quad + \quad 4C \quad = \quad Na^2S^2 \quad + \quad 2C^2O^4;$$

Sulfate de soude.   Charbon.   Sulfure de sodium.   Anhydride carbonique.

$$SO^4Na^2 \quad + \quad 2C \quad = \quad Na^2S \quad + \quad CO^2.$$

$$S^2O^6,2NaO \quad + \quad 8C \quad = \quad Na^2S^2 \quad + \quad 4C^2O^2;$$

Oxyde de carbone.

$$SO^4Na^2 \quad + \quad 4C \quad = \quad Na^2S \quad + \quad 4CO.$$

On dessèche le sulfate de soude cristallisé, en le chauffant au-dessus de 100° dans une capsule de porcelaine et en l'agitant. Lorsqu'il cesse d'émettre de la vapeur d'eau, on pèse 60 grammes de sel sec, lesquels proviennent de la dessiccation de 136 grammes environ de sel hydraté, on les pulvérise et on les mélange intimement avec 70 grammes de charbon pulvérisé. On introduit le tout dans une cornue de grès, dont le col est muni d'un tube à dégagement fixé au moyen d'un bouchon percé. On dispose la cornue dans un fourneau à réverbère, en faisant plonger l'extrémité du tube à dégagement dans un vase plein d'eau. On chauffe au rouge tant qu'il se produit des gaz. Lorsque le dégagement gazeux a cessé, on enlève le bouchon percé qui fixe le tube dans le col de la cornue et on le remplace rapidement par un bouchon plein. On laisse alors la cornue se refroidir à l'abri de toute rentrée d'air, au contact duquel son contenu s'oxyderait à chaud avec ignition. Le refroidissement étant complet, on brise la cornue, on recueille le produit, on l'épuise par l'eau chaude, en ayant soin d'employer le moins possible de liquide et d'opérer sans exposer trop largement les liqueurs à l'action de l'air. La solution primitive et les eaux de lavage du charbon étant réunies, on les évapore rapidement dans un matras, de manière que la vapeur émise en abondance empêche les rentrées d'air dans l'appareil. La liqueur concentrée abandonne par le refroidissement des cristaux volumineux de sel hydraté (§ 834). On égoutte ces derniers à l'abri de l'air, en renversant le matras au-dessus d'un vase dont il ferme l'orifice, puis on conserve les cristaux dans un flacon bien clos.

Quand on opère ainsi, la solution est toujours colorée en jaune par un peu de polysulfure de sodium; celui-ci reste pour la plus grande partie dans les eaux mères.

La quantité de charbon indiquée ci-dessus est beaucoup plus considérable que celle qui correspond à la théorie. Cet excès de charbon a pour but de solidifier la masse et d'empêcher le sulfure de sodium fondu de se mettre en contact avec les parois de la cornue. Ce sel attaque, en effet, très rapidement les silicates qui forment cette cornue, en produisant du silicate de soude fusible.

Les solutions de monosulfure de sodium corrodent énergiquement la peau qu'elles dissolvent. Elles dissolvent également la substance de la laine et percent ainsi les vêtements.

836. Par l'hydrate de soude et l'hydrogène sulfuré. — On opère avec la lessive de soude caustique, de densité 1,453 (45° Baumé), laquelle contient environ 42 centièmes de son poids d'hydrate de soude. On prend 10 volumes de cette lessive, on les étend de 20 volumes d'eau et on introduit le tout dans un flacon. Au moyen d'un tube plongeant jusqu'au fond de ce dernier, on dirige ensuite dans la liqueur un courant d'hydrogène sulfuré, aussi longtemps que ce gaz se trouve absorbé, c'est-à-dire aussi longtemps que le vide se fait dans le flacon débarrassé du tube, bouché et agité. Il se forme ainsi du sulfhydrate de sulfure de sodium et de l'eau :

$$NaO,HO \quad + \quad H^2S^2 \quad = \quad NaS,HS \quad + \quad H^2O^2 ;$$

Hydrate de soude.	Hydrogène sulfuré.	Sulfhydrate de sulfure de sodium.	Eau.

$$NaOH \quad + \quad H^2S \quad = \quad NaSH \quad + \quad H^2O.$$

La liqueur retient en outre en dissolution un excès notable d'hydrogène sulfuré. On mélange à cette liqueur 11 volumes de lessive de soude de même densité 1,453. Le sulfhydrate de sulfure réagit sur l'hydrate alcalin pour donner du monosulfure :

$$NaO,HO \quad + \quad NaS,HS \quad = \quad Na^2S^2 \quad + \quad H^2O^2 ;$$

Hydrate de soude.	Sulfhydrate de sulfure de sodium.	Sulfure de sodium.	Eau.

$$NaOH \quad + \quad NaSH \quad = \quad Na^2S \quad + \quad H^2O.$$

D'après la formule précédente, les quantités de soude qui réagissent ainsi l'une à l'état de liberté, l'autre après avoir été transformée en sulfhydrate de sulfure, devraient être égales. En pratique, il vaut mieux, comme on l'a prescrit plus haut, faire intervenir la soude libre en quantité un peu supérieure, afin d'absorber l'hydrogène sulfuré dont un excès notable se trouve retenu par la dissolution de sulfhydrate de sulfure, lorsque la saturation a été régulièrement pratiquée (Damoiseau).

Le mélange étant opéré, on l'abandonne à lui-même et il ne tarde pas à se solidifier, en grande partie par cristallisation du sel hydraté $NaS + 9HO$ ou $Na^2S + 9H^2O$.

Quand on mesure inexactement les volumes ci-dessus indiqués, ou quand la saturation du sulfhydrate de sulfure n'a pas été complété, il arrive que le mélange refroidi ne cristallise pas, soit qu'il renferme trop peu de monosulfure, soit qu'il forme une dissolution sursaturée. Dans ce dernier cas, on provoque la cristallisation en touchant la liqueur avec un cristal de monosulfure.

Lorsqu'on fait passer lentement du gaz sulfhydrique dans une solution concentrée de soude, il se dépose bientôt des cristaux de monosulfure de sodium moins hydratés que les précédents et de formule $NaS + 6HO$ ou $Na^2S + 6H^2O$. Ces cristaux sont fort peu solubles dans la lessive de soude qui les baigne. Si cependant on insiste sur l'action de l'hydrogène sulfuré, ces cristaux se changent peu à peu, à mesure que la soude caustique disparaît, en hydrate cristallisé ordinaire, lequel se trouve souillé de soude, ou de sulfhydrate de sulfure, suivant la phase de l'opération dans laquelle on le recueille. Finalement, en continuant toujours le courant de gaz, les seconds cristaux se dissolvent comme les premiers, le monosulfure passant à l'état de sulfhydrate de sulfure. Ce mode opératoire est dès lors défectueux.

II. — PROPRIÉTÉS.

837. ACTION DE L'HYDROGÈNE SULFURÉ. — Le monosulfure de sodium en solution dans l'eau absorbe l'hydrogène sulfuré, et se change en sulfhydrate de sulfure de sodium, ainsi qu'il vient d'être dit (§ 836).

838. ACTION DE L'ANHYDRIDE CARBONIQUE. — On place dans un vase cylindrique allongé, tel qu'une éprouvette à pied, une solution de monosulfure de sodium, et au moyen d'un tube vertical plongeant jusqu'au fond de l'éprouvette, on dirige dans la liqueur un courant de gaz carbonique; celui-ci décompose peu à peu le sulfure; il forme du carbonate de soude, puis du bicarbonate de soude peu soluble, en dégageant l'hydrogène sulfuré dont on reconnaît la présence dans les gaz qui s'échappent de l'éprouvette : ces gaz noircissent, en effet, le papier imprégné d'acétate de plomb.

Si, d'autre part, on dirige de même de l'hydrogène sulfuré dans une dissolution concentrée et froide de carbonate de soude, la liqueur s'échauffe, et il se précipite du bicarbonate de soude; en même temps, il se fait du sulfhydrate de sulfure alcalin. Cette action étant inverse de la précédente, les deux phénomènes se limitent et restent tous deux incomplets.

839. **Action sur les sels métalliques.** — Le monosulfure de sodium précipite les sels des métaux proprement dits, en formant des composés de couleurs souvent caractéristiques (voy. *Détermination de la base d'un sel*). Dans les sels qui ne fournissent pas un excès d'acide, cette réaction s'effectue sans dégagement gazeux, autrement dit sans effervescence ; ce fait distingue le monosulfure du sulfhydrate de sulfure (§ 842). Le sulfate et le chlorure de manganèse se prêtent bien à l'expérience.

840. **Action de l'oxygène.** — Dans une solution de monosulfure de sodium, incolore et chauffée vers 80°, on fait passer un courant d'air au moyen d'un tube plongeant dans le liquide. Le sulfure s'oxyde rapidement, la liqueur se charge de polysulfure et se colore en jaune de plus en plus foncé :

$$2Na^2S^2 \quad + \quad 2O \quad + \quad H^2O^2 \quad = \quad 2NaS^2 \quad + \quad 2NaO,HO ;$$

Monosulfure de sodium.	Oxygène.	Eau.	Bisulfure de sodium.	Hydrate de potasse.

$$2Na^2S \quad + \quad O \quad + \quad H^2O \quad = \quad 2NaS \quad + \quad 2NaOH.$$

La présence du polysulfure est rendue manifeste quand on ajoute de l'acide sulfurique dilué à une portion de la liqueur : il se dégage de l'hydrogène sulfuré et du soufre se dépose :

$$2NaS^2 \quad + \quad S^2O^6,2HO \quad = \quad S^2O^6,2NaO \quad + \quad H^2S^2 \quad + \quad S^2 ;$$

Bisulfure de sodium.	Acide sulfurique.	Sulfate de soude.	Hydrogène sulfuré.	Soufre.

$$2NaS \quad + \quad SO^4H^2 \quad = \quad SO^4Na^2 \quad + \quad H^2S \quad + \quad S.$$

Avec le monosulfure primitif il y a dégagement d'hydrogène sulfuré, mais non dépôt de soufre :

$$Na^2S^2 \quad + \quad S^2O^6,2HO \quad = \quad S^2O^6,2NaO \quad + \quad H^2S^2 ;$$

Monosulfure de sodium.	Acide sulfurique.	Sulfate de soude.	Hydrogène sulfuré.

$$Na^2S \quad + \quad SO^4H^2 \quad = \quad SO^4Na^2 \quad + \quad H^2S.$$

Si l'on pousse plus loin l'oxydation par l'air, la coloration, après avoir atteint un maximum, diminue et même disparaît, le polysulfure étant changé en hyposulfite :

$$NaS^2 \quad + \quad 3O \quad = \quad S^2O^2,NaO ;$$

Bisulfure de sodium.	Oxygène.	Hyposulfite de soude.

$$2NaS \quad + \quad 3O \quad = \quad S^2O^3Na^2.$$

Ce dernier est caractérisé par ce fait que sous l'action de l'acide chlorhydrique dilué et chaud, il fournit de l'anhydride sulfureux et un dépôt de soufre :

$$2(S^2O^2,NaO) \quad + \quad 2HCl \quad = \quad 2NaCl \quad + \quad S^2O^4 \quad + \quad S^2 \quad + \quad H^2O^2 ;$$

Hyposulfite de soude.	Acide chlorhydrique.	Chlorure de sodium.	Gaz sulfureux.	Soufre.	Eau.

$$S^2O^3Na^2 \quad + \quad 2HCl \quad = \quad 2NaCl \quad + \quad SO^2 \quad + \quad S \quad + \quad H^2O.$$

C. — Sulfhydrate de sulfure de sodium.

Équiv. : $NaHS^2$ ou $NaS,HS = 56 = NaSH = P.\ mol.$

841. PRÉPARATION PAR LA SOUDE CAUSTIQUE ET L'HYDROGÈNE SULFURÉ.
— Pour obtenir ce composé, qui n'est connu qu'à l'état de dissolution, on fait passer jusqu'à refus de l'hydrogène sulfuré dans une solution refroidie de soude caustique, ainsi que cela a été indiqué pour la première partie de la préparation du monosulfure de sodium (§ 836).

842. ACTION DES SELS MÉTALLIQUES. — Les réactions des sulfhydrates de sulfures sur les sels des métaux proprement dits, diffèrent de celles des sulfures (§ 839). Le fait le plus caractéristique est fourni par les sels de certains métaux tels que le manganèse et le cuivre : même en liqueurs neutres, la production de sulfure métallique est accompagnée d'un dégagement d'hydrogène sulfuré :

$2(NaS,HS)$	$+$	$2MnCl$	$=$	$2NaCl$	$+$	$2MnS$	$+$	$H^2S^2,$
Sulfhydrate de sulfure de sodium.		Chlorure de manganèse.		Chlorure de sodium.		Sulfure de manganèse.		Hydrogène sulfuré.

$$2NaSH \quad + \quad MnCl^2 \quad = \quad 2NaCl \quad + \quad MnS \quad + \quad H^2S;$$

ce qui n'a pas lieu avec les monosulfures :

Na^2S^2	$+$	$2MnCl$	$=$	$2NaCl$	$+$	$2MnS,$
Monosulfure de sodium.		Chlorure de manganèse.		Chlorure de sodium.		Sulfure de manganèse.

$$Na^2S \quad + \quad MnCl^2 \quad = \quad 2NaCl \quad + \quad MnS.$$

D. — Hypochlorite de soude.

Équiv. : $NaClO^2$ ou $ClO,NaO = 74,5 = Na\theta Cl = P.\ mol.$

I. — PRÉPARATION.

843. PAR LE CHLORE ET LA SOUDE CAUSTIQUE. — Les hypochlorites purs s'obtiennent en combinant directement l'acide hypochloreux pur avec les alcalis. Ils présentent, au point de vue pratique, un intérêt moindre que les mélanges d'hypochlorite et de chlorure que fournissent les méthodes suivantes.

On prépare une solution aqueuse à 5 ou 6 p. 100 d'hydrate de soude ; on la place dans un vase de forme élevée, une éprouvette à pied par exemple, et on y fait passer lentement du chlore gazeux que l'on conduit jusqu'au fond au moyen d'un tube. Le chlore agit sur l'hydrate alcalin, et engendre un mélange d'hypochlorite et de chlorure :

$2(NaO,HO)$	$+$	$2Cl$	$=$	ClO,NaO	$+$	$NaCl$	$+$	$H^2O^2;$
Hydrate de soude.		Chlore.		Hypochlorite de soude.		Chlorure de sodium.		Eau.

$$Na\theta H \quad + \quad 2Cl \quad = \quad NaClO \quad + \quad NaCl \quad + \quad H^2O.$$

La chaleur ayant la propriété de détruire l'hypochlorite et de le transformer en chlorure et en chlorate,

$$3(ClO,NaO) \quad = \quad ClO^5,NaO \quad + \quad 2NaCl,$$

Hypochlorite de soude.	Chlorate de soude.	Chlorure de sodium.

$$3ClONa \quad = \quad ClO^3Na \quad + \quad 2NaCl,$$

il est indispensable de refroidir le liquide en plongeant dans l'eau froide le vase qui le renferme.

Il ne faut pas faire passer une quantité de chlore suffisante pour réagir sur la totalité de la soude, un excès de chlore provoquant la destruction rapide du produit, avec formation de chlorate et même avec dégagement d'oxygène. On doit donc toujours laisser un petit excès de soude libre dans le mélange; on retarde ainsi la décomposition de l'hypochlorite.

L'eau de Javel ordinaire du commerce, qui est aujourd'hui une solution d'hypochlorite de soude et non plus de potasse, comme autrefois, marque 1,058 au dénsimètre (8° Baumé). On l'obtient avec du carbonate de soude, et non avec de la soude caustique. La réaction est la même, le gaz carbonique se dégageant lors de l'action du chlore. Elle contient toujours un peu de bicarbonate de soude.

En faisant usage de lessive de soude bien caustique et plus concentrée que celle employée plus haut, on obtient l'*eau de Javel concentrée*, dont la préparation ne présente rien de particulier, si ce n'est qu'il est nécessaire de refroidir très soigneusement les liqueurs pendant l'action du chlore.

L'eau de Javel ordinaire et l'eau de Javel concentrée s'obtiennent également par la méthode indiquée au paragraphe suivant.

844. Par l'hypochlorite de chaux et le carbonate de soude. — Cette préparation est celle de la *liqueur de Labarraque*. On délaye 50 grammes de chlorure de chaux dans 1,500 grammes d'eau; pour cela, on triture le chlorure dans un mortier de porcelaine avec un peu d'eau, de manière à former une bouillie épaisse et homogène; on ajoute successivement de nouvelles quantités d'eau, en maintenant par la trituration l'homogénéité du mélange. Une bouillie très claire étant obtenue, on la laisse déposer, on décante le liquide dans un vase de 3 litres environ, et on délaye le résidu dans une nouvelle quantité d'eau que l'on décante ensuite. Après un troisième lavage semblable, on réunit les liqueurs. D'autre part, on fait une solution de 100 grammes de carbonate de soude cristallisé dans 750 grammes d'eau, et on ajoute cette liqueur à la première. On agite. Les sels de chaux donnent lieu, avec le carbonate de soude, à des doubles décompositions; il se précipite du carbonate de chaux, et la liqueur retient en dissolution un mélange d'hypochlorite de soude et de chlorure de sodium :

$$ClO,CaO \; + \; CaCl \; + \; C^2O^4,2NaO \; = \; ClO,NaO \; + \; NaCl \; + \; C^2O^4,2CaO;$$

Hypochlorite de chaux.	Chlorure de calcium.	Carbonate de soude.	Hypochlorite de soude.	Chlorure de sodium.	Carbonate de chaux.

$$(ClO)^2Ca \; + \; CaCl^2 \; + \; 2CO^3Na^2 \; = \; 2NaO^2Cl \; + \; 2NaCl \; + \; 2CO^3Ca.$$

On filtre. En variant la proportion d'eau, on obtient de l'hypochlorite plus ou moins concentré.

II. — PROPRIÉTÉS.

845. On peut, avec les solutions d'hypochlorite impur, réaliser les expériences relatives à la décoloration des couleurs organiques et à la destruction de l'hydrogène sulfuré, qui ont été indiquées à propos du chlore (§ 669). Ces dissolutions sont, en effet, caractérisées par la facilité avec laquelle elles fournissent du chlore sous l'influence des acides, même les plus faibles :

$$ClO,NaO \;+\; NaCl \;+\; S^2O^6,2HO \;=\; S^2O^6,2NaO \;+\; Cl^2 \;+\; H^2O^2;$$

Hypochlorite   Chlorure   Acide   Sulfate   Chlore.   Eau.
de soude.   de sodium.   sulfurique.   de soude.

$$Na\Theta Cl \;+\; NaCl \;+\; S\Theta^4H^2 \;=\; S\Theta^4Na^2 \;+\; Cl^2 \;+\; H^2\Theta.$$

L'eau de Javel ordinaire (§ 843) fournit ainsi environ deux fois son volume de chlore.

E. — Azotite de soude.

Équiv. : AzNaO⁴ ou $AzO^3,NaO = 69 = Az\Theta^2Na = P. mol.$

846. *Sel incolore*, déliquescent, cristallisé en beaux rhomboèdres transparents. — *Solubilité* considérable dans l'eau, presque nulle dans l'alcool froid.

847. PRÉPARATION PAR L'AZOTATE DE SOUDE ET LE PLOMB. — On introduit 50 grammes d'azotate de soude et 60 grammes de plomb métallique dans un creuset, que l'on chauffe ensuite jusqu'à provoquer la fusion des deux corps. Le plomb s'oxyde alors aux dépens de l'azotate qu'il réduit à l'état d'azotite (Hampe) :

$$AzO^5,NaO \;+\; 2Pb \;=\; AzO^3,NaO \;+\; 2PbO;$$

Azotate de   Plomb.   Azotite de   Oxyde de
soude.   soude.   plomb.

$$Az\Theta^3Na \;+\; Pb \;=\; Az\Theta^2Na \;+\; Pb\Theta.$$

On maintient quelque temps les deux corps fondus en contact, en agitant fréquemment mais en évitant de chauffer trop fortement. On laisse refroidir. La masse saline est reprise par l'eau et la liqueur décantée est soumise, jusqu'à refus, à l'action d'un courant de gaz carbonique. La soude libre, mise en liberté par l'action de l'oxyde de plomb sur le sel de soude, se change en carbonate; quant au plomb, il reste au fond du vase. On filtre, on évapore jusqu'à pellicule. Par refroidissement, de l'azotate de soude non décomposé se sépare. On décante l'eau mère, on l'évapore à siccité au bain-marie, on pulvérise le résidu et on le traite par l'alcool concentré et bouillant. Après avoir laissé déposer la liqueur alcoolique chaude, on la décante, et on la distille au bain-marie dans un appareil composé d'un ballon et d'un réfrigérant de Liebig (fig. 120, § 224). Le résidu constitue, après dessiccation à l'air à 100°, une masse blanche d'azotite de soude.

848. PRÉPARATION PAR L'AZOTATE DE SOUDE ET LE SULFITE DE SOUDE. — Dans la réaction à haute température du sulfite de soude sur l'azotate de soude, le sulfite réduit l'azotate en passant à l'état de sulfate :

$$AzO^5,NaO \quad + \quad S^2O^4,2NaO \quad = \quad AzO^3,NaO \quad + \quad S^2O^6,2NaO;$$

Azotate de soude. — Sulfite de soude. — Azotite de soude. — Sulfate de soude.

$$Az\theta^3Na \quad + \quad S\theta^3Na^2 \quad = \quad Az\theta^2Na \quad + \quad S\theta^4Na^2.$$

Cette réaction peut être utilisée pour produire l'azotite de soude (M. Etard).

On commence par dessécher à chaud le sulfite de soude, en évitant de le chauffer au delà de 130°, ce qui provoquerait sa décomposition en sulfure et sulfate, et en opérant rapidement pour l'exposer le moins possible à l'oxydation par l'air. On mélange 34 grammes d'azotite de soude sec avec 50 grammes de sulfite de soude sec, on introduit la masse dans un creuset et on chauffe jusqu'à fusion tranquille. On coule alors le contenu du creuset sur une plaque de fonte. Après refroidissement, on pulvérise le produit et on l'épuise par 125 grammes d'alcool fort, dans un appareil à déplacement (§ 283) chauffé au bain-marie, en arrêtant l'opération aussitôt que l'alcool qui retombe dans le ballon n'est plus chargé d'azotite. On distille enfin le contenu du ballon (§ 224) pour séparer l'alcool. Le résidu est formé à peu près exclusivement par l'azotite de soude; ce sel est, en effet, très soluble dans l'alcool bouillant, qui ne dissout pas sensiblement le sulfate de soude.

F. — Carbonate de soude.

Équir. : $CNaO^3$ ou $CO^2,NaO = 106$.

P. mol. : $C^2Na^2O^6$ ou $C^2O^4,2NaO = 212 = C\theta^3Na^2$.

849. Sel anhydre. — Amorphe, incolore. — *Densité* : 2,509. — *Fusible* au rouge sombre. — Se combine à l'eau avec élévation de température.

Sel a 10 molécules d'eau : $C^2O^4,2NaO + 10H^2O^2$ ou $C\theta^3Na^2 + 10H^2\theta$. — C'est le sel ordinaire. — *Synonyme* : Cristaux de soude. — *Prismes rhomboïdaux obliques*, incolores, efflorescents à la température ordinaire en donnant un sel à 5 molécules d'eau. — *Densité* : 1,463. — *Fusible* à 34°,5 dans son eau de cristallisation. — *Soluble* dans l'eau avec abaissement de température; maximum de solubilité à la température de fusion des cristaux; 100 parties d'eau dissolvent 21,33 parties de sel cristallisé à 0°; 63,20 parties à 15°; 273,64 parties à 30°; 1142,19 parties à 38°; 539,63 parties à 104°,6, température d'ébullition de la solution.

Sel a 7 molécules d'eau : $C^2O^4,2NaO + 7H^2O^2$ ou $C\theta^3Na^2 + 7H^2\theta$. — Tables dérivées *d'un prisme rhomboïdal droit*, qui se déposent parfois, entre 23° et 30°, dans les solutions concentrées. — *Efflorescent* dans l'air sec, en laissant un sel à 1 molécule d'eau. — *Densité* : 1,51.

PRÉPARATION.

850. Par le chlorure de sodium et le bicarbonate d'ammoniaque. — On mélange 50 grammes d'ammoniaque concentrée (53 centimètres cubes) avec 50 grammes d'eau froide, et on fait passer dans la dissolution un courant de gaz carbonique. Le courant gazeux est d'abord conduit lentement, de façon à réaliser l'absorption complète du gaz, afin d'éviter l'entraînement de l'ammoniaque. Lorsque l'absorption se fait plus difficilement, on tiédit le mélange en le chauffant à 40° ou 42°, mais sans dépasser cette température, et on continue l'action de l'acide carbonique jusqu'à ce qu'il cesse d'être absorbé. On a ainsi une solution *saturée* de bicarbonate d'ammoniaque,

$$C^2O^4,AzH^4O,HO \text{ ou } \Theta\Theta^3H(AzH^4),$$

qui par refroidissement laisserait cristalliser ce sel en cristaux brillants et réfringents; on l'emploie tiède avant qu'elle ait déposé le sel.

D'autre part, on a préparé une liqueur saturée de chlorure de sodium, en agitant 45 ou 50 parties de ce sel avec 100 parties d'eau, et en prolongeant le contact ainsi que l'agitation tant que le liquide change de densité et de réfringence au voisinage des cristaux restants.

Si on mélange les deux liqueurs précédentes à volumes égaux dans un matras, et si l'on agite, il se forme bientôt, par double décomposition, en même temps que du chlorhydrate d'ammoniaque qui reste dissous, un précipité de bicarbonate de soude :

$$\text{NaCl} \quad + \quad C^2O^4,AzH^4O,HO \quad = \quad C^2O^4,NaO,HO \quad + \quad AzH^4Cl;$$

Chlorure de sodium.	Bicarbonate d'ammoniaque.	Bicarbonate de soude.	Chlorhydrate d'ammoniaque.

$$NaCl \quad + \quad \Theta\Theta^3H(AzH^4) \quad = \quad \dot{\Theta}\Theta^3HNa \quad + \quad AzH^4Cl.$$

Le précipité ne se forme bien dans ces conditions que si la carbonatation de l'ammoniaque a été complète et terminée à la température indiquée.

Le bicarbonate, recueilli sur un filtre et lavé avec un peu d'eau froide, est ensuite chauffé au-dessus de 100°, dans un petit ballon muni d'un bouchon avec tube à dégagement trois fois recourbé. Il perd la moitié de son acide carbonique, que l'on recueille sur la cuve à eau, et se transforme en carbonate neutre :

$$2(C^2O^4,NaO,HO) \quad = \quad C^2O^4,2NaO \quad + \quad C^2O^4 \quad + \quad H^2O^2;$$

Bicarbonate de soude.	Carbonate de soude.	Gaz carbonique.	Eau.

$$2\Theta\Theta^3HNa \quad = \quad \Theta\Theta^3Na^2 \quad + \quad \Theta\Theta^2 \quad + \quad H^2\Theta.$$

La séparation du bicarbonate de soude d'avec la solution chargée de chlorhydrate d'ammoniaque et de sel marin qui le souille, se fait mieux encore en se servant de la trompe : on verse le mélange dans un entonnoir garni d'un tampon de coton, puis on essore et on lave rapidement à la trompe le produit solide (§ 385).

851. On donne parfois à la réaction précédente une autre forme, moins nette au point de vue théorique, mais préférable sous le rapport expérimental.

On fait un mélange de 50 grammes de solution ammoniacale concentrée du commerce et de 50 grammes d'eau; on met la liqueur en contact, dans un flacon bouché, avec 50 grammes de chlorure de sodium pulvérisé et on agite fréquemment, de manière à saturer la liqueur de sel. Quand le chlorure de sodium cesse de se dissoudre, la liqueur en étant saturée, on décante la solution claire, on la place dans un vase de forme allongée, une éprouvette à pied par exemple, et on y fait passer un courant de gaz carbonique, en ayant soin de terminer la saturation à 40° ou 42°, le vase étant alors entouré d'eau tiède. On favorise l'absorption par de fréquentes agitations.

Après précipitation du bicarbonate de soude on achève l'opération comme il vient d'être dit (§ 850).

852. PAR LA CRYOLITHE ET LA CHAUX. — La cryclithe est un minerai du Groënland, qui est employé en Danemark et surtout en Amérique pour la fabrication du carbonate de soude. C'est un fluorure double d'aluminium et de sodium : $(Al^2Fl^3 + 3NaFl)$ ou $(Al^2Fl^6 + 6NaFl)$.

Pour la transformer en carbonate de soude, on en mélange intimement 60 grammes avec 72 grammes de carbonate de chaux, les deux substances ayant été au préalable finement pulvérisées. On introduit le tout dans un creuset qu'on chauffe au rouge sombre, et qu'on maintient à cette température pendant une demi-heure. On évite de chauffer jusqu'à déterminer la fusion qui se produirait dès le rouge cerise; la masse doit tout au plus être frittée. La réaction donne naissance à de l'anhydride carbonique, à du fluorure de calcium et à de l'aluminate de soude :

$$(Al^2Fl^3 + 3NaFl) + 3(C^2O^4,2CaO) = Al^2O^3,3NaO + 6CaFl + 3C^2O^4;$$

Cryolithe.	Carbonate de chaux.	Aluminate de soude.	Fluorure de calcium.	

$$(Al^2Fl^6 + 6NaFl) + 6CO^3Ca = Al^2O^3,3Na^2O + 6CaFl^2 + 6CO^2.$$

Le produit refroidi est pulvérisé et délayé dans 500 centimètres cubes d'eau bouillante. Celle-ci dissout l'aluminate de soude, et laisse insoluble le fluorure de calcium. Après une demi-heure d'ébullition, on filtre et on fait passer dans la liqueur claire un courant de gaz carbonique; l'aluminate de soude est décomposé, et la solution retient du carbonate de soude, tandis que de l'alumine hydratée se précipite :

$$2(Al^2O^3,3NaO) + 3C^2O^4 = 3(C^2O^4,2NaO) + 2Al^2O^3;$$

Aluminate de soude.	Gaz carbonique.	Carbonate de soude.	Alumine.

$$Al^2O^3,3Na^2O + 3CO^2 = 3CO^3Na^2 + Al^2O^3.$$

Lorsque la précipitation cesse de se produire, on filtre, on lave l'alumine à l'eau bouillante, et on évapore les liqueurs claires dans une capsule de porcelaine, jusqu'à ce qu'une pellicule se forme à leur surface; par refroidissement, il se dépose des cristaux de carbonate de soude.

L'alumine lavée à l'eau peut servir à la production des sels d'alumine.

853. PURIFICATION. — Pour obtenir le carbonate de soude pur employé en analyse, on profite d'ordinaire de la faible solubilité du bicarbonate de soude; ce sel peut être débarrassé par des lavages à l'eau froide des composés solubles qui le souillent.

On pulvérise le bicarbonate de soude, on le délaye dans de l'eau distillée, et on verse la bouillie obtenue sur un entonnoir dont la douille a été fermée par un filtre de coton (§ 345). Le liquide passe au travers du coton; après quelques minutes de contact, on active sa séparation en opérant une succion au moyen de la trompe (§ 385). On dispose, au-dessus de la masse essorée, un disque de papier à filtrer dont les bords relevés s'appliquent contre les parois de l'entonnoir, puis on verse sur le tout une nouvelle quantité d'eau, dont on provoque comme précédemment le passage à travers la masse. On continue ainsi les lavages à l'eau distillée froide, jusqu'à ce que l'eau de lavage, acidulée par l'acide azotique, ne se trouble plus par le chlorure de baryum ni par l'azotate d'argent. On essore alors le sel à la trompe, on le sèche à l'air, entre des feuilles de papier à filtrer, on l'introduit dans une capsule de porcelaine ou mieux d'argent, et on le chauffe jusque vers 200° : il perd ainsi de l'acide carbonique, et se change en carbonate neutre. Enfin, ce dernier sel, repris par l'eau, donne une solution qui, filtrée puis concentrée à l'ébullition jusqu'à la densité 1,24 (28° Baumé), fournit par refroidissement lent des cristaux nets de carbonate de soude pur. On essaye ces cristaux (§ 854). S'ils sont purs, on les égoutte et on les sèche à l'air, à l'abri des poussières, sinon on les soumet à une nouvelle cristallisation.

On peut encore purifier le carbonate de soude commercial, dit *sel de Solvay*, provenant de la fabrication par le bicarbonate d'ammoniaque, et contenant 97 ou 98 p. 100 de carbonate de soude vrai. On dissout ce sel dans l'eau chaude, on porte à l'ébullition, on filtre, puis on concentre la liqueur jusqu'à ce que, bouillante, elle ait la densité 1,28 ; on la refroidit alors rapidement, en plongeant dans l'eau froide le vase qui la renferme, et on l'agite de manière à produire une cristallisation troublée (§ 305). On essore et on lave à la trompe (§ 385) la bouillie cristalline, puis on redissout dans l'eau le sel obtenu, et on renouvelle la cristallisation troublée jusqu'à ce que les eaux mères acidulées par l'acide azotique ne louchissent ni par l'azotate d'argent, ni par le chlorure de baryum. Par une dernière cristallisation non troublée, on obtient le sel en cristaux nets.

854. Essai. — Le carbonate de soude pur est incolore. Sursaturé par l'acide azotique dilué, il fournit une liqueur présentant les caractères suivants : elle ne se trouble ni par l'azotate d'argent (*chlore et hydrogène sulfuré*), ni par l'azotate de baryte (*acide sulfurique*); elle ne se trouble ni ne se colore à chaud par le molybdate d'ammoniaque (*acide phosphorique*); elle ne rougit pas avec le sulfocyanate de potasse (*fer*). Le sel traité par un excès d'acide chlorhydrique pur, puis évaporé à sec, donne un produit soluble dans l'eau, sans flocons gélatineux (*silice*); sursaturé par l'acide sulfurique pur, puis introduit dans l'appareil de Marsh, il ne donne pas d'anneau métallique (*arsenic*).

G. — Bicarbonate de soude.

Équiv.: C^2HNaO^6 ou $C^2O^4,NaO,HO = 84 = CO^3HNa = P. mol.$

855. *Sel incolore*, cristallisable en prismes droits, à base rectangulaire, inaltérable à l'air sec, altérable à l'air humide en perdant du gaz carbonique. — *Densité*: 2,163. — *Décomposable* dans le vide à froid, et dès 70° sous la pression ordinaire. — *Solubilité*: 100 parties d'eau dissolvent 6,9 parties de sel à 0°; 8,85 parties à 15°; 11,1 parties à 30°; 16,4 parties à 60°. — *Bleuit* le tournesol rouge.

PRÉPARATION.

856. Par le carbonate de soude et le gaz carbonique. — L'appareil (fig. 278) se compose d'un vase générateur de gaz carbonique F (§ 764) suivi d'un flacon laveur L, qui contient un peu d'eau et dont le tube à dégagement communique avec un troisième flacon D, par la tubulure latérale C de celui-ci. Le dernier flacon porte, fixée à son goulot B, au moyen d'un morceau de tube de caoutchouc formant bouchon annu-

laire ou d'un bouchon de liège très évidé, une allonge AB dont le large
orifice est fermé par un bouchon percé portant un tube à dégagement.
Le gaz carbonique, produit en F et lavé en L, ne peut s'échapper d'un
appareil ainsi disposé qu'en traversant l'allonge de B en A.

Cette allonge étant garnie de carbonate de soude cristallisé, concassé
en fragments de la grosseur d'une noisette, on fait passer lentement le
gaz carbonique, en versant de l'acide dans l'entonnoir S. Le carbonate
de soude absorbe ce gaz et se change en bicarbonate, mais en même
temps son eau de cristallisation se sépare, le bicarbonate ne retenant

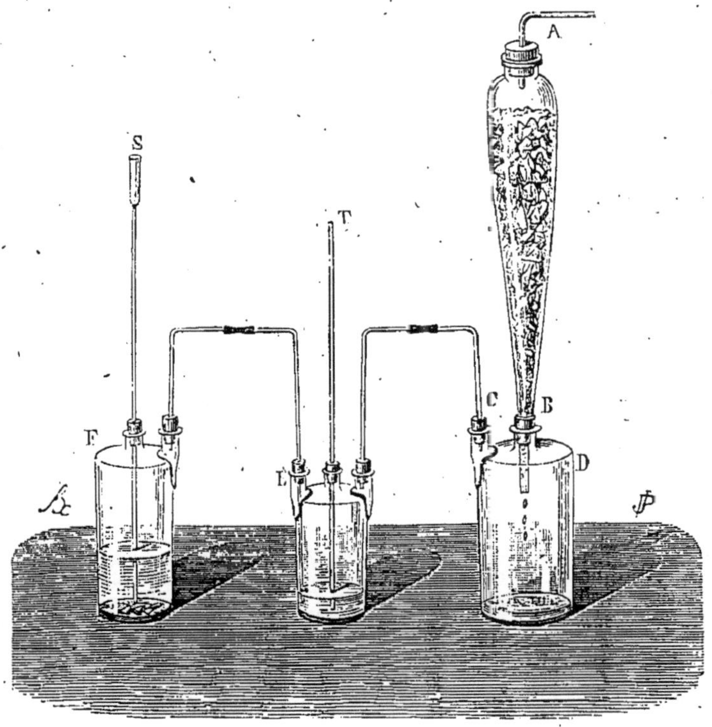

Fig. 278. — Bicarbonate de soude.

pas d'eau de cristallisation, mais seulement 1 équivalent d'eau de
constitution :

$$(C^2O^4,2NaO \ + \ 10H^2O^2) \ + \ C^2O^4 \ = \ 2(C^2O^4,NaO,HO) \ + \ 9H^2O^2;$$

| Carbonate de soude. | | Gaz carbonique. | Bicarbonate de soude. | Eau. |

$$(CO^3Na^2 \ + \ 10H^2O) \ + \ CO^2 \ = \ 2CO^3NaH \ + \ 9H^2O.$$

L'eau qui sort ainsi de la combinaison s'écoule et s'accumule au
fond du vase D, entraînant en dissolution la plus grande partie des sels
solubles étrangers qui souillaient le carbonate de soude employé.

La combinaison s'opère mal à la température ordinaire; aussi, quand
on opère sur peu de matière, comme il arrive dans l'appareil qui vient
d'être indiqué, il n'est pas inutile de tiédir préalablement l'allonge au

moment de commencer l'opération, mais en évitant d'atteindre 34°,5, température de fusion du sel.

On continue le courant lent d'anhydride carbonique tant que celui-ci est absorbé. On peut d'ailleurs juger de l'intensité de l'absorption en fermant avec le doigt le tube qui traverse le bouchon A : quand, l'air ayant été expulsé, la réaction s'accomplit en AB, le gaz carbonique disparaît en se combinant et ne soulève que très lentement la colonne liquide dans le tube de sûreté S.

L'opération terminée, les fragments de carbonate de soude ont conservé leurs formes primitives. Les cristaux nets qui s'y trouvaient laissent encore reconnaître la forme si caractéristique, en prismes aplatis latéralement et terminés par un biseau incliné, du sel hydraté employé ; d'autre part ils sont devenus opaques. Le bicarbonate de soude se trouve donc sous la forme du composé chimique qui lui a donné naissance ; c'est là ce que les cristallographes appellent une *pseudomorphose par épigénie*.

On recueille le bicarbonate de soude et on le dessèche à l'air à la température ordinaire. On peut le purifier par lavage à l'eau, ainsi qu'il a été dit plus haut (§ 853).

857. Par le chlorure de sodium et le bicarbonate d'ammoniaque. — Cette préparation du bicarbonate de soude constitue la première phase de la fabrication du carbonate de soude par le *procédé* dit *à l'ammoniaque* (§ 850).

<h3 align="center">H. — Hyposulfite de soude.</h3>

Équiv. : S^2NaO^3 ou $S^2O^2,NaO = 79 = S^2O^3Na^2 = P. mol.$

858. *Synonyme* : Antichlore. — *Sel incolore*, inaltérable à l'air, découvert par Vauquelin eu 1802. — *Cristallise* en prismes rhomboïdaux obliques, avec 10 équivalents d'eau de cristallisation : $S^2O^2,NaO + 10HO$ ou $S^2O^3Na^2 + 10H^2O$. — *Densité* : 1,672. — *Fusible* à 45° dans son eau de cristallisation. — *Soluble* dans l'eau avec abaissement de température : 100 parties d'eau dissolvent 47 parties de sel sec à 0° ; 69,5 parties à 20° ; 192,3 parties à 60°.

859. Préparation par le sulfite de soude et le soufre. — On transforme un poids donné de carbonate de soude cristallisé, en sulfite neutre, par le procédé indiqué plus loin (§ 863). La liqueur obtenue après neutralisation du bisulfite par le carbonate de soude, ayant été soumise à l'ébullition pendant quelque temps pour assurer la décomposition de toute trace de bisulfite, on projette dans le ballon qui la contient un poids de fleur de soufre ou de soufre pulvérisé, égal à 1/8 de celui du carbonate de soude traité, et on continue l'ébullition. Le soufre se dissout dans le sulfite, qu'il transforme en hyposulfite :

$$S^2O^4,2NaO \quad + \quad 2S \quad = \quad 2(S^2O^2,NaO);$$

Sulfite de soude.   Soufre.   Hyposulfite de soude.

$$SO^3Na^2 \quad + \quad S \quad = \quad S^2O^3Na^2.$$

Lorsque l'excès de soufre resté en suspension dans la liqueur ne diminue plus par l'ébullition, on filtre et on évapore la liqueur claire dans une capsule de porcelaine, jusqu'à ce que son poids soit un peu inférieur à celui du carbonate de soude employé, ou plus exactement, jusqu'à ce que, bouillante, elle marque 1,38 au densimètre (40° Baumé). On couvre la capsule et on laisse refroidir dans un lieu frais. Il se dépose peu à peu des cristaux d'hyposulfite.

Il est nécessaire de détruire le bisulfite par l'ébullition avant d'ajouter le soufre, parce que l'acide sulfureux, fourni à chaud par le bisulfite qui se décompose, attaque l'hyposulfite et le fait passer à l'état de trithionate de soude. A l'ébullition, ce dernier sel se détruit lui-même en donnant du sulfate de soude, du soufre et de l'anhydride sulfureux.

860. ACTION DES ACIDES. — Quand on verse de l'acide chlorhydrique ou de l'acide sulfurique dans une dissolution d'hyposulfite de soude, il se forme d'abord de l'acide hyposulfureux, mais ce composé se détruit aussitôt en acide sulfureux et soufre. Ce dernier se précipite et rend la liqueur laiteuse; celle-ci présente dès lors l'odeur et les propriétés décolorantes, caractéristiques de l'acide sulfureux (§ 624).

Une dissolution d'hyposulfite de soude précipite en blanc la solution d'azotate d'argent, et, quand on l'ajoute en excès, redissout ensuite l'hyposulfite d'argent formé. Elle dissout abondamment le chlorure, le bromure et l'iodure d'argent; c'est sur cette propriété qu'est basé son emploi en photographie.

Si l'on acidule par quelques gouttes d'acide sulfurique une solution de sulfate de cuivre, qu'on la porte à l'ébullition et qu'on y verse une dissolution d'hyposulfite de soude, du sulfure noir de cuivre se précipite.

861. SURSATURATION DES DISSOLUTIONS. — Il suffit d'introduire dans un ballon des cristaux d'hyposulfite de soude, de chauffer ce ballon un peu au-dessus de 45°, et de provoquer ainsi la fusion du sel, puis de fermer le vase avec un bouchon mouillé et de le laisser refroidir, pour que la solution d'hyposulfite dans l'eau de cristallisation reste liquide par sursaturation. En ouvrant le ballon froid et en y laissant tomber un cristal d'hyposulfite de soude, la cristallisation du sel s'effectue immédiatement.

On réalise avec l'hyposulfite de soude, plus facilement qu'avec tout autre sel, les diverses expériences de sursaturation que l'on fait cependant d'ordinaire avec le sulfate de soude (§ 871).

Il permet notamment de faire avec un autre sel qui se sursature comme lui très facilement, avec l'acétate de soude, une expérience intéressante, servant à montrer l'activité d'un cristal de l'un de ces corps pour faire cesser la sursaturation de sa propre dissolution et l'inactivité du même cristal sur la dissolution de l'autre sel.

On verse dans une éprouvette à pied de 250 centimètres cubes, que l'on vient de rincer à l'eau chaude, 100 centimètres cubes d'une dissolution chaude d'acétate de soude, suffisamment concentrée pour être sursaturée après refroidissement, c'est-à-dire contenant 4 parties de sel cristalisé pour 1 partie d'eau. Au moyen d'un tube à entonnoir (§ 170, fig. 98), dont l'orifice inférieur pénètre au fond de l'éprouvette, on fait arriver sous l'acétate une dissolution chaude d'hyposulfite de soude, plus dense et disposée également pour la sursaturation, c'est-à-dire obtenue en fondant l'hyposulfite dans son eau de cristallisation après addition d'une fort petite quantité d'eau en plus. On enlève le tube à entonnoir, on ferme l'éprouvette avec une feuille de papier mouillé d'eau, et on la laisse refroidir. Le refroidissement étant complet, on lave avec quelques gouttes d'eau un cristal d'hyposulfite de soude, et, le prenant avec les doigts mouillés, on le laisse tomber dans l'éprouvette : il traverse l'acétate de soude sans le faire cristalliser; mais dès qu'il arrive au contact de l'hyposulfite, ce dernier se solidifie. En opérant ensuite de la même manière avec un cristal d'acétate de soude, la liqueur surnageante se prend en masse à son tour.

I. — Sulfite neutre de soude.

$$\text{Équiv.} : SNaO^3 \text{ ou } SO^2,NaO = 63.$$

$$P.\ mol. : S^4O^6Na^2 \text{ ou } S^2O^4,2NaO = 126 = SO^3Na^2.$$

862. *Sel incolore*, à réaction alcaline, cristallisant en prismes rhomboïdaux obliques, avec 7 molécules d'eau : $S^2O^4,2NaO + 7H^2O^2$ ou $SO^3Na^2 + 7H^2O$. — *Densité* : 1,561. — *Solubilité* dans l'eau présentant un maximum vers 33°.

863. PRÉPARATION PAR LE CARBONATE DE SOUDE ET L'ANHYDRIDE SULFUREUX. — Cette préparation du *sulfite neutre* de soude s'effectue, en réalité, en traitant le sulfite acide de soude par la quantité équivalente de carbonate de soude. On produit d'abord une solution de sulfite acide de soude (§ 865), en opérant sur un poids déterminé de carbonate, puis on ajoute peu à peu à cette solution, préalablement versée dans un grand ballon, un poids de carbonate de soude égal au premier :

$$C^2O^4,2NaO + 2(S^2O^4,NaO,HO) = C^2O^4 + 2(S^2O^4,2NaO) + H^2O^2;$$

Carbonate de soude.	Sulfite acide de soude.	Gaz carbonique.	Sulfite neutre de soude.	Eau.

$$CO^3Na^2 + 2SO^3NaH = CO^2 + 2SO^3Na^2 + H^2O.$$

On porte aussitôt après le mélange à l'ébullition, et on l'évapore rapidement, afin qu'il soit préservé de l'oxygène de l'air par le courant continu de vapeur qui s'échappe du ballon. En même temps le bisulfite, qui peut y exister par suite de la solubilité d'un excès d'acide sulfureux dans l'eau chargée de bisulfite de soude, se trouve décomposé en sulfite neutre et en gaz sulfureux qui se dégage.

Lorsque la solution commence à se troubler et à laisser déposer du sel anhydre cristallin, on ferme le ballon et on l'abandonne au refroidissement. Le sel anhydre ne tarde pas à se dissoudre, le sulfite neutre de soude présentant à 33° un maximum de solubilité. Par refroidissement complet, il se dépose en cristaux hydratés (§ 862).

Pour obtenir le sel pur, il est bon de forcer un peu la quantité de carbonate de soude que l'on change en bisulfite; on assure ainsi la destruction de tout le carbonate ajouté. Le sulfite neutre, quoique moins oxydable à l'air que le sel acide, doit être conservé dans des vases soigneusement fermés.

La solution de sulfite neutre bleuit légèrement le tournesol. Les acides chlorhydrique et sulfurique décomposent le sel à froid, avec dégagement de gaz sulfureux.

J. — Sulfite acide de soude.

$$\textit{Équiv.} : S^2NaHO^6 \text{ ou } S^2O^4,NaO,HO = 88 = SO^3NaH = P.\,mol.$$

864. *Synonyme :* Bisulfite de soude. — *Sel incolore*, à réaction acide, très altérable à l'air, cristallisant tantôt en cristaux anhydres et grenus, tantôt en aiguilles prismatiques hydratées. — *Solubilité* dans l'eau assez considérable.

865. Préparation par le carbonate de soude et l'anhydride sulfureux. — Tous les modes de production du gaz sulfureux (§ 609 à § 613) conviennent pour cette préparation. Le gaz est dirigé d'abord dans un flacon laveur contenant de l'eau. Au sortir de ce dernier, il est conduit par un tube de verre au fond d'un flacon de Woulf, dans lequel on a placé du carbonate de soude cristallisé et concassé, mouillé d'une quantité d'eau suffisante pour recouvrir complètement les cristaux. Le courant gazeux traversant la liqueur, l'acide sulfureux déplace le gaz carbonique du carbonate de soude, et donne d'abord du sulfite neutre de soude :

$$C^2O^4,2NaO \quad + \quad S^2O^4 \quad = \quad S^2O^4,2NaO \quad + \quad C^2O^4 ;$$

Carbonate de soude.	Gaz sulfureux.	Sulfite neutre de soude.	Gaz carbonique.

$$CO^3Na^2 \quad + \quad SO^2 \quad = \quad SO^3Na^2 \quad + \quad CO^2.$$

Au commencement, le gaz carbonique mis en liberté ne se dégage pas : se trouvant en présence de carbonate de soude en excès, il s'y combine et forme du bicarbonate de soude peu soluble, qui tombe au fond du vase. Un moment arrive où le carbonate de soude ayant disparu de la liqueur, le bicarbonate se trouve attaqué à son tour et changé en sulfite ; pendant cette seconde phase de la réaction, le dégagement de gaz carbonique devient considérable. On continue à faire arriver dans le mélange du gaz sulfureux, tant que celui-ci réagit ; lorsqu'il se dégage en abondance de l'appareil, on peut considérer l'opération comme terminée.

Le bisulfite de soude perdant une partie de son acide sulfureux sous l'influence de la chaleur, il est bon de veiller à ce que le liquide soit froid, au moins pendant quelque temps avant d'arrêter le passage du gaz ; on plonge au besoin le flacon dans de l'eau froide pendant la dernière partie de l'opération. Pour éviter d'être incommodé par le gaz sulfureux qui s'échappe de l'appareil quand on approche de la saturation, on dirige les gaz sortant du flacon de Woulf soit dans un lait de chaux, soit dans une lessive alcaline, ou bien on les expulse au dehors du laboratoire.

Le bisulfite de soude est extrêmement oxydable à l'air ; il doit être conservé dans des flacons bien fermés avec un bouchon de liège ou mieux de caoutchouc. Par le froid, sa dissolution laisse déposer des cristaux prismatiques de sel anhydre ; chauffée, elle perd une partie de son acide sulfureux ; additionnée, même à froid, d'acide chlorhydrique ou d'acide sulfurique, elle est décomposée avec effervescence.

K. — Hydrosulfites de soude.

866. Il existe deux hydrosulfites de soude. L'un est acide et a pour formule :

$$S^2O^2,NaO,HO \text{ ou } S\theta^2NaH.$$

L'autre est neutre et contient deux équivalents de sodium :

$$S^2O^2,2NaO \text{ ou } S\theta^2Na^2.$$

Le premier est le plus important par ses applications comme réducteur (M. Schützenberger).

Pour obtenir l'hydrosulfite acide de soude, on transforme, comme il a été dit plus haut (§ 865), du carbonate de soude cristallisé, soit 80 grammes, en une solution concentrée et bien saturée de bisulfite de soude. Dans un col droit, ayant sensiblement le même volume que cette solution, on introduit de la tournure de zinc légère, en évitant de la tasser, et en la disposant de manière à ce qu'elle garnisse entièrement le vase, tout en laissant disponible la plus grande partie de son volume. On remplit ensuite le col droit avec la solution de bisulfite, on le bouche exactement et on l'immerge dans l'eau froide. Le zinc se dissout peu à peu avec dégagement de chaleur, mais sans production de gaz : il s'oxyde aux dépens du bisulfite qu'il transforme en hydrosulfite :

$$S^2O^4,NaO,HO \quad + \quad 2Zn \quad = \quad S^2O^2,NaO,HO \quad + \quad 2ZnO;$$

Bisulfite de soude.   Zinc.   Hydrosulfite de soude.   Oxyde de zinc.

$$S\theta^3NaH \quad + \quad Zn \quad = \quad S\theta^2NaH \quad + \quad Zn\theta;$$

l'oxyde de zinc ainsi formé, se trouvant en présence de bisulfite non attaqué, le neutralise en formant des sulfites neutres de zinc et de soude. Après vingt minutes, la réaction est terminée et le liquide, resté incolore, a perdu toute odeur d'acide sulfureux.

867. La solution ainsi préparée peut servir directement, dans la plupart des cas, comme agent de réduction.

L'hydrosulfite acide de soude qu'elle contient a, en effet, pour caractère dominant, de se transformer en bisulfite par fixation d'oxygène :

$$S^2O^2,NaO,HO \quad + \quad O^2 \quad = \quad S^2O^4,NaO,HO;$$

Hydrosulfite de soude.   Bisulfite de soude.

$$S\theta^2NaH \quad + \quad \theta \quad = \quad S\theta^3NaH.$$

Cette propriété explique les réductions qu'il effectue dans beaucoup de circonstances.

C'est ainsi que la solution d'hydrosulfite décolore à froid le permanganate de potasse et la teinture de tournesol. Elle réduit énergiquement l'indigo bleu, et le transforme en indigo blanc : il suffit, en effet, de verser quelques gouttes de solution d'indigo dans de l'hydrosulfite acide de soude, et d'agiter, pour que cet indigo soit décoloré.

L'hydrosulfite de soude ne se conserve que peu de temps, même à l'abri de l'air; il donne de l'hyposulfite de soude et de l'eau :

$$2(S^2O^2,NaO,HO) \ = \ 2(S^2O^2,NaO) \ + \ H^2O^2 ;$$

Hydrosulfite de soude. Hyposulfite de soude. Eau.

$$2\overset{\smile}{S}O^2NaH \ = \ S^2O^5Na^2 \ + \ H^2O.$$

Sa solution doit donc être préparée au moment même du besoin.

L. — Sulfate de soude neutre.

Équiv. : $SNaO^4$ ou $SO^3,NaO = 71$.

P. mol. : $S^2Na^2O^8$ ou $S^2O^6,2NaO = 142 = SO^4Na^2$.

868. Sel anhydre. — Incolore, cristallisable en octaèdres dérivés d'un prisme rhomboïdal droit. — *Densité* : 2,73. — *Fusible* au rouge vif. — *Volatil* au rouge blanc.

Sel à 7 molécules d'eau : $S^2O^6,2NaO + 7H^2O^2$ ou $SO^4Na^2 + 7H^2O$. — Prismes rhomboïdaux droits, incolores, se formant à basse température en solution aqueuse sursaturée ou additionnée d'alcool. — Transformable au contact de l'humidité et d'un cristal de sel à 10 molécules d'eau en sulfate à 10 molécules d'eau.

Sel à 10 molécules d'eau : $S^2O^6,2NaO + 10H^2O^2$ ou $SO^4Na^2 + 10H^2O$. — C'est le sel ordinaire. — *Synonyme* : Sel admirable de Glauber. — Cristaux volumineux et incolores, dérivés d'un *prisme rhomboïdal oblique*. — *Densité* : 1,481. — *Efflorescent* à l'air en perdant toute son eau de cristallisation. — *Fusible* à 33° en perdant immédiatement de l'eau. — *Soluble* dans l'eau, avec absorption de chaleur, et maximum de solubilité à 34° : 12,16 parties se dissolvent dans 100 parties d'eau à 0°; 35,96 parties à 15°; 412,2 parties à 34°; 210,67 parties à 103°,17, température d'ébullition de la solution saturée.

I. — PRÉPARATION.

869. Par le chlorure de sodium et l'acide sulfurique. — Le sulfate de soude se forme ainsi en même temps que l'acide chlorhydrique (voy. *Acide chlorhydrique*, § 674).

Préparé dans les laboratoires, il est toujours mélangé d'un grand excès d'acide sulfurique. On peut cependant le purifier, comme exercice. On dissout dans l'eau le résidu plus ou moins solide de la réaction, et on ajoute de la craie en poudre qui transforme le sulfate acide en sulfate neutre, en dégageant du gaz carbonique et en produisant du sulfate de chaux insoluble. On porte à l'ébullition, on filtre, on lave à l'eau chaude le résidu insoluble, on réunit les liqueurs filtrées et enfin on les évapore à l'ébullition, jusqu'à ce qu'un sel insoluble (sulfate anhydre) commence à se séparer. On laisse alors refroidir. Le sulfate de soude anhydre se redissout, puis le sel à 10 molécules d'eau cristallise. On l'isole en décantant l'eau-mère et en l'égouttant; enfin on le sèche rapidement à l'air en évitant l'efflorescence.

870. Purification. — Le sulfate de soude cristallisé est purifié par cristallisation. On le chauffe doucement dans une capsule de porcelaine, après l'avoir additionné du quart de son poids d'eau : on obtient rapidement une liqueur que l'on filtre s'il est nécessaire, et avec laquelle on fait une cristallisation troublée; la bouillie cristalline obtenue est ensuite essorée et lavée à la trompe (§ 385). On soumet le produit solide à la même opération, autant de fois qu'il est nécessaire pour que les eaux mères soient neutres et, après acidulation par l'acide azotique, ne se troublent pas par l'azotate d'argent. On termine par une dernière cristallisation opérée lentement, dans une liqueur de densité 1,26 à l'ébullition (30° Baumé). On obtient ainsi des cristaux très nets, qui sont égouttés et séchés rapidement à l'air.

II. — PROPRIÉTÉS.

871. SURSATURATION DES DISSOLUTIONS DE SULFATE DE SOUDE (1). — Dans un ballon de 250 centimètres cubes, on introduit 100 grammes de sulfate de soude cristallisé et 30 grammes d'eau, puis on chauffe doucement. Vers 33°, le sel fond dans son eau de cristallisation et dans l'eau ajoutée; il forme une solution très concentrée, dont on élève la température jusqu'au voisinage de 70°. La vapeur d'eau qui se dégage mouille alors les parois supérieures du ballon. On ferme celui-ci au moyen d'un bouchon de liège préalablement imbibé d'eau, et on laisse refroidir. La liqueur peut atteindre ainsi la température ordinaire, sans que des cristaux de sulfate de soude se déposent; cependant, la quantité de sel qu'elle contient est plus considérable que celle qui correspond à la solubilité normale à la température de l'expérience. Une semblable solution est dite *sursaturée*. Vient-on à ouvrir le ballon refroidi et à y laisser tomber une parcelle de sulfate de soude cristallisé, la cristallisation commence immédiatement, et envahit rapidement toute la masse liquide.

En chauffant de nouveau le ballon, on redissout les cristaux et, en prenant chaque fois les précautions qui viennent d'être indiquées, on peut, avec la même liqueur, recommencer un grand nombre de fois l'expérience, en la variant.

Les poussières atmosphériques contiennent du sulfate de soude cristallisé; en pénétrant dans le ballon, elles produisent le même effet que le sel solide. Une baguette de verre, qui a été exposée à l'air, est imprégnée de ces poussières; aussi provoque-t-elle également la cristallisation, mais elle cesse de la produire quand on la mouille ou quand on la chauffe au-dessus du point de fusion du sulfate de soude cristallisé. La boule d'un thermomètre, surtout après qu'on l'a touchée avec un cristal de sulfate de soude, produit le même phénomène; en même temps l'instrument montre l'élévation de température qui accompagne la cristallisation; cette élévation est d'ailleurs assez considérable pour être perçue à la main.

M. — Phosphate diosodique.

Équiv. : PNa^2HO^8 ou $PO^5,HO,2NaO = 142 = PO^4Na^2H = P.\ mol.$

872. SEL ANHYDRE. — Masse blanche, à saveur légèrement salée. — Fusible au rouge, en perdant 6,26 pour 100 d'eau de constitution et se transformant en pyrophosphate de soude.

SEL A 24 ÉQUIVALENTS D'EAU : $PNa^2HO^8 + 24HO$ ou $PO^4Na^2H + 12H^2O = 358$. — C'est le sel ordinaire. — *Prismes rhomboïdaux obliques* se déposant à basse température. — *Densité* : 1,55. — *Point de fusion* : 34°,6. — *Efflorescent à l'air* en laissant le sel à 14 équivalents d'eau. — *Soluble* dans l'eau avec abaissement de température : 6,30 parties dans 100 parties d'eau à 0°; 14,62 à 15°; 207,9 à 105°. Température d'ébullition de la solution saturée : 106°,5.

SEL A 14 ÉQUIVALENTS D'EAU : $PNa^2HO^8 + 14HO$ ou $PO^4Na^2H + 7H^2O = 268$. — *Prismes rhomboïdaux obliques*, se déposant au-dessus de 33° dans les solutions aqueuses.

(1) Voy. aussi, pour les expériences relatives à la sursaturation, *Hyposulfite de soude* § 861.

PRÉPARATION.

873. Par la cendre d'os. — Les os des animaux, portés au rouge dans un courant d'air, perdent toute leur matière organique, qui se trouve brûlée, et se changent en cendres d'os, c'est-à-dire en une masse blanche, composée surtout de phosphate tribasique de chaux et de chaux (§ 750).

On prend 80 grammes de cendre d'os, on les pulvérise, on les délaye avec deux fois leur poids d'eau dans une capsule de porcelaine, et on forme une bouillie homogène; on verse peu à peu sur celle-ci, en agitant continuellement, 70 grammes (38 centimètres cubes) d'acide sulfurique concentré. La masse s'échauffe beaucoup, de l'anhydride carbonique se dégage, entraînant une petite quantité de gaz étrangers et de la vapeur d'eau; le contenu de la capsule finit par se solidifier. L'acide sulfurique a engendré du sulfate de chaux avec la chaux des os, tandis que le phosphate tribasique de chaux est devenu phosphate monobasique :

$$PO^5,3CaO \quad + \quad S^2O^6,2HO \quad = \quad S^2O^6,2CaO \quad + \quad PO^5,CaO,2HO;$$

Phosphate tricalcique.   Acide sulfurique.   Sulfate de chaux.   Phosphate monocalcique.

$$(P\overline{O}^4)^2\overline{C}a^3 \quad + \quad 2S\overline{O}^4H^2 \quad = \quad 2S\overline{O}^4\overline{C}a \quad + \quad (P\overline{O}^4)^2\overline{C}aH^4.$$

On mélange exactement avec de l'eau le produit solidifié, de manière à le transformer en une bouillie épaisse, que l'on abandonne à elle-même pendant quelque temps, après l'avoir tiédie. Enfin on traite la masse par 500 grammes d'eau bouillante, en agitant avec soin, et on jette le tout sur un carré de toile (§ 333), disposé au-dessus d'une terrine. La dissolution de phosphate acide de chaux traverse le filtre, tandis que le sulfate de chaux reste sur la toile. Quand le résidu est égoutté, on le délaye de nouveau dans l'eau bouillante et on continue à le laver jusqu'à ce que les eaux de lavages ne soient plus sensiblement acides.

On évapore les liqueurs dans une capsule de porcelaine; quand elles ont acquis la consistance sirupeuse, on les laisse refroidir. Il se sépare encore du sulfate de chaux qu'on élimine par décantation et qu'on lave.

D'autre part, on dissout 100 grammes de carbonate de soude cristallisé dans 400 grammes d'eau et on verse peu à peu, en agitant, cette solution dans celle de phosphate acide de chaux; on s'arrête lorsque le mélange, rendu bien homogène par l'agitation, bleuit franchement le papier de tournesol. Il se forme du phosphate tricalcique, du phosphate disodique et il se dégage du gaz carbonique, deux tiers seulement de l'acide phosphorique du phosphate de chaux traité entrant dans le phosphate de soude formé :

$$3(PO^5,CaO,2HO) + 2(C^2O^4,2NaO) = 2C^2O^4 + 2(PO^5,2NaO,HO) + PO^5,3CaO + 2H^2O^2;$$

Phosphate monocalcique.   Carbonate de soude.   Gaz carbonique.   Phosphate disodique.   Phosphate tricalcique.   Eau.

$$3[(P\overline{O}^4)^2\overline{C}aH^4] + 4\overline{C}O^3Na^2 = 4\overline{C}O^2 + 4P\overline{O}^4Na^2H + (P\overline{O}^4)^2\overline{C}a^3 + 4H^2\overline{O}.$$

On filtre, on lave à l'eau bouillante le résidu égoutté, on filtre de nouveau. L'état gélatineux du phosphate tricalcique précipité rend son lavage assez pénible, même avec l'eau chaude. Les liqueurs évaporées jusqu'à ce que, bouillantes, elles marquent 1,21 au densimètre (25° Baumé), puis abandonnées au refroidissement, fournissent une cristallisation abondante de phosphate disodique. En poussant l'évaporation jusqu'à 1,16 (20° Baumé) seulement, les cristaux sont en moindre proportion, mais plus nets.

Les eaux-mères évaporées fournissent une nouvelle quantité de sel. Il est utile d'essayer préalablement si elles possèdent une réaction alcaline marquée, et de la leur donner au besoin par une addition ménagée de carbonate de soude.

Le phosphate monocalcique étant toujours chargé d'un excès d'acide sulfurique, le sel brut est assez fortement souillé de sulfate; il contient de plus du carbonate si ce réactif a été ajouté sans précaution.

874. **Par le phosphate dicalcique et le carbonate de soude.** — Cette méthode (MM. Jungfleisch et Lasne) est fondée sur l'action que l'eau exerce sur le phosphate dicalcique (voy. ce mot),

$$PO^5,2CaO,HO + 4HO \text{ ou } PO^4CaH + 2H^2O.$$

Ce sel, insoluble dans l'eau, se détruit à chaud au contact de celle-ci, mais toujours en très faible proportion; il forme de l'acide phosphorique, qui passe dans la liqueur, et du phosphate tricalcique insoluble (M. Reichardt) :

$$3(PO^5,2CaO,HO) = PO^5,3HO + 2(PO^5,3CaO);$$

Phosphate dicalcique.   Acide phosphorique.   Phosphate tricalcique.

$$3(PO^4)CaH = PO^4H^3 + (PO^4)^2Ca^3.$$

La réaction est limitée; elle s'arrête lorsque la liqueur contient une certaine proportion d'acide libre, faible dans tous les cas, constante pour une même température, mais croissante avec cette dernière. Si l'on ajoute dans le mélange un alcali qui neutralise l'acide libre, la décomposition par l'eau se produit de nouveau, de telle sorte que, par des additions convenables d'alcali, la destruction du phosphate bicalcique peut être rendue totale. Un carbonate alcalin peut d'ailleurs remplacer l'alcali libre; il se dégage alors du gaz carbonique.

On opère dans une capsule de porcelaine ou dans un ballon de 2 litres. On prend 120 grammes de phosphate dicalcique cristallin, que l'on délaye dans 500 grammes d'eau bouillante. Maintenant le mélange sur le feu, on y verse, par petites portions et en agitant, une dissolution de 55 grammes de carbonate de soude cristallisé (21 grammes de carbonate de soude sec) dans 200 grammes d'eau. Le gaz carbonique se dégage en produisant une vive effervescence; on doit attendre, pour ajouter à nouveau du carbonate, que cette effervescence soit calmée et même que la liqueur ne soit plus saturée de gaz. On continue ainsi jusqu'à ce que, le dégagement gazeux cessant de se produire après une addition de carbonate alcalin, la liqueur bleuisse nettement le tournesol, même après quelques instants d'ébullition. La réaction est alors terminée. On filtre. Le phosphate tribasique de chaux formé ainsi n'est pas gélatineux; il a conservé quelque chose de la structure du phosphate dicalcique et se sépare avec facilité. On le lave à l'eau. Il peut être ensuite transformé en phosphate dicalcique (voy. ce mot). On réunit les liqueurs filtrées, on les évapore et on les fait cristalliser comme il a été dit (§ 873).

Pour détruire le carbonate de soude ajouté en excès, il suffit de chauffer la liqueur avec une petite quantité de phosphate dicalcique.

Le sel obtenu par ce procédé est beaucoup plus pur que celui donné par le phosphate monocalcique qui ne peut être purifié facilement, tandis que le phosphate dicalcique est cristallin, peu soluble, et facile à laver.

875. PURIFICATION. — Le phosphate de soude ordinaire, étant fabriqué avec le phosphate monocalcique, est le plus souvent souillé d'une proportion énorme de sulfate de soude dont on a dit plus haut l'origine. Pour le purifier, on le dissout à l'ébullition dans deux fois son poids d'eau bouillante, et on fait subir à la liqueur une cristallisation troublée (§ 305). On obtient une bouillie cristalline, que l'on essore à la trompe et que l'on claircе rapidement à l'eau froide (§ 385). Le produit est soumis de nouveau au même traitement, aussi longtemps que les eaux mères fournissent avec l'azotate d'argent et avec l'azotate de baryte des précipités incomplètement solubles dans l'acide azotique dilué. On termine en faisant cristalliser le produit par refroidissement lent, après avoir concentré la liqueur comme il a été dit plus haut (§ 873).

876. ESSAI. — Le phosphate de soude pur, en solution dans l'eau distillée, ne se trouble pas quand on le chauffe avec l'ammoniaque (*chaux*); les précipités qu'il forme avec les azotates d'argent et de baryte sont complètement solubles dans l'acide azotique étendu (*acide chlorhydrique* et *acide sulfurique*). Sa dissolution ne se colore pas et ne précipite pas par l'hydrogène sulfuré (*métaux*). Il ne donne aucun dégagement gazeux quand on le traite par un excès d'acide sulfurique (*carbonate*). Sa solution, introduite dans l'appareil de Marsh (voy. ce mot), ne produit pas d'anneau d'*arsenic*.

L'azotate d'argent donne, avec le phosphate disodique, un précipité jaune de phosphate triargentique; en même temps, de l'acide azotique devenant libre communique à la liqueur la propriété de rougir le tournesol :

$$PO^5,2NaO,HO \quad + \quad 3(AzO^5,AgO) \quad = \quad PO^5,3AgO \quad + \quad 2(AzO^5,NaO) \quad + \quad AzO^5,HO;$$

Phosphate disodique.	Azotate d'argent.	Phosphate d'argent.	Azotate de soude.	Acide azotique.

$$PO^4Na^2H \quad + \quad 3AzO^3Ag \quad = \quad PO^4Ag^3 \quad + \quad 2AzO^3Na \quad + \quad AzO^3H.$$

N. — Pyrophosphate disodique.

Équiv. : PNa^2O^7 ou $PO^5,2NaO = 133 = P.\,mol.$

F. atom. : $P^2O^7Na^4 = 266.$

877. *Synonyme* : Pyrophosphate de soude.

SEL ANHYDRE. — Amorphe, incolore, fusible au rouge et donnant par refroidissement une masse vitreuse.

Sel a 10 équivalents d'eau : PO⁵,2NaO + 10HO ou $P^2O^7Na^4 + 10H^2O$. — *Prismes rhomboïdaux obliques*, non efflorescents. — *Solubilité* : 5,41 parties dans 100 parties d'eau à 0° ; 10,92 parties à 20° ; 93,11 parties à 100°.

878. Préparation par le phosphate disodique. — On dessèche le phosphate disodique en le chauffant au-dessus de 100°, dans une capsule de porcelaine, jusqu'à ce qu'il cesse de perdre de son poids, la totalité de son eau de cristallisation ayant été éliminée (§ 872). On l'introduit alors dans un vase de platine, on le porte au rouge et on le fond. Il perd ainsi son eau de constitution :

$$2(PO^5,2NaO,HO) = 2(PO^5,2NaO) + H^2O^2 ;$$

Phosphate disodique.   Pyrophosphate de soude.   Eau.

$$2PO^4Na^2H = P^2O^7Na^4 + H^2O.$$

Le sel fondu est coulé sur une lame métallique. Après refroidissement, on le pulvérise, on le traite à l'ébullition par 12 fois son poids d'eau bouillante ; on concentre la liqueur filtrée jusqu'à ce que, à l'ébullition, elle marque 1,20 au densimètre (24° Baumé), puis on la laisse cristalliser par refroidissement lent. On décante l'eau mère et on la concentre par évaporation ; elle fournit une nouvelle quantité de cristaux. On sèche le sel à l'air.

La solution de pyrophosphate de soude précipite en blanc l'azotate d'argent, et le mélange reste neutre :

$$PO^5,2NaO + 2(AzO^5,AgO) = PO^5,2AgO + 2(AzO^5,NaO) ;$$

Pyrophosphate de soude.   Azotate d'argent.   Pyrophosphate d'argent.   Azotate de soude.

$$P^2O^7Na^4 + 4AzO^3Ag = P^2O^7Ag^4 + 4AzO^3Na.$$

Cette réaction distingue nettement le pyrophosphate du phosphate (§ 876).

O. — Arséniate disodique.

Équiv. : AsNa²HO⁸ ou AsO⁵,2NaO,HO = 186 = AsO^4Na^2H = P; mol.

879. *Sel incolore*, à réaction alcaline, cristallisant avec 24 équivalents d'eau, AsO⁵,2NaO,HO + 24HO ou $AsO^4Na^2H + 12H^2O$, en prismes rhomboïdaux obliques. Isomorphe avec le phosphate disodique. — *Efflorescent* et devenant anhydre à 200°. — *Densité* : 1,87. — *Fusible* au-dessous du rouge.

880. Préparation par l'acide arsénique et le carbonate de soude. — En opérant comme il a été dit (§ 747), on transforme, par l'action de l'acide azotique, 30 grammes d'acide arsénieux en acide arsénique. On traite celui-ci par une solution aqueuse de carbonate de soude (32 grammes de sel sec ou 86 grammes de sel cristallisé dans 250 grammes d'eau), que l'on ajoute peu à peu jusqu'à réaction franchement alcaline. Il y a effervescence, l'acide carbonique se trouvant déplacé. On filtre s'il est nécessaire, et on concentre jusqu'à pellicule ou, plus exactement, jusqu'à ce que la liqueur bouillante marque 1,33 au densimètre (36° Baumé) ; enfin, on laisse refroidir lentement. Les cristaux, égouttés, sont séchés rapidement à l'air, en évitant leur efflorescence.

P. — Silicate de soude.

Équiv. : SiNaO³ où SiO²,NaO = 61.   *F. atom.* : $SiO^3Na^2 = 122$.

881. On connaît de nombreuses combinaisons de l'acide silicilique et de la

soude. Celle que représentent les formules précédentes existe à divers états d'hydratation. Tous les silicates alcalins, solubles dans l'eau, donnent un dépôt volumineux de silice gélatineuse quand on les neutralise par un acide.

882. Préparation par le quartz et le carbonate de soude. — On introduit dans un creuset un mélange intime de 46 parties de quartz pulvérisé, ou de grès pulvérulent, ou de gaize, ou encore de terre siliceuse à infusoires fossiles, avec 110 parties de carbonate de soude sec. On chauffe le creuset fermé jusqu'au rouge vif, dans un fourneau à réverbère ou mieux dans un fourneau à vent. La masse entre en fusion; après qu'on l'a maintenue à température très élevée pendant quelque temps, on obtient du silicate de soude fondu sous la forme d'un verre homogène. Le produit est soluble dans l'eau.

A des températures suffisantes et prolongées, on prépare ainsi, par fusion, des masses vitreuses contenant des proportions de silice et d'alcali très diverses. Au delà de 9 équivalents de silice pour 1 équivalent de soude, la fusion cesse de se produire. La solubilité décroît à mesure que la proportion de silice augmente. Le produit est toujours souillé d'alumine, la matière du creuset étant fortement attaquée.[1]

La soude caustique peut être employée au lieu du carbonate.

Par ébullition prolongée, la lessive de soude, tenant en suspension les poudres siliceuses précitées, dissout ces dernières; le liquide se charge de plus en plus de silicate alcalin (*liqueur des cailloux*).

883. Par la silice hydratée et la soude. — La silice hydratée se dissout rapidement dans la lessive de soude, surtout à chaud. On active beaucoup la formation du silicate alcalin par l'agitation, qui divise la matière gélatineuse.

En faisant intervenir la soude et la silice dans le rapport des équivalents, en évaporant la liqueur et en l'abandonnant au refroidissement, il se dépose des cristaux de silicate monosodique à 6 ou 9 équivalents d'eau.

3.

SELS AMMONIACAUX.

A. — Sesquicarbonate d'ammoniaque.

Équiv. : $C^3Az^2H^9O^9$ ou $(AzH^4O)^2,HO,3CO^2 = 128$.

P. mol. : $C^2O^4,2AzH^4O + 2(C^2O^4,AzH^4O,HO) = 256 = C^3Az^4H^{18}O^9$.

884. *Synonymes :* Sel volatil, alcali volatil concret. — *Sel incolore*, à odeur ammoniacale prononcée, attaquant le verre, cristallisant en prismes rhomboïdaux droits, avec 2 équivalents d'eau : $(AzH^4O)^2,HO,3CO^2 + 2HO$ ou $C^3Az^4H^{18}O^9 + 2H^2O$. — *Volatilisé* par la chaleur, mais en s'altérant. — *Solubilité :* 20 parties dans 100 parties d'eau à 15°. Solution décomposée à partir de 50°, avec dégagement de gaz carbonique.

885. Préparation par le sulfate d'ammoniaque et le carbonate de chaux. — On mélange intimement, après les avoir séparément desséchés et pulvérisés, 30 grammes de sulfate d'ammoniaque et 60 grammes de craie. On introduit le tout dans une cornue de verre peu fusible, à large col, de 250 centimètres cubes; on engage le col dans celui d'un ballon de verre de 500 centimètres cubes. La cornue étant disposée sur un fourneau dont elle est séparée par une toile métallique, et le ballon étant plongé dans une terrine pleine d'eau froide, on chauffe progressivement la cornue. Une double décomposition s'effectue, donnant naissance à du sulfate de chaux et à du carbonate neutre d'ammoniaque :

$$C^2O^4,2CaO \; + \; S^2O^6,2AzH^4O \; = \; C^2O^4,2AzH^4O \; + \; S^2O^6,2CaO;$$

| Carbonate de chaux. | Sulfate d'ammoniaque. | Carbonate d'ammoniaque. | Sulfate de chaux. |

$$\overline{C}O^3\overline{C}a \; + \; SO^4(AzH^4)^2 \; = \; \overline{C}O^3(AzH^4)^2 \; + \; SO^4\overline{C}a.$$

Mais le carbonate neutre, extrêmement instable sous l'influence de la chaleur, se décompose pour la plus grande partie, en donnant de l'ammoniaque et du sesquicarbonate d'ammoniaque. Ce dernier se condense dans le ballon et dans le col de la cornue, sous la forme d'une masse neigeuse. En outre, une partie de l'ammoniaque se combine de nouveau, dans le ballon froid, avec le sesquicarbonate, en formant du carbonate neutre, de telle sorte que le produit final est un mélange des deux carbonates, dans lequel domine cependant le sesquicarbonate d'ammoniaque.

Il est nécessaire pendant l'opération, surtout lorsqu'on opère sur des quantités plus grandes que celles indiquées ci-dessus, de veiller à ce que le sel solide n'obstrue pas en se condensant le col de la cornue. En interposant une allonge entre la cornue et le récipient, ce vase reçoit la plus grande partie du produit condensé, et celui-ci est alors plus facile à recueillir après l'opération.

On détache le sel distillé et on le conserve dans des flacons bien bouchés. Il s'altère, en effet, au contact de l'air, perd de l'eau ainsi que de l'ammoniaque, et finit par se changer en bicarbonate C^2O^4,HO,AzH^4O ou $\overline{C}O^3H(AzH^4)$. Ce dernier sel constitue presque exclusivement les produits conservés depuis longtemps dans des vases incomplètement fermés.

On peut substituer le chlorhydrate d'ammoniaque au sulfate dans cette opération, sans oublier cependant qu'il est plus volatil.

886. Essai. — Le carbonate d'ammoniaque, lorsqu'il est propre à être employé comme réactif en analyse, présente les caractères suivants. Il est volatil sans résidu (*sels fixes*). Sa solution ne donne ni coloration, ni précipité par le sulfhydrate d'ammoniaque (*métaux*); sursaturée par l'acide azotique pur, elle ne précipite ni par l'azotate de baryte (*acide sulfurique*), ni par l'azotate d'argent (*acide chlorhydrique*).

B. — Sulfhydrate d'ammoniaque.

Équiv. : $SAzH^4$ ou $SH,AzH^3 = 34$.   *P. mol.* : $S^2(AzH^4)^2 = 68 = S(AzH^4)^2$.

887. *Synonyme* : Sulfure d'ammonium. — *Sel cristallisable* en aiguilles brillantes, incolore, à réaction fortement alcaline. — *Très soluble* dans l'eau. — *Volatil.* — *Altérable* à l'air, à la manière du monosulfure de sodium.

888. Préparation par l'ammoniaque et l'hydrogène sulfuré. — Cette préparation est calquée sur celle du monosulfure de sodium (§ 836).

On place dans un flacon de Woulf un volume mesuré de solution aqueuse et concentrée d'ammoniaque, et l'on fait passer dans le liquide un courant de gaz sulfhydrique, que l'on prolonge tant que le gaz se trouve absorbé. Il se forme ainsi du sulfhydrate de sulfure d'ammonium $S^2(AzH^4)H$ ou $S(AzH^4)H$. On ajoute à ce composé un volume d'ammoniaque concentrée, égal à celui qui a servi à le former; la liqueur tient alors en dissolution du sulfhydrate d'ammoniaque neutre :

$$S^2(AzH^4)H \quad + \quad AzH^3 \quad = \quad S^2(AzH^4)^2 ;$$

Sulfhydrate de sulfure   Ammoniaque.   Sulfure
d'ammonium.   d'ammonium.

$$S(AzH^4)H \quad + \quad AzH^3 \quad = \quad S(AzH^4)^2.$$

La solution ainsi obtenue est très usitée comme réactif. Pour cet emploi, on la prépare le plus souvent en ajoutant au sulfhydrate de sulfure une quantité d'ammoniaque un peu moindre que celle qu'il contient, la présence d'un excès de sulfhydrate de sulfure dans le réactif présentant moins d'inconvénients que celle d'un excès d'ammoniaque, parce que cette dernière intervient pour modifier les réactions.

On emploie aussi comme réactif le sulfhydrate de sulfure d'ammonium, c'est-à-dire le produit direct de la saturation de l'ammoniaque par l'hydrogène sulfuré. Ce sel présente l'inconvénient de dégager, en pure perte dans la plupart des cas, la moitié de son hydrogène sulfuré, qui vicie dès lors l'atmosphère du laboratoire. Il se conduit comme le sulfhydrate de sulfure de sodium (voy. § 839 et § 842) :

889. PROPRIÉTÉS. — Le sulfhydrate d'ammoniaque est décomposé par l'oxygène de l'air. Il se forme d'abord de l'ammoniaque, de l'eau et du bisulfure d'ammonium :

$$2[S^2(AzH^4)^2] \quad + \quad 2O \quad = \quad 2S^2AzH^4 \quad + \quad 2AzH^3 \quad + \quad H^2O^2,$$

Sulfhydrate   Oxygène.   Bisulfure   Ammoniaque.   Eau.
d'ammoniaque.   d'ammonium.

$$2S(AzH^4)^2 \quad + \quad O \quad = \quad 2SAzH^4 \quad + \quad 2AzH^3 \quad + \quad H^2O ;$$

puis, l'oxygène continuant à intervenir, des sulfures de plus en plus sulfurés prennent naissance, du soufre se dépose et de l'hyposulfite d'ammoniaque se forme. Les liqueurs ainsi altérées possèdent une teinte jaune caractéristique; traitées par l'acide chlorhydrique, elles fournissent un abondant dépôt de soufre.

La solution altérée, chargée de polysulfure et de soufre, présente des propriétés particulières qui la font rechercher dans certains cas, par exemple lorsqu'il s'agit de dissoudre divers sulfures, le sulfure d'étain notamment, lequel est soluble uniquement lorsqu'il se trouve à son maximum de sulfuration. Dans ce cas, il est préférable d'ajouter du soufre pulvérisé à du sulfhydrate d'ammoniaque pur, de maintenir en contact pendant quelque temps en agitant fréquemment, de laisser déposer et de décanter; on obtient ainsi un réactif de composition constante, ce qui ne saurait exister lorsqu'on se sert de sulfhydrate d'ammoniaque plus ou mois altéré à l'air.

890. Essai. — Pour être propre aux opérations analytiques ordinaires, la solution de sulfhydrate d'ammoniaque doit présenter les caractères suivants : Elle possède une odeur particulière, très marquée ; elle est incolore ou très faiblement colorée en jaune. Traitée par l'acide chlorhydrique, elle dégage abondamment de l'hydrogène sulfuré, mais ne produit aucun précipité (*métaux*), ou tout au moins ne fournit qu'un dépôt laiteux et peu abondant de soufre. Évaporée à sec, elle ne laisse aucun résidu (*matières fixes*). Elle ne précipite pas le sulfate de magnésie, non plus que le chlorure de calcium (*ammoniaque libre ou carbonatée*).

C. — Phosphate diammonique.

$$\text{Équiv.} : P(AzH^4)^2HO^8 \text{ ou } PO^5,HO,2AzH^4O = 132 = PO^4(AzH^4)^2H = P. \text{mol.}$$

891. *Synonymes* : Phosphate biammoniacal, phosphate d'ammoniaque bibasique, phosphate neutre d'ammoniaque. — *Sel cristallisable* en prismes clinorhombiques, incolores, anhydres. — *Soluble* dans 4 parties d'eau froide ; beaucoup plus soluble à chaud. — *Efflorescent* à l'air par perte d'ammoniaque.

892. Préparation par l'acide phosphorique et l'ammoniaque. — Le phosphate d'ammoniaque étant neutre au tournesol, il suffit de neutraliser de l'acide phosphorique en solution concentrée (§ 721) par de l'ammoniaque ajoutée peu à peu, jusqu'à ce que la liqueur bleuisse légèrement le tournesol. La chaleur due à la combinaison échauffe fortement le mélange. S'il est nécessaire, on filtre la liqueur chaude et on abandonne au refroidissement. Le phosphate diammonique cristallise. Après vingt-quatre heures, on décante la liqueur, on égoutte les cristaux et on les sèche rapidement à l'air, en évitant de les laisser effleurir (§ 891). On évite leur altération par perte d'ammoniaque en les desséchant sous une cloche dont l'atmosphère est maintenue sèche par quelques fragments de chaux vive.

L'eau mère, concentrée par évaporation, fournit une nouvelle quantité de produit. Toutefois, il est nécessaire de remplacer, après la concentration à chaud, l'ammoniaque que le produit a perdue, entraînée par la vapeur d'eau ; on ajoute ce réactif jusqu'à rétablissement de la neutralité.

Les cristaux déposés sont plus beaux quand, après neutralisation de la liqueur acide, on lui rend une réaction légèrement acide par addition d'une très petite quantité d'acide phosphorique.

4.

BARYUM.

Équiv. : Ba $= 68,5$.   *P. atom.* : Ba $= 137$.

A. — Baryte.

Équiv. : BaO $= 76,5$.   *P. atom.* : Ba$\vartheta = 153$.

893. *Synonymes :* Terre pesante, protoxyde de baryum, baryte caustique. — *Masse poreuse*, grise, à saveur brûlante et alcaline, découverte par Scheele en 1774. — *Densité :* 5,45. — *Fusible* seulement aux températures les plus élevées. — Très avide d'eau et se transformant en hydrate de baryte avec un dégagement de chaleur considérable.

PRÉPARATION.

894. **Par l'azotate de baryte.** — On introduit 60 grammes d'azotate de baryte (§ 905) dans une cornue de grès ou mieux de porcelaine, que l'on place dans un fourneau à réverbère et que l'on chauffe au rouge. L'azotate de baryte se décompose en laissant un résidu de baryte :

$$\text{AzO}^5,\text{BaO} \quad = \quad \text{BaO} \quad + \quad \text{O} \quad + \quad \text{AzO}^4;$$

Azotate de baryte.   Baryte.   Oxygène.   Hypoazotide.

$$(Az\vartheta^3)^2Ba \quad = \quad Ba\vartheta \quad + \quad \vartheta \quad + \quad 2Az\vartheta^2.$$

La baryte s'attache aux parois de la cornue et les attaque en se chargeant de matières étrangères. Cet inconvénient est moins marqué dans un vase de porcelaine que dans un vase de grès. On diminue son importance en brusquant la réaction. On porte donc rapidement la cornue au rouge blanc, afin de parfaire la décomposition de l'azotate, puis on bouche exactement son orifice et on la laisse refroidir. On la brise enfin pour extraire la baryte qu'elle contient.

Celle-ci doit être rapidement soustraite à l'action de l'humidité et de l'acide carbonique de l'air.

Si la température n'a pas été suffisamment élevée, la baryte contient de l'azotite de baryte et du bioxyde de baryum.

895. **Par le carbonate de baryte.** — Le carbonate de baryte naturel, la *withérite* des minéralogistes, est très peu décomposable par la chaleur : sa tension de dissociation, même au rouge vif, est extrêmement faible. On peut cependant le décomposer totalement, en entraînant ou en détruisant le gaz carbonique mis en liberté : la tension de ce gaz, dans l'atmosphère du récipient où l'on opère, étant alors rendue inférieure à la tension de dissociation, la décomposition du sel cesse d'être limitée par une action inverse et s'accomplit jusqu'au bout (voy. *Chaux*, § 912). On peut atteindre ce résultat en chauffant le carbonate de baryte dans un courant de vapeur d'eau; mais on préfère généralement la méthode suivante, qui est basée sur la transformation de l'acide carbonique en oxyde de carbone par le charbon, et qui consiste à faire agir

la chaleur sur un mélange intime de carbonate de baryte et de charbon
en poudre.

On triture ensemble 100 grammes de carbonate de baryte naturel,
très finement pulvérisé, et 10 grammes de noir de fumée calciné (§ 811);
on ajoute peu à peu au mélange l'empois obtenu en chauffant 2 grammes
d'amidon dans 30 centimètres cubes d'eau, et on forme avec le tout une
masse plastique, bien homogène. On dessèche cette masse, on la divise
en fragments, on l'introduit dans un creuset de terre, en la recouvrant
de quelques fragments de charbon. On ferme exactement le creuset, on
le place dans un fourneau à réverbère et on le chauffe au rouge vif
pendant une heure ou deux. Il se dégage de l'oxyde de carbone et la
baryte reste dans le creuset :.

$$C^2O^4,2BaO \quad + \quad 2C \quad = \quad 2C^2O^2 \quad + \quad 2BaO;$$

Carbonate de baryte.　　Charbon.　Oxyde de carbone.　　Baryte.

$$CO^3Ba \quad + \quad C \quad = \quad 2CO \quad + \quad BaO.$$

On laisse refroidir le creuset bouché, on enlève les fragments de
charbon qui avaient été placés à sa partie supérieure pour absorber
l'oxygène de l'air pénétrant jusqu'au produit, et on enferme dans des
flacons la masse qu'ils recouvrent.

Cette méthode fournit de la baryte mélangée du charbon employé
en excès. Elle convient surtout pour la préparation de l'hydrate de
baryte qui peut être séparé du charbon au moyen de l'eau (§ 897).

B. — Hydrate de baryte.

Équiv. : $BaHO^2$ ou $BaO,HO = 85,5$.

F. atom. : $BaO^2H^2 = 171$.

896. *Cristaux incolores,* dérivés d'un *prisme droit à base carrée,* contenant 8 équivalents d'eau de cristallisation en plus de l'équivalent d'eau de constitution, soit
en tout 9 équivalents d'eau : $BaO,HO + 8HO$ ou $BaO^2H^2 + 8H^2O$. — *Densité* : 2,188.
Efflorescent dans l'air sec en perdant 7 équivalents d'eau. — *Fusible* à 78°,5. Perd
le septième de son eau de cristallisation quand on le chauffe à 100°, perd le reste
au rouge; ne perd pas son eau de constitution, même au rouge vif. — *Solubilité* :
100 parties d'eau dissolvent à l'état d'hydrate 1,5 parties d'oxyde de baryum
à 0°; 2,89 parties à 15°; 11,75 parties à 50°; 90,77 parties à 80°.

897. Préparation par la baryte. — On laisse tomber une petite
quantité d'eau sur des fragments de baryte caustique, en ayant soin
de ne pas en verser assez pour baigner la baryte dans le liquide. La
masse s'échauffe fortement, et de l'eau se volatilise; l'élévation de
température peut même porter jusqu'au rouge le produit, et déterminer la fusion de l'hydrate. On ajoute l'eau peu à peu, jusqu'à
hydratation de toute la baryte caustique. Cette transformation
se manifeste par un gonflement considérable de la matière, qui se délite et devient blanche et pulvérulente. On délaye ensuite la masse
dans un poids d'eau égal à celui de la baryte employée et on porte à
l'ébullition. L'hydrate de baryte se dissout. On filtre la liqueur bouillante dans un entonnoir chaud et, par refroidissement, elle abandonne

de grandes tables incolores d'hydrate cristallisé. Pour obtenir une liqueur limpide, il est bon de filtrer dans un vase dont l'orifice étroit est presque complètement fermé par la douille de l'entonnoir, dans un matras ou un ballon par exemple; on évite ainsi l'intervention de l'anhydride carbonique de l'air, qui précipiterait rapidement du carbonate de baryte.

On décante la liqueur contenant la plus grande partie des matières étrangères solubles de la baryte caustique (chaux, strontiane, etc.), on égoutte rapidement les cristaux et on les essore entre des feuilles de papier à filtrer, en évitant l'accès de l'air. Enfin on les conserve dans des vases soigneusement bouchés.

D'ordinaire, cette préparation est faite avec la baryte provenant de la calcination du carbonate de baryte en présence du charbon (§ 895). Dans ce cas, le charbon en excès reste sur le filtre avec le carbonate de baryte non décomposé et les autres matières insolubles.

898. EAU DE BARYTE. — La dissolution aqueuse d'hydrate de baryte est un réactif fort usité. On la prépare en dissolvant l'hydrate cristallisé dans 20 fois son poids d'eau chaude, filtrant et conservant dans des flacons bien bouchés.

L'eau de baryte ne doit pas être préparée en dissolvant dans l'eau le produit direct de l'hydratation de la baryte caustique; elle contiendrait, en effet, dans ce cas, les matières salines et la strontiane que retient l'eau mère de la cristallisation de l'hydrate. Pour avoir un réactif complètement pur, il est même nécessaire de multiplier les cristallisations de l'hydrate de baryte avant de préparer sa solution aqueuse au vingtième.

L'eau de baryte pure, additionnée d'acide sulfurique en excès et filtrée, fournit une liqueur limpide qui, évaporée à siccité, ne laisse pas de résidu.

C. — Chlorure de baryum.

Équiv. : BaCl = 104.   F. atom. : BaCl² = 208.

899. *Sel incolore*, cristallisant en prismes rhomboïdaux droits, avec 2 équivalents d'eau, BaCl + 2HO ou *BaCl² + 2H²O*, qu'il perd sous l'influence de la chaleur, partiellement dès 58°, complètement à 120°. — *Densité :* 3,054. — *Solubilité :* 100 parties d'eau dissolvent 30,9 parties de sel supposé anhydre à 0°; 35,7 parties à 20°; 58,8 parties à 100°; 60,1 à 104°,1, température d'ébullition de la solution saturée. — *Toxique*.

PRÉPARATION.

900. PAR LE CARBONATE DE BARYTE NATUREL. — On ajoute peu à peu de l'acide chlorhydrique à du carbonate de baryte pulvérisé et délayé dans 10 fois son poids d'eau, en opérant dans une capsule de porcelaine. Un vif dégagement d'anhydride carbonique se produit. On continue à verser l'acide dans le mélange bien agité, tant qu'une nouvelle affusion de réactif provoque une nouvelle effervescence. On porte ensuite le mélange à l'ébullition et on y ajoute un excès de carbonate de baryte. Ce dernier sature d'abord complètement l'acide chlorhydrique ajouté en excès, puis précipite le fer, le plomb, l'alumine, etc.

On prolonge l'ébullition en présence du carbonate de baryte, jusqu'à ce que la liqueur claire reste limpide après addition d'eau de baryte. On filtre et on lave à l'eau bouillante le résidu resté sur le filtre. Les liqueurs réunies sont enfin évaporées jusqu'à ce qu'elles commencent à déposer du sel à l'ébullition, puis abandonnées au refroidissement. Le chlorure de baryum se sépare en tables brillantes. On décante ; on essore le sel et on le fait cristalliser une seconde fois par dissolution dans l'eau chaude, en concentrant jusqu'à ce que la liqueur bouillante marque 1,32 au densimètre (35° Baumé) et laissant refroidir lentement. Le sel égoutté et essoré est séché à l'air, entre des feuilles de papier à filtrer.

Pour assurer la précipitation des métaux à sulfures insolubles, il est avantageux d'ajouter au liquide neutre, en ébullition avec le carbonate de baryte, un peu de sulfure de baryum. Après filtration, on fait bouillir la liqueur avec un petit excès d'acide chlorhydrique qui détruit toute trace de sulfure resté en dissolution, on filtre et on évapore.

901. PAR LE SULFURE DE BARYUM. — Le sulfure de baryum provenant de la réduction du sulfate de baryte par le charbon (§ 904) peut servir également à préparer le chlorure de baryum.

Après en avoir mis de côté un vingtième environ, dont l'usage sera indiqué plus loin, on introduit le sulfure de baryum brut, encore mélangé de charbon en excès, dans un appareil à préparer l'hydrogène sulfuré (§ 640), avec 10 fois son poids d'eau, et on dispose le tube à dégagement de façon à utiliser l'hydrogène sulfuré qui se dégagera, ou tout au moins de façon à s'en débarrasser sans en être incommodé : on l'absorbe dans un lait de chaux ou dans une solution alcaline, par exemple.

On verse par très petites portions de l'acide chlorhydrique dans l'appareil. Le sulfure de baryum étant soluble, la réaction de l'acide sur ce sel s'effectue brusquement au contact des deux liqueurs. On agite l'appareil avant chaque addition d'acide, pour éviter que celles-ci ne se superposent en deux couches qui réagiraient trop violemment à un moment donné. Le sulfure de baryum se change ainsi peu à peu en chlorure. Lorsqu'une nouvelle addition d'acide ne provoque plus de réaction, on verse le contenu de l'appareil dans une capsule de porcelaine et on le porte à l'ébullition sous une cheminée bien ventilée ; la réaction s'achève, le gaz sulfhydrique dissous se dégage, et le soufre précipité, provenant de la décomposition des polysulfures de baryum existant dans le sulfate réduit par le charbon, s'agglomère. On ajoute à la solution bouillante le sulfure de baryum mis à part et dissous dans l'eau ; on le fait intervenir en quantité suffisante pour rendre la liqueur alcaline, ce qui provoque la séparation de la plus grande partie des métaux étrangers. On filtre. On fait bouillir le liquide filtré avec un léger excès d'acide chlorhydrique qui détruit le sulfure resté en dissolution. On filtre de nouveau ; enfin on évapore la solution pour la faire cristalliser comme il a été dit plus haut (§ 900).

902. PURIFICATION ET ESSAI. — Le chlorure de baryum employé comme réactif doit être soumis à des cristallisations suffisamment répétées pour que l'eau mère, additionnée d'un excès d'acide sulfurique et filtrée, fournisse un liquide ne laissant aucun résidu à l'évaporation.

Le sel pur est incolore, sans action sur le tournesol. Sa solution ne se colore pas par l'hydrogène sulfuré ou le sulfhydrate d'ammoniaque (*métaux*). Enfin l'acide sulfurique dilué donne avec lui le caractère qui vient d'être indiqué, c'est-à-dire qu'il précipite toute la matière fixe.

D. — Sulfure de baryum.

Équiv. : BaS = 84,5.   *P. mol.* : $Ba^2S^2 = BaS = 169$.

903. *Composé incolore*, soluble dans l'eau, avec laquelle il forme un hydrate cristallisé, $BaS + 6HO$ ou $BaS + 6H^2O$. — *Très soluble* dans l'eau chaude. — *Toxique*.

904. Préparation par le sulfate de baryte et le charbon. — On fait un mélange intime de 120 grammes de sulfate de baryte, de 30 grammes de charbon de bois, tous deux très finement pulvérisés, et de 5 grammes de colophane ; on y ajoute peu à peu, en triturant, de l'em-

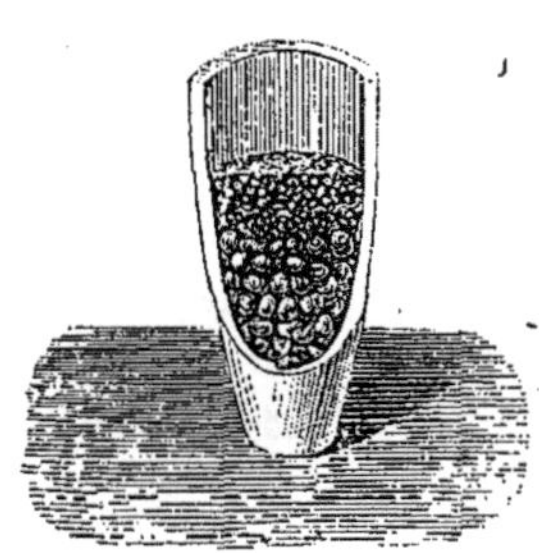

Fig. 279. — Sulfure de baryum.

pois d'amidon obtenu en portant à l'ébullition 2 grammes d'amidon délayés dans 30 grammes d'eau, et on fait avec le tout une masse plastique et homogène. On divise cette masse en boulettes de la grosseur d'une petite noisette, que l'on introduit dans un creuset (fig. 279) ; on les recouvre de charbon concassé, et on ferme le creuset avec un couvercle s'appliquant exactement sur ses bords. On place le creuset sur un fromage dans un fourneau à réverbère et on le chauffe, doucement d'abord, en l'entourant de quelques charbons. Le mélange se dessèche lentement. La vapeur d'eau ayant cessé de se dégager, on ajoute du charbon dans le fourneau et on chauffe progressivement jusqu'au rouge vif. La colophane et l'amidon, matières organiques, se détruisent tout d'abord, en donnant des produits de décomposition intermédiaires, qui pénètrent la masse et y laissent finalement un résidu de charbon très divisé. Sous l'influence de ce dernier, le sulfure de baryum se forme par réduction du sulfate :

$S^2O^6,2BaO$ + $8C$ = $2BaS$ + $4C^2O^2$;

Sulfate de baryte.   Charbon.   Sulfure de baryum.   Oxyde de carbone.

SO^4Ba + $4C$ = BaS + $4CO$.

Il se produit, en même temps, de l'oxyde de baryum en petite quantité. Pour terminer la réaction, on ferme tous les orifices du fourneau et on laisse refroidir lentement.

On peut encore chauffer fortement pendant un temps un peu plus considérable, une heure ou une heure et demie, enlever le creuset du feu, puis le laisser refroidir à l'air en le maintenant bien fermé.

Le charbon disposé dans le creuset, au-dessus de la matière, empêche l'oxygène de l'air d'atteindre celle-ci et de la décomposer. Le produit froid est séparé de ce charbon; étant très altérable il doit être conservé dans des vases bien clos ou employé immédiatement.

La réaction qui donne naissance au sulfure de baryum, dans ces conditions, est tout à fait analogue à celle au moyen de laquelle on prépare souvent les sulfures alcalins (§ 810 et § 835). Comme celle-ci, elle donne toujours naissance simultanément à des polysulfures qui colorent le produit.

E. — Azotate de baryte.

Équiv. : $AzBaO^6$ ou $AzO^5,BaO = 138,5$.   *F. atom.* : $Az^2O^6Ba = 277$.

905. *Sel incolore*, cristallisé en octaèdres réguliers, sans eau de cristallisation. — *Densité* : 3,24. — Décrépite par la chaleur, puis fond et se décompose au rouge en laissant un résidu de baryte. — *Solubilité* : 5,2 parties dans 100 parties d'eau à 0°; 9,2 parties à 20°; 32,2 parties à 100°; 34,8 à 101°,9, température d'ébullition de la solution saturée. — Légèrement déliquescent. — *Toxique*.

906. PRÉPARATION PAR LE CARBONATE DE BARYTE. — Cette préparation se fait exactement comme celle du chlorure de baryum (§ 900), en substituant seulement l'acide azotique à l'acide chlorhydrique. L'évaporation de la liqueur est continuée jusqu'à ce que le sel commence à se séparer. Par refroidissement, l'azotate de baryte cristallise. Pour obtenir des cristaux bien nets, l'évaporation de la liqueur doit être poussée jusqu'à ce que la liqueur bouillante marque 1,14 au densimètre (18° Baumé).

La purification de l'azotate de baryte est également calquée sur celle du chlorure correspondant. Le sel pur doit être essayé de la même manière que le chlorure de baryum pur (§ 902).

907. PAR LE SULFURE DE BARYUM. — On opère comme pour la préparation du chlorure (§ 904). Il est bon cependant de diluer préalablement l'acide azotique de 2 ou 3 fois son volume d'eau, pour éviter son action oxydante sur les composés du soufre.

Le sel est purifié de la même manière que le chlorure de baryum obtenu par le sulfure. Les conditions de sa cristallisation ont été données ci-dessus.

F. — Carbonate de baryte.

Équiv. : $CBaO^3$ ou $CO^2,BaO = 98,5$.

P. mol. : $C^2Ba^2O^6$ ou $C^2O^4,2BaO = CO^3Ba = 197$.

908. *Sel incolore*, cristallisable en prismes rhomboïdaux droits, isomorphe avec le carbonate de chaux. — *Densité* : 4,29. — Faiblement décomposé au rouge vif. — *Solubilité* : 1 partie dans 14137 parties d'eau à 16°; dans 15421 parties à 100°. — *Réaction alcaline*.

909. PRÉPARATION PAR LE CHLORURE DE BARYUM. — Le carbonate de baryte naturel constitue la matière première la plus usitée aujourd'hui pour la préparation des composés barytiques. Il est toujours impur et, par consé-

quent, ne convient pas pour les usages analytiques. Quand on veut avoir le carbonate de baryte pur, on le précipite d'un sel de baryte soluble, au moyen du carbonate de soude.

On dissout dans l'eau, d'une part, du chlorure de baryum pur (§ 902), et, d'autre part, du carbonate de soude pur (§ 854). On porte à l'ébullition la première solution dans laquelle on verse ensuite peu à peu la seconde, jusqu'à ce qu'une nouvelle affusion cesse de provoquer la formation d'un précipité. On supprime le feu et on laisse déposer. On décante la liqueur claire, et on lave le précipité à l'eau bouillante par décantation et filtration (§ 374), jusqu'à ce que l'eau de lavage, acidulée par l'acide azotique, ne se trouble plus par l'azotate d'argent. On verse enfin toute la masse sur le filtre, on l'égoutte et on la sèche à l'étuve entre des doubles de papier à filtrer.

La substitution du carbonate d'ammoniaque additionné d'ammoniaque au carbonate de soude présente l'avantage de ne laisser dans la liqueur que des sels ammoniacaux volatils, dont on peut, après le lavage, assurer la disparition en chauffant fortement le carbonate de baryte obtenu.

Pour l'analyse, il est avantageux de conserver le carbonate de baryte humide et en suspension dans l'eau. On enferme alors le sel mélangé d'eau, tel qu'il provient du dernier lavage, dans un flacon qu'on agite, au moment du besoin, avant de prélever une portion de son contenu. Employé sous cette forme, le carbonate de baryte présente une rapidité d'action plus grande que lorsqu'il a été desséché.

Le carbonate de baryte pur, traité par un excès d'acide sulfurique pur et dilué, donne un précipité de sulfate et une liqueur qui, filtrée, ne laisse aucun résidu quand on l'évapore à sec. Il ne se colore pas par l'hydrogène sulfuré.

910. PAR LE SULFATE DE BARYTE ET LE CARBONATE DE SOUDE. — On introduit dans une capsule de porcelaine 30 grammes de sulfate de baryte finement pulvérisé, 59 grammes de carbonate de soude cristallisé et 150 grammes d'eau. On porte à l'ébullition, que l'on maintient pendant une heure, en remplaçant de temps en temps l'eau volatilisée. Le sulfate de baryte est attaqué ; il se forme du carbonate de baryte et du sulfate de soude (Dulong) :

$$C^2O^4,2NaO \quad + \quad S^2O^6,2BaO \quad = \quad C^2O^4,2BaO \quad + \quad S^2O^6,2NaO;$$

Carbonate de soude.   Sulfate de baryte.   Carbonate de baryte.   Sulfate de soude.

$$CO^3Na^2 \quad + \quad SO^4Ba \quad = \quad CO^3Ba \quad + \quad SO^4Na^2.$$

On verse le mélange sur un filtre : le sulfate de soude passe dans la liqueur, tandis que le carbonate de baryte reste sur le filtre. On le lave à l'eau bouillante.

Le carbonate de baryte ainsi obtenu retient toujours un peu de sulfate de baryte non décomposé.

Cette réaction trouve surtout son application en analyse.

5.

STRONTIUM.

Équiv. : Sr $= 43,75$ *P. atom.* : $Sr = 87,5$.

911. Les productions de l'oxyde, du sulfure et des sels du strontium sont à peu près identiques à celles des composés barytiques correspondants.

6.

CALCIUM.

Équiv. : Ca $= 20$.   *P. atom.* : $Ca = 40$.

A. — Chaux.

Équiv. : CaO $= 28$.   *F. atom.* : $CaO = 56$.

912. *Synonymes* : Oxyde de calcium, chaux vive, chaux grasse. — *Masse blanche, amorphe, se combinant à l'eau en donnant un hydrate à réaction alcaline. — Densité : 3,18. — Infusible* et *fixe*.

913. PRÉPARATION PAR LE CARBONATE DE CHAUX. — Au fond d'un grand creuset de terre, on pratique, au moyen d'une pointe de fer, un trou vertical de 4 à 5 millimètres de diamètre ; sur le bord on creuse quelques encoches, de telle manière que l'air pénétrant dans le creuset par le trou inférieur puisse s'échapper à la partie supérieure, alors même que le creuset est muni de son couvercle. On garnit complètement le creuset de fragments de carbonate de chaux (craie ou mieux marbre blanc concassé), et on le place au milieu d'un fourneau à réverbère, en juxtaposant son orifice inférieur avec l'un des trous de la grille. On chauffe au rouge. Le carbonate de chaux est décomposé en chaux, qui reste dans le creuset, et gaz carbonique qui s'échappe :

$$C^2O^4,2CaO \quad = \quad 2CaO \quad + \quad C^2O^4 ;$$

Carbonate de chaux.	Chaux.	Acide carbonique.

$$CO^3Ca \quad = \quad CaO \quad + \quad CO^2.$$

Le courant d'air qui s'établit dans le creuset facilite la réaction ; il permet de la rendre complète en élevant beaucoup moins la température que si le gaz carbonique produit séjournait au contact de la masse solide. Quand, en effet, le carbonate de chaux, porté à une température suffisante pour commencer sa dissociation, se trouve dans une atmosphère où le gaz carbonique possède une tension égale à la tension de dissociation à cette température, la réaction s'arrête ; elle se continue au contraire, jusqu'à la destruction totale du carbonate de chaux, si un gaz ou une vapeur, de l'air dans le cas actuel, vient déplacer le gaz carbonique et, par suite, diminuer la tension de ce gaz dans l'atmosphère ambiante.

Deux pots à fleurs, superposés par leurs larges ouvertures (voy.

Oxyde de cuivre), peuvent remplacer le creuset dans cette opération et contenir une quantité de chaux plus grande.

Le carbonate de chaux, après avoir été porté au rouge cerise dans toute sa masse, a perdu son acide carbonique ; on laisse refroidir et on conserve les fragments de chaux dans des flacons exactement fermés à l'accès de l'air humide.

Lorsque la décomposition a été complète, le produit est soluble, sans effervescence, dans l'eau additionnée d'acide chlorhydrique.

B. — Hydrate de chaux.

Équiv. : $CaHO^2$ ou $CaO,HO = 37$.   *F. atom.* : $CaO^2H^2 = 74$.

914. *Synonymes :* Chaux éteinte, hydrate d'oxyde de calcium. — *Composé* fortement alcalin, cristallisable, mais se présentant d'ordinaire sous la forme d'une poudre blanche. — *Densité :* 2,078. — *Décomposable* par la chaleur : commence à perdre son eau vers 400°, et se change en chaux vive au rouge. — *Solubilité* dans l'eau plus grande à froid qu'à chaud : 1 partie dans 650 parties d'eau à 0° ; dans 778 parties à 15° ; dans 1340 parties à 100°.

915. PRÉPARATION PAR LA CHAUX VIVE ET L'EAU. — Sur des fragments de chaux, on verse de l'eau en quantité suffisante pour les imbiber, mais insuffisante cependant pour qu'une portion du liquide reste à leur contact sans les pénétrer par capillarité. L'eau se combine à la chaux avec un dégagement de chaleur considérable, qui provoque la volatilisation d'une partie du liquide. En même temps la masse se fendille, se gonfle fortement et se change en une matière pulvérulente, volumineuse, très blanche. Si des morceaux non désagrégés subsistent, on les arrose de nouveau en évitant toujours l'emploi d'un excès d'eau.

L'hydrate de chaux pulvérulent absorbe rapidement l'acide carbonique de l'air, aussi doit il être conservé en vase clos.

Si l'on fait intervenir une trop grande proportion d'eau, si, par exemple, on baigne dans l'eau les fragments de chaux, l'hydratation, autrement dit l'*extinction* de la chaux, se fait très lentement ; le liquide inactif dans la réaction absorbe la chaleur dégagée par celle-ci et empêche l'échauffement de la masse. De plus, l'hydrate obtenu reste mouillé d'un excès d'eau que la chaleur de la réaction n'a pu expulser.

La chaux pure, dite *chaux grasse*, donne seule les phénomènes précédents. La chaux impure, dite *chaux maigre*, qui contient en proportion plus ou moins considérable des matières étrangères, de la silice et de l'alumine particulièrement, ne se gonfle que fort peu ou même pas du tout sous l'influence d'une quantité d'eau convenable ; elle ne *foisonne* pas.

916. EAU DE CHAUX. — La solution aqueuse de chaux hydratée est un réactif fort usité. On l'obtient en délayant la chaux récemment éteinte dans 40 ou 50 fois son poids d'eau distillée, agitant à plusieurs reprises, puis laissant reposer. L'eau se sature d'hydrate de chaux, mais se charge surtout des sels ou oxydes plus solubles qui se trouvaient dans la chaux, notamment des sels de potasse et de strontiane.

On décante cette eau et on la remplace une ou deux fois par des quantités semblables d'eau distillée; ces liqueurs entraînent toutes les matières solubles et sont rejetées. Si l'on veut avoir de l'eau de chaux pure, on doit continuer les lavages tant que les liquides, sursaturés par l'acide azotique, précipitent par l'azotate d'argent. On verse ensuite sur l'hydrate de chaux lavé un poids d'eau distillée 100 fois plus grand que celui de la chaux employée pour le préparer; on laisse en contact pendant vingt-quatre heures, en agitant de temps en temps, enfin on laisse reposer. La liqueur claire décantée est l'eau de chaux. Elle contient à 15°, $1^{gr},285$ d'oxyde de calcium par litre. Elle précipite abondamment par le carbonate de soude, et possède une réaction fortement alcaline; elle se trouble quand on la porte à 100°, l'hydrate étant moins soluble à chaud qu'à froid.

L'eau de chaux perd ses propriétés lorsqu'on ne la conserve pas soigneusement à l'abri de l'air : elle absorbe, en effet, le gaz carbonique de l'atmosphère, en laissant déposer à l'état de carbonate insoluble toute la chaux qu'elle contient (§ 559).

On désigne sous le nom de *lait de chaux* une bouillie claire, obtenue en délayant dans l'eau de la chaux récemment éteinte, et décantant pour séparer les matières minérales étrangères plus denses, qui se sont séparées après quelques instants de repos, alors que l'hydrate de chaux est encore presque tout entier en suspension.

C. — Hypochlorite de chaux.

Équiv. : $ClCaO^2$ ou $ClO,CaO = 71,5$.   *F. atom.* : $Cl^2O^2Ca = 143$.

917. Le mélange d'hypochlorite de chaux, de chlorure de calcium et d'hydrate de chaux, qui est connu sous le nom de *chlorure de chaux*, est beaucoup plus important par ses applications que l'hypochlorite de chaux pur. C'est de ce mélange que l'on s'occupera ici.

918. CHLORURE DE CHAUX SOLIDE. — Le chlorure de chaux solide résulte de l'action du chlore gazeux sur l'hydrate de chaux, à froid. Il se prépare difficilement en opérant sur peu de matière. Il jouit des propriétés caractéristiques des chlorures décolorants (§ 845). Les méthodes employées pour apprécier sa valeur constituent la *chlorométrie* (voy. ce mot).

919. CHLORURE DE CHAUX LIQUIDE. — Ce composé est le produit de la dissolution dans l'eau du chlorure de chaux solide.

On l'obtient en triturant dans un mortier de porcelaine 50 grammes de chlorure de chaux, en ajoutant de l'eau peu à peu, de manière à faire une bouillie homogène de plus en plus claire. On laisse déposer pendant quelques minutes les fragments les plus volumineux, et on décante l'eau qui entraîne les parties les plus ténues. On ajoute de nouveau de l'eau sur le résidu après l'avoir trituré, et on décante encore. On continue ainsi en employant, pour la quantité de chlorure indiquée, 2250 grammes d'eau. Les liqueurs, mélangées et filtrées, donnent la solution, peu concentrée, ordinairement employée comme décolorant;

sous l'influence des acides, elles dégagent environ 2 fois leur volume de chlore.

Le chlorure de chaux liquide ne renferme que fort peu de chaux hydratée, cette dernière n'étant que très faiblement soluble dans l'eau (§ 914); la presque totalité de la chaux du chlorure solide reste sur le filtre.

On prépare directement le chlorure de chaux liquide par l'action du chlore sur un lait de chaux. On éteint 20 grammes de chaux vive que l'on transforme en lait de chaux (§ 916) avec 250 centimètres cubes d'eau, et que l'on place dans un vase de forme allongée, une éprouvette à pied par exemple. Au moyen d'un tube plongeant au fond de l'éprouvette, on fait passer dans le mélange un courant de chlore (§ 651) préalablement lavé à l'eau. Le chlore est absorbé par l'hydrate de chaux avec formation d'hypochlorite et de chlorure de calcium :

$$2CaO,HO \quad + \quad 2Cl \quad = \quad CaCl \quad - \quad ClO,CaO \quad + \quad H^2O^2;$$

Hydrate de chaux.   Chlore.   Chlorure de calcium.   Hypochlorite de chaux.   Eau.

$$2\overline{Ca}O^2H^2 \quad + \quad 4Cl \quad = \quad \overline{Ca}Cl^2 \quad + \quad (Cl\overline{O})^2\overline{Ca} \quad + \quad 2H^2\overline{O}.$$

Il est nécessaire d'empêcher l'élévation de la température du mélange par la chaleur due à la réaction : dès 35° ou 40°, l'hypochlorite de chaux s'altère en donnant du chlorate de chaux (§ 819). A cet effet, on plonge l'éprouvette dans un vase rempli d'eau froide.

La chaux entre peu à peu en dissolution. On arrête la réaction avant sa disparition complète, un excès de chlore provoquant la destruction du produit. On filtre.

D. — Phosphate dicalcique.

Équiv. : PCa^2HO^8 ou $PO^5,HO,2CaO = 136 = P\overline{O}^4\overline{Ca}H$.

920. *Sel incolore*, obtenu à la température ordinaire en petits cristaux brillants, dérivés d'un prisme rhomboïdal oblique, contenant 2 molécules d'eau de cristallisation, $PO^5,HO,2CaO + 2H^2O^2$ ou $P\overline{O}^4\overline{Ca}H + 2H^2\overline{O}$, devenant anhydres à 100°. — *Solubilité* dans l'eau presque nulle; sensiblement décomposé par ce liquide, surtout à chaud.

921. PRÉPARATION PAR LE PHOSPHATE DISODIQUE ET LE CHLORURE DE CALCIUM. — On dissout 100 grammes de phosphate disodique cristallisé dans 700 centimètres cubes d'eau, et on ajoute à la liqueur 3 centimètres cubes d'acide chlorhydrique concentré. On dissout, d'autre part, 65 grammes de chlorure de calcium cristallisé dans 250 grammes d'eau. Les deux liqueurs étant froides et filtrées, on les mélange et on laisse en contact pendant vingt-quatre heures, en ayant soin d'agiter de temps en temps. On décante la liqueur claire, on lave rapidement à l'eau froide le précipité cristallin formé, on le recueille sur un filtre et on le sèche à l'air. Il est plus avantageux de séparer, de laver et d'essorer le produit sur un tampon de coton ou d'amiante, en s'aidant de la trompe.

Lorsqu'on supprime l'addition d'acide chlorhydrique, on obtient du phosphate dicalcique toujours mélangé de phosphate tricalcique ; ce mélange, moins nettement cristallin que le phosphate dicalcique pur, se sépare et se lave beaucoup plus difficilement. Il est d'ailleurs toujours possible, en neutralisant la liqueur filtrée par le carbonate de soude, de recueillir, à l'état de phosphate tribasique de chaux, la faible quantité d'acide phosphorique maintenue dans les eaux mères par l'acide chlorhydrique.

Les lavages ne doivent jamais être faits à l'eau chaude, à cause de la rapide altération que subit le produit dans ces conditions (§ 874).

On peut remplacer les 65 grammes de chlorure de calcium cristallisé par 32 grammes de chlorure de calcium fondu. Dans ce cas, le sel contenant toujours un peu d'oxychlorure (§ 925), il faut neutraliser exactement la solution, par addition d'une quantité convenable d'acide chlorhydrique, avant de la mélanger au phosphate de soude.

922. PAR LE PHOSPHATE DE CHAUX DES OS. — On traite les cendres d'os pulvérisées, par de l'acide chlorhydrique dilué de 4 fois son volume d'eau. On ajoute peu à peu l'acide sur la poudre en agitant. La quantité d'acide employée ne doit être que peu supérieure à celle qui est nécessaire pour dissoudre toute la matière. On filtre. On ajoute une solution de carbonate de soude à la liqueur, pour la neutraliser, jusqu'à ce que le précipité formé d'abord, cesse de se redissoudre par l'agitation. On ajoute ensuite de l'acide chlorhydrique en quantité strictement nécessaire pour redissoudre le précipité. On mesure alors ou on pèse la liqueur, on en met à part un tiers, et on neutralise les deux autres tiers en y versant par parties une dissolution de carbonate de soude ; on s'arrête lorsque le magma formé conserve, même après une agitation énergique, une réaction alcaline sensible au tournesol. On réunit alors le troisième tiers aux deux autres. On ajoute au mélange la faible quantité d'acide chlorhydrique nécessaire pour lui communiquer une réaction franchement acide, et on laisse en contact, pendant vingt-quatre heures, en agitant fréquemment.

Le précipité cristallin est ensuite lavé et séché comme il a été dit plus haut (§ 921).

E. — Chlorure de calcium.

Équiv. : CaCl = 55,5.   F. atom. : $CaCl^2$ = 111.

923. SEL ANHYDRE. — *Synonyme :* Phosphore de Homberg. — *Matière solide*, blanche, phosphorescente, extrêmement avide d'eau et déliquescente. — *Densité :* 2,16. — *Fusible* vers 300°. — *Soluble* dans l'eau avec dégagement de chaleur.

HYDRATE A 6 ÉQUIVALENTS D'EAU : CaCl + 6HO ou $CaCl^2 + 6H^2O$. — *Prismes hexagonaux*, incolores, déliquescents. — *Densité :* 1,701. — *Fusible* à 34°. — *Perdant 4 équivalents d'eau* à froid dans le vide sec, ou sous l'influence de la chaleur; la déshydratation n'est complète qu'au-dessus de 200°. — *Solubilité*, dans l'eau très considérable, avec absorption de chaleur : 100 parties d'eau dissolvent, à 0°, 49,6 parties de sel supposé sec; 66 parties à 15°; 154 parties à 99°. La solution saturée bout à 180°.

924. PRÉPARATION PAR LE CARBONATE DE CHAUX ET L'ACIDE CHLORHYDRIQUE.

— On utilise d'ordinaire pour cette préparation la liqueur que l'on retire, comme résidu, des appareils à gaz carbonique (§ 764).

On place cette liqueur dans une capsule de porcelaine et on l'additionne de 2 ou 3 grammes de *chlorure de chaux* ; le chlore, dégagé de cette substance par l'acide chlorhydrique en excès, peroxyde la petite quantité de fer que contient le mélange. On chauffe ce dernier, puis on ajoute peu à peu, en agitant, du lait de chaux (§ 916), jusqu'à ce que le liquide ait acquis une légère réaction alcaline : la chaux neutralise l'acide chlorhydrique en excès et précipite le sesquioxyde de fer. On porte à l'ébullition et on filtre. La solution limpide est amenée par évaporation à posséder, bouillante, une densité égale à 1,38 (40° Baumé) en été, à 1,53 (50° Baumé) en hiver, ou plus grossièrement à avoir la consistance sirupeuse. Lorsqu'elle est ensuite abandonnée au refroidissement dans la capsule recouverte d'une lame de verre, elle laisse déposer peu à peu des prismes hexagonaux, volumineux, constitués par l'hydrate à 6 équivalents d'eau (§ 923). Toutefois, les solutions de chlorure de calcium se sursaturant facilement, il arrive que la cristallisation ne s'effectue pas ; on la provoque par addition d'un petit fragment de chlorure de calcium cristallisé. On décante l'eau mère, et on dessèche les cristaux égouttés, en les exposant quelque temps sous une cloche avec de la chaux vive ; on les conserve dans des flacons bien clos pour éviter leur déliquescence sous l'influence de l'humidité de l'air.

925. Le *chlorure de calcium desséché* est très fréquemment utilisé dans les laboratoires pour absorber la vapeur d'eau. Il est en effet extrêmement avide d'eau et présente une porosité très marquée, qui lui donne une grande surface d'action et le rend particulièrement propre à cet usage.

On l'obtient avec une liqueur semblable à celle qui fournit le sel cristallisé, mais en poussant l'évaporation jusqu'à siccité. On opère dans une marmite de fer et on poursuit l'action de la chaleur jusqu'au delà de 200°. A 180°, température d'ébullition de la solution saturée, le sel commence à se déposer et à épaissir la masse. On continue à chauffer et on agite jusqu'à solidification de la matière ; on surchauffe alors un peu cette dernière, afin de lui enlever toute trace d'humidité, mais on s'arrête aussitôt qu'un commencement de fusion se manifeste, afin de laisser au sel sa légèreté. On ferme la marmite au moyen d'un couvercle métallique et on laisse refroidir. Le chlorure de calcium sec et froid est rapidement détaché et concassé, puis enfermé immédiatement dans des vases soigneusement bouchés.

Le chlorure de calcium desséché contient toujours de l'oxychlorure de calcium qui lui donne une réaction alcaline ; ce composé vient de la décomposition partielle du chlorure de calcium par la vapeur d'eau à haute température, avec formation d'acide chlorhydrique et de chaux.

926. Le *chlorure de calcium fondu* est usité surtout pour priver d'eau les liquides rares, avec lesquels la forme spongieuse du sel desséché entraînerait de trop fortes pertes.

On le prépare en continuant à chauffer le chlorure de calcium desséché (§ 925). Vers 300°, le sel entre en fusion. Lorsqu'il est bien fluide, on le coule sur une tôle de fer; il se solidifie sous forme de plaque plus ou moins épaisse. On le concasse le plus rapidement possible et on l'enferme.

927. Par l'action du chlore sur la chaux vive. — Le chlore attaque la chaux portée au rouge, forme du chlorure de calcium ét dégage de l'oxygène :

$$CaO \quad + \quad Cl \quad = \quad CaCl \quad + \quad O;$$

| Chaux. | Chlore. | Chlorure de calcium. | Oxygène. |

$$Ca\Theta \quad + \quad 2Cl \quad = \quad CaCl^2 \quad + \quad \Theta.$$

On dispose sur un fourneau (fig. 280) un appareil à chlore BS, dont le tube à dégagement MN est formé de 2 pièces et recourbé de manière à le faire communiquer avec un tube en grès réfractaire NP. Ce dernier contient des fragments de chaux vive concassée; il est placé dans un fourneau à tubes et porte en P un bouchon que traverse un tube recourbé deux fois, aboutissant à une cuve à eau. On chauffe le tube en grès au rouge, puis on fait fonctionner doucement l'appareil à chlore. Le gaz arrive au contact de la chaux rougie et

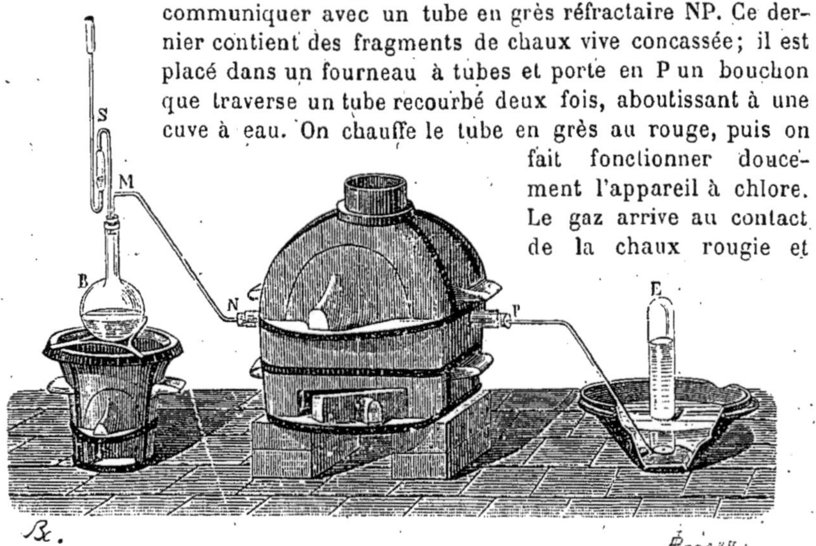

Fig. 280. — Action du chlore sur la chaux.

l'oxygène, expulsant l'air de l'appareil, vient se dégager en E où on le recueille. Quand cet oxygène devient trop fortement mélangé de chlore, on arrête l'opération en supprimant l'appareil à chlore et on laisse refroidir. La chaux contenue dans le tube est recouverte d'une couche de chlorure de calcium fondu, qu'on peut isoler au moyen de l'eau.

Cette réaction, intéressante au point de vue théorique, n'est pas, à proprement parler, une préparation du chlorure de calcium.

7.

MAGNÉSIUM.

Équiv. : Mg = 12.　　　*P. atom.* : Mg = 24.

A. — Magnésie.

Équiv. : MgO = 20.　　　*F. atom.* : $Mg\Theta$ = 40.

928. Magnésie anhydre. — *Synonymes* : Oxyde de magnésium, magnésie calcinée, périclase. — *Incolore*, amorphe d'ordinaire, parfois cristallisée en octaèdres réguliers. — *Densité* : 3,75. — A peu près *infusible* aux températures les plus élevées.

Magnésie hydratée : MgO,HO ou MgO^2H^2., — *Synonyme* : Brucite. — Matière blanche, alcaline au tournesol, amorphe d'ordinaire, parfois cristallisée en rhomboèdres. — *Densité* : 2,40. — *Solubilité* très faible dans l'eau.

929. **Par la combustion de magnésium.** — Si l'on introduit dans une flamme l'extrémité d'un ruban de magnésium, ce métal prend feu et continue ensuite à brûler à l'air, en produisant de la magnésie. Celle-ci étant portée à une température très élevée par la chaleur due à l'oxydation elle-même, devient extrêmement lumineuse et donne à la combustion un éclat particulier (§ 503). La magnésie entraînée dans l'atmosphère ne tarde pas à se déposer en flocons.

930. **Par la calcination de l'hydrocarbonate de magnésie.** — On remplit un creuset de terre d'hydrocarbonate de magnésie pulvérisé (§ 935), on le couvre et on le place, sur un fromage, au milieu d'un fourneau à réverbère dans lequel on le porte au rouge sombre. L'hydrocarbonate perd à la fois de l'eau et du gaz carbonique et se change en magnésie anhydre. Cette dernière est d'autant plus légère que la décomposition a été opérée à une température moins élevée. Au rouge blanc, on obtient un produit fortement contracté, qui s'hydrate difficilement et n'est que lentement soluble dans les acides.

La décomposition est complète quand un échantillon, prélevé sur la masse et imbibé de quelques gouttes d'eau, se dissout sans effervescence dans l'acide chlorhydrique.

La grande légèreté de l'hydrocarbonate de magnésie fait qu'on n'obtient qu'un poids faible de magnésie, en opérant dans des creusets d'un grand volume. Aussi remplace-t-on souvent les creusets par des vases en terre, dits *camions*, que l'on remplit et que l'on superpose l'un à l'autre en les maintenant par un fil de fer, chacun d'eux étant fermé par celui qu'il supporte. Des pots à fleurs en terre, disposés de la même manière, conviennent également (voy. *Oxyde de cuivre*); on doit seulement obturer par un tesson le petit orifice de celui qui est placé en dessous.

Mise au contact de l'eau, la magnésie s'hydrate plus ou moins rapidement ; la chaleur active la réaction. A l'air, elle absorbe simultanément l'acide carbonique et l'humidité.

B. — Chlorure de magnésium.

Équiv. : MgCl = 47,5.   *F. atom.* : $MgCl^2$ = 95.

931. **Sel anhydre.** — *Masse incolore*, nacrée, formée de lamelles cristallines, à saveur amère, volatile au rouge.

Hydrate a 6 équivalents d'eau : MgCl + 6HO ou $MgCl^2 + 6H^2O$. — Longs cristaux prismatiques, dérivés d'un prisme rhomboïdal oblique, très déliquescents. — *Densité* : 1,558. — *Fusible* entre 112° et 115°, en perdant de l'acide chlorhydrique dès 106°. — *Solubilité* : 100 parties de sel dans 60 parties d'eau froide et dans 27,3 parties d'eau bouillante.

932. **Préparation par le carbonate de magnésie et l'acide chlorhydrique.** — En dissolvant le carbonate de magnésie (ou la magnésie) dans l'acide chlorhydrique, on obtient une solution de chlorure de magnésium que l'on filtre. La liqueur évaporée jusqu'à ce que, bouil-

lante, elle marque 1,32 au densimètre (35° Baumé), abandonne par refroidissement lent de longs prismes présentant une zone presque arrondie par des facettes multiples. Quand les cristaux cessent de se déposer, on décante leur eau mère et on les sèche sous une cloche dont l'atmosphère est privée d'humidité par contact avec de l'acide sulfurique (§ 260). Le sel, qui est déliquescent, doit être conservé à l'abri de l'air.

933. Si l'on cherche à évaporer jusqu'à siccité la solution saline concentrée, pour préparer le chlorure de magnésium anhydre, on détruit ce sel : de l'acide chlorhydrique s'échappe avec la vapeur d'eau et le résidu est un oxychlorure de magnésium, qui prend naissance dès la température d'ébullition de la solution concentrée.

On peut cependant obtenir le *chlorure de magnésium anhydre*. A cet effet, on mélange le chlorure de magnésium hydraté avec son poids de chlorhydrate d'ammoniaque, en présence d'une petite quantité d'eau ; il se forme un sel double, le chlorure double de magnésium et d'ammonium, qui est beaucoup plus stable que le chlorure de magnésium et dont la solution peut être évaporée sans que l'eau le décompose. On évapore donc à siccité, puis, détachant le produit de la capsule de porcelaine où a été faite l'évaporation, on le pulvérise rapidement, on l'introduit dans un petit creuset de terre ou mieux dans un creuset de platine et on le chauffe. Le sel double est détruit et le chlorhydrate d'ammoniaque volatilisé (Dœbereiner). On élève la température jusqu'à fusion du résidu et on coule le produit sur une lame métallique. On laisse refroidir à l'abri de l'air humide, et le liquide se solidifie. Il est nécessaire de ne pas chauffer plus fortement qu'il n'est indispensable pour produire la fusion, le chlorure de magnésium étant volatil.

Le produit ainsi préparé retient d'ordinaire un peu de sel ammoniacal.

La même préparation peut être faite en ajoutant directement le chlorhydrate d'ammoniaque à la liqueur obtenue en dissolvant le carbonate de magnésie dans l'acide chlorhydrique (§ 932).

934. Par le sulfate de magnésie et le chlorure de sodium. — Cette réaction est celle que l'on applique aux eaux mères des marais salants afin d'en extraire du sulfate de soude et du chlorure de magnésium. Pour la reproduire, on dissout 2 parties de sulfate de magnésie cristallisé et 1 partie de chlorure de sodium dans 4 parties 1/2 d'eau, et on refroidit la solution en entourant le vase qui la renferme d'un mélange réfrigérant de glace et de sel. Du sulfate de soude ne tarde pas à se séparer en cristaux hydratés et volumineux. Ce sel a pris naissance par double décomposition :

$$S^2O^6,2MgO \quad + \quad 2NaCl \quad = \quad S^2O^6,2NaO \quad + \quad 2MgCl;$$

Sulfate de magnésie.	Chlorure de sodium.	Sulfate de soude.	Chlorure de magnésium.

$$SO^4Mg \quad + \quad 2NaCl \quad = \quad SO^4Na^2 \quad + \quad MgCl^2.$$

Le sulfate de soude cessant de se déposer, on sépare la liqueur. Par concentration et refroidissement de cette dernière, on obtient le chlorure de magnésium cristallisé et hydraté. A cause de la présence des autres sels dans la solution, il faut pousser l'évaporation jusqu'à 1,38 au densimètre (40° Baumé).

C. — Hydrocarbonate de magnésie.

935. *Synonyme :* Magnésie blanche. — *Mélange* en proportions variables de carbonate de magnésie hydraté et de magnésie hydratée.

936. Préparation par le sulfate de magnésie et le carbonate de soude. — On dissout, d'une part 50 parties de sulfate de magnésie cristallisé dans 200 grammes d'eau chaude, et d'autre part 150 parties de carbonate de soude cristallisé dans 300 grammes d'eau tiède. On filtre les deux liqueurs. On porte la première à l'ébullition, puis on ajoute peu à peu la seconde : un précipité abondant se produit en même temps que du gaz carbonique se dégage. On chauffe jusqu'au voisinage de l'ébullition, ce qui provoque le départ d'une nouvelle quantité de gaz carbonique. On cesse de chauffer et on laisse déposer pendant quelques instants, puis on décante la liqueur surnageante et on la filtre, si elle est trouble, au travers d'un carré (§ 333) ou même au travers d'un papier. On lave le précipité à l'eau tiède, tant que l'eau de lavage précipite l'azotate de baryte acidulé. Le lavage terminé, on jette le produit sur la toile, on l'égoutte et on le sèche à l'air.

La matière étant volumineuse, retient une grande quantité de liquide ; on active considérablement sa dessiccation en versant la masse pâteuse sur une brique ou sur un carreau de plâtre, bien secs et préalablement recouverts d'une feuille de papier à filtrer. Pour augmenter la quantité que l'on peut ainsi essorer, on transforme la plaque poreuse en une cuvette, en l'entourant, soit d'un cadre de bois, soit plus simplement d'un rebord en papier collé et épais, que l'on applique par un lien sur les faces latérales.

Les réactions qui s'effectuent lors de la précipitation sont assez complexes, mais dérivent principalement de deux faits simples.

1° Quand on mélange à froid et à équivalents égaux le sulfate de magnésie et le carbonate de soude, le carbonate neutre de magnésie qui résulterait de la double décomposition,

$$S^2O^6,2MgO \quad + \quad C^2O^4,2NaO \quad = \quad S^2O^6,2NaO \quad + \quad C^2O^4,2MgO,$$

| Sulfate de magnésie. | Carbonate de soude. | Sulfate de soude. | Carbonate de magnésie. |

$$SO^4Mg \quad + \quad CO^3Na^2 \quad = \quad SO^4Na^2 \quad + \quad CO^3Mg,$$

se décompose en présence de l'eau : il se fait, d'une part, un carbonate basique, c'est-à-dire un mélange de carbonate et d'hydrate de magnésie qui se précipite, et d'autre part, de l'acide carbonique qui transforme une autre portion du produit en bicarbonate de magnésie soluble, retenu en dissolution dans la liqueur.

2° Si l'on filtre le mélange précédent et si l'on chauffe la liqueur claire, du gaz carbonique provenant de la décomposition du bicarbonate de magnésie par la chaleur se dégage, tandis que du carbonate de magnésie plus ou moins mélangé d'hydrate de magnésie se précipite.

Quand on fait bouillir avec de l'eau le précipité résultant des réactions précédentes, il perd encore du gaz carbonique ; il se change finalement, après une ébullition prolongée, en un précipité cristallin de carbonate basique, $C^2O^4,2MgO + MgO,HO + HO$ ou $2\overline{C}\overline{O}^3Mg + Mg\overline{O}^2H^2 + H^2\overline{O}$. Ce même composé se forme aussi en petite quantité pendant le lavage du précipité ; il constitue le terme ultime vers lequel tendent les décompositions partielles qui engendrent l'hydrocarbonate de magnésie. Ce dernier corps, préparé dans les conditions indiquées, est donc un mélange, plus riche en gaz carbonique que le carbonate basique ; sa composition varie, pendant les opérations, avec la quantité d'eau en présence, avec la température et avec la durée du traitement.

D. — Sulfate de magnésie.

Équiv. : $SMgO^4$ ou $SO^3,MgO = 60$.

P. mol. : $S^2Mg^2O^8$ ou $S^2O^6,2MgO = S\overline{O}^4Mg = 120$.

937. Sel anhydre. — Amorphe, incolore, fusible au rouge en s'altérant lentement — *Densité* : 2,628. — Forme d'assez nombreux hydrates.

Hydrate a 1 molécule d'eau : $S^2O^6,2MgO + H^2O^2$ ou $S\overline{O}^4Mg + H^2\overline{O}$. — *Synonyme* : Kiésérite. — Octaèdres d'un prisme rhomboïdal oblique. — *Densité* : 2,569. — *Solubilité* dans l'eau très faible à froid. Se transformant, par ébullition prolongée, dans l'hydrate suivant.

Hydrate a 7 molécules d'eau : $S^2O^6,2MgO + 7H^2O^2$ ou $S\overline{O}^4Mg + 7H^2\overline{O}$. — *Dimorphe* : 1° *Cristaux rhomboédriques* instables à la température ordinaire ; 2° *Prismes rhomboïdaux droits*, de *densité* 1,68, constituant la forme la plus ordinaire du sel. — *Efflorescent* dans l'air sec ; perdant 5 molécules d'eau à 135°. — *Solubilité* : 100 parties d'eau dissolvent 33,8 parties de sel supposé anhydre à 15° ; 50,3 parties à 50° ; 73,8 parties à 100° ; 77,9 parties à 108°, température d'ébullition de la solution saturée.

938. Préparation par la dolomie. — Le carbonate de chaux et le carbonate de magnésie étant isomorphes, se mélangent en proportions variables dans un même cristal ; la dolomie est constituée par des mélanges de ce genre et présente des teneurs très diverses en carbonate de magnésie.

On prend 100 grammes de dolomie riche, finement pulvérisée, on les place dans une capsule de porcelaine, et on verse sur eux, peu à peu, de l'acide sulfurique que l'on a préalablement dilué de 3 fois son volume d'eau en le versant par portions dans ce liquide. Les deux carbonates se décomposent avec un vif dégagement de gaz carbonique ; ils sont transformés en sulfates :

$C^2O^4,2MgO$ + $S^2O^6,2HO$ = $S^2O^6,2MgO$ + C^2O^4 + H^2O^2,

Carbonate de magnésie.   Acide sulfurique.   Sulfate de magnésie.   Gaz carbonique.   Eau.

$\overline{C}\overline{O}^3Mg$ + $S\overline{O}^4H^2$ = $S\overline{O}^4Mg$ + $\overline{C}\overline{O}^2$ + $H^2\overline{O}$;

$C^2O^4,2CaO$ + $S^2O^6,2HO$ = $S^2O^6,2CaO$ + C^2O^4 + H^2O^2,

Carbonate de chaux.   Acide sulfurique.   Sulfate de chaux.   Gaz carbonique.   Eau.

$\overline{C}\overline{O}^3\overline{C}a$ + $S\overline{O}^4H^2$ = $S\overline{O}^4\overline{C}a$ + $\overline{C}\overline{O}^2$ + $H^2\overline{O}$.

On continue les affusions de liqueur acide jusqu'à cessation de dégagement gazeux. On ajoute 250 centimètres cubes d'eau, et on porte à l'ébullition, après avoir délayé dans la solution quelques grammes de dolomie pour saturer l'acide en excès. On verse alors dans le mélange bouillant une petite quantité de chaux éteinte, afin de précipiter l'oxyde de fer et l'alumine qui, contenus primitivement dans le minerai, ont été dissous par l'acide; après quelques minutes de contact, on filtre. Le sulfate de chaux et les autres matières solides retenues par le filtre sont lavés à l'eau bouillante, puis les eaux de lavage sont réunies à la solution saline.

On évapore le liquide jusqu'à ce que sa température d'ébullition ait atteint 108°, ou jusqu'à ce qu'il commerce à abandonner à l'ébullition du sel solide, puis on le laisse refroidir. Le sel à 7 molécules d'eau se dépose en cristaux aiguillés. Pour avoir, en moindre quantité, des cristaux bien nets, il est bon d'évaporer seulement jusqu'à ce que la liqueur bouillante ait la densité 1,38 (40° Baumé), et de laisser refroidir lentement.

On purifie le produit par plusieurs cristallisations successives.

Depuis quelques années la commerce fournit du carbonate de magnésie naturel que l'on substitue avantageusement à la dolomie dans cette préparation. L'attaque de ce carbonate peut être faite dans les appareils à gaz carbonique, ce qui permet d'utiliser ce dernier.

939. Essai. — Le sulfate de magnésie pur est neutre au tournesol; sa solution, additionnée d'un excès de chlorhydrate d'ammoniaque, ne se trouble pas, même lentement, quand on la traite par l'ammoniaque pure (*alumine*); elle reste limpide avec le carbonate ou l'oxalate d'ammoniaque (*terres alcalines*), ainsi qu'avec le sulfhydrate d'ammoniaque (*métaux*).

E. — Phosphate ammoniaco-magnésien.

Équiv. : $PMg^2AzH^4O^8$ ou $PO^5,2MgO,AzH^4O = 137 = PO^4MgAzH^4 = P.$ *mol.*

940. Hydrate a 2 équivalents d'eau : $PO^5,2MgO,AzH^4O + 2HO$ ou $PO^4MgAzH^4 + H^2O$. — *Cristaux inaltérables* à 100°, *insolubles* dans l'eau.

Hydrate a 12 équivalents d'eau : $PO^5,2MgO,AzH^4O + 12HO$ ou $PO^4MgAzH^4 + 6H^2O$. — C'est l'hydrate qui se forme ordinairement. Découvert par Fourcroy. — Cristaux *rhomboédriques*, incolores, à réaction alcaline. — *Densité* : 1,70. — Perdant de l'ammoniaque à l'air dès la température ordinaire. — *Décomposé par la chaleur* en donnant du pyrophosphate de magnésie. — *Solubilité* : $0^{gr},006$ par litre d'eau à 15°; moindre en présence d'un excès d'ammoniaque.

941. Préparation par le phosphate disodique, le sulfate de magnésie et l'ammoniaque. — On dissout d'une part 38 grammes de phosphate disodique cristallisé et 15 grammes de chlorhydrate d'ammoniaque dans 500 grammes d'eau; d'autre part on met en dissolution 25 grammes de sulfate de magnésie cristallisé dans une égale quantité du même liquide (500 gr.). On mélange les deux liqueurs filtrées, après avoir additionné l'une d'elles de quelques gouttes d'acide chlorhydrique. On ajoute peu à peu au mélange 100 centimètres cubes de solution concentrée d'ammoniaque, on agite et on laisse en contact. Il se dépose peu à peu un précipité cristallin de phosphate ammoniaco-magnésien. La cristallisation de ce dernier est plus belle quand on opère en liqueur tiède.

Après vingt-quatre heures, on décante l'eau mère et on lave les cristaux avec de l'eau additionnée d'un dixième de son volume d'ammoniaque. On essore le produit à la trompe et on le sèche rapidement à l'air.

Il faut éviter, quand on effectue le mélange, de frotter longtemps le vase avec l'agitateur, ce qui provoquerait le dépôt plus rapide des cristaux mais diminuerait leur volume en même temps que leur netteté. Il suffit d'amorcer la cristallisation en provoquant par frottement la production de quelques cristaux.

8.

ALUMINIUM.

Équiv.: Al = 13,5.   *P. atom.*: $Al = 27$.

942. *Métal blanc bleuâtre*, peu altérable à l'air, malléable, sonore, découvert par Wœhler en 1827. — *Densité*: 2,50 pour le métal fondu; 2,67 pour le métal écroui. — *Point de fusion* intermédiaire entre ceux du zinc et de l'argent. — *Fixe*. — *Chaleur spécifique*: 0,2181.

943. Préparation par le sodium et le chlorure double d'aluminium et de sodium. — On fait un mélange de 60 grammes de chlorure double d'aluminium et de sodium (§ 951), de 25 grammes de cryolithe ou fluorure double d'aluminium et de sodium, et de 10 grammes de sodium. Les deux sels doubles sont pulvérisés, le sodium est bien nettoyé des matières étrangères qui le recouvrent et coupé en petits fragments; on tient ce mélange à l'abri de l'humidité. Pendant sa préparation, on a chauffé au rouge un creuset de terre de 120 centimètres cubes; lorsque celui-ci a atteint le rouge vif, on y projette par petites portions, en se servant d'une main en laiton, le mélange précédent. A chaque projection, une réaction des plus vives s'effectue; on n'ajoute de nouveau de la matière que lorsque l'effervescence est calmée. Toute la masse étant dans le creuset, on couvre celui-ci et on continue à le chauffer au rouge vif pour liquéfier son contenu, qu'on agite de temps en temps afin de rassembler le métal. Celui-ci, en effet, a pris naissance dans la réaction du sodium sur le chlorure double (H. Sainte-Claire Deville) :

$$(Al^2Cl^3 + NaCl) + 3Na = 4NaCl + 2Al;$$
$$(AlCl^3 + NaCl) + 3Na = 4NaCl + Al.$$

Quant à la cryolithe, bien qu'elle soit elle-même susceptible de donner l'aluminium par l'action du sodium (Percy),

$$(Al^2Fl^3 + 3NaFl) + 3Na = 6NaFl + 2Al,$$
$$(AlFl^3 + 3NaFl) + 3Na = 6NaFl + Al,$$

elle ne sert ici que de fondant; elle donne à la scorie produite une grande fluidité et aussi une faible densité. Si on néglige de l'ajouter aux réactifs, l'aluminium, qui est peu dense, ne se réunit pas facilement en culot et reste divisé dans la masse.

On maintient le mélange en fusion tranquille pendant quelque temps, pour que le métal se rassemble au fond du creuset, puis on laisse refroidir. En brisant le creuset froid, on trouve à sa partie inférieure un culot d'aluminium que l'on sépare. Le métal peut être refondu dans un petit creuset de terre, agité avec une tige en fer pour séparer les scories qui s'attachent au creuset, et coulé dans une lingotière de fonte.

Le chlorure double d'aluminium et de sodium est préféré au chlorure d'aluminium à cause de l'extrême altérabilité de ce dernier. Quant à la cryolithe, minéral toujours impur, elle a l'inconvénient, lorsqu'on la décompose par le sodium, de donner un métal phosphoreux.

A. — Alumine.

$$Équiv. : Al^2O^3 = 51. \qquad F.\ atom. : Al^2O^3 = 102.$$

94i. ALUMINE ANHYDRE. — *Synonyme* : Corindon. — Incolore, amorphe et pulvérulente ou cristallisée dans le système rhomboédrique. — *Densité* un peu inférieure à 4. — *Dureté* inférieure seulement à celle du diamant. — *Fusible* aux températures les plus élevées.

ALUMINE HYDRATÉE. — Masse gélatineuse. — *Insoluble* dans l'eau. — Existe aussi sous la forme d'une modification soluble.

I. — PRÉPARATION.

945. PAR CALCINATION DE L'ALUN D'AMMONIAQUE. — Sous l'influence de la chaleur, tous les éléments de l'alun d'ammoniaque autres que ceux qui constituent l'alumine, peuvent être volatilisés.

On introduit dans un creuset de l'alun d'ammoniaque (voy. ce mot, § 957), et on le chauffe doucement avec quelques charbons. Vers 92°, l'alun, dont les cristaux renferment 24 équivalents d'eau, fond dans son eau de cristallisation, qu'il perd rapidement à une température un peu plus élevée. Il forme ainsi une matière visqueuse, devenant vitreuse par le refroidissement; les bulles de vapeur d'eau la boursouflent en se dégageant et la transforment en une masse blanche, spongieuse, qui remplit le creuset, puis s'en échappe sous la forme d'un champignon plus ou moins élevé (fig. 281).

La dessiccation étant complète, on laisse refroidir le creuset, on pulvérise son contenu et on chauffe de nouveau celui-ci dans le même creuset, mais plus fortement. Du sulfate d'ammoniaque se volatilise bientôt, laissant un résidu de sulfate d'alumine. Ce dernier, porté au rouge, perd de l'acide sulfurique et se change en alumine qui forme seule le résidu de l'opération.

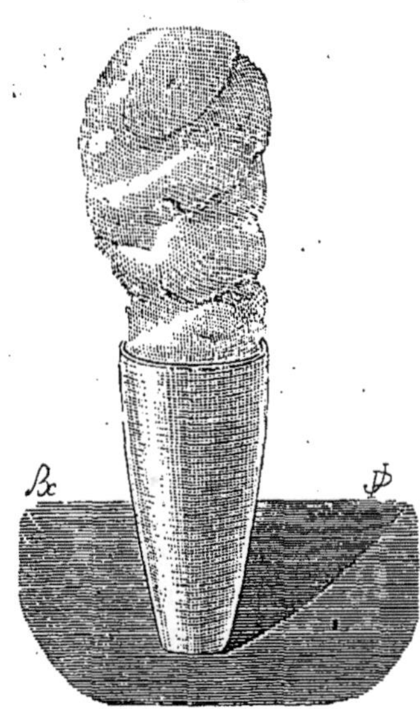

Fig. 281. — Alun desséché.

L'alumine anhydre a la propriété d'absorber avidement l'humidité de l'air. Elle doit être conservée dans des vases bien clos. Elle est difficilement soluble dans les acides.

L'alumine calcinée, étant de nouveau portée au rouge après avoir été imbibée d'une solution étendue d'azotate de cobalt, prend une belle coloration bleue (*bleu de Thénard* ou *bleu de Leithner*).

946. Par l'aluminate de soude. — La matière première ordinairement employée pour préparer l'alumine par l'intermédiaire de l'aluminate de soude est la *bauxite*, minerai composé d'alumine hydratée, plus ou moins souillée de sesquioxyde de fer.

On mélange 60 grammes (2 parties) de bauxite finement pulvérisée avec 30 grammes (1 partie) de carbonate de soude sec. On chauffe la matière dans un creuset, en la maintenant au rouge pendant une heure. On obtient ainsi une masse *frittée*, c'est-à-dire agglomérée mais non fondue, qn'on laisse refroidir. Du gaz carbonique s'est dégagé avec de la vapeur d'eau et le contenu du creuset est un aluminate de soude de formule $2Al^2O^3,3NaO$ ou $2Al^2O^3,3Na^2O$. Quant à l'oxyde de fer, il n'a subi aucune réaction. On traite par l'eau bouillante, qui dissout l'aluminate de soude et laisse insolubles l'oxyde de fer et la bauxite non attaquée. On filtre et on lave le résidu avec le même dissolvant. On réunit les liqueurs et on les laisse refroidir. Dans la solution *froide* et *diluée* d'aluminate de soude, amenée au volume d'un litre environ, on fait passer, au moyen d'un tube plongeant jusqu'au fond, un courant de gaz carbonique, en ayant soin, pour empêcher la liqueur de s'échauffer, de baigner dans l'eau froide le vase qui la renferme. Le gaz carbonique décompose l'aluminate en donnant du carbonate de soude et de l'alumine, c'est-à-dire une réaction contraire de celle provoquée tout d'abord à la température du rouge :

$$2(2Al^2O^3,3NaO) \quad + \quad 3C^2O^4 \quad = \quad 4Al^2O^3 \quad + \quad 3(C^2O^4,2NaO);$$

Aluminate de soude.   Gaz carbonique.   Alumine.   Carbonate de soude.

$$2Al^2O^3,3Na^2O \quad + \quad 3CO^2 \quad = \quad 2Al^2O^3 \quad + \quad 3CO^3Na^2.$$

L'alumine se précipite à l'état d'hydrate, avec des propriétés qui varient un peu suivant les circonstances de l'opération. Si le courant d'anhydride carbonique a été rapide, on obtient un précipité dense et facile à laver, qui ne retient que quelques millièmes de soude. Si, au contraire, le dégagement gazeux a été lent, l'alumine est gélatineuse, difficile à laver, et entraine une quantité très notable de soude.

Quand l'acide carbonique cesse de troubler une portion de la liqueur éclaircie, on laisse déposer, on décante sur un filtre la liqueur claire et on lave le précipité par décantation et filtration, d'abord à l'eau froide, puis à l'eau chaude, tant que les liquides de lavage bleuissent le tournesol. On verse alors le précipité sur le filtre, où on le laisse s'égoutter, puis on le sèche. Il vaut encore mieux conserver en vase fermé la bouillie gélatineuse obtenue, l'hydrate d'alumine perdant en grande partie par la dessiccation sa solubilité dans les acides.

947. Par le sulfate d'alumine. — On dissout 30 grammes de sulfate d'alumine dans 250 centimètres cubes d'eau. On dissout en outre 50 grammes de carbonate de soude cristallisé dans 200 centimètres cubes d'eau. On porte séparément les deux liqueurs à l'ébullition et on verse peu à peu, en agitant, la seconde dans la première. Il se dégage du gaz carbonique, il se forme du sulfate de soude et enfin de l'alumine hydratée, gélatineuse, se précipite :

$$3S^2O^6,2Al^2O^3 \quad + \quad 3(C^2O^4,2NaO) \; = \; 3(S^2O^6,2NaO) \quad + \quad 2Al^2O^3 \quad + \quad 3C^2O^4;$$

Sulfate d'alumine.	Carbonate de soude.	Sulfate de soude.	Alumine.	Gaz carbonique.

$$(SO^4)^3Al^2 \quad + \quad 3CO^3Na^2 \quad = \quad 3SO^4Na^2 \quad + \quad Al^2O^3 \quad + \quad 3CO^2.$$

On ajoute le carbonate de soude tant que ce sel détermine la forma-tion d'un précipité. On cesse alors de chauffer et on laisse déposer dans le vase couvert. On décante sur un filtre la liqueur claire, puis on lave le dépôt à l'eau bouillante, par décantation et filtration, jusqu'à ce que les liqueurs ne se troublent plus, même lentement, par l'azotate de baryte. On verse sur le filtre l'alumine en gelée, on l'égoutte et on la sèche. On peut encore, comme il a été dit (§ 946), conserver le produit en suspension dans l'eau.

Pour avoir de l'alumine pure, il est nécessaire de prolonger les lavages à l'eau distillée bouillante pendant fort longtemps. L'alumine gélatineuse est, en effet, l'un des corps qu'il est le plus difficile de purifier par lavage.

On peut remplacer dans cette expérience le sulfate d'alumine, qui est souvent ferrugineux, par les aluns de potasse ou d'ammoniaque.

II. — PROPRIÉTÉS.

948. Laques. — L'alumine hydratée a la propriété de fixer les matières colorantes et de former avec elles des composés insolubles colorés, connus sous le nom de *laques*, susceptibles de se fixer solidement sur les fibres textiles en les teignant.

L'alumine gélatineuse, préparée comme il a été dit ci-dessus (§ 947). permet de montrer facilement cette affinité pour les matières colorantes. A cet effet, on prépare une décoction de bois de campêche, en maintenant des copeaux de ce bois en ébullition dans l'eau pendant quelques minutes, et on la filtre. On prend 40 ou 50 centimètres cubes d'eau chargée d'alumine gélatineuse, on les introduit dans un mortier et on les délaye avec soin dans la décoction de campêche qu'on ajoute peu à peu. Après quelques instants de contact, on verse la bouillie obtenue sur un filtre. On constate que la liqueur passe décolorée, tandis qu'une laque de campêche violette reste sur le filtre.

On varie de diverses manières la forme de cette expérience. On ajoute par exemple, la décoction de campêche ou celle de cochenille à une solution d'alun et on verse de l'ammoniaque dans le mélange. L'alumine précipitée par le carbonate d'ammoniaque forme avec la matière colorante en présence, une laque insoluble qui se précipite, tandis que la liqueur filtrée est incolore.

On peut aussi faire agir sur une étoffe de coton, n'ayant encore subi aucune préparation, ou sur du coton écru, filé et mis en écheveaux, l'eau bouillante additionnée de carbonate de soude; après quelques minutes de contact, la fibre étant nettoyée par l'action du réactif, on lave plusieurs fois à l'eau bouillante. Si l'on trempe le coton ainsi préparé dans une décoction de bois de campêche et qu'on le lave ensuite à grande eau, la matière colorante se trouve enlevée par les lavages et les fibres redeviennent incolores ou à peu près. Lorsqu'au contraire on commence par tremper le coton dans un bain d'acétate d'alumine bouillant, de manière à l'imprégner de ce sel, on l'a *mordancé;* dès lors le coton ne se comporte plus de même à l'égard de la matière colorante. Quand, en effet, après l'avoir égoutté, on le plonge dans une décoction bouillante de campêche, l'acétate d'alumine, sel très décomposable par l'eau chaude et perdant facilement son acide acétique qui se volatilise, donne de l'alumine; celle-ci fixe la matière colorante en formant, dans l'intérieur des fibres et à leur surface, une laque colorée insoluble. Lorsqu'on lave ensuite le coton, il reste teint. On peut agir comparativement sur un échantillon préalablement mordancé et sur un autre non mordancé : là teinture ne se trouve fixée que sur le premier.

L'acétate d'alumine nécessaire pour cette opération s'obtient facilement par double décomposition, en ajoutant en excès une dissolution d'alun, à une autre d'acétate de plomb : il se précipite du sulfate de plomb et l'acétate d'alumine reste dissous. On filtre.

B. — Chlorure d'aluminium.

$$\text{Équiv.}: Al^2Cl^3 = 133,5. \qquad F. atom. : Al^2Cl^6 = 267.$$

949. Sel anhydre. — *Incolore*, déliquescent, formé de lamelles cristallines hexagonales, fumant à l'air. — *Point de fusion* très voisin du point d'ébullition : 180-185°. — *Densité* de vapeur à 0° et sous la pression $0^m,760$: 9,34. — Fortement coloré en jaune par des traces de perchlorure de fer.

Hydrate a 12 équivalents d'eau : $Al^2Cl^3 + 12HO$ ou $Al^2Cl^6 + 12H^2O$. — *Cristaux* très déliquescents, perdant de l'eau et de l'acide chlorhydrique avant de fondre sous l'influence de la chaleur. — *Très soluble* dans l'eau; solutions décomposables pendant leur évaporation.

950. Préparation par l'alumine, le chlore et le charbon. — On fait un mélange intime de 100 grammes d'alumine calcinée et pulvérulente avec 40 grammes de noir de fumée. On y ajoute de l'huile, peu à peu et en malaxant, de manière à transformer la poudre en une masse plastique, très consistante. On façonne cette pâte en boulettes que l'on introduit dans un creuset de terre, en les recouvrant de fragments de charbon de bois. Après avoir fermé le creuset, on le porte au rouge dans un fourneau à réverbère. La matière organique se détruit, dégage des gaz et laisse un résidu de charbon qui agglomère la masse. Après refroidissement, on sépare celle-ci, on la concasse et on l'introduit dans une cornue en grès tubulée, dont la tubulure se prolonge en un tube jusqu'au fond de la panse (fig. 282). Au col de la cornue on adapte,

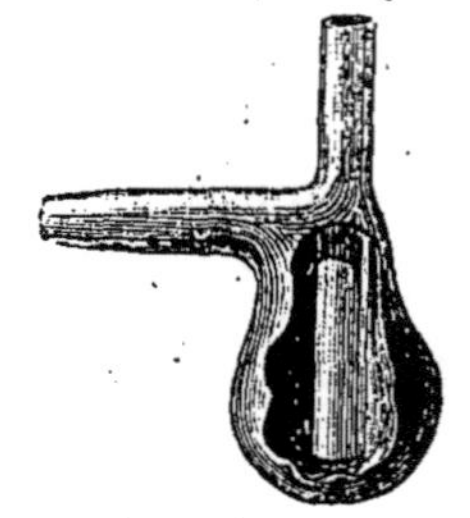

Fig. 282. — Cornue à tubulure intérieure.

au moyen d'un lut d'argile, la douille d'un entonnoir de porcelaine dont la large ouverture s'engage à peu près exactement dans une cloche de verre à douille : le joint entre l'entonnoir et la cloche a été garni d'argile extérieurement et séché avec soin. On peut encore fixer au col de la cornue une allonge de grandes dimensions. On dispose la cornue dans le fourneau et on adapte à sa tubulure le tube abducteur d'un appareil fournissant du chlore sec ; on protège le bouchon de l'action du foyer par une plaque métallique percée et recouverte de sable. On porte la cornue au rouge et on fait ensuite passer le chlore. L'alumine qui, isolée, n'est pas attaquée par le chlore, même à très haute température, est au contraire transformée en chlorure en présence du charbon, ce dernier prenant son oxygène pour passer à l'état d'oxyde de carbone (Gay-Lussac et Thénard) :

$$2Al^2O^1 + 6C + 6Cl = 2Al^2Cl^3 + 3C^2O^2 ;$$
$$Al^2O^3 + 3C + 6Cl = Al^2Cl^6 + 3CO.$$

Le chlorure anhydre est volatilisé ; il se condense dans l'entonnoir et dans la cloche, tandis que l'oxyde de carbone et le chlore en excès s'échappent par la douille.

Le chlorure d'aluminium doit être détaché rapidement du récipient démontable, et conservé à l'abri de l'air dont il absorbe avidement l'humidité. Il est, le plus souvent, fortement coloré en jaune par du perchlorure de fer, mais ce dernier présente, quand il n'est pas trop abondant, peu d'inconvénients pour les réactions de chimie organique auxquelles le chlorure d'aluminium est employé d'ordinaire. L'humidité enlève au contraire rapidement au chlorure d'aluminium anhydre les propriétés qui le font ainsi utiliser comme agent de condensation ; on doit, avant d'en faire usage, constater qu'il ne laisse pas de résidu notable d'alumine quand on le sublime sous l'action de la chaleur.

C. — Chlorure double d'aluminium et de sodium.

Équiv. : $Al^2Cl^3 + NaCl = 191,5.$ *F. atom.* : $Al^2Cl^6 + 2NaCl = 383.$

951. PRÉPARATION PAR L'ALUMINE, LE CHARBON, LE CHLORE ET LE CHLORURE DE SODIUM. — Pour obtenir ce composé cristallin, jaune et fusible à 185°, on se sert du même appareil que pour la préparation du chlorure d'aluminium et on opère de la même manière (§ 950) ; on charge seulement la composition de la substance introduite dans la cornue.

On mélange intimement 100 grammes d'alumine, 50 grammes de charbon de bois et 120 grammes de chlorure de sodium, tous les trois finement pulvérisés. En ajoutant un peu d'eau au mélange et en triturant, on fait une pâte dure que l'on sèche à l'étuve. C'est cette matière, bien desséchée et concassée en fragments, que l'on soumet à l'action du chlore dans la cornue tubulée chauffée au rouge.

Le chlorure double d'aluminium et de sodium est moins altérable et d'un maniement moins désagréable que le chlorure d'aluminium anhydre ; il est, à cause de cela, employé pour la production de l'aluminium.

D. — Sulfate d'alumine.

Équiv. : $Al^2O^3,3SO^3 = 171.$ *P. mol.* : $3S^2O^6,2Al^2O^3 = (SO^4,^3Al^2 = 342.$

952. *Sel incolore*, formant de nombreux hydrates et auquel correspondent beaucoup de sels basiques. — *Décomposable* par la chaleur rouge, en laissant un résidu d'alumine. — *Très soluble* dans l'eau.

953. PRÉPARATION PAR L'ALUMINE HYDRATÉE ET L'ACIDE SULFURIQUE. —

L'alumine anhydre n'est attaquée que lentement par l'acide sulfurique, même concentré et chaud. Elle ne peut dès lors être utilisée qu'industriellement pour la production du sulfate d'alumine. Ce sel est obtenu plus rapidement au moyen de l'alumine hydratée, par exemple au moyen de l'alumine précipitée de l'aluminate de soude par l'anhydride carbonique (§ 946).

On ajoute peu à peu à cette alumine, dans une capsule de porcelaine, de l'acide sulfurique, que l'on a préalablement dilué de son volume d'eau en laissant tomber lentement l'acide dans l'eau agitée. On verse la liqueur acide sur l'alumine, en remuant avec soin et on s'arrête dès que la dissolution est complète, en évitant l'emploi d'un excès d'acide. On filtre, s'il est nécessaire, et on évapore jusqu'à ce que le résidu se prenne en masse par le refroidissement.

E. — Alun de potasse.

$$\textit{Équiv.} : S^4Al^2KO^{16} \text{ ou } Al^2O^3,3SO^3 + KO,SO^3 \text{ ou } 2S^2O^6,Al^2O^3,KO = 258.$$

$$F. \textit{ atom.} : (SO^4)^3Al^2 + SO^4K^2 = 516.$$

954. *Synonyme :* Sulfate d'alumine et de potasse.

Sel anhydre. — *Synonymes :* Alun desséché, alun calciné. — *Masse amorphe*, incolore. — *Soluble* dans 20 ou 30 fois son poids d'eau froide, mais lentement.

Sel a 24 équivalents d'eau : $2S^2O^6,Al^2O^3,KO + 24HO$ ou $(SO^4)^3Al^2 + SO^4K^2 + 24H^2O$. —. C'est le sel du commerce. — *Cristaux* incolores du système cubique. — *Densité :* 1,752. — *Point de fusion :* 92°. — Perd de l'eau dès 60°, abandonne la totalité à 100°, soit 45,5 pour 100 de son poids. — *Solubilité :* 100 parties d'eau dissolvent 3 parties de sel supposé sec, à 0°; 5 parties à 15°; 154 parties à 100°; 210,6 parties à 111°,9, point d'ébullition de la solution saturée.

955. Préparation par le sulfate d'alumine et le sulfate de potasse. — Il suffit de mélanger, dans le rapport des quantités indiquées par les formules ci-dessus, des solutions de sulfate d'alumine et de sulfate de potasse, pour obtenir l'alun de potasse qui se sépare cristallisé.

Pour purifier l'alun, on le soumet à deux ou trois cristallisations troublées successives (§ 305), en le dissolvant à chaud dans son poids d'eau. On essore à la trompe les cristaux et on les lave de même avec l'eau froide. Après purification, on fait une cristallisation régulière, par refroidissement lent de la solution chaude et concentrée.

Pour avoir de beaux cristaux, on concentre la dissolution jusqu'à ce que, bouillante, elle marque 1,16 au densimètre (16° Baumé) et on laisse refroidir. Une solution d'alun évaporée jusqu'à la densité 1,58 (53° Baumé) se prend en masse par le refroidissement.

Si l'on ajoute à la solution d'alun de la potasse caustique jusqu'à commencement de précipitation, le sel cristallisé affecte surtout la forme cubique; si au contraire on rend la liqueur acide par addition d'acide sulfurique, les cristaux présentent les facettes de l'octaèdre très développées. La présence de l'acide chlorhydrique libre agit très efficacement dans ce dernier sens; elle provoque de plus la formation dans les cristaux des facettes qui conduisent au dodécaèdre rhomboïdal et au dodécaèdre pentagonal.

956. Alun desséché. — L'alun desséché, très souvent appelé *alun calciné*, s'obtient en introduisant dans un creuset de terre de l'alun con-

cassé, et en chauffant très doucement. L'alun fond dans son eau de cristallisation, perd cette eau qui se volatilise et se change en une masse vitreuse, rendue blanche, spongieuse et très fortement boursouflée, par la vapeur d'eau qu'elle émet. Cette masse s'élève peu à peu au-dessus du creuset, au dehors duquel elle forme une sorte de champignon (fig. 281, § 945). On arrête l'opération dès que le produit cesse de dégager de la vapeur d'eau. Il faut éviter d'élever la température plus qu'il n'est utile pour provoquer le départ de l'eau. Au rouge sombre, en effet, l'alun se détruit, le sulfate d'alumine qu'il renferme se décompose, en laissant un résidu d'alumine qui est mélangé avec le sulfate de potasse non décomposé, tandis que l'acide sulfurique dégagé est partiellement dédoublé en acide sulfureux et oxygène. Lorsque cette décomposition a été effectuée sur une portion du produit, celui-ci cesse de se dissoudre entièrement dans l'eau bouillante.

F. — Alun d'ammoniaque.

$$\text{Équiv.}: S^4Al^2AzH^4O^{16} \quad \text{ou} \quad Al^2O^3,3SO^3 + AzH^4O,SO^3 \quad \text{ou} \quad 2S^2O^6,Al^2O^3,AzH^4O = 237.$$

$$\text{F. atom.}: (SO^4)^3Al^2 + SO^4(AzH^4)^2 = 474.$$

957. *Synonyme :* Sulfate d'alumine et d'ammoniaque.

SEL ANHYDRE. — Masse amorphe, incolore, lentement soluble dans l'eau.

SEL A 24 ÉQUIVALENTS D'EAU : $2S^2O^6,Al^2O^3,AzH^4O + 24HO$ ou $(SO^4)^3Al^2 + SO^4(AzH^4)^2 + 24H^2O$. — *Cristaux* incolores du *système cubique.* — *Isomorphe* avec l'alun de potasse. — *Densité :* 1,625. — *Solubilité :* 100 parties d'eau dissolvent 2,62 parties d'alun d'ammoniaque supposé sec, à 0°; 6,57 parties à 20°; 70,83 parties à 100°; 207,7 parties à 110°,6, température d'ébullition de la solution saturée.

958. PRÉPARATION PAR LE SULFATE D'ALUMINE ET LE SULFATE D'AMMONIAQUE. — La préparation et la purification de l'alun d'ammoniaque sont tout à fait analogues à celles de l'alun de potasse (§ 955).

9.

ZINC.

$$\text{Équiv.}: Zn = 32,5. \qquad \text{P. atom.}: Zn = 65.$$

959. *Métal blanc bleuâtre*, se ternissant à l'air, cassant, *dimorphe* et cristallisant tantôt dans le système cubique, tantôt dans le système rhomboédrique. — *Densité :* 6,9154 pour le métal cristallisé; 7,20 pour le métal laminé. — *Point de fusion :* 412°. — *Point d'ébullition* sous la pression $0^m,760 : 1039°$. — *Coefficient de dilatation linéaire :* 0,002905. — *Chaleur spécifique :* 0,0056. — *Brûle* à l'air vers 500° en produisant une flamme bleuâtre.

I. — PRÉPARATION.

960. PAR L'OXYDE DE ZINC ET LE CHARBON. — On remplit aux trois quarts la panse d'une cornue de grès par un mélange intime d'oxyde de zinc avec 1/6 de son poids de charbon de bois pulvérisé. On place cette cornue dans un fourneau à réverbère, en laissant son col sortir du fourneau de quelques centimètres seulement, et en maintenant ce col très fortement incliné vers le sol, au moyen d'un lien de fil de fer fixé à l'une des oreilles du fourneau. On recouvre la cornue avec le dôme du fourneau et on la chauffe au rouge blanc.

L'oxyde de zinc est réduit par le charbon en donnant du zinc et de l'oxyde de carbone :

$$2ZnO + 2C = 2Zn + C^2O^2;$$
$$ZnO + C = Zn + CO.$$

Alors même que l'oxyde de zinc est en excès, il ne se forme pas d'anhydride carbonique, l'oxyde métallique n'étant pas réduit par l'oxyde de carbone.

Les deux produits de la réaction s'échappent par le col de la cornue, mais l'un d'eux, le zinc, se condense en gouttelettes et s'écoule au dehors. On le reçoit dans une terrine pleine d'eau que l'on place immédiatement au-dessous de l'orifice de la cornue. Le métal liquide tombe dans l'eau ; il prend, en se solidifiant brusquement, la forme de grenailles. Souvent le zinc brûle en partie dans le col de la cornue, où il rencontre de l'air. Cette combustion produit de l'oxyde de zinc qui peut obstruer l'appareil. Pour éviter tout accident, il est nécessaire d'introduire fréquemment, dans le col de la cornue, une tige de fer au moyen de laquelle on attire au dehors le zinc et l'oxyde de zinc. On évite en grande partie cette oxydation en obstruant avec un peu de terre à four la moitié supérieure de l'orifice de la cornue, ce qui empêche notablement la rentrée d'air. Le rendement de l'opération est d'autant moins bon, qu'on agit sur de plus faibles quantités.

<h2 style="text-align:center">II. — PURIFICATION.</h2>

961. PAR DISTILLATION. — On purifie le zinc des métaux non volatils qu'il renferme, en le soumettant à la distillation.

On se sert du même appareil que pour le préparer (§ 960), mais on introduit dans la cornue du zinc métallique. On chauffe au rouge blanc. Le métal entre en ébullition et distille. On le recueille dans l'eau. Il faut, ici encore, veiller à ce que le col de la cornue ne s'obstrue pas par de l'oxyde ; cet accident est plus fréquent que lors de la préparation (§ 960), le dégagement d'oxyde de carbone qui a lieu au cours de cette dernière et qui s'oppose à la rentrée de l'air, n'existant pas pendant la distillation.

Il est souvent utile de distiller deux fois le métal, les matières étrangères étant facilement entraînées par sa vapeur.

962. PAR RÉACTION. — Les éléments volatils qui souillent le zinc commercial ne sont pas séparés par la distillation ; on trouve, en effet, dans le zinc distillé, du cadmium, de l'antimoine, de l'arsenic, de l'indium, etc. Parmi ces éléments, l'arsenic et l'antimoine sont ceux qu'on a le plus souvent intérêt à séparer. On y parvient de diverses manières.

1° On introduit du zinc grenaillé et sec dans un creuset de terre avec 1/4 de son poids de nitre. On ferme le creuset et on chauffe au rouge sombre. La réaction est des plus énergiques ; il y a déflagration et vif dégagement de lumière. Le nitrate de potasse oxyde l'arsenic et l'antimoine, en même temps qu'une certaine proportion du zinc lui-même. A cause de la vivacité de l'action, il est bon de n'introduire qu'une petite quantité de zinc à la fois dans le creuset contenant le nitre. Après refroidissement, on sépare le culot de zinc, on le refond pour le dépouiller complètement de la gangue alcaline qui le souille, et on le coule dans une lingotière.

2° Une méthode rapide et efficace pour l'élimination de l'arsenic et de l'antimoine est basée sur l'emploi du chlorure de magnésium anhydre (M. L'hôte). On fond le zinc dans un creuset et on y projette, en agitant avec soin, 5 p. 100 de chlorure de magnésium anhydre. Il se dégage des vapeurs de chlorure de zinc entraînant l'arsenic et l'antimoine sous forme de chlorures. On termine en versant le métal dans l'eau froide afin de le grenailler.

3° Pour obtenir du zinc chimiquement pur, il est nécessaire de réduire par le charbon, comme il a été dit plus haut (§ 960), l'oxyde de zinc pur, préparé par précipitation d'un sel de zinc pur (voy. *Sulfate de zinc*) au moyen du carbonate de soude, et calcination du produit (§ 966).

963. ESSAI. — Le zinc pur, traité en présence de l'eau et d'un fil de platine par l'acide sulfurique pur, dégage de l'hydrogène (§ 509) qui, dirigé dans une solution d'azotate de plomb ou d'azotate d'argent, n'y produit aucun trouble (*soufre, arsenic*). Il ne donne pas d'anneau métallique (*arsenic, antimoine*) quand on le dissout dans l'appareil de Marsh (voy. ce mot). Il est soluble sans résidu dans l'acide sulfurique, et la liqueur franchement acide obtenue ne précipite pas par l'hydrogène sulfuré (*cadmium, étain, cuivre, plomb*); de plus, cette liqueur forme avec la potasse un précipité entièrement soluble dans un excès de réactif (*cadmium, fer*).

A. — Oxyde de zinc.

Équiv. : $ZnO = 40{,}5$. $F.$ *atom.* : $Zn\theta = 81$.

964. OXYDE ANHYDRE. — *Synonymes :* Zincite, *lana philosophica*, fleurs de zinc, *nihilum album*, pompholix, blanc de zinc. — Matière blanche, amorphe ou cristallisée dans le système rhomboédrique. — *Densité :* 6,0 à l'état cristallisé; 5,6 à l'état amorphe. — *Fixe;* devenant jaune à haute température, mais se décolorant par refroidissement. — Ne s'hydratant pas au contact de l'eau.

OXYDE HYDRATÉ : ZnO,HO ou $Zn\theta,H^2\theta$. — Précipité blanc, cristallisable en prismes rhomboïdaux droits. — Insoluble dans l'eau. — Devenant anhydre sous l'influence de la chaleur.

965. PRÉPARATION PAR COMBUSTION DU ZINC. — Le zinc, en brûlant à l'air, donne de l'oxyde de zinc anhydre.

On introduit dans un creuset couvert 30 grammes de zinc, et on porte le tout au rouge sombre. Le métal fond, puis émet des vapeurs de plus en plus abondantes. On ouvre le creuset, le métal s'enflamme à l'air, et l'oxyde de zinc se dépose sur les parois du creuset et sur le métal. Si l'on chauffe trop fortement, le métal entre en ébullition et, la combustion de la vapeur s'effectuant dans l'atmosphère, la plus grande partie de l'oxyde de zinc est entraînée par l'air et perdue. On découvre de temps en temps la surface du métal avec une tige de fer.

966. PAR PRÉCIPITATION DU SULFATE DE ZINC. — On dissout, d'une part, 50 grammes de sulfate de zinc dans 250 centimètres cubes d'eau, et d'autre part, 60 grammes de carbonate de soude cristallisé dans 250 centimètres cubes d'eau. On porte la solution de sulfate de zinc à l'ébullition, dans une capsule de porcelaine, puis on y verse peu à peu, en agitant, la solution de carbonate alcalin. Il se dégage du gaz carbonique et il se forme un précipité blanc d'hydrocarbonate de zinc, c'est-à-dire de carbonate de zinc basique et hydraté. La réaction est analogue

à celle qui fournit l'hydrocarbonate de magnésie (§ 936). Si la précipitation a été faite sans interrompre l'ébullition, le précipité est plus dense et plus facile à laver que si elle a été opérée à une température moins élevée. Les liqueurs retiennent le sulfate de soude formé dans la double décomposition. On enlève le feu et on laisse déposer. Le précipité est ensuite lavé à l'eau bouillante, par décantation et filtration (§ 374), jusqu'à ce que l'eau de lavage ne se trouble plus par l'azotate de baryte. On verse alors le tout sur le filtre, on laisse égoutter et on sèche à l'étuve.

Le précipité sec, détaché du filtre, est introduit dans un creuset et porté au rouge sombre, en évitant de le surchauffer. Il perd ainsi tout son acide carbonique et son eau d'hydratation. Le résidu est de l'oxyde de zinc.

On ne doit pas verser le sulfate de zinc dans le carbonate alcalin, le précipité que l'on obtient dans ce cas étant léger et très difficile à laver.

B. — Chlorure de zinc.

$$\text{Équiv.} : ZnCl = 68. \qquad \text{F. atom.} : ZnCl^2 = 136.$$

967. *Synonyme :* Beurre de zinc. — *Sel incolore*, extrêmement déliquescent, à aspect gras, très caustique et *très toxique*, cristallisable de ses solutions sirupeuses en octaèdres contenant 1 équivalent d'eau, $ZnCl + HO$ ou $ZnCl^2 + H^2O$. — *Densité :* 1,753 pour le sel anhydre et fondu; — *Fusible* au-dessous du rouge sombre. — *Volatil* au rouge. — *Solubilité* considérable dans l'eau.

968. PRÉPARATION PAR LE ZINC ET L'ACIDE CHLORHYDRIQUE. — Ce sel s'extrait du résidu de la préparation de l'hydrogène par le zinc et l'acide chlorhydrique (§ 508). On filtre la solution décantée et on l'évapore en consistance de sirop épais, pour chasser l'acide chlorhydrique en excès; on reprend le résidu par l'eau et on l'additionne, d'abord d'eau de chlore qui peroxyde le fer, puis d'oxyde de zinc, et on fait bouillir. Le sesquioxyde de fer est précipité par l'oxyde de zinc. On filtre, on acidule par un peu d'acide chlorhydrique pour détruire l'oxychlorure de zinc formé, puis on évapore dans une capsule de porcelaine, en élevant finalement la température jusqu'au rouge sombre. Le produit se solidifie par le refroidissement.

Le sel étant déliquescent, doit être enfermé rapidement dans des flacons.

Le chlorure de zinc est altéré par l'eau à température élevée; il se forme de l'acide chlorhydrique, qui s'échappe, et de l'oxyde de zinc. Il en résulte que le sel fondu, obtenu comme il vient d'être dit, contient toujours de l'oxychlorure de zinc.

Pour séparer ce dernier, on profite de la volatilité du chlorure de zinc. On introduit le sel sec dans une cornue en grès, dont le col s'engage dans une allonge; la partie étroite de cette dernière s'engage elle-même dans un large tube de verre, mince et ouvert à ses deux extrémités. La cornue étant disposée dans un fourneau à réverbère, tout l'appareil est incliné de manière que les substances condensées dans le col de la cornue s'écoulent dans un ballon, par le tube où l'air les refroidit. On chauffe au rouge; le chlorure de zinc distille. Il est bon de changer le récipient après les premiers moments de la distillation, les vapeurs qui passent d'abord entraînant le chlorure de fer dont la matière est souillée. Le sel distillé ne contient pas d'oxychlorure.

La purification complète du chlorure de zinc s'obtient par une méthode calquée sur celle indiquée pour le sulfate de zinc (§ 971).

C. — Sulfate de zinc.

Équiv. : $SZnO^4$ ou $SO^3,ZnO = 80,5.$ *P. mol.* : $S^2O^6,2ZnO = SO^4Zn = 161.$

969. — Sel anhydre. — Incolore. — *Densité* : 3,40. — *Décomposable* au rouge blanc.
Hydrate a 7 molécules d'eau : $S^2O^6,2ZnO + 7H^2O^2$ ou $SO^4Zn + 7H^2O$. — *Synonymes* : Sulfate de zinc ordinaire, couperose blanche, vitriol blanc. — *Sel incolore*, cristallisé en prismes rhomboïdaux droits, isomorphe avec le sulfate de magnésie. — *Densité* : 1,957. — *Efflorescent*; perd à l'air froid 6 molécules d'eau de cristallisation; perd la 7e à 200°. — *Solubilité* : 100 parties d'eau en dissolvent 138,21 parties à 10°; 161,5 parties à 20°; 653,5 parties à 100°. — *Réaction acide* au tournesol.

970. Préparation par le zinc et l'acide sulfurique. — On utilise, pour cette préparation, les liqueurs provenant de la production de l'hydrogène au moyen du zinc et de l'acide sulfurique (§ 508), après que l'acide qu'elles contenaient a été à peu près saturé. On décante cette solution impure de sulfate de zinc, et on l'additionne peu à peu de carbonate de chaux en poudre : l'acide sulfurique subsistant attaque le carbonate de chaux, dégage du gaz carbonique, et forme du sulfate de chaux insoluble. Lorsque le carbonate cesse de réagir, la liqueur ne contient plus que du sulfate de zinc neutre, bien qu'elle rougisse toujours le papier de tournesol. On décante grossièrement, on porte le liquide à l'ébullition, et on y verse quelques grammes de chlorure de chaux délayé dans l'eau. Le chlorure peroxydant le fer de la liqueur, le sesquioxyde de fer ocreux est précipité par la chaux renfermée dans le chlorure de chaux. On filtre et on lave à l'eau bouillante le résidu resté sur le filtre. On évapore les liqueurs réunies. Quand elles sont suffisamment concentrées, c'est-à-dire lorsque, bouillantes, elles marquent 1,45 au densimètre (45° Baumé), on les abandonne au refroidissement lent pendant un jour ou deux. Le sel cristallise. On décante l'eau mère, on égoutte les cristaux déposés, et on les sèche à l'air, en évitant leur efflorescence.

971. Purification. — La purification complète du sulfate de zinc est assez délicate. On part d'ordinaire du sel cristallisé, obtenu par la dissolution du métal, ce qui limite le nombre et la nature des impuretés. On le dissout dans une assez grande quantité d'eau, et on l'additionne d'acide sulfurique, en excès suffisant pour qu'un échantillon de la liqueur, traité par l'hydrogène sulfuré, ne donne plus de précipité sensible de sulfure de zinc, c'est-à-dire ne donne plus de précipité blanc soluble dans une nouvelle quantité d'acide. On sature à froid cette liqueur d'hydrogène sulfuré, on laisse reposer pendant quelques jours dans un flacon bouché, puis on sépare par filtration les sulfures insolubles précipités (sulfures d'étain, de plomb,

de cuivre, de cadmium, d'arsenic). Il faut éviter l'accès de l'air qui déterminerait la redissolution de quelques-uns de ces sulfures par oxydation ; pour
cela, on lave rapidement le précipité avec de l'eau chargée d'hydrogène
sulfuré. On prive les liqueurs d'acide sulfhydrique en les portant à l'ébullition, puis on les évapore comme il a été dit plus haut pour les faire cristalliser. On sépare ainsi, pour la plus grande partie, l'acide sulfurique en
excès. On redissout les cristaux, on met à part 1/10 de la liqueur, et on
additionne le reste d'un peu d'eau de chlore ou de quelques gouttes de brome,
qui peroxydent les métaux tels que le fer, et enfin on chauffe. D'un autre
côté, le dixième de la liqueur, qui a été mis à part, est transformé en hydrocarbonate de zinc bien lavé (§ 966), et ce composé, laissé en suspension
dans l'eau, est versé dans la solution bouillante de sulfate de zinc. L'hydrocarbonate se dissout en partie dans l'acide libre, en formant du sulfate basique ; en même temps il précipite le fer, ainsi que le manganèse, le cobalt
et le nickel, s'il en existait dans le produit. On maintient le mélange en
digestion, en agitant fréquemment pour assurer la réaction, puis on filtre.
La liqueur, acidulée par l'acide sulfurique pur, et amenée par évaporation à la concentration convenable (§ 970), fournit des cristaux de sulfate de
zinc pur, faiblement souillés de chlore. Si ce dernier élément présente quelque
inconvénient, on le sépare par des cristallisations répétées.

10.

FER.

Équiv. : Fe = 28.   *P. atom.* : Fe = 56.

972. *Métal* gris bleuâtre, à éclat métallique, magnétique, très tenace, cristallisable
dans le système cubique. — *Densité* : de 7,2 à 7,9, suivant l'état physique. —
Fusible au rouge blanc. — *Chaleur spécifique* : 0,111641 à 0°; 0,113795 à 100°. —
Uni à moins de 2 centièmes de carbone, il constitue l'*acier*; avec 4 ou 5 centièmes
du même élément, il forme la *fonte*.

973. FER RÉDUIT PAR L'HYDROGÈNE. — L'appareil dont on fait usage pour
réduire le fer de son oxyde est identique à celui indiqué pour la réduction de l'oxyde de cuivre par l'hydrogène (§ 522, fig. 238), mais on
interpose entre le vase producteur d'hydrogène et le tube dans lequel
on opère la réduction, deux flacons laveurs contenant, le premier, de
l'eau, le second, de l'acide sulfurique concentré. Dans le tube effilé, on
place 2 grammes de sesquioxyde de fer *précipité* et desséché (§ 983).
L'oxyde de fer calciné ne doit pas être employé, l'hydrogène n'agissant
sur lui qu'à très haute température. L'appareil tout entier étant
rempli d'hydrogène et aucune explosion n'étant plus à craindre
(voy. § 515), on chauffe l'oxyde de fer en disposant quelques charbons
sur la grille, autour du tube. La réduction commence à une température relativement basse; dès 280° ou 300°, le sesquioxyde est changé
en protoxyde avec dégagement de vapeur d'eau :

$$2Fe^2O^3 + 2H = 4FeO + H^2O^2;$$
$$Fe^2O^3 + H^2 = 2FeO + H^2O.$$

Vers 350°, au-dessous du rouge sombre par conséquent, le protoxyde
de fer lui-même est réduit à l'état de métal, avec formation d'eau :

$$2FeO + 2H = 2Fe + H^2O^2;$$
$$FeO + H^2 = Fe + H^2O.$$

La réaction totale est donc :

$$2Fe^2O^3 + 6H = 4Fe + 3H^2O^2;$$
$$Fe^2O^3 + 3H^2 = 2Fe + 3H^2O.$$

On peut constater la formation de l'eau par le brouillard que donne sa vapeur en se condensant dans l'air, et aussi par les gouttelettes d'eau qui se déposent sur un verre froid qu'on présente à l'orifice effilé du tube.

L'action simultanée de l'hydrogène et d'une chaleur modérée doit être continuée jusqu'à ce que tout le contenu du tube ait perdu la teinte rouge caractéristique du sesquioxyde de fer, et pris une couleur noire veloutée. Afin de faciliter la réduction, on tourne de temps en temps le tube autour de son axe, ce qui renouvelle la surface de la matière à réduire.

Quand on chauffe le tube au moyen d'une flamme de gaz, l'oxyde de fer ne doit pas être entouré par cette flamme, mais maintenu à une certaine distance au-dessus de celle-ci. Il est nécessaire, en effet, de ne pas chauffer le tube jusqu'au rouge, cette température augmentant la densité de l'oxyde non réduit et sa résistance à l'action de l'hydrogène. De plus, le métal ne possède pas les mêmes propriétés quand la réduction a été effectuée au rouge ou au-dessous du rouge. Le fer réduit à très haute température est gris, assez dense, et ne s'oxyde pas rapidement à l'air froid. Au contraire, le fer réduit à température relativement basse est noir, très divisé, léger et extrêmement oxydable : quand on l'a laissé refroidir dans un courant d'hydrogène, et par suite à l'abri de l'air, il s'oxyde instantanément lorsqu'on le projette dans l'atmosphère, en produisant des étincelles brillantes; en un mot, il est *pyrophorique*.

Le fer pyrophorique peut être conservé en fermant la pointe effilée du tube par un jet de chalumeau qui fond le verre, puis en étirant et fondant à la lampe l'autre extrémité du même tube, à quelques centimètres du joint, le tout sans interrompre la communication avec la source d'hydrogène sec. Pour réaliser, à un moment quelconque, la combustion du fer pyrophorique, il suffira de briser avec une pince de fer l'une des pointes effilées, et de secouer le tube pour faire sortir à l'air la poudre noire qu'il contient.

Le fer réduit par l'hydrogène contient toujours du soufre lorsque l'oxyde de fer a été préparé avec du sulfate et insuffisamment lavé, ou bien lorsque l'hydrogène n'a pas été complètement purifié. Pour éviter la présence du soufre, de l'arsenic, etc., l'hydrogène employé doit être purifié comme il a été dit ailleurs (§ 510), c'est-à-dire lavé au permanganate de potasse acide, puis au permanganate de potasse alcalin, et enfin desséché dans un troisième laveur contenant de l'acide sulfurique concentré. De plus, on emploie l'oxyde de fer précipité du chlorure et non pas du sulfate.

974. FER PASSIF. — Quand on verse sur du fer métallique, sur des pointes de Paris par exemple, de l'acide azotique ordinaire, qui est chargé d'eau, le fer est attaqué énergiquement et des vapeurs rutilantes se dégagent en abondance. Il n'en est plus de même quand on substitue, dans la même expérience, l'acide azotique monohydraté $(D = 1,52)$ à l'acide ordinaire. Dans le second cas, le métal semble rester inattaqué. Il y a plus. Si l'on décante l'acide monohydraté qui baigne le fer, et si l'on verse sur celui-ci de l'acide ordinaire, le fer, qui a subi le contact l'acide fort, est devenu inattaquable par l'acide chargé d'eau. On dit qu'il est devenu *passif*. Toutefois l'attaque devient immédiatement manifeste lorsqu'on vient à toucher le fer avec un fil de cuivre, d'argent ou de platine.

En réalité, le fer est attaqué dans tous les cas (MM. Gautier et Charpy). En opérant à froid sur le fer parfaitement décapé, avec un acide de densité inférieure à 1,21, l'attaque a lieu avec dégagement gazeux et devient rapidement énergique; quand la densité de l'acide est supérieure à la limite précitée, l'attaque se produit, mais sans dégagement gazeux : le fer se dissout en formant de l'azotate ferrique, la liqueur se chargeant d'ammoniaque et surtout d'hypoazotide. A mesure que la température est plus élevée, l'attaque ne commence à s'opérer sans dégagement gazeux qu'avec des acides de plus en plus denses. Quand le fer est souillé de traces d'oxyde, ce qui est le cas ordinaire, cet oxyde, en se dissolvant, élève la température localement et provoque la réaction énergique, avec dégagement de chaleur et effervescence. Ce dernier fait explique ce qu'on a appelé la *passivité* : le fer qui a été décapé, privé de son oxyde au contact d'un acide concentré, lequel ne donne l'attaque rapide qu'à une température relativement haute, peut ensuite produire à froid, avec tout acide de densité supérieure à 1,21, la réaction invisible; il paraît dès lors inattaqué.

A. — Oxyde de fer salin.

Équiv. : Fe^3O^4 ou $FeO,Fe^2O^3 = 116.$ *F. atom.* : $Fe^3O^4 = 232.$

975. OXYDE ANHYDRE : *Synonymes :* Oxyde ferroso-ferrique, oxyde de fer magnétique, oxyde noir de fer, éthiops martial. — *Composé* noir, magnétique, cristallisant dans le système cubique. — *Densité :* 4,9 à 5,2. — *Insoluble* dans l'eau. — *Plus fusible* que le fer.

OXYDE HYDRATÉ : Fe^3O^4,HO ou Fe^3O^4,H^2O. — Composé noir, amorphe, perdant son eau au-dessus de 90°. — *Insoluble* dans l'eau. — Résulte de la dessiccation d'un oxyde plus hydraté, de couleur verte.

976. PAR LA VAPEUR D'EAU ET LE FER CHAUFFÉ AU ROUGE (voy. § 512).

977. PAR LE SULFATE DE FER ET L'AMMONIAQUE. — On dissout 45 grammes du sulfate de protoxyde de fer, cristallisé et non altéré à l'air, dans 250 centimètres cubes d'eau. On prélève exactement un tiers du volume de la dissolution. On ajoute aux deux autres tiers, placés dans une capsule de porcelaine et portés à l'ébullition, d'abord 8 grammes d'acide sulfurique concentré, préalablement dilués de 50 grammes d'eau, puis, peu à peu et en agitant, 10 à 12 grammes d'acide azotique. Ce dernier agit comme oxydant et change le sulfate de protoxyde de fer en sulfate de sesquioxyde (voy. § 995). On évapore à sec pour chasser l'acide azotique en excès, on laisse refroidir et on reprend par 200 centimètres cubes d'eau. A la liqueur peroxydée, on réunit le tiers de la liqueur primitive que l'on a mis de côté. Le mélange renferme dès lors 1 tiers du métal à l'état de sulfate de protoxyde et 2 tiers à l'état de sel de sesquioxyde.

D'autre part, on dilue 150 centimètres cubes d'ammoniaque ordinaire, de 2 fois leur volume d'eau, et on verse dans la liqueur alcaline la solution contenant le mélange des sulfates. Les deux sels, se trouvant simultanément en contact avec de l'ammoniaque en excès, fournissent du protoxyde et du sesquioxyde, mêlés à équivalents égaux : dans ces conditions, les deux oxydes se combinent pour donner l'hydrate noir verdâtre de l'oxyde salin. Il ne faut pas verser l'ammoniaque dans le mélange des deux sels : le sulfate de peroxyde se trouverait précité complètement avant celui de protoxyde, de telle sorte que la combinaison ne se formerait pas.

L'oxyde précipité est lavé par décantation au moyen de l'eau bouillante, jusqu'à ce que les liqueurs de lavage ne troublent plus l'azotate de baryte, puis recueilli sur un filtre, égoutté et desséché à l'air.

B. — Sesquioxyde de fer.

$$\textit{Équiv.} : Fe^2O^3 = 80. \qquad \textit{F. atóm.} : Fe^2O^3 = 160.$$

973. *Synonymes:* Peroxyde de fer, oxyde ferrique.

OXYDE ANHYDRE. — *Synonymes :* Colcotar, rouge d'Angleterre, fer oligiste, hématite rouge, fer spéculaire, martite, *caput mortuum* de vitriol. — *Rouge, cristallisant* dans le système rhomboédrique et parfois hémièdre. — *Densité* variable avec l'état, de 4,35 à 5,25. — Différences de propriétés assez considérables suivant les circonstances de la préparation. — *Insoluble* dans l'eau.

HYDRATE A 1 1/2 ÉQUIVALENT D'EAU : $Fe^2O^3 + 1,5HO$, soit $2Fe^2O^3 + 3HO$ ou $2Fe^2O^3 + 3H^2O$. — *Synonymes :* Limonite, safran de Mars apéritif, rouille, peroxyde de fer hydraté. — Composé *ocreux*, amorphe. — Perd 1/3 de son eau à l'ébullition, en formant un oxyde à 1 équivalent d'eau (gœthite), $Fe^2O^3 + HO$ ou $Fe^2O^3 + H^2O$. — Devient anhydre à 160°.

979. PRÉPARATION PAR LE SULFATE DE PROTOXYDE DE FER. — La calcination du sulfate de protoxyde de fer laisse pour résidu un sesquioxyde de fer anhydre, qu'on désigne plus spécialement sous le nom de *colcotar*. Il suffit de chauffer au rouge les cristaux de sulfate de fer, dans un creuset ou dans une cornue de grès, aussi longtemps qu'il se dégage des vapeurs acides, pour obtenir cet oxyde sous la forme d'une matière pulvérulente d'un rouge vif. Les produits volatils qui sont engendrés en même temps varient suivant le degré d'hydratation du sel calciné (voy. § 629).

980. La même expérience modifiée permet de produire le *sesquioxyde de fer cristallisé*. Si, en effet, au lieu de calciner le sulfate de fer seul, on mélange préalablement ce composé (30 grammes) avec du sel marin

(50 grammes), qu'on chauffe le tout dans un creuset, d'abord modérément pour chasser l'eau de cristallisation du sulfate, puis plus fortement pour décomposer ce dernier, et qu'enfin on donne un coup de feu pour porter la masse au rouge vif, l'oxyde de fer se dissout dans le chlorure de sodium fondu, puis se dépose en lamelles cristallines, identiques au fer oligiste. Ce fait est dû, d'une part, à la volatilisation du dissolvant, d'autre part et surtout, à la diminution de la solubilité de l'oxyde dans le sel marin pendant le refroidissement. Après retour à la température ordinaire, on traite le contenu du creuset par l'eau : le chlorure de sodium se dissout et, par l'agitation, les paillettes brillantes de sesquioxyde de fer sont mises en suspension dans l'eau. On peut, par lévigation, les séparer en partie de l'oxyde aggloméré qui les accompagne.

981. **Par le sulfate de sesquioxyde de fer.** — Cette préparation se relie à la production de *l'acide sulfurique de Nordhausen* (§ 629).

982. **Par les sels de sesquioxyde de fer et l'ammoniaque.** — On opère soit avec le perchlorure de fer, soit avec le sulfate de sesquioxyde de fer. Dans le premier cas, on fait une solution contenant environ 15 grammes de perchlorure de fer par litre d'eau, ce qui correspond à un mélange de 60 grammes de solution officinale de perchlorure de fer $(D = 1,26)$ avec une quantité d'eau suffisante pour former 1 litre. Dans le second cas, on prépare une liqueur contenant par litre environ 17 grammes de sulfate de sesquioxyde de fer, c'est-à-dire la quantité de ce sel fournie par la peroxydation de 25 grammes de sulfate de protoxyde de fer cristallisé (§ 995).

On étend 80 centimètres cubes d'ammoniaque concentrée de 3 ou 4 fois son volume d'eau et, en agitant vivement, on y verse peu à peu la solution du sel de peroxyde de fer. Après mélange, la masse doit présenter une réaction alcaline. Il s'est formé ainsi du chlorhydrate ou du sulfate d'ammoniaque et un précipité gélatineux, rougeâtre, de sesquioxyde de fer hydraté. On laisse déposer, on décante la liqueur claire, et on lave le dépôt ocreux avec l'eau distillée froide, par décantation suivie de filtration, jusqu'à ce que la liqueur décantée ne précipite plus l'azotate d'argent si l'on a employé le chlorure, ou l'azotate de baryte si l'on s'est servi du sulfate.

Cette opération du lavage à froid de l'oxyde de fer hydraté est fort longue et assez pénible. Elle n'est pratiquée que pour avoir du sesquioxyde de fer hydraté très divisé, ce corps s'agglomérant et devenant plus dense et moins hydraté sous l'influence de la chaleur. Elle fournit un oxyde très propre à combattre les empoisonnements par l'arsenic, et qui doit être conservé dans l'eau, à basse température.

983. **Par les sels de sesquioxyde de fer et le carbonate de soude.** — Les difficultés de la méthode précédente font préférer la précipitation et le lavage à chaud de l'hydrate de sesquioxyde de fer, lorsqu'il n'y a aucun inconvénient à produire un oxyde moins riche en eau d'hydratation. Dans ce cas, on prend

les mêmes solutions de sel de fer que précédemment (§ 982) et on les verse peu
à peu dans une solution diluée et bouillante de carbonate de soude. Il se dégage du gaz carbonique et il se fait du chlorure de sodium ou du sulfate de
soude, tandis que le sesquioxyde se précipite à l'état d'hydrate :

$$2Fe^2Cl^3 \quad + \quad 3(C^2O^4,2NaO) \quad = \quad 6NaCl \quad + \quad 3C^2O^4 \quad + \quad 2Fe^2O^3 ;$$

Perchlorure de fer.	Carbonate de soude.	Chlorure de sodium.	Gaz carbonique.	Sesquioxyde de fer.

$$Fe^2Cl^6 \quad + \quad 3CO^3Na^2 \quad = \quad 6NaCl \quad + \quad 3CO^2 \quad + \quad Fe^2O^3.$$

$$3S^2O^6,2Fe^2O^3 \quad + \quad 3(C^2O^4,2NaO) \quad = \quad 3(S^2O^6,2NaO) \quad + \quad 3C^2O^4 \quad + \quad 2Fe^2O^3 ;$$

Sulfate de sesquioxyde de fer.	Carbonate de soude.	Sulfate de soude.	Gaz carbonique.	Sesquioxyde de fer.

$$(SO^4)^3Fe^2 \quad + \quad 3CO^3Na^2 \quad = \quad 3SO^4Na^2 \quad + \quad 3CO^2 \quad + \quad Fe^2O^3.$$

La quantité de carbonate de soude employée doit être suffisante pour précipiter complètement l'oxyde et communiquer au mélange une légère réaction
alcaline. On lave le précipité par décantation suivie de filtration (§ 374), mais
en employant de l'eau distillée bouillante, ce qui abrège beaucoup l'opération.
La durée de celle-ci est toujours considérable, si l'on veut arriver à un lavage
complet. Finalement, on recueille le précipité sur le filtre, on l'égoutte et
on le sèche dans l'étuve à une douce température.

984. Par le carbonate de protoxyde de fer hydraté. — On dissout
30 grammes de sulfate de protoxyde de fer cristallisé dans 500 grammes
d'eau ; on dissout d'un autre côté 40 grammes de carbonate de soude
cristallisé dans 500 grammes d'eau. On filtre les deux liqueurs. Dans le
matras contenant la solution de sulfate de fer, on verse lentement, à
froid et en agitant, l'eau chargée de carbonate alcalin. Par double
décomposition, il se fait du sulfate de soude et du carbonate de protoxyde de fer hydraté, lequel se sépare sous la forme d'un précipité
blanc verdâtre :

$$S^2O^6,2FeO \quad + \quad C^2O^4,2NaO \quad = \quad S^4O^6,2NaO \quad + \quad C^2O^4,2FeO ;$$

Sulfate de protoxyde de fer.	Carbonate de soude.	Sulfate de soude.	Carbonate de protoxyde de fer.

$$SO^4Fe \quad + \quad CO^3Na^2 \quad = \quad SO^4Na^2 \quad + \quad CO^3Fe.$$

Le carbonate de protoxyde de fer, étant très instable à l'air, se
tranforme peu à peu en sesquioxyde de fer ocreux, avec dégagement
d'anhydrique carbonique :

$$C^2O^4,2FeO \quad + \quad O \quad = \quad Fe^2O^3 \quad + \quad C^2O^4 ;$$

Carbonate ferreux.	Oxygène.	Sesquioxyde de fer.	Gaz carbonique.

$$2CO^3Fe \quad + \quad O \quad = \quad Fe^2O^3 \quad + \quad 2CO^2.$$

L'oxydation par l'air commence dès que le carbonate de protoxyde
de fer est précipité. La production du sesquioxyde est cependant précédée par une réaction intermédiaire, laquelle donne naissance à
l'oxyde de fer salin hydraté, qui constitue une matière gélatineuse
verte :

$$3(C^2O^4,2FeO) \quad + \quad 2O \quad = \quad 2(FeO,Fe^2O^3) \quad + \quad 3C^2O^4 ;$$

Carbonate ferreux.	Oxygène.	Oxyde salin.	Gaz carbonique.

$$3CO^3Fe \quad + \quad O \quad = \quad Fe^3O^4 \quad + \quad 3CO^2.$$

Mais, de même que le carbonate de protoxyde de fer, l'oxyde salin hydraté absorbe l'oxygène et se change en sesquioxyde hydraté :

$$2(FeO,Fe^2O^3) \quad + \quad O \quad = \quad 3Fe^2O^3 ;$$

Oxyde salin.   Oxygène.   Oxyde ferrique.

$$2Fe^3O^4 \quad + \quad O \quad = \quad 3Fe^2O^3.$$

Lorsque, après avoir traité le sulfate de fer par le carbonate de soude, on laisse déposer le mélange, le précipité se sépare et peut être lavé par décantation. Pendant les lavages, l'oxygène de l'air agit sur lui, le colore en vert de plus en plus foncé, puis en rouge ocreux. Quand la liqueur de lavage ne précipite plus l'azotate de baryte, on verse le précipité sur une toile tendue, on l'égoutte et on l'abandonne à l'air, en le garantissant des poussières par une feuille de papier à filtrer. Peu à peu, plus rapidement quand on agite, il prend dans toute sa masse la teinte rouge jaunâtre, caractéristique de l'hydrate de sesquioxyde ; la transformation est alors complète. En même temps il se dessèche.

C. — Protosulfure de fer.

Équiv. : FcS = 44.   P. mol. : $Fe^2S^2 = 88 = FeS$.

985. *Matière jaune*, à éclat métallique, cassante, magnétique, cristallisable en *prismes hexagonaux réguliers*. — *Densité* : 4,69. — Fusible. — Indécomposable par la chaleur seule.

986. Préparation par le fer et le soufre. — On chauffe au rouge une cuiller de fer (fig. 283) et on y projette un mélange intime de 3 parties de limaille de

Fig. 283. — Préparation du sulfure de fer.

fer avec 2 parties de soufre pulvérisé ou de soufre en fleur. Sous l'influence de la chaleur rouge, la combinaison s'effectue d'abord dans les portions en contact avec la cuiller, qui entrent en ignition, puis elle se propage de proche en proche jusqu'au centre de la masse. Le soufre en excès brûle pendant la réaction. Lorsque la flamme bleue qu'il produit a disparu, on retourne la cuiller sur une pelle à feu et on laisse refroidir le pain de sulfure de fer, qui s'est détaché. Il ne reste plus qu'à concasser le sulfure avec un marteau. Il est indispensable de porter au rouge le produit et de le chauffer tant qu'il dégage de la vapeur de soufre brûlant à la surface; le sulfure de fer contenant un excès de soufre est, en effet, difficilement attaquable par les acides et, par suite, se prête mal à la préparation de l'hydrogène sulfuré.

La combinaison du fer et du soufre s'effectue encore lorsqu'on mélange au contact de l'eau les deux éléments pulvérisés. On additionne d'un peu d'eau tiède le mélange de fer et de soufre indiqué plus haut, et on en forme une pâte épaisse que l'on dispose en un tas serré. La réaction ne tarde pas à se déclarer. La chaleur qu'elle produit entraîne la volatilisation de l'eau ajoutée. Quand on garnit du mélange humide un flacon résistant, bouché en liège, la vapeur d'eau projette bientôt le bouchon. Tel est le principe de l'expérience autrefois célèbre du *volcan de Lémery*. Le sulfure de fer ainsi obtenu est fort oxydable à l'air.

D. — **Protochlorure de fer.**

Équiv. : FeCl = 63,5.   *F. atom.* : $FeCl^2 = 127$.

987. Sel anhydre. — *Cristallisé* en tables hexagonales, incolores et brillantes. — *Volatil.* — *Très soluble* dans l'eau en s'hydratant.

Hydrate à 4 équivalents d'eau : FeCl + 4HO ou $FeCl^2 + 4H^2O$. — *Sel* déliquescent, vert bleuâtre clair, cristallisé en prismes rhomboïdaux obliques. — *Solubilité* 100 parties de sel dans 68 parties d'eau froide.

988. Préparation par le sulfure de fer et l'acide chlorhydrique. — Le protochlorure de fer est le résidu de la préparation ordinaire de l'hydrogène sulfuré (§ 640). On décante la liqueur provenant de cette préparation, on la porte à l'ébullition jusqu'à expulsion de l'hydrogène sulfuré. On la filtre à l'abri de l'air et on l'évapore rapidement dans un ballon, de manière à la soustraire à l'action de l'oxygène de l'air. Lorsque la liqueur bouillante a atteint la densité 1,38 (40° Baumé), on la laisse refroidir lentement dans le ballon fermé; le sel se dépose en cristaux volumineux. On décante l'eau mère, on égoutte les cristaux en renversant le ballon maintenu bouché et en laissant le liquide s'accumuler dans le col. On les lave avec fort peu d'eau distillée bouillie et refroidie, puis on les égoutte une seconde fois et de la même manière. Les cristaux ne doivent pas être séchés à l'air libre, qui les altère.

989. Par le fer et l'acide chlorhydrique. — On peut attaquer le fer métallique par l'acide chlorhydrique. Il se dégage de l'hydrogène. Quand un excès de fer reste sans réagir en contact avec la liqueur, on décante celle-ci et on la traite comme il a été dit au paragraphe précédent. Lorsqu'on opère sur des quantités notables, il est nécessaire de diluer l'acide pour éviter une action trop vive.

E. — Perchlorure de fer.

$$Équiv. : Fe^2Cl^3 = 162,5. \qquad F.\ atom. : FeCl^3 = 325.$$

990. *Synonymes :* Sesquichlorure de fer.

Sel anhydre. — *Lamelles* hexagonales, d'un rouge grenat par transparence, vertes par réflexion. — *Déliquescent.*— Décomposé à chaud par la vapeur d'eau.

Sel hydraté.. — Cristallisable sous deux états d'hydratation différents, $Fe^2Cl^3 + 6HO$ ou $FeCl^3 + 3H^2O$ et $Fe^2Cl^3 + 12HO$ ou $FeCl^3 + 6H^2O$, tous deux très solubles dans l'eau. — Décomposable en perdant de l'acide chlorhydrique quand on évapore sa solution aqueuse bouillante.

991. Préparation par le protochlorure de fer et le chlore. — On fait passer un courant de chloré dans une solution de protochlorure de fer :

$$2FeCl \ + \ Cl \ = \ Fe^2Cl^3 ;$$

| Protochlorure de fer. | Chlore. | Perchlorure de fer. |

$$FeCl^2 \ + \ Cl \ = \ FeCl^3.$$

On prépare d'abord la solution de protochlorure de fer. A cet effet, on traite 30 grammes de pointes de Paris ou de tournure de fer par de l'acide chlorhydrique concentré (90 grammes). On verse cet acide sur le fer par petites portions, en n'ajoutant une nouvelle quantité d'acide que lorsque la réaction provoquée par la précédente est terminée. Pour éviter un excès d'acide, on arrête les additions de celui-ci alors qu'il reste encore une petite quantité de fer non dissous. Le dégagement d'hydrogène ayant cessé, on décante la liqueur et on la filtre. On l'introduit dans un flacon de Woulff et on y fait passer un courant de chlore lavé à l'eau (§ 651).

Le courant gazeux doit être continué pendant longtemps. La solution, d'abord d'un bleu clair, passe au jaune rougeâtre. La transformation n'est complète que lorsque la liqueur ne donne plus de précipité par le ferricyanure de potassium.

Il est utile de chauffer vers 50° la solution obtenue et de l'agiter à l'air pour chasser le chlore en excès, qu'elle retient en dissolution. Il est plus commode, pour atteindre le même but, de diriger dans le produit, au moyen d'un tube de verre, l'air fourni par une soufflerie hydraulique (§ 466). Au-dessus de 50°, le produit se décompose, brunit et contient bientôt, en même temps que de l'acide chlorhydrique libre, du sesquioxyde de fer hydraté, soluble dans l'eau, mais précipitable par certains composés, le sel marin entre autres.

En préparant ainsi avec la quantité de fer précédente environ 335 grammes de liquide, on obtient une solution aqueuse de perchlorure de fer, dite *solution officinale*, marquant 1,26 au densimètre (30° Baumé); cette liqueur résulte de l'action du chlore sur une solution de protochlorure de fer de densité 1,10 (14° Baumé); elle contient 26 pour 100 de perchlorure de fer.

La dissolution de perchlorure de fer employée en analyse ne doit pas contenir sensiblement d'acide en excès. On s'assure de ce fait en constatant qu'elle ne dégage pas d'hydrogène quand on la verse sur de la limaille de fer. Elle ne précipite pas le ferricyanure de potassium (*protochlorure*); elle ne met pas en liberté le brome des bromures alcalins (*chlore libre*).

F. — Sulfate de protoxyde de fer.

Équiv. : $SFeO^4$ ou $SO^3,FeO = 76.$ *P. mol.* : $S^2Fe^2O^8$ ou $S^2O^6,2FeO = 152 = S̶O̶4̶F̶e̶.$

992. Sel anhydre. — Composé incolore, amorphe, absorbant l'humidité de l'air pour former l'hydrate à 7 molécules d'eau.

Hydrate à 7 molécules d'eau : $S^2O^6,2FeO + 7H^2O^2$ ou $S̶O̶4̶F̶e̶ + 7H̶2̶O̶.$ — *Synonymes* : Sulfate ferreux, vitriol vert, couperose verte. — *Sel* vert clair, à saveur styptique, *dimorphe*, cristallisé d'ordinaire en *prismes rhomboïdaux obliques*, isomorphes avec le sulfate de magnésie, et parfois en *prismes rhomboïdaux droits*. — *Densité* : 1,884. — Perd 6 molécules d'eau à 100° et la 7e à 500° seulement. — *Solubilité* : 100 parties d'eau dissolvent 60,9 parties de sel hydraté à 10°; 69,9 parties à 15°; 333 parties à 100°.

993. Préparation par le fer et l'acide sulfurique. — Ce sel s'obtient en évaporant le produit de l'action de l'acide sulfurique dilué sur le fer métallique en excès, action qui dégage de l'hydrogène comme celle du même acide sur le zinc (§ 508). On concentre rapidement la liqueur filtrée, par ébullition dans un ballon pour éviter l'action peroxydante de l'air. On pousse la concentration jusqu'à ce que la liqueur bouillante marque 1,28 au densimètre (32° Baumé). Le sel cristallise par refroidissement.

On purifie le sulfate de fer par plusieurs cristallisations successives. On l'égoutte et on le conserve à l'abri de l'air qui le souille de sesquioxyde. En lavant ses cristaux avec un peu d'alcool à 60 centièmes on retarde leur oxydation par l'air, mais on les charge de matière organique.

′ Le sel pur, en solution acidulée par l'acide chlorhydrique, ne se trouble pas par l'hydrogène sulfuré ; s'il est chargé de sel de sesquioxyde, il donne dans les mêmes conditions un dépôt de soufre.

G. — Sulfate de peroxyde de fer.

Équiv. : $S^3Fe^2O^{12}$ ou $Fe^2O^3,3SO^3 = 208.$

P. mol. : $(Fe^2O^3)^2,3S^2O^6 = 416 = (S̶O̶4̶)̶3̶F̶e̶2̶.$

994. *Synonymes* : Sulfate ferrique, sulfate de sesquioxyde de fer. — *Sel pulvérulent*, blanc jaunâtre, *cristallisable* en prismes rhomboïdaux droits. — Solutions aqueuses diluées altérables par la chaleur.

995. Préparation par le sulfate de protoxyde de fer. — On dissout à chaud 30 grammes de sulfate de protoxyde de fer cristallisé, dans son poids d'eau préalablement additionné de 6 grammes d'acide sulfurique. On verse peu à peu dans le mélange 10 à 12 grammes d'acide azotique. Celui-ci joue le rôle d'agent d'oxydation et se change en vapeurs nitreuses qui se dégagent. Son oxygène transforme le protoxyde de fer en sesquioxyde. Ce dernier possédant une basicité plus considérable que le protoxyde qui lui a donné naissance, sature, non seulement l'acide du sel dont il provient, mais encore l'acide sulfurique ajouté :

$$2(S^2O^6,2FeO) + 2(AzO^5,HO) + S^2O^6,2HO = 2Fe^2O^3,3S^2O^6 + 2AzO^4 + 2H^2O^2 ;$$

| Sulfate ferreux. | Acide azotique. | Acide sulfurique. | Sulfate ferrique. | Hypoazotide. | Eau. |

$$2SO^4Fe + 2AzO^3H + SO^4H^2 = (SO^4)^3Fe^2 + 2AzO^2 + 2H^2O.$$

On chauffe d'abord pour activer l'oxydation, et ensuite pour évaporer l'eau ainsi que l'acide azotique pris en excès.

Le sel est obtenu finalement sous la forme d'une masse pulvérulente, presque incolore. On doit éviter de le surchauffer en le desséchant, parce qu'il est décomposable par la chaleur rouge (§ 629).

H. — Ferrocyanure de potassium.

Équiv. : $Fe(C^2Az)^3K^2$ ou $FeCy^3K^2 = 184$. *F. atom.* : $Fe(CAz)^6K^4 = 368$.

996. *Synonymes* : Cyanoferrure de potassium, hydroferrocyanate de potasse, prussiate jaune de potasse, cyanure jaune de potassium. — *Sel jaune citron*, inaltérable à l'air, cristallisant en *prismes rhomboïdaux obliques* contenant 3 équivalents d'eau $Fe(C^2Az)^3K^2 + 3HO$ ou $Fe(CAz)^6K^4 + 3H^2O$. — *Densité* : 1,833. — Perd son eau de cristallisation à partir de 60°; devient anhydre à 100° et est alors incolore. — *Solubilité* : 1 partie dans 2 parties d'eau bouillante et dans 4 parties d'eau froide.

997. Préparation par le cyanure de potassium et le carbonate de fer. — On chauffe dans une petite marmite de fer, 60 grammes de cyanure de potassium avec 350 centimètres cubes d'eau. La dissolution effectuée, on ajoute 30 grammes de carbonate de fer naturel (*fer spathique*) finement pulvérisé, et on maintient l'ébullition pendant une heure, en remplaçant l'eau volatilisée. Il se forme du carbonate de potasse et du ferrocyanure de potassium :

$$6C^2AzK + C^2O^4,2FeO = 2[Fe(C^2Az)^3K^2] + C^2O^4,2KO ;$$

| Cyanure de potassium. | Carbonate ferreux. | Ferrocyanure de potassium. | Carbonate de potasse. |

$$6CAzK + CO^3Fe = Fe(CAz)^6K^4 + CO^3K^2.$$

Le fer de la marmite intervient également en dégageant de l'hydrogène :

$$3C^2AzK + Fe + H^2O^2 = Fe(C^2Az)^3K^2 + KO,HO + H,$$

| Cyanure de potassium. | Fer. | Eau. | Ferrocyanure de potassium. | Hydrate de potasse. | Hydrogène. |

$$6CAzK + Fe + 2H^2O = Fe(CAz)^6K^4 + 2KOH + H^2 ;$$

aussi remplace-t-on souvent le fer spathique par de la ferraille.

On filtre et on concentre la liqueur par évaporation jusqu'à ce qu'une pellicule commence à se former à la surface du liquide, ou plus exactement jusqu'à ce que celui-ci, bouillant, marque 1,27 au densimètre (31° Baumé). On laisse refroidir. Le carbonate de potasse ainsi que l'hydrate de potasse, tous deux très solubles, restent dans la liqueur, tandis que le ferrocyanure cristallise.

On recueille ce sel, on l'égoutte, on le dissout dans 2 fois 1/2 son poids d'eau bouillante et on le fait cristalliser de nouveau par refroidissement. On termine en le séchant à l'air.

I. — Ferrocyanure ferrique.

$$\text{Équiv.} : (C^2Az)^9Fe^7 \text{ ou } Cy^9Fe^7 \text{ ou } 3(FeCy^3),2Fe^2 = 430.$$

$$F.\ atom. : (\mathcal{C}Az)^{18}Fe^7 = 860.$$

998. *Synonyme* : Bleu de Prusse. — *Composé* bleu foncé, à reflets cuivrés, *amorphe*, retenant 18 équivalents d'eau $(C^2Az)^9Fe^7 + 18HO$ ou $(\mathcal{C}Az)^{18}Fe^7 + 18H^2\mathcal{O}$, qu'il ne perd complètement par la chaleur qu'en se décomposant. — *Insoluble* dans l'eau.

999. PRÉPARATION PAR LE PERCHLORURE DE FER ET LE FERROCYANURE DE POTASSIUM. — On mélange 50 grammes de solution de perchlorure de fer, de densité 1,26 (§ 991), avec 250 grammes d'eau. On ajoute peu à peu à la liqueur, en agitant constamment, une solution de 28 grammes de ferrocyanure de potassium dans 150 grammes d'eau. Il se forme un abondant précipité de bleu de Prusse :

$$2Fe^2Cl^3 \quad + \quad 3[Fe(C^2Az)^3K^2] \quad = \quad (C^2Az)^9Fe^7 \quad + \quad 6KCl;$$

Perchlorure de fer.	Ferrocyanure de potassium.	Ferrocyanure ferrique.	Chlorure de potassium.

$$2Fe^2Cl^6 \quad + \quad 3Fe(\mathcal{C}Az)^6K^4 \quad = \quad (\mathcal{C}Az)^{18}Fe^7 \quad + \quad 12KCl.$$

On laisse déposer. On lave à l'eau distillée, par décantation et filtration, jusqu'à ce que le liquide de lavage ne trouble plus l'azotate d'argent ; on jette alors sur le filtre, on égoutte et on sèche à l'air.

J. — Ferricyanure de potassium.

$$\text{Équiv.} : Fe^2(C^2Az)^6K^3 \text{ ou } Fe^2Cy^6K^3 = 329. \quad F.\ atom. : Fe^2(\mathcal{C}Az)^{12}K^6 = 658.$$

1000. *Synonymes* : Cyanoferride de potassium, prussiate rouge de potasse, cyanure rouge de potassium. — *Sel rouge*, cristallisé en prismes rhomboïdaux obliques, dépourvus d'eau de cristallisation ; découvert par Gmelin. — *Densité* : 1,84. — *Décrépite* par la chaleur. — *Solubilité* : 100 parties d'eau dissolvent 40 parties de sel à 15° ; 83 parties à 100°. — Solution aqueuse *altérable*.

1001. PRÉPARATION PAR LE FERROCYANURE DE POTASSIUM ET LE CHLORE. — On dissout 60 grammes de ferrocyanure de potassium dans 300 grammes d'eau et, au moyen d'un tube de verre, on dirige dans la liqueur froide un courant de chlore gazeux lavé à l'eau (§ 651). La réaction suivante s'effectue : -

$$2Fe(C^2Az)^3K^2 \quad + \quad Cl \quad = \quad Fe^2(C^2Az)^6K^3 \quad + \quad KCl;$$

Ferrocyanure de potassium.	Chlore.	Ferricyanure de potassium.	Chlorure de potassium.

$$2[Fe(C^2Az)^6K^4] \quad + \quad 2Cl \quad = \quad Fe^2(\mathcal{C}Az)^{12}K^6 \quad + \quad 2KCl.$$

La liqueur rougit de plus en plus. On continue le courant gazeux jusqu'à ce qu'elle cesse de précipiter une solution diluée de perchlorure de fer, bien pure de protochlorure (§ 991). La transformation étant alors complète, on arrête le courant gazeux. Le chlore en excès ayant la propriété de décomposer le ferricyanure de potassium, il est nécessaire de surveiller la fin de l'opération et de ne pas prolonger l'afflux du chlore au delà de ce qui est indispensable. On évapore la solution au bain-marie, en s'arrêtant lorsqu'elle commence à donner des cristaux. On la laisse alors refroidir ; le ferricyanure se dépose en prismes volumineux, tandis que le chlorure de potassium reste dans l'eau mère. On sépare les cristaux, on les essore, on les dissout dans 1 fois 1/2 leur poids d'eau chaude et on laisse de nouveau cristalliser par refroidissement.

Le ferricyanure de potassium pur de ferrocyanure ne précipite pas le perchlorure de fer. Sa solution aqueuse, s'altérant peu à peu, ne doit pas être préparée à l'avance quand on l'emploie comme réactif.

11.

CHROME.

Équiv. : $Cr = 26$.   P. atom. : $Cr = 52$.

A. — Sesquioxyde de chrome.

Équiv. : $Cr^2O^3 = 76$.   F. atom. : $Cr^2O^3 = 152$.

1002. Oxyde anhydre. — *Composé* vert, amorphe ou cristallisé en lamelles dérivées d'un *rhomboèdre*, à éclat métallique, très dur. — *Densité* : $6,2$. — Fusible à la température du chalumeau oxyhydrique.

Oxydes hydratés. — Composés contenant des quantités d'eau diverses, verts, perdant leur eau par la chaleur et dégageant de la chaleur en se changeant en oxyde anhydre.

PRÉPARATION.

1003. Par le bichromate de potasse. — Si, dans un creuset, on porte au rouge du bichromate de potasse, ce sel se détruit en dégageant de l'oxygène et en laissant un résidu composé de sesquioxyde de chrome et de chromate neutre de potasse :

$$2(2CrO^3,KO) \quad = \quad 2(CrO^3,KO) \quad + \quad Cr^2O^3 \quad + \quad 3O ;$$

Bichromate   Chromate neutre   Sesquioxyde   Oxygène.
de potasse.   de potasse.   de chrome.

$$2Cr^2O^7K^2 \quad = \quad 2CrO^4K^2 \quad + \quad Cr^2O^3 \quad + \quad 3O.$$

Le sesquioxyde de chrome étant insoluble peut être séparé, par des lavages à l'eau, du chromate neutre qui est soluble.

Ce procédé ayant l'inconvénient de ne fournir à l'état de sesquioxyde que la moitié du chrome renfermé dans le bichromate calciné, on lui préfère le suivant.

1004. Par le bichromate de potasse et le soufre. — On mélange intimement 40 grammes de bichromate de potasse avec 20 grammes de soufre. On introduit la matière pulvérisée dans un creuset, que l'on ferme par son couvercle et que l'on porte au rouge. La réaction suivante s'effectue :

$$2(2CrO^3,KO) \quad + \quad 2S \quad = \quad 2Cr^2O^3 \quad + \quad S^2O^6,2KO ;$$

Bichromate   Soufre.   Sesquioxyde   Sulfate
de potasse.   de chrome.   de potasse.

$$Cr^2O^7K^2 \quad + \quad S \quad = \quad Cr^2O^3 \quad + \quad SO^4K^2.$$

Après refroidissement, on enlève le produit du creuset, on le pulvérise et on le lave à l'eau, par décantation et filtration, pour enlever le sel de potasse. On s'arrête quand la liqueur décantée ne se trouble plus par le chlorure de baryum. Finalement on recueille le produit lavé sur le filtre et on le sèche à l'air, en l'abritant des poussières.

1005. PAR LE BICHROMATE DE POTASSE ET LE CHLORURE DE SODIUM. — Lorsqu'on effectue la décomposition du bichromate de potasse par la chaleur seule, comme elle est indiquée ci-dessus (§ 1003), mais en faisant intervenir une substance capable d'agir sur l'oxyde de chrome comme dissolvant, le sel marin par exemple, on obtient le sesquioxyde de chorme cristallisé. Les choses se passent alors comme dans la production du sesquioxyde de fer cristallisé (§ 980) au moyen du sulfate de fer et du chlorure de sodium.

On chauffe au rouge, dans un petit creuset, un mélange de 12 grammes de sel marin décrépité avec 20 grammes de bichromate de potasse. La décomposition s'effectue. On élève la température de manière à provoquer un abondant dégagement de vapeurs blanches de chlorure de sodium, puis on laisse refroidir. Le creuset contient des paillettes cristallines de sesquioxyde de chrome, vertes, anhydres, empâtées dans un mélange de chromate neutre de potasse et de chlorure de sodium. On dissout dans l'eau ces derniers sels. On lave la poudre cristalline, on la recueille sur un filtre et on la sèche. On peut séparer préalablement, par lévigation, les plus belles lamelles cristallines de l'oxyde pulvérulent, en profitant de la lenteur relative avec laquelle les premières se déposent quand on les a mises en suspension dans l'eau.

1006. PAR LE BICHROMATE DE POTASSE ET L'ACIDE BORIQUE. — Il existe un oxyde de chrome hydraté, $Cr^2O^3 + 2HO$ ou $Cr^2O^3 + 2H^2O$, que sa magnifique couleur verte fait employer en peinture sous les noms de *vert Guignet* ou de *vert émeraude*.

Pour l'obtenir, on calcine dans un creuset un mélange intime de 1 partie de bichromate de potasse avec 5 parties d'acide borique cristallisé, en élevant la température jusqu'à commencement de fusion. Il se forme ainsi du borate de sesquioxyde de chrome et du borate de potasse :

$$2(2CrO^3,KO) + 14(BoO^3,3HO) = 2(6BoO^3,Cr^2O^3) + 2(BoO^3,KO) + 21H^2O^2 + 6O;$$

Bichromate de potasse.	Acide borique.	Borate de chrome.	Borate de potasse.	Eau.	Oxygène.

$$Cr^2O^7K^2 + 14BoO^3H^3 = Bo^{12}O^{21}Cr^2 + 2BoO^2K + 21H^2O + 3O.$$

On traite le contenu du creuset par l'eau. Au contact de ce liquide ajouté peu à peu, la masse s'échauffe et se gonfle considérablement : le borate de chrome se décompose et donne de l'acide borique, qui se dissout avec le borate de potasse, en même temps que de l'oxyde de chrome, hydraté et vert, qui reste insoluble. On le lave et on le sèche à l'air.

B. — Anhydride chromique.

$Équiv. : CrO^3 = 50.$ $P. mol. : Cr^2O^6 = 100 = Cr\Theta^3.$

1007. *Synonyme :* Acide chromique. — *Prismes rhomboïdaux droits*, d'un rouge vif, déliquescents. — *Densité :* 2,73. — *Fusible* vers 180° en un liquide noir. — *Décomposable* à plus haute température. — *Très soluble* dans l'eau.

1008. PRÉPARATION PAR LE BICHROMATE DE POTASSE ET L'ACIDE SULFURIQUE. — A 50 centimètres cubes (1 volume) d'une solution de bichromate de potasse saturée à 50° (contenant 20 grammes de sel), placés dans une capsule de porcelaine, on ajoute peu à peu et en agitant 75 centimètres cubes (1 volume et demi) d'acide sulfurique concentré et pur. Le mélange s'échauffe fortement et donne une liqueur rouge limpide. Il se forme ainsi de l'anhydride chromique et du sulfate acide de potasse :

$$2(2CrO^3,KO) + S^2O^6,2HO = 2Cr^2O^6 + S^2O^6,2KO + H^2O^2;$$

| Bichromate de potasse. | Acide sulfurique. | Acide chromique. | Sulfate de potasse. | Eau. |

$$Cr^2O^7K^2 + SO^4H^2 = 2Cr\Theta^3 + SO^4K^2 + H^2\Theta.$$

Ces deux corps sont solubles dans l'eau chaude. Si le mélange contient cependant des cristaux en suspension, ce que l'on observe surtout quand on opère sur très peu de matière, on chauffe légèrement, afin de tout redissoudre. On laisse ensuite refroidir lentement. Il se dépose de longues aiguilles rouges d'acide chromique. On agite la masse et on la verse sur un entonnoir dont la douille est garnie d'un tampon d'amiante. On essore le produit à la trompe (§ 354). On fait passer rapidement sur les cristaux un peu d'eau bien froide, qui entraîne l'eau mère dont ils sont souillés, puis on les essore de nouveau ; enfin on les sèche, en les exposant sous une cloche contenant un vase largement ouvert et garni d'acide sulfurique concentré.

On peut, au lieu d'essorer les cristaux à la trompe, les égoutter dans un entonnoir sur un tampon d'amiante, puis les déposer sur une brique poreuse qui absorbe le liquide. Le produit est alors moins pur que dans le cas précédent.

Pour purifier l'anhydride chromique ainsi préparé, on le fond dans une capsule de platine ou de porcelaine, à un feu très modéré, un chauffage plus énergique qu'il est nécessaire entraînant la décomposition brusque du produit. L'eau se dégage d'abord, puis la masse fondue se sépare en 2 couches, l'acide sulfurique moins dense surnageant l'acide chromique liquéfié. On décante d'abord l'acide sulfurique, puis on coule l'acide chromique sur de la porcelaine, en séparant les premières parties écoulées et les dernières. Celles-ci ne sont pas souillées d'acide sulfurique. Le produit se solidifie. On l'enferme aussitôt dans les flacons secs (M. H. Moissan).

C. — **Alun de chrome et de potassium.**

Équiv. : $3SO^3,Cr^2O^3 + SO^3,KO$ ou $2S^2O^6,Cr^2O^3,KO = 259$.

F. atom. : $(SO^4)^3Cr^2 + SO^4K^2 = 518$.

1009. *Synonymes :* Alun de chrome, sulfate de sesquioxyde de chrome et de potasse.
Sel violet. — Cristaux violets, du *système cubique*, contenant 24 équivalents d'eau : $2S^2O^6,Cr^2O^3,KO + 24HO$ ou $(SO^4)^3Cr^2 + SO^4K^2 + 24H^2O$. Découvert par Mussin-Pouschkin en 1801. — Isomorphe avec l'alun alumino-potassique. — *Densité :* 1,848. — *Efflorescent ;* perd la moitié de son eau jusqu'à 90°. — *Fusible* à cette dernière température dans son eau de cristallisation. — *Solubilité :* 1 partie dans 6 parties d'eau froide. En solution froide, il se change peu à peu, spontanément et jusqu'à une certaine limite, en sel vert ; la transformation est complète et rapide au-dessus de 75°.
Sel vert. — Incristallisable, très soluble dans l'eau. La solution froide se change peu à peu, spontanément et jusqu'à une certaine limite, en sel violet.

I. — PRÉPARATION.

1010. Par le bichromate de potasse, l'acide sulfurique et l'acide sulfureux. — On dissout 50 grammes de bichromate de potasse dans 300 grammes d'eau, on ajoute à la liqueur, en agitant, 16 grammes (9 centimètres cubes) d'acide sulfurique concentré. Il se forme du sulfate de potasse et de l'acide chromique. On fait passer dans la dissolution un courant de gaz sulfureux (§ 609 à § 613), qui réduit l'acide chromique à l'état de sesquioxyde de chrome ; ce dernier forme, avec l'acide sulfurique et le sulfate de potasse, de l'alun de chrome :

$$2(2CrO^3,KO) \ + \ S^2O^6,2HO \ + \ 3S^2O^4 \ = \ 2[2S^2O^6,Cr^2O^3,KO] \ + \ H^2O^2 ;$$

Bichromate de potasse.	Acide sulfurique.	Gaz sulfureux.	Alun de chrome.	Eau.

$$Cr^2O^7K^2 \ + \ SO^4H^2 \ +| \ 3SO^2 \ = \ [(SO^4)^3Cr^2 + SO^4K^2] \ + \ H^2O.$$

Toutes ces réactions entraînent un dégagement de chaleur considérable ; or, quand on chauffe sa dissolution, l'alun de chrome violet se transforme rapidement en sel vert incristallisable. Pour obtenir le sel violet cristallisé, il est donc indispensable de refroidir la liqueur avec le plus grand soin, avant d'y faire passer le gaz sulfureux, et surtout de la maintenir froide pendant toute la durée de l'action de ce gaz. A cet effet, on la place dans un vase entouré d'eau froide et renouvelée constamment. De plus, on ne fait passer le gaz qu'avec une vitesse modérée. La présence d'un grand excès d'acide sulfurique activerait la production du sel vert.

Si la température ne s'élève pas trop, la liqueur saturée d'acide sulfureux est violacée et dépose peu à peu, après refroidissement complet, des cristaux d'alun de chrome violet, parfois très volumineux.

Si, au contraire, la température a atteint 60° ou 80°, la liqueur est d'un gris verdâtre et ne dépose que peu de cristaux ou même n'en dépose pas du tout, du moins immédiatement. Quand on l'abandonne à elle-même, le sel vert se changeant lentement en sel violet, la couleur verte de la liqueur devient de moins en moins franche ; après quelque temps il commence à se déposer des cristaux d'alun de chrome violet. La cristallisation se faisant ainsi avec lenteur, on obtient des cristaux très volumineux.

L'alun de chrome n'est pas pur après une seule cristallisation ; il contient un excès d'acide sulfurique. On le purifie en laissant évaporer spontanément sa dissolution aqueuse saturée à froid. On place celle-ci dans un cristallisoir

que l'on recouvre d'une feuille de papier à filtrer et que l'on abandonne dans
un lieu sec dont la température varie peu. Si l'on a déposé sur le fond du
cristallisoir quelques cristaux d'alun de chrome, ceux-ci s'accroissent par
suite de l'évaporation du dissolvant; ils grossissent régulièrement lorsqu'on
prend soin de les retourner de temps en temps, en changeant les faces sur
lesquelles ils reposent.

La solution aqueuse des cristaux violets, saturée à une température maximum de 28° ou 30°, abandonne par refroidissement des cristaux d'alun
violet.

On peut encore faire à chaud une solution concentrée de sel cristallisé; la
transformation en sel vert s'effectue. En abandonnant ensuite la liqueur à
elle-même, le changement inverse se produit, mais très lentement, et le sel
violet se dépose.

Le même procédé permet également de *nourrir* des cristaux. Il suffit, en
effet, de décanter la liqueur verte lorsque la cristallisation commence, et de
placer des cristaux sur le fond du vase qui la contient, pour voir ces cristaux
augmenter rapidement; leur accroissement est régulier lorsqu'on les retourne
de temps en temps. Comme, en cristallisant, l'alun violet disparait de la
liqueur, l'équilibre qui existe au sein de celle-ci, entre le sel violet et le sel
vert, se trouve constamment rompu, de telle sorte que, dans la solution froide,
le sel vert continue à passer à l'état de sel violet, et la cristallisation se
poursuit (M. Lecoq de Boisbaudran).

1011. Par le bichromate de potasse, l'acide sulfurique et l'alcool.
— Au lieu de l'acide sulfureux, on peut employer certaines substances
organiques, l'alcool particulièrement, pour réduire l'acide chromique
formé tout d'abord dans l'action de l'acide sulfurique sur le bichromate
de potasse. Il est alors nécessaire d'employer une plus grande proportion d'acide sulfurique que dans le cas précédent.

On dissout 50 grammes de bichromate dans 300 grammes d'eau; on
ajoute 50 grammes (28 centimètres cubes) d'acide sulfurique concentré,
et on refroidit le mélange en plongeant dans l'eau froide le vase qui le
contient. On y verse par portions, en agitant et en maintenant le refroidissement, 20 grammes d'alcool; ce dernier s'oxyde en formant de
l'aldéhyde et de l'acide acétique. Des cristaux d'alun de chrome ne tardent pas à se déposer; leur séparation est d'autant plus rapide que la
température a été maintenue plus basse.

En opérant à chaud, comme cela a lieu dans la préparation de l'aldéhyde, on obtient d'abord du sel vert incristallisable, mais ce dernier
se change ensuite en sel violet dans les conditions indiquées plus haut
(§ 1009 et § 1010).

II. — PROPRIÉTÉS.

1012. Isomorphisme de l'alun de chrome et de l'alun d'alumine. — Les aluns,
sels isomorphes, peuvent cristalliser simultanément et se mélanger en proportions variables dans un même cristal. Ce fait peut être mis en évidence au
moyen de l'alun de chrome et de l'alun ordinaire.

On décante une solution d'alun de chrome commençant à donner des
cristaux d'alun violet (§ 1010); sur le fond du cristallisoir dans lequel on la

place, on dispose, éloignés les uns des autres, deux ou trois cristaux d'alun alumino-potassique ordinaire. L'alun de chrome se dépose sur ces cristaux ; quand on les retourne de temps en temps, il les accroît régulièrement et on obtient des cristaux formés d'alun ordinaire, incolore, recouverts d'une enveloppe cristallisée d'alun chromo-potassique violet.

L'expérience peut être renversée, un cristal d'alun de chrome étant nourri en alun ordinaire, pendant le refroidissement d'une solution tiède et saturée de ce dernier sel.

Il est encore possible d'alterner, dans un même cristal, les dépôts superposés des deux aluns. En fendant avec une scie un cristal ainsi obtenu, on observe les couches, alternativement blanches et violettes, des sels qui le composent.

On fait quelquefois intervenir l'alun de fer, comme troisième terme, dans la production de cristaux mixtes, plus complexes encore que les précédents.

D. — Bichromate de potasse.

$$\textit{Équiv.} : 2CrO^3, KO = 147. \qquad \textit{F. atom.} : Cr^2O^7K^2 = 294.$$

1013. *Synonyme :* Chromate acide de potasse. — *Cristaux* anhydres, rouges, volumineux, dérivés d'un *prisme rhomboïdal bioblique.* — *Densité :* 2,702. — *Décrépite* par la chaleur. — *Fusible* bien au-dessous du rouge. Décomposé par la chaleur. — *Solubilité :* 100 parties d'eau dissolvent 4,6 parties de sel à 0°; 12,4 parties à 20°; 94,1 parties à 100°. — La solution saturée bout à 104°.

1014. PRÉPARATION PAR LE FER CHROMÉ. — On fait un mélange intime de 50 grammes de fer chromé, 25 grammes d'azotate de potasse et 15 grammes de carbonate de potasse. Le fer chromé doit être pris en poudre aussi fine que possible, une poudre tant soit peu grossière ne donnant qu'un rendement presque nul. On chauffe ce mélange dans un creuset et on le maintient au rouge vif pendant une heure et demie, en agitant fréquemment avec une tige de fer. Le fer chromé, qui est un oxyde salin, FeO,Cr^3O^3 ou FeO,Cr^2O^3, s'oxyde aux dépens de l'azotate en donnant du sesquioxyde de fer et de l'acide chromique ; ce dernier s'unit à la potasse provenant de la destruction de l'azotate ou à celle du carbonate pour former du chromate neutre de potasse, lequel, se trouvant dans un milieu alcalin, est stable à la température rouge.

On laisse refroidir et on reprend le contenu du creuset par l'eau chaude. L'oxyde de fer reste insoluble, ainsi que le fer chromé non attaqué et certaines impuretés du minerai, tandis que les sels potassiques passent dans la liqueur. On filtre. Le chromate neutre de potasse étant trop soluble dans l'eau pour être isolé aisément par cristallisation, on le change en bichromate. Pour cela, on ajoute peu à peu de l'acide azotique à la solution, d'abord en quantité suffisante pour neutraliser, puis en excès notable, 20 grammes par exemple. L'acide azotique libre donne avec le chromate neutre du bichromate et de l'azotate de potasse :

$$4(CrO^3,KO) + 2(AzO^5,HO) = 2(2CrO^3,KO) + 2(AzO^5,KO) + H^2O^2 ;$$

Chromate de potasse.	Acide azotique.	Bichromate de potasse.	Azotate de potasse.	Eau.

$$2Cr O^4 K^2 + 2Az O^3 H = Cr^2 O^7 K^2 + 2Az O^3 K + H^2 O.$$

Après une nouvelle filtration, ayant pour but de séparer la silice qui s'est précipitée, on évapore la liqueur et on la laisse refroidir lentement. Si la concentration a été suffisante, il se dépose des cristaux de bichromate de potasse, souvent mélangés de cristaux d'azotate. Si l'on avait ajouté un trop grand excès d'acide azotique, il pourrait aussi se déposer un trichromate de potasse, en cristaux moins volumineux et d'un rouge plus foncé que ceux du bichromate. On purifie le produit par une nouvelle cristallisation dans l'eau bouillante, en employant des poids à peu près égaux de sel et de dissolvant.

Pour avoir des cristaux bien nets de bichromate de potasse, on concentre les solutions jusqu'à ce que, bouillantes, elles marquent 1,36 au densimètre (38° Baumé).

Cette préparation donne toujours d'assez faibles rendements dans les opérations de laboratoire, à cause de la lenteur avec laquelle s'attaque le fer chromé; elle fournit des résultats moins imparfaits lorsqu'on substitue, au fer chromé, l'oxyde de chrome précipité. Il est à remarquer d'ailleurs qu'elle ne copie que d'assez loin l'opération pratiquée dans l'industrie, celle-ci faisant intervenir comme oxydant l'oxygène de l'air et non l'azotate de potasse.

12.

MANGANÈSE.

Équiv. : $Mn = 27{,}5$.   *P. atom.* : $Mn = 55$.

A. — **Bioxyde de manganèse.**

Équiv. : $MnO^2 = 43{,}5$.   *F. atom.* : $MnO^2 = 87$.

1015. Oxyde anhydre. — *Synonymes :* Peroxyde de manganèse, pyrolusite, polianite, manganèse. — *Noir*, généralement amorphe ou fibreux, rarement cristallisé en prismes rhomboïdaux droits. — *Densité* : 4,82. — *Insoluble* dans l'eau. — *Décomposable* par la chaleur.

Oxyde hydraté : MnO^2,HO ou MnO^2,H^2O. — *Matière* pulvérulente, *noire*, à réaction acide, conservant encore son eau à 210°.

1016. Préparation par le chlorure de manganèse. — La transformation du chlorure de manganèse en bioxyde de manganèse est une opération pratiquée en grand dans l'industrie (Weldon) pour régénérer cet oxyde des résidus de la préparation du chlore (§ 651). On peut en répéter les diverses réactions de la manière suivante.

On décante le liquide épuisé, formant le résidu de la préparation du chlore, et on y ajoute peu à peu du carbonate de chaux en poudre. L'acide chlorhydrique en excès se sature tout d'abord, en donnant du chlorure de calcium et du gaz carbonique. Lorsque le carbonate de chaux a cessé de se dissoudre, on en ajoute une nouvelle quantité. Par son contact prolongé avec la liqueur, que l'on prend soin d'agiter de temps en temps, il précipite un certain nombre de substances étrangères, introduites dans la solution par le minerai; il précipite notamment l'alumine et le fer à l'état de sesquioxydes :

$$2Fe^2Cl^3 \quad + \quad 3(C^2O^4,2CaO) \quad = \quad 2Fe^2O^3 \quad + \quad 6CaCl \quad + \quad 3C^2O^4,$$

| Perchlorure de fer. | Carbonate de chaux. | Oxyde de fer. | Chlorure de calcium. | Gaz carbonique. |

$$Fe^2Cl^6 \quad + \quad 3CO^3Ca \quad = \quad Fe^2O^3 \quad + \quad 3CaCl^2 \quad + \quad 3CO^2;$$

$$2Al^2Cl^3 \quad + \quad 3(C^2O^4,2CaO) \quad = \quad 2Al^2O^3 \quad + \quad 6CaCl \quad + \quad 3C^2O^4,$$

| Chlorure d'aluminium. | Carbonate de chaux. | Alumine. | Chlorure de calcium. | Gaz carbonique. |

$$Al^2Cl^6 \quad + \quad 3CO^3Ca \quad = \quad Al^2O^3 \quad + \quad 3CaCl^2 \quad + \quad 3CO^2.$$

Il précipite également la silice. On filtre. On prépare un lait de chaux dont on détermine le volume et, en le maintenant sensiblement homogène par l'agitation, on le verse peu à peu dans la solution de protochlorure de manganèse. La chaux hydratée précipite le protoxyde de manganèse hydraté :

$$MnCl \quad + \quad CaO,HO \quad = \quad CaCl \quad + \quad MnO,HO;$$

| Chlorure de manganèse. | Hydrate de chaux. | Chlorure de calcium. | Hydrate de protoxyde do manganèse. |

$$MnCl^2 \quad + \quad CaO^2H^2 \quad = \quad CaCl^2 \quad + \quad MnO^2H^2.$$

Dès que la précipitation est complète, un échantillon de la liqueur filtrée ne se trouble plus par l'ammoniaque. On mesure alors le volume de lait de chaux versé dans le mélange et on en ajoute une nouvelle quantité, égale à la précédente. On agite avec soin.

La bouillie obtenue est introduite dans un flacon d'une capacité double de celle qui serait nécessaire pour la contenir exactement; au goulot du flacon, on adapte un bouchon traversé par deux tubes de verre, dont l'un pénètre jusqu'au fond du vase, tandis que l'autre s'arrête immédiatement au-dessous du bouchon. On place le flacon dans un bain-marie chauffé entre 50° et 60°, puis on fait passer dans la masse un courant d'air *très rapide*. A cet effet, on met, au moyen d'un tube de caoutchouc, le tube long en relation avec une trompe soufflante, ou bien on fait communiquer le tube court avec un trompe aspirante qui produit un vide partiel dans le flacon et provoque une rentrée d'air par le tube long, ouvert dans l'atmosphère. Le mélange perd peu à peu sa teinte claire et la matière en suspension, d'abord d'un gris rose, prend finalement une teinte brun foncé; cette transformation exige le passage d'un volume d'air considérable, une faible proportion seulement de l'oxygène de cet air étant utilisée. Le produit est du manganite de chaux, c'est-à-dire une combinaison de bioxyde de manganèse et de chaux :

$$MnO,HO \quad + \quad CaO,HO \quad + \quad O \quad = \quad MnO^2,CaO \quad + \quad H^2O^2;$$

| Hydrate de protoxyde de manganèse. | Hydrate de chaux. | Oxygène. | Manganite de chaux. | Eau. |

$$MnO^2H^2 \quad + \quad CaO^2H^2 \quad + \quad O \quad = \quad MnO^3Ca \quad + \quad 2H^2O.$$

C'est à la production de ce composé que sert la chaux ajoutée en excès au protoxyde de manganèse précipité. Si l'on opère de même sur le protoxyde non additionné de chaux en excès, l'oxydation s'effectue encore, quoique plus lentement, et elle engendre une combinaison noire de protoxyde et de bioxyde de magnèse, un manganite de manganèse :

$$2MnO,HO \quad + \quad O \quad = \quad MnO^2,MnO \quad + \quad H^2O^2;$$

| Hydrate de protoxyde de manganèse. | Oxygène. | Manganite de manganèse. | Eau. |

$$2MnO^2H^2 \quad + \quad O \quad = \quad Mn^2O^3 \quad + \quad 2H^2O.$$

Ce composé fournit d'ailleurs des réactions semblables à celles du manganite de chaux. Celui-ci en est plus ou moins chargé quand on opère ainsi qu'il a été dit plus haut.

On transvase le précipité dans une capsule de porcelaine, on ajoute de l'acide azotique en excès et on porte à l'ébullition. L'acide attaque les oxydes salins, leur enlève la chaux ou le protoxyde de manganèse, qui passent à l'état d'azotates, et laisse un résidu de bioxyde de maganèse hydraté :

$$MnO^2,CaO \quad + \quad AzO^5,HO \quad = \quad AzO^5,CaO \quad + \quad MnO^2,HO;$$

| Manganite de chaux. | Acide azotique. | Azotate de chaux. | Bioxyde de manganèse hydr. |

$$MnO^3Ca \quad + \quad 2AzO^3H \quad = \quad (AzO^3)^2Ca \quad + \quad MnO^2,H^2O.$$

On introduit de l'acide azotique dans le mélange jusqu'à ce que celui-ci, après ébullition, conserve une réaction acide très marquée. Il ne reste plus qu'à laver par décantation le précipité à l'eau bouillante, à le recueillir sur un filtre et à le sécher.

Le bioxyde de manganèse régénéré du chlorure peut servir à la production du chlore. Dans l'industrie, on emploie directement dans ce but le manganite de chaux lavé : en le traitant par l'acide chlorhydrique, la dissolution de la chaux par l'acide se fait d'abord ; elle est suivie de la réaction génératrice du chlore (§ 651).

B. — Chlorure de manganèse.

$$Équiv. : MnCl = 63. \qquad F. atom. : MnCl^2 = 126.$$

1017. *Synonyme :* Chlorure manganeux.

SEL ANHYDRE. — *Masse cristalline* rosé, *soluble* dans l'eau avec élévation de température.

HYDRATE À 8 ÉQUIVALENTS D'EAU : $MnCl + 8HO$ ou $MnCl^2 + 8H^2O$. — *Sel dimorphe*, formant des cristaux dérivés de deux *prismes rhomboïdaux obliques incompatibles.* — *Déliquescent.* — *Fusible* à 88°, en perdant les 3/4 de son eau. — *Solubilité :* 64 parties dans 100 parties d'eau à 10° ; 124 parties à 62° ; au delà de cette dernière température, la solubilité diminue.

1018. PRÉPARATION PAR LE BIOXYDE LE MANGANÈSE ET L'ACIDE CHLORHYDRIQUE. — Le protochlorure de manganèse constitue le résidu de la préparation habituelle du chlore (§ 651). Dans les liqueurs provenant de cette préparation, il se trouve mélangé à des sels de chaux, de baryte, de fer, de cobalt, de plomb, etc., lesquels proviennent du minerai et doivent être éliminés. A cet effet, on décante la liqueur dans une capsule de porcelaine et on l'évapore jusqu'à siccité ; l'acide chlorhydrique en excès est volatilisé en même temps que l'eau. La matière sèche, détachée de la capsule, est introduite dans un creuset de terre qu'elle remplit, et chauffée jusqu'au rouge : le perchlorure de fer qui colore plus ou moins fortement la masse en jaune, se décompose dans ces conditions, et donne du sesquioxyde de fer. On laisse refroidir et on reprend la masse par l'eau ; la dissolution s'effectue avec dégagement de chaleur et le sesquioxyde de fer reste insoluble. On filtre, puis on évapore la liqueur claire jusqu'à ce que, à l'ébullition, elle marque 1,48 au densimètre (47° Baumé) ; on l'abandonne enfin au refroidissement.

En égouttant les cristaux et en les faisant cristalliser de nouveau par redissolution dans l'eau pure et refroidissement de la liqueur, on parvient à les débarrasser de la plus grande partie des matières étrangères, celles-ci restant dans les eaux mères.

1019. Si l'on veut purifier plus complètement le chlorure de manganèse, on reprend par l'eau les cristaux provenant d'une première cristallisation. On prélève une certaine portion de la liqueur, 1/20 par exemple, et on y verse en agitant du carbonate d'ammoniaque tant qu'il se produit un précipité ; on lave ce dernier en diluant beaucoup la masse par l'eau bouillante, en laissant déposer à l'abri de l'air et en décantant le liquide clair ; on répète rapidement et plusieurs fois cette opération, jusqu'à ce que les eaux de lavage ne laissent, après filtration et évaporation, aucun résidu sensible. Le précipité de carbonate de manganèse lavé est ensuite délayé dans les 19/20 non traités de la dissolution ; le mélange, après avoir été maintenu pendant quelque temps à une température voisine de 100° dans un vase fermé, est chargé d'hydrogène sulfuré jusqu'à odeur persistante après un contact prolongé. On porte à l'ébullition : le plomb, le cuivre, le nickel et le cobalt, qui existent le plus souvent dans les minerais de manganèse, se trouvent précipités. On filtre, on évapore jusqu'à ce que la liqueur commence à se troubler à l'ébullition, et on laisse cristalliser par refroidissement.

C. — Sulfate de protoxyde de manganèse.

Équiv. : $SMnO^4$ ou $SO^3,MnO = 75,5$.

P. mol. : $S^2Mn^2O^8$ ou $S^2O^6,2MnO = 151 = SO^4Mn$.

1020. *Synonyme* : Sulfate manganeux.

SEL ANHYDRE. — Masse pulvérulente incolore. — *Densité* : 3,1.

HYDRATE à 4 MOLÉCULES D'EAU : $S^2O^6,2MnO + 4H^2O^2$ ou $SO^4Mn + 4H^2O$. — *Cristaux* roses, volumineux, dérivés d'un prisme rhomboïdal droit. — *Densité* : 2,092. — Perd 1 molécule d'eau dans le vide sec. — *Solubilité* maximum vers 75° : 100 grammes dans 79 grammes d'eau à 10° ; dans 69 grammes à 75° ; dans 1079 grammes à 101°. — Se forme surtout entre 20° et 30°.

HYDRATE à 7 MOLÉCULES D'EAU : $S^2O^6,2MnO + 7H^2O^2$ ou $SO^4Mn + 7H^2O$. — *Isomorphe* avec le sulfate de fer ordinaire et cristallisant en prismes rhomboïdaux obliques. — *Très efflorescent.* — Se forme dans le voisinage de 0°.

1021. PRÉPARATION PAR LE BIOXYDE DE MANGANÈSE ET L'ACIDE SULFURIQUE. — Le sulfate de manganèse constitue le résidu de l'une des préparations de l'oxygène, la réaction de l'acide sulfurique sur le bioxyde de manganèse (§ 493). Il faut remarquer cependant que le sulfate de sesquioxyde de manganèse est un produit intermédiaire de la réaction de l'acide sulfurique sur le bioxyde de manganèse, et qu'il n'est détruit complètement que si, lors de la préparation de l'oxygène, la température a été maintenue pendant un temps suffisant au point d'ébullition de l'acide sulfurique. A défaut de cette condition, le résidu est un mélange de sulfate de protoxyde de manganèse, de sulfate de sesquioxyde du même métal et d'acide sulfurique en excès.

On traite ce résidu *refroidi* par 250 centimètres cubes d'eau froide, on l'additionne de solution aqueuse d'acide sulfureux en quantité suffisante pour lui communiquer l'odeur très marquée de ce composé, et on abandonne le mélange à lui-même pendant une heure. On porte à l'ébulli-

tion dans un endroit bien ventilé : si l'addition d'acide sulfureux a été
suffisante, l'odeur caractéristique de ce corps doit se manifester jus-
qu'au moment de l'ébullition. Lorsqu'on opère sur des quantités importantes, il vaut mieux faire passer dans la liqueur chaude un courant de
gaz sulfureux, tant que ce dernier est absorbé. Dans les deux cas, l'acide
sulfureux s'oxyde et devient acide sulfurique, aux dépens du sel manganique, lequel passe à l'état de sel manganeux. On filtre la solution,
et après l'avoir additionnée de 2 ou 3 centimètres cubes d'acide azotique, on l'évapore à siccité. Pendant la concentration, l'acide azotique
peroxyde le fer que contenait le minerai ; il est lui-même réduit à l'état
de vapeurs rutilantes, qui se dégagent et doivent être dirigées hors du
laboratoire. Reprenant une seconde fois par 250 centimètres cubes d'eau,
on fait digérer la liqueur avec un excès de carbonate de chaux pulvérisé ; celui-ci sature l'acide sulfurique libre en dégageant du gaz carbonique et en formant du sulfate de chaux insoluble ; de plus il précipite
le sesquioxyde de fer. La séparation du fer est complète quand un échantillon de la solution ne donne plus de précipité bleu avec le ferrocyanure de potassium. On filtre de nouveau pour séparer le sulfate de
chaux, l'oxyde ferrique et le carbonate de chaux en excès, puis on concentre la liqueur par évaporation dans une capsule de porcelaine, en
s'arrêtant seulement lorsque la liqueur chaude a une densité égale à 1,44
(44° Baumé). Par refroidissement, il se dépose d'ordinaire des cristaux du
sel à 4 molécules d'eau (§ 1020). On les égoutte et on les sèche à l'air. La
solubilité minimum du sulfate de manganèse étant à la température de
l'ébullition, on continue l'évaporation notablement au delà du point où
le sel solide commence à se déposer. Ce sel se redissout en partie pendant le refroidissement ; on décante vers 75°, pour séparer le résidu,
puis on laisse refroidir.

La cristallisation par refroidissement est toujours peu abondante ;
aussi est-il préférable de laisser séjourner la liqueur, à la température
du laboratoire, dans un cristallisoir recouvert d'une feuille de papier à
filtrer : le sel se dépose par l'évaporation lente et spontanée du dissolvant.

Il est indispensable d'éliminer l'acide sulfurique en excès, ainsi qu'il a
été prescrit plus haut ; si l'on concentrait directement la liqueur char-
chargée de cet acide, le sel se séparerait à l'état anhydre pendant l'éva-
poeation. C'est là d'ailleurs un fait assez général dans la préparation
des sulfates métalliques.

D. — Manganate de potasse.

Équiv. : MnKO⁴ ou MnO³,KO = 98,5.   F. atom. : MnO4K² = 197.

1022. *Synonyme* : Caméléon minéral. — *Sel cristallisable* en prismes rhomboïdaux
droits, très foncé, presque noir, à éclat métallique. — *Très soluble* dans peu d'eau,
en formant une solution verte ; détruit par un excès d'eau.

1023. Préparation par le bioxyde de manganèse. — Dans une petite capsule
de tôle, ou dans une cuiller de fer, on mélange 5 grammes de potasse caus-

tique, 3^{gr},5 de chlorate de potasse en poudre fine, et 4 grammes de bioxyde de manganèse pulvérulent; on ajoute 10 ou 12 centimètres cubes d'eau et on évapore rapidement à siccité sur un brûleur à gaz. On agite avec une spatule de fer pendant l'évaporation, en évitant les projections d'alcali caustique fondu. Lorsque l'eau a été chassée, la masse prend une coloration verte de plus en plus marquée. On continue à chauffer pendant quelques minutes, en maintenant le produit à demi fondu. Lorsqu'une petite portion de la matière, prélevée à l'extrémité d'une tige de fer, se dissout dans l'eau, après refroidissement, en formant une solution vert foncé, la réaction est terminée : le bioxyde de manganèse a été oxydé aux dépens du chlorate de potasse et changé en acide manganique, lequel a formé avec la potasse un sel vert, stable à haute température. On laisse refroidir *complètement* et on ajoute fort peu d'eau dans la capsule ; la solution verte, éclaircie par le repos et décantée, peut être employée pour constater les réactions du manganate.

Étendue de beaucoup d'eau, cette solution se trouble, laisse déposer du bioxyde de manganèse hydraté et devient rose, une partie de manganate de potasse étant changée en permanganate :

$$3(MnO^3,KO) \; + \; H^2O^2 \; = \; Mn^2O^7,KO \; + \; MnO^2 \; + \; 2(KO,HO);$$

| Manganate de potasse. | Eau. | Permanganate de potasse. | Bioxyde de manganèse. | Potasse. |

$$3MnO^4K^2 \; + \; 2H^2O \; = \; Mn^2O^8K^2 \; + \; MnO^2 \; + \; 4KOH.$$

La transformation est plus rapide lorsqu'on ajoute de l'acide sulfurique dilué ou de l'acide azotique dilué ; dans ce cas, il ne se forme pas de précipité, mais un sel de protoxyde de manganèse :

$$5(MnO^3,KO) + 4(AzO^5,HO) = 2(Mn^2O^7,KO) + AzO^5,MnO + 3(AzO^5,KO) + 2H^2O^2;$$

| Manganate de potasse. | Acide azotique. | Permanganate de potasse. | Azotate de manganèse. | Azotate de potasse. | Eau. |

$$5MnO^4K^2 \; + \; 8AzO^3H \; = \; 2Mn^2O^8K^2 \; + \; (AzO^3)^2Mn \; + \; 6AzO^3K \; + \; 4H^2O.$$

L'azotate de potasse peut être substitué à une quantité correspondante de chlorate dans la préparation.

E. — Permanganate de potasse.

Équiv. : Mn^{2}KO^8 ou Mn^{2}O^7,KO = 158.   *F. atom.* : Mn^{2}O^{8}K^2 = 316.

1024. *Cristaux* foncés, mordorés, dérivés d'un *prisme rhomboïdal droit*, dépourvus d'eau de cristallisation, donnant une poudre rouge. — *Densité* : 2,71. — *Décrépite* légèrement par la chaleur qui lui enlève de l'oxygène. — *Solubilité* : 1 partie dans 16 parties d'eau à 15°; plus grande à chaud. Solution rouge pourpre. — Décomposé par la plupart des substances oxydables.

1025. PRÉPARATION PAR LE BIOXYDE DE MANGANÈSE. — On mélange 40 grammes de potasse caustique avec 20 grammes de chlorate de potasse pulvérisé et une petite quantité d'eau, ou bien encore 100 grammes (69 centimètres cubes) de lessive de potasse à 1,45 de densité (45° Baumé) avec 20 grammes de chlorate de potasse pulvérisé. On ajoute à l'un ou à l'autre mélange 40 grammes de bioxyde de manganèse en poudre très fine. On fait avec le tout une pâte homogène, que l'on dessèche à une douce chaleur, sur une plaque de tôle ou sur un pelle à feu ; on introduit la matière sèche dans un creuset couvert, que l'on porte au rouge sombre pendant vingt minutes. Le chlorate de potasse donne avec le bioxyde de manganèse de l'acide manganique et de l'acide permanganique, lesquels forment avec la potasse du manganate et du permanganate de potasse. Après avoir laissé refroidir la masse verdâtre obtenue, on la pulvérise et on la dissout à l'ébullition dans 600 centimètres cubes d'eau. On ajoute peu à peu à la liqueur de l'acide azotique dilué jusqu'à ce qu'une goutte de la solution, déposée à l'aide d'une baguette sur du papier à filtrer, produise un cercle rose passant rapidement au brun, mais ne forme plus une tache verte. Le manganate est alors changé par l'acide azotique en permanganate, suivant la réaction indiquée précédemment (§ 1023) ; de plus, l'alcali en excès passe à l'état d'azotate. On laisse déposer, on décante la solution claire, on filtre le dépôt sur un tampon d'amiante ou de fulmi-coton, et on évapore la liqueur limpide jusqu'à ce qu'elle commence à abandonner des cristaux. On la laisse enfin refroidir ; le permanganate de potasse cristallise. Les eaux mères, décantées après vingt-quatre heures et évaporées, fournissent une nouvelle quantité de produit ; elles retiennent l'azotate de potasse, qui est beaucoup plus soluble.

Au lieu d'employer l'acide azotique, on peut faire passer dans le mélange, jusqu'à saturation, un courant de gaz carbonique, qui produit des réactions analogues.

Pour purifier le permanganate de potasse, on le redissout dans l'eau chaude, on fait une solution qui, bouillante, marque 1,21 au densimètre (25° Baumé), et on laisse refroidir lentement. Si la liqueur est trouble, il faut préalablement la laisser déposer ou la filtrer dans un entonnoir dont la douille est garnie d'un tampon d'amiante ou de fulmi-coton ; elle ne peut être filtrée sur du papier ou du coton, ceux-ci étant attaqués par elle très rapidement.

Les cristaux égouttés doivent être séchés à l'abri de toute matière organique, et notamment des poussières atmosphériques.

1026. Propriétés. — Le permanganate de potasse, chauffé jusqu'au rouge sombre dans un tube à essai, dégage de l'oxygène et laisse un résidu de manganate et d'oxyde de manganèse : ce résidu, repris par une petite quantité d'eau, donne une liqueur qui, éclaircie par dépôt de l'oxyde en suspension, présente la coloration verte caractéristique du manganate de potasse.

Chauffé avec un excès d'hydrate de potasse, le permanganate se change tout entier en manganate ; la solution rouge devient verte.

Certaines matières organiques effectuent la même réduction. Si à une solution de permanganate de potasse, rendue alcaline par quelques gouttes de lessive de potasse, on ajoute un peu d'alcool, la liqueur devient verte : cette transformation s'opère dès la température ordinaire. Diverses substances minérales réductrices, l'hyposulfite de soude, par exemple, agissent de même.

Beaucoup d'autres matières oxydables poussent plus loin la réduction et donnent du protoxyde de manganèse. C'est ainsi qu'une solution de permanganate de potasse, acidulée par une petite quantité d'acide sulfurique, est décolorée entièrement par les azotites, l'acide sulfureux, l'hydrogène sulfuré, le protochlorure de fer, le protochlorure d'étain, etc. Quand on la chauffe avec l'acide chlorhydrique, la même solution donne d'abord un précipité brun, qui se dissout bientôt en formant une liqueur brune contenant du bichlorure de manganèse (§ 651); par une réaction secondaire, le mélange chauffé fournit du chlore et du protochlorure de manganèse.

13.

ÉTAIN.

Équiv. : Sn = 59.   *P. atom.* : *Sn* = 118.

1027. *Métal* blanc, légèrement bleuâtre, mou, très malléable, peu tenace, dégageant lorsqu'on le frotte une odeur particulière. — *Cristallisant* en prismes rhomboïdaux droits. — *Densité* : 7,285 fondu ; 7,293 laminé ; 7,180 cristallisé. — *Point de fusion* : 228°. — *Non volatil.* — *Chaleur spécifique* : 0,05623. — *Coefficient de dilatation* : 0,002193.

1028. CRISTALLISATION. — On place, dans un vase cylindrique étroit, un petit vase à précipiter par exemple, une solution très concentrée de protochlorure d'étain, préalablement additionnée d'acide chlorhydrique. Dans cette solution, on introduit jusqu'au fond une lame d'étain de 1 millimètre d'épaisseur, de 15 millimètres de largeur et d'une hauteur supérieure à celle du vase, en la maintenant verticale au moyen d'un fil fixé aux bords du verre par un peu de cire. L'appareil étant placé dans un endroit où on pourra le laisser séjourner immobile pendant plusieurs jours, on verse lentement et le plus doucement possible, une couche d'eau de 1 à 2 centimètres d'épaisseur sur la solution de chlorure d'étain ; la densité relativement grande de cette dernière permet d'éviter le mélange des deux liquides. Au bout d'un certain temps, on voit se déposer sur la lame d'étain, à la surface de séparation des deux liquides, des cristaux d'étain, qui s'accroissent lentement et peuvent atteindre, après une ou deux semaines, plusieurs centimètres de longueur. Ces cristaux, très brillants, peuvent être lavés à l'eau distillée, séchés et conservés.

On admet d'ordinaire que la lame d'étain, plongée dans les deux liquides, devient l'origine d'un courant électrique qui provoque le dépôt du métal par électrolyse. La lame se dissout elle-même dans les parties inférieures à celles où s'opère le dépôt.

La cristallisation ne se fait bien qu'avec une solution de protochlorure acidulée. En liqueur neutre et non recouverte d'eau, le métal se dépose cependant, mais en fort petite quantité seulement et sous des formes peu nettes.

L'électrolyse de la solution de chlorure d'étain, par un courant électrique très faible, donne des cristaux plus beaux.

A. — Protoxyde d'étain.

Équiv. : SnO = 67.   *F. atom.* : *SnO* = 134.

1029. *Synonyme :* Oxyde stanneux.

OXYDE ANHYDRE. — *Composé* insoluble dans l'eau et les alcalis, soluble dans les acides. — Existe sous *trois modifications allotropiques*. 1° *Oxyde brun olive :* modification la plus stable, forme des lamelles douces au toucher. 2° *Oxyde noir :* cristaux cubiques, de densité 6,1, transformables par la chaleur en lamelles d'oxyde brun olive. 3° *Oxyde rouge :* composé d'un rouge vif, se modifiant très facilement, notamment quand on le frotte avec un corps dur, et passant alors à l'état d'oxyde brun olive.

OXYDE HYDRATÉ : SnO,HO ou $Sn\Theta^2H^2$. — *Précipité* blanc, *amorphe*, insoluble dans l'eau, perdant son eau par l'action de la chaleur.

1030. PRÉPARATION. — Dans une solution de protochlorure d'étain (§ 1038), on verse de l'ammoniaque en très léger excès. Il se produit un précipité blanc d'hydrate de protoxyde d'étain :

$$SnCl \quad + \quad AzH^3 \quad + \quad H^2O^2 \quad = \quad SnO,HO \quad + \quad AzH^4Cl ;$$

Protochlorure d'étain.	Ammoniaque.	Eau.	Protoxyde d'étain hydraté.	Chlorhydrate d'ammoniaque.

$$SnCl^2 \quad + \quad 2AzH^3 \quad + \quad 2H^2O \quad = \quad Sn\Theta^2H^2 \quad + \quad 2AzH^4Cl.$$

On lave le précipité à l'eau froide et on le sèche à l'air libre.

Si, au lieu de le laver, on le chauffe dans la liqueur où il a pris naissance, c'est-à-dire au contact du chlorhydrate d'ammoniaque, en ayant soin d'ajouter au mélange un grand excès de ce dernier sel, qu'on évapore le tout dans une capsule de porcelaine, puis qu'on dessèche le résidu en évitant une trop grande élévation de température, on obtient l'oxyde d'étain anhydre, sous la forme de sa modification rouge. Après refroidissement, si l'on frotte cet oxyde rouge avec une baguette de verre, il se change en oxyde brun olive (M. Fremy).

L'hydrate de protoxyde d'étain se dissout dans la lessive de soude diluée. Quand on maintient en ébullition une solution ainsi préparée, mais contenant un excès d'hydrate non dissous, c'est-à-dire obtenue en ajoutant à du protochlorure d'étain une quantité d'alcali suffisante pour précipiter l'oxyde et même pour le redissoudre partiellement mais non en entier, il se dépose de l'oxyde d'étain anhydre noir (Berthollet fils). Ce dernier, lavé et desséché, puis chauffé dans un tube à essai, à l'abri de l'air, se pulvérise et se change en oxyde brun olive.

Le même corps s'obtient à l'état cristallisé lorsqu'on place la solution sodique ou potassique d'oxyde d'étain dans le vide, sous une cloche contenant en même temps un vase largement ouvert et garni d'acide sulfurique concentré : la solution, en s'évaporant, dépose de l'oxyde noir cristallisé.

Quand on fait bouillir, avec de l'eau chargée d'un grand excès d'ammoniaque libre, de l'hydrate de protoxyde d'étain, ce dernier se change en protoxyde d'étain brun olive (Chevreul). Sous cette forme qui est stable, il peut être lavé à l'eau, séché et conservé.

B. — Bioxyde d'étain.

Équiv. : $SnO^2 = 75.$ *F. atom. :* $Sn\Theta^2 = 150.$

1031. *Synonymes:* Acide stannique, oxyde stannique.

OXYDE ANHYDRE. — *Synonyme :* Cassitérite. — Composé incolore ou jaune, *dimorphe*, cristallisant en prismes rhomboïdaux droits ou en prismes droits à base carrée. — *Densité :* 6,6 à 6,9. — *Insoluble* dans l'eau.

*A*CIDE STANNIQUE : $SnO^2,HO + HO$, ou $SnO^3H^2 + H^2O$. — *Synonyme : Acide orthostan-nique.* — Masse gélatineuse, blanchâtre, perdant son eau d'hydratation à 100°. — *Insoluble* dans l'eau, soluble dans les alcalis et les acides, mais devenant insoluble dans ces derniers par la dessiccation qui le change en acide métastannique. — *Acide monobasique* pour une molécule contenant 1 équivalent d'étain.

*A*CIDE MÉTASTANNIQUE : $Sn^5O^{10},HO + 9HO$ ou $Sn^5O^{11}H^2 + 9H^2O$. — Poudre cristalline, blanche, *insoluble* dans l'eau, dans les acides dilués et dans l'ammoniaque. — De même composition que l'acide stannique, mais *acide monobasique* pour une molécule contenant 5 équivalents d'étain. — Perd les 5/9 de son eau d'hydratation à 100°.

1032. BIOXYDE D'ÉTAIN ANHYDRE. — On l'obtient en calcinant l'acide stannique et l'acide métastannique.

1033. ACIDE STANNIQUE. — A une dissolution de bichlorure d'étain, ou ajoute de l'ammoniaque ; il se forme un précipité gélatineux d'acide stannique hydraté, assez difficile à laver. On le lave cependant par décantation, avec de l'eau froide. On le dessèche à l'air libre. L'acide stannique gélatineux est soluble dans l'acide azotique, mais la dessiccation lui fait perdre, au moins partiellement, cette propriété. Il est soluble dans la potasse et la soude.

1034. ACIDE MÉTASTANNIQUE. — Quand on verse de l'acide azotique ordinaire sur de l'étain grenaillé, une réaction des plus énergiques se déclare, l'étain s'oxyde et se change en acide métastannique, aux dépens de l'acide azotique qui est transformé en hypoazotide ; les vapeurs rutilantes doivent être dirigées dans une cheminée à fort tirage. En opérant dans un matras, on verse peu à peu l'acide sur le métal, jusqu'à ce qu'une nouvelle affusion de liquide ne provoque plus de dégagement gazeux. On ajoute alors de l'eau distillée, et on lave le produit solide à l'eau distillée, par décantation avec filtration (§ 374), jusqu'à ce que les eaux de lavage ne rougissent plus le tournesol. On verse alors le produit sur le filtre, on l'égoutte et on le sèche à l'air.

L'expérience ne doit pas être faite avec l'acide azotique mono-hydraté, l'étain donnant lieu, comme le fer, au phénomène de la *passivité* (§ 974).

L'acide métastannique se dissout dans la lessive de potasse. Les acides le précipitent de cette dissolution sous forme gélatineuse ; il est alors soluble dans l'ammoniaque, qui ne le dissout pas sous la forme ordinaire ; de plus, il se change par l'ébullition en acide métastannique insoluble. Il peut être distingué de l'acide stannique au moyen du protochlorure d'étain : celui-ci, versé sur l'acide métastannique, le colore en jaune, et donne une liqueur jaune également ; il se forme ainsi du métastannate de protoxyde d'étain. L'acide satannique reste incolore dans les mêmes circonstances.

C. — Bisulfure d'étain.

Équiv. : $SnS^2 = 91$.   *P. atom. :* $SnS^2 = 182$.

1035. *Synonymes :* Or mussif, persulfure d'étain, sulfure stannique. — *Composé cristallin,* en paillettes hexagonales, à éclat métallique, jaune, brillant, à toucher gras. — *Densité :* 4,6. — Perd du soufre par l'action d'une chaleur très élevée, en donnant du sesquisulfure d'étain. — *Insoluble* dans l'eau, soluble dans les alcalis et les sulfures alcalins.

1036. Préparation par voie sèche. — Le sulfure d'étain préparé par voie sèche constitue l'*or mussif* du commerce. Pour l'obtenir, on prend 24 grammes d'étain grenaillé, 12 grammes de mercure, 14 grammes de soufre pulvérisé ou de fleur de soufre, et 12 grammes de chlorhydrate d'ammoniaque. On introduit l'étain dans une cuiller de fer; on le chauffe doucement jusqu'à fusion, mais non au delà; dès qu'il est fondu, on écarte la cuiller du feu et on y verse le mercure. On agite avec une tige de fer pour allier les deux métaux, on laisse refroidir et, avant la solidification de l'amalgame, on coule celui-ci dans un mortier de porcelaine où on le triture jusqu'à refroidissement complet. Ajoutant à la poudre obtenue le soufre et le chlorhydrate d'ammoniaque pulvérisés, on fait avec le tout un mélange homogène qu'on introduit dans un matras à fond plat de 125 centimètres cubes, en verre peu fusible. On dispose le matras dans un bain de sable, en l'enfonçant jusqu'à une hauteur un peu supérieure au niveau atteint par la matière dans l'intérieur (voy. fig. 130, § 246), puis on le chauffe jusqu'au rouge sombre.

La réaction est complexe : il se sublime du chlorhydrate d'ammoniaque, du sulfure de mercure, du chlorure de mercure, du bichlorure d'étain; il reste au fond du matras une couche jaune d'or, feuilletée, cristalline, de bisulfure d'étain. Le chlorhydrate d'ammoniaque semble servir surtout à entraîner par sa vapeur les autres substances qui doivent être expulsées du mélange.

Il est indispensable que la température ne dépasse pas le rouge sombre. Au delà, le bisulfure d'étain se change, au moins partiellement, en sesquisulfure, substance jaune grisâtre, à aspect métallique, et même en protosulfure gris bleuâtre foncé, composés faciles à distinguer de l'or mussif; toutefois le protosulfure ne se forme guère que lorsque la température a atteint le rouge blanc. Dès que la volatisation du chlorhydrate d'ammoniaque s'effectue nettement, on doit maintenir la même température jusqu'à la fin sans l'élever davantage, ce qui d'ailleurs entraînerait la fusion du verre du matras.

On dirige soigneusement dans une cheminée les vapeurs produites; elles sont chargées de mercure et par conséquent toxiques. On arrête l'opération lorsqu'elles cessent de se dégager. Après refroidissement, on casse le matras et on sépare le pain de bisulfure d'étain des matières différemment colorées qui l'entourent.

D. — Protochlorure d'étain

Équiv. : SnCl $= 94,5$.   *F. atom.* : $SnCl^2 = 189$.

1037. *Synonyme* : Chlorure stanneux.

Sel anhydre. — *Synonyme* : Beurre d'étain. — *Sel incolore*, transparent, à éclat gras, fusible vers 250°, bouillant au rouge, légèrement déliquescent.

Sel hydraté : SnCl $+ 2HO$ ou $SnCl^2 + 2H^2O$. — *Synonyme* : Sel d'étain du commerce.

Cristaux incolores, à saveur métallique intense, dérivés d'un *prisme rhomboïdal oblique*. — *Densité* : 2,71. — *Point de fusion* : 37°,7 à 40°,5. — Perd de l'eau et de l'acide chlorhydrique par la chaleur, en se changeant partiellement en oxychlorure. — *Solubilité* : 269 parties de sel supposé sec, dans 100 parties d'eau à 15°. — Très oxydable.

1038. Préparation par l'étain et l'acide chlorhydrique. — On introduit dans un matras 30 grammes d'étain en grenaille et on verse sur lui, peu à peu, 60 grammes d'acide chlorhydrique concentré (53 centimètres cubes). L'attaque du métal se produit d'ordinaire à froid et élève la température du mélange. En hiver, on commence la réaction en chauffant le matras pendant quelques instants. Il se forme du protochlorure d'étain et de l'hydrogène :

$$Sn \quad + \quad HCl \quad = \quad SnCl \quad + \quad H;$$

Étain.   Acide chlorhydrique.   Protochlorure d'étain.   Hydrogène.

$$Sn \quad + \quad 2HCl \quad = \quad SnCl^2 \quad + \quad H^2.$$

Lorsque le dégagement gazeux se ralentit, on chauffe vers 70°, mais sans porter le liquide à l'ébullition. La dissolution du métal se poursuit alors jusqu'à ce que la liqueur ait une densité égale à 2,020 ou 2,100. On laisse déposer, on sépare par décantation les flocons métalliques provenant de la dissolution incomplète de l'étain, et on abandonne le liquide à lui-même. Le sel cristallise peu à peu par refroidissement.

On égoutte les cristaux et on les conserve dans des vases soigneusement bouchés. Le protochlorure d'étain humide absorbe, en effet, l'oxgène de l'air et se transforme, partiellement en bichlorure, partiellement en oxychlorure; l'oxydation est plus rapide dans les liqueurs diluées.

1039. Propriétés. — Le protochlorure d'étain donne avec une petite quantité d'eau une solution limpide. Lorsqu'on dilue beaucoup cette dernière, le sel se dissocie, le liquide se trouble et de l'oxychlorure d'étain se précipite, tandis que la liqueur retient de l'acide chlorhydrique libre. L'addition de ce dernier acide au mélange, empêche la formation du précipité ou le redissout.

Ce sel est un agent de réduction très énergique. Sa solution décolore le permanganate de potasse; elle réduit l'acide chromique à l'état de sesquioxyde de chrome; elle précipite le bichlorure de cuivre de sa solution verte, à l'état de protochlorure incolore; elle transforme à l'ébullition le minium ou l'oxyde puce de plomb en chlorure de plomb blanc; elle donne un précipité de bleu de Prusse quand on l'ajoute au mélange brun, mais limpide, de perchlorure de fer et de ferricyanure de potassium; etc.

E. — Bichlorure d'étain.

Équiv. : $SnCl^2 = 130 = 2\ vol.$ *P. mol.* : $Sn^2Cl^4 = 260 = SnCl^4 = 4\ vol.$

1040. *Synonymes* : Chlorure stannique, perchlorure d'étain.

Sel anhydre. — *Synonyme* : Liqueur fumante de Libavius. — *Liquide* incolore, *fu-*

mant très abondamment à l'air humide. — *Densité :* 2,267 à 0°. — *Point d'ébulli-tion :* 120° sous la pression 0ᵐ,767. — *Densité de vapeur* ramenée à 0° et à la pression 0ᵐ,760 : 9,1997 par rapport à l'air ; 132,5 par rapport à l'hydrogène. — Absorbe l'humidité de l'air en produisant l'hydrate à 5 équivalents d'eau ; forme en outre différents autres hydrates.

HYDRATE à 5 ÉQUIVALENTS D'EAU : $SnCl^2 + 5HO$ ou $Sn^2Cl^4 + 5H^2O$. — *Synonyme :* Oxy-muriate d'étain. — *Prismes* rhomboïdaux obliques, incolores, fusibles à 80°, per-dant de l'eau et de l'acide chlorhydrique à une température plus élevée, en don-nant du bioxyde d'étain ; perdant le cinquième de son eau dans le vide sec. — *Solu-bilité* dans l'eau considérable. — Décomposé par ébullition prolongée avec l'eau.

PRÉPARATION.

1041. PAR L'ÉTAIN ET LE CHLORE. — L'appareil dont on fait usage se compose (fig. 284) d'une cornue de verre C, d'une capacité de 250 centimètres cubes, portant une tubulure à laquelle est adapté,

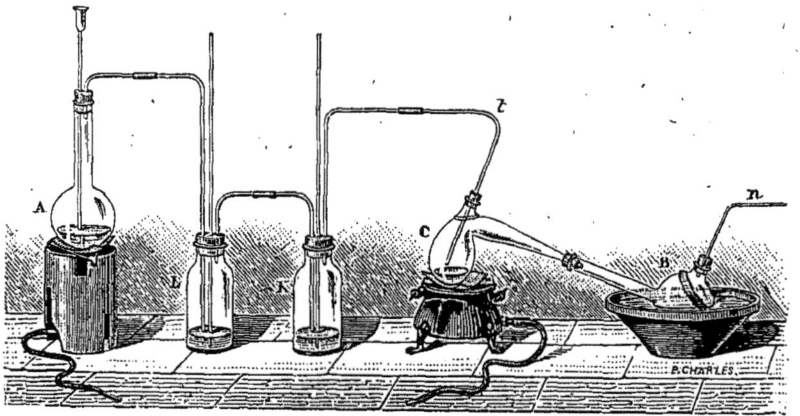

Fig. 284. — Bichlorure d'étain anhydre.

au moyen d'un bouchon fermant exactement, un tube de verre *t*, une fois recourbé et pénétrant jusque vers le fond de la cornue. Le col de cette dernière est fixé à celui d'un ballon B, tubulé et à long col, au moyen d'un bouchon percé. Enfin le bouchon qui ferme la tubulure du ballon est traversé par un tube *n*, recourbé une fois. L'appareil doit être préalablement desséché avec soin, l'eau détruisant le produit qu'il s'agit de préparer. La cornue est disposée sur un petit fourneau à gaz et le ballon est plongé jusqu'à sa tubulure dans une terrine remplie d'eau froide. On place dans la cornue 30 grammes d'étain, qu'on liquéfie en chauffant la panse de la cornue, bien protégée par une toile métal-lique. Les choses étant ainsi disposées, on fait arriver par le tube *t*, adapté à la tubulure de la cornue, un courant de chlore gazeux (§ 651) produit dans le ballon A, et desséché à l'acide sulfurique dans les fla-cons laveurs L et K.

L'orifice du tube *t*, qui amène le chlore, étant à quelques millimètres seulement au-dessus de la surface du métal fondu, la combinaison s'effectue avec un dégagement de chaleur considérable, et même, lors-que le courant de chlore est rapide, avec production de phénomènes lumineux. Le bichlorure d'étain est accompagné de protochlorure si le gaz est amené lentement, mais à la température de fusion du métal, il distille seul et se condense dans le ballon refroidi, tandis que le protochlorure se change en bichlorure par l'intervention d'une nouvelle quantité de chlore. Finalement la panse de la cornue se vide et tout le métal, à l'état de bichlorure, passe dans le ballon. Le produit, incolore lorsqu'il est pur, est le plus souvent coloré en jaune par des traces de chlorure ferrique ou par un excès de chlore.

L'absorption du gaz se fait d'autant mieux que l'orifice du tube est plus voisin de la surface métallique. Si du chlore non combiné s'échappe par la tubulure du ballon, il est nécessaire de relier le tube *n* à un second tube courbé, plongeant dans un lait de chaux ou dans une dissolution de potasse, qui absorbent le gaz.

Lorsqu'il s'agit de produire une plus forte proportion de bichlorure d'étain, on place un réfrigérant de Liebig entre la cornue et le ballon.

Pour purifier le produit, on le met en contact pendant quelque temps avec un peu d'étain, qui se combine au chlore en excès, mais reste sans action à froid sur le bichlorure d'étain anhydre ; on décante et on rectifie ensuite en recueillant ce qui passe dans le voisinage de 120°.

Le bichlorure d'étain anhydre doit être conservé à l'abri de l'air, dans un vase bien sec. L'eau, en agissant sur lui en quantité limitée, le transforme en hydrate à 5 équivalents d'eau (§ 1040).

1042. BICHLORURE D'ÉTAIN CRISTALLISÉ. — Ce sel hydraté s'obtient plus simplement en faisant agir un oxydant sur le protochlorure d'étain. Pour cela, on peut opérer sur l'eau mère de cristallisation du protochlorure (§ 1038).

Plaçant la dissolution dans un matras, on la chauffe doucement et on y fait passer un courant de chlore (§ 651) ; le gaz s'absorbe et le protochlorure d'étain passe à l'état de bichlorure. Lorsque le chlore cesse de se dissoudre, on laisse refroidir et le bichlorure hydraté cristallise.

On peut encore additionner la solution de protochlorure d'étain de la moitié de son volume d'acide chlorhydrique, chauffer, puis verser par petites portions, dans le mélange, de l'acide azotique ; celui-ci joue le rôle d'agent d'oxydation et par suite de chloruration, son action oxydante se portant sur l'acide chlorhydrique en présence. Il se dégage, à chaque affusion de réactif, des vapeurs rutilantes abondantes. Bientôt la liqueur grisâtre et opaline, devient jaune et s'éclaircit ; ce point atteint, on laisse refroidir et le sel cristallise avec 5 équivalents d'eau.

La concentration de la liqueur la plus favorable à la cristallisation correspond à la densité 1,90 (70° Baumé), à l'ébullition.

14.

ANTIMOINE.

Équiv. : Sb = 120 = Sb = P. *atom.*

1043. — *Synonyme :* Régule d'antimoine. — *Métal blanc,* brillant, dur, à cassure lamelleuse, à surface marquée de cristaux arborescents, décrit pour la première fois par Basile Valentin à la fin du quinzième siècle. — *Cristallise* en rhomboèdres. —

Densité : 6,71 à 6,86. — *Point de fusion :* 450°. — *Volatil* et distillable à l'abri de l'air, au rouge blanc. — *Chaleur spécifique :* 0,0507. — *Coefficient de dilatation :* 0,0033. — *Inaltérable* à l'air froid; combustible à chaud.

1044. PRÉPARATION PAR LE SULFURE D'ANTIMOINE ET LE FER. — Le sulfure d'antimoine naturel ou *stibine* est le principal minerai d'antimoine. On le transforme en antimoine en lui enlevant le soufre au moyen d'un autre métal, le fer, par exemple.

On pulvérise 80 grammes du sulfure d'antimoine naturel et on les mélange au mortier avec 30 grammes de carbonate de soude sec. On introduit le tout dans un creuset, en répartissant dans la masse 40 grammes de fer sous forme de fil de fer ou de pointes de Paris fines. On recouvre le creuset et on le porte au rouge vif, dans un fourneau à réverbère. La réaction engendre du sulfure de fer et de l'antimoine :

$$SbS^3 \quad + \quad 3Fe \quad = \quad 3FeS \quad + \quad Sb;$$

$$\text{Stibine.} \qquad \text{Fer.} \qquad \text{Sulfure de fer.} \qquad \text{Antimoine.}$$

$$Sb^2S^3 \quad + \quad 3Fe \quad = \quad 3FeS \quad + \quad 2Sb.$$

Le carbonate de soude fondu dissout le protosulfure de fer et le sépare de l'antimoine, en formant une scorie beaucoup moins dense que ce métal. On agite plusieurs fois la masse avec une tige de fer ; la réaction étant terminée, on laisse refroidir. En cassant ensuite le creuset, on trouve sa partie inférieure occupée par un culot d'antimoine, que l'on sépare mécaniquement de la scorie fragile qui le recouvre. Le métal obtenu par ce procédé est toujours chargé de fer.

1045. PURIFICATION. — Le métal que fournit le commerce est également fort impur. Il est chargé de fer, de plomb, de cuivre, de soufre, d'arsenic, etc. Il doit être purifié avant de servir aux diverses préparations dont il sera question plus loin.

A cet effet, on fond l'antimoine (48 grammes) avec du sulfure d'antimoine pulvérisé (3 grammes) et du carbonate de soude desséché (6 grammes). On place le mélange dans un creuset fermé, que l'on porte au rouge dans un fourneau à réverbère. On maintient la masse en fusion pendant une heure, en l'agitant de temps en temps avec une tige de fer. Le sulfure d'antimoine transforme en sulfures les métaux étrangers et une partie de l'arsenic ; ces sulfures forment avec le sel de soude fondu une scorie qu'il est facile de séparer après refroidissement. Le métal est soumis ensuite à une seconde fusion avec 6 grammes de carbonate de soude ; dans la masse fondue, on projette peu à peu, par petites portions et en agitant, 2 grammes d'azotate de potasse pulvérisé. Ce dernier oxyde l'arsenic et le transforme en arséniate de soude. La séparation de l'arsenic n'est complète dans ces circonstances que si l'antimoine est chargé de fer, celui-ci formant un sulfo-arséniure qui rend les réactions plus faciles ; on reconnaît la présence du fer à la coloration noire qu'il communique à la scorie. Lorsque la scorie ne se colore pas, on ajoute 1 gramme de sulfure de fer. On maintient la masse en fusion pendant une heure.

Pour obtenir l'antimoine bien purifié, il est utile, entre la première et la seconde fusion indiquées ci-dessus, de fondre le métal avec du carbonate de soude seul, afin de séparer complètement la scorie du premier traitement.

Finalement, on fond le métal et on le coule dans une *lingotière*. Cet instrument est constitué par un bloc de fonte ou de bronze, qui porte des cannelures dans lesquelles on verse le métal liquide; celui-ci, en se solidifiant, conserve la forme des cavités qui lui ont servi de moule.

A. — Oxyde d'antimoine.

$$Équiv. : SbO^3 = 144. \qquad P. \ mol. : Sb^2O^6 = 288 = Sb^2\theta^3.$$

1046. *Synonymes* : Protoxyde d'antimoine, trioxyde d'antimoine.

OXYDE ANHYDRE. — *Synonymes* : Anhydride antimonieux, fleurs argentines d'antimoine, valentinite, exitèle, sénarmontite. — *Composé incolore*, connu dès le commencement du quatorzième siècle. — *Dimorphe* : cristallise en prismes rhomboïdaux droits ou en octaèdres réguliers (isodimorphe avec l'anhydride arsénieux). — *Densité* : 3,72 (prismatique); 5,11 (octaédrique). — Devenant jaune à chaud. — *Fusible* au rouge. — *Sublimable*. — *Insoluble* dans l'eau.

OXYDE HYDRATÉ : SbO^3,HO ou $Sb\theta^2H$. — *Synonyme* : Hydrate antimonieux, acide antimonieux. — Composé amorphe, instable, se transformant en oxyde anhydre dans l'eau chaude. — Soluble dans les alcalis.

1047. PRÉPARATION PAR OXYDATION DE L'ANTIMOINE. — On place 30 grammes d'antimoine métallique dans un têt de 10 centimètres de diamètre ; on recouvre celui-ci d'un autre têt semblable (fig. 285), dont le fond est percé en son milieu d'un petit trou, et sur les bords duquel on a pratiqué quelques entailles destinées à donner accès à l'air dans l'appareil. On chauffe le têt inférieur jusqu'à fusion du métal et même un peu au delà. A cette température, l'antimoine absorbe l'oxygène de l'air et donne de l'oxyde d'antimoine, qui se dépose à la surface du métal ou sur les parois des têts, sous la forme de longues aiguilles brillantes et incolores.

Fig. 285. — Préparation de l'oxyde d'antimoine.

La température ne doit pas être assez élevée pour fondre ces cristaux, c'est-à-dire ne doit pas dépasser le rouge sombre.

La quantité de produit étant suffisante, on laisse refroidir et on sépare les aiguilles cristallines, qui sont des prismes rhomboïdaux droits, le plus souvent accompagnés de quelques octaèdres. Ces derniers sont d'autant moins abondants que l'air s'est renouvelé plus facilement entre les deux têts.

L'oxyde octaédrique, sublimé dans le même appareil, se change en oxyde prismatique.

L'oxyde d'antimoine absorbant à chaud l'oxygène de l'air pour former de l'antimoniate d'oxyde d'antimoine, SbO^3,SbO^5 ou Sb^2O^4, ce dernier se trouve fréquemment mélangé au trioxyde dans les fleurs argentines.

B. — Anhydride et acides antimoniques.

1048. Anhydride antimonique : Sb^2O^{10} ou Sb^2O^5. — *Synonyme :* Pentoxyde d'antimoine. — *Composé* blanc ou légèrement jaune, pulvérulent. — *Densité* 6,6. — *Décomposable* au rouge en perdant de l'oxygène et en formant l'antimoniate d'oxyde d'antimoine, SbO^3,SbO^5 ou Sb^2O^4. — *Insoluble* dans l'eau et les acides.

Acide antimonique monobasique : SbO^5,HO ou SbO^3H. — *Synonymes :* Matière perlée de Kerkringius ; devrait être appelé acide méta-antimonique. — *Acide monobasique,* comparable à l'acide métaphosphorique, contenant en plus, quand il a été desséché à l'air froid, 2 molécules d'eau qu'il perd par dessiccation à chaud. — Pulvérulent, jaune, presque insoluble dans l'eau à laquelle il donne cependant une réaction acide, insoluble dans l'ammoniaque, soluble dans l'acide chlorhydrique et dans les lessives alcalines.

Acide antimonique bibasique : $SbO^5,2HO$ ou $Sb^2O^7H^4$. — *Synonymes :* Acide méta-antimonique : devrait être appelé acide pyro-antimonique. — *Acide bibasique,* comparable à l'acide pyrophosphorique. — Précipité blanc, contenant en plus, quand on le précipite, une molécule d'eau qu'il perd à 100°. — Plus soluble dans l'eau que le précédent, soluble dans l'ammoniaque, insoluble dans l'eau acidulée. — Peu stable ; se transformant en acide monobasique, rapidement à 200°, lentement à des températures moins élevées.

1049. Préparation de l'acide monobasique. — On traite dans un ballon 20 grammes d'antimoine métallique concassé, par une eau régale très riche en acide azotique, soit par un mélange de 60 grammes d'acide azotique avec 20 grammes d'acide chlorhydrique. Il se dégage des vapeurs rutilantes et le métal se change peu à peu en une matière pulvérulente jaune. On facilite la réaction en chauffant le ballon. L'oxydation terminée, on remplit le ballon d'eau, et on laisse déposer l'acide antimonique qu'on lave ensuite à l'eau distillée, par décantation avec filtration. On recueille le produit sur le filtre, on l'essore et on le sèche à l'étuve à 100°, ou même à l'air, entre deux feuilles de papier à filtrer. Dans ce dernier cas, il retient une plus forte proportion d'eau, ainsi qu'il a été dit plus haut (§ 1048).

1050. Préparation de l'acide bibasique. — Le perchlorure d'antimoine se dissout dans une très petite quantité d'eau ; mais si on le met en contact avec un excès de ce liquide, il se décompose en donnant de l'acide chlorhydrique et un oxychlorure d'antimoine :

$$SbCl^5 \quad + \quad H^2O^2 \quad = \quad 2HCl \quad + \quad SbCl^3O^2,$$

Perchlorure d'antimoine.   Eau.   Acide chlorhydrique.   Oxychlorure d'antimoine.

$$SbCl^5 \quad + \quad H^2O \quad = \quad 2HCl \quad + \quad SbCl^3O ;$$

puis l'oxychlorure se détruit lui-même sous l'action de l'eau en excès, pour donner de nouveau de l'acide chlorhydrique ainsi que de l'acide antimonique bibasique, qui reste insoluble pour la plus grande partie. On laisse déposer le précipité et on le lave par décantation avec le moins possible d'eau froide, ce liquide le dissolvant très notablement.

Il forme avec les bases deux classes de sels, comparables à celles des pyrophosphates : des sels acides, SbO^5,HO,MO ou $Sb^2O^7H^2M^2$, appelés d'abord *bi-méta-antimoniates* par M. Fremy, et des sels neutres, $SbO^5,2MO$ ou $Sb^2O^7M^4$, appelés *méta-antimoniates neutres.*

C. — Antimoniate de potasse.

Équiv. : SbKO⁶ ou SbO⁵,KO = 207 = $Sb\theta^3K$.

1051. *Antimoniate neutre monopotassique*, dérivé de l'acide antimonique monobasique; devrait être appelé méta-antimoniate de potasse. — Sel blanc, alcalin, retenant de l'eau d'hydratation, SbO³,KO + 5HO ou *2Sbθ^3K + 5H²θ*, dont une partie est éliminée à 160°, en donnant un autre sel hydraté, SbO⁵,KO + 3HO ou *2Sbθ^3K + 3H²θ*, insoluble dans l'eau. — Transformable au rouge en sel anhydre, insoluble. — *Soluble* dans l'eau, mais lentement.

1052. Préparation par l'antimoine et l'azotate de potasse. — On pulvérise 20 grammes d'antimoine, que l'on mêle exactement avec 80 grammes d'azotate de potasse. On projette le mélange par petites portions, dans un petit creuset chauffé au rouge. Une déflagration se produit à chaque projection nouvelle. Quand toute la masse a été introduite dans le creuset, on couvre celui-ci et on le maintient au rouge pendant une demi-heure. Il s'est formé de l'antimoniate de potasse, de l'acide antimonique et des produits de réduction de l'azotate de potasse. Saisissant ensuite le creuset avec des pinces, on en retire la matière pâteuse, à l'aide d'une tige de fer. Après avoir laissé refroidir le produit, qui est l'*antimoine diaphorétique non lavé* des anciennes pharmacopées, on le pulvérise finement et on le lave à l'*eau froide*, jusqu'à ce que les eaux de lavage, d'abord chargées d'azotate et l'azotite de potasse, soient volatilisables sans laisser de résidu sensible. La substance insoluble, qui reste après ce lavage, constitue l'*antimoine diaphorétique lavé ;* c'est un mélange d'antimoniate de potasse anhydre et d'acide antimonique en excès.

Ce composé, maintenu pendant quelque temps en contact avec l'eau bouillante, se dissout lentement et partiellement : l'antimoniate de potasse anhydre, insoluble dans l'eau, se change en antimoniate de potasse hydraté qui se dissout, tandis qu'un sel à excès d'acide, un bi-antimoniate de potasse, reste insoluble, ou tout au moins ne se dissout à chaud qu'en petite quantité pour se déposer en entier par le refroidissement. On filtre la liqueur froide, on la concentre d'abord à feu nu, puis on l'évapore à siccité au bain-marie. Le résidu de l'évaporation est l'antimoniate de potasse.

D. — Méta-antimoniate de potasse acide.

Équiv. : SbO⁷KH ou SbO⁵,KO,HO = 216.   *F. atom.* : $Sb^2\theta^7K^2H^2$ = 432.

1053. *Synonymes :* Biméta-antimoniate de potasse, antimoniate de potasse grenu; devrait être appelé *pyro-antimoniate de potasse acide*. — *Sel* acide, monopotassique, de l'*acide antimonique bibasique*. — Blanc, cristallisable avec 6 équivalents d'eau : SbO⁵,KO,HO + 6HO ou *Sb²θ^7K²H² + 6H²θ*. — Peu soluble dans l'eau froide ; plus soluble vers 50°.

1054. Préparation par l'antimoine, l'azotate de potasse et le carbonate de potasse. — Dans un creuset rouge de feu, on projette par petites portions, un mélange intime de 10 grammes d'antimoine pulvérisé avec 40 grammes d'azotate de potasse. La matière déflagre ; après avoir été maintenue au rouge pendant une demi-heure, elle donne de l'antimoniate de potasse (§ 1052). Au moyen d'une spatule de fer, on extrait le produit du creuset encore rouge, tenu à l'aide d'une pince de fer, puis on laisse refroidir. On pulvérise la matière, on la mélange avec son propre poids de carbonate de potasse et on introduit le tout dans le même creuset, que l'on porte de nouveau au rouge. Après fusion et refroidissement, on obtient une substance blanche, soluble dans l'eau, contenant, avec d'autres sels, de l'antimoniate dipotassique neutre ou méta-antimoniate neutre de potasse, engendré par l'action du carbonate alcalin sur l'antimoniate. Cet antimoniate dipotassique n'est stable qu'en présence d'un excès d'alcali : traité par beaucoup d'eau, il se dissocie en donnant de l'alcali libre et de l'antimoniate acide monopotassique ou méta-antimoniate de potasse acide. La présence de ce dernier sel dans la liqueur filtrée est caractérisée par la réaction que cette liqueur exerce sur les sels de soude : ces derniers fournissent avec elle un précipité du sel de soude correspondant, $SbO^5,NaO,HO + 6HO$ ou $Sb^2O^7Na^2H^2 + 6H^2O$, lequel est cristallin, insoluble dans l'eau et sert en analyse à reconnaître les sels de soude.

La solution du sel monopotassique de l'acide antimonique bibasique s'altère spontanément : le sel se transforme en dérivé monopotassique de l'acide antimonique monobasique ou antimoniate de potasse (§ 1051), composé qui ne précipite pas les sels de soude. Le réactif dont il s'agit doit donc être conservé solide et dissous au moment même du besoin.

E. — Kermès minéral.

1055. *Mélange* riche en sulfure d'antimoine, contenant en même temps de l'eau ainsi que des petites quantités d'antimonite alcalin et de sulfure alcalin.

PRÉPARATION.

1056. PAR VOIE SÈCHE. — On mélange 30 grammes de sulfure d'antimoine pulvérisé et 80 grammes de carbonate de potasse. On porte le tout au rouge dans un petit creuset et on maintient en fusion pendant un quart d'heure, en agitant 2 ou 3 fois avec une tige de fer. On coule la masse fondue sur une plaque métallique; après refroidissement, on la pulvérise finement, on la délaye dans 1500 centimètres cubes d'eau, et on fait bouillir le tout pendant une heure dans une marmite de fonte, en remplaçant l'eau évaporée. On verse ensuite sur un filtre la liqueur aussi chaude que possible, et on recueille dans une terrine le liquide filtré. Celui-ci, en se refroissant, abandonne des flocons brun rougeâtre de kermès. Après vingt-quatre heures, on recueille ces derniers sur un filtre, on les lave à l'eau distillée jusqu'à ce que les eaux de lavage ne noircissent plus par l'acétate de plomb, et on les sèche à l'air, en étalant le filtre bien égoutté entre deux feuilles de papier à filtrer.

Pendant la fusion, le sulfure d'antimoine réagit sur le carbonate alcalin pour former du sulfure alcalin et du trioxyde d'antimoine à l'état d'antimonite de potasse; en même temps, il se produit un oxysulfure d'antimoine. Quand on traite la masse fondue par l'eau bouillante, le sulfure de sodium entre en dissolution et dissout lui-même du sulfure d'antimoine, en quantité plus grande à chaud qu'à froid. Il en résulte que ce sulfure se dépose pendant que la liqueur se refroidit; il entraîne avec lui de l'antimonite de soude, qui est aussi plus soluble à chaud qu'à froid, ainsi que les autres matières citées plus haut.

1057. PAR VOIE HUMIDE. — Avec 2100 centimètres cubes d'eau et 210 grammes de carbonate de soude cristallisé, on prépare une solution que l'on porte à l'ébullition dans une marmite de fer, puis on ajoute 10 grammes de sulfure d'antimoine *très finement pulvérisé*. On maintient l'ébullition pendant une heure environ; on filtre le liquide bouillant, en recueillant dans une terrine le produit filtré (Cluzel). On laisse refroidir le liquide le plus lentement possible; dans ce but, il est bon d'échauffer préalablement la terrine en y laissant séjourner de l'eau très chaude, pendant quelques instants. Après vingt-quatre heures, on verse le tout sur un filtre qui retient le kermès déposé; on lave ce corps à l'eau distillée froide, jusqu'à ce que les eaux de lavage ne noircissent plus par l'acétate de plomb. On égoutte le filtre qui contient le kermès, on l'essore, et on le sèche comme il été dit pour la préparation par voie sèche (§ 1056).

Lorsqu'on opère en petit, on retarde le refroidissement afin d'obtenir un kermès plus beau; à cet effet, on plonge le vase contenant la liqueur qui le déposera, dans un autre vase plus grand et garni d'eau bouillante.

Les réactions effectuées ainsi, en présence de l'eau, sont fort analogues à celles réalisées par la voie sèche (§ 1056).

Les eaux mères de la préparation du kermès sont utilisées pour produire le *soufre doré d'antimoine* (§ 1058).

F. — Soufre doré d'antimoine.

1058. *Mélange* en proportions variables de protosulfure d'antimoine, SbS^3 ou Sb^2S^3, et de persulfure, SbS^5 ou Sb^2S^5.

1059. PRÉPARATION PAR LES EAUX MÈRES DU KERMÈS. — Les liqueurs dans lesquelles le kermès s'est déposé par refroidissement, sont recueillies pour servir à cette préparation. Dans ces liqueurs limpides on verse peu à peu de l'acide chlorhydrique, en agitant. Les sulfures alcalins et le carbonate alcalin en excès sont décomposés avec effervescence. On ajoute l'acide jusqu'à cessation de dégagement gazeux et réaction franchement acide de la solution. Le sulfure alcalin étant détruit, les sulfures d'antimoine qu'il tenait en dissolution se précipitent sous la forme d'un composé orangé. On lave le précipité à l'eau distillée, on le recueille sur un filtre, et on le sèche comme il a été dit pour le kermès (§ 1056).

G. — Sulfo-antimoniate de soude.

Équiv. : SbS^8Na^3 ou $SbS^5,3NaS = 317 = SbS^4Na^3$.

1060. *Synonyme :* Sel de Schlippe. — *Tétraèdres réguliers*, incolores, volumineux, contenant 18 *équivalents d'eau* de cristallisation : $SbS^8Na^3 + 18HO$ ou $SbS^4Na^3 + 9H^2O$. — *Altérable* à l'air en jaunissant. — *Solubilité :* 1 partie dans 2,9 parties d'eau à 15°. — Réaction alcaline.

1061. Préparation par voie sèche. — On mélange exactement, à l'état pulvérulent, 32 grammes de sulfate de soude bien desséché, avec 26 grammes de sulfure d'antimoine et 10 grammes de charbon. On introduit le tout dans un creuset et on porte au rouge. Le charbon change le sulfate de soude en sulfure de sodium (§ 835), qui réagit sur le sulfure d'antimoine. Lorsque les gaz provenant de la réduction du sulfate cessent de se dégager, on laisse refroidir, on pulvérise grossièrement le produit et on le traite, à l'ébullition, par 5 grammes de fleur de soufre et 500 centimètres cubes d'eau. Le sulfure d'antimoine, dissous dans le sulfure alcalin, se saturant de soufre, passe à l'état de pentasulfure ou acide sulfo-antimonique. Après une demi-heure de contact à 100°, on filtre la liqueur bouillante, et on la concentre rapidement pour éviter l'action de l'air. Par refroidissement, elle abandonne des cristaux de sulfo-antimoniate de soude. On égoutte ce sel et, pour le purifier, on l'essore rapidement à la trompe ; on le lave ensuite par aspiration, d'abord avec une très petite quantité de lessive de soude diluée, puis avec fort peu d'eau. On le sèche rapidement à l'étuve tiède.

Traité par les acides minéraux, le sel de Schlippe dégage de l'hydrogène sulfuré et donne un précipité orangé de pentasulfure d'antimoine (voy. *Soufre doré d'antimoine*, § 1058).

H. — Verre d'antimoine.

1062. Préparation par le sulfure d'antimoine. — Ce corps est un mélange d'oxyde et de sulfure d'antimoine ; sa composition varie avec les circonstances de sa préparation. Pour l'obtenir on grille à l'air, dans un têt à rôtir, 30 grammes de sulfure d'antimoine pulvérisé. Ce composé absorbe peu à peu l'oxygène et se transforme partiellement en oxyde avec dégagement d'anhydride sulfureux. La température du rouge très sombre suffit pour provoquer l'oxydation. On ne doit pas chauffer jusqu'au rouge vif, afin d'éviter la fusion de la matière, ce qui entraverait l'oxydation. Le produit devient gris et reste pulvérulent. On l'introduit dans un creuset et on le porte au rouge vif : il entre alors en fusion, et forme un liquide relativement fluide, que l'on coule sur une feuille de tôle. On obtient ainsi une substance de composition et d'aspect variables. Transparente, vitreuse et rougeâtre, quand le grillage a été poussé suffisamment loin, que l'oxyde d'antimoine prédomine, et que la masse ne contient plus que 11 à 12 pour 100 de sulfure, elle constitue à proprement parler, le *verre d'antimoine*. Jaune rougeâtre et opaque, quand elle renferme encore 20 pour 100 de sulfure, elle est connue sous le nom de *crocus*. Brune, très foncée, opaque, à aspect métallique, lorsqu'elle contient 33 ou 35 pour 100 de sulfure, elle est appelée *foie d'antimoine*.

Pour obtenir le verre d'antimoine, il est donc nécessaire de pousser l'oxydation aussi loin que possible.

I. — Protochlorure d'antimoine.

Équiv. : $SbCl^3 = 226,5 = SbCl^3 = 4\ vol.$

1063. *Synonymes* : Trichlorure d'antimoine, chlorure antimonieux, beurre d'antimoine. — *Cristaux* incolores, durs, à éclat gras, déliquescents, parfois volumineux, dérivés d'un *prisme rhomboïdal droit*. — *Densité* : 2,7. — *Point de fusion* : 73°2. — *Point d'ébullition* : 225°. — *Densité de vapeur* à 0° et sous la pression $0^m,760$: 8,1 par rapport à l'air ; 116,6 par rapport à l'hydrogène. — *Soluble* dans fort peu d'eau, mais décomposé par une plus grande quantité.

1064. PRÉPARATION PAR LE SULFURE D'ANTIMOINE ET L'ACIDE CHLORHYDRIQUE. — Cette préparation du protochlorure d'antimoine est corrélative de celle de l'hydrogène sulfuré (§ 643). On extrait le sel des liqueurs qui restent dans le ballon quand le gaz a cessé de se dégager.

On décante ces liqueurs refroidies et déposées. On sépare d'abord le liquide clair, puis on filtre les parties troubles sur un épais tampon d'amiante, garnissant le fond d'un entonnoir. On évapore les liquides limpides, dans une capsule de porcelaine et sous la hotte d'une cheminée à tirage énergique, une forte proportion d'acide chlorhydrique libre s'échappant avec la vapeur d'eau. Cette circonstance fait qu'il est souvent avantageux de remplacer l'évaporation à l'air libre par une distillation opérée dans une cornue de verre : les vapeurs acides se condensent avec l'eau dans un ballon tubulé, entouré d'eau froide et servant de récipient (fig. 118, § 222), ou mieux encore dans un réfrigérant de Liebig (fig. 119, § 223). Quand la plus grande partie de la liqueur a été chassée, on laisse, si besoin est, le contenu de la cornue s'éclaircir, on décante la partie claire, et on l'introduit dans une cornue de verre, de petites dimensions, dont le col s'engage sans bouchon jusqu'au centre d'un ballon plongé dans l'eau et servant de récipient (fig. 117, § 221). On distille. Il passe d'abord de l'acide chlorhydrique hydraté, puis il distille un liquide huileux ; celui-ci se solidifie immédiatement lorsqu'on le reçoit sur un corps froid, ou même cristallise dans le col de la cornue quand la distillation n'est pas menée trop rapidement ; c'est le protochlorure d'antimoine. On enlève alors le ballon et on le remplace par un autre semblable, *parfaitement sec*, qu'on dispose de la même manière que le premier, mais sans l'entourer d'eau. Il ne reste plus qu'à pousser la distillation jusqu'à épuisement de matière volatile. Le protochlorure d'antimoine, fondant à 73°,2, peut, en cristallisant dans le col de la cornue, obstruer celui-ci ; on prévient cet inconvénient en poussant plus rapidement la distillation ou, si cela n'est pas possible, en promenant de temps en temps sous le col de la cornue et sous celui du ballon, soit une flamme de gaz, soit un charbon rouge tenu avec une pince de fer.

Le point d'ébullition du chlorure d'antimoine étant 225° et la cornue ainsi que le ballon se trouvant portés à cette température élevée, il faut éviter tout refroidissement brusque, susceptible de provoquer la rupture du verre. Une réfrigération du ballon, pratiquée par un agent autre que l'air, est d'ailleurs toujours inutile.

La seule difficulté de cette préparation tient aux matières étrangères que contenait le sulfure d'antimoine naturel. Les silicates et le sulfure de plomb notamment, fournissent de la silice et du chlorure de plomb, tous deux solubles dans l'acide chlorhydrique; ces composés se séparent pendant l'évaporation du dissolvant, se déposent sur le fond de la cornue, et occasionnent des soubresauts pendant l'ébullition. On évite cet inconvénient par des décantations répétées et surtout en chauffant latéralement la cornue.

Le produit incolore est liquéfié à une douce chaleur dans le ballon où on l'a recueilli, puis transvasé dans un flacon bouché en verre, bien sec et préalablement chauffé pour éviter sa rupture au contact du liquide chaud.

Le protochlorure d'antimoine donne, avec fort peu d'eau, une solution limpide. Celle-ci, additionnée d'un grand excès du même liquide, se décompose en laissant précipiter un oxychlorure d'antimoine SbO^2Cl ou $SbOCl$. Pour obtenir une solution limpide et diluée de protochlorure, il est nécessaire d'additionner d'acide chlorhydrique l'eau employée comme dissolvant.

1065. PAR L'ANTIMOINE ET LE CHLORE. — L'appareil à employer est identique à celui qui sert à la préparation du bichlorure d'étain anhydre (fig. 284, § 1038). On introduit dans la cornue bien sèche 60 grammes d'antimoine concassé, et on la dispose sur un fourneau à gaz, recouvert d'une toile métallique. On fait arriver le courant de chlore sec sur le métal chauffé. Le chlore et l'antimoine se combinent avec un dégagement de chaleur considérable, pour donner du protochlorure d'antimoine; celui-ci forme bientôt une couche liquide à la surface du métal chaud. Quand cela est devenu possible, on fait plonger dans ce liquide l'extrémité du tube qui amène le chlore; ce dernier se dissout abondamment dans le protochlorure pour former du perchlorure, lequel, attaquant le métal en excès, se change en protochlorure. Il est dès lors possible de faire arriver le chlore très rapidement, de supprimer le feu, et d'achever l'opération en peu de temps. Pour n'avoir pas de perchlorure d'antimoine dans le produit, il est nécessaire de cohober les petites portions de perchlorure qui ont pu passer dans le ballon, et d'arrêter l'arrivée du gaz avant la disparition complète du métal.

Le liquide contenu dans la cornue cristallise par le refroidissement. Il est d'ordinaire coloré en jaune par du perchlorure de fer et d'autres chlorures métalliques; il doit être purifié par distillation. A cet effet, on le liquéfie par une douce chaleur, on décante le liquide dans une cornue, et on commence la distillation ainsi qu'il a été dit au paragraphe précédent. Dès que le produit condensé est incolore, on remplace le ballon-récipient par un ballon semblable, et on achève la distillation; elle fournit dès lors un produit exempt de fer.

J. — Perchlorure d'antimoine.

$$\textit{Équiv.}: \text{SbCl}^5 = \textit{P. mol.} = \textit{SbCl}^5 = 297,5.$$

1066. *Synonymes :* Pentachlorure d'antimoine, chlorure antimonique. — *Liquide jaune*, à odeur suffocante, *fumant* énergiquement à l'air humide. — *Solidifiable* dans un mélange réfrigérant, en cristaux fusibles à 6°. — *Décomposable* à la distillation, en donnant du chlore et du protochlorure. — Absorbe l'humidité de l'air, en formant un hydrate cristallisé $\text{SbCl}^5 + 8\text{HO}$ ou $\textit{SbCl}^5 + 4\textit{H}^2\textit{O}$; décomposable même à froid par une grande quantité d'eau.

1067. Préparation par l'antimoine et le chlore. — La transformation de l'antimoine en perchlorure d'antimoine, sous l'action directe du chlore gazeux, peut être opérée dans l'appareil indiqué plus haut pour la préparation du bichlorure d'étain (fig. 284, § 1038) ou pour celle du protochlorure d'antimoine (§ 1065). La production de ce dernier composé précède d'ailleurs celle du perchlorure, qui résulte en réalité de la fixation du chlore sur le protochlorure.

On commence donc l'opération comme il a été dit pour la préparation du protochlorure d'antimoine, mais on pousse l'action du chlore sur le métal jusqu'à dissolution complète de celui-ci, puis on continue à faire arriver le gaz dans le protochlorure liquéfié. Lorsque le chlore cesse d'être absorbé énergiquement, on arrête son arrivée et on purifie le produit par distillation.

Le perchlorure d'antimoine se décompose pendant cette opération; il perd du chlore en se tranformant partiellement en protochlorure, de telle sorte que ce dernier forme un résidu moins volatil, alors même que le chlore a été employé en excès. Les deux corps se recombinent, il est vrai, dans le récipient, mais du chlore se trouve entraîné au commencement. Il est donc bon de continuer le courant de chlore pendant la seconde moitié de la distillation.

On peut encore maintenir, pendant la réaction du chlore sur le protochlorure, la température de la cornue assez élevée pour déterminer la distillation du perchlorure formé.

Le perchlorure d'antimoine doit être conservé dans des vases bien secs et exactement fermés.

1068. Pour obtenir le *perchlorure d'antimoine hydraté et cristallisé*, on mélange le perchlorure anhydre avec une petite proportion d'eau, de façon à produire une liqueur limpide. Une quantité d'eau un peu considérable décomposerait le perchlorure en formant de l'acide antimonique. On expose la solution, limpide et très concentrée, sous une cloche recouvrant en même temps un vase plat contenant de l'acide sulfurique monohydraté. L'évaporation de la liqueur provoque le dépôt des cristaux à 8 équivalents d'eau.

K. — Oxychlorure d'antimoine.

$$\textit{Équiv.}: \text{SbO}^2\text{Cl} = 171,5 = \textit{P. mol.} = \textit{SbOCl.}$$

1069. *Synonymes :* Chlorure antimonieux, poudre d'Algaroth, mercure de vie, chlorure d'antimoine basique. — *Composé blanc*, pulvérulent, présentant une composition et des propriétés variables avec les conditions de sa préparation.

1070. Préparation par le protochlorure d'antimoine et l'eau. — Quand à 1 molécule de protochlorure d'antimoine on ajoute de 1,5 à 2 molécules d'eau (de 11 à 15 pour 100), le sel se dissout sans s'altérer, en donnant une solution limpide. Si l'on mélange la dissolution ainsi obtenue avec une nouvelle quantité d'eau, il se produit une décomposition : de l'oxychlorure d'antimoine se précipite et la liqueur se charge d'acide chlorhydrique libre :

$$SbCl^3 \quad + \quad H^2O^2 \quad = \quad SbO^2Cl \quad + \quad 2HCl;$$

| Protochlorure d'antimoine. | Eau. | Oxychlorure d'antimoine. | Acide chlorhydrique. |

$$SbCl^3 \quad + \quad H^2O \quad = \quad SbOCl \quad + \quad 2HCl.$$

Telle est la réaction qui s'accomplit à peu près exclusivement lorsqu'on ajoute, à 1 molécule de protochlorure, de 2 à 4, 5 molécules d'eau (de 15 à 35 pour 100). L'oxychlorure, que l'on peut recueillir par filtration, est alors souillé d'une notable proportion de protochlorure non altéré ; laissé en contact avec les liqueurs dans lesquelles il s'est formé, il devient peu à peu cristallin. En l'essorant rapidement à la trompe, puis en l'épuisant à l'éther qui enlève le chlorure non décomposé, on l'obtient pur.

Avec une proportion d'eau encore plus forte, en employant un poids de ce liquide de 5 à 10 fois plus considérable que celui du protochlorure, on obtient de même un précipité amorphe, devenant cristallin au contact de la liqueur, mais dont la composition est très différente (Péligot) : c'est une combinaison à équivalents égaux d'oxychlorure et de trioxyde d'antimoine. L'eau bouillante, surtout lorsqu'on la renouvelle plusieurs fois, donne très rapidement ce composé. A mesure que la proportion d'eau augmente, il se sépare des quantités croissantes de chlore et le produit devient de plus en plus riche en trioxyde d'antimoine.

1071. Pour obtenir l'oxychlorure d'antimoine cristallisé, on traite 10 parties de protochlorure d'antimoine par 17 parties d'eau froide, on agite et on laisse en contact pendant quelques jours, en remuant de temps en temps. Il se forme ainsi des petits cristaux rhomboédriques, que l'on sépare au moyen du filtre, qu'on essore et qu'on lave à l'éther pour enlever le trichlorure d'antimoine non décomposé dont ils sont souillés.

15.

BISMUTH.

Équiv. : Bi = 208 = *Bi* = P. *atom.*

1072. *Élément* solide, blanc, à aspect *métallique*, cassant, déjà cité au quinzième siècle par Basile Valentin, — *Cristallisant* en rhomboèdres voisins du cube. — *Densité* : 9,935. — *Point de fusion* : 268°. — *Volatil* au rouge vif. — *Chaleur spécifique* : 0,3084. — *Diamagnétique.*

1073. **Purification et cristallisation.** — Le bismuth est l'un des métaux qui cristallisent le plus facilement. Ses rhomboèdres à aspect cubique se groupent

en trémies que l'on peut obtenir brillantes, nettes et volumineuses. La cristallisation s'opère par fusion.

Une condition indispensable pour avoir de très beaux cristaux est la pureté
du métal, surtout au point de vue de l'arsenic. Aussi doit-on purifier le bismuth du commerce avant de le faire cristalliser. A cet effet, on l'introduit
dans un creuset avec 6 pour 100 de son poids d'azotate de potasse et on porte
le creuset au rouge. On maintient cette température pendant une heure
environ, en ayant soin d'agiter fréquemment au moyen d'une baguette cylindrique en terre réfractaire, afin d'augmenter le contact entre le métal et le
réactif. Après refroidissement, on brise le creuset, puis on sépare mécaniquement le métal de la scorie qui retient l'arsenic et l'antimoine oxydés.

Pour opérer la cristallisation, on chauffe le bismuth dans un têt, ou mieux
dans un camion de terre qui a un peu plus de profondeur, en installant le
vase sur un fourneau bien stable. Le métal étant fondu, on enlève le feu et
on bouche toutes les ouvertures du fourneau; il est même bon de recouvrir
d'un dôme (§ 72) le fourneau et le vase contenant le métal. Dans ces conditions, le refroidissement s'opère avec lenteur et sans agitation, circonstances
indispensables à la production de cristaux nets et volumineux. On surveille
cependant la surface du bain métallique; lorsque des cristaux commencent
à y former une croûte solide, on perce cette dernière de deux ouvertures
diamétralement opposées, au moyen d'une tige de fer rougie au feu. Inclinant
ensuite le vase doucement et régulièrement, on décante le métal resté liquide, et on égoutte les cristaux mis à nu. Ces derniers, subissant encore
chauds le contact de l'air, se recouvrent d'une couche très mince d'oxyde;
celui-ci leur donne les colorations vives et irisées des lames minces.

On peut encore verser le métal purifié et fondu, mais non surchauffé, dans
une boîte de bois, peu épaisse, que l'on recouvre et dans laquelle il se refroidit
lentement. Quand la cristallisation est assez avancée, on opère la séparation
du liquide comme il vient d'être dit.

Pour avoir des cristaux volumineux, il est nécessaire de mettre en œuvre
un poids considérable de métal.

A. — Oxyde de bismuth.

Équiv. : $BiO^3 = 232$.   *F. atom.* : $Bi^2O^3 = 464$.

1074. *Synonymes :* Oxyde bismutheux, protoxyde de bismuth.

OXYDE ANHYDRE. — *Aiguilles* microscopiques, jaunes, dérivées d'un prisme rhomboïdal droit. — *Densité :* 8,2. — *Fusible* au rouge en un liquide brun, cristallisant
par le refroidissement. — *Insoluble* dans l'eau.

OXYDE HYDRATÉ : BiO^3,HO ou BiO^2H. — Poudre blanche, amorphe, insoluble dans
l'eau. — Se déshydrate dans les liqueurs alcalines bouillantes.

1075. PRÉPARATION PAR L'AZOTATE DE BISMUTH. — On ajoute de l'ammoniaque
à une solution d'azotate de bismuth, jusqu'à ce que le mélange bien agité
possède et conserve après quelque temps de contact une réaction alcaline. On
laisse déposer le précipité, on le sépare de la liqueur par décantation et on le
chauffe pendant un quart d'heure avec de l'ammoniaque étendue de son volume d'eau. De l'hydrate d'oxyde de bismuth a été séparé tout d'abord par
l'alcali, mais il a retenu le plus souvent des azotates basiques; la digestion
avec l'ammoniaque a pour but de décomposer ces derniers et de les transformer en oxyde.

On ajoute de l'eau au mélange, on laisse déposer, on décante la liqueur claire et on lave le précipité avec de l'eau distillée, par décantation et filtration, jusqu'à ce que les eaux de lavage ne soient plus alcalines. On recueille sur le filtre la matière insoluble, on l'égoutte, on l'essore et on la sèche à l'air.

B. — Azotate de bismuth.

Équiv. : $BiAz^3O^{18} = BiO^3,3AzO^5 = 394 = (Az\theta^3)^3Bi = P.\ mol.$

1076. *Prismes* volumineux, incolores, transparents, du *système irrégulier*, contenant 10 équivalents d'eau de cristallisation, $BiO^3,3AzO^5 + 10HO$ ou $2[(Az\theta^3)^3Bi] + 10H^2\theta$. — Perd de l'eau et de l'acide azotique dès 100°. — Transformé à 150° en sous-azotate. — *Décomposé par l'eau* pure. — *Soluble* sans décomposition dans l'eau additionnée d'au moins 82 millièmes d'acide azotique.

1077. PRÉPARATION PAR LE BISMUTH ET L'ACIDE AZOTIQUE. — Dans un matras à fond plat de 125 centimètres cubes, on mélange 46 grammes d'acide azotique concentré ($D = 1,383$, 40° Baumé) et 44 centimètres cubes d'eau, puis on projette peu à peu dans la liqueur 20 grammes de bismuth purifié, finement concassé. Une réaction énergique se manifeste, des vapeurs rutilantes se dégagent en abondance et le métal se change en azotate :

$$Bi + 6(AzO^5,HO) = BiO^3,3AzO^5 + 3AzO^4 + 3H^2O^2;$$

Bismuth.   Acide azotique.   Azotate de bismuth.   Hypoazotide.   Eau.

$$Bi + 6Az\theta^3H = (Az\theta^3)^3Bi + 3Az\theta^2 + 3H^2\theta.$$

On opère sous une cheminée à tirage énergique, qui entraîne les vapeurs nitreuses. On ajoute le métal par portions pour éviter une action trop vive. Vers la fin, on chauffe le matras afin de compléter la dissolution. S'il reste un résidu insoluble, on laisse déposer puis on décante. On évapore la liqueur limpide, dans une capsule de porcelaine, jusqu'en consistance de sirop ; abandonnée ensuite au refroidissement lent, elle fournit des cristaux d'azotate de bismuth. Ces cristaux sont nets et volumineux lorsque la concentration de la liqueur bouillante a été poussée jusqu'à la densité 1,8 ou 1,9 (65° et 70° Baumé). Après vingt-quatre heures, on décante et on égoutte le sel. Pour entraîner avec l'eau mère la plus grande partie des impuretés, on lave à froid les cristaux avec le moins possible d'eau additionnée du neuvième de son poids d'acide azotique. On égoutte de nouveau et on dessèche finalement le sel à l'air libre, sans le chauffer.

C. — Sous-azotate de bismuth.

Équiv. : $BiAzO^8$ ou $BiO^3,AzO^5 = 286 = P.\ mol. = Az\theta^4Bi.$

1078. *Synonymes* : Sous-nitrate de bismuth, azotate basique de bismuth, magistère de bismuth, blanc de fard. — Corps *blanc*, de composition variable avec les circonstances de sa préparation, mais dans lequel domine le composé défini correspondant à la formule ci-dessus. — Ce dernier cristallise en *prismes rhomboïdaux obliques*, contenant de l'eau de cristallisation, $BiO^3,AzO^5 + HO$ ou $2(Az\theta^4Bi) + H^2\theta$, qu'il perd à 105°; il est décomposé par des lavages prolongés.

1079. PRÉPARATION PAR L'AZOTATE DE BISMUTH. — On triture dans un mortier 1 partie d'azotate de bismuth cristallisé, en ajoutant peu à

peu 4 parties d'eau ; on verse lentement la bouillie homogène obtenue
dans 20 parties d'eau distillée, préalablement portée à l'ébullition dans
une capsule de porcelaine. Pendant cette opération, on a soin d'agiter
continuellement et énergiquement. Il se forme un précipité très abondant
et très blanc de sous-azotate de bismuth. On laisse déposer; on décante
la liqueur sur un filtre ou mieux sur un carré de toile, et on lave le
précipité à l'eau, par décantation et filtration. Finalement, on récolte
le produit sur le filtre ou sur le carré, on le laisse égoutter et on le
sèche à une douce chaleur.

Le sous-azotate de bismuth ainsi préparé est le sous-sel employé en
pharmacie ; il s'agglomère un peu par la dessiccation ; pulvérisé, il est
d'un beau blanc nacré. Il doit être tenu à l'abri des vapeurs sulfhydri-
ques qui le colorent en noir.

1080. Les faits suivants font connaître sa nature (M. Ditte).

1° Le sous-azotate de bismuth hydraté et cristallisé (§ 1078), s'obtient en
dissolvant l'azotate neutre dans le moins possible d'eau distillée additionnée
de 9 centièmes de son poids d'acide azotique, et en versant la liqueur dans
une quantité d'eau distillée froide, égale à 16 fois le poids du sel. On agite et
on laisse le précipité en contact avec la liqueur. Les cristaux qui se forment
peu à peu sont d'autant plus gros, que le contact est prolongé pendant plus
longtemps.

2° De l'eau froide, tenant en dissolution 82 grammes d'acide azotique par
litre, dissout sans altération l'azotate neutre de bismuth. Une addition d'eau
au mélange détermine la décomposition du sel et la précipitation du sous-sel.
La quantité de ce dernier qui se sépare est donnée par la relation suivante :
le poids de l'acide azotique, que sa séparation met en liberté dans la liqueur,
ramène celle-ci à contenir 82 grammes d'acide libre par litre, en dehors de
l'acide qui y subsiste à l'état de sel neutre. Inversement, une addition d'acide
azotique au mélange entraîne la redissolution d'un poids de précipité capable
de saturér l'acide libre excédant 82 grammes par litre.

3° Le sous-azotate de bismuth hydraté cristallisé est lui-même décomposé
par l'eau, à laquelle il cède de l'acide azotique dans des conditions analogues
aux précédentes. Le phénomène est particulièrement net à 100°. Le sous-sel
cristallisé, mis en contact avec de l'eau bouillante, renouvelée jusqu'à ce
qu'elle cesse d'enlever de l'acide azotique, se change en un précipité amorphe
plus basique $(BiO^3)^2,AzO^5$ ou $Az^2O^{11}Bi^4$, lequel est inaltérable par l'eau, même
bouillante, et constitue le terme ultime de la réaction. A 100°, l'eau enlève,
en effet, de l'acide azotique au sous-azotate cristallisé, jusqu'à ce qu'elle contienne $4^{gr},5$ d'acide libre par litre. A froid, la quantité d'acide mise en liberté
par l'eau atteint une limite beaucoup plus faible ; il en résulte que la décomposition du sous-sel cristallisé est alors lente et difficilement complète.

Les faits précédents expliquent pourquoi le sous-sel préparé avec un grand
excès d'eau et par des lavages répétés, contient plus d'oxyde de bismuth que
le sel basique hydraté et cristallisé ; ce dernier corps s'y trouve, en effet, mélangé à un sel plus basique, dont la porportion est d'autant plus forte que les
lavages ont été prolongés pendant plus longtemps et opérés à une température plus élevée.

1081. On peut, pour préparer le sous-azotate de bismuth, se dispenser de passer par l'azotate neutre cristallisé et agir directement sur la dissolution du métal pur dans l'acide azotique. Dans ce cas, il est nécessaire de chasser par évaporation le plus possible de l'acide azotique employé en excès, celui-ci maintenant en dissolution une quantité correspondante de bismuth.

Les eaux mères de la préparation du sous-azotate de bismuth, et même les eaux de lavage, contiennent de l'azotate de bismuth neutre, tenu en dissolution par un excès d'acide. Neutralisées par l'ammoniaque, elles donneraient un précipité qui serait un mélange de sous-azotate et d'oxyde. Il suffit de les évaporer de manière à chasser l'excès d'acide azotique qu'elles renferment, pour obtenir un résidu d'azotate neutre, précipitable par l'eau comme il a été dit en commençant.

Lorsque le bismuth employé est arsenical, l'arsenic se trouve transformé en acide arsénique par l'acide azotique (§ 747), lors de la dissolution du métal; plus tard, la totalité de cet élément est éliminée de la liqueur dès le commencement de la précipitation du sous-azotate par l'eau, l'arséniate de bismuth, sel très insoluble, se séparant avec les premières portions du précipité. En éliminant celles-ci par filtration, et en continuant ensuite les additions d'eau on obtient du sous-azotate non arsenical.

Si l'azotate de bismuth renferme des traces de plomb, ce métal reste pour la plus grande partie dans les liqueurs, à moins cependant qu'on ne fasse usage d'eaux sulfatées calcaires, qui entraînent sa précipitation avec le sous-azotate de bismuth (M. Riche).

16.

PLOMB.

Équiv. : Pb = 103,5.   *P. atom.* : Pb = 207.

1082. *Synonyme:* Saturne. — *Métal* gris bleuâtre, connu depuis les temps historiques, brillant, se ternissant à l'air, mou, tachant le papier, *cristallisant* en octaèdres réguliers. — *Densité :* 11,363 (grenaillé); 11,254 (cristallisé). — *Point de fusion :* 334°. — Sensiblement *volatil* au rouge blanc. — *Chaleur spécifique :* 0,0314. — *Coefficient de dilation :* 0,00002924.

PRÉPARATION.

1083. Par l'oxyde de plomb et le charbon. — On mélange intimement 30 grammes de litharge avec 4 ou 5 grammes de charbon finement pulvérisé, et on introduit le tout dans un petit creuset couvert, que l'on chauffe au rouge dans un fourneau à réverbère. Il se forme du plomb métallique ainsi que de l'oxyde de carbone ou de l'anhydride carbonique, suivant la proportion de charbon qui réagit :

$$2PbO \quad + \quad 2C \quad = \quad 2Pb \quad + \quad C^2O^2,$$
Oxyde de plomb.   Charbon.   Plomb.   Oxyde de carbone.

$$\overline{Pb\Theta} \quad + \quad \overline{C} \quad = \quad Pb \quad + \quad \overline{C}\Theta;$$

$$4PbO \quad + \quad 2C \quad = \quad 4Pb \quad + \quad C^2O^4,$$
Oxyde de plomb.   Charbon.   Plomb.   Gaz carbonique.

$$2\overline{Pb\Theta} \quad + \quad \overline{C} \quad = \quad 2Pb \quad + \quad \overline{C}\Theta^2.$$

On sait, en effet, que l'oxyde de carbone réduit l'oxyde de plomb en donnant du plomb et du gaz carbonique. Le métal se rassemble au fond du creuset. On le coule dans une lingotière, ou bien, après refroidissement dans le creuset, on sépare le culot de plomb du charbon en excès qui le recouvre.

Le métal se rassemble plus facilement quand on ajoute à la matière un fondant, du carbonate de soude mélangé de carbonate de potasse, par exemple.

1084. Par la galène et le fer. — La galène, sulfure du plomb naturel, peut céder son soufre à certains métaux et se transformer ainsi en plomb métallique. Cette réaction est le principe de la métallurgie du plomb dans la méthode dite *par précipitation.*

On fait un mélange de 30 grammes de galène et 20 grammes de carbonate de soude sec. On enveloppe ce mélange dans du papier et on introduit le paquet ainsi formé dans un petit creuset préalablement porté au rouge. La masse entre en fusion; on plonge aussitôt jusqu'au fond du creuset deux ou trois gros clous de fer ou une lame repliée sur elle-même. Le fer agit sur le sulfure de plomb, le change en plomb métallique et passe à l'état de sulfure :

$$PbS \quad + \quad Fe \quad = \quad FeS \quad + \quad Pb;$$

Sulfure de plomb.   Fer.   Sulfure de fer.   Plomb.

$$PbS \quad + \quad Fe \quad = \quad FeS \quad + \quad Pb.$$

On agite de temps en temps, avec une tige de fer, en maintenant la température au rouge vif pendant une demi-heure; on enlève alors la lame ou les clous et on laisse refroidir. En brisant le creuset froid, on trouve sa partie inférieure occupée par un culot de plomb qu'on sépare facilement de sa gangue ; le carbonate de soude forme, en effet, avec le sulfure de fer une scorie fusible et relativement peu dense.

On remplace avec avantage le carbonate de soude par du flux noir (§ 824).

1085. Par la galène, l'oxyde de plomb et le sulfate de plomb. — Ce mode de production du plomb représente à peu près la seconde phase de la métallurgie du plomb dans le procédé dit *par grillage et réaction.*

La galène grillée à l'air, au rouge sombre, donne un mélange d'oxyde de plomb et de sulfate de plomb, ainsi que du gaz sulfureux qui se dégage; de plus la masse retient du sulfure de plomb non oxydé. Or, si l'oxyde et le sulfate de plomb sont sans action sur le sulfure au rouge sombre, température à laquelle le grillage doit être fait, il n'en est plus de même au rouge vif; les deux composés oxygénés sont alors réduits par le sulfure, en donnant du plomb et du gaz sulfureux :

$$2PbS \quad + \quad 4PbO \quad = \quad 6Pb \quad + \quad S^2O^4,$$

Sulfure de plomb.   Oxyde de plomb.   Plomb.   Gaz sulfureux.

$$PbS \quad + \quad 2PbO \quad = \quad 3Pb \quad + \quad SO^2;$$

$$2PbS \quad + \quad S^2O^6,2PbO \quad = \quad 4Pb \quad + \quad 2S^2O^4,$$

Sulfure de plomb.   Sulfate de plomb.   Plomb.   Gaz sulfureux.

$$PbS \quad + \quad SO^4Pb \quad = \quad 2Pb \quad + \quad 2SO^2.$$

On fait un mélange pulvérulent et homogène avec 50 grammes de galène, 50 grammes de litharge, 25 grammes de sulfate de plomb et 25 grammes de carbonate de soude; ce dernier jouera le rôle de fondant. On chauffe le tout au rouge vif dans un creuset couvert, et on maintient cette température, en agitant fréquemment, tant que la masse en fusion dégage du gaz sulfureux. On laisse refroidir, puis on brise le creuset pour isoler le culot de plomb.

A. — Protoxyde de plomb.

Équiv. : PbO = 111,5.   *F. atom.* : PbO = 223.

1086. Oxyde anhydre. — *Synonymes* : Massicot (non fondu), litharge (fondu), cendre de plomb. — *Composé* de couleur variant du jaune au rouge, amorphe ou cristallisé en octaèdres du *prisme rhomboïdal droit.* — *Densité* : 9,361 (amorphe); 9,50 (cristallisé). — *Fusible* au rouge en un liquide fluide, donnant par solidification une masse cristalline. — *Oxydable* à l'air, à partir de 300°. — *Volatil* au rouge blanc. — *Solubilité* : 1 partie dans 7000 parties d'eau froide; solution à réaction alcaline.

Oxyde hydraté : (PbO)^2,HO ou PbO^3H^2. — Précipité blanc, volumineux, présentant la composition précédente après dessiccation à froid, perdant toute son eau vers 130°. — Absorbe le gaz carbonique de l'air.

1087. Préparation par le carbonate de plomb. — On introduit dans un creuset 30 grammes de carbonate de plomb ou de céruse (§ 1099), et on chauffe au fourneau à réverbère, sans dépasser le rouge très sombre. Dès le rouge naissant, le carbonate de plomb se décompose et dégage de l'anhydrique carbonique :

$$C^2O^4,2PbO \quad = \quad 2PbO \quad + \quad C^2O^4,$$

Carbonate de plomb.   Oxyde de plomb.   Gaz carbonique.

$$CO^3Pb \quad = \quad PbO \quad + \quad CO^2;$$

on obtient aussi l'oxyde de plomb non fondu et très divisé, le massicot, qui ne contient pas d'autre impureté que celles renfermées dans le carbonate employé. Si on pousse la température jusqu'à la fusion de l'oxyde de plomb, celui-ci attaque avec énergie la matière du creuset, qu'il ne tarde pas à perforer; en outre, l'oxyde se charge de silicate de plomb fusible et devient fort impur. Il est donc nécessaire de retirer le creuset du feu dès qu'un commencement de fusion se manifeste sur ses bords.

La transformation du carbonate en oxyde est rendue manifeste par le changement de couleur qui l'accompagne : la matière blanche devient jaune rougeâtre. La teinte rouge s'accentue quand le produit est chauffé à l'air sans qu'il subisse la fusion, le protoxyde de plomb se changeant alors peu à peu en minium (§ 1089).

B. — Bioxyde de plomb.

Équiv. : PbO^2 = 119,5.   *F. atom.* : PbO^2 = 239.

1088. *Synonymes* : Peroxyde de plomb, oxyde puce de plomb, acide plombique, plattnérite. — Composé rouge brun, pulvérulent, parfois cristallin, découvert par

Scheele. — *Densité* : 8,90 à 9,19. — Décomposable par la chaleur et cédant aisément une partie de son oxygène. — Insoluble dans l'eau.

I. — PRÉPARATION.

1089. PAR LE MINIUM ET L'ACIDE AZOTIQUE. — Dans un ballon de 250 centimètres cubes, on place 60 grammes de minium, 100 centimètres cubes d'eau chaude et 30 grammes d'acide azotique, puis on porte à l'ébullition. Il est nécessaire d'agiter constamment, les soubresauts causés par une matière dense et pulvérulente comme le minium, pouvant entraîner la rupture du ballon. L'acide azotique attaque le minium; celui-ci, qui est un mélange de plusieurs combinaisons du protoxyde avec le bioxyde de plomb,

$$PbO^2,2PbO, \quad PbO^2,3PbO \quad \text{et} \quad PbO^2,5PbO \quad \text{ou} \quad PbO^2,2PbO, \quad PbO^2,3PbO \quad \text{et} \quad PbO^2,5PbO,$$

cède à l'acide le protoxyde, qui est basique et forme de l'azotate de plomb, tandis que le bioxyde mis en liberté reste insoluble :

$$PbO^2,2PbO \quad + \quad 2(AzO^5,HO) \quad = \quad PbO^2 \quad + \quad 2(AzO^5,PbO) \quad + \quad H^2O^2;$$

Minium.   Acide azotique.   Bioxyde de plomb.   Azotate de plomb.   Eau.

$$PbO^2,2PbO \quad + \quad 4AzO^3H \quad = \quad PbO^2 \quad + \quad 2[(AzO^3)^2Pb] \quad + \quad 2H^2O.$$

La quantité d'acide indiquée étant souvent insuffisante, on en ajoute quelques grammes au besoin, de manière à dissoudre la totalité du protoxyde, jusqu'à ce que, l'acide ne se neutralisant plus par l'oxyde de plomb et étant en excès, la couleur rouge du minium ait été remplacée par la couleur *puce*, caractéristique du bioxyde. On arrête alors les affusions d'acide et l'ébullition; on laisse reposer quelques instants, on décante sur un filtre la liqueur éclaircie, puis on lave le bioxyde de plomb à l'eau distillée bouillante, par décantation et filtration, jusqu'à ce que les eaux de lavage ne soient plus acides au tournesol et ne se troublent plus par le carbonate de soude. On verse alors la matière insoluble sur le filtre, on l'égoutte, on l'essore et on la sèche à l'air libre entre deux feuilles de papier à filtrer.

La solution acide et les premières eaux de lavage donnent par évaporation l'azotate de plomb dont elles sont chargées (§ 1098).

1090. PAR L'ACÉTATE BASIQUE DE PLOMB ET LES HYPOCHLORITES. — A une solution d'acétate basique de plomb (voy. *Acétate basique de plomb*), on ajoute un excès d'une dissolution filtrée d'hypochlorite de chaux ou d'hypochlorite de soude; on introduit le mélange dans un ballon et on chauffe. Il se précipite tout d'abord du chlorure de plomb blanc, puis ce corps se détruit peu à peu en donnant du bioxyde de plomb brun et pulvérulent, qu'on lave ainsi qu'il a été dit plus haut.

II. — PROPRIÉTÉS.

1091. Le bioxyde de plomb est un oxydant énergique.

Il forme avec diverses matières combustibles des mélanges dangereux à manier. Avec 1/6 de son poids de soufre, par exemple, il constitue une substance explosible qui prend feu par friction dans un mortier.

Il oxyde l'acide sulfureux (§ 622).

Il oxyde énergiquement aussi l'hydrogène sulfuré. Si l'on chauffe dans une cuiller de fer du bioxyde de plomb et si, sur cette substance chaude et exposée à l'air, on dirige un jet fin d'hydrogène sulfuré .s'échappant d'un tube effilé, la réaction oxydante, produite au contact du gaz et de l'oxyde, est assez énergique pour déterminer la combustion du jet .gazeux. En renouvelant la surface de l'oxyde par agitation avec une baguette, on peut enflammer plusieurs fois le gaz avec le même bioxyde.

Chauffé dans un tube avec l'acide sulfurique, le bioxyde de plomb dégage de l'oxygène et forme du sulfate de plomb insoluble et blanc.

Chauffé avec l'acide chlorhydrique, il dégage du chlore gazeux, tandis que du chlorure de plomb blanc se précipite.

C. — Chlorure de plomb.

$Équiv.$: $PbCl = 138,5.$ $F. atom.$: $PbCl^2 = 277.$

1092. *Synonyme* : Plomb corné. — *Sel incolore*, anhydre, à éclat soyeux, cristallisant en lamelles dérivées d'un *prisme rhomboïdal droit*. — *Densité* : 5,80 (cristallisé); 5,68 (fondu). — *Fusible* au-dessous du rouge; solidifiable en une masse cornée, translucide. — *Volatil* au rouge. — *Solubilité* : 1 partie dans 1636 parties d'eau additionnée d'acide chlorhydrique à 16°,5; 2,566 parties dans 1 partie d'acide chlorhydrique froid, de densité 1,116. La solution aqueuse précipite par l'acide chlorhydrique et la solution chlorhydrique précipite par l'eau.

1093. Préparation par la litharge et l'acide chlorhydrique. — On chauffe dans une capsule de porcelaine 20 grammes de litharge pulvérisée avec 50 grammes d'acide chlorhydrique concentré. La matière solide, d'un jaune plus ou moins rosé, blanchit rapidement et se change bientôt complètement en chlorure de plomb blanc :

$$2PbO \quad + \quad 2HCl \quad = \quad 2PbCl \quad + \quad H^2O^2 ;$$

| Oxyde de plomb. | Acide chlorhydrique. | Chlorure de plomb. | Eau. |

$$PbO \quad + \quad 2HCl \quad = \quad PbCl^2 \quad + \quad H^2O.$$

On ajoute de l'eau au mélange décoloré et, après agitation, on laisse déposer ; le sel, en partie dissous dans l'acide chlorhydrique, se précipite à peu près complètement par la dilution. On le lave à l'eau froide, par décantation, jusqu'à ce que les liqueurs de lavages soient neutres au tournesol, puis on l'égoutte sur un filtre et on le sèche à l'air entre deux feuilles de papier à filtrer.

Le chlorure de plomb ainsi préparé est amorphe ou en cristaux très petits. Pour le faire cristalliser plus nettement, après l'avoir lavé à l'eau comme il vient d'être dit, on verse la bouillie obtenue dans 500 grammes d'eau distillée, maintenue en ébullition dans une capsule ; sous l'influence de la chaleur, le chlorure de plomb se dissout pour la plus grande partie. On verse la liqueur sur un filtre disposé dans un entonnoir échauffé à l'avance ; le sel étant plus soluble à chaud qu'à froid, la liqueur claire dépose, par refroidissement, des lamelles nacrées et incolores de chlorure de plomb. On obtient un produit plus beau quand on retarde le refroidissement de la dissolution, par exemple, en plongeant le vase, qui reçoit la liqueur filtrée, dans un autre rempli d'eau bouillante. On recueille les cristaux sur un filtre et on les laisse égoutter, puis on les sèche à l'air froid, en les tenant abrités des poussières de l'atmosphère.

1094. Par un sel de plomb soluble et l'acide chlorhydrique. — On verse de l'acide chlorhydrique ou un chlorure alcalin dans une dissolution d'azotate ou d'acétate de plomb; le chlorure de plomb se précipite. On lave le précipité, et on le fait cristalliser comme il a été dit plus haut (§ 1093). Si la solution plombique est chaude et diluée, elle reste limpide quand on l'additionne du réactif, mais dépose des cristaux par refroidissement.

D. — Iodure de plomb.

Équiv. : $PbI = 230,5$.   *F. atom. :* $PbI^2 = 461$.

1095. *Sel* d'un beau *jaune d'or*, cristallisable en lamelles hexagonales. — *Densité :* 6,11. — *Rougissant* de plus en plus par l'action de la chaleur, en passant au rouge brun foncé. — *Fusible* au-dessous du rouge; *volatil* au rouge vif. — *Solubilité :* 1 partie dans 1235 parties d'eau froide ou dans 194 parties d'eau bouillante. Solution incolore.

1096. Préparation par l'azotate de plomb et l'iodure de potassium. — On dissout 15 grammes d'azotate de plomb cristallisé dans 100 grammes d'eau; d'un autre côté, on dissout 15 grammes d'iodure de potassium dans une seconde quantité d'eau égale à la première. Les deux liqueurs étant limpides et froides, on verse peu à peu, en agitant, la seconde dans la première, jusqu'à ce qu'elle cesse d'y produire un précipité. Par double décomposition, de l'iodure de plomb prend naissance et se précipite sous la forme d'une poudre d'un jaune vif :

$$AzO^5,PbO \quad + \quad KI \quad = \quad PbI \quad + \quad AzO^5,KO ;$$

Azotate de plomb.	Iodure de potassium.	Iodure de plomb.	Azotate de potasse.

$$(Az\theta^3)^2Pb \quad + \quad 2KI \quad = \quad PbI^2 \quad + \quad 2Az\theta^3K.$$

On lave le précipité à l'eau froide, par décantation et filtration, jusqu'à ce que les eaux de lavage ne laissent par évaporation qu'un résidu peu sensible; on l'égoutte ensuite sur le filtre et on le sèche à une douce chaleur.

L'iodure de plomb est plus soluble dans l'eau à chaud qu'à froid; il se dépose en lamelles cristallines, très brillantes, par le refroidissement de sa dissolution aqueuse saturée à chaud. Pour l'obtenir cristallisé, on opère comme il a été dit à l'égard de la préparation du chlorure de plomb cristallisé (§ 1093), c'est-à-dire qu'on sature avec ce sel de l'eau distillée bouillante, qu'on filtre à chaud et qu'on laisse refroidir le plus lentement possible. On recueille les cristaux sur un filtre, puis on les sèche à une douce chaleur, entre deux feuilles de papier buvard.

E. — Azotate de plomb neutre.

Équiv. : $AzPbO^6$ ou $AzO^5,PbO = 165,5$.   *F. atom. :* $Az^2\theta^6Pb = 331$.

1097. *Sel incolore*, inaltérable à l'air, cristallisant en *octaèdres réguliers*, opaques et durs, ne contenant pas d'eau de cristallisation. — *Densité :* 4,23. — Décrépite par la chaleur, puis se décompose. — *Solubilité :* 1 partie dans 2,58 parties d'eau à 0°; dans 1,65 parties à 20°; dans 0,72 de partie à 100°. — Forme avec l'oxyde de plomb plusieurs sels basiques.

1098. Préparation par le protoxyde de plomb et l'acide azotique. —
On chauffe dans une capsule de la litharge avec 10 fois son poids d'eau
et on ajoute peu à peu de l'acide azotique, non seulement pour produire la dissolution complète de l'oxyde, mais encore en quantité suffisante pour donner à la liqueur une réaction acide marquée. On filtre.
On évapore la solution jusqu'à ce qu'elle commence à donner à l'ébullition des indices de cristallisation, puis on la laisse refroidir lentement.
Le sel se dépose en cristaux parfois assez volumineux. On l'égoutte et on
le sèche à l'air.

On peut retirer l'azotate de plomb des liqueurs provenant de la préparation du bioxyde de plomb par le minium et l'acide azotique
(§ 1089). Ces liqueurs contenant de l'azotate de plomb, on les évapore
et on les fait cristalliser de la même manière que la solution précédente. Comme elles sont chargées d'un excès notable d'acide azotique
libre, elles fournissent des cristaux plus transparents que les solutions
neutres ou presque neutres.

On purifie le sel par des cristallisations répétées dans l'eau.

Pour avoir des cristaux bien formés, on doit pousser la concentration
des solutions jusqu'à ce que, bouillantes, elles marquent 1,53 au densimètre (50° Baumé).

F. — Carbonate de plomb.

Équiv. : $CPbO^3$ ou $CO^2,PbO = 133,5$.

P. mol. : $C^2Pb^2O^6$ ou $C^2O^4,2PbO = 267 = CO^3Pb$.

1099. *Synonyme :* Cérusite. — *Sel* incolore, cristallisable en *prismes rhomboïdaux
droits.* — *Densité :* 6,5. — Insoluble dans l'eau, même chargée de gaz carbonique.
— Perd son acide carbonique par la chaleur. — La *céruse* est un mélange à proportions variables de carbonate de plomb et d'oxyde de plomb hydraté.

1100. Préparation par l'azotate de plomb et le carbonate de soude. — Quand
on mélange des solutions d'azotate de plomb et de carbonate de soude, le
précipité blanc qui se forme possède une composition variable avec les conditions de l'opération. Les solutions étant concentrées, froides et mélangées à
équivalents égaux, il se précipite un hydrocarbonate de composition :

$$3(C^2O^4,2PbO) + PbO,HO + HO \text{ ou } 6CO^3Pb + PbO^2H^2 + H^2O.$$

A mesure que les solutions sont plus diluées et plus chaudes, la proportion
de carbonate diminue. En présence d'un excès de carbonate alcalin, la proportion de carbonate de plomb est considérablement réduite :

$$(C^2O^4,2PbO) + PbO,HO \text{ ou } 2CO^3Pb + PbO^2H^2.$$

Ces divers précipités peuvent être lavés par décantation, égouttés sur des
filtres et séchés à l'air.

1101. Par l'acétate basique de plomb et le gaz carbonique. — Cette
méthode est celle qu'emploie l'industrie pour la *fabrication de la céruse par le procédé de Clichy.*

Les réactions sur lesquels elle repose sont les suivantes : 1° une solu-

tion d'acétate basique de plomb donne, avec le gaz carbonique, un précipité de céruse et de l'acétate neutre de plomb ; 2° l'acétate neutre de
plomb, au contact de l'oxyde de plomb, se transforme en acétate basique de plomb. Ces deux réactions permettent, avec une quantité limitée
d'acétate neutre de plomb, de transformer en céruse des quantités théoriquement illimitées d'oxyde de plomb et de gaz carbonique.

L'appareil dont on se sert se compose d'un flacon tubulé A (fig. 286),
producteur de gaz carbonique (§ 764), d'un flacon laveur L contenant
de l'eau pour arrêter l'acide chlorhydrique entraîné, et d'un troisième

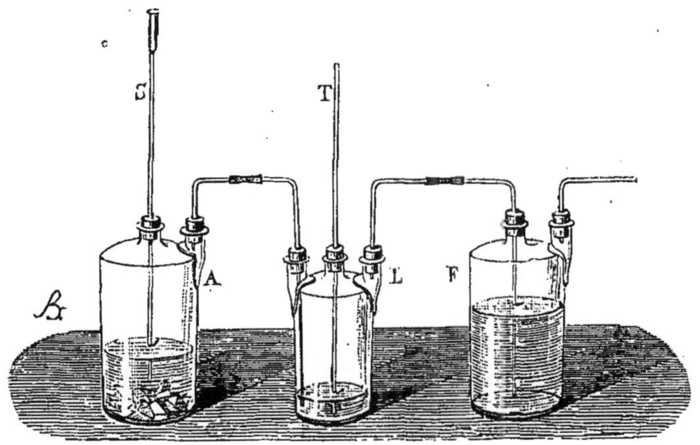

Fig. 286. — Préparation de la céruse.

flacon F, au fond duquel le gaz lavé est amené par un tube recourbé ;
le dernier flacon renferme la solution d'acétate basique de plomb qu'il
s'agit de soumettre à l'action du gaz carbonique.

Pour préparer cette solution (voy. *Acétate basique de plomb*), on dissout 30 grammes d'acétate neutre de plomb cristallisé dans 150 centimètres cubes d'eau, et on chauffe la liqueur vers 100°, dans une capsule
de porcelaine, avec 10 grammes de litharge pulvérisée. L'acétate de
plomb dissout l'oxyde pour former des acétates basiques de plomb,
l'acétate triplombique principalement :

$$C^4H^3PbO^4 \quad + \quad 2PbO \quad + \quad H^3O^2 \quad = \quad C^4H^3PbO^4,2(PbO,HO);$$

| Acétate de plomb. | Oxyde de plomb. | Eau. | Acétate triplombique. |

$$(C^2H^3O^2)^2Pb \quad + \quad 2PbO \quad + \quad 2H^2O \quad = \quad (C^2H^3O^2)^2Pb,2PbO^2H^2.$$

On filtre pour séparer la litharge en excès et on introduit la liqueur
refroidie dans le flacon F.

La même solution peut être obtenue en traitant un excès de litharge
par de l'eau chargée de 7 à 8 pour 100 d'acide acétique.

L'appareil étant disposé, on provoque en A le dégagement du gaz
carbonique. Au contact de la solution de plomb, ce dernier détermine
la formation d'un abondant précipité blanc. On continue à faire arriver
le gaz aussi longtemps que ce précipité augmente de quantité. Quand on

agit, ainsi qu'on le fait dans l'industrie, sur une solution froide et marquant sensiblement 1,14 au densimètre (18° Baumé), le précipité présente une composition à peu près constante et la réaction est la suivante :

$$3[C^4H^3PbO^4,2(PbO,HO)] \quad + \quad 2C^2O^4 \quad =$$

Acétate triplombique.   Gaz carbonique.

$$3[\overline{C}^2H^3\overline{O}^2)^2Pb,2Pb\overline{O}^2H^2] \quad + \quad 4\overline{C}\overline{O}^2 \quad =$$

$$3C^4H^3PbO^4 \quad + \quad 2(C^2O^4,2PbO \quad + \quad PbO,HO) \quad + \quad 2H^2O^2;$$

Acétate neutre de plomb.   Céruse.   Eau.

$$3(\overline{C}^2H^3\overline{O}^2)^2Pb \quad + \quad 2(2\overline{C}\overline{O}^3Pb \quad + \quad Pb\overline{O}^2H^2) \quad + \quad 4H^2\overline{O}$$

La céruse ainsi produite est moins riche en carbonate de plomb, et aussi moins opaque, que celle fournie par le *procédé hollandais*.

Quand la précipitation est terminée, on laisse reposer le mélange ; la céruse se sépare. On décante sur un filtre la liqueur éclaircie, on lave par décantation le précipité à l'eau distillée ; finalement on le verse sur le filtre où il s'égoutte, puis on le sèche entre deux feuilles de papier à filtrer, soit à l'air libre, soit à l'étuve. L'eau mère et les eaux de lavage contiennent l'acétate neutre de plomb. Ce dernier pourrait être utilisé dans une nouvelle opération, ainsi que cela se pratique industriellement.

17.

CUIVRE.

Équiv. : Cu = 31,75.   *P. atom.* : $\overline{C}u$ = 63,5.

A. — Sous-oxyde de cuivre.

Équiv. : Cu²O = 71,5.   *F. atom.* : $\overline{C}u^2\overline{O}$ = 143.

1102. *Synonymes :* Oxyde cuivreux, protoxyde de cuivre, oxydule de cuivre, oxyde de cuprosum.

OXYDE ANHYDRE. — *Synonyme :* Cuprite. — Composé rouge cochenille, inaltérable à l'air froid, cristallisant dans le système cubique ; préparé pour la première fois par Chénevix. — *Densité :* 5,7 à 6,2. — *Fusible* au rouge. — *Oxydable* par l'air à chaud. — *Insoluble* dans l'eau.

OXYDE HYDRATÉ : $4Cu^2O + HO$ ou $4\overline{C}u^2\overline{O} + H^2\overline{O}$. — Composé *jaune orangé*, ne perdant toute son eau que vers 360°. — *Oxydable* par l'air.

1103. PRÉPARATION PAR L'OXYDE DE CUIVRE ET LE CUIVRE. — On mélange 4 parties de limaille de cuivre fine, ou mieux de cuivre métallique précipité, avec 5 parties d'oxyde de cuivre. On chauffe le mélange au rouge dans un creuset. Après avoir agité la masse fondue avec une tige de cuivre, on la laisse refroidir. Elle se solidifie sous la forme d'une substance cristalline, noirâtre, donnant une poudre rouge pourpre. L'oxyde de cuivre a été changé en sous-oxyde par le métal :

$$CuO + Cu = Cu^2O;$$
$$\overline{C}u\overline{O} + \overline{C}u = \overline{C}u^2\overline{O}.$$

1104. PRÉPARATION PAR LE SULFATE DE CUIVRE ET LE CUIVRE. — On chauffe ensemble, dans une marmite de cuivre ou dans un têt, 100 grammes de sulfate de cuivre cristallisé et 57 grammes de carbonate de soude cristallisé, jusqu'à ce que ces sels, qui subissent d'abord la fusion aqueuse, soient solidifiés et aient perdu la totalité de leur eau de cristallisation. On mélange ensuite exactement la matière sèche avec 25 grammes de limaille de cuivre fine, puis on place le tout dans un petit creuset, en tassant le plus possible, et on chauffe au rouge blanc pendant vingt minutes. On pulvérise finement la masse refroidie et solidifiée, et on la lave à l'eau : le résidu insoluble est du sous-oxyde de cuivre d'un beau rouge. Les eaux de lavage entraînent du sulfate de soude. Sous l'influence de la température élevée, le carbonate de cuivre produit d'abord a dégagé du gaz carbonique et formé de l'oxyde de cuivre, lequel a été changé par le métal en sous-oxyde.

En augmentant la proportion du carbonate de soude, pour empêcher une certaine quantité de sulfate de cuivre d'échapper à la réaction, une partie de l'oxyde de cuivre reste non réduite par le métal et le produit est impur.

L'opération ne réussit que si l'on porte le creuset au rouge blanc ; à une température plus basse la réaction est incomplète.

1105. Préparation par l'acétate de cuivre et le sucre interverti. — Cette méthode est fondée sur deux réactions : 1° le sucre interverti réduit l'oxyde à l'état d'oxydule, lorsque cet oxyde est sous forme de sels basiques ; 2° l'acétate de cuivre neutre, en solution aqueuse diluée, perd à l'ébullition de l'acide acétique et se change en acétate tribasique de cuivre.

On prépare d'abord une dissolution de sucre interverti (voy. *Sucre interverti*). A cet effet, on ajoute 15 grammes de sucre de canne à 100 centimètres cubes d'eau, préalablement additionnée de deux ou trois gouttes d'acide sulfurique et portée à l'ébullition. On maintient ensuite l'ébullition pendant quatre ou cinq minutes. Le sucre de canne est transformé par hydratation en deux glucoses, la glucose proprement dite et la lévulose :

$$C^{24}H^{22}O^{22} \quad + \quad H^2O^2 \quad = \quad C^{12}H^{12}O^{11} \quad + \quad C^{12}H^{12}O^{12};$$

Sucre de canne.   Eau.   Glucose.   Lévulose.

$$C^{12}H^{22}O^{11} \quad + \quad H^2O \quad = \quad C^6H^{12}O^6 \quad + \quad C^6H^{12}O^6.$$

Ces deux glucoses, dont le mélange à équivalents égaux constitue le *sucre interverti*, jouissent toutes deux de la propriété réductrice. On laisse refroidir le liquide et on ajoute 2 grammes de carbonate de chaux en poudre : l'acide sulfurique se sépare à l'état de sulfate de chaux insoluble et du gaz carbonique se dégage. On filtre.

D'un autre côté on dissout 25 grammes d'acétate de cuivre cristallisé dans 250 centimètres cubes d'eau, en opérant dans un ballon de 500 centimètres cubes ; on ajoute à la liqueur la solution sucrée et on porte à l'ébullition le mélange limpide. La vapeur d'eau entraîne en se dégageant de l'acide acétique, et l'acétate tribasique de cuivre se forme ; ce sel se trouve immédiatement réduit par les matières sucrées ; on voit se précipiter une poudre cristalline d'un rouge rubis, dont la quantité va en augmentant à mesure que l'on prolonge l'ébullition. Il est bon de

maintenir constant le niveau du liquide dans le ballon, en remplaçant
de temps en temps l'eau volatilisée. Après une demi-heure ou trois
quarts d'heure, le sel de cuivre est détruit et la solution est presque
entièrement décolorée. On laisse reposer, on décante la liqueur sur un
filtre et on lave le précipité, par décantation et filtration, avec de l'eau
distillée. Finalement, on verse le sous-oxyde de cuivre sur le filtre, on
le lave, on l'égoutte et on le sèche à l'air.

B. — Oxyde de cuivre.

$$\text{Équiv.: } CuO = 39,75. \qquad \text{F. atom.: } \text{C}u\text{O} = 79,5.$$

1106. *Synonymes :* Bioxyde de cuivre, oxyde cuivrique, oxyde noir de cuivre, oxyde
de cupricum, malaconise, cuivre noir. — *Composé rouge brun*, presque noir, hygroscopique, cristallisable en *prismes rhomboïdaux droits*. — *Densité :* 5,95 à 6,25.
— *Insoluble* dans l'eau. — Se dissociant à partir du rouge sombre en sous-oxyde
et oxygène.

1107. Préparation par oxydation du cuivre a l'air. — Au moyen
d'une pointe d'acier, on pratique dans le fond d'un creuset de terre
une ouverture de 8 à 10 millimètres de diamètre. Sur les bords du
même creuset, on fait quelques échancrures permettant à l'air de circuler au-dessous du couvercle. On remplit le creuset de tournure de
cuivre, qu'on tasse légèrement, puis on le place, muni de son couver-
vercle, sur la grille d'un fourneau à charbon, en ayant soin que son ouverture inférieure corresponde à l'un des trous de la grille. On l'entoure alors de charbons allumés et on porte sa température vers le
rouge sombre. On maintient cette température pendant quelque temps.
Un courant d'air s'établit dans le creuset, pénétrant par l'orifice inférieur et s'échappant par les échancrures des bords. Cet air cède son
oxygène au métal chauffé et forme de l'oxyde noir de cuivre. Il importe
de maintenir la température au rouge sombre sans aller jusqu'au rouge
vif; à cette dernière température, le cuivre non oxydé réagit sur
l'oxyde pour donner du sous-oxyde (§ 1103) et le mélange entre en fusion. D'ailleurs, au rouge vif, l'oxyde de cuivre se dissocie fortement
et perd de l'oxygène; il se change en sous-oxyde, qui forme avec l'oxyde
non décomposé le même mélange fusible. Après un temps suffisant,
d'autant plus long que la tournure est plus grossière, on laisse le feu
s'éteindre autour du creuset, l'oxydation se prolongeant encore au-
dessous du rouge sombre. Après refroidissement, si l'expérience a été
bien conduite, la tournure de cuivre a conservé à peu près sa forme,
mais elle est entièrement oxydée; elle est devenue noire et a cessé
d'être malléable, l'oxyde se brisant par la compression. Cette dernière
propriété permet de séparer le métal qui, protégé par une couche
d'oxyde trop épaisse, a échappé à l'oxydation : le cuivre restant se déforme, se détache facilement de l'oxyde et peut être mis de côté pour
une autre opération.

Les portions d'oxyde, qui se trouvaient en contact immédiat avec du
cuivre non oxydé, sont d'ordinaire colorées en rouge par du sous-

oxyde de cuivre. On transforme celui-ci en oxyde noir en chauffant tout le produit à l'air, au rouge très sombre, dans un têt en terre ou dans un moufle.

1108. L'oxyde de cuivre étant un réactif fort employé en analyse organique élémentaire, on a fréquemment besoin d'en préparer des quantités relativement considérables. On peut alors remplir le coffret d'un fourneau à moufle (§ 75) avec de la tournure de cuivre et provoquer l'oxydation du métal en chauffant au rouge sombre. L'oxydation étant suffisante, on sépare le cuivre non grillé comme il a été dit plus haut (§ 1107), puis on parfait l'oxydation en grillant dans le moufle le produit étalé en couche mince. L'action d'une température plus élevée, à la fin de l'opération, fournit un oxyde plus aggloméré et plus dense qui, absorbant relativement peu l'humidité de l'air, est très convenable pour l'analyse organique. On le sépare en plusieurs portions plus ou moins grossières, au moyen de cribles en toile métallique.

Fig. 287. — Préparation de l'oxyde de cuivre.

Une disposition très simple et qui fournit en peu de temps des poids considérables d'oxyde de cuivre, consiste à remplir de tournure de cuivre deux pots à fleurs en terre, après avoir un peu agrandi les trous pratiqués dans leurs fonds. On superpose ces pots, en opposant leurs larges ouvertures, et on les fixe l'un à l'autre au moyen d'un fil de fer (fig. 287). On place l'appareil ainsi disposé au-dessus de la grille d'un fourneau à réverbère, en interposant trois fragments de brique pour le maintenir à une certaine hauteur, et de telle manière que l'air puisse pénétrer facilement jusqu'au métal; on entoure ensuite les pots de charbons allumés. Lorsqu'ils ont été maintenus au rouge pendant un certain temps, variable avec leur volume, l'opération est terminée. On l'active en surmontant le pot supérieur d'un tuyau de tôle, qui régularise le courant d'air à l'intérieur et permet ainsi de chauffer un peu plus fortement sans craindre la fusion du produit, l'afflux d'air refroidissant notablement celui-ci.

1109. PRÉPARATION PAR L'AZOTATE DE CUIVRE. — On introduit de l'azotate de cuivre sec (§ 1118) dans un creuset et on chauffe au rouge. Vers 300°, l'azotate neutre perd de l'acide azotique et se transforme en divers azotates basiques; à une température supérieure, la décomposition devient plus profonde, il se dégage de l'hypoazotide et de l'oxygène, et il reste un résidu noir d'oxyde de cuivre :

$$CuO,AzO^5 \quad = \quad CuO \quad + \quad AzO^4 \quad + \quad O;$$

Azotate de cuivre.   Oxyde de cuivre.   Hypoazotide.   Oxygène.

$$(Az\Theta^3)^2\Theta u \quad = \quad \Theta u\Theta \quad + \quad 2Az\Theta^2 \quad + \quad \Theta.$$

Le produit de cette réaction est pulvérulent, très divisé et très hygroscopique.

C. — Sous-chlorure de cuivre.

Équiv. : $Cu^2Cl = 99 = \mathfrak{C}u^2Cl^2 = P.\ mol.$

1110. *Synonymes :* Protochlorure de cuivre, chlorure cuivreux, chlorure de cupro-sum. — *Sel incolore,* cristallisant en *octaèdres réguliers,* devenant peu à peu violet et bleu à la lumière. — *Densité :* 3,70. — *Fusible* au rouge naissant. — *Non volatil.* — *Insoluble* dans l'eau ; *soluble* dans le même liquide chargé d'acide chlorhydrique ou d'ammoniaque. — Oxydable à l'air en verdissant et passant à l'état d'oxychlorure.

1111. PRÉPARATION PAR L'OXYDE DE CUIVRE, L'ACIDE CHLORHYDRIQUE ET LE CUIVRE. — On chauffe doucement dans un matras, 40 grammes d'oxyde de cuivre avec 350 grammes d'acide chlorhydrique. L'oxyde se dissout en formant du chlorure de cuivre (§ 1115). On ajoute alors 40 grammes de tournure de cuivre ; le chlorure de cuivre, au contact du métal, se change en sous-chlorure :

$$CuCl \quad + \quad Cu \quad + \quad Cu^2Cl\,;$$

Chlorure de cuivre.   Cuivre.   Sous-chlorure de cuivre.

$$\mathfrak{C}uCl^2 \quad + \quad \mathfrak{C}u \quad + \quad \mathfrak{C}u^2Cl^2.$$

Le sous-chlorure, insoluble dans l'eau, se dissout dans l'acide chlorhydrique et on obtient une liqueur limpide. On ferme le matras par un bouchon que traverse un tube effilé ; on évite ainsi l'intervention de l'air dont l'oxygène transformerait partiellement le sous-chlorure de cuivre en chlorure, en donnant à la solution une teinte brune foncée. On maintient la température un peu au-dessous de celle qui produit l'ébullition du liquide. Si, à un moment donné, un précipité blanc de sous-chlorure vient à se montrer, c'est que l'acide chlorhydrique est en quantité insuffisante ; on doit en ajouter.

La réaction est terminée lorsque la liqueur est devenue incolore. On décante le liquide clair et on le verse dans un excès d'eau (1 litre). Ce liquide précipite aussitôt le sous-chlorure de cuivre, incolore, pulvérulent et cristallin, qui se dépose facilement. On lave le précipité à l'eau distillée, par décantation ; on le conserve dans des vases bien bouchés, sous une couche d'eau et à l'abri de la lumière.

1112. PRÉPARATION PAR LE CHLORURE DE CUIVRE ET LE CUIVRE. — On peut, au lieu de préparer le chlorure de cuivre par l'oxyde et l'acide chlorhydrique, prendre ce sel tout préparé. On remplace alors les 40 grammes d'oxyde par 65 grammes de chlorure de cuivre cristallisé ; dans ce cas, la quantité d'acide chlorhydrique doit être réduite à 300 grammes. Par les deux façons de procéder, le mélange décoloré contient finalement à peu près 100 grammes de sous-chlorure de cuivre en dissolution.

1113. SOLUTION CHLORHYDRIQUE. — La solution chlorhydrique est fort usitée sous le nom de *protochlorure de cuivre acide,* pour purifier l'oxyde de carbone (§ 758) et l'hydrogène phosphoré (§ 735) et aussi comme réactif dans l'analyse des gaz.

On la prépare d'ordinaire en laissant déposer, dans un flacon fermé, la bouillie blanche et cristalline que forme le protochlorure de cuivre lorsqu'on le précipite par l'eau (§ 1111), décantant la liqueur et la remplaçant par de l'acide chlorhydrique concentré, ajouté peu à peu et en quantité suffisante pour produire la dissolution complète du précipité.

Au contact de l'oxygène de l'air, cette dissolution s'altère et brunit avec une extrême rapidité, une combinaison brune de sous-chlorure et de chlorure prenant naissance. Pour conserver le réactif, on l'enferme dans un flacon garni jusqu'à son goulot de tournure de cuivre non tassée. Le métal ramène à l'état de sous-chlorure le sel qui a pu s'altérer ; il maintient ainsi la liqueur incolore. L'avidité du protochlorure acide pour l'oxygène de l'air rend indispensable que l'on ferme très exactement le flacon par un bouchon de liège. Il est même prudent de tenir le vase renversé.

En l'absence de cuivre en excès, et sous l'influence simultanée de l'air et de l'acide chlorhydrique, le sous-chlorure se change finalement en chlorure et la liqueur devient verte :

$$2Cu^2Cl \quad + \quad 2HCl \quad + \quad 2O \quad = \quad 4CuCl \quad + \quad H^2O^2 ;$$

Sous-chlorure de cuivre. — Acide chlorhydrique. — Oxygène. — Chlorure de cuivre. — Eau.

$$Cu^2Cl^2 \quad + \quad 2HCl \quad + \quad O \quad = \quad 2CuCl^2 \quad + \quad H^2O.$$

En présence de cuivre en excès, la même réaction s'accomplit encore, mais elle est suivie de la transformation par le cuivre du chlorure en sous-chlorure. La quantité de ce dernier corps va donc en augmentant, mais comme, en même temps et par la première réaction, l'acide chlorhydrique libre disparaît, le protochlorure insoluble dans l'eau se précipite. Il peut arriver ainsi que la liqueur incolore ne contienne plus en dissolution, ni chlorure, ni sous-chlorure. Il est dès lors nécessaire, avant d'employer le protochlorure de cuivre acide conservé sur le cuivre depuis un certain temps, dans un flacon qui a pu être imparfaitement bouché, de vérifier que la solution incolore précipite abondamment par l'eau.

Ajoutons que ces réactions permettent de préparer le sous-chlorure de cuivre par le cuivre et l'acide chlorhydrique exposés à l'air, quand on ajoute un peu de chlorure de cuivre pour commencer.

En maintenant en digestion, jusqu'à décoloration, 40 grammes d'oxyde de cuivre, 40 grammes de tournure de cuivre et 450 grammes d'acide chlorhydrique, on obtient rapidement la solution chlorhydrique de protochlorure de cuivre (§ 1111).

1114. Solution ammoniacale. — Cette solution est souvent utilisée sous le nom de *protochlorure de cuivre ammoniacal*, dans l'analyse des gaz et comme réactif de l'acétylène.

Pour l'obtenir, il suffit de verser de l'ammoniaque sur le sous-chlorure de cuivre précipité, déposé et séparé de son eau mère par décantation. Le sel se dissout abondamment, en donnant une liqueur incolore, mais qui bleuit énergiquement en absorbant l'oxygène de l'air ; pour cette raison, on opère dans un flacon que l'on ferme ensuite soigneusement. En maintenant la solution ammoniacale légèrement bleuie à l'air, dans un flacon bien bouché et garni jusqu'à son goulot de tournure de cuivre, elle se réduit et se décolore lentement. C'est seulement après décoloration complète qu'elle doit être employée.

Elle précipite abondamment en rouge par l'acétylène (voy. ce mot) et en jaune par l'allylène.

On peut éviter de précipiter par l'eau la solution chlorhydrique de sous-chlorure de cuivre et l'additionner directement d'ammoniaque. Il se forme d'abord du chlorhydrate d'ammoniaque et le sous-chlorure de cuivre se sépare ; il se redissout par une nouvelle addition d'ammoniaque. La liqueur ainsi préparée renferme une forte proportion de chlorhydrate d'ammoniaque, ce qui est sans inconvénient sensible au point de vue de la réaction de l'acétylène, mais elle ne précipite pas par l'allylène.

En maintenant en digestion 40 grammes d'oxyde de cuivre, 40 grammes de tournure de cuivre et 300 grammes d'acide chlorhydrique, jusqu'à décoloration complète, on obtient du sous-chlorure de cuivre partiellement dissous. Le mélange refroidi, puis additionné d'ammoniaque (430 grammes environ), jusqu'à redissolution du précipité formé d'abord, fournit un réactif cuivreux ammoniacal, convenant bien pour la préparation de l'acétylène.

D. — Chlorure de cuivre.

Équiv. : CuCl = 67,25.   *F. atom.* : $CuCl^2$ = 134,5.

1115. *Synonymes :* Bichlorure de cuivre, chlorure cuivrique, chlorure de cupricum.
Sel anhydre. — *Brun*, fusible au rouge en perdant la moitié de son chlore.
Sel hydraté : CuCl + 2HO ou $CuCl^2 + 2H^2O$. — *Vert*, très *déliquescent*, cristallisant en *prismes rhomboïdaux droits*. — Perd son eau à 100° en brunissant. — *Solubilité* dans l'eau considérable. — Solution de 1 partie de sel dans 1 partie d'eau, brune ; dans 2 parties d'eau, verte ; dans 5 parties d'eau, bleue.

1116. Préparation par l'oxyde de cuivre et l'acide chlorhydrique. — L'oxyde noir de cuivre se dissout dans 3,5 fois son poids d'acide chlorhydrique, avec une élévation de température considérable, en donnant du chlorure de cuivre :

$$2CuO \quad + \quad 2HCl \quad = \quad 2CuCl \quad + \quad H^2O^2 ;$$

| Oxyde de cuivre. | Acide chlorhydrique. | Chlorure de cuivre. | Eau. |

$$CuO \quad + \quad 2HCl \quad = \quad CuCl^2 \quad + \quad H^2O.$$

On opère dans un matras en chauffant légèrement pour activer la dissolution. Il se produit d'abord une liqueur brune, si l'oxyde de cuivre a été imparfaitement grillé et contient du sous-oxyde. On ajoute alors quelques gouttes d'acide azotique, et on fait bouillir afin de transformer en chlorure les traces de sous-chlorure formées aux dépens du sous-oxyde de cuivre. La solution prend ainsi une belle teinte verte. On la filtre après l'avoir étendue d'eau, puis on la concentre jusqu'à consistance presque sirupeuse, et on la laisse refroidir. Le sel cristallise en longues aiguilles vertes; on égoutte celles-ci à l'abri de l'air, dont elles attireraient l'humidité.

Pour avoir des cristaux bien défínis, on évapore la solution jusqu'à ce que, bouillante, elle marque 1,45 au densimètre (45° Baumé), et on laisse refroidir très lentement, hors du contact de l'air.

1117. PRÉPARATION PAR LE CUIVRE ET L'EAU RÉGALE. — On chauffe dans un matras de la tournure de cuivre avec de l'acide chlorhydrique concentré. L'acide agit peu sur le métal. On ajoute une petite quantité d'acide azotique. L'attaque devient aussitôt fort vive; il se dégage des vapeurs rutilantes, et le métal passe à l'état de chlorure qui, en présence d'un excès d'acide chlorhydrique, forme une solution d'un vert jaune. On ajoute de nouveau de l'acide azotique, dès que la réaction s'est calmée, jusqu'à ce que tout le métal soit dissous; on évapore à siccité pour chasser les acides en excès, on reprend par l'eau, on filtre et on fait cristalliser dans les conditions indiquées (§ 1116).

E. — Azotate de cuivre.

Équiv. : $AzCuO^6$ ou $AzO^5,CuO = 93,75$.   *F. atom.* : $(Az\theta^3)^2Cu = 187,5$.

1118. HYDRATE A 3 ÉQUIVALENTS D'EAU : $AzO^5,CuO + 3HO$ ou $(Az\theta^3)^2Cu + 3H^2\theta$. — *Aiguilles bleues*, déliquescentes, *fusibles* à 114°,5 en perdant de l'eau. — Très *soluble* dans l'eau, moins soluble dans le même liquide chargé d'acide azotique.

1119. PRÉPARATION PAR LE CUIVRE ET L'ACIDE AZOTIQUE. — L'action de l'acide azotique sur le cuivre est utilisée pour la production du bioxyde d'azote (§ 565); elle laisse pour résidu une solution d'azotate de cuivre de laquelle il est facile d'extraire le sel.

On peut d'ailleurs dissoudre le cuivre dans l'acide azotique en perdant les composés gazeux formés, mais aussi en évitant les précautions propres à empêcher les réactions secondaires. On traite alors à chaud, dans une capsule, 30 grammes de tournure de cuivre par l'acide azotique concentré, en dirigeant les vapeurs rutilantes dans une cheminée à fort tirage. On ajoute peu à peu l'acide jusqu'à dissolution complète du métal. La liqueur est ensuite soumise au traitement suivant, qui convient également pour le résidu de la préparation du bioxyde d'azote.

On décante la solution acide d'azotate de cuivre et on l'évapore dans une capsule de porcelaine. D'abord verte, elle devient bleue. Quand l'eau a été chassée presque complètement, on continue à chauffer pour volatiliser l'acide azotique en excès, sans perdre de vue cependant qu'à partir de 170°, l'azotate de cuivre commence à perdre de l'acide azotique, pour former un sel basique, vert et insoluble dans l'eau. On évite cette décomposition en terminant l'évaporation au bain-marie. On reprend ensuite par peu d'eau et on fait cristalliser par refroidissement. Pour avoir des cristaux nets, la solution bouillante doit marquer 1,61 au densimètre (55° Baumé). Les cristaux, décantés et égouttés, sont séchés à l'étuve tiède; ils absorbent l'humidité de l'air à la température ordinaire.

F. — **Sulfate de cuivre.**

Équiv. : $SCuO^4$ ou $SO^3,CuO = 79,75$.   *P. mol.* : $S^2O^6,2CuO = 159,5 = SO^4Cu$.

1120. SEL ANHYDRE. — Composé incolore, cristallisable, absorbant avidement l'humidité de l'air en bleuissant. — Décomposable au rouge.

SEL HYDRATÉ : $S^2O^6,2CuO + 5H^2O^2$ ou $SO^4Cu + 5H^2O$. — *Synonymes* : Sulfate de cuivre ordinaire, vitriol bleu, couperose bleue. — Magnifiques cristaux bleus, dérivés d'un *prisme doublement oblique*, efflorescents en perdant 2 molécules d'eau. — *Densité* : 2,30. — Perdant 4 molécules d'eau à 100° et la totalité à 230°. — *Solubilité* : 1 partie dans 3,32 parties d'eau à 4°; dans 2,79 parties à 19°; dans 0,55 parties à 100°; dans 0,47 parties à 104°. — *Solution* aqueuse *bleue*.

1121. PRÉPARATION PAR LE CUIVRE ET L'ACIDE SULFURIQUE. — La réaction de l'acide sulfurique sur le cuivre est une préparation de l'anhydride sulfureux (§ 609). Le sulfate de cuivre, formé en même temps, peut être isolé du résidu resté dans le ballon après que l'acide sulfurique a été à peu près entièrement transformé.

On laisse refroidir ce résidu solide, on verse sur lui, pour les proportions indiquées antérieurement (§ 609), 150 centimètres cubes d'eau environ, et on porte à l'ébullition pendant quelques minutes. Le sulfate de cuivre se dissout. On sépare par décantation la liqueur du métal non attaqué. Cette liqueur filtrée est évaporée dans une capsule de porcelaine jusqu'à ce que, à l'ébullition, sa densité soit 1,26 (30° Baumé), ou plus simplement, évaporée jusqu'à ce qu'une pellicule se montre à la surface. Abandonnée au refroidissement lent, elle laisse enfin déposer des cristaux volumineux de sulfate de cuivre hydraté.

1122. PRÉPARATION PAR LE CUIVRE, L'ACIDE SULFURIQUE ET L'ACIDE AZOTIQUE. — L'attaque du cuivre par l'acide sulfurique ne se fait qu'à haute température et avec lenteur. On la rend rapide en faisant intervenir l'acide azotique.

On introduit dans un matras 32 grammes de cuivre, 49 grammes d'acide sulfurique concentré, préalablement mélangé avec 450 grammes d'eau, et 43 grammes d'acide azotique de densité 1,33 (36° Baumé). On chauffe doucement. Des vapeurs rutilantes se dégagent et du sulfate de cuivre prend naissance :

$$2Cu \;+\; S^2O^6,2HO \;+\; 2(AzO^5,HO) \;=\; S^2O^6,2CuO \;+\; 2AzO^4 \;+\; 2H^2O^2;$$

| Cuivre. | Acide sulfurique. | Acide azotique. | Sulfate de cuivre. | Hypoazotide. | Eau. |

$$Cu \;+\; SO^4H^2 \;+\; 2AzO^3H \;=\; SO^4Cu \;+\; 2AzO^2 \;+\; 2H^2O.$$

Lorsque le cuivre est dissous presque entièrement, on porte à l'ébullition pendant quelque temps, on filtre et on laisse cristalliser par refroidissement. On obtient ainsi 120 grammes environ de sulfate de cuivre cristallisé, ne renfermant pas sensiblement d'acide azotique. Ce dernier peut d'ailleurs être complètement éliminé par une évaporation à siccité, pratiquée avant la cristallisation.

1123. PURIFICATION ET ESSAI. — Le sulfate de cuivre du commerce est généralement chargé de substances étrangères, de fer principalement; il ne peut être employé comme réactif sans purification préalable.

On opère cette purification par des cristallisations répétées dans l'eau distillée. On trouble les premières (§ 305), on essore à la trompe le produit pulvérulent (§ 369), et on le lave rapidement à l'eau distillée. On termine par une cristallisation conduite comme il a été dit plus haut (§ 1121), laquelle fournit des cristaux nets et volumineux.

Le sulfate de cuivre pur, dissous dans l'eau et saturé par l'hydrogène sulfuré, donne du sulfure de cuivre insoluble et une liqueur qui, filtrée et évaporée à siccité, ne laisse pas de résidu fixe; cette liqueur, traitée par le sulfhydrate d'ammoniaque, ne fournit aucun précipité.

G. — Sulfate de cuivre ammoniacal.

$$\textit{Équiv.} : SCuO^4, 2AzH^3 + HO = 122{,}75.$$

$$\textit{P. mol.} : S^2O^6, 2CuO, 4AzH^3 + 2HO = 245{,}50 = SO^4Cu(AzH^3)^4 + H^2O.$$

1124. *Synonymes* : Cupro-sulfate d'ammoniaque, cuivre ammoniacal. — *Cristallisé* en longuès aiguilles bleues, transparentes, dérivés d'un *prisme rhomboïdal droit*. — Perd de l'ammoniaque à l'air ou par l'action de la chaleur. — Très *soluble* dans l'eau; la solution étendue de beaucoup d'eau donne un précipité de sulfate de cuivre tétrabasique.

1125. PRÉPARATION PAR LE SULFATE DE CUIVRE ET L'AMMONIAQUE. — On pulvérise 50 grammes de sulfate de cuivre cristallisé, qu'on introduit dans un vase cylindrique allongé, une éprouvette à pied, par exemple. On verse peu à peu sur le sel de l'ammoniaque en solution aqueuse et concentrée, jusqu'à production d'une liqueur bleue limpide, mais en ayant soin d'éviter un trop fort excès d'ammoniaque. Le liquide étant au repos, on verse doucement à sa surface un volume égal au sien d'alcool à 90 centièmes; on opère avec précaution et en faisant couler l'alcool sur la paroi du vase de manière à éviter le mélange des deux liquides; ceux-ci restent superposés, leurs densités étant très différentes. On recouvre le vase d'une lame de verre et on l'abandonne pendant un ou deux jours. L'alcool se diffuse dans la solution aqueuse de sulfate de cuivre ammoniacal, et diminue la solubilité du sel dans l'eau, celle-ci devenant de plus en plus alcoolique. Le sulfate de cuivre ammoniacal, moins soluble dans l'eau chargée d'alcool que dans l'eau pure, se dépose lentement en cristaux volumineux. On décante l'eau mère, on essore les cristaux entre des feuilles de papier à filtrer, et on les enferme dans un flacon, sans les exposer longtemps à l'air, auquel ils cèdent de l'ammoniaque.

H. — Carbonate de cuivre bibasique.

$$\textit{Équiv.} : CO^2, 2CuO = 101{,}5. \qquad \textit{P. mol.} : C^2O^4, 4CuO = CO^3Cu, CuO = 203.$$

1126. HYDRATE A 1 MOLÉCULE D'EAU : $C^2O^4, 4CuO + H^2O^2$ ou $CO^3Cu, CuO + H^2O$. — Synonyme : Malachite. — *Composé vert*, stable à 150°, décomposable à 300° en donnant de l'oxyde de cuivre.

HYDRATE A 2 MOLÉCULES D'EAU : $C^2O^4, 4CuO + 2H^2O^2$ ou $CO^3Cu, CuO + 2H^2O$. — *Composé bleu*, stable à froid, décomposable dès 90°, au sein de l'eau, en donnant le précédent; un peu moins altérable quand il est sec.

1127. PRÉPARATION. — On dissout 30 grammes de sulfate de cuivre cristallisé dans 150 grammes d'eau et 20 grammes de carbonate de soude dans quantité égale de même liquide. Les deux liqueurs étant *froides*, on verse peu à peu la seconde dans la première soigneusement agitée. Il se forme un précipité bleu de carbonate de cuivre bibasique à 2 molécules d'eau. On lave ce produit à l'eau distillée froide, par décantation suivie de filtration. Quand l'eau de lavage cesse de précipiter par le chlorure de baryum, on verse le précipité sur le filtre, on l'égoutte, on l'essore et on le sèche à l'air entre deux feuilles de papier à filtrer. La dessiccation ne doit pas être opérée à une température supérieure à 30° ou 40°.

Le produit, chauffé avec la liqueur dans laquelle il s'est précipité, verdit au voisinage de 90° en se changeant en malachite. La transformation est d'autant plus facile que la liqueur est plus chargée de carbonate de soude en excès.

18.

MERCURE.

Équiv. : $Hg = 100 = 2\,vol.$ *P. atom.* : $Hg = 200 = 4\,vol.$

1128. *Métal* liquide à la température ordinaire, brillant, ne mouillant pas le verre, d'un gris bleuâtre, faiblement altérable à l'air froid, connu des anciens. — *Densité :* 13,5953 à 0°. — *Cristallise* en octaèdres à — 38°,85, en se contractant et en produisant un métal de densité 14,193, présentant la malléabilité du plomb. — *Chaleur latente de fusion :* 2,84 Calories. — *Coefficient de dilatation* entre 0° et 100° : absolu 1/5550 ou 0,000180180; apparent dans le verre 1/6480 ou 0,0001544. — *Chaleur spécifique :* solide 0,03247; liquide 0,03312. — Emet des vapeurs sensibles à partir de 20° ou 25°. — *Température d'ébullition* sous la pression 0^m,760 : 357°. — *Chaleur latente de volatilisation :* 15,4 Calories. — *Densité de vapeur* ramenée à 0° et à la pression 0^m,760 : 6,976 par rapport à l'air; 100,74 par rapport à l'hydrogène.

1129. Préparation. — Le sulfure de mercure ou cinabre, qui constitue le principal minerai de mercure, est volatil sans décomposition. Quand l'air agit sur lui en même temps que la chaleur, autrement dit quand on le grille, il donne du mercure et du gaz sulfureux :

$$2HgS \quad + \quad 4O \quad = \quad 2Hg \quad + \quad S^2O^4;$$

Cinabre.   Oxygène.   Mercure.   Gaz sulfureux.

$$HgS \quad + \quad 2O \quad = \quad Hg \quad + \quad SO^2.$$

Cette réaction est la base de la métallurgie du mercure. Les propriétés toxiques redoutables des vapeurs mercurielles, qui sont entraînées par le gaz sulfureux, empêchent de la réaliser facilement dans les laboratoires. La méthode suivante, qui est celle dont on fait usage pour traiter le minerai de mercure dans le duché des Deux-Ponts, est suivie avec moins d'inconvénients, soit pour extraire le mercure du cinabre, soit pour utiliser les résidus riches en mercure, laissés par certaines opérations.

On mélange intimement 60 grammes de cinabre en poudre avec son poids de chaux éteinte et pulvérulente. On introduit le tout dans une cornue de grès, que l'on dispose dans un fourneau, en inclinant son col de manière à faire écouler au dehors le liquide qui pourra s'y condenser ; on enroule et on fixe par un fil, autour de l'extrémité de ce col, un morceau d'étoffe qui forme ainsi une sorte de tuyau de toile, attaché par un de ses bouts à la cornue (fig. 288) : les vapeurs, pour se dégager de cette dernière, devront dès lors traverser le tube de toile avant de s'échapper. On fait plonger l'extrémité libre de la toile dans un vase contenant de l'eau froide ; celle-ci imbibe l'étoffe et la rend à peu près étanche par rapport aux vapeurs mercurielles. Il est indispensable, pour éviter une absorption et par suite l'explosion de l'appareil, que le col de la cornue ne plonge pas dans l'eau, celle-ci baignant seulement le bas du tube d'étoffe. On chauffe la cornue; il se forme des composés sulfurés et oxygénés du calcium, tandis que le mercure distille avec de la vapeur d'eau. Les vapeurs métalliques se condensent au contact de l'eau froide, et le mercure s'accumule au fond du liquide. On le sépare de l'eau en versant le tout dans un entonnoir dont on tient la douille bouchée avec le doigt, ou mieux dans un entonnoir à robinet : on laisse écouler le métal qui a gagné le fond de l'entonnoir et on arrête l'écoulement dès que l'eau se présente pour s'échapper. On enlève avec du papier à filtrer les quelques gouttes d'eau entraînées par le mercure.

On ne saurait trop recommander de ne pas s'exposer, pendant la distillation, à l'action extrêmement toxique des vapeurs mercurielles.

Quand on opère sur de plus grandes quantités, on remplace la cornue de grès par une cornue de fer, ou simplement par une bouteille de fer, telle que celles dans lesquelles le commerce transporte le mercure. On visse à son orifice un tube de fer recourbé, auquel on adapte la toile.

Fig. 288. — Distillation du mercure.

1130. PURIFICATION. — Le mercure du commerce est le plus souvent chargé d'une certaine quantité de métaux étrangers. On le purifie souvent par distillation, en se servant soit d'une cornue de grès, soit d'une bouteille de fer, ainsi qu'il vient d'être indiqué pour la préparation (§ 1219). Cette méthode est insuffisante, la vapeur mercurielle entraînant toujours des quantités notables de métaux étrangers. De plus elle est d'une exécution un peu délicate, l'ébullition du mercure devenant fort irrégulière quand il contient des métaux non volatils.

On se contente d'ordinaire de verser sur le mercure du commerce, placé dans une terrine de grès, une couche de 1 centimètre d'épaisseur d'acide azotique, étendu de 8 ou 10 fois son poids d'eau. On agite fréquemment et on laisse en contact pendant une semaine au moins. Il se fait d'abord de l'azotate de mercure, lequel se décompose peu à peu au contact des métaux étrangers, en donnant les sels solubles de ces derniers. On sépare le métal à l'aide d'un entonnoir à robinet, on le lave à l'eau, on le sépare de nouveau et on le sèche.

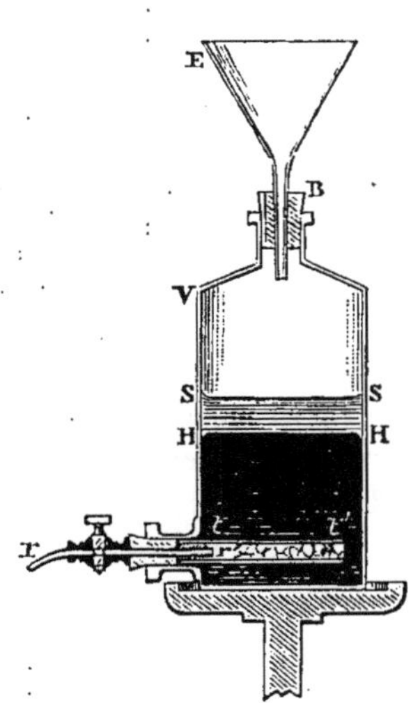

Fig. 289. — Fontaine à mercure.

On peut encore faire écouler le mercure en filet très mince à travers une haute colonne de solution de perchlorure de fer, de densité 1,26, contenue dans un tube bouché à une extrémité. On répète plusieurs fois le passage à travers le réactif, puis on lave le métal à l'eau et on l'isole, en se servant de l'entonnoir à robinet. On le sèche avec du papier à filtrer et on le conserve quelque temps sous l'acide sulfurique concentré.

L'action de ce dernier réactif est à recommander pour terminer toutes les purifications du mercure. On la réalise le plus souvent au moyen d'un petit appareil qui a été indiqué par H. Sainte-Claire Deville et qui constitue une sorte de réservoir à mercure pur.

Cet appareil (fig. 289) se compose d'un flacon V, tubulé latéralement à sa partie inférieure. La tubulure porte, solidement fixé au moyen d'un bon bouchon, un robinet de verre ou mieux de fer rr', terminé à l'intérieur du flacon par un tube horizontal en verre tt', de 1 centimètre de diamètre. Ce tube est garni de fragments de potasse caustique fondue. Du mercure étant introduit dans le flacon jusqu'en HH, on verse à sa surface, par le goulot muni d'un entonnoir E fixé à demeure, de l'acide sulfurique concentré SS. Si l'on ouvre alors le robinet, le mercure s'écoule après avoir abandonné dans le tube à potasse les traces d'acide qu'il pouvait entraîner. En versant de nouveau du mercure dans le flacon, le métal doit traverser la couche d'acide sulfurique pour arriver au fond du vase. L'appareil maintenu bouché peut fonctionner pendant très longtemps; il faut seulement avoir soin de ne jamais y faire descendre le niveau supérieur du mercure HH jusqu'au voisinage immédiat du tube à potasse tt', l'acide sulfurique pouvant atteindre le réactif solide et le mettre hors d'usage par une réaction énergique.

Le mercure pur n'adhère pas au verre; il ne *fait* pas *la queue*, c'est-à-dire qu'il ne laisse sur le verre propre aucune trace de son passage et coule sans s'allonger en arrière par des adhérences. Quand on le dissout dans l'acide azotique pur, et qu'on chauffe l'azotate produit, il donne par décomposition de l'oxyde de mercure, volatil sans résidu (§ 491).

A. — Oxyde de mercure.

Équiv. : HgO = 108.   *F. atom.* : $Hg\Theta = 216$.

1131. *Synonymes* : Oxyde mercurique, bioxyde de mercure, précipité *per se*, précipité rouge. — Composé rouge lorsqu'il est obtenu à chaud, noircissant lentement à la lumière, cristallisable en *prismes rhomboïdaux obliques*. — *Densité* : 11,29. — *Décomposable* vers 400°. — A peu près *insoluble* dans l'eau. — Jaune, lorsqu'il est préparé par précipitation; il semble alors doué de propriétés différentes et posséder une activité chimique plus marquée.

1132. Oxyde rouge préparé par l'azotate de mercure. — Dans un matras de 120 centimètres cubes, on mélange 50 grammes d'acide azotique concentré (D = 1,383), soit 37 centimètres cubes, et 25 grammes d'eau, ce qui constitue de l'acide azotique de densité 1,26, puis on y verse 50 grammes de mercure. Le métal est aussitôt attaqué, il se dégage des vapeurs rutilantes que l'on entraîne dans une cheminée bien ventilée; il se forme de l'azotate mercureux, plus ou moins mélangé d'azotate mercurique :

$$2Hg \quad + \quad 2(AzO^5,HO) \quad = \quad AzO^5,Hg^2O \quad + \quad AzO^4 \quad + \quad H^2O^2,$$

Mercure.   Acide azotique.   Azotate mercureux.   Hypoazotide.   Eau.

$$2Hg \quad + \quad 4Az\Theta^3H \quad = \quad (Az\Theta^3)^2Hg^2 \quad + \quad 2Az\Theta^2 \quad + \quad 2H^2\Theta;$$

$$3Hg \quad + \quad 4(AzO^5,HO) \quad = \quad 3(AzO^5,HgO) \quad + \quad AzO^2 \quad + \quad 2H^2O^2,$$

Mercure.   Acide azotique.   Azotate mercurique.   Bioxyde d'azote.   Eau.

$$3Hg \quad + \quad 8Az\Theta^3H \quad = \quad 3(Az\Theta^3)^2Hg \quad + \quad 2Az\Theta \quad + \quad 4H^2\Theta.$$

On dispose le matras sur un petit bain de sable; ce dernier peut être un têt à rôtir, au fond duquel on a placé une couche de sable fin où l'on enfonce le matras (fig. 290). On chauffe d'abord doucement pour parfaire la dissolution du métal, puis pour chasser par évaporation l'eau et l'acide azotique en excès. Lorsque le résidu contenu dans le matras est solidifié, on achève de garnir avec du sable chaud l'espace annulaire compris entre le têt et le matras (vog. fig. 291, § 1139) et on chauffe plus fortement. L'azotate mercureux entre bientôt en décomposition; il dégage d'abondantes vapeurs d'hypoazotide et laisse de l'oxyde rouge de mercure :

$$AzO^5,Hg^2O \quad = \quad 2HgO \quad + \quad AzO^4;$$

Azotate   Oxyde   Hypoazotide.
mercureux.   de mercure.

$$(Az\Theta^3)^2Hg^2 \quad = \quad 2Hg\Theta \quad + \quad 2Az\Theta^2.$$

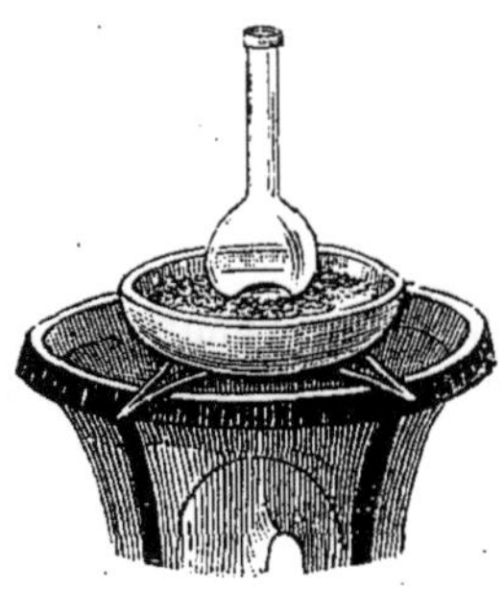

Fig. 290. — Préparation de l'oxyde de mercure.

Telle est du moins la réaction totale, car en réalité les choses sont un peu moins simples. Tout d'abord de l'acide azotique est chassé et de l'azotate mercureux basique (§ 1151), facilement reconnaissable à sa couleur jaune, prend naissance; ce dernier corps se décompose ensuite à une température élevée, en donnant de l'oxyde de mercure et des vapeurs rutilantes. D'autre part, une partie du sel mercureux s'oxyde aux dépens des composés oxygénés de l'azote mis en liberté; le sel mercurique qui en résulte est décomposé par la chaleur, ainsi que celui qui existait dans le produit à l'origine; il laisse, comme le sel mercureux, un résidu d'oxyde :

$$AzO^5,HgO \quad = \quad HgO \quad + \quad AzO^4 \quad + \quad O;$$

Azotate   Oxyde   Hypoazotide.   Oxygène.
mercurique. de mercure.

$$(Az\Theta^3)^2Hg \quad = \quad Hg\Theta \quad + \quad 2Az\Theta^2 \quad + \quad \Theta.$$

On chauffe tant qu'il se dégage des vapeurs rutilantes, mais en ayant soin de ne pas dépasser la température indispensable pour provoquer le dégagement. L'oxyde de mercure est, en effet, décomposable vers 400° (§ 491); il est donc indispensable de ne pas atteindre cette limite. Quand l'opération est terminée, la production des vapeurs nitreuses s'arrête et l'atmosphère du matras se décolore. Le résidu est alors d'un rouge brique et devient facilement pulvérulent lorsqu'on l'écrase sous l'extrémité d'une baguette de verre; un reste de sel non décomposé lui communiquerait une teinte jaunâtre en même temps qu'une certaine solidité. D'ailleurs une portion du produit, chauffée dans un tube à essais jusqu'à ce que l'oxyde commence à se décomposer et à donner quelques globules de mercure, laisse incolore l'atmosphère du tube, si l'oxyde ne contient plus d'acide azotique.

1133. Oxyde jaune préparé par précipitation. — On précipite une solution d'azotate mercurique ou de sulfate mercurique par une solution étendue de potasse caustique, employée en excès :

$$2(AzO^5,HgO) \quad + \quad 2(KO,HO) \quad = \quad 2(AzO^5,KO) \quad + \quad 2HgO \quad + \quad H^2O^2 ;$$

| Azotate mercurique. | Potasse. | Azotate de potasse. | Oxyde de mercure. | Eau. |

$$(AzO^3)^2Hg \quad + \quad 2KOH \quad = \quad 2AzO^3K \quad + \quad HgO \quad + \quad H^2O.$$

On laisse la liqueur alcaline en contact avec le précipité pendant quelque temps, pour assurer la décomposition des sous-sels que l'oxyde a pu entraîner. Après dépôt, on lave le précipité avec de l'eau distillée, par décantation et filtration, jusqu'à ce que les eaux de lavage soient neutres. Enfin on verse le produit sur le filtre, on l'égoutte, puis on le sèche à l'air entre deux feuilles de papier à filtrer.

L'oxyde jaune de mercure se dissout à froid dans l'acide oxalique, tandis que l'oxyde rouge reste inattaqué par ce réactif, même à 100°.

B. — Sulfure de mercure.

Équiv. : HgS = 116.   *F. atom.* : HgS = 232.

1134. *Synonyme* : Sulfure mercurique. — Existe sous *deux états : noir* quand il a été préparé à froid, *rouge* quand il a été soumis a l'action de la chaleur.
Sulfure noir. — *Synonymes* : Éthiops minéral, sulfure de mercure amorphe. — Composé noir, pulvérulent, se transformant à froid en sulfure rouge, quand ou le laisse longtemps en contact avec un sulfure alcalin.
Sulfure rouge. — *Synonymes* : Cinabre, vermillon. — Composé d'un rouge cochenille, cristallisant en *rhomboèdres hémiédriques*, doués du *pouvoir rotatoire*. — *Densité* : 8,06. — Fonce de couleur par la chaleur; devient brun à 250°, puis noir et redevient rouge par le refroidissement. — *Volatil* sans fusion préalable. — *Densité de vapeur* : 5,51.

1135. Sulfure noir préparé par le mercure et le soufre. — Le produit de cette préparation constitue plus spécialement l'*éthiops minéral* des pharmacies.

On triture dans un mortier de porcelaine 10 grammes de soufre en canon pulvérisé, avec 120 grammes de mercure métallique, jusqu'à ce que le mélange ait pris une teinte noire bien uniforme, le mercure étant complètement éteint, autrement dit ses globules ayant disparu. Le produit est un mélange de sulfure mercurique noir avec un excès de soufre. On le purifie de cet excès de soufre par des lavages répétés au sulfure de carbone.

1136. Sulfure rouge préparé par voie sèche. — Si l'on prépare le sulfure noir de mercure par simple trituration, comme il vient d'être dit, mais sans employer un grand excès de soufre, ce qui rend l'opération beaucoup plus lente, et si l'on chauffe ensuite la masse, celle-ci se sublime et donne du cinabre. On opère en broyant ensemble, pendant fort longtemps, 8 parties de soufre et 42 parties de mercure. On introduit le sulfure noir dans une cornue de grès, que l'on chauffe. Le cinabre se condense dans le col de la cornue, sous la forme d'une masse fibreuse rouge. Les portions qui se déposent loin de la partie chauffée sont d'ordinaire souillées de soufre.

On peut fondre ensemble, dans la cornue, le soufre et le mercure, sans extinction préalable, en chauffant d'abord vers 200°, ce qui détermine la combinaison des deux corps. On sublime ensuite le cinabre en chauffant plus fortement.

1137. Sulfure rouge préparé par voie humide. — On transforme 50 grammes de mercure et 19 grammes de soufre en éthiops minéral (§ 1135), on agite le produit dans un matras avec une solution de 12,5 grammes de potasse caustique dans 75 grammes d'eau, puis on maintient le tout en contact prolongé dans un endroit tiède, en agitant fréquemment. Le soufre en excès donne avec la potasse du sulfure de potassium, lequel agit comme dissolvant sur le sulfure mercurique et le transforme peu à peu dans sa modification cristallisée rouge. Le mélange commence à rougir après sept ou huit heures de contact. Quand il a acquis la belle teinte caractéristique du *vermillon*, on le lave et on le sèche.

C. — Sous-chlorure de mercure.

Équiv. : $Hg^2Cl = 235,5 = 4\,vol.$ *F. atom. :* $Hg^2Cl^2 = 471 = 8\,vol.$

1138. *Synonymes :* Calomel, précipité blanc, protochlorure de mercure, chlorure mercureux, mercure doux. — *Composé incolore*, cristallisable en *prismes droits à base carrée*, mentionné par Béguin au dix-septième siècle. — *Densité :* 6,56. — *Sublimable* entre 420° et 450°, sans fusion préalable. — *Densité de vapeur :* 8,21 par rapport à l'air; 118,6 par rapport à l'hydrogène. — Légèrement *altérable* à la lumière. — *Insoluble* dans l'eau.

1139. Préparation par voie sèche. — Le calomel s'obtient le plus souvent en réduisant le chlorure de mercure à l'état de sous-chlorure par l'action du mercure métallique :

$$HgCl + Hg = Hg^2Cl\,;$$

Chlorure   Mercure.   Sous-chlorure
de mercure.   de mercure.

$$HgCl^2 + Hg = Hg^2Cl^2.$$

On broie dans un mortier 30 grammes de bichlorure de mercure, préalablement mouillé de 2 à 3 centimètres cubes d'eau, et on ajoute peu à peu 24 grammes de mercure, en triturant avec soin de manière à produire l'extinction complète du métal, c'est-à-dire la disparition de ses globules. Le mélange des deux réactifs ne doit pas être fait sans addition d'eau, à cause des propriétés toxiques de la poussière du chlorure de mercure. On dessèche ensuite la masse à l'air et mieux à une très douce chaleur, puis on l'introduit dans un matras à fond plat de 125 centimètres cubes, que l'on dispose sur un bain de sable en recouvrant entièrement sa panse (fig. 291). On chauffe d'abord doucement pour dessécher complètement le mélange; si le matras n'était plongé qu'en partie dans le sable, la vapeur d'eau se condenserait sur ses parois refroidies par l'air et l'eau retomberait sur le verre chauffé, dont elle provoquerait la rupture. Lorsque la totalité de l'eau a été expulsée, on enlève du sable, on découvre le matras jusqu'à la hauteur occupée par les réactifs, puis on élève la température du bain de sable. A partir de 400° la réaction, déjà accomplie partiellement à froid pendant la trituration, s'achève et le sous-chlorure de mercure se volatilise. Il se condense sur les parois du matras que l'air refroidit et forme à leur surface intérieure un revêtement incolore et cristallin. Lorsque la quantité de sel est suffisante, les cristaux se mélangent et se soudent pour former un pain solide, garnissant la paroi supérieure du matras et présentant en son milieu une ouverture qui correspond au col. La sublimation terminée, on laisse refroidir, on coupe ensuite circulairement le matras (§ 155) à la hauteur de son plus grand diamètre, en évitant de le secouer. Il est dès lors facile de séparer le pain de sous-chlorure de mercure, sans le souiller au contact des résidus restés sur le fond du vase.

Le sous-chlorure de mercure est d'ordinaire mélangé de chlorure, le métal ayant été employé un peu en défaut, afin d'éviter de donner au produit une teinte grise. Pour le purifier, on le pulvérise finement, soit mécaniquement, soit et mieux encore, en refroidissant brusquement sa vapeur (*calomel à la vapeur*) par le contact d'une autre vapeur ou d'un gaz suffisamment froids, puis on le lave à l'eau distillée jusqu'à ce que les eaux de lavage filtrées ne brunissent plus par l'hydrogène sulfuré. On termine en l'égouttant et en

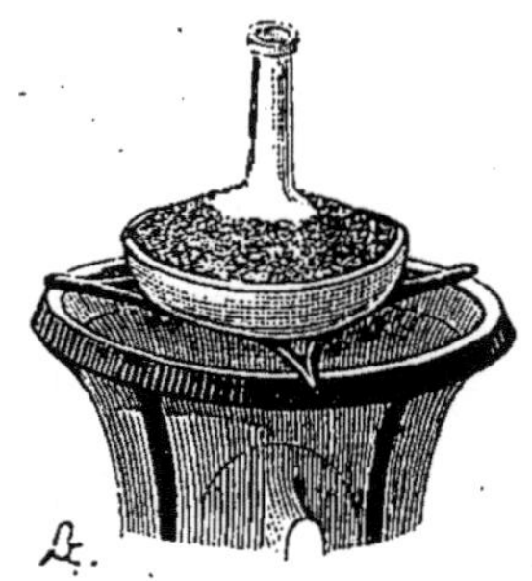

Fig. 291. — Préparation du sous-chlorure de mercure.

le séchant à l'air, entre deux feuilles de papier buvard.

On peut, dans les mêmes conditions, chauffer à la place de la masse indiquée ci-dessus, un mélange préparé en éteignant 8 parties de mercure dans 18 parties de sulfate mercurique sec, en ajoutant 6 parties d'eau, broyant le tout avec 26 parties de chlorure de sodium, et desséchant à l'étuve. La réaction est alors la suivante :

$$2Hg \quad + \quad S^2O^6,2HgO \quad + \quad 2NaCl \quad = \quad 2Hg^2Cl \quad + \quad S^2O^6,2NaO ;$$

Mercure.	Sulfate mercurique.	Chlorure de sodium.	Sous-chlorure de mercure.	Sulfate de soude.

$$Hg \quad + \quad SO^4Hg \quad + \quad 2NaCl \quad = \quad Hg^2Cl^2 \quad + \quad SO^4Na^2.$$

Il est indispensable, dans les deux cas, d'opérer sous une cheminée à tirage énergique, pour soustraire l'opérateur à l'action délétère des vapeurs mercurielles.

1140. Préparation par voie humide. — Le sous-chlorure de mercure étant insoluble dans l'eau, on peut le produire, au sein de ce liquide, par double décomposition entre un sel de sous-oxyde de mercure soluble, tel que l'azotate, et un chlorure alcalin ou l'acide chlorhydrique :

$$AzO^5,Hg^2O \quad + \quad HCl \quad = \quad Hg^2Cl \quad + \quad AzO^5,HO ;$$

Azotate de sous-oxyde de mercure.	Acide chlorhydrique.	Sous-chlorure de mercure.	Acide azotique.

$$(AzO^3)^2Hg^2 \quad + \quad 2HCl \quad = \quad Hg^2Cl^2 \quad + \quad 2AzO^3H.$$

Dans un mortier de porcelaine, on écrase 50 grammes d'azotate mercureux cristallisé et on le broie avec de l'acide azotique préalablement étendu de 10 fois son poids d'eau. Après saturation du liquide, on décante et on recom-

mence la même opération avec de nouvel acide dilué, jusqu'à dissolution
complète du sel. On réunit les liqueurs limpides et on les verse peu à peu,
en agitant vivement, dans un mélange de 25 grammes d'acide chlorhydrique
et de 100 grammes d'eau. Tout le sel mercureux est précipité à l'état de
sous-chlorure. On lave à l'eau distillée tiède, par décantation et filtration
§ 374), jusqu'à ce que les liqueurs de lavage soient neutres au tournesol ; on
égoutte le produit sur le filtre, et on le sèche à l'air entre deux feuilles de
papier à filtrer.

D. — Chlorure de mercure.

Équiv. : HgCl $= 135,5 = 2\,vol.$ *F. atom.* : $HgCl^2 = 271 = 4\,vol.$

1141. *Synonymes :* Bichlorure de mercure, chlorure mercurique, sublimé corrosif.
— *Cristaux* incolores, anhydres, dérivés d'un *prisme rhomboïdal droit.* — *Densité :*
5,32. — *Point de fusion :* 265° environ. — *Point d'ébullition :* 295°. — *Densité de
vapeur :* 9,42 par rapport à l'air ; 136 par rapport à l'hydrogène. — *Solubilité :*
5,73 parties dans 100 parties d'eau à 0° ; 6,57 parties à 10° ; 7,39 parties à 20° ;
24,30 parties à 80° ; 53,96 parties à 100°. Plus soluble dans l'alcool et dans l'éther.
— *Très toxique.*

**1142. Préparation par le sulfate mercurique et le chlorure de so-
dium.** — Quand on chauffe un mélange de sulfate mercurique et de
chlorure de sodium, du chlorure de mercure se sublime et se sépare
ainsi d'un résidu de sulfate de soude (Kunkel) :

$$S^2O^6,2HgO \quad + \quad 2NaCl \quad = \quad 2HgCl \quad + \quad S^2O^6,2NaO ;$$

Sulfate mercurique.	Chlorure de sodium.	Chlorure de mercure.	Sulfate de soude.

$$SO^4Hg \quad + \quad 2NaCl \quad = \quad HgCl^2 \quad + \quad SO^4Na^2.$$

On pulvérise séparément 40 grammes de sulfate mercurique, pur de
sulfate mercureux, 40 grammes de chlorure de sodium décrépité ou
fondu, et 4 grammes de bioxyde de manganèse ; après avoir mélangé
ces substances, on les introduit dans un matras de 125 centimètres cubes. On chauffe d'abord doucement le matras dans un bain de sable où
il plonge entièrement (vog. fig. 291, § 1139), afin de chasser toute trace
d'eau (§ 246). Ce résultat atteint, en découvre le matras jusqu'au niveau
de la matière, et on le chauffe plus fortement afin de sublimer le chlorure de mercure. Le sel forme un pain peu solide , qui s'applique exactement sur la paroi de verre refroidie par l'air. La volatilisation terminée, on recouvre de nouveau le matras de sable chaud, et on continue
à chauffer pendant quelques instants, afin de ramollir la masse sublimée et de lui donner plus de solidité ; on évite cependant avec soin de
chauffer au delà de ce qui est nécessaire, pour ne pas fondre complètement le chlorure de mercure et le chasser à l'état de vapeur. On laisse
refroidir, on coupe le matras suivant son plus grand cercle et on recueille facilement le pain de chlorure de mercure, sans qu'il soit souillé
par le contact du résidu noir.

Le bioxyde de manganèse est ajouté pour assurer et maintenir la peroxydation du sulfate de mercure, ce qui empêche que le chlorure de
mercure soit mélangé de sous-chlorure (§ 1139).

Les vapeurs du chlorure de mercure étant extrêmement dangereuses à respirer, on doit éviter soigneusement de les répandre dans l'atmosphère du laboratoire. Dans ce but, on pratique la sublimation sous une hotte à tirage énergique. En déposant un cornet de papier sur l'orifice du matras, on restreint les rentrées et les sorties d'air, et par suite l'entraînement des vapeurs de sel mercurique.

E. — Sous-iodure de mercure.

$$\text{Équiv. : } Hg^2I = 327. \qquad F.\ atom. : Hg^2I^2 = 654.$$

1143. *Synonymes :* Proto-iodure de mercure, iodure mercureux. — *Poudre jaune verdâtre, cristallisable* par sublimation, *isomorphe* avec le sous-chlorure de mercure. — Devenant *rouge* à 70° et rouge grenat vers 220°. — *Point de fusion :* 290°. — *Point d'ébullition :* 310°, mais avec sublimation dès 190°. — *Insoluble* dans l'eau et dans l'alcool. — *Altérable* à la lumière.

1144. PRÉPARATION. — Le sous-iodure de mercure s'obtient par l'action directe de l'iode sur le mercure. On triture dans un mortier de porcelaine 10 grammes de mercure avec 6 grammes d'iode, en ayant soin d'ajouter 10 centimètres cubes d'alcool à 90 centièmes. On agite jusqu'à ce que le mercure ait complètement disparu, le mélange ayant pris une coloration verdâtre. On verse alors dans un matras la bouillie homogène, on entraîne par un peu d'alcool les portions qui adhèrent au mortier, on ajoute de l'alcool jusqu'à parfaire 50 ou 60 centimètres cubes, on porte à l'ébullition en chauffant au bain-marie, puis, après repos, on décante le liquide sur un filtre, et on le remplace par de nouvel alcool avec lequel on répète la même opération; en continuant ainsi, on lave le produit à l'alcool bouillant, lequel dissout l'iodure de mercure qui a pu se former, mais non le sous-iodure. Quand l'alcool de lavage est devenu volatil sans résidu, on verse le produit sur le filtre, on le laisse égoutter et on le dessèche à l'air, en l'abritant des poussières et de la lumière par quelques feuilles de papier.

La réaction s'opérant avec un dégagement de chaleur notable, capable de produire l'ébullition de l'alcool, et même des projections si l'on opère sur des quantités importantes, il est nécessaire de n'ajouter l'iode que par portions et avec lenteur.

F. — Iodure de mercure.

$$\text{Équiv. : } HgI = 227. \qquad F.\ atom. : HgI^2 = 454.$$

1145. *Synonymes :* Iodure mercurique, bi-iodure de mercure. — Composé *dimorphe :* rouge ou jaune. — *Volatil.* — *Solubilité :* 1 partie dans 150 parties d'eau froide. Très soluble dans l'alcool chaud. — *Toxique.*

MODIFICATION ROUGE, obtenue par précipitation. — Substance d'un beau *rouge vif.* — *Cristallisable* en octaèdres d'un *prisme rhomboïdal droit.* — *Densité :* 6,32. — *Point de fusion :* 253°. — Transformé par la chaleur, dès 126°, en la modification jaune.

MODIFICATION JAUNE. — Cristaux d'un jaune citron, *orthorombiques.* — Se transformant dans la modification rouge, avec dégagement de chaleur et sous des influences diverses, le frottement par exemple.

1146. PRÉPARATION. — L'iodure de mercure étant insoluble dans l'eau, prend naissance au sein de ce liquide, par double décomposition entre un sel mercurique soluble et un iodure alcalin.

$$HgCl \quad + \quad KI \quad = \quad KCl \quad + \quad HgI;$$

Chlorure   Iodure   Chlorure   Iodure
mercurique.   de potassium.   de potassium.   mercurique.

$$HgCl^2 \quad + \quad 2KI \quad = \quad 2KCl \quad + \quad HgI^2.$$

On dissout 8 grammes de chlorure de mercure dans 180 grammes d'eau froide, et séparément 10 grammes d'iodure de potassium dans 100 grammes du même liquide. Les liqueurs étant limpides, on verse la première dans la seconde, en agitant. L'iodure de mercure étant soluble dans l'eau chargée d'iodure de potassium, les premières portions de chlorure versées ne fournissent pas un précipité permanent; mais, lorsque la totalité des liqueurs a été mélangée, tout l'iodure s'est séparé. On lave le précipité à l'eau distillée, par décantation avec filtration (§ 374), et, lorsque l'eau de lavage évaporée et calcinée ne laisse plus de résidu fixe, on recueille l'iodure de mercure sur le filtre, on le laisse égoutter et on le sèche à une douce chaleur.

G. — Cyanure de mercure.

Équiv. : C^2AzHg ou $CyHg = 126$.   *F. atom.* : $C^2Az^2Hg = 252$.

1147. *Synonyme* : Cyanure mercurique. — *Sel incolore*, inodore, anhydre, cristallisant en *prismes à base carrée*, découvert par Scheele. — *Densité* : 3,77. — *Solubilité* : 5,47 parties dans 100 parties d'eau à 15°; 37 parties à 100°. — *Très vénéneux.*

1148. PRÉPARATION PAR L'OXYDE DE MERCURE ET LE BLEU DE PRUSSE. — En présence de l'eau bouillante, les deux corps précités réagissent pour engendrer le cyanure de mercure (Scheele) :

$$Fe^7(C^2Az)^9 \quad + \quad 9HgO \quad = \quad 9[(C^2Az)Hg] \quad + \quad 2Fe^2O^3 \quad + \quad 3FeO;$$

Bleu   Oxyde   Cyanure   Sesquioxyde   Protoxyde
de Prusse.   de mercure.   de mercure.   de fer.   de fer.

$$Fe^7(CAz)^{18} \quad + \quad 9Hg\Theta \quad = \quad 9[(C^2Az)^2Hg] \quad + \quad 2Fe^2\Theta^3 \quad + \quad 3Fe\Theta.$$

On pulvérise finement 20 grammes d'oxyde de mercure et 27 grammes de bleu de Prusse, on introduit ces deux corps avec 270 grammes d'eau dans une capsule de porcelaine, et on porte à l'ébullition. Quand le mélange a pris une coloration brune, on filtre. On fait bouillir de nouveau le résidu insoluble avec 100 grammes d'eau pendant un quart d'heure, puis on verse sur un second filtre. On réunit les deux liqueurs, on les concentre par évaporation jusqu'à ce que leur volume soit réduit à 80 centimètres cubes environ, quand on opère sur les quantités indiquées, ou plus généralement jusqu'à ce que, bouillantes, elles aient la densité 1,16 (20° Baumé), puis on laisse cristalliser par refroidissement.

Les variations, que l'on observe fréquemment dans la composition du bleu de Prusse et qui résultent de modes de production différents, troublent souvent un peu cette préparation du cyanure de mercure. Lorsque les proportions des réactifs ont été convenables, les cristaux se déposent en prismes nettement formés, à facettes miroitantes. Quand l'oxyde de mercure a été pris en excès, la cristallisation est mamelonnée et présente l'apparence de choux-fleurs, le produit contenant une combinaison d'oxyde et de cyanure; dans ce cas, on dilue la liqueur, on ajoute du bleu de Prusse et on fait bouillir de nouveau, ce qui détruit l'oxyde. Enfin, si les liqueurs filtrées sont colorées, ce qui correspond à un excès de bleu de Prusse, elles retiennent au contraire du fer; on enlève ce dernier en maintenant la solution de cyanure en ébullition avec une petite quantité d'oxyde de mercure, et en filtrant ensuite.

Après décantation de l'eau mère, les cristaux de cyanure de mercure sont égouttés, puis séchés à l'air entre deux feuilles de papier à filtrer.

H. — Azotate de sous-oxyde de mercure.

Équiv : $AzHg^2O^6$ ou $AzO^5,Hg^2O = 262$.   *F. atom.* : $(Az\Theta^3)^2Hg^2 = 524$.

1149. *Synonymes* : Azotate de protoxyde de mercure, azotate mercureux. — Sel *incolore*, cristallisant en *prismes rhomboïdaux obliques*, avec 2 équivalents d'eau, $AzO^5,Hg^2O + 2HO$ ou $(Az\Theta^3)^2Hg^2 + 2H^2\Theta$. — Légèrement *efflorescent*. — *Fusible* à 70°. — Se dissolvant dans l'eau employée en petite quantité; dédoublé en acide libre et sel basique par une plus forte proportion du même liquide. — Réaction acide.

1150. PRÉPARATION. — Ce sel résulte de l'action, opérée à froid, de l'acide azotique sur un excès de mercure :

$$2Hg \quad + \quad 2(AzO^5,HO) \quad = \quad AzO^5,Hg^2O \quad + \quad AzO^4 \quad + \quad H^2O^2 ;$$

| Mercure. | Acide azotique. | Azotate mercureux. | Hypoazotide. | Eau. |

$$2Hg \quad + \quad 4Az\Theta^3H \quad = \quad (Az\Theta^3)^2Hg^2 \quad + \quad 2Az\Theta^2 \quad + \quad 2H^2\Theta.$$

On verse dans un matras à fond plat 50 grammes de mercure et 75 grammes d'acide azotique dilué, de densité 1,26 (obtenu en mélangeant 50 grammes d'acide ordinaire, de densité 1,383, avec 25 grammes d'eau). Le métal s'attaque lentement par l'acide froid et se dissout. On abandonne la réaction à elle-même, en plongeant dans l'eau froide le fond du matras, ou plus simplement en plaçant ce dernier dans un lieu frais. Après deux ou trois jours, la liqueur est garnie de cristaux d'azotate de sous-oxyde de mercure. On décante l'eau mère, on verse les cristaux sur un entonnoir, on les laisse égoutter, et on déplace la liqueur qui les mouille en versant à leur surface un peu d'eau additionnée d'un vingtième de son poids d'acide azotique. Les cristaux bien égouttés sont ensuite conservés dans un flacon bouché, à l'abri de la lumière.

L'eau mère renferme un mélange d'azotate mercureux et d'azotate mercurique.

Le contact trop prolongé du mercure avec la liqueur contenant les cristaux d'azotate neutre de sous-oxyde de mercure, détruit ce sel. Ses cristaux disparaissent pour donner naissance à d'autres combinaisons cristallisées, plus riches en oxyde de mercure. Il est donc nécessaire de séparer les premiers cristaux formés, dès que leur quantité cesse de s'accroître.

I. — Azotate basique de sous-oxyde de mercure.

Équiv. : $AzHg^4O^7$ ou $AzO^5,2Hg^2O = 470.$ *F. atom.* : $Az^2O^5,2Hg^2O = 940.$

1151. *Synonymes* : Azotate mercureux basique, turbith nitreux. — Sel *jaune citron*, cristallisant avec 1 équivalent d'eau, $AzO^5,2Hg^2O + HO$ ou $Az^2O^5,2Hg^2O + H^2O$. — *Insoluble* dans l'eau. — *Décomposable* sans résidu par la chaleur.

1152. PRÉPARATION. — L'azotate de sous-oxyde de mercure se décompose au contact d'un grand excès d'eau. Il donne de l'acide azotique, qui reste dans la liqueur avec une portion du sel non altéré, et de l'azotate basique insoluble. Pour préparer ce dernier, on pulvérise finement 1 partie d'azotate neutre de sous-oxyde de mercure (§ 1149), et on délaye la poudre dans un matras avec 10 parties d'eau bouillante. On agite. Lorsque le précipité formé a pris une couleur jaune citron très vive, on laisse déposer et on lave le précipité à l'eau distillée froide, par décantation suivie de filtration; on recueille ensuite le produit sur le filtre, on le dessèche à l'air libre, en ayant soin de l'abriter de la lumière qui l'altère.

A l'ébullition prolongée, l'azotate basique de sous-oxyde de mercure se décompose lui-même, devient gris et renferme finalement du métal réduit. L'acide azotique dilué le dissout en formant le sel neutre.

Les combinaisons cristallisées d'azotate mercureux et d'oxyde de mercure citées plus haut (§ 1150) conviennent mieux encore que le sel neutre pour cette préparation.

J. — Sulfate basique d'oxyde de mercure.

Équiv. : SHg^3O^6 ou $SO^3,3HgO = 348.$

P. mol. : $S^2O^6,6HgO = 696 = SO^4Hg,2HgO.$

1153. *Synonymes* : Turbith minéral. — Sel pulvérulent, *jaune citron*. — *Densité* : 6,444. — *Solubilité* : 1 partie dans 2000 parties d'eau froide et dans 600 parties d'eau bouillante. — Rougit quand on le chauffe.

1154. PRÉPARATION. — Le sulfate basique d'oxyde de mercure prend naissance dans l'action d'un excès d'eau sur le sel neutre, l'eau se chargeant de l'acide mis en liberté. La décomposition s'effectue aussi longtemps que l'eau renferme moins de 67 grammes d'acide sulfurique libre par litre. Inversement, le sulfate basique est changé en sel neutre par l'eau acidulée dont la teneur en acide dépasse cette limite.

Le sulfate neutre d'oxyde de mercure constitue le résidu de la préparation de l'anhydride sulfureux par le mercure et l'acide sulfurique (§ 611), L'action de la chaleur doit avoir été prolongée suffisamment pour chasser l'acide en excès. La masse ainsi desséchée est cristalline et incolore.

Si l'on n'utilise pas l'anhydride sulfureux, on opère dans une capsule. En ajoutant au mélange de mercure (15 grammes) et d'acide sulfurique (20 grammes), de l'acide azotique par petites portions, on supprime le dégagement de gaz sulfureux; celui-ci est oxydé et changé en acide sulfurique, tandis que l'acide azotique passe à l'état de vapeurs rutilantes. Cette addition d'un oxydant a l'avantage d'assurer la formation d'un sel d'oxyde de mercure non souillé de sous-oxyde.

Pour transformer le sulfate neutre en sous-sel, on le pulvérise finement, et on le traite dans un matras par 15 fois son poids d'eau bouillante, en agitant énergiquement pour soulever la matière, qui est très dense. Le sel basique apparaît bientôt sous la forme d'une poudre jaune. On le laisse déposer, puis on décante le liquide sur un filtre; on lave le produit à l'eau froide (§ 374), on le recueille sur le filtre, on l'égoutte et on le sèche à l'air entre deux feuilles de papier à filtrer.

19.

ARGENT.

Équiv. : $Ag = 108 = Ag = P.\ atom.$

1155. *Métal blanc*, légèrement jaunâtre, cristallisant dans le *système régulier*. — *Densité* : 10,47 à 10,54. — *Point de fusion* : 1000°. — Donnant des *vapeurs bleues* à une température plus élevée. — *Chaleur spécifique* : 0,05701. — *Chaleur latente de fusion* : 21,07. — Très ductile et très malléable.

1156. Préparation de l'argent pur. — La réduction du chlorure d'argent, composé que l'on peut obtenir dépourvu de métaux étrangers (§ 1164), est la réaction qui fournit le plus facilement l'argent pur.

Cette réduction est effectuée par *voie sèche*, en traitant 10 parties de chlorure d'argent pur par 10 parties de carbonate de soude sec et 1 partie d'azotate de potasse (Stas). A cet effet, on porte au rouge vif un creuset de biscuit de porcelaine, dans lequel on projette ensuite, par petites portions, les trois réactifs exactement mélangés; une action très vive se produit, et l'argent se réduit :

$$2AgCl + C^2O^4,2NaO = 2Ag + 2NaCl + 2O + C^2O^4;$$

| Chlorure d'argent. | Carbonate de soude. | Argent. | Chlorure de sodium. | Oxygène. | Gaz carbonique. |

$$2AgCl + CO^3Na^2 = 2Ag + 2NaCl + O + CO^2.$$

On attend, pour ajouter une nouvelle quantité de mélange dans le creuset, que l'effervescence produite par l'addition précédente soit calmée. On maintient ensuite en fusion tranquille pendant une demi-heure, en agitant à plusieurs reprises; après dix minutes de repos, on verse, doucement et de très haut, la masse dans une terrine pleine d'eau. La scorie se dissout, tandis que l'argent se solidifie sous forme de grenaille. On lave celle-ci, d'abord à l'acide chlorhydrique dilué et chaud, puis à l'eau distillée, et on la sèche.

Lorsque le chlorure d'argent est humide, on le mélange préalablement au carbonate de soude, et on dessèche le tout dans une capsule de porcelaine. En remplaçant partiellement le carbonate de soude par du carbonate de potasse pris en quantité équivalente, la scorie est plus fusible et se prête mieux à la réunion du métal.

La fragilité des creusets de biscuit pouvant entraîner la perte du produit quand on projette la masse froide dans ces vases rouges de feu, il est bon d'introduire le creuset de porcelaine dans un creuset de terre, et de garnir de sable sec l'espace compris entre eux. En saupoudrant de borax la surface du sable, celui-ci se trouve aggloméré par le sel fondu et cesse de se répandre quand on incline les creusets.

Pour réduire le chlorure d'argent, on se contente parfois de le fondre avec son poids de potasse caustique.

L'argent, chimiquement pur, fondu au chalumeau d'émailleur dans une petite cavité pratiquée sur une plaque de dégourdi ou de terre de pipe, a au rouge blanc une surface bien nette, sans taches ni colorations, entourée d'une flamme incolore. Il suffit de 1|50 000 de fer, de cuivre ou de silicium pour qu'une tache déjà très nettement visible s'agite à sa surface.

1157. La réduction du chlorure d'argent peut encore être effectuée par *voie humide*. On recouvre le chlorure d'argent d'une couche d'eau aiguisée d'un dixième de son poids d'acide sulfurique, et on plonge dans le mélange du zinc pur, soit en lames, soit en grenaille. En quelques heures la réduction est terminée; l'hydrogène engendré par le zinc qui se change en sulfate, a enlevé le chlore du chlorure d'argent pour former de l'acide chlorhydrique. Le chlorure d'argent est alors remplacé par une mousse métallique grise, et le zinc a disparu. Si toutefois ce dernier subsistait en petite quantité, il serait nécessaire de décanter la liqueur et de la remplacer par de l'acide sulfurique dilué, qui dissoudrait le reste du zinc. On lave la mousse d'argent à l'eau distillée, jusqu'à ce que les liqueurs de lavage ne troublent plus le chlorure de baryum, puis on l'égoutte et on la sèche. Le métal est d'ordinaire utilisé sous cette forme, mais on peut l'obtenir en lingot en le fondant avec une petite quantité de borax ou de carbonate de soude, mélangée de la moitié de son poids d'azotate de potasse, puis en le coulant dans une lingotière; en le laissant refroidir dans le creuset, et en traitant ensuite par l'eau la masse que l'on extrait du creuset brisé, on dissout la scorie alcaline et on isole le culot métallique.

1158. ARGENTURE. — L'argent est précipité de ses dissolutions salines par divers réactifs. Ces réductions produisent, dans certains cas, un dépôt métallique adhérent et miroitant qui, développé sur le verre, transforme celui-ci en un miroir. Telle est la base de l'argenture des glaces.

Les réducteurs les plus avantageux sont l'aldéhyde, l'acide tartrique et quelques matières sucrées, comme le sucre interverti ou le sucre de lait. Ce dernier conduit très facilement à un bon résultat dans une expérience de laboratoire, telle que l'argenture d'un ballon de verre.

On commence par préparer une solution d'argent à réduire et une liqueur sucrée réductrice.

La première exige quelques soins. On dissout 2^{gr},5 d'azotate d'argent dans 50 grammes d'eau distillée. Dans la liqueur, on verse peu à peu de l'ammoniaque pure, en quantité suffisante pour redissoudre exactement le précipité formé d'abord. On ajoute ensuite au mélange une solution de soude caustique pure, de densité 1,035, obtenue en dissolvant 5 grammes de soude (bien exempte de chlorures) dans 112 grammes d'eau : on verse lentement la solution de soude refroidie dans la liqueur d'argent, en agitant constamment. Il se forme un abondant précipité brun. On ajoute avec précaution de l'ammoniaque pure au mélange, jusqu'à redissolution du précipité, mais en évitant un excès notable. Enfin, on étend d'eau pour compléter 365 centimètres cubes de liqueur. On termine en versant goutte à goutte dans cette dernière une solution diluée d'azotate d'argent, jusqu'à apparition d'un trouble très léger, mais permanent après agitation.

La liqueur sucrée s'obtient en dissolvant 10 grammes de sucre de lait dans 109 grammes d'eau distillée et filtrant.

On choisit pour l'argenter un ballon neuf, non rayé, de 375 centimètres cubes si l'on a adopté les quantités de liquides indiquées ci-dessus. On le nettoie d'abord très exactement; dans ce but, on y verse 20 grammes d'acide sulfurique concentré et 10 grammes d'acide azotique concentré, on agite de manière à mouiller toute la surface intérieure du ballon et celle de son col avec le mélange acide, puis, après quelques instants de contact, on fait écouler l'acide; on lave ensuite, soigneusement et un grand nombre de fois à l'eau ordinaire, puis à l'eau distillée. Finalement on laisse égoutter le ballon renversé.

On mesure 350 centimètres cubes de la liqueur d'argent, et 50 centimètres cubes de la liqueur sucrée, on mélange les deux solutions et on introduit le tout dans le ballon à argenter, que l'on remplit jusque dans le col. Il ne reste plus qu'à immerger le ballon dans un bain-marie chauffé à 60° ou 70°, pour voir la liqueur se troubler et brunir. Un miroir métallique ne tarde pas à se déposer sur la paroi de verre; lorsqu'il est suffisamment blanc et opaque, on décante le liquide et on lave intérieurement le ballon, à plusieurs reprises, avec de l'eau distillée. On suspend enfin le vase renversé, pour le laisser sécher.

On peut chauffer directement le ballon sur un brûleur à gaz, mais dans ce cas il s'opère, sur certains points du verre plus fortement chauffés que les autres, un dépôt métallique trop rapidement formé pour être brillant.

A. — Azotate d'argent.

Équiv. : $AzAgO^6$ ou $AzO^5,AgO = 170 = Az\Theta^3Ag$.

1159. *Synonyme* : Nitrate d'argent. — *Sel incolore*, cristallisant anhydre en tables dérivées d'un *prisme rhomboïdal droit*, connu des alchimistes. — *Densité* : 4,355. — *Point de fusion* : 198°. — *Décomposable* au rouge. — *Solubilité* dans 100 parties d'eau : 121,9 parties à 0°; 227,3 parties à 19°; 1111 parties à 110°. Température d'ébullition de la solution saturée : 125°. — Non altéré par la lumière. — *Neutre* au tournesol. — *Caustique* et très toxique.

1160. PRÉPARATION PAR L'ARGENT PUR. — On chauffe doucement dans une capsule de porcelaine 2 parties d'argent pur grenaillé, avec 3 parties d'acide azotique ($D = 1,38$) et 1 partie d'eau distillée. Le métal se dissout avec production de bioxyde d'azote :

$$3Ag \quad + \quad 4(AzO^5,HO) \quad = \quad AzO^2 \quad + \quad 3(AzO^5,AgO) \quad + \quad 2H^2O^2;$$

Argent.   Acide azotique.   Bioxyde d'azote.   Azotate d'argent.   Eau.

$$3Ag \quad + \quad 4Az\Theta^3H \quad = \quad Az\Theta \quad + \quad 3Az\Theta^3Ag \quad + \quad 2H^2\Theta.$$

Le gaz dégagé dans l'atmosphère se change en vapeurs rutilantes; aussi doit-on opérer sous une cheminée à tirage énergique. Quand la dissolution est complète, on laisse refroidir lentement et l'azotate d'argent cristallise. On décante l'eau mère, on égoutte les cristaux sur un entonnoir, on les lave avec le moins possible d'eau froide, qui entraîne l'eau mère acide dont ils restent souillés, et on les sèche à l'étuve ou même à l'air libre.

L'eau mère évaporée fournit une nouvelle quantité de cristaux.

Pour avoir l'azotate d'argent privé de toute trace d'acide en excès, on commence par évaporer la dissolution jusqu'à siccité, puis, chauffant plus fortement, on détermine la fusion du sel; tout l'acide azotique est alors chassé. On laisse refroidir, on reprend le sel par 1/5 de son poids d'eau bouillante, et on fait cristalliser ainsi qu'il a été dit plus haut.

Lorsqu'on coule dans une lingotière le sel porté à la fusion ignée, il se solidifie par le refroidissement en une masse confusément cristalline, qui constitue l'*azotate d'argent fondu* où *pierre infernale*. Le sel fondu contient toujours un peu d'azotite.

1161. PRÉPARATION PAR UN ALLIAGE D'ARGENT ET DE CUIVRE. — Les alliages d'argent et de cuivre, l'argent monétaire par exemple, peuvent servir à la préparation de l'azotate d'argent exempt de cuivre. On dissout une pièce de monnaie dans l'acide azotique dilué, on évapore à sec la liqueur et on chauffe, dans une petite capsule de porcelaine, le résidu bleu qu'on obtient et qui est un mélange d'azotates d'argent et de cuivre. La masse entre en fusion. A une température un peu plus haute, l'azotate de cuivre se décompose avec une légère effervescence, en donnant de l'oxyde de cuivre noir, de l'oxygène et des oxydes d'azote, tandis que l'azotate d'argent demeure encore inaltéré; on continue à chauffer de même, mais non plus fortement, jusqu'à ce que l'effervescence soit calmée, c'est-à-dire jusqu'à destruction complète du sel de cuivre. Quand une petite quantité du produit, prélevée au bout d'une baguette et mise en solution dans l'eau, donne une liqueur qui, après filtration, ne se colore plus en bleu par un excès d'ammoniaque, le mélange ne contient plus d'azotate de cuivre. Ce résultat atteint, on laisse refroidir, on traite la masse par l'eau, qui dissout l'azotate d'argent mais non l'oxyde de cuivre, on filtre pour séparer ce dernier, on évapore la liqueur jusqu'à ce qu'elle contienne un cinquième de son poids de sel, et on laisse cristalliser (Brandenburg).

L'oxyde de cuivre que l'on sépare ainsi est d'ordinaire chargé d'argent, la décomposition d'une petite proportion d'azotate d'argent s'effectuant toujours lorsqu'on cherche à éliminer totalement le cuivre. Il est indispensable de ne pas dépasser la température où commence la décomposition du sel de cuivre; un peu plus haut, le sel d'argent lui-même se détruit tout entier.

1162. ESSAI. — L'azotate d'argent pur donne une solution aqueuse neutre au tournesol; celle-ci, additionnée d'un excès d'acide chlorhydrique, débarrassée par filtration du chlorure d'argent formé, puis évaporée à sec, ne laisse aucun résidu.

B. — Chlorure d'argent.

Équiv. : $AgCl = 143,5 = AgCl = P.\ mol.$

1163. *Sel blanc*, noircissant rapidement à la lumière, cristallisable en *octaèdres réguliers*. — *Densité :* 5,50. — *Point de fusion :* 260°; forme un liquide jaune, solidifiable par le refroidissement en une masse cornée. — *Insoluble* dans l'eau; soluble dans l'ammoniaque.

1164. PRÉPARATION. — A une solution limpide d'azotate d'argent, on ajoute de l'acide chlorhydrique pur jusqu'à ce que le mélange éclairci par le repos, après une agitation énergique, cesse de se troubler par une nouvelle affusion de réactif; on laisse déposer, on décante la liqueur claire et on lave le précipité avec l'eau distillée, aussi longtemps que celle-ci devient acide à son contact. On recueille alors le produit sur un filtre et on le sèche. Quand on veut éviter l'action de la lumière, qui colore très rapidement le chlorure en donnant naissance à du sous-chlorure, on opère dans un endroit éclairé par une bougie.

Si, au lieu d'azotate d'argent pur, on se sert d'alliage monétaire comme matière première, on dissout cet alliage dans l'acide azotique (§ 1161), on évapore la liqueur à sec et on fond la masse saline obtenue, pour décomposer les traces d'azotate de platine qu'elle contient parfois. On reprend le produit par 30 fois son poids d'eau, on filtre la liqueur, et on la verse dans un excès d'acide chlorhydrique étendu de 2 ou 3 fois son poids d'eau, en agitant vivement. Le chlorure d'argent insoluble se précipite, tandis que le cuivre, dont le chlorure est soluble, reste en dissolution. Si l'on verse au contraire l'acide dans la solution d'argent, le précipité retient les matières étrangères en plus grande proportion. Après une vive agitation, le chlorure d'argent caillebotté se sépare facilement; on le lave à l'eau distillée froide, par décantation et filtration, jusqu'à ce que les liqueurs de lavage restent neutres.

Pour l'avoir tout à fait pur, on le traite par l'eau régale, après dessiccation, en laissant digérer pendant quelques heures, à une douce température; un lavage à l'eau distillée, pratiqué jusqu'à neutralité, élimine ensuite la liqueur qui a pris en dissolution les métaux étrangers.

Le chlorure d'argent est réduit par l'hydrogène à chaud (§ 524), ou même à froid et en présence de l'eau (§ 1157).

20.

OR.

Équiv. : Au = 98,3.   *P. atom.* : Au = 196,6.

A. — Chlorure d'or.

Équiv. : $Au^2Cl^3 = 303,1 = AuCl^3 = $ *P. mol.*

1165. *Synonymes* : Trichlorure d'or, perchlorure d'or, sesquichlorure d'or. — *Sel cristallin, jaune brun*, plus fortement coloré à chaud qu'à froid. — *Décomposable par la chaleur.* — *Déliquescent.* — *Soluble* dans l'eau, l'alcool et l'éther.

1166. PRÉPARATION. — On introduit dans un matras à fond plat de l'or en feuilles laminées peu épaisses, et on verse sur le métal de l'eau régale (§ 687). On chauffe doucement; l'or se dissout. On verse le produit dans une capsule de porcelaine et on évapore à siccité, puis on élève un peu la température du résidu pour chasser les dernières traces d'acide. Le chlorure d'or constitue la masse rouge et légèrement cristalline ainsi obtenue.

Si l'on chauffe trop fortement, vers 200°, le trichlorure d'or perd du chlore et se change en protochlorure, AuCl ou $AuCl^2$. Ce dernier sel est soluble dans l'eau froide, mais, au contact de ce liquide bouillant, il donne de l'or et du trichlorure d'or :

$$3AuCl \quad = \quad Au \quad + \quad Au^2Cl^3;$$

Protochlorure d'or.   Or.   Trichlorure d'or.

$$3AuCl^2 \quad = \quad Au \quad + \quad 2AuCl^3.$$

Lors donc que, par suite d'un chauffage trop énergique, le produit traité par l'eau bouillante n'est pas entièrement soluble dans ce liquide, on filtre et on reprend par l'eau régale l'or qui forme le résidu insoluble.

Quand, au contraire, l'évaporation n'a pas été poussée assez loin, on obtient par refroidissement un corps de couleur plus claire, cristallisant facilement en longs prismes quadrangulaires, déliquescent mais cependant moins soluble dans l'eau que le chlorure C'est une combinaison de chlorure d'or et d'acide chlorhydrique, $Au^2Cl^3,HCl + 6HO$ ou $AuCl^3,HCl + 3H^2O$.

21.

PLATINE

Équiv. : Pt = 99.   P. atom. : Pt = 198.

A. — Bichlorure de platine.

Équiv. : PtCl² = 170.   F. atom. : PtCl⁴ = 340.

1167. *Sel déliquescent*, rouge brun, cristallisant avec 8 équivalents d'eau, $PtCl^2 + 8HO$ ou $PtCl^4 + 8H^2O$. — *Densité* : 2,431. — *Très soluble* dans l'eau, soluble dans l'alcool et l'éther. — Rougissant le tournesol bleu. — *Décomposable* par la chaleur.

1168. PRÉPARATION. — On chauffe doucement dans un matras de la mousse de platine et de l'acide azotique, en ajoutant de temps en temps un peu d'acide chlorhydrique au liquide. Le métal se dissout lentement. On évapore la liqueur dans une capsule de porcelaine, puis on surchauffe un peu le résidu afin de chasser tout l'acide en excès. Après refroidissement, le produit de l'évaporation, qui est le bichlorure de platine, est introduit dans un flacon que l'on tient ensuite bien fermé.

Si l'on élève la température jusque vers 200°, le bichlorure de platine perd du chlore et se change en protochlorure gris verdâtre, PtCl ou $PtCl^2$. Lorsqu'on chauffe au contraire insuffisamment, le sel reste mélangé d'une combinaison qu'il forme avec l'acide chlorhydrique,

$$PtCl^2,HCl + 6HO \text{ ou } PtCl^4,2HCl + 6H^2O;$$

la même combinaison constitue souvent, pour une grande partie, le chlorure de platine du commerce.

Le chlorure de platine, propre à servir comme réactif, laisse par calcination une matière grise, la mousse de platine ; après digestion à 100° avec de l'acide azotique dilué de trois fois son volume d'eau, celle-ci ne cède à ce liquide aucun corps soluble, formant résidu après filtration, évaporation et calcination.

CHAPITRE III

COMPOSÉS ORGANIQUES.

1.

CARBURES D'HYDROGÈNE

A. — Acétylène.

$$P.\ mol. : C^4H^2 = 26 = 4\ vol. = \mathrm{C}^2H^2.$$

1169. *Synonyme :* Protohydrure de carbone. — *Gaz incolore*, à odeur désagréable, entrevu par H. Davy en 1836, bien connu seulement depuis les travaux de M. Berthelot. — *Densité* à 0° et sous la pression 0ᵐ,760 : 0,92 par rapport à l'air; 13 par rapport à l'hydrogène. — *Solubilité :* 1 volume dans 1 volume d'eau ou de sulfure de carbone, dans 4 volumes de chloroforme ou de benzine, dans 6 volumes d'alcool absolu ou d'acide acétique cristallisable.

1170. ACÉTYLURE CUIVREUX. — Lorsque, dans un vase contenant de l'acétylène, on verse quelques centimètres cubes de sous-chlorure de cuivre en solution ammoniacale (§ 1114), il se forme immédiatement un beau composé rouge, désigné d'ordinaire sous le nom d'acétylure cuivreux. Ce corps est l'*oxychlorure de cuprosacétyle :* $(C^4HCu^4)O, (C^4HCu^4)Cl$ ou $(\mathrm{C}^2H\mathrm{C}u^2)^2\mathrm{O},(\mathrm{C}^2H\mathrm{C}u^2)^2Cl^2$. Produit en présence d'ammoniaque en excès et lavé avec la dissolution aqueuse de ce composé, il se transforme en *hydrate d'oxyde de cuprosacétyle,* $(C^4HCu^4)O,HO$ ou $\mathrm{C}^2H\mathrm{C}u^2,\mathrm{O}H$, qui présente à peu près la même apparence. Ce dernier prend naissance directement dans l'action de l'acétylène sur le réactif cuivreux très riche en ammoniaque (M. Berthelot) :

$$2Cu^2Cl \;+\; 2AzH^3 \;+\; H^2O^2 \;+\; C^4H^2 \;=\; (C^4HCu^4)O,HO \;+\; 2AzH^4Cl;$$

Chlorure cuivreux.   Ammoniaque.   Eau.   Acétylène.   Acétylure cuivreux.   Chlorhydrate d'ammoniaque.

$$\mathrm{C}u^2Cl^2 \;+\; 2AzH^3 \;+\; H^2\mathrm{O} \;+\; \mathrm{C}^2H^2 \;=\; \mathrm{C}^2H\mathrm{C}u^2,\mathrm{O}H \;+\; 2AzH^4Cl.$$

Lorsqu'on le traite par l'acide chlorhydrique, l'acétylure cuivreux se détruit en donnant de l'acétylène libre et du sous-chlorure de cuivre (M. Berthelot) :

$$(C^4HCu^4)O,HO \;+\; 2HCl \;=\; C^4H^2 \;+\; 2Cu^2Cl \;+\; H^2O^2;$$

Acétylure cuivreux.   Acide chlorhydrique.   Acétylène.   Chlorure cuivreux.   Eau.

$$\mathrm{C}^2H\mathrm{C}u^2,\mathrm{O}H \;+\; 2HCl \;=\; \mathrm{C}^2H^2 \;+\; \mathrm{C}u^2Cl^2 \;+\; H^2\mathrm{O}.$$

Les deux réactions précédentes jouent un rôle fondamental dans l'étude de l'acétylène; elles permettent d'isoler ce gaz.

L'acétylure cuivreux est fort altérable par l'oxygène de l'air. Pour le séparer du réactif au sein duquel il a pris naissance, on le lave à l'eau froide, par décantation, en opérant dans des flacons que l'on bouche soigneusement pendant le dépôt du précipité. On pousse les lavages jusqu'à décoloration des liqueurs. Après un dernier dépôt, on décante le liquide; la bouillie d'acétylure, rougeâtre et épaisse, que l'on obtient ainsi, peut être employée directement à la préparation de l'acétylène.

Pour conserver l'acétylure humide, on bouche exactement le flacon tenu plein d'eau et on le place dans un endroit obscur, la lumière provoquant la destruction du précipité. L'acétylure cuivreux ne peut être laissé au contact du réactif cuivreux dans lequel il s'est formé, celui-ci entrainant son altération rapide ; le lavage préalable est donc indispensable, mais il permet de garder le produit pendant longtemps.

Desséché, l'acétylure cuivreux détone par le choc, ou spontanément à partir de la température de 120° ; il ne peut donc être conservé sans danger. D'ailleurs il s'altère rapidement au contact de l'air.

Les caractères d'insolubilité et de coloration de l'acétylure cuivreux rendent sa formation susceptible de dénoncer avec une grande sensibilité la présence de l'acétylène dans un mélange gazeux. C'est ainsi que, lorsque, après avoir rempli par déplacement (§ 414) un flacon d'un litre avec du gaz d'éclairage, on introduit dans ce flacon quelques gouttes de réactif cuivreux ammoniacal qu'on répand sur le verre, ce réactif prend aussitôt une coloration rouge très marquée, mettant en évidence les faibles traces d'acétylène contenues d'ordinaire dans le gaz de houille.

1171. Synthèse de l'acétylène. — Le carbone et l'hydrogène s'unissent directement, à la température élevée de l'arc électrique, pour former de l'acétylène (M. Berthelot).

Ce fait peut être démontré au moyen d'un vase ovoïde (fig. 292 et fig. 293), en verre épais, de 2 litres environ de capacité, et terminé aux extrémités de son grand axe par des tubulures a et b. La première de ces tubulures a, porte, dans un bouchon percé, un tube de cuivre vv', terminé en v' par une sorte de portecrayon dans lequel on engage une baguette de charbon pour lumière électrique c ; le même tube laisse d'ailleurs échapper dans le vase, par un petit orifice o, un courant continu d'hydrogène amené en v, après avoir passé dans un flacon laveur L, garni d'acide sulfurique qui dessèche le gaz. La seconde tubulure b, comme la première, est fermée par un bouchon percé ; celui-ci est traversé par un tube de laiton ee', qui livre passage facilement à un crayon de charbon pour lumière électrique tt', lequel diffère du crayon c en ce qu'il est creusé suivant son axe d'un canal de 1 à 2 millimètres de diamètre, et constitue un tube épais ; il est d'ailleurs relié au tube de laiton, en e', par un caoutchouc qui recouvre d'une part l'extrémité du tube métallique, et d'autre part le charbon ; enfin, ce dernier pénètre dans l'œuf à peu près jusqu'à la partie centrale. Avec cette disposition, l'hydrogène qui arrive en o par vv', s'échappe en tt' par le tube de charbon ; en introduisant l'extrémité t' de celui-ci dans l'orifice d'un tube de caoutchouc, on peut conduire le gaz sortant de l'œuf dans la seconde partie de l'appareil. Celle-ci se compose de deux flacons F et K. Le plus grand F, de 2 litres de capacité, est fermé par un bouchon portant trois tubes de verre : l'un de ces tubes pénètre jusqu'au fond du flacon et sert à l'arrivée du gaz provenant de l'œuf, l'autre s'arrête dans le goulot et est destiné à la sortie ; quant au troisième, c'est celui d'une ampoule à robinet R. Le plus petit flacon est un laveur K.; il reçoit les gaz qui sortent du premier et renferme un peu d'eau.

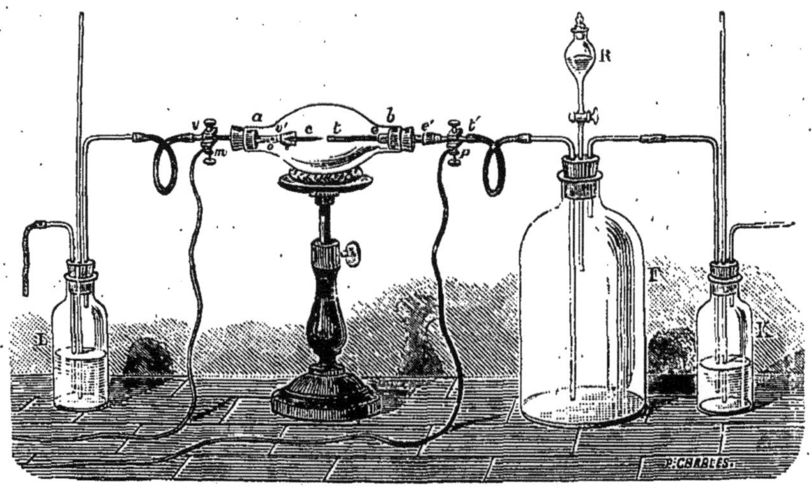

Fig. 292. — Synthèse de l'acétylène.

Les flacons laveurs L et K maintiennent une légère pression dans l'appareil et empêchent ainsi une rentrée d'air qui serait dangereuse. Ils servent en même temps de guide pour régler la rapidité du courant d'hydrogène.

Sur le tube de charbon tt' et sur le tube de laiton vv', qui sont tous deux bons conducteurs de l'électricité, des pinces métalliques m et p, munies de

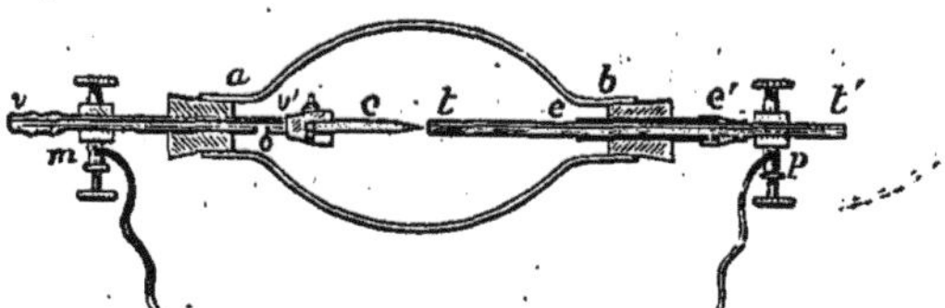

Fig. 293. — Synthèse de l'acétylène (détail).

vis de pression, fixent les extrémités des conducteurs soit d'une pile de Bunsen de 40 éléments disposés en tension, soit d'un accumulateur, soit encore d'une machine dynamo-électrique, en un mot, d'un appareil propre à donner l'arc électrique entre les charbons.

Les choses étant ainsi disposées, on fait arriver en L un courant d'hydrogène, fourni par un générateur puissant, et on le maintient rapide jusqu'à expulsion complète de l'air. Lorsque le gaz, recueilli à la sortie de K, est de l'hydrogène pur, on modère le courant gazeux. De l'air resté dans l'appareil entraînerait une explosion pendant l'expérience.

On verse alors dans le grand flacon F, par l'ampoule à robinet R, 40 ou 50 centimètres cubes de sous-chlorure de cuivre ammoniacal (§ 1114), et on ferme de nouveau le robinet. On constate que le gaz qui traverse F est sans action sur le réactif cuivreux. Faisant alors glisser vv' dans le bou-

chon a, on amène le charbon c en contact avec le charbon tt', ce qui ferme
le circuit du générateur d'électricité. L'arc électrique se produit aussitôt ; on
le maintient en tenant les deux charbons convenablement écartés. Dans ces
conditions, l'hydrogène, pour sortir suivant tt', doit traverser l'arc électrique ;
il entraîne constamment au dehors de l'œuf l'acétylène formé par son union
directe avec le charbon, et amène ce gaz dans le flacon F, au contact du
réactif. Ce dernier donne naissance à de l'acétylure cuivreux d'un beau rouge,
lequel se montre quelques secondes après l'établissement de l'arc électrique.
Si l'on a pris soin d'agiter le flacon pour étendre le réactif sur les parois du
flacon F, celles-ci deviennent opaques et se colorent en rouge vif presque immédiatement. L'expérience est très brillante.

1172. FORMATION DANS LES COMBUSTIONS INCOMPLÈTES. — L'acétylène
est un produit constant des combustions incomplètes, c'est-à-dire des
combustions opérées en présence d'une quantité d'oxygène insuffisante
(M. Berthelot).

Quand, après avoir introduit dans une éprouvette à gaz (fig. 93, E,
§ 153) de 300 à 500 centimètres cubes, 6 ou 8 centimètres cubes d'éther

Fig. 294. — Formation de l'acétylène par combustion incomplète.

ordinaire et un volume égal de réactif cuivreux ammoniacal, on approche d'un corps en combustion l'orifice de l'éprouvette tenue inclinée
(fig. 294), la vapeur d'éther s'allume et brûle avec une flamme éclairante. Les parties intérieures de cette flamme, celles qui avoisinent l'orifice, étant insuffisamment alimentées d'oxygène, les gaz qu'elles produisent et qui rentrent partiellement dans l'éprouvette sont abondamment
chargés d'acétylène ; celui-ci précipite aussitôt en rouge le réactif cu-
pro-ammoniacal. L'acétylure cuivreux apparaît surtout en grande
quantité quand on fait tourner autour de son axe la cloche tenue presque
horizontale, le réactif s'étalant alors plus largement sur les parois de

verre. On doit veiller seulement à ne pas répandre le liquide combustible au dehors de l'éprouvette.

La même expérience peut être faite en substituant à l'éther la benzine, le pétrole léger, et en général les liquides hydrocarbonés très volatils. Elle réussit également avec les combustibles hydrocarbonés gazeux : on remplit de gaz d'éclairage l'éprouvette tenue verticale, en dirigeant de bas en haut vers son fond, au moyen d'un tube de caoutchouc, un courant de ce gaz qui déplace l'air, et on ferme aussitôt avec la main l'orifice du vase ; en évitant toute rentrée d'air, on introduit à l'aide d'une pipette un peu de réactif cuivreux ammoniacal, avec lequel on mouille les parois ; puis, après avoir enlevé la main, on allume le gaz à l'ouverture de l'éprouvette ; la combustion détermine un dépôt immédiat et abondant d'acétylure cuivreux sur les parois. C'est surtout avec l'éther que l'expérience présente le plus d'éclat.

1173. PRÉPARATION DE L'ACÉTYLURE CUIVREUX. — On se procure assez facilement l'acétylure cuivreux nécessaire à la préparation de l'acétylène pur, au moyen des combustions incomplètes.

L'oxydabilité extrême du sous-chlorure de cuivre ammoniacal, et aussi l'action destructive très rapide, exercée par ce réactif oxydé sur l'acétylure cuivreux qu'il tient en suspension, exigent que les conditions dans lesquelles se fait l'opération empêchent l'oxygène libre de se mélanger aux produits de la combustion incomplète. Ce but est facilement atteint avec l'appareil suivant (M. Jungfleisch), qui permet de préparer l'acétylure cuivreux par la combustion incomplète du gaz de l'éclairage.

Lorsqu'on fait brûler un jet d'air au sein d'une atmosphère de gaz d'éclairage qui l'entoure de toutes parts, la combustion, effectuée régulièrement à la surface de séparation des deux masses gazeuses, est incomplète ; ses produits, mélangés de gaz d'éclairage en excès, ne peuvent l'être d'oxygène provenant de l'air. Tel est le principe appliqué.

L'appareil (fig. 295) se compose de deux parties : 1° un brûleur LV dans lequel s'accomplit la combustion incomplète ; 2° un ensemble de pièces, CRR'FF', destinées à retirer l'acétylène des produits de cette combustion.

La partie essentielle du brûleur est représentée en coupe séparément (fig. 296). Elle se compose d'un tube central MN, fermé en M et terminé inférieurement par des ouvertures multiples, qu'on peut fermer ou ouvrir au moyen d'une virole mobile oi, percée d'une manière identique et permettant de couvrir ou de découvrir les ouvertures de la partie perforée ; ce tube sert à l'introduction de l'air, dont la virole oi règle l'afflux. A l'intérieur de MN, des cloisons métalliques verticales, non représentées dans la figure, empêchent l'air de prendre un mouvement de rotation qui produirait une flamme agitée. Le gaz d'éclairage arrive en g dans une boîte cylindrique gb, disposée pour le répartir également sur le pourtour de l'orifice annulaire de sortie rr'. La gaine cylindrique du gaz combustible, s'échappant de rr', enveloppe ainsi complètement l'air qui arrive en N. Une galerie hh', fixée au brûleur, supporte un verre à gaz cylindrique V (fig. 295), de 30 centimètres de longueur, bien dressé à ses extrémités. Quelques gouttes d'huile versées dans la galerie, forment une fermeture exacte, qu'il est indispensable d'établir à la base du verre. C'est à l'intérieur de ce verre que s'effectue la combustion.

Un pied à coulisse p permet d'abaisser ou d'élever facilement le brûleur.

La seconde pièce métallique de l'appareil est destinée à recueillir les gaz de la combustion en les aspirant à l'aide d'une trompe. Elle est formée d'un tube vertical de laiton C, dans lequel peut pénétrer par le bas la partie supérieure du verre V ; pour assurer la fermeture, le verre s'y trouve inséré dans un espace annulaire, compris entre le tube enveloppant C et un autre de moindre diamètre, fixé à celui-ci. Le tube C communique par le haut, au moyen d'un con-

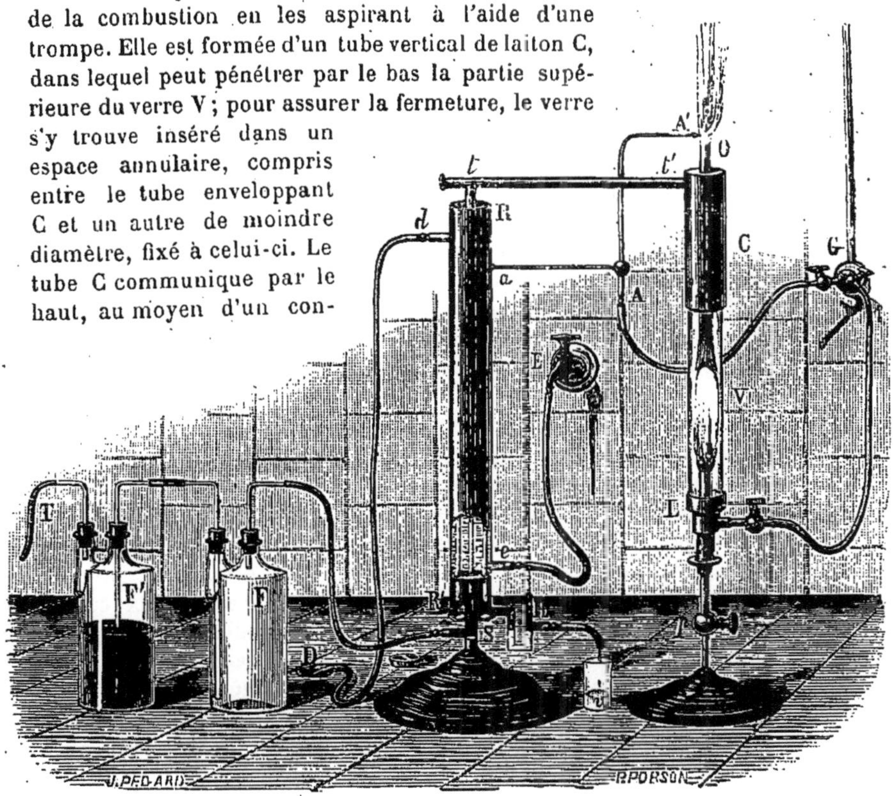

Fig. 295. — Appareil de M. Jungfleisch pour la préparation de l'acétylène.

duit métallique $t't$, avec un réfrigérant en laiton RR', destiné à refroidir les gaz et à condenser la vapeur d'eau qu'ils entraînent. Ce réfrigérant peut être à plusieurs tubes, comme celui que représente la figure, afin de posséder une grande surface d'action, ou plus simplement à un seul tube un peu large ; il est refroidi par un courant d'eau qui arrive en Ee et s'échappe en dD. Sa partie basse R' est formée par une chambre étanche dans laquelle se rendent à la fois les liquides condensés et les gaz refroidis ; au moyen d'une disposition convenable, les liquides s'écoulent en v, par déversement à travers un siphon renversé H, qu'on a pris soin en commençant de fermer au passage des gaz en le garnissant de quelques centimètres cubes d'eau ; les gaz sont aspirés par un ajutage fixé au tube S qui supporte le réfrigérant.

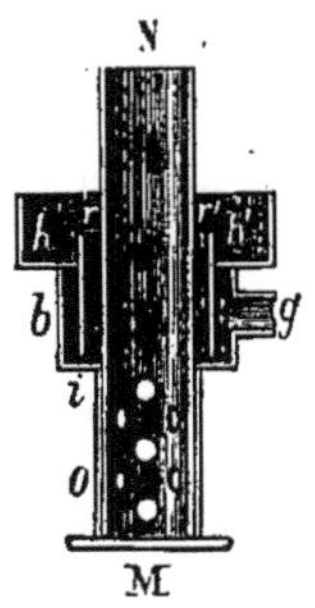

Fig. 296. — Coupe du brûleur à acétylène.

En O, au-dessus du brûleur par conséquent, est une petite cheminée métallique par laquelle s'échappent les gaz de la combustion, lorsque la trompe aspirante, dont il sera parlé plus loin, ne fonctionne pas. Ces gaz, médiocrement combustibles et mélangés d'oxyde de carbone sont susceptibles d'incommoder l'opérateur ; ils doivent être maintenus constamment allumés au moyen d'un petit brûleur à gaz A', alimenté en GA, et fixé en *a* sur l'une des parties froides de l'appareil.

Pour achever la disposition du système, on relie par un caoutchouc le tube S à une série de deux ou trois flacons laveurs tels que F', contenant du réactif cuivreux ammoniacal. Pour amortir les chocs produits par le passage du gaz dans le liquide des flacons laveurs, et pour empêcher leur transmission directe à la flamme dont ils troubleraient la régularité, on interpose, entre S et le premier laveur F', un flacon tubulé F, que les gaz traversent dans toute sa hauteur, et qui contient une masse gazeuse d'un volume suffisant pour rendre presque nulles les variations de pression.

L'aspiration est produite en T, dans tout le système, par une trompe à grand débit (fig. 212, § 449), aspirant au moins 1 mètre cube par heure. Les trompes à vide, plus répandues dans les laboratoires, aspirent seulement 200 ou 300 litres dans le même temps; elles ne peuvent faire fonctionner l'appareil.

Les choses étant ainsi disposées, avant de faire agir la trompe, on commence par allumer le brûleur. Pour cela, abaissant celui-ci au moyen du pied mobile *p*, on enlève le verre, on tourne la virole *oi* de manière à ne laisser entrer que fort peu d'air, on fait arriver dans le brûleur une petite quantité de gaz qu'on allume aussitôt, et on replace le verre dans la galerie huilée; relevant alors l'appareil, on le rétablit dans sa situation normale. Une flamme très faible se produit en N, à l'orifice du tube central, et le surplus du gaz vient s'échapper en O avec les produits de la combustion. On allume A', puis on augmente simultanément le gaz et l'air dans le brûleur L. Une flamme volumineuse se montre aussitôt en O. On fait alors fonctionner la trompe, de manière à produire en F' un barbotage très rapide. La flamme diminue immédiatement en O, et il ne reste plus qu'à régler le brûleur. Le point essentiel est de maintenir à la surface de l'air pénétrant en V, une flamme régulière, bien nettement limitée, entourée de toutes parts de gaz d'éclairage, et ne laissant échapper aucune trace d'oxygène, autrement dit de produire en V une *flamme fermée*. La trompe fonctionnant bien, lorsqu'on donne trop de gaz, la flamme intérieure diminue de hauteur et la combustion produite en O est éclairante ; lorsque, au contraire, on donne trop d'air, la flamme intérieure s'allonge, s'ouvre vers le haut et devient rougeâtre, tandis qu'il s'échappe en O des gaz non combustibles. La combustion qui fournit le gaz le plus riche en acétylène, s'obtient par quelques tâtonnements fondés sur les observations précédentes ; elle correspond à la production en O d'une flamme pâle, teintée de pourpre, s'éteignant facilement, et dont on limite la hauteur à quelques centimètres, la trompe étant réglée une fois pour toutes. La flamme intérieure est alors enveloppée de jaune, allongée et légèrement fuligineuse ; le gaz qu'elle fournit contient environ 3 centièmes d'acétylène. La production de l'appareil augmente jusqu'à une certaine limite avec la rapidité de l'aspiration.

Il est nécessaire, on l'a dit, de maintenir en O une combustion constante ; d'abord les caractères présentés par la flamme servent au réglage de l'appareil ; de plus, les gaz plus ou moins chargés d'oxyde de carbone et de cyanhydrate d'ammoniaque ne doivent pas être déversés, incomplètement brûlés, dans l'atmosphère ; enfin et surtout, la sortie du gaz combustible en O, garantit l'existence d'un excès de pression en V, et l'air ne peut dès lors être aspiré entre le verre et le tube.

Même avec un fonctionnement rapide, trois laveurs tels que F' suffisent d'ordinaire pour absorber à peu près complètement l'acétylène formé. Lorsque la liqueur du premier laveur, épaissie par l'acétylure, n'agit plus, on enlève ce flacon, on rapproche les deux autres de l'appareil, et on le place à leur suite, après avoir recueilli son contenu et renouvelé le réactif. Lors de ces changements, on interrompt préalablement la communication avec la trompe pour éviter le passage de l'air dans le réactif : la combustion se fait alors en une longue flamme qui s'échappe en O. Si l'on a pris soin de ne pas déranger le réglage du brûleur, dès que le dernier laveur est remis en communication avec la trompe, le fonctionnement reprend comme précédemment.

Cet appareil, actionné par une trompe à grand débit, qu'il est facile de disposer soi-même (§ 449), permet d'obtenir en peu de temps des quantités considérables d'acétylure cuivreux. Ce dernier doit être manié à l'abri de l'air et lavé comme il a été dit (§ 1170).

1174. Préparation du gaz acétylène. — La décomposition de l'acétylure cuivreux par l'acide chlorhydrique (§ 1170) s'effectue dans un ballon ou dans

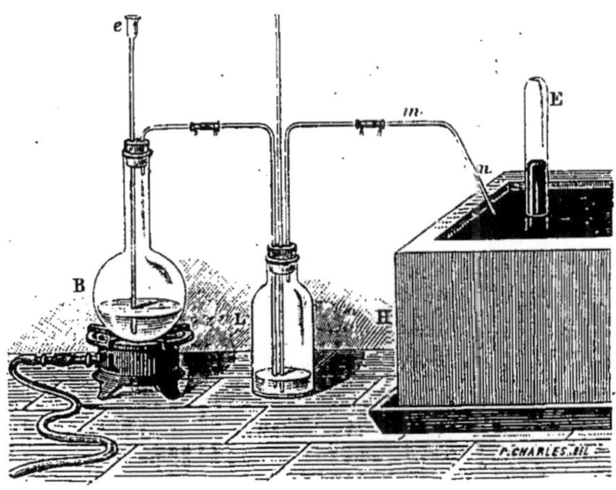

Fig. 297. — Préparation de l'acétylène gazeux.

un matras à fond plat B (fig. 297), muni d'un tube à entonnoir e et d'un tube à dégagement. Ce dernier conduira le gaz produit en B dans un petit flacon laveur L, contenant de l'eau alcalinisée par la potasse ; ce liquide sera pris en petite quantité, l'acétylène y étant notablement soluble, mais il suffira cependant à retenir l'acide chlorhydrique entraîné. Le laveur L sera muni d'un tube à dégagement mn dirigeant le gaz sur la cuve à mercure H. La forme que possède l'acétylure fait donner au vase B, où on le décompose, un volume considérable par rapport à celui du gaz à obtenir.

On introduit dans le ballon ou le matras, jusqu'à la moitié de son volume environ, une bouillie épaisse d'acétylure cuivreux lavé, on bouche l'appareil et on y verse par le tube à entonnoir e un volume moitié moindre d'acide chlorhydrique. La réaction commence dès la température ordinaire ; elle peut même s'effectuer trop brusquement si l'on agite vivement le mélange ; quand on se contente de chauffer doucement, elle s'établit régulièrement et le gaz peut être recueilli à la manière ordinaire.

Pour éviter de perdre les premières portions d'acétylène qui entraînent l'air, on expulse quelquefois celui-ci de l'appareil par un courant de gaz carbonique ; ce gaz est amené par le tube à entonnoir, avant qu'on ne fasse intervenir l'acide. On agite ensuite avec de la potasse le mélange gazeux recueilli, et on isole l'acétylène qu'il contient.

L'acétylène brûle à l'air avec une flamme très fuligineuse.

B. — Éthylène.

$$P.\ mol. : C^4H^4 = 28 = 4\,vol. = C^2H^4.$$

1175. *Synonymes :* Bi-hydrure de carbone, gaz oléfiant, hydrogène bicarboné, diméthylène. — *Gaz* découvert en 1795 par quatre chimistes hollandais : Deimann, Van Troostwyk, Boudt et Lauwerenburgh. — *Incolore*, à odeur de marée, combustible avec une flamme éclairante et légèrement fuligineuse. — *Densité* à 0° et à la pression $0^m,760$: 0,9784 par rapport à l'air ; 14 par rapport à l'hydrogène. — *Liquéfié* à — 1° sous la pression de 42,5 atmosphères. — *Point d'ébullition :* — 105° sous la pression $0^m,760$. — *Solubilité* très faible dans l'eau, plus considérable dans l'alcool et dans l'éther.

1176. PRÉPARATION. — La réaction au moyen de laquelle on obtient d'ordinaire l'éthylène est la décomposition de l'acide éthyl-sulfurique par la chaleur.

$$C^4H^4,S^2H^2O^8 \quad = \quad C^4H^4 \quad + \quad S^2H^2O^8 ;$$

Acide éthyl-sulfurique.   Éthylène.   Acide sulfurique.

$$SO^4H(C^2H^5) \quad = \quad C^2H^4 \quad + \quad SO^4H^2.$$

En fait, on n'isole pas l'acide éthyl-sulfurique pour le décomposer ensuite, mais on le remplace par un mélange d'acide sulfurique et d'alcool qui lui donne naissance :

$$C^4H^6O^2 \quad + \quad S^2H^2O^8 \quad = \quad C^4H^4,S^2H^2O^8 \quad + \quad H^2O^2 ;$$

Alcool.   Acide sulfurique.   Acide éthyl-sulfurique.   Eau.

$$C^2H^5,OH \quad + \quad SO^4H^2 \quad = \quad SO^4H(C^2H^5) \quad + \quad H^2O.$$

L'appareil (fig. 298) se compose d'un ballon B de 1 litre, portant un tube de sûreté vertical *e* et un tube à dégagement *d*. Ce dernier conduira le gaz produit dans deux flacons laveurs contenant, le premier L une solution diluée de soude caustique, le second L' de l'acide sulfurique concentré. Le gaz qui s'échappe du dernier est conduit par un tube recourbé *t*, soit sur une cuve à eau E, soit sur une cuve à mercure.

On verse dans le ballon 50 grammes d'alcool aussi concentré que possible, soit 61 centimètres cubes d'alcool à 95 centièmes, ou mieux 63 centimètres cubes d'alcool absolu, puis on ajoute peu à peu, et en agitant constamment, 300 grammes, soit 163 centimètres cubes d'acide sulfurique concentré. Après avoir disposé le ballon sur un fourneau, on le chauffe. A chaud, la combinaison de l'alcool et de l'acide s'effectue assez rapidement, mais entre 165° et 170°, le produit de la réaction, l'acide éthyl-sulfurique, se détruit et l'éthylène se dégage. Le plus souvent, si les deux réactifs n'ont pas été pris aussi dépourvus d'eau que possible, la masse mousse abondamment et peut même s'échapper du ballon. L'opération doit donc être menée lentement.

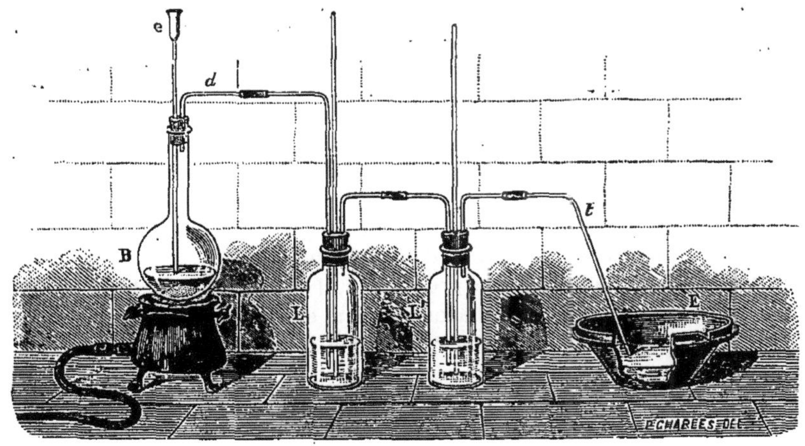

Fig. 298. — Préparation de l'éthylène.

Dans les opérations en petit, on empêche partiellement cet accident en incorporant dans le liquide une quantité du sable siliceux (grès), suffisante pour le transformer en une bouillie fluide. On l'empêche mieux encore en ajoutant au liquide de la pierre ponce concassée ; cette matière flotte et provoque la rupture des bulles.

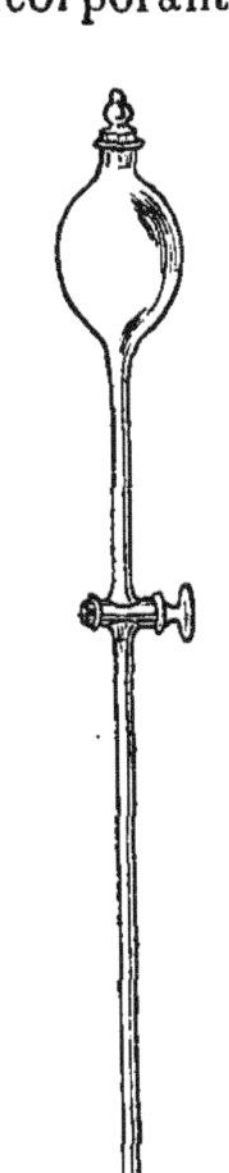

La réaction de l'acide sulfurique sur l'alcool ne donne pas seulement l'acide éthyl-sulfurique, elle engendre en même temps l'éther ordinaire (voy. ce mot). Les vapeurs de ce dernier sont entraînées par le gaz, mais elles se dissolvent en L' dans l'acide sulfurique concentré. En outre, une destruction profonde d'une certaine proportion de la matière organique engendre du charbon qui, avec l'acide sulfurique concentré, donne des gaz sulfureux et carbonique (§ 612) ; ces derniers se trouvent absorbés en L par la potasse.

1177. Appliqué à la préparation de quantités d'éthylène un peu importantes, le mode opératoire précédent n'a qu'un rendement fort médiocre. Il est alors préférable de n'introduire le mélange dans le ballon qu'au fur et à mesure de sa destruction (MM. Erlenmeyer et Burte).

Dans un ballon de 2 à 3 litres, on mélange 25 grammes d'alcool avec 150 grammes d'acide sulfurique concentré ; la masse liquide recouvre seulement le fond du ballon. On adapte au bouchon un tube à entonnoir plongeant par le bas dans le liquide et un tube à dégagement. Le ballon étant installé sur un bain de sable, on le chauffe doucement et le dégagement d'éthylène commence bientôt. On laisse alors tomber goutte à goutte, dans l'en-

Fig. 299. — Ampoule à robinet.

tonnoir du tube de sûreté, un mélange de 1 partie d'alcool avec 2 parties d'acide sulfurique concentré. Le mélange a été préparé à l'avance et placé dans un flacon à tubulure inférieure munie d'un robinet ; ce flacon est maintenu dans une position telle que le liquide, en s'écoulant du robinet, tombe dans l'entonnoir. Le mélange liquide peut encore être introduit dans le ballon par une ampoule à robinet (fig. 299), dont le tube vertical inférieur traverse le bouchon, à la place du tube à entonnoir. On règle la rapidité du dégagement, en chauffant plus ou moins, et en accélérant ou retardant l'arrivée du liquide. On ne doit pas oublier cependant que la proportion du gaz sulfureux formé augmente avec la rapidité du dégagement ; il est donc préférable d'accoupler deux appareils semblables, au moyen d'un tube à trois branches, plutôt que de forcer la marche d'un seul appareil.

Avec un appareil à grande production, il est indispensable de donner un certain développement aux flacons laveurs et même de doubler leur nombre. Il est de plus nécessaire de renouveler fréquemment les liquides qu'ils contiennent.

I. — CHLORURE D'ÉTHYLÈNE.

$$P. \ mol. : C^4H^4Cl^2 = 99 = 4 \ vol. = C^2H^4Cl^2.$$

1178. *Synonymes :* Liqueur des Hollandais, huile des Hollandais, éther dichlorhydrique du glycol, dichlorhydrine glycolique. — *Liquide* incolore, à odeur éthérée, découvert en 1795 par Deimann, Van Troostwyk, Bondt et Lauwerenburgh. — *Densité :* 1,2803 à 0°. — *Point d'ébullition :* 85°. — *Insoluble* dans l'eau ; *soluble* dans l'alcool et dans l'éther.

1179. FORMATION. — Le chlore et l'éthylène se combinent directement, à volumes égaux et dès la température ordinaire, pour former le chlorure d'éthylène :

$$C^4H^4 \quad + \quad Cl^2 \quad = \quad C^4H^4Cl^2 \ ;$$
$$\text{4 vol.} \qquad \text{4 vol.} \qquad \text{4 vol.}$$
$$C^2H^4 \quad + \quad Cl^2 \quad = \quad C^2H^4Cl^2.$$

Lorsqu'on achève rapidement de remplir de chlore, sur la cuve à eau, une éprouvette garnie de la moitié de son volume d'éthylène et qu'on l'abandonne ensuite sur la cuve, on constate qu'à la surface de séparation des deux gaz, qui ne se sont mélangés que faiblement à cause de la différence considérable qui existe entre leurs densités, l'atmosphère se trouble d'abord, puis des gouttelettes huileuses se déposent sur les parois de l'éprouvette. En même temps, le niveau de l'eau s'élève à l'intérieur, montrant ainsi que le volume des gaz diminue par suite de la réaction accomplie. On constate en outre que le vase s'échauffe au voisinage du lieu où s'opère la combinaison. Finalement tout le gaz disparaît et des gouttelettes de chlorure d'éthylène tombent au fond de l'eau.

La réaction marche d'autant plus rapidement que la lumière est plus vive. Si l'on a pris soin d'agiter l'éprouvette pour mélanger les deux gaz au commencement de l'expérience, le phénomène est beaucoup plus rapide, mais l'expérience perd de sa netteté pour l'observateur.

II. — BROMURE D'ÉTHYLÈNE.

$$P. \ mol. : C^4H^4Br^2 = 188 = 4 \ vol. = C^2H^4Br^2.$$

1180. *Synonymes :* Liqueur des Hollandais bromée, dibromhydrine du glycol. — *Liquide incolore,* à odeur éthérée, découvert par Balard. — *Densité :* 2,163 à 21°. —

Solidifiable par le froid en cristaux fusibles à + 13°. — *Point d'ébullition* : 131°,5.
— *Insoluble* dans l'eau ; *soluble* dans l'alcool et dans l'ether.

1181. FORMATION. — Dans un petit tube, coupé sur un tube à gaz ordinaire,
de 4 ou 5 centimètres de longueur et fermé par un bout à la lampe d'émailleur, on introduit du brome jusqu'à le remplir. Pour que l'opérateur ne soit
pas incommodé, le remplissage se fait en plein air et le tube est ensuite
plongé verticalement dans un verre à pied contenant de l'eau : à cause de sa
grande densité, le métalloïde reste dans le tube ouvert, mais l'eau qui le recouvre empêche sa vaporisation dans l'atmosphère.

On transporte sur la cuve à eau ou sur une terrine pleine d'eau, un flacon
de 1/2 litre, rempli d'éthylène et bouché. Plongeant le goulot du flacon dans
l'eau, on écarte le bouchon, puis, en opérant dans le liquide de la cuve, on
fait passer le tube plein de brome dans le flacon que l'on bouche aussitôt.
On agite le flacon, le brome se répand et émet des vapeurs qui rougissent
l'atmosphère intérieure ; mais bientôt, sous l'influence de la lumière, la coloration disparaît, la vapeur de brome se combinant à l'éthylène pour former
du bromure d'éthylène incolore. Si l'on agite de nouveau, une nouvelle quantité de brome entre en vapeur, puis disparaît comme la première, et ainsi de
suite. Quand l'éthylène est en excès, la décoloration est finalement complète
et des gouttes huileuses de bromure d'éthylène ont remplacé le brome. En
soulevant le bouchon, le goulot étant plongé dans l'eau, on voit ce liquide se
précipiter dans le flacon et le remplir, ce qui montre que l'éthylène a
disparu.

1182. PRÉPARATION. — On place 20 grammes de brome et 10 grammes
d'eau dans un flacon de 150 centimètres cubes ; puis, au moyen d'un
tube recourbé plongeant jusqu'au fond, on fait arriver dans le brome un
courant d'éthylène. Le gaz est absorbé et le liquide s'échauffe. L'eau
ajoutée sert uniquement à empêcher une trop grande déperdition du
brome par volatilisation. Si le courant gazeux est prolongé pendant un
temps suffisant, tout le brome disparaît et l'eau surnage un liquide huileux, dense et incolore, qui est le bromure d'éthylène. On lave le produit à l'eau, on sépare cette dernière par décantation, puis on introduit
dans le flacon quelques fragments de chlorure de calcium fondu, qui
s'emparent de l'eau restante. Enfin, on isole le liquide et on le purifie
par distillation dans un très petit appareil (§ 223, fig. 119). Pour éviter
l'action désagréable des vapeurs de brome, qui sont entraînées dans
l'atmosphère par le courant gazeux, surtout lorsqu'on n'a pas eu soin
de laisser sortir l'air de l'appareil à éthylène avant de diriger le gaz
dans le brome, on peut munir le flacon d'un bouchon à deux ouvertures traversées, l'une par le tube qui amène le gaz, l'autre par un tube
à dégagement conduisant dans une cheminée les produits échappés à la
réaction, ou mieux encore les dirigeant dans un flacon laveur contenant de l'eau chargée de potasse.

1183. La préparation de quantités plus importantes exige quelques précautions spéciales, aussi a-t-on indiqué dans ce but l'emploi d'appareils particuliers. La disposition suivante, qui est fort simple, fonctionne d'une manière satisfaisante. On introduit 1 kilogramme de brome dans un flacon

de 5 à 6 litres de capacité, et on fait arriver dans le liquide un courant rapide d'éthylène, tel que celui que l'on produit en accouplant deux des appareils décrits plus haut (§ 1177). Le tube adducteur de l'éthylène plonge de 2 centimètres environ dans le brome. Un tube abducteur, fixé au bouchon du flacon, emmène dans un flacon de Woulf, chargé de lessive de potasse diluée, le gaz entraînant de la vapeur de brome. La réaction dégageant de la chaleur, le grand flacon est maintenu froid par un courant d'eau qui s'étale à sa surface; cette réfrigération est utile pour éviter une trop forte déperdition de brome; elle doit cependant être limitée, l'absorption du gaz ne se faisant qu'avec lenteur à froid. Il est nécessaire, d'ailleurs, que le flacon soit exposé à une lumière vive. Le brome étant plus dense que le bromure d'éthylène, il faut agiter de temps en temps pour le ramener à la surface du mélange; une agitation plus fréquente est surtout indispensable à la fin de l'opération, pour augmenter la surface d'action du liquide, alors que ce dernier est appauvri en brome. Cette dernière pratique permet de décolorer complètement le bromure d'éthylène en le mettant en contact avec un excès de gaz hydrocarboné.

Une disposition avantageuse consiste à relier le tube adducteur de l'éthylène avec l'appareil producteur, par un tube de caoutchouc de quelques décimètres de longueur; il est alors possible, en enfonçant plus ou moins le tube de verre dans le brome, d'augmenter ou de diminuer l'entraînement de ce dernier dans l'atmosphère du flacon.

On termine en rectifiant le produit dans un appareil distillatoire muni d'un thermomètre (§ 233, fig. 122), et en recueillant ce qui passe entre 130° et 132°. La cristallisation par refroidissement, pratiquée en entourant de glace le flacon qui renferme le bromure d'éthylène, permet ensuite d'arriver à une purification complète; mais il est souvent nécessaire, dans la pratique, de se mettre à l'abri de la surfusion, en additionnant le liquide refroidi d'une trace de bromure d'éthylène préalablement solidifié dans un mélange réfrigérant.

C. — Formène.

$$P.\ mol.:\ C^2H^4 = 16 = 4\ vol. = CH^4.$$

1184. *Synonymes :* Hydrogène protocarboné, quadri-hydrure de carbone, hydrure de méthyle, méthane, gaz des marais, grisou. — *Gaz* incolore, faiblement odorant, découvert par Volta en 1778. — *Densité* à 0° et sous la pression 0^m,760 : 0,5566 par rapport à l'air; 8 par rapport à l'hydrogène. — *Point critique :* —82°. — *Pression critique* : 55 atmosphères. — *Solubilité* : 5,4 volumes dans 100 volumes d'eau, à 0° et à la pression 0^m,760; 1 volume dans 2 volumes d'alcool absolu. — Le plus hydrogéné des carbures connus. — *Combustible* avec une flamme pâle.

1185. — Préparation. — A la température rouge, l'acide acétique se décompose en formène et gaz carbonique :

$$C^4H^4O^4 \quad = \quad C^2H^4 \quad + \quad C^2O^4;$$

<table>
<tr><td>Acide
acétique.</td><td>Formène.</td><td>Gaz
carbonique.</td></tr>
</table>

$$C^2H^4O^2 \quad = \quad CH^4 \quad + \quad CO^2.$$

Une décomposition semblable s'opère lorsqu'on calcine les acétates alcalins en présence des hydrates alcalins (Persoz) :

$$C^4H^3NaO^4 \quad + \quad NaHO^2 \quad = \quad C^2H^4 \quad + \quad C^2Na^2O^6,$$

<table>
<tr><td>Acétate de soude.</td><td>Hydrate de soude.</td><td>Formène.</td><td>Carbonate de soude.</td></tr>
</table>

$$C^2H^3O^2Na \quad + \quad NaOH \quad = \quad CH^4 \quad + \quad CO^3Na^2,$$

mais, dans ce cas, le formène se dégage seul, le gaz carbonique étant retenu par les alcalis en présence. Telle est la réaction utilisée pour la préparation du formène.

Les hydrates de potasse ou de soude étant fusibles à une température relativement basse et attaquant rapidement le verre dès qu'ils sont fondus, leur emploi dans les réactions pratiquées au voisinage du rouge présente de nombreux inconvénients et entraîne la rupture des cornues. On peut tourner la difficulté en mélangeant les hydrates alcalins avec

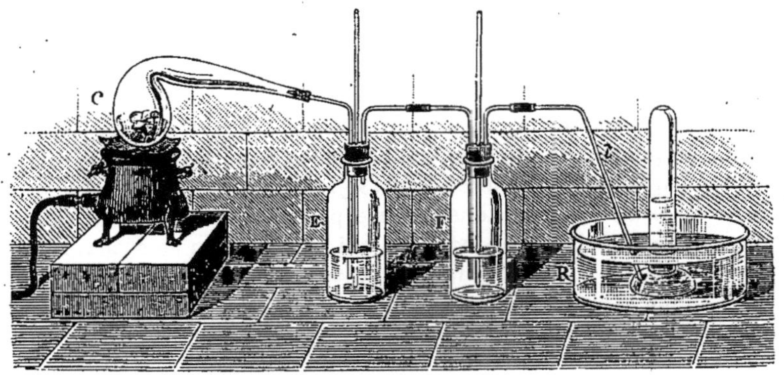

Fig. 300. — Préparation du formène.

une fois et demie leur poids de chaux pulvérisée ; celle-ci, sans intervenir dans la réaction, absorbe l'hydrate alcalin et forme avec lui une masse non liquéfiable (Dumas). Pour opérer ainsi, on prend 8 parties d'acétate de soude cristallisé (ou mieux 5 parties du même sel parfaitement sec), 8 parties de soude caustique et 12 parties de chaux vive. Mais il est préférable de remplacer le mélange de chaux et d'hydrate alcalin par de la chaux sodée (1) ; on fait alors réagir 1 partie d'acétate sec sur 2 parties de chaux sodée.

L'appareil (fig. 300) se compose ordinairement d'une cornue C de 150 centimètres cubes, en verre peu fusible, que l'on fait suivre d'un premier flacon laveur E, contenant de l'eau, et d'un second F, renfermant de l'acide sulfurique concentré ; les lavages peuvent d'ailleurs être supprimés s'il n'est pas utile d'avoir du gaz tout à fait pur. Un tube à

(1) La *chaux sodée* se prépare en éteignant (§ 915) 2 parties de chaux vive et en mélangeant dans une marmite de fonte l'hydrate pulvérulent obtenu avec 1 partie d'hydrate de soude ; celui-ci a été préalablement dissous dans une quantité d'eau suffisante pour que la liqueur forme avec la chaux une bouillie homogène. On peut employer à cet effet les lessives de soude du commerce, prises en quantités correspondantes, soit 228 grammes de lessive des savonniers (D = 1,332 ou 36° Baumé) pour 100 grammes de chaux vive, soit encore 170 grammes de lessive de soude à 45° Baumé (D = 1,450) pour 100 grammes de chaux vive. En agitant constamment avec une spatule de fer, on évapore rapidement la masse jusqu'à ce qu'elle soit devenue solide. On l'introduit alors dans un creuset et on la chauffe au rouge sombre pendant quelques minutes, pour chasser les dernières traces d'humidité. On concasse le produit refroidi et on le passe à travers plusieurs cribles métalliques, afin d'avoir de la chaux sodée granulée de diverses grosseurs. Cette dernière opération doit être faite en peu de temps, pour éviter l'action de l'humidité et même du gaz carbonique de l'atmosphère.

La *chaux potassée* se prépare de la même manière. Elle est plus hygroscopique.

dégagement *t* conduit le gaz sur la cuve à eau R. La cornue de verre devant être chauffée fortement, il n'est pas inutile de la luter (§ 248); pour éviter les accidents résultant de sa destruction, on la remplace souvent par une cornue de grès.

On introduit dans la cornue un mélange intime de 30 grammes d'acétate de soude fondu et de 60 grammes de chaux sodée, puis on chauffe un peu au-dessous du rouge sombre. L'acide sulfurique arrête diverses matières organiques engendrées en même temps que le formène.

1186. PROPRIÉTÉS. — Le formène, carbure saturé, ne s'unit directement à aucun autre corps. Par exemple, lorsqu'on le met en contact avec le brome, en opérant comme il a été dit pour l'éthylène (§ 1181), on constate qu'il n'y a pas absorption. A la lumière, les deux corps réagissent, mais par substitution et non par combinaison directe (§.1188).

Le formène brûle avec une flamme pâle, non éclairante, en donnant de la vapeur d'eau et du gaz carbonique, qui trouble l'eau de chaux. Mélangé dans une éprouvette résistante avec 2 fois son volume d'oxygène ou avec 10 fois son volume d'air, et enflammé, il brûle en produisant une explosion énergique.

La faible densité du formène permet de répéter avec lui la plupart des expériences que l'on pratique pour montrer la légèreté de l'hydrogène par rapport à l'air (§ 519 et 520).

I. — FORMÈNE MONOCHLORÉ.

$$P.\ mol.\ :\ C^2H^3Cl = 50,5 = 4\ vol. = CH^3Cl.$$

1187. *Synonymes* : Éther méthyl-chlorhydrique, chlorure de méthyle, chlorhydrate de méthylène. — *Gaz* incolore, à odeur éthérée, neutre au tournesol, découvert en 1835 par Dumas et Peligot. — *Densité* à 0° et sous la pression $0^m,760$: 1,736. — *Liquéfié*, il forme un liquide mobile, bouillant à — 23° sous la pression normale. — *Solubilité* sous la pression $0^m,760$ et à 16° : 2,8 volumes dans 1 volume d'eau; 40 volumes dans 1 volume d'acide acétique cristallisable; 35 volumes dans 1 volume d'alcool absolu. — *Combustible* avec flamme éclairante, bordée de vert. — Sans action immédiate sur l'azotate d'argent.

1188. PRODUCTION PAR LE FORMÈNE ET LE CHLORE. — Si l'on mélange à volumes égaux le formène et le chlore, en opérant à l'obscurité vive, puis qu'on vienne à exposer brusquement la masse gazeuse à l'action directe des rayons solaires, les deux corps réagissent instantanément en produisant une explosion. La réaction peut être modérée de diverses manières.

La première manière consiste à fixer l'un sur l'autre, à l'aide d'une lanière de caoutchouc, les goulots ouverts de deux flacons de même volume, le flacon placé en bas contenant du chlore, l'autre étant rempli de formène. Le mélange des gaz ne peut se faire que lentement, à cause de l'étroitesse des ouvertures de communication; la réaction ne s'accomplit dès lors que peu à peu, lorsqu'on expose les flacons à la lumière directe (Dumas).

Dans un deuxième procédé, on additionne le mélange gazeux d'un gaz inerte, tel que le gaz carbonique, de manière à tripler ou quadrupler son volume, puis on expose au soleil; le corps inerte absorbe pour s'échauffer la chaleur dégagée par la réaction, qui perd ainsi de son énergie.

Un troisième mode opératoire est préférable: il consiste à faire le mélange des deux gaz dans un flacon et à l'exposer, non pas à la lumière directe, mais à celle que réfléchit un mur blanc, exposé lui-même au soleil (M. Berthelot). .

Dans les conditions indiquées, la réaction accomplie est la substitution d'un équivalent de chlore à un équivalent d'hydrogène, lequel forme de l'acide chlorhydrique :

$$C^2H^4 \quad + \quad Cl^2 \quad = \quad C^2H^3Cl \quad + \quad HCl ;$$
$$\text{4 vol.} \qquad \text{4 vol.} \qquad \text{4 vol.} \qquad \text{4 vol.}$$
$$\text{C}H^4 \quad + \quad Cl^2 \quad = \quad \text{C}H^3Cl \quad + \quad HCl.$$

On ouvre l'appareil sur la cuve à mercure, on introduit dans le flacon un fragment de potasse caustique humecté d'eau, pour absorber l'acide chlorhydrique et s'il y a lieu le gaz carbonique ; le gaz restant est du formène monochloré. Ce dernier est, il est vrai, toujours plus ou moins mélangé de produits de substitution plus avancée, surtout quand on a employé le premier moyen indiqué ; mais il peut être purifié en profitant de sa solubilité dans l'acide acétique froid, ce dissolvant l'abandonnant, ensuite, quand on chauffe la solution au voisinage de l'ébullition.

1189. PRÉPARATION PAR L'ALCOOL MÉTHYLIQUE. — Le formène monochloré, étant identique avec l'éther chlorhydrique de l'alcool méthylique, résulte de l'action de l'acide chlorhydrique sur cet alcool (Dumas et Peligot) :

$$C^2H^4O^2 \quad + \quad HCl \quad = \quad C^2H^3Cl \quad + \quad H^2O^2 ;$$

| Alcool
méthylique. | Acide
chlorhydrique. | Formène
monochloré. | Eau. |

$$\text{C}H^3,OH \quad + \quad HCl \quad = \quad \text{C}H^3Cl \quad + \quad H^2O.$$

La réaction peut être réalisée directement, en chauffant l'alcool méthylique préalablement saturé de gaz chlorhydrique ; mais on préfère généralement dégager le gaz chlorhydrique au sein même de la liqueur alcoolique chauffée.

On opère dans un ballon B (fig. 297, § 1174) de 500 centimètres cubes, muni d'un tube de sûreté droit à entonnoir e, ainsi que d'un tube à dégagement ; on y introduit 60 grammes de sel marin décrépité. Au tube à dégagement, on fixe par un caoutchouc le tube adducteur d'un flacon laveur L, contenant une solution de potasse diluée, destinée à arrêter l'acide chlorhydrique entraîné. L'appareil se termine par un tube à dégagement mn conduisant le gaz dans une éprouvette E retournée sur la cuve à mercure H. On fait un mélange de 30 grammes d'alcool méthylique avec 90 grammes d'acide sulfurique concentré, en versant peu à peu le second liquide dans le premier maintenu agité ; après refroidissement, on introduit, par le tube à entonnoir, le produit dans le ballon. On chauffe doucement. L'acide sulfurique attaque le chlorure de sodium pour donner du sulfate de soude et de l'acide chlorhydrique (§ 674) ; ce dernier éthérifie l'alcool méthylique en présence, et le dégagement gazeux se produit. On laisse perdre les premières portions du gaz ; elles entraînent l'air qui garnissait l'appareil.

L'inconvénient de cette méthode, qui est cependant la plus usitée, est de fournir un gaz fortement mélangé d'*éther méthylique* ou *oxyde de méthyle*, $C^2H^2,C^2H^4O^2$ ou C^2H^6O, lequel résulte de l'action de l'acide sulfurique sur l'alcool méthylique.

1190. Pour obtenir en abondance le gaz pur, il vaut mieux faire agir le gaz chlorhydrique sec sur l'alcool méthylique, en présence du chlorure de zinc (M. Groves). Dans un ballon, on fait une dissolution avec 1 partie de chlorure de zinc fondu et 2 parties d'alcool méthylique concentré ; la température s'élève beaucoup et de l'oxychlorure de zinc insoluble (§ 968) rend le mélange laiteux. Le ballon étant installé sur un fourneau, on le met en communication avec un réfrigérant disposé à reflux et, par un tube de verre plongeant jusqu'au fond du liquide, on fait arriver dans celui-ci chauffé à l'ébullition un

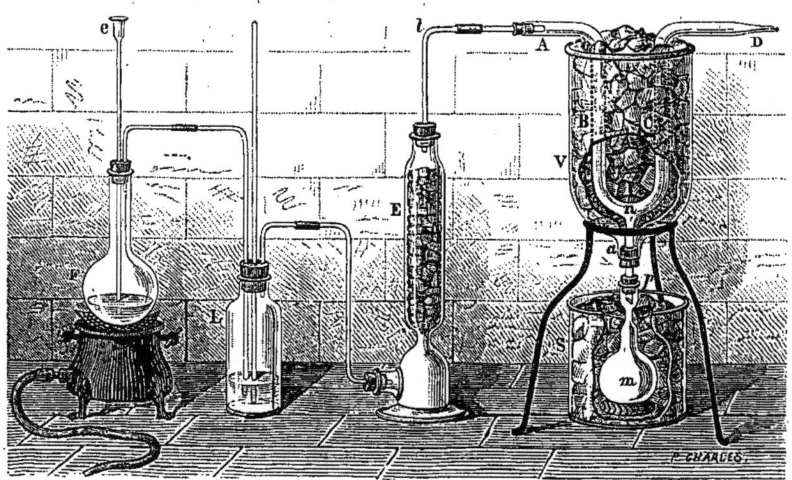

Fig. 301. — Liquéfaction du formène monochloré.

courant de gaz chlorhydrique sec (§ 674). L'oxychlorure se dissout et la liqueur devenue limpide, absorbe abondamment le gaz. Bientôt du gaz éther méthyl-chlorhydrique se dégage, en proportion correspondante à celle du gaz chlorhydrique qui pénètre dans le liquide. L'éther en traversant le réfrigérant pour s'échapper, abandonne les vapeurs d'alcool qu'il entraîne. On le lave à l'eau, puis on le dessèche sur du chlorure de calcium.

1191. LIQUÉFACTION. — Le gaz préparé par les méthodes précédentes se liquéfie lorsqu'on le refroidit à l'aide d'un mélange réfrigérant énergique (M. Berthelot). Il doit, au préalable, être exactement desséché.

Dans ce but, il est nécessaire de modifier l'appareil (fig. 301). A la suite d'un flacon laveur à potasse L, on dispose une colonne à dessécher E, remplie de chlorure de calcium sec, laquelle est elle-même suivie d'un appareil à condensation, où le gaz traverse un tube ABCD muni d'un ajutage d'écoulement np (voy. aussi § 142, fig. 86). La réfrigération est obtenue au moyen d'un mélange de glace pilée et de chlorure de calcium cristallisé (§ 141), que l'on place dans la cloche à douille V.

Le gaz se dessèche dans la colonne, sur le chlorure de calcium, puis se refroidit et se liquéfie dans le tube en U ; le liquide produit s'écoule dans le vase *m*, qui est lui-même entouré du même mélange réfrigérant, et dont le col a été préalablement étiré à la lampe. Lorsque ce dernier vase est garni d'une quantité suffisante de produit, on le sépare du tube *np* et, sans le sortir du mélange réfrigérant, on le scelle à la lampe dans sa partie étranglée. S'il a été choisi suffisamment résistant, le formène monochloré liquide s'y conserve indéfiniment aux températures ordinaires ; les ballons épais, qui servent pour la mesure de la densité des vapeurs, conviennent particulièrement.

Le commerce fournit l'éther méthyl-chlorhydrique liquide, qui provient de la décomposition du chlorhydrate de triméthylamine, obtenu lui-même par la calcination en vases clos des vinasses de betterave et absorption, dans l'acide chlorhydrique, des gaz alcalins dégagés (M. C. Vincent). Le gaz est liquéfié dans l'industrie par simple compression au moyen de pompes. On a dit plus haut (§ 143 et § 146) l'emploi de ce corps dans les laboratoires, comme agent de réfrigération, ainsi que la nature des appareils qui permettent de le conserver ou de l'utiliser.

II. — FORMÈNE TRICHLORÉ OU CHLOROFORME.

P. mol. : $C^2HCl^3 = 119,5 = 4\ vol. = \Theta HCl^3$.

1192. *Synonymes* : Éther méthyl-chlorhydrique bichloré, chlorure de méthyle bichloré. — *Liquide incolore*, à odeur pénétrante, découvert presque simultanément en 1831, par Soubeiran, par Liebig et par Samuel Guthrie. — *Densité* : 1,491 à 17°. — *Point d'ébullition* : 60°,8. — *Densité de vapeur* rapportée à l'air : 4,199. — *Solubilité* presque nulle dans l'eau ; très grande dans l'alcool et dans l'éther. — *Anesthésique.* — A 20°, 1 litre d'air saturé de sa vapeur en contient un peu plus de 1 gramme ; près de 2 grammes à 30°. — Difficilement combustible à l'air.

1193. PRODUCTION PAR LE FORMÈNE ET LE CHLORE. — Un mélange de 1 volume de formène avec 3 volumes de chlore et 4 ou 5 volumes d'un gaz inerte, tel que l'anhydride carbonique, réagit au soleil en donnant du chloroforme et de l'acide chlorhydrique :

$$C^2H^4 \quad + \quad 3Cl^2 \quad = \quad C^2HCl^3 \quad + \quad 3HCl ;$$
$$\text{4 vol.} \quad\quad \text{12 vol.} \quad\quad \text{4 vol.} \quad\quad \text{12 vol.}$$

$$\Theta H^4 \quad + \quad 3Cl^2 \quad = \quad \Theta HCl^3 \quad + \quad 3HCl.$$

L'expérience se fait de la même manière que pour obtenir le formène monochloré (1188).

1194. PRÉPARATION. — Le chloroforme s'obtient dans l'industrie en faisant réagir le chlorure de chaux sur l'alcool (Soubeiran). Cette fabrication peut être reproduite dans les laboratoires de la manière suivante :

On prend une cornue tubulée de 2 litres, faisant partie d'un appareil distillatoire (§ 222, fig. 118), dont le réfrigérant est un ballon tubulé entouré d'eau froide. On éteint 30 grammes de chaux vive (§ 915) ; on introduit l'hydrate dans un mortier avec 60 grammes de chlorure de chaux, puis en triturant avec le pilon, on ajoute peu à peu 250 grammes d'eau, et on fait une bouillie homogène qu'on verse dans la cornue. L'appareil étant disposé sur un fourneau, on additionne la masse de 10 grammes d'alcool, on bouche, on agite pour mélanger, et on chauffe très doucement. Une réaction vive ne tarde pas à se déclarer ; comme elle s'effectue avec un dégagement de chaleur considérable, elle tend à se prononcer de plus et on doit éteindre le feu immédiatement. La distillation se continue d'elle-même. L'action est tumultueuse, le mélange mousse et se boursoufle considérablement ; c'est pour cette raison que la cornue a été prise relativement très volumineuse.

Le chlore du chlorure de chaux transforme d'abord l'alcool en aldéhyde, puis en aldéhyde trichloré ou chloral :

$$C^4H^6O^2 \quad + \quad Cl^2 \quad = \quad C^4H^4O^2 \quad + \quad 2HCl,$$
Alcool. Chlore. Aldéhyde. Acide chlorhydrique.

$$\overline{C}^2H^5,\overline{O}H \quad + \quad \overline{Cl}^2 \quad = \quad \overline{C}H^3,\overline{C}\overline{O}H \quad + \quad 2H\overline{Cl};$$

$$C^4H^4O^2 \quad + \quad 3Cl^2 \quad = \quad C^4HCl^3O^2 \quad + \quad 3HCl,$$
Aldéhyde. Chlore. Chloral. Acide chlorhydrique.

$$\overline{C}H^3,\overline{C}\overline{O}H \quad + \quad 3\overline{Cl}^2 \quad = \quad \overline{C}Cl^3,\overline{C}\overline{O}H \quad + \quad 3H\overline{Cl}.$$

En présence de la chaux hydratée, le chloral se détruit aussitôt après sa formation, pour engendrer du chloroforme et du formiate de chaux :

$$C^4HCl^3O^2 \quad + \quad CaO,HO \quad = \quad C^2HCl^3 \quad + \quad C^2HCaO^4;$$
Chloral. Hydrate de chaux. Chloroforme. Formiate de chaux.

$$2(\overline{C}Cl^3,\overline{C}\overline{O}H) \quad + \quad \overline{C}a\overline{O}^2H^2 \quad = \quad 2\overline{C}HCl^3 \quad + \quad (\overline{C}\overline{O}^2H)^2\overline{C}a.$$

En même temps, une portion du formiate, en s'oxydant sous l'influence du chlorure de chaux, fournit du carbonate de chaux et du gaz carbonique :

$$2C^2HCaO^4 \quad + \quad 2O^2 \quad = \quad C^2O^4,2CaO \quad + \quad C^2O^4 \quad + \quad H^2O^2,$$
Formiate de chaux. Oxygène. Carbonate de chaux. Gaz carbonique. Eau.

$$(\overline{C}\overline{O}^2H)^2\overline{C}a \quad + \quad 2\overline{O} \quad = \quad \overline{C}\overline{O}^3\overline{C}a \quad + \quad \overline{C}\overline{O}^2 \quad + \quad H^2\overline{O};$$

c'est au dégagement de ce gaz qu'est dû le boursouflement.

Lorsque la distillation s'arrête, on chauffe de nouveau pour la terminer ; on cesse quand le récipient contient 60 grammes environ de liquide.

Le poids du produit que peuvent fournir 10 grammes d'alcool étant forcément très faible, si l'on désire une quantité de chloroforme un peu plus forte, on introduit dans la même cornue, sans la débarrasser du résidu de l'opération précédente, un nouveau mélange semblable au premier, et on opère encore une fois comme il a été dit.

Une portion de l'alcool échappant toujours à la réaction à cause de la rapidité de l'opération, il est bon de verser le produit distillé sur le résidu, de *cohober*, et de distiller de nouveau ; on augmente ainsi le rendement.

Le liquide qui se trouve finalement dans le ballon est du chloroforme mélangé d'alcool non décomposé et d'eau. On l'additionne de 2 ou 3 fois son volume d'eau, on agite vivement, puis on laisse déposer. L'eau dissout l'alcool, et le chloroforme gagne le fond du vase à cause de sa forte densité. Pour le purifier complètement, on le décante, on l'agite dans un petit flacon avec de l'acide sulfurique concentré, qui absorbe les dernières traces d'alcool et détruit en se colorant diverses substances organiques. On sépare de nouveau le chloroforme, on le lave avec quelques centimètres cubes d'une solution de carbonate de soude qui neutralise l'acide sulfurique entraîné, on enlève aussi complètement que possible la liqueur de lavage, et on introduit dans le flacon quelques fragments de chlorure de calcium sec. Après agitation et contact prolongé pendant quelques heures, le chloroforme est desséché. Pour terminer, il ne reste plus qu'à le distiller, en recueillant à part ce qui passe entre 60° et 61° (§ 233).

1195. Préparation par le chloral. — L'action des hydrates alcalins ou alcalino-terreux sur le chloral, action citée plus haut pour expliquer la préparation du chloroforme (§ 1194), peut être isolée des autres réactions qui l'accompagnent dans cette préparation.

On opère dans un appareil distillatoire, formé d'une cornue et d'un ballon, tous deux tubulés (§ 222, fig. 118). La cornue ayant une capacité de 250 centimètres cubes, on y introduit 30 grammes d'hydrate de chloral cristallisé (voy. *Chloral*) et 60 grammes d'eau; puis l'appareil étant disposé sur un fourneau, on ajoute 40 grammes de lessive de potasse $(D = 1,33)$. On chauffe doucement. Une réaction énergique ne tarde pas à se manifester; il se produit du chloroforme et du formiate de potasse :

$$C^4HCl^3O^2 \quad + \quad KO,HO \quad = \quad C^2HCl^3 \quad + \quad C^2HKO^4;$$

Chloral.	Hydrate de potasse.	Chloroforme.	Formiate de potasse.

$$\mathrm{CCl^3,COH} \quad + \quad K\Theta H \quad = \quad CHCl^3 \quad + \quad C\Theta^2HK.$$

Le formiate reste dans la cornue, mélangé à un excès de potasse; il peut être caractérisé à l'état de formiate de plomb (voy. *Acide formique*). Quant au chloroforme, on le distille et on le purifie par les traitements indiqués plus haut (§ 1194).

1196. Décomposition par les hydrates alcalins. — Le chloroforme n'est pas dissous, et par suite n'est pas attaqué sensiblement, par les solutions aqueuses des hydrates alcalins. Ce fait résulte précisément des expériences précédentes, où du chloroforme prend naissance au sein de mélanges chargés d'un excès d'alcali ou de terre alcaline. Il n'en est plus de même si les hydrates alcalins interviennent en dissolution dans l'alcool, le chloroforme étant alors miscible avec le réactif; celui-ci l'attaque en formant du chlorure de potassium et du formiate de potasse (Dumas), par une réaction qui a été l'origine du mot *chloroforme* :

$$C^2HCl^3 \quad + \quad 4KO,HO \quad = \quad 3KCl \quad + \quad C^2HKO^4 \quad + \quad 2H^2O^2;$$

Chloroforme.	Hydrate de potasse.	Chlorure de potassium.	Formiate de potasse.	Eau.

$$CHCl^3 \quad + \quad 4K\Theta H \quad = \quad 3KCl \quad + \quad C\Theta^2HK \quad + \quad 2H^2\Theta.$$

L'opération se fait dans un petit appareil distillatoire, formé d'une cornue tubulée de 250 centimètres cubes et d'un ballon tubulé servant de ré-

frigérant (§ 222, fig. 118). On forme, dans la cornue elle-même, une dissolution avec 20 grammes de potasse caustique et 50 grammes d'alcool,
puis, le ballon étant complètement entouré d'eau froide, on verse
dans la liqueur alcaline 12 grammes de chloroforme. Dès qu'on a élevé
un peu la température, et souvent d'une manière spontanée, une réaction des plus énergiques prend naissance ; sous l'influence de la chaleur
qu'elle dégage, l'alcool distille abondamment, entraînant un peu de
chloroforme échappé à la réaction. Lorsque celle-ci est terminée, la
cornue renferme une masse cristalline solide, l'alcool ayant disparu en
grande partie et ce liquide dissolvant d'ailleurs fort peu les sels engendrés.

On constate que le résidu salin, repris par l'eau et acidulé avec l'a-
cide azotique dilué, précipite abondamment l'azotate d'argent en formant du chlorure d'argent. Il est possible d'isoler l'acide formique qu'il
renferme ; mais la présence de cet acide est facile à déceler par l'action
réductrice qu'il exerce à chaud sur l'azotate d'argent, ajouté en excès
à la liqueur filtrée et neutralisée (voy. *Acide formique*).

III. — IODOFORME.

$$P.\ mol.\ :\ C^2HI^3 = 394 = 4\,vol. = CHI^3.$$

1197. *Synonymes :* Formène tri-iodé, éther métyl-iodhydrique di-iodé, iodure de méthyle di-iodé, iodure de formyle. — *Composé jaune* de soufre, à odeur safranée,
cristallisant en *tables hexagonales*, découvert en 1822 par Sérullas. — *Densité :*
2,0 environ. — *Point de fusion :* 120° environ. — *Volatilisé* dès sa température
de fusion ; décomposé à l'*ébullition :* entraîné abondamment par la vapeur d'eau.
— *Insoluble* dans l'eau ; très soluble dans l'alcool, l'éther, les huiles grasses, le
sulfure de carbone.

1198. Préparation par l'alcool et l'iode. — L'iodoforme prend
naissance toutes les fois que l'alcool se trouve mis en contact avec l'iode
dans un milieu alcalin, c'est-à-dire dans des circonstances analogues à
celles dans lesquelles se produit le chloroforme (§ 1194). Sa préparation fournit des rendements assez satisfaisants en opérant de la
manière suivante :

Dans un matras de 500 centimètres cubes, on chauffe vers 70°, au bain-
marie, 50 grammes de carbonate de soude cristallisé avec 200 grammes
d'eau. Après dissolution, on ajoute 55 centimètres cubes d'alcool à
92 centièmes, puis, par petites portions, 25 grammes d'iode. Celui-ci
se dissout en donnant une liqueur jaune, dont la teinte va en diminuant.
Quand la décoloration est complète, on laisse refroidir le matras plongé
dans le bain-marie qui le baigne ; l'iodoforme cristallise peu à peu.
Après 24 heures, on décante la liqueur dans un second matras semblable au premier et, après avoir égoutté l'iodoforme, on le met de côté.
Si l'on néglige la question de rendement, on peut arrêter là l'opération
et purifier le produit en suivant le procédé qui sera indiqué plus loin.
Le poids d'iodoforme recueilli est à peu près 6 grammes.

On peut au contraire utiliser les produits restés dans la liqueur. Pour
cela on dissout dans l'eau mère, chauffée au bain-marie, 80 grammes

de carbonate de soude et 60 centimètres cubes d'alcool. Par un tube adducteur, plongeant jusqu'au fond du matras, on fait ensuite passer dans le mélange un courant de chlore lavé à l'eau (§ 651). La quantité de chlore dégagée par 100 grammes d'acide chlorhydrique réagissant sur un excès de bioxyde de manganèse, convient pour les proportions indiquées. On laisse de nouveau le mélange se refroidir lentement ; il fournit une nouvelle quantité de cristaux d'iodoforme que l'on isole.

Pour purifier l'iodoforme, on le dissout dans le moins possible d'alcool fort, chauffé à une température un peu inférieure à son point d'ébullition. On filtre sur du papier, dans un entonnoir que l'on recouvre d'une feuille de verre, puis on laisse refroidir lentement dans un matras incomplètement bouché. En laissant ce dernier se refroidir en même temps qu'une masse d'eau tiède dans laquelle il plonge, on obtient de plus grands cristaux.

1199. Préparation par l'acétone et l'iode. — Dans une liqueur alcaline l'iode agit sur l'acétone pour former l'iodoforme (Lieben) :

$$C^6H^6O^2 \;+\; 6I \;+\; 4(KO,HO) \;=\; C^2HI^3 \;+\; C^4H^3KO^4 \;+\; 3KI \;+\; 3H^2O^2;$$

| Acétone. | Iode. | Hydrate de potasse. | Iodoforme. | Acétate de potasse. | Iodure de potassium. | Eau. |

$$(\text{Є}H^3)^2\text{ЄѲ} \;+\; 6I \;+\; 4K\text{Ѳ}H \;=\; \text{Є}HI^3 \;-\; \text{Є}H^3,\text{ЄѲ}^2K \;+\; 3KI \;+\; 3H^2\text{Ѳ}.$$

Cette réaction, usitée d'abord pour reconnaître et doser l'acétone, est utilisée pour la production de l'iodoforme, en employant l'iode libre ou un iodure alcalin dans lequel on met l'iode en liberté par un hypochlorite.

On dissout dans l'eau 50 grammes d'iodure de potassium, 6 grammes d'acétone et 2 grammes d'hydrate de soude, puis on ajoute de l'eau froide de façon à compléter 2 litres. On fait tomber goutte à goutte dans le liquide soigneusement agité de l'hypochlorite de soude en solution étendue. L'iodoforme se précipite aussitôt et s'agglomère. On continue à verser l'hypochlorite aussi longtemps que ce réactif provoque dans le liquide la formation du précipité jaune. Le rendement est assez voisin de celui indiqué par la formule précédente.

On recueille le produit sur un filtre et on le purifie comme il a été dit plus haut (§ 1198).

IV. — GAZ DE HOUILLE.

1200. Le formène est le carbure d'hydrogène qui domine dans le gaz d'éclairage ; ce dernier en renferme de 30 à 40 centièmes de son volume, mélangés d'ordinaire à une quantité supérieure d'hydrogène ; le reste est constitué par de l'oxyde de carbone et des gaz ou vapeurs hydrocarbonés.

Le gaz d'éclairage se dégage dans la distillation sèche de la houille. On peut, au moyen d'un appareil fort simple, montrer que la houille, distillée en vase clos, fournit un gaz combustible avec une flamme éclairante. Il suffit, en effet, de chauffer jusqu'au rouge sombre, sur une grille à analyse, de la houille concassée, enfermée dans un tube de verre peu fusible, fermé à la lampe à une de ses extrémités et incomplètement rempli ; le gaz d'éclairage se dégage bientôt en abondance. Si l'on fixe à l'orifice de ce tube un bouchon traversé par un petit tube à dégagement de quelques centimètres de longueur

le gaz peut être enflammé à l'extrémité de ce dernier, après que tout l'air a
été chassé de l'appareil. Dans la partie vide et non chauffée du tube où se fait
la réaction, il se condense de l'eau et des matières goudronneuses.

On opère sur un poids de houille plus considérable, dans un appareil distillatoire à cornue de grès (fig. 131; § 247). Une représentation plus fidèle de la
fabrication du gaz de houille exige des appareils compliqués, sur lesquels
nous ne nous arrêterons pas ici. En remplaçant la houille par quelques fragments de bois, on obtient de même un gaz éclairant (voy. *Acide pyroligneux*).

Le gaz de l'éclairage, étant composé surtout de deux gaz peu denses, a lui-
même une densité beaucoup plus faible que celle de l'air ; le fait est mis en
évidence par les mêmes expériences que pour l'hydrogène (§ 519 et 520).

Il forme avec l'oxygène et avec l'air des mélanges explosibles. On a vu plus
haut (§ 79 et suivants) les circonstances normales de sa combustion.

1201. Les flammes du formène, de l'hydrogène et de l'oxyde de carbone,
corps qui, à quelques centièmes près, constituent le gaz de houille, ne sont
pas éclairantes. Elles le devien-
nent par leur mélange avec une
faible proportion de gaz ou vapeurs très riches en carbone, tels
que l'acétylène, l'éthylène, la benzine, la naphtaline, etc.

Ce fait peut être démontré en
faisant arriver de l'hydrogène,
fourni par un appareil quelconque mais fonctionnant avec régularité, dans un flacon F
(fig. 302) à deux tubulures, le
tube adducteur *a* pénétrant jusqu'à 1 ou 2 centimètres du fond
du flacon. Le goulot de ce dernier porte un tube à ampoule E
avec robinet, et la deuxième tubulure est munie d'un tube à
dégagement coudé *d*. Ce dernier
est relié par un tube de caoutchouc avec un brûleur à fente B

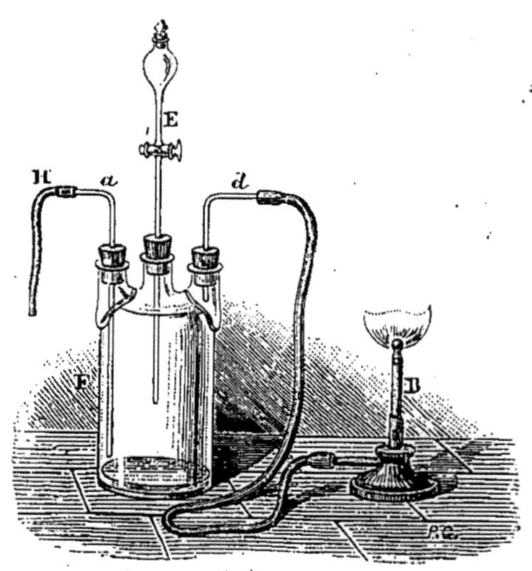

Fig. 302. — Hydrogène rendu éclairant par
la vapeur de benzine.

(§ 82), donnant une flamme dite en papillon. Lorsque, l'air ayant été
complètement expulsé de l'appareil, on n'a plus à craindre une explosion, on
allume l'hydrogène à l'orifice du brûleur ; on constate que la flamme produite
est à peu près invisible. On verse alors dans l'ampoule *e* quelques centimètres
cubes de benzine, on ouvre doucement le robinet, de manière à laisser écouler le liquide, puis on referme le robinet. La benzine s'étale en couche sur
le fond du flacon et se volatilise aussitôt; ses vapeurs sont dès lors entraînées
par l'hydrogène et la flamme du brûleur devient brillante et éclairante. On
augmente la quantité de vapeur de benzine entraînée, en rapprochant l'orifice
inférieur du tube qui amène l'hydrogène de la surface de l'hydrocarbure ; il
faut éviter cependant de le faire plonger, les secousses, dues au passage des
bulles gazeuses dans le liquide, provoquant l'extinction de la flamme. On peut
remplacer la benzine par du pétrole très volatil.

D'ailleurs la même expérience, faite en chargeant un courant d'air régu-lier (§ 466) de vapeur de pétrole très léger, donne un mélange gazeux, connu sous le nom d'*air carburé*; celui-ci est combustible à la manière du gaz d'éclairage. Il faut cependant veiller à ce que, par réfrigération, par défaut d'é-tendue de la surface d'évaporation, ou par toute autre cause, il ne se volatilise qu'une quantité insuffisante d'hydrocarbure, l'air chargé d'une proportion trop faible de ce dernier formant un mélange explosible.

D. — Benzine.

$$P.\ mol. : C^{12}H^6 = 78 = 4\ vol. = C^6H^6.$$

1202. *Synonymes* : Tri-acétylène, benzol, hydrure de phényle, bicarbure d'hydro-gène, benzène. — *Liquide* incolore, mobile, à odeur forte, découvert par Faraday en 1825. — *Densité* : 0,8872 à 15°. — *Cristallisant* au voisinage de 0° en prismes rhomboïdaux, fusibles à + 6°. — *Point d'ébullition* : 80°,5. — *Insoluble* dans l'eau; miscible avec l'alcool absolu et avec l'éther; soluble dans l'alcool ordinaire. — Combustible avec une flamme éclairante et fuligineuse.

1203. Synthèse. — A la température du rouge sombre, l'acétylène se poly-mérise et se change en divers carbures condensés, parmi lesquels domine la benzine (M. Berthelot) :

$$3C^4H^2 = C^{12}H^6 ;$$
$$\text{Acétylène.} \qquad \text{Benzine.}$$
$$3C^2H^2 = C^6H^6.$$

La formation de la benzine, dans ces circonstances, se démontre de la ma-nière suivante. Dans une cloche courbe, de verre peu fusible, renversée sur la cuve à mercure, on introduit 20 centimètres cubes environ d'a-cétylène, et on ferme l'orifice inférieur par un bouchon. On transporte la cloche dans un verre à pied contenant une cer-taine quantité de mercure, et, après avoir entouré de toile mé-tallique la partie supérieure re-courbée, on la chauffe en l'entou-rant de la flamme d'un brûleur de Bunsen (fig. 303). La cloche étant fermée, la dilatation ne peut faire sortir l'acétylène. Au bout de quelques instants, l'atmosphère intérieure, qui était transparente, se remplit de vapeurs blanches,

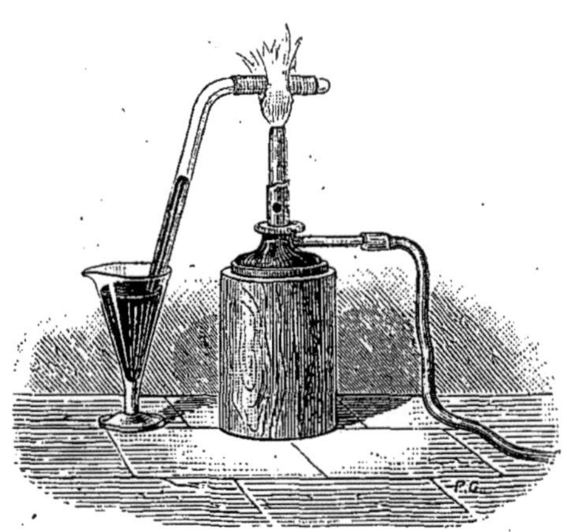

Fig. 303. — Synthèse de la benzine.

lesquelles ne tardent pas à se condenser dans les parties froides du tube, vers le niveau du mercure. Après une demi-heure environ, on met fin à l'ex-périence. On constate alors qu'un anneau liquide s'est déposé au point de contact du verre et du ménisque mercuriel. On laisse refroidir la cloche, on la transporte sur la cuve à mercure, et on la débouche; on voit aussitôt le mercure s'élever à l'intérieur, et démontrer ainsi la disparition de la plus grande partie de l'acétylène. En introduisant de nouveau de l'acétylène dans la cloche et en chauffant comme précédemment, puis en répétant la même expérience un certain nombre de fois, on accumule à la surface du mercure une quantité notable de liquide de condensation. Avec quelque patience, on peut en avoir assez pour le distiller et isoler la benzine en nature. S'il s'agit simplement de constater la formation de cet hydrocarbure, il est inutile de multiplier les expériences; en opérant bien, il suffit du produit de la condensation de 10 ou 12 centimètres cubes d'acétylène pour caractériser la benzine ; en doublant ou en triplant cette quantité, la recherche du carbure devient très facile.

Pour reconnaître la benzine, on s'appuie sur la production d'une belle matière colorante violette qu'elle fournit quand on la transforme en aniline, et qu'on traite ensuite cette dernière par le chlorure de chaux. A cet effet, on commence par faire écouler le mercure de la cloche refroidie; la benzine, qui mouille le verre, reste adhérente à celui-ci. On verse dans la cloche une dizaine de gouttes d'acide azotique fumant, que l'on promène sur les parois; ce réactif transforme la benzine en nitrobenzine (§ 1205), qui reste dissoute dans l'acide concentré employé en excès. On introduit dans la cloche 10 centimètres cubes d'eau et on agite; l'acide se trouvant dilué, la nitrobenzine est précipitée et la liqueur trouble présente dès lors l'odeur d'amandes amères, qui est l'un des caractères de ce composé. On verse à la surface du mélange 5 ou 6 centimètres cubes d'éther, on bouche la cloche avec le doigt, et on agite; l'éther dissout la nitrobenzine, puis se sépare par le repos, entraînant la totalité du carbure nitré. On enlève à l'aide d'une pipette l'éther surnageant, on le filtre sur un papier sec pour séparer les traces de liqueur acide entraînées, et on reçoit le liquide filtré dans une très petite cornue tubulée. Cette dernière fait partie d'un appareil distillatoire (fig. 118, § 222); on la chauffe en plongeant sa panse dans un bain d'eau bouillante. L'éther distille, tandis que la nitrobenzine reste sur les parois de la cornue. On enlève l'éther du récipient ; on introduit dans la cornue 2 ou 3 grammes d'acide acétique et autant de limaille de fer bien dépourvue de corps gras, puis on distille lentement. La nitrobenzine se trouve changée en aniline (voy. *Aniline*). On chauffe jusqu'à dessiccation complète du résidu restant dans la cornue. Le liquide distillé et refroidi, est étendu de quelques centimètres cubes d'eau, additionné de chaux éteinte jusqu'à ce qu'il bleuisse le tournesol, puis filtré. Il suffit enfin de le mélanger avec une solution récente, limpide et diluée de chlorure de chaux, pour voir apparaître une belle coloration bleu violacé, qui caractérise l'aniline, et par suite la benzine. Pratiquée sur un fond blanc, dans une assiette de porcelaine par exemple, la réaction possède une grande sensibilité.

I. — NITROBENZINE.

$$P.\ mol. : C^{12}H^5(AzO^4) = 123 = 4\ vol. = C^6H^5(Az\theta^2).$$

1204. *Synonymes* : Benzine nitrée, benzine mononitrée, essence de mirbane. — *Liquide* légèrement jaunâtre, huileux, à odeur d'amandes amères, découvert par Mitscherlich en 1834. — *Densité* : 1,2002 à 0°. — *Solidifiable* par le froid en cristaux fusibles à + 3°. — *Point d'ébullition* : 209°; détone sous l'action des températures voisines du rouge. — *Insoluble* dans l'eau; soluble dans l'alcool, l'éther et l'acide acétique concentré. — *Toxique*.

1205. PRÉPARATION. — Au contact de l'acide azotique fumant, la benzine forme la nitrobenzine (Mitscherlich) :

$$C^{12}H^6 \quad + \quad AzO^5,HO \quad = \quad C^{12}H^5(AzO^4) \quad + \quad H^2O^2;$$

Benzine.   Acide azotique.   Nitrobenzine.   Eau.

$$C^6H^6 \quad + \quad Az\theta^3H \quad = \quad C^6H^5(Az\theta^2) \quad + \quad H^2\theta.$$

On admet qu'une molécule nitreuse (AzO^4) ou ($Az\theta^2$) se *substitue* ainsi à 1 équivalent d'hydrogène dans la benzine.

Dans un matras de 250 centimètres cubes, on introduit 80 grammes d'acide azotique fumant, puis on verse, par très petites portions à la fois, 25 grammes de benzine pure. A chaque affusion de benzine l'acide, que l'on agite soigneusement, prend une coloration rouge intense, qui disparaît après très peu d'instants. Pendant l'opération, on maintient le matras entouré d'eau froide, pour éviter toute élévation de température du mélange, la réaction étant l'origine d'un dégagement de chaleur important. Il n'y a production de vapeurs nitreuses que si l'acide n'était pas pur. Finalement, le liquide obtenu est limpide et peu coloré. On l'additionne de 1 demi-litre d'eau ; la nitrobenzine se précipite de sa dissolution dans l'acide concentré, qui a été employé en excès. Si la dilution du liquide acide est suffisante, la nitrobenzine plus dense, huileuse, ne tarde pas à se déposer. On décante la liqueur surnageante, on lave le produit en l'agitant avec de l'eau pure, on décante cette dernière, on la remplace par de l'eau mélangée de quelques gouttes d'ammoniaque ; par l'agitation, celle-ci sature les dernières traces d'acide libre. Enfin on isole la nitrobenzine par décantation et on la dessèche par contact prolongé avec quelques fragments de chlorure de calcium sec.

L'acide azotique fumant peut être remplacé par un mélange refroidi de 50 grammes d'acide azotique ordinaire de densité 1,38 (40° Baumé), avec 75 grammes d'acide sulfurique concentré. Dans ce cas, il est bon, toute la benzine étant mélangée à la liqueur acide, de porter le mélange bien agité à la température de 60° et de l'y maintenir pendant 30 minutes. On verse ensuite le tout dans 1 demi-litre d'eau et on continue comme il a été dit.

La purification par distillation n'est pas sans danger. Elle ne doit pas être pratiquée sans précaution, la surchauffe des parois de la cornue pouvant entraîner, avec explosion, la destruction du produit nitré. La distillation est d'ailleurs le plus souvent inutile si l'on est parti de benzine pure et cristallisable. Toutefois, si l'on veut avoir de la nitrobenzine pure, on la pratique à la manière ordinaire (§ 233), en recueillant le liquide passant au voisinage de 209°. On s'arrête lorsque le résidu contenu dans la cornue se colore en brun. L'eau et la benzine non attaquée passent en premier lieu à la distillation et sont séparées aisément.

II. — DINITROBENZINE.

$$P.\ mol. : C^{12}H^4(AzO^4)^2 = 168 = 4\ vol. = C^6H^4(Az\theta^2)^2.$$

1206. *Synonymes* : Méta-dinitrobenzine, dinitrobenzine ordinaire, binitrobenzine. — *Composé* jaune clair, *cristallisé* en longs *prismes rhomboïdaux* brillants, découvert par H. Sainte-Claire Deville en 1841. — *Point de fusion* : 89°,9. — *Point d'ébullition* : 297°. — *Insoluble* dans l'eau; très soluble dans l'alcool. — Isomère de l'*ortho-dinitrobenzine* et de la *para-dinitrobenzine*.

1207. PRÉPARATION. — On introduit dans un matras de 250 centimètres cubes, 60 grammes d'acide azotique fumant et on y verse, peu à peu, en agitant et en entourant le matras d'eau froide, 60 grammes d'acide sulfurique concentré. Dans le mélange refroidi, on verse par petites portions de la nitrobenzine, jusqu'à ce que celle-ci cesse de se dissoudre sous l'influence d'une agitation prolongée. On porte alors le mélange à une température voisine de celle à laquelle il entre en ébullition, et on l'y maintient pendant dix minutes. La dinitrobenzine se produit alors :

$$C^{12}H^6 \quad + \quad 2(AzO^5,HO) \quad = \quad C^{12}H^4(AzO^4)^2 \quad + \quad 2H^2O^2 ;$$

Benzine.   Acide azotique.   Dinitrobenzine.   Eau.

$$C^6H^6 \quad + \quad 2Az\Theta^3H \quad = \quad C^6H^4(Az\Theta^2)^2 \quad + \quad 2H^2\Theta.$$

On laisse refroidir et la dinitrobenzine cristallise partiellement. On verse en filet toute la masse froide dans 500 ou 600 centimètres cubes d'eau maintenue agitée : la dinitrobenzine se précipite en totalité. On recueille sur un filtre la masse cristalline, on la lave à l'eau, puis on la sèche ; ce traitement se fait plus vite et mieux à la trompe, par essorage et lavage du précipité recueilli sur un tampon d'amiante ou de fulmi-coton (§ 385). Le produit est séché à l'air entre deux feuilles de papier buvard.

Pour purifier la dinitrobenzine, on la dissout dans le moins possible d'alcool bouillant, en chauffant au bain-marie, dans un matras ; l'alcool étant agité à l'ébullition avec le produit solide, on ajoute peu à peu du dissolvant jusqu'à disparition complète des cristaux. On filtre au papier dans un second matras semblable au premier, et on laisse cristalliser par refroidissement.

III. — BENZINE MONOBROMÉE.

$P.\,mol. : C^{12}H^5Br = 157 = 4\,vol. = C^6H^5Br.$

1208. *Synonymes* : Bromobenzol, bromobenzène. — *Liquide* incolore. — *Densité* : 1,517 a 0°. — *Point d'ébullition* : 154°,5.

1209. PRÉPARATION. — En présence d'une petite quantité d'iode, le brome attaque aisément la benzine pour donner des dérivés de substitution plus ou moins avancée, par exemple la benzine monobromée :

$$C^{12}H^6 \quad + \quad 2Br \quad = \quad C^{12}H^5Br \quad + \quad HBr ;$$

Benzine.   Brome.   Benzine bromée.   Acide bromhydrique.

$$C^6H^6 \quad + \quad 2Br \quad = \quad C^6H^5Br \quad + \quad HBr.$$

L'iode intervient ici en formant du bromure d'iode qui sert d'intermédiaire dans la réaction ; il se trouve constamment régénéré.

On opère dans un appareil composé d'un ballon de 500 centimètres cubes, disposé sur un bain-marie et portant un bouchon de liège percé de deux ouvertures ; à l'une de ces ouvertures est adaptée une ampoule à robinet (fig. 299, § 1177), l'autre étant traversée par un tube relié à un réfrigérant disposé à reflux. On place dans la cornue 100 grammes de benzine et 1 gramme d'iode, puis on introduit dans l'ampoule 220 grammes de brome (70 centimètres cubes). Entr'ouvrant le robinet de l'ampoule, on laisse le brome s'écouler lentement dans le ballon; la réaction commence aussitôt et l'acide bromhydrique s'échappe par l'orifice supérieur du réfrigérant. Pour ne pas le laisser perdre et pour n'en être pas incommodé, on a fixé à cet orifice, par un bouchon percé, un long tube coudé dont la branche verticale conduit le gaz dans un flacon étroit, garni d'eau, où il se dissout. Pour éviter tout accident par absorption, on fixe à l'extrémité du tube vertical, par un joint de caoutchouc, un pipette un peu large dont la pointe ne pénètre que fort peu dans l'eau du flacon : si une absorption tend à se produire, le liquide monte dans le réservoir de la pipette, le niveau s'abaisse simultanément dans le flacon et l'air rentre bientôt par l'orifice du tube qui cesse d'être baigné; la liqueur aqueuse ne peut ainsi remonter dans le réfrigérant.

On active la réaction en chauffant doucement le bain-marie. Les vapeurs de benzine et de brome entraînées par le gaz bromhydrique se condensent dans le réfrigérant, en un liquide qui retombe dans le ballon.

Quand, tout le brome ayant été employé, le gaz bromhydrique cesse de se dégager, on laisse refroidir le contenu du ballon, on l'agite avec son volume d'eau, en ajoutant quelques gouttes de lessive de soude pour dissoudre l'iode ainsi que le brome et décolorer le produit. La benzine monobromée impure se sépare incolore; on l'isole au moyen d'un entonnoir à robinet. On la lave de nouveau avec l'eau, à plusieurs reprises, puis on la purifie.

On l'introduit dans le ballon d'un appareil distillatoire (§ 224, fig. 120), dont le bouchon porte, en plus du tube conduisant les vapeurs au réfrigérant, un tube de verre plongeant jusqu'au fond et mis en relation avec un appareil fournissant un courant de vapeur d'eau, le plus simplement avec un ballon contenant de l'eau maintenue en ébullition rapide. La vapeur d'eau échauffe la benzine bromée et l'entraîne en abondance; le mélange des deux vapeurs se condense dans le réfrigérant et on recueille simultanément les deux liquides qui se séparent en deux couches. On isole la plus dense, qui est la benzine monobromée, quand l'eau a cessé d'entraîner avec elle du liquide insoluble. On a réalisé ainsi une première purification, qu'il est indispensable de pousser plus loin.

On dessèche le produit en le maintenant en contact avec quelques fragments de chlorure de calcium desséché, puis on le soumet à la distillation fractionnée dans un ballon surmonté d'un appareil à boules (§ 237, fig. 126). La benzine non attaquée passe d'abord; la benzine monobromée distille ensuite au voisinage de 154°; les produits de substitution plus avancée, étant moins volatils, se séparent au-dessus de cette température.

Dans une opération bien conduite, on obtient ainsi 140 grammes de benzine monobromée, soit environ les trois quarts du rendement théorique.

<h3 style="text-align:center">IV. — BENZINOSULFATE DE POTASSE.</h3>

$$P.\ mol. : C^{12}H^5K,S^2O^6 = 196 = C^6H^5,SO^3K.$$

1210. *Synonymes :* Phénylsulfite de potasse, benzolsulfonate de potasse. — *Lamelles cristallines,* incolores.

1211. Préparation. — A la température d'ébullition de la benzine, ce carbure s'unit à l'acide sulfurique concentré pour former l'acide benzinosulfurique :

$$C^{12}H^6 \quad + \quad S^2O^6,2HO \quad = \quad C^{12}H^6,S^2O^6 \quad + \quad H^2O^2;$$

Benzine.   Acide sulfurique.   Acide benzinosulfurique.   Eau.

$$C^6H^6 \quad + \quad SO^4H^2 \quad = \quad C^6H^5,SO^3H \quad + \quad H^2O.$$

Dans un ballon de 500 centimètres cubes, on introduit des volumes égaux entre eux de benzine cristallisable et d'acide sulfurique concentré, soit 88 grammes de benzine et 184 grammes d'acide sulfurique. On dispose le ballon sur un bain de sable et, au moyen d'un bouchon percé et d'un tube coudé, on le met en relation avec un réfrigérant de Liebig, disposé à reflux et parcouru par un courant d'eau froide. On chauffe le ballon avec un brûleur à gaz, de façon à provoquer une douce ébullition de la benzine, et on continue ainsi aussi longtemps que le volume de la benzine qui surnage va en diminuant, c'est-à-dire tant que le carbure continue à se combiner à l'acide en se dissolvant. Après trente ou trente-six heures, la réaction cesse de se produire ; la liqueur sulfurique s'est alors colorée en brun. On laisse refroidir. Au moyen d'un entonnoir à robinet, on sépare la benzine non attaquée de la liqueur sulfurique, et on verse cette dernière, peu à peu et en agitant, dans 2 litres d'eau. On neutralise à chaud la dissolution par du carbonate de baryte pulvérisé et on filtre la liqueur bouillante. L'acide benzinosulfurique et l'acide sulfurique qui a échappé à la réaction sont tous deux changés en sel de baryte : le sulfate de baryte insoluble reste sur le filtre, tandis que le benzinosulfate de baryte, qui est soluble, passe dans la solution. On lave à l'eau bouillante le résidu insoluble et on ajoute les eaux de lavage filtrées à la dissolution obtenue d'abord. On évapore la solution saline dans une capsule de porcelaine jusqu'à ce que quelques gouttes du produit, déposées sur une soucoupe, donnent des cristaux par refroidissement. On laisse cristalliser. Après vingt-quatre heures, les eaux mères évaporées de nouveau fournissent une seconde quantité de produit.

En cet état, le benzinosulfate de baryte constitue des tablettes nacrées plus ou moins colorées par des impuretés. On le recueille sur un filtre en coton, on le lave à la trompe par quelques gouttes d'eau froide, puis on le transforme en sel de potasse correspondant. Pour cela, on le dissout dans l'eau bouillante, et on ajoute à la liqueur une solution concentrée de carbonate de potasse aussi longtemps que cette dernière y produit un précipité, mais en évitant un excès de réactif : par double décomposition il s'est formé du carbonate de baryte insoluble et du benzinosulfate de potasse soluble. On filtre, on lave le précipité à l'eau bouillante et on évapore les liqueurs, d'abord à feu nu, puis au bain-marie, jusqu'à commencement de cristallisation à la surface du liquide. Par refroidissement le benzinosulfate de potasse cristallise en croûtes brunes.

Le sel brut est repris par l'eau bouillante additionnée d'un peu de noir animal ; il se dépose incolore pendant le refroidissement de la liqueur filtrée.

Le benzinosulfate de potasse, traité par la potasse fondante, donne le phénol ordinaire (voy. *Phénol*).

E. — Diphényle.

$$P.\ mol. : C^{24}H^{10} \text{ ou } (C^{12}H^5)^2 = 154 = 4\ vol. = C^6H^5,C^6H^5.$$

1212. *Synonyme* : Phényle. — *Hydrocarbure* découvert par M. Fittig. — *Cristallisé* en grandes lamelles incolores. — *Point de fusion* : 71°. — *Point d'ébullition* : 254°. — *Insoluble* dans l'eau. — Soluble dans l'acide acétique cristallisable.

1213. Préparation. — A la température du rouge, la benzine perd de l'hydrogène et se change en diphényle :

$$2 C^{12}H^6 = (C^{12}H^5)^2 + H^2;$$

Benzine.   Diphényle.   Hydrogène.

$$2 \mathcal{E}^6H^6 = (\mathcal{E}^6H^5)^2 + H^2.$$

Cette réaction est une de celles qui fournissent le plus aisément le diphényle.

Dans un ballon d'un litre et demi, disposé sur un bain-marie, on place 500 grammes de benzine pure et quelques fragments de charbon de cornue. L'orifice de ce vase est fermé par un bouchon de liège, traversé par deux tubes; l'un, coudé à angle droit, conduira la vapeur de benzine, produite à l'intérieur du ballon, vers l'extrémité d'un tube en fer étiré, de 1 mètre de longueur et de 2 centimètres de diamètre, rempli de pierre ponce granulée, et disposé symétriquement sur une grille à gaz. Les joints aux deux bouts du tube en fer sont faits par des bouchons de liège percés d'un trou. La seconde extrémité du tube métallique est mise en relation, par un tube deux fois coudé, avec un long réfrigérant de Liebig, orienté de façon à ramener vers le ballon les produits provenant de la condensation des vapeurs de benzine qui auront passé sur la pierre ponce chauffée. Ces produits liquides seront introduits de nouveau dans le ballon : à cet effet, la seconde ouverture du bouchon de celui-ci porte un long tube à trois branches, dont l'une, extérieure au ballon, communique avec le réfrigérant, l'autre, la plus élevée, étant en communication avec l'atmosphère, tandis que la troisième pénètre à l'intérieur du ballon et plonge dans la benzine. Les choses étant ainsi disposées, on porte le tube métallique à la température la plus élevée que la grille peut donner, soit au rouge vif, puis, chauffant le bain-marie, on envoie sur la ponce rougie un courant de vapeur de benzine. Celle-ci se décompose en partie, et il se dégage du tube métallique dans le réfrigérant de la vapeur de benzine non décomposée, du diphényle et de l'hydrogène. La benzine condensée et le diphényle qu'elle dissout sont ramenés dans le ballon, tandis que l'hydrogène s'échappe dans l'atmosphère par le tube ouvert à la suite du réfrigérant. Comme la benzine condensée distille sans cesse pour aller subir dans le tube métallique l'action de la chaleur rouge, le diphényle beaucoup moins volatil s'accumule dans le ballon.

Lorsque l'appareil a fonctionné ainsi pendant quelques heures, on le laisse refroidir, on distille la benzine au bain-marie, en évitant toute combustion de sa vapeur (voy. *Éther ordinaire*), puis on soumet le résidu resté dans le ballon à une distillation fractionnée, en chauffant à feu nu et en recueillant à part ce qui passe au-dessus de 150°. Cette portion du produit abandonne par le refroidissement des cristaux de diphényle. Ces derniers sont essorés à la trompe sur un tampon de coton (§ 354); on les purifie par redissolution dans l'alcool bouillant et cristallisation par refroidissement.

Le rendement est d'autant plus fort que la température du tube métallique a été elle-même plus élevée; il n'est bon qu'à partir du rouge vif, aussi le chauffage à la grille à analyse n'est-il suffisant que si le gaz brûlé est amené sous une pression un peu forte. Quand il n'en est pas ainsi, le chauffage au charbon doit être préféré.

F. — Diphénylméthane.

$$P.\ mol. : C^{26}H^{12} = C^2H^4(C^{12}H^4)^2 = 168 = 4\ vol. = \Theta H^2(\Theta^6H^5)^2.$$

1214. *Hydrocarbure cristallisé* en longues aiguilles prismatiques, découvert par M. Zincke. — *Odeur* agréable. — *Point de fusion :* 27°. — *Point d'ébullition :* 263°. — Très soluble dans l'alcool et dans l'éther.

1215. PRÉPARATION. — Le benzophénone ou benzone, acétone de l'acide benzoïque, se transforme par réduction en diphénylméthane (M. Graebe) :

$$C^{12}H^4(C^{14}H^6O^2) \quad + \quad 2H^2 \quad = \quad C^{26}H^{12} \quad + \quad H^2O^2 ;$$

Benzoné.　　　　　Hydrogène.　Diphénylméthane.　　Eau.

$$(\Theta^6H^5)^2\Theta\Theta \quad + \quad 2H^2 \quad = \quad \Theta H^2(\Theta^6H^5)^2 \quad + \quad H^2\Theta.$$

On emploie avantageusement l'acide iodhydrique comme réducteur ; l'hydrate de cet acide bouillant à 127° (§ 704) convient particulièrement.

On enferme dans un tube scellé résistant (§ 459 et suivants) 10 grammes de benzophénone, 12 grammes d'acide iodhydrique et 2,2 grammes de phosphore rouge. On chauffe un ou plusieurs tubes ainsi disposés dans un bain d'huile (§ 121, fig. 77), ou dans un bloc (§ 115, fig. 72), à la température de 160° pendant six heures. Après refroidissement le contenu des tubes est formé de deux liquides séparés et le phosphore a disparu en grande partie. On ouvre les tubes avec les précautions voulues (§ 463), et on fait passer leur contenu dans une ampoule à décanter (fig. 304) ; par addition d'eau, le carbure formé se solidifie. Lavant les tubes à l'eau et à l'éther, on transvase la totalité du produit dans l'ampoule. On ajoute de l'éther en quantité suffisante pour dissoudre tout le carbure, et on agite vivement. En laissant écouler le contenu de l'ampoule et, en fermant le robinet au moment voulu, on sépare la liqueur aqueuse de la solution éthérée. On lave celle-ci avec un peu d'eau qu'on sépare ensuite ; enfin on filtre la solution éthérée pour éliminer le phosphore restant, et on reçoit le liquide clair dans un ballon. Adaptant à ce dernier un réfrigérant et le plongeant dans un vase plein d'eau chaude, on distille l'éther entièrement, en évitant toute cause de combustion du véhicule inflammable (voy. *Éther ordinaire*). Le diphénylméthane brut constitue le résidu restant dans le ballon ; il se solidifie en refroidissant.

Fig. 304. — Ampoule à décanter.

On le fluidifie par une douce chaleur, on le transvase dans un ballon de plus petites dimensions faisant partie d'un appareil distillatoire et on le soumet à la distillation fractionnée (§ 229 et suivants). Le diphénylméthane constitue le produit passant vers 263°. Le rendement est assez élevé ; il atteint 85 p. 100 du poids du benzophénone.

G. — Triphénylméthane.

$$P.\ mol. : C^{38}H^{16} = C^2H^4(C^{12}H^4)^3 = 244 = 4\ vol. = \Theta H(\Theta^6H^5)^3.$$

1216. *Hydrocarbure* découvert par MM. Kékulé et Franchimont. — *Cristallise* d'ordinaire en lamelles rhomboïdales ; cristallise également sous deux autres formes instables. — *Point de fusion :* 92°. — *Point d'ébullition :* 359°. — Soluble dans l'éther, le chloroforme, la benzine et l'alcool chaud.

1217. Préparation. — En présence du chlorure d'aluminium anhydre, le chloroforme réagit sur la benzine pour donner du triphénylméthane et de l'acide chlorhydrique (MM. Friedel et Crafts) :

$$3C^{12}H^6 \quad + \quad C^2HCl^3 \quad = \quad C^2H^4(C^{12}H^4)^3 \quad + \quad 3HCl \; ;$$

Benzine.   Chloroforme.   Triphénylméthane.   Acide chlorhydrique.

$$3C^6H^6 \quad + \quad CHCl^3 \quad = \quad CH(C^6H^5)^3 \quad + \quad 3HCl.$$

Le chlorure d'aluminium ne provoque efficacement cette réaction remarquable que lorsqu'il est parfaitement anhydre et entièrement dépourvu d'oxyde ; il perd très rapidement ses propriétés au contact de l'air et doit être essayé au moment de l'emploi : quand on le sublime par l'action de la chaleur, il ne laisse pas de résidu notable s'il n'est pas altéré (1).

Il est indispensable également d'opérer avec de la benzine et du chloroforme tous deux *purs* et *secs* (Voir *Benzine* et *Chloroforme*).

On opère dans une cornue tubulée de 1500 centimètres cubes, reliée par son col à un réfrigérant disposé à reflux et plongée dans un bain-marie. On introduit dans la cornue 500 grammes de benzine et 100 grammes de chloroforme, puis on laisse tomber dans le liquide, par la tubulure de la cornue, 20 grammes de chlorure d'aluminium, on bouche la tubulure et on chauffe légèrement. La réaction se déclare et du gaz chlorhydrique se dégage en abondance par le réfrigérant : pour n'en être pas incommodé, on le dirige dans une cheminée à tirage énergique ou on le dissout dans l'eau à la manière ordinaire. Dès que le dégagement gazeux est calmé, on ajoute une seconde fois au mélange 20 grammes de chlorure d'aluminium, puis plusieurs fois encore jusqu'à emploi de 100 grammes de ce réactif. On termine en chauffant au bain-marie jusqu'à cessation de dégagement d'acide chlorhydrique, la benzine étant en ébullition.

Le produit est constitué par une masse brune. Après refroidissement, on le verse dans deux fois son volume d'eau froide ; le mélange s'échauffe fortement et la benzine non altérée entre en ébullition, ce qui force à faire cette partie du traitement en plein air et loin de tout foyer en combustion. On agite soigneusement pour multiplier les contacts avec l'eau, on ajoute de l'acide chlorhydrique pour rendre solubles les composés aluminiques, et, quand toute la masse est fluidifiée, on isole au moyen d'une ampoule à décanter (fig. 304, § 1215), la couche hydrocarburée qui surnage la liqueur aqueuse.

Dans un appareil distillatoire composé d'une cornue tubulée, en verre vert, munie d'un thermomètre, et d'un réfrigérant de Liebig, on soumet la liqueur benzénique à la distillation fractionnée. Les liquides passant au-dessous de 200° contiennent surtout la benzine qui n'a pas réagi ; vers 200° de l'acide chlorhydrique se dégage en abondance jusque vers 230°, avec un peu de liquide qui est riche en diphénylméthane (§ 1214). Au delà de 230°, le produit qui distille est du triphénylméthane brut. Enlevant le thermomètre, on continue la distillation aussi longtemps qu'elle fournit du produit volatilisable, jusqu'à ce que le résidu soit devenu très épais.

Tout ce qui a passé au delà de 200° est ensuite dissous dans la benzine bouillante et la liqueur est abandonnée au refroidissement. Une combinaison à molécules égales de triphénylméthane et de benzine, combinaison peu soluble dans

____

(1) Un produit partiellement altéré peut fournir du chlorure d'aluminium propre a l'usage dont il s'agit, par une sublimation pratiquée dans une cornue non tubulée, à col large, de forme basse. Le chlorure d'aluminium anhydre se condense dans le col de la cornue.

la benzine froide, se sépare sous la forme d'une masse cristalline jaunâtre; on l'isole par filtration sur un tampon de coton et on la purifie par plusieurs cristallisations successives dans la benzine. Elle constitue alors des cristaux limpides, incolores et volumineux, fusibles à 76°; elle s'effleurit rapidement à l'air en perdant de la benzine. En la chauffant au bain-marie, la benzine se volatilise et il reste du triphénylméthane. Ce dernier est enfin purifié par cristallisation dans l'alcool bouillant.

Les rendements varient beaucoup avec la qualité du chlorure d'aluminium anhydre employé et aussi avec la conduite de l'opération. On les augmente un peu en portant à 150 grammes la quantité du chlorure d'aluminium introduite dans le mélange.

H. — Naphtaline.

$$P.\ mol. : C^{20}H^8 = 128 = 4\ vol. = C^{10}H^8.$$

1218. *Synonymes :* Diacétylophénylène. — Hydrocarbure incolore, cristallisant en magnifiques lamelles dérivant d'un *prisme rhomboïdal droit*, découvert par Garden en 1820. — *Densité :* 1,158 à 18° : 0,9778 à 79°,2. — *Point de fusion :* 79°,2. — *Point d'ébullition :* 216°,6. — *Insoluble* dans l'eau; soluble dans l'alcool bouillant et dans l'éther.

1219. SUBLIMATION. — Le plus ordinairement, pour avoir de la naphtaline cristallisée et incolore, on se contente de sublimer la naphtaline brute, qui se dépose en cristaux dans les parties du goudron de houille distillant entre 180° et 220°. Dans ce but, on opère ainsi qu'il a été indiqué plus haut d'une manière générale (§ 251, fig. 132), en condensant l'hydrocarbure dans un cône de carton. On chauffe doucement le camion ou la marmite de fonte, afin de ne pas produire une volatilisation trop rapide. Il est nécessaire, en effet, pour éviter la liquéfaction des cristaux formés en bas du cône de carton, que la température n'y atteigne jamais 79°, point de fusion de la naphtaline. D'ailleurs, la condensation ne s'opérant qu'avec lenteur, si l'afflux des vapeurs devient trop considérable dans la partie supérieure de l'appareil, le produit s'échappe en abondance par le sommet du cône, se perd, et en même temps rend l'atmosphère du laboratoire pénible à respirer. On recueille les cristaux à la manière ordinaire (§ 251).

La belle apparence de la naphtaline sublimée n'est pas une preuve de pureté. Les cristaux incolores obtenus avec la naphtaline brute ne tardent pas à jaunir sous l'influence simultanée de l'air et de la lumière.

1220. PURIFICATION. — Le traitement suivant (M. Lunge) donne un produit beaucoup mieux purifié.

Dans un ballon de 2 litres on introduit 500 grammes de naphtaline cristallisée à purifier avec 50 grammes d'acide sulfurique concentré, et on chauffe au bain-marie, jusqu'à fluidification de la naphtaline. On agite alors fortement, puis on projette par petites parties dans la masse 25 grammes de bioxyde de manganèse en poudre fine. On continue à chauffer au bain-marie bouillant, en ayant soin d'agiter fréquemment et énergiquement le mélange. Le bioxyde de manganèse et l'acide sulfurique dégagent de l'oxygène qui détruit les matières étrangères sans attaquer sensiblement la naphtaline. Quand l'action est calmée, soit après 20 ou 30 minutes, on laisse refroidir. La naphtaline se solidifie en un gâteau que l'on sépare de l'acide et qu'on lave plusieurs fois à l'eau, puis à l'eau chargée d'un peu de lessive de soude et enfin à l'eau pure.

La masse solide est finalement soumise à la distillation dans un courant de vapeur d'eau. Dans ce but, on la liquéfie, on l'introduit dans un ballon chauffé par un bain d'eau salée bouillante, et on y fait arriver, au moyen d'un tube plongeant jusqu'au fond du ballon, un courant de vapeur d'eau. La naphtaline est entraînée abondamment par cette dernière. Pour recueillir le produit distillé, on a adapté au col du ballon, au moyen d'un bouchon percé, un tube coudé assez large aboutissant à un ballon à long col, muni d'une tubulure portant un tube de dégagement et refroidi sur un plateau par un courant d'eau froide (§ 221) : les vapeurs d'eau et de naphtaline s'y condensent. Comme le tube coudé et le col du ballon sont maintenus chauds par la vapeur d'eau, l'hydrocarbure y conserve l'état liquide et ne donne lieu à aucune obstruction. Le tube de dégagement doit être débouché de temps en temps.

La vapeur nécessaire est fournie par un ballon dans lequel on maintient de l'eau en ébullition rapide.

Finalement, on chauffe avec précaution le récipient, on verse l'eau et la naphtaline liquéfiée dans une capsule et, après refroidissement, on isole le gâteau de naphtaline que l'on sèche en le plaçant sous une cloche à dessécher.

I. — Naphtalosulfates de chaux.

$$P.\ mol.\ :\ C^{20}H^7Ca,S^2O^6 = 227. \qquad F.\ atom.\ :\ (C^{10}H^7,SO^3)^2Ca = 454.$$

1221. *Synonymes* : Naphtaline-sulfonates de chaux, sulfonaphtalates de chaux.

NAPHTALOSULFATE DE CHAUX (α). — $C^{20}H^7Ca,S^2O^6 + H^2O^3$ ou $(C^{10}H^7,SO^3)^2Ca + 2H^2O$. — *Sel cristallisé* en lamelles incolores. — *Altérable* lentement à 70°-80°. — Soluble dans 16,5 parties d'eau à 11° et dans 19,5 parties d'alcool à la même température.

NAPHTALOSULFATE DE CHAUX (β). — *Sel cristallisé* en lamelles anhydres. — Soluble dans 76 parties d'eau à 10° et dans 437 parties d'alcool.

1222. PRÉPARATION. — Dans un ballon de 1 litre, on chauffe 250 grammes (4 parties) d'acide sulfurique concentré du commerce, jusqu'à 90° ou 100°, puis on y projette peu à peu et par petites parties 190 grammes (3 parties) de naphtaline pure, finement pulvérisée. Pendant cette addition qui dure de 15 à 20 minutes, on agite vivement. On chauffe ensuite progressivement le ballon en portant lentement sa température vers 160°-170°, température que l'on maintient ensuite régulièrement pendant 12 heures. Après ce temps, si la naphtaline est pure, elle est entrée presque complètement en combinaison avec l'acide : il s'est formé simultanément les deux acides naphtalosulfuriques isomères (α et β). On laisse refroidir et on verse, en agitant, le contenu du ballon dans une capsule de porcelaine renfermant 3 litres d'eau. On porte à l'ébullition et on neutralise le liquide bouillant en y versant un lait de chaux par petites parties. L'acide sulfurique forme du sulfate de chaux insoluble, tandis que les sulfonaphtalates se dissolvent dans l'eau bouillante. On passe sur un carré d'étoffe, puis on délaye le sulfate de chaux dans 2 litres d'eau bouillante et on passe de nouveau, afin d'enlever les sulfonaphtalates qu'il retient. Toutes les liqueurs sont ensuite concentrées par évaporation jusqu'à ce que quelques gouttes déposées sur une soucoupe de porcelaine froide se prennent en une masse cristalline épaisse. On laisse alors la solution cristalliser pendant 24 heures. On sépare les cristaux de l'eau mère en filtrant à la trompe sur un tampon de coton (§ 354) et on les lave avec un peu d'eau froide (§ 385).

Les cristaux obtenus sont constitués par du naphtalosulfate de chaux (β), l'isomère (α) formant un sel de chaux plus soluble, qui reste dans les eaux mères.

Le naphtalosulfate de chaux (β) peut être aisément transformé en sel de soude; cette transformation a l'avantage de réaliser une purification de l'acide; de plus, elle fournit un sel qui se prête mieux à certaines réactions, par exemple à la production du naphtol (β) par l'action de la potasse fondante. Pour obtenir le sel de soude, on dissout le sel de chaux dans l'eau chaude et on ajoute peu à peu à la liqueur bouillante de la lessive de soude, jusqu'à ce que ce réactif cesse de fournir un précipité. On évite avec soin l'emploi d'un excès de soude, qui, en perçant les toiles et les filtres, gênerait lors de la séparation du précipité. Le précipité calcique est recueilli par filtration sur une toile, lavé à l'eau chaude et pressé. Les liqueurs chargées de sel de soude sont évaporées jusqu'à ce qu'elles fournissent à chaud des indices de cristallisation, puis abandonnées 24 heures. On recueille dans un entonnoir, sur un tampon de coton, les cristaux déposés, et on les essore; enfin on les sèche dans l'étuve à 100°. L'eau mère évaporée en fournit une nouvelle quantité. Une opération bien conduite sur les poids de matières indiqués plus haut fournit de 260 à 280 grammes de sel de soude.

1223. Les eaux mères du naphtalosulfate de chaux (β) contiennent le sel isomère (α) ainsi qu'un peu de sel de chaux de l'acide naphtalodisulfurique (α). Toutefois l'acide naphtalosulfurique (α) se transformant aisément en isomère (β) par l'action prolongée de la chaleur, c'est surtout le second qui prend naissance en grande quantité dans la réaction de la naphtaline et de l'acide sulfurique, opérée à chaud dans les conditions précisées ci-dessus. Si l'on veut préparer l'isomère (α), il vaut mieux faire agir l'acide sur le carbure à une température aussi peu supérieure que possible au point de fusion de la naphtaline, c'est-à-dire vers 80°. Après 8 ou 10 heures, on traite la masse par 12 fois son poids d'eau, on sépare la naphtaline non attaquée et on neutralise la liqueur acide par le carbonate de plomb. On filtre pour enlever le sulfate de plomb, on évapore les liqueurs. Le sel de plomb de l'acide (β) se sépare en premier lieu, puis celui de l'isomère (α), que son apparence permet aisément de distinguer du précédent. Le second, par ébullition avec 10 fois son poids d'alcool, cède à celui-ci l'isomère qui le souille. Les deux sels de plomb fournissent respectivement les sels de soude correspondants, par un traitement analogue à celui indiqué plus haut (§ 1222).

J. — Anthracène.

$$P.\,mol. : C^{28}H^{10} = 178 = 4\,vol. = C^{14}H^{10}.$$

1224. *Synonymes :* Acétylodiphénylène, paranaphtaline, photène. — Carbure d'hydrogène solide, incolore, fluorescent, *cristallisant* en lamelles clinorhombiques, découvert par Dumas et Laurent en 1832. — *Point de fusion :* 213°. — *Point d'ébullition :* 360°. — *Densité de vapeur à* 0° et sous la pression 0m,760 : 6,3 par rapport à l'air. — *Vapeur colorée en jaune.* — *Insoluble* dans l'eau et dans l'alcool froid ; *soluble* dans l'alcool bouillant et les huiles légères de houille.

1225. FORMATION. — La matière colorante de la garance, l'alizarine, étant un dérivé d'oxydation de l'anthracène (MM. Graebe et Liebermann),

$$C^{28}H^8O^8 \;=\; C^{28}H^{10} \;-\; H^2 \;+\; O^8,$$

Alizarine.   Anthracène.

$$C^{14}H^8\theta^4 \;=\; C^{14}H^{10} \;-\; H^2 \;+\; \theta^4,$$

se transforme en anthracène par l'action des agents réducteurs, sous l'influence du zinc en poussière notamment (1).

On mélange au mortier 2 grammes d'alizarine avec 80 grammes de zinc en poussière et on introduit le tout dans un tube en verre de Bohême de 12 millimètres environ de diamètre, fermé par un bout; on dispose au-dessus du mélange une colonne de 10 à 12 centimètres de zinc en poussière. Le tube doit être assez long pour qu'il reste vide sur une longueur de 20 centimètres. On le chauffe sur une grille à analyse (§ 87, fig. 45), après l'avoir frappé plusieurs fois sur la table, et parallèlement à celle-ci, de telle façon que la matière, en se tassant, forme un canal de dégagement suivant la génératrice supérieure du cylindre. On porte d'abord au rouge sombre la colonne de zinc non mélangé d'alizarine, puis peu à peu on avance le feu vers la partie fermée du tube. La décomposition de l'alizarine s'effectue et les vapeurs formées ne peuvent s'échapper sans traverser la couche de zinc qui achève leur transformation. On voit alors une substance liquide se condenser dans la partie vide du tube, puis se solidifier par le refroidissement. Lorsque toute la longueur du tube occupée par le mélange a été chauffée au rouge sombre, on laisse refroidir, puis on détache, à l'aide d'un couteau à verre ou d'une lime, la partie qui renferme le produit condensé. On dissout ce produit dans l'alcool bouillant, on filtre et on laisse refroidir; il se dépose des cristaux d'anthracène. On égoutte ces derniers, on les essore et on les sèche entre des doubles de papier à filtrer.

1226. PURIFICATION. — L'industrie fournit de l'anthracène brut, extrait du goudron de houille. Ce produit a cristallisé dans les portions de ce goudron qui distillent au voisinage du point d'ébullition du mercure; il a été exprimé d'abord à froid, puis à chaud. Pour purifier cet anthracène, on en pulvérise 500 grammes, on les mélange dans un matras avec assez d'éther acétique pour former une bouillie claire, on ferme le matras par un bouchon que traverse un tube long et étroit, puis on le maintient pendant vingt-quatre ou trente-six heures à une température un peu inférieure au point d'ébullition de l'éther acétique (74°). On filtre à la trompe sur du coton (§ 354) et on lave de même le dépôt avec l'éther acétique froid (§ 385), aussi longtemps que celui-ci passe coloré en brun. Après un dernier essorage, on étale le produit à l'air, sur du papier, pour éliminer l'éther acétique que l'essorage n'a pu enlever, on le dissout à l'ébullition dans l'acide acétique cristallisable, on filtre et on laisse cristalliser par refroidissement. On égoutte enfin le produit et on le sèche.

En général, on termine la purification de l'anthracène en le sublimant. On l'introduit dans une vaste cornue dont il n'occupe pas plus que le dixième du volume total. On le chauffe, en maintenant la température au-dessus du point de fusion, mais sans aller jusqu'au point d'ébullition. Le carbure se sublime lentement et sa vapeur entraînée par les mouvements que prend l'air chaud à

____

(1) La *poussière de zinc* n'est autre chose que du zinc très finement divisé, toujours plus ou moins mélangé d'oxyde, qui résulte du refroidissement brusque des vapeurs de zinc arrivant dans l'air froid; elle se recueille dans la fabrication du zinc, au commencement de la distillation du métal, alors que les appareils ne sont pas encore échauffés. C'est un réducteur précieux.

l'intérieur de la cornue, vient se condenser dans le col en belles lamelles incolores, à fluorescence violette.

Quand on tient plus à la quantité qu'à la forme, on opère dans une cornue tubulée et on entraîne, par un courant d'air rapide, les vapeurs qu'émet l'anthracène porté jusqu'à sa température d'ébullition. L'air est amené à la surface du liquide par un tube fixé au bouchon de la tubulure. On obtient ainsi l'anthracène sous la forme d'une neige jaunâtre.

K. — Térébenthène.

$$P.\ mol.: C^{20}H^{16} = 136 = 4\ vol. = \mathcal{C}^{10}H^{16}.$$

1227. *Synonymes* : Essence de térébenthine, pinène. — Carbure d'hydrogène *liquide, incolore*, à odeur caractéristique, constituant la plus grande partie de l'essence de térébenthine, doué de propriétés variables avec la nature de la plante qui l'a fournie : en France, celle-ci est surtout le *Pinus maritima*. — *Densité :* 0,8767 à 0°. — *Point d'ébullition ;* 156°,5. — *Indice de réfraction* à 25° : 1,4648. — Lévogyre ; *pouvoir rotatoire :* $\alpha_D = -40°32'$; le pouvoir rotatoire de l'essence du *Pinus australis*, dite *essence anglaise*, est de sens contraire : $\alpha_j = +18°9'$. — *Insoluble* dans l'eau ; miscible avec l'éther et avec l'alcool absolu.

1228. PURIFICATION. — L'essence de térébenthine du commerce est un mélange de térébenthène avec divers composés provenant, pour la plupart, de la modification isomérique ou de l'oxydation du térébenthène. Pour isoler ce dernier, on soumet l'essence de térébenthine à la distillation fractionnée (§ 229 et suivants), en recueillant les portions du liquide qui bouillent au voisinage de 156°. Le produit doit être conservé dans des vases exactement fermés, l'oxygène de l'air l'altérant rapidement.

1229. TRANSFORMATION EN TÉRÉBÈNE. — Sous l'influence de certains réactifs, l'acide sulfurique en particulier, le térébenthène se change en un carbure isomère, le *térébène* (H. Sainte-Claire Deville) ou *camphène inactif*.

Lorsqu'on verse, sans précaution spéciale, de l'acide sulfurique concentré dans un matras contenant de l'essence de térébenthine, une réaction des plus énergiques se déclare aussitôt, et le dégagement de chaleur est tel que l'essence entre violemment en ébullition ; le mélange prend une coloration brune très foncée. Le térébène est le principal produit de la réaction ; toutefois, pour le préparer, celle-ci doit être modérée.

A cet effet, on introduit dans un ballon de 500 centimètres cubes 250 grammes d'essence de térébenthine purifiée par distillation, on plonge le ballon dans l'eau froide, et on y verse peu à peu, en agitant vivement, 10 grammes d'acide sulfurique. Un dégagement de chaleur énergique se manifeste et le mélange se partage en deux couches. Après vingt-quatre heures de contact, pendant lesquelles on agite fréquemment, on décante la couche supérieure et on la soumet à la distillation. Tout d'abord il se dégage beaucoup d'anhydride sulfureux, puis le liquide distille ; on recueille ce qui passe avant 250°. On traite une seconde fois ce liquide par 1/20 de son poids d'acide sulfurique concentré, en opérant comme on l'a fait avec l'essence elle-même, puis on distille de nouveau. Par des fractionnements répétés (§ 229 et suivants), on isole le produit bouillant vers 156° ; c'est le térébène, liquide, incolore, mobile, inactif sur la lumière polarisée, beaucoup moins altérable que l'essence de térébenthine. Les portions les moins volatiles contiennent du cymène $C^{20}H^{14}$ ou $\mathcal{C}^{10}H^{14}$, provenant d'une réaction secondaire, ainsi que d'autres carbures.

I. — MONOCHLORHYDRATE DE TÉRÉBENTHÈNE GAUCHE.

$$P.\ mol. : C^{20}H^{16}, HCl = 172,5 = 4\ vol. = C^{10}H^{16}, HCl.$$

1230. *Synonymes :* Camphre artificiel, chlorhydrate de pinène gauche. — *Cristallise*, incolore, mou, à odeur de camphre, découvert par Kindt en 1804. — *Point de fusion :* 131°. — *Point d'ébullition :* 208°; sublimable spontanément. — *Pouvoir rotatoire :* $\alpha_j = -31°$ (essence française). — *Insoluble* dans l'eau, soluble dans l'alcool.

1231. Préparation. — Le monochlorhydrate de térébenthène gauche résulte de l'action du gaz chlorhydrique sur l'essence de térébenthine du *Pinus maritima*.

L'appareil à employer pour sa préparation (fig. 305) se compose d'un

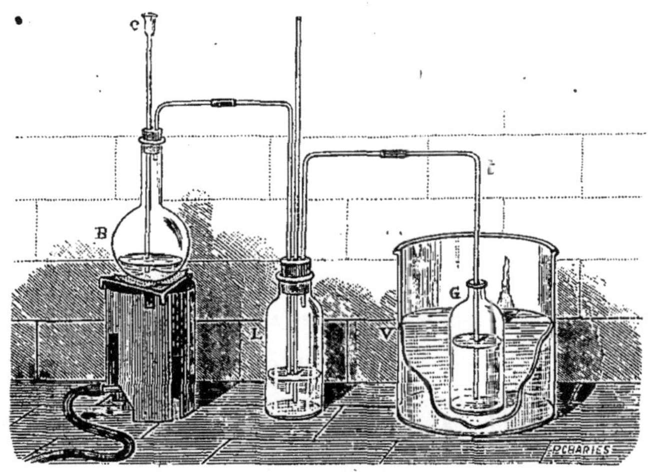

Fig. 305. — Monochlorhydrate de térébenthène.

ballon B destiné à produire le gaz chlorhydrique (§ 674). Celui-ci traverse un flacon laveur L contenant de l'acide sulfurique concentré ; un tube t le conduit ensuite au fond d'un goulot de verre G, de 125 centimètres cubes, contenant 60 grammes d'essence de térébenthine. Le goulot est plongé dans un vase V renfermant de l'eau destinée à le refroidir. La quantité d'acide chlorhydrique nécessaire est fournie par un poids de sel marin à peu près égal à celui de l'essence.

On fait passer le gaz dans l'hydrocarbure. L'acide chlorhydrique est absorbé avec dégagement de chaleur et, si l'on néglige de refroidir, la température du liquide s'élève considérablement. Or la variation de cette température dans des limites peu écartées, influe beaucoup sur le rendement en produit cristallisé. Les résultats les plus favorables sont obtenus en maintenant l'hydrocarbure au voisinage de 35°. Cette température étant à peu près celle du corps, on devra donc, pendant toute la durée du passage du gaz chlorhydrique dans l'essence, ajouter en V, d'abord de l'eau tiède, puis de l'eau froide, afin de maintenir constamment le flacon G à la température de la main.

On continue à faire passer le gaz lentement, mais pendant longtemps, et jusqu'à ce qu'il cesse de se dissoudre. On laisse ensuite le goulot se refroidir complètement. Le chlorhydrate de térébenthène solide cristallise au sein d'un liquide coloré. Après vingt-quatre heures d'exposition à basse température, on verse la bouillie cristalline dans un entonnoir garni au-dessus de sa douille d'un tampon d'amiante (§ 354). Le liquide s'écoule peu à peu. Il est bon d'activer et de parfaire sa séparation en l'aspirant au moyen d'une trompe. Dans ce dernier cas, on lave rapidement les cristaux avec fort peu d'alcool froid. La masse cristalline est ensuite purifiée par cristallisation dans l'alcool : on la dissout, à l'ébullition, dans le moins possible de ce liquide, et on laisse cristalliser par refroidissement. On égoutte les cristaux et on les sèche rapidement à l'air entre des doubles de papier.

Dans les mêmes conditions, l'essence américaine du *Pinus australis* donne un produit cristallisé, semblable au précédent, mais doué d'un pouvoir rotatoire de signe contraire.

2.

ALCOOLS ET ÉTHERS.

A. — Alcool ordinaire.

P. mol. : $C^4H^6O^2$ ou $C^4H^4,H^2O^2 = 46 = 4\ vol. = C^2H^5,OH$.

1232. *Synonymes :* Alcool, alcool éthylique, hydrate d'oxyde d'éthyle, hydrate d'éthylène, esprit-de-vin. — *Liquide incolore*, mobile, à odeur particulière, à saveur brûlante, signalé par les Arabes au moyen âge. — *Densité* : 0,8095 à 0° ; 0,79433 à 15°. — *Non solidifié* par le froid. — *Point d'ébullition :* 78°,4. — *Densité de vapeur* à 0° et à la pression 0^m,760 : 1,613 par rapport à l'air ; 23,27 par rapport à l'hydrogène. — *Miscible* à l'eau, avec contraction et dégagement de chaleur. — Très hygroscopique.

1233. SYNTHÈSE. — L'éthylène et l'acide sulfurique concentré restent en contact pendant fort longtemps sans agir l'un sur l'autre. Toutefois, dans des conditions particulières d'agitation, l'éthylène est absorbé par l'acide pour former l'acide éthyl-sulfurique :

$$C^4H^4 \quad + \quad S^2H^2O^8 \quad = \quad C^4H^4,S^2H^2O^8 ;$$

Éthylène.   Acide sulfurique.   Acide éthyl-sulfurique.

$$C^2H^4 \quad + \quad SO^4H^2 \quad = \quad SO^4H(C^2H^5).$$

Ce dernier étant ensuite décomposé par l'eau, à chaud, fournit de l'alcool en régénérant de l'acide sulfurique (M. Berthelot) :

$$C^4H^4,S^2H^2O^8 \quad + \quad H^2O^2 \quad = \quad C^4H^6O^2 \quad + \quad S^2H^2O^8 ;$$

Acide éthyl-sulfurique.   Eau.   Alcool.   Acide sulfurique.

$$SO^4H(C^2H^5) \quad + \quad H^2O \quad = \quad C^2H^5(OH) \quad + \quad SO^4H^2.$$

La combinaison de l'éthylène et de l'acide sulfurique ne s'effectue aisément qu'avec l'éthylène sec et l'acide sulfurique monohydraté ; le mieux est de prendre de l'acide préalablement concentré, par ébullition prolongée dans une capsule de porcelaine, et refroidi à l'abri de l'air humide. Sur la cuve à mercure, on introduit le gaz éthylène sec dans un flacon d'un demi-litre, bouché à l'émeri et bien sec, que l'on remplit seulement jusqu'aux deux tiers. Au moyen d'une pipette courbe (§ 419, fig. 193), préalablement garnie d'acide sulfurique, et dont on a fait pénétrer la pointe, sur le mercure, dans le goulot du flacon, on insuffle à l'intérieur de celui-ci 40 centimètres cubes environ de réactif. Cela fait, on enlève la pipette, on essuie avec du papier buvard les traces d'acide qui, échappées de l'instrument, souillent le mercure et la surface du flacon, puis on bouche avec soin ce dernier et on l'enlève de la cuve; il renferme, avec l'éthylène et l'acide sulfurique, un certain volume de mercure. On agite vivement pendant longtemps. Le mercure, à cause de sa fluidité et de sa grande densité, exerce ici une action mécanique très efficace; en divisant le gaz et l'acide, il établit leur contact sur une surface considérable. Toujours est-il que, dans ces conditions, le gaz s'absorbe; après vingt minutes d'une agitation énergique, on renverse le flacon sur le mercure et on cherche à soulever son bouchon, la résistance que l'on rencontre indique qu'il y a eu absorption; le flacon ouvert, le mercure s'y précipite et montre que la réaction a porté sur une portion notable de l'éthylène. En opérant toujours sur le mercure, on remplace par de nouvel éthylène sec le gaz qui a disparu, et on renouvelle l'agitation. On arrive ainsi à faire absorber par les 40 centimètres cubes d'acide, 1 litre d'éthylène, soit un peu plus de 1 gramme. L'expérience dure environ trois quarts d'heure et exige près de 3000 secousses.

L'acide éthylsulfurique étant formé, pour le changer en alcool, on isole la liqueur acide et colorée que contient le flacon. On l'introduit, peu à peu et en agitant, dans une cornue de 500 centimètres cubes, contenant 200 centimètres cubes d'eau; on rince le flacon avec 50 centimètres cubes de ce dernier liquide, et on réunit les deux liqueurs dans la cornue. Cette dernière est ensuite reliée à un réfrigérant de Liebig pour composer un appareil distillatoire (fig. 119, § 223). On porte le liquide à l'ébullition. L'acide éthyl-sulfurique est décomposé par l'eau, et l'alcool formé est entraîné avec la vapeur d'eau. On recueille 80 ou 90 centimètres cubes de liquide distillé; on les introduit dans un second appareil distillatoire, et on procède à une seconde distillation en recueillant le premier tiers qui distille, soit 30 centimètres cubes; il renferme la totalité de l'alcool. On s'est servi comme récipient d'un tube à essais cylindrique (§ 168, fig. 97); on y additionne le liquide de carbonate de potasse cristallisé (§ 822), en quantité suffisante pour former une solution concentrée; on ferme l'orifice du tube et on agite. L'alcool, très soluble dans l'eau, est insoluble dans le même véhicule chargé de carbonate de potasse; il se sépare et vient former à la surface une couche liquide, mobile, à odeur spéciale, combustible avec une flamme pâle.

1234. FERMENTATION ALCOOLIQUE. — Un assez grand nombre de principes sucrés, mis en contact, dans leurs solutions suffisamment étendues, avec la levûre de bière (*Saccharomyces cerevisiæ*), sont transformés par celle-ci en alcool et gaz carbonique. Tel est en particulier le cas de la glucose :

$$C^{12}H^{12}O^{12} \quad = \quad 2C^4H^6O^2 \quad + \quad 2C^2O^4 ;$$

$$\text{Glucose.} \qquad\qquad \text{Alcool.} \qquad \text{Gaz carbonique.}$$

$$C^6H^{12}O^6 \quad = \quad 2C^2H^6O \quad + \quad 2CO^2.$$

En même temps, des réactions secondaires engendrent, en petite quantité, de la glycérine et de l'acide succinique (M. Pasteur).

Dans un flacon de 1 litre (fig. 306), portant un bouchon que traverse un tube à dégagement aboutissant sur une cuve à eau, on introduit d'abord une solution faite avec 50 grammes de glucose sèche (ou 75 grammes de sirop de glucose) et 500 grammes d'eau, puis 50 grammes d'eau dans laquelle on a délayé avec soin, en l'écrasant entre les doigts, quelques grammes de levure de bière récente. Le flacon étant bouché, si la température du liquide n'est pas trop basse, on ne tarde pas à voir le liquide émettre des bulles gazeuses et de l'anhydride carbonique se dégager sur la cuve à eau. On caractérise ce gaz par ses propriétés (§ 769 et suivants). Pendant les premiers moments, alors même que les conditions de température et d'état de la liqueur sont favorables à la fermentation, la production du gaz

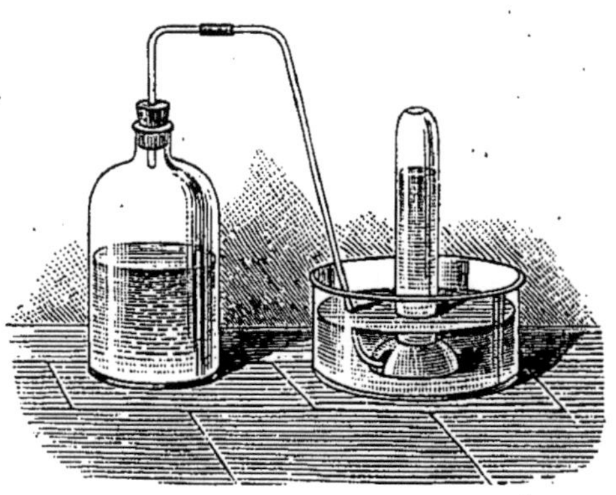

Fig. 306. — Fermentation alcoolique.

carbonique n'est pas manifeste, parce que le liquide, ayant la propriété d'en dissoudre son propre volume, absorbe le gaz formé ; le dégagement ne commence qu'après saturation. Les températures les plus convenables au fonctionnement physiologique de la levure sont celles comprises entre 24° et 32° ; en hiver, il est nécessaire d'échauffer préalablement le liquide, la fermentation ne prenant pas d'activité à des températures trop basses. Lorsque la fermentation est bien déclarée, une écume colorée par de la levure se forme à la surface du liquide. Après quelques heures, la réaction se calme et le dégagement gazeux s'arrête.

Pour isoler l'alcool formé, on soumet la liqueur fermentée à la distillation, soit dans un appareil composé d'une cornue et d'un ballon tubulé (fig. 118, § 222), soit, et mieux encore, dans un ballon mis en relation avec un réfrigérant (fig. 120, § 224). Lorsque la matière sucrée employée est la glucose ordinaire, la distillation doit être conduite lentement, la liqueur restant chargée de dextrine, substance qui souille la glucose commerciale et possède la propriété de faire mousser le liquide. La totalité de l'alcool est entraînée quand on a recueilli le tiers du volume primitif, soit 180 centimètres cubes de liqueur. Une deuxième distillation du produit, dans laquelle on recueille 80 ou 90 centimètres cubes, fournit une liqueur alcoolique assez riche, la glucose engendrant à peu près la moitié de son poids d'alcool. Une dernière distillation pratiquée avec un déflegmateur à colonne (§ 237) donnerait de l'alcool mélangé seulement de quelques centièmes d'eau.

Dans l'opération qui vient d'être décrite, la glucose peut être remplacée par d'autres matières sucrées, et, en premier lieu, par la maltose (voy. ce mot). Il suffit de prendre la solution brute de maltose que l'on obtient en mélangeant, soit une décoction de farine de céréale, soit une bouillie de pommes de terre cuites, toutes deux refroidies vers 55° ou 60°, avec une macération d'orge germée et broyée (*malt*), préparée depuis quelques heures ; on fait intervenir ainsi un poids d'orge germée égal à 5 p. 100 de celui de la farine ou des pommes de terre.

Le sucre de canne peut également servir à cette expérience. Toutefois, comme il n'est pas directement fermentescible, mais doit être préalablement changé en glucoses fermentescibles par l'action d'une matière albuminoïde soluble, l'*invertine*, que sécrète la levure, l'action est avec lui plus lente à se déclarer (voy. *Sucre de canne*).

1235. ALCOOL ABSOLU. — On ne réussit pas à éliminer de l'alcool, par simple distillation, les dernières traces d'eau qu'il retient. Pour obtenir l'alcool anhydre, appelé aussi *alcool absolu*, il est nécessaire de faire intervenir certains agents avides d'eau. Quel que soit le réactif employé, on ne prend comme matière première que de l'alcool ne contenant pas plus de 4 à 5 centièmes d'eau, alcool que les appareils distillatoires à colonne (§ 237), actuellement usités dans l'industrie, fournissent couramment.

Plusieurs caractères permettent de reconnaître la présence de l'eau dans l'alcool. Le plus sensible consiste à verser de l'alcoolate de baryte (§ 1237) dans l'alcool absolu à essayer ; ce réactif produit, sous l'influence de la moindre trace d'eau, un trouble dû à la formation de l'hydrate de baryte insoluble dans l'alcool.

1° *Par la chaux vive.* — Par contact avec la chaux vive, l'alcool chargé d'eau cède celle-ci à l'oxyde métallique qui s'hydrate (Soubeiran).

Un appareil simple, convenant bien pour cette opération, consiste en un ballon B (fig. 307) disposé dans un bain-marie M, et relié par un tube t à un réfrigérant de Liebig RR', disposé *à reflux*, c'est-à-dire de manière à faire rentrer dans le ballon le liquide provenant de la condensation des vapeurs émises. On emploie 250 grammes de chaux vive, bien grasse (§ 915), par litre d'alcool à 95 centièmes ; on la concasse en fragments de la grosseur d'une noisette, et on la place avec l'alcool dans le ballon. Chauffant au bain-marie, on maintient l'alcool en ébullition lente pendant une heure et demie ou deux heures. La déshydratation s'effectue et la chaux se délite. Il ne reste plus ensuite qu'à isoler l'alcool par distillation. On enlève le tube coudé à angle obtus t, qui réunit le ballon au réfrigérant, on lui substitue un tube coudé à angle aigu et on incline le réfrigérant en sens contraire ; en un mot, on transforme l'appareil à digestion en un appareil à distillation (fig. 120, § 224). On chauffe plus fortement le bain-marie et l'alcool distille. On le recueille dans un vase dont l'orifice s'adapte presque exactement au tube d'écoulement du réfrigérant, pour éviter autant qu'il est possible le contact de l'alcool absolu, substance très hygroscopique, avec l'air humide.

Cette méthode, bien pratiquée, avec de la chaux de qualité convenable, donne de bons résultats ; c'est elle qu'on emploie d'ordinaire. Elle a l'inconvénient d'entraîner une perte notable d'alcool, lequel est retenu par le résidu volumineux que forme la chaux éteinte. Cet alcool, il est vrai, peut être extrait du résidu par distillation après addition d'eau, ou encore en dirigeant dans la masse un courant de vapeur d'eau; mais il est alors assez fortement dilué.

En outre, la même méthode exige l'emploi d'alcool aussi concentré que possible. Avec l'alcool faible, elle serait d'ailleurs à peu près impraticable, la chaleur dégagée par l'extinction rapide de la chaux entraînant une ébullition spontanée du liquide; elle serait même dangereuse si les torrents de vapeur combustible qui se dégagent venaient à s'allumer.

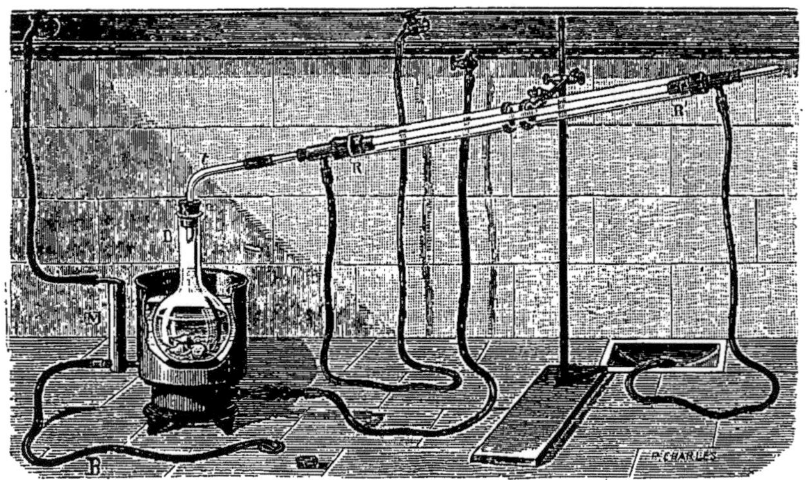

Fig. 307. — Préparation de l'alcool absolu.

L'appareil distillatoire de MM. Claudon et Morin (§ 238, fig. 127), employé avec une chaudière dépourvue des accessoires ordinaires que la chaux pourrait encombrer, permet de préparer très aisément l'alcool absolu. On fait bouillir doucement le mélange pendant deux heures, de manière à maintenir la colonne chaude tout en évitant la distillation, puis on distille en refroidissant les plateaux de manière qu'un thermomètre placé en haut de la colonne dans le courant de vapeur alcoolique indique 78 degrés.

1236. 2° *Par l'hydrate de potasse.* — On a vu plus haut (§ 794) que la préparation de la potasse à l'alcool conduit à produire de l'alcool absolu. Il suffit de distiller la solution limpide de potasse dans l'alcool, séparée de la liqueur sirupeuse qui retient le carbonate de potasse et les autres sels, pour avoir de l'alcool absolu, les traces d'eau qui existent dans la dissolution étant retenues par l'hydrate alcalin, si toutefois la température n'est pas poussée trop loin à la fin de la distillation.

Il est nécessaire d'observer que l'hydrate de potasse bien privé d'eau en excès par fusion (§ 792) fournit seul de l'alcool absolu. La potasse trop fortement hydratée conduit à de moins bons résultats.

Pour éviter la destruction de l'alcool par l'hydrate alcalin, et par suite la production de matières étrangères, la température ne doit jamais atteindre 150° à la fin de la distillation de la liqueur alcaline.

1237. 3° *Par la baryte.* — On additionne l'alcool très fort de quelques centièmes de baryte caustique pulvérisée, on agite de temps en temps et on laisse en contact dans un flacon bien fermé. La baryte s'empare de l'eau pour former de l'hydrate de baryte insoluble dans l'alcool ; quand toute l'eau a été ainsi précipitée, la baryte en excès se dissout dans l'alcool anhydre en formant avec lui de l'alcoolate de baryte, $C^4H^5BaO^2$ ou $(C^2H^5O)^2Ba$, qui est soluble. On est averti que ce fait s'est produit par la coloration jaune que prend la liqueur déposée. On décante celle-ci dans un appareil parfaitement sec et on la distille au bain-marie ; l'alcool recueilli est tout à fait pur et anhydre. L'alcoolate de baryte étant moins soluble à chaud qu'à froid, se dépose, s'il est abondant, dès le commencement de la distillation et occasionne des soubresauts pendant l'ébullition ; sa présence en grand excès conduit à distiller avec lenteur pour éviter les projections qui souilleraient le produit.

Cette méthode, très efficace pour séparer les derrières traces d'eau mélangées à l'alcool presque pur, ne convient guère que dans cette circonstance spéciale. Elle exigerait une consommation coûteuse de réactif si on l'appliquait à de l'alcool notablement chargé d'eau.

La solution d'alcoolate de baryte est un réactif extrêmement sensible de l'eau : l'humidité de l'air y précipite immédiatement de l'hydrate de baryte insoluble. On a vu plus haut (§ 1235) qu'il permet de caractériser sûrement l'alcool anhydre.

1238. Action de l'eau sur l'alcool. — L'alcool et l'eau se mélangent en toutes proportions ; la dissolution est accompagnée de deux phénomènes corrélatifs : un dégagement de chaleur et une contraction. Ces deux faits physiques se manifestent avec une intensité maximum lorsqu'on ajoute l'eau à l'alcool à peu près dans les proportions de la combinaison de 1 molécule d'alcool avec 3 molécules d'eau, c'est-à-dire quand, à la température de 15°, on mélange 47,7 volumes d'eau avec 52,3 volumes d'alcool ; on obtient ainsi 96,35 volumes seulement de mélange au lieu de 100 volumes, après retour à 15°.

Ce dernier fait est facile à mettre en évidence. Dans un tube de verre cylindrique, bouché par un bout, ayant à peu près 15 millimètres de diamètre et $1^m,20$ de longueur, on introduit de l'eau jusqu'à le remplir, en se servant pour cela d'un vase gradué (§ 39, fig. 12), préalablement rempli d'eau jusqu'au trait supérieur. Le volume du liquide enlevé du vase gradué est évidemment le volume du tube. On vide ce dernier, on l'égoutte et, de la même manière, on y introduit une quantité d'eau égale aux 47,7 centièmes de la première. On marque par un anneau de caoutchouc, ou simplement en collant une étiquette sur le verre, le niveau de l'eau à l'intérieur du tube. On achève de remplir celui-ci avec de l'alcool absolu, lequel étant plus léger que l'eau ne se mêle pas sensiblement avec elle, la surface de contact des deux liquides étant faible. Bouchant alors exactement avec le pouce l'orifice du tube, on agite ce dernier en le renversant un certain nombre de fois. Les deux liquides se mélangent, les gaz qu'ils dissolvaient se dégagent par bulles et, au contact de la main avec le tube, on constate une élévation notable de température. Malgré la dilatation qui en résulte, le liquide a cessé de remplir le tube, et celui-ci est vide de liquide sur une longueur de plusieurs centimètres.

1239. Densités des mélanges d'eau et d'alcool. — L'alcool étant beaucoup moins dense que l'eau et formant avec elle des mélanges de densités intermédiaires, on peut, par la détermination de la densité d'un pareil mélange, pur de substances étrangères, arriver à connaître sa teneur en alcool. Toutefois la contraction dont il vient d'être parlé (§ 1238) complique le problème et enlève toute simplicité à la relation qui existe entre les densités et les teneurs en alcool. Cette relation a dû dès lors être déterminée : en 1824, Gay-Lussac a dressé expérimentalement une table indiquant les densités des mélanges d'eau et d'alcool, à la température de 15°; l'eau à 15° étant prise pour unité ; dans cette table, la teneur en alcool des mélanges était exprimée en volumes d'alcool pur contenus dans 100 volumes de liqueur alcoolique à 15°.

Plus récemment, une commission du Bureau national des poids et mesures a contrôlé les indications de Gay-Lussac. Par décret du 27 septembre 1884, les chiffres adoptés par cette commission sont devenus obligatoires en France pour les transactions faites sur les liquides alcooliques. En conséquence, nous croyons devoir donner ici, non pas la table de Gay-Lussac, mais le tableau suivant extrait de la table officielle. Cette dernière fournit les densités correspondantes aux millièmes d'alcool en volume; notre tableau donne seulement les densités qui correspondent aux centièmes.

DENSITÉS DES MÉLANGES D'EAU ET D'ALCOOL ABSOLU A 15°.

Ces densités sont rapportées à l'eau à 15° centigrades et ramenées au vide.

VOLUMES D'ALCOOL contenus dans 100 volumes de mélange ou *Degrés de l'alcoomètre centésimal.*	DENSITÉS.	VOLUMES D'ALCOOL contenus dans 100 volumes de mélange ou *Degrés de l'alcoomètre centésimal.*	DENSITÉS.	VOLUMES D'ALCOOL contenus dans 100 volumes de mélange ou *Degrés de l'alcoomètre centésimal.*	DENSITÉS.
0	1,00000	34	0,96055	68	0,89516
1	0,99844	35	0,95923	69	0,89274
2	0,99695	36	0,95786	70	0,89029
3	0,99552	37	0,95645	71	0,88781
4	0,99413	38	0,95499	72	0,88531
5	0,99277	39	0,95350	73	0,88278
6	0,99145	40	0,95196	74	0,88022
7	0,99016	41	0,95036	75	0,87763
8	0,98891	42	0,94872	76	0,87500
9	0,98770	43	0,94705	77	0,87234
10	0,98652	44	0,94535	78	0,86965
11	0,98537	45	0,94361	79	0,86692
12	0,98424	46	0,94183	80	0,86416
13	0,98314	47	0,94002	81	0,86137
14	0,98206	48	0,93817	82	0,85854
15	0,98100	49	0,93629	83	0,85567
16	0,97995	50	0,93437	84	0,85275
17	0,97892	51	0,93241	85	0,84979
18	0,97790	52	0,93041	86	0,84678
19	0,97688	53	0,92837	87	0,84372
20	0,97587	54	0,92630	88	0,84060
21	0,97487	55	0,92420	89	0,83741
22	0,97387	56	0,92209	90	0,83415
23	0,97286	57	0,91997	91	0,83081
24	0,97185	58	0,91784	92	0,82738
25	0,97084	59	0,91569	93	0,82385
26	0,96981	60	0,91351	94	0,82020
27	0,96876	61	0,91130	95	0,81641
28	0,96769	62	0,90907	96	0,81245
29	0,96659	63	0,90682	97	0,80829
30	0,96545	64	0,90454	98	0,80390
31	0,96428	65	0,90224	99	0,79926
32	0,96307	66	0,89991	100	0,79433
33	0,96183	67	0,89755		

1240. Alcoométrie. — D'autre part, Gay-Lussac, par une application simple et très heureuse des mêmes faits, a imaginé l'*alcoomètre centésimal* qui porte son nom. C'est une sorte de densimètre qui, au lieu de porter une graduation indiquant les densités, fournit les nombres correspondants portés au tableau qui précède, c'est-à-dire les nombres indiquant les volumes d'alcool contenus dans 100 volumes du mélange de densité correspondante.

Nous ne nous arrêterons pas ici à la construction de cet aéromètre à volume variable, si important qu'il puisse être dans la pratique. Il est décrit dans tous les traités de physique. Nous rappellerons cependant que son point 0, situé à la naissance de la tige, correspond à l'eau pure, le point 100, qui se trouve en haut de la tige, étant donné par l'alcool absolu; nous rappellerons encore que les divisions intermédiaires sont d'inégales longueurs. Une liqueur, alcoolique, formée exclusivement d'alcool et d'eau, dans laquelle l'instrument plonge jusqu'à la 54e division, par exemple, contient 54 volumes d'alcool dans 100 volumes de mélange.

D'après le décret précité, le flotteur de l'instrument ou carène doit être cylindrique, la tige doit avoir une section circulaire d'un diamètre au moins égal à 3 millimètres, et le volume de la carène doit être tel que la tige cylindrique portant la graduation s'enfonce de 5 millimètres au moins par degré alcoométrique. Ces conditions ne peuvent être réalisées pratiquement par un seul instrument comportant l'échelle entière; la tige n'aurait pas moins de 50 centimètres de longueur. On a été conduit dès lors à construire des instruments multiples, chacun d'eux n'étant applicable qu'à une section de l'échelle; d'ordinaire une série de trois alcoomètres fournit l'échelle entière en trois sections. Enfin le même décret prescrit de lire l'affleurement de l'instrument à la partie inférieure du ménisque.

Par cela seul que les chiffres du tableau précédent diffèrent de ceux de Gay-Lussac, la graduation des alcoomètres centésimaux est aujourd'hui différente de celle de Gay-Lussac; elle est vérifiée et contrôlée par un service de l'État qui appose sur les instruments une marque obligatoire.

De pareils instruments, pas plus d'ailleurs que les données physiques auxquelles ils correspondent, ne fournissent d'indications exactes si l'alcool et l'eau sont chargés de matières étrangères modifiant la densité du mélange. Toutefois, comme il est possible, par distillation, d'isoler l'alcool et l'eau des principes étrangers non volatils qui les accompagnent, puis de ramener par addition d'eau le liquide distillé au volume du mélange traité, comme d'ailleurs les principes non volatils figurent seuls en quantité notable dans les liquides alcooliques les plus répandus, l'alcoomètre peut être employé dans la plupart des cas, sinon directement, au moins après un traitement convenable (voy. *Analyse des vins*).

1241. *Force réelle et force apparente.* — L'alcool étant un liquide très dilatable et cette propriété se retrouvant dans ses mélanges avec l'eau, la température apporte des modifications considérables dans la densité des liqueurs formées d'alcool et d'eau. Il en résulte que les tables telles que la précédente, et les alcoomètres centésimaux qui les représentent, ne peuvent fournir des indications exactes qu'à la température de 15°, à laquelle ils correspondent. Comme il est peu commode d'opérer uniquement sur un liquide ramené à 15°, Gay-Lussac a été conduit à distinguer entre la *force réelle* d'une liqueur alcoolique, c'est-à-dire la teneur en alcool indiquée par l'alcoomètre centésimal plongé dans cette liqueur à 15°, et la *force apparente* de cette liqueur, c'est-à-dire la teneur marquée par l'alcoomètre centésimal qu'on y plonge à une température autre que 15°. Il a dressé une *Table de la force réelle* des liquides spiritueux (voir p. 682 et suivantes), indiquant le nombre de volumes d'alcool à la température de 15° que contiendraient 100 volumes de ces liquides si on les avait ramenés à 15°, étant donnée la force apparente des mêmes liquides, observée à toute température comprise entre 0° et 30°.

Pour donner une idée de l'importance de la correction dont la table de la force réelle fournit les éléments, supposons qu'on opère sur un liquide alcoolique à la température de 0° ; l'alcoomètre centésimal qu'on y plonge indique 95 centièmes : telle est la force apparente à 0° ; or la force réelle est exactement 98 centièmes. La différence est, on le voit, trop considérable pour qu'il soit possible de la négliger, dès que la température à laquelle on opère s'écarte notablement de 15°.

En 1824, la *Table de la force réelle* de Gay-Lussac avait été rendue obligatoire pour les corrections à faire subir aux données de l'alcoomètre quand on emploie celui-ci à une température autre que 15°. Le décret récent relatif aux alcoomètres est resté muet sur ce point. Bien que la table de Gay-Lussac ne soit évidemment plus en concordance avec les nouveaux instruments, comme les différences sont faibles pour la plus grande partie de l'échelle, il semble, qu'en l'absence d'autre renseignement plus conforme aux données actuellement admises, la *Table de la force réelle* de Gay-Lussac doit rester en usage, au moins provisoirement. Nous l'avons condensée dans les cinq tableaux suivants, sur la disposition desquels il paraît utile de donner quelques indications.

Sur la première ligne horizontale est inscrite, en gros caractères, la force apparente, c'est-à-dire le degré marqué par l'alcoomètre centésimal plongé dans le liquide à la température actuelle ; la première colonne verticale porte les températures comprises entre 0° et 30°. La force réelle du liquide considéré se trouve au point d'intersection de la colonne verticale, commençant par la force apparente observée, avec la ligne horizontale qui correspond à la température de l'expérience. Quant au volume qu'occuperaient à 15° 1000 litres du liquide spiritueux mesurés à la température à laquelle la force apparente a été prise, il est donné par le nombre inscrit au-dessous de la force réelle, sur la ligne immédiatement inférieure ou, s'il n'y en a pas, par le premier nombre que l'on rencontre vers la gauche sur la même ligne.

TABLE DE LA FORCE RÉELLE DES LIQUIDES SPIRITUEUX.

I. — Mélanges indiquant de 1 à 20 centièmes à l'alcoomètre.

Températures	INDICATIONS DE L'ALCOOMÈTRE (FORCE APPARENTE)																			
	1c	2c	3c	4c	5c	6c	7c	8c	9c	10c	11c	12c	13c	14c	15c	16c	17c	18c	19c	20c
0°	1.3 1000	2.4	3.4	4.4	5.4	6.5 1001	7.5	8.6	9.7	10.9	12.2	13.4 1002	14.7	16.1	17.5	18.9 1003	20.3	21.6 1004	22.9	24.2
1	....	....	....	....	....	....	....	....	....	....	....	13.4 1002	14.7	16	17.3	18.7 1003	20	21.3	22.6 1004	23.9
2	....	....	....	....	....	....	....	....	....	....	....	13.4 1002	14.7	16	17.2	18.5 1003	19.8	21.1	22.3 1004	23.6
3	....	....	....	....	....	....	....	....	....	....	....	13.3 1001	14.6 1002	15.9	17.1	18.3	19.6 1003	20.8	22	23.3 1004
4	....	....	....	....	....	....	....	....	....	....	....	13.3 1001	14.5 1002	15.8	16.9	18.1	19.4	20.6 1003	21.8	23
5	1.4 1001	2.5	3.5	4.5	5.5	6.6	7.7	8.7	9.8	10.9	12.1	13.2	14.4	15.7 1002	16.8	18	19.2	20.4 1003	21.5	22.7
6	....	....	....	....	....	....	....	....	....	....	....	13.1 1001	14.3	15.6 1002	16.7	17.8	19	20.2 1003	21.3	22.4
7	....	....	....	....	....	....	....	....	....	....	....	13 1001	14.2	15.4 1002	16.6	17.7	18.8	20	21	22.1
8	....	....	....	....	....	....	....	....	....	....	....	13 1001	14.1	15.3	16.4	17.5 1002	18.6	19.7	20.7	21.8
9	....	....	....	....	....	....	....	....	....	....	....	12.9 1001	14	15.1	16.2	17.3	18.4	19.5 1002	20.5	21.6
10	1.4 1000	2.4	3.4 1001	4.5	5.5	6.5	7.5	8.5	9.5	10.6	11.7	12.7	13.8	14.9	16	17	18.1	19.2	20.2	21.3
11	1.3 1000	2.4	3.4	4.4 1001	5.4	6.4	7.4	8.4	9.4	10.5	11.6	12.6	13.6	14.7	15.8	16.8	17.9	19	20	21
12	1.2 1000	2.3	3.3	4.3	5.3	6.3	7.3	8.3	9.3	10.4	11.5	12.5 1001	13.5	14.6	15.6	16.6	17.6	18.7	19.7	20.7
13	1.2 1000	2.2	3.2	4.2	5.2	6.2	7.2	8.2	9.2	10.3	11.4	12.4	13.4	14.4	15.4	16.4	17.4	18.5	19.5	20.5
14	1.1 1000	2.1	3.1	4.1	5.1	6.1	7.1	8.1	9.1	10.2	11.2	12.2	13.2	14.2	15.2	16.2	17.2	18.2	19.2	20.2
15	1 1000	2	3	4	5	6	7	8	9	10	11	12	13	14	15	16	17	18	19	20
16	0.9 1000	1.9	2.9	3.9	4.9	5.9	6.9	7.9	8.9	9.9	10.9	11.9	12.9	13.9	14.9	15.9	16.9	17.8	18.7	19.7
17	0.8 1000	1.8	2.8	3.8	4.8	5.8	6.8	7.8	8.8	9.8	10.8	11.7	12.7	13.7	14.7	15.6	16.6	17.5	18.4 999	19.4
18	0.7 1000	1.7	2.7	3.7	4.7	5.7	6.7	7.7	8.7	9.7	10.7	11.6	12.5 999	13.5	14.5	15.4	16.3	17.3	18.2	19.1
19	0.6 999	1.6	2.6	3.6	4.5	5.5	6.5	7.5	8.5	9.5	10.5	11.4	12.4	13.3	14.3	15.2	16.1	17	17.9	18.8
20	0.5 999	1.5	2.4	3.4	4.4	5.4	6.4	7.3	8.3	9.3	10.3	11.2	12.2	13.1	14	14.9	15.8	16.7	17.6	18.5
21	0.4 999	1.4	2.3	3.3	4.3	5.2	6.2	7.1	8.1	9.1	10.1	11	11.9	12.8	13.7	14.6	15.5 998	16.4	17.3	18.2
22	0.3 999	1.3	2.2	3.2	4.1	5.1	6.1	7	7.9	8.9	9.9	10.8	11.7	12.6 998	13.5	14.4	15.3	16.2	17	17.9
23	0.1 999	1.1	2.1	3.1	4	4.9	5.9	6.8 998	7.8	8.7	9.7	10.6	11.5	12.4	13.3	14.1	15	15.9	16.7	17.6
24	....	1 998	1.9	2.9	3.8	4.8	5.8	6.7	7.6	8.5	9.5	10.4	11.3	12.2	13.1	13.9	14.8	15.7	16.5 997	17.4
25	....	0.8 998	1.7	2.7	3.6	4.6	5.5	6.5	7.4	8.3	9.3	10.2	11.1	12	12.8	13.6	14.5 997	15.4	16.2	17.1
26	....	0.7 998	1.6	2.6	3.5	4.4	5.4	6.3	7.2	8.1	9	9.9 997	10.8	11.7	12.6	13.4	14.2	15.1	15.9	16.8
27	....	0.5 998	1.5	2.4	3.3	4.3	5.2	6.1	7	7.9	8.8 997	9.7	10.6	11.5	12.3	13.1	14	14.8	15.6	16.5
28	....	0.3 997	1.3	2.2	3.1	4.1	5	5.9	6.8	7.7	8.6	9.5	10.3	11.2	12	12.8 996	13.7	14.5	15.3	16.1
29	....	0.1 997	1.1	2	2.9	3.9	4.8	5.7	6.6	7.5	8.4	9.2	10.1	11	11.8 996	12.6	13.4	14.2	15	15.8
30	....	0.0 997	0.9	1.9	2.8	3.7	4.6	5.5	6.4	7.3	8.1	9 996	9.8	10.7	11.5	12.3	13.1	13.9	14.7	15.5

TABLE DE LA FORCE RÉELLE DES LIQUIDES SPIRITUEUX.

II. — Mélanges indiquant de 21 à 40 centièmes à l'alcoomètre.

INDICATIONS DE L'ALCOOMÈTRE (FORCE APPARENTE)

(The small numbers printed below certain readings — the density of the real liquid — are given in parentheses after the value in whose cell they appear.)

Températures	21c	22c	23c	24c	25c	26c	27c	28c	29c	30c	31c	32c	33c	34c	35c	36c	37c	38c	39c	40c
0°	25.6 (1005)	27	28.4 (1006)	29.7	30.9 (1007)	32.1	33.2	34.3 (1008)	35.3	36.3	37.3 (1009)	38.3	39.2	40.2	41.1	42.1 (1010)	43.1	44	45	45.9 (1011)
1	25.3 (1005)	26.7	28	29.2 (1006)	30.4	31.6	32.7 (1007)	33.8	34.8	35.8 (1008)	36.8	37.8	38.8	39.8	40.8 (1009)	41.8	42.7	43.7	44.6 (1010)	45.5
2	24.9 (1004)	26.3 (1005)	27.5	28.8	30 (1006)	31.2	32.3	33.3	34.4 (1007)	35.4	36.4	37.4	38.4 (1008)	39.4	40.4	41.4	42.3	43.3 (1009)	44.2	45.1
3	24.6 (1004)	25.9 (1005)	27.1	28.4	29.6	30.8 (1006)	31.9	32.9	33.9 (1007)	34.9	36	37	38	39	40	41 (1008)	42	42.9	43.9	44.8
4	24.3 (1004)	25.6	26.8 (1005)	28	29.2	30.4	31.4	32.5	33.5 (1006)	34.5	35.5	36.5	37.5	38.5 (1007)	39.5	40.5	41.5	42.5	43.5	44.4 (1008)
5	24 (1003)	25.2	26.4 (1004)	27.6	28.8	30	31 (1005)	32.1	33.1	34.1	35.1	36.1 (1006)	37.1	38.1	39.1	40.1	41.1 (1007)	42.1	43.1	44
6	23.6 (1003)	24.9	26 (1004)	27.2	28.4	29.6	30.6 (1005)	31.6	32.6	33.6	34.7	35.7	36.7	37.7	38.7	39.7 (1006)	40.7	41.6	42.6	43.6
7	23.3 (1002)	24.6 (1003)	25.7	26.9	28	29.2	30.2 (1004)	31.2	32.2	33.2	34.2	35.2	36.2	37.2 (1005)	38.2	39.2	40.2	41.2	42.2	43.2
8	23 (1002)	24.2	25.3 (1003)	26.5	27.6	28.8	29.8	30.8	31.8	32.8	33.8 (1004)	34.8	35.8	36.8	37.8	38.8	39.8	40.8	41.8	42.8 (1005)
9	22.7 (1002)	23.9	25	26.1	27.2	28.4 (1003)	29.4	30.4	31.4	32.4	33.4	34.4	35.4 (1004)	36.4	37.4	38.4	39.4	40.4	41.4	42.4
10	22.4 (1001)	23.5 (1002)	24.6	25.7	26.8	27.9	29	30	31	32	33	34	35 (1003)	36	37	38	39	40	41	42
11	22.4 (1001)	23.2	24.3	25.4	26.5 (1002)	27.6	28.6	29.6	30.6	31.6	32.6	33.6	34.6	35.6	36.6	37.6	38.6	39.6	40.6 (1003)	41.6
12	21.8 (1001)	22.9	24	25.1	26.1	27.2	28.2	29.2	30.2	31.2	32.2	33.2	34.2 (1002)	35.2	36.2	37.2	38.2	39.2	40.2	41.2
13	21.5 (1001)	22.6	23.6	24.7	25.7	26.8	27.8	28.8	29.8	30.8	31.8	32.8	33.8	34.8	35.8	36.8	37.8	38.8	39.8	40.8
14	21.2 (1000)	22.3	23.3	24.3	25.3	26.4	27.4	28.4	29.4	30.4	31.4	32.4	33.4 (1001)	34.4	35.4	36.4	37.4	38.4	39.4	40.4
15	21 (1000)	22	23	24	25	26	27	28	29	30	31	32	33	34	35	36	37	38	39	40
16	20.7 (1000)	21.7	22.7	23.7	24.7	25.7	26.6	27.6	28.6	29.6	30.6	31.6	32.5 (999)	33.5	34.5	35.5	36.5	37.5	38.5	39.5
17	20.4 (999)	21.4	22.4	23.4	24.4	25.4	26.3	27.3	28.2	29.2	30.2	31.2	32.1	33.1	34.1	35.1	36.1	37.1	38.1	39.1
18	20.1 (999)	21.1	22	23	24	25	25.9	26.9	27.8	28.8	29.8	30.8	31.7 (998)	32.7	33.7	34.7	35.7	36.7	37.7	38.7
19	19.8 (999)	20.8	21.7	22.7	23.6 (998)	24.6	25.5	26.5	27.4	28.4	29.4	30.4	31.3	32.3	33.3	34.3	35.3	36.3	37.3 (997)	38.3
20	19.5 (999)	20.5 (998)	21.4	22.4	23.3	24.3	25.2	26.1	27.1	28	29	30	30.9 (997)	31.9	32.9	33.9	34.9	35.9	36.9	37.9
21	19.1 (998)	20.1	21.1	22.1	23	23.9	24.8	25.7	26.7 (997)	27.6	28.6	29.6	30.5	31.5	32.5	33.5	34.5	35.5 (996)	36.5	37.5
22	18.8 (998)	19.8	20.7	21.7 (997)	22.6	23.6	24.4	25.3	26.3	27.2	28.5	29.2	30.1 (996)	31.1	32.1	33.1	34.1	35.1	36.1	37.1
23	18.5 (998)	19.5 (997)	20.4	21.4	22.3	23.2	24.1	25	25.9	26.8	27.8	28.8	29.7 (996)	30.7	31.7	32.7	33.7	34.7	35.7 (995)	36.7
24	18.3 (997)	19.2	20.1	21.1	21.9	22.8	23.7	24.6	25.5	26.4	27.4	28.4	29.3 (995)	30.3	31.3	32.3	33.3	34.3	35.3	36.3 (994)
25	18 (997)	18.9	19.8	20.7	21.6	22.5	23.3	24.3	25.2	26.1	27 (995)	28	28.9	29.9	30.9	31.9 (994)	32.9	33.9	34.9	35.9
26	17.7 (997)	18.6 (996)	19.5	20.4	21.3	22.2	23	23.9	24.8	25.7	26.6	27.6	28.5 (995)	29.5	30.5	31.5	32.5	33.5	34.5 (993)	35.5
27	17.4 (996)	18.3	19.2	20.1	20.9	21.8	22.7	23.6	24.4	25.3	26.2	27.2	28.1 (994)	29.1	30.1	31.1	32.1	33.1 (993)	34.1	35.1
28	17 (996)	18	18.9	19.7 (995)	20.6	21.5	22.3	23.2	24	24.9	25.8 (994)	26.8	27.7	28.7	29.7	30.7	31.7 (993)	32.7	33.7	34.7
29	16.7 (996)	17.6	18.5 (995)	19.4	20.3	21.1	21.9	22.8	23.7	24.5	25.4	26.4	27.3 (993)	28.3	29.3	30.3	31.3	32.3 (992)	33.3	34.3
30	16.4 (995)	17.3	18.2	19.1	19.9	20.8 (994)	21.6	22.5	23.3	24.2	25.1 (993)	26	26.9	27.9	28.9	29.9 (992)	30.9	31.9	32.9 (991)	33.9

TABLE DE LA FORCE RÉELLE DES LIQUIDES SPIRITUEUX.

III. — Mélanges indiquant de 41 à 60 centièmes à l'alcoomètre.

INDICATIONS DE L'ALCOOMÈTRE (FORCE APPARENTE)

Températures	41c	42c	43c	44c	45c	46c	47c	48c	49c	50c	51c	52c	53c	54c	55c	56c	57c	58c	59c	60c
0°	46.9 1011	47.9	48.8	49.8	50.7	51.7	52.6 1012	53.5	54.5	55.4	56.4	57.3	58.3	59.2	60.2	61.2	62.1	63.1 1013	64.1	65
1	46.5 1010	47.5	48.4	49.4	50.3	51.3 1011	52.2	53.2	54.2	55.1	56	57	57.9	58.9	59.9	60.9	61.8	62.8 1012	63.8	64.7
2	46.1 1009	47.1	48.1	49	49.9 1010	50.9	51.8	52.8	53.8	54.7	55.7	56.6	57.6	58.5	59.5	60.5 1011	61.5	62.4	63.4	64.4
3	45.8 1008	46.7 1009	47.7	48.6	49.6	50.5	51.5	52.4	53.4	54.3	55.3	56.3	57.2	58.2 1010	59.2	60.2	61.1	62.1	63.1	64.1
4	45.4 1008	46.4	47.4	48.3	49.2	50.2	51.1	52.1	53	54 1009	55	56	56.9	57.9	58.9	59.8	60.8	61.7	62.7	63.7
5	45 1007	45.9	46.9	47.9	48.8	49.8	50.7	51.7 1008	52.7	53.6	54.6	55.6	56.6	57.5	58.5	59.5	60.4	61.4	62.4	63.4
6	44.6 1006	45.5	46.5	47.5 1007	48.4	49.4	50.4	51.4	52.4	53.3	54.3	55.2	56.2	57.1	58.1	59.1	60.1 1008	61	62	63
7	44.2 1005	45.1 1006	46.1	47.1	48.1	49.1	50.1	51	52	52.9	53.9	54.9	55.9	56.8	57.8	58.8	59.8 1007	60.7	61.7	62.7
8	43.8 1005	44.8	45.8	46.8	47.7	48.7	49.7	50.6	51.6	52.6	53.6	54.6	55.5 1006	56.5	57.5	58.5	59.5	60.4	61.4	62.4
9	43.4 1004	44.4	45.4	46.4	47.3	48.3	49.3 1005	50.2	51.2	52.2	53.2	54.2	55.4	56.1	57.1	58.1	59.1	60	61	62
10	43 1003	44 1004	45	46	46.9	47.9	48.9	49.9	50.9	51.8	52.8	53.8	54.8	55.8	56.8	57.8	58.8	59.7	60.7	61.7
11	42.6 1003	43.6	44.6	45.6	46.6	47.6	48.6	49.5	50.5	51.5	52.5	53.5	54.4	55.4	56.4	57.4	58.4	59.4	60.4	61.4
12	42.2 1002	43.2	44.2	45.2	46.2	47.2	48.2	49.2	50.2	51.1	52.1	53.1	54.1	55	56	57	58	59	60	61
13	41.8 1001	42.8	43.8	44.8 1002	45.8	46.8	47.8	48.8	49.8	50.8	51.8	52.7	53.7	54.7	55.7	56.7	57.7	58.7	59.7	60.7
14	41.4 1001	42.4	43.4	44.4	45.4	46.4	47.4	48.4	49.4	50.4	51.4	52.3	53.3	54.3	55.3	56.3	57.3	58.3	59.3	60.3
15	41 1000	42	43	44	45	46	47	48	49	50	51	52	53	54	55	56	57	58	59	60
16	40.6 999	41.6	42.6	43.6	44.6	45.6	46.6	47.6	48.6	49.6	50.6	51.6	52.6	53.6	54.6	55.6	56.6	57.6	58.6	59.6
17	40.2 999	41.2	42.2	43.2 998	44.2	45.2	46.2	47.2	48.3	49.3	50.3	51.3	52.3	53.3	54.3	55.3	56.3	57.3	58.3	59.3
18	39.8 998	40.8	41.8	42.8	43.8	44.9	45.9	46.9	47.9	48.9	49.9	50.9	51.9	52.9	53.9	54.9	55.9	56.9 997	57.9	58.9
19	39.4 997	40.4	41.4	42.5	43.5	44.5	45.5	46.5	47.5	48.5	49.5	50.6	51.6	52.6	53.6	54.6	55.6	56.6	57.6	58.6
20	39 997	40	41	42.1	43.1 996	44.1	45.1	46.1	47.2	48.2	49.2	50.2	51.2	52.2	53.2	54.2	55.2	56.2	57.2	58.2
21	38.6 996	39.6	40.6	41.7	42.7	43.7	44.8	45.8	46.8 995	47.8	48.8	49.8	50.8	51.8	52.9	53.9	54.9	55.9	56.9	57.9
22	38.2 996	39.2 995	40.2	41.3	42.3	43.3	44.3	45.3	46.4	47.4	48.4	49.4	50.4	51.4 994	52.5	53.5	54.5	55.5	56.5	57.5
23	37.8 995	38.8	39.8	40.9 994	41.9	42.9	43.9	44.9	46	47	48	49.1	50.1	51.1	52.1	53.1	54.1 993	55.1	56.1	57.1
24	37.4 994	38.4	39.4	40.5	41.5	42.5	43.6	44.6	45.6 993	46.6	47.6	48.7	49.7	50.7	51.8	52.8	53.8	54.8	55.8	56.8 992
25	37 994	38	39 993	40.1	41.1	42.2	43.2	44.2	45.2	46.3	47.3	48.3	49.3	50.3 992	51.4	52.4	53.4	54.4	55.5	56.5
26	36.5 993	37.6	38.6	39.7	40.7 992	41.8	42.8	43.8	44.9	45.9	46.9	47.9	49	50 991	51	52	53	54	55.1	56.1
27	36.1 992	37.2	38.2	39.3	40.3	41.4	42.4 991	43.4	44.5	45.5	46.5	47.6	48.6	49.6	50.7 990	51.7	52.7	53.7	54.8	55.8
28	35.7 992	36.8	37.8	38.9 991	39.9	41	42	43	44.1	45.1 990	46.1	47.2	48.2	49.2	50.3	51.3	52.3	53.3 989	54.4	55.4
29	35.3 991	36.3	37.4	38.5	39.5	40.6 990	41.6	42.6	43.7	44.7	45.7	46.8 989	47.8	48.9	49.9	51	52	53	54	55 988
30	34.9 991	35.0	37 990	38.4	39.1	40.2	41.2	42.3 989	43.3	44.3	45.4	46.4	47.5	48.5 988	49.6	50.6	51.6	52.6	53.6	54.7

TABLE DE LA FORCE RÉELLE DES LIQUIDES SPIRITUEUX.

IV. — Mélanges indiquant de 61 à 80 centièmes à l'alcoomètre.

Températures	INDICATIONS DE L'ALCOOMÈTRE (FORCE APPARENTE)																			
	61c	62c	63c	64c	65c	66c	67c	68c	69c	70c	71c	72c	73c	74c	75c	76c	77c	78c	79c	80c
0°	66 1013	67	68	68.9	69.9	70.8	71.8	72.7	73.7 1014	74.7	75.6	76.6	77.6	78.6	79.5	80.5	81.5	82.4	83.3	84.3
1	65.7 1012	66.7	67.7	68.6	69.6	70.5	71.5	72.4	73.4 1013	74.3	75.3	76.3	77.3	78.3	79.2	80.2	81.2	82.1	83.1	84
2	65.3 1011	66.3	67.3	68.3	69.3	70.2	71.2	72.1 1012	73.1	74	75	76	77	78	78.9	79.9	80.9	81.9	82.8	83.7
3	65 1010	66	67	68	68.9	69.9 1011	70.8	71.8	72.8	73.7	74.7	75.7	76.7	77.7	78.6	79.6	80.6	81.6	82.5	83.5
4	64.7 1009	65.7	66.6	67.6 1010	68.6	69.5	70.5	71.5	72.5	73.4	74.4	75.3	76.3	77.3	78.3	79.3	80.3	81.3	82.2	83.2
5	64.3 1009	65.3	66.3	67.3	68.3	69.2	70.2	71.2	72.2	73.1	74.1	75	76	77	78	79	80	81	81.9 1010	82.9
6	64 1008	65	66	67	68	68.9	69.9	70.9	71.9	72.8	73.8	74.7	75.7	76.7	77.7	78.7	79.7	80.7	81.6	82.6 1009
7	63.7 1007	64.7	65.7	66.7	67.6	68.6	69.6	70.6	71.5	72.5	73.5	74 4	75.4	76.4	77.4	78.4	79.4	80.4	81.4	82.3 1008
8	63.4 1006	64.4	65.4	66.4	67.3	68.3	69.3	70.2	71.2	72.2	73.2	74.1	75.1	76.1	77.1	78.1	79.1 1007	80.1	81.1	82
9	63 1005	64	65	66	67	67.9	68.9	69.9	70.9	71.9	72.9	73.8	74.8	75.8	76.8	77.8	78.8 1006	79.8	80.8	81.7
10	62.7 1004	63.7	64.7	65.7	66.7	67.6	68.6	69.6	70.6	71.6	72.6	73.5	74.5 1005	75.5	76.5	77.5	78.5	79.5	80.5	81.5
11	62.4 1003	63.4	64.4	65.4	66.4	67.3	68.3	69.3 1004	70.3	71.3	72.3	73.2	74.2	75.2	76.2	77.2	78.2	79.2	80.2	81.2
12	62 1002	63	64	65	66	67	68 1003	69	70	71	72	72.9	73.9	74.9	75.9	76.9	77.9	78.9	79.9	80.9
13	61.7 1002	62.7	63.7	64.7	65.7	66.7	67.7	68.7	69.6	70.6	71.6	72.6	73.6	74.6	75.6	76.6	77.6	78.6	79.6	80.6
14	61.3 1001	62.3	63.3	64.3	65.3	66.3	67.3	68.3	69.3	70.3	71.3	72.3	73.3	74.3	75.3	76.3	77.3	78.3	79.3	80.3
15	61 1000	62	63	64	65	66	67	68	69	70	71	72	73	74	75	76	77	78	79	80
16	60.6 999	61.7	62.7	63.7	64.7	65.7	66.7	67.7	68.7	69.7	70.7	71.7	72.7	73.7	74.7	75.7	76.7	77.7	78.7	79.7
17	60.3 998	61.3	62.3	63.3	64.3	65.3	66.3	67.3	68.3	69.3	70.3	71.3	72.3	73.3	74.3	75.4	76.4	77.4	78.4	79.4
18	59.9 997	61	62	63	64	65	66	67	68	69	70	71	72	73	74	75.1	76.1	77.1	78.1	79.1
19	59.6 997	60.6	61.6	62.7	63.7	64.7	65.7	66.7	67.7	68.7 996	69.7	70.7	71.7	72.7	73.7	74.7	75.8	76.8	77.8	78.8
20	59.2 996	60.3	61.3	62.3	63.3	64.3	65.4	66.4	67.4	68.4	69.4	70.4	71.4 995	72.4	73.4	74.4	75.5	76.5	77.5	78.5
21	58.9 995	59.9	61	62	63	64	65	66	67	68.4	69.1	70.1	71.1 994	72.1	73.1	74.1	75.2	76.2	77.2	78.2
22	58.5 994	59.5	60.6	61.6	62.7	63.7	64.7	65.7	66.7	67.8	68.8	69.8	70.8 993	71.8	72.8	73.8	74.8	75.9	76.9	77.9
23	58.1 993	59.2	60.2	61.3	62.3	63.3	64.3	65.4	66.4	67.4	68.4	69.4	70.5 992	71.5	72.5	73.5	74.5	75.5	76.6	77.6
24	57.8 992	58.9	59.9	61	62	63	64	65	66	67.1	68.1	69.1	70.1	71.2	72.2	73.2	74.2 991	75.2	76.3	77.3
25	57.5 992	58.5	59.5 991	60.6	61.6	62.6	63.7	64.7	65.7	66.7	67.8	68.8	69.8	70.8	71.8	72.8	73.9	74.9	76	77
26	57.1 991	58.1	59.2	60.2 990	61.3	62.3	63.3	64.3	65.3	66.4	67.4	68 4	69.5	70.5	71.5	72.5	73.6	74.6	75.6	76.7
27	56.8 990	57.8	58.9	59.9	60.9	61.9 989	63	64	65	66	67.1	68.1	69.2	70.2	71.2	72.2	73.3	74.3	75.3	76.3
28	56.4 989	57.5	58.5	59.5	60.6	61.6	62.6	63.7	64.7	65.7 988	66.8	67.8	68.8	69.9	70.9	71.9	73	74	75	76
29	56 988	57.1	58.1	59.2	60.2	61.2	62.3	63.3	64.3	65.4	66.4	67.4	68.5 987	69.5	70.6	71.6	72.6	73.7	74.7	75.7
30	55.7 988	56.7 987	57.8	58.8	59.9	60.9	61.9	63	64	65	66.4	67.1	68.2 986	69.2	70.3	71.3	72.3	73.3	74.4	75.4

TABLE DE LA FORCE RÉELLE DES LIQUIDES SPIRITUEUX.

V. — Mélanges indiquant de 81 à 100 centièmes à l'alcoomètre.

INDICATIONS DE L'ALCOOMÈTRE (FORCE APPARENTE)

Températures	81ᶜ	82ᶜ	83ᶜ	84ᶜ	85ᶜ	86ᶜ	87ᶜ	88ᶜ	89ᶜ	90ᶜ	91ᶜ	92ᶜ	93ᶜ	94ᶜ	95ᶜ	96ᶜ	97ᶜ	98ᶜ	99ᶜ	100ᶜ
0°	85.2 1014	86.2	87.1	88	88.9	89.9 1015	90.8	91.7	92.6	93.6	94.5	95.3	96.2	97.1	98	98.8	99.7 1016			
1	85 1013	85.9	86.8	87.8	88.7	89.6 1014	90.5	91.5	92.4	93.3	94.3	95.1	96	96.9	97.8	98.6	99.5			
2	84.7 1012	85.6	86.6	87.5	88.5	89.4 1013	90.3	91.2	92.2	93.1	94	94.9	95.8	96.7	97.6	98.5	99.3 1014			
3	84.4 1011	85.4	86.3	87.3	88.2	89.2 1012	90.1	91	91.9	92.9	93.8	94.7	95.6	96.5	97.4	98.3	99.2			
4	84.2 1011	85.1	86.1	87	87.9	88.9	89.8	90.8	91.7	92.7	93.6	94.5	95.4	96.3	97.2	98.1	99	99.9		
5	83.9 1010	84.8	85.8	86.7	87.7	88.6	89.6	90.5	91.5	92.4	93.4	94.3	95.2	96.1	97	97.9	98.8	99.7		
6	83.6 1009	84.5	85.5	86.5	87.4	88.4	89.3	90.2	91.2	92.2	93.1	94.1	95	95.9	96.8	97.8	98.7	99.6		
7	83.3 1008	84.2	85.2	86.2	87.2	88.1	89.1	90	91	91.9	92.9	93.9	94.8	95.7	96.6	97.6	98.5	99.4		
8	83 1007	84	85	85.9	86.9	87.9	88.8	89.8	90.7	91.7	92.7	93.6	94.6	95.5	96.4	97.4	98.3	99.2		
9	82.7 1006	83.7	84.7	85.7	86.6	87.6	88.6	89.5	90.5	91.5	92.5	93.4	94.4	95.3	96.2	97.2	98.1	99.1	100	
10	82.4 1005	83.4	84.4	85.4	86.4	87.4	88.3	89.3	90.2	91.2	92.2	93.2	94.2	95.1	96	97	98	98.9	99.9	
11	82.2 1004	83.1	84.1	85.1	86.1	87.1	88	89	90	91	92	92.9	93.9	94.9	95.8	96.8	97.8	98.7	99.7	
12	81.9 1003	82.9	83.9	84.8	85.8	86.8	87.8	88.7	89.7	90.7	91.7	92.7	93.7	94.7	95.6	96.6	97.6	98.5	99.5	
13	81.6 1002	82.6	83.6	84.6	85.5	86.5	87.5	88.5	89.5	90.5	91.5	92.5	93.5	94.4	95.4	96.4	97.4	98.4	99.3	
14	81.3 1001	82.3	83.3	84.3	85.3	86.3	87.3	88.2	89.2	90.2	91.2	92.2	93.2	94.2	95.2	96.2	97.2	98.2	99.2	
15	81 1000	82	83	84	85	86	87	88	89	90	91	92	93	94	95	96	97	98	99	100
16	80.7 999	81.7	82.7	83.7	84.7	85.7	86.7	87.7	88.7	89.7	90.8	91.8	92.8	93.8	94.8	95.8	96.8	97.8	98.8	99.8
17	80.4 998	81.4	82.4	83.4	84.4	85.4	86.4	87.4	88.4	89.5	90.5	91.5	92.6	93.6	94.6	95.6	96.6	97.6	98.7	99.7
18	80.1 997	81.1	82.1	83.1	84.1	85.2	86.2	87.2	88.2	89.2	90.2	91.3	92.3	93.3	94.3	95.4	96.4	97.4	98.5	99.5
19	79.8 996	80.8	81.9	82.9	83.9	84.9	85.9	86.9	87.9	88.9	90	91.1	92.1	93.1	94.1	95.2	96.2	97.3	98.3	99.3
20	79.5 995	80.5	81.6	82.6	83.6	84.6	85.6	86.6	87.7	88.7	89.7	90.8	91.8	92.9	93.9	95	96	97.1	98.1	99.1
21	79.2 994	80.2	81.3	82.3	83.3	84.3	85.3	86.4	87.4	88.4	89.5	90.5	91.6	92.6	93.7	94.7	95.8	96.9	97.9	99
22	78.9 993	79.9	81	82	83	84	85	86.1	87.1	88.2	89.2	90.2	91.3	92.4	93.4	94.5	95.6	96.7	97.7	98.8
23	78.6 992	79.6	80.7	81.7	82.7	83.8	84.8	85.8	86.8	87.9	89	90	91.1	92.1	93.2	94.3	95.4	96.5	97.5	98.6
24	78.3 991	79.3	80.4	81.4	82.4	83.5	84.5	85.5	86.5	87.6	88.7	89.7	90.8	91.9	93	94.1	95.2	96.2	97.3	98.4
25	78 991	79	80.1 990	81.1	82.1	83.2	84.2	85.2	86.3	87.4	88.4	89.5	90.6	91.6	92.7	93.8	94.9	96	97.1	98.2
26	77.7 990	78.7 989	79.8	80.8	81.8	82.9	83.9	84.9	86	87.1	88.2	89.2	90.3	91.4	92.5	93.6	94.7	95.8	96.9	98.1
27	77.4 989	78.4 988	79.5	80.5	81.5	82.6	83.6	84.7	85.7	86.8	87.9	89	90.1	91.1	92.2	93.4	94.5	95.6 987	96.7	97.9
28	77.1 988	78.1	79.2 987	80.2	81.2	82.3	83.3	84.4	85.4	86.5	87.6	88.7	89.8	90.9	92	93.1	94.3	95.4 986	96.5	97.7
29	76.7 987	77.8	78.9 986	79.9	80.9	82	83	84.1	85.1	86.2	87.3	88.4	89.5	90.6	91.7	92.9	94.1	95.2	96.3 985	97.5
30	76.4 986	77.5	78.6	79.6	80.6 985	81.7	82.7	83.8	84.9	86	87.1	88.2	89.3	90.4	91.5	92.7	93.8	95	96.1 984	97.3

1242. *Richesse*. — Une autre conséquence intéressante de la grande dilatabilité des liqueurs alcooliques résulte du changement de volume qu'éprouve l'alcool dilué lorsque sa force se modifie sous l'influence des variations de la température. Prenons, par exemple, 1000 litres d'alcool, mesurés à la température de 2°, et dont la force apparente soit alors 44 centièmes; ramené expérimentalement de 2° à 15°, cet alcool marquerait à l'alcoomètre 49 centièmes, chiffre de la force réelle (voy. tableau III, p. 684). Si, pour savoir la quantité d'alcool pur contenue dans la masse considérée, on prenait les 49 centièmes de 1000 litres, soit $1000 \times 0{,}49 = 490$ litres, on commettrait une erreur grave, car en s'échauffant, le liquide a augmenté de volume; à 15°, il occupe maintenant 1009 litres (voy. le même tableau). La quantité d'alcool à 15° est donc les 49 centièmes, non pas de 1000 litres, mais de 1009 litres, soit $1009 \times 0{,}49 = 494{,}41$ litres. C'est pour permettre d'effectuer cette correction indispensable que Gay-Lussac a inscrit dans sa table de la force réelle (§ 1241) le volume qu'occuperaient à 15° 1000 litres du liquide spiritueux, mesurés à la température à laquelle la force apparente a été prise. Appelant *richesse* la quantité d'alcool pur ainsi évaluée, il a même construit une *Table de la richesse en alcool des liquides spiritueux*, laquelle fournit directement les résultats du calcul très simple qui précède.

1243. *Mouillage*. — Enfin Gay-Lussac, en partant toujours des mêmes données, a dressé une *Table de mouillage* indiquant, en litres, le volume d'eau qu'il faut ajouter à 1000 litres d'un esprit, d'une force connue, pour le convertir en un autre liquide spiritueux, de force donnée aussi, mais plus faible. Cette table n'est pas plus indispensable que la table de la richesse (§ 1242); étant données les densités et les forces réelles, on calcule facilement comme il suit tous les résultats qu'elle fournit :

Soit V le volume de l'alcool à mouiller, f sa force réelle et d sa densité; soit V′ le volume de l'alcool plus faible à préparer, P′ son poids, f' sa force réelle et d' sa densité. Le poids (ou le volume) d'eau e à ajouter pour le mouillage sera donné par la formule $e = \dfrac{Vfd'}{f'} - Vd$ (1). Le poids

(1) Le rapport entre le poids P′ de l'alcool ramené à la force f' et le poids de l'alcool absolu qu'il contiendra, est évidemment le même que celui qui existe entre le poids de 100 litres d'alcool à f' centièmes et le poids d'alcool absolu contenu dans ces 100 litres. La densité de l'alcool absolu étant 0,79433, le poids de l'alcool absolu contenu dans l'esprit à diluer est $V \dfrac{f}{100} \times 0{,}79433$. La densité de l'alcool à f' centièmes étant d', le poids de 100 litres de cet alcool est $100\,d'$. Enfin le poids d'alcool absolu contenu dans les 100 litres d'alcool à f' centièmes est $100 \times \dfrac{f'}{100} \times 0{,}79433$. On a donc la proportion :

$$\frac{P'}{V \times \dfrac{f}{100} \times 0{,}79433} = \frac{100\,d'}{100 \times \dfrac{f'}{100} \times 0{,}79433}, \quad \text{d'où } P' = \frac{V \times \dfrac{f}{100} \times 0{,}79433 \times 100\,d'}{100 \times \dfrac{f'}{100} \times 0{,}79433};$$

et en simplifiant $P' = \dfrac{Vfd'}{f'}$. Le poids P de l'alcool à mouiller est Vd, le poids de l'eau à ajouter e est égal à $P' - P$, soit $e = \dfrac{Vfd'}{f'} - Vd$.

D'autre part, le poids du liquide dilué étant $P' = \dfrac{Vfd'}{f'}$, son volume sera $V' = \dfrac{P'}{d'} = \dfrac{Vfd'}{f'd'} = \dfrac{Vf}{f'}$.

de l'alcool dilué sera $P' = \dfrac{V f d'}{f}$ et par suite son volume sera $V' = \dfrac{V f}{f'}$.

Ainsi donc, étant donné le volume d'un alcool à mouiller pour obtenir un alcool de force réelle donnée, le volume auquel on doit l'amener par addition d'eau est égal au volume primitif multiplié par le rapport de la force réelle initiale à la force réelle finale.

S'il s'agit de calculer les quantités de deux esprits de forces réelles différentes, qu'il faudrait mêler pour obtenir un esprit de force réelle intermédiaire, comme les liquides spiritueux n'éprouvent pas dans leur mélange entre eux une contraction à beaucoup près aussi grande que lorsqu'on les mêle avec l'eau, on peut obtenir une approximation généralement suffisante en supposant la contraction nulle. Le calcul se réduit dès lors à une simple règle d'alliage.

C'est ainsi que le volume v' de l'alcool faible à ajouter pour mouiller et amener à une force intermédiaire un volume donné v d'alcool plus fort, est égal au produit du volume de l'alcool fort par la différence de la plus grande force f à la force intermédiaire φ, divisé par la différence de la force intermédiaire à la force la plus petite f', c'est-à-dire $v' = \dfrac{v(f-\varphi)}{\varphi - f'}$.

Le calcul des données exactes est plus compliqué, mais analogue à celui qui figure dans la note de la page précédente.

1244. En raison des avantages pratiques que présente la pesée comparée au mesurage des volumes, il est parfois intéressant de résoudre par rapport aux poids les divers problèmes de mouillage qui se présentent; à cet égard, les indications suivantes peuvent être utiles :

1° Étant donné le volume f d'alcool pur contenu dans 100 volumes d'un mélange d'alcool et d'eau, dont la densité D est fournie par les tables (§ 1239) en même temps que celle de l'alcool absolu 0,79433, le poids p d'alcool pur contenu dans 100 parties en poids du mélange est :

$$p = \frac{f \times 0,79433}{D};$$

2° Inversement, étant donné le poids p d'alcool pur contenu dans 100 parties en poids d'un mélange, la force réelle f de ce mélange est, d'après une transformation de la formule précédente :

$$f = \frac{pD}{0,79433}.$$

I. — ÉTHER CHLORHYDRIQUE.

$$P.\,mol.\,:\mathrm{C^4H^5Cl} = 64,5 = 4\,vol. = \mathrm{C^2H^5Cl}.$$

1245. *Synonymes* : Chlorure d'éthyle, chlorhydrate d'éthylène, hydrure d'éthylène monochloré. — *Liquide*, incolore, *neutre*, très mobile, à odeur agréable et pénétrante, connu des alchimistes du seizième siècle. — *Densité* à 0° : 0,921. — *Point d'ébullition* : 12°,5. — *Densité de vapeur* : 2,219 par rapport à l'air; 32,03 par rapport à l'hydrogène. — *Solubilité* faible dans l'eau, considérable dans l'alcool.

1246. PRÉPARATION. — L'éther chlorhydrique se produit dans l'action sur l'alcool d'un mélange d'acide sulfurique et de sel marin, lequel mélange dégage de l'acide chlorhydrique (Gehlen) :

$$2C^4H^6O^2 \quad + \quad S^2H^2O^3 \quad + \quad 2NaCl \quad = \quad 2C^4H^5Cl \quad + \quad S^2Na^2O^8 \quad + \quad 2H^2O^2;$$

Alcool.	Acide sulfurique.	Chlorure de sodium.	Éther chlorhydrique.	Sulfate de soude.	Eau.

$$2(C^2H^5,OH) + SO^4H^2 + 2NaCl = 2C^2H^5Cl + SO^4Na^2 + 2H^2O.$$

On se sert de l'appareil représenté dans la figure 301 (§ 1191). On introduit 2 parties de sel marin dans le ballon B, puis on ajoute 1 partie d'alcool et 1 partie d'acide sulfurique, préalablement mélangés en versant peu à peu le second liquide dans le premier constamment agité. On chauffe doucement le ballon, et l'éther se dégage sous forme de gaz. Le flacon laveur L, qui est garni d'eau alcaline, arrête l'acide chlorhydrique libre. L'éther chlorhydrique se dessèche ensuite en traversant la colonne E garnie de chlorure de calcium, puis arrive se liquéfier dans le tube ABCD, qui est entouré d'un mélange réfrigérant de glace pilée et de sel marin. Le liquide s'écoule et se recueille dans le vase *m*; celui-ci doit être lui-même refroidi par de la glace ou mieux par un mélange réfrigérant.

En hiver, l'opération peut présenter quelque difficulté ; il arrive, en effet, que l'éther se liquéfie par le froid dans la colonne à chlorure de calcium. Il suffit que l'appareil soit maintenu au-dessus de 12° pour que cet inconvénient ne se produise pas.

Le point d'ébullition étant relativement élevé, la condensation s'opère avec facilité ; aussi remplace-t-on souvent le tube en U tubulé, qui est d'une disposition un peu compliquée, par un simple ballon à long col, qu'on entoure de mélange réfrigérant ou même de glace, et au fond duquel on amène par un tube de verre le courant de vapeur à liquéfier. Le liquide s'accumule dans le ballon (§ 614).

Pour conserver l'éther, on scelle à la lampe le vase qui le renferme ; celui-ci doit avoir été choisi suffisamment résistant (§ 1191).

L'éther chlorhydrique est neutre au tournesol, en présence de l'eau. Il ne précipite pas immédiatement l'azotate d'argent. Il brûle avec la flamme bordée de vert, caractéristique de la présence du chlore ; les gaz qu'il produit en brûlant contiennent de l'acide chlorhydrique et précipitent l'azotate d'argent.

II. — ÉTHER IODHYDRIQUE.

$$P.\,mol. : C^4H^5I = 156 = 4\,vol. = C^2H^5I.$$

1247. *Synonymes :* Iodure d'éthyle, iodhydrate d'éthylène. — *Liquide*, incolore, *neutre*, à odeur alliacée, découvert en 1815 par Gay-Lussac. — *Densité :* 1,975 à 0°. — *Point d'ébullition :* 72°. — *Densité de vapeur :* 5,475 par rapport à l'air; 79,001 par rapport à l'hydrogène. — *Insoluble* dans l'eau, miscible à l'alcool absolu et à l'éther. — Rapidement altérable par la lumière.

1248. Préparation. — Parmi les procédés de production de l'éther iodhydrique, le plus avantageux a pour base la réaction de l'iode sur le phosphore au sein de l'alcool (Sérullas). Il se forme de l'iodure de phosphore, qui, décomposé par l'eau de l'alcool, fournit de l'acide iodhydrique ; ce dernier éthérifie l'alcool :

$$2PI^2 \quad + \quad 5H^2O^2 \quad = \quad 4HI \quad + \quad PO^3,3HO \quad + \quad PH^2O^3,HO,$$

Iodure de phosphore.	Eau.	Acide iodhydrique.	Acide phosphoreux.	Acide hypophosphoreux.

$$2PI^2 \quad + \quad 5H^2O \quad = \quad 4HI \quad + \quad PO^3H^3 \quad + \quad PO^2H^3;$$

$$C^4H^6O^2 \quad + \quad HI \quad = \quad C^4H^5I \quad + \quad H^2O^2,$$

Alcool.	Acide iodhydrique.	Éther iodhydrique.	Eau.

$$C^2H^5,OH \quad + \quad HI \quad = \quad C^2H^5I \quad + \quad H^2O.$$

Avec le phosphore blanc, la réaction est violente et occasionne parfois des explosions. En substituant le phosphore rouge au phosphore ordinaire (J. Personne), la réaction devient facile à régler.

Lorsqu'il s'agit d'obtenir quelques grammes seulement d'éther iodhydrique, on opère dans un appareil distillatoire, composé d'une cornue et d'un ballon, tous deux tubulés (fig. 118, § 222). On introduit dans la cornue 2 grammes de phosphore rouge et 20 grammes d'alcool à 90 centièmes, puis, par la tubulure de la cornue, on ajoute par petites portions 40 grammes d'iode. Avant chaque addition nouvelle de métalloïde, on agite à plusieurs reprises et on attend que la chaleur due à la réaction se soit dissipée. Pendant les premiers moments l'opération est lente, l'iode ne se dissolvant pas très abondamment dans le liquide ; mais, dès qu'une certaine proportion d'éther iodhydrique a pris naissance, ce corps dissout l'iode abondamment et la réaction s'accélère. Lorsque tout l'iode a été introduit, on distille, en chauffant d'abord doucement, pour éviter que la réaction, qui s'achève sous l'influence de la chaleur, ne devienne trop vive. La réfrigération du récipient mérite quelque attention, la température d'ébullition de l'éther iodhydrique étant peu élevée. Le liquide distillé contient, avec l'éther, de l'iode libre, de l'acide iodhydrique, de l'alcool et de l'eau. On l'agite avec plusieurs fois son volume d'eau rendue légèrement alcaline par la soude ; celle-ci enlève simultanément l'iode libre et l'alcool. On sépare l'éther par décantation, ce qui est facile à cause de sa forte densité, surtout en se servant d'une boule à décanter (fig. 304, § 1215) et on le met en contact dans un ballon avec quelques fragments de chlorure de calcium sec ; celui-ci fixe les dernières traces d'eau. Après vingt-quatre heures, sans décanter le produit, on distille jusqu'à siccité, au bain-marie, dans un petit appareil distillatoire. On conserve l'éther iodhydrique à l'abri de la lumière.

Quand la préparation porte sur des quantités plus importantes, il vaut mieux se servir d'un appareil distillatoire à réfrigérant de Liebig (fig. 119, § 223 ou fig. 120, § 224). Il est en outre avantageux de modifier les proportions des réactifs, et de prendre 1 partie de phosphore rouge pour 5 parties d'alcool à 90 centièmes et 10 parties d'iode. Le rendement est plus considérable si, au lieu de distiller immédiatement après qu'on a ajouté les dernières portions d'iode, on abandonne le mélange à lui-même pendant vingt-quatre heures, en l'agitant à plusieurs reprises, avant de commencer la distillation. Enfin la décoloration du produit par l'eau additionnée d'acide sulfureux doit précéder le lavage par une liqueur alcaline. On termine en lavant à l'eau dans une boule à décanter, mettant l'éther en contact pendant quelques heures avec un peu de chlorure de calcium desséché et distillant au bain-marie la totalité du produit. On obtient en éther, un peu plus du poids de l'iode employé.

III. — ÉTHER AZOTIQUE.

$P.\ mol.$: $C^4H^4(AzHO^6)$ ou $AzO^5,(C^4H^5)O = 91 = 4\ vol. = C^2H^5,AzO^3$.

1249. *Synonymes* : Azotate d'éthyle. — *Liquide*, incolore, à odeur douce, à saveur sucrée, découvert par Millon en 1843. — *Densité* : 1,132 à 0°. — *Point d'ébullition* : 86°. — *Densité de vapeur* : 3,112 par rapport à l'air; 44,9 par rapport à l'hydrogène. — *Insoluble* dans l'eau; miscible à l'alcool absolu et à l'éther.

1250. PRÉPARATION. — L'action de l'acide azotique ordinaire sur l'alcool est dangereuse à réaliser sans précautions spéciales, le réactif n'intervenant pas seulement comme agent d'éthérification, mais aussi comme oxydant, ce qui donne naissance à des réactions tumultueuses. L'oxydation étant due, non pas à l'acide azotique lui-même, mais aux composés moins oxygénés de l'azote qu'il renferme, on régularise l'éthérification en éliminant ces substances. Dans ce but, on fait usage d'acide azotique grossièrement débarrassé de vapeurs nitreuses, par l'action de la chaleur ou par un courant d'air, et on l'additionne d'azotate d'urée (Millon). L'urée, que l'acide azotique ne décompose pas, est détruite immédiatement par les composés incomplètement oxydés de l'azote, qu'elle transforme en azote libre :

$$C^2H^4Az^2O^2 \quad + \quad 2AzO^3 \quad = \quad C^2O^4 \quad + \quad Az^4 \quad + \quad 2H^2O^4,$$

Urée.		Anhydride azoteux.		Gaz carbonique.		Azote.		Eau.

$$C^2H^4Az^2O \quad + \quad Az^2O^3 \quad = \quad CO^2 \quad + \quad Az^4 \quad + \quad 2H^2O.$$

On opère de la manière suivante (M. W. Lossen) : On commence par chauffer dans un matras de l'acide azotique incolore, de densité 1,38, additionné de 15 grammes d'azotate d'urée par litre. On porte à l'ébullition, puis on laisse refroidir. L'acide ainsi traité ne contient plus de produits nitreux. Dans une cornue tubulée de 1 litre et demi, faisant partie d'un appareil distillatoire (§ 223, fig. 119), on introduit 400 grammes de cet acide avec 300 grammes d'alcool à 96 centièmes et 100 grammes d'azotate d'urée. On distille. Quand il a passé la moitié ou les deux tiers du contenu de la cornue, au moyen d'une ampoule à robinet (fig. 299, § 1177), que l'on a fixée au bouchon de la tubulure de la cornue, on fait tomber goutte à goutte dans celle-ci un mélange de 400 grammes d'acide azotique, traité à l'urée et froid, avec 300 grammes d'alcool; en même temps on poursuit la distillation. On règle le chauffage ainsi que l'arrivée du liquide de telle manière que le niveau reste à peu près constant dans la cornue. En continuant ainsi à ajouter de l'acide et de l'alcool et à distiller, on arrive à préparer dans une journée plusieurs kilogrammes d'éther azotique. Le résidu subsistant dans la cornue est très riche en azotate d'urée; il peut servir pour la production de 6 ou 7 kilogrammes d'éther. Le point important est de maintenir constamment un excès d'urée dans le mélange en ébullition. On agite le produit distillé avec son volume d'eau qui dissout l'alcool, tandis que l'éther azotique, dense et insoluble, se sépare. On décante l'eau de lavage. On lave une seconde fois avec de l'eau additionnée d'un peu de potasse, qui neutralise l'acide libre. On décante de nouveau. On dessèche l'éther en le mettant en contact pendant quelque temps avec de l'azotate de chaux anhydre, on le filtre et on le rectifie en recueillant ce qui passe vers 86°.

Les vapeurs d'éther azotique détonant lorsqu'on les surchauffe, on pratique la rectification dans un appareil distillatoire dont on chauffe la cornue ou le ballon au bain-marie.

IV. — ÉTHER ACÉTIQUE.

$$P.\ mol. : C^4H^4(C^4H^4O^4)\ \text{ou}\ C^4H^3O^3,(C^4H^5)O = 88 = 4\ vol. = \mathcal{C}^2H^5,\mathcal{C}^2H^3\Theta^2.$$

1251. *Synonyme :* Acétate d'éthyle. — *Liquide*, incolore, *très mobile*, à odeur agréable, découvert par Lauraguais en 1759. — *Densité :* 0,910 à 0°. — *Point d'ébullition :* 74°. — *Densité de vapeur :* 3,067 par rapport à l'air. — *Solubilité :* 1 partie dans 17 parties d'eau à 17°,5 ; miscible à l'alcool et à l'éther ; 28 parties d'éther acétique dissolvent 1 partie d'eau.

1252. PRÉPARATION. — L'éther acétique prend naissance quand on fait réagir sur l'alcool l'acide acétique dégagé par un mélange d'acide sulfurique et d'acétate alcalin :

$$2C^4H^3NaO^4\ +\ S^2H^2O^8\ +\ 2C^4H^6O^2\ =\ 2C^4H^4(C^4H^4O^4)\ +\ S^2Na^2O^8\ +\ 2H^2O^2;$$

Acétate de soude.	Acide sulfurique.	Alcool.	Éther acétique.	Sulfate de soude.	Eau.

$$2\mathcal{C}^2H^3\Theta^2Na\ +\ S\Theta^4H^2\ +\ 2(\mathcal{C}^2H^5,\Theta H) = 2(\mathcal{C}^2H^5,\mathcal{C}^2H^3\Theta^2)\ +\ S\Theta^4Na^2\ +\ 2H^2O.$$

On opère dans un appareil distillatoire (fig. 118, § 222, ou mieux fig. 120, § 224). On introduit dans la cornue 60 grammes d'acétate de soude desséché et concassé. D'autre part, à 36 grammes (44 centimètres cubes) d'alcool à 95 centièmes, contenus dans un matras et agités constamment, on ajoute peu à peu 80 grammes (43 centimètres cubes) d'acide sulfurique concentré. Quand le mélange est refroidi, on le verse dans la cornue, par petites parties et en agitant, de manière à éviter un échauffement marqué. On distille. Lorsque les vapeurs d'éther acétique cessent de se dégager à la température peu élevée qui a suffi pour provoquer la distillation, on arrête l'opération et on agite le produit avec une solution concentrée de chlorure de calcium (30 grammes de sel pour 100 grammes d'eau) ; on ajoute peu à peu et avec précaution de la chaux éteinte délayée dans de l'eau, en s'arrêtant dès que la liqueur aqueuse, qui est la plus dense, possède, après agitation, une réaction alcaline. La chaux neutralise l'acide acétique libre, tandis que la solution de chlorure de calcium enlève à l'éther l'alcool et une partie de l'eau qu'il contient. On décante immédiatement l'éther dans une petite cornue, et on le met en contact avec quelques grammes de chlorure de calcium desséché et pulvérisé, qui le déshydrate. On termine en adaptant la cornue à un appareil distillatoire semblable au premier, et en rectifiant l'éther acétique. Il est préférable d'effectuer cette seconde distillation en chauffant la cornue au bain-marie.

Le chlorure de calcium sec ayant la propriété de former une combinaison avec l'éther acétique, il est bon de ne pas employer un trop grand excès de cet agent de dessiccation. Son action sur l'éther doit cependant être prolongée, si l'on veut atteindre une élimination exacte de l'eau. On obtient plus rapidement le même résultat en rectifiant l'éther acé-tique sur des fragments de sodium; toutefois ce traitement, fort pratiqué, a l'inconvénient de produire un produit souillé d'alcool, le sodium atta-quant l'éther acétique en formant de l'éther acétacétique et de l'alcool sodé.

Lorsqu'on opère sur des quantités importantes, les proportions de réactifs indiquées plus haut donnent un rendement meilleur quand on abandonne à lui-même le mélange d'acétate, d'acide et d'alcool, pendant vingt-quatre heures, avant de le chauffer.

L'éther acétique étant saponifié assez vite par les liqueurs alcalines, ne doit pas être laissé en contact prolongé avec les eaux de lavage.

1253. La préparation de grandes quantités d'éther acétique se fait plus économiquement par l'action de l'acide acétique sur l'alcool en présence de l'acide sulfurique. Dans la tubulure de la cornue d'un appareil distillatoire (fig. 119, § 223), on fixe, au moyen d'un bouchon percé de deux trous, d'une part, un thermomètre dont le réservoir atteint presque le fond de la cornue, d'autre part, le tube inférieur d'une grande ampoule à robinet (fig. 299, § 1177). On place dans la cornue 100 centimètres cubes d'un mélange à volumes égaux d'acide sulfurique concentré et d'alcool à 95 centièmes. On chauffe doucement, et lorsque le liquide dans lequel plonge le réservoir ther-mométrique a atteint 140°, on fait écouler lentement, de l'ampoule à robinet dans l'appareil, un mélange à volumes égaux d'alcool à 95 centièmes et d'acide acétique cristallisable ; on maintient ensuite la température entre 135° et 140°, en réglant convenablement l'écoulement du liquide et le chauf-fage. Pendant les premiers instants, l'éther acétique distille accompagné d'un peu d'éther ordinaire, puis ce dernier disparaît, et on recueille dès lors un liquide qui renferme assez régulièrement 85 p. 100 d'éther acétique. Une quantité très faible d'acide sulfurique provoque ainsi l'éthérification de poids considérables d'acide acétique et d'alcool.

La disposition d'appareil représenté plus loin (fig. 308, § 1261) convient aussi très bien pour cette préparation.

Le produit de la réaction est lavé avec une solution saturée de chlorure de calcium additionnée d'un peu de chaux éteinte, séparé au moyen d'une boule à décanter (fig. 304, § 1215), desséché par le contact prolongé d'un peu de chlo-rure de calcium sec, puis soumis à la distillation fractionnée (fig. 122, § 233). On élimine les portions les plus volatiles, parce qu'elles contiennent un peu d'é-ther ordinaire, et on recueille à part ce qui passe vers 74°. On obtient ainsi un rendement qui atteint les 9/10 de celui indiqué par la théorie.

V. — ÉTHER STÉARIQUE.

P. mol. : $C^4H^4(C^{36}H^{36}O^4)$ ou $C^{36}H^{35}O^3,(C^4H^5)O = 312 = C^2H^5,C^{18}H^{35}O^2$.

1254. *Synonyme* : Stéarate d'éthyle. — *Cristallisé*, incolore, à aspect et à toucher gras, découvert par Lassaigne en 1837. — *Point de fusion* : 33°. — *Point d'ébulli-tion* : 224°; bout en s'altérant. — *Insoluble* dans l'eau, peu soluble dans l'alcool froid, plus soluble à chaud, très soluble dans l'éther.

1255. **Préparation.** — La présence d'un acide minéral tel que l'acide chlorhydrique provoque la combinaison rapide de l'acide stéarique et de l'alcool.

L'appareil dont on fait usage (fig. 305, § 1231) se compose d'un ballon B, producteur de gaz chlorhydrique (§ 674), d'un flacon laveur L, contenant de l'acide sulfurique destiné à dessécher le gaz, et d'un flacon G, dans lequel se trouve le mélange à traiter par le gaz chlorhydrique sec. Ce mélange est obtenu en chauffant légèrement 20 grammes d'acide stéarique, aussi dépourvu que possible d'acide margarique, dans 60 grammes d'alcool. Après refroidissement, on fait passer l'acide chlorhydrique dans la liqueur aussi longtemps que ce gaz entre en dissolution. Comme il détermine une forte élévation de température, on entoure le flacon G d'eau froide contenue dans un vase V; cette précaution n'est d'ailleurs importante que si l'on opère sur des quantités plus fortes que celles indiquées. La saturation obtenue, on transporte le flacon dans un bain-marie dont on élève très doucement la température, et on le maintient vers 60° ou 70° pendant une heure. On laisse refroidir, on verse le contenu du flacon dans 5 ou 6 fois son volume d'eau. L'éther se précipite; il se solidifie dès que la chaleur dégagée au contact de l'eau s'est dissipée. On recueille le précipité sur un filtre, on le lave avec un peu d'eau froide, on le laisse égoutter, on l'essore par compression entre des doubles de papier buvard, en évitant le contact des corps chauds et en particulier celui de la main, et on le dissout à chaud dans le moins possible d'alcool. En agitant la liqueur chaude avec une faible quantité de chaux éteinte, on sature non seulement les traces d'acide chlorhydrique libre, mais encore l'acide stéarique resté libre, qui a été précipité en même temps que l'éther stéarique. On filtre à chaud, pour séparer le stéarate de chaux ainsi que la chaux, et on abandonne le liquide au refroidissement dans un matras bouché : l'éther stéarique cristallise. On le sépare de l'alcool, on l'égoutte et on le sèche à l'air.

La dernière partie du traitement, c'est-à-dire la purification du produit solide, lavé à l'eau et séché, se fait mieux encore en dissolution éthérée et froide. On fait ensuite évaporer lentement cette dernière, en se mettant à l'abri de tout accident dû à la combustibilité des vapeurs d'éther; on obtient des cristaux nets d'éther stéarique.

VI. — ACIDE ÉTHYLSULFURIQUE.

$$P.\ mol. : C^4H^4(S^2H^2O^8) \text{ ou } S^2O^6,(C^4H^5O),HO = 126 = C^2H^5,SO^4H.$$

1256. *Synonymes* : Éther sulfurique acide, acide sulfovinique, sulfate acide d'éthyle, acide sulféthylique. — *Liquide sirupeux*, incolore, altérable, très acide, entrevu par Dabit en 1808. — *Densité* : 1,316 à 16°. — Décomposé par l'eau et par la chaleur. — *Acide monobasique*.

1257. **ÉTHYLSULFATE DE BARYTE.** — L'acide éthylsulfurique est facilement décomposable. Ses sels sont au contraire relativement stables ; le plus intéressant est l'éthylsulfate de baryte ou *sulfovinate de baryte*, qui donne l'acide libre quand on en précipite exactement la baryte par l'acide sulfurique.

Pour obtenir ce sel, on verse doucement 50 centimètres cubes d'acide sulfurique dans un matras contenant un volume égal d'alcool à 95 centièmes, puis on expose le vase pendant une heure ou deux à la température du bain-marie. En abandonnant ensuite le mélange à lui-même pendant quarante-huit heures, dans un endroit chaud, l'éthérification s'effectue et engendre l'acide éthylsulfurique :

$$C^4H^6O^2 \quad + \quad S^2H^2O^8 \quad = \quad C^4H^4,S^2H^2O^8 \quad + \quad H^2O^2,$$

Alcool.   Acide sulfurique.   Acide éthylsulfurique.   Eau.

$$C^2H^5,OH \quad + \quad SO^4H^2 \quad = \quad C^2H^5,SO^4H \quad + \quad H^2O \,;$$

On verse le liquide dans 30 ou 40 fois son poids d'eau froide, soit 1/2 litre environ, en agitant et en refroidissant la capsule qui contient l'eau, afin d'éviter l'action décomposante qu'exerce le liquide chaud sur l'acide éthylsufurique formé. On projette par petites portions, dans la liqueur, du carbonate de baryte pulvérisé, et on agite vivement. L'acide éthylsulfurique donne de l'éthylsulfate de baryte soluble dans l'eau ; l'acide sulfurique resté libre se change en sulfate de baryte insoluble ; enfin le gaz carbonique mis en liberté produit une vive effervescence. Lorsque celle-ci s'est calmée, on tiédit le mélange en le chauffant au bain-marie, et on constate qu'il possède une réaction alcaline due au carbonate de baryte ajouté en excès. On filtre le mélange chaud : le carbonate de baryte non attaqué et le sulfate de baryte formé restent sur le filtre, tandis que le liquide est une solution à peu près pure d'éthylsulfate de baryte. On additionne la liqueur de 2 ou 3 grammes de carbonate de baryte pulvérulent, et on l'évapore dans une capsule de porcelaine chauffée au bain-marie. L'addition de carbonate alcalino-terreux a pour but de maintenir la solution alcaline, ce qui est une bonne condition de conservation, l'acide éthylsulfurique étant beaucoup plus facilement saponifié par l'eau que son sel de baryte : le réactif en présence précipite immédiatement toute trace d'acide sulfurique mise en liberté. Lorsque la concentration est suffisante ($D = 1,498$ ou 48° Baumé, à l'ébullition), on filtre la liqueur chaude et on laisse cristalliser par refroidissement.

Le sel, égoutté et séché à l'air, entre deux feuilles de papier à filtrer, constitue de belles tables incolores, à aspect gras, dérivées d'un prisme rhomboïdal droit, contenant 2 équivalents d'eau de cristallisation, $C^4H^4,S^2HBaO^8 + 2HO$ ou $(C^2H^5,SO^4)^2Ba + 2H^2O$. Il est soluble dans un peu moins de son poids d'eau à la température ordinaire ; il se dissout aussi dans l'alcool.

VII. — ÉTHER OXALIQUE NEUTRE.

P. mol. : $(C^4H^4)^2,C^4H^2O^8$ ou $C^4O^6,2C^4H^5O = 146 = 4\,vol. = 2C^2H^5,C^2O^4.$

1258. *Synonymes* : Oxalate neutre d'éthyle. — *Liquide*, incolore, *oléagineux*, d'une odeur agréable, découvert par Bergmann. — *Densité* : 1,102 à 0°. — *Point d'ébul-*

lition : 186°. — *Densité de vapeur* : 5,087 par rapport à l'air. — *Solubilité* presque nulle dans l'eau ; considérable dans l'alcool et dans l'éther. — *Décomposable* rapidement par l'humidité.

1259. PRÉPARATION. — L'éthérification de l'alcool par l'acide oxalique bien desséché est assez rap de à chaud pour que cette action directe constitue l'un des meilleurs modes de préparation de l'éther oxalique.

La dessiccation de l'acide oxalique cristallisé, qui renferme 4 équivalents d'eau, $C^4H^2O^8 + 4HO$ ou $C^2H^2O^4 + 2H^2O$, s'effectue en chauffant cet acide dans une capsule de porcelaine. A 98°, il fond dans son eau de cristallisation, et, si l'on chauffe ensuite jusqu'à 155°, l'eau se volatilise complètement ; l'acide fondu et sec se solidifie par le refroidissement. Il est bon de ne pas chauffer au delà du point indiqué, l'acide se volatilisant et se décomposant ensuite notablement. L'acide hydraté fournit ainsi 70 p. 100 environ d'acide sec.

La préparation de l'éther s'effectue dans un appareil distillatoire (fig. 122, § 233) muni d'un thermomètre. Afin de régler plus facilement le chauffage, il est avantageux de déposer le ballon ou la cornue sur un bain de sable (§ 114). On introduit dans l'appareil 7 parties d'acide sec et 8 parties d'alcool absolu, ou tout au moins d'alcool à 98 centièmes ; on chauffe jusqu'à ce que le thermomètre, dont le réservoir plonge dans le liquide, marque 110° à 112°. On laisse alors refroidir, on verse sur le résidu le liquide qui a distillé, et on distille de nouveau. A 120°, on change le récipient et on pousse plus vivement l'opération. Entre 140° et 144°, on observe un bouillonnement considérable, il se dégage du gaz carbonique et il passe une certaine quantité d'éther formique ; tous deux proviennent de l'acide éthyloxalique qui s'est formé dans le mélange en réaction et que la chaleur décompose. La température s'élevant davantage, à 155° la production de l'éther formique s'arrête et le thermomètre monte rapidement au voisinage de 186°. Il passe alors de l'éther oxalique ; on le recueille dans un nouveau récipient.

On rectifie le produit en recueillant à part ce qui distille au point d'ébullition de l'éther oxalique pur. On obtient ainsi 4,5 parties de produit. Quant aux liquides plus volatils, on peut en retirer par la distillation fractionnée 1,5 parties d'éther formique.

VIII. — ÉTHER ORDINAIRE.

$$P. \, mol. : C^4H^4(C^4H^6O^2) \text{ ou } (C^4H^5O)^2 = 74 = 4 \, vol. = (C^2H^5)^2O.$$

1260. *Synonymes* : Éther, éther sulfurique, oxyde d'éthyle. — *Liquide*, incolore, très mobile, à odeur pénétrante et caractéristique, à saveur brûlante, décrit en 1540 par Valérius Cordus. — *Densité* : 0,736 à 0°; 0,723 à 12°,5; 0,609 à 100°; d'où coefficient de dilatation considérable. — *Point d'ébullition* : 35°. — *Densité de vapeur* : 2,565 par rapport à l'air ; 37 par rapport à l'hydrogène. — *Tension de vapeur* très considérable dès la température ordinaire. — *Solubilité* : 83 parties d'éther dans 1000 parties d'eau, en poids et à 17°,5 ; 16,6 parties d'eau dans 1000 parties d'éther à la même température. Miscible à l'alcool.

1261. PRÉPARATION. — La préparation de l'éther, réalisée dans les appareils ordinaires de laboratoire, n'est pas sans présenter quelque danger ; en outre, elle ne donne que des rendements très insuffisants ; ce corps est en réalité un produit industriel. On peut cependant en obtenir de la manière suivante :

On fait réagir l'acide sulfurique sur l'alcool. Il se forme d'abord l'acide éthylsulfurique :

$$C^4H^6O^2 \quad + \quad S^2H^2O^8 \quad = \quad C^4H^4(S^2H^2O^8) \quad + \quad H^2O^2;$$

Alcool. Acide sulfurique. Acide éthylsulfurique. Eau.

$$C^2H^5,OH \quad + \quad SO^4H^2 \quad = \quad C^2H^5,SO^4H \quad + \quad H^2O.$$

puis, lorsque l'alcool est maintenu en excès dans le mélange porté vers 140°, il réagit sur l'acide éthylsulfurique pour former l'éther ordinaire et régénérer l'acide sulfurique (M. Williamson) :

$$C^4H^4,S^2H^2O^8 \quad + \quad C^4H^6O^2 \quad = \quad C^4H^4(C^4H^6O^2) \quad + \quad S^2H^2O^8;$$

Acide éthylsulfurique. Alcool. Éther ordinaire. Acide sulfurique.

$$C^2H^5,SO^4H \quad + \quad C^2H^5,OH \quad = \quad (C^2H^5)^2O \quad + \quad SO^4H^2.$$

Il résulte de là que l'acide sulfurique ne se détruit pas dans la réaction et que, théoriquement tout au moins, il peut changer en éther ordinaire un poids d'alcool illimité; en fait, il éthérifie de 26 à 30 fois son poids d'alcool et disparaît dans des réactions secondaires, telles que sa réduction à l'état de gaz sulfureux par l'action de la matière organique à haute température.

L'appareil dans lequel on opère (fig. 308) se compose d'un ballon B, de

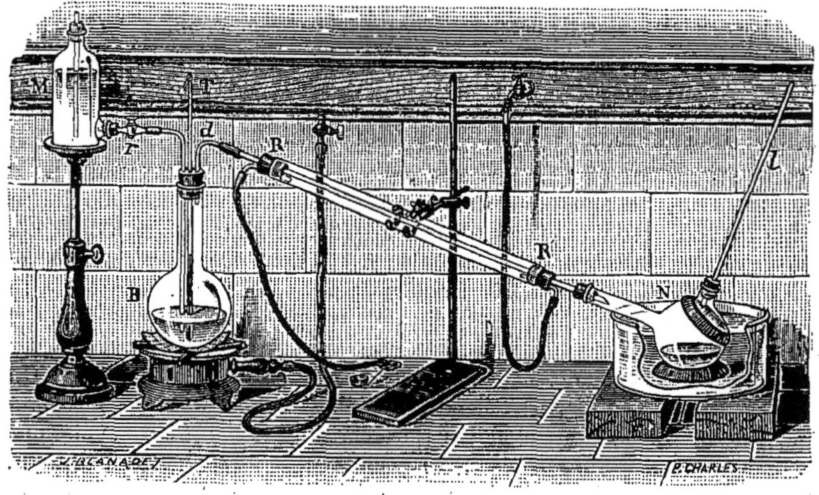

Fig. 308. — Préparation de l'éther ordinaire.

1 litre, portant au moyen d'un bouchon à 3 trous, un thermomètre T, un tube coudé d relié à un réfrigérant RR', et un tube de verre communiquant avec un flacon à tubulure inférieure M, dont l'écoulement est réglé par un robinet r. Le ballon est disposé sur un fourneau recouvert d'une toile métallique. Le tube du réfrigérant RR' est fixé par sa partie inférieure au col d'un ballon tubulé N, servant de récipient et plongé dans l'eau froide.

Après avoir introduit dans le ballon 200 grammes d'alcool (10 parties), et ajouté peu à peu, en agitant, 140 grammes d'acide sulfurique (7 parties), on chauffe doucement. Lorsque la température indiquée par le thermomètre dépasse 130°, l'ébullition commence et de l'éther plus ou moins mélangé d'alcool passe à la distillation. Ouvrant alors le robinet r, on laisse écouler très lentement dans le ballon de l'alcool à 95 centièmes, dont on a préalablement garni le flacon tubulé. En réglant le chauffage et l'arrivée de l'alcool, on maintient à la fois le niveau constant dans le ballon, et la température du mélange voisine de 140°. De l'alcool nouveau remplaçant continuellement celui qui distille à l'état d'éther, la réaction peut se produire ainsi tant que l'acide sulfurique n'a pas été trop altéré. Un point important est d'éviter tout accident dû à l'écoulement de la vapeur d'éther, qui s'échappe de l'extrémité de l'appareil, et à sa combustion au contact du foyer (§ 1264) ; on l'écarte de ce dernier en adaptant un tube très long *l* à la tubulure du ballon servant de récipient.

Le liquide condensé est de l'éther ordinaire, souillé d'alcool, d'eau, d'acide sulfureux, etc. On l'agite dans un flacon fermé, avec la moitié de son volume d'eau additionnée de quelques grammes d'hydrate de chaux. Ce dernier corps neutralise l'acide sulfureux, tandis que l'alcool passe en dissolution dans l'eau. On décante l'éther qui surnage et on le distille au bain-marie (§ 1262). On perd moins de produit quand on fait précéder le traitement par l'eau d'une distillation au bain-marie tiède (§ 1262) ; on sépare ainsi la plus grande partie de l'alcool.

1262. Distillation. — L'éther possède plusieurs propriétés (§ 1264) qui font de ce réactif usuel une cause permanente de dangers dans les laboratoires. Sa distillation, que l'on pratique très fréquemment, soit pour le purifier, soit pour recueillir les produits fixes ou moins volatils qu'il tient en dissolution, exige des précautions spéciales qu'on ne saurait négliger sans s'exposer à des explosions et à des incendies.

La facilité avec laquelle la vapeur d'éther s'enflamme doit faire écarter tout d'abord le chauffage à feu nu, qui occasionne de très nombreux accidents.

Le procédé le plus simple consiste à le distiller dans un appareil muni d'un réfrigérant bien refroidi et à grande surface (fig. 82 § 135 ou fig. 85, § 138), en disposant le vase, qui contient l'éther à distiller, dans une marmite de bain-marie sans liquide. On fait chauffer de l'eau dans un local autre que celui où se trouve établi l'appareil distillatoire, puis, cette eau étant à 80° environ, on la transporte par petites quantités dans le bain-marie vide. L'éther s'échauffe à la chaleur de l'eau et entre bientôt en ébullition. On ajoute de temps en temps de l'eau chaude dans le bain-marie, de façon à entretenir la distillation. Lorsque, par refroidissement du bain, celle-ci diminue d'intensité, on enlève au moyen d'un siphon (§ 327) une partie de l'eau tiède, et on la remplace aussitôt par de l'eau bouillante, apportée de la pièce voisine. La vapeur d'éther qui échappe à la condensation ne peut ainsi atteindre un foyer en combustion ; en outre, l'opérateur est à l'abri de tout accident grave, si par une cause quelconque la cornue ou le ballon viennent à se briser.

Un autre moyen plus avantageux encore consiste à percer, dans la cloison MM' qui sépare deux pièces voisines (fig. 309), une ouverture cylindrique de 15 à 20 millimètres de diamètre que l'on garnit d'un fourreau cylindrique en laiton *ff'*, à travers lequel passe facilement un tube de verre *tt'*, ou de caoutchouc, d'un diamètre un peu inférieur. D'un côté de la cloison, dans l'une des pièces, on dispose sur un fourneau un ballon de verre, ou mieux un vase métallique C, dans lequel on chauffe de l'eau ; la vapeur produite s'en échappe par un tube *t* auquel se relie la canalisation qui traverse la cloison. De l'autre côté de celle-ci, dans la seconde pièce par conséquent, se trouve l'appareil distillatoire à éther ; le vase à chauffer B est enfoncé dans un vase métallique à fond conique, portant deux orifices à sa partie la plus basse. L'extrémité du tube de caoutchouc amenant la vapeur s'adapte à l'un des ori-

fices, qui est constitué par l'ajutage *m* ; celui-ci s'ouvre à quelques centimètres du fond, au milieu d'un triangle en bois supportant le vase B dans lequel
se trouve l'éther à distiller. Entouré par le jet de vapeur, le liquide ne tarde
pas à entrer en ébullition. Sa vapeur va se condenser dans le réfrigérent R ;
le liquide formé est recueilli en F, dans un vase muni d'une fermeture à mercure E, empêchant la diffusion des vapeurs dans l'atmosphère. La distillation
continue dès lors sans autre précaution que celle de la régulariser en réglant
le chauffage du vase qui fournit la vapeur d'eau. L'eau condensée s'écoule à
l'égout par un tube fixé en S à l'orifice le plus bas du bain de vapeur.

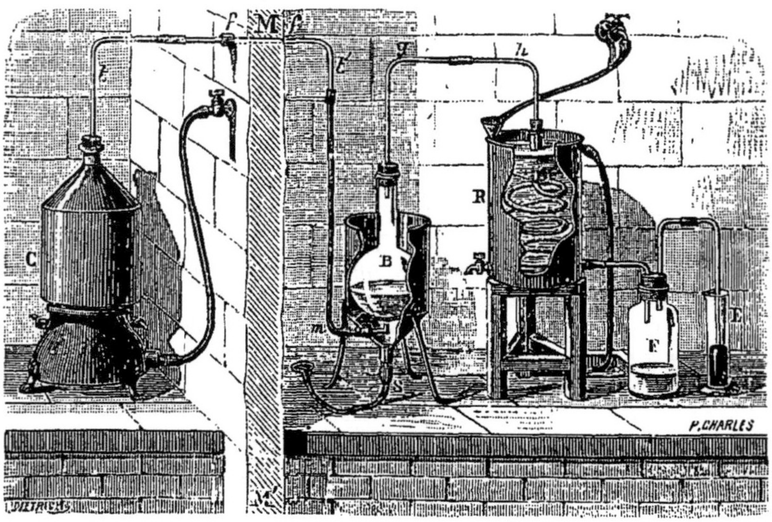

Fig. 309. — Distillation de l'éther par la vapeur d'eau.

Le même arrangement ne convient pas moins pour la distillation de tous
les liquides très volatils et combustibles, tels que la benzine, l'éther de pétrole,
le sulfure de carbone, etc. ; la pièce où s'effectue la distillation étant dépourvue de tout foyer, l'oprateur est à l'abri d'accidents trop fréquents avec ces
liquides dangereux, constamment employés en chimie organique.

Si l'on dispose d'une canalisation fournissant de la vapeur d'eau, l'opération est encore simplifiée, puisqu'il suffit de dégager une quantité convenable
de cette vapeur au fond du vase métallique.

1263. PURIFICATION. — Le commerce fournit l'éther à différents degrés de
pureté. L'alcool étant la substance qui se trouve le plus abondamment
mélangée avec lui, et sa séparation entraînant toujours des pertes assez considérables, il y a grand avantage à purifier de l'éther industriel, pris aussi
pur que possible. On agite cet éther, dans un flacon bouché, avec 1/5 de son
volume d'une solution de chlorure de calcium à 30 pour 100 ; celle-ci se
charge de tout l'alcool et de la plus grande partie de l'eau que l'éther tenait
en dissolution ; elle dissout en même temps moins d'éther que ne le ferait de
l'eau pure. On décante, au moyen d'un siphon, la liqueur aqueuse, qui est la
plus dense, et on répète une seconde fois l'opération. L'éther étant ensuite
séparé, on le met en contact avec 1/20 de son poids de chlorure de calcium

desséché et concassé, en ayant soin d'agiter de temps en temps. Après vingt-quatre heures, on décante l'éther dans un ballon, sur du chlorure de calcium bien sec et pulvérulent, puis, le jour suivant, on distille (§ 1262). Une dernière rectification, opérée sur quelques menus fragments de sodium, sépare, à l'état d'alcoolate ou d'hydrate d'oxyde, les dernières traces d'alcool ou d'eau qui ont pu échapper.

1264. Combustibilité. — On a déjà dit plus haut que diverses propriétés concourent à faire de l'éther le plus dangereux à manier de tous les réactifs d'un usage journalier. D'abord, il est combustible et s'enflamme à une température relativement peu élevée. Ensuite, sa vapeur, qui est plus dense que l'air (§ 1260), s'écoule dans celui-ci, en ne se diffusant qu'avec lenteur, à peu près comme le ferait un liquide ; il en résulte que cette vapeur peut, en s'étendant à la surface du sol ou sur la paillasse d'une cheminée, aller gagner à grande distance un foyer allumé qui l'enflamme ; la traînée de vapeur transmet aussitôt la combustion à la masse d'éther liquide qui la fournit. En outre, la tension de vapeur de l'éther est assez considérable pour que les faits précédents ne se produisent pas seulement lorsque l'éther est chauffé à l'ébullition ; on doit les redouter dès la température ordinaire. Ajoutons enfin que cette tension, à basse température, est suffisante pour que l'air se charge de vapeur d'éther au point de former un mélange gazeux combustible ; ce dernier produit, avec un excès d'air, des mélanges détonants.

De toutes ces propriétés, celle dont l'importance est méconnue le plus souvent, est l'écoulement de la vapeur dans l'air ; c'est à elle que l'on doit attribuer le plus grand nombre des incendies et des explosions occasionnées par l'éther. On la rend manifeste par une expérience fort simple. Sur la paillasse carrelée d'une cheminée, on dispose parallèlement, avec des briques placées de champ, les unes à la suite des autres et en contact, deux petits murs parallèles, de 1 centimètres de hauteur, distants l'un de l'autre de 12 à 15 centimètres, et longs de 1 ou 2 mètres. Une brique placée en travers, ferme l'une des extrémités du couloir ainsi formé. L'air n'étant pas trop agité, ou verse sur la paillasse, entre les deux murs, près de l'extrémité fermée, 10 ou 12 centimètres cubes d'éther, tandis qu'à l'autre extrémité on couche sur le carrelage un brûleur de Bunsen allumé. La vapeur émise par l'éther s'écoule horizontalement entre les briques, et, après quelques secondes, va s'allumer à 1 ou 2 mètres plus loin, en atteignant la flamme vers l'extrémité du chemin qui lui a été tracé.

B. — Alcool méthylique.

$$P.\,mol. : \text{C}^2\text{H}^2,\text{H}^2\text{O}^2 \text{ ou } \text{C}^2\text{H}^3\text{O},\text{HO} = 32 = 4\,vol. = \text{C}\!\!H^3,\text{O}H.$$

1265. *Synonymes* : Hydrate d'oxyde de méthyle, esprit de bois, méthylène. — *Liquide incolore*, à odeur spiritueuse, entrevu par Boyle au dix-septième siècle. — *Densité : 0,8142 à 0°. — Point d'ébullition : 64°,8. — Miscible* à l'eau avec contraction. — Combustible avec une flamme pâle.

1266. Synthèse. — Par contact prolongé à chaud avec les alcalis hydratés, le formène monochloré ou éther méthylchlorhydrique fournit de l'alcool méthylique et du chlorure alcalin (M. Berthelot) :

$\text{C}^2\text{H}^3\text{Cl}$	$+$	KO,HO	$=$	$\text{C}^2\text{H}^4\text{O}^2$	$+$	$\text{KCl};$
Éther méthylchlorhydrique.		Hydrate de potasse.		Alcool méthylique.		Chlorure de potassium.

$$\text{C}\!\!H^3Cl \quad + \quad K\!\!\Theta H \quad = \quad \text{C}\!\!H^3,\Theta H \quad + \quad KCl.$$

Dans un ballon de 1 litre, choisi en verre épais, contenant 3 centimètres cubes de lessive concentrée de potasse caustique et dont on a étiré le col à la lampe (§ 167, fig. 96), où fait arriver au moyen d'un tube fin, pénétrant jusque vers le fond, un courant de formène monochloré (§ 1189 et § 1190) ; ce gaz déplace l'air et remplit bientôt le ballon. Enlevant alors le tube avec lenteur, on scelle le ballon à la lampe d'émailleur, sur la partie étranglée de son col (fig. 310). Après refroidissement, on immerge complètement l'appareil dans l'eau d'un bain-marie, en le maintenant au moyen d'un support métallique à pince (§ 192), et on chauffe à l'ébullition, en recouvrant le bain-marie pour éviter les projections dans le cas de rupture du ballon. Après une dizaine d'heures, la réaction étant terminée, on laisse refroidir. La solution alcaline enfermée dans le ballon est alors chargée de chlorure de potassium et d'alcool méthylique.

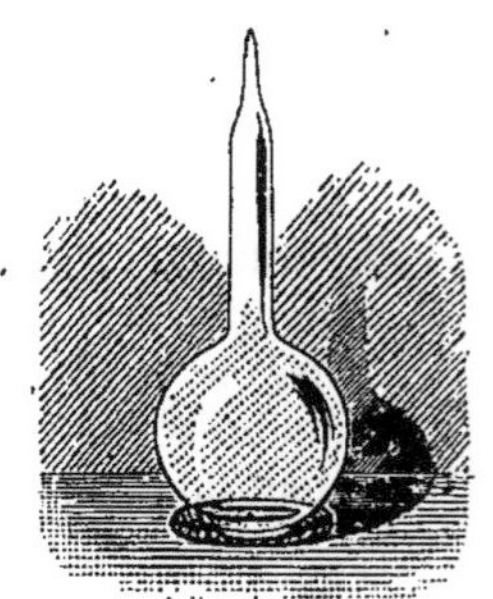

Fig. 310. — Synthèse de l'alcool méthylique.

On ouvre le ballon en brisant avec une pince de fer la pointe effilée qui termine son col ; l'air le remplit aussitôt en produisant un sifflement, montrant ainsi que le formène monochloré a disparu. On ouvre ensuite plus largement le ballon et on y introduit 20 centimètres cubes d'eau : on agite et on verse la liqueur dans la cornue d'un très petit appareil distillatoire (fig. 119, § 223). On distille et on recueille à part les 6 ou 8 centimètres cubes de liquide qui distillent en premier lieu ; ils renferment la totalité de l'alcool méthylique formé. On les sature de carbonate de potasse cristallisé ; l'alcool méthylique, insoluble dans l'eau fortement chargée de ce sel, se sépare et vient former à la surface une couche liquide, peu dense, mobile, combustible avec une flamme presque incolore.

1267. Purification. — L'esprit de bois du commerce est de l'alcool méthylique souillé d'eau, d'acétone et de nombreux produits pyrogénés. Il provient de la distillation sèche du bois. Pour en extraire l'alcool méthylique pur, le mieux est de passer par l'intermédiaire d'un éther cristallisable, tel que l'éther méthyloxalique (§ 1268), lequel peut être purifié par cristallisation et distillation, ou d'un éther facile à isoler par distillation fractionnée, tel que l'éther benzoïque ou l'éther formique.

On saponifie l'éther méthyloxalique par un lait de chaux contenant une quantité d'oxyde terreux un peu supérieure à celle qui saturerait l'acide provenant du poids d'éther traité. On saponifie de même l'éther benzoïque, par partie égale de soude, dissoute dans 3 parties d'eau. Quant à l'éther formique, pour en décomposer 3 parties, il faut 2 parties de soude et 6 parties d'eau.

Dans tous les cas, on opère dans un appareil distillatoire, muni d'un réfrigérant à reflux (fig. 307, § 1235), en chauffant au bain-marie jusqu'à ébullition du mélange. Lorsque la totalité de l'éther est décomposée, on incline le réfrigérant en sens contraire et on distille tant qu'il passe du liquide à la température du bain-marie. Le produit est de l'alcool méthylique pur, mais aqueux ; on le transforme en alcool anhydre par les procédés indiqués plus haut pour l'alcool ordinaire (§ 1235 et suivants).

ı. — ÉTHER MÉTHYLOXALIQUE NEUTRE.

$$P.\,mol.: (C^2H^2)^2, C^4H^2O^8 \text{ ou } C^4O^6, 2C^2H^3O = 118 = 4\,vol. = 2\Theta H^3, \Theta^2\Theta^4.$$

1268. *Synonyme :* Oxalate neutre de méthyle. — *Solide*, incolore, à odeur agréable découvert par Dumas et Peligot en 1835. — *Cristaux* tabulaires, dérivés d'un prisme rhomboïdal oblique. — *Densité :* 1.1702 à 50° (fondu). — *Point de fusion :* 50°. — *Point d'ébullition :* 162°. — *Insoluble* dans l'eau.

1269. Préparation. — La préparation de l'éther méthyloxalique est calquée sur celle de l'éther oxalique ordinaire; elle a pour base l'action directe de l'acide oxalique sec sur l'alcool méthylique privé d'eau :

$$2C^2H^4O^2 \quad + \quad C^4H^2O^8 \quad = \quad (C^2H^2)^2, C^4H^2O^8 \quad + \quad 2H^2O^2;$$

Alcool méthylique.   Acide oxalique.   Éther oxalique neutre.   Eau.

$$2(\Theta H^3, \Theta H) \quad + \quad \Theta^2\Theta^4 H^2 \quad = \quad 2\Theta H^3, \Theta^2\Theta^4 \quad + \quad 2H^2O.$$

On commence par enlever à l'acide oxalique les 4 équivalents d'eau qu'il contient, en le chauffant jusqu'à 155° (voy § 1259). On introduit le produit de la dessiccation de 40 grammes d'acide cristallisé (soit **28** ou **30** grammes d'acide sec) dans la cornue tubulée d'un petit appareil distillatoire (fig. 119, § 223), avec 30 grammes d'alcool méthylique bien déshydraté. On chauffe. Le liquide qui distille laisse déposer dans le récipient refroidi des lamelles cristallines et incolores d'éther méthyloxalique. On verse de nouveau dans la cornue la partie liquide, et on recommence la distillation. Après avoir ainsi cohobé deux ou trois fois, on enlève le récipient, on le tiédit, en le plongeant dans l'eau chaude, jusqu'à dissolution des cristaux dans la liqueur alcoolique qui les baigne, puis on laisse refroidir lentement. La cristallisation terminée, on égoutte le produit solide, et on l'essore en le comprimant entre des doubles de papier buvard. Le liquide séparé abandonne de nouveaux cristaux d'éther méthyloxalique, lorsqu'on laisse évaporer spontanément à l'air l'alcool méthylique qu'il contient.

Un produit complètement pur s'obtient en soumettant l'éther cristallisé à la distillation fractionnée.

II. — ÉTHER MÉTHYLIODHYDRIQUE.

$$P.\,mol.: C^2H^3I \text{ ou } C^2H^2(HI) = 142 = 4\,vol. = \Theta H^3 I.$$

1270. *Synonyme :* Iodure de méthyle. — *Liquide* incolore, découvert par Dumas et Peligot. — *Densité :* 2,199 à 0°. — *Point d'ébullition :* 44°. — *Altérable* à la lumière.

1271. Préparation. — L'éther méthyliodhyrique se prépare comme l'éther éthyliodhydrique (§ 1248), en substituant l'alcool méthylique à l'alcool ordinaire. On emploie 100 grammes d'iode, 50 grammes d'alcool méthylique et 6 gr. de phosphore rouge. Il est nécessaire de faire intervenir une réfrigération active, le produit à recueillir étant très volatil.

C. — Alcool éthalique.

$$P.\,mol.: C^{32}H^{32}, H^2O^2 \text{ ou } C^{32}H^{33}O, HO = 242 = \Theta^{16}H^{33}, \Theta H.$$

1272. *Synonymes :* Alcool cétylique, éthal. — *Alcool monoatomique, cristallisable* en petites lamelles incolores et brillantes; découvert par Chevreul en 1823. — *Point de fusion :* 49°. — *Point d'ébullition :* 360°. — *Insoluble* dans l'eau.

1273. Préparation. — Le blanc de baleine est formé presque tout entier par l'éther palmitique de l'alcool éthalique ; il fournit ce dernier par saponification (Chevreul) :

$$C^{32}H^{32},C^{32}H^{32}O^{4} \quad + \quad KHO^{2} \quad = \quad C^{32}H^{32},H^{2}O^{3} \quad + \quad C^{32}H^{31}KO^{4};$$

<table>
<tr><td align="center">Éther
éthal palmitique.</td><td></td><td align="center">Hydrate
de potasse.</td><td></td><td align="center">Alcool
éthalique</td><td></td><td align="center">Palmitate
de potasse.</td></tr>
</table>

$$C^{16}H^{33},C^{16}H^{31}O^{2} \quad + \quad KOH \quad = \quad C^{16}H^{33},OH \quad + \quad C^{16}H^{31}O^{2}K.$$

Toutefois la saponification du blanc de baleine, qui est insoluble dans l'eau, présente des difficultés ; elle ne s'opère pas nettement en liqueur aqueuse. Il vaut mieux faire intervenir les alcalis hydratés en solution dans l'alcool, celui-ci étant aussi un dissolvant du blanc de baleine et de l'éthal.

On dissout à chaud 2 parties de potasse et 4 parties de blanc de baleine dans 5 parties d'alcool, en chauffant le tout, au bain-marie, dans un ballon muni d'un réfrigérant à reflux (fig. 311). On maintient la liqueur alcoolique,

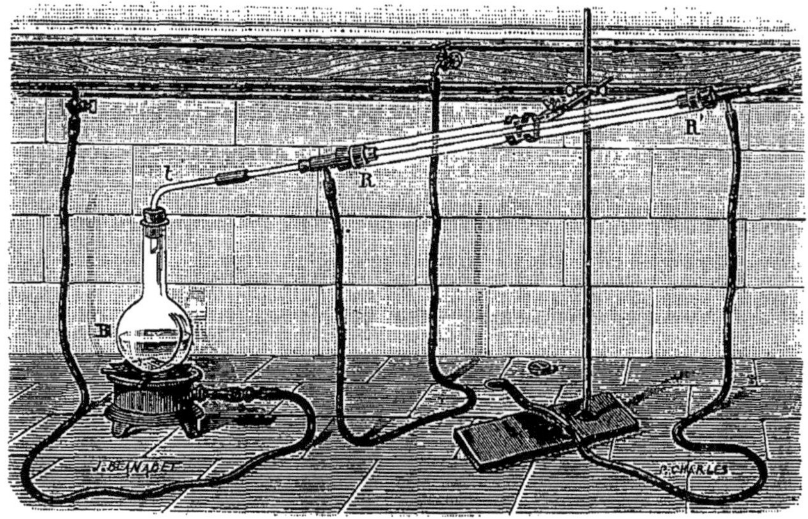

Fig. 311. — Préparation de l'alcool éthalique.

qui est devenue homogène, en ébullition pendant quarante-huit heures. La saponification de l'éther est alors complète. On verse le liquide chaud, dans 5 ou 6 fois son volume d'eau tiède, chargée d'un excès de chlorure de calcium : l'éthal, insoluble dans l'alcool dilué, se précipite, tandis que le margarate de potasse donne lieu, avec le chlorure de calcium, à une double décomposition ; il se forme, d'une part, du chlorure de potassium qui passe dans l'eau avec la potasse en excès, d'autre part, du margarate de chaux insoluble ; celui-ci se précipite, accompagné des sels de chaux des autres acides gras qui existaient en petite proportion, à l'état d'éthers éthaliques, dans le blanc de baleine. On lave à l'eau froide le mélange d'éthal et de sels calcaires précipité, on l'essore et on le sèche à l'air.

On l'introduit ensuite dans un appareil à lixiviation (§ 283 et § 284), et on l'épuise avec l'éther bouillant, en chauffant ce dernier par un courant de vapeur (§ 1262). On distille la solution éthérée (§ 1262), et on reprend, à chaud, le résidu par le moins possible d'alcool ; on agite la liqueur avec un peu de noir animal qui la décolore, on la filtre chaude, puis on l'abandonne. L'éthal cristallise par refroidissement.

D. — Alcool allylique.

$$P.\ mol.: C^3H^6O^2 \text{ ou } C^6H^4(H^2O^2) = 58 = 4\ vol. = \overline{C}^3H^5,\overline{O}H.$$

1274. *Alcool monoatomique*, liquide, incolore, doué d'une odeur irritante, découvert par MM. Cahours et Hoffmann. — *Densité :* 0,854 à 20°. — *Cristallisable* vers — 50°. — *Point d'ébullition :* 97°. — Miscible à l'eau.

1275. Préparation. — L'alcool allylique s'obtient en décomposant par la chaleur l'éther monoformique de la glycérine,

$$C^6H^2(H^2O^2)^2(C^2H^2O^4) \quad = \quad C^6H^6O^2 \quad + \quad H^2O^2 \quad + \quad C^2O^4,$$

Éther monoform.que   Alcool   Eau.   Gaz
de la glycérine.   allylique.   carbonique.

$$\overline{C}^3H^5,(\overline{O}H)^2,\overline{O}\overline{C}HO \quad = \quad \overline{C}^3H^5,\overline{O}H \quad + \quad H^2\overline{O} \quad + \quad \overline{C}\overline{O}^2,$$

lequel éther résulte lui-même de la réaction de l'acide oxalique sur la glycérine, opérée dans des conditions particulières :

$$C^3H^2O^8 \quad + \quad C^6H^2(H^2O^2)^3 \quad = \quad C^6H^2(H^2O^2)^2(C^2H^2O^4) \quad + \quad H^2O^2 \quad + \quad C^2O^4;$$

Acide   Glycérine.   Éther monoformique   Eau.   Gaz
oxalique.   de la glycérine.   carbonique.

$$\overline{C}^2H^2O^4 \quad + \quad \overline{C}^3H^5(\overline{O}H)^3 \quad = \quad \overline{C}^3H^5,(\overline{O}H)^2,\overline{O}\overline{C}HO \quad + \quad H^2\overline{O} \quad + \quad \overline{C}\overline{O}^2.$$

Dans une cornue tubulée C de 2 litres 1/2 (fig. 312), on introduit 1 kilogramme de glycérine, 250 grammes d'acide oxalique cristallisé et 5 grammes de chlorhydrate d'ammoniaque pulvérisé. On fixe à la tubulure de la cornue un thermomètre *t* dont le réservoir plonge dans le liquide. La cornue étant placée sur un fourneau à gaz, on met son col en communication avec un ballon tubulé à long col B, servant de réfrigérant, disposé sur un plateau P, et arrosé d'un courant continu d'eau froide.

On chauffe le mélange. A partir de 130°, un dégagement gazeux se produit et un liquide chargé d'acide formique passe à la distillation (voy. *Acide formique*). La même réaction se continue jusqu'à ce que la température ait atteint 195°. A ce moment, on change le récipient. A partir de 200° ou 210°, le dégagement gazeux s'accentue de nouveau, et il distille un liquide odorant, chargé d'alcool allylique. On chauffe doucement, en maintenant pendant un certain temps le mélange entre 220° et 230°. Finalement on pousse jusqu'à 255° et l'on interrompt l'opération dès que le dégagement gazeux s'arrête.

La glycérine qui reste dans la cornue présente une coloration jaune peu foncée; soumise de nouveau à l'action de l'acide oxalique, elle peut produire encore de l'alcool allylique. On l'additionne de 185 grammes d'acide oxalique et on recommence l'opération. En traitant de même la glycérine restant après ce deuxième traitement par 125 grammes du même acide, et enfin le 4° résidu par 100 gr. d'acide oxalique, on arrive à utiliser la plus grande partie de glycérine mise en expérience.

Le sel ammoniac ajouté transforme en chlorures les sels alcalins à acides faibles que contiennent l'acide oxalique et la glycérine du commerce; il empêche ainsi l'intervention de ces composés dont la présence modifie les réactions accomplies, provoque la formation de l'oxyde de carbone et diminue beaucoup le rendement. Avec des produits relativement purs, la dose indiquée suffit; avec de l'acide oxalique très impur, il arrive que cette dose doit être portée à 12 grammes par kilogramme d'acide à traiter. En l'absence du chlorhydrate d'ammoniaque, la glycérine s'épaissit et brunit rapidement. Si cet effet tend à se manifester au cours des opérations, il faut ajouter du sel ammoniac en même temps qu'une nouvelle dose d'acide oxalique.

Le liquide recueilli entre 195° et 255° est soumis à une nouvelle distillation dans un appareil semblable au précédent, mais avec une cornue de grandeur appropriée. On recueille le liquide passant jusqu'au voisinage de 105°; plus exactement, on arrête dès qu'un échantillon de la dernière liqueur distillée, saturé de carbonate de potasse solide, cesse de fournir un liquide

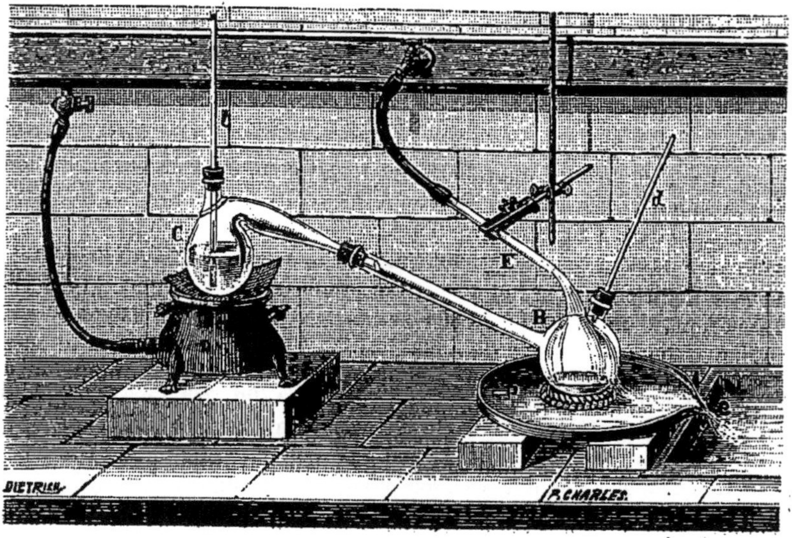

Fig. 312. — Préparation de l'alcool allylique.

insoluble, d'apparence huileuse. On ajoute alors du carbonate de potasse solide à la totalité du produit recueilli; celui-ci, en se dissolvant dans l'eau, provoque la séparation d'alcool allylique impur, doué d'une odeur fortement irritante. Au moyen de la boule à décanter (fig. 304, § 1215), on isole ce dernier et on l'agite avec 10 p. 100 de son poids de potasse caustique pulvérisée; on prolonge le contact pendant vingt-quatre heures en remuant fréquemment, ou bien on chauffe le mélange au bain-marie pendant une heure dans un ballon muni d'un réfrigérant à reflux : sous l'action du réactif, l'acroléine, qui communique au produit son odeur vive et insupportable, se détruit et se change en composés résineux bruns. On sépare la liqueur alcaline, dense et colorée, qui s'est formée, puis on distille l'alcool au bain d'huile, en portant la température jusqu'à 130°. On déshydrate ensuite l'alcool allylique par un nouveau traitement à la potasse caustique et on soumet le mélange à la distillation. On recueille tout ce qui passe jusqu'à 100°, température à laquelle la potasse abandonne déjà un peu d'eau. On termine en laissant le produit en contact pendant quelques jours avec de la baryte caustique, qui fixe les dernières parties d'eau, et en distillant enfin pour recueillir ce qui passe entre 91° et 97°.

Les quantités de réactifs indiquées ci-dessus fournissent dans une opération bien conduite de 140 à 155 grammes d'alcool allylique brut, desséché à la potasse.

I. — ÉTHER ALLYLIODHYDRIQUE.

$$P.\ mol. : C^6H^5I \text{ ou } C^6H^4(HI) = 168 = 4\ vol. = \text{Ð}^3H^5I.$$

1276. *Synonymes* : Propylène iodé, iodure d'allyle. — *Liquide* incolore, doué d'une odeur alliacée, altérable à la lumière, découvert par MM. Berthelot et de Luca. — *Densité* : 1,789 à 16°. — *Point d'ébullition* : 101°. — *Insoluble* dans l'eau.

1277. PRÉPARATION. — L'iodure de phosphore donne l'éther allyliodhydrique en agissant sur la glycérine :

$$C^6H^2(H^2O^2)^3 \quad + \quad PI^3 \quad = \quad C^6H^5I \quad + \quad PO^3,3HO \quad + \quad I^2 ;$$

| Glycérine. | | Iodure de phosphore. | | Éther allyliodhydrique. | | Acide phosphoreux. | | Iode. |

$$\text{Ð}^3H^5(\text{Ð}H,^3 \quad + \quad PI^3 \quad = \quad \text{Ð}^3H^5I \quad + \quad P\text{Ð}^3H^3 \quad + \quad I^2.$$

Si l'on met du phosphore en présence, l'iode devenu libre dans la réaction régénère de l'iodure de phosphore qui réagit comme le premier. D'ailleurs, il est avantageux de produire directement l'iodure de phosphore, en présence de la glycérine, par le contact de l'iode et du phosphore rouge.

On opère dans une cornue tubulée, reliée par son col à un réfrigérant de Liebig, qui dirigera dans un flacon les produits distillés (fig. 119, § 223). Cette cornue, d'une capacité de 800 centimètres cubes, porte fixée à sa tubulure une ampoule à robinet (fig. 299, § 1177). On y introduit 400 grammes de glycérine concentrée, 36 grammes de phosphore rouge et 12 grammes d'iode ; on tiédit le mélange pour le fluidifier et on l'agite afin de le rendre homogène. On chauffe de manière à porter doucement à l'ébullition ; la réaction commence et une petite quantité d'éther allyliodhydrique passe dans le récipient. On introduit dans l'ampoule 88 grammes d'iode et on y ajoute les premières portions du produit distillé. Celui-ci dissout l'iode en abondance ; ouvrant alors le robinet de l'ampoule, on laisse écouler lentement la solution dans le mélange à réaction. A partir de ce moment la réaction s'accentue. On continue à se servir du produit qui distille pour dissoudre l'iode à introduire dans la cornue et on arrive peu à peu à faire écouler dans la glycérine la totalité du métalloïde. On maintient alors la même température, qui détermine une ébullition modérée, aussi longtemps que le dernier liquide distillé contient de l'éther allyliodhydrique insoluble dans l'eau.

Le produit recueilli est de l'iodure d'allyle brut, qu'il s'agit de purifier ; il est coloré par de l'iode libre. On l'agite dans une boule à décanter (fig. 304, § 1215) avec 6 fois son volume d'eau additionnée d'une petite quantité de lessive de soude : le liquide est décoloré ; en même temps la liqueur aqueuse se charge d'une certaine proportion d'alcool allylique engendré dans la réaction. On décante le liquide dense, devenu incolore ; il est constitué par de l'iodure d'allyle mélangé d'un peu d'éther isopropyliodhydrique.

Si l'on veut séparer ce dernier, on dissout le produit dans l'alcool et on agite fortement la solution avec du mercure, les deux liquides étant placés dans un flacon bouché. L'éther allyliodhydrique donne avec le mercure un composé incolore, cristallisé, $C^6H^5Hg^2I$ ou Ð^3H^5HgI, que l'on recueille et que l'on purifie par cristallisation dans l'alcool bouillant. Ce composé est traité, en solution alcoolique, par une quantité d'iode calculée pour transformer le mercure en iodure HgI ou HgI^2 ; il donne de l'iodure d'allyle que l'on sépare par distillation, qu'on lave à l'eau et qu'on dessèche.

Les 100 grammes d'iode, employés comme il vient d'être dit, fournissent 125 grammes d'éther allyliodhydrique sec, souillé encore d'une faible proportion d'éther isopropyliodhydrique.

E. — Alcools campholiques.

$$P.\ mol. : C^{20}H^{18}O^2 \text{ ou } C^{20}H^{16}(H^2O^2) = 154 = 4\ vol. = C^{10}H^{17},\Theta H.$$

1278. *Synonymes :* Bornéols, camphénols.

ALCOOL CAMPHOLIQUE DROIT. — *Synonyme :* Camphre de Bornéo. — *Composé cristallisé* en tables hexagonales, incolore, étudié d'abord par Pelouze. — *Point de fusion :* 207°. — *Point d'ébullition :* 212°. — *Sublimable* aisément. — *Pouvoir rotatoire :* $\alpha_D = +37°$. — *Insoluble* dans l'eau. — *Soluble* dans l'alcool et dans l'éther.

ALCOOL CAMPHOLIQUE GAUCHE. — Mêmes propriétés, mais avec un *pouvoir rotatoire* de signe contraire.

1279. PRÉPARATION DE L'ALCOOL CAMPHOLIQUE DROIT PAR LE CAMPHRE ORDINAIRE. — L'alcool campholique droit s'obtient par hydrogénation de l'aldéhyde correspondant, le camphre ordinaire :

$$C^{20}H^{16}O^2 \quad + \quad H^2 \quad = \quad C^{20}H^{18}O^2 ;$$

Camphre. Hydrogène. Bornéol.

$$C^{10}H^{16}\Theta \quad + \quad H^2 \quad = \quad C^{10}H^{17},\Theta H.$$

La méthode suivante, qui fait intervenir l'hydrogène produit par le sodium agissant sur l'alcool (MM. Jackson et Menke, M. Immendorff), fournit des rendements avantageux.

Dans un ballon de 2 litres, relié à un réfrigérant à tube très large et disposé à reflux, on introduit 50 grammes de camphre et 500 grammes d'alcool à 96 centièmes, puis, par petites quantités, 60 grammes de sodium coupé en très menus fragments. On met environ une heure à ajouter la quantité de métal indiquée, de façon à laisser se dissiper la chaleur dégagée par la réaction. Lorsque cette dernière se ralentit, même après une agitation énergique, on achève la dissolution du métal en chauffant légèrement. En agissant sur l'alcool, le métal a donné de l'alcool sodé et de l'hydrogène :

$$C^4H^6O^2 \quad + \quad Na \quad = \quad C^4H^5NaO^2 \quad + \quad H,$$

Alcool. Sodium. Alcool sodé. Hydrogène.

$$C^2H^5,\Theta H \quad + \quad Na \quad = \quad C^2H^5,\Theta Na \quad + \quad H ;$$

celui-ci se fixe en partie sur le camphre, qu'il change en bornéol, et se dégage en partie à l'état gazeux.

La réaction terminée, on verse le produit, en agitant, dans 4 litres d'eau froide ; le bornéol se sépare insoluble. On passe sur un linge tendu (§ 333, fig. 153) et on lave la matière insoluble avec de l'eau, afin d'entraîner l'alcali, puis on la sèche en l'étalant sur des assiettes, sous une cloche à dessécher. On purifie le produit en le dissolvant à l'ébullition dans l'éther de pétrole, filtrant et laissant cristalliser par refroidissement. La liqueur retient en dissolution le camphre non transformé.

Cette dernière partie du traitement exige des précautions spéciales à cause de la nature du dissolvant employé. Celui-ci étant à la fois très volatil et très inflammable, on doit opérer dans une pièce où ne se fait aucune combustion ; on chauffe en plongeant les vases dans de l'eau chaude, que l'on réchauffe au besoin dans une pièce voisine. Une disposition analogue à celle employée pour distiller l'éther ordinaire par chauffage à la vapeur est la plus avantageuse en pareil cas (Voy. *Éther ordinaire*).

1280. Préparation de l'alcool campholique gauche par l'essence de térébenthine française. — Le térébenthène chauffé avec certains acides, et notamment avec l'acide benzoïque, s'y combine pour donner l'éther de l'alcool campholique (MM. Bouchardat et Lafont) :

$$C^{20}H^{16} \quad + \quad C^{14}H^6O^4 \quad = \quad C^{20}H^{16},C^{14}H^6O^4 ;$$

Térébenthène.   Acide benzoïque.   Éther campholbenzoïque.

$$C^{10}H^{16} \quad + \quad C^6H^5,CO^2H \quad = \quad C^6H^5,CO^2,C^{10}H^{17}.$$

L'essence de térébenthine française, constituée surtout par le térébenthène gauche, fournit ainsi l'éther acétique du bornéol gauche et, par saponification de cet éther, le bornéol gauche lui-même.

Dans un ballon de verre de 2 litres 1/2, ou mieux encore dans un vase analogue en chaudronnerie de cuivre, on introduit 500 grammes d'essence de térébenthine purifiée (§ 1228) et 500 grammes d'acide benzoïque cristallisé, puis on adapte au récipient, au moyen d'un bouchon à deux trous, un réfrigérant disposé à reflux et un thermomètre dont le réservoir plonge dans le liquide. Si l'on opère dans le verre, on dispose le ballon sur un bain de sable. On chauffe et on maintient la température à 150° pendant cinquante heures. Avec un fourneau à gaz et un régulateur de pression (§ 101), on atteint aisément une régularité suffisante. La combinaison, après cette durée de la réaction, est à peu près complète. On laisse refroidir, puis on verse le produit dans 5 litres d'eau et on agite soigneusement, en ajoutant au mélange de la lessive de soude, de façon à laisser finalement la liqueur aqueuse légèrement alcaline. L'acide benzoïque en excès se trouve dissous. Au moyen d'une boule à décanter (fig. 304, § 1215), appareil fonctionnant à la manière d'un entonnoir à robinet mais permettant en outre d'agiter ensemble les liquides qu'il sert ensuite à isoler l'un de l'autre, on sépare la matière organique de la solution aqueuse, on la lave à l'eau et finalement on la sèche.

On soumet le produit brut à la distillation fractionnée dans un ballon ou un vase métallique, communiquant avec un réfrigérant de Liebig et pourvu d'un thermomètre à réservoir plongé dans le liquide. On recueille à part ce qui passe jusqu'à 200° ; cette portion la plus volatile du produit est constituée surtout par du térébenthène, du camphène et du terpilène. Le résidu, c'est-à-dire la portion la moins volatile, est de l'éther benzoïque brut ; il constitue environ la moitié du produit. Pour le saponifier, on y ajoute 1000 grammes d'alcool fort et 120 grammes de soude caustique, on agite pour dissoudre et on laisse en contact à froid pendant quelques heures. On adapte ensuite au vase un réfrigérant à reflux et, chauffant au bain-marie, on maintient l'alcool à l'ébullition pendant une heure ; on achève ainsi la saponification de l'éther benzoïque par la soude alcoolique. Inclinant le réfrigérant en sens contraire, on distille l'alcool au bain-marie et on ajoute au résidu plusieurs fois son volume d'eau tiède, qui dissout le benzoate alcalin et la soude en excès, mais laisse insoluble l'alcool campholique ; on enlève la solution saline et on répète 2 fois les lavages à l'eau tiède, en séparant les liquides non miscibles au moyen d'un entonnoir à robinet. La matière organique est alors soumise à plusieurs séries de distillations fractionnées, en séparant de 2°,5 en 2°5 les produits volatils entre 185° et 220°. Par refroidissement au-dessous de 15°, les portions qui passent au-dessus de 205° laissent déposer des cristaux d'alcool campholique gauche. On essore ces cristaux à la trompe sur un tampon de coton, et le liquide dont on les sépare, étant distillé de nouveau avec les portions de volatilité voisine, en fournit encore une autre quantité; par des cristallisations répétées dans l'éther de pétrole, ces cristaux donnent de l'alcool campholique gauche, pur, cristallisé en grandes lamelles rhomboïdales, incolores.

F. — Alcool benzylique.

$$P. mol. : C^{14}H^6,H^2O^2 \text{ ou } C^{14}H^7O,HO = 108 = 4 \text{ } vol. = C^6H^5,CH^2,OH.$$

1281. *Synonymes :* Hydrate de benzyle, alcool tolylique, alcool benzoïque. — *Alcool monoatomique, liquide*, incolore, très réfringent, découvert en 1853 par M. Cannizzaro. — *Densité :* 1,063 à 0°. — *Point d'ébullition :* 207°. — *Insoluble* dans l'eau; miscible à l'éther, à l'alcool absolu et au sulfure de carbone.

1282. PRÉPARATION. — Le chlorure de benzyle, $C^{14}H^6,HCl$ ou C^6H^5,CH^2,Cl, celui des toluènes monochlorés, $C^{14}H^7Cl$ ou C^7H^7Cl, qui prend naissance dans l'action du chlore sur le toluène à la température d'ébullition de ce carbure, n'est autre chose que l'éther chlorhydrique de l'alcool benzylique (M. Cannizzaro). Il peut fournir cet alcool par saponification :

$$C^{14}H^6,HCl \quad + \quad CaHO^2 \quad = \quad C^{14}H^6,H^2O^2 \quad + \quad CaCl;$$

Chlorure de benzyle.	Hydrate de chaux.	Alcool benzylique.	Chlorure de calcium.

$$2C^7H^7Cl \quad + \quad CaO^2H^2 \quad = \quad 2(C^7H^7,OH) \quad + \quad CaCl^2.$$

Dans un ballon de 4 litres, chauffé à feu nu et muni d'un réfrigérant disposé à reflux (fig. 311, § 1273), on introduit 125 grammes de chlorure de benzyle, la chaux éteinte obtenue avec 50 grammes de chaux vive, et 2 litres d'eau. On maintient le mélange en ébullition rapide. Après une douzaine d'heures, on voit le liquide insoluble dans l'eau, venir nager à la surface; il est devenu peu à peu moins dense, l'alcool benzylique étant plus léger que son éther chlorhydrique et même plus léger, à chaud, que la liqueur chargée de chlorure de calcium. On arrête alors l'opération, on décante le liquide huileux, on le dessèche par contact avec quelques fragments de chlorure de calcium sec. On le soumet à la distillation fractionnée : l'alcool benzylique constitue le liquide qui passe dans le voisinage de 207°.

Le lait de chaux peut être remplacé par une solution de 200 grammes d'acétate de plomb cristallisé dans 3 litres d'eau, que l'on additionne de 150 grammes de lessive de soude de densité 1,33 (36° Baumé). Dans ce cas, l'oxyde de plomb hydraté, qui se précipite, joue le même rôle que l'hydrate de chaux.

G. — Glycol ordinaire.

$$P. mol. : C^4H^2,2H^2O^2 = 62 = 4 \text{ } vol. = CH^2(OH),CH^2(OH).$$

1283. *Synonymes :* Glycol, alcool éthylénique, glycol éthylénique. — *Alcool diatomique, liquide*, incolore, sirupeux, à saveur sucrée, découvert par Wurtz en 1856. — *Densité :* 1,125 à 0°. — *Cristallisable* par le froid; *point de fusion :* — 11°,5. — *Point d'ébullition:* 197°,5. — *Miscible* à l'eau et à l'alcool; peu soluble dans l'éther.

1284. PRÉPARATION. — Tous les procédés de préparation du glycol consistent à saponifier, directement ou indirectement, le bromure d'éthylène, qui est un éther dibromhydrique de cet alcool. Le plus rapide fait agir sur l'éther dibromhydrique une solution aqueuse de carbonate de potasse (MM. Zeller et Hüfner) :

$$C^4H^2,2HBr + C^2O^4,2KO + H^2O^2 = C^4H^2,2H^2O^2 + 2KBr + C^2O^4;$$

Bromure d'éthylène.	Carbonate de potasse.	Eau.	Glycol ordinaire.	Bromure de potassium.	Gaz carbonique.

$$C^2H^4Br^2 \quad + \quad CO^3K^2 \quad + \quad H^2O \quad = \quad C^2H^4(OH)^2 \quad + \quad 2KBr \quad + \quad CO^2.$$

On opère dans un ballon de 2 litres, chauffé à feu nu, et muni d'un réfrigérant disposé de manière à faire refluer vers lui le produit de la condensation des vapeurs émises (fig. 311, § 1273). On introduit dans ce ballon 188 grammes de bromure d'éthylène, 138 grammes de carbonate de potasse pur et 1000 grammes d'eau. On porte à l'ébullition, que l'on maintient pendant dix ou douze heures ; on évite les soubresauts en ajoutant préalablement au mélange quelques fragments de charbon de cornue, ou mieux en y faisant plonger les extrémités de deux ou trois petites baguettes de bois. Le bromure d'étylène disparaît à peu près complètement après dix-huit ou vingt heures d'ébullition. On adapte ensuite au ballon un déflegmateur de MM. Henninger et Lebel (§ 237), et on procède à une distillation fractionnée ; on obtient entre 195° et 200° du glycol pur. Toutefois, le bromure de potassium, qui se sépare à l'état solide, donne lieu à des soubresauts et rend difficile la fin de l'opération.

Il vaut mieux concentrer au bain-marie, dans une capsule de porcelaine, la solution obtenue, jusqu'à ce qu'elle commence à abandonner du bromure de potassium. On laisse reposer et on ajoute au résidu cinq ou six fois son volume d'alcool fort. On sépare à la trompe le bromure alcalin qui se précipite et on additionne la liqueur d'un volume d'éther au moins égal. Du bromure de potassium se précipite encore à l'état insoluble. On filtre, on lave le sel avec un mélange d'alcool et d'éther, et on distille le liquide limpide avec les précautions indiquées pour le traitement de l'éther (§ 1262). L'éther et l'alcool laissent un résidu de glycol, presque dépourvu de sel, que l'on distille à siccité, en chauffant au bain d'huile. On termine en soumettant le produit à la distillation fractionnée. Jusqu'à 110° on recueille de l'eau chargée d'un peu de glycol. Entre 110° et 170°, il passe du glycol chargé d'eau, que l'on concentre par exposition prolongée sous une cloche à dessécher. De 170° à 200°, on recueille du glycol facile à purifier par des fractionnements.

L'évaporation à chaud de la solution aqueuse comporte toujours une perte considérable, le glycol étant entraîné assez fortement par la vapeur d'eau. Aussi est-il préférable de commencer par distiller la plus grande partie de l'eau, en se servant d'un déflegmateur, puis de traiter le résidu comme il vient d'être dit.

Des réactions secondaires donnent naissance à l'éthylène bromé et au bromure d'éthylène bromé en même temps qu'au glycol ; elles diminuent notablement les rendements. Avec les doses ci-dessus indiquées, on obtient de de 18 à 20 grammes de glycol.

II. — Dihydrate de térébenthène.

$$P.\ mol. : C^{20}H^{16}(H^2O^2)^2 = 172 = C^{10}H^{18}(OH)^2.$$

1285. *Synonymes* : Terpine, hydrate de terpylène. — *Alcool diatomique*. — *Cristallise* avec une molécule d'eau, $C^{20}H^{16}(H^2O^2)^2 + H^2O^2$ ou $C^{10}H^{18}(OH)^2 + H^2O$, en prismes rhomboïdaux droits, volumineux. — *Point de fusion* : 116°, avec perte d'eau. — *Point d'ébullition* après perte de l'eau de cristallition : 258°. — *Perdant son eau* de cristallisation dans une atmosphère desséchée. — Optiquement *inactif*. — *Soluble* dans un grand nombre de dissolvants, mais non dans l'éther de pétrole.

1286. PRÉPARATION. — En présence de l'acide azotique et de l'alcool, le térébenthène s'hydrate aisément pour donner la terpine (Wiggers). Le procédé suivant (M. Hempel), qui n'est qu'une modification de celui de H. Sainte-Claire Deville, permet de préparer ce composé avec une rapidité relative.

On mélange 2 parties d'acide azotique de densité 1,25 à 1,30 (acide du commerce dilué), 2 parties d'alcool à 85 centièmes et 8 parties d'essence de térébenthine française ou américaine, et on expose le tout à l'air dans un vase ouvert, de forme aplatie, dans un cristallisoir par exemple, en donnant au liquide une grande surface de peu d'épaisseur. Vers le troisième jour, les cristaux de terpine apparaissent; leur dépôt cesse d'augmenter sensiblement vers le septième jour. Sur un tampon d'amiante, on sépare à la trompe (§ 354) les cristaux du liquide épais qui les baigne et on les essore autant qu'il est possible. Le liquide, replacé dans le même vase plat, est neutralisé par la soude; il donne une nouvelle quantité de cristaux après quelques heures; on sépare et on essore ces cristaux comme les premiers.

Pour purifier la terpine ainsi recueillie, on la dissout dans l'alcool bouillant, on filtre aussitôt et, refroidissant rapidement le ballon contenant la liqueur, on opère une cristallisation troublée (§ 305). On essore à la trompe les cristaux, sur un tampon de coton, puis on les lave avec fort peu d'alcool froid. S'ils sont colorés, on recommence la cristallisation troublée. On termine par une cristallisation par refroidissement lent, qui donne des cristaux bien développés.

Le dépôt des cristaux de terpine dans le mélange acide ne s'opère bien qu'à basse température. En été, la masse s'épaissit et fournit peu de produit cristallisé. La nature de l'essence employée agit beaucoup sur le rendement: les essences du *Pinus maritima* et du *P. australis* sont les meilleures; celles d'une autre origine, qui contiennent des carbures à points d'ébullition élevés, donnent de mauvais résultats.

1. — Glycérine.

$$P.\,mol. : C^6H^8O^6 \text{ ou } C^6H^2(H^2O^2)^3 = 92 = 4\,vol. = \bar{C}^3H^5, 3\bar{O}H.$$

1287. *Synonymes* : Principe-doux des huiles, hydrate d'oxyde de lipyle. — *Alcool triatomique, liquide*, incolore, très sirupeux, déliquescent, découvert par Scheele en 1779. — *Densité* : 1,2636 à 0°. — *Cristallisant* en prismes orthorhombiques, volumineux, de densité 1,36 à 9°,1, *fusibles* à 18°. — *Point d'ébullition :* 285° environ. — *Miscible* à l'eau et à l'alcool; presque insoluble dans l'éther.

1288. PRÉPARATION. — La glycérine s'obtient industriellement dans la fabrication des bougies stéariques. On peut en isoler une petite quantité, et c'est ainsi que Scheele l'a découverte, dans les liquides provenant de la préparation du savon de plomb (*emplâtre simple*).

On chauffe dans une bassine de cuivre, ou même dans un vase de fonte bien décapé, 25 grammes d'huile d'olive, 25 grammes d'axonge et 100 grammes d'eau. La graisse étant liquéfiée, on projette dans le mélange, en agitant, 25 grammes de litharge en poudre, et on porte à l'ébullition pendant qu'on agite avec une spatule de bois. Les divers éthers neutres de la glycérine qui entrent dans la constitution des corps gras, sont saponifiés par l'oxyde de plomb et l'eau; l'éther tristéarique de la glycérine, par exemple, la *tristéarine*, se dédouble en glycérine, qui se dissout dans l'eau, et stéarate de plomb insoluble :

$$2[C^6H^2(C^{36}H^{36}O^4)^3] + 6PbO + 3H^2O^2 = 2[(C^6H^2,3H^2O^2)] + 6C^{36}H^{35}PbO^4;$$

Tristéarine.	Oxyde de plomb.	Eau.	Glycérine.	Stéarate de plomb.

$$2[\bar{C}^3H^5(\bar{C}^{18}H^{35}\bar{O}^2)^3] + 3Pb\bar{O} + 3H^2\bar{O} = 2[\bar{C}^3H^5(\bar{O}H)^3] + 3[(\bar{C}^{18}H^{35}\bar{O}^2)^2Pb].$$

Il en est de même de l'éther margarique, de l'éther oléique, etc. On constate souvent un dégagement de gaz carbonique, lorsque la litharge employée est carbonatée ; ce fait produit un certain boursouflement qui force à opérer dans une bassine relativement grande. On continue l'ébullition, en ayant soin de remplacer de temps en temps par de l'eau chaude celle qui s'évapore, et de ne pas arrêter l'agitation. Quand, l'oxyde de plomb ayant disparu, la masse insoluble dans l'eau a acquis une couleur blanche uniforme et une moindre fusibilité, on porte dans l'eau froide, avec la spatule, une petite quantité de la matière emplastique. Lorsque celle-ci refroidie présente une consistance presque solide, et que, pétrie sous l'eau, elle cesse d'adhérer aux doigts mouillés, l'opération est terminée. On laisse alors refroidir jusqu'à ce que la masse insoluble puisse être tenue dans les mains, on la malaxe pour éliminer la liqueur qui la baigne et on la roule en pains cylindriques ; elle est constituée essentiellement par un mélange de stéarate, de margarate et d'oléate de plomb.

La liqueur dont on a séparé l'emplâtre simple est une solution impure de glycérine. On la recueille dans un flacon et on y fait passer un courant d'hydrogène sulfuré. Celui-ci précipite à l'état de sulfure l'oxyde de plomb que la glycérine retient en dissolution. Après saturation, on filtre et on évapore le liquide clair, dans une capsule de porcelaine, au bain-marie. Lorsque toute l'eau a été vaporisée, le résidu est constitué par la glycérine sirupeuse. Celle-ci retient les matières étrangères solubles, non volatiles à 100°.

1289. PURIFICATION. — Des causes analogues d'impureté se retrouvent dans la glycérine du commerce. Celle-ci, alors même qu'elle est neutre et qu'elle a été parfaitement décolorée par le noir animal, est d'ordinaire fortement souillée de substances diverses et principalement de sels calcaires. Le seul mode de purification efficace est la distillation. Or la glycérine s'altérant rapidement à sa température d'ébullition sous la pression atmosphérique, il est nécessaire que cette distillation soit pratiquée sous pression réduite et en entraînant la vapeur au moyen d'une très légère rentrée d'air (§ 244 et 245). On recueille à part les premières portions qui contiennent l'eau du produit traité ; le liquide distille ensuite à température fixe, lorsque la pression est maintenue sensiblement invariable. C'est de la glycérine pure ; on la recueille dans un nouveau récipient.

La glycérine ainsi purifiée cristallise quand, après l'avoir refroidie pendant un certain temps à une température comprise entre 0° et 12°, on introduit dans sa masse un cristal obtenu antérieurement. Sans cette dernière précaution, elle reste le plus souvent en surfusion. Elle ne cristallise qu'avec lenteur à cause de sa viscosité.

I. — DICHLORHYDRINE.

$P.\ mol.:$ $C^6H^2(H^2O^2)(HCl)^2$ ou $C^6H^6Cl^2O^2 = 129 = 4\ vol. = \mathfrak{C}H^2Cl,\mathfrak{C}H(\Theta H),\mathfrak{C}H^2Cl.$

1290. *Synonymes* : Dichlorhydrine α, éther dichlorhydrique de la glycérine, dichlorhydrine symétrique. — *Liquide* incolore, à odeur éthérée, découvert par M. Berthelot. — *Densité* : 1,383 à 0°. — *Point d'ébullition* : 178° sous la pression 0ᵐ,760. — *Soluble* dans 50 fois son volume d'eau froide. — *Miscible* à l'éther.

1291. **Préparation.** — Le chlorure de soufre transforme la glycérine en dichlorhydrine (Carius) :

$$C^6H^2(H^2O^2)^3 \quad + \quad 2S^4Cl^2 \quad =$$

Glycérine.   Chlorure de soufre.

$$\overline{C}H^2(OH),\overline{C}H(OH),\overline{C}H^2(OH) \quad + \quad 2S^2Cl^2 \quad =$$

$$C^6H^2(H^2O^2)(HCl)^2 \quad + \quad 6S \quad + \quad 2HCl \quad + \quad S^2O^4 ;$$

Dichlorhydrine.   Soufre.   Acide chlorhydrique.   Gaz sulfureux.

$$\overline{C}H^2Cl,\overline{C}H(OH),\overline{C}H^2Cl \quad + \quad 3S \quad + \quad 2HCl \quad + \quad SO^2.$$

Toutefois cette production de dichlorhydrine est accompagnée de réactions secondaires donnant naissance à des composés oxygénés du soufre.

On opère dans un ballon de 500 centimètres cubes, muni d'un réfrigérant à reflux et d'un tube à entonnoir plongeant jusqu'au fond ; on y introduit 100 grammes de glycérine préalablement concentrée jusqu'à ce qu'elle bouille à 195°. On dispose le ballon dans un bain-marie d'eau salée chauffée à l'ébullition, et on ajoute peu à peu à la glycérine, par le tube à entonnoir qu'on ferme entre temps avec un bouchon, 250 grammes de chlorure de soufre. Après chaque addition, on agite pour mélanger et provoquer la réaction. De l'acide chlorhydrique et du gaz sulfureux s'échappent par le réfrigérant ; on les dirige dans une cheminée à tirage actif, ou bien encore on les fait passer dans un tube par lequel s'écoule un courant d'eau produisant une très légère aspiration. Après quelques heures, la réaction est terminée et le dégagement gazeux s'arrête. On enlève le réfrigérant et on continue à chauffer le ballon ouvert pendant une heure, pour chasser encore de l'acide chlorhydrique et de l'acide sulfureux. Le mélange est alors chargé d'une grande quantité de soufre qui le rend laiteux. On laisse refroidir, on ajoute au contenu du ballon deux ou trois fois son volume d'éther, on agite et on laisse reposer. On décante l'éther, on le filtre sur un tampon de coton disposé dans un entonnoir, on fait passer le soufre dans le même entonnoir et on le lave avec une petite quantité d'éther. Toute cette partie de l'opération doit être faite à l'abri du feu et en tenant les vases autant que possible fermés. On distille dans un ballon, avec les précautions voulues (§ 1262), la solution éthérée en la chauffant à 100°. L'éther éliminé, le résidu est chauffé directement et soumis à la distillation fractionnée dans un appareil simple (§ 233, fig. 122).

Pendant cette opération, des composés sulfurés se détruisant, du gaz sulfureux et du gaz chlorhydrique se dégagent encore. Le thermomètre monte rapidement à 170° ; la dichlorhydrine passe ensuite et on la recueille jusqu'à 182°. Au delà le même produit distille encore en petite quantité avec des matières étrangères. Après deux ou trois séries de distillations fractionnées, pratiquées sur les produits recueillis, on isole entre 174° et 182° de la dichlorhydrine presque pure.

Avec les quantités indiquées plus haut, on obtient 75 à 80 grammes de dichlorhydrine. En opérant sur les doses plus fortes, les rendements sont notablement plus élevés.

<h3 style="text-align:center">J. — Mannite.</h3>

P. mol. : $C^{12}H^{14}O^{12}$ ou $C^{12}H^2(H^2O^2)^6 = 182 = C^6H^{14}O^6$.

1292. *Alcool hexatomique* incolore, inodore, légèrement sucré, cristallisable en *prismes rhomboïdaux droits,* découvert par Proust en 1806. — *Densité :* 1,521 à

13°. — *Point de fusion* : 166°. — *Pouvoir rotatoire* presque insensible, se développant dans certaines combinaisons. — *Solubilité* : 1 partie dans 6,5 parties d'eau à 18°; 1 partie dans 1400 parties d'alcool absolu froid; plus soluble dans l'alcool aqueux; insoluble dans l'éther.

1293. PRÉPARATION. — La mannite existe dans la manne de frêne, à l'état de mélange avec divers principes sucrés et avec la dextrine. On l'isole en profitant de la facilité avec laquelle elle cristallise.

Dans une capsule de porcelaine, on chauffe 50 grammes de manne avec 50 grammes d'eau additionnée de 1 à 2 centimètres cubes d'eau albumineuse. On porte à l'ébullition pendant une minute et on verse dans un filtre de papier, disposé sur un entonnoir préalablement chauffé. L'albumine, en se coagulant par la chaleur, a *collé* la liqueur, c'est-à-dire a emprisonné, en se contractant, les matières insolubles qui s'y trouvaient en suspension. La dissolution limpide est abandonnée au refroidissement. Après vingt-quatre heures, la mannite a cristallisé. On sépare l'eau mère, on égoutte les cristaux et on les essore pendant quelques heures entre des doubles de papier buvard, en comprimant la masse sous un corps lourd. On reprend les cristaux par leur poids d'eau bouillante, on ajoute 5 grammes de noir animal pulvérisé, on laisse en contact pendant une demi-heure, en agitant fréquemment afin de favoriser la décoloration, on porte de nouveau à l'ébullition, et on filtre dans un entonnoir chaud. La mannite cristallise incolore par le refroidissement; on égoutte ses cristaux et on les sèche à l'air entre des feuilles de papier.

1294. Lorsqu'on opère sur des quantités plus fortes, il est plus facile d'avoir un bon résultat. On dissout alors la manne dans la moitié seulement de son poids d'eau albuminée, on porte à l'ébullition et on filtre à la chausse (§ 333). Après vingt-quatre heures, la masse solide est mise à la presse; elle fournit un pain exprimé, déjà fort peu coloré. On dissout ce dernier dans son poids d'eau bouillante, et on exprime de nouveau le produit cristallisé par refroidissement. On termine par une troisième cristallisation dans l'eau bouillante, en laissant digérer (§ 278) la solution pendant quelque temps avec du noir animal, en la filtrant à chaud, en la concentrant jusqu'à ce qu'une pellicule se forme à la surface et en la laissant refroidir.

K. — **Phénol ordinaire.**

$$P.\ mol. : C^{12}H^6O^2 \text{ ou } C^{12}H^4(H^2O^2) = 94 = 4\ vol. = \overline{C}^5H^5, \Theta H.$$

1295. *Synonymes* : Acide phénique, alcool phénylique, hydrate de phényle, acide carbolique. — *Composé incolore, à odeur caractéristique, cristallisable* en aiguilles prismatiques rhomboïdales, découvert par Runge. — *Densité* : 1,065 à 18°. — *Point de fusion* : 41°. — *Point d'ébullition* : 182°,5. — *Solubilité* : 1 partie dans 15 parties d'eau à 16°-17°; miscible à l'alcool absolu et à l'éther. — *Caustique.*

1296. PRÉPARATION. — Le phénol existe dans le goudron de houille. On l'extrait des portions de ce goudron qui distillent entre 150° et 200°; celles-ci en contiennent des quantités variables avec la nature de la houille dont elles proviennent. On agite vivement 100 grammes d'huile de houille, bouillant entre les limites de température indiquées, avec 20 grammes de lessive de soude, en maintenant pendant quelque temps au bain-marie le vase qui les contient. Le phénol et ceux de ses homologues qui l'accompagnent se dissolvent dans l'alcali à l'état de phénols sodés. On laisse déposer, on décante l'huile insoluble qui surnage, on ajoute au liquide alcalin 40 centimètres cubes d'eau tiède, et on agite de nouveau. La naphtaline et divers autres carbures existant dans le goudron, bien qu'ils soient insolubles dans l'eau, sont entrés d'abord en dissolution dans la liqueur aqueuse fortement chargée de phénols sodés ; ces carbures se précipitent ensuite par la dilution. Après les avoir séparés autant que possible, on acidule la liqueur limpide par l'acide chlorhydrique. Il se fait du chlorure de sodium et le phénol mis en liberté se rassemble à la surface, sous forme huileuse.

Il est alors fort impur et mélangé surtout de crésylol ainsi que d'autres phénols. Sa purification n'est possible qu'en opérant sur des quantités plus fortes que les précédentes. Pour l'effectuer, on décante le phénol brut, on l'introduit dans un appareil distillatoire (§ 233, fig. 122) et on le soumet à la distillation fractionnée. L'eau passe d'abord avec les produits les plus volatils, qui entraînent des proportions croissantes de phénol. On recueille à part ce qui bout entre 180° et 188°. A des températures plus élevées, on recueille le crésylol et les autres homologues du phénol.

Le liquide distillant entre 180° et 188° est abandonné à basse température pendant un certain temps ; le phénol cristallise. On décante l'eau mère, on essore les cristaux et on les exprime. On soumet enfin le produit à une nouvelle distillation fractionnée, en recueillant comme phénol pur ce qui passe exactement au point d'ébullition de ce composé.

1297. Synthèse. — Les benzinosulfates alcalins (§ 1211), traités par les hydrates alcalins en fusion, donnent naissance à du phénol qui reste combiné à un excès d'alcali (Wurtz, Dusart, M. Kekulé).

$$C^{12}H^5K,S^2O^6 \quad + \quad 2(KO,HO) \quad = \quad C^{12}H^5KO^2 \quad + \quad S^2O^4,2KO \quad + \quad H^2O^2.$$

| Benzinosulfate de potasse. | Hydrate de potasse. | Phénol potassé. | Sulfite de potasse. | Eau. |

$$\overline{C}^6H^5,S\overline{O}^3K \quad + \quad 2K\overline{O}H \quad = \quad \overline{C}^6H^5(\overline{O}K) \quad + \quad S\overline{O}^3K^2 \quad + \quad H^2\overline{O}.$$

Dans une capsule de fer ou de nickel, ou mieux d'argent, on introduit 200 grammes de potasse caustique avec une trentaine de grammes d'eau, et on chauffe à feu nu, pour fluidifier le mélange. On chauffe ensuite vers 320° ou 330°. On arrive aisément à régler cette température en se servant comme agitateur d'un petit tube de nickel ou d'argent, bouché à la partie inférieure, dans lequel on loge le réservoir et le bas de la tige d'un thermomètre. Dans la masse en fusion on introduit, en mélangeant exactement, 100 grammes de benzinosulfate de potasse desséché et finement pulvérisé ; on agite sans cesse la masse, qui se colore en jaune et s'épaissit d'abord, puis ne tarde pas à se ramollir par l'action de la chaleur qu'on élève de nouveau jusque vers 320° ou 330° ; le contenu de la capsule est alors à l'état de bouillie claire. On laisse refroidir et on dissout le produit dans 500 grammes d'eau ; on ajoute à la liqueur brune de l'acide chlorhydrique jusqu'à réaction acide : le phénol potassé formé pendant la fusion alcaline est alors décomposé et le phénol mis en liberté se sépare à l'état d'huile brune. On agite le tout avec 200 centimètres cubes d'éther qui dissolvent le phénol ; on sépare la liqueur éthérée au moyen d'une boule à décanter (§ 1215, fig. 304) et on la laisse en contact avec quelques fragments de chaux vive qui la dessèchent. On l'introduit dans un ballon et on distille l'éther à la vapeur, avec les précautions nécessaires (§ 1262). L'éther enlevé, on chauffe le résidu et on le distille dans un ballon muni d'un thermomètre (fig. 122, § 233). La température monte rapidement jusqu'à 170° ; entre 175° et 190°, on recueille à part un liquide peu coloré, constitué par du phénol suffisamment pur pour qu'il cristallise si l'on entoure le vase qui le renferme d'un mélange réfrigérant. On décante la portion incristallisable du produit, et on rectifie les cristaux après les avoir fondus. La matière qui les forme donne, après fractionnement, du phénol pur, bouillant entre 180° et 182°.

Il est indispensable d'éviter les projections d'alcali en fusion, ce composé étant fortement caustique et désorganisant les tissus avec rapidité, même à des températures plus basses que celles auxquelles on opère ici.

I. — PHÉNOLS MONONITRÉS.

$$P.\ mol.: C^{12}H^5(AzO^4)O^2 = 139 = 4\ vol. = C^6H^5(AzO^2)O.$$

1298. *Synonymes :* Nitrophénols, mononitrophénols. — Il en existe trois isomères.

ORTHONITROPHÉNOL. — *Prismes* d'un jaune de soufre. — *Point de fusion :* 45°. — *Point d'ébullition :* 214° ; *volatilisable* dans un courant de vapeur d'eau. — *Solubilité* dans l'eau faible à froid, considérable à chaud ; grande dans l'alcool et dans l'éther.

PARANITROPHÉNOL. — *Prismes rhomboïdaux,* sans odeur et incolores. — *Point de fusion :* 114°. — *Non volatilisable* dans un courant de vapeur d'eau. — *Solubilité* dans l'eau faible à froid, plus forte à chaud ; très grande dans l'alcool. — *Rougit* à l'air et à la lumière.

MÉTANITROPHÉNOL. — *Cristaux jaunes.* — *Point de fusion :* 96°. — *Non volatilisable* dans un courant de vapeur d'eau. — *Soluble* dans l'eau froide.

1299. PRÉPARATION DES PHÉNOLS MONONITRÉS, ORTHO ET PARA. — Au contact de l'acide azotique peu concentré et froid, le phénol se change dans les deux isomères précités :

$$C^{12}H^6O^2 \quad + \quad AzO^5,HO \quad = \quad C^{12}H^5(AzO^4)O^2 \quad + \quad H^2O^2;$$

| Phénol. | Acide azotique. | Phénol mononitré. | Eau. |

$$C^6H^5,OH \quad + \quad AzO^3H \quad = \quad C^6H^4(AzO^2),OH \quad + \quad H^2O.$$

Dans un matras de 500 centimètres cubes, on introduit 300 grammes d'acide azotique de densité 1,11. Cet acide affaibli s'obtient en mélangeant 120 grammes d'acide ordinaire de densité 1,332 (36° Baumé) et 180 grammes d'eau. On refroidit soigneusement le matras, en dirigeant sur sa panse un courant continu d'eau froide, puis on projette dans l'acide, peu à peu et par petites quantités, 50 grammes de phénol cristallisé, en agitant avec soin après chaque addition. Le mélange se teinte fortement en brun et une huile dense se sépare. On laisse réagir à froid pendant quelques heures, en répétant fréquemment les agitations, puis on laisse reposer jusqu'au lendemain. On sépare le produit huileux déposé en décantant la liqueur acide qui surnage, et on élimine l'acide restant par plusieurs lavages à l'eau froide ; ce produit huileux contient les deux phénols mononitrés, mélangés en proportion sensiblement égales.

On l'introduit dans un ballon relié par un tube à un réfrigérant de Liebig et chauffé au bain-marie. Un courant de vapeur d'eau, fourni par un ballon voisin contenant de l'eau en ébullition, et amené par un tube jusqu'au fond du premier ballon, entraîne rapidement l'orthonitrophénol mais non l'isomère para. On continue le courant de vapeur jusqu'à ce que l'eau condensée ne soit plus chargée de gouttelettes huileuses et même jusqu'à ce qu'elle cesse de présenter une odeur marquée. Le produit huileux entraîné par l'eau se concrétant dans les parties froides du réfrigérant, il est bon de laisser l'eau de celui-ci s'échauffer au-dessus de 45°, de façon à permettre l'écoulement de tout le produit distillé dans le récipient. L'orthonitrophénol ne tarde pas à se solidifier en longues aiguilles. Il est pur ; il n'a besoin que d'être séparé de l'eau et desséché.

Le paranitrophénol se trouve dans les résidus résineux que la vapeur a laissés dans le ballon. On traite ceux-ci par l'acide chlorhydrique concentré et chaud, qui laisse insoluble une matière brune et visqueuse. On décante la liqueur acide et chaude ; en refroidissant, elle dépose des cristaux grisâtres de paranitrophénol. Ce dernier se décolore par des cristallisations répétées dans l'acide chlorhydrique chaud. On termine la purification par une cristallisation dans l'eau bouillante.

Avec le poids de phénol traité, on obtient 17 ou 18 grammes d'ortho-nitrophénol et 12 grammes de paranitrophénol, soit en tout une trentaine de grammes de dérivés nitrés.

II . — PHÉNOL TRINITRÉ.

$$P.\ mol. : C^{12}H^3(AzO^4)^3O^2 = 229 = C^6H^3(Az\Theta^2)^3\Theta.$$

1300. *Synonymes* : Acide picrique, acide carbazotique, amer de Welter. — Composé *jaune clair*, à saveur très amère, *cristallisé* en lamelles rectangulaires, découvert par Haussmann en 1788. — *Densité* : 1,813. — *Point de fusion* : 122°,5. — *Détonant* quand on le chauffe brusquement. — *Solubilité* : 1 partie dans 86 parties d'eau à 15° ; dans 26 parties d'eau à 77° ; plus soluble dans l'alcool et dans l'éther. — *Réaction acide* énergique.

1301. PRÉPARATION. — L'acide azotique concentré transforme le phénol en dérivés nitrés, dans lesquels la substitution à l'hydrogène est poussée plus loin que dans les produits précédents (§ 1299) ; parmi ces composés, le plus intéressant est le phénol trinitré ou acide picrique.

On peut préparer l'acide picrique en faisant bouillir le phénol avec l'acide azotique, mais ce mode opératoire n'est pas sans danger, et il donne lieu fréquemment à des explosions. On évite celles-ci en commençant la réaction avec de l'acide azotique dilué, puis en ajoutant peu à peu de l'acide plus concentré. Mais le procédé suivant est préférable.

Dans un matras de 125 centimètres cubes, on introduit 30 grammes de phénol cristallisé, liquéfié par la chaleur, et 50 grammes d'acide sulfurique concentré. On agite pour mélanger et on chauffe pendant quelque temps au bain-marie. L'acide et le phénol se combinent pour former des acides phénylsulfuriques isomères :

$$C^{12}H^6O^2 + S^2H^2O^8 = C^{12}H^4,S^2H^2O^8 + H^2O^2;$$

Phénol.   Acide sulfurique.   Acide phénylsulfurique.   Eau.

$$C^6H^5,OH + SO^4H^2 = SO^4H,C^6H^5 + H^2O.$$

Lorsqu'une petite portion du produit, prélevée à l'extrémité d'une baguette, donne avec l'eau une liqueur limpide, la combinaison est effectuée. On laisse refroidir le liquide, puis on le verse doucement et en agitant dans un matras de 250 centimètres cubes, contenant 80 grammes d'eau. On verse ensuite très lentement la liqueur obtenue dans un matras de 500 centimètres cubes, contenant 215 grammes d'acide azotique de densité 1,26 (30° Baumé) ; un acide de cette dilution s'obtient en ajoutant 42 grammes d'eau à 173 grammes d'acide azotique du commerce, de densité 1,332 (36° Baumé). La réaction s'opère spontanément. Après quelque temps de contact, on chauffe tant qu'il se dégage des vapeurs rutilantes, et enfin on laisse refroidir. L'acide picrique, formé par l'action de l'acide azotique sur les acides phénylsulfuriques, se solidifie. On décante la liqueur, on verse sur les cristaux un peu d'eau et on chauffe ; l'acide picrique impur se liquéfie sous l'eau. On le laisse se prendre en masse par refroidissement ; on sépare la liqueur aqueuse et on dissout le produit dans 20 fois son poids d'eau à la température du bain-marie ; on filtre et on laisse cristalliser par refroidissement. Les cristaux égouttés sont séchés à l'air libre.

Pour purifier complètement l'acide picrique, on le sature exactement, dans l'eau bouillante, par la lessive de soude, et on laisse refroidir ; le picrate de soude cristallise. On purifie ce sel en répétant la cristallisation dans l'eau, puis on le décompose par l'acide sulfurique dilué et on fait cristalliser de nouveau l'acide picrique mis en liberté.

L'acide picrique est une matière tinctoriale usitée. Il suffit de plonger de la soie ou de la laine dans sa dissolution aqueuse chaude, pour que les fibres animales fixent la matière colorante et la gardent ensuite après des lavages à l'eau froide.

Lorsqu'on dissout 1 partie d'acide picrique et 2 parties de cyanure de potassium dans 9 parties d'eau et qu'on chauffe, la liqueur prend une belle coloration rouge pourpre, et se garnit de cristaux par le refroidissement. Les cristaux sont l'*isopurpurate de potasse*, $C^{16}H^4KAz^5O^{12}$ ou $C^8H^4KAz^5O^6$, composé doué des propriétés explosibles.

L. — Crésylols.

$P.\ mol. : C^{14}H^8O^2$ ou $C^{14}H^6(H^2O^2) = 108 = 4\ vol. = C^2H^3,C^6H^4,OH.$

1302. *Synonymes* : Crésols, hydrates de crésyle, alcools crésyliques. — Il en existe trois *isomères*.

Orthocrésylol, $CH^3(1),C^6H^4,OH(2)$. — *Cristaux* incolores. — *Point de fusion* : 31°. — *Point d'ébullition* : 188°.

Métacrésylol, $CH^3(1),C^6H^4,OH(3)$. — *Liquide* incristallisable. — *Point d'ébullition* : 201°.

Paracrésylol, $CH^3(1),C^6H^4,OH(4)$. — *Cristallisé* en prismes. — *Point de fusion* : 36°. — *Point d'ébullition* : 199°.

1303. Préparation de l'orthocrésylol. — Le sulfate d'orthotoluidine est transformé par l'acide azoteux en sulfate de diazo-orthotoluidine (P. Griess) :

$$C^{14}H^9Az,S^2H^2O^8 \quad + \quad AzHO^4 \quad = \quad C^{14}H^6Az^2,S^2H^2O^8 \quad + \quad 2H^2O^2;$$

Sulfate   Acide   Sulfate   Eau.
d'orthotoluidine.   azoteux.   de diazo-orthotoluidine.

$$\mathrm{C}H^3,\mathrm{C}^6H^4,AzH^2,SO^4H^2 + AzO^2H = \mathrm{C}H^3,\mathrm{C}^6H^4,Az^2,SO^4H + 2H^2O.$$

Comme le sulfate de diazo-orthotoluidine n'est pas stable, l'eau le décompose presque immédiatement pour donner de l'orthocrésylol (P. Griess) :

$$C^{14}H^6Az^2,S^2H^2O^8 \quad + \quad H^2O^2 \quad = \quad C^{14}H^8O^2 \quad + \quad Az^2 \quad + \quad S^2H^2O^8;$$

Sulfate   Eau.   Orthocrésylol.   Azote.   Acide
de diazo-orthotoluidine.   sulfurique.

$$\mathrm{C}H^3,\mathrm{C}^6H^4,Az^2,SO^4H + H^2O = \mathrm{C}H^3,\mathrm{C}^6H^4,OH + Az^2 + SO^4H^2.$$

Ces réactions permettent de se procurer aisément l'orthocrésylol pur, en partant de l'orthotoluidine ou pseudotoluidine.

Dans un ballon de 5 litres, on dissout 100 grammes d'orthotoluidine dans 3500 grammes d'eau additionnée de 100 grammes d'acide sulfurique concentré, puis on ajoute peu à peu au mélange, en agitant avec soin, une solution aqueuse concentrée contenant 80 grammes d'azotite de soude. On abandonne ensuite le produit à lui-même pendant quelque temps. Les deux réactions précédentes s'accomplissent, la seconde se produisant dès la température ordinaire. L'azote se dégage lentement, la liqueur se trouble et finit par se colorer en rouge brun. La réaction est alors terminée. Pour séparer l'orthocrésylol formé, on dispose le ballon dans un bain-marie et on le munit d'un bouchon portant deux tubes : l'un de ces tubes met le haut du col en communication avec un réfrigérant de Liebig ; l'autre, pénétrant jusqu'au fond du ballon, y amènera un courant de vapeur d'eau, fourni par un ballon contenant de l'eau en ébullition. On commence par chauffer au bain-marie le mélange qui a réagi, puis, lorsque son contenu est au voisinage de 100°, on y fait passer rapidement la vapeur d'eau. Le crésylol distille entraîné par la vapeur. On continue tant que le liquide condensé, additionné d'eau bromée, se trouble par la formation d'un précipité d'orthocrésylol bibromé. Une matière résineuse reste dans le ballon. On ajoute au produit distillé de la lessive de soude, qui dissout le crésylol en suspension, on filtre, on acidule par l'acide sulfurique et on enlève le crésylol remis en liberté par des agitations répétées avec de l'éther. Cette dernière opération se pratique aisément au moyen des ampoules à décanter (fig. 304, § 1215). On réunit les liqueurs éthérées dans un ballon et on les distille en les chauffant par un courant de vapeur d'eau (§ 1262), en prenant toutes les précautions nécessaires pour éviter la combustion de la vapeur d'éther. On obtient un résidu huileux et coloré, qui est constitué par l'orthocrésylol impur. On purifie ce composé en le rectifiant dans un petit appareil distillatoire, muni d'un thermomètre, et en recueillant à part le produit bouillant entre 180° et 190°. Le rendement atteint 70 p. 100 de la toluidine traitée.

La paratoluidine et la métatoluidine donnent de même les deux isomères de l'orthocrésylol.

M. — Naphtols.

$$P.\,mol. : C^{20}H^8O^2 \text{ ou } C^{20}H^6(H^2O^2) = 144 = 4\,vol. = \mathrm{C}^{10}H^7,OH.$$

1304. *Synonymes* : Naphtylols. — Il en existe deux isomères.

NAPHTOL α. — Phénol monoatomique, *cristallisé* en aiguilles brillantes, à odeur forte, découvert par P. Griess. — *Densité* à 4° : 1,224. — *Point de fusion* : 95°. — *Point d'ébullition* : 279° ; *volatilisable* avec la vapeur d'eau.

Naphtol β. — Phénol monoatomique, *cristallisé* en lamelles brillantes, incolores, découvert par M. Schaeffer. — *Densité à 4° : 1,217. — Point de fusion : 123°. — Point d'ébullition : 285°; non volatilisable* avec la vapeur d'eau.

1305. **Préparation des naphtols α et β.** — Les naphtalosulfates (§ 1221) donnent les naphtols par l'action des hydrates alcalins en fusion :

$$C^{20}H^7,S^2O^6,Na + 2(NaO,HO) = C^{20}H^7NaO^2 + S^2O^4,2NaO + H^2O^2;$$

Naphtalosulfate de soude.   Hydrate de potasse.   Naphtol sodé.   Sulfite de soude.   Eau.

$$C^{10}H^7,SO^3Na + 2NaOH = C^{10}H^7(ONa) + SO^3Na^2 + H^2O.$$

Cette réaction se pratique exactement comme celle qui donne le phénol ordinaire au moyen d'un benzinosulfate (§ 1297), en se servant des mêmes appareils et en prenant les mêmes précautions.

Pour obtenir le naphtol β, on fond 300 grammes de soude caustique sèche (§ 829) avec 30 grammes d'eau dans un creuset métallique et on porte la masse à 280°. On y mélange alors, en agitant continuellement, 100 grammes de naphtalosulfate de soude β (§ 1222), bien sec et finement pulvérisé. On se règle pour accélérer ou ralentir les additions de sel sur les indications du thermomètre qui ne doit pas baisser au-dessous de 260°. On continue ensuite à chauffer en agitant, jusqu'à ce que la température ait atteint 320°. Le sel a d'abord épaissi beaucoup la masse en fusion, sans cependant que celle-ci soit devenue trop solide pour être agitée. Vers 300°, de l'hydrogène commence à se dégager ; il est engendré par l'oxydation du sulfite alcalin aux dépens de l'eau de l'hydrate alcalin ; il augmente le volume du mélange qui prend une teinte jaune claire. A partir de ce moment, des vapeurs se dégagent en abondance, le produit mousse et la réaction s'accélérant prend fin en quelques minutes. Dès qu'elle est achevée, la matière reste en fusion tranquille ; en l'agitant, on s'aperçoit qu'elle est formée de deux liquides superposés. Le plus léger, jaune brun, transparent, est formé surtout de napthol sodé impur ; on laisse refroidir et on le sépare mécaniquement de la soude caustique fondue, qui est plus dense et s'est déposée. On dissout le naphtol sodé dans l'eau chaude, additionnée de 15 p. 100 d'acide chlorhydrique, on porte aussitôt à l'ébullition et on laisse refroidir. On recueille sur un filtre de coton le naphtol qui s'est séparé et on le lave à l'eau. On le purifie par des cristallisations répétées dans l'eau chaude, ou mieux encore, on le dessèche et on le rectifie à température fixe.

Le naphtol α s'obtient de même, mais en traitant un naphtalosulfate α (§ 1223). Toutefois, le naphtol α étant entraîné à la distillation par la vapeur d'eau, la préparation se termine d'un façon un peu différente. Lorsqu'on a mis le naphtol α en liberté en ajoutant de l'acide chlorhydrique au naphtol sodé, on recueille le produit qui s'est séparé à froid, on l'introduit dans le ballon d'un appareil distillatoire, on chauffe ce ballon au bain-marie à 100° et on y fait passer un courant rapide de vapeur d'eau qui entraîne le naphtol α. On recueille ce dernier qui est solide, on le sèche et on le rectifie à température fixe.

Cette propriété du naphtol α de distiller avec la vapeur d'eau, permet de simplifier beaucoup la préparation des naphtols. Au lieu de séparer les deux sulfonaphtalates, ce qui entraîne des traitements prolongés (§ 1222), on traite leur mélange par la soude en fusion, comme on le fait pour chacun d'eux pris isolément. Les deux naphtols mélangés se séparent simultanément. Par la distillation avec la vapeur d'eau, on volatilise et on sépare le naphtol α. Quand celui-ci a été complètement entraîné, en soumettant le résidu non volatilisé aux traitements indiqués plus haut, on obtient le naphtol β.

N. — Hydroquinone.

$$P.\ mol. : C^{12}H^6O^4 \text{ ou } C^{12}H^2(H^2O^2)^2 = 110 = 4\ vol. = C^6H^4(OH)^2.$$

1306. *Synonymes :* Hydroquinon, paradioxybenzol. — *Phénol diatomique, cristallisé,* découvert par Wœhler. — *Prismes hexagonaux* par cristallisation dans l'eau; *lamelles monocliniques* par sublimation. — *Point de fusion :* 169°. — *Sublimable.* — *Soluble* à 15° dans 17 parties d'eau; très soluble dans l'alcool et dans l'éther; peu soluble dans la benzine.

1307. Préparation. — L'hydroquinone est l'un des produits de l'oxydation de l'aniline par l'acide chromique (M. Nietzki). Elle se forme en même temps que du quinon par l'oxydation avancée de la matière colorante verte (éme-raldine) que fournit d'abord l'agent oxydant en attaquant l'aniline.

Dans un flacon de 3 litres on mélange avec précaution 1500 grammes d'eau et 400 grammes d'acide sulfurique concentré; on ajoute ensuite 50 grammes d'aniline *pure*. On place le flacon sur un plateau en zinc, dont le déversement se fait dans une canalisation conduisant à l'égout (§ 1275, fig. 312), et on fait couler sur lui, d'une manière continue, un courant d'eau à une température inférieure à 10°. En été on plonge le vase dans de l'eau qu'on maintient froide en ajoutant des morceaux de glace. On pulvérise finement et on tamise 50 grammes de bichromate de potasse, qu'on introduit peu à peu dans le liquide maintenu bien refroidi et soigneusement agité. L'addition du bichromate doit être effectuée très lentement, de manière à éviter l'élévation de la température; le mieux est d'ajouter le sel par portions de 1 gramme environ. On abandonne ensuite le mélange dans l'eau froide jusqu'au lendemain. On y ajoute alors, avec les mêmes précautions, une nouvelle quantité de 100 grammes de bichromate en poudre fine.

La réaction donne d'abord naissance à un précipité vert foncé d'émeral-dine; par suroxydation, ce composé vert passe peu à peu au violet foncé. La quantité du précipité diminue ensuite et on obtient finalement un liquide brun, fortement trouble, tenant en suspension, entre autres substances, du quinon, et en dissolution de l'hydroquinone.

On abandonne encore le produit à lui-même pendant quelques heures afin de terminer la réaction.

On transforme ensuite le quinon en hydroquinone par l'action d'un agent réducteur. Le gaz sulfureux convient particulièrement :

$$C^{12}H^4O^4 \quad + \quad S^2O^4 \quad + \quad 2H^2O^2 \quad = \quad C^{12}H^6O^4 \quad + \quad S^2O^6,2HO;$$

Quinon.		Gaz sulfureux.		Eau.		Hydroquinone.		Acide sulfurique.

$$C^6H^4O^2 \quad + \quad SO^2 \quad + \quad 2H^2O \quad = \quad C^6H^6O^2 \quad + \quad SO^4H^2.$$

On dirige dans le mélange un courant de gaz sulfureux (§ 609) de manière à l'en charger d'une manière permanente, c'est-à-dire de façon que la liqueur, abandonnée pendant quelques heures, présente encore après ce temps une odeur manifeste de gaz sulfureux. Le quinon étant alors transformé en hydroquinone, on filtre et on agite la liqueur avec de l'éther. Ce liquide enlève à l'eau l'hydroquinone; on le sépare au moyen d'une ampoule à décanter et on répète les traitements à l'éther, l'hydroquinone n'étant enlevée que peu à peu par ce véhicule. On distille l'éther dans un ballon, avec les précautions voulues pour éviter sa combustion (§ 1262); il laisse un résidu brun d'hydroquinone brute. Pour purifier ce produit, on le dissout dans l'eau bouillante, on ajoute un peu de noir animal et de la solution d'acide sulfureux, on filtre et on laisse cristalliser par refroidissement.

La purification peut également être réalisée par cristallisation dans le toluène.

5.

ALDÉHYDES.

A. — Aldéhyde formique.

$$P.\ mol.: C^2H^2O^2 \text{ ou } C^2H^2(O^2) = 30 = 4\ vol. = H,COH.$$

1308. *Synonymes :* Aldéhyde méthylique, méthylal. — Connu seulement à l'état de vapeur ou de dissolution.

1309. PRÉPARATION. — L'alcool méthylique engendre l'aldéhyde formique par oxydation :

$$C^2H^4O^2 \quad + \quad O^2 \quad = \quad C^2H^2O^2 \quad + \quad H^2O^2 :$$

Alcool   Oxygène.   Aldéhyde   Eau.
méthylique.   formique.

$$CH^3(OH) \quad + \quad O \quad = \quad H,COH \quad + \quad H^2O.$$

Cette oxydation se réalise directement par l'oxygène de l'air en présence de certains métaux chauffés, et en particulier du cuivre (M. Lœw). Elle fournit aisément une dissolution d'aldéhyde formique.

Dans un matras à fond plat de 500 centimètres cubes, on introduit 200 grammes d'alcool méthylique pur et concentré; le matras étant muni d'un bouchon à deux tubes qui en font une sorte de laveur, on le dispose sur un bain-marie et on le met en relation, par le tube plongeant dans l'alcool méthylique, avec un flacon laveur ouvert dans l'air et contenant de l'acide sulfurique concentré. Une aspiration pratiquée par le tube court du matras force l'air extérieur à traverser d'abord le flacon laveur, où il se dessèche dans l'acide sulfurique, et ensuite l'alcool méthylique. Ce tube court est relié par un caoutchouc à un tube en verre de Bohême de 30 centimètres de longueur, dans lequel on a placé, à 10 centimètres environ de l'orifice par lequel les gaz arriveront du matras, un rouleau assez serré formé de toile de cuivre rouge, d'une longueur de 5 centimètres. Le tube est d'ailleurs tenu quelque peu incliné dans le sens du matras. Si, au moyen d'une bonne trompe (§ 449), on exerce une aspiration très rapide par l'extrémité du tube en verre de Bohême, et si en même temps on chauffe doucement la spirale métallique en entourant le tube d'une flamme de gaz pendant quelques instants, le mélange d'air et de vapeur d'alcool méthylique arrive au contact de la spirale et ne tarde pas à réagir. La chaleur de la réaction porte au rouge sombre la spirale métallique; elle maintient cette température aussi longtemps que le courant gazeux se maintient lui-même. L'oxydation se produit régulièrement quand l'alcool méthylique conserve dans le matras la température de 40°, sous l'action du bain-marie qui le baigne.

Pour recueillir l'aldéhyde formique produit dans cette oxydation, on dispose, entre le tube contenant la spirale et la trompe, des vases destinés à arrêter les vapeurs de cet aldéhyde. Dans ce but, le tube en verre de Bohême est étiré et coudé vers son extrémité la plus élevée; le tube plus fin qui le termine s'engage dans une des branches d'un petit tube en U, servant de réfrigérant; la seconde branche de ce dernier porte un tube deux fois coudé, aboutissant au fond d'un matras de 300 centimètres cubes, tenu constamment entouré de glace; il s'y condense la plus grande partie de l'aldéhyde produit, ainsi que l'alcool méthylique ayant échappé à la réaction. En outre, les gaz, avant d'arriver à la trompe, traversent encore, à leur sortie du matras refroidi, deux flacons laveurs contenant la moitié de leur volume d'eau.

Le fonctionnement de cet appareil conduit à des rendements avantageux quand il est réglé de manière que la toile de cuivre soit au rouge sombre, à peine visible à la lumière du jour, mais visible à l'obscurité. Si la température est plus élevée, la combustion de l'alcool donne non plus de l'aldéhyde, mais de l'acide carbonique, et les rendements deviennent à peu près nuls. L'alcool méthylique étant à 40°, on règle la marche en augmentant ou diminuant la rapidité de l'aspiration.

Le matras refroidi se charge peu à peu d'un liquide constituant l'aldéhyde formique brut; il se condense de ce liquide environ les deux tiers du volume de l'alcool méthylique vaporisé dans le matras tiède. Ce produit est relativement concentré; il contient jusqu'à 40 p. 100 d'aldéhyde formique. Les deux flacons laveurs renferment finalement une solution moins riche; ils arrêtent, cependant, une quantité d'aldéhyde qui n'est pas à négliger.

Le liquide du matras froid, exposé dans une capsule de porcelaine, sous une cloche à dessécher garnie d'acide sulfurique, laisse comme résidu de son évaporation lente un polymère solide de l'aldéhyde formique, le *trioxyméthylène*, $(C^2H^2O^2)^3$ ou $\Theta^3H^6\Theta^3$, sublimable dès 100°, fusible à 171°.

Le contenu des flacons laveurs est assez riche pour fournir avec l'ammoniaque l'*hexaméthylénamine*, $C^{12}H^{12}Az^4$ ou $(\Theta H^2)^6Az^4$; en l'additionnant d'ammoniaque, en évaporant le mélange au bain-marie jusqu'à ce qu'une matière solide commence à se séparer, et en terminant l'évaporation à l'étuve à une température un peu plus élevée, on obtient l'hexaméthylénamine sous la forme d'une matière blanche, parfois teintée de jaune par des impuretés.

Les solutions d'aldéhyde formique réduisent la solution d'azotate d'argent ammoniacale (§ 1158).

B. — Aldéhyde acétique.

P. mol. : $C^4H^4O^2 = 44 = 4\,vol. = \Theta^2H^4\Theta$ ou $\Theta H^3,\Theta\Theta H$.

1310. *Synonymes* : Aldéhyde ordinaire, éthylal, hydrure d'acétyle, acétaldéhyde, aldéhyde. — *Liquide* incolore, *très mobile*, à odeur suffocante et caractéristique, découvert par Dœbereiner en 1821. — *Densité :* 0,805 à 0°; 0,781 à 20°. — *Point d'ébullition* : 20°,8. — *Miscible* avec l'eau, l'alcool et l'éther.

1311. PRÉPARATION. — On extrait industriellement l'aldéhyde des produits très volatils que l'on sépare dans la rectification de l'alcool ordinaire. La préparation de ce composé dans les laboratoires est relativement peu avantageuse. On peut l'effectuer cependant par oxydation ménagée, ou plus exactement, par déshydrogénation de l'alcool ordinaire (Dœbereiner) :

$$C^4H^6O^2 \quad + \quad O^2 \quad = \quad C^4H^4O^2 \quad + \quad H^2O^2;$$

| Alcool. | Oxygène. | Aldéhyde. | Eau. |

$$\Theta^2H^5,\Theta H \quad + \quad \Theta \quad = \quad \Theta^2H^4\Theta \quad + \quad H^2\Theta.$$

L'agent d'oxydation le plus usité est l'acide chromique.

On place 15 parties de bichromate de potasse concassé dans un ballon de grandes dimensions, portant un bouchon traversé par deux tubes : un tube à entonnoir, effilé par le bas, pénétrant jusque vers le fond du ballon, et un tube large, coudé, mettant le ballon en communication avec un réfrigérant de Liebig, à large surface et bien refroidi. Le réfrigérant se termine par un ballon tubulé, disposé comme récipient, et entouré de glace. On fait un mélange de 15 parties d'alcool, 60 parties d'eau et 20 parties d'acide sulfurique, en versant peu à peu ce dernier réactif dans les deux premiers réunis. Après refroidissement, on introduit le mélange dans un flacon à robinet inférieur, disposé de manière à laisser écouler peu à peu son contenu dans le ballon, par le tube à entonnoir. La disposition de l'appareil est donc sensiblement celle de la figure 308 (§ 1261). On chauffe le ballon au bain-marie vers 60°, puis on laisse tomber goutte à goutte le liquide acide sur le bichromate de potasse chaud. L'acide chromique, mis en liberté par l'acide sulfurique, réagit énergiquement sur l'alcool, qu'il change en aldéhyde et aussi en acide acétique ; en même temps, des composés résultant de l'union de ces derniers, soit entre eux, soit avec l'alcool, prennent naissance. L'action s'accompagnant d'un dégagement de chaleur considérable, une distillation vive s'effectue. On règle l'écoulement du liquide acide, de manière à assurer la condensation d'un liquide aussi volatil que l'aldéhyde.

Le produit complexe de l'oxydation ainsi pratiquée étant ensuite soumis à la distillation fractionnée, en faisant usage d'un appareil à boules (§ 237), on recueille à part les portions qui bouillent au-dessous de 50°, en les condensant avec soin par une réfrigération dans la glace. On élimine ainsi l'alcool, l'acide acétique, l'éther acétique, ainsi que la plupart des produits secondaires, qui restent dans le ballon, et on obtient un liquide très riche en aldéhyde.

Pour isoler l'aldéhyde pur, on ajoute à ce liquide 3 ou 4 fois son volume d'éther préalablement lavé à l'eau et desséché (§ 1263), puis on place le mélange dans un flacon entouré de glace, et, au moyen d'un tube de verre plongeant jusqu'au fond, on y dirige un courant de gaz ammoniac sec. L'aldéhyde et l'ammoniaque se combinent pour former l'*aldéhydate d'ammoniaque*, $C^4H^4O^2,AzH^3$ ou C^2H^4O,AzH^3, qui se dépose en cristaux incolores, tandis que l'éther retient en dissolution les matières étrangères. On égoutte les cristaux, on les lave avec un peu d'éther pur et sec, puis on les sèche à l'air entre deux feuilles de papier.

L'aldéhydate d'ammoniaque est décomposé par l'acide sulfurique dilué, en donnant du sulfate d'ammoniaque et de l'aldéhyde pur. On opère d'ordinaire cette décomposition dans un appareil distillatoire, à réfrigérant entouré de glace ; il vaut encore mieux diriger les vapeurs dans un tube en U (fig. 86, § 142), entouré d'un mélange réfrigérant de glace pilée et de sel (§ 141). A 2 parties d'aldéhydate d'ammoniaque, on ajoute 3 parties d'acide sulfurique, préalablement dilué de 4 parties d'eau et refroidi. On chauffe au bain-marie pour provoquer la distillation, mais sans aller jusqu'à 100°. On rectifie enfin l'aldéhyde sur du chlorure de calcium.

I. — ALDÉHYDE TRICHLORÉ OU CHLORAL.

$$P.\ mol. : C^4HCl^3O^2 = 147,5 = 4\ vol. = C^2HCl^3O.$$

1312. *Synonymes* : Hydrure de trichloracétyle. — *Liquide* incolore, à odeur irritante, découvert par Liebig en 1832. — *Densité* : 1,518 à 0°. — *Point d'ébullition* : 99°. — *Soluble* dans l'eau, dans l'alcool et dans l'éther.

1313. Préparation. — Le chloral est l'un des produits de la substitution du chlore à l'hydrogène dans l'aldéhyde. Il s'obtient d'ordinaire dans l'action du chlore, non pas sur l'aldéhyde, mais sur l'alcool; celui-ci subit d'abord une déshydrogénation qui le change en aldéhyde,

$$C^4H^6O^2 \quad + \quad Cl^2 \quad = \quad C^4H^4O^2 \quad + \quad 2HCl,$$

Alcool.   Chlore.   Aldéhyde.   Acide chlorhydrique.

$$C^2H^5,OH \quad + \quad Cl^2 \quad = \quad C^2H^4O \quad + \quad 2HCl,$$

composé sur, lequel le même élément halogène exerce ensuite son action de substitution :

$$C^4H^4O^2 \quad + \quad Cl^6 \quad = \quad C^4HCl^3O^2 \quad + \quad 3HCl;$$

Aldéhyde.   Chlore.   Chloral.   Acide chlorhydrique.

$$C^2H^4O \quad + \quad Cl^6 \quad = \quad C^2HCl^3O \quad + \quad 3HCl.$$

La réaction est en réalité plus complexe que ne l'indiquent les formules précédentes. L'acide chlorhydrique gazeux, qui est engendré en grande proportion, agit sur l'alcool non altéré, et le change en éther chlorhydrique (§ 1246), gazeux à la température de l'expérience. De plus, si la substitution précitée est celle qui prédomine, elle n'est cependant pas la seule qui s'effectue. Enfin, les différents corps en présence donnent lieu, entre eux, à des réactions secondaires nombreuses.

L'appareil dans lequel on opère se compose (fig. 313) d'un vase producteur de chlore C, suivi de deux flacons laveurs L et L', garnis tous deux d'acide sulfurique concentré, destiné à dessécher le gaz. Le chlore sec est dirigé par un tube coudé t au fond d'un ballon B, disposé dans un bain-marie et contenant de l'alcool à 96 centièmes. Les gaz sortant de ce ballon traversent un réfrigérant RR' disposé à reflux, qui ramènera dans le ballon les produits condensables entraînés sous forme de vapeur; ils se rendent ensuite dans un flacon laveur N, contenant de l'eau à laquelle ils cèdent l'acide chlorhydrique dont ils sont chargés. Pour éviter que, par absorption, le liquide du flacon N. ne remonte par le réfrigérant dans le ballon, on interpose un autre flacon V, de même volume que N et susceptible, par conséquent, d'arrêter tout le contenu de celui-ci. Les gaz sortant de l'appareil entraînent un peu de chlore ; ils sont dirigés par un tube s dans une cheminée à fort tirage; il ne faut pas oublier cependant qu'ils ne doivent rencontrer aucune flamme, parce qu'ils sont rendus combustibles, pendant la plus grande partie de l'opération, par des volumes considérables de vapeur d'éther chlorhydrique. Ce dernier corps peut d'ailleurs être condensé et recueilli (§ 1246).

On fait d'abord passer le chlore dans l'alcool froid, et on pousse le courant gazeux aussi rapidement que s'opère la dissolution du gaz dans le liquide. Quand l'absorption se ralentit, on élève un peu la température tout en poursuivant l'action du gaz. Le poids de 1 litre de chlore étant 3 grammes environ, les formules précédentes montrent que le dégagement gazeux doit être prolongé pendant fort longtemps, pour que le résultat soit atteint. A mesure que l'absorption diminue de rapidité, on chauffe davantage et on finit par porter le bain-marie à l'ébullition. Parfois, lors des interruptions, la liqueur refroidie abandonne de beaux cristaux incolores d'*alcoolate de chloral* $C^4HCl^3O^2,C^4H^6O^2$ ou C^2HCl^3O,C^2H^6O ; ce composé peut être isolé et utilisé directement pour obtenir le chloral, mais en le liquéfiant par la chaleur et en continuant à faire passer le courant gazeux, on transforme en chloral l'alcool qui entre dans sa composition.

L'action du chlore terminée, on verse peu à peu et en agitant, dans le produit liquide, un volume double d'acide sulfurique concentré. Ce réactif détruit ou dissout tous les composés autres que le chloral, les *acétals chlorés* principalement, qui existent dans le mélange. On distille la masse obtenue (fig. 122, § 233). Le chloral passe au voisinage de 100°; en se condensant, il dissout abondamment le gaz chlorhydrique qui s'échappe en même temps que ses

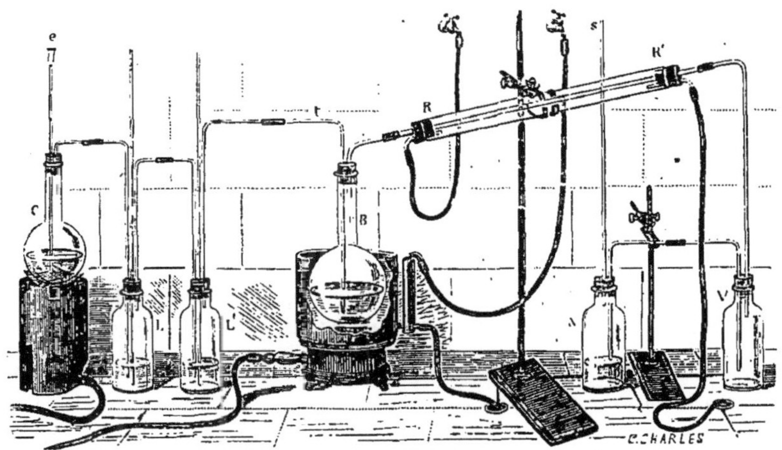

Fig. 313. — Préparation du chloral.

vapeurs. On distille une seconde fois le produit sur l'acide sulfurique concentré (2 fois son volume), puis on le rectifie sur de la chaux vive, afin de fixer l'acide chlorhydrique qui le souille. On termine par une distillation fractionnée, en recueillant le liquide bouillant vers 99°.

L'acide sulfurique, mis en contact prolongé avec le chloral, transforme celui-ci en un polymère solide, le *choral insoluble*. Ce dernier corps ayant la propriété de régénérer le chloral par l'action de la chaleur, on utilise parfois ses propriétés pour purifier le chloral. On laisse donc le produit brut en contact avec l'acide sulfurique pendant quarante-huit heures, on sépare la masse solide formée, on la lave à l'eau, on la sèche à basse température, enfin on la soumet à la distillation; vers 180°, elle se détruit en donnant des vapeurs de chloral. Le liquide provenant de la condensation de ces dernières est ensuite rectifié sur la chaux vive.

L'acide chlorhydrique provoque, comme l'acide sulfurique, la polymérisation du chloral. Il est donc nécessaire de l'éliminer complètement si l'on veut conserver le chloral liquide. Il faut pour cela répéter plusieurs fois les distillations sur la chaux vive.

1314. HYDRATE DE CHLORAL. — Le chloral agité dans un ballon avec une molécule d'eau (14 p. 100), se combine à ce liquide, avec dégagement de chaleur, pour former l'*hydrate de chloral*, $C^4HCl^3O^2 + H^2O^2$ ou $C^2HCl^3O + H^2O$. Le mélange se solidifie par le refroidissement en une masse incolore de cristaux enchevêtrés ; coulé, sous forme de liquide déjà épaissi, sur une feuille de papier à bords relevés, il donne une plaque saccharoïde. L'hydrate de chloral cristallise nettement par le refroidissement de sa solution saturée à chaud dans le sulfure de carbone; il forme alors des beaux prismes rhomboïdaux, fusibles vers 50°, en un liquide qui bout à 97°,5.

L'action des hydrates alcalins sur le chloral a été indiquée plus haut (§ 1195).

C. — Aldéhyde benzoïque.

P. mol. : $C^{14}H^6O^2$ ou $C^{14}H^6(O^2) = 106 = 4\ vol. = Є^7Ħ^6Ө$ ou $Є^6Ħ^5, ЄӨĦ$.

1315. *Synonymes* : Essence d'amandes amères, hydrure de benzoyle, benzylal. — Liquide *incolore*, doué d'une *odeur spéciale* et caractéristique, découvert en 1803 par Martrès. — *Densité* : 1,063 à 0°; 1,0504 à 15°. — *Point d'ébullition* : 179°,5. — *Solubilité* : 1 partie dans 300 parties d'eau froide; miscible à l'alcool et à l'éther.

1316. Préparation par les amandes amères. — Les amandes amères contiennent, séparés l'un de l'autre dans leurs tissus, deux principes, l'*amygdaline*, $C^{40}H^{27}AzO^{22}$ ou $Є^{20}Ħ^{27}Az Ө^{11}$, composé cristallisable, et l'*émulsine*, ferment albuminoïde. Mis en contact dans une même dissolution aqueuse, ces deux corps réagissent; l'amygdaline est détruite, avec fixation d'eau, en donnant de la glucose, de l'acide cyanhydrique et de l'aldéhyde benzoïque :

$$C^{40}H^{27}AzO^{22} + 2H^2O^2 = 2C^{12}H^{12}O^{12} + C^2AzH + C^{14}H^6O^2;$$

Amygdaline.	Eau.	Glucose.	Acide cyanhydrique.	Aldéhyde benzoïque.

$$Є^{20}Ħ^{27}AzӨ^{11} + 2Ħ^2Ө = 2Є^6Ħ^{12}Ө^6 + ЄAzH + Є^7Ħ^6Ө.$$

L'émulsine s'altérant, comme la plupart des corps albuminoïdes, à partir de 70°, la réaction ne s'accomplit qu'aux températures inférieures à cette limite.

Au lieu des amandes amères, il est préférable d'employer le tourteau d'amandes amères, résidu de l'expression des amandes dont on a retiré l'huile grasse. On pulvérise ce tourteau, on en délaye 12 parties avec 120 parties d'eau bouillante dans la cucurbite d'un alambic (fig. 121, § 227), on chauffe et on maintient en ébullition pendant une demi-heure; l'émulsine est altérée, mais les cellules végétales se gonflent, ce qui favorisera plus tard la réaction. Après refroidissement, on ajoute 1 partie de tourteau, délayée dans 6 ou 7 parties d'eau froide, on agite pour rendre la masse homogène, et on laisse en contact pendant vingt-quatre heures : l'émulsine non altérée, ainsi introduite, suffit pour provoquer le dédoublement de toute l'amygdaline. On distille; la vapeur d'eau entraîne l'acide cyanhydrique avec l'aldéhyde benzoïque; on s'arrête dès que le liquide distillant est sans odeur. Lorsque cela est possible, la distillation par la vapeur d'eau doit être préférée à la distillation à feu nu. Le liquide recueilli, séparé mécaniquement de l'essence, est soumis à une nouvelle distillation : les premières portions qui passent entraînent l'aldéhyde dissoute et celle-ci peut dès lors être séparée facilement.

L'essence enlève à l'eau une petite portion de l'acide cyanhydrique. Ce fait est mis en évidence si l'on agite quelques gouttes d'essence *très récente* avec de l'eau alcaline, et si, après avoir filtré cette dernière et l'avoir additionnée d'un mélange de sulfate ferreux et de sulfate ferrique, on l'acidule par l'acide chlorhydrique : du bleu de Prusse, insoluble dans ce dernier réactif, se montre aussitôt.

L'essence d'amandes amères peut fournir de l'aldéhyde benzoïque pur, par l'intermédiaire de la combinaison que forme cet aldéhyde avec le bisulfite de

soude (§ 1319). On sépare l'acide cyanhydrique qu'elle renferme en la faisant
digérer avec de l'oxyde de mercure, qui se change en cyanure, puis en distillant.

1317. PRÉPARATION PAR L'ÉTHER BENZYLCHLORHYDRIQUE. — L'éther benzylchlorhydrique est le produit de l'action ménagée, mais effectuée à
chaud, du chlore sur le toluène. Saponifié par l'hydrate de chaux, cet
éther donne un chlorure et de l'alcool benzylique (§ 1282).

Par oxydation ménagée, au moyen de l'acide azotique par exemple,
l'alcool benzylique est changé en aldéhyde benzoïque :

$$C^{14}H^8O^2 \quad + \quad O^2 \quad = \quad C^{14}H^6O^3 \quad + \quad H^2O^2;$$

Alcool   Oxygène.   Aldéhyde   Eau.
benzylique.   benzoïque.

$$C^6H^5,C H^2,O H \quad + \quad O \quad = \quad C^6H^5,C O H \quad + \quad H^2O.$$

Les deux réactions peuvent être effectuées simultanément, en faisant
réagir sur l'éther benzylchlorhydrique un sel à acide oxydant. La réaction se résume alors de la manière suivante :

$$C^{14}H^7Cl \quad + \quad O^2 \quad = \quad C^{14}H^6O^2 \quad + \quad HCl;$$

Éther benzyl-   Oxygène.   Aldéhyde   Acide
chlorhydrique.   benzoïque.   chlorhydrique.

$$C^6H^5,C H^2Cl \quad + \quad O \quad = \quad C^6H^5,C O H \quad + \quad HCl.$$

Dans un ballon de 750 centimètres cubes, placé sur un bain de sable
et mis en communication avec un réfrigérant disposé à reflux (fig. 311,
§ 1273), on chauffe à l'ébullition un mélange de 50 grammes d'éther
benzylchlorhydrique, 45 grammes d'azotate de cuivre et 300 grammes
d'eau. En raison de la facilité avec laquelle la vapeur d'aldéhyde benzoïque s'oxyde à l'air, il est bon de faire passer dans l'appareil, au
moyen d'un second tube adapté au bouchon du ballon, un courant très
lent de gaz carbonique. L'azotate de cuivre agit à la fois par son
oxyde de cuivre, qui se change en chlorure, et par son acide
azotique, qui joue le rôle d'oxydant. Après huit heures d'ébullition, la
réaction est d'ordinaire terminée. On s'en assure en prélevant un petit
échantillon de la matière huileuse tenue en suspension dans le liquide,
et en constatant qu'elle ne renferme plus que des traces de chlore :
quelques gouttes chauffées dans un tube à essais avec un petit fragment de sodium donnent, après dissolution dans l'eau, filtration et
acidulation par l'acide azotique, une liqueur que l'azotate d'argent ne
trouble plus notablement. La réaction terminée, on laisse refroidir, on
épuise le mélange par des agitations répétées avec l'éther qui enlève
l'aldéhyde benzoïque, puis on récolte ce dernier en distillant l'éther
avec les précautions usitées (§ 1262). Le produit, coloré et souillé d'un
peu d'éther benzylchlorhydrique, est purifié par combinaison avec
le bisulfite de soude (§ 1319).

1318. PRÉPARATION PAR UN BENZOATE ET UN FORMIATE. — La distillation
sèche d'un mélange, à molécules égales, de benzoate de chaux et de
formiate de chaux, donne l'aldéhyde benzoïque (Piria) :

$$C^{14}H^5CaO^4 \quad + \quad C^2HCaO^4 \quad = \quad C^{14}H^6O^2 \quad + \quad C^2O^4,2CaO ;$$

Benzoate de chaux.   Formiate de chaux.   Aldéhyde benzoïque.   Carbonate de chaux.

$$(C^6H^5,CO^2)^2Ca \quad + \quad (CHO^2)^2Ca \quad = \quad 2(C^6H^5,COH) \quad + \quad 2CO^3Ca.$$

Cette réaction est générale pour la production des aldéhydes.

On mélange intimement 50 grammes de benzoate de chaux et 23 grammes de formiate de chaux, exactement desséchés et pulvérisés. On introduit le mélange dans la cornue d'un petit appareil distillatoire (fig. 118, § 222), et on le chauffe jusqu'au rouge sombre. De l'aldéhyde benzoïque impur passe dans le récipient ; il peut être purifié par combinaison avec le bisulfite de soude (§ 1319).

1319. Combinaison avec le bisulfite de soude. — La plupart des aldéhydes forment, avec les bisulfites alcalins, des combinaisons cristallisées. Dans le cas actuel, le bisulfite de soude donne le meilleur résultat.

Quand on agite, dans un flacon soigneusement bouché, l'aldéhyde benzoïque avec 3 ou 4 fois son volume d'une solution de bisulfite de soude, bien saturée d'acide sulfureux, récemment préparée, et de densité 1,231 (27° Baumé), le mélange s'échauffe et dépose bientôt de grandes lamelles cristallines d'une combinaison répondant à la formule

$$C^{14}H^6O^2,S^2HNaO^6+HO \text{ ou } C^6H^5,COH,SO^3NaH + 1/2H^2O.$$

La même réaction, effectuée avec l'aldéhyde benzoïque impur, que fournissent les procédés indiqués ci-dessus, permet de séparer l'aldéhyde des matières étrangères qui l'accompagnent.

A cet effet, on produit les cristaux comme il vient d'être dit, on les essore à la trompe sur un tampon de coton, et on les lave avec un peu d'alcool, qui entraîne l'eau mère. On peut, en outre, les purifier par dissolution dans l'eau chaude et cristallisation par refroidissement.

Il suffit d'additionner ces cristaux d'un léger excès de lessive de soude, dans la cornue d'un appareil distillatoire, et de distiller, pour obtenir l'aldéhyde benzoïque pur, qui passe avec de l'eau, le sulfite neutre de soude ne fournissant avec lui aucune combinaison. On sépare l'aldéhyde de l'eau, en agitant le produit avec de l'éther, décantant l'éther, et le distillant (§ 1262). On termine en distillant le résidu laissé par l'éther et en recueillant ce qui passe vers 179°.

D. — Acétone.

$$P. \, mol. : C^6H^6O^2 = 58 = 4 \, vol. = C^3H^6O \text{ ou } (CH^3)^2CO.$$

1320. *Synonymes :* Diméthylkétone, éther pyroacétique. — *Aldéhyde secondaire,* liquide, *incolore,* très mobile, à odeur agréable, découvert par Courtenvaux en 1754. — *Densité :* 0,814 à 0° ; 0,7920 à 20°. — *Point d'ébullition :* 56°,3. — *Miscible* avec l'eau, l'alcool et l'éther.

1321. Préparation. — Certains acétates, décomposés par la chaleur, donnent l'acétone (Chénevix) :

$$2C^4H^3BaO^4 \quad = \quad C^6H^6O^2 \quad + \quad C^2O^4,2BaO ;$$

Acétate de baryte.   Acétone.   Carbonate de baryte.

$$(CH^3,CO^2)^2Ba \quad = \quad (CH^3)^2CO \quad + \quad CO^3Ba.$$

L'acétate de baryte, dont la décomposition s'effectue dès une température relativement peu élevée, fournit les meilleurs résultats.

On introduit dans une cornue de grès C (fig. 314) de 125 centimètres cubes, 60 grammes d'acétate de baryte *sec ;* on dispose la cornue sur

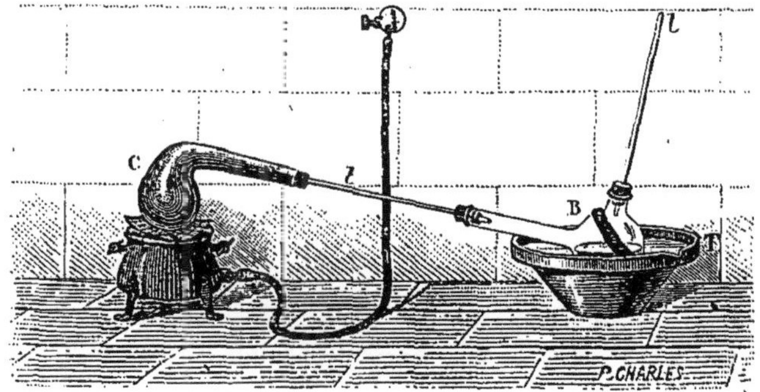

Fig. 314. — Acétone.

un fourneau, et on la ferme avec un bouchon que traverse un tube de verre *t*, un peu large. Celui-ci est adapté par son autre extrémité à un récipient tubulé B, plongé dans l'eau froide. On porte doucement la cornue au rouge. L'acétone se condense dans le récipient avec de l'eau et divers produits pyrogénés. La réfrigération doit être faite avec soin, à cause de la grande volatilité du produit, qui en outre tend à être entraîné par les gaz formés en même temps. On redistille le liquide additionné d'un peu de carbonate de soude, dans un très petit appareil distillatoire (fig. 118, § 222), dont on chauffe la cornue au bain-marie : le carbonate alcalin fixe l'acide acétique, et l'acétone distille, tandis que l'eau ne passe qu'en fort petite quantité. La purification

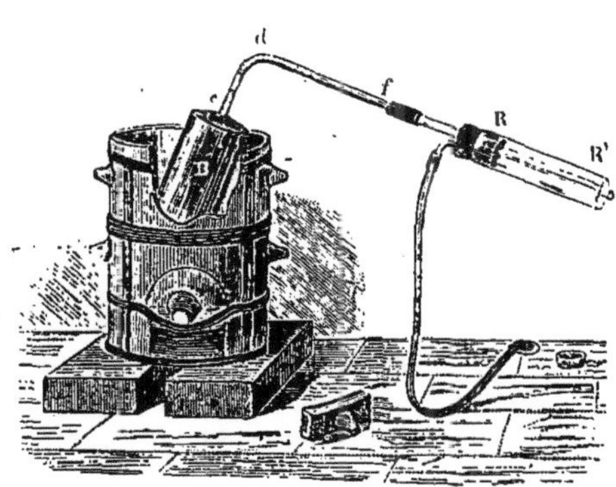

Fig. 315. — Préparation de l'acétone.

du produit peut difficilement être poussée plus loin quand on opère sur des poids aussi faibles.

1322. Lorsqu'il s'agit d'une production plus importante, on substitue à la cornue de grès un vase de métal. Les bouteilles en fer forgé, qui servent au transport du mercure, sont utilisées avec avantage pour cette opération. On remplace le bouchon à vis, qui les ferme, par un tube en fer taraudé *cdf* (fig. 315), formant tube de dégagement; celui-ci est d'ailleurs coudé. Après avoir rempli aux trois quarts le vase B d'acétate de baryte sec, on adapte au tube métallique un réfrigérant RR', conduisant les liquides condensés dans un vase que l'on tient plongé dans l'eau froide. Le produit de la distillation est additionné d'un peu de chaux éteinte et rectifié au bain-marie.

Pour éliminer certains produits pyrogénés, on profite de la faible oxydabi-

lité de l'acétone : on le distille sur un mélange de bichromate de potasse et
d'acide sulfurique, dans le rapport de 1,5 partie du premier pour 2 parties du
second; les matières étrangères s'oxydent aux dépens de l'acide chromique.
Pour dessécher l'acétone, on rectifie ce corps sur du chlorure de calcium sec.

L'acétone tout à fait pur s'obtient au moyen de la combinaison cristallisée
qu'il forme avec le bisulfite de soude; on opère comme il a été dit pour l'aldéhyde benzoïque (§ 1319).

E. — Benzone.

$$P.\ mol. : C^{26}H^{10}O^2 = 182 = 4\ vol. = (C^6H^5)^2CO.$$

1323. *Synonyme* : Benzophénone.. — *Aldéhyde secondaire* découvert par Peligot. —
Cristallisant par solidification après fusion, en prismes rhomboïdaux incolores,
fusibles à 26°, se transformant peu à peu en cristaux d'une autre forme, *fusibles*
à 49°. — *Point d'ébullition :* 305°. — *Insoluble* dans l'eau; *soluble* dans l'alcool.

1324. Préparation. — La distillation sèche du benzoate de chaux fournit,
par des réactions multiples, de la benzine, de l'anthraquinone et du benzone ;
ce dernier se forme conformément à la réaction ordinaire productrice des
acétones :

$$2C^{14}H^5CaO^4 \quad = \quad C^{26}H^{10}O^2 \quad + \quad C^2O^4,2CaO ;$$

Benzoate de chaux.　　　Benzone.　　　Carbonate de chaux.

$$(C^6H^5,CO^2)^2Ca = (C^6H^5)^2CO + CO^3Ca.$$

On opère sur du benzoate de chaux qu'on a exactement desséché en le
chauffant à feu nu, dans une marmite en fonte, jusqu'à commencement de
décomposition. Ce sel peut d'ailleurs être obtenu très simplement en saturant,
à l'ébullition dans l'eau, de l'acide benzoïque par un lait de chaux en excès,
filtrant et évaporant la liqueur à sec.

On garnit aux deux tiers une cornue métallique de benzoate sec. Cette
cornue peut être soit une cornue spéciale démontable (fig. 133, § 253) dont on
fait le joint avec une rondelle d'amiante, soit une bouteille à mercure (fig. 315,
§ 1322). On la relie par un long tube de verre à un réfrigérant de Liebig, et
on la chauffe *aussi rapidement* que possible jusqu'au rouge. Des gaz se dégagent et on recueille un liquide jaune clair, dont la teinte va en s'accentuant à
mesure que la distillation se poursuit. Lorsqu'aucun composé volatil ne
s'échappe plus de la cornue, on arrête l'opération et on soumet le produit
recueilli à la distillation fractionnée (fig. 312, § 1275). Jusqu'à 110°, il passe
un mélange d'eau et de benzine, que l'on recueille séparément. Entre 110° et
270°, le produit obtenu est peu abondant; c'est un mélange que l'on met à
part. De 270° à 310°, c'est surtout du benzone qui distille; il est fortement
coloré en jaune; mais, après refroidissement, il se prend presque complètement en une masse cristalline quand on amorce sa cristallisation en ajoutant
un petit cristal du même corps; autrement, la surfusion peut subsister pendant un certain temps. On essore les cristaux et on les soumet à une nouvelle
distillation, suivie d'une seconde cristallisation. On peut les purifier plus complètement par dissolution à chaud dans l'éther de pétrole et cristallisation par
refroidissement.

Par réduction, le benzone produit le diphénylméthane (§ 1215).

F. — Glucose.

$P.\ mol.$: $C^{12}H^{12}O^{12}$ ou $C^{12}H^2(H^2O^2)^5(O^2) = 180 = CH^2(OH),(CH,OH)^4,COH.$

1325. *Synonymes* : Glycose, sucre de raisin, sucre de fruits, sucre de miel, sucre d'amidon, sucre de diabète, dextrose. — *Matière sucrée, acdéhyde-alcool*, incolore, cristallisable, découverte par Lowitz en 1792. — *Cristaux* anhydres, du système irrégulier, fusibles à 146°, quand ils se déposent dans l'alcool ordinaire ou dans l'alcool méthylique. — *Masse mamelonnée,* formée de petites lamelles cristallines à 1 molécule d'eau de cristallisation, quand la cristallisation a lieu dans l'eau ; devenant alors anhydre par dessiccation à 60°. — *Solubilité* : 81,68 parties de glucose supposée anhydre dans 100 parties d'eau à 17°,5 ; moindre dans l'alcool ordinaire et dans l'alcool méthylique. — *Dextrogyre,* : le pouvoir rotatoire décroissant peu à peu pendant les premiers temps de la dissolution dans l'eau, devenant constant après ébullition, variant avec la dilution de la liqueur ; celle-ci contenant, à 17°,5, p grammes pour 100 de glucose à 1 molécule d'eau, $\alpha_D = +[47,92541 + 0,0 5534p + 0,0003883p^2]$; α_D est 1,1 fois plus grand pour la glucose supposée anhydre.

1326. Préparation par l'amidon. — Sous l'influence simultanée des acides minéraux et de la chaleur, la matière amylacée fixe les éléments de l'eau et se transforme en glucose :

$$(C^{12}H^{10}O^{10})^n \quad + \quad nH^2O^2 \quad = \quad nC^{12}H^{12}O^{12};$$

Amidon.   Eau.   Glucose.

$$(C^6H^{10}O^5)^n \quad + \quad nH^2O \quad = \quad nC^6H^{12}O^6.$$

Toutefois la réaction n'est pas encore complète après vingt-quatre heures d'ébullition, une proportion assez notable de l'amidon passant et restant à l'état de dextrine. La saccharification est d'autant plus avancée que l'acide minéral intervient dans un plus grand état de concentration, que la durée de son action est plus prolongée, et que la température est plus élevée. Cette dernière condition fait que, dans l'industrie, on opère en vases clos, sous pression.

L'expérience peut se faire de la manière suivante : On porte à l'ébullition, dans un matras de 1 litre, 500 grammes d'eau préalablement additionnée de 20 grammes d'acide sulfurique. Dans une capsule, on délaye 100 grammes d'amidon ou de fécule dans 100 grammes d'eau froide, de manière à former une bouillie homogène, puis, après avoir enlevé le matras du feu, on le tient vivement agité, et on y verse lentement la bouillie d'amidon. La masse se transforme aussitôt en un empois épais. On plonge le matras M dans un bain-marie en ébullition C (fig. 316), et, au moyen d'un tube coudé s, pénétrant jusqu'au fond, on fait passer dans le produit un courant rapide de vapeur d'eau. Cette dernière est fournie par un ballon de verre B, à moitié plein d'eau maintenue en ébullition rapide, et portant, par son bouchon percé, un tube de verre t que l'on réunit par un caoutchouc au tube s qui pénètre dans le matras. On maintient ainsi le mélange en réaction à une température peu inférieure à 100° ; si l'on chauffait à feu nu, la présence de l'acide sulfurique provoquerait, sur les bords du vase toujours un peu surchauffés, une destruction profonde de la matière, avec coloration brune intense. La masse, épaisse et laiteuse à l'origine, devient peu à peu fluide et transparente ; bientôt elle ne renferme plus d'amidon. Ce dernier fait est mis en évidence par la réaction qu'une prise d'essai, prélevée sur le produit et refroidie, fournit avec l'eau iodée : il se développe une coloration bleue, due à l'iodure d'amidon, tant que la matière amylacée n'a pas entièrement disparu. On doit cependant continuer encore l'action de la chaleur après que ce point a été atteint,

afin de changer en glucose la plus grande partie de la dextrine formée d'abord ; la présence de celle-ci est d'ailleurs reconnaissable dans le mélange par la coloration rouge vineux qu'elle donne avec l'eau iodée. Nous avons déjà dit que sa transformation complète ne peut être atteinte, au moins dans les conditions de l'expérience.

On laisse refroidir. On projette dans la liqueur, par petites portions, 30 grammes de craie pulvérisée : le carbonate de chaux neutralise

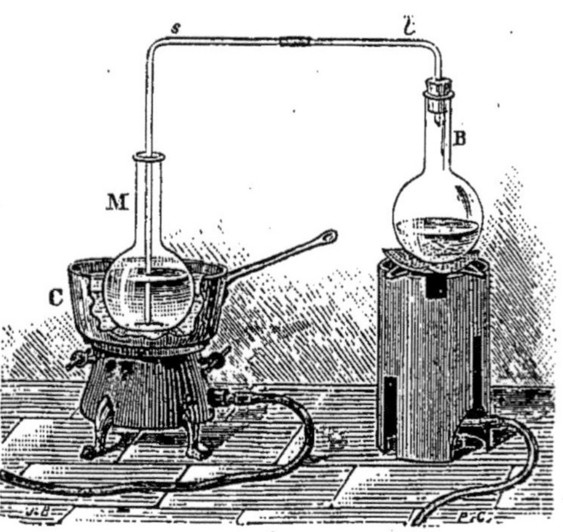

Fig. 316. — Transformation de l'amidon en glucose.

l'acide sulfurique libre et forme avec lui du sulfate de chaux insolublé, tandis que le gaz carbonique se dégage en produisant une effervescence. On filtre, puis on évapore la liqueur au bain-marie jusqu'en consistance de sirop clair. On filtre de nouveau à chaud, pour séparer le sulfate de chaux déposé, enfin on termine l'évaporation comme précédemment.

En concentrant jusqu'à ce que le sirop bouillant ait la densité 1,29 ou 1,30 (1,35 ou 1,37 à froid), le produit se prend lentement, quand on l'abandonne à lui-même, en une bouillie cristalline. Celle-ci, étalée entre des plaques poreuses, fournit de la glucose cristallisée et sèche.

La dextrine, que renferme le sirop de glucose ainsi obtenu, peut être mise en évidence en versant dans de l'alcool la matière sirupeuse, préalablement délayée dans une ou deux fois son volume du même liquide : la dextrine se sépare à l'état insoluble.

1327. Préparation par le sucre de canne. — Dans un matras de 2 litres, on mélange 1000 centimètres cubes d'alcool à 90 centièmes avec 40 centimètres cubes d'acide chlorhydrique concentré, on chauffe au bain-marie entre 45° et 50°, et on introduit dans le liquide, en 4 ou 5 parties, 320 grammes de sucre de canne. On maintient la température indiquée pendant deux ou trois heures, en agitant fréquemment ; le sucre est alors complètement dissous et interverti. On abandonne la liqueur à elle-même.

Après refroidissement, on l'additionne d'une petite quantité de glucose pulvérulente et anhydre, et on agite vivement. La cristallisation commence au bout de quelques heures ; elle est presque complète après vingt-quatre heures, si l'on a pris soin d'agiter fréquemment. Quand on n'a pas de glucose cristallisée, on abandonne la liqueur à elle-même; après cinq ou six jours, elle commence à laisser déposer des cristaux; on l'agite alors fortement et fréquemment, ce qui complète la cristallisation en un ou deux jours. On essore à la trompe, sur un tampon de coton, les cristaux déposés, on les lave de même avec de l'alcool à 90 centièmes, jusqu'à ce que le liquide de lavage étendu d'eau ne se trouble plus par l'azotate d'argent, on les lave ensuite avec un peu d'alcool absolu, et enfin on les sèche à une douce température (M. Soxhlet). Cette méthode donne un très faible rendement (20 grammes), mais le produit qu'elle fournit est facile à purifier (§ 1328).

1328. PURIFICATION. — La glucose, même lorsqu'elle a été préparée comme il vient d'être dit, ne s'obtient pas facilement pure par des cristallisations dans l'alcool ordinaire. Il n'en est pas de même quand on prend pour dissolvant l'alcool méthylique pur, de densité 0,810 à 20°. On fait bouillir cet alcool pendant une demi-heure avec un excès de glucose à purifier, on filtre bouillant, et on plonge dans l'eau froide, en l'agitant, le vase qui contient la dissolution. Une cristallisation troublée s'opère; elle est complète après vingt-quatre heures si l'on agite fréquemment. On essore le produit, on le lave à la trompe avec de l'alcool méthylique pur et froid, on l'essore de nouveau, enfin on le sèche à une douce température.

En saturant de même, à l'ébullition maintenue pendant une demi-heure, de l'alcool méthylique plus dilué, de densité 0,825 à 20°, filtrant et abandonnant au repos, il se sépare peu à peu, en quelques semaines, des cristaux limpides et durs de glucose anhydre. L'évaporation spontanée des liqueurs fournit lentement des cristaux déterminables.

La glucose solide du commerce peut être purifiée par cristallisation dans l'alcool à 90 centièmes. On sature celui-ci à l'ébullition, on filtre, ce qui sépare les dextrines insolubles dans l'alcool, on laisse refroidir et on abandonne le liquide à lui-même. On active le dépôt des cristaux en ajoutant à la solution froide un peu de glucose anhydre pulvérulente et en agitant. Après deux cristallisations successives, on purifie plus complètement le produit par une cristallisation dans l'alcool méthylique pur, pratiquée ainsi qu'il vient d'être indiqué.

1329. RÉACTIONS. — Chauffée dans un tube à essai, jusque vers 170°, la glucose fondue perd de l'eau et se change en glucosane, $C^{12}H^{10}O^{10}$ ou $C^6H^{10}O^5$; en même temps la masse se colore. A une température plus élevée, le produit perd encore de l'eau, noircit et dégage des gaz ou vapeurs combustibles.

La glucose est douée de propriétés réductrices. Elle réduit l'azotate d'argent ammoniacal à l'état d'argent métallique (§ 1158). Elle réduit même l'oxyde de cuivre dans ses solutions alcalines (Trommer). Cette dernière réaction est souvent utilisée pour caractériser la glucose. Il est nécessaire cependant de ne pas oublier que beaucoup d'autres corps réducteurs peuvent la fournir.

On a donné des formes diverses aux *réactifs cupro-potassiques* au moyen desquels on la réalise (*liqueur de Barreswil, liqueur de Fehling*); la suivante (M. Pasteur) présente sur les autres l'avantage de ne pas s'altérer à la lumière : On dissout séparément dans l'eau distillée

130 grammes de soude caustique, 105 grammes d'acide tartrique, 80 grammes de potasse caustique et 40 grammes de sulfate de cuivre ; on mélange les dissolutions et on complète le volume de 1 litre. La liqueur obtenue, étant chauffée dans un ballon puis additionnée à l'ébullition d'une solution de glucose, perd sa coloration bleue et fournit un précipité rouge d'oxydule de cuivre, qui se dépose rapidement.

La glucose réduit également les sels de mercure de leurs solutions alcalines. Une dissolution de cyanure de mercure, additionnée de soude caustique, puis de glucose, donne à l'ébullition du mercure métallique.

De même encore, si l'on chauffe une solution de glucose alcalinisée par la soude caustique, puis qu'on y ajoute une petite quantité de sous-azotate de bismuth, celui-ci est réduit à l'état métallique, sous la forme d'une poudre noire.

Chauffées en présence d'un alcali caustique, les solutions de glucose prennent une coloration brune intense.

La glucose subit la fermentation alcoolique (§ 1234).

G. — Lévulose.

$P.\ mol. : C^{12}H^{12}O^{12}$ ou $C^{12}H^2(H^2O^2)^5(O^2) = 180 = \overline{C}H^2(\Theta H),(\overline{C}H,\Theta H)^3,\overline{C}\Theta,\overline{C}H^2(\Theta H).$

1330. *Synonymes :* Sucre incristallisable, sucre de fruits, fructose. — *Matière sucrée, acétone-alcool,* incolore, cristallisant en longues aiguilles, distinguée en 1847 par Dubrunfaut. — *Point de fusion : 95°. — Peu déliquescent. — Solubilité* dans l'eau considérable, moindre dans l'alcool, faible dans l'alcool absolu froid. — *Lévogyre.*; le pouvoir rotatoire diminue rapidement quand la température s'élève et augmente sensiblement dans des liqueurs de plus en plus concentrées : $\alpha_D = -[101°,38 - 0,56t + 0,108(p - 10)]$, t étant la température et p le poids de lévulose contenu dans 100 centimètres cubes de dissolution.

1331. PRÉPARATION. — La glucose et la lévulose se combinent toutes deux à la chaux pour former le glucosate de chaux et le lévulosate de chaux. Le second de ces composés étant beaucoup moins soluble dans l'eau que le premier, on se fonde sur cette différence pour séparer la lévulose du mélange à poids égaux de glucose et de lévulose, connu sous le nom de sucre interverti (§ 1336).

On prépare d'abord une solution de sucre interverti (§ 1336) de concentration convenable. Celle-ci doit avoir la densité 1,040 ; elle provient de 100 grammes de sucre, avec lesquels on a fait, après interversion, 1100 grammes de liqueur. La quantité d'acide sufurique (1 millième du poids de l'eau) étant faible, et le traitement faisant intervenir par la suite un grand excès de chaux qui neutralisera cet acide, il n'y a pas lieu de s'occuper davantage de sa présence.

En chauffant au bain-marie, dans un matras de 1500 centimètres cubes, un litre de la liqueur précédente, on porte sa température à 32°, sans atteindre 35° ; puis on y verse un excès d'hydrate de chaux *pur*, soit 45 grammes environ, ou une quantité un peu supérieure d'hydrate de chaux ordinaire ; on agite vivement. Le mélange doit contenir alors un excès d'hydrate de chaux non dissous ; sinon la chaux employée étant impure, on doit en ajouter. On verse aussitôt le mélange tiède sur un filtre tiédi et suffisamment grand pour le recevoir immédiadement en entier. Si l'on opère sur plus d'un litre à la fois, il faut fractionner les opérations ; on évite ainsi que le liquide, en se refroidissant, cristallise dans l'entonnoir et arrête la filtration.

La liqueur filtrée à 30°, puis refroidie à 0° pendant quelques heures, fournit une abondante cristallisation de lévulosate de chaux aiguillé, $C^{12}H^{12}O^{12},3\,CaO$ ou $(C^6H^{12}O^6)^2,3\,CaO$, tandis que le glucosate de chaux reste dans l'eau mère. Toutefois la solution présente une tendance marquée à la sursaturation. Le composé solide est essoré mécaniquement (§ 368) et lavé à plusieurs reprises dans l'essoreuse avec de l'eau glacée. Il est alors parfaitement blanc. On le délaye dans l'eau pure, et on le traite par l'acide oxalique pur, jusqu'à réaction nettement acide; puis, pour enlever le réactif qui a été ajouté en excès, le mélange est agité rapidement avec un excès de carbonate de chaux en poudre. Après filtration, on obtient une solution de lévulose à peu près pure. On termine en évaporant cette solution au bain-marie, entre 50° et 60°, dans le vide et avec rentrée d'air (§ 244) ou mieux de gaz carbonique; on pousse la concentration jusqu'à consistance de sirop épais. Le produit est à peu près incolore.

Lorsque l'évaporation a été convenable, c'est-à-dire lorsque, dans le vide à 50° ou 60°, on l'a arrêtée dès que la quantité d'eau qui distillait est devenue très faible, le sirop additionné de quelques cristaux d'hydrate de lévulose, se change lentement en une masse solide, composée d'aiguilles cristallines, soyeuses, de lévulose hydratée (§ 1332). Parfois même on observe la formation spontanée de ces cristaux.

1332. CRISTALLISATION. — Les solutions de lévulose, même très concentrées, présentant une tendance extrême à la sursaturation, le sucre en question a été considéré jusqu'à ces derniers temps comme incristallisable. On l'obtient cristallisé (MM. Jungfleisch et Lefranc) en opérant de la manière suivante.

Le point délicat est d'obtenir les premiers cristaux, ceux-ci faisant ensuite cesser la sursaturation. Le moyen qui permet d'en avoir le plus certainement consiste à mettre en contact, en les agitant fortement ensemble, du sirop de lévulose, incolore et convenablement évaporé, avec 3 ou 4 fois son volume d'alcool absolu et froid. Ce dernier ne dissout que peu la lévulose, mais enlève au sirop, avec quelques impuretés, l'eau qu'il peut contenir en excès. Après plusieurs lavages semblables, le résidu insoluble, séparé, enfermé dans un vase exactement clos, et abandonné dans un endroit frais, fournit des cristaux qui envahissent peu à peu toute la masse :

Pour obtenir une cristallisation régulière de lévulose, on sature à chaud de l'alcool absolu par de la lévulose ordinaire, c'est-à-dire par le sirop évaporé dans le vide à 60° jusqu'à élimination complète du dissolvant, et on laisse refroidir; une partie du produit se sépare pendant le refroidissement sous la forme d'un sirop épais. En ajoutant à la liqueur alcoolique décantée quelques cristaux de lévulose, on voit se former, dans l'espace de quelques jours, une cristallisation en belles aiguilles incolores. Celles-ci séparées de l'alcool, sont égouttées à l'abri de l'air ou mieux passées à l'essoreuse (§ 368), lavées avec un peu d'alcool absolu froid, essorées de nouveau et desséchées sous une cloche, au-dessus d'un vase contenant de l'acide sulfurique.

Une solution aqueuse de lévulose pure, exposée dans un vase à dessécher, se change en un sirop épais et incolore, qui se prend plus ou moins vite en grandes et longues lamelles cristallines, envahissant finalement toute la masse. Ces lamelles sont constituées par un hydrate de lévulose, $C^{12}H^{12}O^{12}+2\,HO$ ou $C^6H^{12}O^6+H^2O$.

H. — Sucre de canne.

$$P.\,mol. : C^{24}H^{22}O^{22} \text{ ou } C^{12}H^{10}O^{10}(C^{12}H^{12}O^{12}) = 342 = C^{12}H^{22}O^{11}.$$

1333. *Synonymes* : Saccharose, sucre, sucre cristallisable. — Composé incolore, à saveur très sucrée, cristallisant en *prismes rhomboïdaux obliques* avec facettes hémiédriques, connu en Asie depuis une antiquité reculée. — *Phosphorescent* sous le choc. — *Densité :* 1,5951 à 15°. — *Point de fusion :* 180°. Forme en fondant un liquide épais, incolore, se prenant par le refroidissement en une masse vitreuse. — *Chaleur spécifique :* 0,301. — *Solubilité :* 100 parties d'eau dissolvent 198 parties de sucre à 12°,5 ; 245 parties à 45° ; 400 parties environ à 80° ; 500 parties à 100°. — *Dextrogyre :* pouvoir rotatoire peu modifié par la dilution ou les changements de température ; $\alpha_D = +\, 67° 18'$.

1334. Purification. — Certains sucres en grains de première cristallisation (*premier jet*) sont formés de saccharose à peu près pur ; ils sont seulement souillés à leur surface d'une certaine quantité du liquide moins pur, dans lequel ils ont cristallisé. On les purifie plus complètement par des lavages pratiqués avec de l'alcool bien exempt de toute trace d'acide. Ces lavages peuvent être effectués à la trompe, sur un filtre formé d'un tampon de coton, en ayant soin de laisser prolonger un peu le contact du dissolvant avec le corps à laver, avant de faire intervenir l'aspiration (§ 385). On peut encore délayer les cristaux dans l'alcool et soumettre la masse homogène obtenue à l'action de l'essoreuse (§ 368). Le produit est enfin séché dans l'étuve à une très douce température. Certains sucres très bien fabriqués ne renferment pas plus de 0,0001 de cendres après qu'ils ont subi ce traitement ; ils sont en outre sans action sur les réactifs cupro-potassiques (§ 1329).

Une cristallisation dans l'acool, qu'on leur fait subir ensuite, achève la purification.

1335. Sucrates de chaux. — La chaux donne avec le sucre de canne plusieurs combinaisons appelées sucrates de chaux, ou plus régulièrement, *saccharosides calciques*. L'eau sucrée dissout, en effet, beaucoup plus abondamment la chaux que l'eau pure.

On dissout 15 grammes de sucre dans 100 grammes d'eau ; d'autre part, on transforme 15 grammes de chaux vive en hydrate de chaux pulvérulent (§ 915), on délaye ce dernier dans l'eau sucrée froide et on agite. Dans un contact de quelques minutes, la chaux entre presque complètement en dissolution. On filtre. La liqueur claire, chauffée dans un tube à essais ou dans un ballon, ne tarde pas à se troubler et à laisser déposer un abondant précipité de saccharoside hexacalcique. Lorsqu'on opère avec des liqueurs plus concentrées que la précédente, contenant 30 p. 100 de sucre par exemple, la précipitation est assez abondante pour entraîner la solidification de la masse. Dans le cas actuel, le précipité présente la propriété remarquable de se redissoudre par refroidissement du mélange. Il suffit, en effet, de plonger le tube à essais ou le ballon dans l'eau froide, pour voir le précipité disparaître rapidement et la liqueur reprendre sa limpidité. L'expérience peut être répétée plusieurs fois sur une même dissolution ; elle est plus nette quand on chauffe au bain-marie et non à feu nu.

Lorsqu'on sépare rapidement, en filtrant à la trompe sur un filtre de coton préalablement chauffé, le précipité du liquide qui le baigne, et qu'on le lave à l'eau distillée bouillante, on constate ensuite que l'eau ne le dissout plus, même après refroidissement. Il est donc à peu près insoluble dans l'eau, mais soluble à froid dans ce liquide chargé de différents saccharosides calciques. Le précipité lavé et séché présente la composition $C^4H^{15}Ca^6O^{22} - 6HO$ ou $C^{12}H^{16}Ca^3O^{11} + 3H^2O$ (Peligot).

La liqueur primitive froide, additionnée d'alcool, donne un précipité de *saccharoside tétracalcique*, $C^{24}H^{18}Ca^4O^{22} + 8HO$ ou $C^{12}H^{18}Ca^2O^{11} + 4H^2O$. La même expérience, faite avec une eau sucrée non saturée de chaux, donne du *saccharoside dicalcique*, $C^{24}H^{20}Ca^2O^{22} + 2HO$ ou $C^{12}H^{20}CaO^{11} + H^2O$.

1336. SUCRE INTERVERTI. — Sous l'influence simultanée des acides et de la chaleur, le sucre de canne fixe rapidement les éléments de l'eau et se change en des poids égaux de deux glucoses : la glucose ordinaire et la lévulose (Dubrunfaut) :

$$C^{24}H^{22}O^{22} \quad + \quad H^2O^2 \quad = \quad C^{12}H^{12}O^{12} \quad + \quad C^{12}H^{12}O^{12};$$

| Sucre de canne. | Eau. | Glucose. | Lévulose. |

$$C^{12}H^{22}O^{11} \quad + \quad H^2O \quad = \quad C^6H^{12}O^6 \quad + \quad C^6H^{12}O^6.$$

Des deux produits de dédoublement du sucre, l'un, la glucose ordinaire, est comme lui dextrogyre, tandis que l'autre est au contraire lévogyre ; mais, comme le pouvoir rotatoire à gauche de la lévulose est plus considérable que le pouvoir rotatoire à droite de la glucose qui l'accompagne à poids égal, il en résulte que le mélange des deux corps est lévogyre, c'est-à-dire agit sur la lumière polarisée en sens contraire du sucre de canne qui l'a fourni. On a été conduit ainsi à donner le nom de *sucre interverti* au mélange en question.

L'interversion du sucre par les acides minéraux s'effectue avec la plus grande facilité et dans des conditions variées. Toutefois, l'altérabilité de la glucose, et plus encore celle de la lévulose, sont telles que certaines précautions sont indispensables si l'on veut obtenir du sucre interverti incolore, contenant le moins possible de lévulose altérée. Il faut limiter, en effet, la quantité d'acide, la durée de son action et la température à laquelle celle-ci s'exerce. Le procédé le plus simple est le suivant.

Dans un ballon de 250 centimètres cubes, on porte à l'ébullition 150 grammes d'eau préalablement additionnée de 1 *millième* de son poids d'acide sulfurique, soit sensiblement de 4 gouttes d'acide concentré. L'eau étant en ébullition, on arrête le feu et on projette par parties dans la liqueur 15 grammes de sucre. Celui-ci se dissout et, l'interversion étant l'origine d'un dégagement de chaleur, de la vapeur d'eau s'échappe du liquide. Quand cette ébullition spontanée a cessé, on chauffe de nouveau, en évitant soigneusement de surchauffer les bords du vase, et on maintient une faible ébullition pendant 4 ou 5 minutes. L'interversion est alors terminée. On enlève le ballon du feu, et, avec précaution, on le refroidit rapidement ainsi que son contenu, en le plongeant dans l'eau froide. On obtient ainsi une liqueur absolument incolore, si le sucre employé était pur.

Pour certains usages, la petite quantité d'acide en présence n'offre pas d'inconvénient ; mais quand il est utile de l'éliminer, on ajoute à la dissolution froide un peu de craie en poudre et on agite. Il se forme du sulfate de chaux, presque complètement insoluble, et du gaz carbonique. Par une filtration, on élimine du même coup le sulfate de chaux et la craie ajoutée en excès. Le contact prolongé avec un excès de carbonate de chaux colore la liqueur. Il est même utile de neutraliser exactement la solution filtrée, qui est faiblement alcaline, en ajoutant avec précaution une solution très étendue d'acide sulfurique.

Quelles que soient les précautions prises, la lévulose est toujours en partie altérée au contact des acides minéraux ; elle présente dès lors un pouvoir rotatoire différent de celui qu'elle possède à l'état pur. Le sucre interverti produit au moyen des acides faibles agissant sur le sucre, au moyen de l'acide acétique ou de l'acide formique, par exemple, contient de la lévulose non altérée, à pouvoir rotatoire normal (MM. Jungfleisch et Grimbert).

Le sucre interverti réduit à l'ébullition les réactifs cupro-alcalins, ce que ne fait pas le sucre de canne pur (§ 1334). Il fournit les réactions caractéristiques des glucoses (§ 1329). On peut en extraire de la glucose ordinaire (§ 1327) et de la lévulose (§ 1331).

I. — Maltose.

$$P.\ mol. : C^{24}H^{22}O^{22} \text{ ou } C^{12}H^{10}O^{10}(C^{12}H^{12}O^{12}) = 342 = Є^{12}H^{22}Θ^{11}.$$

1337. Matière sucrée, *incolore*, *cristallisable* avec une molécule d'eau, observée en 1819 par de Saussure. — *Solubilité* dans l'eau considérable, moindre dans l'alcool ordinaire et dans l'alcool méthylique. — *Pouvoir rotatoire* : $\alpha_D = + 139°,3$. — Perd son eau de cristallisation à 100°.

1338. PRÉPARATION. — Le maltose est le produit principal de la saccharification de l'amidon par la *diastase*, ferment albuminoïde soluble, contenu dans l'orge germée ou *malt*. C'est un dérivé d'hydratation :

$$2(C^{12}H^{10}O^{10})n \quad + \quad nH^2O^2 \quad = \quad nC^{24}H^{22}O^{22} ;$$

Amidon.   Eau.   Maltose.

$$2(Є^6H^{10}Θ^5)n \quad + \quad nH^2Θ \quad = \quad nЄ^{12}H^{22}Θ^{11}.$$

Pour le préparer, on commence par transformer l'amidon en empois. On fait bouillir dans une capsule de porcelaine 700 centimètres cubes d'eau et on verse dans le liquide bouillant, après l'avoir enlevé du feu, 200 grammes d'amidon ou de fécule délayés dans 200 centimètres cubes d'eau tiède (40°). On agite vivement avec une spatule, de manière à obtenir un empois homogène. On laisse refroidir, jusque vers 65°, la masse que l'on agite de temps en temps. On la mélange alors avec une macération préparée en maintenant en contact pendant une heure 12 ou 14 grammes de malt sec et pulvérisé, avec 80 grammes d'eau. On laisse réagir à une température comprise entre 60° et 65°, en agitant fréquemment, pendant une heure environ ; la masse épaisse est alors devenue fluide. On porte à l'ébullition, on filtre la liqueur chaude et on l'évapore au bain-marie, en couches minces, sur des assiettes, de manière à chauffer chaque portion de produit pendant le moins de temps possible. On pousse l'évaporation jusqu'à consistance de sirop.

Le produit concentré est épuisé par l'alcool à 90 centièmes bouillant, en agitant ensemble les deux liquides, laissant déposer, décantant l'alcool et le filtrant. Le dissolvant laisse insoluble la dextrine, qui s'est formée en quantité importante en même temps que le maltose. On distille l'alcool (fig. 119, § 223 ou fig. 120, § 224) en chauffant au bain-marie. Le résidu évaporé, également à la température du bain-marie, jusqu'en consistance de sirop épais, est enfin abandonné dans un lieu froid. Il cristallise parfois, mais, le plus souvent, il reste à l'état de sursaturation. Sans donc attendre la cristallisation, on prélève une petite portion du sirop et on la reprend par l'alcool absolu bouillant ; l'extrait alcoolique, distillé et concentré au bain-marie, cristallise d'ordinaire après quelques jours de repos à basse température. Il suffit d'ajouter à la grande masse du premier sirop les cristaux ainsi préparés, et d'agiter, pour que la cristallisation ne tarde pas à s'effectuer. Lorsqu'elle est terminée, on essore les cristaux à la trompe, on les lave de même à l'alcool méthylique froid, qui ne les dissout pas sensiblement, et on les essore de nouveau. On achève la purification par une cristallisation dans l'alcool ordinaire ou dans l'alcool méthylique.

A cet effet, on dissout au bain-marie 100 grammes de maltose brut dans 30 grammes d'eau, on ajoute 260 centimètres cubes d'alcool à 90 centièmes, on porte à l'ébullition et on filtre. La solution ne doit pas laisser déposer de sirop ou se troubler en refroidissant. Quand elle est froide, on y introduit une trace de maltose cristallisé ; elle cristallise dès lors rapidement, si l'on prend soin de l'agiter de temps en temps. On essore le produit solide et on le lave à l'alcool méthylique. Pour avoir des cristaux un peu plus volumineux, on doit diminuer la concentration de la solution et abandonner celle-ci dans un matras bouché, pendant une quinzaine de jours.

L'alcool méthylique donne des cristaux moins nets, mais il conduit plus rapidement à la purification : on dissout 100 grammes de maltose dans 24 centimètres cubes d'eau, au bain-marie, on ajoute 600 centimètres cubes d'alcool méthylique (D = 0,810 à 20°), on porte à l'ébullition et on filtre. La cristallisation s'opère assez rapidement.

Le maltose, cristallisé et essoré, est séché sous une cloche, au-dessus d'un vase garni d'acide sulfurique.

Le maltose est directement fermentescible (§ 1234). Il réduit les réactifs alcalino-cuivriques (§ 1329), sans avoir subi l'action préalable des acides.

J. — Amidon.

$$P.\ mol. : (C^{12}H^{10}O^{10})^n = n162 = (C^6H^{10}O^5)^n.$$

1339. *Synonymes* : Matière amylacée, fécule. — *Principe* incolore, inodore, non cristallisé, déjà connu dans l'antiquité. — *Densité* : 1,53. — *Solubilité* : nulle dans

l'eau froide, dans l'alcool et dans l'éther. — *Décomposable* par la chaleur avant
de fondre.

1340. PRÉPARATION. — La farine de blé contient d'ordinaire plus
des 3/5 de son poids d'amidon. Ce principe s'y trouve mélangé à
diverses substances, dont quelques-unes, comme le sucre et la gomme,
sont solubles dans l'eau, tandis que les autres sont insolubles et
constituent par leur mélange une substance particulière, que l'on
désigne sous le nom de *gluten*. Les propriétés plastiques et fermentescibles du gluten de blé permettent de le séparer de l'amidon.

On prend 60 grammes de farine de blé, on ajoute une petite quantité
d'eau, et, en malaxant avec les doigts, on forme une pâte ferme, homogène et bien liée. Cette dernière qualité s'accentue notablement,
quand on abandonne ensuite la pâte à elle-même pendant une heure.
Sous un robinet d'eau, on dispose une terrine, dans laquelle s'engage
un tamis de crin serré. On ouvre le robinet et on le règle de manière
à produire un filet d'eau mince et coulant avec une faible vitesse. On
expose alors la pâte de farine à l'action de ce filet d'eau, en la tenant
dans la main et en la malaxant doucement, de façon à renouveler
la surface sur laquelle s'écoule le liquide. Les particules de gluten,
adhérentes entre elles, emprisonnent les grains d'amidon, mais ne leur
sont pas accolées; ceux-ci se trouvent dès lors entraînés par l'eau, qui
devient laiteuse, traverse le tamis et se rend dans la terrine. La pâte,
d'abord blanche, se colore de plus en plus en gris jaunâtre, et cède à
l'eau des quantités d'amidon décroissantes. Lorsque la masse est
devenue élastique et que l'eau s'écoule à sa surface en restant limpide,
elle peut être considérée comme du gluten ne retenant qu'une fort
petite proportion d'amidon.

Quelques fragments de gluten sont entraînés par l'eau, surtout si la
pâte a été prise trop molle et a été trop fortement malaxée au contact
de l'eau; les portions volumineuses sont arrêtées par le tamis, mais
d'autres traversent celui-ci avec l'eau amidonnée. Pour les séparer, on
agite le contenu de la terrine, on le passe de nouveau, mais lentement, à travers le tamis, puis on l'introduit dans un vase à précipiter,
où on l'abandonne au repos. L'amidon, qui est relativement dense, se
dépose le premier et va former au fond du vase une masse blanche
assez compacte. La matière qui se dépose en dernier lieu est plus
mélangée de petits fragments de gluten qui la teintent sensiblement;
on peut la séparer partiellement en décantant la liqueur avant son
complet éclaircissement par le dépôt.

L'amidon délayé dans l'eau est alors lavé à l'eau par décantation,
puis versé sur une toile où il s'égoutte ; la toile est ensuite roulée en
un nouet que l'on tient comprimé pendant vingt-quatre heures dans des
feuilles de papier buvard, entre des briques poreuses. Celles-ci enlèvent par capillarité la plus grande partie de l'eau qui imbibait l'amidon.
Le nouet est ensuite séché à l'air libre.

Le produit obtenu reste souillé de gluten. Si l'on veut copier plus fidèlement la préparation industrielle de l'amidon, on abandonne à l'air l'amidon délayé dans l'eau. Le mélange entre bientôt en fermentation : les matières azotées, qui constituent pour la plus grande partie le gluten, entrent en fermentation et se dissolvent. On lave ensuite le produit à l'eau et on le sèche comme il a été dit. En ajoutant au liquide à fermenter du liquide provenant d'une fermentation analogue, des *eaux sûres*, on l'ensemence en microbes de la fermentation du gluten, et celle-ci se déclare immédiatement.

1341. ACTION DE L'EAU SUR L'AMIDON. — A froid, l'eau n'agit pas sensiblement sur l'amidon ordinaire ; mais, lorsqu'on chauffe lentement dans un ballon de l'eau tenant en suspension fort peu d'amidon, à partir de 60° à 70°, les grains d'amidon se gonflent considérablement, sans se dissoudre ; l'expérience est plus nette lorsque le liquide ne tient en suspension que la quantité d'amidon nécessaire pour le rendre à peine laiteux. Chacun des grains absorbe ainsi un volume d'eau égal à 25 ou 30 fois son volume primitif, et le liquide perd de sa fluidité. Quand la proportion d'amidon est suffisante, la liqueur devient épaisse, les globules gonflés entrant en contact ; par refroidissement, elle se change en une masse gélatineuse et translucide, qui constitue l'*empois*. Sous cette forme, l'amidon est beaucoup plus propre à entrer en réaction.

En chauffant à l'ébullition, une portion de l'amidon se transforme en *amidon soluble* dans l'eau, mais la plus grande partie n'est pas modifiée et reste en suspension, sous la forme de flocons très fins, traversant les filtres de papier.

1342. TRANSFORMATION DE L'AMIDON EN GLUCOSE (§ 1326).

1343. TRANSFORMATION DE L'AMIDON EN MALTOSE (1338).

1344. TRANSFORMATION DE L'AMIDON EN DEXTRINE. — L'amidon se change en matières sucrées, en passant par l'intermédiaire de divers principes désignés sous le nom générique de *dextrines*. Ceux-ci prennent naissance, en même temps que de la glucose ou du maltose, dans le dédoublement de l'amidon par les acides ou par la diastase du malt ; ils ont la même composition centésimale que l'amidon, mais des poids moléculaires plus faibles ; ils sont des polysaccharides d'un ordre moins élevé que l'amidon $(C^{12}H^{10}O^{10})^n$ ou $(C^{6}H^{10}O^{5})^n$.

$$(C^{12}H^{10}O^{10})^{n-1}, \quad (C^{12}H^{10}O^{10})^{n-2}, \quad (C^{12}H^{10}O^{10})^{n-3}, \quad (C^{12}H^{10}O^{10})^{n-4}, \text{ etc. ;}$$
$$(C^{5}H^{10}O^{5})^{n-1}, \quad (C^{6}H^{10}O^{5})^{n-2}, \quad (C^{6}H^{10}O^{5})^{n-3}, \quad (C^{6}H^{10}O^{5})^{n-4}, \text{ etc.}$$

Ils sont engendrés par des réactions telles que les suivantes :

$$(C^{12}H^{10}O^{10})^{n} + H^{2}O^{2} = (C^{12}H^{10}O^{10})^{n-1} + C^{12}H^{12}O^{12},$$
Amidon.   Eau.   1re dextrine.   Glucose.

$$(C^{6}H^{10}O^{5})^{n} + H^{2}O = (C^{6}H^{10}O^{5})^{n-1} + C^{6}H^{12}O^{6};$$

$$(C^{12}H^{10}O^{10})^{n-1} + H^{2}O^{2} = (C^{12}H^{10}O^{10})^{n-2} + C^{12}H^{12}O^{12},$$
1re dextrine.   Eau.   2e dextrine.   Glucose.

$$(C^{6}H^{10}O^{5})^{n-1} + H^{2}O = (C^{6}H^{10}O^{5})^{n-2} + C^{6}H^{12}O^{6}; \text{ etc.}$$

Pour changer l'amidon en dextrines, on mélange 100 grammes d'amidon ou de fécule, avec 30 grammes d'eau préalablement additionnée de 0gr,20 d'acide azotique, soit 5 gouttes. On fait une pâte que l'on étale sur une assiette, et qu'on laisse sécher à l'air libre. Après dessiccation, on pulvérise le produit et on l'étend en couches minces sur des assiettes, qu'on chauffe à 120°, pendant une heure, dans une étuve (§ 128, fig. 79). Le produit est alors devenu soluble dans l'eau et s'est légèrement coloré en jaune; c'est la dextrine commerciale. Il ne contient plus d'amidon, car si l'on ajoute de l'eau iodée à sa solution diluée, celle-ci ne se colore plus en bleu (§ 1345), mais en pourpre (Payen). Il renferme une proportion assez forte de glucose et un peu d'amidon soluble.

On le dissout dans 4 fois son poids d'eau, on filtre au papier la solution gommeuse obtenue, puis on la verse doucement, en filet mince, dans 6 fois son volume d'alcool à 95 centièmes, qu'on agite vivement. Les dextrines se précipitent en flocons, tandis que la glucose se dissout dans l'alcool dilué. On recueille sur un filtre le produit insoluble, on le lave à l'alcool, on l'essore par compression entre des doubles de papier buvard, et on laisse évaporer l'alcool dans une atmosphère privée d'humidité.

La séparation des diverses dextrines les unes des autres constitue une opération délicate.

1345. ACTION DE L'IODE. — Au contact de l'iode, l'amidon se transforme en une substance d'un beau bleu, que l'on désigne sous le nom incorrect d'*iodure d'amidon*. Les grains d'amidon, sous l'action de l'eau iodée, prennent avec intensité la coloration caractéristique; l'empois d'amidon délayé dans l'eau, ainsi que l'amidon soluble, se colorent également sous l'influence de l'iode. La réaction possède une sensibilité extrême quand on proportionne les quantités des réactifs, 1 partie d'iode correspondant sensiblement à 10 parties d'amidon.

Quand, dans de l'eau tenant en suspension fort peu d'empois d'amidon, on verse de l'eau iodée, la coloration se manifeste aussitôt, et l'iodure d'amidon étant soluble, la liqueur devient limpide. Si l'on prend quelques gouttes du mélange, et qu'on ajoute un excès d'empois, la masse se décolore ou ne conserve qu'une légère teinte rosée. Un excès d'amidon nuit donc à la sensibilité de la réaction.

Si l'on chauffe l'eau tenant en dissolution l'iodure d'amidon, vers 65° le produit se décolore; en plongeant ensuite le vase dans l'eau froide, à mesure que la température s'abaisse, la coloration bleue reparaît puis reprend de l'intensité; le double phénomène peut être reproduit plusieurs fois, mais il va en s'affaiblissant. L'addition d'un peu d'acide azotique à la liqueur chaude reproduit également la coloration. Au contraire, en présence de l'alcool, l'iodure d'amidon ne se forme pas, même à froid.

La solution aqueuse d'iodure d'amidon laisse déposer ce corps sous la forme de flocons bleus, quand on l'additionne de chlorure de calcium ou de sulfate de soude.

K. — Celluloses.

$$P.\ mol. : (C^{12}H^{10}O^{10})^n = n162 = (C^6H^{10}O^5)^n.$$

1346. Substances diverses, *incolores*, très voisines par leurs propriétés, *insolubles* dans la plupart des réactifs, constituant pour une grande partie les tissus végétaux. — *Densité :* 1,45 environ.

1347. PRÉPARATION ET PROPRIÉTÉS. — L'insolubilité des celluloses, que l'on confond le plus souvent entre elles et que l'on appelle sans distinction *la cellulose*, permet de les obtenir facilement pures. Le vieux linge qui a subi un grand nombre de lavages en liqueurs alcalines, le coton, la moelle de sureau, etc., sont constitués par de la cellulose presque pure; en les soumettant à des lavages successifs à l'eau chargée de potasse, à l'acide acétique bouillant, à l'alcool, à l'éther et enfin à l'eau pure, ils fournissent la cellulose pure.

La cellulose n'est guère soluble que dans la solution ammoniacale d'oxyde de cuivre. Ce réactif, par lequel Peligot a remplacé la solution d'hyposulfate de cuivre et d'ammoniaque proposée d'abord par Schweizer, est nommé irrégulièrement *liqueur de Schweizer*. On le prépare, soit en dissolvant dans l'ammoniaque de l'oxyde de cuivre hydraté, précipité et lavé, soit en faisant écouler à plusieurs reprises de l'ammoniaque sur de la tournure de cuivre exposée à l'action de l'oxygène de l'air, soit même en ajoutant un excès d'ammoniaque à un sel de cuivre en dissolution dans l'eau. La présence des sels étrangers diminuant la solubilité, le premier de ces procédés est le meilleur.

Lorsqu'on introduit des flocons d'ouate de coton dans le réactif, et qu'on agite, la matière se gonfle, prend une apparence gommeuse, puis se dissout. En chargeant suffisamment la liqueur, celle-ci devient visqueuse. La solution étendue de beaucoup d'eau et additionnée d'alcool, laisse précipiter la cellulose qu'elle contient. Il en est de même quand on la mélange avec les solutions de sels alcalins. Lorsqu'on ajoute un excès d'acide chlorhydrique dilué, la liqueur se décolore et laisse déposer des flocons blancs de cellulose amorphe, qu'on purifie par des lavages à l'eau acidulée, puis à l'eau pure.

1348. ACTION DE L'ACIDE AZOTIQUE. — La cellulose possédant des fonctions d'alcool polyatomique, peut se combiner aux acides pour former des éthers. En particulier, elle donne avec l'acide nitrique des éthers ou cellulosides nitriques, qui sont importants par leurs applications et que l'on représente d'ordinaire par des formules dans lesquelles la cellulose est supposée être $(C^{12}H^{10}O^{10})^4$ ou $(C^6H^{10}O^5)^4$.

Celluloside hexanitrique	$C^{48}H^{28}O^{28}(AzHO^6)^6$	ou $C^{24}H^{34}(AzO^2)^6O^{20}$,
— octonitrique.........	$C^{48}H^{24}O^{24}(AzHO^6)^8$	ou $C^{24}H^{32}(AzO^2)^8O^{20}$,
— décanitrique.........	$C^{48}H^{20}O^{20}(AzHO^6)^{10}$	ou $C^{24}H^{30}(AzO^2)^{10}O^{20}$, etc.

Ces composés, dont les propriétés sont très voisines mais non identiques, forment par leurs mélanges les matières explosibles que l'on a désignées sous les noms de *coton-poudre*, *poudre-coton*, *fulmicoton*, *pyroxyle*, *nitro-cellulose*, etc. Les plus explosibles sont les plus riches en acide (Schœnbein). Nous nous arrêterons seulement à ces derniers et au produit dans lequel domine le celluloside octonitrique ; celui-ci convient surtout pour la préparation du collodion (M. L. Ménard).

1349. *Coton-poudre.* On se sert d'ouate de coton cardé, bien blanche et desséchée. On fait un mélange de 1 volume (20 centimètres cubes) d'acide azotique fumant, de densité 1,5 et bien exempt de vapeurs nitreuses, avec 3 volumes (60 centimètres cubes) d'acide sulfurique monohydraté. On laisse refroidir complètement ce mélange, puis on y plonge le coton (4 grammes), en agitant avec une baguette de verre afin de faire pénétrer le liquide dans la masse spongieuse. On n'introduit le coton que par petites portions, pour éviter l'échauffement. On laisse en contact, en ayant soin d'agiter de temps en temps avec la baguette, et de couvrir le vase avec une lame de verre. L'éthérification par l'acide azotique se produit, et l'acide sulfurique, en absorbant l'eau mise en liberté, empêche le réactif de s'affaiblir. On doit manier avec precaution le mélange acide ; son action sur la peau ou les vêtements est dangereuse (§ 578). Après une ou deux heures, on sort le coton du bain, on l'exprime entre deux soucoupes que l'on comprime l'une dans l'autre, puis on porte le coton dans l'eau froide où on le lave ; on termine le lavage dans un courant d'eau, en laissant séjourner le coton-poudre dans ce liquide, afin d'éliminer toute trace d'acide. On exprime et on sèche à l'air libre. Le coton, en se transformant, a pris un toucher rude.

Si l'on se propose d'obtenir un produit très explosible, il est bon de prolonger l'action du réactif pendant vingt-quatre heures, afin de laisser l'éthérification s'accomplir jusque dans l'intérieur des fibres. On peut alors diminuer la consommation d'acide, qui est toujours considérable, en plongeant d'abord le coton dans un mélange ayant déjà servi et par conséquent un peu affaibli, puis en le transportant, après une heure d'immersion, dans un mélange d'acides, nouveau et refroidi, où on l'abandonne jusqu'au lendemain. Le séjour dans la liqueur acide doit être prolongé pendant un temps plus long encore lorsque la température est basse.

Le coton-poudre s'enflamme par la chaleur, à partir de 120°, et par le choc. C'est un explosif dangereux ; il ne doit pas être conservé en provision notable, du moins à l'état sec. Sa résistance à l'action d'un très grand nombre de réactifs le fait employer avantageusement dans les laboratoires comme substance filtrante ; pour éviter tout accident, on doit le garder dans des flacons, avec de l'eau qui le recouvre entièrement.

1350. *Fulmi-coton pour collodion.* — D'après ce qui a été dit plus haut, lorsqu'on prépare le fulmi-coton pour collodion, l'action de l'acide ne doit pas être poussée aussi loin : on plonge 55 grammes de coton, cardé et sec, dans un mélange refroidi vers 30° de 1000 grammes d'acide sulfurique monohydraté et de 500 grammes d'acide azotique ordinaire (D = 1,38) ; après 24 ou 36 heures, on sépare le fulmi-coton, on l'exprime, on le lave et on le sèche comme il a été dit pour le coton-poudre (§ 1349).

Le fulmi-coton est insoluble dans l'alcool et insoluble dans l'éther, màis soluble dans les deux véhicules mélangés : la dissolution ainsi obtenue forme le collodion. Vient-on, en effet, à placer du fulmi-coton dans deux ballons, d'une part avec de l'alcool, d'autre part avec de l'éther pur (§ 1263), les deux échantillons ne sont pas altérés ; il n'en est pas plus de même quand on mélange les contenus des ballons, le fulmi-coton disparaissant alors très rapidement.

Le dissolvant à employer pour préparer le collodion est un mélange de 20 grammes d'alcool à 95 centièmes et 75 grammes d'éther pur ; avec 5 grammes de fulmi-coton, il donne une dissolution légèrement visqueuse. Celle-ci, étalée en couche sur une surface quelconque, abandonne à l'air l'éther et l'alcool, en laissant une pellicule de fulmi-coton transparente, élastique et adhérente. La présence d'une proportion d'alcool ou d'éther plus forte que celle indiquée modifie les propriétés du produit. Cette pellicule est l'objet d'applications nombreuses ; elle devient plus élastique et plus tenace quand on ajoute au mélange précédent 7 grammes d'huile de ricin.

1351. ACTION DE L'ACIDE SULFURIQUE. — Sous l'action prolongée de l'acide sulfurique, la cellulose se change successivement en cellulose modifiée, que l'iode colore en bleu, puis en cellulose soluble, puis encore en une sorte de dextrine spéciale, et enfin en une glucose fermentescible, le *sucre de chiffons* (Braconnot).

Les premières de ces transformations trouvent leur application dans la fabrication du *parchemin végétal* ou *papier-parchemin* (MM. Poumarède et Figuier) ; cette intéressante substance est due, en effet, à l'action ménagée de l'acide sulfurique sur le papier, lequel est constitué par des fibres de cellulose : la cellulose modifiée par l'acide imprègne le feutre du papier, elle produit sur lui une sorte d'encollage, et le transforme en une masse plus homogène, présentant l'aspect et, jusqu'à un certain point, les propriétés du parchemin animal.

Pour préparer le papier-parchemin, on fait usage d'acide sulfurique dilué de la moitié de son volume d'eau : on verse peu à peu et en agitant 110 grammes (2 volumes) d'acide sulfurique concentré dans 30 grammes (1 volume) d'eau. On place le mélange refroidi dans une assiette ou, si l'on opère plus en grand, dans une cuvette à photographie, et on immerge une feuille de papier à filtrer blanc. Après une demi-minute ou une minute de contact, on enlève la feuille de papier avec deux baguettes de verre, on la laisse égoutter un peu, puis on la transporte dans une terrine pleine d'eau. Tandis qu'une feuille de papier à filtrer qui n'a pas subi l'action préalable de l'acide, perd au contact de l'eau toute solidité et se déchire dès qu'on l'agite un peu vivement, le papier modifié par l'acide est devenu résistant et peut être lavé à grande eau, sans précautions spéciales. On le lave donc longuement, jusqu'à ce que le liquide de lavage cesse de devenir acide ; on le laisse ensuite séjourner pendant une heure dans de l'eau additionnée d'un peu d'ammoniaque ; enfin on le lave de nouveau dans un vase plein d'eau qui se renouvelle constamment. Après dessiccation, il a pris sensiblement l'apparence du parchemin animal; cette apparence se modifie d'ailleurs notablement lorsqu'on remplace le papier à filtrer par d'autres papiers.

Le papier parchemin, imprégné, alors qu'il est humide, d'un peu d'eau iodée, se colore en bleu. Il sert dans les laboratoires comme membrane de dialyseurs (§ 292).

L. — **Aldéhyde salicylique et aldéhyde paraoxybenzoïque.**

$$P.\ mol. : C^{14}H^6O^4 \text{ ou } C^{14}H^4(H^2O^2)(O^2) = 122 = 4\ vol. = C^6H^4,\Theta H,C\Theta H.$$

1352. *Aldéhydes-phénols* isomères avec l'aldéhyde métaoxybenzoïque.

Aldéhyde salicylique : $C^6H^4,\Theta H_{(1)},C\Theta H_{(2)}$. — *Synonymes* : Salicylal, hydrure de salicyle, aldéhyde orthoxybenzoïque, acide salicyleux. — *Liquide* à odeur aromatique, découvert en 1835, par Pagenstecher, dans *l'essence de Reine-des-Prés.* — *Densité* : 1,173 à 13°. — *Point d'ébullition* : 196°,5. — *Volatilisable* avec la vapeur d'eau. — *Cristallisable* à — 20°. — *Solubilité* faible dans l'eau; miscible à l'alcool et à l'éther.

Aldéhyde paraoxybenzoïque : $C^6H^4,\Theta H_{(1)},C\Theta H_{(4)}$. — *Petites aiguilles* incolores. — *Point de fusion* : 116°. — *Sublimable* sans altération. — *Non volatilisable* avec la vapeur d'eau. — *Peu soluble* dans l'eau froide; assez soluble à chaud; très soluble dans l'alcool et dans l'éther.

1353. Préparation par le phénol et le chloroforme. — En présence des alcalis et du phénol ordinaire, le chloroforme se détruit et les éléments de l'oxyde de carbone qu'il fournit se fixent sur le phénol, pour engendrer deux aldéhydes-phénols isomériques (Reimer) :

$C^{12}H^6O^2$	+	$3NaHO^2$	+	C^2HCl^3	=	$C^{14}H^6O^4$	+	$3NaCl$	+	$2H^2O^2$;
Phénol.		Hydrate de soude.		Chloroforme.		Aldéhyde-phénol.		Chlorure de sodium.		Eau.

$$C^6H^5,\Theta H + 3Na\Theta H + C HCl^3 = C^6H^4,\Theta H,C\Theta H + \quad 3NaCl + \quad 2H^2\Theta.$$

La réaction est générale et applicable à la plupart des phénols. Dans le cas actuel, elle engendre simultanément l'aldéhyde salicylique ou orthoxybenzoïque et son isomère l'aldéhyde paraoxybenzoïque.

On opère dans un ballon de 500 centimètres cubes, muni d'un réfrigérant à reflux (§ 1235, fig. 307). Par une seconde ouverture pratiquée au bouchon fermant son col, on fait pénétrer un tube à entonnoir jusqu'au fond du ballon. On place dans le ballon 40 grammes de phénol ordinaire, 80 grammes de soude caustique et 120 grammes d'eau (ou bien 40 grammes de phénol, 190 grammes de lessive de soude de densité 1,45, et 15 grammes d'eau), puis on chauffe le mélange à 60° ou 70°. On ajoute alors, par le tube à entonnoir, 60 grammes de chloroforme; on les verse par très petites quantités, lentement et en agitant vivement le ballon après chaque addition. Une action énergique se déclare; la liqueur, à peine teintée de jaune à l'origine, devient verdâtre, puis bleue, puis violacée et enfin rouge foncé. Les vapeurs de chloroforme qni se dégagent sont condensées dans le réfrigérant et ramenées dans le mélange. Lorsque tout le chloroforme a été introduit et que l'action s'est calmée, on porte le liquide à l'ébullition, que l'on maintient pendant une ou deux heures, pour achever la réaction. On incline ensuite le réfrigérant en sens contraire et on distille le chloroforme non attaqué. On laisse refroidir. On ajoute au résidu de l'acide sulfurique dilué, jusqu'à réaction franchement acide, ce qui précipite une huile épaisse, dense et fortement colorée. On remplace le tube à entonnoir par un long tube coudé, puis, en reliant celui-ci par un tube de caoutchouc à un vase fermé contenant de l'eau en ébullition, on fait arriver au fond du ballon un courant rapide de vapeur d'eau. Si l'on a, en même temps, chauffé le ballon lui-même, soit directement, soit au bain-marie, la vapeur d'eau entraîne l'aldéhyde salicylique ainsi que le phénol non transformé. Le tout se liquéfie dans le réfrigérant. Lorsque le liquide qui se condense est devenu limpide, on arrête le courant de vapeur, on agite le liquide obtenu avec de l'éther, qui dissout l'aldéhyde salicylique et le phénol ; on décante la liqueur éthérée, et on l'agite avec une solution concentrée de bisulfite de soude (D = 1,231 ou 27° Baumé). L'éther retient le phénol, tandis que l'aldéhyde salicylique se combine au bisulfite, en donnant une bouillie cristalline. On essore cette dernière à la trompe, sur un tampon de coton (§ 354), et on la lave avec un peu d'alcool froid ; on ajoute aux cristaux de la lessive de soude diluée, jusqu'à neutralisation, et on distille (§ 224, fig. 120) la solution saline chargée d'aldéhyde salicylique. Ce dernier est entraîné par la vapeur d'eau. On le sépare de l'eau au moyen de l'éther et on le rectifie à température fixe (196°,5).

La solution aqueuse d'aldéhyde salicylique se colore en violet par les sels de peroxyde de fer.

Le liquide coloré, resté dans le ballon où s'est accomplie la première réaction, abandonne en se refroidissant une masse résineuse brune. Il retient l'aldéhyde paraoxybenzoïque formé en même temps que l'aldéhyde salicylique, celui-ci ayant été seul entraîné par la vapeur d'eau. On porte le mélange à l'ébullition et on le filtre bouillant sur un papier mouillé, qui arrête les substances huileuses insolubles. Le liquide refroidi, agité avec de l'éther, cède à celui-ci l'aldéhyde paraoxybenzoïque ; après distillation de la plus grande partie du dissolvant, le produit cristallise en aiguilles teintées de rose par quelques impuretés. On le purifie par des cristallisations répétées dans l'eau bouillante.

M. — Quinon.

P. mol. : $C^{12}H^4O^4 = 108 = 4\ vol. = C^6H^4,O_{(1)},O_{(4)}$.

1354. *Synonyme :* Quinone. — *Matière cristallisée* en longues aiguilles *jaune d'or*, à odeur forte rappelant celle de l'iode, découverte par Woskresensky. — *Densité :* 1,31. — *Point de fusion :* 116°. — *Sublimable* dès la température ordinaire. — *Peu soluble* dans l'eau froide, plus soluble dans l'eau chaude, très soluble dans l'alcool et dans l'éther.

1355. Préparation. — Le quinon se forme en même temps que l'hydroquinone dans l'oxydation de l'aniline par l'acide chromique (§ 1307). Pour obtenir ce corps, on opère comme il a été indiqué à propos de la préparation de l'hydroquinone (§ 1307), c'est-à-dire que l'on fait réagir à température basse, un mélange de bichromate de potasse et d'acide sulfurique dilué sur l'aniline pure ; on obtient ainsi un mélange un peu épais, chargé de quinon et d'hydroquinone. On ajoute à ce mélange son volume d'éther et on agite doucement dans un vase bouché. La présence de matières solides tend à faire émulsionner l'éther, aussi une agitation énergique doit-elle être évitée. Si les liquides s'émulsionnent cependant, on ajoute à l'éther quelques centimètres cubes d'alcool, qui facilitent la séparation du mélange, et on laisse reposer. On décante l'éther, on le lave par agitation avec une solution concentrée de chlorure de calcium, puis on le sèche par contact avec quelques fragments de chlorure de calcium desséché ; enfin on le distille en le chauffant à la vapeur pour éviter tout accident (§ 1262). Le résidu de la distillation est du quinon impur, mélangé de quinhydrone (§ 1356). Son poids atteint à peu près celui de l'aniline traitée. On purifie le quinon en dirigeant dans le ballon un courant rapide de vapeur d'eau et en condensant les vapeurs d'eau et de quinon dans un réfrigérant bien refroidi. Le quinon se solidifie en belles aiguilles jaunes, que l'on sépare.

1356. QUINHYDRONE. — Cette substance, appelée aussi *hydroquinon vert*, est une combinaison à molécules égales de quinon et d'hydroquinone. Sa formation en aiguilles cristallines d'un beau vert, à éclat mordoré, peut servir à caractériser le quinon aussi bien que l'hydroquinone.

C'est ainsi que de l'eau tiède chargée de quinon donne du quinhydrone, soit quand on la mélange à une solution d'hydroquinone contenant une quantité à peu près équivalente de ce composé, soit quand on l'additionne d'un réducteur employé en quantité limitée, de protochlorure d'étain, de sulfate ferreux, d'acide sulfureux en solution, etc., en n'oubliant pas qu'un excès de ces réactifs transforme toute la matière en hydroquinone.

Inversement, une solution aqueuse d'hydroquinone, additionnée d'un oxydant tel que le perchlorure de fer, l'eau bromée, etc., donne de belles aiguilles de quinhydron, lorsque le réactif n'a pas été employé en excès, ce qui changerait tout le produit en quinon.

N. — Anthraquinon.

P. mol. : $C^{28}H^8O^4 = 208 = 4\ vol. = C^6H^4(CO)^2C^6H^4$.

1357. *Synonymes* : Oxanthracène, anthracénuse. — Composé *jaune d'or*, cristallisable en aiguilles prismatiques rhomboïdales, découvert par Laurent. — *Densité* : 1,419. — *Point de fusion* : 277°. — *Sublimable* dès la température de fusion. — *Point d'ébullition* : 378°. — *Insoluble* dans l'eau ; peu soluble dans l'alcool et dans l'éther ; *soluble* à l'ébullition dans l'acide acétique cristallisable et la benzine.

1358. PRODUCTION PAR OXYDATION DE L'ANTHRACÈNE. — Par déshydrogénation et oxydation, l'anthracène fournit de l'anthraquinon (Laurent) :

$$C^{28}H^{10} + O^6 = C^{28}H^8O^4 + H^2O^2 ;$$

Anthracène.   Oxygène.   Anthraquinon.   Eau.

$$C^6H^4(CH)^2C^6H^4 + O^3 = C^6H^4(CO)^2C^6H^4 + H^2O.$$

La transformation s'opère régulièrement au moyen de l'acide chromique.

Dans un matras, on dissout 1 partie d'anthracène dans 30 parties d'acide acétique cristallisable bouillant. A la liqueur limpide et chaude, on ajoute par petites portions 2 parties de bichromate de potasse finement pulvérisé; une réaction énergique se produit. Lorsque tout le réactif a été ajouté et que le mélange ne s'échauffe plus spontanément, on le chauffe au bain-marie jusqu'à ce qu'il ait pris une coloration verte foncée, l'acide chromique étant réduit à l'état de sel de chrome. On verse dans 250 centimètres cubes d'eau, l'anthraquinon se précipite en flocons cristallins jaunes; on le lave d'abord à l'eau chaude, puis à l'eau chaude additionnée d'un peu de lessive de soude, puis enfin à l'eau chaude pour la seconde fois; enfin on le sèche. Par sublimation (§ 249), on l'isole d'une certaine quantité d'oxyde de chrome et de diverses matières étrangères qu'il a entraînées.

Quand on veut préparer une certaine quantité de produit, l'opération s'effectue d'une manière analogue, en remplaçant l'acide acétique par un autre dissolvant, l'acide sulfurique concentré; pour purifier le produit, on le fait cristalliser dans la benzine chaude et ensuite dans l'acide acétique cristallisable bouillant.

Le brome donne également de bons résultats. On mélange 1 partie d'anthracène avec 5 ou 6 parties d'alcool et on porte à l'ébullition; l'anthracène ne se dissout que partiellement. On ajoute du brome goutte à goutte, d'abord jusqu'à production d'une solution claire, puis jusqu'à ce que, une vive ébullition se déclarant, le liquide se prenne presque subitement en une masse cristalline et jaune d'anthraquinon. L'oxydation s'est produite aux dépens de l'eau que l'alcool contenait. On laisse refroidir, on filtre et on essore à la trompe; on lave le produit solide à l'alcool, puis à l'eau chargée de soude, puis enfin à l'eau pure, et, après dessiccation, on le sublime (§ 249).

Une trace d'anthraquinon, chauffée dans un tube à essais avec quelques gouttes de lessive de soude et un peu de zinc en poussière, donne une belle matière rouge, l'*oxanthranol*.

1359. **SYNTHÈSE DE L'ALIZARINE.** — L'alizarine n'est autre chose que le *tétra-oxanthracène*, $C^{28}H^6(O^2)^2(H^2C^2)^2$ ou $C^6H^4(CO)^2C^6H^2(OH)^2$. Cette belle matière colorante, découverte dans la garance par Robiquet et Colin en 1826, résulte de la fixation de l'oxygène sur l'antraquinon, l'oxydation engendrant deux fonctions phénoliques (MM. Graebe et Liebermann) et donnant naissance simultanément à plusieurs isomères.

On transforme d'abord l'anthraquinon en acide anthraquinon-monosulfureux :

$$C^{28}H^8O^4 \quad + \quad S^2H^2O^3 \quad = \quad C^{28}H^8O^4,S^2O^6 \quad + \quad H^2O^2;$$

| Anthraquinon. | Acide sulfurique. | Acide anthraquinon-monosulfureux. | Eau. |

$$C^6H^4(CO)^2C^6H^4 + \quad SO^4H^2 \quad = \quad C^{14}H^7O^2,SO^3H \quad + \quad H^2O.$$

A cet effet, on chauffe dans un matras 1 partie d'anthraquinon avec 3 parties d'acide sulfurique fumant. Après avoir effectué la dissolution au voisinage de 100°, on porte la température vers 250°-260°; on maintient cette dernière température jusqu'à ce qu'une petite partie du produit, prélevée au bout d'une baguette de verre et refroidie, se dissolve complètement dans l'eau. On laisse refroidir, puis on verse le liquide, en filet mince, dans 20 parties d'eau tiède, soigneusement agitée. On sature la solution par la craie : l'acide sulfurique en excès se précipite à l'état de sulfate de chaux, tandis que l'anthraquinon-monosulfite de chaux reste en dissolution. On filtre. On ajoute à la liqueur une solution de carbonate de soude, jusqu'à ce que ce réactif cesse de produire un précipité : le sel de chaux est ainsi changé, par double décomposition, en sel de soude. On filtre et on évapore à sec. Le résidu est l'anthraquinon-monosulfite de soude.

Ce dernier sel, oxydé par les alcalis hydratés en fusion, donne d'abord le *monoxyanthraquinon* ou *acide antraflavique* :

$$C^{28}H^7O^4Na,S^2O^6 \quad + \quad NaO,HO \quad = \quad C^{28}H^8O^6 \quad + \quad S^2Na^2O^6,$$

Anthraquinon-monosulfite de soude.   Hydrate de soude.   Acide anthraflavique.   Sulfite de soude.

$$\overline{C}^{14}H^7\overline{O}^2,S\overline{O}^3Na \quad + \quad Na\overline{O}H \quad = \overline{C}^6H^4(\overline{C}\overline{O})^2\overline{C}^6H^3(\overline{O}H) + \quad S\overline{O}^3Na^2 \, ;$$

mais, sous l'influence plus prolongée ou plus énergique du réactif oxydant, il se forme surtout de l'alizarine ou dioxyanthraquinon :

$$C^{28}H^7O^4Na,S^2O^6 \quad + \quad 3NaO,HO \quad = \quad C^{28}H^6Na^2O^8 \quad + \quad S^2Na^2O^6 \quad + \quad H^2 \quad + \quad H^2O^2 ;$$

Anthraquinon-mo-nosulfite de soude.   Hydrate de soude.   Alizarate de soude.   Sulfite de soude.   Hydrogène.   Eau.

$$\overline{C}^{14}H^7\overline{O}^2,S\overline{O}^3Na \quad + \quad 3Na\overline{O}H \quad = \overline{C}^{14}H^6\overline{O}^2(\overline{O}Na)^2 \quad + \quad S\overline{O}^3Na^2 \quad + \quad H^2 \quad + \quad H^2\overline{O}.$$

En réalité, les deux réactions s'effectuent simultanément, mais les conditions doivent être choisies de manière à faire prédominer la seconde. Pour assurer ce résultat, dans la pratique on fait intervenir un second agent d'oxydation, le chlorate de potasse. La réaction devient alors la suivante :

$$3(C^{28}H^7O^4Na,S^2O^6) \quad + \quad 9NaO,HO \quad + \quad ClO^5,KO \quad =$$

Anthraquinon-monosulfite de soude.   Hydrate de soude.   Chlorate de potasse.

$$3(\overline{C}^{14}H^7\overline{O}^2,S\overline{O}^3Na) \quad + \quad 9Na\overline{O}H \quad + \quad Cl\overline{O}^3K \quad =$$

$$3C^{28}H^6Na^2O^8 \quad + \quad 3S^2Na^2O^6 \quad + \quad KCl \quad + \quad 6H^2O^2 ;$$

Alizarate de soude.   Sulfite de soude.   Chlorure de potassium.   Eau.

$$3\overline{C}^{14}H^6\overline{O}^2(\overline{O}Na)^2 \quad + \quad 3S\overline{O}^3Na^2 \quad + \quad KCl \quad + \quad 6H^2\overline{O}.$$

Quand on emploie la soude seule comme oxydant, on opère ainsi qu'il a été dit pour la synthèse du phénol (§ 1297), ou des naphtols (§ 1305). On chauffe doucement dans un vase métallique 40 grammes de soude caustique, additionnés de quelques gouttes d'eau. L'alcali hydraté étant en fusion tranquille, on y projette par petites quantités de l'anthraquinon-monosulfite de soude pulvérisé. Une réaction immédiate donne lieu, en présence de la soude en grand excès, à un boursouflement causé par le dégagement de l'hydrogène, et la masse prend une belle teinte violette, caractéristique de l'alizarate de soude. On introduit ainsi dans le réactif 6 ou 8 grammes de sel. On coule sur une plaque de tôle le produit fondu, et, après refroidissement, on le dissout dans l'eau. La solution violette étant acidulée par l'acide chlorhydrique, devient jaune et abandonne des flocons insolubles d'alizarine plus ou moins mélangée d'acide anthraflavique. On lave le précipité à l'eau, on le sèche, et on le sublime entre deux verres de montre, superposés par leurs bords : le produit chauffé dans le verre inférieur se condense sur le verre supérieur que l'air refroidit.

Avec le chlorate de potasse la réaction donne un rendement meilleur, mais elle exige l'emploi d'un autoclave en fer. On introduit dans cet appareil 40 grammes de soude caustique, en dissolution dans le moins d'eau possible, 10 grammes d'anthraquinon-sulfite finement pulverisé, et 3 grammes de chlorate également réduit en poudre fine. Après avoir mélangé toute la masse liquéfiée par la chaleur, on ferme l'autoclave et on le chauffe au bain d'huile à 170° pendant vingt heures. La réaction est terminée, lorsqu'une prise d'essai, bouillie avec un peu de lait de chaux et filtrée, ne se trouble plus par addition d'un excès d'acide chlorhydrique. On dissout le produit dans l'eau bouillante, on dilue jusqu'à la densité 1,075, on filtre et on précipite l'alizarine en acidulant par l'acide sulfurique. On lave l'alizarine à l'eau jusqu'à neutralité, on la recueille, on la sèche et on la purifie soit par sublimation soit par cristallisation dans l'alcool.

L'oxydation poussée plus loin encore donne la *purpurine*, ou penta-oxanthracène, $C^{28}H^2(O^2)^2(H^2O^2)^3$ ou $\text{€}^6H^4(\text{€}\theta)^2\text{€}^6H(\theta H)^3$, et ses isomères.

4.

ACIDES.

A. — Acide formique.

P. mol. : $C^2H^2O^4$ ou $C^2H^3O^3,HO = 46 = 4\,vol. = H,\text{€}\theta^2H$.

1360. Acide *monobasique*, liquide, incolore, fumant à l'air, caustique, à odeur piquante, isolé par Samuel Fischer. — *Densité* : 1,226 à 15°. — *Cristallisable* vers 0°. — *Point de fusion* : 8°,6 — *Point d'ébullition* : 101°. — *Miscible* à l'eau et à l'alcool. — *Sels solubles* dans l'eau.

1361. Synthèse. — Sous l'influence de la chaleur, l'oxyde de carbone s'uni directement aux hydrates alcalins ou alcalino-terreux pour engendrer de formiates (M. Berthelot) :

$$KHO^2 \quad + \quad C^2O^2 \quad = \quad C^2HKO^4;$$

Hydrate   Oxyde   Formiate
de potasse.   de carbone.   de potasse.

$$K\theta H \quad + \quad \text{€}\theta \quad = \quad H,\text{€}\theta^2K.$$

On introduit dans un ballon épais, de 1/2 litre environ, 6 grammes de potasse caustique et 3 grammes d'eau, on étire le col du ballon à la lampe d'émailleur, puis, après refroidissement, introduisant dans le col étranglé un tube de verre de petit diamètre, on dirige au fond du ballon un courant de gaz oxyde de carbone (§ 756). Lorsque l'air a été expulsé par ce dernier, on enlève doucement le tube, on bouche imparfaitement le ballon avec du liège et on scelle aussitôt à la lampe la partie étranglée. On dispose alors dans la marmite d'un bain-marie quelques ballons préparés ainsi qu'il vient d'être dit (fig. 310, § 1266), on les charge d'anneaux de plomb (§ 183) destinés à les maintenir immergés, on les fixe avec de la paille ou du linge, et on les chauffe à 100°. Après une centaine d'heures de chauffage, l'absorption du gaz est terminée. On laisse refroidir.

Si l'on plonge dans une cuve à mercure la pointe de l'un de ces ballons, et qu'on la brise avec une pince de fer, le mercure pénètre immédiatement dans le ballon, et démontre ainsi que le gaz a été absorbé.

Vient-on à réunir les liquides contenus dans plusieurs ballons, à les diluer, à les sursaturer par de l'acide sulfurique étendu d'eau, puis à distiller dans un petit appareil (§ 222, fig. 118), on recueille une liqueur rendue fortement acide par de l'acide formique. On peut caractériser celui-ci en le changeant en formiate de plomb (§ 1364).

1362. Préparation par l'acide oxalique. — En présence de la glycérine et sous l'influence de la chaleur, l'acide oxalique se dédouble en acide formique et gaz carbonique (M. Berthelot) :

$$C^4H^2O^8 \quad = \quad C^2H^2O^4 \quad + \quad C^2O^4;$$

Acide oxalique.		Acide formique.		Gaz carbonique.

$$C\Theta^2H,C\Theta^2H \;=\; H,C\Theta^2H \quad + \quad C\Theta^2.$$

On opère dans un appareil distillatoire (fig. 118, § 222, ou mieux fig. 119, § 223). Dans la cornue tubulée, prise du volume de 1/2 litre, on introduit 50 grammes de glycérine, 10 grammes d'eau et 50 grammes d'acide oxalique cristallisé. On chauffe au bain-marie pendant 2 heures; du gaz carbonique se dégage avec effervescence. On ajoute alors au mélange 50 grammes d'eau et on distille à feu nu, de manière à recueillir 60 centimètres cubes de liqueur acide. Cette dernière est souillée de traces de glycérine, entraînées mécaniquement. Elle peut être purifiée par une rectification et transformée en formiate de plomb (§ 1364).

1363. La même réaction peut fournir un produit plus concentré et contenant environ 56 centièmes d'acide formique pur (M. Lorin).

On mélange, dans une cornue relativement grande, parties égales de glycérine et d'acide oxalique pulvérisé. On chauffe l'appareil muni d'un thermomètre dont le réservoir plonge dans le mélange en réaction, et on a soin de ne pas dépasser 100°. Le dégagement gazeux se produit lentement et, en même temps, il distille peu à peu de l'acide formique à la concentration indiquée. L'opération doit être conduite avec lenteur; mais si, par des additions d'acide oxalique cristallisé et pulvérisé, faites périodiquement, on maintient le niveau à peu près constant dans la cornue, la production d'acide se continue avec régularité. L'eau est fournie par l'acide cristallisé qui en contient 2 molécules.

La distillation d'un mélange, en proportions équivalentes, d'acide oxalique sec (§ 1259) et de formiate de soude sec, donne de l'acide formique ne renfermant que quelques centièmes d'eau.

L'acide pur, qui seul est cristallisable, s'obtient en décomposant par l'hydrogène sulfuré, à 120°, le formiate de plomb exactement desséché.

1364. Formiates. — Les *formiates alcalins* se préparent en neutralisant à chaud l'acide formique aqueux (§ 1362) par les carbonates alcalins, filtrant et faisant cristalliser. Ils sont très solubles dans l'eau.

Le *formiate de baryte*, C^2HBaO^4 ou $(C\Theta^2H)^2Ba$, cristallise sans eau, en prismes rhomboïdaux; solubles dans 4 à 5 parties d'eau froide. On l'obtient en ajoutant peu à peu du carbonate de baryte à de l'acide formique dilué, préalablement tiédi dans une capsule de porcelaine. Du gaz carbonique se dégage et la saturation de l'acide s'opère. Quand l'effervescence est calmée, on porte à l'ébullition, on filtre à chaud et on évapore la liqueur limpide. Lorsque celle-ci commence à déposer du sel, on la laisse refroidir lentement et le formiate de baryte cristallise. On le sépare de l'eau mère, on l'égoutte et on le sèche à l'air, entre deux feuilles de papier à filtrer.

Le *formiate de plomb*, C^2HPbO^4 ou $(CO^2H)^2Pb$, est l'un des sels les plus caractéristiques de l'acide formique. Il est anhydre, isomorphe avec le sel de baryte, et forme des prismes brillants, fort peu solubles dans l'eau froide (1/65), assez solubles dans l'eau chaude.

Avec l'acide formique libre et dilué, il s'obtient en saturant l'acide légèrement chauffé par de l'oxyde de plomb pulvérisé, en ayant soin de ne pas rendre la liqueur alcaline, un formiate basique pouvant se former dans ces conditions. On porte à l'ébullition, on filtre la liqueur bouillante, on l'acidule très faiblement par quelques gouttes d'acide formique et on laisse cristalliser par refroidissement. Les cristaux égouttés doivent être desséchés à l'air, entre des feuilles de papier à filtrer, à l'abri de toute trace d'hydrogène sulfuré qui les colore.

Lorsque l'acide formique est à l'état de formiate alcalin (§ 1195), on peut le transformer en sel de plomb, en profitant de la faible solubilité de ce dernier. On met le sel alcalin en solution dans la plus faible quantité d'eau possible, on le neutralise exactement par l'acide acétique et on y verse peu à peu une solution saturée d'acétate de plomb, en s'arrêtant lorsque ce réactif cesse de produire un précipité dans la liqueur agitée puis éclaircie par le dépôt. On porte alors à l'ébullition, en ajoutant une quantité d'eau suffisante pour dissoudre à chaud le précipité, puis on filtre et on laisse refroidir. Le formiate de plomb cristallise.

1365. Réactions. — Les formiates sont décomposés par l'acide sulfurique dilué, qui met en liberté de l'acide formique. A l'ébullition, les vapeurs de ce dernier noircissent le papier imbibé d'une solution d'azotate d'argent.

L'acide sulfurique concentré agissant sur 1/4 ou 1/5 de son poids d'acide formique concentré, ou de formiate, ne se colore pas et dégage de l'oxyde de carbone, que l'on peut enflammer à l'orifice du tube à essais dans lequel on opère.

Le_ propriétés réductrices de l'acide formique sont particulièrement carac-
téris___

Er___ ____ ____ ____ à l'acide formique ou à un formiate
en ___ ___, et ___ ffant à l'ébullition, il se précipite du
sous-___ ___ bl_ ___ ême, en prolongeant l'action, un peu
de ___ ___

A la ___ ___ le d'argent n'agit pas sensiblement, au
moins d'une ___ l'acide formique et sur les formiates en
solutions dilu___ ___ ongé, ou mieux encore si l'on chauffe,
l'argent est réduit et le ___ rcit ; la réaction est nette en liqueur

neutre; la présence de l'ammoniaque libre la retarde. Un papier imbibé d'une solution d'azotate d'argent, exposé à l'action de la vapeur d'eau qui entraîne de l'acide formique, prend une coloration brune, l'argent étant réduit.

B. — Acide acétique.

P. mol. : $C^4H^4O^4$ ou $C^4H^3O^3,HO = 60 = 4\,vol. = CH^3,CO^2H$.

1366. *Synonymes* : Vinaigre, acide pyroligneux. — *Liquide*, incolore, à odeur et à saveur piquantes, connu à l'état impur depuis les temps les plus reculés. — *Densité* : 1,0564 à 15°. — *Cristallisable;* point de fusion : 17°,5. — *Point d'ébullition* : 118°. — *Soluble* en toutes proportions dans l'eau, dans l'alcool et dans l'éther. — Le *commerce* fournit : 1° de l'*acide acétique cristallisable*, non chargé d'eau; 2° de l'*acide acétique dit à* 8° (8 degrés Baumé), de densité 1,0587, contenant 47 p. 100 d'acide.

1367. Formation dans la distillation du bois. — La destruction de la cellulose par la chaleur engendre des produits complexes, en partie gazeux, en partie condensables à la température ordinaire. Ces derniers, très riches en eau, contiennent quelques centièmes d'acide acétique (Fourcroy et Vauquelin), mélangés avec des goudrons, de l'alcool méthylique, de l'acétone, etc. Ce fait est l'origine de la fabrication de l'*acide pyroligneux* par la distillation sèche du bois. On peut le mettre en évidence en distillant du bois sec et débité en petits fragments, dans une cornue de grès faisant partie d'un appareil distillatoire, tel que celui représenté dans la figure 314 (§ 1321). À mesure que la température s'élève, il se dégage d'abord de la vapeur d'eau, puis des gaz combustibles, que l'on peut enflammer à l'orifice du tube *t*, lorsque l'air a été complètement expulsé de l'appareil. Le récipient B, convenablement refroidi, recueille les produits condensables. On constate que ceux-ci sont composés de goudrons et d'une liqueur aqueuse, colorée en jaune, que l'on peut isoler par filtration sur un papier préalablement mouillé. Cette liqueur est très acide ; neutralisée par la chaux ou par le carbonate de soude, elle donne, après évaporation à sec, des acétates de chaux ou de soude, impurs et colorés (*pyrolignites*).

1368. Vinaigre radical. — La distillation sèche de l'acétate de cuivre donne, par une réaction complexe, de l'acide acétique (Basile Valentin), mélangé d'acétone et de quelques produits pyrogénés ; elle laisse un résidu de cuivre très divisé et de charbon. Elle s'opère dans un appareil à cornue de grès (fig. 314, § 1321). On introduit dans la cornue 60 grammes d'acétate de cuivre cristallisé et on chauffe peu à peu jusqu'au rouge sombre. Il passe de l'acide acétique impur, tandis que des gaz non condensables s'échappent par le tube à dégagement. La décomposition par la chaleur terminée, on purifie le liquide condensé dans le récipient. Ce liquide est coloré en vert par du sel de cuivre entraîné. On le distille (fig. 118 § 222 ou fig. 119, § 223); le sel de cuivre reste dans la cornue et le produit recueilli est incolore. C'est le vinaigre radical. On peut isoler par distillation fractionnée l'acide acétique et l'acétone qui le constituent pour la plus grande partie.

La même expérience, faite avec de l'acétate de cuivre préalablement desséché à 160°, fournit, après séparation de l'acétone, de l'acide acétique cristallisable.

1369. Préparation par l'acétate de soude. — Les acétates sont décomposés par les acides minéraux en donnant des sels à acides minéraux et de l'acide acétique libre :

$$2C^4H^3NaO^4 \quad + \quad S^2H^2O^8 \quad = \quad 2C^4H^4O^4 \quad + \quad S^2Na^2O^8;$$

Acétate de soude.　　　Acide sulfurique.　　　Acide acétique.　　　Sulfate de soude.

$$2C^2H^3NaO^2 \quad + \quad SO^4H^2 \quad = \quad 2C^2H^4O^2 \quad + \quad SO^4Na^2.$$

Dans la cornue d'un appareil distillatoire (fig. 118, § 222 ou fig. 119, § 223), on introduit 7 parties d'acétate de soude cristallisé, puis 3 parties d'acide sulfurique concentré. On chauffe d'abord doucement, afin de dissoudre le sel et d'accomplir la réaction ; on élève ensuite la température, pour distiller l'acide acétique formé et le séparer du sulfate de soude qui reste dans la cornue. L'acétate de soude cristallisant avec 6 équivalents d'eau, cette dernière passe avec l'acide acétique ; on obtient ainsi un liquide qui renferme la moitié de son poids d'eau, et même un peu plus, l'acide sulfurique concentré ordinaire renfermant toujours quelques traces d'eau. Le produit est l'acide commercial, de densité 1,0587, dit à 8° (Baumé). Il est indispensable, surtout vers la fin de la distillation, de modérer l'action de la chaleur pour éviter toute altération de la matière organique.

En remplaçant l'acétate de soude cristallisé par le même sel préalablement desséché ou même fondu (8 parties), et en employant l'acide sulfurique bien concentré (6 parties), on obtient de l'acide acétique ne renfermant pas d'eau mélangée, et cristallisable par refroidissement. Il est bon, dans ce cas, de distiller le produit en mettant à part les portions les plus volatiles ; celles-ci entraînent les traces d'eau apportées par les réactifs imparfaitement dépouillés d'eau.

1370. **Préparation par le bi-acétate de potasse.** — L'acide acétique forme une combinaison avec l'acétate de potasse, le bi-acétate de potasse :

$$C^4H^3KO^4,C^4H^4O^4+6HO \text{ ou } C^2H^3KO^2,C^2H^4O^2+3H^2O.$$

Ce sel peut être desséché à chaud et même porté vers 180°, sans perdre sa seconde molécule d'acide acétique ; il fond à 148° ; il entre en ébullition à 200°, et se dédouble alors en acide acétique, qui distille, et acétate neutre de potasse, qui reste dans la cornue (M. Melsens). Cette propriété est utilisée pour la préparation de l'acide acétique déshydraté et cristallisable, en partant d'acide acétique hydraté.

On opère dans un appareil distillatoire ordinaire (fig. 119, § 223), dont la cornue est munie d'un thermomètre. On introduit dans cette cornue 100 parties d'acétate de potasse avec 150 parties d'acide acétique ordinaire, à 8° Baumé, et on chauffe jusqu'à distillation. L'acide acétique a formé du bi-acétate, de telle sorte que le liquide qui passe est de l'eau entraînant seulement un peu d'acide. Bientôt, lorsque la plus grande partie de l'eau a distillé, la température s'élève rapidement et on recueille un liquide de plus en plus riche en acide. Quand le thermomètre plongé dans le mélange marque 200°, on change le récipient et on recueille dès lors de l'acide acétique non mélangé d'eau et cristallisable. En arrêtant l'opération à 300°, l'acétate neutre de potasse, qui reste dans la cornue, n'est pas altéré ; il peut servir pour une seconde opération, puis pour d'autres semblables.

1371. ACTION DE L'EAU. — L'acide acétique et l'eau se combinent en toutes proportions, en donnant lieu à une contraction. Le maximum de contraction correspond à un liquide contenant de 78 à 79 parties d'acide pour 100 du mélange. La table suivante, qui donne la densité des différents mélanges d'eau et d'acide acétique, fournit le moyen de reconnaître la force d'un acide acétique dilué, dont la densité est connue.

On remarquera cependant que ses indications n'établissent une relation certaine entre la densité et la teneur en acide que pour les mélanges ne renfermant pas au delà de 43 centièmes d'acide. Entre 44 centièmes et 100 centièmes, deux liquides différents, l'un de richesse supérieure au maximum de contraction, l'autre de richesse inférieure, présentent une même densité : c'est ainsi que l'acide à 46 pour 100 et l'acide à 99 pour 100 ont tous deux pour densité 1,0580.

DENSITÉS DES MÉLANGES D'ACIDE ACÉTIQUE ET D'EAU A 15°.

CENTIÈMES d'acide acétique.	DENSITÉS.	CENTIÈMES d'acide acétique.	DENSITÉS.	CENTIÈMES d'acide acétique.	DENSITÉS.	CENTIÈMES d'acide acétique.	DENSITÉS.	CENTIÈMES d'acide acétique.	DENSITÉS.
1	1,0007	21	1,0298	41	1,0533	61	1,0691	81	1,0747
2	1,0022	22	1,0311	42	1,0543	62	1,0697	82	1,0746
3	1,0037	23	1,0324	43	1,0552	63	1,0702	83	1,0744
4	1,0052	24	1,0337	44	1,0562	64	1,0707	84	1,0742
5	1,0067	25	1,0350	45	1,0571	65	1,0712	85	1,0739
6	1,0083	26	1,0363	46	1,0580	66	1,0717	86	1,0736
7	1,0098	27	1,0375	47	1,0589	67	1,0721	87	1,0731
8	1,0113	28	1,0388	48	1,0598	68	1,0725	88	1,0726
9	1,0127	29	1,0400	49	1,0607	69	1,0729	89	1,0720
10	1,0142	30	1,0412	50	1,0615	70	1,0733	90	1,0713
11	1,0157	31	1,0424	51	1,0623	71	1,0737	91	1,0705
12	1,0171	32	1,0436	52	1,0631	72	1,0740	92	1,0696
13	1,0185	33	1,0447	53	1,0638	73	1,0742	93	1,0686
14	1,0200	34	1,0459	54	1,0646	74	1,0744	94	1,0674
15	1,0214	35	1,0470	55	1,0653	75	1,0746	95	1,0660
16	1,0228	36	1,0481	56	1,0660	76	1,0747	96	1,0644
17	1,0242	37	1,0492	57	1,0666	77	1,0748	97	1,0625
18	1,0256	38	1,0502	58	1,0673	78	1,0748	98	1,0604
19	1,0270	39	1,0503	59	1,0679	79	1,0748	99	1,0580
20	1,0284	40	1,0523	60	1,0685	80	1,0748	100	1,0564

1372. ACÉTATES. — L'*acétate de soude* cristallise avec 3 molécules d'eau, $C^4H^3NaO^4 + 3H^2O^2$ ou $C^2H^3Na\Theta^2 + 3H^2\Theta$, sous la forme de prismes rhomboïdaux obliques. Il est soluble dans 3,9 parties d'eau à 6° et dans 1,7 parties à 48°. Il fond à 59°, en un liquide bouillant à 120°. Il est employé comme réactif, et est obtenu pur en faisant cristalliser plusieurs fois le sel incolore du commerce. Il cristallise nettement de sa solution saturée à chaud ; celle-ci contient 1/3 de son poids de sel, bout à 124°, et a pour densité 1,18 (22° Baumé).

L'*acétate neutre de plomb*, appelé aussi *sucre de Saturne* ou *sel de Saturne*, $C^4H^3PbO^4 + 3HO$ ou $(C^2H^3\Theta^2)^2Pb + 3H^2\Theta$, est obtenu en neutralisant l'acide acétique par la litharge. Il forme des prismes rhomboïdaux obliques, efflorescents, solubles dans 2,2 parties d'eau à 15°. On le purifie par cristallisation, en saturant la liqueur jusqu'à ce que, bouillante, elle ait la densité 1,41 (42° Baumé). Il forme avec l'oxyde de plomb de nombreux sels basiques :

$$C^4H^3PbO^4,(PbO,HO);\qquad\qquad C^4H^3PbO^4,2(PbO,HO)\text{; etc.}$$

Acétate de plomb bibasique.   Acétate de plomb tribasique.

$$(C^2H^3O^2)^2Pb,PbO^2H^2;\qquad\qquad (C^2H^3O^2)^2Pb,2PbO^2H^2\text{; etc.}$$

Le *sous-acétate de plomb liquide*, appelé aussi *acétate basique de plomb* ou *extrait de Saturne*, est un réactif très fréquemment usité ; il constitue une solution renfermant plusieurs des sels basiques précités, mais riche surtout en acétate tribasique. On le prépare en chauffant au bain-marie, dans un matras, 30 grammes d'acétate neutre de plomb cristallisé, avec 75 grammes d'eau ; lorsque le sel est dissous, on ajoute 10 grammes de litharge pulvérisée et on continue à chauffer, en agitant, jusqu'à dissolution de l'oxyde ; on laisse refroidir et on filtre. Le produit doit être conservé dans un flacon exactement bouché, l'acide carbonique de l'air précipitant une partie de l'oxyde de plomb qu'il contient (§ 1101).

La préparation peut encore être effectuée par simple contact à froid ; elle est alors lente et exige une macération de quelques jours, pendant lesquels on doit agiter fréquemment.

1373. Réactions. — Les acétates sont presque tous solubles dans l'eau. L'acide sulfurique met leur acide acétique en liberté, sans produire de dégagement gazeux. Les solutions des acétates alcalins précipitent par l'azotate d'argent ; l'acétate d'argent devient cristallin et ne se dissout que dans 100 parties d'eau froide. Les acétates, chauffés avec leur poids d'alcool et une quantité double d'acide sulfurique, donnent de l'éther acétique (§ 1252), reconnaisable à son odeur de pommes. Une solution d'acétate, même très diluée, se colore en rouge intense par le perchlorure de fer. Une trace d'acétate alcalin sec, chauffée au rouge, dans un tube à essais, avec son poids d'anhydride arsénieux, exhale l'odeur repoussante et caractéristique du *cacodyle* ou arséniure de méthyle.

I. — CHLORURE ACÉTIQUE.

$$P.\ mol. : C^4H^3O^2Cl \text{ ou } C^4H^2O^2,HCl = 78,5 = 4\ vol. = CH^3,COCl.$$

1374. *Synonyme* : Chlorure d'acétyle. — *Liquide, incolore*, très mobile, fumant à l'air, découvert par Gerhardt en 1852. — *Densité* : 1,1305 à 0°. — *Point d'ébullition* : 55°. — *Densité de vapeur* : 2,72. — *Décomposé* par l'eau.

1375. Préparation. — Le chlorure acétique se forme dans l'action sur l'acide acétique, libre ou combiné aux bases, du perchlorure de phosphore, du protochlorure de phosphore ou de l'oxychlorure de phosphore (Gerhardt) :

$$PCl^5 \quad + \quad C^4H^4O^4 \quad = \quad C^4H^3O^2Cl \quad + \quad PCl^3O^2 \quad + \quad HCl,$$

Perchlorure de phosphore.	Acide acétique.	Chlorure acétique.	Oxychlorure de phosphore.	Acide chlorhydrique.

$$PCl^5 \quad + \quad C^2H^4O^2 \quad = \quad CH^3,COCl \quad + \quad PCl^3O \quad + \quad HCl;$$

$$PCl^3 \quad + \quad 3C^4H^4O^4 \quad = \quad PO^3,3HO \quad + \quad 3C^4H^3O^2Cl,$$

| Protochlorure de phosphore. | Acide acétique. | Acide phosphoreux. | Chlorure acétique. |

$$PCl^3 \quad + \quad 3C^2H^4O^2 \quad = \quad PO^3H^3 \quad + \quad 3(CH^3,COCl);$$

$$PCl^3O^2 \quad + \quad 3C^4H^4O^4 \quad = \quad 3C^4H^3O^2Cl \quad + \quad PO^5,3HO,$$

| Oxychlorure de phosphore. | Acide acétique. | Chlorure acétique. | Acide phosphorique. |

$$PCl^3O \quad + \quad 3C^2H^4O^2 \quad = \quad 3(CH^3,COCl) \quad + \quad PO^4H^3.$$

L'action du perchlorure de phosphore est extrêmement vive. On préfère généralement employer les deux autres réactifs.

A la tubulure de la cornue C d'un appareil distillatoire (fig. 119, § 223), bien sec, que l'on dispose sur un bain-marie B (fig. 317), on adapte, au moyen d'un bouchon, une ampoule à robinet A. On introduit dans la cornue 9 parties d'acide acétique cristallisable, bien privé d'eau, et dans l'ampoule 6 parties de protochlorure de phosphore. On refroidit aussi bien que possible le réfrigérant RR', puis, ouvrant légèrement le robinet r, on fait tomber goutte à goutte le protochlorure dans l'acide. Il se dégage du gaz chlorhydrique, que l'on dirige à l'extrémité de l'appareil dans une cheminée à tirage énergique. Les deux liquides se mélangent d'abord, mais le produit ne tarde pas à se séparer en 2 couches ; la plus légère contient le chlorure acétique formé. Quand la totalité du

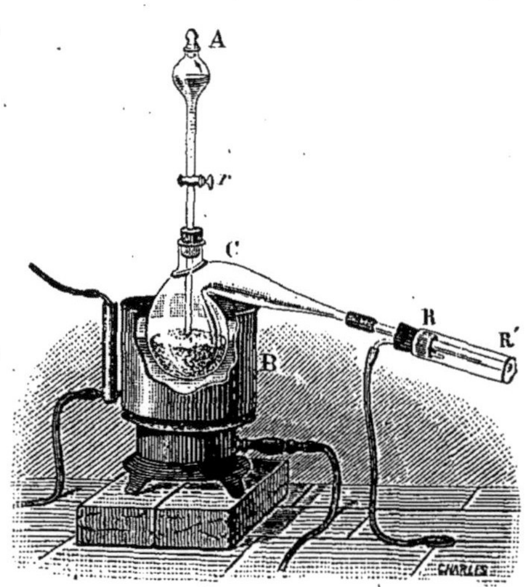

Fig. 317. — Préparation du chlorure acétique.

réactif a été introduite, on chauffe doucement le bain-marie. Il se dégage encore du gaz chlorhydrique, puis le chlorure acétique passe à la distillation. Pour le recueillir, on a disposé à l'extrémité du réfrigérant RR' un ballon tubulé, qui plonge dans l'eau froide. On rectifie le produit, qui est toujours un peu chargé de composés phosphorés, apportés par le protochlorure; on recueille à part ce qui passe entre 50° et 55°. C'est le chlorure acétique.

Quand on opère avec l'oxychlorure de phosphore, ce qui donne un produit plus pur, il vaut mieux substituer l'acétate de soude sec et même fondu, à l'acide acétique. On n'a pas de dégagement de gaz chlorhydrique et, la chaleur produite suffisant pour effectuer la distillation, on supprime le bain-marie. On fait écouler goutte à goutte 154 grammes d'oxychlorure sur 246 grammes de sel. Il est d'ailleurs avantageux que le produit de la réaction distille immédiatement, l'acétate ayant la propriété de le transformer en anhydride acétique (§ 1377). On rectifie ainsi qu'il a été dit plus haut.

L'eau détruit rapidement le chlorure acétique. Lorsqu'on mélange ces liquides froids, le second tombe d'abord au fond du premier, mais il ne tarde pas à réagir et à disparaître :

$$C^4H^3O^2Cl \quad + \quad H^2O^2 \quad = \quad C^4H^4O^4 \quad + \quad HCl;$$

Chlorure acétique.   Eau.   Acide acétique.   Acide chlorhydrique.

$$\mathit{C}H^3,\mathit{C}OCl \quad + \quad H^2O \quad = \quad C^2H^4O^2 \quad + \quad HCl.$$

Ce fait exige que, lors de la préparation du chlorure acétique, l'eau soit exactement éliminée des appareils et des produits.

II. — ANHYDRIDE ACÉTIQUE.

$$P.\ mol. : C^8H^6O^6 \ \text{ou}\ C^4H^3O^2(C^4H^4O^4) = 102 = 4\ vol. = (C^2H^3O)^2O.$$

1376. *Synonymes* : Acide acétique anhydre. — *Liquide, incolore*, très réfringent, à odeur acétique, découvert par Gerhardt en 1853. — *Densité* : 1,0979 à 0°. — *Point d'ébullition* : 138°. — *Densité de vapeur* : 3,47 par rapport à l'air. — *Décomposable par l'eau.*

1377. Préparation. — L'anhydride acétique est le produit de l'action du chlorure acétique sur un acétate (Gerhardt) :

$$C^4H^3O^2Cl \quad + \quad C^4H^3NaO^4 \quad = \quad C^8H^6O^6 \quad + \quad NaCl;$$

Chlorure acétique.   Acétate de soude.   Anhydride acétique.   Chlorure de sodium.

$$\mathit{C}H^3,\mathit{C}OCl \quad + \quad \mathit{C}H^3,\mathit{C}O^2Na \quad = \quad (\mathit{C}H^3,\mathit{C}O)^2O \quad + \quad NaCl.$$

En général, on évite de préparer à l'avance le chlorure acétique ; ce corps (§ 1375) étant le produit de l'action de l'oxychlorure de phosphore sur les acétates alcalins, on le remplace par ses générateurs, et on fait réagir l'oxychlorure de phosphore sur un excès d'acétate alcalin.

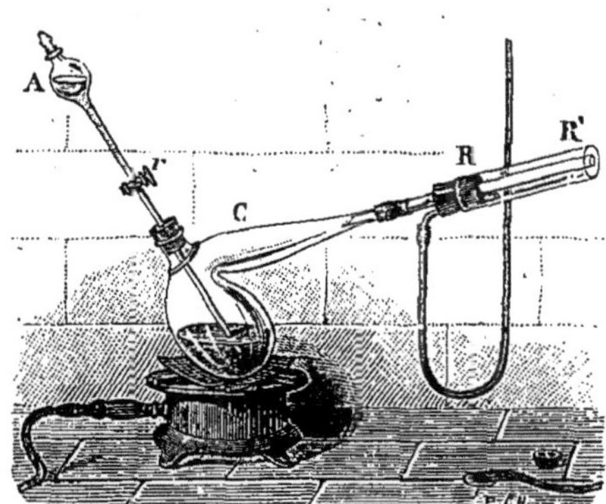

Fig. 318. — Préparation de l'anhydride acétique.

On opère dans une cornue tubulée C (fig. 318), munie d'une ampoule à robinet A, et reliée par son col à un réfrigérant RR' disposé à reflux. Le tube du réfrigérant pénètre assez profondément dans le col de la cornue pour que le bouchon percé ou l'anneau de caoutchouc, qui les réunit, ne soit pas détruit rapidement par les réactifs. On introduit dans la cornue 12 à 13 parties d'acétate de soude bien desséché, ou fondu et pulvérisé, puis, goutte à goutte, au moyen de l'ampoule à robinet, 5 parties d'oxychlorure de phosphore. La réaction productrice du chlorure acétique s'effectue immédiatement et le mélange s'échauffe.

$$PCl^3O^2 \quad + \quad 3C^4H^3NaO^4 \quad = \quad 3C^4H^3O^2Cl \quad + \quad PO^5,3NaO;$$

Oxychlorure de phosphore.   Acétate de soude.   Chlorure acétique.   Phosphate trisodique.

$$PCl^3O \quad + \quad 3C^2H^3O^2Na \quad = \quad 3[\mathit{C}H^3,\mathit{C}OCl] \quad + \quad PO^4Na^3.$$

Dès que l'action s'est calmée, on allume le gaz sous la cornue et on chauffe très doucement, de manière à maintenir une légère ébullition. Le chlorure acétique ne peut s'échapper, parce qu'il est ramené constamment dans l'appareil par le réfrigérant ; il réagit sur l'acétate en excès et forme de l'anhydride. Après une heure de contact, on arrête le feu, on incline l'appareil en sens contraire, et on distille le produit que l'on recueille dans un vase bien sec. On obtient ainsi 2 parties environ d'anhydride pour 3 parties d'oxychlorure employé.

Le protochlorure de phosphore peut servir également dans cette préparation. On en fait intervenir 1 partie pour 2 parties d'acétate de soude sec. L'opération est d'ailleurs conduite comme avec l'oxychlorure.

Dans les deux cas, pour purifier l'anhydride acétique, on le redistille sur de l'acétate alcalin (1/5 de son poids), parfaitement sec et pulvérisé. On recueille ce qui passe entre 132° et 140°.

III. — ACIDE ACÉTIQUE MONOCHLORÉ.

$$P.\ mol.\ :\ C^4H^3ClO^4 = 94,5 = 4\ vol. = \text{Ꮯ}^2H^3Cl\text{Ꮎ}^2 \text{ ou } \text{Ꮯ}H^2Cl,\text{ᏟᎾ}^2H.$$

1378. *Synonyme* : Acide monochloracétique. — *Acide monobasique, cristallisé* en prismes rhomboïdaux, découvert par F. Le Blanc en 1844. — *Point de fusion : 63°.* — *Point d'ébullition :* 187°. — *Solubilité* dans l'eau considérable ; déliquescent. — *Très corrosif.*

1379. PRÉPARATION. — En présence de l'iode, qui ne joue dans la réaction que le rôle d'intermédiaire par formation de chlorure d'iode aux dépens duquel il est constamment régénéré, le chlore agit sur l'acide acétique pour produire des dérivés de substitution chlorée, et en premier lieu l'acide acétique monochloré (H. Müller) :

$$\underset{\substack{\text{Acide}\\\text{acétique.}}}{C^4H^4O^4} \ + \ \underset{\text{Chlore.}}{Cl^2} \ = \ \underset{\substack{\text{Acide}\\\text{acétique chloré.}}}{C^4H^3ClO^4} \ + \ \underset{\substack{\text{Acide}\\\text{chlorhydrique.}}}{HCl};$$

$$\text{Ꮯ}H^3,\text{ᏟᎾ}^2H \ + \ Cl^2 \ = \ \text{Ꮯ}H^2Cl,\text{ᏟᎾ}^2H \ + \ HCl.$$

La réaction ne s'effectue aisément qu'avec l'acide acétique pris à une concentration bien déterminée.

On opère dans une cornue tubulée, de 1/2 litre, munie d'un réfrigérant disposé à reflux, et placée sur un fourneau à gaz. On y introduit 250 grammes d'acide acétique cristallisable, étendu d'eau jusqu'à ce qu'il ait la densité 1,065, c'est-à-dire additionné de 5 à 6 p. 100 d'eau ; on ajoute 25 grammes d'iode, puis on chauffe le liquide de manière à produire une lente ébullition. Par un tube fixé à la tubulure de la cornue on fait arriver un courant de chlore (§ 651), qu'on a desséché en le faisant passer dans un flacon laveur contenant de l'acide sulfurique concentré et dans un vase garni de chlorure de calcium sec. La réaction s'effectue et du gaz chlorhydrique se dégage par l'extrémité ouverte du réfrigérant ; une certaine quantité de chlore non absorbé se dégage en même temps ; on dirige ces gaz dans une cheminée à tirage énergique ou dans un tube de verre vertical dont les parois sont mouillées par un courant d'eau descendant, se rendant à une bouche d'égout et produisant une aspiration à peine sensible.

Lorsque l'action a été prolongée pendant un temps suffisant, lorsque la quantité d'acide chlorhydrique dégagé a indiqué la production d'une quantité suffisante d'acide chlorosubstitué, on enlève le tube d'arrivée du chlore, on fixe un thermomètre à la tubulure de la cornue, on incline le réfrigérant en sens contraire, et on distille le contenu de la cornue. Les portions qui passent avant 140° sont de l'acide acétique contenant fort peu de dérivé chloré; elles pourront être de nouveau soumises à l'action du chlore. Entre 140° et 190°, on recueille l'acide monochloracétique brut. Celui-ci cristallise en grande partie quand on le refroidit vers 0° dans l'eau glacée. On essore les cristaux à la trompe sur un tampon d'amiante, et on les distille une dernière fois, en recueillant ce qui bout entre 184° et 188°. Quant au liquide qu'on en a séparé, une nouvelle distillation fractionnée permet d'en retirer encore de l'acide monochloracétique. Les parties du produit primitif qui bouillent au delà de 190° sont chargées d'acide acétique bichloré et trichloré.

L'acide acétique monochloré obtenu ainsi au moyen de l'iode, contient toujours un peu d'acide iodacétique, que la lumière décompose en donnant de l'iode libre qui colore le produit.

L'action directe du chlore sur l'acide acétique cristallisable permet d'obtenir de l'acide acétique chloré dépourvu de cette impureté. Elle a cependant le désavantage de ne s'opérer un peu rapidement que sous l'action directe des rayons solaires. On opère comme lorsqu'on emploie l'iode, mais avec de l'acide non chargé d'eau, et on expose la cornue en plein soleil; la substitution s'effectuant surtout dans la vapeur, il est bon de prendre une cornue de dimensions relativement grandes.

IV. — ACIDE ACÉTIQUE TRICHLORÉ.

$$P.\,mol.: C^4HCl^3O^4 = 163,5 = 4\,vol. = C^2HCl^3O^2 \text{ ou } CCl^3, CO^2H.$$

1380. *Synonyme* : Acide trichloracétique. — *Acide monobasique, cristallisé* en rhomboèdres, découvert par Dumas en 1839. — *Point de fusion* : 52°. — *Point d'ébullition* : 195°. — *Très soluble* dans l'eau; déliquescent.

1381. PRÉPARATION. — Le chloral ou aldéhyde trichloré fournit par oxydation l'acide trichloracétique (Kolbe) :

$$C^4HCl^3O^2 \quad + \quad O^2 \quad = \quad C^4HCl^3O^4;$$

Chloral.   Oxygène.   Acide
acétique trichloré.

$$CCl^3, COH \quad + \quad O \quad = \quad CCl^3, CO^2H.$$

La transformation s'opère aisément en faisant agir l'acide azotique sur l'hydrate de chloral (M. Clermont).

Dans un ballon de 375 centimètres cubes, on introduit 100 grammes d'hydrate de chloral cristallisé, que l'on liquéfie en chauffant très doucement le ballon; au produit liquide, mais non surchauffé, on ajoute 40 grammes d'acide azotique fumant, et on chauffe doucement jusqu'à ce que des vapeurs rutilantes, en se dégageant, dénoncent le commencement de l'oxydation. On supprime aussitôt le feu et on abandonne le mélange à lui-même dans un endroit où les vapeurs rutilantes qu'il dégage ne sont pas susceptibles de gêner. La réaction se continue spontanément : elle est achevée lorsque les vapeurs vitreuses cessent de se dégager.

On soumet alors le produit à la distillation dans un appareil muni d'un thermomètre (§ 1275, fig. 312). Jusque vers 125°, il passe surtout de l'acide azotique; au delà, on recueille un mélange de cet acide et d'acide trichloracétique. Ce dernier passe presque seul à partir de 190°; on le recueille à part et il se solidifie dans le récipient.

Le mélange recueilli entre 125° et 190°, chauffé avec l'acide azotique, s'oxyde et fournit ensuite à la distillation une nouvelle quantité de produit.

On obtient ainsi environ 60 grammes d'acide trichloracétique. Le rendement est un peu plus élevé quand, au lieu de provoquer par la chaleur l'oxydation rapide du chloral hydraté, on laisse réagir peu à peu, pendant plusieurs jours, à une douce température, un mélange de 1 partie d'hydrate de chloral et de 3 parties d'acide azotique fumant. On isole l'acide trichloracétique par distillation, ainsi qu'il vient d'être dit.

C. — Acide valérianique ordinaire.

$P. mol.$: $C^{10}H^{10}O^4$ ou $C^{10}H^9O^3,HO = 102 = 4\,vol. = C^5H^{10}O^2$ ou $(CH^3)^2,CH,CH^2,CO^2H$

1382. *Synonymes* : Acide valérianique de la valériane, acide delphinique, acide phocénique, acide isovalérianique, acide valérique, acide isopropylacétique. — *Acide monobasique, liquide*, incolore, huileux, à odeur forte et caractéristique, découvert par Chevreul en 1817. — *Densité* : 0,9467 à 0°. — *Point d'ébullition* : 176°,3. — *Peu soluble* dans l'eau ; miscible à l'alcool et à l'éther.

1383. Préparation. — L'oxydation de l'alcool amylique de fermentation fournit un acide valérianique, identique à celui de la valériane (Dumas et Stas) :

$$C^{10}H^{12}O^2 \quad + \quad O^4 \quad = \quad C^{10}H^{10}O^4 \quad + \quad H^2O^2;$$
Alcool amylique.   Oxygène.   Acide valérianique.   Eau.

$$C^5H^{11},OH \quad + \quad O \quad = \quad C^5H^{10}O^2 \quad + \quad H^2O.$$

L'oxydant qui donne les meilleurs résultats est l'acide chromique.

On opère dans un ballon muni d'un réfrigérant disposé à reflux (fig. 311, § 1273). On place dans le ballon 2 parties d'eau, on ajoute, en agitant sans cesse, d'abord 6 parties d'acide sulfurique, puis 2 parties d'alcool amylique. Après refroidissement, on introduit en plusieurs fois dans le mélange une bouillie homogène, faite avec 5 parties de bichromate de potasse pulvérisé et 9 parties d'eau. On maintient le tout en ébullition pendant une heure, en chauffant quelque temps puis en laissant refroidir à chaque nouvelle addition. L'acide valérianique formé reste mélangé à l'alcool amylique non attaqué, à de l'aldéhyde valérianique, $C^{10}H^{10}O^2$ ou $C^5H^{10}O$, provenant d'une oxydation incomplète, et à de l'éther amylvalérianique. On incline ensuite le réfrigérant en sens contraire et on distille : les produits précités passent avec de l'eau. On ajoute peu à peu au mélange distillé une solution de carbonate de soude, jusqu'à ce qu'il conserve, après agitation, une réaction alcaline. L'acide valérianique passe, sous forme de sel de soude, dans la liqueur aqueuse. Quant à l'huile qui surnage et qui est composée des autres produits, on peut la transformer en acide valérianique en la soumettant de la même manière à un second traitement oxydant.

On sépare la solution de valérianate de soude, on la filtre et, dans un petit appareil distillatoire, on la décompose par un excès d'acide sulfurique, puis on distille. L'acide valérianique passe avec la vapeur d'eau. On le sépare de l'eau condensée qu'il surnage et, pour le purifier, on le rectifie en recueillant à part le liquide bouillant entre 172° et 180°.

La même opération peut être faite dans un appareil distillatoire fort simple (fig. 118, § 222), mais il est alors nécessaire de cohober à plusieurs reprises, afin de compléter l'oxydation du produit.

1384. VALÉRIANATE D'AMMONIAQUE. — En neutralisant l'acide valérianique par l'ammoniaque étendue de 2 fois son volume d'eau, ajoutant un léger excès d'ammoniaque, évaporant jusqu'en consistance sirupeuse, rendant de nouveau la liqueur alcaline par quelques gouttes d'ammoniaque et l'abandonnant à elle-même pendant plusieurs jours, on obtient des cristaux de valérianate d'ammoniaque. La liqueur qui les fournit peut encore être préparée en agitant avec de l'ammoniaque le produit direct de l'oxydation de l'alcool amylique par l'acide chromique (§ 1383), isolant la liqueur aqueuse, et la concentrant comme il vient d'être dit.

Toutefois, le valérianate d'ammoniaque bien cristallisé ne s'obtient aisément que par l'action du gaz ammoniac sec sur l'acide valérianique liquide. On étend cet acide en couche mince sur une assiette que l'on recouvre d'une cloche à douille, puis, par un tube traversant un bouchon percé qui ferme cette dernière ouverture, on fait arriver lentement à la surface du liquide un courant de gaz ammoniac bien desséché (§ 583). Le liquide ne tarde pas à se prendre en une masse de cristaux prismatiques, incolores, très hygroscopiques.

D. — Acides des graisses.

I. — SAVONS.

1385. Les graisses végétales et animales sont principalement formées par les éthers glycériques des acides gras à poids moléculaires élevés, et par ceux de l'acide oléique $C^{36}H^{34}O^4$ ou $C^{18}H^{34}O^2$. Lorsqu'on traite ces graisses par les oxydes métalliques, en présence de l'eau, les éthers qui les composent sont *saponifiés*, de la glycérine est mise en liberté (§ 1288) et l'acide oléique, ainsi que l'acide stéarique $C^{36}H^{36}O^4$ ou $C^{18}H^{36}O^2$, l'acide palmitique $C^{32}H^{32}O^4$ ou $C^{16}H^{32}O^2$, etc., passent à l'état de sels de l'oxyde métallique. C'est le mélange de ces différents sels qui constitue les *savons*. La composition d'un savon varie donc, non seulement avec la nature de l'oxyde métallique, mais aussi avec celle de la graisse dont il provient. On voit par là qu'un savon est un mélange et non pas un composé défini; c'est, à proprement parler, un produit industriel qui retient le plus souvent des matières étrangères aux sels précités, de la glycérine et des oxydes métalliques principalement.

Les savons alcalins sont solubles dans l'eau, les autres sont insolubles. Les savons de potasse sont mous; ceux de soude sont durs.

1386. SAVON DE SOUDE ORDINAIRE. — On verse dans une capsule de porcelaine 63 grammes d'huile d'amandes douces ou d'huile d'olives, et on y ajoute peu à peu, en agitant soigneusement, 30 grammes de lessive des savonniers (§ 829), de manière à former une masse homogène. On abandonne cette dernière dans un local à température douce, en ayant soin de l'agiter de temps en temps avec une baguette de verre. Le mélange prend peu à peu de la consistance et se change lentement en une pâte molle ; en le laissant alors en repos, il ne tarde pas à se solidifier et à former un pain dur et incolore, présentant la forme du vase dans lequel on l'a abandonné. Ce savon retient un excès d'alcali ; il est également mélangé de la totalité de la glycérine qui entrait dans la constitution du corps gras employé.

La saponification à froid exige beaucoup de temps. On peut opérer plus rapidement en faisant intervenir la chaleur. On chauffe dans une marmite de fonte, bien décapée, l'huile et la lessive des savonniers, prises dans les proportions indiquées et additionnées de 100 grammes d'eau ; on porte à l'ébullition, que l'on maintient pendant une heure et demie ou deux heures, en ayant soin de remplacer fréquemment l'eau qui s'évapore et de maintenir constant le volume du mélange. La saponification est terminée lorsqu'une prise d'essai se dissout complètement dans l'eau. Il suffit alors de laisser refroidir le produit.

Le savon de soude est insoluble dans l'eau chargée de chlorure de sodium. Cette propriété est utilisée pour séparer le savon de la glycérine et des alcalis en excès (*savon de Marseille*). A cet effet, on pratique la saponification à chaud, ainsi qu'il vient d'être dit, puis, lorsqu'elle est reconnue complète, on ajoute au mélange en ébullition 25 grammes de sel marin. Le sel se dissout et précipite le savon, qui vient former à la surface du bain une couche huileuse. On laisse refroidir. On sépare le savon solidifié, et on le fond, en le chauffant au bain-marie, dans une capsule de porcelaine. On le verse enfin dans une capsule faite avec une feuille de papier dont on a relevé les bords ; il s'y solidifie.

1387. Savons divers. — Une solution de savon de soude précipite les solutions de tous les sels autres que les sels alcalins. Les précipités sont les savons des divers métaux. C'est ainsi qu'une eau naturelle calcaire donne par l'eau de savon un précipité de savon de chaux.

Le savon de plomb constitue l'emplâtre simple ; il peut être obtenu par l'action directe de l'oxyde de plomb sur les corps gras (§ 1288).

Les savons des métaux supérieurs ne sont pas mouillés par l'eau. On profite de cette propriété pour rendre imperméables certaines étoffes : un morceau de toile, que l'on a imbibé d'une solution étendue de sulfate de cuivre, et que l'on plonge, après dessiccation, dans de l'eau de savon, se recouvre d'un précipité vert de savon de cuivre, qui, après lavage à l'eau et séchage, le rend imperméable.

II. — ACIDE OLÉIQUE.

$$P.\ mol. : C^{36}H^{34}O^4 = 282 = C^{18}H^{34}O^2.$$

1388. *Acide monobasique*, liquide, découvert par Chevreul. — *Solidifiable* au-dessous de 0° ; *fond* ensuite à + 14°. — Très oxydable.

1389. Transformation en acide élaïdique. — Au contact de l'acide

azoteux, l'acide oléïque se transforme rapidement en un isomère solide
et cristallisable, l'*acide élaïdique.*

On place 20 grammes d'acide oléique dans un petit col droit refroidi,
et on fait arriver dans le liquide, au moyen d'un tube de verre, un
courant de gaz chargé de vapeurs nitreuses. Celui-ci se produit simplement en attaquant dans un matras de 90 centimètres cubes une dizaine
de grammes de tournure de cuivre par l'acide azotique. Après quelques minutes seulement d'arrivée des composés oxygénés de l'azote,
on arrête l'expérience et on abandonne l'acide oléique à lui-même
dans un lieu froid : il ne tarde pas à donner des cristaux d'acide élaïdique, qui solidifient peu à peu le produit.

Pour purifier l'acide élaïdique, on essore la masse entre quelques
doubles de papier buvard, en évitant toute élévation de température.
On fait bouillir le produit solide avec de l'eau qui dissout les acides oxygénés de l'azote, on sépare la matière insoluble dans l'eau, on la
dissout dans le moins possible d'alcool bouillant ; l'acide élaïdique cristallise par le refroidissement de la liqueur filtrée. On essore les cristaux
et on les sèche à basse température.

E. — Acide benzoïque.

$$P.\,mol. : C^{14}H^6O^4 \text{ ou } C^{14}H^5O^3,HO = 122 = C^6H^5,CO^2H.$$

1390. *Synonymes* : Fleurs de benjoin, sel de benjoin. — *Acide monobasique*, incolore,
inodore, *cristallisé* en lamelles brillantes, observé en 1608 par Blaise de Vigenère.
— *Densité* : 1,201 à 21°. — *Point de fusion* : 121°. — *Point d'ébullition* : 249°. —
Se sublime avant de bouillir. — *Solubilité* : 1 partie dans 640 parties d'eau à 0° ;
dans 45,5 parties à 75° ; très soluble dans l'alcool et dans l'éther.

1391. EXTRACTION DU BENJOIN. — Par simple sublimation (§ 251,
fig. 132), le benjoin fournit de l'acide benzoïque incolore, bien cristallisé, auquel des matières étrangères communiquent une odeur
agréable. Toutefois le produit ainsi obtenu n'est qu'une faible partie de
l'acide contenu dans le benjoin et le procédé suivant doit être préféré :

On pulvérise 50 grammes de benjoin, on les délaye dans 300 grammes
d'eau avec 20 grammes de chaux éteinte, et on chauffe à l'ébullition,
pendant une demi-heure, dans une capsule de porcelaine. On verse le
tout sur un filtre. Après égouttage, on introduit dans la même capsule
le filtre avec le résidu solide qu'il retient, on ajoute 250 grammes
d'eau et on chauffe à l'ébullition pendant une demi-heure, puis on
filtre. On réunit les liqueurs filtrées, on les neutralise par l'acide chlorhydrique, on ajoute quelques grammes d'acide chlorhydrique en excès,
de manière à donner au mélange une réaction fortement acide, et on
laisse refroidir. La chaux ayant donné, avec l'acide benzoïque du
benjoin, du benzoate de chaux soluble, l'acide chlorhydrique décompose ce sel, forme du chlorure de calcium et sépare l'acide benzoïque,
qui se dépose presque complètement pendant le refroidissement. Le
produit cristallisé, que l'on recueille sur un filtre, est coloré par des
traces de matières résineuses. On le lave avec quelques gouttes d'eau

froide, puis on le dissout, en le chauffant au bain-marie, dans un petit matras, avec le moins possible d'alcool bouillant. Après refroidissement et cristallisation, on décante l'eau mère, on égoutte les cristaux et on les sèche à l'air entre deux feuilles de papier à filtrer.

1392. Préparation par oxydation du toluène. — Par fixation d'oxygène, le toluène se change en acide benzoïque (H. Sainte-Claire Deville) :

$$C^{14}H^8 \quad + \quad 6O \quad = \quad C^{14}H^6O^4 \quad + \quad H^2O^2 ;$$

Toluène.   Oxygène.   Acide benzoïque.   Eau.

$$C^7H^8 \quad + \quad 3O \quad = \quad C^6H^5,CO^2H \quad + \quad H^2O.$$

Le mode opératoire suivant (M. de Laire) permet de réaliser très simplement cette réaction :

On chauffe vers 60°, dans un matras de un litre et demi, 500 grammes d'eau, 15 grammes de permanganate de potasse et 15 grammes d'acide acétique (D = 1,0587 ou 8° Baumé). On projette dans le mélange, par petites portions, une pâte préparée rapidement avec 30 grammes de craie en poudre fine et 10 grammes de toluène ; après chaque addition, on agite vivement le matras. L'introduction du toluène doit durer environ une demi-heure, pendant laquelle la température est maintenue entre 60° et 70°. On continue ensuite à chauffer dans les mêmes conditions pendant deux heures et demie, en ayant soin de répéter de temps en temps les agitations. Enfin on porte à l'ébullition, que l'on maintient pendant une demi-heure. La plus grande partie du permanganate est alors décomposée, bien que la liqueur conserve encore la teinte violette caractéristique ; on achève sa décomposition en versant quelques gouttes d'alcool dans le liquide en ébullition. On filtre bouillant et on additionne la solution limpide, qui contient du benzoate de potasse, de 10 grammes d'acide chlorhydrique : l'acide benzoïque cristallise incolore pendant le refroidissement. Avec les quantités indiquées, on obtient ainsi 2 grammes et demi de cristaux, tandis que l'oxyde de manganèse précipité, le filtre et les eaux mères en retiennent encore 1 gramme et demi environ.

Le carbonate de chaux ne sert qu'à diviser le toluène et à lui donner une grande surface de contact avec la solution oxydante ; ce sel se dissout dans l'acide acétique. Lorsqu'on le supprime, l'opération est beaucoup plus lente, ou exige une agitation constante.

F. — Acide cinnamique.

P. mol. : $C^{18}H^8O^4$ ou $C^{18}H^7O^3,HO = 148 = C^6H^5,CH,CH,CO^2H.$

1393. *Acide monobasique,* étudié par Dumas et Peligot. — *Prismes rhomboïdaux obliques.* — *Point de fusion :* 133°. — *Point d'ébullition :* 300°. — *Solubilité* faible dans l'eau froide, grande dans l'eau bouillante et dans l'alcool.

1394. Préparation. — Chauffé avec de l'acétate de soude, l'aldéhyde benzoïque fournit du cinnamate de soude (M. Perkin) :

$$C^{14}H^6O^2 \quad + \quad C^4H^3NaO^4 \quad = \quad C^{18}H^7NaO^4 \quad + \quad H^2O^2 ;$$

Aldéhyde benzoïque.　　　Acétate de soude.　　　Cinnamate de soude.　　　Eau.

$$\mathrm{C^6H^5,\Theta CH} \quad + \quad \mathrm{CH^3,C\Theta^2Na} \quad = \quad \mathrm{C^6H^5,CH,CH,C\Theta^2Na} \quad + \quad \mathrm{H^2\Theta.}$$

On pulvérise finement 25 grammes d'acétate de soude fondu et on les mélange, dans un ballon de 850 centimètres cubes, avec 50 grammes d'aldéhyde benzoïque et 75 grammes d'anhydride acétique. On adapte au col du ballon un réfrigérant disposé à reflux et on plonge le ballon dans un bain d'huile. On chauffe vers 180°, de façon à produire une douce ébullition du mélange ; on maintient cette température pendant huit heures. La réaction s'accomplit et l'anhydride acétique absorbe l'eau formée pour se changer en acide acétique. On sort alors le ballon du bain d'huile, et, dans la masse encore chaude, on verse quatre fois son poids d'eau. On dispose ensuite le ballon sur un fourneau à gaz, on incline le réfrigérant en sens contraire et on porte le liquide à l'ébullition. La vapeur d'eau entraîne l'aldéhyde benzoïque qui n'a pas réagi ; en même temps l'eau transforme en acide acétique l'anhydride subsistant. Lorsque la liqueur distillée est limpide et ne contient plus d'aldéhyde, le résidu est formé par un liquide aqueux tenant en suspension une huile brune. On ajoute à chaud de la soude jusqu'à alcalinité persistante, on filtre bouillant et on ajoute de l'acide chlorhydrique en excès à la solution limpide, chargée de cinnamate de soude. Par refroidissement, l'acide cinnamique cristallise. Après vingt-quatre heures, on essore les cristaux à la trompe sur un tampon de coton, on les lave avec fort peu d'eau froide, et on les fait cristalliser de nouveau par dissolution dans l'eau bouillante et refroidissement.

Le rendement atteint 60 p. 100 du poids de l'aldéhyde benzoïque employé.

<h3 align="center">G. — Acide oxalique.</h3>

$$P.\ mol.: C^4H^2O^8 \text{ ou } C^4O^6,2HO = 90 = \mathrm{C^2H^2\Theta^4} \text{ ou } \mathrm{C\Theta^2H,C\Theta^2H.}$$

1395. *Synonymes :* Acide saccharin, acide oxalhydrique. — *Acide bibasique*, incolore, inodore, cristallisant dans l'eau en *prismes rhomboïdaux obliques*, contenant 4 équivalents d'eau de cristallisation, $C^4H^2O^8 + 4HO$ ou $\mathrm{C^2H^2\Theta^4 + 2H^2\Theta}$, observé en 1773 par Savary, étudié par Scheele en 1784. — *Densité :* 1,629 à 18°,5. — *Fusible* à 98° dans son eau de cristallisation. — Devenant *anhydre* par dessiccation à 100° ; cristallisant sans eau dans l'acide sulfurique ; fondant alors à 212°. — *Solubilité :* 5,2 parties dans 100 parties d'eau à 0° ; 8 parties à 10° ; 13,9 parties à 20° ; soluble dans l'alcool.

1396. Synthèse. — L'acétylène, lorsqu'on l'oxyde dans certaines conditions, se change en acide oxalique (M. Berthelot) :

$$C^4H^2 \quad - \quad 80 \quad = \quad C^4H^2O^8 ;$$

Acétylène.　　　Oxygène.　　　Acide oxalique.

$$\mathrm{C^2H^2} \quad - \quad 4\Theta \quad = \quad \mathrm{C^2H^2\Theta^4.}$$

On remplit d'acétylène gazeux (§ 1174), un flacon de 300 à 500 centimètres cubes, on le bouche, on le redresse, puis on remplace rapidement son bouchon par un autre, disposé à l'avance, et traversé par le tube d'une ampoule à robinet (fig. 299, § 1177), dont le robinet se trouve fermé. On verse alors dans l'ampoule une solution saturée de permanganate de potasse, additionnée de 1/10 de son volume de lessive de soude caustique. On ouvre légèrement le robinet, puis on soulève le bouchon pendant un temps très court, de manière à faire pénétrer dans le flacon 1 ou 2 centimètres cubes de réactif, et on referme immédiatement. La liqueur violette se réduit, devient verte (manganate), puis se trouble et devient ocreuse par le dépôt d'oxyde de manganèse. En même temps, l'acétylène étant absorbé, un vide partiel se produit dans le flacon, et le réactif y pénètre facilement dès qu'on vient à entr'ouvrir le robinet. On ajoute du permanganate tant que ce composé se trouve détruit. On recueille ensuite le mélange liquide, on le verse sur un filtre, on acidule la liqueur claire par l'acide acétique, et on constate qu'elle fournit un précipité abondant d'oxalate de chaux quand on l'additionne de chlorure de calcium.

1397. Préparation par oxydation du sucre. — Les hydrates de carbone, en général, donnent en abondance de l'acide oxalique quand on les oxyde par l'acide azotique dilué (Bergmann).

On opère dans un appareil distillatoire, monté sans bouchons que l'acide azotique attaquerait rapidement (fig. 250, § 578). On introduit dans une cornue de 500 centimètres cubes 30 grammes de sucre de canne, de glucose, de mélasse ou d'amidon, avec 240 grammes d'acide azotique de densité 1,23. On obtient un acide de concentration convenable en mélangeant 173 grammes d'acide azotique à 36° Baumé $(D = 1,332)$ avec 67 grammes d'eau, ou bien 148 grammes d'acide azotique à 40° Baumé $(D = 1,383)$ avec 92 grammes d'eau. On chauffe très doucement pour commencer la réaction. Du bioxyde d'azote et du gaz carbonique se dégagent en abondance. Le meilleur rendement s'obtient lorsqu'on maintient la température au voisinage de 50°; on ne doit donc pas provoquer la distillation du liquide. Lorsque le dégagement gazeux cesse de se produire à la température indiquée, ce qui exige un certain temps, on distille le liquide resté dans la cornue, de manière à réduire la masse à 1/6 environ de son volume primitif, on transvase le résidu dans une capsule de porcelaine et on le laisse cristalliser par refroidissement. On décante l'eau mère, on l'évapore de nouveau au bain-marie, jusqu'à commencement de cristallisation, et on laisse cristalliser une seconde fois par refroidissement.

On réunit les cristaux égouttés provenant des deux opérations, on les essore et on les redissout à l'ébullition, dans le moins d'eau possible ; après filtration à chaud et refroidissement, on obtient de l'acide oxalique cristallisé, qui ne retient qu'une petite proportion d'acide azotique. On en recueille ainsi un poids sensiblement égal à la moitié de celui du sucre ou de l'amidon employés. Pour avoir de beaux cristaux, on concentre les solutions bouillantes jusqu'à la densité 1,1 (13° Baumé).

L'acide oxalique précipite les sels de chaux en solution très étendue et même le sulfate de chaux ; le précipité est soluble dans l'acide chlorhydrique, mais insoluble dans l'acide acétique.

1398. Purification. — L'acide oxalique du commerce étant obtenu aujourd'hui en oxydant la cellulose du bois au moyen des hydrates alcalins en fusion, sa purification par des cristallisations répétées ne fournit pas un produit pur, à cause de la faible solubilité des oxalates acides des métaux alcalins ; ces derniers se déposent surtout avec les premiers cristaux d'acide qui se forment.

Profitant de cette observation, pour opérer la purification, on dissout, à la température du bain-marie, l'acide à purifier dans une quantité d'eau telle qu'il se dépose, par refroidissement, 1/5 environ du produit traité ; ce dépôt retient sensiblement la totalité des oxydes alcalins. A cet effet, on dissout 1 partie d'acide oxalique dans 8 parties d'eau chaude, et on laisse cristalliser. L'eau mère est ensuite évaporée dans une capsule de porcelaine et réduite au quart de son volume ; elle fournit après refroidissement des cristaux d'acide oxalique à peu près dépourvus de matières minérales. On les purifie complètement par une ou deux nouvelles cristallisations (M. Maumené).

Les cristaux purs, chauffés sur la lame de platine, ne doivent pas laisser de résidu.

H. — Acide succinique.

$$P.\ mol. : C^8H^6O^8 \text{ ou } C^8H^6(O^4)(O^4) = 118 = \text{Ꞓ}\text{Ꝋ}^2H,\text{Ꞓ}H^2,\text{Ꞓ}H^2,\text{Ꞓ}\text{Ꝋ}^2H.$$

1399. *Synonyme :* Sel de succin. — *Acide bibasique, cristallisé* en prismes rhomboïdaux, dépourvus d'eau de cristallisation. — *Densité :* 1,552. — *Point de fusion :* 180°. — *Point d'ébullition :* 235° avec décomposition en eau et anhydride. — *Soluble* dans 19 parties d'eau à 15°; dans 0,83 parties à 100°.

1400. PRÉPARATION PAR FERMENTATION DE L'ACIDE TARTRIQUE. — Sous l'influence de certains ferments, l'acide tartrique, à l'état de sel ammoniacal, se détruit dans une réaction complexe, dont les produits principaux sont l'acide acétique et l'acide succinique (M. F. Kœnig) :

$$2C^8H^6O^{12} = 2C^4H^4O^4 + 4C^2O^4 + 2H^4,$$

| Acide tartrique. | Acide acétique. | Gaz carbonique. | Hydrogène. |

$$2\text{Ꞓ}^4H^6\text{Ꝋ}^6 = 2\text{Ꞓ}^2H^4\text{Ꝋ}^2 + 4\text{Ꞓ}\text{Ꝋ}^2 + 2H^2;$$

$$C^8H^6O^{12} + 2H^2 = C^8H^6O^8 + 2H^2O^2,$$

| Acide tartrique. | Hydrogène. | Acide succinique. | Eau. |

$$\text{Ꞓ}^4H^6\text{Ꝋ}^6 + 2H^2 = \text{Ꞓ}^4H^6\text{Ꝋ}^4 + 2H^2\text{Ꝋ}.$$

On prépare une solution de tartrate d'ammoniaque, additionnée de quelques sels destinés à servir de nourriture complémentaire au ferment. Dans ce but, on dissout dans l'eau 500 grammes d'acide tartrique, on neutralise par l'ammoniaque et on complète avec de l'eau 10 litres de liqueur. On ajoute à celle-ci 5 grammes de phosphate de potasse, 2,5 grammes de sulfate de magnésie et 2 grammes de chlorure de calcium. Pour se procurer le ferment, agent de la transformation dont il s'agit, on prélève une petite quantité de la liqueur obtenue, on la dilue de 5 fois son volume d'eau de rivière et on l'abandonne à elle-même dans un matras ouvert ; au bout de quelques jours, elle se trouble et se garnit de bactéries. On ajoute alors la liqueur ainsi préparée à la solution plus concentrée placée dans un grand flacon, que l'on ferme avec un bouchon portant un tube effilé, et que l'on expose dans un local chauffé de 25° à 30°. Des gaz se dégagent et peu à peu l'acide tartrique diminue de quantité dans la liqueur. Après deux mois environ, cet acide a totalement disparu. On évapore le liquide, ce qui entraîne la volatilisation d'une certaine quantité de carbonate d'ammoniaque, et on y projette par petites quantités de l'eau albumineuse ; par coagulation de l'albumine, on sépare ainsi les matières en suspension et on clarifie la solution. On filtre, on porte de nouveau à l'ébullition et on ajoute du lait de chaux à la liqueur maintenue bouillante, jusqu'à expulsion de la totalité de l'ammoniaque et production d'une réaction alcaline persistante. Par refroidissement de la liqueur filtrée et suffisamment concentrée, du succinate de chaux se dépose ; on le recueille sur une toile, on l'exprime, on le délaye à chaud dans de l'eau pure et on ajoute de l'acide sulfurique dilué jusqu'à décomposition complète, c'est-à-dire jusqu'à ce que la liqueur chaude et éclaircie cesse de donner du sulfate de chaux par addition d'acide sulfurique étendu. On filtre, on lave le sulfate de chaux insoluble, on évapore les liqueurs réunies et on les fait cristalliser par refroidissement. On sépare le produit des eaux mères, puis on concentre celles-ci et on les fait cristalliser à plusieurs reprises de façon à isoler la totalité de l'acide succinique. Ce dernier est purifié par des cristallisations répétées dans l'eau bouillante.

On obtient ainsi 125 grammes environ d'acide succinique pur.

I. — Acide orthophtalique.

$$P.\ mol.: C^{16}H^6O^8 \text{ ou } C^{16}H^6(O^4)(O^4) = 166 = C^6H^4(C^2O^2H)^2(1.2).$$

1401. *Synonyme* : Acide benzinodicarbonique. — *Acide bibasique, cristallisé* en prismes rhomboïdaux, découvert par Laurent. — Isomère des acides paraphtalique, métaphtalique et téréphtalique. — *Point de fusion* : 213°; s'abaisse par l'action d'un chauffage prolongé engendrant de l'anhydride. — *Décomposé* à la distillation en eau et anhydride. — *Soluble* dans 19 parties d'eau à 14°; dans 5,5 parties d'eau à 100°; très soluble dans l'alcool et dans l'éther.

1402. PRÉPARATION. — Sous l'action du chlore naissant la naphtaline se change en divers produits d'addition et de substitution, notamment en tétrachlorure de naphtaline (Laurent) :

$$C^{20}H^8 \quad + \quad 4Cl \quad = \quad C^{20}H^8Cl^4 ;$$

| Naphtaline. | Chlore. | Tétrachlorure de naphtaline. |

$$C^{10}H^8 \quad + \quad 4Cl \quad = \quad C^{10}H^8Cl^4.$$

Par oxydation, ce composé d'addition se change en acide phtalique (Laurent) :

$$C^{20}H^8Cl^4 \quad + \quad 14O \quad + \quad H^2O^2 \quad = \quad C^{16}H^6O^8 \quad + \quad 2C^2O^4 \quad + \quad 4HCl ;$$

| Tétrachlorure de naphtaline. | Oxygène. | Eau. | Acide phtalique. | Gaz carbonique. | Acide chlorhydrique. |

$$C^{10}H^8Cl^4 \quad + \quad 7O \quad + \quad H^2O \quad = \quad C^8H^6O^4 \quad + \quad 2CO^2 \quad + \quad 4HCl.$$

La production du tétrachlorure de naphtaline se réalise le plus facilement par l'action d'un mélange d'acide chlorhydrique et de chlorate de potasse sur la naphtaline (MM. Depoully frères).

Dans un ballon de 2 litres, on introduit 1,500 grammes d'acide chlorhydrique ordinaire et on projette peu à peu dans le liquide un mélange intime de 200 grammes de naphtaline pure et de 400 grammes de chlorate de potasse, us deux très finement pulvérisés au préalable. L'addition des réactifs doit être assez lente pour éviter un échauffement marqué de la liqueur. La chloruration de la naphtaline s'opère donc à froid ; le tétrachlorure de naphtaline est alors le principal produit formé ; il est accompagné cependant d'une quantité notable de tétrachlorure de naphtaline chlorée, $C^{20}H^7Cl,Cl^4$ ou $C^{10}H^7Cl,Cl^4$. La réaction terminée, on décante la liqueur aqueuse et on lave par décantation, avec de l'eau tiède, le produit insoluble. On dessèche ce dernier à l'air libre, à basse température pour éviter sa fusion, et on le traite par du pétrole léger dans un ballon bouché ; le pétrole enlève certains composés chlorés liquides. On filtre sur un tampon de coton dans un entonnoir couvert, on lave avec un peu de pétrole pour entraîner la dissolution, enfin on sèche à l'air à basse température, de façon à éviter toute combustion du liquide inflammable. Le tétrachlorure de naphtaline pourrait d'ailleurs être obtenu pur par cristallisation dans le pétrole léger.

Le produit simplement lavé à l'eau puis au pétrole est formé pour la plus grande partie de tétrachlorure de naphtaline. On l'introduit dans un matras avec 6 fois son poids d'acide azotique de densité 1,30 ou 1,35 au maximum ; on chauffe doucement au bain de sable, jusqu'à ce que le mélange soit devenu homogène, c'est-à-dire pendant plusieurs heures. Des vapeurs rutilantes se dégagent en abondance. L'oxydation terminée, on chauffe plus fort, de manière à vaporiser la plus grande partie de l'acide nitrique en excès, puis on laisse refroidir ; l'acide phtalique cristallise pendant le refroidissement.

On le recueille en filtrant sur un tampon d'amiante, et on le purifie par cristallisation dans l'eau bouillante.

On obtient ainsi en acide phtalique à peu près le tiers du poids de la naphtaline traitée.

I. — ANHYDRIDE PHTALIQUE.

$$P.\ mol.: C^{13}H^4O^6 = 148 = C^6H^4(CO)^2O.$$

1403. *Synonymes* : Phtalide, acide pyroalizarique. — Anhydride *cristallisé* en prismes rhomboïdaux, découvert par Laurent. — *Point de fusion* : 128°. — *Point d'ébullition* : 284°.

1404. Préparation. — Sous l'action de la chaleur l'acide phtalique perd de l'eau et se change en anhydride (Laurent) :

$$
\begin{array}{ccccc}
C^{16}H^6O^8 & = & C^{16}H^4O^6 & + & H^2O^2 ; \\
\text{Acide phtalique.} & & \text{Anhydride.} & & \text{Eau.} \\
C^6H^4(CO^2H)^2 & = & C^6H^4(CO)^2O & + & H^2O.
\end{array}
$$

On chauffe l'acide phtalique dans un ballon contenant un thermomètre dont le réservoir est plongé dans la matière ; on porte la température à 180° et on la maintient fixe aussi longtemps que le produit dégage de la vapeur d'eau. Celle-ci entraîne toujours un peu d'acide phtalique, que l'on recueille si l'on agit sur une quantité un peu importante de matière ; on opère alors dans la cornue tubulée d'un appareil distillatoire (fig. 312, § 1275).

Le résidu obtenu après expulsion totale de l'eau est de l'anhydride phtalique susceptible d'être employé directement pour la préparation des phtaléines. Il peut d'ailleurs être purifié par sublimation dans une cornue reliée à un ballon tubulé ; il donne ainsi de longues et magnifiques aiguilles incolores et flexibles.

II. — PHTALÉINE DU PHÉNOL.

$$P.\ mol.: C^{40}H^{14}O^8 = 318 = C^{20}H^{14}O^4.$$

1405. *Synonyme* : Phénolphtaléine. — Anhydride *incolore, cristallisé* dans le système irrégulier, découvert par M. Baeyer. — *Point de fusion* : 253° ; fusible au sein de l'eau au-dessous de 100°. — *Peu soluble* dans l'eau ; très soluble dans l'alcool chaud.

1406. Préparation. — En présence des agents de déshydratation, l'anhydride phtalique et le phénol se combinent en donnant à la fois de la phtaléine du phénol et de l'eau (M. Baeyer) :

$$
\begin{array}{ccccccc}
2C^{12}H^6O^2 & + & C^{16}H^4O^6 & = & C^{40}H^{14}O^8 & + & H^2O^2 ; \\
\text{Phénol.} & & \text{Anhydride phtalique.} & & \text{Phénolphtaléine.} & & \text{Eau.} \\
2C^6H^6O & + & C^8H^4O^3 & = & C^{20}H^{14}O^4 & + & H^2O.
\end{array}
$$

On chauffe dans un petit ballon 20 grammes d'acide sulfurique pur et concentré avec 25 grammes d'anhydride phtalique. La dissolution de l'anhydride effectuée, on laisse refroidir jusqu'à ce qu'un thermomètre plongé dans le liquide marque au plus 115°; on ajoute alors au mélange 50 grammes de phénol cristallisé, préalablement liquéfié par la chaleur. On plonge le ballon dans un bain d'huile, que l'on chauffe de façon à porter le thermomètre à 120°, et on maintient cette température pendant dix ou douze heures. On verse ensuite le contenu du ballon, encore chaud et fluide, dans 500 grammes d'eau bouillante, et on maintient l'ébullition dans une capsule de porcelaine, aussi longtemps que la vapeur d'eau, entraînant du phénol non combiné, présente l'odeur caractéristique de ce corps. De temps en temps, on remplace l'eau évaporée. Pendant cette ébullition prolongée, la liqueur aqueuse prend en dissolution, sous forme d'acide, l'anhydride phtalique qui n'a pas réagi ainsi que l'acide sulfurique. On sépare à la trompe, sur un tampon de coton, le produit insoluble; on le lave à l'eau froide, puis on l'essore; enfin on dissout la matière solide dans une solution de carbonate de soude. On filtre la liqueur violette obtenue et on l'acidule par l'acide chlorhydrique; la phtaléine se précipite sous la forme d'une poudre devenant peu à peu cristalline. On la recueille sur un tampon de coton, on la lave à l'eau et on l'essore à la trompe, puis on la dessèche.

Pour purifier la phénolphtaléine ainsi préparée, on dissout à chaud, dans un ballon, 2 parties de ce produit dans 12 parties d'alcool absolu, on ajoute 1 partie de noir animal en poudre, on adapte au ballon un réfrigérant disposé à reflux (fig. 311, § 1273) et on maintient à l'ébullition pendant une demi-heure, en chauffant au bain-marie. On verse le tout sur un filtre plissé et on lave à chaud le noir animal, en employant 2 parties d'alcool absolu. Les liqueurs alcooliques sont alors distillées pour séparer les deux tiers de l'alcool. Au résidu, on ajoute un peu d'eau (environ 1/8 de son volume); celle-ci détermine la séparation de substances résineuses et colorées. Lorsque le produit laiteux s'est rassemblé par l'agitation, on filtre. On distille alors au bain-marie la plus grande partie de l'alcool contenu dans la liqueur, et la phénolphtaléine se sépare du résidu sous la forme d'une poussière cristalline d'un blanc jaunâtre.

On obtient ainsi en phtaléine les trois quarts du poids de l'anhydride phtalique employé.

La phénolphtaléine, dont les solutions sont incolores, prend une belle teinte rouge violacée au contact des alcalis libres ou carbonatés. Les acides décolorent la liqueur rougie par les alcalis. Ce fait conduit à l'emploi de la phénolphtaléine comme indicateur coloré dans les réactions. Toutefois, l'ammoniaque rougit une solution aqueuse mais non une solution alcoolique du réactif; en outre beaucoup d'alcalis organiques naturels ou artificiels, l'aniline et la toluidine par exemple, sont sans action sur la phénolphtaléine.

III. — PHTALÉINE DE LA RÉSORCINE.

$$P.\ mol. : C^{40}H^{12}O^{10} = 332 = \overline{C}^{20}H^{12}\Theta^5.$$

1407. *Synonyme* : Fluorescéine. — Anhydride *cristallin*, d'un jaune rouge, découvert par M. Baeyer. — *Se détruit* avant de fondre vers 290°. — *Insoluble* dans l'eau froide; très peu soluble dans l'eau chaude; *soluble* dans l'alcool et l'éther. — Solution alcoolique rose jaunâtre, avec magnifique fluorescence verte.

1408. Préparation. — Comme le phénol (§ 1406), la résorcine fournit une phtaléine en s'unissant à l'anhydride phtalique, avec élimination d'eau (M. Baeyer) :

$$2C^{12}H^6O^4 \quad + \quad C^{16}H^4O^6 \quad = \quad C^{40}H^{12}O^{10} \quad + \quad 2H^2O^2 ;$$

Résorcine.   Anhydride phtalique.   Fluorescéine.   Eau.

$$2[C^6H^4(\theta H)^2] \quad + \quad \overline{C}^6H^4(\overline{C}\theta)^2\theta \quad = \quad C^{20}H^{12}\theta^5 \quad + \quad 2H^2\theta.$$

On mélange 10 grammes d'anhydride phtalique et 14 grammes de résorcine dans un ballon, que l'on chauffe au moyen d'un bain d'huile maintenu entre 195° et 200°. On continue à chauffer tant qu'il se dégage de la vapeur d'eau et jusqu'à ce que le mélange, d'abord fluide, soit presque entièrement solidifié. On extrait alors le produit du ballon, on le concasse et on le fait bouillir avec 250 grammes d'eau. On filtre ; on dissout dans l'eau additionnée de carbonate de soude la matière demeurée insoluble ; on filtre de nouveau et on ajoute de l'acide sulfurique étendu à la liqueur claire et refroidie. La fluorescéine se précipite. En agitant aussitôt le mélange avec de l'éther, dans une ampoule à décanter, l'éther dissout aisément la fluorescéine. On sépare la liqueur éthérée, on l'additionne d'un peu d'alcool et on distille l'éther (§ 1262) ; le résidu laisse déposer la fluorescéine en croûtes cristallines rouges. Celles-ci peuvent alors être lavées avec un peu d'éther qui ne les dissout plus. Le rendement est presque théorique.

La solution de fluorescéine dans l'eau ammoniacale est surtout remarquable par sa fluorescence verte. Le phénomène de fluorescence apparaît particulièrement brillant quand on remplit d'eau distillée, faiblement ammoniacale, une grande éprouvette à pied, et qu'on y laisse tomber un peu de fluorescéine pulvérisée : les fragments de matière descendent lentement en se dissolvant et en donnant naissance dans le liquide à des trainées fluorescentes, prenant un fort bel éclat lorsqu'elles sont vivement éclairées.

1409. ÉOSINE. — Par substitution de Br^4 à H^4, la fluorescéine engendre une fort belle matière colorante, qui doit à sa fluorescence un aspect assez spécial :

$$C^{40}H^{12}O^{10} \quad + \quad 8Br \quad = \quad C^{40}H^8Br^4O^{10} \quad + \quad 4HBr ;$$

Fluorescéine.   Brome.   Éosine.   Acide
bromhydrique.

$$\overline{C}^{20}H^{12}\theta^5 \quad + \quad 8Br \quad = \quad \overline{C}^{20}H^8Br^4\theta^5 \quad + \quad 4HBr.$$

Pour transformer le fluorescéine en éosine, on pulvérise finement 5 grammes de fluorescéine et on les introduit dans un petit matras avec 20 grammes d'acide acétique cristallisable. D'autre part, on dissout 10 grammes de brome dans 40 grammes d'acide acétique cristallisable, puis on ajoute la seconde liqueur à la première et on chauffe doucement. La substitution s'effectue et la totalité de la fluorescéine entre en dissolution. On verse alors la liqueur dans 4 ou 5 fois son volume d'eau : l'éosine se précipite en flocons rouges. On la recueille sur un filtre, on la lave avec un peu d'eau, on la sèche et on la dissout dans l'alcool bouillant, ce qui nécessite l'emploi d'un assez grand volume de dissolvant. Elle cristallise par refroidissement.

J. — Acide tartrique ordinaire.

$P.\ mol.$: $C^8H^6O^{12}$ ou $C^8H^2(H^2O^2)^2(O^4)^2$ ou $C^8H^4O^{10},2HO = 150 =$
$$\overline{C}H(\theta H),\overline{C}\theta^2H,\overline{C}H(\theta H),\overline{C}\theta^2H.$$

1410. *Synonymes* : Acide tartrique droit, acide dextroracémique. — *Acide-alcool* bibasique et bi-alcoolique, incolore, inodore, cristallisant anhydre en *prismes rhomboïdaux obliques et hémièdres*, découvert par Scheele en 1769. — *Densité* : 1,764. — *Point de fusion* : 135°. — *Solubilité* : 136,6 parties dans 100 parties d'eau, à 22°; moins soluble dans l'alcool. — *Dextrogyre*; pouvoir rotatoire fortement variable avec la dilution des dissolutions aqueuses ; celles-ci contenant p grammes d'acide pour 100, $\alpha_D = + [15°,6 — 0,131p]$. — *Transformable* par la chaleur en ses variétés optiques, l'acide racémique, l'acide tartrique gauche et l'acide tartrique inactif.

1411. Préparation. — L'acide tartrique s'extrait du bitartrate de potasse, que le vin laisse déposer plus ou moins abondamment vers la fin de sa fermentation (Scheele). On le retire aussi des lies de vin, qui sont chargées de bitartrate de potasse et de tartrate de chaux.

Le *procédé de Scheele*, perfectionné par Lowitz, est le suivant : on pulvérise 75 grammes de bitartrate de potasse et on projette la poudre dans une capsule de porcelaine contenant 500 grammes d'eau bouillante, puis on ajoute, par petites portions, de la craie en poudre, jusqu'à ce que l'addition de ce réactif cesse de déterminer une effervescence, soit 30 grammes environ. Le tartrate acide de potasse est neutralisé et devient tartrate neutre de potasse qui reste dans la liqueur, tandis que la moitié de l'acide tartrique se précipite sous la forme de tartrate de chaux insoluble :

$$2C^8H^5KO^{12} + C^2O^4,2CaO = C^8H^4K^2O^{12} + C^8H^4Ca^2O^{12} + H^2O^2 + C^2O^4;$$

Tartrate acide de potasse.	Carbonate de chaux.	Tartrate neutre de potasse.	Tartrate neutre de chaux.	Eau.	Gaz carbonique.

$$2\mathcal{C}^4H^5K\mathcal{O}^6 + \mathcal{CO}^3\mathcal{C}a = \mathcal{C}^4H^4K^2\mathcal{O}^6 + \mathcal{C}^4H^4\mathcal{C}a\mathcal{O}^6 + H^2\mathcal{O} + \mathcal{CO}^2.$$

On verse ensuite dans le mélange 30 grammes de chlorure de calcium sec ou une quantité équivalente de sel hydraté, préalablement dissous dans un peu d'eau. Le tartrate neutre de potasse et le chlorure de calcium fournissent aussitôt, par double décomposition, du chlorure de potassium soluble et du tartrate de chaux qui s'ajoute au premier précipité :

$$C^8H^4K^2O^{12} + 2CaCl = C^8H^4Ca^2O^{12} + 2KCl;$$

Tartrate neutre de potasse.	Chlorure de calcium.	Tartrate neutre de chaux.	Chlorure de potassium.

$$\mathcal{C}^4H^4K^2\mathcal{O}^6 + \mathcal{C}aCl^2 = \mathcal{C}^4H^4\mathcal{C}a\mathcal{O}^6 + 2KCl.$$

On laisse déposer, on décante sur un filtre la liqueur claire, qui ne doit plus se troubler quand on l'additionne de chlorure de calcium, et on lave le précipité avec de l'eau, par décantation et filtration (§ 374) ; après élimination du chlorure de potassium, on recueille le tartrate de chaux sur le filtre et on le laisse égoutter.

On décompose ensuite le tartrate de chaux par une quantité équivalente d'acide sulfurique; il se forme du sulfate de chaux insoluble et l'acide tartrique passe dans la liqueur :

$$C^8H^4Ca^2O^{12} + S^2H^2O^8 = C^8H^6O^{12} + S^2Ca^2O^8;$$

Tartrate neutre de chaux.	Acide sulfurique.	Acide tartrique.	Sulfate de chaux.

$$\mathcal{C}^4H^4\mathcal{C}a\mathcal{O}^6 + S\mathcal{O}^4H^2 = \mathcal{C}^4H^6\mathcal{O}^6 + S\mathcal{O}^4\mathcal{C}a.$$

On verse lentement 52 grammes d'acide sulfurique dans 150 grammes d'eau froide, on délaye dans le liquide le tartrate de chaux avec le filtre qui le contient, et on chauffe le tout au bain-marie pendant une demi-heure, en agitant fréquemment. Le sulfate de chaux étant encore moins soluble à chaud qu'à froid, on filtre le mélange chaud, on laisse égoutter le filtre et son contenu, on les agite vivement avec 150 grammes d'eau distillée bouillante et on verse sur un second filtre. Les liqueurs réunies sont ensuite évaporées au bain-marie, dans une capsule de porcelaine, jusqu'à consistance presque sirupeuse. Par refroidissement, l'acide tartrique se dépose lentement en cristaux. Après plusieurs jours, quand les cristaux ne s'accroissent plus, on les égoutte, puis on les sèche à l'air entre des feuilles de papier buvard.

D'ordinaire la liqueur se trouble vers la fin de la concentration, par le dépôt de fines aiguilles de sulfate de chaux ; il faut alors filtrer à chaud avant de terminer l'évaporation. La présence dans la liqueur d'un peu d'acide sulfurique libre favorise la cristallisation.

1412. Le procédé précédent a l'inconvénient, lorsqu'on l'applique aux tartres bruts ou aux lies desséchées, ce qui représente mieux la fabrication normale, de laisser les substances insolubles que renferment ces matières premières, mélangées au tartrate de chaux précipité ; plus tard, ces substances soumises à l'action de l'acide sulfurique se colorent et souillent le produit. La marche suivante est alors préférable (Ch. Kestner) :

On pulvérise le tartre ou la lie, on délaye la poudre dans 4 ou 5 fois son poids d'eau et on ajoute peu à peu, en agitant, de l'acide chlorhydrique jusqu'à dissolution des sels, en quantité variable par conséquent avec la composition du produit brut. L'acide chlorhydrique dilué met l'acide tartrique en liberté, forme du chlorure de potassium et du chlorure de calcium, mais dissout peu la matière colorante du vin ; on filtre et on lave le résidu insoluble. La liqueur claire est ensuite additionnée de carbonate de chaux en poudre ; du gaz carbonique se dégage, en donnant lieu à une vive effervescence, et il se produit du chlorure de calcium, qui reste dans la liqueur, ainsi que du tartrate de chaux, qui se précipite. La neutralisation obtenue, on lave le tartrate de chaux par décantation suivie de filtration, et on le traite ensuite comme il a été dit plus haut (§ 1411), pour le transformer en acide tartrique.

I. — ÉMÉTIQUE.

$$P.\,mol. : C^8H^4KSbO^{14} \text{ ou } C^8H^3KO^{10}(SbO^3,HO) = 323 = C^4H^4O^6,K,SbO.$$

1413. *Synonymes* : Antimonio-tartrate acide de potasse, tartre stibié, tartrate de potasse et d'antimoine. — *Sel incolore* de l'éther-acide antimonio-tartrique, très réfringent, cristallisant en *octaèdres à base rhombe*, avec 1 équivalent d'eau, $C^8H^4KSbO^{14} + HO$ ou $C^4H^4KSbO^7 + 1/2H^2O$, découvert en 1631 par Adrien de Mynsicht. — *Densité* : 2,588. — *Efflorescent ;* perd 1 équivalent d'eau à 100° et donne un dérivé par déshydratation vers 180°. — *Solubilité* : 1 partie dans 14,5 parties d'eau froide, et dans 1.9 parties d'eau bouillante. — *Pouvoir rotatoire* considérable : $\alpha_j = + 156°,2.$ — *Acide.* — *Émétique* et *très toxique.*

1414. PRÉPARATION. — L'émétique s'obtient en faisant bouillir une dissolution de tartrate acide de potasse avec l'oxyde d'antimoine (Glauber).

L'acide tartrique, étant à la fois acide bibasique et alcool diatomique, sature une de ses fonctions acides, en se combinant à la potasse, pour former le tartrate acide de potasse. Ce dernier sel, par l'action de l'oxyde d'antimoine, en présence de l'eau bouillante, s'éthérifie, l'une de ses fonctions alcooliques donnant naissance à un éther de l'acide antimonieux, SbO^3,HO ou $Sb\Theta^2H$. L'émétique, ou antimonio-tartrate acide de potasse, est le produit de ces deux réactions successives ; il est donc à la fois sel monopotassique, éther antimonieux, acide monobasique et alcool mono-atomique (M. Jungfleisch) :

$$C^8HK(H^2O^2)(SbO^3,HO)(O^4)^2 \ \text{ou} \ \mathcal{C}H(\Theta H),\mathcal{C}\Theta^2K,\mathcal{C}H(Sb\Theta^2),\mathcal{C}\Theta^2H.$$

On chauffe dans une capsule de porcelaine 30 grammes de bitartrate de potasse, 22,5 grammes d'oxyde d'antimoine, préparé par précipitation, et 375 grammes d'eau bouillante. Le bitartrate de potasse doit être exempt de chaux, et l'oxyde d'antimoine ne doit pas contenir d'arsenic. On fait bouillir pendant quarante ou quarante-cinq minutes, en remplaçant de temps en temps l'eau disparue, de manière à maintenir constant le niveau dans la capsule, puis on verse sur un filtre. L'émétique cristallise par refroidissement. Les eaux mères évaporées en fournissent une nouvelle quantité. Les cristaux égouttés sont desséchés à l'air entre deux feuilles de papier ; on doit éviter de les chauffer ou de les laisser exposés trop longtemps dans l'atmosphère, parce qu'ils s'effleuriraient. Le contact prolongé des solutions concentrées d'émétique avec la peau doit également être évité.

K. — Acide mucique.

$P.\ mol.$: $C^{12}H^{10}O^{16}$ ou $C^{12}H^2(H^2O^2)^4(O^4)^2 = 210 = \mathcal{C}^4H^4(\Theta H)^4(\mathcal{C}\Theta^2H)^2.$

1415. *Acide-alcool*, incolore, pulvérulent, cristallisant en *prismes clinorhombiques* microscopiques, découvert par Scheele en 1780. — *Fusible*, puis décomposable par la chaleur. — *Solubilité* : très faible dans l'eau froide ; 1 partie dans 80 parties d'eau bouillante ; insoluble dans l'alcool. — *Isomère* de l'acide saccharique.

1416. PRÉPARATION. — L'acide mucique résulte de l'oxydation de certains hydrates de carbone, tels que la galactose :

$$C^{12}H^{12}O^{12} \quad + \quad 6O \quad = \quad C^{12}H^{10}O^{16} \quad + \quad H^2O^2 ;$$

Galactose.		Oxygène.	Acide mucique.	Eau.

$$\mathcal{C}^6H^{12}\Theta^6 \quad + \quad 3\Theta \quad = \quad \mathcal{C}^6H^{10}\Theta^8 \quad + \quad H^2\Theta.$$

Le sucre de lait, qui est une combinaison de galactose et de glucose, sert le plus souvent pour sa préparation. On l'oxyde par l'acide azotique.

Dans une capsule de porcelaine relativement grande, on chauffe 30 centimètres cubes d'acide azotique, de densité 1,24, avec 15 grammes de sucre de lait. Dès que l'action oxydante commence à se manifester par un dégagement de gaz nitreux, on éteint le feu : l'attaque se continue spontanément. La réaction terminée, on ajoute à la liqueur un volume d'eau égal au sien, et on laisse refroidir. On décante le liquide sur un filtre, puis on lave à l'eau distillée, par décantation suivie de filtration, l'acide mucique qui s'est déposé sous forme pulvérulente. On sèche enfin le produit à l'air libre, entre deux feuilles de papier à filtrer.

Pour avoir l'acide mucique pur, on met l'acide mucique brut en suspension dans l'eau, et on le neutralise à l'ébullition par le carbonate d'ammoniaque ; on purifie le sel ammoniacal par des cristallisations répétées, puis on régénère l'acide mucique en ajoutant de l'acide azotique à la dissolution du sel dans l'eau bouillante. On lave le produit à l'eau et on le sèche.

<h3 style="text-align:center">L. — Acide acétacétique.</h3>

$$P.\ mol. : C^8H^6O^6 = 102 = \overline{C}H^3,\overline{C}\overline{O},\overline{C}H^2,\overline{C}\overline{O}^2H.$$

1417. *Synonymes* : acide diacétique, acide acétone-carbonique, acide acétylacétique. — *Acide-acétone* découvert par M. Geuther. — *Liquide* épais, décomposable dès 100°, miscible à l'eau.

<h3 style="text-align:center">I. — ÉTHER ÉTHYLACÉTACÉTIQUE.</h3>

$$P.\ mol. : C^4H^4(C^8H^6O^6) = 130 = \overline{C}H^3,\overline{C}\overline{O},\overline{C}H^2,\overline{C}\overline{O}^2(\overline{C}^2H^5).$$

1418. *Liquide* incolore, à odeur de fruit, découvert par M. Geuther. — *Densité* : 1,03 à 5°. — *Point d'ébullition* : 182° ; décomposable par ébullition prolongée. — *Peu soluble* dans l'eau.

1419. PRÉPARATION. — Sous l'action du sodium, l'éther acétique donne de l'éther éthylacétacétique sodé et de l'alcool sodé (M. Geuther) :

$$2[C^4H^4(C^4H^4O^4)] \ + \ 2Na \ = \ C^{12}H^9NaO^6 \ + \ C^4H^5NaO^2 \ + \ H^2;$$

Éther acétique.   Sodium.   Éther acétacétique sodé.   Alcool sodé.   Hydrogène.

$$2[\overline{C}H^3,\overline{C}\overline{O}^2(\overline{C}^2H^5)] \ + \ 2Na \ = \ \overline{C}H^3,\overline{C}\overline{O},\overline{C}HNa,\overline{C}\overline{O}^2(\overline{C}^2H^5) \ + \ \overline{C}^2H^5\overline{O}Na \ + \ H^2.$$

Il suffit de traiter l'éther acétacétique sodé par un acide pour avoir l'éther acétacétique lui-même :

$$C^{12}H^9NaO^6 \ + \ C^4H^4O^4 \ = \ C^4H^4(C^8H^6O^6) \ + \ C^4H^3NaO^4;$$

Éther acétacétique sodé.   Ac. acétique.   Éther acétacétique.   Acétate de soude.

$$\overline{C}H^3,\overline{C}\overline{O},\overline{C}HNa,\overline{C}\overline{O}^2(\overline{C}^2H^5) + \overline{C}H^3,\overline{C}\overline{O}^2H = \overline{C}H^3,\overline{C}\overline{O},\overline{C}H^2,\overline{C}\overline{O}^2(\overline{C}^2H^5) + \overline{C}H^3,\overline{C}\overline{O}^2Na.$$

Dans un ballon de 750 centimètres cubes, entouré d'eau froide, portant un réfrigérant de grandes dimensions et disposé à reflux, on introduit 400 grammes d'éther acétique *pur*, puis 40 grammes de sodium très finement divisé (1).

Une réaction vive se déclare immédiatement, et le liquide entre en ébullition. Lorsqu'elle est calmée, on la termine en chauffant le ballon au bain-marie, jusqu'à dissolution complète du sodium. Inclinant ensuite le réfrigérant dans une position inverse de celle qu'il avait d'abord, on distille au bain-marie l'éther acétique qui n'a pas réagi, puis, au résidu encore chaud

(1) Le sodium en fils, que l'on fabrique aujourd'hui pour les réactions de ce genre, donne un meilleur résultat parce qu'il présente une surface d'action plus grande encore que les morceaux menus ; il est obtenu par compression du métal dans un cylindre percé d'orifices à travers lesquels le sodium s'échappe en fils de même diamètre.

resté dans le ballon, on ajoute, en agitant et jusqu'à réaction acide, de l'acide sulfurique dilué de 4 fois son poids d'eau. Après refroidissement, on transvase dans une ampoule à décanter, on agite fortement et on laisse reposer. Le liquide se sépare en deux couches, dont la plus légère est l'éther acétacétique. On laisse écouler le liquide le plus dense, on verse un peu d'eau dans l'ampoule et on agite pour laver l'éther. Après repos et séparation de l'éther acétacétique brut, on distille celui-ci, dans un ballon relié à un réfrigérant par un déflegmateur à boules, en recueillant à part les produits qui passent jusqu'à 130°, puis de 130° à 165°, de 165° à 175°, de 175° à 185° et de 185° à 200°. Une seconde distillation de ces produits permet de recueillir l'éther acétacétique purifié, bouillant entre 175° et 185°. On obtient ainsi, lorsque la dissolution du métal s'est effectuée très rapidement, de 55 à 60 grammes d'éther acétacétique ; le rendement diminue d'ailleurs quand on opère sur de grandes quantités à la fois. On a, en outre, séparé une certaine proportion d'éther acétique non attaqué, susceptible d'être purifié et utilisé dans une nouvelle opération.

L'éther acétacétique donne une coloration violette avec le perchlorure de fer. Il est employé pour la préparation de l'antipyrine.

Le résidu brun, resté dans le ballon lors de la première distillation de l'éther acétacétique brut, se prend par refroidissement en une masse partiellement cristalline. Il contient surtout le sel de soude de l'*acide déhydracétique*.

§.

COMPOSÉS ORGANO-MÉTALLIQUES.

A. — Zinc-éthyle.

P. mol. : $(C^4H^5Zn)^2 = 123 = 4\ vol. = (C^2H^5)^2Zn$.

1420. Radical organo-métallique, liquide, incolore, découvert par M. Frankland en 1849. — *Densité* : 1,182 à 18°. — *Point d'ébullition* : 118°. — *Décomposable* par l'eau. — *S'enflammant* spontanément à l'air.

1421. PRÉPARATION. — L'éther éthyliodhydrique, au contact du zinc à haute température, engendre le zinc-éthyle (M. Frankland) :

$$2C^4H^5I + 4Zn = (C^4H^5Zn)^2 + 2ZnI;$$

Éther iodhydrique.   Zinc.   Zinc-éthyle.   Iodure de zinc.

$$2C^2H^5I + 2Zn = (C^2H^5)^2Zn + ZnI^2.$$

Cette réaction présente, dans la pratique, quelques difficultés dues, d'une part, à l'inflammabilité spontanée du produit, et d'autre part à ce fait que la réaction ne s'effectue bien qu'à une température un peu supérieure à celle de l'ébullition de l'éther éthyliodhydrique. Elle est surtout difficile à commencer, et se trouve singulièrement facilitée si l'on ajoute aux corps en réaction 1 ou 2 grammes de zinc-éthyle provenant d'une préparation antérieure.

Au col d'un ballon de 125 centimètres cubes, choisi en verre épais, on adapte, au moyen d'un bouchon percé formant fermeture bien étanche, un réfrigérant de Liebig disposé à reflux. L'appareil étant exactement desséché, on introduit dans le ballon 100 grammes d'éther iodhydrique et 100 grammes de planure de zinc, bien sèche et aussi légère que possible. Le ballon étant placé sur un bain-marie et le réfrigérant solidement immobilisé par un support, on adapte à l'extrémité libre du réfrigérant un tube de 1 mètre, coudé de façon à terminer l'appareil par une longue branche verticale. En enfonçant l'extrémité de cette branche dans une haute éprouvette étroite, garnie de mercure, on réalise une fermeture qui permettra aux gaz produits par des réactions secondaires de s'échapper, mais qui maintiendra dans le ballon une pression d'autant plus grande que la colonne mercurielle sera plus haute. Les choses étant ainsi disposées, on chauffe doucement le ballon, de manière à produire une légère ébullition du liquide. La réaction s'effectue; elle est accompagnée d'un dégagement gazeux de *diéthyle* ou *butane*, dû à la réaction secondaire suivante :

$$2C^4H^5I \quad + \quad 2Zn \quad = \quad (C^4H^5)^2 \quad + \quad 2ZnI;$$

Éther iodhydrique.	Zinc.	Diéthyle.	Iodure de zinc.

$$2C^2H^5I \quad + \quad Zn \quad = \quad (C^2H^5)^2 \quad + \quad ZnI^2.$$

Au bout de cinq ou six heures, la cessation du dégagement gazeux annonce que la réaction est terminée. Si on laisse refroidir, on observe que le contenu du ballon est solidifié; la planure de zinc non attaquée est mélangée de cristaux incolores, formés par une combinaison de zinc-éthyle et d'iodure de zinc.

On remplace alors rapidement dans le bouchon du ballon le tube coudé à angle obtus, établissant la communication avec le réfrigérant, par un autre à angle aigu permettant de disposer l'appareil pour la distillation. En même temps, par une seconde ouverture pratiquée dans le bouchon, mais maintenue jusqu'alors fermée par une baguette de verre pleine, on introduit dans le ballon un tube amenant un courant de gaz carbonique *bien desséché* à l'anhydride phosphorique (§ 427). Enfin, on plonge le ballon dans un bain d'huile, qu'on chauffe d'abord vers 150°, et dont on élève progressivement la température jusqu'à 180°. En même temps, on maintient dans tout le système un courant très lent mais régulier de gaz carbonique. Le zinc-éthyle distille ; il se rend dans un vase placé à la partie inférieure du réfrigérant et destiné à le recevoir. Ce vase, quel qu'il soit, étant constamment rempli de gaz carbonique, l'air ne peut enflammer son contenu. Le produit doit être conservé dans un vase bien bouché par un bouchon de liège, mais il est préférable de le répartir dans des petits tubes de verre ou dans des ampoules, que l'on scelle à la lampe et que l'on brise plus tard lorsqu'on veut utiliser leur contenu. Cette répartition peut s'opérer en versant le liquide dans les vases en question, préalablement placés au sein d'une atmosphère de gaz carbonique entretenue dans un grand seau en verre.

Si l'on dispose d'une ampoule de ce genre garnie de zinc-éthyle, on abrège beaucoup la préparation précédente, en cassant, au moyen d'une pince, cette ampoule dans le ballon préalablement garni des réactifs et rempli de gaz carbonique sec, puis en fermant immédiatement l'appareil.

Cette préparation n'est pas sans présenter quelques dangers. Elle ne doit être pratiquée que par les personnes déjà familiarisées avec les opérations délicates.

6.

ALCALIS.

A. — Méthylamine.

P. mol. : C^2H^5Az ou $C^3H^2,AzH^3 = 31 = 4\ vol. = \text{Є}H^3,H^2Az.$

1422. *Synonymes* : Monométhylamine, méthyliaque. — *Alcali mono-ammoniacal primaire*, gazeux, incolore, à odeur ammoniacale, découvert par Wurtz en 1849. — *Liquéfiable* un peu au-dessous de 0°. — *Solubilité* : 1150 volumes dans 1 volume d'eau à 12°,5; 959 volumes à 25°. — *Combustible* à l'air. — *Très alcalin.*

1423. Préparation par l'éther méthyliodhydrique. — La réaction de l'ammoniaque sur les éthers à acides minéraux engendre les sels d'ammoniaques composées, alors que, sous l'action du même réactif, les éthers à acides organiques fournissent les amides. Les éthers à hydracides (M. W. Hofmann) et les éthers azotiques se prêtent particulièrement bien à la production de la première réaction :

$$C^2H^2(HI) \quad + \quad AzH^3 \quad = \quad C^2H^5Az,HI;$$

Éther   Ammoniaque.   Iodhydrate
méthyliodhydrique.   de méthylamine.

$$\text{Є}H^3I \quad + \quad AzH^3 \quad = \quad \text{Є}H^3,H^2Az,HI.$$

Pour préparer la méthylamine par l'action de l'éther iodhydrique sur l'ammoniaque, on introduit, dans un flacon à fond large, 1 volume d'éther méthyliodhydrique avec un peu plus de 1 volume de solution aqueuse concentrée d'ammoniaque, puis on abandonne le tout pendant quelques jours. L'éther disparaît peu à peu, d'autant plus rapidement que la surface de contact des deux liquides est plus développée; après une semaine environ, le liquide est devenu homogène. La réaction est alors accomplie.

On introduit le produit dans un ballon B (fig. 297, § 1174), suivi d'un flacon laveur L, contenant une petite quantité de lessive concentrée de potasse, puis d'un tube à dégagement *mn*, qui conduira le gaz dégagé sur la cuve à mercure H. On ajoute, par le tube de sûreté à entonnoir *e*, un excès de lessive de potasse caustique, puis on chauffe. La méthylamine gazeuse, mise en liberté par la potasse, se dégage, se dessèche en L, puis se rend sur le mercure où on la recueille.

Le gaz ainsi obtenu est toujours fortement souillé d'ammoniaque et aussi de diméthylamine et de triméthylamine, provenant de réactions secondaires. L'ammoniaque peut être séparée en remplaçant le flacon laveur L par un flacon de Woulf contenant de l'eau, qui dissout les gaz alcalins; on neutralise la solution aqueuse par l'acide sulfurique, et on évapore à siccité; on traite ensuite le résidu pulvérisé par l'alcool absolu bouillant, qui dissout les sulfates de diméthylamine et de triméthylamine, mais laisse non dissous le sulfate d'ammoniaque et le sulfate de méthylamine. En mettant encore une fois en liberté par la potasse les alcalis volatils de ces derniers sels, en les recueillant dans de l'eau chargée d'acide chlorhydrique, en évaporant à sec les deux chlorhydrates, puis en les épuisant par l'alcool absolu bouillant, ce liquide dissout seulement le chlorhydrate de monométhylamine.

La méthylamine brûle, lorsqu'on l'allume à l'air, avec une flamme jaunâtre et livide. Sa solubilité dans l'eau permet de répéter avec elle les expériences indiquées pour montrer la solubilité de l'ammoniaque (§ 589). Sa solution aqueuse, préparée comme il vient d'être dit, agit sur le tournesol et sur un grand nombre de sels métalliques comme l'ammoniaque elle-même ; toutefois les sels de cadmium et de nickel sont précipités par la méthylamine sans que celle-ci, ajoutée en excès, redissolve les oxydes métalliques formés.

1424. PRÉPARATION PAR L'ACÉTAMIDE ET LE BROME. — Sous l'action des alcalis caustiques, l'acétamide bromé se décompose en donnant de la méthylamine (M. W. Hoffmann) :

$$C^4H^4BrAzO^2 \quad + \quad H^2O^2 \quad = \quad C^2H^5Az \quad + \quad HBr \quad + \quad C^2O^4;$$

Acétamide bromé.   Eau.   Méthylamine.   Acide bromhydrique.   Gaz carbonique.

$$C^2H^3O,AzHBr \quad + \quad H^2O \quad = \quad CH^3,H^2Az \quad + \quad HBr \quad + \quad CO^2.$$

Comme l'acétamide bromé se prépare aisément, cette réaction fournit un moyen simple de préparer la monométhylamine, moyen d'autant plus avantageux qu'il fournit un produit non mélangé d'ammoniaque ni de produits polyméthylés.

On mélange 59 grammes d'acétamide avec 160 grammes de brome, et on y ajoute peu à peu une solution froide de potasse caustique à 10 p. 100. On s'arrête lorsque le produit présente une teinte jaune persistante. L'acétamide bromé est alors formé, en même temps que du bromure alcalin. Pour changer ce composé en méthylamine, on le traite par une solution de potasse à 30 p. 100, contenant 163 grammes d'hydrate alcalin. On chauffe cette solution alcaline dans une cornue tubulée, à une température de 60° ou 70°, et par un tube à entonnoir fixé à la tubulure, on fait écouler dans la potasse la solution d'acétamide bromé ; on règle la rapidité de l'écoulement de telle façon que la chaleur dégagée n'élève pas la température du mélange au delà de la limite fixée. On maintient ensuite la matière en digestion à la même température, jusqu'à ce qu'elle soit entièrement décolorée, ce qui exige un quart d'heure environ. L'acétamide bromé est alors entièrement détruit ; on s'en assure en prélevant une goutte du liquide et en la mélangeant d'acide chlorhydrique : s'il reste du composé bromé, une coloration jaune apparaît. De l'acide carbonique s'est dégagé pendant l'opération. Il ne reste plus qu'à extraire la méthylamine retenue en dissolution. A cet effet, on chauffe au bain-marie la panse de la cornue, et après avoir remplacé le tube à entonnoir fixé à la tubulure par un tube coudé, on fait passer dans le liquide, vers 100°, un courant rapide de vapeur d'eau. Celle-ci entraîne la méthylamine; on la condense dans un réfrigérant de Liebig fixé au col de la cornue. On recueille le liquide, avec les produits gazeux qu'il entraîne, dans un récipient contenant de l'eau chargée d'acide chlorhydrique. Lorsque les vapeurs dégagées ne sont plus alcalines, on arrête la distillation et on évapore à sec la solution chlorhydrique ; le résidu est formé de chlorhydrate de monométhylamine. On obtient une quantité de ce sel sensiblement égale à celle de l'acétamide employé. Le sel est pur d'amines secondaires et tertiaires ; il est seulement souillé de 5 p. 100 environ de chlorhydrate d'ammoniaque.

La méthylamine libre peut en être dégagée du sel comme il a été dit plus haut (§ 1423).

B. — Triméthylamine.

$$P.\ mol. : C^6H^9Az \text{ ou } (C^2H^2)^3AzH^3 = 59 = 4\ vol. = (CH^3)^3Az.$$

1425. *Alcali mono-ammoniacal tertiaire*, liquide, doué d'une odeur repoussante de marée, découvert par M. W. Hofmann. — *Point d'ébullition* : 9°,3. — *Solubilité* dans l'eau considérable. — *Très alcalin*.

1426. Préparation. — La distillation en vase clos des vinasses de betterave, préalablement évaporées jusqu'à la densité 1,34, fournit entre autres produits de l'ammoniaque et de la triméthylamine. Ces alcalis sont séparés des autres corps qui les accompagnent, par combinaison avec l'acide chlorhydrique dilué. La solution de leurs chlorhydrates, évaporée jusqu'à ce que sa température d'ébullition atteigne 145°, donne par cristallisation du chlorhydrate d'ammoniaque; l'eau mère fortement concentrée est une solution de chlorhydrate de triméthylamine, ne contenant presque plus de sel ammoniacal, parce que ce dernier est à peu près insoluble dans une solution concentrée de l'autre sel. C'est cette eau mère sirupeuse que l'industrie des salins de betteraves livre aux laboratoires. En la concentrant jusqu'à ce qu'elle bouille à 155°, elle donne, par refroidissement, le chlorhydrate de triméthylamine cristallisé (M. Vincent).

Ce dernier sel, traité par la potasse, fournit la triméthylamine libre. On opère dans un ballon suivi d'abord d'un tube à dessécher (C, fig. 201, § 430) contenant de la potasse caustique fondue, puis d'un appareil propre à liquéfier la vapeur de triméthylamine (fig. 86, § 142 ou aussi § 1191), et refroidi par un mélange réfrigérant. Au moyen d'un tube à entonnoir, adapté au bouchon du ballon, on verse sur le sel de la lessive de potasse concentrée, puis on chauffe doucement. En raison de son point d'ébullition peu élevé, la triméthylamine liquide ne se conserve qu'en vase scellé. Elle est combustible.

1427. La dissolution aqueuse s'obtient de la même manière, mais en dirigeant dans un très petit flacon laveur, contenant de l'eau, le gaz qui se dégage du ballon. On peut encore faire réagir 30 grammes de chlorhydrate de triméthylamine et 30 grammes de chaux vive pulvérisée, en opérant comme pour l'ammoniaque, dans un matras de 60 centimètres cubes (§ 583). Pour absorber l'alcali engendré par les quantités précédentes de réactifs, 30 grammes d'eau suffisent.

Cette dissolution présente des réactions qui rappellent beaucoup celles de l'ammoniaque.

C. — Hydrate d'oxyde de tétraméthylammonium.

$$P.\ mol. : C^8H^{13}AzO^2 \text{ ou } (C^2H^2)^4AzH^4O,HO = 91 = 4\ vol. = (\mathcal{C}H^3)^4AzHO.$$

1428. *Alcali énergique*, solide, cristallin, déliquescent, fixant le gaz carbonique de l'air, découvert par M. W. Hofmann. — *Préparé* par l'action de l'oxyde d'argent et de l'eau sur l'iodure correspondant. — *Non volatil;* décomposé par la chaleur en alcool méthylique et triméthylamine.

1429. Iodure de tétraméthylammonium. — Ce sel résulte de l'union directe de l'éther méthyliodhydrique avec la triméthylamine (M. W. Hofmann) :

$$C^2H^3I \quad + \quad (C^2H^2)^3AzH^3 \quad = \quad (C^2H^2)^4AzH^4I;$$

<table>
<tr><td>Éther</td><td>Triméthylamine.</td><td>Iodure</td></tr>
<tr><td>méthyliodhydrique.</td><td></td><td>de tétraméthylammouium.</td></tr>
</table>

$$\mathcal{C}H^3I \quad + \quad (\mathcal{C}H^3)^3Az \quad = \quad (\mathcal{C}H^3)^4AzI.$$

Il suffit de verser 30 grammes d'éther méthyliodhydrique dans une solution aqueuse et concentrée de triméthylamine, contenant environ 15 grammes de cet alcali, (§ 1427), pour que le mélange s'échauffe fortement et fournisse une abondante cristallisation d'iodure de tétra-méthylammonium. Après refroidissement, on égoutte le produit solide, on l'essore et on le sèche à l'air entre des feuilles de papier à filtrer; il perd ainsi l'excès de triméthylamine qui le souille. On peut le purifier en le dissolvant au bain-marie dans le moins possible d'eau chaude et laissant cristalliser par refroidissement.

D. — Aniline.

$$P.\ mol.:\ C^{12}H^7Az\ \text{ou}\ C^{12}H^4,AzH^3 = 93 = 4\ vol. = C^6H^5,AzH^2.$$

1430. *Synonymes* : Amidobenzol, benzidal, kyanol, phénylamine. — *Base liquide, incolore*, huileuse, à odeur vineuse et désagréable, découverte en 1826 par Unverdorben. — *Densité :* 1,0361 à 0°. — *Solidifiable* par le froid en cristaux fusibles à — 8°. — *Point d'ébullition :* 183°,7. — *Solubilité :* 3,11 parties d'aniline dans 100 de solution aqueuse à 16°; 3,58 parties à 56°; 5,18 parties à 82°. Miscible à l'alcool, à l'éther et à l'acétone. — Se colore à la lumière. — *Toxique.*

1431. PRÉPARATION. — L'aniline est aujourd'hui un produit industriel, qui s'obtient par la réduction de la nitrobenzine (Zinin) :

$$C^{12}H^5(AzO^4) \quad + \quad 3H^2 \quad = \quad C^{12}H^7Az \quad + \quad 2H^2O^2;$$

Nitrobenzine.	Hydrogène.	Aniline.	Eau.

$$C^6H^5,AzO^2 \quad + \quad 3H^2 \quad = \quad C^6H^5,AzH^2 \quad + \quad 2H^2O.$$

La purification de l'aniline étant difficile, il vaut mieux partir de nitrobenzine très pure, préparée avec la benzine pure et cristallisable.

Les agents de réduction qui fournissent l'aniline sont très variés; dans les laboratoires, on se sert d'ordinaire d'un mélange de limaille de fer et d'acide acétique, lequel mélange est producteur d'hydrogène (M. Béchamp).

On opère dans un appareil distillatoire, composé d'une cornue et d'un récipient, tous deux tubulés (fig. 118, § 222). Dans la cornue, prise d'une capacité de 1 demi-litre, on verse 50 grammes de nitrobenzine, 50 grammes d'acide acétique du commerce (D = 1,0587 ou 8° Baumé), et 60 grammes de limaille de fer non souillée de corps gras; on bouche la cornue, on l'agite et on la dispose aussitôt sur le fourneau. Le plus souvent, une réaction tumultueuse se déclare spontanément; si elle tarde à se manifester, on chauffe légèrement, puis on éteint le feu dès qu'elle a commencé. Pendant sa première partie, une certaine quantité de nitrobenzine non réduite est entraînée à la distillation; dès que cette dernière s'est arrêtée, on cohobe, puis on chauffe modérément l'appareil. L'aniline passe dans le récipient avec une certaine quantité d'eau. La distillation doit être poussée jusqu'à dessiccation du résidu resté dans la cornue. On transvase dans un flacon le contenu du récipent, et, après repos, on sépare par décantation l'aniline de la liqueur aqueuse. On dessèche ensuite le liquide en le laissant en contact avec un peu de chlorure de calcium sec, puis on le rectifie (fig. 122, § 233), en séparant les premières portions, qui sont encore mélangées d'eau, et en isolant ce qui passe vers 183°.

1432. RÉACTIONS. — L'aniline, en présence de l'eau, agit peu sur le tournesol; elle forme cependant des sels stables. Elle précipite les sels de fer, de zinc et d'aluminium, mais non l'azotate d'argent.

Sa solution aqueuse, additionnée d'une solution récente de chlorure de chaux, prend une belle coloration violette (Runge). La liqueur, agitée dans un tube à essais avec de l'éther, cède à celui-ci une matière colorante bleue (*mauvéine*) et devient rouge.

Une liqueur contenant 10 grammes d'aniline, 10 centimètres cubes d'acide chlorhydrique, 22 grammes de bichromate de potasse et 10 centimètres cubes d'acide sulfurique, pour 2 litres d'eau, teint peu à peu, en noir très solide (*noir d'aniline*), le coton (100 grammes) qu'on y plonge; on agite le coton dans le mélange froid, puis on élève lentement la température jusqu'à l'ébullition. Le coton doit au préalable avoir été lavé dans l'eau bouillante alcalinisée au carbonate de soude, puis rincé.

Chauffée pendant quelques minutes à l'ébullition, dans un tube à essais, avec la moitié de son volume de bichlorure d'étain anhydre, l'aniline fournit une belle matière colorante violette, la *violaniline*.

1433. TRANSFORMATION EN ROUGE D'ANILINE. — L'aniline pure donne naissance à un beaucoup moins grand nombre de matières colorantes, que son mélange avec ses homologues supérieurs, les *toluidines*, $C^{14}H^9Az$ ou C^7H^9Az. Ce mélange, soumis à l'action d'agents d'oxydation très divers, engendre les sels de plusieurs bases complexes, les *rosanilines* $C^{38}H^{19}Az^3O^2$ ou $C^{19}H^{19}Az^3O$; ces bases sont incolores, mais forment des sels doués d'une belle coloration rouge, fort usités comme matières tinctoriales, sous les noms de *rouge d'aniline, fuchsine, magenta, solférino, azaléine,* etc. L'oxydant le plus employé, pour produire le rouge d'aniline, est l'acide arsénique, qui passe à l'état d'acide arsénieux.

On opère d'ordinaire avec le mélange que le commerce nomme *aniline pour rouge;* c'est un liquide bouillant entre 132° et 205°, obtenu par réduction d'une nitrobenzine convenablement chargée d'orthonitrotoluène et de paranitrotoluène. Dans un matras d'essayeur, on introduit 10 grammes d'aniline pour rouge, 12 grammes d'acide arsénique et 10 grammes d'eau; la masse s'échauffe et il se forme des arséniates d'aniline et de toluidines. On chauffe alors le matras, en le tenant à une certaine distance au-dessus d'une flamme de gaz, et en le tournant sans cesse autour de son axe : l'eau se volatilise d'abord, puis l'aniline en excès entre en ébullition. On maintient dès lors la température telle, que les vapeurs se condensent dans le col du matras et que le liquide condensé retombe dans le mélange. La masse prend une coloration rouge, qui s'accentue de plus en plus; en même temps, elle s'épaissit. La réaction dure plus ou moins longtemps, suivant la quantité de matière sur laquelle elle porte. Il faut éviter de chercher à l'abréger en chauffant trop fortement, le produit s'altérant et devenant brun aux températures supérieures au point d'ébullition de l'aniline. L'opération est terminée lorsqu'un échantillon du produit, prélevé à l'extrémité d'une baguette, a une couleur mordorée et une cassure vitreuse. Le mélange est alors formé d'arséniate et d'arsénite de rosaniline, ainsi que de quelques corps étrangers. On laisse un peu refroidir ; avant que le produit soit solidifié, on verse sur lui 50 grammes d'eau additionnée de 8 grammes de carbonate de soude, et on chauffe à l'ébullition pendant quelques minutes ; l'acide arsénieux et l'acide arsénique passent partiellement à l'état de sels de soude solubles, et il se sépare une masse pâteuse d'arséniate basique de rosaniline. Après décantation, cette dernière est traitée à l'ébullition par 500 grammes d'eau ; on filtre la liqueur bouillante, pour séparer une résine brune, et on ajoute aussitôt au liquide clair et fortement coloré en rouge 25 ou 30 grammes de chlorure de sodium. Par double décomposition, il se forme de l'arséniate de soude et du chlorhydrate de rosaniline ; ce dernier, étant insoluble dans l'eau salée, se précipite en flocons. Après refroidissement, on recueille le dépôt sur un filtre, on le lave avec fort peu d'eau froide, puis on le dissout dans 40 à 50 fois son poids d'eau bouillante ; le chlorhydrate de rosaniline cristallise par refroidissement.

Le chlorhydrate de rosaniline n'est que peu soluble dans l'eau froide, qu'il colore cependant en rouge intense. Si, à de l'eau bouillante, dans laquelle on agite sans cesse un écheveau de laine blanche ou de soie blanche, on ajoute une petite quantité de fuchsine en dissolution, la fibre animale fixe la matière colorante et se teint en rouge, tandis que l'eau se décolore ; par des additions répétées, mais toujours limitées, de matière colorante, on teint la laine ou la soie d'une couleur de plus en plus foncée ; celle-ci résiste aux lavages à l'eau froide, que l'on pratique ensuite avant de sécher l'écheveau à l'air.

I. — ACIDE SULFANILIQUE.

$$P.\ mol.: C^{12}H^7Az,S^2O^6 = 173 = SO^3H_{(1)},C^6H^4,AzH^2_{(4)}.$$

1434. *Synonyme :* Acide parasulfanilique. — L'un des trois dérivés sulfonés isomères que forme l'aniline ; découvert par Gerhardt en 1846. — *Prismes rhomboïdaux tabulaires,* contenant 2 molécules d'eau de cristallisation ; très efflorescents. — *Non* encore *décomposé* à 220°. — *Peu soluble* dans l'eau froide ; très soluble à chaud ; insoluble dans l'alcool et l'éther.

1435. Préparation. — L'acide parasulfanilique est le produit direct de l'action de l'acide sulfurique concentré sur l'aniline :

$$C^{12}H^7Az \quad + \quad S^2H^2O^8 \quad = \quad C^{12}H^7Az,S^2O^6 \quad + \quad H^2O^2 ;$$

Aniline.   Acide sulfurique.   Acide sulfanilique.   Eau.

$$C^6H^5,AzH^2 \quad + \quad SO^4H^2 \quad = \quad SO^3H,C^6H^4,AzH^2 \quad + \quad H^2O.$$

Dans un ballon de 250 centimètres cubes, on introduit 75 grammes (41 centimètres cubes) d'acide sulfurique concentré, ou mieux d'acide sulfurique de Nordhausen, puis, peu à peu et en agitant, 25 grammes d'aniline *pure* (25 centimètres cubes). On chauffe ensuite le mélange entre 180° et 190°, au bain d'huile, pendant quatre heures ou plus exactement jusqu'à ce qu'une prise d'essai du mélange ne donne plus d'aniline quand on la sursature par la soude. Le produit est alors coloré en brun et sirupeux. On le verse, en agitant, dans un demi-litre d'eau froide :

l'acide sulfanilique se précipite à l'état d'une poudre cristalline grise ; on le récolte sur un filtre, on le lave avec un peu d'eau froide et on le purifie à plusieurs reprises, en le dissolvant dans l'eau bouillante, en ajoutant à la liqueur chaude un peu de noir animal lavé, en filtrant et en laissant cristalliser par refroidissement. On obtient ainsi un poids d'acide parasulfanilique purifié, un peu supérieur à celui de l'aniline traitée.

Le sel de soude forme aisément de gros cristaux rhomboïdaux, contenant deux molécules d'eau de cristallisation.

L'acide parasulfanilique sert de matière première pour la production de matières colorantes usitées.

II. — ANILINE MÉTANITRÉE.

$$P.\ mol. : C^{12}H^6Az(AzO^4) = 122 = AzO^2_{(1)}, C^6H^4, AzH^2_{(3)}.$$

1436. *Synonyme :* Métanitraniline. — *Prismes rhomboïdaux* jaunes. — *Point de fusion :* 114°. — *Point d'ébullition :* 285°. — *Peu soluble* dans l'eau ; très soluble dans l'alcool et la benzine.

1437. PRÉPARATION. — La métanitraniline résulte de la réduction partielle de la métadinitrobenzine (§ 1206) :

$$C^{12}H^4(AzO^4)^2 \quad + \quad 6H \quad = \quad C^{12}H^6Az(AzO^4) \quad + \quad 2H^2O^2 ;$$

Dinitrobenzine.   Hydrogène.   Nitraniline.   Eau.

$$C^6H^4(AzO^2)^2 \quad + \quad 3H^2 \quad = \quad AzO^2, C^6H^4, AzH^2 \quad + \quad 2H^2O.$$

Dans un matras de 250 centimètres cubes, on introduit 30 grammes de métadinitrobenzine, 110 grammes d'alcool à 90 centièmes et 20 grammes d'ammoniaque concentrée. On tare le matras ainsi garni, puis on fait passer dans le mélange, au moyen d'un tube de verre pénétrant jusqu'au fond, un courant d'hydrogène sulfuré (§ 640). On agite de temps en temps. Peu à peu, la dinitrobenzine se dissout, et on obtient finalement une liqueur rouge saturée de gaz sulfhydrique. On la chauffe doucement ; la réduction s'effectue par l'hydrogène de l'acide sulfhydrique et du soufre se dépose. On sature de nouveau le mélange de gaz et on le chauffe une deuxième fois ; on continue ainsi jusqu'à ce que le poids du matras ait augmenté de 18 grammes. On verse alors le produit dans un demi-litre d'eau froide : la métanitraniline se précipite aussitôt en flocons d'un jaune rougeâtre.

On recueille le produit sur un filtre et on l'épuise avec l'acide chlorhydrique dilué, en évitant l'emploi d'un trop grand excès de réactif. L'acide dissout l'aniline métanitrée et laisse la dinitrobenzine non attaquée. On évapore la liqueur acide limpide, puis on l'additionne d'ammoniaque qui précipite l'aniline nitrée sous forme de flocons jaunes. On filtre le mélange froid et on purifie le produit par cristallisation dans l'eau bouillante, en ayant soin de filtrer la liqueur dans un entonnoir chauffé (§ 347). On obtient ainsi une vingtaine de grammes d'aniline métanitrée.

Par réduction ultérieure, cette base nitrée donne la métaphénylènediamine.

E. — Métaphénylènediamine.

$$P.\ mol.: C^{12}H^8Az^2 \text{ ou } C^{12}H^2(AzH^3)^2 = 108 = C^6H^4(AzH^2)^2{}_{(1\text{-}3)}.$$

1438. *Synonymes :* Métadiamidobenzol, phénylènediamine β, benzidine. — *Alcali diammoniacal cristallisé* en prismes rhomboïdaux incolores, découvert par Zinin. — *Point de fusion :* 63°. — *Point d'ébullition :* 287°. — *Soluble* dans l'eau. — *Alcali diacide,* fortement·alcalin.

1439. PRÉPARATION. — La réduction complète de la métadinitrobenzine engendre la métaphénylènediamine (Zinin) :

$$C^{12}H^4(AzO^4)^2 \quad + \quad 12H \quad = \quad C^{12}H^8Az^2 \quad + \quad 4H^2O^2 ;$$

Dinitrobenzine.   Hydrogène.   Phénylènediamine.   Eau.

$$C^6H^4(AzO^2)^2 \quad + \quad 6H^2 \quad = \quad C^6H^4(AzH^2)^2 \quad + \quad 4H^2O.$$

Cette réduction s'effectue nettement par l'action du fer métallique et de l'acide acétique.

On introduit, dans une capsule de porcelaine de 1 litre, 100 grammes de limaille de fer non graissée, 100 grammes d'eau et 5 grammes d'acide acétique cristallisable. En remuant la masse constamment, on ajoute par petites portions 33 grammes de métadinitrobenzine. Dès les premières additions, le mélange s'échauffe et la phénylènediamine se sépare sous forme huileuse pour se dissoudre aussitôt après. En surveillant la température au moyen d'un thermomètre plongé dans le liquide, on règle l'introduction du corps nitré dans le mélange en réaction, de manière à ne jamais dépasser 65° et à se tenir autant que possible au voisinage de 50°. L'opération dure de une heure et demie à deux heures. On porte ensuite le mélange à 75° en le chauffant au bain-marie, puis on ajoute 200 grammes d'eau bouillante et on filtre le liquide bouillant dans un entonnoir chauffé (§ 347). La liqueur colorée et limpide est alors concentrée à feu nu jusqu'à ce qu'elle bouille de 110° à 115°, et la masse brune et épaisse obtenue est, alors qu'elle se trouve encore fluidifiée par la chaleur, introduite dans une petite cornue tubulée et soumise à la distillation. Dans ce but, le col de la cornue est relié à un long tube mince, exposé à l'air, servant de réfrigérant; un thermomètre est en outre adapté à la tubulure de la cornue. De l'eau restée dans le produit passe d'abord, puis la température s'élève rapidement vers 275°. A partir de cette dernière température, on recueille la phénylènediamine jusque vers 290°. La base ainsi obtenue pèse environ 20 grammes. On la purifie par une nouvelle distillation.

La phénylènediamine s'altère à l'air, surtout à haute température; aussi est-il bon d'adapter au bouchon de la cornue, en même temps que le thermomètre, un tube par lequel on fait arriver dans l'appareil distillatoire un courant de gaz carbonique ou simplement de gaz d'éclairage.

La phénylènediamine reste le plus souvent surfondue. Elle cristallise immédiatement quand on introduit, dans le liquide, un cristal antérieurement obtenu.

La phénylènediamine forme des sels bien définis. Son chlorhydrate cristallise aisément. Une solution neutre de l'un de ses sels donne, lorsqu'on l'additionne d'une solution également neutre d'azotite alcalin, un précipité brun rouge, qui est employé en teinture sous le nom de *brun de phénylènediamine* et sous beaucoup d'autres noms. C'est le *chlorhydrate de triamidoazobenzol,* $C^{24}H^{13}Az^5,2HCl$ ou $AzH^2,C^6H^4,Az^2,C^6H^3(AzH^2)^2,2HCl.$ Sa formation facile et sa coloration intense permettent de l'utiliser pour reconnaître la présence de traces d'azotite alcalin dans une liqueur : elle se manifeste par une coloration jaune, très visible, dans une liqueur contenant seulement $0^{gr},0001$ d'azotite par litre.

La phénylènediamine produit encore d'autres matières colorantes azoïques.

F. — Quinoléine.

$$P.\ mol.\ :\ C^{18}H^7Az = 129 = 4\ vol. = €^9H^7Az\ \text{ou}\ €^6H^4,(€H)^3,Az.$$

1440. *Synonyme :* Quinoline. — *Base liquide,* incolore; à odeur désagréable, découverte par Gerhardt en 1845. — *Densité :* 1,1081 à 0°. — *Point d'ébullition :* 238°. — *Hygroscopique;* se combinant à l'eau pour former un *hydrate* $C^{18}H^7Az + 3HO$ ou $(€^9H^7Az)^2 + 3H^2O$. — *Solubilité :* très faible dans l'eau froide, plus forte à chaud. Miscible avec l'alcool, l'éther ou le sulfure de carbone.

1441. PRÉPARATION. — Le meilleur mode de préparation de la quinoléine est basé sur la réaction synthétique suivante : en présence de l'acide sulfurique concentré, un mélange de glycérine, d'aniline et de nitrobenzine, donne de la quinoléine et de l'eau (M. Skraup) :

$$3C^6H^8O^6 \quad + \quad 2C^{12}H^5Az \quad + \quad C^{12}H^5(AzO^4) \quad = \quad 3C^{18}H^7Az \quad + \quad 11H^2O^2;$$

Glycérine. Aniline. Nitrobenzine. Quinoléine. Eau.

$$2[€^3H^5(€H)^3] \quad + \quad 2(€^6H^5,AzH^2) \quad + \quad €^6H^5,AzO^2 \quad = 3[€^6H^4,(€H)^3,Az] + \quad 11H^2O.$$

La réaction donnant lieu à un boursouflement considérable, on doit opérer dans un appareil de très grandes dimensions. Dans une cornue tubulée de 1 litre, faisant partie d'un appareil distillatoire (fig. 118, § 222), on introduit 40 grammes de glycérine sirupeuse, et 33 grammes d'acide sulfurique concentré (18 centimètres cubes). D'un autre côté, on mélange 8 grammes de nitrobenzine et 12 grammes d'aniline (ces deux dernières provenant de benzine cristallisable), puis on ajoute ce second mélange au premier, en agitant afin de dissoudre le sulfate d'aniline formé. L'appareil étant disposé à la manière ordinaire, on chauffe très doucement et on éteint le feu dès que des vapeurs commencent à se dégager. Une réaction tumultueuse ne tarde pas à se déclarer; elle se calme au bout de quelques minutes. On laisse un peu refroidir, on cohobe, et on recommence à chauffer, ce qui provoque une nouvelle réaction vive, de peu de durée. On cohobe de nouveau et on maintient dès lors la cornue à la température à laquelle la masse commence à fournir des vapeurs. Après deux heures de chauffage, pendant lesquelles on a reporté de temps en temps dans la cornue le liquide distillé, on laisse refroidir un peu, on ajoute 500 grammes d'eau et on distille. Les premières portions de la vapeur d'eau entraînent la nitrobenzine qui a échappé à la réaction.

Lorsque l'eau cesse de passer laiteuse, on arrête, on remplace le récipient, on ajoute dans la cornue la quantité de lessive de soude nécessaire pour rendre le mélange fortement alcalin et on distille de nouveau. La quinoléine, qui se trouvait à l'état de sulfate, a été mise en liberté par la soude ; elle distille avec la vapeur d'eau. On poursuit la distillation aussi longtemps que le liquide passe laiteux. On laisse

reposer le produit de la distillation et on isole, par décantation, la quinoléine de l'eau à laquelle elle est mélangée.

1442. Le mode opératoire précédent, suffisant pour constater la formation
de la quinoléine, est peu recommandable lorsqu'il s'agit de préparer une
certaine quantité de cette base. Il vaut mieux alors opérer dans un ballon de
2 litres, muni d'un réfrigérant à grande surface et disposé à reflux (fig. 307,
§ 1235), en chauffant au bain de sable. On mélange 120 grammes de glycérine avec 100 grammes d'acide sulfurique concentré, puis on ajoute
24 grammes de nitrobenzine et 38 grammes d'aniline. On provoque la réaction
énergique indiquée plus haut, en chauffant d'abord doucement, puis en supprimant le feu dès qu'elle s'est manifestée. En renouvelant le chauffage
lorsque l'ébullition est calmée, celle-ci reprend encore avec intensité, mais,
après quelques alternatives analogues, elle se continue tranquillement. On
maintient alors la masse en ébullition lente pendant trois ou quatre heures. Le
boursouflement ne permet guère de dépasser les doses précitées; mais, si l'on
se propose de préparer une plus forte quantité de quinoléine, on effectue sur
ces mêmes doses la première partie de la réaction, jusqu'à cessation de l'ébullition tumultueuse; on réunit ensuite dans un même ballon les produits de
plusieurs traitements semblables, pour les chauffer ensemble pendant une
heure dans l'appareil disposé comme il a été dit. Après refroidissement, on
ajoute à la masse six fois son volume d'eau et on place sur le ballon un
bouchon traversé par deux tubes : l'un de ces tubes communique avec le réfrigérant disposé pour distiller ; l'autre pénètre jusqu'au fond du ballon, où il
permettra de diriger un courant de vapeur d'eau. On chauffe le ballon au
bain de sable jusque vers 100°, et, au moment où l'ébullition va commencer,
on fait passer la vapeur d'eau. Celle-ci est fournie le plus simplement par un
ballon contenant de l'eau en ébullition et portant un bouchon traversé par
un tube coudé, auquel s'adapte un caoutchouc relié au tube de verre amenant la vapeur dans le mélange. La vapeur d'eau entraîne la nitrobenzine qui
n'a pas réagi. Lorsque l'eau condensée est devenue limpide, on laisse un peu
refroidir, on change le récipient, et on ajoute dans le ballon de la soude
caustique, en quantité suffisante pour rendre le mélange fortement alcalin.
On chauffe de nouveau le bain de sable, puis on fait passer une seconde fois
la vapeur qui entraîne la quinoléine. Celle-ci est décantée, desséchée par le
contact de quelques fragments de potasse caustique fondue, puis soumise à
la distillation fractionnée (§ 229 et suivants), afin de séparer l'aniline qui a
échappé à la réaction : on recueille ce qui passe entre 230° et 240°.

Pour purifier complètement la base, on la dissout d'ordinaire dans six fois
son poids d'alcool concentré et on ajoute à la dissolution le poids d'acide sulfurique exactement nécessaire pour former du sulfate acide de quinoléine. Ce
sel se précipite en une poudre cristalline blanche. Après refroidissement, on
essore les cristaux à la trompe, on les lave avec un peu d'alcool froid et on
les sèche. Décomposés par la potasse, ils donnent de la quinoléine pure, que
l'on entraîne par la vapeur d'eau, que l'on sépare et que l'on dessèche.

Il est préférable, cependant, de passer par le tartrate acide de quinoléine,
sel facile à purifier par des cristallisations dans l'eau. On l'obtient en dissolvant la quinoléine dans l'acide tartrique, pris en quantité suffisante pour
former une solution neutre, ajoutant un poids d'acide tartrique égal à celui
qu'il a fallu employer, et laissant cristalliser.

G. — **Quinine.**

$$P.\ mol.: C^{40}H^{24}Az^2O^4 = 324 = C^{20}H^{24}Az^2O^2.$$

1443. *Alcaloïde di-ammoniacal tertiaire*, cristallisable, incolore, inodore, à saveur amère, découvert en 1820 par Pelletier et Caventou. — *Point de fusion :* 177°. — *Solubilité :* 1 partie dans 1960 parties d'eau à 15°. Très soluble dans l'éther, le chloroforme, les hydrocarbures et les huiles grasses. — *Pouvoir rotatoire :* $\alpha_D =$ — 116°, en solution chloroformique à 2 centièmes.

HYDRATE DE QUININE : $C^{40}H^{24}Az^2O^4 + 3H^2O^2$ ou $C^{20}H^{24}Az^2O^2 + 3H^2O$. — *Cristaux* incolores, *fusibles* à 57° en perdant de l'eau. — *Solubilité :* 1 partie dans 1670 parties d'eau à 15°; très soluble dans l'éther, mais non dans les carbures. — *Pouvoir rotatoire :* $\alpha_D =$ — 149°,54, en solution à 3 pour 100 dans l'alcool à 80 centièmes.

SULFATE DE QUININE OFFICINAL : $(C^{40}H^{24}Az^2O^4)^2,S^2H^2O^8 + 14HO$ ou $(C^{20}H^{24}Az^2O^2)^2,SO^4H^2 + 7H^2O$. — *Synonyme :* Sulfate de quinine basique. — Sel incolore, très faiblement *alcalin au tournesol*, cristallisant en aiguilles fines et longues, dérivées d'un *prisme rhomboïdal oblique.* — *Efflorescent*, en perdant 5 équivalents d'eau ou 2 molécules 1/2; devenant anhydre à 100°. — *Solubilité :* 1 partie dans 755 parties d'eau à 15°, dans 30 parties d'eau bouillante, dans 80 parties d'alcool à 80 centièmes froid, dans 60 parties d'alcool absolu froid. — Transformé par l'acide sulfurique en sulfate neutre, soluble dans l'eau en donnant un liquide *fluorescent. — Lévogyre.*

1444. PRÉPARATION DU SULFATE DE QUININE. — Le sulfate de quinine s'obtient au moyen de la quinine qui existe dans l'écorce de certains quinquinas. On opère de préférence sur le *Quinquina calisaya* cultivé, qui est riche en alcaloïdes. Il faut remarquer cependant que les procédés dont on peut faire usage dans un laboratoire, sont fort différents de ceux appliqués en grand.

On fait bouillir dans une capsule de porcelaine 400 grammes d'eau, dans laquelle on a mis 2 grammes d'acide chlorhydrique et 100 grammes de quinquina finement concassé. Après une demi-heure, on verse sur une toile, puis on fait subir à la même écorce deux traitements successifs, avec des quantités d'eau et d'acide égales aux précédentes. On réunit les liqueurs refroidies et on y ajoute un lait de chaux (§ 915), préparé avec 10 grammes de chaux vive et 60 grammes d'eau : les alcaloïdes du quinquina, retenus en dissolution sous forme de chlorhydrates solubles, sont précipités en même temps qu'un excès de chaux et que certaines matières colorantes. On filtre ; on lave le précipité égoutté, en le délayant dans de l'eau froide et en le versant sur un second filtre ; on l'essore, puis on le sèche à une douce température. On pulvérise finement le produit sec, on l'introduit dans un ballon avec 150 grammes d'alcool à 90 centièmes, et on chauffe le tout au bain-marie. Les alcaloïdes se dissolvent dans l'alcool bouillant. On filtre. On distille la solution alcoolique (fig. 119, § 223 ou mieux fig. 120, § 224) en chauffant au bain-marie ; on verse sur le résidu 50 grammes d'eau, on porte à l'ébullition et on laisse tomber goutte à goutte dans le mélange, jusqu'à dissolution, de l'acide sulfurique dilué au dixième. On ajoute 2 grammes de charbon animal lavé (§ 753), et on chauffe le tout au bain-marie pendant une demi-heure, en agitant fréquemment, ce qui décolore en grande partie la liqueur. On filtre. A la solution reçue dans une petite capsule de porcelaine et portée à l'ébullition, on ajoute de l'ammoniaque, jusqu'à réaction presque neutre au tournesol, mais en laissant subsister une très faible réaction acide, et on laisse refroidir. Le sulfate de quinine basique cristallise peu à peu. On l'égoutte, on l'essore, on le dissout dans 30 fois son poids d'eau bouillante et on le laisse cristalliser une seconde fois par refroidissement. La purification est meilleure, quand on essore les premiers cristaux à la trompe et qu'on les lave de même avec un peu d'eau froide, avant de les faire recristalliser. Le sel est enfin desséché à l'air, à basse température, en évitant l'efflorescence.

7.

AMIDES.

A. — Acétamide.

$$P. \, mol. \quad C^4H^5AzO^2 = 83 = 4 \, vol. = \mathit{\epsilon}H^3, \mathit{\epsilon}O, AzH^2.$$

1445. *Synonyme :* Amide acétique. — *Amide primaire*, solide, incolore, cristallin, découvert en 1847, par Dumas, Malaguti et Le Blanc. — *Densité :* 1,159. — *Point de fusion :* 82°. — *Point d'ébullition :* 222°. — *Soluble* dans l'eau, l'alcool et l'éther.

1,446. PRÉPARATION. — L'acétamide résulte, avec de l'eau, de la décomposition de l'acétate d'ammoniaque par la chaleur :

$$C^4H^4O^4, AzH^3 \quad = \quad C^4H^5AzO^2 \quad + \quad H^2O^2 ;$$

Acétate d'ammoniaque.   Acétamide.   Eau.

$$\mathit{\epsilon}H^3, \mathit{\epsilon}O^2, AzH^4) \quad = \quad \mathit{\epsilon}H^3, \mathit{\epsilon}O, AzH^2 \quad + \quad H^2O.$$

On opère dans un petit appareil distillatoire (fig. 119, § 223). On place dans la cornue, dont la capacité est 180 centimètres cubes, 50 grammes d'acide acétique cristallisable, auquel on ajoute peu à peu de l'ammoniaque concentrée, jusqu'à réaction alcaline. On chauffe la cornue. Il distille d'abord de l'eau de plus en plus chargée d'acétate d'ammoniaque, puis, la température continuant à s'élever, il passe un liquide huileux et incolore, qui se solidifie au contact des corps froids ; c'est l'acétamide. On remplace alors le récipient par le vase dans lequel on se propose de recueillir ce corps, ballon ou matras, en cessant de plonger dans l'eau le nouveau récipient, puis on pousse la distillation jusqu'à épuisement du contenu de la cornue.

En fixant, par un bouchon percé, un thermomètre dans la tubulure de la cornue, on dirige mieux l'opération. On change le récipient lorsque la température a dépassé 180° ; la décomposition du sel ammoniacal est dès lors achevée, l'eau a disparu et il ne reste plus qu'à distiller l'acétamide.

Pour avoir l'acétamide pur, il est nécessaire de distiller une seconde fois le produit, en recueillant ce qui se passe entre 215° et 222°. Les portions qui bouillent au-dessous de 200° sont toujours un peu acides ; elles peuvent, après neutralisation par l'ammoniaque, servir pour une nouvelle opération. On termine la purification en faisant cristalliser le produit par dissolution dans la benzine chaude et refroidissement.

L'acétamide se combinant avec l'eau, dès la température ordinaire, pour régénérer l'acétate d'ammoniaque, par une réaction inverse de celle qui lui donne naissance, il est nécessaire de conserver ce corps, à l'abri de l'humidité de l'air, dans des vases bien fermés. On le transvase d'ailleurs facilement, après l'avoir fondu au bain-marie.

Il vaut encore mieux chauffer l'acide acétique cristallisable au bain-marie, et y projeter, par petits fragments, du carbonate d'ammoniaque solide, ce qui détermine une vive effervescence. La neutralisation atteinte, la masse donne, lorsqu'on la laisse refroidir, de l'acétate d'ammoniaque en grands cristaux ; par distillation, elle fournit d'autant plus facilement l'acétamide qu'elle n'est pas mélangée d'eau, ainsi qu'il arrive lorsqu'on emploie la dissolution d'ammoniaque.

B. — Oxamide.

$$P.\ mol.\ : C^4H^4Az^2O^4 = 88 = 4\ vol. = \mathcal{C}^2\mathcal{O}^2(AzH^2)^2.$$

1447. *Amide bi-ammoniacal primaire*, incolore, pulvérulent, cristallisable en *prismes rhomboïdaux obliques*, découvert par Bauhof en 1817. — *Densité* : 1,667. — *Sublimable* sans fusion préalable. — *Solubilité* : 1 partie dans 10 000 parties d'eau froide; plus soluble à chaud; presque insoluble dans l'alcool et l'éther.

1448. PRÉPARATION. — Conformément à un mode général de production des amides, l'oxamide résulte de l'action de l'ammoniaque sur l'éther oxalique (Bauhof) :

$$(C^4H^4)^2,C^4H^2O^8 \quad + \quad 2AzH^3 \quad = \quad C^4H^4Az^2O^4 \quad + \quad 2C^4H^6O^2;$$

Éther oxalique. — Ammoniaque. — Oxamide. — Alcool.

$$\mathcal{C}^2\mathcal{O}^4(\mathcal{C}^2H^5)^2 \quad + \quad 2AzH^3 \quad = \quad \mathcal{C}^2\mathcal{O}^2(AzH^2)^2 \quad + \quad 2(\mathcal{C}^2H^5,\mathcal{O}H).$$

On se sert de l'éther oxalique obtenu avec 40 grammes d'alcool et 40 grammes d'acide oxalique (§ 1259); on y ajoute, en agitant vivement, 20 centimètres cubes d'ammoniaque en solution aqueuse concentrée. Le liquide se trouble aussitôt et dépose bientôt en abondance de l'oxamide pulvérent, incolore et cristallin. On laisse l'action se terminer pendant deux heures, puis on lave le produit à l'eau froide, qui ne le dissout pas sensiblement. On le recueille sur un filtre en papier et on le sèche à l'air.

En opérant ainsi au sein de l'eau le mélange de l'éther oxalique et de l'ammoniaque, la réaction s'accomplit lentement, à cause de la faible solubilité de l'éther dans la liqueur aqueuse; on l'accélère en agitant fréquemment. On l'accélère davantage en ajoutant au mélange de l'alcool, qui dissout les deux réactifs et les met en contact intime.

Au lieu d'employer l'éther oxalique pur, on peut traiter directement par l'ammoniaque le produit brut de l'action de l'acide oxalique desséché sur l'alcool, recueilli par simple distillation, chargé d'acide et d'alcool (§ 1259) : l'excès d'acide se trouve changé en sel ammoniacal soluble, que les lavages éliminent avec l'alcool.

C. — Nitrile formique ou acide cyanhydrique.

$$P.\ mol.: C^2AzH\ ou\ \dot{C}yH = 27 = 4\,vol. = €AzH.$$

1449. *Synonymes :* Acide prussique, formonitrile. — Liquide *incolore*, mobile, doué d'une *odeur d'amandes amères*, connu des prêtres égyptiens, décrit par Scheele en 1782. — *Densité :* 0,6969 à 18°. — *Cristallisable* à — 14°. — *Point d'ébullition :* 26°,1. — Miscible à l'eau. — *Altérable* sous l'influence d'une trace d'ammoniaque. *Extrêmement toxique.*

1450. Synthèse. — Sous l'influence des étincelles électriques, l'acétylène réagit directement sur l'azote libre pour produire l'acide cyanhydrique (M. Berthelot) :

$$C^2H^2 \quad + \quad Az^2 \quad = \quad 2C^2AzH ;$$
Acétylène.   Azote.   Acide cyanhydrique.
$$€^2H^2 \quad + \quad Az^2 \quad = \quad 2€AzH.$$

Dans une éprouvette à gaz, on mélange sur le mercure 1 volume d'acétylène et 1 volume d'azote, puis on ajoute 6 ou 8 volumes d'hydrogène. Ce dernier gaz ne joue pas un rôle direct dans la réaction, mais il en augmente beaucoup le rendement. On introduit dans l'éprouvette les extrémités de deux tubes recourbés, comme l'indique la figure 319, et traversés par des fils de platine qui dépassent leurs orifices. Ces fils, destinés à servir de conducteurs, se trouvent ainsi isolés l'un de l'autre par le verre des tubes. Comme, à l'intérieur de l'éprouvette, ils aboutissent dans l'atmosphère gazeuse, ils y donnent entre leurs extrémités des étincelles électriques, lorsqu'on vient à les mettre extérieurement en communication avec les bornes d'une bobine de Ruhmkorff. Après avoir fait agir une série de fortes étincelles pendant un quart d'heure, on arrête l'expérience, on enlève sur la cuve à mercure les tubes avec les conducteurs, et on introduit dans l'éprouvette de l'eau chargée d'un peu de potasse caustique. Par agitation, celle-ci dissout les vapeurs cyanhydriques formées. On

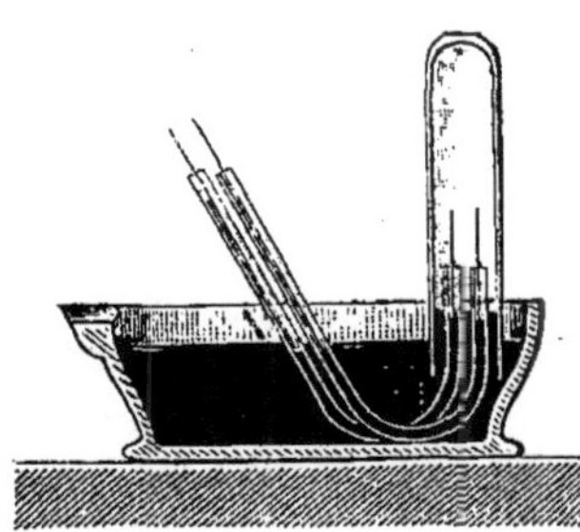

Fig. 319. — Synthèse de l'acide cyanhydrique.

enlève l'éprouvette sur une soucoupe et on retourne brusquement le tout au-dessus de la cuve à mercure. Il est dès lors facile de recueillir avec une pipette le liquide resté dans l'éprouvette. Additionné d'un mélange à parties égales de sulfate ferreux et de sulfate ferrique, il fournit un précipité plus ou moins ocreux. Par addition d'un léger excès d'acide chlorhydrique, on redissout les oxydes de fer précipités et on fait apparaître du bleu de Prusse, lequel démontre la formation de l'acide cyanhydrique.

1451. Préparation. — L'acide cyanhydrique se forme, en même temps que du sulfate de potasse et du ferrocyanure de fer et de potassium, dans la décomposition du ferrocyanure de potassium par l'acide sulfurique dilué :

$$4[(C^2Az)^3Fe,K^2] \ + \ 3S^2H^2O^8 \ = \ 6C^2AzH \ + \ 3S^2K^2O^8 \ + \ 2[(C^2Az)^3Fe,FeK] ;$$
Ferrocyanure de potassium.   Acide sulfurique.   Acide cyanhydrique.   Sulfate de potasse.   Ferrocyanure de fer et de potassium.
$$2[Fe(€Az)^6K^4] \ + \ 3SO^4H^2 \ = \ 6€AzH \ + \ 3SO^4K^2 \ + \ Fe(€Az)^6FeK^2.$$

On opère dans un appareil distillatoire (fig. 120, § 224). On place dans le ballon, choisi d'une capacité de 300 centimètres cubes, 10 grammes de ferrocyanure de potassium finement concassé, avec 8 grammes d'acide sulfurique concentré, préalablement mélangé à 150 grammes d'eau. A l'extrémité basse du réfrigérant bien refroidi, on adapte un tube coudé, pénétrant jusqu'au fond d'un flacon qui recevra le produit; ce récipient est plongé dans l'eau froide et contient 50 grammes d'eau. On chauffe doucement; la réaction s'accomplit et l'acide cyanhydrique condensé se rend dans le flacon avec une certaine quantité d'eau. Le ferrocyanure de potassium fournit ainsi 22 p. 100 de son poids d'acide cyanhydrique, soit $2^{gr},2$ pour les doses indiquées ci-dessus. L'acide passant surtout dans les premiers moments de l'opération, le produit est d'autant plus dilué que l'on prolonge plus longtemps la distillation.

Pendant la préparation de l'acide cyanhydrique, on doit éviter soigneusement le contact de ce corps *extrémement toxique*, et le mélange de ses vapeurs avec l'atmosphère du laboratoire.

1452. La même réaction permet d'obtenir l'acide anhydre et pur. On opère alors dans un ballon muni d'un réfrigérant de Liebig, incliné de manière à faire refluer les liquides condensés. Un tube coudé réunit l'orifice de sortie du réfrigérant à un flacon laveur contenant une dissolution saturée de chlorure de calcium; ce dernier vase est suivi lui-même d'un flacon à dessécher les gaz (A, fig. 201, § 430), garni de chlorure de calcium sec et concassé. Le flacon laveur et le flacon à dessécher sont plongés dans le liquide d'un même bain-marie, qu'on maintiendra à une température comprise entre 50° et 60° pendant toute la durée de l'expérience; ils arrêteront la vapeur d'eau et dessécheront l'acide cyanhydrique, qui reste gazeux à la température indiquée. Au sortir de ces appareils, la vapeur sèche sera dirigée, par l'intermédiaire d'un second réfrigérant bien refroidi, soit dans un tube en U entouré d'un mélange réfrigérant (fig. 82, § 146), soit plus simplement au fond d'un matras refroidi de la même manière (§ 614). Avant de commencer l'expérience, on garnit le premier réfrigérant avec de l'eau chauffée vers 60° ou 70° : la vapeur d'eau s'y condensera en grande partie, mais non l'acide cyanhydrique.

On introduit dans le mélange en réaction une quantité d'eau plus faible que celle indiquée (§ 1451) pour la préparation de l'acide cyanhydrique dilué. On traite 10 parties de ferrocyanure pulvérisé, par le mélange refroidi de 8 parties d'acide sulfurique avec 14 parties d'eau. Pour empêcher les soubresauts, on ajoute 4 parties de sable siliceux (grès). L'opération bien conduite donne ainsi 18 parties d'acide cyanhydrique sec pour 100 parties de ferrocyanure décomposé.

L'acide pur, fourni par cette méthode, peut se conserver longtemps sans altération. Sa conservation n'est pas entravée quand on l'additionne d'une trace d'un acide minéral, tandis que la présence d'une fort petite quantité d'ammoniaque provoque sa destruction, avec coloration brune de plus en plus foncée et formation de produits solides.

Ajoutons que la même opération, pratiquée avec les mêmes doses de réactifs, dans un simple appareil distillatoire (fig. 120, § 224), suivi d'un vase entouré d'un mélange réfrigérant, fournit de l'acide mélangé d'une quantité d'eau assez limitée.

1453. Propriétés. — L'acide cyanhydrique sec brûle à l'air avec une
flamme presque blanche, teintée de violet.

L'eau se fixe sur l'acide cyanhydrique, très lentement lorsqu'elle est pure,
mais plus rapidement en présence de l'acide chlorhydrique (Pelouze) : le
nitrile formique est ainsi transformé en sel ammoniacal correspondant :

$$C^2AzH \quad + \quad 2H^2O^2 \quad = \quad C^2H^2O^4,AzH^3 ;$$

Acide   Eau.   Formiate
cyanhydrique.   d'ammoniaque.

$$\text{Ꮯ}AzH \quad + \quad 2H^2\text{Ꮎ} \quad = \quad \text{Ꮯ}\text{Ꮎ}^2H^2,AzH^3.$$

Il suffit, en opérant sous une cheminée à tirage bien établi, de mélanger à
volumes égaux l'acide cyanhydrique sec avec l'acide chlorhydrique fumant,
pour qu'en quelques minutes une réaction énergique se déclare, puis s'accom-
plisse avec un dégagement de chaleur capable de provoquer une ébullition
brusque du mélange : l'acide formique distille et peut être recueilli, puis
caractérisé (§ 1365); il reste du chlorhydrate d'ammoniaque.

L'acide sulfurique dilué exerce une action analogue, mais plus lente ; lorsqu'il
est concentré, il détruit l'acide formique produit d'abord, et dégage de l'oxyde
de carbone (§ 1365).

D. — Nitrile propionique.

$P.\ mol. : C^6H^5Az = 55 = 4\ vol. = \text{Ꮯ}^2H^5,\text{Ꮯ}Az.$

1454. *Synonymes* : Propionitrile, cyanure d'éthyle, éther éthylcyanhydrique. — *Li-*
quide, incolore, doué d'une odeur à la fois éthérée et cyanhydrique, découvert par
Pelouze en 1834. — *Densité :* 0,7998 à 4°. — *Point d'ébullition :* 96°,7. — *Soluble*
dans l'eau ; miscible à l'alcool et à l'éther.

1455. Préparation. — Le nitrile propionique prend naissance, en même
temps qu'une certaine proportion de *nitrile formique de l'éthylamine*, dans la
réaction de l'éthylsulfate de baryte ou de potasse sur le cyanure de potassium (Pelouze) :

$$C^4H^4,S^2HKO^8 \quad + \quad C^2AzK \quad = \quad C^6H^5Az \quad + \quad S^2K^2O^8 ;$$

Éthylsulfate de   Cyanure de   Nitrile proprionique.   Sulfate de
potasse.   potassium.   potasse.

$$\text{Ꮯ}^2H^5,S\text{Ꮎ}^4K. \quad - \quad \text{Ꮯ}AzK. \quad = \quad \text{Ꮯ}^2H^5,\text{Ꮯ}Az \quad + \quad S\text{Ꮎ}^4K^2.$$

On opère dans un appareil distillatoire ordinaire (fig. 119, § 223), en chauffant la cornue au bain d'huile. Il est bon de ne pas opérer sur de trop grandes
quantités à la fois. On dessèche d'abord avec soin l'éthylsulfate de potasse
pur et le cyanure de potassium pur, on mélange intimement ces deux sels à
poids égaux, puis on chauffe 250 grammes du mélange. On élève peu à peu la
température du bain d'huile jusque vers 300°. Il distille un liquide huileux,
jaunâtre, à odeur alliacée. La distillation achevée, on additionne ce liquide
d'eau acidulée par l'acide sulfurique, qui fixe l'ammoniaque et le nitrile éthyl-
amiformique. On décante le liquide insoluble dans la liqueur aqueuse, et on
le met en contact avec de l'oxyde de mercure pulvérisé. On agite de temps en
temps et on maintient la masse à une température voisine de 60°, afin d'éliminer complètement l'acide formique, l'acide cyanhydrique et quelques produits sulfurés. Après vingt-quatre heures, on distille. Le produit agité avec
une solution saturée de chlorure de calcium, cède à ce réactif l'alcool et l'eau
qu'il renferme. On le décante, on le dessèche par contact avec quelques frag-

ments de chlorure de calcium anhydre, et enfin on le rectifie en recueillant à part ce qui passe entre 95° et 98°.

On n'obtient ainsi que 1/10 environ du poids de l'éthylsulfate employé.

Le propionitrile fixe les éléments de l'eau, surtout sous l'influence des alcalis hydratés, pour former le sel ammoniacal correspondant (Dumas, Malaguti et Le Blanc) :

$$C^6H^5Az \quad + \quad 2H^2O^2 \quad = \quad C^6H^6O^4,AzH^3 ;$$

Nitrile propionique.   Eau.   Proponiate d'ammoniaque.

$$C^2H^5,CAz. \quad + \quad 2H^2O. \quad = \quad C^3H^6O^2,AzH^3.$$

Il suffit de le chauffer avec de la potasse aqueuse, et mieux encore avec de la potasse alcoolique, dans un ballon muni d'un réfrigérant à reflux, pour obtenir du propionate de potasse, qui reste dissous, et de l'ammoniaque qui se dégage. L'acide sulfurique provoque une réaction semblable ; il engendre de l'acide propionique et du sulfate d'ammoniaque.

E. — Nitrile oxalique ou cyanogène.

Équiv. : C^2Az ou $Cy = 26 = 2\,vol.$ *P. mol.* : $C^4Az^2 = 52 = 4\,vol. = C^2Az^2.$

1456. *Gaz incolore*, à odeur forte rappelant celle des amandes amères, découvert par Gay-Lussac en 1815. — *Densité* : 1,8064 par rapport à l'air; 25,533 par rapport à l'hydrogène. — *Liquéfiable* par refroidissement à —20°,7, en un liquide incolore. — *Cristallisable* à —34°,4. — *Solubilité* : 4,5 volumes dans 1 volume d'eau à 10°.

1457. PRÉPARATION. — Le cyanure de mercure se détruit au rouge sombre en donnant du mercure et du cyanogène (Gay-Lussac) :

$$2C^2AzHg \quad = \quad C^4Az^2 \quad + \quad Hg^2 ;$$

Cyanure de mercure.   Cyanogène.   Mercure.

$$C^2Az^2Hg \quad = \quad C^2Az^2 \quad + \quad Hg.$$

En même temps, une portion du cyanogène se polymérise et engendre du *paracyanogène*.

On opère dans un appareil composé d'une cornue et d'un tube à dégagement se rendant sur la cuve à mercure. On commence par exposer le cyanure de mercure en poudre, dans une étuve chauffée à 100°, afin de chasser l'eau d'interposition qu'il retient. On l'introduit ensuite dans la cornue et on chauffe. La décomposition s'effectue, le mercure se condense dans le col de la cornue, qui a été incliné de manière à le faire écouler vers la cuve, tandis que le gaz se dégage. Le paracyanogène, sous la forme d'une matière solide et brune, reste dans la cornue.

En raison de la température élevée qu'il faut atteindre et de la résistance apportée par le mercure de la cuve au dégagement gazeux, il est bon d'empêcher la cornue de se déformer en la lutant (§ 248).

Lorsqu'il s'agit de préparer une petite quantité seulement de cyanogène, on peut opérer la destruction du cyanure de mercure dans un tube de verre vert, peu fusible, fermé par un bout, et portant à l'autre bout le tube à dégagement.

Le cyanogène est trop soluble dans l'eau pour être manipulé sur ce liquide. Sa solution aqueuse se colore rapidement, surtout à la lumière, et dépose des flocons bruns ; après altération spontanée, elle est chargée de différents produits, parmi lesquels figure en quantité notable l'oxalate d'ammoniaque

(Wœhler), c'est-à-dire le sel ammoniacal de l'acide organique dont le cyanogène est le nitrile :

$$C^4Az^2 \quad + \quad 4H^2C^2 \quad = \quad C^4H^2O^8,2AzH^3;$$

Cyanogène.   Eau.   Oxalate d'ammoniaque.

$$C^2Az^2 \quad + \quad 4H^2O \quad = \quad C^2O^4(AzH^4)^2.$$

Il suffit, en effet, de filtrer la liqueur, de l'aciduler par l'acide acétique et de l'additionner d'une solution de chlorure de calcium, pour voir apparaître un précipité d'oxalate de chaux.

Le cyanogène, enflammé à l'air, brûle avec une flamme pourpre.

F. — Urée ou amide carbonique.

P. mol. : $C^2H^4Az^2O^2 = 60 = CH^4Az^2O$ ou $CO(AzH^2)^2$.

1458. *Synonymes* : Carbamine, carbamide. — *Amide-amine* incolore, inodore, cristallisé en *prismes à base carrée*, découvert dans l'urine par Rouelle le jeune en 1773. — *Densité* : 1,323. — *Point de fusion* : 132°. — *Décomposable* à une température un peu supérieure. — *Solubilité* : 1 partie dans 1 partie d'eau à 19° et dans 5 parties d'alcool froid ; presque nulle dans l'éther.

1459. Synthèse. — Un sel minéral, le cyanate d'ammoniaque, C^2AzHO^2,AzH^3 ou $CAzHO,AzH^3$, est un isomère de l'urée. Sous diverses influences, et notamment par une élévation modérée de sa température, il se change en urée (Wœhler). La production synthétique de l'urée ne diffère donc pas notablement de celle du cyanate d'ammoniaque.

Ce dernier sel résulte d'une double décomposition effectuée entre le cyanate de potasse et le sulfate d'ammoniaque.

Le *cyanate de potasse*, qui est ainsi la matière première de la production synthétique de l'urée, s'obtient en oxydant le ferrocyanure de potassium par le bioxyde de manganèse. On commence par dessécher avec soin le ferrocyanure de potassium ; après l'avoir pulvérisé, on le chauffe à feu nu dans une marmite de fer, en agitant constamment, jusqu'à ce qu'il soit changé en une masse blanche sans consistance, mais en évitant un commencement d'altération que dénoncerait une coloration brune. Après refroidissement, on le réduit en poudre très fine ; d'autre part, on chauffe jusque vers 200°, dans une marmite de fonte, du bioxyde de maganèse finement pulvérisé, afin de chasser toute l'eau qu'il contient. Après refroidissement, on mélange intimement 50 grammes de sel sec avec 25 grammes de bioxyde, et on chauffe le tout dans une marmite de fonte, ou mieux dans une capsule de tôle de fer, très aplatie. Bien avant le rouge, la réaction se manifeste en quelques points et se propage bientôt dans la masse entière ; des taches noires, qui se montrent en divers endroits, s'accroissent rapidement et envahissent le mélange primitivement gris. Le dégagement de chaleur, qui accompagne la réaction, doit être modéré par une agitation continue, pratiquée au moyen d'une spatule de fer ; sans cette précaution, il entraînerait une altération partielle du cyanate de potasse formé. D'ailleurs l'oxygène de l'air intervient avec celui du bioxyde de manganèse, et l'agitation facilite son contact avec le produit. Il arrive un moment où la masse noire devient pâteuse, par suite de la fusion du cyanate de potasse; dès que la pâte est molle, on enlève le vase du feu. Par refroidissement, le produit devient très dur. On le pulvérise finement et on l'épuise par l'eau froide, qui dissout le cyanate et laisse comme résidu l'oxyde de manganèse.

On ajoute à la solution de cyanate de potasse, préalablement concentrée jusqu'à ce qu'elle occupe environ 125 centimètres cubes, une quantitée de sulfate d'ammoniaque équivalente à celle du cyanate qu'elle contient, soit 35 grammes de sulfate d'ammoniaque pour le cyanate provenant de 50 grammes de ferrocyanure de potassium sec. Si la liqueur est bien à la concentration indiquée, la double décomposition s'effectue immédiatement, et il se sépare du sulfate de potasse cristallisé. On décante la liqueur, on lave rapidement le sel déposé, en employant fort peu d'eau froide, on réunit l'eau de lavage à la liqueur et on évapore le tout au bain-marie. Pendant les premiers temps, on sépare le sulfate de potasse, qui se dépose par la concentration, et on le traite comme le précédent, le cyanate de potasse s'accumulant dans l'eau mère. Finalement, on évapore à siccité au bain-marie. Pendant cette opération, la chaleur a changé le cyanate d'ammoniaque en urée.

On traite le résidu pulvérisé par l'alcool bouillant, dans un ballon chauffé au bain-marie ; l'urée se dissout, tandis que le sulfate de potasse reste insoluble. On filtre à chaud sur un entonnoir couvert, et on distille la liqueur au bain-marie de manière à enlever la plus grande partie de l'alcool (fig. 120, § 224); l'urée cristallise par refroidissement de sa solution alcoolique concentrée. On purifie le produit égoutté en le dissolvant de nouveau dans deux ou trois fois son poids d'alcool chaud, agitant avec un peu de noir animal, filtrant et faisant cristalliser par refroidissement. L'évaporation spontanée, mais ménagée, des eaux mères alcooliques, fournit des cristaux d'urée très volumineux.

Au lieu de reprendre le résidu par l'alcool bouillant pour isoler l'urée, on peut dissoudre le produit dans 60 grammes d'eau et ajouter à la liqueur froide 70 centimètres cubes d'acide azotique ordinaire, non chargé de vapeurs nitreuses, et froid. Le produit se prend en une masse cristalline d'azotate d'urée (§ 1460).

1460. EXTRACTION DE L'URINE. — L'urine émise par un homme, pendant vingt-quatre heures, contient une quantité d'urée qui est généralement voisine de 30 grammes. Ce liquide d'excrétion peut fournir l'urée qu'on isole aisément des composés qui l'accompagnent.

On évapore l'urine, d'abord à feu nu, jusqu'à réduction à 1/10 de son volume primitif, puis au bain-marie jusqu'à 1/15 du même volume. On laisse refroidir complètement le résidu, puis on l'additionne de son volume d'acide azotique concentré, non chargé de vapeurs nitreuses. Il cristallise en abondance de l'azotate d'urée $C^2H^4Az^2O^2,AzHO^6$ ou $CO(AzH^2)^2,AzO^3H$ (Proust). On refroidit exactement la masse en entourant d'eau froide, ou mieux d'eau glacée, le vase qui la contient, ce qui achève la séparation des cristaux. On essore ces derniers à la trompe, sur un tampon de fulmi-coton; on les lave rapidement et de la même manière avec une très petite quantité d'eau glacée. Ils restent d'ordinaire assez fortement colorés en jaune.

On dissout à chaud les cristaux colorés dans la moitié de leur poids d'eau chargée de 1/10 d'acide azotique, et on projette, par petites portions, dans le mélange en ébullition, du chlorate de potasse finement pulvérisé. La liqueur se décolore rapidement, mais non sans qu'une certaine proportion d'urée soit détruite; on doit donc limiter autant que possible la quantité de réactif employée. On arrête l'opération dès que le liquide n'a plus qu'une coloration jaune peu foncée. Après cristallisation, on essore l'azotate d'urée à la trompe et on le lave à l'eau glacée, comme il a été dit plus haut. Il est alors décoloré (M. Roussin).

Pour isoler l'urée elle-même, on dissout l'azotate d'urée dans l'eau tiède, on ajoute lentement du carbonate de baryte pulvérisé, qui forme de l'azotate de baryte et du gaz carbonique, en mettant l'urée en liberté. Après neutralisation au tournesol, on laisse refroidir, on filtre pour séparer l'azotate de baryte, qui a cristallisé, ainsi que l'excès de carbonate de baryte, et on évapore l'eau mère à sec, au bain-marie. Le résidu, repris par l'alcool fort, cède l'urée à ce véhicule. On termine la purification ainsi qu'il a été dit plus haut (§ 1459).

G. — Acétanilide.

$$P.\ mol.:\ C^{16}H^9AzO^2 = 135 = C^6H^5,AzH,CO,CH^3.$$

1461. *Synonymes :* Phénylacétamide, antiférine. — *Alcalamide* incolore, *cristallisé* en lamelles brillantes, découvert par Gerhardt en 1853. — *Point de fusion :* 112°. — *Point d'ébullition :* 295°. — *Peu soluble* dans l'eau froide, très soluble dans l'eau bouillante et dans l'alcool.

1462. Préparation. — Dans une cornue tubulée de 120 centimètres cubes, dont le col est adapté à un réfrigérant disposé à reflux, on maintient en ébullition vive un mélange de 30 grammes d'aniline pure et de 40 grammes d'acide acétique cristallisable, jusqu'à ce que le produit soit devenu solidifiable par le refroidissement, ce qui exige cinq ou six heures. L'acétate d'aniline s'est alors déshydraté sous l'action de la chaleur :

$$C^{12}H^7Az,C^4H^4O^4 \quad = \quad C^{16}H^9AzO^2 \quad + \quad H^2O^2;$$

Acétate d'aniline.   Acétanilide.   Eau.

$$C^6H^5,AzH^2,CO^2H,CH^3 \quad = \quad C^6H^5,AzH,CO,CH^3 \quad + \quad H^2O.$$

On soumet la matière à la distillation en inclinant le réfrigérant en sens contraire. On commence par séparer les portions les plus volatiles; elles contiennent de l'eau et de l'acide acétique. Dès que les vapeurs commencent à donner des cristaux dans le tube du réfrigérant, on enlève celui-ci, on le remplace par un ballon dans lequel on introduit le col de la cornue, et on pousse rapidement la distillation. L'acétanilide se solidifiant à une température assez élevée, il est nécessaire de veiller à ce que ses cristaux n'obstruent pas le col de la cornue ou celui du ballon; au besoin on chauffe doucement ceux-ci afin de maintenir la matière liquide et de lui permettre de s'écouler.

Le produit ainsi condensé est d'ordinaire teinté de gris. On le dissout dans l'eau bouillante et on le laisse cristalliser par refroidissement. On répète les cristallisations jusqu'à décoloration complète et jusqu'à fixité du point de fusion. On égoutte les cristaux, on les essore et on les sèche à l'air, entre deux feuilles de papier à filtrer.

Le rendement atteint 40 grammes environ.

Par ébullition avec la lessive de soude ou l'acide chlorhydrique concentré, l'acétanilide fixe de l'eau et se dédouble en aniline et acide acétique.

H. — Acétoxime.

$$P.\,mol. : C^6H^7AzO^2 = 73 = (CH^3)^2C,AzOH.$$

1463. *Synonyme :* Isonitrosopropane. — Composé cristallisé, à odeur de chloral, découvert par MM. V. Meyer et Janny. — *Point de fusion :* 60°. — *Point d'ébullition :* 135°; très volatil dès la température ordinaire. — *Très soluble* dans l'eau, l'éther, l'alcool et le pétrole.

1464. Préparation. — Comme les aldéhydes et les acétones en général, l'acétone ordinaire se combine directement à l'oxyammoniaque, avec élimination d'eau, pour donner l'acétoxime :

$$C^6H^6O^2 \quad + \quad AzH^3O^2 \quad = \quad C^6H^7AzO^2 \quad + \quad H^2O^2;$$

Acétone.   Oxyammoniaque.   Acétoxime.   Eau.

$$(CH^3)^2CO \quad + \quad AzH^2,OH \quad = \quad (CH^3)^2C,AzOH \quad + \quad H^2O.$$

Pour obtenir ce composé, on dissout 5 grammes de chlorhydrate d'oxyammoniaque (§ 598) dans 10 grammes d'eau, et on ajoute une quantité de lessive de soude contenant 3 grammes d'hydrate de soude, soit 10 grammes de lessive de soude ordinaire de densité 1,33 (36° Baumé). Au mélange contenu dans un flacon de 100 centimètres cubes, on ajoute 6 grammes d'acétone, on bouche le vase et on laisse en contact pendant quelques heures, en agitant de temps en temps. Lorsque le mélange ne réduit plus la liqueur de Fehling, l'oxyammoniaque a réagi en entier. On verse de l'éther dans le flacon et on agite vivement. L'éther dissout l'acétoxime formé. On sépare ce liquide, on le distille avec les précautions voulues (§ 1262), et le résidu qu'il laisse cristallise par le refroidissement en grandes aiguilles incolores. Son poids atteint 80 ou 85 p. 100 du rendement indiqué par la formule ci-dessus.

Par ébullition avec les acides dilués, l'acétoxime régénère facilement l'oxyammoniaque ; après neutralisation, le liquide réduit le réactif cupro-potassique.

I. — Camphroxime.

$$P.\,mol. : C^{20}H^{17}AzO^2 = 167 = C^{10}H^{16},AzOH.$$

1465. *Composé* cristallisé en gros prismes volumineux, incolores, à odeur camphrée, découvert par M. Naegeli. — *Point de fusion :* 115°. — *Point d'ébullition :* 251° avec décomposition commençante. — *Très soluble* dans l'alcool et l'éther.

1466. Préparation. — Le camphroxime résulte de l'union directe du camphre avec l'oxyammoniaque :

$$C^{20}H^{16}O^2 \quad + \quad AzH^3O^2 \quad = \quad C^{20}H^{17}AzO^2 \quad + \quad H^2O^2;$$

Camphre.   Oxyammoniaque.   Camphroxime.   Eau.

$$C^{10}H^{16}O \quad + \quad AzH^2,OH \quad = \quad C^{10}H^{16},AzOH \quad + \quad H^2O.$$

On dissout 10 grammes de camphre dans 150 grammes d'alcool ordinaire, on ajoute 10 grammes de chlorhydrate d'oxyammoniaque dissous dans le moins d'eau possible avec 15 grammes de soude caustique. Le mélange étant effectué dans un petit matras, s'il n'est pas limpide on l'additionne d'une petite quantité d'alcool pour dissoudre les matières non dissoutes, on adapte au col du matras un réfrigérant disposé à reflux, et on maintient le liquide en ébullition, en chauffant au bain-marie. Après une heure environ, quand une prise d'essai additionnée d'eau ne donne plus lieu à une précipitation de camphre, la réaction est achevée. On ajoute au produit 8 ou 10 fois son volume d'eau, on filtre le mélange s'il est trouble, et on l'acidule par l'acide acétique. Le camphroxime se sépare alors sous la forme d'une masse cristalline incolore; le rendement atteint 75 p. 100 du poids indiqué par la formule ci-dessus. On le sépare du liquide en le filtrant à la trompe sur un tampon de coton et en le lavant avec un peu d'eau.

On purifie le camphroxime en le faisant cristalliser par refroidissement dans l'alcool dilué; il se dépose alors en aiguilles. Par évaporation lente de sa solution dans l'alcool fort, il donne de magnifiques cristaux, très volumineux.

Le camphroxime est plus stable à l'égard des acides minéraux et des alcalis que la plupart des autres combinaisons du même genre.

J. — Diazobenzol.

$$P.\ mol.\ .\ C^{12}H^4Az^2 = 104 = C^6H^4Az^2.$$

1467. *Dérivé diazoïque* huileux, épais, jaune, fort instable, découvert par P. Griess. Se combine aux acides et aux bases.

AZOTATE DE DIAZOBENZOL : $C^{12}H^4Az^2,AzHO^6$ ou C^6H^5,Az^2,AzO^3. — Grandes *lamelles* jaunes, *insolubles* dans l'eau et dans l'éther, peu solubles dans l'alcool froid. — *Fort instable* même en dissolution. — Détone avec énergie lorsqu'il est sec.

1468. PRÉPARATION DE L'AZOTATE DE DIAZOBENZOL. — L'azotate de diazobenzol résulte de l'action exercée à basse température par l'acide azoteux sur l'azotate d'aniline (P. Griess) :

$$C^{12}H^7Az,AzHO^6 \quad + \quad AzHO^4 \quad = \quad C^{12}H^4Az^2,AzHO^6 \quad + \quad 2H^2O^2;$$

Azotate d'aniline.   Acide azoteux.   Azotate de diazobenzol.   Eau.

$$C^6H^5,AzH^2,AzO^3H \quad + \quad AzO^2H \quad = \quad C^6H^5,Az^2,AzO^3 \quad + \quad H^2O.$$

On prépare d'abord l'azotate d'aniline. Pour cela, on ajoute à 20 grammes d'aniline, contenus dans un vase à précipitations chaudes bien refroidi par un courant d'eau, de l'acide azotique ordinaire, incolore, non souillé de vapeurs nitreuses, préalablement dilué de la moitié de son volume d'eau et refroidi. On ajoute l'acide peu à peu, avec précaution, et on s'arrête lorsque le produit se solidifie en une masse cristalline épaisse. On essore les cristaux d'azotate d'aniline à la trompe, sur un tampon de coton, et on les lave de même avec une très petite quantité d'eau froide. Le sel encore humide peut être transformé directement en azotate de diazobenzol.

On en introduit une faible quantité, 4 ou 5 grammes par exemple, bien pulvérisée, dans un petit matras avec un volume d'eau suffisant pour baigner les cristaux. On refroidit le matras en le laissant séjourner dans l'eau glacée, puis on fait passer dans le mélange, au moyen d'un tube pénétrant au fond du matras, un courant de gaz nitreux. Celui-ci s'obtient aisément en chauffant doucement, dans un petit ballon, de l'anhydride arsénieux en petits fragments avec de l'acide azotique, et faisant passer le gaz, avant de l'employer, dans un flacon vide où il se dépouille des vapeurs facilement condensables. Pendant que les vapeurs rutilantes traversent le mélange en réaction, on agite le matras et on veille à ce qu'il ne s'échauffe pas au-dessus de 10°. On continue à faire passer lentement le courant gazeux, jusqu'à dissolution complète de l'azotate d'aniline. Si la quantité d'eau employée a été insuffisante, la liqueur reste troublée par des cristaux d'azotate de diazobenzol, mais ceux-ci ont une apparence qui ne permet pas de les confondre avec l'azotate d'aniline. On verse alors le contenu du ballon dans 3 fois son volume d'alcool absolu, puis on ajoute de l'éther au mélange aussi longtemps que ce liquide provoque la formation d'un précipité cristallin.

Quand on a employé trop d'eau à l'origine, au lieu de cristaux, on voit se séparer un corps huileux. On recueille celui-ci par décantation, on le redissout dans l'alcool absolu et on le précipite une seconde fois par l'éther.

On récolte le produit cristallisé dans un entonnoir garni d'un tampon de coton, on l'essore à la trompe et on le lave avec un peu d'éther.

L'azotate de diazobenzol ainsi obtenu est un corps très dangereux à manier. Il suffit d'en déposer une trace sur une feuille de papier, de la laisser sécher à l'air, puis d'en approcher un corps en ignition, pour qu'elle détone énergiquement. Le contenu de l'entonnoir doit donc être mis en dissolution aussitôt après le lavage à l'éther; à cet effet, on verse directement de l'eau dans l'entonnoir, et on sépare ensuite la liqueur aqueuse de la solution éthérée.

Les vases qui ont servi à la préparation de l'azotate de diazobenzol doivent être, pour éviter tout accident dû aux propriétés explosives de ce corps, lavés à grande eau dès qu'ils sont devenus inutiles. On doit surtout prendre grand soin de ne pas laisser le composé se dessécher.

1469. Propriétés. — La solution d'azotate de diazobenzol est elle-même fort peu stable ; chauffée, elle dégage de l'azote en abondance et laisse précipiter du phénol nitré sous la forme d'une huile brune. Ce composé résulte de l'action de l'acide azotique sur le phénol, lequel est produit à l'état de liberté par une réaction analogue, pratiquée sur un sel de diazobenzol autre que l'azotate (voy. ci-dessous).

Cette même solution, additionnée à froid d'acide sulfurique dilué en quantité équivalente, puis de 3 volumes d'alcool absolu et enfin d'éther, donne le *sulfate de diazobenzol* qui se sépare huileux. Ce sel impur, repris par l'alcool absolu et précipité par l'éther, est obtenu sous forme de cristaux prismatiques, moins dangereux à manier que l'azotate. A l'ébullition dans l'eau, il produit du phénol :

$$C^{12}H^4Az^2,S^2H^2O^8 \quad + \quad H^2O^2 \quad = \quad C^{12}H^6O^2 \quad + \quad Az^2 \quad + \quad S^2H^2O^8;$$

Sulfate de diazobenzol.		Eau.		Phénol.		Azote.		Acide sulfurique.

$$\overline{C}^6H^5,Az^2,S\overline{O}^4H \quad + \quad H^2\overline{O} \quad = \quad \overline{C}^6H^5,\overline{O}H \quad + \quad Az^2 \quad + \quad S\overline{O}^4H^2.$$

Cette réaction permet de transformer l'aniline en phénol.

La solution d'azotate de diazobenzol fournit le diazoamidobenzol quand on l'additionne d'un sel d'aniline et d'un excès d'acétate de soude. Le diazoamidobenzol (§ 1474) se précipite en petits cristaux jaunes.

Additionnée d'une solution de diméthylaniline dans l'acide acétique, la même solution se colore au bout de quelques instants en une très belle teinte rouge, due à la production d'une matière colorante azoïque.

Quand on verse dans la solution d'azotate de diazobenzol une dissolution de brome dans le bromure de potassium, il se précipite une huile rouge foncé, qui ne tarde pas à se changer en lamelles cristallines quand on l'agite avec un peu d'éther : ce produit est le *tribromure de diazobenzol*, $C^{12}H^5Az^3Br^3$ ou $C^6H^5,AzBr,AzBr^2$.

1470. **Dérivés sulfuriques.** — Quand on fait agir l'acide azoteux, non pas sur l'aniline, mais sur ses dérivés sulfonés, sur les acides sulfaniliques (§ 1435), on obtient les *dérivés azoïques des acides sulfaniliques* ou *dérivés sulfonés du diazobenzol*, $C^{12}H^4Az^2,S^2O^6$ ou C^6H^4,Az^2,SO^3. Le dérivé de l'acide parasulfoné est le plus intéressant.

Pour le préparer, on chauffe jusqu'à dissolution, avec un léger excès de lessive de soude, 20 grammes d'acide parasulfanilique desséché à 100°, puis on ajoute de l'eau à la liqueur jusqu'à ce qu'elle ne donne plus de cristaux par refroidissement vers 50°. On ajoute alors à la dissolution 9 grammes d'azotite de soude pur (1), puis on verse doucement le tout dans un excès d'acide sulfurique dilué, *bien refroidi* et agité. Le dérivé azoïque se précipite en une masse cristalline incolore. On laisse cristalliser complètement en faisant séjourner le vase dans l'eau froide, puis on filtre.

Le produit est relativement stable ; aussi est-il possible de le purifier par dissolution dans l'eau à 60° et cristallisation. On récolte les cristaux sur un filtre ; on les essore et on les sèche. Ils peuvent même être conservés dans un flacon bouché en liège, mais il ne faut pas perdre de vue qu'ils font explosion par le choc ou par trituration entre des corps durs, sous le frottement d'un bouchon à l'émeri, par exemple.

1471. *Orangé n° 3.* — Ce composé sulfoné est le générateur d'un certain nombre de matières colorantes azoïques intéressantes. Nous indiquerons comme premier exemple la combinaison qu'il donne avec la diméthylaniline (M. Roussin) :

$$C^{12}H^4Az^2,S^2O^6 \quad + \quad (C^2H^2)^2C^{12}H^7Az \quad = \quad C^{28}H^{15}Az^3,S^2O^6 ;$$

Acide diazobenzol-parasulfoné. Diméthylaniline. Orangé n° 3.

$$C^6H^4,Az^2,SO^3 \quad + \quad C^6H^5(CH^3)^2Az \quad = (CH^3)^2Az,(C^6H^4)^2Az^2,SO^3H.$$

Pour obtenir ce composé, on dissout 10 grammes (1 mol.) d'acide parasulfanilique dans une quantité équivalente (1 mol.) de soude caustique en dissolution ($1^{gr},8$ d'hydrate de soude) ; on ajoute $4^{gr},5$ d'azotite de soude pur (1 mol.), puis, peu à peu et en refroidissant, $2^{gr},2$ d'acide chlorhydrique étendu (1 mol.). L'acide diazobenzol-parasulfoné prend immédiatement naissance ; il reste à l'état de sel de soude dans la liqueur. On verse dans celle-ci une dissolution contenant 7 grammes de diméthylaniline (1 mol.) avec le moins possible d'acide chlorhydrique, puis on ajoute au mélange un excès de lessive de soude. La matière colorante ne tarde pas à se précipiter sous forme de sel de soude. On achève sa séparation en dissolvant du sel marin dans la liqueur.

Le précipité recueilli sur un filtre de coton, est essoré à la trompe, lavé avec quelques gouttes d'eau et séché. Il est connu sous les noms d'*orangé n° 3*, d'*hélianthine* ou d'*orange de méthyle*. Il est employé comme indicateur coloré : sa solution ne change pas de teinte par les alcalis mais devient rouge sous l'influence des acides forts, de l'acide chlorhydrique, par exemple. Certains acides faibles n'agissant pas sur lui, il peut servir d'indicateur pour le dosage volumétrique des alcalis combinés à ces acides faibles, ces alcalis se conduisant alors comme s'ils étaient libres.

(1) L'azotite de soude du commerce est toujours plus ou moins souillé d'azotate ; on peut évaluer sa pureté d'après la quantité de permanganate de potasse qu'il réduit.

1472. *Orangé n° 1.* — Le dérivé diazoïque de l'acide parasulfanilique se combine également aux phénols pour donner des composés utilisés en grand nombre comme matière colorante. C'est ainsi qu'avec le naphtol α, il fournit l'orangé n° 1 ou *orangé de naphtol*, appelé aussi *tropéoline 000 n° 1* (M. Roussin), combinaison que le commerce produit à l'état de sel alcalin :

$$C^{12}H^4Az^2,S^2O^6 \quad + \quad C^{20}H^8O^2 \quad = \quad C^{32}H^{12}Az^2O^2,S^2O^6 ;$$

Acide diazobenzol-parasulfoné.   Naphtol.   Orangé n° 1.

$$\mathcal{C}^6H^4,Az^2,S\Theta^3 \quad + \quad \mathcal{C}^{10}H^8\Theta \quad = S\Theta^3H,\mathcal{C}^6H^4,Az^2,\mathcal{C}^{10}H^6,\Theta H.$$

On prépare une dissolution contenant $8^{gr},23$ de naphtol α, $6^{gr},5$ de soude caustique et 600 grammes d'eau distillée. D'autre part, on dissout 10 grammes d'acide sulfanilique et 3 grammes de soude caustique dans 750 grammes d'eau distillée ou tout au moins dépourvue de chaux ; on y ajoute 5 grammes d'azotite de potasse, dissous dans 200 grammes d'eau pure, puis le mélange refroidi de 6 grammes d'acide sulfurique concentré avec 200 grammes d'eau pure ; le dérivé diazoïque est alors formé. Dès que cette seconde liqueur est préparée, on la verse en filet mince dans la solution alcaline de naphtol, en agitant sans cesse. Le mélange prend aussitôt une teinte rouge prononcée. En l'additionnant d'une dissolution saturée de sel marin, elle laisse bientôt déposer, sous forme de flocons cristallins rouges, le sel sodique de la combinaison colorée. On filtre à la trompe sur un tampon de coton, on redissout le précipité dans le moins possible d'eau bouillante, et on filtre la liqueur chaude ; par refroidissement, l'orangé de naphtol α se dépose en longues aiguilles rouge écarlate.

K. — Diazoamidobenzol.

$$P.\,mol.: C^{24}H^{11}Az^3 = 197 = \mathcal{C}^6H^5,Az^2,AzH,\mathcal{C}^6H^5.$$

1473. Composé diazoïque, *cristallisé* en lamelles jaunes d'or, découvert par P. Griess. — *Point de fusion :* 96°. — *Insoluble* dans l'eau, peu soluble dans l'alcool froid, soluble dans l'alcool chaud, l'éther et la benzine.

1474. PRÉPARATION. — Le diazoamidobenzol résulte de l'action de l'aniline sur un sel de diazobenzol (P. Griess) :

$$C^{12}H^4Az^2,HCl \quad + \quad 2C^{12}H^7Az \quad = \quad C^{24}H^{11}Az^3 \quad + \quad C^{12}H^7Az,HCl ;$$

Chlorhydrate de diazo-benzol.   Aniline.   Diazoamidobenzol.   Chlorhydrate d'aniline.

$$\mathcal{C}^6H^5,Az^2,Cl. \quad + \quad 2(\mathcal{C}^6H^5,AzH^2) = \mathcal{C}^6H^5,Az^2,AzH,\mathcal{C}^6H^5 + \quad \mathcal{C}^6H^5,AzH^2,HCl.$$

On commence par préparer le chlorhydrate de diazobenzol. On dissout pour cela 10 grammes d'aniline pure dans 100 grammes d'eau additionnée d'une quantité d'acide chlorhydrique correspondant exactement à 2,5 molécules pour 1 molécule d'aniline, soit $8^{gr},7$ d'acide HCl ou 25 grammes d'acide du commerce de densité vérifiée égale à 1,171. On refroidit avec soin vers 0° et on ajoute peu à peu et en agitant 1 molécule d'azotite de soude pur, soit $6^{gr},5$ ou une quantité correspondante d'azotite souillé d'azotate. Le chlorhydrate de diazobenzol se produit et reste en dissolution. Les quantités des réactifs doivent être exactement pesées ; un excès d'azotite est à éviter.

Dans un autre vase, on dissout 11 grammes d'aniline dans 50 grammes d'eau, avec la quantité d'acide chlorhydrique strictement nécessaire, soit $3^{gr},83$ d'acide HCl ou $11^{gr},2$ d'une dissolution aqueuse d'acide de densité 1,171 ; on refroidit soigneusement la liqueur et on la mélange à la solution de chlorhydrate de diazobenzol, puis on ajoute au produit 30 grammes d'acétate de soude. Le diazoamidobenzol se sépare peu à peu sous la forme d'un précipité d'un beau jaune. Quand le dépôt est complet, après une demi-heure environ, on vérifie sur une prise d'essai que la liqueur ne donne plus de prodnit cristallisé par addition d'acétate de soude, puis on verse dans un entonnoir, sur un tampon de coton, et on essore à la trompe. On lave rapidement à l'eau froide le produit essoré, on l'essore de nouveau aussi complètement que possible et on le dissout à l'ébullition dans du pétrole léger, distillant au-dessous de 100°, en évitant le voisinage de tout foyer allumé (§ 1262). On filtre le liquide bouillant; la liqueur claire laisse déposer en refroidissant le diazoamidobenzol en cristaux d'un rouge foncé.

La solution alcoolique de diazoamidobenzol étant additionnée d'un sel d'aniline et abandonnée à elle-même, le diazoamidobenzol se change peu à peu en son isomère l'amidoazobenzol.

<h2 style="text-align:center">L. — Phénylhydrazine.</h2>

$$P.\ mol. : C^{12}H^8Az^2 = 108 = C^6H^5,HAz,AzH^2.$$

1475. *Base* biacide, *cristallisée* en prismes rhomboïdaux obliques, découverte par M. E. Fischer. — *Point de fusion : 23°.* — *Point d'ébullition : 233°*; distillant avec la vapeur d'eau. — *Peu soluble* dans l'eau froide; très soluble dans l'eau chaude, l'alcool ou l'éther.

1476. PRÉPARATION DU CHLORHYDRATE DE PHÉNYLHYDRAZINE. — L'acide azoteux change le chlorhydrate d'aniline en chlorhydrate de diazobenzol (P. Griess) :

$$C^{12}H^7Az,HCl \ + \ AzO^4Na \ + \ HCl \ = \ C^{12}H^4Az^2,HCl \ + \ NaCl \ + \ 2H^2O^2;$$

Chlorhydrate d'aniline.	Azotite de soude.	Acide chlorhydrique.	Chlorhydrate de diazobenzol.	Chlorure de sodium.	Eau.

$$C^6H^5,AzH^2,HCl \ + \ AzO^2Na \ - \ HCl \ = \ C^6H^5Az^2Cl \ + \ NaCl \ + \ 2H^2O.$$

Sous l'action de l'hydrogène naissant, le chlorhydrate de diazobenzol fixe cet élément et se change en sel de phénylhydrazine (M. E. Fischer) :

$$C^{12}H^4Az^2,HCl \ + \ 4SnCl \ + \ 4HCl \ = \ C^{12}H^8Az^2,HCl \ + \ 4SnCl^2;$$

Chlorhydrate de diazobenzol.	Protochlorure d'étain.	Acide chlorhydrique.	Chlorhydrate de phénylhydrazine.	Bichlorure d'étain.

$$C^6H^5Az^2Cl \ + \ 2SnCl \ + \ 4HCl \ = \ C^6H^5,AzH,AzH^2,HCl \ + \ 2SnCl^4.$$

Telles sont les réactions qui donnent naissance à la phénylhydrazine, sous forme de chlorhydrate. Pour les mettre en pratique, on dissout 10 grammes d'aniline dans 100 grammes d'acide chlorhydrique concentré, et on refroidit avec soin la liqueur en plongeant dans l'eau glacée le vase qui la contient. On y ajoute alors, en agitant et en continuant à refroidir, 8 grammes d'azotite de soude préalablement dissous dans 100 grammes d'eau. Le composé diazoïque se forme ; il reste en solution. Pour l'hydrogéner et le changer en chlorhydrate de phénylhydrazine, on opère également en refroidissant avec soin, dans l'eau glacée par exemple. Comme agent de réduction on se sert d'une solution de 60 grammes de protochlorure d'étain cristallisé dans un poids égal d'acide chlorhydrique concentré. On verse peu à peu cette liqueur froide dans la dissolution de chlorhydrate de diazobenzol maintenue constamment agitée. Le chlorhydrate de phénylhydrazine ne tarde pas à se séparer sous la forme d'une masse cristalline en lamelles, ce sel étant fort peu soluble dans la liqueur abondamment chargée d'acide chlorhydrique en excès. On isole ce sel en l'essorant à la trompe sur un tampon d'amiante et en le lavant avec un peu d'acide chlorhydrique concentré.

1477. Quand on opère sur des quantités un peu importantes, il est plus économique d'adopter comme réducteur l'acide sulfureux. Avec 50 grammes d'aniline pure, 125 grammes d'acide chlorhydrique concentré (D = 1,19) et 200 grammes d'eau, on prépare une dissolution de chlorhydrate d'aniline que l'on refroidit dans l'eau glacée. On y ajoute peu à peu, en agitant et sans cesser de refroidir, une solution refroidie également de 38 grammes d'azotite de soude pur, dissous dans un poids égal d'eau. On verse ensuite le mélange, par petites portions, dans une solution refroidie à 0° et à peu près saturée de sulfite neutre de soude. On met en réaction 2,5 molécules de sulfite neutre pour 1 molécule d'aniline, soit, pour les 50 grammes d'aniline employés, 54 grammes d'hydrate de soude pur transformés en sulfite neutre (§ 863). Le mélange se teinte d'abord en jaune, puis en orangé et passe au rouge ; bientôt, il laisse déposer des cristaux de sulfite de diazobenzol et de sodium. On chauffe alors le mélange au bain-marie, ce qui détermine la redissolution du sel double, on acidule la liqueur par un peu d'acide acétique, on l'additionne de zinc en poussière et on agite jusqu'à décoloration. La décoloration effectuée, on filtre le liquide chaud et on l'additionne aussitôt d'un tiers de son volume d'acide chlorhydrique concentré. L'acide sulfureux mis en liberté réagit immédiatement et le produit se prend en masse par la formation de lamelles cristallines de chlorhydrate de phénylhydrazine. On laisse refroidir, on verse la masse sur un entonnoir garni d'un tampon d'amiante et on essore les cristaux à la trompe. L'eau mère évaporée fournit encore des cristaux du même sel après refroidissement.

1478. Préparation de la phénylhydrazine. — On dissout le chlorhydrate de phénylhydrazine dans un peu d'eau tiède, on introduit la solution dans une ampoule à décanter (§ 1215, fig. 304), on y ajoute de la lessive de soude jusqu'à réaction nettement alcaline, et on agite fortement ; la base se sépare sous la forme d'une huile colorée. Après refroidissement, on introduit de l'éther dans l'ampoule et on agite de nouveau ; l'éther dissout la phénylhydrazine. On sépare la liqueur éthérée et on distille l'éther avec les précautions indispensables (§ 1262). Le résidu laissé par l'éther est ensuite desséché, par contact prolongé jusqu'au lendemain avec un peu de carbonate de potasse calciné, puis décanté et soumis à la distillation fractionnée (fig. 122, § 233). On élimine les portions qui passent au-dessous de 200° ; elles contiennent des traces d'éther et d'eau ainsi qu'un peu d'aniline ayant échappé à la réaction. On recueille le liquide distillant entre 200° et 240° ; c'est de la phénylhydrazine presque pure. Le produit brut étant quelque peu altérable à ces températures élevées, de l'ammoniaque se dégage pendant la distillation. On expose la phénylhydrazine distillée sous une cloche contenant un vase garni d'acide sulfurique concentré : l'acide enlève au produit un peu d'humidité et surtout l'ammoniaque qui a été redissous lors de sa condensation ; par un séjour prolongé sous la cloche, la phénylhydrazine cristallise quelquefois en hiver, par suite de cette purification. Dans ce cas, on essore les cristaux à la trompe, sur un entonnoir garni d'un tampon de coton. Lorsque la cristallisation ne se produit pas, on soumet le liquide à une seconde distillation en recueillant à part ce qui distille entre 225° et 240°, et on expose le vase contenant le produit dans un endroit froid ; la phénylhydrazine ne tarde pas à cristalliser ; elle cristallise immédiatement si l'on y projette un cristal antérieurement obtenu.

Les liquides séparés des cristaux fournissent de même une seconde quantité de produit après qu'on les a fractionnés de nouveau par distillation. En réunissant les cristaux provenant des divers traitements, on arrive à un rendement atteignant les 4/5 du poids de l'aniline traitée.

1479. Réactions. — La phénylhydrazine réduit dès la température ordinaire la liqueur de Fehling, en formant de l'aniline et de la benzine.

Elle se combine aux aldéhydes et aux acétones, à fonction simple ou à fonctions complexes, avec élimination d'eau. Elle donne ainsi les *hydrazones*, composés parfois liquides, parfois cristallisés, dont la production est fort utile pour caractériser et même isoler une foule de corps à fonction aldéhydique. Pour la production de ces combinaisons, on se sert d'une solution obtenue avec 1 partie de chlorhydrate de phénylhydrazine, 1,5 partie d'acétate de soude cristallisé et 10 parties d'eau ; le réactif étant altérable, il est préférable de ne pas le préparer longtemps à l'avance. Il vaut mieux encore faire usage d'une solution d'acétate de phénylhydrazine au dixième.

Avec certains sucres, la phénylhydrazine donne, par une réaction un peu plus complexe, les *osazones*.

Le composé engendré par l'union de 1 molécule de glucose avec 2 molécules de phénylhydrazine, le *glucosazone* (M. E. Fischer), peut servir d'exemple :

$$C^{12}H^{12}O^{12} \quad + \quad 2C^{12}H^8Az^2 \quad = \quad C^{12}H^6O^8(C^{12}H^8Az^2)^2 \quad + \quad 2H^2O^2 \quad + \quad H^2 ;$$

Glucose.   Phénylhydrazine.   Glucosazone.   Eau.   Hydrogène.

$$C^6H^{12}O^6 \quad + \quad 2(C^6H^5,HAz,AzH^2) = C^6H^{10}O^4(C^6H^5,AzH,Az)^2 + 2H^2O + H^2 ;$$

On dissout 2 grammes de glucose dans 10 grammes d'eau et, d'autre part, 4 grammes de phénylhydrazine dans 10 grammes d'eau additionnée de 2 grammes d'acide acétique cristallisable. On mélange les 2 liqueurs et on les chauffe au bain-marie pendant une demi-heure au-dessous de 100°. La glucosazone se sépare peu à peu en aiguilles fines, colorées en jaune.

1480. Antipyrine. — C'est à une combinaison analogue, dans laquelle intervient la fonction acétonique de l'acide acétacétique (§ 1417), que se rapporte la génération d'une substance aujourd'hui fort usitée, l'antipyrine (M. Knorr), appelée aussi *diméthyloxyquinizine*, *phényldiméthylpyrazolone* ou *analgésine*.

L'éther acétacétique (§ 1418) se combine à la phénylhydrazine pour donner une phénylhydrazone particulière, l'éther phénylhydrazinacétacétique :

$$C^{12}H^8Az^2 \quad + \quad C^4H^4(C^8H^6O^6) \quad = \quad C^{24}H^{16}Az^2O^4 \quad + \quad H^2O^2 ;$$

Phénylhydrazine.   Éther acétacétique.   Éther phénylhydrazinacétacétique.   Eau.

$$C^6H^5,HAz,AzH^2 + C^2H^5,C^4H^5O^3 = C^6H^5,Az^2H,C^4H^5O^2,C^2H^5 + H^2O .$$

Celui-ci sous l'action de la chaleur perd de l'alcool et donne la méthyloxyquinizine ou phénylméthylpyrazolone :

$$C^{24}H^{16}Az^2O^4 \quad = \quad C^{20}H^{10}Az^2O^2 \quad + \quad C^4H^6O^2 ;$$

Éther phénylhydrazinacétacétique.   Phénylméthylpyrazolone.   Alcool.

$$C^6H^5,Az^2H,C^4H^5O^2,C^2H^5 = C^{10}H^{10}Az^2O \quad + \quad C^2H^6O .$$

Le produit ainsi obtenu est en même temps un alcali; chauffé avec l'éther méthyliodhydrique, il en fixe une molécule et forme l'iodhydrate d'une base d'un ordre plus avancé :

$$C^{20}H^{10}Az^2O^2 \quad + \quad C^2H^3I \quad = \quad C^{20}H^{10}Az^2O^2,C^2H^3I;$$

| Phénylméthyl-pyralozone. | Éther méthyliodhydrique. | Iodhydrate de phényl-diméthylpyrazolone. |

$$C^{10}H^{10}Az^2O \quad + \quad CH^3I \quad = \quad C^{10}H^{10}Az^2O,CH^3I.$$

Enfin l'iodhydrate décomposé par la soude donne la phényldiméthylpyrazolone ou antipyrine.

On mélange à la température ordinaire, dans une capsule de porcelaine, molécules égales de phénylhydrazine et d'éther acétacétique, soit 108 parties du premier corps pour 130 parties du second. Dès la température ordinaire les deux corps s'unissent avec séparation d'eau, en produisant l'éther phényl-hydrazinacétacétique qui est un composé huileux. On chauffe la capsule au bain-marie pendant deux heures environ; la réaction donnant lieu à l'élimination de l'alcool se produit; elle est terminée quand un échantillon de la matière se solidifie par refroidissement, ou encore par dilution dans l'éther. On verse alors le mélange fluide dans 3 ou 4 fois son volume d'éther, en agitant avec soin : la phénylméthylpyrazolone se précipite cristalline. On la lave à l'éther, qui enlève une matière colorante dont elle est souillée, et on la sèche dans l'étuve à 100°.

Le produit obtenu peut être purifié complètement par des cristallisations dans l'eau bouillante. Par évaporation spontanée, sa solution alcoolique donne de beaux cristaux prismatiques incolores, durs, brillants, fusibles à 127°. Sa purification au delà du lavage à l'éther n'est point utile s'il s'agit de le changer en antipyrine.

Pour obtenir cette dernière substance, on enferme dans des tubes scellés un mélange à parties égales de phénylméthylpyrazolone, d'éther méthyliodhydrique et d'alcool méthylique, puis on chauffe ces tubes scellés entre 100° et 120°, pendant quelques heures. On extrait ensuite le contenu des tubes, on l'introduit dans le ballon d'un appareil distillatoire, on l'additionne d'acide sulfureux et on fait bouillir doucement afin de le décolorer; on distille ensuite l'alcool, et on ajoute au résidu de la lessive de soude en excès : l'antipyrine brute se précipite sous forme huileuse et ne tarde pas à se solidifier.

On sépare ce produit et on le purifie, d'abord par une cristallisation dans le toluène bouillant, ce qui le décolore, puis par une cristallisation dans l'eau ayant pour but d'éliminer toute trace de toluène. L'antipyrine pure fond à 113°.

LIVRE TROISIÈME

ANALYSE CHIMIQUE

CHAPITRE PREMIER

ANALYSE QUALITATIVE.

1.

RÉACTIFS.

En énumérant les principaux réactifs usités en analyse qualitative, nous donnerons les indications nécessaires pour les préparer et reconnaître leur pureté.

1481. DISSOLVANTS NEUTRES. — *Eau distillée.* — (Voy. *Préparation,* § 526 et § 527, *Essai*, § 528.)

Alcool ordinaire. — On se sert surtout d'alcool à 90 centièmes (§ 1240) et d'alcool absolu (§ 1235). Dans les deux cas, il doit avoir été privé par distillation de toute substance étrangère, être volatil sans résidu, brûler avec une flamme bleuâtre à peine visible, présenter l'odeur franche caractéristique de sa pureté, et enfin, après dilution par l'eau, ne pas agir sur la teinture de tournesol.

Éther ordinaire. — L'éther lavé à l'eau (§ 1261) suffit généralement pour l'analyse minérale. On emploie même l'éther du commerce qui est chargé d'alcool, toutes les fois que ce dernier liquide ne gêne pas dans la réaction. L'éther doit être volatil sans résidu et ne pas communiquer à l'eau, avec laquelle on l'agite, la propriété de rougir le tournesol. Il n'est pas inutile de rappeler ici que les vapeurs d'éther sont conbustibles et que le maniement de ce liquide exige des précautions particulières (§ 1264).

Chloroforme. — Il doit être limpide et volatil sans résidu; agité avec de l'eau, il ne doit pas rendre celle-ci acide ou précipitable par l'azotate d'argent.

Sulfure de carbone. — Ce véhicule doit également être limpide et volatil sans résidu. Celui du commerce peut servir d'ordinaire après une rectification (§ 778 et § 1262). Sa vapeur étant extrêmement combustible, il faut ne le manier qu'à une distance suffisante des foyers en combustion.

Benzine. — La benzine cristallisable, bouillant à 80°,5 et distillant sans laisser de résidu, convient pour l'usage dont il s'agit ici.

1482. Hydrogène sulfuré. — Les réactions de l'acide sulfhydrique sont au nombre des premières que l'on pratique pour la détermination des bases ; ce corps constitue donc l'un des réactifs les plus usités. On l'emploie de préférence sous forme de gaz ; aussi doit-on disposer constamment d'un appareil à fonctionnement intermittent (§ 398 et suivants), au moyen duquel on peut dégager ce gaz au moment voulu, en faisant réagir l'acide chlorhydrique ou l'acide sulfurique sur le sulfure de fer (§ 641 et 642). Le gaz doit être lavé à l'eau (§ 418 et suivants) avant d'être mis en contact avec la substance sur laquelle on le fait agir. Le plus ordinairement, on le dirige bulle à bulle dans les dissolutions ; on termine alors l'appareil par un tube de verre coudé, que l'on fixe à l'aide d'un tube de caoutchouc au tube abducteur du flacon laveur, et que l'on fait plonger verticalement jusqu'au fond du liquide à traiter. On laisse arriver lentement le gaz jusqu'à saturation de ce dernier, c'est-à-dire jusqu'à ce que, le vase qui contient la liqueur étant bouché exactement puis agité, le mélange cesse de manifester une absorption et dégage au contraire du gaz lorsqu'on enlève ensuite le bouchon. Cette action prolongée du réactif est absolument indispensable s'il ne s'agit pas seulement de constater une réaction, mais d'effectuer une séparation.

Un passage trop rapide du réactif gazeux doit toujours être évité ; l'absorption par le liquide ne se faisant qu'avec une vitesse limitée, il entraînerait la déperdition dans l'atmosphère d'un gaz toxique, même à faible dose (§ 640). Cette dernière considération, dont on n'apprécie pas toujours suffisamment la valeur, et aussi les inconvénients nombreux qu'entraîne d'une autre manière la diffusion de l'hydrogène sulfuré dans l'atmosphère des laboratoires, comme la détérioration des instruments métalliques, l'altération de beaucoup de réactifs, le trouble apporté dans certaines réactions pendant qu'on les effectue, etc., font qu'on doit donner aux appareils à hydrogène sulfuré des dispositions particulières et les éloigner des laboratoires. Le mieux est de leur réserver un local spécial, séparé du laboratoire proprement dit par un espace ouvert au grand air, et ventilé énergiquement par un appareil mécanique. L'emploi, pour la ventilation, de tuyaux d'appel actionnés par des flammes de gaz, doit cependant être absolument évité, l'hydrogène sulfuré pouvant former avec l'air, dans ces tuyaux, des mélanges explosifs énergiques (§ 645).

L'hydrogène sulfuré étant soluble dans l'eau (§ 644), on se contente quelquefois d'avoir de l'eau saturée de ce gaz, qu'on conserve dans un flacon exactement clos. En versant cette dissolution dans la liqueur à traiter par l'hydrogène sulfuré, on peut constater les mêmes réactions qu'avec le gaz lui-même. Toutefois une semblable dissolution est d'une conservation difficile, l'oxygène de l'air la détruisant rapidement (§ 645), avec dépôt de soufre ; la présence de ce dernier corps, qui rend le liquide laiteux, est un indice de l'altération et de la mise hors d'usage du réactif. D'ailleurs, la solubilité de l'hydrogène sulfuré dans l'eau ne dépassant pas 4 volumes, il devient nécessaire d'employer un volume considérable de la dissolution pour faire intervenir un poids relativement très faible de réactif, ce qui dilue beaucoup les liqueurs. Ces considérations suffisent pour faire écarter l'usage habituel de l'hydrogène sulfuré en dissolution dans l'eau.

Dans les laboratoires où un grand nombre de personnes s'occupent d'analyse minérale, on produit le gaz sulfhydrique dans des appareils à fonctionnement intermittent, de grandes dimensions; au sortir du flacon laveur, on le dirige dans un tube sur lequel s'embranchent, en aussi grand nombre qu'il est nécessaire, des tubulures fermées par des robinets. Ces derniers étant terminés par des ajutages auxquels sont adaptés des caoutchoucs, il est facile aux opérateurs de fixer à l'un de ces ajutages un tube de verre coudé et propre, de plonger celui-ci dans la liqueur à expérimenter, et de laisser écouler le gaz bulle à bulle, en ouvrant convenablement le robinet. En pareil cas, l'adoption des fermetures automatiques (§ 402, fig. 186) est presque indispensable si l'on veut éviter les accidents que cause trop souvent un gaz toxique et incommode; elle entraîne d'ailleurs une grande économie de réactifs.

1483. ACIDES MINÉRAUX. — *Acide sulfurique.* — On l'emploie soit à l'état concentré (D = 1,84), soit en solution aqueuse au dixième, après avoir constaté sa pureté (voy. *Essai*, § 637).

Acide azotique. — L'acide azotique monohydraté ou fumant ne sert qu'en de rares occasions. L'acide usité comme réactif est amené, par dilution, à la densité 1,2 et contient de 28 à 30 pour 100 d'acide proprement dit. Il doit être préparé avec un acide azotique dont on a préalablement vérifié la pureté (voy. *Essai*, § 580).

Acide chlorhydrique. — La dissolution saturée n'est utile que rarement. Un acide pur, amené par dilution à la densité 1,11 ou 1,12, et contenant 22 ou 25 p. 100 d'hydracide, convient au contraire dans la généralité des cas (voy. *Essai*, § 686).

Eau régale. — (Voy. § 687.)

Acide fluorhydrique. — L'acide sec et gazeux convient mieux que sa dissolution aqueuse; on le dirige (§ 707), par un tube de plomb ou de platine, dans un creuset de platine contenant la matière à attaquer; on a soin d'opérer sous une hotte de cheminée à tirage énergique, afin d'expulser régulièrement du laboratoire ses vapeurs corrosives. Une dissolution aqueuse du même acide, conservée dans une bouteille de gutta-percha, peut encore être employée dans le même but, mais moins efficacement; elle ne doit pas être chargée d'acide sulfurique ni d'acide hydrofluosilicique.

Acide hydrofluosilicique. — Cet acide est employé en solution aqueuse de densité 1,03 à 1,04 (voy. *Préparation* et *Essai*, § 790).

Acide sulfureux. — Dissolution aqueuse, saturée à froid (§ 619), que l'on conserve à l'abri de l'air.

Acide phosphoreux. — Solution aqueuse de 1 partie d'acide cristallisé
(§ 713) dans 10 parties d'eau.

Acide borique. — L'acide fondu et pulvérisé sert dans les essais au
chalumeau. On le conserve dans des vases bouchés, à l'abri de
l'humidité.

1484. ACIDES ORGANIQUES. — *Acide acétique.* — Solution aqueuse de
densité 1,0587 (8° Baumé), contenant environ 46 p. 100 d'acide. Ce
réactif doit présenter les caractères de pureté suivants : il est volatil
sans résidu (*sels*); dilué, il ne précipite ni l'azotate d'argent (*acide
chlorhydrique*), ni l'azotate de baryte (*acide sulfurique*); il ne produit
pas cette dernière réaction après ébullition avec l'acide azotique (*acide
sulfureux*). Un acide chargé d'acide sulfureux devient pur par distillation sur un peu de bioxyde de plomb.

Acide tartrique. — Solution de 1 partie d'acide cristallisé et pur
dans 3 parties d'eau. La liqueur s'altère sous l'influence de certains
végétaux qui s'y développent; en versant quelques gouttes de chloroforme pur, au fond du flacon bouché où on la conserve, on supprime
cet inconvénient.

Acide oxalique. — Solution de 1 partie d'acide pur (§ 1398) dans
15 parties d'eau.

Acide picrique. — Solution saturée à froid d'acide picrique cristallisé pur (§ 1301).

1485. OXYDES MÉTALLIQUES. — *Potasse caustique.* — Solution de
1 partie d'hydrate de potasse pur dans 10 parties d'eau, présentant la
densité 1,08 environ (voy. *Essai*, § 796).

Soude caustique. — Solution de 1 partie d'hydrate de soude pur dans
10 parties d'eau, présentant la densité 1,11 environ (voy. *Essai*, § 833).

Ammoniaque. — La solution aqueuse concentrée, renfermant de 18
à 19 centièmes de son poids d'ammoniaque, est souvent employée. Elle
a l'inconvénient d'abandonner une grande partie du gaz qu'elle contient, sous l'influence d'une faible élévation de température. On la
dilue d'ordinaire jusqu'à la densité 0,96, c'est-à-dire jusqu'à ce qu'elle
renferme seulement 10 centièmes d'ammoniaque (voy. *Essai*, § 591).

Hydrate de baryte. — L'hydrate solide et cristallisé sert dans les
essais par voie sèche. L'*eau de baryte* est beaucoup plus usitée comme
réactif (§ 898).

Eau de chaux. — (Voy. § 916.)

Oxyde de mercure jaune ou rouge. — (Voy. § 1133 et § 1132.)

Oxyde de cuivre. — (Voy. § 1107.)

Protoxyde de plomb. — (Voy. § 1087.)

Bioxyde de plomb. — (Voy. § 1088.)

Hydrate d'oxyde de bismuth. — (Voy. § 1075.)

1486. SULFURES. — *Sulfhydrate d'ammoniaque.* — Ce sel est l'un
des réactifs les plus importants. Il transforme en sulfures certains

métaux dont les sels ne sont pas décomposés par l'hydrogène sulfuré, dans leurs solutions acides. Il précipite certains sesquioxydes. De plus, il forme, avec quelques sulfures insolubles dans l'eau, des combinaisons solubles qui permettent de les séparer des sulfures ne possédant pas cette propriété. La solution aqueuse de sulfhydrate neutre d'ammoniaque (§ 888) convient surtout dans les deux premiers cas (voy. *Essai*, § 890). La solution du même sel, chargé d'un excès de soufre et fortement colorée en jaune (§ 889), doit être préférée comme dissolvant des sulfures, quelques-uns de ces derniers, le protosulfure d'étain par exemple, étant difficilement dissous par le sel non chargé de soufre en excès.

Monosulfure de sodium. — Solution de 1 partie de sel cristallisé (§ 836) dans 10 parties d'eau.

1487. CORPS SIMPLES. — *Métaux.* — Des lames bien décapées de *zinc*, de *fer* et de *cuivre*, servent à décomposer certaines solutions salines dans lesquelles on les plonge. On les découpe dans des feuilles laminées de 1 millimètre d'épaisseur, en leur donnant une largeur de 12 à 15 millimètres.

Le *zinc* parfaitement pur est de plus utilisé soit en grenailles, soit en lamelles coupées à la cisaille (voy. *Essai*, § 963).

Chlore. — Le chlore est surtout employé en dissolution dans l'eau (§ 658). La solution saturée est conservée à l'abri de l'air et de la lumière.

Brome. — Le brome remplace avantageusement le chlore dans beaucoup de cas, à cause de sa forme liquide. L'eau saturée de brome est également usitée.

Eau iodée. — C'est de l'eau saturée d'iode. On la prépare et on la maintient saturée en mettant avec de l'eau, dans un flacon, quelques paillettes d'iode cristallisé. On doit la tenir à l'abri de la lumière.

1488. SELS DE POTASSIUM. — *Iodure de potassium.* — Solution de 1 partie de sel pur dans 10 parties d'eau.

Cyanure de potassium. — La solution aqueuse de cyanure de potassium étant altérable, il vaut mieux conserver le sel pur à l'état solide, dans un flacon bien bouché, et le dissoudre, au moment d'en faire usage, dans 4 fois son poids d'eau froide. Dans tous les cas, la dissolution servant de réactif doit précipiter l'azotate de plomb en blanc pur (*sulfures*); de plus, après traitement par un excès d'acide chlorhydrique (lequel dégage de l'acide cyanhydrique dont il faut éviter l'action délétère) et après évaporation à siccité, le résidu doit être entièrement soluble dans l'eau (*silice*). Le sel solide est en outre employé dans les essais au chalumeau; il ne se conserve lui-même qu'à l'abri de l'air.

Ferrocyanure de potassium. — Solution de 1 partie de sel du commerce (§ 996) dans 12 parties d'eau.

Ferricyanure de potassium. — Solution de 1 partie de sel dans 10 parties d'eau. Cette dissolution étant assez rapidement altérable

(§ 1001), il vaut mieux conserver le sel cristallisé et le dissoudre seulement au moment de s'en servir.

Sulfocyanate de potasse ou *sulfocyanure de potassium*. — Solution de 1 partie de sel dans 10 parties d'eau. La liqueur doit être incolore, et ne pas se colorer après addition d'acide chlorhydrique pur.

Azotate de potasse. — Le sel pur (voy. *Essai*, § 818), étant un agent d'oxydation dans les réactions par voie sèche, est conservé à l'état cristallisé.

Azotite de potasse. — Solution de 1 partie de sel dans 2 parties d'eau, neutralisée exactement par l'acide acétique et filtrée. Le réactif doit dégager en abondance des vapeurs rutilantes, quand on le traite par l'acide sulfurique étendu. On peut le remplacer par l'azotite de soude (§ 846).

Bichromate de potasse. — Solution de 1 partie de sel dans 10 parties d'eau. Le sel du commerce, purifié par une cristallisation dans l'eau bouillante (§ 1014), est d'ordinaire suffisamment pur.

Chromate neutre de potasse. — Solution de 1 partie de sel cristallisé dans 10 parties d'eau.

Permanganate de potasse. — Solution saturée à froid, préparée avec le sel cristallisé.

Méta-antimoniate de potasse acide. — Solution de 1 partie de sel (§ 1054) dans 20 parties d'eau, préparée vers 50° et filtrée après refroidissement. Le réactif doit être neutre au tournesol, ne pas précipiter l'azotate de potasse ni le chlorhydrate d'ammoniaque, et précipiter le sulfate de soude. Comme sa dissolution est rapidement altérable, il vaut mieux conserver le sel sec et le dissoudre au moment du besoin.

1489. SELS DE SOUDE. — *Sulfate de soude*. — Solution de 1 partie de sel pur (voy. *Essai*, § 870) dans 10 parties d'eau.

Sulfate acide de soude. — Ce réactif sert, à l'état solide, dans les réactions par voie sèche.

Hyposulfite de soude. — Solution de 1 partie de sel du commerce dans 8 parties d'eau.

Hypochlorite de soude. — La solution commerciale, connue sous le nom d'*eau de Javel concentrée* (§ 843), ou encore la *liqueur de Labarraque* (§ 844), sont d'un usage avantageux comme oxydants ou, plus directement, comme chlorurants.

Carbonate de soude. — Solution de 1 partie de sel pur et sec, ou de 2,7 parties de sel pur et cristallisé, dans 5 parties d'eau (voy. *Essai*, § 854). Le sel sec est employé dans les réactions au chalumeau.

Phosphate disodique. — Solution de 1 partie de sel pur et cristallisé (voy. *Essai*, § 876) dans 10 parties d'eau.

Borate de soude. — Le borax pur et sec est usité dans les essais au chalumeau. Il doit, par fusion ignée, fournir un liquide incolore et limpide.

Sulfite acide de soude. — Une solution de ce sel, préparée en saturant de gaz sulfureux un mélange de 1 partie de carbonate de soude pur avec 4 parties d'eau (§ 865), est un réducteur énergique. Elle doit être conservée à l'abri de l'air.

Acétate de soude. — Solution de 1 partie de sel pur dans 10 parties d'eau. Le réactif doit être neutre au tournesol et incolore; il doit ne pas se troubler par l'azotate de baryte ou par l'azotate d'argent.

1490. Sels ammoniacaux. — *Chlorhydrate d'ammoniaque.* — Solution de 1 partie de sel pur dans 8 parties d'eau. Le chlorhydrate d'ammoniaque pur se volatilise sans résidu quand on le chauffe sur une lame de platine; il est entièrement soluble dans l'eau; sa solution ne se trouble pas par l'azotate de baryte; elle ne se colore pas par l'hydrogène sulfuré.

Phosphate d'ammoniaque. — Solution de 1 partie de sel di-ammonique dans 10 parties d'eau.

Carbonate d'ammoniaque. — Solution obtenue avec 1 partie de sesquicarbonate d'ammoniaque pur (voy. *Essai*, § 886), 4 parties d'eau et 1 partie d'ammoniaque pure concentrée. Le sel sec est employé dans les réactions par voie sèche, pour volatiliser certains acides à l'état de sels ammoniacaux.

Phosphate de soude et d'ammoniaque. — Ce sel à deux équivalents de base, PO^5NaO,AzH^4O,HO ou $P\theta^4Na(AzH^4)H$, pris à l'état solide, est un réactif usuel dans les essais au chalumeau. On le désigne souvent sous le nom de *sel de phosphore.* Au rouge, il perd son ammoniaque et son eau, puis réagit comme métaphosphate de soude, fusible en une perle transparente.

Molybdate d'ammoniaque. — La solution de ce sel dans l'acide azotique est un bon réactif de l'acide phosphorique et de l'acide arsénique. On la prépare avec le molybdate d'ammoniaque cristallisé : on dissout 60 grammes de ce sel dans 200 grammes d'eau tiède; on filtre et on ajoute à la liqueur 720 grammes d'acide azotique de densité 1,2; il y a redissolution du précipité formé d'abord; on laisse reposer une semaine, on complète 1 litre de liqueur en ajoutant de l'eau, et on filtre.

On obtient encore le même réactif en partant du sulfure de molybdène naturel. On pulvérise finement le minerai, on le grille dans un fourneau à moufle, en évitant de chauffer trop fortement, jusqu'à ce que le sulfure noir soit transformé en acide molybdique jaune, et que la masse ne fournisse plus d'anhydride sulfureux; on met le produit en digestion, à une douce température, avec 5 ou 6 parties d'ammoniaque caustique, qui dissolvent l'acide; on filtre, on évapore à sec la solution et on calcine le résidu au rouge sombre, pour détruire le sel ammoniacal. Le résidu ayant été mis en contact pendant quelques jours, et chauffé à plusieurs reprises, avec de l'acide azotique, pour amener à l'état tribasique l'acide phosphorique provenant du minerai, on évapore à sec au bain-marie, on dissout 1 partie du produit desséché dans 4 parties d'ammoniaque caustique, on filtre rapidement et on verse la

liqueur dans 15 parties d'acide azotique de densité 1,20. Le mélange
jaunit et dépose du phosphomolybdate d'ammoniaque jaune et cristallin,
puis se décolore. Le réactif peut être employé, après filtration, dès que
la solution cesse de se troubler quand on la chauffe au-dessus de 50°.

Oxalate d'ammoniaque. — La solution de 1 partie de sel neutre dans
20 parties d'eau est le réactif le plus caractéristique des sels de chaux.
Le sel avec lequel on la prépare doit être volatil sans résidu.

Succinate d'ammoniaque. — Solution de 1 partie de sel neutre dans
15 parties d'eau.

1491. Sels des bases terreuses et alcalino-terreuses. — *Chlorure de
baryum.* — Solution de 1 partie de sel pur (voy. *Essai*, § 902) dans
10 parties d'eau.

Azotate de baryte. — Solution de 1 partie de sel pur (voy. *Essai*,
§ 906) dans 15 parties d'eau.

Carbonate de baryte. — Ce sel à l'état pur et pulvérulent (§ 909),
sert à précipiter certains oxydes de leurs dissolutions salines.

Acétate de baryte. — Solution de 1 partie de sel pur dans 10 parties
d'eau. Sa pureté se vérifie comme celle du chlorure de baryum (§ 902),
qu'il remplace lorsqu'on ne veut pas introduire un acide minéral dans
le mélange à analyser.

Chromate de strontiane. — La solution aqueuse, saturée à froid,
précipite les sels de baryte et non ceux de strontiane. Le sel est obtenu
en précipitant de l'azotate de strontiane par le chromate neutre de potasse, les deux sels étant en solutions saturées ; on lave le précipité à
la trompe avec de l'eau distillée froide, et on le fait cristalliser par refroidissement de sa solution dans l'eau distillée, saturée à l'ébullition.

Chlorure de calcium. — Solution de 1 partie de sel pur et cristallisé
dans 5 parties d'eau. Le réactif doit être neutre au tournesol, ne pas
se colorer par le sulfhydrate d'ammoniaque, et ne pas dégager d'ammoniaque quand on le chauffe avec les alcalis.

Fluorure de calcium. — Spath fluor choisi aussi pur que possible et
pulvérisé finement.

Sulfate de chaux. — Solution aqueuse saturée, obtenue par le contact
prolongé du gypse cristallisé et réduit en poudre, avec l'eau distillée
froide. La solubilité du sulfate de chaux étant faible (1 partie de sel
dans 450 parties d'eau), il est nécessaire que la saturation soit atteinte,
ce qui exige beaucoup de temps et de fréquentes agitations. Le réactif
doit être filtré.

On arrive plus rapidement et plus sûrement à obtenir un réactif
saturé en éteignant 4 grammes de chaux de marbre, en délayant l'hydrate dans 1 litre d'eau et en neutralisant exactement par l'acide sulfurique dilué ; on laisse en contact pendant quelques jours, on agite
fréquemment et on filtre.

L'emploi d'un réactif insuffisamment chargé de gypse cause fréquemment des erreurs.

Sulfate de magnésie. — Solution de 1 partie de sel pur (voy. *Essai*, § 939) dans 10 parties d'eau.

Sulfate d'alumine. — Solution très concentrée, presque sirupeuse, de sel pur (§ 953).

1492. SELS DES MÉTAUX PROPREMENT DITS. — *Sulfate de protoxyde de fer.* — La dissolution de ce sel s'altérant rapidement par oxydation à l'air, on conserve le sel pur cristallisé (§ 993), pour le dissoudre dans l'eau au moment d'en faire usage.

Perchlorure de fer. — Solution de 1 partie de sel pur et neutre (voy. *Essai*, § 991), dans 10 parties d'eau. On obtient le même réactif en diluant la solution officinale (D=1,26) jusqu'à la densité 1,074, c'est-à-dire en la mélangeant avec 2 fois et demie son poids d'eau.

Azotate de cobalt. — Solution de 1 partie de sel cristallisé dans 10 parties d'eau.

Protochlorure d'étain. — Solution de 1 partie de sel cristallisé dans 9 parties d'eau additionnées de 1 partie d'acide chlorhydrique. Le protochlorure d'étain étant fort oxydable à l'air, le réactif doit être conservé dans un flacon exactement bouché et contenant une lame d'étain qui occupe toute sa hauteur ; le métal maintient le sel au minimum de chloruration.

Bichlorure d'étain. — Solution de 1 partie de sel cristallisé (§ 1042) dans 9 parties d'eau et une partie d'acide chlorhydrique. Le réactif ne doit pas se troubler à chaud par le bichlorure de mercure.

Azotate de bismuth. — Solution de 6,8 grammes de sel cristallisé (§ 1077) dans 18 grammes d'acide azotique pur, de densité 1,332, à laquelle on ajoute une quantité d'eau suffisante pour former 100 centimètres cubes.

Azotate de plomb. — Solution de 1 partie de sel cristallisé dans 10 parties d'eau.

Acétate neutre de plomb. — Solution de 1 partie de sel cristallisé (§ 1372) dans 10 parties d'eau. Le réactif, additionné d'un excès de carbonate d'ammoniaque et filtré, doit donner une solution incolore (*cuivre*).

Acétate basique de plomb. — (Voy. § 1372.)

Sulfate de cuivre. — Solution de 1 partie de sel cristallisé et pur (voy. *Essai*, § 1123) dans 10 parties d'eau.

Bichlorure de mercure. — Solution de 1 partie de sel cristallisé dans 46 parties d'eau.

Bi-iodure de mercure. — Le *réactif de Nessler*, qui sert à reconnaître l'ammoniaque, est une solution alcaline d'iodure de mercure dans l'iodure de potassium. Pour le préparer on dissout 1^{gr},3 de bichlorure de mercure dans 80 grammes d'eau bouillante, et on ajoute 35 grammes d'iodure de potassium ; celui-ci donne d'abord, en se dissolvant, un précipité d'iodure mercurique, mais il le redissout ensuite. A la liqueur claire, on ajoute goutte à goutte une solution de bichlorure de mercure, jusqu'à apparition d'un précipité persistant ; enfin on dissout dans le mélange 16 grammes de potasse caustique, on complète par de l'eau 100 centimèmètres cubes de liqueur et on laisse reposer ; la liqueur jaune et limpide, que l'on décante quelque temps après, constitue le réactif.

Azotate de sous-oxyde de mercure. — Solution de 1 partie de sel cristallisé (§ 1149) dans 9 parties d'eau préalablement additionnées de 1 partie d'acide azotique. On verse une petite quantité de mercure métallique dans le flacon où l'on conserve le réactif, pour empêcher la formation de l'azotate d'oxyde de mercure. La liqueur, précipitée par l'acide chlorhydrique étendu, puis filtrée, ne doit donner qu'un faible précipité noir avec l'hydrogène sulfuré (*azotate d'oxyde de mercure*).

Azotate d'argent. — Solution de 1 partie de sel pur (voy. *Essai*, § 1162) dans 20 parties d'eau.

Chlorure d'or. — Solution de 1 partie de sel sec (§ 1166) dans 30 parties d'eau.

Bichlorure de platine. — Solution de 1 partie de sel sec (§ 1168) dans 10 parties d'eau.

Chlorure de palladium. — Solution de 1 partie de sel sec dans 15 parties d'eau. Le sel s'obtient comme le chlorure de platine (§ 1168), en traitant le palladium par l'eau régale.

1493. Réactifs divers. — *Indigo.* — On ajoute peu à peu, en agitant, 1 partie de bon indigo en poudre à 6 parties d'acide sulfurique fumant. On opère lentement pour éviter l'échauffement du mélange et, par suite, l'altération de la matière colorante ; quand on agit sur de grandes quantités, il est même nécessaire de refroidir. Après quarante-huit heures de contact, on verse le produit dans 150 parties d'eau, en agitant vivement, on laisse refroidir et on filtre.

Tanin. — Solution de 1 partie de tanin de la noix de galle (tanin à l'éther) dans 10 parties d'eau. Ce réactif étant fort altérable, il est bon de ne le préparer qu'au moment d'en faire usage. On le remplace souvent par l'*infusion de noix de galle*, qui est en réalité une teinture alcoolique de noix de galle, obtenue en faisant macérer pendant quelques jours 1 partie de noix de galle pulvérisée dans 6 parties d'alcool à 80 centièmes, décantant, exprimant le résidu et filtrant ; il est préférable de diluer cette teinture de 2 ou 3 fois son volume d'eau avant de l'employer.

Empois d'amidon. — Liqueur opaline, obtenue en faisant bouillir pendant quelques minutes 100 parties d'eau tenant en suspension 1/2 partie d'amidon, laissant refroidir et filtrant. Ce réactif se conserve difficilement ; on retarde sa fermentation en le tenant dans un flacon bouché, dans lequel on l'a agité avec quelques gouttes de chloroforme.

Teinture de tournesol. — Le tournesol en pains du commerce est constitué par une substance colorante bleue, combinée à la chaux et mélangée avec des matières inertes, telles que le plâtre, la craie, l'amidon, etc. Le composé organique coloré qu'il renferme est bleu en présence des alcalis libres et rouge en présence des acides libres ; tel est le principe de l'emploi du tournesol comme réactif.

La teinture de tournesol s'obtient en broyant au mortier 1 partie de tournesol en pains et en mettant la poudre en digestion, à une douce chaleur, dans 6 parties d'eau. Après 24 heures, durant lesquelles on agite de temps en temps le mélange tiède, on filtre. La liqueur bleue obtenue est alcaline ; elle constituerait un réactif fort peu sensible à l'action des acides, ces derniers devant d'abord saturer les alcalis qu'elle contient avant de faire virer sa nuance ; on doit la *sensibiliser*.

A cet effet, on la partage en deux parties à peu près égales, dans deux capsules de porcelaine, puis on ajoute goutte à goutte et en agitant, à l'une des moitiés, de l'acide sulfurique très étendu. Lorsque la teinte passe au rouge, on s'arrête, on mélange les deux portions de liqueur, rouge et bleue, ce qui ramène la coloration bleue de l'ensemble. On partage de nouveau le liquide en deux portions et on recommence le même traitement. Après quelques opérations semblables, dans chacune desquelles on neutralise la moitié des alcalis, on arrive à obtenir une liqueur violacée, très sensible, d'une part aux alcalis qui la bleuissent, d'autre part aux acides qui la rougissent.

Cette teinture est fort altérable ; elle subit des fermentations qui la décolorent. On la conserve dans un flacon fermé, au fond duquel on a versé un peu de chloroforme pur, qui agit comme antiseptique et l'empêche de fermenter.

Les changements de couleur du tournesol ne sont plus perçus nettement aux lumières artificielles ordinaires. On peut cependant se servir le soir de ce réactif, en l'observant dans une pièce éclairée à la lumière monochromatique du sodium : le tournesol bleu y paraît noir et le tournesol rouge, incolore. La lumière en question se produit aisément en maintenant dans les parties les plus chaudes d'un brûleur de Bunsen, soit un fil de platine terminé par une boucle supportant une perle de sel marin fondu, soit, et mieux encore, une petite capsule en toile de platine, retenant par capillarité le même sel en fusion. Avec beaucoup de liqueurs possédant une teinte jaune marquée, qui rend difficile la constation du virage à la lumière du jour, l'emploi de la lumière du sodium permet d'obtenir des résultats fort nets.

Phénol-phtaléine. — Solution de 1 partie de phénol-phtaléine dans 100 parties d'alcool faible. Une liqueur aqueuse, dont le volume atteint 100 centimètres cubes. additionnée d'une goutte de ce réactif, reste incolore en présence des acides, et se colore en rouge violacé sous l'action des bases minérales. En présence de l'ammoniaque, ces réactions manquent de netteté dans les liqueurs aqueuses.

Papiers de tournesol. — En ajoutant à la teinture de tournesol sensible une *trace très faible* d'acide sulfurique ou de potasse, on obtient une liqueur rouge ou une liqueur bleue. On verse ces liqueurs dans des vases plats, tels que des cuvettes à photographie ou des assiettes, et on y plonge entièrement des feuilles de papier blanc, non collé, mais de texture un peu plus serrée que le papier à filtrer. Dès que les feuilles sont imbibées on les suspend, au moyen d'épingles recourbées en crochet, à des cordes tendues horizontalement, et on les laisse sécher à l'abri des vapeurs acides ou alcalines du laboratoire. On les conserve ensuite dans des bocaux fermés. Pour l'usage, on les découpe en lanières étroites. Le papier de tournesol bleu ou rouge doit posséder une coloration franche sans être trop foncée, et se mouiller facilement par les liquides. Il doit de plus être très sensible.

L'ammoniaque ne bleuit pas d'une manière permanente le papier de tournesol rouge ; la couleur de ce dernier reparaît à mesure que l'alcali se volatilise à l'air.

Papier de curcuma. — Le papier jaune de curcuma se prépare comme les papiers de tournesol, mais avec la teinture alcoolique de curcuma. Cette dernière s'obtient en faisant macérer pendant quelques jours 1 partie de racine de curcuma pulvérisée, dans 6 parties d'alcool à 60 centièmes, décantant, exprimant le résidu et filtrant les liqueurs. Le papier jaune de curcuma vire au rouge brun sous l'action des alcalis. Il est moins sensible que le papier rouge de tournesol.

Papiers réactifs divers. — Ils s'obtiennent en imbibant un papier de la solution du réactif. Comme ils s'emploient le plus souvent humides, on peut les préparer au moment d'en faire usage, sans les dessécher.

2.

ANALYSES PAR VOIE SÈCHE.

A. — **Essais au chalumeau.**

1494. La méthode d'analyse minérale par voie sèche, basée sur l'emploi du chalumeau, a été imaginée par Anton Swab, mais elle a été développée surtout par Gahn, puis par Berzelius et par Plattner. Entre des mains expérimentées, elle conduit rapidement, avec peu de matière et en usant de moyens simples, à des résultats remarquables. Appliquée à des mélanges un peu complexes, elle exige cependant une grande habitude, une longue pratique. Cette considération la fait délaisser trop souvent ; on abandonne à tort une méthode de recherches pourvue d'avantages incontestables, et que nous recommandons vivement à l'attention des commençants. D'ailleurs, il suffit de s'être livré à quelques exercices fort simples pour que les essais au chalumeau fournissent en peu de temps des renseignements précieux sur la présence de certains éléments dans les corps à analyser ; ces essais conviennent particulièrement pour un examen préalable et aussi pour contrôler les résultats fournis par la voie humide.

1495. *Chalumeau.* — Le chalumeau est un instrument au moyen duquel on dirige avec la bouche un jet d'air régulier dans une flamme ; on donne ainsi à cette dernière une forme particulière, en même temps qu'on élève considérablement sa température. C'est ce dernier fait qui a conduit, dès une époque reculée, à utiliser l'instrument en question pour la soudure des métaux.

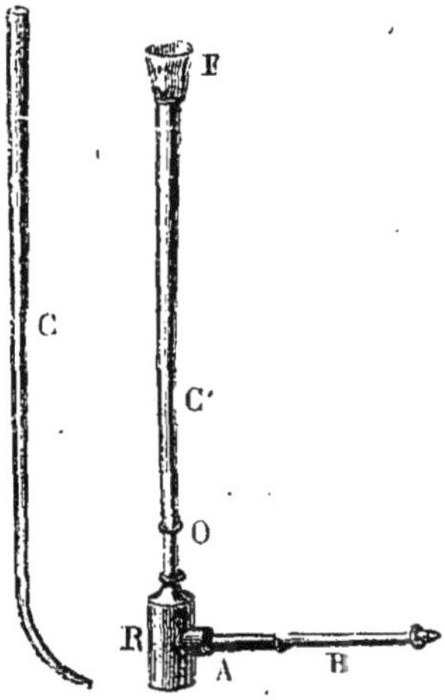

Le chalumeau le plus simple est un tube de fer, légèrement conique, et recourbé à 90° au voisinage de son orifice étroit (fig. 320, C). Il se rouille sous l'influence de l'air humide qui le traverse, et son orifice se déforme alors rapidement, ce qui le met hors d'usage. On lui préfère le chalumeau de Gahn (fig. 320, C'). Celui-ci est en laiton et se compose de plusieurs pièces : deux tubes coniques FO et AB, à directions perpendiculaires, s'adaptant en O et en A, par des joints rodés, à un réservoir R retenant l'humidité condensée pendant l'insufflation ; en F, une embouchure d'ivoire permet d'appliquer commodément l'instrument sur les lèvres ; enfin le tube AB se termine par un petit ajutage conique de platine, dont la nature inaltérable maintient constants la forme et le diamètre de l'orifice de sortie. Si, tenant à la main l'instrument par son réservoir, on souffle en F et on dirige le jet d'air sur la flamme d'une bougie, par exemple, les circonstances dans lesquelles s'effectue la combustion sont profondément modifiées.

Fig. 320. — Chalumeaux.

1496. FLAMME. — Dans les conditions normales, la flamme de la bougie (fig. 321) étant alimentée d'air par la partie extérieure seulement, ne peut être homogène. On s'aperçoit de ce fait au premier examen. A la base, en D, c'est-à-dire près de la mèche, elle se trouve recouverte d'une sorte de petite capsule d'un bleu clair, dont les bords s'amincissent rapidement et se terminent en même temps que la calotte sphérique. Dans l'axe de la flamme, vers le haut de la mèche et au-dessus, est une partie conique sombre CA ; elle est revêtue d'une enveloppe B, également conique et très lumineuse, laquelle est elle-même recouverte d'une seconde enve-

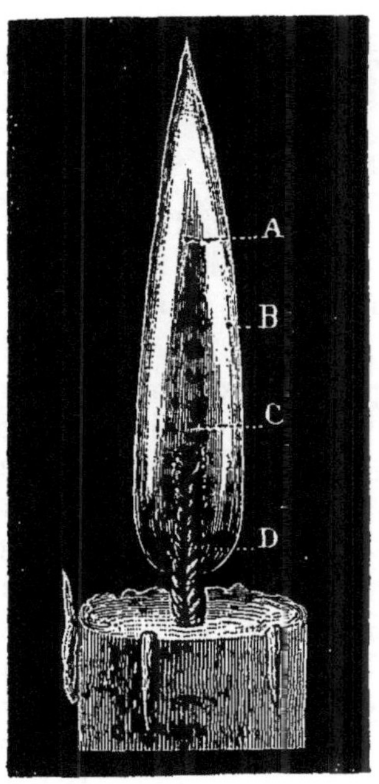

Fig. 321. — Flamme d'une bougie.

loppe LL'L'', mince et peu éclairante, qui va en s'épaississant légèrement vers le sommet de la flamme.

Le corps gras fondu monte dans la mèche, par capillarité, et se décompose par la chaleur, en donnant des produits gazeux qui occupent le milieu de la flamme. L'air affluant vers celle-ci par les parties extérieures, on conçoit que la combustion soit à peu près nulle de C en A, où s'accomplit la vaporisation du combustible accompagnée de sa décomposition pyrogénée. Dans le cône lumineux B, l'oxygène étant encore en quantité insuffisante, la combustion est incomplète et la lumière est produite par les particules de charbon non brûlées, qui se trouvent portées à une température élevée; cette partie de la flamme est surtout le lieu des réactions intermédiaires; la température s'y trouve limitée, mais les vapeurs combustibles dominant, le milieux gazeux est réducteur. Dans l'enveloppe extérieure LL'L'', au contraire, l'oxygène intervenant en quantité surabondante, la combustion est complète, le charbon disparaît et avec lui la lumière; en même temps le maximum de température se trouve atteint; enfin le milieu gazeux est oxydant.

Ce qui précède s'applique à peu près exactement à toutes les flammes éclairantes, autres que celle de la bougie, notamment à la flamme d'un brûleur de Bunsen non alimenté d'air par le bas.

1497. **Flammes d'oxydation et de réduction.** — Si, au moyen du chalumeau, on dirige sur la flamme de la bougie, dont on a convenablement recourbé la mèche, un jet d'air cylindrique, étroit et régulier, de

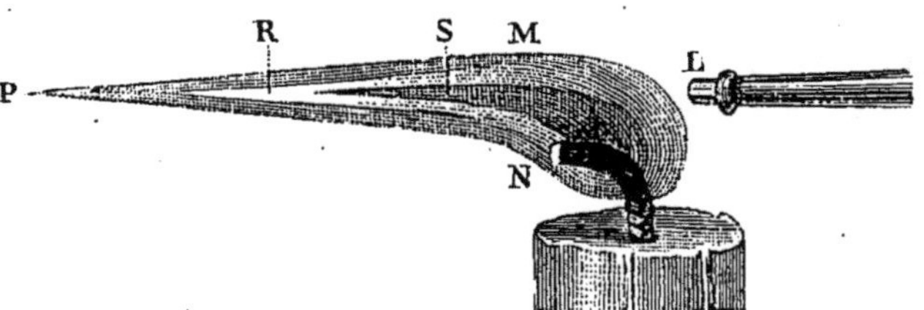

Fig. 322. — Dard du chalumeau (flamme de réduction).

manière à produire une flamme conique et sensiblement horizontale, cette flamme possède des propriétés différentes suivant la position que l'on donne à l'orifice de sortie de l'air, et aussi suivant l'intensité de l'insufflation. Si l'on place l'extrémité L du chalumeau en dehors de la flamme (fig. 322), et si l'on souffle modérément, la composition de la flamme n'est que peu modifiée : le jet d'air devient la cause d'une combustion intérieure qui élève la température générale, mais comme il n'amène qu'une quantité d'oxygène limitée, le cône lumineux, riche en produits combustibles, subsiste avec un développement encore assez considérable; de telle sorte qu'un oxyde métallique réductible qu'on place à son sommet brillant, en R, se trouve changé en métal sous l'influence simultanée des gaz réducteurs et de la température élevée. On obtient ainsi la *flamme de réduction*.

Si, au contraire, on fait pénétrer le chalumeau dans l'intérieur de la flamme, au-dessus de la mèche inclinée, et si l'on souffle fortement, la combustion intérieure, due à l'air du chalumeau, devient considérable, la flamme diminue beaucoup de volume en même temps qu'elle augmente de température; l'air et les gaz combustibles se mélangeant presque intimement, l'oxygène domine dans la masse en combustion, qui devient incolore et oxydante : un métal oxydable qu'on y introduit se change en oxyde. On obtient ainsi la *flamme d'oxydation*, dont l'action atteint son maximum vers la pointe du dard.

Il est évident que la nature de la flamme insufflée a une influence notable sur la production des feux d'oxydation et de réduction : une flamme forte et contenant en abondance des gaz combustibles, est plus favorable à l'obtention du feu de réduction, tandis que, le courant d'air restant le même, une flamme de plus petites dimensions se prêtera mieux à la production du feu d'oxydation. Les bougies, les lampes à huile avec mèche plate, les becs de Bunsen brûlant du gaz non mélangé d'air, conviennent bien pour le chalumeau ; parfois on termine les derniers par un ajutage (fig. 43, § 86, à gauche), qui aplatit la flamme dans la direction à donner au jet d'air.

1498. Les flammes réductrices et oxydantes jouant un grand rôle dans l'emploi du chalumeau, il est nécesaire de s'exercer à les produire facilement, ce qui exige une insufflation continue et régulière. Instinctivement, lorsqu'on souffle dans un chaluméau, on fait agir simultanément tous les organes qui servent à l'expiration. Or, les poumons devant fonctionner alternativement à l'aspiration et à l'expiration, leur intervention ne saurait être continue ; ils ne doivent donc pas être l'agent direct de l'insufflation. Ce sont les joues qui doivent faire l'office de soufflets : de temps en temps les poumons remplissent la bouche d'air, que les joues expulsent sans cesse sous une pression constante. La première chose à laquelle on doit s'exercer est donc de rendre les mouvements respitoires indépendants des mouvements de l'insufflation par la bouche ; la respiration s'effectue par le nez, mais on fait pénétrer périodiquement dans la bouche une certaine partie de l'air expiré. D'ailleurs le débit du chalumeau est assez faible pour qu'il ne soit pas nécessaire de remplir la bouche d'air à chaque expiration. Les muscles des joues peuvent seuls ressentir quelque fatigue par un exercice prolongé ; ceux de la poitrine n'en doivent pas éprouver. On parvient ainsi aisément, en fort peu de temps, à produire une flamme horizontale, d'apparence constante.

Lorsqu'on sait produire un courant d'air continu et régulier, on arrive vite à faire à volonté une flamme d'oxydation ou de réduction, si l'on tient compte de ce qui a été dit plus haut. Toutefois la réduction exige toujours un peu plus d'attention que l'oxydation. Un excellent exercice, recommandé par Berzelius, est le suivant : Sur l'extrémité d'un cylindre de charbon de bois, on taille une partie plane, au milieu de laquelle on pratique une très petite cupule, à peine creusée ; on place dans cette cupule un fragment d'étain métallique, de la grosseur d'un grain de millet, et on le chauffe à la flamme de réduction. Il s'agit de maintenir le globule fondu, nettement métallique, brillant, non terni par de l'oxyde. Dès que la flamme qui entoure le métal et qui doit rester réductrice, devient oxydante, l'étain se recouvre d'une couche d'oxyde infusible. On s'entraîne à maintenir réduits des globules d'étain de plus en plus gros.

Donnons maintenant quelques renseignements sur les opérations pratiquées dans les essais par voie sèche. On verra ultérieurement les indications que l'on tire des résultats obtenus.

1499. ESSAI DANS UN TUBE FERMÉ PAR UN BOUT. — Les tubes dont on se sert sont des tubes à gaz, en verre mince et peu fusible, de 5 à 7 millimètres de diamètre et de 1 décimètre de longueur ; on les ferme à la lampe d'émailleur, à la manière d'un tube à essais (§ 168, fig. 97). On introduit au fond d'un tube de ce genre une parcelle de la substance à essayer et on chauffe doucement le bout fermé, en le tenant à une certaine hauteur au-dessus d'une flamme ; puis, en l'approchant progressivement de cette dernière, on porte peu à peu la température jusqu'au rouge. La substance est-elle hydratée ? de l'eau se dégage dès l'origine et se manifeste en se condensant sur les parois froides du tube. Cette eau agit ou n'agit pas sur les papiers de tournesol, ce qui indique si un acide ou une base ont été mis en liberté. Parfois il se sublime un produit solide : sel de mercure, sel ammoniacal, sulfure d'arsenic, etc. Parfois encore, un gaz se dégage : oxygène rallumant une allumette en ignition que l'on présente à l'orifice du tube, gaz carbonique éteignant la même allumette, vapeurs rutilantes, etc. Enfin les composés organiques laissent, pour la plupart, un résidu noir de charbon.

1500. ESSAI DANS UN TUBE OUVERT PAR LES DEUX BOUTS. — Les tubes ouverts ont les mêmes dimensions que les tubes fermés ; ils sont en outre très légèrement coudés, à 2 ou 3 centimètres de l'une de leurs extrémités, et c'est au sommet de l'angle que l'on place intérieurement la substance à essayer. Dans cet appareil, un courant d'air s'établissant, c'est un véritable grillage que l'on effectue lorsque, tenant le tube un peu incliné, on chauffe le corps au-dessus d'une flamme. On reconnaît ainsi la présence de certains corps que la calcination (§ 1499) ne révèle pas ; les sulfures et les arséniures donnent des anhydrides sulfureux et arsénieux, reconnaissables par leurs caractères très tranchés ; ou bien encore certains composés, provenant ou non de l'oxydation, se subliment et se condensent dans la partie supérieure du tube.

1501. ESSAI SUR LE CHARBON. — Le charbon de bois constitue le support sur lequel on effectue, au chalumeau, un grand nombre de réactions réductrices. On choisit un cylindre de charbon de 2 centimètres de diamètre environ, non fendu, et on le taille avec une râpe à bois, de manière à produire vers son extrémité un plan un peu incliné vers la base. C'est sur ce plan que l'on dépose la matière à chauffer ; pour donner à celle-ci plus de stabilité, on pratique, au milieu de la partie plane, une petite cavité dans laquelle on dépose l'essai ; on dirige ensuite sur celui-ci le dard du chalumeau. Ici les phénomènes effectués sont complexes. Tout d'abord la chaleur peut agir seule, comme dans le tube fermé ; on peut de plus entourer la substance, soit de la flamme d'oxydation, soit de la flamme de réduction. On observe la fusion de la matière, avec ou sans changement de couleur, les altérations qu'elle éprouve par oxydation ou par réduction, le dépôt que forment sur le charbon les vapeurs émises, la réduction des métaux, la déflagration du produit, etc.

Le charbon permet en outre de faire intervenir certains réactifs, tels que le carbonate de soude et le cyanure de potassium, qui tous deux facilitent la réduction des métaux. Le carbonate de soude est fort usité ainsi pour attaquer les silicates ; on constate que les substances analysées sont ou non solubles dans ce sel fondu. C'est encore sur le charbon, ou en opérant de la même manière sur une lame de platine, que l'on observe les colorations prises par certaines substances, lorsqu'on les calcine après les avoir imbibées d'une solution diluée d'azotate de cobalt.

1502. Coloration de la flamme. — Certains composés volatils communiquent à la flamme des colorations caractéristiques. Si la substance expérimentée est fusible, on imprègne de sa poudre l'extrémité d'un fil de platine bien propre et préalablement mouillé d'eau, puis on présente le tout au jet du chalumeau. La flamme d'oxydation, à cause de sa température élevée, est celle qui donne les colorations les plus nettes, surtout quand on place l'objet chauffé vers son extrémité ; on voit alors, à partir du fil de platine, qui se recouvre de la substance fondue, la flamme colorée se développer et s'allonger considérablement. Si la substance n'est pas fusible, on peut en attacher un petit fragment au bout du fil enroulé, ou mieux saisir ce fragment entre les extrémités d'une petite pince de fer, à bouts de platine.

1503. Perles. — Le *borate de soude* fondu a la propriété de s'unir aux oxydes métalliques pour former des sous-borates fusibles ; cette réaction s'accomplit en présence d'un grand nombre d'acides, lesquels se trouvent déplacés au rouge par l'acide borique. Le borax dissout en outre certains acides. En un mot, il se conduit comme un fondant, par rapport à la plupart des composés minéraux. Les mélanges fondus forment, en se refroidissant, des verres, tantôt transparents, tantôt opaques, souvent colorés, présentant fréquemment des caractères susceptibles de faire reconnaître certains éléments dont ils sont chargés et auxquels sont dues les modifications de leurs propriétés.

Pour observer ces caractères plus facilement, on donne aux verres la forme de perles. A cet effet, en appliquant sur une tige cylindrique l'ex-

trémité d'un fil de platine, on recourbe celui-ci de manière à le terminer
en une sorte de petit anneau (fig. 323, A), dont la figure représente la
grandeur maximum, mais qu'il est préférable de faire plus petit. Pour
plus de commodité, on fixe ce fil dans un petit bouchon, qui lui forme
une sorte de manche (fig. 323, B). On fait rougir la boucle métallique
et on la plonge rapidement dans du borax en poudre ; le sel fond au
contact du métal chaud, et reste adhérent. Si l'on transporte, alors
l'anneau dans la flamme du chalumeau, le borax se dessèche en se
boursouflant, puis fond et se transforme en une
perle lenticulaire, incolore, qui reste adhérente
par ses bords à l'anneau métallique. Si avec la
masse saline encore molle, on touche une substance pulvérulente à essayer, quelques parcelles
de celle-ci s'attachent à la perle. Il suffit alors de
reporter cette dernière dans la flamme du chalumeau pour que la dissolution dans le borax
s'effectue. Un point important est de ne pas trop
charger la perle de matière à essayer : il est indispensable que celle-ci s'y trouve en présence
d'un excès de réactif, et de plus, les colorations
cessent d'être facilement reconnaissables quand
elles sont trop foncées. Les circonstances de cette
fusion, la coloration et la transparence de la
perle, tant à chaud qu'après refroidissement, au

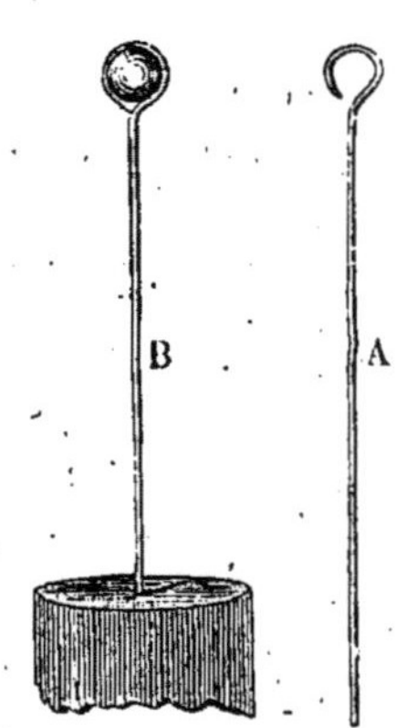

Fig. 323. — Fil de pla-
tine pour perles.

feu d'oxydation et au feu de réduction, sont celles que l'on s'attache à
reconnaître. Avec les bases terreuses, la perle présente de plus un
phénomène spécial : exposée, à plusieurs reprises et alternativement, à
la haute température du chalumeau et au refroidissement à l'air, la
perle, d'abord limpide, se trouble et prend l'apparence de l'émail ; elle
est dite *opaque au flamber*.

Le phosphate de soude et d'ammoniaque ou *sel de phosphore*
(§ 1490), se transforme par la chaleur en métaphosphate de soude. Il
peut donner, de la même manière que le borax, des perles caractéristiques. Ces perles reçoivent des oxydes métalliques des colorations
analogues à celles du borax, mais généralement plus brillantes ; d'autre
part, elles fournissent avec les acides des réactions spéciales, et par
suite des caractères autres que ceux des perles de borax.

Le carbonate de soude s'emploie également dans l'anneau de fil de
platine, mais plus fréquemment pour observer la solubilité des corps
que pour former des perles colorées.

B. — Essais à la flamme.

1504. FLAMME A EMPLOYER. — Se fondant sur les analogies qui existent
entre la flamme du chalumeau et celle du brûleur à gaz qu'il a imaginé,
M. Bunsen a proposé de remplacer le chalumeau par ce brûleur, et a indiqué
toute une série de réactions caractéristiques, faciles à réaliser avec ce dernier.

Le brûleur de Bunsen à virole (§ 83, et suivant, fig. 38, 39 et 40) permet de produire des flammes de compositions très diverses. L'ouverture qui amène l'air au bas du tube étant fermée, le gaz brûle avec une flamme éclairante et molle, dont la structure est très comparable à celle d'une bougie (§ 1496); elle dépose du noir de fumée sur un tube à essai rempli d'eau froide, ou sur un corps froid quelconque, qu'on y introduit. Si l'on tourne lentement la virole, de façon à ouvrir progressivement l'orifice inférieur, le gaz brûlé étant de plus en plus mélangé d'air, la flamme devient de moins en moins éclatante. Il arrive un moment où elle ne présente plus qu'une faible pointe lumineuse R (fig. 324), située au sommet du cône intérieur, dont le pouvoir éclairant a diminué à mesure que l'on a augmenté la quantité d'air. C'est à ce moment qu'il convient de s'arrêter pour avoir, dans la même flamme, une partie oxydante et une partie réductrice nettement séparées. Cette flamme ne donne pas de dépôt de charbon, mais on doit soigneusement éviter d'y introduire un excès d'air. Le gaz brûlé est alors un mélange contenant environ 62 p. 100 d'air atmosphérique. Dans la flamme ainsi obtenue, que l'on rend plus fixe en entourant la partie supérieure du bec par une cheminée conique en tôle CCCC, on distingue les parties suivantes :

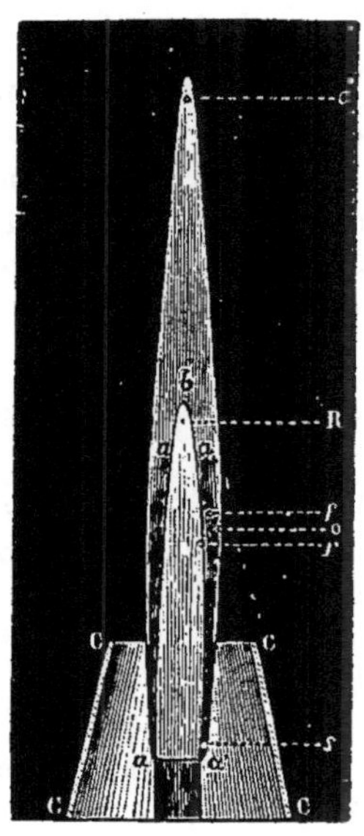

Fig. 324. — Flamme de gaz réglée pour les essais à la flamme.

1° A l'intérieur de la flamme et suivant son axe, se trouve une partie conique obscure, $aaa'a'$, formée par le mélange gazeux non encore en combustion ;

2° La *base de la flamme*, en s, est une enveloppe mince et bleuâtre, dont la combustion ne produit pas une température très élevée, à cause de l'afflux rapide de l'air froid à l'extérieur et du gaz froid à l'intérieur, lesquels absorbent la chaleur produite dans l'enveloppe. Lorsqu'on introduit un essai dans cette partie de la flamme, on peut reconnaître, par les colorations développées plus haut, certains éléments très volatils : ceux-ci se trouvent souvent masqués lorsqu'on opère dans une région plus chaude de la flamme, les colorations, dues aux éléments moins volatils qui les accompagnent, éteignant en quelque sorte leurs colorations propres ;

3° La *région de fusion* est située en *f*, au-dessus du premier tiers de la hauteur totale de la flamme, à égale distance de la partie interne $aaa'a'$ et de la surface extérieure. C'est la partie la plus chaude. On l'utilise pour fondre et volatiliser les corps, ainsi que pour observer la lumière qu'ils émettent ;

4° La *région inférieure d'oxydation* occupe le bord extérieur de la région de fusion, en *o*; c'est la partie oxydante la plus chaude. Elle convient pour l'oxydation des oxydes métalliques en dissolution dans les fondants ;

5° La *région supérieure d'oxydation* est constituée par le cône non lumineux, qui recouvre la partie supérieure de la flamme. Sa partie la plus active est en *o'*. On accroît encore son activité en tournant la virole du brûleur pour augmenter autant que possible la quantité d'air mélangée au gaz brûlé. On y oxyde les prises d'essai volumineuses ; on y effectue les grillages et, en général, toutes les oxydations pour lesquelles la température la plus élevée n'est pas indispensable.

6° La *région inférieure de réduction* est située en *r*, à la surface du cône obscur intérieur, à la limite de la région de fusion ; le mélange de gaz et d'air qui y parvient étant encore chargé d'oxygène libre, la réduction ne s'y effectue qu'avec une énergie limitée, et ne peut atteindre, par suite, qu'un nombre limité de composés parmi ceux qui seraient réduits dans la région supérieure de réduction, laquelle est plus active. Elle fournit un mode d'action que ne donne pas la flamme du chalumeau. Elle est surtout employée pour les réductions sur le charbon et dans les fondants.

7° La *région supérieure de réduction* constitue la petite partie conique *aba*, restée faiblement éclairante, et située vers le sommet du cône obscur intérieur. Sa portion la plus active est en R. Elle ne contient pas d'oxygène libre et est riche en éléments réducteurs, carbone et hydrogène ; elle est donc beaucoup plus énergiquement réductrice que la région inférieure de réduction. Elle sert à ramener les métaux à l'état métallique.

1505. Essais a effectuer. — Toutes les réactions du chalumeau peuvent être réalisées au moyen de la flamme précédente, qui de plus permet d'en obtenir d'autres.

Les matières à essayer sont placées sur l'extrémité d'un fil de platine de la grosseur d'un crin, enroulé en spirale conique, ou sur un pinceau d'amiante. Les solutions sont examinées en y trempant les supports précédents, en évaporant le dissolvant, puis en traitant le résidu comme une matière solide. On fait aussi usage des petits tubes de verre dont il a été parlé pour les essais au chalumeau (§ 1499 et § 1500).

Un autre support, recommandé par M. Bunsen pour les essais de réduction, est la *baguette de charbon*, qui s'obtient de la manière suivante : en chauffant doucement un cristal hydraté de carbonate de soude, on soumet sa surface à la fusion aqueuse (§ 849) et une goutte de liquide se réunit à sa partie inférieure ; on recouvre de ce liquide une tige d'allumette en bois, sur les deux tiers de sa longueur, et on introduit dans la flamme la partie ainsi imprégnée : le bois se carbonise sans brûler, et le charbon qu'il fournit, porté dans la région de fusion, se recouvre d'un vernis de carbonate alcalin fondu, qui le protège de l'oxydation. L'essai, pulvérisé et mis en pâte avec une gouttelette de carbonate de soude en fusion aqueuse, étant déposé à l'extrémité de la baguette, on le fait fondre dans la région inférieure d'oxydation, puis on le transporte dans la région supérieure de réduction. La réaction terminée, on laisse refroidir, on détache l'essai de la baguette et, en l'écrasant au mortier d'agate, on isole le globule métallique réduit.

On peut avec la flamme provoquer des dépôts d'enduits métalliques sur la porcelaine, en portant un essai dans la zone supérieure de réduction et en suspendant immédiatement au-dessus de lui une très petite capsule de porcelaine, vernissée extérieurement et pleine d'eau froide ; l'enduit noirâtre se dépose au-dessus de l'essai, sur la paroi froide. En opérant de même dans la flamme supérieure d'oxydation, on peut avoir encore un dépôt, non pas de métal, mais d'oxyde métallique. Ce dernier, comme le métal lui-même, peut être soumis à des transformations variées, en iodure, en sulfure, etc.

Enfin, les colorations communiquées à la flamme par divers éléments sont facilement observées à l'aide de cette méthode. Après avoir vérifié que la spirale de fil de platine est parfaitement propre, qu'elle ne colore pas la flamme vers la région supérieure d'oxydation quand on l'introduit dans la région supérieure de réduction, on plonge cette spirale dans la solution saline à expérimenter, qu'on dessèche ensuite lentement à sa surface, ou bien, après l'avoir mouillée d'eau, on l'imprègne du sel à essayer, sec et pulvérisé. En la chauffant ensuite, d'abord à la base de la flamme, puis dans la région supérieure de réduction, on voit la flamme se colorer nettement. Les colorations, plus facilement aperçues dans un endroit obscur, prennent des caractères particuliers quand on les observe avec certains verres colorés.

3.

ANALYSES PAR VOIE HUMIDE.

1506. Examen préliminaire. — Étant donnée une matière dont on doit déterminer les éléments constituants, le premier soin à prendre est d'examiner et de noter ses propriétés extérieures, son état physique, sa couleur, sa dureté, son odeur, sa densité, etc. Ces propriétés sont autant de caractères qui fournissent bien souvent des indications importantes sur le résultat cherché. Dans tous les cas, elles doivent toujours servir à contrôler l'exactitude des données fournies par l'analyse; il sera indispensable, en effet, les opérations étant terminées, qu'il y ait identité de propriétés entre une substance ayant la composition trouvée et la substance primitive. D'ailleurs cet examen préalable est indispensable pour déterminer la nature des opérations par lesquelles on doit commencer l'analyse; si le corps à analyser est un métal ou un alliage métallique, un sel solide ou une dissolution, l'analyse par voie humide exigeant qu'il soit préalablement amené à l'état de solution aqueuse, il est évident que le traitement à lui faire subir ne sera pas le même dans tous les cas.

Les essais par voie sèche conviennent aussi pour l'examen préalable des corps à analyser par la voie humide. Comme ils servent plus souvent encore à contrôler les résultats de la voie humide, nous reviendrons plus loin sur les indications qu'ils fournissent.

1507. Dissolution. — Dans les analyses par voie humide, on opère, avons-nous dit, sur les corps en dissolution dans l'eau pure ou dans l'eau additionnée de divers réactifs. Il est donc nécessaire, en premier lieu, de mettre en dissolution la substance à analyser, si elle ne s'y trouve déjà.

Au point de vue des opérations à faire dans ce but, la substance en question se range dans les catégories suivantes :

1° Corps solubles dans l'eau ;

2° Corps insolubles ou peu solubles dans l'eau, mais solubles dans l'acide chlorhydrique, dans l'acide azotique ou dans l'eau régale ;

3° Corps insolubles ou peu solubles dans les dissolvants précités.

Il arrive d'ailleurs qu'un mélange se scinde en plusieurs parties, rangées par leurs solubilités dans des catégories diverses. De pareilles séparations ne peuvent qu'être favorables, puisqu'elles changent un mélange complexe en plusieurs mélanges plus simples.

On commence par pulvériser la substance avant de faire agir sur elle les dissolvants.

1508. DISSOLUTION DANS L'EAU. — L'action de l'eau pure doit être essayée en premier lieu. On introduit une petite quantité de matière, quelques décigrammes au plus, avec une dizaine de grammes d'eau dans un tube à essais ou dans un très petit ballon, et on agite ; si la dissolution ne paraît pas s'effectuer, on porte le liquide à l'ébullition. Soit à froid, soit à chaud, la substance se dissout entièrement, ou elle laisse un résidu.

Si *la substance se dissout entièrement,* on procède directement à l'analyse, ainsi qu'il sera indiqué plus loin (§ 1511 et suivants).

Si *la substance laisse un résidu* après une ébullition prolongée avec l'eau, cela peut tenir à ce qu'elle ne se dissout que partiellement, ou à ce qu'elle ne se dissout pas. On filtre une petite quantité de la liqueur et on en évapore quelques gouttes sur une lame de platine brillante.

Quand le liquide évaporé ne laisse pas de résidu sensible, la *substance est insoluble* dans l'eau ; on essaye alors sur elle l'action de l'acide chlorhydrique (§ 1509).

Quand, au contraire, la *substance est partiellement soluble,* l'évaporation laisse un résidu sur la lame de platine. Les dissolutions partielles peuvent résulter de deux causes : 1° la faiblesse de la solubilité d'une ou plusieurs substances solubles ; 2° la présence de corps insolubles dans la matière analysée. Pour distinguer entre ces alternatives, on décante la liqueur chaude, on la remplace par une nouvelle quantité d'eau, que l'on maintient, comme la première, en ébullition prolongée, et si le résidu ne disparaît pas, on répète une troisième fois le traitement à l'eau bouillante, puis une quatrième fois, etc. Lorsqu'il s'agit de substances faiblement solubles, on constate qu'en évaporant sur la lame de platine un même nombre de gouttes des liqueurs filtrées provenant des traitements successifs, on obtient une quantité constante de résidu ; chacune des solutions aqueuses se trouve, en effet, saturée. Dans ce cas, en répétant les traitements et surtout en augmentant la quantité d'eau avec laquelle on les fait, on arriverait à la dissolution complète de la matière.

Lorsqu'il s'agit d'un mélange de corps solubles avec des corps insolubles, on observe que la quantité de résidu va en diminuant dans les liqueurs obtenues successivement, les matières les plus solubles passant en abondance dans les premières liqueurs et ne subsistant plus, dans le résidu, en poids suffisant pour saturer les dernières. On épuise alors sur le mélange l'action de l'eau bouillante, jusqu'à ce qu'une dernière liqueur soit volatile sans résidu, on filtre, on réunit les dissolutions, et on les analyse comme il sera dit plus loin (§ 1510); on traite ensuite le résidu insoluble par l'acide chlorhydrique (§ 1509).

Sur certains sels, l'eau n'agit pas seulement comme dissolvant; elle exerce de plus une action chimique. C'est ce qui arrive, par exemple, avec les chlorures d'antimoine, l'azotate de bismuth, etc. Cela n'a pas d'inconvénient sérieux au point de vue de l'analyse, puisque les produits de la réaction de l'eau se retrouveront, soit dans la dissolution, soit dans le résidu insoluble dans l'eau, soit dans tous les deux.

1509. DISSOLUTION DANS LES ACIDES. — Les corps insolubles dans l'eau (§ 1507) sont traités par *l'acide chlorhydrique*. On emploie d'abord l'acide chlorhydrique dilué et froid, puis le même acide chaud; enfin, si la dissolution n'est pas effectuée, on fait intervenir l'acide concentré, soit à froid, soit à chaud. De même qu'avec l'eau, la dissolution peut être complète ou partielle, ou même nulle, ce dont on s'assure par les mêmes essais que ceux indiqués pour la dissolution dans l'eau (§ 1507). Les dissolutions filtrées sont soumises directement à l'analyse, comme il sera dit plus loin (§ 1510). Les parties insolubles, lavées à l'eau, sont ensuite traitées par l'acide azotique, ainsi qu'il va être indiqué.

Il est indispensable, lors du traitement par l'acide chlorhydrique, de tenir compte des phénomènes qui accompagnent la dissolution. L'acide chlorhydrique est, en effet, un réactif énergique qui ne dissout le plus grand nombre de substances qu'en les transformant. Il faut noter particulièrement s'il y a un dégagement gazeux; cela arrive avec les carbonates, les sulfures, les sulfites, les hyposulfites, etc., lesquels dégagent du gaz carbonique, du gaz sulfhydrique, du gaz sulfureux, etc.; cela arrive encore avec certains corps oxydants qui donnent du chlore, ou même avec les cyanures qui fournissent de l'acide cyanhydrique. Parfois, il y a dépôt de soufre, comme avec les hyposulfites, ou de silice gélatineuse, comme avec certains silicates. Les faits ainsi observés serviront dans l'interprétation des résultats de l'analyse.

Le résidu insoluble, lavé à l'eau, est traité ensuite par *l'acide azotique*, de la même manière qu'il l'a été par l'acide chlorhydrique. Peu de métaux ou d'alliages résistent au nouveau réactif, qui est leur véritable dissolvant. Toutefois ce dernier, comme l'acide chlorhydrique, donne lieu à de nombreuses transformations, presque toujours par oxydation. Il change certains métaux en oxydes insolubles, l'étain et l'antimoine, par exemple. Il attaque les sulfures en donnant un dépôt de soufre. Quand on l'a fait agir concentré, il est ensuite nécessaire de le diluer avant de conclure que la matière qu'il tient en suspension est insoluble dans l'eau, un certain nombre de sels solubles dans l'eau ne se dissolvant pas dans l'acide concentré.

Les corps qui ont résisté à l'acide azotique concentré et chaud sont traités de même par *l'eau régale*.

Ajoutons que l'acide fluorhydrique, quand on chauffe avec lui, *dans un creuset de platine*, la matière à analyser, la dissout lorsque celle-ci est de la silice ou un silicate (§ 1510).

1510. Désagrégation. — Les composés que les agents précédents n'ont pu dissoudre appartiennent à un petit nombre de groupes, mais le traitement à leur faire subir pour les rendre solubles, pour les *désagréger*, étant variable avec leur nature, il est nécessaire de déterminer celle-ci approximativement, afin d'être fixé sur la marche à suivre.

A ce point de vue, les essais par voie sèche sont très utiles; ils sont d'ailleurs faciles, le problème se trouvant ici fort simplifié.

Nous allons énumérer les substances communes qui rentrent dans cette catégorie, nous indiquerons, d'une part, le moyen de les reconnaître, d'autre part, le traitement à leur faire subir pour les dissoudre.

Mettons d'abord à part deux métalloïdes qu'on rencontre fréquemment, le *soufre* et le *charbon* : ils sont combustibles lorsqu'on les chauffe sur la lame de platine, soit dans la flamme d'un brûleur Bunsen, soit dans celle du chalumeau (*graphite*), et donnent du gaz sulfureux ou du gaz carbonique.

La *silice* ou les *silicates* ne se colorent pas quand on les imbibe de sulfhydrate d'ammoniaque; chauffés au chalumeau dans une perle de sel de phosphore, ils donnent une masse de silice opaque, qui nage dans la perle transparente. On les désagrège en les fondant à la température rouge, dans un creuset de platine, avec 4 fois leur poids de flux blanc (§ 824); le produit de la fusion est soluble dans l'eau, au moins partiellement, le résidu, s'il y en a un, étant soluble dans les acides. Quand on veut y rechercher les alcalis, on opère de même en prenant pour fondant l'hydrate de baryte, ou encore on chauffe la substance avec de l'acide fluorhydrique, dans un creuset de platine, ainsi qu'il a été dit plus haut (§ 1509).

Les *sulfates terreux* ne se colorent pas par le sulfhydrate d'ammoniaque; chauffés sur le charbon, dans la flamme de réduction, avec du carbonate de soude, ils donnent des sulfures dégageant de l'hydrogène sulfuré quand on traite l'essai par une goutte d'acide chlorhydrique. On les désagrège comme les silicates, par fusion avec le flux blanc; le produit, repris par l'eau, cède à celle-ci l'acide sulfurique, et laisse un résidu de carbonates, que l'acide chlorhydrique dissout et dont on détermine les bases en opérant sur la liqueur produite (§ 1511).

Le *sulfate de plomb* noircit par le sulfhydrate d'ammoniaque; il donne au chalumeau, sur le charbon, en présence du carbonate de soude et au feu de réduction, un globule de plomb métallique; de plus, l'essai est entouré d'un enduit jaune. Il se désagrège comme les sulfates terreux.

Le *fluorure de calcium* ne noircit pas par le sulfhydrate d'ammoniaque; chauffé avec du sel de phosphore préalablement fondu, dans un tube ouvert par les deux bouts (§ 1500), il donne des vapeurs d'acide fluorhydrique, qui rougissent le tournesol et se condensent sur le verre, à l'intérieur du tube, en le dépolissant. On le désagrège par fusion avec le flux blanc ou avec le carbonate de soude, dans un creuset de platine ; on dissout ensuite le produit dans l'eau bouillante.

Le *chlorure*, le *bromure* et l'*iodure d'argent* noircissent par le sulfhydrate d'ammoniaque ; chauffés au chalumeau sur le charbon, avec du carbonate de soude, dans la flamme de réduction, ils donnent un globule d'argent métallique. On les désagrège en les mettant en contact avec du zinc, dans une liqueur chargée d'acide sulfurique (§ 1157) ; l'élément halogène passe dans la liqueur, et le métal est réduit ; on dissout ce dernier en le traitant par l'acide azotique, après l'avoir isolé et lavé.

L'*oxyde de chrome*, devenu insoluble par calcination, donne au chalumeau des perles vertes avec le sel de phosphore et avec le borax, au feu d'oxydation aussi bien qu'au feu de réduction. On le désagrège en le pulvérisant, en le mélangeant avec du flux blanc et de l'azotate de potasse, et en projetant peu à peu le tout dans un creuset de platine chauffé au rouge. La masse obtenue se dissout dans l'eau acidulée.

L'*alumine* insoluble ne noircit pas par le sulfhydrate d'ammoniaque ; fondue avec le flux blanc, au creuset de platine, elle donne un aluminate alcalin, soluble dans l'eau et dans les acides en excès ; l'ammoniaque forme, dans la dissolution, un précipité blanc, gélatineux.

Les *oxydes d'étain* et *d'antimoine*, chauffés sur le charbon avec du cyanure de potassium, à la flamme de réduction, donnent un globule métallique blanc, malléable pour le premier oxyde, cassant pour le second ; la dissolution de ces globules dans l'eau régale précipite en jaune par l'hydrogène sulfuré.

Tous les oxydes insolubles deviennent solubles dans les acides, après traitement au rouge par 4 fois leur poids de flux blanc.

En résumé, la désagrégation, dans la plupart des cas, est réalisée par l'action des alcalis à haute température ; après reprise par l'eau, elle effectue la dissolution du produit dans les alcalis.

1511. MÉTHODES DIVERSES D'ANALYSE. — Soit par des traitements à l'eau et aux acides, soit par désagrégation, tous les corps peuvent être mis en dissolution ; la totalité des problèmes de l'analyse qualitative se ramène ainsi à l'analyse des corps dissous, la liqueur ou les liqueurs obtenues devant être examinées dans le but de rechercher les bases et les acides qu'elles renferment.

La marche à suivre, dans cette analyse, mérite de nous arrêter ici à un point de vue général, afin de signaler les avantages que l'on trouve à opérer méthodiquement et à adopter une manière de procéder à peu près invariable. Il est nécessaire, en effet, si l'on veut éviter les erreurs, de ne tenir tout d'abord qu'un compte limité des renseignements que l'on peut avoir sur la nature et l'origine des substances analysées, et même des propriétés que l'examen préliminaire a montrées. Ces di-

verses circonstances portent nécessairement l'esprit à faire, sur le résultat à atteindre, des hypothèses variées. On a dès lors tendance à
vérifier ces hypothèses d'une manière abrégée, et, par suite, à procéder au hasard : on essaye successivement les réactions qui caractérisent les éléments dont on soupçonne la présence, oubliant que ces
réactions ne sont que bien rarement caractéristiques, si elles ne sont
pas accompagnées de quelques autres; on commet ainsi des erreurs,
et plus souvent encore on laisse méconnus, dans un mélange, des éléments qui s'y trouvent cependant en abondance. Ce sont là des inconvénients que l'on évite en opérant avec méthode. Une marche générale
peut paraître longue à première vue; elle est en réalité plus courte;
elle est, dans tous les cas, plus sûre.

Il faut donc adopter une méthode. Or, on en a indiqué un très grand
nombre, dont les grandes lignes sont, il est vrai, communes à toutes,
et qui ne se distinguent guère que par les détails. Aucune n'est parfaite et
ne répond à l'universalité des cas. Cette insuffisance résulte surtout de ce
que les caractères des composés sont d'ordinaire modifiés, parfois très
profondément et très diversement, par la nature des substances auxquelles ils se trouvent mélangés. En outre, chaque jour apporte des
observations nouvelles, dont les méthodes adoptées n'ont pu tenir
compte. D'ailleurs, le désir de rendre un procédé d'analyse absolument
général entraînerait des complications telles que l'on préfère une méthode moins parfaite, mais plus simple. Le choix à faire entre les méthodes connues n'est certainement pas indifférent; il n'a cependant qu'un
intérêt secondaire, et on peut s'y laisser guider par des convenances particulières, ou mieux encore, par l'étendue des moyens dont on dispose.

Ce qui importe surtout, c'est de suivre régulièrement la marche que
l'on a adoptée; après une pratique prolongée, on en connaît les fai-
blesses, on est frappé par les réactions qu'elle ne comporte pas d'ordinaire, et on peut dès lors éviter aisément les erreurs auxquelles elle
conduirait quelqu'un de moins habitué à son usage.

Les méthodes dichotomiques que nous indiquerons plus loin ne
comprennent pas la détermination des substances quelque peu rares;
on a pris soin, au contraire, de les approprier exclusivement à l'analyse des corps les plus répandus. Elles s'adressent donc uniquement
aux commençants. Néanmoins, elles n'échappent pas plus que les
autres aux inconvénients signalés plus haut; mais, si l'on apporte
quelque attention au choix des exemples d'analyse donnés comme
exercices aux débutants qui les appliquent, elles conduisent rapidement à un usage facile des méthodes plus générales, mais d'ordinaire
assez compliquées, que l'on trouve dans les traités d'analyse.

Il est quelques remarques, communes à toutes les méthodes dichotomiques, qu'il nous paraît indispensable d'ajouter :

1° Ces méthodes sont nécessairement en défaut toutes les fois qu'on
les applique à des corps qui ne figurent pas dans la liste de ceux pour
lesquels elles ont été instituées.

2° L'ordre des réactions qu'elles prescrivent d'exécuter doit être rigoureusement conservé, sous peine d'enlever à ces réactions la signification qu'on leur donne.

3° Enfin, dans toutes les méthodes dichotomiques d'analyse qualitative, les réactions qui se succèdent sont, en quelque sorte, inséparables les unes des autres. Chacune d'elles n'a la valeur qui lui est attribuée que si toutes les réactions précédentes ont été régulièrement exécutées et observées. Il résulte de là qu'une erreur faite à un moment quelconque de l'analyse conduit finalement à un résultat erroné, alors même que les opérations subséquentes ont été régulières. Autrement dit, c'est toujours sur une seule réaction, parfois négative, qu'est fondée la désignation d'un élément cherché. Il est donc tout à fait indispensable de contrôler ensuite l'exactitude du résultat, en recherchant dans la matière analysée les caractères spécifiques de cet élément. Si ces caractères ne peuvent être retrouvés, c'est qu'une faute a été commise, et l'analyse doit être recommencée.

Si donc l'on se dispense d'effectuer les réactions de vérification indiquées comme le complément nécessaire de la recherche méthodique d'un élément, on s'expose à commettre des erreurs graves.

1512. Quantité de matière a employer. — Il est nécessaire de s'habituer à opérer sur peu de substance. Tout d'abord, cela est souvent imposé dans la pratique par le poids de matière à analyser dont on dispose ; or, il faut, avec ce poids limité, faire toutes les réactions dont l'ensemble caractérise les composants à déterminer, et de plus contrôler les résultats obtenus. En outre, il y a grand avantage, au point de vue du temps consacré à l'analyse, à limiter autant que possible les quantités sur lesquelles on opère. Avec peu de matière, les réactions sont plus rapidement accomplies et surtout les opérations se trouvent considérablement abrégées : les volumes de liquides à filtrer sont plus faibles, les précipités sont peu abondants et se lavent en un temps plus court, les liqueurs sont plus promptement portées à l'ébullition ou refroidies, etc. Enfin, il est nécessaire de ménager la matière, afin d'être à même de recommencer lorsque, par suite d'un accident quelconque, les premières portions traitées se trouvent perdues.

1513. Présence des matières organiques. — La présence des matières organiques dans les substances analysées doit être considérée à deux points de vue : d'une part le problème se pose de reconnaître la nature de ces matières organiques ; d'autre part, ces mêmes matières conduisent par leur présence à modifier les méthodes adoptées dans la détermination des composés minéraux qui les accompagnent.

L'analyse qualitative des matières organiques présente des difficultés spéciales, qui doivent la faire laisser de côté par les commençants, du moins en tant qu'il s'agit de considérer la généralité des cas. Quelques acides organiques très répandus, se rencontrant fréquemment en combinaison avec les bases minérales, sont recherchés d'habitude en même temps que les acides minéraux qui salifient ces mêmes bases. Il en sera parlé plus loin. Pour les autres matières organiques, leur recherche ne saurait rentrer dans le cadre spécial du présent ouvrage.

La question étant ainsi simplifiée, il n'est pas moins nécessaire de rechercher préalablement si la substance à analyser renferme des composants organiques, ces derniers ayant la propriété de masquer, dans un grand nombre de cas, les caractères des éléments minéraux. C'est ainsi, par exemple, que la plupart des oxydes acides des métaux peuvent cesser de présenter les réactions normales, servant d'habitude à les caractériser, lorsqu'ils sont en présence de certains composés organiques possédant des fonctions alcooliques, comme les sucres, l'acide tartrique, l'acide citrique, etc. Cette recherche des matières organiques figure donc au nombre des essais préliminaires que l'on doit toujours pratiquer.

Le moyen le plus simple de reconnaître la présence des corps organiques consiste à chauffer la matière dans un tube bouché (§ 1499), que l'on tient incliné. L'atmosphère se renouvelant peu dans le tube, les principes organiques détruits sont incomplètement brûlés, de telle sorte qu'un résidu de charbon donne à l'essai une couleur noire. Il arrive en même temps que des produits organiques, de formation pyrogénée, distillent et se condensent avec de l'eau sur les parois du tube. Si la substance organique est azotée, il se dégage en outre des vapeurs alcalines, bleuissant le papier de tournesol mouillé.

A la vérité, il est quelques rares acides organiques des plus simples, dont les sels ne laissent pas de résidu charbonneux, l'acide acétique et l'acide oxalique par exemple ; mais il n'y a pas lieu de se préoccuper de ce fait, parce qu'il porte uniquement sur des acides ne masquant pas les réactions des métaux.

Quand dans un mélange chargé de matières organiques, laissant un résidu charbonneux, on veut caractériser les éléments minéraux, le mieux est de détruire préalablement les composés organiques. On supprime ainsi les erreurs que pourrait causer la modification des réactions. Le moyen le plus simple d'opérer cette destruction est le grillage. On pratique celui-ci comme il a été dit antérieurement (§ 198 et suivants). On peut encore le réaliser très simplement, quand il s'agit des petites quantités de matières suffisantes pour une analyse qualitative, en chauffant la substance sur une lame de platine, les pertes que peut occasionner le mouvement des gaz chauds étant ici sans intérêt. Il est indispensable cependant de ne pas perdre de vue que certains métaux, le mercure en particulier, le zinc et le cadmium à un degré moindre, se volatilisent à l'état métallique quand on calcine leurs composés avec le charbon laissé par la destruction des corps organiques. Ces métaux peuvent, il est vrai, être précipités à l'état de sulfures dans les liqueurs chargées de matières organiques, ces dernières ne gênant pas cette réaction. On analyse à part les sulfures obtenus, puis on évapore la liqueur, on incinère le résidu et on recherche les autres métaux dans la dissolution de celui-ci (Voy. aussi *Recherches toxicologiques, destruction des matières organiques*).

A. — Détermination des bases.

1. — DÉTERMINATION DE LA BASE D'UN SEL.

1514. Ce qui a été dit plus haut (du § 1507 au § 1510) nous permet de supposer que le sel analysé se trouve en dissolution dans l'eau, puisque, s'il ne s'y trouve pas, il peut toujours y être mis par l'un des procédés indiqués antérieurement.

Remarque. — Lorsqu'on analyse un sel insoluble dans l'eau et soluble seulement dans l'eau plus ou moins chargée d'acide, la coexistence dans la liqueur de l'acide et de la base du sel insoluble est susceptible de troubler un grand nombre des essais à pratiquer. En pareil cas, il est préférable de séparer au préalable l'acide et la base du sel insoluble. On fait alors bouillir pendant un quart d'heure le sel en question, finement pulvérisé, avec une solution de carbonate de soude. Par double décomposition, il se forme un carbonate de la base du sel, tandis que l'acide du sel passe à l'état de sel de soude soluble. On verse sur un filtre, puis on lave avec soin la matière pulvérulente à l'eau bouillante. Les liqueurs concentrées par évaporation contiennent l'acide à rechercher; on leur appliquera la méthode générale indiquée pour reconnaître l'acide d'un sel. Quant au produit insoluble, on le traitera par l'eau acidulée à l'acide chlorhydrique; le carbonate se détruira, du gaz carbonique se dégagera et la base à reconnaître passera dans la liqueur à l'état de chlorure; on appliquera dès lors à cette liqueur la méthode d'analyse qui va être indiquée.

1515. PRATIQUE DE L'ANALYSE. — Pour simplifier l'exposé, nous désignerons par le signe [LP] (*liqueur primitive*) la solution saline à analyser.

Lorsque les réactions ne comportent pas l'intervention de la chaleur, on opère dans un verre à expérience (fig. 92, B, § 151). On y verse successivement la liqueur à essayer et le réactif, en proportionnant les quantités. La forme conique du verre permet d'opérer sur peu de matière, en observant cependant avec netteté la formation des précipités, la coloration du mélange, etc. La résistance du vase est en outre suffisante pour qu'on puisse y remuer vivement le liquide avec un agitateur de verre (§ 154), ce qui active la formation de certains précipités cristallins. Dans ce dernier cas, il est indispensable que l'agitateur soit bordé à la lampe (§ 162); sans cette précaution, l'arête qui entoure sa base se pulvérise par le choc, et la poussière de verre, en suspension dans le liquide, peut donner l'apparence d'un précipité.

Lorsque la réaction nécessite l'intervention de la chaleur, on mélange la solution avec le réactif dans un tube à essais (§ 168, fig. 97). Ces tubes ne résistent au feu que s'ils sont minces et réguliers d'épaisseur; ils ne peuvent donc présenter qu'une très faible résistance au choc et ne permettent pas l'emploi des agitateurs.

Enfin, des verres de montre, dans lesquels on mélange les corps à mettre en réaction, sont en usage dans quelques laboratoires pour remplacer à la fois les verres à expérience et les tubes essais. Assez épais pour permettre l'agitation avec une baguette, ils peuvent cependant supporter l'action du feu lorsqu'on les abaisse lentement au-dessus d'une flamme, sans qu'ils touchent celle-ci. Leur principal avantage est d'obliger à opérer sur fort peu de substance.

La liqueur à analyser doit être convenablement diluée, non seulement parce que les solubilités qui règlent les réactions à observer se rapportent à l'eau et non à des solutions salines concentrées, mais encore afin qu'on puisse prendre plus facilement une quantité limitée de substance, tout en observant avec netteté les réactions.

Remarque. — Une observation préalable très importante doit encore être faite ici. Bien qu'il s'agisse actuellement de la détermination de la base d'un sel isolé, il ne faut pas perdre de vue que certains peroxydes métalliques sont des acides susceptibles de salifier des bases diverses; l'acide chromique, l'acide permanganique, l'acide antimonique, etc., sont dans ce cas. En suivant la méthode indiquée ci-dessous, les métaux de ces acides seront retrouvés comme s'ils entraient dans les sels à l'état d'oxydes basiques; mention en sera faite plus loin à propos de tous les métaux donnant lieu à des acides de ce genre. En pareil cas, la recherche de la base du sel devra être poursuivie en suivant les méthodes indiquées plus loin pour la recherche des bases dans un mélange de plusieurs sels.

1516. MARCHE A SUIVRE. — A. On verse dans [LP] de l'*acide chlorhydrique* en léger excès, c'est-à-dire de manière à assurer la présence dans le mélange d'une petite quantité de cet acide à l'état de liberté. Il faut éviter d'ajouter un grand excès d'acide, qui précipiterait certains sels solubles dans l'eau; or les solubilités qu'il s'agit ici de constater sont, on vient de le dire, rapportées à l'eau et non à l'eau chargée en grande abondance de certains réactifs.

Si l'acide chlorhydrique, ajouté en léger excès, donne un précipité blanc, on passe à l'essai B. S'il ne donne pas de précipité, on pratique l'essai C.

Remarque. — Si [LP] était *alcaline* à l'origine, l'alcali a été d'abord neutralisé par le réactif acide. Il arrive, pendant cette opération, que l'on observe la formation de divers précipités auxquels ne s'applique pas l'essai B. Ces précipités sont dus à l'acide silicique, l'acide borique, l'acide antimonique, ainsi qu'à certains oxydes, sulfures ou cyanures, insolubles dans l'eau, mais solubles dans les alcalis. Pour distinguer ces corps de ceux auxquels s'applique valablement l'essai B, on verse de la *potasse* dans le mélange : ce réactif les redissout, tandis qu'il laisse insolubles les chlorures d'argent, de plomb ou de mercure, visés par l'essai B. D'ailleurs les composés de ce genre que l'alcali tient en dissolution se précipitent par addition d'acide azotique dilué comme par celle d'acide chlorhydrique. Pour caractériser complètement ces matières rendues insolubles par l'addition de l'acide, on les traite pour les dissoudre comme il a été dit plus haut (§ 1509 et § 1510).

1517. B. SELS QUI SONT PRÉCIPITÉS PAR L'ACIDE CHLORHYDRIQUE (dans l'essai A). — On verse de l'*ammoniaque en grand excès* dans le mélange tenant en suspension le précipité formé par l'acide chlorhydrique. Si ce précipité se dissout, en a affaire à un sel d'ARGENT. S'il ne se dissout pas, ou bien il reste blanc et il s'agit d'un sel de PLOMB, ou bien il devient noir et il s'agit d'un sel de MERCURE *au minimum*.

Remarque. — Le chlorure de plomb étant légèrement soluble dans l'eau, il n'apparaît par l'acide chlorhydrique que dans les liqueurs suffisamment concentrées; dans les liqueurs très étendues, le plomb n'est décelé que par la suite des opérations (voy. Essai J, § 1519).

1518. C. SELS QUI NE SONT PAS PRÉCIPITÉS PAR L'ACIDE CHLORHYDRIQUE (dans l'essai A). — On place [LP], acidulée par l'acide chlorhydrique, dans un tube à essai, on la chauffe, et au moyen d'un tube en verre coudé, bien propre et plongeant jusqu'au fond du liquide, on fait passer dans celui-ci, lentement et bulle à bulle, un courant de gaz sulfhydrique (§ 1482), dont on prolonge l'action pendant quelques minutes. Dans ces conditions, les sulfures métalliques, insolubles dans la liqueur acide, se séparent.

S'il se fait un précipité, on passe à l'essai D; s'il ne s'en fait pas, on pratique l'essai K.

Remarques. — *a.* Dans le cas où il se forme un précipité, il est indispensable de rechercher s'il s'agit bien d'un sulfure métallique insoluble et non de soufre. Certains sels au maximum d'oxydation, dont les sulfures solubles dans les acides ne sont pas précipitables, se réduisent sous l'influence de l'hydrogène sulfuré, et donnent ainsi un dépôt de soufre :

$$2Fe^2Cl^3 \quad + \quad H^2S^2 \quad = \quad 4FeCl \quad + \quad 2HCl \quad + \quad 2S;$$

| Perchlorure de fer. | Hydrogène sulfuré. | Protochlorure de fer. | Acide chlorhydrique. | Soufre. |

$$2FeCl^3 \quad + \quad H^2S \quad = \quad 2FeCl^2 \quad + \quad 2HCl \quad + \quad S.$$

L'acide chromique donne une réaction analogue. De même les éléments halogènes libres décomposent l'hydrogène sulfuré avec dépôt de soufre :

$$H^2S^2 \quad + \quad 2Cl \quad = \quad 2HCl \quad + \quad 2S;$$

| Hydrogène sulfuré. | Chlore. | Acide chlorhydrique. | Soufre. |

$$H^2S \quad + \quad 2Cl \quad = \quad 2HCl \quad + \quad S.$$

Il en est encore ainsi avec certains oxacides tels que les acides sulfureux, azoteux, chlorique, hypochloreux, bromique, etc., en un mot avec la plupart des agents oxydants (§ 646).

Le soufre ainsi précipité est reconnaissable à différents caractères. A l'origine, la liqueur dans laquelle il se forme prend une apparence spéciale et des reflets azurés assez caractéristiques. Le précipité ne tarde pas à devenir blanc et à rendre la liqueur laiteuse, puis il s'agglomère et prend une teinte jaune. L'agglomération est surtout marquée à chaud. Enfin le soufre aggloméré, étant lavé à l'eau distillée, puis chauffé sur une lame de platine, disparaît sans résidu, et brûle en donnant l'odeur franche du gaz sulfureux. Le précipité de soufre étant reconnu, il sera considéré ici comme non avenu, le précipité dont la formation est visée dans l'essai C étant exclusivement un sulfure métallique. On supposera donc que la liqueur, si elle n'a donné qu'un dépôt de soufre, n'a pas fourni de précipité et on passera à l'essai K.

b. L'action de l'hydrogène sulfuré ne peut être considérée comme absolument nulle que si l'essai a été fait sur le liquide chaud ; l'arsenic notamment peut échapper, dans certains cas, si l'on néglige cette précaution.

c. Un grand excès d'acide chlorhydrique libre (voy. A ; § 1516) retarde la précipitation de certains sulfures et doit être évité.

1519. **D.** SELS QUI SONT PRÉCIPITÉS PAR L'HYDROGÈNE SULFURÉ (dans l'essai C). — Le sulfure précipité est soluble ou insoluble dans le *sulfhydrate d'ammoniaque*. Pour constater cette propriété, on laisse déposer le précipité, on décante autant que possible la liqueur surnageante, et même on la sépare à l'aide du filtre, puis on verse sur le précipité, placé dans un tube à essais, un excès de sulfhydrate. On chauffe doucement le mélange sans dépasser 50° ou 60°, pour éviter l'altération du réactif. Si le mélange devient limpide, le sulfure est soluble et on passe à l'essai E ; si le précipité reste insoluble, on pratique l'essai J.

Le sulfhydrate d'ammoniaque chargé de soufre (§ 1486) est celui qui convient le mieux pour cet essai de dissolution.

E. *Métaux dont les sulfures sont solubles dans le sulfhydrate d'ammoniaque* (dans l'essai D). — Si la couleur du sulfure soluble était foncée, c'est-à-dire noire ou brune, on fait l'essai F. Si, au contraire, cette couleur était claire, c'est-à-dire jaune plus ou moins orangé, on passe à l'essai G.

F. Lorsque le *sulfure est de couleur foncée*, on fait bouillir [LP] avec de l'*acide oxalique* : tandis que la solution reste limpide quand on a affaire à un sel d'ÉTAIN *au minimum*, elle se trouble par un dépôt d'or réduit quand il s'agit d'un sel d'OR.

Remarque. — L'oxalate d'étain blanc peut se précipiter quand on opère sur des liqueurs très concentrées ; ce sel peu soluble ne saurait être confondu avec l'or réduit, qui présente une toute autre apparence ; d'ailleurs il disparaît par addition d'eau aiguisée d'acide chlorhydrique.

G. Lorsque le *sulfure est de couleur claire*, on en précipite une nouvelle quantité dans [LP] acidulée, on laisse déposer, on décante la liqueur aussi complètement que possible, et même on l'élimine par filtration, puis on introduit le précipité dans un tube à essais, on verse sur lui un excès de *carbonate d'ammoniaque*, et on chauffe. Si le précipité se dissout dans le réactif, c'est du sulfure d'ARSENIC, ce métalloïde se trouvant ici classé avec les métaux. Si le précipité ne se dissout pas, on passe à l'essai H.

Remarque. — L'arsenic existant d'ordinaire dans la liqueur à l'état de sel, où il joue le rôle d'acide, il est nécessaire de pousser plus loin l'analyse pour reconnaître la base à laquelle cet acide est combiné. Dans ce but, [LP] doit être traitée comme pour reconnaître un mélange de sels contenant deux bases différentes (§ 1523).

H. Quand le sulfure est de couleur claire et insoluble à chaud dans le carbonate d'ammoniaque, il est formé par l'étain au maximum ou par l'antimoine. On ajoute à [LP], placée dans un verre à pied, quelques lamelles de *zinc* métallique et on laisse en contact. Le zinc décompose le sel et se dissout, tandis qu'une mousse métallique d'étain ou d'antimoine se dépose à sa surface. Lorsque le dépôt n'augmente plus, on décante le liquide, on le remplace par de l'eau distillée, et on agite à plusieurs reprises, afin de détacher du zinc non dissous le métal spongieux précipité; on enlève le zinc, on laisse déposer, on décante le liquide et on le remplace par de l'eau pure dans laquelle on agite de nouveau le précipité. Après une dernière décantation, on chauffe le dépôt métallique dans un tube à essais avec de l'*acide chlorhydrique concentré*. L'étain se dissout rapidement, tandis que l'antimoine ne le fait qu'avec une grande lenteur. On traite la dissolution étendue d'eau par l'*hydrogène sulfuré* : s'il y a formation d'un précipité brun chocolat, le sel analysé est un sel d'ÉTAIN *au maximum;* si le précipité formé est rouge orangé, c'est un sel d'ANTIMOINE. Dans ce dernier cas, le précipité de sulfure est peu abondant, la plus grande partie du métal précipité ayant, dans les conditions ordinaires, échappé à l'action du dissolvant; on distingue alors le degré d'oxydation du sel d'antimoine au moyen de l'essai I.

Remarques. — *a.* Le précipité brun formé par l'étain dans la dernière réaction est du protosulfure, l'étain se dissolvant dans l'acide chlorhydrique en donnant un chlorure au minimum de chloruration. On a bien affaire cependant à un sel au maximum, puisque [LP] a donné directement un précipité jaune de bisulfure d'étain, lorsqu'on l'a traitée par l'hydrogène sulfuré (C).

b. L'étain au maximum d'oxydation formant des stannates, il sera utile, si la recherche de l'acide du sel ne donne pas de résultat indiquant la présence d'un autre acide dans le sel, de rechercher la base de celui-ci en suivant la méthode applicable à la détermination des bases dans un mélange de plusieurs sels (§ 1523).

I. Pour reconnaître s'il s'agit d'une combinaison antimonieuse ou d'une combinaison antimonique, on sursature [LP] par la *potasse*, puis on ajoute de l'*azotate d'argent* qui donne un précipité ; on verse ensuite dans le mélange de l'*ammoniaque* en excès : si le précipité est insoluble dans l'ammoniaque, le sel d'ANTIMOINE est *au minimum* d'oxydation; quand le sel est *au maximum* le précipité se dissout dans l'ammoniaque.

Remarque. — L'antimoine peut, dans la combinaison analysée, être l'élément constituant l'acide; si donc la recherche de l'acide du sel isolé, pratiquée comme il sera dit plus loin (§ 1537) ne donne pas de résultats, la recherche de la base devra être effectuée en suivant la marche indiquée pour reconnaître les bases dans un mélange de plusieurs sels (§ 1523).

J. *Métaux dont les sulfures sont insolubles dans le sulfhydrate d'ammoniaque* (dans l'essai D). —. Lorsque le sulfure insoluble est de couleur jaune, il est dû à du CADMIUM. Lorsqu'il est noir, il est formé par du plomb, du cuivre, du bismuth, du platine, ou du mercure au maximum. Pour distinguer quel est celui de ces métaux qui constitue le sel, on ajoute à [LP] une ou deux gouttes d'*acide sulfurique*, on agite et on abandonne pendant quelques minutes ; s'il se produit un trouble, on a affaire à un sel de PLOMB, [LP] étant assez diluée pour n'avoir pas été précipitée par l'acide chlorhydrique lors de l'essai A, et le chlorure de plomb étant un peu soluble dans l'eau (voy. § 1517, B, *Remarque*). Si, au contraire, la liqueur reste limpide, après l'addition d'acide sulfurique, on ajoute à [LP] du *chlorhydrate d'ammoniaque* et on agite : il se forme un précipité de chloroplatinate d'ammoniaque, jaune et cristallin, dans le cas d'un sel de PLATINE. La réaction du chlorhydrate d'ammoniaque ayant été négative, on verse dans [LP] de l'*ammoniaque en excès*. Le précipité formé d'abord est-il soluble dans l'ammoniaque en excès, en produisant une liqueur colorée en bleu céleste ? on a affaire à un sel de CUIVRE. Au contraire, le précipité reste-il insoluble dans l'excès de réactif ? on ajoute à [LP] de la *potasse :* si le précipité d'oxyde qui prend naissance est blanc, il est dû à du BISMUTH ; s'il est jaune, il est formé par du MERCURE *au maximum*.

1520. K. SELS QUI NE SONT PAS PRÉCIPITÉS PAR L'HYDROGÈNE SULFURÉ (dans l'essai C). — On ajoute à [LP], acidulée par l'acide chlorhydrique, quelques gouttes d'*acide azotique*, et on porte à l'ébullition. L'acide azotique agit comme oxydant, et tend à peroxyder les sels de protoxyde pouvant exister dans la liqueur. On ajoute au liquide, d'abord un volume égal au sien de solution de *chlorhydrate d'ammoniaque*, puis de l'*ammoniaque* en excès, et on chauffe de nouveau. S'il se forme un précipité, on passe à l'essai L ; si la liqueur reste limpide, on procède à l'essai M.

Remarque. — Cet essai ne doit pas être pratiqué sur la solution avec laquelle on a constaté l'absence de réaction de l'hydrogène sulfuré sur [LP], lors de l'essai C. L'hydrogène sulfuré réduit, en effet, certains acides métalliques, l'acide chromique notamment, dont le métal pourrait ensuite être pris par erreur comme constituant la base du sel analysé.

L. *Sels qui sont précipités par l'ammoniaque en présence du chlorhydrate d'ammoniaque* (dans l'essai K). — On observe d'abord la couleur du précipité.

Si celui-ci est *rouge ocreux*, il s'agit d'un sel de FER : on ajoute à [LP] du *ferricyanure de potassium*, qui donne un précipité bleu quand le sel de fer est *au minimum*, et qui ne donne pas de précipité quand le sel est *au maximum*.

Si le précipité formé par l'ammoniaque, en présence du chlorhydrate d'ammoniaque, est incolore, translucide et gélatineux, le sel analysé est un sel d'ALUMINIUM.

Enfin, si le même précipité est gris verdâtre ou gris violacé, il est dû au CHROME.

Remarque. — Le chrome peut exister dans le sel analysé à l'état d'acide chromique ; la solution neutre est alors colorée en jaune, même après une très forte dilution. Dans ce cas on doit rechercher la base du sel au moyen des méthodes indiquées pour la détermination des bases dans un mélange de plusieurs sels (§ 1523).

M. *Sels qui ne sont pas précipités par l'ammoniaque en présence du chlorhydrate d'ammoniaque* (dans l'essai K). — On neutralise [LP], si elle n'est pas neutre, par de l'*ammoniaque*, en s'arrêtant, dans tous les cas, dès qu'un précipité tend à se former, puis on y verse du *sulfhydrate d'ammoniaque*. S'il se forme un précipité, on passe à l'essai N ; s'il ne se forme pas de précipité, on procède comme il sera dit en O.

Remarque. — Le sulfure de nickel étant légèrement soluble dans le sulfhydrate d'ammoniaque, un précipité peut ne pas se former avec une liqueur très faiblement chargée de nickel. Toutefois, dans ce dernier cas, la liqueur prend une teinte brune, caractéristique. En pareille circonstance on interprétera ce fait comme s'il s'était produit un sulfure noir insoluble, mais on ne procédera aux essais ultérieurs (N) qu'après avoir concentré la liqueur par évaporation.

N. Quand le sulfhydrate d'ammoniaque donne ainsi un sulfure insoluble, si ce dernier est noir, il contient du nickel ou du cobalt ; s'il est de couleur claire, il renferme du manganèse ou du zinc.

Dans le premier cas, *le précipité étant noir*, on ajoute à [LP] de la *potasse :* il se forme un précipité vert-pré, ne changeant pas de couleur à l'air, quand il s'agit d'un sel de NICKEL ; [LP] étant rose, il se produit un précipité bleu, devenant rose par ébullition avec la potasse ajoutée en excès, quand c'est un sel de COBALT.

Dans le second cas, *le précipité étant de couleur claire*, on ajoute à [LP] de la *potasse :* il se forme un précipité blanc, de couleur invariable sous l'influence de l'air, et soluble dans un excès de réactif, lorsqu'il est dû à un sel de ZINC ; il se forme un précipité blanc, plus ou moins rosé, brunissant par l'action de l'air, et insoluble dans un excès de réactif, s'il s'agit d'un sel de MANGANÈSE.

Remarque. — Le manganèse peut se trouver dans le sel sous forme d'acide manganique ou d'acide permanganique ; dans les deux cas la solution étendue et acidulée est fortement colorée en rouge violacé. On doit alors rechercher la base du sel en suivant la méthode applicable à la recherche des bases dans un mélange de plusieurs sels (§ 1523).

O. Quand le sulfhydrate d'ammoniaque ne donne pas de précipité lors de l'essai M, on ajoute à [LP] du *carbonate de soude :* il y a production d'un précipité avec les bases terreuses, que l'on distingue par l'essai P ; il n'y a pas production d'un précipité avec les bases alcalines, et on reconnaît celles-ci en pratiquant l'essai Q.

P. Lorsqu'il y a précipitation par le carbonate de soude, on verse dans [LP] un volume égal au sien de solution de chlorhydrate d'ammoniaque, puis on ajoute au mélange le même réactif que précédemment, c'est-à-dire du *carbonate de soude*. S'il n'y a plus de précipité formé dans ces conditions, le métal cherché est le MAGNÉSIUM. S'il y a encore précipitation, malgré l'addition de chlorhydrate d'ammoniaque, il reste à décider entre le calcium, le baryum et le strontium : on ajoute à [LP] du *sulfate de chaux* en solution saturée, on agite et on abandonne, pendant quelque temps, le mélange à lui-même, après l'avoir tiédi : la réaction est négative, la liqueur restant limpide, avec le CALCIUM, tandis qu'elle est positive, la liqueur se troublant, avec les deux autres métaux alcalino-terreux. Dans ce dernier cas, on ajoute à [LP] du *chromate de strontiane* qui forme un précipité dans les sels de BARYUM, mais non dans ceux de STRONTIUM.

Q. Lorsque, au contraire, il n'y a pas eu de précipitation par le carbonate de soude lors de l'essai O, on mélange [LP] dans un tube à essais, avec de la *potasse*, et on chauffe. Il se dégage des vapeurs alcalines, bleuissant un papier de tournesol rouge, qu'on a imbibé d'eau et qu'on présente à l'orifice du tube en évitant tout contact avec le contenu liquide de celui-ci, quand il s'agit d'un sel d'AMMONIUM.

Lorsqu'il ne se dégage aucune vapeur ammoniacale, on ajoute à [LP] une solution très concentrée d'ACIDE PICRIQUE, et on agite : s'il se forme un précipité jaune cristallin, de picrate de potasse peu soluble, [LP] contient un sel de POTASSIUM.

S'il ne se dégage pas de vapeurs alcalines par la potasse et s'il ne se forme pas de précipité par l'acide picrique, [LP] renferme un sel de sodium ou de lithium. En imprégnant de ce sel desséché une spirale de fil fin de platine, que l'on présente ensuite dans la flamme d'un brûleur de Bunsen (voy. § 1504), on observe la *coloration de la flamme :* cette coloration est jaune avec le SODIUM, et rouge carmin avec le LITHIUM.

1521. RÉSUMÉ. — Le tableau composant les pages 846 et 847, résume la méthode d'analyse qui vient d'être développée. On ne devra pas oublier cependant que les renseignements qu'il fournit sont forcément abrégés et qu'on doit les compléter par la lecture des paragraphes précédents, auxquels renvoient les lettres placées entre parenthèses dans les divers alinéas du tableau.

1522. VÉRIFICATIONS. — Le métal d'un sel ayant été reconnu en suivant la marche dichotomique indiquée plus haut, si le résultat obtenu est exact, si aucune erreur n'a été commise dans la série des opérations analytiques (voy. § 1511), on doit constater que le sel analysé, présente bien les propriétés rapportées, dans la liste suivante, après le nom du métal reconnu ; s'il n'en est pas ainsi, une erreur a été commise et l'analyse doit être recommencée.

Cette vérification est *absolument indispensable*.

Versez dans [LP] de l'acide chlorhydrique en léger excès. (A).

- **Il se forme un PRÉCIPITÉ. Ajoutez au mélange de l'ammoniaque en grand excès (B) : le précipité**
  - est INSOLUBLE....
  - est SOLUBLE......

- **Il ne se forme PAS DE PRÉCIPITÉ. Dirigez dans [LP], acidulée et chauffée, un courant d'*hydrogène sulfuré* (C).**
  - **Il se forme un PRÉCIPITÉ. Laissez déposer, décantez la liqueur claire, versez sur le précipité du *sulfhydrate d'ammoniaque* et chauffez doucement (D): le précipité est**
    - SOLUBLE..........
      - et DE COULEUR FON- avec de l'*acide*
      - et de COULEUR CLAIRE (jaune ou orange. Ajoutez du *carbonate d'ammoniaque* au précipité séparé par décantation et faites bouillir (G).
    - INSOLUBLE.......
      - et JAUNE...........
      - et NOIR. Ajoutez à [LP] quelques gouttes d'*acide sulfurique* (J).
  - **Il ne se forme PAS DE PRÉCIPITÉ. Ajoutez à [LP] quelques gouttes d'*acide azotique*, faites bouillir 5 minutes, ajoutez au mélange son volume de *chlorhydrate d'ammoniaque*, puis un *excès d'ammoniaque* (K).**
    - Il se forme un PRÉCIPITÉ..........
    - **Il ne se forme PAS DE PRÉCIPITÉ. Neutralisez [LP] par l'ammoniaque et ajoutez du *sulfhydrate d'ammoniaque* (M).**
      - Il se forme un PRÉCIPITÉ.
      - Il ne se forme PAS DE PRÉCIPITÉ : Ajoutez à [LP] du *carbonate de soude* (O).

REMARQUES. — [LP] veut dire *liqueur primitive*. — Les lettres placées entre parenthèses se vérifications à faire se trouvent au § 1522.

⎰ et reste BLANC..					**Plomb.**
⎱ et devient NOIR...					**Mercure** (au minimum).
....					**Argent.**
CÉR (noir ou brun). Faites bouillir [LP] *oxalique* (F).	Il se forme un PRÉCIPITÉ.............				**Or.**
	Il ne se forme pas de PRÉCIPITÉ......				**Étain** (au minimum).
Le précipité est SOLUBLE.......................................					**Arsenic.**
Le précipité reste INSOLUBLE. Plongez dans [LP] une lame de *zinc*, lavez la mousse métallique précipitée, dissolvez-la à chaud, dans l'*acide chlorhydrique concentré*, diluez la liqueur et faites-y passer de l'*hydrogène sulfuré* (H). Il se forme un	PRÉCIPITÉ BRUN......................				**Étain** (au maximum).
	PRÉCIPITÉ ORANGÉ. Ajoutez à [LP] un excès de *potasse*, puis de l'*azotate d'argent* et enfin de l'*ammoniaque* en excès (I). Il se forme	un PRÉCIPITÉ INSOLUBLE dans l'ammoniaque...			**Antimoine** (au minimum).
		un PRÉCIPITÉ SOLUBLE dans l'ammoniaque...			**Antimoine** (au maximum).
....					**Cadmium.**
Il se forme un PRÉCIPITÉ BLANC...............................					**Plomb.**
Il ne se forme PAS DE PRÉCIPITÉ. Ajoutez du *chlorhydrate d'ammoniaque* à [LP] et agitez (J).	Il se forme un PRÉCIPITÉ jaune, cristallin...............				**Platine.**
	Il ne se forme PAS DE PRÉCIPITÉ. Ajoutez à [LP] de l'*ammoniaque* en excès (J). Il se forme	une LIQUEUR BLEUE céleste..........			**Cuivre.**
		un PRÉCIPITÉ. Ajoutez à [LP] de la *potasse* (J) : il se forme un	PRÉCIPITÉ BLANC..		**Bismuth.**
			PRÉCIPITÉ JAUNE..		**Mercure** (au maximum).
OCREUX. Ajoutez à [LP] du *ferricyanure de potassium* (L).	Il se forme un PRÉCIPITÉ BLEU................				**Fer** (au minimum).
	Il ne se forme PAS DE PRÉCIPITÉ................				**Fer** (au maximum).
INCOLORE............................					**Aluminium.**
GRIS VERDATRE OU GRIS VIOLACÉ............................					**Chrome.**
NOIR. Versez dans [LP] de la *potasse* (N) : il se forme	un PRÉCIPITÉ VERT-PRÉ, inaltérable à l'air..............				**Nickel.**
	un PRÉCIPITÉ BLEU, [LP] étant rose....................				**Cobalt.**
DE COULEUR CLAIRE. Versez dans [LP] de la *potasse* (N) : il se forme	un PRÉCIPITÉ BLANC, inaltérable à l'air, soluble dans un excès de *potasse*...............				**Zinc.**
	un PRÉCIPITÉ BLANCHATRE, brunissant à l'air, insoluble dans un excès de *potasse*...............				**Manganèse.**
Il se forme un PRÉCIPITÉ. Ajoutez à [LP], volume égal de *chlorhydrate d'ammoniaque*, puis du *carbonate de soude* (P).	Il se forme un PRÉCIPITÉ. Ajoutez à [LP] du *sulfate de chaux* et tiédissez (P).	Il se forme un PRÉCIPITÉ. Ajoutez à [LP] du *chromate de strontiane* (P).	Il se forme un PRÉCIPITÉ.......		**Baryum.**
			Il ne se forme PAS DE PRÉCIPITÉ.		**Strontium.**
		Il ne se forme PAS DE PRÉCIPITÉ....			**Calcium.**
	Il ne se forme PAS DE PRÉCIPITÉ....................				**Magnésium.**
Il ne se forme PAS DE PRÉCIPITÉ. Ajoutez à [LP] de la *potasse* et faites bouillir (Q) : la VAPEUR qui se dégage	BLEUIT le tournesol............................				**Ammonium.**
	NE BLEUIT PAS le tournesol. Ajoutez à [LP] de l'*acide picrique* et agitez (Q).	Il se forme un PRÉCIPITÉ JAUNE cristallin			**Potassium.**
		Il ne se forme PAS DE PRÉCIPITÉ. [LP] desséchée *colore la flamme* en	JAUNE..............		**Sodium.**
			ROUGE CARMIN......		**Lithium.**

rapportent aux alinéas contenant le détail des opérations à exécuter (du § 1514 au § 1520). — Les

Aluminium. — [LP] mélangée de sulfhydrate d'ammoniaque donne un précipité incolore, gélatineux, insoluble dans un excès de réactif, parfois teinté par du soufre, quand le réactif est polysulfuré. [LP] forme avec la potasse un précipité gélatineux, soluble dans un excès de potasse ; une addition préalable d'acide tartrique à la liqueur empêche la précipitation. [LP], concentrée au besoin par l'évaporation, produit, avec le sulfate de potasse et après agitation, un précipité cristallin, incolore d'alun de potasse. [LP] étant desséchée, le sel, calciné au chalumeau sur le charbon, laisse un résidu blanc, qui, imbibé d'azotate de cobalt dilué et calciné de nouveau, prend une coloration bleue.

Ammonium. — [LP], après avoir été évaporée, donne un sel volatilisable quand on le chauffe sur la lame de platine. [LP] forme, avec l'acide tartrique en solution concentrée, et par l'agitation, un précipité cristallin incolore. [LP] précipite en brun par le réactif de Nessler (§ 1492).

Antimoine. — [LP] donne, dans l'appareil de Marsh (voy. ce mot), des taches ou des anneaux métalliques, non volatils, ne disparaissant pas au contact de l'hypochlorite de soude. Le sel desséché, chauffé avec du carbonate de soude et du cyanure de potassium dans le feu de réduction du chalumeau, fournit un globule métallique, gris et cassant ; le métal, chauffé dans la flamme oxydante du chalumeau, donne sur le charbon un enduit blanc et des fumées blanches, épaisses, qui se montrent encore après qu'on a sorti l'essai du feu.

Avec les *sels antimonieux*, [LP] réduit le chlorure d'or à l'ébullition ; acidulée par l'acide chlorhydrique et additionnée d'iodure de potassium, elle ne déplace pas l'iode de ce dernier et de l'eau amidonnée, ajoutée au mélange, ne bleuit pas. Avec les *sels antimoniques* les mêmes essais donnent des résultats contraires : l'or n'est pas réduit et l'iode mis en liberté colore l'amidon.

Argent. — Le chlorure, précipité dans [LP] par l'acide chlorhydrique, est caillebotté et blanc ; il devient violet, puis noir, à la lumière ; il est insoluble dans l'acide azotique, mais très soluble dans le cyanure de potassium et dans l'hyposulfite de soude. La potasse précipite [LP] en brun, et l'hydrogène sulfuré la précipite en noir. Au chalumeau, le sel primitif, desséché et chauffé avec du carbonate de soude dans la flamme de réduction, donne un globule d'argent blanc, inoxydable dans la flamme d'oxydation.

Arsenic. — [LP] donne, dans l'appareil de Marsh (voy. ce mot), des taches ou des anneaux métalliques, volatils, rapidement dissous par l'hypochlorite de soude. Le sel desséché, mélangé intimement avec du carbonate de soude et du cyanure de potassium, puis chauffé au fond d'un petit tube bouché (§ 1499), forme, dans la partie froide du tube, un enduit d'arsenic noir, métallique et miroitant, que la chaleur déplace. Le sel desséché, porté dans la flamme de réduction du chalumeau, dégage des vapeurs à odeur alliacée.

Baryum. — [LP] est précipitée par l'acide hydrofluosilicique ; elle donne avec l'acide sulfurique un précipité blanc, insoluble dans l'acide azotique. Le sel desséché, fixé sur la spirale de platine par une goutte d'acide chlorhydrique et introduit ensuite dans la région de fusion (§ 1504) de la flamme du brûleur de Bunsen, colore cette flamme en vert jaune; la coloration, observée avec un verre coloré en vert par l'oxyde de chrome, paraît d'un vert bleuâtre.

BISMUTH. — [LP] donne, avec l'eau pure ou mieux avec l'eau chargée de chlorure de sodium, un précipité blanc, insoluble dans l'acide tartrique. [LP] forme, avec le bichromate de potasse, un précipité jaune, insoluble dans la potasse, soluble dans l'acide azotique étendu et dans l'acide acétique. [LP] produit avec l'iodure de potassium un précipité brun d'iodure de bismuth, soluble dans un excès d'iodure alcalin. Le sel sec, chauffé au feu de réduction du chalumeau, avec du carbonate de soude, donne un globule métallique, cassant, autour duquel le charbon se recouvre d'un enduit jaune.

CADMIUM. — [LP] forme avec l'ammoniaque un précipité blanc, très facilement soluble dans un excès de réactif; la potasse donne le même précipité, qui est alors insoluble dans un excès de précipitant. Le sel desséché, mélangé de carbonate de soude et chauffé sur le charbon, dans la flamme de réduction du chalumeau, donne autour de l'essai un enduit jaune brun.

CALCIUM. — [LP], précipitée par l'acide sulfurique, puis filtrée et additionnée d'un excès d'acétate de soude, précipite en blanc par l'oxalate d'ammoniaque. [LP], neutralisée par l'ammoniaque, ne précipite pas par le chromate neutre de potasse. [LP] concentrée est précipitée par le ferrocyanure de potassium. Le sel desséché, fixé sur la spirale de platine par une goutte d'acide chlorhydrique, et introduit dans la région de fusion de la flamme du brûleur de Bunsen, colore cette flamme en rouge jaunâtre; observée avec un verre coloré en vert par le chrome, la coloration paraît d'un vert jaune.

CHROME. — Le sel sec, chauffé au rouge sur la lame de platine, avec de la potasse et un peu de chlorate de potasse, donne une masse jaune, dont une trace colore énergiquement en jaune l'eau qui la dissout. Les perles de borax ou de sel de phosphore sont colorées en vert émeraude par les composés du chrome, soit au feu de réduction, soit au feu d'oxydation. La dissolution dans un excès de réactif du précipité formé par [LP] avec la potasse, se trouble sous l'influence de l'ébullition. La même dissolution, additionnée de bioxyde de plomb et portée à l'ébullition, donne un liquide jaune contenant du chromate de plomb; l'addition d'acide acétique précipite ce dernier sel coloré en jaune vif.

COBALT. — [LP], fortement acidulée par l'acide acétique, donne un précipité jaune, cristallin, par l'azotite de potasse, surtout quand on chauffe légèrement le mélange. [LP], qui est colorée en rose, donne par évaporation un sel devenant bleu par la dessiccation. [LP] donne avec le ferrocyanure de potassium un précipité vert, insoluble dans l'acide chlorhydrique. La perle de borax est colorée en bleu intense par les composés du cobalt, aussi bien au feu de réduction qu'au feu d'oxydation; la coloration paraît violette aux lumières du gaz ou de la bougie.

Cuivre. — Une goutte de [LP], déposée sur une lame de fer, y forme une tache rouge de cuivre métallique. [LP] donne avec le ferrocyanure de potassium un précipité rouge brun, insoluble dans l'acide chlorhydrique; en liqueur très étendue, il ne se forme pas de précipité, mais la liqueur prend une coloration rouge. Une spirale de platine, trempée dans [LP] acidulée par l'acide chlorhydrique, puis introduite dans la région de fusion de la flamme du brûleur de Bunsen, colore momentanément cette flamme en vert émeraude, passant au bleu d'azur à l'extérieur. Aux feux d'oxydation, la perle de borax ou de sel de phosphore, chargée d'un sel de cuivre, est colorée en vert à chaud et en bleu après refroidissement ; aux feux de réduction, elle reste incolore s'il n'y a pas trop de cuivre, et devient rouge en refroidissant.

Étain. — Tous les composés de l'étain, chauffés aux feux de réduction avec du carbonate de soude et du cyanure de potassium, donnent un globule d'étain, blanc, malléable, oxydable aux feux d'oxydation. Pour les sels de *protoxyde d'étain*, [LP] forme avec le bichlorure de mercure un précipité blanc, devenant gris lorsqu'on chauffe le mélange ; elle produit avec la potasse un précipité blanc, soluble dans un excès de réactif ; elle précipite en brun chocolat par l'hydrogène sulfuré. Les solutions des sels de *bioxyde d'étain* ne donnent rien avec le bichlorure de mercure; elles produisent avec la potasse un précipité blanc, insoluble dans un excès de réactif; elles sont précipitées en jaune par l'hydrogène sulfuré.

Fer. — Pour les *sels de protoxyde :* [LP] acidulée réduit le permanganate de potasse ; [LP] forme avec la potasse un précipité blanc verdâtre, devenant vert foncé puis ocreux, par oxydation à l'air; avec le ferrocyanure de potassium, elle fournit un précipité bleu clair, devenant plus foncé à l'air; à l'abri de l'oxygène de l'air, elle ne se colore pas par le sulfocyanate de potasse. Pour les *sels de sesquioxyde :* [LP] précipite en rouge ocreux par l'ammoniaque, et en bleu de Prusse par le ferrocyanure de potassium; elle est colorée en rouge de sang par le sulfocyanate de potasse. Tous les sels de fer colorent la perle de borax en rouge aux feux d'oxydation, et en vert bouteille aux feux de réduction.

Lithium. — [LP] concentrée, alcalinisée par la soude et portée à l'ébullition, forme avec le phosphate de soude un précipité cristallin. Le sel sec, humecté d'acide chlorhydrique et introduit sur la spirale de platine dans la région de fusion de la flamme, colore celle-ci en rouge carmin; examinée avec un verre fortement coloré en bleu par l'oxyde de cobalt, la teinte produite paraît rouge.

Magnésium. — [LP] agitée avec un mélange, fait à l'avance et limpide, de phosphate de soude, de chlorhydrate d'ammoniaque et d'ammoniaque, forme un précipité cristallin ; celui-ci n'apparaît que lentement et est plus nettement cristallin quand la liqueur est étendue. [LP] n'est pas précipitée par le bicarbonate de potasse. Le sel sec, humecté d'acide chlorhydrique et porté sur la spirale de platine dans la région de fusion de la flamme, ne colore pas celle-ci ; calciné fortement après avoir été imbibé d'azotate de cobalt et desséché, il laisse un résidu rose.

MANGANÈSE. — [LP] donne avec le sulfhydrate d'ammoniaque un précipité couleur de chair. Le sel sec, chauffé sur la lame de platine aux feux d'oxydation, avec 3 fois son poids de carbonate de soude, donne une masse verte, produisant avec l'eau acidulée une solution rose. La perle de sel de phosphore est colorée par le manganèse en violet améthyste, aux feux d'oxydation ; elle se décolore aux feux de réduction.

MERCURE. — Pour tous les sels de mercure : Une goutte de [LP], déposée sur une lame de cuivre, donne une tache de mercure, blanche, devenant brillante par le frottement, volatilisable par la chaleur ; [LP], chauffée avec un excès de protochlorure d'étain, forme un précipité gris foncé de mercure réduit. Pour les *sels de sous-oxyde de mercure* : [LP] forme avec l'hydrogène sulfuré un précipité noir, insoluble dans le sulfhydrate d'ammoniaque ; elle précipite en noir par la potasse ; elle donne avec l'iodure de potassium un précipité jaune vert. Pour les *sels d'oxyde de mercure* : [LP] traitée avec précaution par l'iodure de potassium, produit un précipité rouge de biiodure de mercure, très soluble dans un excès de réactif ; additionnée goutte à goutte de sulfhydrate d'ammoniaque très dilué, elle donne un précipité blanc, devenant ensuite jaune orangé, rouge brun et enfin noir, à mesure qu'on ajoute le réactif.

NICKEL. — [LP] donne avec l'ammoniaque un trouble verdâtre, soluble dans un excès de réactif, en formant une liqueur bleue ; elle produit un précipité vert pré avec les carbonates alcalins. La solution verte d'un sel de nickel devient jaune par évaporation à chaud. [LP] traitée par le sulfhydrate d'ammoniaque, donne un précipité noir, presque complètement insoluble dans un excès de réactif, mais donnant cependant à la liqueur filtrée une coloration brune marquée. Aux feux d'oxydation, le nickel colore la perle de borax, en violet à chaud, et en rouge brun à froid ; aux feux de réduction la perle devient grise.

OR. — [LP], chauffée avec une dissolution de sulfate de protoxyde de fer, donne un dépôt brun d'or métallique. Le sel sec calciné sur le charbon donne de l'or métallique aussi bien à l'oxydation qu'à la réduction. [LP], additionnée d'un mélange dilué de protochlorure et de bichlorure d'étain, prend une coloration pourpre.

PLATINE. — Le sel sec, calciné sur le charbon, donne du platine métallique, tant à l'oxydation qu'à la réduction. [LP], portée à l'ébullition prolongée avec du sulfate de protoxyde de fer, donne du platine réduit ; elle forme avec le chlorure de potassium, surtout après agitation, un précipité jaune et cristallin.

PLOMB. — Aux feux de réduction, le sel sec donne un globule métallique, gris, mou, malléable ; l'essai fait sur le charbon s'entoure d'une auréole jaune. [LP] donne avec la potasse un précipité blanc, soluble dans un excès de réactif ; elle produit un précipité jaune avec l'iodure de potassium, ainsi qu'avec le chromate de potasse ; le dernier précipité, formé de chromate de plomb, est soluble dans la potasse et insoluble dans l'acide acétique. Le précipité formé dans [LP] par l'acide chlorhydrique est un peu soluble dans l'eau bouillante et cristallise par refroidissement de la dissolution.

Potassium. — [LP] forme, par l'agitation, des précipités cristallins et incolores, avec l'acide tartrique et avec le sulfate d'alumine, pris tous deux en solutions concentrées. Avec le chlorure de platine, elle donne, après agitatation, un précipité jaune et cristallin. Le sel sec, humecté d'acide chlorhydrique dilué, étant porté sur la spirale de platine dans la région de fusion de la flamme, colore celle-ci en bleu violet, qui paraît rouge cramoisi quand on l'examine avec un verre fortement coloré en bleu par le cobalt.

Sodium. — [LP], neutralisée par la potasse et concentrée si elle est étendue, étant agitée avec une solution récente de méta-antimoniate de potasse acide, précipite une poudre blanche cristalline. Le sel sec porté sur la spirale de platine dans la région de fusion de la flamme, colore celle-ci en jaune intense, paraissant orangé quand on l'examine avec un verre vert au chrome.

Strontium. — [LP], neutralisée par l'ammoniaque, précipite lentement en jaune le chromate neutre de potasse, dans les solutions concentrées, mais ne précipite pas le bichromate. [LP] donne avec l'acide sulfurique un précipité blanc, insoluble dans l'acide azotique. [LP] concentrée n'est pas précipitée par le ferrocyanure de potassium. Le carbonate fourni par précipitation de [LP] au moyen d'un carbonate alcalin, étant lavé et séché, puis changé en azotate par dissolution dans l'acide azotique et évaporation à sec, l'azotate obtenu est insoluble dans l'alcool fort. Le sel sec, fourni par [LP], étant humecté d'acide chlorhydrique et porté sur la spirale de platine dans la région de fusion de la flamme, colore celle-ci en rouge intense ; la coloration, examinée avec un verre bleu, paraît pourpre.

Zinc. — [LP] précipite en jaune par le ferricyanure de potassium, et en blanc par le sulfhydrate d'ammoniaque ; elle forme avec l'ammoniaque un précipité blanc, soluble dans un excès de réactif ainsi que dans le chlorhydrate d'ammoniaque. Au feu de réduction, le sel sec donne sur le charbon, autour de l'essai, une auréole jaune à chaud, blanche à froid ; le sel sec, humecté d'azotate de cobalt et calciné au chalumeau, produit une masse d'un beau vert.

II. — Détermination des bases dans un mélange de plusieurs sels.

1523. — Pratique de l'analyse. — Les procédés pratiques, mis en œuvre dans l'analyse d'un mélange de plusieurs sels, diffèrent peu de ceux usités pour analyser un sel isolé. Toutefois, il est une recommandation qui prend ici une importance considérable ; c'est la suivante : *Toutes les réactions effectuées doivent l'être d'une manière auss complète que possible.* Quand il s'agit de caractériser un seul sel, on cherche à apercevoir ses réactions ; or celles-ci ne varient pas d'ordinaire, alors qu'on les effectue sur une partie seulement des corps en présence ou sur leur totalité. Dans l'analyse d'un mélange, on procède surtout par des séparations. On cherche les réactions les plus nettes de chaque élément, et on s'en sert pour faire sortir cet élément du mélange, ce qui permet de le caractériser isolément; en même temps, on simplifie l'étude du mélange devenu moins complexe. Si la réaction séparatrice n'a pas été complète, si, par exemple, on a ajouté en quantité insuffisante le réactif qui la produit, une portion de l'élément à séparer subsiste dans le mélange, et vient troubler les réactions qui seront faites par la suite sur ce dernier. D'autre part, les réactifs introduits en trop grand excès et restés inutiles pouvant apporter un trouble du même genre, on doit chercher à n'en ajouter qu'un excès aussi petit que possible. Il faut donc procéder avec précaution, introduire les réactifs peu à peu, aussi longtemps qu'ils produisent leur effet, mais en quantité d'autant plus diminuée que cet effet lui-même va en s'amoidrissant, et s'arrêter aussitôt qu'il cesse de se manifester.

Un second point intéressant est relatif au lavage des précipités. Ces lavages doivent être faits avec soin (§ 370 et suivants), mais avec peu de liquide; cela est nécessaire pour assurer l'exactitude des séparations et par suite la netteté du résultat, l'insolubilité, dans le liquide de lavage, du corps regardé comme insoluble, n'étant que très rarement complète. Ils ont toujours l'inconvénient de diluer beaucoup les liqueurs, mais ces dernières peuvent le plus souvent être concentrées par évaporation. L'emploi des trompes (§ 353) présente à ces divers points de vue, et aussi sous le rapport de la rapidité d'exécution, des avantages incontestables.

Enfin, il devient nécessaire d'opérer sur des quantités de matière un peu plus considérables que dans l'analyse d'un sel isolé, parce que les produits séparés par les premières réactions doivent être assez abondants pour suffire à toutes les réactions subséquentes. Ceci étant dit pour les séparations, il n'en subsiste pas moins que les essais faits ensuite, dans le but de caractériser un élément, doivent être pratiqués sur le moins de substance possible ; il faut donc s'exercer à agir sur peu de matière, la quantité dont on dispose étant d'ordinaire limitée.

Une bonne méthode consiste à essayer les réactions sur fort peu de produit, même celles qui doivent avoir pour but une séparation. Si le résultat est négatif, on n'a perdu qu'une faible quantité de substance ; s'il est positif, on opère ensuite la réaction en question sur la quantité nécessaire.

1524. Marche a suivre. — Les méthodes à adopter, pour la déter-

mination des métaux dans un mélange de plusieurs sels, diffèrent peu
en principe, avons-nous dit, de celles applicables aux sels isolés ; toutefois, l'influence des acides présents dans le mélange peut être considérable, certains de ces acides ayant la propriété de modifier profondément
les réactions de divers oxydes métalliques, celles des bases terreuses
principalement. Les commençants devront donc être exercés d'abord
a l'analyse de mélanges ne contenant pas les acides en question, ce qui
simplifie très notablement le problème, puis ils passeront à l'étude de
la question posée d'une manière générale.

Nous donnerons donc en premier lieu (§ 1525) une marche à suivre
dans le cas du problème simplifié ; nous indiquerons plus loin (§ 1533)
les modifications qu'on doit lui faire subir dans le second cas.

Nous continuerons à supposer que le mélange est en dissolution dans
l'eau, cette condition pouvant toujours être réalisée (§ 1507 et suivants).

Une précaution préalable indispensable est d'examiner l'action
exercée par la dissolution à analyser sur le papier de tournesol rouge ;
si celui-ci est bleui, on ajoute de l'acide azotique dilué, jusqu'à faible
réaction acide. Quand cette opération provoque la formation d'un précipité, on le sépare par filtration, on le lave à l'eau et on le met de
côté pour être traité séparément comme matière insoluble dans l'eau,
à dissoudre dans les acides (§ 1509) ou à désagréger (§ 1510), et à
analyser ensuite. La liqueur présentant une réaction acide et filtrée
sera dorénavant désignée par le signe [LP].

1525. A. MÉTAUX DONT LES SELS, EN SOLUTIONS ACIDULÉES, SONT PRÉCI-
PITÉS PAR L'ACIDE CHLORHYDRIQUE. — On verse dans [LP] quelques gouttes
d'*acide chlorhydrique*. S'il se fait un *précipité,* on ajoute le réactif en
quantité nécessaire pour compléter la réaction, on agite, on recueille
le précipité sur un filtre, on le lave à l'eau distillée froide, et on pratique sur lui l'essai Aa. Qu'il y ait eu ou non précipitation, les *liqueurs*
sont soumises à l'essai B.

Aa. Le précipité provenant de l'essai A et lavé à froid, est lavé sur
le filtre avec de l'*eau bouillante*. A la liqueur limpide, on ajoute quelques gouttes d'*acide sulfurique;* s'il se forme un *précipité blanc,* [LP]
contient du PLOMB. Dans ce cas, on continue à laver, avec une grande
quantité d'eau bouillante, le précipité des chlorures, jusqu'à ce que
l'eau de lavage ne se trouble plus par l'acide sulfurique ; si le filtre retient alors un résidu insoluble, on pratique sur ce dernier l'essai A*b*.
Quand la réaction du plomb a été négative, on passe directement au
même essai A*b*, sans poursuivre le lavage à l'eau bouillante.

A*b*. Le précipité resté insoluble dans l'essai Aa, est traité sur le filtre,
jusqu'à épuisement, par l'*ammoniaque étendue* de son volume d'eau.
On ajoute à la liqueur filtrée de l'*acide azotique* jusqu'à *acidulation :* la
formation d'un *précipité blanc* indique la présence de l'ARGENT. S'il
reste sur le filtre un *composé noir,* insoluble dans l'*ammoniaque,* celui-ci
dénonce la présence du MERCURE *au minimum.*

1526. B. Métaux dont les sels, en solutions acidulées, ne sont pas précipités par l'acide chlorhydrique, mais le sont par l'hydrogène sulfuré. — Une petite portion de la liqueur limpide, provenant de l'essai A et contenant tous les métaux dont les chlorures sont solubles, est diluée, puis chauffée et soumise à l'action prolongée d'un courant lent d'*hydrogène sulfuré*.

S'il ne se forme *pas de précipité*, on passe à l'essai C. S'il se forme *un précipité*, on opère de même sur une plus forte partie de la liqueur et on continue l'action du courant gazeux jusqu'à ce que le mélange chaud, étant saturé, dégage du gaz quand on agite le vase qui le contient (§ 1482). On filtre et on met à part la *liqueur* filtrée, qui servira pour l'essai C. D'autre part, on lave à l'eau distillée le précipité recueilli, puis on s'assure qu'il n'est pas formé par du soufre (§ 1518, *Remarque*). Dans l'affirmative, on le considère comme non avenu, et on passe à l'essai C comme s'il ne s'était pas formé. Si le précipité contient autre chose que du soufre, on le soumet à l'essai B*a*.

Ba. Solubilité des sulfures dans le sulfhydrate d'ammoniaque. — Avec le jet d'une fiole à laver contenant de l'eau bouillante, on lave avec soin, mais rapidement, le sulfure provenant de l'essai B, et on le rassemble finalement vers la pointe du filtre. On le transporte dans un tube à essais, on verse sur lui 3 ou 4 fois son volume de *sulfhydrate d'ammoniaque*, et on chauffe sans aller jusqu'à l'ébullition, qui altérerait le réactif.

Si le *précipité disparaît* entièrement, on soumet la solution obtenue à l'essai B*b*.

S'il laisse un *résidu*, on verse le tout sur un filtre, on lave à l'eau bouillante la partie insoluble et on la soumet à l'essai B*e*. Quant aux *liqueurs* filtrées, on s'assure qu'elles contiennent un métal en dissolulution. Pour cela, on en prélève une petite portion, dans laquelle on verse de l'acide chlorhydrique : le sulfhydrate d'ammoniaque est détruit et donne, en même temps que du gaz sulfhydrique, une liqueur qui est rendue laiteuse par du soufre lorsque le réactif employé était polysulfuré : or le soufre précipité se sépare nettement, floconneux et coloré, quand il est mélangé de sulfures métalliques. Dans ce dernier cas seulement, les liqueurs en question sont soumises à l'essai B*b*.

B*b*. Les liqueurs provenant de l'essai B*a*, et contenant des sulfures en dissolution dans le sulfhydrate d'ammoniaque, sont additionnées d'*acide chlorhydrique* jusqu'à légère réaction acide, ce qui détruit le sulfhydrate alcalin et précipite de nouveau les sulfures qu'il dissolvait, en même temps qu'un peu de soufre. On verse le tout sur un filtre, on laisse égoutter celui-ci, on l'essore entre deux feuilles de papier buvard, on l'introduit dans un tube à essais avec plusieurs fois son volume d'*acide chlorhydrique fumant*, et on chauffe jusqu'à ce que le mélange ne dégage plus d'hydrogène sulfuré, c'est-à-dire jusqu'à ce que les vapeurs émises ne noircissent plus le papier imbibé d'acétate de plomb.

Abstraction faite du soufre, le précipité peut se *dissoudre particllement*
ou *complètement*. S'il reste un résidu insoluble et fixe, on verse le tout
sur un filtre ; on lave ce *résidu* avec de l'eau chaude, et on le soumet
à l'essai B*d*. Quant aux *liqueurs*, qu'il y ait eu ou non production d'un
résidu, on effectue sur elles le traitement B*c*.

B*c*. *Sulfures solubles dans le sulfhydrate d'ammoniaque et dans l'acide
chlorhydrique chaud*. — La dissolution chlorhydrique des sulfures,
obtenue dans l'essai B*b*, est évaporée pour chasser la plus grande partie de l'acide en excès, puis, après refroidissement, laissée en contact
avec quelques lamelles de *zinc*. S'il se dépose une mousse métallique,
on sépare celle-ci du résidu de zinc par l'agitation, on la lave à l'eau
distillée, on l'isole de nouveau par décantation, on l'introduit dans
un tube à essais et on la fait bouillir avec de l'acide chlorhydrique
concentré. La liqueur diluée *précipite en brun* par l'hydrogène sulfuré
quand [LP] renferme de l'ÉTAIN. Si la mousse métallique est entrée en
dissolution rapidement et sans laisser de résidu, le mélange ne contient pas notablement d'antimoine ; les traces de ce métal doivent alors
être recherchées sur le mélange dissous dans l'eau régale, en employant l'appareil de Marsh (voy. ce mot). S'il subsiste au contraire du
métal, resté insoluble dans l'acide chlorhydrique, on le sépare par
décantation, on le lave, on le fait bouillir avec de l'*acide azotique*, qui
le change en une *poudre blanche*. Cette dernière étant décantée, lavée
et mise en dissolution dans un mélange chaud d'*acide chlorhydrique*
et d'*acide tartrique*, puis la liqueur obtenue étant saturée de *gaz sulfhydrique*, la formation d'un précipité orangé caractérise l'ANTIMOINE.

B*d*. *Sulfures solubles dans le sulfhydrate d'ammoniaque et insolubles
dans l'acide chlorhydrique chaud*. — Les sulfures solubles dans le sulfhydrate d'ammoniaque, mais insolubles dans l'acide chlorhydrique
chaud, formant le résidu de l'essai B*b*, sont, après lavage, traités sur
le filtre par l'*ammoniaque*. Si les premières portions de liqueur filtrées,
étant sursaturées par l'*acide chlorhydrique*, donnent un *précipité jaune*,
elles contiennent de l'ARSENIC. Dans ce cas, on épuise par l'ammoniaque
le produit resté sur le filtre, et s'il ne se dissout pas complètement, on
le lave à l'eau, on l'introduit dans une petite capsule de porcelaine,
on le dissout à chaud dans l'*eau régale*, et on évapore la solution à sec
au bain-marie. Le résidu de l'évaporation, repris par l'eau, donne une
liqueur jaune. Une première partie de cette dissolution est chauffé à
l'ébullition avec de l'*acide oxalique* ; elle donne un *précipité d'or* réduit,
quand [LP] renferme de l'OR. Une seconde partie est additionnée de
chlorhydrate d'ammoniaque et évaporée à sec au bain-marie ; si la
substance sèche, reprise par l'alcool à 50 centièmes, laisse un *dépôt
cristallin jaune*, le mélange renferme du PLATINE.

Remarque. — Le platine, bien que son sulfure pur soit insoluble dans le
sulfhydrate d'ammoniaque, passe plus ou moins en dissolution dans ce réactif

avec les sulfures solubles, à la faveur de ces derniers. On peut donc le rencontrer avec les sulfures solubles et avec les sulfures insolubles. D'ailleurs, le sulfure de cuivre n'étant pas complètement insoluble dans le sulfhydrate d'ammoniaque, surtout si ce dernier est polysulfuré, des traces de cuivre peuvent se retrouver également, mélangées aux sulfures solubles.

1527. Be. *Sulfures insolubles dans le sulfhydrate d'ammoniaque et dans l'acide azotique.* — Les sulfures insolubles dans le sulfhydrate d'ammoniaque, provenant de l'essai B*a*, après avoir été lavés à l'eau bouillante jusqu'à ce que les eaux de lavage ne précipitent plus par l'azotate d'argent, sont égouttés, introduits dans un tube à essais, et traités à l'ébullition pendant une minute par l'*acide azotique* pur, étendu de son volume d'eau. Quand ils laissent un *résidu noir*, on recueille celui-ci sur un filtre, on le lave à l'eau distillée, on le sèche, on l'introduit au fond d'un petit tube fermé (§ 1499) et on le *chauffe au rouge*. S'il se sublime dans les parties froides du tube un anneau volatil, on coupe la portion du tube qui contient celui-ci, puis on constate que cet anneau est soluble dans l'*eau régale*, et que la liqueur ainsi obtenue, après avoir été neutralisée presque complètement par la *potasse*, donne sur la lame de cuivre une *tache métallique blanche;* il est alors établi que la matière contient du MERCURE. D'autre part, on examine s'il subsiste un produit fixe au fond du tube; dans l'affirmative, il est formé par du PLATINE, que l'on caractérise, après dissolution dans l'*eau régale*, par le procédé indiqué plus haut (§ 1526 B*d*).

Les liqueurs séparées, s'il y a lieu, du résidu noir dont il vient d'être parlé, contiennent les sulfures dissous par l'acide azotique; elles sont soumises à l'essai B*f*.

B*f*. *Sulfures insolubles dans le sulfhydrate d'ammoniaque et solubles dans l'acide azotique.* — La dissolution de ces sulfures a été préparée dans l'essai Be. On l'additionne d'*ammoniaque en grand excès*.

Lorsqu'un précipité formé d'abord reste insoluble dans l'ammoniaque en excès, on le sépare par filtration, on le lave à l'eau et on le soumet à l'essai B*g*.

La liqueur limpide provenant directement de l'action de l'ammoniaque, ou celle que l'on a séparée du précipité précédent, est bleue ou incolore. Quand elle est *bleu céleste*, le mélange contient du CUIVRE. Quelle que soit sa coloration, on l'additionne de *cyanure de potassium*, et on y fait passer un courant d'*hydrogène sulfuré;* s'il se forme un *précipité jaune*, elle renferme du CADMIUM.

B*g*. Le précipité insoluble dans l'ammoniaque et provenant de l'essai B*f*, est, après lavage à l'eau, dissous à chaud dans le moins possible d'*acide azotique*. Une partie de la dissolution additionnée d'une goutte d'*acide sulfurique*, se trouble quand le mélange contient du PLOMB, le chlorure de ce métal n'étant pas tout à fait insoluble dans l'eau (§ 1517, *Remarque*).

Une autre partie de la même dissolution, additionnée d'un grand excès d'*eau* à laquelle on a mélangé quelques gouttes de chlorure de. sodium, donne un *précipité blanc* quand [LP] renferme du BISMUTH.

1528. C. Métaux dont les sels, en solutions acidulées, ne sont précipités ni par l'acide chlorhydrique, ni par l'hydrogène sulfuré. — Les liqueurs séparées, lors de l'essai **B**, des sulfures formés par l'hydrogène sulfuré dans la solution préalablement traitée par l'acide chlorhydrique, contiennent ces métaux. On les porte à l'ébullition, ce qui chasse la plus grande partie du gaz sulfhydrique, on y verse goutte à goutte de l'acide azotique et on continue l'ébullition ; l'acide azotique oxyde le reste de l'hydrogène sulfuré et peroxyde le fer, s'il en existe dans le mélange. Quand les liqueurs ont été fortement diluées par les traitements précédents, il est utile de les concentrer par évaporation. On en prélève une petite quantité, à laquelle on ajoute un volume égal de *chlorhydrate d'ammoniaque*, puis de l'*ammoniaque en excès*. S'il ne se produit *pas de précipité*, on passe immédiatement à l'essai D. S'il se produit un *précipité*, il y est dû à des sesquioxydes : on le forme comme il vient d'être dit, mais sur une plus forte partie de la liqueur ; on maintient ensuite le mélange en ébullition pendant quelques instants, pour chasser l'ammoniaque en trop grand excès qui pourrait redissoudre un peu de sesquioxyde de chrome, on verse sur un filtre, on lave le précipité à l'eau bouillante, et on le soumet à l'essai Ca, tandis qu'on procède à l'essai D sur les liqueurs filtrées.

Ca. Métaux formant des sesquioxydes. — Les sesquioxydes, séparés comme il vient d'être dit (essai C), sont, après lavage et égouttage, introduits humides dans un tube à essais avec un *grand excès de potasse* reconnue pure d'alumine ; on agite vivement pour délayer le précipité, on chauffe et on maintient le tout en ébullition pendant quelques minutes. Si la totalité du *précipité se redissout* dans la potasse bouillante, il est formé seulement par l'ALUMINIUM. Si, au contraire, la dissolution dans la potasse n'est pas complète à chaud, on recueille sur un filtre la *matière insoluble*, on la lave à l'eau bouillante et on la soumet à l'essai Cb. Quant à la liqueur alcaline, de laquelle on l'a séparée, on l'acidule par l'*acide chlorhydrique*, puis on l'additionne d'un léger excès d'*ammoniaque;* elle donne un *précipité* incolore et gélatineux, quand [LP] renferme de l'ALUMINIUM.

Cb. La matière restée insoluble dans la potasse bouillante, provenant de l'essai Ca, ayant été lavée avec soin, on l'introduit, égouttée mais non desséchée, dans un tube à essais avec du *bioxyde de plomb* et de la *potasse*, on fait bouillir pendant quelque temps, puis on filtre. Si la *liqueur* filtrée est colorée en *jaune*, et si, acidulée par un excès d'*acide acétique*, elle donne un *précipité jaune* de chromate de plomb, [LP] renferme du CHROME. Le *résidu* insoluble, resté sur le filtre et contenant l'oxyde de plomb en excès, est lavé à l'eau, puis dissous à l'ébullition dans l'*acide chlorhydrique;* la liqueur refroidie, étendue d'eau, filtrée et additionnée de *ferrocyanure de potassium*, donne un précipité bleu quand [LP] contient du FER.

L'hydrogène sulfuré ayant pu réduire au minimum (§ 1518, *Remarque a*) les sels de fer au maximum, c'est sur [LP] elle-même qu'il faut rechercher le degré d'oxydation des composés du fer. On verse dans [LP] du *sulfocyanate de potasse :* s'il se développe une *coloration rouge* foncé, le mélange renferme du fer *au maximum*. On verse dans une autre portion de [LP] du *ferricyanure de potassium :* s'il se développe un *précipité bleu*, la liqueur contient du fer *au minimum*. Les deux réactions peuvent d'ailleurs coexister.

1529. D. *Sels précipitables par le sulfhydrate d'ammoniaque.* — A une petite partie des liqueurs séparées des sesquioxydes dans l'essai C, on ajoute du *sulfhydrate d'ammoniaque;* s'il ne se fait pas de précipité, on soumet les liqueurs en question à l'essai E. S'il se forme un précipité, on produit celui-ci sur une plus forte partie de la dissolution, en opérant à la température du bain-marie, et en ajoutant du sulfhydrate jusqu'à ce qu'il cesse de produire un précipité, mais en évitant un trop grand excès. On filtre le mélange chaud et on réserve la liqueur pour l'essai E. Quant au précipité de sulfures, on le lave à l'eau bouillante et on le soumet à l'essai D*a*.

Remarque. — On doit éviter l'emploi d'un excès important de sulfhydrate d'ammoniaque, le sulfure de nickel étant sensiblement soluble dans ce réactif, auquel il communique une teinte brune, par une réaction d'une grande sensibilité. Les faibles traces de sulfure de nickel ainsi dissoutes troubleraient par la suite les réactions à faire sur la liqueur, lors de l'essai E.

D*a*. Le précipité de sulfures provenant de l'essai D, après avoir été lavé à l'eau chaude et égoutté, est traité à froid par de l'*acide chlorhydrique étendu* de 3 fois son volume d'eau. Les sulfures de zinc et de manganèse sont solubles dans ces conditions; ceux de nickel et de cobalt, qui sont noirs, restent insolubles. Si donc l'acide chlorhydrique dilué et froid laisse un résidu noir insoluble, on récolte ce résidu sur un filtre, on le lave à l'eau froide d'abord, puis à l'eau bouillante et on le soumet à l'essai D*c*.

Quant à la liqueur devenue limpide, soit par dissolution complète du précipité, soit par filtration, on la fait bouillir jusqu'à expulsion complète de l'hydrogène sulfuré, puis on y ajoute un *excès de potasse* et on chauffe de nouveau pendant quelques instants.

Si tout le *précipité* formé d'abord par la potasse *se redissout dans un excès* de cette dernière, le précipité formé par le sulfhydrate d'ammoniaque est constitué exclusivement par du ZINC.

S'il y a formation d'*un précipité* insoluble dans la potasse en excès, on le recueille sur un filtre et on le lave à l'eau bouillante pour le soumettre ensuite à l'essai D*b*. Quant à la liqueur dont on l'a séparé, on l'acidule par l'acide acétique et on y fait passer un courant d'*hy-*

drogène sulfuré : il se forme un *précipité blanc* quand [LP] renferme du ZINC.

D*b*. L'oxyde insoluble dans la potasse, provenant de l'essai D*a*, est formé par du manganèse. Pour s'en assurer, après lavage prolongé à l'eau bouillante, on le dissout sur le filtre par de l'*acide chlorhydrique*. La liqueur neutralisée à l'*ammoniaque* et additionnée de *sulfhydrate d'ammoniaque*, forme un précipité rose de sulfure de MANGANÈSE.

D*c*. Le précipité de sulfures noirs, insolubles dans l'acide chlorhydrique dilué et froid, recueilli lors de l'essai D*a*, après avoir été lavé à l'eau et égoutté, est dissous à ébullition dans l'*acide chlorhydrique concentré*. On évapore la dissolution presque à siccité, pour chasser l'excès d'acide, on reprend par un peu d'eau, on porte à l'ébullition et, dans le mélange bouillant, on verse du *cyanure de potassium* jusqu'à redissolution du précipité qui a pu se former d'abord. Après refroidissement, on *neutralise exactement* la liqueur alcaline par l'*acide chlorhydrique* étendu. S'il se forme peu à peu un *précipité vert* clair, le mélange contient du NICKEL. On filtre pour séparer le précipité précédent, s'il s'est formé, on acidule la liqueur par l'acide chlorhydrique, on évapore à sec et on introduit une parcelle du résidu dans une perle de *borax ;* celle-ci se colore en bleu quand [LP] renferme du COBALT.

1530. **E.** *Sels non précipitables par le sulfhydrate d'ammoniaque.* — A une petite partie de la liqueur pouvant contenir les métaux non précipitables par le sulfhydrate d'ammoniaque, liqueur qui provient de l'essai D, et qui a été additionnée antérieurement de *chlorhydrate d'ammoniaque,* lors de l'essai C, on ajoute du *carbonate d'ammoniaque* et on chauffe le tout au bain-marie.

S'il ne se forme pas de précipité, on passe à l'essai E*b*.

S'il y a précipitation, on opère de même sur une plus forte portion de la dissolution, en ajoutant à chaud du carbonate d'ammoniaque jusqu'à précipitation complète, puis on verse le tout sur un filtre et on lave le précipité à l'eau chaude, pour le soumettre ensuite à l'essai E*a*. Quant à la liqueur séparée du précipité, on procède sur elle à l'essai E*b*.

E*a*. Le précipité formé par le carbonate d'ammoniaque en présence du chlorhydrate d'ammoniaque, dans l'essai E, est, après lavage à l'eau chaude, repris sur le filtre par l'*acide chlorhydrique* dilué, et la liqueur est évaporée à siccité pour chasser tout l'acide resté libre ; le résidu est ensuite repris par l'eau distillée.

On prélève une partie de la dissolution obtenue, qui est très sensiblement neutre, on l'additionne de *chromate de strontiane* et on chauffe. S'il se forme un précipité jaune, la liqueur renferme du BARYUM.

A une autre partie de la solution chlorhydrique neutre, on ajoute du *bichromate de potasse* en excès, puis de l'*ammoniaque* jusqu'à réaction nettement alcaline. La baryte, s'il s'en trouve dans la liqueur, est précipitée à l'état de chromate, ainsi que la plus grande partie de la strontiane, lorsque celle-ci existe en abondance dans le mélange. On filtre la liqueur, qui doit être colorée en jaune. par l'excès de chromate, on l'additionne de *sulfate de chaux* en solution saturée, et on la porte à l'ébullition. Quand le liquide se trouble, soit immédiatement soit après quelques minutes, le mélange analysé contient du STRONTIUM.

Quand le chromate de strontiane n'a pas précipité de baryum, la recherche de la strontiane est plus sensible en ajoutant directement le *sulfate de chaux* à la solution chlorhydrique neutre puis en chauffant. Comme dans le cas précédent, la formation d'un précipité blanc, toujours peu abondant, dénoncé la présence du STRONTIUM.

Si le mélange contient du baryum et du strontium, ou seulement l'un d'eux, à la solution chlorhydrique des carbonates on ajoute de l'acide sulfurique dilué, jusqu'à précipitation complète de ces métaux, on filtre, on alcalinise par *l'ammoniaque* la liqueur limpide, on l'acidule ensuite par *l'acide acétique* et on y verse de *l'oxalate d'ammoniaque ;* il se forme plus ou moins rapidement un précipité blanc lorsque la matière analysée contient du CALCIUM.

Lorsque le baryum et le strontium ont été reconnues absents, le traitement par l'acide acétique et l'oxalate d'ammoniaque peut être fait directement sur la solution chlorhydrique, en assurant préalablement sa neutralité par addition de quelques gouttes d'ammoniaque.

E*b*. On chauffe sur une lame de platine une partie de la liqueur pouvant contenir les métaux non précipitables par le carbonate d'ammoniaque en présence du chlorhydrate d'ammoniaque, liqueur qui provient de l'essai E.

Si, après évaporation, elle est *volatilisable sans résidu*, [LP], en dehors des sels des métaux trouvés antérieurement, ne peut plus contenir que des sels ammoniacaux. On recherche ces derniers sur [LP] elle-même : on l'additionne d'un excès de *potasse* jusqu'à ce qu'elle possède une réaction alcaline très nette, et on chauffe à l'ébullition ; quand les vapeurs dégagées *bleuissent le papier rouge* de tournesol, la matière à analyser renferme de l'AMMONIAQUE.

Si, au contraire, le liquide desséché laisse un *résidu fixe*, on recherche l'ammoniaque dans [LP], comme il vient d'être dit, mais, en outre, sur la liqueur provenant de l'essai E, on procède à la recherche du magnésium et des métaux alcalins, conformément à ce qui va être dit en E*c*.

E*c*. On ajoute à une petite partie du liquide provenant de l'essai E un dixième de son volume d'*ammoniaque*, puis du *phosphate de soude*, et on agite avec une baguette de verre. Il se forme un précipité blanc cristallin, lorsque la substance analysée contient du MAGNÉSIUM.

La précipitation complète du magnésium à l'état de phosphate ammoniaco-magnésien exigeant beaucoup de temps, si la réaction précédente est positive, pour éliminer promptement le métal terreux de la solution restante, on additionne celle-ci d'eau de baryte en léger excès, qui précipite toute la magnésie, on fait bouillir jusqu'à ce que les vapeurs émises cessent d'être rendues alcalines par l'ammoniaque, et on filtre. La liqueur limpide est alors neutralisée par l'acide chlorhydrique, puis débarrassée à chaud de la baryte ajoutée en excès, par addition de carbonate d'ammoniaque et filtration. On l'évapore ensuite à siccité et on porte au rouge le produit solide, dans une petite capsule de porcelaine ou de platine, pour chasser les sels ammoniacaux par volatilisation. On pulvérise le *résidu*, et on l'agite dans un vase fermé avec un *mélange* à volumes égaux d'*alcool* et d'*éther*. Le véhicule étant, après un contact suffisamment prolongé, décanté sur un petit filtre, on évapore la liqueur alcoolique éthérée (§ 1262), en plongeant dans l'eau chaude le fond de la capsule qui la contient, mais en évitant le voisinage du feu; si elle laisse un résidu qui, introduit sur la spirale de platine dans la région de fusion d'une *flamme* de gaz, colore celle-ci en *rouge carmin*, [LP] renferme du LITHIUM.

Ed. La dissolution dans l'alcool éthéré ayant laissé sur le filtre une masse saline, celle-ci est dissoute dans l'eau, et la liqueur est additionnée de *chlorure de platine;* on évapore à sec au bain-marie, puis on agite le produit solide avec de l'alcool à 50 centièmes. Lorsque ce dernier laisse un *résidu* insoluble, *jaune* et *cristallin*, [LP] contient du POTASSIUM. On filtre la liqueur alcoolique, on l'évapore pour chasser l'alcool, on acidule le résidu par l'*acide chlorhydrique*, et on le traite à chaud par l'*hydrogène sulfuré*, pour éliminer le platine; on filtre, on fait bouillir, on ajoute quelques gouttes d'acide azotique, et on fait bouillir de nouveau, ce qui détruit l'hydrogène sulfuré en excès ; après concentration de la liqueur, filtration et refroidissement, on y verse du *méta-antimoniate de potasse acide*, en solution récente, et enfin on agite. Quand [LP] renferme du SODIUM, il se fait un *précipité cristallin*, incolore.

1531. RÉSUMÉ. — La méthode d'analyse qui vient d'être exposée, et qui est applicable lorsque les sels mélangés ne contiennent aucun acide susceptible de modifier sensiblement les réactions des oxydes métalliques, se trouve résumée dans les quatre tableaux suivants :

Le TABLEAU I (page 863) indique les deux premières opérations à exécuter, celles qui ont pour but de répartir les métaux à reconnaître, dans trois produits différents. Il indique également, au moyen de renvois aux tableaux suivants, les méthodes d'analyse à appliquer à chacun de ces trois produits.

Le TABLEAU II (page 863) donne la marche à suivre pour reconnaître les métaux à chlorures insolubles dans l'eau, après que ces chlorures ont été isolés des autres sels métalliques.

Le TABLEAU III (pages 864 et 865) résume les opérations à faire, pour distinguer les uns des autres les métaux à chlorures solubles dans

Tableau I. — RÉSUMÉ DE LA MÉTHODE A SUIVRE POUR

DÉTERMINER LES MÉTAUX DANS UN MÉLANGE DE SELS

DISSOUS DANS L'EAU ACIDULÉE.

Ajouter à [LP] un excès d'*acide chlorhydrique* (A). On obtient :

- **un PRÉCIPITÉ** : **Plomb,** **Mercure** (au minimum), **Argent.** — Métaux dont les sels, en solutions acidulées, sont précipités par l'acide chlorhydrique (voy. le TABLEAU II).

- **une LIQUEUR.** La chauffer et la traiter par l'*hydrogène sulfuré*, jusqu'à saturation (B). On obtient :
  - **un PRÉCIPITÉ** : **Étain, Antimoine, Arsenic, Or, Platine, Cuivre, Cadmium, Plomb, Bismuth, Mercure** (au maximum). — Métaux dont les sels, en solutions acidulées, ne sont pas précipités par l'acide chlorhydrique, mais le sont par l'hydrogène sulfuré (voy. le TABLEAU III).
  - **une LIQUEUR** : **Aluminium, Chrome, Fer, Zinc, Nickel, Cobalt, Manganèse, Baryum, Strontium, Calcium, Magnésium, Lithium, Potassium, Sodium, Ammonium.** — Métaux dont les sels, en solutions acidulées, ne sont précipités ni par l'acide chlorhydrique, ni par l'hydrogène sulfuré (voy. le TABLEAU IV).

Tableau II. — PREMIER DÉTAIL DU RÉSUMÉ DE LA MÉTHODE A SUIVRE POUR

DÉTERMINER LES MÉTAUX DANS UN MÉLANGE DE SELS

DISSOUS DANS L'EAU ACIDULÉE.

MÉTAUX DONT LES SELS, EN SOLUTIONS ACIDULÉES,

SONT PRÉCIPITÉS PAR L'ACIDE CHLORHYDRIQUE (*voy. le* TABLEAU I).

PRÉCIPITÉ formé dans [LP] par *l'acide chlorhydrique* et lavé à l'eau froide (A). Le laver sur le filtre à l'eau bouillante, jusqu'à épuisement (Aa). On obtient :

- **une DISSOLUTION.** Ajouter quelques gouttes d'*acide sulfurique*. Il se forme un PRÉCIPITÉ BLANC..............**Plomb.**

- **un RÉSIDU INSOLUBLE.** Le traiter sur le filtre par *l'ammoniaque diluée*, jusqu'à épuisement (Ab). On obtient :
  - un RÉSIDU NOIR insoluble...........**Mercure** (au minimum).
  - une DISSOLUTION. L'aciduler par l'*acide azotique*. Il se forme un PRÉCIPITÉ BLANC.........................**Argent.**

REMARQUES COMMUNES AUX DEUX TABLEAUX : [LP] veut dire *liqueur primitive.* — Les lettres placées entre parenthèses se rapportent aux alinéas contenant le détail des opérations à exécuter (§ 1525 à § 1530).

PRÉCIPITÉ DE SULFURES, formé par l'hydrogène sulfuré dans [LP], préalablement débarrassée des métaux à chlorures insolubles et acidulée (B).
Après lavage à l'eau, le traiter à chaud par un excès de *sulfhydrate d'ammoniaque* (Ba). On obtient

une DISSOLUTION. L'aciduler par *l'acide chlorhydrique*, filtrer; traiter à chaud le précipité égoutté par *l'acide chlorhydrique fumant*, jusqu'à ce qu'il ne se dégage plus d'hydrogène sulfuré (B*b*). On obtient

une DISSOLUTION. Évaporer pour d'acide, laisser refroidir, s'il se dépose une mousse mé traiter rapidement par *l'acide* On obtient

un RÉSIDU insoluble. Le laver à l'eau, le traiter sur le filtre par *l'ammoniaque*, jusqu'à épuisement (B*d*). On obtient

une DISSOLUTION. L'additionner d'un grand excès d'*ammoniaque* (B*f*). On obtient

un RÉSIDU insoluble. Le laver à l'eau bouillante jusqu'à ce que l'eau de lavage ne se trouble plus par *l'azotate d'argent*, puis le traiter à l'ébullition par *l'acide azotique* étendu de son volume d'eau (B*e*). On obtient

un RÉSIDU insoluble. Le laver à l'eau, le sécher, le *chauffer au rouge* dans le fond d'un petit tube bouché (B*e*). Il se sépare

LES MÉTAUX DANS UN MÉLANGE DE SELS DISSOUS DANS L'EAU ACIDULÉE.

CHLORHYDRIQUE, MAIS LE SONT PAR L'HYDROGÈNE SULFURÉ (*voy. le* TABLEAU I).

chasser le plus grand excès mettre en contact avec du *zinc*. tallique, la laver à l'eau, la *chlorhydrique bouillant* (Bc).	une DISSOLUTION. La diluer et y faire passer un courant d'*hydrogène sulfuré* : PRÉCIPITÉ BRUN	**Étain.**
	un RÉSIDU insoluble. Le laver à l'eau, le traiter par l'*acide azotique* bouillant. S'il se forme une POUDRE BLANCHE, la laver, la dissoudre dans un mélange bouillant d'*acides chlorhydrique et tartrique*, filtrer, faire passer dans la liqueur chaude de l'*hydrogène sulfuré* : PRÉCIPITÉ ORANGÉ ..	**Antimoine.**
une DISSOLUTION. L'aciduler par l'*acide chlorhydrique* : PRÉCIPITÉ JAUNE..................		**Arsenic.**
un RÉSIDU insoluble. Le laver à l'eau, le dissoudre à chaud dans l'*eau régale*, évaporer à sec au bain-marie et reprendre par l'eau (Bd).	Chauffer une partie de la liqueur avec de l'*acide oxalique* : PRÉCIPITÉ D'OR RÉDUIT..	**Or.**
	Ajouter à une autre partie de la liqueur du *chlorhydrate d'ammoniaque*, évaporer à sec au bain-marie, reprendre par l'*alcool à 50 centièmes* : RÉSIDU JAUNE ET CRISTALLIN.....	**Platine.**
une DISSOLUTION............	Elle est COLORÉE EN BLEU CÉLESTE	**Cuivre.**
	Qu'elle soit ou non COLORÉE EN BLEU CÉLESTE, l'additionner de *cyanure de potassium* et y faire passer de l'*hydrogène sulfuré* (Bf) : PRÉCIPITÉ JAUNE.	**Cadmium.**
un RÉSIDU insoluble. Le laver à l'eau, le dissoudre à chaud dans le moins possible d'*acide azotique* (Bg).	A une partie de la dissolution, ajouter quelques gouttes d'*acide sulfurique* : PRÉCIPITÉ BLANC....................	**Plomb.**
	A une autre partie de la dissolution, ajouter une grande quantité d'*eau*, avec quelques gouttes de *chlorure de sodium* : PRÉCIPITÉ BLANC......	**Bismuth.**
une PARTIE VOLATILISÉE. La dissoudre dans l'*eau régale*, neutraliser presque complètement par la *potasse*, déposer quelques gouttes de la liqueur sur une lame de *cuivre* : TACHE MÉTALLIQUE, BLANCHE ET VOLATILE..................		**Mercure** (au maximum).
un RÉSIDU non volatil. Le dissoudre dans l'*eau régale*, ajouter du *chlorhydrate d'ammoniaque*, évaporer à sec au bain-marie, reprendre par l'*alcool à 50 centièmes* : RÉSIDU JAUNE ET CRISTALLIN..................		**Platine.**

rapporter aux alinéas contenant le détail des opérations à exécuter (§ 1526 et § 1527). — Les

Tableau IV. — 3ᵉ DÉTAIL DU RÉSUMÉ DE LA MÉTHODE A SUIVRE POUR **DÉTERMINER**

MÉTAUX DONT LES SELS, EN SOLUTIONS ACIDULÉES, NE SONT PRÉCIPITÉS NI PAR

LIQUEUR obtenue en saturant par l'hydrogène sulfuré [LP], préalablement débarrassée des métaux à chlorures insolubles et acidulée, et en séparant le précipité qui a pu se former (B).
La faire bouillir, ajouter quelques gouttes d'*acide azotique*, faire bouillir de nouveau. Ajouter *volume égal de chlorhydrate d'ammoniaque*, puis un *excès d'ammoniaque*, et faire bouillir pendant quelques instants (C). On obtient

un PRÉCIPITÉ. Le laver à l'eau bouillante, l'égoutter, le délayer dans un *grand excès de potasse*, faire bouillir et filtrer (Ca). On obtient

— une DISSOLUTION. L'aciduler par l'*acide chlorhy* BLANC gélatineux.....................

— un RÉSIDU insoluble. Le laver à l'eau bouillante, le faire bouillir avec de la *potasse* et du *bioxyde de plomb*, filtrer (Cb). On obtient

   — une DISSOLUTION. L'aci

   — un RÉSIDU insoluble. lution, ajouter du *fer*

une LIQUEUR. Ajouter du *sulfhydrate d'ammoniaque* jusqu'à précipitation complète, filtrer (D). On obtient

un PRÉCIPITÉ. Le traiter à froid par l'*acide chlorhydrique* dilué de 3 fois son volume d'eau, filtrer après quelques minutes d'agitation (Da.) On obtient

— une DISSOLUTION. La faire bouillir pour chasser l'hydrogène sulfuré, ajouter un *excès de potasse* et chauffer de nouveau (Da). On obtient

— un RÉSIDU insoluble. Le laver, l'égoutter, le dissoudre à chaud dans l'*acide chlorhydrique concentré*, évaporer presque à sec, reprendre par l'eau, ajouter du *cyanure de potassium* en excès, laisser refroidir, neutraliser exactement par l'*acide chlorhydrique* (Dc). On obtient

une LIQUEUR chargée de *chlorhydrate d'ammoniaque* (C). Ajouter du *carbonate d'ammoniaque*, chauffer au bain-marie (E). On obtient

un PRÉCIPITÉ. Le laver à l'eau bouillante, le dissoudre sur le filtre dans l'*acide chlorhydrique* dilué, évaporer la liqueur à siccité pour chasser l'acide en excès et reprendre par l'eau (Ea).

une LIQUEUR (Eb).

Additionner [LP] de *potasse en excès*, chauffer (Eb) : dégagement de VAPEURS ALCALINES bleus

drique, ajouter ensuite un léger *excès d'ammoniaque* (Ca) : PRÉCIPITÉ	**Aluminium.**
duler par *l'acide acétique* : PRÉCIPITÉ JAUNE vif......................	**Chrome.**
Le laver, le traiter par *l'acide chlorhydrique bouillant*, filtrer la disso-*rocyanure de potassium* (Cb) : PRÉCIPITÉ BLEU.............................	**Fer.**
une DISSOLUTION. L'aciduler par *l'acide acétique* et la saturer par *l'hy-drogène sulfuré* (Da) : PRÉCIPITÉ BLANC.............................	**Zinc.**
un RÉSIDU insoluble. Le laver, le dissoudre dans *l'acide chlorhydrique* concentré, neutraliser par *l'ammoniaque*, ajouter du *sulfhydrate d'ammoniaque* (Db) : PRÉCIPITÉ ROSE.............................	**Manganèse.**
un PRÉCIPITÉ VERT clair (Dc)...	**Nickel.**
une LIQUEUR. L'aciduler par *l'acide chlorhydrique*, l'évaporer à sec : le résidu COLORE la perle de BORAX EN BLEU (Dc).....................	**Cobalt.**
Ajouter du *chromate de strontiane* à une partie de la dissolution et chauffer (Ea) : PRÉCIPITÉ JAUNE...	**Baryum.**
Ajouter à une partie de la dissolution un excès de *bichromate de potasse* et alcaliniser par *l'ammoniaque*. Qu'il y ait ou non précipitation, ajouter au liquide jaune, rendu limpide par filtration ou resté limpide, du *sulfate de chaux* et porter à l'ébullition (Ea) : PRÉCIPITÉ BLANC, peu abondant............	**Strontium.**
Ajouter à une partie de la liqueur *un excès d'acide sulfurique* dilué, filtrer s'il y a lieu, alcaliniser la liqueur par *l'ammoniaque*, aciduler par *l'acide acétique*, ajouter de *l'oxalate d'ammoniaque* (Ea) : PRÉCIPITÉ BLANC............	**Calcium.**
A une partie de cette liqueur, ajouter de *l'ammoniaque*, puis du *phosphate de soude*, tiédir et agiter (Ec) : PRÉCIPITÉ BLANC CRISTALLIN......	**Magnésium.**

Évaporer à siccité une autre partie de la liqueur, préalablement débarrassée du magnésium, s'il y en a (pour cela, ajouter de *l'eau de baryte*, faire bouillir, filtrer, neutraliser la dissolution par *l'acide chlorhydrique*, ajouter du *carbonate d'ammoniaque* et filtrer) ; porter au rouge le résidu, pour *chasser complètement les sels ammoniacaux*, le pulvériser, l'agiter avec de *l'alcool éthéré*, filtrer (Ec). On obtient.	une DISSOLUTION. L'évaporer (Ec) : le résidu COLORE LA FLAMME EN ROUGE CARMIN..........		**Lithium.**
	un RÉSIDU insoluble. Le dissoudre dans l'eau, ajouter du *chlorure de platine*, évaporer à sec au bain-marie, traiter le produit sec par *l'alcool* à 50 centièmes (Ed). On obtient	un RÉSIDU jaune et cristallin...........	**Potassium.**
		une LIQUEUR. Chasser l'alcool par évaporation, aciduler par *l'acide chlorhydrique*, saturer à chaud par *l'hydrogène sulfuré*, filtrer, faire bouillir avec quelques gouttes *d'acide azotique*, laisser refroidir, ajouter du *méta-antimoniate de potasse acide* et agiter (Ed) : PRÉCIPITÉ BLANC.............	**Sodium.**
sant le tournesol..			**Ammonium.**

l'eau et à sulfures précipitables dans les liqueurs acidulées, en partant de ces sulfures préalablement isolés des autres sels métalliques.

Le TABLEAU IV (pages 866 et 867) fournit les indications nécessaires pour caractériser les métaux à chlorures solubles dans l'eau et à sulfures non précipitables dans l'eau acidulée, en opérant sur leur mélange tenu en dissolution dans l'eau, mais séparé des autres sels métalliques.

On ne devra pas oublier toutefois que les renseignements fournis par ces tableaux sont forcément abrégés; il sera indispensable de les compléter par la lecture des paragraphes précédents, auxquels renvoient les lettres placées entre parenthèses dans les divers alinéas des tableaux.

1532. VÉRIFICATIONS. — Les vérifications sont encore plus *indispensables* dans l'analyse des mélanges de sels que dans l'analyse des sels isolés, les causes d'erreur étant augmentées de beaucoup. On les fait en constatant les réactions les plus caractéristiques de chaque métal, réactions qui ont été indiquées plus haut (§ 1522). Il faut remarquer cependant que, dans le cas actuel, ces réactions doivent généralement être effectuées, non' pas sur la liqueur primitive, qui peut renfermer en même temps que l'élément à caractériser d'autres éléments susceptibles de modifier ou de masquer les réactions de celui-ci, mais sur les derniers produits de séparation, lesquels contiennent l'élément en question, dépouillé complètement ou à peu près complètement de tous le autres.

III. — DÉTERMINATION DES BASES DANS UN MÉLANGE DE PLUSIEURS SELS, CONTENANT DES ACIDES QUI MODIFIENT LES RÉACTIONS DES OXYDES MÉTALLIQUES.

1533. Pour graduer la difficulté des questions à étudier successivement, nous avons supposé jusqu'ici que le mélange analysé ne contenait aucun acide capable de modifier profondément les réactions des bases mélangées. Or, nous avons déjà dit (§ 1524) qu'il n'en saurait être ainsi, lorsqu'on envisage le problème d'une manière un peu générale.

Les acides oxalique, phosphorique, borique, fluorhydrique, fluosilicique, silicique, etc., pour ne citer que les plus répandus, sont ceux qui interviennent le plus efficacement pour modifier les réactions de certains oxydes métalliques et troubler les résultats fournis par la méthode d'analyse précédente. L'erreur peut porter sur toutes les bases qui figurent au tableau IV (pages 866 et 867), sauf les bases alcalines : ces bases peuvent former des oxalates, des phosphates, des borates, des fluorures, des silicates, etc., insolubles dans les liqueurs neutres ou alcalines. Les acides en question restent sans action gênante, tant qu'on opère en milieu acide, les sels qu'ils forment avec les bases précitées étant alors solubles; mais aussitôt que la suite des réactions conduit à rendre les liqueurs alcalines, leur intervention se, fait sentir.

Il résulte de là que les réactions indiquées dans les tableaux I, II et III ne sont en rien modifiées dans le cas du problème général : en effet, les métaux à chlorures insolubles sont précipités par l'acide chlorhydrique, les métaux à sulfures insolubles sont précipités par l'hydrogène sulfuré dans des liqueurs acidulées, de telle sorte que, par filtration, les chlorures et les sulfures ainsi formés sont isolés des autres éléments restés dans la liqueur. C'est donc exclusivement sur l'analyse du contenu de cette dernière, et, par suite, sur les réactions indiquées du § 1522 au § 1524, et résumées dans le tableau IV, que porte la complication.

Or, d'autre part, la nature des acides présents n'est pas seule à considérer ; il y a lieu de se préoccuper également de leurs quantités. Si, en effet, ils sont abondants, ils peuvent, dans l'application de la méthode indiquée plus haut, causer la précipitation totale de quelques-uns des métaux qui, sans cette circonstance, resteraient en dissolution. Dans le cas contraire, ils n'occasionnent qu'une précipitation partielle, de telle manière que le reste des métaux non entraînés subsiste dans la liqueur rendue alcaline par l'ammoniaque, et peut y être retrouvé dans la suite des opérations ; il est dès lors nécessaire de poursuivre celles-ci jusqu'au bout, comme si les acides en question n'avaient pas été présents.

En résumé, la modification à apporter à la méthode précédente porte tout entière sur la nature du précipité que l'on obtient quand on traite par l'ammoniaque, en présence du chlorhydrate d'ammoniaque en excès, la liqueur dont on a séparé les métaux à chlorures insolubles dans l'eau, et ceux à sulfures précipitables en liqueurs acides. Par suite, le traitement indiqué en C, Ca et Cb (§ 1528) pour ce précipité, doit seul être modifié, ce qui le précède et ce qui le suit dans la méthode simplifiée restant sans changement.

Il est bien évident que nous ne pouvons traiter ici dans tous ses détails une question qui est l'une des plus délicates de l'analyse qualitative : nos indications seront du moins suffisantes pour le but limité que nous nous proposons ici.

1534. MARCHE A SUIVRE. — L'analyse étant commencée comme il a été dit au § 1525 (A, Aa, Ab), au § 1526 (B, Ba, Bb, Bc, Bd), au § 1527 (Be, Bf, Bg), ou dans les tableaux I, II et III, on la continue par le traitement de la liqueur qui, contenant les métaux dont les sulfures ne sont pas précipités dans l'eau acidulée, provient de l'essai B (§ 1526). On débarrasse par l'ébullition cette liqueur de l'hydrogène sulfuré qu'elle retient, et on enlève les dernières traces de ce réactif en même temps qu'on peroxyde de fer, en ajoutant quelques gouttes d'*acide azotique* et faisant bouillir de nouveau ; on additionne le liquide d'un volume égal de solution de *chlorhydrate d'ammoniaque*, puis *d'ammoniaque en excès*, et on fait bouillir : en un mot, on opère comme il a été dit en C (§ 1528). On obtient un précipité et une liqueur que l'on sépare par filtration. La liqueur est soumise aux traitements indiqués en D, D*a*, D*b*, D*c* (§ 1529), et en E, E*a*, E*b*, E*c*, E*d* (§ 1530). Quant au précipité, on effectue sur lui les essais qui vont être indiqués en F (§ 1535).

1535. F. Le précipité provenant de l'essai C (§ 1528 et § 1534), c'est-à-dire le précipité formé par l'ammoniaque en présence du chlorhydrate d'ammoniaque, dans une liqueur de laquelle on avait séparé préalablement les métaux à chlorures insolubles dans l'eau et ceux à sulfures précipitables en liqueurs acidulées, est lavé à l'eau bouillante, égoutté, puis traité par un *grand excès de potasse* bouillante. Après quelques minutes d'ébullition, on filtre et on obtient une *dissolution*, que l'on soumet aux essais indiqués en F*a*, et un *résidu* insoluble, qu'on lave à l'eau bouillante pour lui faire subir ensuite le traitement F*b*.

F*a*. Sur la dissolution potassique provenant de l'essai F, on prélève une première partie, qui est neutralisée, puis acidulée franchement par l'*acide acétique*. On sature la liqueur acide d'*hydrogène sulfuré*. S'il se forme un *précipité blanc*, celui-ci indique la présence du ZINC.

A une autre portion de la dissolution alcaline, préalablement acidulée par l'acide chlorhydrique, on ajoute du *carbonate d'ammoniaque* en grand excès. L'oxyde de zinc étant soluble dans ce réactif en excès, la formation d'un *précipité incolore* et gélatineux (alumine ou sel d'alumine) dénonce l'existence de l'ALUMINIUM dans le mélange.

F*b*. Le résidu insoluble dans la potasse bouillante, provenant de l'essai F, est, après lavage à l'eau bouillante, dissous dans l'*acide chlorhydrique*. La liqueur obtenue, est ensuite additionnée de *sulfhydrate d'ammoniaque* en léger excès, et chauffée au bain-marie pendant quelques minutes. On filtre, on lave le précipité à l'eau chaude, on le laisse égoutter et on le traite, à la température du bain-marie, par de l'*acide chlorhydrique étendu* de son volume d'eau. On obtient un *résidu noir* et une *dissolution* : sur le résidu, on pratique l'essai F*c*, et sur la dissolution l'essai F*d*.

La séparation effectuée ici est basée sur la différence de solubilité de ces sulfures dans l'acide chlorhydrique étendu; la totalité des mêmes sulfures, étant soluble dans l'acide concentré et bouillant, il est indispensable de se conformer aux conditions indiquées pour l'emploi de l'acide.

F*c*. Le *résidu* noir, resté insoluble dans l'acide chlorhydrique étendu lors de l'essai F*b*, ne peut contenir que des sulfures de COBALT et de NICKEL. Après lavage à l'eau chaude, on le soumet au traitement D*c* (§ 1529), indiqué pour caractériser ces métaux dans un mélange de leurs sulfures.

F*d*. La *dissolution* provenant de l'essai F*b* est concentrée par évaporation, puis additionnée d'*acide sulfurique* dilué, jusqu'à précipitation complète, et.portée à la température du bain-marie. On filtre et on réserve la liqueur pour l'essai **F***e*.

On égoutte le précipité de sulfates, on le lave avec fort peu d'eau bouillante, puis avec de l'eau alcoolisée, et enfin on le sèche. On le pulvérise, on le mélange avec une quantité à peu près égale de *carbonate de soude* sec et pulvérulent, et on chauffe le tout au rouge, sur une lame de platine ou dans une petite capsule de même métal. Après *fusion*, on reprend la masse par l'eau bouillante, on lave la partie insoluble (carbonates) et on la dissout dans l'*acide chlorhydrique dilué*.

On peut encore transformer en carbonates les sulfates alcalino-terreux précipités, en délayant ceux-ci dans une dissolution de carbonate de soude et en maintenant le mélange en ébullition pendant un certain temps (§ 910); il se forme du sulfate de soude et la matière insoluble est transformée en carbonates alcalino- terreux. La réaction est, il est vrai, incomplète, mais la matière insoluble qu'elle fournit, après lavage à l'eau bouillante, cède à l'acide chlorhydrique dilué une quantité de métaux terreux bien suffisante d'ordinaire pour les essais auxquels la liqueur doit être soumise. Cette méthode a l'avantage d'être pratiquée plus facilement que la méthode plus parfaite de la fusion alcaline.

Dans les deux cas, la liqueur chlorhydrique, qui peut contenir du BARYUM, du STRONTIUM et du CALCIUM, est évaporée à sec pour chasser l'acide en excès, puis soumise au traitement **E***a* (§ 1530), qui permet de distinguer ces trois métaux

Remarques. — *a.* S'il n'existe que très peu de calcium dans le précipité provenant de l'essai C, ces traces peuvent échapper ici à cause de la solubilité notable du sulfate de chaux dans l'eau. Il est possible cependant de déceler des traces de calcium en opérant sur une petite partie de la liqueur acide à soumettre au traitement **F***d*. On l'additionne d'un excès d'acide sulfurique dilué, on filtre, on ajoute à la liqueur claire un excès d'*acétate de soude*, puis de l'*oxalate d'ammoniaque :* il se forme un léger *précipité blanc* d'oxalate de chaux, si [LP] contient des traces de calcium.

b. Le sulfate de chaux n'étant pas complètement insoluble dans l'eau, la chaux restée dans la liqueur après le traitement par l'acide sulfurique (**F***d*) sera susceptible de troubler la suite des réactions, notamment lors de la recherche de la magnésie (**F***f*).

F*e*. La liqueur séparée des sulfates alcalino-terreux insolubles, lors de l'essai **F***d*, est concentrée par évaporation, neutralisée par la *potasse*, additionnée du même réactif en grand excès, ainsi que de *bioxyde de plomb* pur, et maintenue à l'ébullition pendant quelque temps. On filtre. On lave à l'eau bouillante le résidu insoluble, que l'on soumettra ensuite à l'essai **F***f*. Quant à la liqueur alcaline qu'on sépare de ce résidu, elle peut renfermer en dissolution le chrome peroxydé et passé à l'état de chromate de plomb. Si, acidulée par l'*acide acétique*, elle donne un *précipité jaune vif*, il est établi que le mélange contient du CHROME.

Ff. Le résidu, resté insoluble dans la potasse lors de l'essai Fe, est, après lavage, traité à chaud par l'*acide chlorhydrique*, qui précipite la plus grande partie du plomb ajouté comme réactif. La liqueur diluée et refroidie est ensuite filtrée.

On en prélève une partie, on l'additionne de *ferrocyanure de potassium*. Il se forme un *précipité bleu* quand le produit renferme du FER. On détermine alors l'état d'oxydation de ce métal en opérant sur [LP] (voy. C*b*, § 1528).

On prélève une deuxième partie de la solution chlorhydrique, on l'évapore à sec, on arrose le résidu d'*acide azotique* et on évapore de nouveau. Après avoir répété plusieurs fois cette opération de manière à chasser l'acide chlorhydrique, on pulvérise le résidu, on le met, en même temps que du *bioxyde de plomb*, en suspension dans de l'*acide azotique dilué*, et on maintient le mélange en ébullition pendant quelque temps. Si, après dépôt des matières insolubles, la liqueur éclaircie présente la *couleur cramoisie* de l'azotate de sésquioxyde de manganèse, la présence du MANGANÈSE se trouve établie.

Une troisième partie de la solution chlorhydrique est additionnée d'un excès de *perchlorure de fer*, puis d'*acétate de soude* jusqu'à production de la coloration rouge intense de l'acétate de fer, et maintenue en ébullition pendant quelque temps. Le fer se précipite, entraînant les acides oxalique, phosphorique, etc. On filtre et on lave le précipité. On ajoute aux liqueurs réunies du *chlorhydrate d'ammoniaque*, puis de l'*ammoniaque* en excès, qui précipite ce qui subsiste de fer dans la dissolution. On filtre de nouveau, on lave le précipité à l'eau chaude, on réunit toutes les liqueurs, on les concentre par évaporation, on les acidule par l'*acide acétique* et on y verse de l'*oxalate d'ammoniaque*, lequel précipite le calcium à l'état d'oxalate insoluble; cette élimination du calcium est indispensable, ce métal, ayant pu échapper partiellement aux séparations précédentes (F*d*, *remarque b*), serait pris pour du magnésium dans l'essai relatif à celui-ci. On filtre, on ajoute de nouveau de l'*ammoniaque* à la liqueur, puis du *phosphate de soude*. Il se forme, surtout après agitation, un *précipité* incolore et cristallin de phosphate ammoniaco-magnésien, quand le mélange contient du MAGNÉSIUM.

1536. RÉSUMÉ. — Le tableau IV *bis* (pages 874 et 875) présente sous une forme abrégée les modifications à apporter à la méthode analytique exposée antérieurement, quand le mélange examiné contient ou peut contenir des acides qui changent les réactions ordinaires de certains oxydes métalliques. En raison des abréviations, les renseignements de ce tableau ne peuvent suffire et il est nécessaire de les compléter par la lecture des paragraphes 1533, 1534 et 1535.

B. — Détermination des acides.

I. — DÉTERMINATION DE L'ACIDE D'UN SEL ISOLÉ.

1537. De même que pour la recherche des bases, on opère la détermination des acides sur les sels en dissolution dans l'eau. On a vu plus haut dans quelles conditions on effectue cette dissolution soit par l'eau pure, soit par divers réactifs (§ 1507 et suivants). On a vu aussi quels sont les corps qui résistent à l'action des agents ordinaires de dissolution, et quels traitements on doit leur faire subir pour les désagréger.

On remarquera cependant que, parmi les dissolvants usités, les acides forts sont surtout employés ; or, le plus souvent, ils n'agissent qu'en déplaçant l'acide de la combinaison saline. Si cet acide ainsi mis en liberté est gazeux, très volatil, précipitable, rapidement altérable, etc., il sort de la dissolution, et il devient dès lors impossible de le déceler. Il est donc un certain nombre d'acides qui ne peuvent être reconnus qu'au moment même où on met en dissolution le sel qu'ils constituent. C'est ainsi que l'acide carbonique, l'acide cyanhydrique, l'acide sulfureux, etc., et dans certains cas l'acide sulfhydrique, disparaissent sous forme de gaz quand on traite leurs sels par un acide fort. Dans l'analyse des sels qui ne peuvent être mis en dissolution dans l'eau pure, lorsqu'on fera intervenir un acide, on devra donc observer avec soin s'il se dégage un gaz (*gaz carbonique, gaz sulfureux, hydrogène sulfuré, chlore*), ou s'il se précipite un corps insoluble (*silice, acide borique*) ; les acides dénoncés par les phénomènes ainsi constatés, seront recherchés immédiatement, au moyen des caractères donnés plus loin.

Nous supposerons donc que le sel à analyser est en dissolution.

Pour simplifier la question, nous ne nous occuperons pas d'abord des acides organiques, qui présentent des difficultés spéciales. La présence de ces acides est d'ailleurs facile à reconnaître par ce fait que leurs sels, calcinés dans un tube bouché, donnent un résidu rendu noir par du charbon (§ 1513). Quelques-uns seulement font exception à cette règle. Ce sont les plus simples et les plus importants ; aussi les ferons-nous figurer dans la liste des acides minéraux qui nous occuperont spécialement. On ajoutera plus loin (§ 1543) quelques indications relatives aux autres acides organiques les plus répandus.

1538. TRANSFORMATION DU SEL ANALYSÉ EN SEL ALCALIN. — Parmi les oxydes métalliques, les oxydes alcalins sont ceux qui présentent le plus souvent des réactions négatives lorsqu'on les met en présence des réactifs, autrement dit, sont ceux qui forment avec les acides le moins grand nombre de composés insolubles. Il résulte de là que les oxydes alcalins, et particulièrement la soude, masquent moins que tous les autres les réactions que l'on peut utiliser pour caractériser les acides. Au contraire, en présence des métaux proprement dits et des terres, la recherche des acides se trouve rendue difficile par l'intervention des

une DISSOLUTION...... { En prendre une partie, BLANC.............. / En prendre une autre *niaque en grand excès*

Opérer sur [LP], préalablement débarrassée par *l'acide chlorhydrique* des métaux à chlorures insolubles (A), acidulée, puis saturée d'hydrogène sulfuré et débarrassée par filtration du précipité de sulfures qui a pu se former (B).
La faire bouillir, ajouter quelques gouttes *d'acide azotique*, faire bouillir de nouveau, ajouter volume égal de *chlorhydrate d'ammoniaque*, puis un *excès d'ammoniaque*, et maintenir en ébullition pendant quelques instants (C). On obtient

un PRÉCIPITÉ. Le laver à l'eau bouillante, le dissoudre sur le filtre dans l'*acide chlorhydrique* dilué, et neutraliser exactement la liqueur par l'ammoniaque (Ea). On obtient

un RÉSIDU insoluble. Le laver à l'eau bouillante, le dissoudre dans l'*acide chlorhydrique étendu*, ajouter du *sulfhydrate d'ammoniaque* à la solution, chauffer au bain-marie, filtrer, laver le précipité à l'eau bouillante, l'égoutter, le traiter rapidement à chaud par l'*acide chlorhydrique étendu* de son volume d'eau (Fb). On obtient

une DISSOLUTION. L'évaporer, l'additionner d'un *excès d'acide sulfurique* dilué, chauffer (Fd). On obtient

un RÉSIDU noir, inso- l'*acide chlorhydrique* reprendre par l'eau *sium*, laisser refroidir, dilué (Dc). On obtient.

une LIQUEUR. La traiter par le *sulfhydrate d'ammoniaque*, comme il est dit même origine.

Opérations	Résultat
l'aciduler par l'*acide acétique*, saturer d'*hydrogène sulfuré* (F*a*) : PRÉCIPITÉ	**Zinc.**
partie, l'aciduler par l'*acide chlorhydrique*, ajouter du *carbonate d'ammo-* (F*a*) : PRÉCIPITÉ BLANC..............................	**Aluminium.**

un PRÉCIPITÉ. Le laver avec peu d'eau bouillante, puis à l'*eau alcoolisée*, le sécher, le faire fondre avec son poids de *carbonate de soude*, reprendre par l'eau chaude, laver le résidu insoluble et le dissoudre dans l'*acide chlorhydrique*, évaporer la liqueur jusqu'à siccité complète et reprendre le résidu sec par l'eau (F*d*).

Opérations	Résultat
Ajouter du *chromate de strontiane* à une partie de la dissolution et chauffer (E*a*) : PRÉCIPITÉ JAUNE..........................	**Baryum.**
Ajouter à une partie de la dissolution un excès de *bichromate de potasse* et alcaliniser par l'*ammoniaque*. Qu'il y ait eu ou non précipitation, ajouter au liquide jaune, rendu limpide par filtration ou resté limpide, du *sulfate de chaux* et porter à l'ébullition (E*a*) : PRÉCIPITÉ BLANC, peu abondant	**Strontium.**
Ajouter à une partie de la dissolution un *excès d'acide sulfurique dilué*, filtrer s'il y a lieu, alcaliniser la liqueur par l'*ammoniaque*, aciduler par l'*acide acétique* et ajouter de l'*oxalate d'ammoniaque* (E*a*) : PRÉCIPITÉ BLANC...	**Calcium.**

une LIQUEUR. La concentrer par évaporation, ajouter un *grand excès de potasse* et du *bioxyde de plomb*, maintenir en ébullition, filtrer (F*e*). On obtient

Opérations	Résultat
une DISSOLUTION. L'aciduler par l'*acide acétique* (F*c*) : PRÉCIPITÉ JAUNE...............	**Chrome.**

un RÉSIDU insoluble. Le laver, le traiter à chaud par l'*acide chlorhydrique*, diluer, laisser refroidir, filtrer (F*f*).

Opérations	Résultat
Ajouter à une partie de la liqueur du *ferrocyanure de potassium* : PRÉCIPITÉ BLEU.	**Fer.**
Evaporer une autre partie à sec, *chasser l'acide chlorhydrique* en arrosant le résidu d'acide azotique et évaporant, à plusieurs reprises. Faire bouillir le résidu avec de l'*acide azotique* dilué et du *bioxyde de plomb*, laisser déposer : la LIQUEUR claire est COLORÉE EN CRAMOISI..........	**Manganèse.**
Ajouter à une troisième partie du *perchlorure de fer*, puis de l'*acétate de soude* jusqu'à coloration rouge foncé, faire bouillir, filtrer, ajouter à la liqueur du *chlorhydrate d'ammoniaque* ainsi qu'un *excès d'ammoniaque*, filtrer. Aciduler par l'acide acétique et ajouter de l'oxalate d'ammoniaque ; après quelque temps, filtrer s'il y a lieu, alcaliniser la liqueur par l'ammoniaque, ajouter du *phosphate de soude* et agiter : PRÉCIPITÉ CRISTALLIN INCOLORE...............	**Magnésium.**

Opérations	Résultat
	un PRÉCIPITÉ VERT clair. → **Nickel.**
luble (F*c*). Le laver, l'égoutter, le dissoudre dans *concentré et bouillant*, évaporer presque à sec, bouillante, ajouter un excès de *cyanure de potas-* neutraliser exactement par l'*acide chlorhydrique*	une LIQUEUR. L'aciduler par l'*acide chlorhydrique*, l'évaporer à sec : le résidu COLORE la perle de BORAX EN BLEU .... → **Cobalt.**

en D (§ 1429), ainsi qu'au *Tableau IV* (2e colonne), pour la liqueur ayant la

aux alinéas contenant le détail des opérations à exécuter (du § 1533 au § 1535). — Les vérifications

réactions des bases ; on est dès lors conduit à opérer la recherche en question autant que possible sur les sels sodiques, et par suite, à changer préalablement tous les sels non alcalins en sels de soude.

La méthode que l'on suit pour effectuer cette transformation est basée sur ce fait, que les sels de tous les métaux autres que les métaux alcalins sont précipités par le carbonate de soude, sous forme d'oxyde ou plus souvent de carbonate, tandis que l'acide reste dans la liqueur, à l'état de sel sodique soluble.

A un échantillon de la dissolution à analyser [LP], on ajoute du *carbonate de soude* jusqu'à réaction alcaline au tournesol.

S'il ne s'est pas formé de précipité, même après qu'on a porté le mélange à l'ébullition, on a affaire à un sel alcalin, et on peut opérer directement sur la liqueur primitive.

S'il s'est formé un précipité, il s'agit d'un sel métallique ou terreux ; on traite alors une plus grande quantité de la liqueur à analyser. On l'additionne de carbonate de soude, jusqu'à ce que celui-ci cesse de produire un précipité quand on le verse dans le mélange éclairci ; on a soin cependant de ne pas employer un grand excès de réactif, de s'arrêter dès que le mélange agité soigneusement présente une réaction alcaline, parce que certains carbonates métalliques se dissolvent dans le carbonate de soude. On porte à l'ébullition pendant une dizaine de minutes et on filtre. La liqueur contient le sel sodique de l'acide cherché et aussi un léger excès de carbonate de soude. On détruit ce dernier en ajoutant de l'acide acétique à la liqueur, jusqu'à neutralisation au papier de tournesol.

Dans les deux cas, on applique à la solution du sel alcalin, préalablement concentrée par évaporation, le traitement qui suit.

Nous continuerons à désigner par [LP] la *liqueur primitive*, la *liqueur à analyser*, et nous représenterons par [SA] la solution neutre au tournesol du *sel alcalin* qui en dérive et qui renferme l'acide à reconnaître.

1539. MARCHE A SUIVRE. — A. On ajoute à une partie de [SA], d'abord de l'*azotate de baryte*, puis quelques gouttes d'*ammoniaque*, afin de lui donner une faible réaction alcaline. Le point le plus important est d'opérer sur une liqueur aussi concentrée que possible, quelques-uns des sels de baryte, que nous rangerons tout à l'heure parmi les sels insolubles, présentant en réalité une faible solubilité dans l'eau ; l'hyposulfite, le sulfite et le borate sont dans ce cas ; ces sels de baryte peuvent dès lors ne pas se précipiter quand on opère sur [SA] étendue, ce qui fausse complètement le résultat.

S'il ne se produit pas de précipité, on passe à l'essai G.

Remarque. — Dans le cas où l'application complète de la méthode suivante ne donnerait aucun résultat dans la recherche de l'acide du sel analysé, tenant compte de l'observation qui vient d'être faite sur la solubilité notable de quelques sels de baryte qu'on est conduit cependant à considérer plus loin comme insolubles, il sera bon de rechercher directement ces acides sur LP.

Les sulfites, traités par l'eau iodée, sont changés en sulfates et précipitent ensuite l'azotate de baryte.

Les hyposulfites, que l'eau iodée ne change pas en sulfates, éprouvent cette transformation par l'eau chlorée et précipitent consécutivement par l'azotate de baryte.

Quant aux borates il n'y a pas lieu de s'en préoccuper. Ils auront été retrouvés avec les cyanures (§ 1540, essai H, *Remarque*).

B. S'il se produit un précipité, on le recueille sur un filtre, on l'égoutte, on le lave avec un peu d'eau froide, puis on le traite par l'*acide chlorhydrique étendu* de son volume d'eau : le précipité se dissout entièrement ou laisse un résidu. Quand il se dissout complètement, on passe à l'essai D. Quand au contraire il ne se dissout pas, on pratique sur lui le traitement C.

C. On lave avec de l'eau le produit reconnu insoluble lors de l'essai B, et on en prélève une partie que l'on chauffe sur la lame de platine. Si, après dessiccation, il est jaune, brûle avec une flamme bleue en donnant du gaz sulfureux, et disparaît sans rien laisser sur la lame métallique, il est constitué par du *soufre* et provient de la destruction d'un HYPOSULFITE. Si le produit insoluble dans l'acide chlorhydrique est fixe et reste sur la lame : ou bien, il est *blanc*, opaque, complètement *insoluble dans l'acide chlorhydrique* concentré, et est constitué par du sulfate de baryte, le sel analysé étant un SULFATE ; ou bien il est *gélatineux*, translucide, partiellement *soluble dans l'acide chlorhydrique*, et est constitué par de la silice, le sel analysé étant un SILICATE. Pour reconnaître nettement la solubilité de la silice gélatineuse dans l'acide chlorhydrique, on agite le précipité avec un excès de ce réactif chaud, on filtre et on évapore la liqueur jusqu'à siccité : la silice, devenue insoluble par dessiccation, forme résidu quand on reprend par l'eau la masse desséchée.

Remarque. — Un sulfure polysulfuré à l'air donnerait du soufre dans les mêmes conditions qu'un hyposulfite ; mais les caractères généraux indiqués aux vérifications (§ 1542) permettraient facilement de reconnaître qu'il s'agit d'un sulfure ou d'un hyposulfite.

D. Lorsque le précipité formé par l'azotate de baryte s'est dissous complètement dans l'acide chlorhydrique, lors de l'essai B, on ajoute à [LP], non traitée préalablement par le carbonate de soude, mais concentrée, quelques gouttes d'*acide sulfurique. S'il ne se dégage aucun gaz*, on passe à l'essai E. *S'il y a un dégagement gazeux*, on répète l'expérience dans un tube à essais, à l'orifice duquel est adapté un bouchon que traverse un petit tube à gaz coudé ; aussitôt qu'on a versé l'acide, on fixe le bouchon et on plonge l'extrémité libre du tube à gaz dans de l'*eau de chaux*. Quand cette dernière reste *limpide*, le gaz dégagé possède l'odeur piquante du gaz sulfureux et le sel analysé est un SULFITE. Quand l'eau de chaux se *trouble*, le gaz dégagé est de l'anhydride carbonique, et le sel analysé est un CARBONATE ; lorsqu'il en est ainsi, on ajoute à [LP] froide du *sulfate de magnésie*, il y a formation d'un *précipité* dans le cas d'un CARBONATE NEUTRE, tandis que la liqueur reste *limpide* à froid dans le cas d'un BICARBONATE.

E. Lorsque, [SA] étant précipitable par l'azotate de baryte alcalin, il ne s'est produit aucun dégagement gazeux quand on a traité [LP] par l'acide sulfurique dans l'essai D, on ajoute à [SA] de *l'azotate d'argent*. Il n'y a *pas* formation de *précipité* quand le sel à déterminer est un FLUORURE. S'il se produit *un précipité*, on considère sa *coloration*. Celle-ci est-elle *blanche ou jaune?* on passe à l'essai F. La *coloration* est-elle *rouge?* on ajoute à [SA] de *l'azotate de plomb :* le *précipité* formé est *jaune* vif quand il s'agit d'un CHROMATE, tandis qu'il est *blanc* avec un ARSÉNIATE.

F. Le précipité obtenu avec l'azotate d'argent, dans l'essai E, étant blanc ou jaune, on ajoute à [SA] du *sulfate de cuivre*. Le *précipité* qui prend naissance est *vert* quand le sel est un ARSÉNITE; il est *bleu* avec un phosphate, un borate ou un oxalate. Pour distinguer entre ces trois sels, on verse [SA] dans un mélange limpide de *sulfate de magnésie* et de *chlorhydrate d'ammoniaque*, rendu fortement alcalin par de *l'ammoniaque*, et on agite : il se forme *un précipité* cristallin avec un PHOSPHATE, tandis que la liqueur reste limpide avec les deux autres sels. Lorsqu'il ne se fait pas de précipité, on ajoute à [SA] de l'acide acétique, puis du *chlorure de calcium;* il y a *précipitation* quand il s'agit d'un OXALATE; dans le cas contraire, on évapore [SA] à siccité, on mélange le résidu avec un peu d'acide sulfurique, on traite le tout par l'alcool et on allume ce dernier ; il brûle avec une *flamme verdâtre* quand le sel analysé est un BORATE.

Remarque. — Le borate de baryte étant notablement soluble dans l'eau, on ne trouve l'acide borique ainsi qu'il vient d'être dit, que lorsqu'on a opéré le traitement par l'azotate de baryte alcalin sur des liqueurs concentrées, ce qui, d'ailleurs a été recommandé plus haut (essai A. *Remarque*).

1540. G. Quand on a constaté, lors de l'essai A, que la solution du sel alcalin à essayer ne précipite pas par l'azotate de baryte alcalinisé, on ajoute à [SA], neutre au tournesol, un léger *excès d'azotate d'argent*. S'il se fait un précipité, on procède à l'essai H; dans le cas contraire on passe à l'essai J.

H. On observe la coloration du précipité donné avec [SA] par l'azotate d'argent en excès (essai G). S'il est *noir*, il s'agit d'un SULFURE. S'il est de *couleur claire*, blanc ou jaune, on le laisse déposer, on décante la liqueur, on la remplace par de *l'acide azotique concentré* et on fait bouillir. Quand, le précipité se dissout dans l'acide, il est formé par un CYANURE. Quand au contraire, il ne se dissout pas, on introduit un peu de [SA] dans un tube à essais avec 1 centimètre cube de *sulfure de carbone*, puis on ajoute quelques gouttes d'eau de *chlore*, et on agite :

après dépôt, le sulfure de carbone reste incolore pour un CHLORURE; il devient *rouge brun* pour un BROMURE et *violet* pour un IODURE.

Remarque. — Si [LP] est la solution étendue d'un borate, l'acide borique, qui a pu n'être pas précipité par l'azotate de baryte (§ 1539, A, *Remarque*), est ici précipité par l'azotate d'argent. Le borate d'argent, étant soluble dans l'acide azotique, comme le cyanure, pourrait être confondu avec ce dernier. On serait averti de cette erreur en faisant les vérifications. Le borate d'argent se distingue d'ailleurs aisément du cyanure d'argent par la couleur noire que prend le borate d'argent quand on porte à l'ébullition la liqueur tenant le précipité en suspension; dans les mêmes conditions le cyanure d'argent reste blanc.

J. Lorsque [SA] ne précipite ni par l'azotate de baryte alcalin (essai A), ni par l'azotate d'argent (essai G), on évapore [SA] à siccité, on chauffe au rouge le résidu de l'évaporation, sur la lame de platine; si le sel est un chlorate, il se décompose en chlorure et oxygène. On laisse refroidir, on dissout le résidu dans l'eau, on acidule la liqueur par l'acide azo-tique, et on ajoute de l'*azotate d'argent*. S'il se forme un *précipité blanc*, caillebotté, de chlorure d'argent, le résidu de la calcination contient un chlorure et le sel analysé est un CHLORATE.

K. S'il ne s'en forme pas, on fait bouillir, non pas [SA] qui a été neu-tralisée à l'acide acétique (§ 1538), mais bien [LP], avec du *perchlorure de fer* pendant quelques minutes, et on observe s'il se sépare ou non un précipité ocreux. Quand la liqueur reste limpide, le sel analysé doit être un azotate ou un azotite. Cependant toutes les réactions précédentes ayant été négatives, il faut, non seulement distinguer entre ces deux sortes de sels, mais encore chercher à caractériser celui dont il s'agit par un caractère positif; à cet effet, on ajoute à [LP] de l'*acide sulfu-rique;* s'il se dégage des vapeurs rutilantes, le sel analysé est un AZO-TITE. Le résultat de cet essai ayant été négatif, on évapore [LP] à siccité et on chauffe le résidu avec du cuivre et de l'acide sulfurique concentré, dans un tube à essais : s'il y a dégagement de *vapeurs rutilantes*, on a affaire à un AZOTATE.

Quand au contraire [LP] se trouble par ébullition prolongée avec le perchlorure de fer, en laissant déposer de l'hydrate d'oxyde de fer, ce dernier provient de la décomposition par l'eau bouillante d'un acétate ou d'un formiate. On évapore [LP] à sec, on mélange le résidu pulvé-risé avec une quantité sensiblement égale d'*anhydride arsénieux* égale-ment pulvérisé, et on calcine le tout dans le fond d'un tube à essais : il se dégage des vapeurs possédant l'odeur fétide et caractéristique du *cacodyle* lorsque le sel est un ACÉTATE. La réaction précédente ayant été négative, on fait bouillir [SA] avec de l'*azotate d'argent;* la formation d'un dépôt noir d'*argent métallique* dénonce la présence d'un FORMIATE.

1541. RÉSUMÉ. — La méthode d'analyse précédente se trouve résumée dans le tableau suivant, qui forme les pages 880 et 881. En raison des

Ajouter à la SOLUTION CONCENTRÉE ET NEUTRALISÉE DE SEL ALCALIN [SA], de l'azotate de baryte, puis quelques gouttes d'ammoniaque, pour donner une faible réaction alcaline (A).

- **Il se forme UN PRÉCIPITÉ.** Le séparer, l'égoutter le traiter par l'*acide chlorhydrique étendu* de son volume d'eau (B) : le précipité est
  - **INSOLUBLE.** L'isoler, le laver à l'eau bouillante, l'égoutter (C) ; il est
    - JAUNE CLAIR, s'agglomère dans l'eau
    - BLANC, opaque, complètement INSO
    - GÉLATINEUX, translucide, partiellement
  - **SOLUBLE.** Ajouter à [LP] quelques gouttes d'*acide sulfurique* (D).
    - Il se produit un **DÉGAGEMENT GAZEUX.** Diriger le gaz dans de l'*eau de chaux* (D).
      - L'eau de chaux à [LP] froide du
      - L'eau de chaux
    - Il ne se produit **PAS DE DÉGAGEMENT GAZEUX.** Ajouter à [SA] de l'*azotate d'argent* (E).
      - Il se forme un ter à [SA] de l'a il se fait un
      - Il se forme un **PRÉCIPITÉ BLANC OU JAUNE.** Ajouter à [SA] du *sulfate de cuivre* (F) : il se forme un
      - Il ne se forme PAS

- **Il ne se forme PAS DE PRÉCIPITÉ.** Ajouter à [SA] un *excès d'azotate d'argent* (G).
  - **Il se forme UN PRÉCIPITÉ**
    - NOIR. . . . .
    - BLANC OU JAUNE. Le laisser déposer, l'isoler par décantation, le faire bouillir avec de l'*acide azotique concentré* (H) : il est
  - **Il ne se forme PAS DE PRÉCIPITÉ.** Évaporer [SA] à sec, chauffer le résidu au rouge, laisser refroidir, dissoudre dans l'eau, aciduler par l'*acide azotique*, ajouter de l'*azotate d'argent* (J),
    - Il se forme UN
    - Il ne se forme **PAS DE PRÉCIPITÉ.** Faire bouillir [LP] avec du *perchlorure de fer*, pendant quelques minutes (K).

(1) Lorsque [LP] contient un sel formé par un métal terreux ou un métal proprement dit,

REMARQUES : [LP] veut dire *liqueur primitive* n'ayant subi aucun traitement, pas même la nant l'acide du sel analysé (§ 1538), et exactement neutralisée par l'acide acétique. — Les lettres (§ 1539 et 1540).

bouillante et BRULE SANS RÉSIDU........................	**Hyposulfite.**
LUBLE DANS UN EXCÈS D'ACIDE CHLORHYDRIQUE concentré............	**Sulfate.**
SOLUBLE DANS UN EXCÈS D'ACIDE CHLORHYDRIQUE................	**Silicate.**
est TROUBLÉE. Ajouter *sulfate de magnésie.* } Il se fait UN PRÉCIPITÉ...............	**Carbonate.**
} Il ne se fait PAS DE PRÉCIPITÉ............	**Bicarbonate.**
n'est PAS TROUBLÉE............	**Sulfite.**
PRÉCIPITÉ ROUGE. Ajou-*zotate de plomb* (E) : } PRÉCIPITÉ JAUNE VIF........	**Chromate.**
} PRÉCIPITÉ BLANC............	**Arséniate.**
PRÉCIPITÉ VERT............	**Arsénite.**
PRÉCIPITÉ BLEU. Verser [SA] dans un mélange de *chlorhydrate d'ammoniaque, de sulfate de magnésie* et *d'ammoniaque*, agiter (F). { Il se forme un PRÉCIPITÉ blanc, cristallin........	**Phosphate.**
Il ne se forme PAS DE PRÉCIPITÉ. { [SA], additionnée d'*acide acétique* et de *chlorure de calcium*, donne un précipité...	**Oxalate.**
[SA], évaporée à sec, additionnée d'un peu d'*acide sulfurique*, puis d'*alcool*, donne un mélange brûlant avec une FLAMME VERTE...	**Borate.**
DE PRÉCIPITÉ............	**Fluorure.**
....	**Sulfure.**
SOLUBLE............	**Cyanure.**
INSOLUBLE. Ajouter à [SA] un peu de *sulfure de carbone*, puis quelques gouttes d'*eau de chlore*, agiter, laisser reposer (H). Le sulfure de carbone est { INCOLORE............	**Chlorure.**
coloré en ROUGE BRUN.	**Bromure.**
coloré en VIOLET......	**Iodure.**
PRÉCIPITÉ............	**Chlorate.**
Il ne se forme PAS DE PRÉCIPITÉ. Ajouter à [LP] de l'*acide sulfurique* (K) : { Il se dégage des VAPEURS RUTILANTES.........	**Azotite.**
Il ne se dégage pas de VAPEURS RUTILANTES. Évaporer [LP] à sec, chauffer le résidu avec du *cuivre* et de l'*acide sulfurique* (K). Il se dégage des VAPEURS RUTILANTES............	**Azotate.**
Il se fait UN PRÉCIPITÉ ocreux. { Evaporer [LP] à sec, calciner, dans un tube à essais, le résidu mélangé d'*acide arsénieux* (K) : l'ODEUR REPOUSSANTE du cacodyle se manifeste............	**Acétate.**
Faire bouillir [SA] avec de l'*azotate d'argent* (K) : ARGENT RÉDUIT............	**Formiate.**

elle doit être traitée préalablement, pour transformer ce sel en sel alcalin (voy. § 1538).

transformation en sel alcalin (§ 1538). — [SA] veut dire solution du *sel à base alcaline*, conteplacées entre parenthèses se rapportent aux alinéas précisant les opérations à exécuter

abréviations indispensables, les renseignements de ce tableau sont insuffisants et il est nécessaire de consulter les paragraphes 1539 et 1540.

1542. VÉRIFICATIONS. — L'acide d'un sel ayant été déterminé par la méthode précédente, il est tout à fait indispensable de contrôler le résultat obtenu; une seule erreur, commise à un moment quelconque dans l'application de la marche dichotomique, en altérerait profondément l'exactitude. Le contrôle est fait au moyen des réactions suivantes, qui sont choisies parmi les plus caractéristiques pour chaque acide :

ACÉTATES. — (Voy. § 1373).

ARSÉNIATES. — [SA], acidulée par l'acide chlorhydrique, ne précipite pas immédiatement à froid par l'hydrogène sulfuré, mais précipite en jaune à l'ébullition. [SA] donne une tache d'arsenic à l'appareil de Marsh (voy. ce mot). [SA], additionnée d'un mélange limpide et fait à l'avancé de sulfate de magnésie, de chlorhydrate d'ammoniaque et d'ammoniaque, donne par l'agitation un précipité incolore et cristallin, d'arséniate ammoniaco-magnésien.

ARSÉNITES. — [SA], acidulée par l'acide chlorhydrique, précipite immédiatement à froid par l'hydrogène sulfuré; le précipité est jaune. [SA] donne une tache d'arsenic à l'appareil de Marsh (voy. ce mot). [SA], additionnée d'azotate d'argent, forme un précipité jaune d'arsénite d'argent, soluble dans l'acide azotique et dans l'ammoniaque. [SA], additionnée de soude caustique en excès, puis d'un peu de sulfate de cuivre, donne une liqueur bleue; celle-ci, portée à l'ébullition, est réduite par l'acide arsénieux, qui passe à l'état d'arséniate, et il se dépose un précipité rouge d'oxydule de cuivre.

AZOTATES. — Si dans de l'acide sulfurique pur et froid, auquel on a ajouté fort peu de sulfate de protoxyde de fer en poudre, on projette une trace d'un azotate desséché, et si l'on agite, le liquide prend une coloration rose : toute élévation de la température, même celle que produit une addition d'eau ou de liqueur aqueuse à l'acide sulfurique, empêche la coloration de se manifester. [SA], chauffée à l'ébullition avec de l'acide chlorhydrique, après addition d'une trace de sulfate d'indigo, décolore cette substance. Une trace d'un azotate colore en rouge vif la solution de brucine dans l'acide sulfurique concentré.

AZOTITES. — [SA], très légèrement acidulée par l'acide chlorhydrique dilué, donne un dépôt de soufre par l'hydrogène sulfuré. [SA] colorée en rouge par le permanganate de potasse, se décolore quand on ajoute quelques gouttes d'acide chlorhydrique; additionnée d'eau amidonnée puis d'iodure de potassium, elle se colore en bleu intense. [SA], concentrée par évaporation, donne avec l'azotate d'argent un précipité blanc, soluble dans une notable quantité d'eau, surtout à chaud.

BORATES. — [SA] concentrée, puis additionnée d'un excès d'acide chlorhydrique, donne des lamelles incolores d'acide borique, peu solubles dans l'eau froide. Le sel sec, mélangé avec du bisulfate de potasse et du fluorure de calcium, puis porté sur la spirale de platine dans la flamme du brûleur de Bunsen (région de fusion), colore la flamme en vert, mais pendant quelques instants seulement. Une feuille de papier de curcuma, partiellement imbibée de [SA] que l'on a préalablement additionnée d'acide chlorhydrique jusqu'à légère réaction acide, prend, quand on la sèche à 100°, une coloration rouge, qu'il ne faut pas confondre cependant avec celle que donne, dans les mêmes conditions, l'acide chlorhydrique concentré.

Bromures. — [SA] est précipitée en blanc jaunâtre par l'azotate d'argent : le bromure formé est insoluble dans l'acide azotique, peu soluble dans l'ammoniaque, très soluble dans le cyanure de potassium. Le sel sec, chauffé avec de l'acide sulfurique et du bioxyde de manganèse pulvérisé, donne des vapeurs rouges de brome, qui ne bleuissent pas le papier encollé à l'amidon, préalablement mouillé.

Carbonates. — [SA] précipite le chlorure de calcium et le chlorure de baryum ; les précipités se dissolvent avec effervescence dans l'acide acétique ; celui de chaux, lavé à l'eau et calciné au rouge sur la lame de platine, donne de la chaux, qui, en présence de l'eau, bleuit énergiquement le tournesol rouge.

Chlorates. — Le sel sec, chauffé dans un tube à essais avec une trace d'oxyde de manganèse, dégage de l'oxygène rallumant une allumette en ignition. [SA], étant colorée en bleu clair par du sulfate d'indigo, puis acidulée par l'acide sulfurique dilué, et enfin additionnée goutte à goutte d'une solution de sulfite de soude, se décolore. [SA] étant colorée en bleu par de l'indigo, puis chauffée avec de l'acide chlorhydrique, se décolore. Une trace d'un chlorate colore en rouge vif la solution de brucine dans l'acide sulfurique concentré.

Chlorures. — [SA] donne avec l'azotate d'argent un précipité blanc, caillebotté, devenant violet puis noir à la lumière, insoluble dans l'acide azotique, très soluble dans l'ammoniaque et dans le cyanure de potassium. [SA] précipite en blanc l'azotate de sous-oxyde de mercure. Le sel sec, chauffé avec du bichromate de potasse et de l'acide sulfurique dans un très petit appareil distillatoire, donne des vapeurs rouges d'acide chloro-chromique, dont la solution aqueuse, neutralisée par l'ammoniaque, présente les caractères des chromates (voy. l'alinéa suivant).

Chromates. — [SA], additionnée d'acide sulfureux ou de bisulfite de soude en excès et chauffée, devient verte ; elle donne dès lors, avec la potasse, un précipité vert, soluble à froid dans un excès de réactif ; la solution alcaline ainsi produite abandonne son oxyde de chrome à l'ébullition. Le sel sec donne, avec le borax, au chalumeau, la coloration caractéristique des sels de chrome (§ 1522).

Cyanures. — [SA], chauffée avec un peu de sulfhydrate d'ammoniaque, jusqu'à décoloration, évaporée à siccité, puis reprise par l'eau et acidulée par l'acide chlorhydrique, donne avec le perchlorure de fer la coloration rouge caractéristique des sulfocyanates. [SA], additionnée d'un mélange ferroso-ferrique (sulfate ferreux et chlorure ferrique), puis de potasse jusqu'à forte alcalinité, et portée à l'ébullition, donne, lorsqu'on l'acidule par l'acide chlorhydrique dilué, un précipité de bleu de Prusse. Le sel sec, traité par l'acide sulfurique très dilué, dégage des vapeurs d'acide cyanhydrique, douées d'une odeur d'amandes amères.

FLUORURES. — Le sel sec, réduit en poudre et mélangé, dans une petite boite de plomb (faite d'une feuille de plomb dont on a relevé les bords) ou dans un creuset de platine, avec de l'acide sulfurique concentré, de manière à former une bouillie claire, dégage de l'acide fluorhydrique; les vapeurs de celui-ci gravent une lame de verre, que l'on a recouverte de cire fondue, que l'on a mise à nu par quelques traits tracés avec une pointe métallique, et que l'on a laissée séjourner pendant une demi-heure sur le vase métallique, à la manière d'un couvercle (voy. § 173). Le sel desséché, chauffé doucement dans un tube à essais bien sec, avec du grès siliceux et de l'acide sulfurique concentré, dégage des fumées blanches et épaisses, dues au fluorure de silicium.

FORMIATES. — (Voy. § 1365.)

HYPOSULFITES. — [SA], versée à froid dans l'azotate d'argent, donne un précipité blanc, soluble dans un excès d'hyposulfite; la liqueur devient noire à l'ébullition. [SA] est colorée en violet rouge par le perchlorure de fer; la coloration disparaît peu à peu. [SA], acidulée par l'acide sulfurique, devient peu à peu laiteuse par dépôt de soufre, et dégage à chaud du gaz sulfureux. [SA] diluée, additionnée d'azotate de baryte puis filtrée, ne se trouble pas par l'eau iodée, mais précipite par l'eau de chlore en donnant du sulfate de baryte.

IODURE. — [SA] précipite en jaune par l'azotate de plomb. Avec l'azotate d'argent, elle donne un précipité jaune clair, noircissant à la lumière, insoluble dans l'acide azotique, très peu soluble dans l'ammoniaque, très soluble dans le cyanure de potassium. [SA], additionnée d'eau amidonnée, puis acidulée par l'acide sulfurique, se colore en bleu, à froid, sous l'action des réactifs oxydants, tels que l'acide azotique chargé de vapeurs nitreuses, les azotites, ou même l'eau de chlore; mais il ne faut pas oublier qu'un faible excès de chlore décolore l'iodure d'amidon bleu.

OXALATES. — [SA] précipite le chlorure de calcium en blanc; le précipité est insoluble dans l'acide acétique; lavé et calciné au rouge sur la lame de platine, il donne de la chaux qui, en présence de l'eau, bleuit énergiquement le tournesol rouge. [SA] donne, avec le chlorure du baryum, un précipité blanc, soluble dans l'acide azotique. Le sel sec, chauffé avec un excès d'acide sulfurique concentré, dégage un mélange d'oxyde de carbone et de gaz carbonique; le même sel sec, mélangé de bioxyde de manganèse en poudre, puis d'acide sulfurique étendu de son volume d'eau, dégage en abondance du gaz carbonique.

PHOSPHATES. — Le phosphate ammoniaco-magnésien, obtenu comme il a été dit (§ 1539, F), recueilli et lavé, étant dissous sur un verre de montre dans une goutte d'acide azotique, et la liqueur étant additionnée d'azotate d'argent, puis d'ammoniaque, et chauffée pour chasser l'excès de cette dernière, ne donne pas de coloration ; l'arséniate ammoniaco-magnésien produit une coloration rouge brique dans les mêmes circonstances. [SA] forme avec l'azotate d'argent un précipité jaune, soluble dans l'acide azotique et dans l'ammoniaque. [SA], acidulée par l'acide azotique, précipite en jaune clair le molybdate d'ammoniaque, en opérant dans une liqueur froide, et en blanc l'azotate de bismuth, en opérant dans une liqueur bouillante.

Silicates. — Le précipité gélatineux, donné dans [SA] par l'acide chlorhydrique (§ 1339, C), devient tout à fait insoluble après dessiccation. Le sel sec, chauffé dans un tube à essais, avec de l'acide sulfurique concentré et du fluorure de calcium, dégage du fluorure de silicium, fumant à l'air ; ce gaz, dirigé par un petit tube dans quelques gouttes d'eau, y forme des flocons gélatineux de silice. Un fragment de silicate, introduit dans une perle de sel de phosphore, se dissout partiellement en laissant un résidu de silice, qui conserve la forme du fragment, et reste en suspension dans le sel de phosphore fondu.

Sulfates. — Le sel sec, mélangé de charbon en poudre, puis chauffé au feu de réduction du chalumeau, donne un sulfure ; le produit, dissous dans l'eau, présente tous les caractères des sulfures (voy. plus loin). [SA] forme avec l'acétate de plomb un précipité blanc, lourd, soluble dans l'acide chlorhydrique concentré et bouillant, ainsi que dans l'acétate d'ammoniaque.

Sulfites. — La solution diluée d'un sulfite, acidulée par l'acide chlorhydrique, ne précipite pas par le chlorure de baryum ; après oxydation par l'eau de chlore ou l'eau de brome, elle donne avec lui un précipité de sulfate de baryte. Le sel sec, mélangé de charbon en poudre, puis chauffé au feu de réduction du chalumeau, donne un résidu de sulfure ; celui-ci, dissous dans l'eau, présente tous les caractères des sulfures (voy. l'alinéa suivant). [SA] décolore le permanganate de potasse et réduit, à l'ébullition, le chlorure de mercure en précipitant du sous-chlorure blanc. [LP] diluée, additionnée d'azotate de baryte et filtrée, se trouble quand on l'additionne d'eau iodée.

Sulfures. — [SA], traitée par l'acide chlorhydrique, dégage de l'hydrogène sulfuré dont l'odeur est caractéristique, et qui noircit un papier imbibé d'acétate de plomb. [SA] étant chauffée avec du cyanure de potassium, et évaporée à sec, puis le résidu étant repris par l'eau, la liqueur, acidulée par l'acide chlorhydrique, donne avec le perchlorure de fer la coloration rouge sang, caractéristique des sulfocyanates. [SA], après oxydation par l'eau régale, renferme de l'acide sulfurique (voy. plus haut).

1543. Sels a acides organiques. — En dehors des acides organiques, dont les sels ne laissent pas de résidu charbonneux par la calcination et qui, pour cette raison, ont été rangés avec les acides minéraux, il en est plusieurs qui se rencontrent fréquemment à l'état de sels ; il semble utile de résumer ici leurs principaux caractères.

ACÉTATES. — (Voy. § 1373.)

BENZOATES. — Chauffés avec de l'acide sulfurique, ils donnent des vapeurs qui rougissent le papier bleu de tournesol humide; ces vapeurs se condensent, dans le tube à essais, en aiguilles cristallines, faciles à isoler quand on opère dans un petit appareil distillatoire, solubles dans l'éther. Les benzoates solubles ne sont pas précipités par l'azotate de baryte, ni par le chlorure de calcium; ils le sont en blanc par l'acétate neutre de plomb, et en brun clair par le perchlorure de fer. Une solution aqueuse, saturée d'acide libre, acidulée par l'acide sulfurique, étant agitée avec de l'amalgame de sodium (§ 595), exhale, après quelques instants, l'odeur d'amandes amères de l'aldéhyde benzoïque.

CITRATES. — Chauffés avec un excès d'acide sulfurique, les citrates ne se colorent que lentement en noir, mais dégagent de l'oxyde de carbone et du gaz carbonique. Les citrates solubles, en solutions neutres et diluées, ne sont pas précipités à froid par le chlorure de calcium; la liqueur chauffée avec précaution se trouble, pour redevenir limpide par le refroidissement; le précipité formé cesse de se redissoudre à froid, si le mélange a été maintenu pendant quelque temps en ébullition. Le citrate de chaux ainsi précipité est insoluble dans la soude caustique, mais soluble dans le chlorhydrate d'ammoniaque; en liqueur alcaline, sa précipitation se fait immédiatement à froid. Le sulfate d'alumine ou le perchlorure de fer, additionnés d'un excès de citrate alcalin, ne sont pas précipités par l'ammoniaque. Les citrates insolubles, traités par l'acide sulfurique, puis par l'alcool, cèdent de l'acide citrique à ce dernier.

FORMIATES. — (Voy. § 1365.)

MALATES. — Chauffés fortement, les malates exhalent une odeur de sucre brûlé. Le sulfate d'alumine ou le perchlorure de fer, additionnés d'un excès de malate alcalin, ne sont pas précipités par l'ammoniaque. Les malates ne sont précipités ni par l'eau de chaux, ni par le chlorure de calcium; du malate de chaux se sépare quand on ajoute de l'alcool au mélange. L'acétate de plomb donne avec les malates un précipité blanc, caillebotté, de malate de plomb, qui se convertit lentement en aiguilles nacrées quand on l'abandonne au sein de la liqueur. Le malate de plomb fond dans l'eau bouillante.

TARTRATES. — Chauffés fortement, les tartrates exhalent une odeur de sucre brûlé. Le sulfate d'alumine ou le perchlorure de fer, additionnés d'un excès de tartrate alcalin, ne sont pas précipités par l'ammoniaque. Les tartrates neutres sont précipités par le chlorure de calcium et par l'eau de chaux; le précipité est soluble dans la potasse froide, mais se sépare gélatineux par l'action de la chaleur, pour se redissoudre en refroidissant; la présence du chlorhydrate d'ammoniaque empêche notablement la précipitation du tartrate de chaux. Les tartrates donnent avec l'acétate de plomb un précipité blanc cristallin. En ajoutant à un tartrate du chlorure de potassium, puis de l'acide acétique et en agitant, il se précipite du tartrate acide de potasse, cristallin.

II. — DÉTERMINATION DES ACIDES DANS UN MÉLANGE DE PLUSIEURS SELS.

1544. La détermination des acides mélangés présente plus de difficultés que celle des bases mélangées. Les recommandations générales, faites à propos de la recherche des bases mélangées (§ 1523), sont applicables dans le cas actuel. On doit y ajouter celle d'opérer en liqueurs aussi concentrées que possible, les séparations des acides étant souvent fondées sur la formation de précipités dont l'insolubilité n'est pas complète.

La marche à suivre ne diffère pas sensiblement, du moins quant au principe, de celle qui vient d'être indiquée pour reconnaître l'acide d'un sel isolé.

Les sels sont préalablement transformés en sels alcalins par un traitement au carbonate de soude (§ 1538) et leur solution est ensuite concentrée par évaporation. Nous continuerons à distinguer la liqueur primitive [LP], n'ayant pas subi ce traitement au carbonate de soude, de la solution neutralisée de sels alcalins [SA] qu'elle fournit.

1545. MARCHE A SUIVRE. — A. On ajoute à une faible quantité de [SA] concentrée, d'abord de l'*azotate de baryte*, puis quelques gouttes d'*ammoniaque*, de manière à donner une faible réaction alcaline. S'il ne se forme pas de précipité, on passe à l'essai E. S'il se forme un précipité, on opère de même sur une plus grande quantité de [SA], on isole le précipité par filtration, et on le lave avec le moins possible d'eau froide. La filtration et le lavage à la trompe, en se servant d'un filtre sans plis, reposant sur un cône de platine (§ 353), présentent ici des avantages considérables, tant au point de vue de la rapidité de l'opération, que du volume extrêmement réduit du liquide avec lequel ils permettent de laver. Quel que soit le mode opératoire adopté, on obtient *un précipité* que l'on soumet à l'essai B, et *une liqueur* à laquelle on applique le traitement E.

B. *Acides qui sont précipités par l'azotate de baryte alcalin.* — Le précipité formé dans l'essai A contient tous les acides dont les sels de baryte sont insolubles dans l'eau. Après lavage avec fort peu d'eau froide, on en traite une faible partie par de l'*acide chlorhydrique étendu* de son volume d'eau. S'il ne se dissout pas complètement, s'il laisse un *résidu insoluble*, on pratique sur ce même résidu le traitement Ba. Si, sous l'action de l'acide chlorhydrique, il se dégage un gaz, autrement dit s'il y a effervescence, on fait sur [SA] ou sur [LP] les essais indiqués en C. Enfin, le même précipité provenant de A peut être dû à des acides, qui ne fournissent aucune des deux réactions précédentes, et qu'il est nécessaire de rechercher en appliquant la marche indiquée en D à la liqueur provenant de l'action de l'acide chlorhydrique sur le précipité barytique.

Ba. Si le précipité provenant de l'essai A laisse un résidu insoluble dans l'acide chlorhydrique (B), on isole ce résidu en évaporant à siccité le mélange du précipité avec l'acide chlorhydrique, et en reprenant la matière sèche par l'eau bouillante. La liqueur obtenue sera mise de côté pour servir à l'essai D. La dessiccation ayant rendu l'acide silicique complètement insoluble, ce corps, s'il existe dans la substance analysée, reste tout entier dans le résidu. On lave ce dernier, on le recueille sur un filtre, on le sèche, et on en chauffe une parcelle sur une lame de platine : s'il est entièrement volatil et brûle en donnant du gaz sulfureux, il est formé exclusivement par du *soufre*. Celui-ci provient d'un HYPOSULFITE. Toutefois la remarque faite plus haut à propos du dépôt de soufre donné de même par les polysulfures (§ 1539, C) est applicable ici. S'il reste une cendre lors de la calcination sur la lame de platine, on pulvérise le résidu insoluble qui l'a fournie et on le fait macérer pendant quelques instants avec du *sulfure de carbone* dans un tube à essais; on verse le tout sur un filtre, et on évapore la solution sulfocarbonique, en évitant les accidents que peut occasionner la combustion des vapeurs. Quand la liqueur laisse un résidu de *soufre*, celui-ci dénonce, comme on vient de le dire, la présence d'un HYPOSULFITE.

B*b*. Que le résidu renferme ou non du soufre, on recueille la matière insoluble dans le sulfure de carbone, on la chauffe au rouge sombre sur la lame de platine, pour volatiliser le soufre insoluble qu'elle retient, on la mélange avec son poids de *carbonate de soude* sec et on porte le tout au rouge, sur le charbon, dans la flamme de réduction du chalumeau. Après refroidissement, on dissout dans l'eau, on acidule avec précaution par l'acide chlorhydrique et on filtre. Quand une partie de la liqueur *précipite* en noir par l'*acétate de plomb*, un SULFATE existe dans la matière analysée ; il a été transformé en sulfure. Une autre partie de la liqueur, étant évaporée à sec, donne un *résidu insoluble* de silice, quand il s'y trouve un SILICATE.

1546. C. Quand, lors de l'essai B (§ 1545), il s'est produit une effervescence par l'action de l'acide chlorhydrique sur le précipité des sels de baryte insolubles, provenant de l'essai A, on traite [LP], dans un très petit ballon ou dans un tube à essais, par de l'*acide sulfurique* étendu de son poids d'eau, en portant la température du mélange jusqu'au voisinage de l'ébullition, mais sans produire celle-ci; on a préalablement muni l'orifice du tube ou du ballon d'un bouchon traversé d'un tube à gaz coudé, dont on fait plonger l'orifice libre dans de l'*eau de chaux*. Le gaz dégagé *trouble* l'eau de chaux, lorsqu'il existe un CARBONATE dans le mélange.

D'autre part, on ajoute à [SA], bien neutre au tournesol et préalablement étendue de 4 ou 5 volumes d'eau, de l'*azotate de baryte* en excès, on filtre s'il s'est produit un précipité, et on ajoute à la liqueur limpide de l'*eau iodée :* il se fait un *précipité blanc* de sulfate de baryte quand la substance renferme un SULFITE.

1547. D. Dans le traitement B*a*, après évaporation à siccité du mé-

lange obtenu en traitant par l'acide chlorhydrique le précipité barytique provenant de l'essai A, on a repris par l'eau et filtré. La liqueur
obtenue. est additionnée d'*acide sulfurique dilué*, jusqu'à ce que ce
réactif cesse de produire un précipité de sulfate de baryte, et filtrée
de nouveau. On en neutralise une petite partie par l'*ammoniaque*, puis
on l'additionne d'un mélange, fait à l'avance et limpide, de *sulfate de
magnésie*, de *chlorhydrate d'ammoniaque* et d'*ammoniaque*. Si, par l'a-
gitation, il se fait un *précipité*, on produit celui-ci sur une plus grande
quantité de liqueur, et, quand sa formation est terminée, ce qui exige
toujours un peu de temps, on le lave à l'eau ammoniacale et on le soumet au traitement Da. Quant à la *liqueur* qu'on en sépare, on la soumet
au traitement D*b*. On passe au même traitement D*b* sur la *liqueur* obtenue comme il a été dit plus haut, débarrassée de baryte par addition
d'acide sulfurique dilué et filtration, lorsque cette liqueur n'a pas précipité par la mixture magnésienne-ammoniacale.

Da. Le précipité ammoniaco-magnésien obtenu en D, ayant été lavé
à l'eau ammoniacale, on le dissout sur le filtre dans l'*acide chlorhydrique* étendu, on porte la solution *à l'ébullition*, puis on y fait passer un
courant d'*hydrogène sulfuré*, jusqu'à saturation à chaud. Il se forme
un précipité jaune, quand le mélange renferme un ARSÉNIATE. Si le précipité précédent s'est formé, on filtre la liqueur, et, qu'il y ait eu ou
non précipitation, on la rend franchement alcaline par l'*ammoniaque*,
puis on agite : il se produit un précipité blanc, cristallin, quand le mélange contient un PHOSPHATE.

D*b*. La liqueur qui n'a pas précipité par la mixture magnésienne-ammoniacale lors du traitement D, ou celle qui a été séparée par filtration du précipité ammoniaco-magnésien lors du même traitement,
est soumise à plusieurs essais successifs. Il est nécessaire d'attendre un
certain temps avant de la filtrer, le dépôt du phosphate et de l'arséniate étant lent; si l'on opère trop vite, les acides correspondants restent partiellement dans la liqueur et troublent la suite des opérations.
On doit constater, avant de poursuivre l'analyse, que la liqueur limpide
ne se trouble plus par l'agitation.

Une première partie, acidulée par l'*acide chlorhydrique*, est saturée
d'*hydrogène sulfuré*. Il se forme un *précipité jaune* de sulfure d'arsenic
quand un ARSÉNITE existe dans le mélange. S'il en est ainsi, on filtre
pour enlever le précipité de la liqueur, on porte cette dernière à l'é-
bullition, on ajoute d'abord un excès d'acétate de soude, qui neutralise l'acide minéral en chargeant la solution d'acide acétique, puis du
sulfate de chaux en solution saturée : il se forme un *précipité blanc*
quand on a affaire à un OXALATE. La recherche de l'acide oxalique est
effectuée directement sur la liqueur provenant du traitement D, quand
l'hydrogène sulfuré ne précipite pas cette liqueur.

Une deuxième partie est additionnée d'un peu d'*alcool*, acidulée par
l'*acide azotique*, et portée à l'ébullition; l'alcool réduit ainsi l'acide

chromique s'il en existe. Après refroidissement, on ajoute de l'ammoniaque en excès ; il se forme un *précipité verdâtre* d'oxyde de chrome dans le cas de la présence d'un CHROMATE. On filtre, on acidule la liqueur par l'*acide sulfurique*, on évapore jusqu'à siccité, on reprend le résidu par l'*alcool*, on décante celui-ci et on l'enflamme dans un endroit obscur : la *flamme est colorée en vert*, quand la substance analysée contient un BORATE.

[SA] (ou même [LP]) est évaporée à sec ; le résidu est pulvérisé, puis traité à froid, dans un petit creuset de platine ou sur une feuille de plomb dont on a relevé les bords pour la façonner en capsule, par l'*acide sulfurique concentré*, pris en quantité convenable pour former une bouillie claire : la présence d'un FLUORURE se trouve décelée s'il se dégage des vapeurs d'acide fluorhydrique ; celles-ci *gravent* les traits tracés avec une pointe sur une *lame de verre* recouverte de cire, lorsqu'on laisse celle-ci séjourner sur le creuset ou sur la boîte de plomb, à la manière d'un couvercle, pendant une demi-heure.

1548. *Acides qui ne sont pas précipités par l'azotate de baryte alcalin, mais qui le sont par l'azotate d'argent.* — E. La liqueur provenant de l'essai A et contenant les acides dont les sels de baryte sont solubles dans l'eau, reste à examiner. On en prélève une petite partie, on la neutralise par l'*acide azotique*, et on l'additionne d'*azotate d'argent en excès*. S'il se forme un précipité, on produit celui-ci sur une plus forte quantité de matière, en ayant soin d'employer un excès notable de sel d'argent, et on filtre : le précipité lavé est soumis à l'essai E*a*, tandis que la solution dont on le sépare est soumise à l'essai F.

E*a*. On lave à l'eau bouillante le précipité argentique provenant de l'essai E, on le place dans un tube à essais ou dans un très petit ballon, avec un peu d'*acide sulfurique étendu* de trois ou quatre fois son poids d'eau, et on dispose à l'orifice du vase un bouchon que traverse un tube coudé. On projette dans le mélange quelques petites lamelles de *zinc* métallique et on chauffe doucement jusqu'à l'ébullition. Si les *vapeurs* qui se dégagent *noircissent* un papier imbibé d'*acétate de plomb*, la présence d'un SULFURE se trouve démontrée. On dirige ces mêmes vapeurs au moyen du tube coudé, dans de l'eau contenant une petite quantité de *potasse ;* la liqueur potassique obtenue, étant ensuite additionnée de *sulfhydrate d'ammoniaque*, évaporée doucement à siccité, puis reprise par l'eau et enfin acidulée par l'*acide chlorhydrique*, donne avec le *perchlorure de fer* la coloration rouge de sang, caractéristique des sulfocyanates, s'il existe un CYANURE dans le mélange analysé. Pendant ces expériences, on a soin de ne pas insister sur l'ébullition, et de ne distiller qu'une petite partie du liquide contenu dans le ballon ou le tube à essais.

E*b*. Le produit resté dans le ballon avec du zinc en excès, après le traitement précédent, est additionné d'eau et versé sur un filtre. Le liquide limpide est soumis aux essais suivants :

Une portion est, après évaporation à sec, additionnée d'*acide sulfu-rique* et de *bichromate de potasse*, puis chauffée dans un tube à essais fermé par un bouchon que traverse un tube à dégagement coudé. L'o-rifice libre de ce dernier tube étant plongé dans de l'*eau ammoniacale*, celle-ci se *colore en jaune* par l'acide chloro-chromique entraîné avec les vapeurs qui se dégagent, quand il existe un CHLORURE.

Une autre portion est additionnée d'une ou deux gouttes d'*acide sul-furique étendu*, puis d'*empois d'amidon*, et enfin d'*acide azotique chargé de vapeurs nitreuses*. Si la masse *se colore en bleu*, on a décelé la pré-sence d'un IODURE. On ajoute alors goutte à goutte de l'*eau de chlore*, d'abord jusqu'à décoloration du mélange, puis une très petite quantité en plus, et on agite le tout avec du *sulfure de carbone;* celui-ci *se colore en brun* quand il existe un BROMURE dans la matière analysée. L'em-ploi du chlore exige les précautions indiquées, un excès, même faible, de ce réactif dissimulant la présence du brome.

Lorsque la réaction de l'iode a été négative, on ajoute directement l'eau de chlore à une troisième portion de la liqueur, et on agite avec du *sulfure de carbone*, qui se colore en brun dans le cas de l'existence d'un BROMURE.

1549. *Acides qui ne sont précipités ni par l'azotate de baryte alcalin, ni par l'azotate d'argent.* — F. La solution séparée dans l'essai E du précipité argentique, ou la liqueur précédente (A) lorsque celle-ci n'a pas fourni de précipité par l'azotate d'argent, contiennent les acides dont les sels de baryte et d'argent sont solubles dans l'eau. On l'addi-tionne de *carbonate de soude*, jusqu'à ce que ce réactif cesse d'y pro-duire un précipité, on filtre pour séparer l'argent et la baryte, ajoutés antérieurement comme réactifs et devenus insolubles, puis on évapore la liqueur limpide afin de la concentrer.

C'est sur la liqueur ainsi traitée que seront faits ensuite les essais Fa et F*b*.

Fa. On en prélève une petite quantité que l'on continue à évaporer jusqu'à siccité; on porte au rouge le sel sec, dans un creuset de porce-laine, et, après refroidissement, on le reprend par l'eau : la solution obtenue, acidulée par l'*acide azotique* et additionnée d'*azotate d'argent*, donne un *précipité blanc*, caillebotté, quand [LP] renferme un CHLO-RATE; ce dernier a été changé en chlorure par la calcination.

F*b*. Une deuxième quantité de la liqueur obtenue dans l'essai F est neutralisée exactement par l'*acide azotique*, puis additionnée de *perchlo-rure de fer*, et maintenue en ébullition pendant quelques minutes. S'il se fait un *précipité ocreux*, il est attribuable à des acétates et à des formiates.

On évapore à sec une troisième prise d'essai de la même liqueur, on mélange le résidu pulvérisé avec son poids d'*acide arsénieux* également pulvérisé, et on chauffe le tout jusqu'au rouge sombre, dans le fond d'un tube à essais : un dégagement de vapeurs présentant l'*odeur repoussante* et caractéristique *du cacodyle*, dénonce la présence d'un ACÉTATE.

Remarque. — Il est nécessaire de ne pas opérer la recherche des acétates sur un liquide que l'on aurait neutralisé par l'acide acétique, après le traitement au carbonate de soude, lors de la transformation en sel alcalin (§ 1538). On prépare au besoin un liquide semblable, mais dont la neutralisation est opérée par l'acide azotique ; on en élimine ensuite les acides précipitables par l'azotate de baryte et par l'azotate d'argent.

Fc. Une quatrième portion de la même liqueur est acidulée très faiblement par l'*acide azotique*, additionnée d'*azotate d'argent*, et chauffée ; le mélange, d'abord limpide, ne tarde pas à se troubler et à donner un dépôt noir d'*argent réduit*, lorsqu'elle contient un FORMIATE.

Fd. La liqueur employée dans les essais *Fa*, *Fb* et *Fc* renferme les azotates qui pouvaient exister dans le mélange primitif. Toutefois ces sels ne peuvent y être recherchés, de l'acide azotique libre ou combiné ayant été introduit au cours des traitements antérieurs. Il est donc nécessaire de rechercher les azotates en opérant directement sur [LP]. A cet effet, on évapore [LP] jusqu'à siccité, on mélange, dans un tube à essais, le sel sec avec de l'*acide sulfurique concentré*, en ajoutant quelques fragments de tournure de *cuivre*, et on chauffe doucement : il se dégage des *vapeurs rutilantes* quand le mélange renferme un AZOTATE.

1550. RÉSUMÉ. — Le tableau suivant (pages 894 et 895) résume la méthode qui vient d'être exposée pour la recherche des acides dans les mélanges de sels. Comme pour les tableaux donnés antérieurement, on ne doit pas oublier que les renseignements qu'il fournit sont insuffisants et que les paragraphes précédents (§ 1544 à § 1549) doivent être consultés.

1551. VÉRIFICATIONS (voy. § 1542). — Comme cela a été exposé à propos de la recherche des bases dans les mélanges (§ 1532), les vérifications doivent être faites en opérant sur les liqueurs dernières, déjà dépouillées par les traitements antérieurs des acides appartenant aux groupes autres que celui dont on s'occupe.

C. — Recherches toxicologiques.

I. — DESTRUCTION DES MATIÈRES ORGANIQUES.

1552. Les réactions caractéristiques des métalloïdes et des métaux sont le plus souvent masquées par les matières organiques auxquelles ces éléments se trouvent mélangés. C'est ainsi, par exemple, que les sucres, l'acide tartrique, la glycérine, l'acide lactique, etc., empêchent les sels de cuivre d'être précipités par les alcalis. Les faits de ce genre jouent un rôle important dans les recherches toxicologiques ; les poisons se trouvent alors mélangés à des aliments, à des liquides de l'économie, à des débris de cadavre, etc., et leur détermination, qui, en toute autre circonstance, constituerait un problème d'analyse qualitative des plus simples, exige des précautions spéciales. Parfois, en se basant sur la volatilité ou sur la solubilité des substances toxiques, il est possible d'isoler ces dernières des mélanges dans lesquels elles se trouvent; mais il n'en est pas toujours ainsi. Lorsqu'une semblable séparation n'est pas possible, au lieu d'étudier l'action spéciale exercée par les matières organiques en présence desquelles on doit opérer, puis d'en tenir compte dans l'appréciation du résultat, ce qui serait aussi délicat que dangereux, on préfère ordinairement détruire ces matières et rechercher ensuite les éléments minéraux dans le résidu laissé par leur destruction.

Les méthodes de destruction usitées dans ce but sont assez nombreuses, chacune d'elles n'étant applicable qu'à des cas limités. Nous ferons connaître les plus importantes, laissant à indiquer, lorsque nous nous occuperons de la recherche de chaque élément en particulier, celle qui doit être préférée dans le cas considéré.

1553. INCINÉRATION. — Ce procédé, qui est le plus simple, présente l'avantage de n'exiger l'addition d'aucun réactif à la matière analysée ; d'autre part, il n'est applicable qu'aux éléments non volatilisables au rouge.

Si le produit est en solution aqueuse ou même fortement humide, on commence par évaporer l'eau qu'il contient, en le chauffant dans une capsule de porcelaine, soit à l'étuve (§ 128), soit au bain-marie (§ 116). Après dessiccation presque complète, on transvase le résidu dans une seconde capsule de porcelaine plus petite, et on chauffe ensuite dans le coffret d'un fourneau à moufle (§ 75 et § 93), en ayant soin de ne faire intervenir en commençant qu'une chaleur modérée. La matière organique subit d'abord une décomposition pyrogénée et dégage des gaz combustibles, puis elle se carbonise. On pousse alors la capsule vers les parties rouges du coffret, afin de provoquer la combustion du charbon. Il est important de ne pas chauffer plus fortement qu'il n'est indispensable, et surtout de ne pas élever la température au point de fondre les cendres : celles-ci formeraient à la surface du charbon non brûlé un vernis vitreux, qui rendrait fort difficile la fin de l'incinération. Cette condition est parfois délicate à réaliser, principalement lorsque la matière fournit des cendres très alcalines et, par suite, très fusibles. D'ailleurs, plus on opère la combustion à une température élevée, plus on augmente le nombre des éléments volatilisables dans les conditions de l'expérience.

Quand on éprouve quelque difficulté à brûler les dernières traces de charbon, on peut abréger beaucoup l'opération en laissant refroidir la capsule, en arrosant le résidu de quelques gouttes d'acide azotique et en chauffant de nouveau. Non seulement l'acide azotique agit en

Ajouter à la SOLUTION CONCENTRÉE ET NEUTRALISÉE DES SELS ALCALINS (SA) de l'*azotate de baryte*, puis quelques gouttes d'ammoniaque, pour donner une faible réaction alcaline (A). Il se forme

un PRÉCIPITÉ. Le laver avec fort peu d'eau froide, le traiter par l'*acide chlorhydrique étendu* de son volume d'eau (B). On obtient

un RÉSIDU insoluble. L'isoler en épuisant par l'eau le mélange acide évaporé à sec, le laver, le sécher, le traiter par le *sulfure de carbone* (Ba). On obtient

une SOLUTION. L'évaporer donnant du gaz sulfureux (Ba); elle laisse un RÉSIDU DE SOUFRE, jaune, volatil, COMBUSTIBLE EN fumeux................ **Hyposulfite.**

un RÉSIDU insoluble. Le mélanger avec du carbonate de soude, le chauffer au feu de charbon, reprendre par l'eau, aciduler par l'*acide chlorhydrique* (Bb). La liqueur :

porter au rouge, le *bonate de soude*, le réduction, reprendre l'*acide chlorhydrique*, donne par l'*acétate de plomb* un PRÉCIPITÉ NOIR............ **Sulfate.**

étant évaporée à sec et le résidu repris par l'eau, il reste un RÉSIDU DE SILICE............ **Silicate.**

un DÉGAGEMENT GAZEUX..............

Traiter (LP) par l'*acide sulfurique* ; diriger le gaz dégagé dans de l'eau de chaux (C) : l'eau de chaux se TROUBLE................ **Carbonate.**

Ajouter à (SA) étendue d'eau un excès d'*azotate de baryte*, filtrer s'il est nécessaire, ajouter de l'*eau iodée* (C) : il se fait un PRÉCIPITÉ BLANC............ **Sulfite.**

une LIQUEUR. La préparer pure en épuisant par l'eau le mélange évaporé à sec, et en filtrant pour séparer le résidu ci-dessus. La porter à l'ébullition, ajouter un excès d'*acide sulfurique dilué*, filtrer, neutraliser par l'*ammoniaque*, ajouter un mélange limpide de *sulfate de magnésie*, de *chlorhydrate d'ammoniaque* et d'*ammoniaque*, agiter (D) : il se forme

un PRÉCIPITÉ. Le laver, le dissoudre sur l'*acide chlorhydrique étendu*, faire par l'*hydrogène sulfuré* :

à l'eau ammoniacale, filtré dans l'*acide chlorhydrique*, bouillir, saturer à chaud (Da). Il se fait UN PRÉCIPITÉ JAUNE.............. **Arséniate.**

une LIQUEUR. La filtrer, l'alcaliniser par l'ammoniaque, agiter (Da) : PRÉCIPITÉ BLANC CRISTALLIN.............. **Phosphate.**

En acidulant une 1re partie par l'*acide chlorhydrique*, saturer par l'*hydrogène sulfuré* (Db) : un PRÉCIPITÉ JAUNE.............. **Arsénite.**

une LIQUEUR. La faire bouillir, ajouter un excès d'*acétate de soude*, puis du *sulfate de chaux* (Db) : PRÉCIPITÉ BLANC.............. **Oxalate.**

une LIQUEUR.

En additionner une 2e partie d'*alcool*, acidulant par l'*acide azotique*, faire bouillir, laisser refroidir, ajouter un excès d'*ammoniaque* (Dc) : on obtient un PRÉCIPITÉ VERDATRE.............. **Chromate.**

une LIQUEUR. L'acidulant par *acide sulfurique*, évaporer à sec, reprendre par l'*alcool*, décanter celui-ci, l'enflammer (Db) : la FLAMME est COLORÉE EN VERT.............. **Borate.**

Évaporer (SA) à sec, pulvériser le résidu, le traiter par l'*acide sulfurique concentré* (Db) : VAPEURS CORRODANT LE VERRE.............. **Fluorure.**

un PRÉCIPITÉ. Le laver à l'eau bouillante, le traiter par le zinc et l'*acide sulfurique dilué*, faire bouillir (Ea). On obtient

des VAPEURS.........

Y plonger un papier imbibé d'*acétate de plomb* (Ea) : le papier est NOIRCI.............. **Sulfure.**

Les absorber dans la *potasse diluée*, ajouter du *sulfhydrate d'ammoniaque*, évaporer à sec, reprendre par l'eau, aciduler par l'*acide chlorhydrique*, ajouter du *perchlorure de fer* (Ea) : COLORATION ROUGE SANG.............. **Cyanure.**

un RÉSIDU LIQUIDE. Ajouter un peu d'eau et filtrer (Eb).

Distiller une 1re partie du liquide clair avec de l'*acide sulfurique* et du *bichromate de potasse*; absorber dans de l'*eau ammoniacale* les vapeurs émises (Eb) : l'eau ammoniacale est COLORÉE EN JAUNE.............. **Chlorure.**

Il se produit une COLORATION BLEUE, qui dénonce un.............. **Iodure.**

une LIQUEUR. La neutraliser par l'*acide azotique*, ajouter un excès d'*azotate d'argent* (E). On obtient

Ajouter à une 2e partie du liquide de l'*empois d'amidon*, puis de l'*acide azotique chargé de vapeurs rutilantes* (Eb).

Dans ce cas ajouter goutte à goutte de l'*eau de chlore* au mélange bleu, jusqu'à décoloration, puis un petit excès en plus. Agiter avec du *sulfure de carbone* (Eb) : celui-ci prend une COLORATION BRUNE.............. **Bromure.**

Il ne se produit PAS DE COLORATION BLEUE. Ajouter au liquide un peu d'*eau de chlore* et du *sulfure de carbone*, agiter (Eb) : le sulfure est COLORÉ EN BRUN.............. **Bromure.**

1re partie de cette liqueur, chauffer au rouge le résidu, reprendre par l'eau, azotique, ajouter de l'*azotate d'argent* (Fa) : PRÉCIPITÉ BLANC.............. **Chlorate.**

une LIQUEUR. Ajouter du *carbonate de soude* jusqu'à précipitation complète, filtrer et concentrer la liqueur (F).

Neutraliser exactement une 2e partie de la liqueur par l'*acide azotique*, ajouter du *perchlorure de fer*, faire bouillir pendant quelques minutes (Fb). On obtient

un PRÉCIPITÉ OCREUX.

Évaporer à sec une 3e partie de la liqueur précédente (F), calciner, dans un tube à essais, le résidu mélangé d'anhydride arsénieux (Fb) : ODEUR DE CACODYLE.............. **Acétate.**

Aciduler très faiblement une 4e partie de la liqueur précédente (F) par l'*acide azotique*, ajouter de l'AZOTATE D'ARGENT, faire bouillir (Fc) : PRÉCIPITÉ noir d'argent réduit.............. **Formiate.**

une LIQUEUR qui contient les azotates. L'abandonner pour rechercher ces derniers directement sur (LP) évaporée à siccité : chauffer le sel sec, dans un tube à essais, avec de l'*acide sulfurique concentré* et de la tournure de cuivre (Fd) : VAPEURS RUTILANTES.............. **Azotate.**

---

(1) Lorsque [LP] contient des métaux terreux ou des métaux proprement dits, cette liqueur doit être traitée préalablement, pour changer les sels de ces métaux en sels alcalins (voy. § 1538).

REMARQUES : [LP] veut dire *liqueur primitive* n'ayant subi aucun traitement, pas même la transformation en sels alcalins (§ 1538 et § 1544). [SA] veut dire *solution des sels alcalins* pro-

fournissant de l'oxygène, mais de plus il fait subir aux cendres une transformation, et détruit ainsi le revêtement qu'elles constituaient à la surface du charbon; celui-ci devient dès lors accessible à l'oxygène de l'air et brûle aisément. Toutefois cette addition d'acide, qui présente parfois l'inconvénient de faire fuser la matière, n'est jamais indispensable quand on a pris soin de ménager la température à l'origine.

On peut encore chauffer directement la capsule de porcelaine sur un bec de gaz : il est alors un peu plus difficile de régler, d'une part la température, ce qui rend l'opération délicate, et d'autre part l'afflux de l'air, ce qui la rend plus lente.

1554. Destruction par l'acide sulfurique. — Ce procédé (MM. Flandin et Danger) est basé sur l'action énergique exercée sur les matières organiques par l'acide sulfurique concentré et chaud.

Si la matière à analyser est en solution aqueuse, on évapore le liquide au bain-marie; si elle est solide ou organisée, on la divise en menus fragments avec des ciseaux. On place le produit dans une capsule de porcelaine avec un tiers de son poids d'acide sulfurique concentré, dont la pureté a été vérifiée. En raison de l'odeur forte et désagréable que présentent les gaz et vapeurs produits durant la plus grande partie de la destruction, il est indispensable d'opérer sous une hotte de cheminée à tirage énergique et mieux encore dans une cage à évaporation (§ 256). On chauffe peu à peu, en agitant le mélange avec une baguette de verre. Le mélange noircit, les matières organisées se désagrègent, et des produits gazeux se dégagent, en donnant lieu à la formation d'une mousse abondante. On a soin de diviser constamment avec la baguette la masse qui s'agglomère. Finalement, la température continuant à s'élever, le produit devient pâteux, et des vapeurs blanches et épaisses d'acide sulfurique se dégagent, entraînant du gaz sulfureux, du gaz carbonique, et des vapeurs organiques fortement odorantes. On continue à chauffer modérément, jusqu'à ce que le *charbon sulfurique* obtenu cesse de dégager des vapeurs abondantes d'acide sulfurique.

Divers poisons volatils peuvent être entraînés dans l'atmosphère pendant la carbonisation sulfurique. C'est ainsi qu'en présence des chlorures, qui se rencontrent dans beaucoup de tissus et de liquides de l'organisme, l'arsenic est volatilisé à l'état de chlorure d'arsenic. Il faut alors opérer dans un appareil distillatoire (fig. 118, § 222) dont on chauffe la cornue au bain de sable. La mousse abondante qui se forme rend alors difficile la conduite de l'opération; elle oblige à se servir d'une cornue de dimensions relativement considérables.

Dans tous les cas, on doit chauffer jusqu'à production d'une masse noire, sèche et friable. Le traitement à faire subir au charbon sulfurique, pour extraire les toxiques que celui-ci peut renfermer, varie avec la nature de ces toxiques. Nous l'indiquerons à propos de la recherche de chacun de ces derniers.

1555. La destruction par l'acide sulfurique, telle qu'elle vient d'être indiquée, est toujours lente et pénible ; de plus, elle laisse un charbon assez abondant qu'il est souvent difficile d'épuiser des principes solubles qu'il renferme. Ces inconvénients ont porté à joindre l'action de l'acide azotique à celle de l'acide sulfurique. La pratique suivante (Boutmy) est alors assez avantageuse.

Ou place les matières à détruire, préalablement divisées, dans une cornue tubulée, dont la tubulure est fermée par un bouchon de verre rodé à l'émeri ; cette cornue est reliée à un ballon récipient (fig. 118, § 222). On verse sur les matières 1 quart de leur poids d'acide sulfurique pur et concentré et on chauffe au bain de sable. Quand la masse est devenue noire et fluide, on laisse refroidir et on ajoute 20 grammes d'acide azotique. Une réaction vive se produit, avec dégagement de vapeurs rutilantes ; dès qu'elle est calmée, on chauffe de nouveau. Bientôt le dégagement de vapeurs rouges s'arrête ; on laisse refroidir, on ajoute de nouveau de l'acide azotique, et on continue ainsi jusqu'à destruction de la masse charbonneuse. De temps en temps, au lieu d'employer de nouvel acide azotique, on cohobe le liquide distillé. Le contenu de la cornue s'étant enfin décoloré, on chauffe jusqu'à apparition de vapeurs sulfuriques. On laisse alors refroidir le produit qui présente une teinte jaune claire.

Quand on ne craint la déperdition d'aucun principe volatil, on peut opérer dans une capsule de porcelaine, sous la hotte d'une cheminée bien ventilée.

1556. Destruction par le chlore. — En présence de l'eau, le *chlore libre* décompose la plupart des matières d'origine animale ou végétale.

On se contente parfois de délayer dans de l'eau les matières à analyser, après les avoir divisées finement, et de faire passer pendant longtemps un courant de chlore gazeux dans le mélange (M. Jacquelain). La masse prend finalement l'aspect du lait caillé ; on l'abandonne à elle-même pendant vingt-quatre heures, dans un flacon bouché en verre, puis on la verse sur un carré de linge fin (§ 333), et on lave à l'eau acidulée avec de l'acide chlorhydrique le résidu resté sur le filtre. On traite ensuite les liqueurs pour caractériser les éléments qu'elles renferment.

En ajoutant au mélange à soumettre à l'action du chlore une certaine proportion de potasse caustique pure, on accélère beaucoup la destruction de la matière organique. Dans ce cas, l'agent actif est surtout l'oxygène mis en liberté dans l'action du chlore sur l'oxyde alcalin qui se change en chlorure.

1557. Mais de tous les modes d'application du chlore à la destruction des matières organiques, le plus usité et le plus avantageux consiste à faire intervenir le *chlore naissant*, que dégage l'acide chlorhydrique en réagissant sur le chlorate de potasse :

$$KO,ClO^5 \quad + \quad 6HCl \quad = \quad KCl \quad + \quad 6H^2O^2 \quad + \quad 6Cl;$$

Chlorate de potasse.   Acide   Chlorure   Eau.   Chlore.
chlorhydrique.   de potassium.

$$Cl\theta^3K \quad + \quad 6HCl \quad = \quad KCl \quad + \quad 3H^2\theta \quad + \quad 6Cl.$$

Ce procédé, dû à Duflos, a reçu d'assez nombreux perfectionnements.
Le plus ordinairement on le met en pratique de la manière suivante
(MM. Fresenius et Babo) : Dans une capsule de porcelaine ou dans un
ballon de verre, on place la matière à analyser, préalablement divisée,
avec son poids d'acide chlorhydrique (D = 1,12) et une quantité d'eau
distillée au moins égale à celle de l'acide, mais suffisante dans tous
les cas pour former une bouillie claire. On chauffe le vase au bain-
marie et on projette dans le mélange chaud quelques cristaux de chlorate de potasse. Le chlore se dégage lentement et réagit. On renouvelle
de temps en temps les additions de chlorate, par quantités ne dépassant pas 2 grammes pour chacune ; on voit peu à peu le mélange devenir jaune clair et prendre de la fluidité en même temps que de l'homogénéité. Quand une addition du sel oxydant ne colore plus notablement
la masse, on ajoute encore quelques cristaux de chlorate et on abandonne le produit à lui-même pendant une demi-heure. Une action lente
du réactif est indispensable pour éviter l'emploi d'une trop forte quantité de chlorate ; celui-ci introduit rapidement chargerait inutilement le
produit de chlorure, et ferait dégager le chlore gazeux avant que celui-ci ait pu réagir. Il est également indispensable de ne pas dépasser
la température du bain-marie, pour éviter l'expulsion du chlore mis en
liberté, et aussi pour diminuer la formation d'une mousse gênante, qui
abonde surtout avec certaines matières. L'action ayant été bien conduite, on doit obtenir un liquide jaune paille ; s'il conserve parfois une
coloration jaune plus foncée, celle-ci disparaît par addition d'un peu d'a-
cide chlorhydrique. Quand au contraire il se fonce peu à peu après 15 ou
20 minutes de repos, la destruction n'est pas complète ; il faut de nouveau chauffer, puis ajouter du chlorate et même au besoin de l'acide
chlorhydrique.

On termine en chassant le chlore en excès. A cet effet, on porte
le mélange à l'ébullition pendant quelques minutes ; on peut encore y
faire passer à froid un courant prolongé de gaz carbonique ou d'air.
La masse étant enfin versée sur un filtre mouillé, celui-ci retient les
corps gras et certains débris de tissus ayant résisté à l'action du chlore,
ainsi que les chlorures métalliques insolubles ; on lave le résidu à l'eau
bouillante et on le met de côté pour être examiné à part, tandis que les
liqueurs, qui contiennent les autres éléments minéraux, sont soumises
à l'analyse. Il est indispensable de ne pas perdre de vue que ces liqueurs
retiennent encore de la matière organique, dans un état tel qu'elle
peut intervenir, mais rarement, dans les réactions.

Quand on fait réagir ainsi le chlore, l'étain et l'antimoine peuvent
être transformés en chlorures volatils ; lorsqu'on doit les rechercher, on opère dans un appareil distillatoire, afin de recueillir les

liquides condensés. La même observation est applicable à l'arsenic,
bien que cet élément se trouve surtout changé en acide arsénique et ne
fournisse que des traces de chlorure ; encore ce dernier corps ne peut-il
se produire que lorsqu'on espace trop les additions de chlorate et qu'on
porte à l'ébullition.

1558. La manière d'opérer précédente a l'inconvénient de laisser
perdre une grande partie du chlore que dégagent le chlorate et l'acide
chlorhydrique ; cette déperdition du chlore, incommode pour l'opérateur, rend en outre l'action des réactifs peu efficace et par suite très lente.
La pratique suivante présente à ce point de vue de grands avantages
(M. J. Ogier) ; elle fait intervenir l'acide chlorhydrique à l'état gazeux.

On introduit les matières à détruire, préalablement divisées, pesant
1000 grammes, par exemple, dans un ballon de 3 litres ; on ajoute
assez d'eau pour former une bouillie claire, puis un excès de chlorate de
potasse, soit 1 dixième du poids des matières ou 100 grammes. Le ballon est fermé par un bouchon portant trois tubes : un tube de sûreté,
un tube destiné à amener du gaz chlorhydrique et un tube abducteur.
Le gaz chlorhydrique pur, préparé avec l'acide chlorhydrique pur et
l'acide sulfurique pur (§ 675), passe d'abord dans un flacon laveur contenant de l'acide chlorhydrique pur du commerce, ce qui permet de suivre
aisément la rapidité de son dégagement ; il se rend ensuite dans le mélange
à attaquer. Le gaz se dissout dans le liquide et, lorsque celui-ci en est
suffisamment chargé, l'attaque du chlorate commence. Le chlore se
forme ainsi au contact des matières à détruire, c'est-à-dire dans des
conditions particulièrement efficaces. Dès que l'atmosphère du ballon
se colore par du chlore libre, on modère le courant gazeux. Dans ce
but l'adjonction, au tube adducteur du gaz chlorhydrique, d'un robinet de secours permettant d'envoyer dans la cheminée une partie du
gaz produit trop rapidement à un moment donné (§ 610), rend plus
facile la conduite de l'opération. Celle-ci doit être surveillée attentivement ; si elle devient trop active et menace d'occasionner des pertes, on
la modère instantanément en versant un peu d'eau distillée froide dans
le ballon, par le tube de sûreté ; elle est d'ordinaire terminée en une
demi-heure. Si quelques morceaux ont résisté, parce qu'ils étaient trop
volumineux, on les écrase et on les soumet de nouveau au même traitement. Finalement, on filtre sur un papier lavé et on lave à l'eau le
résidu de matières grasses. On détruit l'excès de chlore contenu dans
le liquide, en faisant passer dans celui-ci un courant de gaz sulfureux
lavé, et on chasse l'acide sulfureux en excès par une ébullition prolongée. Le plus souvent, pendant cette dernière opération, le liquide
primitivement jaune clair prend une couleur plus foncée.

Un point important est de ne pas introduire d'alcool dans le mélange, ce liquide pouvant occasionner des explosions avec le chlorate
et l'acide chlorhydrique. L'alcool, souvent employé pour conserver les
viscères examinés, doit être préalablement séparé par distillation.

II. — RECHERCHE DES MÉTALLOÏDES ET DE LEURS COMPOSÉS.

1559. ACIDE AZOTIQUE. — L'acide azotique est un toxique puissant : il détruit les tissus animaux.

Tout d'abord et d'une manière générale, la présence des acides minéraux soit dans les tissus organisés, soit dans les liquides de l'organisme, soit encore dans les aliments, se reconnaît facilement à l'action énergique exercée par ces substances sur la matière colorante du tournesol ; celle-ci prend la teinte *pelure d'oignon*, caractéristique des acides forts.

En outre, s'il s'agit de tissus organisés d'origine animale, l'acide azotique exerce sur eux une action spéciale, qui dénonce sa présence dès le premier examen, si toutefois l'acide n'sst pas intervenu dans un trop grand état de dilution : les tissus animaux prennent à son contact une coloration jaune clair, que les alcalis font virer au jaune vif.

Pour isoler l'acide et le caractériser directement, on traite les matières par l'eau tiède, et on broie le mélange dans un mortier avec du carbonate de chaux pur : l'acide forme de l'azotate de chaux. On évapore à sec, au bain-marie, dans une capsule de porcelaine, et on épuise le résidu par l'alcool à 90 centièmes. Ce véhicule dissout l'azotate de chaux. On filtre et on distille l'alcool (fig. 119, § 223), en chauffant au bain-marie. Le résidu doit présenter tous les caractères des azotates (§ 1542) : il fuse sur les charbons ; il dégage des vapeurs rutilantes quand on le chauffe avec la tournure de cuivre et l'acide sulfurique concentré ; il colore en rose l'acide sulfurique chargé de sulfate ferreux, etc. Ce résidu, mélangé avec une trace de brucine, puis imbibé d'une goutte d'acide sulfurique, prend une coloration rouge très intense.

1560. ACIDE SULFURIQUE. — L'acide sulfurique, comme les autres acides minéraux, est tout d'abord dénoncé par la réaction énergique qu'il exerce sur le tournesol. En outre, lorsqu'il a agi à l'état de concentration, la propriété qu'il possède de charbonner les substances organiques et de détruire les tissus animaux, en formant une masse noire et pâteuse, donne des caractères spéciaux qui aident beaucoup à le faire reconnaître.

On le recherche en épuisant les matières par l'eau tiède, filtrant la liqueur et l'évaporant au bain-marie, jusqu'en consistance de sirop. Le résidu doit présenter les réactions caractéristiques de l'acide sulfurique (§ 1542) : il forme avec l'azotate de baryte un précipité abondant, insoluble dans l'acide azotique ; concentré et chauffé avec la tournure de cuivre, il dégage du gaz sulfureux, lequel réduit le permanganate de potasse, bleuit une dissolution d'acide iodique additionnée d'empois d'amidon, donne de l'acide sulfurique au contact de l'eau chlorée, etc. ; il colore énergiquement les matières sucrées dès la température de 100° ; saturé par l'hydrate de sesquioxyde de fer et évaporé à sec au bain-marie, il cède à l'alcool un sulfate soluble, reconnaissable après évaporation du dissolvant ; etc.

1561. ACIDE CHLORHYDRIQUE. — La présence des chlorures dans l'organisme rend cette recherche délicate, du moins lorsqu'il s'agit de retrouver des quantités minimes de toxique. Les deux procédés suivants peuvent être employés.

1° En broyant les matières solides dans un mortier et en les délayant dans

le liquide ou dans de l'eau, on transforme le tout en une bouillie bien homogène, que l'on partage exactement en deux parties égales. On évapore à siccité,
au bain-marie, l'une de ces parties ; on fait de même avec l'autre partie, mais,
après l'avoir préalablement additionnée de carbonate de soude. Dans le premier cas, l'acide chlorhydrique libre, si le produit en renferme, est volatilisé ;
dans le second cas, il est retenu par le carbonate alcalin et augmente d'autant
la quantité de chlorures alcalins que contenait la matière à analyser. On incinère ensuite séparément les deux résidus, on épuise leurs cendres par l'eau
bouillante, on acidule par l'acide azotique, on filtre et on dose, à l'état de
chlorure d'argent (voy. *Dosage du chlore*), le chlore que renferment les deux
liqueurs. S'il existait de l'acide libre dans la matière analysée, le résultat du
dosage doit être très notablement plus élevé pour le second liquide que
pour le premier (M. Roussin). Ce procédé change l'essai qualitatif en un
dosage.

2° On passe à travers un linge les matières délayées dans l'eau, on filtre le
liquide sur du papier préalablement lavé à l'acide acétique dilué, et on met en
suspension dans la liqueur claire de l'or battu en feuilles minces. On projette
dans le mélange quelques cristaux de chlorate de potasse, et on maintient pendant deux heures environ à la température du bain-marie, en agitant fréquemment. S'il y a la moindre trace d'acide chlorhydrique libre dans les matières analysées, de l'or se dissout ; la quantité qui passe dans la liqueur est
proportionnelle à celle de l'acide libre. Lorsque la liqueur est trop diluée, on
l'évapore au bain-marie en présence du métal en excès ; dans tous les cas,
on la filtre. Elle présente tous les caractères des sels d'or (§ 1522), et notamment elle se colore en violet quand on l'additione d'un mélange de protochlorure et de bichlorure d'étain (Bouis). Cette méthode possédant une
grande sensibilité, il est indispensable de ne pas oublier que le suc gastrique
renferme des traces d'acide chlorhydrique libre. Elle n'est pas influencée par
les acides organiques que l'on rencontre libres dans l'organisme. Elle ne
doit être appliquée qu'après qu'on a constaté l'absence des autres acides minéraux.

1562. PHOSPHORE. — Ce métalloïde est l'un de ceux qui se rencontrent le plus fréquemment dans les empoisonnements, à cause de la
facilité avec laquelle on peut se le procurer par les allumettes.

Cette origine spéciale du poison fournit un premier caractère qui doit
être tout d'abord constaté : en étalant les matières suspectes sur une
assiette et en les examinant soigneusement à la loupe, on cherche à y reconnaître les fragments de pâte phosphorée, ordinairement colorée en
rouge ou en bleu ; lorsqu'il est possible d'en isoler, on les enferme rapidement dans un petit tube, pour les soustraire à l'oxydation par
l'air. Des fragments de bois imprégnés de soufre sont également caractéristiques. Ajoutons que l'odeur de phosphore exhalée par les matières est encore un caractère que l'on ne doit pas négliger. Après cet
examen préalable, on procède à la recherche méthodique du phosphore.

1563. 1° *Procédé de Mitscherlich*. — Ce procédé est fondé sur les propriétés que possède le phosphore d'être entraîné par la vapeur d'eau et
de luire dans l'obscurité.

On acidule les matières par l'acide sulfurique, et on place dans un ballon B (fig. 325), la masse amenée par l'eau à l'état de bouillie claire. Au moyen d'un tube coudé AD, on met le ballon en relation avec un tube vertical DF, fixé à la douille d'une longue cloche renversée MN, et aboutissant dans un petit matras. En maintenant dans la cloche un courant continu d'eau froide, on transforme la seconde partie de l'appareil en une sorte de réfrigérant. Comme il s'agit de constater la production de lueurs phosphorescentes, on entoure la cloche de plusieurs épaisseurs de papier noir (déchiré dans la figure pour laisser

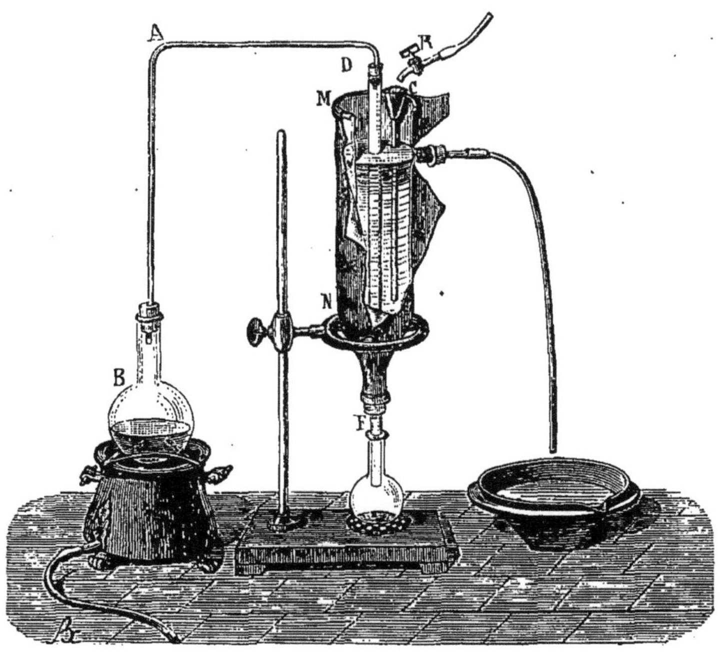

Fig. 325. — Appareil de Mitscherlich pour la recherche du phosphore.

voir les tubes intérieurs). On chauffe le ballon. Quand l'ébullition se produit, les vapeurs émises vont se condenser dans le tube DF. En regardant alors en M, par l'orifice de la cloche, on aperçoit, à l'intérieur du tube vertical, au point où la vapeur d'eau se condense le plus activement, une lueur phosphorescente, facile à distinguer sur le fond noir du papier, surtout si l'on opère dans une pièce peu éclairée. Le caractère le plus net de cette lueur phophorescente, celui qui la distingue le mieux d'un éclairage accidentel du réfrigérant, est sa mobilité : elle se déplace sans cesse, suivant les irrégularités de l'ébullition.

Il suffit de quelques milligrammes de phosphore pour produire très nettement le phénomène pendant une demi-heure et plus, même après que les matières ont été exposées à l'air durant un certain temps. Le liquide condensé contient parfois du phosphore très divisé : il devient lui-même phosphorescent quand on l'agite à l'obscurité ; il renferme aussi de l'acide phosphoreux qui réduit l'azotate d'argent ; oxydé par l'acide azotique, à l'ébullition, il présente ensuite les caractères de l'acide phosphorique (§ 1542). Au lieu du tube droit DF, Mitscherlich employait un serpentin de verre, mais cette forme de réfrigérant a été abandonnée à cause de sa fragilité.

La disposition précédente peut donner lieu à une cause d'erreur : la lumière émise par le fourneau servant à chauffer le ballon traverse ce dernier, et vient, par des réflexions sur les parois intérieures

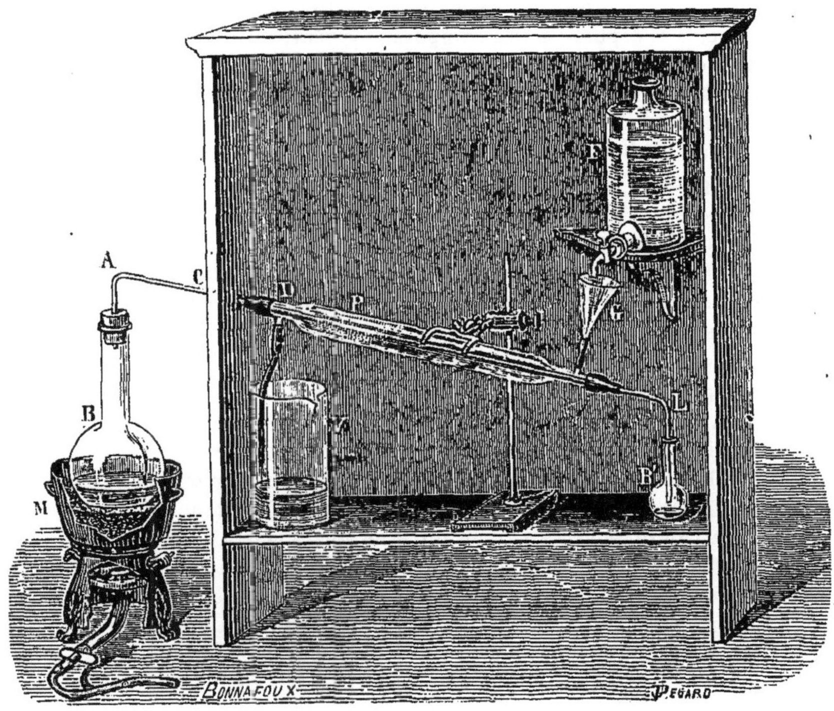

Fig. 326. — Appareil de Mitscherlich modifié, pour la recherche du phosphore.

du tube AD, éclairer le tube DF, ce qui peut tromper sur le résultat de l'expérience. On évite tout accident de ce genre en chauffant le ballon sur un large bain de sable M, qui intercepte la lumière du foyer (fig. 326), et en enfermant le réfrigérant dans une caisse en bois dont le tube AC, qui amène les vapeurs, traverse seul la paroi opaque. Enfin, on se sert d'un réfrigérant de Liebig DL, tout en verre et de la forme ordinaire. En pratiquant dans la paroi antérieure de la caisse, celle qui est supprimée dans la figure, une petite ouverture devant laquelle on place l'œil, et en regardant par cette ouverture vers P, point où se produisent à la fois la condensation de la vapeur et la lueur phosphorescente, on observe aisément ce dernier phénomène. La méthode augmente encore de sensibilité si l'on a pris soin de noircir les parois intérieures de la caisse.

Certaines substances volatiles, l'alcool, l'éther, l'essence de térébenthine, le phénol, etc., s'opposent à la production des lueurs phosphorescentes du phosphore et rendent le procédé de Mitscherlich inapplicable ou peu sensible. Toutefois, même dans ce cas, on retrouve dans
le liquide distillé les caractères indiqués plus haut, sauf la phosphorescence. En présence des corps tels que les précédents, il vaut mieux
empêcher toute oxydation du phosphore et distiller le mélange dans un
courant de gaz carbonique.

1564. 2° *Procédé par combustion.* — Introduits dans un appareil à hydrogène, le phosphore et ses composés oxygénés autres que l'acide phosphorique
sont changés en hydrogène phosphoré : celui-ci, entraîné par l'hydrogène en
excès, communique à ce gaz la propriété de brûler avec une flamme verte
(M. Dusart).

Pour appliquer ces faits à la toxicologie, on commence par transformer en
phosphure d'argent le phosphore que l'on suppose contenu dans les matières
à essayer. A cet effet, on adapte à un appareil à hydrogène (fig. 232, § 508)
un tube à dégagement plongeant jusqu'au fond d'une éprouvette à pied (fig. 12,
§ 39), garnie d'une solution d'azotate d'argent. Le dégagement gazeux se
produisant, on introduit dans l'appareil, par le tube à entonnoir, les matières
suspectes délayées dans de l'eau. L'hydrogène se charge aussitôt d'hydrogène phosphoré, quand du phosphore ou des acides phosphoreux et hypophosphoreux existent dans le mélange. Les matières à essayer formant souvent
de la mousse dans ces conditions, il est nécessaire que le flacon producteur
d'hydrogène ait de grandes dimensions. L'hydrogène phosphoré, en traversant la solution d'azotate d'argent, donne un précipité de phosphure d'argent
plus ou moins mélangé d'argent métallique. Quant le dépôt cesse de se produire, on le recueille sur un filtre, et on le lave à l'eau distillée ; s'il est peu
abondant, il adhère au tube qui amène le gaz : on détache l'extrémité de ce
dernier et c'est sur lui que l'on opérera, sans le séparer du dépôt qui le recouvre. Dans tous les cas, on vérifie que le précipité contient du phosphore,
en changeant de nouveau ce dernier en hydrogène phosphoré.

A cet effet, on dispose un second appareil à hydrogène (fig. 327) ; le gaz
qu'il produit se dégage par un tube ABC, puis traverse un tube plus large CD,
garni de ponce potassée (§ 427), retenue entre deux tampons d'ouate de coton ;
il s'échappe enfin par un tube DEF. La ponce potassée a pour but d'arrêter
les traces d'hydrogène sulfuré que le zinc fournit s'il est chargé de soufre,
et qui donneraient à la flamme de l'hydrogène une faible teinte bleuâtre,
susceptible d'être confondue avec la teinte verte qu'il s'agit d'observer ; en
même temps, elle arrête les poussières liquides et les sels que le gaz peut
entraîner mécaniquement. Le tube à dégagement est d'abord recourbé à angle
droit de D en E, puis à l'extrémité inférieure de sa branche verticale, par une
courbure très prononcée, il se relève sur lui-même et se termine en F par une
pointe étirée, portant un orifice étroit ; on plonge la partie recourbée dans un
verre L garni de mercure, le niveau de ce liquide s'élevant autour du tube
jusqu'au voisinage immédiat de F. On fait fonctionner l'appareil à hydrogène,
en ayant soin de le garnir de liquide sur une assez grande hauteur afin de
diminuer le volume de gaz qu'il contient, puis, quand l'air a été expulsé, on
allume en F le gaz dégagé : il doit brûler en produisant une flamme invisible.
Avec la disposition adoptée, la soude du verre, qui ne peut être fortement

chauffé. à la base de la flamme, ne communique pas à celle-ci la coloration jaune qui se manifesterait sans la réfrigération due au contact du mercure. Les choses étant en cet état, on verse dans l'appareil, par le tube à entonnoir, le phosphure d'argent délayé dans un peu d'eau. L'hydrogène phosphoré prend naissance aussitôt, et son mélange avec l'hydrogène donne à la flamme de celui-ci une coloration vert émeraude caractéristique.

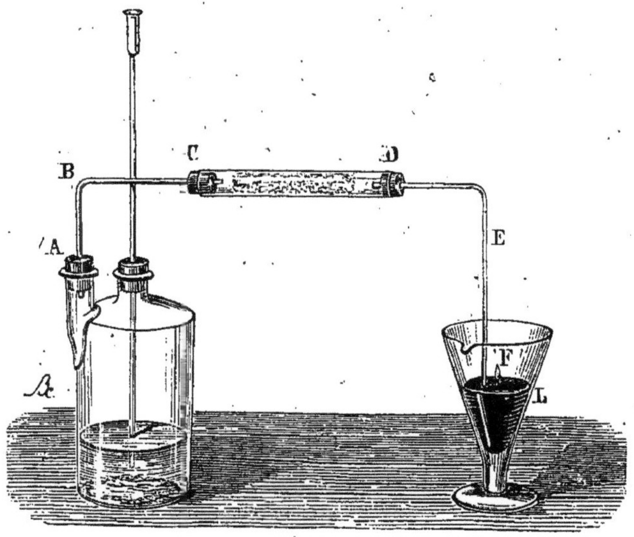

Fig. 327. — Recherche du phosphore par la coloration de la flamme.

Il est plus avantageux encore de produire le second dégagement d'hydrogène dans un petit appareil à fonctionnement intermittent (§ 404); on laisse accumuler un peu l'hydrogène avant de l'enflammer, ce qui permet de conduire la réaction avec lenteur et d'avoir un gaz plus riche en hydrogène phosphoré.

En outre, la disposition précédente, qui est destinée à refroidir le tube au contact duquel brûle l'hydrogène, est avantageusement remplacée par un tube que termine un ajutage de platine, semblable à celui du chalumeau de Gahn (§ 1495).

Cette méthode, très sensible, acquiert un degré de certitude remarquable quand on joint aux observations précédentes l'examen au spectroscope de la lumière émise par la flamme colorée; on aperçoit alors les raies vertes caractéristiques de la présence du phosphore.

1565. Arsenic. — La recherche toxicologique de l'arsenic est l'une des plus importantes, les empoisonnements par ce métalloïde, sous la forme d'acide arsénieux, étant plus fréquents encore que les empoisonnements par le phosphore. Dans le cas de l'arsenic, le poison se retrouve surtout dans le cerveau, le foie, la rate, les reins et les urines.

Tout d'abord, surtout lorsqu'il s'agit de matières vomies ou d'aliments, on se livre à un examen attentif des substances sur lesquelles on doit opérer. La faible solubilité de l'anhydride arsénieux fait que l'on y rencontre fréquemment, et que l'on peut même isoler, des fragments plus ou moins volumineux de ce corps, facile à distinguer par sa blancheur. On étale les matières sur une lame de verre, déposée elle-même sur un papier noir, et on enlève avec une pince les parcelles d'anhydride qu'on y reconnaît. La substance ainsi mise à part peut être analysée par les méthodes habituelles (§ 1537 et suivants).

Quant au reste des matières suspectées, avant d'y rechercher l'arsenic, on commence par détruire les substances organiques qui s'y trouvent.

Dans ce but, on emploie souvent la *carbonisation par l'acide sulfurique* (§ 1554) ; le mieux est alors d'opérer dans un appareil distillatoire, si l'on veut éviter la déperdition d'arsenic que peut occasionner la présence des chlorures. Toutefois l'application de cette méthode étant pénible dans de telles conditions, on se contente souvent de détruire les matières dans une capsule, en faisant intervenir l'acide azotique qu'on ajoute de temps en temps à la masse par très petites quantités. L'acide azotique change l'acide arsénieux en acide arsénique non volatil, et empêche ainsi sa transformation en chlorure d'arsenic volatil. On termine par un traitement semblable à l'acide azotique, afin d'oxyder le gaz sulfureux que retient énergiquement le charbon sulfurique ; ce gaz sulfureux, qui résulte de l'action du charbon sur l'acide sulfurique chaud (§ 612), doit être éliminé avec soin, sa transformation en hydrogène sulfuré par l'hydrogène naissant pouvant gêner les réactions à faire postérieurement. On obtient ainsi un charbon sec et poreux, contenant l'arsenic à l'état d'acide arsénique; on le chauffe finalement tant qu'il dégage des vapeurs rutilantes, en l'agitant sans cesse, mais en évitant l'intervention d'une température suffisante pour déterminer la réduction de l'acide sulfurique par le charbon; on ne doit donc pas aller jusqu'à la production des vapeurs blanches. Après refroidissement, on pulvérise le charbon dans un mortier et on le triture avec de l'eau distillée ; on décante le liquide, puis on fait bouillir le résidu avec de l'acide azotique ou de l'eau régale, afin d'oxyder le sulfure d'arsenic qui peut exister; on ajoute de l'eau, on décante et on lave à l'eau bouillante les matières insolubles. Les liquides filtrés sont ensuite additionnés d'acide sulfurique et évaporés, pour chasser l'acide azotique ; afin d'enlever toute trace de ce dernier sans chauffer trop fortement, il est bon d'humecter d'eau le résidu et de renouveler l'évaporation à siccité, en prolongeant l'action de l'air sur la matière chauffée. On reprend par l'eau et on soumet la liqueur aux réactifs propres à y déceler l'arsenic.

On peut encore chauffer 100 parties de matière animale à détruire avec 30 parties d'acide azotique, dans une grande capsule de porcelaine ; lorsque la masse est devenue visqueuse et homogène, on cesse de chauffer, on ajoute 6 parties d'acide sulfurique concentré, et on chauffe de nouveau, en agitant, jusqu'à ce que la masse s'attache à la capsule. On laisse alors tomber goutte à goutte dans le mélange agité 15 parties d'acide azotique, qui produisent une nouvelle liquéfaction.

On chauffe enfin jusqu'à carbonisation de la matière. Le résidu noir, étant pulvérisé et épuisé par l'eau bouillante, fournit une solution jaune, dans laquelle on recherche l'arsenic (M. A. Gautier).

La destruction des matières par l'acide sulfurique et l'acide azotique (§ 1555) ou bien par le chlorate de potasse et l'acide chlorhydrique (§ 1557 et § 1558), convient parfaitement pour la recherche de l'arsenic, celui-ci s'y trouvant changé en acide arsénique. Toutefois, il est nécessaire de pousser la destruction aussi loin que possible, pour diminuer la teneur du produit en principes organiques, susceptibles de gêner plus tard les opérations.

1566. La plupart des méthodes précédentes fournissent des liquides dans lesquels subsistent des traces de matières organiques, de l'acide sulfureux, du chlore, de l'acide azotique, tous corps susceptibles de troubler les recherches ayant pour objet de caractériser l'arsenic. On élimine toute cause d'erreur de ce chef en retirant des liquides en question les éléments précipitables par l'hydrogène sulfuré, éléments parmi lesquels se trouve l'arsenic.

On commence, s'il y a lieu, par éliminer de la dissolution le chlore en excès. Dans ce but, on y fait passer un courant de gaz sulfureux (§ 612), jusqu'à ce que le liquide présente une odeur sulfureuse persistante, puis on chasse l'acide sulfureux lui-même par une ébullition prolongée. Pendant cette dernière opération, la liqueur jaune clair à l'origine prend une teinte brune. On dirige ensuite dans le liquide un courant très lent d'hydrogène sulfuré, que l'on maintient pendant une journée. Il se produit un précipité brun plus ou moins foncé. On filtre sur un filtre sans plis, et on lave à l'eau chargée d'hydrogène sulfuré le produit retenu par le filtre. Les matières organiques restent ainsi dans les liqueurs filtrées.

Le précipité peut contenir des sulfures d'antimoine et d'arsenic, mélangés avec d'autres sulfures métalliques. Comme la présence de certains métaux, tels que le cuivre, le mercure et le bismuth, est une cause d'erreurs dans la recherche de l'arsenic, le mieux est de séparer les sulfures d'arsenic et d'antimoine des autres sulfures qui les accompagnent. A cet effet, on arrose le filtre égoutté avec de l'ammoniaque pure : le sulfure d'arsenic se dissout ainsi que le sulfure d'antimoine, ce dernier à la faveur du soufre précipité qui accompagne les sulfures métalliques, tandis que les sulfures des métaux précités, qu'il s'agit d'écarter de la liqueur, restent insolubles. On traite à l'ammoniaque jusqu'à épuisement, puis on évapore à sec au bain-marie, dans une capsule de porcelaine, la liqueur recueillie qui est d'ordinaire colorée. On ajoute de l'acide nitrique pur au résidu et on chauffe ; on oxyde ainsi complètement les sulfures et le soufre ; l'arsenic et l'antimoine passent à l'état d'acide arsénique et d'acide antimonique. L'oxydation terminée, on évapore à sec au bain-marie, puis, pour assurer l'expulsion totale de l'acide nitrique, on ajoute un peu d'acide sulfurique et on dessèche une seconde fois en portant la capsule dans une étuve qu'on chauffe jusqu'à 450°. Après refroidissement, on dilue le produit de beaucoup d'eau pure; on obtient ainsi un mélange dont la composition se prête très bien aux réactions qui se produisent dans l'appareil de Marsh.

1567. *Méthode de Marsh*. — Le procédé de recherche de l'arsenic, indiqué par Marsh en 1836, est basé sur deux faits principaux :

1° L'hydrogène naissant, dans un milieu acide, tranforme les composés oxygénés de l'arsenic et leurs combinaisons en hydrogène arsénié ;

2° L'hydrogène arsénié est décomposable par la chaleur en hydrogène libre et arsenic; celui-ci peut être condensé par le contact d'un corps froid.

Le mode d'application de la méthode de Marsh a été fréquemment modifié. Celui que l'on adopte généralement aujourd'hui a été recommandé par l'Académie des sciences.

L'appareil consiste en un flacon producteur d'hydrogène F (fig. 328), dans lequel on fait réagir l'acide sulfurique pur et dilué sur le zinc pur ; il est muni d'un tube de sûreté à entonnoir SS, et d'un tube à dégagement AB, coudé à angle droit. Ce dernier est relié en B, par un bouchon neuf, à un tube plus large BC, garni d'amiante, lequel est adapté de la même manière à un tube droit CD, de 4 à 5 millimètres de diamètre intérieur, en verre peu fusible, et étiré à son extrémité D. Sur le tube CD on enroule une bande de clinquant ou de toile métallique, de manière à former un manchon MN, qui le recouvre seulement sur 6 ou 7 centimètres de longueur, et qui peut glisser à sa surface. Le tampon d'amiante arrête les particules liquides entraînées par le gaz.

Pour rechercher l'arsenic dans un liquide provenant de l'un des traitements indiqués plus haut (§ 1565 et § 1566), on commence par contrôler la pureté, au point de vue de l'arsenic, des réactifs que l'on emploiera. On verse en S de l'acide sulfurique dilué et froid, afin de dégager de l'hydrogène dans l'appareil, et d'en chasser l'air. Cela fait, aucun mélange explosible ne pouvant plus exister dans le flacon, on approche le manchon métallique MN à quelques centimètres du bouchon C, et au moyen d'un brûleur de Bunsen, modérément alimenté d'air afin de ne pas produire une flamme trop chaude qui serait capable de fondre le verre, on chauffe ce manchon durant une vingtaine de minutes. Pendant ce temps on a soin, par des additions ménagées d'un mélange refroidi de 5 parties d'eau avec 1 partie d'acide sulfurique pur, de maintenir un dégagement d'hydrogène lent, mais régulier. Il faut éviter l'emploi de l'acide concentré qui produirait une réaction tumultueuse. Si le zinc ou l'acide sulfurique sont souillés de la plus faible trace d'arsenic, on voit bientôt se former à l'intérieur du tube CD, au delà de la partie chauffée, entre N et D par conséquent, un dépôt noir, métallique et miroitant d'arsenic; l'hydrogène arsénié formé s'est en effet détruit en traversant le tube chauffé en MN, et l'arsenic mis en liberté s'est condensé dans la partie froide. S'il ne s'est formé aucun dépôt entre N et D, on contrôle d'une seconde manière la pureté du gaz dégagé : on allume ce gaz à l'orifice étranglé D, puis on approche de la flamme, à peu près normalement à sa direction et de manière à l'aplatir en son mi-

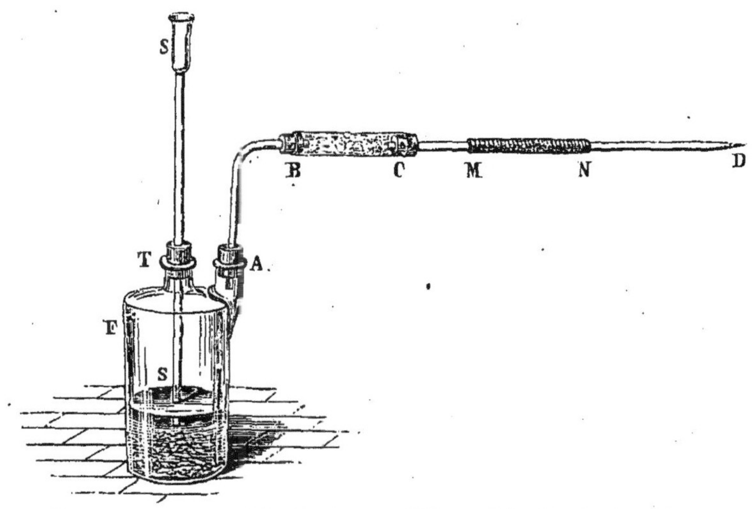

Fig. 328. — Appareil de Marsh, modifié par l'Académie des sciences.

lieu, une soucoupe de porcelaine froide. La chaleur produite dans la combustion suffit à décomposer l'hydrogène arsénié dont le gaz peut être chargé ; tandis que l'arsenic qui se trouve dans l'enveloppe extérieure de la flamme brûle et se change en acide arsénieux, celui qui est à l'intérieur, hors de l'action de l'oxygène, se refroidit et se condense au contact de la porcelaine froide ; il se dépose ainsi une tache métallique sur la soucoupe, au point touché par la flamme. Quand les réactifs sont purs d'arsenic, ce qui est indispensable, le résultat est négatif avec les deux modes d'essai. On verse alors dans l'appareil, par le tube de sûreté, le liquide à expérimenter, provenant de l'un des traitements indiqués plus haut (§ 1565 et § 1566).

Ce liquide doit, pour donner un résultat certain, satisfaire à plusieurs conditions. Tout d'abord, l'arsenic ne doit y être contenu ni à l'état métallique, ni à l'état de sulfure, ces formes ne se prêtant pas à la production de l'hydrogène arsénié par l'hydrogène naissant. Il ne doit pas davantage contenir de l'acide sulfureux, que l'hydrogène naissant changerait en hydrogène sulfuré, lequel précipiterait l'arsenic à l'état de sulfure. La présence du mercure, du cuivre et même du bismuth, empêchant le dégagement de l'hydrogène arsénié, les composés de ces métaux doivent être écartés. L'acide azotique et l'acide azoteux sont également à éliminer du mélange, ces corps déterminant la formation de l'hydrogène arsénié solide, qui se précipiterait en flocons bruns, inattaquables par l'hydrogène naissant ; d'ailleurs, l'acide azotique introduit dans un appareil à hydrogène donne du protoxyde et du bioxyde d'azote, susceptibles de former avec l'hydrogène des mélanges explosibles. Dans le cas où toutes ces conditions ne sont pas remplies, il est indispensable de faire subir au produit à introduire dans l'appareil de Marsh le traitement par l'hydrogène sulfuré indiqué au § 1566.

Dès l'introduction dans l'appareil du liquide à essayer, la réaction commence et l'hydrogène arsénié se manifeste ; aussi est-il nécessaire d'avoir échauffé préalablement le manchon métallique. Comme les solutions qui proviennent des destructions de matières organiques sont acides, il faut les verser dans l'appareil avec lenteur ; on évite ainsi un dégagement de gaz trop rapide et par suite une déperdition de l'arsenic ; à ce point de vue, il devient quelquefois utile de modérer l'action en entourant d'eau froide le flacon F. Quand, sous l'influence de certaines substances organiques incomplètement détruites, le contenu du flacon mousse abondamment, on évite souvent la sortie de la mousse de l'appareil en versant dans celui-ci quelques gouttes d'huile grasse.

Lorsque les matières essayées sont arsenicales, un *anneau métallique* se forme bientôt au delà du manchon, et augmente peu à peu d'épaisseur. Il devient déjà sensible quand on a introduit dans l'appareil un dixième de milligramme d'arsenic. En donnant au tube CD une longueur suffisante, on peut y déposer toute une série d'anneaux. A cet effet, on place d'abord le manchon à une distance de l'extrémité D, telle que l'anneau se dépose à quelques centimètres de cette extrémité. L'anneau étant produit, on fait glisser le manchon de 3 ou 4 centimètres vers C, et on le chauffe de nouveau, ce qui donne un deuxième anneau en avant du premier. En continuant ainsi, on peut échelonner les dépôts d'arsenic sur la plus grande partie de la longueur du tube ; l'expérience terminée, en coupant le tube entre chacun d'eux, les anneaux peuvent être séparés pour être soumis à des essais divers ou pour être conservés.

La formation des anneaux permet d'apprécier la quantité de la matière qui les constitue : il suffit de recueillir en un même anneau la totalité du dépôt, puis de couper le tube à quelque distance de l'anneau, à droite et à gauche, de peser le tube et l'anneau, d'enlever l'anneau par un des dissolvants indiqués plus loin et de peser de nouveau le tube vide. Toutefois, il est nécessaire, en pareil cas d'assurer la décomposition de la totalité de l'hydrogène arsénié dégagé ; pour cela on chauffe le tube sur une certaine longueur, 20 centimètres par exemple, au moyen d'une petite rampe à gaz, et on conduit le dégagement gazeux avec une grande lenteur.

Si, au lieu de chauffer le tube de dégagement sur une partie de sa longueur, on enlève la lampe, et si l'on allume le gaz sortant de l'orifice étroit qui termine l'appareil en D, la flamme de l'hydrogène prend, en présence de l'arsenic, une teinte blanchâtre. Si l'on écrase cette flamme avec une soucoupe de porcelaine, ainsi qu'il a été dit plus haut, elle forme des *taches* d'arsenic à la surface de cette dernière. Pendant les premiers moments, quand la porcelaine est froide, la tache se forme

au centre de la flamme, mais l'arsenic étant volatil et la température
de la porcelaine s'élevant, la tache s'élargit bientôt, puis disparaît ; il
est donc nécessaire de déplacer fréquemment la soucoupe et de présenter à la flamme une paroi froide, en changeant au besoin de soucoupe. Pour la même raison, la flamme doit être courte, une flamme
forte échauffant trop rapidement la porcelaine. Ajoutons enfin que, si
le courant de gaz est quelque peu rapide, les taches sur la soucoupe et
les anneaux dans le tube peuvent être obtenus simultanément, mais les
taches sont alors peu chargées, la plus grande partie du produit s'étant
déposée en ND.

La production des taches, si elle est commode pour l'étude, est peu
recommandable dans une recherche sérieuse ; elle entraîne la déperdition dans l'atmosphère de la plus grande partie du produit recherché.
A ce point de vue, la récolte de l'arsenic sous forme d'anneaux est de
beaucoup préférable ; lorsqu'on pratique cette dernière, en essayant de
produire des taches avec la flamme allumée au bout du tube, on est
averti quand le courant gazeux est trop rapide ; si, en effet, le dépôt
sur la porcelaine apparaît, c'est évidemment qu'une partie de l'hydrogène arsénié échappe à la décomposition par la chaleur.

Un point capital dans la recherche toxicologique de l'arsenic est de
pratiquer d'abord une *opération à blanc*, pour contrôler la pureté de
tous les réactifs employés. Nous avons vu plus haut qu'on doit vérifier
en commençant la pureté du zinc et celle de l'acide sulfurique, mais
les réactifs nécessaires aux traitements antérieurs, à la destruction des
matières organiques par exemple, doivent être également éprouvés au
point de vue de l'arsenic. On fait donc, sur une matière qui ne peut
être suspectée, une opération identique à celles qui ont été exécutées
sur les matières suspectes, avec les mêmes réactifs pris en mêmes
quantités, et on constate que les solutions obtenues ne donnent que
des résultats négatifs dans l'appareil de Marsh.

1568. Parmi les modifications apportées à l'appareil précédent, il en est
quelques-unes qui présentent des avantages réels.

L'obtention des anneaux ou des taches exige une certaine régularité dans
le dégagement gazeux, régularité qu'il est d'autant plus difficile d'obtenir
qu'on ajoute dans l'appareil des liqueurs à essayer plus fortement acides.
Avec la disposition indiquée par la figure 329, on obtient un courant d'hydrogène parfaitement régulier (Bouis). Un robinet de verre R, placé sur le tube
de dégagement BA, avant le tube à amiante, peut être réglé au point convenable ; il laisse échapper une quantité de gaz invariable, la pression étant
maintenue constante dans l'appareil. Ce dernier résultat est obtenu au moyen
d'un tube supplémentaire CDE, adapté à une seconde tubulure que porte le
flacon à hydrogène : ce tube plonge en E, sur une certaine hauteur, dans de
l'eau distillée ; dès que la production d'hydrogène excède la quantité qui traverse le robinet R, le gaz s'échappe en E, et la pression intérieure se trouve
limitée à la hauteur d'une colonne liquide égale à la longueur de tube immergée.

Toutefois, une certaine proportion de l'hydrogène arsénié se trouvant ainsi perdue, il est préférable de remplacer le tube plongeur par un tube à boules de Will et Warrentrapp (fig. 330), dans lequel on place une solution

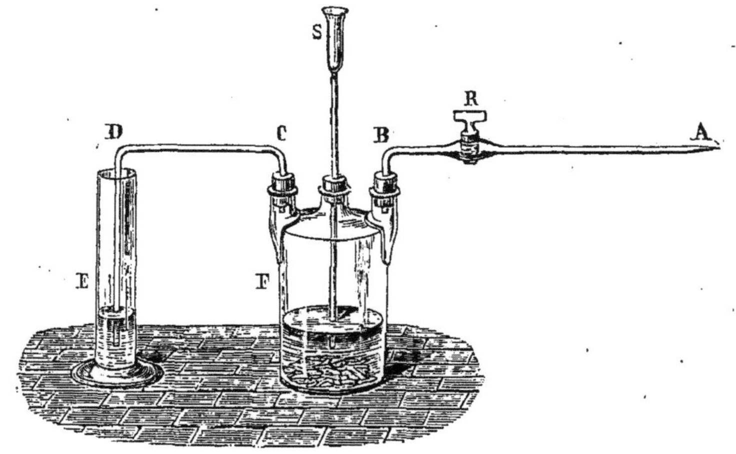

Fig. 329. — Appareil de Marsh (1re disposition de Bouis).

d'azotate d'argent. Ce réactif donne avec l'hydrogène arsénié un précipité d'argent réduit, tandis que la liqueur retient en dissolution de l'acide arsénieux

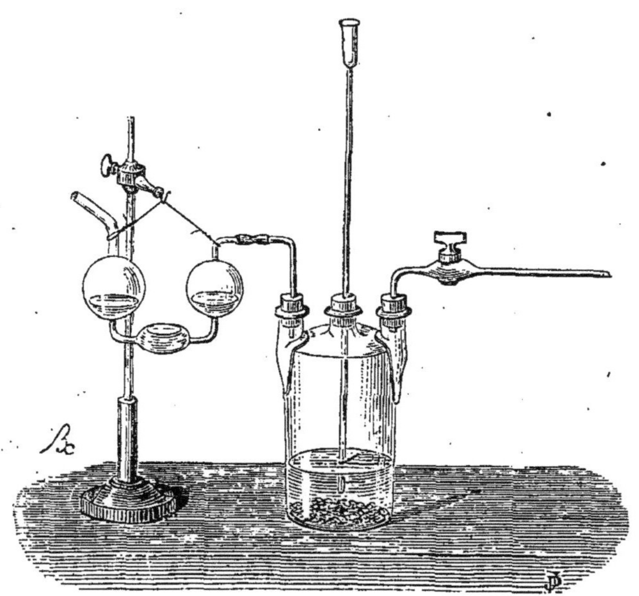

Fig. 330. — Appareil de Marsh (2e disposition de Bouis).

qu'on caractérise ensuite après filtration. En même temps, la pression dans l'appareil reste limitée à la résistance que peut apporter le liquide du tube à boules (Bouis).

1569. *Examen des taches et des anneaux.* — Les taches et les anneaux ainsi obtenus doivent être examinés avec soin. D'une part l'antimoine, comme l'arsenic et dans les mêmes conditions, donne des taches et des anneaux analogues. D'autre part, certains composés peuvent être entraînés par l'hydrogène et se déposer ensuite, en prenant l'apparence des dépôts d'arsenic ou d'antimoine ; c'est ainsi que lorsqu'on ajoute dans l'appareil de Marsh de l'acide sulfurique concentré, contrairement à la recommandation faite plus haut (§ 1567), il se forme de l'oxysulfure de zinc qui occasionne des erreurs de ce genre.

Nous donnerons ici les caractères que présentent les dépôts d'arsenic pur. Nous indiquerons plus loin, à propos de la recherche de l'antimoine (§ 1571), les caractères permettant de différencier les dépôts d'antimoine des dépôts d'arsenic, ainsi que les moyens de caractériser ces deux corps dans les dépôts mixtes (§ 1572).

Dans les taches comme dans les anneaux, le dépôt d'arsenic est très brillant, d'un noir brun ; sa teinte brune est surtout marquée dans les parties minces, et notamment vers les bords.

Ce dépôt est volatil. C'est ainsi qu'une tache, formée sur une soucoupe, disparaît lorsqu'on laisse s'échauffer dans la flamme de l'hydrogène la porcelaine qui la porte, alors même qu'elle reste soustraite à l'action de l'air par le courant gazeux qui la recouvre. C'est ainsi encore qu'un anneau d'arsenic se déplace quand on le chauffe dans le courant d'hydrogène : lorsqu'on le recouvre du manchon métallique et qu'on chauffe le tube qui le porte, il disparaît et le tube reprend sa transparence ; mais l'arsenic volatilisé, étant entraîné par le gaz, va se condenser un peu plus loin, dans la partie froide du tube, où il forme un nouvel anneau semblable au premier. Ce déplacement se produit sous l'influence d'une température modérément élevée.

L'arsenic étant très facilement dissous par l'hypochlorite de soude, quand on verse quelques gouttes de ce réactif sur une tache d'arsenic déposée dans une soucoupe, la tache disparaît presque instantanément.

Quand on humecte d'acide azotique une tache d'arsenic, elle se soulève et se détache comme une pellicule ; si l'on chauffe ensuite avec précaution la soucoupe qui la porte, de manière à chasser l'acide azotique en excès, le métalloïde se dissout et passe à l'état d'acide arsénique ; si l'on ajoute de l'ammoniaque pour saturer l'acide, et qu'on chauffe de nouveau jusqu'à élimination de l'ammoniaque libre, il suffit ensuite de laisser tomber sur le produit quelques gouttes d'azotate d'argent pour voir apparaître la teinte rouge brique de l'arséniate d'argent. Cet arséniate étant soluble dans l'acide azotique, dans l'ammoniaque et aussi dans l'arséniate d'ammoniaque, il est indispensable de ne pas négliger de saturer exactement par l'ammoniaque, comme on l'a prescrit plus haut, ainsi que d'ajouter le sel d'argent en léger excès. Il se forme parfois un précipité jaune d'arsénite d'argent, lorsque l'oxydation par l'acide azotique a été insuffisante.

Quand, en coupant le tube qui le porte, on isole un anneau d'arsenic et qu'on le chauffe dans le fragment de tube ouvert aux deux bouts et

tenu incliné, l'arsenic s'oxyde dans le courant d'air chaud qui s'établit
à l'intérieur du tube: il se transforme en anhydride arsénieux, en
exhalant une odeur alliacée. Si le tube présente une longueur suffisante,
l'anhydride arsénieux blanc se condense dans sa partie froide. L'anneau blanc d'anhydride arsénieux se volatilise et se déplace par l'action de la chaleur ; dissous dans quelques gouttes d'acide chlorhydrique,
puis dans l'eau, il donne une solution que l'hydrogène sulfuré précipite
en jaune; la même solution, exactement neutralisée, précipite le sulfate
de cuivre en vert.

Lorsqu'on humecte une tache d'arsenic avec du sulfhydrate d'ammoniaque, et qu'on évapore l'excès de ce dernier en chauffant doucement, on obtient un résidu jaune de sulfure d'arsenic, lequel ne se
dissout pas quand on le chauffe avec l'acide chlorhydrique, mais se
dissout dans l'ammoniaque.

Quand le produit à examiner est peu abondant, il devient possible de
faire avec lui la série complète des réactions caractéristiques, en régénérant l'arsenic des produits provenant des essais pratiqués, par
exemple au moyen d'un des traitements indiqués plus haut (§ 1566),
suivi d'une introduction nouvelle de la matière dans l'appareil de
Marsh.

1570. ANTIMOINE. — L'antimoine peut être classé parmi les métaux ou
parmi les métalloïdes. Les analogies étroites qu'il présente avec l'arsenic, au point de vue de la recherche toxicologique, nous portent à en
parler ici, immédiatement après l'arsenic. Dans les cas d'empoisonnement, il se retrouve plus abondamment dans le foie, la rate, les reins et
l'urine.

L'examen direct, à la loupe, ne fournit pas souvent dans la recherche
de l'antimoine des résultats aussi nets que ceux dont il a été question
plus haut, à propos des intoxications par l'anhydride arsénieux ; cela
tient à ce que le poison antimonial le plus usité, l'émétique, est soluble
dans l'eau et disparaît.

La destruction des matières organiques se fait comme pour la recherche
de l'arsenic, soit par la carbonisation sulfurique (§ 1554), modifiée ou
non par l'emploi de l'acide azotique (§ 1555), soit par le chlore et le
chlorate de potasse (§ 1557 et § 1558).

Dans le premier cas, on pulvérise le charbon sulfurique, on le fait
chauffer avec de l'eau régale, on évapore à siccité au bain-marie, et on
reprend par l'eau additionnée de 5 ou 6 centièmes d'acide tartrique.
Ce dernier réactif dissout facilement les composés oxygénés de l'antimoine, insolubles dans l'eau pure. On fait bouillir le mélange pour
assurer la dissolution, on filtre à chaud et on lave le résidu. Les liqueurs
sont enfin concentrées par évaporation ; elles peuvent ensuite être introduites directement dans l'appareil de Marsh. Ce mode opératoire
doit être préféré quand il s'agit de rechercher des traces d'antimoine
seulement. Sauf dans ce dernier cas, il vaut mieux pratiquer le traite-

ment indiqué au § 1556. A ce sujet, il faut observer que le sulfure
d'antimoine ne peut être précipité entièrement dans une liqueur trop
fortement chargée d'acide chlorhydrique ; il est donc parfois nécessaire
de neutraliser partiellement cet acide avant de faire agir l'hydrogène
sulfuré.

Quand la destruction des matières organiques a été opérée par l'a-
cide chlorhydrique et le chlorate de potasse, et qu'on recherche des
traces d'antimoine, on verse directement la liqueur obtenue dans l'appareil de Marsh, après l'avoir dépouillée de chlore libre, comme il a
été dit plus haut (§ 1566). Lorsque le corps à caractériser est plus
abondant, on précipite d'abord l'antimoine à l'état de sulfure comme il
vient d'être indiqué.

1571. La conduite des opérations avec l'appareil de Marsh est la
même pour l'antimoine que pour l'arsenic. Les précautions à prendre

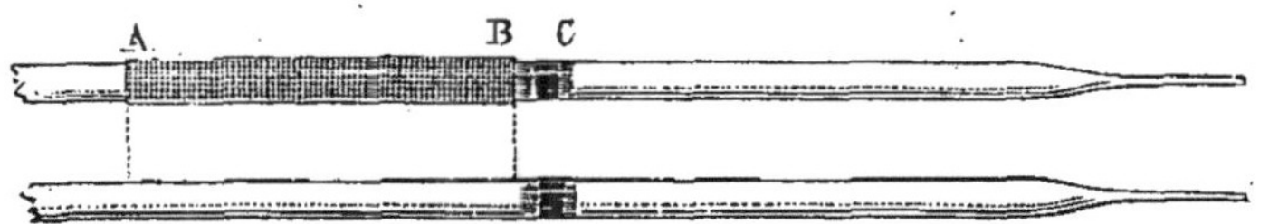

Fig. 331. — Anneaux d'arsenic.

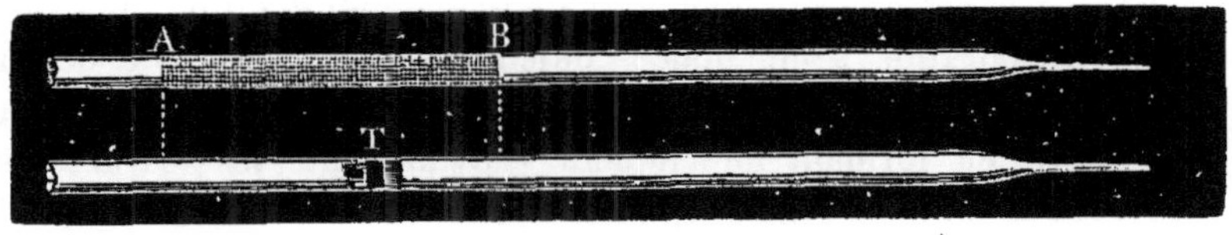

Fig. 332. — Anneaux d'antimoine.

sont identiques (§ 1567), et la pureté des réactifs est contrôlée par des
moyens semblables. Les taches et les anneaux s'obtiennent pareille-
ment ; toutefois, la flamme de l'hydrogène devient plus blanche avec
l'antimoine, et elle répand des fumées blanches. Il nous reste à indiquer les caractères spécifiques des dépôts d'antimoine et à préciser
comment on les distingue des dépôts d'arsenic (§ 1569).

Soit en taches, soit en anneaux, l'antimoine est très brillant, noir, et
ne présente pas la teinte brune, assez marquée, que possède l'arsenic
dans les mêmes conditions.

Les taches d'antimoine sont volatiles, mais beaucoup moins que celles
d'arsenic ; ces taches disparaissent moins facilement lorsqu'on expose
dans la flamme de l'hydrogène la porcelaine qui les porte. Mais c'est principalement avec les anneaux que les différences de volatilité s'accentuent
le plus nettement. Tout d'abord l'anneau d'arsenic et l'anneau d'antimoine ne se déposent pas au même endroit dans le tube. Tandis que
l'arsenic, relativement très volatil, va se condenser au delà de la partie
chauffée sous le manchon métallique AB (fig. 331), en C par exemple,
l'antimoine, beaucoup moins volatil, se dépose immédiatement après la

partie du tube qui reçoit l'action directe de la lampe à gaz, en un point tel
que T (fig. 332), situé d'ordinaire sous le manchon métallique. En second
lieu, tandis que l'anneau d'arsenic se déplace facilement, et à une température relativement peu élevée, quand on le chauffe dans un courant
d'hydrogène, l'anneau d'antimoine ne se déplace que fort difficilement;
à une température très élevée, il s'altère et se change en petits globules
métalliques, visibles à la loupe.

L'hypochlorite de soude, à moins qu'il ne soit souillé de chlore
libre, est sans action sur le dépôt d'antimoine qu'il laisse brillant.
On sait que le même agent dissout presque instantanément l'arsenic
(§ 1569).

Imbibées d'acide azotique et chauffées, les taches d'antimoine disparaissent, ou, si elles sont épaisses, laissent un résidu blanc ; en évaporant le produit à sec, en l'alcalinisant par l'ammoniaque, en chassant
par la chaleur l'excès de cette dernière, et en ajoutant de l'azotate
d'argent, il ne se forme pas de précipité rouge brique ; or celui-ci caractérise l'arsenic en pareille circonstance.

Grillées dans le tube ouvert par les deux bouts, les taches d'antimoine s'oxydent en répandant des vapeurs blanches, inodores. Le dépôt
blanc, resté dans le tube, se dissout dans l'acide chlorhydrique et mieux
encore dans l'acide tartrique ; la liqueur donne avec l'hydrogène sulfuré
un précipité rouge orangé.

Imbibé de sulfhydrate d'ammoniaque, le dépôt d'antimoine s'attaque ;
après évaporation à une douce chaleur, il reste un résidu de sulfure
d'antimoine rouge orangé, soluble à chaud dans l'acide chlorhydrique
concentré, en formant une liqueur qui présente les caractères des
protosels d'antimoine (§ 1422). Le sulfure d'arsenic est jaune et insoluble dans l'acide chlorhydrique.

En outre, vient-on à diriger un courant lent d'hydrogène sulfuré sec,
dans un tube contenant un anneau d'antimoine et légèrement chauffé,
l'antimoine se sulfure en se teintant plus ou moins d'orangé. La transformation achevée, si l'on fait passer lentement dans le même tube un
courant de gaz chlorhydrique sec, le sulfure est attaqué rapidement et
le chlorure volatil qu'il engendre est entraîné par le courant gazeux ; il
peut être recueilli, puis caractérisé, en dirigeant les vapeurs dans un
peu d'eau. Traité de même, l'anneau d'arsenic donne un sulfure jaune,
inattaquable par l'acide chlorhydrique gazeux, mais facilement soluble
dans l'ammoniaque.

Enfin si, au lieu de décomposer par la chaleur d'hydrogène anti-
monié qui s'échappe de l'appareil de Marsh, on le fait passer dans une
solution d'azotate d'argent, celui-ci est précipité ; il se dépose un mélange
d'argent métallique et d'antimoniure d'argent; la liqueur filtrée, débarrassée de l'argent en excès par l'acide chlorhydrique, et filtrée de
nouveau, ne retient pas trace d'antimoine et ne précipite pas par l'hydrogène sulfuré. Avec l'arsenic, la même liqueur retient de l'acide arsénieux, précipitable en jaune par l'hydrogène sulfuré.

1572. L'arsenic et l'antimoine peuvent coexister dans les taches et dans les anneaux. On est averti de ce fait par le manque de netteté des caractères précédents. En pareil cas, pour rechercher les deux corps, il vaut mieux opérer sur le gaz dégagé de l'appareil de Marsh que sur le dépôt métallique mixte, dût-on redissoudre ce dernier pour l'introduire à nouveau dans l'appareil à hydrogène. On fait passer le gaz dans un tube à boules contenant de l'azotate d'argent. Conformément à ce qui a été dit dans l'alinéa précédent, l'antimoine se précipite avec l'argent réduit, tandis que l'arsenic reste en dissolution à l'état d'acide arsénieux. On les sépare par filtration suivie de lavage, et, dans chacun des produits de séparation, le solide étant préalablement dissous dans l'eau régale, on caractérise l'un d'eux par les procédés ordinaires.

III. — RECHERCHE DES COMPOSÉS MÉTALLIQUES.

1573. ALCALIS CAUSTIQUES. — La potasse et la soude caustiques sont des poisons énergiques; elles attaquent rapidement les tissus animaux et les liquéfient lorsqu'elles sont en solution concentrée.

Alors même qu'elles ont été exposées à l'air pendant longtemps, les matières provenant d'un empoisonnement par les alcalis conservent un réaction alcaline énergique et bleuissent fortement le tournesol. Pour caractériser l'alcali qu'elles renferment, on les coupe en menus fragments et on les introduit avec de l'eau dans un flacon bouché, que l'on agite de temps en temps. Après quatre ou cinq heures de macération, on filtre et on évapore rapidement à sec, au bain-marie. Le résidu est broyé et introduit dans un flacon avec de l'alcool fort; après une heure de contact, pendant laquelle on agite fréquemment, on laisse déposer, on décante la liqueur alcoolique qui a dissous l'alcali caustique, en laissant le carbonate insoluble, on la filtre et on la distille (fig. 120, § 224) en chauffant au bain-marie. Le résidu très alcalin, après avoir été neutralisé par un acide, est essayé par les réactifs, qui servent à distinguer la potasse de la soude (§ 1520 et § 1522).

Le résidu insoluble dans l'alcool pourrait avoir retenu la totalité des alcalis : si les matières étaient restées longtemps exposées à l'air, les alcalis caustiques se seraient, en effet, transformés en carbonates insolubles dans l'alcool. Ce résidu, repris par l'eau, donne une liqueur alcaline; concentrée, celle-ci fait effervescence par les acides lorsque la proportion de carbonate est suffisante. Quand on neutralise par l'acide azotique la solution filtrée, qu'on l'évapore à sec, qu'on lave le résidu avec de l'eau, et qu'on filtre, on obtient une solution dans laquelle on peut constater les caractères des sels de potasse ou de soude. Il est indispensable cependant, quand les faits observés indiquent la présence d'un sel de soude, de ne pas oublier que les liquides de l'économie animale renferment du chlorure de sodium; il faut donc tenir compte de l'abondance du produit. L'alcalinité des matières, constatée à l'origine, est d'ailleurs un caractère indispensable.

1574. ZINC. — Les sels de zinc sont très toxiques. Dans les cas d'empoisonnement, on recherche le métal dans les matières suspectes, après avoir détruit les corps organiques.

Cette destruction se fait de préférence au moyen du chlore (§ 1556 et suivants), le chlorure de zinc n'étant volatil qu'à une température élevée. La carbonisation sulfurique, en présence de l'acide azotique, convient également (§ 1555). L'incinération elle-même (§ 1553) peut à la rigueur être employée, si l'on a soin de la pratiquer à une température aussi peu élevée que possible; toutefois ce procédé est ici peu recommandable, le zinc, réduit à chaud par le charbon du corps organique détruit, se volatilisant partiellement.

On traite les produits résultant de la destruction, par l'eau bouillante additionnée d'acide chlorhydrique; on filtre et on lave à l'eau chaude le résidu insoluble. On évapore à sec les liqueurs, pour chasser l'excès d'acide, mais en évitant de surchauffer le résidu ; on reprend ce dernier par l'eau, on ajoute à la solution limpide de l'acétate de soude, dont l'alcali sature les dernières traces d'acide minéral qui peuvent subsister; on acidule franchement par l'acide acétique et enfin on sature le liquide d'hydrogène sulfuré. Le zinc se sépare à l'état de sulfure; il entraîne un peu d'alumine et des traces de fer. On laisse déposer, on décante sur un filtre, on purifie le précipité par lavage à l'eau chaude et enfin on le verse sur le filtre. Pour séparer les traces de métaux étrangers qu'il a pu entraîner, on le dissout dans l'acide chlorhydrique, à l'ébullition, en additionnant le mélange de 3 ou 4 gouttes d'acide azotique ou d'un peu d'eau de chlore, afin de détruire l'hydrogène sulfuré resté dans la liqueur et de peroxyder le fer; enfin on ajoute un grand excès d'ammoniaque : l'alumine, s'il en existe, et le fer, passé à l'état de sesquioxyde, restent insolubles, tandis que l'oxyde de zinc se dissout dans l'ammoniaque, et peut être séparé par filtration de la liqueur. Il suffit enfin de faire bouillir celle-ci pendant un instant pour enlever le plus grand excès d'ammoniaque, et de saturer le mélange d'hydrogène sulfuré : la totalité du zinc se sépare à l'état de sulfure. En dissolvant ce dernier comme il vient d'être dit, on obtient une liqueur dans laquelle le zinc peut être caractérisé par ses réactions ordinaires (§ 1529, Da et § 1522).

La solubilité de l'oxyde de zinc dans la potasse et dans l'ammoniaque, la couleur blanche du sulfure et du ferrocyanure, la solubilité du carbonate dans les sels ammoniacaux, la coloration jaune rougeâtre du ferricyanure, sont particulièrement caractéristiques.

L'élimination du fer indiquée plus haut est indispensable, ce métal masquant plusieurs réactions des sels de zinc.

1575. PLOMB. — La destruction des substances organiques doit précéder la recherche du plomb dans les matières provenant d'un empoisonnement; ce métal forme, en effet, avec les tissus animaux des combinaisons tout à fait insolubles. Cette destruction peut se faire par incinération (§ 1553); l'oxyde de plomb est, il est vrai, volatil au rouge vif, mais d'une part ce corps ne se produit qu'aux derniers moments de l'incinération, et d'autre part, on ne doit jamais opérer à une température suffisante pour le chasser notablement. La carbonisation sulfurique (§ 1554), ainsi que les traitements par le chlore (§ 1556 et suivants), conviennent également.

Le charbon sulfurique contient le plomb à l'état de sulfate très peu soluble dans l'eau. On le pulvérise et on le traite par l'acétate d'ammoniaque, qui dissout aisément le sulfate de plomb. On fait bouillir pendant quelques instants, on étend d'eau et on filtre. Le plomb est ensuite caractérisé dans la solution.

Quant aux cendres, on les fait bouillir avec un peu d'acide azotique, on étend d'eau, on fait bouillir de nouveau, on filtre, on évapore la liqueur à siccité pour chasser l'acide azotique en excès, et on reprend le résidu par l'eau.

La partie restée insoluble retient dans certains cas la totalité du plomb; cela arrive surtout quand il s'est trouvé des sulfates en présence. Il est donc nécessaire de faire subir à ce résidu le traitement indiqué plus haut pour le charbon sulfurique, et de dissoudre dans l'acétate d'ammoniaque le sulfate de plomb qu'il peut contenir. Le métal est ensuite recherché dans cette seconde solution comme dans la solution azotique.

Quand on a pratiqué la destruction par le chlorate de potasse et l'acide chlorhydrique, le chlorure de plomb formé se dissout dans l'eau bouillante, surtout en présence de l'acide chlorhydrique libre; pour le séparer du résidu, il suffit d'épuiser celui-ci par l'eau bouillante. S'il est assez abondant, le chlorure de plomb cristallise par refroidissement de la liqueur.

Quel que soit le mode de destruction des matières organiques que l'on a choisi, le mieux est de précipiter le plomb à l'état de sulfure insoluble, en saturant les solutions d'hydrogène sulfuré. L'acide chlorhydrique en grand excès s'opposant à la précipitation du sulfure de plomb, il est bon, au préalable, de neutraliser partiellement les liqueurs par l'ammoniaque, en ne leur laissant qu'une faible réaction acide. On lave le sulfure par décantation suivie de filtration, puis on le recueille sur le filtre.

Quand la recherche porte sur de très faibles quantités de métal, il est nécessaire d'attendre vingt-quatre heures avant de se prononcer négativement sur la formation du sulfure : des traces de celui-ci ne deviennent visibles que lorsqu'elles se sont rassemblées par le dépôt.

En traitant à l'ébullition le sulfure par l'acide azotique étendu de son volume d'eau, dans une petite capsule de porcelaine, on le change en azotate de plomb, tandis qu'il se sépare du soufre entraînant un peu de sulfate de plomb. Dans la liqueur filtrée, on constate la présence du plomb par les réactions indiquées plus haut (§ 1517, § 1525, Aa et § 1522). Le plomb resté dans le résidu à l'état de sulfate peut lui-même être mis en dissolution : par ébullition avec de l'eau contenant un peu d'azotate de baryte, il forme du sulfate de baryte insoluble, tandis que le plomb passe dans la liqueur à l'état d'azotate soluble.

Les caractères les plus importants à constater pour reconnaître le plomb sont la solubilité dans la potasse de l'oxyde hydraté blanc, l'insolubilité du sulfate dans l'eau et sa solubilité dans la potasse ainsi dans l'acétate d'ammoniaque, la solubilité du chlorure dans l'eau bouillante qui l'abandonne en cristaux par refroidissement; la coloration jaune de l'iodure et du chromate, la précipitation du métal de ses sels par le zinc, etc.

1576. CUIVRE. — Pour déceler la présence du cuivre dans les matières organiques, on commence par détruire celles-ci. Lorsque les mélanges dans lesquels on recherche le cuivre sont des liquides volatils, des liqueurs alcooliques ou des eaux distillées par exemple, on les concentre par évaporation, et on traite le résidu, qui est chargé de substances organiques, par une des méthodes de destruction indiquées plus haut (§ 1552 et suivants).

La destruction par le chlore, opérée par les différents procédés (§ 1556 et suivants), donne de bons résultats ; le cuivre se trouve changé en chlorure. On reprend par l'eau, on filtre et on évapore à siccité pour chasser l'acide en excès. En reprenant une seconde fois par l'eau, on obtient une liqueur qui est ensuite traitée par l'hydrogène sulfuré, comme on l'indiquera plus loin.

La destruction par l'acide sulfurique convient également (§ 1554), mais le moyen le plus recommandable est l'incinération, sans addition d'aucun réactif (§ 1553). Quand on suit cette dernière méthode, il est indispensable de brûler complètement le charbon, ce corps ayant la propriété de retenir le cuivre avec énergie, et de ne le céder que difficilement aux dissolvants acides.

On reprend le charbon sulfurique ou les cendres par l'acide azotique concentré, on fait bouillir durant quelques minutes, on ajoute de l'eau, on filtre, et on évapore la liqueur jusqu'à siccité, ce qui élimine l'acide azotique en excès. On reprend une seconde fois par l'eau, mais en additionnant celle-ci d'acide chlorhydrique. Si un poids de cuivre un peu notable est contenu dans la solution, celle-ci est bleue ou verte. Dans tous les cas, on y constate directement la présence du cuivre ainsi qu'il va être indiqué.

Quel que soit le procédé de destruction des matières organiques auquel on a donné la préférence, il est avantageux d'isoler d'abord le cuivre en le précipitant par l'hydrogène sulfuré. On fait passer ce gaz, jusqu'à saturation, dans la liqueur acidulée ; on recueille le précipité de sulfure sur un filtre, et on le lave avec de l'eau saturée d'hydrogène sulfuré, pour éviter sa redissolution par oxydation à l'air. On reprend le précipité par l'acide azotique chaud, qui dissout le sulfure de cuivre et laisse insolubles l'étain, l'antimoine et le mercure, si ces métaux se trouvent dans le précipité ; on évapore à sec, pour chasser l'acide en excès, on reprend par l'eau et on filtre. La solution est ensuite examinée, par portions, au point de vue des réactions caractéristiques des sels de cuivre : précipitation lente du cuivre, métallique et rouge, sur une grosse aiguille d'acier qu'on y plonge ; coloration bleu céleste par addition d'un excès d'ammoniaque; coloration rouge par le ferrocyanure de potassium ;

coloration fugitive, verte et bleue, de la flamme dans laquelle on introduit le produit d'évaporation de la liqueur additionnée d'acide chlorhydrique (§ 1522).

Le plus souvent, on reconnaît le cuivre directement dans le liquide provenant de la dissolution des cendres, sans passer par le sulfure de cuivre. Toutefois, la présence d'une proportion importante de fer dans les cendres peut alors masquer certaines réactions du cuivre, et notamment celle du ferrocyanure de potassium. En ajoutant au liquide quelques gouttes d'eau de chlore pour assurer la peroxydation du fer, puis un grand excès d'ammoniaque, et en filtrant, on sépare le fer ; la liqueur, évaporée à l'ébullition pour chasser l'ammoniaque, puis acidulée par l'acide acétique, donne ensuite nettement la réaction avec le ferrocyanure.

Quand on a employé les moyens de destruction de la matière organique autres que l'incinération, la précipitation du cuivre à l'état de sulfure est presque indispensable.

En appliquant à tous les liquides précédents la méthode de dosage du cuivre par voie électrolytique (voy. *Dosage du cuivre*), on isole en nature la totalité de ce métal.

1577. MERCURE. — Le procédé de destruction des matières organiques, auquel on doit donner la préférence dans la recherche toxicologique du mercure, est celui basé sur l'emploi du chlore (§ 1556); il convient dans tous les cas. La carbonisation sulfurique à l'inconvénient de permettre la volatilisation du mercure aux températures élevées qui se trouvent atteintes vers la fin de l'opération ; quand on veut l'appliquer, on doit le faire dans un appareil distillatoire et recueillir les liquides condensés ; on reprend le charbon sulfurique par l'eau régale chaude, on ajoute de l'eau, on filtre, et on évapore à sec, en terminant au bain-marie. Dans les deux modes opératoires précédents, le mercure se trouve dans les liqueurs à l'état de chlorure.

La *pile de Smithson* permet d'y déceler le mercure. Cette pile consiste en une petite lame d'étain étroite, sur laquelle on a enroulé en hélice une bande d'or plus étroite encore et très mince ; le fonctionnement du couple électrique étain-or, plongé dans le liquide, détermine le dépôt lent du mercure qui s'y trouve ; ce dépôt se fait sur l'or, et celui-ci se trouve blanchi. Après un contact prolongé, on lave la pile avec un peu d'eau, on déroule la bandelette d'or, on la lave avec de l'acide chlorhydrique bouillant, puis avec de l'eau, et on la sèche ; enfin on la roule sur elle-même et on l'introduit au fond d'un petit tube bouché, dans lequel on la porte au rouge. Le mercure se volatilise et vient se condenser dans la partie froide du tube, tandis que la lame d'or reprend sa couleur jaune. Après que le tube s'est refroidi, on peut y apercevoir à la loupe les globules de mercure. On détache d'un trait de couteau à verre la partie du tube qui contient ces globules ; on y introduit un petit cristal d'iode, et on chauffe très doucement ; les vapeurs d'iode ne tardent pas à transformer le métal en iodure rouge, devenant jaune par l'action de la chaleur; de plus, cet iodure rouge, étant dissous dans quelques gouttes d'iodure de potassium, donne une liqueur dans laquelle on peut caractériser le mercure par quelques-unes des réactions de ses sels.

Il arrive, si l'on a opéré sur des liqueurs chargées d'acide libre, que la lamelle d'or blanchit, alors même que le mercure n'existe pas dans le mélange. Cela est dû à un dépôt d'étain. Ce dernier disparaît lors du traitement de la lame d'or blanchie par l'acide chlorhydrique bouillant, tandis que le mercure n'est pas attaqué par ce réactif. La lame d'or peut être remplacée par une lame de platine, mais alors le caractère de la décoloration fait défaut; le fer peut être substitué à l'étain.

L'électrolyse du liquide, en prenant pour pôle négatif une lamelle d'or, donne des résultats semblables aux précédents, mais plus nets encore. Le mieux est alors d'opérer l'électrolyse comme pour le dosage électrolytique du cuivre (voy. *Dosage du cuivre*).

Une lame d'or, amalgamée par l'un des traitements indiqués, permet de constater un caractère très sensible du mercure. Déposée sur une feuille de papier imprégnée d'azotate d'argent ammoniacal, elle provoque, par les vapeurs mercurielles qu'elle émet, la réduction de l'argent, et le papier se colore en noir dans son voisinage.

Il est souvent avantageux de séparer préalablement le mercure des substances plus ou moins abondantes qui l'accompagnent. On dirige dans les liqueurs aiguisées d'acide chlorhydrique un courant d'hydrogène sulfuré, que l'on prolonge jusqu'à saturation, on filtre, on lave le précipité à l'eau distillée, et on le dissout à chaud dans l'eau régale. On évapore à siccité, à la température du bain-marie, puis on reprend par l'eau et on filtre.

Quand le mercure est abondant, on peut le caractériser dans la solution par ses réactions ordinaires : sulfure noir, insoluble dans les sulfures alcalins et dans l'acide azotique bouillant ; réduction par le protochlorure d'étain, d'abord de sous-chlorure de mercure, puis de métal ; précipité jaune avec la potasse et blanc avec l'ammoniaque ; précipité rouge par l'iodure de potassium; etc.

A l'état de cyanure, le mercure peut échapper quand on le recherche ainsi qu'il vient d'être dit. Il est alors nécessaire de le caractériser par des méthodes spéciales (voy. § 1589).

IV. — RECHERCHE DES PRINCIPES ORGANIQUES.

1578. CHLOROFORME. — Pour reconnaître le chloroforme dans les cas d'empoisonnement, on se fonde d'ordinaire sur ce que les vapeurs de ce composé se détruisent au rouge, en donnant du chlore et de l'acide chlorhydrique, lesquels précipitent l'azotate d'argent. L'appareil dont on se sert est formé d'un ballon B (fig. 333) portant un bouchon traversé par deux tubes à gaz coudés ; l'un de ces tubes pénètre jusqu'au fond du ballon, l'autre s'arrête à une faible distance du bouchon. Le dernier s'adapte en N, au moyen d'un joint de caoutchouc, à un tube de verre peu fusible NM, que l'on peut porter au rouge sur une grille à charbon, comme le représente la figure, ou sur une rampe à gaz (fig. 45, § 87); par sa seconde extrémité M, le tube NM est en communication avec un tube à boules de Will et Warrentrapp T, ou avec tout autre laveur en verre soufflé (fig. 199, § 424), contenant une solution d'azotate d'argent; enfin le tube T communique par son autre orifice avec un aspirateur quelconque, soit avec un flacon à robinet A contenant de l'eau qu'on laisse écouler lentement, soit encore avec une trompe dont on règle le débit gazeux au moyen d'un robinet inter-

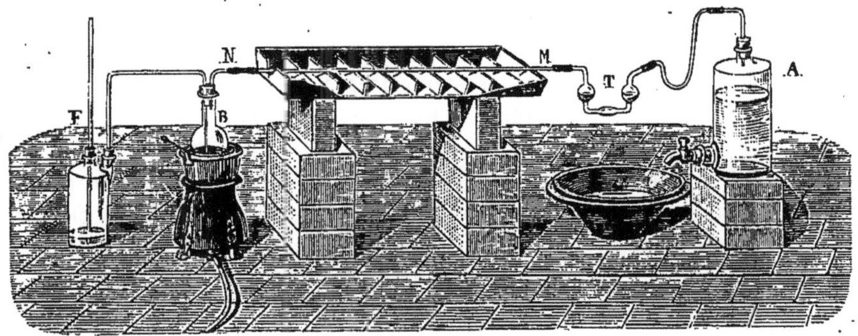

Fig. 333. — Recherche toxicologique du chloroforme.

posé. Les choses étant ainsi disposées, si l'on fait fonctionner l'aspirateur, l'air atmosphérique pénètre dans le ballon, et traverse le tube NM, puis le laveur T.

On introduit dans le ballon B les matières suspectes, préalablement divisées et délayées dans l'eau de manière à former une bouillie claire, et on chauffe le ballon vers 40°, au bain-marie. Après avoir porté au rouge sombre le tube NM, on fait agir l'aspirateur, en ayant soin que le gaz ne passe que bulle à bulle dans le laveur T. Si les matières contiennent du chloroforme, on voit bientôt l'azotate d'argent se troubler, par formation de chlorure d'argent aux dépens du chlore contenu dans le chloroforme. Ce dernier, bouillant à 60°, possède à 40° une tension de vapeur considérable, qui assure son entraînement par l'air.

Il est utile de s'assurer préalablement que le liquide ne fournit pas de chlore ni d'acide chlorhydrique, en dehors de ceux qui proviennent de la destruction du chloroforme par la chaleur. A cet effet, avant de porter le tube NM au rouge, on fait passer le courant d'air dans le ballon, pendant quelques minutes, et on constate que le gaz n'entraîne aucune vapeur précipitant le nitrate d'argent. L'expérience étant faite ensuite sur la vapeur décomposée par la température rouge, on doit encore recueillir le chlorure d'argent et constater qu'il s'agit bien d'un chlorure et non d'un cyanure (§ 1542).

Enfin, pour se mettre à l'abri des causes d'erreur dues aux vapeurs du laboratoire, il est bon de faire précéder tout l'appareil d'un laveur F contenant une solution alcaline (fig. 333).

En opérant ainsi, on établit la présence d'un corps organique chloré et volatil, mais non pas d'une manière absolue celle du chloroforme : d'autres poisons anesthésiques, tels que l'éther méthyl-chlorhydrique, le bichlorure de méthylène, etc., donneraient un résultat semblable.

Quand le chloroforme est assez abondant pour être isolé en nature, on chauffe les matières dans un appareil distallatoire, après les avoir délayées dans l'eau : les premières portions de vapeur d'eau qui distillent entrainent tout le chloroforme. Une gouttelette de ce dernier, ajoutée à un mélange de soude en solution alcoolique et d'aniline, produit, sous l'influence de la chaleur, du *nitrile formique de l'aniline* ou *phénylcarbylamine*, reconnaissable à son odeur repoussante. Une faible quantité de chloroforme, décomposées par la soude alcoolique, donne une liqueur qui renferme à la fois un chlorure (§ 1542) et un formiate (§ 1365).

1579. ACIDE OXALIQUE. — Les matières que l'on soupçonne provenir d'un empoisonnement par l'acide oxalique, sont découpées en menus fragments, puis triturées au mortier et réduites à l'état de bouillie claire, en ajoutant, au besoin, de l'eau distillée. On évapore à sec, au bain-marie, dans une capsule de porcelaine, et on reprend le résidu par de l'alcool fort, en agitant soigneusement. On verse sur un filtre, on distille la liqueur alcoolique au bain-marie (fig. 119, § 223), et on concentre le résidu, également à la température du bain-marie. Si l'acide oxalique est abondant, il cristallise par refroidissement de la liqueur concentrée, mais il reste fort impur. On ajoute à la liqueur, un excès d'acétate de soude, puis du chlorure de calcium : l'acide oxalique, quand il en existe dans le mélange, forme de l'oxalate de chaux, insoluble. Celui-ci, lavé à l'eau, puis mis en digestion avec de l'alcool aiguisé d'acide sulfurique, donne du sulfate de chaux insoluble et, de l'acide oxalique qui passe en dissolution dans l'alcool. Après filtration et évaporation de la liqueur, on caractérise l'acide oxalique dans cette dernière par ses réactions ordinaires (§ 1542).

La formation de l'oxalate de chaux et les propriétés de ce sel (§ 1542), la production d'acide formique par chauffage de l'acide en présence de la glycérine (§ 1362 et § 1364), le dégagement d'oxyde de carbone et d'anhydride carbonique par l'acide sulfurique concentré, la réduction du permanganate de potasse, la précipitation par l'azotate d'argent d'un oxalate d'argent blanc et détonant par la chaleur après dessiccation, la volitilisation de l'acide oxalique libre, sont les plus caractéristiques de ces réactions.

Quand l'acide oxalique existe à l'état de sel, soit d'oxalate acide de potasse qui est très toxique, soit d'un oxalate insoluble formé avec un contrepoison administré, craie ou magnésie, on retrouve l'acide oxalique contenu dans ces composés quand, au commencement du traitement qui vient d'être indiqué pour la recherche de l'acide libre, on ajoute un peu d'acide chlorhydrique aux matières, avant de les réduire en bouillie.

Il ne faut pas oublier qu'un certain nombre d'aliments, l'oseille par exemple, contiennent de l'acide oxalique.

1580. MÉTHODES GÉNÉRALES DE RECHERCHE DES ALCALOÏDES. — 1° *Méthode de Stas*. — Ce mode d'analyse est le plus usité. Il consiste essentiellement à mettre les alcaloïdes en dissolution dans l'alcool, par l'intervention d'un excès d'acide tartrique ou oxalique, à décomposer cette solution par un alcali caustique ou carbonaté, qui met l'alcaloïde en liberté, et enfin à enlever ce dernier de la liqueur au moyen de l'éther employé en quantité suffisante.

On commence par séparer les parties solides et les parties liquides, qui composent la matière à analyser. Les liquides sont acidulés par l'acide tartrique, puis évaporés au bain-marie jusqu'à siccité presque complète ; le résidu est ensuite traité de la même manière que les substances solides. Ces dernières sont divisées en petits fragments, en se servant au besoin de ciseaux ; on écrase la masse dans un mortier, on la triture avec deux fois son poids d'alcool pur et concentré, auquel on ajoute de 1 à 2 grammes d'acide tartrique, et on transvase le tout dans un ballon. En chauffant le mélange au bain-marie, on le maintient en digestion pendant une heure, à une température un peu inférieure à celle de l'ébullition de l'alcool, c'est-à-dire vers 70° ou 75°. On laisse refroidir, on filtre sur un linge et on exprime ; le résidu est ensuite lavé à l'alcool concentré, et les liquides de lavage sont réunis à la première liqueur alcoolique ; on filtre au papier.

On chasse alors l'alcool de la dissolution limpide. D'ordinaire, cela peut s'opérer sans inconvénient dans une capsule de porcelaine modérément chauffée au bain-marie, surtout si un courant d'air rapide entraîne sans cesse les vapeurs et empêche le liquide à évaporer de prendre la température du bain. Mais Stas a pensé que, pour éviter toute altération de l'alcaloïde recherché, on ne doit pas dépasser la température de 35° ; on y arrive en exposant la liqueur sous une cloche à dessécher, au-dessus d'un vase large, contenant de l'acide sulfurique qui absorbe les vapeurs d'alcool (§ 259, fig. 136). Il est aussi exact et beaucoup plus expéditif de distiller les liqueurs alcooliques dans le vide, avec rentrée d'air (§ 244) ou mieux de gaz inerte.

Si pendant l'évaporation le liquide abandonne une quantité notable de corps gras, sans attendre l'évaporation complète, on filtre sur un papier préalablement imbibé d'alcool ; celui-ci arrête les graisses, qui ne le mouillent pas. On termine ensuite l'évaporation à basse température.

Après avoir chassé l'alcool, on continue encore l'évaporation pour éliminer l'eau apportée dans le mélange par la matière analysée, et on amène le résidu à la consistance d'extrait fluide. On reprend le produit par un peu d'eau, on introduit la liqueur dans un flacon, on ajoute du bicarbonate de soude pulvérisé, tant que ce sel détermine une effervescence, puis un volume d'éther pur, égal à 4 ou 5 fois celui de la masse aqueuse. On bouche le flacon, on agite vivement, puis on laisse reposer. L'éther se sépare de la solution saline et redevient peu à peu limpide; on le décante alors. On en abandonne une partie à l'évaporation spontanée, dans une capsule de porcelaine, sans oublier que ses vapeurs sont combustibles. Le résidu qu'il laisse est examiné comme il sera dit plus loin, pour reconnaître la nature du toxique qu'il renferme.

Disons cependant, dès maintenant, que l'apparence présentée par le produit de l'évaporation fournit déjà des indications intéressantes. Quand ce résidu forme des stries et des gouttes huileuses sur les parois de la capsule, quand une gouttelette chauffée exhale une odeur forte et désagréable, on a affaire à un alcaloïde volatil, tel que la nicotine et la conine. Dans ce cas, en raison de l'alcalinité énergique des bases à isoler, il est bon d'assurer leur mise en liberté dans le mélange aqueux, par addition de 1 ou 2 centimètres cubes de lessive de potasse, et d'épuiser de nouveau par l'éther.

1581. Certains alcaloïdes ne se dissolvant pas abondamment dans l'éther, il est bon de répéter les agitations de la liqueur aqueuse avec de nouvelles quantités de ce véhicule, jusqu'à ce que celui-ci décanté et évaporé ne laisse plus de résidu sensible. En opérant ainsi, on retrouve la morphine en même temps que les autres alcalis naturels, bien que cette base soit insoluble dans l'éther, à la condition cependant que l'épuisement par l'éther suive immédiatement l'addition du bicarbonate de soude, et que la liqueur éthérée qui se sépare soit enlevée rapidement.

D'ailleurs, si le traitement a été conduit lentement, on peut retirer la morphine du mélange aqueux, après séparation de l'éther, en l'épuisant de la même manière par l'éther acétique, qui dissout bien la morphine.

Toutefois la faible solubilité de certains principes toxiques dans l'éther étant un inconvénient, on a proposé de remplacer ce dissolvant par d'autres : l'alcool amylique, mais surtout le chloroforme qui est aisément volatilisable, présentent des avantages à ce point de vue. Avec le chloroforme, on isole par évaporation les produits qu'il dissout. Il n'en est pas de même avec l'alcool amylique qui bout à une température élevée, et dont la volatilisation pourrait entraîner l'altération du produit : on agite l'alcool amylique, chargé d'alcaloïdes et décanté, avec de l'eau acidulée à laquelle il cède les bases qu'il dissout; ce véhicule présente ici l'avantage de retenir les matières étrangères dont il s'est chargé et que l'eau acidulée ne lui enlève pas; il fournit ainsi un sel d'alcaloïde relativement pur.

Les alcaloïdes ou les principes toxiques qui les accompagnent ne sont pas, en effet, les seules substances susceptibles de passer en dissolution dans l'éther ou le chloroforme; or certaines impuretés solubles dans ces liquides, les corps gras et les matières colorantes particulièrement, masquent les propriétés des alcaloïdes à caractériser. On élimine en grande partie cette cause d'erreur en faisant précéder le traitement au bicarbonate de soude par l'opération suivante : on neutralise presque complètement la liqueur acide par de la soude, en lui laissant par conséquent une faible réaction acide, puis on l'agite avec de l'éther parfaitement pur ; celui-ci ne dissout pas les sels d'alcaloïdes qui restent dans l'eau, mais dissout les corps gras et les matières colorantes, ce qui purifie la liqueur aqueuse. Après décantation et renouvellement du même traitement jusqu'à ce que l'éther ne se colore plus et ne se charge plus de principes solubles, on procède à l'addition du bicarbonate de soude, et on continue comme il a été dit plus haut. On doit ajouter que certains corps neutres toxiques, non alcaloïdiques, comme la *digitaline*, la *colchicine* ou la *picrotoxine*, passent dans l'éther de lavage et doivent y être recherchés avec les alcaloïdes. En employant le chloroforme ou l'alcool amylique, on peut opérer de même une purification préalable du mélange aqueux laissé acide.

D'ailleurs le traitement de Stas permet de faire des purifications analogues. Il suffit d'agiter avec de l'eau acidulée, l'éther provenant du premier traitement pour qu'il cède à cette dernière l'alcaloïde qu'il contient, tout en retenant les matières neutres dont il est chargé. En isolant la liqueur acide, en l'alcalinisant de nouveau et en la traitant par de l'éther pur, celui-ci se charge des alcaloïdes déjà fortement purifiés.

1582. 2° *Méthode de Flandin*. — Ce procédé est moins sensible que le précédent, mais il donne d'excellents résultats dès que la substance à rechercher existe en quantité notable.

On évapore les matières si elles sont liquides, on les divise finement si elles sont solides, puis on broie le tout et on l'épuise par de l'alcool à 85 centièmes, aiguisé d'acide sulfurique. Les liquides filtrés sont fortement chargés de matières étrangères; on y ajoute 1 gramme de tanin qui, en présence de l'alcool, ne précipite pas les alcaloïdes: on ajoute ensuite 15 à 20 grammes d'hydrate de chaux pulvérulent, et on agite le mélange dans un flacon bouché. Par le repos, la liqueur se sépare presque complètement décolorée. On filtre, on essore le résidu à la trompe, et on évapore la solution alcoolique. Le produit laissé par l'évaporation contient l'alcaloïde à l'état de liberté. On le reprend par un peu d'eau acidulée à l'acide sulfurique, on mélange intimement la solution avec 2 grammes de chaux et autant de sable siliceux (grès), puis on évapore le tout à siccité. La poudre sèche obtenue est disposée dans un tube étiré, au-dessus d'un tampon d'amiante, et épuisée par l'éther, l'alcool, le chloroforme ou l'alcool amylique, en un mot par un dissolvant approprié à la nature de l'alcaloïde recherché, que l'on caractérise ensuite.

1583. Réactifs généraux des alcaloïdes. — Il est un certain nombre de réactifs qui donnent, avec les alcaloïdes, les uns des réactions colorées caractéristiques, les autres des composés insolubles permettant de séparer les alcaloïdes des corps avec lesquels ils se trouvent mélangés. Nous allons les énumérer, en donnant leur préparation et leurs principales propriétés.

Acide molybdique. — Solution de molybdate de soude dans l'acide sulfurique concentré, à 5 milligrammes par centimètre cube. Ce réactif donne des colorations avec certains alcaloïdes (M. Froehde).

Acide perchlorique. — Solution aqueuse de densité 1,13 à 1,14 ; elle donne à l'ébullition, avec divers alcaloïdes, une liqueur rouge présentant au spectroscope des raies d'absorption caractéristiques (M. Fraude).

Acide phospho-antimonique. — Liqueur obtenue en laissant tomber goutte à goutte du perchlorure d'antimoine dans une solution d'acide phosphorique (M. F. Schulze); elle donne, avec la plupart des alcaloïdes, même dans les liqueurs très étendues, des précipités floconneux, blanchâtres le plus souvent mais parfois colorés, et fort insolubles, un peu moins cependant que les phosphomolybdates correspondants (voy. plus bas).

Acide picrique. — Solution aqueuse saturée d'acide picrique. Elle précipite un grand nombre d'alcaloïdes (M. H. Hager), mais non tous, à l'état de picrates. Ces derniers, traités par la soude, régénèrent l'alcaloïde libre.

Charbon. — Par contact prolongé, le charbon, et plus spécialement le noir animal, enlève plus ou moins complètement les alcaloïdes à leurs solutions aqueuses (Rabourdin). Épuisé ensuite par l'alcool bouillant, le charbon cède à ce dernier les alcaloïdes dont il est chargé.

Iodure de bismuth et de potassium. — Solution d'iodure de bismuth dans l'iodure de potassium : on l'obtient en dissolvant, d'une part 27^{gr},2 d'iodure de potassium dans très peu d'eau, et d'autre part 8 grammes de sous-azotate de bismuth dans 20 centimètres cubes d'acide azotique de densité 1,18, en mélangeant les deux liqueurs, en refroidissant fortement pour provoquer le dépôt de la plus grande partie de l'azotate de potasse formé, en essorant ce dernier à la trompe, et en diluant le liquide de manière à l'amener au volume de 100 centimètres cubes (M. Dragendorff). Cette solution donne, avec la plupart des alcaloïdes, un iodure double insoluble, que l'eau pure décompose, mais qui peut être lavé à l'alcool. Le précipité donne l'alcaloïde libre, quand on l'agite avec de la benzine, après l'avoir additionné de soude.

Iodure de mercure. — Le réactif de Nessler (§ 1492) précipite un grand nombre d'alcaloïdes.

Iodure de mercure et de potassium. — Solution obtenue en mettant en contact 10 grammes d'iodure de potassium et 100 grammes d'eau avec un excès d'iodure de mercure, agitant fréquemment et filtrant (Valser). Ce réactif est très sensible ; il précipite tous les alcaloïdes, même dans leurs solutions très étendues. Il peut être remplacé par une solution de 13^{gr},546 de chlorure de mercure avec 49 grammes d'iodure de potassium dans 1 litre d'eau (M. Mayer). Le précipité, additionné de potasse et agité avec du chloroforme ou de l'éther, leur cède l'alcaloïde libre.

Iodure de potassium ioduré. — Solution de 5 grammes d'iodure de potassium avec 1^{gr},27 d'iode dans 100 grammes d'eau (Wagner). Elle forme dans les solutions acides d'alcaloïdes, des précipités brun marron.

Phosphomolybdate de soude. — On précipite exactement du molybdate d'ammoniaque par du phosphate de soude, on lave soigneusement le précipité jaune, on le délaye dans l'eau et on le fait chauffer avec du carbonate de soude jusqu'à dissolution ; on évapore à sec et on calcine, afin de chasser l'ammoniaque ; après avoir arrosé la masse d'acide azotique, on évapore et on calcine de nouveau. En prenant 1 partie du produit pulvérisé, en le chauffant avec de l'eau distillée, et en ajoutant de l'acide azotique jusqu'à réaction fortement acide, puis en complétant avec de l'eau 11 parties de solution et filtrant, on obtient le réactif (M. de Vrij, M. Sonnenschein). Le phosphomolybdate de soude précipite tous les alcalis organiques, mais il précipite aussi l'ammoniaque ; c'est un réactif extrêmement sensible. Le précipité, chauffé avec de la baryte hydratée, donne l'alcaloïde libre, qu'on peut reprendre par agitation du mélange avec un dissolvant organique, insoluble dans l'eau. Ce réactif doit être conservé à l'abri de vapeurs ammoniacales.

Phosphotungstate de soude. — On dissout 20 grammes de tungstate de soude ordinaire cristallisé et 10 grammes d'acide phosphorique de densité 1,13 (soit 2^{gr},34 d'acide tribasique) dans 100 grammes d'eau, et on maintient le mélange en ébullition pendant vingt minutes, en remplaçant l'eau évaporée ; la liqueur étant devenue alcaline, on l'acidule nettement par l'acide chlorhydrique et on filtre (M. Scheibler). Ce réactif, inférieur au précédent sous le rapport de la sensibilité, s'emploie comme lui en liqueur acide, et permet de régénérer l'alcali par le même traitement du précipité.

Sulfocyanate de zinc. — Le sel pur est remplacé, pour la production du réactif, par un mélange limpide de sulfocyanate de potasse et de sulfate de zinc, qu'on acidule par l'acide chlorhydrique (M. Skey). Ce réactif donne, avec les sels d'alcaloïdes, des précipités parfois cristallins, qui sont des sulfocyanates doubles de zinc et d'alcaloïde.

Tanin. — Les solutions aqueuses de tanin précipitent au sein de l'eau la plupart des alcaloïdes ; les précipités sont solubles dans les acides et attaqués par les alcalis.

1584. Morphine. — La recherche de la morphine dans les matières provenant d'un empoisonnement s'exécute très bien par la méthode de Stas (§ 1580), en n'oubliant pas cependant que la morphine ne se dissout bien dans l'éther que si l'on opère rapidement (§ 1581) ; elle se dissout dans l'éther au moment même où on la précipite, mais elle ne tarde pas à devenir insoluble et à se séparer du dissolvant. La substitution du chloroforme ou de l'éther acétique à l'éther ordinaire présente, pour cette raison, de grands avantages.

La solution éthérée ou chloroformique, étant évaporée spontanément à l'air, donne avec la morphine un résidu plus ou moins cristallin, que l'on caractérise par les réactions suivantes :

L'acide azotique concentré produit une coloration rouge jaunâtre, très vive, comparable à celle que donne la brucine dans les mêmes circonstances, mais que l'addition du protochlorure d'étain ne fait pas virer au violet. Le *perchlorure de fer*, très étendu d'eau et dépourvu d'acide en excès, donne une coloration bleue, que l'addition d'un peu d'acide chlorhydrique libre fait disparaître. La solution d'*acide iodique* est réduite par la morphine : de l'iode devient libre et brunit la liqueur ; une addition d'ammoniaque au mélange chargé d'iode ne le décolore pas, mais le rend au contraire presque noir. Le *chlorure d'or* est réduit à l'ébullition. L'*acide molybdique en solution sulfurique* (§ 1583) se colore en violet intense, qui passe au vert, au brun, au jaune, puis redevient bleu violacé après vingt-quatre heures.

La morphine neutralise les acides forts ; la potasse la précipite de ses sels, mais redissout le précipité quand on l'ajoute en excès.

La plupart des réactions précédentes s'observent très nettement quand on imprègne des bandelettes de papier à filtrer blanc de la dissolution à essayer au point de vue de la morphine, et quand, après avoir fait sécher ces bandelettes, on les mouille avec les réactifs précités.

1585. QUININE. — La quinine, médicament très usité, se rencontrant fréquemment dans les matières que l'on examine au point de vue des alcaloïdes toxiques, il est important de savoir la distinguer. Elle s'isole aisément par la méthode de Stas (§ 1580), et se dépose sous la forme d'une poudre blanche, par évaporation de la dissolution éthérée. Elle fournit les réactions suivantes :

L'*acide azotique* concentré ne la colore pas à froid ; la liqueur obtenue jaunit à chaud. Une solution de sel de quinine, additionnée d'*eau de chlore*, ne change pas d'apparence, mais elle devient verte quand on l'additionne ensuite d'*ammoniaque;* lorsqu'on ajoute au mélange de sel de quinine et d'eau de chlore, d'abord un peu de *ferrocyanure de potassium*, puis quelques gouttes d'*ammoniaque*, il se produit une belle coloration rouge, qui passe peu à peu au brun et disparaît si l'on introduit de l'acide acétique dans le mélange.

La quinine neutralise les acides forts. Ses sels en dissolution dans l'eau sont fluorescents, s'il n'existe pas d'acide chlorhydrique ou de chlorure dans la liqueur ; ils sont précipités par les alcalis et par l'ammoniaque.

1586. STRYCHNINE. — Cet alcaloïde est séparé nettement des matières auxquelles il est mélangé, quand on suit le procédé de Stas (§ 1580) ; toutefois sa solubilité dans l'éther est assez faible. Il est caractérisé par les réactions suivantes :

L'*acide azotique concentré* ne colore pas la strychnine pure, mais cette dernière est le plus souvent souillée de brucine, alcaloïde de même origine, et la moindre trace de celle-ci suffit pour donner avec le même réactif une coloration rouge. L'*eau de chlore*, versée en abondance dans la solution de l'un des sels, donne un précipité blanc de strychnine trichlorée ; si les liquides essayés étaient neutres, ils sont devenus fortement acides après la réaction de substitution, qui a engendré de l'acide chlorhydrique.

L'*acide sulfurique* concentré dissout la strychnine sans se colorer, mais si l'on ajoute au mélange une trace de divers réactifs oxydants, tels que le *bichromate de potasse*, le *permanganate de potasse*, l'*oxyde puce de plomb*, le *bioxyde de manganèse*, le *ferricyanure de potassium*, etc., il se produit une belle coloration violette, qui devient peu à peu lie de vin, puis jaune rougeâtre : on mélange la base et l'acide sur une soucoupe, puis on ajoute le réactif pulvérulent et on agite. Il est important que la base essayée ait été nettement débarrassée au préalable des azotates, des chlorures et de l'alcool, lesquels s'opposent à la réaction ; de plus, on doit éviter toute élévation de température.

La strychnine neutralise les acides forts. Les sels, en solution très diluée, ont une saveur amère insupportable. Ils sont précipités par la *potasse* et l'alcaloïde n'est pas soluble dans un excès de réactif ; ils le sont également par l'*ammoniaque*, mais un excès de celle-ci redissout le précipité.

1587. BRUCINE. — La brucine peut être isolée comme la strychnine.

L'*acide azotique concentré* donne avec la brucine une solution rouge foncé, qui se teinte lentement de jaune à froid, et devient plus rapidement jaune à une douce chaleur; le virage au jaune étant atteint, ce qui exige quelques minutes, si l'on ajoute-au mélange du *protochlorure d'étain*, en solution diluée et non chargée d'acide libre, la coloration passe au violet; il en est de même avec le *sulfhydrate d'ammoniaque.* L'*eau de chlore* colore les sels de brucine en rouge pâle; en ajoutant ensuite de l'*ammoniaque,* la teinte vire au brun.

La brucine forme avec les acides forts des sels neutres solubles dans l'eau; la *potasse* donne avec ces derniers un précipité blanc, insoluble dans un excès de réactif; avec l'*ammoniaque*, le précipité formé est huileux, soluble dans un excès de précipitant, et cristallisable au sein de l'eau, en s'hydratant.

1588. ACIDE CYANHYDRIQUE. — L'acide cyanhydrique cause des empoisonnements moins fréquents que ceux occasionnés par les cyanures et surtout le cyanure de potassium. Qu'il soit libre ou combiné aux bases, on le recherche de la manière suivante:

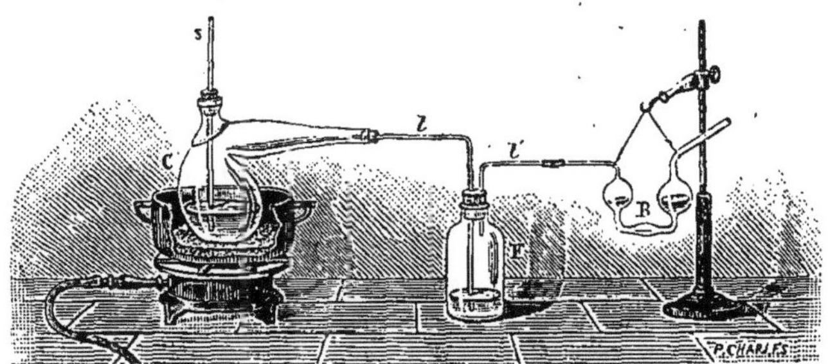

Fig. 334. — Recherche de l'acide cyanhydrique.

On divise soigneusement les matières à analyser et on les délaye dans de l'eau, de façon à former une bouillie claire. On ajoute au mélange de l'acide tartrique ou de l'acide phosphorique, acides qui ne détruisent pas l'acide cyanhydrique (§ 1453), mais décomposent les cyanures; le mélange possédant ainsi une réaction acide prononcée, on l'introduit dans une cornue tubulée C (fig. 334). Celle-ci, dont la tubulure bouchée porte un tube de sûreté droit s, est reliée par un bouchon percé à un tube coudé t, qui conduira au fond d'un flacon F les vapeurs sortant de la cornue. Le bouchon fermant le flacon F est traversé par un second tube t', qui fait communiquer l'appareil avec un laveur à boules B. Le flacon et le laveur contiennent tous deux une solution diluée d'azotate d'argent: dans le premier, le tube adducteur plonge sur une hauteur de 4 ou 5 centimètres; le second est destiné à arrêter l'acide cyanhydrique qui pourra échapper au réactif contenu dans le flacon. On chauffe doucement la cornue sur un bain de sable, la présence des matières semi-solides rendant le chauffage direct délicat, et on porte à l'ébullition lente. Les vapeurs d'acide cyanhydrique donnent avec l'azotate d'argent du cyanure d'argent blanc. Lorsque la quantité de ce dernier sel cesse d'augmenter dans le flacon, on laisse refroidir ; on réunit ensuite le liquide du laveur à celui du flacon, puis on filtre pour isoler le cyanure d'argent, qu'on lave à l'eau distillée et qu'on sèche à 100°.

De l'acide chlorhydrique libre, provenant des chlorures qui peuvent exister dans les matières analysées, produirait un précipité semblable ; il est donc indispensable d'examiner le composé argentique obtenu. Chauffé au fond d'un très petit tube bouché, le cyanure d'argent dégage du cyanogène, combustible avec une flamme pourpre, et laisse de l'argent métallique, mêlé de paracyanogène brun. Chauffé de même, avec une parcelle d'iode, il dégage des vapeurs d'iodure de cyanogène, qui se condensent en belles aiguilles incolores dans les parties froides du tube. Mouillé de sulfhydrate d'ammoniaque, puis desséché et repris par l'eau aiguisée d'acide chlorhydrique, il donne, après filtration, une liqueur chargée de sulfocyanate ; celle-ci se colore en rouge par le perchlorure de fer. Distillé avec de l'acide chlorhydrique, dans un très petit appareil, formé d'un tube à essais auquel on a adapté un tube coudé, il émet des vapeurs d'acide cyanhydrique, qu'on condense en plongeant le tube à dégagement dans un peu d'eau distillée ; la solution obtenue présente les caractères de l'acide cyanhydrique libre.

Cette solution, étant additionnée de perchlorure de fer et de sulfate ferreux, puis de potasse en excès notable, donne un précipité de couleur sale ; mais si l'on chauffe le mélange, et qu'on l'additionne d'acide chlorhydrique, les oxydes de fer précipités se redissolvent et laissent apparaître dans la liqueur acide la coloration du bleu de Prusse. Elle donne, par évaporation avec du sulfhydrate d'ammoniaque, du sulfocyanate, facile à caractériser par les sels de fer, comme il a été dit plus haut. Neutralisée par la potasse et chauffée avec de l'acide picrique, elle prend une belle coloration rouge, due à la formation d'isopurpurate de potasse. Enfin, elle colore en bleu un papier que l'on a imprégné de teinture alcoolique de gaïac, que l'on a desséché et que l'on vient de tremper dans une solution de sulfate de cuivre à 2 pour 1000 : la réaction se fait quand on expose le papier préparé à l'action des vapeurs émises par la liqueur ; on ne doit pas oublier cependant que les vapeurs ammoniacales bleuissent les sels de cuivre, ce qui pourrait induire en erreur.

1589. Le cyanure de mercure ne présente ni les réactions ordinaires du mercure, ni celles des cyanures. On peut le rechercher en épuisant les matières par l'eau, filtrant, saturant la liqueur d'hydrogène sulfuré qui précipite le mercure, filtrant de nouveau et caractérisant l'acide cyanhydrique dans la solution par les réactions indiquées plus haut ; le mercure est retrouvé avec ses réactions normales, dans le précipité de sulfure.

Toutefois, la présence de l'hydrogène sulfuré dans la solution d'acide cyanhydrique troublant les résultats fournis par quelques réactifs, il est préférable de mettre les liqueurs filtrées, provenant du traitement des matières suspectes, en contact prolongé avec des lames de fer, après les avoir acidulées franchement par l'acide sulfurique : l'hydrogène, engendré par le fer et l'acide, précipite le mercure et transforme le cyanogène en acide cyanhydrique. Ce dernier est ensuite reconnu dans le liquide à la manière ordinaire ; quant au mercure, il s'est déposé à l'état métallique sur le fer.

CHAPITRE II

ANALYSE QUANTITATIVE.

1.

MÉTHODES GÉNÉRALES.

1590. Les opérations sur lesquelles se fonde l'analyse quantitative ne peuvent évidemment différer, en principe, de celles mises en usage, soit dans la préparation et l'étude des composés chimiques, soit dans leur analyse qualitative; elles se distinguent surtout par les précautions spéciales qu'elles exigent. Il est indispensable, en effet, qu'aucune déperdition du corps à doser ne se produise, qu'aucune impureté ne se mélange à lui pendant les traitements auxquels il est soumis. Ce résultat ne peut être atteint que si les réactions sont convenablement choisies, mais il ne dépend pas moins du soin minutieux, de l'exactitude scrupuleuse et de la patience infatigable que l'opérateur met à exécuter des traitements toujours longs, de la propreté du milieu dans lequel il travaille, de l'attention qu'il apporte à ne faire aucune manœuvre inutile, de la fidélité avec laquelle il suit les indications fournies par les auteurs ayant étudié les procédés qu'il applique. Toute faute commise, quelques gouttes de liquide renversées ou une parcelle de solide projetée, entraîne la perte des opérations effectuées : l'analyse doit être recommencée; en la poursuivant, on serait sans confiance dans le résultat, les conjectures faites pour apprécier l'importance de la perte ne pouvant conduire qu'à des données vagues.

En analyse quantitative, un résultat isolé est sans valeur sérieuse, un accident inaperçu pouvant être survenu pendant la durée des opérations. La concordance des résultats de deux opérations au moins est absolument nécessaire pour que l'on puisse accorder confiance aux chiffres obtenus. Aussi est-il généralement avantageux d'exécuter simultanément sur deux prises d'essai d'une même substance les deux dosages indispensables.

Les méthodes adoptées se rangent en deux groupes, suivant qu'on apprécie la quantité à doser par la mesure d'un poids ou par celle d'un volume.

1591. ANALYSE PONDÉRALE. — Les méthodes d'analyse *par les pesées* sont fondées sur le principe suivant: Par des réactions et des opérations convenablement choisies, on fait sortir l'élément à doser du mélange ou de la combinaison dans lequel il est engagé, on l'isole et on le pèse;

si le mélange ou la combinaison ont été pris en quantité déterminée, on connaît ainsi le rapport de poids existant entre l'élément considéré et le mélange ou la combinaison qui le renferme. A la vérité, peu d'éléments ont des propriétés qui se prêtent à une séparation exacte, sans perte comme sans addition d'impureté ; mais il est d'ordinaire possible de séparer un corps simple sous la forme d'un de ses dérivés de composition bien connue, et choisi parmi ceux dont les propriétés permettent le mieux d'atteindre le but proposé : si l'on détermine le poids de ce dérivé, fourni par une prise d'essai pesée de la matière analysée, comme on connaît sa composition, un calcul très simple suffit pour rapporter au poids de l'élément lui-même le résultat obtenu.

C'est ainsi, par exemple, que, s'il s'agit de doser le cuivre dans du carbonate de cuivre, on peut prendre un poids déterminé de ce sel, le décomposer par l'acide sulfurique dilué, déposer par électrolyse la totalité du cuivre à l'état métallique, et peser celui-ci ; mais on peut aussi transformer à chaud, par un alcali, le sulfate de cuivre en bioxyde, qui est ensuite lavé, séché et pesé. Comme on sait qu'un équivalent de cuivre, ou 31,75 de cuivre, donne $31,75 + 8 = 39,75$ d'oxyde de cuivre CuO ou $1/2\ Cu\Theta$, il suffira de multiplier le poids d'oxyde trouvé par le rapport $\frac{31,75}{39,75}$ pour avoir le poids du cuivre contenu dans la prise d'essai analysée.

Pour beaucoup d'éléments la première méthode étant inapplicable, on a recours à la seconde, qui est susceptible d'ailleurs de recevoir les formes les plus variées.

La plupart des opérations pratiquées en analyse pondérale ont été indiquées d'une manière générale dans le Livre I ; en traitant du dosage des différents éléments, on fera les observations auxquelles donne lieu leur application à chaque cas particulier.

L'analyse par les pesées est, en réalité, la base de toute l'analyse chimique. Depuis un siècle, elle a établi les données sur lesquelles repose la science chimique elle-même ; elle fournit, entre des mains exercées, des résultats d'une précision remarquable. Son seul inconvénient est d'exiger un travail prolongé. L'analyse volumétrique est plus expéditive ; mais elle est rarement aussi exacte, et surtout elle ne peut se suffire à elle-même, son point de départ devant toujours être établi par l'analyse pondérale.

1592. *Prise d'essai.* — Les matières soumises à l'analyse pondérale doivent, au préalable, être desséchées (§ 257). Si elles restaient chargées d'humidité, la pesée de l'échantillon sur lequel on opérera, c'est-à-dire de la prise d'essai, se trouverait faussée par l'eau mélangée, et l'analyse, portant en réalité sur un poids de matière indéterminé, ne pourrait conduire à un résultat valable.

Lorsque l'analyse a pour objet un corps homogène, le prélèvement de l'échantillon se fait sans précaution spéciale. Il n'en est plus de même quand il s'agit de mélanges hétérogènes : il faut, en effet, que la composition de la prise d'essai représente exactement celle de la masse tout entière ; la réalisation de cette condition indispensable présente, dans la pratique, certaines difficultés. Quand la nature du produit analysé le permet, on le pulvérise finement, on mélange exactement la poudre obtenue, et on peut dès lors considérer celle-ci comme sensiblement homogène. Mais, quelle que soit la nature du produit, cette manière d'opérer ne convient que lorsqu'il s'agit de faibles quantités ; elle est tout à fait inapplicable aux grandes masses que l'industrie met en œuvre et dont l'analyse chimique est un problème couramment posé. Dans ces derniers cas, on prélève sur la masse, en des points très nombreux et convenablement répartis, une petite quantité de produit, on réunit le tout, on le pulvérise, on mélange exactement la poudre, et on prélève sur cette dernière l'échantillon à analyser.

D'ordinaire, les opérations de l'analyse pondérale ne doivent porter que sur de faibles quantités de matière. Presque toutes ces opérations, et en particulier le traitement et le lavage des précipités, ne peuvent, en effet, être exacts que si on les pratique sur peu de substance à la fois. D'ailleurs, la sensibilité des balances dépasse de beaucoup les limites d'exactitude que comporte la pratique de l'analyse, de telle sorte que la faiblesse des prises d'essai, si elle n'est pas poussée trop loin, ne présente aucun inconvénient. De plus, en même temps qu'on gagne en exactitude, on exécute plus rapidement les opérations lorsqu'elles portent sur de faibles quantités seulement.

En général, les prises d'essai doivent être telles que les substances pesées dans les dosages présentent un poids compris entre 2 et 6 décigrammes.

1593. ANALYSE VOLUMÉTRIQUE. — Les méthodes qui procèdent par la mesure des volumes ne sont devenues d'un usage général que depuis peu de temps. Elles consistent, en principe, à effectuer sur une dissolution de la matière à analyser, avec un réactif convenablement choisi et ajouté peu à peu, une réaction dont il est possible de reconnaître le terme, par le changement de coloration ou d'apparence que le réactif, dès qu'il est introduit en excès, fait éprouver au mélange lui-même ou a une substance étrangère mise en présence ; le réactif en question étant pris sous la forme d'une dissolution dont la teneur, autrement dit *le titre,* est connue, on peut apprécier le poids sous lequel il a dû intervenir pour accomplir la réaction, par le volume de la *liqueur titrée* qu'il a fallu employer pour changer la coloration ou l'apparence.

C'est ainsi que pour doser la potasse contenue dans une lessive de potasse, par exemple, on verse dans une quantité mesurée de cette lessive, préalablement additionnée de teinture de tournesol, une dissolution d'acide sulfurique contenant un poids connu d'acide par litre. Dès que la totalité de la potasse est saturée, la plus faible quantité de liqueur acide que l'on ajoute encore fait virer au rouge la couleur du tournesol, et indique le terme de la réaction. Si l'on a versé l'acide avec une burette graduée (§ 42), on y lit le volume de liqueur employé. On peut dès lors calculer le poids d'acide qui correspond à ce volume; or ce poids est équivalent à celui de la potasse à doser.

C'est ainsi encore que si l'on veut doser un corps réducteur, en versant dans sa solution acide une liqueur titrée de permanganate de potasse, ce réactif se décolore en se réduisant à l'état de sel de manganèse aussi longtemps qu'il subsiste du corps réducteur; mais dès que ce dernier a subi en entier sa transformation par oxydation, une seule goutte de la solution de permanganate ajoutée en plus, communique au mélange sa coloration rose, qui persiste et dénonce le terme de la réaction. La connaissance du volume de la liqueur de permanganate réduite permet de calculer le poids du réducteur.

Les méthodes volumétriques sont surtout avantageuses quand on a un grand nombre d'analyses semblables à effectuer, une même liqueur titrée et des appareils disposés une fois pour toutes pouvant servir constamment. Elles permettent alors d'opérer avec une grande rapidité.

D'autre part, les réactions sur lesquelles on peut les fonder manquent d'ordinaire de généralité et sont forcément en nombre limité; ces réactions doivent, en effet, être instantanées ou à peu près, et se prêter aux diverses conditions qu'exige la pratique, notamment à l'intervention d'un phénomène indicateur, que celui-ci soit dû à une substance ajoutée ou, plus directement, à l'une des matières réagissantes elles-mêmes.

En outre, l'exactitude des résultats dépend évidemment de la précision avec laquelle a été faite l'analyse pondérale qui a servi, soit à établir la teneur des liqueurs titrées employées, soit à reconnaître la pureté des réactifs dont on a composé ces mêmes liqueurs.

Enfin la mesure des volumes comporte des causes d'erreur beaucoup plus nombreuses que la détermination des poids. Tout d'abord, il est indispensable que les vases mesureurs soient gradués avec exactitude et, par conséquent, que leurs graduations soient parfaitement concordantes entre elles : or, c'est là une condition que remplissent très rarement les vases gradués du commerce; l'opérateur qui prétend à quelque précision doit graduer lui-même, ou tout au moins vérifier, les vases mesureurs dont il se sert, ce qui exige un certain temps, la fragilité et par suite la consommation des instruments de verre étant données. De plus, on a vu ailleurs que la température exerce une action importante sur l'exactitude du mesurage des liquides, par la dilatation des vases et surtout par celle des liquides (§ 32), ainsi que par les variations qu'elle apporte capillairement dans les volumes que fournissent les vases jaugés ou gradués par écoulement.

Les conditions dans lesquelles le mesurage des liquides doit être pratiqué, ont été indiquées plus haut (§ 28 et suivants). Quant aux réactions utilisées et aux indicateurs colorés avec lesquels on apprécie leur accomplissement, ils varient avec la nature des éléments à doser; il en sera parlé à propos de chaque élément.

Toutefois, il est deux modes de dosages volumétriques, qui sont applicables chacun à tout un groupe de composés, soit aux bases, soit aux acides, et qui se prêtent ainsi à une généralisation. Nous les exposerons en premier lieu (§ 1595 et suivants).

1594. *Liqueurs titrées et liqueurs normales.* — Il résulte de ce qui a été dit plus haut que la préparation de liqueurs contenant un poids de réactif exactement connu, précède toute autre opération ayant pour but l'analyse volumétrique.

Ces liqueurs, à teneur établie avec précision, peuvent avoir une concentration quelconque, mais voisine cependant de celles qui se prêtent le mieux à la pratique de l'analyse; elles sont alors nommées *liqueurs titrées*. Elles peuvent, au contraire, renfermer, dans 1 litre, le réactif sous un poids égal à celui de son équivalent; dans ces conditions, on les désigne sous le nom de *liqueurs normales*. Quand une telle concentration est jugée trop forte, on fait usage de *liqueurs demi-normales*, ou au demi-équivalent, et de *liqueurs décimes*, ou au dixième d'équivalent. Pour les travaux scientifiques, les liqueurs titrées sont en général préférées; leur préparation comporte d'autant plus de précision qu'elle est plus simple; leur seule infériorité est de compliquer, bien faiblement il est vrai, le calcul qui termine l'analyse. Les liqueurs normales sont surtout avantageuses pour les dosages à effectuer en grand nombre, sur un même genre de produits, ainsi que cela arrive dans l'industrie; elles permettent alors de faire usage de barèmes supprimant tout calcul, ou d'établir la valeur d'un coefficient constant, par lequel il suffit ensuite de multiplier le chiffre trouvé pour donner au résultat la forme voulue.

I. — ALCALIMÉTRIE.

1595. LIQUEURS ALCALIMÉTRIQUES. — Le dosage volumétrique des alcalis se fait au moyen de liqueurs acides titrées ou normales. Les acides les plus employés sont l'acide sulfurique (Gay-Lussac), l'acide chlorhydrique et l'acide oxalique (Mohr).

L'acide sulfurique offre l'avantage d'agir énergiquement sur les réactifs colorés, ce qui permet d'apprécier nettement le terme des réactions. Il est de plus très stable, et le titre des liqueurs qu'il forme reste invariable, quand on conserve celles-ci dans des vases bien bouchés. D'autre part, cet acide est tellement avide d'eau, qu'on ne l'a pas couramment dépourvu d'eau en excès; il est dès lors impossible d'en prendre un poids fixé pour préparer un volume donné de liqueur, et il faut procéder sur la solution, préparée un peu au hasard, à des dosages directs, par voie de pesées. Cela est sans inconvénient quand il s'agit de préparer une dissolution titrée, mais complique notablement la production des liqueurs normales, celles-ci devant être ensuite ramenées à un volume fixe, calculé d'après la teneur réelle du mélange en acide.

L'acide chlorhydrique a sensiblement les mêmes avantages et les mêmes inconvénients que l'acide sulfurique. Toutefois sa volatilité peut être une cause spéciale d'altération du titre des liqueurs.

L'acide oxalique s'obtient aisément à l'état de pureté (§ 1398); ses cristaux, qui contiennent 4 équivalents d'eau de cristallisation, ne sont ni efflorescents, ni déliquescents, et se conservent sans s'altérer; ses solutions aqueuses sont assez stables et ne se chargent pas de moisissures, comme le font celles de la plupart des autres acides organiques; enfin l'acide oxalique n'est pas volatil, et il agit assez nettement sur les réactifs colorés. Ces propriétés permettent d'en peser directement et exactement un poids déterminé, susceptible de fournir une liqueur normale par simple dissolution.

1596. *Acide sulfurique titré.* — La teneur en acide des liqueurs alcalimétriques doit varier avec la nature des dosages pour lesquels on les emploie, une concentration faible se prêtant mieux à des dosages délicats, effectués sur de petites quantités, et une concentration plus grande convenant davantage en cas contraire. On prépare toutes ces liqueurs de la même manière.

On pèse un poids d'acide sulfurique pur et concentré, supérieur de 1/12 environ à celui que doit contenir le volume de liqueur à préparer, 1 litre par exemple. On verse cet acide, en agitant, dans de l'eau distillée qui garnit aux deux tiers, ou à peu près, une carafe jaugée de 1 litre (fig. 9, § 29); après refroidissement complet du mélange rendu homogène par l'agitation, on verse de l'eau distillée dans la carafe, en agitant à plusieurs reprises, et on arrête au moment où le plan de la surface liquide est en concordance avec le trait de jauge. On agite une dernière fois pour rendre parfaitement homogène le contenu de la carafe. La teneur en eau de l'acide employé n'étant pas connue avec précision, il faut déterminer exactement le titre de l'acide dilué.

La méthode la plus précise et la plus simple consiste à prélever au moyen d'une pipette jaugée (§ 35) 10 centimètres cubes de la liqueur, et à y doser pondéralement l'acide sulfurique par transformation de celui-ci en sulfate de baryte, qu'on lave, qu'on recueille, qu'on dessèche et qu'on pèse (§ 1625). Le mesurage de la liqueur à doser doit être fait avec toute la précision possible, et au voisinage de 15° (§ 32). Après deux dosages concordants, on inscrit sur l'étiquette du flacon le poids exact d'acide sulfurique contenu dans 1 centimètre cube de la liqueur, en spécifiant que ce poids se rapporte, soit à l'acide hydraté ($S^2O^6,2HO$ ou SO^4H^2), soit à l'acide supposé anhydre (S^2O^6 ou SO^3).

On conserve l'acide titré dans des flacons bien bouchés, qu'on agite avant de prélever une partie de leur contenu; on rétablit ainsi l'homogénéité de la masse, troublée souvent par la condensation de la vapeur d'eau sur la paroi de verre.

1597. *Acide sulfurique normal.* — L'acide sulfurique ($S^2H^2O^8$ ou SO^4H^2 = 98) étant bibasique, et la liqueur normale devant renfermer une quantité d'acide qui sature exactement 1 équivalent d'alcali, 1 litre de cette liqueur doit contenir exactement une demi-molécule, c'est-à-dire 49 grammes d'acide sulfurique proprement dit ou 40 grammes d'anhydride $(1/2\ S^2O^6 = 1/2\ SO^3 = 40)$.

Pour préparer cette liqueur, on opère d'abord comme pour obtenir l'acide sulfurique titré (§ 1596), mais en forçant davantage le poids d'acide pur et concentré, en prenant 58 ou 60 grammes de cet acide, par litre d'acide normal à préparer. On prélève avec une pipette 10 centimètres cubes du mélange refroidi, on les laisse tomber dans un petit matras taré et bouché, puis on détermine leur poids, et on y dose enfin l'acide sulfurique à l'état de sulfate de baryte (§ 1625). Après deux opérations ayant donné des résultats concordants, soit $10^{gr},054$ le poids moyen des 10 centimètres cubes de liqueur, et $50^{gr},256$ celui de l'acide sulfurique $S^2H^2O^8$ ou SO^4H^2 contenu dans 1 litre. Il s'agit de diluer le mélange pour l'amener au titre normal, soit 49 grammes par litre.

Étant donné que 1000 centimètres cubes de la dissolution contiennent $50^{gr},256$ d'acide, le volume V de la même dissolution, qui renferme 49 grammes d'acide, est $V = \frac{1000 \times 49}{50,256} = 975$ centimètres cubes, car on a la proportion $\frac{1000}{50,256} = \frac{V}{49}$. Or, si le poids des 10 centimètres cubes de la dissolution en question est $10^{gr},054$, les 975 centimètres cubes pèsent $\frac{975 \times 10,054}{10} = 980^{gr},265$. Sur une bonne balance, on tare une carafe jaugée de 1 litre, on y pèse exactement $980^{gr},3$ de la dissolution et on achève de remplir avec de l'eau distillée. Le mélange obtenu renferme 49 grammes d'acide par litre.

On se contente souvent de mesurer 1 litre du premier mélange acide, que l'on a dosé sans prendre le poids de la prise d'essai, et de compléter le volume K auquel il faut l'amener pour qu'il ne renferme plus que 49 grammes d'acide par litre. En conservant le même exemple, ce volume K sera $\frac{50,256 \times 1000}{49} = 1025,6$ centimètres cubes, puisqu'on a la proportion $\frac{K}{50,256} = \frac{1000}{49}$. Au moyen d'une burette graduée (§ 42), on mesure $1025,6 - 1000 = 25,6$ centimètres cubes d'eau, on les introduit dans un vase de 1 litre 1/2, on ajoute 1000 centimètres cubes, exactement mesurés, du premier mélange acide, on agite, on rince avec le produit obtenu la carafe jaugée qui a servi à effectuer le mesurage, et on réunit de nouveau la totalité de la liqueur dans le plus grand vase. Après plusieurs lavages semblables, faits avec le second mélange lui-même et en ayant soin de n'en pas perdre la moindre trace, on obtient un liquide homogène qui est l'acide sulfurique normal.

Comme on le voit, l'ajustement d'une liqueur normale comporte des opérations délicates, qui n'existent pas pour la préparation des liqueurs titrées. Aussi est-il nécessaire de contrôler son exactitude. On y parvient rapidement en comparant, par un essai acidimétrique (§ 1604), cette liqueur à un acide titré ; mais il est préférable d'y doser pondéralement l'acide sulfurique à l'état de sulfate de baryte. On écrit ensuite sur l'étiquette du flacon la teneur exacte en acide, ce qui permet d'apprécier l'erreur commise et même, dans certains cas, de rectifier cette erreur par le calcul, la liqueur normale n'étant plus alors qu'une liqueur titrée.

On peut contrôler l'exactitude de l'acide normal au moyen de la solution normale de carbonate de soude (§ 1603), en faisant un dosage acidimétrique (§ 1604) : les deux liqueurs doivent se neutraliser à volumes égaux. La même méthode peut s'appliquer également au dosage qui précède l'ajustement de l'acide sulfurique normal, le poids de l'acide ($S^2H^2O^8$ ou SO^4H^2) étant à celui du carbonate de soude sec comme 49 : 53.

On se borne parfois pour obtenir l'acide sulfurique normal, à peser 49 grammes d'acide sulfurique, pris aussi concentré que possible, à les mélanger avec de l'eau dans une carafe jaugée de 1 litre, puis, après refroidissement, à compléter le volume en versant de l'eau jusqu'au trait de jauge. On concentre l'acide pur, destiné à cet usage, en le maintenant en ébullition dans une capsule de porcelaine pendant un certain temps, puis en le laissant refroidir à l'abri de l'air. M. Marignac a montré que cet acide retient toujours un léger excès d'eau ; cette manière d'opérer ne comporte donc pas de précision.

1598. *Acide chlorhydrique titré et acide chlorhydrique normal.* — Ces liqueurs se préparent comme les solutions correspondantes d'acide sulfurique ; on dose pondéralement l'acide sous forme de chlorure d'argent (voy. § 1633).

1599. *Acide oxalique normal.* — L'acide oxalique étant bibasique, sa liqueur normale doit contenir par litre la quantité correspondante à 1 équivalent de potasse ou de soude, c'est-à-dire une demi-molécule. Lorsqu'il est pris sous forme cristallisée, $C^4H^2O^8 + 4\ HO$ ou $C^2H^2O^4 + 2H^2O$, son poids moléculaire est 126, par suite 1 litre de liqueur normale doit en renfermer 63 grammes.

On pèse donc exactement 63 grammes de cristaux hydratés, purs et secs, mais non effleuris, on les place avec quelques centaines de grammes d'eau distillée dans une carafe jaugée de 1 litre, et on agite. Après dissolution et rétablissement de la température normale, on remplit d'eau la carafe jusqu'au trait et on agite de nouveau. L'exactitude des résultats dépend uniquement de la pureté des cristaux employés.

La solution doit être conservée à l'abri des rayons solaires directs, dans un flacon bien bouché, qu'on agite avant de prélever une partie de la liqueur, afin de mélanger de nouveau l'eau condensée sur les parois du vase.

1600. Indicateurs colorés. — On donne ce nom aux réactifs qui servent à indiquer le terme de la réaction dans l'alcalimétrie et dans l'acidimétrie.

Il existe un grand nombre de matières colorantes susceptibles de remplir cet office ; chacune d'elles présente des avantages dans quelques cas particuliers. Nous ne parlerons ici que de celles qui s'emploient le plus généralement.

On les utilise, soit en les ajoutant directement aux mélanges en réaction, soit en les absorbant dans un papier, que l'on mouille ensuite avec une goutte des liquides dont il s'agit de reconnaître l'état d'acidité ou d'alcalinité.

L'usage des papiers n'est recommandable que pour les liqueurs qui sont elles-mêmes très fortement colorées, et dans lesquelles le changement de nuance de l'indicateur n'est pas visible aisément.

La *teinture de tournesol sensible* (§ 1493) est le meilleur des réactifs de ce genre. Pour les dosages précis, on l'introduit en quantité constante dans les essais ; on maintient ainsi invariable l'excès de réactif qu'il est nécessaire d'ajouter pour faire virer la couleur, et les expériences restent plus exactement comparables. Ses indications sont moins nettes en présence des acides faibles (acide carbonique, acide borique, etc.). Son emploi ne laisse véritablement à désirer que lorsqu'on opère à la lumière artificielle, encore l'usage de la lumière jaune monochromatique du sodium fournit-il avec ce réactif des indications d'une grande netteté (§ 1493)..

On peut la remplacer par la *teinture de cochenille*. Celle-ci s'obtient en faisant macérer longtemps 2 grammes de cochenille entière dans 150 grammes d'alcool à 25 centièmes, et filtrant. L'acide carminique, que contient cette teinture, colore l'eau en rouge jaunâtre ; les alcalis font passer la couleur au violet, tandis que les acides rétablissent ensuite la teinte rouge jaunâtre primitive. La teinture de cochenille, si elle était préparée avec de l'alcool concentré, précipiterait par l'eau et troublerait les liqueurs aqueuses auxquelles il faut l'ajouter pour effectuer le dosage. Le changement de couleur de ce réactif se voit mieux encore à l'éclairage artificiel qu'à la lumière du jour, mais, d'autre part, le rouge de la cochenille n'est pas sensible à l'action des acides et des bases faibles.

Le *tournesol d'orcine* (M. de Luynes) est un indicateur d'une grande sensibilité. On l'obtient en plaçant 5 grammes d'orcine dans un matras à fond plat, avec quelques centimètres cubes d'ammoniaque, 25 grammes de carbonate de soude cristallisé et 10 centimètres cubes d'eau ; on maintient le vase pendant trois ou quatre jours entre 60° et 80°, en l'agitant fréquemment et en ajoutant au besoin quelques gouttes d'ammoniaque de manière à maintenir constamment l'odeur ammoniacale. On ajoute ensuite 200 centimètres cubes d'eau et on laisse se prolonger le contact à la même température, en remplaçant l'ammoniaque qui disparaît. Après quelques jours, on neutralise et on acidule par l'acide chlorhydrique, on recueille sur un filtre la matière colorante précipitée, on la lave à l'eau froide et on la dessèche à l'air entre deux feuilles de papier. Cette matière colorante, en solution au centième dans l'alcool additionné d'un peu d'éther, donne un réactif qui vire sous l'influence des plus faibles quantités d'acide ou d'alcali.

La *teinture de campêche* est en réalité une décoction de bois de campêche, à laquelle on ajoute 2 fois son volume d'alcool pour la rendre inaltérable, et que l'on conserve à l'abri de la lumière, après l'avoir filtrée. Ajoutée en petite proportion à l'eau pure ou à l'eau acidulée, elle donne une liqueur jaune citron, que les alcalis colorent en rouge foncé et que les acides ramènent au jaune.

La *phtaléine du phénol* est assez fréquemment usitée aujourd'hui (§ 1405). Elle est incolore en liqueur neutre ou acide, et prend une couleur rouge très vive sous l'influence de la plus faible trace d'alcali. On la met en solution alcoolique au 30ᵉ et on ajoute aux essais quelques gouttes de cette dernière. La phtaléine du phénol se conduit avec la plupart des acides organiques, et même avec l'acide carbonique, comme avec les acides forts ; elle permet en outre d'opérer à la lumière artificielle. Ses indications sont en défaut avec l'ammoniaque dans les liqueurs aqueuses.

Le *bleu soluble* (marque C. 4. B de M. Poirrier) en solution dans l'eau au 2/1000, est encore un réac.if sensible : il rougit par l'action des bases caustiques, mais reste bleu en présence des carbonates alcalins et des sels à acides faibles.

Une solution aqueuse au millième d'*hélianthine* ou *orangé de diméthylaniline* (§ 1471) vire au rouge par les acides minéraux, mais non par les acides organiques, y compris l'acide oxalique, non plus que par l'hydrogène sulfuré. On ajoute quelques gouttes de ce réactif à la liqueur à expérimenter, laissée froide, la chaleur étant l'origine de perturbations. Ce réactif ne virant que sous l'action d'un poids d'acide notable, il est nécessaire dans les titrages de tenir compte du volume de liqueur titrée qu'exige le virage de la quantité constante de réactif dont on fait usage.

1601. ESSAI ALCALIMÉTRIQUE DIRECT. — Supposons qu'il s'agisse de doser l'alcali caustique tenu en dissolution dans une liqueur aqueuse. Au moyen d'une pipette jaugée, on prélève 10 centimètres cubes de cette liqueur, on les introduit dans un petit matras ou dans un vase à précipitations chaudes (fig. 93, B, § 152), et on ajoute 10 gouttes ou 1/2 centimètre cube de teinture de tournesol sensible. D'autre part, on garnit de liqueur alcalimétrique (acide sulfurique, acide chlorhydrique, acide oxalique) une burette graduée (§ 42), en faisant coïncider le ménisque liquide avec la division 0. Déposant le matras ou le vase conique sur un objet blanc, une feuille de papier ou mieux un carreau de faïence, on l'agite doucement, et on y fait tomber goutte à goutte la liqueur acide. On voit bientôt, au voisinage du point où tombent les gouttes, la liqueur bleue virer au rouge sur un espace de plus en plus large ; on opère dès lors avec précaution, en n'ajoutant une nouvelle goutte de réactif qu'après s'être assuré que le contenu du vase n'a pas été coloré en rouge par la précédente. Il arrive un moment où une goutte de liqueur acide, ajoutée en plus, produit brusquement le changement de couleur. On s'arrête aussitôt et on lit sur la burette le volume de liqueur alcalimétrique qu'il a fallu faire intervenir. Si le terme précis de la réaction a été dépassé, on recommence l'opération sur 10 nouveaux centimètres cubes de liqueur alcaline, jusqu'à ce que le résultat ne prête à aucune hésitation. Les nouveaux dosages sont d'ailleurs plus rapidement pratiqués que le premier, puisqu'on peut ajouter d'un seul coup la plus grande partie de la liqueur titrée, sans craindre d'atteindre la saturation.

Soit V le volume exprimé en centimètres cubes de liqueur alcalimétrique produisant la neutralisation, soit P le poids d'acide contenu dans 1 centimètre cube de cette liqueur. Le poids d'acide employé est VP ; le poids B d'alcali renfermé dans les 10 centimètres cubes de liqueur analysés est à ce poids d'acide, comme l'équivalent de l'alcali *e* est à celui de l'acide E : on a donc la proportion $\frac{B}{VP} = \frac{e}{E}$, d'où l'on tire la valeur $B = \dfrac{eVP}{E}$. Il ne faut pas oublier que A ainsi calculé correspond à 10 centimètres cubes seulement, et que le résultat doit être multiplié par 100, si l'on veut le rapporter à la teneur en alcali d'un litre de liqueur, ou divisé par 10 s'il s'agit de connaître le poids contenu dans 1 centimètre cube.

Si, au lieu d'une simple liqueur titrée, on s'est servi d'une liqueur normale, le calcul est encore plus simple. Chaque centimètre cube de cette liqueur contient 1/1000 d'équivalent d'acide et neutralise 1/1000 d'équivalent d'alcali, soit $\dfrac{e}{1000}$; il suffira donc de multiplier par cette fraction le volume de liqueur normale employé, pour avoir le poids d'alcali contenu dans les 10 centimètres cubes de liqueur analysés.

Pour simplifier, nous avons supposé que l'hydrate alcalin dosé était pur. Si, comme il arrive d'ordinaire, il était plus ou moins carbonaté, cela n'apporterait au dosage alcalimétrique aucun changement capital : l'acide carbonique mis en liberté se combinerait d'abord au carbonate, pour le changer en bicarbonate, mais bientôt, l'arrivée de la liqueur titrée se poursuivant, il se dégagerait à l'état d'anhydride carbonique gazeux. Dans ces conditions, ce dernier présente l'inconvénient de donner au tournesol la teinte rouge vineux, couleur violacée, intermédiaire entre le rouge et le bleu, dont la production rend moins tranché le changement de nuance qui marque le terme de la réaction. On supprime complètement cette incertitude en opérant la saturation dans une liqueur bouillante ; à la température de l'ébullition, les bicarbonates sont détruits, le gaz carbonique est expulsé, et le titrage reprend la simplicité qu'il possède avec les alcalis purs de carbonate.

Ajoutons que l'emploi du bleu soluble (§ 1600) permet de doser l'alcali libre, sans tenir compte de l'alcali carbonaté, ce dernier n'agissant pas sur l'indicateur.

Lorsque l'alcali à doser est à l'état solide, on en pèse un poids donné que l'on dissout dans l'eau, et l'on opère ensuite sur la totalité de la liqueur, comme il vient d'être dit. On rapporte alors le résultat à la matière solide. Les bases terreuses, qui bleuissent nettement le tournesol, pourraient, à la rigueur, être dosées ainsi ; mais leur faible solubilité rend le plus souvent l'opération difficile, et il vaut mieux employer la méthode indirecte.

1602. Essai alcalimétrique indirect. — Ce mode d'essai (Mohr) élimine tous les inconvénients dus à l'acide carbonique ; on vient de dire qu'il est particulièrement avantageux pour les bases alcalino-terreuses, qui sont peu solubles.

Il consiste, en principe, à mettre en contact une quantité déterminée du produit à analyser avec un volume mesuré d'acide titré ou normal, volume plus que suffisant pour neutraliser tout l'alcali contenu dans le produit, et à doser ensuite, par un essai acidimétrique, l'acide ainsi ajouté en excès.

On mesure ou on pèse une quantité du produit à analyser, inférieure à celle dont l'alcali est présumé équivaloir à 10 ou à 20 centimètres cubes d'acide normal ; on l'introduit avec de l'eau dans un matras ou dans un vase à précipitations chaudes, en ajoutant, avec une pipette jaugée, 10 ou 20 centimètres cubes d'acide normal, puis 10 gouttes de teinture de tournesol sensible. Celle-ci se trouve rougie lorsque l'acide a bien été pris en excès ; quand la matière analysée est solide et peu soluble, on doit attendre, pour constater ce fait, que sa dissolution soit complète. On porte à l'ébullition pendant quelques instants, pour chasser, s'il y a lieu, le gaz carbonique. Il reste ensuite à doser l'acide en excès. On le fait avec toutes les précautions qui seront indiquées plus loin (§ 1604), en versant avec une burette la solution alcaline normale, jusqu'à ce qu'une goutte de cette dernière ramène au bleu le tournesol rougi.

Il est plus commode de se servir de deux burettes graduées, l'une contenant l'acide normal, l'autre l'alcali normal. Il est ainsi plus facile de faire agir l'acide en quantité excédante sur le produit traité. Après avoir ramené la coloration bleue par l'alcali normal, on lit sur chacune des burettes les volumes des liqueurs normales employées. Ces deux liqueurs normales se correspondant à volumes égaux, si du volume de l'acide normal on retranche celui de l'alcali normal, la différence est évidemment identique au volume d'acide normal que l'on aurait employé dans un essai direct ; le résultat se calcule ensuite comme il a été dit plus haut (§ 1601).

Quand, on fait usage de liqueurs titrées, au lieu de liqueurs normales, les choses se passent de même, et le calcul est à peine plus compliqué.

II. — ACIDIMÉTRIE.

1603. LIQUEURS ACIDIMÉTRIQUES. — Réciproquement à ce qui se pratique dans les dosages alcalimétriques, le dosage volumétrique des acides se fait au moyen de liqueurs alcalines titrées ou normales. Les matières alcalines les plus usitées sont les hydrates de potasse, de soude ou de baryte, et les carbonates alcalins. Les indicateurs colorés qui conviennent pour l'acidimétrie sont les mêmes que pour l'alcalimétrie.

Potasse titrée. — On prend un poids de potasse pure, correspondant à la concentration de la liqueur que l'on veut préparer, on le dissout dans l'eau distillée, puis, après refroidissement, on complète le volume nécessaire et on mélange. Cette méthode donne quelquefois des liqueurs dont la richesse est assez éloignée de celle à atteindre, à cause des proportions d'eau très variables que retient la potasse fondue ; il vaut mieux ajuster grossièrement la solution au titre voulu, en se servant de densimètre (§ 793). Il est avantageux d'employer de la potasse aussi peu carbonatée que possible.

On détermine le titre exact de la solution au moyen de l'acide sulfurique titré. Dans ce but, on prend, avec une pipette jaugée, 10 ou 20 centimètres cubes de cet acide, on ajoute 10 gouttes de teinture de tournesol sensible, et on y laisse tomber la liqueur alcaline, préalablement placée dans une burette graduée. Au moment où une goutte ajoutée en plus bleuit le tournesol, on mesure le volume de liqueur employé : le poids de potasse (KHO^2 ou $K\theta H = 56$) qu'il contient est équivalent à celui de l'acide ($^1/_2\ S^2H^2O^8$ ou $^1/_2\ S\theta^4H^2 = 49$) renfermé dans les 10 ou dans les 20 centimètres cubes de liqueur acide. Le poids S de l'acide étant connu par le titre de la liqueur employée, celui de la potasse P est avec lui dans le rapport des équivalents, $\frac{S}{P} = \frac{49}{56}$; P est donc égal à $S\frac{56}{49}$ ou $S \times 1,14285$. Un simple calcul de proportions donne ensuite la teneur eu potasse du litre de liqueur.

Potasse normale. — Pour obtenir la potasse normale, on fait une solution de potasse pure, d'une densité voisine de 1,06 ou 1,07, on y dose avec soin la potasse comme il vient d'être dit, puis on la dilue de manière à l'amener à la teneur, par litre, de 56 grammes de potasse hydratée (KHO^2 ou $K\theta H$) ou de 47 grammes de potasse anhydre (KO ou $1/2\ K^2\theta$). Cette dernière opération se fait en suivant les méthodes indiquées pour l'ajustement de l'acide sulfurique normal (§ 1597).

Soude titrée et soude normale. — La préparation de ces liqueurs ne diffère pas de celle des liqueurs potassiques correspondantes. Toutefois l'équivalent de l'hydrate de soude ($NaHO^2$ ou $Na\theta H = 40$) doit remplacer celui de l'hydrate de potasse dans les calculs. Le poids P de la soude qui correspond au poids S d'acide neutralisé devient alors $P = S\frac{40}{49}$, c'est-à-dire $S \times 0,81633$.

Eau de baryte titrée. — L'eau de baryte présente l'avantage de ne pas dissoudre le carbonate que l'acide carbonique de l'air forme avec la base qu'elle contient ; la liqueur limpide donne donc une réaction très nette avec les indicateurs colorés. D'autre part, la séparation à l'état de carbonate d'une certaine proportion de la baryte qui la forme, oblige à des titrages fréquemment répétés. Elle se prépare à la manière ordinaire (§ 898) et se titre comme la potasse.

Carbonate de soude titré. — Le carbonate de soude est obtenu en cristaux d'une grande pureté. On dessèche ces cristaux, d'abord en les chauffant dans une capsule de porcelaine jusqu'à solidification après fusion aqueuse, puis en les portant au rouge sombre, dans une capsule de porcelaine ou mieux de platine. Avant refroidissement complet, on enferme le sel dans un matras bouché. Le refroidissement étant ainsi effectué à l'abri de l'humidité, on pèse le matras, puis on laisse tomber dans une carafe jaugée de 1 litre une certaine partie de son contenu, on le ferme de nouveau et on le pèse une seconde fois : la différence entre les pesées est le poids du carbonate de soude pur et sec employé. On dissout le sel dans l'eau distillée, et, après rétablissement de la température normale, on achève de remplir d'eau la carafe jusqu'au trait de jauge. La teneur de la liqueur ainsi préparée est donc connue directement ; elle peut être vérifiée alcalimétriquement avec un acide titré (§ 1601).

Carbonate de soude normal. — Le carbonate de soude pur et sec est surtout avantageux pour préparer par pesée directe une liqueur normale. L'équivalent de ce sel anhydre étant 53, on en pèse 53 grammes, on les introduit dans une carafe de 1 litre, et on les dissout dans l'eau; après rétablissement de la température normale, on complète le volume de 1 litre. Gay-Lussac a fait de cette liqueur normale le point de départ de l'alcalimétrie et de l'acidimétrie: il s'en servait pour le titrage des liqueurs acides. Une cause d'erreur peut entacher les résultats : elle porte sur l'humidité de l'air que le sel absorbe pendant la pesée ; elle est annulée, ou à peu près, si l'on opère avec rapidité et dans une cage de balance bien desséchée. La liqueur titrée de carbonate de soude, préparée comme il a été dit plus haut, ne donne pas lieu à cette cause d'erreur.

Le carbonate de soude normal ou titré présente l'inconvénient d'exiger quelques précautions pour éviter les incertitudes causées par l'action de l'acide carbonique sur certains indicateurs colorés : avec le tournesol, tous deux doivent être employés à chaud.

1604. ESSAI ACIDIMÉTRIQUE. — Pour doser un acide fort dans une solution aqueuse de ce corps, on prélève une prise d'essai dont l'importance est en raison inverse de la concentration du liquide. On mesure, je suppose, 20 centimètres cubes de la solution, au moyen d'une pipette jaugée, et on les laisse tomber dans un matras ou mieux dans un vase à précipitations chaudes; on ajoute 10 gouttes de teinture de tournesol sensible, qui se trouve rougie. On remplit exactement de liqueur acidimétrique (potasse, soude, baryte ou carbonate de soude) une burette graduée, et on fait arriver goutte à goutte la liqueur alcaline dans le mélange acide constamment agité. L'approche du terme de la réaction s'annonce par l'extension que prend la tache bleue produite par chaque goutte de solution alcaline. Lorsqu'une de ces gouttes a fait passer brusquement du rouge au bleu l'indicateur coloré, on s'arrête et on lit le volume V de liqueur alcaline qui produit la neutralisation ; ce volume est ensuite établi avec précision par des essais répétés. La teneur P en alcali de chaque centimètre cube de cette liqueur étant connue, VP est le poids d'alcali qui est équivalent à celui A de l'acide neutralisé ; il est donc avec ce dernier dans le rapport des équivalents de l'alcali E et de l'acide dosé e, et on a $\dfrac{VP}{A} = \dfrac{E}{e}$. On tire de là $A = \dfrac{VPe}{E}$ pour le poids d'acide contenu dans la prise d'essai de 20 centimètres cubes. Une simple proportion traduit ce résultat en le rapportant au litre.

Quand on a opéré de même avec une liqueur alcaline normale quelconque, chaque centimètre cube de celle-ci a neutralisé $\dfrac{e}{1000}$ d'acide ; on a donc le poids d'acide contenu dans la prise d'essai en multipliant par cette fraction le volume V de liqueur normale employé.

Lorsque l'acide à doser est très concentré, son mesurage direct peut donner lieu à une erreur trop considérable. On en pèse alors un certain poids que l'on mélange avec de l'eau, et on complète un volume déterminé. C'est sur le liquide ainsi dilué dans une proportion connue que l'on fait la prise d'essai.

L'intervention de l'acide carbonique présente beaucoup moins d'intérêt en acidimétrie qu'en alcalimétrie; ce fait diminue l'importance des méthodes indirectes appliquées au dosage des acides. Toutefois le procédé pratique, basé sur l'emploi de deux burettes (§ 1602), conserve ici encore des avantages.

2.

DOSAGE DES MÉTALLOÏDES ET DE LEURS COMPOSÉS.

A. — Hydrogène.

I. — EAU.

1605. DOSAGE PAR DIFFÉRENCE. — Le dosage de l'eau se fait indirectement, toutes les fois que le corps sur lequel on opère n'est pas volatil et ne s'altère pas dans les conditions où l'on doit le placer pour le dessécher.

Toutes les méthodes de dessiccation peuvent, suivant les circonstances, être appliquées au dosage de l'eau : l'exposition à l'air (§ 258), le séjour dans les vases à dessécher, soit sous la pression atmosphérique (§ 259), soit sous une pression plus ou moins réduite (§ 264 à § 267), la dessiccation à chaud dans une étuve (§ 261) ou dans un courant d'air sec (§ 262), la calcination (§ 201), etc., présentent chacun des avantages particuliers. On conçoit, en effet, qu'étant donné un corps dans lequel il s'agit de doser l'eau, si l'on en pèse quelques décigrammes, soit entre deux verres de montre tarés (fig. 7, § 24), soit dans un creuset de platine ou de porcelaine, muni de son couvercle et également taré, et si, après avoir découvert la prise d'essai, on provoque sa dessiccation par un des moyens précités, la perte de poids qu'elle aura subie correspondra à la quantité d'eau éliminée. Si donc on pèse de nouveau le vase et son contenu, la différence entre les deux pesées représentera cette perte de poids, c'est-à-dire le poids de l'eau éliminée. Un point capital à observer est la nécessité de s'assurer que l'élimination de l'eau est complète lors de la seconde pesée : à cet effet, on poursuit la dessiccation, en répétant les pesées de temps en temps, jusqu'à ce que deux pesées successives donnent le même chiffre; il est alors certain, mais alors seulement, que l'élimination de l'eau est terminée. Si le mode de dessiccation adopté fait intervenir la chaleur, le vase taré et son contenu doivent être, avant chaque pesée, transportés dans un vase à dessécher (§ 259), où ils séjournent jusqu'à refroidissement complet.

Ce dosage indirect de l'eau, sur le côté pratique duquel les renseignements donnés plus haut à propos de la dessiccation (§ 257 et suivants) nous dispensent de nous arrêter beaucoup ici, présente des difficultés, que l'on pourrait appeler théoriques, relativement à la nature de l'eau éliminée. Cette eau peut être de l'*humidité* atmosphérique condensée, c'est-à-dire de l'*eau hygroscopique*, ou bien de l'*eau de cristallisation*, ou même de l'*eau de constitution*. Or les limites, entre ces trois origines de l'eau abandonnée par les corps que l'on dessèche, ne sont pas, dans la pratique, très nettement tranchées. Il est tels corps, le sulfate de quinine ordinaire, par exemple, qui perdent déjà de l'eau de cristallisation sur certains points d'un échantillon, alors que sur d'autres points ils sont encore très manifestement mouillés. On ne saurait donc tracer d'une façon absolue une marche à suivre pour doser séparément l'humidité, l'eau de cristallisation et l'eau de constitution, les propriétés propres à chaque substance devant régler la conduite à tenir dans cette partie de son analyse. Nous croyons cependant devoir donner les renseignements suivants, qui s'appliquent à la généralité des cas.

Quand la matière n'est pas efflorescente à la température ordinaire, l'humidité s'élimine et se dose par exposition à l'air, ou même par exposition dans un vase à dessécher. Le premier moyen réussit parfois, alors que le second, qui fait intervenir de l'air très sec, détermine l'efflorescence et doit être rejeté. Quand l'efflorescence, c'est-à-dire la perte de transparence des cristaux due à l'élémination de l'eau de cristallisation, se manifeste pendant la simple exposition à l'air, on est forcé de se contenter d'enlever mécaniquement l'humidité, et même l'eau mère qui subsiste à la surface du corps, avant de doser l'eau de cristallisation : on y arrive en frottant doucement les cristaux entre deux feuilles de papier à filtrer, autrement dit en les essuyant. Lorsqu'on les dessèche ensuite dans l'air sec, la perte d'eau que l'on détermine s'écarte peu du chiffre correspondant à un nombre fixe d'équivalents d'eau.

Pour les corps qui forment plusieurs hydrates, on peut souvent doser la quantité d'eau qui correspond à chacun de ceux-ci. Ces hydrates, en effet, se détruisent à des températures d'autant plus basses qu'ils sont plus riches en eau ; desséchés successivement à des températures croissantes, ils passent par des états d'hydratation intermédiaires, avant de se dessécher complètement. C'est ainsi, par exemple, que le carbonate de soude cristallisé avec 10 équivalents d'eau, lorsqu'il est desséché au-dessous de 12°, se change en hydrate à 5 équivalents d'eau, lequel, par dessiccation entre 12° et 35°, devient hydrate à 1 seul équivalent d'eau ; ce dernier composé donne le sel anhydre quand on le dessèche entre 90° et 100°. Or, dans chacune des circonstances précitées, l'eau éliminée peut être dosée *par différence* entre deux pesées.

Vers 160° ou 180°, l'eau de cristallisation est presque toujours éliminée en entier.

L'eau de constitution se sépare parfois des matières organiques à basse température ; d'ordinaire, il n'en est pas ainsi pour les matières minérales, qui exigent l'intervention d'une température élevée, et même l'action de la température rouge. Dans ce dernier cas, l'eau de cristallisation ayant été dosée à la manière ordinaire, on porte l'essai au rouge dans un creuset de platine ou de porcelaine ; la perte de poids subie pendant cette opération, répétée jusqu'à ce qu'elle conduise à des pesées invariables, représente l'eau de constitution.

En dehors de ces distinctions sur la nature de l'eau, la calcination au rouge est, pour les matières minérales qu'une température élevée n'altère pas autrement, le moyen le plus rapide d'éliminer la totalité de l'eau à doser.

1606. DOSAGE DIRECT. — La pesée directe de l'eau éliminée est beaucoup plus rarement pratiquée. Elle est indispensable seulement pour les corps qui, en même temps que la vapeur d'eau, dégagent un gaz ou une vapeur lorsqu'on les chauffe.

Quand il s'agit de la pratiquer, on place quelques décigrammes de la matière dans une ampoule à dessécher (fig. 137, § 262), préalablement tarée ; une pesée donne ensuite le poids exact de la prise d'essai. Par des caoutchoucs, on met les deux tubes de l'ampoule en communication avec des tubes en U, garnis de chlorure de calcium sec ou mieux de ponce sulfurique (C ou D, fig. 201, § 433), l'un de ces tubes ayant été exactement taré. Reliant alors ce dernier tube par un caoutchouc à une trompe fonctionnant lentement, on fait passer un courant d'air peu rapide dans l'appareil. Cet air se dessèche en traversant le premier tube en U, enlève à la matière son humidité et la transmet à la substance desséchante du second tube, c'est-à-dire du tube taré. En plongeant le bas de l'ampoule dans l'eau bouillante ou dans un bain d'huile chauffé à température fixe, on active la dessiccation. On pèse le second tube : l'augmentation de poids qu'il a subie représente l'eau émise par la matière. Il est nécessaire, après une première pesée, de recommencer à faire passer de l'air sec pendant quelque temps, et de constater que le tube de dosage ne varie plus de poids.

Le courant d'air doit être lent. On le règle plus aisément en faisant précéder tout l'appareil d'un petit flacon laveur, contenant de l'acide sulfurique ; les bulles d'air ne doivent s'y succéder qu'avec une vitesse modérée. Pour la même raison, on interpose un robinet entre la trompe et l'appareil.

1607. HYDROTIMÉTRIE. — Les eaux naturelles sont plus ou moins chargées de sels calcaires et magnésiens ; lorsque la proportion de ces substances est un peu élevée, l'eau devient impropre à certains usages ; elle est *dure*, elle précipite le savon, elle ne se prête pas à la cuisson des légumes, etc. La détermination exacte de la chaux et de la magnésie étant une opération quelque peu longue et délicate, on se contente souvent de soumettre les eaux naturelles à des essais rapides, qui font connaître grossièrement leur teneur en sels calcaires et magnésiens, ou, pour employer un terme moins précis et mieux approprié, qui permettent d'apprécier leur *dureté*. Ces essais varient suivant les pays : en France, on pratique surtout l'essai hydrotimétrique de Boutron et Boudet, essai dont le principe est le suivant (Clarck) :

L'eau pure acquiert la propriété de mousser par l'agitation, quand on l'additionne d'une très petite quantité d'eau de savon ; lorsque l'eau est chargée de sels de chaux et de magnésie, le savon qu'on y introduit donne lieu, avec ces derniers, à une double décomposition : des stéarates, margarates et oléates de chaux et de magnésie, qui sont insolubles, se précipitent, tandis que les acides des sels terreux primitifs forment des sels alcalins solubles. Il résulte de là : 1° que l'eau de savon ajoutée ne communique à l'eau essayée la propriété de mousser qu'après décomposition complète des sels de chaux et de magnésie ; et 2° qu'il y a une relation entre le volume de l'eau de savon, ainsi consommée dans la double décomposition, et la quantité des sels terreux qu'il s'agit d'évaluer.

On prépare d'abord une *liqueur hydrotimétrique* ou *liqueur d'épreuve*, en dissolvant 100 grammes de savon blanc de Marseille ou de savon médicinal, pesés après dessiccation complète, dans 1600 grammes d'alcool à 90 centièmes, filtrant et ajoutant un litre d'eau distillée ; le mélange forme 2700 grammes de liquide.

Avec certains savons fabriqués actuellement, il arrive que la liqueur hydrotimétrique laisse déposer des sels de soude cristallins. On évite cet inconvénient, lorsqu'il se produit, en augmentant un peu la proportion d'eau par rapport à celle de l'alcool dans la liqueur.

On prépare, en outre, une *dissolution normale de chlorure de calcium*, qui servira à doser la liqueur hydrométrique : on dissout, dans une carafe jaugée, $0^{gr},25$ de chlorure de calcium pur et sec, avec de l'eau distillée et, après refroidissement, on complète par le même liquide 1 litre de liqueur.

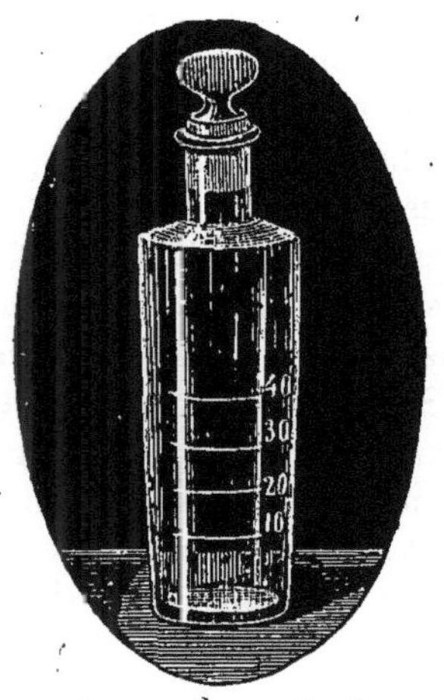

Fig. 335. — Hydrotimètre.

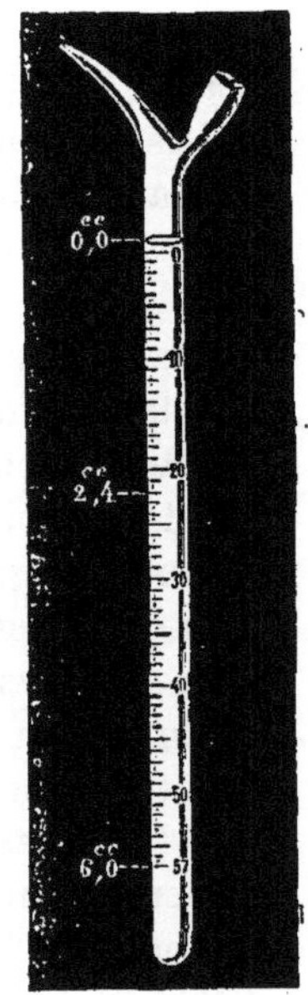

Fig. 336. — Burette hydrotimétrique.

Les instruments dont on fait usage sont :

1° Un *flacon d'essai* ou *hydrotimètre* (fig. 335), bouché en verre, de forme allongée, de 60 centimètres cubes environ de capacité, marqué de quatre traits de jauge, qui correspondent à 10, 20, 30 et 40 centimètres cubes ;

2° Une *burette hydrotimétrique* (fig. 336), qui est le plus souvent une burette de forme anglaise, à tube étroit, de 7 à 8 centimètres cubes de capacité ; elle porte un trait circulaire à la partie supérieure ; une capacité de $2^{cc},4$ au-dessous de ce trait est divisée en 23 parties égales, et on trace des divisions de même capacité que les précédentes sur toute la partie inférieure de la burette ; le degré 0, à partir duquel sont comptées les divisions placées au-dessous, est marqué au trait immédiatement inférieur au trait circulaire ; le volume compris entre ces deux traits correspond à la quantité d'eau de savon reconnue nécessaire pour donner la propriété de former une mousse persistante aux 40 centimètres cubes d'eau sur lesquels on opère d'ordinaire, alors que cette eau est pure, c'est pourquoi il n'est pas compris dans la graduation.

Le *degré hydrotimétrique* correspond à $0^{gr},1$ de savon précipité par les sels contenus dans un 1 litre d'eau essayée : une eau marquant 30 degrés hydrotimétriques est donc une eau dont 1 litre précipite $30 \times 0,1 = 3$ grammes de savon. Le savon étant un mélange de composition assez variable, le degré hydrotimétrique n'a rien de précis : il se rapporte au savon pris autrefois comme type par les auteurs, et on doit dès lors apprécier à ce point de vue la valeur du savon dont on fait usage.

Les liqueurs doivent être réglées de telle sorte que chaque division de la burette hydrotimétrique corresponde à 1 degré hydrotimétrique, quand on opère sur 40 centimètres cubes d'eau. Pour s'assurer qu'il en est ainsi, on introduit dans le flacon d'essai 40 centimètres cube de dissolution normale de chlorure de calcium, et on garnit la burette de liqueur hydrotimétrique, jusqu'au trait circulaire ; on verse goutte à goutte cette liqueur dans le flacon, en refermant fréquemment celui-ci et en l'agitant vivement. On continue à verser le savon jusqu'à ce qu'il se forme à la surface du liquide une mousse de plus d'un demi-centimètre d'épaisseur, se maintenant au moins dix minutes sans s'affaisser. Si la liqueur hydrotimétrique est à la concentration voulue, on a dû en employer 22 divisions de la burette, en dehors de la division non comptée, laquelle contient le savon nécessaire pour former la mousse. S'il n'en est pas ainsi, on peut toujours, par des tâtonnements analogues à ceux indiqués ailleurs pour ajuster les liqueurs normales (§ 1597), régler la liqueur hydrotimétrique en l'additionnant d'eau ou de savon, suivant qu'elle est trop ou trop peu concentrée.

1608. *Essais hydrotimétriques.* — 1° Pour faire l'essai d'une eau, on opère de la même manière. On mesure dans l'hydrotimètre 40 centimètres cubes de cette eau, et on détermine, en nombre de divisions de la burette comptées à partir du 0, le volume d'eau de savon à employer pour produire la mousse persistante : ce nombre est le *degré hydrotimétrique de l'eau.*

Quand l'eau essayée est assez chargée de sels pour former des grumeaux avec le savon, et, d'une manière générale, quand son titre hydrotimétrique dépasse 25 ou 30 degrés, il est nécessaire de l'essayer après dilution. On en mesure dans le flacon d'essai 10, 20 ou 30 centimètres cubes, et on complète avec de l'eau distillée les 40 centimètres cubes sur lesquels on pratique l'essai. On tient compte ensuite de cette dilution dans l'appréciation du résultat, le chiffre trouvé devant être, dans les hypothèses précédentes, multiplié par 4, par 2 ou par 1,333.

Il faut remarquer que l'acide carbonique contribue, avec les terres, à la décomposition du savon.

Il est possible, en variant les opérations, de recueillir par le même moyen d'autres renseignements sur l'eau analysée.

2° Étant donnée une eau dont le degré hydrotimétrique est connu, on en mesure 50 centimètres cubes, auxquels on ajoute de 3 à 4 centigrammes d'oxalate [d'ammoniaque, soit 15 gouttes de la solution pour réactif (§ 1490); on agite, on filtre après une demi-heure de repos, puis on prend 40 centimètres cubes du liquide filtré et on détermine sur eux le degré hydrotimétrique. Le nouveau résultat, 11 degrés par exemple, diffère du précédent en ce que la chaux ayant été éliminée, il ne peut être attribué qu'à la *magnésie* et au *gaz carbonique ;* si le degré hydrotimétrique proprement dit était 25, la différence $25 - 11 = 14$ représente l'importance de l'intervention de la chaux dans l'action totale.

3° On prend un ballon marqué d'un trait de jauge à la naissance de son col, mais d'un volume quelconque, soit de 100 centimètres cubes (fig. 337), on le remplit jusqu'au trait d'eau à essayer, et on maintient cette eau en ébullition tran-

Fig. 337. — Ballon pour essais hydrotimétriques.

quille pendant une demi-heure. Le gaz carbonique se dégage et le carbonate de chaux qu'il dissolvait se précipite. On laisse refroidir, on remplace l'eau évaporée par de l'eau distillée, avec laquelle on rétablit le volume primitif, on bouche le ballon, on agite pour saturer le liquide de la matière du dépôt, on filtre, et enfin on détermine le degré hydrotimétrique sur 40 centimètres cubes du liquide filtré. Soit 15 degrés le résultat obtenu : il représente les sels de magnésie et les sels de chaux autres que le carbonate. Toutefois, le carbonate de chaux n'étant pas absolument insoluble dans l'eau, il convient de diminuer les 15 degrés trouvés de 3 degrés, qui représentent, d'après des expériences faites directement, le carbonate de chaux dont l'eau est restée chargée. On a donc en réalité $15 - 3 = 12$ degrés pour le résultat corrigé. La différence, $25 - 12 = 13$ degrés, correspond évidemment *à l'acide carbonique et au carbonate de chaux éliminés.*

4° On mesure 50 centimètres cubes de l'eau bouillie et filtrée, préparée dans la précédente expérience, on y ajoute 15 gouttes d'oxalate d'ammoniaque, qui élimine la chaux non séparée par l'ébullition, puis, en opérant comme il vient d'être dit ci-dessus (2°), on détermine le titre hydrotimétrique, sur 40 centimètres cubes de l'eau séparée par filtration de l'oxalate de chaux, Soit 8 degrés le nombre trouvé : il représente les sels de magnésie contenus dans l'eau.

En résumé, l'eau marquant 25 degrés ($2^{gr},50$ de savon précipité par litre), les sels de chaux correspondent à 14 degrés, ceux de magnésie à 8 degrés, soit au total 22 degrés, ce qui donne $25 - 22 = 3$ degrés comme représentant l'action propre à l'acide carbonique ; l'acide carbonique et le carbonate de chaux réunis correspondant à 13 degrés, l'acide carbonique seul correspondant à 3 degrés, la différence $13 - 3 = 10$ degrés représente l'influence du carbonate de chaux ; enfin la totalité des sels de chaux correspondant à 14 degrés et le carbonate seul à 10 degrés, la différence, $14 - 10 = 4$ degrés, correspond aux *sels de chaux* autres que le carbonate.

On a déterminé les poids des différents sels qui, mis en dissolution dans 1 litre d'eau, correspondent à 1 degré hydrotimétrique, et on s'est servi de ces données pour traduire en chiffres les résultats des essais précédents. Sans suivre les auteurs du procédé dans cette voie, on peut dire, d'une manière générale, que le degré hydrotimétrique d'une eau représente à peu près le poids, exprimé en centigrammes, des sels terreux contenus dans 1 litre de cette eau.

Les eaux dont le titre ne dépasse pas 30 degrés sont, d'ordinaire, convenables pour la boisson, pour le savonnage et pour la cuisson des légumes. Celles qui marquent de 30 degrés à 60 degrés à l'hydrotimètre ne sont pas propres aux usages précédents, mais peuvent servir dans certaines industries. Les eaux marquant plus de 60 degrés sont de mauvaise qualité.

1609. ANALYSE D'UNE EAU POTABLE. — Des méthodes analytiques un peu plus longues que l'hydrotimétrie, mais beaucoup plus précises, doivent être employées lorsqu'on se propose d'avoir, sur la qualité d'une eau potable, des données certaines.

L'eau à analyser est trouble ou limpide. Dans le premier cas, on remplit de cette eau un ballon jaugé de 1 litre, on laisse déposer, on décante sur un filtre sans plis, on entraîne ensuite le précipité dans ce dernier, en se servant d'une fiole à laver et d'eau distillée. On sèche le filtre, on l'incinère dans un creuset de platine taré, en même temps qu'on calcine au rouge le résidu argileux insoluble qu'il contient. Après pesée du creuset refroidi dans l'air sec, en défalquant la tare et les cendres du filtre, on a le poids des *matières minérales en suspension*. En examinant au microscope le dépôt fourni par une autre quantité d'eau, on se renseigne sur la nature des organismes qu'il renferme.

La *quantité totale des sels* tenus en dissolution dans l'eau s'obtient en évaporant à siccité, dans une capsule de platine tarée, 1000 centimètres cubes d'eau. On évapore d'abord à feu nu, en évitant les projections, et on termine au bain-marie. La capsule et son contenu sont ensuite chauffés à l'étuve à 180°, jusqu'à ce qu'ils ne changent plus de poids. En tenant compte de la tare de la capsule, on a le poids de l'*extrait* ou le *poids de sels ;* les matières salines du produit sont mélangées, il est vrai, de traces de substances organiques. On porte la capsule au rouge et on la pèse encore une fois après refroidissement ; la perte de poids qu'elle a subi est désignée sous le nom de *perte au rouge* ou comptée comme matière *matière organique et produits volatils*. Un certain nombre des corps qui composent le résidu de l'évaporation de l'eau peuvent être dosés par les méthodes ordinaires. Il en est ainsi de la *chaux* (§ 1668), de la *magnésie* (§ 1676), de la *potasse* (§ 1652), de la *soude* (§ 1659), du *fer* (§ 1689) de la *silice* (§ 1651), et de l'*acide sulfurique* (§ 1625).

Le *chlore* se dose sur 1 litre d'eau, soit par la pesée du chlorure d'argent précipité dans le liquide aiguisé d'acide azotique (§ 1633), soit encore volumétriquement (§ 1635). L'*acide azotique* est déterminé par le procédé de Boussingault (§ 1616), et l'*ammoniaque* par celui de M. Schlœsing (§ 1620).

Les *azotites* sont intéressants à rechercher parcequ'ils indiquent une action réductrice exercée d'ordinaire par les matières organiques facilement altérables, et par suite un défaut d'aération de l'eau. Une réaction très sensible permet de les reconnaître : dans 10 cent. cub. d'eau on verse 1 goutte d'acide sulfurique *pur* dilué au cinquième, puis 1 goutte de solution aqueuse saturée d'acide sulfanilique et, après quelques instants, une goutte de solution saturée de sulfate de naphtylamine ; en présence des azotites, on voit se développer une teinte rose, augmentant peu à peu d'intensité. Lorsque l'eau contient au moins 1 milligramme d'azotite par litre, la coloration est instantanée et atteint le rouge rubis ; au-dessous de cette quantité, c'est-à-dire avec des traces extrêmement faibles, la teinte rose ne se développe qu'avec lenteur.

Quant aux *matières organiques*, on ne peut dire exactement qu'on arrive à les doser. On se borne à apprécier indirectement leur quantité par le poids d'oxyde d'argent ou, plus souvent encore, de permanganate de potasse qu'elles réduisent. Toutes les matières organiques ne réduisant pas de la même manière le permanganate de potasse ou l'oxyde d'argent, une pareille méthode ne saurait donner le poids des matières organiques contenues dans l'eau, puisque la nature de ces matières est variable ; aussi se contente-t-on souvent de rapporter le résultat obtenu à un composé oxydable bien connu, l'acide oxalique généralement ; quelques chimistes admettent arbitrairement que 1 partie de permanganate de potasse correspond à 5 parties de matières organiques. Etant donné le procédé, le mode d'évaluation le plus rationnel consisterait à prendre pour unité le milligramme d'oxygène absorbé par la matière organique d'un litre d'eau. Mais il y a plus, la manière de faire intervenir le réactif et la durée de son action changent l'importance de la réduction ; il faudrait tout au moins, pour rendre comparables les données obtenues, qu'une convention fût faite fixant les conditions de cet essai empirique. L'état de la liqueur, son acidité ou son alcalinité, la proportion du permanganate en présence, ont une influence toute particulière. La marche suivante est celle adoptée à l'observatoire de Montsouris.

On introduit dans un ballon 100 centimètres cubes de l'eau à analyser, filtrée ou non filtrée suivant les cas, 2 centimètres cubes d'une dissolution de bicarbonate de soude au dixième, et 5, 10 ou 15 centimètres cubes de solution titrée de permanganate de potasse (§ 1692), suivant que l'eau est plus ou moins chargée de matières organiques, mais de manière à avoir toujours un grand excès de réactif manifesté par sa coloration persistante. On fait bouillir pendant dix minutes exactement. Si la coloration du liquide vire au jaune, l'essai a été fait avec trop peu de permanganate, et il doit être recommencé. Après refroidissement, il s'est déposé des flocons d'oxyde de manganèse : on ajoute 2 centimètres cubes d'acide sulfurique pur, qui les redissout peu à peu. Il ne reste plus qu'à doser le permanganate de potasse employé en trop. On le fait en ajoutant un excès de sulfate de fer ammoniacal sous forme de liqueur titrée, puis en déterminant, avec une solution titrée de permanganate, la quantité de sel ferreux que le permanganate à doser n'a pas peroxydé (§ 1692).

Soit P le poids de permanganate réduit par la matière organique dans ces conditions ; ce sel (Mn^2O^7,KO ou $1/2\,Mn^2O^8K^2 = 158$) fournissant 50 ou $5/2O = 40$, en multipliant P par le rapport $\frac{40}{158}$, on aura le poids p d'oxygène absorbé par la matière organique contenue dans 100 centimètres cubes d'eau. Le même résultat est exprimé souvent en donnant le poids G d'acide oxalique cristallisé qui absorberait p d'oxygène pour se brûler. L'acide oxalique cristallisé ($C^4H^2O^8 + 4HO$ ou $C^2H^2O^4 + 2H^2O = 126$) absorbant 20 ou $O = 16$ pour se brûler, on a $\frac{G}{p} = \frac{126}{16}$, d'où $G = p\,\frac{126}{16} = p \times 7,875$.

B. — Azote.

I. — ACIDE AZOTIQUE.

1610. ACIDE AZOTIQUE LIBRE. — 1° Le *dosage approché* de l'acide azotique, dans ses mélanges avec l'eau, est fréquemment nécessaire. On l'effectue au moyen du densimètre. On place le mélange dans une éprouvette à pied, de forme haute, et on y plonge un densimètre. Quand on a lu la division de l'instrument devant laquelle se fixe le niveau du liquide, on cherche dans la table donnée plus haut (§ 580) la richesse du mélange en acide azotique.

2° Le *dosage acidimétrique* de l'acide azotique ne présente aucune difficulté particulière. Si la matière analysée est riche en acide, on ne peut opérer sur elle directement ; il est nécessaire de la diluer, en mesurant 10 ou 20 centimètres cubes de liquide, et en ajoutant de l'eau, de façon à former un volume déterminé ; on prélève ensuite avec une pipette jaugée un volume fixe de la liqueur étendue, et on opère sur lui à la manière ordinaire (§ 1604). Ainsi qu'il a été dit, le calcul se fait d'après la formule $A = \frac{VPe}{E}$, dans laquelle la valeur de e est 63 quand on traduit le résultat en $AzHO^6$ ou AzO^3H, est 54 quand on le traduit en AzO^5 ou Az^2O^5, et est 14 quand on le traduit en azote. Avec les liqueurs acidimétriques normales, chaque centimètre cube de ces dernières sature $0^{gr},063$ d'acide, $0^{gr},054$ d'anhydride, et $0^{gr},014$ d'azote.

3° On peut aussi faire un *dosage pondéral*. On pèse dans une capsule de porcelaine tarée, un certain poids P du mélange d'acide et d'eau, poids d'autant plus faible que le mélange est plus riche, et correspondant à quelques décigrammes d'acide ($AzHO^6$ ou $AzO^3H = 63$). On sursature par l'ammoniaque pure, vérifiée volatile sans résidu, et on évapore, dans une étuve chauffée vers 110° ou 120°, jusqu'à constance du poids de la capsule, après refroidissement dans un vase à dessécher : le poids trouvé, diminué de la tare, donne le poids P de l'azotate d'ammoniaque formé ($AzH^3,AzHO^6$ ou $AzO^3H,AzH^3 = 80$). Le poids cherché x de l'acide azotique est donné par la formule suivante : $x = P\,\frac{63}{80} = P \times 0,7875$. Ce procédé n'est applicable qu'en l'absence de tout produit fixe et de tout acide étranger.

1611. ACIDE AZOTIQUE DES AZOTATES. — 1° *Procédé de Pelouze.* — Dans cette méthode, on apprécie la quantité de l'acide azotique d'après

.son pouvoir oxydant : on chauffe le sel à analyser avec un excès d'un mélange de protochlorure de fer et d'acide chlorhydrique, et on détermine la quantité de protochlorure de fer qui a été changée en perchlorure. On sait, en effet, qu'à chaud l'acide azotique oxyde l'acide chlorhydrique en formant du chlore :

$$6FeCl + AzKO^6 + 4HCl = KCl + 3Fe^2Cl^3 + AzO^2 + 2H^2O^2;$$

Protochlorure de fer.	Azotate de potasse.	Acide chlorhydrique.	Chlorure de potassium.	Perchlorure de fer.	Bioxyde d'azote.	Eau.

$$3FeCl^2 + Az\Theta^3K + 4HCl = KCl + 3FeCl^3 + Az\Theta + 2H^2\Theta.$$

L'appareil dans lequel on opère se compose (fig. 338) d'une cornue tubulée C, de 200 centimètres cubes environ, dont le col maintenu relevé s'adapte en m, par un bouchon percé, à un tube coudé mnp plongeant, en p, de quelques centimètres, dans de l'eau distillée ; la tubu-

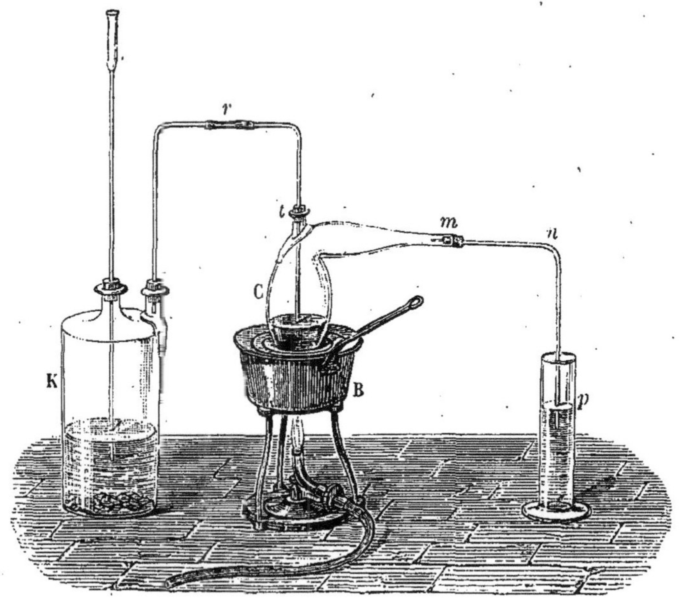

Fig. 338. — Dosage de l'acide azotique (procédé de Pelouze).

lure t porte elle-même un tube coudé rt, pénétrant jusque dans la panse, et relié extérieurement en r au tube à dégagement d'un appareil à gaz carbonique K, où l'on attaque du marbre par l'acide chlorhydrique dilué. La cornue est d'ailleurs disposée sur un bain-marie B.

On introduit dans la cornue, par sa tubulure, 40 centimètres cubes environ d'acide chlorhydrique pur, et $1^{gr},50$ de fil de clavecin pesé exactement, puis on chauffe doucement, en même temps qu'on fait arriver le gaz carbonique à la surface du liquide. Le fer se dissout dans l'acide, en dégageant de l'hydrogène et en formant du protochlorure. Lorsque la dissolution est complète, on laisse refroidir, et par le col m, que l'on débouche un instant, on fait glisser dans la cornue un très petit tube de verre, bouché par un bout, dans lequel on a introduit l'azotate à doser, pesé avec précision. Le poids d'acide azotique contenu dans la prise d'essai doit rester fort inférieur à celui qui transformerait en perchlorure la totalité du protochlorure de fer ; il est bon qu'il ne dépasse pas $0^{gr},2$ pour les données précédentes. C'est ainsi que pour l'essai d'un salpêtre, on opérera sur 40 ou 45 centigrammes, pour l'essai d'un azotate de soude sur 35 ou 40 centigrammes, etc. On replace aussitôt le bouchon en m, et on chauffe de nouveau au bain-marie, pendant un quart d'heure. Il est important de chauffer peu en commençant. Plus tard, on termine la réaction en chauffant à feu nu, et en maintenant une ébullition lente mais régulière. La liqueur, devenue foncée au moment de l'addition de l'azotate, par suite de la dissolution du bioxyde d'azote dans le sel de fer, reprend peu à peu une teinte plus claire ; en même temps elle cesse de dégager des composés oxygénés de l'azote. Durant l'ébullition, on évite soigneusement les projections sur les parois de la cornue. La coloration claire étant rétablie, on laisse refroidir, en maintenant le courant de gaz carbonique. Ce dernier élimine constamment l'air de l'appareil ; il empêche l'oxydation et par suite la perchloruration du sel de fer ; il empêche aussi la réoxydation des vapeurs nitreuses en présence de l'eau, avec formation d'acide azotique (§ 568 et § 576). Finalement, on fait plonger le tube rt dans le liquide de la cornue, afin que le gaz inerte chasse de ce liquide qu'il traverse les dernières traces de bioxyde d'azote ; celui-ci, en réduisant le permanganate, fausserait l'analyse.

Il ne reste plus qu'à doser le fer perchloruré.

On dilue avec de l'eau distillée, bouillie et refroidie, le contenu de la cornue, on le verse, sans en perdre la moindre trace, dans une carafe jaugée de 250 centimètres cubes, on rince la cornue à plusieurs reprises avec de l'eau distillée, privée d'air par l'ébullition et refroidie, et on réunit les liqueurs de lavage à la solution ; enfin, on complète 250 centimètres cubes de liquide avec de l'eau privée d'air par ébullition et refroidie, on tient le vase bouché et on agite. On prend 50 centimètres cubes du mélange, au moyen d'une pipette jaugée, on les introduit dans un vase à réaction (fig. 92 D, § 151), on ajoute de l'eau distillée, bouillie et refroidie, jusqu'à compléter un demi-litre environ et on y verse, en se servant d'une burette graduée, une solution titrée de permanganate de potasse. On agite constamment. Tout d'abord, le permanganate se décolore immédiatement ; il se réduit au contact du protochlorure de fer, et perchlorure celui-ci en présence de l'acide chlorhydrique en excès. Lorsque la réaction est terminée, il cesse de se décolorer. On arrête donc au moment précis où une goutte de permanganate, ajoutée en excès, donne au liquide une couleur rose persistante. On recommence au besoin l'essai sur 50 autres centimètres cubes de solution, de manière à reconnaître avec précision le terme de la réaction, puis on lit sur la burette le volume de permanganate employé : soit n ce volume exprimé en centimètres cubes.

Parfois la coloration de la liqueur est assez intense pour gêner dans l'observation du terme de la réaction : en ajoutant à l'essai 15 ou 20 centimètres cubes d'acide sulfurique, on diminue beaucoup cet inconvénient.

Le titre de la solution de permanganate peut être déterminé par diverses méthodes, qui se trouvent développées plus loin (§ 1692 et suivants). Disons seulement ici que si l'on fait un traitement semblable au précédent, sur $1^{gr},50$ de fer pur, mais sans ajouter d'azotate, on connaîtra le volume N de la solution de permanganate qui décolore 50 centimètres cubes de la liqueur obtenue, soit le protochlorure correspondant à $0^{gr},3$ de fer.

Ce mode d'analyse étant basé sur un dosage de fer, les observations faites ailleurs (§ 1679) sur le rôle défavorable de l'acide chlorhydrique dans les dosages du fer par le permanganate, s'appliquent également ici.

1612. Les volumes N et n ayant été mesurés sur $1/5$ des liqueurs totales, $5N$ et $5n$ sont les volumes que l'on aurait employés si l'on avait opéré sur les liqueurs totales elles-mêmes. Dès lors le volume de permanganate, qui correspond au poids de fer perchloruré par l'acide azotique de la prise d'essai, est $5N - 5n$ ou $5 (N - n)$. La proportion $\dfrac{5\,(N-n)}{5N} = \dfrac{f}{1,50}$ donne ce poids de fer f; on a, en effet, $f = \dfrac{5\cdot(N - n)\times 1,50}{5\,N} = \dfrac{(N - n)\,1,50}{N}$. Or, d'après la réaction formulée plus haut, l'acide azotique ($AzHO^6$ ou $Az\Theta^3H = 63$) et le fer (6 Fe ou $3Fe = 168$) réagissent dans le rapport $\dfrac{63}{168}$; le poids x de l'acide azotique contenu dans la prise d'essai sera dès lors donné par la proportion $x : \dfrac{(N - n)\,1,50}{N} :: 63 : 168$, de laquelle on tire $x = \dfrac{(N - n)\,1,50}{N} \times \dfrac{63}{168}$, et par suite $x = \dfrac{(N - n)\,1,50}{N} \times 0,375$. Un simple calcul de proportions transforme ce résultat, qui est relatif au poids d'azotate employé, en une teneur centésimale.

On prend quelquefois un poids d'azotate qui, s'il était pur, serait capable de perchlorurer la totalité du fer ; le calcul est alors des plus simples et se réduit à une proportion. Cette manière de faire n'est pas correcte, M. Frésénius ayant montré que le chlorure ferreux doit rester en grand excès dans la liqueur pour assurer la réduction de la totalité de l'acide azotique.

1613. 2°. *Procédé de Schulze.* — Il est fondé sur la transformation de l'acide azotique en ammoniaque, au moyen de l'hydrogène naissant, agissant en liqueur alcaline, et sur le dosage de cette ammoniaque par un essai alcalimétrique indirect.

L'appareil employé (fig. 339) consiste en un générateur d'hydrogène F, dont le gaz, dégagé lentement et régulièrement, est dirigé par des tubes MN et P dans une cornue tubulée C, de 200 centimètres cubes environ. Celle-ci, dont le col est horizontal, porte par un bouchon percé le tube étroit d'un laveur à 3 boules de Will et Warrentrap W. La cornue est disposée sur un bain-marie.

Dans la cornue C, on introduit 50 centigrammes de l'azotate à essayer, 25 centimètres cubes d'eau, et, après dissolution du sel, un mélange de 5 grammes de limaille de fer et de 10 grammes de limaille de zinc. L'appareil étant disposé comme le représente la figure, on introduit dans le tube à boules W, par son large orifice resté ouvert, 10 centimètres cubes d'acide sulfurique normal, puis, dans la cornue, par sa tubulure momentanément entr'ouverte, 25 centimètres cubes de

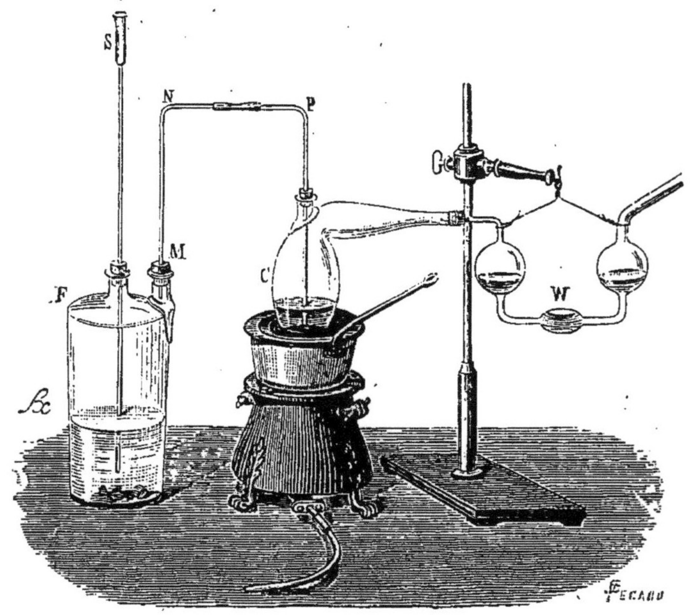

Fig. 339. — Dosage de l'acide azotique (procédé de Schulze).

lessive de soude $(D = 1,332)$. En milieu alcalin, le couple électrique zinc-fer décompose l'eau en donnant de l'oxyde de zinc, qui se dissout dans la soude, et de l'hydrogène, qui change en ammoniaque l'acide azotique de l'azotate :

$$AzHO^6 \quad + \quad 4H^2 \quad = \quad AzH^3 \quad + \quad 3H^2O^2 ;$$

Acide azotique.   Hydrogène.   Ammoniaque.   Eau.

$$Az\Theta^3H \quad + \quad 4H^2 \quad = \quad AzH^3 \quad + \quad 3H^2\Theta.$$

Quand la réaction s'est effectuée spontanément pendant 24 heures, on chauffe doucement la cornue et on fait passer le courant de gaz inerte. Enfin, lorsqu'il ne se fait plus de réaction apparente dans la cornue, on chauffe celle-ci à feu nu, et on distille lentement le tiers de son contenu, en évitant toute projection et sans interrompre le courant gazeux. Celui-ci a pour but d'entraîner la totalité de l'ammoniaque. L'opération terminée, cette dernière s'est rendue dans l'acide sulfurique et l'a neutralisé partiellement ; pour connaître son poids, il reste à doser la quantité d'acide resté libre.

On fait passer dans un vase à réaction (fig. 92 D, § 151) le contenu du tube à boules, et on rince celui-ci à plusieurs reprises avec de l'eau distillée, afin d'entraîner la totalité du produit. On pratique alors, sur les liquides réunis, un dosage alcalimétrique indirect (§ 1602) au moyen d'une solution normale de potasse.

Il arrive souvent que le contenu de la cornue fournit une mousse abondante; on fait tomber celle-ci en ajoutant un peu d'alcool. A cet effet, par un second trou pratiqué au bouchon adapté à la tubulure de la cornue, on fait passer un tube droit, qui plonge inférieurement dans le liquide, et dont la partie supérieure est fermée par un bouchon : quelques centimètres cubes d'alcool, versés par ce tube ouvert momentanément, suffisent pour supprimer la mousse.

On écarte toute conséquence fâcheuse due à la production de la mousse, en même temps qu'on évite tout entraînement de potasse pendant la réaction et pendant la distillation, c'est-à-dire en même temps qu'on évite l'inconvénient le plus grave que présente le procédé de Schulze, en interposant entre la cornue et le tube à boules, un petit matras disposé en laveur et contenant un peu d'eau distillée ; les gaz et vapeurs se lavent dans le liquide de ce matras, avant de parvenir à la liqueur titrée. Pour éviter que l'ammoniaque séjourne dans le liquide du matras, on maintient ce liquide en ébullition pendant la durée de la distillation.

La limaille de fer, en se rouillant, se charge d'ammoniaque; on évite toute erreur de ce fait en portant préalablement au rouge, dans un creuset fermé, la limaille à employer. Les parties superficielles sont seules oxydées par l'air qui pénètre dans le creuset; on les écarte.

Enfin le courant gazeux peut être remplacé par une simple aspiration d'air, effectuée au moyen d'une trompe agissant sur l'orifice large du tube à boules.

1614. Soit n centimètres cubes le volume de la solution normale de potasse qu'il a fallu ajouter pour obtenir la saturation ; $10 - n$ est donc le volume d'acide normal saturé par l'ammoniaque ; $\frac{10 - n}{1000}$ est dès lors la fraction d'équivalent d'acide saturée par cette ammoniaque, et par suite la fraction d'équivalent d'acide azotique, qui a fourni cette ammoniaque. Le poids d'acide azotique ($AzHO^6$ ou $Az\Theta^3H = 63$), contenu dans la prise d'essai de $0^{gr},50$, est donc $\frac{(10 - n)\,63}{1000}$, et celui contenu dans 1 gramme, $\frac{(10 - n)\,63 \times 2}{1000}$.

Le résultat peut être énoncé en considérant la pureté de l'azotate analysé. Soit, par exemple, l'azotate de potasse ($AzKO^6$ ou $Az\Theta^3K = 101$); la quantité de ce corps qui existe dans le produit analysé étant équivalente à celle de l'acide azotique, il suffit de remplacer, dans les formules précédentes, l'équivalent 63 de l'acide par celui du sel 101, pour avoir le poids d'azotate de potasse pur que renferme soit la prise d'essai, soit 1 gramme de la substance.

En employant une liqueur de potasse plus diluée, demi-normale par exemple, on a plus de sensibilité. On modifie alors le calcul en conséquence.

1615. 3° *Procédé de M. Schlœsing.* — On a vu plus haut qu'en liqueur chlorhydrique le protochlorure de fer change l'acide azotique en bioxyde d'azote (§ 1611); Gossart et après lui Pelouze ont utilisé cette réaction pour doser l'acide azotique en déterminant la quantité du sel de fer peroxydé pendant cette transformation. On arrive au même résultat en mesurant le volume du bioxyde d'azote formé. La méthode instituée dans ce but par M. Schlœsing est susceptible d'une grande précision ; sous une forme simplifiée que lui a donnée en outre le même auteur, elle est applicable à de nombreux dosages, aux analyses de nitrates par exemple, en fournissant rapidement des résultats très suffisamment approchés.

Le principe consiste à recueillir le bioxyde d'azote sur la cuve à eau, à mesurer son volume et à comparer ce dernier à celui que fournit dans les mêmes conditions une quantité connue d'une dissolution normale de nitrate pur.

On prépare d'abord une solution normale de nitrate en dissolvant dans l'eau 66 grammes de nitrate de soude ou 80 grammes de nitrate de potasse et complétant 1 litre de liqueur ; le sel sera pur et aura été fondu pour expulser l'humidité.

On se procure ensuite une dissolution de protochlorure de fer ; celle que l'on obtient en plaçant 200 grammes de clous en fer dans un ballon de 2 litres, ajoutant peu à peu de l'acide chlorhydrique, chauffant doucement jusqu'à dissolution du métal, filtrant et complétant le volume de 1 litre, convient parfaitement.

L'appareil dans lequel on opère (fig. 340), se compose d'un ballon B de 200 centimètres cubes, installé sur un appareil de chauffage et fermé par un bon bouchon portant un tube vertical *tt'* et un tube à dégagement. Ce dernier *mno* aboutit sur une cuve à eau et se termine par une branche horizontale *no* d'une certaine longueur (20 à 30 centimètres) ; cette branche étant plongée dans l'eau de la cuve, fait en même temps fonction de réfrigérant et condense en grande partie les vapeurs entraînées. Le tube vertical *tt'* a un très petit diamètre intérieur et est presque capillaire ; il pénètre au fond du ballon et se termine extérieurement par un petit entonnoir *e* auquel il est relié par un caoutchouc ; celui-ci porte entre le tube et l'entonnoir une pince de Mohr *p* (fig. 19, § 45) permettant de fermer ou d'ouvrir.

Après avoir introduit dans le ballon 50 centimètres cubes de la solution concentrée de protochlorure de fer et un égal volume d'eau, on verse dans l'entonnoir de l'acide chlorhydrique, qu'on laisse écouler dans le ballon jusqu'à ce que le tube capillaire en soit rempli : on ferme aussitôt la pince avant que la totalité de l'acide ait quitté l'entonnoir. On porte le contenu du ballon à l'ébullition. Les vapeurs émises chassent l'air par le tube à dégagement et, si l'ébullition est vive, les vapeurs dégagées ne tardent pas à ne plus entraîner de bulles gazeuses : l'appareil est purgé d'air. On verse alors dans l'entonnoir 5 centimètres cubes de liqueur normale de nitrate, et en faisant jouer la pince on fait pénétrer peu à peu ce liquide dans le ballon, en refermant avant que l'entonnoir soit complètement vidé. En opérant de même, on lave à 2 reprises l'entonnoir et le tube, par 10 centimètres cubes d'acide chlorhydrique, en faisant écouler l'acide sur toute la paroi de l'entonnoir. La capillarité

du tube rend ces opérations faciles, elle permet d'éviter tout entraînement d'air ; en outre elle rend lente l'arrivée du liquide froid dans le
liquide bouillant, ce qui empêche d'arrêter l'ébullition ; or cet arrêt
donnerait lieu à une absorption. Le gaz sortant de l'appareil est recueilli
sur la cuve à eau, dans une cloche graduée E de 100 centimètres cubes.
L'opération est terminée lorsque la vapeur dégagée n'entraîne plus de
gaz. On enlève aussitôt la cloche et on recommence une nouvelle opé-

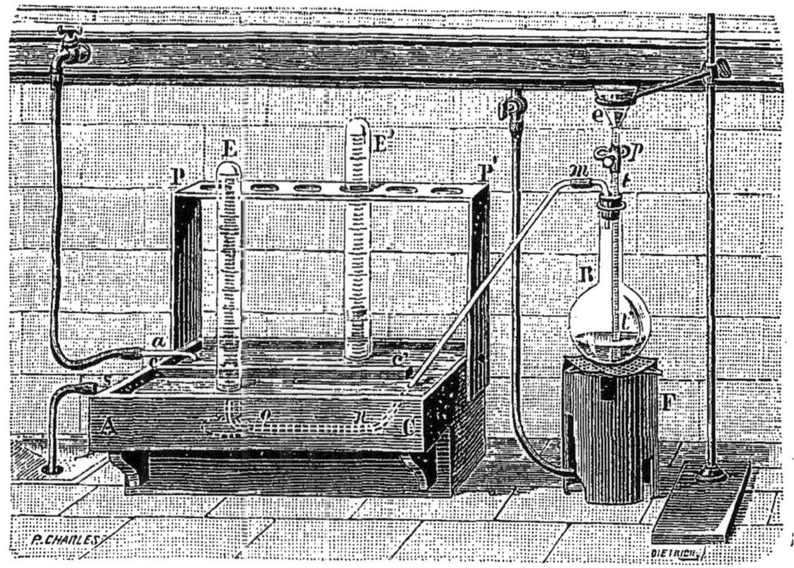

Fig. 340. — Dosage de l'acide azotique (procédé de M. Schlœsing).

ration avec le même réactif, sans interrompre l'ébullition, en procédant
pour le corps à analyser comme on l'a fait avec la solution normale de
nitrate.

S'il s'agit d'un nitrate de potasse à essayer, on en pèse 8 grammes
(6^{gr},6 s'il s'agit d'un nitrate de soude), on dissout ce poids de sel dans
l'eau et on complète 100 centimètres cubes. On mesure 5 centimètres
cubes de la dissolution obtenue et on répète sur eux l'opération effectuée
d'abord avec la liqueur normale.

Plaçant enfin dans le voisinage l'une de l'autre, sur la cuve à eau, la
cloche contenant le bioxyde d'azote de la liqueur normale et la cloche
contenant le gaz provenant du sel à analyser, on enfonce chacune
d'elles de manière à faire coïncider les niveaux de l'eau à l'extérieur et
à l'intérieur ; les circonstances de température et de pression se trouvant
alors identiques pour toutes deux, on lit sur la graduation les volumes oc-
cupés par les deux gaz. Soient V et V′ ces volumes ; la proportion $\frac{V}{V'} = \frac{100}{x}$ permettra de calculer x, c'est-à-dire la richesse centésimale du nitrate ana-
lysé en nitrate pur ; on aura $x = \frac{100\ V'}{V}$. Cette simplicité dans le calcul

résulte de ce que l'on a opéré dans les deux cas sur des liqueurs de même concentration.

Comme il y a avantage, au point de vue de l'exactitude, à comparer des volumes gazeux peu différents l'un de l'autre, lorsqu'on analyse un produit très pauvre, et qu'une première expérience a fait recueillir un faible volume de bioxyde d'azote, il est bon de répéter l'essai en augmentant le volume de la liqueur de nitrate à essayer, dans une proportion propre à rétablir grossièrement l'égalité des volumes gazeux. En pareil cas, on tient compte dans le calcul de la modification ainsi apportée au poids de la prise d'essai.

Avec les quantités de sel ferreux indiquées plus haut, on peut faire successivement 5 ou 6 dosages, sans interrompre l'ébullition ; il faut cependant avoir soin de remplacer l'acide chlorhydrique distillé, en maintenant sensiblement constant le niveau du liquide dans le ballon.

Pendant toute la durée des expériences, l'acide chlorhydrique qui distille passe dans l'eau de la cuve ; si aucune précaution n'était prise pour l'éliminer, le contact du liquide de la cuve ne tarderait pas à devenir insupportable pour les mains de l'opérateur. D'ailleurs, la vapeur qui se condense échauffe beaucoup le liquide et tend ainsi à rendre moins facile et moins exact le mesurage des gaz. M. Schlœsing évite ces inconvénients en se servant d'une petite cuve à eau spéciale AC, construite en bois doublé de plomb, dans laquelle un courant d'eau continu renouvelle sans cesse le liquide ; l'eau arrive en a, circule autour d'une cloison médiane cc' et s'échappe en s. Le fond de la cuve est en outre disposé en gradins, afin de permettre de placer les cloches graduées à des hauteurs différentes, en faisant coïncider les niveaux du liquide à l'intérieur et à l'extérieur. Une planchette PP', percée de trous et adaptée à la cuve, sert à maintenir les cloches, en engageant leurs extrémités supérieures dans ces trous.

1616. DOSAGE DE PETITES QUANTITÉS D'ACIDE AZOTIQUE. — Lorsqu'il s'agit de doser des poids très faibles d'acide azotique, ainsi que cela se présente dans l'analyse des eaux, par exemple, le procédé suivant donne d'excellents résultats (Boussingault). Il est basé sur ce fait que, si l'on chauffe avec de l'acide azotique une solution d'indigo chargée d'acide chlorhydrique, l'indigo est décoloré en quantité proportionnelle à celle de l'acide azotique en présence, l'acide azotique réagissant sur l'acide chlorhydrique pour donner du chlore libre.

On se sert ordinairement d'indigo préalablement épuisé par l'eau à 40°, puis par l'acide chlorhydrique étendu de son volume d'eau, et enfin par l'éther. Il est préférable de prendre de l'indigotine pure. On en pèse 5 grammes, on les pulvérise, et on les mélange avec 60 centimètres cubes d'acide sulfurique de Nordhausen. En ajoutant 20 gouttes de la solution sulfurique d'indigo ainsi obtenue, à 100 centimètres cubes d'eau distillée, on a la *liqueur normale d'indigo*. Le carmin d'indigo dissous dans l'eau convient également.

Pour titrer la liqueur d'indigo, on se sert d'une solution d'azotate de potasse, contenant exactement $0^{gr},5$ de sel *pur et sec* par litre, soit $0^{gr},0005$ par centimètre cube. On mesure à la pipette jaugée 2 centimètres cubes de cette solution d'azotate, et on les porte à l'ébullition dans un tube à essais ; on ajoute 1/2 centimètre cube d'acide chlorhydrique pur, bien exempt surtout de chlore libre ou de produits nitreux, puis, avec une burette et goutte à goutte, la solution normale d'indigo. Tout d'abord la coloration bleue disparaît rapidement ; lorsqu'elle commence à persister, on concentre le liquide par ébullition, et elle disparaît de nouveau ; on continue à ajouter de l'indigo, en remplaçant de temps en temps l'acide chlorhydrique qui s'évapore. On s'arrête au moment où une coloration vert émeraude, qui dénonce une réaction partielle, persiste même après ébullition et après addition d'acide chlorhydrique. C'est ce phénomène de coloration que l'on prend comme indicateur du terme de la réaction. Soit N le volume de la liqueur normale d'indigo décolorée.

On opère les dosages de la même manière. On mesure exactement un volume de la liqueur à analyser, 35 centimètres cubes d'eau par exemple, on le place dans un petit ballon, on ajoute de l'acide chlorhydrique, on chauffe, puis, avec une burette, on verse de la liqueur d'indigo, le tout sans s'écarter des conditions rapportées plus haut. Soit N' le volume de la liqueur normale d'indigo décolorée.

N centimètres cubes de liqueur normale d'indigo sont décolorés par l'acide de $0^{gr},001$ d'azotate de potasse (AzO^5,KO ou $Az\theta^3K = 101$), soit par $0^{gr},000535$ d'acide supposé anhydre (AzO^5 ou $1/2\,Az^2\theta^5 = 54$) : on a en effet $\frac{x}{0,001} = \frac{54}{101}$, et par suite $x = \frac{54 \times 0,001}{101} = 0^{gr},000535$. Dès lors, 1 centimètre cube de la liqueur d'indigo correspond à $\frac{0,000535}{N}$ d'acide, et par suite $\frac{0,000535\,N'}{N}$ est le poids d'acide supposé anhydre contenu dans la prise d'essai.

Quand il s'agit de liquides très pauvres, on peut, en opérant sur un volume plus considérable, les additionner préalablement d'une faible quantité de potasse pure, pour éviter toute volatilisation de l'acide, les concentrer, et faire le dosage sur le résidu de l'évaporation.

La présence des matières organiques oxydables par l'acide azotique influe sur le résultat.

II. — AMMONIAQUE.

1617. AMMONIAQUE LIBRE. — Dans l'*ammoniaque du commerce*, on dose l'ammoniaque, grossièrement mais rapidement, en prenant la densité de la liqueur à l'aide d'un densimètre, et en cherchant dans la table la teneur qui correspond à la densité trouvée (§ 592).

Lorsqu'on veut plus de précision, on dose l'ammoniaque par un essai alcalimétrique, en prenant quelques précautions exigées par sa volatilité. Avec une pipette jaugée, on mesure 50 centimètres cubes de l'ammoniaque à essayer, on les introduit dans une carafe jaugée de 1/2 litre, que l'on remplit ensuite jusqu'au trait avec de l'eau. Après agitation, on garnit une burette graduée de cette solution, et on détermine le volume qu'il en faut employer pour saturer 10 centimètres cubes d'acide sulfurique normal, placés dans un vase à réaction et colorés par du tournesol (§ 1604). Soit n le nombre de centimètres cubes nécessaires pour faire passer du rouge au bleu la matière colorante. Le volume d'acide saturé (1/100 de litre) contenant 1/100 d'équivalent d'acide, les n centimètres cubes de liqueur ammoniacale qui le saturent contiennent 1/100 d'équivalent d'ammoniaque (AzH^3 ou $AzH^3 = 17$), ou $0^{gr},17$ d'ammoniaque. Appelant p le poids d'ammoniaque contenu dans les 50 centimètres cubes de la prise d'essai et par suite dans les 500 centimètres cubes de la dilution, on a la proportion $\dfrac{n}{0,17} = \dfrac{500}{p}$, ce qui donne $p = \dfrac{500 \times 0,17}{n}$. Ceci correspond à une prise d'essai de 50 centimètres cubes ; en doublant le résultat, on a le poids d'ammoniaque renfermé dans 100 centimètres cubes.

Pour avoir la teneur pondérale en ammoniaque, on pèse la prise d'essai dans un vase taré et bouché, puis on opère sur elle comme on vient de l'indiquer pour la prise d'essai mesurée.

1618. Ammoniaque dans les sels ammoniacaux. — 1° *Méthode de M. Schlœsing.* — Sur une assiette, on dépose un petit cristallisoir V (fig. 341), choisi un peu lourd, pour qu'il ne flotte pas sur le mercure dont on garnit le fond de l'assiette ; il est même avantageux de fixer le cristallisoir à l'assiette par de la cire. On y introduit un volume déterminé d'acide sulfurique titré et on suspend sur ses bords, au moyen d'un triangle de verre, une petite capsule de porcelaine K, dans laquelle on a placé une prise d'essai exactement pesée du sel à analyser. Cette prise d'essai ne doit pas contenir assez d'ammoniaque pour saturer la totalité de l'acide titré. Sur le mercure et à côté du cristallisoir, on dépose une bandelette de papier de tournesol rouge, puis on recouvre le tout d'une cloche à douille C ; les bords de celle-ci plongeant dans le mercure de l'assiette, la fermeture inférieure est hermétique. La douille B est elle-même exactement fermée par un bouchon de caoutchouc percé de deux trous :

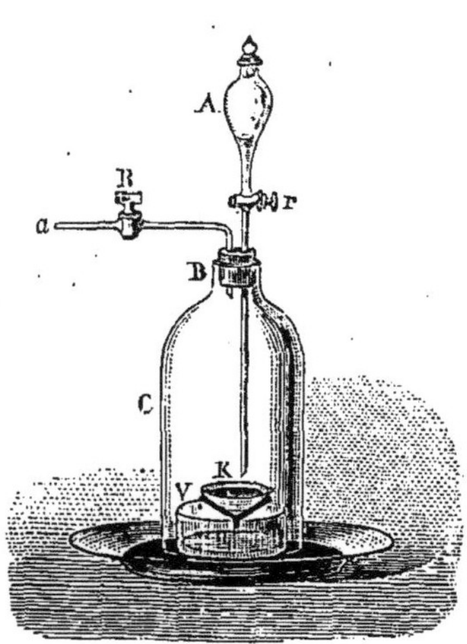

Fig. 341. — Dosage de l'ammoniaque.

l'un de ces trous est traversé par une ampoule à robinet A, dont l'orifice inférieur arrive immédiatement au-dessus de la capsule contenant la prise d'essai ; l'autre porte un tube coudé muni d'un robinet R. Les choses étant ainsi disposées, on ouvre le robinet R, on aspire doucement en a, de manière à surélever un peu le niveau du mercure dans la cloche, et on ferme aussitôt. On verse dans l'ampoule A de la lessive de potasse caustique con-

centrée; par le robinet r, on laisse écouler sur la prise d'essai un excès de·
cette lessive et on referme r. L'ammoniaque mise en liberté se répand en
vapeurs dans la cloche, bleuit le papier de tournesol et est absorbée lentement
par l'acide : la diminution de pression, produite dans la cloche par l'aspiration,
empêche que le gaz dégagé puisse s'échapper partiellement. On abandonne
l'expérience à elle-même pendant vingt-quatre heures, ou plus exactement
jusqu'à ce que le papier de tournesol bleu soit redevenu rouge : toute l'ammoniaque est alors absorbée par l'acide et un titrage de celui-ci permet de
reconnaître la quantité d'ammoniaque qu'il a fixée. Cette quantité est précisément celle que contenait la prise d'essai. L'analyse se réduit donc à un·
dosage alcalimétrique indirect (§ 1602).

1619. 2° *Précipitation à l'état de chloroplatinate d'ammoniaque.* — Si l'acide
du sel ammoniacal est volatil, on mélange une prise d'essai de ce sel avec de
l'eau additionnée d'acide chlorhydrique, dans une capsule de porcelaine, et
on évapore à sec, en chauffant au bain-marie. On reprend le résidu par un
peu d'eau et on y verse une solution concentrée de chlorure de platine, en
ayant soin que ce sel soit employé en excès. On évapore de nouveau au bain-
marie, jusqu'en consistance sirupeuse, on ajoute au résidu 5 ou 6 fois son volume d'alcool à 80 centièmes, et on laisse reposer pendant une demi-heure. Le
chloroplatinate d'ammoniaque, tout à fait insoluble dans l'alcool, se sépare
sous la forme d'une poudre cristalline jaune. On verse le tout sur un petit
filtre sans plis (§ 344 et mieux § 353), préalablement séché à l'étuve à 110°,
enfermé dans un petit tube bouché, et pesé. On lave la capsule avec de l'alcool
placé dans une fiole à laver, et on rassemble la totalité du chloroplatinate
sur le filtre. On lave finalement le précipité à l'alcool (§ 361). On transporte
le filtre égoutté dans une étuve chauffée à 110°, et on le pèse après dessiccation complète. Le lavage par aspiration sur le cône de platine (§ 353), ou même
sur un tampon d'amiante que l'on a taré avec l'entonnoir qui le porte, doit être
fortement recommandé : l'insolubilité dans l'alcool du chloroplatinate n'étant
pas absolue, ce mode opératoire permet de réduire à son minimum la quantité de liquide indispensable au lavage.

En retranchant du poids trouvé la tare du filtre, on a celui du chloroplatinate d'ammoniaque. Ce dernier poids p, multiplié par le facteur constant
0,0761, donne le poids x d'ammoniaque contenu dans la prise d'essai. Le chloroplatinate d'ammoniaque (PtCl². AzH⁴Cl ou *1/2* [*PtCl⁴,2AzH⁴Cl*] = 223,5) contenant 17 d'ammoniaque (AzH³ ou *AzH³* = 17), on a, en effet, $\frac{x}{p} = \frac{17}{223,5}$,
d'où $x = p \frac{17}{223,5}$, c'est-à-dire $x = p \times 0,0761$.

Comme contrôle, on incinère le filtre dans un creuset de platine taré
(§ 201 et suivants), on ajoute le chloroplatinate et on porte doucement le
creuset jusqu'au rouge. Le chloroplatinate d'ammoniaque se détruit et donne
un résidu de platine. Le poids p' de ce dernier, obtenu après diminution du
poids des cendres du filtre, étant multiplié par le facteur constant 0,1717,
donne le poids d'ammoniaque cherché x. Le chloroplatinate contient, en effet,
99 de platine (Pt ou *Pt = 1/2* 99) pour 17 d'ammoniaque (AzH³ ou *AzH³* = 17);
on a donc $\frac{x}{p'} = \frac{17}{99}$, d'où $x = p' \frac{17}{99}$, et $x = p' \times 0,1717$. Le résultat devrait être
identique à celui déduit de la pesée directe du chloroplatinate; le plus sou-
vent il est *très légèrement* inférieur.

Quand l'acide du sel analysé n'est pas volatil, on dissout la prise d'essai dans très peu d'eau, on ajoute de l'acide chlorhydrique, puis du chlorure de platine en excès, et on verse dans le mélange, qui doit être aussi peu dilué que possible, plusieurs fois son volume d'alcool fort. Après vingt-quatre heures, on recueille et on lave le précipité à l'alcool. On termine comme il vient d'être dit.

Le procédé n'est pas applicable sans modification en présence des sels de potasse.

1620. 3° *Dosage par distillation.* — Cette méthode a été employée d'abord par Bineau et par Boussingault; elle a reçu de M. Schlœsing

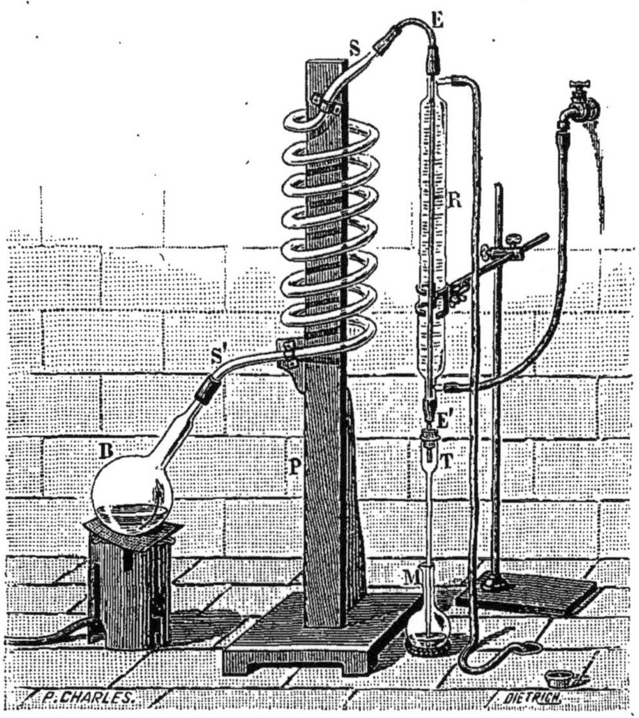

Fig. 342. — Dosage de l'ammoniaque par distillation.

des perfectionnements qui l'ont rendue l'une des plus précises et des plus avantageuses à pratiquer. Elle est fondée sur ce fait que, parmi les composés minéraux, l'ammoniaque est le seul alcali volatil qu'on puisse rencontrer; elle peut dès lors être isolée par distillation, puis dosée au moyen d'un acide titré. Ce procédé, très général, est particulièrement avantageux quand on se propose de doser de faibles quantités d'ammoniaque. Applicable aux sels ammoniacaux, il est également recommandable pour le dosage des petites quantités d'ammoniaque que l'on rencontre dans les eaux naturelles ou dans d'autres liquides analogues.

L'appareil (fig. 342) se compose d'un ballon B, de 1500 centimètres cubes environ, dont le col, étiré et bordé à la lampe, se relie par un joint de caoutchouc à un serpentin de verre S S'; ce ballon est installé sur un fourneau à gaz. Le serpentin, disposé à reflux par rapport au ballon, est en verre mince et un peu large ; il est refroidi par l'air atmosphérique ; il se relie, à sa partie supérieure et au moyen d'un caoutchouc, à un tube en étain pur E E', coudé en siphon, dont la longue branche verticale est le tube central d'un réfrigérant de Liebig R. L'orifice inférieur du tube d'étain est relié par un bouchon percé à la partie large d'un tube à entonnoir T, de 20 ou 25 centimètres de longueur, aboutissant dans un petit matras M.

On introduit dans le ballon 300 centimètres cubes d'eau et 2 ou 3 grammes de magnésie calcinée récemment ou même une quantité égale de chaux vive. On y laisse tomber la prise d'essai et on adapte aussitôt le caoutchouc qui relie le ballon A au serpentin. On introduit dans le matras M un volume mesuré d'acide sulfurique titré, en prenant de ce réactif une quantité suffisante pour saturer la totalité de l'ammoniaque susceptible d'être volatisée, puis on ajoute quelques gouttes de teinture de tournesol. On chauffe le ballon de manière à produire une ébullition régulière. La plus grande partie de la vapeur d'eau se condense dans le serpentin et le liquide rétrograde vers le ballon, mais la petite proportion de cette vapeur qui arrive en R entraîne avec elle le gaz ammoniac formé dans le ballon. L'eau condensée en R dissout ce gaz ammoniac et l'entraîne vers le matras M, où la saturation s'effectue aussitôt. La séparation se réalise ainsi assez exactement pour que le passage dans le matras de 20 ou 30 centimètres cubes d'eau suffise pour éliminer la totalité de l'ammoniaque. On procède enfin au dosage alcalimétrique indirect du contenu du matras (§ 1602).

Pour donner de bons résultats cette méthode exige quelques précautions qu'il est utile de résumer ici :

Le serpentin doit avoir 12 millimètres de diamètre intérieur au minimum ; il importe en effet que les courants contraires de la vapeur ascendante et du liquide descendant y puissent coexister. Le tube d'étain doit lui-même être élargi au point où il se réunit au serpentin, afin d'éviter tout entraînement vers R du liquide condensé au contact du verre chaud ; cette disposition, comme d'ailleurs l'emploi d'un tube en étain, a pour but d'éliminer toute erreur provenant des alcalis que le verre abandonne à l'eau vers 100°.

L'ébullition doit être réglée de telle façon que le tube d'étain ne laisse écouler qu'une goutte de liquide par 5 ou 6 secondes. Cette régularité n'est obtenue que si le serpentin est abrité des courants d'air susceptibles de modifier brusquement son fonctionnement ; d'ailleurs un refroidissement brusque du serpentin pourrait causer une absorption en M, accident dont on restreint les inconvénients en faisant plonger fort peu le tube à entonnoir dans la liqueur acide.

Il convient que les prises d'essai fournissent de 40 à 50 milligrammes d'ammoniaque. Des poids supérieurs doivent être évités, la quantité d'eau condensée en R au moment où commence l'expérience pouvant être insuffisante pour dissoudre le gaz ammoniac dégagé, et l'absorption de ce gaz par la liqueur acide pouvant alors se faire rapidement et déterminer une absorption. Il est à peine utile d'ajouter que le tournesol du matras M doit toujours indiquer l'acidité du contenu; autrement, si les changements de coloration effectués au point d'écoulement indiquaient une tendance du liquide à devenir alcalin, il faudrait ajouter immédiatement en M de l'acide titré en quantité mesurée. Avant de procéder au dosage alcalimétrique indirect final, on enlève le tube à entonnoir en le lavant au-dessus du matras avec de l'eau distillée.

Quand, au lieu d'opérer sur un sel ammoniacal ou un composé analogue, on recherche la quantité d'ammoniaque contenue dans une eau naturelle, on doit agir sur des volumes de liquide considérables à cause de la faible teneur en ammoniaque du corps analysé ; on peut opérer alors dans un grand ballon, sur 5 ou 10 litres d'eau. Dans ce cas la présence de l'acide carbonique peut présenter des inconvénients en faussant les indications du tournesol lors du dosage final. On écarte cette difficulté en acidulant le liquide dans le ballon A par de l'acide sulfurique et faisant bouillir quelques instants pour expulser le gaz carbonique; on laisse ensuite refroidir, on ajoute la magnésie en quantité suffisante pour saturer tout l'acide employé et de plus pour mettre l'ammoniaque en liberté, puis on procède comme il a été dit plus haut.

C. — Soufre.

I. — ACIDE HYPOSULFUREUX.

1621. Titrage d'un hyposulfite. — L'iode détruit les hyposulfites, en formant un iodure et un tétrathionate (Fordos et Gélis) :

$$2S^2NaO^3 \quad + \quad I \quad = \quad NaI \quad + \quad S^4NaO^6;$$

Hyposulfite de soude.	Iode.	Iodure de sodium.	Tétrathionate de soude.

$$S^2\Theta^3Na^2 \quad + \quad I \quad = \quad NaI \quad + \quad S^2\Theta^3Na.$$

La réaction est à peu près instantanée et se fait à froid ; la présence d'un excès d'iode est décelée avec sensibilité par la formation de l'iodure d'amidon bleu.

On emploie une liqueur titrée d'iode, contenant 10 grammes d'iode pur et sec par litre (§ 697). On pèse exactement ce poids d'iode dans un petit tube bouché. On vide le tube dans une carafe jaugée de 1 litre, on le lave à plusieurs reprises avec quelques centimètres cubes d'eau additionnée de 15 grammes d'iodure de potassium exempt d'iodate, qui dissout l'iode, puis avec de l'eau pure, en réunissant avec soin tous les liquides dans le vase jaugé. On complète avec de l'eau le volume exact de 1 litre, et on agite. La liqueur ne peut être conservée, même dans un flacon bien bouché et à l'obscurité, que pendant un temps limité.

On pèse une prise d'essai de l'hyposulfite à essayer, soit 30 ou 40 centigrammes, on la place dans un vase à réaction, on la dissout dans un peu d'eau, et on ajoute quelques gouttes d'eau amidonnée. Si l'hyposulfite à doser est en dissolution, on prélève, avec une pipette jaugée, un volume déterminé de celle-ci, et on l'additionne de même d'eau amidonnée. On garnit une burette graduée de la liqueur titrée d'iode, et on laisse tomber goutte à goutte cette dernière dans le vase à réaction, que l'on agite constamment. Lorsque la tache bleue, que forme chaque goutte du réactif en arrivant dans le mélange, s'étend de plus en plus avant de disparaître par l'agitation, on verse le liquide avec lenteur. Quand une seule goutte ajoutée en plus donne une teinte bleue persistante, on lit le volume N de la liqueur employée.

Supposons que le dosage ait porté sur l'hyposulfite de soude. Ce sel, cristallisant avec de l'eau, le poids sous lequel il réagit sur 127 d'iode est 248 $[2(S^2NaO^3 + 5HO)$ ou $S^2O^3Na^2 + 5H^2O = 248]$, d'après la formule rapportée ci-dessus. Chaque centimètre cube de liqueur titrée, contenant $0^{gr},01$ d'iode, détruit $h = 0^{gr},01953$ d'hyposulfite de soude cristallisé, car on a la proportion $\frac{248}{127} = \frac{h}{0,01}$, de laquelle on tire $h = \frac{248 \times 0,01}{127} = 0^{gr},01953$. Le poids d'hyposulfite à 5 équivalents d'eau contenu dans la prise d'essai est donc N $\times$ 0,01953. Il ne reste plus qu'à traduire le résultat en centièmes par une simple proportion. Suivant la nature du sel analysé ou la forme que l'on veut donner au résultat, on substitue dans les calculs un poids correspondant de tout autre hyposulfite, ou même d'acide hyposulfureux (2 S^2HO^3 ou $S^2O^3H^2 = 114$), à celui de l'hyposulfite de soude.

Quand il s'agit de doser les faibles quantités d'hyposulfite existant dans les eaux minérales, il est nécessaire d'augmenter la dilution de la liqueur d'iode.

Il est indispensable d'opérer à froid ; à chaud, la réaction cesse d'être exactement conforme à la formule donnée ci-dessus.

II. — ACIDE SULFUREUX.

1622. DOSAGE DE L'ACIDE LIBRE. — L'iode, en présence de l'eau, change l'acide sulfureux en acide sulfurique, et passe lui-même à l'état d'acide iodhydrique (M. Bunsen) :

$$S^2H^2O^6 \quad + \quad 2I \quad + \quad H^2O^2 \quad = \quad S^2H^2O^8 \quad + \quad 2HI;$$

Acide sulfureux.　　　Iode.　　　Eau.　　　Acide sulfurique.　Ac. iodhydrique.

$$S O^3 H^2 \quad + \quad 2I \quad + \quad H^2O \quad = \quad S O^4 H^2 \quad + \quad 2HI.$$

La réaction ne s'effectue conformément à cette formule, que si l'on verse peu à peu l'acide sulfureux dans la solution d'iode prise en excès. On dose ensuite cet excès au moyen d'une liqueur titrée d'hyposulfite de soude, avec l'iodure d'amidon comme indicateur.

On se sert de la liqueur titrée d'iode indiquée plus haut (§ 1621), et contenant $0^{gr},01$ d'iode par centimètre cube. On se sert aussi d'une dissolution d'hyposulfite de soude, contenant environ 24^{gr},80 ($\frac{2}{10}$ d'équivalent) de sel cristallisé par litre, mais pour laquelle on a déterminé exactement le volume H correspondant à 1 centimètre cube de la liqueur d'iode (§ 1621).

Avec de l'eau distillée bouillie et refroidie en vase clos, c'est-à-dire bien purgée d'air, on dilue d'abord la solution d'acide sulfureux à doser, de telle manière qu'elle ne contienne pas plus de 1/2 millième de son poids d'acide; à cet effet, on en prélève un certain volume, avec lequel on complète exactement 1 litre ou 1/2 litre de dilution. On opère ensuite sur cette dernière.

Dans N centimètres cubes de liqueur titrée d'iode, mesurés à la pipette jaugée et placés dans un vase à réaction, on verse peu à peu un volume déterminé V de la dilution d'acide sulfureux, en ayant soin que le volume du second liquide soit insuffisant pour réagir sur la totalité de l'iode : le mélange additionné d'eau amidonnée doit donc rester bleu. Avec une burette graduée, on verse alors, dans la liqueur bleue de l'hyposulfite de soude titré, jusqu'à ce qu'une seule goutte ajoutée en plus la décolore, soit L centimètres cubes. En retirant de N le nombre de centimètres cubes de la liqueur d'iode qui correspondent au volume L d'hyposulfite employé, soit $\frac{L}{H}$, la différence $N - \frac{L}{H}$ est évidemment le volume de cette même liqueur d'iode, qui contient un poids d'iode équivalent à celui de l'acide sulfureux des V centimètres cubes de la dilution. D'autre part, 254 d'iode (2 l ou 2 I = 254) réagissant sur une molécule d'acide sulfureux ($S^2H^2O^6$ ou SO^3H^2 = 82), chaque centimètre cube de liqueur d'iode, qui contient 0^{gr},01 d'iode, correspond à $\frac{0,01 \times 82}{254}$ = 0^{gr},003228 d'acide sulfureux.

Le poids d'acide sulfureux hydraté ($S^2H^2O^6$ ou SO^3H^2) contenu dans la prise d'essai V est donc $(N - \frac{L}{H}) \times 0,003228$.

La présence de l'acide chlorhydrique ou de l'acide sulfurique ne gênant pas la réaction, la même méthode est applicable au dosage des sulfites et bisulfites solubles : on dissout préalablement ces sels dans beaucoup d'eau bouillie et refroidie, que l'on additionne ensuite d'acide sulfurique ou chlorhydrique en excès.

III. — ACIDE SULFURIQUE.

1623. Dosage par le densimètre. — L'acide sulfurique libre et concentré peut être dosé, d'une manière approchée, en déterminant sa densité au moyen d'un densimètre, vers 15°, et en cherchant dans la table donnée plus haut (§ 638) la teneur en acide qui correspond à la densité trouvée.

1624. Dosage acidimétrique. — L'acide libre et pur se dose plus exactement par les méthodes acidimétriques ordinaires. Le dosage s'opère bien directement, en laissant tomber dans un volume donné de l'acide à doser, additionné de teinture de tournesol, soit de la potasse titrée, soit de la baryte titrée.

Ainsi qu'il a été dit (§ 1604), le calcul se fait d'après la formule $A = \frac{VPe}{E}$, dans laquelle la valeur de e est 49 quand le résultat est traduit en acide sulfurique, 40 quand il est traduit en anhydride sulfurique, et 16 quand il est traduit en soufre, E étant d'ailleurs l'équivalent de l'alcali employé, et P la teneur en cet alcali de 1 centimètre cube de liqueur alcaline titrée.

La teneur des liqueurs acidimétriques étant souvent établie par le volume d'un acide sulfurique exactement titré qu'elles saturent (§ 1603), le calcul de l'analyse est, dans ce cas, plus simple encore : les volumes d'acide sulfurique titré et d'acide sulfurique à doser, qui saturent un même volume de liqueur alcaline, contiennent, en effet, des poids d'acide égaux entre eux.

Avec les liqueurs alcalines normales, chaque centimètre cube de liqueur normale correspond à 0,049 d'acide sulfurique, à 0,040 d'anhydride sulfurique, et à 0,016 de soufre.

Lorsque l'acide à doser est concentré, on commence par en diluer, jusqu'à un volume déterminé, un poids exactement pesé.

1625. Dosage pondéral a l'état de sulfate de baryte. — La solubilité extrêmement faible du sulfate de baryte dans l'eau permet de doser pondéralement l'acide sulfurique sous forme de sel de baryte, que cet acide soit libre ou qu'il soit à l'état de sulfate. Bien pratiqué, ce dosage peut atteindre une grande précision.

La prise d'essai, contenant de 1 à 2 décigrammes d'acide, est mise en dissolution dans 100 centimètres cubes d'eau environ, et acidulée franchement par l'acide chlorhydrique. On porte la liqueur limpide à l'ébullition, soit dans un matras à fond plat, soit, et mieux encore, dans un vase à précipitations chaudes (fig. 93 B, § 152), et on y fait tomber goutte à goutte une solution de chlorure de baryum, de manière à ne pas interrompre l'ébullition. Dans ces conditions, le sulfate de baryte se sépare cristallin ; il est plus finement pulvérulent et susceptible de traverser les filtres, lorsque la précipitation a lieu à une plus basse température. On continue à verser le réactif aussi longtemps qu'une goutte ajoutée au liquide éclairci par le repos, produit un trouble ; il est important cependant de n'en pas employer un trop grand excès. La précipitation terminée, on laisse déposer le précipité, puis on décante la liqueur claire (§ 323 et § 324) sur un filtre sans plis (§ 344), taillé d'une grandeur déterminée, de façon à connaître le poids de cendres qu'il laisse à l'incinération (§ 360) ; on opère d'ailleurs avec les précautions ordinaires (§ 361 et § 362), en ayant soin d'éviter les pertes et en graissant très légèrement le bord extérieur du vase, au point où s'effectue l'écoulement, afin d'empêcher le liquide de mouiller la paroi extérieure et de s'écouler en la suivant (§ 324). La décantation terminée, on verse dans le vase de l'eau bouillante, on agite avec une baguette de verre, et on laisse déposer de nouveau. La liqueur claire est ensuite décantée sur le même filtre, puis remplacée sur le précipité par de nouvelle eau bouillante, et ainsi de suite. En un mot, on lave le précipité par décantation suivie de filtration (§ 374), jusqu'à ce que la liqueur de lavage qui s'écoule de l'entonnoir cesse de se troubler par l'acide sulfurique dilué. On entraine alors la totalité du précipité sur le filtre, en le détachant du vase par le jet d'une fiole à laver garnie d'eau bouillante, ainsi que par le frottement d'une barbe de plume (§ 362) ou d'une baguette de verre recouverte d'un tube de caoutchouc. Le vase lavé doit présenter finalement une paroi bien limpide ; de l'eau distillée avec laquelle on frotte sa surface intérieure ne doit nullement se troubler.

Le filtre étant égoutté, on le sèche à l'étuve, on le laisse refroidir, on l'incinère et on calcine son contenu. On opère comme il a été dit aux § 201 et suivants, en arrosant les cendres du filtre de quelques gouttes d'acide azotique dilué et pur, mélangé d'acide sulfurique. On transforme ainsi en sulfate le sulfure de baryum, qui peut s'être formé par réduction, sous l'action à chaud de la matière organique du papier. On ajoute ensuite la masse du précipité dans le creuset de platine taré, contenant les cendres du filtre, on calcine au rouge, on laisse refroidir dans un vase à dessécher, et on pèse.

A $116^{gr},5$ de sulfate de baryte ($1/2S^2Ba^2O^8$ ou $1/2SO^4Ba = 116,5$) correspondant un poids d'acide sulfurique égal à 49 grammes ($1/2S^2H^2O^8$ ou $1/2SO^4H^2 = 49$), en multipliant le poids P du sulfate de baryte trouvé, déduction faite des cendres du filtre, par le rapport $\frac{49}{116,5}$, c'est-à-dire par 0,4206, on obtient le poids x de l'acide sulfurique ($S^2H^2O^8$ ou SO^4H^2) contenu dans la prise d'essai, car on a $\frac{40}{116,5} = \frac{x}{P}$, et par suite $x = P \frac{49}{116,5}$. Pour avoir le poids de l'acide calculé en anhydride sulfurique ($1/2S^2O^6$ ou $1/2SO^3 = 40$), il faudrait multiplier de même par le rapport des équivalents $\frac{40}{116,5} = 0,34335$. Enfin, le poids de soufre correspondant serait calculé en multipliant le poids du sulfate de baryte par le rapport $\frac{16}{116,5} = 0,13734$.

1626. Le sulfate de baryte présente l'inconvénient de traverser les filtres dont le papier est un peu lâche, surtout quand ce sel a été précipité dans de mauvaises conditions, à basse température par exemple. L'addition d'un peu de chlorhydrate d'ammoniaque à la liqueur dans laquelle on le produit, diminue cet inconvénient; une seule goutte d'une eau amidonnée très diluée donne le même résultat. Dans ce dernier cas, il est tout à fait indispensable d'arroser le précipité calciné et refroidi de quelques gouttes d'acide azotique dilué, mélangé d'acide sulfurique, et de calciner de nouveau au rouge tant qu'il se dégage des vapeurs blanches; on change ainsi en sulfate les traces de sulfure de baryum, réduites par la matière organique.

Le sulfate de baryte n'est soluble que dans 400000 fois son poids d'eau distillée froide, mais l'eau chargée de certains réactifs peut en dissoudre des quantités un peu plus importantes. L'acide chlorhydrique et l'acide azotique exercent une action dissolvante sensible ; la présence d'un peu d'acide chlorhydrique est, nous l'avons dit, utile, mais un excès doit être évité. Certains sels, le chlorure de magnésium, l'azotate d'ammoniaque et les citrates alcalins sont dans le même cas : ils doivent être écartés.

L'erreur porte beaucoup plus souvent sur la présence dans le sulfate de baryte de certains corps, qu'il entraîne en se précipitant et qu'il n'abandonne plus ensuite aux liqueurs de lavage. Le chlorure de baryum lui-même est ainsi retenu par le précipité; il peut être enlevé quand, le sulfate de baryte étant lavé par décantation, on le traite par l'acide azotique et qu'on le lave de nouveau avant de le recueillir. L'azotate de baryte présente le même inconvénient, mais avec une bien plus grande intensité ; aussi l'usage de ce sel comme précipitant doit-il être absolument évité. Il y a plus, la présence de l'acide azotique dans les liqueurs donne lieu à un entraînement d'azotate de baryte, alors même qu'on précipite par le chlorure ; aussi est-il bon, quand la matière à doser contient des azotates, de détruire préalablement ceux-ci en arrosant la prise d'essai d'acide chlorhydrique, en évaporant à sec et en répétant à plusieurs reprises le même traitement. La présence du peroxyde de fer et celle de l'acide phosphorique faussent aussi les résultats.

Pour toutes ces raisons, il est utile, le dosage étant terminé, de s'assurer que le sulfate de baryte pesé ne contient pas de sels solubles. On le délaye dans l'acide chlorhydrique concentré, on chauffe au bain-marie pendant quelque temps, on ajoute de l'eau, on lave le produit, on le recueille sur un filtre et on le calcine comme la première fois : le poids n'a pas changé si le traitement à l'acide et le lavage n'ont enlevé aucune substance étrangère.

IV. — HYDROGÈNE SULFURÉ.

1627. Hydrogène sulfuré libre. — L'iode détruit l'hydrogène sulfuré en formant de l'acide iodhydrique et du soufre (§ 704) ; on a fondé sur cette réaction un dosage volumétrique de l'hydrogène sulfuré (*sulfhydrométrie* de Dupasquier).

Étant donnée une solution aqueuse d'hydrogène sulfuré, on ne doit opérer directement sur elle que si elle ne contient pas plus de 0,0004 de son poids d'hydrogène sulfuré (M. Bunsen). Dans le cas contraire, la réaction serait incomplète ; il faut dès lors diluer la solution avec de l'eau distillée, préalablement désaérée par l'ébullition et refroidie. Un premier essai ayant indiqué une teneur supérieure à la limite précitée, on doit recommencer le dosage après dilution.

On se sert d'ordinaire d'une solution titrée d'iode à 10 grammes par litre (§ 1621) ; une solution plus étendue de moitié convient mieux pour le dosage de très faibles quantités.

On prend un volume exactement mesuré de la solution à doser, soit 100 centimètres cubes, et on l'introduit dans un matras ou dans un vase à précipiter. On y ajoute quelques gouttes d'eau amidonnée, puis on y verse goutte à goutte, au moyen d'une burette remplie jusqu'au trait supérieur, la liqueur titrée d'iode. On agite constamment. Dès que la totalité de l'hydrogène sulfuré se trouve détruite, une goutte de solution iodée, ajoutée en plus, colore l'amidon en bleu. C'est ce point précis que l'on établit, en répétant, au besoin, les expériences. Il est nécessaire d'opérer rapidement pour éviter l'intervention de l'oxygène de l'air.

Soit N le volume, exprimé en centimètres cubes, de la liqueur d'iode nécessaire pour détruire le poids x d'hydrogène sulfuré contenu dans les 100 centimètres cubes de liqueur traités. La réaction (§ 704) se passe entre 17 d'hydrogène sulfuré ($^1/_2$ H²S² ou $1/2\,H^2S = 17$) et 127 d'iode (I ou $I = 127$). Or, chaque centimètre cube de la liqueur titrée contenant $0^{gr},01$ d'iode, $N \times 0,01$ est le poids de l'iode employé. On a donc la proportion $\frac{x}{N \times 0,01} = \frac{17}{127}$, de laquelle on tire $x = \frac{17(N \times 0,01)}{127} = \frac{N \times 0,17}{127}$, et enfin $x = N \times 0,1338$. En remplaçant 17 par 16 dans le calcul, le résultat serait rapporté au soufre et non plus à l'hydrogène sulfuré; on aurait alors $x = N \times 0,12598$.

La présence de toute substance qui réagit sur l'iode fausse le dosage.

1628. Hydrogène sulfuré des sulfures solubles. — La méthode précédente s'applique également aux sulfures solubles dans l'eau.

Dans ce cas, il n'est plus nécessaire d'opérer sur des liqueurs aussi étendues que lorsqu'il s'agit de l'acide sulfhydrique libre.

Le calcul restant aussi le même, le résultat est traduit en hydrogène sulfuré ou en soufre, ce qui convient particulièrement lorsqu'il s'agit de sulfures mélangés. En remplaçant l'équivalent de l'hydrogène sulfuré par celui du sulfure qu'il s'agit de doser, soit par 39 pour le sulfure de sodium ($1/2$ Na²S² ou $1/2\,Na^2S = 39$) ou par 55 pour le sulfure de potassium ($1/2$ K²S² ou $1/2\,K^2S = 55$), on obtient le résultat rapporté à ces sels supposés anhydres.

1629. Sulfure insoluble dans l'eau. — Le dosage du soufre dans les sulfures insolubles et dans les minéraux sulfurés, tels que la pyrite de fer ou la blende, exige qu'au préalable les éléments composant ces substances soient mis en solution. Le soufre est oxydé, changé en acide sulfurique, et pesé sous forme de sulfate de baryte. La méthode la plus générale est la suivante.

Ou pulvérise *très finement* le sulfure à analyser, et on en pèse une prise d'essai de $0^{gr},50$ environ, ou plus forte si le minerai est pauvre en soufre; on la mélange intimement avec 50 fois son poids d'une poudre faite avec 6 parties de carbonate de soude sec et 1 partie de chlorate de potasse, les sels précités ayant été préalablement reconnus exempts de sulfates. On introduit le tout dans un petit creuset de porcelaine, ou même de platine, en entraînant les particules adhérentes au mortier par un peu de carbonate de soude sec, qu'on verse ensuite dans le creuset. On chauffe doucement d'abord, sur un brûleur de Bunsen, puis on porte peu à peu au rouge, et enfin on maintient pendant quelque temps en fusion tranquille. On laisse refroidir, on traite le contenu du creuset par l'eau bouillante, dans une capsule de porcelaine, jusqu'à désagrégation du produit; on verse ensuite sur un filtre, on traite les parties insolubles, avec le filtre qui les contient, par de l'eau bouillante additionnée d'un peu de carbonate de soude, on filtre et on lave le résidu. Enfin on réunit toutes les liqueurs. Le soufre a été oxydé par le chlorate et changé en sulfate alcalin soluble.

On acidule les liquides par l'acide chlorhydrique, en opérant dans un matras, pour éviter les projections dues au dégagement du gaz carbonique. On évapore à sec, dans une capsule de porcelaine, on arrose le résidu d'acide chlorhydrique, et on évapore de nouveau, afin de chasser l'acide azotique, ce qui exige la répétition de plusieurs traitements semblables. On reprend par l'eau, et dans la liqueur on dose l'acide sulfurique sous forme de sel de baryte, en opérant ainsi qu'il a été dit (§ 1625).

On remplace parfois le mélange de carbonate de soude et de chlorate par un autre formé avec 3 parties de carbonate de soude sec et 4 parties d'azotate de potasse ; on additionne ce dernier mélange d'une quantité de sel marin d'autant plus grande que le sulfure traité est plus facilement décomposable par la chaleur, cette quantité pouvant s'élever jusqu'à 2 fois le poids de la masse.

Avec les procédés d'oxydation précédents, les oxydes métalliques, insolubles dans les liqueurs alcalines, étant éliminés de la liqueur par filtration, ne peuvent fausser le dosage : cela est particulièrement important pour le fer.

1630. La dissolution des minéraux sulfurés dans lesquels on veut doser le soufre, notamment celle des pyrites de fer et de cuivre ou celle des blendes, peut être opérée par voie humide.

Dans un flacon bouché à l'émeri de 120 centimètres cubes, on introduit $0^{gr},50$ de minerai pulvérisé très finement, et 80 centimètres cubes d'eau, puis on y laisse tomber 4 à 5 centimètres cubes de brome pur, et on bouche immédiatement pour éviter toute déperdition de l'hydrogène sulfuré, qui tend à se dégager pendant les premiers moments. Avec les poids de réactifs précédents, la masse s'échauffe à peine. On agite pendant cinq minutes. La réaction est terminée quand tout le brome s'est dissous et quand on n'aperçoit plus la moindre particule de soufre fixée sur les parois du flacon. On verse alors le liquide dans une capsule de porcelaine, en rinçant le flacon avec de l'eau que l'on réunit au produit. Après avoir laissé d'abord le brome en excès se vaporiser à l'air libre, on neutralise la liqueur par l'ammoniaque, presque complètement, mais sans former cependant de précipité permanent, puis on verse le mélange dans un vase à précipitations chaudes, contenant de l'ammoniaque en excès préalablement tiédie : différents oxydes, et en particulier l'oxyde ferrique, sont précipités. On fait digérer pendant quinze à vingt minutes la masse sur un feu doux, puis on filtre et on lave le précipité. On dilue les liqueurs réunies et on y dose l'acide sulfurique à l'état de sulfate de baryte. Afin d'éviter tout entraînement d'éléments étrangers, la dilution doit être poussée jusqu'à 1 litre de liquide environ par gramme de sulfate de baryte à recueillir.

Un point important est d'employer du brome purifié par distillation dans un appareil ne contenant pas de bouchons de caoutchouc vulcanisé au soufre.

On peut encore dissoudre à chaud le sulfure dans une eau régale composée de 1 partie d'acide chlorhydrique très concentré et de 3 parties d'acide azotique fumant, reconnus exempts d'acide sulfurique. Il faut alors chasser l'acide azotique avant de précipiter le sulfate de baryte (§ 1625).

1631. ANALYSE D'UNE EAU MINÉRALE SULFUREUSE. — Une eau minérale sulfureuse peut renfermer le soufre sous plusieurs états. D'ordinaire, au sortir de la source, on y trouve seulement de l'hydrogène sulfuré et des monosulfures, mais par exposition à l'air, ces composés s'oxydent en formant des hyposulfites et des polysulfures (§ 840).

Le soufre, qui est à l'état d'hydrogène sulfuré, se distingue difficilement de celui qui compose les sulfures, mais il n'en est pas de même de celui des hyposulfites, lequel peut être dosé séparément. A cet effet, on mesure 100 centimètres cubes de l'eau à analyser, et on opère sur eux exactement comme il a été dit plus haut pour doser l'hydrogène sulfuré (§ 1627). Toutefois, comme les quantités de soufre à doser sont ici très faibles, il est bon de prendre une solution d'iode *décime* de celle indiquée plus haut (§ 1621), et contenant par conséquent $0^{gr},001$ d'iode par centimètre cube : on l'obtient en mesurant 50 centimètres cubes de la solution ordinaire, à 10 grammes d'iode par litre, et en les diluant jusqu'à 500 centimètres cubes.

Dans ces circonstances, l'iode ne réagit pas seulement sur l'hydrogène sulfuré et les sulfures (§ 1627 et § 1628), il détruit aussi les hyposulfites (§ 1621) ; 1 équivalent d'iode détruit, soit 1 équivalent d'hydrogène sulfuré, de monosulfure ou de polysulfure, soit encore 2 équivalents d'hyposulfite. Le dosage volumétrique accompli ne peut donc résoudre seul le problème.

On prend 150 centimètres cubes environ d'eau sulfureuse, et on les agite avec du sulfate de plomb en excès, dans un flacon fermé qu'ils remplissent presque complètement : le sel de plomb fixe le soufre de l'hydrogène sulfuré et des sulfures, en formant du sulfure de plomb noir et insoluble, mais n'agit pas sur les hyposulfites. Après dix minutes d'agitation, on filtre, on mesure 100 centimètres cubes de la liqueur limpide, et on y dose les hyposulfites au moyen de l'iode (§ 1621).

Soit N le volume de liqueur iodée au millième, qui réagit dans le premier titrage, N' celui qui intervient utilement dans le second ; en appliquant au volume N—N' le calcul indiqué plus haut (§ 1627), on a le poids d'hydrogène sulfuré existant dans 100 centimètres cubes de l'eau analysée, tant à l'état libre qu'à l'état de monosulfure et de polysulfure ; toutefois, on n'oubliera pas de tenir compte ici du titre dix fois plus faible de la liqueur d'iode employée : le résultat sera donné par la formule $(N — N') \times 0,01338$.

D'autre part, chaque centimètre cube de liqueur d'iode correspondant à $0^{gr},001$ d'iode, $N' \times 0,001$ est le poids d'iode qui a détruit l'hyposulfite ; de plus, 1 équivalent ou 1 atome d'iode (1 ou $I = 127$) réagissant sur 2 molécules d'acide hyposulfureux ($2S^2HO^3$ ou $S^2O^3H^2 = 114$), on a la proportion $\dfrac{x}{N' \times 0,001} = \dfrac{114}{127}$, laquelle donne le poids x de l'acide hyposulfureux (S^2HO^3 ou $S^2O^3H^2$) ; on a, en effet, $x = N' \times 0,001 \times \dfrac{114}{127}$, et par suite $x = N' \times 0,001 \times 0,8976 = N' \times 0,0008976$.

Dans l'application de ce mode de dosage rapide, certaines substances, qui existent souvent dans les eaux sulfureuses, réagissent sur l'iode et causent une erreur capable de fausser beaucoup le résultat ; il en est ainsi des carbonates et silicates alcalins. Pour éliminer ces substances, on additionne l'eau à analyser d'un excès de chlorure de baryum, en notant le changement de volume occasionné par l'addition du réactif. Celui-ci forme du carbonate et du silicate de baryte insolubles, en même temps que des chlorures alcalins. Après filtration, on opère comme il vient d'être dit, et on tient compte dans le calcul de la dilution causée par le traitement au sel de baryte.

D. — Chlore.

1632. Acide chlorhydrique libre. — 1° *Dosage par le densimètre.* — Dans les mélanges d'acide chlorhydrique et d'eau, notablement chargés d'acide, la teneur en acide peut être déterminée grossièrement au moyen du densimètre. Une table donnée plus haut (§ 685) fait connaître, en effet, les densités des divers mélanges d'acide chlorhydrique et d'eau.

2° *Dosage acidimétrique.* — Le dosage acidimétrique de l'acide chlorhydrique s'opère sans difficulté particulière, par la méthode générale (§ 1604), en diluant préalablement la liqueur à doser, si elle est trop concentrée. Le calcul se fait d'après la formule ordinaire $A = \frac{VPe}{E}$, dans laquelle la valeur de e est 36,5 quand le résultat est traduit en acide chlorhydrique (HCl ou HCl), et 35,5 quand il est traduit en chlore. Avec les liqueurs acidimétriques normales, chaque centimètre cube de ces dernières correspond à $0^{gr},0365$ d'acide et à $0^{gr},0355$ de chlore.

3° *Dosage volumétrique à l'état de chlorure d'argent.* — Après neutralisation exacte, l'acide chlorhydrique peut être dosé volumétriquement au moyen d'une solution titrée d'azotate d'argent, avec le chromate d'argent comme indicateur. L'acide devant être d'abord neutralisé, cette méthode ne diffère pas de celle qui sera développée plus loin pour le dosage de l'acide chlorhydrique dans un chlorure (§ 1635).

1633. *Dosage pondéral à l'état de chlorure d'argent.* — La prise d'essai étant mise en dissolution dans l'eau distillée et additionnée de quelques gouttes d'acide azotique, on y verse un léger excès de solution d'azotate d'argent, en s'arrêtant lorsque la liqueur, agitée puis éclaircie par le repos, ne se trouble plus par une addition nouvelle de réactif. On opère dans un vase à précipitations chaudes ; la précipitation opérée, on tiédit le mélange au bain-marie, puis on laisse déposer. La présence de l'azotate d'argent en excès facilite la séparation du précipité. On graisse très légèrement le bord extérieur du vase et on décante le liquide sur un filtre sans plis (§ 344 et § 353), fournissant un poids de cendres connu, et en opérant avec toutes les précautions recommandées antérieurement en pareil cas (§ 361 et 324). On verse ensuite de l'eau bouillante sur le précipité laissé dans le vase, on agite avec soin, et, après dépôt, on décante de nouveau le liquide sur le filtre. On continue ainsi à laver le chlorure d'argent par décantation suivie de filtration (§ 374), et, quand les liqueurs de lavage sont neutres au tournesol et ne se troublent plus par l'addition d'une goutte d'acide chlorhydrique, on fait passer la totalité du précipité sur le filtre (§ 362). Enfin, avec le jet d'une fiole à laver dirigé sur le bord du filtre, on réunit au fond de celui-ci la totalité du précipité. On laisse égoutter le filtre, puis on le sèche à l'étuve.

On sépare le précipité du filtre (§ 204) et on incinère à part ce dernier, dans un petit creuset de porcelaine taré; on imbibe ensuite les cendres d'eau régale, pour changer en chlorure l'argent réduit pendant l'incinération, et on calcine de nouveau. On verse le précipité dans le creuset refroidi, en évitant toute déperdition, on l'imbibe de quelques gouttes d'eau régale, qui change en chlorure les traces de sous-chlorure noir formées par l'action de la lumière, on chauffe doucement pour chasser le liquide, puis on chauffe plus fortement jusqu'à ce que la fusion du chlorure d'argent se manifeste au contact des parois du creuset. On ferme alors celui-ci et on le met à refroidir dans un vase à dessécher. Une seconde pesée du creuset donne, par différence, les poids réunis du chlorure d'argent et des cendres du filtre. On soustrait du poids total celui des cendres, et on a enfin le poids P du chlorure d'argent.

Étant donné que 143,5 de chlorure d'argent (AgCl ou $AgCl = 143,5$) correspondent à 36,5 d'acide chlorhydrique (HCl ou $HCl = 36,5$), si on appelle x le poids d'acide chlorhydrique cherché, on a la proportion $\frac{x}{P} = \frac{36,5}{143,5}$; celle-ci donne $x = P\frac{36,5}{143,5}$. La fraction $\frac{36,5}{143,5} = 0,2544$ est un facteur constant; on a donc $x = P \times 0,2544$. Pour rapporter le résultat au chlore (Cl ou $Cl = 35,5$), on aurait de même $y = P\frac{35,5}{143,5}$ ou $y = P \times 0,2474$.

L'insolubilité du chlorure d'argent donne une grande précision à cette méthode. Il faut avoir soin cependant de ne pas chauffer la liqueur avant l'addition du sel d'argent, l'acide chlorhydrique étant volatil et donnant du chlore en présence de l'acide azotique chaud.

Le creuset peut être débarrassé du produit fondu qui y adhère, en déposant sur le chlorure d'argent quelques petites lamelles de zinc, que l'on arrose d'acide sulfurique dilué. L'hydrogène dégagé réduit le chlorure d'argent (§ 1157), et le métal se détache ensuite facilement.

L'emploi de l'eau régale fait écarter ici l'usage du creuset de platine.

1634. CHLORURES. — 1° *Dosage pondéral à l'état de chlorure d'argent.* — La méthode qui vient d'être indiquée (§ 1633) pour le dosage de l'acide libre est également applicable aux chlorures solubles, toutes les fois que ces derniers ne se trouvent en présence d'aucun sel susceptible de précipiter l'azotate d'argent en liqueur acide ou de dissoudre le chlorure d'argent. On met la prise d'essai en dissolution dans l'eau, on acidule la liqueur par un peu d'acide azotique, et on opère ensuite comme dans le cas de l'acide libre.

Le résultat obtenu peut être rapporté au chlorure métallique qui l'a fourni; il suffit pour cela de remplacer dans les formules données plus haut (§ 1633) l'équivalent de l'acide chlorhydrique ou du chlore par celui du chlorure métallique en question.

1635. 2° *Dosage volumétrique.* — Le chlore d'un chlorure se dose volumétriquement au moyen d'une solution titrée d'azotate d'argent, qui forme du chlorure d'argent insoluble ; le terme de la réaction est reconnu au moyen du chromate de potasse, lequel donne du chromate d'argent rouge dès qu'un excès d'argent se trouve introduit dans le mélange.

La solution titrée d'azotate d'argent peut être dosée avec précision en précipitant à l'état de chlorure l'argent qu'elle renferme (Voy. *Dosage de l'argent*) ; toutefois, étant donnée l'exactitude avec laquelle on purifie l'argent métallique, il vaut mieux opérer en dissolvant le poids voulu d'argent pur. Une solution contenant 1/10 d'équivalent d'argent (*décime de normale*) est d'un usage commode : on l'obtient très sensiblement exacte en dissolvant $10^{gr},8$ d'argent bien pur (Ag ou $Ag = 108$) dans 100 centimètres cubes d'acide azotique pur, évaporant à siccité pour chasser l'acide en excès, reprenant par l'eau et complétant 1 litre de liqueur.

On obtient encore la même solution en dissolvant dans l'eau 17 grammes d'azotate d'argent pur et sec (AzO^5,AgO ou $AzO^3Ag = 170$), et complétant 1 litre de dissolution.

On pèse une prise d'essai contenant de $0^{gr},10$ à $0^{gr},15$ de chlore, on la dissout dans 30 centimètres cubes d'eau, en opérant dans un vase à réaction (fig. 92 D, § 151), et on ajoute 3 gouttes de chromate de potasse. Si la liqueur n'est pas neutre, on la neutralise exactement par l'acide azotique ou par le carbonate de soude. Ce dernier point est important, le chromate d'argent, qui sert d'indicateur, étant soluble dans les acides. Au moyen d'une burette que l'on a garnie d'azotate d'argent titré, on verse ce dernier dans le mélange, en agitant vivement avec une baguette de verre. Chaque goutte produit en tombant une coloration rouge, qui disparaît ensuite tant que la masse contient un chlorure en dissolution ; mais, dès que la totalité du chlore a été précipitée, la coloration rouge persiste. On s'attache à reconnaître le point précis où une goutte de liqueur titrée, ajoutée en plus, produit la teinte rouge persistante, et on lit sur la burette le volume V de la liqueur employée.

Soit P le poids d'argent contenu dans 1 centimètre cube de liqueur titrée, VP est le poids de métal qui se combine au poids x du chlore contenu dans la prise d'essai. On a la proportion $\frac{x}{VP} = \frac{35,5}{108}$, de laquelle on tire $x = VP \frac{35,5}{180} = VP \times 0,3287$. En remplaçant 35,5 par 36,5 ou par l'équivalent du chlorure analysé, le résultat serait rapporté à l'acide chlorhydrique ou à ce chlorure lui-même.

Avec la liqueur décime de normale, chaque centimètre cube employé correspond à 0,00355 de chlore ou à 0,00365 d'acide chlorhydrique ; le résultat cherché serait donc, suivant le cas, $V \times 0,00355$ ou $V \times 0,00365$.

Cette méthode comporte une assez grande exactitude. En outre, elle permet de ne pas perdre une analyse dans laquelle on aurait versé par erreur trop d'azotate d'argent, ce qu'annonce une coloration rouge très marquée du mélange : il suffit, en effet, pour réparer l'erreur commise, d'ajouter dans le liquide rouge un volume mesuré, 1 centimètre cube, par exemple, d'une solution titrée de chlorure de sodium, qui décolore le mélange, et de recommencer à verser la solution titrée d'argent jusqu'à coloration couvenable ; on diminue ensuite le volume de la liqueur titrée employée, d'une quantité correspondante au poids de chlorure de sodium ainsi ajouté. D'autre part, le chromate d'argent est légèrement soluble, de telle sorte qu'une proportion assez sensible de sel d'argent doit être ajoutée en trop pour colorer la masse. Afin d'éviter toute erreur de ce fait, on opère sur un volume constant de liquide, ce qui rend l'erreur constante, puis on détermine la quantité de liqueur titrée qui est nécessaire pour donner la coloration voulue à ce volume constant d'eau chargée de chromate ; on diminue d'autant la valeur de V que l'on a trouvée.

1636. CHLOROMÉTRIE. — La chlorométrie a pour objet de déterminer la quantité de chlore *actif* que peuvent fournir les *chlorures décolorants* (§ 843 et § 844, § 918 et § 919), c'est-à-dire la quantité de chlore libre que ces mélanges dégagent quand on les traite par un excès d'acide dilué :

$$CaO,ClO \quad + \quad CaCl \quad + \quad S^2O^6,2HO \quad = \quad S^2O^6,2CaO \quad + \quad 2Cl \quad + \quad H^2O^2;$$

Hypochlorite de chaux.	Chlorure de calcium.	Acide sulfurique.	Sulfate de chaux.	Chlore.	Eau.

$$Cl^2O^2\overline{C}a \quad + \quad \overline{C}aCl^2 \quad + \quad 2S\overline{O}^4H^2 \quad = \quad 2S\overline{O}^4\overline{C}a \quad + \quad 4Cl \quad + \quad 2H^2\overline{O}.$$

Gay-Lussac a exprimé la richesse des chlorures décolorants en *degrés chlorométriques*, le nombre de ces degrés étant fixé par celui des litres de chlore gazeux, mesuré à 0° et sous la pression 0^m,760, que peut donner 1 kilogramme du chlorure décolorant considéré.

1° *Méthode de Gay-Lussac*. — Le principe de cette méthode consiste à déterminer volumétriquement la quantité du chlorure décolorant qu'il faut prendre pour que son chlore actif, mis en liberté en présence de l'eau, peroxyde un poids donné d'acide arsénieux :

$$(AsO^3)^2 \quad + \quad 5H^2O^2 \quad + \quad 4Cl \quad = \quad 2(AsO^5,3HO) \quad + \quad 4HCl;$$

Anhydride arsénieux.	Eau.	Chlore.	Acide arsénique.	Acide chlorhydrique.

$$As^2\overline{O}^3 \quad + \quad 5H^2\overline{O} \quad + \quad 4Cl \quad = \quad 2As\overline{O}^4H^3 \quad + \quad 4HCl.$$

On reconnaît que le chlorure a été versé en excès, par l'action décolorante qu'il exerce sur de l'indigo ajouté au mélange.

Pour faire l'essai chlorométrique d'un chlorure de chaux, on opère sur un échantillon présentant autant que possible sa composition moyenne (§ 1585) ; on en pèse 10 grammes, on les broie dans un mortier de porcelaine, on ajoute un peu d'eau afin de former une bouillie homogène, que l'on délaye lentement en ajoutant des quantités d'eau croissantes. On verse le tout dans une carafe jaugée de 1 litre ; on lave le mortier, à plusieurs reprises, avec de l'eau que l'on verse ensuite dans le vase jaugé. On complète avec de l'eau le volume de 1 litre et on agite. La liqueur doit être employée immédiatement, sans attendre qu'elle soit éclaircie par le repos ; elle contient $0^{gr},01$ de chlorure de chaux par centimètre cube.

On a préparé d'autre part une solution arsénieuse, appelée par Gay-Lussac *liqueur arsénieuse normale*, mais dont la composition ne correspond pas à la définition admise aujourd'hui pour les liqueurs normales (§ 1595), car elle ne contient pas 1 équivalent d'acide arsénieux par litre : cette dissolution renferme le poids d'acide arsénieux nécessaire pour qu'elle réagisse sur son propre volume de chlore gazeux. Le poids de 1 litre de chlore étant $3^{gr},170$, on prend un poids p d'anhydride arsénieux qui soit au précédent comme 1 équivalent d'anhydride arsénieux (AsO^3 ou $1/2\ As^2O^3 = 99$) est à 2 équivalents de chlore ($2\,Cl$ ou $Cl^2 = 71$) : ce poids est $4^{gr},4201$; on a, en effet, $\frac{p}{3,170} = \frac{99}{71}$, d'où $p = \frac{99 \times 3,170}{71} = 4,4201$. On pèse donc $4^{gr},4201$ d'anhydride arsénieux pur, et on les dissout à chaud dans 150 centimètres cubes d'acide chlorhydrique, mélangés d'un égal volume d'eau ; on verse dans une carafe jaugée de 1 litre, on rince le vase dans lequel la dissolution a été opérée, avec de l'eau qu'on ajoute au liquide ; après refroidissement, on complète le volume de 1 litre et on mélange exactement.

Avec une pipette jaugée, on prélève 10 centimètres cubes de liqueur arsénieuse, en ayant soin de ne pas laisser pénétrer dans la bouche cette liqueur qui est extrêmement toxique. On évite tout accident de ce genre en fixant au-dessus de la pipette, par un caoutchouc, un tube portant en son milieu une boule ; celle-ci forme réservoir entre la bouche et la pipette. On laisse écouler dans un vase à réaction la liqueur arsénieuse mesurée, et on la colore en ajoutant une goutte d'indigo en solution sulfurique (§ 1616). Après avoir garni une burette de la solution de chlorure de chaux préablement agitée, on verse goutte à goutte cette dernière dans la liqueur bleue, que l'on remue constamment. L'acide chlorhydrique existant en grand excès dans la solution arsénieuse, décompose immédiatement le chlorure décolorant, met le chlore en liberté et provoque ainsi l'oxydation de l'acide arsénieux. Tant qu'il subsiste de ce dernier dans le mélange, l'indigo n'est pas détruit par le chlore ; mais, dès que la totalité du réactif réducteur a été oxydée, l'indigo se trouve attaqué à son tour et décoloré. En recommençant plusieurs fois l'expérience, on détermine le point précis où une goutte de la solution de chlorure de chaux suffit pour déterminer la décoloration. Quelque soin que l'on prenne d'agiter, le chlore se trouvant en excès, pendant un moment, au voisinage de la goutte d'hypochlorite qui tombe dans le mélange, l'indigo se détruit peu à peu durant l'expérience ; il est bon, lors du dernier essai, de n'ajouter l'indigo qu'au moment d'introduire les dernières gouttes qui produiront la décoloration. Il est important, pour éviter toute déperdition de chlore, de ne pas prendre une solution de chlorure décolorant d'une concentration plus forte que celle indiquée. On ne doit pas verser inversement la liqueur arsénieuse dans l'hypochlorite : cette liqueur contenant un excès d'acide chlorhydrique, celui-ci mettrait plus de chlore en liberté que l'acide arsénieux ajouté en même temps n'en peut absorber, et on perdrait du chlore.

Soit N le nombre de centimètres cubes de solution de chlorure de chaux qu'il a fallu ajouter, $N \times 0,01$ est le poids de chlorure décolorant qu'il contient ; ce poids peroxydant 10 centimètres cubes de liqueur arsénieuse, fournit 10 centimètres cubes de chlore.

Appelant x le nombre de litres de chlore dégagés par 1 kilogramme de chlorure décolorant, c'est-à-dire le degré chlorométrique, on a la proportion $\frac{10}{N \times 0,01} = \frac{x}{1}$, d'où $x = \frac{10}{N \times 0,01}$, ou bien $x = \frac{1000}{N}$.

Les chlorures de chaux du commerce titrent de 70 à 110 et même 120 degrés chlorométriques.

Si l'on remarque que chaque degré chlorométrique correspond à 1 litre de chlore, soit $3^{gr},17$ de chlore, dégagé par 1000 grammes du chlorure analysé, on voit que le résultat précédent peut être traduit en un résultat pondéral, exprimé en millièmes, en multipliant par $3,17$ le nombre des degrés chlorométriques.

Le dosage d'un *chlorure de chaux liquide*, d'une *eau de Javel* ou d'une *liqueur de Labarraque*, se fera de la même manière, sur un volume mesuré de ces liquides ; on aura soin cependant de diluer préalablement ces substances, de telle manière que la liqueur avec laquelle on opérera ne puisse pas contenir plus de son propre volume de chlore.

1637. 2° *Méthode de Penot.* — Ce mode d'analyse est fondé sur la même réaction que le précédent. Il diffère de celui-ci en ce qu'on opère en milieu alcalin et non en milieu acide ; le terme de la réaction est reconnu par l'action qu'exerce le chlore sur l'iodure de potassium en présence de l'amidon, l'iode mis en liberté donnant de l'iodure d'amidon bleu.

L'iodure de potassium amidonné est employé sous forme de papier réactif. Pour préparer celui-ci, on délaye 3 grammes d'amidon dans 250 centimètres cubes d'eau froide, on porte à l'ébullition en agitant, puis on ajoute 1 gramme d'iodure de potassium et 1 gramme de carbonate de soude pur et cristallisé. Dans la liqueur refroidie, on trempe des bandelettes de papier à feutrage serré mais non collé, que l'on fait ensuite sécher et que l'on conserve en flacon bouché.

La liqueur arsénieuse s'obtient en dissolvant, à l'ébullition, $4^{gr},4201$ d'anhydride arsénieux pur, dans 500 grammes d'eau chargée de 13 grammes de carbonate de soude pur et cristallisé ; après refroidissement, on transvase dans une carafe jaugée de 1 litre, on rince la capsule en réunissant les eaux de lavage à la solution, et on complète avec de l'eau distillée le volume de 1 litre. Cette liqueur s'oxydant à l'air, il est indispensable de la conserver dans un flacon exactement bouché.

On prépare la solution de chlorure de chaux comme dans le procédé de Gay-Lussac (§ 1636), on la rend homogène par l'agitation et on en mesure 50 centimètres cubes, que l'on verse dans un vase à précipiter ; on ajoute ensuite, goutte à goutte et en agitant, la liqueur arsénieuse alcaline, dont on a garni une burette graduée. De temps en temps, avec une baguette imprégnée du mélange, on touche un papier ioduré amidonné, et on observe que la coloration bleue se développe de moins en moins intense. Lorsque cette coloration se montre pâle, on est averti de l'approche du terme de la réaction ; on verse alors avec précaution la liqueur arsénieuse. On s'arrête quand, une goutte ayant été ajoutée en plus, le papier reste incolore. Soit N le volume de liqueur employé.

Les 50 centimètres cubes de solution de chlorure décolorant, formant le vingtième de la quantité totale, renferment $\frac{10^{gr}}{20}$ ou $0^{gr},5$ de matière. Chaque centimètre cube de liqueur arsénieuse correspondant à son volume de chlore actif, $0^{gr},5$ de matière fournit N centimètres cubes de chlore, 1 gramme en fournit 2 N centimètres cubes, et par suite 1 kilogramme en fournit 2000 N centimètres cubes. Comme le degré chlorométrique est exprimé en litres et non en centimètres cubes, 2 N est le degré chlorométrique cherché.

1638. 3° *Méthode de M. Bunsen.* — Ce procédé consiste à dégager le chlore actif au sein d'une liqueur chargée d'iodure de potassium, et à doser ensuite l'iode mis en liberté. Le dosage de chlore est ainsi changé en un dosage d'iode.

On prépare une solution de chlorure décolorant à $0^{gr},01$ par centimètre cube, comme pour le procédé de Gay-Lussac (§ 1636). On en mesure 10 centimètres cubes, on les mélange dans un vase à réaction avec un excès quelconque d'iodure de potassium pur, soit avec 6 ou 8 centimètres cubes de la solution à 10 pour 100 employée comme réactif, et on ajoute de l'eau de façon à former environ 100 centimètres cubes de liquide. On verse ensuite dans le mélange de l'acide chlorhydrique dilué jusqu'à réaction acide marquée. Le chlore actif, dégagé par l'acide chlorhydrique, décompose l'iodure de potassium et met en liberté une quantité d'iode équivalente. On dose celle-ci au moyen d'une solution titrée d'hyposulfite de soude, avec l'iodure d'amidon comme indicateur (§ 1639).

L'hyposulfite étant titré par rapport à l'iode et correspondant à p' d'iode (I ou $I = 127$) par centimètre cube, correspondra à un poids p de chlore (Cl ou $Cl = 35,5$) donné par la formule $p = \frac{p' \times 35,5}{127}$, car on a $\frac{p}{p'} = \frac{35,5}{127}$. Ce résultat étant fourni par 0,1 de chlorure décolorant, en le multipliant par 10 000, on aura le poids de chlore fourni par 1 kilogramme. Enfin, en divisant ce dernier poids par celui de 1 litre de chlore, soit $3^{gr},170$, on aura le degré chlorométrique.

E. — Iode.

1639. IODE LIBRE. — La réaction utilisée plus haut pour doser les hyposulfites au moyen de l'iode (§ 1621), peut être appliquée en sens inverse à doser l'iode libre avec une solution titrée d'hyposulfite de soude.

On emploie la même liqueur iodique, contenant par litre 10 grammes d'iode, parfaitement pur et sec, dissous à la faveur d'un peu d'iodure de potassium, reconnu pur d'iodate.

On se sert de cette liqueur pour titrer exactement la solution d'hyposulfite de soude qui servira à faire l'essai. Cette dernière se prépare en formant 1 litre de solution avec une quantité d'hyposulfite de soude pur et cristallisé, sensiblement équivalente à celle de l'iode existant dans la première liqueur, soit $19^{gr},74$. Comme l'hyposulfite retient toujours de l'eau d'interposition, il est indispensable de déterminer le titre exact de la seconde liqueur au moyen de la première. On opère pour cela comme il a été dit au § 1621, c'est-à-dire qu'on verse dans 20 centimètres cubes de la solution d'hyposulfite, additionnée d'eau amidonnée, de la liqueur d'iode jusqu'à coloration bleue persistante. Soit n le volume de la liqueur d'iode, démontré nécessaire par plusieurs expériences; $n \times 0,01$ sera le poids d'iode correspondant aux 20 centimètres cubes de solution d'hyposulfite, et $\frac{n \times 0,01}{20}$, c'est-à-dire $\frac{n}{2000}$, sera le poids d'iode p correspondant à 1 centimètre cube de la même solution.

Si la substance dans laquelle il s'agit de doser l'iode libre est solide, on en pèse un certain poids, soit $2^{gr},5$ environ, que l'on dissout dans de l'eau additionnée d'un peu d'iodure de potassium, de manière à faire un volume déterminé V, 250 centimètres cubes par exemple. On place cette solution dans une burette, et on la verse peu à peu dans 20 centimètres cubes de solution titrée d'hyposulfite, mesurés à la pipette jaugée et additionnés de quelques gouttes d'eau amidonnée. Soit N le nombre de centimètres cubes nécessaires pour produire la coloration bleue. Le poids d'iode contenu dans ce volume de liqueur est évidemment $20\,p$; celui qui existe dans la prise d'essai est $x = 20\,p\,\frac{V}{N}$, car on a la proportion $\frac{20\,p}{N} = \frac{x}{V}$.

Il est indispensable d'opérer à froid.

1640. IODURES. — 1° *Procédé de Duflos.* — Si l'on chauffe un iodure métallique avec du perchlorure de fer pur, l'iode est mis en liberté et se dégage tandis que le perchlorure de fer est réduit :

$$Fe^2Cl^3 \quad + \quad KI \quad = \quad 2FeCl \quad + \quad KCl \quad + \quad I;$$

| Perchlorure de fer. | Iodure de potassium. | Protochlorure de fer. | Chlorure de potassium. | Iode. |

$$FeCl^3 \quad + \quad KI \quad = \quad FeCl^2 \quad + \quad KCl \quad + \quad I.$$

Tel est le principe du procédé.

On se sert d'un appareil distillatoire tel que ceux des figures 345 (§ 1701) et 346 (§ 1702). On introduit dans le ballon 1 gramme d'iodure à essayer, 30 grammes d'eau, et un excès de perchlorure de fer *bien exempt de chlore libre*, soit 15 centimètres cubes de la solution officinale (§ 991), puis on bouche aussitôt. Le tube qui emmènera les vapeurs formées plonge dans un ballon à long col ou dans une cornue renversée, contenant de l'eau chargée de quelques grammes d'iodure de potassium. On chauffe le mélange jusqu'à l'ébullition, que l'on prolonge pendant quelques minutes; l'iode est entraîné par la vapeur d'eau et se dissout dans l'iodure de potassium. Lorsque le tube n'est plus coloré par de l'iode libre, on met fin à l'opération ; on lave le tube à l'iodure de potassium, puis à l'eau distillée, en réunissant les eaux de lavage à l'iodure de potassium-ioduré. Avec la totalité des liquides et de l'eau, on complète un volume V, soit 250 centimètres cubes.

Opérant avec cette liqueur, sur 10 centimètres cubes de solution titrée d'hyposulfite de soude, additionnés d'eau amidonnée, on cherche, comme il a été dit plus haut (§ 1639), le volume N qu'il faut en ajouter pour obtenir la coloration bleue. Ce volume contient le poids p d'iode qui correspond aux 10 centimètres cubes de la solution d'hyposulfite ; dès lors $\frac{p \times V}{N}$ est le poids d'iode contenu dans la prise d'essai. Ce résultat exprimé en iode (I ou $i = 127$) peut être rapporté à l'iodure analysé, d'équivalent E, en le multipliant par $\frac{127}{E}$.

On remarquera que le perchlorure de fer s'étant changé en protochlorure, les méthodes d'analyse qui permettent de déterminer le fer sous ses deux états (Voy. *Dosage du fer*) permettent par suite le dosage indirect de l'iode dans une iodure, en opérant sur les sels de fer restés dans le ballon. Il faut alors partir de perchlorure de fer absolument exempt de protochlorure.

1641. 2° *Procédé de Personne*. — Ce procédé est très rapide et très facile à pratiquer; en lui faisant subir les modifications indiquées ci-dessous, il est suffisamment précis pour être employé avantageusement au dosage de l'iodure de potassium. Il est fondé sur ce fait que si l'on ajoute une solution de bichlorure de mercure à de l'iodure de potassium en solution étendue, il se forme d'abord un iodure double de mercure et de potassium, de telle sorte que la liqueur reste liquide :

$$2KI \quad + \quad HgCl \quad = \quad KCl \quad + \quad KI,HgI ;$$

Iodure de potassium.	Chlorure de mercure.	Chlorure de potassium.	Iodure de mercure et de potassium.

$$4KI \quad + \quad HgCl^2 \quad = \quad 2KCl \quad + \quad HgI^2,2KI.$$

Il en est ainsi tant que le chlorure de mercure n'a donné lieu à double décomposition qu'avec la moitié de l'iodure employé; aussitôt que cette limite se trouve dépassée, la plus petite trace de bichlorure de mercure ajoutée en plus donne naissance à un précipité rouge d'iodure de mercure, qui communique au mélange une teinte rosée.

Si donc l'on se propose de titrer un iodure de potassium, on se sert d'une solution mercurique préparée en dissolvant $13^{gr},55$ de bichlorure de mercure pur et 10 grammes de sel marin dans 200 ou 300 centimètres cubes d'eau et complétant le volume de 1 litre ; cette liqueur contient 1/10 d'équivalent du composé mercurique (HgCl ou $1/2\ HgCl^2 = 135,5$).

On prépare une dissolution de l'iodure à analyser d'une teneur correspondante à celle de la liqueur titrante. Celle-ci contenant 1/10 d'équivalent de sel de mercure et 1 équivalent de ce sel réagissant sur 2 équivalents d'iodure de potassium, d'après la formule ci-dessus, on prépare une solution d'iodure de potassium contenant $\frac{2}{10}$ d'équivalent de ce sel par litre (KI ou $KI = 166$); comme un dixième de litre est une quantité bien suffisante pour répéter l'essai plusieurs fois, on pèse seulement $\frac{2}{100}$ d'équivalent ou 3^{gr},32 d'iodure à analyser, on les dissout dans un peu d'eau et on complète 100 centimètres cubes de liqueur. On prélève au moyen d'une pipette jaugée 10 centimètres cubes de la solution d'iodure, et on verse ce liquide dans un vase à réaction (fig. 92, D, § 151): puis au moyen d'une burette graduée en dixièmes de centimètre cube et garnie de la solution mercurielle, on fait tomber goutte à goutte cette dernière dans la liqueur iodurée constamment agitée. On arrête aussitôt qu'une goutte de la liqueur mercurique fait naître dans le mélange un précipité rouge persistant, ou plutôt fait apparaître une coloration rose que l'agitation ne supprime pas; on lit alors sur la burette le volume de solution mercurielle employée.

Les deux liquides, d'après leurs conditions de préparation, réagissant à volumes égaux, le titre de l'iodure sera donné par le volume de la solution mercurique employé. Si l'iodure était pur, on aurait employé 10 centimètres cubes de cette solution ou 100 divisions de la burette et, d'une manière générale, le nombre de divisions de la burette est le nombre de centièmes d'iodure de potassium pur contenus dans le sel essayé.

Cette méthode fort expéditive présente une cause d'inexactitude : l'iodure double de mercure et de potassium est un sel que l'eau dissocie. C'est ainsi, par exemple, qu'un essai étant pratiqué comme il vient d'être dit, lorsqu'on arrête l'addition de mercure fort peu avant le terme de la réaction, et qu'on ajoute un grand excès d'eau à la liqueur limpide et incolore, celle-ci montre immédiatement la coloration rose caractéristique du terme de la réaction ; le dosage donne donc des résultats variables avec la dilution de la liqueur. Or cette dilution du sel double varie forcément avec la pureté de l'iodure essayé ; son influence reste faible et même négligeable quand il s'agit de doser un iodure ne contenant qu'un petit nombre de centièmes de sels étrangers, ainsi qu'il arrive d'ordinaire ; elle ne devient réellement importante qu'avec un iodure très impur.

L'expérience a montré que la dissociation de l'iodure double de mercure et de potassium ne se produit pas dans les liquides chargés d'une certaine proportion d'alcool (M. P. Carles); il suffit que les liqueurs contiennent au minimum 17,5 centièmes d'alcool pour que le dosage soit exact, même avec un iodure fort impur. On écartera donc toute incertitude : 1° en préparant la liqueur mercurielle titrée en dissolvant 13^{gr},55 de chlorure mercurique dans 250 centimètres cubes d'alcool à 95 centièmes et ajoutant de l'eau pour compléter 1 litre ; 2° en additionnant d'alcool dans la même proportion (25 centimètres cubes) la dissolution d'iodure de potassium, que l'on dilue ensuite pour compléter 100 centimètres cubes. Avec ces liqueurs le dosage se pratique comme il a été dit ci-dessus.

1642. 3° *Procédé de Péan de Saint-Gilles.* — Le dosage de l'iode dans un iodure soluble peut être effectué encore en utilisant l'action exercée sur ce sel par le permanganate de potasse, oxydant qui ne réagit pas sur les chlorures et bromures (Péan de Saint-Gilles) :

$$KI + 2(Mn^2O^7,KO) - H^2O^2 = IO^5,KO + 2(KO,HO) + 4MnO^2;$$

| Iodure de potassium. | Permanganate de potasse. | Eau. | Iodate de potasse. | Potasse. | Bioxyde de manganèse. |

$$KI + Mn^2O^8K^2 - H^2O = IO^3K + 2KOH + 2MnO^2.$$

On prépare une solution de permanganate de potasse contenant 5 grammes de ce sel par litre, et on a la titre exactement (§ 1693 et suivants).

On prépare également une solution d'hyposulfite de soude contenant par litre 5 grammes de sel cristallisé pur, et on la titre par rapport à la liqueur de permanganate, sur laquelle elle réagit conformément à la formule suivante :

$$Mn^2O^7,KO + 6S^2NaO^3 + 2H^2O^2 = 3S^4NaO^6 + KHO^2 + 3NaHO^2 + 2MnO^2;$$

| Permanganate de potasse. | Hyposulfite de soude. | Eau. | Tétrathionate de soude. | Potasse. | Soude. | Bioxyde de manganèse. |

$$Mn^2O^8K^2 + 6S^2O^3Na^2 + 4H^2O = 6S^2O^3Na + 2KOH + 6NaOH + 2MnO^2.$$

À cet effet, on mesure 10 centimètres cubes de solution de permanganate, on les verse dans un matras avec 200 centimètres cubes d'eau et un peu de carbonate de soude pour alcaliniser, puis on ajoute l'hyposulfite avec une burette, jusqu'à décoloration du liquide. Cette décoloration est facilement aperçue, malgré la précipitation d'oxyde de manganèse, quand les liqueurs sont très diluées, l'oxyde se déposant alors rapidement. Soit n le volume en centimètres cubes de l'hyposulfite employé.

On pèse une prise d'essai de l'iodure à doser, on la dissout dans un matras avec 150 centimètres cubes d'eau, on alcalinise par un peu de carbonate de soude, et on porte à l'ébullition. On verse goutte à goutte, dans la liqueur bouillante, un volume déterminé de la solution de permanganate, soit 50 centimètres cubes ; ce volume doit être dans tous les cas suffisant pour que le liquide reste nettement coloré en rouge quand, après quelques minutes d'ébullition, on laisse déposer l'oxyde de manganèse qu'il tient en suspension.

Il s'agit alors de doser dans le mélange le permanganate ajouté en trop. Dans ce but, on laisse refroidir, on verse le contenu du matras dans un vase jaugé, on ajoute les eaux de lavage du matras, on complète 1 litre de liqueur, et on mêle avec soin. Après dépôt, on prélève avec une pipette jaugée 100 centimètres cubes du liquide ainsi obtenu, on les place dans un vase à réactions, et on y laisse tomber, à l'aide d'une burette, de l'hyposulfite de soude jusqu'à décoloration. Soit n' le volume de l'hyposulfite nécessaire.

Si 10 centimètres cubes de permanganate correspondent à n centimètres cubes d'hyposulfite, on a la proportion $\frac{10}{n} = \frac{v}{n'}$, qui donne pour le volume v de permanganate détruit dans la dernière opération $v = \frac{10\,n'}{n}$, et par suite $50 - \frac{10\,n'}{n} = N$ pour le volume de permanganate qui correspond à l'iode dosé. Le poids de permanganate, contenu dans 1 centimètre cube de la liqueur titrée, étant p, le poids du même sel correspondant au poids x d'iode à doser dans l'essai est pN. Or 2 équivalents de permanganate (2 Mn^2O^7,KO ou $Mn^2O^8K^2 = 316$) réagissant sur 1 équivalent d'iode (I ou $I = 127$), on a la proportion $\frac{x}{p\,N} = \frac{127}{316}$, de laquelle on tire $x = \frac{127\,p\,N}{316}$. En remplaçant le nombre 127 par l'équivalent de l'iodure analysé, par 166 pour l'iodure de potassium, par 150 pour l'iodure de sodium, etc., on rapporte le résultat au sel lui-même et non plus à l'iode qu'il renferme.

F. — Phosphore.

1643. ACIDE PHOSPHORIQUE. — 1° *Dosage à l'état de pyrophosphate de magnésie*. — Ce procédé de dosage consiste à précipiter l'acide phosphorique sous forme de phosphate ammoniaco-magnésien (§ 940), que l'on change ensuite par calcination en pyrophosphate de magnésie $PO^5,2MgO$ ou $P^2O^7Mg^2$; on détermine le poids de ce dernier. Cette méthode est applicable, soit à l'acide phosphorique libre, soit aux phosphates alcalins ; elle ne peut être pratiquée directement et sans modification en présence des terres et des oxydes métalliques proprement dits (§ 1648). Elle ne convient pour les pyrophosphates et les métaphosphates que si ces composés sont préalablement transformés en phosphates, par ébullition très prolongée de leurs solutions acidulées à l'acide sulfurique.

On prépare à l'avance une solution, que nous désignerons pour abréger sous le nom de *mixture magnésienne*, et qui est composée de : sulfate de magnésie cristallisé 1 partie, chlorhydrate d'ammoniaque 1 partie, ammoniaque concentrée 4 parties, eau 8 parties. Cette mixture, abandonnée pendant quelques jours à elle-même dans un flacon fermé, est ensuite filtrée et ne doit être employée que parfaitement limpide ; 10 centimètres cubes précipitent environ $0^{gr},24$ d'acide phosphorique.

On pèse une prise d'essai de la matière à analyser, contenant de 1/4 à 1/3 de gramme d'acide, on la dissout dans 50 ou 60 centimètres cubes d'eau, en opérant dans un vase à précipitations chaudes (fig. 93 B, § 152), et on alcalinise légèrement la liqueur par l'ammoniaque. Au liquide limpide, on ajoute de la mixture magnésienne, en quantité suffisante pour précipiter la totalité de l'acide, mais non en grand excès, ce qui est facile si l'on tient compte des données ci-dessus. On mélange exactement les liquides en agitant le vase, puis, recouvrant celui-ci d'une lame de verre, on l'abandonne à lui-même pendant une ou deux heures : le phosphate ammoniaco-magnésien se dépose cristallin. La séparation de la plus grande partie étant opérée, on ajoute au mélange 1/4 de son volume d'ammoniaque, et, après agitation, on abandonne de nouveau le vase couvert, pendant une dizaine d'heures au moins.

On verse le liquide limpide sur un filtre sans plis, dont le poids des cendres est connu (§ 360) ; on ajoute aux premières parties filtrées de la mixture magnésienne et un peu d'ammoniaque, afin de s'assurer que la précipitation est complète et qu'aucun trouble ne se produit plus, même après quelque temps et après agitation. On filtre alors la totalité du liquide décanté avec les précautions usitées (§ 323 et § 324), puis on lave le précipité cristallin, par décantation suivie de filtration (§ 374), avec une dissolution de 1 partie d'ammoniaque dans 3 parties d'eau ; on pousse les lavages jusqu'à ce que les liquides filtrés acidulés par l'acide azotique, ne troublent plus l'azotate d'argent. L'insolubilité du précipité dans l'eau ammoniacale n'étant pas absolue, il faut éviter de prolonger inutilement les lavages. On fait enfin passer tout le précipité sur le filtre (§ 362), et on sèche celui-ci à l'étuve.

On sépare autant que possible le précipité du filtre, on incinère ce dernier dans un creuset de platine taré (§ 202), ce qui, dans le cas actuel, exige une calcination prolongée ; après refroidissement, on arrose les cendres avec une goutte d'acide azotique et on porte de nouveau au rouge. Cette dernière opération a pour but de brûler les traces de charbon dont le produit retarde la combustion complète. On ajoute le précipité dans le creuset, et on le porte au rouge pendant quelque temps pour le transformer en pyrophosphate de magnésie ; s'il reste grisâtre, coloré encore par une trace de charbon, on l'imbibe d'un peu d'acide azotique pur et on le calcine de nouveau au rouge. Après refroidissement du creuset dans le vase à dessécher, on pèse.

Le phosphate ammoniaco-magnésien n'étant pas absolument insoluble dans l'eau ammoniacale, l'usage d'un filtre disposé sur le cône de platine et fonctionnant avec succion (§ 353), présente ici de grands avantages.

Soit p le poids du pyrophosphate de magnésie (PMg^2O^7 ou $1/2.P^2O^7Mg^2$, $= 111$), obtenu en retranchant du poids brut trouvé le poids des cendres du filtre, soit x le poids de l'acide phosphorique (PH^3O^8 ou $PO^4H^3 = 98$) contenu dans la prise d'essai, on a la proportion $\frac{x}{p} = \frac{98}{111}$, et par suite $x = p\,\frac{98}{111}$ ou $x = p \times 0,88288$. En rapportant le même résultat à l'acide supposé anhydre ($1/2\,P^2O^{10}$ ou $1/2\,P^2O^5 = 71$), on aurait $y = p\,\frac{71}{111}$, ce qui donnerait $y = p \times 0,6396$.

1644. 2º *Dosage volumétrique par l'urane*. — Ce procédé est basé sur la précipitation de l'acide phosphorique par l'acétate d'urane, la présence d'un excès de ce dernier étant reconnue par la coloration brun rouge qu'il fournit avec le ferrocyanure de potassium (Leconte).

On prépare d'abord une *solution d'acétate de soude acide*, avec 100 grammes d'acétate de soude cristallisé, 50 centimètres cubes d'acide acétique cristallisable, et de l'eau distillée en quantité suffisante pour parfaire 1 litre de liqueur.

On prépare ensuite une *solution d'urane*, en dissolvant 40 grammes d'azotate d'urane pur dans 800 centimètres cubes environ d'eau distillée, ajoutant de l'ammoniaque goutte à goutte jusqu'à trouble léger, puis de même de l'acide acétique pour faire disparaître le trouble produit, et enfin de l'eau distillée de manière à compléter le volume de 1 litre. Cette liqueur doit être titrée avec précision, au moyen d'une *solution de phosphate alcalin* de teneur connue.

On obtient cette dernière en dissolvant dans l'eau $8^{gr},10$ de phosphate mono-ammonique et complétant avec de l'eau 1 litre de liqueur ; si le sel est pur, comme il contient 61,74 p. 100 d'acide phosphorique supposé anhydre, la liqueur doit renfermer $0^{gr},005$ de cet acide par centimètre cube. On établit sa teneur exacte par deux dosages concordants, à l'état de pyrophosphate de magnésie (§ 1643), pratiqués sur un un volume de solution mesuré avec précision. Soit g le poids d'acide phosphorique supposé anhydre, contenu dans 1 centimètre cube.

On peut encore partir du phosphate disodique pur, cristallisé et sec, mais non effleuri. Une liqueur. contenant $25^{gr},211$ de ce sel par litre, a la même teneur en acide que la précédente. Son titre exact peut être établi en évaporant 20 centimètres cubes dans un vase de platine taré, calcinant au rouge le résidu, et pesant ; le pyrophosphate de soude formé ($PO^5,2NaO$ ou $1/2\ P^2O^7Na^4 = 133$) contient les $\frac{71}{133}$ de son poids d'acide supposé anhydre $\frac{1}{2}P^2O^{10}$ ou $\frac{1}{2}P^2O^5 = 71$).

Pour titrer la liqueur d'urane, on la place dans une burette ; d'autre part, dans une capsule de porcelaine ou dans un vase à précipitations chaudes, sur lesquels on a marqué par un trait de jauge le niveau atteint par 75 centimètres cubes de liquide, on introduit 10 centimètres cubes de la solution titrée de phosphate alcalin, avec 5 centimètres cubes d'acétate de soude acide et 20 centimètres cubes d'eau. On fait bouillir et on laisse tomber la liqueur d'urane dens le mélange agité constamment. Avec une baguette trempée dans une solution de ferrocyanure de potassium au dixième, on a déposé à l'avance quelques gouttelettes de cette solution sur une assiette de porcelaine, qui a été préalablement essuyée avec un linge gras, afin de l'empêcher de se mouiller facilement. Avec une autre baguette imprégnée du mélange en réaction, on apporte de temps en temps dans une des gouttelettes de ferrocyanure un peu de ce mélange : dès que le sel d'urane soluble s'y trouve en excès, la dernière gouttelette touchée montre une coloration rougeâtre. On lit alors le volume v de la liqueur d'urane, qui correspond aux 10 centimètres cubes de solution de phosphate alcalin, contenant g grammes d'acide phosphorique supposé anhydre par centimètre cube. Le poids p d'anhydride phosphorique précipité par 1 centimètre cube de liqueur d'urane sera $p = \dfrac{10g}{v}$, car on a la proportion $\dfrac{10g}{v} = \dfrac{p}{1}$.

On pèse ou on mesure une prise d'essai de la substance à analyser, contenant environ 1/4 de gramme d'acide, sous forme d'acide libre ou de phosphate alcalin ; on la dissout par un peu d'eau, dans le vase marqué d'un trait de jauge à 75 centimètres cubes, on neutralise par l'ammoniaque, puis on ajoute une trace d'acide azotique pour donner une très faible réaction acide ; on ajoute encore 5 centimètres cubes d'acétate de soude acide, pour saturer l'acide minéral libre, et enfin on procède au titrage comme il vient d'être dit.

Comme le volume du liquide sur lequel on opère et celui de l'acétate de soude acide sont constants, on peut déterminer une fois pour toutes quelle est la quantité de liqueur d'urane qu'il est nécessaire d'ajouter au mélange, en l'absence de l'acide phosphorique, pour donner la coloration indicatrice; on diminue de cette quantité le volume de liqueur d'urane employé dans les dosages. Il est d'ailleurs nécessaire de savoir distinguer le très léger changement de coloration, que donne avec le ferrocyanure le phosphate d'urane insoluble, tenu en suspension dans le mélange, de celui, beaucoup plus marqué, que fournit le sel d'urane soluble ajouté en excès. En cas de doute, on lit le volume de liqueur titrée employé, et on en ajoute ensuite 3 ou 4 gouttes : quand le terme de la réaction est réellement atteint, elles colorent très fortement le réactif. Si l'on avait dépassé le terme, il serait possible de sauver l'essai, en ajoutant 1 ou 2 centimètres cubes de la solution titrée de phosphate alcalin, et en tenant compte ensuite de cette addition dans les calculs.

Soit N le nombre de centimètres cubes de liqueur d'urane employés, $Np = \frac{N\,10g}{v}$ est le poids de P^2O^{10} ou $P^2\theta^5$ existant dans la prise d'essai.

1645. La même méthode est applicable aux phosphates de magnésie et au phosphate ammoniaco-magnésien. Le résultat est peu influencé par la présence d'une *faible* quantité de terres alcalines. Les corps précités étant insolubles, on commence par dissoudre la prise d'essai dans un peu d'acide azotique étendu de 9 parties d'eau; si le produit analysé a été recueilli sur un filtre, on le dissout d'abord sur ce filtre, puis, pour éviter le lavage du papier, on introduit le filtre lui-même dans le mélange. On verse de l'ammoniaque jusqu'à léger trouble, on éclaircit le liquide par fort peu d'acide azotique, on ajoute 5 centimètres cubes d'acétate de soude acide, on chauffe et on continue ensuite le dosage à l'urane comme il a été dit (§ 1644). L'alumine, l'oxyde ferrique, etc., faussent le dosage.

1646. 3° *Dosage à l'état de phosphate de bismuth.* — Ce procédé est basé sur l'insolubilité du phosphate de bismuth dans les liqueurs chargées d'acide azotique libre.

Le réactif employé est obtenu en dissolvant 7 grammes d'azotate de bismuth pur et cristallisé, avec 10 centimètres cubes d'acide azotique pur (D = 1,36), dans 90 centimètres cubes d'eau. Ce réactif peut précipiter environ 1 centigramme d'acide phosphorique supposé anhydre $(PO^5)^2$ ou $P^2\theta^5$ par centimètre cube.

On dissout la prise d'essai dans l'eau, ou dans l'acide azotique si la matière est insoluble dans l'eau, mais on évite d'employer un trop grand excès d'acide. Dans un vase à précipitations chaudes, on étend la liqueur d'eau distillée, et on y verse l'azotate de bismuth acide, aussi longtemps que celui-ci produit un précipité de phosphate de bismuth. On porte le tout à l'ébullition, puis on laisse déposer. On décante, avec les précautions ordinaires (§ 323 et § 324), sur un filtre sans plis dont le poids de cendres est connu (§ 330), et on lave le précipité à l'eau bouillante, par décantation suivie de filtration (§ 374); quand, le lavage étant complet, la liqueur qui filtre ne noircit plus par l'hydrogène sulfuré ou ne laisse plus de résidu à l'évaporation, on réunit la totalité du précipité sur le filtre (§ 362). On sèche le filtre à l'étuve; on détache autant que possible le phosphate qu'il contient, et on incinère le papier (§ 201 et suivants), en recueillant les cendres dans un creuset de porcelaine taré; on ajoute ensuite le précipité aux cendres, on calcine de nouveau au rouge, et enfin on pèse, après refroidissement dans un vase à dessécher.

Le phosphate de bismuth formé (PO^5, BiO^3 ou $PO^4Bi = 303$) renferme 23,43 pour 100 d'acide phosphorique supposé anhydre ($\frac{1}{2} P^2O^{10}$ ou $^1/_2 P^2O^5 = 71$), la proportion $\frac{71}{303} = \frac{x}{100}$ donnant $x = 23, 43$. Il suffit donc de diminuer le poids du phosphate de bismuth trouvé du poids des cendres du filtre, puis de multiplier par 0,2343 le résultat ainsi corrigé, pour avoir la quantité d'acide phosphorique supposé anhydre, contenu dans la prise d'essai.

L'acide métaphosphorique et l'acide pyrophosphorique se dosent ici en même temps que l'acide phosphorique, le métaphosphate et le pyrophosphate de bismuth se changeant rapidement en phosphate, par ébullition en présence de l'azotate de bismuth acide.

La présence des chlorures et des sulfates fausse le dosage. Lorsqu'il en existe dans la matière à analyser, avant de former le phosphate de bismuth, on ajoute de l'azotate d'argent à la liqueur, jusqu'à précipitation complète, afin de séparer le chlore, puis, de la même manière, de l'azotate de baryte, pour précipiter l'acide sulfurique; on lave exactement les précipités, on réunit toutes les liqueurs et c'est sur elles que l'on opère la précipitation par l'azotate de bismuth acide.

La présence des sels ammoniacaux trouble également l'exactitude des résultats. On élimine au préalable l'ammoniaque, s'il y a lieu, par ébullition de la solution rendue alcaline par la soude, puis on établit l'acidité par l'acide nitrique.

1647. Le fer trouble aussi l'exactitude des résultats, quand il est au maximum d'oxydation. En sa présence, comme d'ailleurs lorsqu'il s'agit de mélanges complexes, ainsi qu'il arrive dans l'analyse des phosphates naturels, il vaut mieux isoler d'abord l'acide phosphorique des matières qui l'accompagnent, par une précipitation préalable à l'état de phosphate d'alumine (M. A. Carnot).

La liqueur étant acide et additionnée de quelques décigrammes d'alumine sous forme de chlorhydrate, on la sature par le carbonate de soude en ajoutant celui-ci jusqu'à ce qu'il se produise un léger changement de teinte dans la liqueur froide, qui doit d'ailleurs rester parfaitement limpide. On ajoute alors une solution étendue d'hyposulfite de soude, qu'on mélange rapidement par agitation; le fer se réduisant, on voit la liqueur se colorer en violet, puis devenir complètement incolore. A ce moment, on y verse encore une dissolution composée d'un mélange d'hyposulfite de soude et d'acétate de soude (environ 5 grammes de chaque sel) et l'on chauffe à l'ébullition, qu'on entretient pendant un quart d'heure ; on filtre et on lave à l'eau bouillante le précipité d'alumine et de soufre, de manière à le débarrasser entièrement des sels de fer; il a entraîné la totalité de l'acide phosphorique.

On le sèche et, après incinération du filtre, on porte le tout au rouge dans un petit creuset de porcelaine couvert, pour volatiliser le soufre en formant le moins possible d'acide sulfurique. On reprend le résidu refroidi par quelques centimètres cubes d'acide azotique, puis on chasse par évaporation le plus grand excès de cet acide et on étend de 7 ou 8 volumes d'eau. On ajoute à chaud un peu d'azotate de baryte pour éliminer les traces d'acide sulfurique qui ont pu se former pendant la calcination, on filtre, puis on ajoute une quantité suffisante de la solution d'azotate de bismuth indiquée plus haut, et on maintient à 100° pendant une demi-heure. Le précipité de phosphate est alors recueilli, traité et pesé comme il a été dit (§ 1646).

1648. ANALYSE D'UN PHOSPHATE DE CHAUX NATUREL. — Comme dans toutes les analyses de minerais, la prise de l'échantillon à analyser doit être faite de manière telle, que cet échantillon représente aussi fidèlement que possible la masse dont il s'agit d'apprécier la valeur (§ 1592). Il est nécessaire que l'échantillon soit d'autant plus considérable que la matière à analyser est moins homogène ; cet échantillon est lui-même pulvérisé finement, sans laisser de résidu, puis tamisé et mélangé avec soin.

On pèse une prise d'essai de 5 grammes, on l'introduit dans un vase à précipitations chaudes (fig. 93 B, § 153) ou dans un matras de 75 à 100 centimètres cubes de capacité, et on ajoute peu à peu 20 centimètres cubes d'acide chlorhydrique pur, en laissant dégager le gaz carbonique engendré par une partie du réactif, avant de verser la suivante. Pour empêcher les projections, on recouvre le vase d'un verre de montre. On agite pour favoriser la dissolution, puis, l'effervescence étant calmée, on chauffe doucement le matras jusqu'à ébullition de son contenu. Après quelques minutes, on laisse refroidir, on entraîne, avec le jet d'une fiole à laver, le liquide qui mouille le verre de montre, en faisant tomber l'eau de lavage dans la dissolution chlorhydrique, on dilue celle-ci jusqu'à former 40 ou 50 centimètres cubes, et on laisse déposer. On décante la liqueur éclaircie sur un petit filtre sans plis, et on lave à l'eau bouillante, par décantation suivie de filtration, le résidu ainsi que le filtre qui le retient. Les dernières eaux de lavage ne doivent plus être acides. On réunit toutes les liqueurs dans un vase jaugé, et on complète avec de l'eau un volume de 200 centimètres cubes.

Une méthode plus rapide mais un peu moins exacte consiste à verser directement dans le vase jaugé la dissolution chlorhydrique bien refroidie, à compléter avec de l'eau le volume de 200 centimètres cubes, à mélanger et à filtrer sans laver, sur un filtre sec. Si l'on évite ainsi les lavages qui sont toujours longs, on commet une petite erreur

en trop, les matières insolubles diminuant de leur propre volume celui
du liquide.

Dans les deux cas, on prélève avec une pipette jaugée 10 ou
20 centimètres cubes de la dissolution, suivant la richesse présumée
du phosphate analysé. On verse le liquide mesuré dans un verre à
pied.

Comme il est chargé d'alumine et d'oxyde ferrique, il est nécessaire
de séparer l'acide phosphorique à l'état de phosphate ammoniaco-
magnésien, en présence d'un corps empêchant la précipitation de ces
oxydes par l'ammoniaque ; c'est le citrate d'ammoniaque que l'on emploie le plus souvent dans ce but. On prépare d'avance pour cet usage
la *liqueur citro-magnésienne:* on dissout 40 grammes de carbonate de
magnésie pur, ou 20 grammes de magnésie calcinée, dans 400 grammes d'acide citrique et 500 grammes d'eau; après dissolution complète,
on ajoute assez d'ammoniaque pour donner une réaction fortement alcaline, soit 600 centimètres cubes environ, et on complète avec de l'eau
le volume de 1500 centimètres cubes. Si la liqueur se trouble par le
repos, c'est que les réactifs contenaient de l'acide phosphorique : on la
filtre après vingt-quatre heures pour séparer tout précipité.

Au volume de 10 ou 20 centimètres cubes, prélevé sur les 200 centimètres cubes de la dissolution du corps à analyser, on ajoute d'abord
10 centimètres cubes de liqueur citro-magnésienne, puis un grand excès d'ammoniaque. Si le mélange se trouble immédiatement, on est
averti que la substance est très riche en sesquioxydes et que la proportion de liqueur citro-magnésienne a été insuffisante : on recommence
sur une nouvelle dose de la dissolution du phosphate, en y versant
20 centimètres cubes de liqueur citro-magnésienne, puis de l'ammoniaque. On agite le vase pour mélanger les liquides, on le couvre avec
une feuille de verre et on l'abandonne pendant douze heures. Le phosphate ammoniaco-magnésien est alors déposé, ayant entraîné, il est
vrai, une petite quantité de chaux et même de silice ; on le lave, par
décantation suivie de filtration, avec de l'eau additionnée de 1/10 d'ammoniaque, puis on le recueille sur un petit filtre sans plis.

Le lavage étant complet, et les dernières liqueurs écoulées ne se
troublant plus par le phosphate de soude, on dose l'acide phosphorique dans le précipité, au moyen de la liqueur titrée d'urane. Dans ce
but, sans s'inquiéter d'abord des cristaux qui sont restés adhérents à
la paroi du vase à précipiter, on traite le filtre et son contenu par l'acide
azotique dilué, comme il a été dit plus haut (§ 1645). On ajoute à la
liqueur la petite quantité d'acide, puis les eaux de lavage, avec lesquels
on nettoie le vase des cristaux de phosphate qui sont restés adhérents.
Il ne reste plus qu'à former avec la dissolution acide 200 centimètres
cubes de liqueur, sur lesquels on prélève un volume déterminé, pour
faire le dosage à la solution titrée d'urane (§ 1644). Le poids d'acide
phosphorique trouvé ainsi dans le volume de dissolution sur lequel on
a opéré le titrage, 20 centimètres cubes par exemple, étant multiplié

par $\frac{200}{20} = 10$, donne le poids d'acide contenu dans la totalité de la prise d'essai pesée à l'origine.

1649. ANALYSE D'UN SUPERPHOSPHATE DE CHAUX. — L'engrais chimique connu sous le nom de superphosphate de chaux est produit en attaquant par l'acide sulfurique les phosphates tribasiques de chaux pulvérisés. Dans ce traitement, il se forme du sulfate de chaux, tandis que l'acide phosphorique est déplacé. Suivant la proportion d'acide sulfurique employée, il se fait uniquement de l'acide phosphorique, ou cet acide plus ou moins mélangé de phosphate monocalcique et de phosphate dicalcique; si même l'acide sulfurique est pris en quantité insuffisante, du phosphate tricalcique reste inattaqué. Au point de vue agricole, on attache une valeur beaucoup plus grande à l'acide phosphorique ainsi rendu soluble dans l'eau, sous forme d'acide libre ou de phosphate monocalcique, qu'à celui qui est resté insoluble, sous forme de phosphate tribasique, aussi a-t-on été conduit à chercher à les évaluer séparément.

Mais ce n'est pas tout. Quand on conserve un superphosphate après sa préparation, on observe le plus souvent que sa teneur en acide phosphorique soluble dans l'eau va en diminuant : on dit qu'il subit une *rétrogradation*. Le phénomène est dû à ce que l'action de l'acide ayant été incomplète, ou exercée sur une poudre trop grossière, les particules inattaquées, phosphate tribasique' ou même carbonate calcaire, réagissent lentement sur l'acide phosphorique et le phosphate acide de chaux, pour les changer en phosphates insolubles, le dicalcique et le tricalcique (M. Joulie). Avec les phosphates naturels, qui sont chargés d'alumine et d'oxyde ferrique, ces sesqui-oxydes interviennent aussi, et d'une manière fort active, pour conduire au même résultat : ils forment des phosphates insolubles (Millot). Or les phosphates devenus insolubles dans l'eau par rétrogradation sont néanmoins différents des phosphates qui n'ont jamais subi la réaction de l'acide sulfurique : ils restent moins insolubles que ces derniers ; ils se dissolvent notamment dans l'eau chargée de certains sels, dépourvus d'action sur les phosphates tricalciques naturels ; ils doivent donc être dosés à part.

En résumé, dans un superphosphate, il y a lieu de déterminer l'acide phosphorique total, l'acide phosphorique actuellement soluble dans l'eau, et enfin l'acide phosphorique rétrogradé. En pratique, on réunit souvent, sous la rubrique *acide phosphorique assimilable*, l'acide soluble et l'acide rétrogradé, le commerce leur accordant la même valeur.

1° *Acide phosphorique total.* — L'acide phosphorique total se dose dans les superphosphates exactement comme dans les phosphates naturels (§ 1648).

2° *Acide phosphorique soluble.* — On fait une prise d'essai de 5 grammes du superphosphate pulvérisé et bien mélangé. Si la matière est pâteuse, ce qui arrive fréquemment, on la malaxe dans une capsule avec une spatule, jusqu'à ce qu'elle soit bien homogène ; on en pèse quelques dizaines de grammes que l'on mélange intimement avec un poids exactement égal de sulfate de chaux pur et anhydre ; on les change ainsi en une poudre sèche, susceptible d'être tamisée et mélangée, dont on pèse 10 grammes. On introduit la prise d'essai dans un mortier de verre, on ajoute assez d'eau distillée pour faire avec elle une bouillie épaisse et on triture jusqu'à ce qu'on ne sente plus de grains résistants sous le pilon ; on ajoute ensuite de l'eau, on mélange avec soin, et.on laisse déposer. On décante le liquide éclairci sur un filtre, puis on ajoute de l'eau au résidu, on mélange, on laisse déposer de nouveau, on décante une seconde fois sur le filtre, etc. ; en un mot, par des lavages répétés on épuise le produit des matières solubles qu'il contient; on lave enfin le filtre, et, en ajoutant de l'eau à toutes les liqueurs réunies, on complète 200 centimètres cubes de liquide. Sur la dissolution ainsi obtenue, laquelle contient tout l'acide phosphorique soluble dans l'eau de 5 grammes de superphosphate, on opère le dosage de cet acide, par précipitation à la liqueur citro-magnésienne et titrage à l'urane (§ 1648 et § 1644).

Souvent on se contente de décanter directement, dans le vase jaugé, les liquides éclaircis par dépôt, et, après plusieurs traitements successifs du résidu par l'eau, on réunit la matière insoluble aux liqueurs. Après dilution jusqu'à 200 centimètres cubes, on verse le tout sur un filtre et on opère sur la liqueur claire. L'erreur sensible, que l'on commet en opérant ainsi, porte sur le volume occupé par le résidu insoluble, lequel volume serait à déduire des 200 centimètres cubes mesurés.

3° *Acide phosphorique assimilable.* — D'après ce qui a été dit plus haut sur ce qu'on entend par acide phosphorique assimilable, la nature du réactif dans lequel on considère la solubilité du superphosphate rétrogradé, et aussi les conditions de l'action de ce réactif, ont une influence considérable sur la proportion d'acide phosphorique dissous. Aujourd'hui, on est généralement d'accord en France pour regarder comme assimilable, l'acide phosphorique soluble à froid dans le citrate d'ammoniaque alcalin.

La solution de citrate d'ammoniaque alcalin, employée comme réactif, se prépare en versant dans une capsule 500 centimètres cubes d'ammoniaque concentrée, sur 400 grammes d'acide citrique cristallisé, agitant pour que la dissolution s'effectue, laissant refroidir, transvasant dans une carafe jaugée, rinçant la capsule, et complétant le volume de 1 litre avec de l'ammoniaque concentrée. On filtre et on conserve en flacon bien bouché.

Voici comment on opère d'ordinaire (M. Joulie) : On prépare l'échantillon comme pour le dosage de l'acide phosphorique soluble, et on pèse une prise d'essai de 1 gramme (2 grammes quand on a ajouté du sulfate de chaux). On la place dans un petit mortier de verre, où on l'arrose peu à peu de 40 centimètres cubes de la solution de citrate d'ammoniaque alcalin, en triturant soigneusement la pâte formée avec les premières portions de ce réactif, jusqu'à disparition de tout grain sensible sous le pilon. On verse, sans en perdre la moindre trace, le liquide trouble dans un matras jaugé de 100 centimètres cubes, et on lave à plusieurs reprises le mortier à l'eau distillée, en ajoutant les liqueurs de lavage au mélange primitif, puis on laisse macérer à la température ordinaire pendant une heure, en ayant soin d'agiter fréquemment. On complète ensuite avec de l'eau 100 centimètres cubes de liqueur, on mélange, et on verse le tout sur un filtre ; celui-ci a été disposé au-dessus d'un vase à étroite ouverture, et l'entonnoir qui le contient est recouvert d'une lame de verre. On mesure, suivant la richesse, de 25 à 30 centimètres cubes de la liqueur filtrée, on les introduit dans un vase à précipiter de 150 centimètres cubes, on ajoute d'abord 10 ou 20 centimètres cubes de la liqueur citro-magnésienne formulée plus haut (§ 1643), puis un excès d'ammoniaque ; on mélange et on laisse reposer de six à douze heures. On lave, on recueille et on dose à l'urane le phosphate ammoniaco-magnésien qui s'est séparé (§ 1644).

Si, sur les 100 centimètres cubes, on en a pris 30, par exemple, il faut multiplier par $\frac{100}{30}$, c'est-à-dire par 3,3333, le chiffre trouvé dans le titrage à l'urane, pour avoir le poids d'acide phosphorique assimilable, P^2O^{10} ou P^2O^5, contenu dans la prise d'essai.

G. — Carbone et silicium.

1650. Dosage de l'acide carbonique des carbonates. — Un appareil contenant séparément un carbonate et un acide minéral, et permettant de les mettre en contact à un moment donné, perd de son poids une quantité égale à celui du gaz carbonique dégagé, quand ce gaz s'échappe desséché. Tel est le principe d'une méthode de dosage par différence, qui est fort usitée (MM. Frésénius et Will).

Les appareils avec lesquels on pratique cette analyse sont très nombreux. L'un des plus simples se compose d'un petit matras B (fig. 343), à fond plat et très léger, portant un bouchon qui s'adapte exactement, mais qui est percé de deux trous. L'un des trous est traversé par une pipette légère, *mnp*, dont le tube inférieur *np* est coudé deux fois, et dont l'orifice d'écoulement *p* est très étroit. Au second trou est fixé un tube de verre *stv*, dont la partie large *st* est garnie de ponce sulfurique (§ 427), maintenue entre deux tampons d'amiante ; cette partie large est fermée par un bouchon de liège, que traverse un tube droit *sr*. En fermant *r* et en aspirant en *m*, on s'assure que l'air ne pénètre pas dans l'appareil, c'est-à-dire que les fermetures sont exactes.

On pèse 1 gramme environ du carbonate à analyser, et on l'introduit dans le matras B, avec 30 ou 40 centimètres cubes d'eau. Plongeant la pointe de la pipette dans de l'acide sulfurique concentré et pur, on garnit, en aspirant, son réservoir *mn* de cet acide, pris en quantité supérieure à celle qui serait nécessaire pour décomposer la totalité du carbonate, puis, au moyen d'un tube de caoutchouc, obturé à une extrémité par une petite baguette de verre l, on ferme exactement l'orifice supérieur de la pipette. L'appareil peut encore être fermé en l, par une pince de Mohr, écrasant le caoutchouc (§ 45, fig. 19). Après avoir essuyé la pointe p avec un papier buvard, on adapte le bouchon sur le matras, et on pèse l'appareil tout entier.

Entr'ouvrant pendant un instant l'orifice l, on laisse écouler dans le matras un peu d'acide sulfurique, le carbonate est aussitôt décomposé et le gaz carbonique s'échappe par $vtsr$, en se desséchant sur la ponce sulfurique. En laissant arriver, de nouveau et de la même manière, une petite quantité d'acide dans le mélange dès que l'effervescence produite après l'écoulement précédent s'est calmée, on vide presque complète-

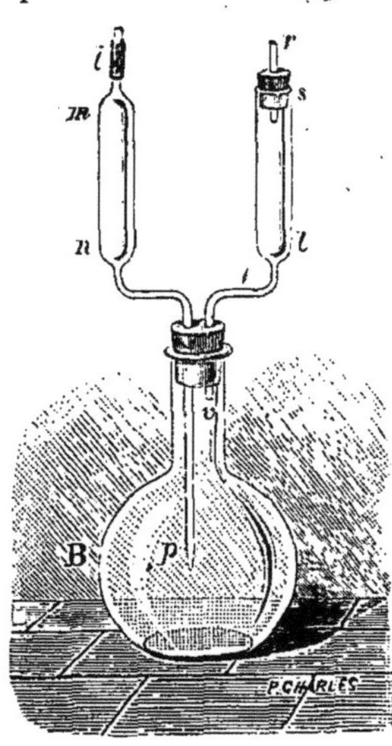

Fig. 343.
Appareil pour le dosage de l'acide carbonique.

ment la pipette. En même temps, le contenu du matras s'est échauffé fortement. Toute effervescence ayant cessé, on enfonce le tube de la pipette dans le bouchon, afin de faire plonger sa partie inférieure dans le liquide, on débouche l'orifice l, on adapte en r un tube de caoutchouc, et on aspire très doucement par ce dernier, soit avec la bouche, soit avec une trompe dont on modère l'action par un robinet : l'air pénètre en l dans l'appareil, et chasse la totalité du gaz carbonique, non seulement de l'atmosphère du matras, mais encore du liquide chaud. On laisse ensuite refroidir jusqu'à la température ambiante, et on pèse de nouveau l'appareil. La perte de poids que ce dernier a subie représente le gaz carbonique qui a été chassé.

Pour éviter l'intervention de l'humidité de l'air, lors de l'aspiration qui doit être prolongée pendant un temps suffisant, il est bon, avant d'aspirer, de relier l'ouverture m, par un caoutchouc, à un tube à dessécher garni de ponce sulfurique. Avant la pesée, on rétablit toujours l'appareil dans son état primitif.

Les sulfures, les sulfites et, en général, tous les composés qui dégagent un gaz quand on les traite par un acide, s'opposent à l'application de cette méthode. Toutefois, en remplaçant l'eau placée à l'origine dans le matras, par une dissolution de chromate de potasse, l'hydrogène sulfuré et l'anhydride sulfureux se trouvent oxydés et ne se dégagent pas.

Les chlorures peuvent donner de même de l'acide chlorhydrique gazeux, qui s'échappe par $vtsr$; lorsque le corps à analyser en contient, il est nécessaire de donner un plus grand développement au tube ts, de le garnir sur la moitié de sa longueur de ponce sulfurique, puis sur l'autre moitié de borate de soude desséché avec soin, en séparant les deux réactifs par un tampon d'amiante. Le borate de soude sec fixe l'acide chlorhydrique, en formant du chlorure de sodium et de l'acide borique. Le même arrangement permet de remplacer l'acide sulfurique par l'acide chlorhydrique, lequel est préférable dans l'analyse des carbonates donnant un sulfate insoluble. L'acide azotique peut également servir en pareil cas. Quand on emploie l'acide chlorhydrique ou l'acide azotique, il est nécessaire de chauffer le matras vers la fin de la réaction, pour assurer l'élimination du gaz carbonique par le courant d'air.

MM. Frésénius et Will se servent d'un appareil un peu différent, que représente la figure 344. Dans le matras A, on place la prise d'essai avec une certaine quantité d'eau, et on garnit le matras B d'acide sulfurique concentré. On pèse le tout. En aspirant en d, après avoir fermé l'orifice b, on fait sortir quelques bulles d'air de A; quand la communication avec l'atmosphère est ensuite rétablie en d, de l'acide sulfurique est refoulé de B en A par le siphon c. Le gaz se dégage, traverse le siphon c pour s'échapper de A; il se dessèche en barbotant en B dans l'acide sulfurique et sort en d. L'opération est d'ailleurs conduite comme il a été dit; on expulse le gaz carbonique par l'air en aspirant en d, et on fait la seconde pesée.

1651. Dosage de la silice. — La silice se dose d'ordinaire en dissolvant la matière à analyser, et en ajoutant de l'acide chlorhydrique ou de l'acide azotique, qui met l'acide silicique en liberté; on évapore ensuite à sec pour

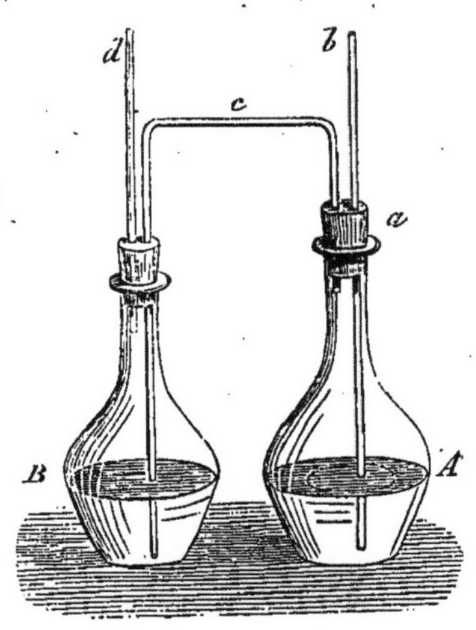

Fig. 344.
Appareil de MM. Frésénius et Will pour le dosage de l'acide carbonique.

rendre ce dernier acide insoluble, et on l'isole par des lavages.

La prise d'essai est tout d'abord mise en solution dans l'eau. Les silicates alcalins sont seuls solubles dans ce liquide pur, mais beaucoup d'autres peuvent être dissous par l'intervention des acides. Dans les deux cas, on opère de la manière suivante :

Le corps ayant été, s'il est solide, pulvérisé très finement avant la pesée, on le délaye avec un peu d'eau dans une capsule de porcelaine, à couverte siliceuse résistant bien aux acides, on ajoute de l'acide chlorhydrique concentré et on chauffe doucement. On substitue l'acide azotique à l'acide chlorhydrique quand la matière contient du plomb ou de l'argent. On maintient à une douce chaleur, en agitant constamment et en remplaçant l'acide vaporisé, jusqu'à ce qu'on ne sente plus aucune poudre lorsqu'on frotte le fond de la capsule avec une baguette à bout fondu à la lampe. Il faut éviter de surchauffer le fond de la capsule : il s'y reproduirait de la matière insoluble; il est bon, pour empêcher cet accident, de chauffer au bain de sable et d'agiter constamment. Certains silicates se dissolvent ainsi complètement, d'autres se changent en une gelée siliceuse. L'attaque étant terminée, on chauffe la capsule au bain-marie, et on évapore jusqu'à dessiccation *complète* du produit. Ce dernier point étant indispensable à atteindre pour rendre insoluble la totalité de la silice, on termine la dessiccation en chauffant un peu plus fortement à feu nu, mais en plaçant la capsule à une grande hauteur au-dessus du bec de gaz et en agitant sans cesse. L'intervention d'une température trop élevée rendrait certaines bases insolubles.

Après refroidissement, on arrose le résidu avec de l'acide chlorhydrique, on agite pour former une bouillie fluide, et on laisse macérer pendant une demi-heure ou une heure. On ajoute de l'eau bouillante, on agite avec soin, on laisse déposer, on décante sur un filtre sans plis, laissant un poids de cendres connu (§ 360), on traite, une seconde fois et de la même manière, le résidu insoluble par l'acide et par l'eau bouillante, puis on le lave à l'eau bouillante, par décantation suivie de filtration (§ 374). Lorsque l'eau de lavage, qui a traversé le filtre, a cessé d'être acide au tournesol, on réunit la totalité de la silice sur le filtre (§ 362). On sèche ce dernier et on l'incinère dans un creuset de platine (§ 202), en portant finalement la température jusqu'au rouge vif. Après refroidissement terminé dans un vase à dessécher, on pèse ; le poids trouvé, diminué de celui des cendres du filtre, donne le poids d'acide silicique, SiO^2 ou $Si\theta^2$, contenu dans la prise d'essai.

Il est nécessaire de s'assurer de la pureté de l'acide silicique obtenu. Il doit être incolore ; arrosé d'acide fluorhydrique pur sur une lame de platine, il se dissout, puis la liqueur disparaît sans résidu par l'action de la chaleur ; chauffé dans un creuset de platine avec une solution de carbonate de soude, il se dissout avec lenteur, mais en donnant une liqueur limpide.

Quand il s'agit d'un silicate insoluble dans l'eau, même fortement chargée d'acide, il est indispensable de le désagréger. Sur la matière très finement pulvérisée, on prélève une prise d'essai ; on introduit celle-ci dans un creuset de platine, on la mélange dans le creuset même, en se servant d'une baguette de verre, avec 4 fois son poids de carbonate de soude pur et sec, on essuie la baguette avec du carbonate de soude pulvérulent que l'on verse ensuite dans le creuset ; celui-ci ne doit pas être rempli à plus de moitié. On couvre le creuset et on le chauffe doucement, ce qui agglomère la masse et empêche ensuite les projections. On élève la température de plus en plus, en atteignant le rouge vif, et en s'arrêtant seulement lorsque la masse est en fusion tranquille et ne dégage plus de gaz. On laisse refroidir, on reprend par l'eau bouillante, en introduisant le creuset dans la capsule de porcelaine qui contient le liquide, on lave exactement le creuset et on l'enlève. On opère ensuite sur le liquide comme il a été dit plus haut.

Le chauffage devant être énergique, il est bon de protéger le creuset de platine en l'enfermant dans un creuset de terre, et en garnissant de magnésie l'intervalle qui le sépare de celui-ci.

3.

DOSAGE DES MÉTAUX ET DE LEURS COMPOSÉS.

A. — Potassium

1652. Dosage a l'état de chloroplatinate de potasse. — Ce mode de dosage est très général ; il exige cependant que l'acide du sel analysé soit soluble dans l'alcool et que l'ammoniaque n'existe pas dans le produit. Cette dernière condition peut toujours être réalisée en faisant bouillir le sel analysé avec de la soude pure, jusqu'à expulsion de tout composé alcalin volatil.

On agit sur une solution cencentrée et limpide ; si elle est neutre ou alcaline, on l'acidule par l'acide chlorhydrique. On opère d'ailleurs exactement comme il a été dit plus haut pour le dosage de l'ammonia à l'état de chloroplatinate d'ammoniaque (§ 1619).

Soit p le poids trouvé du précipité de chloroplatinate de potasse, soustraction faite du poids du filtre. Le chlorure double de platine et de potassium [$PtCl^2,KCl$ ou $1/2(PtCl^4,2KCl) = 244,5$] contenant 39 de potassium, et x étant le poids de potassium à déterminer dans la prise d'essai, on a $\frac{x}{p} = \frac{39}{244,5}$, d'où l'on tire $x = p\frac{39}{244,5}$, et enfin $x = p \times 0,1595$. On aurait de même pour calculer le poids y de potasse supposée anhydre (KO ou $1/2 K^2O = 47$), $y = p\frac{47}{244,5}$, ou $y = p \times 0,1922$.

Dans l'expérience de contrôle, la calcination du chloroplatinate ne donne plus ici du platine pur, comme avec l'ammoniaque, mais bien un mélange de platine métallique et de chlorure de potassium. Quand on a recueilli le chloroplatinate sur un filtre, on incinère celui-ci comme il a été dit pour le dosage de l'ammoniaque (§ 1619) ; lorsqu'on l'a recueilli sur un tampon, on en prélève une partie, que l'on pèse et sur laquelle on opère, sauf à rapporter plus tard par le calcul le résultat au poids total. La calcination terminée, on lave le résidu à l'eau distillée, qui dissout le chlorure de potassium, on recueille le platine sur un filtre, on le sèche, on le calcine et on le pèse : soit p' son poids. Le chloroplatinate de potassium contenant 99 de platine pour 39 de potassium, en appelant x le poids de potassium cherché, on a $\frac{x}{p'} = \frac{39}{99}$, d'où $x = p'\frac{39}{99}$, ou $x = p' \times 0,3939$.

La présence de vapeurs ammoniacales dans l'atmosphère du laboratoire fausse le dosage.

1653. DOSAGE A L'ÉTAT DU SULFATE DE POTASSE. — Ce procédé s'applique à tous les sels qui ne contiennent aucune autre base fixe, et dont l'acide est volatil ou destructible par la chaleur. Il convient particulièrement pour les sels organiques.

Dans un creuset de platine taré, on pèse une prise d'essai de la matière desséchée, et, s'il s'agit d'un sel à acide organique, on commence par détruire ce dernier en portant très lentement le creuset au rouge. On laisse refroidir, on arrose de quelques gouttes seulement de solution d'azotate d'ammoniaque pur, on chauffe pour dessécher, puis on incinère ; on répète au besoin ce traitement de façon à brûler la totalité du charbon et à obtenir un produit incolore. On laisse refroidir une seconde fois, on imbibe la masse d'acide sulfurique pur et on chauffe de nouveau dans le creuset couvert : l'acide sulfurique transforme le sel en sulfate, et réagit, pour donner des anhydrides sulfureux et carbonique, sur les traces de charbon qui peuvent subsister. Le plus grand excès de l'acide s'élimine sous forme de vapeurs blanches, mais l'intervention d'une température très élevée est indispensable pour détruire les dernières traces du bisulfate de potasse qui s'est formé : on porte donc le creuset au rouge blanc, pendant quelques instants, en se servant du chalumeau à gaz. On peut encore introduire dans le creuset un fragment de carbonate d'ammoniaque pur, qui neutralise l'acide du bisulfate en formant un sel ammoniacal facilement volatil; en répétant plusieurs fois ce traitement, on élimine la totalité de l'acide en excès, sans dépasser la température donnée par un brûleur de Bunsen.

Si la substance analysée renferme des acides minéraux volatils, on commence par la chauffer doucement, dans le creuset de platine couvert, avec un excès d'acide sulfurique, qui chasse l'acide volatil. Quand elle renferme simultanément de l'acide chlorhydrique et de l'acide azotique, on opère dans un creuset de porcelaine.

Une erreur importante peut résulter des projections dues au dégagement de gaz carbonique, qui se produit au contact de l'acide et de la matière incinérée; la substance organique a, en effet, donné en brûlant de l'acide carbonique, que la potasse a fixé sous forme de carbonate. Il est préférable, pour cette raison, d'imbiber dès le commencement d'un peu d'acide sulfurique le sel organique à décomposer et de chauffer lentement dans le creuset couvert; la destruction de la matière organique s'effectuant alors en présence de l'acide, le gaz carbonique est expulsé peu à peu, dans des conditions où son dégagement présente moins d'inconvénients.

Dans tous les cas, après la pesée, on doit vérifier que le sulfate de potasse obtenu forme avec l'eau une liqueur limpide et ne rougissant pas le tournesol.

Soit p le poids du sulfate de potasse trouvé; ce sel (SKO^4 ou $1/2\,SO^4K^2 = 87$) contenant 39 de potassium, si l'on appelle x le poids de ce métal contenu dans la prise d'essai, l'on a $\frac{x}{p} = \frac{39}{87}$, d'où l'on tire $x = p\,\frac{39}{87}$, c'est-à-dire $x = p \times 0,4482$. En rapportant le résultat au poids y de la potasse (KO ou $1/2\,K^2O = 47$), on aurait de même $y = p\,\frac{47}{87}$, ou $y = p \times 0,5402$.

1654. DOSAGE A L'ÉTAT DE PERCHLORATE. — Ce mode de dosage (M. Schlœsing) est plus rapide et non moins exact que les précédents. Il a de plus l'avantage de permettre la séparation du potassium dans des mélanges assez complexes, chargés de chaux, de baryte et de magnésie, par exemple. Il est basé sur l'insolubilité du perchlorate de potasse dans l'alcool absolu qui dissout le perchlorate de soude. Il s'applique avec avantage au dosage du potassium en présence du sodium.

Les alcalis à doser étant en solution nitrique ou chlorhydrique, on chauffe la liqueur dans une capsule de porcelaine et on ajoute de l'acide perchlorique en quantité suffisante pour saturer les bases présentes. On évapore à sec au

bain de sable. L'acide du sel et l'acide perchlorique en excès se volatilisent ;
le départ de ce dernier est dénoncé par des fumées blanches, très caractéristiques, formées de particules solides ; la production de ces fumées est l'indice nécessaire de l'emploi d'un excès de réactif. On chauffe jusqu'à ce qu'elles
aient complètement disparu, la présence d'acide perchlorique en excès
pouvant par la suite, lors du traitement à l'alcool, donner lieu à un mélange
susceptible de détoner ; toute autre matière organique que l'alcool pourrait
d'ailleurs présenter le même inconvénient par son contact à chaud avec
l'acide perchlorique.

La capsule contient les bases de la matière à analyser sous forme de per-
chlorates. On reprend le résidu sec par quelques centimètres cubes d'alcool
à 90 centièmes, on tiédit la capsule et on agite soigneusement, en écrasant la
matière et en la délayant dans le liquide avec une baguette de verre à bout
large. On laisse déposer. On décante le liquide alcoolique sur un petit filtre
sans plis, on le remplace par de nouvel alcool, puis on poursuit le lavage du
perchlorate de potasse de la même manière, par décantation et en évitant de
faire passer le produit solide sur le filtre. Le véhicule étant volatil, il est
nécessaire de maintenir autant que possible les vases recouverts de lames de
verre ; l'usage d'une petite fiole à laver garnie d'alcool facilite la pratique de
l'opération.

Le perchlorate de potasse, qui constitue le résidu, retenant des sels solubles
dans l'alcool, on le reprend par un peu d'eau ; à cet effet, disposant le filtre
au-dessus de la capsule contenant le perchlorate séparé par décantation, on
dissout complètement le contenu du filtre dans l'eau bouillante et on lave
exactement le papier. Les eaux de lavage dissolvent également le perchlorate contenu dans la capsule. On ajoute quelques gouttes d'acide perchlorique,
on évapore la liqueur au bain de sable jusqu'à siccité, et on opère une
seconde fois comme la première le lavage à l'alcool. Une seconde fois également on dissout dans l'eau bouillante le contenu du filtre dont on lave le
papier, on reçoit la dissolution et les eaux de lavage dans la capsule et on
termine en évaporant à sec le contenu de la capsule, en chauffant au bain de
sable. Une pesée de la capsule chargée de perchlorate de potasse et une pesée
de la capsule vide donnent le poids du sel de potasse obtenu.

Le perchlorate de potasse contenant 28,159 p. 100 de potassium, en multipliant par 0,28159 le poids de perchlorate trouvé, on aura le poids de potassium existant dans la prise d'essai.

Quand l'acide nitrique et l'acide chlorhydrique coexistent dans le produit
analysé, il est bon de chasser l'un d'eux, les vapeurs rutilantes que dégage
leur mélange surchauffé, quand on dessèche le sel, occasionnant souvent des
pertes par projection. On commencera donc par chauffer la matière avec un
excès d'acide nitrique, jusqu'à ce qu'il ne se dégage plus de vapeurs chlorhydriques : on constatera que l'eau condensée sur une lame de verre mouillée,
placée au-dessus de la capsule, ne précipite pas le nitrate d'argent.

L'acide phosphorique et l'acide sulfurique doivent être éliminés parce
qu'ils forment des sels insolubles dans l'alcool. On les précipite en ajoutant
à la solution de la matière du nitrate de baryte jusqu'à précipitation complète. On filtre et on lave soigneusement le précipité barytique, puis on opère
le dosage de la potasse sur les liquides, l'excès de sel barytique employé étant
sans inconvénient à cause de la solubilité dans l'alcool du perchlorate de
baryte.

La présence de l'ammoniaque troublerait également le dosage, le perchlorate d'ammoniaque étant peu soluble dans l'alcool. Si une addition de soude ne doit pas gêner dans les opérations à faire consécutivement au dosage de la potasse, on chasse l'ammoniaque comme il a été dit ci-dessus (§ 1652); sinon on détruit l'ammoniaque en évaporant le produit à plusieurs reprises avec de l'eau régale et en chassant ensuite l'acide chlorhydrique par l'acide nitrique.

Ce procédé est fort avantageux, a-t-il été dit, pour doser à la fois le potassium et le sodium dans leurs combinaisons mélangées. Les liqueurs alcooliques séparées du perchlorate de potasse sont alors évaporées à sec dans une capsule de platine et le résidu de perchlorate de soude est ensuite changé en sulfate et pesé (§ 1659).

Quant à l'acide perchlorique pur nécessaire pour ce dosage, on se le procure aisément, à l'état de pureté sauf mélange d'une certaine quantité d'acide nitrique qui est sans inconvénient ici, en traitant à chaud, dans un ballon de verre, le perchlorate d'ammoniaque pur par de l'eau régale riche en acide nitrique ; l'ammoniaque est rapidement détruite. On chauffe alors le ballon au bain de sable; l'acide chlorhydrique est chassé, avec une grande partie de l'acide nitrique, si l'on n'arrête l'évaporation qu'au moment où apparaissent les vapeurs blanches de l'acide perchlorique.

1655. Dosage alcalimétrique. — *a*. L'essai alcalimétrique direct (§ 1601) ou l'essai alcalimétrique indirect (§ 1602) sont particulièrement applicables au dosage de la potasse caustique ou carbonatée. L'équivalent du potassium (K ou $K = 39$), celui de la potasse supposée anhydre (KO ou $\frac{1}{2}K^2O = 47$), et celui de l'hydrate de potasse (KO,HO ou $KOH = 56$), introduits dans les calculs indiqués plus haut d'une manière générale (§ 1601), fournissent le résultat cherché. En présence de l'acide carbonique, l'essai direct ou indirect est pratiqué de préférence à l'ébullition. A froid, le gaz carbonique, qui se dégage des potasses carbonatées quand on les additionne d'acide, agit sur le tournesol pour donner une coloration rouge vineux, laquelle rend moins net le changement de teinte ; on peut alors se servir du papier de tournesol pour reconnaître le terme de la réaction (§ 1601).

b. L'emploi du bleu soluble comme indicateur (§ 1600) permet de doser séparément l'alcali carbonaté et l'alcali caustique : en opérant à chaud, ainsi qu'il vient d'être dit, et avec la teinture de tournesol, on dose dans un premier essai l'alcali total; dans un second essai, pratiqué à froid avec le bleu soluble, on dose seulement l'alcali libre ; la différence entre les deux chiffres obtenus est le poids de l'alcali existant sous forme de carbonate dans le produit.

c. Pour essayer une potasse commerciale avec une burette ordinaire et en employant l'acide sulfurique normal, on pratique souvent l'essai de manière à rendre le calcul très simple. La marche suivante permet d'atteindre ce résultat. L'équivalent de la potasse (KO ou $\frac{1}{2}K^2O$) étant 47, dont le cinquième est 9,4, on pèse $9^{gr},40$ de la potasse à essayer, on les dissout dans l'eau, et, après refroidissement, on complète 250 centitres cubes de liqueur. On prélève avec une pipette jaugée 50 centimètres cubes de cette solution, et on opère sur eux à la manière ordinaire. Ces 50 centimètres cubes formant $\frac{1}{5}$ de la solution totale, contiendraient donc $\frac{1}{25}$ d'équivalent de potasse, si la matière analysée était pure; dans la même hypothèse, ils neutraliseraient $\frac{1}{25}$ de litre d'acide normal, soit 40 centimètres cubes ou 400 divisions des burettes ordinaires, celles-ci étant graduées en dixièmes de centimètre cube. Il résulte de là que, si la potasse analysée dans ces conditions est impure, elle contiendra autant de centièmes de son poids de potasse qu'elle exigera de fois 4 divisions de la burette ($\frac{4}{10}$ de centimètre cube) pour être saturée; autrement dit chaque dixième de centimètre cube d'acide normal employé correspond à $0^{gr},25$ de potasse (KO ou K^2O) existant dans 100 grammes de la matière analysée.

1656. On conçoit que l'usage d'une burette spéciale puisse présenter quelques avantages à certains points de vue, notamment quand il s'agit de faire un grand nombre d'essais semblables. C'est ainsi qu'en se servant d'une burette graduée en 1/2 centimètres cubes (*burette alcalimétrique*), dont 100 divisions contiennent 5 grammes d'acide sulfurique ($S^2H^2O^8$ ou SO^4H^2), en opérant sur un poids de potasse qui équivaudrait à ces 5 grammes d'acide si la potasse était pure, soit sur $4^{gr},816$, et en faisant l'essai à la manière ordinaire, le nombre des divisions de la burette, qui mesure l'acide normal employé à la neutralisation, exprime également le nombre de parties de potasse supposée anhydre renfermées dans 100 parties de l'alcali analysé. Pour plus de commodité, Gay-Lussac, auteur de cette méthode, pesait une quantité décuple d'alcali à essayer, soit $48^{gr},16$, la dissolvait, formait 1 litre de liqueur et prélevait 100 centimètres cubes de cette dernière, sur lesquels il pratiquait l'essai; celui-ci pouvait ainsi être recommencé plusieurs fois. Ce procédé supprime tout calcul mais exige une burette spéciale.

Par les deux modes opératoires précédents, la potasse est dosée à l'état d'alcali caustique ou d'alcali carbonaté, le résultat étant exprimé en centièmes de potasse supposée anhydre (KO ou $1/2\,K^2O = 47$). C'est ce résultat que l'on désigne sous le nom de *titre pondéral*.

Il peut encore être exprimé en hydrate de potasse (KO,HO ou $KOH = 56$), ou en carbonate ($1/2\ C^2O^6K^2$ ou $1/2\ CO^3K^2 = 69$) : il suffit pour cela de le multiplier par le rapport $\frac{56}{47} = 1,191$ dans le premier cas, et par le rapport $\frac{69}{47} = 1,468$ dans le second.

1657. Le *titre pondéral* d'une potasse doit être distingué de son *titre alcalimétrique* ou *degré alcalimétrique*, qui est encore en usage aujourd'hui dans l'industrie. Avant Gay-Lussac, en effet, Descroizilles avait fait adopter un procédé très analogue au précédent, mais qui rapportait la richesse d'un alcali à la quantité d'acide neutralisée par lui. Descroizilles pesait 5 grammes du sel à analyser, les dissolvait dans l'eau et déterminait le volume d'une liqueur titrée, à 100 grammes d'acide sulfurique par litre (soit 5 grammes pour 50 centimètres cubes), qu'ils neutralisaient; il se servait d'une burette de 50 centimètres cubes, divisée en 1/2 centimètres cubes, et nommait *degré alcalimétrique* le nombre des divisions de cette burette, à employer pour réaliser la neutralisation. Le résultat de l'analyse, traduit ainsi sous une forme arbitraire, est cependant en relation simple avec le titre pondéral. Soit P le titre pondéral (§ 1656) et D le degré alcalimétrique, on a la proportion $\frac{4,816}{5} = \frac{P}{D}$, qui donne le titre pondéral $P = \frac{4,816\ D}{5} = 0,9632\ D$, quand on connaît le degré alcalimétrique; réciproquement, la même proportion donne le degré alcalimétrique $D = \frac{5\ P}{4,816} = 1,0382\ P$, quand on connaît le titre pondéral.

1658. ANALYSE DES CENDRES. — Le dosage des alcalis libres ou carbonatés, contenus dans les cendres de bois, peut servir ici d'exemple pour le dosage alcalimétrique de la potasse. On prend un échantillon moyen des cendres, sur lequel on prélève une prise d'essai de 50 à 60 grammes; on délaye cette dernière dans 250 grammes d'eau environ, on fait bouillir pendant quelque temps, on laisse reposer, on décante le liquide sur un filtre, et on traite le résidu, de nouveau et de la même manière, par 200 grammes d'eau bouillante. On lave enfin la partie insoluble afin d'entraîner dans la liqueur toutes les matières solubles. Avec les liquides réunis et refroidis, on complète, en ajoutant de l'eau, 1 litre de liqueur. On prélève 100 centimètres cubes de cette dernière, et on opère sur elle comme il a été dit plus haut (§ 1655).

B. — Sodium.

1659. — **DOSAGE A L'ÉTAT DE SULFATE DE SOUDE.** — Ce mode de dosage s'applique dans les mêmes circonstances que le dosage analogue du potassium. Il se pratique exactement comme ce dernier (§ 1653).

Soit p le poids de sulfate de soude trouvé; ce sel ($\frac{1}{2}\,S^2Na^2O^8$ ou $\frac{1}{2}\,SO^4Na^2 = 71$) contenant $\frac{23}{71}$ de son poids de sodium (Na ou $Na = 23$), si l'on appelle x le poids de ce métal contenu dans la prise d'essai, on a $x = p\frac{23}{71}$, ou $x = p \times 0,3239$. En rapportant le même résultat à la soude supposée anhydre (NaO ou $\frac{1}{2}Na^2\theta = 31$), on a de même $y = p\frac{31}{71}$, ou $y = p \times 0,4366$.

Comme exercice de dosage de ce genre, on peut analyser un *sel marin*. On y dose le sodium à l'état de sulfate, en opérant sur un poids compris entre $0^{gr},50$ et 1 gramme. On y dose ensuite le chlore volumétriquement, par l'azotate d'argent titré et avec le chromate de potasse comme indicateur (§ 1635). Enfin on recherche si le sel contient du magnésium, lequel s'y rencontre fréquemment à l'état de chlorure; dans l'affirmative, on dose la magnésie sous forme de pyrophosphate (§ 1676) et on diminue le poids du sulfate de soude trouvé lors du dosage de la soude à l'état de sulfate, de celui du sulfate de magnésie que peut former la quantité de magnésie existant dans la prise d'essai.

1660. DOSAGE ALCALIMÉTRIQUE. — *a.* Il se pratique à la manière ordinaire, soit pour la soude caustique, soit pour la soude carbonatée. L'équivalent du sodium (Na ou $Na = 23$), celui de la soude supposée anhydre (NaO ou $\frac{1}{2}Na^2\theta = 31$), et celui de l'hydrate de soude (NaO,HO ou

$Na\theta H = 40$), introduits dans les calculs indiqués plus haut (§ 1601 et § 1602), donnent le résultat sous la forme voulue. Il est, avec la soude comme avec la potasse, préférable d'opérer à l'ébullition afin de chasser l'acide carbonique.

4. Pour l'essai d'une soude commerciale, pratiqué avec une burette ordinaire et en se servant d'un acide normal, on peut opérer comme pour la potasse (§ 1655 c). Toutefois l'équivalent de la soude (NaO ou $1/_2 Na\theta$) étant 31, on pèse $\frac{1}{5}$ de cet équivalent de la soude à essayer, soit $6^{gr},20$; on forme avec cette prise d'essai 250 centimètres cubes de solution, dont on prélève 50 centimètres cubes, que l'on neutralise par un acide normal : chaque dixième de centimètre cube d'acide normal, employé à produire la neutralisation, correspond à $0^{gr},25$ de soude (NaO ou $Na^2\theta$) contenue dans 100 grammes de matière analysée.

1661. En opérant avec une burette alcalimétrique spéciale, on peut appliquer à la soude, comme à la potasse (§ 1656), le procédé de Gay-Lussac. Dans ce cas, le poids de soude qui, si elle était pure et anhydre, équivaudrait aux 5 grammes d'acide sulfurique, et qu'il faut dès lors peser, est $31^{gr},630$.

Avec les deux méthodes précédentes, on obtient directement, et par rapport à la soude supposée anhydre, le *titre pondéral* de la soude essayée. Ce dernier peut être traduit en une teneur en hydrate de soude (NaO,HO ou $Na\theta H = 40$) ou en carbonate de soude ($1/2\ C^2O^6Na^2$ ou $1/2\ C\theta^3Na^2 = 53$) : le résultat précédent (NaO ou $1/2\ Na^2\theta = 31$) doit alors être multiplié par le rapport $\frac{40}{31} = 1,293$, quand il s'agit de l'hydrate, et par le rapport $\frac{53}{31} = 1,710$, quand il s'agit du carbonate.

Quant au *titre alcalimétrique* ou *degré alcalimétrique* d'une soude, tel que l'a défini Descroizilles (§ 1656), il se rapporte comme pour la potasse au poids d'acide neutralisé. On le détermine en opérant toujours sur 5 grammes de sel. En outre, le titre pondéral P et le degré alcalimétrique D sont entre eux dans le rapport $\frac{P}{D} = \frac{3,163}{5}$; on peut donc calculer le titre pondéral en fonction du degré alcalimétrique : $P = \frac{3,163\ D}{5} = 0,6326\ D$, ou réciproquement le degré alcalimétrique en fonction du titre pondéral : $D = \frac{5\ P}{3,163} = 1,5808\ P$.

1662. DOSAGE DES MÉLANGES DE SOUDE LIBRE ET CARBONATÉE. — Pour reconnaître la présence de la soude libre dans un carbonate de soude (sel de soude du commerce), on dissout dans l'eau une petite quantité de la matière, et on ajoute un excès de chlorure de baryum : le carbonate alcalin forme du chlorure de sodium et du carbonate de baryte qui se précipite, tandis que la soude caustique, mettant en liberté un poids de baryte équivalent, conserve à la liqueur une réaction alcaline *énergique ;* cette dernière ne se manifeste pas quand la matière ne contient pas de soude caustique.

Le même réactif permet de doser séparément l'alcali caustique et l'alcali carbonaté existant dans le mélange, problème qui se pose fréquemment dans l'industrie. On commence par déterminer le titre pondéral de la soude, comme il a été dit plus haut (§ 1660 et § 1661), en pesant $6^{gr},20$ de matière, formant 250 centimètres cubes de liqueur, et opérant sur 50 centimètres cubes de cette dernière, avec de l'acide normal. Dans une seconde expérience, on prélève avec une pipette jaugée 100 centimètres cubes de la même liqueur, on les introduit dans un vase jaugé de 250 centimètres cubes, avec un peu d'eau, et on ajoute du chlorure de baryum neutre, jusqu'à ce que celui-ci cesse de produire un précipité ; on complète avec de l'eau le volume de 250 centimètres cubes et, après agitation, on laisse reposer dans le vase bouché. On prend avec une pipette 50 centimètres cubes de la liqueur éclaircie, et on fait sur eux le dosage de la baryte restée dissoute : cette dernière y existe en quantité évidemment équivalente à celle de la soude caustique contenue dans les 50 centimètres cubes de mélange. Étant données les conditions de préparation de la dernière liqueur, les 50 centimètres cubes, sur lesquels on opère finalement, correspondent à 2,5 fois moins de matière primitive que lors de la détermination du titre pondéral total ; chaque dixième de centimètre cube de l'acide normal employé correspond donc, dans le second essai, à un poids de soude 2,5 plus considérable que dans le premier, soit à $0,25 \times 2,5 = 0^{gr},625$ de soude caustique supposée anhydre (NaO ou $Na^2\theta$), contenue dans 100 parties de la matière analysée.

On peut encore doser la soude totale, puis le gaz carbonique mis en liberté par un acide (§ 1650), ce qui fournit les données nécessaires au calcul du résultat.

La même méthode est applicable à la potasse caustique mélangée de carbonate.

1663. Le *bleu soluble* C.4.B. (§ 1600) permet de faire plus simplement le même dosage : dans une première opération, exécutée à chaud avec la teinture de tournesol, on détermine l'alcali total, à la manière ordinaire (§ 1660, *a* et *b*) ; un second essai alcalimétrique, effectué à froid avec le bleu soluble, donne l'alcali caustique. La différence entre les deux résultats correspond à l'alcali carbonaté.

Avec la *phtaléine du phénol* (§ 1600), les carbonates alcalins donnent le virage lorsque la moitié de l'acide carbonique a été déplacée en formant du bicarbonate ; ce point atteint, en chauffant à l'ébullition et en continuant à verser la liqueur acide, on constate que le volume d'acide à ajouter pour saturer est égal à celui qui a été nécessaire pour effectuer le virage à froid.

1664. ANALYSE D'UNE EAU MINÉRALE ALCALINE. — Nous supposerons ici que, dans l'eau en question, il s'agit seulement de doser la soude et la potasse carbonatées.

On mesure 1 litre de cette eau, on la concentre par ébullition dans une capsule, jusqu'à réduction à un volume inférieur à 1/2 litre, on laisse refroidir ; on filtre pour séparer les carbonates terreux formés par la décomposition des bicarbonates à l'ébullition, on verse le liquide dans une carafe jaugée de 1/2 litre, on rince la capsule à l'eau distillée, et on lave le résidu ainsi que le filtre, en ajoutant les eaux de lavage sur le filtre ; enfin on complète avec de l'eau pure le volume de 1/2 litre. On mesure 100 centimètres cubes de la liqueur obtenue, c'est-à-dire un volume contenant $\frac{1}{5}$ des alcalis renfermés dans 1 litre d'eau minérale, et on en fait à chaud le dosage alcalimétrique avec un acide titré. Ce dernier doit être pris peu chargé, les quantités d'alcali à apprécier étant faibles. On traduit en carbonate de soude le résultat obtenu, après l'avoir multiplié par 5. Le chiffre que l'on trouve ainsi, et qui représente en carbonate de soude les alcalis libres ou carbonatés contenus dans 1 litre d'eau minérale, est toujours trop faible parce qu'on a pris pour une partie du produit l'équivalent du sodium au lieu de celui du potassium, lequel est plus élevé; mais, étant donné qu'il s'agit d'une analyse approchée, et que le poids de la potasse est toujours petit par rapport à celui de la soude, ce mode d'essai fournit d'ordinaire un renseignement suffisant sur la valeur de l'eau alcaline.

C. — Baryum.

1665. Dosage a l'état de sulfate de baryte. — Ce mode de dosage du baryum est très précis et applicable dans un grand nombre de cas : il exige cependant que le composé barytique à analyser puisse être mis en dissolution, et qu'il ne contienne ni strontiane, ni certains acides tels que l'acide métaphosphorique. Les conditions dans lesquelles il se pratique sont semblables à celles indiquées plus haut (§ 1625 et § 1626) pour le dosage de l'acide sulfurique à l'état de sulfate de baryte.

Lorsque le corps à analyser est solide, on le pèse et on le dissout dans l'eau, en ajoutant s'il est nécessaire de l'acide chlorhydrique dilué; lorsqu'il est dissous, on mesure exactement un certain volume de sa dissolution, au moyen d'une pipette jaugée. Dans les deux cas, on fait une prise d'essai renfermant une quantité de baryum qui ne dépasse pas 3 décigrammes. Si la liqueur est très acide, on la neutralise partiellement, soit en l'évaporant à sec quand l'acide est volatil, soit en ajoutant avec précaution de l'ammoniaque. Quand elle renferme de l'acide azotique, on chasse ce dernier en ajoutant un excès d'acide chlorhydrique, évaporant à sec dans une capsule, et recommençant une seconde fois le même traitement. On opère ensuite dans un vase à précipitations chaudes, la liqueur ayant un volume de 100 centimètres cubes environ; on précipite à l'ébullition, en ajoutant de l'acide sulfurique pur et dilué; on lave, on recueille, on calcine et on pèse le sulfate de baryte, comme il a été dit au dosage de l'acide sulfurique sous forme de sulfate du baryte (§ 1625 et 1626).

L'équivalent du sulfate de baryte ($\frac{1}{2}$ $S^2Ba^2O^8$ ou $\frac{1}{2}$ SO^4Ba) étant 116,5 et celui du baryum 68,5, en multipliant le poids P de sulfate de baryte trouvé par le rapport $\frac{68,5}{116,5} = 0,5879$, on obtient le poids x de baryum contenu dans la prise d'essai; on a en effet $\frac{68,5}{116,5} = \frac{x}{P}$. De même l'équivalent de la baryte anhydre (BaO ou $\frac{1}{2}Ba O$) étant 76,5, en multipliant P par le rapport $\frac{76,5}{116,5} = 0,6566$, on aurait le résultat en baryte anhydre.

Les sels de baryte à acides organiques peuvent être changés en sulfate, par incinération, addition au résidu refroidi d'un excès de sulfate d'ammoniaque pur et dissous, évaporation du mélange au bain-marie dans le creuset de platine lui-même, et calcination; mais il est nécessaire de répéter plusieurs fois le traitement au sulfate d'ammoniaque suivi de calcination.

1666. Le dosage précédent s'applique aussi à la *strontiane*. Toutefois, le sulfate de strontiane ayant dans l'eau une solubilité sensible, il est nécessaire d'ajouter de l'alcool aux liqueurs de lavage, et surtout de filtrer et laver avec aspiration, en se servant du cône de platine (§ 353), pour employer le moins de liquide possible.

1667. DOSAGE ALCALIMÉTRIQUE DE LA BARYTE LIBRE OU CARBONATÉE. — A l'état libre, la baryte, qui est soluble dans l'eau, se dose volumétriquement, soit directement (§ 1601), soit indirectement (§ 1602). En introduisant dans les calculs l'équivalent du baryum (Ba ou $\frac{1}{2}Ba = 68,5$), celui de la baryte anhydre (BaO ou $\frac{1}{2}Ba\theta = 76,5$), ou celui de la baryte hydratée (BaO,HO ou $\frac{1}{2}Ba\theta^2H^2 = 85,5$), on obtient le résultat traduit de diverses manières.

Le carbonate de baryte peut être analysé de même, mais seulement par voie indirecte, ce corps étant à peu près insoluble dans l'eau. On dissout la prise d'essai dans un excès d'acide titré ou normal, puis on dose l'excès d'acide employé (§ 1602). L'équivalent du carbonate de baryte est 98,5 ($\frac{1}{2}C^2O^6Ba^2$ ou $\frac{1}{2}\theta\theta^3Ba = 98,5$.)

D. — Calcium.

1668. DOSAGE PAR L'OXALATE DE CHAUX. — L'extrême insolubilité de l'oxalate de chaux donne à ce procédé une grande exactitude.

On opère dans un vase à précipitations chaudes, sur la matière préalablement mise en dissolution dans l'eau chaude. On verse dans le mélange de l'ammoniaque, en quantité suffisante pour que son odeur devienne manifeste : la méthode n'est applicable sans modification (§ 1671), que si la liqueur reste limpide. On ajoute alors, en agitant, de l'oxalate d'ammoniaque en excès, on couvre avec une lame de verre et on abandonne au repos pendant douze heures, dans un endroit tiède. Le précipité se dépose. On décante le liquide clair sur un filtre sans plis, préalablement mouillé d'eau, en évitant toute agitation inutile qui mettrait de nouveau le précipité en suspension. Lorsque le filtre est égoutté, on délaye le précipité dans l'eau bouillante et on l'entraîne tout entier sur le filtre, en détachant les particules adhérentes au verre, avec une barbe de plume ou avec une baguette de verre dont l'extrémité est recouverte d'un tube de caoutchouc; quand on éprouve de la difficulté à détacher les dernières traces d'oxalate, on les dissout dans quelques gouttes d'acide chlorhydrique, et on les précipite de nouveau par un excès d'ammoniaque. Un point important est de ne jamais verser sur le filtre une nouvelle quantité de liqueur chargée de précipité, sans que le filtre en s'égouttant ait déposé sur ses parois l'oxalate de chaux qu'il contient : sans cette précaution l'oxalate, qui est une poudre très ténue, passe au travers de la plupart des papiers. On termine par un lavage de l'oxalate de chaux, pratiqué sur le filtre, en se servant d'une fiole à laver garnie d'eau bouillante.

On laisse égouter le filtre et on le sèche exactement à l'étuve, sans le sortir de l'entonnoir. Après refroidissement, on sépare le précipité du filtre et on incinère ce dernier dans un creuset de platine taré (§ 204), en ayant soin de n'ajouter aucun réactif, puis on verse le précipité dans le creuset refroidi et on incinère de nouveau, en portant la température jusqu'au rouge. On termine en chauffant le creuset pendant quelques minutes au rouge vif, dans la flamme d'un chalumeau à gaz, pour assurer la transformation en chaux vive de tout le carbonate de chaux provenant de l'incinération de l'oxalate. Après refroidissement dans un vase à dessécher, on pèse, puis on chauffe de nouveau dans la flamme du chalumeau à gaz, et, après un second refroidissement, on pèse une seconde fois : si la décomposition du carbonate a été complète, les deux pesées donnent les mêmes chiffres ; sinon, on calcine encore une fois. En tenant compte de la tare du creuset et des cendres du filtre, les pesées identiques fournissent le poids de la chaux formée par la prise d'essai. Ce poids p de chaux (CaO ou $\frac{1}{2}\,CaO = 28$) donne le même résultat rapporté au calcium (Ca ou $\frac{1}{2}\,Ca = 20$), quand on le multiplie par le rapport $\frac{20}{28} = 0{,}7143$, car on a $\frac{x}{p} = \frac{20}{28}$, d'où $x = p\,\frac{20}{28}$.

1669. *a.* Ce mode opératoire est inapplicable quand on ne dispose pas d'un moyen de chauffage suffisamment énergique pour assurer la transformation complète du carbonate de chaux en chaux caustique. Il est alors préférable de changer l'oxalate de chaux en carbonate de chaux. A cet effet, après avoir isolé le filtre autant que possible du précipité, on l'incinère dans le creuset de platine taré, puis on arrose les cendres de carbonate d'ammoniaque ; celui-ci change en carbonate la chaux vive formée ; on dessèche, on ajoute l'oxalate de chaux sur les cendres du filtre et on chauffe très doucement le creuset sur un brûleur de Bunsen, en maintenant son fond au rouge sombre, pendant 15 ou 20 minutes. De l'oxyde de carbone brûle d'abord dans le creuset, puis tout l'oxalate se trouve changé en carbonate. On laisse refroidir dans un vase à dessécher et on pèse. Il est nécessaire de s'assurer qu'il ne s'est pas formé de chaux vive pendant la calcination : le résidu doit être blanc ou faiblement gris, et ne pas bleuir par son contact un papier de tournesol rouge humecté d'eau. Dans le cas contraire, on détache le précipité du papier réactif employé, par quelques gouttes de carbonate d'ammoniaque dont on humecte la totalité du précipité, on dessèche le mélange dans le creuset chauffé au bain-marie ou à l'étuve, puis on calcine de nouveau au rouge très sombre, jusqu'à ce que le poids reste invariable. Le poids de carbonate de chaux ($C_2O_6Ca_2$ ou $CO_3Ca = 100$) que l'on a obtenu, multiplié par le rapport $\frac{40}{100} = 0{,}4$, donne le poids du calcium ($2Ca$ ou $Ca = 40$); multiplié par le rapport $\frac{56}{100} = 0,56$, il donne celui de la chaux ($2CaO$ ou $Ca\theta = 56$).

1670. *b*. Un procédé plus rapide et cependant plus exact consiste à changer l'oxalate en sulfate. Après incinération du filtre et de l'oxalate, pratiquée en chauffant sans précaution spéciale, on imbibe fortement le précipité refroidi d'une solution concentrée de sulfate d'ammoniaque pur, on dessèche dans le creuset lui-même, en chauffant au bain-marie, puis on porte au rouge; on recommence une seconde fois le traitement au sel ammoniacal et la calcination, on laisse refroidir à l'abri de l'humidité, et on pèse. Le carbonate de chaux ou la chaux caustique, résultant de l'incinération, ont été changés en sulfate de chaux, tandis que l'ammoniaque et les sels ammoniacaux ont été volatilisés à la température rouge. Le poids du sulfate de chaux trouvé ($S^2Ca^2O^8$ ou $SO^4Ca = 136$), multiplié par le rapport $\frac{40}{136} = 0,2941$, donne le poids du calcium ($2Ca$ ou $Ca = 40$) existant dans l'essai; multiplié par le rapport $\frac{56}{136} = 0,4118$, il traduit en chaux ($2CaO$ ou $Ca\theta^2 = 56$) le même résultat.

1671. La méthode précédente n'est pas applicable sans modification, lorsque la chaux est en présence de certains éléments formant avec elle des composés insolubles en liqueur ammoniacale, l'acide phosphorique par exemple. On profite alors de l'insolubilité de l'oxalate de chaux dans l'acide acétique et dans l'acide oxalique. On dissout la matière à analyser dans l'acide chlorhydrique, on dilue la solution, on ajoute lentement de l'ammoniaque jusqu'à ce qu'un trouble apparaisse, et on redissout ce dernier par une ou deux gouttes d'acide chlorhydrique. On verse dans la liqueur chaude, d'abord un excès d'oxalate d'ammoniaque, puis une quantité notable d'acétate de soude : l'acide chlorhydrique resté libre se sature aux dépens des bases combinées aux acides organiques, et ces derniers seuls subsistent à l'état de liberté dans le mélange; ils suffisent pour empêcher la précipitation de l'acide phosphorique et des corps analogues. On termine le dosage comme il a été dit plus haut (§ 1668 et suivants).

La magnésie peut également donner lieu à un précipité quand on rend la solution ammoniacale. Une addition de chlorhydrate d'ammoniaque à la liqueur redissout alors le précipité, et le dosage peut ensuite être poursuivi comme il a été dit plus haut (§ 1668 et suivants).

1672. DOSAGE A L'ÉTAT DE SULFATE. — Le sulfate de chaux n'est pas insoluble dans l'eau, mais il ne se dissout pas dans le même liquide suffisamment chargé d'alcool. On peut donc précipiter le sulfate de chaux au sein de l'eau alcoolisée, quand la matière analysée ne contient pas d'autre substance insoluble dans ce dernier liquide.

On dissout la prise d'essai, et, à la liqueur qui peut sans inconvénient contenir un peu d'acide chlorhydrique libre, on ajoute d'abord un excès d'acide sulfurique dilué, puis deux fois son volume d'alcool fort. Après agitation, on laisse reposer douze heures. On décante sur un filtre sans plis, on lave le précipité, par décantation suivie de filtration (§ 374), avec de l'alcool à 60 centièmes; on sèche le filtre, on le sépare du précipité, on l'incinère dans le creuset de platine taré, en faisant intervenir le sulfate d'ammoniaque (§ 1670), on ajoute le précipité et on calcine le tout au rouge. Le poids du sulfate de chaux trouvé ($S^2Ca^2O^8$ ou $SO^4Ca = 136$), multiplié par $\frac{40}{136} = 0,2941$ donne le poids du calcium ($2Ca$ ou $Ca = 40$); multiplié par $\frac{56}{136} = 0,4118$, il donne celui de la chaux ($2CaO$ ou $CaO = 56$).

Les sels de chaux à acides organiques se changent par incinération en carbonate de chaux plus ou moins mélangé de chaux vive. En traitant leurs cendres par le sulfate d'ammoniaque, comme il a été dit pour la transformation de l'oxalate de chaux en sulfate de chaux (§ 1670), on dose, sous forme de sulfate, la chaux qu'ils renferment.

1673. Dosage alcalimétrique. — La chaux et le carbonate de chaux se dosent volumétriquement comme la baryte et le carbonate de baryte (§ 1667); toutefois la chaux est trop peu soluble dans l'eau pour se prêter, comme la baryte, à un dosage direct, et la méthode indirecte (§ 1602) lui est seule applicable. L'insolubilité du sulfate de chaux fait préférer ici l'emploi de l'acide chlorhydrique ou de l'acide azotique à celui de l'acide sulfurique, comme liqueur titrée ou normale (Ca ou $1/2\ Ca = 20$; CaO ou $1/2\ CaO = 28$; $1/2\ C^2O^6Ca^2$ ou $1/2\ CO^3Ca = 50$).

1674. Analyse d'un calcaire. — En dehors du carbonate de chaux, les calcaires contiennent surtout du carbonate de magnésie, de l'argile et de l'humidité. Les autres corps qu'on y trouve en petite quantité, fer, acide phosphorique, etc., ne nous arrêteront pas ici.

On opère sur le minéral pulvérisé et desséché à 100°; on fait une prise d'essai de 2 grammes environ.

On place la matière dans un matras, dont le bouchon est traversé par un long tube de verre, on ajoute de l'eau, puis, peu à peu de l'acide chlorhydrique : la poudre se dissout rapidement avec effervescence. L'action terminée, on verse le produit dans une capsule de porcelaine, on ajoute l'eau distillée avec laquelle on lave à plusieurs reprises le matras, le bouchon et le long tube, puis on évapore le tout à siccité, en surchauffant très légèrement le résidu de façon à rendre la silice insoluble (§ 1651).

On imbibe le résidu d'acide chlorhydrique, on ajoute de l'eau bouillante et on décante sur un filtre préalablement séché et taré; on lave la substance insoluble, par décantation suivie de filtration, puis on la recueille sur le filtre. Après lavage complet, on sèche le filtre à 100° et on le pèse. Le résidu contient de la silice, de l'alumine insoluble, et des silicates insolubles; il est aussi chargé parfois de matières organiques également insolubles. Il est, en général, trop peu abondant pour être analysé sur le produit de l'opération présente. On en prépare un poids plus considérable en dissolvant 20 ou 30 grammes de calcaire, sur lequel on dosera ensuite les éléments constitutifs et notamment la silice (§ 1651). Dans les analyses grossières, on se borne à dessécher à 150° ce produit insoluble, et on le désigne par les mots *argile et silice*.

La liqueur, fournie par la prise d'essai de 2 grammes environ et séparée par filtration de la silice et de l'argile, contient la chaux, la magnésie, le fer, l'alumine soluble, le manganèse, l'acide phosphorique, etc. On l'additionne d'eau de chlore, qui peroxyde le fer, puis on y verse de l'ammoniaque jusqu'à réaction alcaline : l'alumine ainsi que les oxydes de manganèse et de fer se précipitent avec l'acide phosphorique. Après quelques heures de repos, on lave le précipité gélatineux à l'eau bouillante, par décantation suivie de filtration, on le recueille sur un filtre, en réunissant avec soin les liqueurs filtrées.

Ces dernières servent au dosage de la chaux et de la magnésie. On les concentre par évaporation et on y détermine la chaux sous forme de sulfate, par précipitation à l'acide sulfurique et lavage à l'alcool dilué (§ 1672). Si le calcaire est assez pur et par suite riche en chaux, il est bon de former avec le liquide un volume déterminé, dont on prélève une fraction connue, sur laquelle on opère. Les liqueurs alcooliques, recueillies et distillées, fournissent un résidu dans lequel on dose la magnésie, en la précipitant sous forme de phosphate ammoniaco-magnésien (§ 1676).

Quant au précipité formé par l'ammoniaque dans la dissolution chlorhydrique peroxydée, l'élément le plus intéressant qu'il renferme est le phosphore. On y dose ce dernier, qui est à l'état d'acide phosphorique, en opérant comme il a été dit plus haut (§ 1643).

L'acide carbonique du calcaire est déterminé par perte de poids, en traitant le minéral par l'acide chlorhydrique (§ 1650).

Enfin, par dessiccation à 100°, les calcaires ne perdent pas la totalité de l'eau qu'ils contiennent ; ils présentent même une propriété dont il importe, au point de vue agricole, d'apprécier le développement : ils retiennent plus ou moins énergiquement l'humidité. On détermine par différence l'eau qu'ils renferment (§ 1605) en chauffant jusqu'au rouge, dans un tube de verre traversé par un courant d'air sec, une prise d'essai placée sur une nacelle de porcelaine.

Pour les besoins industriels, on analyse alcalimétriquement et par la méthode indirecte (§ 1673) les calcaires peu chargés de magnésie ; autrement dit, on en pèse un poids déterminé que l'on dissout dans un volume connu d'acide normal, et on dose l'acide resté libre. On calcule le résultat comme si la chaux seule était entrée en dissolution, et on le traduit en carbonate de chaux (§ 1673).

1675. ANALYSE D'UNE CHAUX HYDRAULIQUE. — Les chaux hydrauliques ou ciments proviennent de la calcination des calcaires argileux, siliceux et magnésiens. En dehors de la chaux et de la magnésie, qui peuvent être déterminées de la même manière que dans un calcaire (§ 1674), il importe surtout d'y doser la silice et l'alumine.

La silice peut y exister sous deux états différents : d'une part, sous celui de quartz et de silicates naturels, insolubles dans l'acide chlorhydrique, et elle constitue alors une matière inerte; d'autre part, soûs forme de silicates alcalino-terreux, attaquables par l'acide chlorhydrique, susceptibles d'intervenir dans les réactions qui occasionnent la prise du ciment. C'est la silice qui se trouve dans cette seconde condition qu'il importe de doser.

On pèse 5 grammes de chaux hydraulique, pulvérisée et mélangée de façon à avoir un échantillon homogène, on les traite en présence d'un peu d'eau, dans une capsule de 250 centimètres cubes, par 30 ou 40 centimètres cubes d'acide chlorhydrique pur; on active la dissolution en chauffant doucement et en agitant. On évapore ensuite jusqu'à siccité, puis on renouvelle le traitement à l'acide, la digestion et l'évaporation à sec. Toute la silice est alors devenue insoluble dans l'eau, mais celle qui, sous une forme quelconque, n'a, en aucun moment de l'expérience, été dissoute par l'acide chlorhydrique, ne présente pas les mêmes propriétés que celle qui l'a été : le carbonate de soude dissout à l'ébullition, la seconde et non la première. On profite de cette différence pour les séparer, mais on élimine d'abord les chlorures solubles qui les accompagnent : à cet effet, on ajoute au résidu de l'eau faiblement acidulée par l'acide chlorhydrique, on fait bouillir, et on lave la partie insoluble à l'eau bouillante, par décantation suivie de filtration; finalement on la recueille sur un filtre sans plis, en opérant avec les précautions ordinaires et en évitant toute déperdition des liquides ; ceux-ci serviront au dosage des principes solubles dans l'acide. Le filtre lavé est alors introduit ainsi que son contenu dans une capsule de platine, avec une dissolution de carbonate de soude pur. On fait bouillir pendant un quart d'heure. La silice non attaquée reste insoluble, tandis que celle qui est sous l'autre forme se dissout. On lave avec soin le résidu à l'eau bouillante, et on le recueille sur un petit filtre sans plis, que l'on sèche; on incinère ensuite le filtre et son contenu dans un creuset de platine taré, et on pèse celui-ci après refroidissement. On a ainsi le poids de la silice et des silicates insolubles. Quant aux liqueurs alcalines réunies, on les acidule par l'acide chlorhydrique, et on y dose la silice soluble, en opérant comme il a été dit ailleurs (§ 1651).

C'est sur le premier liquide mis à part, lequel renferme les chlorures solubles séparés de la silice, que l'on pratique le dosage de la chaux, de la magnésie et de l'alumine. On l'amène à un volume donné, 500 centimètres cubes par exemple; on prélève 100 centimètres cubes qui servent au dosage de la chaux et de la magnésie (§ 1674); on prélève d'autre part 200 centimètres cubes de la même liqueur, et on les utilise pour le dosage de l'alumine.

A cet effet, la solution contenant du fer, du manganèse, de la chaux et de la magnésie, en même temps que de l'alumine, on la neutralise par l'ammoniaque, puis, à l'ébullition, on ajoute ce réactif en léger excès, de manière à donner au liquide une réaction alcaline nette, mais en évitant un grand excès, qui redissoudrait sensiblement l'alumine. On laisse déposer, puis on isole le précipité sur un filtre, on le lave, on le sèche, on le calcine et on le pèse, comme il sera dit plus loin (§ 1680). On n'a ainsi qu'un résultat très grossier, qui suffit, il est vrai, pour les besoins industriels; l'alumine recueillie reste, en effet, plus ou moins fortement souillée de fer et de manganèse, dont les oxydes sont précipités par l'ammoniaque. Le dosage exact de l'alumine et du fer dans le précipité peut être fait comme il sera dit plus loin (§ 1696).

E. — Magnésium.

1676. DOSAGE A L'ÉTAT DE PYROPHOSPHATE DE MAGNÉSIE. — Ce procédé d'analyse (M. Frésénius) est corrélatif de celui qui a été indiqué plus haut pour le dosage de l'acide phosphorique (§ 1643).

On dissout la prise d'essai dans l'eau, et, à la solution, on ajoute d'abord du chlorhydrate d'ammoniaque, puis de l'ammoniaque en léger excès. Si la liqueur se trouble, c'est qu'elle est insuffisamment chargée de sels ammoniacaux, ou bien qu'elle contient un ou plusieurs éléments qu'il faut éliminer préalablement (voy. § 1645). Dans le premier cas, une nouvelle addition de chlorhydrate d'ammoniaque suffit pour redissoudre le précipité.

On verse dans le mélange limpide un excès de phosphate de soude, et on agite avec une baguette, en ayant soin de ne pas frotter celle-ci sur les parois du vase, les cristaux de phosphate ammoniaco-magnésien qui se forment s'attachant fortement aux points frottés. On abandonne le tout pendant douze heures à une douce température, en fermant le vase par une lame de verre. On lave ensuite le précipité, on le recueille, on le sèche et on le calcine pour le changer en pyrophosphate de magnésie, en opérant comme il a été dit pour le dosage du phosphore sous la forme du même composé (§ 1643).

Soit p le poids de pyrophosphate de magnésie trouvé (PMg^2O^7 ou $^1/_2\,P^2O^7Mg^2 = 111$), et x celui du magnésium qu'il renferme (Mg^2 ou $Mg = 24$); on a la proportion $\frac{x}{p} = \frac{24}{111}$, qui donne $x = p\,\frac{24}{111}$, ou $x = p \times 0,2162$. Le même résultat rapporté à la magnésie ($2MgO$ ou $Mg\theta = 40$) serait $y = p\,\frac{40}{111}$, ou $y = p \times 0,3604$.

Les résultats sont très exacts quand on s'est conformé au mode opératoire recommandé.

La séparation de la chaux d'avec la magnésie a été indiquée plus haut (§ 1674).

1677. Dosage a l'état de sulfate. — Le magnésium se détermine à l'état de sulfate, quand il n'est en présence d'aucune autre substance fixe. On ajoute à la prise d'essai dissoute dans un peu d'eau un petit excès d'acide sulfurique, on évapore à sec, au bain-marie, dans un creuset de platine taré, on couvre le creuset et on le chauffe à feu nu pour volatiliser l'excès d'acide sulfurique, puis on porte le résidu au rouge sombre, mais non au-delà, le sulfate de magnésie étant décomposable à une température plus élevée. Après refroidissement dans le vase à dessécher, on pèse. On arrose la matière de quelques gouttes d'acide sulfurique dilué et on porte le creuset au rouge sombre, comme précédemment, puis on pèse de nouveau après refroidissement. Les deux poids trouvés doivent être identiques.

Le sulfate de magnésie ($S^2Mg^2O^8$ ou $SO^4Mg = 120$) contient Mg^2 ou $Mg = 24$: en multipliant son poids par $\frac{24}{120}$, c'est-à-dire par 0,2, on aura le poids du magnésium contenu dans la prise d'essai. Pour avoir la magnésie ($2MgO$ ou $Mg\theta = 40$), il faudrait multiplier par $\frac{40}{120} = 0,3333$.

1678. Dosage a l'état de magnésie. — Dans un sel à acide organique, on peut encore doser le magnésium sous forme d'oxyde. Il suffit d'incinérer une prise d'essai du sel, dans le creuset de platine taré, et de porter le résidu au rouge vif, pour avoir de la magnésie dépourvue d'acide carbonique. Son poids, multiplié par $\frac{24}{40} = 0,6$, donne celui du magnésium.

Le même procédé est applicable aux sels à acides minéraux facilement décomposables : azotate, carbonate et même sulfate. Dans le dernier cas, il est nécessaire de terminer la calcination à la haute température du chalumeau à gaz.

La magnésie et son carbonate peuvent encore être dosés par les méthodes alcalimétriques indirectes (§ 1602).

1679. ANALYSE D'UNE DOLOMIE. — On opère comme pour l'analyse d'un calcaire (§ 1674); on dose la chaux à l'état de sulfate (§ 1672), la magnésie à l'état de pyrophosphate (§ 1676), et l'acide carbonique par différence (§ 1650).

F. — Aluminium.

1680. DOSAGE A L'ÉTAT D'ALUMINE. — 1° *Par précipitation à l'ammoniaque.* — L'ammoniaque ne précipite complètement l'alumine qu'en présence des sels ammoniacaux; encore, dans ces conditions, un excès d'ammoniaque doit-il être évité. On opère dans une capsule de porcelaine et en liqueur assez étendue. On ajoute à celle-ci un excès de chlorhydrate d'ammoniaque, si elle n'en contient déjà, et de l'ammoniaque en léger excès. On porte à l'ébullition et on maintient celle-ci, jusqu'à ce que la liqueur soit neutre au tournesol, et par conséquent dépouillée de l'excès d'ammoniaque ajouté. Une ébullition trop prolongée doit cependant être évitée, l'alumine décomposant lentement le chlorhydrate d'ammoniaque pour se redissoudre à l'état de chlorure, l'ammoniaque étant éliminée. On laisse déposer, puis on lave l'alumine à l'eau bouillante, par décantation suivie de filtration (§ 374). Un lavage prolongé et méthodique (§ 371 et suivants) est nécessaire, l'alumine gélatineuse retenant énergiquement les sels étrangers. On dessèche lentement et complètement le précipité, on l'introduit avec le filtre dans un creuset de platine taré, et on incinère le tout. L'alumine conservant, sous forme de sous-sel, des traces d'acide qu'elle n'abandonne que difficilement au lavage, même pratiqué avec des liqueurs alcalines, il est utile, surtout quand la liqueur contenait des sulfates, de terminer la calcination en chauffant le creuset au rouge vif, dans la flamme du chalumeau à gaz. On laisse refroidir à l'abri de l'air et on pèse. La calcination d'un précipité incomplètement desséché donne des projections; elle exige de grandes précautions (§ 203).

Le résultat obtenu, en tenant compte des cendres du filtre, correspond à l'alumine anhydre (Al^2O^3 ou $1/_2\ Al^2O^3 = 51$); il est exprimé en métal (**2Al** ou $Al = 27$), après qu'on l'a multiplié par $\frac{27}{51}$, c'est-à-dire par 0,5294.

L'alumine ne peut être précipitée exactement dans une liqueur chargée de sucre, d'acide tartrique, d'acide citrique, etc., composés qui la retiennent en dissolution, même dans les liqueurs alcalines. Ces matières organiques doivent être préalablement détruites par incinération.

1681. 2° *Par précipitation au sulfhydrate d'ammoniaque.* — Le sulfhydrate d'ammoniaque précipite complètement l'alumine, même dans une liqueur non chargée d'autres sels ammoniacaux. Ce réactif doit être préféré à l'ammoniaque toutes les fois que la matière à analyser ne contient aucune autre substance qu'il précipiterait avec l'alumine. On opère comme avec l'ammoniaque (Malaguti).

1682. 3° *Par précipitation à l'état phosphate d'alumine* (M. A. Carnot). — Ce mode de dosage est fort exact; il est aussi plus rapide que les précédents, le précipité alumineux s'y séparant sous une forme qui rend les filtrations et les lavages faciles. Il constitue une modification heureuse d'une méthode due à Chancel; il est particulièrement avantageux quand l'alumine se trouve mélangée au fer, ainsi que nous allons le supposer.

En présence de l'acétate de soude et d'un léger excès d'acide acétique, les sels d'alumine soumis à l'ébullition avec le phosphate de soude donnent un précipité de phosphate d'alumine. Cette réaction fournit un produit à peu près exempt de fer, même dans des liqueurs abondamment chargées de ce métal, si l'on réduit préalablement le fer au minimum d'oxydation par ébullition avec l'hyposulfite de soude; ce dernier joue le rôle de réducteur en se décomposant et en donnant un dépôt de soufre. Ce métalloïde, en se mélangeant ensuite au phosphate d'alumine, l'agglomère et rend faciles la filtration et le lavage d'un composé d'ordinaire gélatineux.

On place la solution, diluée de manière à ne pas contenir plus de 1 décigramme d'alumine par 100 centimètres cubes, dans un vase à précipitations chaudes, et on ajoute de l'ammoniaque pour saturer la majeure partie de l'acide libre, puis du carbonate de soude jusqu'à ce qu'il se produise un léger changement de teinte dans la liqueur froide, qui doit d'ailleurs rester parfaitement limpide. On ajoute alors une dissolution d'hyposulfite de soude, qu'on mélange rapidement par agitation, et l'on voit la liqueur se colorer en violet, puis devenir complètement incolore; le fer est alors réduit.

A ce moment, on y verse encore de l'hyposulfite de soude et de l'acétate de soude (environ 5 grammes de chaque sel), ainsi que quelques centimètres cubes d'une solution saturée de phosphate de soude, et on chauffe à l'ébullition, qu'on entretient pendant trois quarts d'heure environ, aussi longtemps qu'on perçoit la moindre odeur d'acide sulfureux provenant de la décomposition de l'hyposulfite. Il s'est formé un précipité de phosphate d'alumine mélangé de soufre, contenant encore un peu de phosphate ferrique.

Ce précipité est reçu sur un filtre et lavé à l'eau bouillante, puis placé au-dessus d'une petite capsule de porcelaine et traité à chaud par

10 ou 15 centimètres cubes d'acide chlorhydrique dilué, de manière à dissoudre tout le phosphate. On lave avec soin le résidu de soufre et on constate qu'il est combustible sans résidu. On étend d'eau les liqueurs, et on répète sur elles la précipitation à l'état de phosphate, en opérant exactement comme la première fois : neutralisation presque complète de l'acide par le carbonate de soude, addition d'hyposulfite à froid et plus tard d'un mélange dissous à l'avance de 2 grammes d'acétate de soude et de 2 grammes d'hyposulfite, ébullition d'une demi-heure. Le peu de fer entraîné lors de la première précipitation est éliminé par la seconde.

Le précipité de phosphate d'alumine est lavé à l'eau bouillante, par décantation suivie de filtration, puis recueilli sur le filtre. Après dessiccation, incinération du filtre et calcination dans un creuset de porcelaine taré, le phosphate d'alumine est pesé. Il renferme 22,45 pour 100 d'aluminium.

1683. — *4° Par calcination.* — Les sels d'alumine à acides organiques donnent de l'alumine par incinération au rouge, dans le creuset de platine taré.

Les sels minéraux à acides volatils, tels que le sulfate et l'azotate, peuvent être dosés de même, par simple calcination. Il est nécessaire cependant, surtout dans le cas du sulfate, de porter en terminant le creuset au rouge vif (§ 1680).

G. — Zinc.

1684. DOSAGE A L'ÉTAT D'OXYDE. — *1° Par précipitation du carbonate.* — Dans les sels de zinc solubles, le zinc peut être précipité à l'état de carbonate. On chauffe la solution du sel à analyser, dans un vase à précipitations chaudes, on y verse goutte à goutte du carbonate de soude, jusqu'à ce que ce réactif ne produise plus de précipité, on fait bouillir pendant quelques minutes et on laisse reposer. Si la liqueur renferme des sels ammoniacaux, ceux-ci étant susceptibles de dissoudre le précipité, on ajoute un excès de carbonate de soude et on fait bouillir jusqu'à ce que les vapeurs qui se dégagent ne soient plus alcalines. On décante le liquide clair sur un filtre sans plis, et on lave le précipité de carbonate basique de zinc, par décantation suivie de filtration (§ 374), en faisant bouillir le mélange pendant quelques instants après chaque addition d'eau distillée bouillante. On recueille le précipité sur le filtre et on sèche celui-ci dans l'entonnoir qui le porte. On sépare aussi exactement que possible le sous-carbonate de zinc sec du filtre (§ 204), on incinère à part ce dernier, dans un creuset de platine taré, après l'avoir imbibé d'une solution d'azotate d'ammoniaque, puis desséché ; en répétant les additions d'azotate d'ammoniaque, et en modérant l'action de la chaleur, on cherche à éviter la réduction du zinc par le charbon et par suite sa volatilisation, ce qui est le point délicat de l'opération. On ajoute ensuite le précipité sur les cendres, on porte le creuset au rouge, on le laisse refroidir à l'abri de l'humidité de l'air, et on le pèse.

Il faut s'assurer que la précipitation du zinc a été complète : s'il en est ainsi, les liqueurs de lavage ne se troublent pas sensiblement par le sulfhydrate d'ammoniaque.

Le poids de l'oxyde de zinc (ZnO ou $1/2\,Zn\Theta = 40,5$), donne le poids de zinc (Zn ou $1/2\,Zn = 32,5$) qui lui correspond, quand on le multiplie par le rapport $\frac{32,5}{40,5} = 0,8025$.

1685. 2° *Par précipitation du sulfure.* — Suivant la nature des corps qui accompagnent le zinc, cette précipitation se fait de deux manières différentes : soit au moyen du sulfhydrate d'ammoniaque, soit par l'hydrogène sulfuré en liqueur acétique.

Dans le premier cas, la prise d'essai étant mise en solution étendue, on l'additionne de chlorhydrate d'ammoniaque, puis d'ammoniaque jusqu'à réaction alcaline faible, et on y verse du sulfhydrate d'ammoniaque en léger excès. On a opéré dans un ballon de 250 à 300 centimètres cubes ; on achève de le remplir avec de l'eau jusque dans le col, on le bouche, on agite, et on laisse déposer pendant une journée. On lave le sulfure de zinc précipité, par décantation suivie de filtration sur un filtre sans plis (§ 374), avec de l'eau additionnée d'un peu de sulfhydrate d'ammoniaque. Il est nécessaire d'éviter l'action de l'air pendant le lavage, le sulfure de zinc hydraté s'oxydant à l'air pour se changer en sulfate ; pour cela, on couvre l'entonnoir avec une lame de verre et on poursuit la filtration sans interruption. Le sulfure recueilli et lavé est ensuite desséché.

Quand on suit le second procédé, la précipitation du sulfure de zinc par l'hydrogène sulfuré est moins parfaite que par le sulfhydrate d'ammoniaque, mais on obtient cependant des résultats satisfaisants : d'ailleurs, l'opération se faisant en liqueur acide, certains corps, qui seraient précipités par le sulfhydrate alcalin, ne faussent pas le résultat.

On dissout la prise d'essai dans un vase à précipitations chaudes, en employant au besoin un acide minéral, on neutralise par le carbonate de soude la plus grande partie de l'acide libre, mais non la totalité, en versant peu à peu le réactif jusqu'à commencement de précipitation, puis en redissolvant par une goutte d'acide chlorhydrique le léger précipité formé. On ajoute au mélange limpide un excès d'acétate de soude : ce dernier transforme en chlorure de sodium l'acide chlorhydrique en excès et fournit de l'acide acétique libre ; en outre, il saturera plus tard, et de la même manière, les acides minéraux qui seront mis en liberté lors de la formation du sulfure de zinc. Au moyen d'un tube plongeant au fond du vase, on fait passer dans le liquide un courant d'hydrogène sulfuré, jusqu'à saturation. On lave ensuite le sulfure de zinc, par décantation suivie de filtration, en se servant d'eau chargée d'hydrogène sulfuré, afin d'empêcher l'oxydation à l'air. On le sèche.

Obtenu par l'un des deux procédés précédents, le sulfure de zinc est converti en oxyde par le grillage, et pesé sous cette forme. On sépare le précipité du filtre, on incinère ce dernier dans un creuset de platine taré, en évitant de chauffer trop fortement et en imbibant à plusieurs reprises la matière charbonneuse d'azotate d'ammoniaque, afin d'empêcher la réduction du zinc à l'état métallique par le charbon, et sa volatilisation. On verse ensuite le sulfure dans le creuset refroidi, on l'arrose d'acide azotique, on évapore à sec, et on chauffe le creuset ouvert, d'abord au rouge sombre, puis au rouge vif. Pour décomposer le sulfate que retient l'oxyde formé, on imbibe de carbonate d'ammoniaque la matière refroidie et on la calcine de nouveau : le sulfate d'ammoniaque produit se volatilise. On répète cette opération jusqu'à ce que le creuset refroidi et pesé ne varie plus de poids.

On a vu plus haut que le poids de l'oxyde de zinc multiplié par 0,8025 donne celui du métal (§ 1684).

1686. Dosage électrolytique (M. Riche). — Le zinc à doser étant en solution sulfurique, on rend la liqueur très légèrement alcaline par l'ammoniaque, on l'additionne de 5 grammes de sulfate d'ammoniaque, on l'acidule par 3 à 5 gouttes d'acide sulfurique, et on la soumet à l'électrolyse, au moyen de 2 éléments Bunsen (4 volts et 0,1 à 0,2 ampères). On opère dans l'appareil décrit au dosage électrolytique du cuivre (§ 1724), mais on maintient froid le liquide électrolysé, en entourant d'eau froide le vase qui le contient. Après deux heures, le métal s'est déposé en partie au pôle négatif ; il est très adhérent ; on ajoute encore 5 grammes de sulfate d'ammoniaque, et on continue l'action du courant pendant trois autres heures. On neutralise alors le liquide par l'ammoniaque, on l'acidule par 3 à 5 gouttes d'acide sulfurique, et on fait agir le courant pendant une demi-heure pour séparer les dernières traces de zinc. Ce dernier traitement est surtout indispensable quand la quantité de zinc déposé étant un peu importante, la liqueur est devenue trop fortement acide. Lorsque le dépôt est terminé, une goutte de la liqueur reste limpide au contact du ferro cyanure de potassium. L'électrode négative est finalement lavée à l'eau distillée puis à l'alcool, séchée et pesée : le poids trouvé, diminué de celui de l'électrode avant l'expérience, donne le poids du zinc.

1687. Dosage volumétrique. — Le zinc peut être dosé volumétriquement au moyen d'une solution titrée de sulfure alcalin (M. Schaffner). La présence d'un excès de sulfure est reconnue à l'action exercée par le mélange sur un sel de plomb.

On prépare une *solution titrée de sulfure de sodium*, en dissolvant dans l'eau 35 grammes de monosulfure cristallisé, et en complétant 1 litre de liqueur. On détermine au moyen d'une *solution titrée de zinc*, obtenue en dissolvant, dans un ballon muni d'un long tube à dégagement, 10 grammes de zinc pur, exactement pesés, par un peu d'acide chlorhydrique dilué, et en formant avec la totalité du produit 1 litre de liqueur. On peut remplacer le chlorure de zinc ainsi préparé par 44^{gr},122 de sulfate de zinc pur et sec, ou par 68^{gr},133 de sulfate double de zinc et de potassium. On prend 20 centimètres cubes de solution de zinc (soit 0^{gr},2 de zinc), on les place dans un vase à précipiter de 1 litre, on ajoute de l'ammoniaque jusqu'à redissolution du précipité produit d'abord, on dilue pour former sensiblement 1/2 litre. On laisse alors tomber dans le mélange la solution de sulfure alcalin, placée dans une burette, et on agite. Pour reconnaître la présence d'un excès de précipitant, on se sert d'un petit tube étiré à la lampe à sa partie inférieure et formant pipette, ainsi que de papier recouvert de céruse pure et bien cylindré, tel qu'on l'emploie pour certaines cartes de visite : avec la pipette que l'on garnit de temps en temps de liquide, on fait écouler ce dernier en filet sur un point de la carte, repliée en rigole et tenue inclinée au-dessus du vase à précipiter ; dès que, la précipitation de zinc étant complète, le sulfure est ajouté en excès sensible dans le mélange, une tache brune se montre sur la carte au point où tombe le filet liquide. On prend comme point de repère de l'intensité de cette tache la coloration que produit, dans les mêmes conditions, une liqueur obtenue en étendant 1 centimètre cube de solution titrée de sulfure jusqu'à 500 centimètres cubes, c'est-à-dire jusqu'au volume dans lequel on opère ; ce point établi, on retranchera toujours, dans les essais, 1 centimètre cube du volume de sulfure trouvé. Après plusieurs essais analogues, on arrive à titrer exactement la solution de sulfure alcalin ; d'ailleurs celle-ci est altérable à l'air et doit toujours être titrée de nouveau au moment de faire une analyse. Soit N le nombre de centimètres cubes de sulfure que l'on a employés : en le diminuant de 1 centimètre cube, volume de liqueur nécessaire pour produire la tache noire caractéristique, on obtient N — 1 pour le volume de sulfure qui précipite 0^{gr},2 de zinc.

Pour effectuer le dosage, on dissout la prise d'essai (0^{gr},5 à 1 gramme) dans l'eau pure ou acidulée, on sursature par l'ammoniaque, on étend à 500 centimètres cubes environ, et on opère comme il a été dit pour le titrage de la liqueur de sulfure. Soit n le titre trouvé : n—1 est le titre corrigé.

N—1 divisions de sulfure correspondant à 0^{gr},2 de zinc, appelons x le poids de zinc contenu dans la prise d'essai ; nous aurons la proportion $\frac{x}{n-1} = \frac{0,2}{N-1}$, qui donne $x = \frac{0,2\,(n-1)}{N-1}$.

A défaut de carte glacée à la céruse, qui est de beaucoup préférable, on se sert parfois d'une solution de sous-acétate de plomb pour reconnaître le terme de la réaction : sur une feuille de papier à filtrer blanc, on dépose, à 1 centimètre environ l'une de l'autre, une goutte de cette solution et une goutte de la liqueur à essayer ; dès que celle-ci renferme une trace de sulfure en excès, au contact des deux cercles liquides qui, par capillarité, vont s'agrandissant dans le papier, on voit apparaître une trace noire de sulfure de plomb. Cette dernière n'est pas masquée par le sulfure de zinc blanc, qui est retenu sur le papier, au point touché d'abord par la goutte.

1688. ANALYSE D'UN MINERAI DE ZINC. — Pour déterminer la teneur en métal d'un minerai de zinc, on fait usage le plus souvent de la méthode volumétrique (§ 1687), mais après avoir éliminé certains éléments étrangers, qui existent fréquemment dans les minerais et gênent pendant le dosage.

On dissout 1 gramme de minerai dans l'eau régale, et on évapore à sec pour rendre la silice insoluble. On reprend le résidu par de l'eau additionnée d'un peu d'acide chlorhydrique, et on fait passer dans la liqueur un courant d'hydrogène sulfuré ; celui-ci précipite le cuivre, le cadmium et la plus grande partie du plomb. On filtre, on lave soigneusement le produit insoluble avec de l'eau chargée d'hydrogène sulfuré, on porte à l'ébullition toutes les liqueurs réunies, pour chasser la plus grande partie de l'hydrogène sulfuré, et on laisse refroidir. On ajoute à la solution quelques gouttes de brome ou un peu d'eau de chlore, on agite, puis on sursature par un excès d'ammoniaque, à laquelle on ajoute de 5 à 10 centimètres cubes de carbonate d'ammoniaque : le brome, en présence de l'ammoniaque, précipite le manganèse à l'état de peroxyde, tandis que le plomb restant se sépare sous forme de carbonate. Après quelques heures de contact, on chauffe le mélange, on le filtre, on lave le résidu insoluble, on réunit les eaux de lavage à la solution, on en fait 500 centimètres cubes en ajoutant de l'eau distillée, et on y dose le zinc par le sulfure de sodium titré (§ 1687).

H. — Fer.

1689. DOSAGE A L'ÉTAT DE SESQUIOXYDE. — 1° *Par précipitation du sesquioxyde hydraté.* — C'est le mode de dosage le plus usité. Il ne peut être pratiqué directement en présence d'autres substances précipitables par l'ammoniaque ; de plus la précipitation est incomplète ou nulle dans les liqueurs qui contiennent de l'acide tartrique, de l'acide citrique, du sucre et un grand nombre d'autres substances organiques.

On place la dissolution de la prise d'essai ($0^{gr},3$) dans un vase à précipitations chaudes de 500 centimètres cubes, et on la dilue fortement. Si elle contient le fer, en tout ou en partie, sous forme de protosel, on l'additionne d'acide chlorhydrique, on la fait bouillir et on y projette à plusieurs reprises des cristaux de chlorate de potasse, jusqu'à odeur de chlore persistante ; lorsque tout le fer s'y trouve à l'état de peroxyde, ce traitement oxydant peut être supprimé. On additionne à chaud la liqueur d'un excès d'ammoniaque et on fait bouillir. L'oxyde de fer hydraté, que l'ammoniaque précipite, est rouge brun, très volumineux et difficile à laver ; on le lave à l'eau bouillante, par décantation suivie de filtration, et on ne recueille le précipité sur le filtre que lorsque le lavage est complet ; on opère méthodiquement comme il a été dit antérieurement (§ 371 à § 375). On dessèche complètement le filtre et son contenu, on les sépare l'un de l'autre (§ 204), on incinère le filtre seul, dans un creuset de platine qui a été préalablement taré ; on arrose ses cendres de quelques gouttes d'acide azotique pur, pour peroxyder le fer réduit par le charbon de la matière organique, et on les calcine de nouveau ; on ajoute alors l'oxyde de fer et on porte le tout au rouge. A l'origine de la calcination, il faut fermer le creuset pour éviter les projections. La présence du chlorhydrate d'ammoniaque dans l'oxyde entraîne des pertes, du perchlorure de fer se volatilisant : le lavage doit donc être aussi parfait que possible.

Le poids trouvé, diminué de celui des cendres du filtre, est celui du sesquioxyde de fer correspondant au fer contenu dans la prise d'essai. Le poids du métal lui-même ($2\,Fe$ ou $Fe = 56$) s'obtient en multipliant celui du sesquioxyde (Fe^2O^3 ou $1/2\,Fe^2O^3 = 80$) par le rapport $\frac{56}{80}$, c'est-à-dire par 0,7.

1690. 2° *Par calcination.* — Les sels de peroxyde de fer à oxacides volatils sont décomposables par la chaleur. On pèse la prise d'essai dans un creuset de platine taré, on la chauffe d'abord doucement, pour effectuer la décomposition du sel, puis on calcine très fortement. Le sulfate et l'azotate se décomposent dans ces conditions et laissent un résidu de sesquioxyde que l'on pèse.

1691. DOSAGE VOLUMÉTRIQUE. — Le procédé le plus employé est basé sur la réduction du permanganate de potasse par les protosels de fer (Margueritte). Si, en effet, à une dissolution acidulée d'un sel de protoxyde de fer, on mélange du permanganate de potasse, la réaction suivante se produit, et le permanganate se décolore immédiatement :

$$2Mn^2O^8K \quad + \quad 10(S^2O^6,2FeO) \quad + \quad 8(S^2O^6,2HO) \quad =$$

Permanganate   Sulfate   Acide
de potasse.   de protoxyde de fer.   sulfurique.

$$Mn^2O^8K^2 \quad + \quad 10SO^4Fe \quad + \quad 8SO^4H^2 \quad =$$

$$5(2Fe^2O^3,3S^2O^6) \quad + \quad S^1O^6,2KO \quad + \quad 2(S^2O^6,2MnO) \quad + \quad 8H^2O^2 ;$$

Sulfate   Sulfate   Sulfate   Eau.
de peroxyde de fer.   de potasse.   de manganèse.

$$5[(SO^4)^3Fe^2] \quad + \quad SO^4K^2 \quad + \quad 2SO^4Mn \quad + \quad 8H^2O.$$

La coloration intense du permanganate, en cessant de disparaître quand tout le fer est peroxydé, permet de reconnaître aisément le terme de la réaction.

En présence de l'acide chlorhydrique, la réaction précédente est accompagnée d'une autre :

$$Mn^2O^8K \quad + \quad 8HCl \quad = \quad KCl \quad + \quad 2MnCl \quad + \quad 5Cl \quad + \quad 4H^2O^2 ;$$

Permanganate   Acide   Chlorure   Chlorure   Chlore   Eau.
de potasse. chlorhydrique. de potassium. de manganèse.

$$Mn^2O^8K^2 \quad + \quad 16HCl \quad = \quad 2KCl \quad + \quad 2MnCl^2 \quad + \quad 10Cl \quad + \quad 8H^2O.$$

Le chlore ainsi mis en liberté peut se dégager en partie sans peroxyder ou perchlorurer le fer, ce qui fausse l'essai ; il présente de plus l'inconvénient de colorer très fortement la liqueur, vraisemblablement par formation de bichlorure de manganèse, et de masquer ainsi la teinte rose du réactif indicateur. L'acide sulfurique doit donc être employé toutes les fois que cela est possible. Cependant, l'acide chlorhydrique ne trouble pas beaucoup le dosage dans les liqueurs très étendues, froides, et peu chargées d'acide. Nous indiquerons en premier lieu comment on opère en l'absence de cet acide.

On prépare d'abord une *solution titrée de permanganate de potasse,* en dissolvant 5 grammes de sel cristallisé et pur dans de l'eau distillée, et étendant jusqu'au volume de 1 litre. Cette liqueur, que l'on peut conserver, pendant un temps limité, dans un flacon bouché en verre et à l'abri de la lumière, doit être titrée avec précision.

1692. A cet effet, on pèse exactement 1 gramme de fer pur. Le plus pur se trouve sous une forme convenable dans le fil de clavecin, non graissé, brillant et bien décapé à sa surface par frottement avec un papier d'émeri : il ne contient que 0,003 à 0,004 de carbone; on pèse 1 gramme de ce fil, ou mieux $1^{gr},003$, pour tenir compte des impuretés. On laisse tomber le métal pesé dans un ballon de 200 centimètres cubes, contenant un mélange de 15 grammes d'acide sulfurique pur avec 80 grammes d'eau, puis on ferme aussitôt le ballon par un bouchon que traverse un long tube effilé à son extrémité. Le métal se dissout en dégageant de l'hydrogène; on chauffe jusqu'à l'ébullition, et la dissolution s'achève dans une atmosphère formée d'hydrogène et de vapeur d'eau, et par suite dépouillée d'oxygène. On a d'ailleurs fait bouillir de l'eau, afin de chasser l'air qu'elle renferme, puis on l'a laissée refroidir dans un vase bouché. On verse rapidement la solution de sulfate ferreux refroidie dans une carafe jaugée de 500 centimètres cubes, on rince avec de l'eau désaérée le ballon qui la contenait, et on réunit tous les liquides dans la carafe; on complète 1/2 litre, et on bouche. Les traces de carbone, que contient le fer du fil de clavecin, se déposent peu à peu; comme elles réduisent le permanganate, on évite de les mettre en suspension dans le liquide qui surnage, et on opère sur celui-ci devenu limpide par le repos. Avec une pipette jaugée, on prélève 100 centimètres cubes de la liqueur ainsi obtenue, c'est-à-dire 1/5 du fer pesé, on les place dans un vase à précipiter de 1/2 litre, on dilue avec de l'eau bouillie jusqu'à 200 centimètres cubes environ, et, plaçant le vase sur une plaque de faïence blanche ou sur un papier blanc, on y fait tomber la solution de permanganate, contenue dans une burette graduée.

Le permanganate est décoloré tant qu'il reste dans le liquide agité du protoxyde de fer à peroxyder. On le verse d'autant plus lentement que chaque goutte s'étend davantage avant de se décolorer; quand on en a employé une quantité notable, l'essai prend une teinte jaunâtre, qui nuit quelque peu à la netteté du phénomène de coloration qu'il s'agit d'observer. Enfin l'addition d'une seule goutte de permanganate produit une teinte rose persistante. On lit alors le volume du permanganate versé; ce volume est voisin de 20 centimètres cubes. On le détermine avec précision en répétant l'essai sur 100 nouveaux centimètres cubes de la dissolution de sel ferreux.

La faible coloration produite n'est pas absolument permanente; l'acide permanganique, qui est en liberté dans le mélange acide, ne tarde pas à s'altérer; on néglige ce phénomène secondaire. Toute l'opération doit être faite à froid.

Le volume trouvé n, peroxydant 1/5 de gramme ($0^{gr},2$) de fer, chaque centimètre cube de la solution de permanganate correspond à $\frac{0,2}{n}$ grammes de fer.

La solution de permanganate peut encore être titrée par d'autres méthodes, qui se trouvent exposées plus loin (§ 1705 et suivants).

1693. Le permanganate étant titré, pour doser le fer dans une substance métallique donnée, fer, fonte ou acier, on dissout la prise d'essai (1 gramme environ) dans de l'eau additionnée d'acide sulfurique, en opérant comme avec le fil de clavecin, lors du titrage de permanganate (§ 1692). La liqueur ainsi obtenue ne contient le fer que sous forme de protosel. On la dilue avec de l'eau désaérée, jusqu'à un volume exact de 500 centimètres cubes, on prélève 100 centimètres cubes de la dilution, et on opère sur eux comme pour le titrage de la solution de permanganate de potasse. Le volume employé, étant exprimé en centimètres cubes et multiplié par $\frac{0,2}{n}$, donne, en grammes, le poids de fer contenu dans la prise d'essai.

Si, la prise d'essai ayant une autre origine, le fer n'est pas tout entier dans la liqueur à l'état de protosel, ce qui est le cas ordinaire lorsque l'analyse porte sur un sel de fer, que l'on s'est borné à dissoudre après l'avoir pesé, il est nécessaire de le réduire tout d'abord à cet état. Pour cela, on introduit la solution, fortement acidulée par l'acide sulfurique, dans un ballon disposé comme celui employé pour dissoudre le fil de clavecin, et on y projette quelques fragments de zinc *pur de fer*; l'hydrogène dégagé par la dissolution du zinc effectue la réduction. On continue à introduire peu à peu du zinc et à le faire agir à une douce chaleur, jusqu'à ce que la liqueur ait pris très nettement la teinte bleu clair (aigue-marine), qui caractérise les protosels de fer bien purs de persels. Après refroidissement dans le ballon, on décante le liquide, on lave à l'eau désaérée le résidu de zinc ainsi que l'appareil, et on amène le volume des liqueurs réunies à 500 centimètres cubes exactement; enfin, après dépôt des particules insolubles, on opère ainsi que précédemment sur 100 centimètres cubes de la dilution.

1694. Dans une solution qui renferme à la fois du fer au maximum et du fer au minimum, on détermine aisément, par le même procédé, les poids respectifs de protoxyde et de sesquioxyde de fer. Sur une première prise d'essai amenée au volume de 500 centimètres cubes, on fait directement un premier dosage donnant le poids du fer qui est à l'état de protosel; sur une seconde prise d'essai, on opère de même, mais après réduction complète du sel ferrique par le zinc, et on a le poids total du fer sous les deux états. La différence donne le poids du fer qui existe dans la prise d'essai à l'état de peroxyde.

1695. Si la matière à analyser est en solution chlorhydrique, lorsqu'il s'agit, par exemple, d'un minerai que l'on a dissous dans l'eau régale, on additionne la liqueur d'un excès d'acide sulfurique et on l'évapore à sec pour chasser l'acide chlorhydrique. On évite ainsi l'action perturbatrice de ce dernier.

Cependant il n'est pas toujours possible d'éliminer ainsi l'acide chlorhydrique. Quand il s'agit, par exemple, de doser un mélange de protosel de fer et de persel, l'opération entraînerait une modification du produit. En pareil cas, on peut, en opérant à froid et en liqueur peu chargée d'acide chlorhydrique, avoir des résultats assez voisins de la vérité. Pour atteindre une plus grande exactitude, on met à profit le fait suivant : si, dans une liqueur suffisamment diluée, on ajoute successivement des quantités constantes de protosel de fer, en faisant un titrage après chaque addition, les volumes de permanganate consommés vont en diminuant, puis deviennent constants ; les derniers correspondent au chiffre exact (MM. Lœventhal et Lenssen).

On forme donc, avec la prise d'essai, une dissolution que l'on acidule fortement par l'acide sulfurique et on complète 500 centimètres cubes ; on en prélève 100 centimètres cubes, que l'on dilue jusqu'à former 1 litre environ. On titre directement cette dernière liqueur, comme à l'ordinaire. La coloration étant atteinte et le volume de permanganate étant lu sur la burette, on ajoute au mélange 100 nouveaux centimètres cubes, prélevés sur le demi-litre de solution, et on fait un deuxième titrage, dont le résultat est en général plus faible que le premier. On fait encore ainsi, toujours sur le même mélange, un troisième et un quatrième titrages, qui sont concordants entre eux. C'est le dernier chiffre qui sert de base au calcul.

Un exemple à prendre pour un dosage de ce genre est l'analyse des battitures de fer, c'est-à-dire d'un mélange de protoxyde et de sesquioxyde de fer. On pulvérise l'oxyde à analyser, qui n'est pas homogène, on mélange exactement la poudre, de manière à faire une prise d'essai représentant la composition moyenne, et on en pèse 1 gramme. On dissout à chaud ce dernier dans 30 grammes d'acide chlorhydrique, en se servant de l'appareil employé pour la dissolution du fil de clavecin, on dilue la liqueur, et, au moyen du zinc, on réduit la totalité du fer, que l'on dose comme il vient d'être dit. Pesant ensuite 1 second gramme de matière, on opère sur lui de même que sur le premier, mais en supprimant la réduction par le zinc ; on dose ainsi le fer qui est à l'état de protoxyde. La différence entre les deux résultats fournit, on l'a dit plus haut, le poids du fer à l'état de sesquioxyde.

1696. Dosage du fer dans un minerai. — On dissout dans l'eau régale 1 gramme de minerai, finement pulvérisé et bien mélangé. On ajoute un excès d'acide sulfurique pur et concentré, on évapore à sec et on surchauffe modérément pour chasser l'acide chlorhydrique (§ 1695) ; on reprend par l'eau, on filtre, et on lave le résidu ; dans les liqueurs réunies, on réduit par le zinc le fer au minimum, et on termine comme il a été dit plus haut (§ 1693).

1697. Séparation de l'alumine et du fer. — L'analyse de la *bauxite* peut servir d'exemple. On dissout à chaud 1/2 gramme de minerai pulvérisé et bien mélangé, dans l'acide sulfurique concentré, on évapore le mélange à sec et on le chauffe très modérément pour rendre la silice insoluble (§ 1654) ; on reprend par l'eau, on filtre, et on lave le résidu ; on réunit les liqueurs limpides, on y ajoute du carbonate de soude jusqu'à trouble commençant, puis une ou deux gouttes d'acide sulfurique pour rendre au liquide sa limpidité, et on dilue jusqu'à 500 centimères cubes environ (100 centimètres cubes pour 0,2 de minerai). La liqueur étant *refroidie*, on y précipite l'alumine à l'état de phosphate, en présence de l'hyposulfite de soude (§ 1682).

Toutes les liqueurs provenant de la filtration et du lavage du phosphate d'alumine sont réunies; elles servent au dosage du fer. On les acidule par l'acide chlorhydrique et on les évapore dans une capsule de porcelaine; l'hyposulfite, détruit par l'acide, donne un dépôt de soufre et du gaz sulfureux qui s'échappe. Lorsque le volume s'est réduit à 100 centimètres cubes environ, on projette dans le produit des cristaux de chlorate de potasse; ceux-ci dégagent du chlore en présence de l'acide chlorhydrique, et provoquent l'agglomération du soufre, qui se sépare dès lors aisément. On filtre, on lave le résidu et on dose le fer dans la solution, soit en le précipitant sous forme d'hydrate de sesquioxyde (§ 1689), soit volumétriquement (§ 1693).

Quand le minerai est très riche en aluminium, il est bon de faire le dosage de cet élément sur un poids de matière moindre que celui indiqué.

1698. ANALYSE D'UNE EAU MINÉRALE FERRUGINEUSE. — On mesure 1 litre de l'eau à analyser, on l'évapore dans une capsule de porcelaine, après l'avoir additionnée de quelques grammes d'acide chlorhydrique et de quelques grammes d'acide azotique. Le fer passe tout entier au maximum d'oxydation. On pousse l'évaporation jusqu'à siccité. On reprend par l'eau chargée d'acide chlorhydrique et on chauffe jusqu'à redissolution complète; on étend d'eau, puis on sursature par l'ammoniaque. Le fer et l'alumine se précipitent, tandis que le manganèse, en présence d'un excès de chlorhydrate d'ammoniaque, reste dans la liqueur. On lave, on recueille, on calcine et on pèse le précipité, en opérant comme il a été dit plus haut (§ 1689). Si la quantité d'alumine est notable et mérite d'être dosée, ce qui n'est pas le cas ordinaire, et ce que l'on reconnaît lors des essais qualitatifs, on peut dissoudre les oxydes calcinés, en ajoutant du flux blanc dans le creuset et portant au rouge, jusqu'à fusion. Après refroidissement, le contenu du creuset est soluble dans les acides, et on peut, dans sa dissolution, séparer le fer et l'aluminium, comme il a été dit ci-dessus (§ 1697).

J. — Chrome.

1699. TITRAGE D'UN CHROMATE DE POTASSE. — Dans les liqueurs acides, l'acide chromique transforme rapidement les sels de protoxyde de fer en sels de peroxyde :

$$2CrO^3 \quad + \quad 6FeO \quad = \quad Cr^2O^3 \quad + \quad 3Fe^2O^3;$$

Acide
chromique.   Protoxyde
de fer.   Sesquioxyde
de chrome.   Sequioxyde
de fer.

$$2\mathrm{Cr\Theta^3} \quad + \quad 6\mathrm{Fe}\Theta \quad = \quad \mathrm{Cr^2\Theta^3} \quad + \quad 3\mathrm{Fe^2\Theta^3}.$$

Cette réaction est presque instantanée et s'applique soit au dosage de l'acide chromique en partant du fer pur, soit à celui du fer par une liqueur titrée de bichromate de potasse pur (M. Penny).

Étant donné un chromate dans lequel il s'agit de déterminer l'acide chromique, on en fait une prise d'essai de 1 gramme au plus. D'autre part, on a titré une solution de permanganate de potasse (§ 1692, § 1705 et suivants) : soit N le nombre de centimètres cubes de cette solution qui peroxyde 1 gramme de fer. Enfin on a dissous 1 gramme de fer pur dans un excès d'acide sulfurique dilué (§ 1692); dans le ballon contenant le sulfate de fer et l'excès d'acide dilué, on laisse tomber la prise d'essai, qui peut être en dissolution, mais qu'il est préférable de prendre à l'état solide. Par l'agitation, le sel se dissout, s'il ne l'était déjà, et la réaction s'accomplit dans la liqueur acide : une quantité de sulfate de protoxyde de fer, proportionnée à celle de l'acide chromique introduit, passe à l'état de sulfate de sesquioxyde; or le poids de matière employé est certainement insuffisant pour rendre complète la réaction, puisque, d'après la formule précédente, 100 parties d'acide chromique ($2 CrO^3$ ou $Cr O^3 = 100$) réagissent sur 168 de fer ($6 Fe$ ou $3 Fe = 168$), et que pour 1 gramme de fer on a pris 1 gramme au plus de chromate. On dilue le mélange en complétant 500 centimètres cubes, on prélève 100 centimètres cubes de dilution, et on dose par le permanganate le fer resté à l'état de protoxyde.

Soit n le volume de permanganate trouvé ainsi; $5n$ serait dès lors le résultat correspondant à la totalité de la prise d'essai, puisqu'on n'a opéré que sur 1/5 du liquide total, et $N - 5n$ serait le volume de permanganate correspondant à l'acide chromique de la prise d'essai. La proportion $\frac{N}{1} = \frac{N - 5n}{p}$, dans laquelle p représente le poids du fer peroxydé par cet acide chromique, donne $p = \frac{N - 5n}{N}$; la réaction se passant, on vient de le dire, entre $2 CrO^3$ ou $Cr O^3 = 100$ et $6 Fe$ ou $3 Fe = 168$; si l'on appelle x le poids d'acide chromique contenu dans la prise d'essai, on peut écrire $\frac{x}{p} = \frac{100}{168}$, ou $x = p \frac{100}{168} = p \times 0,5952$. On a donc finalement $x = \frac{N - 5n}{N} \times 0,5952$.

1700. Le même titrage peut être fait directement, en dissolvant 1 gramme de fer dans un excès notable d'acide sulfurique dilué (§ 1692), complétant 500 centimètres cubes de liqueur, prélevant 100 centimètres cubes de cette dernière, et y laissant tomber peu à peu, avec une burette, la solution du chromate à analyser; celle-ci est préparée en dissolvant de 12 à 15 grammes (suivant la richesse) du chromate en question, et faisant 250 centimètres cubes de liqueur. Soit P le poids de chromate contenu dans 1 centimètre cube de cette liqueur. A mesure qu'on ajoute le chromate, le mélange prend une teinte de plus en plus foncée. On reconnaît le terme de la réaction en déposant sur une assiette de porcelaine des taches de ferricyanure de potassium, et en touchant de temps en temps une de ces taches avec une baguette imprégnée du mélange; tant que la tache bleuit fortement au contact de la baguette, on verse sans hésiter du chromate; quand la coloration pâlit, on opère avec plus de précaution. On s'arrête aussitôt qu'il n'apparaît plus de coloration bleue. Le phénomène est très sensible.

L'oxydation portant sur $0^{gr},2$ de fer, le volume V de solution de bichromate employé contient un poids p d'acide chromique ($2\ CrO^3$ ou $Cr\theta^3 = 100$) correspondant à ce poids de fer ($6\ Fe$ ou $3\ Fe = 168$); or $p = \frac{0,02 \times 100}{168} = \frac{2}{168}$, puisqu'on a la proportion $\frac{p}{0,02} = \frac{100}{168}$. Cette quantité d'acide chromique est renfermée dans un poids VP de matière analysée.

On remarquera que ce procédé d'analyse est applicable en sens inverse au dosage du fer, au moyen d'une solution titrée d'acide chromique préparée avec du bichromate de potasse pur et fondu (M. Penny).

K. — Manganèse.

1701. ESSAI D'UN OXYDE DE MANGANÈSE. — Le protoxyde de manganèse se dissout dans l'acide chlorhydrique sans dégagement gazeux ; tous les oxydes plus riches en oxygène produisent du chlore dans les mêmes circonstances, mais en proportions inégales. Étant donné l'emploi ordinaire des oxydes de manganèse dans l'industrie, la valeur d'un minerai augmente avec sa richesse en oxydes supérieurs, et plus directement avec la quantité du chlore qu'il peut fournir. Il est donc nécessaire de connaître ce dernier.

Les oxydes de manganèse naturels ayant la propriété de fixer des poids d'eau importants, en dehors de l'eau combinée que contiennent plusieurs d'entre eux, on opère d'ordinaire sur le minerai desséché à 100°. On fait un échantillon moyen (§ 1592) que l'on pulvérise et que l'on mélange ; on en prélève quelques grammes, que l'on pulvérise plus finement et sur lesquels on opère. On détermine le poids d'eau qu'abandonne 1 gramme de cette poudre fine, quand on le chauffe à 100° jusqu'à ce que son poids soit invariable (§ 1605), et on dessèche dans les mêmes conditions la poudre destinée au dosage. On effectue ce dernier par l'une des méthodes exposées plus loin.

1702. 1° *Par la chlorométrie.* — Le principe de cette méthode (Gay-Lussac) est le suivant : en traitant à chaud l'oxyde à essayer par l'acide chlorhydrique, il se produit une quantité de chlore proportionnée à la richesse de l'oxyde; en dirigeant le chlore dégagé dans une solution alcaline, il forme un mélange d'hypochlorite et de chlorure, dans lequel on le dose volumétriquement, par peroxydation de l'acide arsénieux (§ 1636).

De tous les oxydes naturels du manganèse, celui qui engendre le plus de chlore est le bioxyde. Or, 1 équivalent de cet oxyde (MnO^2 ou $1/2\ Mn\theta^2 = 43,5$) dégageant (§ 651) 1 équivalent de chlore (Cl ou $Cl = 35,5$), et 1 litre de chlore pesant $3^{gr},170$, si l'on appelle p le poids de bioxyde de manganèse pur qui dégage 1 litre de chlore, on a $\frac{p}{3,170} = \frac{43,5}{35,5}$, d'où $p = \frac{43,5 \times 3,170}{35,5} = 3^{gr},884.$ Gay-Lussac, qui se servait de valeurs différentes pour les équivalents et pour le poids du litre de chlore, avait admis $3^{gr},98$.

On pèse donc un poids d'oxyde sec tel que, s'il était pur, il dégagerait 1 litre de chlore : supposons que cette quantité traitée par l'acide chlorhydrique fournisse 70 centilitres de chlore, l'oxyde analysé équivaudra pour la préparation du chlore à un oxyde contenant 70 centièmes de bioxyde de manganèse, mélangé à des substances inertes. On exprime ainsi la valeur des divers oxydes qui composent le minerai, en rapportant leur effet utile au poids correspondant du plus riche d'entre eux.

On dispose un appareil (fig. 345) composé d'un petit ballon A de 60 centimètres cubes, exactement fermé par un bouchon que traverse

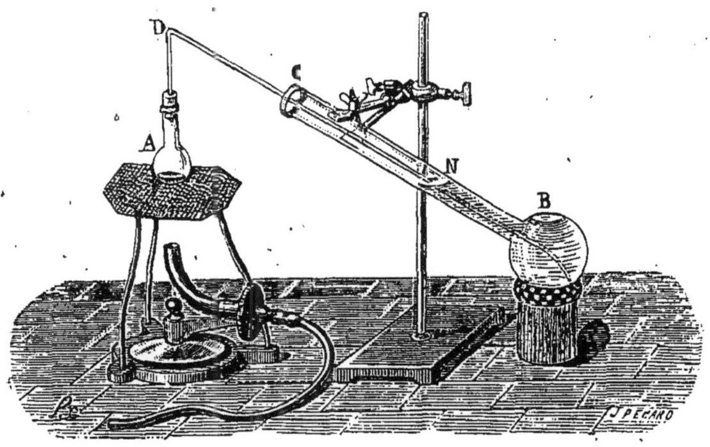

Fig. 345. — Essai d'un oxyde de manganèse par le procédé de Gay-Lussac.

un tube DC, deux fois recourbé comme l'indique la figure ; le tube DC pénètre jusqu'au fond d'un ballon à long col B, tenu incliné sur un valet. Dans le ballon à long col, dont le volume est de 450 à 500 centimètres cubes, on verse 25 ou 30 centimètres cubes de lessive de potasse caustique et une quantité d'eau telle que, le ballon B étant plein, le niveau du liquide s'élève jusqu'en N, vers le tiers de la hauteur de son col. Dans le petit ballon A, on introduit 25 centimètres cubes d'acide chlorhydrique pur et concentré, puis on y laisse tomber la prise d'essai, enveloppée dans un petit fragment de papier à filtrer, on bouche aussitôt le ballon et on dispose l'appareil. En chauffant doucement le ballon A, le bioxyde se dissout dans l'acide, et le chlore dégagé va se rendre par le tube dans la lessive de potasse diluée ; les bulles qui s'échappent du tube séjournent dans la panse du ballon avant de gagner le col, ce qui assure l'absorption complète du chlore. On porte finalement le mélange acide à l'ébullition lente, et quand tout l'oxyde est dissous, quand il ne reste plus en suspension dans le liquide aucune particule noire d'oxyde, on active l'ébullition de manière à chasser du tube DC, par un courant de vapeur d'eau, le chlore qui s'y trouve ; enfin, lorsque le tube s'est échauffé jusqu'en N, de telle sorte qu'on ne puisse le tenir à la main, on l'enlève rapidement de la lessive et on arrête l'opération.

On transvase dans une carafe jaugée de 1 litre le contenu du ballon B, on rince ce dernier avec de l'eau que l'on ajoute dans la carafe, on rince de même la partie du tube qui plongeait dans la lessive, puis on complète 1 litre de liqueur alcaline. Cette dernière est ensuite dosée avec la liqueur arsénieuse dite normale (§ 1636) : le nombre des degrés chlorométriques qu'elle marque exprime, on l'a dit plus haut, le nombre de centièmes de bioxyde de manganèse que l'on suppose exister dans le minerai.

1703. 2° *Par l'iodométrie.* — En dirigeant le chlore dégagé par l'oxyde de manganèse et l'acide chlorhydrique, dans une solution

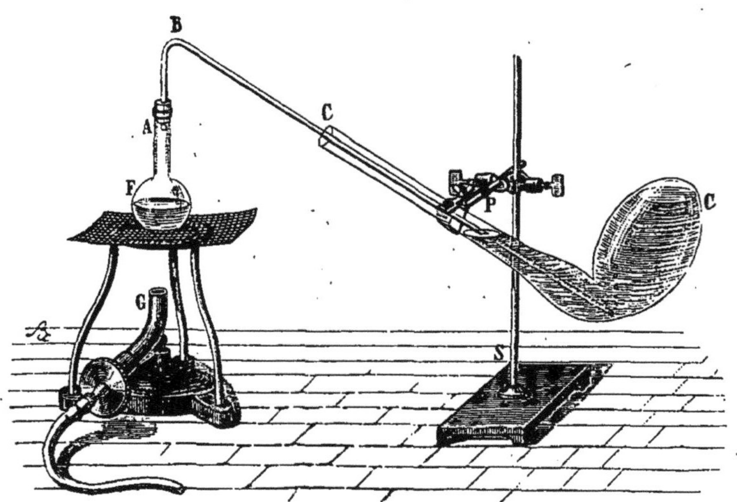

Fig. 346. — Essai d'un oxyde de manganèse par le procédé de M. Bunsen.

d'iodure de potassium, ce gaz met en liberté une quantité équivalente d'iode, qu'on dose ensuite au moyen de l'hyposulfite de soude (M. Bunsen).

On pèse une prise d'essai ($0^{gr},4$ à $0^{gr},5$) d'oxyde de manganèse pulvérisé et sec. On dispose un appareil composé d'un petit ballon F (fig. 346), dont le bouchon porte un tube ABC, coudé à angle aigu, et suffisamment long pour pénétrer jusque dans la panse d'une cornue K de 150 centimètres cubes, placée comme l'indique la figure ; cet appareil peut d'ailleurs être remplacé par celui employé dans le dosage précédent (fig. 345). On introduit dans la cornue 50 centimètres cubes d'une solution au dixième d'iodure de potassium pur d'iodate, on ajoute de l'eau distillée, de manière à remplir la panse de la cornue, et on incline celle-ci après l'avoir retournée. On place dans le petit ballon la prise d'essai, on verse sur elle 25 ou 30 centimètres cubes d'acide chlorhydrique concentré, on fixe immédiatement le bouchon, et on ajuste les diverses parties de l'appareil. On chauffe doucement le ballon, le chlore se dégage et met en liberté de l'iode, qui reste dissous dans l'iodure de potassium en excès; on porte ensuite à l'ébullition, pendant quelques minutes, pour chasser dans la cornue les dernières traces de chlore. Toute l'opération doit d'ailleurs être faite sans interrompre le chauffage, pour éviter une absorption. On agite de temps en temps la cornue, afin de provoquer la dissolution de l'iode précipité dans l'iodure en excès. Quand l'expulsion du chlore est complète, on enlève le ballon et on sort le tube de la cornue. On verse le contenu de cette dernière dans un vase à réaction, et on entraîne dans le même vase, par de l'eau distillée, le liquide ioduré qui mouille la cornue et l'extrémité du tube ABC. Il ne reste plus qu'à doser l'iode libre qui est dans la solution; on le fait au moyen d'une liqueur titrée d'hyposulfite de soude, ainsi qu'il a été dit plus haut (§ 1639).

Soit P le poids d'iode (I ou $I = 127$) qu'elle renferme; ce poids, ayant été mis en liberté par une quantité équivalente de chlore, laquelle provient elle-même d'une quantité équivalente de bioxyde de manganèse, si l'on appelle x le poids de bioxyde (MnO^2 ou $1/2\ MnO^2 = 43{,}5$) contenu dans la prise d'essai, on a la relation $\dfrac{x}{P} = \dfrac{43{,}5}{127}$, et par suite $x = P\,\dfrac{43{,}5}{127}$, ou $x = P \times 0{,}3425$.

En étirant à la lampe le col du ballon F, et en le réunissant au tube par un joint de caoutchouc, on évite la petite déperdition de chlore qui résulte de l'attaque du bouchon.

1704. *Acide chlorhydrique employé.* — La valeur d'un bioxyde de manganèse ne dépend pas uniquement de la proportion de chlore qu'il fournit; elle varie encore avec la consommation d'acide qu'on doit faire pour dégager ce chlore : c'est ainsi que, pour donner 1 équivalent de chlore, le sesquioxyde de manganèse exige 3 équivalents d'acide, tandis que le bioxyde n'en exige que 2 équivalents :

$$Mn^2O^3 \ + \ 3HCl \ = \ 2MnCl \ + \ Cl \ + \ 3HO,$$

Sesquioxyde de manganèse.   Acide chlorhydrique.   Chlorure de manganèse.   Chlore.   Eau.

$$Mn^2O^3 \ + \ 6HCl \ = \ 2MnCl^2 \ + \ Cl^2 \ + \ 3H^2O;$$

$$MnO^2 \ + \ 2HCl \ = \ MnCl \ + \ Cl \ + \ H^2O^2,$$

Bioxyde de manganèse.   Acide chlorhydrique.   Chlorure de manganèse.   Chlore.   Eau.

$$MnO^2 \ + \ 4HCl \ = \ MnCl^2 \ + \ Cl^2 \ + \ 2H^2O.$$

On détermine la proportion d'acide neutralisé, lors d'une préparation de chlore effectuée sur un poids donné de l'oxyde à essayer, en opérant avec une quantité d'acide chlorhydrique mesurée; on dose l'acide resté libre après la réaction. Ce dosage ne peut se faire par les méthodes acidimétriques ordinaires, pour diverses raisons, et notamment à cause de la présence dans le mélange de sels neutres rougissant le tournesol.

Il est un réactif acidimétrique qui se prète à ce genre d'analyses et y donne des résultats suffisamment exacts : c'est la dissolution ammoniacale d'oxyde de cuivre (M. Kiefer). On la prépare en ajoutant de l'ammoniaque à une solution de sulfate de cuivre jusqu'à précipitation d'abord, puis jusqu'à redissolution du précipité; on a soin de ne pas verser plus d'ammoniaque qu'il n'est nécessaire pour redissoudre le sel basique; si l'on a dépassé cette limite, on neutralise l'ammoniaque en excès par un acide dilué. Quand on verse le réactif ainsi préparé dans une liqueur limpide contenant un acide libre, il s'y mélange d'abord sans la troubler, l'acide formant à la fois un sel de cuivre et un sel ammoniacal, puis la saturation de l'acide libre se trouve indiquée par l'apparition d'un trouble dû à la précipitation d'un sel basique de cuivre. On titre le réactif en déterminant quel volume il en faut verser dans un acide titré quelconque, l'acide oxalique excepté, pour voir apparaître le trouble indicateur de la neutralisation.

D'autre part, on prend 10 centimètres cubes d'un acide chlorhydrique concentré, dont la teneur a été déterminée par les méthodes acidimétriques ordinaires; on les verse dans un petit ballon à long col, contenant une prise d'essai de l'oxyde de manganèse (1 gramme environ), que l'on ferme par un bouchon traversé d'un long tube. On chauffe doucement le ballon tenu incliné; le chlore se dégage. Il est nécessaire, à la fin de l'opération, de chauffer assez pour chasser tout le chlore, mais en évitant cependant de faire bouillir, ce qui causerait une perte importante d'acide chlorhydrique. On laisse refroidir, on dilue le contenu du ballon, on le filtre et on lave le résidu insoluble; dans les liqueurs réunies, qui sont limpides, on dose acidimétriquement l'acide resté libre, au moyen de la liqueur cuivrique ammoniacale. La différence entre le résultat de ce dosage et la quantité d'acide chlorhydrique HCl contenue dans les 10 centimètres cubes employés, représente l'acide consommé dans la réaction effectuée sur le poids d'oxyde traité.

1705. Titrage d'une solution de permanganate alcalin. — 1° *Par le fer.* — Une première méthode consiste à déterminer le volume N de la solution à titrer qui peroxyde 1 gramme de fer, pris à l'état de sulfate de protoxyde. On a dit plus haut (§ 1692) les conditions dans lesquelles cette détermination doit être effectuée.

Chaque équivalent d'acide permanganique (Mn^2O^7 ou $1/2\ Mn^2O^7 = 111$) peroxydant 10 équivalents de fer (10 Fe ou $5\ Fe = 280$), la quantité p de cet acide qui peroxydera 1 gramme de fer sera donnée par la proportion $1 = \frac{111}{280}$, de laquelle on tire $p = \frac{111}{280} = 0^{gr},3964$. Ce dernier poids est donc celui de l'acide permanganique contenu dans les N centimètres cubes de liqueur, qui peroxydent 1 gramme de fer, et $\frac{p}{N}$ est celui existant dans 1 centimètre cube de la solution à titrer. En remplaçant dans le calcul précédent l'équivalent de l'acide permanganique par celui du permanganate alcalin dont il s'agit, on trouve le poids q de ce permanganate existant dans les N centimètres cubes de liqueur employés; pour le permanganate de potasse (Mn^2O^7,KO ou $1/2\ Mn^2O^8K^2 = 158$), on trouve $q = \frac{158}{280} = 0^{gr},5643$.

1706. 2° *Par le sulfate de fer et d'ammoniaque.* — Le sulfate double de protoxyde de fer et d'ammoniaque,

$$(S^2O^6, FeO, AzH^4O + 6HO)\ \text{ou}\ 1/2(SO^4Fe + SO^42AzH^4 + 6H^2O) = 196,$$

est beaucoup moins altérable que le sulfate ferreux et peut être conservé pur pendant un certain temps; cette qualité le fait employer quelquefois pour titrer le permanganate (Mohr) : 196 grammes de ce sel contenant 28 grammes de fer (Fe ou $1/2\ Fe = 28$), il suffit d'en peser $\frac{196}{28} = 7$ grammes, de les dissoudre dans l'acide sulfurique au dixième, de former avec le tout 1/2 litre de liqueur, et d'opérer sur cette dernière comme il a été dit pour le sulfate ferreux (§ 1705). Toute impureté du sel entraînera plus tard une erreur en trop dans les dosages effectués avec un permanganate qu'il aura servi à titrer.

1707. 3° *Par l'acide oxalique.* — Enfin le permanganate peut encore être titré au moyen de l'acide oxalique pur (§ 1398), qu'il change en acide carbonique (M. Hempel) :

$$2(Mn^2O^7,KO) \quad + \quad 5C^4H^2O^8 \quad + \quad 3(S^2O^6,2HO) \quad =$$

Permanganate de potasse.   Acide oxalique.   Acide sulfurique.

$$Mn^2O^8K^2 \quad + \quad 5C^2H^2O^4 \quad + \quad 3SO^4H^2 \quad =$$

$$10C^2O^4 \quad + \quad 2(S^2O^6,2MnO) \quad + \quad S^2O^6,2KO \quad + \quad 8H^2O^2;$$

Gaz carbonique.   Sulfate de manganèse.   Sulfate de potasse.   Eau.

$$10CO^2 \quad + \quad 2SO^4Mn \quad + \quad SO^4K^2 \quad + \quad 8H^2O.$$

La molécule d'acide oxalique cristallisé s'oxyde donc aux dépens de $\frac{2}{5}$ ou $\frac{4}{10}$ d'équivalent de permanganate, tandis que 1 équivalent de fer (§ 1691) est oxydé par $\frac{1}{10}$ d'équivalent du même réactif; au point de vue qui nous occupe, 1 molécule d'acide oxalique cristallisé,

$$C^4H^2O^8 + 4HO\ \text{ou}\ C^2H^2O^4 + 2H^2O = 126,$$

équivaut donc à 4 équivalents de fer (4 Fe ou $2\ Fe = 112$), et 1 gramme de fer à $\frac{126}{112} = 1^{gr},125$ d'acide.

On pèse donc $1^{gr},125$ d'acide oxalique cristallisé, et on fait avec lui 500 centimètres cubes de liqueur. On mesure 100 centimètres cubes de cette dernière, on les additionne, dans un vase à précipitations chaudes, de 6 à 8 centimètres cubes d'acide sulfurique concentré et pur, on chauffe vers 60°, et on laisse tomber le permanganate dans le mélange. La réaction commence lentement; mais elle s'opère ensuite avec rapidité, et la liqueur se décolore complètement. Lorsque la couleur du permanganate tarde davantage à disparaître, on agit avec précaution et on s'arrête aussitôt qu'une seule goutte donne la coloration rose persistante.

L'oxalate neutre d'ammoniaque,

$$C^4H^2O^8,2AzH^3 + 2HO \text{ ou } C^2H^2O^4,2AzH^3 + H^2O = 142,$$

sel assez stable et qu'on obtient facilement pur, peut remplacer l'acide oxalique libre (Péan de Saint-Gilles), puisqu'on agit en liqueur acidulée. Une molécule de ce sel correspondant à 4 Fe ou $2Fe = 112$, on pèsera $\frac{142}{112}$ $= 1^{gr},268$ d'oxalate comme quantité correspondante à 1 gramme de fer.

L. — Étain.

1708. Dosage a l'état de bioxyde. — 1° *Par traitement à l'acide azotique.* — Cette méthode convient surtout· quand l'étain à doser est sous forme de métal plus ou moins allié à d'autres métaux. Elle s'applique également aux composés d'étain qui ne contiennent pas de chlore, le chlorure stannique étant volatil, ni de substance insoluble dans l'acide azotique dilué.

On place la prise d'essai ($0^{gr},3$ à 1 gramme) dans un ballon un peu grand (250 centimètres cubes); s'il s'agit d'un alliage, on l'a pesé sous forme de poudre ou de limaille fine. On verse dans le ballon 50 centimètres cubes d'acide azotique pur, on ferme le col par un verre de montre et on abandonne le produit à lui-même. La réaction est souvent très vive mais, effectuée dans un grand ballon, elle n'entraine pas de pertes; quand elle s'est calmée, on chauffe doucement pour la terminer. L'étain ou ses composés, oxydés par l'acide azotique, passent à l'état d'acide métastannique. Lorsque ce dernier est d'un blanc pur, et qu'aucune réaction ne se manifeste plus, on transvase dans une capsule de porcelaine le contenu du ballon ; on lave ce dernier avec de l'eau, ainsi que le verre de montre qui le fermait; on réunit dans la capsule tout le produit, liquide et solide, et on évapore au bain-marie, presque jusqu'à siccité, pour peroxyder l'azotate de protoxyde d'étain. On ajoute de l'eau bouillante sur le résidu, et, en lavant à l'eau chaude par décantation suivie de filtration sur un filtre sans plis, on isole l'acide métastannique insoluble. Lorsque les eaux de lavage ne laissent plus de résidu et ne sont plus sensiblement acides au tournesol, on recueille le précipité sur le filtre, et on le sèche. On sépare le précipité du filtre (§ 204) ; on incinère ce dernier dans un creuset de platine taré, ou mieux dans un petit creuset de porcelaine également taré ;· on arrose les cendres refroidies de quelques gouttes d'acide azotique pur, qui réoxyde l'étain ramené à l'état métallique par le charbon du filtre, on calcine de nouveau, et on laisse de nouveau refroidir ; on ajoute l'acide métastannique aux cendres, et on calcine le tout, en portant la température jusqu'au rouge vif. Ce chauffage énergique ·est nécessaire pour chasser les dernières traces d'eau de constitution. Après refroidissement, on pèse : en défalquant le poids du creuset et celui des cendres du filtre, on a le poids p du bioxyde d'étain fourni par la prise d'essai.

Étant donné que 1 équivalent d'étain (Sn ou $1/2 \, Sn = 59$) donne 1 équivalent de bioxyde (SnO^2 ou $1/2\ Sn\theta^2 = 75$), le poids d'étain correspondant s'obtient en multipliant le poids trouvé par $\frac{59}{75}$ ou par 0,7866.

Lorsque la matière analysée ne contient pas d'autre matière fixe que l'étain, on se contente de traiter la prise d'essai par l'acide azotique, dans le creuset de porcelaine couvert, de chauffer pendant quelque temps au bain-marie, d'évaporer à sec et de calciner.

En présence de l'acide sulfurique, il est bon, pour éliminer celui-ci, d'ajouter à plusieurs reprises du carbonate d'ammoniaque et de calciner de nouveau, jusqu'à poids constant du creuset.

1709. 2° *Par précipitation du sulfure.* — Cette méthode s'applique toutes les fois qu'on n'a en présence aucun corps précipitable par l'hydrogène sulfuré en liqueur acide.

La prise d'essai étant en solution acidulée et étendue, on y fait passer un courant prolongé d'hydrogène sulfuré : il se forme un précipité brun ou jaune, suivant que l'étain est au minimum ou au maximum d'oxydation. La liqueur étant saturée de gaz, on ferme par une lame de verre le vase à précipitations chaudes dans lequel on opère, et on l'abandonne dans un lieu chaud pendant une heure. On découvre ensuite le vase, de manière à laisser l'hydrogène sulfuré en excès s'échapper dans l'air, ce réactif retenant en dissolution des traces de bisulfure d'étain. Ce dernier corps se dépose difficilement et passe fréquemment à travers les filtres de papier. En ajoutant de l'acétate d'ammoniaque et un peu d'acide acétique, tant au mélange qu'à l'eau de lavage, ce qui est d'ordinaire sans inconvénient, on rend plus facile la séparation du précipité. On lave ce dernier par décantation suivie de filtration sur un filtre sans plis, on recueille le précipité sur le filtre, puis on le sèche. Le filtre est incinéré à part, dans un creuset de porcelaine taré, en traitant les cendres par l'acide azotique (§ 204); on ajoute ensuite le sulfure, que l'on chauffe d'abord dans le creuset fermé, pour éviter les projections qui se produisent fréquemment, puis on incinère au rouge sombre, jusqu'à ce qu'il ne se dégage plus de gaz sulfureux. Quand on n'a plus à craindre la volatilisation du sulfure, celui-ci étant oxydé, on chauffe fortement, et comme il s'est formé un peu d'acide sulfurique, on calcine, à plusieurs reprises et jusqu'à poids constant du creuset, le produit additionné de carbonate d'ammoniaque pur. Le résidu est formé de bioxyde d'étain pur; on défalque de son poids celui des cendres du filtre.

M. — Antimoine.

1710. Dosage a l'état d'antimoniate d'oxyde d'antimoine. — On commence par isoler l'antimoine des corps qui l'accompagnent, en le précipitant sous forme de sulfure. La liqueur, qui contient la prise d'essai, étant acidulée par l'acide chlorhydrique, est additionnée d'un peu d'acide tartrique, afin d'empêcher toute précipitation par l'eau, puis diluée. On opère dans un vase à précipitations chaudes, à ouverture étroite. On fait passer dans le mélange, jusqu'à saturation, un courant de gaz sulfhydrique. L'antimoine se sépare sous forme de sulfure rouge orangé. On abandonne pendant une heure dans un endroit chaud, on chasse l'hydrogène sulfuré en excès par un courant de gaz carbonique, en se servant du même tube adducteur qui a été employé pour amener l'hydrogène sulfuré. Si cela ne présente d'ailleurs aucun inconvénient, il est préférable d'opérer la précipitation à chaud, le précipité formé étant alors plus dense et plus facile à laver. On lave ensuite le sulfure par décantation suivie de filtration sur un filtre sans plis, préalablement séché et taré ; on se sert, comme liquide de lavage, d'eau distillée chargée d'hydrogène sulfuré ; on recueille le précipité sur le filtre, puis on le sèche et on le pèse avec le filtre qui le contient : soit P son poids, déduction faite de la tare du filtre.

Le sulfure d'antimoine ainsi précipité renferme des quantités de soufre variables ; pour connaître sa teneur en antimoine, on le change en antimoniate d'oxyde d'antimoine. On le détache grossièrement du filtre, en le faisant tomber dans un creuset de porcelaine taré, puis on pèse ce dernier, ce qui fait connaître le poids p de la partie du sulfure sur laquelle on opérera la transformation. On verse dans le creuset de l'acide azotique fumant $(D = 1,5)$, vérifié volatil sans résidu et dépourvu de chlore ; on en emploie un poids égal à huit ou dix fois celui du sulfure traité, on couvre le creuset et on le chauffe au bain-marie. L'acide de concentration ordinaire, bouillant au-dessus du point de fusion du soufre, ne conviendrait pas : il se forme avec lui des globules de soufre fondu, qu'on n'attaque plus ensuite que très difficilement. L'acide s'évapore, et en même temps le soufre mis en liberté se sépare, puis s'oxyde. Il reste finalement une masse blanche, que l'on dessèche et que l'on calcine au rouge vif, à plusieurs reprises, jusqu'à ce que le poids du creuset soit invariable. On obtient ainsi de l'antimoniate d'oxyde d'antimoine ; soit g son poids.

L'antimoniate d'oxyde d'antimoine (SbO^5,SbO^3 ou $Sb^2O^4 = 304$) contenant 2 équivalents d'antimoine (2 Sb ou $Sb^2 = 240$), en multipliant g par le rapport $\frac{240}{304} = 0,7895$, on a l'antimoine contenu dans le poids p de sulfure, prélevé sur la masse totale. Dès lors le poids x de l'antimoine renfermé dans la prise d'essai, et par suite dans le poids total de sulfure P, est donné par la proportion $\frac{x}{P} = \frac{g \times 0,7895}{p}$, de laquelle on tire $x = \frac{P \times g}{p} \times 0,7895$.

1711. Séparation de l'étain et de l'antimoine. — L'analyse de l'alliage connu sous le nom de *métal anglais*, peut servir d'exemple.

Cet alliage étant réduit en limaille, on en pèse 1 gramme, que l'on attaque dans un ballon par de l'acide chlorhydrique pur. On chauffe doucement, et on projette de temps en temps dans le mélange quelques cristaux de chlorate de potasse, qui donnent du chlore et facilitent ainsi la dissolution. Les métaux alliés se changent tous deux en chlorures. On ajoute au liquide un peu d'acide tartrique pour empêcher la précipitation de l'antimoine par l'eau, puis on dilue jusqu'à former 200 centimètres cubes, que l'on partage en deux parties égales.

Dans une des portions de la solution, on introduit une lame de zinc. Ce métal précipite à la fois l'étain et l'antimoine. Quand le dépôt métallique cesse de se produire, on décante le liquide sur un filtre desséché à 100° et taré, on détache par frottement dans l'eau la mousse métallique de la lame de zinc, on lave le précipité à l'eau distillée, additionnée de quelques gouttes d'acide chlorhydrique, on le recueille sur le filtre, on le lave enfin avec un peu d'alcool, on le sèche à 100° et on le pèse. Le poids trouvé, diminué de la tare du filtre, donne le poids des deux métaux existant dans 1ᵍʳ,50 d'alliage.

Dans la seconde moitié de la solution, après l'avoir acidulée par l'acide chlorhydrique, on plonge une lame d'étain et on chauffe doucement. Le sel d'étain dissous est ramené au minimum de chloruration, tandis que l'antimoine se dépose sous la forme d'une poudre noire. Lorsque le dépôt cesse de se former, on décante la liqueur sur un filtre séché à 100° et taré, on la remplace par de l'eau additionnée de quelques gouttes d'acide chlorhydrique, on détache l'antimoine pulvérulent en frottant la lame d'étain, on le lave à l'eau acidulée, on le rassemble sur le filtre, on le lave à l'eau pure, on le sèche à 100° avec le filtre et on pèse. Défalcation faite de la tare du filtre, on a le poids de l'antimoine contenu dans moitié de la prise d'essai (Gay-Lussac).

Comme contrôle, on sépare grossièrement du filtre le précipité mixte d'étain et d'antimoine, donné par le zinc métallique dans la première expérience, on en pèse un poids déterminé, le plus grand possible, qu'on attaque par l'acide chlorhydrique concentré et tiède, dans une capsule de porcelaine : l'étain se dissout, tandis que l'antimoine reste sensiblement inattaqué. On lave le résidu d'antimoine et on le pèse, en opérant ainsi qu'il a été dit plus haut pour la seconde expérience.

N. — Bismuth.

1712. DOSAGE A L'ÉTAT D'OXYDE. — Le métal étant en dissolution nitrique, dépouillée de tout autre acide, on étend la liqueur d'eau, ce qui produit ou non un précipité, et on y verse du carbonate d'ammoniaque en léger excès. On chauffe le mélange au bain-marie bouillant, pendant quelque temps, pour assurer la précipitation du carbonate de bismuth basique, pour changer en carbonate le sous-azotate qui a pu se former, et pour agglomérer le précipité de carbonate. On décante le liquide, après dépôt, sur un filtre sans plis, on lave le précipité par décantation suivie de filtration, on le recueille sur le filtre et on sèche. Après séparation du précipité et du filtre, on incinère ce dernier dans un creuset de porcelaine taré, on imbibe les cendres d'une goutte d'acide azotique, pour réoxyder le métal qui a pu se réduire, et on calcine de nouveau ; on ajoute le carbonate dans le creuset et on le chauffe jusqu'à fusion de l'oxyde qu'il donne en se décomposant. Après refroidissement, on pèse et on retranche du résultat le poids des cendres du filtre.

Le poids de l'oxyde de bismuth trouvé (BiO^3 ou $1/2\ Bi^2O^3 = 232$), multiplié par le rapport $\frac{208}{232} = 0,8935$, donne le poids du bismuth (Bi ou $Bi = 208$) contenu dans la prise d'essai.

1713. DOSAGE A L'ÉTAT DE SULFURE. — En présence des terres alcalines et des acides autres que l'acide azotique, le bismuth doit être précipité en liqueur acide sous forme de sulfure. On dilue la liqueur, en l'acidulant suffisamment par l'acide acétique pour qu'elle reste limpide. On y fait passer du gaz sulfhydrique jusqu'à saturation complète ; le sulfure noir de bismuth qui s'est formé se dépose alors aisément. On le lave, par décantation suivie de filtration, avec de l'eau chargée d'hydrogène sulfuré. On introduit le filtre égoutté dans un matras, on verse sur lui de l'acide azotique pur, étendu de son volume d'eau, et on chauffe doucement, jusqu'à dissolution complète du précipité. On étend d'eau, et on dose le bismuth dans la liqueur sous forme d'oxyde (§ 1712).

1714. ESSAI D'UN SOUS-AZOTATE DE BISMUTH. — La présence des substances étrangères dans le sous-azotate de bismuth se reconnaît par les méthodes ordinaires d'analyse qualitative, mais la proportion de l'oxyde de bismuth et de l'acide azotique qui s'y trouvent doit souvent être déterminée.

Dans un sous-azotate de bismuth pur de matières étrangères, la calcination d'un poids donné du produit à analyser donne de l'oxyde de bismuth (§ 1712), que l'on pèse. On détermine ainsi la teneur en bismuth, mais on n'obtient aucun renseignement sur la quantité de l'acide azotique, du gaz carbonique, etc., éliminés avec l'eau.

Un dosage acidimétrique indirect permet de doser l'acide azotique (E. Baudrimont).

On pèse 1 gramme de sous-azotate pulvérisé, on l'introduit dans un matras de 100 centimètres cubes environ, avec 20 centimètres cubes de solution titrée de soude ou de potasse, et 30 centimètres cubes d'eau distillée, puis on fait bouillir pendant dix minutes. Il se fait de l'oxyde de bismuth et de l'azotate de soude; la quantité de soude doit avoir été prise suffisante pour que le mélange reste alcalin. On laisse refroidir, on transvase la totalité du produit dans un vase jaugé de 100 centimètres cubes, on complète ce volume avec de l'eau, et on mélange en agitant. On filtre. On prélève, au moyen d'une pipette jaugée, 50 centimètres cubes de la liqueur obtenue, et on dose, avec l'acide sulfurique titré, la quantité de soude restée libre (§ 1602).

Soit P le poids d'acide sulfurique ($S^2O^6,2HO$ ou SO^4H^2) contenu dans 1 centimètre cube de l'acide titré employé, N le volume de cet acide qui sature 10 centimètres cubes de solution alcaline titrée, et n le volume du même acide qui a saturé les 50 centimètres cubes de liquide, lors du dosage alcalimétrique final. Les 50 centimètres cubes de solution contenaient 10 centimètres cubes de liqueur alcaline, en partie saturée par l'acide azotique d'une moitié de la prise d'essai, c'est-à-dire par l'acide de $0^{gr},50$ de matière. Le volume $N—n$ d'acide sulfurique titré contient donc en acide sulfurique l'équivalent de l'acide azotique à doser. Or, dans $N—n$ centimètres cubes de liqueur acide, il y a $P(N—n)$ d'acide sulfurique [$1/2\,(S^2O^6,2HO)$ ou $1/2\,SO^4H^2 = 49$], et le poids équivalent x d'acide azotique (AzO^5,HO ou $AzO^3H = 63$) est $x = P\,(N—n)\,\frac{63}{49}$ ou $x = P(N—n) \times 1,2857$, car on a $\frac{x}{P\,(N—n)} = \frac{63}{49}$. En multipliant x, qui correspond à la moitié de la prise d'essai, par 2, on a le poids d'acide (AzO^5,HO ou AzO^3H) renfermé dans 1 gramme de sous-azotate analysé.

O. — Plomb.

1715. Dosage a l'état de sulfate. — Le sulfate de plomb est notablement soluble dans l'eau, mais il est insoluble dans l'eau chargée d'alcool. On profite de cette propriété pour l'isoler dans les mélanges qui ne renferment pas de bases terreuses.

On opère le dosage en mettant la prise d'essai en solution peu étendue. La liqueur étant dans un vase à précipiter, on l'additionne d'acide sulfurique pur, en léger excès : il se sépare du sulfate de plomb.

On ajoute au mélange 2 fois son volume d'alcool fort, on agite, on laisse reposer quelques heures dans le vase couvert, puis on lave le précipité par décantation suivie de filtration (§ 374) avec de l'alcool à 50 centièmes, et on le recueille sur le filtre. Après dessiccation, on isole le précipité du filtre (§ 204), on incinère ce dernier dans un creuset de porcelaine taré, on arrose les cendres de quelques gouttes d'un mélange dilué d'acide azotique et d'acide sulfurique, lequel change de nouveau en sulfate le sel de plomb réduit par la matière organique du filtre, on dessèche et on calcine une seconde fois. On ajoute ensuite le sulfate de plomb dans le creuset; on porte celui-ci au rouge, et on pèse après refroidissement à l'abri de l'air.

Soit P le poids du sulfate de plomb obtenu, déduction faite des cendres du filtre. Le sulfate de plomb [$1/2$ ($S^2O^6,2PbO$) ou $SO^4Pb = 151,5$], contenant $\frac{103,5}{151,5}$ de plomb (Pb ou $1/2\ Pb = 103,5$), en multipliant P par le rapport $\frac{103,5}{151,5} = 0,6832$, on aura le poids du plomb contenu dans la prise d'essai.

Lorsque l'alcool détermine la séparation de matières autres que le sulfate de plomb, on précipite le sulfate de la même manière dans une liqueur plus fortement chargée d'acide sulfurique; après dépôt, on lave le précipité avec de l'eau acidulée par quelques gouttes d'acide sulfurique, et on élimine enfin cette dernière par de l'alcool à 50 centièmes.

Quand il s'agit d'un sel de plomb à acide minéral volatil ou à acide organique, mais ne renfermant pas d'autres substances fixes, on supprime la précipitation. On introduit la prise d'essai ($0^{gr},5$ environ) dans un petit creuset de porcelaine taré, on l'imbibe d'acide sulfurique pur et concentré, on ferme le creuset, puis on le chauffe très doucement jusqu'à expulsion de la totalité de l'acide en excès : les matières organiques se détruisent ainsi en donnant des gaz sulfureux et carbonique, les acides minéraux sont volatilisés. On porte au rouge le creuset et on le pèse après refroidissement. Le sulfate de plomb doit être blanc; sinon, on le mouille de nouveau d'acide sulfurique et on recommence le traitement.

1716. Dosage a l'état de plomb métallique. — Cette méthode s'applique surtout à l'essai approché des *galènes*.

Ou pulvérise finement un échantillon moyen de la galène à analyser. et on en pèse 20 grammes. On les mélange intimement avec 20 grammes de carbonate de soude sec, 10 grammes de carbonate de potasse sec et 3 grammes de tartre brut pulvérisé : ce dernier réactif fournira par calcination un supplément de carbonate de potasse et aussi du charbon, qui agira comme réducteur.

Un creuset étant porté au rouge dans un fourneau à charbon bien allumé, on y introduit, en se servant d'une main en cuivre, la totalité du mélange; on saupoudre la masse d'un peu de borax pour la garantir de l'action de l'air, on place le couvercle du creuset et on continue à chauffer jusqu'au rouge vif. La masse atteint bientôt la température rouge et entre en fusion : on l'agite alors avec une tige de fer, qu'on laisse séjourner pendant trois quarts d'heure environ dans le mélange. Le fer réduit le sulfure plomb, forme du sulfure de fer, qui reste dans la scorie, et du plomb métallique, qui se rassemble au fond du creuset. On enlève la tige de fer après une dernière agitation, on donne au creuset quelques chocs qui favorisent la séparation du métal, on le sort du feu et on le laisse refroidir. En le brisant ensuite, on isole mécaniquement le culot de plomb réduit ; on enlève, par des lavages à l'acide chlorhydrique dilué, les dernières traces de scorie qui le souillent, on le lave à l'eau, on l'essuie, on le sèche et on le pèse.

En réalité, une partie du plomb échappe à la réaction et la proportion de plomb perdue est d'autant plus grande que le minerai est moins riche. La galène pure ne donne ainsi que 84 pour 100 de plomb environ, avec une perte qui atteint 3 centièmes.

1717. DOSAGE ÉLECTROLYTIQUE. — Lorsqu'on électrolyse une solution d'azotate de plomb suffisamment chargée d'acide azotique, ce métal se dépose tout entier au pôle positif sous forme de bioxyde (M. Riche). On opère au moyen des appareils et avec les précautions générales indiquées à propos du dosage électrolytique du cuivre (§ 1719).

Un élément de pile Bunsen ou Leclanché suffit pour effectuer le dépôt.

Lorsque le plomb est le seul métal existant dans la dissolution du corps à analyser, on place cette dissolution, additionnée de 2 centimètres cubes d'acide azotique, dans le vase de platine formant électrode négative, et on y plonge comme électrode positive, le creuset de platine percé de l'appareil de M. Riche (fig. 348, § 1719), après l'avoir taré exactement. L'expérience peut se faire à froid, mais entre 60° et 90° on est plus certain d'éviter tout dépôt de plomb métallique ; elle dure quelques heures. Tant que la quantité de plomb à précipiter n'est pas très considérable, le dépôt de son oxyde est très adhérent ; il l'est d'autant plus que la surface métallique à laquelle il se fixe est plus développée. Au delà de 3 à 4 centigrammes, il est avantageux de prendre comme électrode positive une toile de platine roulée sur elle-même (fig. 347) qui présente une surface plus considérable (Millot).

Fig. 347. — Électrode en toile de platine.

Un point important est de ne pas laisser le bioxyde de plomb en contact avec la liqueur, alors que le courant est interrompu : quand on a constaté que le liquide ne tient plus de plomb en dissolution et que l'électrolyse est terminée, sans interrompre la communication avec la pile, on enlève le liquide avec un siphon, on le remplace par de l'eau pure, qu'on enlève de même ; après quelques lavages de ce genre, qui ont entraîné la liqueur acide, on détache l'électrode positive, on la lave complètement à l'eau, on la sèche à l'étuve à 110°, puis on la pèse.

Le poids du bioxyde de plomb obtenu (PbO^2 ou $1/2\ Pb\theta^2 = 119,5$), multiplié par le rapport $\frac{103,5}{119,5} = 0,8664$, donne le poids du plomb (Pb ou $1/2\ Pb = 103,5$) contenu dans la prise d'essai.

Quand la dissolution contient des métaux autres que le plomb, ils restent dans la liqueur, lorsque celle-ci est suffisamment chargée d'acide, ou bien ils se déposent au pôle négatif, ce qui ne trouble pas le dosage du plomb. Une exception est à faire cependant pour le manganèse, qui se dépose partiellement à l'état d'oxyde, en même temps que l'oxyde de plomb.

1718. Séparation du plomb et de l'étain. — L'analyse de la *soudure des plombiers* ou celle de la *poterie d'étain*, sont des exemples d'analyse comportant cette séparation.

On divise l'alliage en petits fragments, et on fait une prise d'essai pesant de 1 gramme à $1^{gr},50$. On attaque le métal par l'acide azotique pur, dans un ballon ou dans un vase à précipitations chaudes, en chauffant d'abord doucement jusqu'à disparition de toute trace d'alliage ; on opère ensuite comme il a été dit pour le dosage de l'étain à l'état de bioxyde (§ 1708). Le plomb passe dans les liqueurs sous forme d'azotate. On recueille avec soin ces liqueurs et on y dose le plomb à l'état de sulfate (§ 1715).

P. — Cuivre.

1719. Dosage par électrolyse. — Cette méthode, indiquée d'abord par M. Lecoq de Boisbaudran, est devenue l'une des plus exactes et des plus rapides depuis les travaux de divers chimistes, et notamment de M. Riche.

L'appareil suivant (fig. 348), qui convient d'ailleurs pour tous les dosages électrolytiques, permet de la mettre en pratique dans des conditions fort avantageuses. Il consiste en un creuset de platine C, supporté par une pince métallique p, portant une borne avec vis de pression, servant à mettre en communication, par un fil de cuivre, la pince métallique, et par suite le creuset, avec le pôle positif d'une pile. La pince p est d'ailleurs mobile sur une tige isolante en verre VV', sur laquelle on la fixe à la hauteur voulue. Une seconde pince métallique n, analogue à la première, mobile semblablement sur la même tige de verre, et reliée par un fil de cuivre au pôle négatif de la pile, supporte l'électrode négative : celle-ci consiste en une sorte de creuset de platine P, dépourvu de fond et percé de fentes sur les côtés ; sa dimension et sa forme sont telles, que lorsqu'on l'introduit dans le creuset C, les deux surfaces métalliques sont séparées par une distance de 2 à 4 millimètres. Le creuset C contiendra la solution à électrolyser. Afin d'opérer à volonté à une température autre que la température ambiante, le creuset C peut être plongé jusqu'à une certaine hauteur dans un bain-marie métallique AB, contenant de l'eau, dont on maintient la température constante au moyen d'un brûleur à gaz G, convenablement réglé. Le sens du courant peut d'ailleurs être renversé suivant les besoins de l'analyse.

A défaut de cet appareil, on place la solution à électrolyser dans un creuset ou une capsule de platine c (fig. 349), que l'on pose sur une lame de même métal, reliée par un fil métallique au pôle négatif de la pile ; cette lame repose elle-même sur une feuille de verre v qui l'isole. Une disposition plus commode consiste à déposer le creuset sur une soucoupe garnie d'une couche mince de mercure, dans laquelle plonge un fil de platine qui termine le conducteur négatif de la pile. Comme électrode positive, on prend un fil de platine roulé en spirale *s*, que l'on maintient par un support à pince ordinaire P. La plaque isolante est inutile si le support n'est pas en métal. Quand il est indispensable d'opérer à chaud, tout le dispositif peut être installé dans

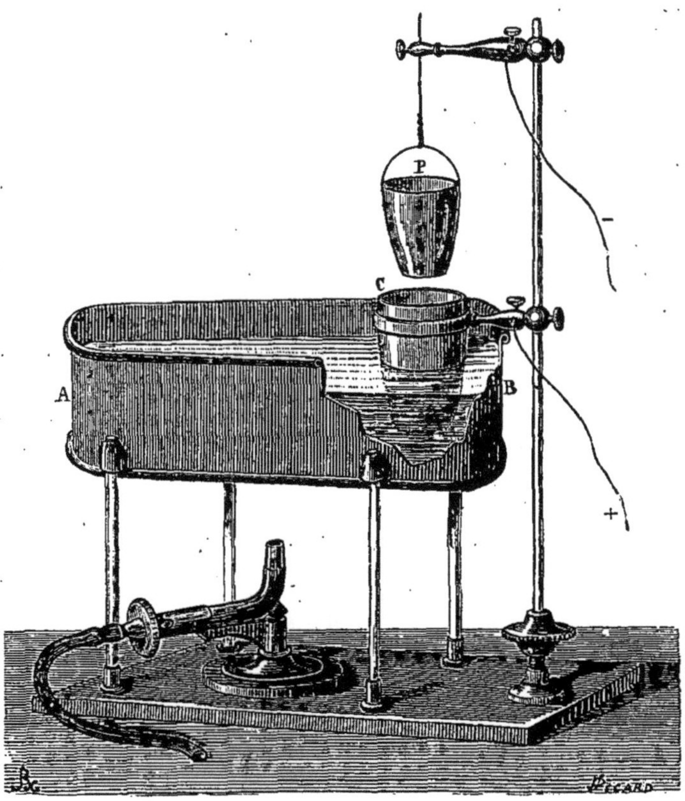

Fig. 348. — Appareil de M. Riche pour les dosages électrolytiques.

une étuve à température réglée, dont la paroi est traversée par les conducteurs maintenus isolés.

Le dosage du cuivre se fait bien en liqueur nitrique, mais mieux encore en liqueur sulfurique. La présence de l'acide chlorhydrique et des chlorures, dans le liquide à électrolyser, doit être évitée : les solutions préparées avec l'eau régale ou avec l'acide chrorhydrique, sont additionnées d'un léger excès d'acide sulfurique, puis évaporées à siccité, ce qui élimine l'acide chlorhydrique; on reprend le résidu par l'eau et on opère sur la liqueur obtenue. L'électrolyse pouvant se faire convenablement en solution ammoniacale et l'acide chlorhydrique ne gênant pas dans ces conditions, on peut se contenter de sursaturer la liqueur par l'ammoniaque pour redissoudre l'oxyde de cuivre précipité, et de l'électrolyser ensuite.

L'électrolyse se fait bien à la température ordinaire, mais entre 60° et 90° le dépôt de cuivre est plus homogène et plus adhérent ; il se forme aussi plus rapidement à cette température, les dernières traces de cuivre disparaissant de la liqueur en quelques heures.

Quand la solution à doser ne renferme pas d'autre métal que le cuivre, on la concentre jusqu'à ce qu'elle puisse tenir dans le creuset, on la place dans celui-ci, en ajoutant les eaux de lavage du vase qui la contenait, on plonge dans le liquide la seconde électrode et on met dans le circuit un seul élément Bunsen. Dans l'appareil de M. Riche (fig. 348), le cône percé formant l'électrode négative, c'est sur lui que se fait le dépôt de métal ; dans l'appareil simple (fig. 349), le cuivre se fixe à l'intérieur du vase c, qui constitue l'électrode négative. En 12 heures à froid, et en 2 ou 3 heures à chaud, la totalité du cuivre est séparée, et le liquide, d'abord bleu, est décoloré. On s'assure que l'opération est terminée en mélangeant une goutte de la liqueur, sur une capsule de porcelaine, avec une goutte de ferrocyanure de potassium : aucune coloration ne se produit si tout le cuivre est précipité. On enlève alors le liquide électrolysé, au moyen d'un siphon et sans interrompre préalablement le courant, et on le remplace aussitôt

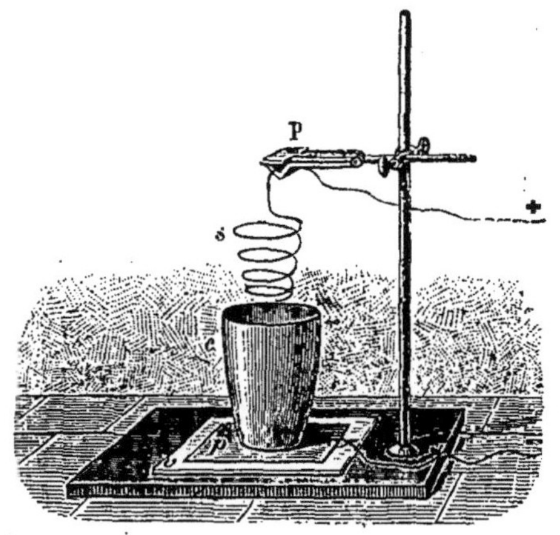

Fig. 349. — Dosage électrolytique du cuivre.

par de l'eau pure ; en répétant plusieurs fois la même pratique, on élimine tous les produits solubles, sans que le dépôt de cuivre se soit oxydé, maintenu qu'il se trouve sous l'influence du courant. Après lavage complet, on enlève l'électrode négative, on la sèche vers 50° ou 60°, avec le cuivre qu'elle supporte, et on la pèse. Si elle avait été pesée antérieurement, l'accroissement de poids subi représente le poids du cuivre contenu dans la prise d'essai.

Un traitement à l'acide azotique pur enlève rapidement le cuivre de l'électrode de platine, et la rend propre à servir de nouveau.

Le fer apporte une perturbation dans ce dosage, surtout quand on opère en liqueur nitrique, le cuivre se déposant alors chargé d'oxyde de fer. On doit donc l'écarter. A cet effet, on peroxyde le fer en faisant bouillir la solution chargée d'acide nitrique, puis on le sépare en ajoutant de l'ammoniaque en grand excès, qui le précipite à l'état d'oxyde et redissout le cuivre. On peut électrolyser directement la liqueur ammoniacale tenant l'oxyde de fer en suspension : ce dernier ne gêne pas, si le cône de platine forme le pôle négatif. Avec l'appareil simple (fig. 349), on doit éliminer le fer par filtration et lavage, sinon son oxyde se déposerait sur la paroi inférieure du vase et serait fixé par le dépôt métallique qui s'y forme.

L'argent se déposant avec le cuivre, quand il est mélangé à celui-ci, on doit le précipiter préalablement par l'acide chlorhydrique; on filtre, on sursature la liqueur par l'ammoniaque, et on électrolyse directement la solution alcaline.

1720. DOSAGE A L'ÉTAT DE PROTOSULFURE (Berzelius). — La matière étant de préférence en solution sulfurique ou chlorhydrique, et ne contenant pas d'acide azotique libre ou n'en contenant tout au plus qu'un très léger excès, on dirige dans la liqueur un courant de gaz sulfhydrique. En présence de l'acide azotique, on se contente de tiédir la liqueur ; en son absence, on porte celle-ci jusqu'à l'ébullition, le sulfure de cuivre qui se forme à chaud étant plus dense et plus facile à laver. La saturation obtenue, et la liqueur conservant une forte odeur d'hydrogène sulfuré, après un quart d'heure de repos dans le vase fermé, on décante le liquide sur un filtre sans plis et on lave rapidement le sulfure de cuivre avec de l'eau chargée d'hydrogène sulfuré. La présence de ce dernier réactif dans l'eau de lavage est indispensable ; elle maintient à l'état de sulfure le précipité qui tend fortement à s'oxyder à l'air en se changeant en sulfate. On recueille la totalité du sulfure sur le filtre et on sèche ce dernier. Après avoir séparé le sulfure de cuivre du filtre, on incinère celui-ci dans un creuset de porcelaine taré, on verse le sulfure sur les cendres, on ajoute un fragment de soufre en canon, vérifié combustible sans résidu, on couvre le creuset et on chauffe, en élevant progressivement la température jusqu'au rouge. Après refroidissement, on ajoute un nouveau morceau de soufre et on chauffe comme précédemment. Il est bon de terminer en chauffant au rouge vif dans la flamme du chalumeau. Le soufre change en protosulfure le sulfate de cuivre qui a pu se former d'abord par oxydation. On pèse après refroidissement à l'abri de l'humidité.

Bien qu'on opère en vase clos, il est impossible d'éviter l'introduction d'un peu d'air dans le creuset ; cet air oxyde le protosulfure de cuivre en donnant le composé Cu²S,CuO ou $Cu^2S,Cu\theta$. Mais comme la teneur en cuivre du protosulfure et de l'oxyde est la même, cela n'agit pas sur le résultat. Il est préférable cependant de fermer le creuset, durant la calcination, par un couvercle de porcelaine que traverse un tube de même matière, pénétrant dans le creuset, et de faire passer sur le sulfure en calcination un courant d'hydrogène sulfuré.

Le poids de protosulfure trouvé (Cu²S ou $1/2\ Cu^2S = 79,5$) multiplié par le rapport $\frac{63,5}{79,5} = 0,7987$ donne le poids du cuivre ($2\ Cu$ ou $Cu = 63,5$) contenu dans la prise d'essai.

1721. Dosage a l'état d'oxyde. — La dissolution de la prise d'essai étant diluée et placée dans une capsule de porcelaine, on la chauffe vers la température de l'ébullition, et on y ajoute de la potasse ou de la soude étendues, tant qu'il se fait un précipité. On maintient la même température pendant quelque temps. L'hydrate d'oxyde de cuivre se change en oxyde noir et anhydre. On laisse déposer, on décante le liquide sur un filtre sans plis, on lave le précipité à l'eau bouillante, par décantation suivie de filtration, et on le rassemble sur le filtre. On dessèche ce dernier et on l'introduit avec son contenu dans un creuset de platine taré, que l'on tient découvert et que l'on chauffe au rouge sombre. La présence de l'oxyde de cuivre rend facile et rapide l'incinération du filtre. On termine en maintenant la masse au rouge, après avoir établi un courant d'air dans le creuset, pour réoxyder complètement l'oxyde qui a pu se réduire, et pour éviter l'action réductrice des gaz du foyer (§ 202). Il est important de ne pas atteindre le rouge vif : l'oxyde de cuivre se décomposerait en donnant de l'oxydule. On pèse après refroidissement dans un vase à dessécher.

Le poids d'oxyde de cuivre obtenu (CuO ou $1/2$ $Cu\Theta = 39,75$), multiplié par le rapport $\frac{31,75}{39,75} = 0,7987$, donne le poids du cuivre (Cu ou $1/2$ $Cu = 31,75$) contenu dans la prise d'essai.

1722. — DOSAGE A L'ÉTAT DE SULFOCYANATE. — Ce procédé est fondé sur l'insolubilité du sulfocyanate cuivreux, les autres sulfocyanates métalliques étant le plus souvent solubles dans les liqueurs acides (Rivot). Il convient dans l'analyse de certains alliages.

L'opération doit se faire en dehors de l'intervention des agents oxydants en général, et de l'acide azotique en particulier. Si ce dernier existe dans la matière à analyser, on l'élimine par évaporation à sec du produit arrosé d'acide chlorhydrique, et en répétant deux fois le traitement. On met la prise d'essai en solution chlorhydrique. On ajoute à la dissolution placée dans un matras, soit de l'acide phosphoreux, soit de l'acide sulfureux, ou, ce qui est sensiblement la même chose, du bisulfite de soude que l'acide chlorhydrique en excès décompose. Quand, après avoir abandonné pendant quelque temps dans le matras bouché le mélange préalablement chauffé, il s'est décoloré, le cuivre est réduit au minimum. On verse en léger excès dans la liqueur une dissolution de sulfocyanate de potasse, qui précipite le cuivre sous la forme d'une poudre blanche de composition $Cu^2C^2AzS^2$ ou $CAzSCu$. On lave à l'eau le précipité, par décantation suivie de filtration, et on le recueille sur un filtre sans plis, préalablement séché à $100°$ et taré. Après dessiccation, on pèse le filtre et son contenu : en diminuant le poids trouvé de la tare du filtre, on a le poids du sulfocyanate ($Cu^2C^2AzS^2$ ou $CAzSCu = 121,5$). En multipliant ce dernier par le rapport $\frac{63,5}{121,5} = 0,5226$, on a le poids de cuivre (2 Cu ou $Cu = 63,5$) contenu dans la prise d'essai.

On contrôle ce résultat en séparant le précipité du filtre, incinérant ce dernier dans un creuset de porcelaine taré, versant le sulfocyanate cuivreux sur les cendres, ajoutant un fragment de soufre pur, et calcinant comme il a été dit pour le dosage du cuivre à l'état de sulfure (§ 1720) : le sulfocyanate se change en sulfure, dont on détermine le poids.

1723. DOSAGE VOLUMÉTRIQUE PAR LES SULFURES ALCALINS. — Cette méthode est fondée : 1° sur la solubilité de l'oxyde de cuivre dans l'ammoniaque, avec laquelle il forme une solution bleue ; 2° sur la précipitation de la solution précédente par les sulfures alcalins ; 3° sur la décoloration qui résulte de cette précipitation dès qu'elle est complète (Pelouze).

On obtient une solution de monosulfure de sodium de concentration convenable pour ce dosage, en dissolvant dans l'eau 30 grammes environ de sel cristallisé et complétant 1 litre de liqueur. A cause de l'altérabilité du sulfure alcalin par l'oxygène de l'air, le titre exact de cette liqueur doit être déterminé au moment de faire avec elle un dosage; on prépare, dans ce but, une solution titrée de cuivre. On pèse avec précision 10 grammes de cuivre bien pur, provenant de l'électrolyse d'un sel de cuivre déjà pur, on les dissout dans de l'acide azotique pur, en opérant dans un ballon un peu grand pour éviter toute projection, on sursature la dissolution par l'ammoniaque et on complète le volume de 1 litre au moyen d'un mélange à parties égales d'eau et d'ammoniaque. On peut encore dissoudre dans l'eau la quantité de sulfate de cuivre cristallisé bien pur qui contient 10 grammes de cuivre, soit $39^{gr},356$, et compléter 1 litre de liqueur avec le mélange d'ammoniaque et d'eau. On mesure 20 centimètres cubes de liqueur cuivrique titrée, on les place dans un ballon de verre blanc ou dans un vase à précipitations chaudes, on les dilue avec de l'eau pour faire 250 centimètres cubes environ, et on chauffe vers 70° ; on verse alors, à l'aide d'une burette, la solution de sulfure dans le sel de cuivre ammoniacal. Entre 60° et 80°, il se précipite un oxysulfure de cuivre, $5CuS + CuO$ ou $5\overline{Cu}S + \overline{Cu}\theta$, qui s'isole très facilement; de 80° à 100°, le composé qui se sépare est plus riche en oxygène, tandis que la liqueur retient du cuivre réduit à l'état de protoxyde : celui-ci ne donnant pas de coloration avec l'ammoniaque, l'essai se trouve faussé. On continue donc vers 70° et non à une température plus élevée l'addition du sulfure, jusqu'à ce que la liqueur, éclaircie par le dépôt du précipité, soit décolorée ; le phénomène est assez tranché, à cause de la coloration intense produite par un poids de cuivre très faible. Toutefois les variations de composition du précipité rendent délicate l'application de cette méthode : si l'on chauffe trop, la liqueur incolore reste, comme on vient de le dire, chargée de protoxyde de cuivre, et, quand on continue à y verser du sulfure de sodium, elle donne un précipité brun de protosulfure de cuivre ; l'apparition de ce dernier montre que l'essai est mauvais et doit être recommencé. En répétant les opérations, on détermine avec exactitude le volume V de monosulfure alcalin qui correspond à 20 centimètres cubes de solution cuivrique, c'est-à-dire à $0^{gr},2$ de cuivre, et on en conclut le poids de cuivre p que précipite 1 centimètre cube de la liqueur sulfhydrique à titrer. Ce poids est $p = \dfrac{0,2}{V}$, car on a la proportion $\dfrac{p}{1} = \dfrac{0,2}{V}$.

Ceci fait, pour pratiquer un dosage de cuivre, il suffit de dissoudre dans l'acide azotique la prise d'essai, qui ne doit pas contenir d'autre corps précipitable par les sulfures solubles; on sursature par un grand excès d'ammoniaque et on pratique le dosage de la même manière que le titrage. Soit N le nombre de centimètres cubes de solution de sulfure nécessaire ; Np ou $\dfrac{0,2N}{V}$ est le poids du cuivre contenu dans la prise d'essai.

Les difficultés signalées plus haut, relativement à la reconnaissance exacte du terme de la réaction, font qu'on préfère souvent opérer de la manière suivante : on chauffe seulement à 35° ou 40°, on place la solution ammoniacale de cuivre dans un flacon bouché en verre, de 1/2 litre, on la dilue à 250 centimètres cubes environ, avec de l'eau bouillie et refroidie, et sans s'inquiéter de la coloration de la liqueur, on ajoute du sulfure jusqu'à ce que ce réactif cesse de former un précipité dans le liquide clair. En bouchant le flacon et le secouant fortement, le sulfure de cuivre se rassemble à la manière du chlorure d'argent et il se dépose ensuite avec facilité ; la liqueur devenue limpide, laisse voir nettement si une goutte ajoutée en plus produit ou non un trouble ; il est dès lors facile de reconnaître à une goutte près le terme de la réaction. En présence d'un excès de sulfure, la liqueur devient opaline et verdâtre ; de plus le dépôt cesse de se faire nettement.

1724. ANALYSE D'UN LAITON. — *1° Par le sulfocyanate de cuivre et le sulfure de zinc.* — On dissout 1 gramme de laiton dans l'acide azotique, en opérant avec précaution dans une capsule de porcelaine un peu grande, pour éviter les pertes par projections. On évapore la solution à siccité, on arrose le résidu d'acide chlorhydrique, on évapore de nouveau pour chasser l'acide azotique; on recommence une seconde fois le même traitement à l'acide chlorhydrique, avec évaporation, pour atteindre plus sûrement le but proposé, on filtre la solution, et on lave le léger résidu insoluble qu'elle contient : il est constitué par de l'oxyde d'étain que l'on recueille et que l'on dose ainsi qu'il est dit ailleurs (§ 1708). Tous les liquides réunis sont concentrés par évaporation, additionnés d'eau de chlore pour peroxyder le fer qu'ils contiennent, puis traités par un excès d'ammoniaque : le sesquioxyde de fer et l'oxyde de plomb se précipitent, tandis que le cuivre et le zinc restent en solution dans l'ammoniaque. On sépare le précipité par filtration, on lave les oxydes et le filtre, puis on y détermine le fer (§ 1691) et le plomb (§ 1715). Quant aux liqueurs, on les évapore par ébullition et on y dose le cuivre à l'état de sulfocyanate (§ 1722). Les dissolutions séparées du sulfocyanate de cuivre étant concentrées de nouveau, on y précipite le zinc par le sulfhydrate d'ammoniaque, et on transforme le sulfure de zinc en oxyde que l'on pèse (§ 1685).

1725. *2° Par électrolyse.* — On dissout 1 gramme d'alliage dans l'acide azotique ; on évapore à sec pour chasser l'acide en excès, on reprend par l'eau et on électrolyse le liquide avec 1 élément Bunsen, vers 70° ou même à froid (§ 1719). Le cuivre se sépare seul au pôle négatif ; on le lave, on le sèche et on le pèse (M. Riche).

Si le laiton est plombeux, le plomb se dépose simultanément au pôle positif, c'est-à-dire dans le creuset, sous forme de bioxyde ; pour le doser, renversant le sens du courant, on fait de la capsule le pôle négatif, on acidule un peu plus fortement la liqueur par l'acide azotique, pour empêcher le dépôt du fer, et on fait agir le courant (§ 1717) ; le bioxyde de plomb est lavé et pesé comme il a été dit.

La liqueur restante, réunie aux eaux de lavage, est peroxydée par un peu d'eau de chlore, et additionnée d'un grand excès d'ammoniaque, qui précipite le sesquioxyde de fer hydraté, mais retient l'oxyde de zinc en dissolution

On lave et on pèse l'oxyde ferrique à la manière ordinaire (§ 1689); on recueille tous les liquides et on les évapore à siccité dans une capsule de porcelaine ; on arrose le résidu d'acide sulfurique, on chauffe pour éliminer l'acide azotique, on reprend par un peu d'eau et on dose le zinc dans la liqueur par électrolyse, suivant la méthode indiquée plus haut (§ 1686).

1726. ANALYSE D'UN BRONZE. — 1° *Par précipitation.* — On fait une prise d'essai de 1 gramme environ, le bronze étant pris sous forme de limaille fine, on l'attaque par l'acide azotique pur, qui transforme en azotates le cuivre, le plomb, le zinc, ainsi que le fer, et qui change l'étain en acide métastannique. On opère comme il a été dit pour le dosage de l'étain sous forme de bioxyde (§ 1708); on connaît ainsi le poids d'*étain* contenu dans l'alliage et on recueille toutes les liqueurs qui contiennent les autres métaux.

Dans ces liqueurs concentrées, on ajoute de l'acide sulfurique, qui précipite le plomb sous forme de sulfate. On traite le sulfate de plomb comme il a été dit au dosage du plomb à l'état de sulfate (§ 1715), et on sait alors le poids de *plomb* contenu dans la prise d'essai.

Toutes les liqueurs provenant du traitement précédent sont évaporées, et soumises à l'action d'un courant d'hydrogène sulfuré jusqu'à saturation : le zinc et le fer restent dans la liqueur, tandis que le cuivre est précipité à l'état de sulfure. On recueille et on traite ce dernier comme il convient (§ 1720) pour connaître le poids du *cuivre* cherché.

On évapore la solution séparée du sulfure de cuivre, réunie aux eaux de lavage, on acidule par l'acide chlorhydrique la liqueur concentrée, on la chauffe et on y projette quelques cristaux de chlorate de potasse, afin de peroxyder le fer que l'hydrogène sulfuré avait réduit. On ajoute au mélange de l'ammoniaque en grand excès, qui retient le zinc en dissolution, mais précipite le fer à l'état d'hydrate de sesquioxyde. Le précipité, lavé et traité comme il a été dit ailleurs (§ 1689), fait connaître le poids du *fer*. Ce métal est en général fort peu abondant, aussi est-il nécessaire, pour le doser avec précision, d'opérer sur une plus grande quantité de bronze, en éliminant d'abord l'étain à l'état d'oxyde, puis, simultanément et par l'hydrogène sulfuré, le plomb et le cuivre à l'état de sulfures.

Les liqueurs provenant du dosage du fer contiennent le zinc; on les évapore et on y dose le *zinc* à l'état d'oxyde, par précipitation sous forme de carbonate (§ 1684).

La méthode qui vient d'être exposée est susceptible d'être variée de plusieurs manières, en appliquant les différents procédés indiqués pour le dosage des métaux qui composent le bronze.

1727. 2° *Par électrolyse.* — En attaquant le bronze par l'acide azotique, et en pesant l'acide stannique formé, ce qui donne le poids de l'étain, les liqueurs ne contiennent que du cuivre, du plomb, du zinc et du fer, c'est-à-dire les métaux qui se trouvent dans la solution azotique du laiton. On les traite ainsi qu'il a été dit à propos de l'analyse électrolytique du laiton (§ 1725).

1728. DOSAGE DU CUIVRE DANS UN MINERAI. — Un procédé assez fréquemment suivi est fondé sur la propriété que possède l'ammoniaque de dissoudre l'oxyde de cuivre, et de précipiter les oxydes de la plupart des métaux proprement dits, qui accompagnent le cuivre dans ses minerais.

On dissout 1 gramme de minerai dans l'acide azotique ou dans l'eau régale, on évapore à sec, on reprend par l'eau, on ajoute un grand excès d'ammoniaque, on filtre et on lave le résidu insoluble. Les liqueurs réunies sont alors amenées par dilution au volume exact de 1/2 litre. On prend 100 centimètres cubes du liquide bleu et fortement ammoniacal ainsi préparé, et on y dose volumétriquement le cuivre au moyen d'une solution titrée de monosulfure de sodium (§ 1723). Soit p le poids de cuivre que précipite 1 centimètre cube de liqueur sulfhydrique titrée, soit N le volume de la même liqueur qui a été employé lors de l'essai du minerai; Np est le poids de cuivre contenu dans les 100 centimètres cubes de solution cuivrique, et 5 Np celui du cuivre contenu dans la prise d'essai, puisqu'on a opéré le titrage sur $\frac{1}{5}$ de celle-ci.

La présence du cobalt, du nickel ou de l'argent fausse le résultat ainsi obtenu.

Q. — Mercure.

1729. DOSAGE A L'ÉTAT MÉTALLIQUE. — 1° *Par voie humide.* — Le protochlorure d'étain et l'acide phosphoreux ont la propriété de réduire à l'ébullition les sels de mercure à l'état métallique; le métal réduit est facile à isoler. La réduction se fait bien en présence de l'acide sulfurique et de l'acide chlorhydrique, mais non de l'acide azotique; ce dernier doit donc être éliminé des liqueurs sur lesquelles on opère le dosage. A cet effet, on évapore à siccité, sur un bain-marie, la liqueur additionnée d'un excès d'acide chlorhydrique, on arrose le résidu de ce dernier acide, et on répète l'évaporation à sec. On reprend par l'eau, on transvase dans un matras ou dans un vase à précipitations chaudes, et on ajoute un excès de protochlorure d'étain, sous forme d'une solution non chargée notablement d'acide chlorhydrique, mais rendue limpide, si elle est trouble, par addition de quelques gouttes de ce dernier. On porte à l'ébullition pendant quatre ou cinq minutes, on bouche le vase et on laisse refroidir. Le mercure métallique se rassemble peu à peu et finit par former des globules, la liqueur étant limpide. Quand le mercure est rassemblé, on décante le liquide aqueux, en évitant d'entraîner la moindre trace de métal; on lave ce dernier, d'abord à l'eau aiguisée d'acide chlorhydrique, puis à l'eau pure; enfin on entraîne le métal dans une petite capsule de porcelaine tarée. Avec une pipette, on enlève la plus grande partie de l'eau qui l'accompagne, et on absorbe le reste au moyen de tortillons de papier à filtrer; enfin, on expose la capsule dans un vase à dessécher, jusqu'à ce que, la dessiccation étant complète, le poids ne varie plus. Le poids constant, diminué de la tare de la capsule, donne le poids du métal.

1730. 2° *Par voie sèche*. — A l'exception de l'iodure, tous les composés du mercure sont détruits par la chaux sodée, à la température du rouge, en donnant du mercure métallique. Tel est le principe de la méthode par voie sèche.

On opère dans un tube de verre peu fusible, de 11 à 13 millimètres de diamètre, et de 45 à 50 centimètres de longueur. Ce tube AB (fig. 350)

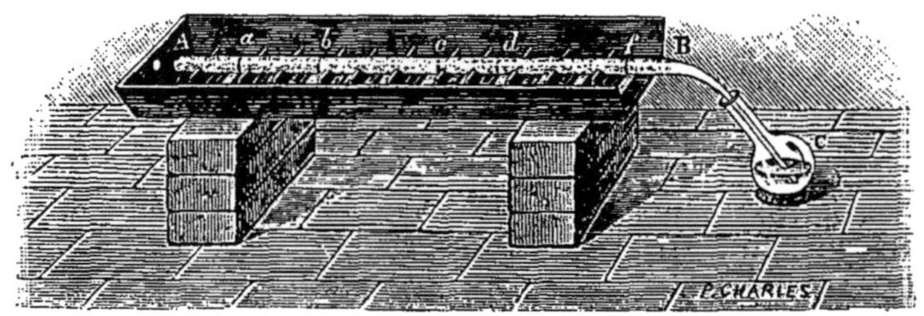

Fig. 350. — Dosage du mercure par voie sèche.

étant fermé à l'une de ses extrémités A, on introduit vers le fond, en A*a*, sur une longueur de 7 à 8 centimètres, un mélange sec d'oxalate de chaux et de carbonate de chaux ; on y verse ensuite, de *a* en *b*, sur une longueur de 8 à 9 centimètres, de la chaux vive concassée, puis de *b* en *c*, le mélange, finement pulvérisé dans un mortier de verre ou de porcelaine, de la chaux sodée avec la prise d'essai. On nettoie le mortier avec de la chaux sodée, qu'on y écrase et qu'on introduit ensuite dans le tube en *cd*. Enfin on achève de remplir le tube jusqu'en *f*, c'est-à-dire à quelques centimètres de son ouverture, par de la chaux sodée que l'on maintient au moyen d'un tampon d'amiante un peu serré. On essuie avec du papier à filtrer la partie du tube restée libre, et, chauffant l'extrémité dans la flamme du chalumeau d'émailleur, on étire le tube (§ 167) de façon à le rendre étroit, en même temps qu'on le recourbe à angle obtus. On l'entoure de clinquant dans toute sa partie droite, pour éviter la déformation du verre par la chaleur, puis, en l'étendant sur une table, on lui donne quelques secousses pour tasser la matière et former un canal longitudinal, qui assurera le passage des gaz ; enfin on dispose le tube sur une grille (§ 74, fig. 31 ou § 87, fig. 45), en introduisant sa partie étirée, qui reste en dehors du fourneau, dans un petit ballon C, contenant de l'eau pure.

On commence par chauffer la chaux sodée pure, en *df*, puis on élève la température du tube en avançant le feu de *d* vers *b*. Les vapeurs de mercure formées se dégagent et vont se condenser dans l'eau du ballon. Finalement, lorsque les vapeurs mercurielles cessent de se dégager, on avance encore le feu de *b* en A, et on chauffe la totalité du tube. L'oxalate de chaux, en se décomposant, donne des gaz qui expulsent les vapeurs de mercure restées dans le tube. Pour mettre fin à l'expérience, on coupe le tube au delà du tampon d'amiante, et, avec le jet liquide d'une fiole à laver, on entraîne dans le ballon les gouttelettes de mercure restées dans la partie étranglée, détachée du tube. Par l'agitation on rassemble les globules de mercure, on les lave à l'eau distillée, puis on les recueille et on les pèse comme il a été dit ci-dessus (§ 1729).

R. — Argent.

1731. DOSAGE A L'ÉTAT DE CHLORURE. — La prise d'essai étant mise en dissolution dans l'eau, on dilue la liqueur assez fortement et on l'additionne d'acide azotique. On la chauffe au bain-marie vers 70°, dans un vase à précipitions chaudes, puis on y verse peu à peu, en agitant, de l'acide chlorhydrique, jusqu'à cé qu'une nouvelle addition de réactif ne produise plus de précipité, mais en évitant un excès notable. On agite vivement et on maintient pendant quelques instants à la température indiquée, en garantissant le vase d'une lumière trop vive. Lorsque le précipité s'est rassemblé et la liqueur éclaircie, on lave et on traite le chlorure d'argent comme il a été dit à propos du dosage du chlore (§ 1633); enfin on détermine son poids p. En multipliant le poids du chlorure d'argent (AgCl ou $AgCl = 143,5$) par le rapport $\frac{108}{143,5} = 0,7526$, on obtient le poids d'argent (Ag ou $Ag = 108$) contenu dans la prise d'essai.

La présence du plomb et celle du mercure, sous forme de sels au minimum, aussi bien que celle des matières capables de dissoudre le chlorure d'argent, faussent les résultats, qui, en toute autre circonstance, sont fort exacts.

1732. DOSAGE A L'ÉTAT D'ARGENT MÉTALLIQUE. — 1° *Par voie sèche*. — Ce mode de dosage s'applique aux composés d'argent dont tous les éléments autres que le métal peuvent être volatilisés par l'action de la chaleur et de l'air. Il s'applique notamment à l'analyse des sels d'argent à acides organiques.

On fait une prise d'essai de 5 décigrammes environ; on l'introduit dans un creuset de porcelaine taré et, s'il s'agit d'un sel à acide volatil, il suffit de porter celui-ci au rouge, pendant quelque temps, pour avoir un résidu d'argent. Avec les sels à acides organiques, on commence par les calciner dans le creuset couvert, pour éviter les projections, puis quand la substance est carbonisée, ou ouvre le creuset et on le chauffe au rouge, en établissant un faible courant d'air à l'intérieur (§ 202, fig. 112). On brûle ainsi le charbon rapidement, et on a un résidu d'argent métallique, qu'on pèse après refroidissement.

1733. 2° *Par précipitation*. — La liqueur à analyser ne doit pas contenir d'acide azotique; dans le cas contraire, on chasse cet acide en ajoutant de l'acide sulfurique en léger excès, et en évaporant à siccité, puis on reprend par l'eau. Il est nécessaire que la liqueur ne soit pas étendue, et qu'elle contienne un peu d'acide sulfurique libre. On la place dans une capsule de porcelaine et on y plonge quelques morceaux de *zinc pur*. Le zinc se dissout en dégageant de l'hydrogène et précipite l'argent sous forme divisée. Quand l'action s'est ralentie, on chauffe afin de la parfaire, en ajoutant au besoin un peu d'acide sulfurique pour dissoudre le zinc en excès. On lave soigneusement la mousse métallique avec de l'eau chaude, on la recueille sur un filtre, on sèche le filtre et son contenu, ou les introduit dans un creuset de porcelaine taré, et on porte au rouge; le filtre brûle. Après incinération, on pèse le creuset, et, en défalquant du poids obtenu la tare du creuset et les cendres du filtre, on a le poids de l'argent.

1734. DOSAGE VOLUMÉTRIQUE. — Ce procédé est fort exact; quand on le pratique dans les conditions adoptées par les essayeurs, il permet d'atteindre une très grande approximation. Nous parlerons ici de son application, dans un laboratoire ordinaire, à des cas moins spéciaux que ceux présentés par les alliages monétaires ou commerciaux. Il est, en quelque sorte, l'inverse de celui indiqué plus haut (§ 1635) pour doser le chlore volumétriquement. La réaction est la même dans les deux cas, seulement, au lieu de doser un chlorure par une liqueur titrée d'argent, on dose l'argent avec une liqueur titrée de chlorure.

La liqueur employée est une solution de chlorure de sodium. Pour correspondre à la solution d'argent qui sert au dosage du chlore, elle doit renfermer 1/10 d'équivalent de sel (NaCl ou $NaCl$ = 58,5); on l'obtiendra donc en pesant $5^{gr},850$ de chlorure de sodium pur, préalablement porté au rouge mais non fondu, en le dissolvant dans l'eau et en complétant 1 litre de dissolution. Pour plus de précision, le chlorure de sodium étant rarement d'une pureté parfaite, on dosera exactement le chlorure dans cette liqueur, soit volumétriquement et avec une solution d'argent de titre connu (§ 1635), soit par pesée après précipitation à l'état de chlorure d'argent (§ 1633). Appelons p le poids de chlorure qu'elle contient par centimètre cube, le poids x d'argent qu'elle précipitera par centimètre cube sera donné par la proportion $\frac{x}{p} = \frac{108}{35,5}$, de laquelle on tire $x = p\,\frac{108}{35,5} = p \times 3,0423$.

Pour doser l'argent avec cette liqueur, on peut opérer d'une façon inverse de celle adoptée pour le dosage du chlore (§ 1635). On dissout dans l'eau la prise d'essai, qui doit contenir de $0^{gr},15$ à $0^{gr},20$ d'argent; s'il s'agit d'un alliage d'argent, on l'attaque préalablement par l'acide azotique, puis on ajoute un peu d'eau. L'emploi du chromate d'argent comme indicateur exigeant que l'on opère en liqueur neutre, on commence par ajouter à la dissolution du carbonate de soude pur, jusqu'à neutralisation ou même très faible alcalinité, et on y laisse tomber 3 gouttes de chromate de potasse, qui donnent la coloration rouge du chromate d'argent. On fait arriver ensuite dans le mélange, au moyen de la burette, la solution salée; on agite constamment, et on s'arrête au moment précis où une goutte ajoutée en plus produit la décoloration. Le chromate d'argent ne disparaît facilement que lorsqu'il vient d'être précipité; de plus, sa disparition exige une agitation énergique, facile à réaliser en opérant dans un flacon que l'on bouche et que l'on secoue fortement entre deux additions de liqueur titrée. Soit V le nombre de centimètres cubes de cette dernière que l'on a employé, $Vp \times 3,0423$ est le poids d'argent contenu dans l'essai.

1735. Le chromate de potasse convient moins bien comme indicateur pour le dosage de l'argent que pour le dosage du chlore, l'apparition du précipité rouge étant plus nette que sa disparition. Il exige en outre que la liqueur analysée ne contienne aucun composé précipitable par l'acide chromique. Le mode opératoire suivant, dans lequel on reconnaît le terme de la réaction par l'apparition ou la non-apparition d'un précipité dans une liqueur limpide, est préférable.

On introduit la prise d'essai dans un flacon bouché à l'émeri, de 250 centimètres cubes de capacité, après l'avoir mise en dissolution : si la liqueur n'en contient déjà, on ajoute quelques centimètres cubes d'acide azotique, puis de l'eau pour former à peu près 100 centimètres cubes de liquide. On chauffe le flacon au bain-marie vers 70°, puis on y laisse écouler lentement la liqueur salée (§ 1734), contenue dans la burette. De temps en temps, on arrête l'écoulement, on bouche le flacon, on l'agite fortement, ce qui rassemble le précipité et le sépare rapidement de la liqueur limpide ; on constate que la précipitation devient de moins en moins abondante, et que bientôt une goutte de solution salée ne produit plus qu'un léger trouble. On continue alors avec précaution, en agitant après chaque goutte ajoutée, et lorsqu'une dernière goutte, en tombant dans le liqude éclairci après agitation, ne le trouble plus, on lit sur la burette le volume du liquide employé.

En faisant une prise d'essai 5 fois plus considérable, en la dissolvant de manière à former 1/2 litre de liqueur, et en opérant sur 100 centimètres cubes de cette dernière, on peut recommencer plusieurs fois le dosage et n'avoir aucune hésitation sur le résultat, à une goutte de liqueur salée près.

1736. Dosage par coupellation. — L'argent est inoxydable au rouge vif ; tous les métaux communs sont au contraire oxydés à la même température, et les oxydes qu'ils forment sont solubles dans la litharge en fusion. Si donc on oxyde à l'air un alliage d'argent, fondu et additionné de plomb, dans un vase poreux et susceptible de se laisser pénétrer par la litharge en fusion, l'oxyde de plomb qui se produit imbibe la paroi du vase et disparaît, entraînant en dissolution les autres oxydes formés en même temps que lui. En faisant intervenir une quantité de litharge suffisante, c'est-à-dire assez de plomb à oxyder, il est possible de dépouiller ainsi l'argent de la totalité des métaux communs auxquels il est allié. Il ne reste plus qu'à déterminer son poids. Tel est le principe sur lequel repose l'application de la coupellation à l'analyse.

L'oxydation à très haute température se produit dans les fourneaux à moufle (§ 75, fig. 33 et § 93, fig. 51). Les objets que l'on place dans le coffret de moufle de ces appareils, sont à la fois chauffés très fortement et soumis à l'action d'un courant d'air régulier.

Les vases poreux qui conviennent pour la coupellation sont désignés sous le nom de *coupelles ;* c'est à eux que la méthode analytique doit son nom. Ils sont de forme large (fig. 351), afin que le métal fondu y présente une grande urface à l'action de l'oxygène, et .leurs parois sont épaisses pour qu'elles

puissent absorber beaucoup d'oxyde, soit l'oxyde fourni par un poids de plomb égal au leur. Elles sont faites avec de la cendre d'os pulvérisée, mise en pâte avec un peu d'eau, comprimée dans un moule et desséchée.

Fig. 351. — Coupelle.

Le plomb que l'on ajoute est du *plomb pauvre*, c'est-à-dire ne contenant pas trace d'argent; coupellé, il s'absorbe dans la coupelle sous forme d'oxyde, sans laisser comme résidu le plus petit globule d'argent. La quantité qu'il est nécessaire d'employer n'est pas proportionnelle au poids des métaux étrangers à entraîner : elle augmente à mesure que l'alliage est plus pauvre en argent. La table suivante (d'Arcet) donne les poids de plomb à faire intervenir pour la coupellation des alliages de cuivre.

Titre de l'argent.	Plomb nécessaire à la coupellation de 1 gramme d'alliage.
1000	0,3 grammes.
950	3 —
900	7 —
800	10 —
700	12 —
600	14 —
500 et au-dessous	16 à 17 —

Pour les alliages riches, on opère sur 1 gramme d'alliage; pour les alliages pauvres, on prend seulement 1/2 gramme, afin d'abréger l'opération.

Une coupellation pratiquée approximativement sur 1 décigramme d'alliage avec 1 gramme de plomb, indique le poids de ce dernier métal à prendre pour faire un essai exact.

On chauffe jusqu'au rouge blanc le moufle fermé, après y avoir placé des coupelles vides, que l'on pousse peu à peu vers le fond. Ou ouvre alors le moufle et sur une coupelle portée au rouge vif, on dépose le plomb pauvre, au moyen d'une pince longue et recourbée (fig. 111, § 194). Le métal fond et s'oxyde, puis l'oxyde lui-même, entrant en fusion, disparaît dans la coupelle en laissant brillante la surface du métal : le plomb est alors *découvert*. On dépose sur lui l'alliage pesé et enveloppé dans un petit morceau de papier. Ce dernier en se décomposant donne des gaz hydrocarbonés, qui réduisent la mince pellicule d'oxyde recouvrant le plomb, et favorisent le contact des deux métaux; ceux-ci s'allient aussitôt. On voit dès lors l'oxyde de plomb, mélangé d'oxydes étrangers, se mouvoir à la surface du bain métallique, qui est moins lumineux que lui. Pendant l'oxydation, on tient le moufle entr'ouvert, ce qui permet le renouvellement de l'air, en évitant un refroidissement très marqué.

La température ne doit pas être trop élevée, pour qu'on n'ait pas à craindre les pertes d'argent par vaporisation ; elle ne doit pas non plus être trop basse, l'argent retenant alors les métaux étrangers. A température convenable, l'essai émet des vapeurs d'oxyde de plomb, qui s'élèvent jusqu'au milieu du moufle, et le bord de la coupelle se garnit d'un cercle de très petits cristaux d'oxyde de plomb.

Quand l'oxydation du plomb touche à sa fin, ce qui est annoncé par un accroissement du nombre et de la grosseur des points lumineux mobiles à sa surface, on rapproche un peu la coupelle de l'orifice du moufle, pour diminuer légèrement sa température et on suit la fin de la réaction. Les points lumineux, dus à la litharge qui se forme, disparaissent bientôt; la surface du métal devient terne, puis se recouvre d'anneaux colorés, qui se meuvent rapidement; ceux-ci sont formés par la lame de litharge devenue très mince à la surface du métal en fusion (*phénomène de l'iris*). Lorsque les irisations disparaissent à leur tour et que le métal redevient terne, on ferme le moufle pour que les dernières traces d'oxyde s'absorbent complètement dans la coupelle, et, quelques instants après, l'essai se découvrant, la surface de l'argent se montre avec un éclat très vif. Ce dernier phénomène est désigné sous le nom d'*éclair*. L'essai est alors terminé; toutefois, il est encore indispensable de laisser refroidir lentement le métal, jusqu'à sa solidification. Liquide, l'argent dissout de l'oxygène, qu'il faut laisser dégager peu à peu; lorsque le refroidissement est trop rapide, l'oxygène se dégage en même temps que le métal se solidifie, et il projette en dehors du bouton une partie de l'argent. Dans ce dernier cas, la surface du bouton est recouverte d'une sorte de végétation métallique : on dit alors que l'essai a *roché*. Pour éviter le rochage, qui peut entraîner des pertes de métal par projection, il suffit, après l'éclair, de saisir la coupelle avec une pince et de l'agiter très doucement dans les parties antérieures du moufle, jusqu'à ce que le métal soit solidifié. En laissant ensuite tomber quelques gouttes d'eau dans la coupelle encore chaude, on détache le *bouton de retour*, on l'essuie, on le brosse fortement à sa partie inférieure pour détacher les débris de coupelle qui adhèrent, et on le pèse; son poids est celui de l'argent contenu dans la prise d'essai.

Si l'alliage contenait de l'or ou du platine, ces métaux sont restés avec l'argent.

S. — Or.

1737. DOSAGE A L'ÉTAT MÉTALLIQUE. — 1° *Par calcination*. — Ce mode de dosage s'applique à tous les corps qui ne renferment pas d'autre substance fixe que l'or. Il consiste à chauffer la prise d'essai dans un creuset taré, que l'on tient d'abord fermé pendant la décomposition de la substance, et que l'on porte ensuite au rouge, après l'avoir découvert, afin d'entraîner par l'air toute matière étrangère. Une seconde pesée du creuset, faite après refroidissement et diminuée de la tare du creuset, donne le poids de l'or.

1738. 2° *Par précipitation*. — Si la dissolution d'or à analyser contient de l'acide azotique, on élimine ce dernier en ajoutant de l'acide chlorhydrique et en évaporant à sec, puis en répétant le même traitement une seconde fois; on reprend ensuite par l'eau. La dissolution étant additionnée d'acide chlorhydrique, on la chauffe doucement, dans une capsule de porcelaine, avec une solution filtrée de sulfate de protoxyde de fer. Ce dernier s'oxyde en réduisant l'or. Après deux heures de réaction à chaud, la réduction est complète. On laisse déposer, on décante le liquide sur un filtre sans plis, on lave complètement le précipité d'or réduit, puis on l'entraîne tout entier sur le filtre, que l'on sèche. On introduit le filtre et son contenu dans un creuset de porcelaine taré et on incinère. Le poids du résidu, diminué de celui des cendres du filtre, fait connaître le poids de l'or.

T. — Platine.

1739. DOSAGE A L'ÉTAT MÉTALLIQUE. — 1° *Par calcination*. — Ce procédé s'applique dans les mêmes circonstances et de la même manière que le dosage de l'or sous forme de métal (§ 1737).

1740. 2° *Par le chloroplatinate d'ammoniaque.* — La dissolution qui contient le platine à doser étant concentrée par évaporation au bain-marie, dans une capsule de porcelaine ou dans un vase à précipitations chaudes, on neutralise par l'ammoniaque la plus grande partie de l'acide libre qu'elle contient, mais non la totalité, et on ajoute du chlorhydrate d'ammoniaque en excès, puis 10 fois son volume d'alcool fort. On couvre le vase et on l'abandonne pendant vingt-quatre heures. On lave ensuite, avec de l'alcool à 80 centièmes, le précipité de chloroplatinate d'ammoniaque qui s'est formé; on le recueille sur un petit filtre sans plis, que l'on sèche et que l'on incinère avec son contenu dans un creuset de platine taré; une pesée fait enfin connaître le poids de platine cherché. On ne peut ici peser directement le chloroplatinate, comme on le fait lorsqu'il s'agit du dosage de l'ammoniaque (§ 1619), parce que ce sel retient des quantités de chlorhydrate d'ammoniaque qui ne sont pas négligeables. A cela près, le traitement qui termine le dosage est le même dans les deux cas.

1741. 3° *Par réduction.* — A la solution faiblement acidulée, on ajoute du zinc pur, en lamelles, ou du magnésium; le platine se précipite à l'état métallique. Lorsqu'une lamelle de zinc ou un morceau de magnésium ajoutés ensuite cessent de se recouvrir de métal précipité, on acidule plus fortement à l'acide sulfurique, pour dissoudre complètement le métal précipitant employé en excès, on lave le résidu de platine, et on le recueille sur un filtre; on lave ce dernier, on le sèche et on le calcine, en même temps que son contenu, dans un creuset de platine taré. En diminuant le poids du résidu de celui des cendres du filtre, on a le poids du platine.

4.

ANALYSE QUANTITATIVE DES COMPOSÉS ORGANIQUES.

A. — Analyse organique élémentaire.

I. — DOSAGE DU CARBONE ET DE L'HYDROGÈNE.

1742. MÉTHODE DE LIEBIG. — Quand on brûle les matières organiques, le carbone passe à l'état de gaz carbonique et l'hydrogène se change en eau. Si l'on a pesé préalablement la substance, et si l'on détermine les quantités d'anhydride carbonique et d'eau qu'elle fournit en brûlant, on peut calculer, en partant du résultat, les poids de carbone et d'hydrogène renfermés dans la matière brûlée. Tel est le principe de la méthode d'analyse élémentaire actuellement en usage.

L'agent comburant employé est l'oxyde noir de cuivre (Gay-Lussac). Ce corps ne se décompose pas avant le rouge blanc, mais dès le rouge sombre il cède son oxygène aux matières organiques et les brûle. Gay-Lussac mesurait le gaz carbonique dégagé, ce qui est une opération délicate; Liebig a donné à la méthode toute sa précision, en même temps qu'une plus grande facilité d'exécution, en absorbant séparément la vapeur d'eau et le gaz carbonique dans des appareils spéciaux, et en les déterminant ensuite par les accroissements de poids qu'ils ont fait subir à ces appareils. Nous indiquerons ici le procédé de Liebig, tel qu'il se pratique le plus souvent aujourd'hui, en considérant d'abord le cas le plus simple, celui où la matière analysée ne contient aucun élément autre que le carbone, l'hydrogène et l'oxygène.

1743. *Matériel et instruments nécessaires.* — L'*oxyde de cuivre*, préparé par le grillage du cuivre (§ 1108), convient parfaitement. On se contente de le concasser et, à l'aide de cribles, de le séparer en plusieurs parties, différant entre elles par la grosseur des fragments qui les composent. L'oxyde en grains, du volume d'un grain de chènevis, est celui qui s'emploie le plus souvent; la poudre fine est d'un usage plus limité. L'oxyde préparé à température peu élevée, en calcinant l'azotate de cuivre par exemple, a l'inconvénient d'être très hygroscopique. Or, l'hydrogène se pesant sous forme d'eau, il est indispensable d'éliminer toute trace de celle-ci de l'oxyde employé. En chauffant au rouge dans un creuset, ou mieux en grillant dans un têt à rôtir l'oxyde de cuivre avant de l'employer, on expulse toute l'humidité qu'il a fixée; dans la même opération, il brûle à son contact les poussières organiques qui ont pu se mélanger à lui et qui seraient, dans l'analyse, une source de gaz carbonique et de vapeur d'eau. L'oxyde ainsi calciné et grillé doit refroidir sans reprendre l'humidité de l'air. A cet effet, quand le vase dans lequel on l'a chauffé est arrivé à une température de 200° environ, on verse l'oxyde dans une main de cuivre (fig. 352), assez épaisse pour qu'on puisse la manier avec une pince, et préalablement portée au rouge pour purifier sa surface. Immédiatement après, on introduit l'oxyde encore très chaud dans des matras

Fig. 352. — Main de cuivre.

de verre, parfaitement secs et propres, que l'on ferme avec un bouchon sec, puis on laisse le tout se refroidir. Comme l'oxyde devra plus tard être versé dans des tubes étroits, on rend cette opération plus facile en étirant quelque peu le col des matras (fig. 353), afin de l'amener à un diamètre un peu inférieur à celui des tubes en question.

On parfait d'ordinaire la combustion par l'action d'un courant d'*oxygène*, bien purifié d'humidité, de gaz carbonique et aussi de chlore, gaz dont l'oxygène provenant du chlorate de potasse (§ 494 et suivants) est souvent souillé. On prépare l'oxygène à l'avance, et on le conserve dans des gazomètres (fig. 202 et fig. 204, § 435 et § 436). Au sortir de ces derniers, il traverse une série de vases laveurs et de tubes contenant, les uns de la lessive de potasse ou de la potasse caustique fondue qui arrêtent le gaz carbonique et le chlore, les autres de la ponce sulfurique ou du chlorure de calcium desséché qui absorbent la vapeur d'eau.

On effectue la combustion dans un *tube de verre peu fusible*, de 12 à 15 millimètres de diamètre, de 2 millimètres d'épaisseur. En se servant d'une longue tige de cuivre, terminée par une sorte de tire-bouchon sur lequel on enroule du papier de soie, et en dirigeant un courant d'eau dans l'intérieur du tube, on nettoie celui-ci, on le rince à l'eau distillée, on l'égoutte et on le sèche. On lui donne une longueur de 50 à 60 centimètres ; on l'étire et on le termine par un double coude, à forme de baïonnette, en conservant à la partie étirée une certaine épaisseur de verre. L'orifice resté largement ouvert est frotté avec une lime fine, pour abattre son angle vif qui détruirait le bouchon. On sèche complètement le tube, en le chauffant, et en y dirigeant un courant d'air sec ; on le laisse refroidir après avoir scellé sa partie effilée par un trait de chalumeau, et fermé l'autre extrémité par un bouchon que traverse un tube desséchant à chlorure de calcium.

Le *fourneau* sur lequel on chauffe le tube est la grille à gaz (fig. 45, § 87) ou, à son défaut, le fourneau à charbon en tôle (fig. 31, § 74). On

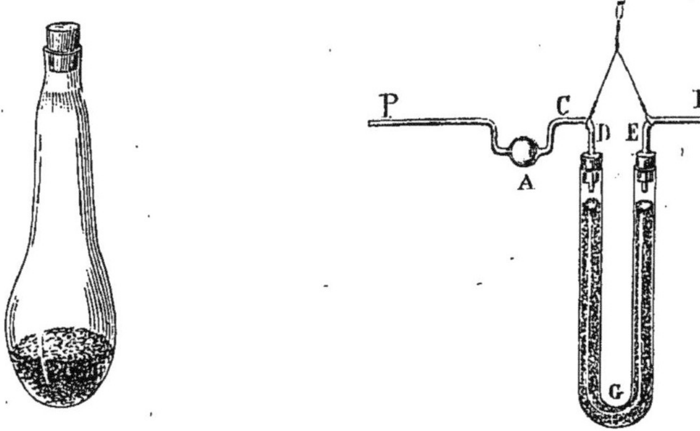

Fig. 353. — Matras à oxyde de cuivre.   Fig. 354. — Tube pour le dosage de l'eau.

y fait reposer le tube sur une rigole de cuivre, demi-cylindrique, garnie de carbonate de magnésie en poudre ou d'une bande de toile d'amiante ; ces substances empêchent l'accolement du verre ramolli au métal. Si le verre n'est pas de bonne qualité, la rigole ne peut suffire à le protéger contre les déformations ; on enroule alors autour de lui une bande de clinquant mince, que l'on maintient par quelques attaches de fil métallique.

L'appareil dans lequel on absorbe la vapeur d'eau produite consiste en un petit tube de verre léger DGE (fig. 354), en forme d'U, auquel s'adaptent, au moyen de bouchons de caoutchouc bien ajustés, deux tubes à gaz étroits : en E, un tube abducteur EF, coudé à angle droit ; en D, un tube adducteur DCAP, de forme spéciale, et portant une petite ampoule A, destinée à retenir à l'état liquide la plus grande partie de l'eau arrivant du tube à combustion. Le tube en U est garni de *ponce sulfurique*, finement granulée (§ 427), que l'on maintient écartée des bouchons par des tampons d'amiante. Le tube peut encore être fermé par des bouchons de liège recouverts de cire à cacheter. On remplace sou-

vent la ponce sulfurique par le chlorure de calcium desséché et granulé,
mais ce réactif, étant d'ordinaire mélangé d'oxychlorure (§ 925), absorbe
le gaz carbonique : il est alors nécessaire, avant de l'employer, de
faire passer pendant quelque temps dans le tube, disposé comme il a
été dit, un courant de gaz carbonique sec, qui sature l'oxychlorure,
puis un courant d'air sec, qui expulse le gaz carbonique non absorbé.
Quand il n'est pas en activité, l'appareil à absorber l'eau est fermé en
F et en P par des tubes de caoutchouc, que bouchent des fragments de
baguettes de verre, cylindriques et bordés à la lampe. Une attache en fil
de platine permet de le suspendre aisément aux supports ou aux plateaux des balances.

Le gaz carbonique est absorbé dans une *solution de potasse* caustique,
que contient un petit laveur en verre soufflé (fig. 199, § 424). Parmi les
nombreux instruments de ce genre, l'un des plus
parfaits est encore le plus ancien quand il est bien
construit, c'est-à-dire l'*appareil à boules de Liebig*
(fig. 355). D'autres (§ 424, fig. 199, C, D, F et G) peuvent effectuer un lavage plus parfait et plus prolongé, mais ils apportent trop de résistance au passage des gaz dans le liquide qu'ils contiennent, ou
bien ils sont encombrants et lourds. L'appareil à
boules de Liebig se compose de 5 boules inégales,
séparées les unes des autres par des étranglements
ou des sections de tube étroit : trois de ces boules,
une grande entre deux petites, sont sur la même ligne droite ; les deux
autres, placées au-dessus, se terminent vers le haut par deux tubes
coudés, dont les branches extrêmes sont sur la même ligne droite. Un
gaz pénétrant par une de ces branches dans l'appareil ne peut s'échapper par l'autre sans avoir passé dans chaque boule à travers le liquide,
la première boule, qu'il est bon de tenir plus grande que les autres,
sert peu au lavage des gaz ; elle empêche surtout la sortie du liquide
en cas d'absorption : l'appareil réalise donc quatre lavages successifs,
ce qui est bien suffisant. On le garnit d'une solution de potasse caustique de densité 1,38 (40 degrés Baumé) : plus concentrée, la solution
alcaline mousserait par l'agitation et s'échapperait entraînée par les
bulles de gaz ; plus diluée, elle céderait beaucoup d'eau au gaz sec
qui la traverse.

Le lavage se fait mieux quand on tient incliné l'axe des trois boules
inférieures, le niveau du liquide s'élevant de la première boule, par laquelle arrive le gaz, à la troisième ; comme les tubes d'entrée et de
sortie doivent être disposés sur une même ligne horizontale pendant
l'opération, il est commode de les recourber dans une direction perpendiculaire au plan des boules (fig. 356) ; l'inclinaison de l'appareil peut
alors être modifiée par un simple mouvement de rotation du système autour de l'axe des tubes. L'appareil à boules est conservé fermé, comme le
tube à doser l'eau ; il est également muni d'une attache en fil de platine.

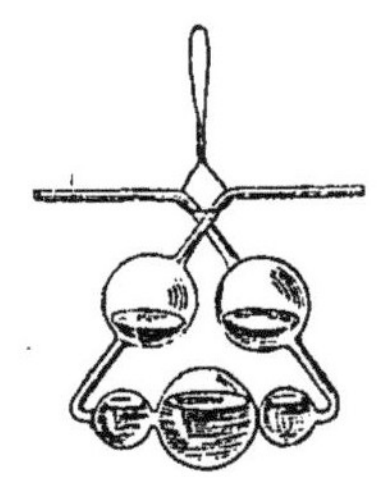

Fig. 355. — Tube à
boules de Liebig.

Parmi les différents laveurs en verre soufflé qui sont souvent substitués au tube de Liebig (C et D, fig. 199, § 424), l'un des plus avantageux par la régularité de son fonctionnement est celui de M. Schloesing (fig. 357). C'est un tube à deux boules, A et B, communiquant par un

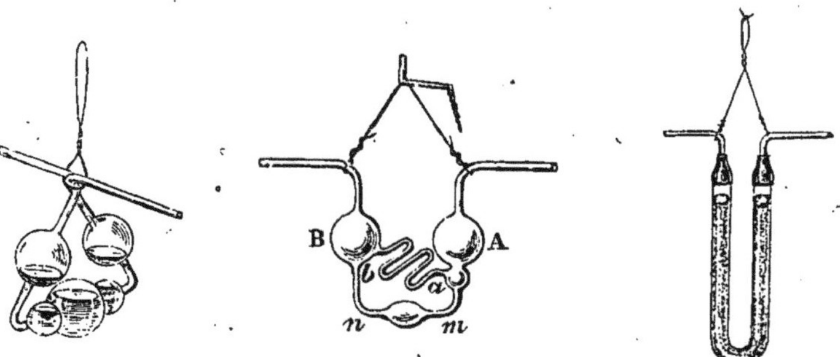

Fig. 356. — Tube de
Liebig modifié.

Fig. 357. — Tube de
M. Schlœsing.

Fig. 358. — Tube à
potasse fondue.

siphon renversé *amnb;* lorsqu'il est garni d'un liquide absorbant, le gaz passe de A à B par un tube sinueux horizontal *ab*, s'ouvrant au-dessous de A, en *a*, et aboutissant en *b*, dans la boule B : le gaz arrivant en A refoule le liquide jusqu'au niveau *a* et s'échappe par le tube sinueux, en chassant devant lui du liquide ; un mouvement de la liqueur s'établit ainsi, suivant *abnm*, mouillant constamment la paroi du tube et assurant le contact renouvelé du liquide et du gaz.

Même lorsqu'elle est à la densité voulue, la dissolution de potasse cède un peu d'eau aux gaz secs, ce qui tend à diminuer le poids du gaz carbonique pesé avec le tube de Liebig. On arrête cette eau par un petit tube en U, très léger (fig. 358), contenant de l'*hydrate de potasse* ayant subi la fusion ignée (voy. § 792 p. 478). Ce tube, placé à la suite de l'appareil à boules, fixera les traces d'eau et de gaz carbonique échappées de celui-ci. Son accroissement de poids, ajouté à celui du tube à boules, donnera le poids total du gaz carbonique. On le garde soigneusement fermé, comme les précédents.

Pour faire équilibre à la résistance apportée par l'ensemble des appareils de dosage au passage des gaz, il est bon, surtout si l'on a laissé nu le tube à combustion et si l'on a fait usage de laveurs produisant une grande résistance, de produire au sortir de ces appareils une *aspiration* constante, limitée à quelques centimètres d'eau. On évite ainsi le gonflement du verre ramolli par la chaleur. Une disposition simple consiste à faire agir une trompe aspirante, fonctionnant faiblement, avec un régulateur de l'aspiration (§ 457). On obtient un pareil régulateur, qui convient bien ici (fig. 359), en fixant à l'orifice d'une éprouvette à pied EF, garnie d'eau, un bouchon à deux trous ; à l'un des trous est adapté un tube vertical *ab*, ouvert dans l'atmosphère et plongeant dans l'eau de l'éprouvette ; l'autre porte une des branches d'un joint à 3 branches *cto*, ouverte en *o*, au-dessous du bouchon, les autres branches communiquant en c avec l'appareil à combustion, et en t avec la trompe : la trompe ne pourra produire une dépression plus considérable que celle qui correspond à la colonne d'eau nb, dont on fait d'ailleurs varier la hauteur en enfonçant plus ou moins le tube ab, sans que l'air atmosphérique, pénétrant par b, ne limite aussitôt son action.

On interpose entre l'appareil aspirateur, ou si l'on supprime celui-ci, entre l'atmosphère et les tubes de dosage, un tube à dessécher quelconque; on évite ainsi l'action de l'humidité extérieure sur les tubes de dosage, pendant les arrêts de mouvement des gaz qui les traversent.

1744. État de la matière analysée. — La substance à brûler est préalablement desséchée, jusqu'à ce que son poids soit invariable.

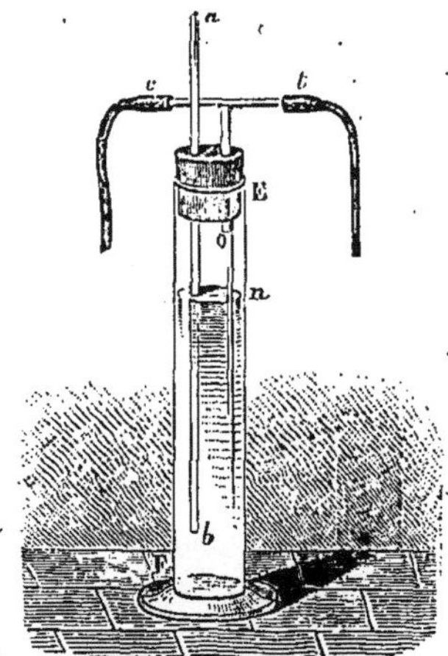

Fig. 359. — Régulateur de l'aspiration.

Solide, on la pulvérise, on la dessèche, et on la conserve dans un vase bien bouché. Tantôt on la pèse entre deux verres de montre (fig. 7, § 24); tantôt on l'enferme dans un petit tube bouché, que l'on pèse de nouveau après en avoir fait sortir la partie de son contenu sur laquelle on opérera, la différence entre les deux pesées étant le poids de la prise d'essai.

Liquide et volatile, la matière est introduite dans une petite ampoule en verre soufflé (fig. 360). On remplit cette dernière en la chauffant doucement et en plongeant dans le liquide sa pointe ouverte ; l'air intérieur se refroidit, diminue de volume, et le liquide pénètre dans l'ampoule ; on ferme celle-ci en fondant sa pointe au chalumeau à gaz. On l'a pesée vide, on la pèse pleine, le poids de son contenu est donc connu. Au moment même d'introduire l'ampoule dans le tube à combustion, on sectionnera par un trait de lime sa partie effilée et on laissera tomber le tout dans le tube à combustion, sur l'oxyde de cuivre.

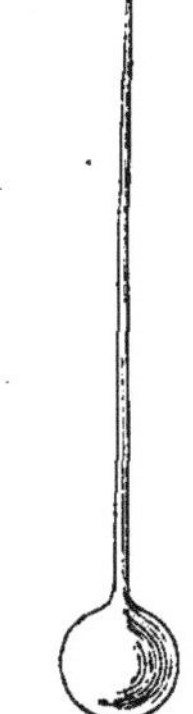

Fig. 360. — Ampoule.

Pour les liquides non volatils, ce mode opératoire ne conviendrait pas. On les pèse dans un petit tube de plomb, très mince, que l'on ferme par aplatissement : ils sortiront du tube métallique sous l'action de la chaleur, et le plomb en fondant mettra à nu toute la matière combustible.

On opère d'ordinaire sur un poids compris entre 3 et 5 décigrammes.

1745. Pratique de l'analyse. — On pèse exactement la prise d'essai ainsi que les tubes de dosage : le tube à ponce sulfurique, le tube de Liebig et le tube à potasse solide. On étale sur une table une feuille de clinquant, que l'on vient de sécher en la chauffant ; on opérera au-dessus d'elle, et elle recevra les parcelles qui pourront tomber pendant la manipulation. On ouvre le tube à combustion, et appliquant sur son orifice celui d'un matras garni d'oxyde de cuivre, on fait tomber au

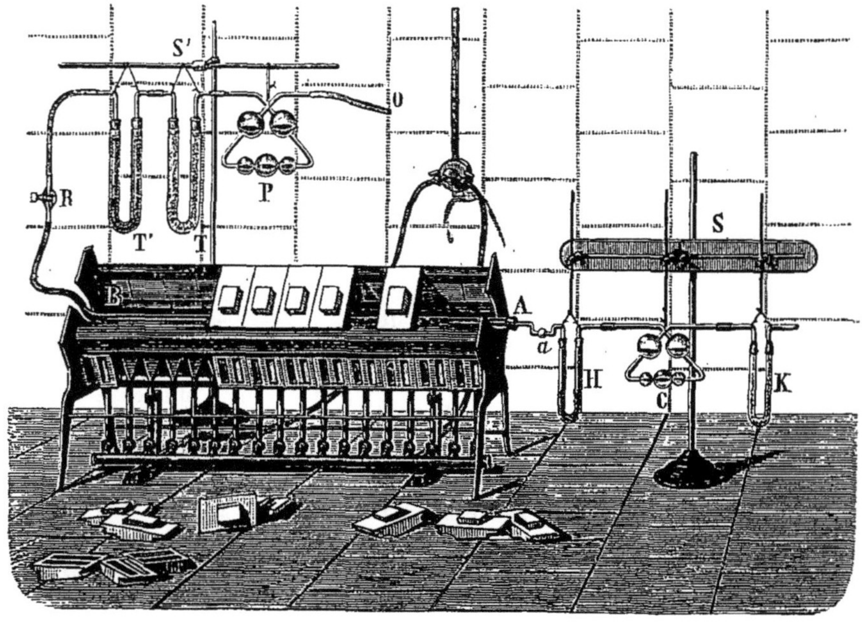

Fig. 613. — Dosage du carbone et de l'hydrogène dans les matières organiques.

fond une colonne de 10 à 12 centimètres d'oxyde. Dans une main de cuivre préalablement chauffée, refroidie et placée sur la feuille de clinquant, on verse un peu d'oxyde de cuivre, puis la matière pulvérulente à analyser, on mêle rapidement avec une spatule, et on introduit le mélange dans le tube. En faisant glisser du nouvel oxyde sur la spatule et sur la main de cuivre, et en le versant ensuite dans le tube, on entraîne la totalité de la matière. Le mélange et l'oxyde employé à l'entraîner occupent une longueur de 15 centimètres environ. On achève alors de remplir le tube, jusqu'à 3 ou 4 centimètres de son ouverture, par de l'oxyde de cuivre, et on le ferme avec un bouchon sec. Tout cela est exécuté le plus rapidement possible, afin d'éviter l'intervention de l'humidité de l'air. On entoure le tube de clinquant et on le place sur la grille, ou, s'il est peu fusible, on le couche dans la rigole garnie de carbonate de magnésie ou de tissu d'amiante, son extrémité dépassant le fourneau de quelques centimètres (fig. 361). On fixe en A, par un bouchon de caoutchouc, le tube à pouce sulfurique H. A la suite de ce dernier, on adapte, par un joint de caoutchouc étanche, serré au besoin avec des cordonnets, le tube à boules C, en faisant communiquer avec

H la plus grande des boules supérieures. A la suite, on adapte de la même manière le tube à potasse solide K, dont l'ouverture restée libre est réliée par un tube de caoutchouc à un appareil à dessécher, qu'on laisse ouvert dans l'atmosphère, ou mieux que l'on met en communication avec un aspirateur. L'ensemble des appareils de dosage est suspendu à un support S.

On s'assure que les joints sont exactement clos : dans ce but, après avoir aspiré doucement à l'extrémité des tubes de dosage, de manière à faire passer quelques bulles d'air dans le liquide du tube à boules, on cesse d'aspirer ; sous l'action de la pression extérieure, le niveau de la potasse monte dans la grosse boule ; si l'appareil est sans fuite, la dénivellation se maintient. On chauffe alors le tube à combustion, du côté de A, dans la partie contenant seulement de l'oxyde de cuivre, et, lorsqu'il est au rouge sombre, on chauffe de même l'extrémité B. L'oxyde non mélangé étant partout chauffé au rouge sombre, on commence la combustion proprement dite. Rapprochant très lentement le feu de A vers B, on chauffe bientôt une petite partie du mélange. La réaction commence, et les gaz formés par la combustion se dégagent. Pour assurer leur absorption, on règle le chauffage de telle manière qu'il soit possible de compter les bulles gazeuses passant successivement dans la potasse du tube de Liebig. Les produits fournis par la destruction pyrogénée de la matière devant, avant de s'échapper, traverser lentement une colonne d'oxyde de cuivre rougie, sont complètement brûlés. Dès que le dégagement diminue de rapidité, on avance de nouveau le feu vers B, et on continue ainsi jusqu'à destruction complète de la matière. On doit veiller à l'intervention de la conductibilité de l'oxyde de cuivre, qui va chauffer la matière organique à une certaine distance des points mis directement en contact avec la flamme du gaz ou avec les charbons. Si la production gazeuse devenait trop abondante, une partie des corps combustibles échapperait à l'action de l'oxyde de cuivre et l'analyse serait perdue.

Lorsque, le tube étant porté au rouge sur toute la longueur, le dégagement gazeux s'arrête, la combustion n'est pas encore terminée. Des parcelles de charbon peuvent rester inoxydées, entourées qu'elles sont de cuivre réduit. On les brûle dans un courant d'oxygène. Ce gaz arrive en O d'un gazomètre. On le purifie en P, T et T' ; on règle son écoulement par un robinet R fixé à un tube en caoutchouc bien sec, qu'on adapte d'autre part à la partie étirée du tube à combustion. Le dégagement gazeux étant arrêté, une absorption se produit dans l'appareil ; dès qu'elle se manifeste, on écrase, avec une pince et à travers le tube de caoutchouc, la pointe fine qui termine le tube à combustion, et on fait arriver aussitôt dans celui-ci un courant lent d'oxygène pur et sec. Le charbon brûle et le cuivre réduit se réoxyde ; quand le tube est nu, on voit son contenu rougir plus fortement aux points où s'effectue l'oxydation. Enfin, de l'oxygène traverse le tube sans être absorbé et se dégage. On ferme aussitôt le gazomètre ; on laisse le tube O ouvert à l'air, puis on aspire dans le système de l'air qui se purifie en P, en T et en T″, et chasse en quelques instants l'oxygène des appareils absorbants ; celui-ci, par sa densité plus considérable que celle de l'air, fausserait les pesées. En même temps, on veille à ce que la partie du tube restée vide en H, ainsi que le bouchon qu'elle porte, ne retiennent pas d'eau condensée ; s'il en est autrement, on les chauffe un peu avec un brûleur mobile, et l'air entraîne bientôt l'eau vaporisée. La combustion terminée, on détache les appareils absorbants, on leur rend la disposition qu'ils avaient au moment de leur première pesée, on les laisse refroidir à l'abri de l'humidité, et enfin on les pèse.

Le poids de l'eau divisé par 9 donne la quantité d'hydrogène contenue dans la prise d'essai, puisque l'eau (HO ou $1/2\ H^2\Theta = 9$) renferme le neuvième de son poids d'hydrogène (H ou $H = 1$). Le poids du gaz carbonique ($1/2\ C^2O^4$ ou $1/2\ \Theta\Theta^2 = 22$), retenu dans le tube de Liebig et dans le tube à potasse solide, multiplié par le rapport $\dfrac{6}{22} = \dfrac{3}{11} = 0{,}2727$, donne le poids du carbone correspondant (C ou $1/2\ \Theta = 6$).

En retranchant du poids de la prise d'essai la somme des poids du carbone et de l'hydrogène, on a le poids de l'oxygène.

1746. COMBUSTION DANS UN COURANT D'OXYGÈNE. — La méthode précédente est celle qui se pratique le plus généralement. Lorsqu'on a un

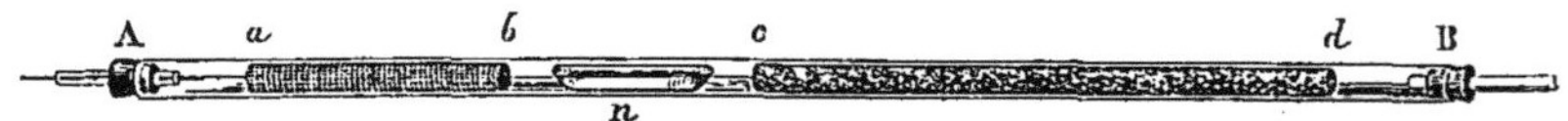

Fig. 362. — Combustion dans un courant d'oxygène.

certain nombre d'analyses à faire successivement, on peut, en la modifiant, épargner beaucoup de temps.

On opère dans un tube plus long AB (fig. 362), ouvert aux deux bouts ; la partie *cd*, c'est-à-dire une moitié du tube jusqu'à quelques centimètres de l'orifice de sortie B, est garnie d'oxyde de cuivre un peu gros, laissant entre ses fragments un passage facile aux gaz ; l'autre moitié est vide de *c* en A. En A, est adapté un bouchon traversé par un tube qui amènera l'oxygène pur et sec ; en B, on fixera plus tard, de la même manière, les appareils de dosage.

On dispose, avec une bande de toile fine en cuivre rouge, que l'on roule sur elle-même, un tampon cylindrique, capable d'occuper tout la section du tube sur une longueur de 12 centimètres environ ; ce tampon porte, fixé à l'une de ses extrémités, un fil de cuivre rigide permettant de le manœuvrer. Le tampon de cuivre peut être remplacé par un tampon d'amiante plus court, mais de même grosseur, attaché et maintenu avec du fil de platine.

Pour opérer, on ouvre le tube, on place le tampon dans sa partie vide en l'enfonçant vers *c*, on fixe de nouveau le bouchon A, et on chauffe toute la longueur du tube ; reliant ensuite l'orifice A à un tube à dessécher, et le bouchon B, qui n'est pas encore pourvu des tubes absorbants, à un appareil aspirateur, on fait passer, sur le tampon de cuivre et sur l'oxyde de cuivre portés au rouge, un courant d'air sec, qui les oxyde et les dessèche en même temps que le tube. Après quelque temps, on arrête le courant d'air sec, on maintient au rouge sombre la partie cd, et on laisse refroidir l'autre moitié du tube.

Pendant le refroidissement, on place la prise d'essai dans une nacelle de porcelaine ou de platine, et on dispose en B les tubes destinés à doser l'eau et le gaz carbonique. Le tube étant refroidi de A à c, on enlève le bouchon A, on sort le tampon métallique oxydé, on introduit dans le tube la nacelle n contenant la matière à brûler, et, avec le tampon, on la pousse entre b et c, à une certaine distance de la colonne d'oxyde de cuivre rougie ; enfin on replace en ab le tampon de cuivre oxydé, et on fixe le bouchon A, dans le tube duquel se loge le fil métallique fixé au tampon. On dirige aussitôt dans l'appareil un courant lent d'oxygène pur et sec, qu'on maintiendra pendant toute l'opération. On chauffe le tampon ab au rouge sombre, et on élève peu à peu la température de la nacelle, afin de décomposer lentement la substance organique. L'oxygène entraîne doucement les vapeurs émises, et celles-ci se brûlent sur l'oxyde de cuivre qu'elles traversent de c en d. Dans les premiers temps, la quantité d'oxygène doit être insuffisante pour brûler les vapeurs combustibles ; autrement, il pourrait se former un mélange détonant et l'analyse serait perdue. Pendant cette période, il suffit que le gaz, traversant très lentement le tampon ab, empêche les vapeurs combustibles de rétrograder. Dès que les produits volatils émis par la substance sont devenus peu abondants, le courant gazeux peut être accéléré ; l'oxygène intervient dès lors plus efficacement pour brûler le charbon resté dans la nacelle et réoxyder le cuivre réduit. Il importe que la nacelle ne repose pas directement sur le verre du tube, et que quelques grains d'oxyde de cuivre soient interposés ; on évite ainsi que du charbon, serré entre le tube et la nacelle, échappe à la combustion. On termine, comme à l'ordinaire, en dirigeant dans l'appareil un courant d'air sec.

L'analyse étant achevée dans ces conditions, si l'on enlève les appareils d'absorption, le tube se trouve tout préparé pour une deuxième combustion, que l'on fait comme la première, et qui peut être suivie d'autres. Il suffit, à chaque opération, de laisser refroidir la partie ac, et de garnir la nacelle d'une nouvelle prise d'essai. Avec du verre potassique de bonne qualité, que l'on entoure de clinquant dans la partie cd, laquelle subit le plus constamment l'action du feu, et que l'on évite de chauffer inutilement au-dessus du rouge sombre, on peut, dans un même tube, faire un grand nombre de combustions.

Ce procédé d'analyse a l'avantage de fournir des chiffres fort exacts pour l'hydrogène, l'oxyde de cuivre n'étant pas manié à l'air et n'étant employé que parfaitement sec. Il ne peut être appliqué à certaines substances donnant un résidu de charbon très difficile à brûler complètement.

**1747. INFLUENCE DES AUTRES ÉLÉMENTS SUR LE DOSAGE DU CARBONE ET DE L'HY-
DROGÈNE.** — Tout corps minéral, capable d'être fixé par la ponce sulfurique
ou par la potasse, fausse les résultats du dosage du carbone et de l'hydrogène. C'est ainsi que les halogènes et le soufre agissent en formant des composés volatils, qui se combinent à la potasse; c'est ainsi encore que l'azote
donne, dans certains cas, des vapeurs nitreuses que retiennent partiellement
l'acide sulfurique et la potasse. Pour arrêter tous ces composés, on opère dans
des tubes à combustion plus longs que les précédents, et, entre la colonne
d'oxyde de cuivre et l'orifice de sortie du tube, on introduit un tampon de
cuivre métallique : celui-ci fixe à chaud les halogènes et le soufre pour former
des sels de cuivre ; en outre, il réduit les vapeurs nitreuses et les change en
azote. Le tampon de cuivre a été préalablement oxydé au rouge, pour brûler
les matières organiques qui souillaient sa surface, puis réduit par l'hydrogène et refroidi dans l'azote sec.

Dans l'analyse des corps chlorés, bromés ou iodés, on mélange la substance
à brûler avec du chromate de plomb fondu et concassé, que l'on a desséché
en le portant au rouge ; ce réactif, fixant les halogènes en même temps qu'il
agit comme oxydant, diminue la quantité de chlore, de brome ou d'iode que
le tampon de cuivre doit arrêter.

II. — DOSAGE DE L'AZOTE.

1748. MÉTHODE DE DUMAS. — Dans cette méthode, qui est la plus
générale, on mesure l'azote mis en liberté par la combustion de la matière organique.

On opère dans un tube semblable à ceux qui servent au dosage du
carbone, mais un peu plus long (60 à 70 centimètres). On place au fond
du tube une colonne de 12 à 15 centimètres de bicarbonate de soude,
puis successivement un tampon d'amiante, un peu d'oxyde de cuivre,
le mélange d'oxyde de cuivre et de matière à analyser, une colonne de
25 centimètres d'oxyde de cuivre pur, et enfin un tampon de cuivre
réduit, préparé comme il a été dit (§ 1747). Le bicarbonate est destiné à
fournir du gaz carbonique, et le cuivre à changer en azote les oxydes
d'azote qui peuvent se former. Le tube à combustion T (fig. 363) est
fermé par un bouchon de caoutchouc, portant un tube à trois branches;
l'une de ces branches *mn* est à peu près verticale, a plus de 80 centimètres de longueur, se recourbe vers le bas à la façon d'un tube à dégagement, et plonge dans une petite cuve à mercure C. A la troisième
branche s'adapte, par un joint bien fermé, un robinet de verre R, mettant le tout en relation par un caoutchouc V avec un appareil à faire
le vide. Le tube à combustion étant entouré de clinquant et disposé sur
une grille à analyses, on expulse l'air qu'il renferme : dans ce but, on
fait le vide, ce qui provoque l'ascension du mercure en *nm*, puis, fermant le robinet R, on chauffe pendant quelques instants une faible
partie du bicarbonate de soude : le gaz carbonique dégagé remplit le
système et s'échappe sur la cuve, entraînant devant lui l'air resté dans
l'appareil. En répétant plusieurs fois les mêmes pratiques, aspirations
et dégagements de gaz carbonique, on expulse la totalité de l'air, et on

recueille alors dans une éprouvette, sur la cuve à mercure, un gaz complètement absorbable par la solution de potasse. On facilite l'opération en chauffant en même temps le tube dans les parties où il ne contient que de l'oxyde de cuivre pur.

Les choses étant ainsi préparées, on dispose sur la cuve à mercure, au-dessus de l'orifice du long tube à dégagement, une éprouvette E, renversée, garnie de mercure, et contenant de la lessive de potasse ($D = 1,38$); on opère ensuite la combustion, en suivant la même marche que lorsqu'il s'agit d'un dosage de carbone (§ 1745), en se réglant sur le dégagement du gaz, mais en évitant de chauffer le bicarbonate de soude. Ce dernier, chauffé seulement quand la combustion est terminée, fournit du gaz carbonique, qui chasse dans l'éprouvette l'azote resté dans les tubes. Le gaz carbonique se dissout, par agitation avec la potasse, et le gaz recueilli est de l'azote pur, si l'opération a été bien conduite.

On transporte l'éprouvette sur une cuve à eau et on la débouche pour faire sortir les liquides qu'elle contient, les-

Fig. 363. — Dosage de l'azote (méthode de Dumas).

quels sont remplacés par l'eau. On transvase le gaz dans une petite éprouvette graduée, et amenant en coïncidence les niveaux de l'eau dans l'éprouvette et dans la cuve, on mesure le volume V de l'azote. En même temps, on note la température t de la cuve et la hauteur barométrique actuelle H.

Parfois, malgré le tampon de cuivre, un peu de bioxyde d'azote échappe à la réduction. Lorsqu'on agite le gaz avec une solution de sulfate ferreux, celle-ci en brunissant dénonce la présence du bioxyde d'azote; en outre, la diminution du volume gazeux représente précisément le volume V de ce gaz : le bioxyde d'azote contenant la moitié de son volume d'azote, en retranchant $\frac{V}{2}$ du volume total mesuré d'abord, on aura corrigé le résultat.

Appelons V' le volume du gaz sec, ramené à 0° et à la pression $0^m,760$, et f la tension de la vapeur d'eau à la température t; la relation $V' = \frac{V(H - f)}{760(1 + 0,00366\,t)}$ donne en centimètres cubes le volume d'azote contenu dans là prise d'essai. Pour avoir le poids de l'azote, il suffit de multiplier V' par le poids en grammes d'un centimètre cube d'azote à $0°$ et à la pression $0^m,760$, c'est-à-dire par $0,0012S647$.

1749. *Méthode de Dumas modifiée.* — L'intervention d'un appareil à produire le vide complique beaucoup l'opération ; or elle n'est pas indispensable, si l'on dégage une quantité de gaz carbonique pur, suffisante pour expulser du tube la totalité des autres gaz.

Pour la production du gaz carbonique, la substitution du carbonate de manganèse sec au bicarbonate de soude est avantageuse, le bicarbonate de soude fournissant de l'eau, qui fait parfois casser les tubes. On peut même, si l'on n'opère pas dans le vide, se servir d'un tube à combustion ouvert aux deux bouts, et y faire passer un courant de gaz carbonique, fourni par un appareil intermittent, et vérifié comme étant entièrement absorbable par la potasse : avant la combustion, on fait passer le gaz jusqu'à ce que, recueilli à l'autre extrémité de l'appareil, il soit de nouveau absorbable sans résidu; on agit de même après la combustion.

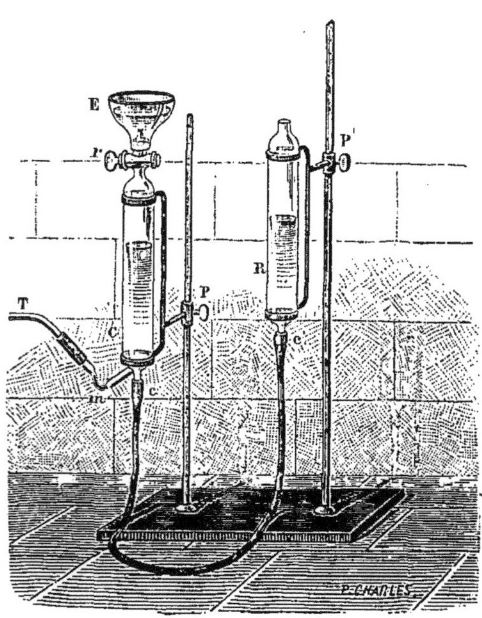

Fig. 364. — Azotomètre Knop-Wagner.

L'usage du long tube vertical devenant ainsi inutile, on peut recueillir l'azote sur une cuve à mercure ordinaire, dans une éprouvette garnie de potasse; on termine comme il a été dit plus haut.

Il est plus commode cependant de recevoir le gaz dans un appareil spécial, tel que celui représenté dans la figure 364. C'est un azotomètre imaginé par M. Knop et modifié par M. Wagner. Le gaz sortant en T du tube à combustion arrive, en traversant un siphon étroit et renversé m, contenant quelques gouttes de mercure, dans un réservoir cylindrique C, vertical, terminé à sa partie supérieure par un robinet de verre r, débouchant dans une très petite cuve à eau E; le réservoir C porte à sa partie inférieure un ajutage c par lequel il est mis en communication, au moyen d'un tube de caoutchouc cc', avec le bas d'un autre réservoir cylindrique R, ouvert par le haut dans l'atmosphère. Les deux cylindres sont portés sur des supports P et P', qui permettent de les fixer à des hauteurs variables ; on les a garnis préalablement de plus de solution de potasse qu'il n'er faut pour remplir l'un d'eux, et soulevant R, après avoir ouvert momentanément le robinet r, on a rempli C de potasse. Le gaz arrivant par m traverse cette potasse bulle à bulle, et s'accumule en haut de C, refoulant vers R le liquide alcalin qu'il déplace. A l'origine, on laisse échapper l'air et le gaz carbonique qui l'entraîne. On ne commence la combustion que lorsque le gaz carbonique qui arrive en T, après voir balayé le tube, s'absorbe complètement par la potasse quand, en reliant T à m, on en fait passer une certaine quantité dans le réservoir C. Après la combustion, on place sur la petite cuve à eau E, une cloche à gaz graduée, on élève suffisamment le cylindre R, et on fait passer dans la cloche, en ouvrant r. la totalité de l'azote recueilli. On mesure ensuite ce dernier en transportant la cloche sur une cuve à eau ordinaire.

1750. MÉTHODE DE MM. WILL ET WARRENTRAPP. — Beaucoup de substances organiques azotées dégagent la totalité de leur azote sous forme d'ammoniaque, lorsqu'on les calcine avec des hydrates alcalins, ou mieux avec de la chaux sodée (§ 1185, *note*). La méthode rapide de dosage de l'azote, imaginée par MM. Will et Warrentrapp, et applicable seulement aux substances de ce genre, est basée sur le dosage de l'ammoniaque ainsi produite.

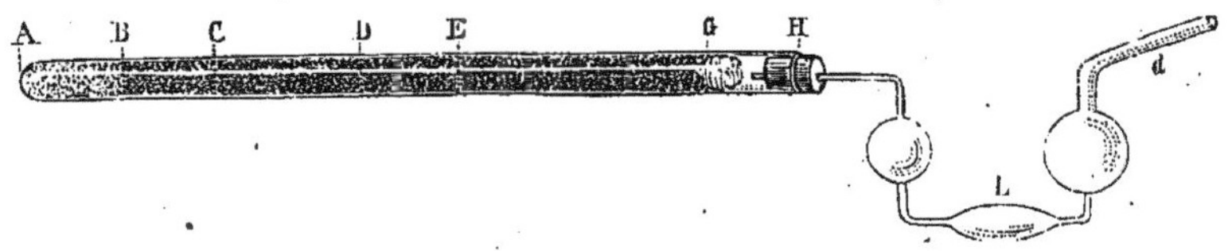

Fig. 365. — Dosage de l'azote à l'état d'ammoniaque.

On opère dans un tube de verre peu fusible AH (fig. 365), analogue à celui employé dans les combustions, long de 50 à 60 centimètres et scellé en A. Le remplissage de ce tube se fait au-dessus d'une feuille de clinquant ou de papier noir glacé, en évitant toute perte et en se servant pour plus de commodité d'une main en cuivre (fig. 352, § 1743). On a soin de ne pas tasser les matières en les versant dans le tube. Au fond de ce dernier, en AB, on introduit un corps capable de dégager un gaz inerte, soit de l'oxalate de chaux sec et pur d'ammoniaque, soit encore un mélange de 3 décigrammes de sucre avec 6 grammes de chaux sodée en poudre; on ajoute successivement dans le tube, une colonne BC (14 centimètres) de chaux sodée en grains, puis en CD, un mélange intime de la prise d'essai *finement pulvérisée* (3 décigrammes environ) avec 15 ou 20 grammes de chaux sodée en poudre grossière, puis encore, en DE, la chaux sodée avec laquelle on a nettoyé soigneusement le mortier ayant servi au mélange ; enfin, de E en G, on remplit le tube de chaux sodée en grains. On maintient cette dernière, par un tampon d'amiante, à quelque distance de l'orifice H, que l'on a essuyé avec soin. Après avoir entouré le tube de clinquant maintenu par des attaches de fil métallique, on le frappe à plat sur une table, pour former, au-dessus de son contenu pulvérisé, un canal que les gaz traverseront facilement, on l'installe sur une grille à analyses et on adapte à son orifice, par un bouchon percé, un laveur L, de forme spéciale, dit *tube de Will et Warrentrapp*, que termine en *d* un tube large. Par ce dernier, on verse dans le laveur de l'acide chlorhydrique pur, étendu de son volume d'eau, en quantité telle que les gaz en traversant l'appareil se lavent exactement, le liquide ne remplissant la grande boule qu'à moitié.

On commence par chauffer jusqu'au rouge la chaux sodée pure, de G en E; on rapproche ensuite, peu à peu, le feu vers la matière, pour la décomposer progressivement. Son azote passe à l'état d'ammoniaque; celle-ci se dégage et est absorbée par l'acide du laveur. Pour régler plus facilement la marche de l'opération, on garantit par des écrans les parties du tube non chauffées. Il faut craindre, en effet, de chauffer trop rapidement, ce qui entraînerait des pertes; il faut craindre aussi de chauffer trop lentement, ce qui causerait une absorption, le retour de l'acide dans le tube chaud, et la rupture de ce dernier. D'ailleurs, on a soin de maintenir chaud le tampon d'amiante : une condensation d'eau dans cette partie du tube fausserait l'analyse, l'eau liquide retenant de l'ammoniaque. Quand toute la matière a été détruite et le tube chauffé jusqu'en C, on recule encore le feu et on décompose l'oxalate de chaux ou le sucre : les gaz dégagés chassent devant eux l'ammoniaque restée dans le tube.

En mélangeant la matière à analyser avec son poids de sucre, d'acétate alcalin, ou de toute autre substance fournissant par sa décomposition des gaz riches en hydrogène, on facilite la transformation de l'azote en ammoniaque, et par suite on augmente le nombre des corps auxquels la méthode est applicable.

Celle-ci devient à peu près générale et applicable même aux composés organiques nitrés quand on additionne la substance à analyser d'un mélange à parties égales d'acétate de soude et d'hyposulfite de soude, ces deux sels ayant été au préalable fondus ensemble dans leur eau de cristallisation, puis solidifiés par refroidissement (M. Houzeau). On introduit 2 grammes de ce mélange salin avec 2 grammes de chaux sodée au fond du tube à décomposition, puis $0^{gr},3$ ou $0^{gr},5$ de matière à analyser mélangés avec 10 grammes de mélange salin et 10 grammes de chaux sodée; enfin on remplit le tube avec de la chaux sodée. On conduit l'opération comme il a été dit plus haut.

Le liquide du laveur contient l'ammoniaque sous forme de chlorhydrate mélangé d'acide en excès. On y dose l'azote à l'état de chloroplatinate d'ammoniaque, en opérant ainsi qu'il a été dit ailleurs (§ 1619). Le poids du chloroplatinate $[PtCl^2,AzH^4Cl$ ou $1/2\,(PtCl^4,2AzH^4Cl) = 223,5]$, multiplié par le rapport $\dfrac{14}{223,5} = 0,0626$, donne celui de l'azote

(Az ou $Az = 14$) contenu dans la prise d'essai. Si l'on a calciné le chloroplatinate, le poids du platine trouvé (Pt ou $1/2Pt = 99$), multiplié par le rapport $\frac{14}{99} = 0,1414$, donne le résultat.

Lorsqu'on applique cette méthode à des matières contenant de l'azote à l'état de sel ammoniacal, par exemple à un engrais complexe, à un guano, il est une cause d'erreur qu'il faut écarter : c'est la perte importante d'ammoniaque qui se produit si l'on mélange à l'air la prise d'essai avec la chaux sodée. On fait alors la prise d'essai sur l'échantillon d'engrais pulvérisé, on la projette dans le tube au moment voulu, en la recouvrant aussitôt de chaux sodée, et c'est dans le tube lui-même que l'on fait le mélange : on y introduit une tige de cuivre rouge, terminée par une sorte de tire-bouchon, et on agite les matières en tournant la tige autour de son axe ; on achève immédiatement après de remplir le tube, en se servant de la chaux sodée ajoutée, pour retenir les traces de substance que la tige métallique tend à entraîner lorsqu'on la sort du tube.

1751. Méthode de Peligot. — Peligot a simplifié beaucoup le procédé précédent, en remplaçant la détermination de l'ammoniaque sous forme de chloroplatinate par un simple dosage alcalimétrique indirect.

On opère exactement de la même manière que par la méthode de MM. Will et Warrentrapp, mais en plaçant dans le laveur à boules, un volume exactement mesuré (10 centimètres cubes) d'acide sulfurique titré ou d'acide sulfurique normal. Après l'expérience, l'ammoniaque ayant été absorbée par la liqueur acide, on vide le contenu du laveur dans un vase à précipiter, on lave à plusieurs reprises l'appareil, en réunissant les eaux du lavage au liquide primitif, puis, ajoutant au mélange de la teinture de tournesol, on dose volumétriquement, avec une solution alcaline titrée, l'acide resté libre.

Soient p le poids d'acide sulfurique ($1/2S^2H^2O^8$ ou $1/2SO^4H^2 = 49$) contenu dans les 10 centimètres cubes d'acide titré, N le volume en centimètres cubes de la liqueur alcaline qui le neutralise, et n le volume de la même liqueur alcaline qui neutralise 10 centimètres cubes d'acide ayant absorbé l'ammoniaque; N — n est le volume de liqueur alcaline qui équivaut à cette ammoniaque. Or, 49 d'acide sulfurique saturant 14 d'azote (Az ou $Az = 14$) sous forme d'ammoniaque, le poids p d'acide saturera $p\,\frac{14}{49} = p \times 0,2857$ d'azote. Ce poids d'azote équivalant à N centimètres cubes de liqueur alcaline, et le poids x d'azote renfermé dans la prise d'essai équivalant à N — n centimètres cubes de la même liqueur alcaline, on aura $\frac{x}{p \times 0,2857} = \frac{(N-n)}{N}$. On tire de là $x = \frac{p\,(N-n)\,0,2857}{N}$.

Il est évident que le poids de la prise d'essai doit être tel que l'acide titré reste encore acide après qu'il a absorbé l'ammoniaque. Enfin, il est indispensable que les gaz en se dégageant n'entraînent, dans la liqueur acide titrée, aucune parcelle de chaux sodée pulvérulente ; celle-ci, en neutralisant l'acide titré, fausserait le résultat.

§ 1752. *Méthode de M. Kjeldahl.* — L'usage de ce procédé s'est beaucoup répandu dans ces derniers temps, à cause de la rapidité qu'il comporte dans son application et surtout de la facilité qu'il donne pour mener ensemble un grand nombre de dosages. Il est fondé sur la transformation en ammoniaque de l'azote des matières organiques, quand on soumet ces dernières à l'action de l'acide sulfurique concentré et chaud, additionné ou non d'un agent oxydant; l'ammoniaque est ensuite déplacée par un alcali, isolée par distillation et dosée volumétriquement.

Dans un ballon de 200 ou 250 centimètres cubes on introduit la matière pesée ($0^{gr},5$ à $0^{gr},7$) et 20 centimètres cubes d'acide sulfurique pur et monohydraté; on ajoute 1 gramme de mercure métallique. On ferme le ballon en déposant sur le goulot une ampoule sphérique, close, un peu trop grosse pour pénétrer, terminée par un tube inférieur qui entre dans le ballon et maintient par sa pesanteur la position de l'ampoule. On chauffe doucement d'abord, sur un brûleur à gaz recouvert d'une toile métallique, en tenant le ballon très incliné, de manière que le liquide projeté ne monte pas dans le col, puis on porte à l'ébullition que l'on maintient modérée jusqu'à ce que le mélange soit devenu limpide et ait pris une couleur ambrée claire. On laisse alors refroidir et on ajoute peu à peu de l'eau, en agitant, puis on complète environ 100 centimètres cubes. On tiédit le mélange et on l'agite pour dissoudre tout le sel de mercure; on le transvase dans le ballon d'un appareil de M. Schlœsing pour le dosage de l'ammoniaque (fig. 342, § 1620), on entraîne la totalité du produit par des lavages répétés, effectués avec 100 centimètres cubes environ d'eau distillée. On verse ensuite dans le second ballon, dont la capacité est au moins 1000 centimètres cubes, de la lessive de soude caustique, non carbonatée, et même débarrassée de carbonate par addition à chaud d'hydrate de baryte, dépôt en vase clos et décantation. On ajoute la soude en quantité suffisante pour saturer l'acide sulfurique et même alcaliniser franchement la liqueur, mais on évite un trop grand excès. On opère enfin la séparation de l'ammoniaque par distillation et son dosage alcalimétrique en observant les prescriptions faites ailleurs (§ 1620).

Le mercure agit en se transformant d'abord en sulfate de mercure qui intervient comme oxydant; il peut être remplacé par une quantité équivalente d'oxyde. On peut lui substituer le sulfate de cuivre. Ces oxydants accélèrent beaucoup la destruction de la matière organique. Ils peuvent être supprimés en ajoutant à l'acide sulfurique 20 ou 25 0/0 d'anhydride phosphorique ou en employant l'acide sulfurique fumant. Le permanganate de potasse, ajouté par petites portions et en poudre fine, avait été employé à l'origine; il est moins avantageux mais peut servir à un autre point de vue : ajouté en petite quantité au liquide lorsqu'on croit l'opération terminée, il donne une coloration persistante quand l'oxydation est complète et se décolore dans le cas contraire.

Le mercure est le meilleur de tous les réactifs oxydants préconisés our à tour. Il a seulement l'inconvénient de former avec l'ammoniaque des composés ammoniaco-mercuriques, abandonnant difficilement leur ammoniaque à la lessive de soude, et pouvant occasionner des pertes d'ammoniaque. On écarte cette cause d'erreur en ajoutant à la liqueur alcaline, avant de distiller, soit un peu de sulfure alcalin, soit un peu de sulfate ferreux, qui précipitent le mercure.

Un inconvénient pratique de la méthode provient des soubresauts qui accompagnent l'ébullition de la liqueur alcaline. On supprime tout accident de ce genre, en projetant dans le liquide quelques lamelles de zinc qui donnent un peu d'hydrogène et régularisent l'ébullition. Toutefois, il est indispensable dans ce cas que les réactifs employés soient tout à fait exempts de composés oxygénés de l'azote, que l'hydrogène naissant changerait en ammoniaque.

Le procédé Kjeldahl, tel qu'il vient d'être décrit, n'est pas applicable aux substances contenant de l'azote nitrique, non plus qu'aux dérivés azoïques, aux hydrazines, etc. On a, il est vrai, indiqué des modifications propres à le rendre applicable à un plus grand nombre de cas, mais actuellement, ces modifications ne sont pas générales et varient avec la nature des composés azotés analysés.

Nous dirons seulement ici que dans le cas de la présence d'un nitrate dans le composé analysé, ce qui se rencontre fréquemment lors de l'analyse des engrais, la méthode Kjeldahl devient applicable en transformant au préalable l'acide nitrique en ammoniaque.

On mélange alors la matière pesée avec 20 centimètres cubes d'acide sulfurique concentré, on ajoute 2^{gr},5 d'acide phénylsulfurique et on chauffe pour provoquer la dissolution. On laisse ensuite refroidir, puis on ajoute 2 ou 3 grammes de zinc en planure très mince, en maintenant le ballon plongé dans l'eau froide. L'acide nitrique mis en liberté agit sur l'acide phénylsulfurique pour donner du phénol nitré que le zinc change ensuite en dérivé alcalin. Après deux heures de réaction à froid, on ajoute le mercure et on procède à l'oxydation comme il a été dit plus haut.

L'acide phénylsulfurique est obtenu très simplement, sous une forme convenable pour cet usage, en dissolvant 50 grammes de phénol dans une quantité d'acide sulfurique concentré suffisante pour compléter 100 centimètres cubes; c'est du produit ainsi préparé que l'on emploie 2^{gr},5.

III. — DOSAGE DES ÉLÉMENTS HALOGÈNES.

1753. Dosage du chlore. — 1° *Par voie sèche.* — Ce procédé est applicable à toutes les substances organiques chlorées. Il consiste à décomposer ces substances par la chaleur rouge, en présence de la chaux, et à doser le chlore qu'elles ont cédé à cette dernière.

La chaux que l'on emploie doit être aussi peu chargée que possible de chlore. La chaux de marbre blanc convient parfaitement. Elle doit être *bien anhydre*, et conservée à l'abri de l'air humide. On en pèse 100 grammes, que l'on éteint et que l'on délaye dans l'eau ; on sature et même on acidule par l'acide azotique pur, on dilue, on filtre, on lave avec soin le filtre et les matières qu'il a retenues, puis, dans les liqueurs réunies, on dose le chlore sous forme de chlorure d'argent (§ 1634). Ce dosage, fixant la teneur de la chaux en chlore, permettra plus tard de tenir compte dans les analyses de l'erreur causée par l'impureté de la chaux. La chaux chargée notablement de silice donne des liqueurs qui filtrent avec lenteur.

On opère dans un tube AG (fig. 366) en verre peu fusible, de 12 à 15 millimètres de diamètre et d'une longueur croissante avec la volatilité de la substance, mais égale d'ordinaire à 40 ou 50 centimètres.

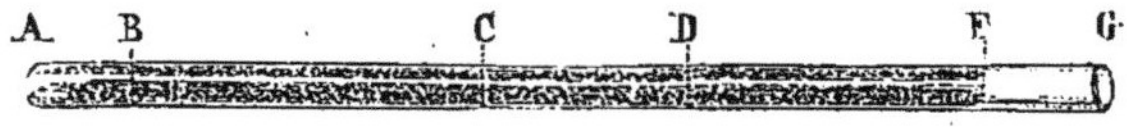

Fig. 366. — Dosage du chlore.

Il est fermé en A et ouvert en G. Après l'avoir pesé vide, on y introduit, de A en B, un peu de chaux concassée ; de B en C, un mélange de chaux en poudre grossière avec la prise d'essai finement pulvérisée ; de C en D, la chaux avec laquelle on a enlevé du mortier employé les dernières traces de substance qu'il pouvait retenir ; enfin de D en F, de la chaux concassée. Le remplissage et le mélange sont opérés sur une feuille de papier glacé noir, qui reçoit les parcelles tombées et permet d'éviter toute perte.

On pèse le tube rempli, ce qui fait connaître le poids de chaux qu'il contient.

On entoure le tube de clinquant, on le frappe, allongé sur une table, pour ménager aux gaz un canal de dégagement, suivant la génératrice supérieure du cylindre, et on le place sur une grille.

Toute la décomposition doit se faire en chauffant progressivent le tube de F vers A : de la chaux non chauffée, placée en avant de chaux dont la chaleur expulse la vapeur d'eau, s'hydrate, se gonfle, forme bouchon et sort du tube en chassant devant elle le contenu de celui-ci ; un pareil accident est d'autant plus à craindre, que la chaux est plus souillée d'hydrate. On chauffe donc au rouge sombre la chaux pure, de F en D, puis on avance lentement le feu jusqu'en A ; en vingt ou vingt-cinq minutes, la totalité du tube peut être portée au rouge. On laisse refroidir le tube.

Après avoir enlevé le clinquant et essuyé extérieurement le tube, on fait tomber son contenu dans un vase à précipiter renfermant de l'eau, on le rince avec de l'eau aiguisée d'acide azotique pur, puis avec de l'eau distillée, en réunissant les eaux de lavage au produit.

On ajoute au mélange de l'acide azotique, d'abord pour dissoudre la chaux, puis pour aciduler la liqueur. On filtre, on lave le résidu charbonneux resté sur le filtre, on réunit tous les liquides et on y précipite le chlore par un excès d'azotate d'argent. On lave le précipité, on le recueille et on le pèse avec les précautions ordinaires (voy. § 1633). Le poids du chlorure d'argent obtenu fait connaître celui du chlore. En défalquant de ce dernier la quantité de chlore renfermée dans la chaux employée, quantité bien rarement négligeable, on a le poids du chlore contenu dans la prise d'essai.

On abrège beaucoup le lavage du résidu en brûlant le charbon, qui est abondant avec certaines substances organiques chlorées. A cet effet, on termine le tube, à son extrémité fermée, par une partie étirée dont la pointe est scellée à la lampe. La destruction de la matière étant complète, on brise la pointe, on réunit par un caoutchouc l'orifice large du tube à un aspirateur, et on fait passer un courant d'air, pendant quelques minutes, sur la masse maintenue au rouge sombre.

Quand le tube de verre qui a servi n'est pas de bonne qualité, ou quand on l'a chauffé trop fortement, il se brise pendant le refroidissement, ce qui rend le mode opératoire précédent difficilement applicable ; on remplace alors ce dernier par le suivant : le tube étant encore chaud, on l'enfonce dans de l'eau pure, où il se brise par refroidissement brusque ; on traite le tout par l'acide azotique, puis on lave le résidu de verre afin de séparer la totalité de la dissolution.

Lorsqu'il s'agit d'un liquide volatil, au lieu de le mélanger à la chaux, on l'enferme dans une ampoule tarée (fig. 360, § 1744), en chauffant l'ampoule ouverte, en plongeant sa pointe dans le liquide et en fermant la pointe par un jet de chalumeau, lorsque la contraction de l'air intérieur, qui se refroidit, a fait pénétrer assez de liquide. Une seconde pesée de l'ampoule donne le poids de la prise d'essai. Coupant le tube fin de l'ampoule dans sa partie étranglée, on fait glisser au fond du tube les deux fragments, et on remplit aussitôt avec de la chaux concassée. Les précautions à prendre pour chauffer le liquide, sont variables avec sa volatilité ; dans tous les cas, l'ampoule ne doit être chauffée que lorsqu'on a porté au rouge une colonne de chaux pure de longueur suffisante pour arrêter le chlore.

1754. 2° *Par voie humide.* — L'acide azotique détruit à chaud les matières organiques ; lorsque la destruction est opérée en présence du nitrate d'argent, le chlore de ces matières est changé tout entier en chlorure d'argent (Carius).

On pèse la matière (2 à 3 décigrammes). Si elle est attaquée à froid par l'acide azotique fumant, on l'enferme soit dans une ampoule tarée (§ 1744), soit dans un petit tube en verre mince, également taré. On introduit la prise d'essai enveloppée ou non, dans un tube de verre très épais, fermé par un bout, avec 10 ou 12 grammes d'acide azotique pur et fumant ($D = 1,5$) et un excès d'azotate d'argent cristallisé. On scelle le gros tube à la lampe. Si l'on a fait usage d'une enveloppe de verre pour la prise d'essai, en secouant fortement le tube scellé, on brise l'enveloppe mince contre ses parois. On introduit ensuite le tube scellé dans un étui de fer et on le chauffe au bain d'huile (voy. *Opérations en tubes scellés*, § 459 et suivants).

Pour les corps organiques de la série grasse, on maintient le tube entre 180° et 200° ; quand il s'agit des dérivés de la série aromatique, il est nécessaire d'aller jusqu'à 250° ou 260°, encore la méthode est-elle quelquefois en défaut dans ce dernier cas. Après une heure de chauffage, on laisse refroidir le tube, on l'enveloppe d'un torchon pour éviter les projections en cas de rupture, et on présente l'extrémité de la pointe finement effilée dans le jet du chalumeau. Les gaz comprimés soufflent le verre fondu, le percent et s'échappent. On ferme de nouveau la pointe et on chauffe encore pendant trois heures. Après refroidissement, on débarrasse une seconde fois le tube des gaz comprimés qu'il contient, puis on l'ouvre largement, en évitant avec soin d'y laisser tomber des fragments de verre.

On fait passer son contenu dans un vase à précipiter et on ajoute les eaux avec lesquelles on le rince à plusieurs reprises. S'il y a lieu, on écrase avec une baguette les restes de l'enveloppe. On lave, on recueille, on calcine et on pèse, à la manière ordinaire (§ 1633), le chlorure d'argent formé, mais sans le séparer des débris de l'enveloppe. Le poids du produit est ensuite diminué de la tare de l'enveloppe, dont il a retenu la matière; on a ainsi le poids du chlorure d'argent et par suite celui du chlore.

L'acide nitrique fumant étant toujours chargé de chlore, on le purifie en l'additionnant d'un excès de nitrate d'argent pulvérisé, agitant fréquemment pendant quelques heures, laissant déposer et décantant la liqueur limpide. L'acide est chargé d'un peu de nitrate d'argent qui, dans le cas actuel, est sans inconvénient.

1755. Dosage du brome et de l'iode. — La méthode de Carius (§ 1754) convient également pour le dosage de ces éléments dans les substances organiques.

B. — Dosages divers portant sur des substances organiques.

I. — ACIDES.

1756. Acide acétique. — L'existence d'un maximum de densité dans les mélanges d'acide acétique et d'eau empêche le densimètre de fournir des données certaines sur la teneur en acide de ces mélanges, lorsqu'ils renferment plus de 43 p. 100 d'acide (§ 1371). D'ailleurs, en présence de matières étrangères, ce moyen serait inapplicable. On a recours d'ordinaire à l'acidimétrie.

On mesure avec une pipette jaugée 10 centimètres cubes de la liqueur à analyser, et, au moyen d'une solution alcaline titrée, on dose l'acide libre à la manière ordinaire (§ 1604). L'équivalent de l'acide acétique ($C^4H^4O^4$ ou $C^2H^4O^2 = 60$), introduit dans les calculs indiqués, fournit le poids de cet acide contenu dans les 10 centimètres cubes de liqueur.

1757. *Essai des vinaigres.* — La densité des vinaigres de vin est comprise entre 1,018 et 1,020. Les quantités d'extrait, de cendres, de bitartrate de potasse et de glucose, contenues dans un vinaigre, doivent être sensiblement les mêmes que celles renfermées dans le vin avec lequel on l'a fabriqué; elles se dosent de la même manière (§ 1776 et suivants).

La présence des acides minéraux dans un vinaigre se reconnaît par les caractères habituels de ces acides. D'ailleurs, le vinaigre pur d'acides minéraux est sans action sur certaines matières colorantes artificielles, dont il change la nuance dès qu'il contient une quantité très faible de ces acides; sous l'influence de ces derniers, le *vert malachite* vire au jaune, le *violet de méthylaniline* devient vert, l'*hélianthine* ou *orangé n° 3* (§ 1471) et l'*orangé n° 1* (§ 1472) passent au rouge vif.

La quantité d'acide acétique libre que contient le vinaigre est dosée généralement en même temps que les autres acides qui s'y trouvent ; on désigne l'ensemble sous le nom d'*acidité*. Ce dosage offre quelque difficulté à cause de la présence des matières colorantes de la liqueur alcoolique acétifiée.

On opère volumétriquement avec une solution alcaline titrée très étendue (décime), en employant comme indicateur la phtaléine du phénol. Pour que les principes colorés du vinaigre ne masquent pas le changement de teinte de l'indicateur, on opère sur le liquide à analyser étendu de dix fois son volume d'eau.

Quand la coloration est très marquée, avec l'acide pyroligneux, par exemple, il vaut mieux mesurer 10 centimètres cubes de liqueur acide, ajouter un volume mesuré d'eau de baryte titrée, suffisant pour sursaturer la liqueur, et doser ensuite la baryte en excès dans le mélange au moyen d'un acide sulfurique titré. Pour reconnaître le terme de la réaction, on se sert du papier jaune de curcuma, que l'on touche de temps en temps avec une baguette imprégnée du mélange : aussi longtemps que ce dernier contient de la baryte libre, le papier devient rouge brun à l'endroit mouillé. Cette méthode est lente mais, en répétant les dosages, ce qui permet d'opérer de plus en plus vite par approximations successives, elle donne un bon résultat.

1758. ACIDE OXALIQUE. — *1° Dosage acidimétrique.* — Les méthodes ordinaires (§ 1604) fournissent avec cet acide un résultat très net. Étant donné que la molécule de l'acide oxalique bibasique ($C^4H^2O^8$ ou $C^2H^2O^4 = 90$) neutralise 2 équivalents de la base mono-acide (2 E) dont est composée la liqueur acidimétrique, que P représente le poids de cette base contenu dans le volume de liqueur employé, et que x est le poids d'acide oxalique à doser dans la prise d'essai, on a $\frac{x}{P} = \frac{90}{2\,E}$, et par suite $x = \frac{90\,P}{2\,E}$.

1759. *2° Dosage par le permanganate de potasse.* — L'acide oxalique peut être déterminé par la réaction indiquée plus haut pour le dosage du permanganate de potasse (§ 1707). Les deux méthodes sont corrélatives.

1760. ACIDE CYANHYDRIQUE. — *1° Procédé de Liebig.* — Cette méthode est basée sur la solubilité du cyanure double d'argent et de potassium dans les liqueurs alcalines, et sur la précipitation du cyanure d'argent par la plus faible trace d'azotate d'argent ajoutée à ce sel double.

On se sert d'une solution décime d'azotate d'argent (§ 1635), contenant par conséquent 10^{gr},8 d'argent par litre.

On opère dans un vase à saturation. On y introduit une prise d'essai, exactement pesée ou mesurée, de l'acide cyanhydrique ou du cyanure à doser; une quantité contenant environ 5 décigrammes de C^2AzH ou C^4AzH est préférable. On ajoute un léger excès de potasse caustique, si l'on a affaire à l'acide libre, puis, au moyen d'une burette, on fait tomber goutte à goutte la liqueur décime d'argent dans le liquide vivement agité avec une baguette. Tant que le cyanure alcalin est en excès, la liqueur reste limpide, mais elle se trouble aussitôt que l'argent a été ajouté en quantité plus forte que celle qui correspond au composé $C^2AzK + C^2AzAg$ ou $\Theta AzK + \Theta AzAg$.

En recommençant plusieurs fois l'essai, on détermine le volume au delà duquel une goutte ajoutée produit le trouble dû au cyanure d'argent. Soit N ce volume ; chaque centimètre cube de liqueur décime, contenant 1 dix-millième d'équivalent d'argent, correspond à 2 dix-millièmes d'équivalent d'acide cyanhydrique (C^2AzH ou $\Theta AzH = 27$), soit à $0^{gr},0027 \times 2$ ou $0^{gr},0054$; le poids de cet acide, contenu dans la prise d'essai est donc $N \times 0,0054$.

La présence des chlorures ne fausse pas notablement le résultat.

La difficulté d'application de ce procédé réside dans l'état d'alcalinité à donner à la liqueur. Il faut que celle-ci possède une réaction alcaline, les acides minéraux décomposant le cyanure double ; mais, d'autre part, un excès notable de potasse dissout le cyanure d'argent et retarde l'apparition du précipité indicateur. Or, on manque de point de repère pour régler la proportion exacte d'alcali introduite dans le mélange, les cyanures alcalins ayant une réaction alcaline au tournesol, alors même qu'ils sont chargés d'acide en excès.

Ce mode de dosage, comme les suivants, s'applique au dosage de l'acide cyanhydrique dans l'eau distillée de laurier-cerise. Toutefois, cette eau étant souvent louche, on doit l'éclaircir en ajoutant de l'alcool. Comme la teneur en acide est faible, on opère sur 50 centimètres cubes d'eau distillée. On ajoute un petit excès de potasse pure, puis de l'alcool fort jusqu'à limpidité du mélange, et on titre comme il a été dit ci-dessus.

1761. 2° *Procédé de Fordos et Gélis.* — Le principe de cette méthode est l'action exercée par l'iode sur les cyanures alcalins :

$$C^2AzK \quad + \quad 2I \quad = \quad KI \quad + \quad C^2AzI;$$

Cyanure Iode. Iodure Iodure
de potassium.   de potassium. de cyanogène.

$$\Theta AzK \quad + \quad 2I \quad = \quad KI \quad + \quad \Theta AzI.$$

S'il s'agit d'analyser un cyanure, on pèse 5 grammes de ce sel, on les dissout dans l'eau, et on dilue la liqueur froide, de façon à former 1/2 litre. Si l'analyse porte sur l'acide libre, on neutralise d'abord la prise d'essai par la potasse, en laissant flotter dans le mélange un très petit fragment de papier de tournesol, puis on ajoute un léger excès d'alcali, et on forme 1/2 litre. On prend 50 centimètres cubes de la solution, soit $0^{gr},5$ de matière, on les verse dans un ballon de 2 litres, on ajoute 1000 ou 1500 centimètres cubes d'eau et 100 centimètres cubes d'eau de Seltz : l'acide carbonique de cette dernière change en bicarbonates les alcalis ou les carbonates alcalins qui troubleraient la réaction. D'ailleurs l'eau de Seltz peut être remplacée par des solutions de bicarbonate alcalin et d'acide tartrique, que l'on ajoute successivement en quantités équivalentes : soit 10 centimètres cubes d'une liqueur contenant 200 grammes de bicarbonate de potasse par litre, puis 10 centimètres cubes d'une autre liqueur contenant 150 grammes d'acide tartrique par litre. On verse à la burette, dans le mélange ainsi préparé, une solution d'iode dans l'iodure de potassium, contenant exactement 40 grammes d'iode par litre (§ 1621), et on s'arrête au moment où le liquide agité prend une teinte jaune persistante. Le résultat est net et précis.

Soit N le volume de liqueur iodée employé ; chaque centimètre cube de cette liqueur contenant $0^{gr}.04$ de métalloïde, le poids d'iode qui a réagi est $N \times 0,04$. En appelant x le poids d'acide cyanhydrique contenu dans les 50 centimètres cubes de dilution, comme 2 équivalents d'iode $(2I$ ou $I^2 = 254)$ correspondent à 1 équivalent d'acide cyanhydrique $(C^2AzH$ ou $CAzH = 27)$, on a la relation $\dfrac{x}{N \times 0,04} = \dfrac{27.}{254}$, qui donne $x = N \times 0,04 \times \dfrac{27}{254} = 0,04\,N \times 0,1063$. En rapportant le résultat au cyanure de potassium $(C^2AzK$ ou $CAzK = 65)$, on aurait de même $x = N \times 0,04 \times \dfrac{65}{254} = 0,04\,N \times 0,2559$. Dans tous les cas, le poids de la matière dosée existant dans la prise d'essai est égal à $10\,x$.

1762. — 3° *Procédé de Buignet.* — Quand, dans la dissolution d'un cyanure alcalin additionnée d'un excès d'ammoniaque, on verse lentement une solution de sel cuivrique, il se forme d'abord un cyanure double de cuivre et d'ammonium, lequel est incolore :

$$4(AzH^4,C^2Az) \quad + \quad S^2O^6,2CuO \quad = \quad S^2O^6,2AzH^4O \quad + \quad 2[Cu(C^2Az),AzH^4(C^2Az)],$$

Cyanure d'ammonium.	Sulfate de cuivre.	Sulfate d'ammoniaque.	Cyanure de cuivre et d'ammonium.

$$4(CAz,AzH^4) \quad + \quad SO^4Cu \quad = \quad SO^4(AzH^4)^2 \quad + \quad Cu(CAz)^2,2(CAz,AzH^4);$$

ce n'est qu'après l'accomplissement de cette réaction, c'est-à-dire après qu'on a fait intervenir 1 équivalent de sel de cuivre pour 2 équivalents d'acide cyanhydrique, qu'apparaît la coloration bleu céleste, due à l'action de l'ammoniaque sur le sel de cuivre en excès. Tel est le principe du procédé.

Ajoutons que la réaction ne se passe pas de même si l'on verse, au contraire, le cyanure dans le sulfate de cuivre : il se dégage alors du cyanogène et il se forme du sous-cyanure de cuivre (Gmelin).

On prépare une solution titrée de sulfate de cuivre, dont 1 centimètre cube correspond à 10 milligrammes d'acide cyanhydrique, c'est-à-dire à 1 centimètre cube d'une liqueur à 10 grammes d'acide par litre. Or 249,5 de sulfate de cuivre cristallisé $(S^2O^6,2CuO + 5H^2O^2$ ou $SO^4Cu + 5H^2O = 249,5)$ réagissent sur 108 d'acide cyanhydrique $(4C^2AzH$ ou $4CAzH = 108)$; appelant x le poids de sulfate de cuivre correspondant à 10 grammes d'acide cyanhydrique, on a donc $\dfrac{x}{10} = \dfrac{249,5}{108}$, ce qui conduit à $x = \dfrac{249,5 \times 10}{108} = 23^{gr},102$. Pour préparer la solution de cuivre, on pèse donc $23^{gr},102$ de sulfate de cuivre pur et sec, mais non effleuri, on les dissout dans l'eau et on complète 1 litre de liqueur.

Dans un petit vase à saturation, placé sur une feuille de papier blanc, on introduit la prise d'essai (10 centimètres cubes d'acide cyanhydrique, 100 centimètres cubes d'eau de laurier-cerise, 5 décigrammes de cyanure, etc.); en étendant d'eau, on forme 100 centimètres cubes environ de liqueur. On ajoute 10 centimètres cubes d'ammoniaque.

On verse ensuite goutte à goutte dans le mélange la solution titrée de sulfate de cuivre. Chaque goutte de réactif donne une coloration bleu céleste, qui disparaît par l'agitation. Une coloration rose se produit d'abord, elle passe bientôt au mauve, et à partir de ce moment on doit verser plus lentement. Enfin une seule goutte ajoutée en plus donne une teinte bleue persistante. Soit N le nombre de centimètres cubes de liqueur employés; $0^{gr},01 \times N$ est le poids de l'acide cyanhydrique contenu dans la prise d'essai. Comme la burette est graduée en dixièmes de centimètre cube, on apprécie ainsi le milligramme d'acide cyanhydrique.

Le cyanure cupro-ammonique étant dissociable par l'eau ajoutée en plus ou moins grande abondance, cette méthode laisse un peu à désirer au point de vue de la précision; elle n'est guère usitée que pour le titrage de l'eau de laurier-cerise, mais dans ce cas particulier, elle présente des avantages. Toutefois, il arrive souvent quand on l'emploie dans cette circonstance que la première addition de sel de cuivre donne une coloration violette persistante ; celle-ci est assez différente, il est vrai, de la teinte bleue caractéristique du terme de la réaction, mais elle trouble néanmoins la netteté de cette dernière. Lorsque cette teinte violette se manifeste, le mieux est d'ajouter peu à peu au mélange du carbonate d'ammoniaque jusqu'à décoloration (8 à 10 centimètres cubes de la solution employée comme réactif, § 1490); on opère ensuite comme il a été dit plus haut.

1763. ESSAI DU CHLORAL. — Le dosage du chloral, dans un hydrate de chloral commercial, peut se changer en un dosage d'acide formique. En solution aqueuse, les hydrates alcalins dédoublent, en effet, le chloral en chloroforme et formiate alcalin (Dumas) :

$$C^4HCl^3O^2 \quad + \quad KHO^2 \quad = \quad C^2HCl^3 \quad + \quad C^2HKO^4;$$

| Chloral. | Hydrate de potasse. | Chloroforme. | Formiate de potasse. |

$$\overline{C}^2HCl^3\overline{O} \quad + \quad K\overline{O}H \quad = \quad \overline{C}HCl^3 \quad + \quad \overline{C}H\overline{O}^2K.$$

Comme l'acide formique produit neutralise une proportion équivalente d'alcali, en faisant intervenir l'hydrate alcalin en quantité connue, on peut, par un dosage acidimétrique indirect, déterminer le poids de cet acide. L'alcali en solution aqueuse est sans action sur le chloroforme.

On pèse 1 gramme de l'hydrate de chloral à essayer, ou, s'il est dissous, on mesure un volume de dissolution à peu près correspondant. On place la matière dans un vase à réaction et on verse sur elle un volume exactement mesuré d'une solution titrée de potasse ou de soude caustique. Ce volume sera, dans tous les cas, chargé d'une quantité d'alcali plus que suffisante pour détruire la totalité du chloral. Après quelques instants de contact à froid, la réaction est complète et il ne reste plus qu'à doser, par l'acide sulfurique titré et le tournesol, l'alcali ajouté en trop.

Le dosage fait connaître le poids P d'alcali hydraté (soit KO,HO ou $K\theta H = 56$, soit NaO,HO ou $Na\theta H = 40$) qui a été neutralisé par l'acide formique. Comme 1 équivalent E d'alcali hydraté correspond à $147^{gr},5$ de chloral anhydre ($C^4HCl^3O^2$ ou $C^2HCl^3\theta = 147,5$), appelant x le poids de chloral anhydre contenu dans la prise d'essai, on a $\dfrac{x}{P} = \dfrac{147,5}{E}$, et par suite $x = \dfrac{147,5\ P}{E}$. En remplaçant 147,5 par 165,5, on aurait le résultat exprimé en hydrate de chloral ($C^4HCl^3O^2 + H^2O^2$ ou $C^2HCl^3\theta + H^2\theta = 165,5$).

II. — GRAISSES ET ACIDES DE GRAISSES

1764. Dosage des corps gras dans une semence oléagineuse. — On réduit les semences en farine fine, soit en les pulvérisant au mortier, soit, ce qui est préférable, en les passant au moulin. On pèse 10 grammes de farine, qu'on introduit ensuite dans un petit appareil à déplacement. Celui-ci consiste en un tube de 20 à 25 millimètres de largeur, de 15 centimètres de longueur, étiré à la lampe par son extrémité inférieure. On le supporte verticalement, et, dans la partie conique qui le termine, on dispose un tampon de coton sur quelques fragments de verre. On y introduit la poudre que l'on tasse légèrement. La partie étroite du tube étant engagée dans l'ouverture d'un petit matras qu'elle ferme presque complètement, on verse sur la farine du sulfure de carbone, en quantité suffisante pour l'imbiber, et on bouche l'orifice supérieur; après avoir laissé agir pendant quelques minutes, on verse de nouveau du sulfure de carbone, lequel déplace celui qui, au contact de la farine, s'est chargé du corps gras qu'elle contenait. En répétant ainsi les additions de dissolvant, on entraîne dans le matras la totalité de la matière grasse. L'épuisement est terminé quand une goutte de solution sulfocarbonique, tombant du tube sur une feuille de papier, s'évapore sans laisser de tache grasse. On transvase alors le contenu du matras dans une capsule de porcelaine tarée, on lave le matras avec du sulfure de carbone, de manière à entraîner la totalité du produit dans la capsule, et on dépose cette dernière sur un bain-marie contenant de l'eau chaude. L'ensemble de ces opérations doit être exécuté loin de tout foyer en combustion, en plein air de préférence, les vapeurs de sulfure de carbone étant combustibles et formant avec l'air des mélanges détonants. Quand la vaporisation du sulfure de carbone est terminée, on chauffe le bain-marie jusqu'à l'ébullition, de manière à chasser les dernières traces de dissolvant; lorsque l'odeur de ce dernier a cessé d'être perceptible, on laisse refroidir la capsule dans un vase à dessécher et on la pèse. Le poids trouvé, diminué de la tare de la capsule, donne le poids de la matière grasse contenue dans la prise d'essai.

1765. Essai d'un savon. — Les composants qu'il importe de doser dans un savon sont les acides gras, l'alcali total, l'alcali libre, l'eau, la glycérine et les substances étrangères.

Acides gras. — On pèse 10 grammes de savon, on les met dans une capsule de porcelaine avec 60 ou 70 centimètres cubes d'eau, et on porte à l'ébullition. Si, la dissolution étant complète, la liqueur se montre chargée de matières étrangères en suspension, on la filtre, on lave le résidu, et on réunit les eaux de lavage à la dissolution. Au liquide chaud, on ajoute de l'acide sulfurique au dixième, jusqu'à réaction fortement acide : l'acide sulfurique se combine aux alcalis et met les acides gras en liberté. On introduit alors dans le mélange 10 grammes d'acide stéarique pur et sec ; celui-ci fond, dissout les acides gras émulsionnés et les rassemble. Après quelques instants d'ébullition on laisse refroidir. Les corps gras se solidifient en un gâteau plus ou moins dur, surnageant la liqueur aqueuse devenue limpide. On lave le pain d'acides gras à l'eau distillée froide, jusqu'à ce que les eaux de lavage ne se troublent plus par le chlorure de baryum, on l'essore avec du papier buvard, on le dépose dans une capsule de porcelaine tarée et on chauffe celle-ci dans l'étuve à 100° ou 120°, jusqu'à constance de deux pesées consécutives. Le poids de la matière, diminué de celui de l'acide stéarique ajouté, donne la quantité des acides gras contenus dans la prise d'essai.

Quand le savon renferme de la résine, celle-ci est précipitée avec les acides gras.

Alcali total. — On pèse 5 grammes de savon râpé, et on les projette par petites parties dans un creuset de platine, préalablement porté au rouge sombre. La matière organique se détruit. On incinère le résidu, en ayant soin de ne pas dépasser le rouge sombre pour éviter de fondre les cendres, ce qui prolongerait l'incinération : la potasse ou la soude du savon ont été changées en carbonates pendant la combustion des acides gras. On épuise par l'eau chaude les cendres contenues dans le creuset, en opérant par décantation suivie de filtration. On lave le résidu insoluble, et on recueille tous les liquides dans un matras. Il ne reste plus qu'à doser par voie alcalimétrique (§ 1601), en opérant sur la liqueur bouillante additionnée de tournesol, la potasse (KO,HO ou $K\theta H = 56$) ou la soude (NaO,HO ou $Na\theta H = 40$) que celle-ci contient, suivant qu'on a opéré sur un savon de potasse ou sur un savon de soude.

Alcali libre. — La présence d'un alcali libre dans le savon se reconnaît en touchant celui-ci avec une baguette imprégnée d'un sel mercureux ou d'un sel mercurique : lorsqu'il y a de la potasse ou de la soude libres, il se forme une trace noire ou jaune.

Pour doser l'alcali libre, on pèse 10 grammes de savon, on les dissout à chaud, dans une capsule, avec 50 à 60 centimètres cubes d'eau ; à la liqueur bouillante, on ajoute, par parties, du sel marin jusqu'à saturation, en continuant l'ébullition pendant quelques instants : le savon insoluble dans l'eau salée se sépare, tandis que les alcalis libres restent dans la liqueur. On laisse refroidir, on verse le tout sur un filtre, on lave rapidement la capsule ainsi que le filtre et son contenu avec de l'eau saturée de sel. Après égouttage, on recommence sur le filtre et son contenu le traitement déjà effectué sur le savon, c'est-à-dire qu'on dissout le produit, qu'on le précipite et qu'on le lave de nouveau à l'eau salée.

L'ensemble des liqueurs salées retient la totalité des alcalis libres ; on y dose ces derniers par l'alcalimétrie.

La différence entre l'alcali total et l'alcali libre donnent l'*alcali combiné.*

Eau. — On pèse 10 grammes de savon.

S'il est mou, on l'étale sur le fond de la capsule de porcelaine tarée, qui a servi à le peser, et on le sèche à l'étuve, entre 100° et 120°, jusqu'à poids constant de la capsule. La perte de poids subie représente l'eau éliminée. Elle ne doit guère dépasser 50 p. 100.

S'il est dur, on l'a râpé en lamelles minces, avec une lame de couteau, avant de le peser. On chauffe d'abord entre 48° et 50° la capsule tarée qui le contient, et c'est seulement quand il est devenu cassant et ne peut plus fondre aisément, qu'on le porte entre 100° et 120°, jusqu'à ce que le poids reste constant. Une fusion de la masse encore fortement chargée d'eau rendrait l'opération plus longue. La perte ne doit pas être supérieure à 30 ou 35 p. 100.

Glycérine. — On pèse 10 grammes de savon et on les dessèche dans une capsule tarée, en opérant comme il vient d'être dit, mais sans dépasser 110°. On mélange soigneusement le résidu avec 5 grammes d'hydrate de chaux pulvérulent, et on introduit le tout dans un petit matras. On verse sur le mélange 4 centimètres cubes d'alcool et 6 centimètres cubes d'éther, et on laisse en contact pendant quelque temps, dans le matras fermé. On chauffe doucement la masse, à plusieurs reprises, en baignant le fond du matras dans l'eau tiède. La glycérine passe dans le dissolvant. Après refroidissement, on filtre dans un entonnoir couvert, et on lave le matras ainsi que le filtre avec le même mélange de 1 volume d'alcool et de 1 volume 1/2 d'éther. Les liqueurs éthéro-alcooliques sont ensuite réunies dans une capsule de porcelaine tarée, et évaporées à l'air libre pour éliminer l'éther à l'abri du feu. On termine l'évaporation au bain-marie, puis à l'étuve à 100°, jusqu'à poids constant. La dernière pesée, diminuée de la tare de la capsule, donne le poids de la glycérine contenue dans la prise d'essai.

Matières étrangères. — La plupart des matières que l'on ajoute frauduleusement au savon, telles que les poudres minérales et l'amidon, sont insolubles dans l'alcool. On peut donc les isoler en traitant à chaud le savon par l'alcool bouillant, filtrant et lavant le résidu à l'alcool chaud. Les matières minérales se caractérisent et se dosent ensuite par les méthodes habituelles. Par ébullition du résidu insoluble avec l'eau, l'amidon donne de l'empois qui bleuit à froid par l'eau iodée.

Les silicates donnent de la silice gélatineuse, qui nage dans la liqueur aqueuse, lors de la séparation des acides gras par un acide.

III. — MATIÈRES SUCRÉES (1).

1766. DOSAGE DE LA GLUCOSE. — Le réactif cupro-potassique, dont la préparation a été donnée plus haut (§ 1329), est altérable ; il doit être titré peu de temps avant qu'on en fasse usage dans un dosage.

Pour le titrer, on pèse 1 gramme de glucose chimiquement pure et anhydre, provenant de cristallisations répétées dans l'alcool (§ 1328), on le place dans un matras jaugé de 100 centimètres cubes, on l'y dissout par un peu d'eau, et on complète à froid 100 centimètres cubes de liqueur. D'autre part, on mesure, avec une pipette jaugée, 20 centimètres cubes du réactif à doser, on les verse dans un matras de verre incolore, et on ajoute 50 centimètres cubes d'eau ; on porte à l'ébulli-

(1) Il ne sera pas question ici de l'emploi du polarimètre dans l'analyse des sucres, l'usage de cet instrument étant étudié d'ordinaire dans les manipulations de physique.

tion, et on laisse tomber goutte à goutte, dans le liquide bouillant, la solution de glucose que l'on a placée dans une burette. Le réactif se réduit progressivement, en donnant de l'oxydule de cuivre, qui est rouge, tandis que la liqueur va en se décolorant de plus en plus. C'est le point précis où s'opère la décoloration qu'il s'agit de distinguer. Quand le liquide bouillant, dans lequel l'oxydule est en suspension, paraît approcher de la décoloration, pour mieux reconnaître sa couleur, on enlève le ballon du feu, et on le présente devant une feuille de papier blanc ; l'oxydule se dépose en quelques instants, laissant limpide la liqueur, dont la teinte se détache nettement sur le blanc de papier. Lorsque le liquide ne présente plus de coloration bleue ou verte, on arrête l'opération et on lit le volume N de la liqueur sucrée employée. Pour être bien fixé sur ce volume, il est indispensable de recommencer plusieurs fois l'expérience sans s'écarter des conditions indiquées. On sait, en effet, que la quantité d'oxydule réduit par un même poids de glucose, varie notablement avec l'état de dilution des liqueurs, et aussi avec la quantité de réactif que ces derniers contiennent pendant que s'opère la réduction (M. Soxhlet). Chaque centimètre cube de la solution contenant $0^{gr},01$ de matière sucrée, le poids de glucose réduit par 20 centimètres cubes de réactif cupro-potassique est $N \times 0,01$.

Supposons maintenant qu'il s'agisse de faire l'analyse d'un sirop de glucose. On en pèse 20 grammes dans une capsule tarée, on les dissout avec de l'eau, dans un matras jaugé de 100 centimètres cubes, que l'on achève de remplir jusqu'au trait avec de l'eau distillée. On agite et on garnit une burette graduée avec le liquide obtenu.

Opérant comme il a été dit plus haut sur 20 centimètres cubes de réactif cupro-potassique, dilués de la même manière, on détermine le volume V de la liqueur sucrée qui produit la décoloration. Ce volume contient évidemment $N \times 0,01$ de glucose, et les 100 centimètres cubes de liqueur sur lesquels on l'a prélevé, c'est-à-dire la prise d'essai, contiennent $\dfrac{N \times 0,01 \times 100}{V}$ ou $\dfrac{N}{V}$ grammes.

La présence dans la matière de principes autres que la glucose, mais réducteurs de la liqueur cupro-alcaline, fausse les résultats. Or les glucoses commerciales, qui proviennent directement de la saccharification de l'amidon, sont chargées de dextrines diverses, dont quelques-unes réduisent le réactif cupro-potassique ; toutefois le pouvoir réducteur des dextrines ne dépasse guère 12 p. 100 de celui de la glucose.

Suivant les conditions de l'expérience, 1 équivalent de glucose réduit de 10,11 à 10,52 équivalents de cuivre. Il importe donc d'opérer l'essai et le titrage de la liqueur dans des conditions identiques ; il importe notamment de veiller à la constance de la dilution.

1767. DOSAGE DU SUCRE INTERVERTI. — Le sucre interverti (§ 1336), qui est un mélange à équivalents égaux de glucose et de lévulose, peut se doser comme la glucose, par la liqueur cupro-potassique ; toutefois le pouvoir réducteur de la glucose n'étant pas identique à celui de la lévulose, et de plus les variations que subit ce pouvoir, sous l'influence de la dilution ou de la quantité de réactif mise en présence, étant assez considérables, il est tout à fait indispensable de titrer le réactif avec une solution de sucre interverti, en se plaçant dans des conditions aussi identiques que possible à celles adoptées pour le dosage.

On prépare une solution de sucre interverti, en portant à l'ébullition, dans un ballon de 120 centimètres cubes, 90 grammes d'eau que l'on a additionnés de 1 centimètre cube d'acide sulfurique au dixième, retirant du feu, et projetant dans le liquide 1 gramme de sucre de canne pur et sec. On fait bouillir pendant trois ou quatre minutes, puis on refroidit immédiatement la liqueur, qui est restée incolore, en plongeant le ballon dans l'eau froide. On dilue ensuite le liquide froid, de manière à former avec lui exactement 100 centimètres cubes de liqueur. En opérant ainsi, la quantité d'acide libre qui existe dans le liquide est trop faible, si on la rapporte au grand excès d'alcali du réactif cupro-potassique, pour troubler le dosage, et il n'y a pas lieu de s'en occuper. Elle est suffisante cependant pour que le sucre de canne ait été changé en sucre interverti.

On titre le réactif avec cette liqueur comme avec la glucose, et on s'en sert ensuite pour doser, toujours dans les mêmes conditions, les solutions de sucre interverti à analyser. Le calcul de l'analyse est le même que lorsqu'il s'agit de la glucose (§ 1766) ; toutefois, il ne faut pas oublier, étant donné le mode de préparation de la solution type de sucre interverti, que le résultat est exprimé, non pas par un poids de sucre interverti, mais par la quantité de saccharose qui correspond à ce sucre interverti. La molécule de saccharose ($C^{24}H^{22}O^{22}$ ou $C^{12}H^{22}O^{11}$ $= 342$), en fixant H^2O^2 ou H^2O, donne 1 molécule de glucose et 1 molécule de lévulose ($2C^{12}H^{12}O^{12}$ ou $2C^6H^{12}O^6 = 360$) ; en multipliant le résultat obtenu par le rapport $\frac{360}{342} = 1,0526$, on aura le poids de sucre interverti contenu dans la prise d'essai.

Suivant les conditions de l'expérience, 1 molécule mixte des 2 glucoses composant le sucre interverti, réduit de 9,7 à 10,1 équivalents de cuivre. En liqueurs diluées, il faut 104,25 parties de sucre interverti pour réduire le volume de réactif cupro-alcalin que réduisent 100 parties de glucose.

1768. DOSAGE DU SUCRE DE CANNE. — Le sucre de canne pur ne réduit pas le réactif cupro-potassique ; par l'action des acides, il se change en sucre interverti, que l'on dose comme il vient d'être dit.

Étant donné un sucre raffiné, ne contenant pas sensiblement de glucose réductrice, mais chargé d'autres matières étrangères, on en pèse 1 gramme, que l'on traite exactement comme il vient d'être dit pour le titrage du réactif par le suc interverti en partant du saccharose pur (§ 1767). Soit N le volume de la liqueur sucrée employée dans le cas du sucre pur, et V celui qui correspond au sucre analysé, la teneur centésimale x de ce dernier en saccharose pur sera donnée par la relation $\frac{x}{100} = \frac{N}{V}$, laquelle conduit à $x = \frac{100\,N}{V}$.

1769. Analyse d'un sucre brut. — Les sucres bruts sont constitués surtout par un mélange impur de saccharose et de sucre interverti. Les poids respectifs de ces matières sucrées peuvent être déterminés avec un réactif cupropotassique, titré par rapport au sucre interverti (§ 1767).

On pèse 1 gramme de matière, que l'on dissout dans l'eau et on dilue la solution de manière à former 100 centimètres cubes. Avec la liqueur ainsi préparée, on effectue, sur 20 centimètres cubes de réactif cupro-potassique, un premier dosage, dans lequel la réduction est attribuable exclusivement aux glucoses réductrices. On en exprime le résultat en sucre interverti (§ 1767). Soit p le poids de ce dernier.

On pèse de nouveau 1 gramme du sucre à analyser, et on opère sur lui comme pour le dosage du saccharose (§ 1766). Soit M le poids de sucre de canne trouvé. Ce poids doit évidemment être diminué de la quantité de saccharose qui correspond à p de sucre interverti, ce dernier, qui préexiste dans la matière, ayant contribué à la réduction dans la seconde expérience. Or, on a vu plus haut (§ 1767) que 360 grammes de sucre interverti correspondent à 342 grammes de saccharose; on doit donc retrancher $p\,\frac{342}{360}$ de M pour avoir le poids P de saccharose contenu dans 1 gramme du sucre brut analysé. On a donc $P = M - p\,\frac{342}{360} = M - p \times 0{,}95$.

Une *cassonade* ou une *mélasse* se dosent de la même manière que les sucres bruts de betterave. Ces produits étant d'ordinaire très colorés, il est cependant nécessaire de leur faire subir un traitement préalable par le sous-acétate de plomb; celui-ci précipite diverses matières organiques qui, par leur coloration ou leur pouvoir réducteur, gênent ou faussent le dosage.

On dissout la prise d'essai (1 gramme) dans 30 ou 40 centimètres cubes d'eau, on ajoute, goutte à goutte et en agitant vivement, du sous-acétate de plomb, tant qu'il se fait un précipité, mais en évitant un trop fort excès. On complète alors 100 centimètres cubes de liqueur et on filtre dans un vase sec. Avec la solution ainsi préparée, on opère comme il a été dit plus haut pour analyser les mélanges de saccharose et de sucre interverti. Si l'excès de sel de plomb est faible, le léger précipité qu'il donne avec l'alcali du réactif cupropotassique se sépare avec l'oxydule de cuivre et ne gêne pas. Dans le cas contraire, il est possible de le séparer en ajoutant, à un volume mesuré de liqueur sucrée, un volume également mesuré de solution de sulfate de soude, et filtrant pour séparer le sulfate de plomb précipité. Dans les calculs de l'analyse, on tient compte ensuite de l'augmentation du volume de la liqueur sucrée.

En dehors des matières sucrées elles-mêmes, pour l'analyse desquelles le polarimètre fournit des données précieuses, on doit doser encore, dans les sucres commerciaux, l'eau et les cendres.

L'*eau* se dose par perte de poids, en desséchant 10 grammes de matière entre 110° et 115°; on opère dans les conditons habituelles (§ 1605).

La détermination des *cendres* ne présente pas non plus de particularité. On incinère, dans un vase de platine taré, une prise d'essai de 5 grammes. L'usage d'un moufle est ici très recommandable. L'alcalinité et par suite la fusibilité des cendres rend importante la précaution habituelle d'incinérer au rouge sombre : un essai dont les cendres ont été fondues est presque toujours faux.

1770. *Analyse d'une racine sucrée.* — Pour doser le sucre dans une betterave, par exemple, on lave cette betterave, on enlève le collet avec un couteau, puis on transforme en pulpe, à l'aide d'une râpe, la totalité de la racine ; on mélange la pulpe et on en prélève un échantillon moyen de 50 grammes.

On exprime la prise d'essai dans un nouet de toile, on mêle le résidu exprimé avec de l'alcool à 50 centièmes, et on exprime de nouveau dans la même toile. Après un second traitement à l'alcool, suivi d'une troisième expression, on rejette le tourteau, on lave à l'alcool la toile et la presse, puis on réunit tous les liquides. On les chauffe dans une capsule, et on chasse l'alcool en maintenant l'ébullition pendant quelque temps. On ajoute peu à peu, au liquide refroidi et énergiquement agité, du sous-acétate de plomb, jusqu'à ce que ce sel ne produise plus de précipité dans le mélange éclairci. On filtre et on lave le précipité. Dans les liqueurs, on précipite le plomb en excès par du carbonate de soude. On sépare sur un filtre le carbonate de plomb et on le lave. Avec tous les liquides réunis et refroidis, on complète 500 centimètres cubes de liqueur. Celle-ci contient la totalité des matières sucrées; de plus elle est dépouillée à peu près complètement des matières organiques réductrices.

On opère sur elle comme pour le dosage d'un mélange de sucre de canne et de glucoses diverses (§ 1769), en prenant pour chaque expérience 100 centimètres cubes de la liqueur.

1771. Dosage du sucre de lait. — Le sucre de lait réduit directement le réactif cupro-potassique, sans dédoublement préalable en glucoses. Suivant les conditions de l'expérience, une demi-molécule de cette matière sucrée réduit de 7,3 à 7,7 équivalents de cuivre. De plus, la réduction se fait moins promptement qu'avec les glucoses.

Pour doser le sucre de lait dans une liqueur ne contenant pas d'autre corps réducteur, on mesure un volume de cette liqueur correspondant à moins de 1 gramme de sucre, et on l'amène par dilution à occuper 100 centimètres cubes. On opère ensuite avec cette solution sucrée comme pour le dosage de la glucose (§ 1766) : on détermine le volume V qu'on en doit employer pour décolorer 20 centimètres cube de réactif cupro-potassique. Opérant de même avec 1 gramme de sucre de lait pur, on titre le réactif par rapport à cette matière sucrée; soit N le volume de liqueur nécessaire pour effectuer la décoloration. Le poids x de sucre de lait contenu dans la prise d'essai sera donné par la proportion $\frac{x}{1} = \frac{N}{V}$, laquelle conduit à la valeur $x = \frac{N}{V}$.

L'essai doit être fait lentement.

IV. — MATIÈRES AMYLACÉES.

1772. Dosage de l'amidon. — Sous l'action simultanée de l'eau, des acides minéraux et de la chaleur, l'amidon se change en glucose :

$$(C^{12}H^{10}O^{10})n \quad + \quad nH^2O^2 \quad = \quad nC^{12}H^{12}O^{12};$$

Amidon.   Eau.   Glucose.

$$(C^6H^{10}O^5)_n \quad + \quad nH^2O \quad = \quad nC^6H^{12}O^6.$$

Le poids de la glucose formée est proportionnel à celui de l'amidon. Tel est le principe du dosage suivant, qui est assez grossier : l'amidon, en effet, n'est pas entièrement transformé en glucose; il donne en même temps des dextrines, ce qui fausse le résultat.

On pèse 5 grammes d'amidon, on les délaye avec 15 ou 20 grammes d'eau froide, dans une capsule de porcelaine, et on verse sur le tout, d'un seul coup, 100 grammes d'eau bouillante, additionnée de 20 gouttes d'acide sulfurique concentré. Chauffant la capsule au bain-marie, on dirige un courant de vapeur d'eau dans le liquide (§ 1326) jusqu'à saccharification complète. Le terme de la réaction se reconnaît à ce qu'une trace du liquide devenu fluide, prélevée avec une baguette, ne bleuit plus à froid par l'eau iodée. On laisse refroidir et on complète 500 centimètres cubes de liqueur. Dans celle-ci, on dose la glucose par le réactif cupro-potassique (§ 1766). Soit V le volume de liqueur sucrée employé pour décolorer 20 centimètres cubes de réactif, alors qu'il faut N centimètres cubes d'une solution au centième de glucose pure pour obtenir le même résultat. Le poids de glucose pure contenu dans V est $N \times 0^{gr},01$; par suite le poids p de glucose pure renfermé dans les 500 centimètres cubes de la liqueur analysée, est donné par la relation $\frac{p}{500} = \frac{N \times 0,01}{V}$; on tire de cette dernière $p = \frac{500\, N \times 0,01}{V}$, et enfin $p = \frac{5N}{V}$.

Or 162 grammes d'amidon ($C^{12}H^{10}O^{10}$ ou $C^6H^{10}O^5 = 162$) produisent 180 grammes de glucose ($C^{12}H^{12}O^{12}$ ou $C^6H^{12}O^6 = 180$); le poids x d'amidon pur, contenu dans la prise d'essai, est donc donné par la relation $\frac{x}{p} = \frac{162}{180}$, dans laquelle $x = p\,\frac{162}{180} = \frac{5N}{V} \times 0,9$.

1773. ESSAI D'UNE FARINE. — Les principes qu'il importe de doser sont l'eau, l'amidon, le gluten, les cendres, la matière grasse, l'azote.

Eau. — On la détermine par différence, en desséchant à l'étuve, entre 110° et 115°, dans une capsule tarée ou dans un creuset de platine également taré, 10 grammes de farine. Le poids étant devenu constant, la perte subie représente l'eau éliminée.

Amidon. — On opère sur 5 grammes de farine comme il a été dit au dosage de l'amidon isolé (§ 1772).

Gluten. — Avec la farine de blé, dont le gluten est élastique et s'accole à lui-même, on peut opérer comme il suit un dosage approché.

On pèse 20 grammes de farine, on y ajoute un peu d'eau et on forme une pâte ferme, bien homogène. On enferme cette pâte dans un nouet d'étoffe peu serrée et préalablement mouillée; on malaxe doucement le nouet sous un mince filet d'eau; l'amidon entraîné par l'eau traverse l'étoffe et s'échappe. On continue ainsi jusqu'à ce que l'eau s'écoule limpide, n'entraînant plus d'amidon. Le gluten forme le résidu. On l'enlève avec soin de l'étoffe, on le malaxe fortement dans la main, sous un courant d'eau rapide, pour enlever les dernières traces d'amidon ainsi que le son retenu par le nouet, on le place dans une capsule de porcelaine tarée, et on le dessèche entre 110° et 115°, jusqu'à poids constant. Le dernier poids trouvé, diminué de la tare de la capsule, donne la quantité de gluten contenue dans 20 grammes de farine.

Cette méthode est inapplicable aux farines dont le gluten est sans consistance, et s'échappe plus ou moins avec l'amidon.

Cendres. — La farine de blé ne fournit pas au delà de 2 p. 100 de cendres. On opère l'incinération sur 5 grammes. La prise d'essai ayant servi au dosage de l'eau peut être ensuite incinérée dans le creuset de platine. Les cendres obtenues sont neutres.

Matière grasse. — Le dosage se fait par la méthode appliquée plus haut aux semences oléagineuses (§ 1764).

Azote. — Le dosage de l'azote dans une farine permet d'apprécier la richesse de celle-ci en gluten et en principes azotés.

On pèse 1 gramme de farine et on y détermine l'azote par la méthode de Peligot (§ 1751).

Le gluten n'est pas un principe immédiat, mais un mélange; il contient des proportions variables d'azote. Il est nécessaire, pour établir une relation entre le poids d'azote trouvé et le poids de gluten cherché, d'analyser de même, au point de vue de sa teneur en azote, le gluten de la farine en question, isolé comme il a été dit plus haut. Il est nécessaire de remarquer que la farine de blé renferme des principes albuminoïdes, solubles dans l'eau, qui ne se retrouvent plus dans le gluten isolé par lavage.

V. — ALCALOÏDES.

1774. DOSAGE DE LA MORPHINE DANS L'OPIUM. — La forme particulière donnée à l'opium rend assez délicate la prise d'un échantillon moyen de cette substance. On prélève, tant à la surface qu'à l'intérieur des pains, et en un grand nombre de points différents, une petite quantité de matière ; on malaxe le tout ensemble, et c'est sur le produit, rendu aussi homogène que possible, que l'on fait la prise d'essai. Celle-ci ne saurait être inférieure à 10 grammes, mais un poids de 50 grammes est préférable. Nous supposerons donc que l'on opère sur cette quantité; si la prise d'essai est moindre, on réduira dans la proportion voulue les doses de réactifs qui vont être indiquées.

On prend donc 50 grammes d'opium, on les introduit dans un vase à précipiter, avec 150 grammes d'alcool à 70 centièmes, puis on les agite avec une baguette de verre ; cette dernière est prise un peu moins longue que la hauteur du vase, et peut être laissée dans celui-ci. On ferme le vase avec une lame de verre, on le place dans une étuve ou sur un bain-marie, chauffés vers 35° ou 40°, et on agite de temps en temps. Après douze heures de digestion dans ces conditions, après un temps plus long si l'on n'a pas chauffé, l'opium s'est désagrégé et s'est délayé dans l'alcool, avec lequel il forme une bouillie claire. On laisse refroidir et déposer, puis on décante la liqueur alcoolique sur un filtre sans plis, en laissant dans le vase le résidu. On ajoute à ce dernier 50 grammes d'alcool à 70 centièmes, on agite avec soin, on laisse en contact pendant quelques heures et on verse le tout sur le filtre précédemment employé. Le filtre et son contenu étant égouttés, on lave le vase à précipiter avec de l'alcool à 70 centièmes, et on entraîne sur le filtre la totalité de la matière ; en laissant égoutter le filtre et son contenu avant chaque addition de liquide, on continue ainsi à laver et à épuiser aussi complètement que possible le marc d'opium, en employant des quantités d'alcool telles que l'ensemble des liqueurs forme environ 500 centimètres cubes ; on comprime finalement le filtre avec la baguette pour extraire le liquide qu'il retient.

On mélange les liqueurs alcooliques, on mesure exactement leur volume et on en prend un tiers, que l'on place dans un vase à précipiter. Dans ce tiers de l'extrait alcoolique, on verse, au moyen d'une burette et en agitant constamment, de l'ammoniaque étendue de deux fois son volume d'eau : on s'arrête aussitôt que le mélange homogène présente une odeur sensible d'ammoniaque, et on évite un excès notable. On réunit alors les deux autres tiers de la liqueur alcoolique au premier, et on introduit dans le mélange un volume d'ammoniaque diluée de deux volumes d'eau, doublé de celui versé avec la burette. On opère ainsi pour éviter plus sûrement l'emploi d'un excès important d'ammoniaque. On agite avec une baguette, mais sans frotter les parois du vase, et on ferme celui-ci avec une feuille de verre. L'ammoniaque a mis en liberté les alcaloïdes qui se trouvaient à l'état de sels dans l'extrait alcoolique d'opium ; ceux de ces alcaloïdes qui sont insolubles dans l'alcool, c'est-à-dire la morphine et la narcotine, se déposent lentement sous forme cristalline, entraînant un peu de méconate de chaux. Après vingt-quatre heures, leur séparation est complète, si toutefois on n'a pas ajouté un trop grand excès d'ammoniaque qui redissoudrait de la morphine.

On décante le liquide sur un petit filtre sans plis, en faisant tomber les cristaux sur le filtre ; on entraîne tout le produit sur le filtre, et on lave ce dernier ainsi que son contenu avec le moins possible d'alcool à 40 centièmes, mais assez exactement cependant pour que le liquide de lavage passe incolore. Il reste encore à isoler la morphine des produits qui l'accompagnent dans les cristaux. Le filtre étant égoutté, on le sèche à l'étuve à 100°, on sépare très soigneusement le papier de son contenu, on recueille celui-ci dans un petit mortier de verre, on le broie finement et on le délaye dans 25 grammes de chloroforme, que l'on décante ensuite sur un petit filtre sans plis, préalablement séché à 100° et taré. On traite le résidu de la même manière, par une seconde dose de chloroforme, en versant finalement sur le filtre le liquide et le résidu insoluble ; avec de nouvelles quantités du même dissolvant, on lave le mortier ainsi que le filtre, et on entraîne avec soin sur celui-ci la totalité du produit. Le chloroforme ne dissout pas la morphine, mais dissout la narcotine ; après le traitement précédent, continué jusqu'à ce que le liquide de lavage se volatilise sans résidu, on obtient

donc la morphine dépouillée de narcotine. On sèche le filtre à 100°, et
lorsque les pesées ne varient plus, son poids, diminué de la tare du
papier, donne le poids de la morphine contenue dans la prise d'essai.

On compte ainsi comme morphine les traces de méconate de chaux
entraînées, mais on admet que cette erreur en trop compense l'erreur
en moins, occasionnée à l'origine par la légère solubilité de la morphine
dans les liqueurs alcooliques.

Si l'on a recueilli les liqueurs chloroformiques, en les évaporant dans
une capsule tarée, en desséchant le résidu à 100°, et en déterminant le
poids de ce dernier, on a la proportion de narcotine contenue dans la
prise d'essai.

L'eau peut être dosée dans l'opium, à la manière ordinaire, par la
perte de poids subie pendant la dessiccation à 100°.

1775. DOSAGE DE LA QUININE DANS UN QUINQUINA. — La meilleure méthode analytique à suivre pour reconnaître la valeur d'un quinquina
destiné à l'extraction de la quinine, consiste à appliquer en petit à ce
quinquina les traitements en usage dans la fabrication. Toutefois, cette
pratique exige un poids assez important d'écorce et, pour les usages
ordinaires, il faut préférer des méthodes plus imparfaites, mais applicables aux faibles quantités. La suivante (M. Carlès) répond à ce dernier besoin.

On fait un échantillon moyen de l'écorce, de poids d'autant plus
considérable que le quinquina est en morceaux d'apparences plus diverses; on le pulvérise finement, on passe la poudre au tamis, on la
mêle avec soin et on en pèse une prise d'essai de 20 grammes. On éteint
de 10 à 12 grammes de chaux et on mélange l'hydrate pulvérulent
avec la prise d'essai, en ajoutant 40 grammes d'eau; on opère dans
une capsule en porcelaine un peu large, et on agite avec un petit pilon.
On dépose la capsule sur un bain-marie, et on la chauffe ainsi à l'air,
en agitant fréquemment, jusqu'à dessiccation complète du produit,
c'est-à-dire jusqu'à ce qu'il ne se condense plus trace de vapeur d'eau
sur un corps froid exposé immédiatement au-dessus de la matière.

Dans le mélange sec, les alcaloïdes ont été mis en liberté par la
chaux. On le pulvérise finement et on l'introduit dans une petite allonge
de verre (fig. 367), au-dessus d'un tampon de coton obturant l'orifice
inférieur. On tasse très légèrement la poudre, on la maintient avec un
second tampon de coton, placé au-dessus, et on fixe l'allonge dans la
position verticale, le tube qui la termine inférieurement étant engagé
dans un petit matras. On y verse assez de chloroforme pour imbiber
toute la poudre, on bouche l'orifice supérieur et on laisse en contact
pendant une demi-heure. On ajoute alors une nouvelle dose de chloroforme et on ferme l'ampoule par un bouchon portant une encoche longitudinale. Le chloroforme pénètre peu à peu dans la masse, déplaçant
celui qui imbibait la substance; celui-ci s'écoule chargé des alcaloïdes
qu'il a dissous. On continue la lixiviation jusqu'à épuisement de la

poudre, c'est-à-dire jusqu'à ce qu'en évaporant quelques gouttes du
chloroforme qui s'écoule, en reprenant le résidu par l'eau aiguisée
d'acide sulfurique, et en ajoutant à la liqueur de l'eau chlorée puis
de l'ammoniaque, il ne se produise plus de coloration verte. On verse
alors de l'eau dans l'allonge pour dépla-
cer le reste du chloroforme.

Les liqueurs chloroformiques réunies
sont introduites dans un petit appareil
distillatoire et distillées de manière à recueillir le chloroforme. Le résidu est constitué par un mélange d'alcaloïdes et de
matières résineuses. On le traite, dans le
vase où il s'est déposé, par 10 centimètres
cubes d'acide sulfurique au dixième, en
chauffant au bain-marie pendant quelque
temps. On verse le liquide-acide sur un
très petit filtre sans plis, en recueillant la
liqueur claire dans une petite capsule de
porcelaine; on chauffe de nouveau
le résidu avec quelques grammes
d'eau additionnée de 2 centimètres
cubes d'acide au dixième, et on
verse la seconde liqueur sur le
même filtre; on recueille enfin les
eaux de lavage du vase et du filtre.
Les liqueurs réunies, formant ensemble de 30 à 40 centimètres cubes, sont portées à l'ébullition, puis
additionnées d'ammoniaque, de façon à les saturer presque complè-

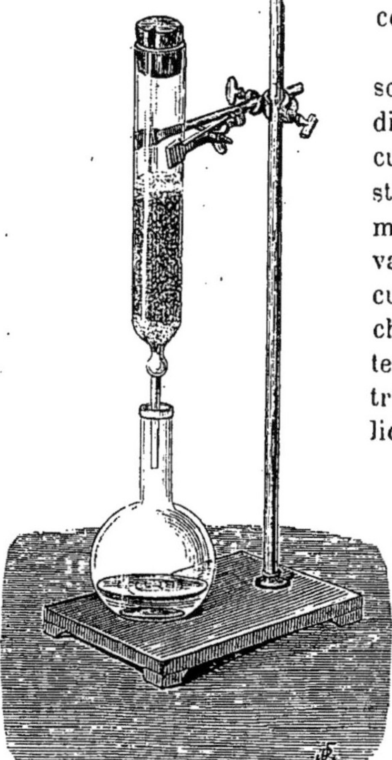

Fig. 367. — Dosage de la quinine.

tement, mais en leur laissant une réaction à peine acide au tournesol ;
on les abandonne enfin au refroidissement. Le sulfate de quinine basique
cristallise en une masse aiguillée, qui, avec les bons quinquinas, envahit toute l'eau mère. On brise les cristaux avec une baguette, on les
fait tomber sur un petit filtre sans plis, préalablement séché à 100° et
taré, on les entraîne complètement de la capsule sur le filtre par quelques gouttes d'eau, qui servent ensuite à laver le produit égoutté; enfin,
avec fort peu d'eau, on sépare les eaux mères ; ces dernières, étant
chargées de sulfate d'ammoniaque, retiennent peu de quinine. L'usage
de la trompe et du cône de platine (§ 353) facilite beaucoup le lavage ;
celui-ci doit être fait exactement, pour éliminer le sulfate d'ammoniaque, mais avec fort peu de dissolvant, le sulfate de quinine étant très
sensiblement soluble dans l'eau froide. On sèche le filtre à 100° et on
le pèse avec son contenu ; le poids trouvé, diminué de la tare du filtre,
donne le poids de sulfate de quinine sec fourni par 20 grammes d'écorce.

A 100° le sulfate de quinine basique ou officinal,

$$(C^{40}H^{24}Az^2O^4)^2,S^2H^2O^8 \text{ ou } (C^{20}H^{24}Az^2O^2)^2,SO^4H^2 = 746,$$

a perdu la totalité de son eau de cristallisation (§ 1443). Pour exprimer le résultat en sulfate de quinine cristallisé,

$$(C^{40}H^{24}Az^2O^4)^2,S^2H^2O^8 + 14HO \text{ ou } (C^{20}H^{24}Az^2O^2)^2,SO^4H^2 + 7H^2O = 872,$$

il suffit de multiplier le chiffre trouvé par le rapport $\frac{872}{746} = 1,1689$. Enfin s'il s'agit de l'exprimer en quinine $(2\,C^{40}H^{24}Az^2O^4 \text{ ou } 2\,C^{20}H^{24}Az^2O^2 = 648)$, on le multiplie par $\frac{648}{746} = 0,8686$.

En opérant comme il vient d'être dit avec certains quinquinas riches en cinchonidine, les quinquinas des Indes par exemple, le sulfate de cinchonidine cristallise partiellement avec le sulfate de quinine et fausse l'analyse. L'essai indiqué plus loin (§ 1775) renseigne aisément sur la présence de la cinchonidine dans le produit. Quant à la détermination des proportions du mélange des deux sulfates, on l'effectue en se servant du polarimètre.

1776. Essai du sulfate de quinine officinal. — La constance de composition que doit présenter le sulfate de quinine officinal exige que celui-ci ne soit pas chargé d'eau en excès, et d'autre part, qu'il n'ait pas perdu à l'air, en s'effleurissant, tout ou partie de son eau de cristallisation. En desséchant complètement à 100°, dans une capsule de porcelaine tarée, 1 gramme du sulfate de quinine à essayer, celui-ci doit laisser un résidu qui pèsera de $0^{gr},85$ à $0^{gr},88$, si le sulfate n'est pas *mouillé* d'eau en excès; lorsque le sel est *effleuri* notablement, le poids du résidu devient supérieur à $0^{gr},88$.

La présence, fréquente aujourd'hui, de la cinchonidine dans les sulfates de quinine commerciaux, et la solubilité de cette base dans l'éther, rendent tout à fait insuffisant l'essai fondé sur l'insolubilité dans l'éther des bases des quinquinas, autres que la quinine. L'essai suivant (Kerner) est préférable.

Il est fondé, d'une part, sur les différences de solubilité dans l'eau que présentent les sulfates des divers alcaloïdes des quinquinas, le sulfate de quinine étant de 7 à 10 fois moins soluble que les autres sulfates, et d'autre part sur des différences analogues relatives à la solubilité des bases libres dans l'eau ammoniacale.

Pour un essai qualificatif, on pèse 1 gramme de sulfate de quinine, on l'introduit dans un tube à essais bouché, avec 10 centimètres cubes d'eau, on agite vivement afin de mettre le sel en suspension dans le liquide et on plonge le tube, pendant une demi-heure, dans de l'eau à la température de 60°; on le refroidit ensuite en le maintenant dans un bain d'eau froide à 15°. On agite de temps en temps pendant la durée de ces opérations. On jette sur un très petit filtre, que l'on exprime finalement avec une baguette aplatie, pour faire sortir la quantité relativement grande de liquide que retient la matière toujours volumineuse. Avec une pipette jaugée, on prélève 5 centimètres cubes de liqueur claire, qu'on laisse tomber dans un tube à essais et qu'on additionne de 7 centimètres cubes exactement mesurés d'ammoniaque (D vérifiée = 0,96). On agite. Quand le sulfate de quinine est pur des autres alcaloïdes du quinquina, le mélange reste limpide, même après douze heures de repos; quand il renferme au delà de 2 ou 3 centièmes de sulfate de cinchonidine, ou une proportion moindre des autres sulfates, le mélange se trouble. On remarquera que le sulfate de quinine essayé reste intact, presque tout entier, sur le filtre. Comme il est très volumineux et retient beaucoup d'eau; il est plus commode d'en extraire le liquide par succion au moyen d'une trompe (§ 354); on recueille ainsi rapidement la quantité de liquide nécessaire à l'essai.

Les circonstances de température, de volume, de concentration de l'ammoniaque, doivent être observées avec soin.

Il est à remarquer qu'un sulfate de quinine de pureté acceptable mais effleuri à l'air, soumis à l'épreuve précédente, pourrait être trouvé d'une pureté insuffisante; la liqueur aqueuse préparée serait, en effet, chargée d'une quantité d'impuretés correspondant non pas à 1 gramme de sel officinal mais à une quantité qui était, en réalité, supérieure à 1 gramme avant de s'être effleurie. Dans le cas de l'essai d'un sel reconnu effleuri, on aurait donc à diminuer la prise d'essai de façon à corriger cette cause d'erreur; on dessécherait complètemènt l'échantillon et on opérerait sur 0^{gr},8515 au lieu de 1 gramme, le sel hydraté contenant 85,15 p. 100 de sel sec.

Un autre essai indiquant simultanément la présence de la cinchonidine peut être pratiqué avec la solution aqueuse préparée pour l'essai de Kerner : 5 centimètres cubes de cette solution, mesurés exactement et évaporés à siccité à 100°, dans une capsule de porcelaine tarée, jusqu'à constance de poids de la capsule chargée du résidu de l'évaporation, permettent de calculer par différence le poids de ce résidu. Or ce poids est d'autant plus considérable que les sels étrangers solubles sont plus abondants dans le sulfate de quinine essayé. Un sulfate officinal de pureté convenable ne doit pas donner ainsi plus de 0^{gr},012 de résidu.

Un troisième mode d'essai (M. de Vrij) est fondé sur la très faible solubilité du chromate de quinine rapprochée de la solubilité beaucoup plus grande des chromates des alcaloïdes qui souillent le plus souvent le sulfate de quinine. On dissout 2 grammes de sulfate de quinine dans 80 centimètres cubes d'eau bouillante, on ajoute 10 centimètres cubes de solution de chromate neutre de potasse au dixième, on agite et on laisse refroidir. Le chromate de quinine se dépose. On filtre. Quand le sulfate de quinine est tout à fait pur, l'eau mère est tellement peu chargée de quinine qu'elle ne se trouble pas lorsqu'on l'alcalinise par un peu de soude; elle reste limpide même après ébullition. Le chromate de cinchonidine est au contraire assez soluble pour qu'un sulfate de quinine, chargé seulement de 1 centième de ce sel, fournisse par un traitement pareil une eau-mère qui se trouble très nettement par la soude et même donne un léger dépôt de cinchonidine après ébullition de la liqueur alcaline.

Le sulfate de quinine officinal est combustible sans résidu (*matières minérales fixes*); il ne se colore pas sensiblement au contact de l'acide sulfurique pur et concentré (*matières organiques diverses, sucres, glucosides*); il se dissout sans résidu dans l'acide sulfurique au dixième (*acides gras, amidon*), ainsi que dans un mélange de 2 volumes de chloroforme avec 1 volume d'alcool à 95 centièmes (*sels minéraux*). Sa dissolution aqueuse ne précipite pas l'azotate d'argent (*chlorures*); chauffée avec la soude, elle ne dégage pas de vapeurs alcalines d'ammoniaque (*sels ammoniacaux*).

VI. — VINS.

1777. Les composants, qu'il importe surtout de doser dans un vin, sont l'alcool, l'extrait, les cendres, les acides libres, le tartre et la glucose. On doit aussi évaluer dans quelles limites le vin a pu être plâtré.

Alcool. — Dans un mélange d'eau et d'alcool, un alcoomètre et un thermomètre suffisent pour la détermination de la teneur du mélange en alcool (voy. *Alcoométrie*, § 1240). Les principes qui, mélangés à l'alcool et à l'eau, constituent le vin, ne permettent pas de procéder aussi simplement quand il s'agit de ce dernier : il est alors nécessaire de séparer, par distillation, l'alcool des substances non volatiles qui l'accompagnent (Gay-Lussac).

On se sert d'un appareil distillatoire quelconque (fig. 118, § 222, ou bien fig. 119, § 223, ou bien encore fig. 120, § 224), en ayant soin d'assurer la condensation complète de l'alcool par une réfrigération active de l'appareil de condensation. On introduit dans cet appareil un volume mesuré vers 15° du vin à analyser, 200 centimètres cubes par exemple, on lave le vase mesureur et on ajoute l'eau de lavage au vin, puis on distille. L'alcool est entraîné au commencement de la distillation ; l'expérience a montré que pour les vins ordinaires, il a distillé tout entier avec le premier tiers de la liqueur, tandis qu'avec les vins très alcooliques il est nécessaire de pousser la distillation jusqu'à la moitié du volume primitif. Avec un réfrigérant de Liebig ou un serpentin, il est commode de recueillir directement le liquide condensé dans un ballon jaugé de 200 centimètres cubes, lequel servira pour fixer le volume de liquide distillé ; on a soin de faire écouler le liquide sur la paroi pour éviter les pertes d'alcool par évaporation. On arrête la distillation dès qu'on a recueilli un volume suffisant. On ajoute de l'eau à la liqueur jusqu'à rétablir le volume du vin employé, soit 200 centimètres cubes dans l'exemple choisi ; on mêle avec soin et, transvasant le mélange dans une éprouvette à pied, on prend simultanément la température et le degré alcoométrique du mélange. Étant donné son mode de préparation, le mélange d'eau et d'alcool ainsi obtenu a évidemment la même teneur en alcool que le vin qui l'a fourni. Cette teneur est donnée par les tables de Gay-Lussac (§ 1241).

Il est encore préférable de former avec le liquide distillé 100 centimètres cubes seulement de liqueur alcoolique, de déterminer, comme il vient d'être dit, la force réelle du liquide obtenu, puis de diviser le résultat par 2 ; on a ainsi plus de sensibilité.

On atteint une plus grande exactitude en déterminant le volume et la force réelle de la liqueur alcoolique distillée, à la même température à laquelle le vin a été mesuré ; par exemple, les deux liquides peuvent être refroidis dans un bain d'eau constamment renouvelé.

En soumettant le liquide distillé à une seconde distillation, après addition de 50 centimètres cubes d'eau de chaux et de 50 centimètres cubes d'eau, on fixe les acides volatils du vin, et on supprime la légère erreur qu'ils occasionnent. La mesure du degré alcoométrique se fait ensuite comme dans le cas précédent, en complétant un volume de 100 ou 200 centimètres cubes (M. Pasteur). L'influence des acides devient surtout importante avec les vins aigris ; ces derniers doivent être saturés par le carbonate de potasse avant d'être distillés.

1778. *Extrait.* — Avec une pipette jaugée, on mesure 25 centimètres cubes de vin, et on les introduit dans une petite capsule de platine de forme très basse, ou dans une capsule de porcelaine à fond plat, préalablement tarées. On chauffe la capsule sur un bain-marie à niveau constant, son fond touchant la surface du bain. L'évaporation s'effectue ainsi au voisinage de 100° ; elle est cependant longue à terminer, et il faut de six à sept heures pour que la capsule, essuyée puis refroidie dans un vase à dessécher, ne varie plus de poids. Ce résultat atteint, une pesée donne le poids de l'extrait fourni par les 25 centimètres cubes de vin ; le chiffre obtenu multiplié par 40 fait connaître le poids d'extrait sec rapporté au litre.

Pour les vins très chargés, il est préférable de n'opérer que sur 10 centimètres cubes.

1779. *Cendres.* — Quand on a opéré le dosage de l'extrait dans une capsule de platine, la même expérience peut être continuée pour avoir le poids des cendres. On chauffe d'abord modérément la capsule, afin de volatiliser la glycérine, puis on fait agir la flamme d'un brûleur de Bunsen, pour décomposer lentement les matières organiques ; enfin on incinère, soit avec le même brûleur (§ 203), soit, et mieux encore, dans un fourneau à moufle (§ 207). Dans les deux cas, le point important est d'opérer l'incinération au rouge sombre, pour éviter de fondre les cendres, ce qui empêcherait de terminer aisément la combustion du charbon. On laisse refroidir dans un vase à dessécher et on pèse. Le poids de cendres trouvé, multiplié par 40, donne la quantité de cendres fournies par un litre de vin.

Les cendres des vins naturels, ou faiblement plâtrés, font effervescence quand on les arrose de quelques gouttes d'acide azotique ; il n'en est pas de même pour celles d'un vin fortement plâtré.

1780. *Acidité.* — On entend par acidité l'ensemble des acides non saturés que contient le vin. On l'évalue d'ordinaire en acide sulfurique ($S^2H^2O^8$ ou SO^4H^2). Pour la déterminer, on mesure 10 centimètres cubes de vin, on les verse dans un vase à précipiter de 3/4 de litre, et on ajoute de 200 à 400 centimètres cubes d'eau, c'est-à-dire un volume d'autant plus grand que le vin est plus fortement coloré. On laisse tomber dans le mélange un nombre de gouttes déterminé de solution de phtaléine du phénol, qu'une expérience préalable a montré suffisant pour colorer nettement 1/2 litre d'eau légèrement alcalinisée. On titre alors les acides libres, au moyen d'une solution alcaline titrée, en s'arrêtant au moment où une goutte de cette solution fait apparaître la coloration rose de la phtaléine. La matière colorante du vin est en trop petite proportion dans la liqueur diluée, pour masquer le virage de l'indicateur.

On diminue le volume de solution alcaline trouvé, de celui qu'une expérience préalable a montré être nécessaire pour rougir un volume d'eau égal à celui employé, additionné du même nombre de gouttes de la solution de phtaléine. Le titre de la dissolution alcaline étant connu, on calcule comme à l'ordinaire (§ 1604) le poids de $S^2H^2O^8$ ou SO^4H^2 correspondant au volume corrigé de la liqueur alcalimétrique qui a été saturée.

La phtaléine est ici préférable au tournesol comme indicateur ; elle vire plus nettement, en présence des sels neutres à acides organiques.

1781. *Tartre.* — L'insolubilité du bitartrate de potasse dans l'alcool éthéré permet de doser ce sel dans le vin (MM. Berthelot et de Fleurieu).

Dans un petit matras, on place 20 centimètres cubes de vin à analyser et 80 centimètres cubes d'un mélange à volumes égaux d'éther pur et d'alcool absolu ; on bouche le matras, on l'agite et on l'abandonne pendant quarante-huit heures. Le bitartrate de potasse est précipité. On décante le liquide sur un petit filtre sans plis, on lave le sel par décantation avec le moins possible du mélange d'éther et d'alcool à volumes égaux, en versant les liquides de lavage sur le filtre. Lorsque la liqueur filtrée est neutre au tournesol, on enlève le filtre de l'entonnoir et on l'introduit avec son contenu dans le matras, où l'on a laissé la plus grande partie du bitartrate de potasse, puis on verse dans le matras 20 centimètres cubes d'eau distillée ; le sel se dissout et, sur la liqueur colorée par du tournesol, en se servant d'une solution de potasse ou de baryte étendue et titrée (décime), on fait le dosage alcalimétrique du bitartrate. La réaction colorée est plus nette encore quand on se sert de la phtaléine du phénol comme indicateur.

Soit P le poids de la potasse (KO,HO ou $KOH = 56$) neutralisée par le bitartrate de potasse ($C^8H^5KO^{12}$ ou $C^4H^5KO^6 = 188$) contenu dans 20 centimètres cubes de vin ; soit x le poids de bitartrate à déterminer. On a $\frac{x}{P} = \frac{188}{56}$, et par suite $x = P \frac{188}{56} = P \times 3,3571$. En titrant par l'eau de baryte (BaO,HO ou $\frac{1}{2} BaO^2H^2 = 85,5$), on aurait $x = P \frac{188}{85,5}$, ou $x = P \times 2,1988$. Enfin le poids de tartre contenu dans 1 litre de vin est égal à 50 x.

Lorsque le vin a été plâtré, ce qui l'a fortement chargé de chaux, il faut éliminer préalablement cette dernière, qui passerait en partie dans le précipité : opérant sur un volume déterminé de vin, on l'additionne d'un peu d'acétate de soude, puis d'oxalate d'ammoniaque ; on sépare l'oxalate de chaux par filtration, et en évaporant on ramène le liquide au volume de vin traité.

L'*acide tartrique total* (acide libre et acide à l'état de tartrate acide) se dose en ajoutant à 20 centimètres cubes de vin 2 ou 3 centigrammes d'acétate de potasse, quantité suffisante pour que l'alcali qu'elle renferme sature l'acide tartrique libre, puis en opérant, comme précédemment, la précipitation du bitartrate de potasse par l'éther et l'alcool, et faisant le dosage acidimétrique.

La différence entre le résultat de ce dosage et celui du précédent est le poids de bitartrate de potasse qui équivaut à l'acide tartrique libre. Ce poids multiplié par le rapport $\frac{150}{188} = 0,7979$, donne celui de l'acide tartrique libre ($C^8H^6O^{12}$ ou $C^4H^6O^6 = 150$).

1782. Glucose. — Le sucre contenu dans le vin se dose au moyen du réactif cupro-potassique, préalablement titré par rapport à la glucose (§ 1766).

On commence par décolorer le vin. On en mesure 100 centimètres cubes, on y verse goutte à goutte du carbonate de soude dilué, jusqu'à ce que la teinte rouge passe au violet, mais en évitant un excès de réactif. On ajoute ensuite 10 grammes de noir animal lavé (§ 753), et on concentre par l'ébullition jusqu'à 50 centimètres cubes. On verse sur un filtre sans plis, on lave à l'eau distillée bouillante le noir animal, le matras et le filtre, puis, en diluant le liquide filtré, on complète exactement 100 centimètres cubes, c'est-à-dire le volume primitif.

Sur le vin ainsi préparé, on opère à la manière ordinaire (§ 1766) le dosage de la glucose. Le chiffre trouvé, multiplié par 10, donne le poids de la glucose contenue dans 1 litre de vin.

Le noir fixe toujours une petite proportion de glucose et tend à rendre le résultat un peu faible; mais la présence dans le vin de matières réductrices autres que la glucose, fausse plus fortement en sens contraire le poids de glucose trouvé.

1783. Plâtrage. — Les vins plâtrés sont des vins trop riches à l'origine en tartrate acide de potasse, que l'on a additionnés de plâtre au commencement de leur fabrication: il s'est formé du sulfate de potasse, tandis que la moitié de l'acide tartrique du vin a été éliminée à l'état de tartrate de chaux insoluble. On exprime d'ordinaire le plâtrage des vins par la quantité de sulfate de potasse qui correspond à l'acide sulfurique qu'ils renferment.

On dose cet acide sulfurique en le précipitant sous forme de sulfate de baryte (§ 1625) : 1 équivalent de sulfate de baryte ($1/2\,S^2Ba^2O^8$ ou $1/2\,SO^4Ba = 116,5$) correspondant à 1 équivalent de sulfate de potasse ($1/2\,S^2K^2O^8$ ou $1/2\,SO^4K^2 = 87$), le poids de sulfate de baryte trouvé, multiplié par le rapport $\frac{87}{116,5} = 0,7468$, donne le poids du sulfate de potasse contenu dans la prise d'essai.

Le ministère du commerce ayant fixé à 2 grammes de sulfate de potassium par litre la limite au delà de laquelle le plâtrage des vins cesse d'être toléré, le problème qui se pose le plus souvent consiste à reconnaître si cette limite est dépassée. L'essai suivant permet de le résoudre. On prépare une solution contenant par litre $4^{gr},781$ de chlorure de baryum sec et pur, ainsi que 10 centimètres cubes d'acide chlorhydrique pur; 10 centimètres cubes de cette solution correspondent à $0^{gr},04$ de sulfate de potasse sec, c'est-à-dire à la quantité maxima de sulfate de potasse que 20 centimètres cubes de vin peuvent contenir sans que la limite du plâtrage soit dépassée. Si donc on ajoute 10 centimètres cubes de cette liqueur à 20 centimètres cubes du vin à essayer, si on mélange et si on filtre, le liquide clair ne se troublera par addition de chlorure de baryum que si la limite est dépassée.

1784. *Acide salicylique.* — Pour rechercher la présence de l'acide salicylique, on introduit environ 50 centimètres cubes de vin dans un flacon avec 1 ou 2 gouttes d'acide chlorhydrique, afin de mettre l'acide salicylique en liberté; on ajoute 25 centimètres cubes d'éther, on bouche le flacon et on l'agite vivement : l'éther s'empare de l'acide salicylique. Après repos, on décante, au moyen d'une pipette, la liqueur aqueuse, et on lave le dissolvant à deux reprises par agitation avec de l'eau; on verse le dissolvant volatil dans une capsule de porcelaine, et on le laisse s'évaporer spontanément, à l'abri du feu. On chasse les dernières traces en chauffant la capsule sur un bain-marie pendant quelques instants, puis on ajoute une goutte de perchlorure de fer très dilué et dépourvu d'acide libre; la présence de l'acide salicylique est dénoncée par le développement de la belle coloration violette du salicylate ferrique. Le chloroforme peut être substitué avec avantage à l'éther.

VII. — LAIT.

1785. Les composants du lait dont il importe le plus de connaître la proportion pour apprécier sa qualité, sont le beurre, la caséine, le sucre de lait, l'extrait sec et les cendres.

La détermination de la densité et celle de la quantité de crème que le lait fournit intéressent encore au même point de vue. Enfin l'examen microscopique permet d'observer la présence dans le lait des globules de pus ou de sang, des microbes dont il peut être ensemencé, des matières étrangères insolubles, etc.

La *densité* se mesure au moyen d'un aréomètre très sensible, à échelle partielle, donnant les densités comprises entre 1,014 et 1,042, limites ordinaires des densités des laits normaux. Avant de mesurer la densité à la manière accoutumée, on doit agiter le lait avec soin pour le rendre homogène. Il est indispensable enfin de tenir compte de la température. La densité est généralement proportionnelle à la quantité d'extrait sec que fournit le lait. Le lait écrémé est plus dense que le lait non écrémé. La densité moyenne du lait de vache est 1,032.

La *crème* se sépare quand le lait est abandonné au repos à la température ordinaire. L'épaisseur de la couche de crème ainsi séparée s'accroît avec la richesse du lait en beurre : c'est par la mesure de cette épaisseur, dans des conditions données, que l'on apprécie la quantité de crème. Le *crémomètre* de Chevalier, que l'on emploie dans ce but, est une éprouvette de 38 millimètres de diamètre, divisée en 100 parties égales, le trait supérieur, marqué 0, étant à 14 centimètres du fond. On mélange avec soin le lait à essayer, on en garnit le crémomètre jusqu'au trait 0, et on abandonne au repos pendant vingt-quatre heures. On lit alors à quelle division correspond inférieurement la couche de crème qui s'est séparée. On admet que le chiffre trouvé donne en centièmes la teneur en crème.

Un bon lait de vache fournit ainsi de 9 à 14 centièmes de crème.

La crème ne se sépare pas nettement du lait bouilli.

1786. Dosage du beurre. — 1° *Procédé de M. E. Marchand*. — Ce mode de dosage est basé sur la faible solubilité du beurre dans un mélange formé de lait alcalinisé, d'alcool ou d'éther. On y fait usage d'un instrument particulier, le *lactobutyromètre*.

Ce dernier consiste en un tube de verre (fig. 368), ouvert en T, fermé en T', de 10 à 11 millimètres de diamètre et de 38 à 40 centimètres

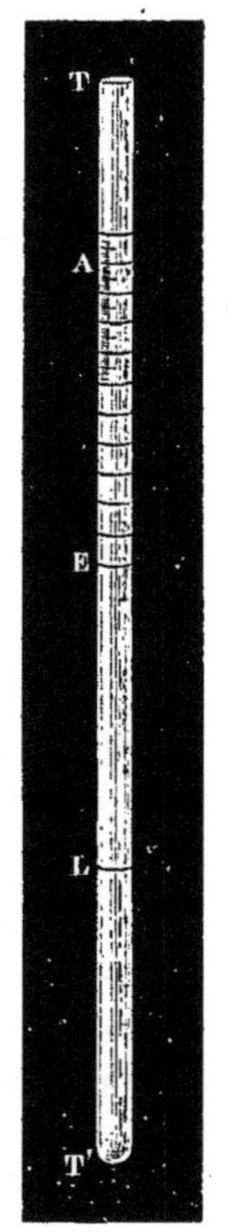

Fig. 368. — Lacto-
butyromètre.

cubes de capacité. La graduation comporte trois traits marqués L, E, A, qui correspondent à 10, 20 30 centimètres cubes de capacité ; de plus l'espace EA étant divisé en 20 parties égales, on a marqué sur l'instrument, au delà de A, une division de capacité égale à celle de chacune des 10 divisions précédentes, c'est-à-dire de 1 centimètre cube ; enfin les 5 divisions les plus rapprochées de l'ouverture T ont été partagées par des traits en 10 parties égales, soit en dixièmes de centimètre cube.

On rend homogène par l'agitation le lait à analyser, et on en verse dans l'instrument jusqu'au trait L, soit 10 centimètres cubes ; on ajoute 1 goutte de lessive de soude caustique (D=1,332 ou 36 degrés Baumé, *lessive des savonniers*), ou 2 gouttes si le lait possède une réaction acide, mais non davantage, puis de l'éther (D=0,734 à 15°, éther dit *à 62 degrés*) jusqu'au trait E. On bouche l'instrument et on agite pour saturer le lait d'éther. On achève alors de remplir le lactobutyromètre jusqu'au trait A avec de l'alcool à 86 centièmes, sans s'inquiéter de la contraction qui a pu s'opérer. On bouche de nouveau et on agite avec soin, pendant un temps suffisant pour mélanger très exactement. Le contenu du tube est ainsi rendu homogène et ne conserve qu'une légère opalescence ; il ne doit pas s'y séparer de flocons blancs albuminocaséeux. On plonge le tube fermé dans un bain d'eau à la température de 40° et on l'y abandonne dans la position verticale, jusqu'à ce que la couche oléagineuse, qui se réunit à la surface, n'augmente plus de volume ; cela exige une dizaine de minutes. Il ne reste plus qu'à lire sur l'échelle graduée le nombre n des petites divisions (dixièmes de centimètre cube) occupées par la matière grasse. On fait cette lecture de bas en haut, en prenant comme repère supérieur le plan horizontal, tangent au ménisque qui termine la couche butyreuse.

Le produit huileux ainsi séparé n'est pas du beurre, mais un mélange de beurre et d'éther, dont la composition est constante, quand on opère sans s'écarter des prescriptions faites plus haut. L'expérience a établi que, à 40°, chaque dixième de centimètre cube de ce mélange contient 0^{gr},0233 de beurre ; $n \times 0,0233$ est donc le poids du beurre séparé ;.

mais d'autre part, l'expérience a établi également que la liqueur de laquelle le mélange s'est séparé, liqueur dont la composition et le volume sont sensiblement fixes, retient un poids de beurre constant et égal à $0^{gr},126$. Le poids du beurre contenu dans les 10 centimètres cubes de lait est donc $0^{gr},126 + n\, 0,0233$; par suite le poids p de beurre renfermé dans 1 litre de lait est $p = (0^{gr},126 + n\, 0,0233)100$, c'est-à-dire $p = 12^{gr},6 + n \times 2,33$.

On voit de suite que le lait doit contenir par litre $12^{gr},6$ de beurre avant qu'il donne une couche huileuse dans l'instrument; mais un lait aussi pauvre en beurre n'est pas acceptable pour la consommation. La teneur moyenne du lait de vache en beurre est voisine de 40 grammes par litre.

1787. 2° *Procédé de M. Adam.* — Par cette méthode, on isole le beurre et on le pèse.

On prépare d'abord les liqueurs suivantes :

Alcool ammoniacal : Dans une carafe jaugée de 1 litre, verser 833 centimètres cubes d'alcool à 90 centièmes, puis 30 centimètres cubes d'ammoniaque $(D = 0,925)$, et compléter avec de l'eau le volume de 1 litre.

Acide acétique à 15 pour 100 : Mesurer 150 centimètres cubes d'acide acétique cristallisable, et les étendre d'eau distillée jusqu'au volume de 1 litre.

Liqueur normale : Mélanger 100 volumes d'alcool ammoniacal avec 110 volumes d'éther pur, lavé à l'eau.

On opère dans une sorte d'ampoule à robinet (fig. 369), de 50 à 60 centimètres cubes de capacité. On mesure avec une pipette jaugée 10 centimètres cubes de lait et, après avoir fermé le robinet de l'ampoule, on les laisse tomber dans celle-ci. Au moyen d'une burette, on verse dans l'ampoule 22 centimètres cubes de liqueur normale; on bouche solidement l'orifice supérieur A, et on agite en faisant basculer l'appareil un certain nombre de fois. Le mélange devient rapidement translucide. On suspend alors l'ampoule dans la position verticale et on la laisse immobile. Après cinq à dix minutes, son contenu s'est séparé en deux couches : l'une *mn*, supérieure et limpide, contenant le beurre ; l'autre R*m*, inférieure et opaline, conte-

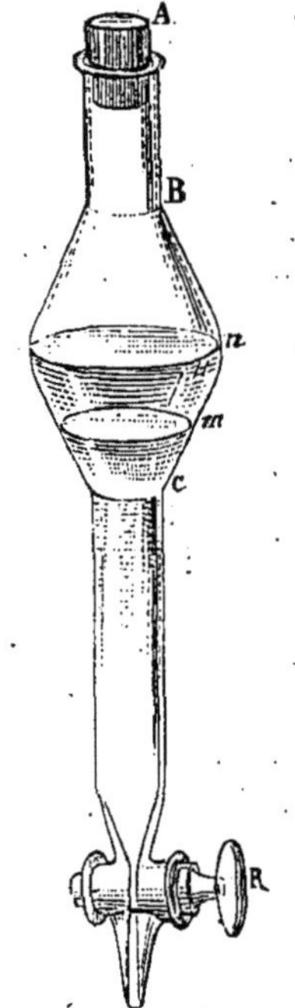

Fig. 369. — Ampoule à robinet pour le dosage du beurre.

nant tous les autres principes du lait. Soulevant le bouchon A et entr'ouvrant le robinet R, on laisse écouler presque complètement la couche opaline dans un vase jaugé de 100 centimètres cubes ; on roule rapidement l'appareil autour de son axe, on lui donne quelques secousses et on l'abandonne de nouveau au repos. On décante par le robinet R la nouvelle couche opaline qui s'est formée, et on recommence plusieurs fois les mêmes manœuvres. Enlevant ensuite le bouchon A, on verse dans l'ampoule une vingtaine de centimètres cubes d'eau, en les laissant glisser sur la paroi de verre, pour entraîner la liqueur opaline qui y adhère. Après un nouveau repos, on enlève cette seconde liqueur aqueuse comme la première, à laquelle on la réunit; toutes deux serviront au dosage de la caséine et des autres principes (§ 1789). Quant à la solution éthéro-alcoolique de beurre, on la fait écouler dans une capsule de porcelaine tarée; par des lavages pratiqués avec peu d'éther, on entraîne ce qui est resté sur les parois de l'ampoule, et on réunit la totalité du beurre et des dissolvants dans la capsule. On évapore le contenu de celle-ci, d'abord à l'air libre, de façon à n'avoir pas à craindre la combustion des vapeurs d'éther, puis au bain-marie pour chasser les dernières traces; on a soin d'éviter toute ébullition, qui causerait des pertes par projection. Quand la capsule n'exhale plus aucune odeur éthérée ou ammoniacale, on la pèse : le poids trouvé, diminué de la tare de la capsule, est le poids du beurre fourni par 10 centimètres cubes de lait. Le résultat rapporté au litre est donc 100 fois plus grand.

1788. DOSAGE DE LA CASÉINE, DE L'ALBUMINE ET DU SUCRE DE LAIT. — 1° *Procédé ordinaire*. — On mesure à la pipette jaugée 20 centimètres cubes de lait, on les dilue jusqu'à 100 centimètres cubes, on ajoute 10 gouttes d'acide acétique cristallisable, on agite et on laisse déposer. L'acide coagule la caséine et celle-ci se sépare entraînant le beurre. On verse le tout sur un petit filtre sans plis, séché à 100° et taré; le petit-lait traverse le filtre. On entraîne tout le coagulum sur le filtre avec de l'eau distillée, et on lave le filtre avec son contenu, en réunissant les eaux de lavage au petit-lait. On sèche le filtre sans le sortir de l'entonnoir, puis on l'épuise à l'éther jusqu'à élimination complète de la matière grasse. Cette dernière pourrait d'ailleurs être dosée par évaporation de la solution éthérée et fixation du poids du résidu. Après épuisement, on sèche le filtre à 100° et on le pèse ; en diminuant le poids trouvé de la tare du papier, on a le poids de la *caséine* contenue dans 20 centimètres cubes de lait; en multipliant ce dernier poids par 50, on rapporte le résultat au litre. La teneur moyenne du lait de vache en caséine est 43 grammes par litre.

Le petit-lait et les eaux de lavage, recueillis lors du dosage de la caséine, ont été reçus dans un vase à précipitations chaudes. On porte à l'ébullition, que l'on maintient pendant une minute environ : l'*albumine* se coagule. On laisse déposer pendant quelques instants. On décante le liquide sur un filtre sans plis, préalablement séché à 100° et pesé, puis on y verse l'albumine coagulée elle-même. On lave le vase à l'eau distillée, en faisant passer sur le filtre toute la matière insoluble, puis on achève le lavage de l'albumine avec de l'alcool faible. On sèche le filtre à 100° et on le pèse. Le poids d'albumine trouvé, déduction faite de la tare du filtre, étant multiplié par 50, donne la quantité de ce corps existant dans 1 litre de lait. Il y a généralement de 3 à 11 grammes d'albumine dans 1 litre de lait de vache.

On évapore au bain-marie toutes les liqueurs provenant du traitement précédent, et, après refroidissement, on en forme exactement 200 centimètres cubes. Opérant avec cette solution comme il a été dit pour le dosage du sucre de lait, sur 10 centimètres cubes de réactif cupro-potassique (§ 1771), et tenant compte dans les calculs de ce fait que les 200 centimètres cubes de liqueur représentent 20 centimètres cubes de lait, on détermine la proportion du sucre de lait. Cette proportion est, en moyenne, de 45 grammes par litre, dans le lait de vache.

Le dosage peut être fait directement avec le lait non traité ; dans ce cas, il est nécessaire de le diluer au cinquième.

1789. 2° *Procédé de M. Adam*. — Le liquide opalin, séparé de la solution éthéro-alcoolique de beurre (§ 1787), et réuni aux eaux de lavage de cette solution, est additionné de 2 centimètres cubes d'acide acétique à 15 pour 100, puis dilué jusqu'au volume de 100 centimètres cubes, et agité. Peu à peu la caséine, coagulée par l'acide acétique, se sépare. On verse le tout sur un petit filtre sans plis, séché à 100° et pesé ; on entraîne, par de l'eau distillée, tout le coagulum sur le filtre et on le lave à l'eau, jusqu'à élimination complète du petit-lait ; on récolte séparément celui-ci et les eaux de lavage.

La caséine étant bien lavée, on enlève le filtre de l'entonnoir, on l'étale replié en deux sur du papier buvard, on l'aplatit pour disposer la matière en couche mince, c'est-à-dire sous une forme propre à favoriser la dessiccation, on sèche à 100° et on pèse. Le poids de la caséine, obtenu en tenant compte de la tare du filtre, correspond à 10 centimètres cubes de lait ; on le multiplie par 100 pour le rapporter au litre. Dans ce traitement, la matière grasse ayant été éliminée avant la coagulation, il n'y a pas lieu de s'en occuper.

Enfin, le lactose est dosé au moyen du réactif cupro-potassique (§ 1771), dans le petit-lait séparé tout d'abord de la caséine coagulée, et recueilli sans mélange avec les eaux de lavage. On admet que 100 centimètres cubes de cette liqueur correspondent à 10 centimètres cubes de lait ; cela n'est pas tout à fait exact, le volume de la caséine coagulée ayant été compté dans les 100 centimètres cubes.

1790. Extrait sec. — On désigne ainsi la somme des substances non volatilisables au-dessous de 100°. Avec une pipette jaugée, on mesure exactement 10 centimètres cubes de lait, et on les laisse écouler dans une capsule de porcelaine ou de platine, à fond large, préalablement tarée. On chauffe la capsule sur un bain-marie, pour chasser la plus grande partie de l'eau, et on poursuit la dessiccation à l'étuve, jusqu'à poids constant. Il est nécessaire que la température de l'étuve reste inférieure à 100° (95° environ) pour éviter l'altération et la coloration du résidu. Le chiffre de la dernière pesée, diminué de la tare de la capsule, puis multiplié par 100, donne le poids d'extrait sec fourni par 1 litre de lait.

On admet généralement que le lait de vache normal donne, en moyenne, 130 grammes d'extrait sec par litre.

1791. CENDRES. — L'extrait sec, préparé dans une capsule de platine, peut être ensuite incinéré. On chauffe doucement d'abord, pour carboniser la matière organique, puis on incinère à la manière ordinaire, en ayant soin de ne pas dépasser le rouge sombre ; il faut, en effet, éviter la volatilisation du chlorure de sodium, qui se trouve en quantité notable dans les cendres, et aussi la fusion de ces dernières. Le résultat est d'ordinaire voisin de 7 grammes par litre.

VIII. — URINE.

1792. Les principaux corps dont il est nécessaire de s'occuper dans l'analyse des urines sont l'urée, les chlorures, les phosphates, l'acide urique, l'albumine, la glucose, les principes biliaires. Les quatre premiers corps existent normalement dans l'urine ; les autres sont des produits pathologiques.

1793. URÉE. — L'urine normale contient de 15 à 25 grammes d'urée par litre ; l'urine pathologique en contient des quantités très différentes, dont la détermination fournit au médecin un renseignement important.

La méthode de dosage la plus usitée est basée sur l'action exercée à froid sur l'urée par l'hypobromite de soude. Ce réactif a été indiqué en premier lieu pour cet usage par M. Knop, mais on avait employé auparavant, dans le même but, les hypochlorites qui agissent plus lentement (Wœhler). La réaction qu'il produit est, semble-t-il, la suivante :

$$C^2H^4Az^2O^2 \quad + \quad 3BrO,NaO \quad = \quad 3NaBr \quad + \quad 2H^2O^2 \quad + \quad C^2O^4 \quad + \quad 2Az ;$$

Urée.   Hypobromite   Bromure   Eau.   (4 vol.).   (4 vol.).
de soude.   de sodium.   Gaz   Azote.
carbonique.

$$C H^4 Az^2 O \quad + \quad 3BrONa \quad = \quad 3NaBr \quad + \quad 2H^2O \quad + \quad CO^2 \quad + \quad 2Az.$$

Cependant Lecomte a montré, en opérant avec l'hypochlorite de soude, que la décomposition ainsi formulée correspondrait à un dégagement de 37,3 centimètres cubes d'azote, à 0° et à la pression 0ᵐ,760, pour 1 décigramme d'urée, tandis qu'on en recueille seulement 34 centimètres cubes. Il en est de même quand on emploie l'hypobromite de soude, et c'est sur cette donnée expérimentale que l'on se fonde dans la pratique, en laissant de côté le chiffre théorique.

La solution d'hypobromite est employée à divers états de concentration. La formule suivante donne un réactif qui convient dans tous les cas : on mesure 170 centimètres cubes d'eau et 60 centimètres cubes de lessive de soude (D = 1,33, *lessive des savonniers*) ; on les mélange et on ajoute à la liqueur froide, en agitant, 7 centimètres cubes de brome.

Le liquide jaune obtenu contient de l'hypobromite, du bromure et du bromate; il s'altère spontanément, soit en dégageant de l'oxygène, soit en se chargeant progressivement de bromate. On peut cependant le conserver pendant un mois et plus, dans un flacon bouché à l'émeri, sans qu'il ait cessé de pouvoir être utilisé. La solution d'hypobromite étant fortement chargée d'alcali libre, ce dernier fixe le gaz carbonique formé, en même temps que l'azote, dans la réaction sur l'urée, de telle sorte que l'azote se dégage seul sous forme de gaz.

Quant aux appareils dans lesquels on opère la réaction de l'hypobromite de soude sur l'urine et le mesurage de l'azote dégagé, ils sont fort nombreux, d'autant plus nombreux que les différences qui les séparent portent bien souvent sur un détail sans importance. Nous parlerons seulement de deux d'entre eux.

1794. Uréomètre de M. Yvon. — Cet instrument, l'un des premiers en date, oblige à opérer sur la cuve à mercure, mais il permet d'atteindre un résultat d'une certaine précision. Il se compose d'un tube de verre (fig. 370), de 40 à 45 centimètres de longueur et de 10 à 11 millimètres de diamètre; il est partagé en deux parties par un robinet de verre R, situé à 10 centimètres environ de l'une des extrémités. Il porte deux graduations, en centimètres cubes et dixièmes de centimètre cube, qui partent toutes deux du robinet. On le manœuvre sur une cuve à mercure ABC, de forme spéciale, permettant d'enfoncer dans le mercure la

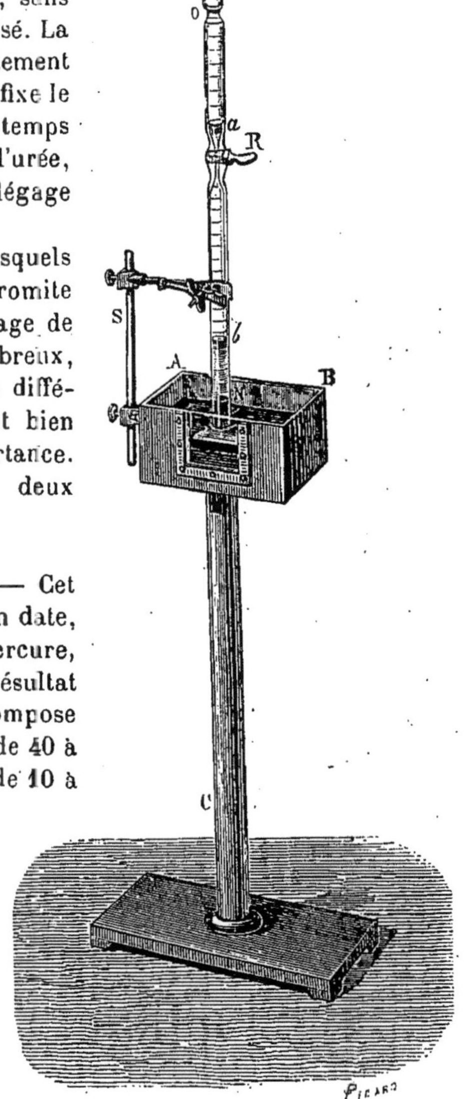

Fig. 370. — Uréomètre de M. Yvon.

plus longue partie de l'instrument, jusqu'au robinet R. Si l'on enfonce verticalement l'appareil dans la cuve, le robinet étant ouvert, le tube se remplit de mercure jusqu'au-dessus de R; et si, après avoir fermé le robinet, on soulève l'uréomètre, le compartiment inférieur reste garni de mercure, la totalité de l'air ayant été expulsée. Pour opérer, on introduit 1 centimètre cube d'urine dans le compartiment inférieur, préalablement garni de mercure. A cet effet, et dans le but de diminuer les erreurs de mesurage, on étend l'urine de 4 fois son volume d'eau ; on prend donc 20 centimètres cubes d'urine et on les dilue jusqu'à 100 centimètres cubes ; on introduit ensuite 5 centimètres cubes du mélange dans le compartiment supérieur RO. Soulevant un peu l'instrument, et ouvrant très doucement le robinet, on fait pénétrer le liquide dans la partie inférieure, la colonne mercurielle intérieure produisant une aspiration, que l'on augmente ou diminue en soulevant plus ou moins l'instrument. On fait passer tout le liquide à travers le robinet, mais on évite avec soin l'entraînement de l'air. On verse ensuite dans le compartiment supérieur, de manière à laver ses parois, 2 ou 3 centimètres cubes de lessive de soude diluée au dixième, et, par la même manœuvre que précédemment, on réunit ce second liquide au premier, dans le grand compartiment. On verse enfin en OR de l'hypobromite de soude ; on en fait passer 8 ou 9 centimètres cubes, c'est-à-dire un excès, dans l'espace contenant l'urine, et on ferme le robinet. La réaction se produit immédiatement et de l'azote se dégage ; ce gaz ne peut cependant s'échapper par le robinet ouvert, pendant le mouvement d'entrée de l'hypobromite, parce que, le niveau du mercure étant tenu plus élevé dans l'appareil que dans la cuve, la pression dans le compartiment inférieur est moindre que celle de l'atmosphère ; on aurait plutôt à craindre de laisser pénétrer de l'air par le robinet, si l'on n'avait eu soin de verser en OR plus de réactif qu'il n'en faut. Fermant exactement, avec le doigt et sous le mercure, l'orifice qui termine le bas de l'uréomètre, on enlève celui-ci de la cuve, on l'agite, ce qui mélange les liquides et termine la réaction, puis on le replace aussitôt dans sa position première. Si l'hypobromite a été employé en excès, ce qui est indispensable, le liquide aqueux reste coloré en jaune ; sinon, on doit introduire encore 1 ou 2 centimètres cubes d'hypobromite et agiter de nouveau.

L'opération terminée, on bouche avec le doigt l'orifice inférieur, et on transporte l'uréomètre sur une terrine pleine d'eau ; quand on enlève le doigt, le mercure et le liquide alcalin tombent au fond de la terrine, à cause de leurs fortes densités, et sont remplacés dans le tube RN par de l'eau. Il ne reste plus qu'à faire coïncider les niveaux de l'eau à l'intérieur et à l'extérieur, puis à lire le volume n occupé par l'azote.

Le volume n a été mesuré sur du gaz saturé d'humidité, à une température quelconque t, qu'on détermine en plongeant un thermomètre dans l'eau où s'opère le mesurage, et sous la pression barométrique actuelle H, qui peut également être mesurée ; il est nécessaire de ramener ce volume par le calcul à la température de 0° et à la pression de 760^{mm}, ainsi que de faire la correction de l'erreur due à l'intervention de la vapeur d'eau. Désignons par f la tension de la vapeur d'eau, donnée par les tables pour la température t (§ 1821); la pression à laquelle se trouvait l'azote lorsqu'on a mesuré n était $(H - f)$; le volume corrigé V sera donc $V = n \dfrac{1}{1 + 0,00367\,t} \times \dfrac{H - f}{760} = \dfrac{n(H - f)}{(1 + 0,00367\,t)\,760}$.

Comme on sait que le volume d'azote fourni par $0^{gr},1$ d'urée est 34 centimètres cubes (§ 1793) la proportion $\dfrac{34}{0,1} = \dfrac{V}{x}$, dans laquelle x est le poids en grammes de l'urée contenue dans 1 centimètre cube d'urine, donne $x = \dfrac{0,1\,V}{34}$. Par litre d'urine, le poids d'urée sera 1 000 fois plus grand, soit $\dfrac{100\,V}{34}$.

Il est possible de se dispenser de la détermination de la température et de la pression barométrique, ainsi que des calculs de correction, en exécutant dans les mêmes conditions une seconde expérience au moyen d'une solution titrée d'urée. Pour préparer celle-ci, on dissout dans l'eau 1 gramme d'urée pure et sèche, et on complète 500 centimètres cubes; on mesure à la pipette jaugée 5 centimètres cubes de cette liqueur, soit $0^{gr},01$ d'urée, et on opère sur eux comme on l'a indiqué plus haut pour l'urine. Soit k le volume d'azote trouvé dans les mêmes circonstances de température et de pression que pour l'urine. On a dès lors $\dfrac{k}{0,01} = \dfrac{n}{x}$, et par suite $x = \dfrac{n \times 0,01}{k}$. Le poids d'urée contenu dans 1 litre d'urine est donc $1\,000\,x = \dfrac{10n}{k}$.

En même temps que l'urée, l'urine renferme d'autres matières azotées qui dégagent de l'azote sous l'action de l'hypobromite de soude : la créatine, la créatinine et l'acide urique sont dans ce cas. Si donc on veut avoir un résultat exact, il faut éliminer ces différentes substances, qui, il est vrai, sont d'ordinaire peu abondantes. D'ailleurs, leur influence est en réalité plus faible que leur composition donnerait à le penser, parce que le dosage de l'urée par l'hypobromite est rapidement fait, tandis que les substances précitées ne dégagent leur azote qu'avec lenteur.

Lorsque de la glucose ou du sucre existent dans l'urine analysée, l'urée dégage par l'hypobromite la totalité de l'azote qu'elle renferme (Méhu). Ce fait curieux ne doit pas être perdu de vue dans une analyse de ce genre, les urines sucrées se rencontrant fréquemment. Il peut même être mis à profit. Si, en effet, au moment de faire un dosage, on ajoute à l'urine, dans l'instrument, 2 centimètres cubes d'une solution contenant 30 grammes de sucre pour 100 centimètres cubes, l'azote se dégage dans la proportion de $37^{cc},3$ par décigramme d'urée. C'est donc ce coefficient 37,3 et non le coefficient 34, que l'on doit alors faire intervenir dans les calculs. Ce mode opératoire a l'avantage d'être général et de s'appliquer à toutes les urines, qu'elles soient ou non sucrées.

1795. *Uréomètre de M. Régnard.* — La même méthode est appliquée le plus souvent aujourd'hui au moyen d'un autre appareil fort simple (fig. 371). Ce dernier consiste en une petite cloche graduée K, plongée dans une éprouvette à pied EF, jouant le rôle de cuve à eau. La cloche, dont la division marquée 0 est à une certaine distance du sommet, se termine vers celui-ci par un ajutage, qu'un tube de caoutchouc $c'c$ relie à un tube en U, à deux boules et de forme particulière DABC. En D le tube à deux boules est fermé par un bouchon de caoutchouc traversé par le tube à gaz auquel est fixé le caoutchouc cc' ; en C, il est fermé par un bouchon, que traverse une baguette de verre plein ; les deux boules, B et A, sont séparées l'une de l'autre par un tube relevé en col de cygne, dont la courbure empêche un liquide contenu dans l'une

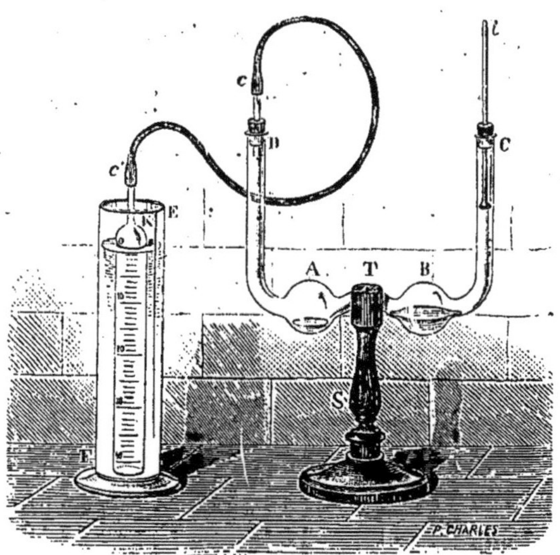

Fig. 371. — Uréomètre de M. Régnard.

des boules de se mélanger au liquide de l'autre, lorsque l'appareil est dans la position normale.

D et C étant ouverts, on verse de l'eau dans l'éprouvette jusqu'au niveau du 0 de la cloche ; on laisse tomber par D, dans la boule A, 2 centimètres cubes d'urine, exactement mesurés à la pipette jaugée, puis par C, dans la boule B, un excès d'hypobromite de soude, et on bouche avec soin les deux branches du tube. Cette dernière opération ayant quelque peu comprimé l'air dans l'appareil, en faisant glisser la baguette de verre dans le bouchon C, on rétablit la concordance des niveaux dans la cloche et dans l'éprouvette. On incline alors le tube DABC, de manière à faire écouler dans l'urine l'hypobromite qui passe par la branche recourbée. Une effervescence se produit, et le gaz arrivant dans la cloche, y fait baisser le niveau de l'eau. On agite le tube à boules pour favoriser la réaction. Il est nécessaire que, le dégagement gazeux ayant cessé, le mélange ait la couleur jaune qui dénonce un excès d'hypobromite ; sinon l'opération devrait être recommencée avec une plus grande quantité de réactif. On soulève la cloche jusqu'à rétablissement de l'égalité du niveau intérieur avec le niveau extérieur, et on lit le volume marqué par la division à laquelle se fixe ce niveau ; l'opération doit être faite en saisissant la tubulure de la cloche avec une pince en bois et non avec la main, qui échaufferait le gaz. Soit n le volume du gaz dégagé. Il est indispensable, pour calculer le résultat, de faire subir à ce volume les corrections de température, de pression et d'humidité, rapportées plus haut (§ 1794), ou de faire, dans les mêmes circonstances de température et de pression, une opération comparative avec une solution titrée d'urée.

1796. Chlorures et phosphates. — Le dosage du chlore dans l'urine ne peut être pratiqué directement par l'azotate d'argent, après acidulation à l'acide azotique, à cause des propriétés réductrices de certains principes qui s'y trouvent : l'argent réduit se mêlerait au chlorure. Un traitement préalable est nécessaire. On évapore 100 centimètres cubes d'urine ; quand ils sont ramenés à un petit volume, on fait passer le résidu dans une capsule de platine, on ajoute les eaux de lavage du premier vase, puis un peu de potasse caustique ; enfin on évapore et on incinère, en évitant de chauffer trop fortement. On reprend les cendres alcalines par l'eau, et, dans la liqueur filtrée, on dose le chlore par les méthodes habituelles (§ 1634 ou § 1635).

Lorsque l'urine est faiblement colorée, l'acide phosphorique peut y être dosé directement avec une liqueur titrée d'urane (§ 1644), en opérant sur 50 centimètres cubes d'urine, additionnés de 5 centimètres cubes d'acétate de soude. Quand, au contraire, la coloration est trop marquée, il faut isoler d'abord l'acide phosphorique, sous forme de phosphate ammoniaco-magnésien (§ 1643), puis peser le pyrophosphate de magnésie que fournit celui-ci ou le titrer à l'urane (§ 1644).

1797. Acide urique. — La présence de l'acide urique peut être caractérisée par la transformation de ce corps en *murexide*. On évapore à sec une certaine quantité d'urine, 20 ou 30 centimètres cubes, dans une capsule de porcelaine, on ajoute 12 à 15 gouttes d'acide azotique, puis autant d'eau, et on chauffe doucement. Il se produit une réaction vive. On dessèche le produit au bain-marie bouillant, en l'étalant sur les parois de la capsule ; il devient jaune clair, puis rougit un peu, surtout si l'on chauffe ensuite avec précaution à feu nu pour chasser les dernières traces d'acide. On fait tomber sur les parois de la capsule encore chaude une goutte d'ammoniaque : on voit aussitôt se développer la belle coloration rouge violacée de la murexide.

Pour doser l'acide urique dans une urine, on opère sur 200 grammes de cette urine. On concentre le liquide au bain-marie, pour le réduire au tiers de son volume primitif, on ajoute 6 grammes d'acide chlorhydrique pur et fumant, on mélange et on laisse refroidir. Après vingt-quatre heures, l'acide urique, mis en liberté par l'acide minéral, se dépose sous la forme d'une poussière cristalline, plus ou moins colorée. On décante le liquide sur un petit filtre sans plis, desséché à 100° et pesé, puis on entraîne le précipité sur le filtre avec le moins d'eau froide possible, préalablement aiguisée d'un peu d'acide chlorhydrique. En terminant par un lavage à l'alcool, on débarrasse l'acide urique de la plus grande partie des matières colorantes, ainsi que de l'acide hippurique et de l'acide chlorhydrique qu'il retenait. On sèche le filtre à 100° et on le pèse.

L'acide urique étant légèrement soluble dans l'eau, on corrige l'erreur due à cette propriété en ajoutant au poids trouvé 0^{gr},0045 par 100 centimètres cubes de la totalité des liqueurs dont on l'a séparé.

1798. ALBUMINE. — Pour reconnaître si une urine est albumineuse, on l'acidule par un peu d'acide acétique, on la filtre s'il est nécessaire, et on en porte quelques centimètres cubes à l'ébullition dans un tube à essais. Vers 75°, la coagulation de l'albumine commence; elle est complète à 100°. Si la liqueur reste limpide, il n'y a pas d'albumine.

Pour doser l'albumine, on acidule franchement l'urine par quelques gouttes d'acide acétique, afin d'empêcher les phosphates terreux de se précipiter après l'expulsion par la chaleur de l'acide carbonique qui les dissout, et on la filtre. On opère sur des quantités fortes ou faibles, suivant que le coagulum a été très faible ou très fort lors de l'essai qualitatif; dans le second cas, on étend l'urine de son volume d'eau. Le plus souvent on mesure 100 centimètres cubes d'urine acidulée et filtrée, et on les tient en ébullition pendant une minute, dans un vase à précipitations chaudes. On verse le produit sur un petit filtre sans plis, séché à 100° et taré. On lave avec de l'eau distillée et on entraine toute l'albumine sur le filtre; enfin on lave le filtre et son contenu, d'abord à l'eau distillée, puis avec un peu d'alcool, qui enlève certaines matières étrangères, insolubles dans l'eau. Le filtre étant égoutté, on le dépose pendant quelque temps sur un papier buvard, pour l'essorer, et on le sèche à l'étuve à 100°, jusqu'à ce que, après refroidissement dans le vase à dessécher, il ne varie plus de poids. Le chiffre de la dernière pesée, diminué de la tare du filtre, donne le poids d'albumine contenu dans la prise d'essai. On ne doit jamais arriver à peser 1 gramme d'albumine; le coagulum serait alors trop volumineux et difficile à laver.

1799. GLUCOSE. — La présence de la glucose dans une urine se reconnaît aisément au moyen du réactif cupro-potassique. L'urine essayée doit être filtrée, si elle n'est pas absolument limpide. On chauffe dans un tube à essais 5 centimètres cubes environ de réactif, et on les maintient en ébullition pendant une minute; quand on a constaté ainsi que ce liquide ne se trouble pas et que, par conséquent, le réactif n'est pas altéré, on fait arriver à sa surface, en versant contre la paroi du tube, quelques gouttes d'urine : si cette dernière contient de la glucose, il se forme au-dessus du réactif bleu et chaud une couche verdâtre, qui passe bientôt au jaune, puis au rouge. Si la réaction est négative, avant de déclarer la glucose absente, on ajoute encore un peu d'urine, et on chauffe la partie supérieure de la colonne liquide. Si, dans ces conditions, on n'observe aucune réduction, il n'y a pas de glucose dans l'urine.

Quant au dosage de la glucose dans l'urine au moyen du réactif cupro-potassique, on le pratique comme sur une solution aqueuse de glucose (§ 1766). Toutefois, pour avoir un résultat précis, il est nécessaire de ne pas opérer directement sur des urines trop fortement sucrées, contenant plus de 1 p. 100 de glucose, par exemple. Un premier titrage ayant donné un résultat correspondant à une proportion de glucose supérieure à cette limite, il faut étendre l'urine de 2 ou 3 fois son volume d'eau, et opérer le titrage avec la liqueur diluée.

1800. ACIDES ET PIGMENTS BILIAIRES. — Les *acides biliaires*, l'acide cholique et l'acide choléique, passent dans l'urine au cours de certaines affections. On les caractérise par la réaction colorée qu'ils donnent avec le sucre et l'acide sulfurique (M. Pettenkofer). On se sert d'une liqueur formée de 1 partie de sucre de canne et de 4 parties d'eau. Quand, à une solution des acides biliaires, libres ou salifiés, on ajoute quelques gouttes du liquide sucré précédent, puis la moitié ou les deux tiers de son volume d'acide sulfurique concentré et qu'on agite, il se développe une coloration rouge, qui passe bientôt au pourpre. La réaction ne se manifeste nettement que vers 60°, température que le mélange de l'acide sulfurique avec l'eau suffit d'ordinaire à produire ; à une température plus élevée, le mélange brunit. Cette réaction n'est pas absolument propre aux acides de la bile, mais les autres substances qui la donnent ne se rencontrent pas d'ordinaire dans les urines. D'autre part, elle est empêchée par les corps oxydants, ainsi que par l'albumine ; cette dernière doit donc être séparée préalablement, par coagulation à l'ébullition et filtration (§ 1798), si l'on veut agir directement sur l'urine, mode opératoire qui manque d'ailleurs de sensibilité.

Pour rechercher les acides biliaires dans l'urine par une méthode plus sensible qu'en traitant directement ce liquide, on évapore à sec 500 centimètres cubes d'urine, on reprend le résidu par l'alcool fort, qui laisse insoluble la plus grande partie des sels. On distille la liqueur alcoolique, et on évapore de nouveau à sec au bain-marie, puis on reprend le produit solide par l'alcool absolu. Après avoir filtré et évaporé à siccité, on dissout le résidu de l'évaporation dans l'eau distillée. On précipite complètement la solution par le sous-acétate de plomb, mais en évitant un excès de précipitant : il se sépare du cholate et du choléate de plomb avec d'autres produits. On recueille le précipité sur un filtre, on l'essore et on l'épuise par l'alcool bouillant, qui dissout seulement le cholate et le choléate de plomb. On ajoute à la liqueur alcoolique du carbonate de soude, qui sépare le plomb à l'état de carbonate, on évapore à siccité au bain-marie, et on reprend par un peu d'eau pour dissoudre le cholate et le choléate de soude. C'est sur la dernière liqueur ainsi obtenue que l'on cherche à produire la réaction caractéristique, par le sucre et l'acide sulfurique.

La réaction qui permet de reconnaître le plus commodément les *matières colorantes* de la bile, bilirubine, biliverdine, bilifuscine et biliprasine, est basée sur l'emploi de l'acide azotique chargé de vapeurs nitreuses (Gmelin). On place cet acide dans un verre à pied, et on fait arriver à la surface du réactif, en versant sur les parois du verre et sans mélanger, une couche de l'urine à essayer. Après quelques secondes, en présence des pigments biliaires, on observe une série de couches liquides, de colorations variées, qui se succèdent de haut en bas dans l'ordre suivant : vert, bleu, violet, rouge et jaune. Bientôt le mélange s'effectue et le phénomène disparaît. La formation de la couche verte et celle de la couche violette sont surtout caractéristiques.

IX. — ENGRAIS AZOTÉS.

1801. Parmi les substances qui donnent aux engrais leur valeur, on doit citer surtout l'acide phosphorique, la potasse et l'azote. Le dosage de l'acide phosphorique (§ 1648 et § 1649) et celui de la potasse (§ 1654) ont été indiqués plus haut ; quant à celui de l'azote, bien que les méthodes d'après lesquelles on l'effectue aient été exposées, il présente, au point de vue de l'analyse des engrais azotés, certaines particularités qu'il est nécessaire d'examiner.

Tout d'abord, quelle que soit la nature de l'engrais analysé, la quantité totale d'azote qu'il renferme peut toujours être déterminée par la méthode de Dumas (§ 1748), ou par cette même méthode modifiée (§ 1649). Mais ce procédé d'analyse, si avantageux au point de vue de sa généralité, est d'une application laborieuse et délicate.

Il peut, il est vrai, être remplacé par ceux de Peligot (§ 1751) et de M. Kjeldahl (§ 1752), que des modifications diverses ont rendus à peu près généraux. Mais la connaissance de la teneur totale en azote n'est pas suffisante ; il importe en outre de savoir sous quelle forme l'azote se trouve dans les engrais, cette forme pouvant influer sur la valeur commerciale. L'agriculture n'attribue pas, en effet, la même valeur à l'azote des azotates qu'à celui des sels ammoniacaux ou des matières organiques azotées ; elle distingue l'*azote nitrique*, l'*azote ammoniacal* et l'*azote organique*. Nous allons indiquer comment l'azote peut être dosé dans un engrais sous ces trois états.

Azote nitrique. — On prend 60 grammes de matière qu'on triture dans un mortier, avec un peu d'eau ; on ajoute de l'eau, on agite et on laisse reposer, puis on décante la liqueur sur un filtre et on reçoit le liquide clair dans une carafe jaugée de 1 litre. En recommençant plusieurs fois le même lavage avec de nouvelles quantités d'eau, on épuise la matière et tout le nitrate qu'elle contient passe dans la liqueur. On complète avec de l'eau le volume de 1 litre et on dose l'acide nitrique dans la solution par la méthode de M. Schlœsing (§ 1615).

Azote ammoniacal. — On introduit 1 gramme d'engrais pulvérisé dans le ballon de l'appareil de M. Schlœsing (fig. 342, § 1620), avec 200 centimètres cubes d'eau et 1 gramme de magnésie calcinée, L'emploi de la chaux et des alcalis doit être proscrit, ces réactifs étant susceptibles d'altérer les matières organiques azotées et d'en dégager de l'ammoniaque. On distille à la manière ordinaire et on dose l'ammoniaque par l'alcalimétrie.

Azote organique. — Le dosage de l'azote organique exige l'élimination préalable des nitrates.

On pèse 2 grammes d'engrais, on les place dans une capsule de porcelaine à fond plat de 9 centimètres de diamètre avec 10 centimètres cubes d'acide chlorhydrique et 10 centimètres cubes de la solution de chlorure ferreux employée pour le dosage des nitrates par le procédé de M. Schlœsing (§ 1615). On recouvre la capsule d'un entonnoir de diamètre un peu plus petit, et on porte rapidement à l'ébullition, qu'on maintient jusqu'à élimination complète des vapeurs nitreuses. On évapore à sec, au bain de sable, en s'arrêtant au moment où les vapeurs acides cessent de se dégager, et en évitant de surchauffer, afin de ne pas chasser les sels ammoniacaux. On ajoute dans la capsule 4 grammes de craie en poudre, on mélange avec un agitateur de manière à former une masse homogène, qu'on enlève entièrement de la capsule. On l'introduit dans un tube à chaux sodée un peu long, le mélange étant assez volumineux, et on pratique sur lui le dosage de l'azote par le procédé Will et Warrentrap modifié par Peligot (§ 1751), en conduisant l'opération comme à l'ordinaire. On détermine ainsi la somme de l'azote organique et de l'azote ammoniacal, l'azote nitrique ayant été éliminé. En retranchant de cette somme le poids connu de l'azote ammoniacal, on a l'azote organique.

CHAPITRE III

ANALYSE DES GAZ.

La partie de l'analyse chimique relative aux corps gazeux est celle qui comporte les opérations les plus délicates, dès qu'il s'agit d'atteindre quelque précision. Il existe néanmoins des méthodes relativement simples et rapides, permettant de résoudre d'une manière assez grossière, mais cependant avec une approximation qui suffit dans beaucoup de circonstances, les problèmes les plus ordinaires de l'analyse des gaz. C'est exclusivement de ces méthodes approchées que nous avons à nous occuper ici.

La division en analyse qualitative et analyse quantitative s'applique mal à l'analyse des gaz. On verra, en effet, que la détermination de la nature d'un gaz donné ne peut être réalisée dans beaucoup de cas que par l'emploi de méthodes quantitatives, et notamment par la combustion eudiométrique.

Nous rappellerons d'ailleurs que les procédés pratiques, usités pour produire les gaz, les recueillir, les transvaser, les laver, les dissoudre, les dessécher, les conserver et les mesurer, ont été indiqués dans une autre partie de cet ouvrage (livre Ier, chapitre XII, p. 240).

1.

RÉACTIFS.

1802. Il a déjà été question dans ce livre des réactifs le plus souvent employés pour analyser les gaz. Cependant, comme dans cette application particulière, certains de ces réactifs doivent être préparés dans des conditions spéciales, nous allons les passer en revue, en indiquant leur mode d'emploi.

ACÉTATE DE PLOMB. — Réactif caractéristique de l'hydrogène sulfuré (voy. § 1492).

ACIDE SULFURIQUE. — Cet acide est un agent de déshydratation; en outre il absorbe les gaz alcalins et certains hydrocarbures. Il est bon de le concentrer par ébullition et refroidissement à l'abri de l'air (§ 1597). On l'introduit dans les vases, sur la cuve à mercure, au moyen d'une pipette courbe.

ALCOOL ABSOLU. — Comme l'eau, l'alcool absolu est un dissolvant usité. Comme l'eau également, ce liquide se charge des gaz atmosphériques;

on chasse ces derniers par ébullition, en opérant comme il sera dit pour l'eau.

BICHROMATE DE POTASSE. — La solution de ce sel absorbe le gaz sulfureux (voy. § 1488).

BROME. — Le brome absorbe les carbures éthyléniques en formant avec eux des composés d'addition. Le liquide du commerce convient d'ordinaire. Ce réactif réagissant sur le mercure avec énergie doit être employé sur la cuve à eau. Pour le manier aisément, on verse à l'avance le brome dans de petits tubes fermés par un bout, du diamètre ordinaire des tubes à gaz et de 2 à 3 centimètres de longueur (*d*, fig. 372). On remplit ces tubes en opérant dans un courant d'air entraînant les vapeurs loin de l'opérateur ; on les conserve pleins en les maintenant plongés dans un verre à pied garni d'eau, leur ouverture étant tournée vers le haut.

On ouvre dans l'eau l'orifice du vase contenant le gaz, on y fait pénétrer un petit tube à brome, on replace le bouchon et, en inclinant le vase, le brome se répand sur ses parois et réagit. L'absorption entraînant une diminution de pression provoque le dégagement des gaz dissous dans l'eau qui se mélangent au gaz analysé ; c'est pourquoi il est bon d'éviter cet inconvénient en fermant le vase, après l'introduction du brome, au moyen d'un bouchon spécial *c* (fig. 372). Celui-ci est traversé par un

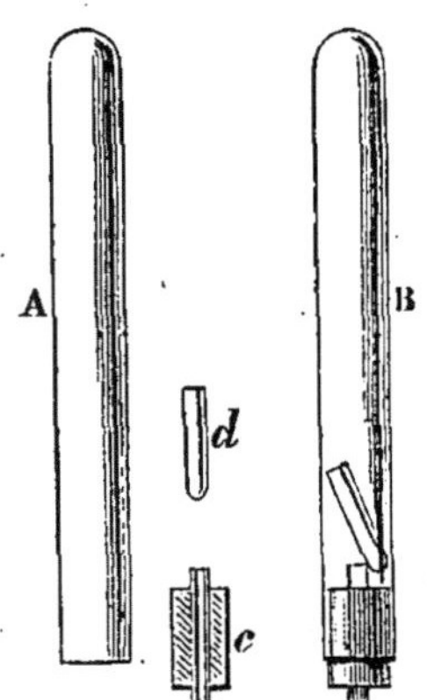

Fig. 372. — Traitement d'un gaz par le brome.

tube de verre, épais mais à canal presque capillaire, débordant un peu les deux surfaces planes du bouchon : Quand on agite le vase contenant le brome et portant ce bouchon, on applique le doigt sur l'orifice extérieur du tube qui se trouve ainsi bouché ; on enlève le doigt pour ouvrir le tube dès que le bouchon est de nouveau plongé dans l'eau, afin que le liquide en pénétrant dans l'appareil y rétablisse la pression normale.

CHLORURE CUIVREUX. — Le protochlorure de cuivre est utilisé en solution dans l'acide chlorhydrique ou en solution dans l'ammoniaque.

Le *chlorure cuivreux acide*, car tel est le nom que l'on donne le plus souvent à la solution chlorhydrique, absorbe l'oxyde de carbone (§ 758) et l'hydrogène phosphoré (§ 735). Sa préparation a été indiquée ailleurs (§ 1113). On ne doit pas oublier qu'il absorbe aisément l'oxygène.

Le *chlorure cuivreux ammoniacal* est le réactif des carbures acétyléniques. Il absorbe aussi l'oxyde de carbone, l'oxygène et quelques autres gaz. On a fait connaître sa préparation (§ 1114). Tel qu'on l'emploie d'ordinaire, il est assez fortement chargé de chlorhydrate d'ammoniaque ; or en cet état il dissout l'allylène, mais ne donne pas avec lui le précipité jaune caractéristique d'allylénure cuivreux. Pour rechercher l'allylène il est donc nécessaire de préparer un réactif spécial, en précipitant par l'eau le chlorure cuivreux, en séparant avec soin la liqueur acide et en dissolvant dans l'ammoniaque le chlorure précipité.

CHLORURE DE CALCIUM. — Le chlorure de calcium fondu est employé pour dessécher les gaz ; on le laisse en contact prolongé avec eux. En le coulant à l'état fondu dans une lingotière semblable à celles qui servent à façonner les baguettes de potasse caustique, on l'obtient sous une forme avantageuse pour son application à l'analyse des gaz.

EAU. — L'action dissolvante singulièrement énergique que l'eau manifeste à l'égard de certains gaz, l'acide chlorhydrique ou l'ammoniaque, par exemple, permet d'employer ce liquide pour séparer un des gaz qui s'y dissolvent ainsi, d'autres gaz qui ne s'y dissolvent pas sensiblement. Lorsque le réactif doit intervenir en quantité un peu importante pour effectuer une dissolution, la constatation des caractères ordinaires de pureté (§ 528) ne suffit plus. Il faut en outre que l'eau employée ne soit pas chargée d'air en dissolution ; l'azote et l'oxygène qu'elle apporterait au contact du gaz se mélangeraient à celui-ci par diffusion et fausseraient les résultats. On chasse donc par ébullition l'air de l'eau distillée, puis on laisse refroidir ce liquide et on le conserve à l'abri de l'atmosphère.

Le procédé le plus simple pour avoir de l'eau desaérée consiste à étirer à la lampe le col d'un petit ballon ou d'un petit matras d'essayeur contenant de l'eau. On fait bouillir le liquide et on en vaporise un quart, puis on scelle par un jet de chalumeau le col étiré. Après refroidissement, en ouvrant le vase sous le mercure, c'est-à-dire en brisant sa pointe en une partie tenue immergée dans le mercure, ce métal remplit le ballon ; si l'on élargit l'orifice du récipient maintenu renversé sur le mercure, on peut transvaser l'eau dans une éprouvette placée sur le mercure et contenant le gaz sur lequel on veut agir (§ 419).

Quand l'action des gaz atmosphériques peut être négligée. On introduit l'eau dans les vases placés sur la cuve à mercure et contenant les gaz à analyser, soit au moyen d'une pipette courbe, soit en la plaçant dans un petit tube bouché que l'on ferme avec le doigt, que l'on plonge dans le mercure et que l'on ouvre au-dessous de l'orifice du vase (§ 419).

EAU DE BARYTE. — (Voy. § 898.)

EAU DE CHAUX. — (Voy. § 916.)

GAZ DE LA PILE. — Lorsqu'un mélange gazeux contient un corps comburant et un corps combustible dilués par une grande quantité de gaz inerte, il arrive, dans les analyses eudiométriques, que les corps en question ne se combinent pas sous l'action de l'étincelle. On est alors exposé à méconnaître la présence de l'un d'eux. Si l'on ajoute au mélange en question du gaz de la pile, du *gaz tonnant*, c'est-à-dire de l'hydrogène et de l'oxygène pris dans les proportions exactement nécessaires pour former de l'eau, et si l'on enflamme le tout, la combustion du gaz de la pile entraîne la combustion des corps susceptibles de se combiner mais qui échappaient auparavant à la réaction. Ce fait montre qu'on n'est certain de l'absence complète de gaz susceptibles de fournir la combustion eudiométrique, dans un mélange de volume demeuré invariable après le passage des étincelles, qu'après avoir additionné ce mélange de gaz tonnant et constaté que le volume n'a pas changé après combustion de ce dernier.

Tout cela exige évidemment que le gaz de la pile mis en usage soit exactement composé de 1 volume d'oxygène et de 2 volumes d'hydrogène ; un excès de l'un des deux resterait dans le gaz analysé, changerait son volume et fausserait l'analyse. C'est par la décomposition de l'eau sous l'action du courant électrique (§ 529) que l'on se procure d'ordinaire le gaz tonnant. Toutefois, on sait que dans l'électrolyse de l'eau acidulée par l'acide sulfurique, la formation de l'acide persulfurique diminue un peu la richesse en oxygène du gaz dégagé ; la production du gaz de la pile exige donc certaines précautions.

M. Bunsen a conseillé d'électrolyser l'eau acidulée dans un petit appareil spécial (fig. 373). Un tube bouché *ab* contient deux électrodes de platine *p* et *p'* dont les conducteurs, également en platine, traversent la paroi à laquelle ils sont soudés. Le tube se termine vers le haut par un petit entonnoir *c* dont il est séparé par un étranglement. Un tube à dégagement s'adapte à l'intérieur de cet étranglement par un rodage à l'émeri. En mettant les conducteurs en relation avec une pile, l'eau acidulée que l'on a introduite dans l'appareil à l'aide de l'entonnoir se décompose ; le gaz produit est conduit sur la cuve à mercure par le tube à dégagement *mnq* ; si l'appareil est de petites dimensions, il ne tarde pas à s'échauffer et à atteindre une température à laquelle la production de l'acide persulfurique devient nulle. Il ne faut donc pas faire usage du gaz dégagé pendant les premiers temps du fonctionnement. On diminue d'ailleurs cette cause d'erreur en électrolysant de l'eau faiblement acidulée. En plongeant ce tube dans un vase VV' contenant un liquide non conducteur, on maintient sa température constante. Même en observant ces conditions, on observe presque toujours que la combustion eudiométrique du gaz de la pile laisse un très léger résidu gazeux.

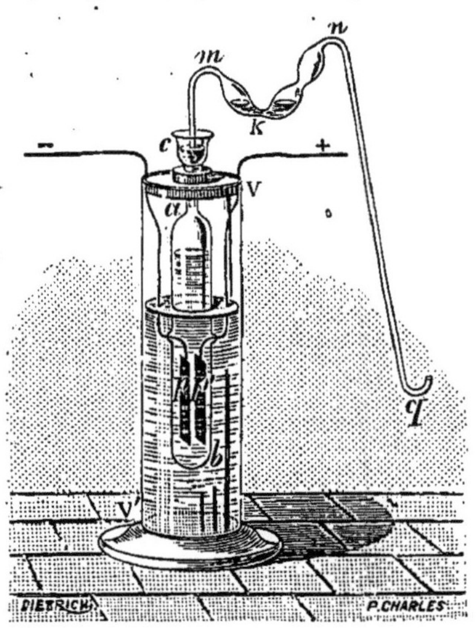

Fig. 373. — Appareil pour produire le gaz de la pile.

HYDROGÈNE. — Ce gaz sert dans l'analyse eudiométrique des gaz comburants. Un appareil à dégagement intermittent, bien purgé d'air, le fournit lorsqu'on en a besoin (§ 398 et § 508). On purifie et on dessèche suffisamment le gaz par le contact prolongé d'une baguette de potasse caustique.

HYDROSULFITE DE SOUDE. — La solution de ce sel est un absorbant de l'oxygène, d'un usage avantageux dans certains cas. Cette solution chargée de sel de zinc, telle qu'on l'obtient aisément ainsi qu'il a été dit ailleurs (§ 866), peut être employée sans purification. Elle conserve son activité pendant un ou deux jours quand on la tient dans des flacons bien bouchés.

Elle est surtout usitée pour doser l'oxygène dissous dans l'eau.

OXYGÈNE. — Ce gaz est l'agent indispensable de la combustion eudiométrique des gaz combustibles. Le plus simple est de le préparer par le procédé ordinaire, au moyen du chlorate de potasse et du bioxyde de manganèse calciné (§ 495), et de le recueillir sur la cuve à mercure, dans des flacons bouchés à l'émeri; on le conserve dans ces flacons dont on a soigneusement enduit les bouchons avec du suif (§ 434). Les traces de mercure restés dans les flacons fixent le peu de chlore dont l'oxygène est souillé; quant à l'acide carbonique, on l'élimine en introduisant dans chaque flacon, avant de le boucher, une petite baguette de potasse caustique. Une provision de flacons de ce genre, choisis de dimensions variées, se conserve très longtemps et subvient à toutes les applications de l'oxygène dans l'analyse des gaz.

PHOSPHORE. — Ce métalloïde est un absorbant de l'oxygène. Pris en baguettes minces, il est introduit aisément dans les éprouvettes. Son action est lente à froid, aussi son usage tend-il à disparaître.

POTASSE. — Cet alcali absorbe un très grand nombre de gaz, gaz acides ou gaz susceptibles de donner avec lui des réactions diverses. On l'emploie sous deux formes : solide et liquide.

La potasse moulée en petits cylindres ou en pastilles, que fournit le commerce, convient bien pour l'analyse des gaz; les petits cylindres peuvent occuper toute la hauteur des cloches ou être brisés en fragments de longueur voulue; les pastilles lenticulaires sont de grosseur constante, mais peuvent être prises en nombre variable. L'action de la potasse solide devient plus énergique quand on imbibe le réactif d'une fort petite quantité d'eau.

A l'état liquide, on fait usage d'ordinaire des solutions concentrées, qui cèdent peu d'eau aux gaz avec lesquels on les met en contact. Une solution de densité 1,38 (40° Baumé) n'abandonne au gaz sec qu'une quantité d'eau presque insensible (§ 1743).

PYROGALLATE DE POTASSE. — Ce composé est celui qu'on emploie d'ordinaire pour absorber l'oxygène. On le prépare dans le récipient même qui contient le vase sur lequel on veut le faire agir.

. Le gaz étant, par exemple, dans une éprouvette tenue sur la cuve à mercure, on fait passer dans l'éprouvette un fragment de potasse humectée d'eau. L'acide carbonique, s'il y en a dans le gaz analysé, se trouve absorbé, ainsi que tout autre gaz acide. Le volume gazeux ne variant plus, on ajoute dans l'éprouvette, au moyen d'une pipette courbe, une solution concentrée de pyrogallol, préparée au moment même de l'expérience. La solution, incolore ou à peu près, reste incolore au contact simultané de la potasse et du gaz, si ce dernier ne renferme pas d'oxygène; une très petite quantité de cet élément donne à la liqueur une coloration brune, par une réaction caractéristique d'une grande sensibilité. On agite, l'oxygène est absorbé. L'action est complète après deux ou trois minutes. On ajoute ensuite encore un peu d'acide pyrogallique et on agite de nouveau; si la quantité de réactif employée d'abord était suffisante, ce second traitement n'entraîne aucune variation de volume.

Il importe à l'exactitude du résultat que le gaz soit séparé de la liqueur aussitôt l'absorption achevée, le pyrogallate de potasse oxydé dégageant peu à peu de l'oxyde de carbone, dont la quantité peut atteindre 2 p. 100 de l'oxygène absorbé.

Le bioxyde d'azote est absorbé par le pyrogallate de potasse qui le change en protoxyde d'azote.

Il résulte de ce qui précède, que l'absorption de l'oxygène par le pyrogallate doit être précédée de celle du bioxyde d'azote et de tous les gaz absorbables par la potasse.

Sᴜʟꜰᴀᴛᴇ ᴅᴇ ᴄᴜɪᴠʀᴇ. — Réactif absorbant de l'hydrogène sulfuré, de l'hydrogène arsénié et de l'hydrogène phosphoré (voy. § 1492).

Sᴜʟꜰᴀᴛᴇ ᴅᴇ ᴘʀᴏᴛᴏxʏᴅᴇ ᴅᴇ ꜰᴇʀ. — Ce sel, mis en dissolution concentrée au moment de l'emploi, est un absorbant du bioxyde d'azote.

2.

CARACTÈRES DISTINCTIFS DES PRINCIPAUX GAZ.

1803. Oxʏɢᴇ̀ɴᴇ. — L'oxygène est incombustible et n'est pas absorbé par la potasse; l'azote, le protoxyde d'azote et le bioxyde d'azote sont les seuls gaz qui, comme lui, possèdent simultanément ces deux propriétés.

De plus, il rallume une allumette présentant un point en ignition, ce que ne font ni l'azote ni même le bioxyde d'azote, mais ce que fait le protoxyde d'azote. Les trois caractères précédents ne permettent donc de confondre que l'oxygène et le protoxyde d'azote; or l'oxygène est absorbable par le pyrogallate de potasse (§ 1802) alors que le protoxyde d'azote ne l'est pas.

L'oxygène est absorbé par l'hydrosulfite de soude qu'on agite avec lui dans une éprouvette sur la cuve à mercure. Mis en contact prolongé avec un bâton de phosphore, il s'y combine lentement à froid et disparaît.

La présence de l'*ozone* dans l'oxygène se reconnaît au moyen des réactifs spéciaux déjà indiqués (§ 506).

HYDROGÈNE. — L'hydrogène est combustible avec une flamme bleu pâle, presque incolore, et ne donne en brûlant que de l'eau pure. Ce dernier caractère permet de le distinguer de tous les autres gaz combustibles et notamment de l'oxyde de carbone, qui brûle avec une flamme de même apparence. Les produits de la combustion de l'hydrogène agités avec de l'eau de chaux ne la troublent pas ; en outre ces produits ne changent pas la teinte des deux papiers de tournesol, rouge et bleu, imbibés d'eau. Les hydrocarbures, l'oxyde de carbone, les combinaisons de l'hydrogène avec les divers métalloïdes, traités de même, donnent une réaction positive avec l'un ou l'autre de ces trois réactifs.

1804. AZOTE. — L'azote est surtout caractérisé par son absence d'action sur la plupart des réactifs usités dans l'analyse des gaz. Il est incombustible et reste inabsorbé par les agents d'absorption. On admet d'ordinaire qu'un gaz incombustible, incomburant, insoluble dans les réactifs et inattaquable, est de l'azote.

Les seuls caractères positifs à indiquer pour ce gaz sont, d'une part la formation de l'acide cyanhydrique par sa réaction sur l'acétylène en présence de l'hydrogène et sous l'influence de l'étincelle électrique (§ 1450), et d'autre part sa combinaison à l'oxygène pour donner des vapeurs nitreuses. Ce second caractère peut être constaté au moyen du même appareil employé pour mettre le premier en évidence (fig. 319, § 1450). On place dans l'éprouvette, prise de grandes dimensions si l'on dispose d'une quantité de gaz suffisante, un mélange desséché d'oxygène avec le gaz sur lequel on opère ; le passage entre les deux conducteurs de fortes étincelles produites par une bobine suffisamment puissante, fait apparaître au bout de quelques minutes des vapeurs rutilantes, dont la teinte est rendue nettement visible quand on place une feuille de papier blanc derrière l'éprouvette.

PROTOXYDE D'AZOTE. — Ce gaz est, comme l'oxygène, incombustible, non absorbable par la potasse, susceptible de rallumer une allumette présentant quelques points en ignition. Aucun autre gaz ne réunit ces trois propriétés. On a vu comment il peut être distingué de l'oxygène (§ 1803), le pyrogallate de potasse étant sans action sur lui.

Les étincelles électriques le décomposent assez facilement en donnant des vapeurs rutilantes. On le soumet à leur action prolongée en le plaçant dans l'éprouvette de l'appareil représenté au § 1450 (fig. 139). Il est absorbé par l'alcool absolu.

BIOXYDE D'AZOTE. — Ce gaz est très facile à caractériser par les vapeurs rutilantes qu'il produit dès qu'on le met en contact avec l'oxygène ou avec l'air (§ 568). Il est comburant, mais moins que l'oxygène ou le protoxyde d'azote (§ 569 et § 570).

Son réactif spécial est le sulfate de protoxyde de fer. Une dissolution concentrée de ce sel, agitée avec le gaz sur la cuve à mercure, absorbe peu à peu deux fois son volume de bioxyde d'azote et prend une coloration brune caractéristique (§ 571).

Le pyrogallate de potasse agit sur le bioxyde d'azote; il le change en divers composés oxygénés de l'azote et même en azote, le protoxyde dominant beaucoup dans le mélange.

La solution de permanganate de potasse absorbe le bioxyde d'azote.

HYPOAZOTIDE. — Les vapeurs de ce composé présentent une couleur rouge et une odeur caractéristique. L'eau les détruit en se chargeant d'acide azotique et, par conséquent, en devenant acide; en même temps il se produit du bioxyde d'azote incolore (§ 576).

AMMONIAQUE. — Le gaz ammoniac est caractérisé par son odeur spéciale, par la réaction alcaline qu'il manifeste au contact d'un papier de tournesol rouge, par son extrême solubilité dans l'eau (§ 589), une seule goutte d'eau introduite dans l'éprouvette suffisant à absorber un volume relativement considérable de gaz, enfin par les fumées blanches qu'il fournit en se mélangeant aux vapeurs chlorhydriques.

Il est encore caractérisé par les réactions nettes que présente sa dissolution aqueuse lorsqu'on la met en présence du réactif de Nessler, ainsi que par les caractères spéciaux du sel formé quand on la neutralise par un acide (§ 1522).

1805. GAZ SULFUREUX. — L'odeur suffocante du gaz sulfureux le fait reconnaître aisément. Ce gaz est assez soluble dans l'eau (§ 649); la solution obtenue présente des propriétés réductrices énergiques : elle décolore le permanganate de potasse; elle bleuit un papier amidonné que l'on a mouillé d'une solution d'acide iodique. La solution faite avec une liqueur alcaline présente les caractères des sulfites alcalins (§ 1542).

HYDROGÈNE SULFURÉ. — Ce gaz présente une odeur intense et spé ciale qui le fait reconnaître. Enflammé à l'air il brûle avec un léger dépôt de soufre en donnant du gaz sulfureux. Il est un peu soluble dans l'eau, et absorbable par la potasse. Il réagit sur un grand nombre de sels métalliques (§ 649) : il noircit un papier imprégné d'acétate de plomb ou de sulfate de cuivre. Sa dissolution dans un alcali présente les caractères des sulfures (§ 1542).

1806. CHLORE. — Le chlore, étant absorbable par le mercure, ne se rencontre pas dans les gaz conservés sur la cuve à mercure. Sa coloration verte et son odeur suffocante le dénoncent rapidement. Il est soluble dans l'eau (§ 658) ainsi que dans les alcalis hydratés. Il est incombustible, mais se combine avec ignition à différents éléments : phosphore, antimoine, bismuth, etc. Sa solution aqueuse et sa solution dans les alcalis présentent des propriétés oxydantes marquées: elles décolorent l'indigo, elles colorent en brun la solution d'iodure de potassium employée en excès. La solution alcaline présente à la fois les caractères des chlorures et des hypochlorites (§ 1542).

GAZ CHLORHYDRIQUE. — Gaz incolore, à odeur piquante, fumant à l'air humide, fumant plus abondamment à l'air chargé de vapeurs ammoniacales, extrêmement soluble dans l'eau : une seule goutte d'eau introduite dans une éprouvette de gaz chlorhydrique dissout un volume considérable de ce gaz. La solution aqueuse présente les caractères bien connus de la solution d'acide chlorhydrique : neutralisée par la potasse, elle donne avec l'azotate d'argent le précipité blanc caractéristique et présente les propriétés des chlorures (§ 1542).

ACIDE BROMHYDRIQUE. — Il montre au premier examen des propriétés très voisines de celles de l'acide chlorhydrique : même absence de couleur, même odeur, même solubilité, même production de fumées à l'air, plus épaisses cependant, etc. D'autre part, il est décomposé par le mercure, après un contact prolongé...

L'acide bromhydrique se distingue aisément de l'acide chlorhydrique par l'examen de sa dissolution alcaline : celle-ci présente tous les caractères des bromures (§ 1542).

ACIDE IODHYDRIQUE. — Il ressemble aux deux acides précédents, mais le mercure le détruit rapidement. Il est extrêmement soluble dans l'eau ou dans les alcalis. Sa dissolution alcaline présente les caractères des iodures (§ 1542).

1807. HYDROGÈNE PHOSPHORÉ. — Ce gaz possède une odeur très caractéristique. Il est insoluble dans l'eau ; la potasse ne l'absorbe pas. Le plus souvent, des impuretés (§ 731) le rendent spontanément inflammable quand on le met au contact de l'air ou de l'oxygène. Enflammé à l'air, il brûle en donnant sur les parois du vase un dépôt de phosphore rouge. Additionné de gaz iodhydrique, il fournit une combinaison solide, l'iodhydrate d'hydrogène phosphoré, qui cristallise sur les parois du verre.

Le protochlorure de cuivre acide absorbe l'hydrogène phosphoré (§ 735) ; la solution dégage lorsqu'on la chauffe l'hydrogène phosphoré absorbé.

1808. OXYDE DE CARBONE. — Ce gaz est combustible ; il donne en brûlant une flamme plus bleue que celle de l'hydrogène. Le produit de la combustion trouble l'eau de chaux ; si cette combustion a été produite dans une éprouvette sèche, il n'y a pas de vapeur d'eau condensée sur les parois, ce qui distingue des carbures d'hydrogène. Étant données les circonstances de sa combustion, l'oxyde de carbone pourrait être confondu avec le cyanogène, mais ce dernier brûle avec une flamme pourpre et possède en outre une odeur caractéristique.

L'oxyde de carbone est absorbé par le protochlorure de cuivre acide ; ce dernier, préparé comme il a été dit et pris en solution concentré, en absorbe environ vingt fois son volume. La dissolution chauffée laisse dégager l'oxyde de carbone qu'elle contient. L'absorption s'opère également avec le protochlorure de cuivre ammoniacal.

GAZ CARBONIQUE. — L'anhydride carbonique est incombustible et n'entretient pas les combustions ; il possède une saveur aigrelette ; il rougit faiblement le papier bleu de tournesol humecté d'eau. L'eau en dissout son propre volume à la température normale et sous la pression atmosphérique. Les solutions alcalines l'absorbent aisément. Avec l'eau de chaux ou l'eau de baryte, il donne un abondant précipité de carbonate alcalino-terreux ; les précipités sont solubles dans l'acide acétique.

CYANOGÈNE. — Gaz incolore, à odeur piquante qui rappelle celle des amandes amères, exerçant sur les muqueuses des yeux et du nez une action irritante. Il brûle avec une flamme pourpre, d'aspect très particulier ; les produits de sa combustion troublent l'eau de chaux. Il est soluble dans l'eau (4,5 volumes dans 1 volume à 20°); il est cinq fois plus soluble dans l'alcool. Il est absorbé par la potasse ; le liquide résultant de l'absorption présente les caractères des cyanures (§ 1542).

1809. FLUORURE DE SILICIUM. — Ce gaz fume très abondamment à l'air ; son odeur rappelle celle de l'acide chlorhydrique. Il est absorbé énergiquement par l'eau (§ 788) en donnant de la silice gélatineuse, qui reste en suspension dans l'eau, et de l'acide hydrofluosilicique qui se dissout ; la liqueur filtrée, qui est acide au tournesol, précipite les sels de baryte et même ceux de potasse dans les solutions concentrées.

FLUORURE DE BORE. — De tous les gaz connus, le fluorure de bore est celui qui donne à l'air humide les fumées les plus épaisses. Il est incolore ; une seule bulle d'un gaz humide suffit pour le troubler. Il est extrêmement soluble dans l'eau en donnant de l'acide hydrofluoborique et de l'acide borique, que l'on peut faire cristalliser par concentration de la solution aqueuse. L'avidité du fluorure de bore pour l'eau est telle que ce gaz déshydrate les substances organiques : un fragment de papier qu'on y introduit se carbonise et noircit rapidement.

1810. CARBURES D'HYDROGÈNE. — Les hydrocarbures gazeux présentent des caractères communs qui permettent de les distinguer des autres gaz.

Ils sont combustibles en produisant une flamme plus ou moins éclairante ; leur combustion forme de la vapeur d'eau, condensable sur les parois de l'éprouvette sèche, et du gaz carbonique qui trouble l'eau de chaux ; souvent cette combustion entraîne, en outre, le dépôt d'un peu de charbon sur le verre. La constatation du dépôt d'eau et simultanément de la formation du gaz carbonique est tout à fait caractéristique.

Un hydrocarbure, soumis à l'action des étincelles d'induction dans un appareil tel que celui de la figure 319 (§ 1450) donne très rapidement de l'acétylène ; en introduisant ensuite dans la cloche quelques gouttes de chlorure de cuivre ammoniacal, on voit se former de l'acétylure cuivreux rouge, quand de l'acétylène a pris naissance. Diverses vapeurs de substances organiques produisent le même résultat.

Acétylène. — Gaz incolore, doué d'une odeur désagréable assez spéciale ; il brûle avec une flamme éclairante et fortement fuligineuse. La chaleur le change en benzine (§ 1203). Le permanganate de potasse alcalin l'oxyde et le change en acide oxalique (§ 1396). Mélangé à un excès d'hydrogène, il donne, sous l'action des étincelles électriques, de l'acide cyanhydrique (§ 1450). Le protochlorure de cuivre ammoniacal l'absorbe en formant un abondant précipité, d'un rouge vif, constitué par l'acétylure cuivreux (§ 1170).

Allylène. — Cet homologue de l'acétylène lui ressemble sous beaucoup de rapports. Il se distingue par la réaction du chlorure cuivreux ammoniacal, qui forme avec l'allylène un précipité jaune d'allylénure cuivreux caractéristique. Toutefois, il importe de noter que lorsque le réactif cuivreux est fortement chargé de chlorhydrate d'ammoniaque (§ 1114), l'allylène se dissout sans former de précipité jaune.

Éthylène. — Gaz incolore, peu soluble dans l'eau, plus soluble dans l'alcool. Il brûle avec une flamme éclairante, légèrement fuligineuse. Il est un peu absorbé par le chlorure cuivreux acide. Par contact immédiat, et même par agitation rapide, avec l'acide sulfurique bouilli, il n'est pas absorbé sensiblement. Le brome se combine avec lui pour former du bromure d'éthylène (§ 1181), par une absorption assez rapide. Ce caractère se retrouve également avec les autres carbures éthyléniques, mais l'éthylène se distingue de ceux-ci par l'absence d'action de l'acide sulfurique, par contact immédiat (§ 1233).

Propylène. — Ce gaz présente de grandes analogies avec l'éthylène ; cependant, son odeur est alliacée et il brûle avec une flamme plus nettement fuligineuse. Comme l'éthylène, il est absorbable par le brome ; il y a formation de bromure de propylène huileux. Il se distingue de l'éthylène par la facilité avec laquelle il est absorbé par l'acide sulfurique bouilli. Il se combine directement, à froid, au gaz iodhydrique, en produisant un éther qui se condense en gouttelettes huileuses.

Butylènes. — Les butylènes présentent des analogies étroites avec l'éthylène et avec le propylène. Ils sont absorbés par le brome et par l'acide sulfurique concentré, comme le propylène. Ils se distinguent de ce dernier par la facilité avec laquelle on les liquéfie : ils prennent l'état liquide quand on laisse tomber sur l'éprouvette qui les contient un peu de chlorure de méthyle liquide, lequel-les refroidit en se vaporisant à l'air.

Formène. — Gaz incolore peu odorant, très peu soluble dans l'eau, un peu plus soluble dans l'alcool. Il brûle avec une flamme jaune, peu éclairante, non fuligineuse. C'est un gaz très stable, sur lequel la plupart des réactifs restent sans action. En particulier, il n'est absorbé ni par le brome, ni par l'acide sulfurique concentré. On serait ainsi porté à le confondre avec l'hydrogène ou l'azote ; il se distingue du premier par la formation du gaz carbonique, troublant l'eau de chaux, lors de sa combustion : sa combustibilité le distingue du second qui n'est pas combustible.

L'analyse eudiométrique permet seule de caractériser sûrement le formène. Il en est de même pour l'*hydrure d'éthylène*, l'*hydrure de propylène* ou l'*hydrure de butylène*, et généralement pour tous les carbures forméniques.

1811. — Éther méthylchlorhydrique. — Ce gaz incolore présente une odeur éthérée et brûle avec une flamme fuligineuse bordée de vert : les produits de sa combustion troublent l'eau de chaux et précipitent en blanc l'azotate d'argent acidulé par l'acide azotique.

Oxyde de méthyle. — Gaz incolore, à odeur éthérée, soluble dans 37 volumes d'eau, ainsi que dans l'alcool ordinaire. Il n'est nettement caractérisé que par sa combustion eudiométrique.

Méthylamine. — Gaz à odeur de poisson fermenté. Plus soluble dans l'eau que tous les autres gaz $\left(\frac{1}{1150}\right)$, il est absorbable avec énergie par quelques gouttes d'eau. Il bleuit fortement le papier de tournesol rouge, fume abondamment au contact des vapeurs chlorhydriques, et pourrait par là être confondu avec l'ammoniaque, mais l'ammoniaque n'est pas combustible à l'air tandis que la méthylamine brûle avec une flamme jaunâtre quand on l'enflamme dans l'atmosphère. La dissolution aqueuse de méthylamine présente les mêmes réactions que la dissolution d'ammoniaque ; toutefois l'oxyde de cadmium précipité, que l'ammoniaque redissout quand on l'ajoute en excès, reste insoluble dans un excès de méthylamine.

Éther éthylchlorhydrique. — Gaz analogue à l'éther méthylchlorhydrique, dont on le distingue par l'analyse eudiométrique.

3.

DÉTERMINATION DE LA NATURE D'UN GAZ ISOLÉ.

1812. La détermination de la nature d'un gaz isolé ne présente quelque difficulté que pour les composés organiques gazeux : beaucoup de ces derniers ne peuvent être reconnus qu'en les soumettant dans l'eudiomètre à une analyse quantitative, autrement dit en établissant leur composition.

La marche suivante (M. Berthelot) permet d'effectuer cette détermination dans le cas des gaz le plus souvent observés.

1813. A. On introduit, sur la cuve à mercure, quelques centimètres cubes du gaz à analyser dans une très petite éprouvette, que l'on bouche avec le doigt et que l'on transporte au voisinage de la flamme non éclairante d'un brûleur de Bunsen, réglée très bas ; on ouvre l'éprouvette en approchant l'orifice de la flamme, et on observe si le gaz s'enflamme et brûle, c'est-à-dire s'il est ou s'il n'est pas combustible. Cette expérience doit se faire dans un endroit obscur, certains gaz, l'hydrogène en particulier, brûlant avec une flamme pâle. Le gaz étant combustible, on procède à l'essai C ; dans le cas contraire, on pratique l'essai A*a*.

A*a*. Le gaz n'étant pas combustible, on introduit dans une éprouvette qui en contient un échantillon sur la cuve à mercure, d'abord *quelques gouttes* d'eau, puis un morceau de potasse caustique. On observe s'il y a absorption, c'est-à-dire diminution de volume, après contact de quelques instants et agitation. L'observation du volume, avant et après l'intervention du réactif, doit être faite en tenant l'éprouvette avec une pince en bois, et en prenant les précautions déjà indiquées (§ 440). On ne considérera pas comme absorbable un gaz avec lequel on aura observé une très faible diminution de volume. Le gaz n'étant pas absorbable, on passera à l'essai A*b* ; dans le cas contraire, on pratiquera l'essai B.

A*b*. Le gaz ayant été reconnu non absorbable par la potasse, on introduit une allumette éteinte, mais présentant encore quelques points en ignition, dans une petite éprouvette garnie du gaz à essayer. Si l'allumette ne se rallume pas, on passe à l'essai A*c*. Si au contaire elle se rallume, on a affaire à l'oxygène ou au protoxyde d'azote. On agite alors un autre échantillon de gaz dans une éprouvette, sur le mercure, avec du pyrogallate de potasse ou de l'hydrosulfite de soude récent ; quand le gaz est absorbé, il n'est autre chose que l'OXYGÈNE. Quand l'absorption est nulle ou à peu près, avec le pyrogallate ou l'hydrosulfite, le gaz est du PROTOXYDE D'AZOTE.

A*c*. Lorsque le gaz, non absorbable par la potasse (A*a*), ne rallume pas une allumette en ignition (A*b*), on l'agite sur le mercure avec du sulfate ferreux ; il y a absorption et coloration en brun de la liqueur dans le cas du BIOXYDE D'AZOTE ; ce dernier mélangé d'air donne d'ailleurs des vapeurs rutilantes. Ces caractères étant négatifs, le gaz est de l'AZOTE.

1814. B. Le gaz incombustible ayant été reconnu absorbable par la potasse lors de l'essai A*a*, on observe sa couleur. S'il est jaune, c'est du CHLORE, qui attaque le mercure. S'il est rouge, absorbable par le sulfate ferreux, décomposable par l'eau qui le rend incolore, c'est de l'HYPO-AZOTIDE. S'il est incolore, on en laisse passer quelques bulles dans l'atmosphère : dans le cas où il fume à l'air, on l'essaye comme il sera dit en B*a* ; dans le cas contraire on le soumet à l'essai B*b*.

B*a*. Le gaz reconnu fumant à l'air lors de l'essai A*d* attaque le verre de l'éprouvette et le dépolit quand il s'agit d'ACIDE FLUORHYDRIQUE.

Il se décompose immédiatement au contact du mercure, et sa dissolution alcaline présente les caractères des iodures (§ 1542) quand il est constitué par de l'ACIDE IODHYDRIQUE. Aucune des deux actions précédentes ne se manifestant rapidement, on introduit dans l'éprouvette un fragment de papier blanc; celui-ci noircit et se carbonise dans le FLUORURE DE BORE. Enfin, ce troisième caractère étant lui-même négatif, on absorbe le gaz dans fort peu d'eau. Le liquide est chargé de flocons de silice gélatineuse, quand le gaz est du FLUORURE DE SILICIUM; il reste limpide quand il s'agit d'acide bromhydrique ou d'acide chlorhydrique. La même dissolution aqueuse, neutralisée par la potasse, présente les caractères des chlorures (§ 1542) dans le cas de l'ACIDE CHLORHYDRIQUE et ceux des bromures (§ 1542) dans le cas de l'ACIDE BROMHYDRIQUE. Il importe d'observer que l'acide bromhydrique attaque le mercure, mais avec une lenteur telle que ce caractère se distingue aisément de celui présenté par l'acide iodhydrique dans les mêmes circonstances.

B*b*. Le gaz ayant été reconnu incolore dans l'essai B et non fumant à l'air dans l'essai B*a*, on introduit dans l'éprouvette un papier de tournesol rouge; celui-ci est bleui énergiquement par l'AMMONIAQUE. Lorsque le papier reste rouge on agite une partie du gaz avec de l'eau de chaux; du carbonate de chaux se précipite quand on a affaire au GAZ CARBONIQUE. Dans le cas contaire, il s'agit du GAZ SULFUREUX et la solution aqueuse, fortement acide, réduit le permanganate de potasse.

1815. C. Le gaz ayant été reconnu combustible lors de l'essai A, on en agite un échantillon avec de l'eau, on observe ce qui se produit, puis on ajoute de la potasse à l'eau, on agite et on observe de nouveau. Quand sous l'action de l'eau pure ou de l'eau rendue alcaline par la potasse, il se produit une absorption, on pratique l'essai C*a*; si non on passe à l'essai C*b*.

C*a*. L'action de l'eau pure, lors de l'essai C, donne lieu à une absorption rapide, qui correspond à une grande solubilité, ou bien à une absorption lente et ne devenant rapide qu'après l'addition d'alcali.

Dans le premier cas, les gaz très solubles sont la méthylamine et l'éther méthylique. Le gaz bleuit énergiquement le papier de tournesol, donne des fumées blanches au contact des vapeurs chlorhydriques s'il est formé de MÉTHYLAMINE; il n'est pas alcalin et possède une odeur éthérée, quand il est l'ÉTHER MÉTHYLIQUE.

Dans le second cas, la solubilité dans l'eau pure étant faible, mais devenant forte en présence de la potasse, on introduit dans l'éprouvette un papier imprégné d'acétate de plomb. Si le papier noircit, on constate que le gaz est combustible en produisant de l'acide sulfureux dont la solution aqueuse réduit le permanganate de potasse; il s'agit alors d'HYDROGÈNE SULFURÉ. Si le papier reste incolore, le gaz est du CYANOGÈNE; il présente une odeur spéciale et brûle avec la flamme pourpre caractéristique.

C*b*. Le gaz ayant été trouvé insoluble dans l'eau, même additionnée de potasse, lors de l'essai C, on introduit un peu du gaz considéré dans une petite éprouvette, on l'enflamme à l'air, et on agite les produits de la combustion avec de l'eau de baryte en excès. L'emploi de l'eau de chaux ne convient pas ici, les hydracides formés par la combustion de certains éthers à hydracides pouvant saturer complètement la trop faible proportion de chaux contenue dans le réactif et empêcher celui-ci de se troubler par le gaz carbonique. Lorsque l'eau de baryte se trouble au contact des produits de la combustion, le gaz contient du carbone et on le soumet à l'essai *Cc*. L'eau de baryte restant au contraire limpide, on répète la combustion à l'air d'un échantillon de gaz : les produits de cette combustion étant agités avec un peu d'eau, celle-ci est rendue acide par les composés oxygénés du phosphore quand on a affaire à l'HYDROGÈNE PHOSPHORÉ ; elle reste neutre quand il s'agit de l'HYDROGÈNE.

Cc. La formation du gaz carbonique, qui trouble l'eau de baryte, ayant dénoncé la présence du carbone dans le corps analysé, lors de l'essai *Cb*, on répète la combustion à l'air du gaz desséché, en opérant dans une petite éprouvette. Le gaz brûle avec une flamme bleue, sans donner lieu à une condensation de vapeur d'eau sur les parois de l'éprouvette, lorsqu'il est formé d'OXYDE DE CARBONE ; ce dernier est d'ailleurs absorbable par le chlorure cuivreux. La combustion s'opère avec une flamme plus ou moins éclairante et même fuligineuse, en donnant lieu à une condensation d'eau, lorsqu'il s'agit de gaz organiques proprement dits. Ces derniers sont nettement caractérisés par la formation d'acétylène à laquelle ils donnent lieu quand on les soumet à l'action des étincelles électriques (§ 1810), caractère que ne présente pas l'oxyde de carbone. Pour distinguer les uns des autres les gaz organiques, on passe à l'essai D.

1816. D. Les gaz organiques proprement dits sont surtout des hydrocarbures et quelques éthers à hydracides. Pour distinguer ces derniers, on fait brûler un petit échantillon du gaz. La combustion donne lieu à une flamme bordée de vert ; elle engendre des produits acides, rougissant le tournesol, précipitant l'azotate d'argent, quand le gaz est de l'ÉTHER MÉTHYLCHLORHYDRIQUE ou de l'ÉTHER ÉTHYLCHLORHYDRIQUE. Ces deux gaz se distinguent par leur combustion eudiométrique. L'épreuve ayant été négative, on cherche à caractériser les hydrocarbures par l'essai D*a*.

D*a*. On agite le gaz sur le mercure, dans une éprouvette, avec de l'acide sulfurique bouilli ; si l'absorption ne s'opère pas sensiblement dans ces conditions, on passe à l'essai D*b* ; si, au contraire l'absorption s'opère aisément, on traite le gaz par le protochlorure de cuivre ammoniacal, non chargé de chlorhydrate d'ammoniaque (§ 1810). Il y a formation d'acétylure cuivreux, rouge et caractéristique, avec l'ACÉTYLÈNE, tandis que l'apparition d'allylénure cuivreux jaune dénonce l'ALLYLÈNE. On ne doit pas oublier que le précipité jaune d'allylénure cuivreux n'apparaît pas et que le gaz allylène se dissout seulement quand le réactif cuivreux ammoniacal est fortement chargé de chlorhydrate d'ammoniaque (§ 1114).

Le gaz ne donnant pas de précipité par le chlorure cuivreux ammoniacal, il ne peut être que du PROPHYLÈNE ou du BUTYLÈNE, que l'on distingue l'un de l'autre par une combustion dans l'eudiomètre.

D*b*. Lorsque, dans l'essai D*a*, l'hydrocarbure a été trouvé non absorbable immédiatement par l'acide sulfurique bouilli, on le met en contact avec du brome (§ 1802) en opérant sur l'eau. Le brome donne lieu à une absorption, avec formation d'un produit huileux, dans le cas de l'ÉTHYLÈNE. Le gaz reste non absorbé dans le cas d'un CARBURE FORMÉNIQUE. Les carbures forméniques ne peuvent d'ailleurs être distingués régulièrement les uns des autres que par la combustion eudiométrique.

1817. RÉSUMÉ. — Le tableau suivant (pages 1134 et 1135) résume la méthode qui vient d'être exposée pour la détermination de la nature d'un gaz isolé. Pour abréger, le gaz analysé y a été représenté par [GA]. Comme avec les tableaux donnés pour l'analyse des sels, on ne doit pas oublier que les renseignements qu'il fournit sont forcément très abrégés et que, pour avoir des indications suffisantes, on doit consulter les paragraphes précédents, auxquels il renvoie.

1818. VÉRIFICATIONS. — La nature du gaz ayant été déterminée en suivant la marche dichotomique indiquée plus haut, il importe de ne pas perdre de vue les causes d'erreur inhérentes à toute méthode de ce genre (§ 1511). Il importe notamment de considérer qu'en raison de la dépendance dans laquelle toute réaction s'y trouve par rapport à celles qui la précèdent, une erreur faite à un moment quelconque de l'analyse conduit à un résultat erroné. Il est donc indispensable de contrôler finalement le résultat obtenu et de constater que le gaz examiné présente bien les propriétés indiquées ailleurs (§ 1803 et suivants) pour le corps avec lequel on a été conduit à l'identifier.

4.

ANALYSE EUDIOMÉTRIQUE.

1819. EUDIOMÈTRES. — Les eudiomètres sont des instruments dans lesquels on effectue la combustion de mélanges gazeux explosifs. Ceux qu'il convient de mettre en usage dans les analyses approchées dont nous avons à nous occuper ici, ont déjà été décrits ; ce sont l'eudiomètre de Gay-Lussac (fig. 241, § 531) l'eudiomètre de M. Bunsen (fig. 242, § 532) et l'eudiomètre de M. Riban (fig. 243, § 533). Leur mode d'emploi a été suffisamment précisé. L'appareil de M. Riban, quand il est construit en verre résistant et bien recuit, est d'un usage particulièrement commode : il se nettoie aisément et se prête bien au transvasement des gaz, que n'arrête aucune pièce métallique formant relief.

Le vase contenant [GA] est ouvert dans l'atmosphère au voisinage d'une flamme (A). [GA]

- **ne s'enflamme pas, n'étant PAS COMBUSTIBLE.** On agite [GA] dans une éprouvette, sur la cuve à mercure, avec un peu d'eau additionnée de potasse caustique (Aa). Le gaz

  - **n'est PAS ABSORBÉ.** On introduit dans [GA] une allumette présentant quelques points en ignition (Ab). L'allumette
    - **SE RALLUME.** On agite [GA], sur la cuve à mercure, avec le pyrogallate de potasse (Ab); [GA]
      - EST ABSORBÉ .... **Oxygène.**
      - N'EST PAS ABSORBÉ .... **Protoxyde d'azote.**
    - **NE SE RALLUME PAS.** On agite [GA], sur la cuve à mercure, avec du sulfate ferreux (Ac); [GA]
      - EST ABSORBÉ et la liqueur brunit .... **Bioxyde d'azote.**
      - N'EST PAS ABSORBÉ .... **Azote.**

  - **EST ABSORBÉ (B). [GA] est**
    - **JAUNE et attaque le mercure** .... **Chlore.**
    - **ROUGE et absorbable par le sulfate fer**reux .... **Hypoazotide.**
    - **INCOLORE.** On fait passer dans [GA] quelques bulles d'air (B);
      - il se forme des FU[MÉES BLANCHES] [GA]
        - **FUMÉES BLANCHES.**
          - DÉPOLIT LE VERRE de l'éprouvette (Ba) .... **Acide fluorhydrique.**
          - SE DÉCOMPOSE immédiatement au contact du mercure de la cuve (Ba) ..... **Acide iodhydrique.**
          - NOIRCIT un fragment de papier blanc mis en contact avec lui (Ba) ..... **Fluorure de bore.**
          - NE PRÉSENTE AUCUN DES TROIS CARACTÈRES précédents. On le met en contact avec un peu d'eau (Ba); il se dissout en donnant un liquide
            - tenant en suspension des FLOCONS DE SILICE .... **Fluorure de silicium.**
            - LIMPIDE, qui, neutralisé par la potasse présente les CARACTÈRES DES
              - CHLORURES .... **Acide chlorhydrique.**
              - BROMURES .... **Acide bromhydrique.**
      - il ne se forme PAS DE [fumées blanches]. On introduit dans [GA] un papier de tournesol rouge
        - **FUMÉES BLANCHES.** [GA] un papier de (Bb); le papier
          - est BLEUI .... **Ammoniaque.**
          - RESTE ROUGE. Agiter [GA] avec de l'eau de chaux (Bb); l'eau de chaux
            - est TROUBLÉE .... **Gaz carbonique.**
            - RESTE LIMPIDE .... **Gaz sulfureux.**

- **s'enflamme, étant COMBUSTIBLE.** On traite [GA] par l'eau d'abord, puis par l'eau additionnée de potasse (C); [GA]

  - est rapidement ABSORBÉ PAR L'EAU SEULE. On met [GA] en contact avec un papier de tournesol rouge (Ca); le papier
    - est BLEUI .... **Méthylamine.**
    - n'est pas BLEUI et [GA] présente une odeur éthérée .... **Éther méthylique.**

  - n'est PAS ABSORBÉ PAR L'EAU seule, mais est ABSORBÉ PAR LA POTASSE. On met [GA] en contact avec un papier imprégné d'ACÉTATE DE PLOMB (Ca). Le papier
    - NOIRCIT .... **Hydrogène sulfuré.**
    - NE NOIRCIT PAS .... **Cyanogène.**

  - n'est PAS ABSORBÉ PAR L'EAU, même ADDITIONNÉE DE POTASSE. On fait brûler une partie de [GA] dans une éprouvette et on agite les produits de la combustion avec de l'eau de baryte (Cb). Ces produits
    - NE TROUBLENT PAS l'eau de baryte. On répète la combustion d'une partie de [GA] et on agite un peu d'eau (Cb); la liqueur — répète la combustion, les produits avec
      - ROUGIT le tournesol .... **Hydrogène phosphoré.**
      - NE ROUGIT PAS le tournesol .... **Hydrogène.**
    - TROUBLENT l'eau de baryte. On soumet [GA] à l'action des étincelles électriques, puis on le met en contact avec quelques gouttes de protochlorure de cuivre ammoniacal (Ce):
      - Il ne se forme PAS DE PRÉCIPITÉ ROUGE .... **Oxyde de carbone.**
      - ACIDE AU TOURNESOL et précipite en blanc le nitrate d'argent ..... **Éther méthylchlorhydrique ou éther éthylchlorhydrique.**
      - Il se forme un PRÉCIPITÉ ROUGE. On fait brûler à l'air une partie de [GA]; le produit de la combustion (D) est
        - NEUTRE AU TOURNESOL et ne précipite pas le nitrate d'argent. On agite [GA], dans une éprouvette et sur la cuve à mercure, avec de l'acide sulfurique bouilli (Da); [GA]
          - EST ABSORBÉ aisément. On l'agite avec le protochlorure de cuivre ammoniacal (Da); il est absorbé
            - en donnant d'un PRÉCIPITÉ ROUGE. .... **Acétylène.**
            - en donnant d'un PRÉCIPITÉ JAUNE. .... **Allylène.**
            - SANS FORMATION DE PRÉCIPITÉ .... **Propylène ou butylène.**
          - n'est PAS ABSORBÉ. On l'agite avec le brome sur la cuve à eau (Db)
            - il est ABSORBÉ .... **Éthylène.**
            - il n'est PAS ABSORBÉ .... **Carbures forméniques.**

Pour éviter la déperdition du gaz par les mouvements du mercure qu'entraîne l'explosion, il est nécessaire de fermer l'orifice inférieur des eudiomètres. La fermeture la plus simple et la meilleure consiste en un bouchon de caoutchouc, que traverse d'outre en outre un tube de verre épais à canal presque capillaire. Avant de fixer le bouchon à l'ouverture de l'eudiomètre immergée dans le mercure, il est bon de secouer le bouchon au sein du métal liquide, afin de séparer les bulles d'air adhérentes.

Lors de la détonation, les mouvements imprimés à l'appareil insuffisamment maintenu, peuvent déterminer un choc sur les parois de la cuve et causer le bris de l'instrument. Pour éviter cet accident, on appuie solidement l'eudiomètre par son bouchon sur la tablette de la cuve et on le fixe avec soin, en saisissant sa partie médiane dans la pince à vis d'un support métallique.

On gradue souvent les eudiomètres afin de pouvoir mesurer les gaz qu'ils contiennent sans avoir à opérer un transvasement. Cette pratique présente peu d'avantages, le transvasement étant le plus souvent rendu nécessaire par quelque autre opération de l'analyse ; en outre les traits gravés sur le verre nuisent à la solidité de l'instrument, alors que la résistance est pour celui-ci une qualité indispensable.

1820. Emploi des réactifs. — Les réactifs liquides sont mis en contact avec le gaz en expérience en plaçant ce gaz dans une éprouvette ordinaire, sur la cuve à mercure, et en faisant passer dans la même éprouvette, au moyen d'une pipette courbe (fig. 193, § 419), le liquide à employer. On agite ensuite soigneusement, en évitant les entrées d'air et les sorties de gaz. La pipette courbe peut souvent être remplacée par un petit tube bouché, garni de réactif, que l'on ferme avec le doigt, que l'on immerge dans le mercure et que l'on ouvre ensuite sous l'orifice de l'éprouvette; le mercure déplace le liquide plus léger qui monte dans l'éprouvette.

Une opération indispensable, mais le plus ordinairement laborieuse, est la séparation du gaz d'avec le liquide mis en réaction avec lui. Quand le liquide est très abondant, on en fait passer la plus grande partie dans une seconde éprouvette garnie de mercure, en le transvasant à la manière d'un gaz et en s'arrêtant avant que le gaz n'atteigne le bord de l'éprouvette à débarrasser du liquide. Quand il est peu abondant, on arrive, avec quelque habitude et en opérant brusquement, à faire passer le gaz dans une seconde éprouvette pleine de mercure, en laissant dans la première la plus grande partie du liquide; de telle sorte qu'en répétant les transvasements on arrive assez vite à une séparation complète, les dernières parties du liquide étant fixées sur le verre par capillarité. En introduisant dans la cloche une boulette de papier buvard, qu'on a débarrassée d'air en la serrant fortement entre les doigts dans le mercure, elle enlève en s'imbibant une petite quantité de liquide présente avec le gaz dans l'éprouvette.

L'emploi des pipettes à gaz (§ 416, fig. 192) permet d'effectuer la même séparation avec plus de précision. Il suffit, en effet, de faire pénétrer le siphon d'une pipette Doyère, convenablement garnie de mercure, jusqu'au fond de l'éprouvette contenant le gaz à isoler, puis d'aspirer pour que ce gaz passe dans la pipette. On s'arrête au moment où le réactif va pénétrer dans l'appareil. Abaissant alors celui-ci jusqu'à immersion dans le mercure de l'orifice du siphon, on aspire de nouveau ; le mercure qui pénètre dans le siphon, sépare le gaz de l'atmosphère et le maintient dans la pipette. Présentant alors au-dessus du siphon une cloche à gaz pleine de mercure, on souffle de manière à faire passer le gaz de la pipette dans la cloche. C'est, en somme, une opération de transvasement analogue à celle dont il a déjà été question (§ 416).

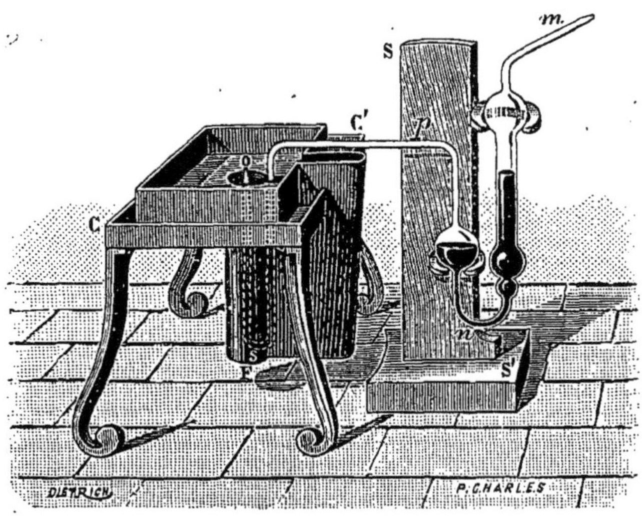

Fig. 374. — Cuve à mercure pour pipette de Doyère.

La pipette de Doyère sert surtout de laboratoire pour la mise en contact des réactifs liquides et des gaz à traiter par ces réactifs ; il faut pour cet usage que la boule qui constitue son réservoir soit assez volumineuse. Plongeant son orifice dans le mercure d'une cloche renversée sur la cuve à mercure et contenant le gaz en expérience, on y fait d'abord passer du mercure par aspiration ; faisant pénétrer ensuite le siphon jusqu'au haut de la cloche, on introduit le gaz dans la pipette ; on agit encore de même pour le réactif liquide que l'on a fait arriver à son tour dans la cloche, de telle sorte que ce réactif arrive au contact du gaz dans le réservoir de la pipette ; enfin, abaissant le siphon, on y fait passer par aspiration un peu de mercure qui enferme le gaz et le réactif dans la pipette. Après agitation, la réaction étant achevée, on introduit le siphon dans une éprouvette ou dans un vase quelconque, renversé sur la cuve et plein de mercure, et on y fait passer le gaz en soufflant dans la pipette ; on s'arrête quand le réactif liquide va s'échapper. Cette pratique exige l'emploi de pipettes multiples, chacune d'elles étant affectée à l'usage de l'un des réactifs.

La pipette de Doyère est d'un maniement difficile sur les cuves à mercure en pierre (§ 409), c'est-à-dire sur les cuves les plus avantageuses pour tout autre usage. Il est plus commode d'opérer avec elle sur une petite cuve spéciale, en fonte de fer CC' (fig. 374), dont la forme est telle d'ailleurs que peu de mercure suffit pour la garnir. Avec les grandes cuves à parois épaisses, la longueur exagérée, qu'il faut donner à la branche horizontale du tube-siphon de la pipette, rend celui-ci extrêmement fragile; or le poids de l'instrument chargé de mercure est trop considérable pour que les mouvements de l'opérateur conservent toute leur délicatesse et ne risquent pas fréquemment de compromettre l'intégrité de l'instrument.

1821. MESURAGE ET DESSICCATION. — Les conditions dans lesquelles les gaz doivent être mesurés ont été résumées au § 440. Les circonstances de température et de pression intervenant pour modifier fortement les volumes des gaz, il est tout à fait indispensable d'en tenir compte dans le mesurage de ces volumes.

Température. — Quand on emploie les méthodes rapides d'analyse dont il est question ici, la durée des opérations est assez courte pour qu'il soit possible d'admettre que la température ambiante ne varie pas pendant leur durée, et en particulier que la température de la cuve à mercure, dont la masse métallique est toujours considérable, reste invariable pendant le même espace de temps. Si donc on amène les gaz, au moment du mesurage, à avoir la température de la cuve elle-même, on ne commettra qu'une erreur négligeable en admettant que toutes les opérations pratiquées dans un temps court ont été effectuées à une seule et même température, celle de la cuve.

Étant donnée la faible masse des gaz et par suite la quantité très limitée de chaleur qu'ils absorbent ou abandonnent pour s'échauffer ou se refroidir, c'est-à-dire pour changer de volume, il est une cause d'erreur dont l'intervention doit être soigneusement écartée; c'est le contact des mains avec les vases contenant les gaz à mesurer. On l'évite en saisissant et en manœuvrant les cloches à gaz au moyen d'une pince en bois, dite pince à matras (fig. 109, § 193). Immédiatement avant le mesurage, on enfonce la cloche dans le mercure de la cuve et on la maintient immergée pendant quelques instants; elle prend rapidement, ainsi que son contenu, la température de la masse métallique. Cette température peut d'ailleurs être connue aisément en plongeant le réservoir d'un thermomètre dans le mercure et en lisant sur l'échelle le point auquel s'arrête la colonne mercurielle.

D'ailleurs, le volume V d'une masse gazeuse, mesuré à une température T, étant connu, on calcule aisément le volume v qu'occuperait cette même masse gazeuse à la température t au moyen de la formule $v = V \frac{1+0,00366t}{1+0,00366T}$, en supposant que la pression demeure invariable.

Pression. — Les volumes occupés par une même masse de gaz étant, d'après la loi de Mariotte, inversement proportionnels aux pressions que supporte cette masse, l'influence de la pression ne saurait être négligée dans le mesurage des gaz.

Pour que le gaz mesuré se trouve à la pression actuelle de l'atmosphère, il faut que les niveaux du mercure dans la cloche et dans la cuve soient sur un même plan horizontal. A une différence de 1 centimètre entre ces niveaux correspondrait normalement une erreur de 1/76 dans le volume mesuré. Avant de faire la lecture sur la graduation de la cloche, on fixe donc celle-ci dans la position nécessaire pour établir la concordance des niveaux. Cette coïncidence est aisée à constater quand on présente la cloche au voisinage de la fenêtre de glace *f* (fig. 189, § 409), pratiquée dans la paroi des cuves à mercure ; on l'enfonce verticalement dans le trou *o*, en la tenant avec la pince en bois. Comme, d'ordinaire, les variations de la pression atmosphérique ne sont pas brusques ; on peut admettre sans inconvénient que les divers mesurages effectués avec ces précautions, dans le cours d'une même analyse, correspondent à des masses gazeuses soumises à une même pression, la pression atmosphérique actuelle. Cette dernière est donnée par le baromètre.

Si l'on veut tenir compte du changement apporté au volume d'un gaz par une variation de la pression atmosphérique, on se sert de la formule $v = V\,\dfrac{H}{h}$, qui traduit la loi de Mariotte, et donne le volume *v* à la pression *h* d'un gaz dont le volume V était connu à la pression H.

Vapeur d'eau. — La présence de la vapeur d'eau fausse le mesurage des gaz : le volume de cette vapeur s'ajoute à celui du gaz. Or, la vapeur d'eau existe le plus souvent dans les gaz provenant des réactions accomplies en dehors de l'intervention des agents de dessiccation ; d'ailleurs, dans les analyses des gaz hydrogénés, la vapeur d'eau prend naissance lors des combustions eudiométriques ; enfin, les réactifs aqueux chargent d'eau les gaz que l'on met en contact avec eux.

Le moyen le plus simple d'éliminer la cause d'erreur due à l'eau consiste à dessécher le gaz avant de le mesurer ; il suffit, pour cela, de laisser ce gaz en contact prolongé, dans une cloche, avec une baguette de chlorure de calcium fondu, occupant toute la hauteur de la cloche. Un fragment quelconque de chlorure de calcium fondu agit de même ; mais, en dehors de l'inconvénient qu'il peut présenter d'introduire dans le gaz les bulles d'air qui se logent dans les anfractuosités de sa surface irrégulière, il ne dessèche qu'avec plus de lenteur, par diffusion, le contenu du haut de la cloche.

On peut, si le gaz est saturé d'humidité, corriger par le calcul l'erreur causée par la vapeur d'eau lors du mesurage ; cette erreur devient plus grande à mesure que la température à laquelle on a opéré est plus élevée, la tension de la vapeur d'eau augmentant avec la température. Si l'on connaît la tension maxima de la vapeur d'eau *h* à la température du gaz au moment du mesurage, cette correction s'effectue en se

servant de la formule donnée plus haut pour la correction due à la
pression; la pression propre du gaz, au moment du mesurage, était
non pas la pression barométrique H, mais cette pression diminuée de
la tension de la vapeur d'eau h, soit $(H - h)$. Le volume réel v se cal-
culera donc au moyen du volume observé V, conformément à la formule $v = V\dfrac{H}{H-h}$. Le tableau suivant fait connaître les valeurs de h,
c'est-à-dire les tensions maxima de la vapeur d'eau aux températures
comprises entre 0° et + 30°, c'est-à-dire aux températures où l'on peut
opérer d'ordinaire.

TENSIONS MAXIMA DE LA VAPEUR D'EAU, D'APRÈS V. REGNAULT.

TEMPÉRATURES (degrés).	TENSIONS en millimètres de mercure.	TEMPÉRATURES (degrés).	TENSIONS en millimètres de mercure.	TEMPÉRATURES (degrés).	TENSIONS en millimètres de mercure.
0	4,600	+ 11	9,792	+ 21	18,495
+ 1	4,940	12	10,457	22	19,659
2	5,302	13	11,162	23	20,888
3	5,687	14	11,908	24	22,184
4	6,097	15	12,699	25	23,550
5	6,534	16	13,536	26	24,988
6	6,998	17	14,421	27	26,505
7	7,492	18	15,357	28	28,101
8	8,017	19	16,346	29	29,782
9	8,574	20	17,391	30	31,548
10	9,165				

On en peut conclure, pour donner une idée de l'influence de la
vapeur d'eau sur le mesurage des gaz, que, vers 12°, l'erreur due à
cette vapeur atteint $\dfrac{10}{760}$ ou environ 1,3 p. 100, et vers 25°, $\dfrac{23,5}{760}$ ou
environ 3,1 p. 100.

Ces chiffres s'appliquent à un gaz saturé de vapeur d'eau. Le problème se compliquerait si le gaz était chargé de vapeur sans que la saturation soit atteinte. Pour le résoudre, il faudrait déterminer la tension de la vapeur d'eau qu'il renferme, par des opérations auxquelles on
doit préférer la dessiccation complète.

1822. ANALYSE DE L'OXYDE DE CARBONE. — Nous allons donner quelques exemples d'analyse eudiométrique portant sur des gaz isolés. Le
premier sera fourni par l'oxyde de carbone.

On introduit dans une éprouvette graduée, garnie de mercure et renversée sur la cuve à mercure, une certaine quantité d'oxyde de carbone,
dont on mesure exactement le volume, soit 20 centimètres cubes; ce
volume est mesuré à la température de la cuve. On ajoute au gaz un
volume d'oxygène à peu près égal; une seconde lecture du niveau
donne, par différence entre les deux lectures, le volume exact de l'oxygène ajouté; soit 22 centimètres cubes ce volume. On fait passer le mélange gazeux dans l'eudiomètre complètement rempli de mercure et

bien débarrassé d'air adhérent aux parois (§ 531); puis, en prenant les précautions voulues (§ 1819), on fait éclater entre les armatures métalliques quelques étincelles électriques fournies par une petite bobine d'induction. L'explosion se produit, et le niveau du mercure s'élève dans l'eudiomètre, le liquide pénétrant par le bouchon percé. On fait alors passer le contenu de l'eudiomètre dans une cloche à gaz graduée. Une lecture du volume indique une contraction : le mélange gazeux, qui occupait 42 centimètres cubes avant l'explosion, n'en occupe plus que 32 après explosion et refroidissement. La *contraction* est égale à la moitié du volume de l'oxyde de carbone traité. Faisant passer le gaz dans une éprouvette pleine de mercure, on le met en contact avec un fragment de potasse humide et on agite. Le gaz carbonique est absorbé. Quand le volume cesse de varier, on fait passer de nouveau le gaz dans l'éprouvette graduée, sans entraîner la potasse, et on mesure le nouveau volume du résidu. On trouve 12 centimètres cubes; la quantité de gaz carbonique formé est donc $32 - 12 = 20$ centimètres cubes, c'est-à-dire que son volume est égal à celui de l'oxyde de carbone brûlé. La *contraction totale*, après absorption du gaz carbonique, est ainsi de 30 centimètres cubes, c'est-à-dire égale à 1 fois 1/2 le volume de l'oxyde de carbone. On transvase de nouveau le gaz dans l'éprouvette contenant encore de la potasse, et on l'y met en contact avec du pyrogallate de potasse. La totalité du résidu gazeux disparaît, ce résidu étant exclusivement composé d'oxygène employé en excès. Il résulte de ces observations que l'oxyde de carbone est brûlé et changé en gaz carbonique par la moitié de son volume d'oxygène, et qu'il donne en brûlant son propre volume de gaz carbonique :

$$C^2O^2 \quad + \quad O^2 \quad = \quad C^2O^4;$$
4 vol.   2 vol.   4 vol.

$$CO \quad + \quad O \quad = \quad CO^2.$$

1823. ANALYSE DU FORMÈNE. — On introduit dans l'eudiomètre 1 volume de formène, soit 10 centimètres cubes, et un excès d'oxygène, soit 25 centimètres cubes. En opérant comme il vient d'être dit (§ 1822), on fait passer l'étincelle, et on constate que le volume du résidu refroidi est 15 centimètres cubes, la *contraction* étant égale à 20 centimètres cubes, c'est-à-dire double du volume de formène brûlé. La vapeur d'eau produite a disparu par condensation, dès que le gaz a repris la température de la cuve à mercure. On absorbe le gaz carbonique formé; la diminution de volume produite par la potasse est 10 centimètres cubes, le résidu étant réduit à 5 centimètres cubes; ceci donne après l'absorption du gaz carbonique, une *contraction totale* de 30 centimètres cubes, soit égale à 3 fois le volume du formène brûlé. La différence entre la contraction primitive et la contraction totale, soit 20 centimètres cubes, représente le volume de l'oxygène consommé dans la combustion. Le résidu final est, en effet, de l'oxygène pur; le pyrogallate de potasse l'absorbe complètement.

La réaction est, en effet, la suivante :

$$C^2H^4 \quad - \quad 8O \quad = \quad C^2O^4 \quad + \quad 2H^2O^2;$$

4 vol.   8 vol.   4 vol.   8 vol.

$$C^2H^4 \quad - \quad 4O \quad = \quad C^2O^2 \quad + \quad 2H^2O.$$

Le formène est donc brûlé et changé en gaz carbonique et en eau par 2 fois son volume d'oxygène; il produit ainsi son volume de gaz carbonique, correspondant à la moitié de son volume de vapeur de carbone. Le gaz carbonique contenant son propre volume d'oxygène, la combustion de l'hydrogène a absorbé le reste de l'oxygène, soit 1 volume; le volume de l'hydrogène étant double de celui de l'oxygène qui l'a brûlé, le formène contient 2 fois son volume d'hydrogène.

1824. ANALYSE DE L'ÉTHYLÈNE. — En opérant de même avec l'éthylène, on trouve que ce gaz consomme, pour brûler, 3 fois son volume d'oxygène, et produit 2 fois son volume d'acide carbonique; en discutant ce résultat comme on vient de le faire pour le formène, on arrive à conclure que l'éthylène contient 2 fois son volume d'hydrogène et son propre volume de vapeur de carbone.

1825. ÉQUATIONS EUDIOMÉTRIQUES. — Les exemples précédents montrent que l'analyse eudiométrique établit des relations numériques entre 3 données importantes : 1° le volume initial a du gaz combustible; 2° le volume b du gaz carbonique produit dans la combustion ; 3° la contraction totale c, autrement dit la différence entre les volumes réunis du gaz analysé et de l'oxygène employé et le volume du résidu de la combustion, après condensation de la vapeur d'eau et absorption du gaz carbonique par la potasse. Ces trois données sont caractéristiques pour chaque gaz combustible; les relations qui existent entre elles fournissent les *équations eudiométriques* de ce gaz.

C'est ainsi, pour s'en tenir aux exemples précités (§ 1822 et § 1823), que les équations eudiométriques de l'oxyde de carbone sont :

$$4x = a; \qquad 4x = b; \qquad 6x = c;$$

et celles du formène :

$$4y = a; \qquad 4y = b; \qquad 12y = c.$$

Le tableau suivant (M. Berthelot) réunit les valeurs nécessaires à l'établissement des équations eudiométriques des principaux gaz combustibles. Ces valeurs s'y trouvent rapportées à 1 volume de chaque gaz combustible.

CARACTÈRES EUDIOMÉTRIQUES DES PRINCIPAUX GAZ COMBUSTIBLES.

NATURE DU GAZ.	VOLUME du gaz combustible. a	VOLUME du gaz carbonique produit. b	CONTRACTION totale. c	OXYGÈNE consommé. d
Hydrogène	1	0	1,5	0,5
Oxyde de carbone	1,	1	1,5	0,5
Acétylène	1	2	3,5	2,5
Éthylène	1	2	4,0	3,0
Forméne	1	1	3,0	2,0
Hydrure d'éthylène	1	2	4,5	3,5
Allylène	1	3	5,0	4,0
Propylène	1	3	5,5	4,5
Hydrure de propylène	1	3	6,0	5,0
Butylène	1	4	7,0	6,0
Hydrure de butylène	1	4	7,5	6,5
Amylène (vapeur)	1	5	8,5	7,5
Benzine (vapeur)	1	6	8,5	7,5

§.

ANALYSE DES MÉLANGES GAZEUX.

I. — ANALYSES EUDIOMÉTRIQUES.

1826. ANALYSE EUDIOMÉTRIQUE D'UN MÉLANGE D'OXYGÈNE ET D'AZOTE. — (Voy. § 556 et suivants.)

1827. ANALYSE EUDIOMÉTRIQUE D'UN MÉLANGE D'HYDROGÈNE ET D'AZOTE. — Cette analyse diffère peu de la précédente effectuée par l'eudiomètre (§ 556); dans le premier cas, on a ajouté de l'hydrogène pour enlever l'oxygène par combustion, et dans le second c'est l'oxygène qu'on ajoute pour faire disparaître l'hydrogène.

On introduit dans un eudiomètre placé sur le mercure un volume exactement mesuré du gaz à analyser, puis un volume exactement mesuré aussi d'oxygène, volume quelconque mais suffisant pour brûler la totalité de l'hydrogène contenu dans le mélange. Avec les précautions indiquées ailleurs (§ 1819), on fait passer l'étincelle dans le mélange. Après la combustion, on dessèche le résidu gazeux en le mettant en contact avec une baguette de chlorure de calcium, on le fait passer dans une cloche graduée et on le mesure. La diminution de volume que l'on constate est due à la disparition de l'oxygène et de l'hydrogène combinés; étant données les proportions dans lesquelles l'hydrogène et l'oxygène s'unissent pour former de l'eau, les deux tiers du volume gazeux disparu sont le volume de l'hydrogène contenu dans les 10 centimètres cubes du mélange analysé. On agite le résidu avec du pyrogallate de potasse qui absorbe l'oxygène en excès; après séparation du gaz d'avec le réactif et dessiccation, on mesure de nouveau le résidu; son volume doit avoir diminué, sinon l'oxygène n'a pas été employé en quantité suffisante et la combustion doit être recommencée avec une quantité d'oxygène plus grande. La diminution de volume due au traitement par le pyrogallate, augmentée de la moitié du volume de l'hydrogène trouvé, doit être égale au volume de l'oxygène employé. Le volume du dernier résidu est celui de l'azote cherché ; augmenté de celui de l'hydrogène, il doit donner le volume du mélange soumis à l'analyse eudiométrique.

Si le mélange analysé est très pauvre en hydrogène, la combustion peut ne pas s'effectuer dans l'eudiomètre ou s'effectuer d'une façon incomplète. Il faut alors ajouter au mélange à brûler une quantité quelconque de gaz de la pile, vérifié combustible sans résidu (§ 1802). La combustion de ce gaz provoque celle du mélange traité. Comme le gaz tonnant disparaît entièrement lors de l'explosion, il n'y a pas à tenir compte de son volume, non plus qu'à modifier la manière de calculer les résultats.

1828. Analyse eudiométrique d'un mélange d'azote et d'oxyde de carbone. — L'oxyde de carbone étant combustible peut être séparé de l'azote par combustion eudiométrique. A un volume mesuré du mélange analysé, on ajoute un volume d'oxygène, également mesuré et suffisant pour brûler la totalité du gaz combustible. On effectue la détonation dans l'eudiomètre.

On fait passer le contenu de l'eudiomètre dans une cloche et on le traite par la potasse caustique, puis on reçoit le résidu gazeux dans une cloche graduée et on le mesure. Les caractères eudiométriques connus de l'oxyde de carbone (§ 1825) permettent de calculer avec ces données la quantité d'oxyde de carbone contenue dans le mélange. Les deux mesures de volumes effectuées ont fait connaître la contraction totale opérée après absorption par la potasse du gaz carbonique formé ; cette contraction totale est $c = 1,5$, le volume de l'oxyde de carbone étant $a = 1$; le volume représentant cette contraction totale, divisé par $1,5$, donne donc le volume de l'oxyde de carbone. En absorbant l'oxygène restant par le pyrogallate, d'une part on s'assure que l'oxygène a bien été employé en excès, ce qui est indispensable, d'autre part, on constate que l'oxygène consommé $d = 0,5$ avait un volume égal à la moitié de celui de l'oxyde de carbone. Enfin le volume du dernier résidu gazeux est celui de l'azote ; ajouté à celui de l'oxyde de carbone, il doit donner le volume de la prise d'essai. L'analyse fournit ainsi plusieurs vérifications de son résultat.

Il est indispensable d'ajouter du gaz de la pile au mélange à brûler dès que celui-ci n'est pas très chargé d'oxyde de carbone, la présence de l'azote et de l'oxygène en excès tendant à rendre incomplète la combustion du mélange. Cette addition de gaz de la pile est même recommandable en toute circonstance dans le cas actuel.

1829. Analyse eudiométrique d'un mélange d'oxygène et d'oxyde de carbone. — Cette analyse est fort analogue à la précédente. On ajoute à un volume donné du mélange un excès d'oxygène suffisant pour assurer la combustion du gaz combustible et on fait détonner dans l'eudiomètre. En mesurant le gaz restant après absorption par la potasse de l'acide carbonique formé, on connaît la contraction totale qui permet de calculer comme il vient d'être dit (§ 1828) le volume de l'oxyde de carbone. Il est nécessaire de contrôler par un traitement au pyrogallate que l'oxygène a bien été employé en excès; le réactif ne doit d'ailleurs laisser aucun résidu gazeux non absorbable, c'est-à-dire aucun résidu d'oxyde de carbone ayant échappé à la combustion. Le volume de l'oxygène absorbé par le pyrogallate fournit d'ailleurs un contrôle : ce volume augmenté de celui de l'oxygène consommé, $d = 0,5$, est égal à la somme des volumes de l'oxygène ajouté et de l'oxygène à déterminer dans le mélange analysé; or, ce dernier est égal à la différence entre le volume de la prise d'essai et le volume trouvé pour l'oxyde de carbone.

Comme dans l'exemple précédent, l'addition au mélange à brûler d'une certaine quantité de gaz de la pile est presque toujours utile.

1830. ANALYSE EUDIOMÉTRIQUE D'UN MÉLANGE D'HYDROGÈNE ET D'OXYDE DE CARBONE. — A un volume connu du mélange à analyser, on ajoute un volume déterminé d'oxygène, volume égal ou même un peu supérieur au premier, puis on fait détoner dans l'eudiomètre. On mesure la contraction c' résultant directement de la combustion. On traite le résidu gazeux par la potasse : la contraction nouvelle résultant de ce traitement donne le volume k du gaz carbonique formé. Si l'on représente par x le volume de l'hydrogène et par y celui de l'oxyde de carbone, on a les deux équations

$$y = k \quad \text{et} \quad c' = 1,5\,x + 0,5\,y;$$

la première résulte de ce que l'oxyde de carbone fournit en brûlant son propre volume de gaz carbonique ($b = 1$, § 1825); la seconde est donnée par la contraction directe résultant de la combustion de l'hydrogène ($c = 1,5$, § 1825) et par la contraction directe, résultant de la combustion de l'oxyde de carbone ($d = 0,5$, § 1825). Ces deux équations permettent de calculer x et y.

On doit contrôler que l'oxygène a bien été ajouté en excès : une certaine quantité de ce gaz, entièrement absorbable par le pyrogallate de potasse, doit rester après l'absorption de l'acide carbonique par la potasse. S'il n'en était pas ainsi, il faudrait recommencer la combustion en employant davantage d'oxygène. La présence d'un résidu non absorbable indiquerait qu'une partie des gaz combustibles a échappé à la combustion, ce qui peut arriver avec les mélanges pauvres en hydrogène; en pareil cas, la combustion doit être opérée avec addition de gaz de la pile.

On remarquera d'ailleurs que la détermination du volume de l'oxygène consommé peut servir à contrôler le résultat, par un calcul très simple fondé sur les données du § 1825.

1831. ANALYSE EUDIOMÉTRIQUE D'UN MÉLANGE D'OXYGÈNE ET DE FORMÈNE.
— Une combustion préalable dans l'eudiomètre indiquant la présence
d'un excès d'oxygène qui forme après traitement à la potasse un résidu
absorbable par le pyrogallate de potasse, on peut opérer directement
sur un volume déterminé du mélange gazeux; dans le cas contraire,
l'oxygène n'étant pas en excès dans le mélange, on ajoute à un volume
de celui-ci, un volume mesuré d'oxygène, suffisant pour produire une
combustion complète. On observe la contraction directe c' opérée par
la combustion eudiométrique. On absorbe ensuite le gaz carbonique par
la potasse; soit k le volume du gaz carbonique formé.

Étant donnés les caractères eudiométriques du formène ($b=1$,
§ 1825), le volume de ce gaz existant dans le mélange est égal à k; par
suite le volume de l'oxygène qui l'accompagne est donné par différence.

D'après ce qui a été dit plus haut sur la difficulté qu'on rencontre à
caractériser sûrement le formène en dehors de l'analyse eudiométrique, les mesures de contrôle sont ici absolument nécessaires. Elles
peuvent d'ailleurs être multiples. Le formène en brûlant donne lieu à
une contraction totale $c = 3$ (§ 1825), due à la disparition de l'oxygène
consommé et à l'absorption du gaz carbonique.

$$C^2H^4 \quad + \quad 8O \quad = \quad C^2O^4 \quad + \quad 2H^2O^2,$$
4 vol.   8 vol.   4 vol.   8 vol.

$$CH^4 \quad + \quad 4O \quad = \quad CO^2 \quad + \quad 2H^2O;$$

Il résulte de là que la somme des volumes $c' + k$, laquelle représente
l'absorption totale, doit être égale à 3 fois le volume du formène, autrement dit que $c' = 3k$. D'autre part, le formène étant brûlé par 2 fois
son volume d'oxygène ($d=2$, § 1825), $2k$ est le volume de l'oxygène
consommé; comme $V - k$ est le volume de l'oxygène existant dans la
prise d'essai, ce volume, augmenté s'il y a lieu de celui de l'oxygène
qu'on a pu ajouter, et diminué du volume de l'oxygène consommé $2k$, doit
se trouver égal au volume du résidu d'oxygène resté dans la cloche à
la fin de l'expérience.

**1832. ANALYSE EUDIOMÉTRIQUE D'UN MÉLANGE D'HYDROGÈNE ET D'ÉTHY-
LÈNE.** — Cette analyse se rapproche beaucoup de celle d'un mélange
d'hydrogène et d'oxyde de carbone (§ 1830). On ajoute un excès d'oxygène et on fait détoner. Soit c' la contraction provoquée immédiatement par l'explosion, k la diminution de volume résultant du traitement
à la potasse, x et y les volumes cherchés de l'hydrogène et de l'éthylène. L'éthylène donnant en brûlant deux fois son volume de gaz
carbonique ($b=2$, § 1825), on a l'équation

$$2y = k.$$

En outre, la combustion de l'hydrogène par la moitié de son volume
d'oxygène produisant de la vapeur d'eau qui disparaît, la diminution

de volume due à cette combustion est $\frac{3}{2}x$, tandis que pour l'éthylène la diminution immédiate de volume est $2y$ ($b=2$, $d=3$, $a=1$, § 1825) ; on a donc

$$\frac{3}{2}x + 2y = c .$$

Les deux équations donnent x et y.

Comme contrôle, on peut mesurer la quantité d'oxygène consommée ; pour l'hydrogène elle est $\frac{1}{2}x$, et pour l'éthylène $3y$. La consommation totale d'oxygène doit donc être $\frac{1}{2}x + 3y$.

1833. ANALYSE EUDIOMÉTRIQUE D'UN MÉLANGE DE FORMÈNE ET D'ÉTHYLÈNE. — Comme dans le cas précédent, on ajoute un excès d'oxygène et on fait détoner, soit c' la contraction immédiate et k la contraction provoquée par l'absorption du gaz carbonique au moyen de la potasse ; soit x et y les volumes cherchés de formène et d'éthylène. Le formène donnant $b=1$ (§ 1825) et l'éthylène $b=2$ (§ 1825), on a l'équation

$$x + 2y = k.$$

D'autre part la diminution immédiate de volume est $2x$ pour le formène ($b=1$, $d=2$, § 1825) ; elle est $2y$ pour l'éthylène ($b=2$, $d=3$, § 1825) ; on a donc

$$2x + 2y = c'.$$

Les deux équations posées donnent x et y. Le contrôle peut être effectué par la mesure de l'oxygène consommé. Le volume de celui-ci est égal à $2x + 3y$ d'après les données fournies plus haut (§ 1825).

II. — MÉTHODES GÉNÉRALES.

1834. — Les exemples d'analyse qui viennent d'être indiqués dans les paragraphes précédents ont été développés surtout dans le but de faire connaître les ressources que fournit la méthode endiométrique lorsqu'il s'agit de déterminer la composition des mélanges gazeux. Au point de vue pratique, l'emploi exclusif de l'eudiomètre laisserait beaucoup à désirer ; l'usage des combustions eudiométriques n'est recommandable que dans toutes les circonstances où l'emploi des absorbants se trouve en défaut. Or, dans ces derniers temps, le nombre des absorbants s'est beaucoup augmenté, apportant à l'analyse des gaz des ressources précieuses ; en même temps la pratique de l'emploi de ces réactifs a été perfectionnée ; le rôle de l'analyse eudiométrique s'est donc quelque peu restreint. En règle générale, on ne doit recourir à l'emploi de l'eudiomètre, dans l'analyse d'un mélange, qu'après avoir reconnu l'inefficacité des absorbants.

Il y a lieu de remarquer d'ailleurs que les absorbants, convenablement mis en usage, permettent de résoudre des problèmes qui restent

insolubles si on cherche à les aborder par les méthodes eudiométriques seulement.

Nous allons résumer la marche à suivre pour déterminer la composition de différents mélanges gazeux. Nous citerons un certain nombre des mélanges dont on s'est occupé plus haut comme exemples
d'analyse eudiométrique ; on pourra constater que, bien souvent, leur
composition peut être établie par le seul usage des absorbants.

Hydrogène et oxygène. — L'oxygène étant absorbé par le pyrogallate
de potasse, l'hydrogène reste. Pour vérifier que ce dernier est bien
de l'hydrogène, le résidu peut être brûlé dans l'eudiomètre par un excès
d'oxygène.

Oxygène et azote. — L'oxygène étant absorbé par le pyrogallate de
potasse, l'azote reste (§ 554).

Hydrogène et azote. — Aucun des deux gaz n'étant absorbable par un
réactif, l'analyse eudiométrique est indispensable (§ 1827).

Hydrogène, oxygène et azote. — L'oxygène étant absorbé par le pyrogallate de potasse, l'hydrogène et l'azote forment le résidu. Ce dernier
mélange est analysé ensuite par l'eudiomètre ainsi qu'il vient d'être dit.

Oxygène et oxyde de carbone. — L'oxygène étant absorbé par le pyrogallate de potasse, l'oxyde de carbone reste ; ce dernier est lui-
même absorbable par le protochlorure de cuivre acide.

Hydrogène et oxyde de carbone. — L'oxyde de carbone étant absorbable par le protochlorure de cuivre acide, l'hydrogène reste. L'analyse
du résidu, dans le but de constater qu'il est constitué par de l'hydrogène pur, est pratiquée ensuite par combustion dans l'eudiomètre.

Oxygène, hydrogène, azote et oxyde de carbone. — L'oxygène étant
absorbé par le pyrogallate, les trois autres gaz restent mélangés. Sur
le résidu, l'oxyde de carbone est dosé par absorption au moyen du
protochlorure de cuivre acide. Quant au nouveau résidu, mélange d'hydrogène et d'azote, il est dosé, comme il a été dit plus haut, par combustion eudiométrique.

Hydrogène et formène. — Combustion eudiométrique indispensable
(§ 1825); la méthode à suivre est analogue à celle du § 1832.

Oxyde de carbone et formène. — L'oxyde de carbone étant absorbé
par le protochlorure de cuivre acide, le formène reste. Une combustion
eudiométrique permet de s'assurer de sa nature.

Oxygène, hydrogène, azote, oxyde de carbone et formène. — L'oxygène est absorbé par le pyrogallate de potasse et l'oxyde de carbone
par le protochlorure de cuivre acide. En brûlant dans l'endiomètre
l'hydrogène et le formène par un excès d'oxygène, les données eudiométriques permettent de calculer les volumes des deux gaz. Quant à
l'azote il est mesuré après absorption par le pyrogallate de l'oxygène
resté en excès.

Oxygène et éthylène. — L'oxygène étant absorbé par le pyrogallate de
potasse, l'éthylène reste. Ce dernier est entièrement absorbable par le
brome.

Hydrogène et éthylène. — L'éthylène étant absorbé par le brome, l'hydrogène reste. Une combustion eudiométrique permet de s'assurer de sa pureté.

Formène et éthylène. — L'éthylène étant absorbé par le brome, le formène reste. L'eudiomètre donne le moyen de contrôler la pureté de ce dernier.

Oxyde de carbone et éthylène. — L'oxyde de carbone est absorbé par le protochlorure de cuivre acide; l'éthylène l'est ensuite par le brome.

Oxygène, formène et éthylène. — Absorbant l'oxygène par le pyrogallate, puis l'éthylène par le brome, on a un résidu de formène que la combustion endiométrique permet de caractériser sûrement.

Oxygène, azote, formène et éthylène. — L'oxygène étant absorbé par le pyrogallate de potasse et l'éthylène par le brome, le résidu, formé d'azote et de formène, est analysé par combustion du formène dans l'eudiomètre.

Oxygène, oxyde de carbone, formène et éthylène. — L'oxygène est absorbé par le pyrogallate, l'oxyde de carbone par le protochlorure de cuivre acide, et l'éthylène avec le brome; le résidu de formène est ensuite soumis à la combustion dans l'eudiomètre avec un excès d'oxygène.

Formène et butylène. — Le butylène est absorbé par le brome ou par l'acide sulfurique concentré; le formème reste.

Oxygène, azote et méthylamine. — La méthylamine étant absorbée par quelques gouttes d'eau, le résidu d'oxygène et d'azote est traité par le pyrogallate qui laisse l'azote.

FIN.

TABLE DES MATIÈRES

LIVRE TROISIÈME

ANALYSE CHIMIQUE.

FIN DE LA TABLE DES MATIÈRES.

INDEX ALPHABÉTIQUE

Les pages indiquées en *caractères gras* sont celles où se trouvent les *articles principaux*.

A

Absorption dans les appareils à gaz, 243; — d'un gaz par un liquide, 311, **1136**; — d'un gaz par le brome, 1119.

Acétals chlorés, 726.

Acétamide, **792**; — action du brome, 782; — préparation, 792; — transformation en acétamide bromé, 782; — transformation en méthylamine, 782.

Acétacétique (éther), voy. *éther éthylacétacétique*.

Acétacétique (acide), 778.

Acétaldéhyde, voy. *aldéhyde ordinaire*.

Acétanilide, **800**; — préparation, 800.

Acétate d'alumine, 545.

Acétate d'ammoniaque, 792.

Acétate de baryte (réactif), 817.

Acétate de cuivre neutre, 608.

Acétate de plomb basique, 602, 607, **758**; — réactif, 818.

Acétate de plomb neutre, 607, **757**; — réactif, 818; — réactif des gaz, 1118.

Acétate de plomb (sous-) liquide, voy. *acétate de plomb basique*.

Acétate de potasse, 756; — transformation en bi-acétate, 756.

Acétate de potasse (bi-), 756.

Acétate de soude, 647, 755, **757**; — réactif, 816.

Acétate d'éthyle, voy. *éther acétique*.

Acétates, 757.

Acétates, action de la chaleur, 729; — caractères analytiques, **758**, 882, 886.

Acétique (acide), 647, 724, **755**; — action de l'eau, 757; — densités des mélanges avec l'eau, 757; — dosages, 1080; — essai, 813; — formation dans la distillation du bois, 755; — préparations, 755, 756; — réactif, 813; — réactions, 758.

Acétique (acide) anhydre, voy. *anhydride acétique*.

Acétique (acide) monochloré, 761.

Acétique (acide) trichloré, 762.

Acétique (aldéhyde), 653, **723**; — préparation, 723; — substitution du chlore, 725.

Acétique (aldéhyde) trichloré, voy. *chloral*.

Acétique (amide), voy. *acétamide*.

Acétique (anydride), **760**; — préparation, 760; — purification, 761.

Acétique (chlorure), **758**; — action sur les acétates, 760; — préparation, 758.

Acétique (éther), **692**; — combinaison avec le chlorure de calcium, 692; — préparation, 692.

Acétone-carbonique (acide), voy. *acide acétacétique*.

Acétone ordinaire, **729**; — combinaison avec le bisulfite de soude, 731; — préparation, 729; — purification, 731.

Acétoxime, 801.

Acétylène, 612, **635**, 657; — caractères distinctifs, 1128; — combinaison avec l'azote, 794; — équation eudiométrique, 1143; — formation dans les combustions incomplètes, 638; — oxydation, 768; — polymérisation, 658; — préparation, 640, 642; — présence dans le gaz d'éclairage, 636; — synthèse, 636, 637.

Acétylène (tri-), voy. *benzine*.

Acétylodiphénylène, voy. *anthracène*.

Acétylophénylène (di), voy. *naphtaline*.

Acétylure cuivreux, **635**; — action de l'acide chlorhydrique, 642; — altération par l'oxygène de l'air, 635; — préparation, 639.

Acide, voy. le nom spécifique de l'acide.

Acide, détermination dans un mélange de sels, 887; — détermination dans un sel isolé, 873.

Acides des graisses, 764.

Acides gras, dosage dans un savon, 1086.

Acides minéraux réactifs, 812.

Acides organiques, **752**; — leurs caractères dans les sels, 885; — réactifs, 813.

Acidimétrie, 945.

Acidité, dosage dans un vin, 1100; — dosage dans un vinaigre, 1081.

Aérostats, 330.

Agents de réfrigération, 82.

Agitateur, 101.

Air atmosphérique, **350**; — analyse, **350**, 351, 352, 1143; — présence de l'acide carbonique, 354; — présence de la vapeur d'eau, 354.

Air carburé, 71, **658**.

Alambic, 144; — à bain-marie, 145.

Albumine, dosage dans le lait, 1106, 1107; — dosage et recherche dans l'urine, 1114.

Azotate d'ammoniaque, décomposition par la chaleur, 354 ; — préparation, 355.

Azotate d'argent, **631** ; — essai, 632 ; — fondu, 632 ; — préparations, 631, 632 ; — réactif, 819.

Azotate de baryte, 522, **527** ; — décomposition par la chaleur, 729 ; — essai, 527 ; — préparation, 527 ; — purification, 527 ; — réactif, 817.

Azotate de bismuth, **597** ; — préparation, 597 ; — propriétés, 597 ; — réactif, 818.

Azotate de bismuth basique, voy. *sous-azotate de bismuth*.

Azotate de bismuth (sous-), **597** ; — conditions de sa formation, 598 ; — essai, 1041 ; — préparation, 597.

Azotate de cobalt, 316 ; — réactif, 818.

Azotate de cuivre, 357, **614** ; — préparation, 614.

Azotate de diazobenzol, **802** ; — préparation, 802 ; — propriétés, 803.

Azotate de mercure, 619.

Azotate de plomb, **604** ; — cristallisation, 605 ; — préparation, 605 ; — purification, 605 ; — réactif, 818.

Azotate de potasse, **487** ; — essai, 488 ; — préparation, 487 ; — purification, 488 ; — réactif, 815 ; — solubilité, 488.

Azotate de soude, 487.

Azotate de sous-oxyde de mercure, **627** ; — préparation, 627 ; — réactif, 819.

Azotate de sous-oxyde de mercure basique, **628** ; — préparation, 628.

Azotate d'éthyle, voy. *éther azotique*.

Azotate de protoxyde de mercure, voy. *azotate de sous-oxyde de mercure*.

Azotate d'urée, 691, **799**.

Azotate mercureux, voy. *azotate de sous-oxyde de mercure*.

Azotate mercureux basique, voy. *azotate de sous-oxyde de mercure basique*.

Azotates, caractères analytiques, 882 ; — dosages, 956, 959, 961.

Azote, **345**, 956 ; — caractères distinctifs, 1124 ; — dosage dans les matières organiques, 1070, 1071, 1072, 1073, 1075, 1076 ; — n'entretient pas la combustion, 349 ; — préparations, 345, 346, 347, 348, 349 ; — propriétés chimiques, 349 ; — recherche dans un mélange de gaz, 1148, 1149.

Azote ammoniacal des engrais, 1116.

Azote (bioxyde d'), **356** ; — action oxydante, 359 ; — caractères distinctifs, 1124 ; — combinaison avec l'oxygène, 358 ; — préparations, 356, 358 ; — propriétés chimiques, 358 ; — solubilité dans le sulfate de fer, 360.

Azote nitrique des engrais, 1116.

Azote (protoxyde d'), 354 ; — action comburante, 356 ; — préparation, 354.

Azote organique des engrais, 1116, 1117.

Azoteux (acide), voy. *anhydride azoteux*.

Azoteux (anhydride), **360** ; — préparation, 360.

Azoteux-azotique (anhydride), voy. *hypoazotide*.

Azoteux (oxyde), voy. *protoxyde d'azote*.

Azotique (acide), **363** ; — action de l'anhydride sulfureux, 391 ; — action sur le fer, 555 ; — action sur l'hydrogène sulfuré, 405 ; — densités de ses mélanges

avec l'eau, 366 ; — dosage à l'état libre, 956, 957 ; — dosage dans les azotates, 956, 959, 961 ; — dosage de très petites quantités, 964 ; — du commerce, 363 : — essai, 366 ; — fumant, 363 ; — monohydraté, 363 ; — préparations, 363, 364 ; — purification, 365 ; — réactif, 812 ; — recherche toxicologique, 900 ; — richesse des dissolutions aqueuses, 366.

Azotique (éther), **691** ; — préparation, 691 ; rectification, 692.

Azotique (oxyde), 356.

Azotite d'ammoniaque, 345.

Azotite de potasse, réactif, 815.

Azotite de soude, **501** ; — préparations, 501.

Azotites, caractères analytiques, 882.

Azotomètre Knop-Wagner, 1072.

Azotyle, voy. *bioxyde d'azote*.

B

Baguette de charbon pour essais pyrognostiques, 829 ; — de verre, 101.

Bain d'air, 82 ; — d'eau, 73 ; — de blanc de baleine, 79 ; — de paraffine, 79 ; — de pétrole lourd, 79 ; — de sable, 72 ; — de vapeur, 79 ; — d'huile, 77 ; — d'huile de M. Berthelot, 78 ; — d'huile de Würtz, 79 ; — métallique, 79 ; — salé, 76.

Bain-marie, **73** ; — à alimentation intermittente, 76 ; — à niveau constant, 74 ; — pour alambic, 145.

Balance, **1** ; — à cavalier, 7 ; — à court fléau, 8 ; — à pesées rapides, 8 ; — d'analyse, 5 ; — de Roberval, 3 : — de précision, 5 ; — ordinaire, 3.

Balances, condition de leur établissement, 1 ; — conservation, 9 ; — dessiccation, 16 ; — essai, 10 ; — sensibilité, 1, 4.

Ballon, 99 ; — à long col, 99 ; — tubulé, 100 ; — pour essais hydrotimétriques, 953.

Baromètre, 290 ; — tronqué, 290.

Baryte, **522** ; — caustique, 522 ; — dosage alcalimétrique, 1012 ; — préparations, 522 ; — solution titrée, 946.

Baryum, 522 ; — caractères des sels, 848 ; — dosages, 1011, 1012.

Base d'un sel isolé, détermination, **838**.

Bases mélangées, détermination, **852** ; — mélangées, détermination en présence des acides qui modifient leurs réactions, 868.

Bauxite, 543.

Bec à fente, 48 ; — Berzelius à gaz, 53 ; — Bunsen, 48 ; — papillon, 48.

Benzène, voy. *benzine*.

Benzidal, voy. *aniline*.

Benzidine, voy. *métaphénylènediamine*.

Benzine, 657, **658** ; — action de l'acide azotique, 659 ; — équation eudiométrique de sa vapeur, 1143 ; — expériences pour la caractériser, 657 ; — réactif, 810 ; — synthèse, 658.

Benzine monobromée, **661** ; — préparation, 661 ; — purification, 662.

Benzine mononitrée, voy. *nitrobenzine*.

Benzine nitrée, voy. *nitrobenzine*.

Benzinodicarbonique (acide), voy. *acide orthophtalique*.

Benzinosulfate de potasse, 662.

C

F

Farine, essai, 1092.
Fécule, voy. *amidon*.
Fer, 324, **553**; — action du chlore, 416;
— caractères des sels, 850; — combustions, 324, 356; — dosages, 1025, 1026, 1029; — passivité, 555; — réactif, 814;
— réduction par l'hydrogène, 553; —
séparation d'avec l'aluminium, 1029.
Fermentation alcoolique, 674, 675.
Fermer un tube de verre, 106.
Fermeture automatique pour appareils à gaz, 251.
Fer oligiste, voy. *sesquioxyde de fer*.
Fer passif, 555.
Fer pyrophorique, 554.
Fer spathique, 563.
Fer spéculaire, voy. *sesquioxyde de fer*.
Ferricyanure de potassium, **564**; — essai, 565; — préparation, 564; — réactif, 814.
Ferrocyanure de potassium, 484, **563**;
— action de l'acide sulfurique 791; —
préparation, 563; — réactif, 814.
Ferrocyanure ferrique, **564**; — préparation, 564.
Feuille anglaise, 306.
Fil de platine pour perles, 827.
Filtration, 196, **203**; — accélérée par aspiration du liquide filtré, 214; — accélérée par compression du mélange à filtrer, 218; — à chaud, 212; — au papier, 204; — avec chauffage à la vapeur, 213; — avec l'entonnoir bordé, 218; —
avec succion, 216; — avec succion sur cône de platine, 216; — choix du papier, 222; — dans les opérations qualitatives, 203; — dans les opérations quantitatives, 222; — des liquides volatils, 214; —
en vase clos, 214; — marche à suivre en analyse, 225; — par les étoffes; 203; —
rapide, 214; — sa pratique ordinaire, 224; — sur tampons, 211.
Filtre, **203**; — à plis, **205**, 215; —
Chamberland, 222; — d'amiante, 211, 217; — de charbon animal, 212; — de coton, 211, 217; — de matières pulvérulentes, 212; — de sable, 212; — de verre pilé, 212; — doublé de toile, 208;
— en porcelaine, 221; — cendres laissées à l'incinération, 224; — incinération, 128; — plissé, 205; — sans plis, 205, 210, 216; — sans plis bien disposé, 210; — sans pli mal disposé, 210; —
uni, 205.
Filtre-presse, **218**, 219, 239; — de laboratoire, 220.
Filtres divers, 225.
Fiole à fond plat, 99; — à jet, 234; —
à laver, 234, 235.
Flacon, 97.
Flacon d'essai, voy. *hydrotimètre*.
Flacon de Woolf, 99, 262; — laveur, 262, 264; — laveur avec tube rodé, à double effet, 264; — tubulé, 98.
Flamme, **822**; — coloration, 826; — de réduction, 823, 829; — disposée pour les essais à la flamme, 828; — d'oxydation, 823, 824, 828; — d'une bougie, 822; — éclairante, 657; — sa constitution, 828; — son emploi en analyse, 827.

Fleur de soufre, 382; — lavée, 382.
Fleurs argentines d'antimoine, voy. *oxyde d'antimoine*.
Fleurs de benjoin, voy. *acide benzoïque*.
Fleurs de zinc, voy. *oxyde de zinc*.
Fluor, 439.
Fluorescéine, voy. *phtaléine de la résorcine*.
Fluorhydrique (acide), **439**, 473; — action sur l'acide silicique, 440; — action sur les silicates, 440 : — caractères des sels, 884; — pour graver le verre, 109;
— préparation, 439; — réactif, 812.
Fluorique (acide), voy. *acide fluorhydrique*.
Fluorure d'aluminium et de sodium, 504.
Fluorure de bore, caractères distinctifs, 1127.
Fluorure de calcium, 473; — dissolution, 833; — réactif, 817.
Fluorure de silicium, **473**; — action de l'eau, 473; — caractères distinctifs, 1127; — préparation, 473.
Fluorures, caractères analytiques, 884.
Fluosilicique (acide), voy. *acide hydrofluosilicique*.
Flux blanc, 492.
Flux noir, 492.
Foie d'antimoine, 592.
Foie de soufre, 486.
Fontaine à mercure, 618.
Force élastique maximum des vapeurs, 131.
Force réelle des liquides spiritueux, table de Gay-Lussac, 682.
Formène, **647**, 649, 652, 656, 657; —
analyse eudiométrique, 1129, **1141**; —
caractères distinctifs, 1128; — équation eudiométrique, 1143; — préparation, 647, 648; — propriétés chimiques, 649;
— recherche dans un mélange de gaz, 1148, 1149; — rendu éclairant, 657.
Formène monochloré, **649**; — action des alcalis, 700; — agent de réfrigération, 90; — caractères distinctifs, 1129; — liquéfaction, 651; — préparation, 650; —
production, 649.
Formène trichloré, voy. *chloroforme*.
Formène tri-iodé, voy. *iodoforme*.
Formiate de baryte, 753.
Formiate de chaux, 653.
Formiate de plomb, 654, 753, 754.
Formiate de potasse, 654, 753.
Formiate de soude 753.
Formiates, **753**; — caractères analytiques, **754**, 884, 886.
Formique (acide), 655, **752**; — caractères des sels, **754**; — préparation, 753; —
réactions, 754; — synthèse, 752;
Formique aldéhyde, **722**; — préparation, 722.
Formique (éther), 696.
Formique (nitrile), voy. *acide cyanhydrique*.
Formique (nitrile) de l'éthylamine, 796.
Formonitrile, voy. *acide cyanhydrique*.
Four de MM. Forquignon et Leclerc, 60.
Fourneau, **41**; — à bassine, 41; — à brûleurs Bunsen, 51; — à charbon de bois, 41; — à creuset de M. Perrot, 55; — à incinérer, 52; — à manche, 42; — à moufle, 44, 56, 125; — à moufle de Per-

T

FIN DE L'INDEX ALPHABÉTIQUE.

8583-9. CORBEIL. — Imprimerie É. CRÉTÉ.

www.ingramcontent.com/pod-product-compliance
Ingram Content Group UK Ltd.
Pitfield, Milton Keynes, MK11 3LW, UK
UKHW022046120726
13694UKWH00001B/1